谨以此书
纪念地球化学领域的学科先驱！
献给全国广大地球科学工作者！
献给中国科学院地球化学研究所50华诞！

＊＊＊＊＊＊＊＊

本书由中国科学院地球化学研究所
和中国科学院广州地球化学研究所组织编写

中国地球化学学科发展史

（上册）

主　编　欧阳自远
副主编　胡瑞忠　徐义刚

科学出版社
北　京

内 容 简 介

本书是中国地球化学学科及其紧密相关的矿物学与岩石学的发展历史、主要成就和发展趋势的全面、系统和综合总结。本书汇集了全国地球化学界100多位专家学者，2012年元月启动，2017年年底收齐稿件，历时六年，在中国科学院重点课题"中国地球化学、地球物理学科发展史研究"的支持下，就地球化学学科发展的历史进程，22个主要分支学科的发展历史、主要成就和未来发展途径进行分析研究和综合论述。本书附录包括"中国地球化学学科大事记"和"中国地球化学家（已故）传略"。

本书可供从事地球科学及相关的月球与行星科学、天体化学等学科的研究人员、高校师生和地球科学爱好者参考，为科学史的研究学者提供地球化学学科发展史的科学记录。

图书在版编目（CIP）数据

中国地球化学学科发展史：全2册/欧阳自远主编. —北京：科学出版社，2018.12
ISBN 978-7-03-060100-1

Ⅰ. ①中… Ⅱ. ①欧… Ⅲ. ①地球化学–学科发展–概况–中国 Ⅳ. ①P59

中国版本图书馆CIP数据核字（2018）第292101号

责任编辑：韩　鹏　宋云华　王　运／责任校对：张小霞
责任印制：肖　兴／封面设计：黄华斌

科学出版社 出版
北京东黄城根北街16号
邮政编码：100717
http://www.sciencep.com

北京画中画印刷有限公司 印刷
科学出版社发行　各地新华书店经销

*

2018年12月第　一　版　开本：787×1092　1/16
2018年12月第一次印刷　印张：72 1/2
字数：1 710 000

定价：698.00元（上、下册）
（如有印装质量问题，我社负责调换）

《中国地球化学学科发展史》编辑委员会

主　编　欧阳自远
副主编　胡瑞忠　徐义刚
编　委　(按姓氏汉语拼音排序)
　　　　安芷生　曹裕波　陈　骏　陈毓蔚
　　　　丁仲礼　冯新斌　何宏平　李世杰
　　　　林学钰　刘丛强　刘　莉　刘文汇
　　　　倪集众　彭平安　宋云华　万国江
　　　　王成善　王德滋　王世杰　王中刚
　　　　项仁杰　谢学锦　翟明国　翟裕生
　　　　张　干　赵一阳　郑绵平　周卫健
　　　　周新华
编辑部　(按姓氏汉语拼音排序)
　　　　倪集众　宋云华　万国江　王中刚
　　　　项仁杰

序

地球化学是研究地球及其内外各圈层和太阳系各层次天体（包括行星际尘埃、陨石、小行星、彗星、矮行星、卫星和行星等）的化学成分、元素及其同位素组成、分布、聚散、迁移和演化规律，并对人类社会可持续发展具有重大影响的一门学科。

地球化学学科在我国经历了从古代至19世纪末的"孕育萌芽时期"、20世纪初至第二次世界大战结束的"独立成型时期"，以及第二次世界大战结束后的"稳定发展时期"。到21世纪新的历史时期，地球化学学科的研究对象已从地壳延伸到包括地幔和地核在内的整个地球；对元素的研究从地壳中的元素行为拓展到原子的状态和元素同位素组成变化，从研究元素的组成到探索它们的形成与演化，以至地球和行星演化过程中所有化学元素的组成和演变过程，从现在看到的元素分布和演化过程，追溯地质历史时期以至太阳系形成之初的元素行为。

地球化学是由地质学与化学交叉、渗透和结合而诞生的新兴学科。百余年来，地球化学学科在学术上构建了自己的学科体系，创建了一套日趋成熟的研究方法、实验手段和测试技术；它的研究成果被广泛应用于当代人们最为关注的资源、能源、生态环境、防灾减灾、新型材料和人体健康，以及对地观测和月球、行星探测等与人类生存发展密切相关的诸多关键科学领域。

地球化学学科在百余年的发展历程中，在科学、技术、经济和社会发展等方面所发挥的作用，足以说明它是一门名副其实的地球科学的支柱学科。

我国地球化学思想的萌芽（包括人类最初对矿物和岩石的认识与利用）可以追溯到尚无文字记载的史前时期。经过漫长时间的萌芽和孕育，20世纪20~30年代才开始了真正的科学探索，及至20世纪50年代被纳入国家科学发展规划，在20世纪50年代末至60年代中期，中国有了系统的大学地球化学专业（系）和专业的学术研究所和应用研究机构。虽然在其后的十年间遭受了"文化大革命""倒春寒"的摧残，但地球化学工作者排除干扰，于艰难竭蹶之中依然进行着自己热爱的教育和科研工作；随后迎着改革开放的春风，迅速进入学科发展的快车道，各科研、教育系统和产业部门的地球化学研究工作都有了较大而稳步的发展；并在此基础上顺利进入新世纪的自主创新发展阶段。

目前我国地球化学研究在矿产资源、化石能源、新兴能源（天然气水合物、核能、地热能等）、防灾减灾、生态环境、新型材料科学、海洋科学、空间科学、月球和行星科学等诸多领域的研究、开发和利用方面获得骄人的成果，在社会与国民经济的科学发展中，在"上天、入地、登峰、下海"科学领域和地球系统科学的创新发展中，在现代分析测试技术的开发和应用过程中起到了不可替代的作用，显著提高了地球化学和地球科学的整体理论和应用水平，拓展了在社会可持续发展中的巨大前景。

"中国地球化学学科发展史"所包括的研究内容，汇集了全国地球化学界100多位从事教学与科研工作的专家、学者历时六年的辛劳付出，按照三条主线开展研究：①纵向的学科发展历史过程，包括国际地球化学思想的萌芽，学科发展过程及其对中国的影响；我国地球化学学科在各个历史时期的研究状况和研究成果；国内外地球化学学术文献记录本学科的历史发展脉络；中国地球化学研究机构、高等教育以及地球化学学会的发展状况。②"中国地球化学学科发展史"的研究重点是地球化学学科的二十多个分支学科的形成与发展历程、主要研究成果和发展趋势。③"中国地球化学学科大事记"和"中国地球化学家（已故）传略"相关资料性材料的汇集、研究与编撰。

《中国地球化学学科发展史》是我国地球化学学科发展历史、主要成就和发展趋势的全面、系统和综合总结；回顾和了解前人的认识、成果和经验，理顺学科的发展脉络，既为后人留下一份宝贵的历史资料，也为我们长期从事的科学事业树碑，为前辈科学家立传，担当起我们这一代人承前启后、促进学科发展的历史责任。

《中国地球化学学科发展史》编辑委员会
2017 年 12 月

前　言

本书内容所源自的课题系中国科学院 2012 年重点部署课题"中国地球化学、地球物理学科发展史研究"（KZZD-EW-TZ-02）之子课题"中国地球化学学科发展史研究"。

本书的编写工作于 2012 年元月启动，经过六年来全国各系统各单位 100 多位同仁的共同努力，终于在 2017 年 12 月才收齐稿件，完成了全部编辑工作。

在接受任务之初，我们深知"中国地球化学学科发展史"研究是一项甚为紧迫、重要和需要集全国学界之力才能完成的工作。研究过程中必须通过探索、切磋和讨论，确立指导原则、研究方法和编纂程序，并以此原则确定学科发展史的编写大纲。在首席科学家欧阳自远院士的指导下，最后确定了从三个方面论述我国地球化学学科的发展历史：一是国际科学界地球化学思想的萌芽、发展过程及其对中国的影响，探索欧美、苏联和我国地球化学学科发展的异同点。二是从"纵向"即历史的角度论述我国在不同时期——古代、近代和现代地球化学思想的历程，尽可能全面地反映各个历史时期的研究状况和研究成果；为了扩大研究视域，我们邀请了中国地质图书馆的研究人员，参与收集和分析国内外地球化学学术文献记录，帮助诠释本学科的历史发展脉络。三是从本学科的二十多个分支学科的发展历程体现整个学科的萌芽、孕育、创建、成型和创新发展的历史。为了阐明本课题的主体内容，我们聘请了相应的数十位专家、学者共同参与研究和分析，撰写出区域地球化学、元素地球化学、同位素地球化学、环境地球化学、有机地球化学、生物地球化学、生态地球化学、海洋地球化学、水文地球化学、盐湖地球化学、构造地球化学、岩浆作用地球化学、沉积作用地球化学、变质作用地球化学、前寒武纪地球化学、第四纪地球化学、勘查地球化学、油气地球化学、矿床地球化学、矿物化学、水热实验地球化学，以及陨石学与天体化学等分支学科的发展史。

现在呈现在读者面前的这本书是以该课题的结题报告为主体撰写而成。全书分为"正文"和"附录"两大部分。"正文"即为纵向的历史论述，以及横向的主要分支学科的形成与发展历程、主要研究成果和发展趋势。"附录"部分包括两份资料性的材料："中国地球化学学科大事记"和"中国地球化学家（已故）传略"。

从每个章节末尾所附的撰稿人名单可以看出，本书是我国地球化学界科研、教学和相关产业部门人员的集体创作成果，更渗透了数十年来全国数十万地球化学工作者和本书的幕后"作者"——审稿人付出的辛勤劳动和心血；他们中有年迈的老专家、老教授和资深院士，也有在职的单位领导、承担着重大国家课题的中年科学家，还有活跃在科研、教学和相关产业部门战线的年轻博士。他们放弃了安度晚年、含饴弄孙或难得的休息时间，不管严寒酷暑投入收集资料、撰文和审稿工作；编辑委员会对他们的敬业、勤业精神和事业心，致以崇高的敬意和诚挚的谢忱。

由于编辑时间和学术水平所限，书中的疏忽和不当之处，敬请不吝赐教。

《中国地球化学学科发展史》编辑委员会
2017 年 12 月

目　录

序
前言

上　册

第一章　国际地球化学学科的发展及其对中国的影响 ⋯⋯⋯⋯⋯⋯⋯⋯⋯⋯⋯⋯⋯⋯⋯ 1
　　第一节　国际地球化学学科发展概况 ⋯⋯⋯⋯⋯⋯⋯⋯⋯⋯⋯⋯⋯⋯⋯⋯⋯⋯⋯⋯ 1
　　第二节　地球化学学科发展的特点 ⋯⋯⋯⋯⋯⋯⋯⋯⋯⋯⋯⋯⋯⋯⋯⋯⋯⋯⋯⋯⋯ 6
　　第三节　国际地球化学对中国地球化学学科成长的影响 ⋯⋯⋯⋯⋯⋯⋯⋯⋯⋯⋯⋯ 12
　　第四节　地球化学学科发展展望 ⋯⋯⋯⋯⋯⋯⋯⋯⋯⋯⋯⋯⋯⋯⋯⋯⋯⋯⋯⋯⋯⋯ 15
　　主要参考文献 ⋯⋯⋯⋯⋯⋯⋯⋯⋯⋯⋯⋯⋯⋯⋯⋯⋯⋯⋯⋯⋯⋯⋯⋯⋯⋯⋯⋯⋯⋯ 22

第二章　中国地球化学学科的形成和发展 ⋯⋯⋯⋯⋯⋯⋯⋯⋯⋯⋯⋯⋯⋯⋯⋯⋯⋯⋯ 24
　　第一节　古代中国地球化学思想的萌芽 ⋯⋯⋯⋯⋯⋯⋯⋯⋯⋯⋯⋯⋯⋯⋯⋯⋯⋯⋯ 24
　　第二节　现代中国地球化学学科的启蒙和孕育 ⋯⋯⋯⋯⋯⋯⋯⋯⋯⋯⋯⋯⋯⋯⋯⋯ 34
　　第三节　中国地球化学学科创建时期 ⋯⋯⋯⋯⋯⋯⋯⋯⋯⋯⋯⋯⋯⋯⋯⋯⋯⋯⋯⋯ 38
　　第四节　中国地球化学学科的成形阶段 ⋯⋯⋯⋯⋯⋯⋯⋯⋯⋯⋯⋯⋯⋯⋯⋯⋯⋯⋯ 50
　　第五节　中国地球化学的创新发展阶段 ⋯⋯⋯⋯⋯⋯⋯⋯⋯⋯⋯⋯⋯⋯⋯⋯⋯⋯⋯ 76
　　主要参考文献 ⋯⋯⋯⋯⋯⋯⋯⋯⋯⋯⋯⋯⋯⋯⋯⋯⋯⋯⋯⋯⋯⋯⋯⋯⋯⋯⋯⋯⋯⋯ 91

第三章　从文献资料分析看地球化学学科的发展历程 ⋯⋯⋯⋯⋯⋯⋯⋯⋯⋯⋯⋯⋯⋯ 105
　　第一节　研究背景 ⋯⋯⋯⋯⋯⋯⋯⋯⋯⋯⋯⋯⋯⋯⋯⋯⋯⋯⋯⋯⋯⋯⋯⋯⋯⋯⋯⋯ 105
　　第二节　国际地球化学文献研究 ⋯⋯⋯⋯⋯⋯⋯⋯⋯⋯⋯⋯⋯⋯⋯⋯⋯⋯⋯⋯⋯⋯ 105
　　第三节　中国地球化学文献研究 ⋯⋯⋯⋯⋯⋯⋯⋯⋯⋯⋯⋯⋯⋯⋯⋯⋯⋯⋯⋯⋯⋯ 108
　　主要参考文献 ⋯⋯⋯⋯⋯⋯⋯⋯⋯⋯⋯⋯⋯⋯⋯⋯⋯⋯⋯⋯⋯⋯⋯⋯⋯⋯⋯⋯⋯⋯ 125

第四章　中国地球化学研究机构、高校教育以及中国矿物岩石地球化学学会的
　　　　发展状况 ⋯⋯⋯⋯⋯⋯⋯⋯⋯⋯⋯⋯⋯⋯⋯⋯⋯⋯⋯⋯⋯⋯⋯⋯⋯⋯⋯⋯⋯⋯ 131
　　第一节　地球化学专业学术研究机构的配置和发展 ⋯⋯⋯⋯⋯⋯⋯⋯⋯⋯⋯⋯⋯⋯ 131
　　第二节　高等院校地球化学专业与院系的设置和发展 ⋯⋯⋯⋯⋯⋯⋯⋯⋯⋯⋯⋯⋯ 177
　　第三节　中国矿物岩石地球化学学会的发展状况 ⋯⋯⋯⋯⋯⋯⋯⋯⋯⋯⋯⋯⋯⋯⋯ 198

第五章　区域地球化学 ⋯⋯⋯⋯⋯⋯⋯⋯⋯⋯⋯⋯⋯⋯⋯⋯⋯⋯⋯⋯⋯⋯⋯⋯⋯⋯⋯⋯ 219
　　第一节　区域地球化学学科的发展历程 ⋯⋯⋯⋯⋯⋯⋯⋯⋯⋯⋯⋯⋯⋯⋯⋯⋯⋯⋯ 219
　　第二节　中国区域地球化学学科的研究现状 ⋯⋯⋯⋯⋯⋯⋯⋯⋯⋯⋯⋯⋯⋯⋯⋯⋯ 222
　　第三节　区域地球化学研究新的生长点 ⋯⋯⋯⋯⋯⋯⋯⋯⋯⋯⋯⋯⋯⋯⋯⋯⋯⋯⋯ 226

第四节　今后发展方向和主要研究领域 ······ 232
主要参考文献 ······ 233

第六章　元素地球化学 ······ 239
第一节　元素地球化学学科的发展概况 ······ 239
第二节　元素地球化学学科在我国的发展 ······ 243
第三节　中国元素地球化学学科的主要研究成果 ······ 247
第四节　学科研究的趋势和发展方向 ······ 256
主要参考文献 ······ 258

第七章　同位素地球化学 ······ 267
第一节　学科建立与向苏联学习阶段 ······ 268
第二节　自力更生阶段 ······ 274
第三节　引进西方技术和赶上国际前沿阶段 ······ 287
第四节　交叉渗透阶段 ······ 307
第五节　结束语 ······ 315
主要参考文献 ······ 316

第八章　环境地球化学 ······ 331
第一节　环境地球化学学科的形成（1980年前，形成阶段）······ 332
第二节　中国环境地球化学及其分支学科发展（1980~2000年，发展阶段）··· 339
第三节　中国环境地球化学学科发展的未来（21世纪以来，拓展阶段）······ 355
主要参考文献 ······ 377

第九章　有机地球化学 ······ 393
第一节　国际有机地球化学学科的主要研究成果 ······ 393
第二节　中国有机地球化学学科的主要研究成果 ······ 393
第三节　有机地球化学在新世纪的可能生长点 ······ 404
第四节　中国有机地球化学学科研究应重视的领域 ······ 411
主要参考文献 ······ 412

第十章　生物地球化学 ······ 425
第一节　生物地球化学学科的形成与发展 ······ 425
第二节　中国生物地球化学的研究现状与进展 ······ 430
第三节　生物地球化学学科的发展方向和主要研究领域 ······ 438
主要参考文献 ······ 441

第十一章　生态地球化学 ······ 449
第一节　生态地球化学学科产生的背景 ······ 449
第二节　生态地球化学的概念和研究内容 ······ 450
第三节　中国生态地球化学学科主要研究成果 ······ 452
第四节　生态地球化学学科的发展趋势 ······ 458
主要参考文献 ······ 459

第十二章　海洋地球化学 ······ 469
第一节　中国海洋地球化学学科发展概况 ······ 470

第二节　中国海洋地球化学研究若干重要成果 ………………………………………… 483
　　第三节　中国海洋地球化学学科发展趋势 ……………………………………………… 485
　　主要参考文献 ……………………………………………………………………………… 487
第十三章　水文地球化学 ……………………………………………………………………… 500
　　第一节　本学科的科学意义及其在国际上的发展状况 ………………………………… 500
　　第二节　中国水文地球化学学科的发展历程和主要特点 ……………………………… 505
　　第三节　今后发展方向和主要研究领域 ………………………………………………… 512
　　主要参考文献 ……………………………………………………………………………… 514
第十四章　盐湖地球化学 ……………………………………………………………………… 517
　　第一节　中国盐湖地球化学学科的发展历程 …………………………………………… 517
　　第二节　中国盐湖地球化学主要成果与进展 …………………………………………… 518
　　第三节　盐湖地球化学的发展趋势和展望 ……………………………………………… 533
　　主要参考文献 ……………………………………………………………………………… 535
第十五章　构造地球化学 ……………………………………………………………………… 544
　　第一节　构造地球化学研究的历史和背景 ……………………………………………… 544
　　第二节　中国构造地球化学的研究现状和进展 ………………………………………… 546
　　第三节　存在问题和学科发展方向 ……………………………………………………… 556
　　主要参考文献 ……………………………………………………………………………… 560

下　册

第十六章　岩浆作用地球化学 ………………………………………………………………… 569
　　第一节　开拓时期：20世纪50年代之前 ……………………………………………… 569
　　第二节　初创时期：20世纪50年代至70年代 ………………………………………… 570
　　第三节　稳定发展时期：20世纪80年代至世纪之交 …………………………………… 572
　　第四节　蓬勃发展时期：新世纪之初的十余年 ………………………………………… 579
　　第五节　小结 ……………………………………………………………………………… 586
　　主要参考文献 ……………………………………………………………………………… 587
第十七章　沉积作用地球化学 ………………………………………………………………… 599
　　第一节　沉积作用地球化学学科的形成 ………………………………………………… 599
　　第二节　中国沉积作用地球化学研究现状 ……………………………………………… 602
　　第三节　中国沉积地球化学研究主要成果 ……………………………………………… 604
　　第四节　中国沉积作用地球化学学科发展方向 ………………………………………… 609
　　主要参考文献 ……………………………………………………………………………… 609
第十八章　变质作用地球化学 ………………………………………………………………… 615
　　第一节　变质作用地球化学学科的形成和发展历程 …………………………………… 615
　　第二节　中国变质作用地球化学学科简史 ……………………………………………… 619
　　第三节　变质作用地球化学学科发展趋势 ……………………………………………… 624
　　主要参考文献 ……………………………………………………………………………… 627

第十九章　前寒武纪地球化学 … 633
第一节　前寒武纪地球化学学科的形成 … 633
第二节　中国前寒武纪地球化学学科的发展历程 … 634
第三节　中国前寒武纪地球化学学科的研究现状和成果 … 635
第四节　新的生长点和发展方向 … 649
主要参考文献 … 657

第二十章　第四纪地球化学 … 669
第一节　第四纪地球化学学科的形成 … 669
第二节　中国第四纪地球化学学科发展历程 … 670
第三节　中国第四纪地球化学研究重要成果 … 671
第四节　第四纪地球化学学科发展趋势 … 694
主要参考文献 … 695

第二十一章　勘查地球化学 … 718
第一节　中国勘查地球化学学科的发展历程 … 718
第二节　中国勘查地球化学学科的发展特点与经验 … 727
第三节　今后发展方向和主要研究领域 … 729
主要参考文献 … 732

第二十二章　油气地球化学 … 734
第一节　中国油气地球化学学科的发展历程 … 734
第二节　分析技术的发展 … 745
第三节　油气地球化学研究展望 … 746
主要参考文献 … 748

第二十三章　矿床地球化学 … 754
第一节　中国矿床地球化学学科的形成 … 754
第二节　中国矿床地球化学研究若干重要成果 … 756
第三节　中国矿床地球化学研究现状和发展方向 … 759
主要参考文献 … 774

第二十四章　矿物化学 … 787
第一节　矿物化学的研究对象和研究方法 … 787
第二节　矿物化学学科的科学意义及其在国际上的发展概况 … 789
第三节　矿物化学学科在我国的发展历程 … 792
第四节　展望与期待 … 798
主要参考文献 … 799

第二十五章　水热实验地球化学 … 802
第一节　中国水热实验地球化学学科的形成和发展 … 802
第二节　中国水热实验地球化学主要研究成果 … 805
第三节　发展趋势与建议 … 812
主要参考文献 … 813

第二十六章　陨石学与天体化学 … 820

第一节　陨石学与天体化学的发展历程	821
第二节　中国的研究现状	822
第三节　中国陨石学与天体化学研究展望	833
主要参考文献	833

附录一　中国地球化学学科大事记 ················ 840
附录二　中国地球化学家（已故）传略 ············ 851

第一章 国际地球化学学科的发展及其对中国的影响

1838年瑞士化学家C. F. 舍恩拜因（Schönbein）首次提出了"geochemistry（地球化学）"这个名词。他预言："一定要有了地球化学，才能有真正的地球科学。"至此，人们才开始意识到建立一门地球化学学科的必要性和现实性。如果以1908年F. W. 克拉克（Clarke）出版的《地球化学资料》（第一版）为标志，作为一门学科的地球化学已经走过了一百多年的发展历程。

在这百余年历史中，经过几代科学家的努力，地球化学学科的研究对象已经从地壳延伸到整个地球，从陆地到海洋与大气层，从地表到地球深部以至地核；再从地球拓展到月球、行星和太阳系。对物质层次研究的范围已从地壳中元素的行为延伸到原子的状态和同位素的变化，从元素的组成到探索元素的演化，以至地球和行星演化中所有化学元素的初始状态和演化过程。对元素研究的空间，已从现代的元素分布和演化追溯到地质历史时期，以至太阳系形成之初的元素行为。

所有这些研究，引导着学术研究的主导思想，从原来被动地阐述元素的分布、解释各种地质现象和地球化学过程，转变为从热力学和动力学过程能动地解释地质现象、过程起因，使地球化学学科深入参与到探讨地球的起源、太阳系的起源、元素的起因和生命、人类的起源演化，以及全球变化等一系列重大基础性科学问题的研究之中。

可以说，现代地球化学脱胎于地质学和化学，而更多地吸取了海洋科学、环境科学、生命科学、空间科学、天文学和物理学研究的新进展、新成果，并与之深度渗透和结合。在数代科学先驱的努力下，地球化学学科已经构成了自己完整的学科体系，完善了一整套研究方法和科学实验系统；使地球化学与地质学、地球物理学和大地测量学一起，有能力承担起作为固体地球科学四大支柱学科的作用。

国际地球化学学科的发展为现代科学做出了巨大的贡献，也大大影响和促进了中国地球化学学科的发展。本章试图以国际地球化学学科的发展及其对中国地球化学学科的影响作为背景，看一看我国这一学科的发展历程，找一找差距和问题，帮助读者了解我国地球化学学科的发展历史，促使这一学科尽快融入与国际发展同步前进的行列。

第一节 国际地球化学学科发展概况

地球化学简言之就是地球科学与化学的有机结合形成的一门独立的交叉学科。与所有的自然科学学科的发展经历一样，地球化学学科也经历了艰难而漫长的发展历程。纵观国际地球化学学科的发展历史，在一百多年里经历了三个时期：萌芽期、成型期和发展期。

一、萌芽期：史前至19世纪末

17世纪之前，科学思想被禁锢在封建主义自然经济的牢笼之中。17世纪中叶，英国资产阶级革命首先冲破了封建庄园经济的桎梏，蒸汽机的应用促进了经济的大发展，也对矿产资源的开采利用提出了新的要求，从而推动了地质勘探和地质学的发展。生产力的进步和生产关系的转变也改变了科学技术的命运，一批批学者走出书斋，下矿井，赴野外，风餐露宿，栉风沐雨，在寻找工业所需矿产工作中，促进了地质科学水平的提高（倪集众和欧阳自远，1999）。

然而，最初人们对大自然的认识大多只是从"天""地""气"入手，并不知道这些矿物原料中的金属是由元素组成的。直到1789年，法国科学家拉瓦锡在《化学概要》中指认出23种化学元素，才打破了这一僵局：对"石头"的化学知识迅速增加。从18世纪末到19世纪中叶，化学家从地质学家提供的矿石样品中发现了31种新元素。1859年，R. 本生（Bunsen）和G. R. 基尔霍夫（Kirchhoff）发明的分光镜使矿物和元素的研究工作如虎添翼，接二连三地发现更多的元素。1869年 Д. И. 门捷列夫（Менделеев）和L. 迈耶尔（Meyer）同时发现了元素周期律，于是化学界进入了从矿石中有意识地寻找和研究新元素的阶段。元素周期律的创立，指出了元素在自然条件下的共生组合；直到现在，它们仍然是研究元素地球化学和矿床地球化学的理论基础（刘洪波和关广岳，1992）。1891年，Е. С. 费多罗夫（Фёдоров）论证了晶体内原子排列的230种可能形式，使人们对"元素"和"矿物"的认识豁然开朗，明白了"矿物"是由元素按一定晶体结构组成的，岩石则是多种矿物在自然条件下的集合体；"矿石"是有用矿物组成并可供利用的岩石。

作为一门学科，地球化学与其他任何一门学科一样，是人类社会和经济发展的产物。随着社会的发展和科学技术的进步，人类在认识自然、利用各种矿物原料的过程中，由于对自然界的各种地质作用及其地质产物，如矿物、岩石、矿床等认识的不断深化，地质科学随之成长发展。构成这些产物的化学元素也自然而然地成为人们注意和研究的对象，蕴含在地质学中的地球化学思想也随着孕育萌芽。光谱分析法的使用和元素周期律的发现使地质学家和化学家有了岩矿样品成分分析的先进方法和理论，使关于地壳化学成分的资料迅猛增加。

二、成型期：20世纪初至中叶

在谈论地球化学的形成并成为一门真正独立的学科的时候，不能不提到为地球化学的产生和发展做出过巨大贡献的几位代表人物：F. W. 克拉克（Clarke）、V. M. 戈尔德施密特（Goldschmidt）和 В. И. 维尔纳茨基（Вернадский）。

F. W. 克拉克是美国地质调查所的总化学师。他和他的同事们不断地探索和改进矿物和岩石的分析方法，系统地采集和分析世界各地的岩石、土壤、水和气体的样品，致力于探讨岩石圈、水圈和大气圈的平均化学成分。

他们努力工作的结果，于1908年出版了《地球化学资料》(*The Data of Geochemistry*)一书。这是第一本关于地球化学组成的专著，首次发表了地壳中50种元素的平均含量。

此书先后于1911年、1916年、1920年和1924年再版了4次。最后一次是他与H. S. 华盛顿（Washington）合作，根据文献收集到的5159个数据，计算了地壳的平均化学组成；这就是后来一度被地球化学界奉为圭臬的"克拉克值"。虽然现在克拉克值已只是偶见于学术文献，但它在地球化学确立时期的历史功绩是不可磨灭的；学术界会永远记住这位开辟了以岩石为对象，进行各类地质体化学成分研究的全球首位地球化学家。

V. M. 戈尔德施密特是挪威的地球化学家。1922~1926年他采用X射线方法测定了大量矿物的晶体结构，为阐明元素在结晶物质中的分配规律和支配因素打下了基础。1930年他在德国哥廷根大学建立了地球化学研究所。这个时期他系统研究了个别元素的地球化学性质，尤其是在研究了Ge、Be、Ga、As、Se、Pt等微量和稀有、分散元素的地球化学行为之后，发现根据元素的类质同象法则和共生组合规律，可以进行元素的地球化学分类。鉴于V. M. 戈尔德施密特对元素地球化学分类和地球化学分异作用的研究所取得的成果，1929年他被提名为诺贝尔化学奖的候选人；虽然最后没有中选，但更坚定了他一生从事地球化学研究的信念；他以矿物为对象，在地球化学热力学和晶体化学领域为地球化学学科的发展提供了坚实的理论基础；他所开创的元素地球化学后来得到了继承和发展，成为地球化学学科中一门重要的基础学科（倪集众和欧阳自远，1999）。

В. И. 维尔纳茨基是俄罗斯著名的地球化学家。它强调生物作用在地质和地球化学过程中的重要性。他1926年所写的《生物圈》和1940年所著的《生物地球化学概论》，集中地体现了他关于生物地球化学作用的观点。他不愧是人们所赞誉的"生物地球化学之父"。在他的影响下，1927年苏联科学院组建了生物地球化学实验室。后来以该实验室为基础，建立了苏联科学院地球化学和分析化学研究所。

作为维尔纳茨基的学生，A. E. 费尔斯曼（Ферсман）以自己杰出的工作推动了地球化学学科的发展。他所从事的矿床地球化学、区域地球化学和找矿地球化学，迄今仍是俄罗斯地球化学学科研究的主要领域。

在这些先驱者的努力下，地球化学进入了一门独立学科的发展历程。20世纪30年代以后，随着同位素的发现和质谱仪的发明、改进，地球化学研究的深度和广度大大前进了一步。

20世纪30年代中后期，美国诺贝尔化学奖获得者H. C. 尤里（Urey）开拓了稳定同位素地球化学研究，建立了陨石学的分类，提出了元素的宇宙丰度，创立了宇宙化学。在人们认识到同位素放射性衰变规律之后，30年代到40年代，逐步发展了铀-钍-铅法、钾-氩法、普通铅法和碳-14法等，同位素地质年代学有了一套逐步完善的研究方法，实现了地质时间的科学"定量"。

三、发展期：20世纪中叶迄今

20世纪中叶至今的半个多世纪的时间里，在相对和平稳定的社会环境下，全球进入了科技大发展时期；受惠于科学技术的进步，作为物质科学的地球化学学科从宏观和微观的角度都得到了发展。特别是20世纪50年代后以电子计算机发明和人造地球卫星上天为标志的科学技术革命，是包括地球化学在内的自然科学的巨大推动力。

由于科学技术的发展，诸如精确的光谱仪、质谱仪、电子探针、电子显微镜、扫描电子显微镜、气相色谱仪，以及高温高压设备、遥感技术方法等的陆续问世和逐渐普及，以及分辨率和精度的不断提高，使今天我们能够通过电子探针在几分钟内完成微米级矿物的分析；通过离子探针能在微米级样品上做完各种测定；借助 X 射线衍射、核磁共振，以及拉曼光谱分析和红外光谱分析，能检查自然物质中原子的有序化和键合；用 X 射线荧光光谱测定法、感应耦合等离子光谱测定法，以及激光消融等分析技术，能在几分钟内完成过去"传统"技术几天才能做完的分析任务；质谱仪能让我们测定岩石的年龄和古海洋的温度；具有十亿赫兹功率和千兆字节存储能力的巨型计算机能让我们用几秒钟的时间完成热动力计算；空间探测和遥感技术能让我们获取地外天体（如月球、火星等）物质成分的资料（White，2013）。

在社会经济迅速发展时期，人们对矿物原料需求的数量和质量提出了新的要求；与此同时，工业生产的发展和人类活动的加剧，不可避免地引发了环境污染、生态恶化、全球气候变暖、自然灾害频发等许多新问题。在这一社会经济巨变中，地球化学学科开始发挥自己的作用：既能缓解资源的紧缺，又可探索环境、生态、灾害与人类生存的关系。可以说，地球化学对解决这些问题的作用是不可估量的。例如大多数非再生资源（如金属矿产和石油）是通过地球化学作用形成的；寻找这些资源又需要用地球化学方法；特别是在今天，露头矿和浅部矿已基本枯竭，寻找隐伏矿被提上了议事日程；勘查地球化学方法成为一种能够大面积寻找隐伏矿体的重要手段。在与地学有关的环境问题中，酸雨、臭氧空洞、温室效应、全球气候变暖、水和土壤的污染等大多可通过地球化学手段得到解决。目前看来，地球化学成为环境化学学科不可或缺的知识和手段，使地球化学成为环境科学研究的核心。此外，地震和引发地震的断层活动，会引起氡异常、氢异常及氦氩比值的异常。用地球化学方法探测矿泉和活动断层内的壳源气体活动，已可以用来预测地震。

利用地球化学知识还可以解决地球科学中的许多重大问题。如以地球化学方法解决"定量"地质事件的年龄，或者确定岩浆房的深度和温度；可以认识地幔柱，可以解释地表沉积物的去向（是否俯冲进入了地幔），探讨地幔是如何对流的；地球化学方法还可以知道大气圈和水圈是何时形成、怎样演化的，了解冰期的起因，以及低温的程度；地球化学方法还能探索地球上早期生命留下的化学痕迹，帮助我们探讨生命的起源；如此等等（White，2013）。

可以说，地球科学很多方面大大小小的问题离不开地球化学的知识和手段。地球化学所研究的内容既有大量结合实际的应用性课题，又有许多涉及地球和人类的基本科学问题，因此地球化学学科备受各国重视，得以迅速发展。

地球化学学科的迅速发展体现在如下几个方面。

第一，这个时期地球化学学术的国际交流得到加强，促进了学科学术研究体系的建立。1948 年在英国伦敦召开的第 18 届国际地质大会上"地球化学"作为一门新兴学科被列为 12 个专题组的首位。1956 年在墨西哥召开的第 20 届国际地质大会，有关岩石、岩石形成学、地球化学和同位素地质年龄的学术论文在整个大会 827 篇论文中以 143 篇独占鳌头（吴凤鸣，1996）。

这样的发展势头一直延续到 20 世纪后期：1980 年巴黎的第 26 届国际地质大会为地球化学学科设立了应用地球化学（勘查地球化学）、沉积矿床环境与沉积物热历史的地球化学示踪剂、地壳-地幔互相作用、化石燃料的地球化学以及行星的形成和演化等 5 个专题组。会议上的报告表明，当时地球化学学科在同位素地球化学、稀有元素地球化学、矿床地球化学、微量元素地球化学、有机地球化学，以及巨大花岗岩类岩基的物质来源等研究中取得进展（吴凤鸣，1996）。

在国际地球化学学术交流方面，还有一个更为专业的戈尔德施密特会议，它是国际地球化学界最重要的学术会议之一。它最初是由欧洲地球化学协会和英国皇家地球化学协会联合主办。1998年与国际同位素地质年代学和宇宙地球化学协会联合举办后改称现在的名称；会期也由两年一次改为一年一次，使其在国际地球化学界有了更为重要的影响，该国际会议由美国和欧洲地球化学协会联合主办，每年分别在欧洲和北美国家轮流举行。

第二，研究论文迅速增长。这个发展时期，表现得最为明显的是地球化学文献数量的迅猛增加。中国地质图书馆统计的地学文献数量表明，在统计的19个学科中，1950年地球化学的文献数量仅占1%，到1980年增加到6%，进入地学专业文献的前八名。2000年升至10%，2010年达11%，晋升为前四名（图1-1）。

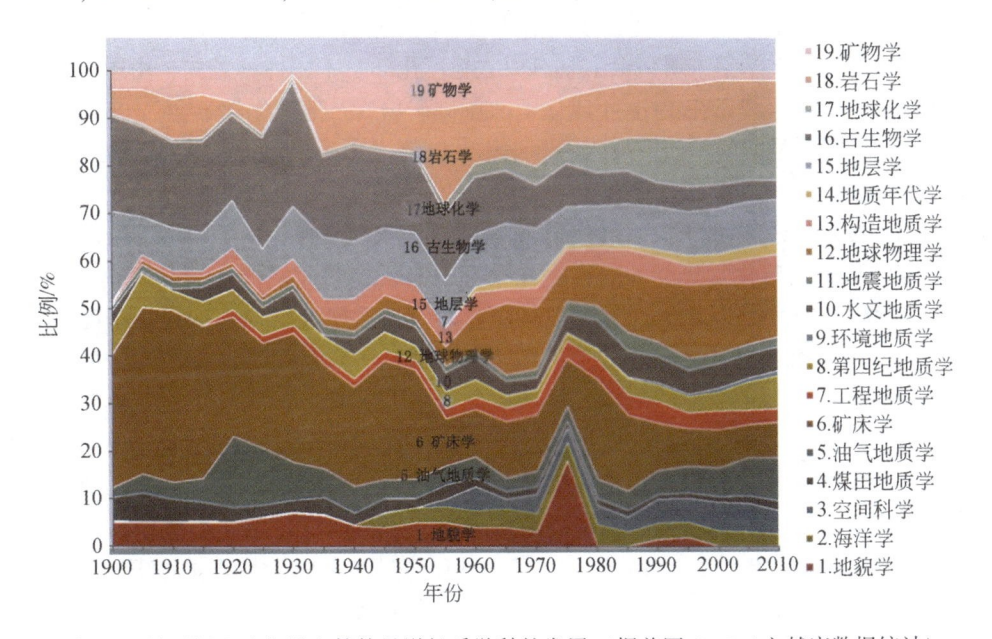

图1-1 从国际地球化学文献数量增长看学科的发展（据美国GeoLef文献库数据统计）

第三，这个时期的地球化学专业期刊大幅度地增加。在前一时期，地球化学的期刊仅有1919年创刊的 *Chemie der Erd*（德国）。20世纪50年代后新创刊了三种期刊：*Geochimica Acta*（1950年创刊，国际刊物）、Геохимия（1956年创刊，苏联）和 *Geochronique*（1968年创刊，法国）。最近30多年来，新创办的地球化学专业学术期刊用"雨后春笋"来形容都不为过，计有：*Geochemistry International*（1964年创刊，国际刊物）、*Chemical Geology*（1966年创刊，国际矿物）、*Journal Geochemistry*（1966年创刊，日本）、《地球化学》（1972年创刊，中国）、*Journal of Geochemical Exploration*（1972年创刊，国际刊物）、*Organic Geochemistry*（1977年创刊，美国）、*Chinese Journal of Geochemistry*（中国《地球化学》英文版，1982年创刊）、*Biogeochemistry*（1985年创刊，荷兰）、*Applied Geochemistry*（1986年创刊，国际刊物）、*Global Biogeochemical Cycles*（1987年创刊，美国）等等。一门学科在短短的二三十年间新创办这么多专业性刊物，在科学出版史上实在是不多见的。

第四，地球化学研究机构和实验室大量涌现；在欧美国家和苏联建立不少与地球化学专业有关的研究机构的基础上，开始出现学术共同体。

1965年，在巴黎成立了国际地球化学和宇宙化学学会（IAGC, International Association of Geochemistry and Cosmochemistry）、国际地质科学联合会（IUGS, International Union of Geological Sciences）和国际纯粹与应用化学联合会（IUPAC, International Union of Pure and Applied Chemistry），在它们的下属机构中各国都创设了不少地球化学研究机构和有关的实验室。第二次世界大战后美国和苏联就设立了不少与地球化学专业有关的研究机构，开展了大量基础性研究工作；英国、法国、日本、加拿大和德国等国家也都建立了地球化学研究中心及其有关的实验室。由于研究人员的增多，自然出现了组成学术共同体的要求。于是，1965年，在巴黎成立了国际地球化学和宇宙化学学会（IAGC）、国际地质科学联合会（IUGS）和国际纯粹与应用化学联合会（IUPAC），下面都设有地球化学学科的专业学术共同体；一些国家还建立了地球化学学会或勘查地球化学协会。我国在1963年中国地质学会召开的全国第一届矿物岩石地球化学学术研讨会上就有成立地球化学学术团体的意向，由于"文化大革命"的干扰而被耽搁，终于在1978年成立了"中国矿物岩石地球化学学会"，使我国的矿物学、岩石学和地球化学的学术研究融入国际学术共同体之中，学术研究得到空前的发展。

第五，由于地球化学学科体系的形成，在一些大型的国际合作计划如"上地幔计划"、"深海钻探计划"、"地球动力学计划"、"国际地质对比计划"和"岩石圈计划"中，也都增设了专门从事地球化学研究的内容，并取得了丰硕成果。

由于20世纪50年代以来地球化学学科研究的蓬勃发展，出现地球化学全面向相关学科渗透的现象，因而产生了诸多分支学科：它们有的是学科互相渗透而产生，如矿床地球化学、岩石地球化学、水文地球化学、构造地球化学、有机地球化学、油气地球化学、元素地球化学、同位素地球化学、气体地球化学、流体地球化学、第四纪地球化学、前寒武纪地球化学和地质年代学等；有些是因社会需要应运而生，如勘查地球化学、地球化学填图、区域地球化学、环境地球化学、海洋地球化学、生物地球化学、生态地球化学、农业地球化学、土壤地球化学、城市地球化学等；还有些是在科学发展新的生长点上产生的，如天体化学、地幔地球化学、理论地球化学、地球化学动力学、地球化学热力学、量子地球化学、工艺地球化学、计算地球化学，以及分析和实验地球化学等。

这些分支学科的创立和完善，表明了地球化学学科在探索地球科学的过程中所显示的强大生命力。可以毫不夸张地说，地球化学已从当初地质学中的一门分支学科发展成为可以与地质学、地球物理学、大地测量学相并立的固体地球科学支柱学科之一。

地球化学从研究元素起步，当前的研究范围已经扩大到地球的各个层圈——大气圈、水圈、生物圈、土壤层、地壳岩石圈和地幔，甚至延伸到地外的其他天体（月球、火星、金星、水星、木星与土星的卫星和小行星与彗星等）发展为"天体化学"。这样的研究范围之广，内容之丰富都是一门自然科学学科发展史上前所未有的。

第二节　地球化学学科发展的特点

总体来说，每一门自然科学学科的发展都是社会和经济发展的必然，但又有各自的特点和特色。

一、分析测试技术是地球化学学科发展的关键

从上面介绍的地球化学学科发展的过程可以看出,分析测试技术的每一次改进都会使地球化学学科走上一个新台阶。

同位素分析是地球化学分析的一个十分重要的方面。先以它为例看一看分析技术的发展及其在地球化学学科中发挥的作用。

1919年F. W. 阿斯通(Aston)制成第一台质谱仪,并利用质谱仪发现了氖、氢、氩、氯等元素的同位素。1935年,A. O. 尼尔(Nier)吸取了当时高真空技术的成就,制作了新型质谱仪,以前所未有的精确度研究了同位素组成。到50年代提高了检测能力,为很多元素给出了可能存在的同位素丰度上限约为10^{-8}。质谱技术的发展使同位素年代学也有了飞速的发展。传统方法如U-Th-Pb法、K-Ar法、^{14}C法、Rb-Sr法等不断完善,新方法不断建立。50年代出现了K-Ca法,60年代有了Re-Os法、铀系不平衡法、裂变径迹法和^{40}Ar/^{39}Ar法,70年代研制了沉降核类法、Lu-Hf法,80年代有了Sm-Nd法,发明了电子自旋共振法和La-Ce法,等等。

今天,同位素分析和定年技术及其应用和研究又上了一个新的台阶。纳米离子探针锆石微区U-Pb定年技术的空间分辨率已达5 μm以下,Pb-Pb定年则达到2 μm以下;LA-MC-ICP-MS锆石微区U-Pb定年技术的空间分辨率已达10 μm以下。微区U-Pb定年所能测定的矿物已由锆石扩展到斜锆石、独居石、榍石、磷钇矿、异性石、磷灰石、金红石、钙钛矿、锡石和蛋白石等。微区稳定同位素分析技术已取得重要进展,相继建立了离子探针锆石、橄榄石、石英等矿物的微区氧同位素分析,锆石、橄榄石微区锂同位素分析,硫化物微区硫同位素分析,微区氢同位素分析等,以及LA-MC-ICP-MS磷灰石、碳酸盐矿物微区Sr-Nd同位素分析,富硼矿物微区硼同位素分析,石榴子石、橄榄石等矿物微区硅同位素分析,长石等微区铅同位素分析等方法。这些高精度、高分辨率微区同位素分析和定年方法为精细刻画成岩成矿过程提供了有力的技术支持(中国地质学会同位素地质专业委员会,2012)。

随着MC-ICP-MS分析技术的日臻完善和成熟,非传统同位素的分析精度不断提高,研究范围不断扩大,在建立Fe、Cu、Zn、Se、Mo等非传统同位素分析方法的基础上,最近又研究建立了Li、Cr、Mg、Hg和Sr(^{88}Sr/^{86}Sr)、Ca等非传统同位素分析新方法。随着非传统同位素分析方法的相继建立,应用领域不断拓展,研究水平不断提高。开拓了利用非传统同位素研究壳幔作用过程、岩浆作用过程、成岩成矿过程、岩石风化剥蚀过程、生物作用过程、元素搬运和沉淀过程的新领域,基本查明了Fe等非传统同位素在上述过程中的分馏变化规律,为岩石和矿床的成因和形成机制、古气候环境的恢复重建提出了制约,奠定了开展进一步的应用研究的基础(中国地质学会同位素地质专业委员会,2012)。

上述同位素分析技术进展和应用领域的扩大,从一个侧面反映了分析测试技术在地球化学学科发展中所起的关键作用。

二、社会需求是地球化学学科发展的动力

地球化学与其他学科一样,是应社会和经济发展的需要而产生、成长的,这在地球化

学的一些应用性较强的分支学科，如勘查地球化学、环境地球化学、农业地球化学、城市地球化学、油气地球化学等学科的发展过程中表现得十分明显。

勘查地球化学在苏联和现在的俄罗斯又称找矿地球化学，或普查地球化学。它是20世纪30年代在戈尔德施密特、维尔纳茨基和费尔斯曼等人应用地球化学原理的影响下诞生于苏联和北欧。第二次世界大战后由于世界经济起飞、工业快速发展，在对矿产的需求大增的情况下自然受到各国的重视。半个世纪以来出现的三次重大的地球化学调查计划，为全球矿产的发现做出了巨大的贡献。

这三个计划是：苏联的金属量测量计划、美国和加拿大的地球化学调查计划，以及中国的区域化探扫面计划。苏联的金属量测量计划自20世纪30年代一直延续至今。这个计划在俄罗斯国土范围之内开展了系统的原生晕、次生晕的中小比例地球化学填图；其中的金属量测量取得了很好的找矿效果。仅从1936年至2001年，借助地球化学方法就查明了30个矿床，其中有金资源量约5000 t的穆龙套巨型金矿、哈萨克地区的许多铅-锌矿床，以及20世纪末在楚科奇找到的非常富的特大型库波尔金-银矿床（表1-1）。

表1-1　俄罗斯（含苏联）通过地球化学找矿发现的矿床[1]

序号	矿床	矿种	地区	发现年
1	瓦利库梅	Sn	楚科奇	1936~1938
2	阿尔谢尼耶夫	Sn	滨海边疆区	1957~1958
3	南科克坚科尔	Mo、W	哈萨克斯坦中部	1957
4	乌尊扎尔	Pb+Zn	哈萨克斯坦中部	1955~1957
5	阿塔苏矿床群	Pb+Zn	哈萨克斯坦中部	1951~1953
6	乌什卡藤Ⅲ	Pb+Zn	哈萨克斯坦中部	1959
7	沙尔基亚	Pb+Zn	哈萨克斯坦南部	1962
8	尤比列伊	Pb+Zn+Cu	鲁德内阿尔泰	1977
9	马列耶夫	Pb+Zn	鲁德内阿尔泰	1979
10	阿尼西莫夫·克留奇	Zn+Cu	鲁德内阿尔泰	1978
11	新列宁诺戈尔斯克	Pb+Zn	鲁德内阿尔泰	1981
12	阿克斗卡，艾达尔雷	Cu	哈萨克斯坦东部	1974~1976
13	穆龙套	Au	乌兹别克斯坦	1958
14	"五月"	Au	楚科奇	1973
15	巴姆斯科耶	Au	阿穆尔州	1978
16	什科利诺耶	Au	马加丹州	1978
17	斯卡利斯特	Au	阿穆尔州	1986
18	卡尼曼苏尔	Ag	塔吉克斯坦	1973~1977
19	戈尔佐夫	Ag+Pb+Zn	马加丹州	1978
20	阿雷拉赫	Ag	马加丹州	1979
21	塔斯尤里亚赫	Ag+Au	哈巴罗夫斯克（伯力）边疆区	1984
22	朱利叶塔	Au+Ag	马加丹州	1989
23	库波尔	Au+Ag	楚科奇	1993
24	科尔皮	Mn	弗拉基米尔州	2001

1）中国地质调查局发展研究中心. 2011. 国外矿产勘查理论、方法和技术——俄罗斯勘查地球化学发展趋势（内部资料）

美国和加拿大的地球化学调查计划始于20世纪70年代。当时，两国根据铀矿资源紧缺的情况分别制定了铀矿资源普查计划；其核心内容是水系沉积物地球化学测量和（美国）水化学测量或（加拿大）湖积物的测量。这两个计划发现了一批新的铀矿产地，为盆地砂岩型铀矿的开发和利用做出了贡献（王学求，2013）。

中国的区域化探扫面计划自1979年开始实施，30余年间，化探扫面覆盖了700多万平方千米的面积。编制了39种元素约900幅1∶20万地球化学图，并分别使用每个1∶2.5万、1∶5万和1∶10万图幅一个平均值数据，编制了1∶1500万《中国地球化学图集》。这一计划提供的巨量信息为新矿床的发现做出了巨大贡献。从1981年到2005年，原地矿部门和国土资源部门根据全国区域化探扫面计划在全国圈定了58788个异常，根据这些异常发现了3349处矿床（表1-2），其中新发现的金矿占70%以上（王学求，2013）。据《中国国土资源报》报道，仅2013年，我国圈定物化探异常6456处，发现矿（化）点1000余处；圈定找矿靶区200余处。发现了西藏两处大型–超大型铜–金矿床（新增铜资源量450万吨），一处隐伏铬铁矿（获50余万吨资源量），贵州新增锰资源量两亿吨，青海累计探获镍资源量100余万吨，此外，辽宁、甘肃、广西、河南、四川、江苏诸省区新增的铜–金资源量均达大型级矿床。

表1-2　中国区域化探扫面计划圈定的异常数和发现的矿床数[1]

五年计划	发现异常数	检查异常数	验证异常数	发现矿床数
"六五"（1981—1985）	5711	2042	741	679
"七五"（1986—1990）	4260	1570	661	689
"八五"（1991—1995）	19870	3692	1074	756
"九五"（1996—2000）	17665	5648	1128	782
"十五"（2001—2005）	11282	4671	614	443
合　计	58788	17623	4218	3349

1）据王学求，2013

三、研究范围越来越宽，研究程度越趋深入

如前所述，地球化学学科已远远突破了通过矿物、岩石以元素为主要分析对象、以查明地壳化学成分为目的的研究范围，而扩展到地球系统的各个子系统，从大气圈到地幔，从地球到地外空间直至太阳系。它既研究有关地球的理论问题（如物质组成、地球、天体、人类、生命、生态环境和元素起源等问题），更多地涉及矿产勘查、环境治理和地方病等一大批应用地球化学问题。

归结起来，地球化学在微观上研究元素、分子、原子和粒子的内部结构；宏观上向时间、空间及时–空组构延拓；时间上从现代和第四纪到前寒武纪，直至地球形成的雏形时期，太阳星云凝聚初期和原始太阳系的问题，甚至探索宇宙"大爆炸"产生氢、氦等元素和恒星中元素的合成与起源；空间上由陆地到海洋直至太阳系的行星际空间。学科的研究范围从地球有关的各种理论研究延伸到全球和区域社会发展的方方面面。研究领域的扩大使地球化学渗透到地球系统的各个子系统，以及社会和经济的各个方面。不仅在解决当前

人类的资源、环境、生态和灾害问题中发挥了作用，而且在丰富和充实地球科学、解决重大科学理论问题中做出了贡献。

地球化学发展到今天产生了许多分支学科，每个分支学科的研究内容在不断拓展与深化，逐渐产生一些新的生长点；这些生长点既是目前正在研究的内容，也是今后研究的方向。试举数例。

环境地球化学出现了研究全球环境的"全球环境地球化学"和探讨区域环境的"区域环境地球化学"，以沉积物为研究对象的"沉积物环境地球化学"，以水为研究对象的"水环境地球化学"，以大气为研究对象的"大气环境地球化学"，以及"表生地球化学"、"生物环境地球化学"和"环境界面地球化学"等。

随着研究的深入，元素地球化学又分化出"微量元素地球化学"、"稀有元素地球化学"、"稀土元素地球化学"、"铂族元素地球化学"和"元素地层学"等。

油气地球化学是在有机地球化学的基础上发展起来的。它研究地质体中有机质的时空分布、化学组成、结构、性质，以及所经历的地球化学作用、演化、成油过程和油藏的运移、聚集、变化。因此，它又生长出应用地球化学测试手段解决油藏勘探和开采中理论和实际问题的"油藏地球化学"、研究勘探过程中地球化学问题的"勘探油气地球化学"和应用地球化学知识和理论，解决油藏开发中相关问题的"油藏开发地球化学"等次级分支学科。

四、各国研究的侧重点各有不同

如前所述，美国、西欧和俄罗斯（含苏联时期）最早开始研究地球化学，克拉克、戈尔德施密特和维尔纳茨基所创立的地球化学学科已经走过了一百多年的征程。在这个过程中，俄、美和欧洲的发展轨迹是有所不同的。

20世纪30年代，费尔斯曼提出的"地球化学探矿"（化探）使应用地球化学在矿产勘查方面发展成一个重要的分支学科——勘查地球化学。费尔斯曼曾指出："矿产学是现代地球化学的一个部分，没有地球化学和矿物学分析方法，矿产学就不能发展……，找矿问题实际上是个纯地球化学问题。"至今，找矿地球化学一直是俄罗斯（苏联）地球化学研究的主要内容和发展方向。

自费尔斯曼创立找矿地球化学以来，苏联的许多学者，如 Э. Н. 巴拉诺夫、В. Л. 巴尔苏科夫、С. С. 斯米尔诺夫、А. А. 别乌斯、С. В. 格里戈梁、Е. М. 克维亚特科夫斯基、Л. Н. 奥夫钦尼科夫、А. И. 彼列尔曼、В. В. 波里卡尔波奇金、Л. П. 索洛沃夫、Н. Н. 索切瓦诺夫、Л. В. 塔乌松等，在原生晕和分散流、水地球化学晕、生物化学晕、气体地球化学晕等方面做了大量的工作。苏联在全国做了大量中、小比例尺的地球化学填图工作，并取得了丰硕的成果。

苏联解体后俄罗斯继续积极开展勘查地球化学、区域地球化学、地球化学填图工作。截至2012年10月1日，已编制成102幅1∶100万地球化学底图（图1-2），覆盖了60.6%的俄罗斯陆地面积。其中34个图幅是采用创新技术的多目的地球化学填图。

第二代1∶20万比例尺国家地质图的地球化学图覆盖了1.9%的俄罗斯国土。在总结和综合地球化学底图成果的基础上，首次编制了1∶250万比例尺的俄罗斯地球化学图。图上标明了各个构造-建造组合的地球化学特征、标准矿床或成矿带和矿区级别的异常地

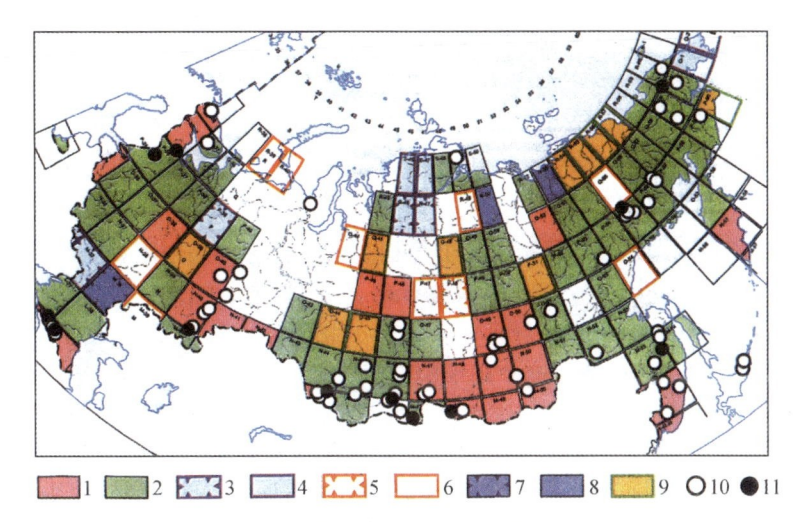

图 1-2 俄罗斯编制的 1∶100 万地球化学底图（据 Кременецкий ИДР., 2013）

1~9——1∶100 万比例尺地球化学底图；1、2——已完成图幅（1——采用多目的地球化学填图技术；2——利用综述性资料）；3、4——2011~2013 年完成的图幅（3——采用多目的地球化学填图技术，4——利用综述性资料）；5~7——2012~2014 年完成的图幅（5——利用综述性资料，6——利用综述性资料并做了地球化学补充研究，7——做了地球化学补充研究）；8——计划于 2013~2015 年完成的图幅；9——计划于 2014~2016 年完成的图幅；10、11——包括 1∶5 万至 1∶1 万比例尺地球化学找矿在内的地勘工作对象

球化学场，并评价了各主要矿种的成矿潜力。如果说俄罗斯地球化学发展的方向是应用地球化学中的勘查地球化学、区域地球化学和地球化学填图的话，那么美国地球化学的研究重点则是与上天、入地、下海有关的理论地球化学。

F. W. 克拉克从 1884 年到 1925 年与他的同事不断探索和改进矿物、岩石的分析方法。他们系统地采集世界各地的岩石、土壤、水和空气的样品，致力于探索岩石圈、水圈和大气圈的平均化学成分。1924 年与华盛顿合作出版的著作中依据收集到的 5159 个数据，计算了地壳的平均化学成分。

海洋地球化学是美国地球化学发展的又一重要领域。第二次世界大战之后，由于政治、军事和经济的需要，各国都加强了对海洋的研究。美国拥有先进的海洋调查船、海洋调查设备和仪器。1968 年开始实施"海洋钻探计划"，到 1983 年完成了 96 个航次 624 个钻位，航程超过 60 万 km，采取了 9.5 万 m 长的岩芯。通过海洋调查，在古海洋地球化学环境、古气候环境、水循环的地球化学过程、海底热液成矿模式、海洋地球化学断面等方面取得了丰硕的成果。

天体化学是美国重视的又一领域。早在 20 世纪 60 年代就开始实施"阿波罗计划"，它的出现导致 20 世纪 60~70 年代产生了液体燃料火箭、微波雷达、无线电制导、合成材料、计算机等一大批高科技工业群体。后来又将该计划中取得的技术进步成果向民用转移，带动了整个科技的发展与工业繁荣，其二次开发应用的效益，远远超过"阿波罗"计划本身所带来的直接经济与社会效益。美国成功实现了 6 次载人登月，苏联实施了 3 次无人取样返回，9 次月球取样返回共取回 382 kg 月岩和月壤样品供进行精细研究；由此，人们不仅对月岩的化学成分、岩浆活动、内部结构演化历史，以及月球系的起源有了新的认识，而且为太阳星云的分馏和凝聚、行星的结构演化、行星早期地质环境的研究提供了佐证。在探月过程中，美国建立了一个专门的测试实验室平台，使用了当时高精尖的仪器设备制定了一系列分析程序，使月岩矿物成分、化学成分和同位素组成的测试精度、灵敏度和准确率达到了前所未有的水准。2004年，美国"勇气"号和"机遇"号火星探测器相继成功登陆，使人类对火星的认识有了很大的提高。美国航空航天局（NASA）正在制定一个"火星取样返回计划"，以探测火星上水和生命起源等一系列重大问题。

目前，美国正在实施一项"美国全球变化研究计划"（USGCRP），用以认识全球气候变化及环境响应机制，预测气候变化或气候变异引起的其他变化，为应对气候变化的相关政策和风险管理提供理论依据。地球化学因素（如碳循环、水循环、大气组分、温室气体、海洋生态和生物地球化学等）对全球气候变化起着重大的影响和制约作用。地球化学是研究全球气候变化必不可少的有力武器，美国国家科学基金会（NSF）全力资助和完善该项计划（郑文江，2013）。

从以上介绍可以看出，俄罗斯（包括苏联）和美国地球化学发展的侧重点有着很大差异。这种差异取决于各个国家的体制、所面临的问题，以及自身的理论和实践水平和所采取的政策。

第三节 国际地球化学对中国地球化学学科成长的影响

中国地球化学学科的真正起步是在中华人民共和国成立之后的20世纪50年代；这时世界地球化学学科已步入稳定发展期，与此相比，我们大约滞后了半个世纪。到了80年代，我国地球化学学科进入快速发展时期，基本形成了较完整的学科体系。21世纪以来，在前面二十余年的基础上，我们努力向国际地球化学研究水平靠拢，逐渐与世界地球化学学科发展的步伐合拍，与之进入同步发展期。在这个"赶路"期间，不同时期国际地球化学的每一次进步，都对我国的地球化学学科发展有着促进和推动作用。

一、起步阶段：以吸取苏联的地球化学思想为主

新中国成立初期，由于经济建设的需要，尽快找到国家建设急需的矿产是地质工作者最重要的任务。他们急国家之所急，尽量将自己的学识应用到地质-地球化学方法的找矿上。在百废待兴的1952年，地质部建立了我国第一个地球化学勘查机构——地球化学探矿筹备组（后改称为地球化学探矿室）。1957年地质部正式组建了地球物理地球化学勘查研究所，内设化探室。

20世纪50~60年代是中国地球化学学科奠定基础的阶段。当时主要围绕找矿工作，开展矿床地球化学、元素地球化学、实验地球化学、同位素地球化学，以及地球化学样品的化学分析研究，结合区测和找矿开展地球化学的基础工作，研究某些元素、岩类和个别矿床的地球化学特征（倪集众和欧阳自远，1999）。

50年代初，各部门就注意宣传国际地球化学的成果，注重培养地球化学人才。1950年涂光炽首先在清华大学讲授地球化学的基本知识和地球化学探矿方法（赵振华和倪集众，1992）。侯德封、叶连俊等应用地球化学原理在中国找到钢铁生产急需的原料——锰

矿。侯德封研究的结果不仅使濒临枯竭的湘潭锰矿起死回生，还提出了华北、华中、华南和西南地区的锰矿成矿规律，从地球化学的角度极大地丰富了矿床成矿理论（欧阳自远，1992）。50 年代末，侯德封又提出并阐明了地层地球化学、化学地理和化学地史的概念。

50 年代末 60 年代初，地球化学工作者结合稀土元素、稀有元素的研究和全国镍、铬、钴、铂、金刚石、钒、钛、铀和硼的系统调查，开展了有关的元素地球化学、矿床地球化学和实验地球化学研究。中国科学院和（原）地质部的相关研究机构分别开展了同位素地质年龄测定和稀土元素的系统研究。与此同时，中国科学院系统、产业部门和高等院校相继建立了一些地球化学研究室、实验室和教研室，这些工作不仅为中国地球化学研究与应用打下了良好的基础，提供了中国第一批地球化学数据，而且培养了一批日后成为中国地球化学研究中坚力量的人才（倪集众和欧阳自远，1999）。

由于地球化学在新中国成立后短短的几年间就做出了一定的成绩，因而得到国家的重视。1956 年国家制定的科学技术发展远景规划纲要中，地球化学被列为大力发展的新学科。在这份"规划"的指引下，教育部门十分重视地球化学人才的培育。1956 年南京大学设立了我国第一个地球化学专业。1958 年中国科学技术大学在全国首设地球化学系。1960 年北京地质学院设立了地球化学探矿专业。

在 20 世纪 50～60 年代，尤其是 50 年代苏联地球化学学者的学术思想对我国地球化学学科的创立和发展起到了很大的推动作用。出版部门出版了不少苏联专家的论著。如谢尔盖耶夫等的《地球化学探矿法》（1954）、A. A. 萨乌科夫的《汞的地球化学》（1955）、A. H. 谢洛夫的《金属的水文地球化学找矿法》（1958），以及 A. H. 谢洛夫 1957～1959 年在南京大学开设的地球化学培训班上的讲稿。苏联专家为我国培养了第一批地球化学师资，我国教学人员编写了第一部地球化学教材——《地球化学》；出版了《地球化学找矿法基础》和《稀有元素地球化学》。

苏联专家积极建议中国同行按苏联规范开展化探工作，在地球化学找矿工作中普遍开展了金属量测量工作。如南京大学在 A. H. 谢洛夫指导下 1958 年在宁静山进行综合地球化学找矿。共采取金属量测量样品 5399 个，检水样 93 个，分散流样品 117 个，植物样品 1277 个，控矿采样 156 个。长春地质学院在进行 1∶20 万地质测量时取金属量测量样品 46403 个，取样面积 20000 km^2，发现找矿异常区 23 个。1959 年在进行 1∶20 万地质测量时，取金属量测量样品 125051 个，取样面积 65000 km^2，找到异常区 75 个。

50 年代地质部和石油工业部还组织了一些油气化探队伍，在全国开展油气化探工作，苏联专家也起到了重要作用。

二、发展时期：引进西方的测试技术

在发展时期，我国引进了不少使分析测试工作如虎添翼的西方测试技术。

我国地球化学在经历了 60 年代后半期到 70 年代中期"文化大革命"期间的蛰伏时期之后，80 年代步入了快速发展时期。中国科学院于 1966 年在贵阳成立了地球化学研究所，1987 年在广州设立了中国科学院地球化学研究所广州分部，1993 年中国科学院广州地球化学研究所正式挂牌。此外，中国科学院系统的兰州地质研究所和青海盐湖研究所也建有相应的地球化学研究室。在工业部门，地质矿产部下属的中国地质科学院地质研究所、矿床研究所及一些大区所（如南京地质矿产研究所、西安地质矿产研究所、沈阳地质矿产研究所、天津地质矿产研究所、宜昌地质矿产研究所）也设有同位素地质和同位素地质年代学等实验室。石油、冶金、有色和核工业等部门及其相关的总公司也设有地球化学研究室或实验室，开展各个领域、不同矿种的地球化学研究。这些研究所、研究室和实验室也引进了先进设备仪器，如电子探针、扫描电镜、激光拉曼光谱、X射线荧光光谱、X射线衍射仪、气相色谱仪、多道能谱仪、等离子体质谱仪和同位素质谱仪等等。

各大专院校也把培养地球化学人才放在了重要地位：中国地质大学（北京、武汉）、长江大学、中国科学技术大学设立了地球化学系或地球化学与稀有元素系；北京大学、吉林大学、兰州大学、西北大学等多所大学设立了地球化学专业。

20世纪80年代，改革开放为中国的地球化学工作者打开了走出去的大门。他们不仅学习了西方国家的地球化学思想，而且引进了推动地球化学发展的先进分析测试仪器和技术。如具有低检出限、高灵敏度、快速的IPC-MS、IPC-AES、XRF、AAS、GC-MS等仪器分析方法。

至20世纪末，在吸收西方国家地球化学思想、引进先进分析测试仪器和技术的基础上，中国地球化学学科已基本形成了较完整的学科体系；它的许多分支学科（如矿床地球化学、元素地球化学、区域地球化学、环境地球化学、勘查地球化学、有机地球化学、农业地球化学、实验地球化学、同位素地球化学、第四纪地球化学，以及天体化学、地球化学热力学和地球化学动力学等）都取得了重要成果。

三、新世纪：融入国际同行的同步发展行列

（1）中国地球化学研究已经达到能够"上天、入地、下海"的水平：2004年我国开始了"绕月探测工程"计划，欧阳自远担任这项工程的科学应用首席科学家，负责研究探月工程欲解决的地质-地球化学问题、解决方法，以及海量数据的收集和解释。现今我国"嫦娥三号"已软着陆月球，实施国际上首次着陆器就位探测与"玉兔"号月球车巡视探测的联合探测，首次实现"巡天、观地和测月"科学探测。2008~2012年组织实施了"国家深部探测技术和实验研究专项"，建立了地球化学基准网，实施的六口大陆科学钻井获得重要发现。"蛟龙"号深潜器已潜入7000 m洋底，进行了观测和取样。

（2）自行研制各种地球化学探测仪器设备：国家专项"深部探测技术和实验研究"的地下物质成分探测技术有了重要进展，其中地壳全元素探测项目发展了4种地球化学探测技术，包括地壳中所有天然元素的精确分析技术、中-下地壳物质成分识别技术、穿透性地球化学探测技术、海量地球化学数据和图像显示技术。"蛟龙"号深潜器和探月工程的各种设备和测试仪器全都是自行研制和生产的。

（3）研究成果达到世界先进水平："区域化探扫面计划"是一项科学与调查紧密结合的大型计划，至今已覆盖了全国700余万平方千米国土面积。该计划使用水系沉积物作为采样介质，每平方千米采取一个样，每4 km^2 组合为一个分析样，每个样分析39种元素。通过所编制的约900幅1:20万地球化学图，共圈定58788处异常，发现3349个矿床。该计划无论是规模还是所取得的成果都达到世界领先水平。

国家专项"深部探测技术和实验研究"是我国历史上规模最大的地球物理和地球化学深部探测计划，它成功地实现了技术创新和重大科学发现，建立了覆盖全国的大地电磁参

数网和地球化学基准网，完成了 6000 km 深地震反射剖面，使我国进入国际深部探测大国的行列。

（4）积极参与国际地球化学活动和计划：我国参加了"国际大陆科学钻探计划"（ICDP），成功地研制了我国首台自主研发生产的万米超深科学钻探设备。国际大陆科学钻探计划秘书长 Thomas Wiersberg 博士认为，中国是 ICDP 中最活跃的国家之一。

1988 年和 1993 年，国际地球化学填图计划（IGCP 259）和全球地球化学基准计划（IGCP 360）先后被纳入国际地质对比计划（IGCP）之中。国际地球化学填图计划制定了国际地球化学填图的标准化方法，以便于全球地球化学数据的对比；全球地球化学基准计划则研制了地球化学填图的超低密度采样方法，以制作元素周期表上除惰性气体元素和人工元素之外的所有天然元素全球分布的地球化学图。我国也积极参与了这两项计划。

作为国际地质对比计划之一的全球地球化学基准计划（IGCP 360）在全球部署了 5000 个基准网格，落在中国的约有 500 个，其中完整的格子约 300 个，要系统采集有代表性的岩石组合样品约 10000 件，疏松沉积物样品约 6000 件，精细分析涵盖元素周期表上除惰性气体外几乎所有元素的含量，制作化学元素时空分布地球化学基准图。中国已基本完成了采样工作，初步制作了地球化学基准图。

第四节　地球化学学科发展展望

地球化学与地球科学的其他学科一起，一方面肩负着研究当代地球科学面临的五大基本理论问题——太阳系、地球、生命、人类和元素的起源与演化的重大使命，另一方面要研究和解决影响人类生存所面临的一系列重大问题——资源短缺、全球气候变暖、生态环境恶化和自然灾害频发。这些使命和问题过去是，今后仍然是地球化学学科研究的重点。

一、全球气候变化

全球气候变化是当今全世界最为关心的问题之一。美国的"USGCRP"在 2012 年的研究经费就达 10605 万美元，比 2011 年增加了 33%；许多国家都有类似的计划。

全球气候变暖是个不争的事实。气候变暖引起海平面上升、极端天气频发，气候变化导致干旱、洪水、农业歉收，以及人类生存环境恶化。导致气候这种变化的因素很多，既有自然原因，也有人为原因。目前人们更多地着眼于温室气体效应。二氧化碳（CO_2）和甲烷（CH_4）是最主要的温室气体。随着工业文明的到来，1800 年后大气中的 CO_2 和 CH_4 急剧增高（图1-3，图1-4），它们对全球变暖有着重要影响。CH_4 虽然在大气层中含量很低，但它的效应是 CO_2 的 10~20 倍，似乎对全球变暖的影响更大。

为了应对温室气体效应，人们一方面设法控制 CO_2 的排放，另一方面设法封存排放的 CO_2。并由联合国倡议（《联合国气候变化框架公约》）于 1997 年 12 月 11 日在日本签订《京都议定书》，以控制大气中人为产生的温室气体（主要为 CO_2）的含量。至于封存 CO_2，无论是将 CO_2 封存于地下（如枯竭或开采到后期的油气田、废弃的煤矿、地下深部含盐蓄水层或地下溶洞），或是将 CO_2 排入大洋；这些都是目前在积极研究的课题。地球化学是应对温室气体效应必不可少的手段。

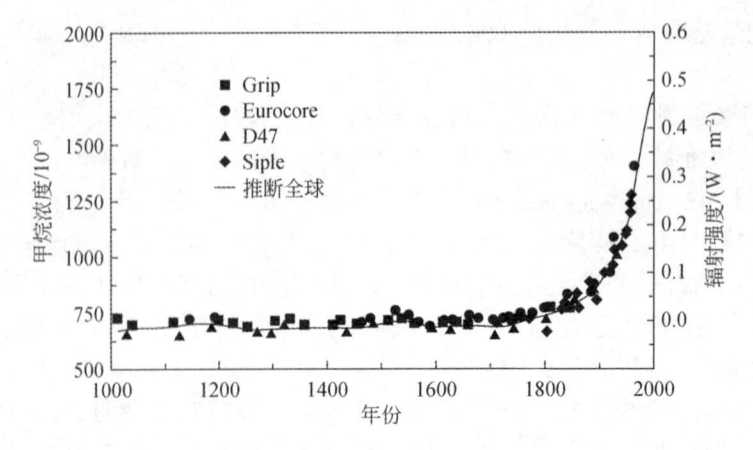

图 1-3 过去 1000 年全球中大气甲烷浓度的增加趋势
(据王淑玲和田黔宁, 2014[①])

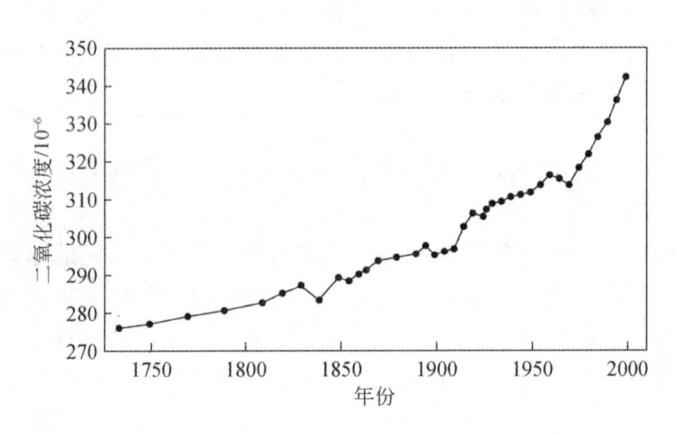

图 1-4 全球二氧化碳浓度随年份的变化

实际上全球气候变暖远不只是温室气体效应,也远不是这么简单就能解决的。影响变化的自然因素不仅重要,而且十分复杂。它包括碳循环、水循环、大气组分及其温室气体的变化过程、海洋和陆地生态系统、海洋和大气环流等;影响气候变化的人为因素:城市化、人口增长与经济发展,以及工业化等。研究这些因素并找出解决办法,除了地球化学学科外还需要多学科相结合,既研究过去和当前全球气候的变异,也要对将来气候的变迁做出预测,评估变化带来的影响。可以说,全球气候变化的研究是摆在地球化学和其他学科面前的一项艰巨任务。

二、未来的热点——城市地球化学

城市化是社会发展的一个普遍规律。今天世界人口的一半多生活在城市地区,预计到

---

① 王淑玲和田黔宁. 2014. 天然气水合物环境问题. 北京:中国地质图书馆

2050年城市地区的人口将达到63亿，占世界人口总数的67%。城市化的焦点由发达国家转向亚洲、中东、非洲和拉丁美洲的发展中国家。据预测，到2025年将有10亿人住在人口超过500万的大城市中。人口超过1000万的巨型城市1970年只有两个，到2025年将增加到37个（Lyons and Harmon，2012）。

随着城市人口的高度集中，伴随而来的是矿产资源、食物、水和能源的大量消耗。今天占地球陆地面积2%的城市地区产生了全世界（国内）生产总值的80%，它们承担了全球30%的能耗和80%的CO_2排放。资源的消耗在生产了大量工业品的同时，也产生了巨量的废弃物和严重的污染，不仅严重影响了人类的身体健康，也破坏了生态的完整性和多样性。一个城市的生态足迹，或总的负担可能是巨大的。通常与城市化相伴随的是每个人的生态足迹在增大。例如北京居民的生态足迹是中国人均的3倍。世界24个巨型城市中有20个空气质量已退化到严重影响人体健康的地步；世界10个污染最严重的地方有9个是工业城市，且大部分在发展中国家（Lyons and Harmon，2012）。

城市环境问题不同于一般的环境问题。城市环境下的地球化学现象深深地影响着有害的微量金属、有毒的有机化合物及生产中废弃物的特征、分布和扩散过程。天然景观被道路、停车场、建筑物和住宅开发所取代，带来的是不透水的地表；不渗透区扩展使降水能渗透到地下的总面积减少了，导致频繁而严重的洪水泛滥，河漫滩和湿地丧失，水系搬运能力下降，水温、水流、沉积作用和生物栖息地的改变影响了城市环境的水质，化学化合物快速搬运到水系中，影响它们的性状、分配和最终的储存。绿色空间的数量和规模严重减少；人口密度的加大又影响了城市的地球化学作用，带来难以预料的生态后果。城市地球化学流是城市地球化学学科最重要的研究对象；在发达国家，城市地球化学被称为科学的前沿领域。

三、地球化学的新任务：资源和环境

当代社会一方面随着工业发展、人口增长和生活水平的提高，对矿产资源的需求越来越大，另一方面随着地表矿的枯竭，寻找深部矿、隐伏矿提上了日程，找矿难度越来越大，作为重点找矿方法——地球化学找矿面临一个重大转折。

20世纪90年代，为了寻找隐伏矿诞生了一系列地球化学方法，包括以气体为采样介质的地气类方法和以土壤为采样介质的选择性提取方法。这类方法统称为纳米地球化学方法或深穿透地球化学方法。

深穿透地球化学方法也称穿透性地球化学方法。它是通过研究成矿元素或伴生元素从隐伏矿向地表的迁移机理，测量穿透覆盖层到达地表的元素的含量和成分，探索与隐伏矿有关的地球化学模式，以顺利找到隐伏矿。这个方法的特点是：获取的是穿透性信息，这种信息的穿透力强，探测深度大；尽管信息很微弱，但所表现的异常衬值较大。该方法与常规地球化学方法的区别在于：①常规方法探测的是原地风化产物，穿透性地球化学方法探测的是穿透覆盖层的信息；②常规方法用于出露矿或原地沉积物覆盖矿的勘查，穿透性地球化学方法则用于外来盖层的隐伏矿勘查。如图1-5所示，对隐伏矿床只能用特殊的手段，提取或捕获其下伏隐伏矿的成分被某种营力穿透盖层迁移到达地表的信息，才能找到它们（王学求，张必敏，刘学敏，2012）。

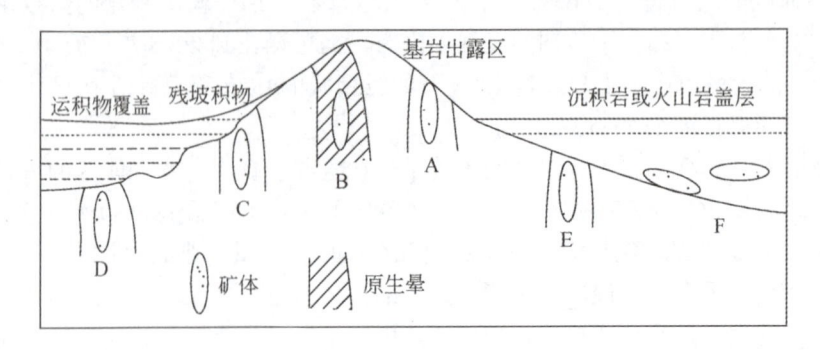

图 1-5　矿体产出的类型与方法技术的使用示意图（据王学求，张必敏，刘学敏，2012）
A——出露矿；B——盲矿；C——半出露矿；D、E、F——隐伏矿

目前深穿透地球化学方法尚处于研究和试验阶段。中国也参加了"国际深穿透地球化学研究计划"。未来将发展系列深穿透地球化学理论和方法技术，将物理分离技术与化学提取技术相结合，建立盆地深穿透地球化学区域调查技术研究。

随着工业的发展，人类生活环境严重恶化已是不争的事实，人类赖以生存的空气、水、土壤遭到污染，酸雨事件、烟雾事件、光化学事件不断暴发，生态环境遭到破坏，频发的环境灾害引起各国的重视。作为地球化学与环境科学相结合的环境地球化学得到迅猛发展，据中国地质图书馆统计，环境地球化学是 1972～2007 年中文地球化学文献中增长最快的一个分支学科（图 1-6）。

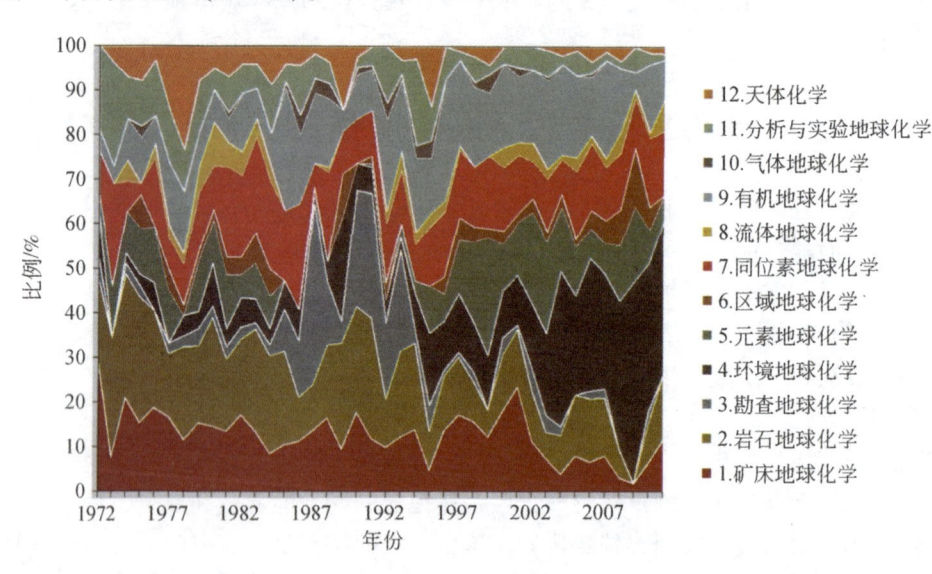

图 1-6　1972～2007 年地球化学各分支学科中文文献所占比例图示

为了应对环境问题，20 世纪 70 年代英国皇家学会组建了"环境地球化学与健康专题委员会"，率先开展了环境地球化学填图工程。现在综合性多用途的环境地球化学填图（表 1-3）在北欧、北美、俄罗斯和中国全面展开。可以肯定地说，在最近的数十年中，环境依然会是地球化学学科关注的热点之一。

表 1-3 已出版的国家级或跨国家（地区）的地球化学图件统计[1)]

序号	图集名	作者	年份
1	北爱尔兰地球化学实验图集	J. S. Webb	1973
2	Wolfson 英格兰及威尔士地球化学图集	J. S. Webb 等	1978
3	Shetland 区域地球化学图集	J. Plant 等	1978
4	Orkney 地球化学图集	J. Plant 等	1978
5	阿拉斯加地球化学图集	Weaver 等	1983
6	德意志联邦地球化学图集	Fauth 等	1985
7	江西西北地球化学图集	谢学锦等	1985
8	北斯堪的纳维亚地球化学图集	Bolviken 等	1986
9	奥地利地球化学图集	Thalmann 等	1989
10	芬兰地球化学图集（第一部分：地下水）	Lahetmo 等	1990
11	地球化学图集	Koljonen	1992
12	英格兰及威尔士土壤地球化学图集	McGath 和 Loveland	1992
13	中国土壤背景地球化学图集	郑文光等	1994
14	牙买加地球化学图集	Lalor 等	1995
15	波兰地球化学图集	Lix 和 Pogiczna	1995
16	芬兰地球化学图集（第三部分：河水和沉积物）	Lahermo 等	1996
17	斯洛伐克地球化学图集：森林物质	Mankovska	1996
18	斯洛伐克地球化学图集：地下水	Lapant 等	1996
19	中白令海地区环境地球化学图集	Reimann 等	1998
20	斯洛伐克地球化学图集：土壤	Curlik 和 Sefeik	1999
21	拉脱维亚地球化学图集	Kadunas 等	1999
22	中国生态环境地球化学图集	李家熙等	1999
23	挪威地球化学图（第一部分：河漫滩沉积物化学组分）	Ottesen 等	2000
24	意大利 Campania 环境地球化学图集	Ottesen 等	2003
25	北欧农业土壤地球化学图集	De Vrio 等	2003
26	东白令海地区地球化学图集	Retmann 等	2004
27	欧洲地球化学图集（第一部分）	Salminen 等	2005
28	欧洲地球化学图集（第二部分）	De Voa 等	2006

1）据谢学锦，2003

四、生命的起源

探索生命起源和演化是地球化学研究的终极目标之一。近 20 多年来，对洋底进行地质调查和生态学考察的技术手段取得了空前的进步，通过下潜到水深 5000 m 以下的洋底观察和取样所获得的成果进一步推动了对生命起源的研究。

通过深海调查，在大洋中脊发现了许多作为热液排出口的深海硫化物"烟囱"。研究人员在这些"烟囱"周围发现了生命活动现象和独特的生命群落。近年来在天然气水合物调查中发现了与硫化物"烟囱"周围见到的深海生物群落非常相似的与天然气水合物伴生的深海生态系统。研究发现，海底沉积物中天然气水合物的存在创造了一个被微生物和大型生物密集群落利用的栖息地。这些生物包括双壳类、被称为"*Vestimentiferan*"的管蠕虫、多毛类环蠕虫、须腕动物、海绵动物、腹足类动物和小甲壳类动物等。它们依靠吸食丰富的经化学作用合成的原体微生物（如古细菌和细菌）为生。在有天然气水合物存在的黑暗的深海中，生命的基本过程不是依靠光合作用（该过程是利用太阳所释放的光转化成生物体所需要的能量），而是一种新陈代谢作用的"化学合成作用"。自营有机体（如某些细菌）通过这种方式获得转化有机质中的碳所需的能量，并通过氧化无机物质完成生命过程所必需的生命合成作用。这些生物体的行为就像最初级的生产者为食物链上较高的生物提供食物。1997 年 7 月 12 日，研究人员在墨西哥湾 550 m 深处的一个天然气水合物的露头上发现了无光环境中的"冰蠕虫"①。这是一种属于环节动物门的多毛类动物，数量最多的是甲烷虫（*Hsiocaeca*）（图 1-7）。它没有嘴和消化器官，它把生活在其细胞组织中的化学合成细菌当做自己所需要的能量和营养的来源。

图 1-7　墨西哥湾 540 m 深处的天然气水合物矿床
表面的甲烷虫（*Hsiocaeca*）和冰蠕虫（*Methanicola*）
橘色的水合物是由于天然气水合物矿床中有带油脂光泽的凝析相所致。
这些冰蠕虫从水合物表面挖掘通道直达下面的沉积物

上述这些发现为地球生命起源准备了新假说的依据。这些假说认为，最早的有机生命体是自养生物而将 CO_2、NH_3、H_2S、H_2O 和 PO_4^{3-} 等无机分子合成自养生物利用的有机分子需要催化剂的参与。催化剂主要由蛋白质组成，其表面活性成分中经常会含有过渡金属（Fe、Co、Ni）和 S，因为这些金属硫化物在地球早期生命过程中可能发挥了重要作用。

Russel 等基于地球化学理论提出了另一种生命起源假说。他们认为冥古宙酸性、温热的海水（90 ℃）与碱性、还原性热液（150 ℃）混合，使胶态的 FeS 以薄膜的形式自然沉淀，并在膜内形成氨基酸和有机含硫聚合物，随着它们的浓度越来越高，这些有机分子

---

① 王淑玲和田黔宁．2014．天然气水合物环境问题．北京：中国地质图书馆

聚合覆盖在 FeS 的内表面，或者组成胶团，逐步形成了早期的类细胞结构，这种结构也为 RNA 和 DNA 的产生提供了可能（许恒超和彭晓彤，2013）。

构成生命有机体的主要成分是 C、H、O 和 N，其次有 P、K、Ca、Fe、Mg、S、Mn 和 Zn 等，地球的早期生命虽然没留下化石遗迹，但是留下了化学遗迹。现代科学技术的发展有可能在古老的沉积物中发现早期生命的化学遗迹，以破解地球生命起源之谜。

五、地幔钻探

继 20 世纪 70 年代苏联开展超深钻探之后，许多国家包括中国都开展了大陆科学钻探计划。大陆科学钻探计划的目的是直接获取地球深部物质样品，以及深部岩石和流体的各种物理、化学和生物参数。时至今日，人们迫切希望开展地幔钻探，对原位地幔物质进行观测和取样。

大陆地壳最薄处也有三四十千米，从大陆上是很难达到地幔的。目前大陆钻探所见到的是地壳物质，至多也就是一些间接的地幔物质，为此科学家设想在大洋底部的海岭，特别是最具优势的太平洋海岭进行钻探。那里地壳最薄，只有六七千米。海岭也是地幔物质上升的地方（图 1-8）。如果钻到纯橄榄岩层便可认为钻到地幔了。通过地幔钻探，预期可以解决诸多的地质问题，给地球化学一个新的展望（荒井章司，2013）。

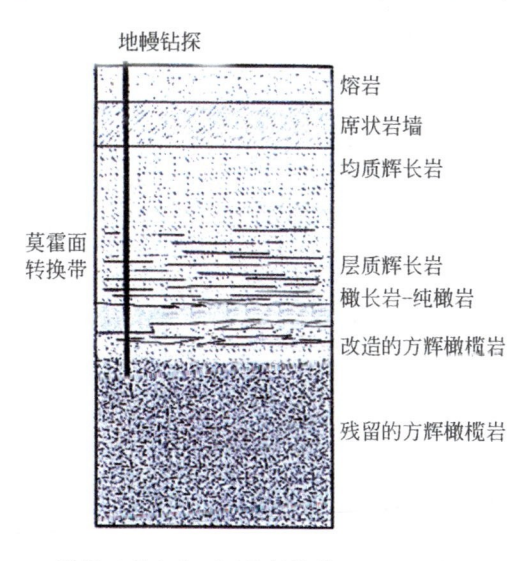

图 1-8 洋脊区洋壳岩石圈的结构模型（荒井章司，2013）

六、火星：地球外空间探测的下一个目标

美国通过载人登月的"Apollo 计划"（1961～1972），在 Apollo-11、12、14、15、16 和 17 任务中共成功采集并返回了 2196 份独立的岩石、土壤和岩芯样品。总质量为 381.69kg。苏联 Luna-16、20 和 24 任务（1972～1976）利用机器采样并成功返回 300 g 岩芯样品（孙灵芝，凌宗成，刘建忠，2012）。我国探月工程也已实现月面软着陆，并采取

样品，即发射返回舱，采集关键性月壤和月岩样品后返回地球，以供进行全面精细的研究。月球探测通过样品的地球化学研究，能取得大量第一手的月球资料。

火星是离地球最近的一颗行星。目前研究所知，火星大气圈的成分 CO_2 占 90%，其余 10% 为水蒸气、N_2 和其他气体，火星大气中发现含有极微量（约 30×10^{-12}）的甲烷气体。CO_2 水合物存在于火星地表以下，因为那里的温度很低（$-127\sim-40$ ℃），通常认为，表面温度的季节性变化影响气体水合物的形成和分解，造成了火星大气成分的连续变化。CO_2 水合物也存在于火星表面的极地冰盖和大气的云层中。据估计，气体水合物稳定地带从表面往下延伸了 1 km 之多。就地可能从水合物获得资源（如水）；这种可能性有助于刺激人类尝试在火星上定居。这也是人们热衷于火星研究的原因之一。

目前已制定了火星国际取样返回计划，该计划的主要科学目的是：

①预测火星上 C、N、S 的存在及相关化合物的化学、矿物、同位素组成。

②通过与生命相关的矿物及有机分子、同位素组成，评价过去的生命和生命前驱物质的证据。

③解决火星上水与岩石相互作用的物理化学条件。

④确定火星上沉积、成岩、风化和岩浆活动等地质作用的绝对年龄。

⑤通过沉积物和沉积过程的研究，解释火星的古环境和表层水的历史。

⑥解释火星风化层的形成过程和多样性的原因。

⑦认识火星大气层的组成及其变化。

⑧评价火星可利用的资源。

⑨识别载人火星探测过程中可能出现的生物和毒性物质危害，以及尘埃的危险性。

无疑，火星探测的上述科学目的将会给地球化学学科带来新的挑战。

主要参考文献

陈骏和王鹤年. 2004. 地球化学. 北京：科学出版社

董树文，李廷栋，高锐等. 2013. 我国深部探测技术与实验研究与国际同步. 地球学报，34（1）：7~23

侯读杰和冯子辉. 2011. 油气地球化学. 北京：石油工业出版社

李杰，施泽明，高琴等. 2012. 我国城市地球化学热点领域研究进展及展望. 物探与化探，36（2）：429~434

刘洪波和关广岳. 1992. 矿床成因理论的历史演化. 沈阳：东北工学院出版社，88~92

倪集众和欧阳自远. 1999. 再版《趣味地球化学》跋. 见：费尔斯曼. 趣味地球化学. 长沙：湖南教育出版社，453~485

欧阳自远. 1992. 侯德封对中国地质地球化学的贡献. 见：陈国达，陈述彭，李希圣等主编. 中国地学大事典. 济南：山东科学技术出版社，398

钱会，马致远，李培月. 2012. 水文地球化学. 北京：地质出版社

孙灵芝，凌宗成，刘建忠. 2012. 美国阿波罗月球样品的处理与保存. 地学前缘，19（6）：128~136

王鸿祯. 1999. 中国地质科学五十年. 北京：中国地质大学出版社

王学求. 2012. 全球地球化学基准：了解过去，预测未来. 地学前缘，19（3）：7~18

王学求. 2013. 勘探地球化学 80 年来重大事件回顾. 中国地质，40（1）：322~329

王学求，徐善法，程志中等. 2006. 国际地球化学填图新进展. 地质学报，80（10）：1598~1606

王学求，张必敏，刘学敏. 2012. 纳米地球化学：穿透覆盖层的地球化学勘查. 地学前缘，19（3）：

101~112

吴凤鸣.1996.世界地质学史.吉林:吉林教育出版社,335

奚小环,李敏.2013.现代地质工作重要发展领域:"十一五"期间勘查地球化学述评.地学前缘,20(3):161~169

谢学锦.2003.全球地球化学填图.中国地质,30(1):1~9

谢学锦.2008.全球地球化学填图——历史发展与今后工作之建议.中国地质,35(3):357~374

谢学锦,李善芳,吴传壁等.2009.二十世纪中国化探.北京:地质出版社

徐莉,孙晓明,翟伟等.2009.中国大陆科学钻探(CCSD)主孔流体地球化学和矿化特征.北京:地质出版社

徐绍史.2012.化探方法技术研究发展.中国地质学会90周年纪念文集,北京:地质出版社

徐书荣,王毅民,潘静等.2012.关注地质分析文献,了解分析技术发展.地质通报,31(6):994~1016

许恒超和彭晓彤.2013.地球系统中生物成因硫化物矿物:类型、形成机制及其与生命起源的关系.地球科学进展,28(2):262~268

张宏飞和高山.2012.地球化学.北京:地质出版社

赵振华和倪集众.1992.涂光炽对中国地球化学的贡献.见:陈国达,陈述彭,李希圣等主编.中国地学大事典.济南:山东科学技术出版社,398~399

中国地质学会同位素地质专业委员会.2012.同位素地质分析技术与应用研究新进展(代序).地质学报,33(6):843~844

郑文江.2013.美国全球变化研究计划.地球科学进展,(3):275

朱训和陈洲其.2003.中华人民共和国地质矿产史(1949~2000).北京:地质出版社

荒井章司.2013.サィェンスとしてのマントル掘削そのインパクトと展望.地球化学,47,167~170

加藤学.2013.火星がらのサンプルリターン.地球化学,47,163~166

杉崎隆一.2013.私论地球化学の広域的視野を探る,とくにその社会の機能.地球化学,47,149~154

Condon D J and Schmitz M D. 2013. One Hundred Years of Isotope Geochronology, and Counting. Elements, (9): 15~17

Lyons W B and Harmon R S. 2012. Why Urban Geochemistry? Elements, (8): 417~427

White W M. 2013. Geochemistry. Wiley-Blackwell

Кременецкий А А, Морозов Д Ф, Киселев Е А. 2013. Разномасштабные геохимические работы: состояние и путь повышения эффективности прогноза и поисков твердых полезных ископаемых и углеводородного сырья. *Развебка ц охрана небр*, (8): 3~6

(作者:项仁杰、周新华)

第二章 中国地球化学学科的形成和发展

中华大地作为远古时期人类文明的发源地之一，早在两百多万年之前就有了人类居住。在这片辽阔富饶的土地上，数十处古人类遗址揭示了这样一个事实：东方的亚洲极有可能是一处与非洲一样人类从猿到人的重要"故居"，同样演绎了由蒙昧时代经过野蛮时代直到今天文明时代的人类历史。

现代自然科学虽然不是起源于华夏大地，我们所研究的地球化学学科牵涉到的地球科学、地质学和化学学科，也只是在19世纪后半叶从欧洲逐渐引入中国。但是，人类文明史中，人们对地球和自然界的认识是人类文明史的一个重要组成部分；其中，对矿物和岩石的认识正是作为固体地球科学四大支柱之一的地球化学学科的基础。虽然地球化学作为一门学科，在中国不过数十年的时间，而我们查阅到的资料无可争辩地证明，在五千年中华文明史的沃土中，早就孕育了对地球和"石头"的认识。

有了这样的沃土，有了数千年的积累，有了国际同行和我国前辈科学家的引领，经过长久的萌芽和孕育时期，经过20世纪中叶的创建、成形阶段，终于有了今天蓬勃发展的地球化学学科。

温故而知新。数千年的积累是中国人对人类文明史的贡献，老一辈科学家数十年的辛勤耕耘、劳作及其所取得的成果是地球化学学科今后发展的基石。

第一节 古代中国地球化学思想的萌芽

我国科学家对华夏大地上古人类遗迹的发掘和研究证明，两百多万年前，中华大地就是古人类的一处重要活动场所。仅河北阳原泥河湾遗址群的研究，就发现并确认了完整而系统的一整套从旧石器时代至新石器时代的文化遗存，无可争辩地证明了华夏大地是"东方人类的故乡"。

在石器时代发展的基础上，华夏大地孕育和发展了五千余年科学技术和人文思想的中华文明；其中包括地球科学所涉及的对地球、矿物、岩石、矿冶，以及有关成矿作用理论和找矿实践的地球化学思想和方法的萌芽。

一、人类对地球认识的深化是地球化学学科产生的基础

研究表明，刚刚从树上来到地上的古猿最早萌发的是欲从自然界获取"生存之道"，包括如何能顺利地从河流中获得水，从大地上取得食物，利用天然的山和石头躲避和抗击豺狼虎豹的侵袭，在最安全的环境中使自己的族群能最大限度地维系生命和延续发展。

在基本满足衣、食、住、行的基本生活要求之后，自然还要满足自己对既壮丽和谐又深邃而变幻莫测大自然的好奇心，以满足自己精神上的需求。于是产生了寻求风雨雷电起

因，了解山、石、水、土来源和用途的精神需求，甚至产生了寻找宇宙起源、天地肇始和人地关系等问题的答案的想法。

其中最主要的是关于对地球的认识，以及对包括矿物和岩石在内的"石头"的认识和利用，从而进入对地球和自然界由感性认识到理性认识的探索。

美国遗传学家摩尔根在《古代社会》一书中根据人类社会生产技术的发展，将从史前到有文字记载时代人类进化的过程，划分为蒙昧时代（又分为前、中、后三期）、野蛮时代（包括前、中、后三期）和文明时代。人文科学家则以文字的出现和使用作为"文明时代"伊始的标志；再根据原始人使用的劳动工具，将人类的历史划分为四个阶段：旧石器时代、新石器时代、青铜器时代和铁器时代。

生活在文明时代的人类，由于和谐、壮丽而又深邃和变化莫测的大自然的诱惑，对地球充满了敬畏、恐惧、膜拜和好奇的心理，产生了对地球和大自然的种种猜疑和设想，形成了种种有文化意义的感性认识和理性认识。例如，公元前600年希腊哲学家泰勒斯认为地球是一个"平面的圆盘"，这个住有人的"圆盘"在波涛汹涌的大海上随波逐流地飘荡。古代印度人则认为地球是一个由大地、大象和龟组成的"三层结构"。早期中国的地学思想更是丰富多彩，无论是对矿物、岩石、陨石或化石，还是对地震、地层和找矿，都提出过自己的见解。成形于公元三千多年前的《周易·谦卦》中，就以"地道变盈而流谦"来解释地表形态的变化（白电和王子贤，2000）。

早期的欧洲人认为，宇宙物质（实际上是指组成地球的物质）是由火、气、水和土四种"元素"组合而成；其中火最轻，气与水次之，土最重。因此，地球是以土为主构成的。这就成了他们所说的"地球是宇宙中心"的"论据"。古希腊哲学家亚里士多德（公元前384～前322年）在这个观点的基础上建立了自己的哲学（刘洪波和关广岳，1992）。在这样的哲学基础上，造就了欧洲中世纪神学思想统治下的"地心说"时代。他们认为，浩瀚的宇宙之中地球是它的中心，地球与围绕它运行的日月星辰组成了一个球状的"宇宙"。不过这里必须说明一下，当时所谓的"宇宙"实际上是指包括地球在内的太阳系。

在中国，远古时期就有了"盘古开天"和"共工怒触不周山"的传说；此后又经历了古代哲学家对地球认识的发展轨迹：从自然崇拜"万物有灵"的泛神论到荀子的"人定胜天论"，再到董仲舒的神学唯心主义"天人感应论"，以及王充的"天地合气，万物自生"的唯物主义史观的思想轨迹（白电和王子贤，2000）。可以说，世界上没有一个国家有我国这样全面而完整的对地球的认识历程。

在古人探索地球奥秘的基础上，人类在最近三四百年前开始了科学地探讨地球形成和物质组成的研究。16世纪中叶，这一认识有了一次重大的转机：1543年哥白尼发表了《天体运行论》，全面阐述了"日心说"的基本原理。他告诉人们，"宇宙"的中心不是地球而是太阳。地球只不过是太阳系中一颗"普通"的行星。这一理论解放了人们的思想，实现了地球科学认识论的第一次飞跃。

到了20世纪70～80年代，资源的匮乏、生态环境的恶化、物种的锐减、极端天气和灾害事件的频发，终于敲响了生态环境危机的警钟。警钟的敲响使全世界的科学家和有识之士认识到我们的地球不是一颗"普通"的行星，而是太阳系中一颗特殊的行星；地球的发展过程不完全取决于自然因素的控制，而是在相当程度上掺和了日益增强的人为力量。由此，人类对地球的认识发生了第二次飞跃：得到了"地球是一颗与众不同的、具有多重特质和功能的特殊行星"的结论;这种以崭新的思想取代"地球是太阳系中一颗普通的行星"的结论,成为20世纪中最伟大的科学发现之一(白电和王子贤,2000)。

这就是最近数百年间,在科学思想指导下,人类对地球的认识过程和获得的结论。这一认识看起来是那样的"简单"而"平凡",实际上指导着人们对地球形成、演化的认识,是人类开发和利用地球上资源的圭臬(国家自然科学基金委员会,1996)。

二、中国古代对岩石、矿物的认识孕育着地球化学思想

现代地球化学已经是与地质学、地球物理学和大地测量学共同组成的固体地球科学的四大支柱学科之一(欧阳自远,2001),是从地球内部化学元素的分布、运移、分散和聚集入手,探讨地球的化学过程;这个化学过程说穿了就是矿物、岩石及其特殊"变种"——矿石的形成和聚散过程;同时,也从陨石中获取它所传达出的地外物质的地球化学信息(倪集众,2001)。不言而喻,矿物、岩石和陨石是地球化学研究的基本对象,也是世界各国地球化学家看起来是"分别"从不同渠道进入地球化学研究,实际上是殊途同归之"道"。

我国作为有着五千年历史的文明古国,自然有一个蕴涵十分丰富的关于矿物、岩石、陨石、矿冶和找矿经验的知识宝库。从两百万年前的旧石器时代到距今约一万年前的新石器时代,人类就是凭着在自然界学会对石头的认识,度过了由猿到人的艰难岁月;从石器的制造和利用过程中获得了生存和繁衍的必要条件,创造了灿烂的彩陶文化。在夏、商、周和春秋战国的奴隶社会,靠着对自然铜和孔雀石等含铜矿物的认识,迈上了青铜器时代的康庄大道;随着对铁矿石的冶炼和利用经验的积累,顺利地进入大量使用铁器的农耕封建社会。

由此足以说明,由对矿物、岩石及其特殊变种——矿石的认识中获得生命的延续和繁荣,促进了生产力的发展和社会的进步。据不完全统计,在数千年漫长的生存和发展过程中,我们的祖先先后认识了脉石英、石英岩、燧石、玛瑙、玉髓、黑曜石、水晶、蛋白石、石灰岩、白云岩、石墨、自然铜、自然金、孔雀石、水胆矾、胆矾、黄铜矿、辉铜矿、斑铜矿、黑铜矿、磁铁矿、赤铁矿、镜铁矿、黄铁矿、褐铁矿、石陨石、陨铁、锡石、方铅矿、白铅矿、自然铅、闪锌矿、菱锌矿、异极矿、自然银、辉银矿、辰砂,以及芒硝、石膏、绿松石、滑石、叶蜡石、云母、高岭土、石棉、萤石、和田玉、蛇纹石玉……两百多种岩石、矿物、矿石和陨石等(王根元,刘昭民,王昶,2011)。

下面按照石器时代、青铜器时代和铁器时代的顺序,按照历朝历代对矿物和岩石的认识和利用过程,介绍我们的祖先是怎样完成这一历史使命的。

(一)对岩石的认识促进了人类文明的发展

中国古代的地球化学思想萌芽最早肇始于对岩石和矿物的认识。

首先,对岩石的认识具有十分重要的意义。人类学家和考古工作者正是依据石器的精密、精致和光滑程度及其用途,作为划分出"旧石器时代"和"新石器时代"的主要依据。而由石器时代进入青铜器和铁器时代的划分依据,则是以对矿物、岩石物理性质的认识转向对化学性质的认知,彰显了认识论上的一次飞跃。

从野蛮时代走进石器时代的中国先民,早在两百多万年前就居住在华夏大地。其中1999年安徽当涂人字洞中发现的200万~240万年前亚洲最古老人类制作的工具,以及上

文提到的泥河湾遗址的研究是两个无可争辩的实证。

据考证，全世界百万年以上的人类文化遗存不过55处。而由50多个国家上千名学者对河北阳原泥河湾遗址群的考察、发掘，发现了涵盖包括整个早、中、晚三期旧石器时代和新石器时代的文化遗存156处。其中以马圈沟、小长梁、东谷坨、飞梁和岑家湾等遗址为代表的旧石器时代早期遗存就有48处；这些遗址的年代之久远和密度之高，堪称世界罕见。这里所出土的旧石器时代的石器是人类对岩石认识的极品和典范。

从石器的制造和使用可以看出，旧石器时代中华大地的古人类对岩石的认识侧重于它的物理性质，如块度、硬度和坚韧程度。特别是在制作砍砸器时，既要考虑制作时的难易程度，又要照顾到使用时硬度所起的作用。周口店的发掘表明，早期的北京猿人的石器主要原材料是石英、砂岩、燧石、火石、蛋白石、水晶、角页岩和少量火成岩；到山顶洞人时代已经能制造坚韧并具贝壳状断口的石英或燧石质岩等比较精致的石器了。此外，山顶洞人遗址中发现的涂抹有赤铁矿粉末的石灰岩装饰品和陪葬品，表明那个时候已经有了矿石化学性质（颜色）的萌芽。

旧石器时代晚期的石器制作得更加精致，愈益细小，出现了石箭头、钺形小刀之类的复合工具，这些经过二次加工的细石器标志着人们手中又增添了新型的武器和工具（朱训，2010）。

到了新石器时代，华夏古民对岩石的认识和利用，开始朝向两个不同方向发展。

一个方向是继续沿着一般"石头"的利用方向，打造愈益精致的生活必备的石器、器具和武器，以满足提高物质生活质量之需。与此同时，在日益增多的对自然物质性质了解的基础上，萌发了用火改变岩石和黏土化学性质的尝试，出现了岩石和黏土经火烧之后，制作出单色陶和彩陶器物的创新器物；从而促进了我国延续了数千年之久的陶器文明。

由石器技术演进到陶器工艺，从岩石学的观点看，实际上是人类对岩石和黏土（矿物）化学性质认识的升华。难怪它被明代宋应星以"水火既济而土合"的科学道理列入了《天工开物·陶埏》篇（朱训，2010）。

另一个发展方向，是华夏民族自古以来就将岩石中的一类"美石"——玉石与民族文化、民俗文化、礼器文化相结合，形成了一种独具特色的文化形态——"石文化"和"玉文化"。

近年来，中国观赏石协会组织石界文化人士和观赏石爱好者总结了中华传统赏石文化的历史框架，并将其简要表述为：中华传统赏石文化孕育于人类蛮荒时期的石器时代，起始于先秦及其后的秦汉时期，在魏晋—南北朝—隋唐五代时期得到了大力的发展，唐元时期臻于成熟，明清时期达到昌盛的水平，清末民初进入了转型阶段；到20世纪中叶，特别是改革开放后的今天，中华传统赏石文化进入了一个新的复兴时期。这一观点虽然尚在研究之中，整体而言是符合历史事实的。

赏石文化研究表明，河南省舞阳贾湖文化遗址和南京鼓楼区北阴阳营新石器时代的考古发掘中，分别发现墓葬中距今8000年左右具观赏价值的962颗龟腹石子和距今5800年前的76粒未经任何加工的天然砾石——雨花石，可以认为它们是中华大地最早的赏石文化遗存，标志着华夏民族在距今8000年前就已经从"用"石头进入了"玩"石头的层次——即从"石文化"步入了"赏石文化"的发展阶段。

考古发掘表明，从石器时代到陶器时代，如我国的良渚文化遗址、红山文化遗址和龙山文化遗址中都发现了大量精美的玉器。考古人员在大约五千年前的红山文化遗址中发掘出中国最早的"玉龙"刻件。到了殷商时期，各类玉器的制造技术和工艺水平都达到了日臻成熟的阶段。当时已能制作出礼器类、陪葬品类（璧、圭、璋、琮、璜、琥、玉戈、玉镞、玉矛、玉斧、玉锛、玉铲和玉凿等）、佩饰品类（手镯、发笄、饰坠、串珠、玉龙和玉凤等），以及生活用品类（玉梳、玉匕、玉簋、玉簪）等玉器。

内蒙古、山西、河北、福建、广东、浙江和江苏等地出土的石器研究表明，从新石器时代到商代，中华大地的先民已经认识和利用花岗岩、板岩、透辉石岩、凝灰岩、煌斑岩、流纹岩、辉长岩、滑石岩、独山玉、安山岩、大理岩、泥质灰岩、白云母片岩、碧玉岩、石英闪长岩、硅质岩、蛇纹岩、浮石及火山渣等二十多种岩石（王根元，刘昭民，王昶，2011）。

（二）对矿物和矿石中有用组分的认识推动了矿冶的发展

从石器时代经铜器时代再到铁器时代，是古人对岩石性质认识的深化过程，深刻地反映了对岩石及其"变种"（矿石）的认识，表明古人对岩石的认可已从单一的物理性质认识向物理性质与化学性质并重的方向升华。

随着对岩石认识的提高，在公元前两千多年时，中国社会进入了一个新的阶段——青铜器时代。

后人对河南安阳殷墟、郑州古代炼铜工地遗址的发掘和研究表明，商代（公元前16世纪至公元前11世纪）是我国青铜器制造的鼎盛时期。

下面四个例子足以说明在青铜器时代中国人对矿石和矿物成分的认识；其中两个值得一提的实例，足以说明当时对矿石化学成分的认识程度及当时的冶炼工艺水平。

第一个实例，是仰韶文化早期姜寨遗址中发掘的黄铜片分析结果，证实了"有铜锌矿存在的地方，原始冶炼（可能通过重熔）可以得到黄铜器物"。现代冶金技术表明，正是因为有金属铜的存在，使锌蒸气通过扩散作用溶解于铜并降低铜的熔点，从而得到了黄铜（朱训，2010）。

第二个例子，是1939年河南安阳武官村出土、重达875 kg的后母戊鼎（曾用名"司母戊鼎"）的化学成分分析，正是符合古人铸造青铜时要求的"刑范正，金锡美，工冶巧，火齐得"的"金锡美"标准。"金锡美"即是指铜与锡的合金配比。此尊后母戊鼎的成分分析结果为：Cu 84.77%，Sn 11.64%，Pb 2.77%。这一成分配比符合冶炼青铜的最佳比例。

第三个实例，根据西汉初年成书的《周礼》中六种神器所含 Cu 和 Sn 的测定（表2-1），那时已经明确知道铜锡合金的成分和性能（章鸿钊，1927）。

表2-1 六种青铜神器的合金成分（章鸿钊，1927）

神器名称	铜含量/%	锡含量/%
钟鼎	83	17
斧斤	80	20
戈戟	75	25
大刃	67	33
削杀矢	60	40
鉴燧	50	50

《天工开物》中不仅提到不同成分的铜合金（表2-2），还将其用于不同年代铜钱的制造。并且在11世纪的宋代，我国就已经知道利用锌（Zn）元素冶炼铜合金（章鸿钊，1927）。

表 2-2 各类铜合金的成色（章鸿钊，1927）

合金	$w(Cu)/\%$	$w(Sn)/\%$	$w(Zn)/\%$
黄铜	60		40
响铜	80	20	
低器铜	40~50		50~60
火烧铜	70		30

第四个实例，早在汉代中国人就已经认识到锌元素的性质，并能有意识地配比适当的锌含量以制造钱币。

章鸿钊（1925）的研究中说，"中国锌（元素）的利用最早可追溯到汉朝（公元前202年~公元220年）。"并指出在王莽时期已经大量利用锌了；《史记》和《汉书》中的"连"和"链"可能就是指锌矿石，随后的秦、隋和唐代所用的"鑞"似乎也含有锌。到宋代时，某些钱币中含锌可达13%以上，明、清时代就更不用说了（图2-1）。

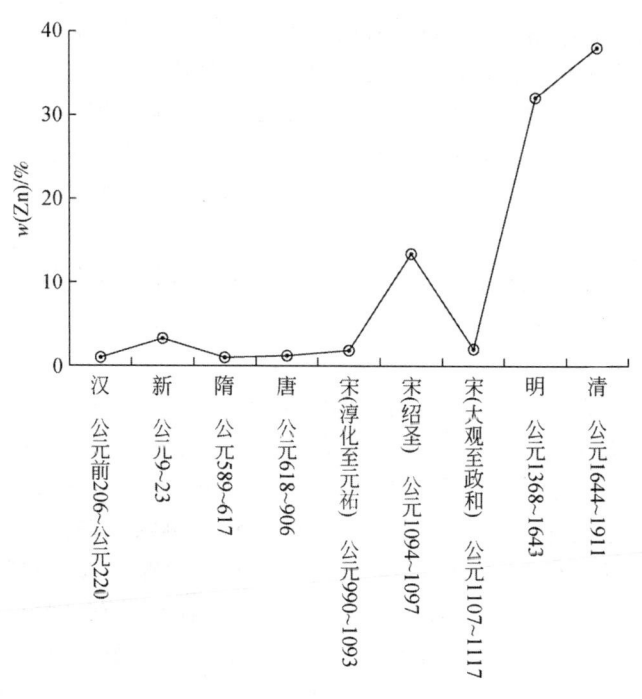

图 2-1 古钱锌含量变化图

由于铜的硬度相对于铁要低一些，资源量和分布也有一定的局限，铜的开发利用受到一定的限制；于是公元前五六世纪的春秋战国时期，我国开始制作和使用铁器。目前认为，1975年河南洛阳出土的公元前5世纪的一件铁锛遗物当为我国最早的铁质工具。其他的考古发掘也表明，铁器的使用在春秋战国中期已相当普遍。如1950年河南辉县魏墓中曾发掘出58件犁铧、䦆、锄、臿（铲）、镰、斧等农具，表明当时已经具备从奴隶社会转型进入使用多种铁质农具、以农耕为主的封建社会特征。

青铜器的出现，特别是铁器的广泛使用，促进了春秋战国时代矿冶的大发展。据研究，现今的山东淄博、河北邯郸的铁矿、湖北大冶铜绿山的铜矿、山东的铅矿，以及汉水、汝河和金沙江的沙金，都是当时开采的重要铁矿、铜矿和金矿（朱训，2010）。

（三）对玉石特性的认识推动了中国传统石文化的演进

秦汉时期对玉石有了进一步的认识和利用：迄今所发现的以玉片裹尸的金缕玉衣和丝（线）缕玉衣均是这个时期的时兴随葬品。1968年河北满城发掘的西汉中期中山国靖王刘胜和他的妻子窦绾的金缕玉衣墓葬，共消耗岫岩玉（蛇纹石玉）玉片计4658片，金丝重约1700 g。

如果说上述的发现主要来自考古成果的话，那么进入有文字记载的文明时代以来，各种古籍、方志、游记、笔记、小说，以及各类"石谱"和"本草"等浩如烟海的文献，更是为我们保留了古人对岩石（矿石）化学成分认识过程的"记录"。这是一笔无形的资产和宝贵的文化资源。

公元一二世纪之交完成的《汉书·地理志》记载了"瑶"和"瑾"等美玉在各地的分布。宋代的文人雅士特别钟情于奇石的玩赏，文学家、诗人、画家和词家统统爱上了看似与文化不搭界的矿物和岩石，这种特殊的爱好使他们对石头如痴如醉，爱不释手，甚至与之称兄道弟，作揖跪拜。在这样的文化情境下，自然出现了众多的"石谱"。其中最为著名的是杜绾的《云林石谱》。杜绾积自己广游天下、实地考察、亲攀山崖的经验、积累和收藏的经验，开奇石入谱之先河，在自己的著作中介绍了当时所玩赏的116种奇石的产地、产状、特征及其典故轶闻，为自然界的石头抹上了一层浓浓的文化色彩，为其进入文化范畴鸣锣开道。《云林石谱》中具首创意义的是首次列入了前人未曾涉及的化石和矿物（晶体）。该书所记载的太湖石、灵璧石、昆石和英石从此被认定为中国著名的四大古代名石；当代石界也认为这一著作是有文字著录奇石以来的开山之作，对普及矿物和岩石知识做出了不可磨灭的贡献。

除了宋代的《云林石谱》之外，在相当于十至十三世纪的宋、金、元王朝时期，还有不少石谱著作，如渔阳公的《渔阳公石谱》、苏易简的《砚谱》、米芾的《砚史》、唐积的《歙州砚谱》、叶樾的《端溪砚谱》、高似孙的《砚笺》、李之彦的《砚谱》和曹绍的《歙砚说》等。其中有多部著作不约而同地将笔触指向最适宜制作砚台的一大套泥质、粉砂质（或含云母）泥岩、灰岩和页岩。这一对砚石研究的独特"爱好"被英国科技史学家李约瑟誉为"一件乐事"和"西方似乎完全没有与此相当的文献"（王根元，刘昭民，王昶，2011）；这种文化现象也从一个特有的角度反映出中国人对岩石认识中的汉字文化特色；它不仅在中华大地历久弥新，而且远播于韩国、日本和东南亚诸地。

明代的《徐霞客游记》是后人从徐霞客数十年历尽艰辛游历全国17个省千山万水所留下的240多万字中选出约40万字的精粹。他考察了当时中国疆域内各式奇山异水的地理、地貌、水文、地质，探索了河流的源头和矿物、岩石的分布和成因。特别是对广西、贵州、四川、云南的石灰岩地区的研究，以及对江西、湖南的古近系至新近系红色岩层、黄山花岗岩、浮石和玛瑙的研究，为后人留下了弥足奇珍的矿物和岩石知识。

清代对岩石的认识除了延续历朝历代为采矿和冶炼、满足造币与市场所需的金、银、铜、锡和铅等金属矿石外，奇石、砚石和玉石成了有关著作的荦荦大端。如高兆的《观石录》、宋荦的《怪石赞》和沈心的《怪石录》都是其中的佼佼者；它们以相当的篇幅描述和称颂奇石的雅致及其欣赏价值。

（四）中国古代对陨石的认识已达到相当的深度

作为地外来的"陨石"，从本质上讲也是一种与地球化学研究密切相关的一类岩石，是现代地球化学学科中天体化学分支的研究对象。

学者们认为，我国古代保留了世界上最早、时间最长、内容最丰富的古代陨石的记录（禤锐光和夏晓和，1983）。

首先，我国古代对陨石名称的研究就说明古人对陨石的兴趣及其研究程度。古人最早把铁陨石叫做"金"，铁陨石雨被称为"雨金"。据考证，在北宋（960～1127年）之前统称为"陨石"（禤锐光和夏晓和，1983）。在有了一定数量的陨石记录之后，便开始对其进行分类。古籍中就有"铁雨"（铁陨石）、"陨石"（石陨石）和"雨灰"（陨石在空中破裂呈灰尘状落下）之分（王嘉荫，1963）。民间对陨石的叫法多与天上的"雷""龙"相关联。如"雷斧""雷楔""霹雳堪""霹雳车""雷矢""雷石""龙珠""落星石"等。

其次，历代对陨石的记载和研究都颇为重视。周朝时设有专门的"保章氏"一职，"以志日月星辰之变动"。古代不论是官家还是民间，都有以陨石的陨落占卜人间万象的习惯（王嘉荫，1963）。

最有意义的是古人对陨石成因的探讨和认识。

汉代司马迁就明白地说"星坠至地则石也"，说明那时候就知道"陨石是天上掉下来的石头"（禤锐光和夏晓和，1983）。战国时期荀子（孙况）还说出了人们对陨石应有的态度："夫星之坠，木之鸣，是天地之变，阴阳之化，物之罕至者也。怪之可也，而畏之非也"（王嘉荫，1963）。到了宋代，沈括在研究了（宋）治平元年（1064年）坠落于江苏宜兴县的铁陨石之后，在《梦溪笔谈》中开始把铁陨石与石陨石分开；"雨金"与"雨铁"也不再混为一谈了。禤锐光和夏晓和（1983）认为这是沈括在陨石研究中的一大创举，具有划时代的意义。

最后，古代中国对陨石特别是铁陨石的利用也很值得称道。

我国发现最早利用陨铁的时间是商代。1972年河北藁城台西村商代遗址中有一件铁刃青铜钺。铁刃宽60 mm，2 mm，嵌入头部10 mm深。经现代分析鉴定，这件铁刃中含镍在6%以上，含钴大于0.4%。且铁刃中没有人工冶炼常见的杂质，而显现八面体结构铁陨石的铁镍分布特征。这足以证实它是陨铁所锻成（李众，1976）。此后，1977年北京市平谷县刘家河村的商代前期墓葬中，也发现一件制作水平相近的铁刃铜钺（朱训，2010）。

这些发掘不仅表明我国古代对铁陨石的性质已经有了一定的认识，也说明三千多年前商代的冶炼和锻造技术已相当发达。

（五）矿物知识的积累推动了中医中药的发展

如果说中国文明历史的早期，是通过各种质地的工具、农具的使用和玉石的赏玩而认识岩石和矿石性质的话，那么矿物知识的积累则主要来自具医药疗效和具玩耍性和装饰性的矿物。

王根元等通过对新石器时代到商代的四川、陕西、山东、河南、山西、河北、江苏、甘肃、重庆、广西、浙江和湖北等30余处遗址出土器物和装饰品的研究发现，古代中国人在新石器时期至商代，就已经能够辨认和利用20来种矿物。这些矿物包括绿松石、软玉、水晶、萤石、红铜（自然铜）、孔雀石、蓝铜矿、斑铜矿、长石、方解石、锡石、白铅矿、黄金、含银自然金、辰砂、滑石，以及陨石中的陨铁等（王根元，刘昭民，王昶，2011）。

经过夏商周三代的辨识和积累，到春秋战国时期已经有能力和一定的积累，将它们的性质、产状和分布记载于文献之中。其中最著名的有《尚书·禹贡》、《范子计然》和《山海经》。前两本书中不仅描述了当时"九州"的土壤、河流和物产的分布，还介绍了金、银、铜、铁、锡和铅六种金属，以及石英、自然硫、胆矾、石钟乳、禹余粮（褐铁矿）、硝石、滑石等20多种矿物的性状和分布。《山海经》是一部蕴含地质、地理、物产、矿藏的集大成者，内容之丰富，资料之翔实，涉及范围之广简直达到空前绝后的程度；不由得使人猜疑可能是数十代人之集体创作成果。它记载了89种岩石和矿物的309处产地。有研究者指出，《山海经》是将岩石和矿物按"金""玉""石""土"分类法的首创者（王根元，刘昭民，王昶，2011）。

中国古代的帝王将相们几乎无不期盼自己能"长生不老"，因而自先秦时代就延续下来包括"炼丹术"所使用的汞、金、铅、银、云母、石胆、硫磺、铜磠砂（氯化铵）等矿物的性质、分布和使用方法等记载，并不断得到更新和扩充，使自秦汉以降，便"歪打正着"地对矿物有了更多的了解。

科技学史家认为，成书于西汉末年的《神农本草经》是最早将矿物作为药剂的古籍。书中介绍的120多种药物中不仅提到了石英、禹余粮、丹砂、蓝铜矿、云母、钟乳石、滑石、石灰、雄黄、雌黄、阳起石、石膏和白垩等四五十种矿物，还详细描述了它们的药性、疗效和养生知识。矿物知识的陡增，促进了铁矿、铜矿、汞矿、金矿、铅矿和锡矿等矿山的开采。据《汉书·地理志》记载，当时全国有在采的金属矿山112处；采矿业达到了空前的规模和前所未有的水平（王根元，刘昭民，王昶，2011）。

魏晋南北朝延续了秦汉时期从矿药探讨其药性和药理过程。华佗的弟子吴普在《吴普本草》中详细描述了丹砂、云母、钟乳、矾石、硝石、水银、长石和阳起石等30多种矿药的形态、光泽、纹理、滑感、鉴别、分类和产地。这些早期研究的成果为后人进一步发掘和研究打下了基础。公元1世纪中叶之前成书的著名炼丹家葛洪所著的《抱朴子》和著名药学家陶弘景所著的《名医别录》都证明了这一点，特别是《名医别录》中所介绍的矿药达六七十种之众。

隋唐五代时期随着矿业和矿药药理研究的深入，在采矿和矿冶方面有了较大的发展。对矿物知识的积累主要体现在诸多版本的本草类著作中，这些记载也为加深矿物共生关系的认识提供了不少实际资料。

与前朝一样，隋唐五代时期在诸多本草类书籍中，记述了诸家的研究和应用成果。王根元等（2011）的论著中提到了《图经本草》、《经史证类备急本草》、《本草衍义》、《日华子诸家本草》、《开元本草》、《嘉祐补注神农本草》、《本草成书》、《重广补注神农本草并图经》、《洁古珍珠囊》、《绍兴校正经史证类备急本草》和《汤液本草》等有关著作。其中以前三部著作最具特色：苏颂等人的《图经本草》以首创附有矿药图谱为特色；唐慎微的《经史证类备急本草》是一部包括有143种矿药1558种药物的巨著，在李时珍之前的500年间被奉为本草研究的圭臬；寇宗奭的《本草衍义》则以丰富的药理、药性和临床应用知识及富有独到见解为特色。

在隋唐经济和科技发展的基础上，宋金元时代的经济有了相当大的发展。科技史专家甚至认为，这个时期（公元10~13世纪）中国工矿业的生产状况相当于英国16~17世纪工业革命初期的水平；因为当时煤、铁的产量比数百年后的工业革命先锋——英国的产量还高。在这种强大国力的推动下，科学技术的发展达到了中国古代科技发展的巅峰阶段（薮内清，1967）。

此外，秦汉时期对矿物颜料的研究和使用也有相当的水平。长沙马王堆1号汉墓出土的一幅彩绘帛画中使用了朱砂（辰砂）、石青（蓝铜矿）和石绿（孔雀石）等矿物颜料（薛愚，1984）。

总的来说，这个时期对矿物、岩石的认识水平和深度，进入了探讨其地质成因和矿物共生组合的阶段。关于矿物共生组合的研究，请见本章的相关部分。

明代有关矿物知识的著作有三部堪称代表性、经典性的巨擘鸿篇；它们是李时珍的《本草纲目》、宋应星的《天工开物》，以及后人整理编撰的《徐霞客游记》。

李时珍经近30年的亲尝亲探、跋山涉水积累了巨量的实际资料，在他的晚年终于完成了巨著《本草纲目》。书中详细论述了"金石部"的161种矿物药材，系统记述了它们的名称、形态、产状、物性、产地和鉴别方法。该书对我国古代具药疗作用的矿物、岩石作了系统性总结，被史家称为是历代本草著作的集大成者。

由以上论述可知，中国古代就把矿物作为一种药物，认识到矿物中的某些元素或化学成分有益于人体健康，或者能治疗某些疾病。

三、中国古代地球化学思想的萌芽

虽说地球化学作为一门学科是最近一百多年时间里，从地质学与化学这两门学科的边缘发育而"脱胎而出"；但是，我们从上述中国古代历史悠久且丰富多彩的对地球、矿物、岩石和陨石的认识中，以及找矿和冶炼实践中，看到中国古代在不少方面已经有了地球化学思想的萌芽。这些萌芽虽然不一定符合现代地球化学原理，但它们是实践的总结，有一定科学道理的。

据王根元等（2011）研究，早在先秦时期，《考工记》中就指出"郑之刀，宋之斤，鲁之削，吴粤之剑，迁乎其地而弗能为良，地气然也。"这句话的意思是说，想炼出郑国的刀，宋国的砍刀、斧头，鲁国的小刀、画刀，以及吴粤的宝剑；换一个地方，就难以得到那么好的矿石原料。什么原因？皆因"地气"之故！用现代的话说就是什么样的地质-地球化学环境才能产出什么样化学成分的矿。

葛洪在《抱朴子》中说："凡生金，此是以丹作金之说也。故山中有丹砂，其下都有金。"此话印证了《管子·地数》中所言之"上有丹砂者，下有黄金"的结论。

这种地球化学的萌芽思想，在公元前2世纪成书的《淮南子》中，被归结为中国传统文化的"阴阳五行"思想。阴阳五行认为,"东""南""西""北""中"分别与铅(青金)、铜(赤金)、银(白濒)、铁(玄金)、金(黄金)五种金属,以及砆(雄黄?)、青曾(孔雀石)、赤丹(辰砂)、白礜(砷)、玄砥(磨石)五种矿物(或岩石)相对应;也就是说,由于不同方位"气"的差异才能有不同矿产的产出。

到了晋代,张华把先秦的"气成说"演绎为"地气说"。他在《博物志》中说:"地性含水、土、山泉者,引地气也,山有砂者生金,有穀者生玉。"如此说来,他把水与土结合起来,发挥了地下水在其中的作用。张华还将地下的矿藏与地面的植物联系起来考虑。《博物志》中曰:"积艾草,三年后烧,津液下流成鈆锡。已试。有验。"据王根元等考证,"鈆锡"只是指"铅矿";表明艾草是地下有铅矿的地方性指示植物。这一论述完全与现代生物地球化学思想相符合(王根元,刘昭民,王昶,2011)。

南北朝时期佚名作者所著的《鹤顶新书》中,在阴阳五行的基础上将其与不同方位、不同性质的"气"相结合,用以解释不同矿物的成因。书中写道:"铜与金、银同一根源也,得紫阳之气而生绿,绿二百年而生石,铜始生于中,其气禀阳,故质刚戾。"又写道"金公以丹砂为子,是阴中之阳,阳死阴凝,乃成至宝"(王根元,刘昭民,王昶,2011)。

从魏晋南北朝到隋唐五代时期,炼丹家和药学家对岩石与矿床的共生关系认识,以及萌芽状态的生物地球化学思想有了一定的发展。《本草拾遗》、唐《新修本草》、《药性本草》、《千金食治》、《食疗本草》、《海药本草》、《四声本草》、《删繁本草》和《本草音义》等著作中,既描述了日益增多的矿药种类,也为相关矿种的共生关系和古代生物地球化学思想萌芽提供了更多的实际资料。不过,此类资料毕竟是经验性和区域性的,其科学性和疗效有待进一步探讨。

宋代有关成矿作用的想法又有了新的进展。其中宋元之际郑思肖和杜绾的研究成果最值得称道。郑思肖在完成于13世纪末14世纪初的《所南文集》中,将由于地下水的循环作用而沉积于岩石裂隙中的矿脉,比拟为人体的血脉,导出了含矿溶液的地球化学过程的道理。这一先进的地球化学成矿思路比西方类似的观点早了两个多世纪(刘洪波和关广岳,1992)。

杜绾在《云林石谱》中不仅介绍了奇石的观赏价值,还着重考查分析了不同形态奇石的成因。他说:"韶州石绿色,出土中。一种青绿相兼,磊块或如山势者。一种色销次。一种细碎杂砂岩,……大抵穴中因铜苗气薰蒸作用,即此石共产之也"(王根元,刘昭民,王昶,2011)。用现代观赏石成因观点看,这是一个很好的从地球化学环境探讨其成因的实例。

第二节 现代中国地球化学学科的启蒙和孕育

19世纪中晚期至20世纪初是中国现代地球化学学科的启蒙和孕育阶段。

鸦片战争以来中国的门户洞开,大批西方和日本的传教士、商人、科学家来到中国,他们传教、做生意,或者深入内地进行科学考察,既收集中国的政治、民情和资源情报,也在客观上给中国传授了科学知识。据统计,当时来华进行地质、考古和地理考察的西方人士达百余人次之多(吴凤鸣,1990)。较为著名的有德国人李希霍芬、俄国人奥勃鲁契夫和瑞典人斯文赫定等。他们除了进行野外考察,也有的著述地质学、考古学和地理学的专业书刊；其中较为有影响的有《地理全志》、《博物新编》、《遐迩贯珍》和《六合丛书》等著作（王根元，刘昭民，王昶，2011）。

一、"西学东渐"推动了中国地球化学学科的萌发

近代自然科学发轫于欧洲文艺复兴时期。

科技史和文化史学者认为，尽管古代中国与古代希腊都有着高度发达的文明，毕竟由于哲学基础和地理文化背景的差异，而走上了一条不同的科学发展道路。从哲学和人文思想基础分析，科学的种子最容易在像古希腊那样的城邦制和海洋文化造就的富有独立、自由和民主思想文化背景的国家和地区发轫，因为它们具有较强的抽象性、逻辑性和辩证性，强调矛盾双方的对立。而古代中国长期处于自然经济的封建主义统治下，人的哲学思想以整体性、经验性和思辨性较强为特征，在这种强调矛盾双方"合"而"不分"的文化背景下，实在难以生发出自然科学的萌芽和茂盛的枝杈（中国地质学会，2010）。

然而，在外力的影响下，即使是"基础"，也不是永远不能改变的。清朝中晚期，在国力的日渐衰落和列强侵入的背景下，文化的土壤经不起潮流的冲刷，最后在列强的烟枪、洋枪和大炮的轰击下，闭关自守的"城墙"终于轰然倒塌，开放了的"门户"给中国吹进了"西学东渐"之风。随着外国传教士和地质学家纷纷来到中国，清王朝也靠着"赔款"派出青年学生赴欧美和日本诸国学习科学知识，无形中开拓了"中学"与"西学"的沟通、交流和融合。与此同时，在"中学为体，西学为用"和"师夷长技以制夷"的思想基础上出现的办洋务热潮，在形势的逼迫下出现了被动式的文化转型。从此，包括稚嫩的地球化学学科萌芽在内的中国地质事业，开启了一个启蒙和孕育的新阶段。

在长期认识和积累矿物、岩石和矿石的基础上，逐渐萌发了"什么地方能找到所需要的矿"，"怎样才能找到大矿和富矿"的企望。这就自然而然产生了成矿理论和找矿方法的问题。在萌芽过程中，不乏显露出现代地球化学的思想和方法；使"闭关自守"和"唯我为大"的思想开始发生彻底的转型。

这种转型表现在如下三个方面。

一是外派幼童赴西方和日本留学，学习自然科学和各门工程学。在西方文化的冲击下，清王朝于1872年开始向西方派出首批十至十五六岁官费留美幼童。四年中先后派出120人。其中学习地质矿产专业的有邝荣光、吴仰曾等15人。他们回国后都参加了中国地质事业的初创工作。1896年，中国开始向日本派遣留学生，之后逐年递增，至1906年达两万人之多。到了20世纪初叶，留学西方和日本的老一辈"海归"学者纷纷学成归来，客观上为我国的地质学和矿物学发展播下了学术的"种子"。他们中的章鸿钊、丁文江、翁文灏、李四光，以及何燏时、顾琅、张资平和董常等人，回国后都成为我国地质学、岩石学和矿物学等矿产事业的一代中坚（王根元，刘昭民，王昶，2011）。

二是在国内开办地学教育。两次鸦片战争之后，清朝统治者接受"师夷长技以制夷"的思路，认为办洋务才能救助日渐衰落的大清王朝（经典课程编委会，2014b）。洋务派通过"革新军事工业"、"发展民族经济"和"开办教育"，竭力推动"洋务运动"。虽然洋务运动在中日甲午战争之后以失败而告终，然而以中国第一所近代学校——"京师同文馆"为标志的人才培养工作，为其后中国现代化运动的深入储备了重要的力量（经典课程

编委会，2014a）。

洋务运动在创办京师同文馆的同时，还创立了一批中国近代的新式学校。如船政学堂、水师学堂、武备学堂和机械学堂等，开展近代军事和自然科学教育。到19世纪末，以新创办的京师大学堂为首，带动山东、江苏、直隶、两江和湖广诸地的学堂，并开设了地质学、矿物学和测量学等学科专业，使中国有了包括地质学、岩石学和矿物学在内的最早地学专业课教育。1902年，京师大学堂将地质学列为格致、文学、商务等七科之一的格致科，在预科中也将地质学和地理学等作为重要课程（中国地质学会，2010）。

三是创办科技期刊、报刊和编著有关岩石学和矿物学专业著作。洋务运动的一项重要工作是出版科技期刊和编译科技专业书籍。据统计，1897~1912年，全国有《农学报》、《科学世界》、《格致新报》和《理学杂志》等30余种传播和报道科学知识的科技期刊；其中天津张相文等主持出版的《地学杂志》是主要刊载地学研究成果的期刊。此外英国人在中国创办了《遐迩贯珍》和《六合丛谈》两份主要刊登科学知识的报刊（中国地质学会，2010）。

江南制造局翻译馆1867~1880年出版科技书籍98种，其中8种为地理书籍，5种为地质学书籍（中国地质学会，2010）。

在矿物学和岩石学的教育和论著方面，西方和日本学者及洋务运动设立的江南制造局编译馆翻译或编译了若干有关矿物学、岩石学和地质学的著作。如《金石识别》、《地学浅释》、《求矿指南》和《相地探金石法》等书。王根元等认为，由美国人玛高温（Daniel Jerome Mac Gowan）口译《金石识别》的出版，是现代矿物学在我国"扎根"的标志（王根元，刘昭民，王昶，2011）。

学者们统计了1902~1911年的十年间出版的49种矿物学书籍；其中大部分为国人的译著（32部译自日文，6部译自西文，9部为国人编撰）。这些书大部分由中国的出版社出版，以上海商务印书馆、上海会文学社、上海文明书局和商务印书馆（北京）等出版为主，少数在日本出版而在国内销售。这49部矿物学书籍绝大部分用作教学用书，尤其是中小学的教科书，大有助于青少年的地质学相关知识的普及（王根元，刘昭民，王昶，2011）。

二、现代中国地球化学学科的孕育

清末至民国时期是中国地球化学学科的孕育阶段。

上一章我们曾经讲到，地球化学作为一门学科，是以20世纪最初的十年中F. W. 克拉克所著并在十余年间一版再版的《地球化学资料》为标志，而现身于世界自然科学之林的。在随后的二三十年间，这门学科以强大的生命力在世界科学之林显示了多个方向的探索和发展：除了F. W. 克拉克以岩石和水为研究对象作为基本分析样品外，欧洲的V. M. 戈尔德施密特于1922~1926年测定了大量矿物的晶体结构，阐明了元素在结晶物质中的分配规律。

1924年苏联学者В. И. 维尔纳茨基撰写了法文版《地球化学概论》；三年后，该书又以俄文版出版。1935年我国出版的中文《地球化学概论》一书系由谭勤余和任梦云从日文版转译。书中重点论述了地球化学概念、地壳中化学元素的产出状态、锰的地球化学、地球化学循环、地壳中的硅和硅酸盐、碳及生物质和放射性元素（肖学军，1990）。此后，В. И. 维尔纳茨基的学生А. Е. 费尔斯曼从矿物学、矿床地球化学、区域地球化学和找矿地球化学等分支学科推动了地球化学学科的发展。

中文版《地球化学概论》被视为我国出版发行的第一部重要地球化学译著。

20世纪30年代中后期，美国学者H. C. 尤里开拓了稳定同位素地球化学研究，推动了宇宙化学的创立和发展。

所有这些工作，终于促成了1948年地球化学首次作为一个重要的专题组，开始列入在伦敦召开的第18届国际地质大会（吴凤鸣，1996）。这一举措标志着地球化学学科走向地质科学的前沿，担负起从地球的基本物质——矿物和岩石的化学成分、矿物成分、岩石结构构造和同位素组成的角度探讨地球化学性质研究的重大责任。

让我们回过头来看看中国，在19世纪与20世纪之交，在"西学东渐"和中国地质教育及人才培养的基础上，自20世纪初以来，世界地球化学研究的发展大大推动了中国包括地球化学学科在内的地质科学的孕育和发展。1922年中国地质学会的成立，发挥了学术共同体助推学术研究的作用。特别是《中国地质学会志》的创办，为我们留下了我国地球化学学科发展初期许多珍贵的资料。

现在能够查到如下一些当年老一辈地质学家学为人先的著作。

1924年，李四光在《中国地质学会志》第三卷第二期上，发表了《火成岩侵入体地质调查新方法之建议》一文，首次向国人介绍了包括沉积岩等厚度线法和氧化物等值线（作图）法的地球化学调查方法；文中详细介绍了火成岩侵入体地球化学调查的氧化物等值线方法，指出通过某些特定氧化物含量分析数据投图连接其等值线，可以从中了解到它们的性质、类型和成因，解释岩石形成的历史。

舒文博在同期刊物上发表的《河南北部红山侵入体地质调查结果》一文，成为李四光建议的火成侵入体地球化学调查的首个实例。该岩体位于河南北部武安县境内（现属河北邯郸市武安市）。在穿越铁矿体的剖面上，取样并测定其SiO_2、Fe_2O_3和CaO含量，通过绘制这些元素的等值线图，分析了岩体的岩石成分与岩石成因的关系，可判别侵入体的侵入形式和铁矿成因，有助于铁矿远景的评价。舒文博的这一文章是目前所知近代中国最早的地球化学研究的文献。

自此伊始，我国学者们逐步开展了油气地球化学、水的地球化学、盐类地球化学和生物地球化学等方面的探测工作：1940年《中国地质学会志》发表了金耀华和阮维周的《等碳线所示之四川可能产油区》一文，通过香溪煤系等碳线图的处理，指出含碳率达55%~60%时为主要油气田标志，从而圈定了隆昌和荣昌油气远景区。

王肇馨和林文聪1940年在《中国地质学会志》上发表的《福州温泉水之分析及研究》是我国温泉水地球化学研究之肇始。随后，1948年张曾谞对北京（时称北平）地区地下水的研究也得到一些有意义的成果。

1942年，李悦言发表了《四川盐矿之地球化学性》一文，根据四川中生代侏罗系和白垩系地层中的岩盐和卤水成分的测定，分析了含盐和卤水盆地的沉积演化，探讨了盐类的物质来源（李悦言，1943）。这一研究开我国沉积地球化学研究之先河。

1945年谢学锦研究铜草作为找铜矿的标志，将找矿工作提高到了生物地球化学的水平（谢学锦和徐邦樑，1952）。

这个时期有关天体化学主要研究对象——陨石的科学报道并不多见。目前查到最早的见于谢家荣1931年在《中国地质学会志》上刊载的《江西东部的石陨石》一文。他在文中除了研究该陨石的矿物成分和结构、构造外，还提到"有明确报道"和"（经过）显微镜检查过的一些标本"的甘肃和江苏的两处陨石。谢家荣的这一研究成果可视为我国有关陨石最早的科学报道。

可以说，自清末至民国时期，地质学界的先辈们为中国地球化学学科的发展做了大量的准备工作，预示着在新的社会环境下，地球化学学科的蓬勃发展时期即将到来。

第三节 中国地球化学学科创建时期

作为延续发展了五千多年之久的中华文明，不仅对地球有着深刻的认识，也有着丰富的矿物和岩石物理性质和化学性质的知识，但是为什么对它们的化学成分方面的研究迟迟没有进展呢？简单地说就是因为科学技术的落后。

就世界地球科学领域的发展而言，20世纪50~70年代正是地球科学研究迅速发展的时期：以板块学说的兴起为先导，以20世纪60年代的"上地幔计划"、70年代的"深海钻探计划""国际海洋考察十年""地球动力学计划"为主要研究内容，通过"地球资源技术卫星"、"海洋卫星"和"大陆卫星"等手段全面开展对地球的研究，以及"阿波罗"和"月球探测计划"的实施，助推了包括地球化学学科在内的一些新学科的建立，创立了一些新的学说，开拓了一些新的领域，采用了一些新的技术，加强了学科间的配合、渗透和杂交，特别是广泛的国际合作和交流，深刻地改变了地球化学学科的发展足迹（中国科学院地球化学研究所，1980）。

回过头来看看我国地球化学学科的创建过程，正是起始于这个20世纪50~70年代；但也就是在这个连续的30年间，我国地球化学学科的发展却经历了一个50年代的"起步"、60年代中期至70年代中期的"停滞"和70年代后期"大发展"的"凹形轨迹"。

下面是这条颇为曲折轨迹的"细部"描述。

一、50年代至60年代中期："幼芽"出土

（一）新学科"幼芽"出土遇契机

在我国地球化学学科的初创时期，世界地球化学学科的发展对我国无疑起到了巨大的促进和带动作用。在学习苏联先进科学热潮的推动下，一些思想敏锐、学术积存深厚的老一辈科学家，积极支持和引进地球化学有关的找矿理论和找矿方法，主张在全国正在蓬勃兴起的地质找矿热潮中尽快学习、引用和掌握这些知识，促进学科的发展，为国家找到经济建设所需的更多更优质的矿产。

正如一切事物都是外因通过内因起作用一样，苏联和西方对地球化学的研究也是并且事实证明也只是通过内因起作用的。在那个地球化学学科初创时期，国家建设正需要大量的矿产资源，所以当时的地质工作主要是围绕"多找矿，找好矿"的要求，需要有新的理论和新的方法。在这方面老一辈地质学家起到了带头作用。他们不仅努力学习和借鉴世界的先进理论和先进思想，还积极把这些新思想和新方法结合我国实际介绍给国内地学界，为新学科在中国的成长努力地鼓与呼。

20世纪50~60年代，从事地质专业研究工作的老一辈科学家积极加入为地球化学学科"鼓与呼"的行列。1950年下半年谢家荣两次分别以"庸"和"荣"的笔名在《岩矿近讯》上发表文章，指出"工程地质和地球化学是两门比较新兴的科学，无论在学术上、实用上，都有无限发展前途……"；"凡一切地质现象，在质的方面的变化都依着地球化学的规律进行，而要知道地壳以及其内部的成分组织，也只有用地球化学的方法和原理去研究，才能解决，……要组织一个完备而现代化的地质机构，这两个部门的设立是决不可少的……"。在老一辈地质学家的一再呼吁下，开展地球化学研究和设立研究机构的声浪日渐高涨。

与此同时，侯德封、叶连俊等科学家急国家之所急，为寻找工业发展所急需的锰、铁等黑色金属资源，应用地球化学原理剖析了湖南湘潭锰矿成矿的地球化学过程，通过原生锰的锰帽标志层的分析研究，不仅使濒临闭矿的湘潭锰矿起死回生，还成功地在华北、华中、华南和西南找到了锰矿（侯德封，1953a，1953b）。这是我国科学家首次应用地球化学原理在国内找到矿产的典型事例。随后，他们提出并阐明了地层地球化学、化学地理和化学地史的概念（侯德封，1959a，1959b，1959c）。指出用这些方法研究地球发展史和成矿规律既有助于了解地球的发展历史又能应用于实际，帮助寻找国家所需的矿产（叶连俊，范德廉，杨哈莉等，1964）。

20世纪50年代初，一批从国外冲破重重障碍归来的年轻科学家回到祖国，他们或从事教学工作，或涉足科研，或直接奔赴野外指导找矿工作，促使中国的地球化学研究从几乎空白状态迅速进入了生机勃勃的起始阶段。

地质部和中国科学院的相关地学机构频频出手，或奔赴野外开展实践活动，或派出人员出国学习交流，或设立必要的生产、科研和教学机构。下面罗列的部分资料可见当时发展之一斑。

1951年下半年，南京矿产测勘处在安徽安庆月山进行我国首次勘查地球化学试验，并在野外确认了后来被国际地学组织公认的铜矿指示植物——"海州香薷"（俗称铜草）。

1952年3月，东北地质调查所在长春组建了我国第一支地球化学探矿队。12月，地质部成立了第一个地球化学勘查机构——地球化学探矿筹备组。翌年升格为地球化学探矿室。

1952年8月，谢学锦、徐邦樑在《地质学报》上发表新中国成立后第一篇勘查地球化学论文：《铜矿指示植物海州香薷》（谢学锦和徐邦樑，1952）。

1953年初，地质部开始在各省筹建岩矿分析实验室。

1953年12月，沈时全在《地质知识》创刊号上发表具体介绍地球化学和地球化学探矿有关知识的国内较早文献：《地球化学探矿的基本知识》。

1954年地质部在地矿司专设地球物理探矿处，并开始研究和研制各种成矿元素的野外快速测定方法，在一些地区开展地球化学探矿方法的有效性实验。

20世纪50年代中后期，为了我国工业发展的需要，开展了放射性元素和稀有稀土元素地球化学研究，经中、苏两国科学院在内蒙古白云鄂博铁矿的合作研究，在何作霖已发现两种稀土矿物的基础上又发现了多种稀土和铌的新矿物，确认稀土元素矿产储量居世界之首。涂光炽等在中国科学院地质研究所组织、领导了铀矿资源的调查和研究，首次提出了"沉积再造成矿"的新观点，并将这一观点拓展应用于汞、锑等其他活泼金属矿床的研究（中国科学院地球化学研究所和中国科学院广州地球化学研究所，2006）。郭承基和司幼东等带领地球化学研究人员，从研究内蒙古花岗伟晶岩稀有元素矿物地球化学开始，拓展到全国范围内的考察。研究过程中注意到花岗岩中的钠长石化、云英岩化交代作用与稀有元素成矿有着密切关系，并开始探讨稀有元素呈络合物迁移和成矿的实验研究，在初步摸清我国稀有元素矿床分布和成矿特征的基础上，编写出《中国铌、钽、稀土矿床、矿物及地球化学》和《中国锂、铍矿床、矿物及地球化学》两份研究报告，被国家科委分别编为第 001 号和第 002 号科学技术报告出版（中国科学院地球化学研究所和中国科学院广州地球化学研究所，2006）。地质部地质科学院在湖南发现了含铍条纹岩及新矿物香花石，助推了稀有元素成矿作用的研究。李璞、吴利仁等组织并领导研究人员考察了全国基性-超基性岩及有关的铬、镍、铂矿床和湘黔地区的金刚石矿点，提出了"关于如何寻找基性-超基性岩及其有关的铬镍等矿床的意见"。

经过所有这一切努力，在 1956 年召开的制定《1956—1967 年科学技术发展远景规划纲要》会议上，有了一个圆满的结果：地球化学学科成为这个"规划"中重点发展的新兴边缘学科之一。"规划"明确指出，应对数学、力学、物理学、化学、生物学、地质学、地理学、天文学等八个基础学科做出系统的规划；其中特别提到"地球化学、沉积学、水文地质学、工程地质学以及石油地质学的基础更为薄弱，必须从各方面努力，以期能逐步满足日益增长的需要。"要求运用地球化学的理论和方法，查明各种元素在地壳中的富集条件和富集规律。从此，地球化学学科开始跻身于我国自然科学之林。

随之，全国各科学研究、生产和教学单位纷纷筹建地球化学勘查和研究机构。

下面罗列现在能查阅和回忆到的当初新设立的机构、实验室和研究项目有：

1956 年冶金部在地球物理总队成立了化探组，并先后在辽宁青城子、桓仁及八家子等铅锌矿区开展化探试验。同年，第二机械工业部三局也开始筹备化探工作。从此，我国的化探工作迈上了有组织有计划的健康发展之路。

1956 年，中国科学院地质研究所矿物室成立了我国第一个地球化学研究组，开展了内蒙古三木代庙稀有金属花岗伟晶岩和集宁—包头稀有金属花岗伟晶岩的研究；这两项研究都在当年全国地质学会举行的学术年会上做了大会报告，受到与会代表的好评。

1957 年，地质部新建的地球物理探矿研究所设置了地球化学探矿研究室；随后逐渐成为我国化探的开发研究中心。翌年，地质部组建了全国综合物探队伍，在各省区的地球物理探矿大队中设立了地球化学探矿分队；冶金工业部也在地球物理探矿队中，配备了地球化学探矿力量和化学成分分析测试实验室，逐步扩大建成为具一定规模的化探分队。

潘钟祥在 1941 年首次提出"陆相生油"新观点的基础上，1957 年又提出"陆相不仅能生油，而且是大量的"观点。20 世纪 50 年代中后期，一些科学家把地球化学原理应用到石油成因的研究中，提出了陆相生油问题（沈时全，1954；谢家荣，1956；侯德封，1959c），为后来以陆相生油为主的我国能源开发起到了"破题"作用。

1958 年地质部改组综合物探队伍后，在各省区地质局建有下设化探分队的物探大队，加强了各省（区）区域地质测量大队和地质勘探队的化探工作。同年，冶金工业部在五个大区化探力量和化学分析实验室的基础上，逐步建成为本省（区）的地球化学探矿分队。

1958 年中国科学院地质研究所以地球化学研究为主要手段组织了东北队、赣粤队、川陕队、湘黔队、云南队和两广队，奔赴全国各地实施稀有元素地质-地球化学调查研究计划，开展矿床地质-地球化学研究。

1958年，中国科学院地质研究所正式设置了地球化学研究室。

1959年，第二机械工业部成立了第三研究所，并设置了物化探研究室和化学分析实验室，重点开展铀矿的化探工作（谢学锦，李善芳，吴传璧等，2009）。

从1960年开始，在全国十几个不同类型的铅-锌-多金属与铜矿区开展地表与钻孔的岩石测量，在辽宁凤城青城子根据所制定的工作方法和解释推断方法找到了盲矿体。

1960年春，中国科学院地质研究所建立了K-Ar与U-Pb法为主的同位素地质研究室。随之地质部地质科学研究院和核工业部北京地质研究院的前身——北京第三研究所也建立了同位素地质年代学实验室。1962~1963年中国科学院地质研究所同位素实验室提交了国内最早的一批内蒙古和南岭地区的K-Ar年龄数据（曹裕波，2012）。1963年李璞研究团队发表了我国第一篇基于自测数据的同位素年代学研究论文《内蒙古和南岭地区某些伟晶岩和花岗岩的钾-氩法绝对年龄测定》，标志着中国同位素地质年代学的诞生。

1961年，中国科学院成立了中南大地构造与地球化学研究室；兰州地质研究所和青海盐湖研究所先后设置了地球化学研究室。产业部门和高等院校纷纷建立地球化学有关的实验室和教研室。

在学术研究方面，60年代初，侯德封和他的合作者开创了核地球化学研究（侯德封，1961），相继开展了核转变能与地球物质演化的系统研究，论证了核衰变能和地球早期的诱发裂变能是地球物质演化的主要内能，各种核转变能随时间的演化主导了地球演化的阶段性；并提出18亿年前地球出现过天然核反应堆，70年代得以证实（侯德封，欧阳自远，于津生，1974）。黎彤等1963年和1965年进行了有关元素丰度和地壳同位素丰度的基础研究。

自此一直到20世纪60年代中期之前，地球化学学科作为地球科学的一株幼苗，在地质学与化学的基础上迅速成长，并在沉积地球化学、区域地球化学、有机地球化学、第四纪地球化学、矿床地球化学、元素地球化学、实验地球化学、天体化学、岩石地球化学和同位素地球化学等分支学科，以及地球化学样品的化学分析测试的研究中迈出了稚嫩而坚定的第一步，为建立地球化学的分支学科打下了良好的基础。

（二）为新学科发展培养人才

在《1956—1967年科学技术发展远景规划纲要》的指引下，20世纪50年代后期，全国地学系统迅速而有序地开始实施地球化学教育和人才培养计划。

当时主要采取"请进来，走出去"和高等院校招收学生这两种方法培养专业技术人才。

当年采取了多种形式的"请进来"，既有请苏联地球化学家来华讲学、讲课和培养研究生，也有与相应的科研部门签订合作协议，开展野外和室内工作。1955年苏联科学院院士 А. Г. 别杰赫琴和 B. B. 别洛乌索夫访华，讲解地球化学的基本概念和基本内容，并与科研人员一起下矿山进行实地考察，受到地学界的一致好评。1957年，中苏两国科学院签订了合作研究白云鄂博矿床的协议，并与白云鄂博矿山组成研究团队，中方由何作霖、司幼东负责，经过两年卓有成效的野外调查和室内研究，提交了《内蒙古白云鄂博铁-氟-稀土和稀有元素矿床研究总结报告》。该项研究以稀土元素成分为重点，查明了矿区稀土矿物的种类和分布，发现了黄河矿、包头矿和钡铁钛石等新矿物，指出白云鄂博矿床不仅是一个大型铁矿，而且是世界最大的稀土矿床，其稀土元素储量居世界之首。这份研究报告是后来进一步研究和勘探白云鄂博矿床的依据和重要的科学资料；1963~1965 年，中国科学院、地质矿产部、冶金工业部等所属研究单位合作研究了该矿床的物质成分和综合利用流程，重点查明了铌、钽的赋存状态、分布规律和远景储量，确认它是一个铁-铌-稀土的综合性大型矿山。

1958 年，中国科学院地质研究所邀请苏联科学院两位从事稀有元素研究的地球化学家 K. A. 弗拉索夫和 A. A. 别乌斯来所进行学术访问，介绍稀有元素地球化学性质及伴生分散元素的查定和评价方法，大大推助了我国地质人员对相关矿种矿床地球化学认识的提高；可以说，嗣后不久发现的江苏、广东、江西、湖南、广西和云南等地与钠长石化花岗岩有关的矿床都与这些学术活动的获益有关。

1959 年，经在南京大学地质系工作的苏联专家的协助，编写出我国第一部《地球化学》教材，出版了《地球化学找矿基础》和《稀有元素地球化学》等教学用书，为我国培养了一批具有先进地球化学理论和地球化学找矿方法的师资（王德滋，2011）。

"走出去"也有两个途径：一是有计划地派出优秀年轻学生出国留学；二是派出各式科学代表团出国考察。目标国以苏联为主，也有东欧各社会主义国家。

在当时的政策环境下，1954~1960 年期间，全国高等院校和中国科学院的地学单位都派出众多人员出国留学、攻读学位或学习实验技术。同时也请在中国工作的苏联专家培养研究生；此外，还有一种国内的"走出去"方式：一些单位派出有一定专业技术基础的人员到国内大学或科研单位进修。这些留学生和进修人员都努力学习，刻苦钻研，学成后不负众望，大都成为我国地球化学学科的中坚力量。

出国访问的地学代表团也不少。1953 年派出科学代表团访问苏联，考察了他们的地球化学科研工作，不仅了解到许多地球化学方法和手段，还坚定了在国内开创地球化学研究的决心和信心。

这个时期，大学地质系开始编写教材，开设地球化学课程，设立科研机构，筹建实验室。一批刚从国外归来的年轻科学家在这一阶段起到了先锋开拓作用。涂光炽 1950 年 8 月从美国回来后即投身教育事业，在清华大学地质地理气象学系开设"地球化学"和"矿物学"课程，自编讲义讲授地球化学基本知识和地球化学探矿方法，成为我国在大学讲授地球化学课程的第一人（王兴理，1992）。

1956 年，南京大学首建培养地球化学专业技术人才的地球化学专业（王德滋，2011）。随后，1958 年新创办的中国科学技术大学设置了我国第一个地球化学系（下设同位素地球化学、稀有元素地球化学及化学分析三个专业），并建立了相应的地球化学基础课和同位素（放射性）教研室；一些科研人员在该校地球化学系兼职任教，使科研与人才培养相得益彰。在此后的数十年间，这两个学校所培养的学生像无数的"种子"撒向中华大地，与后来者一起成为我国地球化学学科的中坚力量。

1958 年中国科学院创办的中国科学技术大学的地球化学系，设置有地球化学专业和稀有元素分析化学专业；两三年后，地球化学专业一分为二，即改设放射性元素地球化学专业和稀有元素地球化学专业。三个专业均设有相应的教研室和相关的专业课程。1963 年该校如期培养出我国第一批地球化学专业的本科毕业生。1978 年后该校地球化学系更名为地球与空间科学系。

1959 年，北京地质学院、成都地质学院和长春地质学院也先后开设了石油和天然气地球化学探矿课程。

1960 年 2 月，北京地质学院设置了地球化学专业，建立了相关的教研室。

1961 年南京大学地球化学教研组出版了国内首部《地球化学》教程。

日后上述学校培养的学生都成为地球化学相关研究所、学校和生产单位的生力军和主力军。

（三）第一次研究成果大检阅、大动员

从上面简略的介绍中可以看出，我国的地球化学学科在经历了漫长的萌芽期和相对较短的孕育期之后，在世界地球化学学科迅速发展的带动下，从前人研究成果的启发中，获得了建立和发展地球化学学科的启迪，在短短的十余年时间里使地球化学学科迅速进入一个创建时期。

1963 年底，中国地质学会在北京召开的全国第一届矿物岩石地球化学学术会议。这次会议是 20 世纪 50 ~ 60 年代我国地球化学研究成果的一次大检阅，也是一次推进学科大发展的动员大会。会议于 11 月 25 日开始，至 12 月 2 日结束。3000 多人次参加的这次学术研讨会，收到 500 多篇论文摘要，其中有一半以上的文章探讨了地球化学这门新兴学科在短短的十余年间在矿床地球化学、岩石地球化学、元素地球化学、同位素地球化学和地球化学样品分析测试方面所取得的成果；特别是不少论文涉及稀有元素地球化学特征、成矿机制、分析测试的问题，以及当时尚处于萌芽状态的同位素年代学和同位素地球化学的测定及其应用。如程裕淇等的《我国北方某些地区岩浆岩类和变质岩类绝对年龄数据的讨论》，李璞等的《钾－氩法测定岩石矿物绝对年龄数据的报导》，陈毓蔚等的《铀－铅法测定岩石矿物绝对年龄数据的报导》，欧阳自远等的《三块铁陨石的矿物成分及形成条件的研究》，显示了短短十余年间我们迈出的坚定的第一步，标志着一次新的地球化学研究高潮的到来。

会上还酝酿了成立全国群众性矿物学、岩石学和地球化学学术组织的相关事宜。紧接着，中国科学院决定成立地球化学专业研究机构——地球化学研究所。

11 月 27 日，毛泽东、刘少奇、朱德和国家其他领导人接见了会议代表（孙鸿烈，2013）。可惜这样一次新的"向科学进军"的检阅和动员会的成果，由于 1966 年开始的"文化大革命"而不得不偃旗息鼓。

二、60 年代中期至 70 年代："幼芽"成长

正当地球化学学科在被列入优先发展的边缘学科之列的时候，全国地学部门的生产、教学和科研人员积极部署各方组织，准备积蓄力量，为国家建设献出智慧和辛劳大干一场的时候，我国地球化学学科的处女航突然遇到了顺境中的"倒春寒"：1966 年初"文化大革命"骤然而至……

在"文化大革命"中，地球化学与其他学科一样，险遇"倒春寒"而备受破坏和摧残：钻机停机，学校停课，教学计划被无故中断；科研工作秩序被打乱，基础研究被贬为

"封资修的阴魂",科技人员被迫停止工作,或被审查、批判和批斗,一些正当盛年、颇有才华的科学家身心受到严重摧残,甚至含冤去世。然而,不论是生产第一线的工人、管理人员,还是大专院校的老师和同学,科研院所的党政干部和科学家、研究人员,心中依然留恋着手头的生产、教学和科研任务:一些科研人员忍辱负重,坚持科学研究,冒险进入发生"武斗"的地区进行野外调查和取样,并在矿床地球化学、地方病调查、同位素地球化学的研究和找矿工作中取得进展。特别是肩负着国防和三线建设重任的科研人员,对国家安全、资源开发的责任心和对事业的热爱使他们没有被"压力"压倒,没有在逆境中沉沦。就这样,各系统各部门的地球化学工作者在"倒春寒"的工作环境中,还是做出了不少成绩,为70年代后期以及随后的80年代的发展创造了条件。

(一)艰难条件下的"任务带学科"

在发展科学的道路上,科研人员曾为处理好工作与学习、生产与科研的关系而纠结过,通过多年的实践、探索,走出了一条"以任务带学科"的道路,并从上一个十年一直延续而来。这一指导思想对于1966年初刚刚成立而从北京分迁到贵阳的中国科学院地球化学研究所而言,确实起到了主导性的作用。

当年地球化学研究所从中国科学院地质研究所分迁而出时,遵照郭沫若院长"望于矿产资源综合利用的物资成分、成矿作用、成矿规律研究中做出优异的成绩"的指示,先后完成了金川铜镍矿床、白云鄂博矿床和攀枝花铁矿床的物质成分研究。这三大课题不仅完成了选冶生产流程所必需的物质成分研究,还探讨了相关地球化学学术问题[①]。例如,白云鄂博矿床的研究不仅查明了它的铌、钽赋存状态、分布规律和远景储量,确认它是一个铁-铌-稀土的综合性大型矿山,提出了它的多成因、多期次成矿过程的认识;金川铜-镍矿床物质成分研究不仅查明了矿石中铜、镍、贵金属的综合利用价值,还提出了有效提高铜、镍、铬回收率的选矿流程,确定了Pd的存在形式;攀枝花钒-钛磁铁矿矿床的研究不仅高精度定量探测了矿石中的Fe、Ti、V、Co、Ni、Cu、Pt等有用元素和P、S等有害元素的分布状态,以及Si、Al、Ca、Mg、K、Na等造渣元素的含量和赋存形式,找到了降低矿石中TiO_2含量的办法,为攀枝花钢铁厂的选冶设计提供了科学依据(中国科学院地球化学研究所和中国科学院广州地球化学研究所,2006),还在后续发表的关于攀枝花矿层状侵入体成因的论文中,讨论了它们在区域上与峨眉山玄武岩、碱性正长岩的时空和成因联系,以及攀枝花矿层状侵入体的成因(刘若新,解广轰,倪集众,1974)。

在"文化大革命"期间,全国地学工作者积极参与为国防建设服务的工作。其中包括两项铀矿地质地球化学综合研究和地下核试验场区的选址实验。

20世纪60年代,国家要发展核工业以加强国防建设,首要任务是寻找铀矿资源,合理利用、开发放射性元素矿产资源。经过地质战线广大职工的努力,"文化大革命"期间在秦岭、南岭和贵州地区开展各类岩石中铀矿全面而卓有成效的探索,并在广东地区成功评价了南岭诸广山花岗岩体的一个大型铀矿(中国科学院地球化学研究所和中国科学院广州地球化学研究所,2006)。

---

① 这四篇论文见《全国第一届矿物岩石地球化学专业学术会议论文集(1964)》

专项代号为"21-9"的地下核试验地质-地球化学效应研究小组，在"文化大革命"最严重时期，全力承担了我国首次地下核试验核爆前后的地质地球化学效应研究任务，完成了地下核试验场区的选址工作、首次地下核爆介质（纯石灰岩）的物理力学性质研究，以及防止地下水携带放射性产物污染的有效措施以及核爆前后爆心的观察、取样、室内分析测试和论证工作，为我国首次在石灰岩介质内的地下核试验提供了科学数据（中国科学院地球化学研究所和中国科学院广州地球化学研究所，2006）。

（二）地球化学研究的开拓性探索

在经历了两年多的"触及人们灵魂"的"文化大革命"之后，凭着对事业发展的初衷、信心和责任心，以及对国家建设和人体健康的关注，我国地球化学工作者在环境地球化学、有机地球化学和盐湖地球化学领域做了开拓性的探索工作。

1968年，一批年轻的地球化学工作者听说东北地区克山病猖獗，严重威胁到人们健康的时候，主动提出要到病区进行调查，看看能不能用自己的学识给病区的人们以帮助。敷料调查的结果正表明了克山病和大骨节病与当地的地球化学环境有着密切的联系。在随后的十余年间，他们又在黑龙江、吉林、辽宁、内蒙古、陕西、河北、河南、山西、四川、云南和贵州等省区开展克山病、大骨节病、地方性甲状腺肿和地方性氟中毒等地方性疾病，以及食管癌等多发病的环境地球化学研究，论述了病区环境中岩石、土壤、地表水、大气、植被的基本特征，阐明了病区粮食组成结构的差异和不同粮食（玉米、小米、大米）化学成分的差异、病区和非病区同一类粮食（如玉米）中微量元素的差别，以及粮食作为连接环境中微量元素与人体健康间关系的纽带作用。

所有这些工作使科学研究的对象从"环境"中的水和土发展到大气，从"病区"延续到非病区的本底研究，也使中国的地方病调查环境地质-地球化学研究几乎与外国学者倡导的"环境地球化学"学科同步起飞，为70年代初环境地球化学研究的崛起创造了必要的条件。

"文化大革命"后期，随着日益突出的环境污染和生态恶化问题，环境地球化学学科受到国家的重视。1973年以后，中国科学院、地质部门和大专院校纷纷建立有关的环境研究所、研究室或研究组，并开始从一般的地学环境调查逐渐转向重要河流流域的环境污染和环境质量研究（万国江，1996）。

20世纪60年代以来，大庆油田、石油部和地质部的有关单位、中国科学院地质研究所就开展了生油岩的研究。在"文化大革命"开始之后，他们继续做了不少工作。70年代初，新分建的中国科学院广州地球化学研究所有机地球化学研究室筹建了我国第一个具先进设备的有机地球化学实验室，他们与其他实验室一道，广泛采用有机地球化学指标，开展各生油气盆地的生油评价研究；先后建立和推广了正烷烃分布、有机差热、芳烃红外、氨基酸等十项有机地球化学新指标，提出了碳酸盐岩生油评价方法和石油演化理论；进行了胜利、辽河、任丘、北部湾和新疆等地区油田的生油评价；相继为东部盆地、南海和新疆地区的生油评价提出了有益的建议，促进了我国石油事业的发展（盛国英和傅家谟，1996）。

1966~1970年期间，中国科学院青海盐湖研究所开展了包括盐湖、盐矿地下卤水等盐类资源的地球化学研究。盐湖是一种在特殊地质地理条件下形成的湖泊，不仅含有极其丰富的石盐、芒硝、石膏、天然碱、硼盐、钾盐、镁盐及锶盐等固体盐矿，还含有锂、铷、铯、溴等60多种有用化学组分；以盐湖的组成体系与自然条件相互作用为研究对象，探讨在特殊地质环境条件下可溶性盐类矿物与水的相互作用，研究成盐元素及其同位素与水在地球圈层的转移规律，阐明成盐机制，丰富盐湖地球化学理论，提出了盐湖卤水矿床优先开采方案和卤水资源持续利用的有效措施。

其实，在那个时代，即使在"文化大革命"斗争最严酷的时期，有责任心的领导、学者、总工、教师、科研人员和一切热爱地质地球化学事业的人，心里想的还是怎样为国家找到更多更大的优质矿，怎样使停摆了的仪器再发动起来，怎样让"断流"了的课题重新运转起来。除了上面说的从一种克山病病害的环境调查发展出"环境地球化学"学科外，我国地球化学工作者在有机地球化学、天体化学、海洋地球化学、盐湖地球化学、同位素地球化学和元素地球化学等分支学科中都做出了努力，做出了开创性的贡献。

（三）"幼苗"成长

1976年"四人帮"的倒台宣告了"文化大革命"的结束，全国科学技术界迎来了科学的春天，激发了地球化学工作者努力工作、弥补损失、奋发图强的热情；地球化学学科这棵稚嫩的"幼苗"获得了成长的良机。

虽然这里要叙述的从"文化大革命"结束到20世纪70年代末，只是一个相对不很长的时间，但地球化学学科与其他学科一样，犹如久旱喜逢甘露的幼苗，在正确政策的指导下得以茁壮成长。"多学科、联合作战的实践"正是这一时期地质-地球化学工作的一大特点。

下面我们以我国富铁矿成矿规律、形成机理、远景预测及新技术、新方法研究（俗称富铁矿研究会战）、吉林陨石雨研究和华南花岗岩类地球化学研究为例说明之。

（1）富铁矿研究会战：1975年国家下达寻找富铁矿任务，由中国科学院、地质部和冶金工业部联合组织了富铁矿会战。

上述三个系统所属的单位不管是专业人员、行政人员还是后勤人员，立刻全体总动员，急国家之所急，许多院所几乎是"倾巢而出"参加富铁矿会战，成百上千科研人员奔赴东北、新疆、甘肃、山西、海南岛和宁芜地区参与富铁矿的野外考查和研究；在全面分析研究的基础上，实事求是地论证了由于地质-地球化学发展历史的不同，我国不具备形成国外那种元古宙浅变质硅酸盐相、碳酸盐相铁矿组成的风化壳型富铁矿成矿条件（章振根和倪集众，1990）。1976~1979年四年间开展了大量野外地质调查和室内研究工作，出版了《海南岛地质与石碌铁矿地球化学》和《宁芜型铁矿床形成机理》等专著，提交了《中国富铁矿地质地球化学研究》文集。这些专著和文集总结了中国富铁矿的形成条件和成矿规律，指出了找矿方向（中国科学院地球化学研究所和中国科学院广州地球化学研究所，2006）。

（2）吉林陨石雨研究：1976年3月8日，一场人类历史上极为罕见的陨石雨陨落在吉林省吉林市北郊，中国科学院立刻组织地学、天文学和空间科学有关的科研院所和大专院校的专家、教授组成"吉林陨石雨考察组"前往考察和取样。考察组查明了吉林陨石雨的分布、行星际与大气层的运行轨道；陨石的化学成分、矿物组成、有机化合物、结构构造、形成的环境与年龄、多阶段宇宙线暴露历史、吉林陨石在母体中的精确位置，以及吉林陨石母体在行星际空间的运行状态，为我国陨石学和天体化学学科的发展打下了坚实的基础（《吉林陨石雨论文集》编辑组，1979）。

（3）华南花岗岩类地球化学研究：自 1972 年延续而来的这项研究工作，到 1976 年中国科学院地球化学研究所倾全所之力，组织大地构造、矿物、岩石、元素地球化学等多个学科的研究人员，踏遍包括湖南、江西、安徽、浙江、江苏、福建、广西和广东等省区的山山水水，进行野外地质考察和综合研究，全面系统地研究了华南花岗岩的分布规律、形成时代、地质特征、矿物、岩石和微量元素，探讨了花岗岩的形成机理、成岩与成矿作用的关系。最后出版了《华南花岗岩类的地球化学》一书，并获得 1982 年国家自然科学奖二等奖。

(四) 开始"苏醒"的学术活动

1972 年，在国务院"抓革命，促生产"政策的指导下，一些被贬为"反动学术权威"的专家、教授，一跨出"牛棚"，便投身课题和学术研究，奔赴野外、矿山，继续被中断了的科研、教学工作，或走上学术会议讲坛，交流研究心得。

下面以时间次序辑录一些在经过六七年"文化大革命"的万马齐喑局面之后，所发生的有关地球化学学科发展的专业活动和学术动态，以帮助了解地球化学学科发展"苏醒"时期的状况。

1971 年，在进行地方病地球化学研究的基础上，在刘东生等人的倡议下创办了《环境地质与健康》。它刊发的时间虽然不长，但 1972～1975 年四年（共计 11 期）的近百篇论文，为地质环境、地球化学、生态学、医学、环境污染、地方病和肿瘤病因、人体与微量元素关系的研究起到了"摇旗呐喊"的作用。

1972 年 12 月，中国科学院地球化学研究所主持召开了"全国稀有元素、稀土元素地质科研工作交流会"（简称"一二·五会议"）。会后正式出版了《全国稀有元素地质科研工作会议论文集》。

1973 年 7 月在贵阳召开全国岩矿分析经验交流会。会后编辑的《全国岩矿分析经验交流会文集》收录了 157 篇文章，涉及化学分析、电化学分析、光谱分析和质谱分析、综合评论等四个部分，为"文化大革命"之后的科研工作起到了承上启下的作用。

1975 年 11 月 23 日～12 月 2 日在贵阳召开了"第一次全国同位素地质工作经验交流会"。会上交流和讨论了建立同位素地球化学实验室的技术、数据质量问题、数据的解释和应用，以及所取得的主要研究成果等问题。会后正式出版了《全国同位素地质会议文集》。

1975 年全国开展"富铁矿研究会战"，通过野外地质调查和实事求是的分析，基本掌握了我国铁矿分布及其成因类型。

1976 年一阵人类历史上最大的陨石雨陨落在吉林市北郊，为我国发展陨石学研究揭开了崭新的一页，更为日后新兴的天体化学（国外称为"宇宙地球化学"）奠定了基础。

"文化大革命"结束两年后成立的中国矿物岩石地球化学学会对活跃学术活动起到了重要作用。在与中国地质学会联合召开的全国第二届矿物岩石地球化学学术会议上，700 篇论文反映了矿物学、岩石学、勘查地球化学、元素地球化学、矿床地球化学、有机地球化学、环境地球化学、天体化学、实验地球化学和同位素地球化学，以及地球化学学科应用性领域的进展。会议所收到的论文是 1963 年第一届矿物岩石地球化学学术会议以来的又一次"学术检阅"，表明我国地球化学工作者有了之前二十多年的辛勤耕耘，使原有的分支学科又有了长足的发展，一些新的分支学科开始在中国生根开花。例如，矿床地球化学、勘查地球化学、元素地球化学和同位素地球化学都取得了新认识新进展，积累了新的数据；同时，环境地球化学、有机地球化学、陨石学与天体化学冒出了新的茁壮成长的好苗苗，成为地球化学学科的一支支"新军"。

所有这一切，显示了地球化学学科强大的生命力，在中国经历了早于世界各国的漫长的萌芽时期之后，在较世界发达国家晚得多的20世纪50年代得以起步，到70年代中后期终于迈开稳健的步伐前进了。

三、地球化学学科的建制化发展

虽然我国地球化学学科在1950年至1970年间的学科发展历经艰难和坎坷，但不可否认的是这一时期最重要的成就就是基本建成了地球化学学科的建制化框架。20世纪60年代在中国科学院创建了专门从事地球化学研究的独立机构，70年代出版了地球化学专业的学术期刊，成立了学术性群众组织，基本完成了一个学科的学术研究机构–学术期刊–学术性群众组织的建制化学术"大厦"。这一框架的初步完成不仅为地球化学事业在中国的进一步发展奠定了坚实的基础，也对国家资助体制产生了重大影响。

（一）创建中国科学院地球化学研究所

虽然我国现代的地球化学研究工作从20世纪50年代已经起步，地质找矿及研究部门陆续建立了一批从事地球化学工作的基层队伍和分支机构，高等院校也开设了地球化学专业及其课程，但尚缺乏必要的本学科综合研究体系和技术平台。经过长达七年的酝酿与筹建工作，于1966年2月1日在贵阳设立了我国的地球化学专门研究机构——中国科学院地球化学研究所。按中国科学院的要求，该所主要发展地球化学、岩石学、矿物学、矿床地球化学、同位素地球化学等学科，强调要与数、理、化、采、选、冶相结合，主要完成国防任务、矿产综合利用和普查勘探评价。研究所下设同位素地球化学、核地球化学与宇宙化学、第四纪与现代沉积物地球化学、岩石学、矿物学、内生矿床地球化学、外生矿床地球化学、有机地球化学、稀有元素矿物化学、稀有元素地球化学及高温高压实验地球化学等研究室和化学分析及测试中心和物理分析及测试中心；此外，还配备有选矿车间和工厂等支撑设施（中国科学院地球化学研究所和中国科学院广州地球化学研究所，2006）。中国科学院地球化学研究所的建立是我国地球化学学科迈向建制化发展的重要里程碑，地球化学的各分支学科、关键技术平台和辅助设施在这个机构内形成了布局有序、协作配套的综合体系，成为推动我国地球化学事业向前发展的重要基地。

（二）创办学术期刊

科学是一项集体的合作事业，学术思想和成果的交流对于学科建设不可或缺。随着地球化学研究在我国从分散走向建制化的历程，对学术共同体交流媒介的需求提上了日程。

1972年，涂光炽任主编的《地球化学》杂志在中国科学院地球化学研究所创刊。这是我国地球化学学科建制化发展的又一标志性事件，从此这个学科共同体有了交流和争鸣的专业媒体平台。期刊重点报道近代地球化学，包括同位素地球化学、同位素地质年代学、矿床地球化学、有机地球化学、元素地球化学、环境地球化学、天体化学、海洋地球化学、实验地球化学、第四纪地球化学、构造地球化学及岩矿测试等方面的创新成果，《地球化学》期刊的创办对于我国地球化学及分支学科的发展起到了重大推动作用（中国科学院地球化学研究所和中国科学院广州地球化学研究所，2006）。

1973年《地质地球化学》在中国科学院地球化学研究所创刊，这是一份以介绍英、俄、日等文种地质-地球化学领域的最新研究成果、发展动向和新技术新方法为主要内容的学术情报性期刊，对于当时外语水平普遍不高、难以获得外文资料的地球化学工作者，该期刊提供了高质量的学术信息，对推动中国地球化学人员学习和吸收国外先进理论与经验、加快学术进步大有裨益，并在与国际接轨的创新发展中做出了自己的贡献。

1979年地质矿产部有关单位创办了《物探与化探》期刊，其前身是1957年创刊的《地球物理勘探》。该刊主要发表勘查地球化学及地球化学应用于找矿勘探方面的文章，对于推动地球化学的应用研究并与生产相结合方面也起到了重要的作用。

（三）创办中国矿物岩石地球化学学会

一个学科发展到一定阶段就需要有一个群众性组织，将分散的同行联络在一起，形成一个网络型学术共同体，制定规范，分享信息，协调争议，促进共同发展。1978年4月28日中国矿物岩石地球化学学会在贵阳成立，挂靠在中国科学院地球化学研究所，涂光炽当选为理事长。学会下设青年工作委员会、科普工作委员会和侯德封奖评选委员会（中国科学院地球化学研究所和中国科学院广州地球化学研究所，2006）。当年10月18日召开的第一届理事会决定成立陨石学与天体化学、同位素地球化学、沉积学、新矿物及矿物命名、矿物物理与矿物材料、岩浆岩、变质岩、元素地球化学、区域地球化学与矿床地球化学、实验矿物岩石地球化学与矿物包裹体、环境地质地球化学、岩石矿物分析测试11个专业委员会。1979年中国矿物岩石地球化学学会以中国国家的名义加入了国际地球化学与宇宙化学协会（IAGC）及国际矿物学协会（IMA）。学会的成立，完善了中国地球化学学术建制化历程的又一环节，学会成为同行们国内外联系的纽带，不但把国内同行们联络起来，加速先进思想和专业信息的传播，推动学术进步，也形成了一个与国际同行学习交流的渠道，促进了我国地球化学迅速融入世界科学发展的潮流之中。

（四）结语

在我国地球化学学科从创建阶段过渡到成形阶段的这三十年间，虽然我们迈出第一步的时间比发达国家晚了近半个世纪，但是我们的起点高、速度快、人心齐、力量大，用了三十年的时间在老一辈科学家创立的基础上，在国际同行的传授、指导、交流和帮助下，虚心学习，脚踏实地，苦干巧干，披荆斩棘，终于迈上了学科发展的康庄大道。

这一学科开创时期的发展情况，可以概括为这样几句话：学习借鉴，实践探索，制定规划，夯实基础。具体表现为：国际地球化学思想和理论的渗透与融入；得益于国家制定的"科学规划"；采取派出去、请进来的办法努力学习地球化学理论知识；着力培养学术骨干；地球化学理论研究与生产实践相结合；积极探索和发展分支学科，建立地球化学专业研究、教育和生产体系；学习、推广和应用国内外新的研究成果，结合我国的实际状况，服务于国民经济建设。

在这个边学习、边实践的发展时期，地球化学工作者始终以国家需要为己任，以学科的特色和特长服务于经济社会发展的需要，努力工作建设新中国。

第四节　中国地球化学学科的成形阶段

1976年"四人帮"的倒台标志着"文化大革命"的结束。改革开放新时代为国家的政治、经济和社会发展扫平了道路，预示着包括工业、农业和科学技术在内的生产力的解放；"科学技术也是生产力"的论断清除了"文化大革命"期间的错误观点，愈益激发了科技战线、教育战线和生产战线所有人员的工作热情。

科技和教育工作者在政治上思想上得到了解放，从他们头上摘去了"文化大革命"期间的"臭老九"、"反动学术权威"和"崇洋媚外"的帽子，摆脱了思想上的束缚，敢于实事求是地做出符合科学规律的结论，老师们也敢于教学，敢于介绍国外的实践经验。

这样的例子颇多，仅举一例：随着20世纪70年代中期开始的全国富铁矿会战的结束，科研人员通过实地地质调查，实事求是地分析了我国铁矿地质特点，敢于做出一些曾被认为"不合时宜"而尊重科学的论断（章振根和倪集众，1990）。

有了思想上和政治上的解放，经过70年代中后期的调整和养息，进入80年代后，我国包括地球科学在内的所有学科的研究和教育工作，都有了一个较大而稳定的发展；在此基础上，20世纪80~90年代的地球化学学科才有可能汇入全球变化研究的全面发展。

一、80年代：解放思想，显示地球化学学科的强大生命力

80年代可以说是中国地球化学学科稳步发展、日趋成熟的时期。在这个阶段，已有的分支学科渐趋成熟，向着综合性和全球性研究发展；不但原来比较薄弱的分支学科得到加强，大有起色，还出现了一些新的学科生长点；研究方法和实验技术也有了长足的发展，向着建立和完善学科理论体系和实验技术系统迈出了一大步；积累了大量逐渐系统化、群集化的数据；有了一支具一定水平的科研、教学骨干队伍和日益壮大的高层次、高学历后备人才储备；整个80年代学术活动异常活跃，学术团体和学术共同体在组织和协调学术交流和学科发展中充分发挥了学术导向和组织作用；全国创办了多层次的学术期刊，并发表了大量学术论文和专著。

地球化学学科强大的生命力主要表现在如下几个方面。

（一）思想解放，促进学科的稳定发展

"十年动乱"的破坏造成了思想上和管理上的混乱，也打乱了正常的科研秩序，虽然有的单位、个人或课题组在"文化大革命"后期也开展了一些工作，但是依然存在着"心难收，题难接"的状况，不少人生怕"秋后算账"而缩手缩脚，不敢理直气壮地谈论学术问题。

地球化学作为我国地球科学中一个新的生长点，从50年代到70年代犹如刚出土的幼苗遇上了"倒春寒"：严重破坏了刚刚建成的生产、教学和科学研究秩序。因此，"文化

大革命"甫一结束,在科学的春天里,地球化学各个分支学科就呈现出欣欣向荣的局面。

在70年代末至80年代初,学术界和科技管理部门通过"调查研究"和"组织学术活动"这两把"斧",使生产、科研和教学逐渐走上正轨。

"调查研究"是组织研究人员收集和整理六七十年代,即神州大地"红卫兵"风起云涌"横扫一切牛鬼蛇神"之际,世界科技界在地球化学研究中出现的新领域、新概念、新方法和新认识,为科研和教学人员输送新的学术思想"营养",为老期刊迅速复刊和创办新的学术期刊创造必要的条件。

80年代初的前后两三年中,中国科学院地学部办成了这件事:集中了地质学、矿物学、岩石学、地球化学、地球物理学、大地测量学、海洋学和古生物学等学科的数十人,为各学科的发展规划提供实际素材,打下各学科谋绘科研发展规划的基础。

1978年中国矿物岩石地球化学学会的成立,标志着中国地球化学学科渐趋成熟。下面以我国元素地球化学、矿床地球化学、陨石学和天体化学、静态超高压实验地球化学、同位素地球化学和海洋地球化学等六门分支学科在80年代发展之"一斑",以窥当年地球化学学科发展之"全豹"。

1. 元素地球化学

80年代这门地球化学的经典基础学科在我国的发展,主要表现在对微量元素、稀土元素及部分成矿元素的多领域、多角度的延拓研究上,相对而言较少涉及单个造岩元素的探索(倪集众和欧阳自远,1991)。

这个时期的元素地球化学研究显示如下的特点。

(1)深化了元素地球化学的基本概念。郭承基从1952年开始在我国开创了稀有元素矿物与地球化学的研究事业,他主持完成的科研成果"白云鄂博铌-稀土-铁矿床的矿物学与地球化学综合研究"获得了1989年度国家自然科学奖二等奖。总结了所获得的资料,于1996年完成了巨著《稀土地球化学演化》(5卷本)(中国科学院地球化学研究所和中国科学院广州地球化学研究所,2007),为我国稀有元素和稀土元素的地球化学事业做出了重大贡献。

1987年,於崇文等根据耗散结构理论观点将元素丰度定义为成岩的初始平均含量,并将其应用于南岭地区的研究,指出不应该包括成岩后的后期地质作用造成的元素含量的增加或减少。潘传楚1985年研究了元素地球化学分布模式,指出Al、Fe、Mg的分布模式一般为单峰式,Sn、W、Pb则多呈双峰式或多峰式。林兵1989年指出,沉积岩和低级区域变质岩单一类型岩石中的大部分化学元素,往往能保持首次地球化学过程中形成的近似正态分布形式,但受到矿化影响后就会出现活化及分布模式上的畸变。一些学者深入研究了元素地球化学的分类系统。如李嘉林1987年根据组分体积浓度和离子体积浓度,将元素分为12类,试图从动态的角度探讨元素的分布、分配与共生组合规律及其机制。吴报忠1990年依据地壳内生作用中元素在矿物中的共生组合形式及与O^{2-}、$[S_2]^{2-}$和S^{2-}的亲和程度,将地壳元素分为7类。陈榆1983年研究了岩石化学系列和元素演化周期性,潘传楚1985年探讨了元素的地球化学分布模式及其意义。

(2)结合元素地球化学学科开展了化学地层学研究。早在1964年,叶连俊就指出,岩石或矿床的元素实际上是遵循着地史发展过程中的生、运、定、聚演化规律,也就是化学地史问题。因此,可以说化学地史是地球化学领域的核心课题之一。翌年,侯德封也强调元素是地层演化的物质基础。

1987年赵振华指出，研究地层的元素地球化学可以帮助了解地史时期的元素含量、组合及其变化，有助于地层的划分对比。80年代，广西、河北、湖南等省（区）开展的地层元素地球化学剖面研究都取得了重要成果。秦正永1984年发表了《中国元古宙化学地层模式》；赵振华1986年在国内首次进行了微体古生物化石与恐龙蛋化石的元素地球化学研究。1985~1991年我国学者结合事件地层学研究，先后在西藏南部寒武系/古近系地层，浙江、河北、吉林寒武系/奥陶系界线层型剖面，广东白垩系/古近系界线剖面开展了系统地层的元素地球化学研究。特别是在西藏岗巴、新疆吐鲁番连木沁、塔里木阿尔塔什白垩系/古近系界线黏土层中，发现了铱等铂族元素异常及与之同步的碳、氧同位素组成异常；在洛川、蓝田、段家坡离石黄土的新近系/第四系界线（2.40 Ma）发现了铱元素异常，找到了撞击成因的铁质磁性球粒与微玻璃陨石、孢粉与动物化石演化间断、磁极倒转和碳氧同位素组成突变等证据，从而推导了第四纪时期的古气候、古环境变迁。

（3）开展了元素地球化学与环境农业科学的研究。在基岩地球化学调查的基础上，开拓了土壤地球化学调查的新途径，80年代完成了一些地区1:5万的K、P（有效态）、Cu、Zn、B和S等元素地球化学分布及丰缺值图；牟绪赞1994年编制了1:100万和1:500万的全国地球化学图。所有这些工作，不仅为勘查地球化学积累了资料，也为环境与健康及农业地球化学研究提供了依据。

（4）自80年代末至90年代初，元素地球化学研究开始涉足海洋，有关单位联合测试了中国浅海从南到北具代表性的样品，确定了浅海沉积物中62种化学元素的丰度，提出了若干海洋地球化学模式和地球化学效应（赵一阳和鄢明才，1993）。

国内对各类岩石的元素地球化学研究比较多地集中于花岗岩类研究，80年代先后扩展到东北北部、天山、阿尔泰山、东秦岭、胶东和西藏南部，对全国各地的花岗岩类元素进行了较为系统深入的研究。

（5）研究的对象元素除了常量元素，李虎侯1984年微量元素的研究延伸至Ce、Yb、Eu、Ta和Hf等元素，指出它们是龙泉古青瓷的特征元素，从而为考古工作提供了一种新的鉴定方法。

2. 矿床地球化学

80年代可以说是我国矿床地球化学研究大丰收的年代。从时间上说，1975年11月，为了保障铁矿石质和量的供应，我国开展了全国富铁矿会战，不到一年时间，"文化大革命"结束，使这一工作得以顺利进展；从研究思路而言，在从上一个十年延续而来的"富铁矿会战"中，矿床地球化学拓宽了传统矿床学的思路，既研究了铁的生物地球化学、表生地球化学、内生地球化学、区域变质地球化学，以及在地史时期铁的演化，也认识到地质体与矿床形成的多成因、多阶段的关系，探讨了我国不同类型铁矿床的特点，归纳出矿浆型铁矿床的成矿模式和夕卡岩型铁矿的地球化学类型、铀矿形成的壳层理论，以及沉积-后期热液叠加对铁、铜成矿的意义，并将同位素地球化学、元素地球化学和成矿作用地球化学等理论和相应的找矿手段应用到找矿实践中（中国科学院地球化学研究所，1981）；研究过程中从同位素地球化学的角度总结了中国铁矿床的硫同位素数据，提出了华北和东北地区若干富铁矿、华北与长江中下游某些铁矿床物质来源和形成机制的新观点。又如在研究铁矿的元素地球化学时，除涉及痕量元素和元素对之外，还重点研究了中国特有的稀土-铁建造。

铁矿地球化学的研究成果《海南岛地质与石碌铁矿地球化学》(1986)、《宁芜型铁矿床形成机理》(1987) 和《白云鄂博矿床地球化学》(1988) 等专著指出，中国铁矿床的地球化学特点是，前寒武纪条带状铁矿中的富铁矿矿石主要有沉积和后期大气降水热液改造两种成因；中国条带状铁矿多形成于太古宙，不像国外那样以古元古代变质深的氧化矿石为主，而是以硅酸盐相、碳酸盐相的浅变质矿石为多，因而不易形成风化壳型富铁矿；沉积菱铁矿常受到后期改造，带有某些中低温热液矿的特征；中国也发育有岩浆型铁矿，只是规模不大；涂光炽1992年指出，热水沉积型铁矿有一定的分布，铁矿层上下常出现锰矿化、铜矿化，甚至铅锌矿化。

资料表明，70年代后期至80年代，配合全国第二轮找矿部署，研究了多个大型-超大型矿床（如白云鄂博铌-稀土-铁矿床、大厂多金属-硫化物矿床、柿竹园钨-锡-铋-钼矿床、个旧锡矿床、凡口铅锌矿床和大宝山多金属矿床等）的成矿机理和地球化学特征，并做出成矿预测，获得了一些新的认识（倪集众和欧阳自远，1991）。

涂光炽根据我国地质演化特点和层控矿床成矿作用的特殊性，于20世纪70年代中后期引用"层控矿床"的概念，并组织了多学科多兵种的综合研究团队开展系统的创新研究。研究工作历时七年，成果以三卷本的《中国层控矿床地球化学》专著形式先后于1984、1987和1988分三次出版；1996年又正式出版了 Geochemistry of Strata-bound Deposits in China 一书。

1980年涂光炽在一份内部资料①中概括论述了我国层控矿床的特点，并指出面上找矿的方向：①我国相当大的一部分层控矿床产于碳酸盐建造中；②多数地区的地质历史晚期由于受到频繁地壳运动的影响，早期的沉积矿床遭受各种形式地质运动不同程度的改造而成为层控矿床；③我国晚近历史中地壳活动性的增大，也使某些地球化学性质比较惰性的元素能够形成矿床；④一定地区一定地层中不同元素常会有一定的共生组合关系。这些论述在日后的层控矿床研究中起到了引领的作用。

该研究成果通过成矿作用、矿源层、成矿实验和同位素地球化学研究，不仅深化了对中国层控矿床的认识，而且在层控矿床的成矿理论、矿床分类及找矿前景等方面多有建树，为我国成矿理论的发展做出了重大贡献，获得学界同行的广泛赞誉，被誉为"我国有关层控矿床及其地球化学的最全面、最系统的总结，也是这方面研究的最新成就"，"在我国矿床学和地球化学史上是一部里程碑式的巨著"；1986年被中央电视台、《科技日报》和中国科学院评选为国内十大重大科技成果之一；翌年荣获1987年度国家自然科学奖一等奖。

研究表明，中国的层控矿床的形成至少受到改造作用、热水沉积作用、沉积-变质作用、沉积-岩浆叠加作用和沉积-风化作用等五种成矿作用及其复合成矿作用的制约，其中热水沉积作用、改造成因和沉积-岩浆叠加作用矿床为世界其他国家所罕见；还发现各类层控矿床之间存在着内在的有机联系：在成矿带和矿带范围内，控矿因素类似于沉积矿，而在矿田和矿床范围内，则构造控矿显得特别重要（涂光炽等，1998）。

---

① 涂光炽. 1980. 我国层控矿床的若干特点. 见：中国科学院地球化学研究所. 中国某些矿床地球化学研究, 1~4

3. 陨石学与天体化学

1976年陨落在吉林市的吉林陨石雨为中国发展陨石学和天体化学提供了一个天赐良机，为我们揭开这两门学科研究的崭新一页助了一臂之力。

从70年代中后期开始，中国学者欧阳自远等开展了吉林陨石的多学科综合研究，确认了它的母体为47亿年前形成的阿波罗型小行星及其空间轨道、飞行速度、爆炸高度、陨落方位与倾角等参数，根据宇宙成因核素 ^{26}Al 计算了它的近日距，探讨了它的形成过程和物理化学条件，建立了两阶段暴露历史的陨石宇宙成因核素分布标准模式，发现了数种复杂的有机化合物等。经过十年的努力，建立了吉林陨石的形成与演化模式，开辟了小天体的宇宙射线照射历史研究新领域，提供了前生期有机物生命演化和地球生命起源的新信息，培养和锻炼出一支具有良好业务素质的研究队伍，从而开创了我国天体化学研究的新阶段（欧阳自远和李肇辉，1991）。

与此同时，80年代我国陨石学研究不仅在前人研究的基础上有了大量陨石"个案"实际资料的积累，而且通过一些特殊类型陨石（如最原始的EH3型清镇陨石、未分群的宁强碳质球粒陨石、受强烈冲击变质的寺巷口陨石和随州陨石）的研究，使我们有可能开展陨石的系统分类研究，也为90年代后期进入新的发展阶段做好了准备：1998年我国南极科学考察队在格罗夫山地区发现四块陨石后，在随后的十数年间包括在南极收集到的陨石在内，总共达一万两千多块，完成了其中近三千块样品的鉴定和命名申报工作；特别是发现、收集和研究了火星陨石、灶神星陨石和碳质球粒陨石等特殊类型和珍稀的陨石样品，建立了划分陨石类型的参数系列，并从陨石学的研究中获得了有关判别太阳系早期演化历史的依据和线索（如太阳星云的热演化、恒星星云崩塌的年代学、太阳星云的形成、颗粒的成核作用）等新认识和新知识。

欧阳自远在评述80年代我国天体化学研究进展时指出：天体化学的研究"步入了逐渐成熟与稳定发展的时期"。其基本依据是，在探索太阳星云凝聚的物理化学过程、地球和类地行星演化、太阳系小天体的化学演化和宇宙尘的收集、化学成分及其判别标志的确认，以及地外物质撞击地球引起地表环境变化和全球性生物灭绝等五个开拓性领域取得了丰硕的成果（欧阳自远，1991）。

80年代中国学者利用天体化学的成果将目光转向某些地质界线的研究，先后在寒武系/前寒武系、志留系/奥陶系、泥盆系/志留系、石炭系/泥盆系、三叠系/二叠系、白垩系/侏罗系、古近系/白垩系及第四系/新近系的8个界面上发现了Ir等元素的不同程度异常；肯定了西藏和新疆地区白垩系/古近系（周磊，欧阳自远，徐永昌等，1986[①]）界面上的铱等铂族元素异常、撞击熔融球粒以及碳、氧同位素组成等的异常，为认定的65 Ma前的小行星撞击地球导致恐龙等70%物种灭绝提供了科学证据（林扬挺，王道德，欧阳自远，1998）。这种将陨石学与天体化学、天体演化相联系的研究，开拓了我国撞击坑、宇宙尘、界线黏土层中的铱元素及碳、氧同位素异常，以及玻璃陨石诱发的非周期性突发性古气候旋回的研究，为90年代海相沉积物、高空宇宙尘，以及各时代沉积岩、变质岩

[①] 周磊，欧阳自远，徐永昌等. 1986. 白垩系边界事件与生物灭绝研究. 见：中国科学院兰州地质所生物与气体地球化学开放实验室年报

和花岗岩中的宇宙尘研究、界线剖面元素异常研究奠定了基础（欧阳自远，1991）。

4. 静态超高压实验地球化学

80年代伊始，我国静态超高压大腔体实验研究用上了国产 YJ-3000t 型紧装式六面顶超高压设备，建立和发展了一系列静态超高压大腔体实验技术，开展了地幔主要造岩矿物的合成、超高压下差热和电导率测量、玄武岩熔融曲线的测定和熔融-结晶实验研究、球粒陨石的高压熔融实验和富铝角闪石稳定性测试，以及高压下水行为的探索（谢鸿森，侯渭，张月明，1991）。例如朱成明1981年、侯渭1985年、翁克难1986年、熊大和1988年、顾芷娟1988年和傅慧芳1989年分别进行了超高压实验装置、深部物质矿相变、深源岩石和陨石实验研究，为90年代地球深部物质的高压实验研究奠定了基础。

1995年谢鸿森等指出，中国科学院所属的地球化学研究所、地球物理研究所和地质研究所均建立了各自的地球深部物质科学实验室、高温高压与地球动力学实验室及岩石圈构造演化实验室；实验装置的最高压力达 10 MPa、温度达 2000 ℃以上，在地幔矿物（橄榄石、辉石、石榴子石）系统合成及其产物的系统矿物结构、谱学研究，以及高温高压条件下矿物与岩石的物理测量方面取得显著的成果，使实验地球化学成为90年代新的生长点——地球深部物质研究的有力手段。

5. 同位素地球化学

总的来说，20世纪80年代中国的同位素地球化学显示了比上一个十年较高的综合性研究水平，可以说80年代是我国同位素学术研究上的丰收时段。

大量高水平成果的取得，首先是得益于新技术新方法的引进和开拓。这个时期锆石 U-Pb 年龄测定的封闭熔样技术在中国得到普遍应用，铅的本底在一些实验室已降到 10^{-10} g，大大提高了毫克级锆石样品的一致线年龄的可靠性。不少实验室建立了不经熔样的单颗粒锆石逐层蒸发测量技术、风磨取锆石核心定年技术，以及以 ^{205}Pb 为稀释剂的单颗粒锆石定年技术（朱炳泉，1991）。一些实验室建立了 Sm-Nd 定年方法和钕同位素示踪技术，扩大了岩石的测年范围；^{40}Ar-^{39}Ar 阶段加热坪年龄法的建立与推广及冷扎提取氩技术的开发，使我国在80年代能用矿物包裹体测年和探讨矿物中过剩氩的赋存状态；应用分离的黏土矿物进行 K-Ar 定年可测定断层的年代和年轻沉积物的年龄，推广了一次性测定钕、锶同位素定量和比值技术。一些实验室开始将铀系年代学方法应用于沉积物的年龄、沉积速率及火山岩年龄的测定和同位素示踪；中国科学院和地质矿产部的一些实验室开始筹建 La-Ce、Re-Os、Lu-Hf 和 K-Ca 等新方法。

80年代中国同位素地质年代学和放射性成因同位素研究取得如下几个方面成果（朱炳泉，1991）。

（1）地幔不均一性的同位素示踪研究取得了一批高精度的新生代玄武岩的钕、锶同位素组成数据；查明了中国大陆地幔存在的南亏损北富集的总趋势：根据五大连池富集地幔端元、雷琼-南海亏损地幔端元和滇西、三水、青藏与长白再循环地幔端元，将中国大陆地幔划分成几个相应的主要块体。

（2）获得了中国大陆主要增长事件的时间数据（1400~2000 Ma、2600~2700 Ma 和 3300~3400 Ma）；这些数据也得到钕同位素数据研究的证实和认同。

（3）中国学者发展了不同形式的矿石和岩石的二元与三元混合或阶段模式，并用来探讨矿床成因和壳幔演化，有助于对铀矿床的评价；提出了多元同位素和微量元素的三元曲面混合方程，发展了壳幔二体系再循环模式，首次提出了壳幔三体系和四体系再循环模式的微分方程组与较系统的数值解，较完善地说明了大陆与大洋七个主要地幔端元钕、锶、铅同位素组成的成因和演化历史；发展了多维空间的拓扑、降维分析方法及平面投影表达方式，提出了广义等时线和似等时线模式，发展了判别真假等时线的数学和地质方法。

（4）研究并确认了中国侏罗纪与白垩纪、寒武纪与奥陶纪、志留纪与泥盆纪、白垩纪与古近纪的界线年龄。

（5）将中国东部新生代火山作用分为两个时间段。早期为 40~50 Ma 的古近纪拉斑玄武岩和钙碱性岩喷发；晚期为中新生世以来约 26~28 Ma 的拉斑玄武岩和碱性玄武岩交替喷发。

（6）热年代学研究确认了印度板块与欧亚板块先于印度板块与南中国板块的碰撞时间（先后为 44 Ma 和 90 Ma）；扬子板块与华北地体结合的时间约为 220~260 Ma；并确认了一些大断裂发生的时间。

（7）复杂花岗岩岩基的年代学研究，特别是它们的 U-Pb、Rb-Sr、K-Ar、^{40}Ar-^{39}Ar 和 Sm-Nd 测年方法的综合应用，揭示了华南、云南、新疆和西藏等地区花岗岩的源岩时代、岩浆热历史和岩体形成后期地质作用的扰动时代。

（8）确认了华北地体广泛存在并在华南也有影响的 2500±50 Ma 的地质事件；冀东迁西曹庄组暗色残留体测得中国大陆最古老的 3500 Ma 的同位素年龄；在湖北、河北、山西、云南、广西、湖南、广东、闽西、秦岭及新疆等地区获取了元古宙主要地层系列的地质年代，为中国前寒武纪主要地质事件和年代学研究提供了可靠的数据。

（9）获得多个金矿床的成矿年龄数据：如王秀璋 1983 年以 Rb-Sr 和 K-Ar 法测得华北太古宇和中下元古界地层中金矿床的主要成矿期为燕山期，其次为海西期；自 1985 年后的两三年间，先后有戴橦谟 1985 年、胡思玲 1986 年、吴尚全 1987 年和蒋少涌 1988 年用同位素测年法研究了胶东交代重熔型花岗岩等类型金矿床的成矿年代。

稳定同位素广泛应用于矿床地球化学、水文地球化学、油气地球化学、岩石学、事件地球化学和环境地球化学的研究是 80 年代研究成果应用方面的一大特点（于津生，1991）。张理刚先后于 1985 年和 1989 年总结了中国金属矿床同位素地球化学的研究成果，根据氢、氧同位素组成提出了中国有关矿床的分类、金属活化热液成矿的观点和大气降水热液矿床的成矿模式（于津生，1991）。

从 70 年代到 80 年代，稳定同位素的研究和应用都同步配合全国的重点找矿工作。1984 年于津生指出早期为铁矿床的成因、物质来源、热液性质、成矿条件和成矿模式的建立提供了必要的数据；中期协助解决了层控矿床的硫同位素组成、沉积环境、铅同位素组成及其演化，以及它们的成矿物质多源性、成矿过程多阶段性和矿床的多成因性问题。80 年代后期，同位素年代学和稳定同位素在金矿的成矿时代和成因机制研究中发挥了十分重要的作用。据蒋少涌 1984 年报道，中国已积累了两百多个金矿床的 2500 多个硫同位素数据，近百个矿床的 400 多个铅同位素数据，30 多个矿床的 200 多个氢、氧、碳同位素数据。王义文 1982 年指出，除个别矿床外，金矿床的硫同位素值能集中成塔式的特征，显示热液对金成矿所起的重要作用；矿石的系统硫值与容矿地层相似，δ^{34}S 特征表明矿床硫源与容矿地层（火山岩、火山沉积岩或沉积岩）有关。此外，铅同位素为确定金矿床的矿源年龄和物质来源、氢氧同位素为鉴别成矿溶液性质提供可靠的依据。

6. 海洋地球化学

海洋占地球表面积的三分之二以上，从全球的角度而言，人类投入海洋的研究力量也应该占大多数，可惜直到1872～1876年英国"挑战号"的环球航海考察才拉开了海洋地球化学的序幕：首次采集和分析测试了深海软泥和锰结核的化学成分，迈出了地球化学学科从大陆步入海洋之门的第一步（赵其渊，1989）。

我国的海洋地球化学研究肇始于1958～1960年的全国海洋综合调查（赵一阳，吴景阳，江荣华，1993），首次测定了近海沉积物中的Fe、Mn、P、N、$CaCO_3$和有机质等含量；60年代加大了渤海和南海北部等重点海区的工作。

自20世纪70年代中后期起，中国学者开始涉足海洋环境地球化学和太平洋锰结核的研究。前者主要以海洋污染调查为目的，鲍根德等、黄亦普等、梁据廷和郭世勤等先后研究了渤海湾、南黄海、黄河口和长江口的石油污染、重金属扩散及净化机理。鲍根德、阎保瑞等和姚德等先后探究了太平洋锰结核，指出生物参与成矿作用的可能性；1988年，梁据廷认为中太平洋海盆里的Mn/Fe值可作为锰结核的含矿标志。

70年代我国多次开展了黄海和东海大陆架、冲绳海槽以及包括南沙群岛在内海域的调查研究工作，重点探讨了20个元素的含量和分布。随着工作程度的扩大和加深，首次建立了中国浅海沉积物化学元素丰度表，提出了相应沉积物的地球化学模式和地球化学效应（赵一阳和鄢明才，1993；Zhao Y Y and Yan M C，1993）。

据莫杰等1996年报道，地质矿产部海洋地质研究所在"八五"期间完成的东太平洋海盆多金属结核同位素地球化学项目，重点研究了区内21个站位多金属结核的氧、硅、锶和铅同位素组成、物质来源及成因，探讨了大洋底层水–多金属结核–沉积物（或岩石）系统的元素地球化学循环成矿过程、多金属结核的地球化学成矿指标，以及东太平洋海盆多金属结核生长历史与古海洋演化的关系，对比了海洋与陆地上多金属结核的成矿特征。1991年联合国有关机构批准了中国$15×10^4$ km^2国际海底矿区的申请。有关部门决定，"九五"计划期间在$10.5×10^4$ km^2范围内进行第二阶段工作，在4个航次调查中还将尽可能进行生态环境基线调查，争取建立环境影响参照区。1999年3月我国在太平洋中获得75000 km^2的海底专属采矿区。

1980～1982年的"中美海洋沉积作用联合研究"推动了我国海洋地球化学的发展，引进并推广了^{210}Pb测年方法，开展了沉积物上覆水与间隙水之间的界面化学研究。1988年，我国与联邦德国合作进行马里亚纳海槽和西菲律宾海盆的海洋地质调查，研究了那里的锰结核（吴世迎，1991）。

90年代伊始我国首次独自进行海底热水沉积调查，查明弧后盆地热水区富集有Zn、Pb、Cu、Ag和Au组合的结核，指出汞异常可作为现代海底热水效应的地球化学"指示剂"（赵一阳，翟世奎，李永植等，1994）。此外，我国一直重视国内对古海洋学的研究；1992年业治铮和汪品先编著了《南海晚第四纪古海洋学研究》一书。

20世纪末，海洋地球化学界专家指出下列四项内容是值得我国相关科研人员参与研究和探讨的工作：海洋界面地球化学；与板块构造有关的海洋地球化学研究；与古海洋有关的地球化学问题；海洋微量元素和同位素地球化学（赵一阳，李悦，李永植，1996）。

1994年汪品先和鹿化煜等指出,中国海洋地球化学起步较晚,多作为海洋学、海洋地质学调查的一部分参与性工作,调查的范围集中于近海;对远洋则侧重于锰结核的成矿作用和微陨石研究。随着综合国力的增强,中国科学工作者必将从近海步入深海的海洋内生地球化学领域,深入开展海洋界面地球化学及与全球环境变化、古海洋学有关的地球化学研究,例如为了配合第四纪地球化学研究,我国开展了沙漠对太平洋粉尘的探索,探讨环境的变迁;利用海洋沉积物的有机与无机组分及比值,进行了古海洋学研究,这些工作都有利于深化某些重大科学问题的探讨。

(二)异军突起:与环境和能源相关的地球化学学科迅速崛起

纵观全球的社会经济发展历史,在人类历史进入20世纪70~80年代的时候,"人口爆炸,生态恶化,生物物种锐减,矿产资源告急,能源危机显现"的状况几乎成了世人众口一词的"评语"。地球科学家更响亮地喊出了"保护生态!节约资源!"的最强音;这些声音反映在选题和研究工作中,就成为一支异军突起的与环境和能源相关的地球化学分支学科崛起的理论基础和"培养基"。

1. 环境地球化学:从地方病调查到系统化的理论研究

环境地球化学是20世纪60年代中后期兴起的一支"新军"。那是1968年东北地区克山病引发暴发性的灾害,一群年轻的地球化学工作者带着尚在"牛棚"中的老专家的嘱托,在病区与医学研究人员一起,探讨这些病患的流行病病因学和地球化学环境。地学人员发现了病区自然地理和地球化学的特异性,以及Se、Mo和其他一些元素与克山病的相关性,随后在全国范围内开展了对克山病、大骨节病、碘缺乏症等地方病的调查与研究,从而进入了环境地球化学的初始阶段:自然环境与人体健康的新领域。此后,又逐渐延拓至地方性氟、砷、硒、铊等元素中毒的研究,以及环境污染与环境质量评价工作。到80年代,全面进入到环境地球化学与人体健康的研究领域(朱梅年,1980)。随后这方面的研究进而探讨了F、Se、Mo等元素的生物地球化学、分子生物学模型,并在元素本底含量测量,珠穆朗玛峰地区冰雪、水、生物、土壤中的微量元素,以及环境质量评价与环境质量模型方面取得进展。

80年代中国环境地球化学的蓬勃发展表现在如下四个方面。

(1)深入开展多项环境背景值的调查。1980年中国科学院完成了北京地区和南京地区土壤中12种元素本底值的研究;1982年国务院有关部门组织了酸雨普查;1983年环境背景值研究被列为"六五"计划的攻关项目;1988年中国科学院完成了西藏环境背景值调查;1990年地质矿产部完成了长江中下游地下水环境背景值调查和全国化探扫描,使环境背景值的研究成为80年代的一个热点和亮点。

背景值的调查和研究不仅是环境地球化学的基本功,而且在生态学、水文学、农业、林业、矿业和渔业等许多学术和经济领域,发挥了基础性和指导性的作用。

(2)深化区域环境分异的研究。在大区域环境背景调查和个别地区环境污染研究的基础上开展的区域环境分异研究,深化了对环境保护和中国环境地球化学特征的认识。如"京津渤区域环境综合研究"提出了该区环境综合调查的环境对策建议(万国江,陈业才,徐义芳,1986;京津渤区域环境综合研究组,1989)。黄土的系统研究查明了中国黄土的地球化学分带性,这不仅具有理论意义,而且对黄土高原的农业生产和人体健康的环境评价也有着实际意义（刘东生等，1985；文启忠等，1989）。

（3）总结提高了对中国某些地方病的认识。1989年，《中华人民共和国地方病与环境图集》总结了20多年地方病与环境、地方病与环境地球化学调查的成果和认识。对地方性氟中毒（刘东生，陈庆沐，余志成等，1980；郑宝山，富月征，张文礼，1985；郑宝山和黄荣贵，1986）、克山病（刘东生，余志成，姚在永，1981；姚在永，余志成，蒋九余等，1984；洪业汤，余志成，姚在永等，1986）的地球化学致因，以及地方病地球化学成因类型（王明远和章申，1985）有了进一步的认识。

（4）开展了环境地球化学的理论研究。将揭示环境物质运移转化规律作为基本任务，研究了重金属的环境地球化学机理与生物效应（中国矿物岩石地球化学学会环境地质地球化学专业委员会，1986，1987；《环境中重金属研究文集》编辑组，1988），探讨了土壤-植物系统中地球化学物质和能量循环原理（高拯民，1986），确定了环境质量变异的地球化学原理（万国江，1988），提出了环境界面地球化学的概念（万国江，1987），以及90年代初确认的动力学与非线性过程的研究新方向。

80年代环境地球化学的开拓性研究及调查方法和实验平台的建设，为1991年环境地球化学国家重点实验室的建立奠定了基础。

2. 有机地球化学：带动与能源有关的地球化学分支学科的崛起

70年代末至80年代初，由于思想的解放，学术的繁荣，再加上石油与天然气这样一些与能源有关的研究对象在国民经济中日益显得举足轻重，自然引起地球化学学科中专业人员的关注，从而使有机地球化学、油气地球化学在70年代所取得成果的基础上，鼓足勇"气"，火上加"油"，使这些学科获得了大好的发展机遇。

有机地球化学在80年代与石油地质学、石油地球物理学一起成为油气勘查的三大理论基础，并在油气成因理论、油气运移，油气化探及含油盆地综合评价中起着举足轻重的作用。涂光炽1983年论述了油气矿床与活泼元素改造矿床在成因上的关联，从而将有机物与金属矿床的形成辩证地联系起来，使矿床地球化学、有机地球化学、环境地球化学的研究思路更加开阔，促进了学科间的渗透；这种渗透和交叉也表现在环境地球化学与生态学之间，地球化学与热力学、化学动力学与量子化学之间，以及地球化学与统计力学之间，一些学者积极倡导或进行生态地球化学、地球化学热力学、化学地球动力学、量子地球化学和统计地球化学的研究。地球化学的测试方法、找矿或油气探测方法，以及地球化学标准样等技术性工作，也开始长入市场经济；体现了地球化学学科社会功能的发挥，显示了地球化学学科在自身理论建设和社会经济可持续发展中的强大生命力。

80年代，我国有关产业部门和科研单位相继引进了一批先进的测试仪器，促进了我国与石油、天然气密切相关的地球化学分支学科迅速进入学术上和实际应用上的蓬勃发展时期。

研究人员走出实验室，在全国各油田研究了陆相烃源岩的形成条件、陆相生油母质类型、陆相生油门限的时-温关系、陆相地层原油生油指标，全面论述了陆相生物的对比、陆相沉积环境和陆相烃源岩的判识依据；先后探讨陆相有机质特征与分类、生物标记化合物指相、定年及其成油前身生物的追踪和油气-源岩的对比、陆相生油的门限、陆相有机质形成的原油所具的理化标记、陆相烃源岩的实验地球化学研究，以及陆相盆地油气的资源量计算等基本问题；提出了识别未成熟油的标志，建立了生物标志物和有机物输入模式及标志化合物的演化模式（傅家谟和徐芬芳，1984），系统总结了陆相原油和烃源岩中生物标志化合物的分布、组成及其与海相物质的区别，提出了陆相生油岩特有生物标志化合物类型；总结了反映母质类型和油源对比、演化（成熟度）、运移、原油生物降解的四类生物标志化合物参数；发现了我国陆相原油的"高蜡低硫"组分特征；提出了有关未成熟油的新认识（黄第藩和李晋超，1987），从而掀起了国内陆相盆地低熟油气的研究热潮。

在陆相油气地球化学大发展的同时，学者们同样关注海相盆地的油气地球化学领域的探索。1989年，通过碳酸盐岩的有机质丰度、干酪根类型、生烃模式和初次运移条件及成藏等综合分析，系统论述了海相碳酸盐岩中油气的形成条件和分布特征。

与此同时，我国天然气地球化学研究也取得了长足发展。它走出借用国外资料进行对比的阶段，进入立足于对国内资料的系统特征、指标和规律性认识阶段。如通过地球化学方法估算了天然气的形成年代；利用碳同位素类型曲线探讨了油气运移方向，以及利用甲烷碳同位素判识天然气成因（沈平和徐永昌，1982），开展煤成气研究（戴金星，1983；戚厚发和陈文正，1984），利用凝析油轻烃和天然气同位素特征进行混源气识别和高含二氧化碳气藏的分布及成因探索研究。

"七五"时期（1986～1990年），我国天然气地球化学研究取得一系列具有重大理论和实际意义的成果：提出了新的天然气成因分类系统及其判识指标；指出气态烃形成过程的多源性和多阶段性，其演化是一个连续的过程；实现了天然气中氦同位素测定技术的突破，解决了一些含油气盆地的气源问题，发现幔源氦的工业聚集；突破了天然气中稀有气体氦、氩同位素的测定技术（徐永昌，沈平，陶明信等，1990），初步建立了我国天然气稀有气体的新理论体系和研究方法（徐永昌，沈平，陶明信等，1990）；轻烃地球化学研究的开展，为气-源对比、成气母质特征、有机沉积环境及热演化程度等研究提供了一种新指标。特别是有关天然气地质学专著的出版（包茨，1988；戴金星，戚厚发，郝石生，1989）是上述研究成果的集大成者，也标志着我国天然气地质学理论框架的基本建立。气体地球化学的研究范围除了讨论生物天然气外，还探讨了非生物天然气、地震及火山活动的一般气体、稀有气体、环境气体，以及气体在环境地球化学中所起的作用。

在整个80年代，我国气体地球化学学科从无到有，从小到大，几乎年年有新的发现和新的成果，研究工作呈现出一番欣欣向荣的局面，迅速成为有机地球化学的一个极为活跃的新领域。

气体地球化学是研究自然界呈气体或化合物状态元素的形成、迁移、聚集、分布规律及其地球化学行为的分支学科；作为一门新学科，它最早出现于1984年夏威夷召开的火山、地震、资源勘探和地球内部的气体地球化学国际会议上（王先彬，1994）。"六五"期间的攻关项目——"煤成气研究"带动了我国气体地球化学学科的迅速发展。

研究表明，气体地球化学在天然气的成因判别、烃类气体分类（徐永昌，1991；徐永昌，沈平，陶明信等，1990）、不同类型天然气与源岩有机质成熟度的关系，以及气源岩的地质时代等方面都起到了其他方法未能所及的作用。如对 CO_2、N_2、He、Ne、Ar、Kr、Xe 和 Rn 等非烃气体的研究，不仅提出了它们的成因理论（王先彬，1989，1994），还发现了苏北黄桥的氮、氦气藏，四川威远的氦气藏，赵兰庄的硫化氢气藏，以及广东三水、松辽万金塔的二氧化碳气藏等多个工业气藏；提出了 CO_2 来源的判别值（戴金星，裴锡古，戚厚发，1992）、H_2S 的生物化学或热化学还原作用的成因判别值，以及氦的壳幔来源判别值等。

所有这一切表明，气体地球化学是全球变化研究中一种有力的手段。

这一时期有机地球化学几个分支学科的发展及其结合油气开发进行的应用研究，显示了有机地球化学对油气领域的重要意义，为 1989 年有机地球化学国家重点实验室的建立和 1991 年气体地球化学国家重点实验室的建立奠定了基础。

（三）完善工作方法

它的功效体现在科学研究的多学科联合作战和积极参与国际地学项目的联合行动。

1. 多学科联合作战的科研方式

最典型的例子就是吉林陨石雨课题的研究。无论是参加野外现场调查，或是陨石研究，还是室内分析或实验室工作，所有的分支学科和科研团队，都采用多学科、多方法的协同利用，进行综合研究。从而既发挥了科研人员的积极性，也在科研和教学过程中融合了不同学科人员的才能和智慧，推动了研究工作和学科的发展。

当初吉林陨石天外而来，洒落在吉林市郊区 500 km^2 的面积上，相关部门立即组织了中国科学院、天文研究机构和北京大学等高等院校数十人奔赴陨落现场。取得样品后，马上开始了多学科和多方法的研究工作。在室内研究中不仅用上了矿物学、岩石学的常规手段，同时综合应用同位素地球化学、实验地球化学、有机地球化学、气体地球化学的研究方法和研究思路，在中国地学界最早采用了中子活化分析、高分辨电子显微镜观察、低水平放射性宇宙成因核素分析、离子探针质谱分析、加速器质谱分析等新的分析测试手段（欧阳自远，1991）；并使陨石学研究从陨石"个案"扩大到群体的综合研究，随后又扩展到宇宙尘、陨石坑，以及球外物质撞击（地球）及其所引起的灾变事件和气候、环境变迁的研究，向着新的学科生长点——天体化学的方向前进了一大步，促进了地球科学与天文学、比较行星学、空间科学、物理学、化学、生物学、环境科学之间的渗透和交叉。

2. 参与国际组织的联合行动

在国际上，80 年代一些国际地学学术组织实施了一系列国际地学合作计划，我国参与了其中与地球化学学科密切相关的"国际地质对比计划"（IGCP）和"全球地学大断面（GGT）计划"等。

我国参与的 GGT 计划将现有的地质、地球化学和地球物理资料综合到一张图上，并至少延伸到地壳底部的剖面上，从而勾画出地壳物质及其结构构造的垂向构造图，加深了对地壳深部作用过程的认识（李双林，1996）。

当年我国的东秦岭河南伊川—湖北宜昌地学断面（高山，赵志丹，骆庭川等，1995）和中国满洲里—绥芬河地学断面（李双林，迟效国，尹冰川等，1996）的地球化学研究都取得了相应的成果，推动了我国对地壳深部作用地球化学过程的研究。

地球化学的许多分支学科也都参与了 IGCP 和 GGT 计划相应的研究课题，所取得的成果见本书分支学科的发展史。

（四）活跃的学术活动

20世纪80年代中国地球化学学术活动十分活跃。这不仅表现在中国矿物岩石地球化学学会及其下属的各专业委员会积极组织的数十次全国性专业学术会议，也体现在全国相关地学领域的学会基本建成了本学科的相关专业学术期刊框架，以及各研究单位和大专院校积极出版学术论文集或学术专著方面。

1. 学术会议

据统计，20世纪60年代我国举行了第一次地球化学专业学术会议，有300人到会，收到地球化学论文124篇；70年代召开了8次地球化学专业学术会议，与会人员达1944人次，参加交流的论文有2136篇；80年代召开了68次与地球化学专业有关的学术会议，有8788人次到会，交流论文8232篇。特别是改革开放之初1981年的最后三个月中，仅中国矿物岩石地球化学学会就联合兄弟单位连续召开了全国性的陨石学天体化学、环境地球化学与健康、层控矿床地球化学，以及微束分析及其应用等数个大型学术会议。

这里所指的"地球化学专业学术会议"既包括综合性学术年会中的地球化学专题讨论，也包括单个分支学科召开的学术会议；二者相结合，既在综合性年会上与其他相关学科（如地质学、矿物学、岩石学、环境科学、空间科学及材料科学等）进行广泛交流，又能在单个专业学科的学术交流会上深入单科突进。不仅如此，不少学科都定期举行学术会议，成为"系列会议"，在国内联合兄弟学会定期轮流举办系列的学术会议，或者参加到国际会议的行列中去，使我们的学术交流逐渐与国际接轨，争取在学术研究中与国际同步前进。

随着学科对地球化学样品测试精度要求的提高，学界也逐渐重视召开有关样品测试的技术性会议。我国在70年代和80年代分别召开了两次及28次与地球化学样品测试有关的技术性研讨会，促进了地球化学样品分析测试技术的提高。

2. 构建中国地球化学及相关学科的专业学术期刊框架

20世纪70年代末，国家科研政策开始有所松动，允许恢复和创办部分专业学术期刊，中国科学院地球化学研究所迅速行动，先于1971年春寒料峭的氛围中绽放出第一朵"春天之花"——《环境地质与健康》；该刊在1972~1975的四年间出版的十一期近百篇论文报道了地质环境、地球化学、生态学、医学、环境污染、地方病和肿瘤病因，以及人体组织的微量元素分布等研究成果；再于1972年创办了《地球化学》杂志，翌年又创刊学术情报刊物《地质地球化学》（现更名为《地球与环境》）。1989年中国科学院地球化学研究所分迁广州后，于1990年改由中国科学院广州地球化学研究所主办《地球化学》。

1978年中国矿物岩石地球化学学会成立伊始，便开始架构全国性地球化学专业学术期刊框架：1981年中国矿物岩石地球化学学会与中国科学院地球化学研究所联合创办了《矿物学报》；为了加强国际学术交流，翌年中国科学院地球化学研究所又创办了英文版《地球化学》——Chinese Journal of Geochemistry。该刊已由美国化学文摘（CA）收录，2001年起成为"中国科学引文数据库"核心库来源期刊，进入中国科协的"中国期刊方阵"。1983年，中国矿物岩石地球化学学会与中国科学院兰州地质所联合创办《沉积学报》；1985年该学会又与中国科学院地质研究所（现中国科学院地质与地球物理研究所）

联合创办《岩石学报》；1999年，中国矿物岩石地球化学学会与中国石油大学联合创办《古地理学报》；1995年，将学会秘书处主办的《矿物岩石地球化学通讯》（内部）刊物易名为《矿物岩石地球化学通报》，1998年起由中国矿物岩石地球化学学会与中国科学院地球化学研究所在国内外公开发行（中国科学院地球化学研究所和中国科学院广州地球化学研究所，2006）。《通报》于1997年加入了"中国学术期刊（光盘版）"，同年成为"中国科技论文统计源期刊"；先后被美国《化学文摘》（CA）等重要检索期刊、数据库收录。根据《中国科技期刊引证报告·2004》报道，《通报》总被引频次为209，影响因子为0.548，在1500余种期刊中名列242位。

此外，中国科学院地球化学研究所在1980年出版了《70年代地质地球化学进展》一书，该书精选了"发展中的板块地质学""同位素地质年代学""陨石学研究的某些新进展""有机地球化学研究概况""微量元素地球化学研究进展""国外环境地质学研究""国外包裹体研究进展""矿物谱学""略谈地球科学高温高压实验研究与地幔性质的研究"等28篇综合性国际学术研究进展的文章（中国科学院地球化学研究所，1980），为在"文化大革命"中失去十年宝贵时间的地质-地球化学科研、教学和野外地质工作者送来新鲜知识；正是"干旱喜有天下雨，腹空适逢送粮来"，四千册新书一抢而空！随之，在第二个十年到来的时候，中国科学院地球化学研究所又出版了《80年代地质地球化学进展》（欧阳自远和章振根，1990）。

可喜的是，中国矿物岩石地球化学学会在历届理事会的指导下，发挥学术性群众组织的联系面广、需求面宽、支撑面大的优势，使这种"十年一'回顾'"的设想和实践延续下去：在每两个十年的"交接"时期，学会先后编辑出版了《80年代中国矿物学岩石学地球化学研究回顾》、《世纪之交矿物学岩石学地球化学的回顾和展望》和《21世纪初十年中国矿物学、岩石学与地球化学研究新进展》；愿"十年一'回顾'"的传统成为一种推动地球科学发展不可或缺的动力！

此外，从研究建制看，中国科学院的专业研究所中与本学科相关的科研（院）所已建有六个国家重点实验室：地球化学研究所有"矿床地球化学"和"环境地球化学"两个国家重点实验室；广州地球化学研究所有"同位素年代学和地球化学"和"有机地球化学"两个国家重点实验室；地球环境研究所和西北生态环境资源研究院（原兰州地质所），分别有"黄土与第四纪地质"和"气体地球化学"国家重点实验室。上述科研所（院）及其六个国家重点实验室按有关规定都出版有单位和实验室的年报，及时报道科研成果和科研工作进展。

至此，我国基本上构建了系统而完整的地球化学学科领域相关专业学报级学术期刊和工作进展年报的框架（倪集众，1992）。

3. 积极组织出版学术活动论文集或学术专著，力求开辟多层次的学术活动园地

整个20世纪80年代在学术共同体和学界同仁的共同努力下，地球化学界十分重视学术会议论文集和学术专著的编辑出版工作。除了数十次学术会议的论文集外，十年间出版的反映我国学者研究成果的学术专著有二十余部之多。如《铁的地球化学》（1981）、《中国含铂地质体铂族元素地球化学及铂族矿物》（1981）、《西藏南部花岗岩类地球化学》（1982）、《有机地球化学》（1982）、《宇宙地质学概论》（1983）、《铀地球化学》（1984）、《元素地球化学》（1984）、《稀土地球化学演化》（五卷本，1985，1988，1990，1991，

1996)、《中国层控矿床地球化学》（三卷本，1984，1987，1988）、"无机化学丛书"之一：《地球化学》(1986)、《勘查地球化学》(1987)、《实验地球化学》(1987)、《南岭地区区域地球化学》(1987)、《钨的地球化学》(1987)、《金属矿床地球化学》(1987)、《天体化学》(1988)、《稀土元素地球化学》(1989)、《海洋地球化学》(1989)、《稀有气体同位素地球化学和宇宙化学》(1989)、《中国东南部锡的构造地球化学》(1989)、《中国黄土地球化学》(1989)、《地质研究的微矿物学技术》(1989)、《地球与宇宙成因矿物学》(1989)等，其中不乏获得国家级奖励的项目成果或得到国内外学者称赞的巨著鸿篇。

此外，中国科学院地球化学研究所在1980年出版了《70年代地质地球化学进展》一书；这是该所自上一个十年（70年代）开始的"十年一'进展'"的出版计划，由于这些《进展》深受地学界同仁的重视和关注，新的"十年一'进展'"的内容更加广泛更加系统，读者普遍反映良好。这一做法也引起70年代后期成立的中国矿物岩石地球化学学会理事会的共鸣：1991年中国矿物岩石地球化学学会出版了《80年代中国矿物学岩石学地球化学研究回顾》，在学科和范围方面二者既有分工又能互相配合，在学界起到了意想不到的作用。可喜的是，这种"十年一'回顾'"的设想和实践已延续进入21世纪：2014年，中国矿物岩石地球化学学会出版了《21世纪初十年中国矿物学、岩石学与地球化学研究新进展》一书。

纵观80年代我国地球化学学科所取得的成果，显示了在思想上的压力得到缓解之后，社会经济的发展对科学技术有了更新更高的要求，需要人们改变工作方法和工作方式，以促进自然科学的发展；而且也显示了学科强大的生命力：地球化学学科在中国经历了早于世界各国漫长的萌芽时期之后，在较世界发达国家晚得多的20世纪50年代得以起步，到80年代，中国地球科学学科终于迈开稳健的步伐前进，大踏步地进入了本学科的成形时期。

二、90年代：全面发展，汇入全球变化研究的洪流

1992年里约热内卢的第一次"联合国环境与发展大会"，是为解决地球环境和人类发展前景问题而召开的国际会议。会议表明，自此之前的一二十年来，地球的气候、热带雨林、水和生态环境的变化，暴发性疾病与地方病，生物锐减，以及地质灾害、地球化学灾害和包括能源在内的矿产资源短缺等，一起成为自然科学界和社会科学界高度关注的目标。研究表明，所有这些变化和灾害几乎都与地球化学学科有着直接或间接的联系；地球化学家也明白了一个道理：以研究地球的资源和环境为己任的地球化学学科，参与资源和环境研究并义不容辞地担当起探寻提高人类文明程度的途径，是地球科学家的良知和社会责任所在。

其实，在20世纪80年代末和90年代初，我国地学界有识之士从学科的自身发展和科学责任的角度，就已经在酝酿"地球科学向何处去"的问题（涂光炽，1991）。经过几年的酝酿、探讨、解惑和抉择之后，这种"全球化"的态势终于使地球科学家在"全球变化"中找到了发挥学科社会功能的用武之地。因此，进入90年代，我国地学界明白了应顺国际发展潮流的道理，决心在地球系统科学研究中发挥地球化学学科的社会功能，把地球作为一个整体来对待，将"全球变化"的课题作为自己研究的主要目标。

在地球化学学科领域,"全球变化"不仅与环境地球化学、第四纪地球化学、生物地球化学的研究对象密切相关,其他的一些分支学科,如有机地球化学、气体地球化学、同位素地球化学、天体化学、元素地球化学、沉积地球化学、海洋地球化学、实验地球化学等等,都结合各自学科的特点,纷纷转向这一科学目标,参与到过去地球环境变化的地质地球化学记录和现代大气圈、水圈、岩石圈地球化学过程及其互相作用的研究中去;并与其他学科相配合,试图用综合研究、综合对比的方法共同攻关。

这就形成了20世纪90年代中国地球化学学科发展的新途径:全体总动员!在汇入全球变化研究大军的过程中,促进地球化学学科的全面发展;这一发展途径也带动了地球化学几乎所有分支学科的发展,延续了80年代以来的学科成形时期的发展态势,并在90年代有了更加蓬勃的发展。

纵观90年代,我国地球化学学科的全局,显现了如下三个特点。

(一) 多个地球化学分支学科进入全球变化研究领域

在"全球变化"这个总目标的指引下,90年代中国环境地球化学学科加强了区域环境地球化学和环境地质地球化学记录的研究,沙漠、黄土、岩漠、岩溶山区等生态脆弱区的研究取得了初步成果;全球变化地质地球化学记录的研究,在黄土、古土壤、树木年轮、湖泊沉积物、冰芯、岩溶沉积物、生物壳化石、微玻璃陨石等方面也都取得了可喜的成果,为重建最近数百万年来中国的气候、环境和全球环境变化模式提供了依据,也为地球化学研究进入环境科学,特别是地球化学与生态学的结合,打开了缺口。

20世纪80年代初,刘东生就提倡在我国开展洞穴碳酸盐古气候学研究,90年代以来这一领域有了迅速的进展。

随后有不少年轻学者从各自的角度探索洞穴碳酸盐的古气候学意义。如1985年汪训一制作了第一张桂林地区洞穴沉积物$\delta^{18}O$的变化曲线。陈跃等1986年测定了北京周口店地区石笋的碳、氧同位素;紧接着刘育燕1990年、朱洪山等1992年、黄俊华1992年和谭明等1995年分别测定或研究了桂林罗胡子洞的石笋、周口店的石笋、湖北狮泉洞的石笋和河南鸡冠洞的石笋;黄仁海1994年分析了贵州多缤洞的多种洞穴沉积物的碳、氧同位素;洪阿实等1995年探讨了洞穴石笋古温度的同位素地球化学方法。谭明等1996年的研究表明,洞穴碳酸钙的稳定同位素与年轮记录是我国东部季风区古季风强弱、干湿变化、干旱事件及强降水事件极好的高分辨档案。通过这些分析测试,探讨了古气候的变化,并得出结论:石笋年轮可作为我国东部季风区降水强弱变化的高分辨率记录;碳酸钙洞穴是陆地环境中一个极好的古气候信息库。通过这些分析测试,探讨了古气候变化,并得出结论:石笋年轮可作为我国东部季风区降水强弱变化的高分辨率记录。彭子成等1997年在我国首次将热电离质谱(TIMS)铀系法应用于测定石笋的年龄。刘东生等1997年在北京石花洞石笋中首次发现微生长层,通过年代测定与气候事件控制分析,初步提出了石笋微层理的年层时标含义及层厚度变化主要响应降水变化的气候意义,发现了1130 a、50 a、16~18 a、11 a及5.8 a的降水周期,重建了北京地区1130 a以来干湿变化的年分辨率趋势。

为了争取利用更多的自然遗迹在全球变化研究中的"破题应用",20世纪80年代末90年代初,先后有谢自楚、姚檀栋等开展了冰芯的应用研究;李正华1995年研究了树木年轮的变化；翁金桃1991年、袁道先1993年和王兆荣1994年探讨了岩溶的作用；陈承惠1977年和陶发祥1995年探讨了泥炭沉积的性质和应用；中国科学院南海综合考察队1993年专门考察了珊瑚的生长状况与第四纪气候变化的关系；朱震达等1992年和孙继敏1994年研究了沙漠堆积的成因变化；赵其国1992年和朱立军等1994年探讨了土壤矿物与气候变化的关系；汪品先1986年、肖永林1986年、张彭熹1988年和王兆荣1993年先后研究了生物壳化石与全球变化的关系；郑绵平等1998年从盐湖沉积入手探究气候变化；欧阳自远1991年通过对第四纪沉积物中的微陨石（宇宙尘）的研究寻找天外来客与全球变化之间的联系……，从而将第四纪地球化学与同位素地球化学、有机地球化学、环境矿物学、生态学，以及天体化学联系起来，试图从各个角度和用各种方法共同解析全球变化这一世纪性课题的密钥。

在80年代开拓诸多新领域并取得新成果的基础上，90年代气体地球化学开拓了地质灾害研究的新方向。

杜乐天（1993）指出，包括"浆""液""气"在内的地幔流体中气体起着主导作用，"浆"和"液"都是"气"的派生物；地球实际上是一个充满气的"大气球"，地球的排气作用是发生岩浆作用、大地构造运动、变质作用、热液作用和热水沉积作用的表现形式和根本原因。震区土壤、泉水和井水中的氦、氮、氩、氢、二氧化碳等气体，以及 ^{3}He/^{4}He、^{40}Ar/^{36}Ar 和 CH_4 $\delta^{13}C_{CO_2}$ 等的研究表明，地球的排气作用既是发生地震的原因，又是地震的一种结果。

我国学者通过火山和地球内部化学的研究，对一些近代火山是否可能再度喷发提出了一些有预警意义的意见。如刘若新曾于1992年、1995年和1996年三次指出，长白山火山和腾冲打莺山火山可能是还会再次喷发的休眠火山；杜建国等在1999年根据五大连池地区还在不断释放地幔气体的现象，认为那里的深源物质和能量正在向着浅部地壳运移。王先彬等1988年对打莺山火山口温泉中气体的研究表明，那里异常丰富的氦和甲烷提醒人们火山有再次"苏醒"的可能。汤懋苍等1995年甚至认为气候变化与地圈中的气体有着相应的耦合关系，他们对以地球深部圈层（地壳、地幔和地核）为主体的地气耦合模式分析后指出，短期气候变化的根本原因在地球内部，大气圈只是处于"响应状态"而已，并以此建立了"气候变化的地心说"。

张平中等于1985年、1998年不仅探讨了湖面波动的高灵敏度判识指标，还重建了过去全球环境变化和黄土-古土壤序列的气候状况。夏新宇等于1996年测定了大气甲烷碳同位素组成；任建国等测定了海水的氦同位素组成。王先彬等和申岐祥还在1990年提出了土壤是甲烷的"源"还是"汇"的依据。围绕这些问题进行的中国大陆温室气体及其效应和过去全球环境变化气体记录的研究，已获得 CH_4 年均浓度为 $1.74×10^{-6}$（年增长率为1.7%），西北观测站二氧化碳年均浓度为 $350×10^{-6}$（年增长率为0.5%），以及不同气候条件下各地理分区的各种温室气体的地球化学特征、同位素组成及背景含量的资料；获得了黄土、现代湖泊沉积物、海洋沉积物中的碳酸盐、钟乳石中气体的碳、氧同位素组成、冰芯中气体的氧同位素组成及微量气体所蕴含的环境及其变化的信息。姚檀栋等于1992年、1994年、1996年对青藏高原古里雅冰帽冰芯中气体氧同位素组成及微量气体的一系列研究，可以帮助了解过去两千年以来的全球气候变化序列。

20世纪90年代中国环境地球化学学科加强了区域环境地球化学和环境地质地球化学记录的研究，对沙漠、黄土、岩漠、岩溶山区等生态脆弱区的研究已取得一些初步成果，有关全球变化的地质地球化学记录的探讨，在黄土、古土壤、树轮、湖泊沉积物、冰芯、岩溶沉积物、生物壳化石、微玻璃陨石等方面也都取得了可喜的成果，为重建最近数百万年来中国的气候、环境和全球环境变化模式提供了依据，为地球化学研究长入环境科学和生态学打开了一个缺口。

此外，非线性环境地球化学过程的研究（程鸿德，诸凡，林庆华，1993）显示了环境地球化学研究新方向的端倪。

我国有机地球化学学科继承了20世纪70年代的发展趋势，到80年代成为地球化学研究领域中的一支"新军"。它通过建立在各大油田和重点省区的有机地球化学实验室，探遍了中国东部几乎所有陆相盆地，研究了其生油机制、石油演化及油气运移与富集的地球化学因素。90年代的有机地球化学研究也将生物标志物和有机污染物导入全球变化和环境地球化学，探索过去全球变化的地球化学记录，研究了现代大气和地下水的污染，特别加强了对那些分布广、含量甚低而有毒有害的难降解有机污染物的研究；于是，一门新的分支学科——环境有机地球化学应运而生。

天体化学在80年代从陨石学向天体化学的延拓中逐渐形成和发展以来，90年代又"回到"地球：将行星的形成理论应用到地球的成矿作用理论中，从原始星云讨论地球的化学不均一性、行星地球的星子堆积模型，探讨成矿作用和超大型矿床的形成，探索地球历史时期的环境与气候变化的关系。

90年代初，中国在陆相沉积物和原油中检测了一系列新的生物标志化合物，包括国际和国内首次报道的新化合物和新标志化合物，如傅家谟等1992年报道的羊毛甾烷、α-雪松烯和花侧柏烯等。特别是在蒸发岩相、膏盐环境中硫化物的检出，使新的生长点——硫的有机地球化学成为该领域的一支新军。这些有机地球化学新指标和新方法应用到找油气工作中，已取得良好的社会效益和经济效果。

林清1989年的实验证实，油田水、原油对金的活化、迁移和聚集中确实起了重要的作用。魏春生1996年开始注意国外对无机组分在油气生成过程中的作用研究。90年代后期，结合金矿化在宏观上的层控性及金在韧性剪切带石墨片岩中的富集，探讨了碳质的热液改造，围岩与矿石中沥青、干酪根、石墨及矿物中含甲烷与沥青包裹体的存在；包括胡凯1998年和刘英俊、王鹤等1993年在内的一些作者从实验地球化学的角度论述了含有机酸水溶液对岩石中金的淋滤，以及有机质对金的还原作用，腐泥、藻类、腐殖酸和石油卤水与含金溶液间的反应等；他们通过对华南不同时代含金建造及其金矿床中有机质的研究，分析了有机质的含量、矿物组成、赋存状态、演化程度、碳同位素组成，探讨了有机质在金矿床形成过程中所起的作用。

当初建立的有机地球化学实验室初期主要研究生油岩，采用地球化学指标（如卟啉和氨基酸等）总结出陆相泥质生油岩的规律性。随后探讨陆相盆地的形成、演化机理和生油门槛，划分出生油岩类型及油/油、油/源对比。在当时几个主要油田的生油岩与原油中发现了数十种生物标志物，探索了某些生物标志物参数在确定原油成熟度、划分生油母质、油源对比等方面的应用，使我国有机地球化学在分子水平的研究中迈出了一大步。

有机地球化学与金属矿产形成关系的探讨，除了涂光炽等（1984，1987，1988）

将油气与活泼元素改造矿床联系起来做研究外，不少学者将注意力投向有机质在某些金属成矿中的作用。已经查明与西南卡林型金矿 Hg-As-Sb-Au 共生组合的有机质属于腐泥型和腐殖-腐泥型，干酪根属于成油型。

90 年代，有机地球化学已经与石油地质学、石油地球物理学成为油气勘探的三大理论基础，在成岩作用、储层地球化学、油气生成的物化条件、油气运移演化及远景评价中发挥了重要作用。我国学者利用 20 世纪 70 年代才开始探索的有机包裹体作为评价油气演化的指标和评价油气丰度与成藏物理化学条件的标志，取得了良好的效果。

90 年代中后期，在全球变化研究中，环境有机地球化学已经成为一支异军突起的力量。农药与有机溶剂的大量使用，以及与日俱增的废水、废物的排放，导致全球范围的土壤、沉积物、地表水、地下水及生态系统的严重污染；这些有机污染物在生物圈中发生着迁移、富集与降解；它们的最终归宿就成了环境有机地球化学的主要研究对象。这门学科通过大洋沉积物、湖泊沉积物和黄土沉积中有机化合物的测定，提供了数十万年来全球气候变化、生物输入和沉积环境的重要信息，通过大气、水（包括雨水、河水、地下水和海水）以及土壤中有机化合物的测定，确定了污染的程度和污染源，为环境质量评价提供了重要的参数；汪明等 1996 年通过大气飘尘中有毒有害难降解有机污染物及与水体富营养化有关的氮、磷污染物的研究，在继续探讨重金属对环境污染、人体健康影响的同时，把防治污染的触手延伸向大气和水体。

此外，陈建芳等 1996 年通过有机地球化学方法求得的一些指标（如分子温度计的 U_{37}^K 指标）在古海洋、古气候研究中有着自己独特的作用：它与传统的有孔虫氧同位素地球化学和微体古生物转换函数法相比，不受盐度、碳酸盐溶解作用等许多因素的影响，并且方法简单快速，精确度高，可靠性强，特别适用于碳酸盐贫乏的古海洋的气候研究。

生物地球化学一直是中国学者十分重视的地球化学分支学科。20 世纪 90 年代以来，这一学科有两个重要的延伸研究热点：分别是与生态学的结合及与成矿作用的关系。前者表现于中国科学院在全国不同的生态环境地区设立的 50 多个生态环境实验（观测）站，并且侧重于生态脆弱地区（如沙漠、干旱-半干旱地区、黄土高原、南方红壤地区及岩溶山区）的实验站所注重的生态地球化学研究。栾世伟等于 1991 年呼吁在中国开展多学科综合交叉的生态地球化学系统研究。另一个研究热点——生物地球化学与成矿作用的关系，也起始于这个时期。叶连俊等于 1990 年、汤葵联于 1991 年、殷鸿福等于 1992 年都曾提倡和积极呼吁开展这一研究。早在 1963 年叶连俊就关注这一问题。随后众多学者指出生物作用除了形成石墨、半石墨、琥珀、磷灰石、磷纤石、胶磷矿、重晶石、天青石等外，还与金矿、铅-锌矿、铜矿、磷矿、硅藻土等矿床有关，其中不乏大型、超大型矿床。袁见齐等于 1985 年、蒋干清于 1989 年指出，生物在某些矿种的成矿过程中起着十分重要的作用：产生有机酸，促进元素的富集，改变成矿的物理化学条件，通过新陈代谢改变元素的状态，使之易于沉淀。吴厚泽等于 1982 年开始进行细菌成矿作用的实验研究，为探讨细菌在硫化物矿源层和层控硫化矿床的形成过程中的作用提供了依据。上述实例说明，这支研究队伍在 20 世纪 90 年代得到迅速壮大。

中国第四纪地球化学研究较多集中于黄土-古土壤系列的研究。1958 年，刘东生从黄土地层研究中根据黄土与古土壤的多旋回特点，从而发现第四纪气候冷暖交替远不止四次，从而发展了传统的四次冰期学说，成为全球环境变化研究的一个重大转折，奠定了环境变化的"多旋回学说"。不过自90年代起，较多地应用地球化学方法和手段探索湖相沉积物、树木年轮、钟乳石、粉尘、玻璃陨石、气溶胶、泥炭及冰芯等的科学意义，从中提取所蕴含的第四纪气候、环境变化信息，并试图与深海沉积物及全球变化研究的成果进行对比，为建立全球变化模式提供了新的资料。

自20世纪80年代中后期以来，中国科学家深刻地认识到作为陆相沉积物产物的黄土比全球变化的重要样品——深海沉积物有着巨大的优越性；文启忠等（1989）和吴明清等1995年指出，黄土不仅是容易到手的上部地壳典型的化学成分样品，而且它所反映的气候环境变化信息的灵敏度高，效果比深海沉积物更好。文启忠等（1989）、刘玉兰等1981年、刁桂仪等1986年、刘友梅等1987年分别从黄土的元素含量、元素比率、微量元素及元素组分演化等方面的讨论中获得了古气候和古环境的变化信息；赵景波和刘秀锦同时于1993年分别从黄土-古土壤中的碳酸盐矿物、大气粉尘和磁学的角度，加大了对古气候和古环境变迁研究的力度。刘东生等（1985）所著的《黄土与环境》则是其集大成者，首次建立了反映黄土高原2.40 Ma以来地质历史演化过程中的黄土-古土壤序列，获得了这一沉积序列的时间标尺，建立了中国黄土堆积的第四纪编年系统，阐明了2.40 Ma以来黄土高原的发育和古环境、古气候变迁历史，特别指出黄土-古土壤序列很可能是一种优于深海沉积的全球记录：黄土与古土壤分别是冬季风和夏季风的粉尘沉积，并据此提出了第四纪东亚气候的变迁历史（刘东生等，1985），使黄土与深海沉积物、冰芯并列为过去全球变化研究的三大主要对象。安芷生等1990年指出，黄土-古土壤序列是亚洲夏季风变化的良好记录，可以作为全球古气候变迁在东亚的具体表现。余志伟等1992年将宝鸡黄土剖面与深海沉积记录的古气候周期进行对比后指出，地球轨道三要素（偏心率、倾斜轴与岁差）的 4×10^5 ka、1×10^5 ka、4×10^4 ka 与 2×10^4 ka 的准周期成分在黄土中均有明显记录；古气候特征周期是时间的函数，从2.5 Ma以来，曾在约1.6 Ma和0.8 Ma出现过两次主导周期成分的转折，得出黄土记录的古气候周期与深海沉积在许多方面一致性的结论。李正华等1995年指出，具有地球化学意义的亚洲粉尘以 $(6\sim12)\times10^6$ kg/a 的量输入北太平洋，强烈影响着深海沉积物的成分和分布；中国北方沙漠则是黄土高原、中国近海、北太平洋，以及美国加利福尼亚州沿岸地带粉尘和微量元素的主要源区。研究现代粉尘，并结合过去粉尘活动的代表——黄土堆积，有助于探讨150 ka、20 ka和2 ka以来粉尘变化历史及其对环境的影响与所反映的大气化学变化历史。安芷生1994年通过中国黄土铝通量与格陵兰冰芯 Ca^{2+} 浓度的对比，指出格陵兰、北大西洋地区与中国黄土高原在大气粉尘含量方面具有内在的联系，这一结论为黄土与全球变化研究的联系提供了又一纽带。李正华等1995年指出，逾时2.50 Ma的黄土-古土壤沉积序列蕴含有丰富的碳酸盐矿物和古土壤有机质，是第四纪大气中 CO_2 浓度变化历史的高分辨率自然档案。这一"档案"的研究，对重建第四纪时期大气 CO_2 浓度变化历史而言，无疑是一项极有意义的工作。

20世纪70年代以来，我国第四纪地球化学研究取得了重要进展，为90年代初建立黄土与第四纪地质国家重点实验室奠定了重要基础。

在综合研究地球化学的发展趋势过程中，人们特别注意到在探讨学科的地质-地球化学环境与人体健康的关系时，提出了一个新的概念——"地球化学灾害"，并归纳出它产生的背景、分布特点、发生形式、致因和后果，从而导出了增强地球化学学科社会功能的必要性（倪集众和项仁杰，1996）。

（二）国家级大型课题唱主角

由于学科的互相交叉和互相渗透形成了一些大型的研究课题，在30个全国性的"国家攀登计划"项目中，有四个与地球化学有关的项目：我国未来二三十年间生存环境变化趋势的预测及对策研究、现代地壳运动和地球动力学研究及应用、青藏高原形成演化环境变迁与生态系统的研究，以及与超大型矿床有关的基础研究。这些大型项目的落实和执行，不仅表明地球化学学科逐渐走出自身的学科范围，也标志着地球系统科学研究在中国的出现和壮大。

在学科建设中，"国家攀登计划"项目再加上国家自然科学基金委员会和行业基金资助项目的执行，形成了不同层次的地球化学课题研究网络；其中，国家自然科学基金起着决定性的作用。国家自然科学基金委员会主要资助重大项目、重点项目、面上（自由申请）项目、青年科学基金项目和地区科学基金项目，以及高技术、新概念、新构思的探索性研究项目、国际合作与交流项目、基金主任项目、科学部主任项目及专项基金项目，形成了立体的研究项目网络，对我国地球化学学科的发展，无疑起到了重要的作用。据郭进义1996年统计，1982～1993年国家自然科学基金委员会地球科学部共资助了288个地球化学研究课题，金额达1829.8万元（含中国科学院1982～1985年科学基金项目和地质行业1987～1993年科学技术发展基金联合资助项目），这些必要的投入，促进了我国地球化学学科欣欣向荣局面的到来。

（三）从稳定发展到全面发展

总之，自80年代到90年代，中国地球化学学科在研究内容、研究对象和学科的社会功能等方面发生重大战略转移的同时，进入了一个学术研究稳步发展的阶段，体现了地球化学的"边缘学科"和"年轻学科"的特点：原有的分支学科得到发展，沿着新的学科生长点，与其他学科交叉、渗透，产生新的分支学科。

下面略举沉积地球化学、矿床地球化学、同位素地球化学和区域地球化学的进展，就能知道世纪之交地球化学学科的全面发展态势。

总的来说，我国沉积地球化学对南方下寒武统的黑色页岩系的研究一直比较重视，自70年代研究它的物质成分开始，到80年代探讨它的形成环境，90年代则深化这两方面的研究，包括其中多种可以开发利用的组分研究，并将其划入低温地球化学的研究范围。

90年代中国矿床地球化学加强了对金的地球化学和低温地球化学研究。

金矿床地球化学特征的认识随着金矿找矿工作的开展而愈加深入。通过对全国各种类型金矿的地质地球化学研究，找到了不少新的金矿床，提出了一些有关金的地球化学新认识，特别是对中国东部金矿地质-地球化学的研究，在找金和金的地球化学认识方面有了新的突破。研究表明，中国金矿多无成矿专属性，几乎可以出现在任何类型岩石中，但在一定地区则较多地产于某一种岩石之中；无论何种类型的金矿床，在中国的形成时代都较新，即便是在其他国家产于新太古代—古元古代绿岩带中的金矿，在中国北方绿岩中金的成矿时代多为中生代。中国金矿中的金矿物多呈微粒甚至超微粒的独立矿物存在，尚未找到以类质同象形式存在的证据；中国的砂金矿多密集于高寒冻土带，与原生金无空间联系。"狗头金"和金的实验地球化学表明，金的化学搬运的意义不亚于机械搬运；金在中低温条件下可以活化、迁移、富集成矿。中国绿岩带型金矿多属中温矿床，而卡林型金矿则多属中低温矿床；有机质及生物在某些类型金矿的形成过程中扮演了重要角色（涂光炽，1998）。

20 世纪 90 年代，我国开展了低温地球化学研究，并取得了可喜的成果。低温地球化学专事研究自然界中 200 ℃以下的地球化学作用和地球化学过程，包括常温和 0 ℃以下的元素被萃取、活化、迁移与富集成矿的地球化学行为。我国学者通过如下四个方面的研究开拓和发展了地球化学研究的新领域，推动了地球化学和矿床学的进步。这四个方面包括：我国若干低温矿床和矿化点（层位）的地球化学；成岩、埋藏变质和低级变质作用中的地球化学；低温条件下某些成矿元素的活化、迁移和沉淀实验；低温开放体系中的水-岩相互作用。通过以上工作建立和完善了低温地球化学实验体系，总结了我国若干低温矿床和矿化层位（如西南贵州金矿带中的铊、华南低温热液脉状萤石矿床、低温独立银矿床，黔东以汞为主的汞-锑-金矿床和黔西南以金、锑为主的金-锑-汞矿床，以及湘黔下寒武统黑色岩系中贵金属）的地球化学特点；探究了金、银、铂族元素、稀土元素和某些分散元素的低温地球化学行为，以及某些非金属的低温成矿过程；深化了对成岩作用、埋藏变质的低级变质作用过程中成矿元素的迁移、富集过程的认识；建立了开放体系中的水-岩作用的模型（涂光炽等，1998）。

与此同时，涂光炽研究团队在国内系统开展了分散元素地球化学和成矿机制研究，确立了分散元素可以形成矿床的理论体系，突破了分散元素不能形成矿床的传统观念；揭示了分散元素具有独立矿物、类质同象和吸附三种存在形式，并分别在国际和国内首次发现 2 种和 7 种分散元素新矿物；确定了分散元素矿床的分类、成矿专属性和我国西南地区分散元素矿床集中出现的有利因素；指出了分散元素的找矿方向。综合性成果"分散元素矿床和低温矿床成矿作用"于 2005 年获国家自然科学奖二等奖。

20 世纪 70 年代以来，我国矿床地球化学研究取得了重要进展，为在 21 世纪建立矿床地球化学国家重点实验室奠定了重要基础。

20 世纪 90 年代以来，同位素地球化学最显著的特点，是研究领域继续向地学有关学科渗透的同时，明显地显示出向环境科学、化学地球动力学延伸和长入市场经济的趋势；学科自身的发展则表现出向深层次和综合性研究的延拓。这个时期我国同位素地球化学的测试和应用明显地表现在两个方面。一是同位素地球化学研究人员努力学习技术和理论，提高同位素技术操作水平；据不完全统计，90 年代的最后三年间，地学界先后发表了九篇同位素的理论性文章（1997 年有胡振铎、邱华宁等、王松山等、韦刚健等、韩友科等、高洪涛等及丁悌平等，1998 年有郑永飞等和华仁民等两篇论文）。二是应用性文章在短时间内具迅速发展的趋势。据不完全统计，除其中一篇（1999 年朱创业涉及锶矿的论文）外，其余均为 1997 年罗振宽等、关康等、王郁、张吉宽、黄智龙等、毕献武等、黄建军和田永清涉及金矿的论文；陈好寿等、郭新生、李华芹等、常向阳等、邱华宁等、张国新等和易建斌涉及铅锌矿、铜矿、钨矿和锑矿的论文，刘金辉等、刘汝洲等涉及铀矿的文章，刘存富、陈杰等和马志邦等探讨第四纪地球化学问题的论文，以及张世殊、潘曙兰、陈毓蔚等和王兆荣涉及水文学和环境地球化学的论文；1998 年还有刘建明等涉及铅锌矿的论文；林瑞芳等和邢长平等应用在水文学和环境地球化学的探索性论文。所有这些论文都有助于解决研究对象的同位素地球化学疑难问题或关键性问题。

　　沈承德于 1997 年指出，^{10}Be 主要是宇宙射线高能粒子与大气圈氮、氧原子核散裂反应的产物，是理想的同位素示踪剂。^{10}Be 可以作为探讨风成沉积物粉尘传输、沉积与演化的依据；近代岛弧火山 ^{10}Be 浓度是俯冲到地幔的沉积物数量的直接指标；完善了深海沉积物和锰结核 ^{10}Be 的测年方法，并已在古海洋、古全球变化研究中得到应用。我国已将其用于锰结核生长速率和深海沉积物沉积速率的研究（蒋蔽生等 1992 年发表）。

　　1993 年召开的第五届全国同位素地质年代学、同位素地球化学学术讨论会上，反映出同位素地球化学是深化对岩石成因、测年及壳幔演化认识的"助推器"。会议认为同位素地球化学的新成果使我们有可能专事探讨碰撞造山带年代学、过剩氩与 Ar-Ar 法年龄应用、化探中的同位素应用、卤水同位素体系、同位素体系模式等学术性和应用性问题。除了相当多的论文涉及地学问题（如环境地球化学、水文和同位素找矿等问题）外，还涉及食品质量控制、商品检验、病理诊断等领域的应用。在技术方面，除传统的 Sr、Nd、Pb、Ar、O、S、C 等同位素体系外，还有 ^{14}C、U 系、裂变径迹、N、放射性核素，以及 Re-Os、Si、Cl、Be、B 等新方法、新领域及其成果；不少论文还综合运用一种以上的同位素体系进行示踪，多种定年方法互相验证的方式。展示了当时已建立的硅、铍同位素方法和激光熔样的 Ar 分析系统所取得的应用性成果。^{10}Be、^{36}Cl 和 Re-Os 法也得到广泛的应用。氩在长石中多重扩散域理论和应用的跟踪研究，为中国年轻地质体的研究奠定了基础。此外，一些学者进行了同位素分馏实验和计算，使同位素和矿床地球化学研究进入一个新的层次。钱雅倩等于 1993 年进行了黑柱石-水体系氢同位素平衡分馏和动力分馏实验，获得 750~550 ℃ 和 550~350 ℃ 的氢同位素平衡分馏方程，计算了氢同位素交换速率常数和温度关系等参数，为多金属矿床成矿机理、成矿物质来源、围岩蚀变及成矿过程演化提供了资料。

　　国际上 20 世纪 80 年代发展起来的同位素稀释法和热电离质谱（TIMS）的引入，大大提高了 U-Th 的测量精度，中国同位素地球化学工作者将其应用于第四纪海平面变迁和全球气候演变的研究中。聂宝符于 1996 年论述了 5000 年来南海海平面的变迁，彭子成等于 1996 年开展了第四纪珊瑚和洞穴沉积物的研究，沈冠军等于 1997 年研究了石笋的铀系年代及其古气候意义。

　　20 世纪 90 年代中国同位素地球化学的另一个发展方向，是应用同位素地球化学讨论岩石成因和壳幔演化。张理刚等于 1988 年、1989 年、1991 年根据中生代花岗岩长石铅和有关矿石铅组成，将中国东部基底岩石划分为华北、华南和东北三大岩石圈陆壳板块，并进一步划分出 15 个构造同位素地球化学省。朱炳泉于 1990 年通过对中国大陆矿石铅同位素组成的拓扑结构分析，将全国划分为华南、扬子、华北、北疆、东北和青藏等六个铅同位素省。李献华等于 1991 年研究了华南花岗岩的钕模式年龄，指出华南地壳的形成时代主要是在太古宙，华南古生代花岗岩主要是前寒武纪地壳再循环物质重熔改造的产物。陈江峰等于 1992 年对浙江、福建沿海地区的研究指出，华南内陆古生代至中生代花岗岩类基本上是古老地壳深熔的产物，中生代才有较多的地幔物质加入。朱炳泉等于 1989 年、1990 年、1991 年、1992 年、李献华等于 1991 年、涂湘林等于 1992 年研究了中国大陆地壳和上地幔演化钕-锶-铅同位素体系。随后，周新华于 1997 年研究了大陆岩石圈深部过程的多元素同位素制约，朱炳泉等于 1997 年探讨了同位素地球化学急变带的形成机制和时代，方中等于1997年研讨了壳幔混染作用，车自成等于1997年探讨了板块结合带与边缘海的壳幔同位素演化，张招崇等于1999年研究了锶、钕、铅同位素与地幔源区，徐晓春等于1999年研究了地壳深熔等问题，使我国地幔地球化学和壳幔演化问题获得一些具体的资料和较为深入的认识。

1997年出版的《中国同位素地球化学研究》一书系统总结了三十多年来中国同位素地球化学研究的同位素地质年代学、区域构造演化同位素地球化学、岩石成因及壳幔演化同位素地球化学、矿床同位素地球化学、有机矿床同位素地球化学及天然水同位素地球化学；可以说，该书的出版标志着中国同位素地球化学学科达到日臻成熟的阶段。

20世纪90年代我国同位素地球化学在理论、技术及其在化学地球动力学、环境污染物示踪和找矿勘探等方面的应用研究和平台建设等方面取得了重要进展，为在21世纪建立同位素地球化学国家重点实验室奠定了重要基础。

20世纪90年代，我国区域地球化学研究开始向区域地幔地球化学进军。学者们通过对基性火山岩、侵入岩及其所含的岩石圈地幔包体等地幔派生岩石的矿物学、主量元素、微量元素及同位素体系的研究，在上个十年里周新华1982年、朱炳泉1983年和彭志成1986年研究的基础上，中国科学家对如下两个问题的认识有了显著的深化和提高：一是何永年等1990年、刘若新等1991年、谢鸿森等1994年和徐义刚1998年认为，中国东部地幔靠近大洋地温与裂谷地温线处岩石圈与软流圈的界面可能在55~80 km深处，岩石圈自古生代以来就已开始减薄了；上地幔的流体压力为1~20 MPa，郯庐断裂附近为20~40 MPa。二是夏林圻等1990年、陈丰1992年、刘若新等1993年和路凤香1994年的工作结果指出，地幔不仅是一个巨大的岩浆库，而且储存有大量的 CO_2、H_2O、CH_4、H_2、SO_2，以及稀有气体和微量元素。

(四) 构建地球化学学科理论框架，实现新的战略部署

在20世纪即将结束新的世纪就要到来之际，赵伦山等指出，地球化学学科自1908年F. W. 克拉克完成计算地壳平均化学成分和探讨自然原子的性质和行为的90年间，已经"发展到今天具有系统的学科理论、整套的研究技术方法，并参与解决人类所面临的重大实际和基础理论问题地球科学支柱学科"（赵伦山，赵善仁，叶荣，1998）。

这一段话传达出两层意思：一是地球化学学科所研究的对象，已由单个地质体为主发展到把整个地球作为一个系统——地球系统、地日系统来考虑，进而探讨其不同历史时期和不同时间尺度的状态和变化，以及不同层次界面间的相互关系；二是表明地球化学学科所研究的内容，已经从侧重地壳的化学组成和某些化学作用过程，扩展到包括地幔、地核和外层空间的整个地球，而且将一切自然过程的化学机制作为研究的重点，在研究单个过程的同时，也从静态、平衡态和可逆状态的探讨转向动态、非平衡态、不可逆状态，并力求取得实验模拟和数学模拟的论证。

1. 建立学科理论框架

自20世纪80~90年代以来，国际地球化学界兴起了一股构建地球化学学科理论框架的学术热潮。

为什么？就是因为以地质学、地球化学、地球物理学和大地测量学为支柱学科的地球科学在此前的数十年间获得骄人的成果，有了迅猛的发展，以致由于地学的这种发展趋

势，而使20世纪被称为"最激动人心的世纪"。

这些"骄人的成果"频频传来：地球物理学家发现的地球内核比地幔和地壳自转的速度要快的事实（Song and Richards，1996），深钻、超深钻和深部物质研究成果得出的地球化学是地球物质科学的结论（Prewitt，Anderson，Banerjee et al.，1991），以及地幔柱（Morgan 于1971年发表）和幔汁理论（杜乐天，刘若新，邓晋福，1997）的研究结果，都使地球科学家对人类赖以生存和倾心研究的地球有了一种深层次的认识；正如刘光鼎1998年所言："地球是一个处于运动和变化中的巨系统，它体积庞大、结构和成分复杂，而且具有漫长的演化历史。"

这些认识使地球化学学科呼之欲出一个崭新的理论框架——理论地球化学分支学科！

理论地球化学的研究在我国相对来说相当薄弱。20世纪中期之前，它只是一棵稚嫩的幼苗：60年代早期做了一些非平衡不可逆过程的研究，70年代末从事一些"成矿作用与时-空结构"的理论研究；80年代开始进入化学地球动力学的研究阶段，到90年代才有了比较多的积累和进展。

20世纪80年代初，於崇文将国际上刚刚兴起的耗散理论应用到地球化学领域，提出了一个有别于国内外现有体系的新的地球化学理论体系和方法论。他认为地球化学的研究对象应从传统的化学元素的原子拓展为由地球化学物质、地球化学作用、地球化学过程和地球化学场构成的地球化学系统，并指出地球化学物质是它的基础，地球化学作用的动力学机制是其核心。於崇文研究团队先后在广东一六地区、南岭地区，以及云南个旧锡-多金属矿区进行了化学地球动力学分析，并分别与唐元俊、石平方，以及与骆庭川、鲍征宇等合作，先后出版了《云南个旧锡-多金属矿区内生成矿作用的动力学体系》（1988）和《热液成矿作用动力学》（1993），提出了成矿作用动力学的理论体系和方法论（於崇文，1994）；这一理论迅速在学术界引起扩散式的反响：除了上述几位学者，其他单位的苏国森1992年、赵伦山1992年、张哲儒1992年、王江海等1993年、徐士进1993年、高合明1994年和宋谢炎1994年发表了不少介绍、体会和实践理论地球化学的文章，为开拓这一理论的研究和应用起到了引导和促进作用，使我国在理论地球化学领域有了一个良好的开端。

20世纪90年代我国地球化学家做了大量有关地球化学热力学和化学地球动力学方面的研究：王江海1991年运用耗散结构理论，从非线性动力学建模的角度，揭示了大别混合杂岩的形成机理；唐元骏1992年探讨了低温地球化学过程的热动力学方法；赵伦山1992年指出内蒙古甲生盘层控铅锌-硫铁矿床中的硫化物层的规模与质量受控于化学地球动力学条件；王江海等（1993）在《地质过程中非平衡自组织导论》一书中总结了矿物、岩石和矿石中的非平衡自组织现象，并按自反馈类型对地质过程中形成的自组织现象做了系统分类；於崇文（1994）研究了安徽铜陵层控夕卡岩矿床的成矿动力学和江西德兴斑岩铜矿田成矿作用的流体动力分形弥散机制；孟宪伟等1994年探讨了地球化学场分解的理论与方法；张哲儒等1994年通过开放体系成矿作用非线性动力学研究，总结了低温浅成金矿与砂岩型铜矿的成矿作用和成矿机理，建立了成矿作用的非线性动力学模型；高合明1994年探讨了德兴斑岩铜矿床裂隙-脉系统的形成及其蚀变矿化作用的动力学过程；宋谢炎等1994年探讨了化学动力学和非平衡态热力学在岩石和矿床地球化学研究中的意义；孟宪伟等1994年从系统论的角度讨论了地球化学系统的自组织、自相似和自相关及其相互关系，指出自组织的研究能深化对地球化学过程、地球化学作用和地球化学异常形成机制的认识，自相似的研究为地球化学预测和制定决策提供理论基础，自相关的研究则提高了处理地球化学数据的水平，三者的结合势必对地球化学系统研究产生深远的影响。

20世纪90年代中期，於崇文提出了"量子地球化学"的概念（於崇文，1996b），指出成矿作用动力学研究成矿作用的速率机制和过程，重点探讨多组成耦合系统和多重耦合过程动力学。他认为，在21世纪"量子地球化学的理论和实验（主要是谱学）研究相结合，将可提供不断改进的模型，借以解释和预测地球物质的组成、结构和性质以及地球系统的行为（物理学、化学、生物学和工艺学等过程）。由于这些问题的复杂性，近年来出现一种将地球作为一个整体，打破物理学、化学、数学、生物学和地球科学之间传统的界限进行多学科综合研究的可喜趋势，其中量子地球化学在加深人们对地球的了解中将起着愈来愈重要的作用"（於崇文，1996b）。

从20世纪80年代到90年代，化学地球动力学研究逐渐在中国成为一门独立的分支学科；下述学者先后将自己的研究工作配合化学地球动力学发挥各自学术研究专长，从多个学科和多个角度积累资料、互相交流、综合分析，使研究工作取得骄人的成绩。由于人员较多，涉及专业面甚宽，从专业的角度试举数例如下。

自谢鸿森（1983年、1985年、1986年）、夏林圻（1984年）、刘北玲等（1986年），以及王联魁（1983年、1987年）和谢鸿森等（1987年）分别从地幔矿物、玄武岩及其幔源幔源包体、地幔矿物，以及企望通过高温高压实验涉足化学地球动力学讨论以来，路凤香又于1988年从地幔岩石学介入这个问题的讨论；进入90年代，便有更多的学者从各自的角度探讨当年最热门的化学地球动力学的问题；他们是：从地幔流体角度介入的夏林圻等（1990年、1992年发表）、刘若新（1992年、1993年发表）、樊祺诚等（1992年发表）、曹荣龙（1995年发表）和刘丛强等（1998年发表）；从同位素地球化学参与讨论的有周新华等（1991年、1992年、1997年发表）、涂勘（1992年发表）、李献华（1993年发表）和李曙光（1994年发表）等；从地幔矿物的角度考虑动力学问题的有张旗等（1991年发表）、郑海飞等（1993年发表）、樊祺诚等（1993年发表）和储雪蕾等（1998年发表）；从地幔交代作用联系到这一新的分支学科的是许文良（1987年发表）和曹荣龙（1992年发表）；从地幔热柱的角度探索化学地球动力学的是邓晋福（1992年发表）；从壳幔相互作用讨论这个问题的是周新华（1995年、1998年发表）；从玄武岩及其幔源包裹体参与化学地球动力学研究的还有池际尚（1988年发表）、解广轰（1992年发表）、王俊文（1992年发表）、张明等（1992年发表）、樊祺诚等（1992年、1996年发表）、林传勇等（1994年发表）、张国辉等（1997年发表）和徐义刚（1998年发表）。

经过大量资料的积累和分析，我国化学地球动力学研究进入了壳幔相互作用化学地球动力学的水平，并认识到壳幔相互作用及其产物不仅存在于深部地壳和地幔幔之中，也发生在浅部的地质作用过程中，并直接影响到对地表岩类的成因、大地构造相的判别、成矿作用及区域地球化学演化史的认识（周新华，1996）。

学者们指出，如今的地球化学研究应当注意从平衡态热力学转向非平衡态热力学、由热力学转向动力学研究，这就使地球化学研究进入一个更深入更高层次的理论地球化学分支学科——化学地球动力学范畴（於崇文，1996a，1996b）。

2. 实现新的战略部署

既注重学科自身理论体系建设，也要重视发挥学科的社会功能，为社会和经济的持续发展服务。

如若以1908年F. W. 克拉克出版的《地球化学资料》为起点，到20世纪末地球化学学科走过了一个世纪的历程；纵观它在这个世纪的经历，它在学术和理论上逐渐建立和完善了学科的框架，它的工作和实践中的目标则是围绕着发展生产力而勤勉地寻找资源。没错，"科学为社会发展服务"是科技工作者天经地义的职责；到了20世纪末最后二三十年的时候，人们才看到你找的矿产资源越多，社会的发展就越快，生产力越发展，排出的污染物就越多，形成了"美好生活"中的"生存危机"悖论：生产得越多，排污越甚，生活越"美好"，环境越恶劣。试想一下，南极的臭氧空洞，大气中二氧化碳的积聚，雾霾的侵扰，厄尔尼诺的来袭，地方病的猖獗，饮用水的枯竭，土地的盐碱化、沙漠化，泥石流的冲击……这些发生在地球上的化学作用过程，哪一样不与资源的消耗、无尽的污染有关？哪一样不与地球科学、地球化学的研究工作相关？

这是与为改善人类生活水平提供更多资源同等重要的任务，这是与人类生死攸关的生存危机！环境地球化学就是在这样的背景下产生的。我们从上述地球化学学科发展史中已经看到，这就是所有的分支学科在20世纪70~80年代所面临的战略部署问题。

战略转移已经启动，这条路还要走下去，并且一直走下去！

时光荏苒，人类社会转眼到了新的21世纪面前，在回顾逝去的一千年的时候，地球化学学科明显地显示了与地球科学其他学科一起，将成为一门物质科学，并向着全球化、深部化的方向发展，动力学思维的引入衍生了地球动力学和化学地球动力学新学科，高精技术的应用使地球化学样品的观察和测试，由定性描述走向精确化和定量化研究阶段，在新的世纪，地球化学学科会更多地关注社会实际问题，以自己的青春活力促进学科自身的繁荣，为社会经济发展服务（赵伦山，赵善仁，叶荣，1998）。

这是对20世纪所做的总结，也是寄予21世纪的厚望。

第五节　中国地球化学的创新发展阶段

进入21世纪，我国地球化学学科进入新的快速发展阶段，主要表现在高端分析平台的快速建设、分析精度和能力的不断提高、高质量地球化学数据产出的周期大大缩短、地球化学应用领域的不断拓展、与其他学科的交叉融合持续加深、高水平学术论文发文量不断地刷新纪录，地球化学研究水平与国际先进水平的差距大幅缩短，以及一些方向的研究已经走在国际前列。由于这一时期公开发表的文献量呈指数增长，加之篇幅和笔者的知识所限，不可能全面评述这一时期地球化学学科发展所取得的方方面面的成绩。本节拟在总结最近15年来地球化学学科发展的总体特点的基础上，择若干典型事例和进展加以重点说明，以期达到一窥全豹的效果。

一、技术创新带动地球化学学科的发展

近15年来，地球化学分析手段不断更新、分析能力不断提高，主要体现在原位微区分析手段的研发和完善，在地球化学学科的两大主要功能——定年和示踪等方面发挥了不可替代的作用，为地球化学学科的跨越式发展起到了积极的推动作用。这一阶段主要的技

术创新包括锆石（包括斜锆石和其他副矿物）原位二次离子探针定年，激光 ICP-MS 定年技术，锆石原位 Hf-O 同位素分析技术，斜长石–单斜辉石的 Sr 同位素分析，熔融包裹体的原位-Pb 同位素分析等。

（一）原位同位素定年技术

锆石是各种类型岩石，特别是中酸性岩石中最常见的副矿物之一，且具有稳定的晶体结构和较高的 U-Pb 含量，因此是常用的定年对象。经历复杂演化过程的岩石中的锆石，其成因和来源可能是复杂、多样的，不仅表现在存在不同成因类型的颗粒，而且在同一颗粒中也可以有多期演化的产物（如具有核、幔、边结构的锆石）。在显微照片以及阴极发光、背散射等图像的指导下，进行单矿物微区分析是解析复杂演化历史的关键。进入 21 世纪，国内先后引进大型二次离子质谱仪器（中国地质科学院北京离子探针中心的 SHRIMP II、SHRIMP IIe，中国科学院地质与地球物理研究所 Cameca 1280、1280HR、Cameca Nano SIMS，中国科学院广州地球化学研究所 Cameca 1280HR），以及众多配备激光剥蚀系统的等离子体质谱 [LA-(MC)-ICP-MS]，大大提高了国内原位微区研究分析的能力，成为 21 世纪以来我国地球化学学科中最为蓬勃发展的领域（杨亚楠，李秋应，刘宇等，2014），在地质年代学、地球早期演化、地球深部动力学、岩石圈演化、天体化学与比较行星学、矿产资源和全球变化等领域的研究中发挥越来越重要的作用。

离子探针锆石 U-Pb 同位素分析技术早在 20 世纪 80 年代就已在澳大利亚国立大学实现，但我国科学家的努力和独特的管理体系，不仅使该技术的分析精度和准确度有了大幅度的提升，分析仪器的使用效率也是国外实验室所不能比的，成为国际同行争先学习的榜样，真正做到了从跟踪到引领的转变。现将近几年的主要进展概述如下。

（1）定年矿物对象的增多：随着 Cameca IMS 1280 多接收器的使用和样品表面吹氧技术的应用，到目前为止可应用于离子探针 U-Th-Pb 分析的矿物已经有锆石、斜锆石、独居石、磷钇矿、磷灰石、榍石、金红石、钙钛矿、褐帘石、钛锆钍矿等十余种（Li，Li，Liu et al.，2010a，2010b；Li，Lin，Su et al.，2011；Li，Li，Wu et al.，2012）。我国目前的离子探针 U-Pb 微区原位同位素定年的分析水平已经达到了国际上同类仪器的最好水平。

（2）Pb-Pb 定年和矿物标样的研制：SIMS 原位 U-Pb 定年主要采用标准比对法，需要相应矿物的标准样品，我国离子探针分析起步晚、标样积累相对薄弱。经过努力这一薄弱环节现在有了明显的改善。这主要得益于 Cameca IMS 1280 仪器的多接收器特点，特别是高精度测试矿物 Pb-Pb 年龄方法的建立，在一定程度上摆脱了标样的限制，可应用到更多矿物上（Li，Liu，Li et al.，2009；Li，Li，Liu et al.，2010a）。另外，中国科学院地质与地球物理研究所已经成功或正在研发的矿物定年方法（及标样研发）包括锆石、斜锆石、钙钛锆石、钙钛矿、独居石、磷钇矿、金红石、榍石和磷灰石等 9 种，是国际上少数能开展多种单矿物 U-Pb 微区原位同位素定年的实验室之一。

（3）空间分辨率的提高：离子探针以测试区域小和剥蚀浅为特点，但常规分析一般都在 20 μm 左右，如何进一步提高微区分析能力成为突破的焦点。Cameca Nano SIMS 的出现将一次离子束斑降低到亚微米。然而，由于离子化效率和传输效率的限制，Cameca Nano SIMS 以往只能对较老样品在约 5 μm 尺度上进行 Pb/Pb 年龄测定。Liu 等（2011）应用 Cameca IMS 1280 型离子探针特有的一次离子束高斯照明模式，代替常规离子探针定年中使用的平行光照明模式，获得了低于 5 μm 直径的年轻锆石 U-Pb 高精度定年结果。Yang，Lin，Zhang 等（2012）在 Cameca Nano SIMS 上实现了约 2 μm 直径的古老锆石 Pb/Pb 定年。这些方法的成功建立在复杂样品和天体样品研究中显示了广阔的应用前景，代表了目前离子探针最高空间分辨率的微区原位定年水平。

基于 LA-ICP-MS，LA-MC-ICP-MS 和 SIMS 等设备发展起来的原位−微区分析技术及其高效应用，极大地提升了对岩浆岩时空分布和岩石成因的认识程度。例如，Wu，Yang，Wilde 等（2005b）根据大量高精度锆石 U-Pb 定年，确定东北花岗岩主体形成于中生代（230~120 Ma），而非传统认为的古生代，由此重建了东北地区 20 余万平方千米花岗岩的时空分布格架。他们发现东北花岗岩与华南花岗岩具有完全不同的 Sr-Nd 同位素组成，其源区主体是新元古代—显生宙以来的新生地壳；重新判定这些花岗岩为火成岩来源的 I 分异型和高温贫水的 A 型，不存在沉积物来源的 S 型，为年轻陆壳增生提供了坚实的岩石学基础。这些认识修正了对陆壳增生速率的估计：大幅压低了太古宙陆壳增生比例，增加了新元古代和显生宙陆壳增生比例。

对华北中生代花岗岩的系统定年揭示，花岗岩主体活动的时代可分为早—中侏罗世（或燕山早期）和早白垩世（或燕山晚期），而不是原先认为的岩浆活动峰期为晚侏罗—早白垩世的看法。他们对华北克拉通东部中生代花岗岩的研究限定华北克拉通破坏的时间为早白垩世（Wu，Liu，Wilde *et al.*，2005a）。这一结果与新编的华南花岗岩分布图所显示的类似年龄岩石分布特征一致。

（二）单颗粒锆石高精度定年技术

新型离子探针质谱仪的出现，虽然使得现在的分析精度较十年前大幅提高，最好可达到 1%，然而对一些特殊的地质事件，如大火成岩省、生物灭绝速率、地层界线年龄，这一定年精度是不够的。以地球历史上最大的生物灭绝事件——二叠纪末生物灭绝为例，生物地层学研究告诉我们生物灭绝事件的持续时间可能不到 1 Ma，如果用目前常用的探针原位分析方法的分析精度（1%），获得的年龄误差在 2.5 Ma 左右，显然难以对生物灭绝事件进行约束，大火成岩省的年龄和持续时间研究也是同样的问题。不能约束事件的时间尺度，也就不能了解事件发生的本质和起因。Kerr（2004）在 *Science* 上撰文说，时间是生物大灭绝研究的一切（"In mass extinction, timing is all"），道出了高精度同位素定年在生物灭绝研究中的重要性。

单颗粒锆石 U-Pb 定年技术满足这样的要求，在控制实验室本底 $<1\times10^{-12}$ g 的前提下，利用同位素稀释法（ID）和锆石化学溶蚀法（CA）可将锆石 U-Pb 定年的精度提高到 1‰ 甚至更高。Shen 等（2011）在浙江煤山、西藏及其周边地区 20 余条地质剖面开展研究，并通过国际合作利用 CA-ID-TIMS 法对其中火山灰中的锆石进行了高精度定年，首次确定 "二叠纪末生物大灭绝" 发生在 2.5228 亿年前，持续时间不超过 20 万年，而且海洋和陆地生物灭绝是同时的，也就是说，在 0.20 Ma 这样极其短暂的地质时间内快速地造成了地球海−陆生态系统的全面崩溃，改变了在 20 世纪 80 年代普遍认为灭绝是 1000 万年间完成的、海洋生物灭绝快于陆地生物的传统认识，而且二叠纪末生物大灭绝的时间与西伯利亚大火成岩省的喷发时间同时（Burgess and Bowering，2015），为进一步探讨晚二叠世末生物大灭绝的原因提供了关键的年代学线索。

更为重要的是，高精度定年为晚二叠世地层提供了精细的年代学格架，由此了解到当时二叠纪/三叠纪之交地球的碳同位素出现千分之五的负漂移发生在两万年内。基于全球碳循环模型和碳同位素记录，这种 $\delta^{13}C_{carb}$ 大幅度负漂移可能与火山活动喷出的 CO_2 和水合物释放的 CH_4 有关（Krull and Ketallack，2000；Shen，Crowley，Wang et al.，2011），大量的 CO_2 可能造成当时海洋酸化（Clarkson，Kasemann，Wood et al.，2015）和钙质生物的选择性灭绝（Knoll，Bambach，Payne et al.，2007），同时造成温室气体效应，海水表面温度在几万年间突然增加了 10 ℃。天气越来越热，海底缺氧严重，海洋生物也没能逃过这次劫难。

除二叠纪末期生物大灭绝事件外，二叠纪还发生过另外一次生物灭绝事件，即瓜德鲁普统—乐平统事件（简称 GLB）。中—晚二叠世发育了峨眉山大火成岩省，不过，对中—晚二叠世火山活动与生物灭绝事件的时间关系还存在争议，这需要对这两个事件进行高精度定年。研究发现，峨眉山大火成岩省顶部的酸性火山岩、宣威组底部碎屑岩和 GLB 界线黏土岩下层近似为一层区域等时线，这一界面与华南 GLB 完全重合（He，Xu，Huang et al.，2007），因此峨眉山玄武岩位于 GLB。He，Xu，Huang 等（2007）还证明四川广元朝天剖面 GLB 黏土岩为峨眉山大火成岩省中带火山岩的剥蚀产物，因此，峨眉山大火成岩省中带顶部火山岩的年龄应与 GLB 黏土岩年龄一致，GLB 的年龄等同于峨眉山大火成岩省的年龄，这为制约峨眉山玄武岩的年龄提供一个相互印证的途径。Zhong，He，Mundil 等（2014）对宾川地区峨眉山玄武岩组顶部酸性凝灰岩和朝天剖面 GLB 黏土岩中的锆石用 CA-ID-TIMS 方法进行定年。测得的酸性凝灰岩和黏土岩年龄分别为 259.1±0.5 Ma 和 259.2±0.5 Ma，两者在误差范围内完全一致，与前人报道的攀枝花地区侵入岩岩体年龄（259.6±0.5～257.6±0.5 Ma；Shellnutt，Denyszyn，Mundil et al.，2012）基本一致。考虑到峨眉山玄武岩位于 GLB，地质年表中 GLB 的年龄为 259.8±0.4 Ma，因此限定峨眉山大火成岩省峰期年龄为 259.1～259.8 Ma，持续时间<1 Ma，为 GLB 生物灭绝事件与峨眉山大火成岩省的时间耦合关系提供了高精度的同位素年龄依据。同时该研究指示 GLB 最大年龄为 259.1±0.5 Ma，修正了国际地层年表中估算的 GLB 年龄（259.8±0.40 Ma），后被国际地层学会更新地质年表所采纳。

上述工作带动了国内单颗粒锆石定年实验室的建设，目前在中国科学院广州地球化学研究所和地质与地球物理研究所的两个实验室分别实现了全流程本底的控制，分析精度达 1‰。此外，这两个研究所均有离子探针，成为国际上少有的能将 CA-ID-TIMS 技术和 SIMS 定年技术相结合的实验室，有助于提升高精度年代学的研究效率。

（三）原位同位素地球化学示踪技术

除了锆石定年技术的飞速发展外，原位同位素示踪技术也有显著的进步，包括锆石原位 Hf-O 同位素分析、斜长石–单斜辉石的 Sr 同位素分析、熔融包裹体的原位 Pb 同位素分析。其中以锆石原位 Hf 同位素分析的成果影响最大。

Hf 同位素是地球科学中有重要应用价值的同位素示踪剂，我国 2003 年以前在该领域长期处于空白。Wu，Yang，Xie 等（2006）通过技术方法创新，解决了锆石微区原位 Hf 同位素测定过程中的 Yb 干扰校正问题，厘定了若干标准锆石的 Hf 同位素组成，开发了 U-Pb 年龄、微量元素和 Hf 同位素联机同时分析技术，建设了在国际上有重要影响的多接收等离子质谱实验室。他们所建立的分析方法和技术流程被国内外多家实验室采用，是用来比对所获数据是否可信的重要参考。该实验室近十年发表的激光原位Hf同位素论文及SCI引用约占整个国际学术界的1/3左右，有力地推动了国际上矿物微区同位素分析和我国Hf同位素研究的发展，使我国Hf同位素地球化学成为国际上举足轻重的力量。

橄榄石等矿物中熔体包裹体的Pb同位素组成可为火成岩成因研究提供非常有效和丰富的信息。已有的LA-MC-ICP-MS分析熔体包裹体中Pb同位素的方法只能分析大于80 μm的年轻的熔体包裹体。Zhang, Ren, Nichols等（2014）率先开发了利用LA-MC-ICP-MS测定小至40 μm的熔体包裹体Pb同位素，并通过同时测定U、Th含量来校正古老熔体包裹体的Pb同位素组成，保证了分析的精度和准确度，拓宽了分析范围，提高了数据的代表性，在分析古老的和小的熔融包裹体方面达到了国际水平。

原位-微区分析技术的迅猛发展，使人们能从矿物的尺度研究岩浆的形成和演化，直接导致传统岩石成因研究向与壳幔相互作用和岩石大地构造相融合的综合性研究的转变。例如，花岗岩在形成过程中是否存在地幔物质的贡献，是解决花岗岩成因的关键。结合原位同位素定年，原位同位素示踪技术在岩石成因和地球动力学研究中发挥了重要的作用。如邱检生、肖娥、胡建等（2008）研究了福建沿海四个I型花岗岩岩体的Nd-Hf同位素组成，Nd同位素组成较均一 [$\varepsilon_{Nd}(t) = -5.5 \sim -4.2$]，而锆石Hf同位素则具较大的变化范围 [$\varepsilon_{Hf}(t) = -11.6 \sim 4.5$]，指示岩体的形成中存在壳、幔等不同来源物质的贡献。杨进辉等研究辽南中生代花岗质岩石所揭示的壳幔相互作用对花岗岩形成的贡献和岩浆混合作用的存在也证实了这一点（Yang, Wu, Wilde et al., 2007）。然而，也有一些花岗岩，甚至A型花岗岩，在其形成过程中并没有幔源物质的参与。黄会清等根据锆石的Hf-O同位素，认为九嶷山A型花岗岩可以由麻粒岩相变质沉积岩高温熔融形成（Huang, Chu, Jiang et al., 2011）。

岩浆岩中锆石的原位分析方法简便、高效，是进行区域岩浆源区地球化学填图的好助手。这种方法在揭示青藏高原地壳演化、高原隆升及地壳生长和成矿预测等方面发挥了重要作用。研究显示，拉萨地块南部（冈底斯）和北部中生代（205~13 Ma）花岗岩类中具有高且正的$\varepsilon_{Nd}(t)$达5.5，$\varepsilon_{Hf}(t)$为16.5，揭示了拉萨地块南部和北部在中新生代有明显的地壳生长（Chung, Chu, Zhang et al., 2005; Ji, Wu, Chang et al., 2009; Zhu, Zhao, Niu et al., 2011）。该地壳生长的机制主要归于亏损地幔来源岩浆的底侵或壳幔岩浆的混合，并可能与新特提斯洋壳的俯冲或断离、印度-亚洲大陆的碰撞或班公怒江洋的向南俯冲导致的弧后伸展有关。进一步的研究表明，新生地壳强烈的区域同时还是新生代成矿的密集区，为青藏碰撞成矿预测提供了新方向（Hou, Yang, Lu et al., 2015）。

二、非传统稳定同位素地球化学和计算地球化学等分支学科的建立与发展

（一）非传统稳定同位素地球化学

非传统稳定同位素地球化学是相对于氢、碳、氧、硫等传统稳定同位素地球化学而言的，包括铁、铜、锌、钼、硒、汞、锂、镁、钙等同位素体系。由于这些元素在地球化学、宇宙化学、生物地球化学等方面的一些特殊性质，随着世纪之交同位素质谱测试技术

的革命性进展，特别是多接收器等离子体质谱仪的问世，对这些元素稳定同位素体系的开发利用进入了蓬勃发展时期，从而一个新的分支学科——非传统稳定同位素地球化学应运而生。可以说，非传统稳定同位素地球化学的创建和发展是 21 世纪最初 15 年地球化学领域的最大亮点之一（朱祥坤，王跃，闫斌等，2013）。

国际上关于非传统稳定同位素地球化学的系统研究始于 20 世纪 90 年代，在我国始于 2000 年以后，但与国际发展方向一致，主要集中在测试方法研发、分布范围调查、分馏过程与机理研究和应用潜力探索等四个方面。经过十多年的努力，先后建立了铁、铜、锌、钼、钛、锂、镁、钙、钒等元素的同位素测定方法（李世珍，朱祥坤，唐索寒等，2008；梁莉莉，刘丛强，王中良等，2010；朱祥坤，王跃，闫斌等，2013；王泽洲，刘盛遨，李舟舟等，2015；何永胜，胡东平，朱传卫，2015；祝红丽，张兆峰，刘峪菲等，2015；黄方和吴非，2015；万红琼，孙贺，刘海洋等，2015），并进行了部分标准物质研制（朱祥坤，李志红，赵新苗等，2008；唐索寒，闫斌，朱祥坤等，2012）。以这些方法为依托或通过国际合作，开展了非传统稳定同位素在前寒武纪环境演化、地幔交代与岩浆过程、成矿作用、环境变化、天体化学等方面的应用研究。同时，通过对地质与生物样品的调查、模拟实验和理论计算，研究了多种非传统同位素的分馏过程与机理。这些工作使我国跻身于非传统稳定同位素地球化学研究的国际前列。下面举三个方面的研究实例来简要阐述在非传统稳定同位素地球化学研究中取得的进展。

1. 示踪地幔过程和物质再循环

汤艳杰等人多次采用 MC-ICP-MS 与离子探针相结合的方法，系统地研究了我国华北地区地幔橄榄岩中的橄榄石、斜方辉石和单斜辉石，发现不同橄榄岩样品之间、同一橄榄岩中共存矿物之间，以及矿物颗粒内部都存在 Li 含量和 Li 同位素组成的不平衡现象，并指出这种现象主要是熔体/流体–橄榄岩反应过程中 Li 同位素的扩散分馏作用所致；这一成果为熔体/流体–橄榄岩反应在岩石圈地幔中的存在提供了明确的佐证。华北龙岗地区的新生代玄武岩所携带的方辉橄榄岩捕虏体中的橄榄石具有均匀且接近于正常地幔的 Li 含量，而其 Li 同位素组成却比较低，说明该区的岩石圈地幔曾受到过来自俯冲大洋板片的熔体/流体的富集改造（Tang, Zhang, Nakamura et al. 2007；Tang, Zhang, Deloule et al., 2014）。也有人在用离子探针分析胶东半岛中生代地幔橄榄岩捕虏体时，发现低 Mg# 橄榄岩具有较为均一的 Li 含量及其同位素组成，判断它代表新增生的岩石圈地幔；而高 Mg# 橄榄岩的 Li 含量及其同位素组成变化范围较大，反映了古老的岩石圈地幔经历了俯冲板片来源的熔体/流体–橄榄岩相互作用的广泛改造。

地幔中的镁同位素组成相对均一（$\delta^{26}Mg \approx -0.25‰$）且与碳酸盐中的镁同位素组成（$\delta^{26}Mg \approx -2‰$）有着明显的差异，具有示踪俯冲过程中碳酸岩再循环的潜力。Yang 等（2012）通过对华北克拉通中不同时代玄武岩的研究，发现小于 110 Ma 和大于 120 Ma 的玄武岩中镁同位素组成存在较大的差异，前者具有较轻的镁同位素组成（$\delta^{26}Mg \approx -0.5‰$），而后者具有与地幔类似的镁同位素组成（$\delta^{26}Mg \approx -0.27‰$）。与镁同位素相对应，钕同位素也呈现规律性变化。对这些结果的可能解释是太平洋板块向华北克拉通俯冲过程中，距今 110 Ma 起华北克拉通上地幔底部明显受到俯冲的碳酸盐岩流体的影响。不过对玄武岩中低 $\delta^{26}Mg$ 的另一种解释是地幔源区有钛铁矿的堆积（Sedaghatpour, Teng,

Liu et al., 2013)。Huang, Li, Xiao 等（2015）在研究华南新生代玄武岩时, 发现其 δ^{26}Mg 和 Ti/Ti* 之间存在正相关关系, 而其 Nb/Ta（16.4~20）基本恒定, 与玄武岩中 Ti 含量无关。这暗示这些玄武岩源区没有钛铁矿的堆积, 从而进一步揭示镁同位素具有示踪深部碳循环的潜力。

2. 成矿作用研究

非传统稳定同位素地球化学在矿床学的研究还不多, 但也已显示广阔的应用前景。李志红、朱祥坤、唐索寒（2012）对我国鞍山-本溪地区 BIF 的研究发现, 这些铁矿石是极少碎屑物质加入的化学沉积岩, 稀土元素特征显示具有火山热液的贡献。铁矿石明显富集 Fe 的重同位素, 且铁同位素组成与 Eu 异常存在明显的正相关关系, 表明该区 BIF 中铁的来源与海底火山热液活动密切相关, 首次从成矿元素角度为条带状铁建造的成矿物质来源提供了直接的证据。

白云鄂博矿床是世界上最大的稀土矿床。从 1927 年被丁道衡教授发现至今, 国内外地质学家对该矿床做了大量的研究工作, 但其成因仍然存在很大的争议。Ling, Liu, Williams 等（2013）基于全岩和单矿物微区化学分析, 镁碳氧多同位素体系示踪, 高精度独居石离子探针定年, 并结合区域构造背景等证据, 对该矿床的成因提出了新的认识。蒙古洋板块向华北克拉通俯冲, 板块脱水形成的富硅流体与地幔楔橄榄岩发生蛇纹石化等相互作用, 镁和铁组分进入流体, 此类流体沿断裂带继续上升, 与方解石型火成碳酸岩发生反应, 从中不断提取稀土、铌、钍等组分, 并上升至 H8 层位与原来的沉积白云岩发生热液交代作用, 形成白云鄂博超大型稀土矿床, 成矿过程持续约 400 Ma。

对 Sudbury 和 Bushveld 等岩浆铜镍硫化物矿床的 Cu 同位素分析表明, δ^{65}Cu 的变化范围很窄（-0.5‰~+0.4‰; Zhu, O'Nions, Guo et al., 2000; Larson, Maher Ramos et al., 2003）。但是 Malitch, Latypovc, Badamina 等（2014）对西伯利亚大火成岩省的 Noril'sk 铜镍硫化物矿床的研究表明, δ^{65}Cu 的变化范围为-2.3‰~+1.0‰, 说明在岩浆铜镍硫化物矿床的形成过程中也会产生较大的 Cu 同位素分馏, 并且发现富矿侵入体中矿石的 Cu 同位素组成与 S 同位素组成之间形成良好的相关性, 而贫矿侵入体则没有相关性。这一观察显示出 Cu 和 S 同位素联合示踪在寻找富矿体时的应用潜力。

3. 重建古环境变化历史

Mo 同位素的分馏主要由环境的氧化还原条件决定, 这一特性使之成为示踪地质历史时期古海洋的氧化还原环境的重要指标。地球上大气和海洋什么时候开始富氧以及其氧浓度的变化规律是关于生命起源和地球环境演化很重要的研究内容。地质历史上 Mo 的地球化学循环主要受环境的氧化还原条件所控制, 2.2 Ga 富氧大气形成前大部分 Mo 都还保存在地壳岩石中, 随着大气氧浓度的不断增加, Mo 开始被氧化成钼酸盐并随河流迁移到海洋中。Mo 在海洋中的浓度还受海洋的氧化还原程度控制（Mo 在海水中的浓度随海水的氧化程度增强而增大）。海水 Mo 同位素的组成与海洋缺氧程度呈正相关关系, 海洋沉积物的 Mo 同位素组成与海水 Mo 同位素组成和沉积环境的缺氧程度也有相关性。因此可用不同地质时代的黑色页岩中 Mo 同位素的组成来示踪当时的海水 Mo 同位素组成, 从而可反演当时海洋的氧化程度和缺氧程度（Anbar and Rouxel, 2007）。前寒武—寒武纪界线是地球历史上最令人关注的阶段之一, 经历了寒武纪生物大爆发等重大生物事件。因此重建当时海洋环境的变化历史是理解生物演化的关键。我国南方地区广泛发育这一时期的磷块岩。Wen，Carignan，Fan等（2011）发现磷块岩很好地保存了当时海水的Mo同位素组成，指出原生磷酸盐和白云岩的Mo同位素可以用于示踪海水的氧化还原条件。研究发现，在前寒武—寒武纪界线之下海水的$^{97/95}$Mo（0.9‰~1‰）比中元古代时期的海水（0.8‰）略重，暗示当时海流方式可能发生了变化，从而引发了从埃迪卡拉期到寒武纪早期生物多样性的大幅增加。

Fe同位素也可以用以制约古海洋氧逸度的演化。Rouxel（2005）报道了从太古宙到白垩纪页岩中黄铁矿的铁同位素数据，发现页岩中黄铁矿δ^{56}Fe在~2.3 Ga附近发生突变，记录了对第一次大气氧增高事件的响应。2.3~2.8 Ga页岩中黄铁矿δ^{56}Fe变化范围为-3.5‰~0.5‰，以负值为主，而在1.7~2.8 Ga页岩中黄铁矿δ^{56}Fe基本为正值，最高达1.2‰。在第一次大氧化事件（2.3 Ga）之前，海水中以部分沉淀铁氧化物为主，导致海水具有较轻的铁同位素组成；而第一次大氧化事件（2.3 Ga）之后，氧化条件下的风化作用开始向海洋提供硫酸根，而后者通过生物异化还原形成黄铁矿的S^{2-}，此时海水以部分沉淀黄铁矿为主，这一过程导致海水逐渐具有较重的铁同位素组成。值得指出的是，第一次大氧化事件前后铁同位素的变化与硫同位素的非质量分馏（Farquhar and Bao，2000）构成协变关系，显示出铁同位素在古环境重建中的巨大潜力。

综上所述，经过十多年的奠基，非传统稳定同位素地球化学已进入了蓬勃发展阶段。未来非传统稳定同位素地球化学的研究重点将有一些明显趋势（朱祥坤，王跃，闫斌等，2013）：①由以技术研发为主转向以理论研究为主；②由以应用潜力探索为主转向以科学问题为导向；③由对不同元素同位素体系的广普性调查转向对重点同位素体系的集中研究，以及同位素分馏机制的实验研究和理论模拟。

（二）计算地球化学

计算地球化学使用物理、化学、数学的理论和方法（包括量子力学、统计力学、热力学和流体力学等），通过解析和升华实验数据、发现定理和公式、建立物理化学模型以及进行计算模拟验证等方式，来研究地球物质的化学成分、物理状态和动力学过程。它提供从微观到宏观多尺度时空范围内的研究手段，是很多地球科学分支之间的纽带和桥梁（刘耘，2012）。它不仅能够解释实验结果，而且能够提供预测以及大量的实验上难以获得的基本物理化学参数。

21世纪以来，国内理论及计算地球化学领域有很大的发展，这要得益于：

（1）计算机硬件条件得到大幅改善，一些物理化学性质的计算瓶颈在这一时期被突破。最典型的例子是中国超级计算机硬件的发展，中国从21世纪初超级计算还算落后的国家，一跃成为拥有大量先进的超级计算机的国家，其中"天河一号"和"天河二号"计算机，曾经长期雄霸全世界超级计算机速度的榜首。这些先进的超级计算机，完全改变了在中国从事计算研究的条件。

（2）许多从事计算研究的科研人员被各种人才计划引进回国。计算地球化学领域本来是一个新兴方向，国内原先在这个方向的从业人数非常稀少，21世纪以来，陆续从国外回归了一批该领域的优秀人才，使从事计算地球化学工作的队伍越来越壮大，这是国内地球化学研究的一个明显趋势。如果反观在化学、物理等领域从事理论计算人员的增长情况，这个趋势同别的基础学科保持同一方向。

进入21世纪，国内计算地球化学领域有了跨越式的变化，是发展最快的地学分支学科之一，出现了许多在国际学术界令人骄傲的学术特色和亮点成果。

中国科学院地质与地球物理研究所张毅刚和郭光军课题组，研究兴趣集中于高温高压下熔体的物理化学性质，他们使用经典分子动力学方法与第一性原理分子动力学的方法，对很多熔体体系的物理化学性质进行了研究（Zhang and Guo，2000，2009；Guo，Zhang，Zhao et al.，2004）。比如，尽管人们相信地核中应该含有碳，但是到底有多少却无法确定。另外，碳含量强烈影响到其他亲铁和亲铜元素进入地核的量，弄清碳含量因此成为一个连带很广的关键问题。现有关于地核碳含量的数据差别很大，达到一个数量级的差别（十多倍），造成认识的混乱。Zhang和Yin（2012）使用"两相的"第一性原理的分子动力学方法研究了碳和其他一些轻元素（N、H、He、P、Mg、O和Si）在地核中的含量，模拟了岩浆洋底部的温压条件下，液态铁和硅酸盐熔体中这些元素的分配，发现地核中的碳含量不高，因而其对其他亲铁、亲铜元素进入地核的影响有限。

在高温高压矿物物理性质计算方面，中国科学技术大学吴忠庆课题组做出了多项处于国际前沿水平的成果，他们在后钙钛矿相变和铁的自旋相变计算研究方面成绩显著。他们发现铁的自旋相变导致地幔中部的纵波波速对温度变化不敏感，从而解释了多个地震层析成像观测到的不寻常波速结构的成因（Wu and Wentzcovitch，2014），为利用自旋转变效应认识地球内部结构打开了一扇门。Huang等（2013，2014）开展了金属同位素体系平衡分馏系数的第一性原理计算，对大量地幔矿物的Mg、Si、Ca同位素的平衡分馏进行了精确计算。

刘显东、陆现彩等的工作包括流体中物种赋存状态计算模拟和黏土矿物的表面性质。他们使用基于第一性原理的分子动力学方法，研究了Au、Ag等金属元素在高温高压成矿流体中与Cl^-、HS^-/H_2S等形成的络合物的形式，提供高温高压下准确的物种信息（Liu and Lu，2006；Liu，Lu，Hou et al.，2005，Liu，Lu，Meijer et al.，2010；Liu，Lu，Meijer et al.，2012）。最近，汪恺在固体中He同位素的扩散分馏计算上，又做出了创新性的成果。

稳定同位素平衡分馏的计算都是依据著名的Bigeleisen-Mayer公式进行的，该公式是稳定同位素分馏理论的基石。但是，由于该公式基于简谐近似，因而存在一定误差。对Bigeleisen-Mayer公式进行各种超越简谐近似的高级校正，把以前忽略的微小的能量项都加进来，就是解决此问题的途径。中国科学院地球化学研究所刘耘课题组进行了一系列在前人工作基础上的改进，经过检验和新的修正，提供了七项高级校正的精确的计算公式，并将这些校正编写成一个计算软件（GY09），可以精确地计算各种分子间的同位素分馏。目前，国际上其他研究者最多使用了两三项校正，而刘耘课题组率先将校正增加至七项。增加的这些高级校正，是精确计算低温下氢、硼等同位素体系以及目前新兴的Clumped同位素分馏的关键，代表了同位素平衡分馏计算方面的国际前沿水平（Liu，Lu，Meijer et al.，2010）。

目前地球化学前沿涌现众多的新兴同位素方向，其理论基础还未完全建立，需要大量基于量子力学和统计力学的公式、定理来完善它们。刘耘课题组对Clumped同位素体系的理论框架、微小同位素分馏异常过程、热梯度下同位素的分馏、岩浆不混溶过程同位素动力学分馏等新兴同位素方向进行研究，建立了这些方向大量的基本公式和理论，使同位素方法能够在这些方向进一步深入开展。例如，李雪芳和刘耘2015年为热梯度下同位素的分馏推导了几个重要公式，其中他们推导的高温熔体在热梯度下的同位素分馏公式，没有任何未知数，揭示了一个异常简单的同位素分馏同它们质量、热梯度大小之间的关系，从而一次性地解决了热梯度下不同同位素体系的分馏计算问题（Li and Liu，2015）。

地质流体在成矿元素的运移和沉淀、油气迁移和储藏、地热传送、岩浆活动、变质作用和环境污染物质的传播等过程中，发挥着至关重要的作用。而地质流体的状态方程是描述流体的压力、体积、温度和组成（PVTX）之间关系的数学函数，并可从中导出许多物理化学性质，如：相（不混溶性、溶解度、相平衡）、容（体积、密度、压缩性）、热（焓、热容）和化学性质（化学位、活度、逸度）等信息（段振豪，2010）。段振豪及其合作者使用经典分子动力学、Monte Carlo方法和从头计算的分子动力学在以下三个方面开展了大量计算工作：①建立更好的状态方程把具有地质重要性的流体体系的实验数据扩展到更高的温压范围，以充分实现实验数据的价值；②对于没有实验数据或者只有很少实验数据的体系，使用分子动力学的方法进行模拟，提供所需的PVT和组成关系的数据，再采用合理的状态方程来拟合它们；③从状态方程出发，对具有重要意义的地质流体体系的物理化学性质进行详细研究，包括这些体系的物种和含量、相平衡关系、溶解度、饱和蒸汽压等等。此外，他们还进行了大量的流体的物理化学性质的计算，包括相（不混溶性、溶解度、相平衡）、容（体积、密度、压缩性）、热（焓、热容）和化学性质（化学位、活度、逸度）等，提供了巨大数量的数据，产生了广泛的国际影响（Zhang and Duan，2002，2005，2009；Duan and Hu，2004；Duan and Zhang，2006）。

三、地球化学应用领域的不断扩大

地球化学分析手段的不断研发、分析性能的不断提高，以及新的地球化学理论的创立，大幅地提升了地球化学的应用范畴。除了前面阐述的地球化学学科的发展不仅表现在更细、更精上，促进了一些地学老学科重获新生，还体现在更广上，即地球化学应用领域不断扩大。从大角度讲，地球化学研究正在经历三个较大的转变：由大陆转向海洋、由地壳转向地球深部、由地球转向球外空间。地球化学学科也因此展现了无与伦比的应用前景。

（一）海洋地质地球化学

我国海洋地质研究起步较晚，然而进入21世纪以来，随着我国海洋探测平台的建设以及在国际大洋钻探计划（IODP）中地位的不断提升，海洋地质样品的获取较以前有了质的改变。尤其是随着国家自然科学基金委"南海深部"重大研究计划和南海海盆钻探计划的实施，获得了大量南海海盆地壳的珍贵样品，使地球化学这一学科有了"用武之地"，将在未来几年我国海洋地质学科的发展中发挥重要作用。

天然气水合物（又称可燃冰）是21世纪新型的战略能源，因此我国在该领域做了大量探索性研究。2007年在南海北部陆坡神狐海域正式采到天然气水合物的实物样品。2013年在广东沿海珠江口盆地东部海域再次钻获高纯度天然气水合物样品，并获得可观的控制储量。地球化学在天然气水合物的来源、形成机制方面发挥了重要作用。海底水合物在形成或分解过程中释放的流体和渗漏烃类会改变其上覆的沉积物以及孔隙水，甚至底层海水的一些性质，这些异常的地球化学响应可用于指示天然气水合物的存在。其中海洋沉积物孔隙水中 Cl^- 质量浓度异常和 SO_4^{2-} 质量浓度梯度是指示天然气水合物的两项最重要的地球化学指标（Hesse，2003）。研究发现沉积物间隙水 Cl^- 离子浓度随深度增加而减少，SO_4^{2-} 离子浓度呈梯度下降，同位素 $\delta^{18}O$ 和 δD 值增高，硫酸盐–甲烷界面（SMI）较浅（杨涛，薛紫晨，杨竞红等，2003；蒋少涌，杨涛，薛紫晨等，2005）。

（二）超深地质样品，地球内部水和地球物质大循环

对地球深部性状的认识主要得益于深部地球物理探测和高温高压模拟。由于获取地球超深样品的困难，地球化学在这方面一直处在"巧妇难为无米之炊"的窘境。不过金伯利岩，特别是其中的金刚石为我们提供了超深矿物标本（Haggerty，1994；Walter，Kohn，Araujo et al.，2011）。在 20 世纪 90 年代以前，金伯利岩均被认为是大陆下岩石圈地幔熔融的结果。Ringwood, Kesson, Hibberson 等（1992）最早推测金伯利岩形成于深度为 410～660 km 的上地幔。这为后来金伯利岩中一些超高压矿物（如镁铁榴石 majorite）的发现所证实。实验岩石学揭示镁铁榴石的形成深度为 400～600 km，因此金伯利岩至少来源于地幔过渡带。后来在金刚石固体包裹体中发现了斯石英、Ca-钙钛矿和 Mg-钙钛矿等超深矿物（Walter，Kohn，Araujo et al.，2011），暗示金伯利岩可来源于下地幔（>700 km）。对金伯利岩中一些含有下地幔超高压矿物的超深金刚石的碳同位素组成分析发现具有有机碳同位素特征，说明存在地表有机碳通过俯冲进入到下地幔，再由地幔柱捕获上升至地壳的循环过程（Walter，Kohn，Araujo et al.，2011）。这不仅证明了地球演化中存在的物质大循环，连同古地磁板块重建的最近成果（Burke and Torsvik，2004；Torsvik，Burke，Steinberger et al.，2010），还证明金伯利岩是超级地幔柱的产物。

实验岩石学研究揭示，地幔过渡带可能是一个巨大的水储库，并得到了全球导电率测定的支持（Karato，2011），但一直缺乏天然样品的证实。最近，Pearson, Brenker, Nestola 等（2014）在巴西金伯利岩中的金刚石中发现了林伍德石，代表了地幔过渡带的产物。他们对林伍德石进行谱学和地球化学分析后，测定其中的水含量达 1%，为地幔过渡带的储水能力提供了实证。

（三）月球和火星生命和水的寻找

火星是除地球之外，最有可能存在或曾经存在生命的星球。火星表面的地形地貌特征、水蚀变矿物的存在、硫酸盐等蒸发盐类的发现等大量证据表明，其表面曾经有过水体，甚至有过海洋，具备孕育生命的基本要素。除了实施代价高昂的深空探测以寻找火星是否存在生命的痕迹外，通过降落在地球上火星陨石的研究也是探索可能存在的火星生命痕迹的重要途径。Lin, Goresy, Hu 等（2014）在 Tissint 火星陨石中发现了碳颗粒，利用纳米离子探针等微区分析技术，获得这些碳颗粒的激光拉曼光谱、高分辨元素分布图像，以及 H、C、N 等同位素组成。他们发现这些碳颗粒是干酪根型的有机碳，与煤相似。这些有机碳的 H 同位素富氘（δD = +1183 ‰），C 贫重同位素[13]C，其 $\delta^{13}C$ = −33.1 ‰ ~ −12.8 ‰，与火星大气（$\delta^{13}C$ = −2.5% ~ +46%）相比，具有显著富轻同位素的特征。在排除了

可能的地球污染后,确证这些有机碳来自火星,可能与生命过程相关。

　　Hu,Lin,Zhang 等(2014)研究了在南极格罗夫山发现的 GRV 020090 火星陨石中的岩浆包裹体和磷灰石的水含量和 H 同位素组成,发现该样品岩浆包裹体的水含量和 H 同位素具有非常好的对数相关性,指示火星大气水交换的结果,从而推断火星大气的 H 同位素组成为 6034‰±72‰,与美国"好奇号"火星探测器对火星土壤水最新的探测结果一致。此外,这些岩浆包裹体的水含量和 D/H 值非常不均匀,二者都从中央向外逐渐升高,表明这些水是由外部通过扩散进入冷却后的岩浆包裹体。该研究证明这是火星大气水而不是岩浆水,首次提供了火星存在大气降水的同位素证据。采用最早结晶的磷灰石的水含量进行估算,得到火星幔的水含量仅约为 $(38\sim45)\times10^{-6}$,与地球的地幔相比具有明显贫水的特征。

四、地球化学与其他学科的深度融合

　　与 20 世纪 80~90 年代地球化学主要作为单一学科出现不同,进入 21 世纪以来地球化学研究方法的普及程度大幅提高,在地球科学研究领域的渗透十分普遍,与其他学科的深度融合不仅大大地促进了地球科学学科的发展,也充分展示了地球化学学科的不可替代性和旺盛生命力。这里举三个事例予以说明。

(一)变质岩石学与地球化学的结合:大陆深俯冲研究进展

　　20 世纪 80 年代中期以来,科学家相继在几个大陆碰撞地体中发现柯石英和微粒金刚石(Chopin,1984;Wang,Liou,Mao et al.,1989;Xu,Okay,Ji et al.,1992),说明地壳岩石曾经俯冲到 80~120 km 的地幔深度,并又折返回来,后来斯石英的发现则进一步证明大陆深俯冲可达 300 km 的深度(Liu,Zhang,Green et al.,2007),这改变了低密度的大陆物质不能像大洋地壳俯冲至深部的传统认识,丰富了板块构造理论。大陆深俯冲作用一跃成为固体地球科学领域的前沿,掀起了超高压变质作用的研究热潮,引发了诸如超高压岩石俯冲与折返过程和机制,以及探索俯冲陆壳在深俯冲和折返过程中的地球化学行为的研究(郑永飞,杨进辉,宋述光等,2013)。我国大别-苏鲁造山带超高压变质带的研究无论在深度和广度上走在了国际前列,地球化学与变质岩石学的结合在其中发挥了独特的作用(Zheng,2008)。

　　确定大别-苏鲁造山带超高压变质发生的时间是认识大陆地壳深俯冲过程的关键。由于深俯冲大陆经历了进变质和折返过程,弄清不同方法获得的年龄的真实意义对同位素年代学是一个挑战,也引发了很多的争论。在一段时间内,关于超高压变质发生的时间包括早三叠世、晚三叠世和奥陶纪等三种观点。后来人们认识到,即使是变质成因的锆石,也可能在大陆俯冲和折返过程中多期次生长,未必一定形成于超高压条件下(Zheng,2008)。显然,只有确定了在超高压条件下形成的锆石,才能获得有确切地质意义的年龄。因此对含柯石英的变质生长锆石进行离子探针原位 U-Pb 定年,是测定超高压变质年龄的直接途径。Yang,Wooden,Wu 等(2003),Liu,Xu,Xue 等(2004)对含柯石英的锆石幔部进行 SHRIMP 法 U-Pb 定年,确定出大别-苏鲁造山带高压变质事件的确切年龄为 240~225 Ma,属于中三叠世,解决了大别-苏鲁造山带超高压变质时代之争。

大陆深俯冲研究的一个重要科学问题是超高压变质作用的持续时间。大别-苏鲁超高压岩石具有世界纪录的负 $\delta^{18}O$ 值，为这一关键问题的解决提供了重要线索。Zheng 等（1998）根据实验确定的矿物之间氧同位素交换动力学参数，认为表壳岩石在地幔深度经受超高压变质作用的时间相对较短，估计地幔居留时间为 10~20 Ma。这一估计得到了 SHRIMP U-Pb 法对各种超高压变质锆石定年的证实（Liu, Jian, Krönev et al., 2006; Wu, Zheng, Zhao et al., 2006），揭示出大陆地壳的深俯冲和折返"快进"和"快出"的特点（即油炸冰淇淋模式，Zheng, Fu, Gong et al., 2003）。

超高压变质作用过程流体的行为是大陆深俯冲研究的另一个关键问题。大多数超高压榴辉岩和片麻岩都经受了不同程度的角闪岩相退变质，名义上无水矿物（如绿辉石、石榴子石和金红石）中结构羟基的溶解度随压力升高而增加，因此预测在降压过程中由于溶解度降低而释放出富水流体。Chen, Zheng, Gong 等（2007）在中国大陆科学钻探主孔榴辉岩矿物石榴子石和绿辉石中观察到水含量与氢同位素组成之间存在负相关性，证实在超高压岩片折返过程中出现降压脱水现象。

（二）地球化学与地球动力学的结合：化学地球动力学

20世纪80年代，地球化学与地球动力学的结合催生了化学地球动力学这一新的分支学科。起初，化学地球动力学主要致力于研究大洋板块俯冲对地幔地球化学的影响，而进入21世纪以来，特别是随着大陆深俯冲研究的深入，定量限定大洋和大陆岩石圈通过板块俯冲对地幔不均一性的贡献成为化学地球动力学研究的主题。

中国东部中生代（>100 Ma）玄武质岩浆岩显示富集的 Sr-Nd 同位素组成，在微量元素组成上表现为弧形分布模型，指示其源区不是亏损的 MORB 型地幔，而是富集的岩石圈地幔。这些富集地幔究竟是受不同程度拆沉榴辉岩质下地壳熔体交代的太古宙岩石圈地幔，还是由华南陆块在三叠纪俯冲到华北岩石圈地幔之下的过程中引起的显著的地壳交代作用改造而成是争论的焦点（Zhang, Sun, Zhou et al., 2002; Xu, Ma, Huang et al., 2004; Gao, Kudniok, Xu et al., 2008）。由于大别-苏鲁榴辉岩和片麻岩在新元古代经历了大规模的 ^{18}O 亏损事件（Zheng, Fu, Gong et al., 2003），榴辉岩相矿物和变质生长的锆石都可能具有低甚至负 $\delta^{18}O$ 值（Rumble, Giorgis, Ireland et al., 2002; Zheng, Wu, Chen et al., 2004），这种特征与拆沉的华北下地壳有明确差异。大别-苏鲁造山带中出露的中生代镁铁质岩石中含有少量新元古代和三叠纪 U-Pb 年龄的残留锆石，研究发现这些锆石具有相对低和不均一的 $\delta^{18}O$ 值，表明地壳组分可能为经过高温热液蚀变的华南陆壳。因此华北中生代富集型玄武岩记录了深俯冲陆壳来源熔体对上覆岩石圈地幔楔的交代作用，是大陆碰撞造山带壳幔相互作用的远程响应（Zhao, Dai, Zheng et al., 2013）。

深部地球物理探测揭示西太平洋板块向东亚大陆俯冲滞留在地幔过渡带中（Huang and Zhao, 2006），这一深部结构暗示这一俯冲对中国东部，乃至东亚大陆地质演化产生深远的影响。有人根据地震层析成像结果分析，提出了东亚大陆边缘火山成因的大地幔楔（BMW）模式（Zhao, Tian, Lei et al., 2009）。这些基于深部地球物理研究提出的岩浆成因模式激发了岩浆岩地球化学学科的响应。Zhang, Zheng, Zhao 等（2009）针对苏-皖新生代玄武岩相似 OIB 微量元素特征和较低的橄榄石和单斜辉石斑晶的氧同位素组成的研究，表明地幔源区中富集组分的形成可能与俯冲洋壳有关。这也与华北克拉通北部吉林蛟河新生代玄武岩中低 $\delta^{18}O$ 值石榴辉石岩包体的产出一致。随后，岩石地球化学和同位素示踪进一步揭示了新生代岩浆源区含有再循环洋壳组分（Xu，Zhang，Qiu et al.，2012a；Xu，Zhao，Zhang et al. 2012b）且可能来自地幔过渡带中的古太平洋俯冲板块，再循环洋壳参与板内岩浆作用的时间尺度可以很短，而非传统上认为的大约为 2000 Ma，这些认识为揭示太平洋俯冲诱发中国东部新生代火山作用提供了物质证据。

（三）地球化学与生物地层学的结合：生物地球化学

生物地球化学研究的重要进展是一批地球化学替代指标（geochemical proxy）的研发和应用条件的限定等，如 Sr/Ca 值和 O 同位素恢复海水表面温度，用 Mo 同位素重建海水的氧化还原条件，用 B 同位素重建海水的 pH，S 的非质量分馏机制等。这些地球化学方法在一些重大的地质突变期，如重大生物集群灭绝期、全球变暖和变冷时期、显生宙的大洋缺氧和前寒武纪的大氧化事件的研究中发挥了重要作用。其中最引人注目的进展在于一批基于生物标记化合物（Biomarker）的新型气候环境替代指标的出现，并得到广泛的应用。基于长链不饱和烯酮（alkenone）的 $U_{37}^{K'}$ 指标和基于甘油双烷基甘油四醚（GDGT）的 TEX86 指标是 21 世纪国际上最重要的新型地球化学替代指标，我国学者紧跟国际前沿，在很短的时间内引进相关的分析技术与研究方法，并成功应用于我国相关的古气候研究中。$U_{37}^{K'}$ 指标最早应用于南海的古海洋学研究中重建表层海水温度记录（Huang，Liew，Zhao et al.，1997；Zhao，Huang，Wang et al.，2006），后来在一些内陆湖泊沉积物中也检测到长链不饱和烯酮（Sun，Chu，Li et al.，2004），并成功应用于重建湖水温度的记录（Chu，Todt，Zhang et al.，2005）。一些更深入的研究指出 $U_{37}^{K'}$ 所反映的表层海水温度可能区分不同季节（冬夏季或者年均温）以及不同水深（表层或者次表层）的具体物理含义（Zhang，Bai，Xu et al.，2013）。除了用于温度记录的重建外，也有学者认为湖泊沉积物中的长链不饱和烯酮也可能反映湖水的盐度变化（Liu，Lu，Wang et al.，2008）。这些深入的研究有可能利于更准确地把握这个地球化学替代指标的真实气候环境信息。

TEX86 指标引入我国最早也是用于南海表层海水温度记录的重建（Jia，Zhang，Chen et al.，2012），而更细致的研究分别检测异戊二烯结构的 iGDGT 和具有支链结构的 bGDGT 的相关组成，可以重建湖泊水温（或者气温）记录，甚至重建土壤 pH 的记录（Wang，Liu，Zhang et al.，2012；Hu，Zhou，Peng et al.，2015）。这一时期我国学者在生物地球化学替代指标研究方面另一个重要的贡献是利用土壤中的叶蜡烷烃的氢和碳同位素组成反映高程的变化，并首次在贡嘎山获得成功（Jia，Wei，Chen et al.，2008）。这一指标虽然不是在所有地区都能成功应用，但目前正不断被广泛尝试推广。

21 世纪生物地球化学的发展不仅得益于地球化学替代指标的研发和应用，更重要的是得益于地球化学和（古）生物学/生物地层学的高度融合（谢树成，罗根明，宋金明等，2012）。在传统的地质学研究领域我国有着深厚的基础，也是国际上的大国、强国。特别是改革开放以来，在古生物学（例如热河生物群、澄江生物群，等等）、地层学（二叠纪—三叠纪界线、10 个 GSSP 点，等等）等领域中国科学家都做出具有国际领先水平的贡献，激发我国地球化学研究人员的兴趣与加入。当前，地球化学与古生物学、地层学、沉积学等跨学科的交叉，在建立精细的地层年代表、古生物和事件地质的年代、全球性冰川事件（如新元古代的"雪球地球"），以及大到地质历史的大气氧升高、古海洋的氧化等，具体到显生宙五次生物大灭绝的原因和"寒武纪大爆发"的环境背景等方面都有同位素地质年代学、稳定同位素、非传统稳定同位素、元素和微量元素、有机分子与生物标记物等地球化学的贡献。当前，多学科交叉研究地学领域热点问题已经成为时代发展的必然，地球化学已经成为不可或缺的生力军。

从新元古代"雪球地球"事件到"寒武纪大爆发"，是地球早期生命与环境协同演化的一个很好的实例。Xiao, Zhang, Knoll 等（1998）提出贵州瓮安陡山沱组上段磷块岩中大量出现的具有细胞分裂特征的化石可能是最早的动物胚胎，记录了最早的后生动物演化记录。21世纪以来，在三峡地区陡山沱组 II 段接近底部发现了作为最早的动物休眠卵化石（Yin, Zhu, Knoll et al., 2007）；皖南蓝田盆地陡山沱组 II 段接近底部的具有复杂多细胞结构的宏体藻类和可能动物化石的"蓝田生物群"（Yuan, Chen, Xiao et al., 2011）。如果加上在陡山沱组 IV 段发现"庙河生物群""瓮会生物群"（Zhu, Gehling, Xiao et al., 2008），到灯影组的碳酸盐岩地层保存的"埃迪卡拉生物群"——"石板滩生物群"（Chen, Chu, Zhang et al., 2015）和最早骨骼矿化的"高家山生物群"（Hua, Chen, Yuan et al., 2005）、寒武系底界的"小壳化石生物群"，直到"寒武纪大爆发"的重要一幕代表"澄江生物群"，可以说中国扬子地区保存了世界上最丰富和完整的早期宏体复杂多细胞生物演化的记录（Chen, Zhou, Xiao et al., 2014；Xiao, Muscentel, Chen et al., 2014）。

尽管中国老一辈地质学家很早就提出了震旦界或纪的地层单元及层型剖面，也提出由"长安"和"南沱"两次冰期构成的"南华大冰期"概念和证据（中国地质科学院天津地质矿产研究所，1980；刘鸿允等，1991）。但是，埃迪卡拉纪底界 GSSP 点和命名却仍没有落在这段地层研究起步早且程度高的中国扬子地区。其中一个很重要的原因是支撑现代地层学研究的地球化学资料的缺乏，如精准的同位素定年、稳定同位素数据等。21世纪以来，随着我国引进 SIMS 等大型仪器，成熟的原位锆石 U-Pb 定年被广泛地运用，特别是与国际最好的高精度 ID-TIMS 的 U-Pb 定年实验室合作，产出了一批可靠、精准的锆石 U-Pb 年龄数据，基本建成南华系和埃迪卡拉系的地层框架。例如，陡山沱组底、顶界年龄分别为 635 Ma 和 551 Ma（Condon, Zhu, Bowring et al., 2005；Chu, Sun, Li et al., 2005；Zhang, Jiang, Zhang et al., 2005），限定南沱冰期、大塘坡间冰期，以及富禄组和长安组底界的年龄（Zhou, Tucker, Xiao et al., 2004；Chu, Todt, Zhang et al., 2005；Zhang, Jiang, Zhang et al., 2005；Zhang, Li, Feng et al., 2008；Lan, Li, Zhu et al., 2014；Lau, Li, Zhang et al., 2015）等。

稳定同位素如碳、硫同位素不仅成为地区及全球地层对比的重要手段（McFadden, Huang, Chu et al., 2008；Zhou and Xiao, 2007；Zhu, Zhang, Yang, 2007；Xiao, McFadden, Peek et al., 2012），也揭示了从新元古代"雪球地球"事件至"寒武纪大爆发"前古海水化学（如氧化还原条件）的时–空变化（Li, Love, Lyans et al., 2010；Huang, Chu, Lyons et al., 2013；Cai, Xiang, Yuan et al., 2015）。包括沉积岩中氧化还原敏感元素、稀土元素、铁组分、其他微量元素和 Mo、Fe 和 Se 等非传统稳定同位素都被用于这一重要地质时期的沉积环境、古气候变化和物源分析（Chang, Chu, Feng et al., 2012；Chen, Chu, Zhang et al., 2015；Fan, Zhu, Wen et al., 2014；Feng, Li, Huang et al., 2014；Huang, Chu, Lyons et al., 2013；Li, Love, Lyons et al., 2010；Wang, Zhou, Guan et al., 2014；Wen, Carignan, Chu et al., 2014）。这些为解释前寒武纪—寒武纪过渡

期多细胞真核生物的演化与古环境变化提供了重要的依据。近年来，一些现代分析技术也被用来鉴别化石，研究生物矿化，以及这一地质时期十分珍贵的化石的特异埋藏和保存条件，显示现代地球化学分析技术的强大威力。例如，Yin，Zhu，Davidson 等（2015）利用地球化学分析技术识别并描绘了最早的海绵化石及其三维结构。我国地球化学学者通过这些研究逐步成长，正在步入这些热点领域研究的前沿，成为生力军。

五、地球化学学科发展展望

21 世纪最初的 18 年，见证了地球化学学科的蓬勃发展。展望未来，这一学科的发展前景广阔。中国地球化学家如果能进一步把握机遇，发挥主观能动性，改变现有研究中的一些薄弱环节，就有望在未来 10~20 年间将中国地球化学研究水平提高到一个新的高度，跨入国际先进行列。以下几个方面显得尤其重要。

（1）我国目前的高端地球化学分析设备和仪器的数量已处在国际先进水平，在一些领域和方向的分析水准也已与国际上著名的实验室相媲美。差距在于优秀实验室的数量尚少且发展不平衡，跟踪多、引领地球化学学科发展的核心技术少。如能充分重视技术队伍建设以及技术和科研的紧密结合，进一步发挥领军人才的组织和对新的学术方向的把握，应能实现地球化学技术的创新，实现从跟踪向引领的转变。

（2）近年来，中国学者在国际刊物上的发文量呈现指数式的增长态势，体现了我国地球化学研究水平的整体进步。必须清醒地认识到，这些成绩的取得除了靠地球化学工作者的努力外，与国家在基础研究和地质勘查上加大投入有关，成果以个案研究为多，普适性规律研究尚少。应加强地球科学前沿和与国家发展密切相关的课题的调研和布局，实现从个案研究向普适性规律研究的转变。

（3）地球化学能提供地质过程的时间尺度、速率以及物质来源。在现有的以观察研究为主的基础上，加强对地质过程的定量化研究，结合地质（动力）过程的数值模拟等，有望逐步使地球科学成为定量科学。

（4）地球化学与其他学科的深度融合使很多地球科学的分支学科焕发了青春。应坚定不移地鼓励地球化学学科与其他学科的交叉合作，特别是应加强与生物地层学、表生地质过程、地球动力学、行星科学等学科的合作，通过不断地扩大地球化学学科的应用范畴来提升地球化学学科的影响力，努力将地球化学打造成引领地球科学发展的旗舰学科。

本章第一节、第二节、第四节由倪集众编撰，第三节由王中刚和倪集众合编；第五节由徐义刚执笔，刘耘、储雪蕾和韦刚健参与本节的撰写和讨论；欧阳自远参与本章的修改。

主要参考文献

白屯和王子贤.地球科学.2000.见：袁正光主编.领导干部科普知识全书.北京：改革出版社，157~198

包茨.1988.天然气地质学.北京：科学出版社

曹裕波.2012.从岩石矿床学家到我国同位素地球化学奠基人——李璞先生生平及科学成就.矿物岩石地球化学通报，31（2）：189~194

程鸿德，诸凡，林庆华.1991.环境地球化学动力学过程的研究：地球化学发展的新方向.全国第四届矿

物岩石地球化学学术讨论会（摘要汇编）. 北京：地震出版社，57~58

程鸿德，林庆华，诸凡. 1993. 环境地球化学的新起点——非线性环境地球化学过程的研究. 第四纪研究，3：231~239

戴金星. 1983. 四川盆地阳新统气藏的气源主要是煤成气——与黄籍中等同志商榷. 石油勘探与开发，4：69~75

戴金星，戚厚发，郝石生. 1989. 天然气地质学概论. 北京：石油工业出版社

戴金星，裴锡古，戚厚发. 1992. 中国天然气地质学. 北京：石油工业出版社

杜乐天. 1993. 地球的五个圈与氢-烃资料. 铀矿地质，9（5）：257~265

杜乐天，刘若新，邓晋福. 1997. 地幔流体与软流层（体）地球化学. 北京：地质出版社，26~229

段振豪. 2010. 地质流体状态方程. 中国科学：地球科学，40：393~413

傅家谟和徐芬芳. 1984. 茂名油页岩中生物输入的标志物. 地球化学，2：99~114

高山，赵志丹，骆庭川等. 1995. 东秦岭河南伊川—湖北宜昌地学断面地壳岩石组成，化学成分及形成机制. 岩石学报，11（2）：213~226

高拯民. 1986. 土壤-植物系统污染生态研究. 北京：中国科学技术出版社

郭承基. 1953. 绥远产稀有元素矿物的研究. 地质学报，33（2）：134~143

国家自然科学基金委员会. 1996. 自然科学学科发展战略调研报告：地球化学. 北京：科学出版社，1~156

何永胜，胡东平，朱传卫. 2015. 地球科学中铁同位素研究进展. 地学前缘，22：54~71

洪业汤，余志成，姚在永等. 1986. 钼与心脏健康：现在知道了些什么？地球化学文集. 北京：科学出版社，217~224

侯德封. 1953a. 从地层观点对中国锰铁矿等矿产的寻找提供几点意见. 地质学报，33（1）：29~45

侯德封. 1953b. 目前中国的锰矿问题. 地质学报，33（3）：183~195

侯德封. 1959a. 地层的地球化学概念. 地质科学，（3）：68~71

侯德封. 1959b. 化学地理与化学地史. 地质科学，（10）：290~293

侯德封. 1959c. 关于陆相沉积盆地石油地质的一些问题. 地质科学，8：225~227

侯德封. 1961. 核子地球化学. 科学通报，10：1~21

侯德封和叶连俊. 1959. 地表物质分布和变化的若干规律. 西北大学学报（自然科学），2：1~11

侯德封，欧阳自远，于津生. 1974. 核转变能与地球物质的演化. 北京：科学出版社，1~91

《环境中重金属研究文集》编辑组. 1988. 环境中重金属研究文集. 北京：科学出版社

黄第藩和李晋超. 1987. 陆相沉积中的未熟石油及其意义. 石油学报，8（1）：1~9

黄方和吴非. 2015. 钒同位素地球化学综述. 地学前缘，22（5）：94~101

《吉林陨石雨论文集》编辑组. 1979. 吉林陨石雨论文集. 北京：科学出版社

蒋少涌，杨涛，薛紫晨等. 2005. 南海北部海区海底沉积物中孔隙水的Cl^-和SO_4^{2-}浓度异常特征及其对天然气水合物的指示意义. 现代地质，19：45~54

京津渤区域环境综合研究组. 1989. 京津渤区域环境演化，开发与保护途径. 北京：科学出版社

经典课程编委会. 2014a. 北大历史课. 北京：北京联合出版公司，137~139

经典课程编委会. 2014b. 北大哲学课. 北京：北京联合出版公司，149~150

李璞，戴橦谟，邱纯一等. 1963. 内蒙古和南岭地区某些伟晶岩和花岗岩的钾氩绝对年龄测定. 地质科学，(1)：1~9

李秋立，杨蔚，刘宇等. 2013. 离子探针微区分析技术及其在地球科学中的应用进展. 矿物岩石地球化学通报，32（3）：310~327

李世珍，朱祥坤，唐索寒等. 2008. 多接收器等离子体质谱法Zn同位素比值的高精度测定. 岩石矿物学杂志，27（4）：273~278

李双林. 1996. 全球地学断面（GGT）的地球化学研究. 见：欧阳自远, 倪集众, 项仁杰主编. 国家自然科学基金资助项目·地球化学：历史, 现状和发展趋势. 北京：原子能出版社, 199~203

李双林, 迟效国, 尹冰川等. 1996. 中国满洲里—绥芬河地学断面地球化学研究. 矿物岩石地球化学通报, 15（2）：114~117

李四光. 1924. A suggestion of a new method for geological survey of igneous intrusions. 中国地质学会志, 3（2）：109~115

李悦言. 1943. 四川盐矿之地球化学性. 地质论评,（Z1）：146

李兆麟. 1991. 实验地球化学研究概述. 见：中国矿物岩石地球化学学会编. 80年代中国矿物岩石地球化学研究回顾. 北京：地震出版社, 180~189

李志红, 朱祥坤, 唐索寒. 2012. 鞍山-本溪地区条带状铁矿的Fe同位素特征及其对成矿机理和地球早期海洋环境的制约. 岩石学报, 28（11）：3545~3558

李众. 1976. 关于藁城商代铜钺铁刃的分析. 考古学报,（2）：17~34

梁莉莉, 刘丛强, 王中良等. 2010. 用于MC-ICP-MS测定环境样品中铜, 锌同位素的化学分离方法. 地学前缘, 17（4）：262~269

林杨挺, 王道德, 欧阳自远. 1998. 天体化学和空间化学研究进展与展望. 见：欧阳自远主编

刘东生, 陈庆沐, 余志成等. 1980. 我国地方性氟病的地球化学问题. 地球化学,（1）：12~21

刘东生, 余志成, 姚在永. 1981. 云南省环境质量模型与克山病分布的关系. 地球化学,（2）：142~150

刘东生等. 1985. 黄土与环境. 北京：科学出版社

刘洪波和关广岳. 1992. 矿床成因理论的历史演化. 沈阳：东北工学院出版社, 1~316

刘鸿允等. 1991. 中国震旦系. 北京：科学出版社, 1~388

刘若新, 解广轰, 倪集众. 1974. 长江上游地区几个层状基性-超基性侵入体的岩石特征及有关岩石学问题. 地球化学,（2）：77~92

刘耘. 2012. 国内理论及计算地球化学十年进展. 矿物岩石地球化学通报, 32（5）：531~543

洛谢夫 H A. 1960. 稀有元素地球化学. 北京：科学出版社, 1~257

南京大学地质系. 1979. 地球化学（修订本）. 北京：科学出版社

倪集众. 1992. 地球化学卷. 见：陈国达, 陈述彭, 李希圣等主编. 中国地学大事典. 济南：山东科学技术出版社, 389~435

倪集众. 2001. 百年华诞. 见：欧阳自远等编著. 21世纪学科发展丛书·地球化学. 地球的化学过程与物质演化. 济南：山东教育出版社, 1~46

倪集众和欧阳自远. 1991. 八十年代我国地球化学研究述评. 见：中国矿物岩石地球化学学会编. 80年代中国矿物岩石地球化学研究回顾. 北京：地震出版社, 13~17

倪集众和项仁杰. 1996. 地球化学与健康. 见：欧阳自远, 倪集众, 项仁杰主编. 国家自然科学基金资助项目. 地球化学：历史、现状和发展趋势. 北京：原子能出版社, 233~238

欧阳自远. 1991. 八十年代我国天体地球化学研究进展. 见：中国矿物岩石地球化学学会编. 80年代中国矿物岩石地球化学研究回顾. 北京：地震出版社, 122~126

欧阳自远. 1998. 世纪之交矿物学岩石学地球化学的回顾与展望. 北京：原子能出版社, 192~202

欧阳自远. 2001. 前言. 见：欧阳自远等编著. 地球的化学过程与物质演化. 济南：山东教育出版社

欧阳自远和李肇辉. 1991. 吉林陨石雨研究的回顾. 见：中国矿物岩石地球化学学会编. 80年代中国矿物岩石地球化学研究回顾. 北京：地震出版社, 131~134

欧阳自远和章振根. 1990. 80年代地质地球化学进展. 重庆：科学技术文献出版社重庆分社, 1~447

欧阳自远, 倪集众, 项仁杰. 1996. 地球化学：历史、现状和发展趋势. 北京：原子能出版社, 1~181

戚厚发和陈文正. 1984. 煤成气甲烷碳同位素特征. 天然气工业,（2）：20~24

戚厚发, 朱家蔚, 戴金星. 1984. 稳定碳同位素在东濮凹陷天然气源对比上的作用. 科学通报, 2：

110~113

邱检生，肖娥，胡建等 . 2008. 福建北东沿海高分异Ⅰ型花岗岩的成因：锆石 U-Pb 年代学，地球化学和 Nd-Hf 同位素制约 . 岩石学报，24（11）：2468~2484

全国稀有元素地质会议论文汇编组 . 1975. 全国稀有元素地质会议论文集 . 北京：科学出版社，1~358

邵跃 . 2002. 谢学锦从事化探事业的 50 年 . 见：面向 21 世纪的应用地球化学 . 北京：地质出版社，527~528

沈平和徐永昌 . 1982. 天然气同位素组成及气源对比 . 石油勘探与开发，6：34~38

沈时全 . 1954. 什么是"地球化学探矿" . 地质知识，（4）：27~30

盛国英和傅家谟 . 1996. 有机地球化学 . 见：欧阳自远，倪集众，项仁杰主编 . 国家自然科学基金资助项目 . 地球化学：历史，现状和发展趋势 . 北京：原子能出版社，129~138

寿嘉华 . 2016. 中国石谱 . 北京：中华书局，26~31

舒文博 . 1924. The result of a geological survey of the Hongshan intrusion, North Honan. 中国地质学会志，3（2）：117~126，193~196

孙鸿烈 . 2013. 20 世纪中国知名科学家学术成就概览（地学卷）. 北京：科学出版社，1~772

唐索寒，闫斌，朱祥坤等 . 2012. 玄武岩标准样品铁铜锌同位素组成 . 岩矿测试，31（2）：218~224

陶正章，曹励明，周玲棣等 . 1959. 南京附近地区综合地球化学找矿经验 . 南京大学学报（自然科学），(7)：21~47

涂光炽 . 1991. 地球化学走向何方？南京大学学报（地球科学），（3）：203~209

涂光炽 . 1998. 绪论 . 见：涂光炽等著 . 低温地球化学 . 北京：科学出版社，1~5

涂光炽等 . 1984. 中国层控矿床地球化学（第一卷）. 北京：科学出版社

涂光炽等 . 1987. 中国层控矿床地球化学（第二卷）. 北京：科学出版社

涂光炽等 . 1988. 中国层控矿床地球化学（第三卷）. 北京：科学出版社

涂光炽等 . 1998. 低温地球化学 . 北京：科学出版社

万国江 . 1987. 环境场、界面、物质流及其相互关系 . 重庆环境保护，9（4）：11~16

万国江 . 1988. 环境质量的地球化学原理 . 北京：中国环境科学出版社

万国江 . 1996. 环境地球化学 . 见：欧阳自远，倪集众，项仁杰主编 . 地球化学：历史、现状和发展趋势 . 北京：原子能出版社，139~147

万国江，陈业才，徐义芳 . 1986. 京津渤区域地球化学环境类型及环境保护区划 . 地球化学文集，北京：科学出版社，217~224

万红琼，孙贺，刘海洋等 . 2015. 俯冲带 Li 同位素地球化学：回顾与展望 . 地学前缘，22：29~43

王道德 . 1991. 我国陨石学研究的某些新进展 . 见：中国矿物岩石地球化学学会编 . 80 年代中国矿物岩石地球化学研究回顾 . 北京：地震出版社，127~130

王道德和兰巴尔迪 E R. 1983. 清镇顽辉石球粒陨石矿物成分及其成因意义 . 矿物学报，（4）：247~254

王道德和欧阳自远 . 1979. 我国某些球粒陨石物质组成的初步研究 . 地球化学，（2）：120~130

王道德，麦尔文 D J，沃森 J T. 1983. 中国某些铁陨石的化学分类 . 地球化学，（2）：109~120

王道德，Kallemeyn G W, Wasson J T. 1985. 19 个 L 及 LL 球粒陨石化学组成的研究及其在分类学中的应用 . 中国科学，B 辑（10）：933~946

王道德，Malvin D J, Wasson J T. 1985. 35 个铁陨石化学组成的研究及其在分类学中的应用 . 地球化学，(2)：115~122

王德滋 . 2011. 南京大学地球科学与工程学院简史 . 南京：南京大学出版社，1~58

王根元，刘昭民，王昶 . 2011. 中国古代矿物知识 . 北京：化学工业出版社，1~426

王嘉荫 . 1963. 中国地质史料 . 北京：科学出版社，59~82

王江海等 . 1993. 地质过程中非平衡自组织导论 . 贵阳：贵州科技出版社

王丽芝. 1964. 浮沉子法在测定磁铁矿的氧同位素组成上的应用. 见：中国地质学会编. 第一届矿物岩石地球化学学会论文选集（地球化学部分），333~340

王明远和章申. 1985. 生物地球化学区和地方病探讨. 中国科学（B 辑），(10)：931~936

王廷栋, 王海清, 李绍基等. 1989. 以凝析油轻烃和天然气碳同位素特征判断气源. 西南石油学院学报，11 (3)：1~15

王先彬. 1989. 稀有气体同位素地球化学和宇宙化学. 北京：科学出版社

王先彬. 1994. 非生物成因天然气. 见：徐永昌等. 天然气成因理论及应用. 北京：科学出版社

王兴理. 1992. 涂光炽最早在中国高校开设地球化学课. 见：陈国达, 陈述彭, 李希圣等主编. 中国地学大事典. 济南：山东科学技术出版社，435

王泽洲, 刘盛遨, 李舟舟等. 2015. 铜同位素地球化学及研究新进展. 地学前缘，22：72~83

王子贤和王恒礼. 1985. 简明地质学史. 郑州：河南科技出版社，42~46

文启忠等. 1989. 中国黄土地球化学. 北京：科学出版社

吴凤鸣. 1990. 辛亥革命前外国地质学家在中国的考察. 见：王鸿祯主编. 中国地质事业早期史. 北京：北京大学出版社

吴凤鸣. 1996. 世界地质学家在中国的考察. 吉林：吉林教育出版社，334~335

吴世迎. 1991. 马里亚纳海槽海底热液烟囱和菲律宾海沉积物. 北京：海洋出版社，1~193

肖学军. 1990. 我国第一部《地球化学》译著的译者——谭勤余. 见：矿物岩石地球化学通报，(3)：217

肖学军和赵振华. 1983. 地球化学的发展. 地质地球化学，7：22~31

谢鸿森, 侯渭, 张月明, 等. 1991. 地球深部物质研究进展. 见：中国矿物岩石地球化学学会编. 80 年代中国矿物岩石地球化学研究回顾. 北京：地震出版社，190~193

谢家荣. 1950. 研究工程地质和地球化学的重要. 矿测近讯，(115)：96~97

谢家荣. 1956. 石油地质的现状、趋势及今后在中国勘探石油的方向. 科学通报，(5)：48~53

谢树成, 罗根明, 宋金明等. 2012. 2001~2010 年生物地球化学研究进展与展望. 矿物岩石地球化学通报，31：447~469

谢学锦和徐邦樑. 1952. 铜矿指示植物海州香薷. 地质学报，32 (4)：360~368

谢学锦, 李善芳, 吴传璧等. 2009. 二十世纪中国化探（1950~2000）. 北京：地质出版社，1~618

徐永昌. 1991. 气体地球化学研究回顾. 见：中国矿物岩石地球化学学会编. 80 年代中国矿物岩石地球化学研究回顾. 北京：地震出版社，163~170

徐永昌, 沈平, 陶明信等. 1990. 幔源氦的工业储聚和郯庐大断裂带. 科学通报，12：932~935

褟锐光和夏晓和. 1983. 我国古代陨石的研究. 地球化学，4：412~422

薛愚. 1984. 中国药学史料. 北京：人民卫生出版社，60

杨涛, 薛紫晨, 杨竞红等. 2003. 南海北部地区海洋沉积物中孔隙水的氢、氧同位素组成特征. 地球学报，24：511~514

杨亚楠, 李秋立, 刘宇等. 2014. 离子探针锆石 U~Pb 定年. 地学前缘，21：81~92

姚在永, 余志成, 蒋九余等. 1984. 微量元素钼预防克山病的实验研究. 地球化学，3 (2)：282~291

业治铮和汪品先. 1992. 南海古第四纪古海洋学研究. 青岛：青岛海洋大学出版社，1~324

叶连俊, 范德廉, 杨哈莉等. 1964. 华北地区震旦系、寒武系、奥陶系化学地史. 地质科学，(3)：211~229

于津生. 1991. 我国稳定同位素地球化学研究简要回顾. 见：中国矿物岩石地球化学学会编. 80 年代中国矿物岩石地球化学研究回顾. 北京：地震出版社，147~153

於崇文. 1994. 成矿作用动力学——理论体系和方法论. 地学前缘，1 (3)：54~82

於崇文. 1996a. 地球化学动力学. 见：欧阳自远, 倪集众, 项仁杰主编. 国家自然科学基金资助项目. 地球化学：历史、现状和发展趋势. 北京：原子能出版社，17~26

於崇文.1996b.量子地球化学.见:欧阳自远,倪集众,项仁杰主编.国家自然科学基金资助项目.地球化学:历史、现状和发展趋势.北京:原子能出版社,1~10

於崇文,骆庭川,鲍征宇.1987.南岭地区区域地球化学云南个旧锡-多金属成矿区内生成矿作用的动力学体系.北京:地质出版社,1~543

於崇文,唐元骏,石平方.1988.云南个旧锡-多金属成矿区内生成矿作用的动力学体系.武汉:中国地质大学出版社,1~394

张培善.1958.内蒙古新发现的易解石.地质论评,18(5):360~383

张羽旭,温汉捷,樊海峰.2008.Mo稳定同位素研究进展.岩石矿物学杂志,27(5):457~464

章鸿钊.1927.石雅(再刊本).地质专报乙种第二号.北京:中央地质调查所印行,307~308

章振根和倪集众.1990.理论与实践相结合的典范.见:中国矿物岩石地球化学学会,中国科学院地球化学研究所.开拓·创新·奋进——庆贺涂光炽教授从事地学工作五十周年.重庆:中国科学技术出版社重庆分社,45~47

赵伦山,赵善仁,叶荣.1998.跨越世纪:地球化学的理论和应用.见:欧阳自远主编.世纪之交矿物学岩石学地球化学的回顾与展望.北京:原子能出版社,159~166

赵鹏大.2002.励精图治五十秋——中国地质大学简史.北京:中国地质大学出版社,169~177

赵其渊.1989.海洋地球化学.北京:地质出版社,1~277

赵一阳和鄢明才.1993.中国浅海沉积物化学元素丰度.中国科学(B辑),23(10):1084~1090

赵一阳,吴景阳,江荣华.1993.海洋沉积地球化学研究.见:中国海洋科学研究及开发.青岛:青岛出版社,213~221

赵一阳,翟世奎,李永植等.1994.东海弧后盆地现代海底热水活动的地球化学记录.见:欧阳自远主编.中国矿物学岩石学地球化学研究新进展(二).兰州:兰州大学出版社,390~391

赵一阳,李悦,李永植.1996.海洋地球化学.见:欧阳自远,倪集众,项仁杰主编.地球化学:历史、现状和发展趋势.北京:原子能出版社,97~102

赵振华和王一先.1980.微量元素地球化学研究进展.见:中国科学院地球化学研究所主编.70年代地质地球化学研究进展.贵阳:贵州人民出版社,101~116

郑宝山和黄荣贵.1986.生活用煤污染性氟中毒的防治与研究.实用地方病学杂志,1(2):11~13

郑宝山,富月征,张文礼.1985.包头地区氟的土壤地球化学和工业氟污染.地理科学,5(4):347~355

郑永飞,杨进辉,宋述光等.2013.化学地球动力学研究进展.矿物岩石地球化学通报,32:1~24

中国地质科学院天津地质矿产研究所.1980.中国震旦亚界.天津:天津科学技术出版社

中国地质学会.2010.中国地质学学科史.北京:中国科学技术出版社,1~268

中国科学院地球化学研究所.1974.内蒙古白云鄂博矿床的物质成分地球化学及成矿规律的研究.北京:科学出版社

中国科学院地球化学研究所.1980.70年代地质地球化学进展.贵阳:贵州人民出版社,1~415

中国科学院地球化学研究所.1981.铁的地球化学.北京:科学出版社,1~202

中国科学院地球化学研究所.1990.80年代地质地球化学进展.重庆:科学技术文献出版社重庆分社,1~447

中国科学院贵阳地球化学研究所.1977.月质学研究进展.北京:科学出版社,1~313

中国科学院贵阳地球化学研究所.1979.华南花岗岩类的地球化学.北京:科学出版社

中国科学院地球化学研究所,中国科学院广州地球化学研究所.2006.艰苦创业 铸就辉煌——中国科学院地球化学研究所建所40周年.北京:科学出版社,1~400

中国科学院地球化学研究所,中国科学院广州地球化学研究所.2007.郭承基院士纪念文集.广州:广东科技出版社,1~200

中国矿物岩石地球化学学会.1991.80年代中国矿物学岩石学地球化学研究回顾.北京:地震出版社,1~205

中国矿物岩石地球化学学会.1998.世纪之交矿物学岩石学地球化学的回顾和展望.北京:原子能出版社,1~413

中国矿物岩石地球化学学会.2014.21世纪初十年中国矿物学、岩石学与地球化学研究新进展.北京:科学出版社,1~400

中国矿物岩石地球化学学会环境地质地球化学委员会.1986.环境地球化学与健康(论文摘要).贵阳:贵州人民出版社

中国矿物岩石地球化学学会环境地质地球化学委员会.1987.环境地球化学与健康(论文摘要).北京:地震出版社

周磊等.1987.白垩系—第三系界线撞击事件与生物灭绝研究.见:中国科学院生物与气体地球化学开放研究实验室年报.兰州:甘肃科学技术出版社,1~33

周新华.1996.大陆地幔地球化学和岩石圈研究.见:欧阳自远,倪集众,项仁杰主编.地球化学:历史、现状和发展趋势.北京:原子能出版社,217~232

朱炳泉.1991.八十年代同位素地质年代学与放射性成因同位素研究进展.见:中国矿物岩石地球化学学会编.80年代中国矿物岩石地球化学研究回顾.北京:地震出版社,154~158

朱梅年.1980.微量元素与健康.贵阳:贵州人民出版社,1~121

朱祥坤,李志红,赵新苗等.2008.铁同位素的MC-ICP-MS测定方法与地质标准物质的铁同位素组成.岩石矿物学杂志,27(4):263~272

朱祥坤,王跃,闫斌等.2013.非传统稳定同位素地球化学的创建与发展.矿物岩石地球化学通报,32:651~688

朱训.2010.中国矿业史.北京:地质出版社,34~59

祝红丽,张兆峰,刘峪菲等.2015.钙同位素地球化学综述.地学前缘,22(5):44~53

薮内清.1967.宋元时代にすける科学技術の开展.京都:日本京都大学人文科学研究所

Anbar A D and Rouxel O. 2007. Metal stable isotopes in paleoceanography. *Annual Review of Earth and Planetary Sciences*, 35: 717~746

Burgess S D and Bowring S A. 2015. High-precision geochronology confirms voluminous magmatism before, during, and after Earth's most severe extinction. *Sci Adv*, 1: e1500470

Burke K and Torsvik T H. 2004. Derivation of Large Igneous Provinces of the past 200 million years from long term heterogeneities in the deep mantle. *Earth and Planetary Science Letters*, 227 (3-4): 531~538

Cui C, Xiang L, Yuan Y et al. 2015. S and N biogeochemical processes in the redox-stratified early Cambrian Yangtze ocean. *Journal of the Geological Society*, London, 172: 390~406

Cang H T. (章鸿钊). 1923. The Beginning of the using of zinc in China. *Bulletin of the Geological Society of China*. (中国地质学会会志), 3 (3-4): 17~27

Cang H T. (章鸿钊). 1925. New rerearch on the beginning of zinc in China. *Bulletin of the Geological Society of China*. (中国地质学会会志), 4 (2): 125~132

Chang H J, Chu X L, Feng L J et al. 2012. Progressive oxidation of anoxic and ferruginous deep-water during deposition of theterminal Ediacaran Laobao Formation in South China. *Palaeogeography, Palaeoclimatology, Palaeoecology*, 321~322: 80~87

Chang T H. (张曾谌). 1948. Notes on the chemical properties of the undergroundwaters of Peiping. *Bulletin of the Geological Society of China*. (中国地质学会会志), 28 (3-4): 203~205

Chen L, Xiao S, Pang K et al. 2014. Cell differentiation and germ~soma separation in Ediacaran animal embryo~like fossils. *Nature*, 516: 238~241

Chen R X, Zheng Y F, Gong B et al. 2007. Origin of retrograde fluid in ultrahigh-pressure metamorphic rocks: Constraints from mineral hydrogen isotope and water content changes in eclogite-gneiss transitions in the Sulu orogen. *Geochim Cosmochim Acta*, 71: 2299~2325

Chen Y, Chu X, Zhang X et al. 2015. Carbon isotopes, sulfur isotopes, and trace elements of the dolomites from the Dengying Formation in Zhenba area, Southern Shaanxi: Implications for shallow water redox conditions during the terminal Ediacaran. *Science China (Earth Sciences)*, 58: 1107~1122

Chen Z, Zhou C, Xiao S et al. 2014. New Ediacara fossils preserved in marine limestone and their ecological implications. *Scientific Reports*, 4: 4180

Chopin C. 1984. Coesite and pure pyrope in high-grade blueschists of the western Alps: a first record and some consequence. *Contrib Mineral Petrol*, 86: 107~118

Chu G, Sun Q, Li S et al. 2005. Long-chain alkenone distributions and temperature dependence in lacustrine surface sediments from China. *Geochimica Et Cosmochimica Acta*, 69 (21): 4985~5003

Chu X, Todt W, Zhang Q et al. 2005. U-Pb zircon age for the Nanhua-Sinian boundary. *Chin Sci Bull*, 50: 716~718

Chung S L, Chu M F, Zhang Y et al. 2005. Tibetan tectonic evolution inferred from spatial and temporal variations in post-collisional magmatism. *Earth Science Reviews*, 68 (3): 73~196

Clarkson M O, Kasemann S A, Wood R A et al. 2015. Ocean acidification and the Permo-Triassic mass extinction. *Science*, 348: 229~232

Condon D, Zhu M, Bowring S et al. 2005. U-Pb agesfrom the neoproterozoic Doushantuo Formation, China. *Science*, 308: 95~98

Duan Z H and Hu J W. 2004. A new cubic equation of state and its applications to the modeling of vapor-liquid equilibria and volumetric properties of natural fluids. Geochim. *Cosmochim. Acta*, 68: 2997~3009

Duan Z H and Zhang Z G. 2006. Equation of state of the H_2O-CO_2 system up to 10 GPa and 2573K: Molecular dynamics simulations with ab initio potential surface. Geochim. *Cosmochim. Acta*, 70: 2311~2324

Fan H, Zhu X, Wen H et al. 2014. Oxygenation of Ediacaran Ocean recorded by iron isotopes. *Geochimica et Cosmochimica Acta*, 140: 80~94

Farquhar J H and Bao M. 2000. Thiemens. Atmospheric influence of Earth's earliest sulfur cycle. *Science*, 289: 756~759

Feng L, Li C, Huang J et al. 2014. A sulfate control on marine mid-depth euxinia on the early Cambrian (ca. 529~521 Ma) Yangtze platform, South China. *Precambrian Research*, 246: 123~133

Gao S, Rudnick R L Xu W L et al. 2008. Recycling deep cratonic lithosphere and generation of intraplate magmatism in the North China Craton. *Earth Planet Sci Lett*, 270: 41~53

Guo G J, Zhang Y G, Zhao Y J et al. 2004. Lifetimes of cagelike water clusters immersed in bulk liquid water: A molecular dynamics study on gas hydrate nucleation mechanisms. J Chem *Phys*, 121: 1542~1547

Haggerty S E. 1994. Superkimberlites: A geodynamic diamond window to the *Earth's core. Earth and Planetary Science Letters*, 122 (1~2): 57~69

Hchin Y (金耀华), Juan V C (阮维周). 1940. On the possible oil fields in szechuan as indicated by isocarb lines. 中国地质学会志, (Z1): 357~368, 395

He B, Xu Y G, Huang X L et al. 2007. Age and duration of the Emeishan flood volcanism, SW China: Geochemistry and SHRIMP zircon U-Pb dating of silicic ignimbrites, post-volcanic Xuanwei Formation and clay tuff at the Chaotian section. *Earth and Planetary Science Letters*, 255: 306~323

Hesse R. 2003. Pore water anomalies of submarine gas-hydrate zones as tool to assess hydrate abundance and distribution in the sub-surface: What have we learned in the past decade? *Earth Science Review*, 61: 149~179

Hou Z Q, Yang Z M, Lu Y J et al. 2015. A genetic linkage between subduction and collision-related porphyry Cu deposits in continental collision zones. *Geology*, 43: 247~250

Hsieh C Y. （谢家荣）. 1931. Note on a stone meteorite from eastern Kiangsi. *Bulletin of the Geological Society of China* （中国地质学会会志）, 11 （4）: 411~418

Hu J F, Zhou H D, Peng P A et al. 2015. Reconstruction of a paleotemperature record from 0.3-3.7 ka for subtropical South China using lacustrine branched GDGTs from Huguangyan Maar. *Palaeogeography, Palaeoclimatology, Palaeoecology*, 435: 167~176

Hu S, Lin Y, Zhang J et al. 2014. NanoSIMS analyses of apatite and melt inclusions in the GRV 020090 Martian meteorite: Hydrogen isotope evidence for recent past underground hydrothermal activity on Mars. *Geochimica et Cosmochimica Acta*, 140: 321~333

Hua H, Chen Z, Yuan X et al. 2005. Skeletogenesis and asexual reproduction in the earliest biomineralizing animal Cloudina. *Geology*, 33 （4）: 277~280

Huang C Y, Liew P M, Zhao M et al. 1997. Deep sea and lake records of the Southeast Asian paleomonsoons for the last 25 thousand years. *Earth and Planetary Science Letters*, 146: 59~72

Huang F, Chen L J, Wu Z Q et al. 2013. First-principle calculations of equilibrium Mg isotope fractionations between garnet, clinopyroxene, and olivine: Implications for Mg isotope thermometry. *Earth Planet Sci Lett*, 367: 61~70

Huang F, Wu Z Q, Huang S C et al. 2014. First-principles calculations of equilibrium silicon isotope fractionation among mantle minerals. *Geochim Cosmochim Acta*, 140: 509~520

Huang H Q, Li X H, Li W X et al. 2011. Formation of high $\delta^{18}O$ fayalite-bearing A-type granite by high-temperature melting of granulitic metasedimentary rocks, southern China. *Geology*, 39 （10）: 903~906

Huang J and Zhao D. 2006. High-resolution mantle tomography of China and surrounding regions. *Journal of Geophysical Research: Solid Earth*, 111 （B9）

Huang J, Chu X, Jiang G et al. 2011. Hydrothermal origin of elevated iron, manganese and redox-sensitive trace elements in the c.635 Ma Doushantuo cap carbonate. *Journal of the Geological Society*, London, 168: 805~815

Huang J, Chu X, Lyons T W et al. 2013. The sulfur isotope signatures of Marinoan deglaciation captured in Neoproterozoic shallow-to-deep cap carbonate from South China. *Precambrian Research*, 238: 42~51

Huang J, Li S G, Xiao Y et al. 2015. Origin of low $\delta^{26}Mg$ Cenozoic basalts from South China Block and their geodynamic implications. *Geochimica et Cosmochimica Acta*, 164: 298~317

Ji W Q, Wu F Y, Chung S L et al. 2009. Zircon U-Pb geochronology and Hf isotopic constraints on petrogenesis of the Gangdese batholith, southern Tibet. *Chemical Geology*, 262 （3-4）: 229~245

Jia G D, Wei K, Chen F J et al. 2008. Soil n-alkane delta D vs. altitude gradients along Mount Gongga, China. *Geochimica Et Cosmochimica Acta*, 72: 5165~5174

Jia G D, Zhang J, Chen J F et al. 2012. Archaeal tetraether lipids record subsurface water temperature in the South China Sea. *Organic Geochemistry*, 43: 68~77

Karato S I. 2011. Water distribution across the mantle transition zone and its implications for global material circulation. *Earth and Planetary Science Letters*, 301: 413~423

Kerr R A. 2004. In mass extinction, timing is all. *Science*, 305 （5691）: 1705

Knoll A H, Bambach R K, Payne J L et al. 2007. Paleophysiology and end-Permian mass extinction. *Earth Planet Sci Lett*, 256: 295~313

Krull E S and Retallack G J. 2000. ^{13}C depth profiles from paleosols across the Permian-Triassic boundary: evidence for methane release. *GSA Bulletin*, 112: 1459~1472

Lan Z W, Li X H, Zhang Q R et al. 2015. Global synchronous initiation of the 2nd episode of Sturtian glaciation: SIMS zircon U-Pb and O isotope evidence from the Jiangkou Group, South China. *Precambrian Res*, 267: 28~38

Lan Z W, Li X H, Zhu M Y et al. 2014. A rapid and synchronous initiation of the Sturtian glaciations. *Precambrian Res*, 255: 401~411

Larson P B, Maher K, Ramos F C et al. 2003. Copper istope ratios in magmatic and hydrothermal ore-forming environments. *Chemical Geology*, 210: 337~350

Lee J S. （李四光）. 1924. A suggestion of a new method for geological survey of igneous intrusions [J]. *Bulletin of the Geological Society of China*. （中国地质学会会志）, 3 (3-4): 109~115

Lee Y Y. （李悦言）. 1942. Gochemical Interpretation on the Salt Deposits in Szechuan. *Bulletin of the Geological Society of China*. （中国地质学会会志）, 3 (3-4): 277~292

Li C, Love G D, Lyons T W et al. 2010. A stratified redox model for the Ediacaran ocean. *Science*, 328: 80~83

Li Q L, Li X H, Liu Y et al. 2010a. Precise U-Pb and Pb-Pb dating of Phanerozoic baddeleyite by SIMS with oxygen flooding technique. *Journal of Analytical Atomic Spectrometry*, 25: 1107~1113

Li Q L, Li X H, Liu Y et al. 2010b. Precise U-Pb and Th-Pb age determination of kimberlitic perovskites by secondary ion mass spectrometry. *Chemical Geology*, 269: 396~405

Li Q L, Lin W, Su W et al. 2011. SIMS U-Pb rutile age of low-temperature eclogites from southwestern Chinese Tianshan, NW China. *Lithos*, 122: 76~86

Li Q L, Li X H, Wu F Y et al. 2012. In-situ SIMS U-Pb dating of phanerozoic apatite with low U and high common Pb. *Gondwana Research*, 21: 745~756

Li X and Liu Y. 2015. A theoretical model of isotopic fractionation by thermal diffusion and its implementation on silicate melts. *Geochim Cosmochim Acta*, 154: 18~27

Li X H, Liu Y, Li Q L et al. 2009. Precise determination of Phanerozoic zircon Pb/Pb age by multicollector SIMS without external standardization. *Geochemistry Geophysics Geosystems* 10, Q04010. doi: 10.1029/2009 GC002400

Lin Y, Goresy A E, Hu S et al. 2014. NanoSIMS analysis of organic carbon from the Tissint Martian meteorite: Evidence for the past existence of subsurface organic-bearing fluids on Mars. *Meteoritics & Planetary Science*, 49 (12): 2201~2218

Ling M X, Liu Y L, Williams I S et al. 2013. Formation of the world's largest REE deposit through protracted fluxing of carbonatite by subduction-derived fluids. *Scientific Reports*, 3, doi: 10.1038/srep01776

Liu D Y, Jian P, Kröner A et al. 2006. Dating of prograde metamorphic events deciphered from episodic zircon growth in rocks of the Dabie-Sulu UHP complex, China. *Earth Planet Sci Lett*, 250: 650~666

Liu F L, Xu Z Q, Xue H M. 2004. Tracing the protolith, UHP metamorphism, and exhumation ages of orthogneiss from the SW Sulu terrane (eastern China): SHRIMP U-Pb dating of mineral inclusion-bearing zircons. *Lithos*, 78: 411~429

Liu L, Zhang J F, Green H W et al. 2007. Evidence of former stishovite in metamorphosed sediments, implying subduction to > 350 km. *Earth and Planetary Science Letter*, 263: 180~191

Liu Q, Tossell J A, Liu Y. 2010. On the proper use of the Bigeleisen-Mayer equation and corrections to it in the calculation of isotopic fractionation equilibrium constants. *Geochim Cosmochim Acta*, 74: 6965~6983

Liu W G, Liu Z H, Fu M Y et al. 2008. Distribution of the C-37 tetra-unsaturated alkenone in Lake Qinghai, China: A potential lake salinity indicator. *Geochimica Et Cosmochimica Acta*, 72: 988~997

Liu X D and Lu X C. 2006. A thermodynamic understanding of clay-swelling inhibition by potassium ions. *Angewandte Chemie-International Edition*, 45: 6300~6303

Liu X D, Lu X C, Hou Q F et al. 2005. A new integrated method for characterizing surface energy heterogeneity from a single adsorption isotherm. *J Phys Chem B*, 109: 15828~15834

Liu X D, Lu X C, Wang R C et al. 2008. Effects of layer-charge distribution on the thermodynamic and microscopic properties of Cs-smectite. *Geochim Cosmochim Acta*, 72: 1837~1847

Liu X D, Lu X C, Meijer E J et al. 2010. Acid dissociation mechanisms of Si (OH)$_4$ and Al (H$_2$O)$_6$3+ in aqueous solution. *Geochim Cosmochim Acta*, 74: 510~516

Liu X D, Lu X C, Wang R C et al. 2011. Speciation of gold in hydrosulphide-rich ore-forming fluids: Insights from first-principles molecular dynamics simulations. *Geochim Cosmochim Acta*, 75: 185~194

Liu X D, Lu X C, Meijer E J et al. 2012. Atomic-scale structures of interfaces between phyllosilicate edges and water. *Geochim Cosmochim Acta*, 81: 56~68

Liu Y, Li X H, Li Q L et al. 2011. Precise U-Pb zircon dating at a scale of <5 micron by the Cameca 1280 SIMS using a Gaussian illumination probe. *Journal of Analytical Atomic Spectrometry*, 26: 845~851

Malitch K N, Latypovc R M, Badamina I Y et al. 2014. Insights into ore genesis of Ni-Cu-PGE sulfide deposits of the Noril'sk Province (russia): evidence from copper and sulfure isotopes. *Lithos*, 204: 172~187

McFadden K A, Huang J, Chu X et al. 2008. Pulsed oxidation and biological evolution in the Ediacaran Doushantuo Formation. *Proc Natl Acad Sci*, 105: 3197~320

Pearson D G, Brenker F E, Nestola F et al. 2014. Hydrous mantle transition zone indicated by ringwoodite included within diamond. *Nature*, 507 (7491): 221~224

Prewitt T, Anderson O L, Banerjee S K et al. 1991. 地球物质研究. 谢鸿森等译. 西安: 西北大学出版社, 1~53

Ringwood A E, Kesson S E, Hibberson W et al. 1992. Origin of kimberlites and related magmas. *Earth and Planetary Science Letters*, 113 (4): 521~538

Rouxel O J. 2005. Iron isotope constraints on the Archean and Paleoproterozoic ocean redox state. *Science*, 307: 1088~1091

Rumble D, Giorgis D, Ireland T et al. 2002. Low δ^{18}O zircons, U-Pb dating, and the age of the Qinglongshan oxygen and hydrogen isotope anomaly near Donghai in Jiangsu Province, China. *Geochimica et Cosmochimica Acta*, 66: 2299~2306

Sedaghatpour F, Teng F Z, Liu Y et al. 2013. Magnesium isotopic composition of the Moon. *Geochim Cosmochim Acta*, 120: 1~16

Shellnutt J G, Denyszyn S W, Mundil R. 2012. Precise age determination of mafic and felsic intrusive rocks from the Permian Emeishan large igneous province (SW China). *Gondwana Research*, 22 (1): 118~126

Shen S Z, Crowley J L, Wang Y et al. 2011. Calibrating the End-Permian Mass Extinction. *Science*, 334 (6061): 1367~1372

Song X and Richards P G. 1996. Seismological evidence for differential rotation of the Earth's inner core. *Nature*, 382 (6588): 221~224

Sun Q, Chu G Q, Li S Q et al. 2004. Long-chain alkenones in sulfate lakes and its paleoclimatic implications. *Chinese Science Bulletin*, 49: 2082~2086

Tang Y J, Zhang H F, Nakamura E et al. 2007. Lithium isotopic systematics of peridotite xenoliths from Hannuoba, North China Craton: Implications for melt-rock interaction in the considerably thinned lithospheric mantle. *Geochimica Et Cosmochimica Acta*, 71 (17): 4327~4341

Tang Y J, Zhang H F, Deloule E et al. 2014. Abnormal lithium isotope composition from the ancient lithospheric mantle beneath the North China Craton. *Scientific Reports*, 4: 1~4

Torsvik T H, Burke K, Steinberger B et al. 2010. Diamonds sampled by plumes from the core-mantle boundary.

Nature, 466 (7304): 352~355

Walter M J, Kohn S C, Araujo D et al. 2011. Deep mantle cycling of oceanic crust: evidence from diamonds and their mineral inclusions. *Science*, 334 (6052): 54~57

Wang H Y, Liu W G, Zhang C L et al. 2012. Distribution of glycerol dialkyl glycerol tetraethers in surface sediments of Lake Qinghai and surrounding soil. *Organic Geochemistry*, 47: 78~87

Wang W, Zhou C, Guan C et al. 2014. An integrated carbon, oxygen, and strontium isotopic studies of the Lantian Formation in South China with implications for the Shuram anomaly. *Chemical Geology*, 373: 10~26

Wang X M, Liou J G, Mao H K. 1989. Coesite-bearing from the Dabie Mountains in central China. *Geology*, 17: 1085~1088

Wen H J, Carignan J, Fan H et al. 2011. Molybdenum isotopic records across the Precambrian-Cambrian boundary. *Geology*, 39: 775~778

Wen H, Carignan J, Chu X et al. 2014. Selenium isotopes trace anoxic and ferruginous seawater conditions in the Early Cambrian. *Chemical Geology*, 390: 164~172

Wu F Y, Lin J Q, Wilde S A et al. 2005. Nature and significance of the Early Cretaceous giant igneous event in eastern China. *Earth Planet Sci Lett*, 233: 103~119

Wu F Y, Yang J H, Wilde S A et al. 2005. Geochronology, petrogenesis and tectonic implications of Jurassic granites in the Liaodong Peninsula, NE China. *Chem Geol*, 221: 127~156

Wu F Y, Yang Y H, Xie L W et al. 2006. Hf isotopic compositions of the *standard zircons* and baddeleyites used in U-Pb geochronology. *Chemical Geology*, 234: 105~126

Wu Y B, Zheng Y F, Zhao Z F et al. 2006. U-Pb, Hf and O isotope evidence for two episodes of fluid-assisted zircon growth in marble-hosted eclogites from the Dabie orogen. *Geochim Cosmochim Acta*, 70: 3743~3761

Wu Z Q and Wentzcovitch R M. 2014. Spin crossover in ferropericlase and velocity heterogeneities in the lower mantle. *PNAS*, 111 (29): 10468~10472

Xiao S, Zhang Y, Knoll A H. 1998. Three-dimensional preservation of algae and animal embryos in a Neoproterozoic phosphorite. *Nature*, 391: 553~558

Xiao S, McFadden K A, Peek S et al. 2012. Integrated chemostratigraphy of the Doushantuo Formation at the northern Xiaofenghe section (Yangtze Gorges, South China) and its implication for Ediacaran stratigraphic correlation and ocean redox models. *Precambrian Research*, 192~195: 125~141

Xiao S, Muscentel A D, Chen L et al. 2014. The Weng'an biota and the Ediacaran radiation of multicellular eukaryotes. *National Science Review*, 1: 498~520

Xu S T, Okay A I, Ji S Y et al. 1992. Diamond from the Dabie Shan metamorphic rocks and its implication for tectonic setting. *Science*, 256: 80~82

Xu Y G. 2014. Recycled oceanic crust in the source of 90~40 Ma basalts in North China Craton: Evidence, provenance and significance. *Geochimica et Cosmochmica Acta*, 143: 49~67

Xu Y G, Ma J L, Huang X L et al. 2004. Early Cretaceous gabbroic complex from Yinan, Shandong Province: Petrogenesis and mantle domains beneath the North China Craton. *International Journal of Earth Sciences*, 93: 1025~1041

Xu Y G, Zhang H H, Qiu H N et al. 2012a. Oceanic crust components in continental basalts from Shuangliao, Northeast China: Derived from the mantle transition zone? *Chemical Geology*, 328: 168~184

Xu Z, Zhao Z F, Zheng Y F. 2012b. Slab-mantle interaction for thinning of cratonic lithospheric mantle in North China: Geochemical evidence from Cenozoic continental basalts in central Shandong. *Lithos*, 146: 202~217

Yang J H, Wu F Y, Wilde S et al. 2007. Tracing magma mixing in granite genesis: in situ U-Pb dating and Hf-isotope analysis of zircons. *Contributions to Mineralogy & Petrology*, 153 (2): 177~190

Yang J S, Wooden J L, Wu C L et al. 2003. SHRIMP U-Pb dating of coesite-bearing zircon from the ultrahigh-pressure metamorphic rocks, Sulu terrane, east China. *J Metamorph Geol*, 21: 551~560

Yang W, Lin Y T, Zhang J C et al. 2012. Precise micrometresized Pb-Pb and U-Pb dating with NanoSIMS. Journal of Analytical Atomic Spectrometry, 27: 479~487

Yang W, Teng F Z, Zhang H F et al. 2012. Magnesium isotopic systematics of continental basalts from the North China craton: Implications for tracing subducted carbonate in the mantle. Chemical Geology, 328: 185~194

Yin L, Zhu M, Knoll A H et al. 2007. Doushantuo embryos preserved inside diapause egg cysts. *Nature*, 446 (7136): 661~663

Yin Z, Zhu M, Davidson E H et al. 2015. Sponge grade body fossil with cellular resolution dating 60 Myr before the Cambrian. *Proc Natl Acad Sci*, 112 (12): E1453~E1460

Yu S Y, Xu Y G, Ma J L et al. 2010. Remnants of oceanic lower crust in the subcontinental lithospheric mantle: Trace element and Sr-Nd-O isotope evidence from aluminous garnet pyroxenite xenoliths from Jiaohe, Northeast China. *Earth Planet Sci Lett*, 297: 413~422

Yuan X, Chen Z, Xiao S et al. 2011. An early Ediacaran assemblage of macroscopic and morphologically differentiated eukaryotes. *Nature*, 470: 390~393

Yuan Y, Cai C, Wang T et al. 2014. Redox conditions during Ediacaran-Cambrian transition in the Lower Yangtze deep-water basin, South China: constraints from iron speciation and $\delta^{13}C_{org}$ in Diben Section, Zhejiang province. *Chinese Science Bulletin*. 59: 3638~3649

Zhang C and Duan Z H. 2009. A model for C-O-H fluid in the Earth's mantle. *Geochim Cosmochim Acta*, 73: 2089~2102

Zhang H F, Sun M, Zhou X H et al. 2002. Mesozoic lithosphere destruction beneath the North China Craton: evidence from major-, trace-element and Sr-Nd-Pb isotope studies of Fangcheng basalts. *Contrib Mineral Petrol*, 144: 241~254

Zhang J J, Zheng Y F, Zhao Z F. 2009. Geochemical evidence for interaction between oceanic crust and lithospheric mantle in the origin of Cenozoic continental basalts in east-central China. *Lithos*, 110: 305-326

Zhang J, Bai Y, Xu S et al. 2013. Alkenone and tetraether lipids reflect different seasonal seawater temperatures in the coastal northern South China Sea. *Organic Geochemistry*, 58: 115~120

Zhang L, Ren Z Y, Nichols A R L et al. 2014. Lead isotope analysis of melt inclusions by LA-MC-ICP-MS. *Journal of Analytical Atomic Spectrometry*, 29 (8): 1393~1405

Zhang Q R, Li X H, Feng L J et al. 2008. A new age constraint on the onset of the Neoproterozoic glaciations in the Yangtze Platform. *South China J Geol*, 116: 423~429

Zhang S H, Jiang G Q, Han Y G. 2008. The age of the Nantuo Formation and Nantuo glaciation in South China. *Terra Nova*, 20: 289~294

Zhang S, Jiang G, Zhang J et al. 2005. U-Pb sensitive high-resolution ion microprobe ages from the Doushantuo Formation in South China: constraints on late Neoproterozoic glaciations. *Geology*, 3: 473~476

Zhang Y G and Guo G J. 2000. Molecular dynamics calculation of the bulk viscosity of liquid iron-nickel alloy and the mechanisms for the bulk attenuation of seismic waves in the Earth's outer core. *Phys. Earth Planet. Interiors*, 122: 289~298

Zhang Y G and Guo G J. 2009. Partitioning of Si and O between liquid iron and silicate melt: A two-phase ab-initio molecular dynamics study. *Geophys Research Lett*, 36: L18305

Zhang Y G and Yin Q Z. 2012. Carbon and other light element contents in the Earth's core based on first-principles molecular dynamics. *PNAS*, 109: 19579~19583

Zhang Z G and Duan Z H. 2002. Phase equilibriaof the system methane-ethane from temperature scaling Gibbs

Ensemble Monte Carlo simulation. *Geochim Cosmochim Acta*, 66: 3431~3439

Zhang Z G and Duan Z H. 2005. A optimized molecular potential for carbon dioxide. *J Chem Phys*, 122: 214507

Zhao D P. 2004. Global tomographic images of mantle plumes and subducting slabs: insight into deep Earth dynamics. *Physics of the Earth and Planetary Interiors*, 146 (1~2): 3~34

Zhao D, Tian Y, Lei J et al. 2009. Seismic image and origin of the Changbai intraplate volcano in East Asia: Role of big mantle wedge above the stagnant Pacific slab. *Physics of the Earth and Planetary Interiors*, 73 (3~4): 197~206

Zhao M, Huang C Y, Wang C C et al. 2006. A millennial-scale $U^{37}K'$ sea-surface temperature record from the South China Sea (8 N) over the last 150 kyr: Monsoon and sea-level influence. *Palaeogeography, Palaeoclimatology, Palaeoecology*, 236 (1): 39~55

Zhao Y Y and Yan M C. 1993. Geochemical record of the climate effet in sediments of the China Shelf Sea. *Chemical Geology*, 107: 267~269

Zhao Z F, Dai L Q, Zheng Y F. 2013. Postcollisional mafic igneous rocks record crust-mantle interaction during continental deep subduction. *Scientific Reports*, 3 (12): 3413

Zheng Y F. 2008. A perspective view on ultrahigh-pressure metamorphism and continental collision in the Dabie-Sulu orogenic belt. *Chinese Science Bulletin*, 53: 3081~3104

Zheng Y F, Fu B, Li Y L et al. 1998. Oxygen and hydrogen isotope geochemistry of ultrahigh pressure eclogites from the Dabie Mountains and the Sulu terrane. *Earth Planet Sci Lett*, 155: 113~129

Zheng Y F, Fu B, Gong B et al. 2003. Stable isotope geochemistry of ultrahigh pressure metamorphic rocks from the Dabie-Sulu Orogen in China: implications for geodynamics and fluid regime. *Earth Sci Rev*, 62: 105~161

Zheng Y F, Wu Y B, Chen F K et al. 2004. Zircon U-Pb and oxygen isotope evidence for a large-scale ^{18}O depletion event in igneous rocks during the Neoproterozoic. *Geochimica et Cosmochimica Acta*, 68: 4145~4165

Zhong Y T, He B, Mundil R et al. 2014. CA-TIMS zircon U-Pb dating of felsic ignimbrite from the Binchuan section: Implications for the termination age of Emeishan large igneous province. *Lithos*, 204: 14~19

Zhou C and Xiao S. 2007. Ediacaran $\delta^{13}C$ chemostratigraphy of South China. *Chem Geol*, 237: 89~108

Zhou C M, Tucker R, Xiao S H et al. 2004. New constraints on the ages of Neoproterozoic glaciations in south China. *Geology*, 32: 437~440

Zhu D C, Zhao Z D, Niu Y et al. 2011. The Lhasa Terrane: Record of a microcontinent and its histories of drift and growth. *Earth and Planetary Science Letters*, 301 (1~2): 241~255

Zhu M, Zhang J, Yang A. 2007. Integrated Ediacaran (Sinian) chronostratigraphy of South China. *Palaeogeography, Palaeoclimatology, Palaeoecology*, 254: 7~61

Zhu M, Gehling J G, Xiao S et al. 2008. Eight-armed Ediacara fossil preserved in contrasting taphonomic windows from China and Australia. *Geology*, 36: 867~870

Zhu X K, O'Nions K, Guo Y et al. 2000. Determination of natural Cu-isotope variation by plasma-source mass spectrometry: Implications for use as geochemical traces. *Chemical Geology*, 163: 139~149

（作者：倪集众、王中刚、徐义刚、刘耘、储雷蕾、韦刚健、欧阳自远）

第三章 从文献资料分析看地球化学学科的发展历程

根据中国科学院重点部署项目"中国地球化学、地球物理学学科发展史研究"（KZZD-EW-T02）之子课题"中国地球化学学科发展史研究"（KZZD-EW-T02-01）的大纲要求，中国地质图书馆依托馆藏的图书、期刊和数据等资源，围绕项目的任务目标，确定承担本章的相关工作内容。截至 2015 年共整理中国地质图书馆、国家图书馆和 CALIS 三家馆藏机构的中文地球化学图书 1300 种，收集和整理了中国主要地球化学期刊文献 23000 多篇，以及中国地质图书馆馆藏俄文地球化学图书 210 种和馆藏西文地球化学图书 2950 种中的地球化学文献。按照任务书的要求撰写出本章。

第一节 研究背景

依托《GeoRef 数据库》和《中国地质文献数据库》，采用了文献（图书、期刊）计量统计方法，梳理了我国地球化学发展的脉络，其中，国外地学数据以《GeoRef 数据库》为统计源，中文数据以《中国地质文献数据库》（GSD）为基本统计工具和统计源，对于年代较早的地学文献则采取手工录入的方法完成。根据中国近百年地质文献的统计结果，以及对国内有较大影响的 20 种地学专业期刊的分析，剖析中国近百年来地球化学学科发展的历史，研究地球化学各分支科学的发展历程、发展动向，同时也为构建全新的地球科学学科体系提供参考。

中国地质图书馆作为我国地质科学行业的文献信息中心，自 1982 年以来自建和引进了包括 GeoRef 在内的多种外文科技文献数据库。GeoRef 是美国地质调查局信息中心的地学文献数据库，收录了北美地区自 1785 年以来和全球自 1933 年以来的 5000 余种期刊、会议资料等地质-地球化学文献，范围覆盖地质-地球化学学科的近 40 个类目，共 190 万条数据。该数据库具有严格的选刊标准，是目前世界上最权威的地质学-地球化学学科文献检索数据库（董树文等，2005）。中国地质文献以中国地质图书馆馆藏期刊、图书为主要数据源，收录中文地球科学、地球化学、土地科学及相关内容期刊、专著、汇编、会议论文集等文献资料。收录范围主要包括：基础地质、地球化学、矿产地质、各种地质勘查技术方法、国土资源管理、土地科学等内容。按地球科学及土地科学专业分为 51 类。数据库总数据量达 35 万余条，为目前国内包含地质和地球化学专业种类最全、覆盖范围最大、数据量最多的地质文献数据库。因此，选取《GeoRef 数据库》和《中国地质文献数据库》作为本章统计分析的基础。

第二节 国际地球化学文献研究

地球化学主要研究地球和地质体中元素及其同位素的组成，定量地测定元素及其同位素在地球各个部分（如水圈、大气圈、生物圈、岩石圈）和地质体中的分布；研究地球表面和内部及某些天体中进行的化学作用，揭示元素及其同位素的迁移、富集和分散规律；研究地球乃至天体的化学演化，即研究地球各个部分，如大气圈、水圈、地壳、地幔、地核中和各种岩类以及各种地质体中化学元素的平衡、循环，在时间和空间上的变化规律（中国科学院地球化学研究所，2000）。

从图 3-1 可见，地球化学学科脱胎于矿物学、岩石学、矿床学和环境学等学科，又更多地吸收了化学、物理化学、热力学、胶体化学和化学动力学等化学学科的理论和方法，构筑了自己的学科范畴和理论框架，从而成为一门独立学科。

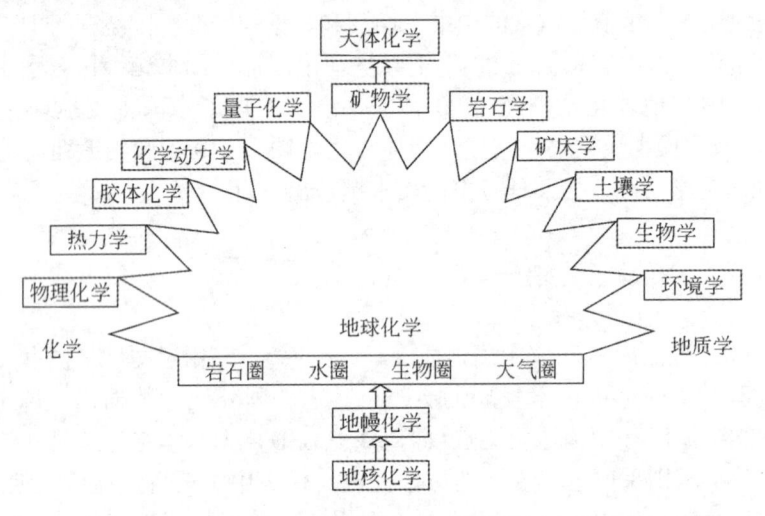

图 3-1　地球化学的研究内容及与之相关的学科

期刊文献统计结果展示了地球化学过去百年中的发展历史（图 3-2）。从图中也可以看出，它是在比它古老得多的矿物学和岩石学基础上发展起来的一门相对年轻的地质学分支学科。

就国际范围而言，现代地球化学作为一门学科脱胎于地质学和化学之后，经历了 20 世纪初的萌芽阶段和独立成形阶段，自第二次世界大战结束以来（20 世纪 40 年代），特别是 20 世纪 60～70 年代以来获得了蓬勃的发展，并在 20 世纪 80 年代末期达到了学科发展的鼎盛时期，之后有发展状况缓慢下降的趋势。分析方法和试验技术的创新、改进与提高，是地球化学发展的重要基础。20 世纪 40 年代后，由于找矿的需要，人们开始利用发射光谱法研究痕量元素的分布并以此追索矿床。20 世纪 50 年代，大规模水系沉积物测量和野外快速比色方法、双硫腙冷提取方法的广泛使用，加速了地球化学学科的快速发展。随着原子吸收光谱、等离子体发射光谱、X 射线荧光光谱等仪器和放射化学分离中子活化分析等技术的广泛应用，电感耦合等离子体质谱仪技术的出现，形成了快速简便、低成本、高灵敏度、宽动态范围和多元素同时测定的技术组合。电子探针、激光探针、质子探针、同步辐射探针和离子探针技术的开发和应用，使微区多元素分析获得了飞速发展。技术进步使得地球化学具有了较大的发展空间，形成了诸如环境地球化学、生物地球化学、构造地球化学等众多边缘学科，在 21 世纪的地学体系中还将占有更为重要的地位（董树文，陈宣华，史静等，2005）。表 3-1 显示了自上世纪末至 21 世纪初地球化学学科与地质学中相关学科的排位状况。

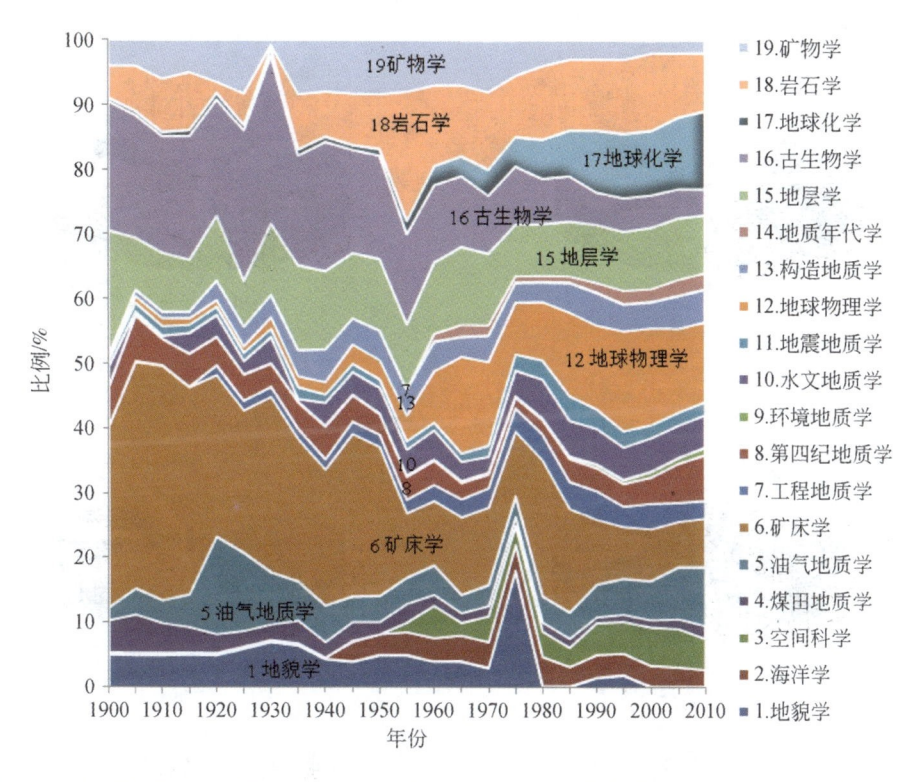

图 3-2 世界地质主要学科百年结构演变图（据《GeoRef 数据库》地质学各学科分布绘制）

表 3-1　1900～2010 年国际各阶段地质学中文献排在前 8 位的分支学科

年份	1	2	3	4	5	6	7	8
1900	矿床学	古生物学	地层学	第四纪地质学	地貌学	岩石学	矿物学	煤田地质学
1950	古生物学	矿床学	地层学	岩石学	矿物学	构造地质学	地貌学	第四纪地质学
1980	矿床学	岩石学	地球物理学	地层学	工程地质学	古生物学	水文地质学	地球化学
2000	地球物理学	环境地质学	岩石学	地球化学	油气地质学	第四纪地质学	地层学	水文地质学
2010	地球物理学	环境地质学	岩石学	地球化学	油气地质学	第四纪地质学	地层学	水文地质学

如表 3-1 和图 3-3 所示，1900 年矿床学、古生物和地层学三个学科占据了地质科学 60% 以上的研究论文。到 1950 年，古生物学、矿床学、地层学、岩石学、矿物学和构造地质学同步发展，相关的论文占到整个地质科学的 60%。到 1980 年，地质科学体系的学科结构更加趋向多元化，地球物理学、工程地质学、水文地质学和地球化学等学科在地学研究中的地位显著上升；矿床学、岩石学、地球物理学、地层学和工程地质学跃居为地质科学的前五位。

2000 年地质-地球化学学科体系的结构更趋复杂化，研究的主题也更加突出。新世纪多元化地质学结构的特点是：地球物理学、环境地质学、岩石学和地球化学成为现代地质科学的四大主导学科（董树文，陈宣华，史静等，2005）。

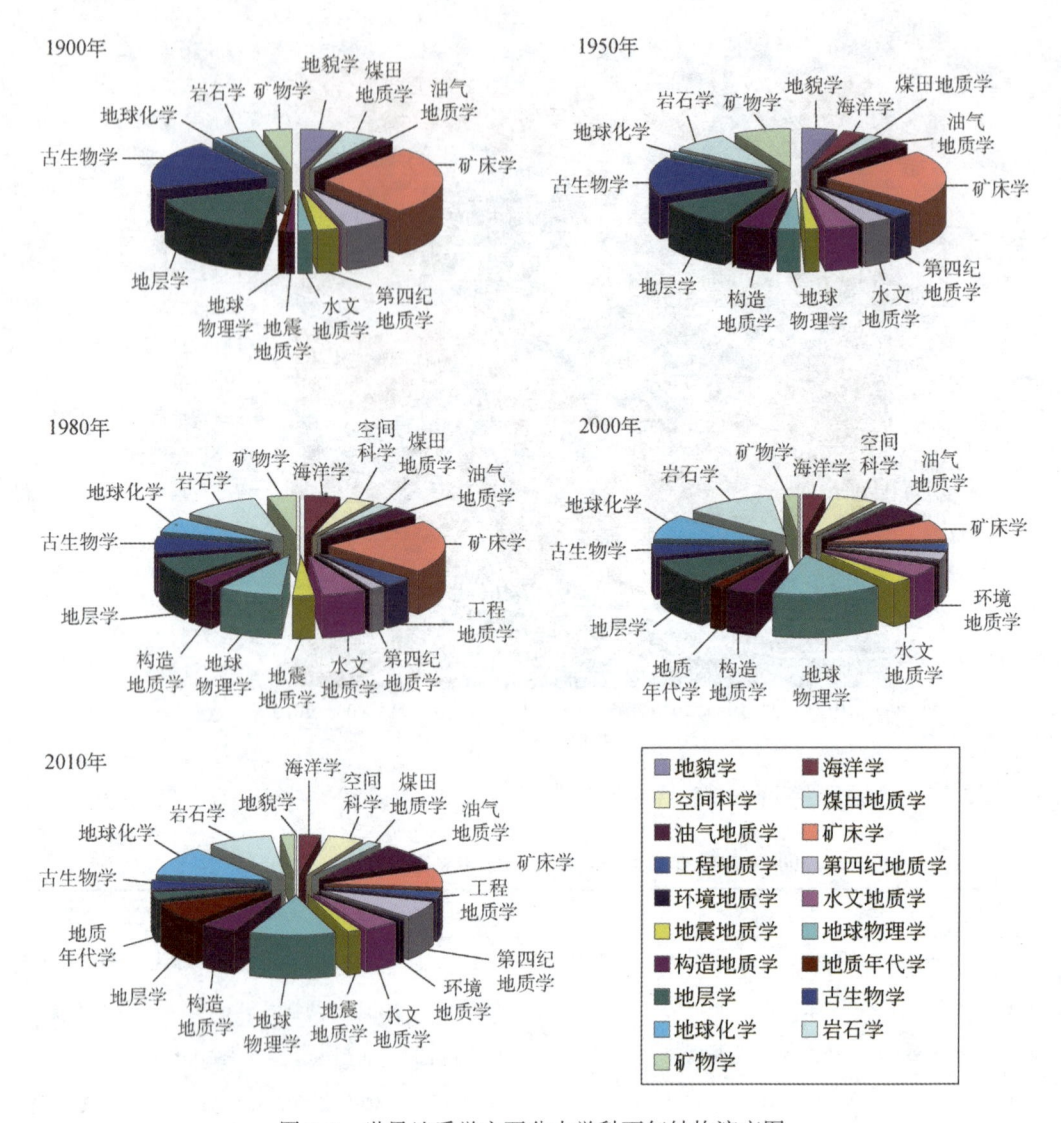

图 3-3　世界地质学主要分支学科百年结构演变图

综上所述，就国际范畴而言，地球化学学科的发展经历了三个时期：萌芽期（史前至19世纪末）、成形期（20世纪初至中叶）和发展期（20世纪中叶迄今）（中国地球化学发展战略研究组，1994）。

第三节　中国地球化学文献研究

本课题以中国地质图书馆的《馆藏书目数据库》为基本统计源，并整合国内高校CALIS联合编目系统和国家图书馆书目数据库的有关地球化学图书数据，集成后的数据分析具有全面性和科学性。

一、我国地球化学文献的基本情况

20 世纪 20 年代之前，我国没有正规的专业地质-地球化学文献出版物。1922 年《中国地质学会志》创刊（1952 年改名为《地质学报》）。现今，《地质学报》已被 SCI、CA、GeoRef 等国内外 20 多家数据库收录，影响因子常年位居于 1.5～2.15，是中国地学界最重要的核心期刊之一。《地质论评》是中国地质学会 1936 年创办的学术期刊，目前也已进入中文核心期刊序列，在国际上被 JICST、BIG、Biological Abstracts、Geographical Abstracts 等专业检索机构收录。在中国科技情报研究所的《中国科技期刊论文统计分析》中，其影响因子、总被引频次等指标多年来位居前列。地球化学文献在上述两份期刊中所占的比例变化反映了中国地球化学学科发展不同阶段的显著特点：孕育阶段的地球化学文献虽然比较少，变化幅度也颇大，但最早的文献就出现在《中国地质学会志》上。

自 20 世纪 50 年代伊始，再经过"文化大革命"所有学术期刊的"蛰伏"时期，1972 年我国创办了国内第一种地球化学专业学术期刊——《地球化学》。随之，1979 年由《地球物理勘探》改刊的《物探与化探》的创办，为地球化学学术文献"百花园"添一新枝。

1978 年中国矿物岩石地球化学学会的成立为这座"百花园"频频添砖加瓦：1981 年创办了《矿物学报》，1982 年创刊 Chinese Journal of Geochemistry（《地球化学》英文版），1983 年创办《沉积学报》，1985 年出版了《岩石学报》创刊号；1995 年将学会秘书处的内刊《矿物岩石地球化学通讯》升格为公开出版的《矿物岩石地球化学通报》。1989 年，由中国科学院地质研究所与中国第四纪研究委员会创办的《第四纪研究》创刊；所有这一切都标志着地球化学学科走向了万紫千红的新时期。

新世纪以来，所有上述中国矿物岩石地球化学学会系统的学术期刊全部进入"中文核心期刊"、"中国科技核心期刊"（CSTPCD）和"中国科学引文数据库（CSCD）来源期刊"序列；从而构建了完整的地球化学专业学术期刊框架。此外，全国各大专院校和研究院所的校刊、院刊、所刊或年报中，也有不少相关的地球化学文献。

二、我国地球化学文献考察结果

（一）学科发展总的趋势

考察和研究 1936 年以来我国地学化学图书文献（图 3-4）后不难看出，20 世纪 50 年代中期、整个 80 年代以及 2000 年之后，我国地球化学学科的文献数量出现了三个高峰期。

据此，我们将我国地球化学发展阶段分为五个阶段：萌芽阶段（古代）、孕育阶段（20 世纪 50 年代以前）、创建阶段（20 世纪 50 年代初至"文化大革命"时期）、成形阶段（"文化大革命"之后至 20 世纪末），以及创新发展阶段（2000 年以来）。

从以上图书资料的数量可以看出，我们据文献所显示的阶段性及以其所划分的阶段与国际地球化学学科发展阶段的划分是合拍的，符合实际情况的。

研究表明，自 20 世纪 20 年代的孕育时期迄今，我国地学界的地质-地球化学文献呈现一种整体向上而又时有起伏的发展趋势：20 世纪 50 年代之前，除了少量的地质-地球化学论文，我国基本没有出版过地球化学专著；从20世纪50年代到60年代中期，随着地球化学研究成果在生产和科研中的应用，地球化学相关的教科书、学术论文和专著逐渐增多，在"文化大革命"期间，地球化学学科与整个地球科学一起，所有有关的生产、教学和科研工作都受到极大的影响，学术研究和时间应用都处于低潮；"文化大革命"后期的地球化学专著的数量虽然有所回升，但仍然没有超过20世纪50年代中期的高峰期；直到"文化大革命"结束之后，学术论文和学术专著才迅速增长；20世纪70~80年代是我国地球化学学科的学术研究论文和专著的出版高峰期，20世纪90年代中后期到21世纪初的头几年，在一个小低谷之后又有了平稳的增长。

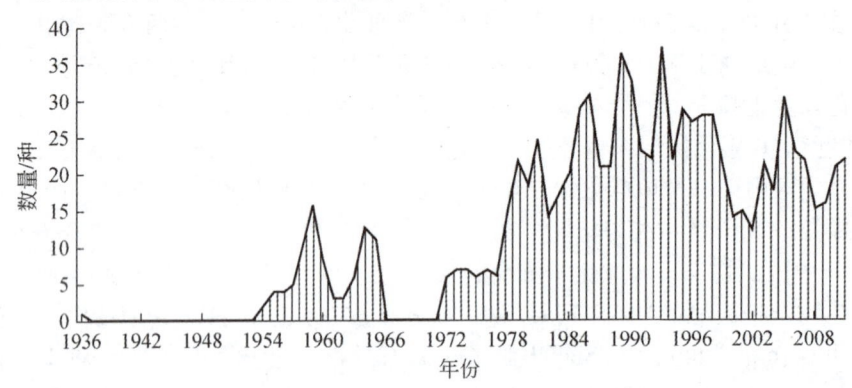

图3-4形象地展示了以上文字的表述。

图3-4 中文地球化学图书年份-数量变化图

《地质学报》的前身是中国地质学会1922年创刊的《中国地质学会志》；在创建阶段初期，地球化学文献比例稳步上升，在六七十年代由于受到"文化大革命"的影响，这一"稳步增长"的步伐遽然却步。成形阶段地球化学文献的比例较之创建阶段有一定提高，但是20世纪末的最后几年，其所占比例下降明显；创新发展阶段地球化学研究得到了空前的重视，文献所占的比例较之前阶段有了飞跃式增长（图3-5）。

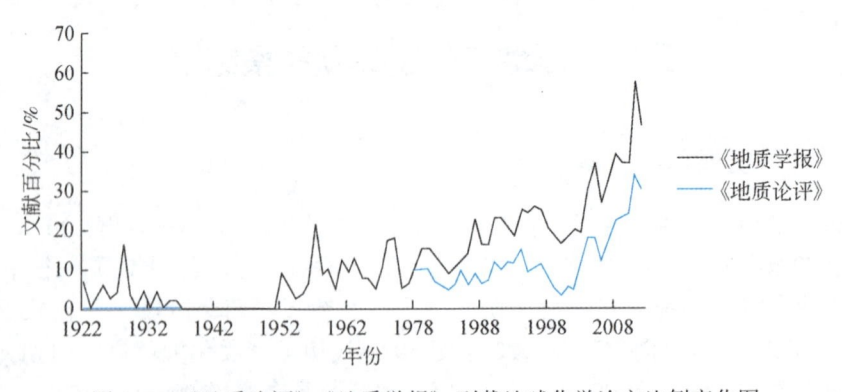

图3-5 《地质论评》-《地质学报》刊载地球化学论文比例变化图

（二）各分支学科的发展趋势

地球化学文献中，其各个分支学科的文献比例在全国地球化学学科发展的不同阶段也呈现出不同的特点（图3-6）：创建阶段很多地球化学的分支学科都尚未成形，分支学科的数量少，各分支学科所占比例呈现无规律变化，且变化范围很大，无明显的变化趋势；在成形阶段，地球化学与其他学科开始了有机的结合，促进了各分支学科的发展，但各个分支学科所占比例变化依然很大，其中分析与实验地球化学经历了快速萎缩，而同位素地球化学则呈明显的增长态势；进入创新发展阶段，我国地球化学各分支学科蓬勃发展，随着不同年代的需求，不同分支学科有各自的变化规律，如环境地球化学所占比例稳步增加，体现出环境科学受重视的程度的增高，而地球化学作为经济而可靠的研究方法，给环境科学的研究提供了有力的支撑。

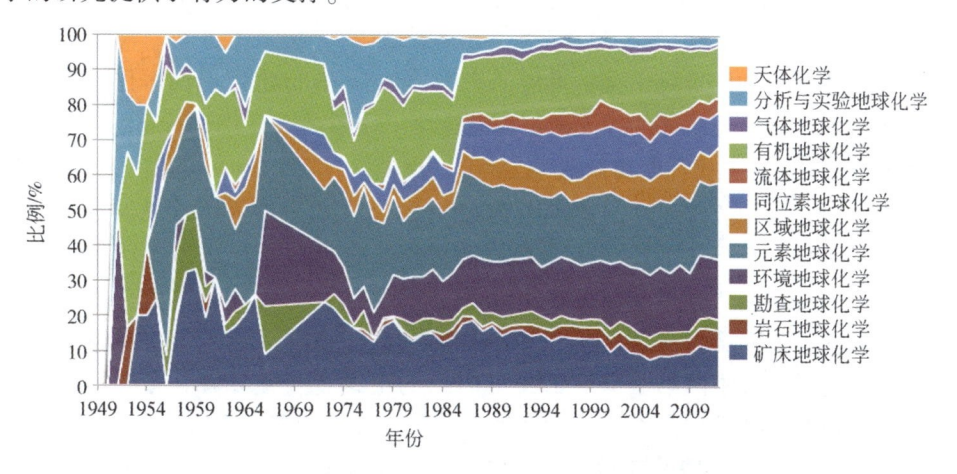

图 3-6　地球化学分支学科比例变化图

从《成都理工大学学报》、《中国地质大学学报（地球科学）》和《吉林大学学报（地球科学版）》的年份–论文比例曲线图（图3-7）上，可以看出，在中国地球化学学科的创建阶段，地球化学的研究文献所占比例波动比较大，而进入成形阶段，地球化学文献在《成都理工大学学报》和《吉林大学学报（地球科学版）》中的比例螺旋式上升；这一快速攀升趋势在《中国地质大学学报（地球科学）》中1987~2000年表现得尤为显著；进入创新发展阶段后，地球化学文献所占比例有所下降。

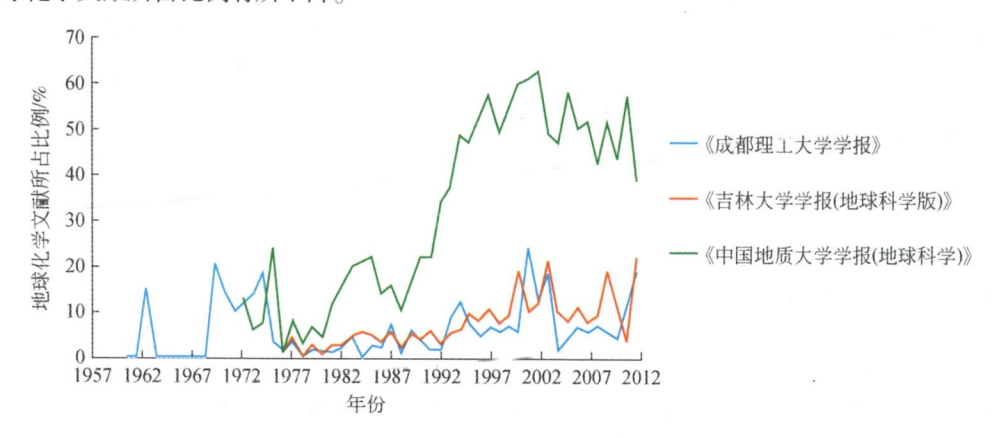

图 3-7　成都–武汉–吉林三所高校学报的年份–论文比例变化图

1. 古代：萌芽阶段

虽然古代的地球化学文献不在本次文献调查范围之内，但人尽皆知的是，作为历史悠久的世界文明古国，中华大地的先人在找矿、开采和冶炼的生产实践中早就萌发了朴素的地球化学思想。譬如远古时期"盘古开天"传说对地球的认识，《管子·地数》中有关"上有丹砂者，其下有黄金，上有慈石者，其下有铜金……上有赭者，其下有铁，……上有铅者，其下有银……"的论述，唐代颜真卿关于"山上有葱，下有银；山上有韭，下有金；山上有姜，下有铜锡；山上有宝玉，木旁枝皆下垂"的生物地球化学思想萌芽，以及李时珍所著《本草纲目》中"东南金色深，西南淡，青铜出西番"的区域地球化学思想萌芽，等等。

但是，由于社会制度对科学技术发展的影响，随着16世纪以后西方国家现代科学的兴起，中国地球化学思想萌芽的领先地位逐渐让位给欧洲国家（肖学军和赵振华，1983）。

2. 20世纪20~50年代：孕育阶段

1924年《中国地质学会志》上发表了李四光的《火成岩侵入体地质调查新方法之建议》和舒文博的《河南北部红山侵入体地质调查结果》两文，标志着近代中国地球化学思想孕育阶段的开始（肖学军和赵振华，1983）。

有机地球化学方面，翁文灏是燕山运动及与之有关的岩浆岩和金属矿床的区域成矿理论的首创者，还是开发中国第一个油田（玉门）的组织者与领导者。先后发表了《房山大理岩的年龄及其含镁品位》（1925）、《华北前寒武纪大理岩之含镁量》（1926，与李学清合著）、《中国的黄铁矿床及硫磺工业》（1926，与谢家荣合著）、《砷矿物在成矿系列中的位置》（1926）等。王恒升研究中国煤层的化学变化时提出并建立了三角图解，该图包括碳（carbon）、挥发性物质（volatile matter）和水分（moisture）三个组分。通过统计中国不同时代的40个煤矿的碳、挥发性物质和水分百分含量，经三角图投点分析，对煤田进行了分类（Wang，1928）。

矿床地球化学方面，朱熙人1935年研究了四川西部铜矿床的成因，分析和对比研究了玄武岩熔岩中的杏仁状含铜玄武岩、沉积型铜矿中的含铜页岩中的 SiO_2、Al_2O_3、CaO、MgO、Al、Cu 六种组分，以及其中的黄铁矿-砷黝铜矿脉体的化学分析。谢家荣1931年分析和对比研究了 Tawashan、Nanshan、Lopushan、Chungshan 和 Hsiaokushan 矿田矿石的 Fe、Mn、SiO_2、P、S、Cu 的化学成分；1933年又研究了辽宁西安煤矿附近产菱铁矿结核含鲕粒样品的全铁、有机物、CO_2、不溶物质和吸附水的含量，以及煤样品的固定碳、水、挥发分、灰分和发热量（朱熙人，1935）。

实验地球化学方面，林思澄1925年研究了锡石在不同浓度酸溶液中的溶解度，指出稀酸溶液中的锡可能是以正四价形式存在，部分以胶体氢氧化物的形式存在，并据此提出了锡矿的次生富集机制。

岩石地球化学方面，舒文博1924年全面调查了河南嵩山地区的侵入岩，分析了52个岩石样品的 SiO_2、CaO 和 Fe_2O_3，指出铁矿床可能来源于侵入岩交代灰岩而成（Shu，1924）。李学清1925年发表《四川含硫化物的橄榄岩》，估算了岩石的化学组成，并认为所含的硫化物是岩浆分凝作用的结果，这是我国学者首次有关含镍超镁铁岩的报道；同年发表的《江苏北部的石陨石》证实了陨石中大量 Ni 的存在，并确定它为石陨石。1926年与翁文灏合写《论中国北部前寒武系大理岩中的含镁量》（翁文灏和李学清，1926）。1928年，发表的《黄土之化学及矿物成分的初步研究》，通过对山西、河北黄土的分析，将黄土中的矿物成分与第三纪的三趾马红土中矿物成分进行了对比，为研究黄土的成因类型提供了重要的科学依据。同年发表的《中国寿山石之研究》中探讨了福建的寿山石、浙江的青田石、鸡血石及林西石等，精辟地论述了原生冻石的特点（Lee，1928）。

环境地球化学方面，1948年，通过北平14个地点的地下水硬度、卤化物等的分析，并与城南、北部水质进行了对比，讨论了地下水水质和环境的关系（Chang，1948）。

天体化学方面，1923年，谢家荣发表了《有关中国地质调查所收到的第一块陨石的成分和构造的初步研究》和《中国陨石之研究》两篇论文，开我国近代陨石学研究之先河。

这一阶段中国地质科学的研究领域主要集中在古生物学、地层学、岩石学和矿床学诸领域，地球化学学科尚处于启蒙阶段，中国的地球化学家发表了一系列有理论和实践价值的文章（表3-2）。

表3-2 《中国地质学会志》刊载地球化学文献一览表（1921~1952年）

序号	论文名称	著者	年卷期页码
1	A Sulphides-bearing peridotite from Szechuan（四川含镍橄榄岩）	H. T. Lee（李学清）	1928，7（1）：307-345
2	A petrographical study of the Chinese agalmatolites（中国寿山石之岩石研究）	H. T. Lee（李学清）	1928，7（3-4）：221-229
3	The genesis the manganese deposits of Chinhsien, Kwangtung（广东钦县锰矿之成因）	Lee Tiee-Chen（李殿臣）	1931，11（3）：307-312
4	La Composition mineralogique et chimique des roches eruptives particulierement des laves mesozoiqes et plus recentes de la China orientale（中国东部中生代及近代喷出岩之成分及特征）	Par A. lacroix（赖格华）	1928，7（1）：13-59
5	The rectangular graphs as applied to the proximate analyses of Chinese coals（用于中国煤炭疑似分析的矩阵图）	H. S. Wang（王恒升）	1928，7（2）：176-183
6	On the composition of a permo-carboniferous coal in north China（华北石炭–二叠系煤炭成分）	K. Asada（日）	1928，7（2）：185-189
7	The genesis of some copper deposits in Western Szechuan（四川西部之铜矿成因）	H. j. Chu（朱熙人）	1935，14（2）：256-269
8	Notes on the Chemical Properties of the underground Waters of Peiping（北平地下水之化学性质）	Chang Tseng-Huei（张增慧）	1948，28（3-4）：203-205
9	A chemical analysis of the fossil wood, Xenoxylon（异木化石之化学分析）	C. C. Hsiao（萧之谦）	1935，14（1）：73-76
10	Secondary enrichment of tin deposites（锡矿的次生富集）	S. C. Lin（林斯澄）	1925，4（2）：249-265
11	The result of a geological survey of the Hongshan intrusion, North Honan（河南北部红山侵入体地质调查结果）	W. P. Shu（舒文博）	1924，3（1）：117-122

续表

序号	论文名称	著者	年卷期页码
12	A petrographical study of the Würmkalk（竹叶状石灰岩之岩石研究）	H. T. Lee（李学清）	1927, 6 (2): 122-126
13	On the occerence of sphaerosiderite in a subbituminous coal from Hsian coal mine, Liaoning Province（辽宁西安煤矿附近产菱铁矿结核之研究）	C. Y. Hsieh（谢家荣）	1933, 12 (1): 19-28
14	On lopinite a new type of coal in China（一种新型的煤炭类型——乐平煤）	C. Y. Hsieh（谢家荣）	1933, 12 (4): 469-485
15	"Reaction principle" as applied to certain mineral transformations in migmatitic rocks（反应原理在混合岩内某种矿物变换上之应用）	Y. C. Cheng（程裕淇）	1940, 20 (1): 113-119
16	Rock-formula（岩石公式）	J. S. Lee（李四光）	1925, 4 (2): 99-104
17	Geochemical interpretation on the salt deposits in Szechuan（四川盐矿之地球化学特性）	Yueh-Yen Lee（李悦言）	1942, 22 (3-4): 277-291
18	Les pegmatitoides des roches volcaniques a facies basaltique. A propos de celles du Wei-Tchang（热河围场伟晶玄武岩）	Par A. lacroix（赖格华）	1929, 8 (1): 45-49
19	On the maganesian content of the pre-cambrian marble in North China（华北前寒武纪大理石的镁含量）	W. H. Wong & H. T. Lee（翁文灏, 李学清）	1926, 5 (1): 83-89
20	Coal composition in triangular diagram（以三角图表示石灰之成分）	W. H. Wong（翁文灏）	1927, 6 (2): 65-67
21	A stone meteorite from Northern Kiangsu（江苏北部的石陨石）	H. T. Lee（李学清）	1925, 4 (3): 273-89
22	A preliminary study on the chemical and mineralogical composition of loess（黄土之化学及矿物成分）	H. T. Lee（李学清）	1928, 7 (2): 190-207
23	Preliminary notes on the composition and structure of the first specimen of meteoric stone received by the geological survey of China（有关中国地质调查所收到的第一块陨石的成分和构造的初步研究）	C. Y. Hsieh（谢家荣）	1923, 1 (1-2): 95-97

三、创建阶段（20 世纪 50 年代初至"文化大革命"时期）

地球化学在旧中国基本上是一个空白领域。新中国成立后，党和国家对科学事业的高度重视，使地球化学在我国快速发展。地球化学学科科研体系在这一时期逐步建立，教育系统对我国化探的发展起了重要的推动作用。1950 年、1955 年涂光炽先生和於崇文先生分别在清华大学和北京地质学院开设了地球化学课程，1956 年制定的《1956—1967 科学技术发展远景规划纲要》中，提出了要大力发展地球化学学科，1957 年地质部成立了物探研究所，设置了化探研究室，谢学锦任主任，此后逐步形成了我国化探的开发研究中心。1958年首先在中国科学院系统内建立了地球化学研究室，1966年扩大为中国科学院地球化学研究所。随之，地球化学找矿方法也在一些产业部门迅速地建立和普及（涂光炽和王玉荣，1979；肖学军和赵振华，1983）。1963年中国地质学会主办的全国第一届矿物岩石地球化学学术会议的召开和1966年中国科学院地球化学研究所的建立，标志着中国地球化学进入了一个崭新的阶段，正当组织准备就绪、即将起步之时，却逢"文化大革命"，地球化学的生产和研究工作受到巨大影响。

"文化大革命"前发表地球化学方面文献最多的年份为1959年，为72篇；受"文化大革命"严重影响的1967~1971年，地球化学研究全面停顿，直到1972年地球化学研究才开始重新步入正轨；1974年共发表近140篇地球化学论文，是整个创建阶段发表论文最多的一年。从文献所占比例上看，整个创建阶段占比较大的分支学科有：元素地球化学（24%，274篇）、矿床地球化学（19%，215篇）、有机地球化学（17%，191篇）；而岩石地球化学、流体地球化学的文章均不足10篇（图3-8、图3-9）。

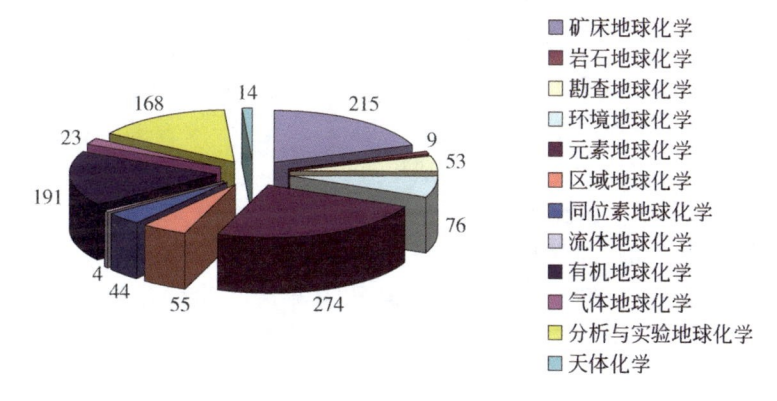

图3-8 创建阶段地球化学分支学科文献比例图

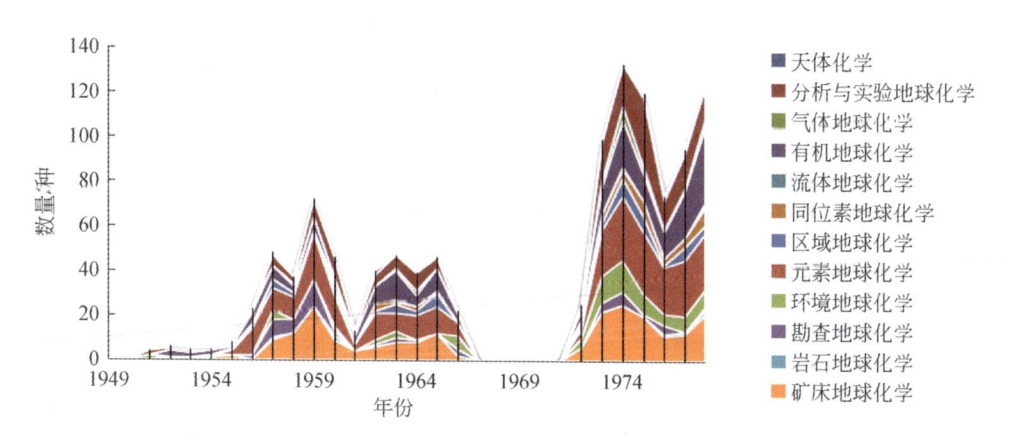

图3-9 创建阶段地球化学分支学科文献数量图

地球化学主要研究地球和地质体中元素及其同位素的组成，定量地测定元素及其同位素在地球各个部分和地质体中的分布；研究地球表面和内部及某些天体中进行的化学作用，揭示元素及其同位素的迁移、富集和分散规律；研究地球乃至天体的化学演化，即研究地球各个部分，如大气圈、水圈、地壳、地幔、地核中和各种岩类以及各种地质体中化学元素的平衡、旋回，在时间和空间上的变化规律。其基础为元素的地球化学性质的研究，故元素地球化学的研究在地球化学分支学科中占有较大的比例。

元素地球化学方面，1963年7月，由中国科学院地质研究所组织编著的《中国铌、钽、稀土矿床、矿物及地球化学》《中国锂、铍矿床、矿物及地球化学》正式出版，提出了与花岗岩有关的稀土元素地球化学演化的继承发展关系，以及这些矿种的重要矿床类型和分布规律。之后，南京大学地质系和中国科学院地球化学研究所等单位总结了华南花岗岩及稀有、稀土成矿规律。

1972年召开的全国稀有元素地质学术会议总结交流了我国在稀有元素地球化学方面的研究成果，对进一步寻找这些元素的矿床起了促进作用（刘英俊，1987）。

同位素地球化学方面，地球化学工作者在河北蓟县初步建立了我国震旦纪同位素年代表，在滇东昆阳群和三峡地区测定了早寒武世的年龄，为国际上建立划分寒武系底界的标准做出了贡献。

矿床地球化学方面，1953年，中国学者侯德封指出，锰是地壳中循环元素之一，锰矿床的形成主要是地表停积及水内沉积，应将矿床的形成与成矿元素的地球化学行为相结合，作为统一的成矿过程加以考虑（侯德封，1953）。中国一些学者提出了新的成矿作用，如叶连俊的陆源汲取成矿、涂光炽的改造成矿等。

有机地球化学方面文献占比较高，这与我国的能源需求有关，1955~1957年，地质部化探室、石油普查大队和石油部的一些单位应国家找油气的急需，开展了相当规模的油气化探实验工作，总结了初步经验和认识。20世纪60年代末70年代初，中国科学院地球化学研究所筹建起我国第一个较完整的有机地球化学实验室，先后采用了气相色谱、红外、顺磁共振、裂解色谱、色谱-质谱及高温高压模拟实验等技术，在引进和扩大各项有机地球化学新指标，以及在石油演化、碳酸盐岩生油和吉林陨石有机质研究等方面做了一定工作，为我国第一本有机地球化学专著1982年的出版打下了坚实的基础，对我国有机地球化学的发展起到了一定的推动作用。

此外，中国科学院兰州地质研究所石油室围绕陆相生油理论，开展了我国某些浅水湖泊现代沉积物的有机地球化学研究，在总结大量资料的基础上，于1979年出版了《青海湖综合考察报告》。该报告根据现代陆相湖泊沉积物中的沥青的形成，论证了地质历史中陆相盆地的石油成因问题（中国科学院地球化学研究所有机地球化学与沉积学研究室，1982）。

实验地球化学方面，我国实验地球化学研究以成矿实验为开端，1959年中国科学院地质研究所首先筹建高温高压实验室。随后，全国先后建立起数十个气液包裹体实验室，进行了大量矿物包裹体的测温工作，初步开展了包裹体含盐度和成分分析，推动了应用包裹体寻找热液脉盲矿体工作（王玉荣，1993；曾贻善，2003）。

区域地球化学方面，我国从1955年起在新疆，1956年在南岭、秦岭、大兴安岭等地区，先后开展了1:20万路线金属量测量和重砂测量。1979年涂光炽等的《华南花岗岩类的地球化学》专著问世，对我国区域沉积岩、花岗岩类及成矿规律地球化学研究起到了先驱作用（张本仁，1991）。

岩石地球化学方面，20世纪60年代初为适应基性岩、超基性岩成矿专属性研究，王恒升等创立了新的岩石化学计算方法和图解方法，并将基性岩和超基性岩用岩石化学进行分类。他与白文吉等合作发表了《对基性超基性岩岩石化学一种计算方法和图解的建议》和《基性岩与超基性岩岩石化学计算方法》、《基性与超基性岩岩石化学分类》（白文吉，1990；潘云唐和王恒升，1994）。

构造地球化学方面，1961年中国科学院设立的构造及地球化学研究室，在陈国达指导下发展地洼学说，并将大地构造与地球化学相结合，开展了构造地球化学的研究。黄瑞华1963年阐述了华夏型地洼区火成岩地球化学成分特征，论述了我国东部地洼区和地台阶段的一些地球化学特征。为构造地球化学这门边缘学科奠定了基石。1965年李四光提出，受力岩石在发生形变同时也会发生成分变化（黄瑞华，1990；吕古贤，孙岩，刘德良等，2011）。

天体化学方面，自20世纪60年代中期开始，我国学者对月球的空间环境、地形地貌、矿物与岩石类型、地层划分、火山与岩浆活动、大地构造、撞击坑的分布与年龄和月球与地月系统的起源与演化历史进行了系统的综合分析与研究，1977年欧阳自远编写了《月质学研究进展》。

1978年召开的第二届全国矿物岩石地球化学学术会议上，正式建立了中国矿物岩石地球化学学会。确定《地球化学》为该会的学术刊物。这标志着创建阶段的结束，也是对该阶段我国地球化学学科取得发展的总结。这一时期我国地球化学学科在不利的环境中，克服了诸多困难，迈出了我国地球化学学科发展史上的第一步，地球化学的分支学科在生产、教学、科研中逐渐建立起来，并独立成材。

这一时期的特点是学习、试验、摸索，并遇到许多挫折。当时，只能从为数不多且不甚可靠的外国文献中去寻找方法。在苏联专家指导下，从照搬国外的模式，到结合我国国情，创造适合中国的模式，迈出了我国地球化学学科发展的重要一步。

四、成形阶段（1979~1999年）

20世纪80年代是我国地球化学学科逐渐成熟、稳定发展的时期。已有的学科日趋成熟，向多方法、综合性和全球性研究发展；原来比较薄弱的学科得到加强，有了起色；出现了一些新生长点；在研究方法和试验技术方面有了长足的发展；有了一支日趋成熟的科研骨干队伍和日益壮大的后备人才力量，这支队伍在80年代有了自己的学科学术团体，这些学术团体在组织和协调发展我国地球化学各学科学术研究方面发挥了作用；不仅出版了大量地球化学学术专著，还有了各种层次的地球科学学术刊物，成为经常性发表地球化学学术论文的园地（倪集众和欧阳自远，1991）。

从地球化学文献的数量上看，成形阶段，我国地球化学文献的数量持续增加，1984年地球化学文献超过1000篇/年，1992年地球化学文献超过1200篇/年，1999年已经达到1600篇/年（图3-10）。

从地球化学分支学科的分布比例来看（图3-11），居前三位的分支学科分别为元素地球化学（20%，4075篇）、有机地球化学（18%，3704篇）和矿床地球化学（15%，3070篇）。

其中，元素地球化学文献占比从创建阶段到成形阶段均列第一位，但其所占比呈减少趋势；分析与实验地球化学文献在创建阶段占全部地球化学文献的15%，进入成形阶段其所占比例下降为5%。

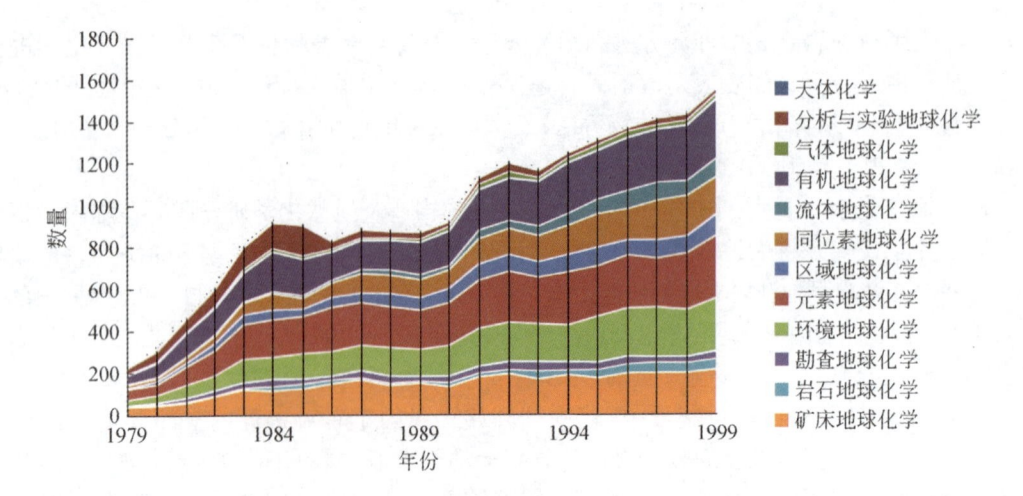

图 3-10 成形阶段地球化学分支学科文献数量图

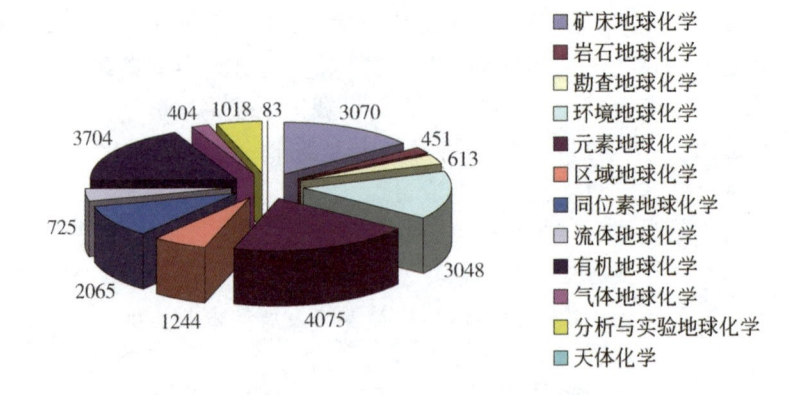

图 3-11 成形阶段地球化学分支学科文献比例图

20 世纪 80 和 90 年代（图 3-12），环境地球化学文献占比增加较快，同位素地球化学和分析与实验地球化学占比下降明显，矿床地球化学文献占比略有减少。而分析与实验地球化学，从占比 9%，下降到 2%，篇数也从 712 篇，下降到 276 篇。

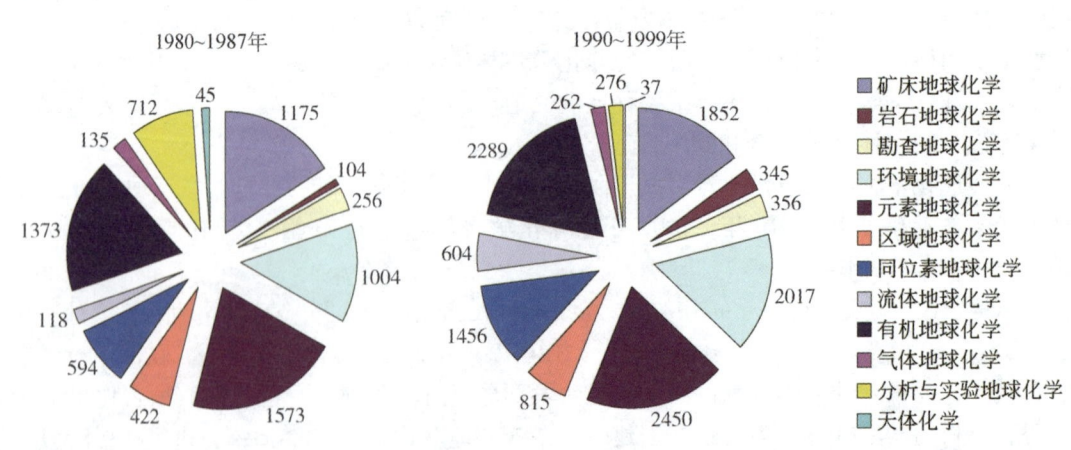

图 3-12 20 世纪 80 和 90 年代地球化学分支学科文献比例图

分析1980～1989年高频词表（表3-3），区域关键词包括：中国、苏联、浙江、广东、辽宁、湖南、美国、云南、江西、加拿大；矿种关键词包括：金矿、铅锌矿床、铀矿、银矿、多金属矿、锡矿、铜矿和钨矿。

表3-3　1980～1989年地球化学文献中前100位高频词表

关键词	频数	关键词	频数	关键词	频数
地球化学勘查	824	矿产普查	120	地球化学控制	79
金矿	624	气体地球化学测量	119	地球物理勘探	78
地球化学标志	426	铅锌矿床	114	模型	78
矿化作用	356	赋存形式	113	辽宁	76
异常	352	铀矿	113	氢同位素	75
同位素地质年龄	339	银矿	108	氧-18	74
微量元素	336	火山岩	107	湖南	74
元素丰度	335	分类	104	矿物成分	74
矿床成因	326	多金属矿	104	热液矿床	73
同位素组成	291	锡矿	103	侵入体	73
成矿物质来源	269	成矿预测	102	成矿控制	73
花岗岩	252	中国	101	含矿建造	72
指示元素	247	铅同位素	100	美国	72
地球化学	238	钾-氩法	100	同位素分馏作用	71
矿化标志	199	分带	98	有机地球化学	71
实验研究	191	含矿性	97	硫化物矿床	71
氧同位素	178	稳定同位素	96	云南	70
元素迁移	175	样品	95	钨矿	69
化学成分	166	铷-锶法	94	锶-87/锶-86	69
成矿溶液	161	样品制备	94	数据处理	69
地球化学背景	160	等时线	93	成矿期	68
稀土元素	156	构造控制	93	前寒武	68
富集	153	铜矿	93	层控矿床	68
稀土配分	152	矿物组合	88	江西	67
成因	151	温压条件	87	汞气测量	66
硫同位素	151	主要元素	87	同位素地质学	66
取样	150	隐伏矿床	85	生物地球化学方法	66
土壤地球化学测量	150	同位素分析	85	铀-钍-铅法	64
水系沉积物测量	143	原生分散	84	加拿大	63
分布	141	苏联	84	数据	63
研究现状	138	水化学测量	84		
同位素比值	137	浙江	84		
岩石地球化学测量	130	广东	82		
碳同位素	125	矿物包裹体	81		
应用	124	温度	79		

分析1990～1999年高频词表（表3-4），区域关键词包括：新疆、中国、云南、河北、

山东、江西、四川、湖南、陕西、广西、辽宁、内蒙古、河南、贵州、湖北、安徽、广东、浙江；较之1980~1989年，苏联、美国、加拿大未进入前100位关键词，而新疆、河北、山东、四川、陕西、广西、内蒙古、河南、贵州、湖北、安徽为新进入前100位关键词的区域关键词，可以看出我国地球化学研究从简单套用国外地球化学经验，到深入结合实际国情，探讨中国内陆地区扩展。

矿种关键词包括：金矿、铜矿、油气勘探、银矿、多金属矿、铅锌矿床、铀矿。

表3-4　1990~1999年地球化学文献中前100位高频词表

关键词	频数	关键词	频数	关键词	频数
金矿	1424	油气勘探	218	模型	150
地球化学勘查	1271	隐伏矿床	216	辽宁	149
微量元素	606	花岗岩	210	化学成分	149
地球化学标志	588	取样	207	温压条件	147
同位素组成	587	环境地球化学	204	岩石化学	147
地球化学异常	486	硫同位素	192	构造环境	145
成矿物质来源	422	云南	191	围岩蚀变	144
异常	417	河北	188	内蒙古	142
稀土元素	393	赋存形式	188	矿化标志	142
地球化学	386	岩石地球化学测量	187	成因	141
元素丰度	379	银矿	187	解译	139
同位素地质年龄	364	分布	182	河南	138
氧同位素	347	构造控制	178	贵州	137
指示元素	339	研究现状	178	等时线	137
成矿预测	338	多金属矿	177	气体地球化学测量	135
矿化作用	329	含矿建造	175	同位素地质学	135
矿床成因	317	铅锌矿床	174	有机物质	133
地球化学背景	305	山东	172	湖北	130
铜矿	294	氢同位素	168	安徽	129
成矿溶液	294	江西	168	广东	126
碳同位素	252	四川	164	成矿期	124
铅同位素	250	湖南	162	浙江	123
新疆	250	铀矿	162	稳定同位素地球化学	122
实验研究	250	矿物包裹体	160	锆石	122
元素迁移	250	地球物理勘探	160	样品	116
有机地球化学	247	评价	157	同位素分析	115
稀土配分	246	数据处理	156	前寒武	115
中国	245	陕西	156	热液矿床	114
稳定同位素	244	主要元素	156	分类	111

续表

关键词	频数	关键词	频数	关键词	频数
应用	239	样品制备	156	矿物组合	110
土壤地球化学测量	237	火山岩	156		
元素地球化学	236	找矿标志	154		
同位素年龄	235	同位素地质年代学	154		
富集	220	分带	151		
水系沉积物测量	219	广西	150		

元素地球化学方面，80 年代研究主要集中在微量元素、稀土元素及部分成矿元素方面，而单个造岩元素等的地球化学资料则较少。其中稀土元素、大半径亲石元素在花岗岩成岩成矿过程中的地球化学行为性状及指示作用，稀土元素和微量元素的研究应用，十分普遍，积累了极为丰富的资料。与此同时，元素地球化学研究的许多进展都与区域地球化学、矿床地球化学、花岗岩类的地球化学、勘查地球化学和环境地球化学、天体化学等密切相关，丰富和提高了相关分支研究领域的内容和水平（刘英俊，1991）。

同位素地球化学方面，稳定同位素方面研究中：80 年代，我国地球化学工作者综合运用多种同位素体系对铁矿、层控多金属矿床、金矿进行了全面的研究；对大气降水开展了普查工作，建立了我国的大气降水线公式和 H-O 同位素组成分布图，研究了大气降水的高度和纬度效应。还对化石燃料的同位素组成、岩浆岩的稳定同位素地球化学、同位素地层学及地质事件研究进行了一系列研究，取得了不俗的成果（于津生，1991）。

环境地球化学方面，1999 年出版的《中国生态环境地球化学图集》是"区域地球化学在农业和生命科学上的应用研究"这一科技攻关项目研究成果的具体体现，实现了地学、农学、医学三大门类及各自有关学科的综合研究（谢学锦，吴传璧，施俊法，2009）。

矿床地球化学方面，80、90 年代我国矿床地球化学的研究热点集中在：贵金属成矿地球化学；超大型矿床形成的地球化学机理；水-岩作用成矿，并形成了一系列对整个学科起带动作用的新生长点，如矿床多成因论、金属矿床、非金属矿床、盐类矿床、煤、石油、天然气等矿产资源有机联系、成矿演化特点等。

在此期间，应该特别指出的是，金矿地球化学成果较多，对金矿床的时空展布、形成机制与成因模式等方面的认识较过去更深刻一些（杨敏之，1991）。

区域地球化学方面，1978 年下半年，国家地质总局颁发了《区域化探内地及沿海重新扫面方法暂行规定》，同时开展了大规模的试验研究工作。

天体化学方面，1989 年我国第二部天体化学的专著《天体化学》，其充分反映了我国和各国天体化学的最新进展与成就（欧阳自远，1991）。

有机地球化学方面，此期间相继出版了《有机地球化学》、《中国陆相油气生成》、《陆相有机质演化和成烃机理》、《松辽盆地陆相油气生成、运移和聚集》、《油气地球化学》、《碳酸岩有机地球化学》、《煤成烃地球化学》和《中国陆相原油和生油岩中的生物标志化合物》等专著（傅家谟，1991）。

五、创新发展阶段（21世纪）

进入 21 世纪，随着地球化学自身的不断发展和完善，以及我国新时期建设的需求越来越迫切，地球化学与其他学科之间以及地球化学各分支学科之间的交叉融合研究越来越普遍，地球科学研究正朝向系统化、组织化、规模化、技术化、平台化方向发展。我国科学家亦认识到地球化学虽然只有百余年的发展历程，但其所发挥的作用已足以成为固体地球科学中的一门支柱学科。

从文献角度看，2000 年地球化学文献超过 1500 篇/年，截至 2012 年，地球化学文献已经接近 4000 篇/年（图 3-13，图 3-14）。进入 2000 年之后地球化学文献的数量快速增加。

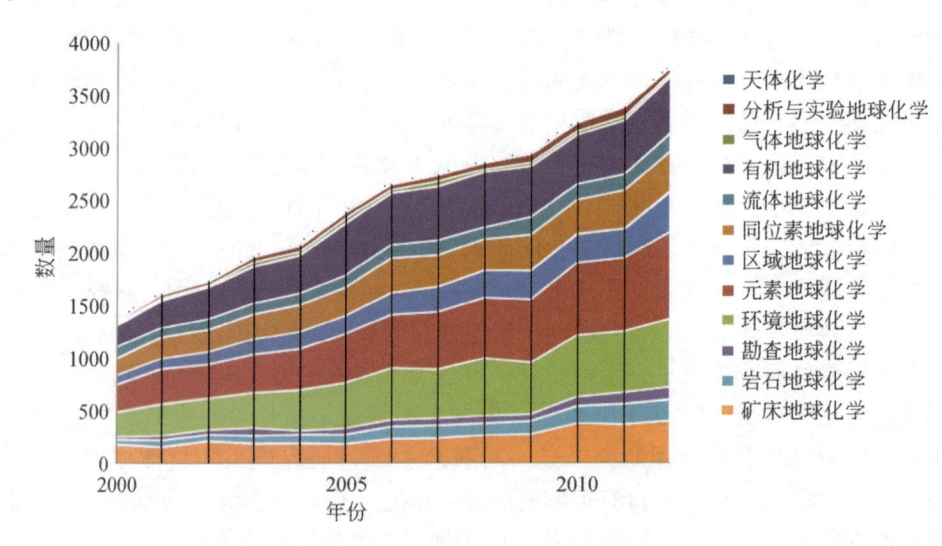

图 3-13 创新发展阶段地球化学分支学科文献数量图

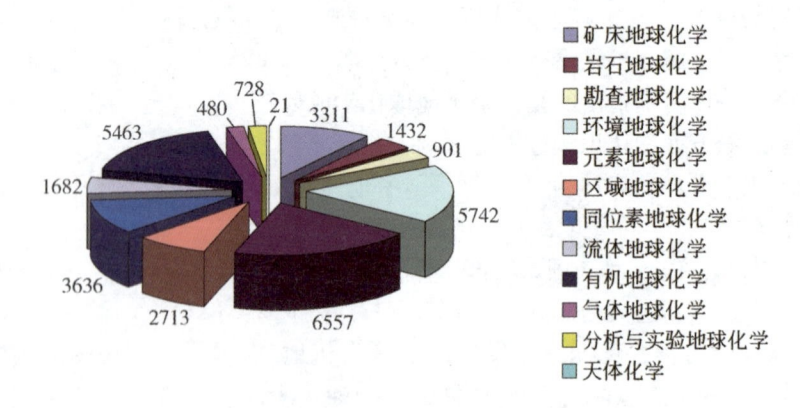

图 3-14 创新发展阶段地球化学分支学科文献比例图

分析 2000～2012 年高频词表（表 3-5），区域关键词包括：新疆、内蒙古、四川、云南、山东、西藏、安徽、塔里木盆地、贵州、中国、甘肃、青海、河北、江西、江苏、河南、湖南、秦岭、广西；较之 1990~1999 年，广东、湖北、辽宁、陕西、浙江未进入前 100 位关键词，而西藏、甘肃、江苏、秦岭、青海为新进入前 100 位关键词的区域关键词（表 3-6）。矿种关键词包括：金矿、铜矿、原油、多金属矿、铅锌矿床、油气藏形成。

表 3-5　2000~2012 年地球化学文献中前 100 位高频词表

关键词	频数	关键词	频数	关键词	频数
铀-铅计时	1186	氩-氩计时	303	地球物理勘探	184
地球化学异常	1027	实验研究	296	进展	183
微量元素	1017	原油	296	稳定同位素	182
地球化学勘查	985	山东	292	河北	181
锆石	837	西藏	290	同位素分析	180
元素地球化学	813	多金属矿	290	江西	179
地球化学	794	环境地球化学	270	中生代	175
金矿	770	钕同位素	264	找矿标志	175
同位素年龄	746	沉积环境	258	数据处理	174
新疆	699	安徽	257	成矿溶液	172
同位素组成	633	铅同位素	249	同位素地质年代学	171
有机地球化学	632	土壤	238	天然气	171
烃源岩	625	岩浆源	232	示踪法	170
稀土元素	580	元素迁移	231	岩石学	170
碳同位素	536	油气运移	230	构造演化	168
岩石地球化学	529	区域化探	230	主要元素	168
花岗岩	480	烃类	228	铪同位素	166
成矿预测	459	隐伏矿床	228	江苏	166
成矿作用	448	塔里木盆地	226	铼-锇计时	165
稀土配分	418	热成熟度	220	部分熔融	165
构造环境	397	贵州	215	河南	164
油气勘探	396	成矿期	215	变质岩	164
铜矿	391	中国	212	岩浆作用	163
内蒙古	366	油 源对比	210	有机物质	163
氧同位素	360	重金属	205	湖南	162
成矿物质来源	352	物源区	203	碳酸盐岩	162
油气化探	348	甘肃	201	分布	160
土壤地球化学测量	347	同位素地质学	200	裂变径迹计时	155
水系沉积物测量	346	青海	199	秦岭	154
生物标志化合物	332	矿床成因	197	广西	152
流体包裹体	366	环境污染	197		
锶同位素	330	成因	190		
火山岩	322	铅锌矿床	188		
四川	313	成矿元素	188		
云南	307	油气藏形成	184		

表 3-6　2000 年以来新进入前 100 位的关键词表

关键词	频数	关键词	频数	关键词	频数
铀–铅计时	1186	区域化探	230	天然气	171
烃源岩	625	油气运移	230	示踪法	170
成矿作用	448	烃类	228	岩石学	170
油气勘探	396	热成熟度	220	构造演化	168
流体包裹体	366	油–源对比	210	铪同位素	166
油气化探	348	重金属	205	江苏	166
氩–氩计时	303	物源区	203	部分熔融	165
原油	296	甘肃	201	铼–锇计时	165
西藏	290	青海	199	变质岩	164
钕同位素	264	成矿元素	188	岩浆作用	163
沉积环境	258	油气藏形成	184	裂变径迹计时	155
土壤	238	进展	183	秦岭	154
岩浆源	232	中生代	175		

而国内铀–铅计时在 2000 年之后排名高频词表第一位与我国同位素地球化学的快速发展密不可分，尤其是 2001 年利用激光剥蚀结合等离子质谱技术开展单颗粒锆石铀–铅定年研究，并成功获得与传统方法精度相当的年龄结果，随后 LA-ICP-MS 单颗粒锆石定年方法得到迅猛发展。包括同位素年龄、同位素组成、碳氧同位素、氩–氩计时等均进入 2000 年后高频词表。

考察三个时段地球化学文献中的高频词，如表 3-3、表 3-4、表 3-5 三个时段均为前 100 位的高频词，且在三个时段内出现频率依次递增的高频词（图 3-15）。

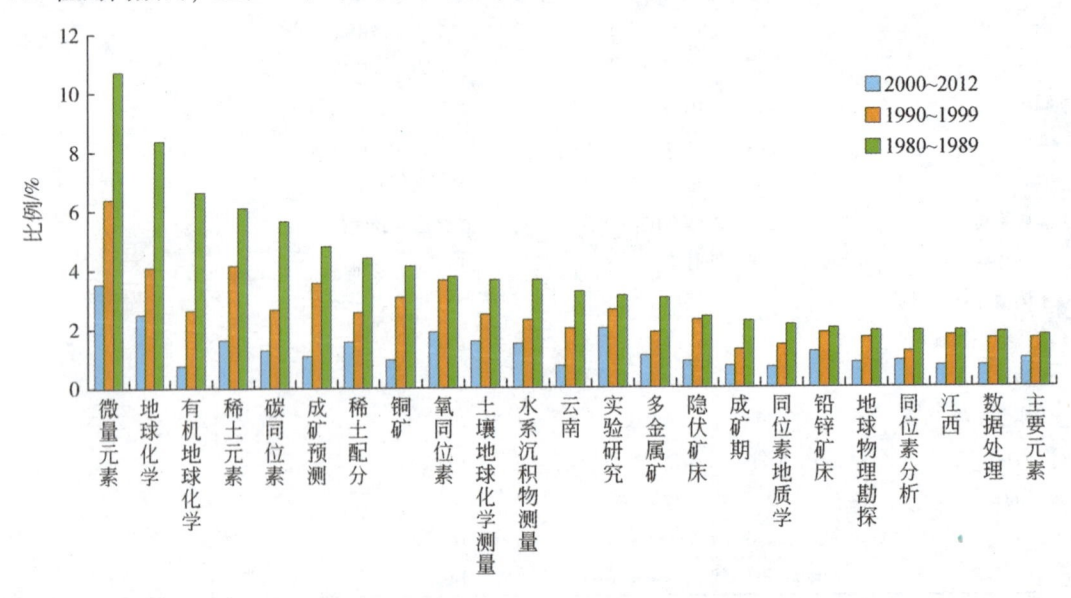

图 3-15　不同时间段比例递增高频词变化图

地球化学勘查、金矿、成矿物质来源、铅同位素、元素迁移、中国、稳定同位素、成矿溶液和分布表现出冲高回落的态势（图3-16）。

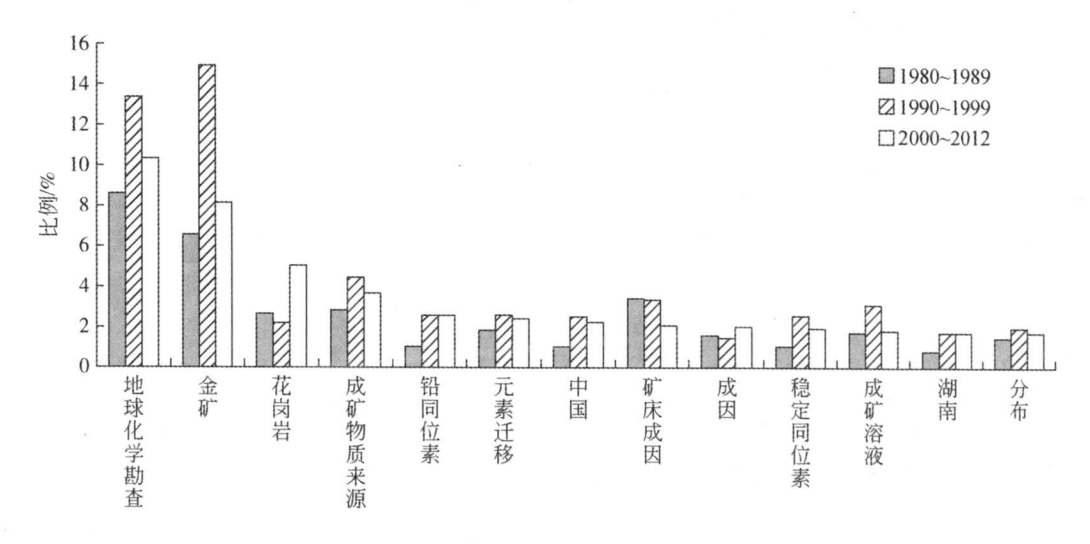

图3-16　不同时间段高频词比例变化图

地球化学的分支学科发展趋势主要表现在各分支学科之间的相互渗透与配合，从而更好地为矿产资源的勘探与开发服务，为人类适应自然、与自然界和谐并存服务。

总之，从地球化学的文献数量变化和分支学科种类的发展上可以看出，中国地球化学学科经历了一条由小变大由弱变强的发展之路，80年代地球化学学科终于确立了其在我国地质学分支科学中的中坚地位，迎来了其在我国发展的黄金阶段。90年代特别是新世纪来临之后，地球化学学科随着新工具和新技术的不断引进以更加迅猛的速度在中国发展，地球化学所发挥的作用已足以成为固体地球科学中的支柱学科。

主要参考文献

白文吉. 1990. 铬矿地质学家——王恒升. 中国现代地质学家传，第一卷（黄汲清，何绍勋主编）. 长沙：湖南科学技术出版社，155～163

陈国达 1980. 地洼学说——一种地壳演化理论. 自然杂志，12：19～23

陈国达. 1991. 地洼学说的理论结构和发展纲领. 大地构造与成矿学，(4)：273～290

陈国达和黄瑞华. 1984. 关于构造地球化学的几个问题. 大地构造与成矿学，1：7～18

董树文，陈宣华，史静等. 2005. 20世纪地质科学学科体系的发展与演变——根据地质论文统计分析. 地质论评，(3)：275～287

董树文，李廷栋，陈宣华等. 2014. 深部探测揭示中国地壳结构、深部过程与成矿作用背景. 地学前缘，(3)：201～225

傅家谟. 1991. 我国有机地球化学研究的某些进展. 见：中国矿物岩石地球化学学会. 八十年代我国区域地球化学发展概况. 北京：地震出版社，159～162

韩润生. 2013. 构造地球化学近十年主要进展. 矿物岩石地球化学通报，(2)：198～203

韩润生，陈进，高德荣等. 2003. 构造地球化学在隐伏矿定位预测中的应用. 地质与勘探，(6)：25～28

洪业汤，曾永平，冯新斌等. 2012. 环境地球化学研究进展（2000～2010年）简述. 矿物岩石地球化学通报，(4)：291～311

侯德封.1939.四川北部古生代地层的两个剖面.地质论评,(6):423~434
侯德封.1953.从地层观点对中国锰铁等矿产的寻找提供几点意见.地质学报,(1):29~45
侯德封.1953.目前中国的锰矿问题.地质学报,(3):183~195
侯德封.1955.目前我国石油地质工作中基本问题.地质知识,(4):1~7
侯德封.1959.地层的地球化学概念.地质科学,(3):68~71
侯德封.1961.核子地球化学.科学通报,10:1~21
侯德封.1964.金属成矿论.地质科学,(4):299~312
侯德封.1975.同位素地质学中的若干问题.地球化学,(1):3~10
侯德封和杨敬之.1939.四川盆地中的几种地形与其形成史.地质论评,(5):315~321
侯德封和杨敏之.1961.分散元素与金属元素的共生及裂生关系.科学通报,12:1~5
侯德封和欧阳自远.1962.关于核地球化学一些问题的商榷.科学通报,12:40~47
胡瑞忠,温汉捷,苏文超等.2014.矿床地球化学近十年若干研究进展.矿物岩石地球化学通报,(2):127~144
黄瑞华.1984.中国东部地台阶段的一些地球化学特征.大地构造与成矿学,3:227~235
黄瑞华.1986.地洼学说与构造地球化学.大地构造与成矿学,(4):315~322
黄瑞华.1987.中国东南地洼区锡元素的大地构造成矿作用.大地构造与成矿学,4:287~296
黄瑞华.1988.从地洼学说谈浙江地区锡的找矿方向.矿床地质,(2):65~72
黄瑞华.1989.地洼构造地球化学研究进展及发展趋向.大地构造与成矿学,(4):338~350
黄瑞华.1990.构造地球化学——发展中的新学科.地球科学进展,(4):81~82
李加田和司幼东(1920~1968).1993.中国地质,(6):33
李学通.2009.翁文灏与中国近代地球科学事业.中国地质学会地质学史专业委员会、中国地质大学（北京）地质学史研究所.中国地质学会地质学史专业委员会第21届学术年会论文汇编.中国地质学会地质学史专业委员会、中国地质大学（北京）地质学史研究所:11
李兆麟.1991.实验地球化学研究概述.见:八十年代我国区域地球化学发展概况.中国矿物岩石地球化学学会,北京:地震出版社,180~189
林杨挺,缪秉魁,徐琳等.2013.陨石学与天体化学（2001~2010）研究进展.矿物岩石地球化学通报,(1):40~55
刘荣梅.2013.中国多目标区域地球化学调查数据库建设研究.中国地质大学（北京）
刘文汇,王晓锋,腾格尔等.2013.中国近十年天然气示踪地球化学研究进展.矿物岩石地球化学通报,(3):279~289
刘英俊.1987.元素地球化学导论.北京:地质出版社
刘英俊.1991.八十年代元素地球化学研究回顾.中国矿物岩石地球化学学会.八十年代中国矿物学岩石学地球化学.北京:地震出版社,117~121
刘英俊,曹励明,李兆麟等.1984.地球化学.北京:科学出版社,5
吕古贤,孙岩,刘德良等.2011.构造地球化学的回顾与展望.大地构造与成矿学,4:479~494
倪集众.1985.从矿物学、岩石学与地球化学的发展,谈地球科学的变革和我们的对策.地质科技情报,(2):85~91
倪集众和欧阳自远.1991.八十年代我国地球化学研究述评.见:八十年代中国矿物学岩石学地球化学.北京:地震出版社,13~17
倪集众和项仁杰.1996.发展我国地球化学学科之管见.地球化学,1:101~104
欧阳自远.1974.陨石研究与地球演化的几个问题.地质地球化学,4:1~8
欧阳自远.1987.1986年陨石学研究的某些新进展.地质地球化学,3:34~38
欧阳自远.1991.八十年代我国天体化学研究进展,见:中国矿物岩石地球化学学会.八十年代中国矿物

学岩石学地球化学研究回顾．北京：地震出版社，122~126
欧阳自远．1994．比较行星地质学．地球科学进展，2：75~77
欧阳自远．1994．天体化学．地球科学进展，2：70~74
欧阳自远．1999．我国天体化学研究的成就与方向．中国基础科学，1：12~17
欧阳自远和李肇辉．1986．吉林陨石研究的十年．中国科学院院刊，4：337~341
欧阳自远和张福勤．1995．地球的化学不均一性及其起源和演化．矿物岩石地球化学通讯，2：88~91
欧阳自远和王世杰．1998．中国天体化学研究展望．中国科学技术协会．科技进步与学科发展——"科学技术面向新世纪"学术年会论文集．中国科学技术协会，5
欧阳自远，王世杰，张福勤．1994．堆积的地球及其初始不均一性．地球科学进展，3：1~5
欧阳自远，张福勤，林文祝等．1995．行星地球的起源和演化模式——地球原始不均一性的起源及对后期演化的制约．地质地球化学，(5)：11~15
欧阳自远，王世杰，张福勤．1997．天体化学：地球起源与演化的几个关键问题．地学前缘，Z2：179~187
欧阳自远，邹永廖，刘建忠等．2001．地球化学若干领域的回顾与展望．地球科学进展，5：617~623
潘云唐和王恒升．1994．中国现代科学家传记，第六集（《科学家传记大辞典》编辑组编辑）北京：科学出版社，320~327
申伍军，王学求，聂兰仕．2012．大兴安岭成矿带大型银多金属矿区域地球化学预测指标．地学前缘，3：49~58
施俊法．1997．矿产勘查地球化学发展的基本态势．中国地质，(6)：41~44
施俊法和肖庆辉．2004．地球化学省及其与成矿关系的探讨．矿床地质，S1：153~158
孙卫东，韦刚健，张兆峰等．2012．同位素地球化学发展趋势．矿物岩石地球化学通报，6：560~564
唐金荣，吴传璧，施俊法．2007．深穿透地球化学迁移机理与方法技术研究新进展．地质通报，12：1579~1590
涂光炽和王玉荣．1979．我国地球化学的发展．化学通报，5：27~29
王道德．1975．月球岩石类型简介．地质地球化学，6：16~22
王道德．1980．研究月球岩石样品的科学意义．中国科技史料，3：82~83
王道德．1985．陨石分类学研究概况．矿物岩石地球化学通讯，4：150~151
王道德．2000．铁陨石及中铁陨石的稀有气体同位素丰度和放射性核素活度．地球化学，5：495~499
王学求．2003．矿产勘查地球化学：过去的成就与未来的挑战．地学前缘，1：239~248
王学求．2005．全球地球化学填图与进展．中国地质学会．第六届世界华人地质科学研讨会和中国地质学会二〇〇五年学术年会论文摘要集：2
王学求．2005．深穿透地球化学迁移模型．地质通报，Z1：18~22
王学求．2012．全球地球化学基准：了解过去，预测未来．地学前缘，3：7~18
王学求．2013．勘查地球化学80年来重大事件回顾．中国地质，1：322~330
王学求．2013．勘查地球化学近十年进展．矿物岩石地球化学通报，2：190~197
王学求和叶荣．2011．纳米金属微粒发现——深穿透地球化学的微观证据．地球学报，1：7~12
王学求，刘占元，白金峰等．2005．深穿透地球化学对比研究两例．物探化探计算技术，3：250~255，183
王学求，徐善法，程志中等．2006．国际地球化学填图新进展．地质学报，10：1598~1606
王学求，谢学锦，张本仁等．2010．地壳全元素探测——构建"化学地球"．地质学报，6：854~864
王学求，谢学锦，张本仁等．2011．地壳全元素探测技术与实验示范．中国深部探测，19
王学求，张必敏，刘雪敏．2012．纳米地球化学：穿透覆盖层的地球化学勘查．地学前缘，3：101~112
王学求，徐善法，迟清华．2013．中国金的地球化学省及其成因的微观解释．地质学报，1：1~8
王学求，张必敏，姚文生等．2014．地球化学探测：从纳米到全球．地学前缘，1：65~74
王玉荣．1993．实验地球化学．地球科学进展，1：55~56
王岳军，韩吟文，郑海飞．1995．地幔地球化学研究综述．地球科学进展，6：572~576

翁文灏和李学清. 1926. On the magnesian content of the pre-gambrian marble in north China. 地质学报, (1)：89~93.
吴传壁. 1984. 发展勘查地球化学的若干问题（上）. 国外地质勘探技术, 5：1~4
吴传壁. 1984. 发展勘查地球化学若干问题（下）. 国外地质勘探技术, 6：8~14
吴传壁. 1988. 勘查地球化学向地质研究领域的新开拓. 国外地质勘探技术, Z1：164~169
吴传壁, 邱郁文, 徐年生. 1983. 国外油气化探方法和效果简介. 国外地质勘探技术, 6：14~21
肖学军和赵振华. 1983. 地球化学的发展. 地质地球化学, 7：22~31
谢家荣. 1935. 中国之石油. 地理学报, 1：11~20
谢家荣. 1945. 四川赤盆地及其中所含之油、气、卤、盐矿床. 地质论评, Z3：221~244+335~336
谢家荣. 1952. 从中国矿床的若干规律提供今后探矿方向的意见. 地质学报, 3：219~231
谢家荣. 1954. 中国的煤田. 科学大众, 3：85~86
谢家荣. 1956. 石油地质的现状、趋势及今后在中国勘探石油的方向. 科学通报, 5：48~53
谢学锦和王学求. 2003. 深穿透地球化学新进展. 地学前缘, 1：225~238
谢学锦, 程志中, 成杭新. 2004. 应用地球化学在中国发展的前景. 中国地质, S1：16~29
谢学锦, 吴传壁, 施俊法. 2009. 中国勘查地球化学50年回顾与今后展望. 见：谢学锦, 李善芳, 吴传壁等. 二十世纪中国化探. 北京：地质出版社, 3~4, 11
熊小林, 章军锋, 郑海飞等. 2013. 近十年来我国实验矿物岩石地球化学研究进展和展望. 矿物岩石地球化学通报, 4：402~407
许永胜, 张本仁, 韩吟文. 1992. 钨在水流体和硅酸盐熔体相间分配的实验研究. 地球化学, 3：273~281
薛毅. 翁文灏与近代中国石油工业. 2005. 石油大学学报（社会科学版）, 1：28~33
鄢明才, 顾铁新, 迟清华等. 1997. 中国土壤化学元素丰度与表生地球化学特征. 物探与化探, 3：161~167
杨敏之. 八十年代我国矿床地球化学进展, 见：中国矿物岩石地球化学学会. 1991. 八十年代我国区域地球化学发展概况. 北京：地震出版社, 135~138
杨少平, 弓秋丽, 文志刚等. 2011. 地球化学勘查新技术应用研究. 地质学报, 11：1844~1877
叶连俊. 1953. 中国锰矿探索工作中的几个基本问题. 地质学报, 4：263~275
叶连俊. 1955. 中国锰矿的沉积条件. 科学通报, 11：93~96
叶连俊. 1955. 关于陆相地层的对比问题. 地质知识, (6)：1~6
叶连俊. 1959. 论中国沉积矿床的若干形成特点. 地质科学, (10)：294~296
叶连俊. 1959. 中国磷块岩的形成条件. 地质科学, (2)：40~41
叶连俊. 1963. 外生矿床陆源汲取成矿论. 地质科学, (2)：67~87
叶连俊和孙枢. 1980. 沉积盆地的分类. 石油学报, (3)：1~6
叶连俊和陈其英. 1989. 沉积矿床多因素多阶段成矿论. 地质科学, 2：109~128+209~213
於崇文. 2005. 地球化学的历史、发展和应用地球化学的内涵、展望（序一）. 地质通报, Z1：6~8
于津生. 1991. 我国稳定同位素地球化学研究简要回顾, 见：中国矿物岩石地球化学学会. 八十年代我国区域地球化学发展概况. 北京：地震出版社, 147~153
于津生, 虞福基, 刘德平. 1987. 中国东部大气降水氢、氧同位素组成. 地球化学, 1：22~26
于津生, 虞福基, 覃振蔚. 1989. 中国某些花岗岩δD与H_2O的关系. 中国科学（B辑 化学 生命科学 地学）, 4：433~440
于津生, 陈毓蔚, 桂训唐等. 1994. "南永1井"礁相碳酸盐C, O, Sr, Pb同位素组成及其古环境意义探讨. 中国科学（B辑 化学 生命科学 地学）, 7：757~765
曾贻善. 2003. 实验地球化学（第二版）. 北京：北京大学出版社
张本仁. 1987. 现代区域地球化学理论格架的探索. 矿物岩石地球化学通讯, 3：129~131
张本仁. 1991. 八十年代中国矿物学岩石学地球化学. 见：中国矿物岩石地球化学学会. 八十年代我国区

域地球化学发展概况．北京：地震出版社，139～146

张本仁．2005．区域成矿作用的地球化学分析：壳幔系统与地质作用的成矿机制．中国矿物岩石地球化学学会．中国矿物岩石地球化学学会第十届学术年会论文集．中国矿物岩石地球化学学会：2

张水昌．2010．我国有机地球化学研究现状、发展方向和展望——第十二届全国有机地球化学学术会议部分总结．石油与天然气地质，3：265～270+276

张本仁，谷晓明，蒋敬业．1989．应用成矿环境标志于地球化学找矿的研究．物探与化探，2：108～115

中国地球化学学科发展战略研究报告．1994．地球科学进展，6：23～30

中国科学院地球化学研究所有机地球化学与沉积学研究室．1982．有机地球化学．北京：科学出版社，10～11

中国科学院地球化学研究所．2000．高等地球化学，北京：科学出版社，491

中国科学院矿床地球化学开放研究实验室．1997．矿床地球化学．北京：地质出版社，6-11

中国矿物岩石地球化学学会，实验矿物岩石地球化学专业委员会．1998．世纪之交的实验地球化学：进展与展望．见：欧阳自远．世纪之交矿物学岩石学地球化学的回顾与展望．北京：原子能出版社，168～171

朱炳泉．1991．八十年代同位素地质年代学与放射成因同位素研究进展，见：中国矿物岩石地球化学学会．八十年代我国区域地球化学发展概况．北京：地震出版社，154～158

朱炳泉．1993．矿石 Pb 同位素三维空间拓扑图解用于地球化学省与矿种区划．地球化学，3：209～216

朱炳泉．1998．壳幔化学不均一性与块体地球化学边界研究．地学前缘，1：73～83

朱炳泉．2003．大陆溢流玄武岩成矿体系与基韦诺（Keweenaw）型铜矿床．地质地球化学，2：1～8

朱炳泉，王慧芬，杨学昌．1988．中国东部新生代火山作用时代与构造环境变迁．地球化学，3：209～215

朱炳泉，常向阳，邱华宁等．2001．云南前寒武纪基底形成与变质时代及其成矿作用年代学研究．前寒武纪研究进展，2：75～82

朱炳泉，胡耀国，张正伟等．2003．滇-黔地球化学边界似基韦诺（Keweenaw）型铜矿床的发现．中国科学（D辑：地球科学），S2：49～59

朱熙人．1935．中国铜矿概论．前中国建筑学会

朱熙人和熊永先．1938．湖北郧县竹山县铜矿报告摘要．地质论评，1：9-24+106

Asada K. 1928. On the composition of a permo-carboniferous coal in north China. 中国地质学会志，7（2）：185～189

Chang T H. 1948. Notes on the chemical properties of the underground waters of Peiping. 中国地质学会志，28（3-4）：203～205

Chang T H. 1948. Notes on the chemical properties of the underground water of Peipiny. 中国地质学会志，(22)：214～216+218～219

Cheng Y C. 1940. "Reaction principle" as applied to certain mineral transformations in migmatitic rocks. 中国地质学会志，20（1）：113～119

Chu H J. 1935. The genesis of some copper deposits in Western Szechuan. 中国地质学会志，14（2）：256～269

Hsiao C C. 1935. A chemical analysis of the fossil wood, Xenoxylon. 中国地质学会志，14（1）：73～76

Hsieh C Y. 1922. Preliminary Notes on the Composition and Structure of the first Specimen of Meteoric Stone receivedbythe Geological Survey of China. 中国地质学会志，1（1-2）：95～97

Hsieh C Y. 1933. On lopinite a new type of coal inChina. 中国地质学会志，12（4）：469～485

Hsieh C Y. 1933. On the occerence of sphaerosiderite in a subbituminous coal from Hsian coal mine, Liaoning Province. 中国地质学会志，12（1）：19～28

Lacroix P A. 1928. La composition mineralogique et chimique des roches eruptives particulierement des laves mesozoiqes et plus recentes de la China orientale. 中国地质学会志，7（1）：13～59

Lacroix P A. 1928. Les pegmatitoides des roches volcaniques a facies basaltique. A propos de celles du Wei-Tchang. 中国地质学会志，8（1）：45～49

Lee H T. 1925. A stone meteorite from northern Kiangsu. 中国地质学会志，4（3）：273～276

Lee H T. 1925. A sulphides-bearing teridottte from Szechuan. 中国地质学会志, Z1：276~282

Lee H T. 1927. A petrographical study of the Würmkalk. 中国地质学会志, 6（2）：122~126

Lee H T. 1928. A petrographical study of the Chinese agalmatolites. 中国地质学会志, 7（3-4）：221~229

Lee H T. 1928. A preliminary study on the chemical and mineralogical composition of loess. 中国地质学会志, 7（2）：190~207

Lee H T. 1928. A Sulphides-bearing peridotite fromSzechuan. 中国地质学会志, 7（1）：307~345

Lee H T. 1928. Petrographical study of the Chinese agalmatolites. 地质学报, 7（21）：221~232

Lee J S. 1925. Rock-formula. 中国地质学会志, 4（2）：99~104

Lee T C. 1931. The genesis the manganese deposits of Chinhsien, Kwangtung. 中国地质学会志, 11（3）：307~312

Lee Y Y. 1942. Geochemical interpretation on the salt deposits in Szechuan. 中国地质学会志, 22（3-4）：277~291

Lin S C. 1925. Secondary enrichment of tin deposites. 中国地质学会志, 4（2）：249~265

Shu W P. 1924. The result of a geological survey of the Hongshan intrusion, north Honan. 中国地质学会志, 3（2）：117~122

Wang H S. 1928. the rectangular graphs as applied to the proximate analyses of Chinese coals. 中国地质学会志, 2：184~193

Wang H S. 1928. The rectangular graphs as applied to the proximate analyses of Chinese Coals. 中国地质学会志, 7（2）：176~183

Wong W H and Lee H T. 1926. On the maganesian content of the pre-cambrian marble in North China. 中国地质学会志, 5（1）：83~89

Wong W H. 1927. Coal composition in triangular diagram. 中国地质学会志, 6（2）：65~67

（作者：张孟伯、马伯永、徐广明、梁世莲和杨莉）

第四章 中国地球化学研究机构、高校教育以及中国矿物岩石地球化学学会的发展状况

第一节 地球化学专业学术研究机构的配置和发展

一、部委的研究所和研究院

1. 中国科学院地质与地球物理研究所

1) 概况

中国科学院地质与地球物理研究所（以下简称地质与地球物理所）是1999年6月由原中国科学院地质研究所和原中国科学院地球物理研究所整合而成。原中国科学院地质研究所1951年在南京成立，其前身为中央地质调查所（1913~1950）和中央研究院地质研究所（1928~1950）。同处南京的原中国科学院地球物理研究所于1950年成立，其前身为中央研究院气象研究所（1928~1949）和北平研究院物理研究所（1929~1935）。2004年原中国科学院兰州地质研究所并入地质与地球物理研究所，成立中国科学院地质与地球物理研究所兰州油气资源研究中心。同年，中国科学院武汉物理与数学研究所电离层研究室整体调整加入地质与地球物理研究所。整合后的地质与地球物理研究所是目前国内最重要的地球科学综合研究机构。

地质与地球物理研究所的战略定位是"面向科学前沿，以固体地球和空间科学为主攻方向，建设具有原始创新和研发能力相结合的国际化研究基地"。

研究所现有职工686人，其中研究人员404人，实验技术人员133人，包括研究员126人、中国科学院院士14人、中国工程院院士1人、第三世界科学院院士5人、国家杰出青年科学基金获得者34人、"千人计划"入选者11人、中国科学院"百人计划"入选者18人、"百千万人才工程"国家级入选者16人、"万人计划"入选者4人、国家重点基础研究发展计划（973计划）项目首席科学家7人。研究人员中有12人进入"地球科学"领域全球高被引科学家名录前1000名（最高排名第三）。

地质与地球物理研究所是国务院学位办批准的首批博士、硕士学位授予权单位和博士后科研流动站单位之一。2000年中国科学院首批10个"博士研究生重点培养基地"之一。目前共有在读研究生593人，其中博士生397人（含留学生8人）、硕士生196人，在站博士后143人。

在科研实践中，经过学科建设和人才队伍的培养，地质与地球物理研究所组建了从地球和行星形成演化到资源能源和环境变化研究的综合型科研团队；建立了从探测地球深部到日地空间的技术支撑系统，实现了不同学科之间的交叉和融合。研究所设有两个研究中

心和七个研究室,分别为特提斯研究中心、兰州油气资源研究中心,地球深部结构与过程研究室,岩石圈演化研究室,油气资源研究室,固体矿产资源研究室,工程地质与水资源研究室,新生代地质与环境研究室和地磁与空间物理研究室;建有岩石圈演化国家重点实验室,北京空间环境国家野外科学观测研究站,地球与行星物理、油气资源研究、矿产资源研究、页岩气与地质工程、新生代地质与环境等五个中国科学院重点实验室,以及中-法生物矿化与纳米结构联合实验室和中-法季风、海洋与气候国际联合实验室。此外研究所还拥有六个国家自然科学基金委"创新研究群体"和三个中国科学院"创新交叉团队"。

1999年至今,共发表SCI收录期刊论文3000余篇,出版专著30部;获得专利授权180项,其中发明专利授权144项,实用新型专利授权36项,登记软件著作权231项。作为主持单位获得国家自然科学奖二等奖8项,国家科学技术进步奖10项(一等奖参加1项,二等奖主持1项、参加8项),省部级奖励成果28项,多位科学家获得国际奖项,2003年刘东生院士获得"国家最高科学技术奖"。

2)研究单元

(1)特提斯研究中心。特提斯造山带是冈瓦纳和欧亚大陆之间特提斯洋闭合所形成的巨型造山拼合体,完整记录了造山作用不同阶段的演化过程,并蕴藏了丰富的油气与矿产资源,是当今全球研究造山带及大陆形成与演化的天然实验室。特提斯研究中心以地球系统科学思想为指导,以大地构造学、地球化学、沉积学、地球物理学、古地磁学与年代学等主干学科为支撑,以解剖初始碰撞造山及其地球动力学响应为切入点,由东至西对比研究其造山作用、深部精细结构和构造与地表过程响应及其相互作用等科学问题,揭示大陆形成与演化规律。

(2)地球深部结构与过程研究室。地球深部结构与过程研究室以地球系统科学思想为指导,以地幔和地核作为主要研究对象,通过地震学、地磁学、比较行星学、计算机模拟和高温高压实验等多学科方法和手段,研究地球深部的物质组成、精细结构和动力学机制,认识地球深部过程对地球浅部活动的制约,努力为固体地球科学理论及人类社会可持续发展做出创新性贡献。

(3)岩石圈演化研究室。岩石圈演化研究室以地球动力学为切入点,在地球系统科学框架中,从纳米尺度到板块尺度,通过矿物学、岩石学、构造地质学、地球物理学、地球化学、同位素年代学、沉积学和大地测量学等方法,探索并认识岩石圈的物质组成、结构构造、岩石变质-变形历史、岩石圈地幔和下地壳的破坏和重建等一系列过程,特别关注通过地表观测及流体、包裹体和矿物岩石在地球内部的物理化学性质和地球化学行为,解剖岩石圈和软流圈的相互作用、造山带与盆地形成和演化的动力学背景,为经济的可持续发展和创新型社会服务。

(4)油气资源研究室。油气资源研究室围绕国家能源战略需求,综合利用地质和地球物理研究方法,形成对中国海陆油气资源分布与主控因素的规律性认识,发展地球物理探测方法,为油气资源勘探提供关键理论和技术支撑。研究内容涉及沉积学、地震波传播与成像、地震勘探方法、重磁电等非地震勘探技术以及盆地流体-岩石相互作用和数字检波器研发。

(5)固体矿产资源研究室。固体矿产资源研究室围绕国家资源战略需求,立足我国北方造山带及邻区，研究成矿地质构造格架，厘定成矿地球动力学背景，发展精确矿床定年技术，刻画成矿过程与成矿机理，查明控矿因素和矿化标志，构建深部资源预测理论，开展矿产资源的战略选区和评价预测。同时集成并自主研发了以电磁和浅层地震为主、高精磁和微重力为辅的地球物理综合探测技术体系，开展试验、示范和推广工作。积极研发新资源技术，开拓新型替代资源，为构建国家资源安全保障体系提供决策依据、理论指导、技术支撑和预测示范。

（6）工程地质与水资源研究室。工程地质与水资源研究室通过工程地质、水文地质、应用地球物理和岩土力学的交叉融合，研究工程地质体的成因类型、结构特性、演化过程和地下水循环规律，探索地应力场、地球物理场、地下水动力场的多场耦合机制，发展地质工程与环境的相互作用理论，研发地质结构精细探测技术与大型科学仪器装备，解决国家重大工程中的工程地质、地质灾害、水资源与水环境问题，为我国深部能源资源开发提供工程地质力学理论与技术支撑。

（7）新生代地质与环境研究室。新生代地质与环境研究室以我国及邻区的代表性新生代陆相沉积序列为研究对象，通过地层学、年代学、沉积学、矿物学、地球化学、古生态学和数值模拟等多学科交叉集成研究，探讨我国新生代地质环境的形成、演变及其与全球变化的动力联系，研究环境变迁对人类文明的作用及人类活动对自然环境的影响。

（8）地磁与空间物理研究室。地磁与空间物理研究室以地球及行星空间环境为主要研究对象，发展空间探测实验手段，从地球系统科学的角度研究地球空间环境与固体地球及其他空间层次间的耦合过程，从比较行星学的角度探索地球与行星空间环境的变化特性，建设成为具有重要国际影响的空间物理和行星科学研究基地。

（9）兰州油气资源研究中心。兰州油气资源研究中心主要从事油气地质学、油气地球化学、油气地球物理学、气体地球化学、同位素地球化学、储层地质学及储层地球化学等方面的研究。结合国家西部大开发战略部署和"西气东输"宏伟工程，以国家能源资源需求为导向，以中西部主要沉积盆地油气资源勘查的理论、技术方法为主要研究方向，开展西部黄土、戈壁覆盖区的金属矿产资源勘探开发研究，与大型油气勘探开发企业密切协作，力争在深层高演化海相油气和非常规油气领域有所突破。中心设有油气地质研究室、油气地球化学研究室、油气地球物理研究室、分析测试部及中国科学院油气资源研究重点实验室、甘肃省油气资源研究重点实验室。

3）支撑平台

地质与地球物理研究所秉持观测-实验-理论"三位一体"的科学理念，以"科学引领、技术先行，提高原始创新能力"为宗旨，注重原创性技术理论和方法、仪器设备研制和研发的跨越发展，产出了一批具有国际影响力的成果，促进了学科的发展。

2008年，地质与地球物理研究所作为牵头单位与其他五家中国科学院院属科研机构，共同组建了"北京地球系统与环境科学大型仪器区域中心"。2009年成立所级公共技术服务中心。目前，研究所规划并建成了地球物质成分与性质分析、地质年代学测定、地球内部结构探测、空间环境观测野外台站、古环境数据分析和数据计算处理与数值模拟等六大现代化实验观测系统。具备了从地核到地表，从陆地、海洋到空间，开展综合性研究的实验观测技术能力；拥有离子探针、纳米离子探针、激光-等离子体质谱仪、透射电镜、扫描电镜和电子探针组成的全球最好的高精度微区原位实验系统，大幅度提高了我国地球科学家前沿性和探索性研究的能力和自主创新研究水平,并成为我国登月和深空探测计划实施的重要平台和技术储备。

(1) 离子探针实验室。离子探针实验室拥有 Cameca IMS 1280、Cameca IMS 1280HR 型离子探针和 Cameca Nano SIMS 50L 型纳米离子探针装置,建立了多项微区原位分析技术。Cameca IMS 1280 和 1280HR 离子探针工作重点是在 5~30 μm 范围内开展高精度元素和同位素分析,对锆石、斜锆石、独居石、磷钇矿、金红石、钙钛矿、榍石、磷灰石、氟碳铈矿等多种富 U(Th)矿物进行精确的 U-Th-Pb 同位素年龄测定,以及多种硅酸盐、磷酸盐、碳酸盐和硫化物矿物进行高精度微区原位稳定同位素分析。Cameca Nano SIMS 50L 型纳米离子探针工作重点在于其高空间分辨率,工作束斑在 50 μm~5000 nm 尺度,能够对天然矿物、固体材料或生物组织的微区或微小颗粒进行原位的元素和同位素分析,并能对微区内元素和同位素的分布进行扫描成像。离子探针实验室在地质年代学、地球深部动力学、地球演化、天体化学与比较行星学、矿产资源和全球变化等领域的研究中发挥着重要作用,并成为我国返回月球样品科学研究中不可或缺的技术平台。

(2) 多接收电感耦合等离子体质谱实验室。该实验室现有 Neptune 和 Neptune Plus 型多接收电感耦合等离子体质谱仪、Agilent 7500a 型四级杆等离子体质谱仪、Element XR 型高分辨等离子体质谱仪及两套 ArF 准分子激光微区剥蚀取样系统。针对现代同位素地球化学研究的前沿领域,建成了以激光微区原位方法为主、具有国际水平的实验室。实验室研发了微区原位锆石、斜锆石、钙钛锆石、异性石、独居石、磷钇矿、金红石、钙钛矿、榍石、磷灰石、氟碳铈矿等多种富 U(Th)矿物的 U-Pb 定年方法和微区原位锆石、独居石、磷灰石和异性石等矿物 Sr-Nd-Hf 同位素分析方法,并将这些方法广泛应用于岩石成因示踪、大陆地壳形成及造山带演化等研究。多接收电感耦合等离子体质谱实验室是国际上 Hf 同位素地球化学示踪研究的重要技术平台,培育了一支既能进行技术研发,又能进行科学研究的人才队伍,做出了一系列创新性成果。

(3) 电子探针与电镜实验室。电子探针和电子显微镜是在微米到纳米尺度上对固态地质样品进行表面形貌、晶体结构缺陷观察、物相鉴定以及微区原位化学成分分析测试的主要手段,在地球科学和材料科学的前沿研究中发挥着重要作用。电子探针与电镜实验室建立了由电子探针、扫描电子显微镜、透射电子显微镜、聚焦离子束-扫描电镜双束系统构成的完整分析系统,其中电子探针和扫描电镜可以实现矿物、岩石、材料等各类固体样品的微区形貌和结构观察、高精度的微区无损化学成分分析、高精度元素线扫描和面扫描分析、二次电子、背散射电子及阴极发光图像分析;透射电子显微镜可以从微纳米尺度对岩矿样品的形貌、晶体结构(晶格生长和缺陷)、元素分布、赋存状态等进行观测,获取矿物岩石的矿物形成、变质变形及其携带的构造信息,研究地球深部物质组成、循环、超高温-压条件等科学问题;聚焦离子束-扫描电子显微镜双束系统(结合纳米操作手)可以实现定点制备高质量的透射电镜样品、进行 MEMS 器件电路修复、岩矿样品的三维形貌和成分分布等多种功能分析。电子探针和电子显微镜实验室在矿物学、岩石学、矿床学、陨石学和地质微生物学等研究领域发挥着重要作用。

(4) 固体同位素实验室。固体同位素实验室现拥有三台热电离质谱仪(TIMS),配备有大型超净化学实验室,可同时容纳 10 名以上技术人员或学生进行同位素化学分离实验工作。主要发展基于热电离质谱仪的同位素稀释法(ID-TIMS)分析技术,并针对 Rb-Sr,

Sm-Nd，U-Pb 和 Re-Os 同位素体系，开展高精度同位素定年以及 Sr、Nd、Pb、Os 同位素地球化学分析研究。近年来发展了微量 Sr、Nd 同位素分析技术、低含量样品的 Os 同位素分析技术，以及 ^{146}Sm-^{142}Nd 同位素分析技术，在同位素年代学、岩石圈演化与壳幔相互作用、造山带构造演化、早期大陆的形成演化与成矿年代学与物源示踪等领域的研究中发挥着重要的作用，并为陨石和月岩等珍贵样品的分析研究提供强有力的技术支撑。

（5）稳定同位素实验室。稳定同位素实验室目前拥有国际上先进的 MAT 系列稳定同位素气体质谱仪（MAT-252、MAT-253、Delta-S 和 Delta-V），配备有 8 个不同元素稳定同位素的提纯制备系统，能够对岩石、矿物、流体包裹体、土壤、水、气、石油、植物及有机化合物等物质中的 C、S、H、O、N、Si 等元素的同位素进行分析测定。通过与 Flash HT 元素分析仪、GasBench II 等设备联机，实现了微量碳酸盐、硅酸盐和流体包裹体样品的稳定同位素在线分析，可以为岩石圈构造演化、矿产资源、环境演变等领域的研究提供重要的支撑。

（6）地质年代学实验室。地质年代学实验室包括氩氩年代学、成矿年代学、铀系年代学等实验室。氩氩年代学实验室拥有稀有气体质谱仪、四级杆质谱仪等设备，研发了具有自主产权的智能化全自动稀有气体纯化系统，主要从事精细年代学、中低温（650～700℃）热年代学等研究，在地质体定年、地球深部动力学、造山带演化与地质热历史、新构造和地貌演化、油气与矿产资源、稀有气体同位素扩散机制等领域的研究中发挥了重要作用。成矿年代学方面，依托电感耦合等离子体质谱仪和热电离质谱仪，建成了辉钼矿 Re-Os 同位素定年和硫化物 Rb-Sr 同位素定年等成矿年代学方法。铀系年代学实验室拥有一台 Neptune Plus 型多接收电感耦合等离子体质谱仪，运用铀钍同位素稀释法，基于 ^{238}U-^{234}U-^{230}Th-^{232}Th 系列同位素衰变原理，对石笋、珊瑚、钙华、湖泊文石、黄土钙结核等地表环境下形成的碳酸盐进行年龄测定，为古气候、古环境、古海洋以及考古学研究提供高精度年代标尺。

4）研究生教育与培养

地质与地球物理研究所是 1981 年确立的首批地质学、地球物理学一级学科，地质工程二级学科博士、硕士学位授予权单位。目前拥有地球物理学、地质学、地质资源与地质工程三个一级学科和海洋地质学二级学科的博士、硕士培养点。其中，地球化学学科设有同位素地球化学、元素地球化学、岩石地球化学、环境地球化学、计算地球化学、实验地球化学和比较行星学等专业方向。

近年来，地质与地球物理研究所研究生多人次获得国家级、院级各项奖励，包括 4 人获全国百篇优秀博士学位论文奖、1 人获全国优秀博士学位论文提名奖、8 人获中国科学院优秀博士学位论文奖、1 人获李四光优秀博士生奖、1 人获中国科学院院长特别奖等。

地质与地球物理研究所专业设置齐全，具有多学科交叉、融合的特点，注重培养具有多学科、多专业协同研究能力、掌握宽泛专业基础知识和进行综合性研究工作的专业人才。同时，研究所重视与高校的交流和合作，在国内多个高校设立"地学攀登奖学金"，并与中国科学技术大学和中国地质大学（武汉）联合办学，先后设立"赵九章–现代地球和空间科学科技英才班"和"地学菁英班"，吸引了大量优秀生源。

(作者：中国科学院地质与地球物理研究所，2014 年 12 月)

2. 中国科学院地球化学研究所

1)概况

中国科学院地球化学研究所（以下简称地化所）于1966年在贵阳成立，主体由中国科学院地质研究所从北京搬迁而来。

地化所积淀丰厚，特色和优势明显。长期以来，一直重视学科建设，在我国建立和发展了以矿床地球化学、环境地球化学、第四纪地球化学、有机地球化学、天体化学、同位素地球化学、实验地球化学、元素地球化学、构造地球化学、流体包裹体地球化学为主的地球化学学科体系；重视人才队伍建设，是我国首批博士、硕士学位授予权单位和首批博士后科研流动站建站单位，在研究所学习和工作的11位科学家先后入选中国科学院院士；重视实验室建设，是全国建立了两个以上国家重点实验室的少数科研机构之一；重视学术交流，创建了全国一级学会——中国矿物岩石地球化学学会，为推动全国同行的学术活动发挥了重要作用；重视科学研究，作为主持单位取得了包括获国家自然科学奖一等奖在内的一系列重大科研成果，为地球科学的发展和国民经济建设做出了重要贡献。

地化所现有在编职工354人，流动人员342人（研究生、博士后和高级访问学者）。其中，中国科学院院士2人，研究员68人，副研究员（高工）94人，国家杰出青年科学基金获得者7人，中国科学院"百人计划"入选者21人，国家"千人计划"入选者1人，国家"万人计划"入选者2人。科技人员70%以上具有博士学位。

2) 历史沿革和学科演替

地化所是我国第一个地球化学专门研究机构，主要研究地球（含部分天体）的化学组成、化学作用和化学演化及其资源环境效应。历任所长有侯德封、涂光炽、谢先德、欧阳自远、谢鸿森、刘丛强，现任所长胡瑞忠。

（1）知识创新试点工程以前。1964年9月，中国科学院地质研究所领导班子根据中国科学院的部署做出了将该所地球化学部分搬迁三线城市的决定；同年10月该所组建搬迁工作领导小组；随后，中国科学院副秘书长秦力生率队到西南地区选点考察；1965年2月，中国科学院下文决定将中国科学院地质研究所的有关地球化学部分搬迁至贵阳，同时兼并中国科学院贵阳化学研究所和中国科学院地质研究所昆明工作站，建立了地球化学研究所；1966年1月31日，中国科学院以（66）院新综字第0074号文决定，从1966年2月开始正式以中国科学院地球化学研究所的名称对外联系工作。建所初期，地化所的人员由三部分组成，中国科学院地质研究所分迁的400余人、中国科学院贵阳化学研究所的170人、中国科学院地质研究所昆明工作站的21人。建所初期的正式人员编制为626人。

由于事业和科技发展的需要，1985年地化所部分科技人员搬迁西安成立黄土与第四纪地质研究室，现发展为中国科学院地球环境研究所。1987年起地化所200余人搬迁广州成立中国科学院地球化学研究所广州分部，1993年广州分部独立为中国科学院广州地球化学研究所。

在与广州地化所分所之前，地化所主要从事矿床地球化学、环境地球化学、有机地球化学、同位素地球化学、元素地球化学、实验地球化学、第四纪地球化学、陨石学和天体化学、矿物学、矿物物理与矿物材料学、岩石学和地球深部物质科学的研究工作。与广州分所之后，研究工作已进一步聚焦于矿床地球化学、环境地球化学、高温高压实验地球化学、流体地球化学、天体化学和矿物学等领域。

（2）知识创新试点工程以后。1998年，中央批准了中国科学院提出的"迎接知识经济时代，建设国家创新体系"的报告。地化所随之实施知识创新工程试点工作。1999年环境地球化学国家重点实验室、矿床地球化学开放研究实验室、地球深部物质和地质流体地球化学实验室进入院知识创新试点单元。2001年中国科学院批准了"地球化学所知识创新工程全面推进阶段试点方案"，地球化学所整体进入中国科学院知识创新工程试点序列，翻开了发展历程中的新篇章。1999年以来，地化所根据中国科学院的部署，在科研体制、人事制度、薪酬体系、后勤服务等方面进行了大刀阔斧的改革，科研产出、队伍建设、实验室建设、创新文化建设等方面均取得重大进展。在以往的基础之上，研究所又于2011年首批整体进入中国科学院"创新2020"择优支持系列。

地化所目前主要有矿床地球化学、环境地球化学、实验地球化学和天体化学四个优势学科，与此相对应分别建有矿床地球化学国家重点实验室、环境地球化学国家重点实验室、中国科学院地球内部物质高温高压重点实验室、月球与行星科学研究中心四个研究机构。根据中国科学院"创新2020"要求以及研究所的优势和特色，地化所制定了"135"发展规划，进一步明确了战略定位（1），三个重点突破领域（3）和五个重点培育方向（5）。

地化所新时期的战略定位是：立足西南、面向全球，围绕国家战略需求和国际地球科学前沿，以"地球和行星演化、地球各圈层物质循环的地球化学过程及其资源环境效应"为主线，开展基础性、战略性和前瞻性研究，完善和创新地球化学理论和应用体系，全面提升解决我国固体矿产资源开发与生态环境治理等问题的科技支撑能力，为地球化学学科发展和国民经济建设做出重大贡献，成为我国地球和行星演化、固体矿产资源与喀斯特生态环境研究的重要基地及地球化学优秀人才的培养摇篮，成为对外开放且具较强影响力的"四个一流"研究所。希望通过若干年的努力，在华南陆块陆内成矿作用、深部矿产资源预测示范、喀斯特地区生态环境治理技术研发与应用示范三大领域取得重大突破。规划的五个重点培育方向分别是：下一代战略性矿产资源成矿规律、环境和气候变化的地球化学记录、高原梯级河流和深水型湖库水资源与水环境演变及综合调控技术、地球与行星演化、地球化学基础理论和技术方法。

3）重大成果

研究所先后承担了包括国家攀登计划项目、月球探测计划项目、国家973计划项目、国家攻关项目、国家自然科学基金重大和重点项目在内的国家和省部级科研项目1000余项，近十年来主持承担了国家973计划项目6项。研究工作取得了一大批重要成果。1978年以来，共获省部级以上科技成果奖280余项，其中国家自然科学奖、科学技术进步奖和国家技术发明奖51项。

（1）矿床地球化学。对金川铜镍硫化物矿床、攀枝花钒钛磁铁矿矿床、白云鄂博铌－稀土－铁矿床等超大型矿床的矿物学和地球化学进行了深入研究，查明了矿床中元素的赋存状态，为矿石的综合利用提供了重要依据；根据国家需求，较系统地开展了中国富铁矿、铀矿、金矿和新疆矿产资源的综合研究，为找矿勘查提供了重要依据；较早提出了花岗岩多成因演化、富碱侵入岩和改造成矿的新思想，丰富了成岩成矿理论；揭示了中国层控矿床的类型、特点、分布规律、成矿机理与找矿原则，形成了较完整的层控矿床理论；揭示了中国超大型矿床的时空分布特点、对矿床类型的选择性和成矿关键控制因素；建立了分散元素可以形成矿床的理论体系，突破了分散元素不能形成矿床的传统观念；在大规模成矿、大面积低温成矿、地幔柱成矿、岩石圈陆内伸展成矿、元素和非传统稳定同位素分馏以及铂族元素地球化学等前沿领域取得重要研究进展。作为主持者的研究成果，曾获国家自然科学奖一等奖1项、国家自然科学奖二等奖3项、省部级科学技术成果奖一等奖十余项。提出的新理论、新观点带动和加快了我国矿产资源的研究步伐，拓宽了找矿思路，在找矿勘探中发挥了重要作用。

（2）环境地球化学。在地表地球化学过程及其生态环境效应领域：开拓和发展了新的分析技术和方法，建立了B、Li、Cl、Se、Tl、Hg等非传统同位素示踪体系；阐明了西南喀斯特地区土壤-植被系统生源要素循环的规律；提出了喀斯特地区红土风化壳两阶段演化模式；建立了喀斯特流域生物地球化学过程与物质水文循环的同位素示踪理论体系；揭示了喀斯特地区作为重要碳汇的岩溶光合固碳作用机制；建立了高原型喀斯特地貌区石漠化综合治理模式。在环境和气候变化的地球化学记录领域：开拓出新的、高分辨泥炭纤维素碳、氧同位素古季风、古温度代用指标；揭示了石笋、钙华、湖泊沉积、树木年轮等环境替代指标形成的地球化学动力学过程；确定了多条反映全新世气候变化的代用记录，提出了全新世百年尺度亚洲季风及温度变化与太阳活动及厄尔尼诺现象关联的概念模型。在地质环境与人体健康关系领域：建立了我国克山病分布的环境质量模型和北京西郊环境质量评价模型；发现和推广了卤碱防治克山病及水质改良的方法；阐明了中国地质环境氟富集的区域格局、土壤活性氟-燃煤氟释放与地方性氟病的关系；揭示了Hg、Tl、As、Cd、Se等有毒有害元素在表生环境中的生物地球化学循环过程及进入食物链的途径和机理；提出了控制人为活动对大气环境汞污染的合理措施。研究成果获国家和省部级科技奖励数十项，并获得一批发明专利，取得良好的社会经济效益。

（3）月球和行星科学。率先在我国开展各类地外物质（陨石、宇宙尘埃、月球岩石等）和比较行星学研究，提出了铁陨石的成因假设，修正并充实了玻璃陨石的地球成因理论，确证了宇宙尘埃的判别标志并划分了宇宙尘的成因类型，提出了吉林陨石的形成演化模式和多阶段宇宙线辐照历史模型；提出并论证了新生代以来六次重大撞击事件及诱发的气候环境灾变与生物灭绝；提出太阳星云化学不均一性及化学演化过程模式，论证了行星内部核转变能对类地行星演化阶段和演化特征的制约关系，建立了地球和类地行星非均一性化学组成和非均变演化的新理论框架；提出了我国月球探测切实可行的创新方案，设计了我国首次月球探测的科学目标和载荷配置以及第二、三期月球探测的方案和科学目标，负责并参与了我国深空探测（太阳系探测）科学目标、有效载荷配置和长远发展规划的设计。研究成果先后获得国家科学技术进步奖特等奖、国防科学技术进步奖特等奖、中国科学院重大科技成果奖一等奖、中国科学院自然科学奖一等奖和国家自然科学奖三等奖。

（4）高温高压实验地球化学。自行成功研制了多种高温高压试验装置和物性就位测量方法，通过高温高压下物质电学、声学及热学性质就位测量系统的建立，使得对地球内部物质性质、状态及过程的就位监测成为现实。其中，建立的静态超高压大腔体实验技术、氧逸度控制技术、超高温超高压氧逸度受控条件下地球物质电学性质就位测量技术，高温高压下地球物质的超声测量技术在国内外具有明显优势和特色。发现了下地幔条件下硅酸盐钙钛矿（Mg, Fe）SiO_3显著的氧离子导电特性，玄武岩相变和熔融前的声软化效应以及冰Ⅵ、冰Ⅶ的电导、超声及差热信号的熔融前效应；根据地球内部物质电学、声学和热学性质的变化规律，提出了利用物性资料反演深部地质过程的原理，初步揭示了大别山地区地壳的电性结构、地球内部高导层的成因和下地幔的物质组成。研究成果获中国科学院自然科学奖二等奖 2 项，国家科学技术进步奖三等奖 1 项，贵州省科学技术进步奖一等奖 1 项。

（5）其他重要成果。成功研制了高温耐水绝缘无机喷镀材料、微波介质材料、耐高温隔热涂层材料等新型矿物材料，发现经国际矿物学协会新矿物及矿物命名委员会批准的 10 种新矿物；成功完成了我国首次地下核试验的选址和核试验核爆前后的地质地球化学效应研究任务；揭示了中国新生代火山岩地球化学和地幔源区特征；系统开展了黄土与环境的研究，研究中建立的洛川黄土剖面已成为国际黄土学术界和第四纪科学界公认的标准剖面；确认了地质体中的若干新生物标志化合物，揭示了我国油气和煤成气的分布规律，提出了寻找油气和煤成气的有机地球化学新指标和新方法并得到广泛应用，提高了勘探效率；开展了青藏高原和南极的科学考察，为特殊环境地区的地质地球化学研究提供了重要基础资料。研究成果不仅发展了学科，而且为国民经济建设和国防建设做出了重要贡献，先后获得国家自然科学奖一等奖、二等奖和国家科学技术进步奖一等奖、二等奖。

4）人才培养

出成果、出人才是地化所的主要任务。地化所始终高度重视人才培养。长期以来，在研究所学习和工作的 11 位科学家（侯德封、涂光炽、刘东生、郭承基、欧阳自远、傅家谟、安芷生、孙大中、周卫健、刘丛强、彭平安）入选中国科学院院士。

地化所是我国首批博士、硕士学位授予权单位和首批博士后科研流动站建站单位。现有地球化学、矿物学岩石学矿床学、环境科学与工程 3 个博士学位授予点，地球化学、矿物学岩石学矿床学、环境科学与工程、环境工程、地质工程 5 个硕士学位授予点，建有地质学和环境科学 2 个博士后科研流动站。自改革开放国家恢复研究所招生以来，共招收研究生 1600 余人，其中硕士生 900 余人，博士生 700 余人，共招收博士后 200 余人。目前在学研究生 292 人（硕士生 146 人，博士生 146 人），在站博士后 45 人。

地化所的研究生教育和博士后培养工作成绩显著，为国家输送了大量优秀人才，多次被评为研究生教育先进单位和全国优秀博士后科研流动站。据不完全统计，该所培养的研究生和博士后已有 2 人入选中国科学院院士，16 人获得国家杰出青年科学基金资助，11 人次作为首席科学家承担国家 973 项目。

5）科技保障体系

地化所新的科研园区位于贵阳市观山湖区，占地面积 160 余亩，一期建筑面积约 5.5 万 m^2，拥有与研究方向配套、具有国际水平的分析测试和实验模拟设施，仪器设备资产总值约 2 亿元，包括矿物微区结构–形貌–组成观测系统、元素组成测定系统、稳定和稀有气体同位素组成测定系统、同位素年龄测定系统、高温高压实验和计算模拟系统。

地化所有馆藏英文图书 15000 余册，中文图书 23000 余册，期刊 74000 余册，以及各类资料 31000 余件。现代化的期刊图书信息中心是中国科学院文献情报系统的组成部分，提供维普、Elsevier、Springer 和 SciDirect 等中外文地学和相关学科全文电子期刊的网络查询服务，并具有馆际间查询和资料交换、全文传递等功能。

全国一级学会——中国矿物岩石地球化学学会挂靠地化所，并代表中国加入了国际矿物学协会和国际地球化学与宇宙化学协会，是组织我国相关学科开展学术交流的重要平台。地化所与学会合作出版有 *Chinese Journal of Geochemistry*、《矿物学报》、《矿物岩石地球化学通报》、《地球与环境》等四种EI和国家自然科学核心期刊，为传播科学思想发挥了重要作用。

地化所具有广泛的国内外学术交流和合作渠道，并经常性地积极主办国内外大型学术会议。围绕优势学科，与世界上40多个国家和地区的大学与研究机构开展了合作研究。近年来，共派出600余人次的专家到国际先进实验室学习和合作，邀请了500余人次境外专家来所访问研究。通过这些活动，活跃了学术气氛，解决了一些关键科学问题，扩大了研究所的国内外影响。

（作者：胡瑞忠，2014年12月）

3. 中国科学院广州地球化学研究所

中国科学院广州地球化学研究所是专门从事地球科学和环境科学研究及人才培养的国立科研机构。近年来，科研布局不断完善，形成了有机地球化学、同位素地球化学、元素地球化学、矿床地球化学、构造地质学、岩石学、矿物学、实验地球化学等优势学科。通过培养和引进高水平科技人才，形成了一支富有创新活力的优秀人才队伍，拥有中国科学院院士2人，俄罗斯科学院外籍院士1人，国家杰出青年科学基金获得者19人，"百人计划"入选者26人，国家自然科学基金创新研究群体4个，国际期刊和国际组织任职37人次。构建了由2个国家重点实验室和4个省部级重点实验室为主体的科研体系。拥有5个博士学位授权点、11个硕士学位授权点、1个一级学科博士后科研流动站等教育平台。

1）主要学科领域和组织结构的演变与发展

中国科学院广州地球化学研究所（以下简称广州地化所）建于1993年，其前身为1987年建立的中国科学院地球化学研究所（以下简称地化所）广州分部，2002年与中国科学院长沙大地构造研究所（以下简称长沙大地所）整合，仍沿用中国科学院广州地球化学研究所所名。

（1）广州分部及建所初期。中国科学院地球化学研究所广州分部建于1987年，主要发展近代地球化学、矿物学和地质新技术新方法，主要开展石油与天然气地球化学、成矿作用地球化学和矿物学和地质技术新方法等研究。1993年7月中国科学院批准地球化学所广州分部独立建所，主要发展有机地球化学、同位素地球化学及矿物工程等学科。

广州地化所克服了搬迁和一所两地的困难，原来的优势学科得到了发展，并开拓了新的学科领域，建立了新的研究和支撑平台。原中国科学院有机地球化学开放实验室，1992年晋升为国家重点实验室，并于1993年建立了广东省环境资源利用与保护重点实验室；1994年组建了中国科学院同位素地球化学青年实验室；1995年建立了区域可持续发展研究室，1996年创立了广东省可持续发展协会；1996年建立了广东省矿物物理与矿物材料研究开发重点实验室。

（2）知识创新工程试点以来。1999年广州地化所进入院定位试点，有机地球化学国家重点实验室进入知识创新工程试点一期。广州地化所科技目标和学科方向凝练为"2+1"模式，即在基础研究方面重点开展有机地球化学与同位素年代学和地球化学的创新研究；在应用和发展研究方面，主要在固体矿产资源、饮用水的净化处理和经济高速发展地区区域可持续发展评价指标体系等方面提供技术手段。科研组织机构调整为相应的"2+1"结构，即有机地球化学研究中心、同位素年代学和地球化学研究中心和固体矿产资源与区域可持续发展研究部。

2002年广州地化所与长沙大地所整合进入院知识创新工程试点二期，科技目标凝练为大陆边缘动力学与矿产资源和海陆相互作用及其环境效应两个主要领域，同时开拓了极端环境地质地球化学（地球深部物质结构与性质和深海地球化学）探索性领域。研究与支撑机构为有机地球化学国家重点实验室、中国科学院边缘海地质重点实验室（2003年与中国科学院南海海洋所共建）、中国科学院同位素年代学和地球化学重点实验室（2004年建立）和极端环境地质地球化学重点实验室。2005年组建了"成矿动力学"重点实验室。2006年以来，科技目标集中在"资源与固体地球科学"和"环境科学与工程"两大领域，科研组织结构进一步优化。2007年建立了中国科学院珠江三角洲环境污染与控制研究中心，2008年组建了石油天然气与矿产资源研究中心，2009年在佛山高新区成立了"中国科学院佛山环保技术与装备研发专业中心"。2011年中国科学院同位素年代学和地球化学重点实验室升级为同位素地球化学国家重点实验室；同年建立了中国科学院矿物学与成矿学重点实验室。

2）科技成果

自1993年独立建所至2013年，广州地化所共发表SCI收录期刊论文3786篇，其中第一作者论文2263篇；出版专著55部；获得专利授权155项，其中发明专利授权83项，转让实施16项，实用新型专利授权72项，转让实施19项。共获得省部级以上奖励成果107项，其中国家自然科学奖6项（二等奖主持3项，参加2项；三等奖主持1项）、国家科学技术进步奖7项（一等奖参加1项，二等奖主持1项、参加4项，三等奖主持1项），省、部、院科学技术成果奖一等奖27项（其中独立或主持13项）。

如下将广州地化所取得的成果分9个方面做简短介绍。

（1）陨石学和冲击变质。在陨石学领域，出版了我国第一部陨石学专著《中国陨石导论》，对我国陨石学研究进行了系统总结。提出太阳系外物质在原始太阳星云分布不均一的观点和证据，论述了太阳星云在极端还原条件下的凝聚过程，构建了不同类型富钙铝包体的成因联系和太阳星云在氧化条件下的演化框架。

在冲击变质领域，发展了天体冲击变质的理论，发现了8种天然超高压新矿物，其中3种以我国科学家姓名命名，这些发现对地幔矿物组成模型和元素的地球化学行为提出了新证据。研究成果在《科学》和《美国科学院院报》等著名刊物上发表，两度获得广东省科学技术奖一等奖（1995、2002）。证实了中国首个小天体撞击坑——岫岩撞击坑，结束了我国在国际撞击坑版图上空白的历史。

（2）同位素地球化学与化学地球动力学。对中国大陆地幔与地壳同位素体系进行了同位素省划分，发现了地球化学急变带；开展了新疆北部主要地质事件同位素地质年代学研究。提出了华北岩石圈强烈减薄和增生的观点，建立了减薄-增生的多阶段动力学演化模型，发现华北中—新生代岩浆性质的演变规律及岩石圈减薄过程的时空不均一性。通过多学科综合研究，系统论证了地幔柱活动在峨眉山大火成岩省形成中的作用，揭示了地幔柱活动方式及其与矿产资源形成的关系，提出了华南存在8.25亿年的地幔柱和新元古代全球超级地幔柱模式。对华南元古宙和中生代岩浆作用与地球动力学演化进行了系统研究，确定了华南是由扬子和华夏陆块在9亿年前碰撞拼合形成；在海南岛厘定出2.7亿年的岩浆弧；在华南陆内厘定出大量中生代陆内埃达克质岩。相关成果获国家自然科学奖二等奖（2011）、中国科学院自然科学奖一等奖（1995）和广东省科学技术奖一等奖3项（2006、

2008、2010)。

(3) 石油天然气地球化学。系统开展了我国煤成烃地球化学研究，提出了煤成烃的新观点和新论据，建立了煤成烃的成烃模式。在地质体中发现了羊毛甾烷、含硫羊毛甾烷、丛粒藻烷、未知卟啉等新生物标志物10余个系列，开展了一系列新的分子标志物的地球化学应用研究；提出了高硫未成熟油的非干酪根成因理论及其证据。对南海海底天然气、水合物冷泉及冷泉碳酸盐岩进行了开拓性研究，提出了天然气及水合物冷泉的成因类型识别标志及形成机理。在分子水平上对地质体大分子有机质进行研究，发展了分子水平的大分子物质结构的有效表征方法，并将其应用于古代干酪根/沥青质和现代土壤、沉积物的研究。建立了利用成藏记录研究流体充注历史的研究方法，拓展了成藏地球化学学科。相关成果获国家科学技术进步奖一等奖（1997）、国家自然科学奖三等奖（1999）、中国科学院科学技术进步奖一等奖（1996）和广东省科学技术奖一等奖（2009）。

(4) 矿物物理与矿物材料。开展了多种非金属矿物资源开发利用和新型矿物材料研制等工作，研制出耐高温隔热涂层和高温耐烧蚀矿物材料，应用于航天与军工领域；研制出复合微波介质基片及介质天线材料，应用于航天与航空等领域。研发出高Q值水晶、彩色水晶的水热法合成技术，并转移给粤、浙等地多个水晶生产基地。相关成果获国家发明奖三等奖2项（1987、1987）。

近年来从原子局域结构环境的角度，揭示了烧变高岭石和活化蒙脱石的活性来源和随机缺陷密度对高岭石热稳定性及相转化的制约机制，探明了硅藻二氧化硅矿物表面羟基、固体酸位的表–界面活性及其调控机理；提出了柱撑离子在黏土矿物层间排列与演化模式；发展和完善了黏土矿物对Cu^{2+}等重金属离子的吸附理论；探明了黏土矿物负载抗菌活性组分与肥料养分的微观机制。研究成果为矿物基材料的开发应用提供了理论依据。相关成果获广东省科学技术奖一等奖（2007）。

(5) 矿床地球化学。继《中国层控矿床地球化学》（获1987年度国家自然科学奖一等奖）之后，主要开展了金矿床、分散元素和低温矿床、新疆北部矿产资源和超大型矿床与大规模成矿等地质地球化学研究。发展了金矿成矿理论并开发出了微细粒卡林型金矿的吸聚浮选新技术；提出了西南低温成矿域的形成过程与机理，确定了分散元素矿床的分类及成矿元素赋存状态等；揭示了我国超大型矿床的时空特点，提出了超大型矿床的分类原则、关键控制因素及寻找超大型矿床的6个成矿域等；基本查明了新疆北部地质与矿产资源潜力。证实了埃达克质岩浆是斑岩矿床的成矿母岩浆，提出了在陆内环境形成埃达克质岩和斑岩铜–钼–金矿床的两种新的成岩成矿模式。相关成果获得国家自然科学奖二等奖（2005）、国家科学技术进步奖二等奖2项（1996、1998）、省部级一等奖6项（1993、1995、1998、1999、2003、2010）。

(6) 环境地球化学。在国际上首次建立了甲醛、乙醛、丙酮等羰基化合物分子碳同位素测定方法；发展了水体原位采样和大气被动采样技术；圈定了珠三角水域两个持久性有机污染物（POPs）的高风险区；确定了珠三角水体有机污染水平和多种污染物的河流通量；恢复了POPs的沉积污染历史，揭示了环境污染水平与地区经济发展的协变关系；提出十溴联苯醚为我国特色污染物；明确了珠三角大气挥发有机物的组成、水平、时空分布及来源特征，确认挥发有机物是我国城市群大气二次细粒子污染和灰霾形成的重要前驱物；获得了东亚–中国–珠三角不同区域尺度下的大气POPs的时–空分布特征和区域来源特征，证实了亚洲季风对POPs大气迁移的重要作用，首次观测到大气POPs从境外向我国的长距离迁移现象；发现电子垃圾粗放处理地区是溴代二噁英类POPs的高风险区；首次系统研究了中国南方典型水产品中持久性卤代烃的含量和分布规律，评估了人体暴露水平及健康风险。开发的分质供水技术，应用到全国26个省、直辖市，取得了可观的经济与社会效益。开发的高负荷地下渗滤污水处理复合技术适合于我国广大农村和小城镇，已经推广到10余省区。相关成果获国家自然科学奖二等奖（2006）、国家科学技术进步奖二等奖（2006）和广东省科学技术奖一等奖2项（2003、2013）。

（7）第四纪地球化学与全球变化。开展了黄土的地球化学、矿物学和新构造学研究，建立了陕西洛川黑木沟黄土标准剖面；在国内率先开展了第四纪沉积物的磁性地层学等研究，开拓性地对中国黄土进行了系统的^{10}Be测定。建立了华南多旋回红土系列并与黄土-古土壤序列及全球变化记录进行对比，提出了气候-构造耦合作用机制的新观点。对我国典型森林-草原生态系统、南方石笋、珊瑚、湖泊和南海海洋沉积物等进行了高分辨率年代学和地球化学研究，提出了系列环境判别指标和模式，对冰期-间冰期环境演化及东亚季风演变、全球碳循环、全球变化与生物和环境的相互作用提出了新的研究思路和观点。相关成果获得中国科学院自然科学奖一等奖2项（1995、1998）和广东省科学技术奖一等奖（2005）。

（8）区域可持续发展研究。运用多种技术对广东省水、土地、土壤等资源质量和资源承载力进行监测评价研究，基于多种自主提出的评价指标和核算体系，对广东省及各地市的资源环境效应和环境容量、自然-经济-社会资源承载力、可持续发展水平和能力等多个方面进行了动态监测评价研究，并与全国和国际对比，为实施该区域可持续发展战略提供了重要的科学依据。

发表了《广东可持续发展进程》系列报告，提交了数十项政府部门咨询报告和建议，相关成果被全国政协和广东省政府等广泛采纳应用。相关成果获广东省科学技术奖一等奖（2006）。

（9）地质地球化学实验与测试技术。研制出H-10型可见光地物光谱辐射计和H-20型红外地物光谱辐射计，用于寻找金矿和钼矿的遥感测量；研制出DPC-1型电磁变频测深仪，应用于广东省红层地区煤炭资源勘查和太原地下水资源勘查。研制出加速器质谱^{14}C石墨靶简易高效制备方法，获得广泛应用。在国内首次成功研制出大气压基体辅助激光解析离子源高分辨飞行时间质谱仪，打破了国际高端仪器垄断；研制出在线单颗粒气溶胶质谱仪，成为实时在线解析灰霾化学组成及混合状态的高效工具；部分成果获广东省科学技术奖一等奖（2007）。研发出我国首家国际领先的分子级生烃动力学与碳氢同位素动力学实验方法，并广泛应用于成藏动力学和煤成气勘探实践。开发出伊利石^{40}Ar/^{39}Ar定年等多项成藏年代学新技术新方法，为油气成藏年代学研究提供了有力的技术支撑。

3）人才培养

广州地化所积极发展研究生和博士后教育，同时重视科技人才在职培养，创造出人才辈出的局面。

广州地化所研究生培养工作可追溯到地化所广州分部时代，当时研究生在广州做研究，学籍在贵阳管理；1995年广州地化所开始独立招收研究生。截止到2013年，广州地化所拥有"地质学"和"环境科学与工程"两个博士一级学科培养点，"地理学"和"海洋科学"两个硕士一级学科培养点，设5个博士学位授权点（地球化学、矿物学岩石学矿床学、构造地质学、环境科学、环境工程）、9个学术型硕士学位授权点（地球化学、矿物学岩石学矿床学、构造地质学、环境科学、环境工程、第四纪地质学、人文地理学、地图学与地理信息系统、海洋地质）和2个专业型工程硕士学位授权点（环境工程、地质工程）。自1995年至2013年，共招收研究生2228名，其中博士生1281名、硕士生947名。2002年以来我所研究生获得中国科学院级奖励和奖学金68人次。2013年，在读学生516人，其中博士生332名、硕士生184名，基本形成了以博士培养为主的研究生培养体系。建所以来，共派出研究生90人次到美、德、英、法、澳等国家和地区进行联合培养；近年，招收外国和中国港澳台留学生5人（博士3人、硕士2人）。

1995年全国博士后管委会批准广州地化所设立博士后科研流动站。2002年原长沙大地构造所的博士后科研流动站迁入广州地化所。目前拥有地质学建站一级学科，二级学科包括地球化学，矿物学岩石学矿床学，构造地质学。截止到2013年共培养博士后224名，目前在站52名。

广州地化所的研究生教育和博士后培养工作除为本所的科技发展提供了人才保障外，也为社会培养了大批高质量的科学研究与科技管理的高层次人才。据不完全统计，该所培养的研究生和博士后人员中现任和曾任专业技术正高级和行政正处级及以上职务人员150余人，其中至今仍在本所工作的60人，在所外工作的90人以上；获得中国科学院院士2人，国家杰出青年科学基金者19人；广州地化所现有19名国家杰出青年科学基金获得者中，14人为本所自己培养，占2/3以上。在企事业单位任副局级及以上的高级管理职务者32人，其中所内10人，所外22人。

（作者：徐义刚、曹裕波，2014年7月）

4. 中国科学院地球环境研究所

中国科学院地球环境研究所于1999年经国务院中编办和中国科学院批准成立，是中国科学院知识创新一期工程中唯一升格为研究所的单位，并整体进入中国科学院知识创新工程试点。地球环境研究所瞄准国际地学前沿和国家重大需求，定位于区域和全球不同时间尺度气候和环境变化过程、规律、机制、发展趋势与对策研究，发展独具特色的亚洲季风-干旱环境变化理论，在国际地球环境科学前沿做出创新性科学贡献，为我国西部经济社会可持续发展和生态环境修复提供基础性、战略性和前瞻性科学建议，将研究所建设成为国际一流的大陆环境变化科学研究中心和高水平人才培养基地。

1）历史沿革

研究所前身是1985年成立的中国科学院黄土与第四纪地质研究室，其主要成员为从中国科学院地球化学研究所成建制的调入，在发展过程中经历了三次大的跨越：

（1）第一次跨越：中国科学院黄土与第四纪地质开放实验室（1987年）。

1985年，在刘东生先生（国家最高科学技术奖得主）、李振声先生（国家最高科学技术奖得主）、施雅风教授和杨文景同志（时任西安分院党组书记）等倡议下，在中国科学院地球化学研究所涂光炽、欧阳自远和谢先德教授等领导的大力支持下，在时任中国科学院副院长叶笃正和孙鸿烈的支持下，中国科学院在西安成立黄土与第四纪地质研究室，主任为刘东生，副主任为安芷生。从中国科学院地球化学研究所抽调的8名科研人员和外单位调入的7名科研和行政人员共15人开始了艰苦而又辉煌的创业历程。1987年8月，在中国科学院计划局局长张云岗的支持下，实验室被中国科学院批准为开放实验室，实现了中国科学院黄土与第四纪地质研究室的第一次跨越。

（2）第二次跨越：黄土与第四纪地质国家重点实验室（1993年）。

1987~1993年，在周光召院长关心和龚望生具体指导下，西安黄土与第四纪地质开放实验室成功运行，并在国家计委组织的评审中名列前茅。1993年中国科学院黄土与第四纪地质开放实验室被国家计委确定为国家重点实验室建设单位，1995年通过国家重点实验室验收。在当时国家计委、国家科委和国家自然科学基金委先后组织的4次开放实验室和国家重点实验室评审中均为优秀，从中国科学院黄土与第四纪地质开放实验室进入到国家重点实验室行列，完成了第二次跨越。

（3）第三次跨越：中国科学院地球环境研究所（1999年至今）。

在中国科学院实施的一期知识创新工程中，在路甬祥院长、陈宜瑜副院长、秦大河局长的关心下，以黄土与第四纪地质国家重点实验室为基础成立了地球环境研究所，首任所长为安芷生院士，并于1999年5月整体进入知识创新工程试点。自1985年黄土与第四纪地质研究室到1999年地球环境研究所建立，吴守贤、吴锡浩、卢演俦、董光荣、王苏民、陈明扬、张信宝、孙湘君和张德二等客座教授，以及周卫健、周明富、祝一志、台益和、张光宇、孙福庆、高万一、张景昭、肖举乐、孙东怀、周杰、刘禹、张小曳、徐茂良、高玲瑜、刘荣谟、李小强等同志做出了重要贡献。

地球环境所成立后，准确把握国家重大战略需求和国际地球科学发展前沿，不断优化学科布局，形成古环境研究室、现代环境研究室、加速器质谱中心、粉尘与环境研究室、生态环境研究室等5个研究室，同时拥有黄土与第四纪地质国家重点实验室、陕西省加速器质谱技术及应用重点实验室、中国科学院气溶胶化学与物理重点实验室、陕西省环境保护大气细粒子重点实验室。黄土与第四纪地质国家重点实验室在国家组织的评估中连续7次被评为优秀，是我国地学领域2个享此殊荣的国家重点实验室之一，被科技部授予"国家重点实验室计划先进集体"称号。2014年，在中国科学院组织的国际化评估中，地球环境研究所被国际专家组评价为"世界级大陆环境变化研究中心"。

2）特色鲜明的学科和创新平台

2006年以来，安芷生院士倡导开展学科方向研究的"三个转变"，即从过去全球变化到过去与现代相结合的转变、从季风环境到季风-干旱环境乃至区域与全球变化研究相结合的转变、从自然过程到自然与人类相互作用过程的转变，使研究所实现了学科方向上的重要跨越。研究所已从以黄土和东亚季风变迁为主的研究，发展为以大陆环境为特色的地球系统科学研究，具有将环境变化的"过去-现在-未来"联系起来的多学科交叉优势和鲜明的学科特色。

（1）应用地球化学研究手段形成完整测试分析平台，尤其是在年代学方面，已建立了比较系统的几十年至百万年尺度的测年方法序列，包括古地磁、释光、放射性核素（^{14}C、$^{10}Be/^{26}Al$、^{137}Cs和^{210}Pb等）和树木年轮等年代学方法，在国内较早建立了系统的多种放射性核素（^{10}Be、^{14}C、^{26}Al和^{129}I）加速器质谱、光释光和古地磁测年实验室，在第四纪年代学领域处于国内领先水平。同时运用地球化学方法和指标研究地球环境问题，在表生地球化学方面有着雄厚的研究力量，获得国内外认可。

（2）拓展了大气化学学科研究内容。自20世纪80年代后期开始粉尘研究以来，通过古、今粉尘气溶胶相结合研究，为我国现代粉尘气溶胶及气候环境效应研究奠定了基础，从大气化学角度为深化黄土堆积研究开辟了新途径，并为我国沙尘暴、城市颗粒物污染控制提供科学依据。近30年来，在我国西北沙漠、黄土高原、青藏高原以及东部城市先后开展黄土、大气粉尘和气溶胶野外观测与实验分析，结合数值模拟，综合研究中国黄土、现代粉尘及其与气候环境的联系，揭示了黄土和亚洲粉尘的源区、释放、传输、沉降与变化的全过程；并在现代亚洲粉尘的理化特性、与黄土的关系、与人为气溶胶混合等方面取得了系统的科学认识；在 Science 上阐明亚洲含铁粉尘影响海洋初级生产力及二氧化碳浓度，从而影响全球气候变化。近期，在 Nature 杂志以研究通讯（Letter）形式发表二次气溶胶对重灰霾事件中 $PM_{2.5}$ 浓度贡献的论文，加深了对我国灰霾成因与来源的科学理解，为未来制定控制对策和治理措施提供科学依据。

（3）实现放射性核素环境示踪研究的突破。因黄土 ^{10}Be 来源复杂，基于 ^{10}Be 示踪地磁场事件被认为是难以实现的。周卫健院士等从分析黄土 ^{10}Be 来源入手，提出分离黄土 ^{10}Be 中降水、降尘和地磁场信号的数理方法，成功解决了黄土 ^{10}Be 示踪地磁场变化研究的国际性难题，首次通过黄土 ^{10}Be 示踪了黄土布容-松山地磁极性倒转界线的确切层位，为解决 B/M 界线在海洋和大陆沉积物中记录不一致的问题提供了重要证据。最近她又带领团队建立了化石源 CO_2 的 ^{14}C 定量解析方法，正在全国范围内开展化石源 CO_2 排放的 ^{14}C 监测，为评估碳减排效果提供新途径。周卫健院士提出开展 ^{129}I 环境示踪研究，侯小琳研究员带领团队首次在国际上建立了无载体 ^{129}I 的 AgI-AgCl 共沉淀制样方法，解决了低碘含量样品中超低水平 ^{129}I 的分析难题，并系统建立涵盖植物、水体、土壤等不同环境样品 ^{129}I 分析方法。日本福岛核事故发生后，通过国际合作首次估算出此次事故释放到海洋中的 ^{129}I 总量，获得了 ^{129}I 在海洋中迁移规律，为核事故应急响应和环境影响评估提供了途径。

通过长期积累和布局，研究所业已形成了由年代学分析测试体系、理化指标分析测试体系和数值模拟系统组成的系统化分析测试体系。特别值得一提的是建成了西安加速器质谱中心和中国大陆环境科学钻探岩芯库。

（4）西安加速器质谱中心。在中国科学院、科技部、教育部的支持下，在安芷生、郑南宁院士和王建华教授的关心下，周卫健院士率领团队历经10年，建成了地球环境所和西安交通大学共建的加速器质谱中心。加速器质谱中心于2006年通过国家验收，并被科技部认定为国家十大科学仪器中心之一，拥有一台专用于地球科学研究的3 MV多核素分析加速器质谱仪，也是国内唯一能同时开展 ^{14}C、^{10}Be、^{26}Al、^{129}I 四种核素测试与应用的研究平台，对 ^{14}C、^{10}Be、^{26}Al、^{129}I 的测试均达国际先进水平，被誉为"国际同类设备中的最好水平"。

（5）建成中国大陆环境科学钻探岩芯库。建成符合国际标准的冷藏岩芯档案库，保存了在我国不同地质地貌与气候环境单元钻取的12000多米岩芯，已成为面向国内外大陆环境世代研究的开放公共平台，逐步将我国大陆环境研究推向世界，开创我国大陆环境钻探研究新局面。该岩芯库将成为国际高水平的大陆环境科学研究基地和地球科学领域高水平的人才培养基地，为认识地球科学理论，特别是亚洲环境变化过程及动力学过程做出基础性、战略性和前瞻性贡献。

3）人才培养

研究所现有正式职工117人，在读研究生及博士后128人，客座及其他人员55人。

正式职工中包括中国科学院院士 2 人，美国科学院院士 1 人，美国地球物理学会会士 2 人，国家"千人计划"5 人，研究所培养了国家杰出青年科学基金获得者 13 人（现有 8 人在所内工作），国家优秀青年科学基金获得者 1 人，国家"万人计划"青年拔尖人才 2 人，中国科学院"百人计划"11 人，所级青年百人 5 人。获陈嘉庚地球科学奖 1 项，中国科学院杰出科技成就奖 1 项。

研究所目前拥有地质学和环境科学两个一级学科博士学位授予点，以及地质学博士后科研流动站。现有博士生导师 16 人，硕士生导师 24 人；在读博士研究生 58 人，硕士研究生 52 人。

4）国际合作

研究所重视国际合作，开展以其为主的高水平实质性国际合作，已与美国、英国、加拿大、澳大利亚、瑞典、日本、荷兰、德国等 30 余个国家和地区建立了合作研究与学术交流关系，组织实施了 20 余个国际合作计划，建立了 4 个实质性联合实验室，签署十余项合作协议，获得国家国际科技合作奖 1 项、中国科学院国际合作奖 2 项、国家外专局"友谊奖"1 项。

5）重大成果突出

研究所高水平基础研究成果突出，在国内外产生深远影响，已在 Nature、Science、PNAS 等国际顶尖杂志上发表文章 25 篇，获国家自然科学奖二等奖 5 项，三等奖 2 项、省部级一等奖 8 项，"阐明冰期-间冰期印度夏季风变迁的动力学机制"研究成果入选 2011 年度中国科学十大进展。地球环境所人均发表 SCI 论文数和论文被引频次连续多年居中国科学院资环系统首位。美国 Science Watch 杂志对 1996～2007 年地球科学高被引用论文作者和研究机构进行了统计排名，安芷生院士论文被引用次数位居世界地球科学领域第 16 位，在国内地球科学领域位于第一。

（1）不断创新思路，在国际上提出系统性创新成果，引领国际黄土和亚洲大陆环境变化研究。20 世纪 90 年代初安芷生院士等突破经典冰期-间冰期理论，首次提出的东亚环境变化的"季风控制论"，为推动 20 年来亚洲第四纪环境变化研究发展做出重要贡献，并获得国家自然科学奖三等奖（安芷生、吴锡浩、王苏民、周卫健和张小曳等）。亚洲季风历史与变率成果，引导了亚洲过去全球变化研究；21 世纪提出了亚洲季风-干旱环境变迁与青藏高原生长和全球环境变化关系的理论框架，成为地球系统科学研究的一个范例。近年来，研究所将我国古季风研究推向亚洲季风-干旱环境系统耦合演化及动力学的研究，并与中国科学院大气物理研究所合作，提出多尺度全球季风动力学的理论框架；探索宇宙成因核素和同位素示踪环境变化新途径，获得国内外同行认可。

（2）将理论与实际有机结合，服务国家需求。研究所重视将基础研究成果服务国家需求，先后向中央和地方政府提供咨询报告 20 余份，如 20 世纪 90 年代起，在我国较早提出了应重视"城市大气颗粒物污染控制"（沙尘暴、TSP）的方针，在我国最早开展全国 14 城市 $PM_{2.5}$ 冬夏两季的同步综合观测，获得 $PM_{2.5}$ 质量浓度和化学全组分的空间分布格局（迄今最全面的数据集），为国家开展 $PM_{2.5}$ 监测与防治提供背景数据。建立了自 2003 年以来西安 $PM_{2.5}$ 日均质量浓度和物质组成的变化曲线（国内唯一的长序列日均变化的连续曲线），被中国科学院院长白春礼评为"拥有国内唯一的连续监测了十多年的 $PM_{2.5}$ 的质量及全组分的监测数据，为我国开展 $PM_{2.5}$ 的历史变化积累了非常重要的资料"；在 21 世纪初,向中央提出了我国西部生态治理应遵循"恢复自然面貌"的植被重建方针;半干旱带是沙尘暴和生态环境治理的可行地区;坚持黄土高原退耕还林草的方针;最近向中央提出了黄土高原综合治理应遵循"退耕还林草"和"治沟造地"并重的方针,以及我国$PM_{2.5}$污染现状与控制对策等重要咨询建议,受到中央领导和省市领导肯定,对我国西部和黄土高原的生态环境治理与可持续发展,以及陕西关中地区大气污染治理发挥了至关重要的作用。目前,研究所正在主持开展大型太阳能城市空气清洁技术、"我国环境本底放射性水平精细图谱"和"我国重点区域环境放射性水平精细图谱"研究,为我国$PM_{2.5}$污染治理和核环境安全监测及核事故应急响应提供科技支撑。

(3) 独具特色的管理体制。2002~2006年地球环境所由郭正堂任所长后,中国科学院党组决定在地球环境研究所实行所长轮值制,由四个研究单元主任周卫健、刘禹、刘晓东和曹军骥轮流担任轮值所长,每人任期两年,一直实行至今,该模式入选中组部创新管理案例。现任所长为周卫健院士,副所长为刘禹、刘晓东和曹军骥,党委书记为曹军骥。

(作者:周卫健、于学峰,2016年8月)

5. 中国地质科学院地球物理地球化学勘查研究所

中国地质科学院地球物理地球化学勘查研究所(以下简称物化探所,英文简称IGGE),原名地质矿产部地球物理地球化学勘查研究所,1957年2月创建于北京,1969年从北京迁至陕西蓝田,1980年由陕西蓝田迁至河北省廊坊市,院区占地面积150亩。

物化探所是国土资源部中国地质调查局、中国地质科学院所属的专门从事勘查地球物理、勘查地球化学方法技术研究与应用的国家公益性科研机构,既是我国科技创新体系的组成部分,又是中央基础性公益性地质调查机构。是我国现代地质勘查行业物探和化探两大学科的科研创新基地,相关应用基础理论和新方法新技术研究开发、成果转化的辐射源。

物化探所内设机构22个:管理服务部门10个、技术业务部门11个,以及1个所属市场开发与经营部门(廊坊开元高技术开发公司)。此外,依托所成立的国际、国家等科研平台7个、挂靠学术组织机构4个。

技术业务部门:从事勘查地球物理方法技术试验研究、仪器装备研发和能源、资源、环境地球物理调查评价示范应用工作的技术业务部门共6个,分别为电磁综合研究室、地震方法研究室、地下物探研究室、矿产资源研究室、油气与深部物探研究室和航空物探研究室;从事勘查地球化学方法技术试验研究和资源、能源、环境、土地质量地球化学调查评价示范应用工作的技术业务部门共4个,分别为应用地球化学研究室、化探方法研究室、矿产勘查地球化学与标准物质研究室、中心实验室;1个专门从事物化探战略研究、物化探数据处理方法技术研发与数据平台建设、网络与图书资料管理服务工作的信息中心。

依托物化探所建立的国际、国家等科技平台:国家现代地质勘查工程技术研究中心、联合国教科文组织全球尺度国际地球化学研究中心、国土资源部地球化学勘查监督检测中心、国土资源部地球物理电磁法探测技术重点实验室、国土资源部地球化学探测技术重点实验室、中国地质调查局土地质量地球化学调查评价研究中心、中国地质调查局、中国地质科学院地球表层碳-汞地球化学循环重点实验室。

挂靠物化探所的学术组织机构:中国地质学会勘探地球物理专业委员会、中国地质学会勘查地球化学专业委员会、中国地质学会桩基检测专业委员会、全国国土资源标准化技术委员会地质勘查技术方法分技术委员会。

截至 2015 年 8 月底，职工总数为 735 人（在职职工 376 人、离退休职工 359 人），其中在职职工中专业技术人员 299 人，含中国科学院院士 1 人；具有博士、硕士学位的 168 人，具有高级专业技术任职资格的 133 人。

建所至今，先后有顾功叙、谢学锦、赵文津、杨文采四位院士和夏国治、寿嘉华两位副部长曾在我所工作。

1957 年建所以来，我所在科学研究、地质调查、开发与应用中取得了辉煌的成果，17 项成果获全国科学大会奖，百余项成果获部级科技成果奖，数十项成果获全国性和地方性成果奖。其中，斜磁化理论与方法技术、激发极化理论与方法技术、区域化探理论与方法技术、矿区化探理论与方法技术等方面的创新性研究成果，使我国的铁矿、多金属矿、金矿等固体矿产资源勘查在不同的历史时期取得了突破性成果，为我国物探、化探两大学科发展和地质找矿做出了开创性的贡献。

近十年来，在科技部、国土资源部、中国地质调查局的持续支持下，物化探所（国家现代地质勘查工程技术研究中心）承担了一批国家科技计划（863 计划、973 计划、科技支撑计划）、国土资源行业科研专项、地质矿产调查评价专项、天然气水合物勘查与试采专项中的重要项目，在物化探方法技术研发与示范应用方面取得了重要成果。例如：电磁法勘查技术实现向大深度多功能三维观测的飞跃、航空物探技术实现勘探深度和飞行平台双突破、多目标地球化学调查强力支撑国家土地管理、全球尺度地球化学填图服务"一带一路"国家战略、地下物探技术进步显著增强矿区探边摸底能力、获得铜钼矿深部资源地球化学定量化预测多维异常体系新思路、39 种元素（54 种元素、76 种元素）勘查地球化学样品分析测试方法技术日臻完善、地球化学标准物质研制为全国化探一流成果提供坚实保障、推进全国区域地球物理区域地球化学调查实施、能源地震勘查技术和队伍已初具规模。锻造了一支国内外知名的物化探科学研究和地质调查队伍，形成了一批国内外有一定影响力的优势研究领域和方向，使得化探方法技术研发处于国际领先地位，物探方法技术研发达到国际先进水平。

物化探所具有地球物理勘查、地球化学勘查、地质实验测试（岩矿测试）等甲级地勘资质，于 1998 年通过 ISO9001 质量体系认证并保持至今，建立有完整的质量保证体系。拥有各类先进的物化探方法技术，具备承担水（海）、陆、空物化探科学研究和地质调查的工作能力，可以开展资源能源勘查、水文环境与工程地质勘查、地热资源勘查、地球化学标准物质研制及化探样品分析，以及与上述内容相关的新方法、新技术、新仪器设备的研制、开发和应用。

目前的主要研究方向：弹性波场探测、电（磁）场精细快速探测、位场探测、地下物探、多元信息集成与可视化、深穿透地球化学与地球化学块体理论与方法、生态环境地球化学与多目标多尺度地球化学填图、应用基础地球化学与分析测试、油气及天然气水合物勘查物化探方法技术等。

物化探所将继续以服务国家和社会需求为己任，聚焦服务一流、成果一流、科技一流、人才一流、装备一流、管理一流的目标，努力打造世界一流、科学研究与地质调查相融合的现代研究所，为国民经济建设和社会发展提供支撑和服务。

（引自中国地质科学院地球物理地球化学勘查研究所网站，网页网址是：http//www.iggeinfo.com）

二、国家重点实验室和部委重点实验室

（一）国家重点实验室

1. 环境地球化学国家重点实验室

环境地球化学国家重点实验室隶属于中国科学院，依托中国科学院地球化学研究所。学术带头人和科研骨干包括刘丛强院士、王世杰、冯新斌、李世杰、肖化云、陈玖斌、刘再华、李心清、吴沿友、陈敬安、肖保华、张华、付学吾、李平、刘承帅、郝立凯、张国平、王仕禄、赵志琦、仇广乐、李社红、洪冰、陶发祥、林剑、闫海鱼、袁权、罗维均、张润宇、商立海和Jonas等研究员。现任实验室主任（第五届）为王世杰研究员，副主任为冯新斌、肖化云、尹祚莹，学术委员会主任为刘丛强院士，学术秘书李平。

1）历史沿革

环境地球化学国家重点实验室的前身为1974年正式组建的我国第一个环境地质研究机构：中国科学院地球化学研究所环境地质研究室。早在1968年，当地球化学环境思想处于启蒙时期，研究所就率先开展了地方病区的地质环境调查和地球化学病因研究，提出的地球化学元素追踪法对环境调查和评价发挥了重要作用，为我国环境科学的崛起发挥了奠基作用；1972年继斯德哥尔摩"人类环境宣言"的发表，又开始了环境污染规律和环境质量研究，与有关单位一起开创性地主持了我国最早的大型环境科研项目——"北京西郊环境质量评价"和"京津渤地区污染规律和环境质量研究"，提出的地球化学环境分异的观点在区域环境研究中发挥了指导作用；进入20世纪80年代，全球变化问题的提出为环境地球化学的发展提供了新的研究空间，我们开拓了环境界面地球化学和环境记录研究新领域；通过上述工作，在我国建立和发展了环境地球化学这一学科。1989年由国家计委批准利用世界银行贷款在研究所环境地质研究室的基础上组建环境地球化学国家重点实验室，1991年中国科学院批准正式对国内外开放，1995年10月建成并通过国家验收。实验室分别于2000年、2005年、2010年和2015年四次通过科技部地学领域国家重点实验室评估，成绩均为良好。

实验室第一届主任为万国江研究员和刘丛强院士，学术委员会主任为欧阳自远院士；第二、第三届主任为刘丛强院士，学术委员会主任为秦大河院士；第四届实验室主任为王世杰研究员，学术委员会主任为刘丛强院士。

2）定位与研究方向

实验室以地球化学理论和方法为主要手段，从地球环境的整体性和相互依存性出发，针对区域环境和全球变化问题，综合研究天然和人为过程释放的化学元素、同位素及化合物在地表各圈层（岩石/土壤圈-水圈-大气圈-生物圈）之间的迁移和循环规律及其对生态环境系统的影响，发展和完善环境地球化学理论，评估导致环境质量变化的自然和人为作用份额，为环境保护、人类健康和社会可持续发展服务。实验室主要有下述四个研究方向：①环境地球化学过程及其效应。主要研究导致环境质量变化的重要地表地球化学过程机理，如化学风化与土壤侵蚀、环境界面地球化学过程、生物地球化学过程、水/岩（矿物）相互作用对环境生命元素运移、分异、归宿的控制机理等等。②环境和气候变化的地球化学记录。研究建立各种环境和气候变化的地球化学代用指标,通过各种环境中地球化学代用指标的分析,揭示地球过去(尤其是全新世和过去 2000 年以来)的气候和环境变化及其与人类社会发展的关系。③地质环境与人体健康关系。主要研究污染环境有害物质迁移、转化规律及其控制机理、典型生命元素的人体结合形态、地球化学环境与人群健康的耦合关系。④环境生物科学与应用技术。针对喀斯特地区植物适生性、环境污染、湖泊富营养化等问题,研究环境胁迫下的植物和微生物物质交换的生物地球化学过程;研发基于生物地球化学原理和方法的污染环境修复、高原湖泊富营养化控制和生态系统恢复的新技术和新方法。

3) 技术平台

自 1991 年对外开放以来,建设了具有国际水准的环境地球化学分析平台和技术支撑系统,拥有独立的实验大楼,实验和办公面积逾 8000 m²,配备了多种先进的元素、有机物、生物技术和同位素分析仪器,总价值已经达到一亿五千多万元,其中大于 10 万元的设备有 90 多台。目前建成的分析系统涵盖了环境地球化学领域所需的主要仪器设备,形成了从同位素分析、元素分析、微区和元素形态分析、生物实验地球化学分析等方面完整的分析测试平台体系。目前的技术系统分为:①非传统同位素分析研究平台,主要包括 AMS、多台 MC-ICP-MS(NuⅠ、NuⅡ 和 Neptune)、多道能谱仪等;②传统稳定同位素分析研究平台,主要包括 MAT252、MAT253-Plus、CF-IRMS(253)、CF-IRMS(Isoprime)、激光水同位素分析仪;③元素含量与形态分析研究平台,主要包含 HPLC-ICP-MS、ICP-MS、ICP-OES、AAS、AFS、GC-MS、LC、GC、EA、TOC、IC 等;④物质微区分析研究平台,主要包含 TEM、SEM、AFM 等;⑤生物技术分析研究平台,主要包含在线监测型浮游植物流式细胞仪、荧光定量 PCR 仪、梯度 PCR 仪、生长曲线分析仪、微生物鉴定系统、普通 PCR 仪等。同时开发了十多种环境地球化学研究新方法和新技术,如对传统的稳定同位素(S、H、O、C、N)研究方法进行完善,建立了过去不能分析的环境样品的测试方法,如多种形态碳的同位素分析,SO_4^{2-} 和 NO_3^- 中的 O 同位素分析方法;同时测定 20 种氨基酸的氮同位素的分析方法;ppb 含量级甲酸、乙酸碳同位素分析方法;TOC-IRMS 联用于 δ^{13}C-DOC 分析方法;非传统同位素(Fe、Cu、Zn、Tl、Cr、B、Hg、Se、Cl、Li、Ca、Mg 等)方法。

为体现实验室自主创新的学术思想和发展思路,量化验证和深化已有的认识,引领环境地球化学学科向纵深方向发展,实验室特别注重地球化学过程的动态观测和实验模拟工作,设计研制了多套新型专用设备:泥炭同位素样品采集测定系统、定量测定生态系统尺度汞通量的弛豫涡旋积累系统、适合我国农村特点的生物质碳化和连续式生物质碳化设备与湖泊内源磷原位钝化剂船载喷洒装置等;拥有 3 套生物地球化学过程模拟试验场:喀斯特水-碳通量模拟试验场、矿山酸性废水原位生态修复动态观测系统与微生物与碳酸盐、硅酸盐的相互作用实验观测系统;拥有 3 个野外观测研究站:中国科学院普定喀斯特生态系统观测研究站、(亚)深水湖泊生态系统观测研究站与中国背景区大气汞观测网络。

4) 人才培养和学术团队

实验室拥有"地球化学"和"环境科学"二级学科博士学位授予权、"地质学"和"环境科学与工程"博士后科研流动站,已成为我国环境地球化学基础研究和高层次人才培养的中心,同时也是我国环境地球化学领域对外交往的重要窗口。至目前为止,培养中国科学院院士 1 名（刘丛强 2011 年当选），5 名国家杰出青年科学基金获得者（刘丛强、吴丰昌、冯新斌、肖化云、陈玖斌），3 名优秀青年基金获得者（李思亮、付学吾、李平），2 名入选"青年千人计划"（张华、刘学炎）。8 位外籍科学家分别获得中国科学院"外国专家特聘研究员"、"外籍青年科学家"和国家外专局"高端外国专家"等荣誉。

实验室拥有一批以刘丛强院士为代表的优秀中青年学术带头人，组成了一支专业与年龄结构合理、精干的科研队伍。实验室目前有固定人员 86 人，40 岁以下科研人员占科研群体的 61%，其中研究员 30 人，副研究员 37 人，另外有研究生 120 人。实验室十分重视人才队伍建设的国际化，先后有来自美、加、法、日、瑞典和印度等国的博士研究生、博士后和长期在实验室工作的固定研究人员。现有中国科学院院士 1 名，杰出青年基金获得者 3 名，优秀青年基金获得者 2 名，中组部"万人计划"入选者 2 名，中组部"青年千人计划"入选者 1 名，中国科学院"百人计划"入选者 10 名，国家"百千万人才"入选者 2 名。

5）科研进展与贡献

实验室在揭示物质生物地球化学循环与生态环境变化、地球化学环境与人体健康、地球过去气候和环境变化与人类社会发展等方面的耦合关系做出持续性的创新贡献，主要体现在以下三个方面：①地表地球化学过程及其生态环境效应。不断开拓和发展新的分析技术和方法，建立了如 B、Li、Cl、Fe、Cu、Zn、Se、Tl、Hg 等非传统同位素示踪体系；阐明了西南喀斯特地区土壤-植被系统生源要素循环的规律；提出了喀斯特地区红土风化壳两阶段演化模式；建立了喀斯特流域生物地球化学过程与物质水文循环的同位素示踪理论与体系；揭示了喀斯特地区作为重要碳汇的岩溶光合固碳作用机制；建立了高原型喀斯特地貌区石漠化综合治理模式；主持了我国有关喀斯特生态环境问题研究的第一个 973 计划项目"西南喀斯特山地石漠化及适应性生态系统调控"、第一个全球变化重大研究计划项目"基于水-岩-土-气-生相互作用的喀斯特地区碳循环模式及调控机理"和第一个国家自然科学基金委创新研究群体项目"西南喀斯特流域物质循环的生物地球化学过程与生态环境效应"。②环境和气候变化的地球化学记录。创新开拓出一种新的、高分辨率的泥炭纤维素碳、氧同位素古季风、古温度代用指标；揭示了石笋、钙华、湖泊沉积、树木年轮等环境替代指标形成的地球化学动力学过程；发表了多条反映全新世气候变化的代用记录，提出了全新世百年时间尺度亚洲季风及温度变化与太阳活动及厄尔尼诺现象关联的概念模型。③地质环境与人体健康关系。开创性地建立了我国克山病分布的环境质量模型和北京西郊环境质量评价模型；发现和推广了卤碱防治克山病及水质改良的方法；阐明了中国地质环境氟富集的区域格局、土壤活性氟-燃煤氟释放与地方性氟病的关系；揭示了 Hg、Tl、As、Cd、Se 等有毒有害元素在表生环境中的生物地球化学循环过程及进入食物链的途径和机理；提出了控制人为活动对大气环境汞污染的合理措施；为曲靖"6·12 铬渣重大污染事件"的应急处置和善后解决提供了可行方案；主持了我国有关重金属污染问题研究的第一个 973 计划项目"我国汞污染特征、环境过程及减排技术原理"。这些重要的研究进展和成果先后荣获国家和省部级科技奖励数十项，发表了一批高质量的论文，获得一批发明专利，多项咨询报告得到了党和国家领导人的重要批示，取得了良好的经济效益和社会效益。在依托单位中国科学院地球化学研究所的有力支持下，实验室始终围绕国际学术前沿和国家的战略目标，立足创新的基础研究，争取在西南喀斯特生态环境变化和重金属迁移转化的生物地球化学机理的基础研究领域实现重大的突破，并进一步引进和培养优秀人才，加强人才队伍建设，为国家在西南地区中长期发展战略目标的实现和重大决策提供科学依据。

（作者：王世杰，2015 年 10 月）

2. 矿床地球化学国家重点实验室

矿床地球化学国家重点实验室的前身，是中国科学院地球化学研究所的矿床研究室。1989 年，在矿床研究室的基础上经过适当的重组并由中国科学院批准，建立了依托于中国科学院地球化学研究所的中国科学院矿床地球化学开放研究实验室。在中国科学院 2000 年和 2004 年对地学领域重点实验室的评估中，矿床地球化学开放研究实验室连续两次被评为 A 类实验室。2005 年 12 月，该室关于"建设矿床地球化学国家重点实验室的申请"获得科技部批准；2006 年 8 月，经科技部论证，"矿床地球化学国家重点实验室"进入建设阶段；2009 年 8 月，"矿床地球化学国家重点实验室"圆满完成建设任务，正式通过科技部组织的建设验收。因此，矿床地球化学国家重点实验室是一个在长期研究实践中自然形成的完整实体。

实验室的奠基人为涂光炽院士。自成立中国科学院矿床地球化学开放研究实验室以来，历任实验室学术委员会主任有涂光炽院士、卢焕章教授，历任实验室主任有欧阳自远院士、王中刚研究员、李朝阳研究员、张哲儒研究员。现任实验室学术委员会主任为李曙光院士，实验室主任为胡瑞忠研究员。

实验室积累丰厚，特色和优势明显。实验室的科技人员对金川铜镍硫化物矿床、攀枝花钒钛磁铁矿矿床、白云鄂博铌-稀土-铁矿床等超大型矿床的矿物学和地球化学进行了深入研究，查明了矿床中元素的赋存状态，为矿石的综合利用提供了重要依据；根据国家需求，较系统地开展了中国富铁矿、铀矿、金矿和新疆矿产资源的综合研究，为找矿勘查提供了重要依据；较早提出了花岗岩多成因演化、富碱侵入岩和改造成矿的新思想，丰富了成岩成矿理论；揭示了中国层控矿床的类型、特点、分布规律、成矿机理与找矿原则，形成了较完整的层控矿床理论；揭示了中国超大型矿床的时空分布特点、对矿床类型的选择性和成矿关键控制因素；建立了分散元素可以形成矿床的理论体系，突破了分散元素不能形成矿床的传统观念；在大规模成矿、大面积低温成矿、地幔柱成矿、岩石圈陆内伸展成矿、元素和非传统稳定同位素分馏以及铂族元素地球化学等前沿领域取得重要研究进展。作为主持者的研究成果，曾获国家自然科学奖一等奖 1 项、国家自然科学奖二等奖 3 项、省部级科学技术成果奖一等奖十余项。提出的新理论、新观点带动和推动了我国矿产资源的研究步伐，拓宽了找矿思路，在找矿勘探中发挥了重要作用，为地球科学的发展和我国国民经济建设做出了重要贡献。

实验室的战略定位是面向国家战略需求，面向国际地球科学前沿，针对我国尤其是西南地区独特的地质背景，主要研究成矿元素在各种地质作用下活化、迁移和富集形成矿床的过程，揭示在不同地球动力学条件下成矿元素富集形成矿床的规律，创建成矿作用的新理论，发展找矿预测的新理论和新方法，为矿产资源的寻找和利用提供科学依据，成为我国不可替代的矿床地球化学研究基地和高层次人才的培养摇篮。

实验室以矿床地球化学研究为主线，主要包括三个研究方向：①我国重要成矿区带和特殊成矿系统（如大面积低温成矿系统、地幔柱成矿系统、花岗岩成矿系统）的成矿作用。以我国紧缺矿产（Cu、Fe、Ni、Pb、Zn、Au、Ag、PGE、U 等）和优势矿产（W、

Sn、Sb、REE、分散元素等）为主要对象，研究地球各圈层相互作用与成矿的关系、大陆动力学与成矿的关系、成矿作用的精细演化过程、成矿过程的构造–流体–物质–能量–化学反应耦合机制等，建立大陆成矿新理论。②成矿作用的理论和实验模拟。确定地质作用过程中元素的地球化学行为以及元素活化、迁移和沉淀的物理化学条件，拓展矿床地球化学研究方法，为深化成矿理论、建立新的成矿模式提供新依据。③重要矿产找矿预测理论和方法。以紧缺矿产和危机矿山为主要对象，以成矿理论为指导，在明确成矿作用时空分布规律的基础上，通过成矿模式与找矿模式的关系、原生异常与次生异常的异同、矿床的垂直和水平分带、强干扰环境下深部矿化信息识别等方面的研究，建立紧缺矿产、危机矿山深部和外围找矿预测理论和方法。

实验室是我国首批博士、硕士学位授予权单位和首批博士后科研流动站建站单位。现有固定人员89人，流动人员126人（研究生和博士后）。固定人员中，研究员27人、副研究员（高工）27人、国家杰出青年科学基金获得者4人、中国科学院"百人计划"入选者9人，国家"千人计划"入选者1人。科技人员约80%具有博士学位，是一支年龄和知识结构合理、团结协作、具有可持续创新能力的优秀中青年团队。

实验室拥有面积约1万m^2的独立研究大楼，下设26个专业实验室，其中大型设备40余台套，资产总值约8000万元，包括矿物微区结构–形貌–组成观测系统、元素组成测定系统、稳定和稀有气体同位素组成测定系统、同位素年龄测定系统、成矿实验和计算模拟系统，基本建成了与实验室重点研究方向配套、具有国际水平的分析测试和实验模拟设施，是我国矿产资源研究的重要平台。

实验室运行规范、学术民主、协力创新，高度重视开放、交流与合作，是中国矿物岩石地球化学学会矿床地球化学专业委员会、分析测试专业委员会、青年工作委员会、科普工作委员会的挂靠单位，与云南省共建了"云南省矿产资源开发工程技术研究中心"，与贵州省共建了"贵州省矿产资源高效清洁综合利用工程技术中心"。实验室有较多实质性的国内外合作和人员交流途径，积极主办国内外大型学术会议，是我国两年一次的系列性大型学术会议"全国成矿理论与找矿方法学术讨论会"的第一主办单位。

近五年来，实验室两次主持了国家973计划项目，建立了以重大成果产出为导向的评价体系，设立了留学基金支持青年学者出国留学和博士生国内外联合培养，引进了具有博士学位的青年学者近30人，实现了由PI制（principal investigator，项目负责人制）主导的科研组织形式向以解决重大科学问题为导向的团队式科研组织形式的转变，科学研究、队伍建设和实验室建设的水平得到了稳步提高。

（作者：胡瑞忠、毕献武，2014年12月）

3. 有机地球化学国家重点实验室

有机地球化学国家重点实验室于1989年批准建设、1992年11月通过验收正式成为国家重点实验室。目前，有机地球化学国家重点实验室依托于中国科学院广州地球化学研究所。该所以近代地球化学和矿物学为主要学科，优先发展有机地球化学和同位素地球化学，积极开拓环境地球化学、区域可持续发展及海洋地球化学等新领域。拥有雄厚的研究和技术力量，主要从事能源、资源、环境方面的研究与开发工作。

为了服务地方，该实验室还与广东省共建了第一个由中国科学院与地方政府共建的重点实验室——广东省环境资源利用与保护重点实验室。

实验室由彭平安研究员任实验室主任，陶澍教授任学术委员会主任。现有固定人员 80 人，其中研究人员 65 人，技术人员 13 人，管理人员 2 人。拥有中国科学院院士 2 人，高级职称 39 人，博士生导师 16 人，并设有博士后科研流动站。现有在站博士后 11 名，在读博士研究生 136 名，在读硕士研究生 50 名。

国家对石油天然气资源与环境保护需求和当代有机地球化学学科的发展趋势决定有机地球化学国家重点实验室的主要研究方向。目前的主要领域有：①石油天然气地球化学；②环境有机地球化学；③生物地球化学。石油天然气地球化学主要研究成盆、成烃、成藏的地球化学过程与动力学机制以及非常规油气资源的成因等科学问题；环境有机地球化学针对珠江三角洲经济高速发展所带来的环境问题，对毒害有机污染物的环境行为、污染机理进行研究；生物地球化学以碳氢同位素与生物标志物为主要研究手段揭示与碳循环、水循环有关的地球化学过程，为全球气候变化提供机制上的证据。

多年来有机地球化学国家重点实验室在石油天然气与环境地球化学领域取得了一批高水平研究成果，获国家科学技术进步奖一等奖 2 项，国家科学技术进步奖二等奖 2 项，国家自然科学奖二等奖 1 项，获省部级自然科学奖和科学技术进步奖 20 余项。近五年来，该室在国内外重要学术刊物上发表学术论文 1500 余篇，其中国外 SCI 刊物 800 余篇，在国内外学术界产生了重要影响。

分子有机地球化学是石油地球化学的基础学科，该室的分子有机地球化学研究在国际上占有一席之地。近年来，在地质体中发现了数十种新生物标志化合物，研究了它们的地球化学意义，为生油母质来源、沉积环境、有机质成熟度等的评价，提供了新指标。"地质体分子标志物的研究"，获 1999 年国家自然科学奖三等奖。创新性内容为：在地质体中发现了羊毛甾烷、含硫羊毛甾烷、丛粒藻烷、未知卟啉等新生物标志物；开展一系列新的分子标志物的地球化学应用研究，首次综合应用多项生物标志物指标，划分中国湖相原油和沉积物的沉积环境；提出了高硫未成熟油的非干酪根成因理论及其证据；将生物标志物的概念和理论拓展到环境地球化学领域，鉴定出追踪各种污染源的分子标志物。

该室在塔里木盆地、四川盆地、鄂尔多斯盆地、准噶尔盆地、东濮盆地、华北中新生代盆地等其他含油盆地做了大量卓有成效的工作，取得了一系列研究成果，为发展我国油气勘探和油气成因理论做出了重要贡献。代表性研究成果有："煤成烃地球化学"，获 1992 年度中国科学院自然科学奖二等奖。该项研究成果系统总结了我国煤成烃理论，提出了煤成油气的综合判识方法，建立了煤成烃的成烃模式，对我国煤成烃评价与勘探起到推动作用。研究成果深化了我国陆相生油理论，应用于石油勘探中，在辽河油田经济效益达 2000 万元；江汉油田未成熟油储量增加 1000 万 t。该室近年来还开展一些新的研究领域，如成藏动力学、成藏年代学、油气田开采地球化学及生物地球化学研究，并取得了一些初步研究成果。

在环境地球化学研究方面，该室瞄准环境中毒害有机污染物这一国际环境前沿研究领域和热点问题，建立和完善了微量毒害有机污染物的系统分离分析方法、质量控制/质量（QA/QC）保证体系，在分析方法和数据质量上与国际接轨，并发挥自身的学科优势，大力开展了水、空气、土壤、沉积物这些与人体健康相关的领域进行研究，取得了重要成果。在空气质量方面，注重对室内空气 VOCs 的研究，探讨了与人体健康的关系；在水污染控制方面，开拓了饮用水中微有机污染物、消毒副产物控制技术。上述研究为广东的环境保护与国家的履约做出了杰出贡献。

该室开展了广泛的国内外学术交流与合作，曾成功地举办过多次全国性和国际性学术会议，有力地推动了学术活动的开展和学术交流。多年来，与英国、美国、法国、澳大利亚、加拿大等国际著名有机地球化学实验室建立了合作关系。该室每年出国讲学、考察访问、进修、学习、合作研究、合作培养研究生等有上百人次，邀请外籍学者、专家来室讲学、交流、合作研究等近百人次。这些国内外学术交流和合作促进了出成果、出人才及学术和技术水平的不断提高。

经过多年的努力，该室已建设成为一个设备先进、技术力量雄厚、在国内领先并在国际上有一定影响的实验室。拥有一批素质较好、经验丰富的科研骨干和朝气蓬勃、思想活跃的博士后、博士生及硕士生，已形成一支学科配套、新老结合、配合默契的研究队伍。在培养人才方面成效显著，已有9人获得国家杰出青年科学基金的资助，5人获优秀青年科学基金资助。该室培养的青年人才已经承担起了实验室科研、管理的重任。实验室建立和逐步完善了一套运行管理机制。对固定人员实行聘任制及定期考核，实行公开招聘、竞争上岗；实验室大型仪器设备集中管理、开放使用，对技术人员减员增效；建规立制，建立实验室各种方法、仪器设备的操作规程、管理细则、安全细则，实施规范管理，促进科研工作上新台阶。

近几年来有机地球化学国家重点实验室在承担国家任务、提高研究水平、实验室建设等诸多领域都取得了长足的进展，研究成果丰硕。随着国家基础研究投入的加大和自身制度的不断改革、创新与完善，有机地球化学国家重点实验室在我国能源建设、环境保护的研究中将日益发挥出不可替代的作用。

（作者：彭平安，2014年5月）

4. 同位素地球化学国家重点实验室

同位素地球化学国家重点实验室的前身是奠定我国元素和同位素地球化学研究基础的第一个稀有元素矿物化学实验室（1956年）和第一个同位素绝对年龄实验室（1960年），以及中国科学院同位素年代学和地球化学重点实验室（2004年）。近年来，实验室倡导"好方向，好平台，好人才，好机制，好文化"的建设和管理理念，在研究方向凝练、重大项目申请、人才队伍建设、技术研发和平台建设，以及创新成果产出等方面取得了长足的进步，连续两次（2004年和2009年）在中国科学院地学领域重点实验室评估中名列第一，2011年通过科技部评审进入国家重点实验室行列。重点实验室现任学术委员会主任为中国科学技术大学的郑永飞院士，实验室主任为徐义刚研究员。

同位素地球化学国家重点实验室依托"地球化学""矿物学、岩石学、矿床学""构造地质学"等3个具有博士学位授予权的二级学科，定位于基础研究，致力于发展同位素和元素地球化学理论和技术方法，揭示地球内部和浅表地质体的物质组成及演变规律，深化对地球形成演化、地球各层圈相互作用以及各种地质过程的认识，阐明其对矿产资源形成和环境变化的制约，为解决资源环境领域重大科学问题提供理论依据。主要研究方向包括：①元素地球化学和同位素示踪理论；②元素和同位素分析新技术、新方法；③大陆聚散、陆内改造及其资源效应；④深部地质过程与地球系统变化。

实验室拥有一支年轻、充满活力的高素质研究队伍，现有固定人员58人，其中50人具有博士学位，流动人员100多人（含研究生和博士后，其中博士后10人）。实验室现有研究员23人，副研究员/高级工程师20人，其中中国科学院院士1人，国家杰出青年科学基金获得者7人，国家自然科学基金创新研究群体2个，有7人次在国际国内重要学术组织和期刊任职，入选美国信息研究所ESI地学高被引科学家名录10人。

实验室形成了一套行之有效的管理办法，重大事务由研究员联席会议决定，日常事务由主任（副主任）负责。实验室人员实行岗位聘任制。实验室由科研小组（或研究团队）和技术支撑两个系列组成。研究小组由首席研究员、研究助理和客座流动人员组成，实行首席研究员负责制；重点实验室所属实验室实行主任（或由主任指定的首席研究员）领导、技术主管负责制，根据《实验技术支撑系统管理条例》规范实验技术支撑系统的管理，提高实验技术队伍的整体素质、积极性和创新能力，协调科研与技术系统科技人员的合作。

实验室组建了具有国际水准的地球化学分析平台和技术支撑系统，拥有独立的实验大楼，实验和办公面积逾6000m^2，配备了多种先进的元素和同位素分析仪器（总值超过1亿元），建立了化学前处理、元素分析、原位微区分析、同位素定年和示踪、高温高压模拟等五大技术分析和研发系统。实验室是"国家大型仪器中心——广州质谱中心"的挂靠单位；与香港大学共建了"化学地球动力学联合实验室"（2013年被中国科学院港澳台办公室评为优秀联合实验室），与大庆油田共建了"油气成藏年代学研究中心"。

在国家973计划项目、中国科学院B类先导专项和重大项目、国家自然科学基金重大和重点项目、中国科学院重要方向性项目和企业重大项目等的支持下，实验室围绕同位素和元素地球化学示踪理论和技术，对大陆聚散、陆内改造及其资源效应，地幔柱、华北克拉通破坏和青藏高原隆升等方向进行了深入研究，取得了一系列在国际上有显示度的成果，如建立了硫化物矿床和油气成藏同位素定年方法、揭示了俯冲和地壳熔融过程中部分元素的行为特征、较早提出华北克拉通破坏的观点、确定华南新元古代与二叠纪两个地幔柱、发现8个超高压新矿物、率先证实我国地外天体撞击构造——岫岩撞击坑等。近五年来共发表论文400多篇，其中在国际学术期刊上发表论文近300篇，包括在 PNAS、Nature Geoscience、Scientific Reports、Geochimica et Cosmochimica Acta、Geology、Earth and Planetary Science Letters 和 Journal of Petrology 等顶级刊物上发表了50多篇论文。获国家自然科学奖二等奖2项，省部级科学技术成果奖一等奖4项。

实验室重视开放、合作和交流，是我国固体地球科学领域重点实验室联盟的骨干成员，成功举办过多次全国性和国际性学术会议和重点实验室联盟联合学术委员会会议，与香港大学、澳大利亚科廷大学和英国伦敦大学等建立了合作伙伴关系，出访、来访上百余次，有力地促进了出成果、出人才及科研水平的不断提高。

目前，实验室正紧紧围绕同位素地球化学的学科前沿和国家战略目标，力争在保持实验室在相关研究领域优势地位的同时，将其建设成为国家科技创新与人才培养基地，辐射带动我国地球科学的发展。

（作者：徐义刚，2014年7月）

5. 黄土与第四纪地质国家重点实验室

黄土与第四纪地质国家重点实验室隶属于中国科学院，依托中国科学院地球环境研究所。学术带头人和科研骨干包括安芷生院士和周卫健院士、刘禹、刘晓东、曹军骥、刘卫国、金章东、王格慧、孙有斌、铁学熙、侯小琳、黄永松、蔡演军、陈怡平、宋友桂、强小科、王旭龙、李国辉、何建辉、李力、徐海、常宏、韩永明、敖红、黄汝锦、晏宏和王云强等研究员。现任实验室主任（第六届）为金章东研究员，副主任为王云强、石正国、晏宏、韩永明、鲜锋，学术委员会主任为周卫健院士，学术秘书于学峰。

1) 历史沿革

黄土与第四纪地质国家重点实验室的前身为1985年成立的中国科学院黄土与第四纪地质研究室。1987年8月，实验室被中国科学院批准为开放实验室。1987~1993年，西安黄土与第四纪地质开放实验室成功运行。1993年3月，实验室被国家计委列入"国家重点实验室建设计划"，1995年通过验收，成为国家重点实验室。在实验室的建设过程中，龚望生、叶玉江、马德秀、黄鼎成和马宏建等同志曾给予悉心的指导。黄土与第四纪地质国家重点实验室第一、二届主任为安芷生院士，学术委员会主任分别为刘东生院士和丁国瑜院士；第三、四届实验室主任为周卫健院士，学术委员会主任为安芷生院士；第五届实验室主任为刘禹研究员，学术委员会主任为周卫健院士。

1987年到2015年，在国家组织的国家重点实验室评估中，实验室连续7次被评为优秀实验室，成为我国地学领域两个连续7次被评为优秀的实验室之一。2005年被评为"国家重点实验室计划先进集体"，获金牛奖，安芷生院士被评为"国家重点实验室计划先进个人"。

2) 定位与科研领域

黄土与第四纪地质国家重点实验室定位于第四纪地质学与地球系统科学相融合的基础研究。通过黄土与其他地质-生物记录的性质、组分及形成过程的研究，应用高技术，探索新方法，以环境变化为主线，揭示第四纪不同时间尺度自然环境演变的历史、变率和动力学机制，辨明人类活动的环境效应，为增进21世纪人类对大陆环境变化规律与机制的认识做出原创性科学贡献，为我国经济社会可持续发展提供基础性、战略性和前瞻性科学建议。

在安芷生院士和周卫健院士的带领和指导下，实验室坚持以科学目标为导向，认真布局学科方向，现有加速器质谱中心、现代环境、粉尘与环境、古环境和生态环境等5个研究实验单元，聚焦"亚洲季风-干旱环境水文循环与全球的联系"、"短时间尺度高分辨率季风气候变化与高、低纬气候的联系"、"黄土、气溶胶、粉尘循环与环境变化"、"第四纪年代学与宇宙成因核素和稳定同位素环境示踪"、"黄土高原地球关键带与可持续发展"等五个研究方向开展研究。实验室将环境变化的过去-现在-未来有机联系起来，重点研究环境变化的过程、动力学和未来发展趋势，服务于我国尤其是西部地区的可持续发展。

3) 技术平台

实验室重视建设系统化的科研平台，为多元化的研究对象（例如黄土、湖泊、树轮、石笋、珊瑚、砗磲、考古材料等）提供服务，已经形成了年代学和环境代用指标测试系统、数值模拟系统、野外观测站点和东亚环境变化科学数据库等构成的第四纪科学综合研究平台。其中西安加速器质谱中心、大陆环境科学钻探岩芯库在我国地球化学研究领域具有独特优势。西安加速器质谱中心是我国地球化学研究中最大的实验平台，能够开展^{14}C、^{10}Be、^{26}Al、^{129}I 4个核素测量，既可开展放射性核素环境示踪研究又可以开展放射性核素年代学研究。大陆环境科学钻探岩芯库是我国最大的符合国际标准的环境钻探岩芯库，存有我国不同环境单元钻取的岩芯12000余米，可为环境变化研究提供宝贵素材。

（1）不同时间尺度的年代学测试系统。包括3MV加速器质谱仪（AMS）、2G超导磁力仪、释光测量系统和伽马射线能谱仪等，可以开展多种手段的年代学研究，如 ^{14}C 年代学、^{26}Al/^{10}Be 暴露/埋藏年代学、^{210}Pb 和 ^{137}Cs 时间标记、磁性地层学、光释光/热释光测年、铀系和树轮测年等，是国内较完整的年代学测试系统，形成了涵盖整个第四纪的多种年代学手段相互检验的年代学方法序列。

（2）多种代用指标的理化测试系统。包括 3MV 加速器质谱仪（AMS）、多接收电感耦合等离子体质谱仪（Neptune-plus，MC-ICP-MS）、稳定同位素质谱仪（MAT252、MAT251、Delta V Advantage、IsoPrime 100）、元素分析仪、ICP-MS、ICP-OES、荧光光谱仪、X 射线衍射仪、激光粒度仪、碳分析仪、树轮宽度测量系统、树轮密度测量系统等。配备超净化学室、洁净化学室、普通化学处理室、稳定同位素制样室等配套设施，可以实现物质成分测定、放射性和稳定同位素分析、成分和结构分析等多种理化性质分析。

（3）数值模拟综合集成系统。在数据处理计算和数值模拟方面，拥有大型数据处理并行计算系统和海量数据存储系统，包括：曙光 TC5000 刀片集群、CB60 刀片服务器，以及东亚古环境科学数据库，可以开展不同数值模式下的区域与全球气候变化过程模拟、区域与全球大气化学过程模拟。

4）人才团队

多年来，通过具有重要意义的研究方向和课题吸引并凝聚了一批优秀的科学家，培养中国科学院院士 2 名（安芷生 1991 年当选；周卫健 2009 年当选），美国科学院院士 1 名（安芷生），美国地球物理学会会士 2 名（安芷生，周卫健），13 名国家杰出青年科学基金获得者（周卫健、张小曳、肖举乐、郑洪波、鹿化煜、刘禹、刘晓东、孙东怀、曹军骥、金章东、王格慧、孙有斌、韩永明），1 名优秀青年基金获得者（晏宏），形成了 3 个研究群体：一是以高水平科学家为核心，青年优秀学术带头人为主力的固定人员队伍；二是以国家重大项目牵引，联合国内科研院校学者形成的多学科交叉综合集成研究的研究群体；三是以中国黄土等古气候记录作为全球变化研究对象，通过国际合作、大型研究计划和举办国际学术会议，吸引国外著名科学家而形成的国际合作研究群体。

实验室现有固定人员 57 人，其中研究人员 47 人，技术支撑人员 8 人，管理人员 2 人。客座研究人员 80 多人，在读研究生 113 人。固定人员中具有博士学位的占 92%；40 岁以下科研人员 29 人，占 50.9%。固定人员中，既有享名国内外的战略科学家，也有一批活跃在科研一线的优秀中青年学术带头人。实验室现有中国科学院院士 2 人、美国地球物理学会会士 2 人、国家杰出青年科学基金获得者 8 名，国家"千人计划"入选者 5 人、中组部"万人计划"入选者 2 人、中国科学院"百人计划"入选者 11 人。

5）学术影响

实验室针对与地球系统科学相融合的第四纪科学特点，拓展研究领域、完善实验室学科体系，强化国内外合作，在与环境变化相关的学科体系完整性、测试平台系统性、成果产出创新性等方面具有综合优势，在很大程度上对我国黄土与第四纪地质研究起着引领和示范作用，为我国第四纪科学研究在国际上占有一席之地做出重要贡献。

实验室先后在 *Science*、*Nature*、*Nature Geoscience*、*Nature Climate Change*、*Nature Communications* 和 *PNAS* 等杂志发表研究论文 25 篇；"冰期–间冰期印度夏季风的动力学"入选 2011 年中国科学十大进展；获国家自然科学奖二等奖 5 项；获得中华人民共和国国际科技合作奖 1 项和中国科学院国际合作奖 1 项；中国科学院国际化评估专家组（外籍）认为，以实验室为主体的地球环境研究所已成为"世界级大陆环境变化研究中心"。

实验室还将基础理论研究成果同国家战略需求相结合，作为主持单位或重要参与单位先后向中央和地方政府提交了 20 余份咨询报告，涉及大气环境污染防治、气候趋势预测、与生物地球化学循环相联系的生态环境脆弱区综合治理、区域生态环境规划和可持续发展对策等方面，受到各级政府领导的重视，并被采纳。

实验室将坚持"开放、流动、联合、竞争"的方针，如履薄冰，求真务实，继续在不同时间尺度亚洲季风–干旱环境变迁与全球环境变化，以及自然过程与人类活动相互作用相关的大陆环境变化研究领域产出高水平的成果，培养高层次的青年科技人才，推动与地球系统科学相融合的第四纪科学的发展。

（作者：周卫健、于学峰，2016 年 8 月）

6. 气体地球化学国家重点实验室

气体地球化学国家重点实验室的前身是中国科学院 1985 年批准成立的"生物、气体地球化学开放实验室"，依托单位为中国科学院兰州地质研究所（现更名为中国科学院地质与地球物理研究所兰州油气资源研究中心）。1991 年经国家计划委员会批准建设为国家重点实验室，同时投资 100 万美元进行相应建设，经过两年多的筹备和建设，按建设任务书及各项要求，于 1993 年 12 月气体地球化学国家重点实验室正式建成并通过国家级验收评议，正式对外开放。实验室第一届学术委员主任是我国地球化学的一代宗师涂光炽，主任为徐永昌。

实验室的研究方向经学术委员会讨论确定为："发展气体地球化学，探索地史过程和地球各圈层中气体的赋存状态、地球化学和动力学过程，深入开展天然气资源、环境和全球变化、地球各圈层的演化和地质、地震灾害等领域的气体地球化学基础研究与应用基础研究"。其中的重点研究领域为：天然气地质地球化学、稀有气体与非烃气体地球化学和深部气体地球化学。其中天然气地质地球化学为重点主攻领域，稀有气体与非烃气体地球化学为特色领域，深部气体地球化学属国际前沿探索性研究领域。

实验室的研究工作主要分为几个方面：

1）天然气地质地球化学研究

西北含油气盆地天然气主要类型与富集规律；低演化烃源岩的成烃机制与资源评价；西北前陆盆地煤型气富集条件与成藏预测和深层环境中烃类生成的物理化学条件。

2）稀有气体与非烃气体地球化学研究

天然气中重稀有气体 Kr、Xe 同位素的分析方法和地质意义；天然气中稀有气体与盆地构造演化的关系；He 与 CO_2 资源的形成条件与分布规律和包裹体中稀有气体地球化学。

3）深部气体地球化学研究

深部气体同位素示踪体系；中国东部上地幔气体地球化学组成与壳幔演化和深源物质中的气体地球化学。

4）探索领域

非生物成因天然气；环境气体地球化学和天然气水合物。

天然气地质地球化学研究一直是实验室的主攻方向，特别是国家"六五"计划以来，连续几个五年计划中都参加了国家重点科技攻关天然气项目的研究。通过"中国煤成气开发研究""天然气（含煤成气）资源评价与勘探测试技术研究""大中型天然气田形成条件、分布规律和勘探技术研究"等国家重点科技攻关课题的研究，实验室在天然气成因理论和勘探实践的应用方面都做出了卓有成效的工作，体现在以下几个方面：①发展和完善了天然气成因理论。提出了"多源复合、主源定型、多阶连续、主阶定名"的天然气形成和成藏理论，提出和完善了生物–热催化过渡带气理论，拓宽了天然气勘探领域；并应用于勘探实践。科研成果《天然气成因理论及应用》专著获1995年中国科学院自然科学奖一等奖，同时还被评为当年中国科学院三项综合性重大成果奖项之一。"八五"计划期间，参加国家科技重点攻关天然气项目，以实验室为主承担的"天然气成因理论及大中型气田形成地学基础研究"课题，获1996年中国科学院科学技术进步奖一等奖及当年中国科学院重大成果奖。1997年国家重点科技攻关项目"大中型天然气田形成条件、分布规律和勘探技术研究"获国家科学技术进步奖一等奖，重点实验室是主要获奖者之一。另在塔里木盆地的研究工作获中国科学院科学技术进步奖三等奖。②稀有气体和非烃气体地球化学研究。建立了中国含油气盆地稀有气体地球化学分布模式，首次发现了幔源氦的工业储聚，提出了壳幔复合型氦资源的新类型及裂谷区域是有利的勘探区。成果获1992年中国科学院自然科学奖二等奖。开拓了含油气区重稀有气体氪、氙的同位素地球化学研究，为鄂尔多斯盆地的气源对比做出了有益的贡献。③促进和发展了煤层气地球化学研究。为煤层气的勘探开发提供了可靠的理论依据。主要研究成果获甘肃省科技进步奖三等奖。④对深部气体地球化学研究和非生物成因天然气探索作了系统深入的研究。深化了非生物成因天然气的地球化学特征及成气机理，提出了松辽盆地琵肇地区是研究和寻找非生物气的重要场所。

气体地球化学重点实验室密切关注国际学科发展态势，不断凝练、遴选、提升学科研究方向、重点研究领域和创新目标，积极开拓新的研究领域，培植新的学科生长点，取得了创新性和前瞻性科技成果，完善和发展了气体地球化学。与此同时，实验室还紧密围绕国家经济建设和社会长远发展对能源的战略需求，以国家重大科研项目为支撑，充分发挥实验室学科积累、人才和实验技术的优势，在天然气地球化学领域开展了深入系统的研究，发展了天然气成因理论，为国家石油、天然气勘探开发的战略决策提供了科学依据，为天然气工业的发展做出了卓有成效的贡献。

实验室成立以来共承担了国家重点科技攻关、973计划及攀登项目47项，国家自然科学基金项目21项，中国科学院及省部委重点项目14项，国际合作项目17项，横向合作项目22项，西部之光项目3项及其他科研项目11项；发表论文470余篇，其中SCI收录88篇，CSCD收录280余篇，撰写专著33部。获得国家科学技术进步奖一等奖2项、自然科学奖四等奖1项、省部级一等奖3项（其中2项为院综合重大成果奖），二等奖3项和三等奖2项，为我国石油天然气的勘探和开发做出了卓有成效的贡献。

在完成国家任务取得巨大成绩的同时，一批青年科技人员如刘文汇、陈践发、陶明信等，既为实验室的建设做出了卓有成效的贡献，也在工作实践中成长为当前气体地球化学学科的带头人。

5）合作与交流

实验室认真贯彻开放、流动、联合的方针，先后与德国、美国、日本、俄罗斯等国及国内科研、教学及产业部门建立了卓有成效的合作关系。在广泛合作和交流的基础上，拓宽了人才培养渠道，提高了实验室的整体科研水平。

6）技术支撑系统

实验室拥有先进的大型分析测试仪器，建立了与研究方向相配套的、较为先进的实验分析技术系统，可广泛进行石油天然气、稀有气体、环境、化工等领域的分析测试研究。

2004年基于国家科学技术委员会组织的评审结果，取消了气体地球化学国家重点实验室的称号。目前实验室更名为中国科学院油气资源研究重点实验室，依托单位为中国科学院地质与地球物理研究所兰州油气资源研究中心。实验室通过地质学、地球物理学和地球化学的交叉与融合，深化含油气盆地演化、油气生成机理、油气成藏动力学的理论研究，注重发展地球物理探测和气体地球化学测试的关键理论与技术。仍然活跃在我国石油天然气地质地球化学研究事业中。

（作者：徐永昌，2015年5月）

（二）部委重点实验室

1. 国土资源部地球化学探测技术重点实验室

国土资源部地球化学探测技术重点实验室依托中国地质科学院地球物理地球化学勘查研究所建设。实验室可以追溯到1953年成立的地矿部化探研究室，2004年成立中国地质科学院应用地球化学重点开放实验室，2006年通过了中国实验室国家认可，2011年组建国土资源部地球化学探测技术重点实验室。2013年11月，以此实验室为基础，中国政府申请建立的"联合国教科文组织全球尺度地球化学国际研究中心"获得联合国教科文组织批准，实验室与国际中心将共享平台。

实验室面向应用地球化学学科前沿和经济社会发展中的重大科学问题，开展勘查地球化学领域的创新性、基础性、公益性研究，培养创新人才，建成国际领先水平的地球化学探测技术研究基地。开展全球地球化学基准研究，为了解过去地球化学演化和预测未来全球变化提供参照标尺；发展深穿透地球化学探测理论与技术，为覆盖区和深部矿产勘查提供技术支撑；从事地球化学调查与填图技术研究，为持续获得和更新区域地球化学数据提供技术保障。

实验室学术委员会主任为谢学锦院士，副主任史长义、倪师军。实验室主任为王学求研究员，副主任为张振海、成杭新、马生明、张勤。截止到2014年底，实验室固定研究人员55人，其中院士1人，国家"百千万人才工程"国家级人选1人，国土资源部领军人才1人、优秀青年科技人才2人，二级教授5人，三级10人，四级教授5人。实验室主任王学求研究员担任国际地质科学联合会全球地球化学基准值委员会主席。

实验室主要研究方向为：

（1）全球地球化学基准与变化研究：依托联合国教科文组织全球尺度地球化学研究中心国际合作平台，建立覆盖全球的地球化学基准网和监控网，系统记录化学元素含量和分布，基准与变化数据，构架全球一张图的"化学地球"，为人类可持续利用自然资源和环境变化提供基础数据。

（2）区域地球化学填图理论与技术研究：发展多尺度地球化学填图理论与技术，完善区域地球化学填图方法技术与标准体系，为我国1∶100万、1∶50万、1∶20万（1∶25万）和1∶5万数据持续获取和更新提供技术支撑。

（3）深穿透地球化学理论与技术研究：发展深穿透地球化学理论与技术，促进我国勘查地球化学技术从浅表矿到深部矿勘查的重大转变，为覆盖区和盆地地球化学调查以及深部矿勘查提供理论技术支撑。

（4）现代地球化学分析测试技术与标准物质研制：发展多仪器多方法快速分析系统，实现对元素周期表上所有天然元素的高精度分析测试；发展分量提取与分析技术，包括含矿信息及生物有效态的提取与分析，为识别含矿弱信息和生态环境评价服务；研制地球化学标准物质，为地球化学填图、矿产勘查和环境评价提供高质量和可对比数据服务。

近年来，实验室取得多项重大研究成果：①全球地球化学基准研究取得重大进展，首次按照国际标准建立了一个覆盖全国的地球化学基准网，在国际上首次建立了一套81个指标（含78种元素）的地壳全元素精确分析系统。②深穿透地球化学探测理论与技术取得原创性国际领先成果，在矿石、地气、地表土壤中均发现了纳米微粒金属晶体。这一发现为深穿透地球化学理论建立提供了直接微观证据。③在国际合作方面，与蒙古国合作开展两国边境地区的低密度地球化学填图工作取得丰硕成果。实验室两名科学家被蒙古国授予蒙古国功勋地质学家荣誉称号。④开展了穿越重要矿集区及重要地质单元的地球化学走廊带元素时空分布探测，建立了3条地球化学走廊带元素时空分布模型。⑤全球地球化学信息化平台——化学地球"Chemical Earth"。基于Web数据和图形的查询功能，实现了针对多尺度海量地球化学数据与图形的管理、数据交互查询功能。⑥将研究与生产密切结合，为全国地球化学调查和矿床发现做出了应有贡献。

自2011年国土资源部地球化学探测技术重点实验室批准建设以来，实验室承担国家级科技专项4项、自然科学基金项目2项、国土资源部科技专项及国土资源大调查项目20余项。实验室人员发表论文150余篇，获得国家发明专利1项，实用新型专利8项。

（作者：王学求、姚文生，2014年10月）

2. 国土资源部同位素地质重点实验室

国土资源部同位素地质重点实验室由中国地质科学院地质研究所同位素地质年代学实验室和中国地质科学院矿产资源研究所同位素地球化学实验室联合组成，是国土资源部的同位素地质实验研究中心。根据学科发展方向和部门承担的任务，实验室研究方向确定为：发展同位素地质学基础理论，建立和完善同位素测试技术体系，针对重大基础地质问题和与国家经济建设和人民生活密切相关的资源和环境问题，开展同位素地质应用研究，为地球科学的发展和国土资源保障提供有力的科学技术支撑。

国土资源部同位素地质重点实验室，由中国地质科学院地质研究所和矿产资源研究所共建而成，该实验室的前身为中国地质科学院同位素地质实验室，成立于1958年，是国内最早建立的同位素地质实验室之一。1990年成为原地质矿产部同位素地质开放实验室，2003年改称为国土资源部同位素地质重点实验室。半个多世纪以来，实验室先后建立了钾-氩、氩-氩、铷-锶、铀-铅、钐-钕、铀系不平衡、（铀-钍）/氦等定年方法，氢、氧、硫、氮、锂、硼、镁、铁、铜、锌、钼、钛、硒等同位素测定方法以及稀有气体同位素测定方法。

同位素地质重点实验室包括中国地质科学院地质研究所同位素地质实验室、北京离子探针中心、中国地质科学院矿产资源研究所同位素地球化学实验室三个行政研究实验室（离子探针中心将另文介绍）。实验室在同位素实验技术和方法的建立与改进、同位素地质基本理论研究、重大地质基础问题研究方面，做出了许多重要的贡献，在国内地学界有着重大的影响。

实验室实行对国内外开放，吸引了国内外同位素地质学及相关科学领域的优秀人才，共同对国际上关心的重大基础地质问题，与国家经济发展有密切关系的地学问题，以及环境保护、灾害防治有关的问题，开展同位素地质学研究，取得了一系列重要成果。包括：①非传统稳定同位素地球化学研究开辟我国同位素地质学研究新领域；②硅同位素地球化学研究奠定学科体系基础；③对地球前寒武纪演化的研究著称于世；④同位素热年代学研究从方法到应用取得新进展。

（引自中国地质科学院地质研究所网站，网页地址是：http：//geoinst@cags.ac.cn）

3. 中国科学院同位素年代学和地球化学重点实验室

1）依托单位

中国科学院同位素年代学和地球化学重点实验室依托：中国科学院广州地球化学研究所。

中国科学院同位素年代学和地球化学重点实验室于2005年被正式批准成立。

2）科研领域

本实验室以同位素地质年代学和同位素地球化学示踪为手段，以解决地壳演化和资源环境研究中的地球科学基础理论问题和国家重大需求为目标，系统地发展了同位素年龄测试、高精度元素地球化学分析技术，提高了同位素地球化学基础理论研究水平，形成以高新技术为主导，中青年科技队伍为骨干的研究集体，在许多研究领域和分析技术方面处于国内领先的地位，在多项的国际合作的地球科学前沿领域的研究中也有相当高的显示度。

3）科研团队

实验室有研究顾问4名，研究员13名（其中国家杰出青年科学基金获得者4人，中国科学院"百人计划"入选者4人），副研究员4名，技术人员10名，大部分成员是具有博士学位的中青年科学家。研究生博士后等流动人员20多名。实验室主任为李献华研究员（2005~2007）和徐义刚研究员（2008~2010），许继峰研究员、孙卫东研究员和王岳军研究员任副主任。

4）研究方向

以同位素地球化学的学科优势为依托，发展适用各种地质对象的同位素定年和同位素地球化学示踪方法，加强多元同位素体系理论研究，并与当前地球科学前沿领域——大陆动力学和全球变化密切结合；通过同位素年代学与地球化学研究，为解决大陆动力学、壳幔演化及其相互作用、资源形成和勘探以及全球变化等重大基础科学问题做出具国际先进水平的研究成果。主要研究方向有：

（1）多元同位素体系示踪理论；

（2）同位素年代学新技术、新方法；

（3）岩石圈演化的化学地球动力学。

近期主要研究内容：

（1）海陆岩石圈化学地球动力学演化；

（2）地幔柱与超级地幔柱活动及壳幔相互作用；

（3）同位素地球化学示踪理论和定年新技术、新方法研究；

（4）全球变化研究中的高分辨率地球化学记录和环境同位素示踪。

5）发展目标

以元素和同位素地球化学的理论和方法为基础，研究地球内部和浅表地质过程中元素和同位素组成的演变规律，重点探索壳幔的组成、结构和动力学演化及其对矿产资源与环境变化的制约，把实验室建设成为国家固体地球科学研究的一个重要基地。

在未来 8~10 年内，将实验室建成以拥有国际知名地球化学家和完整配套的元素-同位素实验设备与技术队伍为标志的国际知名研究群体，大幅度提高我国在同位素年代学和地球化学研究领域的水平和国际竞争力，并具有原始创新和培养一流科技人才的能力。

6）历史沿革

同位素年代学和地球化学重点实验室的前身是于 1958~1962 年在中国科学院原地质研究所由李璞先生为首创建的"绝对年龄实验室"，1966 年搬迁至贵阳后更名为"同位素年龄实验室"，1983 年正式命名为"同位素地球化学研究室"，1987 年搬迁至广州，1994 年在中国科学院支持下组建了"同位素地球化学青年实验室"，1999 年在所分类定位试点的改革中通过学科优化重组，作为研究所的重点发展的优势学科之一，组建成立了"同位素年代学和地球化学研究中心"，2005 年被正式批准为中国科学院重点实验室。是国内最早成立的同位素地球化学研究室，建立了我国第一代同位素年代学实验室，开创了我国同位素地球化学研究领域。

（作者：李献华，2015 年 1 月）

4. 国土资源部盐湖资源与环境重点实验室

1）依托单位

国土资源部盐湖资源与环境重点实验室依托：中国地质科学院矿产资源研究所。

2）研究队伍

重点实验室学术委员会主任是孙鸿烈院士，实验室主任是郑绵平院士，副主任是孔凡晶研究员。现有在职研究人员 28 人（其中院士 1 人、研究员 6 人、副研究员（高工）7 人、助理研究员（工程师）14 人；客座研究员 29 人，协作科研人员 23 人。近年来，科研队伍逐渐壮大，引进了 8 位博士后人才留到实验室工作，形成了一支由地质学、化学、生物工程学、环境学等多学科中青年科技骨干为主的科技团队。近 5 年来，共培养硕士研究生 10 人，博士研究生 11 人，博士后 13 人。重点实验室采取走出去，引进来的开放措施，与国内外人才进行广泛的学术交流。与美国华盛顿大学、美国地质调查局、乌克兰国家科学院南方海洋生物研究所、德国自由大学、澳大利亚联邦科学与工业研究组织矿物研究所等国际组织建立了良好的合作关系，并派遣学术骨干到这些研究机构做访问。鼓励青年人才积极参加国际学术交流，使他们在与国际同行的切磋中得到提高。

3）研究条件

在北京设有盐湖沉积实验室、盐湖地球化学实验室、盐类化学分析实验室、盐湖生态与活性物质实验室、盐湖生物基因工程实验室和铀系法年代实验室，在郑州有矿物综合利用研究室，在野外建立了西藏扎布耶盐湖野外长观站和研究基地、西藏当雄错实验研究基地、西藏班戈湖长观站和研究基地。重点实验室目前 10 万元大型仪器有粒度分析仪、多用电泳仪、紫外凝胶成像系统、高速冷冻离心机、α 能谱仪、γ 能谱仪、岩芯扫描 X 荧光光谱仪、快速碳、硫元素分析仪、便携式激光拉曼光谱仪、全谱直读型电感耦合等离子体原子发射光谱仪、手持 X 射线荧光矿石分析仪等，均为实验室常规仪器，利用率高。

4）研究方向

盐湖资源与环境重点实验室主要研究方向和目标：

（1）盐湖矿产成矿规律、资源评价理论与方法研究：对盐湖和盐类矿床钾、硼、锂、铯、铷、溴、碘等国家急缺、重点或稀有矿产的成矿规律、找矿方法进行研究；对重点盐类矿产资源综合利用的关键理论与技术方法的研究，重点研究盐类综合利用的物化原理、化工工艺和工程化关键技术，为增加盐湖矿产品种和高值化，为改变长期以来我国盐类矿产开发中产品单一和低值开发的重大难题提供科技依据。

（2）盐湖环境与全球变化研究：研究盐湖沉积的气候环境定量化指标，建立青藏高原典型盐湖高精度古气候、古环境演化序列；新生代中国盐湖带迁移和时空演化与高原形成及古季风演替的相关性研究；坚持不同区带盐湖站点的长期科学观测研究，建立我国盐湖区生态环境、盐类和生物资源数据信息系统，引进和完善 GIS 系统，为我国盐湖区环境保护和资源合理开发提供基础资料。

（3）盐湖农业、盐湖与健康研究：对盐湖及盐碱地分类调查，并相应开展盐生生物种资源调查、筛选、驯化以及新品种的培育研究。开展广义盐湖的生态学研究，探讨气候变化及人类活动对现代盐湖生态系统的演变规律的影响，对生态系统十分脆弱的藏北和柴达木盆地区的盐湖生态系统容纳能力的科学评估，服务于盐湖矿业发展的环境规划，为盐湖生物多样性的保护和构建西部盐境生态安全屏障提供依据。开展盐湖水域生态系统的生物群落结构与生物生产力研究，开展盐湖生物产业化发展潜力及其生态风险评估研究，为盐湖农业的健康发展提供理论依据与技术支持。

5）地位和作用

盐湖资源与环境重点实验室是国内盐湖资源与环境综合研究的唯一平台，是从事盐湖资源及其开发利用的专门科研机构。以盐湖学与盐科学体系理论为指导，通过盐相关战略资源调查评价和综合利用方法技术与工程示范研究，为保障国家对重大战略和稀缺盐类矿产资源的需求服务；通过盐湖农业（含盐土农业）与工程示范研究，开拓盐碱地与盐水域有效利用途径，为提高国家土地资源保障程度服务；通过盐环境与全球变化研究，力争跻身国际前沿；为预测、预警盐环境变化和灾害服务。目前，实验室承担着 3 项 973 计划课题，1 项地调计划项目，1 项公益行业专项，5 项自然科学基金项目，在我国紧缺盐类钾盐资源勘查、盐湖环境方面发挥着行业引领的作用。

6）研究成果

重点实验室在盐湖和古代盐类矿床研究、资源勘查和综合利用及盐湖生物生态方面都做了大量研究工作，取得优异科研成果，是我国唯一具有盐体系综合研究特色和在国内外同行中有相当学术影响的单位。主持召开过第 6 届、第 12 届国际盐湖会议；主持召开第一、第二届盐湖生物学会议。多个五年计划中都承担了国家和部级重点科技攻关项目，先后获得全国科学大会奖 2 项、国家科学技术进步奖一等奖 1 项、二等奖 2 项、部一等奖 2 项（均为第一获奖单位），专利 4 项，有的成果已向生产转化，产生重大社会经济效益。发表论文 300 余篇，专著 7 部。

7）历史沿革

中国地质科学院矿产资源研究所盐湖中心从 1956 年以来，一直从事我国盐湖/钾盐地质和盐类资源综合考察和评价研究，在全国四大盐湖区进行了广泛系统的考察研究，而且对我国主要古代盐盆地都进行了较深入的调查研究。1997年5月，成立了"地矿部盐湖资源与环境开放实验室"，2004年成为院重点实验室"中国地质科学院盐湖资源与环境重点开放实验室"开放运行，2007年成立"国土资源部盐湖资源与环境重点实验室"。经过多年的努力建设，资源与环境重点开放实验室初步形成了一个由地质学、化学、生物学、环境学等多学科青年科技骨干为主的科研团队，一个盐类资源综合研究的学科体系，一个由以地质矿产研究为龙头，带动锂、硼、钾、铯、铷等特种盐湖化工以及高原极端环境盐生物工程材料、基因工程开发和盐湖农业、盐湖与健康等"大盐湖产业链"的应用基础研究基地。

（作者：孔凡晶，2015年12月）

5. 中国石油化工集团公司油气成藏重点实验室

1）依托单位

中国石油化工集团公司油气成藏重点实验室于2011年3月15日正式成立，其前身是原国土资源部无锡石油地质中心实验室等多个研究单位，具有近50年的发展历史。实验室依托单位是中国石化石油勘探开发研究院。

2）定位与方向

油气成藏重点实验室主要从事油气地质基础理论及油气形成与分布预测的地球化学科学技术领域的研究，主要有有机地球化学（成烃评价）、同位素地球化学（运移示踪）、成藏定年技术（成藏过程）和油气勘查地球化学（油气化探）等系列，包括成盆、成烃、成藏与保存各个环节的地球化学过程及其响应，涉及油气成藏的物质基础、演化过程、赋存状态及其分布预测。

重点实验室的定位是"中国石化在油气成藏地质领域的实验研究基地，基础理论、前沿技术、先进方法的研发中心及人才培养中心"。

重点实验室的研究方向是"叠合盆地海相碳酸盐岩层系油气成藏和海陆相非常规油气赋存的基础理论、油气勘探地质地球化学应用技术和地化关键测试技术"。

（1）有机地球化学（成烃评价）。系统建立海陆相烃源岩生源、环境、成熟度的地球化学分析方法，完善海相碳酸盐岩层系多元生烃、二次生烃模式，建立中国海相碳酸盐岩层系多元成烃理论和指标体系。研究方向主要是：生物标志化合物定量分析和解释技术，多元烃源生烃组分动力学分析技术和在仿真条件下，烃源岩到成藏过程的热压模拟实验技术。

（2）同位素地球化学（运移示踪）。系统建立油、气、水、岩、包裹体等不同相态物质的稳定同位素（C、H、O、N、S）分析技术，探索有机质微量元素及稳定同位素的原位、微区质谱分析技术；建立海相碳酸盐岩层系油气运移的综合示踪体系。研究方向主要是：单体碳、氢、氧、氮、硫同位素测试技术，稀有气体组分分析技术和轻烃定量分析方法研究。

（3）油气成藏定年技术（成藏过程）。建立U-Th/He、油气包裹体、稀有气体等定年分析技术；探索储、盖仿真测试技术；初步建立海相油气成藏定期定年综合指标体系。研究方向主要是：古温标测定技术，成藏定期定年技术，储层形成与改造模拟实验技术和盖层与保存条件分析技术。

（4）油气勘查地球化学（油气化探）。建立油气微渗漏理论模型，发展成套地质微生物技术，开展微量元素地球化学技术研究，进行水化学在油气田开发中应用研究。研究方向主要是：化探异常成因机理及烃微渗漏模拟技术，复杂地表区油气化探技术，地表油气信息提取及测试技术和化探异常综合解释评价技术。

3）近期主要研究内容

（1）发展完善海相碳酸盐岩层系成烃成藏理论，建立健全海相多元生排烃动态演化与定量预测技术、成藏定年定期测试技术、有限空间生排烃模拟技术、碳酸盐岩溶蚀实验技术、油气保存条件与盖层有效性动态评价技术等。

（2）持续保持单体包裹体、生物标志物定量、生烃组分动力学、生排烃热压模拟、碳酸盐岩储层溶蚀和泥页岩脆延转换测试等实验测试技术在国内外领先水平，国内起到引领作用。

（3）实现高分辨质谱、全二维色谱质谱、矿物（U-Th）/He 定年分析和原位微区在线分析等实验分析技术的有效开发利用，力争达到国际先进水平。

（4）建成适合于中国页岩油气地质特点并能够满足中国石化页岩油气勘探开发需求的页岩油气实验测试与评价技术体系，揭示中国重要盆地页岩油气形成机制与富集规律。

（5）加强建设实验测试基础平台，实现实验室信息管理系统（LIMS）控制下的实验测试全过程技术管理、质量监督、成本控制和日常运行以及分析测试方法、成果和资料等信息资源共享。

4）发展目标与规划

以成烃、成藏等石油地质基础理论研究为重点，油气藏勘探与评价为目标，油气实验地质新技术、新方法和新仪器研制为手段，发展油气地质、地球化学基础理论，完善油气形成与成藏评价和预测技术，集成油气地球化学勘探应用技术系列，建立油气成烃成藏地球化学示踪体系，深化油气地球化学勘探开发基础理论和地质应用，创建与国际接轨的油气地球化学勘探技术研发中心。在油气地球化学定量分析技术、包裹体分析技术、同位素分析技术、模拟实验分析技术、储盖层分析评价技术达到世界先进水平。形成一批新技术，建立一批新方法，转化一批新成果。

中国石化油气成藏重点实验室作为中国石油化工集团公司科技创新体系的重要组成部分，聚焦海相油气成藏机理和非常规油气地质评价关键技术。实验室的主要任务是围绕集团公司发展战略和主营业务需求，特别是针对油气勘探开发生产中的重点和难点问题，瞄准油气成藏地质学和地球化学的国际研究前沿，针对国内外多期构造活动背景下、结构复杂的叠合盆地中油气系统演化的特殊性、海外探区面临的巨大资源和地质技术风险性，主攻制约叠合盆地油气成藏的基础理论、油气勘探开发地质地球化学应用技术和地球化学测试的关键技术，发展和完善油气成盆、成烃、成藏和保存理论，认识叠合盆地油气富集机理与分布规律，形成适合于叠合盆地复杂性与特殊性的勘探技术系列，为常规油气和非常规油气勘探生产经营提供实验地质技术支撑，为中国石化全球油气资源战略决策提供科技支持。

5）科研团队

实验室由中国科学院院士金之钧教授任学术委员会主任，国家特聘专家黎茂稳教授任实验室主任。重点实验室固定人员63人，其中国家"千人计划"特聘专家2人、国家973计划项目首席科学家2人、集团公司高级专家3人、外籍高端专家1人、院专家2人、主任师及主任实验师 7 人，中青年研究骨干占 80% 以上，专业构成是构造地质、沉积学、地球化学、油气地质和仪器研发。流动人员由学术带头人根据项目研究工作的需要自主聘任，包括中国石化勘探领域相关所（部）学科带头人和重点研究区域带头人、博士后和高校、科研院所研究生。

6）历史沿革

中国石化油气成藏重点实验室的前身历史悠久而隶属复杂。上溯到 1958 年在上海市宝源路成立的上海石油普查大队实验室，隶属上海市人民委员会地质处；1962 年 7 月在上海市延安西路归地质部成立石油地质中心实验室；1970 年 6 月 18 日地质部石油地质中心实验室（上海）及其所属 101 队（合肥）与综合研究队（长春）内迁湖北江陵，合并组建国家地质总局石油地质研究大队；1976 年 5 月 8 日更名为国家地质总局石油地质综合大队；1977 年 7 月石油地质综合大队实验室迁至无锡市惠钱路成立国家地质总局石油地质中心实验室；1979 年 8 月更名为地质部石油地质中心实验室；1983 年 1 月 1 日更名为地质矿产部石油地质中心实验室；1997 年 10 月，中心实验室划归中国新星石油公司，改建为石油勘探开发规划研究院无锡分院；2000 年 7 月 14 日研究院划归中国石油化工股份有限公司无锡分院，更名为石油勘探开发研究院无锡实验地质研究所；2005 年 3 月 7 日，中国石化石油勘探开发研究院荆州新区勘探研究所、合肥石油化探研究所与无锡实验地质研究所完成科技资源重组，并更名为中国石油化工股份有限公司石油勘探开发研究院无锡石油地质研究所。这一期间实验室得到了长足的发展，2011 年 3 月 15 日，该实验室经中国石化批准成立油气成藏重点实验室。

作为我国石油地质行业中最早建立的以地球化学为主要内容的实验室，在新技术新方法探索、新型实验分析仪器研发等方面取得了大量创新性成果，具有明显的技术优势和竞争力，多次获得国家及省部级奖励和表彰。该所石油实验地球化学带头人、我国著名的石油地球化学家陈丕济（1923～1985 年）自 1958 年起，牵头引进、消化和吸收国外先进技术，筹建实验室，负责《石油地质实验文摘》（1962 年创刊）国内发行刊物和编写《石油地质实验基础》丛书（1978 年），编译国内外地质、地球化学最新技术动态，加强情报技术交流，开阔思路，建立我国油气地球化学分析体系，大力推动了我国地质、地球化学与实验工作的开展。著名地质学家、中国科学院学部委员朱夏（1920～1990 年）于 1979 年在无锡创建我国第一个盆地研究室时，要求在盆地分析工作中必须开展构造、沉积、地球化学、地球物理多学科综合研究，与张毅纲和陈正辅等专家一道大力促进了实验室的快速发展。并将《石油地质实验文摘》更名为《石油实验地质》，现该刊已为油气地球化学领域为数不多的核心期刊之一。长期以来，该实验室在地球化学、油气资源评价和储盖层评价等领域突显出了科研与生产、宏观与微观、地质与实验相结合的鲜明特色，自行创建了多层国际领先的仪器设备和方法，形成了一批具有自主知识产权的专利和中石化专有技术，为行业研究发展提供了一批又一批方法技术、流程、标准、标准物质和教材等。

（作者：刘文汇，2015 年 5 月）

6. 中国科学院油气资源研究重点实验室

中国科学院油气资源研究重点实验室面向国家对油气资源的重大需求，瞄准石油地质学、地球物理学和地球化学的国际研究前沿，针对制约我国油气勘探进程的勘探理论与关键技术问题，开展基础性、战略性、前瞻性创新研究，构建以油气盆地形成与演化、成烃与成藏研究和勘探关键技术与装备研发为特色的研究平台，具有地质、地球物理、地球化学学科齐全的优势，是国内油气资源研究领域一支重要的科学研究和技术研发力量。

实验室学术委员会主任为刘光鼎院士，副主任为欧阳自远院士，实验室主任为郝天珧，副主任为罗晓容、王真理、妥进才。截止到2013年底，实验室有固定人员65人，其中，中国科学院院士1人，"千人计划"全职人员4人，国家杰出青年科学基金获得者4人，"百人计划"5人。

实验室前身为1991年成立的中国科学院兰州地质所"中国科学院气体地球化学重点实验室"，2004年9月，为集中和加强油气领域研究力量，科学院院党组决定，将兰州地质研究所整合到地质与地球物理研究所，成立兰州油气资源研究中心。依据2005年对"气体地球化学重点实验室"《整改验收意见》的建议，对气体地球化学重点实验室和油气资源研究室进行整合，将"气体地球化学重点实验室"更名为"油气资源研究重点实验室"，2009年5月获中国科学院批准。

近年来，实验室以油气资源勘探研究需求为牵引，坚持地质、地球物理、地球化学等多学科融合，深化石油地质理论研究，发展和完善油气成盆-成烃、成岩-成藏理论，认识盆地深层和海相层系油气富集机理与分布规律，自主研发油气地球物理探测核心技术与装备，形成适于我国复杂地质条件下油气勘探的关键装备与技术系列，具备了面向油气勘探前沿理论和探测关键技术的分析测试、野外观测、大型计算模拟、装备研发四位一体的能力与特色，并在油气成藏动力学机制与分布规律、深层油气地球物理探测关键技术、MEMS数字地震检波器和万道地震勘探仪器研制、海底地球物理系列化仪器研制和页岩气赋存状态研究等方面取得了重要的研究成果。

2009~2013年，实验室共承担科研任务389项，其中国家级项目368项。发表学术论文408篇，其中SCI论文161篇，出版专著1部，合作出版专著13部，申请发明专利登记110项，获得发明专利授权31项，软件著作权登记53项。获得国家科学技术进步奖二等奖2项，省部级科学技术进步奖一等奖3项、二等奖4项。

（作者：罗晓容、周昕阳，2014年12月）

7. 国土资源部生态地球化学重点实验室

当前人类面临一系列前所未有的重大而紧迫的生态环境问题，人类活动诱发的全球性环境问题的发生频率和强度已接近，甚至超过自然因素引发的环境变化，有可能对人类生存环境产生不可逆转的后果。生态环境问题从局部演变为全球性的问题，并危及人类健康和生存。

近30年来，随着我国经济的快速发展，土壤、水、大气重金属、有机污染呈蔓延趋势，我国中、东部一些地区受Cd（镉）、Pb（铅）、Cr（铬）、Hg（汞）等重金属及U（铀）、Th（钍）等放射性元素污染，导致农作物有害元素超标，品质落后，市场效益低下，有害元素进入食物链危及人们健康，导致地方病流行，对经济社会发展造成不良后果。

我国是世界第三大矿业大国，现有各类矿山110000多个。矿产资源的开采、冶炼和加工对生态破坏和环境污染严重。据估计，我国受采矿污染的土壤面积至少有200万hm^2。有的矿区由于采矿、冶炼及尾矿污染，造成了上百千米的河段严重污染、鱼虾绝迹、人畜无法饮用、粮食减产；有的矿区因污染使蔬菜叶子枯黄、卷缩，部分果树已死亡，羊齿脱落极为普遍，儿童龋齿率达 40 %。仅近两年就相继发生了陕西凤翔铅污染、湖南武冈铅污染、湖南株洲新马村镉污染等多起重大环境健康事件。"十二五"乃至今后相当长一段时期，随着经济持续发展，各类环境污染的累积性健康危害将更为突显。

1）生态地球化学重点实验室的建立

2012 年 5 月 10 日国土资源部国土资发〔2012〕83 号文下达《关于同意建设天然气水合物等 46 个重点实验室的通知》同意建设国土资源部生态地球化学重点研究室。依托单位为国家地质实验测试中心。

建设生态地球化学重点实验室的主要目的是通过对外开放和合作交流，开展生态环境地球化学基础理论与方法技术研究；生态环境地球化学调查成果评价、应用与示范研究以及环境治理与分析决策支持系统研究。同时跟踪国际分析测试技术发展前沿，结合我国地球科学研究和国土资源调查评价的需要，开展分析测试技术创新和应用研究，引进新技术，建立新方法；研究制备各种类型岩石矿物标准物质和标准分析方法；利用单位技术优势开展环境地球化学及其他交叉学科的研究，为国家经济建设和社会发展提供科学依据。

"生态地球化学重点实验室"的建立为系统地开展生态环境地球化学研究，更好地认识和研究生态环境问题、探讨环境污染发生和影响的途径、防治和改善生态环境质量、促进生态系统的良性循环提供并创造一个良好的工作平台，对于地球化学研究领域的拓宽，地球化学学科发展的促进也将具有积极的推动作用和重要的实际应用意义。

2）研究方向

生态地球化学重点实验室的研究方向是在多目标区域生态地球化学调查和评价的基础上，查明化学元素及化合物在不同生态系统中的分布、分配、成因及来源，研究其迁移转化规律，评价其所产生的生态效应，对污染的生态系统进行预测预警，提出治理建议。同时就生态环境地球化学领域中的重大科学技术问题开展新理论、新方法、新技术和新应用研究。

3）成果

（1）地质调查计划项目《生态地球化学环境与修复技术研究》取得的主要成果有：①在矿山环境研究领域取得了一些新的认识。包头、赣南和微山三大稀土矿区周边上壤、农作物、人发、血清中稀土含量与矿山稀土种类和含量密切相关，湖南省浏阳市宝山河流域的多金属矿开采，发现深层土壤重金属异常。②在环境重金属污染修复领域取得重大突破。利用地球化学工程-生物技术，成功修复湖南株洲霞湾地区的重度污染地表水，经处理后达到国家生活饮用水标准；利用地球化学工程-生物技术，阻隔土壤中 Pb、As、Hg 进入生物链，使叶类蔬菜中的重金属含量达到《食品中污染物限量标准》；通过零价铁原位修复技术中试箱体试验，进行了纳米铁的毒性、重金属六价铬的污染源阻断、固定和削减，为开展同类场地实际修复具有重要参考价值。③有机生态地球化学研究取得显著成绩。建立了 15 类别、12 个系列的城市环境地下水有机污染物分析方法，以及土壤、农作物和新型有机污染区域的污染物的分析方法。

（2）利用地球化学工程技术治理酸性矿山废水示范工程取得显著效果：如德兴铜矿大坞河建立的示范工程，建立了对复合重金属污染水体具有特征吸附和固定作用的处理系统，从而阻断了重金属污染元素向生态链的运移。

（3）我国西部高原地区二噁英类物质的高山冷凝效应，观测到总二噁英/呋喃和总 co-

PCBs含量随海拔的变化表现出正相关关系。

（4）大气中污染物的同位素示踪研究及方法开发，以宇宙射线成因核素^{7}Be作为大气环流的参照系，可以得出东亚季风区大气环流可影响持久性有机污染物纬度分布。

（5）完成了地下水中主要有机污染物分析方法体系建设。

（6）2012~2013年共研制标准物质15个，参与制定的国家计量规范2个：《标准物质定值的通用原则及统计原理》JJF 1343-2012、《标准物质研制（生产）机构通用要求》JJF 1342-2012。

（7）2012~2014年发表论文87篇，其中SCI收录的文章29篇。

4）人员组成与结构

（1）学术委员会。重点实验室学术委员会由23名高级专家组成，学术委员参与重点实验室研究方向、重大科研项目的讨论和重大学术交流活动，负责开放基金项目的审批，参与实验室项目的立项、中期评估、验收的审查等各项工作。

（2）研究团队结构。实验室有固定人员36人。专业技术人员中具有博士学位17人，硕士学位14人，大学本科5人。研究员14人，副研及高工9人，助研及工程师13人；围绕生态地球化学基础性研究和应用性研究的主体，重点实验室主要有两大研究团队：①生态地球化学研究团队。现有研究人员21人，其中研究员9人、副研究员5人、中级职称7人。主要研究方向：开展自然与人为共同作用下的表生地球化学环境的应用性和基础性研究，建立基于地球化学工程技术的环境污染控制与修复技术体系，为保护地球化学环境、提高人民健康水平，促进人类与环境的和谐共处提供理论基础和技术支撑。②生态地球化学研究技术支持团队。现有研究人员15人，其中研究员6人、副研究员2人、中级职称7人。主要研究方向：围绕生态地球化学研究需求，系统开展有益有害元素形态分析方法学研究，探索元素在不同生态环境体系中的形态分布、迁移转化、生物有效性和毒理性等。开展常规、新型等有机污染物分析方法开发和应用工作。开展生态地球化学研究急需的标准方法和标准物质研制，建立与完善生态地球化学实验测试标准化体系和质量监控体系。

（3）客座研究员。重点实验室目前有客座研究员26人，其中中国科学院系统8人、大学8人、国外专家5人、本部门专家5人。客座研究人员承担重点实验室的开放课题，参加重大学术交流活动。

5）发展前景

我国是发展中国家，工业化程度和规模不及西方发达国家，但我国每年向空气、水、土壤中排放的污染量已相当严重。遍及全国各地的乡镇企业虽然极大地推动了我国的经济发展，但其高能耗以及原始、落后的工艺使得某些地域地表水、土壤的污染连成一片。甚至蔓延至整个流域。

1999年至今，国土资源部中国地质调查局组织完成170万km^{2}的我国中东部平原、盆地、滩涂等主要农耕区土壤环境质量调查，基本查清了土壤As、Cd、Hg、Pb、Cr等有害元素污染现状，调查显示，我国土壤环境质量不容乐观。①重要经济区土壤重金属复合污染凸显。长江三角洲、珠江三角洲、两湖地区（湖南、湖北）和成渝经济区是我国人口密度最大、城镇化进程最快、经济发展最迅速的地区，随之带来的土壤污染也最为严重。②西南碳酸盐岩地区土壤有害元素高度富集。③城市区土壤重金属污染不容乐观。④土壤酸化趋势加剧。在土壤重金属污染不断加剧的同时，我国土壤酸化面积不断扩大，酸化速率惊人。⑤潜在生态风险巨大。土壤重金属不断富集，土壤酸化不断加剧，导致了重金属生物有效性增加，严重威胁着粮食安全生产，存在着巨大的生态隐患。

关注未来若干重大科学问题：①元素地球化学行为机理研究。②土壤重金属污染生态风险评估。③矿山生态地球化学研究。④土壤污染调控与修复。

（作者：刘晓端，2015 年 6 月）

8. 中国科学院地球与行星物理重点实验室

地球与行星物理重点实验室成立于 2014 年 4 月，由原"中国科学院地球深部研究重点实验室"与"中国科学院电离层空间环境重点实验室"整合形成，挂靠中国科学院地质与地球物理研究所。地球与行星物理重点实验室的成立，一是为了促进地球内部与空间环境的交叉融合，二是为了开拓行星科学研究的需要。地球内部过程与空间环境通过地磁场对电离层和磁层的控制而紧密联系，因此一方面可以利用全球高时空分辨磁场的探测，反演地球内部结构与运动，另一方面亦可利用地球内部演变的记录探索空间环境的长期变问题。比较行星学的拓展，则是地球内部和空间环境领域发展的共同要求和学科交叉点，也是深空探测的国家战略需求。

1）研究方向

以地幔、地核及衍生的电离层、磁层为主要研究对象，结合与其他行星的内部与空间环境的比较研究，通过地球物理、地球化学、比较行星学等多学科交叉融合，深入理解行星地球的形成和演化，满足国家在资源环境、防灾减灾、深空探测等方面的战略需求，形成一个具有国际先进水平的地球与行星物理研究中心。实验室的主要研究方向：

（1）地球与行星内部物质组成。重点研究地核、地幔的成分与物理和化学性质，对比研究月球和火星等行星的物质组成。

（2）地球与行星内部结构和动力学。重点研究地幔转换带、核幔边界的精细结构，地幔与外核动力学过程，探索类地行星的内部结构。

（3）地球与行星空间环境。重点研究地球空间环境的结构与变化，探索火星和金星等的磁层和电离层。

（4）内部过程与空间环境的关联。重点研究地球和行星的磁场与电离层和磁层的相互作用机制，探索地球宜居性的形成与演化。

2）研究成果

围绕实验室总体定位，瞄准本领域的学科前沿，通过完善实验平台和创新实验技术方法，近年在地球深部成分、结构和动力学、深部与空间环境等方面取得了一系列有影响的研究成果：

（1）地球内部成分、结构与动力学。地球物质成分和结构是地球科学的核心研究内容。利用地震台阵和地震数据共享平台数据，揭示了板块俯冲、核幔界面精细结构，包括发现俯冲洋壳滞留在地幔转换带的精细结构，以及穿过转换带的古老俯冲板块；刻画了太平洋异常区核幔边界高速带的精细结构；基于分子动力学计算，获得上下地幔成分一致性新证据，首次论证硅和氧同时是地核的主要成分，发现氢不能大量进入到地核中，改变了前人的认识。

（2）地球空间环境。利用地基、空间探测实验手段，对电离层与固体地球及其他空间层次间的耦合过程进行了深入研究，揭示了太阳活动变化性对电离层的影响及其机理，获得了电离层经度结构的气候学特性,证实了与大气层波动的耦合;发现了超级磁暴期间电离层超级喷泉效应,有助于理解电离层的基本物理过程,为全球增温过程对高层大气影响等科学问题提供约束;国际上首次证实行星际磁场北向期间能够产生大磁暴,此现象的发现对广泛接受的磁暴产生机制形成了挑战,提出了行星际磁场北向期间磁尾在高速太阳风下可以长期储存能量,储能的释放既可以产生大磁暴也可产生强极光亚暴;发展了大型的基于磁流体力学和混合模拟的磁层数值模型,用于模拟太阳风与磁层相互作用、磁尾动力学 Alfven 波动的动力学过程、太阳日冕磁重联及粒子加速物理过程,建立了日冕太阳风-行星际-磁层-电离层整体太阳风传输过程及磁层内部响应混合模式,提高空间天气预报水平,为国防地磁导航技术提供了基础和技术支撑。

(3) 比较行星学。基于月球和火星陨石的研究,发现月球岩浆洋分异结晶最终形成的克里普岩这一关键月岩类型,并通过其锆石定年确定了月球最终固化的时间;测定了火星幔的水含量,结果比地幔要低一个数量级;得到火星在 2 亿年前仍存在地下水活动的证据,并可持续长达 25 万年,表明火星上至少局部区域存在支持生命的条件;在火星陨石中还首次发现两种产状的有机碳,并具有很轻的 C 同位素组成,这也是迄今发现支持火星曾有过生命的最有力证据;测得火星大气水最富 D 的同位素组成,与"好奇号"测得的火星现代土壤水的 H 同位素组成一致,表明火星曾丢失了一个较之前估计更深的海洋。通过同时探测火星与地球的氧逃逸,证实火星的粒子逃逸速率远高于地球,揭示了磁场对行星环境的重要保护作用;研究还发现地质历史上的磁场倒转与氧的逃逸及生物灭绝之间的相关性。

3) 人员组成与结构

实验室由 10 个研究团队和三大支撑平台构成。10 个研究团队分别为古地磁与地球内部过程、地球内部物质成分、地球内部结构、地震学、电离层与高层大气、电离层空间天气、地球与行星磁场、空间环境观测研究、比较行星学、行星空间环境等。三大支撑平台分别为由大规模流动地震台阵与国家子午工程空间环境国家野外科学观测研究站构成的野外观测平台,由纳米离子探针、聚焦离子束和电子显微镜以及稀有气体质谱等构成的测试分析平台,由大规模高性能计算机与高温高压实验构成的计算模拟平台等。目前实验室有固定人员 88 人,包括研究员 25 人、副研究员 33 人、助理研究员 3 人,以及技术支撑和管理人员 27 人。拥有中国科学院院士 2 人、国家杰出青年科学基金获得者 9 人、"百人计划" 7 人、"青年千人计划" 3 人。平均年龄 40 岁,是一支以中青年为主的队伍。

4) 发展前景

实验室面向地球科学前沿和国家重大战略需求,以地球系统科学和比较行星学等研究方法为指导思想,以地球深部的重大科学问题为导向,集成地球物理学、地球化学、比较行星学和计算模拟等研究手段,建成观测、实验和计算"三位一体"的研究中心,揭示地球深部物质成分、性质、结构、运动规律及其各圈层的相互作用,为固体地球系统科学理论的建立、空间环境安全,以及月球和火星探测等国家需求做出重要贡献。

(作者:林杨挺,2015 年 4 月)

9. 中国科学院月球与深空探测重点实验室

1) 历史沿革

近年来,我国月球探测工程的论证、立项和成功实施,极大地推动了月球科学的系统研究；科学目标的研究和论证，系统全面地阐述了月球与深空探测的进展和发展需求，提出了具体的研究目标和内容；有效载荷的选择和论证，落实了月球科学探测的技术途径和实现方案；探测数据的接收和处理过程，建立了月球科学涉及的基础标准体系和数据处理规范，获得了大量不同类型的探测数据，奠定了我国月球与行星科学的基础。这些为我国月球与深空探测的系统、深入研究提供了条件。

借助我国正在以及即将开展的月球与深空探测东风，2003年，国家天文台适时设立了"月球与深空探测科学应用中心"，以中国科学院地球化学研究所天体化学研究室的研究人员为主进行扩充后组建。国家天文台以该中心为主，承担了探月工程地面应用系统的研制、建设和运行，负责月球探测工程科学目标以及有效载荷配置的论证、科学探测数据的接收、处理、授权发布和科学反演等工作，目前已经成为我国月球与行星探测数据接收、处理、解译和发布的中心。2011年成立国家天文台"月球与深空探测重点实验室"。依托此重点实验室的平台，于2013年进一步申请了"中国科学院月球与深空探测重点实验室"并获得批准。

中国科学院国家天文台是"中国科学院月球与深空探测重点实验室"的依托单位。

2）科研领域

本实验室结合高技术研发与基础科学研究，既负责实施中国月球与深空探测的科学论证、数据接收、存储、预处理和发布，同时从事基于深空探测数据的行星科学研究。实验室包括天体化学、比较行星学、行星物理学、天体测量与天体力学、天文技术与方法硕士、博士学位点和博士后科研流动站，在多个研究、技术领域均处于国内领先地位。

3）科研团队

实验室有研究顾问4名，分别为欧阳自远院士、陈颙院士、艾国祥院士和王水院士；学术委员会主任为严俊研究员；固定工作人员52名，其中研究员10名（包括中国科学院"百人计划"入选者2人），副研究员9名，助理研究员19名，高级工程师6名，大部分成员是具有博士学位的中青年科学家。首任实验室主任为李春来研究员，副主任为邹永廖研究员、张洪波研究员和崔峻研究员。

4）研究方向

（1）月球与行星科学目标、有效载荷需求以及探测任务仿真技术研究

A. 月球与行星探测科学目标、有效载荷需求及总体技术要求

持续进行国际月球与行星探测与科学研究相关进展的跟踪和调研，紧密结合我国科技进步和经济发展的现状，开展如下研究工作：①月球与类地行星（火星、金星、水星及某些矮行星）探测科学目标、有效载荷需求及总体技术要求；②类木行星及其卫星探测的科学目标、有效载荷需求及总体技术要求；③小行星和彗星探测科学目标、有效载荷需求及总体技术要求。

B. 月球与行星科学探测仿真技术

为确保能够稳定、可靠和高效地执行任务，必须建立一套模拟科学探测的仿真平台对任务执行过程进行仿真，主要包括：①行星探测轨道设计与科学任务规划仿真技术；②三维场景数据处理与显示；③遥感分析数据处理与融合技术；④有效载荷探测仿真验证技术。

（2）月球与行星地基、遥感和就位探测技术与研究

对于月球与行星探测的科学目标不同，利用不同的方法进行探测。包括使用本实验室的

50m 天线以及国外综合孔径阵进行联合探测研究，以及开展卫星遥感和就位探测理论与方法的研究，开展如下工作：①地基观测主动和被动式对月和行星观测方法和模式研究；②地基观测高分辨率成像的数据处理方法研究；③卫星遥感和就位探测方法和观测模式研究。

（3）月球和行星探测数据接收和处理技术与研究

在深空探测中，由于作用距离远，导致接收信号的信噪比极低，因此成功地对探测信号进行接收、解调和译码成为一项关键技术。主要包括：①大口径天线指向技术；②低噪声制冷接收机技术；③高动态微弱信号的捕获跟踪技术；④微弱信号接收合成与处理技术。

围绕我国月球探测工程获取的覆盖 γ 射线、X 射线、可见光-近红外、微波等波段的探测数据，以及未来行星探测数据开展以下研究：①月球与行星探测数据处理方法和真实性验证研究。针对不同探测目标的有效载荷特点，开展数据处理方法和流程研究；在无月球与行星表面实验场的情况下，进行地面科学验证试验，验证探测数据的真实性。②月球与行星探测数据信息提取技术研究。发展主动雷达、微波、超光谱、高空间分辨率、γ 射线和 X 射线等先进探测数据的信息提取技术，获得更为精确的探测成果。③探测数据融合技术和可视化方法研究。开展各类不同波段不同载荷探测数据的融合技术和可视化方法研究，拓展月球与行星的研究和应用领域。

（4）月球和行星信息处理与管理技术研究

A. 月球与行星数据系统与基础标准规范研究

借鉴国际上通行的行星数据标准与规范，结合我国探测器与科学探测仪器的特点，开展：①月球与行星的空间参照规范；②月球与行星空间信息规范；③月球与行星数据处理规范与流程；④月球与行星制图规范；⑤月球与行星数据系统及编码体系标准；⑥月球与行星地名命名规范等。

B. 月球与行星制图与信息处理技术研究

在月球与行星探测中，开展形貌探测几乎是所有探测中的首要任务，因此开展制图研究显得尤为关键。而如何方便快捷、形象准确地把数据发布到研究者手中也是实验室工作的重点之一。研究内容主要包括：在制图标准与规范的指导下，利用地图学、空间信息技术、图形图像学、多媒体技术、计算机技术等，实现对不同制图数据管理、地图分幅、地图设计、地图要素编辑、地图显示等。

C. 月球与行星数据管理与发布技术研究

数据是月球与行星探测最宝贵的资源与财富，实现数据的安全可靠管理是一项基本而重要的任务。而随着数据量的不断增大，查询复杂化程度的日益提高，以及随着科学研究与应用的不断深入开展，对数据管理和发布的要求也在不断地增长，研究先进的技术和方法实现对科学探测数据的高效管理、提供高质量的数据服务最大限度地发挥数据的利用价值是一个重要的研究内容与建设目标。

主要研究内容包括：利用网络技术、通信技术、数据库技术、多媒体技术、空间信息技术、嵌入式技术，建立全面的月球与行星探测数据库与管理系统，开发面向桌面、网络、移动手机的信息发布平台，实现对大规模月球与行星探测科学数据的高效存储与管理、海量月球与行星探测科学数据的快速发布与获取，以及月球与行星空间信息的组织、属性查询、地图测距、地图漫游、多媒体信息查询、地图输出等。

(5) 月球和行星科学研究

利用我国探月工程和深空探测工程获得的科学数据、国外相应数据和陨石样品，深入开展月球形貌、构造、地质、地球化学、地球物理、行星物理和内部结构等方面的研究工作，获得对月球和行星的深入认识。研究内容包括：

A. 月球与行星表面地质研究

充分利用和挖掘已有的各类探测数据，深入开展如下研究工作：①月球与行星形貌特征与演化；②月球与行星的物质组成与化学演化；③月球与行星的地质构造特征与演化。

B. 月球与行星物理研究

行星物理学是地球物理学的自然延伸及拓展，任何地球系统科学中子系统相互作用规律及模式都是建立在地球科学的基础上，需要通过其他参考系来补充及验证，而行星（包括月球）则是地球系统科学最好的自然实验室。研究内容包括：①月球与行星的重力场；②月球与行星的磁场；③月球与行星的电场；④月球与行星表面热流与内部热状态；⑤月球与类地行星震动特征；⑥月球与行星空间环境特征；⑦月球与行星内部结构及其成因。

C. 陨石学、天体化学与比较行星学研究

陨石是除地外天体采样返回之外可获得的唯一地外物质样品，代表了类地行星（表面）的主要物质构成，并蕴含了天体起源和演化的大量信息。对月球和行星陨石的研究，可极大地丰富类地行星的科学认识，获得大量遥感探测无法感知的信息。研究内容包括：①南极及其他陨石（包括各类常规陨石、月球陨石、火星陨石与某些矮行星陨石）的岩相学、地球化学、年代学；②地外天体人工返回样品的岩相学、地球化学、年代学；③比较行星学的综合研究。

5) 发展目标

月球与深空探测重点实验室的发展目标是利用现有的月球与行星探测研究雄厚的硬件基础、丰富的数据基础以及积累的人才基础，发展成为：①我国深空探测科学目标研究和论证的核心力量；②月球与行星科学探测仿真和运行操作中心；③月球与深空探测数据接收和地基观测的基地；④负责月球与深空探测数据处理和发布的数据中心；⑤月球与行星科学数据研究的核心单位和人才培养基地；⑥国际一流的月球与行星科学研究中心。

（作者：崔峻，2014 年 8 月）

（第一节作者：宋云华、陈晓雨）

第二节 高等院校地球化学专业与院系的设置和发展

一、地球化学系

1. 中国地质大学地球化学系

中国地质大学地球化学专业自1960年建立，至今已有52年历史。经过半个世纪的风雨历程，在老一辈专业奠基人的带领下，经过几代人的不懈努力，已经建成具有特色的教学与科研配套完整的专业体系，并形成一支勇于开拓、团结协作、求实奋进，具有创新活力的教师队伍，培养了大批专业人才，为我国地球化学事业做出了贡献。

1）地球化学特色专业建设简史与现状

1960年2月25日地质部《关于地质学院若干重大问题的决定》提出：北京地质学院单独设地球化学专业。5月21日北京地质学院第一届院务委员会第11次会议通过建立"地球化学勘探教研室"的决定，后改名为"地球化学及地球化学探矿教研室"，设在地质矿产二系，任命曹添为首任教研室主任。当年抽调地质矿产二系金属非金属矿产地质与勘探专业1957、1958、1959级各一个班，直接转为地球化学及地球化学探矿专业。1961年开始培养地球化学专业研究生。1961~1962年先后编写出版了《金属矿床地球化学探矿法》和《地球化学》两本教材，1964年编出油印版《元素地球化学讲义》上、下册。1962年教研室已扩大教师及实验人员至22人，同年第1届地球化学专业五年制本科生毕业。至1966年共招生8届本科生，毕业4个班120人。在1966~1975年期间，通过教改小分队和短训班形式把课堂搬到了野外，坚持了教学和科研工作。1975年北京地质学院迁校到武汉，为武汉地质学院，地球化学教研室归属地质系，地化专业恢复每年招生。1978年国家地质总局批准武汉地质学院建立"地球化学及地球化学找矿研究所"。1984年被确认为地球化学博士学位授权点；1985年10月成立地球化学系，自1987年归属地球科学学院。1978年9月武汉地质学院在北京成立研究生部。1987年11月国家教委批准我校晋升为中国地质大学，在北京校区也开始恢复本科生招生。至此形成了地球化学专业在汉、京两地办学的格局。1995、1999和2011年我校於崇文、张本仁和高山三位教授先后入选为中国科学院院士。2002年中国地质大学"地球化学"学科被评为国家重点学科；2010年中国地质大学地球化学专业被教育部评为"国家级特色专业"。

目前我校武汉、北京两地地球化学专业都扩大了招生规模，教学、科研活动蓬勃发展。中国地质大学（武汉）地球科学学院地球化学系和中国地质大学（北京）地球科学与资源学院地球化学教研室，两处拥有教师及实验人员共44人，其中中国科学院院士3位、博士生导师11名、教授19名、副教授11名；目前武汉、北京两地在校本科生334人、研究生249人、外国留学生5人。

实验室建设：北京、武汉两地地球化学系、室均建有为教学科研服务的常温和高温化学处理实验室，包括原子吸收、原子荧光、离子探针、测汞仪等设备的仪器分析室、包裹体实验室、土壤地球化学实验室、有机物与环境分析实验室、计算地球化学实验室和高温高压流体动力学实验室等；以及京汉共建的"地质过程与矿产资源国家重点实验室（含激光剥蚀等离子体质谱微区测定系统等设备）"。武汉地化系还参与建设了"生物地质与环境地质国家重点实验室"，及早期创建的"壳幔动力学部级重点实验室"。目前，京、汉地球化学专业已成为全国招生规模最大、师资力量雄厚、仪器设备齐全，独具特色的地球化学专业科技人才培养基地。

2）地球化学建专业宗旨与特色

建专业初期在北京地质学院高元贵院长主持下，全室同志深入研究讨论了办专业宗旨和特色。根据国家对矿产资源勘查、开发急需专业人才的实际情况，认为北京地质学院的地球化学专业应坚持地球化学基本理论与地球化学探矿实践紧密结合的方向。即在地球化学理论指导下，密切为地球化学找矿服务，使教学与科研、生产相结合，并确定专业名称为"地球化学及地球化学探矿"专业。

地球化学与化探相结合体现了我校地球化学专业的特色，是建专业52年来几代师生一贯坚持的基本教学理念。培养学生具备扎实的野外地质基础，掌握地球化学和地球化学勘查的理论和技能，强调培养学生的野外和实验室动手能力，使毕业生在专业拓展、创新和就业方面打下良好的基础和适应性。建专业以来培养的2000多名本科毕业生和研究生，大部分从事地球化学理论和勘查工作，部分成为我国各地质矿产勘查部门、地学科研机构、能源开发、环境和生态领域，以及分析测试实验室等单位或部门的技术骨干，为我国地球化学事业做出了贡献。如64届毕业生，"李四光地质科学奖"获得者、中国冶金地质总局地球物理勘查院物化探研究所所长、名誉所长李惠教授就是其中的典型代表，他在40多年找矿实践中总结出构造叠加晕找盲矿理论和方法，在全国50多处金矿区圈出2000多处找矿靶区，已经过钻探验证的金储量270多吨，缓解了30多座危机矿山后备资源不足问题。

(1) 专业师资队伍

经过半个世纪的发展建设，师资力量不断加强，形成了以三位院士为学术带头人的老、中、青教师梯队结构完整的技术队伍。经过多年的培养和积累，一批充满活力的青年教师脱颖而出。南北两地都先后建立了创新型研究团队，如武汉校区的"国家壳幔交换动力学创新研究团队"、高等学校"壳幔交换动力学创新引智基地"，北京校区的"生态地球化学研究团队"等。我校地球化学学科三位院士的学术方向和成就简介如下：

A. 於崇文院士

1924年生于上海，1950年毕业于北京大学地质学系。中国科学院院士，中国地质大学教授。1960年参加了本校地球化学专业创建，曾任第二届教研室主任。历任地质矿产部科学技术高级顾问、国土资源部地质调查局顾问、地质过程与矿产资源国家重点实验室顾问、中国地质学会勘查地球化学专业委员会名誉主任委员、中国矿物岩石地球化学学会常务委员、顾问、元素地球化学与区域地球化学专业委员会主任委员。

一生潜心于地学基础理论研究，长期致力于将基础自然科学和非线性科学及复杂性理论与地球科学相结合，先后开辟和发展了五个创新的学术领域：①将多元分析系统全面地引入地质-地球化学，推动地球科学的定量化。②以耗散结构理论为基础，探索和发展了"区域地球化学"新学科。③将动力学与成矿作用相结合，开辟了"成矿作用动力学"的矿床成因研究新方向。④探索地质系统复杂性的本质，促进地质科学从唯象科学向精确科学的跨越。⑤运用复杂性科学研究矿产资源的形成与发展，提出"矿床在混沌边缘分型生长"的新成矿理论与探索矿产资源可持续发展的新途径。

著有《数学地质的方法与应用——地质与化探工作中的多元分析》1980年、《南岭地区区域地球化学》1987年、《热液成矿作用动力学》1993年、《成矿作用动力学》1998年、《地质系统的复杂性》上下卷2003年、《矿床在混沌边缘分形生长》上下卷2006年、《南岭地区区域成矿分带性》2009年等多部专著。

获国家科学技术进步奖二等奖、第一届中国出版政府奖图书奖提名奖、全国优秀科技图书奖二等奖、地质矿产部科技成果奖一等奖、二等奖4项、李四光地质科学奖等多项奖。

B. 张本仁院士

1929年生，安徽怀远人，1952年毕业于南京大学，1999年当选中国科学院院士。中国地质大学教授。1956年北京地质学院研究生毕业，留校任教。参加中、苏科学院联合研究白云鄂博铁-稀土矿床项目。1960年参加了本校地球化学专业创建，历任教研室党支部书记、教研室主任、地质系副主任等职。20世纪80年代，张本仁教授将成矿带地球化学研究与区域基岩地球化学测量结合，开发出区域基岩数据在解决基础地质和成矿问题中的多种作用。其后他将区域岩石圈地球化学研究与区域构造、岩石、成矿地球化学有机结合，深化了对区域岩石圈演化、构造发展及成岩成矿规律的认识。1992年以来，通过区域壳幔演化和壳幔相互作用，及其深部过程研究探讨了秦岭-大别造山带构造分区与演化，揭示了造山运动和深部过程及其动力学因素。

著有《陕西柞水-山阳成矿带区域地球化学》（1989年）、《秦巴岩石圈、构造及成矿规律地球化学研究》（1994年）、《秦岭造山带地球化学》（2002年）等多部专著。获李四光地质科学奖、全国教育系统劳动模范称号、国家自然科学奖二等和三等奖各1项、教育部科技进步奖一等奖1项、地质矿产部科技成果奖二等奖2项及湖北高校优秀教学奖一等奖1项等多项奖。

C. 高山院士

1962年生，毕业于西北大学地质系，1989年毕业于中国地质大学，获博士学位。1991年被破格授予教授职称。中国地质大学（武汉）教授，博士生导师，地质过程与矿产资源国家重点实验室副主任。1993～1995年在德国哥廷根大学、之后在美国哈佛大学和马里兰大学从事科学研究。2009年当选英国皇家化学学会会士，2011年当选中国科学院院士。

高山教授通过对秦岭地区、华北和扬子克拉通大陆地壳化学成分的研究，获得了中国中东部上、中、下地壳整体63种元素的丰度值，提出了造山带元素分异程度与克拉通明显不同，并认为中国东部上地壳化学成分具全球代表性的结论，其数据载入国际地球化学参照模型。自1992年他通过对华北克拉通地震分析，提出稳定克拉通活化理论。根据活化带常伴随岩石圈减薄作用，论证了华北克拉通及秦岭造山带榴辉岩下地壳通过拆沉作用再循环进入下部软流圈，随后部分熔融与地幔橄榄岩作用。为大陆地壳再循环返回地幔的地球动力学模型提供了实例。成果发表在 Nature 上。在实验方法技术上，随着部级和国家级先后两个重点实验室的建立，他创先引进了我国第一套193纳米激光剥蚀系统，开展了准分子激光剥蚀等离子体质谱微区测定地球化学技术研究。提供了国际微区分析标准中42种（修正了19种）元素含量的标准值，研发和改进了锆石激光剥蚀微区分析等技术。成果在国际权威刊物发表，并被推荐为英国皇家化学学会会士。

2007年他领导的科研团队成果获国家自然科学奖二等奖。高山院士19岁读研究生，30岁晋升为教授，49岁当选院士，为中国地质大学（武汉）突出的"国家杰出青年"学者优秀代表。

（2）地球化学学科博士生导师

北京、武汉两地除三位院士外现有11位博士生导师，名单如下：杨忠芳、岑况、张德会、陈岳龙、张宏飞、刘勇胜、吴元保、凌文黎、胡圣虹，以及在外院系任职的鲍征宇、祁士华。

3）学术方向与研究领域

中国地质大学地球化学由建专业初期以满足国家经济建设对矿产资源需求为主要任务的勘查地球化学方向，逐渐形成了理论地球化学、壳幔演化及动力学、应用地球化学三个研究方向，成为独具特色的地球化学专业。

（1）理论地球化学

研究成矿作用非线性动力学、地质系统和成矿动力学系统的复杂性，探索地质现象的本质和地球科学的基本问题。

（2）岩石圈地球化学

研究岩石圈的结构与组成、壳幔相互作用、成矿作用、深部过程及其动力学，并研究岩石圈演化的地球化学理论–方法体系。通过壳幔物质交换或再循环的追踪，参与有关大陆运动的各种作用和深部过程的研究。

（3）应用地球化学

包括矿床地球化学、勘查地球化学、环境地球化学、生态地球化学等领域。应用地球化学是地球化学理论研究走向实际应用的具体实践，它将地球化学理论应用于矿床勘查、成矿作用及过程、生态地球化学、环境地球化学及其土地质量管护等与国民经济建设及地球科学发展密切相关的各个领域，为保障经济发展对资源需求的供给和生态系统的安全做出贡献。

4）主要成果

（1）人才培养

50多年来，地球化学专业培养大学本科毕业生1748人，硕士研究生513人，博士研究生和博士后总计207人。

1975～2000年，武汉校区连续开办地球化学勘查短训班，学员总计687人。从2005年至今，以北京生态地球化学研究团队为主，在全国范围内举办了5期区域生态地球化学评价和土地质量地球化学评估培训班，累积人数达300人次。此外，在校外举办的其他类型短训班、培训班和进修班多次，学员人数难以统计。

（2）专著与论文

出版专著、教材和文集40多部；近五年在国内外期刊发表论文共536篇，其中在包括 *Nature*、*Journal of Analytical Spectrometry*、*Chemical Geology* 等国际刊物上发表被SCI检索的论文208篇。

（3）获奖

教学、科研项目成果和著作等成果，获国家科学技术进步奖、国家自然科学奖、李四光地质科学奖、全国优秀科技图书奖、教育部科技进步奖、省级科学技术进步奖、地质矿产部科技成果奖等奖励多项。

（4）找矿成果

配合教学生产实习承担的勘查地球化学技术方法项目中，大多项目给当地生产单位提交了化探实测数据、勘查报告和圈出的预测异常靶区，其中一部分项目取得了找矿效果。

（作者：赵伦山、朱有光，2012年12月）

2. 长江大学地球化学系

长江大学地球化学系（分析测试研究中心）是长江大学直属教学院系，其"有机地球化学"学科属湖北省重点学科；"油气地球化学实验室"属中国石油天然气集团公司重点实验室；"油气资源与勘探技术实验室"属教育部在建重点实验室。本系目前拥有1个"地球探测与信息技术"博士点，"地球化学"和"地球探测与信息技术"2个硕士点和"地球化学"、"生物工程"、"水文与水资源工程"3个本科专业。拥有"楚天学者"特聘教授1人，享受国务院政府津贴专家3人，教授（研究员）8人，副教授11人；博士后3人，博士7人，在读博士4人，硕士17人。中国石油天然气集团公司跨世纪学术带头人1名，湖北省跨世纪学术带头人1名，湖北省学术骨干1人，湖北省新世纪高层次人才工程人选1人。

1）发展历程

"有机地球化学"重点学科1986年经国务院学位委员会批准建立石油地质（有机地球化学）硕士点；1987年开始招收硕士生；1993年经国务院学位委员会批准本学科设立"应用地球化学"硕士点，1995年本学科被中国油气集团公司批准为"有机地球化学"重点建设学科，并投资500万元进行学科建设；1998年"油气地球化学实验室"被中国石油天然气集团公司批准为重点实验室。1998年根据国家学科建设的要求，"应用地球化学"硕士点和"应用地球物理"硕士点合并成"地球探测与信息技术"硕士点；1999年"地球探测与信息技术"经湖北省教委批准，进行博士学位点立项建设。2003年国务院学位委员会批准本学科成为"地球化学"理学硕士点。2000年"有机地球化学"学科经过湖北省教委组成的专家组评审，设立"楚天学者"特聘教授岗位。中国石油天然气集团公司（CNPC）部级重点实验室"油气地球化学实验室"拥有亚洲第一台，世界第三台的色谱-质谱-质谱分析仪，红外分光光度计、紫外分光光度计、扫描电子显微镜等价值1200多万元的分析仪器，使有机地球化学分析测试技术与研究达到国内领先、国际先进水平。1999年本学科"地球化学实验室"通过了国家计量认证评审组的评审，成为国际承认的国内有机地球化学分析中心之一。

2）优势特色

在长期科学研究中，地球化学系逐渐形成了勘探地球化学、油藏及开发地球化学、生物地球化学、环境地球化学、分析测试新技术与新方法五个稳定的研究方向。特别是在未成熟和低成熟油研究、油藏地球化学研究、本源微生物提高石油采收率等方面，形成了自己的特色和优势。"六五"期间本学科开展勘探地球化学的研究工作，20多年来先后承担了多项国家级科技攻关项目和国际科技合作项目，取得了丰硕的科研成果。在煤成油形成环境和成烃机理、化石燃料生物标志物与有机显微组分剖析研究、低熟油气形成机理与分布规律等领域都开展了深入研究。近十年来，地球化学系还在油藏地球化学的许多方面开展了工作，例如，有机酸ITP测定法；有机酸成因及有机酸对矿物溶解作用研究；次生孔隙成因机制研究；水-岩相互作用与储层性质预测；含油气层地球化学快速评价和油藏地球化学描述，石油二次运移与油气聚集史研究，采油过程流体地球化学动态检测技术等研究工作，为油气藏的勘探方向、开发评价和生产动态检测提供新的科学依据和新的技术手段。近几年来本学科在生物与环境地球化学方面也开展了开拓性研究工作，曾先后进行过中德合作项目"华北油田微生物勘探先导试验"，中俄合作项目"大港油田本源微生物采油机理与应用研究"以及中国石油天然气集团公司风险创新基金项目"大气CO_2的生物甲烷化过程研究"。目前正在与罗马尼亚、美国等国的研究机构和跨国公司洽谈合作，进行石油微生物的理论与应用研究。

3）研究成果

"八五"以来，本学科完成国家、省部级纵向课题98项，其中国家自然科学基金课题3项，国家重点攻关课题35项，省部级基金课题15项，省部级攻关课题34项，国际合作项目11项；横向课题156项，科研经费3856万元。本学科获国家自然科学奖二等奖1项，国家科学技术进步奖三等奖1项；省部级科学技术进步奖一等奖4项，省部级科学技术进步奖二等奖7项，省部级科学技术进步奖三等奖5项，获省部级科学技术进步奖四等奖1项。近五年在各类刊物和国内外学术会议上发表学术论文275篇。其中，AAPG、Organic Geochemistry、《科学通报》、《地质学报》、《地球化学》等核心刊物上发表学术论文210篇，在学术会议发表论文65篇，有17篇被SCI、EI收录。出版专著11部。

（引自长江大学地球化学系网站，网页地址是：http：//dqhx.yangtzeu.edu.cn/introduce/ArticleShow.asp？ArticleID=10）

3. 中国科学技术大学地球化学与环境科学系

中国科学技术大学地球化学专业成立于1958年，当时名称为"地球化学和稀有元素系"，是中国高等院校第一批成立的地球化学专业。经过几代人的不懈努力，现已经建成具有鲜明特色的国家级重点学科，形成一支具有创新活力和国际研究水平的教师队伍，培养了大批专业人才，为我国地球化学事业做出了贡献。现在名称为"地球化学与环境科学系"。

1）地球化学专业建设简史与现状

1958年6月8日，中国科学院院长郭沫若主持召开中国科学技术大学筹备委员会第一次会议，会议明确了"全院办校、所系结合"方针，并决定设置"地球化学和稀有元素系"，下设地球化学和稀有元素两个专业。同年7月28日，学校筹备委员会举行第一次系主任会议，会议决定由学部委员、地质研究所所长侯德封担任地球化学和稀有元素系主任。建校初期，中国科学院地质所著名科学家侯德封、何作霖、张文佑、尹赞勋、郭承基、司幼东等亲自为地球化学专业学生上课。地球化学专职教师队伍由中国科学院地质研究所先后调配了一批中青年科研人员以及先后招聘了留苏回国生及应届大学毕业生组成，他们主要有黎彤、李秉伦、苏明迪、何铸文、姜传武、孙益仲、杨科佑、章振根、王慧芬、金翠英、李学明、李滨、李平、李本超、丁暄、郭师曾、林树道、朱洪山、周泰禧、张鸿宾、胡友泉、朴洪道、何广智、陈道公、陈江峰、彭子成、张忠奎、付培鑫、李曙光，等等。1963年装备一台国产（仿苏）的ZhP-1固体质谱计，较早建设了国内高校同位素地球化学实验室。1964年4月，中国科学技术大学（简称中科大）进行系科调整，地球化学和稀有元素系并入近代化学系，分别设立地球化学和分析化学专业，由地球化学专业的黎彤任系常务副主任。

1970年中科大下迁合肥，教师流失和仪器设备损失严重，中科大地球化学开始了二次创业过程。1973年开始恢复招生。1978年3月中科大进行系科调整，地球化学专业和地球物理专业分别从近代化学系和近代物理系脱离共同组建了地球和空间科学系，中国科学院地球物理所傅承义院士任主任、地球化学研究所涂光炽院士任副主任。经过全体教职员工的努力，到80年代末，中国科技大学地球化学专业已建成了矿物X光分析实验室、岩矿鉴定实验室，配备有进口原子吸收光谱的微量元素地球化学分析实验室、购进一台德国造MAT-230气体质谱计，建立了硫、碳同位素地球化学实验室、钾-氩年代学实验室和铀-铅同位素年代学实验室，以及流体包裹体实验室，初步建成了较完备的地球化学教学和科研实验体系。1982年中科大地球化学成为硕士学位授权点。先后参与二次创业的教师主要有黎彤、李秉伦、苏明迪、何铸文、饶纪龙、朱洪山、李学明、李滨、李平、胡友泉、郭师曾、林树道、周泰禧、张鸿宾、陈道公、陈江峰、彭子成、李彬贤、张忠奎、李曙光、陈移之、满发胜、杨延龄、高卫民、刘德良、孙立广、王奎仁、朱广美、支霞臣、白玉珍、顾靖飞、程伟基、张巽、储雪蕾、王俊新、郭范、王秀英、倪守斌、邓衍尧、葛宁洁、王兆荣等。

20世纪90年代以后，中国科学技术大学地球化学专业进入新的快速发展阶段。1993年10月郑永飞博士回国到中科大地球化学专业工作，成为中国科学院1994年第一批"百人计划"引进人才，1995年在中科大创建国内首个"化学地球动力学研究实验室"，1997年至2001年担任地球和空间科学系主任。1993年到1995年，王奎仁、李曙光、郑永飞和陈江峰相继被聘任为中国科学院地球化学研究所和地质研究所的兼职博士生导师，并开始招收博士研究生，1998年成为博士学位授权点。2000年成为地质学博士后科学流动站，2001年成为国家重点学科。2002年2月，地球和空间科学学院成立。2005年以地球化学学科为主要依托，成立了中国科学院壳幔物质与环境重点实验室。该实验室目前拥有具国际水准的岩石学和地球化学实验与分析平台和技术。主要仪器设备有同位素气体质谱仪MAT253和Delta+、热电离固体质谱仪MAT-262、等离子质谱仪DRC II并配有激光器Geo-Las193、多道等离子质谱仪（NEPTUNE MC-ICP-MS）、电子探针、显微红外光谱、激光拉曼光谱，建立有配套的化学预处理实验室，不仅能够进行气体稳定同位素氢氧碳硫和放射成因同位素锶钕铅组成测定，而且能够进行固体金属同位素分析、激光氧同位素分析、矿物微区微量元素分析和锆石U-Pb定年。此外，还建有高温高压实验室，配备有圆筒活塞式压机和金刚石对顶锥压机。

20世纪90年代末，地球化学专业部分教员开始关注环境地球化学研究领域。其中孙立广教授通过鸟粪层地球化学研究南极地区企鹅的生态演化的论文在*Nature*发表并开拓出生态地质学研究新领域。1999年"极地环境研究室"成立，2001年成立环境科学专业并从地学院和化学院等接收分流学生，2002年开始从全国统考学生中招收本科生。2002年先后获得环境科学硕士和博士授予权；2005年与国家海洋局极地考察办公联合共建"极地生态地质实验室"。2006年获得环境科学和工程一级学科学位授予权；2009年获得环境科学和工程博士后科学流动站。

2011年，地球和空间科学学院分别设立地球物理与行星科学技术系、地球化学与环境科学系。地球化学与环境科学系下设地球化学专业和环境科学专业，面向全国招收本科、硕士和博士研究生以及博士后。

2）地球化学与环境科学系的办学宗旨与特色

中国科学技术大学地球化学与环境科学系的办学方针是要培养同时具有坚实的数理化基础和地质学基础，即能够从事野外地质调查，又能够亲自做室内化学分析，能应用物理化学原理从事地球科学前沿研究的新型地球化学人才。因此，在课程设置上重基础、宽口径，地球化学专业的数理化课程与化学系看齐，同时还要学习系列的地质学课程和地球化学课程。本科三年级，学生即到各研究实验室开始参加科研和做毕业论文研究，使学生较早受到科学研究的训练，增强他们毕业后从事科学研究工作的能力。因此该专业毕业生具有数理化基础扎实，实验动手能力强，以及适应学科交叉和开拓新的研究领域能力强的特点。

同位素地球化学和微量元素地球化学是该系最突出的优势专业方向，开设有痕量元素地球化学、放射性同位素年代学和地球化学、稳定同位素地球化学、地球化学热力学和动力学、环境地球化学、生物地球化学、化学地球动力学、岩石地球化学、矿床地球化学、质谱学原理和实践、同位素地球化学分析等系统的研究生课程，毕业生也都成为该研究领域的骨干。

3）师资队伍

20世纪80年代初，地球化学专业先后选派6名青年教师赴美欧进行为期2年的访问进修，全部学成回国任教，成为地球化学专业的骨干。进入21世纪，又通过中国科学院"百人计划"和国家"青年千人计划"先后引进了9名年轻海外博士到地球化学专业任教。目前地球化学与环境科学系已形成一支知识结构和年龄结构合理、团结协作、学风端正、学术气氛活跃的学术梯队。其整体学术水平在国内处于前列，在国际有一定影响。其中地球化学专业现有固定人员31人，其中教授17人（含中国科学院院士2人，国家杰出青年科学基金获得者4人，中组部"青年千人计划"入选者3人，中国科学院"百人计划"入选者5人，优秀青年科学基金获得者3人，全国百篇优秀博士论文获得者2人），副教授8人。拥有1个国家自然科学基金委员会支持的优秀创新群体，多人在国际学术组织和期刊任职。有3位学者入选ISI全球高被引科学家。其中，2003年和2009年李曙光和郑永飞分别被选为中国科学院院士。环境科学教研室现有固定人员15人，其中教授8人（含安徽省教学名师1人，国家杰出青年科学基金获得者2人，中组部"千人计划"入选者1人和"青年千人计划"入选者2人，全国百篇优秀博士论文获得者1人），副教授4人。两名院士和现任教授简介如下。

（1）李曙光院士

1941年2月出生。1965年毕业于中国科学技术大学地球化学专业并留校任教。1983~1986年，在美国麻省理工学院地球与行星科学系进修。先后多次赴德国马普化学所、香港大学做访问学者。1994年被聘为博士生导师。2003年被选为中国科学院院士。2012年工作关系调入中国地质大学（北京）并兼任中国科学技术大学教授。

主要从事同位素年代学及同位素、痕量元素地球化学和造山带化学地球动力学研究。早期参加富铁矿科研会战，应用趋势面分析多元统计方法预测弓长岭深部富矿体获得成功。1983年以来，致力于变质同位素年代学理论和方法研究，以及大别造山带化学地球动力学研究，在华北-华南陆块碰撞时代测定，超高压变质岩年代学和折返机制研究，碰撞造山带加厚地壳熔融和拆沉机制及相关岩浆作用研究领域取得了一系列重要成果。近年致力于非传统稳定同位素地球化学研究，开展了示踪深部碳循环的镁同位素示踪研究，发现中国东部上地幔存在一巨大镁同位素异常区和再循环碳库。已发表论文178篇（SCI论文78篇），论文总他引频次>4000次。自2003年以来入选世界地球科学领域高被引用率作者。1982年获中国科学院科技成果奖二等奖。2005年获得何梁何利基金科学与技术进步奖；2008年获得安徽省自然科学奖一等奖，2010年获得国家自然科学奖二等奖。

（2）郑永飞院士

1959年10月出生，安徽省长丰县人。1982年和1985年毕业于南京大学地质学系，分别获得学士、硕士学位。1991年在德国哥廷根大学地球化学研究所获得理学博士学位，1991~1993年在德国图宾根大学矿物岩石地球化学研究所进行博士后研究。1993年回国工作，任中国科学技术大学副教授；1994年入选中国科学院首批"百人计划"，晋升为教授；1995年获得首批"国家杰出青年科学基金"资助，被批准为博士生导师。1997~2001年任中国科学技术大学地球和空间科学系主任，2002~2014年任中国科学技术大学地球和空间科学学院副院长，2005年起任中国科学院壳幔物质与环境重点实验室主任。2009年当选为中国科学院院士，2011年当选发展中国家科学院院士。

郑永飞主要从事同位素地球化学与化学地球动力学研究，在矿物氧同位素分馏系数理论计算、大陆俯冲带流体体制与化学地球动力学、造山带变质锆石学及其地球化学应用等方面取得了一系列突出成果。独立或作为第一作者在国际SCI刊物上发表论文190余篇，部分论文已经被国际SCI刊物引用>8000次（ISI论文引用排名榜进入世界地球科学家前50名，其中18篇论文为进入SCI高引用率Top 1%论文榜单）。获2004年国家自然科学奖二等奖、2005年美国矿物学会会士、2008年何梁何利基金科学与技术进步奖和长江学者成就奖、2015年国家教育部自然科学奖一等奖。

地化教研室现任教授还有：陈福坤、刘贻灿、肖益林、杨晓勇、周根陶、魏春生、唐俊、杨永太、赵子福、黄方、倪怀玮、秦礼萍、张少兵、陈仁旭；副教授有：谢智、洪吉安、冯敏、龚冰、李王晔、高晓英、陈伊翔。环境科学教研室现任教授有：孙立广、沈延安、谢周清、刘桂建、朱仁斌、刘晓东、刘诚、耿雷；副教授有：黄卫东、江义平、尹雪斌、刘羿。

4）学术方向和研究领域

（1）地球化学基础理论。采用理论计算、实验地球化学和自然样品高精度测量等多手段来确定元素分配系数和同位素分馏系数，并将其应用到地球增生、核幔分异、地幔地壳形成和演化、表生地球化学等众多领域。

（2）地球内部流体物理化学。主要研究地球内部流体的含量、物理性质和化学组成，研究流体中不同性质元素的溶解度和迁移能力，研究流体等挥发性物质对地球内部矿物岩石物理化学性质的影响。

（3）俯冲带化学地球动力学。综合应用地球化学、矿物岩石学、大地构造学等手段，研究板块俯冲引起的地球内部物理化学变化及其相互作用，从物理和化学过程的本质上认识地球层圈及其组成单元之间的时空演化和相互关系。

（4）造山带岩石地球化学。综合应用同位素年代学和地球化学方法研究中国东部造山带基底地壳的生长和再造、不同造山阶段的变质作用和岩浆作用，揭示造山带形成、演化过程和历史，为认识矿产资源和能源分布规律提供科学依据。

（5）沉积地球化学。以化学沉积物和沉积岩为主要研究对象，从地球系统科学的高度出发，通过地球化学、地质学和环境科学等手段，探索地表各圈层间在不同时间和空间尺度上的相互作用，揭示地球表层物质在空气、水和微生物等作用下所发生的物理化学过程及其产物。

（6）环境地球化学。该方向重点研究碳、氮、硫、磷和汞在不同界面上的化学循环，极区、海洋与城市大气气溶胶和痕量污染气体的观测与研究以及典型矿区有害物质的循环与环境效应。

（7）极地环境与全球变化。通过对全新世粪土沉积物生物活动遗迹的调查，揭示南、北极海洋生物的生态演化历史记录、南海鸟岛生态环境演变对全球变化的响应以及人类文明在粪土层中的历史记录，并开展长江中下游和西沙群岛的水鸟和湿地生态学等研究工作。

5）主要成果

（1）人才培养

从 1958 年到 1962 年招生 4 届共约 210 人，他们绝大部分分配在地学和矿产资源有关科研部门和高等院校工作，成为各部门的骨干力量。这些毕业生中人才辈出，如中国科学院院士李曙光、将军蒋志，以及研究所和大学的所长、书记多人。1963 年和 1964 年招生两届 46 人，同样产生了一些杰出人才，如中国工程院院士吴以成、将军黄培堂等。下迁合肥后，1973 年和 1975 年招收两届工农兵学员约 40 人，多数分配到中国科学院研究所，高等院校和地勘部门工作。1977 年后恢复正常招生，每年地球化学专业招收 15 名左右，累计培养大学本科毕业生 500 多人、硕士约 80 人、博士 80 余人。环境科学专业 2001 年开始招生，已累计培养本科生约 170 人、硕士约 50 人、博士 55 人。在培养毕业的博士研究生中，有 4 人（刘卫国、谢周清、张少兵、陈仁旭）获得全国百篇优秀博士学位论文奖，5 人（刘贻灿、赵子福、唐俊、夏琼霞、刘晓东）获得全国百篇优秀博士学位论文提名奖。本科毕业生中已有相当一部分取得突出成绩，其中获得国家杰出青年科学基金的有 10 人（曾永平、李献华、徐伟彪、陈福坤、孙卫东、王新明、韦刚健、谢周清、赵子福、黄方），秦礼萍获 2014 年欧洲地球化学学会特曼斯奖（Houtermans Award），藤方振获 2014 年美国矿物学会青年科学家奖，黄方获 2013 年中国青年科技奖，孙卫东曾任国际地球化学学会 Goldschmidt（戈尔德施密特）奖评委。

（2）基础科学研究亮点

地球元素丰度研究：20 世纪 60 年代，中科大地球化学系以黎彤为代表的地球元素丰度研究在国内居领先地位，具有广泛的影响力。

超高压变质岩同位素年代学和地球化学研究：这是自 20 世纪 80 年代以来持续至今的系统的研究领域，取得了有广泛国际影响的研究成果。李曙光等最早用同位素定年测定了华北与华南陆块的碰撞发生在三叠纪，结束了该问题的长期争议，并完整揭示了该碰撞过程的时间序列；发现榴辉岩多硅白云母存在过剩氩和高压变质矿物与退变质矿物存在 Sr、Nd 同位素不平衡，解决了不同方法定年结果矛盾问题；实现了榴辉岩金红石的精确 U-Pb 定年；测定出大别山超高压岩石的二次快速冷却 T-t 曲线，以及不同岩片的 Pb 同位素和退变质历史差异，据此提出深俯冲陆壳的多岩片、多阶段折返模型；揭示造山带加厚下地壳部分熔融可形成高 Sr/Ca 低镁埃达克质岩。郑永飞等较早发现大别-苏鲁造山带榴辉岩的异常低氧同位素组成，据此提出俯冲陆壳快速进入地幔和快速折返的"油炸冰淇淋模型"；发现氧-钕同位素在超高压变质时有类似扩散速率，可以用氧同位素平衡判断钕同位素的平衡；用锆石 U-Pb 年龄揭示了大别-苏鲁超高压变质岩的源岩是扬子陆块北缘新元古代裂谷火山岩系；揭示了超高压变质和退变质作用对锆石多阶段生长过程的 U-Pb 和 Lu-Hf 同位素体系的影响，为准确解释锆石年龄意义提供了理论基础。这些成果为发展变质同位素年代学理论和大陆深俯冲理论做出了重要贡献。有关成果相继获得 2008 年安徽省自然科学奖一等奖和 2010 年国家自然科学奖二等奖，以及 2015 年国家教育部自然科学奖一等奖。

矿物同位素分馏系数计算：郑永飞将量子化学理论与结晶化学相结合，改进了计算矿物氧同位素分馏系数的增量方法，系统计算了地球化学上常见矿物的氧同位素分馏系数，得到了与实验测定一致的结果。这里理论分馏系数被广泛应用到岩石地球化学研究中并被国外地球化学教材收录。该项目获 2004 年国家自然科学奖二等奖。

南极生态地质学研究：孙立广研究组以含有企鹅粪、海豹排泄物和海豹毛等生物遗迹的沉积序列为过去环境信息记录载体，以现代分析技术为支撑，研究代表性区域（例如南极、北极、南海西沙群岛、浙江沿海等）全新世以来的自然环境和生态系统演变的规律及其与人类活动、全球变化的关系等，研究成果发表在 Nature、Nature Geosciences 和 Nature Communications 上，所创建的研究方法得到了广泛应用。南极项目获 2001 年安徽省自然科学奖一等奖。

亳县陨石研究：亳县陨石是一块 LL3.8 型陨石，是国内第一次发现的不平衡普通球粒陨石。王奎仁等对其进行了较全面而系统的矿物学、波谱学、结构构造、包裹体、热释光、主量和微量元素以及年代学研究，发现了新矿物张衡矿，获得了大量关于星云凝聚、球粒成因、母体演化、热变质特征与通过大气层的物理化学条件等定量科学信息。该项目获 1989 年中国科学院自然科学奖二等奖。

华南陆块钕同位素年代学和地球化学研究：陈江峰等最早对位于扬子克拉通与华夏陆块边界的两处蛇绿岩进行了 Sm-Nd 同位素定年和地球化学研究，揭示它们的岛弧成因并获得约 10 亿年的形成年龄，为这两大陆块的新元古代碰撞提供了重要依据；通过对华南陆块和大别山的 Nd-Sr 同位素填图，揭示华南陆块地壳（包括大别山）有别于华北，其陆壳主要形成时期是元古宙，发现在华夏陆块内部存在一北东走向低钕同位素模式年龄花岗岩带，以及从华夏陆块内部向沿海的钕同位素模式年龄递减趋势。这些发现为认识华南陆块演化和太平洋板块俯冲的影响提供了重要约束。相关论文获得很高的引用率。

中国东部新生代玄武岩地球化学研究：在 20 世纪 80 年代，彭子成等对中东部新生代玄武岩进行了较系统的 Pb-Sr-Nd 多同位素地球化学调查，探讨了该区上地幔可能存在的壳幔相互作用。支霞臣等通过对汉诺坝互层的碱性玄武岩和拉斑玄武岩详细微量元素地球化学研究，揭示了中国东部大陆碱性玄武岩与大洋海岛碱性玄武岩有类似微量元素特征，以及这两类玄武岩存在混合趋势。这些研究为中国东部大陆玄武岩及上地幔不均一项研究奠定了初步基础，相关论文有较高引用率。近年来，夏群科、赵子福、郑永飞、黄建、李曙光等进一步开展了中国东部岩石圈地幔水含量，大陆玄武岩源区地球化学性质和深部碳循环镁同位素示踪研究，揭示了中国东部上地幔的高水含量特征和西太平洋俯冲洋壳及携带的沉积碳酸盐对中国东部上地幔组成的影响，对该领域研究做出了新的贡献。

（3）专著

出版的教材与专著有：王奎仁编著，《成因矿物学》；王奎仁，陈江峰，彭子成，李彬贤，洪吉安著，《亳县陨石研究》；王奎仁、刘德良、杨晓勇著，《郯庐断裂带南段构造地球化学》；陈道公编著《地球化学》；郑永飞主编，《化学地球动力学》；郑永飞、陈江峰编著，《稳定同位素地球化学》；刘德良、沈修志、陈江峰、叶尚夫编著，《地球与类地行星构造地质学》；刘德良等著，《四川盆地构造与天然气聚集区带综合研究》；孙立广等著，《南极无冰区生态地质学》和《南海岛屿生态地质学》；孙立广主编，《地球与极地科学》。

（4）资源勘查应用成果

中科大地球化学建系以来三次参加国家急需资源为目标的重要科研项目。

花岗岩型钽矿床研究：1965 年，时任化学系常务副主任黎彤与地球化学专业老师注意到广西恭城栗木锡矿的老虎头矿区有可能是一种新型的花岗岩型钽矿床。与中国科学院地球化学研究所、矿山和有色 271 队合作，很快肯定了老虎头花岗岩型钽矿床的工业价值，圈定了300 t储量，并且指出了规模更大的水溪庙矿床的找矿方向，解决了我国钽资源稀缺问题。此外还组织地球化学专业、分析化学专业和无机化学专业师生，与地球化学研究所、有色研究部门和矿山一起研究钽的提取工艺。1966年即建厂投产。1970年我国第一颗人造卫星上天之际受到中央军委的嘉奖。

参加全国铁矿会战：这是"文革"结束后国家计委组织的全国大型科研会战。1976~1978年中科大地球化学教研室组队参加中国科学院系统铁矿科研队伍，黎彤任中国科学院鞍本队副队长，李曙光任鞍本队弓长岭磁铁富矿研究组长，满发胜、陈道公、朱洪山等参加宁芜队工作。其中李曙光领导的"弓长岭磁铁富矿的成因，找矿标志和成矿预测"项目用趋势面多元统计分析成功预测了弓长岭东南区深部富铁矿体并被钻探验证，用碳同位素揭示了弓长岭富铁矿石所含的石墨是菱铁矿变质分解成因，获得1978年国家科学大会奖和1982年中国科学院科技成果奖二等奖。

参加新疆305资源国家攻关项目：1986~1989年地球化学和地球物理联合组队参加新疆305项目，承担了阿拉套山钨锡成矿带综合研究，满发胜任该项目首席科学家，王奎仁、孙立广、李曙光分别负责阿拉套山的钨矿床成因机制，区域构造成矿模式和区域地球化学专题。该项目圈定了祖鲁洪等钨矿找矿靶区，钻孔验证了阿拉套推复体下存在侏罗系煤层，受到自治区主席表彰。该项目1992年获得新疆维吾尔自治区科技成果三等奖。

（作者：李曙光、郑永飞、陈江峰和孙立广，2016年3月）

4. 中国石油大学（北京）地球化学与环境科学系

中国石油大学（北京）地球科学学院地球化学与环境科学系成立于2010年，其前身属于中国石油大学（北京）资源与信息学院资源与环境科学系的一部分，为从事地球化学和环境科学高等教育和学术研究的机构。目前招收地球化学专业博士生、地球化学和环境科学专业硕士生、环境科学专业本科生，每年招收博士研究生10人左右，硕士研究生30人左右，本科生60人。

目前有在职教职员工33人，其中有中国科学院院士1人，教授8人，博士生导师7人，副教授10人，讲师、实验师7人，其中有3人为享受政府特殊津贴专家。现有地球化学和资源能源与环境地球化学2个博士点，地球化学和环境科学2个硕士点，环境科学本科专业1个。目前承担国家重点基础研究项目（973）子课题、国家重大科技专项课题或专题5项，国家自然科学基金面上项目7项，以及多项企业委托科研项目。获国家自然科学奖二等奖1项，国家科学技术进步奖二等奖1项、三等奖2项，省部级科学技术进步奖或自然科学奖11项。出版教材和专著2部，在国内外核心刊物上发表论文300余篇。学术取向为油气资源地球化学、油藏地球化学、有机岩石学、分子地球化学、同位素地球化学、环境地球化学和能源环境化学、污染监测与分析、城市大气环境、环境评价、规划与管理。目前已在上述领域的研究生、本科生教学和科学研究等方面形成鲜明的特色，在国内外具有较大的影响力，尤其在有机地球化学研究生人才培养和学术研究方面处于国内领先地位。

中国石油大学（北京）地球化学与环境科学实验室为国家油气资源与探测国家重点实验室的重要组成部分，拥有多台套气相色谱质谱联用仪、气相色谱仪、激光微区-气相色谱同位素质谱仪、薄层色谱仪、显微光度计、热解气相色谱仪、有机碳测定仪、有机元素分析仪、激光烧蚀电感耦合等离子体质谱仪和全二维色谱/飞行时间质谱仪等大型精密仪器。具备固体、液体和气体样品中有机物和无机物预处理和分析检测的能力。

(引自中国石油大学（北京）地球科学学院网站，网页地址是：http://www.cup.edu.cn/geosci/jgsz/dqhxyhjkxx/index.htm)

二、地球化学专业

1. 北京大学地球化学专业

北京大学地球化学研究所是在原地质学系地球化学教研室的基础上，于2002年3月组建的教学和科研单位。地球化学专业创建于1955年，1956年开始招收地球化学专业本科生，是我国最早招收地球化学本科生并开设地球化学课程的单位之一，也是我国最早建设的实验地球化学研究室和同位素实验室。50多年的教学和科研活动使该所发展为具有实验地球化学、同位素地球化学和应用地球化学（包括矿床地球化学、生物地球化学、岩石地球化学、构造地球化学、化学地球动力学）等主要研究方向的教学和科研集体，拥有地球化学专业的硕士学位和博士学位授予点。50多年的实践表明，北京大学地球化学专业的毕业生是国民经济建设的中坚力量和领军人物。除少数毕业生在国家机关从事管理工作外，地球化学专业毕业的本科生、硕士研究生和博士研究生主要在国内外著名大学和科研机构从事相关科学研究，传承和推动着地球化学学科的发展。

目前地球化学研究所拥有教职员工12人，其中教授3人（郑海飞、刘树文、朱永峰）、北京大学"百人计划"特聘研究员2人（刘曦、巫翔）、副教授6人、讲师1人。多位老师在国外著名大学获得博士学位。除完成教学任务（包括编写教材）外，地球化学研究所的老师承担了多项国家重点科研项目和国家自然科学基金项目，年均科研经费超过500万元。最近十多年来，地球化学专业的老师编写出版了13部教材和专著，发表SCI检索论文270多篇。

专业介绍如下：

1）地球化学本科专业

地球化学是化学与现代地球科学的交叉学科，在解决自然资源勘查和相关环境变化等领域发挥着越来越大的作用。地球化学本科专业主要培养适应社会主义市场经济需要的德、智、体全面发展的地球化学专门人才。毕业生具有扎实的基础理论和较全面的专业知识（技能）以及较强的创新意识和创造能力（部分同学在毕业前就已经在国际一流学术期刊发表有创新性认识的科研成果）。50多年的实践表明，北大地球化学专业的毕业生是国民经济建设的中坚力量。

本专业除设有数学、物理、化学、外语、计算机语言等公共必修课和物理化学、分析化学、地球化学、地球科学概论、结晶学及矿物学、岩石学、构造地质学、矿床地球化学等专业基础课外，根据不同的研究方向设有实验地球化学、矿产资源经济学、信息地质学、微量元素地球化学、同位素地球化学、微生物地球化学等选修课。

地球化学专业毕业生规定总学分为155学分，其中必修课110学分，限选课24学分，任选课16学分，实践教学5学分。

近些年来，地球化学专业毕业生的去向大致是：50%攻读硕士和博士学位，20%出国深造，10%有关科研单位，20%国家机关及管理部门、企业和公司。

2）地球化学硕士研究生专业

地球化学硕士研究生专业培养德智体全面发展的高级地球化学人才。在业务上具有坚实的地球化学理论基础和专业技能，了解地球化学的前沿领域和发展方向，具备承担该学科基础理论和应用领域的科学研究和高等学校的教学以及相应的技术和管理工作等能力。

地球化学硕士研究生的研究方向包括：①实验地球化学；②同位素地球化学；③矿床地球化学；④岩石地球化学；⑤有机地球化学；⑥化学地球动力学。

招生对象是具有地质学和地球化学有关专业（包括岩石学、矿物学、矿床学、构造地质学、勘查地球化学等）本科学历（含应届毕业生）或者同等学力的，年龄35周岁（入学前）以下的考生。学习年限为三年，其中课程学习时间为一年，论文工作时间为两年。

每年接收从兄弟院校免试推荐的硕士研究生2~4名。通过考试和免试推荐录取的研究生享有完全相同的待遇（包括助研费和奖学金等）。

3）地球化学博士研究生专业

地球化学博士研究生专业培养高级地球化学专业人才。本专业博士研究生的研究方向：①实验地球化学；②同位素地球化学；③应用地球化学（包括矿床地球化学、岩石地球化学、有机地球化学、化学地球动力学）。

招生对象：具有地质学和地球化学有关专业（包括岩石学、矿物学、矿床学、构造地质学、勘查地球化学等）硕士研究生学历或者同等学力的，年龄40周岁（入学前）以下的考生。学习年限为三年，其中课程学习时间为一年，论文工作时间为两年。

本专业也招收硕博连读和直博生。每年从兄弟院校接收免试推荐的直博生1~2名。通过考试和免试推荐录取的研究生享有完全相同的待遇（包括助研费和奖学金等）。

（引自北京大学地球与空间科学学院网站，网页地址是：http：//sess.pku.edu.cn/Article_show.asp? ArticleID=244）

2. 吉林大学地球化学专业

1）培养目标

培养具有良好的道德品质、文化修养和身心素质，并掌握地球化学研究基本理论、原理和方法和相关学科基础知识的高级人才，使之具有一定从事科学研究、高等教育、科技开发和行政管理的能力。专业内容：主要涉及地球及太阳系的化学组成及其形成演化的基本理论，地质作用过程中元素及同位素的化学行为及地球物质组成的分析测试技术。

2）专业特色

地球化学是地质学的交叉学科，主要运用现代化学理论研究地球的组成及元素分布规律，并且将地球化学与地球动力学紧密结合起来，进行化学动力学研究。

专业课、基础课、选修课：基础课有地球科学概论、大学外语、高等数学、普通物理、无机化学、物理化学、计算机技术等，专业基础课有结晶学与矿物学、岩石学、地层古生物学、构造地质学、矿床学、岩石物理化学、普通化学等，专业课有理工类选修基础课与专业基础、专业选修课。

毕业生适应的工作领域：毕业生可考取本专业及相关专业的研究生继续深造，或到高等院校及科研院所从事本专业及相关专业的教学与研究工作，也可到相关部门从事专业业务管理工作。

3）专业前景

地球化学是地球科学的支柱学科之一，随着化学与地质学理论的不断交叉、渗透，已显示出地球化学在解决重大基础地质理论问题方面的重要地位。同时，地球化学理论在环境等与人类密切相关的领域正发挥越来越重要的作用，显示出良好的发展前景。

（引自吉林大学研招网，网页地址是：http://yz.kaoyan.com/jlu/zixun/13/223780/）

3. 兰州大学地球化学专业

2003年设立本科地球化学本科专业。地球科学与矿产资源学院下设地球化学研究所，张铭杰任所长。

1）学科概况

地球化学是研究地球、部分天体的化学组成、化学作用及化学演化的学科，是地球科学和化学的交叉性边缘学科，着重研究化学元素及其同位素在地球演化历史过程中的分布、迁移的规律，并运用这些规律来解决有关的理论和实际问题。随着现代分析测试技术的不断提高，地球化学研究方法理论不断拓展深化，在分子、元素原子及同位素级尺度认识宇宙、地球演化规律，服务于国家社会经济建设、环境保护及灾害防治等领域；同时应用于众多学科领域，使各学科领域的科学研究步入微观、定量研究阶段，已成为现代地球科学中应用最广、最具可靠性，同时又最具发展潜力的基础性支柱学科之一。

2）学科研究范围

现代地球化学研究领域不断扩大，研究内容不断深化。其研究领域从地上转向宇宙天体、从地表转入地下深部、从大陆转向海洋，已成为现代地球化学的前沿领域。地球化学的分支学科不断涌现和建立，有同位素地球化学、微量元素地球化学、有机地球化学、地幔地球化学、区域地球化学、水圈地球化学、生物地球化学、环境地球化学、构造地球化学、勘查地球化学、土壤地球化学、水文地球化学等各分支学科。这是当代科学技术的发展对地球化学的要求，也是地球化学发展的必然结果。

3）培养目标

培养德智体全面发展，具有坚实的地球化学基础理论和分析实验技能，熟练掌握一门外国语，能阅读本专业外文资料，获得科学研究的基础训练，了解学科前沿进展。毕业生应能在石油天然气、地球科学、空间科学、环境科学、矿产资源、地质灾害、城市建设、国防领域承担科学技术研究、高等教育和政府管理方面的工作。

4）主要研究方向

（1）元素与同位素地球化学；

（2）油气与有机地球化学；

（3）环境地球化学；

（4）成矿作用地球化学；

（5）宇宙化学与化学地球动力学；

（6）勘查地球化学。

5）专业主干课程

高等地球化学、同位素地球化学与年代学、化学地球动力学、高等岩石学、地幔岩石学与地球化学、现代地层学与沉积学、第四纪地质与地貌、板块构造学与大陆动力学、成因矿物学与找矿矿物学、岩浆岩与成矿专题、变质岩石学与实验岩石学、岩石大地构造学、地质流体与成矿作用。

（引自海天教育考研网站，网页地址是：http：//gaofu.htkaoyan.com/Web/15697_1/）

4. 西北大学地球化学专业

1972年设立本科地球化学专业。1998年建立地球化学博士学位授权点。

1）地球化学专业特点

地球化学是研究地球各部分：地壳、地幔、水圈、大气圈等圈层中化学元素及其同位素的分布、存在形式、共生组合、集中分散、迁移循环的地球化学行为规律的科学。地球化学是介于地质学与化学、物理学之间的边缘学科。为解决岩石、矿物、矿床及各类地质体的成因提供依据，对勘查矿产资源、矿产综合利用、环境保护等有重大理论与实际意义。随着地球化学研究范围日益扩大，地球化学向天体为研究对象的宇宙化学科学发展，并建立了生物地球化学、环境地球化学、元素地球化学、矿床地球化学、有机地球化学、同位素地球化学、景观地球化学、实验地球化及地球化学探矿等分支学科。

2）人才培养目标

地球化学专业旨在培养适应中国社会主义现代工业化建设、改革开放经济和科学技术发展需要，德智体美综合素质全面发展，具有良好科学素养，扎实掌握地球化学科学基本理论、基本知识、基本技能和相关学科基础知识，并在科学研究和实际应用获得初步训练，有较强动手、综合运用知识及获取新知识的能力，热爱地质事业的高级专业人才。

毕业生适宜从事科学研究、高等教育、生产开发和行政专业技术管理工作，同时可继续攻读相关学科的硕士学位。

3）基本培养规格

在贯彻"加强基础、重视应用、分流培养"的原则下，着重培养社会需要的"基础性"和"应用性"地质专业的高级人才。

（1）德育方面。①热爱祖国，拥护中国共产党的领导，努力学习马列主义、毛泽东思想、邓小平理论和"三个代表"思想，坚持辩证唯物主义和历史唯物主义世界观。②积极参加社会实践活动，理论联系实际，勇于改革创新。③热爱科学、热爱地质事业，立志为国家富强、为民族昌盛、为人民服务的奋斗敬业精神。④培养良好的思想品德、心理素质、科学学风和工作作风。⑤关心时事政治、遵纪守法、尊敬师长、团结同事，刻苦学习、艰苦奋斗，努力把自己培养成为国家栋梁之才。

（2）智育方面。地球化学的发展必须适应现代科学技术的发展和国家工业化建设的需要，加强基础、强化技能、拓宽知识面、一专多能、适应性强，培养的人才具备专业知识的更新能力。本专业学生可根据实际需要在入学2~3年内采取"晋级培养"方式，选拔优秀学生进入本-硕连读的"人才基地班"。①学习掌握地质与地球化学的基本理论、基本知识，熟悉本学科领域现状与发展，训练具备一定的专业科研技能和生产实践能力。②熟练掌握一门外语、计算机原理与技术、地质分析测试基础，具备较好的高等数、理、化基础，为深化研究和对外交流打好基础。③训练一定独立从事科学研究、科学实验的能力，解决科学与生产实际问题的能力，提高科研论文的写作和科研交流的能力。④培养独立思考与综合分析问题的能力，熟练掌握专业资料查询、文献检索和阅读能力，不断提高对现代化信息技术使用方法的能力。⑤学习一定的人文社会科学基础，注重人文素质培养。⑥热爱地质事业，具有地球化学专业特长，毕业后能够从事地质与地球化学学科领域及其相关学科的科学研究、高等教育、生产开发与应用、专业技术管理工作的专门高级人才。

（3）体育方面。地质工作者对身体素质有较高的要求，为适应今后地质工作需要，树立为地质事业健康工作40年而自觉锻炼的观念，为此要求：①掌握科学锻炼身体的基本技能，达到国家规定大学生体育合格标准。②积极参加体育锻炼，养成良好的体育锻炼和卫生习惯，保持身心健康。

（引自西北大学地质学系网站，网页地址是：http：//geology.nwu.edu.cn/?p=802）

5. 中国科学技术大学地球化学专业

地球是人类唯一的家园，资源和环境与我们的生活息息相关，可持续发展是目前全世界共同关心的话题。地球和空间科学的研究领域由地球内部延伸到行星际空间，包括这个广大区域中不同层次的结构和物质组成，以及物质的运动和各种物理化学过程，其目标是以物理或化学为基础，认识我们生活的地球和她周围的宇宙空间，了解地球本身的运动规律和其他星体对她的影响，为更加有效地利用资源，保护环境，防灾减灾，实现可持续发展奠定科学基础。

学院师资力量雄厚，有中国科学院院士3人，教授46人（在职博士生导师28人），副教授29人。承担多项国家重点基础研究发展规划项目、国家自然科学基金项目、国家攀登计划项目和中国科学院知识创新工程项目，是第三世界科学院的地球科学与天文学高级研究中心，空间物理、地球化学是国家级重点学科，固体地球物理为省级重点学科。

地球和空间科学学院的前身地球和空间科学系是1978年重组建的。实际上早在从1958年中科大建校时学院的部分专业就开始招收培养本科生。经过广大教师的共同努力，学院在空间物理、大气物理与大气环境、固体地球物理、地球化学、环境科学等专业方向上，科研和教学生机勃勃、成绩斐然。培养的硕士已经超过400人，博士也已有200余人，本科生目前每年都在100人左右。在我们培养的学生中有三人现在是中国科学院院士，一人是国家973计划首席科学家，有两人为北京大学的"长江学者"特聘教授。1986届地球物理专业毕业生宋晓东关于地球内核比外部地球自转更快的研究被评为1996年度国际十大科技新闻。有多位毕业生在美国和欧洲的著名大学中获得了终生职位。

学院按固体地球物理、空间物理、大气科学、地球化学、环境科学五个专业组织教学与科研，能够培养硕士和博士研究生并招收博士后。

（引自中国科学技术大学地球和空间科学学院网站，网页地址是：http：//ess.ustc.edu.cn/xygk/ykjj/201007/t20100720_31200.html）

主要学科基础课程除数学、物理、电子、信息与计算机类基础课程外，还包括：地球科学概论、普通天文学、大气与海洋学、无机化学、分析化学、物理化学、有机化学、化学实验等地球化学专业：学习运用现代化学理论与分析技术研究地球内部不同层圈岩石、矿物和流体的化学组成、结构及其演化规律，应用元素和同位素示踪方法解决岩浆演化、变质作用和成矿环境等基本科学问题，认识地球及其表层板块运动的化学地球动力学，探讨在自然条件下各种化学反应的机制等。

（引自中国科学技术大学地球和空间科学学院网站，网页地址是：http：//ess.ustc.edu.cn/pyjy/bkzysz/201007/t20100728_31446.html）

6. 南京大学地球化学专业

南京大学地球科学与工程学院属于理工结合性质的学院，是在原地球科学系基础上于

2008年1月正式成立。学院设有三个系：地球科学系、水科学系和地质工程与信息技术系。

目前，学院现有教职工152名，其中，中国科学院院士4名、教授53名、博士生导师44名、副教授33名、讲师18名。教育部"长江学者奖励计划"特聘教授5人、讲座教授2人，国家杰出青年科学基金获得者10人（其中海外3人），国家教学名师1人，教育部"跨新世纪人才培养计划"获得者4人，国家教育部、人事部"百千万人才工程"第一、二层次培养人选2人，高等学校优秀青年教学科研奖励计划获得者1人，教育部"面向21世纪教育振兴行动计划"优秀青年教师资助计划获得者5人。

地球科学与工程学院是我国历史最久的地质学教育机构之一，至今已培养了大批优秀地学人才，其中两院院士有23位，国家杰出青年科学基金获得者24名。在80余年的历史中，办学传统和特色可以概括为四句话：爱国奉献，真诚团结，科学民主，求实创新。现每年招收地质学、地球化学、地球物理、水文与水资源及地质工程共5个专业，约100名本科生。设有理科"地质学"和工科"地质资源与地质工程"两个一级学科博士学位授权点，涵盖矿物学岩石学矿床学、构造地质学、地球化学、古生物学与地层学、水文学与水资源、矿产普查与勘探、地球探测与信息技术、地质工程共8个二级学科博士学位授权点，9个二级学科硕士学位授权点，每年招收约90名硕士研究生和40名博士研究生。此外，还设有"地质学"博士后科研流动站。

地球科学与工程学院在国家"211工程"、"985工程"重点建设学科中，拥有"地质学"一级国家重点学科和"水文学与水资源"专业国家重点学科培育点。"水文学与水资源"专业又属江苏省重点学科。经教育部批准设有国家理科地质学人才培养基地和国家级实验教学示范中心。"普通地质学"、"地球系统科学"两门课程被评为国家精品课程。地质学和水文与水资源两专业被列为教育部第二类特色专业建设点，地质学、地球化学两专业列为江苏省品牌专业，水文与水资源、地质工程两专业被评为江苏省特色专业。

人才培养与科学研究是学院的两项基本任务。在人才培养方面，主要造就高素质、宽基础、创新型人才，从品德、知识、能力三方面进行全面培养。本科教学的课程体系包括宽厚的基础课、核心必修课和前沿选修课。培养期间，进行两次野外实践教学：普通地质实习（以南京湖山为基地）和区域地质测量实习（以安徽巢湖为基地）。强调教学与科研融通，优秀本科生可以免试保送研究生，优秀硕士生实行硕博连读。近年来，出版各类教材20余种，获得国家级教学成果奖7项，省部级教学成果奖15项。在科学研究方面，近年来承担国家973计划、国家863计划、国家自然科学基金、国家重大科技攻关项目以及企业事业委托或国际合作项目共500余项，年科研经费达2500多万元。获省部级科研成果奖50余项，每年发表论文总数超过200篇（其中SCI期刊论文近百篇）。

地球科学与工程学院设有"内生金属矿床成矿机制研究"国家重点实验室，拥有设备齐全的实验分析系统，能够开展各类地质样品的微区、常量和微量元素分析、同位素分析、包裹体研究及成岩成矿实验等，拥有电子探针分析仪、微区X射线衍射仪、扫描探针显微镜、紫外/可见/近红外分光光度计、高分辨率等离子质谱仪、等离子发射光谱仪、表面热电离同位素质谱仪、稳定同位素质谱仪、连续流质谱仪、包裹体温度-盐度测定装置、显微激光拉曼探针等先进仪器设备及磨片-制样室。依托学院师资，建立了花岗岩、火山岩及成矿理论研究所、石油与天然气研究中心、地球环境计算工程研究所、表生地球化学研究所、地球物理与动力学研究所、多媒体科教制作中心、矿物材料工程研究中心、核能地质与环境工程研究中心等14个地球科学类研究机构。地球物理与动力学研究所拥有45套国际先进的宽频地震仪。经教育部与科学技术部批准，主办了《高校地质学报》，建立了南京大学地球科学博物馆。

在国际合作交流方面，学院与国内外几十所大学和研究机构建立了广泛的合作交流关系。成功主办了一系列国际、国内学术会议。邀请海外著名学者来校讲学，同时，选派教师出国参加国际学术会议或开展合作研究。为了开阔学生的视野，进行国际化教学交流，例如组织学生参加贝加尔湖大地学联合实习，与美国加州理工学院联合进行天山野外教学实习等。

（引自南京大学地球科学与工程学院网站，网页地址是：http://es.nju.edu.cn/zh-cn/inner.aspx?MenuType=PX-XYGK）

7. 成都理工大学地球化学专业

学院现有7个本科专业，其中国家级特色专业3个（地质学、资源勘查工程、地球化学），国家级卓越工程师计划专业1个，省级特色专业2个，省级卓越工程师计划专业1个；2个一级学科博士学位授权点，6个二级学科博士学位授权点；3个一级学科硕士学位授权点，10个二级学科硕士学位授权点，2个专业硕士学位招生领域；1个国家重点学科，1个国家重点（培育）学科，3个省级重点学科。1个国家级实验教学示范中心，1个省级实验教学示范中心，1个国家级野外实践教学基地，2个省级本科人才培养基地，2个国土资源部重点实验室，1个省级教学团队，2个省级科研创新团队，2个博士后科研流动站。

（引自成都理工大学地球科学学院网站，网页地址是：http://www.ces.cdut.edu.cn/Article/detail/id/310.html）

8. 东北石油大学地球化学专业

地球化学专业是黑龙江省唯一的地球化学本科专业。该专业2002年批准成立，2003年面向全国招生，同年获得地球化学专业硕士学位授予权。地球化学研究方向作为地质学的一个分支学科，在我校已经有30多年的历史。经过专业全体教师的不懈努力，地球化学专业已被建设成为"国家级特色专业"、"黑龙江省重点专业"和"黑龙江省第一类特色专业"。地球化学实验室是"油气藏形成机理及资源评价"省重点实验室和"油气地球化学"部级重点实验室的重要组成部分。

地球化学专业经过近8年的建设与发展，现已具有一支教学经验丰富、科研能力强、年龄结构合理、素质优良的师资队伍，现有教师11人，其中教授2人，副教授3人，讲师5人，其中7人具有博士学位，2人在读博士研究生。多人次获得奖励或荣誉称号：全国模范教师1人次；黑龙江省特聘教授（即龙江学者）1人次；省重点学科带头人1人次；省重点实验室主任1人次；省优秀中青年专家1人次；中国石油天然气集团公司跨世纪学术带头人1人次；省杰出青年科学基金和教育部优秀人才支持计划基金获得者1人次；国家"百千万人才工程"第一、二层次人选1人次；孙越崎青年科技奖1人次；省青年科技奖1人次；中国青年科技奖1人次；享受国务院政府特殊津贴1人次；黑龙江省教学名师1人次；黑龙江省院士之外的首批7名中央直接掌握和联系的专家1人次；校十佳青年教师1人次。油气地球化学一直是东北石油大学的优势研究方向，曾获国家自然科学奖二等奖1项，省部级科学技术进步奖8项。先后在《中国科学》、*Journal of Petroleum Geology* 等刊物上发表论文200余篇，其中被SCI、EI收录20余篇。另撰写和参编专著十余本，教材 7 部。先后承担国家自然基金、国家 973 计划、国家油气重大专项等国家级项目十余项，省部级项目 20 余项，其他项目 40 余项，近三年年均科研经费达 400 余万元，实现了以科研促教学的高校办学宗旨。

拥有大庆油田勘探开发研究院、大庆油田录井有限公司、大庆污水处理厂及秦皇岛中国北方地质实习基地等 4 个由高校与企事业单位共建的专业认识实习基地。

地球化学专业旨在培养具备扎实的地质学和地球化学基础理论知识和较强实验与实践能力的复合人才，具有较好的道德品质、科学素养、创新精神以及一定的教学、科研、开发和规划管理能力，能在大专院校、科研机构从事相关的教学与科研工作，在资源、能源、环境、国土及基础工程等方面从事生产、测试、技术管理等工作以及在行政、计划部门从事评价与管理等方面工作，还可继续攻读地球化学、环境科学、地质学、地理学以及矿物岩石学类专业的硕士研究生。

（引自东北石油大学地球科学学院网站，网页地址是：http://www1.nepu.edu.cn/dky/read.asp?fileid=182）

9. 东华理工大学地球化学专业

地球科学学院是我校一个以核资源勘查工程、核地球化学为主要特色的学院。现有教职员工 65 人，专职教师 57 人，其中教授 21 人、副教授 11 人。拥有省级中青年学科带头人 10 人，省级中青年骨干教师 7 人，享受国务院政府特殊津贴 4 人。

学院下设地质系、城乡规划系 2 个教学系，拥有资源勘查工程、地球化学、采矿工程、城乡规划、人文地理与城乡规划、自然地理与资源环境 6 个本科专业，其中资源勘查工程为国家特色专业与国防重点建设专业，地球化学专业为江西省特色专业。学院拥有"地质资源与地质工程"博士学位授权点，"地质学""地理学""土地资源管理""地质工程"等硕士学位授权点，其中"地质资源与地质工程"为江西省高水平学科与江西省示范性硕士点，地质学为江西省重点学科。学院有本科、研究生和高职多种办学层次，在校学生 1600 余人。

学院现有 2 个省部级重点实验室："核资源与环境"省部共建国家重点实验室培养基地、"江西省数字国土重点实验室"。学院所属的"地质博物馆"为江西省青少年科普教育基地。学院实验教学体系完善，拥有放射性地质国家实验教学示范中心，实验室总面积达 2543 m²，仪器设备总值达 2020 余万元。学院十分重视学生野外实践能力的培养，先后建成了杭州、江山、相山、龙虎山、庐山等 14 个野外专业教学实习基地。

（引自东华理工大学地球科学学院网站，网页地址是：http://dcy.ecit.edu.cn/xygk.asp）

主干课程：普通地质学、结晶学与矿物学、构造地质学、古生物地层学、岩石学、矿床学、无机及分析化学、物理化学、地球化学、同位素地质学、应用地球化学、灾害地质学、环境地球化学、现代地球科学测试技术。

培养目标：本专业培养适应社会主义现代化建设需要的，德智体全面发展的，获得工程师或科学研究基本训练的，基础扎实、知识面宽、能力强、素质高，具有创新精神和实践能力，具有良好的道德品质、科学素养、身心素质和创新精神以及初步的教学、科研、开发和规划管理能力，能在国家行政机关、科研机构、高等院校、环保机构、工矿企事业单位等部门从事基础地学、地球化学、环境保护和环境管理等方面研究及教学的应用型高级专门人才。

就业方向：毕业生依靠自己的所学专业知识，可胜任科研院所、环保机构、工矿企事业单位等部门的基础地学、资源勘查、地球化学、环境保护和环境管理等方面工作。

（引自东华理工大学地球科学学院网站，网页地址为：http://dcy.ecit.edu.cn/zyjs.asp）

（第二节作者：宋云华、陈晓雨）

第三节 中国矿物岩石地球化学学会的发展状况

中国矿物岩石地球化学学会是以"矿物岩石地球化学"学科作为纽带形成的学术共同体，是中国科协的组成成员之一，是中国矿物岩石地球化学学科建设的主力军和生力军。学术共同体是学术活动的主体和承担者，担负着创造和评价学术成果的功能，也是学术规范的制定者和执行者。学术共同体成员以学术研究为职业和旨趣，把不同专业的研究人员联系在一起，强调学术研究人员所具有的共同信念、共同价值，遵守共同规范。学会成立30多年来，为学科的发展做出了应有的贡献。

一、基 本 情 况

（一）学会的成立和发展过程

中国矿物岩石地球化学学会于1978年4月28日经中国科协批准成立，10月18日在贵阳召开了成立大会，挂靠在中国科学院地球化学研究所，时任所长涂光炽当选为学会第一届理事会理事长。

中国矿物岩石地球化学学会（以下简称学会）是中国科协190多个成员中，唯一挂靠在西部地区的全国学会，目前有会员7000余名，其中终身会员1100多人；下设24个专业委员会和3个工作委员会，每年开展学术活动和科普活动约20次。1981年代表中国加入国际矿物协会（IMA），是该组织的国家会员。目前的第八届理事会组建于2013年，由胡瑞忠研究员担任理事长，理事会成员99人。

学会成立近40年来，始终坚持党对学术团体的领导，坚持以开展国内外学术交流、促进出成果出人才、积极普及科学知识、加强我国岩石地球化学学界的团结为宗旨；贯彻"百花齐放，百家争鸣"方针，提倡辩证唯物主义和历史唯物主义，遵循实事求是的科学态度和优良学风；落实"尊重劳动、尊重知识、尊重人才、尊重创造"的方针，倡导"献身、创新、求实、协作"的科学精神，坚持科学技术是第一生产力的思想，实施"科教兴国"和"可持续发展"战略，提倡和推广现代科学新理论、新技术在本学科领域中的应用；积极组织学术交流，推动科学研究，提高科技人员的业务水平，开拓新的研究领域，发展边缘学科，充分发挥学会在学科发展中的组织协调和导向作用，崇尚科学精神，提倡和推广科学方法；促进学科的繁荣和发展，为国民经济建设和科学技术现代化服务。

（二）历届理事会基本情况

学会自成立以来，已先后组建有8届理事会（表4-1）。每届理事会，都是按照会章的要求经全国会员（代表）大会选举产生。理事会是学会的核心，在全国会员（代表）大会闭幕期间领导学会开展工作，使学会逐步走向成熟与壮大。

表 4-1 中国矿物岩石地球化学学会历届理事会组成

届次	理事会/人	常务理事/人	理事长	副理事长	秘书长	副秘书长
第一届 (1978~1983年)	49	17	涂光炽	程裕淇、徐克勤、叶连俊、康永孚	柴云山	刘若新、欧阳自远、魏菊英
第二届 (1983~1988年)	53	25	涂光炽	程裕淇、徐克勤、叶连俊	李正端、欧阳自远	欧阳自远、刘若新、黄蕴慧、夏晓和
第三届 (1988~1994年)	73	27	涂光炽	程裕淇、池际尚、孙枢、刘英俊、杨敏之、欧阳自远（常务）	朱正强	刘若新、黄蕴慧、杜乐天、于洁、倪集众
第四届 (1994~1998年)	95	36	欧阳自远	孙枢、刘英俊、杨敏之、黄蕴慧、谢鸿森	李加田	曹亚文、倪集众、倪师军、王正邦、于洁、周新民
第五届 (1998~2003年)	99	33	欧阳自远	叶大年、安芷生、周新民、刘若新、李兆鼐、谢先德、石宝珩、赵振华、洪业汤、刘丛强、王先彬	黄伯钧、胡瑞忠	杜杨松、马昌和（常务）、倪师军、王汝成、王立本、王正邦、于洁
第六届 (2003~2008年)	99	33	刘丛强	丁仲礼、王成善、叶大年、安芷生、张彦英、陈骏、王学钰、郑永飞、胡瑞忠、夏斌、贾承造	胡瑞忠	杜杨松、李院生、刘莉（常务）、倪培、倪师军、王立本、王德强、张维、邹永廖
第七届 (2008~2013年)	99	33	刘丛强	陈骏、段振豪、高山、胡瑞忠、刘家铎、刘嘉麒、王成善、徐义刚、郑永飞、朱立新、邹才能	李世杰	杜杨松、李红艳、刘建忠、刘莉（常务）、刘强、倪培、夏群科、徐仕海、喻晓冰、郑建平
第八届 (2013年至今)	99	33	胡瑞忠	邓军、高山、倪师军、王世杰、徐义刚、翟明国、周卫健、朱立新、邹才能	李世杰	李红艳、李忠权、刘莉（常务）、刘强、刘勇胜、倪培、彭同江、夏群科、杨志军、喻晓冰、曾志刚、郑秀娟、朱弟成

(三) 分支机构

根据学会章程的规定，学会的分支机构是学会的重要组成部分，包括按专业领域设立的专业委员会，和根据学会工作内容设立的工作委员会。

专业委员会是学会开展活动的重要支撑。如果说全国学会的建立是一门一级学科创立的重要标志，那么学会以专业领域而设立的专业委员会，则是一门分支学科创立和发展到一定阶段的重要标志。

1979年的2月28日，学会发布了第一批设立的11个专业委员会的公告。包括：陨石学和天体化学专业委员会，同位素地球化学专业委员会，沉积学分会，新矿物及矿物命名专业委员会，矿物物理与矿物材料专业委员会，岩浆岩专业委员会，变质岩专业委员会，元素地球化学区域地球化学矿床地球化学专业委员会，实验矿物岩石地球化学与矿物包裹体专业委员会，环境地质地球化学专业委员会，岩石矿物分析测试专业委员会。而后，随着学科的发展又相继设立或分建了多个专业委员会，2002年国家民政部对全国学会分支机构进行复查登记，取消了宝石学专业委员会和工艺矿物学专业委员会的登记，迄今学会设立的专业委员有24个，工作委员会3个：青年工作委员会、科普工作委员会和侯德封奖评选工作委员会（表4-2）。

表4-2　中国矿物岩石地球化学学会分支机构一览表

编号	专业（工作）委员会名称	编号	专业（工作）委员会名称
3551-1	新矿物及矿物命名专业委员会	3551-15	同位素地球化学专业委员会
3551-2	矿物物理矿物结构专业委员会	3551-16	环境地质地球化学专业委员会
3551-3	矿物岩石材料专业委员会	3551-17	陨石学及天体化学专业委员会
3551-4	成因矿物学找矿矿物学专业委员会	3551-18	岩矿分析测试专业委员会
3551-5	岩浆岩专业委员会	3551-19	微束分析测试专业委员会
3551-6	变质岩专业委员会	3551-20	地球科学认识论方法论专业委员会
3551-7	沉积学专业委员会	3551-23	环境矿物学专业委员会
3551-8	岩相古地理专业委员会	3551-24	化学地球动力学专业委员会
3551-9	应用地球化学专业委员会	3551-26	地表与生物地球化学专业委员会
3551-10	矿床地球化学专业委员会	3551-27	海洋地球化学专业委员会
3551-11	火山及地球内部化学专业委员会	3551-21	青年工作委员会
3551-12	地幔矿物岩石地球化学专业委员会	3551-22	侯德封奖评选工作委员会
3551-13	实验矿物岩石地球化学专业委员会	3551-25	科普工作委员会
3551-14	包裹体专业委员会		

二、主要学术活动及其社会意义

组织和开展学术活动，搭建学术交流平台是学会的主要使命之一。学会成立之前，由中国地质学会组织召开了第一届矿物岩石地球化学学术交流会。自学会成立后，至20世纪70年代末短短的两三年内，就组织召开了8次专业学术会议，与会人数总约2000人次，参加交流的论文有2000余篇。这说明学会成立之初就充分发挥了其作用。20世纪80年代，学会的学术活动更趋活跃。10年中学会组织召开了68次学会会议，总计约1万人次到会，8000余篇论文在会上交流。到20世纪90年代以后，一些学科已经形成了定期会议与系列会议，或与兄弟学会轮流定期召开的系列会议，或参加到国际会议的行列之中。这期间会议的规模和频次也有了较大增长，会议更多的是多家联合举办。

（一）学术会议

1. 学术年会

1966年由中国地质学会组织，在北京召开了"矿物岩石地球化学第一届学术年会"，后由于"文革"等原因，学术年会曾一度中断。直到1978年，中国矿物岩石地球化学学会召开成立大会时，由中国科学院地球化学研究所主办了第二届学术年会。这是改革开放后、伴随着科学春天到来的一次地学界的盛会，200余人与会，会期5天，交流论文700余篇，反映了矿物学、岩石学、元素地球化学、矿床地球化学、有机地球化学、环境地球化学、天体化学、实验地球化学、同位素地球化学、勘查地球化学，以及应用性领域的进展。从《论文集》可以看出，从1963年到1978年的15年间，有十年是在"闹革命"中度过的，可是中国科学院地球化学研究所（简称"地化所"）的有机地球化学与环境地球化学犹如异军突起，对中国东部陆相盆地的生油机制、不同盆地石油的演化、油气运移与富集的地球化学因素有了比较深入的认识，在对克山病地球化学病因研究的基础上，又开展了大骨节病、地氟病调查，从而全面进入环境地球化学与健康的研究，进而探讨F、Se、Mo等元素的生物地球化学、分子生物学模型，并在元素本底含量测量、珠穆朗玛峰地区冰雪、水、生物、土壤中的微量元素、环境质量评价与环境质量模型方面取得开拓性的进展。1976年开始的吉林陨石雨的研究揭开了中国陨石学和天体化学研究新的一页。同位素地球化学从地化所建所到1978年，积累了近5000个同位素年龄数据，完成了中国第一个前寒武纪地质年表、从同位素地球化学的角度总结了中国铁矿床硫同位素数据，提出了华北和东北地区若干富铁矿形成、华北与长江中下游某些铁矿床物质来源和形成机制的新观点。矿床地球化学拓宽了传统矿床学的思路，认识到地质体与矿床形成的多成因、多阶段性，探讨了某些铁矿床的矿浆成矿模式和夕卡岩铁矿的地球化学类型、铀矿形成的壳层理论，以及沉积-后期热液叠加对铁、铜成矿的意义。元素地球化学除涉及一般痕量元素和元素对之外，还重点研究了中国特有的稀土-铁建造。此次会议开创了全国会员代表大会与学术年会同步召开的先河，并一直延续。

此外，学术年会就与国民经济发展相关的重大战略的实施，还召开有几次专题性的、针对性强的学术年会。2001年，随着国家西部大开发战略的实施，欧阳自远理事长就提出学会要积极参与西部大开发战略的实施，要针对西部大开发中的资源开发以及所带来的一系列环境问题进行研讨，给国家提出合理化的意见和建议。2001年7月18~20日，学会与中国科学院地球化学研究所联合在昆明组织召开了第7届学术年会，会议的主题是"西部大开发：资源与环境地球化学学术年会"。这次会议200余人参加，会议邀请了20名国内知名专家做了大会报告，会议针对西部地区的资源、能源、生态、环境与可持续发展等领域存在的问题，交流了一系列高水平的成果，提出了有创新意义的真知灼见和有实践意义的重要建议，会后向国家有关部门递交了"西部大开发中的资源与环境问题及其对策"建议，这一建议得到了国家层面的重视。

随着国内学术交流日益频繁，除了学会外，还有很多科研院所也在组织规模不一的学术会议，因此，加强学会学术年会的引导作用，扩大学会的影响就成为学会发展的一个重要问题。2003年，在第六届理事会组建之时，刘丛强理事长就提出要加强学术建设，扩大学术年会的影响力，理事会讨论并做出了学会学术年会每两年举办一次的决定。此后，学术年会分别于2005年、2007年、2009年、2011年、2013年和2015年，分别在武汉、北京、贵阳、广州、南京和长春成功举行。这期间，学术年会的影响力在不断提升，会议规模在逐渐增大，至2013年的第14届学术年会（南京召开），所设立的分会场已有23个，参会人数超过千人，会议收到的论文摘要已达800余份。2015年的第15届学术年会也达到这一规模。随着会议规模的扩大，会议的组织形式也在逐渐发生变化。一是由学会秘书处直接组织、承办转为由承办单位进行组织，学会秘书处协调；二是会议交流的专题分会场的设置由学会所属专业委员会、学会理事针对科学问题提出设置，由学会理事会讨论确定，并由各专题负责人组织。会议组织形式的变化，反映出科学家积极参与、学术民主的氛围，也反映出与国际会议在组织形式上相一致的特点。

2. 专业性和专题性的学术讨论会

除了由学会直接主办的学术年会外，学会还组织有专业性强、针对性强的专业性和专题性学术会议。这样的会议由学会直接或联合有关单位组织的并不多，主要是针对国家需求或国际研究热点而适时组织的，如1986年与中国极地研究委员会和地化所，联合主办了"南极地质地球化学学术讨论会"，1989年与有关单位联合组织了"全国超大型矿床寻找与理论研讨会"，1990年组织的"迎接新石器时代的挑战——全国非金属矿物资源与矿物材料学术讨论会"；等等。而大量的专业性和专题性的学术会议则是由专业委员会主办的。专业委员会作为一个具有共同范式的学术共同体，在组织专业性的和专题性的学术会议上具有明显的优势。一是专业委员会云集了该专业领域的主要科研人员，二是这些专业人员在其工作的领域内相互关联，能够共同探讨。因此，由专业委员会组织的专业性和专题性的学术会议，虽然一般规模不大，却能够充分交流和讨论，有利于深入研究和对具体问题的探讨，因此这些会议也成为学会学术交流的主要范畴。

从1979年学会首批设立11个专业委员会开始，每年都有少则几个、多则十余个由专业委员会组织召开的学术会议，有的是根据学科发展、国家需求而适时召开的会议，有的则是形成规模、定期召开的系列学术会议。近年来，由于组织会议的单位增多，学术会议的频次增加，为扩大学术会议的影响，由专业委员会组织的学术会议多由单个组织逐渐演变到一家牵头、多家联合组织的情况。截止到2014年底，据不完全统计，这样的学术会议包括了：①由陨石学及天体化学专业委员会与中国空间学会联合组织的"全国陨石学与空间化学学术讨论会"，至2014年已举办了11届；②由原元素地球化学区域地球化学举办的"构造地球化学学术会议"和"全国应用地球化学学术会议"；③由沉积学专业委员会组织的"全国沉积学大会"和"全国有机地球化学学术会议"；④由同位素专业委员会联合中国地质学会同位素地质专业委员会，轮流举办的"全国同位素地质年代学和同位素地球化学学术会议"；⑤由矿床地球化学专业委员会每两年举办一次的"全国成矿理论与找矿方法学术研讨会"，已举办6次；⑥由岩相古地理专业委员会和沉积学专业委员会联合、每两年举办一次的"全国古地理及沉积学学术会议"，至2014年已成功举办13届；⑦由火山及地球内部化学专业委员会与中国灾害防御学会、中国地质学会等关单位联合主办的"全国火山学研讨会"，至2013年已举办7次；⑧由同位素地质地球化学专业委员会联合有关单位主办的"全国环境地质地球化学学术会议"；等等。回顾近40年我国地球化学及其各分支学科的发展历程，这些学术会议对于促进学科的发展是发挥了积极的作用的。

3. 国际学术交流

学会开展的国际学术交流主要是组织会议或派员参加国际学术会议、加入国际学术组织。从20世纪80年代至90年代初期，国际学术交流在国内刚起步，国内科学家参加国际学术交流的渠道较少，学术组织就成为一条重要的渠道。这期间学会多次选派专业人员组团参加国际学术会议。1983年，国际大地测量与地球物理学联合会第18届全体会议在德国召开，学会选派了吴利仁、汪集旸、梅厚钧和袁启林参加；1986年派出由谢先德等人组成的代表团参加第14届国际矿物学大会；推选欧阳自远参加在美国召开的第49届国际陨石学年会和陨石学命名委员会会议，等等。

在组织国际学术会议方面，学会也开展了一些工作。1990年，与中国地质学会、中国地质科学院等单位联合举办了第15届国际矿物学大会；1994年学会微束分析专业委员会与日本科学振兴会联合举办了第一届中日双边微束分析学术讨论会；1999年学会与中国科学院地球化学研究所矿床地球化学开放实验室联合主办了低温成矿作用国际学术讨论会；2006年学会火山及地球内部化学专业委员会与有关单位联合组织召开了国际火山和地球内部化学协会（IAVEC）发起的"国际大陆火山作用学术研讨会"；学会包裹体专业委员会作为主要的发起人，已先后5次举办了亚洲包裹体会议；环境地质地球化学专业委员会联合有关单位多次主办环境中重金属国际会议；2014年同位素地球化学专业委员会承办了第五届亚太地区激光剥蚀和微区分析研讨会；2013年学会作为主要的发起单位之一，参与主办了第11届国际应用矿物学大会；2013年岩相古地理专业委员会参与主办了"第一届国际古地理学会议"，等等。

为加强学术交流，学会还建立起了与国际学术组织的密切联系。1979年，经中国科学院、国家科委、中国科协、外交部批准，学会以中国国家名义参加国际地球化学与宇宙化学协会（IAGC）和国际矿物学协会（IMA），为国家团体会员。新矿物及矿物命名委员会自1981年起就参加IMA新矿物及矿物命名委员会的工作。学会会员在国际学术组织中也发挥了重要的作用。欧阳自远院士、王立本研究员都曾任IAGC的国家代表。至2005年IAGC组织改革不设国家会员，学会不再是该组织的国家会员。学会常务理事、北京大学曾贻善教授曾任IAGC执委；1990学会常务理事、中国科学院地球化学研究所谢先德研究员当选为国际矿物学协会（IMA）主席；2007年学会理事、北京大学鲁安怀教授当选为IMA执委。另外，学会还选派多人参加国际学术组织中国委员会的工作，1986年推选欧阳自远和张焘参加国际大地测量地球化学物理学联合会中国委员会的工作，刘东生、涂光炽、刘丛强、洪业汤等也先后在IGRA和IGBP中国委员会任职。为加强国家交流与合作，2012年学会与日本地球化学会签署友好合作协议，内容包括参加对方举办的学术会议，联合举办国际学术会议；增加两会互访，如交换学生、访问学者、开展合作科研；交换两个学会主办的学术期刊，相互投稿。

（二）学术出版及成果

1.《中国矿物岩石地球化学十年进展》

学会自成立以来，有一个很好的对学科发展"十年一回顾"的学术传统。邀请矿物学、岩石学、地球化学各分支学科的专家及学术带头人，分析、总结并撰写各分支学科的十年进展、理论创新和技术突破，展望未来的发展趋势，每十年出版一部反映矿物学、岩石学与地球化学（包括沉积学）领域的研究进展和展望发展趋势的论文集，以记录矿物学、岩石学与地球化学（包括沉积学）的历史发展足迹，启迪思考未来发展的趋势。到目前为止，已出版文集4部。

2. 学术期刊

学术期刊是展示学术成果的重要形式，也是学术讨论的园地，创办学术期刊是学会开展学术活动的另一重要形式，既可促进各学科的发展，展示科学研究成果，又可发现人才，培养人才。特别是在 20 世纪 70 年代初，在学术界的"万马齐喑"之中，我国第一份地球化学专业期刊——《地球化学》破土而出，1978 年后学会与中国科学院地球化学研究所联合创办了《矿物学报》和 Chinese Journal of Geochemistry（英文版《地球化学》），与中国科学院地质与地球物理研究所（原中国科学院地质研究所）联合创办了《岩石学报》，1982 年创办了作为学会会讯的内部期刊《矿物岩石地球化学通讯》（简称《通讯》），1995 年《通讯》正式出版，并更名为《矿物岩石地球化学通报》（简称《通报》），1998 年《通报》增加中国科学院地球化学研究所为第二主办单位，1999 年与中国石油大学联合创办《古地理学报》。至此，构建了学会所有学科领域学报级期刊的框架。这些期刊都相继成为 CNKI、万方、中国科学引文数据库等国内重要科技文献数据库的来源期刊和中文核心期刊，《岩石学报》现为 SCI 的来源期刊。

此外，沉积学专业委员会还与中国科学院兰州地质研究所（现中国科学院地质与地球物理研究所兰州油气资源研究中心）、中国地质学会沉积学分会联合主办有《沉积学报》。

三、人才培养

发现人才、培养人才是学术团体义不容辞的责任。学会组织开展的人才培养活动主要包括侯德封奖的评选和各种人才举荐的活动（包括：院士候选人推荐，中国青年科技奖候选人推荐，全国优秀科技工作者推荐，等等）。

（一）侯德封奖

1983 年第二届理事会根据涂光炽理事长的提议，决定设立"侯德封奖"，其宗旨是奖掖青年科技工作者的创新性工作，是一项荣誉奖。2002 年，在国家科技奖励办登记，正式命名为"侯德封矿物岩石地球化学青年科学家奖"（简称"侯德封奖"），是第一批社会力量设立的奖项。该奖于 1986 年颁发第一届奖以来，每两年举办一次，至 2015 年共举办了 15 次。侯德封奖是我国改革开放以来地学界最早由社会力量举办的提携年轻人才脱颖而出的奖项，卓有远识地以青年学者创造性成果为评奖依据，促进了各学科青年学术带头人的成长，取得了良好的社会效益。迄今获此殊荣的 112 人中，绝大多数已经成为学科带头人，成为所在单位科学研究的中坚力量，有的担任行政负责人，有的当选为中国科学院院士。据不完全统计，其中涌现出至少 5 位中国科学院院士，6 位欧美大学教授，4 位何梁何利奖获得者，近 40 位国家自然科学杰出青年基金项目获得者，以及众多人才计划（百人计划、长江学者以及青年千人等）的入选者和各级科技奖励及荣誉称号获得者。

（二）人才举荐活动

（1）院士候选人推荐。学会作为中国科协的一员，从 1994 年起就参与了中国科协系统中国科学院学部委员（院士）的初选候选人推荐工作，后来又参加了中国工程院院士的初选候选人推荐工作。截至 2015 年，先后向中国科协推荐候选人百余名，其中十余人当选为中国科学院院士。

(2) 中国青年科技奖候选人推荐。学会还参与了历次中国青年科技奖推荐工作，到目前为止，已有9人获得中国青年科技奖。第15届侯德封奖获奖人秦礼萍还入选中国科协首届"中国优秀科技人才"。

(3) 全国优秀科技工作者推荐。学会还参与了历次全国优秀科技工作者的推荐工作，极大地鼓励了科技工作者的工作热情与服务精神。学会推荐的涂光炽、欧阳自远曾获得全国优秀科技工作者称号。从2010年起，中国科协对这一工作进行了改革，加大了力度，学会推荐的钟宏、刘文汇、宋谢炎、吴丰昌、孙卫东荣获全国优秀科技工作者称号。

四、科普教育工作

（一）概述

科普教育工作也是学会工作的一个重要组成部分，历届理事会特别是理事长都非常重视。

1998年之前，学会的科普活动定位为"本会会员的知识更新"上，因此科普工作重点是办好《矿物岩石地球化学通讯》学术刊物，组织好各种学术会议。1998年第五届理事会决定将科普工作的重点转变为"帮助会员知识更新的同时，将工作重点逐渐转向社会性的青少年科普知识宣传，提倡科技工作者走出科研院所和教室，担负起向社会宣传地球科学与可持续发展战略的责任。"这种工作模式的转变需要发动更多的科技工作者参与，需要更多地与各级挂靠单位、科协组织协作，加大投入，深入学校、机关、农村、部队和社区。从2002年起，学会抓住科普活动重点转移所引发的科普教育工作的形式创新和内容创新，在形式上除了举办科普报告外，还采取夏令营、印发宣传材料、开创"假日科普"、学生撰写小论文、野外考察、放映录像、接受采访、科普辅导员培训、学生"走进实验室，亲自动手"等多种形式，开展生动活泼的科普活动。此外，近年来学会还依托学会微信公众号、网站和改版后的《通报》，加大科学知识和科学思想的传播。在内容方面，依托地球科学文化，将自然科学与人文科学结合起来，积极宣传人与自然的和谐，完全可持续发展战略的意义，把每一次科普活动都融入构建和谐社会的国家发展目标之中。

（二）主要科普活动及其社会效果

(1) 中国科学院地球化学研究所开放日。由学会和中国科学院地球化学研究所联合发起并组织。2002年，随着全民科学素质提高的需要，在5月份全国科技活动周期间，首次组织了地球化学所的开放日活动。活动当日，开放实验室，制作展板，放映科教片，供驻地市民和有关中小学、大会师生参观。现在这一活动均在科技活动周期间举办，已持续开展了12次，得到了当地社区和有关部门的良好反映。

(2) 科普讲座。开展科普讲座也是学会科普活动的一项重要内容，这其中主要包括学会名誉理事长欧阳自远院士围绕陨石、地球科学、行星科学、国家探月工程的实施做的系列报告。据近10年的不完全统计，他每年在全国各地的报告在50场次左右，听众2万多人。

另外，学会还与贵州省、贵阳市等地方科协合作，举办过一些科普讲座，如："怎样撰写小论文"、"如何开展科学研究"、"陨石的奥秘"、"观赏石及成因"、三美(科学美、自然美、艺术美)科普讲座,等等。

这些科普报告,大都是关乎社会的科学问题,都收到了很好的效果。

(3) 地学与空间科学夏令营。地学与空间科学夏令营是学会20世纪90年代开展的主要针对青少年的科普活动。内容主要涉及地球科学和空间科学,目的是让青少年增长知识,培养他们的兴趣。自1991年开始,先后举办后5期。

(4) 青少年科技创新大赛。这是依托学会挂靠单位——中国科学院地球化学研究所一起主办的。联合贵阳一中、九中,针对中学生的学习兴趣和特点,有选择地参加到研究所的课题组里,参加讨论、辅导试验、撰写小论文,以培养中学生的学习兴趣和探索精神。活动从20世纪90年代末至2010年以前,连续开展过多期,所有参加的学生都在贵州省青少年科技创新大赛中获得一等奖。在其后的跟踪调查中,这些学生大多考进国内知名大学。

(5) 贵阳九中共建科普实验室。为加强与驻地学校的联系,便于科普工作的开展,2002年学会利用地化所的资源,针对学校科技课程的要求,与贵阳九中共同建立起地学科普实验室。

(6) 20世纪80年代至90年代初期,针对生产单位和广大的学生会员,以继续教育、知识更新为目的,在《矿物岩石地球化学通讯》上,专设栏目:新发现、新观点、新理论、新技术,对一些地学研究前沿进行介绍。

五、27个分支机构的设立与发展

1. 新矿物及矿物命名专业委员会

新矿物及矿物命名专业委员会是学会1979年2月28日首批设立的11个专业委员会之一,一直挂靠在中国地质科学院矿产资源研究所(原地矿部矿床地质研究所)。第一任主任委员是郭宗山研究员,现任主任委员蔡剑辉研究员。1981年5月,新矿物及矿物命名专业委员会加入国际矿物协会(IMA)新矿物及矿物命名委员会(CNMMN),中国新矿物及矿物命名专业委员会主任委员开始兼任CNMMN中国代表。2006年7月,CNMMN与矿物分类委员会(简称CCM)合并成为新矿物、命名和分类委员会(简称CNMNC)。

新矿物及矿物命名专业委员会的主要职责是:负责国内有关新矿物发现、研究及报送工作方面的咨询;负责审批矿物中文译名的更改及废弃,修订并发表矿物的中文译名;参与国际新矿物及名称的评审与表决;定期向国内发布新的矿物资料;发起和组织国内外学者开展新矿物的发现及研究、矿物分类及命名的学术交流活动。

新矿物及矿物命名专业委员会自成立以来,在国内新矿物发现、研究及矿物分类、命名方面完成了大量指导性工作,如适时发布向CNMNC提交新矿物的原则、程序及具体内容;评审报送CNMNC的新矿物;制定矿物中文译名规则,修订和整理矿物中文译名;在国内学术期刊上定期发布最新矿物的主要数据等。其次,按时参加CNMNC国际新矿物评审、矿物名称审定、矿物分类方案审定等工作,自1981年至今,CNMNC批准成立的新矿物种已逾2000个,在中国发现的约100个。在学术交流方面,与国内外业界的沟通和交流是常规性的活动,除了积极参与CNMNC的日常工作和IMA的学术活动,该专业委员会也经常在国内相关学术会议上组织新矿物主题的学术交流。近年来，我国新矿物工作进展非常突出，尤其是近5年我国发现并获得批准的新矿物种达22个，居于世界前列。

2. 矿物物理矿物结构专业委员会

矿物物理矿物结构专业委员会的前身是1979年4月5日成立的矿物物理矿物材料专业委员会，第一届、第二届（1979~1989年）主任委员为中国科学院地球化学研究所的王之桢研究员。1988年10月21日，学会第三届理事会第二次常务理事（扩大）会议决定将原有的矿物物理矿物材料专业委员会进行拆分，分别建立矿物岩石材料委员会与矿物物理矿物结构委员会。新成立的矿物物理矿物结构专业委员会首任主任委员，即第三届主任委员（1989~1993年）为中国科学院地球化学研究所张惠芬研究员。后因中国科学院地球化学研究所广州分部独立建所，自1994年起，挂靠单位变更为中国科学院广州地球化学研究所。该所张惠芬研究员、吴大清研究员、陈鸣研究员和何宏平研究员历任第四、五、六、七和八届主任委员。

矿物物理矿物结构专业委员会的宗旨：介绍国内外最新的研究成果和发展趋势，开展国内外矿物结构与矿物物理学者间的学术思想交流与科研合作，推动不同单位间的合作与协同创新，为后继人才的培养和成长提供良好的环境，针对科学前沿和国家、地方需求所涉及的相关领域及时提出建议，提升我国矿物学研究的创新能力和国际影响力。

专业委员会先后主办或协办有关矿物物理、矿物结构与矿物材料的全国性学术讨论会十余次，出版《矿物物理和矿物材料研究论文集》等文集多本。30多年来，紧紧围绕国家目标，在矿物物理、矿物谱学、矿物表/界面物理化学、矿物材料等领域为国家培养了大批科研和教学人才，推动了我国矿物学和地球科学的发展。

3. 矿物岩石材料专业委员会

矿物岩石材料专业委员会的前身是1979年4月5日成立的矿物物理矿物材料专业委员会，第一届、第二届（1979~1989年）主任委员为中国科学院地球化学研究所王之桢研究员。矿物岩石材料专业委员会于1990年8月在贵阳召开了成立大会，挂靠在中国科学院地球化学研究所，付平秋研究员、肖金凯研究员任第三、四届主任委员。2008年5月学会第六届理事会第六次常务理事（扩大）会议决定，专业委员会转挂靠于中国地质大学（北京），由廖立兵教授担任主任委员。

矿物岩石材料专业委员会的宗旨：通过组织广泛、深入的学术交流，推动新理论、新技术和新方法在矿物材料研发中的应用，不断提高我国矿物材料研究和资源综合利用的水平，培育新的学科生长点，促进我国矿物材料学科和人才队伍的建设和发展，为国民经济建设与社会发展做出贡献。

专业委员会自成立以来，多次组织学术会议。1990年在贵阳适时组织召开了"全国非金属矿物资源与矿物材料学术讨论会"，提出了"加强我国非金属矿物材料的开发与利用研究的倡议书"；1991年，与贵州省联合召开了"贵州省非金属矿物材料与资源专题研讨会"；1993年与四川省学会联合召开了"全国工业矿物原料深加工及综合利用学术讨论会"；2000年以后，专业委员会的活动主要是与相关的专业委员会或其他单位联合，相继组织了矿物学战略研讨会、全国首届环境矿物学学术会议。近年来，组织或参与组织了的学术会议包括：学会学术年会的矿物学分会场、全国矿物科学与工程学术研讨会、全国大宗工业固体废弃物制备绿色材料技术国际研讨会、全国尾矿与冶金渣综合利用技术研讨会和第 11 届国际应用矿物学大会。

4. 成因矿物学找矿矿物学专业委员会

成因矿物学找矿矿物学专业委员会于 1980 年 11 月成立，当时挂靠在原武汉地质学院（现中国地质大学，武汉），陈光远教授任主任委员。目前挂靠在中国地质大学（北京），现任主任委员申俊峰教授。

成因矿物学找矿矿物学专业委员会的宗旨：倡导和组织国内学者开展矿物成因和利用矿物标型寻找矿产的学术研讨，学习和交流国内外先进的成因矿物学与找矿矿物学思想，紧扣国民经济重大需求，及时提出地质过程研究和资源寻找的战略建议，引导中国成因矿物学和找矿矿物学学科队伍与国际学术界同步发展。

专业委员会成立以来，先后多次以研讨会形式积极组织国内外同行开展学术交流。特别是与国际矿物学会副主席 Yushkin、前地科联主席 Fyfe 等众多著名学者保持长期学术往来，开展了广泛深入的成因矿物学学术思想研讨。20 世纪 70~80 年代，应我国钢铁、黄金等找矿形势的需要，曾举办多期"成因矿物与找矿矿物"培训班，并组织完成了多项高级别科研项目，建立了成因矿物学和找矿矿物学的学科体系，开展了以铁、金等矿床为主的矿床成因矿物学研究和找矿实践。

21 世纪以来，专业委员会顺应我国资源与环境并举的战略决策，成功举办了三届"资源环境与生命过程成因矿物学学术研讨会"，实现了以成因矿物学为基本指导思想，引导国内同行一方面进一步完善找矿矿物学理论和方法，同时逐步向环境领域拓展的跨越式发展。专业委员会成立 30 多年来，为本领域培养了一大批学术带头人和找矿专家。目前成因矿物学的思想方法已广泛应用于克拉通破坏及造山带演化等地球动力学过程、成矿作用和矿产资源评价以及环境监测与修复等领域，许多岩石学、矿床学、地球化学和构造地质学家也开始积极运用成因矿物学理论和方法解决相关科学问题。

5. 岩浆岩专业委员会

岩浆岩专业委员会是 1979 年学会首批决定设立的 11 个专业委员会之一，1982 年 7 月正式成立，一直挂靠在南京大学地球科学与工程学院（原南京大学地质学系）。首届专业主任委员为徐克勤院士；1985~1991 年由王德滋院士任主任委员；1992~2002 年由周新民教授任主任委员；2003 年至今由徐夕生教授任主任委员。

岩浆岩专业委员会的宗旨：发起和组织我国花岗岩和相关岩浆岩研究领域的学术讨论。

专业委员会独立或牵头组织代表性的学术会议包括：1990 年 11 月在南京大学举行了"花岗岩及其岩石包体学术讨论会"；1999 年 5 月在南京大学举行的"花岗岩与地壳演化学术讨论会"；2004 年 11 月在南京大学举行的"岩浆岩研究发展战略研讨会暨第三届花岗岩成因与地壳演化学术讨论会"；2011 年 12 月在南京地质矿产研究所举行的"华南基础地质研究学术研讨会"；2012 年 6 月在南京大学举行的"第四届花岗岩与地壳演化学术讨论会"；2013 年 5 月在江西上饶举行的"花岗岩地质与成因暨第 8 届岩浆岩专业委员会会议"；2014 年 11 月在福建福州举行的"花岗岩成因与大陆动力学过程"学术讨论会。这一系列学术活动，逐步推动了我国花岗岩-火山岩及其相关岩石成因与构造环境和地球动力学背景的研究，为花岗岩-火山岩成矿作用研究也提供了重要支撑。

6. 变质岩专业委员会

变质岩专业委员会是于 1981 年 11 月成立的，首届主任委员由沈其韩院士担任，挂靠在中国地质科学院地质研究所。2013 年后挂靠单位变更为北京大学地球与空间科学学院，由张立飞教授担任主任委员。

变质岩专业委员会的宗旨：坚持以加强学术交流、举办小型专题学术活动为主。

专业委员会自成立以来定期举办小型学术会议，并定期结集出版有关学科进展的综述性文章，30 多年来为变质地质学的发展起到了强有力的推动作用。

1980～2000 年是国内变质岩学科迅速发展的 20 年，变质岩专业委员会密切关注国际同领域的发展，及时召开针对国际前沿性热点问题的学术讨论会。尤其在前五任主任委员沈其韩院士的带领下，1983～1994 年在经费不足的情况下共举办 7 次学术会议和现场讨论会：1983 年在烟台举办的变质岩原岩恢复讨论会，1986 年在太原举办的变质作用与成矿作用学术讨论会，1988 年在武汉举行的中国中部高压变质作用现场讨论会，1990 年在天津举办的 PTt 轨迹及其在变质地质学中应用研讨会以及 1993 年在西安举办的甚低级变质作用会议等。21 世纪初变质岩专业委员会与中国地质学会岩石学专业委员会联合发起了全国岩石学与地球动力学研讨会。自 2014 年起变质岩学术讨论会又以举办小型学术会议的形式召开，采取会场学术讨论和会中野外考察相结合的形式，会议收到了良好的效果。

专业委员会还特别注重每三四年结集出版学科发展的前沿性和综述性文章，组织相关人员在《矿物岩石地球化学通报》、《地质论评》、*Precambrian Geology* 等杂志上撰写会议总结及前沿问题的讨论性文章。

7. 沉积学专业委员会

沉积学专业委员会是 1979 年学会第一批设立的专业委员会之一，当时叫"沉积学分会"，是学会唯一一个以学科分会名义命名的分支机构。2002 年，根据民政部对全国学会分支机构命名的要求，更名为"沉积学专业委员会"。该专业委员会 1979 年 10 月 23 日在北京召开第一届全国沉积学大会时一并召开了成立大会，叶连俊院士任分会理事长，孙枢院士任秘书，挂靠在中国科学院地质研究所（现中国科学院地质与地球物理研究所）。现任主任委员刘宝珺院士，挂靠在中国地质调查局成都地质矿产研究所。

沉积学专业委员会的宗旨：加强沉积学界的交流与沟通，提升沉积学及其相关学科的学术水平和推动沉积学学科发展。

专业委员会自成立以来，以沉积学专业委员会为主组织召开的学术会议分为沉积学大会和众多以学科分支为主题的专题学术会议，如碳酸盐会议，有机地球化学会议，沉积与储层等，从 1979 年至 2015 年的 30 多年里，相继开展这类学术会议近 50 次。而所组织的全国沉积学大会自 1979 年召开第一届以来，至 2001 年才参照国际惯例定为每四年召开一次。之后，由沉积学专业委员会主办的全国沉积学大会相继在成都、青岛和杭州召开，会议的规模逐年增大，至第五届全国沉积学大会时，参会人数已上千人，交流的论文和报告也达 600 多个。

8. 岩相古地理专业委员会

岩相古地理专业委员会在 1995 年 1 月成立，挂靠在中国石油大学（北京），冯增昭教授任主任委员。第一、二、三届主任委员为冯增昭教授，现任主任委员鲍志东教授。

岩相古地理专业委员会的宗旨：致力于团结古地理学各个领域的科研工作者，倡导和组织国内学者开展古地理学的学术研讨，学习和交流国内外先进的古地理学及沉积学学术思想，不断开拓古地理学科的纵深领域，促进学科的繁荣发展。引导中国古地理学学科队伍与国际学术界的同步发展。

专业委员会自成立以来，参与组织第四届、第五届全国沉积学及岩相古地理学学术会议，自2000年开始，岩相古地理专业委员会成为这一系列会议的第一主办单位，承接了连续举办这个全国性会议的重任，会议名称也改为"全国古地理学及沉积学学术会议"。该会议每两年举办一次，目前已经连续召开了13次，参加人数总计近3000人次，交流论文约3000篇。第14届会议拟定于2016年在河南焦作召开。通过会议发现人才培养人才也是会议组织者的重任。全国古地理学及沉积学学术会议期间，会议还进行青年优秀论文的评选与表彰，迄今已评选出100多位获奖者，其中很多都成长为教授与石油企业的地质老总与高级专家。

在继续办好"全国古地理学及沉积学学术会议"的同时，积极参与国际化的学术交流活动。2011年，参与协办了中国地质大学（北京）主办的"国际层序地层学研讨会"；2013年作为主要发起单位之一，组织召开了第一届国际古地理学会议，目前积极准备2015年召开的第二届国际古地理学会议。

9. 应用地球化学专业委员会

应用地球化学专业委员会的前身为元素地球化学区域地球化学矿床地球化学专业委员会，是学会1979年首批决定设立的专业委员会之一，1981年12月正式成立，黎彤教授任首届主任委员，当时挂靠在中国科学技术大学。1983年12月议决将该专业委员会拆分为"元素地球化学与区域地球化学专业委员会"和"矿床地球化学专业委员会"。2004年6月该专业委员会更名为"应用地球化学专业委员会"。现任主任委员是张德会教授，挂靠在中国地质大学（北京）。

应用地球化学专业委员会的宗旨：团结致力于将地球化学原理和方法应用于地球科学各个领域的科研工作者，促进和推动地球化学在地球科学及其相关学科的应用基础研究和学术交流。目前主要研究领域涉足元素地球化学、区域地球化学、构造地球化学、矿产资源勘查地球化学以及地质灾害地球化学等等。

自20世纪80年代起，专业委员会相继组织召开了一系列的全国性学术会议，包括第一届全国层控矿床会议、全国稀土矿床会议和构造地球化学会议。2001年与有关单位联合组织召开了矿床勘查中的应用地球化学会议，首次提出了"应用地球化学"的理念。自2004年专业委员会更名后，每两年举办一次全国应用地球化学学术会议，至2015年已举办了五届。这些学术活动的开展，极大地推动了应用地球化学学科的发展。

10. 矿床地球化学专业委员会

矿床地球化学专业委员会的前身是元素地球化学区域地球化学矿床地球化学专业委员会，是学会1979年首批决定设立的专业委员会之一，1981年12月正式成立，黎彤教授任首届主任委员，挂靠在中国科学技术大学。1983年12月将该专业委员会拆分为"元素地球化学与区域地球化学专业委员会"和"矿床地球化学专业委员会"。首届矿床地球化学专业委员会挂靠中国科学院地球化学研究所，首届主任委员为杨敏之研究员，现任主任委员为胡瑞忠研究员。

矿床地球化学专业委员会的宗旨：面向国家战略需求，面向国际地球科学前沿，发挥专业委员会的桥梁和纽带作用，组织该领域的学术交流和合作，促进学科交叉和成果共享，提高我国成矿理论和找矿方法水平，推动矿床研究和找矿工作的开展，为矿产资源的寻找和利用提供重要的学科支撑。

专业委员会自成立以来，先后多次以研讨会形式组织国内外同行就成矿学和找矿学领域的研究热点问题、新知识、新见解和新方法开展学术研讨，介绍本领域国内外发展水平和趋势。主要是组织召开低温成矿作用国际学术探讨会；两年一次的"全国成矿理论和找矿方法学术讨论会"，该系列会议已召开了6届，成为我国矿产资源领域两个最重要系列性大型学术会议之一。

11. 火山及地球内部化学专业委员会

专业委员会成立于1995年，当时挂靠在国家地震局地质研究所（现中国地震局地质研究所），刘若新研究员和樊祺诚研究员任前四任主任委员。现任主任委员为徐义刚研究员，挂靠在中国科学院广州地球化学研究所。

火山及地球内部化学专业委员会的宗旨：倡导和组织国内学者开展火山学和地球内部化学的学术研讨，学习和交流国内外先进的思想和技术，火山学、火山监测以及利用火山岩和火山沉积来开展地球内部的状态和地表环境研究，积极提出火山研究和火山灾害防控的战略建议，引导中国火山学科队伍与国际学术界同步发展。

专业委员会自成立以来，及时把握国际学术前沿，特别是积极响应国际岩石圈计划（1980至今）和国际减灾十年计划，组织和领导了我国新生代火山岩及地幔岩、二叠纪大火成岩省的岩石学、地球化学和年代学研究，产出了如《中国东部新生代玄武岩及深源岩石包体》、《中国东部新生代玄武岩及上地幔研究》、《中国新生代火山岩年代学与地球化学》、《中国火山》等经典著作，奠定了我国火山与地幔研究的基础。1992年在北京举办了"中国及邻区新生代玄武岩及包体国际学术讨论会"，催生了华北岩石圈减薄观点的提出，使之迅速成为国际地球科学研究的热点。

联合国际火山学和地球内部化学（IAVCEI）中国委员会共举办了7次全国火山学术研讨会，会后均有论文专辑出版；2006年在广州组织了IAVCEI 2006（国际火山学2006年会）年会。极大地推动了我国火山学科的发展，扩大了在相关领域的国际影响力。

12. 地幔矿物岩石地球化学专业委员会

地幔矿物岩石地球化学专业委员会于1989年10月正式成立，刘若新研究员任主任委员，挂靠在国家地震局地质研究所（现中国地震局地质研究所）。1995年后改挂靠在中国科学院地质研究所（现中国科学院地质与地球物理研究所），由周新华研究员任主任委员至今。

地幔矿物岩石地球化学专业委员会的宗旨：致力于团结全国的科学工作者，以推动地球深部研究及开展相关的学术活动、科普活动。

专业委员会成立之初，即联合中国地球物理学会及中国岩石圈国家委员会在合肥召开了"中国东部上地幔特征与地球动力学学术讨论会"，与会代表数十人，会后出版了《中国上地幔特征与动力学论文集》（地震出版社，1990）。1992年8月，又与中国科学院地质所岩石圈演化重点实验室联合在北京组织召开了"中国及邻区新生代火山岩与深源捕虏体国际讨论会"，与会专家来自中、美、英、澳等国及海峡两岸。除编辑了会议论文摘要集外，并于同年出版了《中国新生代火山岩——年代学与地球化学》（刘若新主编，地震出版社，1992）。经两届运行后，为适应21世纪学科发展新形势，专业委员会于1998年换届当年，即举办了"中国大陆岩石圈深部过程——地幔岩石学和地幔地球化学讨论会"，与会代表100多人。学会名誉理事长涂光炽院士亲临会议并作大会学术报告。另外，专业委员会的重要的学术活动是随着学会学术年会的定期举行而组织相关的分会场，至今已相继举办过十余次。

13. 实验矿物岩石地球化学专业委员会

实验矿物岩石地球化学专业委员会的前身是实验矿物岩石地球化学与矿物包裹体专业委员会，1979年10月在北京成立，挂靠在原北京铀矿地质研究院（现核工业北京地质研究院），由徐国庆研究员任主任委员。1986年6月，学会第二届理事会常务理事会决定将专业委员会拆分为"实验矿物岩石地球化学专业委员会"和"矿物包裹体专业委员会"。分建后的实验矿物岩石地球化学专业委员会挂靠在中国有色金属工业总公司矿产地质研究院，由曾骥良研究员任主任委员。1995年第四届专业委员会组建后，即转挂靠在吉林大学地学部（原长春地质学院），先后由林强、吴福元和迟效国教授任主任委员，现任主任委员为许文良教授。

实验矿物岩石地球化学专业委员会的宗旨：倡导和组织中国实验岩石学和计算地球化学等学科队伍开展相关学科领域的学术研讨，学习和交流国内外先进的学术思想与学术成果，围绕国家需求、国家目标以及地球与行星科学领域的前沿科学问题，及时提出深部地质过程研究等相关领域的战略建议，为固体地球科学与行星科学研究提供重要支撑。

专业委员会自成立以来，积极组织开展国内外学术交流，已经培养出一大批本领域的学术带头人和中青年专家。专业委员会的科学家们在自主研制高温高压实验仪器与原位测量技术方面取得了突出进展；提出了构造地球化学新概念和新理论；在有关高温高压条件下水-岩（矿物）相互作用、成矿元素的活化、迁移形式和定位、矿物岩石的流变学行为、花岗岩的形成与演化，有机质的热解成藏过程及其与金属硫化物矿床成矿效应等研究领域取得了重要研究成果。

14. 矿物包裹体专业委员会

矿物包裹体专业委员会的前身是实验矿物岩石地球化学与矿物包裹体专业委员会，于1979年10月在北京成立，挂靠在北京铀矿地质研究院（现核工业北京地质研究院），徐国庆研究员任主任委员。1986年6月，学会第二届理事会常务理事会决定将该专业委员会拆分为"实验矿物岩石地球化学委员会"和"矿物包裹体专业委员会"。分建后的矿物包裹体专业委员会仍然挂靠在北京铀矿地质研究院，徐国庆研究员继续担任主任委员。1998年专业委员会换届，改挂靠在中国地质大学（武汉，北京），由张文淮教授担任主任委员。2003年后，改挂靠在中国科学院地质与地球物理研究所，由范宏瑞研究员担任主任委员会。现专业委员会组建于2013年11月，挂靠在南京大学地球科学与工程学院，由倪培教授任主任委员。

矿物包裹体专业委员会宗旨：加强国内流体包裹体及地质流体研究以及国内与国际合作交流，提倡和推广新理论、新方法和新技术的应用；组织学术交流活动，推动科学研究和应用，提高科研能力和技术水平；探讨我国流体包裹体及地质流体研究的存在问题和发展趋势，开拓新的研究领域，促进学科的繁荣发展。

专业委员会定期组织各种形式的专题学术交流活动，包括：①国内学术会议，两年一次的全国包裹体和地质流体研讨会议，至今已经召开了十七届（第十七届，2012 年 11 月）。②国际学术会议，2006 年 5 月由倪培教授组织创办了亚洲流体包裹体研究国际会议（Asian Current Research on Fluid Inclusions，简称 ACROFI），每两年一次，是与欧洲流体包裹体国际会议（European Current Research on Fluid Inclusion，简称 ECROFI）和泛美流体包裹体国际会议（Pan American Current Research on Fluid Inclusion，简称 PACROFI）并列的国际会议。至今已经分别在印度、俄罗斯、澳大利亚和中国召开了五次。③短训班，2010 年在南京举办了"成矿流体培训班"，对象为地矿部门及大专院校青年矿床研究者；2014 在南京举办了"Fluids in the Earth"短训班，邀请了 5 位国际著名流体包裹体专家进行精彩讲座，对象为国内外青年学者。④论文专辑，在国内外核心和一流刊物上组织发表论文专辑，如 *Journal of Geochemical Exploration*、《岩石学报》、*Geologica Sinica*、《南京大学学报》等刊物。

15. 同位素地球化学专业委员会

同位素地球化学专业委员会是学会 1979 年首批建立的 11 个专业委员会之一，并于当年的 9 月在贵阳成立，当时挂靠在中国科学院地球化学研究所，首届和第二届（1978～1988 年）主任委员是于津生研究员，1988 年后，中国科学院地球化学研究所分所，广州地球化学研究所成立，其挂靠单位也相应地变更为中国科学院广州地球化学研究所，朱炳泉、李献华研究员先后接任主任委员，现任主任委员是孙卫东研究员。

同位素地球化学专业委员会的宗旨：推动我国的同位素年代学和同位素地球化学的理论体系和技术方法研究的开展，以及推广这些研究方法在相关行业及研究领域中的应用。

该专业委员会致力于推动我国同位素地球化学的研究工作。早年在专业委员会下设立有几个工作小组，如 K-Ar 工作小组，Ar-Ar 工作小组，同位素年龄数据汇编小组等，并致力于推动标样建立和同位素的思想方法的普及。1982 年通过了组织实施建立的中国 K-Ar 法同位素地质年龄测定的黑云母标准样，1984 年在专业委员会召开的全国铀系标准讨论会上，确认 SS-1 和 SS-2 为国内第一批铀系标准样，1986 年，同位素年龄数据汇编小组就组织编辑出版了《全国同位素地质年龄数据汇编》（第四册），等等。

此外，专业委员会还组织召开一系列的学术交流会。1975 年专业委员会的前身就率先召开了"第一次全国同位素地质工作经验交流会"，1986 年起与中国地质学会同位素地质专业委员会联合，轮流组织召开两年一次的"全国同位素地质和同位素地球化学学术交流会"，充分整合了我国该领域的力量，极大地推动了我国同位素地球化学研究的发展。经过近 40 年的不懈努力，同位素年代学和同位素地球化学研究在我国已经得到长足的发展，并且已经在基础地质科学研究、矿产资源的勘探开发、气候环境演变的研究、地球生命起源等诸多生产和研究领域得到广泛的应用。

16. 环境地质地球化学专业委员会

环境地质地球化学专业委员会是学会 1979 年批准设立、1981 年 10 月正式成立的专业委员会，一直挂靠在中国科学院地球化学研究所，蒋九余研究员任首届主任委员，现任主任委员是冯新斌研究员。

环境地质地球化学专业委员会的宗旨：促进地质地球化学与环境科学交叉，推动我国环境地质地球化学学科发展，促进国内学者的学术交流，加强青年人才培养。

专业委员会自成立以来，致力于发展我国环境地球化学学科，以1981年召开的"环境地球化学与健康学术研讨会"为起点，连续组织召开了6届全国环境地球化学大会。近10年来，全国环境地球化学学术会议没有再举办，而是在学会组织的年会上组织环境地球化学分会场来开展相关的交流。在国际学术交流方面，近10年来相继组织承办了多次国际学术会议，如第7届环境地球化学国际学术会议、第9届汞全球污染物国际学术会议、第17届环境中重金属国际学术会议等，这些活动奠定了我国环境地球化学学科在国际学术界的地位。

在科普宣传方面，专业委员会积极配合依托单位，开展地方病、全球及地方汞污染等的宣传活动，在第6届国际汞污染大会上，所组织的青少年环境保护竞赛获得会议组委的好评。

17. 陨石及天体化学专业委员会

陨石学及天体化学专业委员会是学会1979年2月批准设立、1981年10月正式成立的专业委员会，欧阳自远研究员任首届主任委员，当时挂靠在中国科学院地球化学研究所。现任主任委员是林杨挺研究员，挂靠在中国科学院地质与地球物理研究所。

陨石学及天体化学专业委员会的宗旨：组织该领域的学术交流，促进交叉与合作研究，增进与其他学术团体之间的合作，推动我国陨石学与天体化学学科的发展，普及相关的科学知识，为我国月球等深空探测工程提供学科支撑。

专业委员会的主要工作成果之一，是组织了定期召开全国性的学术研讨会11次，多次组织召开不定期的学术会议（其中包括中国空间科学学会、中国极地科学学会等主办的学术分会场）。20世纪80年代与中国空间学会空间化学与空间地质专业委员会联合公布了《关于中国陨石命名与译名的规定》，对我国陨石学与天体化学学科的创立发挥了重要作用。积极倡导开展南极陨石的搜寻和研究工作，为我国南极陨石考察、样品管理和使用等提供指导建议，而大量南极陨石样品的发现为该领域的发展提供了重要条件。该专业委员会在1993年左右，就开展了我国月球探测工程的论证工作，提出了我国月球探测的必要性与可行性、发展战略与长远规划以及中国首次月球探测的科学目标与技术要求，极大地推动了我国嫦娥工程的立项，并在月球等深空探测工程的实施和科学研究中发挥重要作用。此外，专业委员会还高度重视科普工作，每年在全国范围举办大型科普讲座60余场，取得了很好的宣传和科学普及作用。

18. 微束分析测试专业委员会

微束分析测试专业委员会于1981年11月成立，挂靠在中国科学院地球化学研究所，刘永康研究员任首届主任委员。现挂靠在中国科学院地质与地球物理研究所，现任主任委员李献华研究员。

微束分析测试专业委员会的宗旨：倡导和组织国内学者开展现代微束分析测试技术方法和应用的学术研讨，促进国内外合作与交流，加强微束分析测试新技术、新方法和新标样研发，为我国地球科学研究提供高水平的微束分析测试研究平台，提高我国地球科学家的自主创新能力和国际学术地位。

专业委员会成立以来，先后多次以研讨会形式积极组织国内外同行开展学术交流。20世纪80年代，专业委员会组织和引领了我国电子探针分析技术方法的研发和标样研制，制订了国家标准GB 4930-85《电子探针分析标准样品通过条件》，审议通过80余个分析标样，协助国家标准局筹建了"全国电子探针标准样品标准化技术委员会"，为我国矿物学、岩石学和地球化学研究提供了有力的技术支撑。20世纪随着离子质谱、电子探针、分析电镜等的开发应用，专业委员会与有关单位联合，及时组织召开了"中日双边微束分析学术讨论会"以推动这些新技术在材料、地质、生物、医药方面的应用。21世纪以来，离子探针、激光剥蚀−等离子体质谱、扫描电镜、透射电镜等现代微束分析测试技术方法和应用研究迅速发展，推动了地球科学研究向更细、更精、更准的方向快速发展，专业委员会与时俱进，加强了相关研究成果的交流，成功举办了"第五届中国二次离子质谱学会议"，并正在《中国科学：地球科学》发表"微束分析技术及其在地球科学中的应用"研究专辑。

19. 岩矿分析测试专业委员会

岩矿分析测试专业委员会是我会1979年首批决定设立的专业委员会之一，1980年4月正式成立，一直挂靠在中国科学院地球化学研究所，首届主任委员是江邦杰研究员，余皓、陈四篯为名誉主任委员，后由漆亮研究员接任主任委员。2017年起，该专业委员会改挂靠单位为中国地质大学（武汉），由刘勇胜教授任主任委员。

专业委员会自成立以来相继在桂林（1980年）、青岛（1985年）、大庸（1993年）、南戴河（2003年）举办过多次岩矿分析学术交流会。另外，20世纪80～90年代专业委员会与贵州省光学学会等单位合作，在贵州省内相继举办过10余次原子吸收分析培训班。这些活动的开展为提高我国的岩矿分析测试水平做出了重要贡献。

20. 地球科学认识论方法论专业委员会

地球科学认识论方法论专业委员会1986年6月由学会第二届理事会第一次会议决定设立，1987年9月正式成立，挂靠在原核工业部第三研究所（现核工业北京地质研究院），杜乐天教授任首届主任委员，1998年由王驹研究员担任主任委员至今。

地球科学认识论方法论专业委员会的宗旨：倡导和组织国内学者开展地球科学认识论方法论的学术研讨，结合地学实际和国内外重大地学问题，既从理论上研究和探讨地球科学认识论方法论，又研究相关实际问题，并为国家建设和地球科学本身发展做出贡献。

专业委员会成立以来，先后单独组织或与中国地学哲学研究会联合组织开展学术交流，召开了10多次研讨会和论坛，探讨了广泛的议题，包括地学认识、地学思潮、地学思维、创造性思维、整体地球观、系统思维、智慧学、地学方法论、搜索学等，还结合找矿实际，探讨了找矿哲学、自然灾害成因机制等问题。所召开的研讨、论坛、讲座以及发表的论文、专著，在地学界甚至哲学界引起了高度重视和良好反响，尤其对年轻地学工作者起到了重要的启示作用。这一期间的重要专著和论文有：《智慧——悟、清、善》、《搜索学——找矿的辩证法》、《找矿哲学概论》、《地球系统科学》、《复杂性与地质学》、《周易科学观》、《地质学的思维》、《创新思维与地球科学前沿》和《地质创造学导论》等。

21. 化学地球动力学专业委员会

化学地球动力学专业委员会于 2004 年 3 月成立，挂靠在中国科学技术大学，由郑永飞院士教授任主任委员至今。

化学地球动力学专业委员会的宗旨：倡导和组织国内学者将板块构造理论与地球层圈成分变化联系起来，综合应用地球化学、岩石学和地球物理学方法研究地球内部的结构和演化，应用元素和同位素组成变化示踪地壳物质再循环对地幔成分的影响。

专业委员会成立以来，先后多次以研讨会形式积极组织国内外同行开展学术交流，开展了广泛深入的化学地球动力学与板块构造理论发展学术研讨。在专业委员会的组织和引领下，完成了多项国家级科研项目，培养了一批具有国际竞争力的人才，将同位素地球化学、微量元素地球化学、地球化学动力学等高新技术方法应用到地幔地球化学、大陆地壳的形成和演化等学科领域，为地球科学的发展做出了重要贡献。

22. 环境矿物学专业委员会

环境矿物学专业委员会于 2004 年 3 月成立，鲁安怀教授首任主任委员至今，挂靠单位一直是北京大学地球与空间科学学院。

环境矿物学专业委员会的宗旨：推动环境矿物学学科的繁荣与发展，组织协调环境矿物学学术成果、新技术的交流、普及与应用，促进环境矿物学的科技人才的发现、培养、造就可持续发展的环境矿物学教育、科研和开发应用的人才队伍。

专业委员会成立 10 多年来的主要工作成果包括：①举办学术研讨会，加强学术交流。共组织或筹备组织了 11 次学术交流，包括 12、13、14 届学会年会的环境矿物学分会场、与其他矿物学有关的专业委员会共同组办 4 次 "全国矿物科学与工程学术研讨会" 及其他研讨会。②组织出版论文专辑，及时展示研究成果。在国内核心期刊组织出版了 9 辑环境矿物学专辑。并在 Acta Geologica Sinica 出版 1 辑英文版中日环境矿物学专辑，在 Elements 和 Geomicrobiology Journal 组织了国内有关环境矿物学研究的论文专辑。③吸纳其他学科研究者，培养壮大学术队伍。以研究项目为纽带，吸引了一些相关学科，如材料学、环境科学、生命科学等学科背景的研究者从事合作研究，已涌现出一批具有多学科交叉研究背景的年轻学者。近年来国家科学基金项目资助中，鲁安怀担任首席科学家连续获得国家科技部 973 计划重大科学前沿领域中 2 个以环境矿物学领域研究为主的项目支持，彰显了 "小学科" 也能解决 "大问题" 的巨大生命力。④积极参与国际学术组织、强化国际合作与交流。合作开展研究。2015 年 3 月在北京大学举办了有关环境矿物学前沿研究的中美双边研讨会；主任委员鲁安怀教授在国际矿物协会（IMA）中连任理事会执行理事，负责国际环境矿物学等方面的工作，并 3 次在 IMA 大会上组织环境矿物学讨论会。

23. 地表与生物地球化学专业委员会

第八届理事会第二次常务理事（扩大）会议决定在我会新设立 "地表与生物地球化学专业委员会"；第八届理事会第三次常务理事（扩大）会议审议通过了专业委员会的组建方案，于 2014 年 7 月 7 日成立。刘丛强院士任首届主任委员，挂靠单位是中国科学院地球化学研究所。

地表与生物地球化学专业委员会宗旨：以地球表生环境为对象，推动地表系统物质循环的生物与非生物地球化学过程研究及其相关学科发展，为地球表层系统生态功能预测与可持续发展提供理论基础，促进宏观生物地球化学、生态过程地球化学和地表化学物质循环过程研究领域的科学家之间的学术交流。

在 2015 年 6 月的第 15 届学术年会上，组织了"地球关键带及其功能演化中的生物地球化学"专题分会场开展学术交流。

24. 海洋地球化学专业委员会

第八届理事会第二次常务理事（扩大）会议决定新设立"海洋地球化学专业委员会"；第八届理事会第三次常务理事（扩大）会议审议通过专业委员会的组建方案，于 2014 年 7 月 7 日成立。石学法研究员任首届主任委员，挂靠在国家海洋局第一海洋研究所。

海洋地球化学专业委员会的宗旨：搭建海洋地球化学领域科研人员学术交流平台，促进我国海洋地球化学学科的建设和发展，完善我国海洋地球化学学科体系，促进海洋地球化学与其他地球化学学科的交流和融合，促进高水平海洋学科人才的培养，开展海洋科学普及工作，服务海洋强国战略。

2014 年 11 月 29 日在山东青岛召开了成立大会。会上开展了有关的学术交流。在 2015 年 6 月的第 15 届学术年会上，组织了"海洋地球化学与海底成矿作用"专题分会场开展学术交流。

25. 青年工作委员会

青年工作委员会于 1993 年 7 月成立，挂靠在中国科学院地球化学研究所，胡瑞忠研究员任首届主任委员，现任主任委员是钟宏研究员。

青年工作委员会的宗旨：组织开展或以灵活多样的形式参与国内外学术交流活动，促进青年矿物岩石地球化学工作者的交流和成长；加深青年学生的专业兴趣，引导他们进行相应的研究方向选择。为发现、培养和造就新一代青年矿物岩石地球化学人才发挥重要作用；凝聚青年人才，为地质基础理论研究和国民经济建设做出贡献。

工作委员会成立以来，先后多次以"全国矿物岩石地球化学青年科学家及研究生学术讨论会"等形式积极组织国内外同行开展学术交流。还参与组织学会的各类专业会议、中国科学院地球化学研究所"暑期学校""研究生学术年会"，与来自全国培养地学人才的各个重要高校的本科生、研究生进行面对面的交流，宣传矿物岩石地球化学学会和青年工作委员会的工作，进一步坚定青年学子的专业思想。工作委员会的各位委员还积极参与侯德封青年科学家奖及各单位各类青年人才的举荐和培养政策的谋划和制订，为青年人才培养做出了重要贡献。工作委员会的多位委员已成为国家 973 计划项目首席科学家、国家杰出青年基金获得者，获得多项国家级、省部级科学技术奖励，成长为我国矿物岩石地球化学领域的领军人才，为地球科学理论研究和国民经济建设做出重要贡献。

26. 侯德封奖评选工作委员会

1983 年，学会第二届理事会第一次会议，决定设立侯德封奖。其宗旨是鼓励我国年青的矿物岩石地球化学工作者的创造性工作。1984 年 10 月《侯德封奖实施办法》公布，并规定侯德封奖的评选由专门的评选工作委员会——侯德封奖评选工作委员会来完成。该工作委员会的一个主要职责就是对被推荐人的学术成就和人品进行全面的评议，以遴选出做出了创造性成果且品行优秀的人选。该工作委员会挂靠在中国科学院地球化学研究所，由学会秘书处直接管理，与其他专业委员会的换届同步进行，迄今已组建了8届，进行了15次评选活动。

第一届侯德封奖评选委员会由涂光炽理事长任主任委员，委员17人，包括叶大年、刘英俊、刘若新、朱自尊、李文达、杜乐天、吴利仁、吴崇筠、杨敏之、杨锡禄、欧阳自远、赵一阳、涂光炽、黄蕴慧、董申葆、彭志忠、穆克敏。1986年7月第一届侯德封奖评选委员会在北京召开了第一次会议，经过评议和投票，共评选出6名获奖人。

涂光炽院士连任第二届评选委员会主任委员，欧阳自远院士任第3~5届主任委员，现任主任委员刘丛强院士。

27. 科普工作委员会

随着社会的发展和进步，致力于全民科学素质的提高已经成为学会的主要任务之一，为发挥"科普工作主力军"的作用，充实科普工作力量，完善、规范科普活动，2002年6月，经第五届理事会第三次常务理事会（扩大）会议审议，决定成立科普工作委员会，并于2004年5月在民政部完成登记。该工作委员会挂靠在中国科学院地球化学研究所，王世杰研究员任首届主任委员会，现任主任委员为温汉捷研究员。

科普工作委员会的主要任务是加强和推动学会的科普工作。该工作委员会自成立以来，依靠挂靠单位及其相关科研院所，积极传播和宣传科学知识、科学方法和科学思想，开展了大量的科普工作，包括：①以中国科学院地球化学研究所全国青少年科技教育为主基地联合组织的"让公众理解科学，让公众了解地化所"，以及"关注资源环境，建设创新型国家"的开放日活动。该活动从2002年起，在每年的全国科技活动周举行，至今已举办了10余次，受到了贵阳市民和广大中小学生的欢迎；②举办科普报告与讲座；③开展"大手拉小手"活动，研究所科研人员与贵阳一中、贵阳九中等建立了青少年科技辅导小组，这些小组在"贵州省青少年科技创新大赛"均获得了一等奖。这些活动，对于推动社会公众在了解科学、增长知识、认识自然界以及推动社会进步等方面都发挥出了积极的作用。

（第三节作者：刘莉、郑秀娟）

第五章 区域地球化学

自 1838 年瑞士化学家舍恩拜因（Schönbein）首次提出"地球化学"这一概念起，地球化学研究一开始便致力于探索地壳中化学元素的组成、分布、含量、运移和聚散离合的变化，至 1908 年美国学者 F. W. 克拉克（Clarke，1908）的《地球化学数据》（*The Data of Geochemistry*）一书问世，首次公布了地壳中 50 种元素的平均含量。尽管这些元素的平均含量是全球大规模各类岩石取样、分析取得的，但这些结果也显示不同的岩石、不同的区域在元素含量有着显著的差别，指示着不同区域存在化学差异性。区域地球化学学科旨在研究一个区域（造山带、大陆边缘、板块内部、大洋板块扩张边界与汇聚边界）地质单元中地球化学特性，特别是确定地球化学省、岩石化学、成矿省的区域平均化学组成（勒斯勒和朗格，1985）。现代区域地球化学是以区域岩石圈为系统，开展系统的化学组成、化学作用和化学演化综合研究的地球化学分支学科（张本仁和施俊法，1996）。区域地球化学学科真正成为地球化学的一个分支学科，萌芽于 20 世纪 20 年代的苏联，其倡导者为 A. E. 费尔斯曼。他分别于 1922 年和 1931 年发表了《俄罗斯地球化学》和《苏联地球化学基本特征》。他强调区域地球化学与地质学的紧密结合，指出只有将地史学的成就、大地构造学的新思想同元素行为规律相结合才能理解矿产的分布（张本仁，1994）。

第二次世界大战后，随着工业化的快速发展，对各类矿产的需求迅猛增长；同时，地球化学理论与方法的快速发展，使元素、同位素的微量、快速、灵敏、准确分析测试技术不断提高，区域地球化学和区域勘查地球化学研究才得以迅速地发展。与此同时，华北震旦系、寒武系、奥陶系化学地史（叶连俊，范德廉，杨哈莉等，1964）和华南花岗岩类的有关地球化学研究（徐克勤，孙鼐，王德滋等，1963），拉开了中国区域地球化学研究的序幕。

20 世纪 60～70 年代以来，板块构造学说被多数地质学家、地球化学家所接受，为区域地球化学分支学科的发展提供了全新的视野，使我们认识到大陆地壳、全球岩石圈的形成、发展和演化是相互联系的。区域地球化学从 A. E. 费尔斯曼提出到 20 世纪 70 年代，多偏重于各区域地壳的化学组成，而在板块构造学说的指导下，区域地球化学从 H. J. 勒斯勒（Rösler）和 H. 朗格（Lange）1972 年所定义的单纯研究地壳区域平均化学组成，扩展到研究区域的化学作用与化学演化，包括壳-幔物质交换和再循环的化学地球动力学。

第一节 区域地球化学学科的发展历程

从发展历史来看，区域地球化学与整个地球化学学科的发展是同步的，但自从 A. E. 费尔斯曼提出"区域地球化学"这一概念到 20 世纪 70 年代末，区域地球化学主要是阐明区域内元素的迁移和分配规律，基本没有对一个区域从地壳、地幔的化学组成及其演化进行综合性的系统研究，大多仅仅进行单目标和单地质对象类型的调查。如区域岩石与区域成矿、区域成矿与区域构造、区域构造与成岩成矿作用等。尽管苏联是区域地球化学的发源地，区域地球化学的论著也较多，但多以文集形式发表，极少形成综合系统性的论著。如《天山区域地球化学》、《贝加尔-阿穆尔干线区域地球化学》、《区域地球化学与成矿作用》和《远东区域地球化学》等文集。

在欧美国家，当时系统地进行了综合性区域地球化学的研究也不多见，常见的是研究某些特定构造环境中的岩浆作用、沉积作用和成矿作用，以及特定构造带中地壳-地幔物质交换和演化的论文。大量冠以"区域地球化学"的文章，也只是区域地球化学测量的研究成果，很多是在水系沉积物测量数据的基础上，进行地球化学分区，讨论各类岩石和矿产的分布，揭示区域构造展布特征，分析区域成矿远景和评价地表环境等。

直到20世纪80年代前后，元素含量分析方法有了较大的改进，使事情发生了变化。当时多数研究人员采用的发射光谱法在测定微量元素时，发现由于地质样品的差异，加上所测元素受基体的影响，数据的精度普遍较低。随着分析技术的发展，多种能够准确分析不同元素含量水平的仪器设备和方法开始陆续应用到地球化学领域。如用于分析主量-次量元素的X射线荧光光谱法、主量-次量-微量元素的电感耦合等离子体原子发射光谱法、主量-次量-微量元素的中子活化法、微量-超微量元素含量的等离子体质谱法，以及测定微量元素含量的石墨炉、火焰原子吸收光谱法等等，有针对性地使用于不同要求的样品测试中。此外，针对不同性质的元素组合的样品，也采用了不同的方法，如原子荧光光谱法、离子选择性电极、催化极谱、分光光度、高效离子色谱、激光荧光等（叶家瑜和江宝林，2004）。目前，除稀有气体和已灭绝的放射性元素外，已经可以准确地分析元素周期表中的76个元素（不含氢、氧）的含量，为传统的区域地球化学研究奠定了坚实的技术基础。

20世纪60年代，微量元素理论研究取得了突破性的进展，以P. F. 盖斯特（Gast, 1968）为代表的学者，从理论上证明微量元素在岩浆作用过程中的行为可由亨利定律来描述，从而为研究化学作用和化学演化过程中元素的变化规律奠定了理论基础。

自F. W. 克拉克1908年发表《地球化学数据》以来，众多学者对大陆地壳的组成开展了研究。F. W. 克拉克（1924）、V. M. 戈尔德施密特（1933）报道了岩浆岩的平均化学组成或岩石圈的平均组成，但他们的平均值仅限于现今所定义的大陆地壳主要单元的平均值。Shaw等（Shaw, Reilly, Muysson et al., 1967; Shaw, Dostal, Keays, 1967; Shaw, Craner, Higgins et al., 1986; Shaw, Dickin, Li et al., 1994）、W. 法赫伦和K. 伊德（Fahring and Eade, 1968）对加拿大地盾上地壳进行了大规模的采样和分析，获得了51种元素的丰度值。苏联学者A. B. 罗诺夫和A. A. 亚卢舍夫斯基（Ronov and Yaroshevsky, 1969, 1976）计算了波罗的和乌克兰地盾上地壳和沉积盖层的主量元素丰度（但没有分析微量元素的含量）。K. H. 韦德波尔利用欧洲从北角（North Cape）到突尼斯4800 km中约3000 km长的反射地震波速的约束，综合各种上地壳丰度，给出了77个元素的大陆地壳丰度值（Wedepohl, 1995）。

20世纪60年代末，Rb-Sr化学分离和固体质谱同位素测定技术取得了成功，为放射成因 $^{87}Sr/^{86}Sr$ 值示踪地球化学过程建立了新的里程碑（Hurley and Rand, 1969）。20世纪70年代Sm-Nd化学分离与固体质谱同位素测定技术获得了成功，奠定了放射成因Nd-Sr同位素联合示踪的理论基础（Notsu, Mabuchi, Yoshioka et al., 1973; Lugmair, Scheinin,

Marti et al.，1975；DePaolo and Wasserburg，1976）。V. C. 班纳特和 D. J. 迪保罗首次测定的 Nd 模式年龄显示：被显生宇覆盖而无基底出露的美国大陆中部地区的 Nd 模式年龄主要为 1.7~2.0 Ga，北部的年龄多大于或等于 2.5 Ga，南部约为 1.3 Ga，并在北部区的东南和中部区的西端识别出两个不同模式年龄的地块（Bennett and DePaolo，1987）。这些成果开创了 Nd 同位素区域地球化学中构造/块体识别的先河。在随后的全球 Nd 模式年龄系统研究中，构筑了全球大陆地壳的增长曲线，显示了大陆地壳幕式增长的特点（Nelson and DePaolo，1985；Patchett and Arndt，1986）。

由世界各大河流所携带的颗粒物和大气尘埃测到的 Nd 模式年龄得知，大陆地壳的平均年龄接近 1.9 Ga（Goldstein，O'Nion，Hamilton，1984）。不同时代碎屑沉积岩/物的 Nd 同位素组成的研究表明，大陆地壳自形成以来既不是一直没有地幔物质输入的壳内循环，也不是每一时代都为新生地壳，而是新物质输入与古老物质循环叠加在一起（O'Nions，Hamilton，Hooker，1983；Allegre and Rousseau，1984）。20 世纪 60~80 年代，高分辨的稀有气体同位素质谱分析技术使稀有气体（尤其是氦同位素的）加入，能示踪地球化学过程（Clarke，Beg，Craig，1969；Lupton and Craig，1975；Kurz，Jenkins，Hart，1982）。自 80 年代开始，随着灵敏高分辨离子探针（SHRIMP）、二次离子质谱（SIMS）和激光剥蚀（多接收）等离子质谱［LA-(MC)-ICP-MS］对锆石微区进行 U-Pb 年龄与 Hf、O 同位素组成测定技术的相继成功，区域地球化学的研究进入到宏观与微观紧密相结合的新阶段。

1957 年，美国科学家蒙克（Munk）和赫斯（Hess）倡议用深海钻孔穿过莫霍面以研究地幔的物质组成，这就是"莫霍计划"（MOHOLE）。该计划于 1961 年在美国加利福尼亚湾外试钻，接着在墨西哥西岸外钻到了玄武岩，以后虽因多种原因而中途夭折，但为深海钻探积累了经验。

1964 年，由美国斯克里普斯海洋研究所等五个单位联合发起组成"地球深层取样联合海洋机构"（JOIDES），并提出了深海钻探计划，1965 年在美国东海岸的布莱克海台试钻成功。1966 年 6 月，斯克里普斯海洋研究所筹备开展一项以浅层取样为目的的深海钻探计划（DSDP）。

1968 年 8 月，深海钻探计划正式开始。它用五年半的时间完成了三期钻探计划。随后，苏联、联邦德国、法、英、日等国相继加入 JOIDES，使深海钻探计划进入国际合作的新时代——大洋钻探国际协作阶段（IPOD，又称"国际大洋钻探计划"）。1975 年 12 月第 45 航次开始了国际大洋钻探计划的钻探活动，重点研究洋壳的组成、结构和演化。深海钻探取得的大量资料验证了海底扩张说和板块构造说的基本论点，极大地推动了地球科学的发展，对近代地质理论和实践做出了卓越的贡献。

80 年代初，随着板块构造学说的普及，大洋钻探计划（ODP）在 1982 年深海钻探计划（DSDP）进行到最后阶段时，提出了新计划组织框架和优先研究的领域，于 1985 年 1 月开始实施。

这些调查结果表明，洋壳平均厚度 5~7 km，顶部是薄的深海沉积物层，向下到 1 km 处为枕状玄武岩，其下是席状岩墙、厚层辉长岩层，底部即触及莫霍面。由此可见洋壳的化学组成总体上为玄武岩质。

深海钻的样品测试结果表明，现代洋中脊玄武岩（N-MORB）来自软流圈地幔，具不相容元素极端亏损（DM）的特征。这是由于高度不相容元素主要由部分熔融作用从地幔移去形成地壳所致。其次是汇聚板块边界的消减作用，发生被消减物质的脱水（脱碳）反应，可溶物质通过热液流体与上覆的地幔楔发生交代转换，并使所交代的区域发生部分熔融形成岛弧（IA）岩浆体系（Hofmann，1988）。岩石地球化学特征也证明，软流圈地幔形成的洋中脊玄武岩是从老到新越来越亏损。D. J. 迪保罗的研究表明，亏损地幔 Nd 同位素组成随时间具二次演化曲线，说明现代软流圈地幔的 Nd 同位素组成与球粒陨石的万分偏差（ε_{Nd}）为+8.5（DePaolo，1981）。地球形成时（二次曲线的解约为 4.59 Ga）的万分偏差为 0。由于 D. J. 迪保罗对现代软流圈地幔是用岛弧玄武岩作为代表，而岛弧岩石的成因机制较为复杂，它们可能并不代表亏损地幔的特征，因此，S. L. 戈德斯坦等（Goldstein，O'Nion，Hamilton et al.，1984）则根据大量正常洋中脊玄武岩 Nd 同位素与球粒陨石的万分偏差平均为+10，而假定在 4560 Ma 前，软流圈地幔与球粒陨石相比没有亏损（即万分偏差为 0）而获得了软流圈地幔 Nd 同位素组成随时间演化的线性模式。

进入 21 世纪，美国国家科学基金会开启了地球透镜计划（Earth Scope），旨在将综合多学科的理论与方法，对北美大陆地区的地球构造、地质演化进行全方位研究。欧洲于 1982～2001 年间执行了欧洲地球探测计划（Europrobe），其目的是更好地了解地壳和地幔的构造演化，以及控制整个演化的动力学过程。加拿大于 1984～2003 年期间执行了岩石圈探测计划（Lithoprobe），主要研究加拿大大陆的演化，除了三维的地质图，还有四维的即时间上的特征。澳大利亚于 1993～2000 年期间实施了四维地球动力学计划（AGCRC），使用数字模拟技术模拟矿床形成的地球动力学过程，包括变形、流体、热、成矿相结合在一起的模拟。2000～2003 年期间，澳大利亚又实施了玻璃地球计划（Glass Earth），目的是使澳大利亚大陆 1 km 内的地壳及控制它的地质过程成为"透明"。2006 年澳大利亚开启了地球探测计划（AuScope），其目标是：在全球尺度上，从时空及从表层到深部，建立国际水平的表征澳洲大陆结构和演化的研究构架，从而更好地了解它们对自然资源、灾害和环境的影响（董树文，李廷栋，高锐等，2010）。我国根据国际地球科学的发展趋势，于 2008 年启动了中国深部探测技术与实验研究专项（SinoProbe）（董树文和李廷栋，2009）。

第二节 中国区域地球化学学科的研究现状

一、研究历史

1. 20 世纪 60 年代

中国的区域地球化学从 20 世纪 60 年代开始，以叶连俊等（1964）对华北震旦系、寒武系、奥陶系化学地史，徐克勤等（1963）对华南花岗岩类的有关地球化学方面的研究，以及黎彤和饶纪龙（1963）报道中国岩浆岩的平均化学组成为序幕。随后仍不断有进一步的研究，获取地壳有关元素丰度值（黎彤和饶纪龙，1965；黎彤和倪守斌，1990）及区域地壳的有关元素丰度值（Gao，Luo，Zhang et al.，1996；鄢明才和迟清华，1997；迟清华和鄢明才，2007）。

2. 20 世纪 70 年代

20 世纪 70 年代开始，张本仁吸收现代地球化学各领域的新思想和新成果，概括成五个地球化学基本观点：①地球化学系统观点，强调系统性质对其中化学作用特征和元素行为的制约；②寓于地球系统物质运动中的化学运动同力学（构造）、物理学和生物学运动相互依存、相互制约和相互转化的观点，强调不同形式运动的相互作用；③地球层圈相互作用与物质循环观点，强调层圈物质组成、热动力状态和能量差异是推动壳、幔和地球发展的动力，层圈间物质循环是追索壳、幔和地球演化的线索；④历史地球化学观点，强调层圈与整个地球化学演化的不可逆性和螺旋式上升发展；⑤各类地质体的化学物相、化学组成、物相反应关系及相应参数为地球物质化学运动记录的观点。

张本仁对以上基本观点论述了相应的方法论：①研究一个区域的地球化学问题时，必须以该区域岩石圈或壳幔体系的组成和热动力状态为约束；②自觉地以研究其他运动形式学科的客观资料与成果来约束地球化学的研究和构思，同时，要善于将地学和地质问题剖析为地球化学性质的问题来研究，以发挥地球化学学科的优势和专长；③善于以层圈相互作用和物质循环为主线，开展地学问题的地球化学研究；④以历史地球化学理论和观点为指导，坚持层圈和地球化学演化的发展论和阶段论；⑤善于从化学和物理化学观点揭示地质体中的地球化学运动的记录，形成地球化学研究的构想。

花岗岩类广泛出露于大陆表面，尤其在我国华南地区，诸多矿产与花岗岩类有着密切的成因联系，如 W、Sn、Nb、Ta、Mo、Cu、稀有金属等，引起了中外地质–地球化学家的广泛关注。20 世纪 70 年代末，中国科学院地球化学研究所根据对华南广泛出露花岗岩类的系统研究成果的总结，出版了《华南花岗岩类的地球化学》（中国科学院贵阳地球化学研究所，1979）。

3. 20 世纪 80 年代

20 世纪 80 年代中后期，张本仁和他的科研集体开展了区域地球化学的探索。在板块构造学说和全球岩石圈新认识的基础上，提出了区域地球化学研究以区域岩石圈为系统，以各类地质体的地球化学记录为基础，以历史地球化学理论和观点为指导，以地球物质和元素在层圈间的交换和再循环为主线，以区域岩石圈组成和状态为约束，探讨区域构造和成岩成矿作用理论框架。经过科研实践，出版了《卢氏–灵宝地区区域地球化学研究》（张本仁，1987）、《陕西柞水–山阳成矿带区域地球化学》（张本仁，1989a）、《勘查地球物理勘查地球化学文集（第 9 集）》、《成矿区带区域地球化学与地球化学找矿方法研究》（张本仁，1989b）、《勘查地球物理勘查地球化学文集（第 2 集）·金属矿床勘查地球化学研究专集》（张本仁，1985）。

以於崇文为首的研究集体 20 世纪 80 年代初，以耗散结构理论为基础，将数学、物理与地球化学相结合，探索了南岭地区的地球化学特征，发展了区域地球化学研究的新方向（於崇文，1987）。

区域性的花岗岩类地球化学研究此时在全国铺开，相继出版有：《华南不同时代花岗岩类及其与成矿关系》（南京大学地质学系，1981）、《西藏南部花岗岩类地球化学》（涂光炽、张玉泉、王中刚等，1982）。此外，在有关区域专门针对火山岩（池际尚等，1988）、变质岩（董申保和沈其韩，1987，1988）开展了较为系统的地球化学研究。

4. 20世纪90年代以来

20世纪90年代以来，随着元素地球化学与同位素年代学、地球化学理论的普及与分析测试技术的飞速发展，在国家实施的一些重大研究计划（如以开发新疆矿产资源为主的305项目、国土资源大调查项目、国家自然科学基金重点-重大研究计划等）中区域地球化学的研究占有不可或缺的地位，取得了许多重要的研究成果。正式出版了：《秦巴区域地球化学文集》（张本仁，1990）、《桐柏山-大别山花岗岩类地球化学》（李石和王彤，1991）、《秦巴岩石圈构造及成矿规律地球化学研究》（张本仁，1994）、《新疆东准噶尔富碱花岗岩类及其成矿作用》（刘家远和袁奎荣，1995）、《阿尔泰花岗岩类地球化学》（王中刚、赵振华、邹天人等，1998）、《东天山、北秦岭花岗岩类地球化学》（陈岳龙，1999）、《秦岭造山带地球化学》（张本仁、高山、张宏飞等，2002）、《中国新疆花岗岩》（王中刚、朱笑青、毕华等，2006）；此外，针对区域沉积岩（许效松、潘杏南、黄慧琼等，1994；许效松等，1996）、变质岩（孙大中和胡维兴，1993）、火山岩（陈义贤、陈文寄、周新华，1997）也有较为系统的成果发表。

2000年国土资源部制定并实施"中国岩石圈三维结构"专项研究计划。重点研究了中国岩石圈三维结构数据库、重点区段岩石圈三维结构特征和中国大陆岩石圈三维结构及其演化动力学。系列专著成果中《秦岭—大别—苏鲁地区岩石圈三维化学结构特征》（路凤香、张本仁、韩吟文等，2006）和《中国大陆岩石圈物质组成及演化》（邱瑞照、李廷栋、周肃等，2006）从区域地球化学的观点论述了区域岩石圈的组成和演化。

2008~2012年，中国部署了"深部探测技术与实验研究"专项（董树文和李廷栋，2009）。其中"地壳全元素探测技术与实验示范"项目就是提供探测地壳物质成分的技术保障，最终建立起以"化学地球"为基础的对全球资源与环境变化的了解。前期实验主要包括：建立覆盖全国的地球化学基准网，在"网格"中系统采集相关地层、侵入岩和疏松物，测定76种元素的含量，制作出基准地球化学图；选择穿越不同大地构造单元和重要成矿区带的东、中、西三个走廊带，探测元素含量的时空变化，构建不同大地构造单元的地壳地球化学模型；进行海量地球化学数据的快速检索和图形化显示（王学求，谢学锦，张本仁等，2010）。

二、研究成果简介

"六五"期间（1981~1985年），张本仁和他的科研团队，采取区域基岩地球化学测量与矿田、矿带地球化学研究相结合的技术路线，先后通过豫西卢氏灵宝、陕西柞水山阳等6个省市的7个成矿区带的研究，取得了突破性的成果，实现了将成矿环境条件诸因素引入异常评价系统、扩大找矿信息目标；在他所指导的青海赛什塘日龙沟矿带专题研究中，预测出后来经钻探证实的锡矿盲矿。同时，地球化学研究深化了矿带地质构造和成矿规律的认识，在应用基岩测量数据揭示区域地球化学背景，进行构造单元分界、沉积环境、控矿因素、岩浆岩演化序列、地层对比及火山机构研究等方面均取得了显著进展。这将我国在区域基岩勘查地球化学理论、解决区域地质和成矿问题的深度和广度上，提升进入国际前列。

张本仁所承担和主持的地质矿产部（1986~1990）"七五"重点攻关项目——"秦巴

地区重大基础地质问题及主要矿产成矿规律研究"，经过五年的努力，于1991年完成了"秦巴岩石圈构造及成矿规律地球化学研究"成果，开创了在同一区域将岩石圈地球化学研究与区域构造、岩石、成矿地球化学有机结合，以解决固体地球科学某些基础理论问题和矿产地质问题的先例。其主要成果有：①首次提出秦岭及其邻区地壳各结构层与上地幔化学组成和元素丰度，探讨了岩石圈热结构；②系统研究了区域花岗岩类、火山岩、沉积岩的地球化学特征、成因和构造环境，并联系区域岩石圈组成和热状态，阐明了秦岭花岗岩类及其成矿的特殊性；③通过岩石圈化学不均一性的约束、构造环境的多岩类和多岩套的综合判别，以及碎屑岩物源区和沉积水体特征地球化学鉴别的综合论证，系统探讨了秦岭构造发展史，包括俯冲造山、碰撞造山、古海洋封闭时限等；④在区域岩石圈系统特征的约束下，以类比选冶过程的成矿观点为指导，结合区域构造与各类岩石形成过程中元素集中和分散的分析，阐明了秦岭可能的优势和劣势矿产、区域成矿分带的控制因素及主要矿产形成的规律和模式；⑤在岩石圈的层次上，划分了秦巴地区的地球化学省、区、场，编制了区域地球化学分区图。成果评审委员会认为，这项研究"在理论体系和方法的特色、完整性上，在研究内容、对象和时空范围的系统和综合性上，在运用其成果阐明秦岭地质构造演化、岩石圈演化、成矿规律的水平和深度上，是国内外没有先例的，达到了国际领先水平"。

张本仁所领导的研究集体在承担国家自然科学基金"秦岭造山带岩石圈结构、演化及成矿背景"项目研究中，参研人员将造山带地球化学导向大陆动力学研究。通过区域壳幔演化和壳幔相互作用及其深部过程研究，约束造山带岩石圈的结构及构造的分区和演化，探讨了造山带发展的运动过程与动力学因素。为此着重采用了多同位素系统和多微量元素联合示踪技术，揭示了幔源和壳源岩浆源区和地壳深部的地幔化学特征；同时开展了岩石圈三维化学结构研究，实验测定了秦岭岩石高温高压下（传播）地震纵波的波速，并于2001年出版了研究成果的专著——《秦岭造山带与大陆动力学》和《秦岭造山带地球化学》。

研究取得的主要成果有：①开拓了伊川—宜昌地球化学断面研究，通过岩石地震波速的实验测定值与地震测深剖面观察值的拟合等途径，建立了秦岭及其邻区地壳的结构岩石模型，揭示了区域岩石圈的化学和热结构，重新解释了壳、幔中的高导低速带。②在四个构造单元内，开展了地壳增生历史、早期地幔性质和演化、Pb同位素填图及微量元素对玄武岩地幔源区化学特征的示踪等研究，论证了扬子（早期）、南秦岭和北秦岭的地质属性早期应是在扬子板块洋壳洋岛基础上发展形成的微陆块。③通过深部过程的地球化学综合研究，提供了秦岭地区不同时期的地壳动力学过程的证据。④论证和提出松树沟和勉略蛇绿岩具有洋壳残片性质，所代表的洋盆均属于扬子板块岩石圈内部裂开类型，它们的地幔源区属于特提斯构造域的地幔类型。⑤初步探讨了秦岭复合造山带发展的动力学特征。⑥编制了秦岭造山带1：100万区域地壳化学和热结构、构造地球化学分区及壳幔演化的四维地球化学图，揭示了浅部构造与深部过程的联系，架设了沟通地表地质研究与地球物理测深的桥梁，提供了改善、充实地学断面地球化学研究及开展造山带系统综合地球化学研究的经验，使造山带地球化学研究跨入国际先进行列。

在张本仁的区域地球化学理论指导下，科研人员在秦岭-大别造山带、华北、扬子克拉通和中国东部元素丰度研究，建立了地壳物质组成模型，获得了整体地壳及其不同区段63种元素的丰度值；成就了目前国际上第一套建立在地学断面地球物理研究和地球化学实测基础上的中性双层下地壳模型（Gao, Zhang, Jin et al., 1998）；揭示了华北克拉通岩石圈地幔减薄置换作用时空分布的不均一性（Gao, Rudnick, Carlson et al., 2002; Gao, Rudnick, Yuan et al., 2004; Gao, Rudnick, Xu et al., 2008）。

以郑永飞为首的研究团队通过对大别山高压-超高压变质岩的研究，提出了超高压榴辉岩形成的动力学过程（Zheng, Fu, Li et al., 2001; Zheng, Zhao, Wu et al., 2006），从而拓展了应用稳定同位素示踪方法进行化学地球动力学研究的前沿领域。

与此同时，不少学者在新疆（胡霭琴，张国新，陈义兵，2006）、华北板块和扬子板块（Chen, Li, Zhou et al., 2009；陈岳龙，罗照华，赵俊香等，2004; Chen and Luo, 2005; Wu, Zhao, Wilde et al., 2005; Li, Li, Zhou et al., 2002; Li, Li, Kinny et al., 2003; Li, Li, Li et al., 2009; Zhou, Yan, Kenneedy et al., 2002；耿元生，杨崇辉，王新社等，2008）、青藏高原（Zhu, Zhao, Niu et al., 2013）、中亚及与全球构造运动有关地区（Wang, Chung, Lo et al., 2012; Lan, Lee, Jahn et al., 1995; Yu, O'Reilly, Wang et al., 2010；陈岳龙，李大鹏，刘长征等，2014）开展了相应的地球化学专项研究，厘清了一些与地球化学动力学有关的疑难问题。

第三节 区域地球化学研究新的生长点

区域地球化学最初是由元素地球化学发展而来的。当年，F. W. 克拉克就是根据各个地区元素的分布、含量了解某一地区的地球化学状况，然后通过区域性的调查，结合地质背景分析元素的分布、含量及元素间的比值关系特征认识区域岩石圈的组成和演化问题。随着分析测试技术的发展，同位素地质年代学与放射成因同位素及稳定同位素示踪技术的应用，拓展了区域地球化学的视野，使区域岩石圈化学组成、化学作用与化学演化得以定量化。

依据这一思路，将区域地球化学发展过程中的一些新生长点归纳如下。

一、化学地球动力学研究方向

区域地球化学与区域地质、矿物学、岩石学及实验岩石学相结合，拓展出化学地球动力学的研究方向。

地球化学家不仅要知道一个区域的岩石圈的组成，还要回答为什么是这样组成的。早期的地表岩石化学元素含量很难准确回答后一问题。正是同位素年代学与地球化学方法研究过程中，从最初的 Rb-Sr 同位素体系的定年和 Sr 同位素示踪，初步探索了全球地壳的形成过程（Hurley and Rand, 1969）。20 世纪 70 年代末，随着 Sm-Nd 同位素方法在地球化学研究中的应用，发现 Rb-Sr 体系很容易在后期的构造热事件中重置；由于 Sm 和 Nd 均为稀土元素，它们的地球化学行为类似，一般的沉积、风化、变质作用很难使之分馏，从而可由 Sm-Nd 同位素系示踪岩石从地幔源区分离进入到地壳后的滞留时间或亏损地幔模式年龄。锆石微区原位 U-Pb 定年的成功，使过去对多颗锆石的分析，转变为对一粒锆石特定部位（结构域）定年，并获得相应的 Hf、O 同位素组成；在得到年龄信息的同时也能了解到形成锆石源区的物质信息，即是来源于再循环的地壳物质，还是新生的地壳组分。上地壳总体为花岗岩质的成分，其稀土元素球粒陨石标准化分布型式上明显的负铕异常、轻/重稀土强烈的分馏，由实验岩石学研究结果证明其总体成分是斜长石作为残留相，壳内熔融产生的熔体侵入/喷发的结果。花岗岩类均是有水存在的条件下镁铁质或镁铁质-长英质岩石部分熔融的产物，最有利的构造环境是消减带，但幔源物质在壳-幔边界的底侵及壳内熔融后的残留物质拆沉返回地幔的作用也不能忽视。不同时代被带到地表的岩石圈地幔物质 Re-Os 同位素组成的研究，可了解陆下古老岩石圈地幔的拆沉与否。高压、超高压矿物（金刚石、绿辉石、柯石英、斯石英、文石、α-PbO_2）在一些变质岩/变质矿物中的出现，可以推测这些岩石被带到地球深部的深度。亏损地幔、大陆地壳、大气降水等各库的 O、H、C 等同位素知识系统的建立，可确定有关流体或矿物的 O、H 来源。Pb 同位素组成的块体性，提供了识别具不同 Pb 同位素组成的块体相互作用的依据。以英云闪长岩-奥长花岗岩-花岗闪长岩组合为特征的岩石应是镁铁质岩石以石榴子石作为残留相部分熔融的产物。埃达克质的岩石（O 型）主要是俯冲洋壳镁铁质岩石深部（大于 50 km）熔融产生的熔体或与交代上覆的地幔楔熔融的产物，大陆加厚（大于 50 km）下地壳的部分熔融也可以产生埃达克质岩（C 型）（张旗，2011）。

　　大陆上地壳是人类最易于接近的，长期以来是区域地球化学研究的目标。上部大陆地壳的成分的研究有两个基本方法：一是出露地壳各类岩石大规模采样分析并加权平均，二是细粒碎屑沉积岩或冰川沉积物不溶元素组成的平均值。

　　第一种方法在一个世纪前就由 F. W. 克拉克及其他学者所采用。第二种方法最初由 V. M. 戈尔德施密特（1933）提出，S. R. 泰勒和 S. M 麦克伦由此方法得出了上地壳不溶元素的组成，但其下地壳组成是由总地壳组成减去上地壳组成获得的（Taylor and McLennan，1985）。R. L. 鲁德尼克和高山对大陆上地壳化学成分的最新估计综合了全球大规模采样与细粒碎屑沉积岩/物各自的优势，获得了大陆上地壳的 73 个元素或氧化物平均组成。深部地壳由于不可接近性，其成分的估计具有相当大的不确定性，最早的估计是从 20 世纪 50 年代开始，主要是由地震波速与地质研究成果得出。最早将地壳分为两层，即花岗闪长岩质的上地壳与玄武岩质的下地壳（Rudnick and Gao，2003）。随着深入的研究，尤其是地表热流、高级变质岩的地球化学研究及地震数据的积累，到 20 世纪 70 年代末才将地壳分为：①由表壳岩与侵入其中的花岗岩组成的上地壳；②混合岩组成的中地壳；③成分由花岗岩到辉长岩，平均为中性的不均匀下地壳（Smithson，1978）。R. L. 鲁德尼克和高山（2003）采用中地壳始于 12 km 深处，其底界在距地表 23 km 深处；下地壳平均厚度 17 km，从中地壳底到莫霍面。

　　深部地壳组成的研究采用三种方法：①研究来自深部地壳的样品，包括高级变质地体的地表露头、构造抬升的深部地壳剖面、火山岩筒中所携带的深部地壳包裹体；②地震波速与岩性的拟合；③地表热流值限定。总体上，暴露的角闪岩到麻粒岩相地体、抬升上来的中地壳剖面含有宽泛的岩性组合，不论是前寒武纪地盾区还是显生宙地壳与大陆弧区，包括变沉积岩及主要的闪长岩-英云闪长岩-奥长花岗岩-花岗闪长（DTTG）与花岗岩套。然而在洋内弧中可能含有明显更多的镁铁质岩石。不同地区的下地壳组成存在差异，一些以变泥质与超高温麻粒岩为主（如南非 Kaapvaal 克拉通），一些以镁铁质岩为主（如欧洲波罗的地盾的太古宙与太古宙后的均是如此），还有一些是多种岩性均存在（如华北克拉通汉诺坝的下地壳包裹体从长英质到镁铁质变火成麻粒岩与变泥质岩均有）。但所有抬升的地壳剖面均显示随深度增加镁铁质岩性增加。总体上，下地壳是富镁铁质的，相对于中、上地壳，下地壳强烈亏损钾与其他高度不相容元素，其LREE富集并可能具有正铕异常（Rudnick and Gao，2003）。大陆地壳总成分的最早估计是依据观察到的上地壳岩石类型及所占比例的分析结果得出的，并没有考虑岩性比例与变质程度随深度的变化。V. M. 戈尔德施密特（1933）认为沉积岩几乎不变的REE分布型式反映了地壳总体的REE型式，它大约是长英质与镁铁质火成岩等比例混合的结果。随着板块构造的兴起，S. R. 泰勒（1967）修改了他的地壳组成模型。认识到现在的大陆生长出现于汇聚板块边缘，他提出了地壳生长的"岛弧"或"安山岩"模型。S. R. 泰勒和S. M. 麦克伦南（1985，1995）得到的地壳组成，假定75%的地壳在太古宙期间由双峰式火山作用生长，剩余的25%来源于平均成分为安山岩的太古宙后岛弧增生作用。S. M. 麦克伦南和S. R. 泰勒（1996）重新研究太古宙地壳中镁铁质与长英质岩石的比例并修改了太古宙地壳所占比例，给出更高演化程度的总地壳组成。R. L. 鲁德尼克和高山（2003）根据所获得的上、中、下地壳的组成，分别以31.7%、29.6%、38.8%的比例混合，得到的地壳总成分为安山岩质，与西欧（Wedepohl，1995）、中国东部（Gao，Luo，Zhang et al.，1996）相比，在MgO、CaO、FeO、Na_2O、K_2O上的差别反映了地壳组成上的区域特征，这两个区域相对于全球，它们的地壳更薄、演化程度更高。从REE分布型式上看，上地壳具有负铕异常，大体上与下地壳的正铕异常互补，中地壳基本不具铕异常。这些特征，加上上地壳相对下地壳富集轻稀土（LREE），表明上地壳主要是斜长石存在条件下壳内岩浆作用的产物，即上地壳主要通过下地壳部分熔融、结晶分异及混合过程分异产生的花岗岩为主，中地壳总体上微量元素分布型式类似于上地壳，表明其也是壳内分异作用起主导作用。地壳总体上富集多数不相容元素，并具高的La/Nb、低的Ce/Pb值，原始地幔标准化蛛网图上均显示高场强元素Nb、Ta的亏损。

花岗岩类在全球各大陆分布最广，地球化学家、岩石学家对其从多方面进行了深入的研究，取得了许多认识。B. W. 查普尔和A. J. R. 怀特对澳大利亚东南Lachlan褶皱带中花岗岩类的研究，根据地球化学与矿物学特征将该带中的花岗岩分为两种主要类型：具低Ca含量、铝过饱和（Al_2O_3/[Na_2O+K_2O+CaO]>1.05）的"S型"花岗岩，主要由原岩为沉积岩的岩石部分熔融产生；高Ca含量、铝不饱和（Al_2O_3/[Na_2O+K_2O+CaO]<1.05）的"I型"花岗岩，由原岩为年轻的火成岩在地壳中部分熔融产生（Chappell and White，1974）。美国西部内华达山脉与大盆地北部中生代、古近纪和新近纪花岗岩从靠近太平洋向内陆方向，花岗岩类的物质来源在Sr-Nd同位素组成从以岛弧型为代表的特征演化至与前寒武纪基底相似的特征（Nelson and DePaolo，1985）。

区域地球化学与岩石学相结合，形成了区域岩石地球化学研究方向；区域地球化学侧重于地壳组成与演化，则形成了区域地壳地球化学研究方向。

岩石记录了地球深部壳幔分异过程与地球物质的化学与物理循环的历史，因此区域岩石地球化学的系统研究，可以深入揭示区域中这些过程与历史。如华北太古宙结晶岩系广泛出露，中、新生代岩浆活动强烈，沉积盆地广泛发育。古生代是稳定克拉通发展期，形成具重要特征意义的含金刚石的金伯利岩，记录了克拉通大陆岩石圈根的地球化学特征。中生代以来进入环太平洋构造域，原生厚达200～300 km的大陆根减薄到100～150 km，百余千米厚的岩石圈转变为软流圈，引起物理与化学上的巨大不平衡，导致克拉通活化。

大量壳幔混合型安山岩质为主的喷出岩与花岗岩质的侵入岩遍布华北。强烈的岩浆活动使壳幔有用元素活化或富集成矿，导致具有壳幔混合型特征的钼、金、铁、铅、锌、银的成矿作用。新生代大量玄武岩质火山喷发与中生代岩浆作用形成鲜明的对照（邓晋福，莫宣学，赵海玲等，1994）。

中国区域地壳地球化学的研究揭示：不同陆块的地壳增生历史是不同的，华北陆块成壳的主期是2.8~2.7 Ga（Bao et al., 2014）；扬子陆块成壳主期在古元古代与中元古代，仅有少量的地壳形成于太古宙（张本仁和施俊法，1996；Chen, Li, Zhou et al., 2009；Bao, Chen, Li et al., 2014）。

区域地球化学由于研究区域的化学组成、化学作用与化学演化，它也应属于地球动力学的一部分，即化学地球动力学。联合国教科文组织、国际地质科学联合会的国际地质对比计划（IGCP）专门设立了地球动力学专题。

二、区域地幔地球化学研究方向

玄武岩类地球化学研究开启了区域地幔地球化学的研究方向。

长期以来一直认为地幔是均一的。自开展深海钻和大洋钻探计划以来，大洋玄武岩的系统研究，发现了洋岛、大洋高原中的玄武岩成分具有大的变化范围。发散的大洋板块边缘也是不均一的：除了大离子亲石元素亏损的正常洋中脊玄武岩（N-MORB），还有富集型（E-MORB）和过渡型（T-MORB）洋中脊玄武岩。大洋高原代表着大洋板块内部的构造环境，除了有类似于正常洋中脊的玄武岩外，主要是大离子亲石元素富集为特征的拉斑玄武岩，从Sr-Nd-Pb同位素组成上可识别出：以高的^{238}U/^{204}Pb值为特征的HIMU端元（Hofmann and White, 1980, 1982; Chase, 1981）。皮特凯恩（Pitcairn）岛、沃尔维斯（Walvis）洋脊、特里斯坦（Tristan）岛的玄武岩代表了富集地幔之一（EM-I），以非常低的^{143}Nd/^{144}Nd、相当低的^{87}Sr/^{86}Sr、非常低的^{206}Pb/^{204}Pb、相当高的^{208}Pb/^{204}Pb等比值为特征，其起源与拆沉的陆下岩石圈（McKenzie and O'Nion, 1983）或消减的古深海沉积物（Othman et al., 1989）加入有关。以社会（Society）群岛与萨摩亚群岛为代表的玄武岩代表了另一种类型的富集地幔（EM-II），一些学者认为是海洋地壳加上少量的消减沉积物的加入（Dupré and Allégre, 1983）。这些组分停留在何处迄今尚有争议，一些学者认为是660 km处的上、下地幔边界（Ringwood, 1982），而另一些学者则更为极端提出源于核-幔边界（Morgan and Shearer, 1993）。无论是起源于上、下地幔边界还是核-幔边界，其元素和同位素组成特征揭示这些玄武岩中含有曾经处于地表的组分在地球深部停留了非常长的时间，因为放射成因同位素需要很长的时间积累才能达到这些特征，至少是1 Ga以上，造成长半衰期母体元素产生的放射成因子体Sr、Nd、Pb等同位素组成的明显差别。

对大洋玄武岩铅同位素组成研究表明，在^{208}Pb/^{204}Pb-^{208}Pb*/^{206}Pb*（*代表放射成因）图上，印度洋与太平洋中的MORB基本上不重叠，但两者均与大西洋的MORB大量重叠，这种大尺度区域性"域"被B.杜普雷和C.J.阿莱格尔识别出来（Dupré and Allégre, 1983）。S. R.哈特将印度洋南纬20°~60°大量洋岛玄武岩相对于北半球参考线的百分偏具有Δ^{208}Pb/^{204}Pb>60的称为Dupal异常，同时南纬20°相对较窄的范围内存在Δ^{208}Pb/^{204}Pb<-20的HIMU异常（Hart, 1984）。几乎所有大洋洋岛玄武岩、洋中脊玄武岩

在 $^{206}Pb/^{204}Pb$-$^{207}Pb/^{204}Pb$ 关系图解上均位于地球现今年龄线的右边，即说明按地球从陨硫铁的铅同位素组成为起点，按不同的 μ 值（$^{238}U/^{204}Pb$ 值）演化到现今，其最终的铅同位素比值均应位于该线的左边或线上，幔源的玄武岩如果自地球形成以来地幔只有物质的输出形成地壳，越新形成的岩石，其源区的 μ 值就应该越低，由这类源岩产生的岩浆应具有低的放射成因铅，而位于现今等时线的右边意味着它们含有过量的放射成因铅，这就是著名的大洋玄武岩铅同位素组成的悖论（Hofmann，2003）。对这种铅悖论尽管有多种模式解释，但主流意见倾向于地壳物质再循环返回到深部地幔，铅与铀由明显不同的地球化学行为所致。

地幔约占地球质量的 2/3，地球现在所呈现的圈层结构是由地球早期的金属核与硅酸盐的分异与地质历史中硅酸盐地幔的部分熔融分离出岩浆形成地壳所致。金属核分离后的硅酸盐，或者是现今的地幔与地壳一起，称为原始地幔，又称为全硅酸盐地球（bulk silicate earth）。而分离出岩浆形成地壳后所残余的地幔，由于岩浆作用过程大离子亲石元素优先进入岩浆，在这种地幔中便出现大离子亲石元素亏损，而称为亏损地幔。地幔化学组成的研究方法有宇宙化学、幔源火山岩中的地幔包裹体、造山带中保留的地幔橄榄岩、洋壳玄武岩形成后残留的深海橄榄岩、地幔火山岩、高温高压实验和地球物理（地震波速与岩石密度的关系）。原始地幔的化学组成实际估计主要是依据原始地幔与球粒陨石具有相同的难熔亲石元素（RLE，Al、Ca、Ti、Be、Sc、V、Sr、Y、Zr、Nb、Ba、REE、Hf、Ta、Th、U、Pu）比值，原始地幔具有唯一的 RLE/Mg 值，以及对地幔橄榄岩的研究。亏损地幔主要是指产生正常洋中脊玄武岩（N-MORB）的软流圈地幔，其成分不能直接获得，主要通过 N-MORB 的同位素组成计算母体与子体比值、橄榄岩的元素与同位素组成、由全硅酸盐地球成分扣除低程度熔融部分、由大陆地壳与亏损地幔的互补关系和洋中脊与洋岛玄武岩的组成制约的方法（张宏飞和高山，2012）。

从大洋地壳的总体组成可知，地幔产生的进入地壳的岩浆主要是玄武岩质岩浆，而大陆地壳总体上是安山岩质的。由此推断，现今地壳的组成必定还涉及除来自地幔的玄武岩浆之外的另外一些过程。R. L. 鲁德尼克和高山指出这些过程可能包括：①镁铁质/超镁铁质下地壳与上地幔通过密度差下沉的再循环作用（即文献中的拆沉作用）；②消减海洋地壳产生的硅质熔体与橄榄岩产生的玄武质熔体混合形成地壳；③地壳风化，优先将 Mg±Ca 通过热液蚀变的洋脊玄武岩再循环到地幔（Rudnick and Gao，2003）。

地壳组成与大洋玄武岩同位素地球化学研究均表明，镁铁质到超镁铁质为主的岩性在整个地质历史中返回到对流地幔或更深处，这样才能形成大陆地壳的安山岩质的总体组成与大洋玄武岩多种多样的特征。

20 世纪 80 年代开始的中国区域地幔地球化学研究表明，华北、华南地幔在太古宙就存在明显差异，铅同位素组成在地壳与地幔之间高度同步变化，铅同位素组成的横向差别明显大于从地壳到地幔的垂向变化，并因此证明铅同位素的垂直构造模式（Zartman and Doe，1981）是不正确的（Zhou and Zhu，1992；张理刚等，1995）。

朱炳泉（2001）根据 Pb、Sr、Nd 同位素组成将全球大洋划分为太平洋省、印度洋省、高 μ 省，全球大陆划分为北太平洋、东冈瓦纳、西冈瓦纳、劳亚/北大西洋型陆块，亚洲大陆形成三大古陆体系（劳亚、冈瓦纳与古太平洋古陆）被两大洋（古亚洲-太平洋与特提斯-印度洋）分隔形成特提斯构造域与古亚洲构造域。

三、区域构造-成矿作用地球化学研究方向

区域地球化学与区域构造、成矿学相结合，是区域构造-成矿作用地球化学的一个发展方向。

区域构造-成矿地球化学根据大地构造背景、元素的平均含量和组合，分为构造地球化学域、构造地球化学省、构造地球化学带和构造地球化学区四级单元。如从构造域上划分，中国主要由造山带和克拉通两大类构造域组成。造山带中最年轻的当属青藏高原，其中又可细分为羌塘、拉萨、喜马拉雅三个地块及其间的结合带，它们经历了从冈瓦纳大陆不断裂解向北漂移和聚合的原特提斯、古特提斯、中特提斯、新特提斯洋的打开和闭合，以及最终与印度板块碰撞形成当今世界的第三极——喜马拉雅山的多期地质历史过程。以拉萨地块为例，Hf 同位素填图结果表明，新生地壳组分主要分布于地块的南、北边缘，地块中部的岩浆作用主要是再循环的古老地壳物质，在南缘的冈底斯造山带形成大型的斑岩铜矿成矿带。中国克拉通以扬子、华北、塔里木为代表，扬子、塔里木地块与冈瓦纳大陆的地质-地球化学特征有很多相似之处，可能是不同时期从冈瓦纳大陆裂解出来的，它们均以具高放射成因的铅、新元古代岩浆作用记录为特征；而华北克拉通的特征为相对低的放射成因铅，除北缘裂陷区外基本无新元古代岩浆作用事件的记录。

一定类型的矿床形成于特定的环境，要阐明区域内矿床的形成和分布规律，就要与区域地球化学相结合来说明相关的成矿元素分布、迁移、富集及分散的规律性。如环太平洋成矿带（Circum-Pacific metallogenic belt）即为环绕太平洋的中、新生代构造-岩浆成矿带，构造上属于岛弧型或安第斯型板块俯冲带。它自南美洲南端起，沿美洲西海岸，经白令海峡转亚洲东部和东南部延长 40000 km，规模巨大。整个成矿带又分为内、外两带。内带属新生代成矿带，发育于美洲西海岸沿滨海断裂带，盛产 Cu 和 Au。沿亚洲东部沿岛弧分布，发育与古近纪—新近纪火山岩有关的块状硫化物 Cu、Zn，以及 Au、Ag；沿断裂带发育与镁铁质、超镁铁质岩有关的 Cr、Ni、Pt 矿床。外带位于大陆部分，为盛产 W、Sn、Mo、Bi、Pb、Zn、Sb、Hg、Cu、Ag、Fe 的中生代成矿带。在中国还可进一步分出三个亚带：赣南-粤北-滇东的钨-锡亚带，湘、黔交界的汞-锑亚带，与钨-锡亚带交叉或部分重叠的铅-锌亚带。外带成矿主要为：大洋板块俯冲作用导致的俯冲板片脱水、部分熔融、流体、熔体交代地幔楔，使地幔楔发生部分熔融，而此类熔体提供的热与流体又可使壳幔边界的有关岩石熔融产生岛弧型或活动大陆边缘型的有关钙碱性岩等组合，这些岩石多种因素复合的有利部位形成 Cu（Zn）、Au、Ag、Cr、Ni、Pt 矿床。外带的 W、Sn、Mo、Bi、Pb、Zn、Sb、Hg、Cu、Ag、Fe 主要是太平洋板块俯冲的远程效应导致壳内岩浆作用使这些元素在岩浆-热液作用过程中多次富集，在有利的构造-化学圈闭中形成矿床；外带中最外部的浅成低温汞锑及其他分散元素的成矿，主要表现形式是低温的热流场、浅层构造、大型断裂，为含矿流体的输运提供了条件，在有利的构造-岩相圈闭中成矿（翟裕生，邓军，彭润民，1999）。与地幔柱活动形成的大火成岩省，在大陆内部以大面积分布的溢流玄武岩及镁铁质-超镁铁质侵入杂岩组合为特征，在有利的部位由于岩浆熔离作用可以形成铜镍铂硫化物矿床，由岩浆分异作用形成钒钛磁铁矿矿床（翟裕生，2003）。对中国基岩出露区 1∶20 万化探扫面资料总结的地球化学块体，以铂为例，有新疆、川黔滇、西

藏三个大面积异常区，应是铂矿床找矿潜力区（谢学锦，刘大文，向运川等，2002）；W、Sn地球化学图也证明了华南陆块东部W、Sn成矿作用强烈（迟清华，王学求，徐善法等，2012）。於崇文按照"矿床在混沌边缘分形生长"的成矿系统复杂性理论，从成矿的发生、驱动力、过程和演化、动力学机制、时空结构与定位等方面，利用当代非线性科学前沿领域的"同步化理论"对南岭地区的区域成矿规律进行了深入研究，发现燕山运动时期南岭地区在可激发地质介质中先后形成湘南骑田岭-千里山和九嶷山两大成矿中心，是南岭地区区域地球化学研究区域构造成矿作用的开拓与深化（於崇文和彭年，2009）。

四、区域环境-生态地球化学研究方向

区域地球化学与表生过程、环境-生态地球化学相结合，形成颇具发展前景的区域环境-生态地球化学。

将区域地球化学研究成果与人类的生存生活环境-生态相结合，形成区域环境-生态地球化学。这对于阐明地方病的病因、人类长寿区域的特征环境、优质农产品区域地球化学因素具有重要的指导意义。生物地球化学区是指地球元素缺乏或过剩而引起生物与环境的化学平衡遭到破坏的地区。我国可以分为蒸发浓缩、矿床/矿化地层、矿泉、生物积累、湿润山岳、沼泽泥炭、沙土等七种生物地球化学区。以湿润山岳型生物地球化学区为例，该区降水丰沛，有利于迁移能力强的元素淋溶流失，大小兴安岭、长白山、燕山、太行山、祁连山、天山、阿尔泰山、昆仑山、喜马拉雅山、横断山、秦岭、云贵高原、大巴山、武夷山、南岭等山脉是严重的缺碘区；在西北干旱和东南湿润地区之间过渡带的山岳丘陵区，形成一条北东—南西向的低硒带，在此带内流行与硒缺乏有关的动物白肌病、人类克山病（杨忠芳，朱立，陈岳龙，1999）。

第四节　今后发展方向和主要研究领域

区域地球化学以区域岩石圈为系统，研究区域地壳-地幔系统的化学组成、化学作用与演化，既具重要的理论意义，又有实际应用价值。

区域地球化学提出的时间虽然不长，但是其内涵已经大为扩展。

未来区域地球化学主要有以下几个领域。

（1）壳-幔相互作用，随着新方法与技术的涌现，对深部过程的研究将会借助微量、微区/原位的元素与同位素方法研究地壳物质再循环的强度、深度、时空变化，进而研究区域化学地球动力学、地幔物质不均一性及其起源的深度、事件发生的机制以及对地质历史环境的影响。

（2）中国大陆地壳的形成、演化。通过对地表出露的各类岩石及各构造单元河流沉积物的系统研究，由元素与同位素手段可望全面深入了解古亚洲洋域、古特提斯-特提斯-新特提斯洋域、南岭造山带、滨太平洋构造域及各陆块内部的形成演化历史。

（3）利用复杂性理论对各区域所取得的岩石圈地球化学及其他多学科资料进行深入研究，有可能预测区域构造成矿作用发生的时间、部位、规模、矿产类别。

（4）非常规区域元素迁移与转化规律研究。随着出露矿床基本均被发现，地质学家的

注意力逐渐向隐伏矿床转移，而对隐伏矿床常规的探测方法基本不起作用，对于隐伏矿床，纳米级粒子的向外迁移规律及探测技术与其他技术紧密结合的区域地球化学勘查将有效保障中国的资源安全、可持续发展。

（5）区域流体地球化学。流体在地球地壳、大气圈、水圈、生物圈的形成与演化中起着不可或缺的作用，可以说没有流体就没有现在的地球；同时流体又是巨量成矿物质的携带者，是热液矿床成矿的关键环节；变质作用中流体的成分、反应、转化及效应是值得深入研究的重要方向；深部过程中，尤其是高压、超高压非传统流体的存在形式及意义仍有许多未解之谜。

（6）区域环境-生态地球化学、全球地球化学填图资料与区域构造、区域环境-生态紧密相结合，应用于优质农产品种植规划、土地质量的科学管理与管护、生物地球化学循环与地方病具有极为重要的实际应用价值；未来环境演替对区域元素迁移与变化的预测研究也具有非常重要的理论意义。

主要参考文献

陈义贤，陈文寄，周新华.1997.辽西及邻区中生代火山岩：年代学、地球化学和构造背景.北京：地震出版社，1~279

陈岳龙.1999.东天山、北秦岭花岗岩类地球化学.北京：地质出版社，1~141

陈岳龙，罗照华，赵俊香等.2004.从锆石SHRIMP年龄及岩石地球化学特征论四川冕宁康定杂岩的成因.中国科学（D辑），34（8）：687~697

陈岳龙，李大鹏，王忠等.2012.鄂尔多斯盆地周缘地壳形成与演化历史：来自锆石U-Pb年龄与Hf同位素组成的证据.地学前缘，19（3）：145~166

陈岳龙，李大鹏，刘长征等.2014.大兴安岭的形成与演化历史：来自河漫滩沉积物地球化学及其碎屑锆石U-Pb年龄、Hf同位素组成的证据.地质学报，88（1）：1~14

池际尚等.1988.中国东部新生代玄武岩及上地幔研究.武汉：中国地质大学出版社，277

迟清华，王学求，徐善法等.2012.华南陆块钨和锡的地球化学时空分布.地学前缘，19（3）：70~83

迟清华和鄢明才.2007.应用地球化学元素丰度数据手册.北京：地质出版社，148

邓晋福，莫宣学，赵海玲等.1994.中国东部岩石圈根/去根作用与大陆"活化".现代地质，8（3）：349~356

董申保和沈其韩.1987.中国变质地质图编制与研究论文集（第1辑）.北京：地质出版社，160

董申保和沈其韩.1988.中国变质地质图编制与研究论文集（第2辑）.北京：地质出版社，231

董树文和李廷栋.2009.SinoProbe——中国深部探测实验.地质学报，83（7）：895~909

董树文，李廷栋，高锐等.2010.地球深部探测国际发展与我国现状综述.地质学报，84（6）：743~770

耿元生，杨崇辉，王新社等.2008.扬子地台西缘变质基底演化.北京：地质出版社，215

胡霭琴，张国新，陈义兵.2006.中国新疆地壳演化主要地质事件年代学和地球化学.北京：地质出版社，427

勒斯勒 H J 和朗格 H.1985.地球化学表.卢焕章，徐仲伦译，北京：科学出版社，1~393

黎彤和倪守斌.1990.地球和地壳的化学元素丰度.北京：地质出版社，1~136

黎彤和饶纪龙.1963.中国岩浆岩的平均化学成分.地质学报，43：271~280

黎彤和饶纪龙.1965.论化学元素在地壳及其基本构造单元的丰度.地质学报，45：81~91

李石和王彤.1991.桐柏山-大别山花岗类地球化学.武汉：中国地质大学出版社，208

刘家远和袁奎荣.1995.新疆东准噶尔富碱花岗岩类及其成矿作用.长沙：中南工业大学出版社，140

路凤香, 张本仁, 韩吟文等.2006.秦岭—大别—苏鲁地区岩石圈三维化学结构特征.北京: 地质出版社, 238

南京大学地质学系.1981.华南不同时代花岗岩类及其与成矿关系.北京: 科学出版社, 395

邱瑞照, 李廷栋, 周肃等.2006.中国大陆岩石圈物质组成及演化.北京: 地质出版社, 288

孙大中和胡维兴.1993.中条山前寒武纪年代构造格架和年代地壳结构.北京: 地质出版社, 180

涂光炽, 张玉泉, 王中刚等.1982.西藏南部花岗岩类地球化学.北京: 科学出版社, 190

王全伟, 王康明, 阚泽忠等.2008.川西地区花岗岩及其成矿系列.北京: 地质出版社, 305

王学求, 谢学锦, 张本仁等.2010.地壳全元素探测——构建"化学地球".地质学报, 84 (6): 854~864

王中刚, 赵振华, 邹天人.1998.阿尔泰花岗岩类地球化学.北京: 科学出版社, 152

王中刚, 朱笑青, 毕华等.2006.中国新疆花岗岩.北京: 地质出版社, 310

谢学锦, 刘大文, 向运川等.2002.地球化学块体——概念和方法学的发展.中国地质, 29 (3): 225~233

徐克勤, 孙鼐, 王德滋等.1963.华南多旋回的花岗岩类的侵入时代、岩性特征、分布规律及其成矿专属性的探讨.地质学报, 43 (1): 141~155

许效松, 潘杏南, 黄慧琼等.1994.中国南方大陆沉积地壳演化与成矿作用.北京: 科学出版社, 236

许效松等.1996.中国南方大陆演化与全球古地理对比.北京: 地质出版社, 161

鄢明才和迟清华.1997.中国东部地壳与岩石的化学组成.北京: 科学出版社, 292

杨忠芳, 朱立, 陈岳龙.1999.现代环境地球化学.北京: 地质出版社, 175~176

叶家瑜和江宝林.2004.区域地球化学勘查样品分析方法.北京: 地质出版社, 416

叶连俊, 范德廉, 杨哈莉等.1964.华北地台震旦系、寒武系、奥陶系化学地史.地质科学, 5 (3): 211~229

於崇文.1987.南岭地区区域地球化学.中华人民共和国地质矿产部地质专报 (三、岩石、矿物、地球化学).第7号.北京: 地质出版社, 543

於崇文和彭年.2009.南岭地区区域成矿分带性——复杂成矿系统中的时-空同步化.北京: 地质出版社, 256

翟裕生.2003.中国区域成矿特征及若干值得重视的成矿环境.中国地质, 30 (4): 337~342

翟裕生, 邓军, 彭润民.1999.中国区域成矿若干问题探讨.矿床地质, 18 (4): 323~332

张本仁.1985.金属矿床勘查地球化学研究专集.见: 勘查地球物理勘查地球化学文集 (第2集).北京: 地质出版社, 1~367

张本仁.1987.豫西卢氏-灵宝地区区域地球化学研究.中华人民共和国地质矿产部地质专报 (三、第5号——岩石、矿物、地球化学).北京: 地质出版社, 1~285

张本仁.1989a.陕西柞水-山阳成矿带区域地球化学.武汉: 中国地质大学出版社, 221

张本仁.1989b.成矿带区域地球化学与地球化学找矿方法研究.见: 勘查地球物理勘查地球化学文集 (第9集).北京: 地质出版社, 321

张本仁.1990.秦巴区域地球化学文集.武汉: 中国地质大学出版社, 226

张本仁.1994.秦巴岩石圈构造及成矿规律地球化学研究.武汉: 中国地质大学出版社, 446

张本仁和施俊法.1996.区域地球化学.见: 地球化学: 历史、现状和发展趋势, 欧阳自远, 倪集众, 项仁杰.北京: 原子能出版社, 153~163

张本仁, 高山, 张宏飞等.2002.秦岭造山带地球化学.北京: 科学出版社, 187

张宏飞和高山.2012.地球化学.北京: 地质出版社, 62~69

张理刚等.1995.东亚岩石圈块体地质——上地幔、基底和花岗岩同位素地球化学及其动力学.科学出版社, 252

张旗.2011.关于C型埃达克岩成因的再讨论.岩石矿物学杂志, 30 (4): 739~749

中国科学院地球化学研究所.1979.华南花岗岩类的地球化学.北京: 科学出版社, 421

朱炳泉. 2001. 地球化学省与地球化学急变带. 北京: 科学出版社, 118

Allegre C J and Rousseau D. 1984. The growth of the continents through geological time studied by Nd isotope analysis of shales. *Earth and Planetary Science Letters*, 67: 19~34

Bao C, Chen Y L, Li D P et al. 2014. Provenance of the Mesozoic sediments in the Ordos Basin and implications for collision between the North China Cration (NCC) and the South China Craton (SCC). *Journal of Asian Earth Sciences*, 96: 296~307

Ben Othman D, White W M, Patchett J. 1989. The geochemistry of marine sediments, island arc magma genesis, and crust-mantle recycling. *Earth and Planetary Science Letters*, 94: 1~21

Bennett V C and DePaolo D J. 1987. Proterozoic crustal history of the western United States as determined neodymium isotopic mapping. *Geological Society of America Bulletin*, 99: 674~685

Chappell B W and White A J R. 1974. Two contrasting granite types. *Pacific Geology*, 8: 173~174

Chase C G. 1981. Oceanic island Pb: two-state histories and mantle evolution. *Earth and Planetary Science Letters*, 52: 277~284

Chen Y L and Luo Z H. 2005. Nd-Pb isotopes of basement rocks, granitoids and basalts from the western margin of the Yangtze craton: implications for crustal evolution. *Journal of China University of Geosciences*, 16 (2): 130~140

Chen Y L, Li D P, Zhou J et al. 2009. U-Pb dating, geochemistry, and tectonic implications of the Songpan-Ganzi block and Longmen Shan, China. *Geochemical Journal*, 43: 77~99

Clarke F W. 1889. The relative abundance of the chemical elements. *Philosophical Society of Washington Bulletin*, XI: 131~421

Clarke F W. 1908. The data of Geochemistry. *US Geological Survey Bulletin*, 770

Clarke F W. 1924. The Data of Geochemistry, 5th ed. US Geoligical Survey Bulletin 770. Washington: US Government Printing Office.

Clarke W B, Beg M A, Craig H. 1969. Excess ^{3}He in the sea: evidence for terrestrial primordial helium. *Earth and Planetary Science Letters*, 6: 213~220

DePaolo D J. 1981. A neodymium and strontium isotopic study of the Mesozoic calc-alkaline granitic batholiths of the Sierra Nevada and Pennisular Ranges, California. *Journal of Geophysical Research*, 86: 10470~10488

DePaolo D J and Wasserburg G J. 1976. Nd isotopic variations and petrogenetic models. *Geophysical Research Letters*, 3: 249~252

Dupré B and Allégre C J. 1983. Pb-Sr isotope variation inIndian Ocean basalts and mixing phenomena. *Nature*, 303: 142~146

Fahring W and Eade K. 1968. The chemical evolution of the Canadian Shield. *Canadian Journal of Earth Sciences*, 5: 1247~1252

Gao S, Luo T C, Zhang B R et al. 1996. Chemical composition of the continental crust ad revealed by studies in east China. *Geochimica et Cosmochimica Acta*, 62: 1959~1975

Gao S, Zhang B R, Jin Z M et al. 1998. How mafic is the lower continental crust? *Earth and Planetary Science Letters*, 106: 101~117

Gao S, Rudnick R L, Carlson R W et al. 2002. Re-Os evidence for replacement of ancient mantle lithosphere beneath the North China craton. *Earth and Planetary Science Letters*, 198: 307~322

Gao S, Rudnick R L Yuan H L et al. 2004. Recycling lower continental crust in the North China craton. *Nature*, 432: 892~897

Gao S, Rudnick R L, Xu W L et al. 2008. Recycling deep cratonic lithosphere and generation of intraplate magmatism in the North China Craton. *Earth and Planetary Science Letters*, 270: 41~53

Gast P W. 1968. Trace element fractionation and the origin of tholeiitic and alkaline magma types. *Geochimica et Cosmochimica Acta*, 32: 1057~1086

Goldschmidt V M. 1933. Grundlagen der quantitativen Geochemie. *Fortschr Mineral Kristall Petrogr*, 17: 112~156

Goldstein S L, O'Nion R K, Hamilton P J. 1984. A Sm-Nd isotopic study of atmospheric dusts and particulates from major river system. *Earth and Planetary Science Letters*, 70: 223~265

Hart S R. 1984. A large-scale isotope anomaly in the southern hemisphere mantle. *Nature*, 309: 753~757

Hofmann A W. 1988. Chemical differentiation of the Earth: the relationship between mantle, continental crust, and oceanic crust. *Earth and Planetary Science Letters*, 90: 297~314

Hofmann A W. 2003. Sampling mantle heterogeneity through oceanic basalts: isotopes and trace elements. In: *Treatise on Geochemistry*, 2: 61~101. Oxford: Elsevier Ltd

Hofmann A W and White W M. 1980. The role of subducted oceanic crust in mantle evolution. *Carnegie Institute of Washington Year Book*, 79: 477~483

Hofmann A W and White W M. 1982. Mantle plumes form ancient oceanic crust. *Earth and Planetary Science Letters*, 57: 421~436

Hurley P M and Rand J R. 1969. Pre-drift continental nulei. *Science*, 164: 1229~1242

Kurz M D, Jenkins W J, Hart S R. 1982. Helium isotopic systematics of oceanic islands and mantle heterogeneity. *Nature*, 297: 43~46

Lan C Y, Lee T P, Jahn B M et al. 1995. Taiwan as a witness of repeated mantle inputs—Sr-Nd-O isotopic geochemistry of Taiwan granitoids and metapelites. *Chemical Geology*, 124: 287~303

Li X H, Li Z X, Zhou H W et al. 2002. U-Pb zircon geochronology, geochemistry and Nd isotopic study of Neoproterozoic bimodal volcanic rocks in the Kangding rift of South China: implications for the initial rifting of Rodinia. *Precambrian Research*, 113: 135~154

Li Z X, Li X H, Kinny P D et al. 2003. Geochronology of Neoproterozoic syn-rift magmatism in the Yangtze craton, South China and correlation with other continents: evidence for a mantle superplume that broke up Rodinia. *Precambrian Research*, 122: 85~109

Li X H, Li W X, Li Z X et al. 2009. Amalgamation between the Yangtze and Cathaysia blocks in South China: constraints from SHRIMP U-Pb zircon ages, geochemistry and Nd-Hf isotopes of the Shuangxiwu volcanic rocks. *Precambrian Research*, 174: 117~128

Lugmair G W, Scheinin N B, Marti K. 1975. Search for extinct ^{146}Sm, 1. The isotopic abundance of ^{142}Nd in the Juvinas meteorite. *Earth and Planetary Science Letters*, 27: 79~84

Lupton J E and Craig H. 1975. Excess ^{3}He in the oceanic basalts: evidence for terrestrial primordial helium. *Earth and Planetary Science Letters*, 26: 133~139

McKenzie D and O'Nions R K. 1983. Mantle reservoirs and ocean island basalts. *Nature*, 301: 229~231

McLennan S M and Taylor S R. 1996. Heat flow and the chemical composition of continental crust. *Journal of Geology*, 104: 396~377

Morgan J P and Shearer P M. 1993. Seisimic constraints on mantle flow and topography of the 660 km discontinuity: evidence for whole-mantle convection. *Nature*, 365: 506~511

Nelson B K and DePaolo D J. 1985. Rapid production of continental crust 1.7-1.9 bar. Ago: Nd and Sr isotopic evidences from the basement of the North American mid-continent. *Geological Society of American Bulletin*, 96: 746~754

Notsu K, Mabuchi H, Yoshioka O et al. 1973. Evidence of the extinct nuclide ^{146}Sm in "Juvinas" achondrite. *Earth and Planetary Science Letters*, 19: 29~36

O'Nions R K, Hamilton P J, Hooker P J. 1983. A Nd isotope investigation of sediments related to crustal development in the British Isles. *Earth and Planetary Science Letters*, 63: 229~240

Othman B D, Whithe W M, Patchett J. 1989. The geochemistry of marine sediments, island arc magma genesis, and crust-mantle recycling. *Earth and Planetary Science Letters*, 94: 1~21

Patchett P J and Arndt N T. 1986. Nd isotopes and tectonics of 1.9-1.7 Ga crustal genesis. *Earth and Planetary Science Letters*, 78: 329~338

Poldervaart A. 1955. The chemistry of the Earth's crust. *Geological Society of America Special Paper*, 62: 119~144

Ringwood A E. 1982. Phase transformation and differentiation in subducted lithosphere: implications for mantle dynamics, basalt petrogenesis, and crustal evolution. *Journal of Geology*, 90: 611~643

Rollinson H R. 1993. Using geochemical data: Evaluation, presentation, interpretation. *Harlow: Longman Group Limited*, 353

Ronov A B and Yaroshevsky A A. 1969. Chemical composition of the Earth's crust. In: Hart P J. (ed.), The earth crust and upper mantle. *American Geophysiical Union*, 13: 37~57

Ronov A B and Yaroshevsky A A. 1976. New model for the chemical structure of the earth's crust. *Geokhimiya*, 12: 1761~1795

Rudnick R L and Gao S. 2003. Composition of the continental crust. In: *Treatise on Geochemistry*, Vol.3, The Crust, Rudnick R L (ed.), Oxford: Elsevier, 1~64

Shaw D M, Reilly G, Muysson J et al. 1967. An estimate of the chemical composition of the Canadian Precambrian Shield. *Canadian Journal of Earth Sciences*, 4: 829~853

Shaw D M, Dostal J, Keays R R. 1976. Additional estimates of continental surface Precambrian shield composition in Canada. *Geochimica et Cosmochimica Acta*, 40: 73~83

Shaw D M, Cramer J J, Higgins M D et al. 1986. Composition of Canadian Precambrian shield and the continental crust of the earth. In: *The Nature of the Lower Continental Crust*, Dawson J B, Cardwell D A, Hall J, et al. (eds.), The Geological Society of London, 24: 257~282

Shaw D M, Dickin A, Li H et al. 1994. Crustal geochemistry in the Wawa-Foleyet region, Ontario. *Canadian Journal of Earth Sciences*, 31: 1104~1121

Smithson S B. 1978. Modeling continental crust-structural and chemical constraints. *Geophysical Research Letters*, 5(9): 749~752

Taylor S R. 1967. The origin and growth of continents. *Tectonophysics*, 4: 17~34

Taylor S R and McLennan S M. 1985. The continental crust: Its compositon and evolution. Oxford: Blackwell

Taylor S R and McLennan S M. 1995. The geochemical evolution of the continental crust. *Reviews of Geophysics*, 33: 241~265

Wang K L, Chung S L, Lo Y M et al. 2012. Age and geochemical characteristics of Paleogene basalts drilled from wetern Taiwan: Recods of initial rifting at the southeastern Eurasian continental margin. *Lithos*, 155: 426~441

Wedepohl K H. 1995. The composition of the continental crust. *Geochimica et Cosmochimica Acta*, 59: 1217~1232

White W M and Hofmann A W. 1982. Sr and Nd isotope geochemistry of oceanic basalts and mantle evolution. *Nature*, 296: 821~825

Wu F Y, Zhao G C, Wilde S A et al. 2005. Nd isotopic constraints on crustal formation in the North China craton. *Journal of Asian Earth Sciences*, 24: 523~545

Yu J H, O'Reilly S Y, Wang L J et al. 2010. Components and episodic growth of Precambrian crust in the Cathaysia block, South China: evidence from U-Pb ages and Hf isotopes of zircons in Neoproterozoic sediments. *Precambrian Research*, 181: 97~114

Zartman R E and Doe B R. 1981. Plumbotectonics—the model. *Tectonophysics*, 75: 135-162

Zheng Y F, Fu B, Li Y L et al. 2001. Oxygen isotope composition of granulites from Dabieshan in Eastern China and its implications for geodynamics of Yangtze Plate subduction. *Physics and Chemistry of the Earth*, Part A: Solid Earth and Geodesy, 26: 673~684

Zheng Y F, Zhao Z F, Wu Y B *et al.* 2006. Protolith nature od deeply subducted continent: zircon U-Pb age, Hf and O isotope constraints from UHP eclogite and gneiss in the Dabie orogen. *Geochimica et Cosmochimica Acta, Goldschmidt Conference Abstracts*: A745

Zhou M F, Yan D P, Kenneedy A K *et al.* 2002. SHRIMP U-Pb zircon geochronological and geochemical evidence for Neoproterozoic arc-magmatism along the western margin of the Yangtze Block, South China. *Earth and Planetary Science Letters*, 196: 51~67

Zhou X H and Zhu B Q. 1992. Regional isotope characters and chemical zoning of subcontinental mantle in eastern China. *Scientia Geological Sinica*, 1: 159~176

Zhu D C, Zhao Z D, Niu Y L *et al.* 2013. The origin and pre-Cenozoic evolution of the Tibetan Plateau. *Gondwana Research*, 23: 1429~1454

（作者：陈岳龙）

第六章 元素地球化学

元素地球化学是研究自然界中化学元素分布机理及其演化规律的科学，是地球化学的基础和经典分支学科。它的主要任务是通过研究不同时空尺度的自然体系中元素的分布、分配、组合、通量及其变化，力求完整地认识化学元素在自然物质及其相互作用中的地球化学行为（如元素的分布、分配、迁移、赋存状态、共生组合与分散—富集）及其制约因素，为阐明不同层次自然物质及其变化的形成机制和演化过程提供科学依据，进而为资源、环境与材料的开发、保护、规划和预测提供理论基础。

元素地球化学学科的特点是注重分析特定元素的分布与成因，归纳和总结它们与相关自然现象的关系，强调系统研究各个元素或元素组，故亦称之为"个别元素地球化学"（geochemistry of individual elements）。元素分布数据和观测事实是构建、修正和发展地球化学理论的基本依据。因此，V. M. 戈尔德施密特认为，"在原理尚未完全阐明之前，应该更多地关注个别元素的地球化学"（Goldschmidt, 1954；戈尔德施密特，1959）。

元素地球化学的研究内容相当广泛，主要包括元素的物理、化学和晶体化学性质，以及元素之间相互置换、结合、分离的机制；元素在太阳系、地球系统及其各圈层和各组成部分中的分布与分配规律；元素在自然界的存在形式、组合特点、迁移方式、富集规律及其主要影响因素；元素的地球化学旋回及其演化历史和原因；元素的成矿作用和找矿指示与矿产资源的综合利用；元素的生物、生态和健康效应及其对环境质量的影响；以及元素作为地球化学代用指标示踪自然过程和重大地质事件的成因与演化过程。

第一节 元素地球化学学科的发展概况

地球化学学科百余年的发展历程，实际上就是对元素自然活动行为和规律的成果集成、理论凝练和付诸应用的过程。地球化学本身的定义和任务，决定了它的发展必然要从元素地球化学研究入手。因此，元素地球化学的形成过程就是地球化学学科发展的早期历史。

元素地球化学的发展经历了以下主要阶段。

一、学科形成阶段：19世纪末至20世纪30年代

元素地球化学的萌芽根植于19世纪末至20世纪初物质组成和结构研究的一系列重大科学进展，如太阳光谱的发现，岩石、矿物和陨石光谱微量分析技术的进步，元素周期表的创建，以及多体系化学-热力学理论的发展等。当时的地球化学主要致力于测定和汇集地壳及其各组成部分的元素含量和分布，并开始将化学原理和研究方法系统引入矿物学、陨石学、岩石学和地质学研究之中。至少到20世纪中叶，岩石、矿物、陨石和天然流体

中的常量和微量元素组成一直是地球化学学科最基本的研究内容。

从19世纪末到20世纪30年代，在美国、俄罗斯、挪威和德国，分别形成了以F. W. 克拉克（1841～1937）、В. И. 维尔纳茨基（1863～1945）和V. M. 戈尔德施密特（1888～1947）为首的各有特色的三个地球化学研究团队。其中，美国地质调查局F. W. 克拉克的研究侧重对地壳化学组成的定量测定和数据积累。1889年10月26日，他在华盛顿哲学协会宣读了他的论文《化学元素的相对丰度》，提出了十多种元素在地壳和海洋中的平均百分含量，并指出化学元素在地壳中的丰度随它们的原子量增加而降低（Clarke, 1889）。十九年后的1908年，他在第一版 Date of Geochemistry 中，发表了18种元素的地壳平均含量（Clarke, 1908），对后来的地球化学发展有重要影响，以至于后来许多同行将这本论著的发表视为地球化学学科形成的标志。

V. M. 戈尔德施密特在1917年在挪威主管一个原材料实验室时，开始系统分析矿物、岩石、陨石和土壤。他从1922年起，应用自己坚实的晶体化学和热力学知识，研究元素分布的规律。1923～1926年期间，他以《元素的地球化学分布规则》（Geochemische Verteilungsgesetze der Elemente）作为系列丛书的名称，先后发表了八册论文集[①]，根据离子半径和电荷提出了元素分布的规律，建立了元素的地球化学分类。他曾六次被提名为诺贝尔奖候选人，在西方被誉为"现代地球化学之父"。

В. И. 维尔纳茨基在1909年和1910年先后发表了《有关化学元素在地壳中分布的评论——铷、铯、铊的历史》和《化学元素在地壳中的共生组合》两篇论文（Vernadsky, 1909，1910），在研究中强调要探查和阐明支配元素在地壳中的分布规律。1924年，他在巴黎用法文发表了《地球化学》（La Géochimie）[②]，在书中对碘、溴、锰、硅、铝、铁等，尤其对碳和放射性元素的地球化学进行了论述。此外，他的学生A. E. 费尔斯曼（1883～1945）于1923年在彼得格勒出版了《地球和宇宙的化学元素》（The Chemical Elements of the Earth and Cosmos）。

二、理论奠基阶段：20世纪30～50年代

元素地球化学研究在这一时期有很大发展，不但已拥有元素在岩石、矿物、矿床和水体中分布的大量资料，提出了完整的地壳元素丰度，而且基本建立了以元素化学、晶体化学和热力学原理为基础的元素分布理论、元素地球化学分类体系和研究方法。例如，元素分配系数开始于20世纪40年代应用于蒸发岩、结晶分异、成矿温度计等地质研究中。这一时期发表了一批对后来地球化学发展有重要影响的成果。尤其是V. M. 戈尔德施密特在1929年被聘为德国哥廷根大学教授后，与同事们共同发展了应用定量光谱仪精确测定微量元素的方法；1930～1935年期间发表了20多篇有关Ge、Ga、Sc、Be、B、Se、As、Sr、REE、Au、Ag、ΣPt、Li、Na、K、Rb、Cs、Fr，以及硼酸盐和碳酸盐的元素地球化学论文（Müller, 2014）。1935年，芬兰赫尔辛基大学地质学院的T. G. 萨哈玛（Sahama, 1910～

[①] 这套系列论文共有九册。最后一册直到十多年后的1938年才发表
[②] 中译本书名为《地球化学概论》，杨辛译，1962年，北京：科学出版社，382

1983）在德国哥廷根会见了 V. M. 戈尔德施密特，并受其影响也开始研究地球化学。他在 1945 年发表了一本芬兰语的地球化学教科书 *Geokemia*。几年后，他和 K. 兰卡马 (Rankama, 1913~1995) 发表了英文版的 *Geochemistry* (Rankama and Sahama, 1950)。其中用了 36 章写作量，按每章一个元素或一组元素（如碱金属、稀土、铂族、卤素、惰性气体元素等），详尽论述了个别元素的地球化学性质，成为 20 世纪 50 年代最著名的地球化学教科书。到 1968 年，该书共发行了六版。V. M. 戈尔德施密特的同名专著 *Geochemistry* (Goldschmidt, 1954; 中文版《地球化学》，戈尔德斯密特，1959) 则将已知的所有元素分为 I ~ Ⅷ族和零族（惰性气体），分别论述了各个元素的地球化学，成为个别元素地球化学的著名经典著作。

在 1955 年美国地球化学协会 (The Geochemical Society) 和 1967 年国际地球化学与宇宙化学协会 (International Association of Geochemistry and Cosmochemistry) 成立之前，历史上第一个地球化学国际组织建立于 1951 年，称为"元素丰度委员会" (Commission on the Abundance of Elements)。从这个委员会的名称来看，显然应属于我们目前定义的元素地球化学领域。当时由瑞士的结晶学家 P. Niggli 任委员会主席 (1888~1953 年)，美国的 M. Fleischer 任副主席，隶属于国际纯粹化学和应用化学联合会的无机化学分会。两年后 P. Niggli 去世，由 M. Fleischer 任主席，并更名为"地球化学委员会" (Commission on Geochemistry) (Hitchon, 1986)。

三、学科大发展阶段：20 世纪 60 年代至今

借助于分析技术的快速进步和人类探测领域的不断扩张，元素地球化学在近 50 年来得到稳定而快速的发展。元素地球化学的研究范围向深海、深地、深时和深空领域迅速扩张，新的元素分布资料大量积累，与相邻学科的交叉渗透日益加强；热力学应用和分配系数理论及其地球化学模型不断完善；微量元素及其比值，以及各种地质温度计、压力计、氧逸度计、找矿指示剂、地球化学示踪剂和代用指标，已成为地球物质科学定量研究中不可或缺的信息探测器，广泛应用于岩石学、矿床学和地球动力学研究及其相关应用领域。此外，半个世纪以来，板块构造的革命性概念因涉及岩石和矿床的成因和时空分布，曾经为元素地球化学提供了空前的研究机会和巨大的发展空间。而元素地球化学，尤其是微量元素的研究，则对建立有关大陆演化、板块俯冲、地幔对流等地球动力学创新性模型做出了重要贡献。元素地球化学已成为有关地质重大事件、全球环境变化、地球系统演化和早期行星演化及其机制研究中必不可缺的基础学科。

（一）重要的个别元素地球化学专著

继 V. M. 戈尔德施密特、K. 兰卡马和 T. G. 萨哈玛之后，对元素和元素群，尤其是那些具有指示性和经济重要性的化学元素有了更加深入的认识。20 世纪 60~70 年代是国际上多卷系列性个别元素地球化学专著出版的极盛时代。如 1964~1966 年期间，К. А. Власов (1905~1964 年) 在俄罗斯主编出版了三卷《稀有元素地球化学、矿物学和矿床成因类型》(1~3 卷)《Геохимия Мнерадогия и Генетическия Типы，Месторождений Редких Элементов》；从 1969 年到 1978 年期间，K. H. Wedepohl 和编委会及许多其他作者

共同撰写了多卷《地球化学手册》（Handbook of Geochemistry），系统编撰了各个元素的地球化学资料；1973~1979 年期间，美国的《地质系列丛书》（Benchmark Papers in Geology Series）出版了《硼的地球化学》（Walker, 1975）、《铁的地球化学》（Lepp, 1975）、《锗的地球化学》（Weber, 1973）和《铋的地球化学》（Angino and Long, 1979）等一批个别元素地球化学专册。我国个别元素地球化学专著发表的高峰时期则在 20 世纪 80~90 年代。

（二）常量元素地球化学

50 多年来，常量元素地球化学研究在微区显微分析、自然过程示踪和代用指标，以及深地、深空探测等领域取得了重要进展。电子探针等微束分析技术不但大大提高了微区观测的空间解析力和灵敏度，而且能进行平面元素浓度扫描（Jansen and Slaughter, 1982）和三维断面制图（Jerram and Higgins, 2007），并能同时改变观测的温度等环境条件，研究元素的微区空间分布状态及其动态变化。

因为碎屑沉积岩大多是机械混合形成的，所以其常量元素数据不像火成岩那样容易解释。在 20 世纪 80 年代和 90 年代期间，W. Nesbitt 及其同事们发表的一系列文章，提出了"化学蚀变指数"（CIA）的概念（Nesbitt, 2003）。使用 CIA 指数研究风化作用的新方法（Nesbitt and Young, 1984；Nesbitt, Young, McLennan et al., 1996），能使我们从岩石学原理上定量地认识硅质碎屑沉积物常量元素的组成变化，对识别和限定沉积源区、古气候和沉积混合过程有重要意义。

地核主要由铁（80 wt% 以上）和镍（约 5 wt%）组成。然而，外地核和内地核的密度分别比相应温度压力下的纯铁低 3%~10% 和 2.5%~9%（Dubrovinsky, Saxena, Tutti et al., 2000；Anderson and Isaak, 2002；Dewaele, Loubeyre, Occelli et al., 2006；Badro, Fiquet, Guyot et al., 2007）。因此，地核必定含有比铁更轻的其他元素（Birch, 1952, 1964）。地核的轻元素丰度是元素分布研究中最具挑战性的领域之一。20 世纪末，已经能用金刚石压腔产生相当于地核的静态高压（300 GPa 以上；Mao, Wu, Chen et al., 1990）；目前激光加热金刚石压腔能达到 5700 K 和 377 GPa 的温压（Tateno, Hirosel, Ohishi et al., 2010）。近 20 年来，通过地球化学、宇宙化学、陨石学、地震学、地磁学、高温高压实验、矿物物理、分子动力学及有关地球能量模拟计算（如 ab initio calculations, geodynamo calculations）和能量交换模拟（如地核结晶作用、核-幔边界热流）等多学科研究，一般认为地核中的轻元素可能是氢、碳、氧、硅或硫。然而，具体到有关轻元素的组合与丰度上，目前仍有较多争议（Huang, Fei, Cai et al., 2011；Rubie, Frost, Mann et al., 2011；Badro, Côté, Brodholt et al., 2014；Li and Fei, 2014；Prescher, Dubrovinsky, Bykova et al., 2015）。例如，根据铁与这些轻元素形成的合金和化合物的高温高压相图及状态方程研究，估算的地核轻元素丰度分别为：硫 13 wt%、硅 13 wt%、氧 8 wt%、碳 7 wt% 和氢 1 wt%（Li and Fei, 2014）；应用分子动力学从头计算模拟，计算不同组成（Fe-Ni、C、O、Si、S）的液态金属合金在外核压力和温度下的密度和声速，再将各组成的速度和密度与径向地震模型比较，Badro 等认为，氧在地核中是主要的轻元素，地核轻元素含量的最佳数值解为：氧 3.7 wt%，硅 1.9 wt%（Badro, Côté, Brodholt et al., 2014）。

（三）微量元素地球化学

在过去50多年中，国际上在微量元素，特别是稀土元素，对岩浆作用、壳-幔演化、沉积作用、水溶液过程、氧化还原反应，以及天体化学过程的示踪研究中取得了大量的成果和重大的进展。

自20世纪60年代末伊始的分配系数研究，是国际元素地球化学研究的一项重要进展。元素在各种平衡相之间的分配系数数据为模拟岩浆、热液，以及核-幔分异过程中的微量元素行为提供了基础。稀土元素研究得最多，对地球化学学科的发展影响也最大，为揭示许多地球化学和天体化学过程提供了关键证据。例如根据元素在原始太阳星云中凝聚温度的变化，结合富钙-铝包裹体和陨石矿物的稀土元素研究，限定了太阳系最早期的演化历史（Mason and Taylor，1982）；Eu和Ce具有特殊的氧化还原化学性质，从而能为岩浆和水溶液过程研究提供重要信息；根据稀土元素在海水中短暂的停留时间，能示踪海洋水体的运动（Piepgras and Wasserburg，1980）。亲铁微量元素，包括难熔的和高度亲铁的铂族元素（Ru、Rh、Pd、Os、Ir和Pt）的地球化学分布，是我们了解行星吸集作用和构筑行星早期演化模型的主要基础，能向我们展示早期类地行星、月球和各种陨石母体发生核-幔分异和硅酸盐地幔熔融的壮丽图景（Righter，2003；Righter and Drake，1996；Walker，2009）；而铱异常在K/T界线上的全球性分布则是基于铂族元素丰度研究的另一个重要发现，为揭示全球性生物灭绝事件的成因提供了关键证据。

第二节　元素地球化学学科在我国的发展

为了了解有关元素地球化学文章在国内的发表情况，作者在"中国学术期刊网络出版总库"（中国知网）中，仅以"元素地球化学"为主题词进行了检索，统计每年发表文章的篇数。因为不包括可能与元素地球化学有关的其他关键词，诸如"成矿元素"、"指示元素"、"稀土元素"、"矿化剂"和"重金属"等，所以得到的每年发表的文章篇数肯定要少于实际数目，但基本上应能反映半个世纪以来国内元素地球化学相关文章发表的变化趋势。

从图6-1可见，我国元素地球化学的发展有一个较长的起步期。1957～1977年长达20年间（其中1966～1972年因"文革"期间刊物停刊，数据收录中断），我国每年仅在两三种刊物上发表不超过三篇有关元素地球化学的文章。1978年，每年刊登的文章数开始增加到五篇，1979年增加到十篇，显示学科发展处于启动的趋势。从20世纪80年代开始，国内发表的元素地球化学论文数量稳定持续增长，到20世纪90年代末（1998年）已超过百篇/年。进入21世纪以来，有加速增长的趋势。统计表明，仅2013年，就有近300篇元素地球化学文章在我国118种刊物上发表。基于上述统计趋势，将1956～1966年（相当于"文革"前）作为我国元素地球化学的引进和创建阶段；70年代为我国元素地球化学学科的启动阶段；80年代至今则为学科发展的上升阶段（图6-1）。

我国元素地球化学研究的雏形，最早散见于20世纪20年代有关陨石（谢家荣，1923）、黄土（李学清，1928）、变质岩（翁文灏和李学清，1926）和火成岩（李四光，1924；舒文博，1924）等矿物学、岩石学和矿床学文献中。20世纪50年代中期，大致相

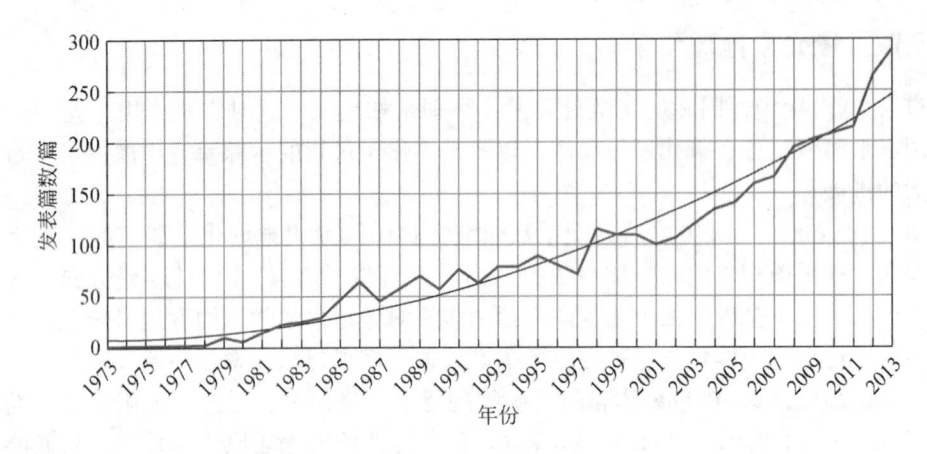

图 6-1 我国历年来元素地球化学相关文章发表篇数的检索统计
根据实际情况图中略去 1966～1972 年的图示

当于前述国际上"理论奠基阶段"的晚期，在国家对金属矿产需求的大力推进下，我国在矿物学、岩石学和矿床学的学科基础上迅速建立了元素地球化学的学科体系。

一、创建和引进阶段：1956～1966 年

20 世纪 50 年代初期国家对矿产资源的急需，催生了我国的元素地球化学学科。1956 年国务院科学规划委员会制定的《1956～1967 年科学技术发展远景规划纲要》对我国地球化学乃至科技总体发展起到过至关重要的作用。经我国地球化学主要创始人之一——侯德封倡议，上述十二年科技规划纲要明确要求"寻找和研究放射性元素、稀有元素及其他特种矿物原料以满足国家发展重工业的需要；运用地球化学的理论与方法，查明各种元素在地壳中富集的条件及规律；发展地质科学的薄弱和空白科门，如地球化学……"

1956 年或许可称得上是我国元素地球化学学科建设启动的元年。北京大学和南京大学地质系均于这一年开设了地球化学专业（刘瑞珣，于洸，杨光荣，2002；于洸，潘懋，宋振清，2009；王德滋，王汝成，王运来，2011）。1958 年，南京大学地质系又在该系"63"（铀矿地质）专业中增设了稀有元素地球化学专业；1961 年将两者合并为以元素地球化学和矿床地球化学为主要研究方向的地球化学教研室，由刘英俊任室主任。1958 年建校的中国科学技术大学设立了"地球化学与稀有元素系"（9 系），学科方向为稀有元素、放射性元素和同位素地球化学，侯德封任系主任。他于 1957 年建议，在中国科学院地质研究所设立了以稀有元素为主要研究对象的地球化学研究室（涂光炽，2000）。北京地质学院（现中国地质大学）也于 1960 年设地球化学及地球化学探矿教研室，曹添任主任。这些高校和研究所造就了我国第一批元素地球化学青年研究骨干，并且一直是我国该学科最重要的人才培养和科学研究基地。

此外，国家还通过派出优秀青年学者赴苏联留学、进修，同时邀请苏联专家来华合作指导，引进元素地球化学理论和化探找矿技术。1957 年，南京大学地质学系邀请苏联地球化学专家 Н. А. 洛谢夫（Лосев）教授来校，为南京大学、北京大学、长春地质学院、成

都地质学院等院校的进修教师讲授"稀有元素地球化学",系统阐述了33种稀有分散元素的地球化学特点。讲稿翻译后由科学出版社出版(洛谢夫,1960);在此基础上,编写出版了我国第一本地球化学教材(南京大学地质学系,1961)。

在此期间,许多矿物学、岩石学和矿床学学者编译了介绍个别元素地球化学(W、Mo、Re、Li、Rb、Cs、Be、Nb、Ta、Zr、Hf、Ge、Ga、Tl、Se、Te、Sc、Cd、In、REE等)的文章,发表于《地质科学》等刊物上(邵克忠,1956;孟宪民,1958;王中刚,1958;彭琪瑞,1958;郭承基,1959b;张培善,1959;云秉崑,1959a,1959b;张贻侠,1959,1960;杨敏之,1960;孙大中,1960;陶正章,1962等),对元素地球化学在我国的早期传播做出了贡献。此外,曹添以"引玉"为笔名,1975年在《地质与勘探》上连续八期开设"个别元素找矿地球化学讲座"专栏,系统介绍过渡族元素和铜、铁的元素地球化学知识,推动了我国元素地球化学研究及其找矿勘查的应用工作。

1966年2月,中国科学院地球化学研究所的建立,成为我国元素地球化学研究的主力军。至此,我国元素地球化学的创建已基本完成。围绕国家对矿产资源的需求,元素地球化学已形成了一个比较完整的教育—科研—生产体系。

二、启动阶段:20世纪70年代

历经十年的学科创建阶段,我国的元素地球化学研究初结硕果,具备了良好的发展基础。然而,由于"文革"的干扰,人才培养和科技文献发行中断,科研人员和科学研究受到极大冲击。但大家凭着对地球化学事业的热爱与执着,凭着对完成科研任务的责任心和荣誉感,在困惑和痛苦中不断克服困难,顽强坚持科研,并取得了重要成果。1972年12月在贵阳召开的第三次全国稀有稀土元素地质科研工作交流会就是一项明证:来自全国科研、生产、教学等部门的149个单位190多名代表提交了120篇论文,并于1975年出版了会议论文集,这是我国稀有稀土元素地球化学研究和找矿勘查成果的一次全面总结。直至1978年,全国科学大会的召开迎来了"科学的春天",也成为我国地球化学学科发展具有里程碑意义的一年——中国矿物岩石地球化学学会在贵阳成立。在学会成立的第二届全国矿物岩石地球化学学术会议上,有关元素地球化学研究的论文总结了华南花岗岩及稀有、稀土成矿规律,以及有关我国特有的"稀土-铁建造"中的稀土配分及其演化研究,推动了作为成岩成矿过程指示剂的各种元素对的比值(如Ni/Co、Sr/Ba、K/Rb等)的广泛应用(涂光炽和王玉荣,1979)。

三、上升阶段:20世纪80年代至今

1981年12月25日,中国矿物岩石地球化学学会,元素地球化学区域地球化学和矿床地球化学专业委员会在合肥举行的全国层控矿床地球化学学术会议上成立(1983年,该专业委员会分为元素地球化学区域地球化学专业委员会和矿床地球化学专业委员会)。自此开始,我国的元素地球化学发展进入了快速上升的新阶段。20世纪80~90年代,我国元素地球化学研究与区域地球化学、矿床地球化学、岩石地球化学、勘查地球化学、环境地球化学和天体化学等分支学科相互交叉,共同发展,硕果累累,人才辈出。

20世纪80年代是我国个别元素地球化学研究成果的丰产时代,先后出版了《铁的地球化学》(中国科学院地球化学研究所,1981a)、《元素地球化学》(刘英俊,曹励明,李兆麟等,1984a)、《铀地球化学》(张祖还,赵懿英,章邦桐等,1984)、《钨的地球化学》(刘英俊和马东升,1987)、《元素地球化学导论》(刘英俊和曹励明,1987)、《稀土元素地球化学》(王中刚,于学元,赵振华等,1989)和《实用稀土元素地球化学》(陈德潜和陈刚,1990)。与此同时,在华南和秦岭开展了区域元素丰度研究,在全国开展了岩石和矿床成因的微量元素证据研究、花岗岩类的元素地球化学;层控矿床和含矿建造的元素地球化学等方面取得了进展(刘英俊,1991)。尤其是我国的层控矿床研究有了进一步的延伸。涂光炽主编的三卷《中国层控矿床地球化学》(涂光炽等,1984,1987,1988)总结了我国17个矿种的250个层控矿床的系统研究成果,极大地丰富了我们对有关成矿元素地球化学的认识。

《中国含铂地质体铂族元素地球化学及铂族矿物》(中国科学院地球化学研究所,1981b)一书首次系统展示了我国各类含铂矿床或矿化体中常量元素和铂族元素地球化学的研究成果。由于测试方法的改善,微量元素特别是稀土元素地球化学,在20世纪80年代得到迅速发展和广泛应用,成为地质与地球化学研究中常用的得力工具。《稀土元素地球化学》(王中刚,于学元,赵振华等,1989)系统介绍和总结了有关的基础理论、研究方法,包括作者的研究成果。此外,元素地球化学作为重要的研究手段应用于黄土研究中(刘东生等,1985;文启忠等,1989;顾兆炎,韩家懋,刘东生,2000)。

20世纪90年代,我国学者在有关中国东部和秦岭、江南造山带区域岩石和地壳元素丰度的研究中取得了突出的成果(Gao, Zhang, Luo et al., 1992; Gao, Luo, Zhang et al., 1998; 张本仁,骆庭川,高山等,1994;刘英俊,孙承辕,马东升,1993;鄢明才和迟清华,1997);低温地球化学研究在揭示Au、Sb、Hg、Ag、ΣPt、REE、Tl等元素在低温开放体系中迁移、富集和成矿机制方面取得了重要进展(涂光炽等,1998;何江,马东升,陈伟等,1998)。此外,通过对海洋沉积物元素地球化学研究的总结,发表了60多种元素在浅海中的地球化学分布资料(赵一阳和鄢明才,1994)。在《微量元素地球化学原理》(赵振华,1997)中,作者系统地论述了微量元素地球化学的基本理论、研究方法及其在基础研究中的应用。在《金的地球化学》(刘英俊和马东升,1991)中系统阐述了金的基本地球化学特征和含金建造的研究进展。

微量元素地球化学与其他自然科学基础研究的结合,促成了若干新的交叉研究领域,如化学地球动力学(郑永飞,1999)。随着国际地圈生物圈计划(IGBP)的陆续实施,我国地球化学研究在20世纪90年代后半期到21世纪初,快速向"全球变化"研究领域渗透,开始研究一些与全球变化有关的新样品的元素地球化学,如冰雪(Qin, Ren, Sun et al., 1995; Xiao, Qin, Li et al., 1998)、风尘(陈骏,王洪涛,鹿化煜,1996)和石笋(李彬,袁道先,林玉石等,2000)等。

进入21世纪,元素地球化学研究在超大型矿床的Au、Sb、W、Sn、Bi等元素超常富集和Pb-REE爆发性成矿机制等方面取得重要进展(涂光炽等,2000;赵振华,涂光炽等,2003);在有关分散元素地球化学的研究中,发展了分散元素的微区微量测试技术,提出了Cd、Tl、Ge、Se、Te等元素能够独立成矿的创新认识(涂光炽等,2003)。许多研究成果与LA-ICP-MS分析技术有关。例如,实验获得了27种微量元素在石榴子石、角闪石/英云闪长质熔体中的分配系数，计算模拟了 TTG 形成条件下变质玄武岩的部分熔融过程，揭示了在变质玄武岩部分熔融中，金红石是导致 TTG 岩浆 Nb、Ta 亏损的必要残留矿物，限定了 TTG 形成的温压条件，表明构成大陆的早期物质是在榴辉岩相条件下产生的（Xiong，2006）；在西南微细浸染型金矿的单个流体包裹体研究中，精确测定了包括成矿元素在内的 13 种微量元素，揭示了成矿流体贫铁的特征（Su, Heinrich, Pettke et al., 2009）；通过对湖南砂矿金刚石中矿物包裹体（橄榄石、绿辉石、镁铝榴石、柯石英）的十多种常量元素和铁族微量元素原位测定，根据橄榄石-石榴子石 Ni 温度计，确定了金刚石的形成温度约为 1109 ℃（丘志力，王琦，秦社彩等，2014）。在个别元素地球化学方面，出版了《锡的地球化学》（陈骏，王汝成，周建平等，2000）、《土壤微量元素和稀土元素化学》（邢光熹和朱建国，2003）和《中国煤中微量元素》（唐修义，黄文辉等，2004）等专著。在 21 世纪的前十几年中，随着探索时空范围和研究对象的不断扩大，受到关注的重大资源-环境问题越来越多。元素地球化学凭借其研究地球物质组成和化学演化的传统优势，向各个应用研究领域迅速扩张。但同时这种趋势也多少淡化了元素地球化学本身的基础研究和对海量元素分布新资料的系统整理和理论提高。

第三节 中国元素地球化学学科的主要研究成果

以下所谓"研究成果"，大致包括四个方面的研究进展，即：①开辟了我国新领域、新方向的先驱性研究；②发现新现象、新事物或新规律；③提出新理论、新认识（或新模型）或新概念；④对基础数据和基本事实的积累、甄别、综合、更新和有序化整理。毋庸置疑，这些成果还必须要经得住长时间的实践检验，以证实其真伪和科学价值。应该说明的是，自然界中存在有近百种稳定元素，而元素地球化学有广阔的时空、交叉和应用领域，以致当今没有一位地球化学家能通晓和驾驭元素地球化学的所有研究领域。由于受到学识和篇幅的限制，以及避免与其他章节重复（许多研究成果具有多学科的共享性），作者唯恐难以全面展示我国元素地球化学发展中的重要进展，敬请同行斧正和另文补充。

一、创建初期的先驱性研究成果

我国的元素地球化学是基于国家对矿产资源的需求而发展起来的。在学科创建之初的 1956~1966 年，科研人员结合全国稀土、稀有、铀和有色金属等矿床研究和区域调查，开展了有关矿种的元素地球化学研究和实验，使元素地球化学学科从诞生之日，就与区域地球化学和矿床地球化学建起了密不可分的关系。

在学科创建初期，尽管受测试条件的种种限制，例如微量元素的分析精度不高，还有一些采用半定量数据，但这些开创性的工作是我国元素地球化学研究新的生长点，对后来学科的发展起到了重要的引领作用。

常量元素研究，即所谓岩石化学，已成为火成岩研究中的一种常规手段。赵宗溥（1956）对我国东部新生代玄武岩类开展了系统的岩石化学研究和对比，提出常量元素组成变化与大地构造相关的认识。黎彤和饶纪龙（1963）根据我国 661 个岩浆岩化学全分析资料，计算了中国岩浆岩主要岩石类型的常量元素平均化学成分。两年后他们又根据有关地壳模型（Poldervaart, 1955）和岩石类型的元素数据（Turekian and Wedepohl, 1961; Vinogradov, 1962），计算了74种化学元素在地壳及其基本构造单元中的丰度，并对以往国外发表的常量元素数据提出了修正意见（黎彤和饶纪龙, 1965）。

我国的微量元素地球化学始于对稀有元素的研究。1957年，在老一辈科学家的组织领导下，我国开始了对内蒙古白云鄂博矿床和全国稀有金属矿床的野外调查研究，开创了稀有和稀土元素地球化学研究之先河。尤其是通过白云鄂博稀有元素矿物学和地球化学的研究，将一个大铁矿"变成"一个特大型的稀土矿床，也促进了我国稀有、稀土元素矿床和地球化学研究的迅猛发展，培养了一批元素地球化学研究的青年骨干，为我国锂、铍、铌、钽、稀土等矿产资源勘探和地球化学学科发展做出了重要贡献。1963年提交的《中国铌、钽、稀土矿床、矿物及地球化学》[①] 和《中国锂、铍矿床、矿物及地球化学》两份研究报告[②]，以及公开发表的论文和专著（如司幼东, 1957; 司幼东和黄舜华, 1963; 郭承基, 1958, 1959a, 1963a, 1963b, 1965; 王中刚, 1964），系统总结了我国稀有、稀土元素地球化学和成矿特征。同时，对华南雪峰期、加里东期和燕山期花岗岩类的微量元素及其共生组合、时代分布和成矿元素的富集规律研究也取得了丰硕成果（徐克勤，孙鼐，汪德滋等, 1963a, 1963b; 孙鼐, 刘昌实, 康旭, 1963）。此外，晋北花岗伟晶岩的矿物学和稀有元素地球化学研究（孙大中, 1959）、Be矿化交代作用和锡石合成及Sn的搬运形式高温高压实验研究（司幼东和黄舜华, 1963; 王玉荣, 梁伟义, 王道德, 1965）也都获得骄人的成果。

在分散元素地球化学方面，我国学者开展了铅锌矿样中锗、镓、铟、镉等元素的检测（单连芳和王吉珺, 1959）、铝土矿和蚀变花岗岩中镓的地球化学（刘英俊和于镇藩, 1963; 刘英俊, 1964, 1965a, 1965b），以及黄铁矿中硒、碲的地球化学研究（刘英俊和朱炳球, 1964）。

在这个时期，元素地球化学研究还广泛应用于陨石、土壤、农业、水文（水文地球化学）和找矿（勘查地球化学）。例如，对铁陨石中铁族元素的测定（欧阳自远和佟武, 1965），以及"东北及内蒙古东部的土壤微量元素"（方肇伦, 宋达泉, 叶炳, 1963）和"我国南方某些主要土类中微量元素的含量和分布的研究"（何电源, 1988）等研究，都反映了我国元素地球化学研究的最早成果。

20世纪60~70年代是国际元素地球化学迅速发展的时期。但国内的科研却因"文革"的影响而受到很大的冲击。然而，我国地球化学研究者却仍然在困难的条件下坚持不懈地进行科学研究。从"文革"后期及其后数年间发表的论文中，我们可以看到他们在元素地球化学及其延伸领域所取得的重要成果，例如：阐明了地下水中元素分布与克山病、大骨节病的关系（环境地质研究组, 1972a, 1972b）；提出了我国最早一批铂族元素地球化学研究成果（王秀璋, 周玲棣, 黄祖梁等, 1976; 杨敏之, 任英忱, 邓禹仁, 1973; 杨敏之, 倪集众, 戴逢福, 1974; 杨敏之, 倪集众, 戴逢福等, 1975）；确定了中国东南部不同时代花岗岩类中十多种微量元素的平均含量（中国科学院地球化学研究所, 1979; 南

[①] 中国科学院地质所. 1963. 中国铌、钽、稀土矿床、矿物及地球化学. 科学技术研究报告, 科学技术委员会, 244

[②] 中国科学院地质所. 1963. 中国锂、铍矿床、矿物及地球化学. 科学技术研究报告, 科学技术委员会, 197

京大学地质系，1974）和40个花岗岩岩体中铍的分布（刘振声，1975）；计算了地球和太阳的化学元素丰度（黎彤，1976，1979）；测定和对比了海南玻璃陨石和吉林球粒陨石中的元素组成（欧阳自远、宗普和、易惟熙，1976；长春地质学院陨石研究小组等，1976）；发展了稀土元素地球化学在火成岩和矿床成因研究中的应用（赵振华，1978），揭示了蓟县等地震旦纪地层的元素地球化学特征（范德廉、张友南、杨红等，1977a；范德廉、杨红、戴永定等，1977b）；等等。

二、化学元素的丰度研究

化学元素在不同层次地球物质中的丰度是进行地球化学研究不可或缺的基本参数，也是元素地球化学最基本的研究内容。在这一领域中，我国元素地球化学在有关地壳元素丰度和重要成矿带的区域元素丰度研究中取得了重要进展。

（一）中国东部地壳的元素丰度

元素在不同区域地壳中的分布是不均匀的。我国地域广大，地质背景复杂，但长期以来沿用的所谓"全球大陆地壳元素丰度"主要基于北美、欧洲和俄罗斯地区的测试资料。自20世纪末到21世纪初，中国学者的研究成果改变了这种状况。

在中国东部华北克拉通、秦岭造山带和扬子克拉通，通过对95万km^2范围内11451件岩石样品的60多种元素分析，结合区域构造单元划分和12条地学大断面和6条折射地震剖面资料、高温高压下岩石物理性质实验、麻粒岩包裹体资料，以及对出露的相关剖面研究，建立了中国东部大陆地壳的结构和岩石组成模型（Gao, Luo, Zhang et al., 1998；高山、骆庭川、张本仁等，1999）。在此基础上，计算了上、中、下地壳和总体地壳的元素丰度，总结了中国东部大陆地壳的主要特征，为深入认识相关区域构造单元的地壳演化提供了基础资料（Rudnik and Gao, 2003）。

根据我国东经105°以东约330万km^2范围内28253个岩石样品合成的2718个组合样分析，以及基于区域地学断面和地球物理资料建立的地壳分层和岩石组合模型，将中国东部大陆地壳分为上地壳和中下地壳，提出了中国东部大陆及其分区（内蒙古兴安-吉黑造山带、华北地台和中国东南地块）76种元素的地壳丰度和大陆地壳丰度（鄢明才和迟清华，1997；迟清华和鄢明才，2007）。该项研究不但研究地域大，样品数量多，而且元素分析齐全、测试手段先进，数据质量可靠。尤其是对150件大组合样中Br、I、Re、Os、Ir、Ru、Rh、Te、Pr、Dy、Ho、Er、Tm含量的精密测定，对铂族、稀土和超微量元素的地球化学研究有重要意义。应指出的是，与已有的全球地壳丰度（黎彤，1976；Taylor and McLennan, 1985, 1995；Wedepohl, 1995；McLennan, 2001；Rudnick and Gao, 2003）相比，我国东部大陆地壳的一些元素如S、Ni、Y、Mo、Sn、W、Ta、Hg的丰度偏低。其他学者也指出了类似的偏差（谢学锦，2004；汪洋，2005）。其中除了一些强活动性难分析的元素如S、Hg外，比较显著的是W、Sn、Mo、Ta。这些成矿元素的丰度偏低与其在我国东部广泛而强烈的矿化特征不太协调，值得进一步探讨。

应强调的是，要获得有代表性的元素丰度，尤其是那些丰度变化大的元素（往往是重要的成矿元素），必须对其个别元素地球化学有相应的研究，提出针对性的模型。如上述研究得到的中国东部上地壳和总地壳的钨丰度分别为 0.8×10^{-6} 和 0.6×10^{-6}（鄢明才和迟清华，1997）或 0.91×10^{-6} 和 0.69×10^{-6}（高山，骆庭川，张本仁等，1999）。无论与国内外其他相应结果对比，还是从经验来看，这些值都似乎偏低。钨在地壳中是一种高度不相容的元素。它在岩石或成岩物质中的含量可能曾受过后期岩浆作用的影响。因此 Rudnick 和 Gao（2003）根据 Newsom 等（1996）的研究，用高度不相容的亲石元素钍对钨标准化，即用 W/Th 值校正地核形成之后岩浆分异作用的影响。由此得到上部大陆地壳和总地壳的钨丰度分别为 1.9×10^{-6} 和 1×10^{-6}。Hu 等也曾用上部大陆地壳的 Rb 丰度（94×10^{-6}），按 Rb/W=66±5，推算出上部大陆地壳的钨丰度为 $(1.4\pm0.1)\times10^{-6}$（Hu and Gao，2008）。但基于以下理由，这种推算是值得商榷的：①由于 Ba 在俯冲带中的活动性（Leeman，Carr，Morris，1994），有关 W 与 Ba 之间具有相关性的假设（Sims，Newsom，Gladney，1990）已经被质疑（Newsom，Sims，Noll et al.，1996）；②细粒沉积物的钨含量与 Rb 呈显著正相关的现象（Hu and Gao，2008）是在人为去除一个样品的情况下造成的，且作者对此未作说明；③Rb 在表生条件下是"可溶解"的元素，而 Th 是"不溶解"的元素，并且 Th 在地壳中的分布更加稳定。因此，W/Th 值是推断 W 丰度更可靠的参数。

（二）花岗岩类的元素地球化学

花岗岩类是地壳的主要组成部分，也是地球的特有岩性。因此，花岗岩类和花岗岩省的元素丰度对探讨行星分异、地壳演化和勘查矿产资源有重要意义。我国大区域花岗岩类元素地球化学的系统研究，发端于华南地区20世纪60年代对花岗岩侵入时代认识的重大突破。20世纪50年代末，南京大学徐克勤等在赣南、皖南和湘西分别发现加里东期、吕梁期花岗岩（徐克勤，刘英俊，俞受鋆等，1960；李应运，1962）和东安运动不整合（王鹤年，1961）。元素地球化学的对比研究曾为加里东期花岗岩的发现提供了重要证据（徐克勤，刘英俊，俞受鋆等，1960）。通过钾-氩法年龄测定，不但证实了华南前燕山期花岗岩的存在，而且发现了海西期岩体（Li，1963）。从此奏响了华南花岗岩研究的序曲。

在有关华南花岗岩类研究所取得的大量成果中，有两本具有开创性和引领性的专著对后来的研究有重要的影响，即《华南花岗岩类的地球化学》（中国科学院贵阳地球化学研究所，1979）和《华南不同时代花岗岩类及其与成矿关系》（南京大学地质学系，1981）。前者的内容以花岗岩的矿物组成、常量元素（岩石化学）、微量元素和岩石熔融实验研究为特色，提出了不同时代花岗岩类18种微量元素的丰度，论述了华南花岗岩的成因、地球化学演化规律，以及花岗岩类成矿作用的若干问题；后者则系统阐述了花岗岩时代划分的地质依据和多旋回大地构造背景、岩体的野外产状与内部构造、花岗岩岩石学和微量元素地球化学，着重讨论了花岗岩类与成矿关系和岩石成因问题，提出了"改造型"、"同熔型"和"幔源型"三个成因系列的意见。在元素地球化学方面，围绕花岗岩多时代演化、与成矿关系和成因系列（改造型、同熔型和幔源型）三条主线，揭示了华南花岗岩元素地球化学分布的时代演化规律，即：①岩体从老到新，铁族元素（Ti、V、Cr、Ni、Co）逐步降低，而 K、Na、Si 和成矿元素（Li、Sn、Mo、Bi 等）则不断增高（徐克勤，孙鼐，王德滋等，1963a，1963b；刘英俊，张景荣，孙承辕等，1984b）；②总结了识别含矿岩体的微量元素评价标志（刘英俊，张景荣，孙承辕等，1984b）；③提出了不同成因花岗岩类的微量元素分布特点和不同时代花岗岩类中23种微量元素在的平均含量（刘英俊，张景荣，孙承辕等，1984b）。其他有一些有关华南花岗岩类个别元素地球化学的研究，诸如铍（刘振声，1975）、稀土（王中刚，赵振华，赵惠兰，1980；赵振华，王中刚，白正华，1980；杨超群，1986）、金（刘英俊，张景荣，乔恩光等，1983）、锂、铷、铯（孙承辕，于镇凡，李贤琏，1983）和镉（马东升，1989）等，补充了以往空缺的元素，丰富和完善了华南不同时代花岗岩的微量元素丰度资料。随后，在我国其他地区结合找矿需要，相继开展了区域性研究，积累了大量花岗岩类元素地球化学数据。

近年来，根据全国约750个花岗岩类岩体中近70种化学元素的分析数据，计算了我国花岗岩类元素丰度的总平均值，分别统计了不同的时代、岩石类型和构造区划的花岗岩类元素地球化学丰度（史长义，鄢明才，迟清华，2008），是目前我国比较完整和具代表性的花岗岩类元素丰度资料。顺便指出，一些作者通过对从太古宙到新生代不同时代花岗岩类的对比指出"绝大多数元素无明显规律性演化趋势，表明各个时代的花岗岩类不存在统一的演化特征"。然而，由于在地质演化历史中，各大构造单元并非一直是一个统一的地块，各自有不同的物质组成和演化历程，所以将所有数据只按时代分类进行统计是没有意义的。若按构造单元分区计算不同时代花岗岩类的元素丰度，或许能揭示不同地区花岗岩类的时代演化特征。

（三）区域地层的元素地球化学

为了研究区域构造演化，确定地球化学背景或元素区域丰度，探讨成岩成矿的物质来源，尤其是在层控矿床和含矿建造研究的推动下，从20世纪70年代末到90年代，我国学者开展了规模不等的地层元素地球化学研究。其中豫西卢氏—灵宝（张本仁，李泽九，骆庭川等，1987）、秦岭—大巴（张本仁等，1990）、南岭（於崇文，骆庭川，鲍征宇等，1987）和江南地区（刘英俊，李兆麟，马东升，1982；刘英俊，孙承辕，马东升，1993）等项研究属于大区域的地层元素地球化学系统研究。

於崇文等（1987）应用非参数正态检验方法，将一次通过正态检验的元素平均含量视为成岩时的平均含量，即未曾受过后期地质作用影响的"初始丰度"，并通过对赣南、粤北和桂北55条地层剖面的地球化学测量，得出了41种元素在不同时代地层中的"初始丰度"（於崇文，骆庭川，鲍征宇等，1987）。为了开展地层含矿性评价，他们以地壳元素丰度（Taylor，1964）为基准，计算了各元素的浓集系数，以此衡量元素在地层中的相对富集或贫化；将未剔除样品的非正态分布数据集的平均值与"初始丰度"之比，定义为后期作用的"叠加强度系数"，用以指示可能的赋矿层位；并应用马尔科夫概型分析研究了泥盆系沉积过程的演化规律。这些成果对区域矿产潜力评价和地球化学勘查有重要的应用价值。

张本仁等在秦巴地区开展的地层元素地球化学研究也取得了重要成果：①确认了四个构造单元中从新太古界到新近系42种元素的地层丰度；②确定了细碎屑岩中稀土总量与Al_2O_3含量关系的线性方程，用于预测上地壳岩石的稀土元素丰度；③系统地将沉积作用地球化学应用于区域构造分析；④探讨了地台区和地槽区沉积岩石圈的化学演化规律及其沉积分异特征和差别；⑤应用沉积作用地球化学研究分析了区域地壳的演化历史（张本仁，李泽九，骆庭川等，1987；张本仁等，1990）。研究成果对认识秦巴地壳的总体特征和分异程度有重要的科学意义，为中国东部地壳元素丰度研究奠定了基础。

刘英俊等从20世纪70年代末开始，在浙、赣、湘、黔、桂五省（区）东西延展上千公里的"江南古陆"，开展了以Au、W、Sb等成矿元素地球化学背景、成矿作用和矿床形成机制为重点的深入研究。通过典型地层剖面测定、代表性花岗岩体研究和取样，结合低温开放体系的水岩反应模拟实验，提出了以下主要认识：①元古宙基底存在区域性分布的含矿建造；②"江南古陆"基底含矿建造的富集元素组合自东向西依次变化为：Au-Ag-Cu（浙北双溪坞群）、Au-W-Cu（赣北双桥山群）、Au-As-W（湘东北冷家溪群）和W-Sb-Au（湘西北板溪群）；③区域金属矿种和成矿元素组合对含矿建造的富集元素有明显的继承关系，并划分出浙北 Au-Ag-Cu、赣北 Au-Ag-Cu-W、湘东北 Au-As-Sb-W-Pb-Zn 和湘西北 Au-Sb-W 四个成矿地球化学分区；④发现"地球化学贫化–富集共轭"现象；⑤元古宙基底的成矿元素富集对上覆盖层中的元素丰度和矿化也可能起控制作用（刘英俊，李兆麟，马东升，1982；刘英俊，孙承辕，马东升，1993），从而提出了江南元古宙金矿的"源–运–储"综合成矿模式和找矿方向。

三、个别元素地球化学的研究

我国的个别元素地球化学研究在稀有元素、分散元素、铂族元素、成岩成矿指示元素方面均取得了不同程度的研究进展。尤其在对中国"丰产元素"W、Sb、Au、REE的研究中，取得了一系列重要成果。我国的钨、锑、稀土的产量和储量均居全球之冠，金的产量也列世界首位。这些元素在我国富集程度高、浓度变化大、环境条件多样、矿物种类丰富、矿床类型复杂，为对它们的元素地球化学研究提供了优越条件。

（一）稀土元素地球化学

由于低含量单稀土元素分离和测试的问题，我国真正开始研究稀土元素地球化学是在20世纪70年代后期。1976年，中国科学院原子能研究所贵阳地球化学研究所陨石分析组（1976）首次报道了我国陨石、超基性岩和花岗岩及其造岩矿物样品中九种稀土元素的中子活化分析结果。然后很快应用于华南花岗岩类的研究。例如，通过对华南花岗岩的稀土元素配分研究和其他微量元素分析，可将岩体分为不同类型（中国科学院贵阳地球化学研究所，1979；王中刚，赵振华，赵惠兰，1980；赵振华，王中刚，白正华，1980）。进而通过对藏南和华南花岗岩类的稀土元素地球化学的系统工作（赵振华，王一先，钱志鑫等，1981），总结了壳型、壳幔型和富碱侵入体三大类型花岗岩的REE分布特征（王中刚，于学元，赵振华等，1989）。分析技术的进步使我国稀土元素地球化学在20世纪80~90年代迅速发展，广泛应用于地学各研究领域。其中有关元古宙稀土铁建造的研究（裘愉卓，王中刚，赵振华，1981；张培善，1989；陈衍景和邓键，1993），揭示出我国前寒武纪铁建造的独特性，对研究稀土成矿作用和"大氧化事件"（The Great Oxidation Event）有重要意义。

稀有金属花岗岩中稀土元素四分组效应的发现（赵振华，1988；Masuda, Kawakami, Dohmoto et al., 1987）是我国稀土元素地球化学研究中的另一个重要进展，为阐明高分异花岗岩熔–流体相互作用的成岩成矿机制，提供了地球化学依据。在相关副矿物，如磷灰石、锰铝榴石中，稀土的分布也具有这种特征（Liu and Zhang，2005）。近年来，在河北省东坪特大型金矿的钾化-硅化碱性正长岩中发现了 M-W 复合型稀土四分组效应，进一步揭示了金矿形成过程中熔体-流体共存及热液流体交代叠加的成矿机制（赵振华，包志伟，乔玉楼，2010）。

风化壳离子吸附型稀土矿床的发现、勘查和原地浸取技术是我国稀土资源研究与开发的重大创新性成果。通过反复的试验研究，查明了稀土元素主要以阳离子吸附状态赋存于铝硅酸盐黏土中，提出了离子吸附型稀土的提取工艺（陈启仁，雷捷，崔国际，1980；陈启仁和丁嘉瑜，1988），为认识这种新型稀土矿床的成矿规律，确定其工业价值提供了可靠依据，并发展出我国特有的稀土原地浸矿工艺（饶振华和冯绍健，2007）。这不但解决了世界上中、重稀土（钐、铕、铽、钇等）资源匮乏的问题，推进了稀土矿床学和湿法冶金学的发展，而且通过揭示有关成矿和选矿的离子交换反应机理，丰富了稀土元素迁移—富集的溶液化学理论，对稀土元素地球化学的发展有重要意义。

（二）钨的地球化学

众多的矿床分布、齐全的钨矿类型和多样化的成矿地质背景是我国开展钨的地球化学研究的天然优势。我国的钨矿床主要集中在华南，钨的地球化学研究于 20 世纪 60 年代也始于华南。因此，华南钨矿的地球化学研究过程基本上代表了我国钨的元素地球化学研究历史。我国学者自 20 世纪 60 年代公布了华南各时代花岗岩类中钨的平均含量[①]之后，70 年代对华南花岗岩类中钨的地球化学进行了初步总结，发表了华南花岗岩的钨丰度数据（中国科学院贵阳地球化学研究所，1979）；20 世纪 80 年代发现华南元古宙基底的钨异常层位，提出原始含钨建造和衍生含钨建造的认识[②]，确定了华南地区存在多时代的含钨建造（刘英俊，李兆麟，马东升，1982），总结了我国有关钨的元素地球化学成果（刘英俊和马东升，1987）；20 世纪 90 年代提出了华南富钨地球化学块体的概念（谢学锦，1995），发表了华南地区（华南褶皱系）不同时代各类岩石的钨丰度（鄢明才和迟学清，1997），以大量数据揭示了华南大规模区域性钨异常，确定了基底存在富钨层位的认识。进入 21 世纪以来，大量的化探数据展示了面积达 530000 多平方千米的华南巨型钨地球化学块体及其内部结构和逐步浓集特征（谢学锦，刘大文，向运川等，2002；迟清华，王学求，徐善法等，2012）。

与国外相比，我国有关钨的地球化学研究以重视钨的成矿物质来源为特色。研究以华南各主要钨矿分布区的大量地层地球化学剖面数据为依据，结合钨的地球化学模拟实验资料和钨的地球化学旋回理论分析，论证了华南，尤其在元古宙基底中，存在含钨建造（含有富钨层位的一套地层组合）；系统阐述了含钨建造的分布、类型、识别标志、钨的赋存形式和微量元素组合特征，以及其与华南钨矿和含矿花岗岩的成因关系，并指出："不仅钨，而且金、铀、铁、铜、铅、锌、锑、汞和稀有、稀土元素等在华南地区均表现有含矿建造（矿源层）的存在"（刘英俊，李兆麟，马东升，1982）。在此之前，"含矿建造"一词仅用于铁矿，或主要在俄罗斯指矿化的火成岩系。而从此之后，则在我国发展出各种成

[①] 南京大学地质学系. 1966. 华南不同时代花岗岩类及其与成矿关系. 国家科委科学技术报告
[②] 马东升. 1981. 江西省黄沙、隘上钨矿及矿田区域地层的元素地球化学. 南京大学地质系硕士学位论文

矿元素在地层中初步富集的"含矿建造"概念（马东升，1987），并被广为使用。如：含金建造（刘英俊，张景荣，乔恩光等，1983；刘英俊和马东升，1991）、含锡建造（刘英俊，李兆麟，汪东波等，1986）、含汞建造（鲍珏敏，万溶江，鲍振襄，1999）、含铜建造（如冉崇英，1988）、含铀建造（罗梅，1996）等。实际上，尽管受到国外层控矿床研究中"矿源层"概念的影响，但"含钨建造"的源头还是出自我国本土，是在孟祥化（1979）"沉积建造"概念的基础上进一步发展起来的。

近年来，我国钨的找矿取得显著进展。尤其是在江南造山带的赣西北、赣东北和皖南地区有重大突破。这不但进一步彰显出元古宙基底对钨成矿的控制意义，也为我国钨的成矿、找矿和元素地球化学理论研究提出了新的课题。需指出的是，从 20 世纪 90 年代起，钨的环境地球化学及其与健康关系开始受到重视（马东升，2009），而我国在该领域的研究则尚属空白，应值得关注。

（三）金的地球化学

20 世纪 80~90 年代是我国金矿地质勘查和科学研究的高峰期。在此期间，实施了许多研究项目，发表了大量研究成果，极大地丰富了有关金的区域分布、赋存状态、迁移—富集规律和成矿作用等方面的基础资料，使金的元素地球化学研究得到空前发展。其中的国家自然科学基金重大项目"中国东部金矿重要类型、形成条件、成矿规律及找矿方向"（1989~1992 年），是一项开展较早的大规模金矿成因理论研究。该项目联合了九个高校、科研院所和生产部门，对中国东部二十多个重要和典型的金矿床进行了详细解剖，获得了一大批高水平的基础数据和科学资料。在这一基础上，总结了有关中国东部重要类型金矿的两个成矿体系（含金建造和岩浆体系），三个成矿环节（源—运—储）和四类成矿热液来源（大气降水、建造水、变质水、岩浆水）的多期多旋回综合成矿模式（马东升，1992；胡受奚，王鹤年，王德滋等，1998）。其中基于元素地球化学研究所取得的主要成果包括：在成矿物质来源方面，发展了含金建造理论；在成矿元素运移方面，发现了特定地层中大面积金贫化与金矿床共生的贫化-富集共轭现象[①]（刘英俊和马东升，1991；王鹤年，张景荣，陆建军等，1991；刘英俊，孙承辕，马东升，1993），研究了生物-有机质和油田卤水对金活化迁移的影响（张景荣和朱法华，1993；张景荣，陆建军，吴爱萍等，1994；张景荣，陆建军，杨帆，1996）；在金矿定位机制方面，提出了江南金成矿带与大规模流体运移有关的综合成矿模式（马东升和刘英俊，1991；马东升，1991）。

早在 19 世纪就已发现矿体或岩体周围的元素贫化的现象（Becker，1882），或称之为"负异常"或"负晕"。但以往认为，这种负异常仅限于发育在近矿体或岩体周围。例如，由岩浆-热液作用造成的成矿元素"降低场"大多限于岩体周围 1~5 km 范围内（季克俭，吴学汉，张国柄，1989）。乔恩光在 1980 年最早注意到，在江南造山带，一些距离金矿体几百米远的围岩即使无宏观蚀变，也会出现金亏损[②]。罗献林等（罗献林，易诗军，梁金城，1984）也发现，湘西沃溪金-锑-钨矿床的赋矿地层在矿田范围内有成矿元素的

[①] 马东升. 1989. 江南金成矿带中层控金矿床的元素地球化学和成因机制研究. 南京大学博士学位论文
[②] 乔恩光. 1981. 湘西桂东一带若干金矿床及金的地球化学研究. 南京大学硕士学位论文

低值区。然而，通过进一步研究揭示，在长达约 85 km 的沃溪-西冲金-锑密集成矿带内，矿区外围与矿区赋矿地层同层位的地层普遍存在区域性的金亏损，面积可达上千平方千米（马东升，1990）。这一现象表明，区域性的大规模流体运移可能对这类层控金矿床的形成起到重要的作用，并因此而提出了有关地壳中流体-矿质大规模运移机制的研究方向（刘英俊，孙承辕，马东升，1993）。

近年来我国地壳探测工程在山东金矿的深钻取得重大发现，在深部 4000 m 仍有达工业品位的强烈金矿化；并在莱州又新发现几百吨的超大型金矿。这显示了我国花岗岩金成矿的巨大潜力，同时也为金的深部成矿作用地球化学和深部找矿提供了新的研究机遇。

（四）锑的地球化学

我国是世界锑矿资源最丰富的国家。全国锑矿储量和矿石年产量分别约占世界总量的 50% 和 80%（USGS，2014）。锑的高度活动性对环境有重要影响。锑及其化合物被美国环保署和欧盟列为要重点关注的污染物。在国际《巴塞尔公约》中，锑也被列入有害的物质。

我国锑的元素地球化学研究主要在以下方面取得了重要成果。

（1）系统确定了我国基岩、沉积物、土壤和水体中锑的丰度（中国环境监测总站，1990；鄢明才和迟清华，1997；谢学锦，程志中，张立生等，2008；史长义，鄢明才，迟清华，2008；Wu, Song, Li et al., 2011）；积累了一批气溶胶和生物器官中的锑浓度数据（何孟常，谢南去，余维德等，1994；何孟常，季海冰，赵承易等，2002；Qi, Wu, Deng et al., 2011；Fu, Wu, Amarasiriwardena et al., 2010；Fu, Wu, Mo et al., 2011；Liu, Wu, Li et al., 2011）。

（2）确定了重要锑矿床的成矿年龄：雪峰山一带 Au-Sb-W 矿床为 381~435 Ma（胡瑞忠，彭建堂，马东升等，2007）；沃溪 Au-Sb-W 矿为 402 Ma（彭建堂，胡瑞忠，赵军红等，2003）；锡矿山锑矿是 156 Ma 和 124 Ma（彭建堂，胡瑞忠，赵军红等，2002）；晴隆锑矿是 148~142 Ma（彭建堂，胡瑞忠，蒋国豪，2003）。

（3）查明了重要锑矿床的成矿流体主要来源于大气降水（刘焕品，张永龄，胡文清，1985；解庆林，马东升，刘英俊，1996；胡瑞忠，马东升，彭建堂等，2006）；锡矿山超大型锑矿成因上与深循环的盆地热液系统有关（马东升，潘家永，卢新卫，2002）；成矿物质应来自元古宇基底，部分源于更老的下伏地层（胡瑞忠，马东升，彭建堂等，2006；彭建堂，胡阿香，张龙升等，2014；马东升，潘家永，解庆林等，2002；马东升，潘家永，解庆林，2003）。

（4）针对锑矿床成矿物质来源和锑的活化迁移问题，开展了一系列水/岩反应实验和偏提取研究（牛贺才和马东升，1991；何江和马东升，1996；解庆林，马东升，裴丽雯等，1998），揭示了元古宇基底岩石中锑的高活动性及其主要存在形式。

（5）通过对湘中盆地热场-流体成矿的数值模拟（杨瑞琰，马东升，鲍征宇，2005；杨瑞琰，马东升，鲍征宇等，2006）和锑矿空间分布及断裂系统的分形研究（卢新卫和马东升，2003），提供了有关锡矿山锑矿的隐伏岩体热流值、成矿流体来源、深循环古流体流速和矿床形成经历时间等成因信息（杨瑞琰，马东升，鲍征宇，2005）。

（6）查明了我国锑污染的分布和来源（Zhang, Ma, Xie et al., 1999；吴丰昌，郑建，潘响亮等，2008；李航彬，杨志辉，袁平夫等，2011；Wang, He, Xi et al., 2011；

He, Wang, Wu et al., 2012; Yang, He, Wang, 2015); 发布了有关锑工业污染物排放的国家标准（环境保护部, 2014）。

（7）在锑的吸附作用（何孟常, 季海冰, 赵承易等, 2003; Guo, Wu, He et al., 2014; Wang, He, Lin et al., 2012; 席建红, 何孟常, 林春野等, 2011; 季海冰, 何孟常, 潘荷芳等, 2008）、生物吸收和毒害耐受性的研究方面取得了重要进展（Qi, Wu, Deng, et al., 2011; Fu, Wu, Amarasiriwardena et al., 2010; Fu, Wu, Mo et al., 2011; Liu, Wu, Li et al., 2011）。

第四节 学科研究的趋势和发展方向

元素地球化学的发展依赖于分析、观测和信息处理技术的进步。今后元素地球化学的研究，将在物质层次的深度、时空尺度的广度及应用领域的宽度上，与微区微量、遥感遥测、地外探测以及大数据快速处理等高新技术同步发展。因此，元素地球化学，特别是微量元素地球化学，在有关自然物质组成的前沿研究中具有广阔的交叉渗透领域和巨大的学科发展潜力。

一、学科研究趋势

近十多年来，随着地球化学研究的深入和社会发展需求的增加，以及地球化学数据的大量积累，分析技术、观测手段和计算能力的快速发展，元素地球化学的研究正在发生根本性的变革。然而，有关元素的分布-分配及其发生机理和变化规律的研究，仍然是该学科今后的主要任务。

近十多年来，学科研究已经显示出以下的发展特点：

（1）元素数据从静态的元素含量向动态的循环通量和储库停留时间扩展。

（2）元素分布-分配研究的前沿领域不断向微区、微量、深海、深地、深时和深空扩展。

（3）研究对象从自然过程和天然产物向人为过程和人工产物延伸，即更加关注人-地相互作用。

（4）学科研究更加依赖于先进的仪器分析，模拟手段从实验模拟向数字模拟发展。

（5）在研究取向上，从物质相的元素组成向其界面反应及多体系相互作用的系统研究转移。

（6）解决重大科学问题和社会发展症结的需求，促使学科研究从固体地球科学的域内合作向大跨度学科交叉研究发展。

（7）有关资源和环境的研究不仅注重成因和过程的解译性结论，而且更加强调可用于决策的预测性成果。

（8）元素地球化学在理论研究和工程技术中的广泛应用不断扩展，为该学科及其个人发展提供了更多的机会；但也可能分化学科队伍，"稀释"元素地球化学学科本身的基础理论研究。

二、未来发展方向和重要研究领域

化学元素是构成自然物质化学组成和反应的基本单元，也是元素地球化学研究的基本对象。这一学科特点决定了元素地球化学研究的基础性、多样性和交叉性，从而使元素地球化学具有强劲的渗透能力和宽广的研究领域。今后随着时空探测极限和信息处理技术的发展，元素地球化学将会通过以下方式，开拓辽阔的未知新疆域，获得更多的研究新机遇。

（1）扩展时空范围。元素地球化学研究将会在更大的时空尺度中发展，即：①在研究的空间范围上，更关注上天（天体化学、行星对比、地球及太阳系的成因及演化）、入地（地球深部物质研究，包括地幔组成、岩石圈演化、地球动力学和壳-幔相互作用及深部成矿作用）和下海（海洋与大气圈、岩石圈和生物圈之间的元素交换、循环、通量及其环境效应，深海探测与资源开发）；②在研究的时间延伸上，更强调与行星早期演化和生命起源有关的元素地球化学，与评价和预测未来全球变化有关的现代环境和第四纪研究，以及元素和同位素地球化学在古环境、古生态，以及考古学和古人类学中的应用。

（2）满足社会需求。大规模成矿（藏）作用，矿产资源综合利用，元素的生态效应及其对生物圈的影响和反馈，环境（水-土-气）污染及其监测、评价、治理与修复和相关地球化学工程。

（3）个别元素研究。个别元素地球化学的发展取决于技术、市场和社会发展的需求。重点研究的包括贵金属元素、稀缺元素、大宗金属元素及其成矿作用，生命关键元素及其地球化学旋回，威胁生态环境的有害元素及其协同和拮抗元素，各种重要指示元素和地球化学代用指标；关注个别元素之间的组合关系及其形成条件，深入认识其成因机制和潜在指示意义。

（4）自然过程研究。强调深部过程、低温过程、吸附过程、微生物过程、动力学过程、大规模地质流体（Geofluid）运移过程及其成矿与环境效应，以及不同过程相互叠加对元素分布-分配的影响。

（5）优化研究手段。通过应用更精细、更灵敏、更准确、更完整和更快速的观测手段，获取新的数据，总结新的规律，洞察新的机制，包括矿物显微结构和流体包裹体的微区微量分析。发展元素-同位素行为的参数计算和数值模拟技术。

（6）发展基础理论。元素的迁移形式、赋存状态和活化与沉淀条件，尤其是水溶液地球化学仍然是元素地球化学基础研究的重要内容，包括：补充完善元素的热力学和动力学参数，尤其是在高温高压条件下的数据；发展有关元素活化—迁移—沉淀的实验地球化学和数值模拟技术与方法，建立相关模型和发展新的理论和假说；开展重要成矿元素的分配系数及迁移、富集条件实验研究是我国今后应重点发展的领域。

（7）探索未知领域。揭示重大地质事件和天文事件；发现新的元素自然存在形式及其形成-转化机制；探查研究深海、深地、深空、深时的元素地球化学特征及其成因和演化历史。

主要参考文献

鲍珏敏，万溶江，鲍振襄.1999.湘黔汞矿带相关成矿问题的讨论.北京地质，(2)：5~12

长春地质学院陨石研究小组，吉林省地质科学研究所陨石研究小组.1976.我国吉林陨石雨物质成分和组构的初步研究.长春地质学院学报，(3)：63~85

陈德潜，陈刚.1990.实用稀土元素地球化学.北京：冶金工业出版社，1~268

陈骏，王洪涛，鹿化煜.1996.陕西洛川黄土沉积物中稀土元素及其它微量元素的化学淋滤研究.地质学报，70(1)：61~71

陈骏，王汝成，周建平等.2000.锡的地球化学.南京：南京大学出版社，1~32

陈启仁和丁嘉瑜.1988."江西稀土"的崛起.江西有色金属，(3)：1~2

陈启仁，雷捷，崔国际.1980.离子吸附型稀土矿特征及其提取工艺的研究.矿产综合利用(1)：48~55

陈衍景和邓键.1993.华北克拉通南缘早前寒武纪沉积物稀土地球化学特征及演化.地球化学，(1)：93~104

迟清华和鄢明才.2007.应用地球化学元素丰度手册.北京：地质出版社，1~148

迟清华，王学求，徐善法等.2012.华南陆块钨和锡的地球化学时空分布.地学前缘，19(3)：70~83

范德廉，张友南，杨红等.1977a.蓟县等地震旦地层沉积地球化学(I).地球化学，(2)：106~122

范德廉，杨红，戴永定等.1977b.蓟县等地震旦地层沉积地球化学(II).地球化学，(3)：161~172

方肇伦，宋达泉，叶炳.1963.东北及内蒙古东部的土壤微量元素.土壤学报，11(2)：130~142

高山，骆庭川，张本仁等.1999.中国东部地壳的结构和组成.中国科学(D辑)，29(3)：204~213

戈尔德施密特 V M.1959.地球化学.北京：科学出版社

郭承基.1958.稀有元素矿物化学.北京：科学出版社，1~263

郭承基.1959a.放射性元素矿物化学.北京：科学出版社，1~304

郭承基.1959b.铌和钽的地球化学.地质科学，(1)：1~5

郭承基.1963a.稀土矿物化学.北京：中国工业出版社，1~270

郭承基.1963b.与花岗岩有关的稀有元素地球化学演化的继承发展关系.地质科学，(3)：109~127

郭承基.1965.稀有元素矿物化学(修订版).北京：科学出版社，1~700

顾兆炎，韩家懋，刘东生.2000.中国第四纪黄土地球化学研究进展.第四纪研究，20(1)：41~55

何电源.1988.我国南方某些主要土类中微量元素的含量和分布的研究.土壤通报，(2)：78~92

何江和马东升.1996.中低温含硫、氯水溶液对地层中金、锑、汞、砷的淋滤实验研究.地质论评，42(1)：76~86

何江，马东升，陈伟等.1998.湘西低温汞、锑、金矿床成矿作用地球化学研究.北京：地质出版社，1~101

何孟常，谢南去，余维德等.1994.土壤锑对水稻生长的影响及残留积累规律研究.农业环境保护，13(1)：18~22

何孟常，季海冰，赵承易等.2002.锑矿区土壤和植物中重金属污染初探.北京师范大学学报(自然科学版)，38(3)：417~420

何孟常，季海冰，赵承易.2003.锑(III)在合成性δ态-MnO_2表面的氧化机理.环境科学学报，23(4)：483~487

胡瑞忠，马东升，彭建堂等.2006.见：毛景文，胡瑞忠，陈毓川等.大规模成矿作用与大型矿集区.下册，北京：地质出版社，597~683

胡瑞忠，彭建堂，马东升等.2007.扬子地块西南缘大面积低温成矿时代.矿床地质，26(6)：583~596

胡受奚，王鹤年，王德滋等.1998.中国东部金矿地质学及地球化学.北京：科学出版社，1~343

环境保护部，国家质量监督检验检疫总局.2014.锡、锑、汞工业污染物排放标准，中华人民共和国国家标准(GB 30770-2014).北京：中国环境科学出版社，1~12

环境地质研究组.1972a.克山病、大骨节病地区地球化学环境的初步探索.地球化学,(1):12~22
环境地质研究组.1972b.克山病、大骨节病与饮水水质关系的初步探索.地球化学,(3):255~259
季海冰,何孟常,潘荷芳等.2008.Sb(Ⅲ)在不同形态MnO_2表面的吸附特征.环境污染与防治,30(8):56~60
季克俭,吴学汉,张国柄.1989.热液矿床的矿源、水源和热源及矿床分布.北京:科学出版社,99~100
李彬,袁道先,林玉石等.2000.洞穴次生化学沉积物中Mg、Sr、Ca及其比值的环境指代意义.中国岩溶,19(2):115~122
黎彤.1976.化学元素的地球丰度.地球化学,(3):167~174
黎彤.1979.地球和太阳的元素丰度对比及其对太阳系起源和演化的意义.中国科学技术大学学报,(2):135~142
黎彤和饶纪龙.1963.中国岩浆岩的平均化学成分.地质学报,43(3):271~280
黎彤和饶纪龙.1965.论化学元素在地壳及其基本构造单元中的丰度.地质学报,45(1):82~92
李航彬,杨志辉,袁平夫等.2011.湘中锑矿区土壤重金属锑的污染特征.环境科学与技术,34(1):70~74
李四光.1924.研究火成岩侵入体的新方法的建议.中国地质学会志,3(2):109~116
李学清.1928.黄土之化学及矿物成分,中国地质学会志,7(2):191~208
李应运.1962.皖南吕梁晚期花岗岩的发现及其岩石学特征.地质学报,42(4):422~434
刘焕品,张永龄,胡文清.1985.湖南省锡矿山锑矿床的成因探讨.湖南地质,4(1):28~40
刘东生等.1985.黄土与环境.北京:科学出版社,256~264
刘瑞珣,于洸,杨光荣.2002.我国高等地质教育发展沿革概述.见:中国地质学会地质学史研究会编.地质学史论丛(第四集).北京:地质出版社,195~199
刘英俊.1964.碱质蚀变花岗岩中镓的地球化学研究及其意义.科学通报,(12):1110~1112
刘英俊.1965a.我国某些铝土矿中镓的若干地球化学特征.地质论评,23(1):42~49
刘英俊.1965b.华南某些花岗岩类气成-热液触变中镓的地球化学.南京大学学报(自然科学).9(2):236~248
刘英俊.1991.八十年代元素地球化学研究回顾.见:中国矿物岩石地球化学学会.80年代中国矿物学岩石学地球化学研究回顾.北京:地震出版社,117~121
刘英俊和于镇藩.1963.某地铝土矿中镓的地球化学特征.南京大学学报(地质学),3(1):93~100
刘英俊和朱炳球.1964.纯黄铁矿矿床中硒和碲的某些分布特征.科学通报,(4):346~348
刘英俊和曹励明.1987.元素地球化学导论.北京:地质出版社,1~281
刘英俊和马东升.1987.钨的地球化学.北京:科学出版社,1~232
刘英俊和马东升.1991.金的地球化学.北京:科学出版社,1~400
刘英俊,李兆麟,马东升.1982.华南含钨建造的地球化学研究.中国科学,B辑,(10):939~950
刘英俊,张景荣,乔恩光等.1983.湘西桂东一带金矿地球化学研究.地球化学,(3):229~240
刘英俊,曹励明,李兆麟等.1984a.元素地球化学.北京:科学出版社,1~548
刘英俊,张景荣,孙承辕等.1984b.华南花岗岩中微量元素的地球化学特征.见:徐克勤,涂光炽主编.花岗岩地质和成矿关系(国际学术会议论文集).南京:江苏科学出版社,511~525
刘英俊,李兆麟,汪上波等.1986.粤东沿海一带中生代含锡建造的地球化学.矿物岩石地球化学通报,(3):124~125
刘英俊,孙承辕,马东升.1993.江南金矿及其成矿地球化学背景.南京:南京大学出版社,1~260
刘振声.1975.华南某些不同时代花岗岩类岩石中铍地球化学特征的研究.地球化学,(1):42~54
卢新卫和马东升.2003.湘中区域古流体及锡矿山锑矿成矿作用模拟.北京:地质出版社,1~86
罗梅.1996.中国北西部地区地浸砂岩型铀矿床成矿条件分布规律与找矿方向.铀矿地质,12(4):197~203

罗献林，易诗军，梁金城.1984.论湘西沃溪金锑钨矿床的成因.桂林冶金地质学院学报，（1）：21~37

洛谢夫 H A（南京大学地质系译）.1960.稀有元素地球化学.北京：科学出版社，1~257

马东升.1987.沉积矿床和含矿建造的原生地球化学异常.见：刘英俊，邱德同等，勘查地球化学.北京：科学出版社，117~127

马东升.1989.镉在华南花岗岩岩石中的分布特征.南京大学学报（地球科学版），（3）：115~122

马东升.1990.含矿建造及其地球化学贫化-富集共轭现象.见：中国科学院矿床地球化学开放研究实验室主编.矿床地质与矿床地球化学研究新进展.兰州：兰州大学出版社，15~16

马东升.1991.江南元古界层控金矿的地球化学和矿床成因.南京大学学报（自然科学版），27（4）：753~764

马东升.1992.中国东部重要类型金矿床成矿理论研究.中国科学基金，（1）：30~34

马东升.2009.钨的地球化学研究进展.高校地质学报，15（1）：19~34

马东升和刘英俊.1991.江南金成矿带层控金矿的地球化学特征和成因研究.中国科学，B辑，（4）：424~433

马东升，潘家永，卢新卫.2002.湘西北—湘中地区金-锑矿床中-低温流体成矿作用的地球化学成因指示.南京大学学报（自然科学版），38（3）：435~445

马东升，潘家永，解庆林等.2002.湘中锑（金）矿床成矿物质来源——Ⅰ.微量元素及其实验地球化学证据.矿床地质，21（3）：366~376

马东升，潘家永，解庆林.2003.湘中锑（金）矿床成矿物质来源——Ⅱ.同位素地球化学证据.矿床地质，22（1）：78~87

孟宪民.1958.试论稀有及分散元素的地球化学及找矿方向.地质月刊，（1）：19~23

孟祥化.1979.沉积建造及其共生矿床分析.北京：地质出版社，1~271

牟保磊.1999.元素地球化学.北京：北京大学出版社，1~227

南京大学地质学系.1961.地球化学.北京：科学出版社，1~338

南京大学地系.1974.中国东南部不同时代花岗岩类及其与某些金属矿床的成矿关系.中国科学 A辑，（1）：52~62

南京大学地质学系.1981.华南不同时代花岗岩类及其与成矿关系.北京：科学出版社，1~395

牛贺才和马东升.1991.在低温开放体系水/岩反应过程中金、锑、钨的实验地球化学研究.科学通报，（24）：1879~1881

欧阳自远和佟武.1965.三块铁陨石的化学成分、矿物组成与构造.地质科学，（2）：182~190

欧阳自远，宗普和，易惟熙.1976.海南岛玻璃陨石中某些微量元素组成.地球化学，（2）：144~147

彭建堂，胡瑞忠，赵军红等.2002.锡矿山锑矿床热液方解石的Sm-Nd同位素定年.科学通报，47（10）：789~792

彭建堂，胡瑞忠，赵军红等.2003.湘西沃溪Au-Sb-W矿床中白钨矿Sm-Nd和石英Ar-Ar定年.科学通报，48（18）：1976~1981

彭建堂，胡瑞忠，蒋国豪.2003.萤石Sm-Nd同位素体系对晴隆锑矿床成矿时代和物源的制约.岩石学报，19（40）：765~791

彭建堂，胡阿香，张龙升等.2014.湘中锡矿山矿区煌斑岩中捕获锆石U-Pb定年及其地质意义.大地构造与成矿学，38（3）：686~693

彭琪瑞.1958.热液硫化矿床中的一些稀有分散元素及其找矿方向.地质论评，（5）：351~359

丘志力，王琦，秦社彩等.2014.湖南砂矿金刚石包裹体原位测试：对金刚石成因来源的启示.大地构造与成矿学，38（3）：590~597

裘愉卓，王中刚，赵振华.1981.试论稀土铁建造.地球化学，（3）：220~231

冉崇英.1988.论东川—易门式铜矿的矿源与成矿流体.中国科学（B辑），（12）：1305~1313

饶振华和冯绍健. 2007. 离子型稀土矿发现、命名与提取工艺发明大解密. 稀土信息, (8): 28~31; (9): 26~28; (10): 25~27
单连芳和王吉珺. 1959. 我国铅锌矿含锗、镓、铟、镉等元素的初步研究. 地质月刊, (1): 25~26
邵克忠. 1956. 钨钼的地球化学. 地质知识, (8): 11~14
史长义, 鄢明才, 迟清华. 2008. 中国花岗岩类化学元素丰度. 北京: 地质出版社, 1~124
司幼东. 1957. 内蒙古北部花岗伟晶岩类的矿物–地球化学调查研究工作. 科学通报, (S1): 91~92
司幼东和黄舜华. 1963. 铍矿化交代作用的地球化学实验研究. 地质科学, (4): 169~176
孙承辕, 于镇凡, 李贤璇. 1983. 华南花岗岩类中锂、铷、铯的地球化学. 南京大学学报 (自然科学版), (4): 731~744
孙大中. 1959. 山西省北部某地花岗伟晶岩及其稀有元素矿物–地球化学研究 (摘要). 合肥工业大学学报, (4): 77~97
孙大中. 1960. 镓的地球化学及其找矿意义. 合肥工业大学学报, (2): 27~34
孙鼐, 刘昌实, 康旭. 1963. 浙江某些燕山期花岗岩的岩石化学特征. 南京大学学报, 4 (2): 56~75
舒文博. 1924. 豫北红山侵入体的地质调查结果. 中国地质学会志, 3 (2): 117~126
唐修义, 黄文辉等. 2004. 中国煤中微量元素. 北京: 商务印书馆, 1~390
陶正章. 1962. 稀土元素地球化学. 成都地质学院学报, (1): 37~48
涂光炽. 2000. 我国固体地球科学事业的卓越开拓者——侯德封院士. 矿物岩石地球化学通报, 19 (1): 1~3
涂光炽和王玉荣. 1979. 我国地球化学的发展. 化学通报, 411 (5): 27~29
涂光炽等. 1984. 中国层控矿床地球化学. 第一卷. 北京: 科学出版社, 1~354
涂光炽等. 1987. 中国层控矿床地球化学. 第二卷. 北京: 科学出版社, 1~299
涂光炽等. 1988. 中国层控矿床地球化学. 第三卷. 北京: 科学出版社, 1~388
涂光炽等. 1998. 低温地球化学. 北京: 科学出版社, 1~584
涂光炽等. 2000. 中国超大型矿床 (I). 北京: 科学出版社, 1~266
涂光炽等. 2003. 分散元素地球化学及成矿机制. 科学出版社, 1~424
汪洋. 2005. 中国大陆部分构造单元出露地壳与全球大陆上地壳化学成分的比较——对地壳演化的制约和思考. 地质通报, 24 (10-11): 906~915
王德滋, 王汝成, 王运来. 2011. 南京大学地球科学与工程学院简史. 南京: 南京大学出版社, 36~40
王鹤年. 1961. 湘西前震旦纪板溪群中复理石建造的发现及不整合问题的探讨. 地质学报, 41 (1): 16~22
王鹤年, 张景荣, 陆建军等. 1991. 粤西金矿矿床地球化学. 南京: 南京大学出版社, 27~33
王秀璋, 周玲棣, 黄祖梁等. 1976. 我国W区超镁铁-镁铁杂岩体钯、铂元素地球化学研究. 地球化学, (1): 23~37
王秀璋, 程景平, 张宝贵等. 1992. 中国改造型金矿床地球化学. 北京: 科学出版社, 1~177
王玉荣, 梁伟义, 王道德. 1965. 锡石的合成及锡在热液中搬运形式的模拟实验初步研究. 地质科学, (2): 141~154
王中刚. 1958. 铍的地球化学. 地质科学, (3): 8~14
王中刚. 1964. 花岗岩中稀土元素的矿化作用. 地质科学, (3): 264~275
王中刚, 于学元, 赵振华等. 1989. 稀土元素地球化学. 北京: 科学出版社, 1~535
王中刚, 赵振华, 赵惠兰. 1980. 华南花岗岩类稀土元素分布模式. 地球化学, (1): 1~18
文启忠等. 1989. 中国黄土地球化学. 北京: 科学出版社, 95~114
翁文灏和李学清. 1926. 论中国北部前寒武系大理岩中的含镁量, 中国地质学会志, 5 (1): 83~87
吴丰昌, 郑建, 潘响亮等. 2008. 锑的环境生物地球化学循环与效应研究展望. 地球科学进展, 23 (4): 350~356

席建红，何孟常，林春野等. 2011. Sb（V）在高岭土表面的吸附：pH、离子强度、竞争性离子与胡敏酸的影响. 北京师范大学学报（自然科学版），47（1）：77~79

谢家荣. 1923. 有关中国地质调查所收到的第一块陨石的成分和构造的初步研究. 中国地质学会志，2（3-4）：95~97

解庆林，马东升，刘英俊. 1996. 硅化作用形成机制的热力学研究——以锡矿山锑矿为例. 地质找矿论丛，11（3）：1~8

解庆林，马东升，裘丽雯等. 1998. 湘西新元古界—寒武系中锑砷存在相态研究. 地质论评，44（1）：77~82

谢学锦. 1995. 用新观念和新技术寻找巨型矿床. 科学中国人，(5)：15~17

谢学锦. 2004. 中国东部与全球大陆地壳化学成分的比较. 地质通报，23（11）：1057~1058

谢学锦，刘大文，向运川等. 2002. 地球化学块体——概念和方法学的发展. 中国地质，29（3）：225~233

谢学锦，程志中，张立生等. 2008. 中国西南地区76种元素地球化学图集. 北京：地质出版社，1~219

邢光熹和朱建国. 2003. 土壤微量元素和稀土元素化学，北京：科学出版社，1~328

徐克勤，刘英俊，俞受鋆等. 1960. 江西南部加里东期花岗岩的发现. 地质论评，20（3）：112~114

徐克勤，孙鼐，王德滋等. 1963a. 华南多旋回的花岗岩类的侵入时代、岩性特征、分布规律及其成矿专属性的探讨. 地质学报，43（1）：1~26

徐克勤，孙鼐，王德滋等. 1963b. 华南多旋回的花岗岩类的侵入时代、岩性特征、分布规律及其成矿专属性的探讨（续）. 地质学报，43（2）：141~155

杨超群. 1986. 华南不同成因花岗岩类的稀土元素地球化学特征. 矿物岩石地球化学通讯，(1)：8~10

杨敏之. 1960. 铊的地球化学. 地质科学，(3)：148~158

杨敏之，任英忱，邓禹仁. 1973. 铂族元素及铂矿地质. 北京：科学出版社，35~48

杨敏之，倪集众，戴逢福. 1974. 我国某地区夕卡岩型~热液型铜矿床内贵金属元素的地球化学. 地球化学，(3)：157~168

杨敏之，倪集众，戴逢福等. 1975. 我国某地区相矿床成矿的地质特征及钼矿内铂族元素的研究. 地球化学，(1)：11~22

杨瑞琰，马东升，鲍征宇. 2005. 沉积盆地的成矿元素富集与成矿机制——以湘中盆地锡矿山锑矿床为例. 武汉：中国地质大学出版社，1~107

杨瑞琰，马东升，鲍征宇等. 2006. 锡矿山锑矿床成矿流体的热场与运移的数值模拟. 中国科学（D辑），36（8）：698~705

鄢明才和迟清华. 1997. 中国东部地壳与岩石的化学组成. 北京：科学出版社，1~292

於崇文，骆庭川，鲍征宇等. 1987. 南岭地区区域地球化学. 地质矿产部，地质专报，三、岩石矿物地球化学，第7号. 北京：地质出版社

于洸，潘懋，宋振清. 2009. 百年奋进 再创辉煌——北京大学地质学系建系一百周年（1909~2009年），中国地质教育，(4)：7~13

云秉崑. 1959a. 锆与铪的地球化学. 地质科学，7：206~208；205

云秉崑. 1959b. 铟的地球化学. 地质科学，11：349~352

张本仁，李泽九，骆庭川等. 1987. 豫西卢氏-灵宝地区区域地球化学研究. 地质矿产部地质专报，三、岩石矿物地球化学第5号. 北京：地质出版社，1~289

张本仁等. 1990. 秦巴区域地球化学论文集. 地质矿产部秦巴科研项目. 武汉：中国地质大学出版社，1~226

张本仁，骆庭川，高山等. 1994. 秦巴岩石圈构造及成矿规律地球化学研究. 北京：中国地质大学出版社，1~446

张景荣和朱法华. 1993. 蓝藻富集金的模拟实验及其地质意义. 地球化学，(1)：61~67

张景荣，陆建军，吴爱萍等. 1994. 扬子板块东南缘微细粒浸染型金矿床成矿热液演化体系初探. 南京大

学学报（自然科学版），30（4）：670~678
张景荣，陆建军，杨帆.1996.细菌富集金的实验及其地球化学意义.地质论评，42（5）：434~438
张培善.1959.稀土元素的地球化学.地质科学，2（7）：202~205
张培善.1989.中国稀土矿床成因类型.地质科学，（1）：26~32
张贻侠.1959.关于钪的某些地球化学资料.地质科学，（11）：345~348，340
张贻侠.1960.铼的地球化学和矿床成因类型问题.成都地质学院学报，（1）：25~32
张祖还，赵懿英，章邦桐等.1984.铀地球化学.北京：原子能出版社，1~403
赵一阳和鄢明才.1994.中国浅海沉积物地球化学.北京：科学出版社，1~203
赵振华.1978.稀土元素地球化学特征及其在岩石和矿床成因研究中的应用.地质地球化学，（9）：1~10
赵振华.1988.花岗岩中发现稀土元素四重分布效应的初步报道.地质地球化学，（1）：71~72
赵振华.1997.微量元素地球化学原理.北京：科学出版社，1~238
赵振华，王中刚，白正华.1980.华南花岗岩类的地球化学类型和演化.见：国际交流地质学术论文集（为二十六届国际地质大会撰写）（二）矿物、岩石、地球化学.北京：地质出版社，55~64
赵振华，王一先，钱志鑫等.1981.西藏南部花岗岩类稀土元素的地球化学.地球化学，（1）：26~35
赵振华，涂光炽等.2003.中国超大型矿床（II）.北京：科学出版社，1~631
赵振华，包志伟，乔玉楼.2010.一种特殊的"M"与"W"复合型稀土元素四分组效应：以水泉沟碱性正长岩为例.科学通报，55（15）：1474~1488
赵宗溥.1956.中国东部新生代玄武岩类岩石化学的研究，地质学报，36（3）：315~367
郑永飞.1999.化学地球动力学.北京：科学出版社，1~392
中国环境监测总站.1990.中国土壤元素背景值.北京：中国环境科学出版社，1~501
中国科学院原子能研究所贵阳地球化学研究所陨石分析组.1976.陨石、超基性岩、花岗岩及其主矿物中某些微量元素的仪器中子活化分析.地球化学，（2）：133~143
中国科学院地球化学研究所.1979.华南花岗岩类的地球化学.北京：科学出版社，1~421
中国科学院地球化学研究所.1981a.铁的地球化学.北京：科学出版社，1~202
中国科学院地球化学研究所.1981b.中国含铂地质体铂族元素地球化学及铂族矿物.北京：科学出版社，1~239

Anderson O L and Isaak D G. 2002. Another look at the core density deficit of Earth's outer core. *Physics of the Earth and Planetary Interiors*, 131：19~27

Angino E E and Long D T. 1979. Geochemistry of bismuth. Benchmark papers in geology, v.49, Series editor：Rhodes W. Fairbridge. Dowden, Hutchinson & Ross, 1~423

Badro J, Fiquet G, Guyot F et al. 2007. Antonangeli D and d'Astuto M. Effect of light elements on the sound velocities in solid iron：Implications for the composition of Earth's core. *Earth and Planetary Science Letters*, 254, 233~238

Badro J, Côté A and Brodholt J P. 2014. A seismologically consistent compositional model of Earth's core. *Proceedings of the National Academy of the Sciences of the United States of America*, 111 (21)：7542~7545

Becker G F. 1882. Geology of the Comstock Lode and the Washoe district. U. S. Geological Survey Monograph 3, 1~422

Birch F. 1952. Elasticity and constitution of the Earth's interior. *Journal of Geographysical Research*, 57：227~286

Birch F. 1964. Density and composition of the mantle and the core. *Journal of Geographysical Research*, 69：4377~4288

Clarke F W. 1989. The relative abundance of the chemical elements. Read Before the Philosophical Society of Washington, October, 26, 1889. In *Bulletin of Philosophical Society of Washington*, 11：131~142

Clarke F W. 1908. The Data of Geochemistry. US Geological Survey Bulletin 330. Washington, DC：Government Printing Office, 21~33

Dewaele A, Loubeyre P, Occelli F et al. 2006. Quasihydrostatic equation of state of iron above 2 Mbar. *Physical*

Review Letters, 97 (12): 215504-215507

Dubrovinsky L S, Saxena S K, Tutti F et al. 2000. In situ X-Ray study of thermal expansion and phase transition of iron at multimegabar pressure. *Physical Review Letters*, 84: 1720~1723

Fu Z, Wu F, Amarasiriwardena D et al. 2010. Antimony, arsenic and mercury in the aquatic environment and fish in a large antimony mining area in Hunan, China. *Science of the Total Environment*, 408: 3403~3410

Fu Z Y, Wu F C, Mo C L et al. 2011. Bioaccumulation of antimony, arsenic, and mercury in the vicinities of a large antimony mine, China. *Microchemical Journal*, 97: 12~19

Gao S, Zhang B, Luo T. et al. 1992. Chemical composition of the continental crust in the Qinling Orogenic Belt and its adjacent North China and Yangtze Cratons. *Geochimica et Cosmochimica Acta*, 56: 3933~3950

Gao S, Luo T, Zhang B et al. 1998. Chemical composition of the continental crust as revealed by studies in East China. *Geochimica et Cosmochimica Acta*, 62: 1959~1975

Goldschmidt V M. 1954. Geochemistry. Oxford: Clarendon Press, 1~437

Guo X, Wu Z, He M et al. 2014. Adsorption of antimony onto iron oxyhydroxides: Adsorptionbehavior and surface structure. *Journal of Hazardous Materials*, 276: 339~345

He M C, Wang X Q, Wu F C et al. 2012. Antimony pollution in China. *Science of the Total Environment*, 421-422: 41~50

Hitchon B. 1986. International Association of Geochemistry and Cosmochemistry: a history. *Applied Geochemistry*, 1: 7~14

Hsu K C. 1943. Tungsten deposits of southern Kiangsi, China. *Economic Geology*, 38 (6): 431~474

Hu Z and Gao S. 2008. Upper crustal abundances of trace elements: A revision and update. *Chemical Geology*, 253: 205~221

Huang H, Fei Y, Cai L et al. 2011. Evidence for an oxygen-depleted liquid outer core of the Earth. *Nature*, 479: 513~516

Jansen W and Slaughter M. 1982. Elemental mapping of minerals by electron microprobe. *The American Mineralogist*, 67: 521~533

Jerram D A and Higgins M D. 2007. 3D analysis of rock textures: Quantifying igneous microstructures. *Elements*, 3: 239~245

Leeman W P, Carr M J, Morris J D. 1994. Boron geochemistry of the Central American Volcanic Arc: New constraints on mantle evolution. *Geochimica et Cosmochimica Acta*, 58: 149~168

Lepp H. 1975. Geochemistry of iron. Benchmark papers in geology, v. 18, Dowden, Hutchinson & Ross, 1~464

Li J and Fei Y. 2014. 3. 15-Experimental Constraints on Core Composition. In: Holland H and Turekian K (eds), Treatise on Geochemistry 2nd Edition, vol. 3, The Mantle and Core. Oxford: Elsevier, 527~557

Li P. 1963. Potassium-Argon absolute ages of micas from the pegmatits of Inner Mongolia and Nanling region of China. *Scientia Sinica*, 12 (7): 1041~1048

Liu B T, Wu F C, Li X L et al. 2011. Arsenic, antimony and bismuth in human hair from potentially exposed individuals in the vicinity of antimony mines in Southwest China. *Microchemical Journal*, 97: 20~24

Liu C Q, Zhang H. 2005. The lanthanide tetrad effect in apatite from the Altay No. 3 pegmatite, Xingjiang, China: an intrinsic feature of the pegmatite magma. *Chemical Geology*, 214: 61~77

Mao H K, Wu Y, Chen L C et al. 1990. Static compression of iron to 300 GPa and Fe0. 8Ni0. 2 alloy to 260 GPa: Implications for composition of the core. *Journal of Geophysical Research*, 95: 21737~21742

Mason B and Taylor S R. 1982. Inclusions in the Allende Meteorite. Washington, D. C., Smithsonian Institution, *Smithsonian Contributions to Earth Science*, 25: 1~30

Masuda A, Kawakami O, DohmotoY et al. 1987. Lanthanide tetrad effects in nature: two mutually opposite types,

W and M. *Geochemical Journal*, 21: 119~124

McLennan S M. 2001. Relationships between the trace element composition of sedimentary rocks and upper continental crust. *Geochemistry, Geophysics, Geosystems*, April 20, 2 (4) (article no. 2000GC000109)

Müller A. 2014. Viktor Moritz Goldschmidt (1888-1947) and Vladimir Ivanovich Vernadsky (1863-1945): The father and grandfather of geochemistry? *Journal of Geochemical Exploration*, 147: 37~45

Nesbitt H W. 2003. Petrogenesis of siliciclastic sediments and sedimentary rocks. In: Lentz D R ed. Geochemistry of Sediments and Sedimentary Rocks: Evolutionary Considerations to Mineral Deposit- Forming Environments. *Geol Assoc Canada GeoText*, 4: 39~51

Nesbitt H W and Young G M. 1984. Prediction of some weathering trends of plutonic and volcanic rocks based on thermodynamic and kinetic considerations. *Geochimica et Cosmochimica Acta*, 48: 1523~1534

Nesbitt H W, Young G M, McLennan S M et al. 1996. Effects of chemical weathering and sorting on the petrogenesis of siliciclastic sediments, with implications for provenance studies. *Journal of Geology*, 104: 525~542

Newsom H E, Sims K W W, Noll Jr P D et al. 1996. The depletion of tungsten in the bulk silicate earth: Constraints on core formation. *Geochimica et Cosmochimica Acta*, 60 (7): 1155~1169

Piepgras D J and Wasserburg G J. 1980. Neodymium isotopic variations in seawater. *Earth and Planetary Science Letters*, 50: 128~138

Poldervaart A. 1955. Chemistry of the earth's crust. *Geological Society of America Special Papers*, 62: 119~144

Prescher C, Dubrovinsky L, Bykova E et al. 2015. High Poisson's ratio of Earth's inner core explained by carbon alloying. *Nature Geoscience*, 8: 220~223

Qi C, Wu F, Deng Q et al. 2011. Liu G. Distribution and accumulation of antimony in plants in the super-large Sb deposit areas, China. *Microchemical Journal*, 97: 44~51

Qin D, Ren J, Sun J et al. 1995. Concentration and environmental significance of lead in surface snow of Antarctic ice sheet (Ⅲ). *Science in China (Series B)*, 25 (3): 302~308

Rankama K and Sahama T G. 1950. Geochemistry. Chicago Univ Press, 1~911

Righter K. 2003. Metal-silicate partitioning of siderophile elements and core formation in the early Earth. *Annual Review of Earth and Planetary Sciences*, 31: 135~174

Righter K and Drake M J. 1996. Core formation in Earth's Moon, Mars and Vesta. *Icarus*, 124 (2): 513~529

Rubie D C, Frost D J, Mann U et al. 2011. Heterogeneous accretion, composition and core-mantle differentiation of the Earth. *Earth and Planetary Science Letters*, 301: 31~42

Rudnik R and Gao S. 2003. Composition of the continental crust. *Treatise on Geochemistry*, 3: 1~64

Sims K W, Newsom H E, Gladney E S. 1990. Abundances of As, Sb, Mo, and W in the crust and mantle: implications for terrestrial accretion and core formation through geologic time. In: Newsom H E and Jones J H ed. Origin of the Earth. Oxford Press, 291~317

Su W, Heinrich C A, Pettke T et al. 2009. Sediment-hosted gold deposits in Guizhou, China: Products of wall-rock sulfidation by deep crustal fluids. *Economic Geology*, 104: 73~93

Tateno S, Hirosel K, Ohishi Y et al. 2010. The Structure of Iron in Earth's Inner Core. *Science*, 330 (6002): 359~361

Taylor S R. 1964. Abundance of chemical elements in the continental crust: a new table. *Geochimica et Cosmochimica Acta*, 28 (8): 1273~1285

Taylor S R and McLennan S M. 1985. The continental crust: Its composition and evolution. Blackwell, Oxford, 1~312

Taylor S R and McLennan S M. 1995. The geochemical evolution of the continental crust. *Reviews of Geophysics*, 33: 241~265

Turekian K K and Wedepohl K H. 1961. Distribution of the elements in some major units of the earth's crust. *Geological Society of America Bulletin*, 72 (2): 175~192

USGS. 2014. Antimony in Mineral Commodity Summaries: 18~19

Vernadsky V I. 1909. Remarks on the distribution of chemical elements in the Earth's crust. The history of rubidium, caesium and thallium. Iswestija Akad. *Nauk*, 6 (3/12): 821~832 (in Russian)

Vernadsky V I. 1910. The paragenesis of chemical elements in the Earth's crust. Dnewnik XII s'esda Russkich Estestwoispytakelej i Wratschej, 1 otdel, Moscow, 73~91 (in Russian)

Vinogradov A P. 1962. The average contents of the chemical elements in the main type of eruptive rocks. *Geokhimiya*, 7: 555~571 (in Russian)

Walker C T. 1975. Geochemistry of boron. Benchmark papers in geology, v.23, Series editor: Rhodes W. Fairbridge. Dowden, Hutchinson & Ross, 1~414

Walker R J. 2009. Highly siderophile elements in the Earth, Moon and Mars: Update and implications for planetary accretion and differentiation. *Chemie der Erde*, 69: 101~125

Wang X, He M, Xi J *et al*. 2011. Antimony distribution and mobility in rivers around the world's largest antimony mine of Xikuangshan, Hunan Province, China. *Microchemical Journal*, 97: 4~11

Wang X, He M, Lin C *et al*. 2012. Antimony (III) oxidation and antimony (V) adsorption reactions on synthetic manganite. *Chemie der Erde*, 72: 41~47

Weber Jon N E. 1973. Geochemistry of germanium. Benchmark papers in geology, v.11, Series editor: Rhodes W. Fairbridge. *Dowden, Hutchinson & Ross*, 1~466

Wedepohl H. 1995. The composition of the continental crust. *Geochimica et Cosmochimica Acta*, 59 (7): 1217~1232

Wu X D, Song J M, Li X G *et al*. 2011. Behaviors of dissolved antimony in the Yangtze River estuary and its adjacent waters. *Journal of Environmental Monitoring*, 13 (8): 2292~2303

Xiao C, Qin D, Li Y *et al*. 1998. Main pollution sources of central Arctic revealed by lead and its isotopic ratios recorded in snow. *Chinese Science Bulletin*, 43 (10): 829~833

Xiong X L. 2006. Trace element evidence for growth of early continental crust by melting of rutile-bearing hydrous eclogite. *Geology*, 34 (11): 945~948

Yang H L, He M C, Wang X Q. 2015. Concentration and speciation of antimony and arsenic in soil profiles around the world's largest antimony metallurgical area in China. *Environmental Geochemistry and Health*, 37 (1): 21~33

Zhang H, Ma D, Xie Q *et al*. 1999. An approach to studying heavy metal pollution caused by modern city development in Nanjing, China. *Environmental Geology*, 38: 223~228

（作者：马东升）

第七章 同位素地球化学

同位素地球化学是近代物理学（特别是核物理）和近代化学（特别是无机化学、分析化学和核化学）的重要研究成果被逐渐引进到地球科学，并与之交融的产物，是研究自然界同位素组成变异及其机制与分布规律的科学。作为地球化学的重要分支，同位素地球化学包括同位素地质年代学和宇宙年代学、放射成因同位素地球化学和稳定同位素地球化学（含非传统稳定同位素地球化学）。

在19世纪末一系列自然科学重大发现基础上（X射线，天然放射性，电子，Ra，Po放射性元素等），20世纪初原子核物理与放射化学的蓬勃发展为同位素地球化学学科（同位素地质年代学与同位素地质学）的建立提供了坚实的理论基础与技术支撑。其中特别应提到的是1903年Curie和Laborde证实了放射性衰变是放热过程及其在地球演化中的意义，1905年E. Rutherford和B. B. Boltwood分别应用U-He和U-Pb衰变测定铀矿物年龄的成功尝试，1932年H. C. Urey发现重氢（氘），并将气体扩散应用于U同位素分离及提出海洋碳酸岩形成中温度对氧同位素分馏原理，以及在1919年F. W. Aston首台质谱仪器基础上1938年A. O. C. Nier对质谱分析技术上的重大突破，使同位素地球化学成为独立学科并展开相应研究成为可能。与此同时H. C. Urey为全世界同位素地球化学发展培养了第一代骨干专业人才。20世纪50年代初，随着第二次世界大战结束全球社会和经济发展的巨大需求及地球科学对于定量时空尺度要求的与日俱增，同位素地球化学研究的专业实验室在美国、苏联、英国、加拿大、法国、日本、德国等国家广泛建立。一些基础方法，如K-Ar，U-Th-Pb，Rb-Sr及H，O，C等稳定同位素测定技术和应用理论也已日趋成熟。

应该指出的是在这一新兴分支学科正式引入中国之前，我国前辈地质学家中的有识之士已进行了不同应用的尝试。如1927年翁文灏先生就首次在中文文献中使用了"地球化学"这一学科的专业名词。张青莲先生早在20世纪30年代就在国外从事氢氧同位素研究，回国后在北京大学建立实验室，用比重法开展水的氢氧同位素研究。赵宗溥先生在1949年就曾用放射性矿物计算泰山花岗岩生成年龄；而郭承基先生应用他的矿物化学实验技术，也曾在1956年就做过白云鄂博稀土矿物年龄的测定。中南矿冶学院地质探矿系老师朱锡涛的论文《同位素在地质学上的重要性》1956年在《中南矿冶学院学报》第1期发表，介绍了同位素地质学应用。很显然上述种种都只是个别科学家初步零星的尝试，真正现代意义上学科的引进和建立则是从50年代后期才开始进行。

在上述国际及国内历史背景下，中国同位素地球化学研究起步虽然略晚于发达国家，但发展速度较快，规模扩张也迅速。中国实验室早期以引进苏联技术为主，中苏关系破裂后自力更生发展测试技术和研究方法理论，"文革"期间受冲击很大，使实验室技术水平明显落后于欧美国家。20世纪80年代改革开放之后，国内各实验室大幅度引进欧美技术装备，并派出一批访问学者去欧美开展合作研究，使研究水平在90年代末总体上大大缩短了与世界先进水平的距离。进入21世纪以来，中国同位素地球化学研究已渗透到地球科学、环境科学、人文科学的各个领域，已形成许多新的学科分支而进入历史以来的最佳发展时期。

第一节　学科建立与向苏联学习阶段

一、中国最早同位素地球化学研究室的建立

1956年我国制定了《12年科学技术发展规划》。这一规划从自然条件及资源、矿冶、燃料和动力、机械制造、化学工业等13个方面，提出了57项重大科学技术任务、616个中心问题，并综合提出原子能的和平利用等12个重点任务；《12年科学技术发展规划》对数学、力学、天文学、物理学、化学、生物学、地质学、地理学等8个基础学科做出了系统的规划。规划中特别提到"地球化学、沉积学、水文地质学、工程地质学以及石油地质学的基础更为薄弱，必须从各方面努力，以期能逐步满足日益增长的需要"。同时规划中第一项重点任务"原子能的和平利用"中强调了"必须研究和推广放射性同位素在科学研究、工农业生产及医学上的应用"。中国科学院领导为了落实实施《12年科学技术发展规划》，对地学方面进行了一系列研究机构调整和学科重建。为配合原子能事业发展的需要和填补加强空白学科，我国地球化学、核子地质和第四纪地质的开拓者和奠基人，同位素地球化学的倡导者，中国科学院地质研究所侯德封（1900～1980）所长协同地球化学家、矿床学家涂光炽（1920～2007）和岩石学家、同位素地质学家李璞（1911～1967）等一批中国地质科学家，胸怀宏略，抓住了良好时机，提出组建以地质年代学为主的同位素实验室，并同时组建了核子地质与铀矿地质研究组。后来这些研究力量成了组建中国科学院地球化学研究所（后文简称中科院地球化学所）的基础。

1958年在中国科学院地质研究所成立同位素年龄研究组，归属岩矿室，李璞兼管，首先开展研制为同位素年龄测定专用的质谱计，所工厂参加加工安装。但因Ar谱峰分辨率、精度较差，质谱计未投入工作应用；同时与北京玻璃厂合作，吹制K-Ar法所需的真空活塞和玻璃系统。1959年底继1958年同位素研究组，扩大任务、人员，编为所第13室（同位素室），后期分K-Ar、U-Pb实验室、地质共三组，由李璞负责。组成成员包括来自国外学习归来和国内著名大学物理、化学、地质等专业人才和技术工人；同位素地质方面主攻K-Ar与U-Pb有张翼翼、戴橦谟、邱纯一、范嗣昆、刘菊英、毛存孝、金铭成等，核子地质方面有欧阳自远、于津生、赵树森等。1960年初，经所务会议认真讨论，全所研究室改编，决定把原13室再扩大成立同位素地质研究室，并任命李璞先生为专职研究室主任。60年后又增加了从苏联学习归来的陈毓蔚、王联魁、王丽芝、杨凤筠、王俊文、卫克勤、夏明等，以及其他各种专业人才如崔雄龙、钟富道、张梅英、桂训唐、徐淑琼、杨学昌、姚林褆、柴保平、黄承义、程学志、张玉泉、戚桂英、姜尚美、潘曙兰等，同位素地质研究室（一室）已具规模。全室划分为化学组（放射性同位素组）（组长陈毓蔚）、Ar组（含氧、硫稳定同位素）（组长戴橦谟）、质谱组（组长邱纯一）、核子地球化学组（直属侯德封所长指导，组长欧阳自远）、地质组、选矿车间、玻璃车间（归属Ar组）。仪器设备有：质谱（MN-1305）2台、Ar析出器2台、静电计1台、重水测定器、火焰光度计、

偏光显微镜、能谱、γ-探测仪、磁性选矿仪等。

在中国科学院地质研究所建立同位素地质实验室和研究室的同时，在地质部领导下，地质科学院地质研究所在我国著名前寒武纪地质学家、变质岩岩石学家程裕淇先生（1912~2002）及著名岩石矿床学家王恒升先生（1901~2003）的积极倡导、规划和指导下也相继组织筹建了同位素研究组和同位素地质学科，并进行了人员培训、仪器引进及机构筹建等工作。1957年岩矿室主任王恒升先生派张自超前往北京大学技术物理系学习进修质谱，并参加当时该教研室的质谱计研制（时处反右运动和缺乏工厂加工，当年研制项目下马）。1958年4月程裕淇作为中苏合作项目（09）——华北前寒武纪变质岩及有关矿产项目负责人，抓紧该项目的实施和积极推动绝对年龄实验室的建立，向地质部和国家科委提出尽快筹建地质年代学实验室。国家科委根据他的建议，同意从1958年4月开始，在地质部地质矿产研究所第四室成立绝对年龄组（后来称为中国地质科学院同位素地质年代学实验室）。1958年张自超回所后与沈寒珍、潘仲华、李清修等人筹建研究组，1959年至1960年增加技术人员白云彬、龙文萱、葛起兰。借着苏联专家包列娃娅、萨巴多维奇短期来华援建之机，1960年建立了以K-Ar与U-Pb法为主的同位素地质年代学实验室，于荣炳从苏联回国参与了工作。1961年后相继再增加富云莲、刘敦一、张振海、李兴、罗修泉等质谱技术和地质人员后，形成了一支配套的技术团队。

我国核工业地质始于1955年，1959年3月成立了全国性铀矿地质研究中心——北京第三研究所（即核工业北京地质研究院的前身）。建所伊始，地质学家佟城所长就特别重视筹建同位素地质研究机构，在地质研究室主任王传文的积极争取下，1959年和1960年分别购进了苏联制造的МИ-1301和МИ-1305质谱计，这是全国地质界首批质谱计，并组建了同位素地质年龄组，成员有李杰元、奚瑾秋、李喜斌、万齐虎、董文永、李雪屏等，重点筹建铀-铅法实验室，并着手钾-氩法实验室的准备工作。1960年派李喜斌、李雪屏赴中国科学院地质所同位素室学习铀-铅年龄测定并了解钾-氩测定方法的有关情况。同时在所内试验沥青铀矿和晶质铀矿铀、铅的测定方法。李杰元、万齐虎、董文永用碘化铅炉状源法铅同位素的测定方法，至1962年初已测定了全国有关铀矿区一批铀成矿年龄数据。在测定中发现部分铀矿区的沥青铀矿中含有大量浸染状方铅矿，为获得可靠年龄数据，在国内采用Wetherill的铀-铅一致线法处理数据，1963年首次发表了玄岭后铀矿床的成矿年龄数据，这是中国第一批铀成矿年龄数据，确定了其成矿期。

北京大学张青莲先生（1908~2006）是中国稳定同位素化学学科的奠基人和开拓者。他为中国发展稳定同位素地质研究起了理论指导和测量技术先导作用，先后主持测定了10个元素（In、Ir、Sb、Eu、Ce、Er、Ge、Dy、Zn和Sm）的原子量新值。这些值都已被国际纯粹与应用化学联合会（IUPAC）的同位素丰度与原子量委员会（CIAAW）正式确认。与此同时张青莲先生为我国稳定同位素地质研究培养了一批专业骨干人才，如郑淑蕙、潘曙兰、裘秀华等。

1961年四季度冶金部调配给冶金部北京地质研究所一台联邦德国生产的CH4型质谱计，并派出陈民扬前往中国科学院地质所同位素实验室学习。李璞先生适时提出了由双方组建跨部门联合实验室的建议，并指出在同位素地质诸多方法中稳定同位素方法更符合冶金地质工作需求，合作应以建设稳定同位素实验室为主要目标，开拓我国尚属空白的稳定同位素地质研究领域。双方于1962年6月签署了成立同位素地质联合实验室的合作协议，据此冶金部北京地质研究所陆续于 1962 年 11 月选派霍卫国、刘杰仁（质谱）、1963 年 10 月选派李纯生（制备 SO_2）、1965 年 4 月选派藏贺年（玻璃真空系统焊接制作技术）、1965 年 7 月选派袁鹤梅（钾-氩法年龄测试）等多名同志到联合实验室边学习、边工作，加速了技术干部的培训。1962 年 8 月质谱仪器转运至中国科学院地质研究所，开始了联合实验室的研究工作，1963 年 3 月仪器安装、调试完毕，4 月即开展了铅同位素组成分析方法研究，对采自我国各地的 29 块方铅矿标本进行了铅同位素组成测定。此项工作发表在《地质科学》1964 年第 2 期上，这是我国铅同位素地质研究领域第一篇研究论文。1963 年 6 月开始分别进行了"硫化矿物中制备供质谱分析用的 SO_2 样品的分离方法实验研究"和"SO_2 中硫同位素组成的质谱分析方法研究"。

二、李璞先生对中国同位素地质年代学和同位素地球化学事业发展的卓越贡献

李璞先生是中国同位素地质地球化学的开拓者和奠基人，是最早随军赴西藏进行地质综合考察的领导者，是中国基性超基性岩及相关矿产研究的先驱和领路人。他具有深厚和广泛的地质知识和敏锐的观察力，并善于创新和开拓新的研究领域。李璞先生对同位素地球化学的贡献主要集中于以下几点。

1. 确立了同位素地球化学发展初期的研究方向

李璞先生提出："研究室的主导思想是同位素地质，以核物理及核化学为基础，广泛开展放射性与稳定同位素的分离与测量；研究元素在地壳发展不同阶段的分异；衰变、聚变和裂变过程的变化产物，以及其在不同地质建构中的丰度分布；解决成矿成岩元素的来源、动态及形成的条件；解决海洋沉积速度；测定古生物、地壳与陨石的年龄……上述问题的研究目的是为了解决我国矿产资源的探寻和开拓新资源，进一步揭示元素变迁与演化的联系。"为了实现这一指导思想，他首先集中力量建立 K-Ar 与 U-Pb 实验室，并积极创造建立稳定同位素方法的条件；坚定同位素地球化学的基础研究方向，并兼顾铀矿地质、核燃料分析等应用研究课题。

2. 人才培养与团队建设

在同位素地球化学建室过程中，李璞先生下大力气抓人才培养与团队建设。同位素研究室汇集了物理、化学、地质等专业人才。研究室通过多渠道派出占国内同行最高比例的人员出国学习、培训。在李璞先生带领下在研究室通过各种专业人员互教、互学提高同位素地球化学所要求的多学科杂交基础知识和理论水平。李璞先生要求研究人员掌握多门外语，并一起大量调研国外文献，了解国际前沿研究水平与动向。同时李璞先生还十分重视来自中学生和转业军人的技术队伍的培养，亲自带他们去有关单位学习或野外实习。李璞先生从建室伊始就非常重视培养中国科技大学地球化学系同位素专业学生教学、实习和研究生培养，从 1960 年开始，他招收的研究生有张玉泉、胡蔼琴、范彩云、穆松林。多种培养方式形成了人才结构合理的研究团队。

3. 实现国际上开放实验室的管理模式

研究室从建室开始李璞先生就真正实现了现今开放实验室的管理模式。因此吸引了国

内正在筹建同类实验室或发展质谱测定实验技术的单位许多人员来学习和交流；如地矿部地质所张自超、白云彬、龙文萱和张振海，二机部三所李喜斌和李雪萍，冶金部地质所郭秀珠，北京大学佟伟、徐步台、丛福增，南京大学方中、王土耕，长春地质学院林尔为，江苏地质局南京测试所李坤英，湖南地质局刘树林，以及石油部无锡测试中心、中科院半导体所等的相关科技人员。合作共建是发展同位素测试新方法的另一种开放形式，如与冶金部地质所陈民扬、霍卫国、李纯生、刘杰仁、袁鹤梅等合作建立了我国第一个硫同位素实验室。因此实验室流动人员可达20人以上，超过本室研究人员的一半。

三、苏联同位素地球化学测试技术和研究方法的引进及科研人员交流、培训

1. 两国科学家互访情况

1957年侯德封（团长）、程裕淇（顾问）、朱国平与李璞先生参加国务院组织的国家访苏科技代表团去苏联访问和野外地质考察，同时考察了苏联科学院地球化学与分析化学研究所、苏联地质保矿部全苏地质研究所等单位地质绝对年龄测定实验室，全面了解了苏联和国际同位素地球化学的研究进展与水平，询问有关采样和仪器方面的问题。同年程裕淇先生将在鞍山附近混合杂岩边部的伟晶岩脉中采的四个白云母样品，送全苏地质研究所用钾氩法进行同位素年龄测定，程裕淇与沈其韩先生等发表相关论文（地质论评，1957年17卷1期，114~116页；地质论评，1959，19卷4期，186页）。

1959年苏联科学院地球化学与分析化学所派屠格林诺夫专家来华考察白云鄂博地质，借其时机，中科院地质所李璞先生会同地质部地质所程裕淇先生于北京饭店共同会见屠格林诺夫专家，交谈了苏联所测定过的中国某些地区的同位素年龄问题，并交流了苏方实验室所测定的主要由中方采集的我国多个地区地质样品的同位素年龄结果。该合作项目是"由中国科学院地质研究所和中国地质科学院地质研究所倡议而进行的"，参加工作的有来自中国科学院、苏联科学院、中国地质部和苏联地质及保矿部的中苏两国科学工作者。该合作成果发表于《地质科学》（1960年第3期，111~121页），论文名为"关于中国岩石绝对年龄的讨论"，署名作者为：屠格林诺夫、司徒普尼可娃、克诺列、兹可夫、波列娃娅、布朗特、程裕淇、李璞、涂光炽九人。这一论文由屠格林诺夫专家以俄文执笔，范嗣昆译，李璞等校，样品范围涉及东北、华北、西北及华南11个省区，是"为编制中国第一个地质建造年代简表和进行华北前寒武系研究而采集的"。论文包含44个K-Ar年龄，9个副矿物U-Th-Pb年龄及4个白云岩、方铅矿普通Pb年龄，并对上述年龄数据的地质年代学意义进行了全面的总结和讨论，可以说是我国正式发表的第一篇具历史价值和国际影响的中苏合作同位素地质年龄测定的专业学术论文。在此前，1958年于荣炳已在《中国地质学会第三十一届年会论文集》上发表新中国成立以来第一篇地质年代学论文《内蒙古某地花岗伟晶岩的绝对年龄测定》。

1959年底，应中苏两国地质部门协作邀请，苏联分别派波列娃娅和萨巴多维奇两位专家短期来华援建K-Ar体积法实验室和U-Pb法年龄测定，由地质部地质研究所和中国科学院地质研究所联合接待，但限于当时国内的器材、技术设备和缺乏主要仪器质谱计的投入，以及突发外因影响，均未取得预期效果。

2. 留苏学习与进修情况

在1956~1962年期间中方通过派大学本科留学生、副博士研究生和短期进修三种方式去苏联科学院地球化学和分析化学研究所、矿床地质岩石矿物和地球化学研究所、稀有元素矿物研究所、莫斯科大学地质系、列宁格勒大学地质系、列宁格勒矿冶学院等单位学习地球化学、岩石学与矿物学基础理论和同位素年龄测试技术。这批人员成了中国同位素地球化学起步研究时期的骨干力量，后来由于中苏关系紧张，从苏联学习引进同位素测量技术的路就中断了（表7-1）。

表7-1 中国同位素地球化学研究开创时期出访学习人员情况

姓名	所属国内研究机构	出访学习国家与研究机构	时间与学习类型	专业与国内贡献
张翼翼	中国科学院地质所	德国科学院莱比锡物质物理研究所	1956，进修	质谱分析，创建铅同位素分析
邱纯一	中国科学院地质所	苏联科学院地球化学和分析化学研究所	1958~1959，进修	质谱技术，同位素分析，创建氩同位素分析，开拓质谱制造
戴橦谟	中国科学院地质所	苏联科学院地球化学和分析化学研究所	1958~1959 进修	K-Ar年龄测定，创建K-Ar法，领先国内技术创新
肖仲洋	中国科学院地质所	苏联科学院地球化学和分析化学研究所	1956~1960 研究生副博士	内蒙古稀土成矿时代
陈毓蔚	中国科学院地质所	苏联科学院地球化学和分析化学研究所	1956~1960 研究生副博士	同位素地质年代学，创建U-Pb法开拓地质、环境应用
范嗣昆	中国科学院地质所	苏联科学院地球化学和分析化学研究所	1958 进修	地质选矿，开拓年代学野外工作与地质应用
王丽芝	中国科学院地质所	苏联莫斯科大学地质系	1958~1962，大学毕业	地球化学，筹建氢氧同位素分析
王俊文	中国科学院地质所	苏联科学院稀有元素矿物研究所	1958~1959，进修	仪器分析，创建K分析与Rb-Sr法
王联魁	中国科学院地质所	苏联科学院矿床地质岩石矿物和地球化学研究所	1956~1960 研究生副博士	地质地球化学，开拓同位素地质野外工作、地质应用与铀矿地质
陈民扬	冶金部地质研究所	列宁格勒大学地质系	1956~1961，大学毕业	结晶岩石学，创建硫同位素方法并开拓金属矿床研究稳定同位素运用
孙家树	地矿部地质力学研究所	苏联莫斯科大学地质系	1958~1961，进修	同位素年代学理论与方法，将地质力学和同位素地质研究相结合
杨凤筠	中国科学院地质所	列宁格勒矿冶学院	1958~1962，研究生副博士	金属矿床，开创硫同位素应用于金属矿床研究
李耀菘	北京铀矿地质研究所	苏联科学院地球化学 分析化学研究所	1960~1963 研究生副博士	从事铀矿同位素地质研究

续表

姓名	所属国内研究机构	出访学习国家与研究机构	时间与学习类型	专业与国内贡献
魏菊英	北京大学地质系	苏联莫斯科大学地质系	1957~1961，研究生副博士	地球化学，创建氧同位素方法与开拓地质应用
卫克勤	中国科学院地质所	苏联第城矿业学院地质系	1955~1960，大学毕业	水文，开创水的氢氧同位素研究，贡献于K-Ar法技术发展
董宜宝	成都地质学院	斯维尔德洛夫斯克矿业学院	1953~1958，大学毕业	矿产，创建成都地质学院同位素地质研究室
于荣炳	中国地科院地质所	莫斯科大学地质系	1957~1961 研究生副博士	同位素年代学，地科院创建K-Ar法与天津地矿所年代学实验室
徐永昌	中国地科院兰州地质所			开创油气同位素地球化学研究
夏明	中国地科院地质所		1956~1961 大学毕业	创建U系年代学方法
陈铁梅	北京大学考古系	列宁格勒大学物理系	1954~1959	核物理，创建C-14实验室与考古应用
宋鹤彬	中国地科院矿床所	莫斯科有色金属-黄金学院	1956~1962	放射性元素地质，地科院创建稳定同位素实验室，开拓惰性气体研究
陈锦石	中国科学院地质所	苏联科学院地质研究所	1959~1962 研究生副博士	地层学，66年转稳定同位素，开拓同位素地层学研究
李桂如	国家地震局地质研究所	莫斯科地质勘探学院-系	1954~1959，大学毕业	开拓水文工程地质稳定同位素研究
刘琦	北京铀矿地质研究所	列宁格勒（加里宁）工学院	1955~1960，大学毕业	技术，发展同位素质谱分析技术
奚瑾秋	北京铀矿地质研究所	第聂泊尔彼得洛夫斯克矿业学院	1953~1958，大学毕业	地质，开拓铀矿同位素地质研究
陈先	北京三所调入地科院岩溶地质研究所	莫斯科大学地质系	1953~1958，大学毕业	矿床学，组建C-14及C H O同位素实验室
张之淦	中国地科院岩溶地质研究所	莫斯科地质勘探学院	大学毕业	从事岩溶水文地质-同位素研究

3. 仪器设备情况

中国同位素地球化学实验室建立初期从苏联进口 МИ-1301 质谱一台，МИ-1305 质谱4台，从德国进口 CH-4 质谱2台。北京分析仪器厂（简称北分厂）是苏联援助筹建的，其主导产品就是质谱计，至"文革"前北分厂共生产了 ZHT1301 质谱（仿 Mu-1305）数十台。

四、初期的科研项目与年龄数据的发表

（1）中国科学院地质研究所同位素研究室建室初期的科研项目计划包括：

①南岭区（江西、广东）14个花岗岩体及其有关成矿年龄研究，以贵东、雅婆髻、武功山为重点。

②内蒙古（集云、白云、三木代庙）伟晶岩及变质岩的绝对年龄研究。

③河北密云、富平、桑干河等地点的变质岩及伟晶岩的绝对年龄研究。

④结合全所大项目进行某些放射性矿床的绝对年龄研究。我室承担含放射性矿物的U、Th地球化学及绝对年龄测定。

⑤典型花岗岩类岩体（白云鄂博、贵东、北京郊区）中U、Th及其同位素分析方法和分布规律研究。

⑥某些铁-锰氧化物矿石（密云、鞍山、白云鄂博铁矿、湘潭锰矿等）的氧同位素组成研究。

⑦放射性矿床及其核子地球化学研究。

（2）初期年龄数据及相关研究成果的发表：

1962~1963年中科院地质所同位素实验室提交了中国最早的一批内蒙古与南岭地区的K-Ar年龄数据。1963年在国内首先发表了同位素年龄数据与讨论的文章，填补了我国学科研究空白（李璞，戴橦谟，邱纯一等，1963）。数据发表在国内外引起广泛反响与关注，如法新社有专门报道地质研究所并向中科院外事局作了专门通报。1963~1964年该同位素实验室测定提交了中国首批铅同位素测定数据（张翼翼，邱纯一，毛存孝等，1964）。由于众多的物质条件的准备和基础技术的积累花费大量时间，以及难以避免的弯路，地质科学院地质研究所同位素年龄实验室正式提供测试数据（1963年全国地球化学会议上发表第一篇论文）和正式投入生产。1964年地质科学院地质研究所也公开发表了地质年代学数据。同期，程裕淇与李璞先生一起共同讨论了我国已取得的同位素年龄资料的地质意义（程裕淇，沈其韩，王泽九等，1964；程裕淇和李璞，1964）。该文应用当时已有的260余个年龄数据，完整总结了"我国东部前寒武系变质作用和岩浆活动时期，以及东部和西北地区的古生代和中生代岩浆活动时期"，应该是我国首篇同位素地质年代学系统研究的学术论文。同期在苏联用俄文也发表了相应成果，详见本书参考文献。在1962~1963年期间，地科院王曰伦、沈其韩、王泽九、李廷栋、于荣炳等先后根据在苏联全苏地质研究所测定的年龄数据（134个）在国内刊物发表了地质年龄讨论的文章，引起了全国地质界对同位素年代学的兴趣和重视。陈毓蔚在苏联进行了建立钾-钙法的研究，并在国内发表了研究成果。

第二节 自力更生阶段

1959~1961年我国经历三年困难时期，60年代中后期中苏困难关系紧张，接着是"文革"，生活与工作条件均十分艰苦。困难时期粮食不够吃，许多人皆患有浮肿病仍坚持夜以继日连续工作。"文革"时期，虽科研总体上处于停滞状态，但许多人仍不忘探索同

位素地球化学新技术新理论，寻求学术交流之路。因此在面临重重困难之际，我国同位素地球化学却走出了一条独立自主、自力更生的道路。国内各部门随着国民经济发展的需要大量的同位素地球化学实验室也在这个时期建立起来。

一、产研合作自制质谱计，多位离子源首先在中国诞生

1958年中国科学院地质研究所为同位素地质测定需求，章元龙、林卓然、姜昌元、李家驹、刘菊英、毛存孝、金铭成等人在所内以土洋结合方式试制质谱仪器，虽然人员水平的客观条件均不具备，但起了凝聚队伍和练兵的作用。

1962年，因中苏关系破裂，原苏联援建北京分析仪器厂和中科院仪器厂制造质谱计项目被撤，为此，国家决定该项目由两厂联合自制，邱纯一被两厂聘为技术总顾问，与中国科学院科学仪器厂庞世瑾、王梦瑞、北京分析仪器厂季欧等从事质谱工作的专业人员开展了 ZHT-1301 固体质谱计的仿制工作（仿制 Mu-1305）。1964年在院科仪厂完成了仪器加工和进行了条件实验。通过标样测试表明仿制的 ZHT-1301 固体质谱计测量准确度与精度均达到了苏联 Mu-1305 和德国 CH-4 的水平。同时用该仪器还测定了十七个方铅矿，三个沥青铀矿和两个独居石样品铅同位素组成，均取得了满意的结果（毛存孝，张翼翼，崔雄龙，1965）。两年内质谱仿制圆满完成表明当时中国的大型仪器制造队伍与能力已经形成。

1966年中国科学院地球化学研究所成立，并迁往贵阳。同位素地质研究室整体搬迁，改名为同位素地球化学研究室。1970年同位素地球化学研究室毛存孝等与北京分析仪器厂合作对 Mu-1305 固体质谱进行技术升级改造。改造方案包括多位离子源设计与制造，真空系统的改进，电子倍增器的应用，以及用单板机采集测量数据。由于"文革"影响进度较慢。经过多次改进，多位（6位）离子源、电子倍增器与改进的真空系统在 1970～1975 年分别使用，大大提高了样品分析速度与灵敏度（毛存孝，曾天育，黄荣生，1978）。多位离子源设计、制造与使用早于欧美国家。直到1979年 VG-54E 才装备了多位离子源。多位离子源的设计装置在70年代末被用到科仪厂制造的改进型 ZHT-1301C 质谱计上。

1979年北京分析仪器厂研发和生产了 ZhT-03 质谱用于稳定同位素分析。同年底就用于硫、氮同位素分析取得满意的结果（姚御元和霍卫国，1980）。

1995年中国地震局地质研究所开始 NG-1000 型 $^3He/^4He$ 比值质谱计研制，通过不断改进被成功应用于 He 同位素测定（孔令昌和王志敏，1998）。

二、各种同位素年龄与示踪测定方法的建立与发展

1. K-Ar 法的建立与初期发展

1959年底，中国科学院地质研究所同位素地质研究室曾与苏联专家共建了一套 Ar 析出和测量系统。由于设计不合理和运输损坏，实际不能使用，因此开始自己制造装配设备。1960年，中科院地质所同位素实验室与院物理所、北京玻璃厂协作研制成功高真空性能良好的油脂玻璃活塞和麦克劳压力计，从而在国内首先建立了 K-Ar 体积法地质年龄测定实验室，并由此逐步推广于全国其他 K-Ar 实验室。1963年在国内首先发表了"内蒙古

和南岭地区某些伟晶岩和花岗岩的钾-氩法绝对年龄测定"的成果（李璞，戴橦谟，邱纯一等，1963），填补了学科研究空白（参加人员：李璞、戴橦谟、邱纯一、王联魁、王俊文、范翙昆、张梅英、徐淑琼、杨学昌、姚林禔、金铭成、范先敏、刘菊英、柴保平、陈民扬、程学志等）。

1963年，固体中痕量氩的测定，为国防军工特殊任务，由中科院沈阳金属研究所、中科院大连化学物理研究所、中科院地质研究所联合负责测定，三所获院集体奖。

1967~1968年，为解决国家重点科考项目珠穆朗玛峰顶峰样品年龄测定任务，须测定微量样品的精确年龄，该实验室与原子能研究所联合建立协作小组，在国内创建了"氩的慢中子活化分析"法，分析精度和灵敏度领先于当时国际先进水平，成功地用于珠穆朗玛峰顶峰样品年龄测定。同时通过长达一年的 ^{37}Ar 半衰期测定，将半衰期从 34.1 天修正到 35.3 天，得到国际原子能委员会的认可（见同位素表）。此法与当时国际同行发展的快中子活化法创建趋于同步（参加人员：朱炳泉、陈文寄、卫克勤、戴橦谟、张梅英、金铭成、陈民扬等）（原子能研究所协作小组方参加人员李忠珍、程冠生、哈计录、李开采等）。

1965~1978年，为取代常规体积法用样量大等缺点，着力建立 ^{38}Ar 同位素稀释法。中科院地球化学所与原子能研究所协作，先后用氯化钠、三氯化铁为辐射靶物，在国内成功获得 ^{38}Ar 产物，纯度由 82% 提高到 98% 以上，打破了当时资本主义国家对我国的禁运，制备了 ^{38}Ar 稀释剂满足国内同行需要。同时在国内首先建立无油阀门（镓-铟、金属）超高真空系统，自制 Ti 蒸发泵纯化器，降低大气氩本底；在国内首先建立了质谱计与超高真空系统联机装置，使得开展古近纪和新近纪-第四纪年龄样品、吉林球粒陨石 ^{38}Ar 暴露年龄研究、安龙球粒陨石宇宙射线暴露年龄测定成为可能（参加人员：戴橦谟、张梅英、朱炳泉、陈文寄、邱纯一、姚林禔、卫克勤、王慧芬、张前锋、金铭成、卢承祖等）。80 年代初同位素稀释法很快在地质所、冶金部、地矿系统的实验室推广应用。

1981~1982 年中科院地球化学所与地质所的实验室先后与原子能研究所 401 原子反应堆、清华大学游泳池式反应堆、夹江反应堆、902 所反应堆开展岩石矿物样品快中子照射合作，在国内首先着手开展快中子活化法 ^{40}Ar-^{39}Ar 年龄测定。从而在国内首先开展坪年龄和地质热历史-隆升历史的研究，测定了不同构造环境下形成的长石、云母和角闪石的矿物封闭温度（戴橦谟和洪阿实，1982；王松山，1982）。至 80 年代全国 K-Ar 年龄实验室已达 34 个（参加人员：戴橦谟、朱炳泉、陈文寄、洪阿实、范彩云、胡蔼琴、王慧芬、张前锋、陈小京、卢承祖、张玉泉、张梅英、蒲志平等，以及地质所王松山、朱铭、胡华光、胡世玲等）。

2. U-Pb 法，铅同位素方法的建立与完善

1960~1962 年期间中科院地质所同位素年龄研究室化学组研发了沥青铀矿、铌钽酸盐、硫酸盐等不同矿物溶样技术（陈毓蔚和戚贵英，1962）。从苏联专家引入的测定矿物中 U、Th、Pb 的方法操作手续繁琐，用射气法测定 U、Th 含量也不够准确。化学组成员及时引进以不同浓度盐酸介质连续通过多孔强碱性阴离子交换树脂吸附 Pb、U 后，阳离子交换树脂吸附 Th 的简易分离操作手续，及时在全国岩矿分析测试会议介绍推广。改进的方法实现了离子交换分离提取铀、铅和比色测定含量的方法，为 U-Pb 法建立奠定了化学基础（参加人员：陈毓蔚、刘菊英、桂训唐、戚贵英、张汝惠、姜尚美、张连福、杜曰新、吴昌运等）。

质谱组在1963年建立了炉状源铅同位素分析方法，用样量达2000 μg，1964年建立了表面电离分析方法，并自己配制了发射剂，用样品降至10 μg（参加人员：张翼翼，毛存孝，崔雄龙）。这一时期我国最早测得了内蒙古集宁伟晶岩中锆石、独居石、易解石、钶钛铀矿、复希金矿、钛铁矿、褐帘石等放射性矿物的 U-Pb 年龄（陈毓蔚，1962）。1965年发表了沥青铀矿同位素 U-Pb 年龄测定的文章（陈毓蔚和许荣华，1965）。

化学组在扩大矿物测定对象、减少样品用量、提高分离分析效率以及同一秤样中按序测定多组分元素等方面做了大量工作，同时还研究了不同粒级和不同颜色锆石的 Pb/U 值和对年龄测定的适用性，建立了射气法来测定铀、钍衰变系子体同位素含量，建立了高灵敏度的铅提取和比色测定方法。通过与核工业部三所合作研究了铀矿床不同层位 U、Pb 同位素组成分布特征（参加人员：陈毓蔚、刘菊英、卢伟、戚桂英、姜尚美、桂训唐、许荣华、李喜斌等）。

70 年代中国地质科学院地质所和中科院地球化学所的同位素年龄研究室发展了微量铅与铀的同位素稀释测定方法。由于同位素富集的稀释剂获得较为困难，地球化学所化学组从富钍矿物中提取富集 ^{208}Pb 的铅做稀释剂，并探讨了双稀释问题。而地科院用购置的 ^{207}Pb 稀释剂。两所在同一时期建立了同位素稀释法（龙文萱和刘敦一，1975；毛存孝，曾天育，陈毓蔚，1975）。

核工业部北京地质研究所在发展 U-Pb 法方面也是趋于同步的，与中国地质科学院地质所联手，相继建成铀-铅净化实验室及毫克量级锆石同位素年龄测定方法（参加人员：李喜斌、李杰元、董文永、李雪屏、刘琦、高鼎顺、刘敦一、龙文萱、张自超）。

3. Rb-Sr 法的建立

中科院地化所在完成珠穆朗玛峰任务中建立了 Rb-Sr 法，应用了国产的 ^{84}Sr 丰度在 70% 左右的稀释剂，采用国产和进口树脂进行 Rb、Sr 分离，建立了放射成因 Sr 含量测定的同位素稀释法（参加人员：王俊文、伍勤生、周新华、黄承义、卢伟、施泽恩等），并与中国地质科学院岩矿测试所合作建立了矿物岩石中 Rb，Sr 含量与 Rb/Sr 值测定的 X 射线荧光光谱法（周新华，刘珍荣，梁戈立等，1974）及开展和建立了亚沸法制备超纯试剂方法技术（周新华和施泽恩，1975）。1972～1974 年在国内首先发表了全岩与矿物 Rb-Sr 法等时线数据与视年龄测定等结果和岩石中 Rb/Sr 值 XRF 测定-基体校正康普顿散射法的应用。

20 世纪 70 年代中期，地科院宜昌地质所同位素研究室（李华芹，刘敦一，伍勤生等，1976）及地科院地质所（张宗清）、核工业北京地质研究院（奚瑾秋、许德华）也相继建立了 Rb-Sr 法。之后，云南地矿局地质所、天津地矿所、桂林冶金地质研究院等也先后都建立了 Rb-Sr 法。随着 20 世纪 80 年代之后 Sm-Nd 法在各相关单位的引入和建立，由于 Rb-Sr、Sm-Nd 在同一份样品中提取，这两个方法已逐渐成为相互不可分割的常规分析方法。

4. 硫同位素方法建立

硫同位素方法是 60 年代初中科院地质研究所与冶金部地质研究所合作共同建立的。1962 年冶金部地质研究所进口了一台 CH4-58IV 通用质谱。李璞先生及时抓住了这一难得的机会，提出了跨部门组建稳定同位素联合实验室的构想和建议。这一建议得到了双方领导的大力支持，并迅速得到落实。1962年秋双方就签订了关于建立联合实验室的合作协议，确定CH4-58IV质谱放在中科院地质所一室。李璞先生被授予全权领导联合实验室的工作。他从同位素地质发展现状、前景和冶金地质工作的需求出发，果断选择了硫同位素地质研究的联合实验室的主攻方向。CH4-58IV质谱在完成铅同位素分析方法建立后，于1963年6月转入硫同位素分析方法建立的研究。邱纯一、霍卫国、刘杰仁、柴保平等负责硫同位素质谱分析方法建立。通过方法的不断改进，最后采用了以双速补偿为基础的双进样比较法，测量精度可达到0.01‰~0.02‰，满足了样品测定的要求。王丽芝、陈民扬、潘曙兰、李纯生、朱正强等进行了从硫化物中提取硫和制备SO_2的研究。通过实验比较，采用了瞬间快速加热法可有效避免制样产生的同位素分馏。通过两个课题的共同努力，于1964年中初步建立了硫同位素分析方法。1964年7月选择了吉林红旗岭铜镍矿作为硫同位素地质应用的研究课题。1965年中完成测试和总结报告，并大量采集了红旗岭铜矿硫化物建立了硫同位素的工作标样LTB-1。1965年杨凤筠参加了硫同位素研究，对曾工作多年的大厂锡矿开展了硫同位素地质研究。该项研究成果为我国首次公开发表的硫同位素论文（杨凤筠，邱纯一，陈明扬等，1966）。

联合实验室运行三年建成了我国第一个硫同位素实验室，开拓了在金属矿床中地质应用，培养了一批技术干部。70年代初，冶金部地质所和中科院地化所独立的实验室进一步建立了对硫酸盐、自然硫、辰砂等矿物的同位素分析制样方法，使所有含硫矿物均能作硫同位素分析，开创了地质应用的新局面。1977~1978年外访人员从国外带来了CDT硫同位素国际标样，通过多个实验室标样对比检测和全国硫同位素地质标样测试会议，建立了我国的硫同位素标样LTB-1和LBT-2，并对以前发表的数据进行了标样修正。至70年代末，地科院矿床所、核工业北京地质研究院、宜昌地质所、中科院地质所、武汉地质学院等均广泛建立了硫同位素实验室。

5. 氢氧同位素方法的建立与发展

60年代初中国科学院地质所王丽芝、李爱贵等开展了落点法与浮沉子法测定水同位素组成的实验研究。中国科学院地理所与北京大学化学系张青莲先生实验室合作，最早用密度法和浮沉子法测定了我国西藏南部珠穆朗玛峰地区冰雪水的D和O同位素组成（章申，于维新，张青莲，1973）。1974年末北京大学地质系魏菊英、郑淑蕙、莫志超等开始建立地质样品氧同位素分析方法，1978年建成我国第一个氧同位素实验室，并开展了硅酸盐五氟化溴提取同位素质谱测定的氧同位素研究，1979年发表了首批以变质岩研究为主的重要成果（魏菊英，郑淑蕙，莫志超，1979）。70年代末至80年代初，中科院地化所与北大地质系的同位素实验室用同位素质谱测定方法广泛开展了中国大气降水的氢氧同位素组成研究（于津生，张鸿斌，虞福基等，1980；卫克勤，林瑞芬，王志祥，1982；郑淑蕙，1983）。80年代末虞福基等在我国创建了"羟基矿物氢同位素分析方法"和"流体包裹体氢氧同位素分析方法"，拓展了氢氧同位素在岩石学与矿床学方面的应用范围（虞福基和于津生，1990）。

6. 新年代学方法的建立

20世纪60~80年代中国科学院（地化所、地质所）、中国社会科学院、原地质矿产部和不少大学建立了碳-14、不平衡铀系、裂变径迹、氚与热释光等第四纪年代学方法。

(1) 碳-14：50年代末，夏鼐先生将在中国科学院原子能研究所进行原子能应用研究的仇士华、蔡莲珍调入考古研究所，建立碳-14测年实验室。经过几年的努力，自己动手研制了用于测年的气体计数器等设备，通过对考古学家提供的已知年代样品的盲测成功，在1965建成了我国第一个碳-14实验室（仇士华，1972）。60年代中科院地质所陈明扬等通过向考古所学习着手建立碳-14实验室。1973年中科院地球化学所沈承德、黄宝林等也建立碳-14测年方法（中国科学院地球化学研究所碳-14实验室，1973）。1980年左右建立了以液闪测定为基础的碳-14实验室。其后，中科院地质所（1974）、北京大学考古系（1976）、中科院古脊椎动物和古人类所（1976）、文物保护科学技术研究所（1978）、国家地震局地质所（1978）、中科院地理所（1978）均建立了碳-14实验室。

(2) 氚：70年代末林瑞芬、卫克勤等建立了用液闪计数器测定水中氚含量的方法，用于研究水循环的示踪剂（林瑞芬，卫克勤，王洪波，1979）。

(3) 热释光：70年代上海博物馆创建了国内第一个古陶瓷热释光测定年代实验室（王维达，1979）。1981年左右中国社科院将建立的热释光定年方法用于中国黄土的年龄测定，取得满意的结果（李虎侯，1981）。1984年左右中科院地球化学所进一步发展了热释光方法在黄土定年上的广泛应用（卢良才和李虎侯，1984）。

(4) 不平衡铀系：我国于1978年在中国科学院地质研究所建立第一家铀系不平衡实验室。夏明、赵树森等通过铀系国内标样对比计划的研究，用铀系法测定了一个国际地质标样的年龄（夏明，赵树森，王守信，1979）。1984年，报道了一组用铀系法测定的洞穴堆积物年龄数据。至80年代末，中国科学院地球化学研究所、南海海洋研究所、青海盐湖研究所、北京大学考古系、厦门大学海洋系、成都地质学院、国家海洋局第三研究所、地矿部南海指挥部实验室、中国地震局地质研究所也相继建立了铀系不平衡实验室。在这一时期，我国的铀系实验室以α-能谱探测为手段进行铀系核素测定，并在南海海平面变化、海底沉积速率、锰结核生长速率、洞穴沉积物年龄测定、骨化石年龄测定、海湾铀浓度检测等方面取得了重要成果。

(5) 裂变径迹：70年代起，中国原子能科学研究院核物理研究所郭士伦等与贵阳地球化学研究所刘顺生等开展了合作研究，建立了裂变径迹年代学测定方法，为解决一系列地学、考古学和陨石学方面问题提供了年代学资料（中国科学院原子能研究所，贵阳地球化学研究所协作组，1976）。其后中科院地质所，中国科学技术大学、长沙大地构造所，北京铀矿地质研究院，中国地震局地质所等也建立了此方法。80年代后锆石与磷灰石的裂变径迹年龄测定被广泛用于构造隆升和盆地演化研究（刘顺生和张峰，1987）。进入21世纪之后，这一方法技术被发展成低温年代学的重要内容，并被广泛应用于沉积学，石油天然气资源研究等领域。

三、国内人才的培养与学科知识的普及

1. 中国科学技术大学地球化学和稀有元素系的人才培养

中国科学技术大学及其地球化学和稀有元素系（以下简称地球化学系）创建于1958年，由时任中科院地质所所长侯德封先生兼任系主任，中科院化学所梁树权先生兼任副主任。地球化学系下设同位素地球化学、稀有元素地球化学及稀有元素化学三个专业。为自立更生培养同位素地球化学方面的专业研究人才，中科院地质所侯德封、李璞、陈毓蔚、戴橦谟、邱纯一等老、中年科学家前往讲课和开设讲座，同时在系内姜传武、王慧芬、张鸿宾等也建立了以 K-Ar 法为主的同位素地球化学实验室，毕业学生大部分在中国科学院地质所一室，部分在系实验室实习和做毕业论文。不少毕业论文达到了较高水平，并在刊物上发表。前三届中国科大的毕业生中许多人成了我国同位素地球化学研究第二梯队的骨干力量，如陈江峰、陈道公、段玉成、胡霭琴、彭子成、王松山、王先彬、王义文、伍勤生、许荣华、杜安道；陈文寄、胡振铎、吴家弘、夏毓亮、易维熙、张淑坤、张忠奎、林祥铿、宋贯一、刘顺生、周新华、朱炳泉；陈才登、范才云、李曙光、梁卓成、林瑞芬、乔玉楼、王文懿、施泽思、薛啸峰、支霞臣、张宗清、储雪蕾等。

2. 各大学同位素地球化学教学的普及

70 年代后北京大学、成都地质学院、中国地质大学（含武汉地质学院）、南京大学、长春地质学院等也相继设立了地球化学专业，编著了教材，开设同位素地球化学专业课，培养这一领域专业人才。有关同位素地球化学知识普及与大学教科书及翻译引进的国外专著如下所述。

1）编著书籍

范嗣昆，伍勤生，1975，同位素地质年龄测定，北京：科学出版社

李俊华，夏德兴（实际作者：李耀菘、李喜斌、营俊龙、张文华、夏毓亮、许德华、林炳兴），1978，同位素年龄计算手册，北京，原子能出版社

丁悌平，1980，氢氧同位素地球化学，北京：地质出版社

陈锦石、陈文正，1983 年，碳同位素地质概况，地质出版社

郑淑蕙，1986，稳定同位素地球化学分析，北京：北京大学出版社

袁海华，1987，同位素地质年代学，重庆：重庆大学出版社

张理刚，1985，稳定同位素在地质科学中的应用，地质出版社

张理刚，1989，成岩成矿理论及找矿，地质出版社

王先彬，1989，稀有气体同位素地球化学和宇宙化学，北京：科学出版社

陈文寄，彭贵，1991，年轻地质体系的年代测定，北京：地震出版社

陈文寄，计凤桔，王非，1999，年轻地质体系的年代测定（续），北京：地震出版社

陈好寿，周肃，魏琳，杨俊龙等，1994，成矿作用年代学及同位素地球化学，地质出版社

沈渭洲，1997，同位素地质学教程，北京：原子能出版社

郑永飞，陈江峰，2000，稳定同位素地球化学，北京：科学出版社

陈岳龙，2005，年代学与地球化学，北京：地质出版社

杨杰东，徐士进，2007，同位素与全球环境变化，北京：地质出版社

尹观，倪师军，2009，同位素地球化学，北京：地质出版社

丁悌平 1994，硅同位素地球化学，北京：地质出版社

2）翻译书籍

X. N. 阿米尔哈诺夫，C. B. 布朗特著，1962，测定岩石绝对年龄的钾-氩法（1956），范嗣昆，戴橦谟，邱纯一译，北京：科学出版社

丁悌平，徐步台，周剑雄编译出版，1974，稳定同位素地质译文集——在矿床研究中

的某些应用

Doe 著（美），1975，铅同位素地质学，中科院地化所同位素实验室（毛存孝等译），北京：科学出版社

Faure and Powell 著（美 1972），1975，锶同位素地质学，中科院地化所同位素实验室（周新华译），北京：科学出版社

Hoefs 著（加 1976），1980，稳定同位素地球化学，丁悌平译，北京：地质出版社；

Faure 著（美 1977），1983，同位素地质学原理，乔广生、潘淑兰译，李继亮校，北京：科学出版社

四、承担的科研任务与主要研究成果

1. 珠峰任务

1960 年中国登山队从珠穆朗玛峰（珠峰）顶部采得了结晶石灰岩标本。1966～1968 年期间，对珠峰地区又进行了大规模的科学考察，获得了较为详细而丰富的区域地质资料和不同时代的地质样品（包括基底变质岩和喜马拉雅期的伟晶岩）。1969 年国家科委下达了珠峰样品研究的任务（珠峰任务）。虽然处于"文革"期间，但珠峰任务摆脱了当时"文革"干扰而导致的科研停滞状态，这也激发了科研人员自力更生自主创新测试技术的士气。然而新成立的地化所刚搬到贵阳，而贵阳又缺少液氮、氢气、氧气等工作条件。因此又将主要设备搬回北京，并与原子能所、冶金部地质所、综考会等单位建立了广泛的合作关系。在一年多时间中，通过完成珠峰任务建立了氩同位素稀释法、氩慢中子活化法、全岩 Rb-Sr 等时线法和全岩 U-Pb 年龄测定法等国内全新的测定方法。同时通过与原子能所合作制备了 ^{38}Ar 稀释剂，供应兄弟单位，使氩同位素稀释法在国内得到推广，并正确测定了 ^{37}Ar 的半衰期（见本章第二节、二）。全岩 U-Pb 年龄测定确定珠峰顶峰灰岩的形成时代为奥陶纪，而不是国外所认为的二叠纪，在国际上有重要影响。通过 Rb-Sr 等时年龄测定获得珠峰地区基底岩变质岩岩石年龄为 659 Ma。根据氩的中子活化测定珠峰伟晶岩年龄为 11.9 Ma，代表了珠峰隆起形成的时间。

相应成果为：中国科学院地球化学研究所同位素地质研究室（钟富道、朱炳泉、周新华执笔）．1973. 中国珠穆朗玛峰地区变质岩同位素地质年龄的测定．中国科学，（3）：280-288。

2. 前寒武纪同位素地质年表的建立

中国同位素地质年代学创始人程裕淇、李璞先生均十分重视前寒武纪地质时代划分研究，因此在同位素年代学实验室建立后，建立前寒武纪地质年表自然成了 70～80 年代重要的研究方向。中科院地化所和地科院钟富道、陈毓蔚、于荣炳、张自超、刘敦一等为建立前寒武纪地质年表做了大量地质对比、样品适用性和年龄测定工作。最早的研究集中于北方蓟县剖面（包括长城系、蓟县系和青白口系）的同位素年代学研究上。当时主要的年龄测定方法和对象为全岩 Pb-Pb、U-Pb 与 Rb-Sr 等时线，穿插地层的花岗岩锆石 U-Pb 年龄，以及地层中海绿石的 K-Ar 年龄。中国第一个前寒纪地质年表发表于 1977 年，确定了长城系、蓟县系和青白口系的界限年龄（陈毓蔚等，1981）。前寒武纪地质年代学问题成

为全国第二届同位素地球化学学术讨论会（1982）的重点。关于长城系底界年龄，一直存有争议。中国科学院地球化学研究所给出的年龄值为 1950±50 Ma，于荣炳等（1984）将此值划在 1859±40 Ma，陆松年等（1989）又进一步修定为<1800 Ma。80 年代初张自超等对南方峡东群等前寒武纪系地层进行了以 Rb-Sr 等时线为主的年代学研究，确定寒武纪底界年龄为 602±15 Ma。刘鸿允等根据四川震旦系苏雄组年龄认为南方震旦系底界为 850±50 Ma，与北方震旦系景儿峪组相当。刘敦一等根据五台群与阜平群之间侵入岩的锆石 U-Pb 年龄确定太古宇与元古宇界限的年龄为 2560 Ma，与鞍山群上部侵位变质岩一致（全国第二届同位素地球化学学术讨论会论文（摘要）汇编，52-53，260-261，366，与编外报告）。

3. 显生宙花岗岩的地质年代学研究

中国同位素地质年代学研究的早期阶段以 K-Ar 法为主，以未变质的显生宙花岗岩为主要测定对象。60 年代至 80 年代已获得大量以黑云母、角闪石、白云母 K-Ar 年龄为主的年龄数据，也有少数钾长石和全岩数据，达 7400 余个（其中 K-Ar 年龄为 6570 个）。地区上主要集中于中国东部南岭地区、长江中下游以及东北与华北地区。60 年代 K-Ar 年龄以体积法为主，精度较差，70 年代后以同位素稀释法为主，精度显著提高。这些年龄从统计意义上来说仍具有重要的地质意义。它们揭示出中国东部大规模的燕山期岩浆活动出现在 60~170 Ma，而峰值在 125~135 Ma，与 W、Sn、Sb、Pb、Zn、Cu、U 稀有金属等成矿作用有关的花岗岩年龄为 60~130 Ma。有关 K-Ar 年龄数据也揭示出中国大陆还存在较强的印支–海西期中酸性岩浆活动（180~240Ma），特别是在中国西北和华北克拉通以北地区的造山带。虽然 K-Ar 年龄存在偏低性，但从区域年代学研究来看，上述数据总体上是可信的。但当时用 K-Ar 法测定的加里东花岗岩年龄是明显偏低而不可信的。80 年代开始 Rb-Sr 矿物与全岩等时线法和毫克量级锆石 U-Pb 年龄测定被应用于花岗岩年龄测定，使对加里东花岗岩成岩年龄有了较可信的结果，确定年龄范围在 426~434 Ma 左右。随着测定方法的改进，也使对南岭地区诸广山等复式岩基的形成的复杂历史进行解析成为可能。

4. 显生宙火山岩年代学研究

从数据汇编看，70 年代通过全岩 K-Ar 年龄测定也获得了大量中生代火山岩年龄数据。其年龄分布特征相近于中生代花岗岩，主要形成时代在白垩纪 120~140 Ma。但当时缺少对火山岩剖面的系统研究。1976 年核工业北京地质研究院（即三所）李燿菘等率先对浙江金华、衢县（今衢江区）一带中生代火山岩剖面做了系统同位素年龄研究。80 年代初富铁会战中对长江中下游和庐枞盆地有较系统的研究。中国地质科学院南京地质矿产研究所李坤英等最早较多地应用了 Rb-Sr 等时线法并结合锆石 U-Pb 和 K-Ar 法年龄测定对中国东南部中生代火山岩形成时代进行较深入的研究。

1983~1985 年大范围开展了准噶尔盆地火山岩的 $^{40}Ar/^{39}Ar$ 坪年龄和总年龄测定，在国内最早（早约 15 年）提供了新疆二叠纪大火成岩省的精确年龄（见中国同位素数据库。戴橦谟、霍玉华、杨学昌、王慧芬、张前锋等．准噶尔盆地火山作用及盆地形成演化．见：中国科学院地学部主编．准噶尔盆地形成演化及油气形成．中国科学院地学部、石油工业部新疆石油管理局．1985，12 月）。

70 年代后期由于超高真空 Ar 提取系统的建立和高富 ^{38}Ar 稀释剂的使用，新生代年龄测定得于实现。中科院地化所 1978 年进行了云南腾冲地区和山东临朐山旺盆地的新生代火山岩的年龄测定。中科院地质所对长白山新生代火山岩也进行年龄测定。但当时仍然是使用苏式质谱，因此测定精度是不高的。

5. 水圈和水岩相互作用氢氧同位素地球化学研究

80 年代是我国氢氧同位素研究迅速扩展时期。特别是水的氢氧同位素研究在中科院、中国地科院、国家海洋局、中国农科院和许多高校的环境、水文、冰川、海洋、土壤、生物、油气等研究部门广泛开展。除对天然水的 H-O 同位素研究外还开展了氚、U 系、碳、硫和惰性气体同位素研究，为解决地热资源、城市供水、工程渗漏等问题提供了重要资料。

北京大学与中科院的郑淑蕙、于津生、卫克勤等通过大气降水研究建立了我国大气降水线公式和 H-O 同位素组成分布图，研究了大气降水的高度的纬度效应。随后许多部门又进行了不同地理区的大气降水长期观察和细尺度研究。中科院地化所卫克勤、林瑞芬等在地下水 H-O 同位素研究在国内起着引领作用，许多单位的大量研究成果在确定地下水类型、水源联系、补给、径流、排放、改善水质和评价水资源方面取得了很有价值的成果。

地科院宜昌地质所张理刚对成矿流体的 H-O 同位素进行了较深入的研究和系统总结。根据 H-O 同位素将成矿流体分为大气降水、海水、再平衡混合岩浆水、变质分泌水和复合-混合水五种类型，并应用于矿床类型的划分（张理刚，1985，稳定同位素地球科学上的应用，金属活化热液成矿作用及找矿，陕西科技出版社。张理刚，1989，成岩成矿与找矿-中国主要类型矿床及花岗岩类型岩石的稳定同位素地质学，北京工业大学出版社）。他的成矿流体 H-O 同位素图解后来得到广泛的引用，用于判别成矿流体的物质来源。中科院地化所于津生等在全国范围内开展了以花岗岩为主的岩浆体系水 H-O-Sr 同位素的广泛研究。根据同位素资料将花岗岩浆分为封闭结晶型、开放去气型和大气降水热液交换型。

80 年代初中科院地球化学所、地质所、青岛海洋所利用铀系和宇成核素开展沉积年代学和示踪生物地球化学循环研究，陈毓蔚、赵一扬等对东海近岸沉积物和冲绳海槽沉积物柱样进行了 U、Th、^{226}Ra 分布和沉积速率测定。夏明等用不平衡铀系 ^{230}Th$_{EX}$ 测定我国南海北部陆坡的沉积速率。夏明等和黄奕普等用 ^{210}Pb 方法测定河口沉积物的沉积速率。

6. 成矿作用的稳定同位素示踪

1964 年冶金部地质所与中科院地质所的同位素研究室最早开展了吉林磐石红旗岭基性-超基性铜镍矿的硫同位素研究。70 年代冶金部地质所取得了大量夕卡岩型矿床、斑岩型铜矿、热液型、沉积变质岩型铜矿的硫同位素资料。80 年代后地科院矿床所、中科院地化所等单位也广泛开展了硫同位素研究。结果表明产于不同构造背景的斑岩型矿床 δ^{34}S 变化范围很小（0 ~ +0.4‰），具有来自下地壳岩浆硫特征。而层控型沉积变质矿床硫同位素明显具区域性特征，如粤北地区 δ^{34}S>10‰，湘中地区 <-15‰（冶金部地质研究所同位素地质室，1979）。

80 年代北大地质系、中国科技大学地球与空间科学系、中科院地化所、冶金部地质所等对我国太古宙弓长岭、白云鄂博、石碌等重要铁矿进行了广泛的 O-C-S 同位素的综合研究。研究表明不同时代铁矿的石英与磁铁矿 δ^{18}O 具同步变化，弓长岭铁矿形成于原始沉积加热卤水变质改造；对白云鄂博铁矿提出了沉积-变质-热液交代的成矿模式，但硫来自深源岩浆。

80年代地科院、中科院地化所等对华南钨锡矿进行了广泛的稳定同位素研究，结果表明成矿溶液的多来源性，但主要与上地壳花岗岩有关。

大量的矿石铅同位素也在这一时期获得，并普遍用铅同位素模式年龄来代表成矿年龄，同时采用Zartman的铅构造模式，或其他增长模式来解释成矿物质来源是地幔、下地壳或上地壳。这些数据解释对于部分矿床有意义，但在许多情况下与观察事实不符。北京铀矿地质研究所根据高异常铅同位素组成和多阶段模式处理确定铀活化富集与成矿时代，追索铀源方面是成功的，确定了八期铀的成矿期，开拓了铅同位素在铀矿找矿评价中的广泛应用（夏毓亮等，1974；李耀松等，1980；夏毓亮，1982）。中科院地球化学所、地科院宜昌地质所等学者通过矿石铅与岩石铅同位素资料的对比，研究了中国大陆地壳的铅同位素增长线与其他大陆的区别，提出了大陆块体铅同位素存在明显横向不均性，以及模式年龄作为成矿年龄的不可靠性，同时建立了铅同位素相对偏差的 $\Delta\gamma-\Delta\beta$ 示踪图解，得到了广泛的应用（陈毓蔚，毛存孝，朱炳泉，1980；朱炳泉，1993；张理刚，1993）。

7. 油气成因的同位素示踪

70年代末至90年代初的中科院兰州地质所，胜利石油管理局地质科学研究院，四川石油管理局地质勘探开发研究院，中科院地球化学所、中科院地质所等同位素研究室开展了大量测定天然气、原油、干酪根的稀有气体同位素，以及C-H-S同位素组成，用于确定气源、油源与地层的关系，确立判别煤成气的标志，划分油气的类型，以及估算天然气的形成时代。

8. 古温度与古气候研究

80年代只有中科院古脊椎动物与古人类所，地震局地质所等少数同位素地球化学家开始测定海洋-湖泊沉积物、生物壳、石钟乳、树轮和冰川的氧、碳同位素组成来计算古温度和探讨古气候的变化。我国第一个海洋有孔虫的氧同位素记录是通过国际合作测定，由冯文科和杨达源于1988年发表。

9. 等时面理论（U-Pb三阶段模式，Rb-Sr混合等时线）与同位素体系再循环模式

在70~80年代中国在发展等时面理论（同位素体系经历了三个阶段的演化，可以用等时面的数据处理方法）在国际上具有领先性。朱炳泉在1975年提出了U-Pb同位素体系三阶段模式和三元回归计算方法，可给出两个演化阶段的年龄，对处理U/Pb相对较低的全岩与锆石矿物体系数据上有明显的优益性，比国外相应工作提出早9年。覃振蔚根据Rb-Sr初始值具有不均一混合的同位素体系案例在1987年提出了Rb-Sr混合等时线理论和等时面处理方法，比国外同类理论与方法的提出早6年。

为了解释地壳岩石和矿物的多元同位素体系分布特征。80年代不少学者发展了不同形式的铅同位素二元与三元混合模式，以及钕-锶-铅三元混合曲面方程。根据全球大洋与大陆幔源岩同位素体系资料资料，我国学者在发展壳幔二体系再循环模式的基础上，提出了三体系与四体系再循模式，较好地解释大陆与大洋七个主要地幔端元钕-锶-铅同位素组成的成因和演化历史。

10. 同位素分馏理论的探讨

80年代从事稳定同位素研究的学术开始探讨了矿物与水体系之间同位素交换产生的同位素分馏。郑淑蕙等通过对比石英包裹体水与黑云母、角闪石 δD 值之间的关系，研究了花岗

岩岩浆演化过程中氢同位素的分馏。储雪蕾等建立了涉及分子内和分子间同位素交换的动力学模式，研究了硫化物与硫酸盐之间的同位素交换和分馏系数。卢武长根据矿物中各种氧键的比例，推导出夕线石、蓝晶石、石榴子石和绿泥石等矿物与水之间的氧同位素分馏方程。

11. 核地球化学

核地球化学是研究地球物质中的各种核过程（包括核衰变，重核自发裂变与诱发裂变以及各种类型的核反应）对地球演化过程的制约与调控。地球物质中的各种核过程，不仅是地球演化的主体能源，也是地球物质演化的主要动力。

1961年侯德封发表的《核子地球化学》一文（侯德封，1961），建立了核地球化学学科的理论框架。1974年，侯德封等出版的《核转变能与地球物质的演化》专著（侯德封，欧阳自远，于津生，1974），系统论述了核地球化学学科的主要研究领域与成果（欧阳自远，2000）。

（1）地球的元素与核素平均丰度与特征。根据元素与核素起源的各种核过程理论和太阳元素与核素的年龄与丰度特征，通过太阳星云元素的分馏、凝聚和核素均一化过程研究，结合陨石学综合研究成果，提出不同地球模型的元素与核素的平均丰度与特征。

（2）地球演化的主体能源。地球物质演化的能源有"内生能"与"外来能"两大体系，"内生能"中的各种能源以核转变能为主体，已成为世界科技界的共识。根据地球物质中元素与核素的平均丰度，计算长寿期放射性核素的衰变能，是地球长期演化的主体能源；短寿期放射性核素的衰变能，在地球形成初期具有重要意义；首次发现重核的诱发裂变能，在地球形成后至20亿年前，主导了地球物质的演化过程。

现今地球内部能量的扩散、传导与分布，可以定量解释地球内部的地温梯度、推动板块运动大约 $5 \sim 10 \text{ cm/a}$、岩浆与火山活动的规模以及地震、温泉等活动（侯德封，欧阳自远，于津生，1974）。

根据地球物质中核转变能随时间的衰减，大约距今45亿年后，地球内部能源衰竭，内部逐渐冷却，地球的岩浆与火山活动、地震活动、板块运动将终止，地磁场将消失，地球将变得宁静。地球表面由于有太阳能，仍然是生机勃勃。

（3）20亿年前地球上曾有"天然核反应堆"运行。根据地球的核素平均丰度，在20亿年前，在有天然中子源和中子慢化剂（地下水）存在的环境下，天然铀矿层中的 ^{235}U 丰度，达到产生链式反应的条件。因此，在距今46亿~20亿年前的地球物质中，必然出现过"天然核反应堆"。相继在非洲加蓬共和国的奥克拉铀矿层中，以及在加拿大等地的古老铀矿区内，证实在20亿年前，出现了"天然核反应堆"。不过这种"天然核反应堆"可能是"开开停停，停停开开"（侯德封，欧阳自远，于津生，1974；欧阳自远，2007）。

（4）建立了裂变径迹测年实验室。根据重核的自发裂变过程，中国科学院地球化学研究所和中国科学院原子能研究所分别于1980年建立了"裂变径迹测年实验室"。开展了用裂变径迹法测定北京猿人的年龄为 (46.2 ± 4.5) 万年，是测定北京猿人用火年龄的唯一可信数据（郭士伦，1980）；实验室还测定了西藏南部地区喜马拉雅山脉各种岩体的裂变径迹年龄和差异的上升速度（刘顺生和张峯，1987）。

（5）地球物质中已灭绝核素、超铀元素与超重元素的探寻。

地球物质中放射性核素的衰变，引起某些元素的同位素组成变化，有些核素具有资源应用前景。自然界已灭绝的核素，在辉钼矿和铀矿石中发现有 ^{98}Tc、^{99}Tc 和 ^{147}Pm。在天然铀矿石中，通过自然界的低能核反应，发现^{237}Np、^{239}Pu、^{240}Pu、^{244}Pu、^{243}Am、^{243}Cm、^{247}Cm、^{252}Cf等超铀元素（欧阳自远，1972）。宇宙线与地球物质的核反应过程，产生了一系列宇宙成因核素，如^{10}Be、^{14}C、^{20}Ne、^{21}Ne、^{22}Ne、^{22}Na、^{26}Al、^{32}P、^{33}P、^{36}Cl、^{38}Ar、^{41}Ca、^{44}Ti、^{49}V、^{53}Mn、^{54}Mn、^{55}Fe和^{60}Co等核素。这些核素已成为测定宇宙线暴露年龄的主要核素，也是研究地表的风化剥蚀过程与小行星在行星际空间暴露历史的关键性核素（欧阳自远，1982）。铀矿中裂变产物的测定，为探寻自然界的超重元素如$Z=111$、112、113、114、115与116等新核素提供了新的途径（欧阳自远，1972）。

（6）地球成矿区与成矿带的物质来源。地球组成的原始不均一性和核转变能的迁移、分布差异制约了地球成矿区与成矿带的空间分布与成矿的继承性（欧阳自远，1994，1995，1996）。

（7）我国地下核试验的地质效应综合研究。核地球化学是地球科学与核物理学交叉形成的新兴学科。地下核试验是国家重大国防任务，也是核地球化学紧密结合地下核试验开展综合地质效应研究、验证与创新发展的重大机遇。在侯德封、叶连俊的指导下，核地球化学研究团队承担了我国地下核试验场的选场，围岩介质的物理力学与化学性质，超高压冲击波对矿物、岩石的冲击变质作用，地下核试验的过程图像，防止地下水污染的技术措施，核废料的长期、安全保存等。研究团队根据地形、地质构造、围岩物理、化学性质，优选地下核试验场；高温高压模拟地下核爆炸的地质与地球化学效应，放射性裂变产物的捕获过程和围岩感生放射性特征，地下水携带裂变产物的运移与水岩相互作用，防止地下水污染的技术措施等；经地下核试验验证完全成功。"我国地下核试验综合地质效应研究"获中国科学院重大科技成果奖和全国科学大会奖。

五、全国性学术活动、国际交流与同位素地球化学专业委员会的成立

"文革"后期，广大科研人员已清醒地认识到国内同位素地球化学的研究水平已大大落后于国际先进水平。70年代发达国家的同位素测量精度已从千分之几的水平提高到十万分之几的水平，大大开拓了同位素地球化学的研究视野。为了迎头赶上，必须要加强国内外学术交流以及引进国外先进设备与技术。因此于津生、陈民扬、张自超、郑懋功等各系统老一代的同位素地球化学家自发筹备组织全国性学术活动。1972年底发出了《关于召开全国同位素地质科研工作交流会的倡议书》。在当时的政治气氛下只好以"经验交流会"的形式开展活动。倡议很快得到全国同行和领导的响应。1975年11月15日在贵阳召开了第一届全国同位素地质工作经验交流会，参加人员达200人。会议出版了论文集1、2、3集。同时开始组织中国同位素年代数据的汇编。从1975至1986年共出版全国同位素地质年龄数据汇编四集（编辑组成员：范嗣昆、白云斌、桂训唐、朱杰辰、申浩澈、方中、夏毓亮、陈民扬）。

1978年中国矿物岩石地球化学学会正式成立，1979年建立了"同位素地球化学专业委员会"，靠挂在中国科学院地化所，由于津生任主任委员。1985年中国地质学会同位素地质专业委员会成立，1990年国土资源部同位素地质开放（后改为重点）实验室成立。由刘敦一出任主任，丁悌平、张宗清任副主任。

1982年和1986年在北京和宜昌相继召开了第二、第三届全国同位素地质年代学与同位素地球化学学术讨论会，各届参加人数在300～400人。1982年成立了三级"专业委员

会"组织（K-Ar，U-Pb，Rb-Sr，稳定同位素，碳-14，裂变径迹等），确定了负责人和挂靠单位。每年均有三级"专业委员会"组织的学术活动，以技术交流为主，或举行讲习班。在"第三届全国同位素地球化学学术讨论会"期间，举行的中国矿物岩石地球化学学会"同位素地球化学专业委员会"决定下届会议的名称改为"全国同位素地质年代学和同位素地球化学学术讨论会"；会议分别由中国地质学会和中国矿物岩石地球化学学会轮流主持召开；但会议的届数仍延续以前的届数。

70年代的国际交流仅限于朝鲜、阿尔巴尼亚、罗马尼亚、越南。中科院地球化学所同位素研究室曾派出代表团去朝鲜、阿尔巴尼亚帮助建设实验室，朝鲜、罗马尼亚则派代表团来中国学习交流实验室相关技术。中方实验室也为越南、朝鲜测定过大量同位素年龄和同位素比值样品。

六、同位素地球化学标样的建立

70~80年代，由于当时国内获得的同位素年龄，母子体含量和同位素组成的国际标样很少，为了使国内各同位素地球化学测定资料能相互比较，迫切需要建立工作标样。通过学会同位素地球化学专业委员会各专业组联合各单位实验室已建立了许多工作标准。特别是国内稳定同位素实验室已建立了一系列用于水、硅酸盐、碳酸盐、有机碳的O-H-C-Si同位素分析的标样，并通过中国计量科学研究院检定成为国家标准。这些建立的准标样部分列在表7-2a、表7-2b中。

第三节 引进西方技术和赶上国际前沿阶段

随着20世纪80年代我国社会进入到改革开放的新时期，同位素地球化学学科也随之进入到发展的快车道，大量引进西方技术，派出批量人员学习西方科学技术并开辟了中外学术交流的常态渠道是这一时期的标志特征，我国同位素地球化学开始了赶上国际各前沿领域的新阶段。

一、国际学术交流

1. 中美双方学者的互访考察与合作研究

中美之间能广泛开展同位素地球化学方面学术交流，得益于1979年邓小平访美期于1月31日签定的《中美两国政府间科技合作协定》以及两国有关互派留学人员的协定。在协定框架下签署了近50个议定书，领域包括能源、环境、农业、基础科学、科技信息和政策、地学、自然资源、交通、水义和水资源、医药卫生、计量和标准、民用核技术与核安全、统计、自然保护、林业、高能物理、聚变、材料科学和工程计量科学、生物医学、地震、海洋、大气、测绘等。在地学方面包含了中美大陆的同位素地球化学对比研究。这个协定促使了一批著名的美国同位素地球化学家来中国访问讲学，使中国同行较深入了解了国际前沿的同位素测试技术和研究水平，也有一批学者去美国各大学和地调研究机构进行学术交流和开展合作研究，同时中美双方合作培养了一批研究生。

表 7-2a 我国自行建立的同位素年龄、同位素组成标样

名称	来源与物质类型	用途	发起人	标准数据
天 09	内蒙古天皮山伟晶岩白云母	时期用于高年龄样品 K-Ar 与 Rb-Sr 年龄测定	中国科学院地球化学研究所	1875±8 Ma
ZMT04	内蒙古天皮山伟晶岩白云母	Ar-Ar 年龄测定	中科院地质与地球物理研究所	1823±15 Ma
ZBH-25	房山花岗闪长岩黑云母	广泛用于 Ar-Ar 与 K-Ar 稀释法年龄测定	中国科学院地球化学研究所、中国科学院地质研究所、北京铀矿地质研究所、地质部宜昌地质矿产研究所及冶金部地质研究所	132±0.8 Ma
ZB J	房山花岗闪长岩角闪石	Ar-Ar 与 K-Ar 稀释法年龄测定		133.3±1.3 Ma
NM15	可可托海伟晶岩 3 号白云母	K-Ar 与 Rb-Sr 年龄测定	中国科学院地球化学研究所	238±2.5 Ma
BT 1	内蒙古稀土坑伟晶岩锆石	U-Pb 法	中国科学院地球化学研究所	1885±3 Ma
LTB-1	藏北超钾质火山岩透长石	新生代火山岩 Ar-Ar, K-Ar 年龄测定	中科院地质与地球物理研究所、中国科学院地球化学研究所	296±0.4 Ma
LBT-2	吉林盘石红旗岭 1 号岩体硫化铜-镍矿床磁黄铁矿	硫同位素	冶金部地质研究所	$\delta^{34}S=-0.3±0.1$
GBW-4411	江西德兴大茅山垦殖场村硫铁矿"黄铁矿"	硫同位素	冶金部地质研究所	$\delta^{34}S=+1.8±0.2$
GBW04401	钾长石	Rb-Sr 年龄测定	中国地质科学院宜昌地质所	0.75999±0.00020
GBW04409	称重法配制纯水	H-O 同位素分析	中国计量科学研究院、中国地质科学院、中科院地质与地球物理研究所、核工业北京地质研究院、中科院地球化学研究所	$^{18}O+0.32±0.1$, $^{2}H-0.40±1.0$
GBW04421	石英	硅酸盐 H-O 同位素分析		$^{18}O+11.11±0.06$
GBW04405	石英	硅酸盐 Si 同位素分析		$^{30}Si-0.02±0.10$
GBW04407	周口店灰岩	无机碳酸盐 C-O 同位素		$^{13}C+0.57±0.03$ $^{18}O-8.49±0.14$
	四川天然气碳粉	有机碳 C 同位素		$^{13}C-22.43±0.07$

表 7-2b 我国研制的国家一级稳定同位素参考物质

样品名称	样品性质	δD_{V-SMOW}/‰	$\delta^{18}O_{V-SMOW}$/‰	$\delta^{13}C_{V-PDB}$/‰	$\delta^{18}O_{V-PDB}$/‰	$\delta^{33}S_{V-CDT}$/‰	$\delta^{34}S_{V-CDT}$/‰	$\delta^{30}Si_{NBS-28}$/‰	研制单位	参考文献
GBW 04401	水	0.4	0.32						北京大学化学系	国家技术监督局, 1995
GBW 04402	水	−64.8	−8.79							
GBW 04403	水	−189.1	−24.52							
GBW 04404	水	−428.3	−55.16							
GBW 04407	C			−22.43					北京石油勘探开发科学研究院	
GBW 04408	C			−36.91					北京石油勘探开发科学研究院; 四川石油局地质勘探开发研究院; 胜利油田地质科学研究院	国家技术监督局, 1995
GBW 04405	碳酸钙			0.57	−8.49					
GBW 04406	碳酸钙			−10.85	−12.4					
GBW 04416	碳酸钙			1.61	−11.58				地质矿产部矿床地质研究所	白瑞梅等, 1992
GBW 04417	碳酸钙			−6.05	−24.12					
GBW 04409	石英		11.11						地质矿产部宜昌地质矿产研究所	国家技术监督局, 1995
GBW 04410	石英		−1.75							
GBW04414	AgS$_2$					−0.02	−0.07		地质矿产部矿床地质研究所	丁悌平, 刘玉山, 万德芳等, 1992
GBW04415	AgS$_2$						22.15			
GBW 04421	石英							−0.02		万德芳等, 1998
GBW 04422	SiO$_2$							−2.68		

>289<

1) 中美双方学者的互访与考察

1979年美国斯克里普海洋研究所（Scripps Institution of Oceanography）同位素地球化学家周载华（T. J. Chow，美籍华人，美国同位素地球化学研究的开创元老之一）访华，为促进中美学术交流起了重要的桥梁作用。1980年6月加州大学D. MacDougall与G. Lugmair最早来云南腾冲考察新生代火山岩，开展了相关的同位素地球化学合作研究。1988年又合作研究了内蒙古、山西的新生代火山岩地幔包体。1980年12月周新华参加美国地球物理联合会秋季年会（AGU, Fall Meting）后访问了旧金山近郊的美国地质调查所（USGS, Menlo Park）的同位素实验室（Ar和稳定同位素实验室）。1981年初，周新华在美国华盛顿卡内基学会地磁部（CIW/DTM, Carnegie Institution of Washington, Depaetment of Terrestrial Magnetism）同位素实验室进修和合作研究，与R. W. Carlson联名发表了第二篇有关中国火山岩Nd同位素研究论文（Zhou and Carlson, 1982）。同期，并与朱炳泉应加州理工学院（Caltech）教授C. J. Wasserburg（是美国开创同位素地球化学研究的元老之一）之邀访问了世界著名的Apollo月样同位素分析实验室（即Lunatic Asylum of the Charles Arms Laboratory）。这是首位中国大陆同位素地球化学学者受邀进入该实验室，也是进入该实验室的全球第十位同行。周新华在该次访问中做了两个学术报告，全面介绍了我国同位素年代学研究成果和相应的实验室及装备，并赠送了美方嫦娥奔月绢人，后被长期放置于该实验室入口处。1981年秋，美国地球化学代表团应涂光炽先生邀请来华访问，Wassenburg等来贵阳访问讲学交流，对地球化学所在艰苦简陋条件下取得的成果（如西藏两类花岗岩成因的Sr同位素研究等）给予了高度评价。同年，周新华应Zartman和Tatsumoto邀请访问美国地质调查所同位素地质学本部（USGS, Denver, Branch of Isotope Geology），在其学术报告中介绍了中国大陆新生代玄武岩同位素特征研究成果，并在同年11月美国地质学会年会（GSA, Cincinnatti, 1981）上报告了同一成果。1983年以来美国地质调查所M. Tatsumoto，J. S. Stacey，M. A. Lanphere，R. E. Zartman，A. R. Basu等同位素地球化学著名学者先后来中国吉林、黑龙江、辽宁、山西、河北、安徽、内蒙古、青藏等地区考察新生代火山岩、太古宙地层与矿产资源，并访问相关的研究所。1983年涂光炽教授等七人中国科学院地球化学代表团访问了美国。1980年以来中国学者有10多人（陈毓蔚、朱炳泉、毛存孝、刘嘉麒、李曙光、翟明国、范嗣昆、戴橦谟、彭子成、陈道公、陈文寄、邓访陵、李献华、王俊文、谢广轰、黄婉康、张玉泉、谢应雯、潘云等）访问了美国加州大学、Scripps海洋所、地质调查所、卡内基学会地磁部、加州理工大学、麻省理工学院、纽约州立大学等，并在相关实验室进行合作研究，同时考察了海岸山脉、落基山、科罗拉多、格林威尔、阿巴拉契亚等美国重要地质单元的地质与矿产，以及在这些地区同位素地球化学的研究进展情况。通过合作研究，使有关研究成果得以在 Nature，Geology，Earth Planet. Sci. Lett.，Geochim. Cosmochim. Acta，Chem. Geol. 等重要国际地学刊物上发表。

2) 学术交流中的相互启发

1978~1979年期间，涂光炽先生在多次学术演讲中讲环太平洋成矿带时，强调了大洋东岸与西岸成矿作用的明显差异。他不赞同Zartman（美国地质调查所著名同位素与矿床地球化学家）的铅构造模式，认为至少不适用于中国大陆，在学术讨论会上与大家平等地进行学术争论。这是涂先生一个很有预见性和闪光的学术思想，早于国际上5~6年提出了地幔存在横向不均一性的重要科学问题，也引起了我国一部分同位素地球化学家的深入思考。1983年美国地调所著名同位素与地幔地球化学家Tatsumoto来中国访问，与涂先生一起探讨了这一共同感兴趣的问题，Tatsumoto认为涂先生的见解很有道理，建议要广泛开展中、美大陆的同位素对比研究。其后，双方的共同设想成为中美科技合作计划地学方面的重要组成部分。在涂先生邀请下，1985年Zartman来中国访问，并开展了地幔地化学方面的合作研究。在拜访涂先生时，也讨论了同位素地球化学方面共同感兴趣的问题；大家都认识到美国西部存在同位素省，中国大陆也应存在同位素省，并表示要将矿床地球化学、地幔地球化学与同位素地球化学结合起来研究。正是这一期间（1984~1986年），法国、美国的地球化学家Hart与Allegre等才进一步明确了地幔存在横向不均一性这一学术思想，全面地发展了地幔地球化学理论。

3）学术交流的深化和扩展

随着中美双方学术交流的开展，逐渐向专题合作深化发展。20世纪90年代初，国家地震局地质所陈文寄等与美国加州大学（UCLA）T. M. Harrison等开展了同位素多重扩散域（MDD）理论地质应用的专题合作研究，结合我国苏鲁、青藏等造山带实例，开展了相关工作，并在我国引进了这一方法技术（陈文寄等，1996；Chen, Li, Hao et al., 1999）。

2. 中日双边同位素地球化学会议、互访与科研合作

1982年第五届国际同位素年代学，宇宙年代学和同位素地质学大会在日本日光举行，我国同位素地球化学界首次较大规模组团前往日本。我国代表除在会上提交学术报告外，会后专门访问了东京大学，日本地质调查所等单位实验室，与日本同行建立了双边学术联系。为了发展亚洲地区同位素地球化学的交流与研究合作，在涂光炽、欧阳自远、M. Honda、H. Sakai等的倡导下确定定期（两年）双方轮流召开"中日双边同位素地质年代学、宇宙年代学与同位素地质学术讨论会"，同时协定召开方资助来访方人员会议费用。1989年在日本箱根召开了第一届学术讨论会。中日双方从事同位素地球化学研究的主要单位和代表人员达40人参加了这次会议。1991年在广州召开第二届学术讨论会，参会人员达100人。但第三次会议日方没有兑现按期召开，直到1995年才按原定协议召开。然而1996年初在东京大学召开的会议，有俄方的参加，日方单独将会议名称改为"Todai（东大）International Symposium on Cosmochronology and Isotope Geoscience"，资助人员也仅限于中科院地化所数人。由于资助的不对称性和日方没有按原定宗旨办，中日双边学术会议也就没有再继续下去。随着我国社会改革开放深化，中日两国学会于2012年重启双边交流，日本地球化学学会会长吉田尚宏教授（Naohiro Yoshida）受中国矿物岩石地球化学学会刘丛强理事长邀请访问北京，双方签定以举办双边地球化学与宇宙化学论坛为主的长期合作协议。2013年4月吉田尚宏教授受邀参加了中国矿物岩石地球化学学会学术年会，并做大会学术报告；9月在日本箱根举办了第一届中国日本地球化学与宇宙化学联合论坛。2015年9月在北京举办了第二届中国日本地球化学与宇宙化学联合论坛。

3. 中澳、中加、中英间的学术交流与合作

澳大利亚是中国同位素地球化学界最早了解西方发达国家同位素地球化学实验室与研究水平的窗口。1975年澳大利亚国立大学地球科学研究院Compston, McDougall, Brooks,

Gulson等著名同位素地球化学家为西方最早来中国同位素实验室访问讲学的专家。1975～1977年中方于津生、朱炳泉、王松山、陈毓蔚、夏明、陈镜石、毛存孝、裘秀华、戴橦谟等通过不同考察团和参加会议等方式考察了澳大利亚有关的同位素实验室和野外地质。1979年中科院地化所钟富道，地质所王松山，中国地质科学院宜昌所张自超和地质所刘敦一，分两批先后被派往澳大利亚国立大学地球科学研究院进修地质年代学研究及技术方法。钟富道、张自超二人从事Rb-Sr年代学研究，王松山从事Ar-Ar年代学研究。刘敦一则从事微量锆石年代学研究。这是改革开放后地学界首次派专家前往西方国家学习定年技术和年代学研究方法。经过一年的进修回国后，1982年张自超在中国地质科学院宜昌地矿所建成了全新的Rb-Sr年代学实验流程，并与澳大利亚学者继续开展我国寒武底界界线年龄研究工作。王松山则在中科院地质所建立了Ar-Ar定年方法，并被委派赴巴西圣保罗大学帮助该院校建立了Ar-Ar实验室。1983年，刘敦一在中国地质科学院地质所创建了我国最早的超净实验室，并完成了微量锆石（mg级）定年技术方法的建立。钟富道则因去世太早未能继续他的事业。中国地质科学院张自超、刘敦一回国后在我国同位素地质学从测试服务转变为作为学科发展这一重要转变中起了积极作用。

澳大利亚国立大学地球科学研究院华人科学家孙贤鈇博士（1943～2005）为推动两国同位素地球化学家学术交流和合作做出了重要贡献。2001年，中国地质科学院引进澳大利亚国立大学研发的SHRIMP离子探针质谱仪，建立北京离子探针中心。

1977年中国科学院同位素地质科学考察组陈毓蔚、夏明、陈镜石、毛存孝、裘秀华最早考察了加拿大同位素地质实验室。1979年，作为中方首批同位素地球化学访问学者，周新华前往加拿大不列颠哥伦比亚大学（UBC）同位素实验室，与国际著名同位素地球化学家D. L. Armstrong教授开展中国东部新生代玄武岩合作研究，之后作为合作成果联合发表了我国第一篇地幔地球化学国际论文（Zhou and Armstrong，1982；周新华，1982），受到国际学术界关注。同期，丁悌平前往加拿大McMaster大学，开展稳定同位素方面的合作研究。

1985年在英国皇家学会资助下（Royal Society Award），周新华受邀前往剑桥大学同位素实验室与K. R. O'Nions教授开展中国大陆地幔捕虏体同位素体系合作研究（Zhou and O'Nions，1986；周新华和韩蓉，1986）。同期，王松山前往英国Shefield大学，与R. Turner教授开展Ar-Ar合作研究。

4. 中法、中瑞、中德间的学术交流与合作

1980～1981年，中科院地化所、地质所与法国（CRPG—Centre de Recherches Pe'trographiques et Geochimiques）对班公湖—东巧—怒江缝合带以南的花岗岩类和变质岩进行了比较系统的地质年代学和同位素地球化学研究，取得了一批精度较高的Rb-Sr等时年龄和锆石U-Pb年龄。（金成伟和许荣华，1982）。后来许荣华等（1983，1990）继续与巴黎大学合作研究青藏年代学。

1984～1985年于津生在法国CRPG访问与合作研究"中国东部沿海中生代晶洞花岗岩氧同位素组成研究"。

1982～1983年，地科院地质所张宗清等与法国雷恩大学江博明等合作开展了冀东太古宙岩石的年代学与地球化学研究。

1986～1997年，中科院地化所卫克勤、林瑞芬等与法国南巴黎大学（Paris Sud）进行了较长时间的古气候环境方面 O-H 同位素合作研究。

21 世纪初中国科技大学地球与空间科学系陈道公、支霞臣等和法国国家研究中心（CRPG，Nancy）合作对苏皖地区地幔橄榄岩捕虏体全岩的锇同位素组成进行了测定研究，取得了中国东部地幔岩浆过程的重要信息。

20 世纪 80 年代（1984，1987）中国家地震局地质所陈文寄等与瑞士伯尔尼大学 Jager 开展了年轻火山岩年代学的合作研究，并建立了年轻火山岩 K-Ar 年龄标样（大同火山岩）（Jager et al.，1995）。同期，中国科学院广州地球化学所沈承德与伯尔尼大学开展加速器质谱 C-14 测定研究。

1986~1987 欧阳自远，王先彬等与联邦德国马克斯－普朗克学会（Max-Planck-Institute）化学所，核物理所开展有关吉林陨石雨的合作研究。

1989~1990 年及 21 世纪初，周新华、李曙光先后分别与联邦德国马克斯－普朗克学会（Max-Planck-Institute）化学所 S. L. Goldstein 及 Jagoutz 合作，开展了大陆地壳生长模式的同位素研究及苏鲁－大别超高压变质带年代学研究。

5. 参加与组织国际同位素地质年代学、宇宙年代学与同位素地质学学术大会

1982 年中国同位素地球化学界第一次组团参加在日本日光（Nikko）举行的第五届国际地质年代学、宇宙年代学和同位素地质学大会（ICOG 5），我国多名代表在会上作了学术报告，受到国际同行的重视和欢迎。之前于 1978 年在美国南加州大学（USC）进行 U 系标样比对学术访问的中科院地质所夏明、张承蕙、李桂茹在 USC 顾德隆教授安排下，以个人名义参加了在美国科罗拉多举办的第四届会议。第六届至第八届会议均有较多的中方代表参加（ICOG 6，1986，Cambridge；ICOG 7，1990，Canberra；ICOG 8，1994，Berkeley），上述学术活动大大增强了我国同位素界与国际同行的交流和联系。在历届会议上，丁悌平等许多中国学者均为争取这一国际大会在中国召开做出了不懈努力，1998 年终于实现了这一愿望。

1998 年由我国轮值主办第九届国际地质年代学、宇宙年代学和同位素地质学大会（ICOG 9），会议是由中国地质学会同位素地质专业委员会、中国矿物岩石地球化学学会同位素地球化学专业委员会、国土资源部同位素地质开放实验室、中国地质科学院地质所、矿床所和北京大学地质系共同组织举办。会议由北京大学及中国地质科学院地质研究所具体承办，于 1998 年 8 月 20 日至 26 日在北京大学光华管理学院召开。来自五大洲 24 个国家和地区的 300 多位同位素地质学及相关科学专家参加了这一大会。大会接受学术论文 328 篇，其中收入论文摘要汇编的有 325 篇。有 317 篇论文在会上以大会报告、分组报告和展讲形式进行了交流。会议主题所涉及的内容有：①全球变化；②人类活动和环境；③宇宙地球化学和宇宙年代学；④地壳运动；⑤地幔地球化学和壳-幔互作用；⑥地质年代学和地质年代表；⑦沉积环境和地表作用中的同位素地球化学；⑧灾害和监测；⑨应用同位素地球化学和地质年代学；⑩同位素水文学和水资源；⑪稀有气体地球化学；⑫同位素分析技术等。

因会议内容重复交叉，经国际地球化学界协商，每四年一次的 ICOG 嗣后即与当时两年一次的国际地球化学大会（Goldschmidt Conference，1988 年起创办）合并召开，延续至今已成为国际地球化学界每年都召开的规模最大的学术盛会。

6. 我国科学家在国际学术组织任职

改革开放之后随着我国相关学科发展影响的扩大，我国科学家先后受邀在相关国际学术组织中任职：如刘敦一研究员出任国际地质科学联合会副主席（1992~2000）；丁悌平研究员先后出任国际纯粹与应用化学联合会同位素丰度与原子量委员会衔称委员（2000~2007），国际纯粹与应用化学联合会同位素丰度与原子量委员会主席（2004~2007），国际纯粹与应用化学联合会无机化学委员会衔称委员（2008~2011，2014至今）；周新华研究员出任国际岩石圈计划第二工作组成员（1990~1998）等；朱祥坤研究员出任国际纯粹与应用化学联合会同位素丰度与原子量委员会扩大委员（2004~2008）和衔称委员（2008至今）。

二、通过国际合作获得在国内外上有重影响的研究成果

20世纪80~90年代改革开放后，一批访问学者在欧美国家进行合作研究和学习方法技术（见表7-3），取得了许多有重要影响的研究成果，主要集中于中国大陆新生代玄武岩及其包体的年代学和同位素体系研究，突破了对中国大陆地幔不均一的重要认识。同时对中国大陆太古宙>30亿年岩石年龄和地壳增长模式年龄取得了大量资料。对以苏鲁-大别超高压变质带为代表的造山带精细年代学研究取得了突破性进展，青藏高原火成岩的精确年龄测定也取得了丰富的资料。

表7-3 20世纪80~90年代中国去欧美做访问学者和合作研究的情况

年份	中方单位与科学家	国际合作单位与科学家	合作成果
1979	中国地质科学院张自超、刘敦一	澳大利亚国立大学地球科学研究院 W. Compston, Ian Mcdougall	建立 Rb-Sr 年代学流程开展我国寒武底界线年龄研究；创我国超净实验室及微量锆石定年技术
1979	中国科学院地质所王松山，地球化学所钟富道	澳大利亚国立大学地球科学研究院 W. Compston, Ian Mcdougall	建立 Ar-Ar 定年方法并被委派赴巴西圣保罗大学建立 Ar-Ar 实验室
1979	中国科学院地质所周新华	加拿大不列颠哥伦比亚大学（UBC），Armstrong	中国东部新生代火山岩 Sr 同位素
1980	中国地科院矿床所丁悌平	加拿大 McMaster 大学	稳定同位素矿床成因研究
1980	中科院地化所朱炳泉，毛存孝	美国 Scripps 海洋所 MacDougall, Lugmair	腾冲火山岩 Nd-Sr 同位素体系
1980	北京大学地质系郑淑蕙	美国哥伦比亚大学	稳定同位素
1981	中国科学院地质所周新华	美国 Carneigie Institution of Washington (DTM), R. Carlson	中国东部新生代火山岩 Nd 同位素
1981	中国地科院张宗清、宋鹤彬	法国雷恩大学等，江博明	河北东部太古宙岩石年龄测定
1981，1983，1990	中国科学院地质所许荣华等	巴黎第六大学等，C. Allegre	青藏高原同位素地质年代学
1982	中国科技大学陈江峰	美国俄亥俄立大学 K. Foland	花岗岩精确定年
1982	中国科技大学陈道公	美国地质调查所 Lanphere	Ar-Ar 方法技术
1982	中科院地化所梁卓成	美国南加州大学顾德隆	U 系年代学

续表

年份	中方单位与科学家	国际合作单位与科学家	合作成果
1982	中国科大地化系彭子成	美国地质调查所（Denver）Zartman 等	山东等地新生代火山岩年龄与同位素 Pb-Sr 体系
1984	朱炳泉、刘嘉麒、翟明国、范嗣昆	美国地质调查所 J. S. Stacey, M. A. Lanphere	太古宙与新生代岩石年代学
1984，1987	陈文寄	瑞士伯尔尼大学 Jaeger, Hunziker	山西新生代火山岩 Ar 年代学，第四纪火山岩 Ar 标样
1985	王俊文、谢广轰、黄婉康	美国地质调查所 Basu, Tatsumoto	中国东部新生代火山岩 Nd-Sr-Pb 同位素体系
1985	周新华	英国剑桥大学 R. K. O'Nions	中国东部大陆地幔捕虏体 Sr, Nd, Pb 同位素体系
1985	沈承德	瑞士伯尔尼大学	加速器质谱 C-14 测定研究
1986	卫克勤、林瑞芬	法国南巴黎大学	古气候环境 O-H 同位素
1987	欧阳自远、王先彬	德国马普学会化学所，核物理所	吉林陨石雨组成，年龄，母体等
1987	肖应凯	美国 National Institute of Standards and Technology	B 同位素分析
1990	王松山	英国 Shefield 大学，Turner	Ar-Ar 方法技术
1986	李曙光	麻省理工学院 Hart	超高压变质岩年龄测定
1990	张玉泉、谢应雯、朱炳泉	美国纽约州立大学 Harrison	青藏高原岩石年龄测定
1990	周新华	德国马普学会化学所 S. L. Goldstein, A. Hafmann	大陆地壳生长 Nd 同位素研究
1990	陈道公	澳大利亚 Mcqurie 大学 O'Reilly	幔源岩类同位素地球化学
1990	陈文寄	美国加州大学 T. M. Harrison	西藏冈底斯岩带 MDD 研究
1991	邓访陵、朱炳泉	美国 Scripps 海洋所 MacDougall	内蒙古大同新生代火山岩包体同位素

国际合作发表的有重要影响的论文：

Zhou X, Armstrong R L. 1982. Cenozoic volcanic rocks of eastern China—secular and geographic trends in chemistry and strontium isotopic composition. Earth Planet Sci Lett, 58: 301-329.

Zhu B Q, Mao C X, Lugmair G W, Macdougall J D. 1983. Isotopic and geochemical evidence for the origin of Plio-Pleistocene volcanic rocks near Indo-Eurasian collisional margin at Tengchong, China. Earth Planet Sci Lett, 65, 263-275.

Ku T L, Liang Z C. 1984. The dating of impure carbonates with decay-series isotopes. Nuclear Instruments and Methods in Physics Research, 223: 563-571.

Jäger E, Chen W J, Hurford A J, Liu R X. 1985. BB-6: a Quaternary age standard for K-Ar dating. Chem Geol, 52: 275-279.

Schärer U, Xu R H, Allègre C J. 1984. U-Pb geochronology of Gangdese (Transhimalaya) plutonism in the Lhasa-Xigaze region, Tibet. Earth Planet Sci Lett, 69: 311-320.

Jahn B M, Zhang Z Q. 1984. Radiometric Ages (Rb-Sr, Sm-Nd, U-Pb) and REE Geochemistry of Archaean Granulite Gneisses from Eastern Hebei Province, China. In: Archaean Geochemistry, 204-234, Pub: Springer Berlin Heidelberg.

Peng Z C, Zartman R E, Fuda E, Chen D G. 1986. Pb-, Sr- and Nd-isotopic systematics and chemical characteristics of Cenozoic basalts, Eastern China. Chemical Geology, 59: 3-33.

Xiao Y K, Beary E S, Fassett J D. 1988. An improved method for the high-precision isotopic measurement of boron by thermal ionization mass spectrometry. Int J Mass Spectrom Ion Processes, 85: 203-213.

Li S G, Hart S R, Zheng S G, Liu D L, Zhang G W, Guo A L. 1989. Timing of collision between the north and south China blocks—The Sm-Nd isotopic age evidence. Science in China (B), 32: 1391-1400.

Basu A R, Xie G H, Huang A K. 1991. Major element, Ree, and Pb, Nd and Sr isotopic geochemistry of Cenozoic volcanic rocks of easternChina: implications for their origin from suboceanic-type mantle reservoirs. Earth Planet Sci Lett, 105: 149-169.

Deng F L, Macdougall J D. 1992. Proterozoic depletion of the lithosphere recorded in mantle xenoliths from Inner Mongolia. Nature, 360: 333-336.

Liu D Y, Nutman A P, Compston W, Wu J S, Shen Q H. 1992. Remnants of ≥3800 Ma crust in the Chinese part of the Sino-Korean craton. Geology, 20: 339-342.

Chen J F, Jahn B M. 1998. Crustal evolution of southeastern China: Nd and Sr isotopic evidence. Tectonophysics, 284: 101-133.

Reisberg L, Zhi X, Lorand J P, Peng Z, Zimmermann C. 2005. Re-Os and S systematics of spinel peridotite xenoliths from east central China: Evidence for contrasting effects of melt percolation. Earth Planet Sci Lett, 23: 286-308.

Li X H, Tatsnmoto M, Premo W R, Gui X T. 1989. Age and origin of the Tanghu Granite, sontheast China: Results from U-Pb single zircon and Nd isotopes. Geology, 17: 395-399.

三、由两个专业委员会共同组织的全国性的学术活动

1988年中国地质学会中设立了同位素地质专业委员会，刘敦一任主任。中国矿物岩石地球化学学会同位素地球化学专业委员会换届，由朱炳泉任主任。为了进一步促进国内学术界的联合，在1989年后，由两个专业委员会共同组织全国性的学术活动，并确定每四年召开一次全国性会议。会议名称开始采用"全国同位素地质年代学与同位素地球化学学术讨论会"。至今已先后在杭州（1989）、武汉（1993）、西安（1997，同位素地质专业委员会换届由张宗清任主任）、广州（2001，同位素地球化学专业委员会换届由李献华任主任）、南京（2005，同位素地质专业委员会换届由朱祥坤任主任）、贵阳（2009，同位素地球化学专业委员会换届由孙卫东任主任）、天津（2013）、合肥（2017，同位素地球化学专业委员会换届由韦刚健任主任）召开了第四至第十届全国学术会议。同时两个专业委员会认同在大会之间开一次规模较小的会议，如1995年在

青岛召开的"全国稳定同位素地球化学学术讨论会";2008年在大连召开的"同位素地质分析技术与应用学术讨论会";2010年在贵阳召开的"同位素地质技术和应用研讨会";2012年在厦门召开的"同位素地质新技术新方法与应用学术讨论会"参加人数较多。

另外,还专门召开过稳定同位素地球化学学术讨论会(1984于成都,1995于青岛)和矿床、环境、水文方面的专业同位素地球化学学术讨论会。

1993年通过海峡两岸与华人学者李太枫、朱炳泉、孙贤鉥、江博明等的互动,在广州召开了"海峡两岸同位素地球化学学术讨论会",使中国台湾从事同位素地球化学研究的主要学者均来参加了会议。进一步促进了海峡两岸同位素界的交流和合作。之后,中国台湾学者蓝晶莹、李太枫等与中科院地质所周新华合作,进行华南与韩国前寒武纪基底的Nd同位素对比研究(Lan, Lee, Zhou et al., 1995),这大概应是两岸同位素界在国际主流刊物上首次属地署名联合发表的研究成果。

四、实验室技术水平的提高和新测定方法的建立

20世纪80~90年代,全国各个实验室都引进了一批国际上高精度的同位素质谱计,样品化学处理建立了100级的超净化实验室,使同位素比值的测量精度从10^{-3}的水平提高到10^{-5}的水平,同位素母子体元素本底降到10^{-10}至10^{-12}水平。测定样品用量从微量、微粒走向原位微区,初步赶上了国际先进水平。方法技术的主要进展包括:

1. $^{40}Ar/^{39}Ar$法的新进展

90年代以来广州地球化学研究所同位素地球化学研究室在微量样品、流体包裹体、新矿物和激光微区Ar-Ar坪年龄测定方法的建立和广泛应用上一直走在国内前列。1991~1996年,实验室与广州师范大学物理系协作研制YAG连续激光器与MM1200质谱计联机进行微颗粒激光熔样,并建立了一套激光熔样监控系统,安装了多功能摄像仪与K6-266计算机联机配套,达到了显微镜下对微颗粒级样品直接进行激光熔样全过程的监控,可在彩屏上直观地观察和显示其熔样进程和结果,该技术为国内首创,为完成多项国家课题提供了重要数据。该成果获科学院科技进步奖三等奖,广东省科技进步奖二等奖,参加人员有戴橦谟、张永良、蒲志平、李池、戴丽思、脱介慈、邱华宁、许景荣。

1986~2000年 实验室建立了全不锈钢高真空击碎系统,开展包裹体$^{40}Ar/^{39}Ar$定年研究。石英流体包裹体的$^{40}Ar/^{39}Ar$方法研究是与国外同步开展,但在我实验室先取得成功,并得到广泛运用。(参加人员:邱华宁、戴橦谟、蒲志平、张修银等)

2004年开展了低温矿物 沸石的$^{40}Ar/^{39}Ar$坪年龄。沸石在国际上曾被认为含过剩氩高不能用于K-Ar年龄测定。中科院广州地化所通过自然铜成矿作用形成的沸石$^{40}Ar/^{39}Ar$坪年龄测定,在国际上首次成功测定了浊沸石和片沸石的年龄,确定了滇东北重要的热液成矿事件为226 Ma,并为Rb-Sr的包裹体和方解石Sm-Nd等时年龄证实,并首次测定了浊沸石和片沸石的封闭温度。中科院地质所,地化所和地科院地质所同步也开展包裹体$^{40}Ar/^{39}Ar$定年研究。

2. Sm-Nd 法定年和同位素示踪的建立和广泛应用

80年代中，中国地科院地质所张宗清在法国巴黎六大专家的指导和帮助下建成了我国第一个Sm-Nd定年和REE分析的超净实验室和技术方法，并在秦岭造山带和白云鄂博矿区等的年代学研究中做出许多重要成果。之后中国科学院地质所，广州地球化学所，核工业北京铀矿地质研究院同期开展了Sm-Nd法年龄测定方法的建立。先后引进α-羟基异丁酸及HDEHP分离流程，并开发了萃磷树脂P-204和P-507高纯分离Sm/Nd方法（张宗清，郭起凤，张桂存，周新华，施泽恩，朱乃娟，黄萱，张任祜，潘均等）；以及针对我国质谱流程要求，又发展了高纯分离Ce/Nd的方法（周新华，张剑波，钟志华）；研制了Nd同位素质谱测定的发射剂，实现了单带金属Nd离子测定，发展了Nd同位素定量比值一次质谱测定的校正方法（周新华，1984；乔广生等，1987；毛存孝等，1989；张宗清等，1992）。乔广生和储著银还申请并获批国家专利（专利号：ZL99125079.6）。

与此同时，为适应低本底高灵敏度的固体同位素分析，相应的超纯洁净实验室（Ultra-Clean Lab）设计与建设先后在中国科学院地质所，地球化学所，广州地球化学所，中国地质科学院系统及核工业、高校等系统开展，100级超净工作台的普及及相应各类化学试剂的纯化和千级实验室微环境的建立为各种方法技术的运行提供了基础的实验条件。涉及科研人员有周新华，施泽恩，李献华，吴家弘，许荣华，黄萱，张任祜，张宗清，郭起凤，张桂存等。

3. ID-TIMS 锆石 U-Pb 年龄测定从毫克量级提高到单颗粒

90年代初期，地质矿产部天津地质矿产研究所同位素地质实验室在李惠民研究员的领导下，建立了单颗粒锆石U-Pb年龄的同位素稀释–热电离质谱（ID-TIMS）分析方法，全流程Pb本底降低至20~50 pg（10^{-12} g），单次测定的锆石样品量降低至微克级，年龄的测定精度和可靠性也有了很大提高，为我国这一时期的地质年代学研究提供了重要的技术支撑，也为区域地质调查工作提供了大量的基础资料。陆松年和李惠民（1990）用该方法在20世纪90年代初期就精确测得我国蓟县中新元古界标准剖面上的长城系大红峪组火山岩形成年龄为1625±6 Ma，为确定我国蓟县中新元古界标准剖面的形成时代提供了一个精确可靠的基准年龄；王松山等（2001）应用该方法最先精确测得我国辽西北票市四合屯及其周边地区义县组赋存长毛恐龙及早期鸟类化石的地层时代为125.2±0.9 Ma，为我国辽西赋存化石的地层形成和演化以及鸟类起源和早期演化提供了重要而可靠的地质年代学证据。

4. 激光剥蚀–等离子质谱微区原位锆石及其他副矿物 U-Pb 年龄测定

激光剥蚀–等离子质谱（LA-ICP-MS）微区原位锆石U-Pb定年技术始于20世纪90年代初，是近20多年来同位素年代学技术发展最快、应用最为广泛的分支学科之一。中国科学院广州地球化学研究所、地质与地球物理研究所的两个同位素实验室在国内率先开展了激光剥蚀–等离子质谱锆石U-Pb定年技术研发，与国际学术界基本同步。1998年，刘海臣等（1998）和阎欣等（1998）分别在《科学通报》和《岩矿测试》上发表了LA-ICP-MS微区原位测定锆石U-Pb和Pb/Pb年龄的方法。随后，梁细荣等（1999）和徐平等（1999）进一步发展该技术，并在国际上最早实现了锆石U-Pb定年和微量元素的同时分析

（Liang，Li，Sun et al.，1999；Li，Jagoutz，Chen et al.，2000），探索了激光剥蚀过程中 Pb/U 分馏的机理（Liu，Borisov，Mao et al.，2000），实现了中生代年轻锆石的精确定年（Li，Liang，Sun et al.，2001）。这些研究工作不仅奠定了我国 LA-ICP-MS 锆石 U-Pb 定年的基础，而且在国际学术界也有重要的影响。

2000 年以后，随着新一代紫外激光剥蚀系统和高性能 ICP-MS 的引进，我国 LA-ICP-MS 微区原位锆石 U-Pb 定年技术和应用得到了进一步发展。西北大学、中国地质大学等十几个高校和研究院所先后建立了 ICP-MS 锆石 U-Pb 定年实验室，并在剥蚀池改进、U/Pb 分馏校正等方面取得重要进展，提高了定年精度和准确度（如 Yuan，Gao，Lin et al.，2004；Liu，Tossell，Liu et al.，2010），特别是激光剥蚀与 ICP-MS 和 MC-ICP-MS 联用，在国际上首创了锆石 U-Pb 定年–微量元素–Hf 同位素同时分析的新技术（Yuan，Gao，Dai et al.，2008；Xie，Zhang，Zhang et al.，2008）。近年来，LA-ICP-MS 技术已经从锆石 U-Pb 定年拓展到其他含 U 副矿物定年，如榍石（Li，Deng，Zhou et al.，2010）、磷钇矿（刘志超，吴福元，郭春丽等，2011）、独居石（强山峰，毕诗健，邓晓东等，2013）等。

5. Lu-Hf 同位素体系分析方法的建立与应用

21 世纪初中国科学院广州地球化学研究所引进了第一代 213 nm 紫外激光剥蚀系统与 VG-Isoprobe 型 MC-ICP-MS，率先研发了锆石 Hf 同位素组成的 LA-MC-ICP-MS 微区原位分析和化学分离–溶液进样–MC-ICP-MS 分析方法（李献华，梁细荣，韦刚健等，2003）。随后，中国科学院地质与地球物理研究所在新一代 193 nm 紫外激光剥蚀系统与 Thermo Finnigan Neptune 型 MC-ICP-MS 上建立了微区原位锆石 Hf 同位素组成分析方法，精确测定了一系列锆石标样的 Hf 同位素组成（徐平，吴福元，谢烈文等，2004；Wu，Yang，Xie et al.，2006），并迅速将该方法推广应用，极大地促进了我国锆石 Hf 同位素示踪应用研究，奠定了我国该领域研究在国际地学界的领先地位。随后，这两个实验室合作建立了岩石样品的 Lu-Hf 化学分离和 Hf 同位素组成分析方法，实现了岩石样品 Lu-Hf 同位素体系与其他同位素体系的综合示踪研究。与此同时，西北大学同位素实验室建立了全岩样品的 Lu-Hf 同位素组成的同位素稀释分析方法，并测定了大别榴辉岩的 Lu-Hf 等时线年龄（袁洪林，高山，罗彦等，2007）。目前国内已经有 10 余个同位素实验室建立了 LA-MC-ICP-MS 微区原位锆石 Hf 同位素分析方法，为我国固体地球科学研究提供了强有力的技术支撑。

6. 二次离子质谱仪微区原位同位素年代学和稳定同位素地球化学研究的应用

随着同位素年代学研究的深化，矿物定年技术逐渐发展至微区层次。20 世纪 80 年代初全球第一台专用于 U-Pb 定年的大型离子探针 SHRIMP（Sensitive High Resolution Ion MicroProbe，1982）在国立澳大利亚大学问世，并成为微区分析的有力工具。包括中国学者在内的众多地球化学家前往澳大利亚开展合作研究。1992 年国际离子探针专业生产厂商法国 Cameca 公司在多年生产通用型离子探针基础上，与美国加州大学（UCLA）合作开发了与 SHRIMP 具相似性能的离子探针 ims-1270，并得到广泛应用。在中科院地质所、广州地化所、地化所、半导体所等单位专业学者周新华、李献华、王佑祥等的共同努力下，在中科院涂光炽院士、林兰英院士、欧阳自远院士等资深科学家支持下，中国科学院经长期努力，在90年代末与科技部达成了引进这一仪器的共识。但由于组建方面操作上的原因及相关人员的变动，这一型号仪器的正式引进和实验室建设又被推迟了一段时间。

在科技部、中科院和国土资源部三部门协调下，2001年我国引进了第1台大型二次离子质谱（简称离子探针）SHRIMP Ⅱ，安装在中国地质科学院地质研究所，同年由科技部命名的"北京离子探针中心"在北京正式挂牌运行。该中心是科技部组织的，由国土资源部、科技部和中科院（排名按照出资比例顺序）共同出资共建共享的"国家大型科学仪器中心"，第一台SHRIMP Ⅱ的引进和北京离子探针中心的建立，把中国地质年代学带入了"微区、原位"地质年代学的新阶段。北京离子探针中心成立以来，在刘敦一研究员领导下，该实验室在微区原位锆石U-Pb同位素年代学领域开展了大量工作，产出了大量高质量的同位素年代学数据，极大地促进了国内地质年代学的发展，对重大地质问题的解决起了关键性的作用，解决了很多以前难以解决的地质学难题，如在苏鲁-大别超高压变质年代学（Liu, Jian, Kröner et al., 2006）、中亚造山带演化（Jian, Liu, Kröner et al., 2008）、华北太古宙早期地壳演化（Liu, Wilde, Wan et al., 2008; Wan, Liu, Nutman et al., 2012）以及月岩和月球陨石年代学（Liu, Jolliff, Zeigler et al., 2012）等研究中取得许多重要的成果。近年来，该实验室在新引进的SHRIMP Ⅱe/MC型离子探针上开展了锆石和牙形刺的O同位素分析研究（周丽芹等，2012；Wan, Zhang, Williams et al., 2013），进一步提高了我国同位素地质年代学研究的水平和国际学术影响力。同时还开创国际性的大型科学仪器远程共享平台和组建了中国国际前寒武研究中心，在国际上产生了重要影响。2011年北京离子探针中心通过科技部和财政部的联合认定，成为首批23个"国家科技基础条件平台"之一，中心成立以来，坚定不移地走大型仪器共建共享的道路，运行效率和科研成果产出率都进入了国际先进行列。

2008年中国科学院地质与地球物理研究所引进了我国第1台Cameca 1280型离子探针，在李献华研究员领导下，开展了一系列副矿物U-Pb定年新技术新方法的研发和应用研究，包括年轻锆石离子探针高精度Pb/Pb定年（Li, Zhao, Tang et al., 2009）、斜锆石、金红石、钙钛矿、磷灰石、独居石和磷钇矿等副矿物U-Pb定年，并成功研发了<5 μm直径的锆石U-Pb高精度定年技术（Liu, Li, Li et al., 2011），在月球、火星和其他行星陨石的研究中发挥了重要作用（Zhang, Hsu, Li et al., 2011; Jiang and Xu, 2012; Zhou, Yin, Young, 2013; Zhou, Herd, Yin, 2013）。与此同时，该实验室还研发了一系列硅酸盐矿物的微区原位同位素分析方法和标样，特别是锆石微区原位O同位素组成的测定，实现了锆石原位U-Pb定年和Hf-O同位素体系示踪研究（如李献华、李武显、王选策等，2009）。

近年来，国内又陆续引进了几台大型离子探针，包括中国科学院地质与地球物理研究所的Cameca Nano 50纳米离子探针和Cameca 1280HR型超高分辨率离子探针、北京离子探针中心的SHRIMP Ⅱe/MC型离子探针以及中国广州地球化学研究所的Cameca 1280HR型超高分辨率离子探针，使得我国的大型离子探针从数量和质量上列世界前茅，为我国固体地球科学家提供了一个高水平的研究平台，提高了我国地球科学家的自主创新能力和国际学术地位。由于我国离子探针微区分析技术方法研发和应用研究总体上起步较晚，在稳定同位素、非传统稳定同位素以及灭绝核素年代学的技术方法和应用研究与国际先进水平仍有不同程度的差距。

在上述引进及消化吸收应用的基础上，利用大型科学仪器研发平台的建设，陆续开展了我国大型质谱仪器的研发。2006 年 12 月，在科技部和财政部的支持下，"二次离子质谱仪器核心技术及关键部件的研究与开发"课题在"十一五"国家科技支撑计划重大项目中立项，并由北京离子探针中心牵头负责，通过课题组成员努力，形成了有关 SIMS 和 TOF 串联质谱的新技术、新产品、新装置和计算机软件等多项成果，取得一批国内外发明专利和研究论文。通过该课题的实施，新建和完善了质谱仪器关键部件研发基地和研究试验平台，培养了一批优秀的质谱仪器研发人员，凝聚和造就了一支研发队伍，为今后大型高端质谱仪器的自主研发奠定了基础。

在此基础之上，由北京离子探针中心牵头（刘敦一研究员担任项目负责人），联合中国科学院大连化学物理研究所、吉林大学和中国地质科学院矿产资源研究所共同申请的国家重大科学仪器设备开发专项项目"同位素地质学专用 TOF-SIMS 科学仪器"于 2011 年通过科技部组织的专家评审并正式启动，该项目的主要内容是开发用于高精度同位素丰度分析的 TOF-SIMS（飞行时间二次离子质谱）新技术，研制两台分别用于稳定同位素分析和稀土元素分析的 TOF-SIMS-SI 和 TOF-SIMS-REE 仪器，为岩石成因学、矿床成因学、地球环境、气候变化、月球及行星演化等热点研究领域提供最先进的技术支撑。

7. Re-Os 同位素体系的矿床学应用及岩石圈地幔定年与示踪

我国 Re-Os 同位素定年研究起步较国际同行大约晚十年，但发展迅速。90 年代初，中国国家地质实验中心 Re-Os 实验室率先报道了辉钼矿样品 ICP-MS 定年方法并成功应用于钼矿床年代学研究（何红蓼，杜安道，邹晓秋等，1993；杜安道，何红蓼，殷万宁等，1994）。何红蓼等（1994）在国际上最先开展了 Os 的化学行为研究，使 ICP-MS 法 Os 测定灵敏度提高数十倍之多。此外，双稀释剂分析方法（Qu，Du，Zhao，2001）、N-TIMS 仪器与 Carius 管溶样技术的有机结合（杜安道，赵敦敏，王淑贤，2001）以及辉钼矿标准物质在国际上首次研制成功，不仅奠定了我国 Re-Os 定年矿床学应用的基础，而且在国际学术界也具有一定影响力。

Re-Os 同位素体系是大陆岩石圈地幔定年及岩浆物质来源示踪的重要工具。近十多年来，中国科技大学、中国科学院地球化学研究所、广州地球化学研究所、地质与地球物理研究所等单位陆续建立了 Re-Os 年代学实验室，其中中国科学技术大学、中国地质科学院、南京大学等单位率先开展了负离子质谱 Re-Os 同位素分析方法建立工作，并在同位素分馏校正、难熔样品分解和改进的 Carius 管技术、Os 原位分离技术及 Os 测量进样方式的变化等方面均取得重要研究进展，在显著提高 Re-Os 定年效率的同时提高了测量精度和准确度。辉钼矿 Re-Os 同位素定年已经成为金属矿床形成时代的最重要定年方法。近年来，Re-Os 定年研究对象逐渐从高 Re 含量辉钼矿，转向中等含量的黑色页岩、沥青以及更低含量的黄铁矿样品、磁铁矿等。杜安道等（2012）《铼-锇法及其在矿床学中的应用》一书的出版成为我国 Re-Os 同位素定年及矿床应用研究发展的标志。而在最主要的大陆岩石圈地幔研究应用方面，中国科技大学率先开展了苏皖、汉诺坝地区新生代地幔包体 Re-Os 同位素研究工作（孙卫东，彭子成，王兆荣等，1997；支霞臣，1999）；随后，高山等（Gao，Rudnick，Carlson et al.，2002）、吴福元等（Wu，Walker，Ren et al.，2003）、张宏福等（Zhang, Goldstein, Zhou et al., 2008）以及徐义刚等（Xu, Blusztajn, Ma et al., 2008）相继报道了中国东部古生代、中生代和新生代地幔包体的 Re-Os 同位素数据，引起了国际学术界的关注；通过他们的工作，真正确认了中国东部古生代期间岩石圈地幔是太古宙的。此外，郑建平等（2006）、徐夕生等（Xu, Griffin, O'Reilly et al., 2008）开展了硫化物原位 Re-Os 同位素的研究工作；史仁灯等（Shi, Alard, Zhi et al., 2007）开展了蛇绿岩 Re-Os 同位素地球化学研究工作；许继峰等（Xu, Suzuki, Xu et al., 2007）开展了玄武岩 Re-Os 同位素体系的研究；刘传周等（Liu, Snow, Hellebrand et al., 2008）报道了洋脊橄榄岩的 Re-Os 同位素数据。2007 年以来，中国科学院地质与地球物理研究所及广州地球化学研究所相继建立超低本底 Re-Os 和铂族元素联合分析流程，在此基础上，相继发表系列 Re-Os 和铂族元素重要研究成果（如：Chu, Wu, Walker et al., 2009; Yang, Zhao, Zhou et al., 2013）。

8. U 系年代学测定从能谱测量进展到质谱测定和开拓应用

利用质谱法测定铀系的同位素组成是不平衡铀系年代学革命性的进步，中国科学院广州地球化学研究所在国内率先开展了对南海的全新世珊瑚进行准确定年（韦刚健，李献华，李惠民等，1997）。1997～1998 年，中国地震局地质研究所铀系不平衡实验室和中国科学技术大学地球空间系合作，进一步发展了铀系不平衡 TIMS 法，采用高灵敏度质谱仪（MAT-262）测定铀系核素，并建立了年轻火山岩的 TIMS 测定流程。该研究开创了我国高精度质谱法测定铀系核素的研究，并恢复了长白山天池火山全新世的喷发历史，探索了"现代"岩浆动力学过程（王非等，2001）。

进入 21 世纪以来，一些新的实验室相续建立，这些现代化实验室具有明确的战略定位，肩负着不同的研究方向，如专注于大陆气候变化的桂林岩溶所铀系不平衡实验室、定位于资源环境的国土资源部同位素重点实验室铀系不平衡实验室、致力于海洋科学领域的国家海洋局海底科学重点实验室铀系不平衡实验室、重点关注第四纪气候与环境的中科院地质与地球所铀系不平衡实验室、关注全球变化的西安交通大学铀系不平衡实验室等。新一代的实验室采用了先进的α能谱测定手段（如桂林岩溶所、国土资源部、国家海洋局铀系不平衡实验室），或采用多接收等离子质谱仪（MC-ICP-MS，如中科院地质与地球所、西安交通大学铀系不平衡实验室）实现铀系核素的测定，在精确度和效能方面有了质的飞跃（王立胜等，2016）。

9. B 同位素测定方法的领先性和应用开拓

国际上对硼同位素组成的测量始于 20 世纪 60 年代初期。但直至 80 年代中期及 90 年代，才建立起了硼同位素高精度测量方法，硼同位素地球化学研究从此有了长足的发展，进入实际地质应用阶段。

90 年代中科院盐湖所肖应凯建立的基于 $Cs_2BO_2^+$-石墨技术高精度硼同位素组成的测定方法，是硼同位素测定上的重要突破，处于世界领先水平，目前仍在世界范围内得到广泛应用。1994 年丁悌平在国际上率先开展了热电离质谱仪 $Rb_2BO_2^+$ 法测量硼同位素比值的方法研究，测量精度达 0.1‰，但由于该方法在质谱仪中引入了大量的 Rb 离子，有可能对广泛应用的 Rb-Sr 同位素测量产生干扰而未得到广泛应用。

近十年来，我国学者已在国内多个实验室分别建立了基于 $Cs_2BO_2^+$-石墨技术的正热电离质谱方法（中科院盐湖所、南京大学等）、基于 BO_2^- 的负热电离质谱方法（南京大学）、MC-ICP-MS 方法（南京大学、中国地质科学院、中科院地质与地球物理所、广州地球化学所等）以及对电气石等固体样品的原位微区 LA-MC-ICP-MS 硼同位素分析方法（南京大学、中国地质科学院、中国地质大学等）。

在硼同位素地质应用方面，我国学者在国际上率先开展了盐湖及卤水的硼同位素研究，提出中国盐湖均属陆相成因，硼同位素可示踪盐湖的演化、硼的来源、补给水体的来源、卤水的蒸发作用及古气候变化（肖应凯，王蕴慧，曹海霞，1981；Xiao, Dapeng, Yunhui et al., 1992；祁海平，王蕴慧，肖应凯，1993；肖应凯，魏海珍，尹德忠，2000）。在热液矿床的硼同位素示踪方面也开展了较为系统的研究，我国学者提出利用硼同位素可厘定矿床成因类型、示踪成矿物质来源及水岩相互作用过程（Jiang, Palmer, Peng et al., 1997；蒋少涌，2000）。在黄土及表生地球化学过程的硼同位素示踪方面我国学者也开展了初步的研究，指出硼同位素变化可能与风化成壤作用强度及气候变化有关（刘丛强，赵志琦，肖应凯，2000）。部分学者还通过对珊瑚、有孔虫及沉积碳酸盐岩的硼同位素分析，开展了硼同位素古海洋学方面的研究，并取得了一些重要进展（刘卫国，彭子成，肖应凯等，1999；韦刚健，Mortimer，McCulloch 等，2009）。

10. 硅同位素测定方法与应用

1988 年中国地质科学院矿产资源研究所丁悌平研究员主持了地球物质硅同位素研究，开创了我国硅同位素地化学研究，建立了"金属锌纯化法"硅同位素分析方法，将硅同位素测试精度提高到优于 0.01‰，并系统分析了各类地球样品的硅同位素组成，出版了《硅同位素地球化学》专著。通过硅同位素示踪研究，揭示了岩石圈、生物圈和水圈之间的硅循环过程，建立了河水-岩石-土壤-植物间的硅循环模式以及硅同位素生物动力学分馏模式（Ding, Tian, Gao, 2005；Ding, Zhou, Wan, 2008），使我国硅同位素地球化学研究在国际上享有盛誉。

11. 非传统同位素体系测定方法建立与应用开拓

国际上非传统稳定同位素地球化学研究兴起于世纪之交，我国在该领域的研究与国际近于同步。

2001 年，南京大学地质系蒋少涌等与澳大利亚墨尔本大学同位素实验室合作，初步测定了云南金满铜矿的铜同位素组成。2003 年，国土资源部同位素地质重点实验室率先在国内建立了从事非传统稳定同位素专业研究实验室，朱祥坤及其团队先后建立了铁、铜、锌、钼、钛、镁、锂等同位素高精度测试方法，并进行了相关同位素体系的标准物质研制、同位素分馏研究和应用开拓。随后，南京大学、中国地质大学（北京）、中国科技大学、中国地质大学（武汉）、中国科学院地球化学研究所、中国科学院广州地球化学研究所、中国科学院地质与地球物理所、西北大学等也逐步建立了非传统稳定同位素研究实验室，测试也扩展到钙（张兆峰等）、钒（黄方等）、铬（秦丽萍等）、硒（朱建明，温汉捷等）、汞（陈玖斌等）、锗（温汉捷等）等同位素体系。期间，中国科学院地球化学研究所的刘耘团队建立了同位素分馏的从零计算法，开辟了同位素分馏高精度理论计算这一重要领域。

依托上述测试方法或国际合作，我国学者在非传统稳定同位素分馏和科学应用方面开展了一系列前沿性研究。例如，以朱祥坤为代表的团队系统地研究了铁同位素在地幔交代、部分熔岩、岩浆演化和流体出溶过程中的地球化学行为，并将铁镁同位素成功地用于成矿作用和过环境研究；李曙光为代表的团队开辟了运用镁锌同位素示踪深部碳循环的新领域；以温汉捷为代表的团队，首次从碳酸盐岩中成功地提取了古海水的钼同位素信息，发展了利用钼同位素进行古海洋氧化还原状态研究的方法和理论；以陈玖斌为代表的团队，发展了锌和汞同位素的测试方法，并首次发现了汞同位素非质量分馏的偶数效应；以刘耘为代表的团队，对多种非传统稳定同位素体系进行了高精准的同位素分馏理论计算，为这些同位素地质的应用奠定了必要的理论基础。上述系列性创新工作，使我国的非传统稳定同位素研究站在了国际前沿。

12. 单体 C-H-O 同位素测定使有机地球化学研究跨上一个新的台阶

20世纪90年代随着色谱-质谱分析设备（GC-C-MS）的大批引进，中国石油勘探开发研究院，中科院兰州地质所，广州地球化学所有机地球化学国家重点实验室发展了多种生物标志化合物（正构烷烃、异构烷烃、植烷、姥纹烷等）的单体同位素分析技术，为判别油气源和成因提供了更精确定量的指标。单体 C-H-O 同位素测定在21世纪初已开始应用于环境问题中有机污染源判别的研究。

13. 加速器质谱被用于微量样品 ^{14}C、^{10}B、^{26}Al、^{129}I 和 ^{36}Cl 测定

北京大学重离子物理研究所加速器质谱计（PKUAMS）建成于1993年，^{14}C 的测量精度为1%，其后即广泛地应用于考古遗址地层、古人类骨头、陶器起源追溯、冶金史、农作物栽培史、文物鉴定等多方面的研究工作。自1996年承担国家重大科研课题"夏商周断代工程"的考古样品 ^{14}C 测年任务以来，进行了大规模的设备改造，使 PKUAMS 的 ^{14}C 测年精度提高到0.5%。2006年西安加速器质谱中心实验室 3MV AMS 投入试运行，测量精度优于0.5%，可达 0.2% ~ 0.3%，使新年代学研究提高到一个新水平。

14. 同位素分馏的研究

同位素分馏机制是研究同位素自然分布规律和开展同位素地质应用的基础，各国同位素研究人员对其研究都极为重视。但开展有关研究从理论基础上和测试技术上都有相当高的难度。我国研究者经过一段摸索后，从20世纪80年代开始在这方面进行探索，取得明显成果。

1) 同位素地质温度计的实验标定

在"七五"期间，我国几个小组同时开展同位素地质温度计的实验标定。张理刚等首先发表了石英-水氧同位素交换与盐度关系的实验研究结果（Zhang, Liu, Zhou et al., 1989）。丁悌平等（1992）在《地质学报》和《科学通报》上分别公布了钨铁矿-水氧同位素交换的实验标定结果和闪锌矿-方铅矿硫同位素交换的实验标定结果。张理刚等（1994）发表锡石-水、黑钨矿-水氧同位素交换的实验标定结果（Zhang, Liu, Chen et al., 1994）。

2) 动力学同位素分馏的实验研究

钱雅倩、郭吉保等对矿物-水之间氢同位素交换动力学分馏做了长期探索。1993年他们发表了黑柱石-水同位素交换反应的动力学研究的论文（Qian and Guo, 1993）；1997年又发表电气石-水同位素交换反应的动力学研究的论文（Guo and Qian, 1993）。储雪蕾与大本洋（Hiroshi Ohmoto）合作开展了硫同位素交换动力学的研究（Chu and Ohmoto，1991）。李延河等（1995）发表了二氧化硅从溶液中沉淀时的动力学同位素分馏的实验研究结果。周根陶、郑永飞对文石-水同位素交换动力学进行了详细的研究（Zhou and Zheng，2002）。Zheng 等（1999，2004）实验研究了方解石-镁橄榄石和方解石-透闪石体系在 CO_2-H_2O 流体存在条件下的 O 同位素交换机理和动力学。

3）同位素交换平衡的增量计算法

我国学者郑永飞在国外学习与工作期间改进和发展了对同位素交换平衡分馏进行理论计算的"增量法"（Zheng，1991，1993）。

首次从理论上定量描述了矿物晶体结构和化学成分与 O 同位素配分之间的函数关系，对自然界数百种矿物的 O 同位素分馏系数进行了系统准确的理论计算，并对同质多项变体的晶体结构效应进行了定量评价（Zheng，1991，1993a，1993b）。1993 年回国工作后，郑永飞教授继续开展了这一方面的研究工作，率领课题组相继对磁铁矿、铀氧化物、磷灰石、地幔矿物、氢氧化物、碳酸盐和硫酸盐矿物、岩浆岩体系的 O 同位素分馏系数进行了系统的理论计算（Zheng，1995a，1995b，1996，1997，1998，1999；Zhao and Zheng，2003）。计算的分馏系数不仅与当时的实验测定和自然观察相吻合，而且不断地被后续的实验测定和自然观察所证实。

21 世纪初中科院地球化学所矿床地球化学国家重点实验室刘耘等最早开始使用分子簇模型进行矿物的同位素分馏性质计算，研究了硼同位素在溶液和白云母等含硼矿物之间的分馏（Liu and Tossell，2005）。刘耘课题组提供了大量 Ge 同位素（Li，Zhao，Tang et al.，2009；Li and Liu，2010）、Se 同位素（Li and Liu，2011）的平衡分馏系数，首先提出可以使用吸附产生的分馏，来鉴定表面吸附物的结构（Li and Liu，2010）。该课题组还对稳定同位素平衡分馏理论的核心——"Bigeleisen-Mayer 公式"进行了修正（Liu，Borisov，Mao et al.，2010），提供了多项高级校正的精确计算公式并编写了相关计算软件，这使得其课题组在气相分子之间的同位素分馏计算方面达到国际领先水平。除了平衡分馏系数的计算，刘耘课题组也进行了大量理论公式的推导，为新兴的同位素方向提供理论基础，他们是国内最早开始 Clumped 同位素研究的课题组，为 Clumped 同位素方向提供了大量的公式和理论支持（Cao and Liu，2012），并为微小非质量分馏领域提供重要的公式和理论（Cao and Liu，2011）。

五、同位素地球化学著作的出版

研究成果性专著：

在这一阶段代表性研究成果专著有由于津生主编，李耀菘副主编的《中国同位素地球化学研究》（科学出版社，1997）。其英译本为 Tu Guangchi，Chow T J，Editors-in-Chief，1998，Isotope Geochemistry researches in China，Beijing：Science Press。参加该书写稿的有 50 人（序：涂光炽，各章节：陈道公、陈福坤、陈好寿、陈践发、陈江峰、陈锦石、陈民扬、陈文正、陈毓蔚、丁悌平、段玉成、耿元生、郭新生、桂训唐、胡霭琴、李长江、李曙光、李耀菘、廖永生、刘敦一、乔玉楼、庞春勇、任建国、宋鹤彬、王先彬、王义文、魏菊英、卫克勤、肖孟华、徐步台、许荣华、薛啸峰、叶伯丹、于津生、张理刚、周泰喜，周新华，朱炳泉。编委会：丁悌平，于津生，王松山，叶伯丹，朱炳泉，李耀菘，张理刚，陈文正，陈民扬，陈锦石，谢洪源）。该书收集了90年代以前中国同位素地球化学研究的重要成果。美国Scripps海洋所周载华先生为了将中国同位素地球化学方面的研究成果推向世界，自己出资赞助组织了该书的英文出版，同时得到国家科学技术委员会，国家自然科学基金会和中国科学院的资助。1999年EOS书评："The publication of *Isotope Geochemistry Researches in China* represents a major milestone in such research in China. Every isotope geochemist will find at least one informative article in his or her own field of interest in this large and comprehensive volume."

另有朱炳泉等撰写的《地球科学中同位素体系理论与应用——兼论中国大陆壳幔演化》（科学出版社，1998）。该书由中国科学院出版基金和国家自然科学院基金会资助在科学出版社出版。由朱炳泉主笔，并有李献华、戴橦谟、陈毓蔚、范嗣昆、桂训唐、王慧芬等人参与编写。该书反映了中国科学院广州地球化学研究所同位素地球化学研究室在1998年以前的主要研究成果。书出版后得到许多读者的好评，并成为一些学术单位研究生录取考试的参考书和教材。十五年来该书被国内外刊物发表的论文、著作、会议文集他引300次以上，涉及基础地学、资源、环境、灾害、农业、工程、考古等领域国内外80多种刊物。从历年国内外刊物发表论文他引频数变化看，具有增加的趋势。

张理刚于1995年撰写了《东亚岩石圈地体地质》一书（张理刚，1995）。该书系统汇集了中国大陆花岗岩的铅同位素资料，对了解中国大陆地壳南北向的同位素体系变化有重要参考价值，得到广泛的引用与好评。

郑永飞于1999年主编了《化学地球动力学》一书（郑永飞，1999）。该书虽以"化学地球动力学"命名，但其主要学术思想，研究途径及全部参与写作的作者均与同位素地球化学及同位素年代学密切而不可分。实质上，该书是20世纪晚期同位素地球化学最新进展与固体地球科学前沿大陆岩石圈研究有机结合的产物。该书各章作者集合了当时国内一线的主要同位素地球化学工作者（如郑永飞，高山，李献华，徐义刚，李曙光，周新华，朱炳泉，陈江峰，支霞臣，沈谓洲等），探讨了从同位素到板块构造，壳幔深部过程，地球块体不均一性，Re-Os体系的应用，地幔稳定同位素地球化学，拉张环境大陆玄武岩浆作用，大陆地壳深部结构、形成与增生机制，东南大陆地壳演化的同位素示踪，元古宙地壳生长，大陆俯冲化学地球动力学等。可以说该书是20世纪我国应用同位素地球化学研究大陆岩石圈成果的总结之作。

六、实验室体制的变化

随着国家政治、经济形势的变化和对科研激励政策的改变，我国最早建立的三个主要同位素实验室（中科院、地科院、原冶金部矿产地质研究院）都经历了长途搬迁，以及隶属关系和机构名称的频繁改变。这种体制的变化一方面使科研机构在全国有分散的布局和增进竞争机制，但另一方面造成科研力量分散，设备严重损耗和重复建设，难于形成长期稳定的科研环境，因而也难于成长真正意义上的"开放实验室"或"研究中心"。

1958年中国科学院地质研究所由李璞先生为首创建的"绝对年龄实验室"，1966年搬迁至贵阳后更名为"同位素年龄实验室"，1983年正式命名为"同位素地球化学研究室"，

1987～1989 年主体搬迁至广州为广州地球化学所同位素地球化学研究室。2004 年成立中国科学院同位素年代学和地球化学重点实验室。2011 年经科技部批准成立同位素地球化学国家重点实验室。而原地质所的存留和回流的研究力量在 70～80 年代又发展建立了不同规模的同位素地球化学实验室，分别归属于"中国科学院岩石圈构造演化重点实验室"，地层室和地震地质所。2005 年"岩石圈演化国家重点实验室"成立后，同位素地球化学实验室的装备和研究力量已趋于全国前列。90 年代贵阳地球化学所的存留研究力量也不断扩大同位素地球化学方面的实验室，购置国内一流的质谱装备，它们分属于"环境地球化学国家重点实验室"和"矿床地球化学国家重点实验室"。

地科院地质研究所绝对年龄实验室建于 1959 年，1970 年主体迁往宜昌成为地科院宜昌地质所地球化学研究室，留存部分为同位素地质实验室，1975 年于荣炳等去天津成立天津地矿所同位素地质研究室。地科院矿床所稳定同位素地球化学研究实验室始建于 1973 年。1990 年中国地质科学院地质研究所与同位素地质实验室稳定同位素地球化学研究实验室联合组建地质矿产部同位素地质开放实验室，1991 年宜昌地质所地球化学研究室加入"地质矿产部同位素地质开放实验室"。2004 年被批准为国土资源部同位素地质重点实验室。2000 年在原地科院宜昌地质所地球化学研究室基础上成立了"中国地质调查局同位素地球化学开放研究实验室"。同年在天津地矿所同位素地质实验室基础上成立了"中国地质调查局同位素地质年代学研究中心"。在原国家地质实验测试中心 Re-Os 实验室基础上在 2004 年成立中国地质科学院 Re-Os 同位素地球化学重点实验室。

原冶金部矿产地质研究院的同位素室 1970 年迁往桂林，1983 年划归中国有色金属工业总公司，更名为"中国有色金属工业总公司矿产地质研究院同位素室"。

原核工业部北京第三研究所同位素年代实验室建于 20 世纪 50 年代末期，相继发展建立了 U-Pb、K-Ar、Ar-Ar、Rb-Sr、Sm-Nd 及稳定同位素实验室，为我国铀矿地质，同位素年代学及地球化学发展做出了重要贡献；并于 20 世纪 90 年代改名为核工业总公司北京铀矿地质研究院。

第四节　交叉渗透阶段

随着同位素地球化学向地球、生态、环境、人文科学各个领域渗透，不少同位素地球化学家已成为相关对象研究领域的专家；不少相关研究领域的科学家也具有了同位素地球化学应用方面的深入专业知识。80 年代以后同位素地球化学实验室已不再是原来为数不多的独立实验室，在各个对象研究学科领域和产业部都建立起了水平较高的同位素地球化学实验室。以同位素地球化学为主题的学术讨论会，已不再完全在两个学会同位素专业委员会门下召开；近年来在资源、生态、环境领域也在召开相关的学术会议。这种发展趋向令人喜忧参半；喜的是同位素地球化学的应用领域越来越广了，在这一渗透交融过程中，同位素地球化学学科本身也得到了进一步的发展和深化；忧的是从事同位素地球化学基础理论研究的专业人才越来越少了，这将不利同位素地球化学研究走向世界领先水平。同位素地球化学研究要跨上一个新的台阶还尚需继续努力。以下为与其他学科渗透交融中取得的主要研究进展及现有我国同位素地球化学实验室统计资料（表 7-4），并可参考相关地球化学分支学科的发展史资料。

表 7-4 全国同位素地球化学实验室名单

建立时间	单位名称	地址	历年主要骨干	历年主要设备	研究方向
中国科学院					
1990	贵阳地球化学研究所	贵阳	刘丛强、胡瑞忠、漆亮	MAT 253, Nu plasma IsoProbe-T, Triton	环境地球化学, 矿床地球化学同位素示踪
1958	广州地球化学研究所同位素地球化学国家重点实验室	广州	陈毓蔚、于津生、戴橦谟、朱炳泉、李献华、徐义刚	Mu-1305, ZHT-1301, MAT 230, VG-354, Delta-V MM-1200, GV-5400, Triton, LAM-ICP-MS (Isoprobe, Nepture), Cameca1280R, ^{14}C, 热释光	同位素地球化学基础理论, 基础地球科学, 成岩成矿与环境年代学与同位素示踪
1972	地质地球物理研究所同位素地球化学实验室	北京	王松山、许荣华、周新华、郭敬辉、李献华、李秋立	ZHT-1301, MS-10, ZHT-03, MAT 262, IsoProbe-T, MAT-251、MAT-252、Delta-S, Cameca1280, Triton	基础地球科学, 岩石圈演化年代学与同位素示踪
1964	兰州地质研究所	兰州	徐永昌、王先彬	ZHT-1301, MAT-251, VG5400	油气成藏地球化学稳定与稀有气体同位素示踪
1983	青岛海洋研究所	青岛	李培泉	放射性核素能谱测定 MAT-251	海洋沉积速率与放射性污染, 氧同位素示踪
1984	黄土与第四纪地质研究室	西安	安芷生、刘荣模	MAT-251、MAT-252、Delta Plus	古环境与全球变化稳定同位素示踪
1985	盐湖研究所	西宁	张保珍、肖应凯	ZHT-1301, VG-354, Triton B	盐湖与水 B 同位素地球化学
2003	南海海洋研究所	广州	黄道建	MAT253	海洋生态环境稳定同位素示踪
1979	广州地理研究所	广州	陆国琦、冯炎基	^{14}C 测量设备	古气候环境
1978	中国科学院地理所	北京	金力	^{14}C 测量设备	古气候环境
1978	中国科学院南京土壤所土壤与环境分析测试中心	南京	曹亚澄	ZHT-1301, MAT-253	农业土壤 N 同位素示踪
2007	冰川冻土研究所冰冻圈与环境联合重点实验室	兰州	尹常亮	MAT-252	古环境与冰川稳定同位素示踪
1976	古脊椎动物与古人类所	北京	石彦莳	^{14}C 测量设备	古人类与考古
1983	台湾"中央"研究院地球所放射性同位素地球化学实验室	台北	刘康克、李太枫、蓝晶莹、陈中华、陈正宏、沈君山、许朱男	Nu plasma MC-ICP-MS MAT 262, VG 354, MAT 253, Element Ⅱ ICP-MS, Triton	基础地球科学, 环境地球化学年代学与同位素示踪

续表

建立时间	单位名称	地址	历年主要骨干	历年主要设备	研究方向
高等院校					
1963	中国科学技术大学地球与空间科学系及科技考古系	合肥	陈江峰、李曙光、郑永飞、陈福坤、金正耀	Mat-230, MAT-262, Delta+热释光, Sr, Pb 同位素前处理	同位素地球化学基础理论、基础地球科学、环境、考古年代学与同位素示踪
1970	成都地质学院同位素地质教研室	成都	董宜宝、袁海华、尹观、卢武长	MAT261, MAT-251	水文环境地球化学，矿床地球化学年代学与同位素示踪
1970	长春地质学院同位素地球化学教研室	长春	林尔为、申浩澈	VG54E	成岩成矿年代学与同位素示踪
1970	南京大学地球科学系现代分析中心内生金属矿床成矿机制研究国家重点实验室	南京	方中、杨杰东、沈渭洲、蒋少涌	VG354, MAT-262 Agilent 7500a, Element II MAT-252/GC	基础地球科学，矿床地球化学，环境地球化学年代学与同位素示踪
1982	中国地质大学（武汉）测试中心同位素地质室	武汉	刘存富	MAT-261, MAT-251	基础地球科学，矿床地球化学，环境地球化学
2012	中国地质大学（北京）地学实验中心	北京	崔彬、刘爱华	Isoprime, MM5400	稳定同位素，Ar-Ar 年龄
1975	北京大学同位素实验室（现属造山带与地壳演化教育部重点实验室）	北京	徐步台、郑淑蕙、陈承业、穆治国	VG AXIOM（MC-ICP-MS）GV5400	基础地球科学，同位素地球化学
1975	北京大学历史系 ^{14}C 实验室	北京	陈铁梅	^{14}C 测量设备	科技考古
1972	北京大学化学系	北京	倪葆龄、莫志超	CH5, VG-SIRA-24	稳定同位素丰度，原子量
1992	西北大学地质系（大陆动力学国家重点实验室）	西安	谭桂声、袁洪林	LA-ICP-MS（Nu plasma）U-Pb 年龄测定	大陆动力学岩石年龄测定
1974	河北地质学院地质系	宣化	徐济华、陆敏	K-Ar, ^{14}C	水资源
	江汉石油学院	荆州	顾道远	合作研究为主	油气同位素示踪
	中南矿冶学院	长沙			
	合肥工业大学	合肥	董爱梅		
2010	东华理工大学放射性地质实验教学示范中心	抚州	徐伟昌、徐达忠	MAT253	环境稳定同位素示踪
2005	西南大学地球化学与同位素实验室	重庆	杨琰	ELEMENT XR, Delta V IRMS	岩溶与湖泊生态环境演化同位素示踪
1992	台湾大学地质科学系	台北	罗清华、刘聪桂、钟孙霖	VG1200, VG3600, Nu Noblesse, MAT Delta ^{14}C 测量设备	东亚大陆构造演化热年代学，第四纪地质

续表

建立时间	单位名称	地址	历年主要骨干	历年主要设备	研究方向
中国社会科学院与文物系统					
1965	考古研究所	北京	仇士华、蔡莲珍、李虎侯、张雪莲	^{14}C、热释光测量设备	科技考古
1975	上海博物馆古陶瓷热释光测定年代实验室	上海	王维达	热释光测量设备	古陶瓷定年
1978	南京博物院文物保护科学技术研究所	南京		^{14}C、热释光测量设备	科技考古
国家地震局					
1984	地质研究所新构造与年代学实验室	北京	邱存一、严正、陈文寄、王非、李大明、李齐	VG MM-1200，V MM-5400 ^{14}C、释光（OSL/TL）、	新生代年代学
	兰州地质研究所水化室	兰州			
化工部					
1979	化学矿山地质研究院	涿县	蔡炳湖	ZHT-03	非金属矿床稳定同位素
建设部					
1984	综合勘探研究室	北京	邵益生	合作研究为主	水资源稳定同位素
国家海洋局					
	第一海洋研究所	青岛	吴世迎、白黎明	合作研究为主	海底成矿与沉积作用稳定同位素、年代学
2009	第二海洋研究所	杭州	钱江初、钱建兴、高志雄、施光春、夏卫平	Delta Plus Advantage	古海洋环境稳定同位素
2009	第三海洋研究所	厦门	洪阿实、苏贤泽	Finnigan Delta V	古海洋环境稳定同位素
1980	环境保护研究所	大连	周义华、杜瑞芝	^{210}Pb 测定能谱	海洋沉积速率
中国有色金属工业总公司					
1960	矿产地质研究院	桂林	陈民扬、霍卫国、刘宏英、金铭成	CH-4，MM-1200，MAT261	金属成矿稳定同位素与年代学研究
1970	吉林矿产地质研究院	长春	王义文、崔雄龙	ZHT1301	金成矿年代学与同位素示踪
	辽宁有色金属地质勘探公司研究所	沈阳	申永治	合作研究为主	金成矿年代学与同位素示踪
核工业部					
1960	核工业北京地质研究院	北京	李杰元、李喜斌、郑懋公、李耀菘、张文华、朱杰辰、夏毓亮、刘汉彬、崔建勇	МИ-1301，МИ-1305，MAT-260，MAT251，MAT261，Isoprobe-T，Mat253，Triton Plus Phoenix Helix SFT，Deltaplus	铀成矿年代学与同位素示踪

续表

建立时间	单位名称	地址	历年主要骨干	历年主要设备	研究方向
石油部					
1980	四川石油管理局 地质勘探开发研究院	成都	陈文正、吴丽君	MAT-252	油气成藏稳定同位素示踪
1980	胜利石油管理局 地质科学研究院	东营	廖永胜	MAT-251	油气成藏稳定同位素示踪
1980	石油勘探开发规划研究院实验中心	北京	董爱正	色谱-同位素质谱仪	油气成藏稳定同位素示踪
1964	石油勘探开发研究院无锡石油地质研究所	无锡	高仁祥、张美珍、秦建中	ZHT-1301，MAT-251，MAT253，DELTA V Plus	油气开发稳定同位素示踪
冶金工业部					
1978	天津地质研究院	天津	杨凤筠、张英臣		矿床稳定同位素示踪
	中南冶金地质研究所	宜昌	苏欣栋、刘陶梅	合作研究为主	
煤炭工业部					
1990	煤炭科学研究总院西安分院地质研究所	西安	段玉成、叶伟鸿	MAT-251	煤与地下水的稳定同位素示踪
地矿部					
1966	宜昌地质矿产研究所同位素地球化学研究室	宜昌	张自超、白云彬、张理刚、陈好寿、龙文宣、叶伯丹、李华芹、韩友科	Mu-1305，MAT-251，MAT261	前寒武纪与区域年代学
1958	中国地质科学研究院地质研究所国土资源部同位素地质重点实验室	北京	张自超、刘敦一、罗修泉、张宗清、朱祥坤	Mu-1305，MAT262，MM1200，SHRIMP Ⅱ，Nu Plasma HR	同位素基本理论研究，示踪成岩、成矿物质来源
1973	中国地质科学研究院矿产资源研究所		宋鹤彬、丁悌平、刘裕庆、樊天益	MI1201-IG MAT251，MAT253，Neptune	矿床成因，稳定同位素基础理论
1965	中国地质科学研究院地质力学研究所	北京	孙家树、张振海	ZHT-1301	区域地质年代学
1975	天津地质矿产研究所同位素地质年代学研究中心	天津	林源贤、于荣炳、芦伟、黄承义、李惠民	VG-354，La-MC-ICP-MS-Nepture	U-Pb 地质年代学
1980	沈阳地质矿产研究所	沈阳	吴家弘、刁乃昌、王东方	ZHT-1301G	区域地质年代学
1980	南京地质矿产研究所	南京	李坤英、钱雅倩	Rb-Sr 与 K-Ar 前处理设备	火山岩年代学
1980	成都地质矿产研究所	成都	杨人雄、尹国师、徐永生、覃加铭	ZHT1301 K-Ar，Rb-Sr 前处理设备	青藏地质年代学，地质年表
1980	西安地质矿产研究所	西安	杨静华、邓尧、方克昌	MM-903	区域地质年代学，稳定同位素
1983	岩溶地质研究所	桂林	刘东生、陈先	MM-903E，^{14}C 测量	岩溶与大气降水 C-O-H 同位素与古气候

续表

建立时间	单位名称	地址	历年主要骨干	历年主要设备	研究方向
地矿部					
1978	云南地质局地质研究所	昆明	薛啸峰、王文懿	CH5	Rb-Sr法年龄测定
	浙江省地质矿产研究所	杭州	徐步台	合作研究为主	区域地质年代学
1985	吉林地质局地质研究所	长春	高毓英、刘长安	稀释法Ar析出装置	成矿年龄测定
林业部					
2007	中国林业科学研究院稳定同位素比率质谱实验室	北京	柯渊	Delta V advantage	生态环境稳定同位素示踪

一、大陆地壳增长与大陆动力学研究

90年代以来，相当一部分同位素地球化学家参与到地壳演化和地球动力学研究，并成为这一领域的专家。许多同位素实验室已取得了大量比先前精度更高的中国大陆地壳岩石形成年龄和变质年龄，如华北克拉通上大于30亿年岩石的年龄测定和前寒武纪地质年表界限进一步精确厘定；华南加里东以来花岗岩活动6个年龄峰期的确定；新疆主要地质事件的年龄测定；青藏高原大陆碰撞前后的新生代岩浆活动的时代厘定；华南复式岩体年代学的进一步细尺度解析；秦岭造山带的从前寒武纪至中生代的系统年代学资料的获得；中条山前寒武系构造年代格架研究等。Nd模式年龄的大量取得为中国大陆地壳不同块体的形成时代提供了制约，特别是中亚地区大面积年轻地壳Nd模式年龄的发现，为建立中亚造山带的构造演化模式提供了重要依据。大别-苏鲁-北祁连超高压变质岩和多条蛇绿岩带可信年龄和多元同位素示踪信息的获得为超高压变质带形成与折返等大陆动力学研究提供了重要时空格架，推进了造山带动力学过程精细年代学的发展。通过中国大陆与全球对比研究，取得了大量Rodinian超大陆的形成与裂解的高精度的年代学资料，为地球历史上泛大陆的演化，以及超级地幔柱的存在提供了重要佐证。华北克拉通破坏的时空制约研究也取得了一批关键的年代学资料。

二、地幔不均一性与地幔柱研究

由于同位素测定精度的提高，80年代末以来广泛开展了新生代火山岩的年龄精确测定和地幔不均一性的Pb-Sr-Nd-Hf-Os-O等同位素体系示踪。大量的数据揭示了中国东部古新世和中新世以后两个主要火山喷发期，南北向地幔不均一性的时空变化和四个主要的地幔端元组分，青藏高原周边的富集地幔特征。同位素资料还证实华南和青藏地区的特提斯构造域，以及东亚边沿海广泛存在DUPAL异常地幔，明显区别于古亚洲构造域。根据这些资料,已对中国大陆不同块体地幔与地壳横向不均性进行了同位素地球化学区划和同位素体系填图。对二叠纪峨眉山溢流玄武岩和新疆溢流玄武岩喷发时代的厘定获得了精确的年代学资料。巨量熔岩的短周期溢出,以及玄武岩从岛弧-岩石圈向板内演化的同位素体系特征,而苦橄岩同位素体系具原始地幔特征等为峨眉山地幔柱的存在提供了佐证。

三、矿床成因和成矿年代学

近30年来,同位素地球化学家一直在探讨成矿年龄的测定方法与对象。流体包裹体和成矿蚀变矿物的 Ar-Ar 和 Rb-Sr 年龄测定,硫化物、方解石的 Rb-Sr、Sm-Nd 和 Pb-Pb 年龄,辉钼矿-黄铁矿的 Re-Os 年龄,锆石-斜锆石 U-Pb 年龄、独居石的 Th-Pb 年龄等在测定成矿年龄上取得了成功的应用。年代学方法的创新为确定中国东部广泛的中生代金、钨-锡、铜-铁成矿事件年龄,新疆重要金属成矿作用事件厘定,华南地区广泛的新生代铜、铅-锌、铀成矿事件年龄,元古宙铜、镍成矿作用中广泛的晋宁期成矿,以及与峨眉山玄武岩的关的铜、镍、钒-钛与铅-锌成矿作用年龄起了重要作用。许多学者对中国特有的超大型白云鄂博稀土矿进行了反复的年代学测定。大量的年代学资料为确定大型矿集区时空分布规律和成矿谱系提供了重要依据。各类矿床大量的 S-H-O-C-Si,Pb-Nd-Sr,He-Ar,以及近来已获得的 Cu-Fe 同位素示踪资料,为确定成矿物质来源、成矿物理化学条件以及成矿多期次性提供了重要依据;无论是幔源岩浆成矿,还是浅成热液成矿均存在不同程度的壳幔相互作用。

四、油气成因和生-运-储时空制约的同位素体系研究

由于稳定同位素测试水平的提高和色谱-质谱联用,近30年来在科研和产业部门取得了大量原油、天然气、沥青与干酪根及其所含各种组分和分子链的 C-H 同位素资料,为区分生物成因与非生物成因油气、海相环境与陆相环境、油成气与煤成气、成熟油与未熟油对比以及原油与干酪根相关的油源对比提供了重要资料。天然气中 He-Ar-N-S 同位素新资料的广泛取得也为各种成因气源对比提供了进一步的依据,为进一步判别天然气的形成时代提供制约。沥青与干酪根中呈有机络合物态的同位素体系研究也取得了重要进展。低镜质组反射率的沥青可以得到很好的 Rb-Sr 和 U-Pb 等时线关系,可以测定重油与沥青的形成时代。沉积矿物的 Ar-Ar 年龄测定提供了生油的间接共生年龄。沥青(包括可溶性有机质)、原油与干酪根 Nd-Pb 同位素显著性差异表明油气成因也与壳幔相互作用密切相关。

五、全球变化的同位素研究

近20年来,全球气候变化引起了广泛的关注,冰芯、海洋与湖泊沉积物、黄土剖面、珊瑚礁、钟乳石、树轮、锰结核等的系统 O-C-Sr-Nd-Pb 同位素和新年代学研究,为建立上新世、更新世以来的古气候变化规律曲线,以及地质环境的变迁提供了可信的定量依据。对地球历史上发生的雪球事件也进行了同位素研究。近十年来中国主要河流各流域、生态系统和表生过程的 H-O-B-C-Sr-Pb 同位素研究也受到了关注,取得了长足进展,为中国大陆的近期气候与地理环境变化、碳循环和水土流失等研究提供了背景资料。

六、海洋沉积环境的同位素研究

90年代不平衡铀系年代学和放射性核素广泛用于我国海域的水体等物质循环的示踪和海洋表层生产力的示踪（黄奕普，姜德盛，徐茂泉等，1997）。

利用各种同位素体系重建海洋气候环境演变历史：有孔虫的氧同位素组成是古海洋研究最重要的基础数据，于津生等（1995）则发表了第一个珊瑚礁岩芯的综合的C-O-Sr-Pb同位素记录；有孔虫的Sr同位素也曾经被用来反映海水的Sr同位素组成的演变（韦刚健，桂训唐，于津生等，1996），而利用海洋生物成因碳酸盐的硼同位素组成来重建海水的pH记录在我国也开展得较早（刘卫国，彭子成，肖应凯等，1999）。随着非传统稳定同位素研究的广泛开展，更多的同位素体系将被应用到海洋气候环境演变的示踪研究中。

沉积物中同位素组成对确定沉积物来源、沉积速率、海洋构造环境及气候环境变化的示踪有重要意义：自20世纪90年代起，陆续被应用到我国海洋沉积物的研究，中科院广州地球化学所桂训唐等（1993）率先用Sr同位素组成限定了南海南部海域表层沉积物的来源。陈毓蔚等（1997）发表了西南极一个钻孔沉积物的C-O-Sr-Pb同位素组成，并试图探讨其气候环境意义。1991~2008年期间中科院广州地球化学所、南海所与中国地质科学院矿床所，西北大学地质系与国家海洋局第三研究所其后大范围广泛测定了南海碎屑沉积物和碳酸盐的铅同位素组成，为追索南海沉积物源区提供了重要信息。韦刚健等（2000）则利用南海一个沉积物岩芯的Sr-Nd同位素时间序列探讨其物质来源与气候环境演变；李献华等（2003）则利用ODP1148站沉积物岩芯的Nd同位素组成探讨南海早期构造演变历史。目前这方面的研究已经得到广泛应用，在我国海洋地质研究中占据重要的一席之地。

近20年来，前寒武纪地球环境与生命的演化一直是地学研究的前沿与热点，古元古代早期的"大氧化事件"、元古宙约达十亿年的"硫化海洋"、新元古代的"雪球地球"到"寒武纪大爆发"，推动了前寒武纪古海洋环境（特别是氧化还原）演变的研究，传统与非传统稳定同位素成为主要的示踪手段。

在我国，传统的C、O、S、Sr和非传统的Mo、Fe同位素等也被用来研究新元古代"雪球地球"事件以来的古海洋环境，涉及极端气候、大陆风化、海水氧化还原、富禄型铁矿和大塘坡型锰矿成因，以及与后生动物演化的关系。例如，根据云南梅树村和贵州戈中伍两个剖面的$\delta^{97/95}$Mo变化，Wen等（2011）推断全球海洋在埃迪卡拉纪–寒武纪界线附近转变为氧化；硫酸盐和碳酸盐矿物中特别低的δ^{18}O表明冰川或可能的冰融水存在（Peng, Bao, Zhou et al., 2013; Wang, Zhou, Guan et al., 2014）；根据硫同位素（黄铁矿，以及微量硫酸盐与黄铁矿）确定埃迪卡拉纪陡山沱期海水曾经缺氧和硫化过（Shen, Xao, Kaufman et al., 2008; Li, Love, Lyons et al., 2010）；等等。

七、环境污染源追踪与评估的同位素研究

80年代S同位素研究已用于酸雨的成因和影响范围评估研究。90年代以来环境污染越来越受到社会关注，在应用Pb同位素来评价重金属污染源，特别是汽车尾气铅污染方面取得了重要的成果。中科院广州地球化学所首先开展了珠江三角洲地区的土壤、河口沉

积物、尘埃、气溶胶与雨水的铅同位素研究，取得了系统的铅污染源和污染程度的定量评估资料。其后香港理工大学和香港大学进一步开展了土壤、河口沉积物的系统铅同位素研究。21世纪初中国地质科学院宜昌地质所等单位对杭州西湖以及上海、北京、南京、大连等地区环保研究部门也开展了相关的污染源同位素研究。茶叶、水稻以及植物的不同部位的铅同位素研究也正在开展，以准确评估食物链的重金属污染状况。

八、深部资源预测的同位素方法研究

由于我国许多矿产资源短缺，危机矿山日益增多，深部资源和矿集区的预测以及隐伏矿的深度与规模评价在20世纪90年代以后变得越来越重要。80年代以来，铅同位素打靶法在应用于铀、铅锌、铜、金矿靶区选择上，氧同位素方法在隐伏矿预测以及年代学对比找矿方面做了大量探索。90年代以来，铅同位素急变带的发现为大型矿集区和油气田分布提供了二维空间定位。各别矿床与矿体中铅同位素在三维空间的系统变化研究成果为建立隐伏矿深度和规模预测模型提供了理论基础，并在云南、甘肃地区隐伏金、铜矿预测中取得了可喜的成果。

九、同位素地球化学向人文科学的渗透

随着科学的迅速发展，学科与学科之间正在不断杂交产生创新点，在自然科学和社会科学之间也同样形成新的生长点。80年代以来新年代学的方法已被广泛应用于人类文明断代研究。近20年来，同位素示踪方法正在不断引入人类文明探源和传播路径以及农耕史研究。殷商青铜器高放射成因铅的发现和国外古玻璃的铅同位素研究成果引起了国内外考古学界和地球化学界的共同兴趣和广泛关注。古遗址动物与人骨的Sr、C、N同位素研究已被运用于研究古代人类的食物结构迁居活动情况。原产地域经济、城市地质、城市转型与旅游经济发展中也正在使用同位素示踪方法。

十、数字地球与地球系统科学

同位素数据的时空记录积累已成为数字地球的基础与地球系统科学的重要研究手段。早在80年代初，我国同位素地球化学界就十分重视数据的汇编，提供公益服务，共出版了五册汇编。进入21世纪以来，随着信息化技术的发展，同位素数据时空记录资料已进入地理信息系统平台。中国地质科学院、中国地质调查局为中国同位素数据库系统的建立进行了大量工作，但与发达国家相比仍然差距较大，公益服务也做得很不够。

第五节　结　束　语

"中国同位素地球化学学科发展史"是"中国地球化学学科发展史"的一个组成部分。2012年由欧阳自远院士牵头在地球化学所成立了"中国地球化学学科发展史"研究课题组。2013年欧阳自远主编就组织同位素地球化学一章编写工作与中科院地质地球所周新华研究员进行沟通，并参加南京学术年会期间学科史课题组召开的编写工作会议，从而

启动了同位素学科史编写工作。此次会后即开始联系同位素地球化学学科的创业元老及专家,并与我国相关的两个学会的同位素专业委员会及重点实验室沟通(即中国地质学会同位素地质专业委员会与中国矿物岩石地球化学学会同位素地球化学专业委员会,中国科学院广州地球化学所同位素地球化学国家重点实验室与中国地质科学院地质研究所的国土资源部同位素地质重点实验室)。与此同时还相继在广州组织了两次老同行专家座谈会,同年12月在"全国岩石学与地球动力学大会"期间,又组织召开了"中国同位素地球化学学科发展史"编写工作讨论会,陈毓蔚、戴橦谟、于津生等同位素地球化学创业元老出席了会议,并对编写工作提出了不少宝贵建议。会议就编写工作取得原则共识,并搭建了一个学科史编写的工作平台。正式成立《中国同位素地球化学学科发展史》编写组,由朱炳泉、李献华、周新华组成,负责初稿执笔;另成立审稿组,由朱祥坤、郭进义、蒋少涌组成,朱祥坤任组长,负责审稿与收集整理全国同位素界反馈意见。由此正式开始学科史编写工作。

经过编写组十个月的辛勤工作,2014年冬初步形成"同位素学科史征求意见稿"一稿,分发有关同行广泛征求意见,之后又经一年多时间的多次反复修改形成第六稿,期间在2015年10月的宁波由中国地质学会同位素地质专业委员会召开的同位素地质三十周年学术讨论会上专题汇报及讨论了学科史编写工作,吸收补充了主要来自各产业部门研究的系统意见,张自超、白云彬、刘敦一、丁悌平、陈民杨、夏毓亮、尹观等老一辈同位素地球化学家为此做出了巨大贡献,其中特别是刘敦一、丁悌平、陈民杨和夏毓亮四位资深老专家分别提供了所在领域详细的文稿材料。2016年3月底审稿版定稿后又送审稿组朱祥坤研究员审改及郭进义研究员、蒋少涌教授审阅。韦刚健、储著银、孙卫东、靳新娣、蒋少涌、储雪蕾、赵子福、温汉捷、王菲、刘耘等参加了部分章节编写。最后根据各位同行专家提出的宝贵意见,又作了反复修改。编写工作自始至终在全书编委会及欧阳自远主编领导下进行,本着对历史负责的精神,并坚持实事求是、程序公正、宏观全面的原则。编写工作始终得到了两个专业委员会及两个重点实验室,特别是徐义刚所长和朱祥坤主任的大力支持,更得到了全国同行,尤其是创业元老和老专家们的关心帮助,在此我们表示最诚挚的感谢和敬意!

主要参考文献

北京第三研究所四室(夏毓亮执笔). 1979a. 西北地区同位素地质年龄数据报道. 见:全国同位素地质会议文集·第二集. 北京:地质出版社,202~210

北京第三研究所四室(朱杰辰执笔). 1979b. 湘赣粤及其邻区花岗岩同位素年龄数据讨论. 见:全国同位素地质会议文集·第二集. 北京:地质出版社,91~108

蔡俊军,刘敦一,刘辉. 2002. 中国地球科学数据库系统同位素地质年代学数据库,地质论评,48(增):294~297

蔡俊军,朱祥坤,唐索寒等. 2006. 多接收电感耦合等离子体质谱 Cu 同位素测定中的干扰评估. 高校地质学报,12(3):392~397

常向阳,朱炳泉,邹日. 2000. 铅同位素系统剖面化探与隐伏矿深度预测——以云南金平龙脖河铜矿为例. 中国科学(D辑),30(1):33~39

陈文寄,李齐,周新华等. 1996. 西藏高原南部两次快速冷却事件的构造含义. 地震地质,18(2):109~115

陈义贤和陈文寄. 1997. 辽西及邻区中生代火山岩:年代学、地球化学和构造背景. 北京:地震出版社

陈毓蔚. 1962. 应用U-Pb法测定内蒙古几个伟晶岩中的锆石和褐帘石的地质年龄. 中国地质学会第三十

二届学术年龄论文集，360~365

陈毓蔚.1963.钾-钙法测定锂云母和白云母的地质绝对年龄.地质科学，（4）：188~197

陈毓蔚.1991.南沙群岛海区沉积物铅同位素分布特征及锆石年代学探讨.见：中国科学院南沙综合考察队.南沙群岛及其邻近海洋环境.武汉：湖北科学技术出版社，243~247

陈毓蔚和戚贵英.1962.铌钽酸盐及磷酸盐矿物中铅的快速测定法.科学通报，7（3）：38~39

陈毓蔚和许荣华.1965.关于应用同位素铀-铅法测定沥青铀矿地质年龄的问题讨论.原子能科学技术，（5）：45~47

陈毓蔚和赵一扬.1982.东海沉积物中^{226}Ra的分布特征及近岸区沉积速率的测定.海洋与湖沼，（4）：360~387

陈毓蔚，毛存孝，朱炳泉.1980.我国显生代金属矿床铅同位素组成特征及其成因探讨.地球化学，（3）：215~229

陈毓蔚，钟富道，刘菊英等.1981.我国北方前寒武岩石铅同位素年龄测定——兼论中国前寒武地质年表.地球化学，（3）：209~219

陈毓蔚，桂训唐，韦刚健等.1997.南极长城湾NG93-1沉积物柱样碳、氧、锶、铅同位素地球化学研究及其古环境意义.地球化学，26（3）：1~11

陈云，李铮华，叶浩等.1996.黄土高原中部最近130ka来气候变化的碳、氧同位素记录.海洋地质与第四纪地质，16（1）：17~22

程裕淇.1960.中国前寒武系.科学记录（新辑），4（4）：143~153

程裕淇和李璞.1964.关于我国地质年代学研究的一些成果的讨论.科学通报，（8）：659~666

程裕淇，沈其韩，陆宗斌等.1959.关于辽宁鞍山附近鞍山系地质年代新资料.地质论评，19（4）：186

程裕淇，沈其韩，王泽九等.1964.山东新泰一带泰山群变质岩类和岩浆岩类岩石的地质年代学研究.地质论评，22（3）：198~208

储雪蕾和Ohmoto H.1990.分子内同位素效应和与这种化合物同位素交换的动力学模式.矿物岩石地球化学通报，9（2）：115~118

储著银，孙敏，周新华.1998.激光进样等离子体质谱技术及其在地球科学中的应用.岩矿测试，17（2）：152~157

崔学军，李中兰，朱炳泉等.2008.同位素在矿产资源评价中的应用——以甘肃省鹰嘴山金矿区为例.矿床地质，27（1）：88~200

戴金星，夏新宇，秦胜飞等.2003.中国有机烷烃气碳同位素系列倒转的成因.石油与天然气地质 24（1）：1~6

戴橦谟和洪阿实.1982.^{40}Ar/^{39}Ar计时及西藏南部喜马拉雅期几个黑云母年龄的测定.地球化学.（1）：48~55

戴橦谟，张梅英，金铭成等.1973.固体中痕量氩的测定见：超纯物质分析报告集（1963）.北京：科学出版社

戴橦谟，卢承祖，蒲志平等.1990.含煤盆地中稀有气体同位素组成特征.见：傅家谟，刘德汉，盛国英主编.煤成气地球化学

戴橦谟，许景荣，邱华宁等.1995.连续激光探针质谱^{40}Ar/^{39}Ar法测定单颗粒矿物年龄.地球化学，（4）：334~339

丁悌平.1988.南岭地区几个典型矿床的稳定同位素研究，北京：北京科学技术出版社

丁悌平.1994.硅同位素地球化学，北京：地质出版社

丁悌平和张承信.1992.闪锌矿-方铅矿硫同位素地质温度计的实验标定.科学通报，37（15）：1392~1395

丁悌平，刘玉山，万德芳等.1992.石英-钨铁矿氧同位素地质温度计及其地质应用研究.地质学报，

(1): 48~58

董顺利, 李忠, 高剑等. 2013. 阿尔金—祁连—昆仑造山带早古生代构造格架及结晶岩年代学研究进展. 地质论评, 59 (4): 731~746

杜安道, 何红蓼, 殷宁万等. 1994. 辉钼矿的铼-锇同位素地质年龄测定方法研究. 地质学报, 68: 339~347

杜安道, 赵敦敏, 王淑贤. 2001. Carius 管溶样-负离子热表面电离质谱准确测定辉钼矿铼~锇同位素地质年龄. 岩矿测试, 20: 247~252

段毅和罗斌杰. 1995. 生物标志化合物稳定碳同位素地球化学. 地质地球化学, 3: 39~41

范嗣昆等. 1982. 腾冲火山岩 K-Ar 计时. 见: 第二届全国同位素地球化学学术讨论会论文（摘要）汇编: 5

冯文科, 杨达源. 1988. 南海北部 V3 孔的氧同位素曲线及其古环境的分析, 海洋学报, 10: 590~595

傅家谟和刘德汉. 1992. 天然气运移、储集及封盖条件, 北京: 科学出版社

桂训唐, 于津生, 李献华等. 1993. 南沙海域沉积物 Sr-O 同位素组成与古环境, 科学通报, 38: 1787~1790

郭士伦, 周书华, 孟武等. 1980. 用裂变径迹法测定北京猿人年代, 科学通报, 25 (8): 384

何红蓼, 杜安道, 邹晓秋等. 1993. 铼-锇同位素的等离子体质谱法测定及其在辉钼矿测年中的应用. 岩矿测试, 12: 161~165

何红蓼, 杜安道, 邹晓秋等. 1994. 铼-锇测年法中锇的化学行为研究. 分析化学, 22: 109~114

何学贤, 朱祥坤, 李世珍等. 2008. 多接收器等离子体质谱（MC-ICP-MS）测定 Mg 同位素方法研究. 岩石矿物学杂志, 27 (5): 441~448

洪大卫, 王式, 谢锡林等. 2000. 兴蒙造山带正 ε (Nd, t) 值花岗岩的成因和大陆地壳生长. 地学前缘, 7 (2): 441~456

洪业汤, 姜洪波, 朱咏煊等. 1997. 近 5 ka 温度的金川泥炭 δ^{18}O 记录. 中国科学 (D 辑), 27: 525~530

侯德封. 1961. 核子地球化学. 科学通报, (10): 1~21

侯德封, 于津生, 欧阳自远. 1963. 与 U-235 有关的几个地质问题. 地质快报, 13

侯德封, 欧阳自远, 于津生. 1974. 核转变能与地球物质的演化. 北京: 科学出版社, 1~91

胡霭琴, 2006, 中国新疆地壳演化主要地质事件年代学和地球化学. 北京: 地质出版社

胡华光, 胡世玲, 王松山等. 1982. 根据同位素年龄讨论侏罗、白垩纪火山岩的时代. 地质学报, (4): 315~322

胡世玲, 郑祥身, 戴橦谟等. 1995. 激光质谱测定南极乔治王岛北海岸 A635 玄武岩微区 ^{40}Ar/^{39}Ar 的等时年龄. 岩石学报, (3): 306~311

胡耀武, Stanley H A, 王昌燧. 2007. 贾湖遗址人骨的稳定同位素分析. 中国科学 (D), 37 (1): 94~101

黄斌. 1990. 铅同位素在找矿勘探中的应用. 地质与勘探, 26 (12): 29~33

黄奕普, 姜德盛, 徐茂泉等. 1997. 南海东北部表层海水中 ^{226}Ra 的分布. 热带海洋, 16: 75~81

蒋少涌, 凌洪飞, 倪培等. 2000. 热液成矿作用程中的硼同位素示踪. 学科进展, (4): 225~228

蒋少涌, Woodhead J, 于际民等. 2001. 云南金满热液脉状铜矿床同位素组成的初步测定. 科学通报, 46 (17): 1468~1471

金正耀. 2001. 商代青铜器中的高放射成因铅: 三星堆器物とサックラ—美术馆收藏品との比较研究. 译载平尾良光编《古代东アジア青铜の流通》. 东京: 鹤山堂

金正耀, 朱炳泉, 常向阳等. 2004. 成都金沙遗址铜器研究. 文物, (7): 76~88

孔令昌和王志敏. 1998. 用于地质研究和地震监测的稀有气体质谱分析法. 质谱学报, 19 (1): 54~59

李虎侯. 1981. 利用石英的热释光测定年代的技术. 科学通报, (17): 1068~1071

李华芹，刘敦一，伍勤生等．1976．Rb-Sr 稀释法测定地质年龄．地质学报，50（2）：191～202
李华芹，谢才富，常海亮等．1998．新疆北部有色贵金属矿床成矿作用年代学．北京：地质出版社
李津，朱祥坤，唐索寒．2010．钼同位素的 MC-ICP-MS 测定方法研究．地球学报，31（2）：251～256
李坤英．1982．中国东南部中生代火山岩的同位素年龄、时间和空间演化及其原始物质来源．中国地质科学院南京地质矿产研究所所刊，3（1）：98～118
李璞，戴橦谟，邱纯一等．1963．内蒙古和南岭地区某些伟晶岩和花岗岩的钾-氩法绝对年龄测定．地质科学，（11）：1～9
李世珍，朱祥坤，唐索寒等．2008．多接收器等离子质谱法 Zn 同位素比值的高精度测定．岩石矿物学杂志，27（4）：273～278
李献华．1990．万洋山一诸广山花岗岩复式岩基的岩浆活动时代与地壳运动．中国科学（B 辑），（7）：748～754
李献华，梁细荣，韦刚健等．2003．锆石 Hf 同位素组成的 LAM-MC-ICP-MS 精确测定．地球化学，32：86～90
李献华，刘颖，杨岳衡等．2007．同一岩石试样的 Lu-Hf 和 Sm-Nd 快速分离及国家岩石标准物质的 Hf-Nd 同位素比值精确测定．岩石学报，23（2）：221～226
李献华，李武显，王选策等．2009．幔源岩浆在南岭燕山早期花岗岩形成中的作用：锆石原位 Hf-O 同位素制约．中国科学（D 辑），39：872～887
李延河，丁悌平，万德芳．1995．Experimental study of silicon isotope dynamic fractionation and its application in geology．Acta Geochimica，14（3）：212～219
李耀松，朱杰辰，李喜斌等．1980．我国内生铀矿床成矿时代概述．放射性地质，（1）：1～8
李燿菘，夏毓亮，陶铨．1983．应用 U-Pb 同位素体系演化研究铀矿床的成矿机理．放射性地质，（3）：16～21
李志红，朱祥坤，唐索寒．2008．鞍山-本溪地区条带状铁建造的铁同位素与稀土元素特征及其对成矿物质来源的指示．岩石矿物学杂志，27（4）：285～290
梁细荣，李献华，韦刚健等．1999．激光探针等离子体质谱测定单颗粒锆石铀-铅年龄．分析化学，27：1121～1125
廖永胜．1981．应用碳同位素探讨油气成因．石油学报，2（4）：54～60
林瑞芬，卫克勤，王洪波．1979．天然水中氚的测定方法．地球化学，（4）：349～352
刘丛强，赵志琦，肖应凯．2000．黄土中硼的同位素组成变化及其气候示踪意义研究．第四纪研究，20（4）：349～355
刘海臣，朱炳泉，张展霞．1998．LAM-ICP-MS 法用于单颗粒锆石定年研究．科学通报，43：1103～1106
刘顺生和张峯．1987．西藏南部地区裂变径迹年龄和上升速度的研究．中国科学，（9）：92～102
刘卫国，彭子成，肖应凯等．1999．南海珊瑚礁硼同位素组成及其环境意义．地球化学，28（6）：534～541
刘禹，马利民，蔡秋芳等．2002．采用树轮稳定碳同位素重建贺兰山 1890 年以来夏季（6-8 月）气温．中国科学（D 辑），38（2）：667～674
刘志超，吴福元，郭春丽等．2011．磷钇矿 U-Pb 年龄激光原位 ICP-MS 测定．科学通报，56（33）：2772～2781
硫同位素地质标准样测试小组．1980．我国硫同位素地质标准样．地球化学，（1）：65～73
龙文萱和刘敦一．1975．用同位素稀释法测定锆石英的微量铅．地质学报，（1）：92-99
卢良才和李虎侯．1984．甘肃马兰黄土热释光年龄．地球化学，（4）：400～404
卢武长．1981．根据矿物的氧键估计矿物—H$_2$O 的氧同位素分馏方程．成都地质学院学报，（4）：32～51
陆松年，李惠民．1991．蓟县长城系大红峪组火山岩的单颗粒锆石 U-Pb 法准确定年．中国地质科学院院

报, 22: 137~146

路远发, 陈好寿, 陈忠大等. 2006. 杭州西湖与运河沉积物铅同位素组成及其示踪意义. 地球化学, 35 (4): 443~452

毛存孝, 张翼翼, 崔雄龙. 1965. 用 ZHT-1301 型质谱计进行微量铅的同位素分析试验. 原子能科学技术, (5): 407~411

毛存孝, 曾天育, 陈毓蔚. 1975. 单、双铅同位素稀释法中若干问题的讨论. 全国同位素地质会议文集 (第一集). 北京: 地质出版社, 140~150

毛存孝, 曾天育, 黄荣生. 1978. 多位离子源实现铅同位素的快速分析. 第二次全国质谱学会议资料选编. 北京: 原子能出版社

欧阳自远. 1972. 自然界新元素的发现与探讨. 中国科学院地球化学所编, 177~190

欧阳自远. 1982. 吉林陨石的宇宙线照射历史. 地球科学, (2): 67~74

欧阳自远. 1996. 地球的初始不均一性及其对后期成矿和构造演化的制约, 21 世纪初科学发展趋势. 北京: 科学出版社, 236~241

欧阳自远. 2000. 核地球化学发展的丰碑《核转变能与地球物质的演化》——纪念侯德封先生诞生 100 周年. 矿物岩石地球化学通报, (10): 6~11

欧阳自远. 2007. 探究史前核反应堆. 科学世界, (5): 92~95

欧阳自远和张福勤. 1995. 地球的化学不均一性及其起源和演化. 矿物岩石地球化学通讯, (2): 88~91

欧阳自远, 王世杰, 张福勤. 1994. 堆积的地球及其初始不均一性. 地球科学进展, (3): 1~15

蒲志平, 戴橦谟, 许景荣等. 1991. 激光探针质谱及单颗粒矿物 $^{40}Ar/^{39}Ar$ 法年龄的测定. 岩矿测试, 16 (1): 1~6

祁海平, 王蕴慧, 肖应凯. 1993. 中国盐湖中硼同位素的初步研究. 科学通报, 38 (7): 634~6371

强山峰, 毕诗健, 邓晓东等. 2013. 豫西小秦岭地区秦南金矿床热液独居石 U-Th-Pb 定年及其地质意义. 地球科学, 38 (1): 43~56

邱华宁和戴橦谟. 1989. 云南泸水钨锡矿床 $^{40}Ar-^{39}Ar$ 法成矿年龄研究. 第四届全国同位素地质年代学、同位素地球化学学术研讨会, 83

邱华宁和戴橦谟. 1993. 矿床中石英流体包裹体 $^{40}Ar-^{39}Ar$ 定年研究. 第五届全国同位素地质年代学、同位素地球化学学术讨论会. 北京: 地质出版社.

邱华宁, 孙大中, 朱炳泉等. 1997. 东川铜矿同位素地球化学研究: Ⅱ. Pb-Pb, $^{40}Ar-^{39}Ar$ 法成矿年龄测定. 地球化学, 26 (2): 39~45

仇士华. 1972. 放射性碳素测定年代 (实验室建成) 报告 (一). 考古, (1): 52~56

全国同位素地质年龄数据汇编编纂小组. 1975. 全国同位素地质年龄数据汇编 (第一册). 北京: 地质出版社

全国同位素地质年龄数据汇编编纂小组. 1977. 全国同位素地质年龄数据汇编 (第二册). 北京: 地质出版社

全国同位素地质年龄数据汇编编纂小组. 1983. 全国同位素地质年龄数据汇编 (第三册). 北京: 地质出版社

全国同位素地质年龄数据汇编小组. 1986. 全国同位素地质年龄数据汇编 (第四册). 北京: 地质出版社

任胜利, 周新华, 戴橦谟等. 1998. 浙江矾山明矾石矿石激光微区 $^{40}Ar-^{39}Ar$ 等时年龄测定. 科学通报, 43 (7): 1443~1445

尚婷, 朱赖民, 高志友等. 2008. 南海表层沉积物铅的环境质量状况及其来源的铅同位素示踪. 地质论评, 54 (1): 1~11

盛国英, 耿安松, 赵必强等. 1991. 正构烷烃单个化合物碳同位素分布初探. 沉积学报, (增刊): 21~25

施实 (夏毓亮执笔). 1976. 广西雪峰期摩天岭岩体同位素地质年龄讨论. 地球化学, (6): 295~307

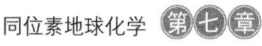

施实（李燿菘执笔）. 1979. 浙江中生代酸性火山岩同位素地质年龄研究. 地球化学, (1)

孙晨光, 赵志丹, 莫宣学等. 2008. 青藏高原西南部赛利普超钾质火山岩富集地幔源区和岩石成因: 锆石 U-Pb 年代学和 Hf 同位素制约. 岩石学报, 24（2）: 249~264

孙大中和胡维兴. 1993. 中条山前寒武纪年代构造格架和年代地壳结构, 北京: 地质出版社

孙金凤, 杨进辉, 吴福元等. 2012. 榍石原位微区 LA-ICPMS U-Pb 年龄测定. 科学通报, 57（18）: 1603~1615

孙卫东, 彭子成, 王兆荣等. 1997. 负热电离质谱技术在锇同位素测定中的应用. 质谱学报, 18: 7~15

覃嘉铭, 林玉石, 张美良. 2000. 桂林全新世石笋高分辨率 $\delta^{13}C$ 记录及其古生态意义. 第四纪研究, 20（4）: 351~357

覃振蔚. 1987. 混合等时线及其在同位素年代学中的意义. 中国科学（B）, 17: 95~103

唐索寒, 朱祥坤, 李津等. 2008. 地质样品铜铁锌同位素标准物质研制. 岩石矿物学杂志, 27（4）: 273~284

唐索寒, 朱祥坤, 赵新苗等. 2011. 钛的离子交换分离和 MC-ICP-MS 高精度同位素组成分析方法. 分析化学, 39（12）: 1830~1835

妥进才, 王先彬. 2006. 深层油气和非生物成因天然气的耦合与差异. 天然气地球科学, 17（1）: 31~35

王非, 陈文寄, 彭子成等. 2001. 长白山天池火山晚更新世以来的喷发活动: 高精度铀系 TIMS 年代学制约. 地球化学, 30（1）: 88~94

王慧芬等. 1981. 山东临朐地区新生代玄武岩同位素钾-氩年龄研究. 地球化学, (4): 321~328

王立胜, 马志邦, 程海等. 2016. MC-ICP-MS 测定铀系定年标样的 ^{230}Th 年龄. 质谱学报, 37: 262~272

王松山. 1982. 应用 ^{40}Ar-^{39}Ar 定年技术研究某些火山岩及陨石样品的受热历史. 地质科学, (2): 226~234

王松山, 文嘉麒, 朱铭等. 1983. 长白山地区新生代火山岩的钾-氩年龄测定. 地质科学, (3): 209~215

王松山, 王元青, 胡华光等. 2001. 辽西四合屯脊椎动物生存时代: 锆石 U–Pb 年龄证据. 科学通报, 46: 330~333

王维达. 1979. 古代陶器的热释光年代. 考古, (1): 82~88

王先彬. 1990. 非生物成因天然气理论的宇宙化学依据. 天然气地球科学, 1（1）: 4~8

韦刚健, 桂训唐, 于津生等. 1996. 南海第四纪海水 Sr 同位素组成演化. 海洋地质与第四纪地质, (2): 15~21

韦刚健, 李献华, 李惠民等. 1997. 热电离质谱（TIMS）U-Th 年龄测定及其应用研究初探. 地球化学, (2): 68~74

韦刚健, 桂训唐, 李献华等. 2000. 南沙 NS90-103 钻孔沉积物 Sr-Nd 同位素组成及其气候环境信息探讨. 中国科学（D 辑）, 30（3）: 249~255

韦刚健, Mortimer G, McCulloch M. 2009. 珊瑚高精度硼同位素组成分析: PTIMS 与 NTIMS 方法的对比研究. 地球化学, 38（2）: 114~122

卫克勤和林瑞芬. 1994. 祁连山敦德冰芯氧同位素剖面的古气候信息探究. 地球化学, 23（4）: 311~320

卫克勤, 林瑞芬, 王志祥. 1982. 北京地区降水中的氚、氧-18、氘含量. 中国科学（B）, (8): 754~757

魏菊英和上官志冠. 1983. 内蒙古白云鄂博、铁矿中磁铁矿和赤铁矿的氧同位素组成. 地质科学, (3): 217224

魏菊英, 郑淑蕙, 莫志超. 1979. 冀东滦县一带前震旦纪含铁石英岩中磁铁矿的氧同位素组成. 地球化学, (3): 195~201

温汉捷, Carignan J, 胡瑞忠等. 2007. 湖北渔塘坝硒矿床中最大硒同位素分馏的发现及其指示意义. 科学通报, 52（4）: 1848~1848

夏明, 赵树森, 王守信. 1979. 铀系方法鉴定国际标准样结果. 中国科学, 8: 792~795

夏明，张承蕙，刘韶等.1983.我国南海陡坡沉积物沉积速度研究.中国科学（B辑），（9）：843~848
夏明，张承蕙，马志邦等.1983.铅-210年代学方法和珠江口、渤海锦州湾沉积速度的测定.科学通报，(5)：291~295
夏毓亮.1982.铅同位素方法寻找铀矿.北京：原子能出版社
夏毓亮和韩军.2008.中国最古老铀矿床成矿年龄及铅同位素示踪铀成矿省.地球学报，29（6）：752~760
夏毓亮等.1974.关于应用铅同位素寻找铀矿问题的探索.放射性地质，(1)：85~95
夏毓亮，林锦荣，朱杰辰等.1998.沽源-多伦盆地火山岩类和花岗岩类同位素地质年代学及铀成矿条件研究.铀矿地质，(5)：274~281
夏毓亮，林锦荣，刘汉彬等.2004.中国北方主要产铀盆地砂岩铀矿成矿年代学及成矿铀源研究.见：中国核科技报告.北京：原子能出版社，79~87
肖应凯，王蕴慧，曹海霞.1981.盐湖卤水中硼同位素丰度比值的质谱法测定.盐湖科技资料，1~2：286~289
肖应凯，魏海珍，尹德忠.2000.盐湖硼氯同位素地球化学研究进展.盐湖研究，8（1）：30~40
徐平，关鸿，孙敏等.1999.激光探针等离子体质谱用于锆石Pb-Pb定年的分析和校正方法的进一步探讨.地球化学，28：136~144
徐平，吴福元，谢烈文等.2004.U-Pb同位素定年标准锆石的Hf同位素.科学通报，49：1403~1410
徐永昌，王先彬，吴仁铭等.1979.天然气中稀有气体同位素.地球化学，(4)：271~282
阎欣，储著银，孙敏等.1998.激光探针等离子体质谱法锆石微区$^{207}Pb/^{206}Pb$测定尝试.科学通报，43：2101~2105
杨凤筠，邱纯一，陈明扬等.1966.硫同位素分析方法（在某热液型锡石-硫化物矿床中的应用）.地质科学，40（3）：217~225
姚御元，霍卫国.1980.ZHT-03质谱的硫同位素分析.分析仪器，(3)：58~65
冶金部地质研究所同位素地质室（陈民扬执笔）.1979.我国主要类型铜矿的硫同位素分布特征.地质与勘探，(6)：6~17
尹若春，张居中，杨晓勇.2008.贾湖史前人类迁移行为的初步研究——锶同位素分析技术在考古学中的运用.第四纪研究，28（1）：50~57
于津生，张鸿斌，虞福基等.1980.西藏东部大气降水氢同位素组成特征.地球化学，(2)：113~121
虞福基，于津生.1990.某些羟基矿物氢同位素分析样品制备最佳条件的研究.地球化学，(2)：183~186
袁洪林，高山，罗彦等.2007.Lu-Hf年代学研究——以大别榴辉岩为例.岩石学报，23：233~239
张理刚.1993.中国东部中生代花岗岩长石铅同位素组成与铅同位素省划分.科学通报，38（3）：254~254
张理刚.1994.地质块体的铅构造模式.北京：地质出版社
张理刚.1995.东亚岩石圈地体地质.北京：科学出版社
张理刚.1996.水—岩交换两阶段模式及其地质应用.北京：地质出版社
张文正和裴戈.1992.原油轻烃单体系列G C-C-MS在线碳同位素分析方法.石油实验地质，14（3）：302~311
张翼翼，邱纯一，毛存孝等.1964.我国某些方铅矿中的铅同位素分析.地质科学，(2)：183~187
张宗清，袁忠信，唐索寒等.2003.白云鄂博矿床年龄和地球化学.北京：地质出版社
张宗清，张国伟，刘敦一等.2006.秦岭造山带蛇绿岩、花岗岩和碎屑沉积岩同位素年代学与地球化学.北京：地质出版社
章申，于维新，张青莲.1973.我国西藏南部珠穆朗玛峰地区冰雪中氘和重氧的分布.中国科学，(4)：430~433

赵孟军，黄第藩，张水昌. 1994. 原油单体烃类的碳同位素组成研究. 石油勘探与开发，21（3）：52~59
赵志丹，莫宣学，Nomade S 等. 2006. 青藏高原拉萨地块碰撞后超钾质岩石的时空分布及其意义. 岩石学报，22：787~794
赵资奎，严正，叶莲芳. 1983. 莱阳山东恐龙蛋化石的氧，碳稳定同位素组成及其与古环境的关系. 古脊椎动物与古人类，21（3）：204~209
郑建平，路凤香，Griffin W L 等. 2006. 华北东部橄榄岩与岩石圈减薄中的地幔伸展和侵蚀置换作用. 地学前缘，13：76~85
郑淑蕙. 1983. 我国大气降水的氢氧稳定同位素研究. 科学通报，28，（13）：801~801
郑永飞. 1999. 化学地球动力学. 北京：科学出版社
支霞臣. 1999. Re-Os 同位素体系和大陆岩石圈地幔定年. 科学通报，44：2362~2371
中国科学院地球化学所同位素年代学实验室. 1972. 我国珠穆朗玛峰地区变质岩系及顶峰岩石同位素年龄初步测定. 地球化学，（1）：1~11
中国科学院地球化学所同位素年代学实验室（周新华执笔）. 1973. 岩石矿物的 Rb-Sr 同位素地质年龄测定. 地球化学，（3）：176~185
中国科学院地球化学研究所和桂林冶金地质研究所同位素地质联合实验室. 1975. 红旗一号岩体铜镍矿床的硫同位素组成. 见：全国同位素地质会议文集（第三集）. 北京：地质出版社，10
中国科学院地球化学研究所同位素地质研究室（钟富道、朱炳泉、周新华执笔）. 1973. 中国珠穆朗玛峰地区变质岩同位素地质年龄的测定. 中国科学，（3）：280~288
中国科学院贵阳地球化学研究所和原子能研究所协作小组. 1973. 氩的中子活化分析用于测定矿物岩石的钾-氩年龄. 地球化学，（1）：51~58
中国科学院贵阳地球化学研究所[14]C 实验室. 1973. 几个考古样品的放射碳年龄测定. 地球化学，（2）：136~137
中国科学院贵阳地球化学研究所和原子能研究所协作小组. 1979. 氩同位素稀释测定钾-氩年龄. 全国同位素地质会议文集第一集. 北京：地质出版社，1~8
中国科学院贵阳地球化学研究所同位素年龄实验室和湖北省地质科学研究所同位素年龄实验室. 1972. 南岭及其邻区花岗岩同位素年龄的研究. 地球化学，（2）：119~134
中国科学院原子能研究所和贵阳地球化学研究所协作组. 1976. 用裂变径迹法测定白云母和玻璃陨石的年龄. 地球化学，（2）：148~156
中国石油总公司胜利石油管理局和中国科学院地质研究所. 1993. 济阳地区浅表土壤气体 He、Ar 组分油气化探研究
周丽芹，刘建辉，纪战胜等. 2012. 牙形石 SHRIMP 微区原位氧同位素分析方法. 地质学报，86：611~618
周维勋，夏毓亮. 1982. 铀-铅同位素谱系研究及其在铀矿地质中的应用. 地球化学，（1）：66~75
周新华. 1982. 中国东部新生代玄武岩 Nd-Sr 同位素体系. 全国第二届同位素地质学术讨论会论文集，第一卷，450~451
周新华. 1984. Rb-Sr 和 Sm-Nd 同位素体系研究进展. 矿物岩石地球化学通讯，第一期，76~83
周新华和韩蓉. 1986. 广东普宁幔源包体多元同位素体系研究. 见：全国三届同位素地质学术讨论会论文集. 北京：地质出版社，139~140
周新华和施泽恩. 1975. 亚沸法制备超纯试剂方法技术. 全国同位素地质会议文集（第三集）
周新华和朱炳泉. 1992. 中国东部新生代玄武岩同位素体系和地幔化学区划. 见：刘若新主编. 中国新生代火山岩年代学与地球化学. 北京：地震出版社，366~391
周新华，刘珍荣，梁戈立等. 1974. 岩石中 Rb/Sr 比值 XRF 测定-基体校正康普顿散射法的应用. 全国岩石矿物分析测试年会论文集，北京：地质出版社，378~381

朱炳泉.1975.U-Pb同位素体系三阶段模式研究.地球化学,(2):123～135(国外文献:Wendt I. 1984. A three-dimensional U-Pb discordia plane to evaluate samples with common lead of unknown isotopic composition. Chem Geol 2:1～12)

朱炳泉.1993.矿石Pb同位素三维空间拓扑图解用于地球化学省与矿种区划.地球化学,(3):210～216

朱炳泉和常向阳.2002.评"殷商青铜器高放射成因铅"的发现.古代文明,1(创刊号):278～283

朱炳泉,刘北玲,李献华.1989.大陆与大洋Nd-Sr-Pb同位素特征与三组分混合-四体系再循环模式.中国科学(B),(10):1092～1102

朱炳泉,常向阳,王慧芬.1995.华南-扬子地球化学边界及其对超大型矿床形成的控制.中国科学(B),25:1004～1008

朱炳泉,常向阳,邱华宁等.1998.地球化学急变带的元古界基底特征及其与超大型矿床产出的关系.中国科学(D),28(增刊):63～70

朱炳泉,戴橦谟,胡耀国等.2005.滇东北峨眉山玄武岩中两阶段自然铜矿化的^{40}Ar-^{39}Ar与U-Th-Pb年龄证据.地球化学,34(3):235～247

朱炳泉,郭丽芳,崔学军等.2009.隐伏矿深度、储量与品位三要素预测同位素模型及其在危机矿山评价中的应用.矿物学报,29(Z1):592～593

朱丽,张会化,王江海等.2005.西藏芒康盆地新生代高钾火山岩的主元素和同位素地球化学研究.大地构造与成矿学,29(4):502～511

朱祥坤,何学贤,杨淳.2005.Mg同位素标准参考物质SRM980的同位素不均一性研究.地球学报,26(sup.):12～14

朱祥坤,李志红,赵新苗等.2008.铁同位素的MC-ICP-MS测定方法与地质标准物质的铁同位素组成.岩石矿物学杂志,27(4):263～272

Cao X B and Liu Y. 2011. Equilibrium mass-dependent fractionation relationships for triple oxygen isotopes. *Geochim Cosmochim Acta*, 75:7435～7445

Cao X B and Liu Y. 2012. Theoretical estimation of the equilibrium distribution of clumped isotopes in nature. *Geochim Cosmochim Acta*, 77:292～303

Chen W J, Li Q, Hao J et al. 1999a. New MDD evidences on thermal history of Gades Batholith Zone. *Chinese Science Bulletin*, 44:736～739

Chen W J, Li Q, Hao J et al. 1999b. Post crystallization thermal history of Gades Batholith Zone and its implications to tectonics. *Science in China*, 42(1):37～44

Chu X L and Ohmoto H. 1991. Kinetic of isotope exchange-reactions involving intra-and intermolecular reactions. 1. rate law for a system with 2 chemical-compounds and 3 exchangeable atoms. *Geochimica et Cosmochimica Acta*, 55(7):1953～1961

Chu Z Y, Wu F Y, Walker R J et al. 2009. Temporal evolution of the lithospheric mantle beneath the eastern North China Craton. *Journal of Petrology*, 50:1857～1898

Dai T, Qiu H, Li Z et al. 1990. ^{40}Ar-^{39}Ar dating of fluid inclusionsin quartz. *Seventh International conference on Geochronology*, 23

Ding T P, Tian S H, Gao J F et al. 2005. Silicon isotope study on rice plants from the Zhejiang province, China. *Chemical Geology*, 218:41～50

Ding T P, Zhou J X, Wan D F et al. 2008. Silicon isotope fractionation in bamboo and its significance to the biogeochemical cycle of silicon. *Geochimica et Cosmochimica*, 72:1381～1395

Ding T P, Gao J F, Tian S H et al. 2011. Silicon isotopic composition of dissolved silicon and suspended particulate matter in the Yellow River, China, with implications for the global silicon cycle. *Geochimica et Cosmochimica*, 75:6672～6689

Du A D, Wu S Q, Sun D Z. 2004. Preparation and certification of Re-Os dating reference materials: Molybdenites HLP and JDC. *Geostandards and Geoanalytical Research*, 28: 41~52

Duzgoren-Aydin N S, Li X D, Wong S C. 2004. Lead contamination and isotope signatures in the urban environment of Hong Kong, Environ. *International*, 30 (2): 209~217

Gao S, Rudnick R L, Carlson R W et al. 2002. Re-Os evidence for replacement of ancient mantle lithosphere beneath the North China Craton. *Earth and Planetary Science Letters*, 198: 307~322

Guo J B and Qian Y Q. 1997. Hydrogen isotopefractionation and hydrogen diffusion in the tourmaline-water system. *Geochimica et Cosmochimica Acta*, 61: 4679~4688

Hu R, Burnard P G, Turner G et al. 1998. Helium and Argon isotope systematics in fluid inclusions of Machangqing copper deposit in west Yunnan province, China. *Chem Geol*, 146 (1): 55~63

Huang Y P, Shi W Y, Chen W Q et al. 1983. Determination of sedimentation rates of continental shelf in the East China Sea using ^{210}Pb dating technique. Proceedings of International Symposium on sedimentation on the Continental Shelf with special reference to the East China Sea. Beijing: China Ocean Press, 580~589

Jahn B M, Zhou X H, Li J L. 1990. Formationand tectonic evolution of southern China and Taiwan: Isotopic and geochemical constraints. *Tectonophysics*, 183: 145~160

Jäger E, Chen W, Hurford A J et al. 1985. BB-6: a Quaternary age standard for K-Ar dating. *Chem Geol*, 52: 275~279

Jian P, Liu D Y, Kröner A et al. 2008. Time scale of an early to mid-Paleozoic orogenic cycle of the long-lived Central Asian Orogenic Belt, Inner Mongolia of China: implications for continental growth. *Lithos*, 101: 233~259

Jiang S Y, Palmer M R, Peng Q M et al. 1997. Chemical and stable isotope (B, Si, and O) compositions of Proterozoic metamorphosed evaporite and associated tourmalines from the Houxianyu borate deposit, eastern Liaoning, China. *Chemical Geology*, 135: 189~211

Jiang S Y, Yang J H, Ling H F et al. 2003. Re-Os isotopes and PGE geochemistry of black shales and intercalated Ni-Mo polymetallic sulfide bed from the Lower Cambrian Niutitang Formation, South China. *Progress in Natural Sciences*, 13 (10): 788~794

Laboratory of Isotope Geology, Kweiyang Institute of Geochemistry, Academia Sinica. 1977. On the Sinian geochronological scale of China based on isotopic age of the Sinian strata in the Yenshan region, North China. *Scientia Sinica*, 20: 818~834

Lan C Y, Lee T P, Zhou X H et al. 1995. Nd isotope study of Precambrian basement of South Korea: evidence for Early Archean crust. *Geology*, 23 (3): 249~252

Li X H, Li Z X, Ge W et al. 2003. Neoproterozoic granitoids inSouth China: crustal melting above a mantle plume at ca. 825 Ma? *Precambrian Res*, 122: 45~83

Li C, Love G D, Lyons T W et al. 2010. A stratified redox model for the Ediacaran Ocean. *Science*, 328: 80~83

Li J W, Deng X D, Zhou M F et al. 2010. Laser ablation ICP-MS titanite U-Th-Pb dating of hydrothermal ore deposits: A case study of the Tonglushan Cu-Fe-Au skarn deposit, SE Hubei Province, China. *Chemical Geology*, 270: 56~67

Li Q L, Lin W, Su W et al. 2011. SIMS U-Pb rutile age of low-temperature eclogites from southwestern Chinese Tianshan, NW China. *Lithos*, 122: 76~86

Li Q L, Li X H, Liu Y et al. 2010. Precise U-Pb and Pb-Pb dating of Phanerozoic baddeleyite by SIMS with oxygen flooding technique. *J Anal At Spectrom*, 25: 1107~1113

Li Q L, Li X H, Wu F Y et al. 2012. In-situ SIMS U-Pb dating of Phanerozoic apatite with low U and high common Pb. *Gondwana Res*, 21: 745~756

Li Q L, Li X H, Lan Z W et al. 2013. Monazite and xenotime U－Th－Pb geochronology by ion microprobe: dating highly fractionated granites at Xihuashan tungsten mine, SE China. *Contrib Mineral Petrol*, 166: 65~80

Li S G, Jagoutz E, Chen Y et al. 2000. Sm-Nd and Rb-Sr isotopic chronology and cooling history of ultrahigh pressure metamorphic rocks and their country rocks at Shuanghe in the Dabie Moubtains, centrl China. *Geochem Cosmochem Acta*, 64: 1077~1093

Li W Y, Teng F Z, Ke S et al. 2010. Heterogeneous magnesium isotopic composition of the upper continental crust. *Geochimica et Cosmochimica Acta*, 74: 6867~6884

Li X F and Liu Y. 2010. First-principles study of Ge isotope fractionation during adsorption onto Fe (III) - oxyhydroxide surfaces. *Chem Geol*, 278: 15~22

Li X F and Liu Y. 2011. Equilibrium Se isotope fractionation parameters: A first-principles study. *Earth Planet Sci Lett*, 304: 113~120

Li X F, Zhao H, Tang M et al. 2009. Theoretical prediction for several important equilibrium Ge isotope fractionation factors and geological implications. *Earth Planet Sci Lett*, 287: 1~11

Li X H. 1994. A comprehensive U-Pb, Sm-Nd, Rb-Sr and ^{40}Ar-^{39}Ar geochronological study on Guidong Granodiorite, southeast China: Records of multiple tectonothermal events in a single pluton. *Chem Geol*, 115: 283~295

Li X H, Liang X R, Sun M et al. 2000. Geochronology and Geochemistry of Single-Grain Zircons: Simultaneously in-situ Analysis of U-Pb Age and Trace Elements by LAM-ICP-MS. *European Journal of Mineralogy*, 12: 1015~1024

Li X H, Liang X R, Sun M et al. 2001. Precise ^{206}Pb/^{238}U age determination on zircons by laser ablation microprobe-inductively coupled plasma-mass spectrometry using continuous linear ablation. *Chemical Geology*, 175: 225~235

Li X H, Wei G J, Shao L et al. 2003. Geochemical and Nd isotopic variations in sediments of the South China Sea: a response to Cenozoic tectonism in SE Asia. *Earth Planet Sci Lett*, 211: 207~220

Li X H, Liu Y, Li Q L et al. 2009. Precise determination of Phanerozoic zircon Pb/Pb age by multi-collector SIMS without external standardization. *Geochem Geophys Geosyst*, 10, Q04010

Liang X R, Li X H, Sun M et al. 1999. Simultaneously in-situ Analysis of Trace Elements and U-Pb and Pb-Pb Ages for Single Zircons by Laser Ablation Microprobe-Inductively Coupled Plasma Mass Spectrometry *Chem Lett*, 7: 639~640

Liu C Z, Snow J E, Hellebrand E et al. 2008. Ancient, highly heterogeneous mantle beneath Gakkel ridge, Arctic Ocean. *Nature*, 452: 311~316

Liu D Y, Jian P, Kröner A et al. 2006. Dating of prograde metamorphic events deciphered from episodic zircon growth in rocks of the Dabie-Sulu UHP complex, China. *Earth and Planetary Science Letters*, 250: 650~666

Liu D Y, Jolliff B L, Zeigler R A et al. 2012. Comparative zircon U-Pb geochronology of impact melt breccias from Apollo 12 and lunar meteorite SaU 169, and implications for the age of the Imbrium impact. *Earth and Planetary Science Letters*, (319~320): 277~286

Liu D, Wilde S A, Wan Y et al. 2008. New U-Pb and Hf isotopic data confirm Anshan as the oldest preserved segment of the North China Craton. *Am J Sci*, 308: 200~231

Liu H C, Borisov O V, Mao X et al. 2000. Pb/U fractionation during Nd: YAG 213 nm and 266 nm laser ablation sampling with inductively coupled plasma mass spectrometry. *Applied Spectroscopy*, 54: 1435~1442

Liu Q, Tossell J A, Liu Y. 2010. On the proper use of the Bigeleisen-Mayer equation and corrections to it in the calculation of isotopic fractionation equilibrium constants. *Geochim Cosmochim Acta*, 75: 7435~7445

Liu Y and Tossell J A. 2005. Ab initio molicular orbitak calculations for born isotope fractionation on boric acidics and borates. *Geochimica et Cosmochimica Acta*, 69: 3995~4006

Liu Y, Li X H, Li Q L, Tang G Q, Yin Q Z. 2011. Precise U-Pb zircon dating at <5 micron scale by Cameca 1280 SIMS using Gaussian illumination probe. *J Anal At Spectrom*, 26: 845~851

Peng J T, Hu R Z, Burnard P G. 2003. Samarium-neodymium isotope systematics of hydrothermal calcites from the Xikuangshan antimony deposit (Hunan, China): the potential of calcite as a geochronometer. *Chem Geol*, 200 (1-2): 129~136

Peng Y, Bao H, Zhou C et al. 2013. Oxygen isotope composition of meltwater of a Neoproterozoic glaciation inSouth China. *Geology*, 41: 367~370

Qian Y Q and Guo J B. 1993. Study of hydrogen isotope equilibrium and kinetic fractionation in the ilvaite-water system. *Geochimica et Cosmochimica Acta*, 57: 3073~3082

Qu W J, Du A D, Zhao D M. 2001. Determination of ^{187}Os in molybdenite by ICP-MS with neutron-induced ^{186}Os and ^{188}Os spikes. *Talanta*, 55: 815~820

Ren S L, Li J L, Zhou X H et al. 1997. Geochronology, geochemistry and tectonic implications of Xiongshan diabasic dike swarm, northern Fujian. *Science in China (Series D)*, 40 (4): 411~417

Shen B, Xao S, Kaufman A J et al. 2008. Stratification and mixing of a post-glacial Neoproterozoic ocean: Evidence from carbon and sulfur isotopes in a cap dolostone from northwest China. *Earth and Planetary Science Letters*, 265: 209~228

Shi R D, Alard O, Zhi X C et al. 2007. Multiple events in the Neo-Tethyan oceanic upper mantle: Evidence from Ru-Os-Ir alloys in the Luobusa and Dongqiao ophiolitic podiform chromitites, Tibet. *Earth and Planetary Science Letters*, 261: 33~48

Tu K, Flower M F J, Carlson R W et al. 1992. Magmatism in the South China Basin. 1. Isotopic and trace element evidence for an endogenous Dupal mantle component. *Chem Geol*, 97: 47~63

Wan Y, Liu D, Nutman A et al. 2012. Multiple 3.8 – 3.1 Ga tectono-magmatic events in a newly discovered area of ancient rocks (the Shengousi Complex), Anshan, North China Craton. *J Asian Earth Sci*, 54~55, 18~30

Wan Y, Zhang Y, Williams I S et al. 2013. Extreme zircon O isotopic compositions from 3.8 to 2.5 Ga magmatic rocks from the Anshan area, North China Craton. *Chem Geol*, 352: 108~124

Wang J, Tatsumoto M, Li X et al. 1994. A precise ^{232}Th-^{208}Pb chronology of fine-grainedmonazite: age of Bayan Obo Ree-Fe-Nb ore deposit, China. *Geochem Cosmochem Acta*, 58: 3155~3169

Wang W, Zhou C, Guan C et al. 2014. An integrated carbon, oxygen, and strontium isotopic studies of the Lantian Formation in South China with implications for the Shuram anomaly. *Chemical Geology*, 373: 10~26

Wen H J, Carignan J, Cloquet C et al. 2010. Isotopic delta values of molybdenum standard reference and prepared solutions measured by MC-ICP-MS: Proposition for delta zero and secondary references. *Journal of Analytical Atomic Spectrometry*, 25: 716~721

Wen H, Carignan J, Zhang Y et al. 2011. Molybdenum isotopic records across the Precambrian-Cambrian boundary. *Geology*, 39: 775~778

Wu F Y, Walker R J, Ren X W et al. 2003. Osmium isotopic constraints on the age of lithospheric mantle beneath northeastern China. *Chemical Geology*, 197: 107~129

Wu F Y, Yang Y H, Xie L W et al. 2006. Hf isotopic compositions of the standard zircons and baddeleyites used in U-Pb geochronology. *Chemical Geology*, 234: 105~126

Xia Y L and Zhang C E. 1985. Evolutionary Characteristics of the U-Pb Isotope System in a Certain Uranium Deposit in North Guangdong —A Discussion on the Model for Its Genesis. Geochemistry, 4（3）: 257~267

Xiao Y K, Dapeng S, Yunhui W et al. 1992. Boron isotopic compositions of brine, sediments, and source water in Da Qaidam Lake, Qinghai, China. Geochimica et Cosmochimica Acta, 56（4）: 1561~1568

Xie L W, Zhang Y B, Zhang H H et al. 2008. In situ simultaneous determination of trace elements, U-Pb and Lu-Hf isotopes in zircon and baddeleyite. Chinese Science Bulletin, 53: 1565~1573

Xu J F, Suzuki K, Xu Y G et al. 2007. Os, Pb, and Nd isotope geochemistry of the Permian Emeishan continental flood basalts: insights into the source of a large igneous province. Geochimica et Cosmochimica Acta, 71: 2104~2119

Xu X S, Griffin W L, O'Reilly S Y et al. 2008. Re-Os isotopes of sulfides in mantle xenoliths from eastern China: Progressive modification of lithospheric mantle. Lithos, 102: 43~64

Xu Y G, Blusztajn J, Ma J L et al. 2008. Late Archean to early Proterozoic lithospheric mantle beneath the western North China craton: Sr-Nd-Os isotopes of peridotite xenoliths from Yangyuan and Fansi. Lithos, 102: 25~42

Xu Y, Chung S L, Jahn B M et al. 2001. Petrologic and geochemical constraints on the petrogenesis of Permian-Triassic Emeishan flood basalts in southwestern China. Lithos, 58: 145~168

Yang A Y, Zhao T P, Zhou M F et al. 2013. Os isotopic compositions of MORB from the ultra-slow spreading Southwest Indian Ridge: Constraints on the assimilation and fractional crystallization (AFC) processes. Lithos, 179: 28~35

Yu J S, Chen Y W, Gui X T et al. 1995. The C, O, Sr, Pb isotope compositions of reef-facies carbonates of NY-1 core and their palaeoenvironmental implications. Science in China (Series B), 38: 245~256

Yuan H, Gao S, Liu X et al. 2004. Accurate U-Pb Age and Trace Element Determinations of Zircon by Laser Ablation-Inductively Coupled Plasma-Mass Spectrometry. Geostandards and Geoanalytical Research, 28: 353~370

Yuan H, Gao S, Dai M N et al. 2008. Simultaneous determinations of U-Pb age, Hf isotopes and trace element compositions of zircon by excimer laser-ablation quadrupole and multiple-collector ICP-MS. Chemical Geology, 247: 100~118

Zhang A C, Hsu W B, Li X H et al. 2011. Impact melting of lunar meteorite Dhofar 458: Evidence from polycrystalline texture and decomposition of zircon. Meteoritics & Planetary Science, 46: 103~115

Zhang H F, Goldstein S L, Zhou X H et al. 2008. Evolution of subcontinental lithospheric mantle beneath eastern China: Re-Os isotopic evidence from mantle xenoliths in Paleozoic kimberlites and Mesozoic basalts. Contributions to Mineralogy and Petrology, 155: 271~293

Zhang H F, Deloule E, Tang Y J et al. 2010. Melt/rock interaction in remains of refertilized Archean lithospheric mantle in Jiaodong Peninsula, North China Craton: Li isotopic evidence. Contributions to Mineralogy and Petrology, 160: 261~277

Zhang L G, Liu J X, Zhou H B et al. 1989. Oxygen isotope fractionation in quartz-water-salt system. Economic Geology, 84: 1643~1650

Zhang L G, Liu J X, Chen Z S et al. 1994. Experimental investigation of oxygen isotope fractionation in cassiterite and wolframite. Economic Geology, 89: 150~157

Zhao X M, Zhang H F, Zhu X K et al. 2010. Iron isotope variations in spinel peridotite xenoliths from North China Craton: implications for mantle metasomatism. Contributions to Mineralogy and Petrology, 160: 1~14

Zhao Y and Zheng Y. 2013. Geochemical constraints on the origin of post-depositional fluids in sedimentary carbonates of the Ediacaran system in South China. Precambrian Research, 224: 341~363

Zheng Y F. 1991. Calculation of oxygen isotope fractionation in metal oxides. *Geochimica et Cosmochimica Acta*, 55: 2299~2307

Zheng Y F. 1993a. Calculation of oxygen isotope fractionation in anhydrous silicate minerals. *Geochimica et Cosmochimica Acta*, 57: 1079~1091

Zheng Y F. 1993b. Calculation of oxygen isotope fractionation in hydroxyl-bearing silicates. *Earth and Planetary Science Letters*, 120: 247~263

Zheng Y F. 1995a. Oxygen isotope fractionation in magnetites: structural effect and oxygen inheritance. *Chemical Geology*, 121: 309~316

Zheng Y F. 1995b. Oxygen isotope fractionation in uranium oxides. *Nuclear Science and Techniques*, 6: 193~197

Zheng Y F, Metz M S, Sharp Z D. 1999. Oxygen isotope exchange processes and disequilibrium between calcite and forsterite in an experimental C-O-H fluid. *Geochimica et Cosmochimica Acta*, 63: 1781~1786

Zheng Y F, Satir M, Metz P. 2004. Oxygen isotope exchange and disequilibrium between calcite and tremolite in the absence and presence of an experimental C-O-H fluid. *Contributions to Mineralogy and Petrology*, 146: 683~695

Zhou G T and Zheng Y F. 2002. Kinetic mechanism of oxygen isotope disequilibrium in precipitated witherite and aragonite at low temperatures: An experimental study. *Geochimica et Cosmochimica Acta*, 66: 63~71

Zhou M F, Malpas J, Song X Y et al. 2002. A temporal link between the Emeishan large igneous province (SW China) and the end-Guadalupian mass extinction. *Earth Planet Sci Lett*, 196: 113~122

Zhou Q, Herd C D K, Yin Q Z et al. 2013. Geochronology of the Martian meteorite Zagami revealed by U-Pb ion probe dating of accessory minerals. *Earth Planet Sci Lett*, 374: 156~163

Zhou Q, Yin Q Z, Young E D et al. 2013. SIMS Pb - Pb and U - Pb age determination of eucrite zircons at < 5 mm scale and the first 50 Ma of the thermal history of Vesta. *Geochim Cosmochim Acta*, 110: 152~175

Zhou X and Armstrong R L. 1982. Cenozoic volcanic rocks of eastern China—secular and geographic trends in chemistry and strontium isotopic composition. *Earth Planet Sci Lett*, 58: 301~329

Zhou X H and B Q Zhu. 1992. Regional isotope characteristics and chemical zoning of the subcontinental mantle beneath eastern China. *Scietia Geologica Sinica*, 1 (3~4): 159~176

Zhou X H and Carlson R W. 1982. Temporal variability of mantle characteristics: Nd isotopes of Cenozoic basalts, E. China. *Yearbook of Carnegie Inst Washington*, 83: 501~505

Zhou X H and Goldstein S L. 1990. Crustal Growth and sediment evolution: Nd isotope profile of the Sinian Formation in North China. *Geological Sciety of Australia*, 27: 116

Zhou X H and O'Nions R K. 1986. Pb-Sr-Nd isotope systematics of mantle xenoliths from E. China. *Terra Cognita*, 6 (2): 244

Zhou X H, Zhu B Q, Liu R X et al. 1988. Cenozoic basaltic rocks in eastern China. In: Macdougall J D ed. Continental Flood Basalts. Springer, Dordrecht, 311~330

Zhou X H, Ren S L, Chu Z Y et al. 1998. Geochemistry and chronology of large-superlarge nonmetal deposits in eastern Zhejiang Province: A case study. *Science in China* (Series D), 41 (Supp.): 93~101

Zhu B Q. 2007. Pb-Sr-Nd isotopic systematics of mantle-derived rocks in the world. *Earth Sci Frontiors*, 14: 24~36

Zhu B Q and Wang H F. 1989. Nd-Sr-Pb isotopic and chemical evidence for the volcanism with MORB-OIB source characteristics in the Leiqiong area, China. *Geochimica*, (3): 193~201

Zhu B Q and Wang H F. 1989. Geochronology of and Nd-Sr-Pb isotopic evidences for mantle source in the ancient subduction zone beneath Sanshui Basin, Guangdong Province, China. *Chinese J of Geochemistry*, 8 (1): 65~71

Zhu B Q, Chen Y W, Peng J H. 2001. Pb isotopic geochemistry of urban environmentin Pearl River Delta. *Appl*

Geochemistry, 16 (4): 409~417

Zhu B Q, Zhang J L, Tu X L *et al.* 2001. The Pb, Sr and Nd isotopic features in organic matter from China and their implications for petroleum generation and migration. *Geochim Cosmochim Acta*, 65 (15): 2555~2570

Zhu B Q, Chen Y W, Chang X Y. 2003. Application of Pb isotopic mapping to environment evaluation in China. *Chemical Speciation and Bioavailability*, 1449~1456

Zhu B Q, Wang H F, Chen Y W *et al.* 2004. Geochronological and geochemical constraint on the Cenozoic extension of Cathaysian lithosphere and tectonic evolution of the border sea basins in East Asia. *J Asian Earth Sci*, 24: 163~175

Zhu B Q, Hu Y G, Zhang Z W *et al.* 2007. Geochemistry and geochronology of native copper mineralization related to the Emeishan flood basalts, Yunnan Province, China. *Ore Geol Rev*, 32: 366~380

Об Абсолютиом Возрасте Гориных Пород китайской Народной Республики. 1960. Ли Пу, Чен Юйчи, Ту гончжм. А. Н. тугаринов, С. И. Зыков, Н. И. Ступникова, К. Г. кнорре, Н. И. Полевая, С. Б. Брандт. Геохимия. 161. 7. 570~585

Стратиграсрия Докембрия Китая. 1960. *Science Record New Series*, 4: 183~198

（作者：朱炳泉、李献华、周新华）

第八章 环境地球化学

环境地球化学是环境科学与地球化学之间的一门新兴的边缘学科，它主要研究环境中自然和人为释放的化学物质的迁移和转化规律，以及其与环境质量、人体健康的关系。它的基础是地球化学。

从中国科学院地球化学研究所开展克山病的地球化学环境调查开始，环境地球化学学科在近50年历程中，面向国家和社会的重大需求，面向国际科学发展的前沿，积极进取，努力探索，逐步成长为一门充满活力的年轻学科。随着经济的持续发展，随着人类对自身居住的地球家园有增无减的关心，随着"人类世"概念的提出和逐渐被引用，环境地球化学学科将迎来更进一步的发展。展望21世纪余下的几十年，环境地球化学与健康，环境地球化学与污染，环境地球化学与全球变化很可能仍将是中国环境地球化学学科主要的研究领域，但在眼光和思路上会更广阔，在内容上会与其他学科更好地融合，在方法上会更多样更精密。

为了更系统、更深入地了解由自然作用和人为活动引发的发生在地球表层的环境变化，包括发生在地表岩石、土壤、地表水和地下水、植被、作物、大气环境中的变化，持续长期的观测方法越来越受到重视，并被看成是人类认识地球环境的基础。以往不系统的观察研究已不能适应现代环境地球化学研究的需要。现在正在按区域生态系统特征，按特定的板块位置，按大气环流格局，按海洋环流的变化等，设定系统的观察台站网络，并由过去零星的、间断的研究变成持续的、动态的观察测定。不同浓度、不同形态的元素和同位素，标志化合物的精密测定和追踪，将越来越成为这些台站的常态研究内容。这些观测将使用统一的方法和可靠的技术，观测过程和数据的处理被置于严格的质量控制之下。国际合作、资料数据库的建立和资料共享正把全球的科学工作者越来越紧密地结合起来。通过这些共同的努力，有可能对复杂的地球环境变化获得尽可能完整的资料。

在地球表面上对地球环境进行观察研究的同时，环境科学工作者也越来越认识到空间观测对于实施地球系统科学研究的重要性。大约从20世纪70年代起，随着卫星技术的发展，从宇宙空间对地球的观察标志着人类对地球环境的认识跨入一个全新时代。目前，以美国航空航天局为首，包括俄罗斯、中国和欧洲共同体等国家在内，正在进行持续的、大量的空间观察计划，内容既包括直接针对地球表面环境的物理形态和化学组成的观测，也包括对地球环境有重大影响的太阳活动状况的观测，它们都为环境地球化学研究提供了宝贵的基础资料，引起了环境地球化学工作者越来越多的注意和应用。

大数据时代给予环境地球化学重大挑战，也给予极好的发展机遇。环境地球化学工作者需要更仔细地区分不同时间尺度上的环境变化，加强微观和宏观地球化学过程的研究及它们之间的结合，逐步从描述研究走向模拟模型研究，把发生在地球环境中，并制约地球环境演化的种种过程作用本身，以及各个作用过程之间的联系用数学方式定量地、动态地表述出来，达到深入认识地球环境变化的规律，预测其未来发展变化趋势的目的，为人类和地球环境的和谐相处提供科学基础。

中国环境地球化学的学科发展大致可划分出以下三个阶段：1980年前，形成阶段；1980~2000年，发展阶段；21世纪以来，拓展阶段。

第一节 环境地球化学学科的形成（1980年前，形成阶段）

20世纪60年代以前，不论中国还是国际学术界，都没有"环境地球化学"这一专业名词，也没有环境地球化学学科。中国的环境地球化学学科是在世界经济发展和社会需求推动下，在国内外地球化学学科发展过程中，与国外环境地球化学学科同时独立地出现并发展起来的。

一、学科形成

1. 国际环境地球化学的形成

长时间以来，地球科学都是以地球内外圈层上的岩石、矿物、地层、水、大气等无生命的物质作为对象，研究在无生命的地质作用、化学作用和物理作用支配下，它们在空间和时间上的演变规律和历史。生物对地球演化的重要性在很长时间内都没有引起地球科学家的注意，尽管在约350亿年前的地球演化早期阶段已证明出现了生命现象。

在对地球环境的认识历史中，一个具有划时代重要意义的学术思想出现在18世纪末至19世纪初。1875年，奥地利地质学家E. 修斯（Suess）第一次提出了将地球上存在生命的部分当作生物圈的思想。但修斯对生物圈的论述还不充分，也未进一步深入下去工作，因而也未引起学术界足够的注意（赫钦逊等，1974）。直到1926年苏联的В. И. 维尔纳茨基（Вернадский）作了两次题为"生物圈"的学术讲演后，这一新的学术思想才逐渐引起人们的广泛注意。按照生物圈的思想，生物广泛地存在于地球表面的岩石、土壤、地表水、地下水，以及地球表面大气中，因此如同无生命的岩石圈、水圈和大气圈一样，在地球表面还有一个由生物有机体构成的生物圈层。维尔纳茨基还进一步提出了地球环境中活质的概念。维尔纳茨基把活的、有生命的有机体称为活质，认为活质是化学元素的一种特殊存在方式，是以有机体的重量、化学成分、能量和空间特性等表现出来的生物组合体。他还系统论述了活质的化学成分、化学结构、活质能和质量守恒，活质的分布、循环及其地球化学意义。从而创立了生物地球化学科学，其代表著作是他的《地球化学概论》（Вернадский，1983）。维尔纳茨基和修斯的重大贡献是，首次揭示了生物在地球表层环境的物质和能量循环过程中的重要作用，完善了人类对地球环境的认识，为把地球看成一个由地质的、化学的、物理的和生物的作用共同支配的复杂星球的思想，即今天的地球系统科学或全球环境变化的思想奠定了基础。正如美国国家航空和宇航管理局地球系统科学委员会所评价的："将地球中存在生命的部分当作生物圈的思想是由奥地利地质学家修斯早在1875年引入的，后来被苏联化学家维尔纳茨基发展。然而，仅在近几年我们才认识到地球上这一单薄的生命层是由全球生物地球化学循环支撑和维持的"（美国国家航空和宇航管理局地球系统科学委员会，1992）。正是对生物圈和生物地球化学循环重要性的这种重新认识和评估，使得对地球环境演化的认识出现了质的飞跃。

继生物圈和生物地球化学思想提出之后，苏联科学院维尔纳茨基地球化学和分析化学研究所的 А. П. 维诺格拉多夫（Веноградов），于 1938 年在其关于地球化学省的论文中，提出了生物地球化学省的学说，其基本思想是在维尔纳茨基生物地球化学思想的基础上，认为地球表面植物的化学组成与其所生长的地表环境中的化学组成间存在着质量平衡关系。因此，由于各种地质地球化学作用所形成的化学元素在地表的不均匀分布状况，也可能在这些植物的化学组成上反映出来。一方面，可能因缺少某些元素而使植物出现可见的植物生理病害，如因缺硼而在欧洲和美国流行的糖甜菜腐心病；缺铜引起燕麦、大麦、小麦叶子失绿、干枯和尖端卷曲的耕作病；缺锌引起玉蜀黍顶部变白，导致严重减产的病害等。另一方面，通过分析测试植物中元素的异常高含量，可为勘查矿产资源提供重要信息，如对金、钨、钼等的生物地球化学勘探等。维诺格拉多夫认为，可以把地表环境中因不同元素的不同聚集状况而引起植物、微生物或动物出现异常状况的一个个区域，划分为一个个不同的区或省，即生物地球化学省，据此可更深入地探索地表环境与生物之间的物质能量交换关系，探索生物演化的地球化学基础，为提高农作物质量和勘探矿产资源提供科学依据（洪业汤，1993）。维诺格拉多夫的学术思想在地学界产生了相当大的影响，在此后的一二十年间，这一交叉边缘领域吸引了相当多的研究工作。但是总的说来，这一时期的注意力主要还是放在地球表面的地球化学环境与植物和动物的关系方面。在环境对人的影响方面，这时期尽管已发现人的某些疾病与其生活环境有某种关系，但还未能开展深入、系统的研究。至于人的生活生产活动对环境影响的研究，更是还没有提上日程。

进入 20 世纪 60 年代，世界经济的持续发展已使人们有可能对生活质量提出更高的要求，对人体自身的健康保护给予更多关注。在这一背景下，一项大规模的研究活动大大地推动了生物地球化学的发展，直接促成了环境地球化学的诞生，这就是关于人的心血管病发病率和死亡率与饮水水质关系的研究。在当时西方发达的资本主义国家，心血管病和癌症一样，是死亡率最高的原因不明的疾病之一。在从多方面开展研究之后，以日本的小林纯和美国的 H. A. 施罗德（Schroeder）为代表的一批科学家提出，心血管病的发生具有很明显的环境背景，区域饮用水的水质越软，人群的心血管发病率和死亡率似乎越高。日本、澳大利亚、北欧、英国和美国等都发现这一现象（莫瑞斯，1973）。这一结果引起国际学术界很大的兴趣，尽管这并不是心血管病的最后病因结论，但它以最引人注目的方式宣传了数十年前提出的生物地球化学省的思想，表明不仅仅是一般生物，而且人类本身也可能与地球化学环境有着非常密切的关系，从而展现了一个新的研究领域。面对这 新的研究领域，美国科学促进会（AAAS）于 1968 年 12 月在美国达拉斯召开了一次环境地球化学与人类健康疾病学术讨论会，一批来自地学、医学和生物学的科学家交流和讨论人体的健康和疾病与环境中化学元素的关系，会议的论文以美国地质学会专报的形式发表（Cannon and Hopps，1971），正式提出了"环境地球化学"这一专有名词来描述这一新的研究领域；1969 年美国科学院地学部成立"地球化学环境与健康和疾病"委员会；1972 年 6 月 13 日，国际性的环境地球化学与健康学会（SEGH）在美国密苏里哥伦比亚大学举行了成立会，亨普希尔（Delbert D. Hemphill）博士被选为第一任主席，该协会每年举行一次国际性学术讨论会，并出版名为 *Trace Substances in Environmental Health* 的会议论文集；英国皇家学会也于 1979 年成立"环境地球化学与健康"小组，组织和推动环境地球化学研究。这些研究进展表明，20 世纪 60～70 年代，环境地球化学的名称和相关研究活动才在美国和欧洲等出现。值得注意的是，在那些年代，这个新兴学科的主要兴趣和注意力主要集中在人类环境中的微量物质与人体健康疾病的关系上。

2. 中国环境地球化学的形成

与西方国家出现环境地球化学研究活动几乎完全同时，中国也在独立自主地开展一项大规模的地球化学环境与人体健康关系的调查，即克山病病因的地球化学环境调查。克山病是一种原因不明的地方性心肌病，因最早发现于黑龙江省克山县而得名。在中国十几个省区都有发现，对亿万农民的生命健康构成严重威胁。克山病的发病人群主要是生育期妇女和儿童，病区有很突出的地域特征，以食用当地粮食、蔬菜和饮用当地水的农民家庭易发此病，而一旦离开此病区，或是病区中的职工家庭，则不得或少得此病，因此克山病病区的当地居民普遍都认为克山病不是传染病，把克山病称为"水土病"，认为克山病是由当地的水土，特别是水引起的。中国的医学科学工作者从生物病因的角度对克山病病因开展长期探索之后，也认识到需要从病区的水土环境方面开展克山病病因研究工作，需要地球化学工作者参加病因研究。因此，1967年夏天，西安医学院克山病研究室的两位医学科研人员，蔡海江和李广元，专程从西安来到贵阳，向中国科学院地球化学研究所科研人员介绍克山病的危害及病因研究状况，强调从水土环境开展克山病病因研究的必要性和迫切性。克山病病区群众和医学科学工作者的这些经验认识，与中国科学院地球化学研究所一些青年研究生受到的生物地球化学知识的教育是相通的，两位医学工作者的报告在研究生中引起了强烈共鸣。李长生、洪业汤、程鸿德三位研究生贴出大字报率先予以响应，呼请中国科学院地球化学研究所对克山病病因研究予以支持，开展克山病病区水土环境的地球化学研究。中国科学院地球化学研究所迅速从几个研究室抽调出八名科技人员组成了中国科学院地球化学研究所克山病战斗队或环境研究组，并于1968年夏天到黑龙江省克山县和北安县等重病区，开展克山病以及往往同时存在的大骨节病和地方性甲状腺肿等地方病的地球化学环境调查。在中国地球化学研究史上，这是第一次通过与医学科学工作者紧密合作，明确地以地球化学的思想、理论和方法，以克山病等地方病的病区环境为对象，较大规模地开展环境的地球化学性质及其与人体健康关系的调查，开启了中国的环境地球化学研究。

在随后的十余年中，该环境研究组在中国科学院地球化学研究所各研究室的支援下，先后与西安医学院、哈尔滨医科大学、白求恩医科大学、中国医学科学院，以及相关省区的医学科研人员结合，在陕西、黑龙江、吉林、辽宁、内蒙古、河北、河南、山西、四川和云南等省区开展克山病、大骨节病、地方性甲状腺肿和地方性氟中毒等地方性疾病，以及食管癌等多发病的环境地球化学研究。大约同一时期，国内一些从事地理学、地质学和生态学研究的科研单位和高等院校也开展有类似的研究，但它们在学术思想和学科发展方向上与环境地球化学不同，并分别称其为化学地理学、医学地质学、地球化学生态学和环境化学等。

面对原生的地球化学环境与人体健康关系问题的同时，人类活动对环境的影响问题也出现在科研人员面前。20世纪中期是世界范围内经济高速发展的时期，伴随着社会经济的高速发展，产生了一系列由工业污染引起的公害事件。从20世纪40～50年代美国洛杉矶光化学烟雾和英国伦敦引起数千人死亡的黑雾事件，到日本接连出现水俣病、痛痛病、四日市哮喘病等，这些由环境污染引起的公害事件的披露，对世界舆论造成了很大影响，出现了世界范围的"环境运动",强烈要求政府采取措施,保护生存环境,控制和消除各种污染。1975年联合国在瑞典的斯德哥尔摩召开了第一次人类环境会议。"只有一个地球"的口号充分表达了人类对日益恶化的地球环境的关注和忧虑。在这种社会需要的强力推动下,一个新的研究领域——环境科学也在世界范围内诞生了。

中国国内也更加重视自己的环境污染问题。国务院为此发了几个环境保护文件,周恩来总理也专门有批示。1971年夏,正在黑龙江省克山病区工作的环境研究组成员们从黑龙江省卫生局中看到这些文件和批示后,敏感地意识到这是一个事关国民经济发展的重大问题,对中国科学院地球化学研究所环境科研的发展可能有重要意义。经过讨论,立即写成一份关于在中国科学院开展环境保护科学研究工作的建议,送交中国科学院相关部门负责人,中国科学院地球化学研究所科研人员的积极进取精神给他们留下了深刻印象。因此,当北京官厅水库水质受到污染威胁,影响北京市供水,筹组开展研究的时候,中国科学院想到了远在西南的中国科学院地球化学研究所这支环境科研力量,使中国科学院地球化学研究所环境研究组从1972年起及时地参加到由中国科学院组织的对官厅水库水环境保护的联合调查研究中去。从此,地球化学的环境科研活动不仅仅研究地球化学环境与人体健康,而且发展到研究人为活动对人生存的环境质量影响的领域。

环境地球化学作为一门新的分支学科虽然在中国科学院地球化学研究所较早就得到了承认,但在当时"文化大革命"的形势下,在组织机构上还没有得到相应的建立。中国科学院地球化学研究所的环境科研工作长期以"克山病战斗队"或"环境地质组"的名义,设立在中国科学院地球化学研究所第四纪研究室中,并于1974年组建了中国科学院地球化学研究所环境地质研究室。1978年中国共产党第十一届三中全会召开,给中国科学界带来了科学的春天。中国科学院地球化学研究所迅速做出一系列决策,推动中国科学院地球化学研究所进入重大变革阶段。其中,1979年做出的两项决定对环境地球化学学科发展具有历史意义,一是1979年2月决定,在中国矿物岩石地球化学学会下设立环境地球化学专业委员会;也是在这一年,由中国科学院地球化学研究所呈报经贵州省批准,以贵州省科学技术委员会(79)黔科党字第152号文,任命刘东生先生为中国科学院地球化学研究所环境地球化学研究室主任,洪业汤为副主任。至此,从1968年中国科学院地球化学研究所开展克山病的环境地球化学研究起,历经十年后,终于在中国科学院地球化学研究所正式设立环境地球化学研究室,同时在中国矿物岩石地球化学学会下设立环境地球化学专业委员会,并挂靠环境地球化学研究室,标志着中国环境地球化学学科的确立。

二、专业科研与学术机构建设及学科发展

1. 中国矿物岩石地球化学学会环境地球化学专业委员会的成立

中国矿物岩石地球化学学会是由从事矿物学、岩石学和地球化学及其相关学科研究的科学技术工作者及科研机构和团体自愿结成的学术性的全国性的非营利性的社会组织,是中国科协的成员之一。中国矿物岩石地球化学学会1978年10月18日成立于贵阳。涂光炽为首任理事长。

1979年经中国矿物岩石地球化学学会批准,正式成立的环境地质地球化学专业委员会,是我国地球科学中第一个专业性的环境科学委员会,也是国际上最早成立的环境地学

学会之一。挂靠在中国科学院地球化学研究所环境地球化学研究室，现在挂靠在环境地球化学国家重点实验室。

环境地质地球化学专业委员会根据学会章程，联系和团结中国环境地学的科研和技术工作者，开展环境地学，重点是环境地球化学的学术交流，促进环境地球化学学科的发展。在过去的30年中，环境地质地球化学专业委员会围绕环境地球化学与人体健康、环境地球化学与污染，以及环境地球化学与全球环境变化三方面主题，组织召开了八次全国性的学术研讨会，出版了会议文集或详细的会议论文中英文摘要；积极组织参加学会的科普活动；推荐中国国家两院院士候选人及推荐中国矿物岩石地球化学学会侯德封奖候选人；促进国际环境地球化学学术交流活动。

2. 环境地球化学国家重点实验室建设和学科发展

20世纪80年代中期，中国经济建设发展的重心向东部沿海区域发展，为适应国家经济发展的大趋势，中国科学院地球化学研究所各学科的发展战略也在进行大调整，部分研究室将由西南山区的贵阳市分迁到沿海的广州市建分部。环境室人员对环境地球化学学科的去留和今后发展方向十分关心，众说纷纭，环境地球化学学科处于其发展历程中的又一个关键时期。1988年2月29日，环境地球化学研究室主任洪业汤以及两位副主任万国江、陈业材前往北京，主动要求向中国科学院自然与社会协调发展局作工作汇报。事实证明，这次行动对环境地球化学学科发展极为重要。如同在此前环境地球化学发展的几次关键点那样，积极进取的精神为环境地球化学学科创造了新的发展机遇，打开了全新的局面。因为当时中国科学院正在酝酿部署利用世界银行贷款发展重点学科的工作，而当时身处西南山区的中国科学院地球化学研究所对此并不知晓。在3月2日下午的汇报会上，中国科学院自然与社会协调发展局负责人听取了环境室的工作汇报后讲了两点意见：一是支持中国科学院地球化学研究所的决定，在贵阳继续发展环境地球化学学科；二是考虑到长期以来中国科学院地球化学研究所环境科研工作对中国科学院乃至全国环境科学研究做出的贡献，破例给中国科学院地球化学研究所环境室开一个口子，允许环境室参加由国家计委和中国科学院正在组织进行的利用世界银行贷款发展重点学科的申报工作。这意味着中国科学院地球化学研究所环境地球化学学科在一个关键时刻获得承认，并成为一个对学科发展至关重要的候选成员单位。全室同志莫不欢欣鼓舞，全室行动起来争取环境地球化学重点学科的世界银行贷款项目。1988年6月12日，中国科学院在成都市举行利用世界银行贷款发展重点学科的评审会。会上，刘东生先生代表中国科学院地球化学研究所环境室作学术工作报告，展示了环境室过去二十来年的研究成果，涂光炽先生代表中国科学院地球化学研究所全力支持环境地球化学研究室申请重点学科的世界银行贷款项目。环境地球化学学科创新的研究方向，突出的研究成果，对国家经济建设明确无疑的重要性，使得在首轮评审会上，在中国科学院二十多个研究所的激烈竞争中，环境地球化学学科的申报顺利过关。1989年国家计委正式批准中国科学院地球化学研究所环境地球化学研究室成为中国科学院首批利用世界银行贷款建立国家重点实验室的单位之一。1990年7月30日，中国科学院地球化学研究所发布（90）科中国科学院地球化学研究所人字第75号文件，一方面，设立环境地球化学研究室，主任洪业汤，副主任陈业材、蒋九余；同时设立环境地球化学开放研究室，副主任万国江、洪业汤、陈业材；至此，中国科学院地球化学研究所环境地球化学学科开始一套人马、两块牌子的科研运行模式。

1989年由国家计委批准利用世界银行贷款在研究所环境地质研究室的基础上组建环境地球化学国家重点实验室。1991年中国科学院发布（91）科发计1503号文，正式批准了环境开放实验室的正式名称为环境地球化学国家重点实验室及学术委员会，聘任万国江为主任，洪业汤、陈业材、韩家懋为副主任。1992年，经中国科学院批准，环境地球化学国家重点实验室正式对外开放。1997年撤销"一套人马，两块牌子"的运作模式，只保留环境地球化学国家重点实验室名称，任命刘丛强为主任，王世杰、彭建华为副主任。实验室分别于2000年、2005年和2010年三次通过科技部组织的对地学领域国家重点实验室评估。环境地球化学国家重点实验室现在的主任为王世杰，副主任为冯新斌、肖化云、尹祚莹。在环境地球化学研究室多年工作积累的基础上，主动积极去争取并获得世界银行贷款，建立国家重点实验室，是环境地球化学学科发展史上的一个历史性转折点，从此环境地球化学成为一门公认的重要学科。环境地球化学国家重点实验室也获得国家和中国科学院更大支持，迈入可持续发展时期。目前该实验室已经成为我国环境地球化学研究和人才培养的基地，在环境地球化学理论研究、应用基础研究和人才培养方面取得不可替代的地位，成为国际著名环境地球化学研究中心之一。

3. 中国与环境地球化学学科发展相关的部分学术会议

（1）1975年9月，云南省昆明市，微量元素钼与克山病学术讨论会。中国科学院地球化学所环境地球化学研究室、白求恩医科大学克山病研究室、云南省卫生防疫站主办。主席：洪业汤。

（2）1981年10月，贵州省贵阳市，全国第一届环境地球化学与健康学术讨论会。中国矿物岩石地球化学学会环境地质地球化学专业委员会主办。主席：蒋九余。

（3）1984年10月，浙江省杭州市，全国第二届环境地球化学与健康学术讨论会。中国矿物岩石地球化学学会环境地质地球化学专业委员会、浙江大学地质系主办。主席：洪业汤。

（4）1987年12月9~12日，广东省广州市，全国第三届环境地球化学与健康学术讨论会。中国矿物岩石地球化学学会环境地质地球化学专业委员会主办。主席：洪业汤。

（5）1990年10月29~11月2日，贵州省贵阳市，全国第四届环境地球化学与健康学术讨论会。中国矿物岩石地球化学学会环境地质地球化学专业委员会主办。主席：洪业汤。

（6）1997年10月24~27日，湖北省武汉市，全国第五届环境地球化学与健康学术讨论会。中国矿物岩石地球化学学会环境地质地球化学专业委员会、中国地质大学（武汉）地球化学研究所主办。主席：洪业汤。

（7）2001年3月，贵州省贵阳市，西部开发与西南生态环境问题讨论会。中国科学院地球化学研究所环境地球化学国家重点实验室主办。主席：刘丛强。

（8）2002年10月28~31日，贵州省贵阳市，全国第六届环境地球化学与健康学术讨论会。中国矿物岩石地球化学学会环境地质地球化学专业委员会主办。主席：洪业汤。

（9）1996年8月7日，北京，Symposium on Geochemistry of Coal and its Impact on Environments and Human Health, 30th International Geological Congress. 主席：Chen-Lin Chou, R. B. Finkelman, 郑宝山。

（10）1996年8月12日，北京，Symposium on Environmental Geochemistry, 30th

International Geological Congress. 主席：洪业汤，谭见安，I. Thornton。

（11）1999年10月，贵州省贵阳市，International Conference on Geoenvironment Management. 中国科学院地球化学研究所环境地球化学国家重点实验室主办。主席：刘丛强，J. Guha。

（12）2004年12月，北京，Sino-Canada Workshop on Mercury Contamination in the Environment. 中国科学院生态环境中心环境化学与毒理国家重点实验室，中国科学院地球化学研究所环境地球化学国家重点实验室主办。主席：江桂斌，冯新斌。

（13）2005年4月28~29日，湖北省武汉市，全国第七届环境地球化学与健康学术讨论会（中国矿物岩石地球化学学会第十届学术年会的分会场）。中国矿物岩石地球化学学会环境地质地球化学专业委员会主办。主席：洪业汤。

（14）2011年4月，广东省广州市，全国第八届环境地球化学与健康学术讨论会（中国矿物岩石地球化学学会第十一届学术年会的分会场）。中国矿物岩石地球化学学会环境地质地球化学专业委员会主办。主席：洪业汤。

（15）2014年9月，The 17th International Conference on Heavy Metals in the Environment. 中国科学院地球化学研究所环境地球化学国家重点实验室主办。主席：冯新斌。

4. 中国与环境地球化学学科发展相关的部分重要出版物

在1971年至1975年期间，编辑出版不定期刊物——《环境地质与健康》共8期。

（1）环境地质与健康，第一号．北京：科学出版社，1973

（2）洪业汤．环境地球化学．见：涂光炽等编著．地球化学．上海：上海科学技术出版社，1984．326~358

（3）陈静生编著．环境地学．北京：中国环境科学出版社，1986

（4）戎秋涛、翁焕新编．环境地球化学（高等学校试用教材）．北京：地质出版社，1990

（5）程鸿德主编．广西百色河池地区扶贫开发总体战略规划．北京：地震出版社，1995

（6）洪业汤．环境地球化学．见：程裕淇等主编．中国大百科全书·地质学．北京：中国大百科全书出版社，1993．278~279

（7）洪业汤．环境地球化学．见：中国科学院地球化学研究所著．高等地球化学（普通高等教育"九五"国家级重点教材，中国科学院研究生教学丛书）．北京：科学出版社，1998．379~433

（8）杨忠芳，朱立等编著．现代环境地球化学（高等学校研究生试用教材）．北京：地质出版社，1999

（9）洪业汤．全球环境变化的同位素标记．见：张本仁、傅家谟主编．地球化学进展．北京：化学工业出版社，2005．339~360

（10）刘丛强等．生物地球化学过程与地表物质循环——西南喀斯特流域侵蚀与生源要素循环．北京：科学出版社．2007

（11）洪业汤．环境科学思想史．见：涂光炽主编．地学思想史．长沙：湖南教育出版社，2007．554~587

（12）刘丛强等．生物地球化学过程与地表物质循环——西南喀斯特土壤-植被系统生源要素循环．北京：科学出版社．2009

5. 中国与环境地球化学学科发展相关的部分获奖

（1）1978 年全国科学大会奖

①北京西郊地区环境污染调查与环境质量评价研究

②官厅水库水源保护的研究

③我国食道癌发病情况和流行因素（含鸡食道）的调查

④珠峰地区大气环境本底初步探讨

（2）国家科学技术成果奖

国家科学技术进步奖二等奖：京津渤区域环境综合研究（1985 年）

（3）中国科学院科学技术成果奖

①中国科学院重大科学技术成果奖：克山病的环境地质病因研究（1978 年）

②中国科学院科学技术进步奖一等奖：西南地区酸雨来源、影响和控制对策（1991 年）

③中国科学院自然科学奖三等奖：中国环境变化的同位素标记（1996 年）

（4）贵州省科学技术成果奖

① 1978 年贵州省科学大会奖：克山病的环境地质研究

②贵州省科学技术进步奖一等奖：我国饮水氟最高浓度研究（1986 年）

③贵州省科学技术进步奖一等奖：环境质量的地球化学原理（1991 年）

④贵州省科学技术进步奖一等奖：全新世陆-气系统的物质能量交换与全球变化（2004 年）

⑤贵州省科学技术进步奖一等奖：喀斯特（乌江）流域-湖泊系统物质的水文地球化学循环及其环境效应（2004 年）

第二节　中国环境地球化学及其分支学科发展（1980～2000 年，发展阶段）

一、大气环境地球化学：酸雨研究

中国环境地球化学工作者积极投入到全球环境变化研究中去。1985 年中国科学院酝酿开展"七五"国家酸雨攻关项目"中国西南地区酸雨来源、影响和控制对策"。考虑到中国酸沉降的核心问题是燃煤排放的二氧化硫污染问题，环境地球化学工作者创新地提出了一个西南酸雨来源的稳定硫同位素示踪研究计划，从而顺利进入国家"七五"酸雨攻关项目。

20 世纪 80 年代中期，我国对西南地区出现的酸沉降现象进行了广泛而深入的研究。通过对酸雨出现的频率特征、空间分布和时间上的变化、酸雨的化学特征、酸性气体和颗粒物的大气化学作用、酸雨与大气物理过程间的关系、酸雨对生态系统和社会环境的影响等诸多方面的分析，得以首次明确地指出：我国南方广大地区，尤其是西南地区所出现的酸雨，其酸性物质主要来源于煤炭的燃烧所排放的硫氧化物（SO_x），特别是其中大量的二氧化硫（SO_2），进而对控制酸雨提出了相应的防治对策，即控制和减少 SO_2 的排放量。

通过连续测定从 1987 年 1 月至 1989 年 12 月三年期间约 150 场降雨、大气及大气颗粒物中的硫同位素组成，以及测定了中国 15 个省区主要煤矿煤的硫同位素特征，发现中国南、北方煤具有不同的硫同位素组成特征；通过对发电厂燃煤锅炉和高烟囱的现场实际测定，揭示了燃煤过程中发生的硫同位素分馏规律，发现降雨硫同位素组成季节性波动现象，提出了西南酸雨硫来源的同位素示踪模型，定量地描述了煤的燃烧、生物和海洋等人为活动和自然过程释放的硫对西南酸雨硫来源的相对贡献（洪业汤，1993），揭示了酸雨对农作物的危害并探索了防护酸雨危害的策略（Yan, Hong, Lin et al., 1999），为全面、深入地认识中国西南酸雨的成因、影响和制定控制酸雨的对策提供了重要资料。

二、湖泊、湿地环境地球化学

我国湖泊数量众多，类型多样，浅水湿地分布面积广泛，在社会发展中占有极为重要的地位。自 20 世纪 70～80 年代，湖泊、湿地环境地球化学研究逐步展开，至 2000 年的 20 年间，国内众多科研单位一方面进行大量基础性调查工作，另一方面紧跟国际最新动态开展前沿性研究，这些积累为后来湖泊、湿地环境地球化学的大发展奠定了坚实基础。一些重要的进展包括：中国科学院地球化学研究所环境地球化学国家重点实验室万国江研究员在湖泊界面地球化学方面开展了一系列重要的基础性研究工作，率先提出"环境界面地球化学"这一新分支学科（万国江，1996），为认识湖泊现代环境变化过程和机理提供了全新的思路和视野。湖泊界面包括水-气界面、水-沉积物界面，以及水体内部各种物理、化学、生物界面，它们既是湖泊中物质-能量交换最频繁、各种物理-化学-生物反应最强烈的场所，也是决定湖泊环境的关键所在。其科学内涵包括：① C-N-P-S 生源要素的迁移转化是环境界面过程的核心内容（吴丰昌，万国江，黄荣贵，1996）；②环境核素提供示踪污染物运移过程和转化速率的基础（万国江，黄荣贵，王长生等，1990；万国江，林文祝，黄荣贵等，1990）；③氧化还原作用是控制污染物运移转化的基本条件（陈振楼，黄荣贵，万国江，1992）。

湖泊界面的相关研究得到了越来越多的认可，作为重要的环境质量变化原理和科学方法引领着一些重大环境问题的研究。如：湖泊内部的元素循环受控于水体内部的多界面控制；沉积物-水界面营养元素的转化与释放是湖泊富营养化控制中有关内源释放和控制的理论基础；化学组分自沉积物向上覆水体扩散产生二次污染；Fe-Mn 的季节性界面循环与元素的耦合作用机制控制和驱动了其他氧化还原敏感元素的界面过程等。界面过程研究不仅是认识水体污染过程和污染途径的关键，也是污染沉积物修复技术需要考虑的关键问题。为更好地研究湖泊界面过程，还研发了一系列专门用于采集无扰动的沉积物-水界面采样装置（袁自强，吴德殊，黄荣贵等，1993；王雨春，黄荣贵，万国江，1998），这些装置已经成为当前国内从事湖泊研究的必备工具。

20 世纪末，随着世界范围内全球变化研究热潮的兴起，国内众多单位开展古湖泊学的研究。其中，中国科学院南京地理与湖泊研究所王苏民研究员领导的团队对湖泊沉积物记录的古气候、古环境变化开展了大量的研究工作，针对我国不同区域自然环境的差异，在青藏高原盆地、新疆干旱区、内蒙古高原、东部平原、云贵高原湖泊等地开展工作，通过对不同时间尺度高分辨率、多环境指标的综合研究，在湖泊沉积环境演变与亚洲古季风变迁，青藏高原隆升过程的湖泊记录方面取得了一系列显著的研究成果（王苏民和张振克，1999）。时至今日，湖泊沉积物的古环境记录重建仍然是湖泊学研究的重要分支，研究对象延伸到分辨率更高的玛珥湖（刘东生，刘嘉麒，吕厚远，1998；刘嘉麒，Negendank，王文远等，2000），研究目标更精细到极端气候事件，研究手段不仅修正传统指标的地球化学意义，碳同位素（Wang Zhao, Li et al., 2016）、锶同位素与元素比值（Jin, Bickle, Chapman et al., 2011; Zeng, Chen, Xiao et al., 2013）等，更是开拓出新的指标体系，如硅同位素（Chen, Li, Tian et al., 2012）、各种分子标记物（Hou, Huang, Oswald et al., 2007; Liu, Liu, Fu et al., 2008）等，很多工作已经达到世界领先水平。

湖泊环境地球化学研究在其他方面也取得了丰硕成果，中国科学院地理与湖泊研究所联合其他单位先后开展了我国湖泊考察与综合调查研究，完成了《中国湖泊环境》与《中国湖泊志》，成为中国湖泊科学研究的重要工具书。在盐湖研究中，80年代后期以来对青藏高原盐湖、新疆-内蒙古盐湖成因、环境演化的研究不断加深，并有《青藏高原盐湖》《西藏盐湖》《内蒙古盐湖》等专著问世。最近几年，中国科学院青藏高原研究所在青藏高原湖泊的水文、环境、古气候方面取得了大量研究成果。

自20世纪末以来，随着我国经济高速发展，湖泊水体N、P污染日益严重，由此引起的水体富营养、蓝藻水华爆发等环境问题受到社会高度关注（Yang, Yu, Li et al., 2008）。国内众多单位从各自的研究领域和学科特色出发，对湖泊N、P营养元素循环与水体富营养化过程开展了大量系统而全面的研究工作。初期，系统地建立了我国湖泊富营养化评价方法、指标体系和等级划分标准，将湖泊分为贫营养湖泊、中营养湖泊和富营养湖泊三大类（金相灿和屠清瑛，1990）。中国科学院武汉水生生物研究所、南京地理与湖泊研究所等对湖泊营养盐输入的生物学响应以及湖泊蓝藻水华暴发的生物学机制等开展了深入细致研究（谢平，2008；秦伯强，许海，董百丽等，2013；秦伯强，高光，朱广伟等，2013）。湖泊富营养化的形成演化受到"自然因素"和"人类活动"双重作用的影响，从主要污染物来源的角度分为外源污染和内源污染。外源污染主要包括如工业废水、城镇/农村生活污水、农业面源污染等，内源污染则指的是湖泊沉积物污染物向水体的释放。从治理的角度提出：外源污染控制是基本前提，而内源污染治理是关键（秦伯强，许海，董百丽等，2013）。综合起来，流域N、P污染对湖泊、水库、湿地富营养化发生、发展到治理全过程的影响可以概括为以下模型。

近来，湖泊、湿地环境地球化学研究呈现出越来越多样化的发展趋势，不同学科的交叉融合，使得湖泊、湿地环境地球化学的研究对象、研究手段、研究范围不断扩展。如：湖泊环境基准研究不仅充分考虑到各类湖泊的内部过程，也直接考虑到湖泊不同的服务功能（吴丰昌，孟伟，宋永会等，2008），研究成果直接服务于环境管理；很多湖泊在岸边和入湖口修建湿地进行污染物拦截，保护湖泊水质。在湖泊环境治理上，发展了各种技术以更准确地估算湖泊内源营养盐释放（Ding, Jia, Xu et al., 2011），以及硝酸盐氮、氧同位素和磷酸盐氧同位素等多同位素体系估算不同外源的贡献份额，使得湖泊环境治理目标性更强。在治理措施上，无论是原位钝化、还是底泥疏浚，各种措施的效应评估需要长期的、科学的观测和分析。在全球变化中，湖泊温室气体释放方面开展了较多的研究工作

(王仕禄，万国江，刘丛强等，2003；Wang, Wang, Yin et al., 2006)，湖泊-流域物质循环对全球物质输送以及与全球变化的关系也受到高度关注（刘丛强等，2007）。总体上，未来湖泊、湿地环境地球化学需要加强物理-化学-生物-微生物的综合集成研究，以解决湖泊生态服务功能中面临的一些紧迫的水环境问题。

三、污染与健康：地方病研究

环境地球化学与健康和疾病是地球化学的一个重要分支学科，主要研究地质背景、地质过程对动物及人类健康的影响，处理自然因素、地质环境与生态环境间的关系，是认识人类健康与疾病的地理分布特征及其成因的科学。其主要研究内容是表征环境中有害物质的性质，确定其来源，探索导致疾病物理的、化学的、生物的因素变化和运动的规律，找到这些因素对人类产生健康和疾病影响的途径，在此基础上制定切断这些途径的最佳策略。该领域工作着不同部门、不同学科的学者。学科不同，对这一领域的称谓也不同，地球化学界将此领域的研究称为"地球化学与健康和疾病"或狭义的"环境地球化学"；地质学界称之为"环境地质"、"生态地球化学"和"医学地质学"，在我国最早使用"医学地质"这一术语的是吉林大学从事水文地质、水文地球化学研究的林年丰教授；地理学界将这一领域界定为"化学地理"的一个分支——"医学地理"；在医学界，将其归于"地方病学"、"流行病学"、"毒理学"和"环境卫生学"的领域；化学界、生态学界也对这一领域有所涉及，分别称为"环境化学"和"生态与健康"的研究。2004年瑞典地质调查所Olle Selinus博士、美国地质调查所Robert Finkelman博士与中国科学院地球化学研究所郑宝山研究员联名向国际地科联提交了建立国际医学地质协会（The International Medical Geology Association，缩写为IMGA）的申请并获得批准，此后连续主办了国际医学地质学的双年学术会议，成为这一研究领域最为重要的国际学术交流组织。

人类的疾病和健康与自然环境相关的观念是该学科的基础，这一观念在人类文明的最初阶段就已产生。在中国延续数千年的文明进程中，众多典籍记录了先民对这一问题的观察和探索。甲骨文中已经有"瘿"这个字，相当多的"瘿"实际上是今天的地方性甲状腺肿。古埃及人也曾用燃烧海藻的办法治疗这种疾病。隋唐时代医学家孙思邈（581~682年）、金代医学家张子和（约1156~1228年）都提出了利用包括海产品在内的治疗方法。这些方法在今天看来也不失为一种治疗和预防地方性甲状腺肿的好方法。《吕氏春秋》探讨了饮水与健康的关系，书中的"尽数"篇写道："轻水所，多秃与瘿人；重水所，多尰与躄人；甘水所，多好与美人；辛水所，多疽与痤人；苦水所，多尪与伛人。"晋代著名文学家、思想家、音乐家嵇康（223~262年）在他的《养生论》中有"颈处险而瘿，齿居晋而黄"的描述，说明山区居民易患地方性甲状腺肿，山西人多患氟斑牙，这被认为是中国关于地方性氟中毒的最早记录，迄今山西仍是中国主要的饮水型氟中毒流行地区之一。

新中国成立前我国的地方病基本处于无控制状态，未采取任何防治措施，也没有可靠的统计数字。新中国成立后，国家对地方病防治与研究非常重视，防治地方病被列为国家卫生工作重点，建立了防治科研机构，各级政府成立了地方病防治领导小组并在卫生部门设立了相应的办事机构。

科学技术的发展使得探讨病因不明地方性疾病有了可能。受苏联学者维诺格拉多夫的生物地球化学理论的启示，20世纪50年代末，中国科学技术大学地球化学系的李长生等开始讨论地方性疾病与地球化学关系的问题，计划进行克山病与环境关系的研究。这一设想直到20世纪70年代才有了实施的机会。在刘东生院士的倡导下，中国科学院地球化学研究所建立了环境地球化学研究室，李长生、洪业汤、陈庆沐等开展了克山病、大骨节病、地方性氟中毒的环境地球化学研究。与此同时，为解决地方病的危害问题，以哈尔滨医科大学于维汉院士为代表的一批医学工作者认识到疾病的发生与地质条件有关，开始积极寻找与地学工作者的合作。20世纪80年代，在中共中央地方病防治领导小组、卫生部和中国科学院的支持下，数以千计的预防医学和地球科学工作者在中国科学院地理科学与资源研究所谭见安教授的主持下，编制完成了《中华人民共和国地方病与环境图集》。这一著作总结了中国地方性疾病调查与研究的成果，是地球科学工作者与医学工作者合作的典范，在世界医学地质学的发展历程中占有重要的地位。

中国是与地质环境有关疾病危害最为严重的国家，也是在医学地质学现代研究领域中取得最重要成果的国家。中国学者证明了克山病和大骨节病与地质、地理、地球化学环境的关系，证明了这两种疾病与环境和人体硒缺乏有关。学者们在中国西南地区发现并证明了因室内燃煤污染造成的氟中毒和砷中毒，在中国高海拔牧区发现并证实了因大量饮用高氟砖茶水导致的氟中毒。台湾学者对乌脚病进行了长达半个世纪的研究，尽管仍未能确认病因，但证实了与砷的相关关系，在此基础上的研究最终导致世界范围内修订了饮水砷的卫生标准。中国学者在碘缺乏性疾病、地方性铊中毒、地方性硒中毒和其他一些病因不明地方性疾病的研究与防治方面也取得了重要成就。近年来利用分子生物学、基因组学及遗传病学研究地方病的发病机制研究逐渐成为国内外的研究热点。

封闭的生存方式和低下的营养状况是地方性疾病流行的重要因素，进入21世纪以来，随着中国经济的高速发展，中国人口的流动性和营养水平极大提高，进而从根本上大大降低了地方性疾病发生的风险。但近年随着国家将注意力逐步转移到提高全体居民的生存质量和健康水平上来，在传染病、环境污染所致疾病、不良生活习惯与生活方式所致疾病相继得到控制之后，自然环境相关的健康与疾病问题再次出现在国家工作日程上，在这一阶段，与健康和疾病相关的环境地球化学研究（医学地质学）将继续发挥重要作用。

四、无机污染物环境地球化学

无机污染物环境地球化学是环境地球化学研究的重要分支之一。随着工业化进程，无机污染物造成的健康问题引起国际社会的广泛关注，如20世纪50~60年代在日本暴发的由环境汞污染和镉污染引起的水俣病、痛痛病等。1975年首届环境中重金属国际学术会议在加拿大多伦多召开，随后这一国际学术会议每两三年定期召开一次，2014年第十七届环境中重金属国际学术会议在贵阳召开。国际微量元素生物地球化学学会也从1990年开始组织召开环境中微量元素生物地球化学国际学术会议，第14届会议于2017年在瑞士召开。随着时间的推移，以单一元素污染物的国际会议也相继出现，如环境中砷国际学术会议、环境中锑国际学术会议、汞全球污染物国际学术会议等。我国学者在环境中汞、铅、砷、锑、硒等无机元素污染物环境地球化学方面的研究也取得了重要进展。

1. 汞的环境地球化学

汞是毒性最强的重金属污染物之一，而甲基汞是毒性最强的汞化合物。甲基汞易于在水生食物链生物富集和放大，食用甲基汞污染的鱼肉可以导致人体中毒。20世纪50年代日本的水俣病就是环境汞污染造成的重大环境公害事件之一。20世纪70~80年代，中国科学院长春地理研究所、松辽流域水资源保护局、白求恩医科大学等多家科研机构针对类似日本水俣市汞污染的第二松花江流域开展汞污染来源、环境过程、鱼体汞富集和人群暴露的研究工作（王起超，王稔华，1984；王起超，王稔华，王书海，1985；李志超和冀致敏，1987；刘永懋等，1998）；中国科学院生态环境研究中心等多家科研机构针对蓟运河等开展沉积物汞形态分布和甲基化过程的研究工作（林玉环，康德梦，刘静宜，1983，1984；彭安和贾金平，1987），为这些流域的汞污染治理提供了重要的基础数据和技术支撑。20世纪80~90年代以来，科学家认识到汞是一种全球性污染物，人类活动排放到大气中的汞，可以随大气环流进行长距离传输，沉降到水生生态系统后，造成鱼体汞含量的升高。欧美国家开展了大量的研究工作，而我国的研究相比非常滞后。

2000年以来，国家自然科学基金委员会、科技部、教育部和中国科学院先后资助环境汞污染的多个科研项目，我国环境汞污染研究的队伍开始逐步成长。中国科学院地球化学研究所系统开展了自然源汞排放、背景区大气汞的分布特征和我国大气汞观测网络建立、水库生态系统汞的生物地球化学循环、汞矿区汞的环境地球化学及人群汞暴露的相关研究（Fu, Zhang, Yu et al., 2015; Sommar, Zhu, Lin et al., 2013; 冯新斌，2015; Feng, Li, Qiu et al., 2008; Zhang, Feng, Larssen et al., 2010）；清华大学开展了我国人为活动汞的排放特征与控制原理研究（Wu, Wang, Streets et al., 2006; Wang, Zhang, Li et al., 2010）；中国科学院生态环境研究中心开展了海洋生态系统汞的地球化学循环和分子转化机理研究（Shi, Ip, Zhang et al., 2010; Ci, Zhang, Wang et al., 2011）；西南大学开展了自然源排汞、大气汞的分布特征和分子转化研究（Zhang, Sun, Ma et al., 2012; Wang, Wang, Meng et al., 2012; Ma, Wang, Sun et al., 2013）。2009年第九届汞全球污染物国际会议在贵阳召开，这更加推动了我国环境汞污染的研究工作。

2013年中国科学院地球化学研究所牵头，联合清华大学、中国科学院生态环境研究中心、西南大学、上海交通大学、中国科学技术大学等国内环境汞污染研究优势单位，承担国家重点基础研究发展计划（973计划）项目"我国汞污染特征、环境过程及减排技术原理"。项目针对我国大气汞源汇及迁移规律、汞的环境过程与效应、典型行业烟气汞控制与减排技术原理等关键科学问题开展深入系统的研究，为我国汞污染控制和履行国际汞公约《水俣公约》提供理论和技术支持。总体而言，我国是目前全球汞生产量、使用量和排放量最大的国家，环境汞污染十分严重，但我国鱼体汞含量非常低，基本不存在食用鱼体甲基汞暴露的健康风险问题。与欧洲与北美不同的是，食用大米可能是我国内陆居民甲基汞暴露的主要途径（Feng, Li, Qiu et al., 2008; Zhang, Feng, Larssen et al., 2010）。因此我国在制定未来履约行动计划时，应该将汞污染控制的重点放在汞污染场地，加强对汞污染场地的环境修复，减少甲基汞在水稻中的富集，以降低我国人群甲基汞暴露的健康风险。

2. 铊和镉的环境地球化学

铊是人体非必需的、典型有毒有害重金属，在自然界中分布分散，含量一般较低。铊的地质环境问题在相当长的时期内未引起足够的重视甚至被忽视，环境监测样品分析测试也基本不分析铊元素。我国铊的环境地球化学研究始于20世纪60~70年代发生在黔西南地区的慢性铊中毒事件（Zhou and Liu，1985），随后中国科学院地球化学研究所、广州大学、合肥工业大学等单位学者在岩石、土壤、水体、大气、生物等环境中铊的分布、迁移转化规律、环境效应等方面开展了诸多有意义的研究工作，系统研究了铊的表生生物地球化学迁移富集规律及人体健康危害效应，为揭示铊污染引起的地方性疾病发生机制及其防治提供了很好的理论指导。含铊硫化物（主要是铅锌矿、硫铁矿）矿产资源开发利用是我国环境中铊的最主要来源（Xiao，Yang，Li et al.，2012），易在表生环境中迁移富集（Xiao，Boyle，Guha et al.，2003；Xiao，Guha，Boyle et al.，2004；Yang，Chen，Peng et al.，2005；Jia，Xiao，Zhou et al.，2013；Liu，Li，Liu et al.，2016；Liu，Li，Vonwiller et al.，2016），尤其是易在植物（特别是甘蓝等农作物）高度富集，而且通过食物链进入人体，对人体产生健康危害（Xiao，Guha，Boyle et al.，2004；Xiao，Guha，Liu et al.，2007）。研究发现，铊慢性中毒地区人群暴露铊的主要途径是摄入富铊的农作物，提出了铊污染土壤上种植农作物极易吸收累积铊、具有潜在高铊暴露危害以及人群尿样铊检测是甄别人群铊暴露水平的快捷途径的重要认识；在国际上首次揭示了原生铊矿物风化、土壤−植物界面过程存在较显著的铊稳定同位素分馏，为铊生物地球化学过程规律和铊污染源识别研究提供了新视野。我国学者开展的有关研究工作与国际同行相比，研究成果中铊污染的源−活化、迁移与富集过程−环境效应的研究特色更加明显，为铊最终列为国家《"十二五"重金属污染综合防治规划》和《"十三五"生态环境保护规划》重点防控污染物做出了积极贡献。

镉是人体非必需的、典型有毒有害重金属，具有致癌性和致畸性，在自然界中分布分散，含量一般较低。镉在自然界主要以+2价形式存在，地球化学行为与锌类似，在海洋中与磷的分布有一定耦合关系。环境中镉的来源主要包括有色金属采选及冶炼、化石燃料燃烧、肥料生产与使用、污水灌溉、电镀和颜料生产与电子垃圾等。自20世纪60年代日本"痛痛病"发生以来，学术界开始重点关注环境中镉污染及毒理学效应研究；80年代，我国因污水灌溉、有色金属开发导致了大面积镉污染，同时也促进了我国在镉的环境地球化学领域的研究与发展。在中国科学院、北京大学等科研院校科学家的努力下，由镉污染与人体健康这一现实问题出发，镉环境地球化学研究成为学术热点之一，主要研究内容包括环境镉污染特征与环境效应、食品与农作物镉污染、污染修复技术与机理、吸附/解吸等环境地球化学行为与过程、地球化学形态、健康风险评估及毒理学效应等方面。近年来，随着分析技术的不断进步，我国学者利用原位DGT提取技术准确评估土壤/沉积物中镉的生物有效性和潜在环境风险，从分子和基因水平揭示水稻镉富集机理，筛选低镉品种、研发水稻田镉污染防控技术，利用镉稳定同位素组成解析环境中镉污染来源、指示迁移转化等环境地球化学过程信息。此外，西南地区地质高背景区土壤镉污染也逐渐引起学者的高度关注，正在开展有关高背景区土壤镉污染机理和环境基准值的相关研究。

3. 砷和锑的环境地球化学

20世纪70年代孟加拉国由于地表水污染转而开采地下水为饮用水，但出现砷中毒问题，这一问题引发了国际上对地下水中砷的环境地球化学行为的研究热潮。中国也是在这一时期开始对砷中毒地区地下水中砷的地球化学特点进行研究，主要有中国地质大学（北京、武汉）、中国科学院沈阳应用生态研究所、中国科学院地球化学研究所等开展了对新疆、内蒙古、山西及台湾西南沿海等区域地下水砷的研究（余孝颖，吕锋洲，郑宝山等，1996；王焰新，苏春利，谢先军等，2010；贾永锋和郭华明，2013）。相关研究认为，铁/锰（氢）氧化物的还原性溶解导致砷的释放是引发地下水高砷的主要因素。

贵州兴义地区二叠系某些煤层富集砷，居民燃用这些煤导致砷中毒，是一种特别的砷中毒现象。中国科学院地球化学研究所的郑宝山、张国平等、中国矿业大学（北京）的代世峰等、华中科技大学的张军营等分别从砷的释放及摄入途径、煤中砷的赋存等角度研究了燃煤砷的危害（Zheng, Ding, Huang et al., 1999; Zhang, Ren, Zheng et al., 2002; Dai, Zeng, Sun et al., 2006；魏晓飞，张国平，李玲等，2012）。研究认为，煤中砷主要赋存在黄铁矿和方解石中，居民砷中毒的途径主要是食用燃煤熏烤食物以及煤烟吸入。

土壤中的砷在某些植物中容易富集。一方面，可以利用某些植物对砷的超富集能力去除土壤中的砷。中国科学院地理科学与资源研究所的陈同斌等研究了用蜈蚣草（Pteris vittata L）富集、提取土壤中的砷（陈同斌，韦朝阳，黄泽春等，2002），发现蜈蚣草富集砷可达5070 mg/kg，植物的各部位富集砷的顺序是叶片>茎>根。这对于土壤砷的去除非常有利，结合该植物分布广、生长快、生物量大的特点，可以通过适当的种植、收割，以除去土壤中的砷。另一方面，农作物会因为富集砷而不利于人的健康。中国科学院生态环境研究中心的朱永官研究了水稻根系对砷的富集以及砷在稻米中积累的风险（刘文菊，朱永官，胡莹等，2008）。

对锑的环境地球化学的研究大概始于1999年，主要有北京师范大学的何孟常、中国科学院地球化学研究所的吴丰昌、张国平等开展了对矿山环境中锑的地球化学过程的研究（He and Yang, 1999; Zhang, Liu, Liu et al., 2009; Liu, Wu, Li et al., 2011）。研究认为环境中锑的行为有以下特点：①锑受锰、铁的（氢）氧化物矿物吸附很强；②矿渣、土壤中锑的水溶性强、容易呈水溶态迁移；③金矿的氰化物提金工艺对矿石中伴生的锑有很强的活化作用；④矿区居民头发中的锑含量对环境中的锑污染有良好的指示作用。

4. 硒的环境地球化学

硒是人体和动物必需的微量营养元素，在地表环境的不均一分布，已导致不同局域或区域的生态健康效应。中国硒环境地球化学发展的萌芽阶段，起始于20世纪60年代初期湖北恩施地区人畜硒中毒的发生与流行。其症状表现为脱发脱甲，后经杨光祈等人研究确认为人畜硒中毒（Yang, Wang, Zhou et al., 1983；刘培桢，1993）。硒的来源被认为源自于富硒的碳质页岩（当地俗称"石煤"），并于1987年发现了渔塘坝硒矿化区（宋成祖，1989；王鸿发和李均权，1996）。1991年，郑宝山等与苏宏灿、毛大钧合作，首次将鄂西出露的富硒碳质硅质岩与地方性硒中毒联系起来，提出硒中毒是人为与自然因素叠加作用的结果（郑宝山，肖唐付，李社红等，1992），后又提出燃煤型硒中毒的观点。20世纪70年代中后期，在低硒区开展了硒与克山病、大骨节病的关系研究，证实补硒能够有效防治和降低克山病和大骨节病的发病率，明确了硒与人体健康的直接关系（中国科学院地理研究所化学地理研究室地方病组，1982；刘培桢，1993），而中国土壤硒含量分布图的绘制及其安全阈值的初步厘定（Tan and Huang, 1991; Tan, Zhu, Wang et al., 2002），使中国硒的环境地球化学在20世纪90年代末期已基本形成（刘培桢，1993；彭安和王子健等，1995；李家熙，张光弟，葛晓立等，2000）。

21世纪起始，硒的研究主要集中在高硒、低硒环境地球化学和硒营养与人体健康效应等方面。主要研究中国高低硒区的形成、硒的初始与次生来源及其循环、不同地质储库中硒的分布与控制因素，以及硒中毒与缺硒反应症的发生途径与防治措施等。在低硒方面，中国科学院地理与资源研究所的杨林生课题组，发现了青藏高原等部分地区克山病、大骨节病依然活跃，处于低硒的生态循环中（杨林生，李海蓉，王五一等，2003；Zhang, Yang, Wang et al., 2011）。对于低硒环境的形成与演化，中国科学院地球环境研究所的Blazina等（2014）提出，季风气候变化是中国黄土高原中黄土-古土壤序列中硒分布的控制因素；而中国科学院城市环境研究所Sun等（2016）认为大气沉降与硒挥发间平衡是影响中国土壤低硒分布的重要因素。在高硒方面，以中国科学院地球化学研究所的朱建明为代表，不仅率先发现了自然硒（朱建明，郑宝山，苏宏灿等，2001；Zhu, Johnson, Finkelman et al., 2012；Zhu, Johnson, Clark et al., 2014）并以此揭示了高硒区有机质对硒的重要源汇作用（Qin, Zhu, Su, 2012）。类似研究也在陕西大巴山和紫阳等富硒区开展（Luo et al., 2004）。在硒营养及其与重金属的拮抗或协同方面，冯新斌等揭示了土壤和植物（如水稻）中硒汞拮抗作用的机理，提出了硒对汞污染土壤修复治理的有效性（Zhang, Feng, Zhu et al., 2012；Zhang, Feng, Jiang, 2014）。中国科学技术大学的刘桂建（Wang, Ju, Liu et al., 2010）和中国矿业大学（北京）的代世峰等（Dai, Ren, Chou et al., 2012）均对煤中硒分布与控制因素进行了深入探讨，而中国地质调查局下属各省的地质调查中心则开展了硒的生态地球化学调查。总之，当前硒的环境地球化学研究已进入百花齐放、百家争鸣的新阶段。

五、矿山环境地球化学

1. 中国矿山环境地球化学的起步

一个多世纪以来，金属和非金属矿产资源开发给人类社会发展带来了巨大的经济效益，同时也带来了一系列环境问题。从找矿勘探到矿山基础设施建设、选矿和冶炼过程，直至矿山退役关闭后的相当长时期内，矿业活动造成的环境影响一直存在，研究不同阶段环境影响的地球化学机理是矿山环境地球化学研究的重要内容。中国的矿山环境地球化学起步于20世纪70年代，但在20世纪90年代以前，只有少数的科研院所（如中国科学院生态环境研究中心、中国科学院地球化学研究所等）和高等学校（北京师范大学、南京大学等）曾对个别矿山进行过重金属污染研究，如对江西永平、德兴铜矿区的环境质量评价研究、湖南水口铅锌矿的重金属污染研究等，这一阶段的研究重点是重金属污染的调查和评价，缺乏对矿山环境污染过程的地球化学机制研究。

2. 中国矿山环境地球化学的发展

20世纪90年代以来，我国先后实施了《中国二十一世纪议程——中国二十一世纪人口、环境与发展白皮书》、《全国矿产资源规划》、《中国二十一世纪初可持续发展行动纲要》、《中国的矿产资源政策》（白皮书）、《全国矿山环境保护与治理规划（2010~2015）》、《重金属污染防治十二五规划》、《水污染防治行动计划》和《土壤污染防治行动计划》规划，改善矿山生态环境状况，遏制矿山环境污染，促进矿产资源勘查、开发与生态建设和环境保护协调发展，是我国矿山环境保护工作的重要目标。在这样的背景下，矿山环境地球化学的研究成果和论文急剧增加，研究的代表性金属矿山有：德兴铜矿、长江中游鄂东南铜矿、拉拉铜矿、凡口铅锌矿、凤县铅锌矿、紫木凼金矿、老万场金矿、湘西金矿、紫金山金矿、兴义铊矿、黔西南 Au-As-Hg-Tl 矿、西华山钨矿、万山汞矿、赣南稀土矿、包头稀土矿、广东鼎湖钼矿、个旧锡矿、攀枝花钒钛磁铁矿，等等。支撑这一时期矿山环境地球化学发展的代表性机构有：中国科学院地球化学研究所、中国科学院广州地球化学研究所、中国科学院地理科学与资源研究所、中国科学院生态环境研究中心、中国地质科学院矿产资源研究所、北京大学、南京大学、中山大学、华南理工大学、中国地质大学、中国矿业大学、北京科学技术大学、北京师范大学、成都理工大学，等等。上述矿山环境地球化学研究为揭示矿山环境污染过程、制定矿山生态修复方案、探索矿山可持续发展提供了重要的科学依据。

这一时期的矿山环境地球化学经历了矿床地质模型向矿床地质环境模型的转变。矿床模型是进行成矿规律、找矿方向和矿床开发的重要基础和依据，而矿床地质环境模型是矿床的环境行为及潜在环境灾害与生态风险研究的重要内容。矿床地质环境模型是指"矿床开采前以及由于采矿、选矿、冶炼等活动所造成的环境行为的地理、气候、地质、地球化学、地球物理、水文和工程信息的集合"。1998 年美国内政部和联邦地质调查局在网页上发布了 Edward A. du Bray 主编的《矿床地质环境模型》专著，第一次系统地描述了各类型矿床的地质、地球物理、地球化学特征及矿床环境特征和潜在的环境效应、影响环境效应的地质因素等，以矿床自然类型为主线，进行环境模型分类。此后到 2002 年，Seal 和 Foley 编辑出版了矿床地质环境模型研究进展的报告，又进一步阐述了矿床地质环境模型的概念，并深入讨论了八个矿床的地质环境模型。与美国相比，我国的矿床地质环境模型研究相对较少，此时中国的矿山环境地球化学研究主要参照了国际经济地质学会（SEG）于 1999 年发表在 Reviews in Economic Geology 上的"矿床的环境地球化学：过程、技术、健康议题、研究案例和研究主题"专辑。该专辑重点讨论了矿产资源勘查开发的环境效应、有毒有害物质的地球化学、矿山环境的地球化学模拟方法、酸性矿坑水污染及修复、矿山固体废弃物及环境问题、环境示踪技术、环境监控与预警技术等。在这一阶段，我国的矿山环境地球化学主要研究重金属及毒害性污染物的来源与释放机理、时空分布特征、迁移转化规律、形态及价态、生物累积与毒性效应、食物链转移及人体健康效应等。

3. 中国矿山环境地球化学的展望

矿床地质环境模型是开展矿山环境监控与预警的重要基础，也是进行矿山环境管理的主要依据，但矿床地质环境模型过多地关注了矿山及其周边区域，尚未完全纳入流域或区域生态建设和绿色发展中。同时，与以往重点研究金属矿山环境地球化学相比，放射性矿山环境地球化学、煤矿环境地球化学、油气田环境地球化学也受到了重视，初步形成了机理研究、技术开发、管理政策研究并重的矿山环境地球化学研究格局。

随着国际上地球关键带观测计划、未来地球计划、地平线 2020 计划的实施，面对我国环境保护与生态文明建设的新要求，近年来，矿产资源开发对流域或区域大气、水体、沉积物、土壤、生态系统的影响机制及调控途径研究备受关注，深入揭示矿山开发对流域及区域影响的地球化学过程、环境质量变化机理、生态系统演变规律，建立流域及区域污染控制与修复的地球化学工程技术方法，打造绿色矿山，助力流域及区域可持续发展，是当前中国矿山环境地球化学研究的重要任务和发展方向。

六、土壤污染环境地球化学

土壤污染环境地球化学是研究地球陆地表层系统土壤中污染物的化学特征、迁移转化、分散富集规律及其与成土因素、生态环境质量变化关系的科学，为认识土壤环境中污染物的地球化学行为、评估污染生态健康风险、提出污染控制修复对策提供科学理论、方法、数据和依据，是现代地球化学学科中的一个重要研究方向。随着经济社会的快速发展，工矿业生产中排放的重金属及有机废物和农业生产中大量施用的农业化学品，正由点到面、由局部向区域扩散。这些污染物在土壤环境中的地球化学过程决定着它们在土壤中形态含量与分布、多组分富集、多界面转化、多尺度迁移及其伴随的生态环境风险。

1. 土壤中重金属背景值的环境地球化学分异规律研究

我国的土壤污染环境地球化学研究可追溯到 20 世纪 60 年代的土壤化学地理研究；例如，通过对我国风化壳及土壤中化学元素迁移的地理规律性研究，提出了以棕褐土系为中心的环境贫硒带与克山病发生密切的论断（中国科学院地理研究所化学地理室环境与地方病组，1982）。进入 70 年代，随着环境保护工作的开展，开始了土壤元素背景值研究，探讨了地带性土壤中重金属元素及其形态地理分布规律和地球化学分层性（洪继华和章申，1988）。80 年代，在国家"七五"科技攻关项目"中国土壤环境背景值研究"支持下，获得了中国 41 个土类 60 余种元素准确可比的背景值，编制了中国土壤环境背景值图集，探讨了土壤元素背景值的区域分异规律，提出了母岩和气候组合类型是决定地带性土壤微量金属元素含量的关键因素的观点，并展望了土壤背景值在土壤环境质量标准制定、地方病研究、农业环境保护等方面的应用前景（魏复盛，陈静生，吴燕玉等，1991）。

2. 矿区及冶炼区土壤中重金属污染的环境地球化学行为与控制研究

20 世纪 50 年代以来，随着国家对金属、工业矿物、建筑材料和能源材料等矿产资源的需求量增加，采矿和冶炼业得到迅猛发展；但同时也带来了尾矿砂、冶炼废水、废渣、废气等导致的土壤污染问题。20 世纪 70—90 年代，全国第二次土壤普查工作已经关注到矿区及冶炼区土壤重金属环境背景值的调查、土壤-植物系统重金属污染程度评价和矿区土地整治等（王亚平，1998），同时随着重金属形态分析方法的不断完善，推动了矿区及冶炼区土壤重金属生物可利用性、毒性和迁移性的研究（党志，2001）。进入 21 世纪，随着同位素示踪、同步辐射等技术发展，在典型矿区利用汞和铅稳定同位素组成识别了矿区及冶炼区土壤重金属来源和环境地球化学过程（Chen and Hu，2010；冯新斌，尹润生，俞奔等，2015）；通过结合同步辐射技术揭示了它们在土壤-植物系统中的赋存形态与结合分配机制（Tian, Lu, Yang et al., 2010; Yin, Feng, Wang et al., 2013）。同时，形成了以重金属超积累植物为代表、以生态系统健康与环境安全为目标的矿区及周边影响区重金属污染土壤的绿色修复与生态恢复理论及方法（黄铭洪和骆永明，2003；骆永明，吴龙华，胡鹏杰等，2015）。相信随着矿区、冶炼区及周边土壤污染环境地球化学研究的不断深入，这些新理念和新技术将会在更大范围内得到应用。

3. 农业及污灌区土壤中重金属污染的环境地球化学特征与容量研究

为保障农产品质量安全制定土壤环境质量标准，土壤-农作物系统中污染物的循环过程、相互作用和土壤环境容量研究逐步受到重视。早期工作主要集中在东北的张士、沈抚等典型污灌区。研究了长期污灌下土壤-水稻体系中镉、铅等重金属的迁移与分布规律，及其对居民健康的影响，并较早地关注到土壤苯并[a]芘、石油烃等有机污染问题（高拯民，1980）。结合灌区污染控制，提出了以土壤污染物吸附、自净化能力为主要内容的土壤环境容量这一指标。"六五"和"七五"期间，在中国科学院地理研究所、中国科学院南京土壤研究所、中国环境科学研究院等17个单位协作下，土壤环境容量研究取得了显著进展。通过十余年的研究，归纳和分析了主要类型土壤中镉、铜、铅、砷的土壤环境容量及其地带性分异规律和分区现象，明确了土壤酸度和碳酸盐含量的高低对土壤环境容量的作用（土壤环境容量研究组，1986）。2001年以后，国土资源部地质调查局在长江流域、黄河流域、沿海经济带、东北经济区等重点区域，开展了多目标区域地球化学调查评价，发现了沿长江流域分布的镉异常带，重要城市聚集区汞、铅、硫、铀、钍等异常现象；揭示了自工业化以来西部成都盆地、中部江汉平原至东部珠江三角洲地区，重金属污染面积扩大、含量增高、种类增多的趋势（董王仓，邓盛波，李静，2006）。这些调查评价结果为地方农业种植业区划和结构调整提供了科学依据。

4. 区域土壤中重金属和有机毒害物污染的环境地球化学过程与调控研究

进入21世纪以后，快速经济发展或高强度工农业活动带来的区域性土壤污染问题得到重视。国家科技部973计划先后启动了"长江、珠江三角洲地区土壤和大气环境质量变化规律与调控原理"、"东北老工业基地环境污染形成机理与生态修复研究"、"京津渤区域复合污染过程、生态毒理效应与控制修复原理"和"土壤复合有机污染特征、界面行为及修复技术原理"等项目。从土壤颗粒表面-溶液、土壤-生物、土壤-植物、土壤-大气、土壤-水体等多界面和从分子、颗粒到区域等多尺度，研究了土壤重金属和持久性有机污染物的环境地球化学过程、相互作用机制与调控原理等科学问题（骆永明，2008）。在污染物上，从过去关注重金属为主到关注有机污染物，以及重金属与有机毒害物的复合污染及其效应问题。同时，得益于X射线同步辐射技术、同位素分析技术、环境磁学技术、生物信息学和功能基因组学等快速发展并运用于土壤环境地球化学研究中，目前已经能够在分子水平等微观尺度上，揭示污染物的地球化学赋存形态和微界面反应过程，解析污染物的源汇过程，阐明土壤污染物的生物毒性及其分子毒理（朱永官，2003）。此外，通过长期定位观测并结合数值模拟技术，近年来在污染物的土壤-水、土壤-大气界面迁移模拟、土壤-作物系统中转移分配规律等研究方面也取得了重要进展。

5. 天然矿质和炭质修复材料应用中的土壤环境地球化学行为与效应评估

自20世纪90年代以来，以蒙脱石、凹凸棒石、沸石、高岭石、海泡石、蛭石和伊利石等黏土矿物和以磁铁矿、赤铁矿、针铁矿、软锰矿与铝土矿等铁锰铝氧化物和氢氧化物为代表的天然矿物修复材料的开发及其在土壤污染控制与修复中的应用，成为土壤环境地球化学研究的新方向（汤艳杰，贾建业，谢先德，2002；鲁安怀，2005）。天然矿物的表面性质、表面微形貌特征、孔道结构和内部结构、结晶和溶解过程是影响土壤环境中重金属和有机物污染物的迁移和生物有效性的重要因素（沈培友，徐晓燕，马毅杰，2004）。近年来，矿物-微生物相互作用对土壤中污染物的迁移转化和降解影响备受关注。土壤微生物介导下的重金属与有机污染物在不同矿物表面的氧化还原、溶解与沉淀等转化过程和微界面反应成为研究的热点（Dong and Lu，2012；Zhu，Tu，Hu et al.，2016）。近十年来，以生物炭（biochar）为代表的炭质土壤修复材料的开发与应用是该领域的另一个新的研究热点。利用生物炭的大比表面积、丰富的表面官能团和微孔结构等特性对土壤重金属、有机农药等进行吸附处理，降低其迁移性和生物有效性（谢祖彬，刘琦，许燕萍等，2011；Cao，Ma，Liang et al.，2011）。今后，需结合土壤类型和生物炭类型等，进行多点、长期田间试验验证，并开展区域土壤环境地球化学研究和评估，因地制宜、安全地应用天然矿质和炭质土壤修复材料。

七、城市环境地球化学

1. 城市化与城市环境问题

城市是地球表层物质、能量和信息高度集中的场所，是人类大量集中居住和活动的主要地域空间。随着城市数量和规模的不断增大，已成为人类最重要的栖息地（Wong，Li，Thornton，2006）；城市化是工业发展的必然结果，是走向现代化的必经阶段，也是人类社会发展的必然趋势，但全球各地差异较大（Luo，Yu，Zhu et al.，2012；Norra，2014a）。根据2014年联合国经济和社会事务部更新的《世界城镇化展望报告》，目前全世界已有超过一半（54%，由1950年的7亿增长到2014年的39亿）的人口生活在城镇地区，至2050年还将增加25亿城镇人口，占全球总人口的66%，其中近90%的增长集中在亚洲和非洲；全球人口上千万的超大城市已由1990年的10个增加到2014年的28个（16个在亚洲），其居住人口相当于世界城市人口的12%。新中国的快速城市化经历了起步（1949～1957年）、不稳定发展（1958～1965年）、低迷徘徊（1966～1978年）、稳定发展（1979～2000年）、加速发展（2000年至今）这五个阶段，2011年城市人口首次超过农村，2012年城镇化率达到世界平均水平，已处于一个全新的发展阶段（中国城市状况报告2014/2015）。城市化是一个全球现象，未来还将继续，特别是在发展中国家和地区。

城市化是人类活动集中、强烈、频繁影响和干预下自然生态系统向人工生态系统的急剧变化形式，因而城市环境的结构、物质循环和能量转化都显著有别于自然环境（Wong，Li，Thornton，2006）。城市化给人类带来诸多福利的同时也带来十分突出的生态环境问题，快速城市化导致物质、能源消耗以及污染物排放在城市区域高度集中，例如，机动车交通（化石燃料燃烧、零部件及轮胎磨损、汽油和机油泄漏等）、燃煤（发电、取暖等）、工业活动（金属冶炼、化工、制造等）、废弃物处置与焚烧、建筑、油漆使用等，这些生产、生活活动产生大量污染物进入城市环境，远超土壤、水和大气环境的自净能力和容量而造成环境污染和生态退化，危害人类健康和城市可持续发展（Luo，Yu，Zhu et al.，2012；滕彦国，倪师军，林学钰等，2005）。城市环境既是一个重要的污染源，同时也是一个被污染体，城市环境地球化学就是在这种背景下应运而生的一个新的交叉学科领域。

2. 城市环境地球化学的产生和发展概况

1）城市环境地球化学的产生历史

伴随着环境地球化学的发展，以城市化进程及其生态环境效应和人体健康风险为主要研究内容的城市环境地球化学是其重要分支（万国江，1996；Luo，Yu，Zhu et al.，

2012）。不论国内和国外，环境地球化学的酝酿过程大致都是20世纪60年代开始的（洪业汤，1985；洪业汤，曾永平，冯新斌等，2012），着重在研究地球化学环境与人体健康关系，后续经历了污染研究、全球变化研究等主要阶段（万国江，1996）；虽然在城市开展环境地球化学调查和研究也是其重要内容，但直到80年代初期，英国的帝国理工学院的Iain Thornton提出"城市地球化学"概念（Thornton，1991），将其描述为应用环境地球化学研究城市污染，特别是城市土壤重金属特征（Kelly，Thornton，Simpson，1996），之后在与环境地球化学有关的重要国际会议（如国际环境地球化学与健康学会SEGH举办的一系列会议）以及地球化学和环境科学国际期刊（如 Applied Geochemistry、Environmental Geochemistry and Health、Environmental Pollution 和 Science of the Total Environment）上开始涌现出大量城市地球化学调查和研究成果（Thornton，2012；Chambers，Chin，Filippelli et al.，2016），例如英国地质调查部门的地球化学基线调查、俄罗斯的小比例尺多目标地球化学填图（表层土壤中常量、微量元素）及生态地球化学填图等；随着以工业化、城市化引起的各种生态环境问题为研究对象工作的系统深入，逐渐发展形成了该分支学科。参照环境地球化学的学科定义，可将城市环境地球化学综合定义为城市环境的化学组成、化学作用和化学演化与人类相互关系的科学，它是应用地球化学的原理和方法研究城市生态环境问题，主要包括城市土壤、大气（含气溶胶、降尘）、水体（地表水、沉积物、地下水）、岩石、生物等环境介质中化学元素或化合物尤其是污染物的来源、含量、分布、形态、迁移转化、循环规律、环境作用及健康效应，重点解析传统工业城市、典型矿业城市、国际化大都市等城市地球化学环境质量变化的机理及由此产生的生态环境与人体健康效应，特别是不同城市化水平和城市不同功能区的污染特征，最终为改善城市环境质量和促进城市生态系统良性循环服务，实现城市可持续发展（滕彦国，倪师军，林学钰等，2005；肖桂义，2005；Luo，Yu，Zhu et al.，2012）。

在我国，自20世纪末开始，城市环境地球化学开始受到关注并成为新的研究领域，四川建筑材料工业学院曾垂荣（1987）、中国科学院地球化学研究所的万国江（1996，2010）和洪业汤等（2012）、中国地质科学院地球物理地球化学勘查研究所的朱立新等（2004）、北京师范大学环境学院的滕彦国等（2005）和成都理工大学地球化学系的倪师军、吉林大学的肖桂义（2005）、香港理工大学的李向东（Wong，Li，Thornton，2006）等分别进行了各种不同类型的学科综述。此后各种典型工业及人口密集区的地球化学调查工作和研究项目的实施，促进了城市环境地球化学的进一步发展，包括早期的城市地球化学基线调查、地球化学填图等方法和技术，后期的城市环境质量的地球化学解释和评价，城市环境污染的调查研究、风险评价和治理等（万国江，1996，2010；王焰新，1997；Li，Poon，Liu，2001；滕彦国，2005；Luo，Yu，Zhu et al.，2012）。国土资源部中国地质调查局先后制定了《城市环境地质调查评价规范》（DD 2008-03）、以土壤地球化学测量为主的《多目标区域地球化学调查规范（1∶250000）》（DZ/T 0258-2014）和配套的《区域生态地球化学评价规范》（DZ/T 0289-2015）以及各项地球化学样品分析方法标准；中国地质科学院水文地质环境地质研究所等承担"全国主要城市环境地质调查评价"项目（2004~2010年）调查了196个城市地下水污染、土壤污染等环境地质问题现状，建立了城市地质环境数据库等。

2) 以城市土壤环境地球化学为核心的学科研究进展

城市环境地球化学研究内容十分丰富，主要包括城市土壤、水、大气环境地球化学，围绕着重金属、POPs 等主要城市污染物的环境地球化学特征和效应进行。其中城市土壤是构成大气、水、岩石和生物彼此联系和相互作用的物质和能量不断循环和交换的场所，也是人为活动记录的良好载体，它同时是城市生态系统中重金属等元素的"源"和"汇"，因此成为城市环境地球化学研究的焦点，国际土壤科学联合会（IUSS）"城市、工业、交通和矿山土壤工作组（SUITMA）"举办多届会议研讨如下内容（Morel, Charzyñski, Shaw et al., 2015）：研究方法（调查、描述与采样，实验室分析，分类、制图）；城市化对土壤资源的影响；城市土壤与城市生态环境系统（全球和区域尺度城市化的生态效应，城市土壤与绿色植物，城市土壤与水环境，城市土壤与大气沉降物质及大气质量，城市生态系统中生命元素的生物地球化学循环，城市土壤污染状况与控制，场地污染修复等）；城市土壤利用管理与社会经济效应等。中国科学院南京土壤研究所的张甘霖（2003）、生态环境中心的朱永官（Tang, Tang, Zhu et al., 2005）、地理科学与资源研究所的陈同斌（Chen, Zheng, Lei et al., 2005）、地球化学研究所的武永锋（武永锋，刘丛强，涂成龙，2008）、浙江大学环境与资源学院的章明奎（2003）、卢升高（2008）、华东师范大学资源与环境科学学院的陈振楼（史贵涛，陈振楼，许世远等，2007）、中国地质科学院地球物理地球化学勘查研究所的成杭新（Cheng, Li, Zhao et al., 2014）等分别开展了城市土壤发生、分类、功能、特征，重金属含量地理分布、化学形态、污染模式、污染评价等相关研究，其中香港理工大学李向东与中国科学院城市环境研究所的罗小三（现在南京信息工程大学工作）对城市环境特别是土壤中重金属的研究较为全面和系统（Wong, Li, Thornton et al., 2006；罗小三，俞慎，王毅杰等，2011；Luo, Yu, Li, 2011；Luo, Yu, Zhu et al., 2012；Luo, Yu, Li et al., 2012；Luo, Ding, Xu et al., 2012；Luo, Ip, Li et al., 2014；Luo, Xue, Wang et al., 2015）：调研揭示了城市土壤重金属的全国尺度空间分布和典型城市的功能区分布及剖面分布，采用富集因子、Pb 同位素示踪及其混合端元模型、多元统计分析、受体模型等综合方法进行了其定性源识别和定量源解析，阐明了重金属在城市土壤及其不同粒级中的分布、来源、形态、环境及人体有效性、生态风险及不同暴露方式的健康风险，提出了兼顾土壤性质和重金属化学形态、环境有效性、生态和健康风险的城市土壤重金属综合评价思路和环境质量标准制定框架。相较于重金属污染的广泛研究（早期注重汽油 Pb，后期开始关注 Mn 和铂系元素），城市有机污染研究结果偏少（2014 年全国土壤污染状况调查公报）且主要为 PAHs 等（Tang, Tang, Zhu et al., 2005）。有机污染除了石化燃料来源，常以电子垃圾拆解等场地污染为主，而这些污染通常表现为复合特征，也正是城市污染土壤修复的重点（骆永明，2011）。围绕着城市土壤，城市大气颗粒物（$PM_{2.5}$，PM_{10}，TSP）、降尘、路表灰尘、水系沉积物等颗粒物质携带的污染物（Luo et al., 2014；常静，2007；王静雅，李泽琴，程温莹等，2004），也都是城市环境地球化学研究的热点问题，其成分特征、时空分布、来源、形态、迁移转化、生物有效性、环境效应、生态和健康风险、污染评价和防治也是主要内容并取得一定的进展（Jin, Luo, Fu et al., 2016；赵朕，罗小三，索晨等，2017；张秀芝，马思社，王三民，2006）。

3. 城市环境地球化学的发展趋势

在地球表层系统中，污染物在受人类影响最大的城市生态系统中的环境地球化学行为也深刻影响着人类福祉，相关研究仍在继续拓展（Luo, Yu, Zhu et al., 2012；Jin, Luo, Fu et al., 2016；Thornton, 2012），国际地球化学联合会（IAGC）也成立了城市地球化学工作组（Chambers, Chin, Filippelli et al., 2016）。区域性、全国性等不同尺度的城市环境地球化学调查还需继续加强，特别是综合土壤、地下水、地表水、大气、生物等各种环境介质和重金属、POPs 等多种污染物的多要素、多目标、立体空间调查，以助阐明物质在城市环境系统中的界面过程和迁移转化规律并建立其循环演化机理模型，完善城市环境地球化学理论；对传统对象开发新的方法手段如非传统稳定同位素溯源，同时探索新型污染物在城市环境中的来源、迁移、转化、归趋等行为效应；城市代谢和城市采矿（Urban Mining）也是重要特色研究方向（Norra, 2014b）；紧扣人体和环境健康风险，确定城市环境的指示污染物，并建立科学合理的城市环境质量标准及评价体系，在此基础上进行针对性环境规划管理和污染调控防治措施。

八、全新世全球变化的地球化学记录研究

全新世以来的气候变化是个重大的环境问题。环境地球化学科学工作者长期以来一直开展着多方面的研究，涉及领域不仅包括 CO_2、CH_4、NO_x、水汽等多种温室气体的地球化学，大气颗粒物的地球化学及其对气候的影响，还努力研发多种气候代用指标，力图揭示地质历史上气候变化，以便更全面地认识气候变化的性质和机制。1974 年加拿大的 Thompson、Schwarcz 和 Ford 在 Science 上发表了《基于石笋测年和同位素资料的更新世以来的陆地气候变化》论文（Thompson, Schwarcz, Ford, 1974），代表了从洞穴石笋沉积档案中提取气候变化信息的早期研究状况。石笋清晰的纹层及其变化虽然暗示其中可能蕴藏着有价值的环境变化信息，但当时还较粗糙的测定纹层年龄的技术和同位素资料的解释，限制了从石笋中提取出较精细较准确的环境变化信息。20 世纪 80 年代末随着 TIMS、MC-ICP-MS 等对石笋 ^{230}Th 高精度定年技术的出现，以及对微克级 $CaCO_3$ 样 ^{18}O、^{13}C 的连续流质谱测试技术的相继出现，使达到年甚至季的高分辨率古气候重建成为可能。近十年来，随着葫芦洞、董哥洞和三宝洞石笋 ^{18}O 时间序列的发表（Wang, Cheng, Edwards et al., 2001, 2008; Yuan, Cheng, Edwards et al., 2004），石笋同位素气候代用指标引起了越来越多的关注，推动了研究工作的深入开展。

与坚硬的石笋不同，泥炭是一种松软的富含有机质的堆积物，且在全球有广泛分布，利于在不同区域进行大范围研究对比。其中的孢粉、大植物化石、有壳变形虫、同位素、微量元素、矿物、有机质等都可能携带古气候环境变化的信息，易于获得连续的、距今一万年左右的泥炭剖面和较高的时间分辨率，因而自 19 世纪下半叶以来就开始通过其中的孢粉组成等来了解古气候变化。

1982 年 Brenninkmeijer 等人发表了题为《泥炭纤维素中同位素 D/H 与 $^{18}O/^{16}O$ 比值变化》的论文。该研究记录到了一次泥炭纤维素 $\delta^{18}O$ 值与前北方期至前大西洋期的气候变冷的"定性吻合"。但研究同时认为，由于不同泥炭地植物的纤维素 $\delta^{18}O$ 值较为离散，会对其反映的气候信号带来很大的影响（Brenninkmeijer, Van Geel, Mook, 1982）。基于这个研究结论的不确定性，国际学术界认为"目前不可能从中分离出气候信号"。加上纤维素氧同位素组成的测定工作技术要求高，难度大，因此在该论文发表后的 18 年间，没有见到泥炭纤维素氧同位素序列用作古气候代用记录的论文，在国际全球变化研究中也没有同类气候代用记录。

直至2000年，洪业汤等人通过对中国吉林金川厚度约为6 m、时间跨度约距今6000年（^{14}C年龄）的古火山口湖发育泥炭的研究（Hong, Jiang, Liu et al., 2000），才突破了国际上长期以来认为从泥炭的氧同位素组成中不可能提取出气候变化信号和用作古气候代用记录的概念，提出并重复证明（Xu, Hong, Lin et al., 2006），在广泛分布的泥炭纤维素氧同位素时间序列中包含有丰富的全新世气候变化信息，从而创新开拓出一种新的、高分辨率的古气候代用记录类型。

在随后的十余年间，通过对中国泥炭沉积环境特点的系统调查，阐明了植物纤维素 $\delta^{18}O$、$\delta^{13}C$、$\Delta^{14}C$ 指示地表温度、大气降水量及时间变化的原理。泥炭纤维素同位素以其对气候在时间和空间上变化的敏感响应，证明是研究末次冰消期及全新世气候变化的有效代用指标，揭示出若干新的气候变化现象和规律。例如，泥炭纤维素氧同位素指标揭示，全新世大暖期、中全新世变冷、中世纪温暖期、小冰期、近代升温期等重要气候阶段或现象，在中国大陆上都有出现，进一步证明了全新世气候的自然波动现象，近代气温升高在历史上并不是唯一的，提示气候的自然波动背景对研究现代气候变化的重要性（Hong, Jiang, Liu et al., 2000; Hong, Hong, Lin et al., 2009; Hong, Liu, Lin et al., 2009）。6000年高分辨率的泥炭 $\delta^{18}O$ 和 $\delta^{13}C$ 气候代用记录与6000年高分辨率的 $\Delta^{14}C$ 太阳变化代用记录的对比发现，两者密切相关，显示太阳活动对全新世气候变化可能有重要影响（Hong, Jiang, Liu et al., 2000）。

泥炭纤维素碳同位素指标同时揭示出亚洲夏季风系统的一个重要动力学特性，即在末次冰消期及全新世，当北半球发生百年/千年尺度突然变冷事件时，东亚夏季风与印度夏季风强度发生反相变化：东亚夏季风突然增强而印度夏季风突然减弱（Hong, Hang, Lin et al., 2003; Hong, Hong, Lin et al., 2005）。此时中国大陆降雨的模式表现为：沿淮河—秦岭一线以北降雨偏多，而西南、华南降雨偏少。根据数值模拟和古气候记录研究，逐步形成一个赤道太平洋热状态影响亚洲季风的概念模型或假说（Hong, Liu, Lin et al., 2009; Hong, Hong, Uchida et al., 2014; Hong, Hong, Lin et al., 2010）。

泥炭纤维素碳同位素指标还揭示出以新疆地区为代表的干旱的东中亚地区全新世时期的降雨变化趋势（Hong, Gasse, Uchida et al., 2014）。在过去近9000年的时间里，该区夏季降雨呈现一种在波动中缓慢增加的长期趋势。在这一总的增加趋势上，叠加有几个千年尺度的、突然的降雨增加事件，它们与泥炭纤维素同位素指标指示的东亚夏季风强度变化同相，而印度夏季风强度变化反相。这些长时间尺度降雨增加的现象，可能与同期赤道太平洋出现的类厄尔尼诺状态有关，它们导致东亚夏季风强度增强，向北向西扩展，给中国西北干旱区输送去更多水汽。

第三节　中国环境地球化学学科发展的未来
（21世纪以来，拓展阶段）

一、关键带地球化学与表层地球系统科学

地球关键带（earth critical zone）是地表各圈层相互作用的地带，是陆地生态系统中土

壤圈及其与大气圈、生物圈、水圈和岩石圈物质迁移和能量交换的交汇区域,控制着土壤的形成发育、水文过程和元素化学循环,进而调节能源和矿物资源的形成与发展,也是维系地球生态系统功能和人类生存的关键区域,在地球系统科学发展过程中扮演着十分重要的角色。人类可持续发展,需要在各种时间尺度和空间尺度上系统性地理解和认识发生在关键带的一系列过程。关键带科学利用多学科理论和手段研究不同时空尺度上地球表层系统演化及其综合控制因素和机理,理解表层地球系统演化规律与人类可持续利用自然资源和环境之间的关系。地球关键带科学是推动地球科学从单科研究进入系统研究的重要途径,是开展学科交叉融合的重要步骤,它将提升地球科学整体进步创建新的理论、方法和技术体系。

21世纪初以来,地球关键带研究引起了国际学术界的高度关注。2003~2005年,在美国国家科学基金会资助下,科学家组织召开了一系列"关键带研究"研讨会。2006年该基金会宣布启动第一个"关键带观测"项目群计划,确立建立首批三个关键带观测站,2009年又新增建立三个观测站。2014年1月,美国国家科学基金会再次宣布新的"关键带研究计划",资助新建四个关键带观测站。到目前为止,美国围绕岩性和气候等资源环境梯度建立了十个关键带观测站和一个关键带研究网,显著推动了地球关键带的研究。2009年欧盟也启动了关键带研究计划,目前已建立四个关键带观测站,侧重于认识和模拟土壤退化过程,分析和评价土壤生态系统服务功能及其演变趋势。

目前,国内外学者对关键带研究的重要性已经形成前所未有的共识,国际上有关关键带的科学研究正在迅速兴起,长期以来我国学者针对关键带单要素研究形成了独特的优势。由于关键带的跨学科性质以及呈现出的时空尺度的多变性和复杂性,关键带的研究发展仍然面临着诸多重要挑战。为此,国家自然科学基金委员会与中国科学院地学部联合举办了第114期"双清论坛"和第35期"科学与技术前沿论坛",重点分析了关键带科学的国际发展态势和我国的相关科学和技术基础,凝练了关键带科学急需关注和解决的重大科学问题,以及未来研究发展方向。

1. 地球关键带研究的热点和发展趋势

1) 关键带组成结构、形成机制与演化

自从关键带的概念提出之后,有关岩石风化过程的研究呈现出更加精细和系统化的特点,主要表现在:更多采用量化指标来描述风化过程中元素的迁移和再分布,一些新的研究手段如非传统稳定同位素方法有利于更准确了解元素的迁移和再分布过程;更加注重对关键带形成过程中化学、物理和生物过程的耦合研究;研究时间尺度涵盖了从实验室模拟的分秒尺度到考虑全球变化的百万到千万年尺度风化发生和演化的过程;从流域范围来了解关键带物质循环的特征及其对相关气候环境因素的响应;以及关键带形成和演化过程的耦合作用对其生态服务功能的影响等。

2) 关键带过程与物质循环

物质循环是地球关键带的核心过程,它直接控制着关键带的形成演化模式,影响着关键带的稳定性和功能的发挥。关键带中发生的相互耦合的物理、化学和生物过程共同驱动关键带的物质转化和元素循环。关键带的物理过程包括:物质和能量在不同时间和空间尺度上的传导与扩散、物质的迁移与沉积,由大气动力学引起的风蚀和沙尘暴过程,由地球内部能量驱动的地质构造运动,引起母岩矿物发生物理风化的冻融过程、干湿过程、冷热过程等。关键带的化学过程包括水岩反应、氧化还原作用、溶解沉淀作用和次生黏土化作用等。由于关键带物质组成和结构的高度异质性，定量刻画关键带的物理过程以及相互耦合面临着巨大挑战。化学过程通常伴随着物理过程和生物过程耦合发生，理解矿质元素在关键带剖面发生溶解迁移、还原迁移和耦合迁移规律是重要的研究命题。

3）关键带功能与人类社会可持续发展

关键带支撑和维系地球表层的生态系统功能，包括：生态系统的生产力、水源涵养、水土保持、碳固持、生物多样性、气候调节、污染物清除和水质净化等。自工业革命以来，人类活动以前所未有的速度和广度改变着地球关键带生态系统结构与功能，其结果导致了全球范围内生物多样性的丧失和生态系统服务的退化，进而对人类的福祉产生了重要影响。生物多样性与生态系统功能的关系及其维持机制，成为近年来全球范围内备受关注的重要领域，是地表过程和生态学研究的热点。但目前国际上有关生物多样性与生态系统功能的维持机理仍存在很大争议。我国学者以内蒙古草原为研究对象，采用长期监测和控制实验相结合的手段，研究了水分、养分和放牧对草原生物多样性和生态系统功能的调控机制，发现氮肥投入增加了地上生物量的年际变异，降低了草原群落对干旱的抗性和稳定性，并逐渐提升了物种丧失的风险。放牧是影响草原生物多样性和生态系统功能的另一重要因子，随着放牧强度增加，草原物种多样性、初级生产力和稳定性均显著降低。长期放牧增加了草原植物的含氮量，改变了生态系统的氮素循环，其中草甸草原受放牧的影响最为敏感。全球变化背景下植被群落组成与结构变化是关键带研究的重要科学问题，有研究表明全球变化引起的干旱或高温可能加速森林树木死亡、降低生态系统的初级生产力。不同气候带草原和森林对全球变化的响应可能存在差异，但目前缺乏从关键带的整体角度，探究不同时空尺度草原和森林生态系统生物多样性和生态功能对环境变化的响应、阻抗和恢复机制的研究。

2. 我国关键带研究的科学和技术基础

地球关键带研究是基于传统地球科学的升华，其关键在于应用系统科学的思路，探索地球表层整体的行为变化规律。其研究特点在于将野外观测与模型模拟相结合，建立刻画表达关键带整体变化特征的指标体系，发展与之相适应的探测技术。围绕地表环境要素的过程研究，中国科学家在地球化学过程、水文过程、土壤过程以及生态过程等方面形成大量积累，并建立长期生态观测网络，为地球关键带研究奠定良好基础。

1）表层地球系统研究

在过去若干年，我国科学家围绕一些典型区域开展了多学科交叉综合的集成研究。在前两个五年计划期间的大量地表过程和演化的科学研究中，在表层地球化学、土壤科学和生态科学等领域取得了一系列重要进展，积累了丰富的理论基础和实践经验。

针对我国西南喀斯特山地存在水土流失和石漠化严重、生态环境脆弱等问题，我国学者开展了一系列喀斯特山地石漠化与适应性生态系统调控的基础理论研究。通过选择不同生态环境区典型小流域为研究对象，运用现代地学、宏观生态学和植物学理论、"3S"（RS，GIS，GPS）技术、先进的地质地球化学实验与观测等研究手段，结合野外区域、生态试验和台站观测研究，系统梳理了喀斯特山地石漠化过程的机理、驱动力和时空变化规律，以岩石–土壤–水–生物相互作用地球化学过程及其对石漠化的响应为科学核心，刻画了喀斯特山地石漠化过程中土壤侵蚀、水土流失、生态系统退化的生物地球化学过程机理，探究了顺应自然规律并兼顾生态系统服务功能和区域社会发展需求的生态系统修复原理和技术方法。这些研究成果不仅为西南喀斯特地区的生态环境改善、区域经济和社会可持续协调发展提供了科学依据，而且为促进我国表层地球系统科学的发展和关键带研究提供了良好的研究平台和借鉴模式。

2）生态系统长期观测网络

野外长期定位观测是开展关键带研究的重要前提条件。我国目前已在不同生态环境区域，建立了各种功能的长期定位观测网络，其中中国科学院于1988年成立的中国生态系统研究网络（CERN），拥有5个学科分中心和42个生态站，涵盖了农田、森林、草原、荒漠、湖泊、海湾、沼泽、喀斯特和城市等9个生态系统类型。其核心目标是监测我国主要区域和不同类型生态系统的长期变化，研究生态系统的结构与功能、格局与过程的规律，并开展生态系统优化管理示范。经过26年的持续稳定发展，CERN现已成为具有重要国际影响的生态系统监测研究平台，实现了对生态系统水分、土壤、大气和生物等生态系统要素的常规观测、跨站联网观测和数据共享管理，特别是基于CERN的中国通量观测网，已经实现了对碳氮和水分的在线监测、数据的远程传输和处理。这些研究网络为我国建立关键带观测网络积累了许多宝贵经验，不仅对关键带野外观测站遴选、监测指标与规范制定、数据共享、跨站联网研究计划等具有借鉴意义，而且CERN生态站有关水分、土壤、大气和生物的长时间数据积累，可为我国关键带研究的重大科学问题提供科学基础。

3. 关键带研究的主要科学问题和未来发展方向

为了促进我国关键带科学研究的发展，未来应着重围绕上述核心科学问题，重点开展以下四个方向的研究：

1）关键带结构、形成与演化机制

多时空尺度关键带形成和演化的特征、机制及其对地质、气候、水文条件和生物活动的响应；关键带物质循环的控制机制及其对生态功能的制约；全球变化及社会经济发展对我国主要关键带结构组成及演化的影响机理与预测。

2）关键带物质迁移转化与多过程耦合作用机制

物质组分和元素在关键带垂直界面迁移转化的物理、化学和生物过程及耦合机制；关键带过程在各圈层内及不同圈层间的耦合及其耦合作用驱动物质形态转化与迁移的规律；我国主要地表关键带水循环过程、流域碳氮磷等元素循环及耦合机理；定量表述关键带过程与流域物质循环的动力学进程和多过程的联动机制，并实现对未来发展趋势的准确预测。

3）关键带的服务功能与可持续性发展

气候变化与土地利用变化对我国主要地球关键带功能和生物多样性、水资源的形成和演化的作用机理；污染物在地球关键带不同圈层间的迁移转化及净化机制；关键带不同生态系统服务功能的评估、预测和管理保护机制。

4）关键带过程及系统的模型模拟研究

关键带能量和物质通量、迁移和转化的综合观测方法和耦合模型研究；刻画处于岩石、水、土壤、生物、大气各圈层交接面上的关键带各种物理、生物、化学过程以及它们之间的相互作用；通过数据同化技术使关键带系统模型实现向流域及全球尺度的扩展；基于监测和模拟的地球关键带重要特征参数的空间制图。

二、重金属污染过程与环境修复研究

1. 污染过程研究

地球表生系统中重金属的来源可分为自然源和人为源，其中人为源主要为矿山开采（金属矿、煤矿）、金属冶炼、金属工业应用（如钢铁、电镀、金属催化剂、涂料、印刷电路板等）、含金属废物处置与回收利用、煤和石油的燃烧、垃圾焚烧等（胡朝晖，张干，丘耀文等，2010；Li，Ma，Van der Knijp et al.，2014）。

矿山开采过程中尾矿、废渣堆放，粉尘和废水是重金属向周围环境扩散的主要源头。矿山酸性排水（acid mine drainage）是矿山对周边环境产生污染的主要途径。不同矿山（如铅锌矿、金矿、汞矿、铊矿、锑矿等）的重金属组成不一样，不同矿山不同时期的生产工艺和技术水平、环保措施差异很大，因此每个矿山都有各自的污染特征和污染过程。众多研究者对国内不同地区不同矿山进行了大量的调查工作，主要内容包括分析矿山及周边环境中渣、土壤、沉积物、水体、大气和植物中重金属的组成、含量和空间分布、风险评估及富集机制等（何卫平，梅金华，李剑，2016；李峰，2016；梁贺升，2016；史开举，2016；王卫华，2016；冯艳红，2017）。常采用的风险评估方法有单因子指数法、内梅罗综合污染指数法、地累积指数法、潜在生态危害指数法和风险评价编码法等。意识到单从重金属总量的角度难于准确评估重金属污染的风险和富集迁移机制，研究者们转向重金属赋存形态的分析。重金属形态分析的方法有连续分级化学提取法（Tessie 五步连续提取法、BCR 三步连续提取法和 Dold 七步连续提取法等；Tessier，Campbell，Bisson，1979；李沁华，2017）、原位 DGT 监测法（Davison and Zhang，2012）和同步辐射法等（彭明生和胥焕岩，2005；李晓林，岳伟生，刘江峰等，2006）。众多研究一致表明，随着离矿区距离的增加，重金属的污染程度逐渐降低。矿山重金属向外迁移的动力是水体和大气，其中重金属随水体迁移的量远高于随大气迁移的量。重金属元素在垂向迁移过程中会形成次生矿物，在下部土壤中大量富集（刘敬勇，2006），但由于土壤矿物及有机质的吸附作用、基岩的阻隔作用等，重金属在土壤中的垂向迁移深度不会很深（金阳，姜月华，周权平等，2016）。重金属随水体进行水平迁移是重金属污染扩散的主要路径，同时不同重金属的溶解性和迁移能力存在差异，如镉的水溶性形态的比例较高，其迁移能力较强。

尾矿和矿渣等矿业活动固体废弃物是矿山重金属的重要释放源。氧化反应、中和反应、吸附/解吸、同沉淀与离子交换是导致矿山环境中重金属迁移的重要机制（陈博，韩龙喜，张奕，2016）。研究者们研究了矿渣重金属的释放机理和影响因素，如矿渣本身的物理化学性质、环境 pH、矿渣颗粒大小和温度等（Cappuyns and Swennen，2008；Moustakas，Mavroponlos，Katson et al.，2012），发现 pH 对元素溶出率的影响很大，重金属元素的最大溶出量对应着一个 pH 阈值，且其整体变化趋势一致，铜、铅、镍在 pH 小于 4 的条件下溶出量最大；镉和锌的 pH 阈值等于 5；而砷的 pH 阈值则为 6（陈博，韩龙喜，张奕，2016）。

金属冶炼、金属工业应用、含金属废物处置与回收利用、煤和石油的燃烧、垃圾焚烧等是除矿山外另外的重金属重要来源。众多研究者对各类工业源周边环境及城市环境中的气、水、土等环境介质进行重金属的含量分析、空间分布分析、源解析、风险评估等（刘坤，李光德，张中文等，2008；彭景，2008；胡朝晖，张干，丘耀文等，2010；崔井龙，张志红，夏娜等，2016；金阳，姜月华，周权平等，2016；曹人升，2017）。研究结果表明城市环境中重金属的浓度明显高于农村未受污染环境中重金属的浓度，有些城市还面临着较严重的重金属污染问题（Cheng，2003）。城市环境中燃煤和机动车尾气排放的重金属污染受到了研究者的重视（Adamiec, Jarosz-Krzemińska, Wieszala, 2016；范明毅，杨皓，黄先飞等，2016）。

重金属除了人为活动来源外，也存在地质来源。在成矿带出露地表区域，有不少农田土壤受到地质高背景的重金属污染，尤其是镉和砷的污染区域较大（吴大付，吴艳兵，任秀娟等，2010；Liu, Li, Lin et al., 2017）。在地域上，我国农田地质高背景重金属污染主要发生在西南低温成矿域（湖南、湖北、贵州、四川、重庆、云南、广西等）和扬子地块（胡瑞忠，彭建堂，马东升等，2007）。地质高背景与人为源污染相耦合是我国当前农田重金属污染的现状。之前的研究主要集中在人为源排放，而对于地质高背景来源研究相对薄弱。农田重金属污染的地质高背景成因、规律、迁移、贡献率及防控措施是接下来研究的一个重要方向。

地质高背景重金属也是地下水重金属污染的重要原因（郭华明，倪萍，贾永锋等，2014）。我国大陆地区，高砷地下水主要分布在干旱内陆盆地和河流三角洲，其中内陆干旱盆地主要包括新疆准噶尔盆地、山西大同盆地、内蒙古呼和浩特盆地和河套盆地、吉林松嫩盆地、宁夏银川盆地等；河流三角洲主要包括珠江三角洲、长江三角洲、江汉平原等（杨素珍，2008；韩双宝，张福存，张徽等，2010；郭华明，郭琦，贾永锋等，2013；段艳华，甘义群，郭欣欣等，2014）。高砷地下水的水文地球化学过程包括风化作用、蒸发浓缩作用、阳离子交换吸附作用和还原作用等（高存荣，刘文波，冯翠娥等，2014）。不同地区有着不同的地质条件，其地下水的地球化学过程也不尽相同，干旱内陆盆地和河流三角洲就存在显著的差异（郭华明，郭琦，贾永锋等，2013）。此外，喀斯特岩溶地区更具有特殊性，地表水与地下水纵横交错，地质条件复杂多变，喀斯特地区地下水系统中重金属污染物的地球化学过程有待深入研究（Lang, Liu, Zhao et al., 2006；Li, Lin, Lang et al., 2008）。

除人类活动外全球气候变化也会影响重金属的环境效应。温度上升会增加极地地区汞的沉降，冰川融化会释放出历史埋藏的重金属如汞（Mckinney, Pedro, Dietz et al., 2015；Sundseth, Pacyna, Banel et al., 2015）。现有研究发现，历史上随着人类汞排放量的增加，鱼体中甲基汞的浓度呈现同步上升趋势，但最近十几年来，汞的排放量开始下降而鱼体中甲基汞的浓度并未表现出下降的趋势（Carrie, 2010），这意味着仅仅削减汞的排放量难于实现汞生态风险的降低，历史排放积累的汞污染物由于全球气候变化导致其他环境因子的变化，从而使汞的生态风险更加突显。

海洋是重金属的汇。陆地上各种人为源和自然源排放的重金属会通过大气沉降的河流输运进入到海洋，给海洋环境带来污染。国家海洋局海洋环境状况公报每年监测河流输入到海洋重金属染物通量，且从2010年起，国家海洋局建立了海洋大气沉降监测网络，重金属监测了大气铜和铅的沉降浓度。研究者们也对我国海洋不同区域、类型环境中的重金属污染状况进行评估，总体来说，海岸带和近海环境受到了较严重的污染（杨美兰，林钦，王增焕等，2004；Yuan, Shi, He et al., 2004；胡朝晖，张干，丘耀文等，2010；唐得昊，刘兴健，邹欣庆，2014；Xi, Li, Xia et al., 2016；Liu, Li, Song et al., 2017）。

2. 污染环境的修复

我国重金属污染具有种类多（铅、锌、铜、汞、砷、锑、铊、锰、镉和硒等）和复合污染居多等特点，污染介质涉及矿山、地表水、地下水和土壤等。近年来，我国学者以源头治理、过程阻控和末端治理为修复策略，围绕矿山、地表水、地下水和土壤开展修复工作，初步形成了包括生物修复、物理修复和化学修复及其联合修复技术在内的污染修复技术体系。本部分将概述我国在矿山、地表水、地下水和土壤污染修复领域的研究进展。

1）重金属污染环境修复的研究进展

矿山综合环境治理包括地质地貌恢复、废渣处置、植被恢复和土壤基质恢复等（胡振琪，高永光，高爱林等，2005）。将废渣回填至采空区或生产成建筑材料是比较理想的重金属污染控制措施，但是目前大多重金属废渣都堆放在尾矿库，有些矿山历史遗留尾渣还处于露天堆放。降雨冲刷和自然侵蚀等造成矿渣中的重金属扩散是矿区主要的二次污染源。我国学者围绕废渣治理开展了植物固定和钝化修复工作。筛选出了用于含锰、铅、锌和铜等重金属矿渣植物固定修复的植物种属，以及包括硅酸盐水泥、黏土矿物、粉煤灰、硫化物、黏土矿物和微生物菌剂在内的重金属钝化剂（Yan et al., 2017；Zhang, Lin, Li et al., 2017）。有色金属产生的矿山酸性废水（AMD）是另外一个重要的重金属污染源。我国学者探索利用源头治理法、化学法、湿地法、可渗透反应墙法和微生物法治理AMD及重金属（砷、铅、铜、锌、锑、锰和镉）污染（Chen and Wu, 2013；Liu, Cheng, Zhao et al., 2013；Liu, Liu, Song et al., 2014；Wang, Zhao, Li et al., 2016；Zhang and Wang, 2016）。化学法和湿地法是目前工程化应用比较多的技术（倪师军等，2008；Chen and Wu, 2013）。近年来，利用新发展的电化学技术和微生物燃料电池技术处理AMD不仅能去除重金属而且能产生附加经济效益（产氢和回收重金属），降低修复成本（Luo, Ip, Li et al., 2014；Tang, Pu, Cai et al., 2016；Zhang, Lin, Li et al., 2017）。新一代高通量DNA测序技术的发展为揭示微生物产生AMD的机理以及源头控制AMD的产生提供了新的思路（Zheng, Han, Chen et al., 2015）。

我国在重金属污染土壤修复技术研发和应用领域发展迅速，土壤修复决策从基于总量控制的修复目标发展到基于污染风险评估的修复导向（骆永明，2009），修复方法涉及物理、化学、生物及各个技术联合应用，已经应用于镉、砷、铅、铬、汞、锌和铜等污染土壤的修复（王建旭，冯新斌，商立海等，2010；曹心德，魏晓欣，代革联等，2011；郝汉舟，陈同斌，靳孟贵等，2011；施尧，曹心德，魏晓欣等，2011；胡鹏杰，李柱，钟道旭等，2014；肖惠萍，涂琴韵，吴龙华等，2017；陈同斌，杨军，雷梅等，2016）。针对部分区域重金属污染农田，进一步发展了基于调控土壤重金属的生物有效性、培育和种植低富集重金属的农作物、调整种植结构和农业生产管理模式等的修复体系，实现了边生产边修复（朱奇宏和黄道友，2012；沈欣，朱奇宏，朱捍华等，2015）。

重金属污染地表水具有隐蔽性、污染扩散快且污染水体面积大，给修复带来巨大挑战。传统的水处理技术如离子交换吸附法、电解法和膜分离法处理重金属污染地表水成本高且难度大。人工湿地技术及在此基础上发展起来的复合生态滤床技术在重金属污染地表水治理应用较多（池年平，罗文连，廖熠等，2010）。筛选出能有效富集水体中重金属的植物种属非常关键，已经发现能富集砷、锌、铜、镉和铅等重金属的植物有芦苇、香蒲、凤眼莲、灯心草、金鱼藻、黑藻、八药水筛、小眼子菜、穗状狐尾藻和翅碱蓬等（种云霄，胡洪营，钱易，2003；黄永杰，刘登义，王友保等，2006；潘义宏，王宏镔，谷兆萍等，2010）。

原位修复技术在重金属污染地下水修复中应用比较普遍，该技术通过改变重金属的价态或者使其沉淀从而降低其毒性和迁移性（井柳新和程丽，2010；贺亚雪，代朝猛，苏益明等，2016）。在国内应用和发展的原位修复技术有可渗透反应墙技术、化学还原/氧化技术和生物修复技术。国内学者研发了能有效去除铬、铜、铅、锌、镉和砷等可渗透反应墙的填充反应材料（毕海涛，2008；马琳，2010；王兴润，翟亚丽，舒新前等，2013；李雅，张增强，沈锋等，2014；曾婧滢，秦迪岚，毕军平等，2014；沈前，2015），并根据污染地下水场地特征对反应墙结构设计进行结构优化（陈仲如，张澄博，李洪艺等，2012；江林，2015），极大地推动了该技术在重金属污染地下水修复中的应用。原位化学还原和氧化技术在治理 Cr（Ⅵ）和 As（Ⅲ）污染地下水比较普遍。铁渣、铁粉、纳米零价铁和多硫化钙等通常作为还原剂修复 Cr（Ⅵ）地下水（胡月，2015；曹茜，2016）。虽然原位氧化技术处理 As（Ⅲ）有一定应用，但由于氧化剂（如高锰酸钾等）在地下水环境中时效短，且氧化剂本身会引起环境问题等，限制了该技术的工程应用。目前，原位生物技术主要是利用硫酸盐还原菌代谢产生的 HS⁻ 将铬、镉、砷、锌等重金属沉淀，以及地下水土著微生物将 Cr（Ⅵ）还原成低价态 Cr（Ⅲ）（邹合萍，2015）。

2）重金属污染环境修复技术的发展趋势

从过去几年发表的文献来看，重金属污染修复技术向源头阻控、原位修复、绿色修复、生物修复和有经济效益等方向发展，涉及环境地球化学、电化学、微生物学、植物生态学、农学、环境功能材料和水文地质学等多学科知识，学科交叉成为未来发展新的重金属污染修复技术的关键。在矿山重金属污染修复领域，源头矿渣和 AMD 的产生成为趋势。重金属土壤修复目前普遍存在"重土轻水"现象，重金属污染土壤–地表水–地下水是有机统一体，单独修复土壤而忽略地下水和地表水势必会引起土壤二次污染，未来应注重发展土壤–水体的联合一体化修复技术。

三、有机物的环境地球化学研究

环境有机地球化学是环境地球化学研究的一个重要分支，所关注的污染物以持久性有机污染物（POPs）为典型代表。POPs 是一类具有环境持久性、生物累积性、长距离迁移能力和高生物毒性的特殊污染物。美国环保总局和欧盟环境委员会都曾给出过定义，虽有差异，但对这类物质的鉴定都包含了以上四个方面的特征。为推动 POPs 的淘汰和排放削减、保护人类健康和环境免受 POPs 的危害，国际社会在联合国环境规划署（UNEP）的支持下，于 2001 年 5 月 23 日在瑞典缔结了专门的环境公约，即《关于持久性有机污染物的斯德哥尔摩公约》（United Nations Environment Programme，2011）。中国于 2004 年 6 月 25 日正式成为该公约的缔约国。该公约将以下 12 种物质列入了 POPs 名单：滴滴涕（DDT）、艾氏剂（aldrin）、狄氏剂（dieldrin）、异狄氏剂（endrin）、氯丹（chlordane）、七氯（heptachlor）、六氯苯（HCB）、灭蚁灵（mirex）、毒杀芬（toxaphene）等有机氯农药类（OCPs）；在电力工业、塑料加工业、化工和印刷等领域都有广泛应用的多氯联苯（PCBs）；工业副产物二噁英（dioxins）和呋喃（furans）。通常把这 12 种 POPs 称为

"Dirty Dozen"（"肮脏的一打"）。2009 年 5 月 9 日，以下九种化合物又被纳入 POPs 的名单：六六六（HCHs）中的 α-HCH 和 β-HCH，多溴联苯醚（PBDEs）中的六溴联苯醚（hexa-BDE）、七溴联苯醚（hepta-BDE）、四溴联苯醚（tetra-BDE）和五溴联苯醚（penta-BDE），十氯酮（chlordecone），六溴联苯（HBB），林丹（lindane），五氯苯（penta-CB），全氟辛烷磺酸及其盐类和全氟辛基磺酰氟（PFOS）。因此，严格意义上 POPs 包括上述 21 种有机污染物。另外，多环芳烃（PAHs）由于与典型的 POPs 具有相似的物理化学和毒理性质，且在环境中浓度水平较高，因此也常被作为 POPs 的成员来研究。为应对国际履约的需求，我国污染物环境有机地球化学的研究大多集中在探讨 POPs 的环境行为，包括环境界面过程、长距离（跨区域）迁移、生物积累/放大等方面，同时还结合电子废弃物粗放式处理所带来的环境问题，对污染场地 POPs 的排放、迁移转化等也作了较多的研究。

由于 POPs 具有较强的环境持久性和一定的挥发性，因此在适当的条件下，可以通过蒸发进入大气，再通过气流团运动运输到偏远地区。如以 DDT 为代表的半挥发性有机污染物已经在远离人类活动区的两极地区检出（National Oceanic and Atmospheric Administration，2011）。POPs 还可能通过地表径流进入河流系统，进而进入海洋循环系统，也可通过各类生物（例如候鸟、三文鱼等）进行长距离的迁移。近来人们也逐步意识到国际间的商贸活动也是 POPs 跨境迁移的重要途径（Guo and Zeng，2010）。正因为 POPs 具有跨境迁移的可能性，削减乃至消除 POPs 的排放才是降低 POPs 对生态环境及人类健康的负面影响的根本出路，这也是《斯德哥尔摩条约》特别强调的在全球范围内对 POPs 进行有效管制的关键措施。要实现上述目标，一个很重要的工作是估算 POPs 的排放清单。目前，中国在这方面的工作还处于起步阶段。但随着我国深入实施污染物总量控制策略，污染物跨境管理的重要性日益突出。掌握 POPs 跨境通量的时空分布，是落实 POPs 总量控制策略、减少环境污染边界纠纷的重要前提，也可以为污染治理决策提供依据。

近十多年来，随着产业结构逐步转型，化学化工产品被大量用于制造业，形成了新的污染势态。国外一些公司利用中国在执法方面的漏洞，把巨量的电子废弃物运到中国处理（Ni and Zeng，2009；Stone，2009），而国内所采用的粗放式回收/处理技术使电子废弃物中的各种化学污染物直接排放到环境中（Ni，Zeng，Tao et al.，2010）。多种污染叠加所形成的复合污染使环境问题更加复杂。

由于中国经济在过去二十多年的快速发展，城市化和工业化可能是人为因素威胁环境最为突出的行为方式，因而所引发的有机污染也多具相似性。为跟踪有机污染的演变态势，我国以城市为主要监测点，首次建立了亚洲 POPs 大气监测网络，对区域大气 POPs 的时空变化进行监测，获得了不同空间尺度上大气中典型 POPs 的时空分布特征。例如，相对其他监测点，我国沿海地区大气中 DDTs 浓度明显偏高（Jaward，Zhang，Nam et al.，2005），通过研究港口沉积物初步证实了渔船防污漆是当前我国环境中 DDTs 的重要来源（Lin，Hu，Zhang et al.，2009）。又如，通过对全国主要城市大气中 PAHs 和 HCB 的浓度分布进行检测，论证了这两类污染物的燃烧来源（Liu，Zhang，Li et al.，2007，2009）。这些研究结果为 POPs 的区域来源识别提供了重要参考。

目前我国环境有机地球化学研究与国际先进水平相比尚有较大差距，主要表现为：

（1）追踪研究较多：一般以外文文献报道为先导，在国际上已报道的信息基础上开展中国环境有机地球化学相关研究，如新兴污染物的研究，原因是我国缺乏专门从事化学品生物毒理研究的专门机构，研究人员又没有足够的经济能力独立开展这方面的基础工作。

（2）新技术的简单移植：对国际环境有机地球化学领域的新方法、新成果移植至国内，没有进行二次开发。例如对POPs人体暴露的分析，往往将国外研发的模型参数直接用于国内而忽略了客观环境的差异。

（3）以偏概全：我国国土广阔，区域地理特征差异较大，因此，已有的区域性研究结果直接套用到别的区域并不合适。例如，对于半挥发性有机污染物质，由于南北温差的原因，南方亚热带地区通过呼吸的人体暴露理论应该比北方突出；而作为污染物暴露主要途径的膳食摄入，由于区域饮食习惯有巨大差异，也应有不同。鉴于此，应该针对不同地区做区域性的调查工作，而且结论应有严格的区域限制。

（4）研究强度与水平不均匀：地区经济水平差异导致人才分配严重不均，导致对不同地区研究的不均。

四、城市大气复合污染的地球化学研究

进入21世纪以来，随着我国工业化和城镇化进程的快速推进，大气中高浓度的细颗粒物（PM$_{2.5}$）污染导致的灰霾现象已然成为我国当前最严重的环境问题之一。清华大学贺克斌教授等在科学出版社出版了《大气颗粒物与区域复合污染》（2011）一书，围绕大气颗粒物这一反映城市和城市群大气复合污染的综合信息、涉及多污染物体系和多重影响的热点问题，系统介绍了大气颗粒物的采样与分析方法，包括在表征其理化性质和大气作用的理论与实验分析方面所面临的困难，以及颗粒物与大气复合污染的来源识别方法以及概要的控制对策等。

1. 大气细颗粒物源解析方法

当前，准确识别并定量解析城市大气灰霾颗粒的来源和贡献是建立行之有效的污染防控措施及提高空气质量的前提和关键。大气细颗粒物源的解析方法主要有源清单、扩散模型和受体模型（如化学质量平衡模型和因子分析）。源清单的编制依赖排放因子和统计数据。前者测定的要求高且时常滞后于排放源的技术进步。后者存在资料不完善，尺度过大而导致在数据降维过程中引入较大的不确定性。扩散模型本身依赖网格化源清单的输入，且水平或垂直精度相对较粗泛，导致对某些大气寿命短、沉降速度快、地气交换强的污染物的模拟精度存在着一定局限。受体法是基于颗粒物的物理化学示踪信息来反推各种源的贡献比。其中正交矩阵因子分解模型（PMF）因只要有一定样品量而无需颗粒物的排放特征信息即可获得源解析结果而成为时下应用最广的一种受体法。近年来，结合PMF的易用性和气溶胶质谱仪的快速监测和大样本量优势，并借助化学传输模型（如CMAQ、CAMx、NAQPMS）结合源解析模块，我国研究人员对京津冀等典型灰霾多发地区的大气颗粒物源解析的研究卓有成效。尽管PMF不需要本土源谱，但仍需加入能对源类别（模型生成的源谱反映的可能是气溶胶的老化特征而非实际源谱特征）有指征意义的示踪物类以获取可信服的源解析结果。

2. 元素地球化学手段

21世纪以来，研究者采用ICP-MS, XRF等地球化学分析手段，获得大气颗粒物主要

人为源（如工业、燃煤、生物质燃烧、地面扬尘、机动车、船舶等）和自然源（沙尘、海盐等）的关键元素指纹谱及排放因子，主要包括 C、N、Na、Mg、Al、Si、S、Cl、K、Ca、Fe、Sc、Ti、V、Cr、Mn、Co、Ni、Cu、Zn、As、Br、Rb、Sr、Mo、Cd、Sn、Sb、Ba、Pb 等数十种主要元素，以及稀土元素在不同地区的大气颗粒物中配分模式等。此外，采用各种分离分析技术，可得到大气颗粒物中重金属元素的形态分布特征，评估其毒性和对人体健康的潜在影响。

3. 有机地球化学手段

在大气灰霾颗粒物中，有机气溶胶是含量最为丰富的物种之一。美国著名地球化学家 B. R. T. Simoneit 自 20 世纪 80 年代以来，利用气相色谱–质谱联用仪（GC-MS）对不同源产生的颗粒物有机分子组成进行了系统研究，在美国化学会刊物 *Environmental Science & Technology* 上发表了系列高水平论文。日本有机地球化学家 Kimitaka Kawamura 教授则把研究沉积物中有机酸的方法成功应用于解析大气颗粒物中的一元酸和二元酸（Kawamura，1993）。Simoneit 教授联合中国科学院广州地球化学研究所有机地球化学家傅家谟院士等开始对我国城市地区大气颗粒物进行研究（Simoneit, Sheng, Chen et al., 1991）。21 世纪初，我国研究者开始对城市大气细颗粒中的有机分子组成开展系统研究（Wang, Wang, Yin et al., 2006）。目前，我国学者对于华北、长三角、珠三角等灰霾污染严重的地区和部分中部城市有机气溶胶的分子组成进行了卓有成效的研究，利用某些特征分子标志物示踪灰霾颗粒物的某些特定排放源及其贡献。

目前，随着分析仪器的进展，研究者利用三维荧光光谱研究灰霾颗粒物中的类蛋白物质和类腐殖酸物质；利用傅里叶红外光谱研究 C—H、N—H、C═O 等化学键组成及相对表征；利用核磁共振仪（NMR）分析大气中水溶性有机碳的不同类型含 C 和含 H 基团；利用高分辨质谱仪对城市 $PM_{2.5}$ 中的有机组分进行更为精细的分子结构全谱扫描；利用扫描/透射电镜结合 Nano-SIMS 等解析灰霾颗粒物中的无机和有机组分的混合状态等（Li, Sun, Xu et al., 2016）。

4. 同位素地球化学手段

长期以来，同位素地球化学技术被认为是构建源谱以指示污染物来源的强有力工具，在地质、水文等众多领域已有成熟应用。国内外关于大气气溶胶的同位素源解析方兴未艾。最早，研究者通过分析美国加州扬尘中元素碳、有机碳及元素组成，建立了扬尘污染源的源谱，并将 Pb 同位素示踪应用于溯源研究。由于含铅汽油中四乙基铅的 Pb 源比较确定并具有特定 Pb 同位素组成特征，一直被用于研究环境中 Pb 的来源及其全球传输过程。

大气中的元素碳（EC），主要为黑碳（BC），来源于生物质和化石燃料的不完全燃烧过程，是城市大气颗粒物的重要组成部分，是重要的致霾因子；同时，黑碳具有相对稳定的大气化学性质，可以作为气溶胶传输过程的良好示踪物。我国是黑碳排放大国，约占全球排放量的 20%。根据目前的黑碳排放清单估算，民用煤和生物质燃烧是我国最大的 BC 排放源。主要的燃烧排放源的黑碳稳定碳同位素组成的变化范围有比较明显的差别，可作为黑碳和气溶胶源解析的重要依据。放射性碳同位素组成（$\Delta^{14}C$）也是黑碳以及有机碳（OC）源解析的一种有力手段，可以区分现代生物质和化石燃料来源。Gustafsson 等（Gustafsson, Kruså, Zencak et al., 2009）运用 $\Delta^{14}C$ 技术对亚洲棕色云中黑碳的生物质和化石燃料燃烧来源进行划分，一定程度上解决了亚洲棕色云中一次颗粒物主要来源的长期争议。近期，我国陆续开展了基于稳定碳和放射性碳同位素技术相结合以精确区分含碳气溶胶的化石源燃料贡献和生物质燃烧贡献的研究。

我国灰霾颗粒物中的二次无机气溶胶以及有机气溶胶的贡献巨大，其形成过程中有机单体（如二元酸、脂肪酸、正构烷烃）的碳/氢同位素、铵盐和硝酸盐的氮/氧同位素、硫酸盐的多硫（$\delta^{34}S$、$\Delta^{33}S$、$\Delta^{36}S$）和多氧同位素（$\delta^{18}O$、$\Delta^{17}O$），以及重金属同位素（如Hg等）相对于其前体物可能发生显著的动力学分馏和平衡分馏。例如，多环芳烃、正构烷烃和脂肪酸、二元酸以及其他有机单体碳同位素组成是近年兴起的一项源解析技术，通过对气溶胶样品的提取、浓缩和预净化等前处理手段，获得能在色谱基线上分离的单个有机化合物，再结合稳定同位素和放射性碳同位素组成分析，进行源解析研究（Ren, Fu, He et al., 2016）。此外，不同污染来源的汞、锌和镉的同位素组成有明显的差异，因此可通过气溶胶中重金属同位素组成定量大气灰霾成分的来源及评估污染物跨界输送方法的准确性。我国北方地区灰霾天气有与来源于戈壁的沙尘暴、人类活动如汽车尾气、燃煤、垃圾焚烧等综合作用的特点，这些大气颗粒中重金属汞、铅和镉以及锌又与不同的排放源相互对应（Huang, Chen, Huang et al., 2016）。因此，传统的稳定碳、氮和硫同位素结合重金属同位素示踪技术，可为确定大气灰霾跨界输送途径与定量评估提供更直接的科学依据。

即便如此，现今同位素源解析技术仍面临巨大挑战。一则同位素源谱尚处于探索时期；二则以往通常采用单一同位素对颗粒物的某些特定组分进行溯源，无法扩展至气溶胶整体，因而极大束缚了同位素源解析技术的应用广度；三则基于高时间分辨率（如12小时甚至更短时间）膜采样及后续离线分析获取的同位素数据不仅耗时耗力，而且无可避免地掩盖掉颗粒物污染形成的部分关键过程，因而限制了同位素源解析技术的应用深度。尽管如此，目前关于单体碳稳定同位素技术则已越来越多地应用到气溶胶的各种有机化合物的源解析研究（包括烷烃、芳烃和有机酸等）。此外，目前国内外有几个研究组正在积极开展相关的样品前处理技术研发和仪器研制工作，提高放射性碳同位素分析精度且需要的纯化物质的量更少，以运用到气溶胶单体化合物（如草酸，正构烷烃等）的源解析研究中。

综上表明，当前学界有必要利用先进的有机地球化学和同位素地球化学手段结合大气环境化学的传统优势，把有机质分子结构分析、同位素地球化学中传统的稳定碳、氮和硫等同位素结合非传统重金属同位素示踪技术，进行气溶胶多组分、多同位素源谱及同位素溯源研究，并开发基于同位素的区域传输模式。这些地球化学技术手段将直接服务于我国区域大气复合污染过程中的$PM_{2.5}$的精细化、精确化溯源和过程研究，为我国大气污染防控和预警提供重要的科学依据，同时也将有力影响和拓宽我国及全球气溶胶化学的研究方向。

五、流域风化与全球物质循环：流域地表水地球化学研究

1. 主要研究内容

硅酸盐矿物的化学风化消耗大气CO_2，一方面是一个重要的碳汇，在平衡全球碳循环

以及调节气候的过程中扮演着"地质空调"的关键角色（如，Berner，Lasaga，Garrells，1983）。另一方面，化学风化是大陆剥蚀的重要形式之一，风化产物通过河流搬运到海洋，从而重要地影响了海洋的物质循环。因此，流域地表水的地球化学研究是解答以上科学问题的重要手段。本分支学科主要研究流域地表水的主量离子和 Sr、C、N、Li、B、S 等同位素的地球化学特征，计算流域中的化学风化速率和大气 CO_2 消耗速率，从而评价流域风化对碳循环、气候变化、大陆剥蚀和海洋物质循环的影响。

2. 主要研究机构和队伍分布

本分支学科的主要研究机构和队伍分布：中国科学院地球化学研究所/天津大学环境科学与工程学院刘丛强课题组，主要关注长江流域、珠江流域（尤其是喀斯特区域）以及温带的流域；中国科学院地球化学研究所韦刚健课题组，重点关注珠江流域；中国地质科学院岩溶地质研究所袁道先课题组和中国科学院地球化学研究所刘再华课题组，主要关注岩溶化学风化及其碳汇效应；中国科学院地球环境研究所金章东课题组，主要集中于黄河及青海湖周边流域；中国地质调查局成都地质调查中心/中国地质科学院矿产综合利用研究所秦建华课题组，重点关注发源于青藏高原东部的河流流域；北京大学资源与环境学院陈静生课题组，陈静生教授是国内较早进行流域风化研究的学者，主要关注我国大部分流域（包括台湾）；华东师范大学河口海岸国家重点实验室张经课题组，研究范围包括我国主要的大河流域；南京大学地球科学与工程学院李高军和吴卫华课题组，主要关注发源于青藏高原的大河流域（长江、黄河等）以及玄武岩、花岗岩分布区的小流域；中山大学地理科学与规划学院高全洲课题组，研究区域主要是珠江流域；首都师范大学资源与环境旅游学院季宏兵课题组，主要关注赣江流域、贵州和北京的一些小流域。

3. 研究进展及成果

2000 年以前，我国主要河流溶解质化学组成的研究侧重于河流的离子径流量和入海通量，以及河流长期的水质变化。进入 21 世纪以来，则更多关注于运用河水溶解质来研究流域盆地化学风化反应、风化速率及对碳循环的贡献。取得的主要研究进展包括：

（1）给出了我国主要入河流域化学元素的入海通量。

（2）得到了我国不同河流流域的化学风化速率和大气 CO_2 消耗速率，解答了大气降水、人类活动和岩石风化对化学风化的影响，探讨了不同自然带的化学风化特征及其影响因素。我国大河流域主要为碳酸盐和蒸发岩的风化产物所控制，铝硅酸盐的影响不大。此外，硫酸参与碳酸盐风化是地质时间尺度上大气 CO_2 的一个源。

（3）发源于青藏高原河流的地表化学剥蚀速率和大气 CO_2 净消耗率可与世界上其他造山带的河流进行对比。青藏高原抬升、侵蚀并搬运入海的物质对海水中 Sr、Os、Li、Hf 等同位素的演化有重要影响。

（4）地表水体沉水植物光合利用水中 DIC，并将其转化成有机碳（OC）埋藏在河流、水库、湖泊和海洋中，从而使碳酸盐风化也成为一个重要的、不可忽视的碳汇机制。

（5）流经"单岩性"小流域的研究显示，气候因子（主要是温度和径流量）对化学风化有着至关重要的作用。物理剥蚀率和化学风化速率之间也存在着很好的正相关性。

（6）活动构造作用对地表水地球化学与物质循环有显著扰动，可能与淋滤地震触发的滑坡物质以及地下水系统的变化相关。

六、全球变化中的生物地球化学循环（C、N）

1. 全球氮的生物地球化学循环

氮的循环是受人类活动影响最大的一种元素循环之一。在最近几十年里，通过燃烧、施肥、放牧以及大量的人类和动物污水的排放，向湖泊生态系统提供的氮一直在增加。高氮供应将通过植被等的变化以及硝化作用、盐基损失和养分不平衡等方面的改变影响生态系统，使其慢慢衰退。其他的影响包括氮的流失、水域的 NO_3^- 化以及温室气体 N_2O 的形成等。氮的生物地球化学循环均存在三个过程，即氮的输入、氮在生态系统中的转化和氮的输出。

1) 氮的输入

从全球来看，微生物的自然固氮仍然是地表氮输入的最重要形式。除此之外，氮的输入还有大气干湿沉降、地下水等面源氮输入以及地表径流水、人类活动污水等点源氮输入。21世纪工业氮肥的大量施用已经成为氮输入的主要方式之一。

生物固氮在农业可持续发展、环境保护和建立氮素生态平衡方面具有重要的作用。目前生态环境领域微生物固氮的热点是对海洋微藻固氮的研究。海洋微生物的固氮作用是海洋氮素循环的关键环节，对海洋生态系统的氮素供给和初级生产力的提高有着重要的意义。如厦门大学侯建军和黄邦钦（2005）根据束毛藻在海水中的丰度及实测的固氮速率估计，提出束毛藻可能担负了海洋10%的固氮贡献。我国有关氮肥施用的研究早期主要是探讨如何提高氮肥的利用率，现在则更多重视氮肥施用的生态环境效应，如对温室气体排放的影响等。

氮点面源污染对我国江河湖海水体的氮负荷影响很大，很多水域发生了严重的富营养化（如太湖、巢湖和滇池），同时也造成了地下水污染，影响了工业和生活用水。针对点面源氮输入对我国湖泊富营养化的影响，中国环境科学研究院金相灿等（1990）对全国湖泊进行了系统的研究。如中国科学院地球化学研究所刘丛强等（2007）对城市和城郊地下水硝酸盐的研究表明，部分地区城市地下水受城市污水的污染严重，城郊地下水也严重受到化肥氮的影响。

工农业的快速发展大大升高了大气活性氮的浓度，导致我国大气氮沉降量呈现升高的趋势（Liu, Zhang, Han et al., 2013），极大干扰了地表生态系统氮循环。中国农业大学刘学军等（Liu, Zhang, Han et al., 2013）、清华大学段雷等（2002）对我国大气氮沉降量的现状进行了系统的研究。中国科学院地球化学研究所刘丛强课题组（刘丛强等，2009；Xiao, Xie, Tang et al., 2011）利用苔藓氮同位素等技术对我国南方大气氮沉降通量和氮源进行了深入的研究。中国科学院华南植物园莫江明等（方运霆，莫江明，周国逸等，2004）系统开展了大气氮沉降对林地氮循环的影响研究。

2) 氮的转化

氮进入表层环境后将进一步发生各种氮的迁移转化过程，通常包括同化作用、氨化作用、硝化作用和反硝化作用。它们在特定的环境中发生，与环境的物理化学特征密切相关，一般在微生物的参与下进行。氮迁移转化的机理及影响因素的研究仍然是目前环境科学领域的一个研究热点，我国与环境相关的各科研究所基本都有研究人员开展这方面的工作。

　　良好的氮循环是生态系统正常运转的重要保证，直接影响各生态系统的供氮能力和生产力。影响生态系统氮矿化作用的生物因子主要包括土壤、动物、微生物及地上植物等，可以发生多界面多过程氮作用，并且与生态系统的类型有关（包括林地、草地、湿地、湖泊、河流、近海等）。在我国，不同生态系统氮循环的研究通常主要由不同领域的相关研究单位开展，如中国科学院南京土壤研究所和地理与湖泊研究所分别对土壤和湖泊生态系统氮循环的研究程度最深。在一些特色研究所，如中国科学院地球化学研究所刘丛强课题组（肖化云，2002；Liu，Li，Lang et al.，2006；Yue，Lin，Li et al.，2014）利用稳定同位素方法开展了湖泊、河流、地下水氮循环的研究，取得了较多的研究成果。中国科学院地球化学研究所万国江课题组（王雨春，2001；吴丰昌，万国江，黄荣贵，1996）对我国高原湖泊水体（尤其是沉积物–水界面）氮的迁移转化开展了深入的研究。中国科学院地理研究所晏维金等（2001）和华东师范大学张经等（1999）对长江干流和河口氮的迁移转化以及三峡大坝的影响进行了系统的研究。

　　我国有关森林氮循环的研究在各个气候区域已逐渐开展，主要探讨土壤氮转化过程和速率（Zhang，Cai，Zhu et al.，2013），森林凋落物–土壤界面层氮截获的研究还较薄弱。如中南林业科技大学王光军课题组（王光军，田大伦，朱凡等，2009；邓华平，王光军，耿赓，2010）通过研究湖南四种森林的氮矿化作用发现，樟树林的矿化速率最高，杉木林最低，阔叶林或针阔混交林的矿化能力高于针叶林。他们还提出了在森林生态系统中凋落物的分解及其养分释放在保证森林生态系统物质循环和养分平衡方面具有十分重要的作用。

　　反硝化作用是沉积物中氮的地球生物化学循环的一个重要过程，在减缓水体富营养化进程中扮演着不可替代的角色，一直是氮循环过程的研究热点之一。反硝化速率的测定方法是研究反硝化作用的关键，其同时受到诸多环境因素［温度、溶解氧（DO）、pH等］的影响。如中国科学院南京地理与湖泊研究所杨龙元等（1998）用N_2通量法测定了北美休伦湖Saginaw湾沉积物的反硝化速率。华东师范大学王东启等（2006）采用乙炔抑制法测定了夏季长江河口潮间带沉积物中反硝化速率，并分析发现DO浓度与反硝化速率存在显著的相关性。中国科学院地球化学研究所刘丛强课题组（Liu，Li，Lang et al.，2006）利用氮稳定同位素等方法研究贵州红枫湖反硝化作用时发现，反硝化作用不仅消耗大量的硝酸盐，而且还造成了一定量的有机质降解（有机碳作为电子受体）；反硝化作用还控制城市地下水的硝酸盐分布。南开大学戴树桂等（1990）对底泥氮的主要迁移转化过程的研究发现，底泥中30%的硝态氮能通过反硝化作用去除。

3）氮的输出

　　自然界中的生物地球化学循环平衡主要是通过还原NO_3^-为N_2的反硝化过程来维持。生物反硝化是指水体中的硝态氮在无氧或低氧的条件下，被反硝化细菌还原转化为N_2和N_2O的过程。除反硝化作用外，现在已经证实硝化作用也可以生成N_2O。这两种作用是大气N_2O的主要形成机制。因为N_2O是一种重要的温室气体，因此得到了广泛的关注。关于N_2O的形成机理和影响因素，近20年来我国地球化学、环境科学、大气科学、土壤学等学科领域的研究人员对此开展了许多有益的研究工作。

　　土壤物理化学和生物环境、气温、降水和光照是影响N_2O产生的重要因素。如中国科学院华南植物园欧阳学军等（2005）发现，土壤 N_2O 的排放随酸化累积程度的增加而显著增加。中国科学院南京土壤研究所蔡祖聪课题组（徐华，邢光熹，蔡祖聪等，2000；马静，徐华，蔡祖聪等，2010）对不同秸秆施用方式、土壤水分状况和质地对 N_2O 排放的影响进行了系统研究。中国科学院大气物理研究所郑循华等（1996）发现，稻田生态系统 N_2O 最大排放量一般发生在土壤湿度为 90%～100%，土壤最大田间持水量或土壤充水孔隙 77%～86% 之间；但当土壤温度持续低于 5℃时，几乎检测不到 N_2O 排放，67% 的排放量都集中在 15～25℃范围内。中国科学院土壤研究所朱兆良（1999）指出，现代农业化肥氮的大量施用，也明显增加了大气 N_2O 的含量，全球每年因施用化肥氮素排放的 N_2O 量约为 $1.5×10^9$ kg，约占全球 N_2O 排放总量的 10%。

我国环境学家对湿地 N_2O 排放的时空变化等研究也取得了许多重要的研究成果。如中国科学院大气物理研究所王德宣等（2005）对若尔盖高原沼泽湿地、王毅勇等（2006）对三江平原湿地、华东师范大学汪青等（2010）对崇明东滩湿地的 N_2O 排放时空变化的研究。中国科学院地球化学研究所刘广深等（2002）对贵州耕地 N_2O 排放的机理和主要环境驱动因素也取得了较好的研究成果。以上研究对揭示特定环境条件下 N_2O 排放的影响因子，对深入理解 N_2O 排放的时空变化，并建立不同环境条件下的 N_2O 排放模型具有重要意义。

另外，生态系统氨和氮氧化物（NO_x）的挥发也是氮输出的一种重要形式。氨挥发是农业土壤体系中氮肥损失的重要途径。中国科学院土壤研究所朱兆良等（1989）、尹斌课题组（尹斌和曹志洪，2006；曹彦圣，2013）对农田氨挥发进行了系统的研究。他们发现水稻田氨挥发损失量随氮肥施用的增加而增加，与田面水的温度和 pH 呈正相关关系。王文兴等（1997）对中国氨排放强度的地理分布进行了系统的研究。氮氧化物（NO_x）的输入主要与人类活动有关，如生物质和化石燃料的燃烧等。清华大学田贺忠等（2001）对中国氮氧化物排放清单及分布特征进行了系统的研究。

2. 全球碳的生物地球化学循环

生源要素的生物地球化学循环是全球变化机制研究的核心内容之一，是探讨全球变化过程的关键因素，而碳生物地球化学循环是其中重要组成部分。典型陆地生态系统或区域的碳生物地球化学循环都受到了各界学者的重视，如青藏高原、喀斯特、黄土、平原和河口等，涵盖了不同植被覆盖下垫面，如农田、湿地、草地、森林等，学者们分别以通量观测、同位素测试、模拟实验和模型等展开了一系列的水-岩-土-气-生的碳生物地球化学循环研究，包括驱动力、机制、影响因素和环境质量评估等（傅伯杰，牛栋，赵士洞，2005；刘丛强等，2007，2009；谢树成，罗根明，宋金明等，2012；洪业汤，曾永平，冯新斌等，2012）。由于土地利用格局和生态系统对全球气候变化的响应也是全球变化重要研究内容之一，因此碳以及相关联物质生物地球化学循环过程中的变化速率、驱动机制和情景预判也是过去我国科学家长期开展的相关研究，如用同位素指示 C3 和 C4 植物在区域上的更替，气候变化条件下温室气体的释放（刘丛强等，2009）。

人类活动的干预导致以碳为主的生源要素等元素正常循环被改变，致使人类居住的表层地球环境面临一系列的问题，如 CO_2 和 CH_4 等温室气体在大气圈中的增加直接和间接地影响了全球气候的变化。同时碳生物地球化学循环在物质的环境-生物-环境的循环过程中起着核心的位置，碳不仅与其他生源要素相互耦合，如氮硫磷等，还有水分，甚至还包括其他微量元素，如硅铁锌等相互关联。硫酸参与了碳酸盐岩风化致使过去我们高估了这部分岩石风化带来的汇，含磷有机物质的增加导致大面积水体表面的富营养化，而氮硫氧化物的增加则又直接导致酸雨的形成，这些都是元素相互耦合的直接证据（刘丛强等，2007）。目前典型地带碳生物地球化学循环的研究正在不断深入，其变化的时间尺度，相互耦合程度，不同条件下生物学响应机制都为进一步阐明碳生物地球化学循环机理和过程，为预测和评估全球变化影响奠定了更为坚实的基础。

七、流域截流工程的生态环境效应

1. 河流拦截的历史及趋势

筑坝拦截是目前最为显著的人为扰动河流事件。截至2000年，全球坝高大于5 m的水库已达四万多座（中国大坝工程学会官网，www.chincold.org.cn），总库容占到全球河流径流量的30%。全球河流拦截程度分布极不均匀，发展中国家明显低于发达国家60%的平均水电开发程度。在国内，东部水电开发程度高，西部水电开发程度低（只有11.4%）。随着社会经济，特别是发展中国家经济的进一步发展，全球河流还将面临新一轮大规模拦截利用，人类对河流的扰动将进一步加剧。

2. 主要研究领域

流域截流工程的生态环境效应主要研究筑坝对流域的水文、物质循环、生态系统的影响及其响应规律和环境后效。大坝拦截直接改变了河流的水文情势，截留了泥沙，增加了水体的滞留时间，阻隔了洄游鱼类的洄游通道。随着水库的发育，河流生态系统逐渐"湖沼化"，水体剖面产生季节性物理、化学、生物分层，河流原来的物质循环模式和生态系统的演替规律发生了变化（刘丛强，2009）。描述天然河流生态系统的河流连续体理论和洪水脉冲理论（Vannote, Minshall, Cummins et al., 1980; Junk, Bayley, Sparks, 1989）以及描述天然河流物质循环的营养盐螺旋循环理论（Newbold, Elwood, O'Neill et al., 1981; Ensign and Doyle, 2006），已经不完全适用于筑坝拦截的蓄水河流。从环境地球化学角度来看，河流的筑坝拦截可导致三大主要变化：流域水循环规律的演变、河流物质输送通量的演变、河流生态演变。这些变化相互耦合，聚焦形成蓄水河流面临的核心问题：流域的物质循环规律发生变化。其影响范围甚至超出流域边界，并具有重要的全球意义。对这一演变规律的认识是解释河流拦截产生环境后效的科学基础，是当前环境地球化学研究的重要领域。

3. 目前的研究热点问题及未来发展

尽管河流拦截筑坝已有很长的历史，并一直认为是增加人类福祉的重要技术里程碑。但直到20世纪70年代，大坝的环境影响才真正获得重视。1972年，环境问题科学委员会（SCOPE）发布报告《人造湖泊——改变了的生态系统》（SCOPE-2）。该报告较早地关注到了大坝对下游河流在物理、化学和生物方面的影响。目前国内外学者对大坝对泥沙的拦截和鱼类洄游通道的阻断等问题已经开展了许多研究，而对于水库过程产生的更为"隐性"的变化，如河流元素化学计量比变化、河流溶解质通量变化，以及由此产生的水生生态系统演变等问题，则关注不够。

河流的淡水及生源要素输入对维持河口及海岸地区生态系统起着至关重要的作用，但是诸如河流筑坝等人类活动却极大地改变了这些输入的数量和特性（Ittekkot and Schäfer，2000）。20世纪90年代后期对欧洲河流的研究率先发现了筑坝对河流的硅拦截现象（Humborg，Ittekkot，Cociasu et al.，1997）。针对中国水库的生源要素大坝效应研究则基本起步于21世纪初，中国科学院地球化学研究所、上海大学、华东师范大学、北京师范大学、南京大学、厦门大学等相关单位较早地开展了相关研究；观察到了河流入海通量中氮磷输入的快速增加和溶解硅的显著下降，初步认识到了水库过程对生源要素河流通量和化学计量比的改变（Wang，Yu，Liu et al.，2010；Wang，Wang，Liu，2014）。流域内河流拦截强度不断加大，C、N、P、Si等主要生源要素在河流-水库系统中呈极不保守状态。在流域尺度上，水库过程如何改变河流生源物质的输送通量和形态组成，以及这种改变如何影响元素的全球循环及边缘海生态系统的正常功能等关键问题仍是未来的重要研究方向。

人工水库的温室效应是过去十多年来兴起的热点问题。这一问题始于对热带地区的部分水库的观测：发现这些水库具有很高的CO_2及CH_4水面释放通量（Guérin，Abril，Richard et al.，2006；Rosa，Dos Santos，Matvienko et al.，2004；Fearnside，2002，2004）。尤其一些电站型水库，其生产单位电力所释放的CO_2当量甚至远大于火力发电产生的CO_2当量。水电的清洁性也因此受到质疑。我国学者基本上和国际同行同步开展了相关研究，中国科学院地球化学研究所、上海大学、中国水利水电科学研究院、中国科学院生态环境研究中心、三峡大学、天津师范大学等研究机构对这一热点问题做了较多的工作。目前已经对我国不同类型水库的温室气体释放特征有了较为清晰的认识，并发现了温带地区水库CO_2释放主要受水库水体滞留时间制约（Wang，Cao，Wang et al.，2015）。下一步的研究重点将是进一步完善水库温室气体产生机制和通量的认识，在此基础上完善流域尺度，甚至全球尺度可推广运用的水库温室气体排放模式。

近年来，受到流域内大规模拦截的影响，流域内大量水库存在统一蓄水和竞争性蓄水现象，这对中下游地区用水安全，以及下游湖泊的正常生态功能均产生了重要影响。中国水利水电科学研究院、长江科学院等相关研究机构在这一领域开展了较多的工作。

八、金属同位素地球化学与环境地球化学发展

金属（国内也称非传统）稳定同位素环境地球化学是20世纪末、21世纪初新发展起来的地球化学研究领域，具有巨大发展潜力和应用前景。同位素是地球化学一个核心研究领域，它几乎奠定了地球化学的发展格局。自20世纪30~40年代以来，传统稳定同位素C、N、H、O、S开始发展，仅仅五个同位素体系就大大推动了对地学各领域的认知，特别是为雪球事件、大氧化事件等重大地质事件提供了关键性证据，这促使人们一直努力开发占周期表中绝大多数的金属稳定同位素，以期获得更多突破。然而，直到20世纪末浓缩提纯技术的提高和新一代多接收电感耦合等离子体质谱仪（MC-ICP-MS）的开发和应用，金属稳定同位素才得到快速发展，成为一个新的前沿热点领域，短短十几年时间，已经从最初的少数几个金属元素同位素发展到现在元素周期表中绝大多数金属稳定同位素，

涵盖了包括Hg、Tl、Cd、Ni、Zn、Fe、Cu、Ga、Mo、Cr、V等热门同位素体系,大大拓展了稳定同位素在地学各方向的应用,推动了同位素地球化学领域发展。

金属稳定同位素发展前景巨大。相对于传统稳定同位素(C、N、H、O、S)和早期的放射性同位素,金属稳定同位素环境地球化学研究才仅有不到20年的发展历史。同样,利用同位素组成的变化规律、特征以及分馏机制,金属稳定同位素可广泛用于从宏观到微观的各种环境过程金属元素地球化学行为的研究,以及判定其在不同储库间的通量变化,为几乎每一个环境体系中金属的化学性质、赋存形态、来源及生化过程等研究提供了直接、可靠甚至排他性的信息。尽管在传统稳定同位素长期发展过程中凝练出的一些理论成果也可以适用于金属稳定同位素,但由于金属在环境中往往具有不同于C、N、H、O、S的地球化学行为,如总体表现出的化学保守性,金属稳定同位素往往具有独特的变化规律和分馏机制。例如,由于地表生物地球化学过程都可能使金属同位素发生不同程度的分馏,尤其是自然源会与大部分经过高温过程的人为污染源具有完全不同的同位素组成,这为广泛开展环境金属稳定同位素源解析研究奠定了坚实的理论基础。更重要的是,最新研究表明,普遍发生于重金属同位素体系中的核体积效应,会造成自然界中明显的重金属Hg、Pb、U等同位素分馏,这彻底改变了同位素分馏程度随原子量增加而减小的传统认知,大大拓展了同位素地球化学研究范围。同时,在O、S同位素研究中发现的核磁效应和自屏蔽效应,同样会造成重金属如Hg同位素在自然界中的巨大非质量分馏,而其最终的产生过程和机理还未被完全认知。特别值得提出的是,近几年来,自然界中检测到明显的偶数Hg同位素的非质量分馏,完全未被任何试验验证,更无法用现有同位素分馏理论进行解释,已成为地球化学前沿研究领域的一个科学难题。这些事实说明,占元素周期表中的绝大多数的金属同位素领域还有很多待解之谜,亟须从观测、试验和理论等方面进行深入研究。当然,这也是为什么金属同位素近几年来迅速发展的原因。基于金属同位素研究,几乎每个地球科学领域都取得了突破性进展,具体表现是发表在 Nature、Science、GCA 等国际顶尖刊物上的相关文章呈指数增长,相关的报告也几乎遍布于 AGU、Goldschmidt 等权威国际地球化学会议的每个分会场。在此背景下,全球首个环境金属同位素会议(EMI2013)也于2013年在瑞士的 Ascona 召开,以共同推进金属稳定同位素环境地球化学研究的发展。

我国金属稳定同位素环境地球化学研究几乎与国际同步,并有在个别领域领先发展前沿的趋势。近些年来,金属稳定同位素环境地球化学已发展成为国内地球科学最热闹的研究领域之一,不但有大批接受过国际先进实验室培训的学者回国,一些本土成长起来的优秀人才也异军突起,为我国金属同位素环境地球化学研究发展做出了突出贡献。另外,由于我国越来越重视环境重金属污染问题,特别是在环境中不可降解并会积累的重金属如Hg、Tl、Cd、Cr、Pb等,这也大大推动了重金属同位素在观测和应用方面的研究。近些年来我国学者不断努力,在新体系新方法开发、低温环境过程分馏实验、流域风化、生物过程、大气和河流重金属溯源、古气候古环境重建以及同位素分馏机理等方面取得了一系列开创性成果,具有了广泛的国际影响力。特别是近几年来,我国购进的质谱仪及从事相关工作的科研人员更是明显增加,显示了强劲的发展动力。然而,我国"金属稳定同位素"的研究仍处于起步阶段,在国际上的影响力还相对薄弱,有必要在金属同位素分馏理论、实验、应用以及新同位素体系开发等方面进一步开展开创性研究工作,以推动该领域的发展。

金属稳定同位素应用和理论框架亟待完善。在过去的十几年里，金属稳定同位素环境地球化学的理论、实验模拟和观测研究方面取得了重要进展，开发和完善了一些同位素分析方法，获得了一些重要的分馏参数，揭示了许多过程同位素变化的控制机理。但是，由于刚刚起步，金属同位素测试方法和理论体系尚处于初创阶段，一些关键分析技术亟待开发完善，许多同位素分馏机制还不明确，特定储库同位素组成还不清楚，这都大大限制了金属同位素的应用和发展。未来金属稳定同位素环境地球化学将有可能在以下几方面获得突破性成果：

（1）同位素分析方法和示踪技术。一些有重要意义的金属稳定同位素体系有待开发和建立，现有同位素提纯和浓缩方法需要进一步改进，一些同位素分析精度亟待提高，而作为示踪剂在不同环境系统中应用的技术和理论框架更亟待构建和完善。金属稳定同位素仍处于起步阶段，作为示踪技术的广泛应用仍然具有挑战性，如何从复杂样品基质中分离纯化出单一的元素的前处理技术是获得准确的数据的根本，需要仔细地选择前处理方法和建立标准程序，以避免处理过程中产生同位素分馏，而分析精度进一步提高，将更有利于细微差异和变化的甄别。同时，在受多个源和过程影响的复杂环境体系，多同位素体系联合示踪将具有不可替代的优越性。

（2）金属同位素在表层普遍发生的矿物沉淀、吸附等典型过程中的分馏程度、影响因子和分馏机理研究。这些过程对金属离子在水岩作用、运输过程以及大陆风化作用中的迁移转化及机理起着至关重要的作用。研究表明，矿物沉淀过程和对金属离子吸附过程不仅会导致金属元素在水体中的浓度和形态发生较大的变化，而且还往往导致较大的同位素分馏（例如，Mo、Ge 和 Zn），但在这些过程中金属同位素分馏方面的研究还很欠缺，甚至还是空白（如 Ga）。例如，碳酸盐和针铁矿是地球表层微量元素迁移转化的重要载体。碳酸盐矿物可由沉淀、岩浆以及变质作用等多种地质过程形成，且是钟乳石、石笋、钙华等一些特殊地质体的主要组分，而针铁矿是富铁矿物经风化作用后形成的单矿物，是土壤特别红壤的常见组分，迄今不同物理化学条件（pH、离子强度等）下金属同位素（汞、锌、镓、镁、铜、铁）在这两类普遍存在且具有代表性的矿物的吸附、沉淀等过程中的分馏机制还未被认知。而明确金属离子在表层低温矿物沉淀和吸附等过程中的分馏方向和程度，判定影响同位素分馏的影响因子，可为认知关键带风化过程中的金属的地球化学行为奠定基础。

（3）金属稳定同位素在生物作用下的分馏机制。生物圈与岩石圈、水圈和大气圈之间有密切联系，它们之间如何发生相互作用一直是人们非常感兴趣的课题。近期研究表明，生物在成矿作用、风化作用和气候变化等方面发挥着重要作用。迄今，生物过程中导致的金属稳定同位素的分馏程度和分馏机理尚不明确。因此，了解①生物诱发过程以及②生物吸收过程中金属稳定同位素分馏程度、方向和分馏机理，对于示踪金属元素在生物圈内部的地球化学行为以及迁移和循环具有重要意义。

（4）许多特定地质储库金属同位素组成还是未知数。尽管金属稳定同位素快速发展，越来越多的同位素体系如雨后春笋般地被开发出来，然而，目前的研究主要集中在高金属含量的地质体或一些典型的与人类活动相关的研究对象中，很多储库如大气、海洋中一些金属同位素的值还是空白，需要进一步完善和补充。需要提出的是，海洋占地球表面积的百分之七十，近些年国际上海洋及海底环境金属同位素研究发展迅速，并取得了一些突破性成果，而我国在这方面的研究几乎是零，仅有的研究也局限在近海岸带，因此，我国海洋金属稳定同位素研究前景广阔。

（5）金属稳定同位素在古气候、古环境重建方面的应用研究。近期研究表明，金属同位素在古环境、古气候重建甚至追溯古文明方面有着巨大研究价值，如金属同位素研究为厘定大氧化事件、推断生物大灭绝成因、判定雪球事件发展历程以及追溯人类文明发展足迹等都提供了重要证据。然而，一些沉积、成岩、二次沉积等特定地质过程中金属稳定同位素的分馏机制还鲜为人知，大大限定了金属同位素在研究古环境方面的应用。例如：碳酸盐中的同位素可用于重建古气候与古环境，但是碳酸盐中的同位素组成变化不仅受气候的控制，还与系统内部环境以及其他因素（如动力学分馏等）有关，这导致利用平衡分馏理论计算出来的温度与实测温度有很大偏差。因此，对碳酸盐中同位素组成变化的控制机理做详细的研究，厘清同位素组成对气候因素和非气候因素各自的响应，是应用碳酸盐中的金属稳定同位素重建古气候与古环境的前提。

（6）金属稳定同位素在生命医学领域具有广泛的应用前景。国际上很多同位素地球化学家已经进行了大胆尝试，初步研究结果令人兴奋，不但发现动物甚至人体不同组织、器官具有完全不同的 Fe、Cu、Zn、Hg、Ca 等金属同位素组成，而且发现食物摄取、新陈代谢、肌体病变等过程都会导致明显的金属同位素分馏或变化，预示了金属同位素在这个全新的研究领域具有巨大的研究和应用潜力，会很快发展成为一个新的国际研究热点。同时，作为与环境、生态系统完全不同的有机过程，生命医学领域中新陈代谢等过程金属同位素分馏及其控制因素研究，也会大大拓展对稳定同位素分馏机理的认知，有助于系统推进同位素地球化学理论发展。

（7）同位素分馏理论。除建立和完善金属稳定同位素在平衡反应过程中不同相态转化、不同条件下的质量分馏机制外，开展广泛存在的动力学分馏过程的质量分馏机理研究，将会带来稳定同位素地球化学领域里程碑式的飞跃。而近几年发现或验证的金属，特别是 Hg 同位素的非质量分馏效应（MIF），更急需在分馏理论方面给出合理的解释和证据。奇数同位素 MIF 方面，核体积效应已经可以初步通过计算进行量化，但因其只能产生很小的 $D^{199}Hg$ 或 $D^{201}Hg$，无法解释自然样品中检测到的巨大的奇数异常，核磁效应（主要发生在动力学过程）在奇数非质量分馏方面起着主导作用。尽管几十年来取得的系列理论成果如系间窜越理论（inter-system crossing）等可以很好地定性核磁效应，以及初步解释由其导致的奇数 MIF 现象，但至今还无法在量子化学方面给出精确解释，更不能进行定量计算。偶数同位素 MIF 方面，引起奇数同位素异常的核体积或核磁效应不可能产生明显偶数异常，已有报道中，自屏蔽效应和中子捕获最有可能导致自然界中偶数汞同位素 MIF，然而，前者需要在超高汞浓度环境中才可能发生，而后者只能发生在太空，且需要长时间（上百万年）的积累并通过某种特殊途径到达地球，这两种机制究竟能否发生在上大气层中？能否解释当前发现的偶数 MIF？大气样本中发现的两个偶数异常 $D^{200}Hg$ 与 $D^{204}Hg$ 之间的负相关关系如何解释？是否存在其他分馏机制？解决以上提出的每一个难题，都会是稳定同位素地球化学分馏理论方面的一大飞跃。

九、喀斯特地质与生态系统科学

中国西南部的贵州、广西、云南、西藏等省区有大面积的碳酸盐岩出露，形成面积约32万 km² 的喀斯特山区环境，是全球三大连片喀斯特环境之一的东亚片区的中心。在过去十年中，对喀斯特环境的研究在学术思想上有新发展，注意力明确集中在两个目标上：一是着力开展喀斯特环境的地球化学生态学研究，通过较系统地探索喀斯特环境中多种元素的释放、迁移、转化和循环过程，力图揭示喀斯特生态系统的地球化学特征及石漠化发育机理，从而为引导喀斯特生态系统往良性方向发展以及为石漠化环境的修复提供理论基础；二是抓住碳酸盐岩沉积是重要碳库的特点，力图阐明喀斯特环境中碳的地球化学过程对全球碳平衡的影响。

在喀斯特地区，土地利用/覆盖影响着岩石风化。不同植被覆盖条件下的水土流失，表现为地表径流量放牧灌草地>林地+灌草地>火烧地（植被未恢复）>坡耕地>火烧（植被自然恢复）>幼林地，年土壤流失量放牧灌草地>火烧地（植被未恢复）>坡耕地>林地+草地>火烧（植被自然恢复）>幼林地。一方面植被遭到破坏后，会导致水土流失的大量产生，相对非喀斯特地区，土壤流失后较难恢复，从而导致大量的碳随土壤流失，其固碳能力也遭到破坏。另一方面生物在碳循环中占有重要的作用，微生物对碳酸盐岩有不同形式的生物风化作用和生物转化作用。研究发现土壤中的产酸真菌不仅能快速地风化碳酸盐岩，而且能将其中 Ca^{2+} 转化成溶解度更低的草酸钙固定下来；随着全球大气氮沉降持续增加，有些微生物会利用硝酸盐还原作用诱导生成碳酸钙。此外，还发现含钾硅酸盐矿物风化时能提高真菌碳酸酐酶的表达水平，促进 CO_2 转化为碳酸，以加速矿物的风化，消耗大气 CO_2。因此，在岩溶山地水土岩界面微生物固定 CO_2 和形成碳酸盐颗粒的潜力十分巨大。在植被覆盖较好的区域，其水体中有较高含量的碳酸盐岩风化产物，这是由于生物驱动的碳循环加速表现。通过水-岩-土-生界面的碳生物地球化学过程的深入研究，为区域碳固定的调控提供了更多可能的备选措施。

从全球尺度来看，碳酸盐岩风化作用在我国南方湿润的、水热同期的喀斯特地区表现最为强烈，而且我国南方喀斯特地区处于全球三大碳酸盐岩集中连片分布区之一的东南亚片区的中心，具有显著的典型性。因此，新的碳循环模式必然要包括碳酸盐岩流域水-岩-土-气-生完整的碳循环系统理论。构成喀斯特环境的特征岩石是碳酸盐岩，其化学风化要消耗大气温室气体 CO_2，因而与区域和全球碳循环紧密相关，同时也为区域生态系统的运行提供了必要的养分（刘丛强等，2007，2009）。因此，喀斯特环境中岩石风化速率的研究有助于对区域和全球碳循环、区域养分循环规律，以及对区域侵蚀和成土速率过程的理解。刘丛强等（Han and Liu, 2002; Xu and Liu, 2007; Chetelat, Liu, Zhao et al., 2008）通过对中国西南乌江以及西江上游南、北盘江流域及长江流域地表水化学和 Sr 同位素（$^{87}Sr/^{86}Sr$）组成分析，结合质量平衡和化学计量学原理，定量地计算了这些流域的化学风化速率。近年来越来越多的学者发现，除大气 CO_2 溶于水形成碳酸风化岩石或矿物外，硫酸也参与了化学风化，但尚缺少系统研究。刘丛强等（2008）的研究发现，西南喀斯特流域地表河水含有较多的 SO_4^{2-}，依据化学计量学原理，由 SO_4^{2-} 的 $\delta^{34}S$ 和溶解无机碳（DIC）的 $\delta^{13}C$ 分析发现硫循环中形成的硫酸广泛参与了流域碳酸盐矿物的溶解和流域侵蚀。据刘丛强等（2008）报告，中国西南喀斯特区域因硫酸侵蚀碳酸盐岩而向大气释放CO_2的通量可达$4.4×10^6$ t/a，相当于每年西南碳酸盐岩风化消耗CO_2总通量的33%。

目前全球大气CO_2汇的研究主要集中在海洋碳汇及陆地土壤和植被碳汇。Liu等（2010）在理论计算和野外观测数据证明的基础上发现：存在一种由全球水循环产生的、重要的但先前被低估了的大气CO_2汇，它是由碳酸盐溶解、全球水循环和海洋及陆地上的水生植物的光合作用共同（碳酸盐风化）产生的。这个碳汇达到7亿t/a左右，约占全球遗失碳汇的25%、人类活动排放碳总量的9%。Liu等（2011）发现：由碳酸盐风化形成的大气CO_2汇以往被严重低估，只有实际值的1/3左右，为4.77亿t/a，使得碳酸盐风化碳汇占整个岩石风化碳汇的94%，而硅酸盐风化碳汇仅占6%左右，因此可以认为碳酸盐风化碳汇不仅控制了人类社会目前关注的短时间尺度的气候变化，也是自水生光合生物出现以来的地质长时间尺度气候变化的主要控制。这对"只有硅酸盐风化才能形成长久的碳汇并控制地质长时间尺度的气候变化"（Berner, Lasaga, Garrells, 1983）提出了质疑。这些成果提出了有效估算大气CO_2源汇的新方向和新方法，是对大气CO_2浓度变化科学争论的重要贡献。

本章由中国科学院地球化学研究所刘丛强院士和洪业汤研究员负责召集和主写。参加本章编写的人员还有：中国科学院地球化学研究所冯新斌研究员、肖化云研究员、陈玖斌研究员、李社红研究员、王仕禄研究员、洪冰研究员、天津大学傅平青教授、李思亮教授、徐海教授，中国科学院烟台海岩带研究所骆永明研究员，上海大学汪福顺教授，香港理工大学李向东教授，南京大学李高军和吴卫华教授，北京师范大学滕彦国教授等。

主要参考文献

毕海涛. 2008. 地下水污染原位修复的生物可渗透反应墙新型装填介质初探. 长春：吉林大学硕士学位论文

曹茜. 2016. 纳米零价铁与光触媒原位修复水污染作用机制及应用. 北京：中国地质大学（北京）博士学位论文

曹人升. 2017. 同位素示踪法在大气颗粒物重金属污染溯源中的应用进展. 环境污染与防治, 39（2）：212~216

曹心德, 魏晓欣, 代革联等. 2011. 土壤重金属复合污染及其化学钝化修复技术研究进展. 环境工程学报, 5（7）：1441-1453

曹彦圣. 2013. 太湖地区高产高效措施下稻麦轮作体系氮素界面迁移研究. 南京：中国科学院南京土壤博士学位论文

常静. 2007. 城市地表灰尘-降雨径流系统污染物迁移过程与环境效应. 上海：华东师范大学博士学位论文

陈博, 韩龙喜, 张奕. 2016. 矿业活动固体废弃物中重金属溶出迁移规律研究进展. 四川环境, 35（6）：143~149

陈同斌, 韦朝阳, 黄泽春等. 2002. 砷超富集植物蜈蚣草及其对砷的富集特征. 科学通报, 47（3）：207~210

陈同斌, 杨军, 雷梅等. 2016. 湖南石门砷污染农田土壤修复工程. 世界环境, （4）：57~58

陈振楼, 黄荣贵, 万国江. 1992. 红枫湖沉积物-水界面Fe、Mn的分布和迁移特征. 科学通报, 37（21）：1974~1977

陈仲如，张澄博，李洪艺等．2012．可渗透反应墙的结构与设计研究．安全与环境学报，12（4）：56~61

池年平，罗文连，廖熠等．2010．复合生态滤床用于重金属污染地表水体修复．环境科学学报，30（10）：1971~1976

崔井龙，张志红，夏娜等．2016．太原市某城区四季大气PM2.5中重金属污染特征分析．环境科学学报，36（5）：1566~1572

戴树桂，张明顺，庄源益．1990．底泥中氮的主要迁移过程及其转化模型的研究．环境科学学报，10（1）：1~9

党志，刘丛强，尚爱安．2001．矿区土壤中重金属活动性评估方法的研究进展．地球科学进展，16（1）：86~92

邓华平，王光军，耿赓．2010．樟树人工林土壤氮矿化对改变凋落物输入的响应．北京林业大学学报，32（3）：47~51

董王仓，邓盛波，李静．2006．多目标区域地球化学调查评价及其进展．陕西地质，24（1）：89~92

段雷，郝吉明，谢绍东等．2002．用稳态法确定中国土壤的硫沉降和氮沉降临界负荷．环境科学，23（2）：7~12

段艳华，甘义群，郭欣欣等．2014．江汉平原高砷地下水监测场水化学特征及砷富集影响因素分析．地质科技情报，33（2）：140~147

范明毅，杨皓，黄先飞等．2016．典型山区燃煤型电厂周边土壤重金属形态特征及污染评价．中国环境科学，36（8）：2425~2436

方运霆，莫江明，周国逸等．2004．南亚热带森林土壤有效氮含量及其对模拟氮沉降增加的初期响应．生态学报，24（11）：2353~2359

冯新斌．2015．乌江流域水库汞的生物地球化学过程及环境效应．北京：科学出版社

冯新斌，尹润生，俞奔等．2015．汞同位素地球化学概述．地学前缘，22（5）：124~135

冯艳红．2017．黔西北炼锌矿区土壤重金属形态分析及风险评价．生态与农村环境学报，33（2）：142~149

傅伯杰，牛栋，赵士洞．2005．全球变化与陆地生态系统研究：回顾与展望．地球科学进展，20（5）：556~560

高存荣，刘文波，冯翠娥等．2014．干旱、半干旱地区高砷地下水形成机理研究：以中国内蒙古河套平原为例．地学前缘，21（4）：13~29

高拯民．1980．土壤-植物系统的污染防治及净化功能．土壤通报，51（1）：3~5

郭华明，郭琦，贾永锋等．2013．中国不同区域高砷地下水化学特征及形成过程．地球科学与环境学报，35（3）：83~96

郭华明，倪萍，贾永锋等．2014．原生高砷地下水的类型、化学特征及成因．地学前缘，21（4）：1~12

韩双宝，张福存，张徽等．2010．中国北方高砷地下水分布特征及成因分析．中国地质，37（3）：747~753

郝汉舟，陈同斌，靳孟贵等．2011．重金属污染土壤稳定/固化修复技术研究进展．应用生态学报，22（3）：816~824

何卫平，梅金华，李剑．2016．湘南柿竹园矿区尾矿库尾矿重金属含量特征及环境影响浅析．国土资源导刊，13（3）：22~26

贺亚雪，代朝猛，苏益明等．2016．地下水重金属污染修复技术研究进展．水处理技术，42（2）：1~5

赫钦逊G E等．1974．生物圈．北京：科学出版社

洪继华和章申．1988．广东南部地理景观中土壤重金属垂直分异及其地球化学分层性．地理研究，7（4）：21~31

洪业汤．1985．环境地球化学研究进展．矿物岩石地球化学通讯，4（3）：114~115

洪业汤. 1993. 生物圈地球化学. 见：程裕淇等主编. 中国大百科全书·地质学. 北京：中国大百科全书出版社，474~475

洪业汤，曾永平，冯新斌等. 2012. 环境地球化学研究进展（2000—2010年）简述. 矿物岩石地球化学通报，31（4）：291~311

侯建军和黄邦钦. 2005. 海洋蓝细菌生物固氮的研究进展. 地球科学进展，20（3）：312~319

胡朝晖，张干，丘耀文等. 2010. 我国渔港沉积物的重金属污染及潜在生态风险评价. 地球化学，39（4）：97~304

胡鹏杰，李柱，钟道旭等. 2014. 我国土壤重金属污染植物吸取修复研究进展. 植物生理学报，50（5）：577~584

胡瑞忠，彭建堂，马东升等. 2007. 扬子地块西南缘大面积低温成矿时代. 矿床地质，26（6）：583~596

胡月. 2015. 多硫化钙修复地下水铬污染研究. 长春：吉林大学硕士学位论文

胡振琪，高永光，高爱林等. 2005. 矿区生态环境的修复与管理. 环境经济，（5）：12~15+17

黄铭洪和骆永明. 2003. 矿区土地修复与生态恢复. 土壤学报，40（2）：161~169

黄永杰，刘登义，王友保等. 2006. 八种水生植物对重金属富集能力的比较研究. 生态学杂志，25（5）：541~545

贾永锋和郭华明. 2013. 高砷地下水研究的热点及发展趋势. 地球科学进展，28（1）：51~61

江林. 2015. 可渗透反应墙渗透性能变化分析与数值模拟及防治措施的研究. 芜湖：安徽工程大学硕士学位论文

金相灿和屠清瑛. 1990. 湖泊富营养化调查规范. 北京：中国环境科学出版社

金相灿，刘鸿亮，屠清瑛等. 1990. 中国湖泊富营养化. 北京：中国环境科学出版社

金阳，姜月华，周权平等. 2016. 丹阳市吕城地区土壤重金属污染及其风险评价. 环境科学与技术，39（S1）：366~370

井柳新和程丽. 2010. 地下水污染原位修复技术研究进展. 水处理技术，36（7）：6~9

李峰和张丽娟. 2016. 豫中平原煤矿区土壤重金属污染及其潜在生态风险评价. 河南科学，34（11）：1910~1916

李家熙，张光弟，葛晓立等. 2000. 人体硒缺乏与过剩的地球化学环境特征及其预测. 北京：地质出版社

李沁华，刘辉利，白艳萍等. 2017. 广西环江尾矿重金属形态及其潜在迁移能力分析. 工业安全与环保，43（1）：33~36

李晓林，岳伟生，刘江峰等. 2006. 应用同步辐射微束X射线荧光光谱法研究单个大气$PM_{2.5}$颗粒物的源特征. 岩矿测试，25（3）：206~210

李雅，张增强，沈锋等. 2014. 堆肥+零价铁可渗透反应墙修复黄土高原地下水中铬铅复合污染. 环境工程学报，8（1）：110~115

李志超和冀致敏. 1987. 第二松花江渔民发汞动态观察及其发血汞相互关系. 环境科学，8（5）：38~40

梁贺升和陈少瑾. 2016. 莲花山尾矿及周边环境中重金属的分析. 广东化工，43（23）：32~33

林玉环，康德梦，刘静宜. 1983. 蓟运河底泥中汞的形态分布. 环境化学，2（6）：12~21

林玉环，康德梦，刘静宜. 1984. 蓟运河下游底质中汞的迁移变化. 环境科学，5（4）：11~16

刘丛强等. 2007. 生物地球化学过程与地表物质循环——西南喀斯特流域侵蚀与生源要素循环. 北京：科学出版社

刘丛强，蒋颖魁，陶发祥等. 2008. 西南喀斯特流域碳酸盐岩的硫酸侵蚀与碳循环. 地球化学，37（4）：404~414

刘丛强等. 2009. 生物地球化学过程与地表物质循环——西南喀斯特土壤-植被系统生源要素循环. 北京：科学出版社

刘丛强，汪福顺，王雨春等. 2009. 河流筑坝拦截的水环境响应——来自地球化学的视角. 长江流域资源

与环境, 18 (4): 381~396

刘东生, 刘嘉麒, 吕厚远. 1998. 玛珥湖高分辨率古环境研究的新进展. 第四纪研究, 10 (4): 289~296

刘广深, 徐文斌, 洪业汤等. 2002. 土壤 N_2O 释放通量季节变化的主要环境驱动因素研究. 矿物学报, 22 (3): 229~234

刘嘉麒, Negendank J F W, 王文远等. 2000. 中国玛珥湖的时空分布与地质特征. 第四纪研究, 20 (1): 78~86

刘敬勇, 常向阳, 涂湘林. 2006. 矿山开发过程中重金属污染研究综述. 矿产与地质, 20 (6): 645~650

刘坤, 李光德, 张中文等. 2008. 城市道路土壤重金属污染及潜在生态危害评价. 环境科学与技术, 31 (2): 124~127

刘培棣. 1993. 硒资源及其综合开发利用. 北京: 中国科学技术出版社

刘文菊, 朱永官, 胡莹等. 2008. 来源于土壤和灌溉水的砷在水稻根表及其体内的富集特性. 环境科学, 29 (4): 862~868

刘永懋等. 1998. 中国松花江甲基汞污染防治与标准研究. 北京: 科学出版社

卢升高和白世强. 2008. 杭州城区土壤的磁性与磁性矿物学及其环境意义. 地球物理学报, 51 (3): 762~769

鲁安怀. 2005. 矿物法——环境污染治理的第四类方法. 地学前缘, 12 (1): 196~205

罗小三, 俞慎, 王毅杰等. 2011. 城市公园土壤中重金属的生物可给性及人体健康风险评价. 上海: 第六届全国环境化学大会

骆永明. 2008. 土壤环境的生物地球化学过程、质量演变和风险管理研究展望. 土壤学报, 45 (5): 846~851

骆永明. 2009. 污染土壤修复技术研究现状与趋势. 化学进展, 21 (z1): 558~565

骆永明. 2011. 中国污染场地修复的研究进展、问题与展望. 环境监测管理与技术, 23 (3): 1~6

骆永明, 吴龙华, 胡鹏杰等. 2015. 锌镉污染土壤的超积累植物修复研究. 北京: 科学出版社

马静, 徐华, 蔡祖聪等. 2010. 秸秆条带状覆盖对稻田 CH_4 和 N_2O 排放的影响. 土壤学报, 47 (1): 84~89

马琳. 2010. 砷污染地下水修复的渗透反应墙材料筛选及除砷机理研究. 武汉: 华中农业大学硕士学位论文

美国国家航空和宇航管理局地球系统科学委员会. 1992. 地球系统科学. 陈泮勤, 马振华, 王庚辰译. 北京: 地震出版社

莫瑞斯. 1973. 英格兰和威尔士一些市镇饮水的硬度和心血管病死亡率的关系. 见: 环境地质与健康, 第一号. 北京: 科学出版社

倪师军, 李珊, 李泽琴等. 2008. 矿山酸性废水的环境影响及防治研究进展. 地球科学进展, 23 (5): 501~508

欧阳学军, 周国逸, 黄忠良等. 2005. 土壤酸化对温室气体排放影响的培育实验研究. 中国环境科学, 25 (4): 465~470

潘义宏, 王宏镔, 谷兆萍等. 2010. 大型水生植物对重金属的富集与转移. 生态学报, 30 (23): 6430~6441

彭安和贾金平. 1987. 蓟运河水中甲基汞形态分布研究. 环境科学学报, 7 (4): 395~402

彭安和王子健等. 1995. 硒的环境生物无机化学. 北京: 中国环境科学出版社

彭景. 2008. 成都市大气重金属污染特征及环境危害性评价的探讨. 成都: 成都理工大学硕士学位论文

彭明生和胥焕岩. 2005. 同步辐射 X 射线吸收光谱在环境矿物学中的应用. 矿物岩石地球化学通报, 24 (3): 217~221

秦伯强, 高光, 朱广伟等. 2013. 湖泊富营养化及其生态系统响应. 科学通报, 58 (10): 855~864

秦伯强, 许海, 董百丽等. 2013. 富营养化湖泊治理的理论与实践. 北京: 高等教育出版社

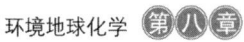

沈培友，徐晓燕，马毅杰．2004．粘土矿物在环境修复中的研究进展．中国矿业，13（1）：47~50

沈前．2015．铅锌矿多重金属污染地下水的原位渗透反应墙修复技术研究与示范．武汉：华中农业大学硕士学位论文

沈欣，朱奇宏，朱捍华等．2015．农艺调控措施对水稻镉积累的影响及其机理研究．农业环境科学学报，34（8）：1449~1454

施尧，曹心德，魏晓欣等．2011．含磷材料钝化修复重金属 Pb、Cu、Zn 复合污染土壤．上海交通大学学报（农业科学版），29（3）：62~68

史贵涛，陈振楼，许世远等．2007．上海城市公园土壤及灰尘中重金属污染特征．环境科学，28（2）：238~242

史开举．2016．毕节铅、锌矿区重金属污染及优势植物累积特性分析——以毕节妈姑和金钟铅、锌矿区为例．贵州工程应用技术学院学报，34（5）：151~160

宋成祖．1989．鄂西南渔塘坝沉积性硒矿化区概况．矿床地质，8（3）：83~88

孙殿军，魏红联，申红梅等．2003．我国地方病防治五十年．中华预防医学会纪念卫生防疫体系建立 50 周年暨公共卫生建设研讨会论文集

汤艳杰，贾建业，谢先德．2002．铁锰氧化物在污染土壤修复中的作用．地球科学进展，17（4）：557~564

唐得昊，刘兴健，邹欣庆．2014．海湾表层沉积物重金属污染与潜在生态危害评价——以深圳湾为例．环境化学，33（8）：1294~1300

滕彦国，倪师军，林学钰等．2005．城市环境地球化学研究综述．地质论评，51（1）：64~76

田贺忠，郝吉明，陆永琪等．2001．中国氮氧化物排放清单及分布特征．中国环境科学，21（6）：493~497

土壤环境容量研究组．1986．土壤环境容量研究．环境科学，7（5）：34~44

万国江．1996．环境地球化学．见：欧阳自远．地球化学：历史、现状和发展趋势．北京：原子能出版社

万国江．2010．回眸环境质量地球化学前期研究—纪念涂光炽先生九十华诞．地学前缘，17（2）：404~416

万国江，黄荣贵，王长生等．1990．红枫湖沉积物 ^{210}Pbex 垂直剖面的变异．科学通报，35（8）：612~615

万国江，林文祝，黄荣贵等．1990．红枫湖沉积物 ^{137}Cs 垂直剖面的计年特征及侵蚀示踪．科学通报，35（19）：1487~1490

汪强，徐建平．2014．可渗透反应墙墙体内流速及流态数值模拟．安徽工程大学学报，29（3）：12~16

汪青，刘敏，侯立军．2010．崇明东滩湿地 CO_2、CH_4 和 N_2O 排放的时空差异．地理研究，29（5）：835~946

王德宣，宋长春，王跃思等．2005．若尔盖高原沼泽湿地氧化亚氮排放通量研究．生态科学，24（3）：193~196

王东启，陈振楼，王军等．2006．夏季长江河口潮间带反硝化作用和 N_2O 的排放与吸收．地球化学，35（3）：271~279

王光军，田大伦，朱凡等．2009．湖南省 4 种森林群落土壤氮的矿化作用．生态学报，29（3）：1607~1615

王鸿发和李均权．1996．湖北恩施双河硒矿床地质特征．湖北地质，10（2）：10~21

王建旭，冯新斌，商立海等．2010．添加硫代硫酸铵对植物修复汞污染土壤的影响．生态学杂志，29（10）：1998~2002

王静雅，李泽琴，程温莹等．2004．湖相沉积物中重金属环境污染研究进展．地球科学进展，19（S1）：434~438

王起超，王书海，王稔华．1984．第二松花江水中不同形态汞迁移规律的研究，第二松花江汞污染规律和

恢复途径的研究专题报告. 中国科学院长春地理研究所. 79~88

王起超, 王稔华, 王书海. 1985. 第二松花江沉积物中汞的形态分布. 环境污染与防治, 1: 12~16

王仕禄, 万国江, 刘丛强等. 2003. 云贵高原湖泊 CO_2 的地球化学变化及其大气 CO_2 源汇效应. 第四纪研究, 23 (5): 581

王苏民和窦鸿身. 1998. 中国湖泊志. 北京: 科学出版社

王苏民和张振克. 1999. 中国湖泊沉积与环境演变研究的新进展, 科学通报, 44 (6): 579~587

王卫华. 2016. 毛坪铅锌矿区农耕地土壤重金属空间分布、污染与生态评估. 排灌机械工程学报, 34 (11): 979~989

王文兴, 卢筱凤, 庞燕波等. 1997. 中国氨的排放强度地理分布. 环境科学学报, 17 (1): 2~7

王兴润, 翟亚丽, 舒新前等. 2013. 修复铬污染地下水的可渗透反应墙介质筛选. 环境工程学报, 7 (7): 2523~2528

王亚平, 鲍征宇, 王苏明. 1998. 矿山固体废物的环境地球化学研究进展. 矿产综合利用, 3: 30~34

王焰新. 1997. 环境地球化学研究进展评述——第四届国际环境地球化学学术讨论会简要回顾. 地质科技情报, 16 (4): 75~77

王焰新, 苏春利, 谢先军等. 2010. 大同盆地地下水砷异常及其成因研究. 中国地质, 37 (3): 771~780

王毅勇, 郑循华, 宋长春等. 2006. 三江平原湿地 CH_4、N_2O 的地–气交换特征. 地理研究, 25 (3): 457~467

王雨春. 2001. 贵州红枫湖、百花湖沉积物–水界面营养元素（磷、氮、碳）的生物地球化学作用. 贵阳: 中国科学院地球化学研究所博士学位论文

王雨春, 黄荣贵, 万国江. 1998. SWB-1 型便携式湖泊沉积物–界面水取样器的研制. 地质地球化学, 1: 94~96

魏复盛, 陈静生, 吴燕玉等. 1991. 中国环境背景值研究. 环境科学, 12 (4): 12~19

魏晓飞, 张国平, 李玲等. 2012. 黔西南煤燃烧产物微量元素分布特征及富集规律研究. 环境科学, 33 (5): 1457~1462

吴大付, 吴艳兵, 任秀娟等. 2010. 我国重金属污染土壤的利用研究. 资源开发与市场, 26 (1): 63~65

吴丰昌, 万国江, 蔡玉容. 1996. 沉积物–水界面的生物地球化学作用. 地球科学进展, 11 (2): 191~197

吴丰昌, 万国江, 黄荣贵. 1996. 湖泊沉积物—水界面营养元素的生物地球化学作用和环境效应 I. 界面氮循环及其环境效应. 矿物学报, 16 (4): 403~409

吴丰昌, 孟伟, 宋永会等. 2008. 中国湖泊水环境基准的研究进展, 环境科学学报, 28 (12): 2385~2393

武永锋, 刘丛强, 涂成龙. 2008. 贵阳城市土壤重金属元素形态分析. 矿物学报, 28 (2): 177~180

肖桂义. 2005. 城市环境地球化学研究现状、问题和对策. 长春: 吉林大学博士学位论文

肖化云. 2002. 季节性缺氧湖泊氮的生物地球化学循环. 贵阳: 中国科学院地球化学研究所博士学位论文

肖惠萍, 涂琴韵, 吴龙华等. 2017. 几种典型土壤对电动修复镉污染效果的影响. 环境工程学报, 11 (2): 1205~1210

谢平. 2008. 太湖蓝藻的历史发展与水华灾害. 北京: 科学出版社

谢树成, 罗根明, 宋金明等. 2012. 2001–2010 年生物地球化学研究进展与展望. 矿物岩石地球化学通报, 31 (5): 447~469

谢祖彬, 刘琦, 许燕萍等. 2011. 生物炭研究进展及其研究方向. 土壤, 43 (6): 857~861

徐华, 邢光熹, 蔡祖聪等. 2000. 土壤水分状况和质地对稻田 N_2O 排放的影响. 土壤学报, 37 (4): 499~505

晏维金, 章申, 王嘉慧. 2001. 长江流域氮的生物地球化学循环及其对输送无机氮的影响——1968–1997

年的时间变化分析．地理学报，56（5）：505~514

杨林生，李海蓉，王五一等．2003．西藏大骨节病流行的动态变化与土地利用方式研究．中国地方病防治杂志，18（5）：284~286

杨龙元，Wayn S G. 1998．休伦湖 Saginaw 湾沉积物反硝化率的测定及其时空测定．湖泊科学，10（3）：32~38

杨美兰，林钦，王增焕等．2004．大亚湾海洋生物体重金属含量与变化趋势分析．海洋环境科学，23（1）：41~43

杨素珍．2008．内蒙古河套平原原生高砷地下水的分布与形成机理研究．北京：中国地质大学（北京）博士学位论文

尹斌，曹志洪．2006．氮素在水-土-气界面的交换及其对水环境的影响．北京：科学出版社，43~74

余孝颖，吕锋洲，郑宝山等．1996．内蒙古砷中毒和台湾乌脚病病区井水中腐植酸性质的比较．中华预防医学杂志，30（4）：196~198

袁自强，吴德殊，黄荣贵等．1993．湖泊沉积物-水界面系列采样装置的研制．环境科学，14（1）：70~74

曾垂荣．1987．城市环境地球化学基本特征与人体健康．西南科技大学学报，（4）：17~26

曾婧滢，秦迪岚，毕军平等．2014．天然矿物组合材料渗透反应墙修复地下水镉污染．环境工程学报，8（6）：2435~2442

张甘霖，朱永官，傅伯杰．2003．城市土壤质量演变及其生态环境效应．生态学报，23（3）：539~546

张秀芝，马忠社，王三民．2006．城市环境地球化学调查研究方法综述．环境科学与技术，29（8）：106~109

章明奎，王美青．2003．杭州市城市土壤重金属的潜在可淋洗性研究．土壤学报，40（6）：915~920

赵朕，罗小三，索晨等．2017．大气 PM2.5 中重金属研究进展．环境与健康杂志，（3）：273~277

郑宝山，洪业汤，赵伟等．1992．鄂西的富硒碳质硅质岩与地方性硒中毒．科学通报，37（11）：1027~1029

郑宝山，肖唐付，李社红等．2009．医学地质学——自然环境对公共健康的影响．北京：科学出版社

郑循华，王明星，王跃思等．1996．稻麦轮作生态系统中土壤湿度对 N_2O 产生与排放的影响．应用生态学报，7（3）：273~279

郑循华，王明星，王跃思等．1997．华东稻麦轮作生态系统的 N_2O 排放研究．应用生态学报，8（5）：49~499

中国科学院地理研究所化学地理室环境与地方病组．1982．克山病与自然环境和硒营养背景．营养学报，4（3）：175~182

种云霄，胡洪营，钱易．2003．大型水生植物在水污染治理中的应用研究进展．环境污染治理技术与设备，4（2）：36~40

朱建明，郑宝山，苏宏灿等．2001．恩施渔塘坝自然硒的发现及其初步研究．地球化学，30（3）：236~241

朱立新，马生明，王之峰．2004．城市环境地球化学研究新进展．物探与化探，28（2）：95~98

朱奇宏，黄道友．2012．中国科学院亚热带农业生态所重金属超标土壤的农业安全利用关键技术研究与应用取得重要成果．农业现代化研究，33（1）：12

朱永官．2003．土壤-植物系统中的微界面过程及其生态环境效应．环境科学学报，23（2）：205~211

朱兆良．1999．施肥与农业和环境．科学中国人，6：2.

朱兆良和 Jr S. 1989．石灰性稻田土壤上化肥氮损失的研究．土壤学报，26（4）：337~343

邹合萍．2015．乳化油原位去除地下水六价铬模拟实验研究．北京：中国地质大学（北京）硕士学位论文

Adamiec E, Jarosz-Krzemińska E, Wieszała R. 2016. Heavy metals from non-exhaust vehicle emissions in urban and motorway road dusts. *Environmental Monitoring and Assessment*, 188: 369

Berner R, Lasaga A, Garrells R. 1983. The carbonate-silicate geochemical cycle and its effect on atmospheric carbon dioxide over the past 100 million years. *American Journal of Science*, 283: 641~683

Blazina T, Sun Y, Voegelin A et al. 2014. Terrestrial selenium distribution in China is potentially linked to monsoonal climate. *Nature Communications*, 5: 4717~4723

Brenninkmeijer C A M, Van Geel B, Mook W G. 1982. Variations in the D/H and $^{18}O/^{16}O$ ratios in cellulose extracted from peat bog cove. *Earth and Planetary Science Letters*, 61: 283~290

Cannon H I, Hopps H C. 1971. Environmental Geochemistry in Health and Disease. Memoir 123, *Geological Society of America*

Cao X D, Ma L, Liang Y et al. 2011. Simultaneous immobilization of lead and atrazine in contaminated soils using dairy-manure biochar. *Environmental Science & Technology*, 45 (11): 4884~4889

Cappuyns V, Swennen R. 2008. The application of pH stat, leaching tests to assess the pH-dependent release of trace metals from soils, sediments and waste materials. *Journal of Hazardous Materials*, 158 (1): 185~195

Carrie J D. 2010. Organic carbon, mercury and climate change: Towards a better understanding of biotic contamination in the Canadian Arctic. Canada: Thesis of University of Manitoba

Chambers L G, Chin Y P, Filippelli G M et al. 2016. Developing the scientific framework for urban geochemistry. *Applied Geochemistry*, 67: 1~20

Chen J A, Li J, Tian S H et al. 2012. Silicon isotope composition of diatoms as a paleoenvironmental proxy in Lake Huguangyan, South China. *Journal of Asian Earth Sciences*, 45: 268~274

Chen M Q, Wu F J. 2013. Mechanisms and remediation technologies of sulfate removal from acid mine drainage. *Advanced Materials Research*, 610~613: 3252~3256

Chen T B, Zheng Y M, Lei M et al. 2005. Assessment of heavy metal pollution in surface soils of urban parks in Beijing, China. *Chemosphere*, 60: 542~551

Cheng H F and Hu Y N. 2010. Lead (Pb) isotopic fingerprinting and its applications in lead pollution studies in China: a review. *Environmental Pollution*, 158 (5): 1134~1146

Cheng H X, Li M, Zhao C D et al. 2014. Overview of trace metals in the urban soil of 31 metropolises in China. *Journal of Geochemical Exploration*, 139: 31~52

Cheng S. 2003. Heavy metal pollution in China: Origin, pattern and control. *Environmental Science and Pollution Research*, 10 (3): 192~198

Chetelat B, Liu C Q, Zhao Z Q et al. 2008. Geochemistry of the dissolved load of the Changjiang Basin Rivers: Anthropogenic impacts and chemical weathering, evidences from major elements, Sr and B isotopes. *Geochimica et Cosmochimica Acta*, 72: 4254~4277

Ci Z, Zhang X, Wang Z et al. 2011. Atmospheric gaseous elemental mercury (GEM) over a coastal/rural site downwind of East China: Temporal variation and long-range transport. *Atmospheric Environment*, 45: 2480~2487

Dai S, Zeng R, Sun Y. 2006. Enrichment of arsenic, antimony, mercury, and thallium in a Late Permian anthracite from Xingren, Guizhou, Southwest China. *International Journal of Coal Geology*, 66: 217~226

Dai S F, Ren D Y, Chou C L et al. 2012. Geochemistry of trace elements in Chinese coals: A review of abundances, genetic types, impacts on human health, and industrial utilization. *International Journal of Coal Geology*, 94: 3~21

Davison W, Zhang H. 2012. Progress in understanding the use of diffusive gradients in thin films (DGT) - back to basics. *Environmental Chemistry*, 9: 1~13

Ding S, Jia F, Xu D et al. 2011. High-Resolution, Two-Dimensional Measurement of Dissolved Reactive

Phosphorus in Sediments Using the Diffusive Gradients in Thin Films Technique in Combination with a Routine Procedure. *Environmental Science & Technology*, 45 (22): 9680~9686

Dong H L and Lu A H. 2012. Mineral-microbe interactions and implications for remediation. *Elements*, 8 (2): 95~100

Ensign S H and Doyle M W. 2006. Nutrient spiraling in streams and river networks. *Journal of Geophysical Research*, 111 (G04009), doi: 10.1029/2005JG000114

Fearnside P M. 2002. Greenhouse gas emissions from a hydroelectric reservoir (Brazil's Tucuruí Dam) and the energy policy implications. *Water, Air, and Soil Pollution*, 133: 69~96

Fearnside P M. 2004. Greenhouse gas emission from hydroelectric dams: controversies provide a springboard for rethinking a supposedly 'clean' energy source. *Climatic Change*, 66: 1~8

Feng X, Li P, Qiu G et al. 2008. Human exposure to methylmercury through rice intake in Wanshan mercury mining areas, Guizhou Province, China. *Environmental Science & Technology*, 42: 326~332

Fu X W, Zhang H, Yu B et al. 2015. Observations of atmospheric mercury in China: a critical review. *Atmospheric Chemistry Physics*, 15: 9455~9476

Guérin F, Abril G, Richard S et al. 2006. Methane and carbon dioxide emissions from tropical reservoirs: Significance of downstream rivers. *Geophysical Research Letters*, 33 (L21407), doi: 10.1029/2006GL027929

Guo L C and Zeng E Y. 2010. Broadening the Global Reach of the United States Environmental Protection Agency (USEPA) is Vital to Combating Globalized Environmental Problems. *Environmental Science & Technology*, 44 (18): 6911~6913

Gustafsson Ö, Kruså M, Zencak Z et al. 2009. Brown clouds over South Asia: Biomass or fossil fuel combustion? *Science*, 323: 495~498

Han G L and Liu C Q. 2004. Water geochemistry controlled by carbonate dissolution: a study of the riverwaters draining karst dominated terrain, Guizhou Province, China. *Chemical Geology*, 204: 1~21

He M and Yang J. 1999. Effects of different forms of antimony on rice during the period of germination and growth and antimony concentration in rice tissue. *Science of the Total Environment*, 243/244: 149~155

Hong B, Hong Y T, Lin Q H. 2006. Interconnections between the Asian Monsoon, ENSO, and northern latitude climate during the Holocene. *Chinese Science Bulletin*, 51 (18): 2169~2177

Hong B, Liu C Q, Lin Q H et al. 2009. Temperature evolution from the δ^{18}O record of Hani peat, Northeast China, in the last 14000 years. *Science in China* (D), 52 (7): 952~964

Hong B, Hong Y T, Lin Q H et al. 2010. Anti-phase oscillation of Asian monsoons during the younger Dryas period: Evidence from peat cellulose δ^{13}C of Hani, Northeast China. *Palaeogeography, Palaeoclimatology, Palaeoecology*, 297: 214~222

Hong B, Hong Y T, Uchida M et al. 2014. Abrupt variations of Indian and East Asian summer monsoons during the last deglacialstadial and interstadial. *Quaternary Science Reviews*, 97: 58~70

Hong B, Gasse F, Uchida M et al. 2014. Increasing summer rainfall in arid eastern – Central Asia over the past 8500 years. *Scientific Reports*, 4 (5279), doi: 10.1038/srep05279

Hong Y T, Jiang H B, Liu T S et al. 2000. Response of climate to solar forcing recorded in a 6000-year δ^{18}O time series of Chinese peat cellulose. *The Holocene*, 10: 1~7

Hong Y T, Hong B, Lin Q H et al. 2003. Correlation between Indian Ocean summer monsoon and North Atlantic climate during the Holocene. *Earth and Planetary Science Letters*, 211: 369~378

Hong Y T, Hong B, Lin Q H et al. 2005. Inverse phase oscillations between the East Asian and Indian Ocean summer monsoons during the last 12000 years and paleo-El Niño. *Earth and Planetary Science Letters*, 231 (3-4): 337~346

Hong Y T, Hong B, Lin Q H et al. 2009. Synchronous climate anomalies in the western North Pacific and North Atlantic regions during the last 14000 years. *Quaternary Science Reviews*, 28: 840~849

Hou J, Huang Y, Oswald W W et al. 2007. Centennial-scale compound-specific hydrogen isotope record of Pleistocene - Holocene climate transition from southern New England. *Geophysical Research Letters*, 34 (L19706), doi: 10.1029/2007GL030303

Huang Q, Chen J, Huang W et al. 2016. Isotopic composition for source identification of mercury in atmospheric fine particles. *Atmospheric Chemistry & Physics*, 16 (18): 11773~11786

Huang R J, Zhang Y, Bozzetti C et al. 2014. High secondary aerosol contribution to particulate pollution during haze events in China. *Nature*, 514: 218~222

Humborg C, Ittekkot V, Cociasu A et al. 1997. Effect of danube river dam on black sea biogeochemistry and ecosystem structure. *Nature*, 386 (6623): 385~388

Ittekkot V, Schäfer P. 2000. Hydrological Alterations and Marine Biogeochemistry: A Silicate Issue? *Bio Science*, 50 (9): 776~782.

Jaward F M, Zhang G, Nam J J et al. 2005. Passive air sampling of polychlorinated biphenyls, organochlorine compounds, and polybrominated diphenyl ethers across Asia. *Environmental Science & Technology*, 39 (22): 8638~8645

Jia Y L, Xiao T F, Zhou G Z et al. 2013. Thallium at the interface of soil and green cabbage (*Brassica oleracea L. var. capitata L.*): Soil - plant transfer and influencing factors. *Science of the Total Environment*, 450~451: 140~147

Jin L, Luo X S, Fu P Q et al. 2016. Airborne particulate matter pollution in urban China: A chemical mixture perspective from sources to impacts. *National Science Review*, 4 (4): 593~610

Jin Z D, Bickle M J, Chapman H J et al. 2011. Ostracod Mg/Sr/Ca and $^{87}Sr/^{86}Sr$ geochemistry from Tibetan lake sediments: Implications for early to mid-Pleistocene Indian monsoon and catchment weathering. *Boreas*, 40 (2): 320~331

Junk W J, Bayley P B, Sparks R E. 1989. The flood pulse concept in river-floodplain systems. In: Dodge D P (Ed). Proceedings of the International Large River Symposium. *Canadian Special Publication of Fisheries and Aquatic Sciences*, 106: 110~127

Kawamura K. 1993. Identification of C2-C10. omega.-oxocarboxylic acids, pyruvic acid, and C2-C3. alpha.-dicarbonyls in wet precipitation and aerosol samples by capillary GC and GC/MS. *Analytical Chemistry*, 65 (23): 3505~3511

Kelly J, Thornton I, Simpson P R. 1996. Urban geochemistry: a study of the influence of anthropogenic activity on the heavy metal content of soils in traditionally industrial and non-industrial areas of Britain. *Applied Geochemistry*, 11 (1-2): 363~370

Lang Y C, Liu C Q, Zhao Z Q et al. 2006. Geochemistry of surface and ground water in Guiyang, China: Water/rock interaction and pollution in a karst hydrological system. *Applied Geochemistry*, 21 (6): 887~903

Li S L, Liu C Q, Lang Y C et al. 2008. Stable carbon isotope biogeochemistry and anthropogenic impacts on Karst ground water, Zunyi, Southwest China. *Aquatic Geochemistry*, 14 (3): 211~221

Li W J, Sun J X, Xu L et al. 2016. A conceptual framework for mixing structures in individual aerosol particles. *Journal of Geophysical Research: Atmospheres*, 121 (22): 13784~13798

Li X D, Poon C S, Liu P S. 2001. Heavy metal contamination of urban soils and street dusts in Hong Kong. *Applied Geochemistry*, 16 (11): 1361~1368

Li Z, Ma Z, van der Kuijp T J et al. 2014. A review of soil heavy metal pollution from mines in China: pollution and health risk assessment. *Science of the Total Environment*, 468-469: 843~853

Lin T, Hu Z, Zhang G et al. 2009. Levels and mass burden of DDTs in sediments from fishing harbors: the importance of DDT-containing antifouling paint to the coastal environment of China. *Environmental Science & Technology*, 43 (21): 8033~8038

Liu B, Wu F, Li X et al. 2011. Arsenic, antimony and bismuth in human hair from potentially exposed individuals in the vicinity of antimony mines in Southwest China. *Microchemical Journal*, 97 (1): 20~24

Liu C Q, Li S L, Lang Y C et al. 2006. Using δ^{15}N- and δ^{18}O- values to identify nitrate sources in karst ground water, Guiyang, Southwest China. *Environmental Science & Technology*, 40 (22): 6928~6933

Liu J, Cheng H, Zhao F et al. 2013. Effect of reactive bed mineralogy on arsenic retention and permeability of synthetic arsenic-containing acid mine drainage. *Journal of Colloid and Interface Science*, 394: 530~538

Liu J, Li J, Liu D et al. 2016. Source apportionment and dynamic changes of carbonaceous aerosols during the haze bloom-decay process in China based on radiocarbon and organic molecular tracers. *Atmospheric Chemistry and Physics*, 16 (5): 2985~2996

Liu J, Li J, Vonwiller M et al. 2016. The importance of non-fossil sources in carbonaceous aerosols in a megacity of central China during the 2013 winter haze episode: A source apportionment constrained by radiocarbon and organic tracers. *Atmospheric Environment*, 144: 60~68

Liu J, Wang J, Chen Y H et al. 2016. Thallium transformation and partitioning during Pb-Zn smelting and environmental implications. *Environmental Pollution*, 212: 77~89

Liu S M, Liu Y L, Song J Y et al. 2014. Removal of Cu, Ni, Zn, Cd and Pb in Artificial Acid Mine Drainage by Modified Oxygen Releasing Compounds. *Applied Mechanics and Materials*. Trans Tech Publications, 535: 758~763

Liu W, Liu Z, Fu M et al. 2008. Distribution of the C37 tetra-unsaturated alkenone in Lake Qinghai, China: a potential lake salinity indicator. *Geochimica et Cosmochimica Acta*, 72 (3): 988~997

Liu X, Zhang G, Li J et al. 2007. Polycyclic aromatic hydrocarbons (PAHs) in the air of Chinese cities. *Journal of Environmental Monitoring*, 9 (10): 1092~1098

Liu X, Zhang G, Li J et al. 2009. Seasonal Patterns and Current Sources of DDTs, Chlordanes, Hexachlorobenzene, and Endosulfan in the Atmosphere of 37 Chinese Cities. *Environmental Science & Technology*, 43 (5): 1316~1321

Liu X, Zhang Y, Han W et al. 2013. Enhanced nitrogen deposition over China. *Nature*, 494 (7438): 459~462

Liu X, Li D, Song G. 2017. Assessment of heavy metal levels in surface sediments of estuaries and adjacent coastal areas in China. *Frontiers of Earth Science*, 11 (1): 85~94

Liu Y, Xiao T, Perkins R B et al. 2017. Geogenic cadmium pollution and potential health risks, with emphasis on black shale. *Journal of Geochemical Exploration*, 176: 42~49

Liu Z, Dreybrodt W, Liu H. 2011. Atmospheric CO_2 sink: silicate weathering or carbonate weathering? *Applied Geochemistry*, 26: S292~S294

Liu Z H, Dreybrodt W, Wang H J. 2010. A new direction in effective accounting for the atmospheric CO_2 budget: Considering the combined action of carbonate dissolution, the global water cycle and photosynthetic uptake of DIC by aquatic organisms. *Earth-Science Reviews*, 99: 162~172

Luo H P, Liu G L, Zhang R D et al. 2014. Heavy metal recovery combined with H-2 production from artificial acid mine drainage using the microbial electrolysis cell. *Journal of Hazardous Materials*, 270: 153~159

Luo K L, Xu L R, Tan J A et al. 2004. Selenium source in the selenosis area of the Daba region, South Qinling Mountain, China. *Environmental Geology*, 45 (3): 426~432

Luo X S, Xue Y, Wang Y L et al. 2015. Source identification and apportionment of heavy metals in urban soil profiles. *Chemosphere*, 127: 152~157

Luo X S, Yu S, Li X D. 2011. Distribution, availability, and sources of trace metals in different particle size fractions of urban soils in Hong Kong: Implications for assessing the risk to human health. *Environmental Pollution*, 159: 1317~1326

Luo X S, Yu S, Zhu Y G et al. 2012. Trace metal contamination in urban soils of China. *Science of the Total Environment*, 421: 17~30

Luo X S, Yu S, Li X D. 2012. The mobility, bioavailability, and human bioaccessibility of trace metals in urban soils of Hong Kong. *Applied Geochemistry*, 27 (5): 995~1004

Luo X S, Ding J, Xu B et al. 2012. Incorporating bioaccessibility into human health risk assessments of heavy metals in urban park soils. *Science of the Total Environment*, 424: 88~96

Luo X S, Ip C C M, Li W et al. 2014. Spatial-temporal variations, sources, and transport of airborne inhalable metals (PM10) in urban and rural areas of northern China. *Atmospheric Chemistry & Physics Discussions*, 14 (9): 13133~13165

Ma M, Wang D, Sun R et al. 2013. Gaseous mercury emissions from subtropical forested and open field soils in a national nature reserve, southwest China. *Atmos Environ*, 64: 116~123

Mckinney M A, Pedro S, Dietz R et al. 2015. A review of ecological impacts of global climate change on persistent organic pollutant and mercury pathways and exposures in arctic marine ecosystems. *Current Zoology*, 61 (4): 617~628

Morel J L, Charzyński P, Shaw R K et al. 2015. The seventh SUITMA conference held in Toruń, Poland, September 2013. *Journal of Soils and Sediments*, 15 (8): 1657~1658

Moustakas K, Mavropoulos A, Katsou E et al. 2012. Leaching properties of slag generated by a gasification/vitrification unit: The role of pH, particle size, contact time and cooling method used. *Journal of Hazardous Materials*, 207-208: 44~50

National Oceanic and Atmospheric Administration. 2011. http://www.arctic.noaa.gov/essay_calder.html

Newbold J D, Elwood J W, O'Neill R V et al. 1981. Measuring nutrient spiralling in streams. *Canadian Journal of Fisheries and Aquatic Sciences*, 38 (7): 860~863

Ni H G and Zeng E Y. 2009. Law Enforcement and Global Collaboration are the Keys to Containing E-Waste Tsunami in China. *Environmental Science & Technology*, 43 (11): 3991~3994

Ni H G, Zeng H, Tao S et al. 2010. Environmental and human exposure to persistent halogenated compounds derived from e-waste in China. *Environmental Toxicology & Chemistry*, 29 (6): 1237~1247

Norra S. 2014a. The biosphere in times of global urbanization. *Journal of Geochemical Exploration*, 147: 52~57

Norra S. 2014b. Urban geochemistry news in brief. *Environmental Earth Sciences*, 71: 983~990

Qin H B, Zhu J M, Su H. 2012. Selenium fractions in organic matter from Se-rich soils and weathered stone coal in selenosis areas of China. *Chemosphere*, 86 (6): 626~633

Ren L J, Fu P Q, He Y et al. 2016. Molecular distributions and compound-specific stable carbon isotopic compositions of lipids in wintertime aerosols from Beijing. *Scientific Reports*, 6: 27481

Rosa L P, Dos Santos M A, Matvienko B et al. 2004. Greenhouse gas emissions from hydroelectric reservoirs in tropical regions. *Climatic Change*, 66 (1): 9~21

Shi J B, Ip C C, Zhang G et al. 2010. Mercury profiles in sediments of the Pearl River Estuary and the surrounding coastal area of South China. *Environmental Pollution*, 158: 1974~1979

Simoneit B R T, Sheng G Y, Chen X J et al. 1991. Molecular marker study of extractable organic-matter in aerosols from urban areas of China. *Atmos Environ*, Part A, 25: 2111~2129

Sommar J, Zhu W, Lin C et al. 2013. Field Approaches to Measure Hg Exchange Between Natural Surfaces and the Atmosphere-A Review. *Cri Rev Env Sci Tec*, 43: 1657~1739

Stone R. 2009. Confronting a toxic blowback from the electronics trade. Science, 325 (5944): 1055

Sun G X, Meharg A A, Li G. 2016. Distribution of soil selenium in China is potentially controlled by deposition and volatilization? *Scientific Reports*, 6: 20953~20961

Sundseth K, Pacyna J M, Banel A et al. 2015. Climate change impacts on environmental and human exposure to mercury in the arctic. *International Journal of Environmental Research & Public Health*, 12: 3579~3599

Tan J A and Huang Y J. 1991. Selenium in geo-ecosystem and its relation to endemic diseases in China. *Water Air Soil Pollut*, 57-58 (1): 59~68

Tan J A, Zhu W Y, Wang W Y et al. 2002. Selenium in soil and endemic disease in China. *Sci Total Environ*, 284: 227~235

Tang H, Pu W C, Cai C F et al. 2016. Remediation of Acid Mine Drainage Based on a Novel Coupled Membrane-Free Microbial Fuel Cell with Permeable Reactive Barrier System. *Polish Journal of Environmental Studies*, 25: 107~112

Tang L, Tang X Y, Zhu Y G et al. 2005. Contamination of polycyclic aromatic hydrocarbons (PAHs) in urban soils in Beijing, China. *Environment International*, 31: 822~828

Tessier A, Campbell P G C, Bisson M. 1979. Sequential extraction procedure for the speciation of particulate trace metals. *Analytical Chemistry*, 51: 844~851

Thornton I. 1991. Metal contamination of soils in urban areas. In: Bullock P, Gregory PJ (eds) Soils in the urban environment. British Society of Soil Science. *Blackwell Scientific Publications*, Oxford

Thornton I. 2012. Environmental geochemistry: 40 years research at Imperial College, London, UK. *Applied Geochemistry*, 27: 939~953

Thompson P, Schwarcz H P, Ford D C. 1974. Continental Pleistocene climatic variations from speleothem age and isotopic data. *Science*, 184: 893~895

Tian S K, Lu L L, Yang X E et al. 2010. Spatial imaging and speciation of lead in the accumulator plant Sedum alfredii by microscopically focused synchrotron X-ray investigation. *Environmental Science & Technology*, 44 (15): 5920~5926

Vannote R L, Minshall G W, Cummins K W et al. 1980. The river continuum concept. *Canadian Journal of Fisheries and Aquatic Sciences*, 37: 130~137

Wang F, Cao M, Wang B et al. 2015. Seasonal variation of CO_2, diffusion flux from a large subtropical reservoir in east China. *Atmospheric Environment*, 103 (103): 129~137

Wang F S, Yu Y X, Liu C Q et al. 2010. Dissolved silicate retention and transport in cascade reservoirs in Karst area, Southwest China. *Science of the Total Environment*, 408: 1667~1675

Wang F S, Wang B L, Liu C Q et al. 2014. Changes in nutrient ratios and phytoplankton community structure caused by hydropower development in the Maotiao River, China. *Environmental Geochemistry and Health*, 36: 595~603

Wang G H, Kawamura K, Lee S et al. 2006. Molecular, seasonal, and spatial distributions of organic aerosols from fourteen Chinese cities. *Environ Sci Technol*, 40: 4619~4625

Wang H, Wang W, Yin C et al. 2006. Littoral zones as the "hotspots" of nitrous oxide (N_2O) emission in a hyper-eutrophic lake in China. *Atmos Environ*, 40 (28): 5522~5527

Wang L, Ju Y W, Liu G J et al. 2010. Selenium in Chinese coals: distribution, occurrence, and health impact. *Environ Earth Sci*, 60: 1641~1651

Wang S, Zhang L, Li G et al. 2010. Mercury emission and speciation of coal-fired power plants in China, Atmos. *Chem Phy*, 10: 1183~1192

Wang S, Yeager K M, Lu W. 2016. Carbon isotope fractionation in phytoplankton as a potential proxy for pH rather than for [CO_2 (aq)]: Observations from a carbonate lake. *Limnology & Oceanography*, 61: 1259~1270

Wang S C, Zhao Y, Li S et al. 2016. Improvement of traditional mining tailings storage facilities. *Journal of Residuals Science & Technology*, 13: S11~S14

Wang Y J, Cheng H, Edwards R L et al. 2001. A high-resolution absolute-dated late Pleistocene monsoon record from Hulu Cave, China. *Science*, 294: 2345~2348

Wang Y J, Cheng H, Edwards R L et al. 2008. Millennial and orbital-scale changes in the East Asian monsoon over the past 224, 000 years. *Nature*, 451: 1090~1093

Wang Y M, Wang D Y, Meng B et al. 2012. Spatial and temporal distributions of total and methyl mercury in precipitation in core urban areas, Chongqing, China. *Atmos Chem Phy*, 12: 9417~9426

Wong C S, Li X, Thornton I. 2006. Urban environmental geochemistry of trace metals. *Environmental Pollution*, 142: 1~16

Wu Y, Wang S, Streets D G et al. 2006. Trends in Anthropogenic Mercury Emissions in China from 1995 to 2003. *Environ Sci Technol*, 40: 5312~5318

Xi L, Li H, Xia Y et al. 2016. Comparison of heavy metal concentrations in groundwater in a mangrove wetland and a bald beach in Dongzhaigang National Nature Reserve (DNNR), China. *Environmental Earth Sciences*, 75: 726

Xiao H Y, Xie Z Y, Tang C G et al. 2011. Epilithic moss as a bio-monitor of atmospheric N deposition in South China. *Journal of Geophysical Research-Atmospheres*, 116, D24301, doi: 10.1029/2011JD016229

Xiao T F, Boyle D, Guha J et al. 2003. Groundwater-related thallium transfer processes and their impacts on the ecosystem: southwest Guizhou Province, China. *Applied Geochemistry*, 18 (5): 675~691

Xiao T F, Guha J, Boyle D et al. 2004. Environmental concerns related to high thallium levels in soils and thallium uptake by plants in southwest Guizhou, China. *Science of the Total Environment*, 318 (1-3): 223~244

Xiao T F, Guha J, Liu C Q et al. 2007. Potential health risk in areas of high natural concentrations of thallium and importance of urine screening. *Applied Geochemistry*, 22 (5): 919~929

Xiao T F, Yang F, Li S H et al. 2012. Thallium pollution in China: A geo-environmental perspective. *Science of the Total Environment*, 421: 51~58

Xu H, Hong Y T, Lin Q H et al. 2006. Temperature responses to quasi-100-yr solar variability during the past 6000 years based on $\delta^{18}O$ of peat cellulose in Hongyuan eastern Qinghai-Tibet plateau, China. *Palaeogeography, Palaeoclimatology, Palaeoecology*, 230: 155~164

Xu Z F and Liu C Q. 2007. Chemical weathering in the upper reaches of Xijiang River draining the Yunnan-Guizhou Plateau, Southwest China. *Chem Geol*, 239: 83~95

Yan C, Zheng M, Bosch C et al. 2017. Important fossil source contribution to brown carbon in Beijing during winter. *Sci Rep*, 7: 43182

Yan C L, Hong Y T, Lin P et al. 1999. Effects of rare-earth elements on physiological and biochemical responses of wheat under acid rain stress. *Progress in Natural Science*, 9 (12): 929~933

Yan M, Zeng G M, Li X M et al. 2017. Incentive effect of bentonite and concrete admixtures on stabilization/solidification for heavy metal-polluted sediments of Xiangjiang River. *Environmental Science and Pollution Research*, 24: 892~901

Yang C X, Chen Y H, Peng P et al. 2005. Distribution of natural and anthropogenic thallium in the soils in an industrial pyrite slag disposing area. *Science of the Total Environment*, 341 (1-3): 159~172

Yang G Q, Wang S Z, Zhou R H et al. 1983. Endemic selenium intoxication of humans in China. *Am J Clin Nutr*, 37: 872~881

Yang M, Yu J, Li Z et al. 2008. Taihu Lake not to blame for Wuxi's woes. *Science*, 319 (5860): 158~158

Yin R S, Feng X B, Wang J X et al. 2013. Mercury speciation and mercury isotope fractionation during ore roasting process and their implication to source identification of downstream sediment in the Wanshan mercury mining area, SW China. *Chemical Geology*, 336: 72~79

Yuan C G, Shi J B, He B et al. 2004. Speciation of heavy metals in marine sediments from the East China Sea by ICP-MS with sequential extraction. *Environment International*, 30: 769

Yuan D X, Cheng H, Edwards R L et al. 2004. Timing, duration, and transitions of the last interglacial Asian monsoon. *Science*, 304: 575~578

Yue F J, Liu C Q, Li S L et al. 2014. Analysis of δ^{15}N and δ^{18}O to identify nitrate sources and transformations in Songhua River, Northeast China. *Journal of Hydrology*, 519: 329~339

Zeng Y, Chen J A, Xiao J et al. 2013. Non-residual Sr of the sediments in Daihai Lake as a good indicator of chemical weathering. *Quaternary Research*, 79: 284~291

Zhang B J, Yang L S, Wang W Y et al. 2011. Environmental selenium in the Kaschin-Beck disease area, Tibetan Plateau, China. *Environ Geochem Health*, 33: 495~501

Zhang G, Liu C Q, Liu H et al. 2009. Mobilisation and transport of arsenic and antimony in the adjacent environment of Yata gold mine, Guizhou province, China. *J Environ Monit*, 11 (9): 1570~1578

Zhang G, Liu D, Wu H et al. 2012. Heavy metal contamination in the marine organisms in Yantai coast, northern Yellow Sea of China. *Ecotoxicology*, 21: 1726~1733

Zhang H, Feng X, Larssen T et al. 2010. In Inland China, Rice, rather than Fish is the Major Pathway for Methylmercury Exposure. *Environmental Health Perspectives*, 118: 1183~1189

Zhang H, Feng X B, Zhu J M et al. 2012. Selenium in Soil Inhibits Mercury Uptake and Trans location in Rice (Oryza sativa L.). *Environmental Science & Technology*, 46 (18): 10040~10046

Zhang H, Feng X B, Jiang C X et al. 2014. Understanding the paradox of selenium contamination in mercury mining areas: high soil content and low accumulation in rice. *Environ Pollut*, 188: 27~36

Zhang J B, Cai Z C, Zhu T B et al. 2013. Mechanisms for the retention of inorganic N in acidic forest soils of southern China. *Scientific Reports*, 3: 23~42

Zhang J, Zhang Z F, Liu S M et al. 1999. Human impacts on the large world rivers: Would the Changjiang (Yangtze River) be an illustration? *Global Biogeochemical Cycles*, 13 (4): 1099~1105

Zhang J, Ren D, Zheng C et al. 2002. Trace element abundances in major minerals of Late Permian coals from southwestern Guizhou province, China. *Int J Coal Geol*, 53: 55~64

Zhang M J, Liu X Y, Li Y B et al. 2017. Microbial community and metabolic pathway succession driven by changed nutrient inputs in tailings: effects of different nutrients on tailing remediation. *Scientific Reports*, 7 (1): 474

Zhang M L and Wang H X. 2016. Preparation of immobilized sulfate reducing bacteria (SRB) granules for effective bioremediation of acid mine drainage and bacterial community analysis. *Minerals Engineering*, 92: 63~71

Zhang Y, Sun R, Ma M et al. 2012. Study of inhibition mechanism of NO_3^- on photoreduction of Hg (II) in artificial water. *Chemosphere*, 87 (2): 171~176

Zhang Y L, Li J, Zhang G et al. 2014. Radiocarbon-based source apportionment of carbonaceous aerosols at a regional background site on Hainan Island, South China. *Environ Sci Technol*, 48: 2651~2659

Zheng B, Ding Z, Huang R et al. 1999. Issues of health and disease relating to coal use in southwestern china. *Int J Coal Geol*, 40: 119~132

Zheng B S, Wang B B, Finkelman R B. 2010. Medical Geology in China: Then and Now. In Medical Geology A Regional Synthesis. Editors: Olle Selinus, Robert B. Finkelman, Jose A. Centeno. Springer, 303~327

Zheng S H, Han Y J, Chen L X et al. 2015. Ecological roles of dominant and rare prokaryotes in acid mine drainage revealed by metagenomics and metatranscriptomics. *The ISME Journal*, 9: 1280~1294

Zhou D X, Liu D N. 1985. Chronic thallium poisoning in a rural area of Guizhou Province, China. *Journal of Environmental Health*, 48: 14~18

Zhu J M, Johnson T M, Finkelman R B et al. 2012. The occurrence and origin of selenium minerals in Se-rich stone coals, spoils and their adjacent soils in Yutangba, China. *Chemical Geology*, 330-331: 27~38

Zhu J M, Johnson T M, Clark S K et al. 2014. Selenium redox cycling during weathering of Se-rich shales, A selenium isotope study. *Geochimica et Cosmochimica Acta*, 126: 228~249

Zhu M, Tu C, Hu X F et al. 2016. Solid-solution partitioning and thionation of diphenylarsinic acid in a flooded soil under the impact of sulfate and iron reduction. *Science of the Total Environment*, 569~570: 1579~1586

Zong Z, Wang X, Tian C et al. 2016. Source apportionment of PM2.5 at a regional background site in North China using PMF linked with radiocarbon analysis: insight into the contribution of biomass burning. *Atmos Chem Phys*, 16 (17): 11249~11265

（作者：刘丛强、洪业汤、冯新斌、肖化云、陈玖斌、李社红、王仕禄、洪冰、傅平青、李思亮、徐海、骆永明、汪福顺、李向东、李高军、吴卫华、滕彦国）

第九章 有机地球化学

有机地球化学是研究地质体中有机质的分布、迁移、富集与转化机制，以及生物死亡后的有机质演化及其地球化学过程的地球化学分支学科。它在国际学术界的研究大致涉及石油地球化学、环境有机地球化学和生物-有机地球化学等学科。

第一节 国际有机地球化学学科的主要研究成果

近80年来，国际有机地球化学的研究取得了一系列重要的进展。这些成果可归纳为：①对地质体有机质的性质和结构认识大为提高。这得益于各种谱学、化学方法的发展和仪器检测水平的提高。目前，已经能在分子和分子同位素水平上了解地质体中的有机质，从而产生了海量的有关分子及其同位素数据，有力地促进了有机地球化学的发展。②对有机质参与的地球化学全过程有了定性的研究。在水体阶段，建立了各种微生物对不同有机质的改造降解规律（van Bentum, Hetzel, Brumsack et al., 2009; Tegelaar, Deleeuw, Derenne et al., 1989; Wakeham, Amann, Freeman et al., 2007）；在成岩作用阶段，已可定量化表征有机质的热演化过程（Ungerer and Pelet, 1987）；在后生作用阶段，基本上弄清了一些主要反应，如硫酸盐热化学还原反应等。③石油地球化学已从烃源岩的研究走向成藏研究。通过成藏记录理清成藏过程在烃源岩、疏导层、储层等节点上的表现；通过成藏模拟研究排烃、运移、充注、改造等成藏过程的特点，结合两者揭示了油气藏的形成规律。④环境有机地球化学逐步发展壮大。20世纪60年代以来对毒害有机污染物的环境行为和归趋研究，为制定削减污染物的国际公约（《京都协定书》《POPs公约》等）、认识有机污染物的跨国传输规律做出了重大贡献。在新型与传统污染物交织、一次和二次污染叠加的污染背景下，环境有机地球化学在污染控制领域发挥了更大的作用，特别是在二次污染的来源解析、污染过程的研究方面做出了其他学科不能替代的贡献。⑤生物-有机地球化学逐步形成。20世纪60年代海洋学的大发展促进了生物-有机地球化学形成。之后研究领域逐渐向海岸带、湖泊、陆地生态系统迈进，水生和陆地生态系统主要生物化学组成的稳定性，以及古海表温度、古大气温度、古二氧化碳浓度定量化指标的建立，确立了它在碳循环和气候变化研究中的地位。随着生物地球化学研究的深入，生物-有机地球化学将进一步发挥其学科优势，在稳定碳的形成、定量环境变化与古生态系统重建中起到举足轻重的作用。

第二节 中国有机地球化学学科的主要研究成果

我国有机地球化学研究起步于20世纪70年代，初期完全以国内能源需求为导向，以国内特有的陆相油气资源为研究对象，发现和证实了系列湖相生物标志物，建立和完善了相关油气形成理论,在石油地球化学领域做出了具有中国学科特色的贡献。近20年来,围绕大众关注的环境变化和环境污染问题,学科研究方向逐步拓展到了生物-有机地球化学和环境有机地球化学方面,并在古环境、古生态恢复和有机污染物形成机理方面做出了接近国际先进水平的研究成果。

一、研究成果综述

40多年来,中国学者以国家能源需求和突出环境问题为导向,发展创新,在有机地球化学领域内做出了特色的、有影响力的研究成果。研究成果体现在以下五个方面:①陆相地层的分子有机地球化学研究。中国拥有不同类型的湖相沉积,在世界上很有特色。因此,我国对湖相沉积环境中的生物标志物与分子同位素的研究取得了重要的研究成果,在国际具有一定的影响力;发现了一系列新的生物标志物或分子标志物组合与湖相沉积相的关系,奠定了油气源精细对比的基础。②分子水平的生烃动力学研究。生烃动力学是石油天然气资源评价与演化研究的基础,代表着当前石油地球化学的研究水平。国际上生烃动力学的研究普遍只达到组分一级,而我国的研究已达到分子级水平,并在此基础之上发展了具有很强创新性的碳同位素动力学,走在了国际的前列(邹艳荣和彭平安,2005)。③油气生成理论研究。国内学者立足于中国特有的油气资源现状,在煤成烃(戴金星,2009)、未成熟油(Fu, Sheng Peng et al., 1986; Wang, Hou, Zhong et al., 1997; 黄第藩、张大江、王培荣等,2003)和深部油气成因方面(傅家谟和史继扬,1977;彭平安、刘大永、秦艳等,2008;张水昌、张斌、杨海军等,2012)取得获国际认可的研究成果。这些成果极大扩展了已知油气成因理论,完善了油气形成的地质地球化学条件,拓宽了石油的勘探领域,对于寻找油气资源具有重要意义。④毒害有机污染物分布、迁移与转化机制。国内学者一直以所面临的环境问题为出发点,深刻揭示了持久性有机污染物(POPs)和各种新型有机污染物的来源、分布、污染特征、迁移规律及降解转化机制。研究成果显著提高了学界对有机污染物的认识,为环境污染的治理提供了基础支持。⑤古生态、古环境重建。我国学者从零起步,探索创新,在代用指标的现代过程与适用性研究,以及运用代用指标进行古生态古环境的历史重建研究方面逐渐接近了国际前沿。

二、主要创新性研究成果

40多年来,我国有机地球化学学科的研究成果极其丰硕,涉及面十分广泛;因篇幅所限,本节仅重点论述如下五个方面的创新性成果。这五个方面基本涵盖了国内学者在学科理论方面的新成果和关键研究方向的新进展,能代表国内学者的最高研究成果。

(一)陆相地层的新生物标志物

海相沉积盆地面积较大,水体大而宽,大盆的沉积模式决定了低沉积速率,导致沉积环境变化小,有机质生源输入简单,有机质的保存环境单一。陆相沉积盆地相对面积较小,水体小而窄,小盆深盆深水沉积造成很高的沉积速率和高频旋回,使得湖相沉积环境发生从淡水到咸水、从浅水到深水的巨大变化,形成油页岩、蒸发岩、泥炭沼泽和煤等多种沉积物；有机质的生源输入也相应发生较大变化：煤沉积以高等（木本）植物为主，泥炭沼泽沉积以草本植物为主，淡水湖相沉积以藻类为主，高盐咸水沉积以嗜盐菌藻类为主，到了蒸发岩高盐沉积环境除嗜盐菌藻类外还可能有分层水体中的光合细菌存在；沉积有机质的保存条件也可以从含氧沉积（泥炭沼泽和煤）变化到强还原沉积（高盐环境）。

上述差异，决定了陆相沉积地层中生物标志物类型变化及其分布变化较大，不同沉积环境有不同的化合物，其中咸水湖相的生物标志物研究，在中国开展较早，与国外同步，取得了明显的进展。

1. 羊毛甾烷和含硫羊毛甾烷

陈军红等（1990）在泌阳凹陷古近系地层中分离鉴定出新生物标志 C28～C30 羊毛甾烷，这是中国人首次用标样共注的方式鉴定新生物标志物。羊毛甾烷的前身是羊毛甾烯醇，是藻类合成甾类化合物的中间体，它的出现说明当时水体环境中含有阻菌剂如唑类等物质，现代医学证明，唑类化合物可以阻止真菌的甾烯醇合成，从而达到抑菌的目的。后来，彭平安等用多种化学方法在江汉盆地古近系和新近系沉积物与原油中鉴定出含硫羊毛甾烷，说明硫化可以使这类化合物在沉积物中得到保存（Peng et al., 1998）。

2. 13α-（正烷基）-三环萜系列化合物

王铁冠（1990）、Wang 和 Simoneit（1995）在元古宇下马岭组底部中国最古老的沥青砂岩中，用标样共注的方式检测发现 13α-（正烷基）-三环萜系列化合物，并用该系列化合物进行下马岭古油藏的油源研究。虽然对其生源与成因尚欠详，但这一系列生物标志物迄今仅在多处元古宇地层及其相关的原油和沥青中检测到，如，张水昌等（2007）在燕山宣龙拗陷张家口下花园的下马岭组油页岩中，黄弟藩和王兰生（2008）在川西北龙门山矿山梁侵入下寒武统郭家坝组大沥青脉中，均检测到 13α-（正烷基）-三环萜系列生物标志物；经油源对比，王兰生等（2005）认为该大沥青脉的烃源来自震旦系陡山沱组黑色页岩。

3. 4,4-二甲基甾烷

生物化学上，来自法呢基焦磷酸酯（FPP）的角鲨烯变为羊毛甾醇和环阿屯醇。后者在植物中表现显著常常转化为豆甾醇，前者在动物中表现显著易转化为胆甾醇，在酿酒酵母中表现显著则转化为麦角甾醇。

这类生物标志物主要在水柱过程之后、沉积物埋藏压实后的地层中或者生物降解显著的油气藏中检出。在晋州市凹陷赵兰庄酸性 H_2S 油气藏的原油样品中，采用正常全扫描模式检测到了丰富的短链羊毛甾烷、4,4-二甲基甾烷和 4-甲基甾醇（Lu, Sheng, Peng et al., 2011）。推断油藏早期发生了喜氧甲烷氧化菌的复苏和繁盛，这些细菌利用、消耗了地层水中的氧，使得油藏变为厌氧环境；然后厌氧甲烷氧化菌和硫酸盐还原菌发育，产生大量 H_2S。因为能同时产生羊毛甾醇、4,4-二甲基甾醇和 4-甲基甾醇的主要是甲烷氧化菌（*Methylotroph*），包括 *Methylococcus*、*Capsulatus*（甲基球菌）（Bird, Lynch, Pirt et al., 1971; Bouvier, Rohmer, Benveniste et al., 1976）和 *Methylosphaera hansonii*（甲基八叠球菌）（Schouten, Bowman, Rijpstra et al., 2000）。

文献一般认为，C_{27} 甾烷来自藻类，C_{29} 甾烷来自高等植物，4-甲基甾烷来自硅藻。在该降解油藏案例中，C_1～C_3 甲基甾烷却来自细菌。至于其短链成因，推测可能与微生物的侧链降解断裂以及 H_2S 对甾醇侧链上的烯键进行攻击有关。

4. 芳基类异戊二烯化合物

2,3,4- 和 2,3,6- 结构芳基类异戊二烯化合物分别来自光合细菌——紫硫菌和绿硫菌。它们通常处于盐湖盆地分层水体下部厌氧环境，以底部沉积底泥中硫酸盐还原菌生成的 H_2S 气体为营养源，在生物化学作用过程中生成很多带有双键的、具有类异戊二烯结构的类胡萝卜素化合物，经成岩地球化学演化成为 2,3,4- 和 2,3,6- 结构的芳基类异戊二烯化合物。

国内最早在塔里木盆地原油中检出 2,3,6- 芳基类异戊二烯化合物（Sun，Xu，Lu et al.，2003；卢鸿，孙永革，彭平安，2004），这说明塔里木盆地下古生界沉积盆地烃源岩发育的水体存在含 H_2S 的透光带，处于一个没有大规模扰动的静水相，不是前人提出的上升洋流模式。

柴达木盆地发育有 2,3,4- 和 2,3,6- 芳基类异戊二烯（Zhang，Zhang，Cai，2011），但是江汉盆地原油中的芳基类异戊二烯化合物双峰型更为典型（Lu，Shen，Zhang et al.，2015），呈现 1∶1 的等分分布，说明水体中同时存在紫硫菌和绿硫菌，或者有绿硫菌和紫硫菌共生体"*Chlorochromatium*"（Caldwell and Tiedje，1975a；1975b）存在。进而说明水体中光合细菌——紫硫菌和绿硫菌对烃源岩有机质的形成有贡献，其光合作用生成叶绿素和胡萝卜素，实质上是初始生产者；含紫硫菌和绿硫菌水体通常是一种光合细菌主导下的分层水体生态和沉积模式。这种沉积模式，对其中的特征性生物标志物的分布给出了良好的解释。

江汉盆地高丰度的植烷和伽马蜡烷，前人最早是用高盐环境来解释的（Fu，Sheng，Peng et al.，1986），后来 90 年代中期改为分层水体造成的（Sinninghe Damsté，Kening，Koopmans et al.，1995）。双峰型芳基类异戊二烯生物标志物的发现，揭示主要是由分层水体中紫硫菌和绿硫菌的贡献造成的，位于化跃层之上嗜菌纤毛虫，以紫硫菌和绿硫菌为食，在缺少甾醇供应条件下生成伽马蜡烷的前身物四膜虫醇，构成高丰度的伽马蜡烷生源，对高丰度伽马蜡烷具有主要的生源贡献。细菌叶绿素的植基、法尼基侧链对高丰度植烷和类异戊二烯也有很大的贡献。这一模式对古湖泊生态的解释具有一定的学术意义。

（二）煤成烃、未成熟油、深部油气

煤成烃是指煤系烃源岩（煤层和煤系泥岩）有机质在成煤过程及热成熟过程中生成的石油和天然气（傅家谟，刘德汉，盛国英等，1990）。煤成烃研究内容包括（傅家谟，刘德汉，盛国英等，1990）：①煤成烃母质的组成、结构与生烃特征。应用煤岩学研究方法，包括荧光显微技术，可将煤的显微组分划分壳质组、镜质组和丝质组，再应用有机地球化学研究方法，进一步研究各类显微组分的化学组成、结构及生烃特征。②煤成烃地球化学特征，研究煤成油和气的分子组成和同位素组成，包括煤成油的生物标志化合物组成、族组分及单体化合物的碳、氢同位素组成，有机及无机气体、稀有气体的分子与同位素组成特征。③煤成烃的判识与评价，煤系烃源岩与其他类型烃源岩所生成油气组分的地球化学特征的差异及资源量评价方法。

煤成烃的研究与煤成油气的勘探密切相关（戴金星，1979，2009；戴金星，倪云燕，黄士鹏等，2014）。20 世纪 50 年代，荷兰发现了来源于石炭系煤层的 Groningen 大气田，

20世纪60年代苏联发现了来源于白垩系煤层的Urengoy特大气田。这一时期，全球大气田和天然气储量的70%~80%来自煤系烃源岩（戴金星，1979，2009；戴金星，倪云燕，黄士鹏等，2014）。鉴于国内煤炭资源极为丰富而探明煤成气储量很低，以戴金星为代表的科学家从20世纪70年代开始，努力推动和持续开展煤成气的地质-地球化学研究，对国内天然气勘探产生了极为重要的影响（陈建平，邓春萍，王汇彤等，2006；程克明，1994；戴金星，1979，2009；戴金星，倪云燕，黄士鹏等，2014；傅家谟，刘德汉，盛国英等，1990；黄第藩，1995；刘德汉，傅家谟，肖贤明等，2005；刘文汇和徐永昌，1999；彭平安，邹艳荣，傅家谟，2009；宋岩，戴金星，李先奇等，1998；王铁冠，钟宁宁，侯读杰，1993；王庭斌，董立，张亚雄，2014；肖贤明，1991；徐永昌，1994；张水昌和朱光有，2007；赵孟军，卢双舫，王庭栋等，2002；赵文智，王红军，钱凯，2009；钟宁宁和陈恭洋，2009）。从20世纪90年代起，国内陆续在鄂尔多斯盆地、塔里木盆地和四川盆地发现了一大批分别来源于石炭-二叠系、中-下侏罗统和上三叠统煤系烃源岩的大气田。至2011年底，国内煤成气总探明储量为5.8×10^{12} m^3，占国内天然气总探明储量的69.72%（戴金星，2009；戴金星，倪云燕，黄士鹏等，2014）。来源于煤系烃源岩原油的储量远低于煤成气的储量，国外发现的煤成油主要有澳大利亚Gippsland盆地、加拿大Mackenzie Delta、印度尼西亚Mahakam Delta油田的原油。国内则主要分布在吐鲁番-哈密盆地、准噶尔盆地、焉耆盆地和塔里木盆地库车拗陷等。近30多年来，国内油气地球化学家一直将煤成烃作为重要的研究课题。

未成熟油是在成岩作用晚期，沉积岩中有机质的成烃演化达到生油门限之前所形成的石油。其烃源岩成熟度范围约在镜质组反射率0.3%~0.7%，其原油性质一般为重质石油，也有凝析油。未成熟油的生烃母质及成因机理有：①非烃、沥青质生成的高含硫原油；②脂肪酸成烃；③树脂体成烃；④干酪根早期降解成烃；⑤藻类生物类脂物的早期成烃；⑥生物作用早期成烃；⑦木栓质体早期成烃。20世纪80年代初，史继扬等在胜利油田（济阳拗陷）发现甾烷异构化指标异常偏低的未成熟油（Shi，Mackenzie，Alexander et al.，1982）。之后国内陆续在江汉盆地、苏北盆地、渤海湾盆地、南阳盆地、柴达木盆地和百色盆地等盆地发现了许多低成熟原油（Shi，Mackenzie，Alexander et al.，1982；傅家谟，盛国英，江继纲，1985；黄第藩和李晋超，1987；刘文汇和徐永昌，1999；刘文汇，徐永昌，史继扬等，1998；庞雄奇，李素梅，金之钧等，2004；彭平安，傅家谟，盛国英等，1989；彭平安，盛国英，傅家谟等，1998，2000；盛国英，傅家谟，Brassell等，1986；史继扬和向明菊，2000；王铁冠，钟宁宁，侯读杰等，1996；徐永昌，沈平，刘文汇等，2001；钟宁宁，王铁冠，熊波等，1995）。国外的未成熟油主要见于美国的犹他盆地和加利福尼亚沿岸盆地、澳大利亚及新西兰古近系-新近系沉积盆地和北美-加拿大Beaufort-Mackenzie盆地（黄第藩和李晋超，1987；刘文汇，黄第藩，熊传武等，1999）。

深部油气具有三个方面的含义：一是指东部盆地埋深>3500 m（姜在兴和肖尚斌，1998），西部盆地埋深>4000 m的油气藏（李小地，1994）；二是指成熟度很高（过成熟）的气藏；三是指与叠合盆地古生界海相烃源岩相关的油气藏。20世纪70年代，傅家谟和史继扬（1975，1977）将四川盆地震旦系储层中的气藏定义为油气演化最终阶段形成的干气藏。近十年来，在四川盆地发现了包括普光和川中特大气田在内的一大批大气田，这些气田的含气层位埋深均大于4000 m，气源主要来自古生界海相烃源岩，烃气组成以甲烷为主，湿气含量很低，C_1/C_{1-4} 值介于 0.95~1.0 之间（马永生，蔡勋育，李国雄，2005；邹才能，杜金虎，徐春春等，2014）。20 世纪 80 年代早期，周中毅等（1983，1985）依据塔里木盆地地温梯度低，古生界海相烃源岩埋深晚（中新世之后），有利于古生界烃源岩油气生成与保存，认为塔里木盆地深层具有较大油气勘探前景。经过近 30 年的勘探，塔北地区已成为国内最重要的深部油藏分布区（金之钧，2011）。深部油气已成为国内主要的勘探方向和目标（金之钧，2011；刘文汇，王杰，腾格尔等，2012；庞雄奇，周新源，姜振学等，2012；彭平安，刘大永，秦艳等，2008；王招明，2014；翟光明，王世洪，何文渊，2012；张水昌，张斌，杨海军等，2012；赵文智，朱光有，苏劲等，2012）。

（三）生烃动力学的方法、技术与应用

油气生成可看作是地质体中的有机质（干酪根、沥青以及原油等）在实际地质条件下所经历的一个复杂的化学反应过程。为了更好地了解油气的形成机理和过程，在实验室条件下模拟油气的形成成为有机地球化学研究的一个重要内容和研究方法（Behar, Lorant, Mazeas, 1992；Ungerer and Pelet, 1987）。模拟实验中的加热温度和时间具有互补的关系，且这种关系符合化学反应动力学。这一假定成为当前生烃动力学研究的重要基础，为将相对高温和短时间条件下取得的实验结果用于解释发生在相对低温和长时间的地质演化过程提供了理论基础。早期采用经验关系式，如温度每增加 10℃，反应速率相应增加 2 倍（Waples, 1980）。这个简单的模型存在许多不足，因此，目前大多采用实验方法测定研究区具体干酪根的生烃动力学参数，并用于解决实际地质问题。生烃动力学研究主要包括生烃热模拟实验、实验产物定量测定、生烃动力学模型的选取和参数校正，以及它们的实际应用等（熊永强，耿安松，王云鹏等，2001）。

用于生烃动力学研究的模拟实验装置可分为开放体系和封闭体系两大类，其中开放体系比较适合描述干酪根初次裂解生烃的过程，常用的实验装置有 Rock-Eval 仪和裂解气相色谱仪；封闭体系对于存在二次裂解的情况比较适合，主要采用黄金管-高压釜、玻璃或石英管和高压釜等。加热方式主要有恒温加热和恒定升温速率两种。目前用于生烃动力学研究的有机质几乎涵盖所有可能生烃的母质，如不同类型的干酪根、沥青、原油、泥炭、藻类，以及各种类型的化合物等。除了模拟实际用的材料外，对于模拟实验产物的描述也越来越精细。由初期只是简单地划分为油、气两种，研究结果只能粗略地估计一下油、气产量以及油/气比；到目前的热解产物被分成 6 种（C_1、$C_2 \sim C_5$、$C_6 \sim C_{14}$、C_{15+} 饱和烃、C_{15+} 芳烃和非烃），甚至更多（Behar, Kressmann, Rudkiewicz et al., 1992），因而可对油气的组成进行预测。模拟实验产物的分析测定有：Rock-Eval 测定 S_2；气相色谱分别测定气态烃、轻烃和液态烃的组成；气相色谱/同位素比值质谱对气态烃的碳、氢同位素组成进行测定等。对于模拟实验中的固体残渣，以往研究得相对较少，今后需要加强这方面的研究。

接下来就是利用模拟实验数据获取生烃动力学参数。实际应用过程中，需要根据研究的对象、目的和方法选择一个合适的生烃动力学模型。一方面单一反应模型（一个活化能和一个指前因子）由于不够精确，不能反映复杂的油气形成过程；另一方面，要完全精确地描述油气的形成过程又不现实，仅一个 1,2,3-三甲基苯的裂解，就需要 122 个涉及 47 个物质的可逆反应来描述（Fusetti, Behar, Grice et al., 2010）。因此，现阶段我们只能发

展一些简化的经验模型来近似地描述生烃这一复杂过程。最常用的生烃动力学模型是平行反应模型，即将复杂的生烃过程看成是一系列平行、独立的一级反应。根据活化能的分布又可以分成离散型和连续型（包括高斯、伽马和韦伯分布等）。非平行反应模型也被用于描述沥青质裂解生油气（Martinez, Benito, Callejas, 1997; Wang and Anthony, 2003）。然后利用实验数据对选用的生烃动力学模型进行标定，获取生烃动力学模型中的各种参数，最后用于实际地质条件下生烃过程的正反演。

目前生烃动力学研究的主要应用是有效烃源岩的定量判识、生烃史的恢复以及生烃量评价。根据实际地质情况和研究目的，我们首先需要选择合适的样品和样品前处理方法；选择合适的实验体系和实验条件；选取适用的动力学模拟并获取相应的动力学参数；获取研究区尽可能详细的古地温史和埋藏史；最后预测结果须与实际地质资料进行验证。同时我们也应认识到现有生烃动力学模型中存在一定的缺陷，如①Arrhenius 方程是个经验关系式，缺乏理论依据；②一级反应的假定并不完全成立，如正己烷（<200 ℃）和十二烷基苝（375~425 ℃）的裂解是 0.5 级反应，新戊烷（450~530 ℃）和苯（600~763 ℃）的裂解是 1.5 级反应；③反应的活化能和指前因子在一个宽的温度段不是恒定的（Dominé and Enguehard, 1992）。

（四）毒害有机污染物分布、迁移与转化

1. 持久性有机污染物

我国环境有机地球化学研究始于傅家谟院士 80 年代对珠三角地区持久性有机污染物（POPs）研究。在《关于持久性有机污染物（POPs）的斯德哥尔摩公约》框架下，缔约国有义务去消减这类污染物向环境的排放。珠三角是我国较早开展 POPs 研究的地区。早期研究揭示了珠江广州河段和澳门水域多种 POPs 的高风险区（Kang, Sheng, Fu et al., 2000; Mai, Chen, Luo et al., 2005a; Mai, Fu, Sheng et al., 2002; Mai, Qi, Zeng et al., 2003），并发现区域多环芳烃的污染与机动车辆尾气排放、生物质燃烧、燃煤有较大关系（Li, Zhang, Li et al., 2006a; Luo, Chen, Mai et al., 2006）。虽然有机氯农药被禁止多年，由于过去使用量较大，其残留于各种环境介质中广泛检出。珠三角土壤中有机氯农药高于广东其他地区；研究发现一些地区依然存在有机氯农药的新排放源，主要与林丹和三氯杀螨醇的使用有关（Li, Zhang, Qi et al., 2006b; Li Zhang, Guo et al., 2007）。沉积物柱样研究表明，有机氯农药和多氯联苯在珠三角沉积物中的沉积通量均呈现增加的趋势，尤其是 90 年代以后，这与经济快速发展导致的土地利用加剧有关（Mai, Zeng, Luo et al., 2005b; Zhang, Parker, House et al., 2002）。对珠三角大气的研究显示滴滴涕的污染得到了有效的控制，但六六六污染变化并不显著（Li, Zhang, Luo et al., 2007; Ling, Xu, Zou et al., 2011）。而多环芳烃的沉积通量则在 90 年代达到最高（Liu, Zhang, Li et al., 2005a）。

2005 年以后，珠三角多溴联苯醚等有机污染物的环境问题引起了极大的关注。对珠三角沉积物的研究显示，东江下游河网沉积物中多溴联苯醚污染严重，其主要来源于企业的污水排放，珠三角多溴联苯醚的污染特征与该地区电子信息产品制造业发展有很大关系（Chen, Mai, Bi et al., 2006a; Mai, Chen, Luo et al., 2005a）。多溴联苯醚在沉积物中的沉积通量在 20 世纪 90 年代之前增长缓慢，而 90 年代开始快速增加，这与珠三角的电

子信息产业快速发展有关,这一变化趋势落后于欧美地区(Chen, Luo, Lin et al., 2007)。对污染物的组成以及珠江口水动力的分析显示,城市地区的密集人类活动造成的POPs污染通过水体传输影响近海的生态环境,而通过大气传输则对西江流域造成影响(Mai, Chen, Luo et al., 2005a; Mai, Qi, Zeng et al., 2003)。

与珠三角相似,环渤海地区研究显示,2000年后天津地区土壤和渤海湾沉积物中依然存在新的滴滴涕排放源(Gong, Tao, Xu et al., 2004; Wan, Hu, Lin et al., 2005)。其后,大范围的土壤调查表明,新的有机氯农药的输入明显减少,但在表层土壤中依然残留约430 t和6100 t的六六六和滴滴涕,污染物从土壤中的挥发是大气中重要的来源(Tao, Lin, Li et al., 2008)。对大气、土壤以及沉积物的调查以及模型估算显示,该地区多环芳烃主要来源于燃煤、炼焦工业以及机动车尾气排放(Tang, Tang, Zhu et al., 2005; Liu, Tao, Liu et al., 2007; Zuo, Duan, Yang et al., 2007)。与南方地区相比,北方多环芳烃污染更为严重,而且北方城市和农村大气中多环芳烃的污染差别不大(Li, Wang, Wang et al., 2014; Liu, Tao, Liu et al., 2008)。北京的一些地区的土壤由于受到污水灌溉的影响,多溴联苯醚的含量要高于珠三角地区(Liu, Ma, Qiu et al., 2014; Wang, Wang, Fu et al., 2010b);然而,环渤海地区沉积物中多溴联苯醚的含量整体上低于珠三角地区(Hu, Xu, Dai et al., 2010; Xu, Gao, Xian et al., 2009)。但是,多溴联苯醚在莱州湾沉积物中的污染非常显著,主要是受到阻燃剂生产活动的影响(Jin, Liu, Wang et al., 2008)。北方大气中多溴联苯醚污染水平要低于珠三角地区,主要受面源污染的影响(Wang, Li, Chen et al., 2012a; Zhao, Ma, Qiu et al., 2013b);但是莱州湾附近存在阻燃剂生产的点源排放(Zhao, Ma, Qiu et al., 2013b)。

由于长三角地区历史上有机氯农药使用量大,研究发现该地区沉积物和土壤中残留的有机氯农药的含量比国内其他地区要高(Zhou, Zhu, Yang et al., 2006),太湖地区大气中滴滴涕的浓度居高不下(Qiu, Zhu, Li et al., 2004)。虽然,与20世纪80年代相比有机氯农药的含量明显下降(Zhang, Luo, Li, 2009),但最近的研究仍然发现新的滴滴涕的输入,主要是农业上三氯杀螨醇的使用(Lin, Hu, Shi et al., 2012)。作为我国重要经济中心,长三角沉积物中多溴联苯醚的含量却明显低于珠三角地区,长江口一带水动力条件不利于污染物在河口的沉积,而利于向东海大陆架的传输(Chen, Gao, Mai et al., 2006b),东海沉积物中多溴联苯醚的含量和分布也证明了这一点(Li, Wang, Wang et al., 2014)。长三角大气中多溴联苯醚的污染水平在我国乃至世界都比较高(Qiu, Zhu, Hu, 2010; Yu, Liao, Li et al., 2011),与珠三角地区相当,说明阻燃剂在我国经济发达地区的污染的重要性。

除了来自工业的污染,最近的研究显示,落后的电子垃圾拆解已经对我国一些地区的生态环境起到了破坏作用。电子垃圾地区大气、土壤、沉积物中阻燃剂的污染程度远超过城市地区(Cai and Jiang, 2006; Chen, Bi, Zhao et al., 2009; Deng, Zheng, Bi et al., 2007; Wang, Cai, Jiang et al., 2005a)。研究发现,电子垃圾地区阻燃剂的构成模式与城市地区有所不同,电子垃圾区环境中禁用的、毒性较高的污染物明显较高,比如多氯联苯、五溴联苯醚等,这主要是国外电子垃圾的非法输入造成的(Deng, Zheng, Bi et al., 2007; Tian, Cheng, Wang et al., 2011a; Wang, Cai, Jiang et al., 2005a)。虽然最近几年由于政府对粗放式电子垃圾的管制,大气中的有机污染物逐渐下降(Chen, Bi, Zhao et al.，2009；Deng，Zheng，Bi et al.，2007；Tian，Chen，Wang et al.，2011b），但是研究发现，二次源已经成为大气中POPs非常重要的来源，电子垃圾地区持续的POPs的环境污染依然十分严重（Tian，Chen，Wang et al.，2011b）。

POPs具有长距离迁移的特性，因此，这类污染物的环境问题不仅仅是局部的而是区域性的、全球性的。运用被动采样技术，对我国大气中大范围有机氯农药研究发现，全国范围内滴滴涕主要还是来自过去滴滴涕农药的使用，整体上南方高于北方（Liu，Zhang，Li et al.，2009）。北京大学陶澍教授运用模型分析表明，我国环境中多环芳烃主要来自生物质燃烧、燃煤和炼焦工业（Xu，Liu，Tao，2006）。最近，在东海观测站点的数据表明，大气中多环芳烃主要来自燃煤和机动车尾气排放（Wang，Lin，Li et al.，2014）。可见，我国能源结构决定了我国多环芳烃的来源。污染物长距离迁移研究发现，南亚季风盛行期间，印度产生的污染物会通过大气的跨境传输对我国西南地区POPs污染造成影响（Xu，Zhang，Li et al.，2011）。青藏高原地区海拔高、常年温度较低的特点有利于POPs在长距离迁移过程中在该地区富集。该地区POPs的污染以有机氯农药为主，滴滴涕与当地零星使用有关，然而，高海拔地区的六六六（HCH）与大气传输有关（Wang，Gong，Ao et al.，2010c）。受南亚季风影响，青藏高原地区土壤中β-HCH明显具有印度来源的特征。研究发现，青藏高原土壤中随海拔的增加，POPs污染物含量呈上升趋势（Wang，Zhang，Wang et al.，2009；Yuan，Han，Xie et al.，2012；Zheng，Liu，Jiang et al.，2012）。最近的研究发现，全球变暖可能会影响高原冰冻圈POPs的循环，是POPs全球分布变化的敏感区（Cheng，Lin，Zhang et al.，2014）。另外，通过我国极地考察船"雪龙号"的大气采样，研究人员发现：从我国渤海湾到太平洋多溴联苯醚的含量逐渐下降，但是极地地区含量的增加却显示这类污染物向极地寒冷地区的传输；与高纬度地区相比，东亚地区存在滴滴涕的新排放源（Ding，Wang Wang et al.，2009；Wang，Ding，Mai et al.，2005b）。

2. 新型有机污染物

近年来，环境有机地球化学研究扩展到各种新型有机污染物的污染特征及其迁移转化等方面。随着对传统POPs的禁止和限制，其在环境中的含量有所下降，如最近几年，珠三角沉积物中多溴联苯醚的含量明显下降。然而，一些新型的阻燃剂的含量却显著增加（Chen，Feng，He et al.，2013a）。随着国际产业链的转移，发展中国家一些新型化学品的污染尤其值得关注，如环境激素和全氟化合物相继在我国的多种环境介质中被检出（Chang，Hu，Shao，2007；Chang，Wan，Wu et al.，2011；Gao，Zhang，Su et al.，2012；Pan，Ying，Zhao et al.，2014a；Pan，Zhao，Liu et al.，2014b；Ruan，Wang，Wang et al.，2009；Shi，Chen，Luo et al.，2009；Ying，Kookana，Ru，2002；Zeng，Wang，Han et al.，2011），新型污染物在环境中污染特征、降解转化和生态健康风险都是值得关注的。

内分泌干扰物（EDCs）、药物与个人护理品（PPCPs）就是其中广受关注的新型污染物，其主要污染源是污水处理厂排放的污水与污泥。不同污水处理技术下环境激素和药物的去除研究发现，其处理效率为：活性淤泥>氧化沟>生物反应器>氧化塘，有些药物如卡马西平在四种处理技术下都很稳定（Ying，Kookana，Kumar，2008；Ying，Kookana，kolpin，2009）。高铁和紫外等高级处理技术对典型PPCPs的氧化或降解机制实验研究，发现高铁能快速氧化亲电子基团化合物，如三氯生和苯并三唑类化合物，达到去毒目的，但难以降解三氯卡班；紫外处理能快速降解苯并三唑类化合物，但污水中的腐殖物质对其降解有一定的抑制作用（Yang, Ying, Zhang et al., 2011a; Yang, Ying, Zhao et al., 2011b; Yang, Ying, Zhao et al., 2012）。TiO_2催化下羟基自由基能快速降解对羟基苯甲酸丙酯化合物，降解过程中雌激素活性也降低（Fang, Gao, Li et al., 2013）。生物降解转化是各类新型污染物降解转化非常重要的地球化学机制，研究发现了典型类固醇激素的微生物（细菌与藻类）降解机制，天然激素比较容易降解，并分离鉴定了降解孕激素的细菌以及降解产物（Liu, Ying, Liu et al., 2013; Peng, Ying, Yang et al., 2014b; Ying and Kookana, 2003）。另外，污水与污泥农用可导致土壤污染，通过对华北污灌区土壤的调查发现污灌区土壤中有着高含量的壬基酚、三氯卡班和土霉素等新型污染物（Chen, Ying, Kong et al., 2011）。通过山东、湖南和浙江三地污泥田间试验，发现土壤中较高含量的个人护理品，如麝香、三氯生、三氯卡班、紫外吸收剂和抗真菌药等，有些化合物如抗真菌药很难降解（Chen, Ying, Ma et al., 2013b; Lai, Ying, Ma et al., 2014）。有机污染物的生物降解受环境条件影响，对不同氧化还原条件下土壤中杀菌剂（三氯生和三氯卡班）和代表性抗生素（磺胺甲恶唑、磺胺嘧啶、甲氧苄啶、氧四环素、氯四环素、泰乐菌素和诺氟沙星）降解规律的研究，表明三氯卡班比三氯生在充氧土壤中难降解，两者在厌氧条件下都难降解（Ying, Yu, Kookana, 2007）。磺胺甲恶唑、甲氧苄啶和诺氟沙星在土壤中以生物降解为主，泰乐菌素和氯四环素主要是非生物降解（Yang, Ying, Zhou et al., 2009）。有些抗生素如四环素与喹诺酮类易与土壤组分结合而成为不易提取的结合态残留，但进一步研究发现其结合态仍然有杀菌活性，长期暴露有可能导致细菌的耐药性增强（Peng, Zhou, Ying et al., 2014a）。

新型污染物区域分布研究多集中于流域水环境；对珠江、黄河、海河和辽河等中国大河流调查发现，EDCs 和 PPCPs 等新型污染物广泛存在于我国河流水环境中，有些河段沉积物中检出高含量的抗生素，如四环素和喹诺酮类（Zhao, Zhang, Chen et al., 2013a; Zhou, Ying, Liu et al., 2013）。风险评价表明有些河段水环境中雌激素活性以及一些药物与个人护理品如三氯生、三氯卡班、双氯酚酸有高风险，多与城市污水集中排放有关（Chen, Lin, Zhang et al., 2014; Wang, Ying, Zhao et al., 2010a; Zhao, Ying, Yang et al., 2011）。流域尺度多介质模拟研究表明，中国全境各河流中类固醇类激素排放强度东部高于西部，北方的海河、辽河和淮河以及南方的珠江流域有较高生态风险（Zhang, Zhao, Ying et al., 2014）。利用食蚊鱼作为模式生物研究水环境污染物的内分泌干扰效应，从组织、分子水平上发现东江支流河涌如淡水河、寒溪水、东莞运河等食蚊鱼受到污水中环境激素排放的影响（Hou, Xie, Ying et al., 2011; Xie, Fang, Hou et al., 2010）。而抗生素的主要生态健康效应是环境细菌的耐药性，对中国重要河流（珠江、黄河、海河和辽河）的调查发现，河流环境指标性细菌大肠埃希氏菌 E. coli 对抗生素的耐药非常普遍，所检测的 13 种抗生素的耐药菌在 4 条河流中都有发现，同时还观察到河流水体中大肠埃希氏菌的多重耐药现象和耐药组合多样性现象（Luo, Mao, Kysz et al., 2010; Tao, Ying, Su et al., 2010）。东江流域抗生素耐药菌、耐药基因与水质参数的统计分析表明：人类活动，特别是生活污水或工业废水的直接排放，是导致抗生素耐药细菌和耐药基因在水体和沉积物环境中快速、广泛传播的主要原因（Su, Ying, Tao et al., 2012）。为有效降低各种化学品的生态健康风险，应加强流域尺度化学品污染的风险管控。

3. 地质体有机质与有机污染物的相互作用

地质体有机质的分布非常广泛，由于具有疏水性等特点，可以与有机污染物发生各种相互作用如吸附和解吸附，对有机污染物在环境中的分布、迁移、生物可利用性和最终归宿等有着重要的影响。为此，相关专家在地质体有机质与有机污染物的相互作用方面开展了很多研究，取得了一系列成果。杨琛等（Yang, Huang, Xiao et al., 2004；杨琛，2004）利用热模拟方法制备了不同成熟度的煤，用于对菲和三氯苯的吸附-解吸行为进行研究。研究表明干酪根对疏水有机物的吸附可能是由在活动相上的线性分配作用和在芳碳表面上的表面吸附共同作用的。对于低变质程度的干酪根，以在活动相上的线性分配作用和在芳碳内部活动性结构表面的表面吸附为主；而对于高变质程度的干酪根，则以在芳碳骨架上的表面吸附为主。碳黑样品均表现出较强的非线性吸附，吸附容量受表面性质的影响较大。另外所有样品对菲和三氯苯均不同程度地表现出解吸滞后现象，这种解吸滞后与内部微孔结构的非均质性有关，滞后的程度随样品成熟度的增加而增大。另外，冉勇课题组（Ran, Sun, Yang et al., 2007；孙可，2007）研究了凝聚态有机质（NHC 和 BC）对菲的吸附行为，发现凝聚态有机质控制着土壤和沉积物对有机污染物的吸附，NHC 吸附能力与脂肪碳相关性要比芳香碳相关性强。他们还发现苯解吸中均表现出一定程度的滞后现象，可能与内部微孔结构的非均质性、有机质的膨胀有关。

（五）古生态、古环境重建

最近 20 余年来，有机地球化学在地球表层系统环境演变研究中得到越来越广泛的重视和应用，这是由于生物标志化合物及其碳氢氮等同位素比值是很好的古生态、碳循环、水循环和氮循环的示踪物或代用指标。我国学者在这一领域从跟踪模仿到探索创新，近年来逐渐接近了国际前沿。这一领域的工作主要集中于如下两大方面：一是代用指标的现代过程与适用性研究，二是运用代用指标进行古生态、古环境的历史重建。

有机地球化学能够提供环境温度指标，使其在环境演变研究中越来越重要。其中，基于海洋颗石藻 C_{37} 烯酮的 $U_{37}^{K'}$ 温标则就是其中的一个典型范例。$U_{37}^{K'}$ 温标自 20 世纪 80 年代问世以来逐渐成为重建古海洋温度的最佳指标。我国学者运用这一指标在南海和东黄海不同时间尺度的古温度重建方面发表了一些研究成果（Jia, Chen, Peng, 2008a；Kong, Zong, Jia et al., 2014；Li, Li, Tian et al., 2011；Tao, Xing, Luo et al., 2012；Zhou, Li, Tian et al., 2007），为研究西太平洋暖池始新世以来的历史、冰期旋回中季风演变历史等方面的研究提供了关键数据。最近十年来，陆地湖泊系统 C_{37} 烯酮的检出和 $U_{37}^{K'}$ 温标的应用成为新的关注点。储国强课题组研究了中国不同纬度带的数十个湖泊沉积物中长链烯酮的分布，总结了淡水-微咸水湖泊体系、盐湖体系 $U_{37}^{K'}$ 温标与午均气温的经验方程（Chu, Sun, Li et al., 2005），建立了 $U_{37}^{K'}$ 温标与平均水温方程（Sun, Chu, Liu et al., 2007）。但是，运用 $U_{37}^{K'}$ 温标重建湖泊温度的工作在我国尚不多见（Chu, Sun, Wang et al., 2012；He, Zhao, Wang et al., 2013b）。此外，由奇古菌（Thaumarchaeota）和未知细菌的甘油二烷基甘油四醚类化合物（GDGTs）构建的 TEX_{86} 温标和 CBT/MBT 温标等是最近十余年有机地球化学在环境代用指标的研究热点。我国学者也开展了广泛和深入的研究，对这些指标在我国湖泊、干旱区土壤和边缘海区的适用性和指示意义都分别进行了详细探讨（Jia, Zhang, Chen et al., 2013b; Wang, Liu, Zhang et al., 2012b; Yang, Pancost, Dang et al., 2014; Zhou, Hu, Spiro et al., 2014）。但在运用这些指标重建古环境方面发表的成果还相对较少（Jia, Rao, Zhang et al., 2013a; Li, Zhao, Tian et al., 2013; Xie, Parcost, Chen et al., 2012），可能与上述指标在国内传统古环境古气候实验室尚未得到普及性应用有关。

有机地球化学在地质历史古生态重建研究中也发挥了重要的作用。涉及的生物类型主要有陆地高等植物、水生浮游植物、微生物三大类：①由植物炭黑和叶蜡类脂单体的碳同位素可以探索陆地植被中 C_4 植物的起源和 C_3/C_4 植物的比例，进而反映古气候的演变历史。我国学者从海洋、黄土和湖泊沉积物中都针对上述问题进行了不同时间尺度的研究工作（Jia, Li, Peng et al., 2012; Jia, Peng, Zhao et al., 2003; Liu, Huang, An et al., 2005b）。②运用海洋沉积中的甾醇类和二醇类化合物可以重建海洋浮游植物的种群结构变化，进而了解海洋生物泵和营养盐变化的历史。这方面的工作在我国边缘海古海洋研究中得到了应用（He, Zhao, Wang et al., 2013a; Xing, Zhang, Liu et al., 2011）。③微生物类型丰富、数量巨大，是联系其他生物和环境的重要纽带，在碳、氮、硫和金属元素循环中发挥着重要作用。与之相关的生物标志物也类型丰富而众多。我国学者在这方面的突出工作是对浙江长兴煤山 Tr/P 界线附近的微生物（蓝细菌、硫细菌等）分子记录的深入研究，揭示了这一重大地质事件过程中环境的不稳定性和生物危机的多阶段性（Luo, Wang, Grice et al., 2013; Xie, Pancost, Yin et al., 2005; Xie, Pancost, Huang et al., 2007）。

水循环历史重建是古气候重建的关键内容。生物标志物分子中氢元素的初始来源为生物所利用的环境水，有机氢同位素反映了源水同位素特征，且变化受气候和环境条件控制。陆地高等植物叶蜡类脂物的氢同位素与大气降水同位素的关系，以及其所受植被类型、蒸发和蒸腾作用等的影响是目前国际学术界的关注热点。我国学者在这一方面发表了一些很有影响的研究结果（Liu and Yang, 2008; Liu, Yang, Li, 2006; Rao, Zhu, Jia et al., 2009）。我国学者还首先发现了叶蜡烷烃氢同位素能记录下水汽氢同位素随高程的变化规律，提出了运用叶蜡烷烃氢同位素重建古高程的研究思路（Jia, Wei, Chen et al., 2008b; Luo, Peng, Gleixner et al., 2011）。水生藻类的分子标志物能记录下水体的氢同位素信息，也是很好地反映海水盐度和淡水蒸发状况的指标，但目前尚缺乏系统研究。古环境重建方面，有机氢同位素的应用已开始受到重视，但显著的研究成果尚不多见（Liu and Huang, 2005）。

第三节　有机地球化学在新世纪的可能生长点

在新世纪的十余年间，有机地球化学学科不仅会持续围绕着石油天然气的生成和演化这一传统内容，还将受地球学科研究趋势的影响，与其他分支学科交叉发展。因此，笔者认为有机地球化学的新突破可能会发生在过渡型有机质研究和成藏过程定量化的重建方面。当然，跟其他学科发展规律一样，新技术、新方法的应用将促进学科的大发展。因此，本节将介绍与有机地球化学相关的、具有良好应用前景的新仪器和新方法。

一、过渡型有机质研究

过渡型有机质指的是生物有机质在向沉积有机质迁移、转化的过程中存在的一类中间态有机质（图9-1）。传统的有机地球化学研究主要关注沉积有机质和生物有机质。过渡型有机质的研究还未引起人们的重视。

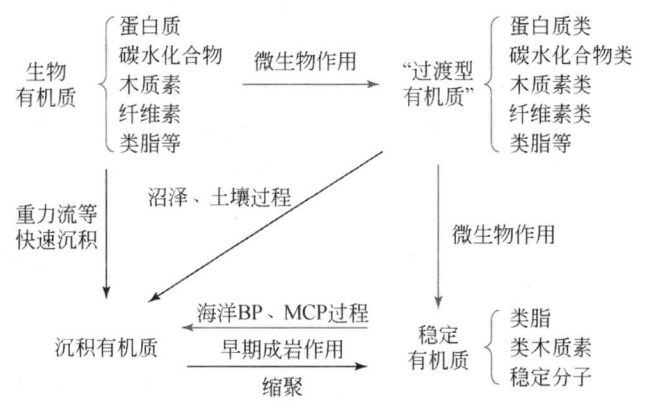

图 9-1　各类有机质的迁移、转化示意图（焦念志，2012）
BP. Biological Pump，生物泵；MCP. Microbial Carbon Pump，微型生物碳泵

地球上有机质的大量形成和分布是生命出现以来生物利用CO_2自我复制而不断积累的结果。其中光合作用是决定生物合成有机质的重要因素。生物体内有机化合物由4种基本类型组成：蛋白质、碳水化合物、脂类和核酸。这些化合物都含有四个最普通的元素：碳、氢、氮和氧，且在生物体内都以大分子化合物的形式存在。当然，除了这四种有机化合物外，还有一些对于维持生物机能十分重要的化合物，如维生素、单宁等。生物有机质的研究在地球生命起源、生物进化方面发挥了重要作用。对生物有机质的研究既可了解主体生产力的状况，也是进行沉积有机质研究的基础。

自然界中的生物体一旦死亡，生物有机质被埋藏于沉积物之后，就随着成岩作用而发生一系列的变化，转变成为沉积有机质。形成沉积有机质的四种最重要的生物是：浮游植物、浮游动物、高等植物和细菌。浮游植物可能是世界上有机碳的第一大来源；细菌可能是仅次于浮游植物的有机质第二大来源（Tissot and Welte，1984）；浮游动物对沉积有机质有一定的贡献；高等植物虽然产率高，但由于发育在陆地，它对有机质沉积的贡献低于浮游植物，也可能低于细菌，但它可以富集保存后演化为煤层。

控制生物生长的因素都直接影响有机质的数量，但真正进入沉积圈中成为沉积有机质而保存的有机物仅是其中的一小部分。人们对海洋沉积有机质的了解相对较多，发现在一般海洋沉积速度下所保存下来的有机质也仅占死亡生物有机质的0.01%。但海洋陆坡及河口海岸带却是有机质保存的良好场所。此外，陆相湖泊、沼泽也是有机质聚集的良好场所。

图9-1显示了过渡型有机质研究的重要性。从图可以看出，通过对沉积有机质和生物有机质的研究，可以直接了解地球表层各圈层稳定碳的转化与循环，如，从生物有机质到

沉积有机质，埋藏了多少有机碳？降解了多少有机碳？有机碳降解的速率多快？近二十多年来，国内外在围绕碳循环的沉积有机质和生物有机质研究上取得了一些重要进展（如Andersson and Mackenzie，2004；Pan，Birdsey，Fang et al.，2011）。这些研究不但从另一个侧面为生命起源和生物进化的研究提供了新的事实依据，而且也为沉积环境、古气候的研究等积累了大量资料。但从生物有机质向沉积有机质迁移、转化的过程中有机质的数量及成分变化如何？各类成分变化的速率怎样？当前的有机地球化学研究并没有涉及。要准确回答这些问题，就需要进行"过渡型有机质"的研究。

由于"过渡型有机质"是一类中间态有机质，其研究方法有别于传统生物有机质和沉积有机质。首先需要有先进的分离测定技术。同时由于目前对这些有机质的具体形成机制尚不明了，所以未来一段时间内也只能借助沉积有机质和生物有机质的研究方法对其进行表征和描述。关于"过渡型有机质"的定性与定量研究将会是未来有机地球化学学科一个新的生长点。

二、成藏过程的定量化重建

油气生成、运移、聚集、成藏的机理和过程一直是石油地质学研究的核心，是指导勘探方向、预测成藏部位、进行油气资源评价的基础，也是油气地质–地球化学家所关注的重要内容。涉及油气的生成、排烃与运移、聚集、后期演化等地球化学过程及其时–空演化。一般而言，对烃源岩、储集层、盖层及圈闭等油气成藏静态地质要素的认识往往相对容易，但对油气运聚和成藏过程等动态要素的研究则比较困难。尽管成藏过程的定量化重建面临诸多挑战，但近年来在油气成藏过程中的几个重要方面都取得长足发展，使得成藏过程的定量化重建很可能成为有机地球化学新的生长点和将来的发展方向。

成藏过程的定量化重建，需要生烃过程的定量化、排烃时间及排烃组分的定量化、充注时间的约束、聚集史及聚集过程的定量化。这些过程的定量化及其时–空匹配，构成一套完整的成藏过程重建工作，是一项地质–地球化学的综合性研究。

（一）生烃过程的定量化

生烃过程的定量化是以烃源岩的埋藏史–热史为基础，以动力学研究为核心，模拟地质条件下的生烃过程。近年来，生烃动力学的实验与研究是生烃过程研究最为活跃的领域之一，在科学研究和勘探实践中，均取得巨大成功。目前，生烃动力学不但能模拟烃源岩的生烃过程（Behar，Lorant，Mazeas，2008；Hartwig，di Primio，Anka et al.，2012），而且在生烃组分（张长春，陶伟，张馨等，2008）以及烃源灶时–空演化（郑松，陶伟，袁玉松等，2007）等的研究均取得较好成果。勘探早期，不同有机相的生烃动力学参数（Pepper and Corvi，1995）依然可以作为生烃过程研究的有效工具。生烃动力学为成藏过程的定量化重建奠定了重要基础。

（二）排烃过程的定量化

油气运移是个涉及学科面广、研究难度很大的复杂问题，是石油地质学中的永恒主题。由于地史过程中油气运移留下来的踪迹比较少，在实验室又难以模拟其过程，因此成为石油地质学中研究难度很大的课题（李明诚，2000），也是一个没有得到很好解决的大难题（李传亮，2006），一直是油气地球化学研究中非常具有挑战性的领域（Eseme, Littke, Krooss et al., 2007）。近年来，排烃动力学取得很大发展，已经发展出用沥青质热解动力学估计排烃时间（Dieckmann, Caccialanza, Galimberti, 2002）和用溶胀技术获得留烃动力学参数的方法（Wei, Zou, Cai et al., 2012；蔡玉兰，张馨，邹艳荣，2007；张馨，邹艳荣，蔡玉兰等，2008），结合烃源岩埋藏史、热史，预测排烃温度、地质时间及留-排烃的组分。

（三）油气充注期次和充注时间的约束

在储层和疏导层内，石油和天然气常常被捕集在包裹体中。流体包裹体可提供油气的来源、成熟度以及包裹体形成时的温度、压力信息，流体包裹体记录了油气充注的期次和包裹体形成的最低温度与充注期次。根据包裹体捕获度温度和捕获压力可以重建盆地的压力史（Aplin, Larter, Bigge et al., 2000；Wei, Zou, Cai et al., 2012；蔡玉兰，张馨，邹艳荣，2007；张馨，邹艳荣，蔡玉兰等，2008）、成藏时间（肖贤明，刘祖发，刘德汉等，2002），确定油气的运移方向（米敬奎，肖贤明，刘德汉等，2003）。

由于包裹体都寄生于次生矿物中，如次生黏土矿物、石英加大边、硅酸盐矿物等。这些次生矿物作为岩石胶结物或裂隙填充物形成于成岩过程中或成岩晚期。确定这些次生矿物的形成时间、温压条件是对包裹体捕获温度、捕获压力和充注时间的补充和约束。

（四）油气聚集过程

储存在油气藏中的油气，可能是一源多期或者多源多期油气运聚的结果。

对于天然气聚集历史和聚集过程，可以用同位素动力学模型加以恢复、重建。同位素动力学模型能在实验的基础上模拟天然气形成过程中稳定同位素的演化规律，能够把同位素演化与盆地的热史、埋藏史有效地联系起来，为天然气聚散过程的恢复提供手段与方法（Cramer, Krooss, Littke, 1998；Cramer, Faber, Gerling et al., 2001；Shuai, Peng, Zou et al., 2006；Tang, Perry, Jenden et al., 2000；Zou, Wang, Shuai et al., 2005；帅燕华，邹艳荣，彭平安，2003）。在实践过程中，如果用乙烷同位素动力学、干燥系数、油气比等指标的动力学研究与甲烷同位素动力学研究相结合，共同标定天然气的聚集历史效果会更好。

虽然石油聚集的地球化学指标要比天然气的指标多，但许多指标指示的地球化学含义往往不一致，甚至相互矛盾。在很大程度上是因为储层原油往往是多源多期富集的结果。因而，常规地球化学方法有时难以获得确切的成藏过程信息，需要用数理统计方法对这些混合信息进行分类、解混。对于原油的聚集过程，主要用定量的生物标志化合物（Peters, Ramos, Zumberge et al., 2008）和组分定量（Collister, Ehrlich, Mango et al., 2004；陶国亮，秦建中，腾格尔等，2010）的数据，结合化学计量学方法解析储层原油的聚集期次、端元和来源。化学计量学方法为石油聚集过程定量化研究提供了新的工具。

（五）成藏要素的时-空配置

实际上，油气的生-排烃过程、运-聚过程都不是孤立的，而是相互关联的。每个过程的定量化重建都是建立在地质演化的基础之上,特别是埋藏-热史资料的配合。因而,需要将各个成藏要素及其演化放入地质演化格架中,研究各动态成藏要素的时-空匹配。从油气的生成、排驱、运聚到成藏,各要素的时-空匹配,构成完整的成藏过程的定量化重建工作。成藏过程的定量化重建代表了油气地球化学未来的发展方向,值得深入研究。

三、新的成分与同位素测定新技术

先进仪器的应用是引发有机地球化学阶段发展的主要因素,今后这一特征将继续存在。近些年来,有机化合物分析仪器的水平有了长足的发展,出现了一些分离分析能力强大的仪器分析手段,必将大大推进有机地球化学相关研究领域的发展。下面介绍几种在有机地球化学领域具有良好应用前景的新的仪器分析手段。

(一) 傅里叶变换-离子回旋共振质谱仪 (FT-ICR MS)

根据化合物的极性,原油和沉积岩(物)中的可溶有机质可以分为非极性的烃类组分和极性的非烃类组分。烃类化合物的研究已经较为深入,常规仪器分析手段如 GC、GC-MS 和 LC-MS 等已经成为研究这一类化合物的成熟方法。与非极性的烃类化合物相比,极性化合物具有组成复杂、极性强、分子量大、难气化、易分解的特点,分离分析起来往往非常困难,因而对于极性化合物组成和结构方面的研究程度较低。电喷雾电离(ESI)-傅里叶变换离子回旋共振质谱(FT-ICR MS)是一种具有超高质量精确度和分辨率的质谱仪,最早应用在蛋白质、核酸等生物大分子的研究当中,国内外开始将其应用于原油和沉积物中含杂原子极性化合物的组成分析并开展了富有成效的工作(Hughey, Rodgers, Marshall et al., 2002, 2004; Kim, Stanford, Rodgers et al., 2005; Liao, Shi, Hsu et al., 2012; Marshall, Hendrickson, Jackson, 1998; Pan, Liao, Shi et al., 2013; Shi, Zhao, Xu et al., 2010; Rodgers, Schaub, Marshall, 2005)。FT-ICR MS 可以实现石油和沉积物里可溶有机质中极性化合物复杂质谱峰的完全分离分析,并根据精确质量确定分子的元素组成。结合电喷雾(ESI)、大气压光致电离(APPI)和大气压化学电离(APCI)基质辅助激光解吸离子化(MALDI)等软电离技术,可以直接实现对原油和沉积有机质中极性化合物分子组成的分析。

图 9-2 展示的是运用负离子 ESI FT-ICR MS 分别研究来自辽河油田(Liao, Shi, Hsu et al., 2012)和 Athabasca 油田(Pan, Liao, Shi et al., 2013)的两个重油的极性化合物化学组成的质谱图。辽河原油和 Athabasca 原油在分子量为 200~800 Da 的范围内均检测到超过 10000 个极性化合物出峰(信噪比 > 6σ),其中约 5000 个极性化合物可以根据精确质量获得准确的分子式,其中展示了在 m/z 361 处放大后的出峰情况,每一个峰均对应于唯一的分子式。FT-ICR MS 在分析石油极性化合物的组成方面相对于传统分析手段展现了巨大的优势,可以全面地展示原油中极性化合物的组成及其变化,未来还将进一步应用到有机地球化学和环境地球化学的诸多相关领域的研究中来,并发挥巨大作用。

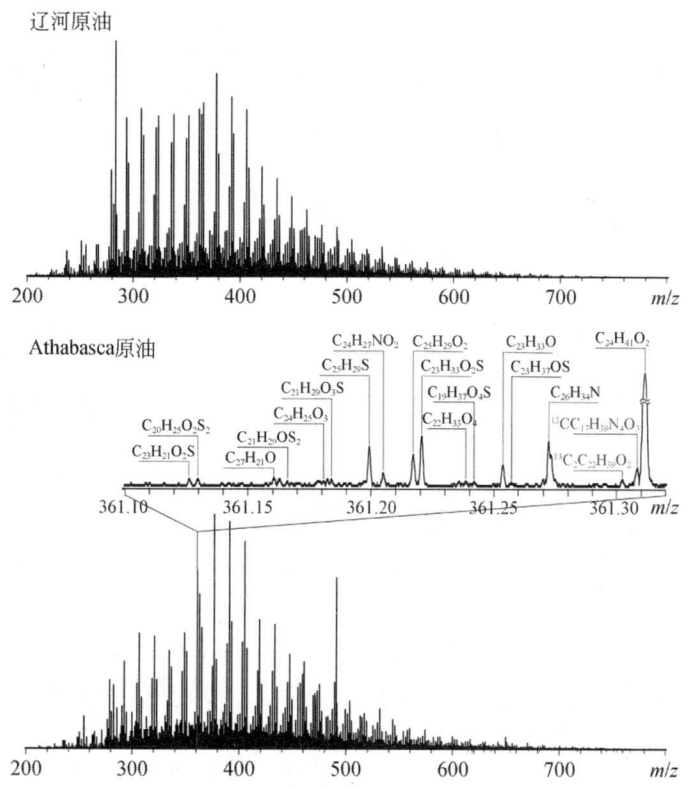

图 9-2 辽河原油和 Athabasca 原油的脱沥青质组分的负离子 ESI FT-ICR MS 质谱图

（二）全二维气相色谱（GC×GC）

20 世纪 90 年代初，Liu 和 Phillips（1991）首先提出了全二维气相色谱（GC×GC）方法。通过线性程序升温和固定相极性的改变这两者的共同作用，GC×GC 能够实现对复杂的原油和沉积物中的可溶有机质的正交分离。具体而言，它是将分离机理不同而又互相独立的两根色谱柱以串联的方式结合成二维气相色谱。第 1 根色谱柱分离后的每一个分馏，经调制器聚焦后以脉冲方式进入第 2 根色谱柱并得到进一步的分离，通过温度和极性的改变实现气相色谱分离特性的正交化。

根据分析目的不同，全二维 GC×GC 能够实现可溶有机质的族分离和目标化合物分离。根据化合物所属类型，GC×GC 谱图被明显地分割成不同的区带，每一区带代表特定的族，同一族化合物在其区带内按照沸点大小不同进行分离，如烷烃、环烷烃、单环芳烃和多环芳烃等分别分布在不同的区带内，这就是 GC×GC 的族分离。目标化合物分离则需要进一步将感兴趣的组分与其他组分及基体进行有效分离。GC×GC 的定性方法与一维色谱相比并没有本质的不同，但因为其分离能力强，充分消除了传统的一维色谱中"共流出"峰的影响，因此 GC×GC 分辨率大大增加，GC×GC 定性结果的可靠性比一维色谱强得多。GC×GC 也能对化合物实现定量分析，其定量分析的方法与一维色谱类似。在一维色谱中很难找到真正的基线，而在 GC×GC 谱图中有传统一维色谱中不存在的空白区域，因而容易确认真正的基线，峰的起点和终点都很容易识别，峰的积分结果也更可信（朱书奎，邢钧，吴采樱等，2005）。

总而言之，与通常的气相色谱相比，GC×GC 具有峰容量大（为两根柱各自峰容量的乘积）、分析速度快、分辨率高、族分离和瓦片效应等特点（Diehl and Di Sanzo，2005）。然而，GC×GC 作为一个全新的色谱技术，有许多难题仍需攻关，相信随着 GC×GC 仪器的进一步发展和完善，该技术将在复杂样品的分离和检测方面发挥举足轻重的作用。

（三）放射性碳同位素（^{14}C）测定技术

随着加速质谱技术的发展，天然放射性碳（^{14}C）作为一种重要的示踪元素及测年手段被广泛应用于考古学、生物地球化学、环境科学、海洋科学、沉积学和古气候学等研究领域，如总有机质的^{14}C常被用于沉积有机质的测年及其沉积速率的推算。在环境科学中，随着碳质气溶胶组分分离技术的进步，对有机碳（OC）和黑碳（BC）等组分中的^{14}C的研究获得重要进展。联合采用^{14}C和^{13}C技术能够为解决多种排放源的区分问题提供重要的手段，在大气碳质气溶胶源解析中具有不可替代的独特优势（张世春，王毅勇，童全松，2013）。以往^{14}C的测定对象多采用比较容易获得的总有机质，但总有机质的组成和来源复杂，往往可能导致其^{14}C测定结果不易解析，其^{14}C年龄并不能反映沉积形成的真实年龄（Eglinton，Aluwihare，Bauer et al.，1996；Eglinton，BenitezNelson，Pearson et al.，1997）。生物标志物具有来源明确、示踪性强的特点。生物标志物单体分子的放射性碳同位素分析（CSRA）是近十几年来发展起来的一项新兴的分析手段，将所需的生物标志物单体分子从复杂的环境样品基质中分离并富集，再进行加速质谱仪的放射性^{14}C测定。这种分子水平的放射性碳同位素测定技术能够揭示出总有机质同位素组成的异质性，为解释有机碳的来源、迁移和转化等提供了新型的手段，在诸多领域获得了较好的应用。如在海洋科学研究中，单体分子放射性碳同位素分析已被应用于计算碳在全球各储库的逗留时间并揭示和定量估算化石源有机碳的输入、指示沉积物的搬运过程、示踪微生物的代谢途径、改进沉积物年代学等；在环境科学研究中，单体分子放射性碳同位素分析可用于有毒物质（如多环芳烃）的源解析，示踪有机污染环境中微生物的代谢途径等。伴随着单体分子分离技术的改进及加速器质谱灵敏度的提高，CSRA 技术的应用会更加广泛。

（四）簇同位素测定技术

簇同位素方法的建立和应用是稳定同位素地球化学的一个新的突破，美国加州理工大学 Eiler 研究组（Eiler，2007；Ghosh，Adkins，Affek et al.，2006；Wang，Schauble，Eiler，2004）在簇同位素方法方面开展了一系列开创性工作。传统的同位素测定方法中每次只测定其中的一个同位素成分，例如分别测定甲烷的^{13}C成分或 D 成分，得到 $\delta^{13}C$ 或 δD 的值，是为一元同位素。而簇同位素（国外称为"Clumped isotope"）的成分可以指示更精确、更方便的信息，例如甲烷中^{13}C和一个 D 原子同时键接在一起形成$^{13}CH_3D$的分子的浓度。簇同位素的浓度一般都非常小，如$^{13}CH_3D$的浓度比$^{13}CH_4$低了约三个数量级，$^{13}CH_2D_2$的浓度比$^{13}CH_3D$约低六个数量级。因此簇元同位素往往需要使用精度极高的同位素质谱才能测定，且以往的研究多集中在碳酸岩、甲烷（CH_4）和二氧化碳等组成较简单的小分子化合物。在形成碳酸盐或甲烷时，不同的温度会形成不同的簇同位素的浓度，温度越低，含有簇同位素的化合物越稳定，因而其比例也越大。因此只需要知道目标化合物本身中二元同位素占的比例，就可以确定化合物的形成温度，从而避免了需要知道生成天然气的母体有机质的同位素成分这一难题。在不知道古海水氧位素信息的前提下，Eiler 的研究组最早用碳酸岩中 $^{13}C-^{18}O$（Δ47）的簇同位素的浓度来预测碳酸盐的形成温度。Passey 等（2010）、Suarez 等（2011）、Quade 等（2013）和季顺川等（2013）利用碳酸盐的簇同位素方法分别对全球多个地区土壤碳酸盐古温度进行了恢复重建。Passey 等（2010）对非洲和东亚土壤碳酸盐簇同位素的研究表明：Δ47 在东亚等中纬度地区可以作为平均暖季温度指标。而 Suarez 等（2011）对我国黄土高原的蓝田和保德地区 2~7.5 Ma 的研究结果显示，碳酸盐簇同位素温度代用指标得出的当时的土壤平均温度都与当地现代气象站点观测得到的（JJSA）平均大气温度类似。也有不少学者利用甲烷的簇同位素来判断甲烷的形成温度和成因（Stolper, Lawson, Davis et al., 2014；唐茂，赵辉，刘耘，2007）。随着高精度同位素质谱技术的发展，相信簇同位素的应用将越来越广泛。

第四节 中国有机地球化学学科研究应重视的领域

根据国际有机地球化学发展的态势和我国有机地球化学的研究现状，下列领域的研究应予以重视：①加强生物有机质与沉积有机质的转化研究，阐明各种环境过程特别是微生物在这一过程中的作用，并寻找相应的地质地球化学记录，为古生物地球化学过程的重建提供科学依据。②加强不同地质体有机质的物理与化学非均质性研究，解释不同碳库有机质的转化规律。业已证明地质体有机质在形态和组成上是高度非均质性的，但这些物质的化学结构及与之对应的物理性质，如孔隙性、吸附/解吸附性、膨胀性以及反应性等目前还了解得不够，而这些性质与碳循环的速率与归势、与地质有机质作为主要载体的有机污染物环境行为、石油天然气生成、水气的迁移等重要地球科学问题密切相关，研究它具有十分重要的意义。③加强石油天然气成藏地球化学研究，发展成藏节点即烃源岩、疏导层、储层、盖层与成藏过程即生烃、排烃、充注、改造等定量化的研究方法与技术，使之可以用于不同盆地的油气成藏研究，为成熟盆地的油气勘探服务。④加强高成熟阶段有机质与矿物、岩石、水相互作用的研究，寻找定量化表征这些作用的地球化学手段与记录。在高成熟阶段，氧化还原反应变得越来越重要，不像在成熟阶段涉及有机质的反应主要是热裂解反应。由于反应机理十分复杂，定量化表征这些过程还有一定的难度，这可能是今后几十年内应研究的内容，这些研究无疑会对深部油气勘探产生重要的影响。⑤加强沉积有机质或原油在微生物参与下的氧化过程研究，揭示生物降解、风化过程对有机质结构与组成的影响。有机质再改造过程是十分普遍的现象，如重质原油多数是由这一过程形成的，它的研究无疑会对重油的勘探带来十分重要的影响。

可以预测未来五至十年我国有机地球化学可能出现的新技术有：①新的分子与同位素测定技术，如簇同位素检测技术等；②与全球变化有关的温度、CO_2 分压、水汽、植被等定量化有机地球化学新指标；③大气、水体、沉积物有机质成分、结构研究新方法；④成藏地球化学研究技术与方法；⑤原油与天然气的 TSR 等后生作用示踪新指标；⑥原油与天然气的热蚀变、生物降解与氧化作用的预测技术等。

有机地球化学的发展与化学、生物学的发展紧密相连，今后的有机地球化学仍然必须与化学、生物学交叉才能有所突破。化学学科近几年来发展迅速的领域如超分子化学、生物化学、分析化学等都能对有机地球化学的发展产生重要影响。有机地球化学中微生物过程的研究更是离不开与生物学的交叉，只有与微生物学家合作才能将水柱过程、有机质氧化过程等研究清楚。新的化学、生物学手段与方法的应用必将大大地推动有机地球化学学科的发展。

主要参考文献

蔡玉兰，张馨，邹艳荣.2007. 溶胀——研究石油初次运移的新途径. 地球化学, 36（4）：351~356

陈建平，邓春萍，王汇彤等.2006. 中国西北侏罗纪煤系显微组分生烃潜力、产物地球化学特征及其意义. 地球化学, 35（1）：81~87

陈军红，傅家谟，盛国英等.1990. 四环三萜烷的一个新系列生物标志物——羊毛甾烷（C_{30}-C_{32}）. 中国科学（B辑），（6）：632~638

程克明.1994. 吐哈盆地油气生成. 北京：石油工业出版社, 1~200

戴金星.1979. 成煤作用中形成的天然气和石油. 石油勘探与开发,（3）：10~17

戴金星.2009. 中国煤成气研究30年来勘探的重大进展. 石油勘探与开发, 36（3）：264~279

戴金星，倪云燕，黄士鹏等.2014. 煤成气研究对中国天然气工业发展的重要意义. 天然气地球科学, 25（1）：1~22

傅家谟和史继扬.1975. 石油演化理论与实践（Ⅰ）——石油演化的机理与石油演化的阶段. 地球化学,（2）：87~110, 159

傅家谟和史继扬.1977. 石油演化理论与实践（Ⅱ）——石油演化的实践模型和石油演化的实践意义. 地球化学,（2）：87~104

傅家谟，盛国英，江继纲.1985. 膏盐沉积盆地形成的未成熟石油. 石油与天然气地质, 6（2）：150~158

傅家谟，刘德汉，盛国英等.1990. 煤成烃地球化学. 北京：科学出版社, 1~372

黄第藩和李晋超.1987. 陆相沉积中的未熟石油及其意义. 石油学报, 8（1）：1~9

黄第藩和王兰生.2008. 川西北矿山梁地区沥青脉地球化学特征及其意义. 石油学报, 29（1）：23~28

黄第藩，秦匡宗，王铁冠等.1995. 煤成油的形成与成烃机理. 北京：石油工业出版社, 1~420

黄第藩，张大江，王培荣等.2003. 中国未成熟石油成因机制和成藏条件. 北京：石油工业出版社, 1~677

季顺川，彭廷江，聂军胜等.2013. 黄土高原微生物膜类脂物和碳酸盐二元同位素重建古温度的研究进展. 海洋地质与第四纪地质, 33（3）：151~158

姜在兴和肖尚斌.1998. 渤海湾盆地深部油气资源. 勘探家, 3（1）：16~19, 16

焦念志.2012. 海洋固碳与储碳——并论微型生物在其中的重要作用. 中国科学（D辑），42（10）：1473~1486

金之钧.2011. 中国海相碳酸盐岩层系油气形成与富集规律. 中国科学（D辑），41（7）：910~926

李传亮.2006. 油气初次运移模型研究. 新疆石油地质, 27（2）：247~250

李明诚.2000. 石油与天然气运移研究综述. 石油勘探与开发, 27（4）：3~10, 109, 117

李小地.1994. 中国深部油气藏的形成与分布初探. 石油勘探与开发, 21（1）：34~39, 125

刘德汉，傅家谟，肖贤明等.2005. 煤成烃的成因与评价. 石油勘探与开发, 32（4）：137~141

刘文汇，黄第藩，熊传武等.1999. 成烃理论的发展及国外未熟—低熟油气的分布与研究现状. 天然气地球科学, 10（1-2）：1~22

刘文汇和徐永昌.1999. 煤型气碳同位素演化二阶段分馏模式及机理. 地球化学, 28（4）：359~366

刘文汇，徐永昌，史继扬等.1998. 生物-热催化过渡带气. 北京：科学出版社, 1~232

刘文汇，王杰，腾格尔等.2012. 中国海相层系多元生烃及其示踪技术. 石油学报, 33（S1）：115~125

卢鸿，孙永革，彭平安.2004. 轮南油田原油中三甲基苯基异戊二烯化合物的检出及其意义. 高校地质

学报，10（2）：283～289

马永生，蔡勋育，李国雄.2005.四川盆地普光大型气藏基本特征及成藏富集规律.地质学报，79（6）：858～865

米敬奎，肖贤明，刘德汉等.2003.利用包裹体信息研究鄂尔多斯盆地上古生界深盆气的运移规律.石油学报，24（5）：46～51

庞雄奇，李素梅，金之钧等.2004.渤海湾盆地八面河地区油气运聚与成藏特征分析.中国科学（D辑），34（S1）：152～161

庞雄奇，周新源，姜振学等.2012.叠合盆地油气藏形成、演化与预测评价.地质学报，86（1）：1～103

彭平安，傅家谟，盛国英等.1989.膏盐沉积环境浅成烃类的有机地球化学特征.中国科学（B辑），（1）：84～92

彭平安，盛国英，傅家谟等.1998.高硫未成熟原油非干酪根成因的证据.科学通报，43（6）：636～638

彭平安，盛国英，傅家谟等.2000.盐湖沉积环境未成熟油的成因与碳酸盐沉积阶段沉积的有机质有关.科学通报，45（S1）：2689～2694

彭平安，刘大永，秦艳等.2008.海相碳酸盐岩烃源岩评价的有机碳下限问题.地球化学，37（4）：415～422

彭平安，邹艳荣，傅家谟.2009.煤成气生成动力学研究进展.石油勘探与开发，36（3）：297～306

盛国英，傅家谟，Brassell S C等.1986.膏盐盆地高硫原油中的长链烷基噻吩类化合物.地球化学，（2）：138～146

史继扬和向明菊.2000.未熟和低熟烃源岩中脂肪酸的赋存形式与分布特征.科学通报，45（16）：1771～1776

帅燕华，邹艳荣，彭平安.2003.天然气甲烷碳同位素动力学模型与地质应用新进展.地球科学进展，18（3）：405～411

宋岩，戴金星，李先奇等.1998.中国大中型气田主要地球化学和地质特征.石油学报，19（1）：11～15，13

孙可.2007.珠江三角洲地区土壤和沉积物中凝聚态有机质及其对有机污染物吸附行为的影响.中国科学院研究生院博士学位论文

唐茂，赵辉，刘耘.2007.天然气中甲烷和CO_2的二元同位素特征.矿物学报，27（3-4）：396～399

陶国亮，秦建中，腾格尔等.2010.塔河油田混源油地球化学及多元数理统计学对比研究.高校地质学报，16（4）：527～538

王兰生，韩克猷，谢邦华等.2005.龙门山推覆构造带北段油气田形成条件探讨.天然气工业，25（S1）：1～5，14

王铁冠.1990.燕山东段上元古界含沥青砂岩中一个新三环萜烷系列生物标志物.中国科学（B辑），（10）：1077～1085

王铁冠，钟宁宁，侯读杰.1993.煤成油有机地球化学和有机岩石学研究.见：杨光华主编.石油高等教育四十周年科学研究论文集.东营：中国石油大学出版社，1～10

王铁冠，钟宁宁，侯读杰等.1996.陆相湖盆生物类脂物早期生烃机制研究.中国科学（D辑），26（6）：518～524

王庭斌，董立，张亚雄.2014.中国与煤成气相关的大型、特大型气田分布特征及启示.石油与天然气地质，35（2）：167～182

王招明.2014.塔里木盆地库车坳陷克拉苏盐下深层大气田形成机制与富集规律.天然气地球科学，25（2）：153～166

肖贤明.1991.中国煤及生油岩中树脂体的成因类型及成烃特征.石油勘探与开发，（4）：33～39，101

肖贤明，刘祖发，刘德汉等.2002.应用储层流体包裹体信息研究天然气气藏的成藏时间.科学通报，

47（12）：957~960

熊永强，耿安松，王云鹏等．2001．干酪根二次生烃动力学模拟实验研究．中国科学（D辑），31（4）：315~320

徐永昌．1994．天然气成因理论及应用．北京：科学出版社，189~222

徐水昌，沈平，刘文汇等．2001．未熟—低熟油的同位素组成特征及判识标志．科学通报，46（10）：867~872

杨琛．2004．煤中干酪根的非均质性与疏水性有机污染物的吸附–解吸行为间的关系．中国科学院研究生院博士学位论文

翟光明，王世洪，何文渊．2012．近十年全球油气勘探热点趋向与启示．石油学报，33（S1）：14~19

张世春，王毅勇，童全松．2013．碳同位素技术在碳质气溶胶源解析中应用的研究进展．地球科学进展，28（1）：62~70

张水昌和朱光有．2007．中国沉积盆地大中型气田分布与天然气成因．中国科学（D辑），37（S2）：1~11

张水昌，张宝民，边立曾等．2007．8亿多年前由红藻堆积而成的下马岭组油页岩．中国科学（D辑），37（5）：636~643

张水昌，张斌，杨海军等．2012．塔里木盆地喜马拉雅晚期油气藏调整与改造．石油勘探与开发，39（6）：668~680

张馨，邹艳荣，蔡玉兰等．2008．原油族组分在煤中留存能力的研究．地球化学，37（3）：233~238

张长春，陶伟，张馨等．2008．吐哈盆地丘东次凹低熟气的生成与动力学研究．沉积学报，26（5）：857~863

赵孟军，卢双舫，王庭栋等．2002．克拉2气田天然气地球化学特征与成藏过程．科学通报，47（S1）：109~115

赵文智，王红军，钱凯．2009．中国煤成气理论发展及其在天然气工业发展中的地位．石油勘探与开发，36（3）：280~289

赵文智，朱光有，苏劲等．2012．中国海相油气多期充注与成藏聚集模式研究——以塔里木盆地轮古东地区为例．岩石学报，28（3）：709~721

郑松，陶伟，袁玉松等．2007．鄂尔多斯盆地上古生界气源灶评价．天然气地球科学，18（3）：440~446

钟宁宁和陈恭洋．2009．中国主要煤系倾气倾油性主控因素．石油勘探与开发，36（3）：331~338

钟宁宁，王铁冠，熊波等．1995．煤系低熟油形成机制及其意义．江汉石油学院学报，17（1）：1~7

周中毅和盛国英．1985．塔里木盆地古地温与深部找油（气）前景．地球化学，（3）：236~241

周中毅，刘德汉，盛国英．1983．新疆某地区古地温地质模式与生油期推断．沉积学报，1（2）：143~152

朱书奎，邢钧，吴采樱．2005．全二维气相色谱的原理、方法及应用概述．分析科学学报，21（3）：332~336

邹才能，杜金虎，徐春春等．2014．四川盆地震旦系—寒武系特大型气田形成分布、资源潜力及勘探发现．石油勘探与开发，41（3）：278~293

邹艳荣和彭平安．2005．油气成烃成藏地球化学研究进展．见：张本仁和傅家谟主编．地球化学进展．北京：化学工业出版社，361~382

Andersson A J and Mackenzie F T. 2004. Shallow-water oceans: a source or sink of atmospheric CO_2? *Frontiers in Ecology and the Environment*, 2（7）：348~353

Aplin A C, Larter S R, Bigge M A et al. 2000. PVTX history of the North Sea's Judy oilfield. *Journal of Geochemical Exploration*, 69：641~644

Behar F, Kressmann S, Rudkiewicz J L et al. 1992. Experimental simulation in a confined system and kinetic modelling of kerogen and oil cracking. *Organic Geochemistry*, 19 (1-3): 173~189

Behar F, Lorant F, Mazeas L. 2008. Elaboration of a new compositional kinetic schema for oil cracking. *Organic Geochemistry*, 39 (6): 764~782

Bird C W, Lynch J M, Pirt F J et al. 1971. Steroids and squalene in Methylococcus capsulatus grown on methane. *Nature*, 230: 473~474

Bouvier P, Rohmer M, Benveniste P et al. 1976. $\Delta^{8(14)}$ Steroids in the bacterium Methylococcus capsulatus. *Biochemistry*, 159: 267~271

Cai Z and Jiang G. 2006. Determination of polybrominated diphenyl ethers in soil from E-waste recycling site. *Talanta*, 70 (1): 88~90

Caldwell D E and Tiedje J M. 1975a. A morphological study of anaerobic bacteria from the hypolimnia of two Michigan lakes. *Canadian Journal of Microbiology*, 21 (3): 362~376

Caldwell D E and Tiedje J M. 1975b. The structure of anaerobic bacterial communities in the hypolimnia of several Michigan lakes. *Canadian Journal of Microbiology*, 21 (3): 377~385

Chang H, Hu J Y, Shao B. 2007. Occurrence of natural and synthetic glucocorticoids in sewage treatment plants and receiving river waters. *Environmental Science and Technology*, 41 (10): 3462~3468

Chang H, Wan Y, Wu S M et al. 2011. Occurrence of androgens and progestogens in wastewater treatment plants and receiving river waters: Comparison to estrogens. *Water Research*, 45 (2): 732~740

Chen D H, Bi X H, Zhao J P et al. 2009. Pollution characterization and diurnal variation of PBDEs in the atmosphere of an E-waste dismantling region. *Environmental Pollution*, 157 (3): 1051~1057

Chen F, Ying G G, Kong L X et al. 2011. Distribution and accumulation of endocrine-disrupting chemicals and pharmaceuticals in wastewater irrigated soils in Hebei, China. *Environmental Pollution*, 159 (6): 1490~1498

Chen L G, Mai B X, Bi X H et al. 2006a. Concentration levels, compositional profiles, and gas-particle partitioning of polybrominated diphenyl ethers in the atmosphere of an urban city in South China. *Environmental Science and Technology*, 40 (4): 1190~1196

Chen S J, Gao X J, Mai B X et al. 2006b. Polybrominated diphenyl ethers in surface sediments of the Yangtze River Delta: Levels, distribution and potential hydrodynamic influence. *Environmental Pollution*, 144 (3): 951~957

Chen S J, Luo X J, Liu Z et al. 2007. Time trends of polybrominated diphenyl ethers in sediment cores from the pearl river estuary, south china. *Environmental Science and Technology*, 41 (16): 5595~5600

Chen S J, Feng A H, He M J et al. 2013. Current levels and composition profiles of PBDEs and alternative flame retardants in surface sediments from the Pearl River Delta, southern China: Comparison with historical data. *Science of the Total Environment*, 444: 205~211

Chen Z F, Ying G G, Ma Y B et al. 2013. Occurrence and dissipation of three azole biocides climbazole, clotrimazole and miconazole in biosolid-amended soils. *Science of The Total Environment*, 452-453: 377~383

Chen Z F, Ying G G, Liu Y S et al. 2014. Triclosan as a surrogate for household biocides: An investigation into biocides in aquatic environments of a highly urbanized region. *Water Research*, 58: 269~279

Cheng H R, Lin T, Zhang G et al. 2014. DDTs and HCHs in sediment cores from the Tibetan Plateau. *Chemosphere*, 94: 183~189

Chu G Q, Sun Q, Li S Q et al. 2005. Long-chain alkenone distributions and temperature dependence in lacustrine surface sediments from China. *Geochimica et Cosmochimica Acta*, 69 (21): 4985~5003

Chu G Q, Sun Q, Wang X H et al. 2012. Seasonal temperature variability during the past 1600 years recorded in historical documents and varved lake sediment profiles from northeastern China. *Holocene*, 22 (7): 785~792

Collister J, Ehrlich R, Mango F et al. 2004. Modification of the petroleum system concept: Origins of alkanes and isoprenoids in crude oils. *AAPG Bulletin*, 88 (5): 587~611

Cramer B, Faber E, Gerling P et al. 2001. Reaction kinetics of stable carbon isotopes in natural gas-insights from dry, open system pyrolysis experiments. *Energy & Fuels*, 15 (3): 517~532

Cramer B, Krooss B M, Littke R. 1998. Modelling isotope fractionation during primary cracking of natural gas: a reaction kinetic approach. *Chemical Geology*, 149 (3-4): 235~250

Damste J S S, Kuypers M M M, Pancost R D et al. 2008. The carbon isotopic response of algae, (cyano) bacteria, archaea and higher plants to the late Cenomanian perturbation of the global carbon cycle: Insights from biomarkers in black shales from the Cape Verde Basin (DSDP Site 367). *Organic Geochemistry*, 39 (12): 1703~1718

Deng W J, Zheng J S, Bi X H et al. 2007. Distribution of PBDEs in air particles from an electronic waste recycling site compared with Guangzhou and Hong Kong, South China. *Environment International*, 33 (8): 1063~1069

Dieckmann V, Caccialanza P G, Galimberti R. 2002. Evaluating the timing of oil expulsion: About the inverse behaviour of light hydrocarbons and oil asphaltene kinetics. *Organic Geochemistry*, 33 (12): 1501~1513

Diehl J W and Di Sanzo F P. 2005. Determination of aromatic hydrocarbons in gasolines by flow modulated comprehensive two-dimensional gas chromatography. *Journal of Chromatography A*, 1080 (2): 157~165

Ding X, Wang X M, Wang Q Y et al. 2009. Atmospheric DDTs over the North Pacific Ocean and the adjacent Arctic region: Spatial distribution, congener patterns and source implication. *Atmospheric Environment*, 43 (28): 4319~4326

Dominé F and Enguehard F. 1992. Kinetics of hexane pyrolysis at very high pressures - 3. Application to geochemical modeling. *Organic Geochemistry*, 18 (1): 41~49

Eglinton T I, Aluwihare L I, Bauer J E et al. 1996. Gas chromatographic isolation of individual compounds from complex matrices for radiocarbon dating. *Analytical Chemistry*, 68 (5): 904~912

Eglinton T I, Benitez Nelson B C, Pearson A et al. 1997. Variability in radiocarbon ages of individual organic compounds from marine sediments. *Science*, 277 (5 327): 796~799

Eiler J M. 2007. "Clumped-isotope" geochemistry- The study of naturally-occurring, multiply-substituted isotopologues. *Earth and Planetary Science Letters*, 262 (3-4): 309~327

Eseme E, Littke R, Krooss B M et al. 2007. Experimental investigation of the compositional variation of petroleum during primary migration. *Organic Geochemistry*, 38 (8): 1373~1397

Fang H, Gao Y, Li G et al. 2013. Advanced oxidation kinetics and mechanism of preservative propylparaben degradation in aqueous suspension of TiO_2 and risk assessment of its degradation products. *Environmental Science and Technology*, 47 (6): 2704~2712

Forster A, Kuypers M M M, Turgeon S C et al. 2008. The Cenomanian/Turonian oceanic anoxic event in the South Atlantic: New insights from a geochemical study of DSDP Site 530A. *Palaeogeography Palaeoclimatology Palaeoecology*, 267 (3-4): 256~283

Fu J, Sheng G Y, Peng P A et al. 1986. Peculiarities of salt lake-sediments as potential source rocks in China. *Organic Geochemistry*, 10 (1-3): 119~126

Fusetti L, Behar F, Grice K et al. 2010. New insights into secondary gas generation from the thermal cracking of oil: Methylated mono-aromatics. A kinetic approach using 1, 2, 4-trimethylbenzene. Part II: An empirical kinetic model. *Organic Geochemistry*, 41 (2): 168~176

Gao Y, Zhang H J, Su F et al. 1986. Environmental occurrence and distribution of short chain chlorinated paraffins in sediments and soils from the Liaohe River Basin, P. R. China. *Environmental Science and Technology*, 46 (7): 3771~3778

Ghosh P, Adkins J, Affek H et al. 2006. ^{13}C-^{18}O bonds in carbonate minerals: A new kind of paleothermometer. *Geochimica et Cosmochimica Acta*, 70 (6): 1439~1456

Gong Z M, Tao S, Xu F L et al. 2004. Level and distribution of DDT in surface soils from Tianjin, China. *Chemosphere*, 54 (8): 1247~1253

Hartwig A, di Primio R, Anka Z et al. 2012. Source rock characteristics and compositional kinetic models of Cretaceous organic rich black shales offshore southwestern Africa. *Organic Geochemistry*, 51: 17~34

Hayes J M, Freeman K H, Popp B N et al. 1990. Compound-specific isotopic analyses - A novel tool for reconstruction of ancient biogeochemical processes. *Organic Geochemistry*, 16 (4-6): 1115~1128

He J, Zhao M X, Wang P X et al. 2013a. Changes in phytoplankton productivity and community structure in the northern South China Sea during the past 260 ka. *Palaeogeography Palaeoclimatology Palaeoecology*, 392: 312~323

He Y X, Zhao C, Wang Z et al. 2013b. Late Holocene coupled moisture and temperature changes on the northern Tibetan Plateau. *Quaternary Science Reviews*, 80: 47~57

Hou L, Xie Y, Ying G et al. 2013. Developmental and reproductive characteristics of western mosquitofish (Gambusia affinis) exposed to paper mill effluent in the Dengcun River, Sihui, South China. *Aquatic Toxicology*, 103 (3-4): 140~149

Hu G C, Xu Z C, Dai J Y et al. 2010. Distribution of polybrominated diphenyl ethers and decabromodiphenylethane in surface sediments from Fuhe River and Baiyangdian Lake, North China. *Journal of Environmental Sciences-China*, 22 (12): 1833~1839

Hughey C A, Rodgers R P, Marshall A G et al. 2002. Identification of acidic NSO compounds in crude oils of different geochemical origins by negative ion electrospray Fourier transform ion cyclotron resonance mass spectrometry. *Organic Geochemistry*, 33 (7): 743~759

Hughey C A, Rodgers R P, Marshall A G et al. 2004. Acidic and neutral polar NSO compounds in Smackover oils of different thermal maturity revealed by electrospray high field Fourier transform ion cyclotron resonance mass spectrometry. *Organic Geochemistry*, 35 (7): 863~880

Hunt J M. 1979. Petroleum Geochemistry and Geology. San Francisco: W H Freeman and Company, 1~617

Jia G, Li Z, Peng P A et al. 2012. Aeolian n-alkane isotopic evidence from North Pacific for a Late Miocene decline of C_4 plant in the arid Asian interior. *Earth and Planetary Science Letters*, 321-322: 32~40

Jia G D, Peng P A, Zhao Q H et al. 2003. Changes in terrestrial ecosystem since 30 Ma in East Asia: Stable isotope evidence from black carbon in the South China Sea. *Geology*, 31 (12): 1093~1096

Jia G D, Chen F J, Peng P A. 2008. Sea surface temperature differences between the western equatorial Pacific and northern South China Sea since the Pliocene and their paleoclimatic implications. *Geophysical Research Letters*, 35 (18): L18609

Jia G D, Wei K, Chen F J et al. 2008. Soil n-alkane delta D vs. altitude gradients along Mount Gongga, China. *Geochimica et Cosmochimica Acta*, 72 (21): 5165~5174

Jia G D, Rao Z G, Zhang J et al. 2013. Tetraether biomarker records from a loess-paleosol sequence in the western Chinese Loess Plateau. *Frontiers in Microbiology*, 4: article199

Jia G D, Zhang J, Chen J F et al. 2013. Archaeal tetraether lipids record subsurface water temperature in the South China Sea. *Organic Geochemistry* 50: 68~77

Jin J, Liu W Z, Wang Y et al. 2008. Levels and distribution of polybrominated diphenyl ethers in plant, shellfish and sediment samples from Laizhou Bay in China. *Chemosphere*, 71 (6): 1043~1050

Kang Y, Sheng G, Fu J et al. 2000. Polychlorinated biphenyls in surface sediments from the Pearl River Delta and Macau. *Marine Pollution Bulletin*, 40 (9): 794~797

Kim S, Stanford L A, Rodgers R P et al. 2005. Microbial alteration of the acidic and neutral polar NSO compounds revealed by Fourier transform ion cyclotron resonance mass spectrometry. *Organic Geochemistry*, 36 (8): 1117~1134

Kong D M, Zong Y Q, Jia G D et al. 2014. The development of late Holocene coastal cooling in the northern South China Sea. *Quaternary International*, 349: 300~307

Lai H J, Ying G G, Ma Y B et al. 2014. Occurrence and dissipation of benzotriazoles and benzotriazole ultraviolet stabilizers in biosolid-amended soils. *Environmental Toxicology and Chemistry*, 33 (4): 761~767

Li D W, Zhao M X, Tian J et al. 2013. Comparison and implication of TEX_{86} and $U_{37}^{K'}$ temperature records over the last 356 kyr. of ODP Site 1147 from the northern South China Sea. *Palaeogeography Palaeoclimatology Palaeoecology*, 376: 213~223

Li J, Zhang G, Li X D et al. 2006. Source seasonality of polycyclic aromatic hydrocarbons (PAHs) in a subtropical city, Guangzhou, South China. *Science of the Total Environment*, 355 (1-3): 145~155

Li J, Zhang G, Qi S H et al. 2006. Concentrations, enantiomeric compositions, and sources of HCH, DDT and chlordane in soils from the Pearl River Delta, South China. *Science of the Total Environment*, 372 (1): 215~224

Li J, Zhang G, Guo L L et al. 2007. Organochlorine pesticides in the atmosphere of Guangzhou and Hong Kong: Regional sources and long-range atmospheric transport. *Atmospheric Environment*, 41 (18): 3889~3903

Li L, Li Q Y, Tian J et al. 2011. A 4-Ma record of thermal evolution in the tropical western Pacific and its implications on climate change. *Earth and Planetary Science Letters*, 309 (1-2): 10~20

Li W, Wang C, Wang H et al. 2014. Atmospheric polycyclic aromatic hydrocarbons in rural and urban areas of northern China. *Environmental Pollution*, 192: 83~90

Liao Y H, Shi Q, Hsu C S et al. 2012. Distribution of acids and nitrogen-containing compounds in biodegraded oils of the Liaohe Basin by negative ion ESI FT-ICR MS. *Organic Geochemistry*, 47: 51~65

Lin T, Hu L M, Shi X F et al. 2012. Distribution and sources of organochlorine pesticides in sediments of the coastal East China Sea. *Marine Pollution Bulletin*, 64 (8): 1549~1555

Ling Z H, Xu D Y, Zou S C et al. 2011. Characterizing the gas-phase organochlorine pesticides in the atmosphere over the Pearl River Delta Region. *Aerosol and Air Quality Research*, 11 (3): 238~246

Liu D, Ma J, Qiu X H et al. 2014. Gridded field observations of polybrominated diphenyl ethers in soils of North China. *Archives of Environmental Contamination and Toxicology*, 66 (4): 482~490

Liu G Q, Zhang G, Li X D et al. 2005. Sedimentary record of polycyclic aromatic hydrocarbons in a sediment core from the Pearl River Estuary, South China. *Marine Pollution Bulletin*, 51 (8-12): 912~921

Liu S, Ying G G, Liu Y S et al. 2013. Degradation of norgestrel by bacteria from activated sludge: Comparison to progesterone. *Environmental Science and Technology*, 47 (18): 10 266~10 276

Liu S Z, Tao S, Liu W X et al. 2007. Atmospheric polycyclic aromatic hydrocarbons in north China: A wintertime study. *Environmental Science and Technology*, 41 (24): 8256~8261

Liu S Z, Tao S, Liu W X et al. 2008. Seasonal and spatial occurrence and distribution of atmospheric polycyclic aromatic hydrocarbons (PAHs) in rural and urban areas of the North Chinese Plain. *Environmental Pollution*, 156 (3): 651~656

Liu W and Huang Y. 2005. Compound specific D/H ratios and molecular distributions of higher plant leaf waxes as novel paleoenvironmental indicators in the Chinese Loess Plateau. *Organic Geochemistry*, 36 (6): 851~860

Liu W G and Yang H. 2008. Multiple controls for the variability of hydrogen isotopic compositions in higher plant n-alkanes from modern ecosystems. *Global Change Biology*, 14 (9): 2166~2177

Liu W G, Huang Y S, An Z S et al. 2005. Summer monsoon intensity controls C_4/C_3 plant abundance during the last 35 ka in the Chinese Loess Plateau: Carbon isotope evidence from bulk organic matter and individual leaf waxes. *Palaeogeography Palaeoclimatology Palaeoecology*, 220 (3-4): 243~254

Liu W G, Yang H, Li L W. 2006. Hydrogen isotopic compositions of n-alkanes from terrestrial plants correlate with their ecological life forms. *Oecologia*, 150 (2): 330~338

Liu X, Zhang G, Li J et al. 2009. Seasonal patterns and current sources of DDTs, chlordanes, hexachlorobenzene, and endosulfan in the atmosphere of 37 Chinese Cities. *Environmental Science and Technology*, 43 (5): 1316~1321

Liu Z and Phillips J B. 1991. Comprehensive two-dimensional gas chromatography using an on-column thermal modulator interface. *Journal of Chromatographic Science*, 29 (6): 227~231

Lu H, Shen C C, Zhang Z R et al. 2015. 2, 3, 6-/2, 3, 4-Aryl isoprenoids in Paleocene crude oils from Chinese Jianghan Basin: Constrained by water column stratification. *Energy & Fuels*, 29 (8): 4690~4700

Lu H, Sheng G Y, Peng P A et al. 2011. Identification of C_{24} and C_{25} lanostanes in Tertiary sulfur rich crude oils from the Jinxian Sag, Bohai Bay Basin, Northern China. *Organic Geochemistry*, 42 (2): 146~155

Luo G M, Wang Y B A, Grice K et al. 2013. Microbial-algal community changes during the latest Permian ecological crisis: Evidence from lipid biomarkers at Cili, South China. *Global and Planetary Change*, 105: 36~51

Luo P, Peng P A, Gleixner G et al. 2011. Empirical relationship between leaf wax n-alkane delta D and altitude in the Wuyi, Shennongjia and Tianshan Mountains, China: Implications for paleoaltimetry. *Earth and Planetary Science Letters*, 301 (1-2): 285~296

Luo X J, Chen S J, Mai B X et al. 2006. Polycyclic aromatic hydrocarbons in suspended particulate matter and sediments from the Pearl River Estuary and adjacent coastal areas, China. *Environmental Pollution*, 139 (1): 9~20

Luo Y, Mao D, Rysz M et al. 2010. Trends in antibiotic resistance genes occurrence in the Haihe River, China. *Environmental Science and Technology*, 44 (19): 7220~7225

Mai B X, Fu H M, Sheng G Y et al. 2002. Chlorinated and polycyclic aromatic hydrocarbons in riverine and estuarine sediments from Pearl River Delta, China. *Environmental Pollution*, 117 (3): 457~474

Mai B X, Qi S H, Zeng E Y et al. 2003. Distribution of polycyclic aromatic hydrocarbons in the coastal region off Macao, China: Assessment of input sources and transport pathways using compositional analysis. *Environmental Science and Technology*, 37: 4855~4863

Mai B X, Chen S J, Luo X J et al. 2005. Distribution of polybrominated diphenyl ethers in sediments of the Pearl River Delta and adjacent South China Sea. *Environmental Science and Technology*, 39 (10): 3521~3527

Mai B X, Zeng E Y, Luo X J et al. 2005. Abundances, depositional fluxes, and homologue patterns of polychlorinated biphenyls in dated sediment cores from the Pearl River Delta, China. *Environmental Science and Technology*, 39: 49~56

Marshall A G, Hendrickson C L, Jackson G S. 1998. Fourier transform ion cyclotron resonance mass spectrometry: A primer. *Mass Spectrometry Reviews*, 17 (1): 1~35

Martinez M T, Benito A M, Callejas M A. 1997. Thermal cracking of coal residues: Kinetics of asphaltene decomposition. *Fuel*, 76 (9): 871~877

Pan Y D, Birdsey R A, Fang J Y et al. 2011. A large and persistent carbon sink in the world's forests. *Science*, 333 (6045): 988~993

Pan Y H, Liao Y H, Shi Q et al. 2013. Acidic and neutral polar NSO compounds in heavily biodegraded oils characterized by negative-ion ESI FT-ICR MS. *Energy & Fuels*, 27 (6): 2960~2973

Pan C G, Ying G G, Zhao J L et al. 2014. Spatiotemporal distribution and mass loadings of perfluoroalkyl substances in the Yangtze River of China. Science of the Total Environment, 493: 580~587

Pan C G, Zhao J L, Liu Y S et al. 2014. Bioaccumulation and risk assessment of per- and polyfluoroalkyl substances in wild freshwater fish from rivers in the Pearl River Delta region, South China. Ecotoxicology and Environmental Safety, 107: 192~199

Passey B H, Levin N E, Cerling T E et al. 2010. High-temperature environments of human evolution in East Africa based on bond ordering in paleosol carbonates. Proceedings of the National Academy of Sciences, 107 (25): 11 245~11 249

Peng F J, Zhou L J, Ying G G et al. 2014. Antibacterial activity of the soil-bound antimicrobials oxytetracycline and ofloxacin. Environmental Toxicology and Chemistry, 33 (4): 776~783

Peng F Q, Ying G G, Yang B et al. 2014. Biotransformation of progesterone and norgestrel by two freshwater microalgae (Scenedesmus obliquus and Chlorella pyrenoidosa): Transformation kinetics and products identification. Chemosphere, 95: 581~588

Peng P A, Morales-Izquierdo A, Fu J M et al. 1998. Lanostane sulfides in an immature crude oil. Organic Geochemistry, 28 (1-2): 125~134

Pepper A S and Corvi P J. 1995. Simple kinetic models of petroleum formation. Part I: Oil and gas generation from kerogen. Marine and Petroleum Geology, 12 (3): 291~319

Peters K E, Ramos L S, Zumberge J E et al. 2008. De-convoluting mixed crude oil in Prudhoe Bay Field, North Slope, Alaska. Organic Geochemistry, 39 (6): 623~645

Qiu X, Zhu T, Li J et al. 2004. Organochlorine pesticides in the air around the Taihu Lake, China. Environmental Science and Technology, 38: 1368~1374

Qiu X H, Zhu T, Hu J X. 2010. Polybrominated diphenyl ethers (PBDEs) and other flame retardants in the atmosphere and water from Taihu Lake, East China. Chemosphere, 80 (10): 1207~1212

Quade J, Eiler J, Daeron M et al. 2013. The clumped isotope geothermometer in soil and paleosol carbonate. Geochimica et Cosmochimica Acta, 105: 92~107

Ran Y, Sun K, Yang Y et al. 2007. Strong sorption of phenanthrene by condensed organic matter in soils and sediments. Environmental Science and Technology, 41 (11): 3952~3958

Rao Z G, Zhu Z Y, Jia G D et al. 2009. Compound specific delta D values of long chain n-alkanes derived from terrestrial higher plants are indicative of the delta D of meteoric waters: Evidence from surface soils in eastern China. Organic Geochemistry, 40 (8): 922~930

Rodgers R P, Schaub T M, Marshall A G. 2005. Petroleomics: Mass spectrometry returns to its roots. Analytical Chemistry, 77 (1): 20A~27A

Ruan T, Wang Y, Wang C et al. 2009. Identification and evaluation of a novel heterocyclic brominated flame retardant tris (2, 3-dibromopropyl) isocyanurate in environmental matrices near a manufacturing plant in southern China. Environmental Science and Technology, 43 (9): 3080~3086

Schouten S, Bowman J P, Rijpstra W I C et al. 2000. Sterols in a psychrophilic methanotroph, Methylosphaera hansonii. FEMS Microbiology Letters. 186 (2): 193~195

Shi J Y, Mackenzie A S, Alexander R et al. 1982. A biological marker investigation of petroleums and shales from the Shengli Oilfield, the People's Republic of China. Chemical Geology, 35 (1-2): 1~31

Shi Q A, Zhao S Q, Xu Z M et al. 2010. Distribution of acids and neutral nitrogen compounds in a Chinese crude oil and its fractions: Characterized by negative-ion electrospray ionization fourier transform ion cyclotron resonance mass spectrometry. Energy & Fuels, 24: 4005~4011

Shi T, Chen S J, Luo X J et al. 2009. Occurrence of brominated flame retardants other than polybrominated diphenyl ethers in environmental and biota samples from southern China. *Chemosphere*, 74 (7): 910~916

Shuai Y, Peng P, Zou Y R *et al*. 2006. Kinetic modeling of individual gaseous component formed from coal in a confined system. *Organic Geochemistry*, 37 (8): 932~943

Sinninghe Damsté J S, Kenig F, Koopmans M P *et al*. 1995. Evidence for gammacerane as an indicator of water column stratification. *Geochimica et Cosmochimica Acta*, 59 (9): 1895~1900

Stolper D A, Lawson M, Davis C L *et al*. 2014. Formation temperatures of thermogenic and biogenic methane. *Science*, 344 (6191): 1500~1503

Su H C, Ying G G, Tao R *et al*. 2012. Class 1 and 2 integrons, sul resistance genes and antibiotic resistance in Escherichia coli isolated from Dongjiang River, South China. *Environmental Pollution*, 169: 42~49

Suarez M B, Passey B H, Kaakinen A. 2011. Paleosol carbonate multiple isotopologue signature of active East Asian summer monsoons during the late Miocene and Pliocene. *Geology*, 39 (12): 1151~1154

Sun Q, Chu G Q, Liu G X *et al*. 2007. Calibration of alkenone unsaturation index with growth temperature for a lacustrine species, Chrysotila lamellose (Haptophyceae). *Organic Geochemistry*, 38 (8): 1226~1234

Sun Y, Xu S, Lu H *et al*. 2003. Source facies of the Paleozoic petroleum systems in the Tabei uplift, Tarim Basin, NW China: Implications from aryl isoprenoids in crude oils. *Organic Geochemistry*, 34 (4): 629~634

Tang L, Tang X Y, Zhu Y G *et al*. 2005. Contamination of polycyclic aromatic hydrocarbons (PAHs) in urban soils in Beijing, China. *Environment International*, 31 (6): 822~828

Tang Y, Perry J K, Jenden P D *et al*. 2000. Mathematical modeling of stable carbon isotope ratios in natural gases. *Geochimica et Cosmochimica Acta*, 64 (15): 2673~2687

Tao R, Ying G G, Su H C *et al*. 2010. Detection of antibiotic resistance and tetracycline resistance genes in Enterobacteriaceae isolated from the Pearl rivers in South China. *Environmental Pollution*, 158 (6): 2101~2109

Tao S, Liu W X, Li Y *et al*. 2008. Organochlorine pesticides contaminated surface soil asreemission source in the Haihe Plain, China. *Environmental Science and Technology*, 42 (22): 8395~8400

Tao S Q, Xing L, Luo X F *et al*. 2012. Alkenone distribution in surface sediments of the southern Yellow Sea and implications for the $U_{37}^{K'}$ thermometer. *Geo-Marine Letters*, 32 (1): 61~71

Tegelaar E W, Deleeuw J W, Derenne S *et al*. 1989. A reappraisal of kerogen Formation. *Geochimica et Cosmochimica Acta*, 53 (11): 3103~3106

Tian M, Chen S J, Wang J *et al*. 2011a. Atmospheric deposition of halogenated flame retardants at urban, E-waste, and rural locations in southern China. *Environmental Science and Technology*, 45: 4696~4701

Tian M, Chen S J, Wang J *et al*. 2011b. Brominated flame retardants in the atmosphere of E-waste and rural sites in Southern China: Seasonal variation, temperature dependence, and gas-particle partitioning. *Environmental Science and Technology*, 45 (20): 8819~8825

Tissot B P and Welte D H. 1984. Petroleum Formation and Occurrence. *New York: Springer-Verlag Berlin Heidelberg*, 1~702

Ungerer P and Pelet R. 1987. Extrapolation of the kinetics of oil and gas-formation from laboratory experiments to sedimentary basins. *Nature*, 327 (6117): 52~54

van Bentum E C, Hetzel A, Brumsack H J *et al*. 2009. Reconstruction of water column anoxia in the equatorial Atlantic during the Cenomanian-Turonian oceanic anoxic event using biomarker and trace metal proxies. *Palaeogeography Palaeoclimatology Palaeoecology*, 280 (3-4): 489~498

Wakeham S G, Amann R, Freeman K H *et al*. 2007. Microbial ecology of the stratified water column of the Black Sea as revealed by a comprehensive biomarker study. *Organic Geochemistry*, 38 (12): 2070~2097

Wan Y, Hu J Y, Liu J L *et al*. 2005. Fate of DDT-related compounds in Bohai Bay and its adjacent Haihe Basin, North China. *Marine Pollution Bulletin*, 50 (4): 439~445

Wang C, Li W, Chen J W et al. 2012. Summer atmospheric polybrominated diphenyl ethers in urban and rural areas of northern China. *Environmental Pollution*, 171: 234~240

Wang D, Cai Z, Jiang G et al. 2005. Determination of polybrominated diphenyl ethers in soil and sediment from an electronic waste recycling facility. *Chemosphere*, 60 (6): 810~816

Wang F, Lin T, Li Y et al. 2014. Sources of polycyclic aromatic hydrocarbons in PM2.5 over the East China Sea, a downwind domain of East Asian continental outflow. *Atmospheric Environment*, 92: 484~492

Wang H Y, Liu W G, Zhang C L L et al. 2012. Distribution of glycerol dialkyl glycerol tetraethers in surface sediments of Lake Qinghai and surrounding soil. *Organic Geochemistry*, 47: 78~87

Wang J S and Anthony E J. 2003. A study of thermal-cracking behavior of asphaltenes. *Chemical Engineering Science*, 58 (1): 157~162

Wang L, Ying G G, Zhao J L et al. 2010. Occurrence and risk assessment of acidic pharmaceuticals in the Yellow River, Hai River and Liao River of north China. *Science of the Total Environment*, 408 (16): 3139~3147

Wang P, Zhang Q H, Wang Y W et al. 2009. Altitude dependence of polychlorinated biphenyls (PCBs) and polybrominated diphenyl ethers (PBDEs) in surface soil from Tibetan Plateau, China. *Chemosphere*, 76 (11): 1498~1504

Wang T, Wang Y W, Fu J J et al. 2010. Characteristic accumulation and soil penetration of polychlorinated biphenyls and polybrominated diphenyl ethers in wastewater irrigated farmlands. *Chemosphere*, 81 (8): 1045~1051

Wang T G and Simoneit B R T. 1995. Tricyclic terpanes in Precambrian bituminous sandstone from the eastern Yanshan region, North China. *Chemical Geology*, 120 (1-2): 155~170

Wang T G, Hou D J, Zhong N N et al. 1997. Early hydrocarbon generation of biological lipids in non-marine lacustrine basins - A genetic mechanism of immature oil. *Science in China Series D- Earth Sciences*, 40 (1): 54~64

Wang X M, Ding X, Mai B X et al. 2005. Polybrominated diphenyl ethers in airborne particulates collected during a research expedition from the Bohai Sea to the Arctic. *Environmental Science and Technology*, 39 (20): 7803~7809

Wang X P, Gong P, Ao T D et al. 2010. Passive air sampling of organochlorine pesticides, polychlorinated biphenyls, and polybrominated diphenyl ethers across the Tibetan Plateau. *Environmental Science and Technology*, 44 (8): 2988~2993

Wang Z G, Schauble E A, Eiler J M. 2004. Equilibrium thermodynamics of multiply substituted isotopologues of molecular gases. *Geochimica et Cosmochimica Acta*, 68 (23): 4779~4797

Waples D W. 1980. Time and temperature in petroleum formation; application of Lopatin's method to petroleum exploration. *AAPG Bulletin*, 64 (6): 916~926

Wei Z F, Zou Y R, Cai Y L et al. 2012. Kinetics of oil group-type generation and expulsion: An integrated application to Dongying Depression, Bohai Bay Basin, China. *Organic Geochemistry*, 52: 1~12

Xiao B H, Yu Z Q, Huang W L et al. 2004. Black carbon and kerogen in soils and sediments. 2. Their roles in equilibrium sorption of less-polar organic pollutants. *Environmental Science and Technology*, 38 (22): 5842~5852

Xie S, Pancost R D, Chen L et al. 2012. Microbial lipid records of highly alkaline deposits and enhanced aridity associated with significant uplift of the Tibetan Plateau in the Late Miocene. *Geology*, 40 (4): 291~294

Xie S C, Pancost R D, Yin H F et al. 2005. Two episodes of microbial change coupled with Permo/Triassic faunal mass extinction. *Nature*, 434 (7032): 494~497

Xie S C, Pancost R D, Huang X Y et al. 2007. Molecular and isotopic evidence for episodic environmental change across the Permo/Triassic boundary at Meishan in South China. *Global and Planetary Change*, 55 (1-3): 56~65

Xie Y P, Fang Z Q, Hou L P et al. 2010. Altered development and reproduction in western mosquitofish (Gambusia affinis) found in the Hanxi River, southern China. *Environmental Toxicology and Chemistry*, 29 (11): 2607~2615

Xing L, Zhang R P, Liu Y G et al. 2011. Biomarker records of phytoplankton productivity and community structure changes in the Japan Sea over the last 166 kyr. *Quaternary Science Reviews*, 30 (19-20): 2666~2675

Xu J, Gao Z S, Xian Q M et al. 2009. Levels and distribution of polybrominated diphenyl ethers (PBDEs) in the freshwater environment surrounding a PBDE manufacturing plant in China. *Environmental Pollution*, 157 (6): 1911~1916

Xu S S, Liu W X, Tao S. 2006. Emission of polycyclic aromatic hydrocarbons in China. *Environmental Science and Technology*, 40 (3): 702~708

Xu Y, Zhang G, Li J et al. 2011. Atmospheric polybrominated diphenyl ethers (PBDEs) and Pb isotopes at a remote site in Southwestern China: Implications for monsoon-associated transport. *Science of the Total Environment*, 409 (21): 4564~4571

Yang B, Ying G G, Zhang L J et al. 2011. Kinetics modeling and reaction mechanism of ferrate (VI) oxidation of benzotriazoles. *Water Research*, 45 (6): 2261~2269

Yang B, Ying G G, Zhao J L et al. 2011. Oxidation of triclosan by ferrate: Reaction kinetics, products identification and toxicity evaluation. *Journal of Hazardous Materials*, 186 (1): 227~235

Yang B, Ying G G, Zhao J L et al. 2012. Removal of selected endocrine disrupting chemicals (EDCs) and pharmaceuticals and personal care products (PPCPs) during ferrate (VI) treatment of secondary wastewater effluents. *Water Research*, 46 (7): 2194~2204

Yang J F, Ying G G, Zhou L J et al. 2009. Dissipation of oxytetracycline in soils under different redox conditions. *Environmental Pollution*, 157 (10): 2704~1709

Yang C, Huang W L, Xiao B H et al. 2004. Intercorrelations among degree of geochemical alterations, physicochemical properties, and organic sorption equilibria of kerogen. *Environmental Science and Technology*, 38 (16): 4396~4408

Yang H, Pancost R D, Dang X Y et al. 2014. Correlations between microbial tetraether lipids and environmental variables in Chinese soils: Optimizing the paleo-reconstructions in semi-arid and arid regions. *Geochimica et Cosmochimica Acta*, 126: 49~69

Ying G G and Kookana R S. 2003. Degradation of five selected endocrine-disrupting chemicals in seawater and marine sediment. *Environmental Science and Technology*, 37 (7): 1256~1260

Ying G G, Kookana R S, Ru Y J. 2002. Occurrence and fate of hormone steroids in the environment. *Environment International*, 28 (6): 545~551

Ying G G, Yu X Y, Kookana R S. 2007. Biological degradation of triclocarban and triclosan in a soil under aerobic and anaerobic conditions and comparison with environmental fate modelling. *Environmental Pollution*, 150 (3): 300~305

Ying G G, Kookana R S, Kumar A. 2008. Fate of estrogens and xenoestrogens in four sewage treatment plants with different technologies. *Environmental Toxicology and Chemistry*, 27 (1): 87~94

Ying G G, Kookana R S, Kolpin D W. 2009. Occurrence and removal of pharmaceutically active compounds in sewage treatment plants with different technologies. *Journal of Environmental Monitoring*, 11 (8): 1498~1505

Yu Z Q, Liao R E, Li H R et al. 2011. Particle-bound dechlorane plus and polybrominated diphenyl ethers in ambient air around Shanghai, China. *Environmental Pollution*, 159 (10): 2982~2988

Yuan G L, Han P, Xie W *et al.* 2012. Altitudinal distribution of polybrominated diphenyl ethers (PBDEs) in the soil along Central Tibetan Plateau, China. *Science of the Total Environment*, 433: 44~49

Zeng L X, Wang T, Han W Y *et al.* 2011. Spatial and vertical distribution of short chain chlorinated paraffins in soils from wastewater irrigated farmlands. *Environmental Science and Technology*, 45 (6): 2100~2106

Zhang C, Zhang Y, Cai C. 2011. Aromatic isoprenoids from the 25 – 65 Ma saline lacustrine formations in the western Qaidam Basin, NW China. *Organic Geochemistry*, 42 (7): 851~855

Zhang G, Parker A, House A *et al.* 2002. Sedimentary records of DDT and HCH in the Pearl River Delta, South China. *Environmental Science and Technology*, 36 (17): 3671~3677

Zhang H B, Luo Y M, Li Q B. 2009. Burden and depth distribution of organochlorine pesticides in the soil profiles of Yangtze River Delta Region, China: Implication for sources and vertical transportation. *Geoderma*, 153 (1-2): 69~75

Zhang Q Q, Zhao J L, Ying G G *et al.* 2014. Emission estimation and multimedia fate modeling of seven steroids at the River Basin Scale in China. *Environmental Science and Technology*, 48 (14): 7982~7992

Zhao J L, Ying G G, Yang B *et al.* 2011. Screening of multiple hormonal activities in surface water and sediment from the Pearl River system, South China, using effect-directed in vitro bioassays. *Environmental Toxicology and Chemistry*, 30 (10): 2208~2215

Zhao J L, Zhang Q Q, Chen F *et al.* 2013. Evaluation of triclosan and triclocarban at river basin scale using monitoring and modeling tools: Implications for controlling of urban domestic sewage discharge. *Water Research*, 47 (1): 395~405

Zhao Y F, Ma J, Qiu X H *et al.* 2013. Gridded field observations of polybrominated diphenyl ethers and decabronnodiphenyl ethane in the atmosphere of North China. *Environmental Science and Technology*, 47 (15): 8123~8129

Zheng X Y, Liu X D, Jiang G B *et al.* 2012. Distribution of PCBs and PBDEs in soils along the altitudinal gradients of Balang Mountain, the east edge of the Tibetan Plateau. *Environmental Pollution*, 161: 101~106

Zhou H D, Hu J F, Spiro B *et al.* 2014. Glycerol dialkyl glycerol tetraethers in surficial coastal and open marine sediments around China: Indicators of sea surface temperature and effects of their sources. *Palaeogeography Palaeoclimatology Palaeoecology*, 395: 114~121

Zhou H Y, Li T G, Jia G D *et al.* 2007. Sea surface temperature reconstruction for the middle Okinawa Trough during the last glacial-interglacial cycle using C-37 unsaturated alkenones. *Palaeogeography Palaeoclimatology Palaeoecology*, 246 (2-4): 440~453

Zhou L J, Ying G G, Liu S *et al.* 2013. Occurrence and fate of eleven classes of antibiotics in two typical wastewater treatment plants in South China. *Science of The Total Environment*, 452-453: 365~376

Zhou R B, Zhu L Z, Yang K *et al.* 2006. Distribution of organochlorine pesticides in surface water and sediments from Qiantang River, East China. *Journal of Hazardous Materials*, 137 (1): 68~75

Zou Y R, Wang L Y, Shuai Y H *et al.* 2005. EasyDelta: A spreadsheet for kinetic modeling of the stable carbon isotope composition of natural gases. *Computers & Geosciences*, 31 (7): 811~819

Zuo Q, Duan Y H, Yang Y *et al.* 2007. Source apportionment of polycyclic aromatic hydrocarbons in surface soil in Tianjin, China. *Environmental Pollution*, 147 (2): 303~310

(作者：彭平安、陈键、邹艳荣、熊永强、卢鸿、应光国、宋建中、贾国东、胡建芳和廖玉宏)

第十章 生物地球化学

生物地球化学是一门研究内容广泛、涉及领域众多、时空跨度极大,且发展极其快速的学科。活生物质和物质循环是生物地球化学的两大重要特征。生物地球化学强调与资源、环境和人类健康的紧密联系,突出了与生态学、微生物学等生命科学领域的联合,强调同位素示踪技术的重要性。生物地球化学将优先发展那些关系到人类社会可持续发展,以及与生命过程和全球气候环境变化密切相关的研究领域。

第一节 生物地球化学学科的形成与发展

活生物质和物质循环是生物地球化学形成过程中所体现的两大重要特征,而人类社会进步所面临的问题直接推动了生物地球化学的发展。生物地球化学的形成和发展是一个在技术推动下不断与地球科学、生命科学、环境科学进行交叉融合的过程。

一、生物地球化学学科的形成

生物地球化学作为地球科学的一门分支学科,是研究生物圈与地球环境之间如何通过化学元素的迁移、转化等过程而实现相互作用的,即研究生物圈通过化学元素循环对环境所起的作用,地球环境通过各圈层的化学元素影响生命及其演化。生物地球化学因同时涉及地球系统三大物质运动中的化学运动和生命运动而在地球系统科学研究中具有举足轻重的地位,是研究地球表层系统变化的关键学科之一,直接与人类社会的可持续发展密切相关。生物地球化学已经在生物学、生态学、地理学、化学、环境科学、环境工程、公众健康等学科领域有着或多或少的应用(Bashkin and Howarth,2003)。

生物地球化学是生物学、地质学和地球化学交叉形成的学科。尽管生物地球化学的概念在20世纪30年代由苏联学者B. И. 维尔纳茨基(Вернадский)提出,但它的形成可以追溯到自然科学形成的最早期,甚至在生物学、地质学和化学等自然科学形成分支学科之前(Bashkin and Howarth,2003)。

在19世纪前半叶,有两类工作对生物地球化学的形成起了重大的作用(Bashkin and Howarth,2003)。一是法国化学家A. L. Lavoisier(拉瓦锡)通过植物与大气相互关系的研究,提出了碳从空气中被植物吸收,并在死亡后释放回大气的过程,建立了有关生物圈碳的地球化学的现代概念,认识到活生物体与介质之间的相互作用过程中涉及元素转化(Bashkin and Howarth,2003)。他所著的《全球陆地表层元素的转化》(*The Turnover of Elements on the Surface of the Terrestrial Globe*),使人们意识到由活生物体与大气构成的系统中气体循环转化的重要性。随后,德国化学家Justus von Liebig(李比希)发现,除了大气途径外,化学元素还可以通过土壤溶液进入植物。他提出了关于限制植物生长和繁殖的最少营养的著名理论。他实验研究了化学元素的转化,提出了利用矿物肥料人为控制植物-土壤系统中化学元素的转化,并预见到它们对人类健康的影响(Bashkin and Howarth, 2003)。从化学元素在植物与大气之间的交换到化学元素在植物与土壤之间的交换,使人们进一步认识到生物地球化学循环。

19世纪后半叶,生物学、地质学和化学进一步趋向开展多学科的交叉研究,在这期间出现的两类学科对生物地球化学的发展至关重要(Bashkin and Howarth, 2003)。一是19世纪80年代在苏联出现的土壤发生学,其奠基人为B. B. 多库恰耶夫(Докучаев)。他认为,土壤是由生物质与非生物质组成的、有别于任何简单的自然体。他认识到活生物物质在形成土壤过程中的重要作用。另一个新情况是由地质学与化学结合形成的地球化学学科的出现。其中有三个人做出了巨大贡献;美国人F. W. 克拉克分析了主要化学元素在岩石、自然水体和其他介质中的含量。在欧洲,矿物学中发展出一个新的分支学科——地球化学;挪威人V. M. 戈尔德施密特提出了全球化学元素的分布与原子结构有关的理论。在苏联,B. И. 维尔纳茨基提出了从原子水平研究矿物的自然形成过程。这表明,不同国家的学者从各自的侧面,在用地球化学手段繁衍出生物地球化学分支学科的进程中,都做出了重要的贡献。

在学科的发展过程中,生物地球化学学科的奠基人——B. И. 维尔纳茨基做出了杰出的贡献。1916年,他提出了生命的科学(Science of Life)的概念。1918~1919年,他组织了首项生物地球化学研究。1928年,苏联科学院成立了由他担任主任的生物地球化学实验室,并在20世纪30年代开展了活生物体化学成分的研究。他提出的活物质概念使地球化学研究延伸到生物作用领域,研究的触角聚焦到生物圈,从而大大促进了生物地球化学学科的形成和发展。

除了以上这些关键人物外,A. E. 费尔斯曼(Ферсман)、M. M. 科努诺娃(Корнунова)、A. I. Oparin、A. V. Ронов、R. Brinkmann、A. Treibs、G. Hutchinson、L. Pauling、G. W. Brindley和J. D. Bernal等学者对生物地球化学学科的形成和发展都做出了重要的贡献。

从上述简要叙述可以看出如下两点:

(1)生物地球化学理论的核心问题之一是生物圈的活生物质(Bashkin and Howarth, 2003)。活生物质的一个最重要特征是新陈代谢作用。尽管活生物质只占地球表层质量的很少一部分,但它通过新陈代谢作用对地球的影响可以达到全球尺度;其影响所及不仅牵涉活生物质自身,也直接影响到周围的固态、液态和气态物质。此外,活生物质还体现出生物地球化学作用的动态过程:通过化学元素维系着全球生物圈中的所有生物,从而构成了生物地球化学的核心。

(2)生物地球化学的第二个重要特征,是循环过程(Bashkin and Howarth, 2003)。在生物地球化学家看来,不仅生物圈的活生物质是循环的,生物圈中其他化学元素也是处于不断交换的循环过程之中。这些物质在时间和空间的循环构成了生物圈的动力系统,而且处于动态平衡中,不至于出现混沌。

二、生物地球化学学科的发展历程

生物地球化学的发展是一个与其他学科(矿床学、生态学、微生物学、环境科学等)

不断结合的过程。它的发展动力主要来源于人类社会所面临的重大科学问题以及相关分析技术的进步。

(一) 国际生物地球化学学科的发展历程

生物地球化学学科是生命科学与地球科学等学科的交叉结合，它的发展历程见证了它在技术方法推动下与地球科学、生命科学、环境科学不断交叉融合的过程。这其中，Philip H. Abelson, Irving A. Breger, John M. Hart, Stanley L. Miller, Rudolph von Gaerner, Marlies Teichmuller, Alexander Lisitsin, Evgeny Romankevich, Boris Rozanov, Tony Hallam, David R. Atkinson, Geoffrey Eglington, Pierre Albrecht, Bernard Tissot, Max Blumer 和 E. T. Degens 在生物地球化学学科的发展历程中做出了重要贡献。

20 世纪 30 ~ 50 年代，景观生物地球化学勘查得到了快速发展，体现了生物地球化学与矿床学的结合。人们利用生物地球化学异常来寻找矿产资源。著名的土壤学家、地球化学家和地理学家 B. B. Polynov 发展了景观地球化学理论，并在 А. П. 维诺格拉多夫 (Виноградов) 领导下，大量应用于地质调查中。从 20 世纪 50 年代开始，加拿大、澳大利亚、新西兰、印度尼西亚和斯里兰卡等国应用生物地球化学异常进行矿产勘察。

20 世纪 50 ~ 60 年代以来，由于分子有机地球化学手段的快速发展，生物地球化学与矿床学的结合进一步在化石燃料方面的研究得到加强。生物的作用不仅可以形成化石燃料等油气资源，还可以形成沉积矿产。生物在沉积矿产的研究中也得到重视，生物地球化学与矿床学的结合进一步加强。生物标志化合物的概念应运而生，这是生物地球化学方法技术在地球化学领域应用的最典型代表。20 世纪 80 年代末，测量单个生物标志化合物的单体碳同位素技术的商业应用，使生物地球化学研究进入有机分子的原子水平，查明不同生物的贡献及其途径。十年后，测量单个生物标志化合物的单体氢同位素技术得到商业应用，使生物地球化学可以从生物标志化合物本身探索环境的变化。

60 ~ 70 年代，生物地球化学与生态学、环境科学结合，把生物地球化学异常应用到生态学中，探索化学元素的过量或缺乏对食物链的影响，以及对动物和人类健康的影响。人们开始意识到生物地球化学生态标准的重要性，并于 1993 年出版了 *Biogeochemical Fundamentals of Ecological Standardization*。80 年代以来，分子生物学的发展，生物地球化学在与生态学结合的基础上，与微生物学结合。特别是，人们认识到，微生物的成分与环境并不是独立的，这体现在 1998 年出版的《细菌生物地球化学》(*Bacterial Biogeochemistry*) 专著中。进入 21 世纪，基因组学、蛋白质组学、环境组学等的发展，生物地球化学与生命科学、环境科学的结合达到了前所未有的高度。微生物分子在全球环境重建中的作用、极端环境的生物地球化学、微生物成矿作用得到了极大的发展。

20 世纪 80 年代以来，"全球变暖"这个科学命题的提出大大推动了生物地球化学学科的发展。1979 年 2 月日内瓦第一次世界气候大会上提出"全球变暖"以来，生物地球化学学科向着大气中温室气体生物地球化学和海洋中 DOC (可溶有机碳) 生物地球化学两大领域发展。从最近数十年 *Global Biogeochemical Cycles* 上发表的论文数量看，这一趋势将会继续得到加强。

在学科的发展历程中，生物地球化学除了与地球科学、生命科学、环境科学结合外，在技术层面上，还与数学和物理学有着广泛的结合。其中生物地球化学定量化模型的发展最引人瞩目，它使生物地球化学研究从定性迈向定量。1987 年 Global Biogeochemical Cycles 创刊，不仅使生物地球化学研究突出了循环的重要性，也加强了定量研究和现代过程的研究。

（二）我国生物地球化学学科的发展

早在公元 6 世纪，梁有在所著的《地境图》中就谈到以植物找矿，表明当时已出现生物（植物）地球化学的萌芽。

20 世纪前半叶，中国的相关研究以植物地球化学探矿研究为主，这与国际上出现以苏联为主体并随后在全球许多国家得到认可的生物地球化学探矿类似。1949 年 3 月，谢家荣（署名"白丁"）在《矿测近讯》第 97 期发表《地球化学探矿》一文，介绍西方地球化学探矿的进展，涉及植物探矿法。1951 年夏，谢学锦等在安徽安庆月山首次开展勘查地球化学试验，发现了铜矿指示植物海州香薷（铜草）。1955 年中国科学院微生物研究所试用细菌法寻找油气藏。

20 世纪后半叶，虽然中国还没有真正涉及活生物质的生物地球化学研究，但开始了有机地球化学和地方病生物地球化学的探索性研究。随即频频召开一系列有机地球化学学术会议。如 1979 年的第一届全国沉积学和有机地球化学学术会议和 1982 年的第一届全国有机地球化学学术会议在贵阳召开。1985 年 8 月，中国科学院兰州地质研究所成立国内第一个生物、气体地球化学开放研究实验室。1985 年 9 月中国科学院批准有机地球化学研究室为首批开放研究实验室之一；1992 年 11 月升格为国家重点实验室。到了八九十年代，相继出版了诸多的相关学术论著，如《有机地球化学》（傅家谟等，1982）、《中国层控矿床地球化学》（涂光炽等，1988）、《氨基酸生物地球化学》（王将克，陈水挟，钟月明，1991）、《中国浅海沉积物地球化学》（赵一阳和鄢明才，1994），以及《生物地球化学》（王将克，常弘，廖金凤等，1999）等。这一系列的措施和成果，大大推动了生物地球化学在我国的"播种"和"扎根"，一派出成果、出人才的大好局面呼之欲出。

及至 20 世纪末和 21 世纪伊始，生物地球化学得到全方位的发展。在加强陆地生态系统和温室气体的生物地球化学研究的同时，得益于分子生物学和微生物学的发展，微生物地球化学得到广泛重视；分子有机地球化学在油气资源、金属矿床方向继续深入，并进一步与人类健康相联系，向环境有机地球化学或环境生物地球化学深入；农业地球化学、生态地球化学得到重视。生物地球化学与矿床学的结合导致生物选矿技术、生物成矿作用研究的深化。生物成矿作用从两个方向不断深入，一是从典型的沉积矿床（如磷块岩、沉积型铁矿和铅锌矿等）入手解剖其中的生物、有机质作用（叶连俊，1996）；二是从一些热液矿床（如金矿等）入手，分析生物衍生的有机质、有机流体在成矿过程中的作用（殷鸿福，张文淮，张志坚等，1999）。1999 年 2 月，南京大学地质系成立了表生地球化学研究所，以探索大气圈、水圈、岩石圈和生物圈的相互作用及其对人类生存与发展的影响。2006 年 5 月，中国矿物岩石地球化学学会与中国地质调查局等单位举办全国环境生态地球化学调查与评价研讨会，标志着两门学科的结合，引发生态地球化学的快速发展。2011 年，中国地质大学（武汉）建立了生物地质与环境地质国家重点实验室。我国建立"海洋强国"战略的提出，无疑将促进海洋生物地球化学，特别是海洋 DOC 生物地球化学的快速发展。

总体来说，我国生物地球化学的发展比较缓慢，虽然研究很广，积累了许多第一手的资料和数据，但真正上升到理论高度的成果还很欠缺，尚未形成若干能带动生物地球化学整体发展的特色领域。研究成果大多分散在其他学科领域；须知，没有统一的集成，就难以形成具有国际影响的大成果，与深部地球化学的高影响成果形成了鲜明的反差。

此外，我国急需加强人才队伍的建设，表生地球化学与地球化学中其他分支学科的巨大差异，显著地影响了我国地球化学学科的整体发展。

(三) 生物地球化学的发展动力

生物地球化学离不开对生命运动的研究，其中，人类活动是最重要的生命运动形式之一。生物地球化学研究从早期的人体中元素含量的调查，到现代人类活动造成的重金属和有机污染物的生物地球化学研究，从污染物的生物地球化学指示到生物地球化学修复，从生物地球化学勘探寻找矿产资源到现代生态地球化学和农业生物地球化学与人类健康的关系，无不体现出人类社会进步所面临的各类问题直接推动着生物地球化学的发展。应该说，生物地球化学的发展越来越直接地体现了为人类社会进步服务的宗旨。人类社会进步所面临的问题直接推动了生物地球化学的发展。

生物地球化学总是与生命运动和化学运动紧密相关，并涉及一些物理过程，它与化学、生命科学、环境科学，以及地球科学领域的其他学科不断地进行交叉和渗透。环境生物地球化学、生态地球化学、微生物地球化学、农业生物地球化学、海洋生物地球化学、湿地生物地球化学等等，无不体现了学科之间的交叉和联合。正是这种交叉使得生物地球化学向多元化方向发展。学科之间的交叉渗透促进了生物地球化学的研究从含量、丰度和组成向"源""流""汇"的不断深入，从区域的生物地球化学过程到全球的生物地球化学循环的深入，从生物地球化学记录到生物地球化学的全球模型和具体机制的深入。学科的交叉和渗透促进了生物地球化学的多元化发展。

物理、化学和生命科学的分析技术推动了生物地球化学不断向前发展。其中，同位素分析技术的突破极大地推动和带动了生物地球化学的发展。气相色谱仪–燃烧–同位素比值质谱仪、气相色谱仪–裂解–同位素比值质谱仪的应用，使类脂物地球化学的研究从简单分子到单体同位素的发展、从单体碳同位素到单体氢同位素的广泛应用。多接收电感耦合等离子体质谱仪（MC-ICP-MS）的开发，促进了 Fe、Mo、Zn 和 Cu 等过渡元素的应用（Beard, Johnson, Cox et al., 1999; Zhu, O'Nions, Guo et al., 2000; Anbar, Knab, Barling, 2001），这些与生物过程密切相关的同位素可以与 C、H、O、N、S 等稳定同位素结合，共同探讨生物地球化学过程和循环等关键问题。可以说，在国际上，所有研究生物地球化学的实验室无不例外地拥有或多或少的同位素仪器。同位素地球化学在生物地球化学发展中具有日益重要的地位。同位素分析技术为生物地球化学发展提供了广阔的发展空间。

从生命运动来说，除了人类活动以外，微生物是另一个生物地球化学过程的关键营力。实际上，许多人类活动也是通过微生物过程来体现的。人们已经越来越深入地认识到微生物在地质循环中的重要性。微生物的风化作用、沉积作用和成岩作用影响了大气圈、水圈和生物圈；微生物地球化学不仅在污染环境的修复中发挥了出色的作用，而且在矿产资源和油气资源的形成、勘探、开采（冶炼）过程中都得到了广泛的应用。全球气候变化的物理过程研究已经相当深入，但全球气候变化与生物地球化学过程的关系尚不清楚，一个根本原因是对微生物地球化学过程了解得很少。微生物地球化学的发展为生命科学和地球科学的联合提供了一个关键切入点。微生物地质过程在生物地球化学循环中举足轻重。

第二节 中国生物地球化学的研究现状与进展

当前，生物地球化学研究不再停留在记录本身的研究，更加突出了生物地球化学的"源"（source）、"流"（flux）、"汇"（sink），以及各类界面过程和全球循环模型的研究，更加强调与资源、环境和人类健康等人类社会进步的紧密联系，突出了与生态学、微生物学等生命科学领域的联合，强调了同位素技术在生物地球化学示踪中的重要性。

一、元素生物地球化学循环

生物地球化学循环是自然界发展的基本规律，也是生物地球化学学科建立的依据。它是指元素或化合物在地球系统的有生命（生物圈）和无生命（岩石圈，大气圈与水圈）部分的交换过程。生物地球化学循环实质是一个有机界与无机界之间的物质交换和能量交换过程（王将克，常弘，廖金凤等，1999）。生物可以利用自然界大部分元素，其中碳、氮、硫、磷等是生物体必需的，因而是元素生物地球化学循环的关键。生源要素碳、氮、硫与磷的生物地球化学过程与全球气候变化密切相关，不仅可以响应气候变化，也可以显著影响全球气候变化。

碳的生物地球化学循环通常从三个不同的时间尺度展开。在不同的时间尺度，影响碳循环的过程有明显的差异。短时间尺度碳循环包括在年际尺度上不同碳库之间碳的交换。这种时间尺度的碳循环与人类生活密切相关，因而得到了更广泛的关注。该尺度上主要的生物地球化学过程有光合作用、植物和动物的呼吸作用，以及大气–海水界面 CO_2 的交换过程。其他过程还包括微生物的发酵作用、产甲烷作用和甲烷厌氧与好氧氧化作用。中等时间尺度（千年至万年尺度）碳循环主要涉及沉积物中的有机质，以及一些富集状态的有机质，如煤、石油和天然气。长时间尺度（千万年至亿年尺度）的碳循环主要涉及碳酸盐岩和硅酸盐岩的风化作用，以及大规模的火山活动释放幔源的 CO_2。这里重点总结长时间尺度的碳循环。

在地质历史时期，长时间尺度的碳循环研究主要依据碳同位素记录探讨生物地球化学异常，对于古大气 CO_2 浓度的估算比较少。在古元古代早期 2.3~2.06 Ga，在碳循环方面表现最显著的就是极端高值的碳酸盐岩碳同位素组成（$\delta^{13}C_{carb}$ 最高可达+28‰），且表现出三幕式的特点，称为"Lomagundi-Jatuli"事件（Martin, Condon, Prave et al., 2013）。这一 $\delta^{13}C_{carb}$ 异常事件与"红层"的大量出现、叠层石的大范围发育、石膏及其他蒸发岩的大量发育等同时（Melezhik, Fallick, Medveder et al., 1999），说明当时的微生物非常繁盛，且可能导致了大气和海洋氧含量的显著升高。继"Lomagundi-Jatuli"事件和随后约 2.0 Ga 的 $\delta^{13}C$ 显著负漂移之后，从古元古代晚期到中元古代这段时间内，$\delta^{13}C_{carb}$ 的值非常稳定，被称为"Boring Billion"（沉寂的十亿年）。在新元古代晚期，$\delta^{13}C_{carb}$ 出现数次剧烈波动，变化在+10‰至-12‰（Swanson-Hysell, Rose, Calmet et al., 2010）。在 Marinoan 冰期之上的盖帽白云岩中，发现了甲烷释放造成的非常低的 $\delta^{13}C_{carb}$ 值（最低可达-48‰）（Jiang, Kennedy, Christie-Blick, 2003）。在埃迪卡拉纪中期存在近乎全球分布的"Shuram-Wonoka" $\delta^{13}C_{carb}$ 负漂移事件，被认为是大气氧含量显著升高的证据（Fike, Grotzinger, Pratt et al., 2006）。此外，发现 $\delta^{13}C_{org}$ 和 $\delta^{13}C_{carb}$ 在埃迪卡拉纪的变化是不耦合的，表现为 $\delta^{13}C_{carb}$ 出现大幅度的负漂移，而 $\delta^{13}C_{org}$ 却保持不变，这可能显示当时海洋中存在一个大型的溶解有机碳（DOC）库，大约相当于现代海洋 DOC 库的 100～1000 倍（Rothman, Hayes, Summons, 2003）。

显生宙的碳循环研究集中在一些重大地质突变期（谢树成，罗根明，宋金明等，2012a）。在晚奥陶世赫南特阶，在世界不同地区都发现了 $\delta^{13}C$ 的正漂移事件（$\delta^{13}C_{carb}$ 和 $\delta^{13}C_{org}$），且表现出两幕式的特点（Brenchley, Carden, Hints et al., 2003; Melchin and Holmden, 2006; Fan, Peng, Melchin, 2009; Jones, Fike, Finnegan et al., 2011）。晚泥盆世弗拉斯阶/法门阶之交碳循环异常主要表现在两幕显著的 $\delta^{13}C_{carb}$ 正异常，且刚好对应于两幕海洋缺氧事件（称为上、下 Kellwasser 事件）（Joachimski and Buggisch, 1993）。对于弗拉斯阶/法门阶之交碳同位素正漂移的原因，一般认为是由于有机碳埋藏分数的增加（Joachimski, Ostertag-Henning, Pancost et al., 2001），而这又主要归因于初级生产力的升高（Murphy, Sageman, Hollander, 2000; Riquier, Tribovillard, Averbuch et al., 2006）。与上述奥陶纪末期 $\delta^{13}C_{carb}$ 正漂移所对应的冷事件类似（Fan, Peng, Melchin, 2009），弗拉斯阶/法门阶之交的两幕正漂移也对应于两次明显的降温事件（大约 5 ℃）（Joachimski and Buggisch, 2002）。因而，正的 $\delta^{13}C_{carb}$ 变化可能与低温下异养微生物代谢活动明显降低有关（Stanley, 2010）。在二叠纪/三叠纪之交也出现了两幕碳同位素负漂移事件（Holser and Magaritz, 1987; Xie, Pancost, Huang et al., 2007）。而且，二叠纪/三叠纪之交的碳循环异常一直持续到整个早三叠世，在主灭绝之后很长一段时间 $\delta^{13}C_{carb}$ 未能恢复到灭绝之前的背景值（Payne, Lehrmann, Wei et al., 2004），进一步证实了二叠纪/三叠纪之交幕式的碳循环异常（Korte, Kozur, Joachimski et al., 2004; Xie, Pancost, Huang et al., 2007），且在陆相环境也存在类似的表现（Cao, Love, Hays et al., 2009）。根据蕨叶 Lepidopteris 气孔指数计算，二叠纪/三叠纪之交古大气 p_{CO_2} 由晚二叠世的 1000×10^{-6} 左右升达 $(3314\pm1097)\times10^{-6}$（Retallack, 2002a, b）。在三叠纪/侏罗纪之交，$\delta^{13}C_{org}$ 呈现出两幕显著的负漂移（Hesselbo, Robinson, Surlyk et al., 2002; Ruhl, Kürschner, Krystyn, 2009），并得到植物叶片角质层和叶蜡正构烷烃的碳同位素组成的支持（Whiteside, Olsen, Eglinton et al., 2010; Bacon, Belcher, Hesselbo et al., 2011）。根据植物叶蜡正构烷烃单体碳同位素 8.5‰的负漂移，估算出大约有 12000 Gt 甲烷释放到大气中（Ruhl, Bonis, Reichart et al., 2011），古大气 p_{CO_2} 由 1000×10^{-6} 左右上升到 2700×10^{-6} 左右（McElwain, Beerling, Woodward, 1999; Bonis, Van Konijnenburg-Van Cittert, Kürschner, 2010; Steinthorsdottir, Jeram, McElwain, 2011），主要原因可能是甲烷水合物的大量释放（Ruhl, Bonis, Reichart et al., 2011）。总体上来说，在整个地球历史上，分别在新元古代/寒武纪之交、二叠纪/三叠纪之交出现了两次最剧烈波动的碳循环异常，它们分别对应于超大陆的聚合高峰期，生物圈出现的两次巨大变动（生命大爆发和生物大灭绝），但有关这两个重大地质突变期 CO_2 含量的变化及其原因还不清楚。

硫在地球生物圈中是一种相对丰富的元素，并且很少成为微生物生长的限制性营养物。在自然界中，比较重要的硫库有海水溶解硫酸盐、一些沉积岩，尤其是富含硫铁矿的油页岩和蒸发岩（含石膏和重晶石）。硫的生物地球化学循环主要由微生物来完成（主要是细菌，也包括一部分古菌），其中比较重要的过程有硫的同化作用、矿化作用、硫酸盐还原作用及硫化物氧化作用（谢树成，罗根明，宋金明等，2012a）。硫循环携带了大量的环境和生物信息，碳酸盐岩晶格硫酸盐（Carbonate Associated Sulfate，简写为CAS）可以记录古海水硫酸盐的硫同位素组成（Kampschulte and Strauss，2004；Gill，Lyons，Frank，2008）。太古宙的硫同位素组成最明显的一个特征是存在很强的非质量分馏现象，表明当时大气中p_{O_2}要低于10^{-5}PAL（PAL，现代大气水平）（Farquhar，Bao，Thiemens，2000）。而且，太古宙的$\delta^{34}S_{sulfate}$和$\delta^{34}S_{py}$的变化范围都比较局限，硫同位素分馏常数一般小于10‰，这说明当时海洋中的硫酸盐浓度可能小于200 μmol/L（Habicht，Gade，Thamdrup et al.，2002）。太古宙与古元古代之交发生的第一次"成氧事件"，伴随着硫同位素非质量分馏现象的消失、海水$\delta^{34}S_{sulfate}$的升高、硫同位素分馏常数的增加和海水硫酸盐浓度的升高。$\delta^{34}S_{CAS}$变化速率显示，中元古代海水硫酸盐浓度大约在1.5~4.5mmol/L（Kah，Lyons，Frank，2004）。晚新元古代的硫循环出现显著的波动。埃迪卡拉纪早期硫同位素分馏常数（$D^{34}S_{CAS-py}$）有一个显著的增加过程，且在新元古代末期达到50‰以上（Fike，Grotzinger，Pratt et al.，2006），指示海洋硫酸盐浓度的升高，可能与大气氧含量升高有关。

在显生宙，大量的$\delta^{34}S_{CAS}$资料表明，从二叠纪极低的海水$\delta^{34}S$向三叠纪高$\delta^{34}S$的转换发生在二叠纪/三叠纪之交，并且海水硫酸盐$\delta^{34}S$在主灭绝界线处有一个明显的正漂移，体现了当时加剧的海洋缺氧（Kaiho，Kajiwara，Nakano et al.，2001；Kaiho，Kajiwara，Chen et al.，2006；Newton，Pevitt，Wignall et al.，2004；Riccardi，Arthur，Kump，2006；Gorjan and Kaiho，2007a；Gorjan，Kaiho，Kakegawa et al.，2007b；Luo，Kump，Wang et al.，2010）。高分辨率的$\delta^{34}S_{CAS}$资料表明，即使在二叠纪/三叠纪之交很短的时间段内，硫循环经历多次显著的波动。区域性大幅度波动的$\delta^{34}S_{CAS}$表明，当时海洋硫酸盐库的通量很小，可能低于现代海洋的15%（Luo，Kump，Wang et al.，2010）。与$\delta^{34}S_{CAS}$不一样，黄铁矿的硫同位素组成的影响因素更多，对环境的解释存在多解性（Nielsen，Shen，Piasecki et al.，2010），研究相对较少（Riccardi，Arthur，Kump et al.，2006；Algeo，Shen，Zhang et al.，2008）。在晚奥陶世赫南特阶，黄铁矿的硫同位素组成（$\delta^{34}S_{py}$）有一个显著的正漂移过程，且与$\delta^{13}C_{org}$的变化特征相似（Yan，Chen，Wang et al.，2009；Zhang，Shen，Zhan et al.，2009）。在晚泥盆世弗拉斯阶/法门阶之交，黄铁矿的硫同位素组成$\delta^{34}S_{py}$存在一个明显的正漂移（Geldsetzer，Goodfellow，McLaren et al.，1986；Wang，Geldsetzer，Goodfellow et al.，1996）。但后期证实$\delta^{34}S_{py}$正漂移只出现在上Kellwasser层，而在下Kellwasser层并没有明显的表现（Joachimski，Ostertag-Henning，Pancost et al.，2001）。然而，对CAS硫同位素（$\delta^{34}S_{CAS}$）研究发现，弗拉斯阶/法门阶之交的硫循环并未发生显著的异常，并且可能存在一个与$\delta^{34}S_{py}$相反的变化特征（John，Wignall，Newton et al.，2010）。Shen等（2011）将多硫同位素引入二叠纪/三叠纪之交古海洋化学的研究，认为在海洋后生生物主灭绝前发生过数次强烈的缺氧事件。三叠纪末硫循环研究还仅仅处

于起步阶段，仅在侏罗纪 Hettangian 早期有一次明显的 $\delta^{34}S_{py}$ 正异常事件，但似乎要晚于三叠纪末期的生物大灭绝事件（Williford, Foriel, Ward et al., 2009）。

氮元素是构成生物体的必需元素，它是重要生命有机分子蛋白质及核酸（DNA 和 RNA）的主要成分。在自然界中，仅有少部分的微生物能固定大气中的 N_2，植物、动物和其他的微生物只能直接利用铵盐和硝酸盐等含氮化合物。微生物对于氮元素的生物地球化学循环起着最重要的作用，主要包括固氮作用、氨化作用、硝化作用、反硝化作用及厌氧氨氧化作用。在地质历史时期，氮循环过程往往与特定的环境和微生物有关（谢树成，罗根明，宋金明等，2012a）。LaPorte 等（2009）发现 $\delta^{15}N$ 在奥陶纪末期赫南特阶有一个小幅度的上升（-1‰上升到1‰），认为是由于温度下降导致水体含氧量增加，进而导致反硝化作用和生物固氮作用减弱。然而，这与其他剖面的资料相反（LaPorte, Holmden, Patterson et al., 2009），也与现代冰期-间冰期的氮循环特征不一样（Ganeshram, Pedersen, Calvert et al., 2000）。二叠纪/三叠纪之交后生生物的主灭绝伴随着显著的 $\delta^{15}N_{org}$ 负漂移，且这一漂移可以进行大范围的对比（Algeo, Hannigan, Rowe et al., 2007; Cao, Love, Hays et al., 2009; Fio, Spangenberg, Vlahović et al., 2010; Luo, Wang, Algeo et al., 2011; Jia, Huang, Kershaw et al., 2012; Schoepfer, Henderson, Garrison et al., 2012）。主灭绝界线之上的 $\delta^{15}N_{org}$ 在-1‰至1‰之间波动，与大气氮气的同位素组成类似，说明微生物的固氮作用是当时生物可利用氮的主要来源，也反映了当时海洋因缺氧造成了生物可利用氮非常缺乏。在晚三叠世的诺利阶/瑞替阶之交，也有一次明显的氮同位素负漂移（Sephton, Amor, Franchi et al., 2002）。氮循环的异常开始于三叠纪—侏罗纪界线之下，可能跨越了该界线（Hall and Pitaru, 2003）。而且，$\delta^{15}N$ 的变化主要发生在 $\delta^{13}C_{org}$ 的第二幕负漂移过程，在 $\delta^{13}C_{org}$ 第一幕负漂移时没有明显的 $\delta^{15}N$ 变化（Paris, Beaumont, Bartolini et al., 2010）。

二、微生物地球化学

微生物类型丰富、数量巨大，是联系其他生物和环境的重要纽带。微生物地球化学是当前生物地球化学的最重要组成部分之一。微生物地球化学涉及微生物参与下的物质转化和能量流动，特别是碳、氮、氧、硫、硅、铁、锰等元素的微生物地球化学循环。微生物对岩石和矿物风化、元素迁移和聚集能够形成矿床，形成了微生物成矿学和找矿技术。微生物对外界环境条件的灵敏响应能力使得我们能够重建古环境。其中，各类微生物功能群及其作用的研究特别受到重视（谢树成，杨欢，罗根明等，2012b），这里概述如下。

光合作用是一种重要的生理代谢途径。根据电子供体的不同，可以分为非产氧和产氧光合作用。由于早期地球存在还原性大气和海洋，光合作用以非产氧光合作用为主，以 H_2、S、H_2S 和 Fe^{2+} 等作为电子供体（Olson, 2006）。其中，Fe^{2+} 作为电子供体进行碳的固定备受关注，这一代谢在产氧光合作用出现之前已盛行很长时间。早期的蓝细菌也被认为是以 Fe^{2+} 作为电子供体进行光合作用的（Olson and Blankenship, 2004），可能参与了前寒武纪条带状铁建造的形成（Widdel, Schnell, Heising et al., 1993; Konhauser, Hamade, Raiswell et al., 2002）。产氧光合作用的出现是生命史上一个里程碑事件，对于产氧光合作用出现的时间目前还有争议。各种地球化学指标都明确指示，地球在 24 亿年左右存在一次重大的氧化事件（Bekker, Holland, Wang et al., 2004）或者在更早的时间出现过一次短暂的氧化事件（Anbar, Duan, Lyons et al., 2007; Garvin, Buick, Anbar et al., 2009）。这表明产氧光合作用起源不会晚于这个时间。

由于甲烷是重要的温室气体，加上具有极负的碳同位素组成，甲烷在地质历史时期的变化尤其受到关注。与甲烷有关的一些微生物功能群主要包括产甲烷古菌、甲烷氧化古菌、甲烷氧化细菌等。产甲烷古菌以自养为主，属于极端厌氧古菌，广泛分布于各种缺氧环境中。自养的甲烷氧化古菌或细菌则消耗环境中的甲烷。在深海，如热液喷口、冷泉和水合物界面，主要是由甲烷厌氧氧化古菌和硫酸盐还原细菌共同作用完成的甲烷厌氧氧化过程（Boetius, Ravenschlag, Schubert et al., 2000; Orphan, House, Hinrichs et al., 2001）。关于甲烷厌氧氧化的机制，目前还有争议。在泥炭环境，甲烷的氧化主要由好氧的甲烷氧化细菌完成。

硫代谢是地球早期生命获取能量的主要形式之一。与硫循环有关的代谢主要有硫酸盐还原、硫还原、硫的歧化、硫的厌氧氧化以及硫的好氧氧化等，涉及的微生物功能群主要有硫酸盐还原细菌和古菌、硫还原细菌和古菌、硫的歧化细菌、硫的厌氧氧化细菌和有氧氧化细菌。在硫化海洋环境，典型微生物功能群有硫酸盐还原微生物、H_2S 的厌氧氧化细菌和硫化物的好氧氧化细菌。具有硫酸盐还原功能的微生物主要是硫酸盐还原细菌/古菌。它们产生的大量 H_2S，是形成硫化海洋的前提。H_2S 的厌氧氧化功能群为绿硫细菌和紫硫细菌。它们位于富 H_2S 的透光层，把 H_2S 氧化成硫酸盐。硫化物的好氧氧化功能群与 H_2S 的厌氧氧化功能群可能处于相同的位置，前者也可能处于更靠近水体表面的位置（Wakeham, Amann, Freeman et al., 2007）。在地质历史上，海水硫酸盐浓度变化很大，经常会出现海洋硫酸盐浓度非常低的时期。在前寒武纪的海洋，硫酸盐浓度非常低（Habicht, Gade, Thamdrup et al., 2002; Kah, Lyons, Frank, 2004）。在显生宙，海水硫酸盐浓度也出现一些异常低值，如晚寒武世至早泥盆世、二叠纪/三叠纪之交、三叠纪/侏罗纪之交等（Luo, Kump, Wang et al., 2010; Canfield and Farquhar, 2009）。产甲烷古菌和甲烷好氧氧化细菌是低浓度硫酸盐海洋的典型微生物功能群。典型的甲烷好氧氧化细菌包括 3-甲基藿烷所指示的 I 型甲烷氧化细菌，以及 II 型和 X 型甲烷氧化细菌。现代的 I 型甲烷氧化细菌主要出现在硫酸盐浓度低的湖相环境，而在硫酸盐浓度较高的海相环境很少出现（Talbot, Summons, Jahnke et al., 2008）。在前寒武纪，特别是新太古代，以及在二叠纪/三叠纪之交，I 型甲烷氧化细菌也非常繁盛。

氮是控制初级生产力的关键元素。在各种形态氮的转换中，微生物作用至关重要，微生物实际上是驱动地球生态系统氮循环的一个强有力的引擎（Falkowski, Fenchel, Delong, 2008）。大多数生物不能直接利用氮气，而固氮微生物能够将氮气转化为生物可利用的铵态氮，从而进入合成生物体的蛋白质和核酸等生命物质中去（Falkowski, Fenchel, Delong, 2008）。现在已经发现，参与氨氧化的微生物不仅有氨氧化细菌（AOB），而且有氨氧化古菌（AOA）。AOB 分类上主要集中于 β- 和 γ- 变形菌纲，且都为专性好氧的化能自养型细菌（Prosser and Nicol, 2008）。AOA 序列主要归属于奇古菌 Group 1.1，一般为好氧的化能自养型微生物。AOA 在各种地质环境中广泛分布，并具有相对较高的丰度，表明它们在全球氮循环中起重要作用（Francis, Roberts, Beman et al., 2005; Leininger,

Urich, Schloter et al., 2006)。目前还没有发现能够将铵态氮直接氧化成 NO_3^- 的微生物。AOA 或 AOB 先将 NH_4^+ 转化为 NO_2^-, 亚硝酸盐氧化细菌再把 NO_2^- 进一步氧化成大多数生物可利用的 NO_3^-。与硝化作用不同, 驱动反硝化作用的微生物可以是细菌、古菌和真菌。反硝化微生物一般兼性厌氧且异养, 呼吸 NO_3^- 作为最终电子受体。NO_3^- 的还原过程需要亚硝酸盐还原酶（nir）和 NO 还原酶（nor）等进行催化, 其中间产物 N_2O 为温室气体。近年来, 人们发现了氨厌氧氧化细菌（annamox）, 能够在厌氧环境下将 NH_4^+ 转化成 N_2 (Francis, Beman, Kuypers, 2007)。氨厌氧氧化细菌属于浮霉菌门（Planctomycetales）, 广泛分布在缺氧的海洋环境、湖泊水体和油田中。约有 30%～50% 的氮损失可能要归功于氨厌氧氧化细菌（Kuypers, Lavik, Thamdrup, 2006）。氨氧化古菌和氨厌氧氧化细菌的作用是氮循环研究中的两大进展, 改变了人们对地质环境氮循环的认识。

微生物与矿物相互作用是微生物地球化学的重要内容（谢树成, 杨欢, 罗根明等, 2012b）, 这其中, 以微生物与含铁矿物的相互作用最引人瞩目。微生物参与铁的氧化及还原过程, 不仅仅是地表能量流的重要途径之一, 更与各类地质过程及其环境变化密切相连。微生物参与前寒武纪条带状铁建造的形成最受关注。广布于全球的前寒武纪条带状铁建造（banded iron formations, 简称 BIFs）, 是由硅质（燧石、石英等）及铁质（磁铁矿、赤铁矿等）组成的具有韵律的海洋沉积。BIFs 主要形成于 36 亿～18 亿年前, 当时海水是富 Fe^{2+} 的（Canfield, Habicht, Thamdrup, 2000）。海水中丰富的 Fe^{2+} 是如何被大规模氧化而沉积为 Fe（III）矿物的, 这是一个重要的科学问题。曾提出了三种可能的机制（谢树成, 杨欢, 罗根明等, 2012b）, 但目前比较新的一种观点认为, 不产氧光合微生物是在厌氧水体中氧化 Fe^{2+} 的（Posth, Hegler, Konhauser et al., 2008）。通过对北美 Gunflint 及 Biwabik BIFs 富铁叠层石的研究, 确认了在 18.9 亿年前在浅海弱氧化环境存在不产氧光合微生物的作用（Planavsky, Rouxel, Bekker et al., 2009）。在 25 亿年前澳大利亚 Hamersley 及南非 Transvaal 的 BIFs 中, 也存在异化铁还原菌活动的证据（Johnson, Beard, Klein et al., 2008）。在 24.8 亿年前的 BIFs 形成时期, 海洋确实出现了以光合浮游微生物及异化还原菌为主体的微生物面貌（Li, Konhauser, Cole et al., 2011）。

微生物成矿作用是微生物与元素、微生物与矿物相互作用的结果。如前所述, 国际上这方面的研究, 已形成了两大鲜明的不断深入的主题, 一是从典型的沉积矿床入手解剖其中的生物、有机质作用（叶连俊, 1996; Mann, 1992）; 二是从一些热液矿床入手分析生物及其衍生的有机质、有机流体在成矿中的作用（殷鸿福, 张文淮, 张志坚等, 1999; Giordano, 1996; Hoffmann, Henley, Higgins et al., 1988）。微生物找矿技术包括两大基本技术。一种是利用土壤中细菌或细菌孢子的数量来反映矿化情况。另一种是用细菌培养技术测量全部细菌种群的耐金属性。微生物找矿的理论基础是元素在矿床附近富集的程度及其对微生物的毒害性。研究表明, *B. cereus* 是微生物找矿合适的物种（Watterson, 1985）。因为 *B. cereus* 是芽孢杆菌属中抗青霉素能力最强的种, 并且在不利条件下可以形成孢子以度过困难时期（Watterson, Nagy, Updegraff, 1986）。人们在不同的气候条件下利用该种方法进行了试验, 结果令人鼓舞, 尤其是在半干旱地区, 效果更好（Neybergh, Moureau, Gerard et al., 1991; Melchior, Cardenas, Dejonghe, 1994; Melchior, Ddjonghe, Hughes, 1996）。加拿大学者还研制出了可以在野外对 *B. cereus* 进行计数的基因探针。

微生物地球化学除了参与主要元素循环的微生物功能群及其作用、微生物与矿物的相互作用外，还有一个较大进展是利用微生物脂类来研究地质时期的生物地球化学过程和循环。一些微生物脂类及其同位素组成已成为追溯古全球变化与古海洋生物地球化学演化的有力工具，主要涉及藻类、细菌和古菌等微生物（谢树成，黄咸雨，杨欢等，2013），这里概述如下。微生物地球化学的第一个古温度计，$U_{37}^{K'}$是基于一些藻类的长链不饱和烯酮化合物的组成而建立的。Brassell等（1986）最早提出不饱和烯酮化合物的组成可以响应表层海水温度的变化，并建立了$U_{37}^{K'}$古温度计。紧接着，Prahl及其合作者提出了修正后的$U_{37}^{K'}$，并开展了藻类的室内模拟培养，建立了不饱和烯酮古温度计与海水温度之间的校正公式（Prahl and Wakeham，1987；Prahl，Muehlhausen，Zahnle，1988）。目前比较常用的是Müller等（1998）根据全球60°S和60°N之间的370多个点的海洋表层沉积物建立的校正公式（适用于0~29℃）。该古温度计已被广泛地应用于第四纪海水表层温度重建（Herbert，2006），甚至应用于上新世（Herbert，Peterson，Lawrence et al.，2010；Li，Li，Tian et al.，2011）、始新世与渐新世之交（Liu，Pagani，Zinniker et al.，2009）。$U_{37}^{K'}$古温度计在湖相环境的应用明显落后。

除了藻类外，奇古菌（Thaumarchaeota）和细菌细胞膜的甘油二烷基甘油四醚脂类化合物（GDGTs）也受温度的影响。当环境温度升高时，其五元环的相对数量能够增加。依据这个原理，Schouten等（2002）建立了海洋浮游型奇古菌GDGTs的四醚指数TEX_{86}表征五元环相对数量，并发现海洋沉积物GDGTs的TEX_{86}与海水表面温度（SST）具有很好的线性相关关系。在TEX_{86}成功应用于海洋环境的同时，Powers等（2004，2010）尝试利用湖泊沉积物GDGTs建立的TEX_{86}重建湖泊表层水温（LST）。与此同时，Sinninghe Damsté等（2000）在沉积物中发现了可能来自于异养的酸杆菌门（Sinninghe Damsté，Rijpstra，Hopmans et al.，2011；Weijers，Panoto，van Bleijswijk et al.，2009；Weijers，Wiesenberg，Bol et al.，2010）的细菌支链GDGTs。通过对全球不同气候区不同pH土壤的调查发现，支链GDGTs中的五元环相对数量与土壤pH、甲基相对数量与大气年平均温度（MAT）和土壤pH有紧密联系，可以分别用环化指数（CBT）和甲基化指数（MBT）来表征。细菌GDGTs的MBT/CBT指标（甲基化指数/环化指数）迅速地被运用到地质历史时期古温度的重建中去，主要包括陆源输入较大的边缘海或河口、泥炭和黄土-古土壤等环境。细菌支链GDGTs古温度计MBT/CBT的建立改写了陆地环境缺乏有效的有机地球化学古温度定量指标的局面。

在应用于古温度重建的同时，微生物脂类也能够记录古水文信号。细菌GDGTs的环化指数CBT主要受pH的影响，CBT可以反映长期的水文条件的变化以及可能的干旱事件（Fawcett，Werne，Anderson et al.，2011）。由细菌支链GDGTs和古菌crenarchaeol构建的陆源输入指数BIT值（Hopmans，Weijers，Scheuß et al.，2004）间接反映流域的水文状况，东非Challa湖沉积物的BIT指数与10年、百年尺度的古降雨信息具有很好的对应性，并用BIT指数重建了一个岁差周期（约23000年）东非赤道附近季风降雨变化（Verschuren，Damste，Moernant et al.，2009）。细菌bGDGTs与古菌iGDGTs相对含量（Ri/b指数）主要受土壤pH控制，Ri/b指数可用于重建古土壤pH，并用于识别土地盐碱化和干旱事件（Xie，Pancost，Chen et al.，2012）。利用该指标发现了青藏高原在900万年前的快速隆升过程造成了当时的土地盐碱化和干旱化现象，从而为研究我国华北地区的干旱化提供了新的技术方法。

三、极端环境生物地球化学

越来越多的研究发现，在地球上的一些极端环境（包括高温、高压、高盐度、高酸性等），一些微生物也能够大量生长。极端环境微生物不仅大大拓展了生物圈的范围，也有着重要的进化意义，可能与生命起源有关。由于极端环境种类很多，其中的微生物地球化学过程差异也比较大。微生物主要通过氧化还原反应获得能量，微生物也正是通过这些反应改变地质环境。

深海热液喷口周围分布着以化能自养型微生物为基础的生物群和食物链。主要包括细菌、古菌、病毒、底栖生物和浮游生物。由于温度梯度带和化学梯度带的存在，热液喷口生物群落的分布呈一定的规律，一般围绕喷口呈带状分布。高温环境（60 ℃以上）以细菌和古菌为主，而低温环境分布着多毛纲蠕虫动物，以及双壳类、腹足类、腕足动物、虾和蟹等。深海热液微生物通过参与生物地球化学过程来获取代谢所需的物质和能量。微生物能够通过氧化 H_2 来还原 S，这种获得能量的途径被认为是地球上最古老的代谢途径之一。深海热液富含硫化物，因而硫的氧化作用是热液活动区最基本的生物地球化学过程。在热液活动区，产甲烷古菌利用 CO_2 和 H_2 合成 CH_4。宏基因组学研究表明，热泉喷口的古菌代谢途径具有多样性和特殊性，推测与其深海环境的适应有关（Xie，Wang，Guo et al.，2011）。一些细菌已经被证实参与了大洋玄武岩壳的蚀变，以及铁的氧化与还原（Fisk，Giovannoni，Thorseth，1998）。

海底冷泉喷口附近广泛分布着化能自养生态群落。化能自养微生物处于底层，主要是甲烷厌氧氧化古菌和硫酸盐还原细菌。冷泉区最重要的微生物地球化学过程是甲烷厌氧氧化和硫酸盐还原过程，而且这两个生物地球化学过程协同作用。甲烷厌氧氧化过程形成的过饱和 HCO_3^-，能与海水中的 Ca^{2+} 形成碳酸盐沉淀，形成凝块灰岩、放射状和葡萄状文石胶结物，即冷泉碳酸盐。过饱和的 HS^- 也能促进黄铁矿沉淀，并常以草莓状形式出现。冷泉碳酸盐沉积是海底天然气渗漏系统的重要标志，是指示天然气水合物可能存在的重要证据。现在也发现甲烷氧化还可以与铁锰还原作用耦合（Liu，Dong，Bishop et al.，2011）。

陆地热泉中的微生物地球化学过程主要由化能自养型微生物参与，如氢气氧化，一氧化碳氧化，铁和氨氧化。在一些高温热泉中，水中溶解氧很低，微生物地球化学过程以厌氧为主。在热泉中产氢气微生物过程也很普遍，主要由嗜热的 CO 厌氧氧化细菌完成。目前，对部分功能微生物介导的生源元素循环的温度上限取得了一定的认识。例如，微生物固氮作用以及微生物介导的氨氧化与亚硝酸盐氧化作用可以发生在 90 ℃以上的热泉中（Mehta and Baross，2006；de la Torre，Walker，Ingalls et al.，2008；Reigstad，Richter，Daims et al.，2008；Jiang，Huang，Dong et al.，2010）。这些发现对生源元素循环与温度关系的已有认识提出了挑战，对于探索地球早期生命以及外星生命具有极其重要的科学启示意义。

现代地球上存在着多种酸性环境，如酸性热泉、酸性矿坑以及酸性泥炭。在这些酸性环境中广泛生存着各种嗜酸微生物，如氧化硫硫杆菌、氧化亚铁硫杆菌、钩端螺旋菌以及一些嗜酸的真核微生物，如椭圆酵母、红酵母等。在酸性矿坑水环境，发生的微生物生地球化学过程主要是硫化物的氧化和金属离子的还原过程。

此外，近来研究发现，冰川微生物对全球碳循环、铁-硫循环具有重要作用（Anesio, Hodson, Fritz et al., 2009; Mikucki, Pearson, Johnston et al., 2009; Margesin and Miteva, 2011）。生物膜及其中的微生物可通过多种方式在洞穴碳酸钙沉淀中起重要作用（Cañaveras, Cuezva, Sanchez-Moral et al., 2006; Barton and Northup, 2007; Lian, Yuan, Liu, 2011）。地下水微生物功能具有多样性（Rogers and Casciotti, 2010），涉及甲烷和氨的氧化作用、反硝化作用、硫酸盐还原作用、甲烷生成作用、化能自养作用和特定有机质的降解作用等。这些极端环境的生物地球化学研究正深入开展。

四、生物地球化学的定量化模型和模拟

生物地球化学的实验研究和现场观测是客观地研究生物地球化学机制的主要手段，但模型也具有其不可替代的作用。生物地球化学模型是采用数学模型来研究化学物质从环境到生物然后再回到环境的生物地球化学循环过程。早期的生物地球化学模型主要是对生态系统物质循环的某一过程进行模拟。随后围绕一些实验观测研究在全球范围内的逐渐展开，为全球物质循环模型的建立提供了基础。目前，各种综合性的生物地球化学模型（特别是陆地生态系统模型）不断出现和完善，并与大气环流模型、大气扩散模型等耦合，分析和预测区域性或全球性的碳、氮循环规律等。生物地球化学模型的基本结构需要包括多个组分（生物、大气、土壤等）、多个界面（生物-大气、生物-土壤和土壤-大气界面）和三类基本过程（物理的、化学的和生物的）。目前生物地球化学模型主要集中在研究碳、氮循环（Li, Frolking, Frolking, 1992; Li, Zhuang, Cao et al., 2001），突出地表现在对现代过程的研究上。在地质历史时期，碳同位素记录及碳循环模型的结合有助于定量/半定量地研究碳循环变化，而不仅仅停留在定性的解释方面。常用的碳循环模型为箱子模型，包括稳定状态下的模型和非稳定状态下的模型（Kump and Arthur, 1999; Rothman, Hayes, Summons, 2003）。

第三节 生物地球化学学科的发展方向和主要研究领域

未来几年，生物地球化学将优先发展那些关系到人类社会可持续发展、生命过程和全球气候环境变化的研究领域，特别是有可能带动生物地球化学整体发展的一些关键研究领域。具体研究领域如下。

一、界面和区带的生物地球化学过程及其通量

界面和区带主要涉及生物地球化学的空间变化。重要地球化学元素，特别是生源要素，在水体、土壤、岩石、大气和生物等各类介质的界面是如何进行交换和转化的，其通量是如何变化的，目前还了解得很少，而这是元素生物地球化学循环的关键，也是地球表层系统各圈层之间相互作用的关键所在。这方面的研究存在诸多难题。首先，它的研究不是单纯的地球化学研究，而是涉及多种学科的交叉和融合，包括水文学、土壤学、大气科

学、海洋科学、生命科学、数学等。其次，这些界面过程是物理、化学和生物过程的综合，特别复杂。物理过程强有力地影响了生物地球化学过程。例如，水体的流动、温度的变化等都影响水-气界面的生物地球化学过程。特别是，这些界面的物质和能量很不稳定，一些微生物往往在这些界面聚集，因此，微生物地球化学过程非常重要。最后，它的研究不仅仅是在定性上，更重要的是定量研究。而定量研究涉及许多非线性过程。一些界面的生物地球化学过程还很不清楚，更谈不上其通量的变化规律和控制因素；虽已经认识到微生物的重要性，但突破性进展不多。因此，需要进一步详细解剖不同物质在不同环境条件下的各类界面过程（包括具体的动力学过程、机制、影响因素），建立描述不同过程的综合数学模型，查明其通量变化的规律，进而实现模型预测。这是界面生物地球化学的一项长期的艰巨任务。

除了界面以外，典型生态系统（海洋、陆地等）和典型区带（农田、矿区、地下水、河口、海岸带、石漠区等）的生物地球化学过程研究直接与全球气候环境相关，也急需深入。海洋碳系统作为一个耗散的非线性动力学开放的复杂系统，对全球气候变化与全球生态环境变化影响巨大。当前已经从个别海域研究发展到全球大洋体系，从定性、定量方面到新的理论和模型，例如，微型生物碳泵的理论（Jiao, Herndl, Hansell et al., 2010）等。海岸带生物地球化学循环正受到越来越多的重视。陆地系统的生物地球化学过程进行了大量的全球范围内的观察和数据收集工作，开始向模型化方向发展。各类大江大河流域、湿地、喀斯特石漠地区、不同类型土壤的生物地球化学研究正广泛开展（刘丛强等，2007）。总体来说，全面涉及海洋、陆地和大气所形成的海-陆-气系统的生物地球化学循环研究得很少。当前的重点是强化海、陆系统和典型区带生源要素循环与气候变化的耦合关系，营养物质与生产力等生物资源的关系，源、流、汇强度的变化与循环的机制，微生物的作用过程等。

二、重大地质突变期的生物地球化学过程及其动力学机制

如果说界面和区带涉及生物地球化学的空间变化问题，重大地质突变期则涉及生物地球化学的时间演化问题。在漫长的地球演化历史中，生源要素的生物地球化学循环一直在变化着。这方面大量的工作集中在碳循环上，特别是在一些重大地质突变期发生的重大的碳循环变化（如每次生物大规模灭绝期），但这些碳循环变化的动力学机制和过程均不清楚，它与生物事件、各类地质事件的关系更不清楚。硫循环的研究也才刚刚开始，碳酸盐晶格中硫酸盐的硫同位素和黄铁矿的硫同位素成为研究地质时期硫循环的关键记录，地史上硫化海洋（如中元古代）的出现突出了硫循环的重要性。氮和磷循环的研究则少之又少。

调查地质历史时期碳、硫、氮等的生物地球化学循环及其演化，查明这些生物地球化学过程的动力学机制，以及与重大生物事件和地质事件之间的因果关系。这些是生物地球化学演化的关键。在碳循环方面，如何准确估算地质历史时期古大气 CO_2 浓度的变化仍然是一大关键难题，它与温度等物理条件的关系仍然是未解之谜。前寒武纪大气含氧量的变化主要是通过两次大氧化事件实现的，但这仅是粗线条的工作，急需深入。古海洋化学成分的变化也是当前生物地球化学面临的难题。在过去几年，已经加强了海水硫酸盐浓度的研究，发现了一些低硫酸盐浓度的时期，但这仅是零星的研究。当前，在生物地球化学演

化的研究方面，一是加强模型的研究，突出不同元素循环之间的联系，如碳－硫循环的联合，生源要素与过渡族金属元素同位素（如 Fe、Mo）的联合；二是加强与现代海－陆－气生物地球化学过程和生物地球化学循环的结合，达到将今论古的目的；三是加强碳循环动力学机制及其与生物事件和环境事件的因果关系的研究；四是进一步突出类脂物单体同位素研究的重要性。

三、微生物地球化学与资源环境效应

随着研究的深入，人们越来越多地认识到微生物在地球表层系统中的重要性。微生物参与地球表层的风化、搬运、沉积和成岩过程，这些过程直接影响了地球元素的循环，并可以导致多种矿产资源的形成，还可以对各类气候和环境产生深刻影响。同时，分子生物学与微生物学的发展为我们研究现代微生物的地质作用提供了技术支撑，而分子有机地球化学技术手段的发展则为我们研究地质微生物功能群及其作用创造了条件。微生物地球化学的发展与技术手段的突破密不可分。

当前，研究比较多的是微生物对环境条件的响应能力，这使得我们能够根据微生物分子和同位素的变化重建地质历史时期环境的变化。这方面的工作未来将进一步深入和加强。特别是，人们已经认识到微生物存在于生物地理区系，但其分布规律和受控因素还很不清楚。然而更重要的是，我们对微生物是如何通过生物地球化学过程对地球环境产生作用的，了解得极少，是未来需要大力加强的方面。例如，微生物在参与碳、氮循环中，形成的 CO_2、CH_4、N_2O 等均是温室气体，微生物对温室气体的作用将不断引起人们的注意。温室气体生物地球化学和海洋的 DOC 生物地球化学将会继续加强。我们还需要研究在微生物参与的风化、搬运、沉积和成岩等一系列地质过程中，查明其对矿产资源的形成、环境的变化所起的作用，即突出微生物地球化学过程对资源环境的主动作用方式及其动力学过程，而非被动适应过程。这也是当前地球系统核心的内容之一——生物对环境的作用。

四、深部生物圈与极端环境的生物地球化学

随着科学的进步，人们在地球深部发现了越来越多的生命。这些生命的存在形式、适应机理，它们对地球环境的作用一直是个谜。例如，微生物可能存在于玄武岩和超基性岩的水热体系，如海底 800 m 深度、火山温泉 2 km 以下岩浆岩中卤水和大陆溢流玄武岩（Sherwood，Voglesonger，Lin et al.，2007；Roussel，Bonavita，Querellou et al.，2008）。在这些极端环境中，微生物可获取橄榄石蚀变释放的化学能而生存（McCollom，2007；Edwards，Wheat，Sylvan，2011；Lang，Früh-Green，Bernasconi et al.，2012）。通过 H_2 和 CO_2 作用形成 CH_4 是水热系统和超基性岩中常见的反应，是氨基酸和脂肪等非生物合成研究的关键所在（Holm and Charlou，2001；Sharma and Oze，2007）。蛇纹石化期间产生的氢气和甲烷可以被多种类型微生物用作代谢能量。蛇纹石化作用通常发生在缓慢扩张洋中脊系统、大陆蛇绿岩等广泛区域，这些地区是探测地球深部生命起源和演化的重要场所。但如何准确地鉴别有机化合物的来源是研究蛇纹石化有机化合物面临的一个巨大挑战，生物过程和非生物过程的叠加，也是研究寄主蛇纹岩生态系统所面临的挑战。

深部生物圈处于一种极端环境条件，虽然极端环境生物的研究已开展了一系列的工作，但多数工作还是在对可培养微生物的生物学研究，聚焦在生物是如何适应这些极端环境条件。对于极端环境生物如何参与各种元素的循环，如何作用于地质环境，我们的了解和研究尚非常有限。目前，深部生物圈的大多数研究主要在回答"谁在那里"的科学问题，这本身是一个极大的挑战。对于这些生物"为什么在那里""在那里干什么"等问题远没有回答。对这些微生物是如何响应极端环境条件的，又是如何参与各种元素循环的，我们了解得极少。研究大陆地下、深海底等地下深部生物圈中元素的生物地球化学循环，为探索生命起源、发展天体生物学、研究特殊基因提供服务。

主要参考文献

傅家谟等. 1982. 有机地球化学. 北京：科学出版社，1~354

刘丛强等. 2007. 生物地球化学过程与地表物质循环——西南喀斯特流域侵蚀与生源要素循环. 北京：科学出版社，1~608

涂光炽等. 1988. 中国层控矿床地球化学（第三卷）. 北京：科学出版社，1~388

王将克，陈水挟，钟月明. 1991. 氨基酸生物地球化学. 北京：科学出版社，1~308

王将克，常弘，廖金凤等. 1999. 生物地球化学. 广州：广东科技出版社，1~635

谢树成，罗根明，宋金明等. 2012. 2001~2010年生物地球化学研究进展与展望. 矿物岩石地球化学通报，31（5）：447~469

谢树成，杨欢，罗根明等. 2012. 地质微生物功能群：生命与环境相互作用的重要突破口. 科学通报，57（1）：3~22

谢树成，黄咸雨，杨欢等. 2013. 示踪全球环境变化的微生物代用指标. 第四纪研究，33（1）：1~18

叶连俊. 生物有机质成矿作用. 1996. 北京：海洋出版社，1~283

殷鸿福，张文淮，张志坚等. 1999. 生物成矿系统论. 武汉：中国地质大学出版社，1~207

赵一阳和鄢明才. 1994. 中国浅海沉积物地球化学. 北京：科学出版社，1~203

Algeo T J, Hannigan R, Rowe H et al. 2007. Sequencing events across the Permian-Triassic boundary, Guryul Ravine (Kashmir, India). *Palaeogeography Palaeoclimatology Palaeoecology*, 252：328~346

Algeo T J, Shen Y, Zhang T et al. 2008. Association of ^{34}S-depleted pyrite layers with negative carbonate δ^{13}C excursions at the Permian-Triassic boundary：Evidence for upwelling of sulfidic deep-ocean water masses. *Geochemistry, Geophysics, Geosystems*, 9：Q04025

Anbar A D, Duan Y, Lyons T W et al. 2007. A whiff of oxygen before the great oxidation event? *Science*, 317：1903~1906

Anbar A D, Knab K A, Barling J. 2001. Precise determination of mass-dependent variations in the isotopic composition of molybdenum using MC-ICP-MS. *Analytical Chemistry*, 73：1425~1431

Anesio A M, Hodson A J, Fritz A et al. 2009. High microbial activity on glaciers：importance to the global carbon cycle. *Global Change Biology*, 15（4）：955~960

Bacon K L, Belcher C M, Hesselbo S P, et al. 2011. The Triassic – Jurassic boundary carbon-isotope excursions expressed in taxonomically identified leaf cuticles. *Palaios*, 26：461~469

Barton H A and Northup D E. 2007. Geomicrobiology in cave environments：past, current and future perspectives. *Journal of Cave and Karst Studies*, 69：163~178

Bashkin V N and Howarth R W. 2003. Modern Biogeochemistry. Dortrecht：Klumer Academic Publications.

Beard B L, Johnson C M, Cox L et al. 1999. Iron isotope bio signatures. *Science*, 285：1889~1892

Bekker A, Holland H D, Wang P L et al. 2004. Dating the rise of atmospheric oxygen. *Nature*, 427: 117~120

Boetius A, Ravenschlag K, Schubert C J et al. 2000. A marine microbial consortium apparently mediating anaerobic oxidation of methane. *Nature*, 407: 623~626

Bonis N R, Van Konijnenburg-Van Cittert J H A, Kürschner W M. 2010. Changing CO_2 conditions during the end-Triassic inferred from stomatal frequency analysis on Lepidopteris ottonis (Goeppert) Schimper and Ginkgoites taeniatus (Braun) Harris. *Palaeogeography, Palaeoclimatology, Palaeoecology*, 295: 146~161

Brassell S C, Eglinton G, Marlowe I T et al. 1986. Molecular stratigraphy: A new tool for climatic assessment. *Nature*, 320: 129~133

Brenchley P J, Carden G A, Hints L et al. 2003. High-resolution stable isotope stratigraphy of Upper Ordovician sequences: Constraints on the timing of bioevents and environmental changes associated with mass extinction and glaciation. *GSA Bulletin*, 115: 89~104

Cañaveras J C, Cuezva S Sanchez-Moral S et al. 2006. On the origin of fiber calcite crystals in moonmilk deposits. *Naturwissenschaften*, 93: 27~32

Canfield D E and Farquhar J. 2009. Animal evolution, bioturbation, and the sulfate concentration of the oceans. *Proceedings of the National Academy of Sciences*, USA, 106: 8123~8127

Canfield D E, Habicht K S, Thamdrup B. 2000. The Archean sulfur cycle and the early history of atmospheric oxygen. *Nature*, 288: 658~661

Cao C, Love G D, Hays L E et al. 2009. Biogeochemical evidence for euxinic oceans and ecological disturbance presaging the end-Permian mass extinction event. *Earth and Planetary Science Letters*, 281: 188~201

de la Torre J R, Walker C B, Ingalls A E et al. 2008. Cultivation of a thermophilic ammonia oxidizing archaeon synthesizing crenarchaeol. *Environmental Microbiology*, 10: 810~818

Edwards K J, Wheat C G, Sylvan J B. 2011. Under the sea: microbial life in volcanic oceanic crust. *Nature Reviews Microbiology*, 9 (10): 703~712

Falkowski P G, Fenchel T, Delong E F. 2008. The microbial engines that drive Earth's biogeochemical cycles. *Science*, 320: 1034~1039

Fan J, Peng P, Melchin M J. 2009. Carbon isotopes and event stratigraphy near the Ordovician-Silurian boundary, Yichang, South China. *Palaeogeography, Palaeoclimatology, Palaeoecology*, 276: 160~169

Farquhar J, Bao H, Thiemens M. 2000. Atmospheric influence of Earth's earliest sulfur cycle. *Science*, 289 (5480): 756~758

Fawcett P J, Werne J P, Anderson R S et al. 2011. Extended megadroughts in the southwestern United States during Pleistocene interglacials. *Nature*, 470: 518~521

Fike D, Grotzinger J, Pratt L et al. 2006. Oxidation of the Ediacaran ocean. *Nature*, 444 (7120): 744~747

Fio K, Spangenberg J E, Vlahović I et al. 2010. Stable isotope and trace element stratigraphy across the Permian-Triassic transition: a redefinition of the boundary in the Velebit Mountain, Croatia. *Chemical Geology*, 278: 38~57

Fisk M R, Giovannoni S J, Thorseth I H. 1998. Alteration of oceanic volcanic glass: textural evidence of microbial activity. *Science*, 281: 978~979

Francis C A, Roberts K J, Beman J M et al. 2005. Ubiquity and diversity of ammonia-oxidizing archaea in water columns and sediments of the ocean. *Proceedings of the National Academy of Sciences*, USA, 102: 14683~14688

Francis C A, Beman J M, Kuypers M M M. 2007. New processes and players in the nitrogen cycle: the microbial ecology of anaerobic and archaeal ammonia oxidation. *ISME J*, 1 (1): 19~27

Ganeshram R S, Pedersen T F, Calvert S E et al. 2000. Glacial-interglacial variability in denitrification in the word's oceans: Causes and consequences. *Paleoceanography*, 15: 361~376

Garvin J, Buick R, Anbar A D et al. 2009. Isotopic evidence for an aerobic nitrogen cycle in the latest Archean. *Science*, 323: 1045~1048

Geldsetzer H H J, Goodfellow W D, McLaren D J et al. 1986. Sulfur-isotope anomaly associated with the Frasnian-Famennian extinction, Medicine Lake, Alberta, Canada. *Geology*, 15: 393~396

Gill B C, Lyons T W, Frank T D. 2008. Behavior of carbonate-associated sulfate during meteoric diagenesis and implications for the sulfur isotope paleoproxy. *Geochimica et Cosmochimica Acta*, 72: 4699~4711

Giordano T H. 1996. A special issue devoted to organics and ore deposits: Introduction. *Ore Geology Reviews*, 11: VII~IX

Gorjan P and Kaiho K. 2007. Correlation and comparison of seawater $\delta^{34}S_{sulfate}$ records at the Permian-Triassic transition. *Chemical Geology*, 243: 275~285

Gorjan P, Kaiho K, Kakegawa T et al. 2007. Paleoredox, biotic and sulfur-isotope changes associated with the end-Permian mass extinction in the western Tethys. *Chemical Geology*, 244: 483~492

Habicht K S, Gade M, Thamdrup B et al. 2002. Calibration of sulfate levels in the Archean ocean. *Science*, 298 (5602): 2372~2374

Hall R L and Pitaru S. 2003. Carbon and nitrogen isotope disturbances and an end-Norian (Late Triassic) extinction event: Comment. *Geology*, 31: e24~e25

Herbert T D. 2006. Alkenone paleotemperature determinations. In: Holland H D, Turekian K K eds. *Treatise on Geochemistry*. Oxford: Elsevier, 391~432

Herbert T D, Peterson L C, Lawrence K T et al. 2010. Tropical ocean temperatures over the past 3.5 million years. *Science*, 328: 1530~1534

Hesselbo S P, Robinson S A, Surlyk F et al. 2002. Terrestrial and marine extinction at the Triassic-Jurassic boundary synchronized with major carbon-cycle perturbation: A link to initiation of massive volcanism? *Geology*, 30: 251~254

Hoffmann C F, Henley R W, Higgins N C et al. 1988. Biogenic hydrocarbons in fluid inclusions from the Aberfoyle tin-tungsten deposit, Tasmania, Australia. *Chemical Geology*, 70: 287~299

Holm N G and Charlou J L. 2001. Initial indications of abioti formation of hydrocarbons in the Rainbow ultramafic hydrothermal system, Mid-Atlantic Ridge. *Earth and Planetary Science Letters*, 191 (1~2): 1~8

Holser W T and Magaritz M. 1987. Events near the Permian-Triassic boundary. *Modern Geology*, 11: 155~180

Hopmans E C, Weijers J W H, Scheuß E et al. 2004. A novel proxy for terrestrial organic matter in sediments based on branched and isoprenoid tetraether lipids. *Earth and Planetary Science Letters*, 224 (1~2): 107~116

Jia C, Huang J, Kershaw S et al. 2012. Microbial response to limited nutrients in shallow water immediately after the end-Permian mass extinction. *Geobiology*, 10: 60~71

Jiang G, Kennedy M J, Christie-Blick N. 2003. Stable isotopic evidence for methane seeps in Neoproterozoic postglacial cap carbonates. *Nature*, 426 (6968): 822~826

Jiang H, Huang Q, Dong H et al. 2010. RNA-based investigation of ammonia-oxidizing archaea in hot springs of Yunnan Province, China. *Applied and Environmental Microbiology*, 76: 4538~4541

Jiao N Z, Herndl G J, Hansell D A et al. 2010. Microbial production of recalcitrant dissolved organic matter: Long-term carbon storage in the global ocean. *Nature Reviews Microbiology*, 8: 593~599

Joachimski M M and Buggisch W. 1993. Anoxic events in the late Frasnian—Causes of the Frasnian-Famennian faunal crisis? *Geology*, 21: 675~678

Joachimski M M and Buggisch W. 2002. Conodont apatite $\delta^{18}O$ signatures indicate climatic cooling as a trigger of the Late Devonian mass extinction. *Geology*, 30: 711~714

Joachimski M M, Ostertag-Henning C, Pancost R D et al. 2001. Water column anoxia, enhanced productivity and concomitant changes in carbon isotope and sulfur isotope across the Frasnian-Famennian boundary. *Chemical Geology*, 175: 109~131

John E H, Wignall P B, Newton R J et al. 2010. $\delta^{34}S_{CAS}$ and $\delta^{18}O_{CAS}$ records during the Frasnian-Famennian (Late Devonian) transition and their bearing on mass extinction models. *Chemical Geology*, 275: 221~234

Johnson C M, Beard B L, Klein C et al. 2008. Iron isotopes constrain biologic and abiologic processes in banded iron formation genesis. *Geochimica et Cosmochimica Acta*, 72: 151~169

Jones D S, Fike D A, Finnegan S et al. 2011. Terminal Ordovician carbon isotope stratigraphy and glacioeustatic sea-level change across Anticosti Island (Quebec, Canada). *GSA Bulletin*, 123: 1645~1664

Kah L C, Lyons T W, Frank T D. 2004. Low marine sulphate and protracted oxygenation of the Proterozoic biosphere. *Nature*, 431 (7010): 834~838

Kaiho K, Kajiwara Y, Nakano T et al. 2001. End Permian catastrophe by a bolide impact: Evidence of a gigantic release of sulfur from the mantle. *Geology*, 29: 815~818

Kaiho K, Kajiwara Y, Chen Z Q et al. 2006. A sulfur isotope event at the end of the Permian. *Chemical Geology*, 235: 33~47

Kampschulte A and Strauss H. 2004. The sulfur isotopic evolution of Phanerozoic seawater based on the analysis of structurally substituted sulfate in carbonates. *Chemical Geology*, 204: 255~286

Konhauser K O, Hamade T, Raiswell R et al. 2002. Could bacteria have formed the Precambrian banded iron formations? *Geology*, 30: 1079~1082

Korte C, Kozur H W, Joachimski M M et al. 2004. Carbon, sulfur, oxygen and strontium isotope records, organic geochemistry and biostratigraphy across the Permian/Triassic boundary in Abadeh, Iran. *International Journal of Earth Sciences*, 93: 565~581

Kump L R and Arthur M A. 1999. Interpreting carbon-isotope excursions: carbonates and organic matter. *Chemical Geology*, 161: 181~198

Kuypers M M M, Lavik G, Thamdrup B. 2006. Anaerobic ammonium oxidation in the marine environment. In: Neretin L. ed. Past and present water column anoxia. Dordrecht: Springer, 311~335

Lang S Q, Früh-Green G L, Bernasconi S M et al. 2012. Microbial utilization of abiogenic carbon and hydrogen in a serpentinite-hosted system. *Geochimica et Cosmochimica Acta*, 92 (1): 82~99

LaPorte D F, Holmden C, Patterson W P et al. 2009. Local and global perspectives on carbon and nitrogen cycling during the Hirnantian glaciation. *Palaeogeography, Palaeoclimatology, Palaeoecology*, 276: 182~195

Leininger S, Urich T, Schloter M et al. 2006. Archaea predominate among ammonia-oxidizing prokaryotes in soils. *Nature*, 442: 806~809

Li C, Zhuang Y, Cao M et al. 2001. Comparing a process-based agroecosystem model to the IPCC methodology for developing a national inventory of N_2O emissions from arable lands in China. *Nutrient Cycling in Agroecosystems*, 60: 159~175

Li C, Frolking S, Frolking T A. 1992. A model of nitrous oxide evolution from soil driven by rainfall events: 1. Model structure and sensitivity. *Journal of Geophysical Research*, 97: 9759~9776

Li L, Li Q, Tian J et al. 2011. A 4-Ma record of thermal evolution in the tropical western Pacific and its implications on climate change. *Earth and Planetary Science Letters*, 309: 10~20

Li Y, Konhauser K O, Cole D R et al. 2011. Mineral ecophysiological data provide growing evidence for microbial activity in banded-iron formations. *Geology*, 29: 707~710

Lian B, Yuan D, Liu Z. 2011. Effects of microbes on karstification in karst ecosystems. *Chinese Science Bulletin*, 56: 3743~3747

Liu D, Dong H, Bishop M E et al. 2011. Reduction of structural Fe (Ⅲ) in nontronite by methanogen Methanosarcina barkeri. *Geochimica et Cosmochimica Acta*, 75: 1057~1071

Liu Z H, Pagani M, Zinniker D et al. 2009. Global cooling during the Eocene-Oligocene climate transition. *Science*, 323: 1187~1190

Luo G, Kump L R, Wang Y et al. 2010. Isotopic evidence for an anomalously low oceanic sulphate concentration following end-Permian mass extinction. *Earth and Planetary Science Letters*, 300: 101~111

Luo G, Wang Y, Algeo T J et al. 2011. Enhanced nitrogen fixation in the immediate aftermath of the latest Permian marine mass extinction. *Geology*, 39: 647~650

Mann S. 1992. Biomineralization: Bacteria and the Midas touch. *Nature*, 357: 358~360

Margesin R and Miteva V. 2011. Diversity and ecology of psychrophilic microorganisms. *Research in Microbiology*, 162: 346~361

Martin A P, Condon D J, Prave A R et al. 2013. Dating the termination of the Palaeoproterozoic Lomagundi-Jatuli carbon isotopic event in the North Transfennoscandian Greenstone Belt. *Precambrian Research*, 224: 160~168

McCollom T M. 2007. Geochemical constraints on sources of metabolic energy for chemolithoautotrophy in ultramafic-hosted deep-sea hydrothermal systems. *Astrobiology*, 7 (6): 933~950

McElwain J C, Beerling D J, Woodward F I. 1999. Fossil plants and global warming at the Triassic-Jurassic boundary. *Science*, 285: 1386~1390

Mehta M P and Baross J A. 2006. Nitrogen Fixation at 92°C by a Hydrothermal Vent Archaeon. *Science*, 314: 1783~1786

Melchin M J and Holmden C. 2006. Carbon isotope chemostratigraphy in Arctic Canada: Sea-level forcing of carbonate platform weathering and implications for Hirnantian global correlation. *Palaeogeography, Palaeoclimatology, Palaeoecology*, 234: 186~200

Melchior A, Cardenas J, Dejonghe L. 1994. Geomicrobiology applied to mineral exploration in Mexico. *Journal of Geochemical Exploration*, 51 (2): 193~212

Melchior A, Ddjonghe L, Hughes G. 1996. A geomicrobiological study of soils collected from auriferous areas of Argentia. *Journal of Geochemical Exploration*, 56: 217~227

Melezhik V A, Fallick A E, Medvedev P V et al. 1999. Extreme carbon isotope enrichment in ca. 2.0 Ga magnesite-stromatolite-dolomite-'red beds' association in a global context: a case for the world ~ wide signal enhanced by a local environment. *Earth-Science Reviews*, 48: 71~120

Mikucki J A, Pearson A, Johnston D T et al. 2009. A Contemporary Microbially Maintained Subglacial Ferrous "Ocean". *Science*, 324 (5925): 397~400

Müller P J, Kirst G, Ruhland G et al. 1998. Calibration of the Alkenone paleotemperature index U_{37}^k based on core-tops from the eastern South Atlantic and the global ocean (60° N-60° S). *Geochimica et Cosmochimica Acta*, 62: 1757~1772

Murphy A E, Sageman B B, Hollander D J. 2000. Eutrophication by decoupling of the marine biogeochemical cycles of C, N, and P: A mechanism for the Late Devonian mass extinction. *Geology*, 28: 427~430

Newton R J, Pevitt E L, Wignall P B et al. 2004. Large shifts in the isotopic composition of seawater sulphate across the Permian-Triassic boundary in northern Italy. *Earth and Planetary Science Letters*, 218: 331~345

Neybergh H, Moureau Z, Gerard P et al. 1991. Utilisation des concentratins de *Bacillus cereus* dans les sols comme technique de prospection des gies auriferes. *Chronique de la Recherche Miniere*, 502: 37~46

Nielsen J K, Shen Y, Piasecki S et al. 2010. No abrupt change in redox condition caused the end-Permian marine ecosystem collapse in the East Greenland Basin. *Earth and Planetary Science Letters*, 291: 32~38

Olson J M. 2006. Photosynthesis in the Archean Era. *Photosynthesis Research*, 88: 109~117

Olson J M and Blankenship R. 2004. Thinking About the Evolution of Photosynthesis. *Photosynthesis Research*, 80: 373~386

Orphan V J, House C H, Hinrichs K U et al. 2001. Methane-consuming Archaea revealed by directly coupled isotopic and phylogenetic analysis. *Science*, 293: 484~487

Paris G, Beaumont V, Bartolini A et al. 2010. Nitrogen isotope record of a perturbed paleoecosystem in the aftermath of the end-Triassic crisis, Doniford section, SW England. *Geochemistry, Geophysics Geosystems*, 11: Q08021

Payne J L, Lehrmann D J, Wei J Y et al. 2004. Large perturbations of the carbon cycle during recovery from the End-Permian extinction. *Science*, 305: 506~509

Planavsky N, Rouxel O, Bekker A et al. 2009. Iron-oxidizing microbial ecosystems thrived in late Paleoproterozoic redox-stratified oceans. *Earth Planetary Science Letters*, 286: 230~242

Posth N R, Hegler F, Konhauser K O et al. 2008. Alternating Si and Fe deposition caused by temperature fluctuations in Precambrian oceans. *Nature Geoscience*, 1: 703~708

Powers L A, Werne J P, Johnson T C et al. 2004. Crenarchaeotal membrane lipids in lake sediments: A new paleotemperature proxy for continental paleoclimate reconstruction? *Geology*, 32 (7): 613~616

Powers L, Werne J P, Vanderwoude A J et al. 2010. Applicability and calibration of the TEX_{86} paleothermometer in lakes. *Organic Geochemistry*, 41 (4): 404~413

Prahl F G and Wakeham S G. 1987. Calibration of unsaturation patterns in long-chain ketone compositions for paleotemperature assessment. *Nature*, 330: 367~369

Prahl F G, Muehlhausen L A, Zahnle D L. 1988. Further evaluation of long-chain alkenones as indicators of paleoceanographic conditions. *Geochimica et Cosmochimica Acta*, 52: 2303~2310

Prosser J I and Nicol G W. 2008. Relative contributions of archaea and bacteria to aerobic ammonia oxidation in the environment. *Environmental Microbiology*, 10: 2931~2941

Reigstad L J, Richter A, Daims H et al. 2008. Nitrification in terrestrial hot springs of Iceland and Kamchatka. *FEMS Microbiology Ecology*, 64: 167~174

Retallack G J. 2002a. Carbon dioxide and climate over the past 300 Myr. *Philosophical Transactions of the Royal Society of London*, 360: 659~673

Retallack G J. 2002b. Lepidopteris callipteroides, an earliest Triassic seed fern of the Sydney Basin, southeastern Australia. *Alcheringa*, 26: 475~500

Riccardi A L, Arthur M A, Kump L R. 2006. Sulfur isotopic evidence for chemocline upward excursions during the end-Permian mass extinction. *Geochimica et Cosmochimica Acta*, 70: 5740~5752

Riquier L, Tribovillard N, Averbuch O et al. 2006. The Late Frasnian Kellwasser horizons of the Harz Mountains (Germany): Two oxygen-deficient periods resulting from different mechanisms. *Chemical Geology*, 233: 137~155

Rogers D R and Casciotti K L. 2010. Abundance and diversity of archaeal ammonia oxidizers in a coastal groundwater system. *Applied and Environmental Microbiology*, 76: 7938~7948

Rothman D H, Hayes J M, Summons R E. 2003. Dynamics of the Neoproterozoic carbon cycle. *Proceedings of the National Academy of Sciences, USA*, 100: 8124~8129

Roussel E G, Bonavita M A C, Querellou J et al. 2008. Extending the sub-sea-floor biosphere. *Science*, 320 (5879): 1046

Ruhl M, Bonis N R, Reichart G J et al. 2011. Atmospheric carbon injection linked to end-Triassic mass extinction. *Science*, 333: 430~434

Ruhl M, Kürschner W M, Krystyn L. 2009. Triassic – Jurassic organic carbon isotope stratigraphy of key sections in the western Tethys realm (Austria). *Earth and Planetary Science Letters*, 281: 169~187

Schoepfer S D, Henderson C M, Garrison G H et al. 2012. Cessation of a productive coastal upwelling system in the Panthalassic Ocean at the Permian-Triassic Boundary. *Palaeogeography, Palaeoclimatology, Palaeoecology*, 313/314: 181~188

Schouten S, Hopmans E C, Schefuss E et al. 2002. Distributional variations in marine crenarchaeotal membrane lipids: A new tool for reconstructing ancient sea water temperatures? *Earth and Planetary Science Letters*, 204 (1~2): 265~274

Sephton M A, Amor K, Franchi I A et al. 2002. Carbon and nitrogen isotope disturbances and end-Norian (Late Triassic) extinction event. *Geology*, 30: 1119~1122

Sharma M and Oze C. 2007. Serpentinization and the inorganic synthesis of H_2 in planetary surfaces. *Icarus*, 186 (2): 557~561

Shen Y A, Farquhar J, Zhang H et al. 2011. Multiple S-isotopic evidence for episodic shoaling of anoxic water during Late Permian mass extinction. *Nature Communications*, 2: 210

Sherwood Lollar B, Voglesonger K, Lin L H et al. 2007. Hydrogeologic controls on episodic H_2 release from Precambrian fractured rocks—Energy for deep subsurface life on Earth and Mars. *Astrobiology*, 7 (6): 971~986

Sinninghe Damsté J S, Hopmans E, Pancost R D et al. 2000. Newly discovered non-isoprenoid glycerol dialkyl glycerol tetraether lipids in sediments. *Chemical Communications*, 17: 1683~1684

Sinninghe Damsté J S, Rijpstra W I C, Hopmans E C et al. 2011. 13, 16-Dimethyl octacosanedioic acid (isodiabolic acid): A common membrane-spanning lipid of Acidobacteria subdivisions 1 and 3. *Appllied and Environmental Microbiology*, 77 (12): 4147~4154

Stanley S M. 2010. Relation of Phanerozoic stable isotope excursions to climate, bacterial metabolism, and major extinctions. *Proceedings of the National Academy of Sciences*, USA, 107: 19185~19189

Steinthorsdottir M, Jeram A J, McElwain J C. 2011. Extremely elevated CO_2 concentrations at the Triassic/Jurassic boundary. *Palaeogeography, Palaeoclimatology, Palaeoecology*, 308: 418~432

Swanson-Hysell N L, Rose C V, Calmet C C et al. 2010. Cryogenian glaciation and the onset of carbon-isotope decoupling. *Science*, 328 (5978): 608~611

Talbot H M, Summons R E, Jahnke L L et al. 2008. Cyanobacterial bacteriohopanepolyol signatures from cultures and natural environmental settings. *Organic Geochemistry*, 39: 232~263

Verschuren D, Damste J S S, Moernaut J et al. 2009. Half-precessional dynamics of monsoon rainfall near the East African Equator. *Nature*, 462: 637~641

Wakeham S G, Amann R, Freeman K H et al. 2007. Microbial ecology of the stratified water column of the Black Sea as revealed by a comprehensive biomarker study. *Organic Geochemistry*, 38: 2070~2097

Wang K, Geldsetzer H H J, Goodfellow W D et al. 1996. Carbon and sulphur isotope anomalies across the Frasnian-Famennian extinction boundary, Alberta, Canada. *Geology*, 24: 187~191

Watterson J R. 1985. An introduction to microorganisms in geochemical exploration: a new approach. In: Carlisle D, Berry W L, Kaplan L R, Watterson J R, Eds. Mineral exploration: Biosystems and organic matter. Englewood Cliffs: Prentice Hall, 210~212

Watterson J R, Nagy L A, Updegraff D M. 1986. Penicillin resistance in soil bacteria is an index of soil metal content near a porphry copper and near a concealed massve sulfide deposit, In: Carlisle D, Berry W L, Kaplan L R, Watterson J R, Eds. Mineral exploration: Biosystems and organic matter. Englewood Cliffs: Prentice Hall, 328~350

Weijers J W H, Panoto E, van Bleijswijk J et al. 2009. Constraints on the biological source (s) of the orphan branched tetraether membrane lipids. *Geomicrobiology Journal*, 26 (6): 402~414

Weijers J W H, Wiesenberg G L B, Bol R et al. 2010. Carbon isotopic composition of branched tetraether membrane lipids in soils suggest a rapid turnover and a heterotrophic life style of their source organism (s). *Biogeosciences*, 7 (9): 2959~2973

Whiteside J H, Olsen P E, Eglinton T et al. 2010. Compound-specific carbon isotopes from Earth's largest flood basalt eruptions directly linked to the end-Triassic mass extinction. *Proceedings of the National Academy of Sciences*, USA, 107: 6721~6725

Widdel F, Schnell S, Heising S et al. 1993. Ferrous iron oxidation by anoxygenic phototrophic bacteria. *Nature*, 362: 834~836

Williford K H, Foriel J, Ward P D et al. 2009. Major perturbation in sulfur cycling at the Triassic-Jurassic boundary. *Geology*, 37: 835~838

Xie S, Pancost R D, Huang J et al. 2007. Changes in the global carbon cycle occurred as two episodes during the Permian-Triassic crisis. *Geology*, 35: 1083~1086

Xie S, Pancost R D, Chen L et al. 2012. Microbial lipid records of highly alkaline deposits and enhanced aridity associated with significant uplift of Tibetan Plateau in Late Miocene. *Geology*, 40: 291~294

Xie W, Wang F, Guo L et al. 2011. Comparative metagenomics of microbial communities inhabiting deep-sea hydrothermal vent chimneys with contrasting chemistries. *The ISME Journal*, 5: 414~426

Yan D, Chen D, Wang Q et al. 2009. Carbon and sulfur isotopic anomalies across the Ordovician-Silurian boundary on the Yangtze Platform, South China. *Palaeogeography, Palaeoclimatology, Palaeoecology*, 274: 32~39

Zhang T, Shen Y, Zhan R et al. 2009. Large perturbations of the carbon and sulfur cycle associated with the Late Ordovician mass extinction in South China. *Geology*, 37: 299~302

Zhu X K, O'Nions R K, Guo Y et al. 2000. Determination of natural Cu-isotope variation by plasma-source mass spectrometry: implications for use as geochemical tracers. *Chemical Geology*, 163: 139~149

（作者：谢树成）

第十一章 生态地球化学

生态地球化学（ecological geochemistry）一词最早出现在1988年苏联召开的第四届"当代条件下地球化学勘查的理论与实践"会议文集的第6卷"生态地球化学"（Ovchinnikov，1988）上。区域生态地球化学（regional ecological geochemistry）一词最早由Kasimov等在"景观区域生态地球化学分析"一文中提出（Kasimov，Batoyan，Gavrilova，1988）。虽然这次会议的主题是当代条件下地球化学勘查的理论与实践，但论文内容显示，俄罗斯已开始加强地球生态系统各层圈间物质的地球化学循环规律和生态效应的研究。

西方文献中很少提到"生态地球化学"这一名词，更多的是将其包含在环境地球化学或生物地球化学研究中，但这并不代表西方国家不关注生态地球化学的基本问题；恰恰相反，大量西方文献中都将岩石、土壤、生物、水、大气作为一个整体系统看待，重点研究微量元素和有机污染物在各个生态系统内的分布、分配规律及各个系统间的相互转化关系，并提出了"化学定时炸弹"和土壤污染的延缓效应等概念（Stigliani，1988；Stigliani，1991；Hesterberg，Stigliani，Imeson et al.，1992；Konsten，ter Meulen-Smidt，Stigliani et al.，1993）。在发现生态系统各层圈间污染物质可相互迁移、转化及存在滞后生态效应的现象后，西方科学家也从生态地球化学角度开始进行土壤和水体污染的修复治理，进而提出了地球化学工程学和植物治理或修复的概念（Allan and Salomons，1995；Chaney，Malik，Li，et al.，1997；Vriend and Zijlstra，1998）。

国内生态地球化学概念是最近十几年才提出的（奚小环，2004）；实际上从20世纪60年代开始进行的大量研究工作为生态地球化学的产生奠定了基础。如20世纪60~70年代，由刘东生研究团队开展的克山病、大骨节病等地方病病因与生态环境关系的研究，发现这两种病的病因主要与人体Se、Mo摄入量不足有关，而Se、Mo在土壤、水、作物中的地球化学循环途径和土壤中有机质、pH是影响Se、Mo生物有效性的主要因素（中华人民共和国地方病与环境图集编纂委员会，1989）；1990~1995年，国家科委组织实施的"区域地球化学在农业和生命科学中的应用研究"（李家熙和吴功建，1999）均是元素在不同生态系统迁移转化及生态效应研究思路的具体体现。

第一节 生态地球化学学科产生的背景

由此可见，生态地球化学学科是在科研服务于生态文明建设工作中形成的。它的产生与勘查地球化学、多目标区域地球化学填图紧密相关。勘查地球化学是从研究成矿元素的地球化学分散晕发展起来的，在全球三次大规模寻觅矿产高潮中，做出了决定性贡献（Archer and Main，1971；Xie and Wang，1991；奚小环和张连，1997）。在勘查地球化学70年的发展历程中，以满足国家经济建设对矿产资源的需求为首要任务，为矿产资源勘查做出了巨大贡献。进入环境地球化学领域有着得天独厚的优势，可以把研究矿床物质地球化学分散理论与方法用于人为污染源的分散过程（Xie and Cheng, 2001；谢学锦，2002）。这从 Journal of Geochemical Exploration 期刊在 1995~2000 年间出版的五本环境专辑和"国际勘查地球化学家协会"将名称改为"应用地球化学家协会"中得到佐证（Allan and Salomons, 1995；Marsina and Vrana, 1997；Gough, 1998；Vriend and Zijlstra, 1998；谢学锦，2003）。20 世纪 80 年代开始的国际地球化学填图计划（IGCP-259）（Darnley, 1990；Darnley, 1995）使勘查地球化学开始以全球视野来看待环境问题（Darnley, Björklund, Bølriken, 1995；Cheng, Shen, Yang, 1997；Xie and Cheng, 1997, 2001；谢学锦，2003）。正如 Thornton（1993）指出的那样，"由于地球化学图与图集继续覆盖更大的面积，20 世纪 90 年代将为科学家提供激动人心的机会，那就是可以开始用全球眼光去研究那些过去只能在局部和区域尺度上去研究的环境问题"（Thornton, 1993）。这种激动人心的机会正被全球陆续实施的各种地球化学填图计划所证实（Koval, Burenkov, Golovin et al., 1995；Fordyce, Plant, Klaver et al., 1997；Burenkov, Golovin, Morozova et al., 1999；Rapant, Rapošová, Bodiš et al., 1999；Xie and Cheng, 2001；Zoback, 2001）。

中国的区域化探扫面计划不但为中国化探的发展提供了机会，还为全球地球化学填图提供了示范（Xie, Sun, Ren, 1989；Xie and Ren, 1991, 1993），同时，也为生态地球化学学科的诞生和完善奠定了基础。1999 年至今，作为区域化探扫面计划的延伸，多目标区域地球化学调查开始在第四系发育区开展以土壤地球化学测量为主，近岸海底沉积物测量和湖底沉积物测量为辅，对 54 项元素及化合物含量特征及空间分布规律进行系统调查（中华人民共和国国土资源部，2014）。截至 2015 年年中，已完成全国 31 个省（市、区）200 万 km^2 范围的调查工作，从宏观尺度掌握了调查区土壤环境质量、土壤养分现状、土壤酸碱度、土壤有机质等指标的含量变化及空间分布，同时也发现了由土壤中元素富集、贫化所产生的大量环境质量问题和生态风险。

由于多目标区域地球化学调查范围包括了农田、城市、河流、湖泊、浅海、森林、草地等众多生态系统，每个生态系统对土壤中元素含量及其空间展布影响的因素不同，元素的地球化学循环途径差异很大，对生态系统及人类健康影响的危害方式（暴露途径）大相径庭。调查发现的一系列问题用环境地球化学、土壤地球化学、勘查地球化学、农业地球化学、生态学等单一学科的现有知识结构和方法技术无法解决，因此，迫切需要以生态系统为单元，以元素地球化学循环为基础，以生态效应与健康风险评价为核心的生态地球化学新学科的诞生，以便用统一的研究思路和方法技术来探索不同生态系统中的物质成因来源、迁移转化与生态效应之间的关系。而多目标区域地球化学计划以土壤地球化学调查为中心，向上拓宽到地表水、大气、植物，向下延伸到地下水、岩石，其实质是对地球表层整个生态系统进行的地球化学填图，最终获取的不同生态系统中化学元素与化合物的迁移过程及地球化学记录，也为生态地球化学学科的诞生创造了条件（成杭新，杨忠芳，奚小环等，2008）。

第二节 生态地球化学的概念和研究内容

生态地球化学是研究元素及有机污染物在不同生态系统中的分布分配特征、地球化学循环过程，以及其对生态系统和人类健康影响的一门学科，是生态学与地球化学相结合的产物。

一、"生态地球化学"的定义

2003年以来，奚小环为生态地球化学进行了多次定义（奚小环，2003，2004，2005，2008），为生态地球化学概念、研究方法和技术体系的形成奠定了基础。

生态地球化学将地球表层看作一个由许多生态系统组成的整体，化学元素和化合物的运动，构成了各生态系统中物质的循环模式。生态地球化学的主要任务是研究元素在生物和地质环境之间的迁移转化规律，查明这些元素和化合物的成因及来源，研究它们在地球各大层圈中的迁移转化规律，开展生态系统健康的地球化学评价，应用地球化学和生态学的基本原理和方法预测和预警生态系统的污染风险，并提出治理建议（杨忠芳，成杭新，陈岳龙等，2004；杨忠芳，成杭新，奚小环等，2005；杨忠芳，奚小环，成杭新等，2005）。

生态地球化学的基本理论是元素地球化学循环原理，它的研究技术路线是将土壤作为元素或化合物的循环中心，建立起不同生态系统元素在以土壤为核心的岩石—土壤—大气—水体—生物间的地球化学循环模型，研究元素在迁移循环过程的地球化学行为及其对生态系统和人类健康的影响，预测其发展趋势及可能的生态风险，并提出科学防范建议。

二、生态地球化学学科的研究内容

生态地球化学研究有如下几项主要研究内容。

（1）追踪与生态环境有关的元素及有机污染物的来源。重点查明由区域地质背景、表生地球化学作用和人为活动引起的分布面积广、异常强度高、生态效应显著的元素及有机污染物的成因来源。

（2）查明与生态地球化学坏境有关的元素及有机污染物迁移途径。研究元素及有机污染物在生态系统不同环境介质间的迁移途径、循环过程和影响因素。

（3）开展与生态环境有关的元素及有机污染物生态效应评价。在元素和有机污染物异常分布区或生态环境敏感区，评价元素及有机污染物对生态系统安全和人体健康产生的作用和影响。

（4）进行生态系统安全性的地球化学预测预警。在中、短期内，预测元素及有机污染物的累积速率，发布生态危害预警；对已污染地区提出治理、修复和监测建议。

三、生态地球化学学科与其他学科的关系

本学科在研究内容上与环境地球化学和生物地球化学，既有联系又有明显的差别。

生物地球化学是研究由于生物活动引起的地壳中元素迁移、转化、富集、分散，以及由此引发的生物繁殖、变异、衰减等规律。生态地球化学则是研究不同生态系统中，由于元素在岩石—土壤—水体—大气—生物体间的地球化学循环引起的元素异常分布、分配及

其生态效应和对人体健康的影响。前者强调生物活动引起的元素迁移、转化、富集和分散等地球化学过程，后者则侧重于不同生态系统非生物环境间的元素地球化学循环；前者研究的核心是探索生物活动导致的元素异常分布引起的生物繁殖、变异、衰减等规律，后者则是评价元素在生态系统环境介质间的地球化学循环导致的生态效应，如农作物超标、微生物种群变化、人体健康风险等。

环境地球化学是研究人类赖以生存的地球环境的化学组成、化学作用、化学演化及其与人类的相互关系，主要研究与人类生存关系密切的大气、水体、土壤等环境介质中化学物质的组成、分布特征及其对人类健康的影响。研究的重点是各环境介质中对人类健康有影响的化学物质（包括元素、化合物）的现实含量（包括自然本底和人类活动叠加的部分），并不像生态地球化学学科所强调的要突出异常元素或化合物的地球化学循环过程。前者基本上是静止的状态，而后者则是动态的，即强调元素从哪里来？如何来？到哪里去？如何去？环境地球化学欲解决的核心问题聚焦在人类健康上，生态地球化学则由单一的对人类健康的影响，拓展到对生态系统的变化和影响人类健康的致因。

随着生态地球化学学科的发展，它的研究思路、研究内容、研究方法将日渐成熟，与其他学科的不断交叉融合，必将产生更多新的研究分支，其研究成果在经济社会可持续发展、生态文明建设和保障人类健康等更多领域得到应用。

第三节　中国生态地球化学学科主要研究成果

伴随着多目标区域地球化学调查而产生的生态地球化学学科，经过十几年的发展，我国已经建立起区域生态地球化学（杨忠芳，成杭新，周国华等，2015）[①]、局部生态地球化学[②]、土地质量地球化学[③]、生态地球化学监测[④]和生态地球化学预警[⑤]等学科研究框架，颁布了或待颁布一系列行业标准，用于规范上述研究评价工作，为全国范围开展生态地球化学研究提供了技术支撑。

农田、城市、河流、湖泊等生态系统一直是研究重点，经过多年努力，取得了大量成果。

（一）农田生态系统

农田生态系统是生态地球化学研究的重点对象之一，学者们以四川成都经济区农田生态系统中Cd元素的区域生态地球化学评价为例，系统论述了生态地球化学研究的基本思路和方法技术，为农田生态系统的区域生态地球化学研究提供了范例（杨忠芳，侯青叶，

[①] 中国地质调查局地质调查技术标准.2005.DD2005-02《区域生态地球化学评价技术要求（试行）》，中华人民共和国国土资源部行业标准 DZ/T 0289–2015《区域生态地球化学评价规范》。

[②] 中国地质调查局地质调查技术标准.2008.DD2008-05《局部生态地球化学评价技术要求（试行）》，中华人民共和国国土资源部行业标准 DZ/T XXXX–201X《局部生态地球化学评价规范》（待正式颁布实施）。

[③] 中国地质调查局地质调查技术标准.2008.DD2008-06《土地质量地球化学评估技术要求（试行）》，中华人民共和国国土资源部行业标准 DZ/T 0295-2016《土地质量地球化学评价规范》。

[④] 中国地质调查局技术标准.2014.DD2014-10《生态地球化学监测技术要求（试行）》。

[⑤] 中国地质调查局技术标准.2014.DD2014-09《生态地球化学预警技术要求（试行）》。

余涛等，2008）。

经过近十年的发展，农田生态系统地球化学评价指标包括土壤重金属、有机污染物（刘爱华，杨忠芳，张本仁等，2005；冯海艳，杨忠芳，陈岳龙等，2006；冯海艳，杨忠芳，杨志斌，2007；张娇，余涛，杨忠芳等，2007；侯青叶和杨忠芳，2008；黄春雷，郑萍，陈岳龙等，2008；刘晨，陈家玮，杨忠芳等，2008；余涛，杨忠芳，岑静等，2008；丛源，陈岳龙，杨忠芳等，2009；陈岭啸，宋垠先，袁旭音等，2011；Lv, Yu, Yang et al., 2014）和有益元素（金立新，唐金荣，刘爱华等，2005；余涛，杨忠芳，龙服忠等，2009；Jiang, Hou, Yang et al., 2014a；Jiang, Yang, Yu et al., 2015）。在研究影响土壤元素来源及其生物有效性因素上，既考虑了大气沉降、灌溉、施肥等外源物质对土壤环境质量和农作物安全性的影响（汤奇峰，杨忠芳，张本仁等，2007a；丛源，陈岳龙，杨忠芳等，2008；赖木收，杨忠芳，王洪翠等，2008），也探讨了成土母质、成土过程对重金属超标、有益元素丰缺的作用（侯青叶，杨忠芳，杨晓燕等，2008；侯青叶和杨忠芳，2008；杨晓燕，侯青叶，杨忠芳等，2008；王海荣，侯青叶，杨忠芳等，2013），同时开展了土壤pH、TOC、质地、磁化率等对元素生物有效性的制约作用研究（张艳彬，王玉，杨忠芳等，2007a，2007b；余涛，杨忠芳，钟坚等，2008；夏学齐，季峻峰，陈骏等，2009）。

生态地球化学研究的重要进展之一是建立并不断完善以土壤为核心，大气干湿沉降、灌溉、施肥为输入途径，农作物收割、地表水径流和下渗为输出途径的土壤元素地球化学循环模型，计算了As、Cd、Pb、Hg、N、P、Se等元素的年输入输出通量，在四川、黑龙江、山西、北京、海南、广西、长三角等地区研究的结果显示，多数地区As、Cr、Cu、Ni等元素在耕层土壤中的输出通量大于输入通量，而Se、Cd、Pb、Zn则相反。因此，As、Cr等元素在0~20 cm土壤的平均含量低于150~180 cm深层土壤平均含量，而Cd、Se等元素则富集于表层土壤。研究发现，除海南省外，经济发达和矿业活动影响地区的外源输入途径中Cd、Pb等元素80%以上为大气干湿沉降[①]，这些成果不但为生态地球化学预测预警研究奠定了基础（汤奇峰，杨忠芳，张本仁等，2007b；刘东盛，杨忠芳，夏学齐等，2008；夏学齐，杨忠芳，薛圆等，2012；Hou, Yang, Ji et al., 2014；Zhong, Yang, Jiang et al., 2014；Xia, Wang, Yu et al., 2014；Jiang, Hou, Yang et al., 2014b），也为土壤污染重金属防控政策的制定提供了科学依据。

我国农田生态系统面临的最大风险是土壤重金属的严重超标，人为活动（如施肥、酸性物质沉降等）造成的土壤酸化趋势也十分明显。过去30年中，人为活动引起的酸化造成了长三角地区土壤碳酸盐含量的显著降低，这促进了酸化土壤上农作物对土壤重金属的吸收和富集。Wang等（2015）调查研究了长三角地区土壤碳酸盐对Ni和Cr在冬小麦中的积累，揭示了碳酸盐具有限制土壤–小麦系统中重金属运输和植物吸收重金属的作用。研究表明，在土壤酸化造成碳酸盐淋失后，无碳酸盐土壤种植的小麦籽实Ni和Cr含量约为含碳酸盐土壤种植的小麦籽实的两三倍；相应的小麦籽实中Ni和Cr的超标率均增加了三倍。当土壤中有碳酸盐存在时，冬小麦对重金属的吸收和富集不受土壤pH和碳酸盐含

[①] 杨忠芳，侯青叶，余涛等. 2013. 中国农田生态系统区域生态地球化学评价报告

量的影响。这表明碳酸盐对重金属从土壤向植物迁移起着关键作用，土壤碳酸盐的淋失实际上是土壤酸化的前奏，对农产品安全是一种看不见的威胁，也启示我们在进行土壤质量评价时应重视监测土壤碳酸盐的含量（Wang, Li, Yang et al., 2015）。

如前所述，我国经济发达和矿业活动影响地区，土壤中重金属外源输入主要途径为大气干湿沉降，大气中重金属也是农作物中 Pb 等重金属的来源之一，Uzu 等（2010）利用同步辐射 XRF 和 SEM-EDX 分析植物叶片中重金属分布和形态，获得植物通过叶片直接吸收大气中重金属矿物颗粒的直接证据（Uzu, Sobanska, Sarret et al., 2010）。但目前人们对 Pb 及其同位素在不同端元迁移的特征尚不甚了解，尤其是对铅同位素在表生地球化学循环中的行为还缺乏认识。Wang 等人以长三角地区为例，揭示了 Pb 在成土母岩—土壤圈—灌溉河水—谷物—大气圈迁移的机制和铅同位素活性。研究表明，在表生地球化学循环中，铅同位素组成变化遵循 $^{208}Pb/^{206}Pb = -1.157 \times ^{206}Pb/^{207}Pb + 3.46$ 方程；人为端元铅相对富集重 Pb，倾向于与土壤可交换态 Pb 和碳酸盐结合态结合，并向深层土壤迁移和淀积。在 Pb 从土壤经根迁移到谷物过程中时，轻铅较重铅活性强。但尽管如此，受大气端元铅的影响，水稻籽实较根和土壤富集重铅。同位素模型估算出长三角工农业过渡区水稻籽实中平均约有 33.5% 的铅源自大气端元（Wang, Wang, Yang et al., 2013）。

（二）城市生态系统

多目标区域地球化学调查显示，城市生态系统中土壤污染最严重的元素依次为 Hg、Cd 和 Se（Cheng, Li, Zhao et al., 2014），且与老城区和工矿企业空间位置具有非常好的对应性，体现了燃煤和金属硫化物矿石冶炼污染的特征。由于在城市生态系统中，对人类健康影响最主要的暴露途径为呼吸。因此，对土壤 Hg 的存在形式（王之峰，马生明，朱立新，2004；王之峰，汤丽玲，冯生明等，2004）、循环过程（Liu, Cheng, Yang et al., 2014；刘飞，成杭新，杨柯等，2014）及变化趋势（Cheng, Zhao, Liu et al., 2013）研究相对较多。成杭新对北京土壤 Hg 的时间变化趋势研究表明，北京市表层土壤 Hg 的输出通量大于输入通量，Hg 含量呈逐年下降趋势，这得益于政府采取煤改气等一系列污染减排控制措施，北京土壤 Hg 环境质量得到了明显改善（Cheng, Zhao, Liu et al., 2013）。此外，一些学者选择鞍山、银川、沈阳、北京、长春等重点城市的土壤和扬尘，从重金属来源、健康风险评价等方面做了研究工作（Xia, Chen, Liu et al., 2011；Yang, Lu, Long et al., 2011；Du, Gao, Zhou et al., 2013；Li, Liu, Wang et al., 2013；Xia, Yang, Cui et al., 2014；Qing, Yutong, Shenggao et al., 2015；Wei, Gao, Wang et al., 2015）。

值得一提的是，有机污染物是城市生态地球化学研究的另一个重点，如成杭新等对北京 PAH、HCH、DDT 和酞酸酯（PAEs）等有机污染物进行了评价，发现北京土壤 PAHs 以 4，5 和 6 环为主，主要来源于煤的燃烧和汽车尾气；而 DDTs 来源于当前和过去三氯杀螨醇等 DDT 类药物的使用，土壤起到了大气 HCHs 和 DDTs 汇的作用；但土壤则是大气 PAEs 的来源，北京的南部和东南部存在多个土壤 PAEs 的集中高值点（Cheng, Ma, Zhao et al., 2011；Cheng, Li, Zhao et al., 2015；Li, Ma, Liu et al., 2006）。对重工业城市太原所做的有机氯农药（OCPs）和多氯联苯（PCBs）测定表明，土壤受 PCBs 污染比大气颗粒物更严重，该区人群普遍具 PCBs 暴露风险，DDTs 和 HCHs 是土壤和大气颗粒物中主要有机氯农药,迄今这些污染物来源并未受到阻断(Fu, Cheng, Liu et al., 2009a, 2009b)。

(三) 河流生态系统

多目标区域地球化学调查结果显示,长江流域存在着贯穿整个流域的沿江土壤 Cd 异常带(成杭新,杨忠芳,奚小环等,2005a, 2005b),这提醒生态地球化学家应该更加重视河流过程对元素迁移的影响。一些学者完成了长江流域、黄河流域、珠江流域及主要入海河流的研究评价工作[①](Zhang and Wang, 2001;Lin, He, Zhou et al., 2008;张秀芝,郭海全,李宏亮等,2008;周国华,孙彬彬,刘占元等,2008;孙彬彬,周国华,魏华铃,2009;周国华,孙彬彬,曾道明等,2012a;周国华,孙彬彬,刘占元等,2012;Zhou, Yang, Jiang et al., 2014)。其中,以长江流域生态地球化学研究最为系统,在探究河流 Cd 等元素含量影响因素时,既研究了汇水区地质体类型、自然风化搬运过程,也充分考虑了流域内的矿业活动、城市工业发展等人为活动因素(Mao, Chen, Yuan et al., 2010),并系统研究了水化学、水体 pH、悬浮物成分和浓度、水温和盐度等因素对 Cd 等元素迁移形式的影响(Zhang, 1995;Wang and Liu, 2003;Koshikawa, Takamatsu, Takada et al., 2007, Zhang, Zhang, Zhang et al., 2008;Muller, Berg, Pernet-Coudrier et al., 2012;Wen, Yang, Xia et al., 2013;Yang, Xia, Wang et al., 2014)。研究显示,长江水体 Se 和 As 等非金属元素80%以上以溶解态方式可进行长距离迁移,而 Cd、Pb 等金属60%以悬浮态迁移,这是造成河流两岸河漫滩沉积物中富含 Cd 等重金属的主要原因(Yang, Xia, Wang et al., 2014);长江三峡大坝的修建,使长江上游携带大量 Cd 等重金属的悬浮物沉淀在库区,增加了库区沉积物的生态风险,长江下游河流水体酸化趋势,增加了溶解态 Cd 等重金属在水中的比例,生态风险随之增加(Yang, Xia, Wang et al., 2014a)。河漫滩沉积物年龄测定显示,长江沉积物重金属明显增加主要开始于20世纪80年代(张建新,鲁江,邢旭东,2008;成杭新,杨忠芳,奚小环等,2005b),随后呈现逐渐增加的趋势。夏学齐等、陈静生等学者对长江流域水体的化学成分及其变化趋势的研究显示,最近几十年 Na^+、K^+、SO_4^{2-} 和 Cl^- 等离子含量明显增加(Chen, Wang, Xia et al., 2002;陈静生,2006;夏学齐,杨忠芳,王亚平等,2008),认为酸沉降是其主导因素(夏星辉,陈静生,蔡绪贻,1999)。此外,他们还发现长江水体中多环芳烃(PAH)和六氯环己烷(BHC),有机氯农药(OCPs)虽然鲜有超标(王超,杨忠芳,夏学齐等,2012,但在丰水期多有检出,包括上游沱沱河也有检出,证实了持久性有机污染物在长江流域的长距离迁移现象(Liu, Yuan, Yang et al., 2011)。

(四) 湖泊生态系统

湖泊沉积物是地表土壤中化学元素的天然汇集场所,记录了流域内元素的自然地质背景及人类活动对环境影响的信息,使之成为重建湖泊汇水流域内土壤环境质量变化历史及人类活动强度的重要依据。成杭新等利用多目标区域地球化学调查获得的湖泊沉积物地球

---

① 夏学齐,杨忠芳,侯青叶等. 2013. 中国河流生态系统区域生态地球化学评价报告

化学调查资料，给出我国 21 个典型湖泊沉积物的重金属风险，发现我国湖泊总体上处于中度潜在生态风险水平，Hg 是生态风险中作用最大的元素，其次是 Cd、As、Pb、Cu、Ni、Cr 和 Zn，其中梁子湖的生态风险最大，其余如大龙湖、滇池、洞庭湖、抚仙湖和杞麓湖等处于中等污染水平（Cheng, Li, Zhao et al., 2015）。此外，其他学者也评价了南四湖（Wang, Liu, Cao et al., 2012）、武汉东湖（苏秋克，蒋敬业，姜益善等，2003）、滇池（Yuan, Taoran, Yan et al., 2014）、太湖（Yuan, Shen, Liu et al., 2011）等湖泊沉积物重金属的风险程度，而且其风险程度与人为污染密切有关。

Yuan Xuyin 对比了长江下游地区湖泊（以太湖为例）、河流（长江南京段）和三角洲（长江入海口处）沉积物重金属风险特征，发现其生态风险顺序为：河流沉积物>三角洲沉积物>湖泊沉积物（Yuan, Zhang, Li et al., 2014）。

湖泊沉积物污染历史恢复也是一个热点问题（Liu, Shen, Liu et al., 2006；Hu, Wang, Zou et al., 2011；Yuan, Lin, Chen et al., 2011；Liu, Shen, Birch et al., 2012）。对鄱阳湖沉积历史的恢复表明，Cd 等元素具增加趋势，而且它们在沉积物中的含量不仅与来源有关，还受其理化性质的影响（Yuan, Liu, Chen et al., 2011）。利用沉积柱恢复巢湖 1540 年以来的重金属污染历史研究表明，1540~1950 年的沉积物中微量元素含量在自然背景值的上下波动，1950 年至今沉积物中重金属等元素含量呈明显上升趋势，1980 年达到峰值（Liu, Shen, Birch et al., 2012）。太湖的研究表明，富营养化过程始于 1950~1970 年间，重金属污染始于 20 世纪 70 年代后期。这些研究均说明，近几十年间湖泊沉积物中重金属含量的明显增加是人为活动的结果（Liu, Shen, Liu, et al., 2006）。南京莫愁湖和玄武湖不同深度沉积物中重金属元素和铅同位素地球化学分析发现，Pb 在不同时期有不同的来源，汽油铅不是其唯一来源（Hu, Wang, Zou et al., 2011）。

（五）重点问题探索

除了按照生态系统开展研究工作外，生态地球化学还聚焦土壤碳密度变化和碳库估算，探讨土地质量地球化学、硒地球化学等重点关键问题。

（1）土壤碳密度及其变化因素。作为陆地生态系统碳循环框架中的重要组成部分，土壤碳库储量及其变化一直受到学者的关注（潘根兴，1999；Piao, Fang, Ciais et al., 2009），但长期以来，相关基础资料的缺乏是该项工作的主要限制因素。多目标区域地球化学调查获取了表层（0~20 cm）土壤和深层（150~180 cm）土壤高分辨率的土壤有机碳含量数据，给土壤碳库研究提供了宝贵的基础资料（Li, Xi, Xiao et al., 2014）。根据有机碳在土壤垂向上的变化趋势和多目标区域地球化学调查获取的双层土壤样品有机碳数据特点，有学者提出了土壤有机碳密度和有机碳储量的计算方法，获得了 147.47×10^4 km² 多目标区域地球化学调查范围内 0~20 cm 土壤有机碳储量为 4.3Pg，0~100 cm 土壤有机碳储量为 14.3Pg[①]（奚小环，杨忠芳，夏学齐，2009）；并分别给出了东北平原、四川、湖南、吉林、江苏、河北、陕西等代表性地区有机碳密度和储量计算结果（奚小环，杨忠芳，崔玉军等，2010a；奚小环，杨忠芳，廖启林等，2010b）。其他学者在内蒙古、青海、

---

① 杨忠芳，夏学齐. 2013. 中国主要农耕区土壤碳库及分布规律研究课题成果报告

吉林等典型区开展了类似工作（汪媛媛，杨忠芳，余涛等，2011；杨忠芳，夏学齐，余涛等，2011；余涛，杨忠芳，侯青叶等，2011；廖艳，孙淑梅，杨忠芳等，2011a；傅野思，夏学齐，杨忠芳等，2012；钟聪，杨忠芳，夏学齐等，2012）。

相对静态的土壤碳储量值，其变化趋势对地球表层系统碳循环研究更有意义。相关学者选择江苏（Liao, Zhang, Li et al., 2009）、黑龙江松嫩平原（Xia, Yang, Liao et al., 2010）、吉林大安区（Cheng, Bai, Li et al., 2012）、中东部平原（奚小环，李敏，张秀芝等，2013）等不同区域尺度的研究区，利用多期数据分析土壤碳库的变化特征，发现近几十年来我国华北、华东、华中等主要农田区，土壤碳储量呈明显增加趋势，而东北地区土壤有机碳储量明显降低，华南和西南地区变化不明显，但总体上我国主要农耕区土壤碳库增加了近10%（奚小环，李敏，张秀芝等，2013）。

土壤碳库产生这种变化的原因，或者说不同区域土壤碳源汇的影响因素，也是生态地球化学家关心的问题。夏学齐等人对东北松嫩平原的研究显示，该区有机碳减少的原因中，气候变化因素和土地利用变化因素大体上各占一半（Xia, Yang, Liao et al., 2010）。对长江流域的分析指出，导致该区土壤碳库增加的主要因素是林地草地等植被恢复性生长，以及农田区耕作水平提高，而土地利用变化和气候变化对该区土壤碳库变化的影响很小，土壤侵蚀对研究区的水田碳库基本没有影响，但对旱地的影响比较明显（郭晶晶，夏学齐，杨忠芳等，2015）。因此，不同区域土壤碳库变化的主导因素是不同的。夏学齐等人系统评价东北地区和中国中东部主要平原区土地利用变化对土壤碳库影响的结果显示，由于近几十年来东北地区土地利用变化相对于其他地区最为剧烈，又由于该区土壤有机碳密度相对较高，土地利用变化对该区土壤碳库影响最为明显（Xia, Yang, Liao et al., 2010；Xia, Yang, Xue et al., 2015）。而一般认为，传统农业区的土壤碳库储量的增加是人为农田管理措施的进步所造成的[①]。

河流的侵蚀和沉积过程改变了土壤碳库的空间分布，在这方面，茅昌平等研究认为长江颗粒有机碳年输送量约为 1.46 Mt/a（茅昌平，季峻峰，罗郧等，2011）。姜伟等人研究了黑龙江乌裕尔河流域土壤有机碳侵蚀通量、迁移方式及沉积速率，指出该河流主要以溶解形式通过长距离迁移的方式向扎龙湿地输入有机碳，其总量估计为 2.91×10^6 kg，扎龙湿地每年沉积的有机碳总量为 2.71×10^6 kg；近几年的平均沉积速率约为 $0.34 g/(cm^2 \cdot a)$（姜伟，侯青叶，杨忠芳等，2011）。侯青叶等人利用 ^{14}C 研究了该河流颗粒有机碳的迁移特征，发现丰水期颗粒有机碳表观年龄远远老于枯水期，丰水期颗粒有机质的迁移距离较短，枯水期则刚好相反，与其他河流对比表明该河土壤侵蚀非常严重，且存在显著的季节性差异（侯青叶，杨忠芳，杨晓燕等，2011）。

土壤有机质的分解是土壤碳释放进入大气的主要途径，因此，许多学者从土壤碳存在形式、温度对有机碳分解和释放的影响、土壤微生物碳量、土壤微生物种群等角度开展微观研究。如对中国东部不同纬度带的土壤微生物碳的分析，发现pH、年均温、含水率、TOC和TN是土壤微生物碳和土壤微生物熵的主要影响因素（王尚，蒋宏忱，黄柳琴等，2011）。土壤团聚体化过程起到了土壤有机碳固定的作用。如我国主要农耕区土壤的不同

[①] 杨忠芳，夏学齐，侯青叶. 2013. 中国典型地区土壤碳汇源转化机理研究报告

团聚体粒度下的有机碳含量特征研究发现，0.053~0.250 mm 直径团聚体中有机碳含量最高，<0.053 mm 团聚体中含量最低（杨琼，顾秋蓓，余涛等，2013）。通过不同温度下的培养试验，研究了不同区域各种土壤类型的土壤二氧化碳和甲烷释放强度，可以获取土壤呼吸的温度敏感性系数 $Q10$（江丽珍，冯海艳，蒋宏忱等，2011；廖艳，杨忠芳，夏学齐等，2011a，2011b）。

(2) 土地质量地球化学评价。土地质量地球化学评价是生态地球化学理论的重要实践之一，在土地利用规划、挖掘耕地潜力、特色农产品种植等方面发挥了重要作用，许多学者开展了大量的评价工作（孙淑梅，张连志，闫冬，2008；曹俊，陈斌，李文辉，2009；刘希瑶，2012；姚振，田兴元，姬丙艳等，2012；刘文辉，2013；卢婷，王明霞，任蕊等，2013；马逸麟，胡晨琳，江俊杰等，2013；温晓华，2013；张素荣，赵更新，贺福清等，2013；梁红霞和史春鸿，2014；陶春军，贾十军，梁红霞等，2014；魏静，李宏亮，罗建美等，2014；赵西强，2014；刘需珈，吴克宁，赵华甫，2015）。有学者研究了土壤酸化对土壤质量的影响，指出随着土壤的酸化，Cd 和 Pb 等有害元素的水溶态和交换态含量上升，给农作物安全生产带来了危害。土壤酸化还造成盐基离子的大量淋失，养分贫瘠，是造成土壤质量严重下降的主要原因（余涛，杨忠芳，唐金荣等，2006）。不少学者还开展了土地质量地球化学评价结果与农用地分等成果的对接及土地质量的绿色产能评价（王立胜，汪媛媛，余涛等，2012；于成广，杨忠芳，杨晓波等，2012）。有人建立了我国土地质量地球化学评价的体系：以影响土地质量的土壤养分指标、土壤环境指标为主，以大气沉降物环境质量、灌溉水环境质量为辅，综合考虑与土地利用有关的各种因素，划分了土地质量的地球化学等级，给出了土地质量地球化学评价的实践案例，有力地推进了土地质量地球化学评价研究（Yang, Yu, Hou et al., 2014）。

(3) Se 生态地球化学研究。Se 是生态环境中重要的微量元素，它的丰缺与人和动植物健康有着密切关系。近年来，生态地球化学研究中，在多目标区域地球化学调查获取的 Se 元素数据基础上，采集了大气干湿沉降、灌溉水、化肥等土壤硒输入端元，以及植物收割、下渗水等输出端元样品，建立了土壤 Se 输入输出通量模型，研究了土壤硒循环特征，并预测出土壤 Se 未来发展趋势（夏学齐，杨忠芳，薛圆等，2012；Yu, Yang, Lv et al., 2014）。结果发现黑龙江省松嫩平原南部土壤 Se 的主要输入途径为大气干湿沉降，主要输出途径为土壤下渗水；而四川富硒区的输入输出途径分别为天降水和下渗水。硒的区域含量分布规律、形态及迁移影响的研究，为富硒土地资源开发提供了科学依据（孙朝，侯青叶，杨忠芳等，2010；郭莉，杨忠芳，阮起和等，2012；魏然，侯青叶，杨忠芳等，2012）。学者们指出，将硒与人体健康密切相联系，研究土壤、农作物等环境中硒与大骨节病的关系，为低硒地区大骨节病的防控提出相应对策，丰富了生态地球化学的理论（吕瑶瑶，余涛，杨忠芳等，2012a，2012b；Lv, Yu, Yang et al., 2014）。

第四节　生态地球化学学科的发展趋势

随着生态地球化学研究视野的不断扩展，生态地球化学学科将在异常元素地球化学循环对生态系统的干扰重建方面有所进展，尤其是在人类活动强烈的农田、城市和河流-湖泊等生态系统的风险评价和生态平衡等方面将会有所突破。此外，现代化测试技术的不断进步，尤其是基于同步辐射而开发出的 X 射线吸收近边结构技术（XANES）、扩展 X 射线吸收精细结构（EXAFS）、二次离子质谱（SIMS）技术、微聚焦同步加速 X 射线（μ-XRF）和扫描电镜–能谱分析（EDX-SEM）等（Arai, Elzinga, Sparks, 2001; McNear, Tappero, Sparks, 2005; Nachtegaal, Marcus, Sonke, 2005; Kaste, Bostick, Friedland et al., 2006; Li, Harrington, Tang et al., 2011; Brown and Calas, 2012; Li, Livi, Xu et al., 2012; Siebecker, Li, Khalid et al., 2014; Sparks, 2015），可以帮助人们准确地获取元素的微观形态（分子水平）和过程的作用机理，更加深刻地理解生态系统中元素的迁移转化对生态效应及生态系统稳定性的影响。Zn、Mg、Ca、V、Fe、Cu、Se、Cd、Mo、Hg 等非传统稳定同位素技术飞速发展及其在环境领域中的应用，也将促进土壤中有害元素来源识别、迁移转化途径和生态风险评价等方面研究。

面对我国耕地土壤大面积的 Cd、Pb、Hg 等重金属超标问题，在查清影响土壤重金属生物有效性因素基础上，基于地球化学原理，土壤重金属污染修复的生态地球化学工程学也将是未来重要的发展方向（谭科艳，刘晓端，黄园英等，2010；谭科艳，刘晓端，刘久臣等，2011；吴宣，谭科艳，胡希佳等，2014），具有广阔的应用前景。与此同时，富含有害重金属的地质体（包括金属硫化物矿床、磷矿、煤矿等）自然风化和矿床采、选、冶等活动对下游耕地质量的影响研究及生态风险评价会越来越受到重视。

主要参考文献

曹俊，陈斌，李文辉. 2009. 四川双流县永安镇梨园村土地质量地球化学评估. 四川地质学报, 29 (zl): 168~178

陈静生. 2006. 河流水质原理及中国河流水质. 北京：科学出版社

陈岭啸，宋垠先，袁旭音等. 2011. 长江三角洲典型地区土壤–水稻系统中 Cd 的分布及其迁移制约因素. 地球科学与环境学报, 33 (3): 288~295

成杭新，杨忠芳，奚小环等. 2005a. 长江流域沿江镉异常示踪与追源的战略与战术. 第四纪研究, 25 (3): 285~291

成杭新，杨忠芳，奚小环等. 2005b. 长江流域沿江镉异常源追踪与定量评估的研究框架. 地学前缘, 12 (1): 261~272

成杭新，杨忠芳，奚小环等. 2008. 新一轮全球地球化学填图：中国的机遇和挑战. 地学前缘, 15 (5): 9~22

成杭新，赵传冬，庄广民等. 2008. 太湖流域土壤重金属元素污染历史的重建：以 Pb、Cd 为例. 地学前缘, 15 (5): 167~178

丛源，陈岳龙，杨忠芳等. 2008. 北京平原区元素的大气干湿沉降通量. 地质通报, 27 (2): 257~264

丛源，陈岳龙，杨忠芳等. 2009. 北京市农田土壤重金属的化学形态及其对生态系统的潜在危害. 土壤, 41 (1): 37~41

冯海艳，杨忠芳，陈岳龙等. 2006. 水稻及其根际土壤中六六六、滴滴涕残留量探析. 中国生态农业学报, 14 (3): 145~147

冯海艳，杨忠芳，杨志斌. 2007. 土壤–水稻系统中重金属元素与其他元素之间的相互作用. 地质通报, 26 (11): 1429~1434

傅野思，夏学齐，杨忠芳等. 2012. 内蒙古自治区土壤有机碳库储量及分布特征. 现代地质, 26 (5): 886~895

郭晶晶，夏学齐，杨忠芳等. 2015. 长江流域典型区域土壤碳库变化及其影响因素. 地学前缘, 22 (6):

241~250

郭莉,杨忠芳,阮起和等.2012.北京市平原区土壤中硒的含量和分布.现代地质,26(5):859~864

侯青叶和杨忠芳.2008.山西临汾盆地黄土剖面重金属分布特征及影响因素.现代地质,22(6):922~928

侯青叶,杨忠芳,杨晓燕等.2008.成都平原区水稻土成土剖面Cd形态分布特征及影响因素研究.地学前缘,15(5):36~46

侯青叶,杨忠芳,余涛等.2011.乌裕尔河流域颗粒有机碳的来源:碳同位素证据.地学前缘,18(6):150~160

黄春雷,郑萍,陈岳龙等.2008.山西临汾-运城盆地土壤中As含量的变化规律.地质通报,27(2):246~251

江丽珍,冯海艳,蒋宏忱等.2011.水田和旱地土壤氧化甲烷的温度响应.地学前缘,18(6):79~84

姜伟,侯青叶,杨忠芳等.2011.黑龙江省乌裕尔河流域有机碳迁移与沉积通量.现代地质,25(2):384~392

金立新,唐金荣,刘爱华等.2005.成都地区土壤硼元素含量及其养分管理建议.第四纪研究,25(3):363~369

赖木收,杨忠芳,王洪翠等.2008.太原盆地农田区大气降尘对土壤重金属元素累积的影响及其来源探讨.地质通报,27(2):240~245

李家熙和吴功建.1999.中国生态环境地球化学图集,北京:地质出版社

梁红霞和史春鸿.2014.当涂县土地质量地球化学评估.安徽地质,24(2):122~126,130

廖艳,孙淑梅,杨忠芳等.2011.吉林中西部地区土壤有机碳储量及其时空变化特征.第四纪研究,31(1):189~198

廖艳,杨忠芳,夏学齐等.2011a.青藏高原冻土土壤呼吸温度敏感性和不同活性有机碳组分研究.地学前缘,18(6):85~93

廖艳,杨忠芳,夏学齐等.2011b.松嫩平原不同土地利用类型的黑土有机碳分解及其温度敏感性研究.现代地质,25(3):553~561

刘爱华,杨忠芳,张本仁等.2005.水稻土中Hg,Cd,Pb和As的空间变异性特征及相关影响因素探讨——以四川孝泉地区为例.第四纪研究,25(3):396~403

刘晨,陈家玮,杨忠芳等.2008.北京郊区农田土壤中HCH残留调查及评价.物探与化探,32(5):567~570

刘东盛,杨忠芳,夏学齐等.2008.成都经济区天降水与下渗水元素地球化学特征及土壤元素输入输出通量.地学前缘,15(5):74~81

刘飞,成杭新,杨柯等.2014.广州市土壤-大气界面Hg交换通量研究.物探与化探,38(2):331~338

刘霜珈,吴克宁,赵华甫.2015.基于农用地分等与土质量地球化学评估的耕地质量监测类型研究.资源科学,37(1):37~44

刘文辉.2013.甘肃省张掖—永昌地区土地质量评估.物探与化探,37(1):132~137

刘希瑶.2012.土地质量地球化学评估在土地规划和管理中的作用.地质与资源,21(6):557~562

卢婷,王明霞,任蕊等.2013.陕西关中地区土地质量地球化学评估.现代地质,27(4):986~992

吕瑶瑶,余涛,杨忠芳等.2012a.阿坝大骨节病区硒元素地球化学行为的研究.地球科学进展,(S1):386~387

吕瑶瑶,余涛,杨忠芳等.2012b.大骨节病区硒元素分布的调控机理研究——以四川省阿坝地区为例.环境化学,31(7):935~944

马逸麟,胡晨琳,江俊杰等.2013.江西省信江盆地土地质量评估.地球科学期刊,(1):19~28

茅昌平,季峻峰,罗郧等.2011.长江干流颗粒有机碳及其同位素组成的季节性输送特征.地学前缘,

18（6）：161~168

潘根兴．1999．中国土壤有机碳和无机碳库量研究．科技通报，15（5）：330~332

苏秋克，蒋敬业，姜益善等．2003．武汉城市湖泊环境地球化学研究——以东湖为例．安全与环境工程，10（3）：20~23

孙彬彬，周国华，魏华玲等．2009．河流活性物质入海通量：初步成果．地学前缘，16（2）：361~368

孙朝，侯青叶，杨忠芳等．2010．典型土壤环境中硒的迁移转化影响因素研究——以四川省成都经济区为例．中国地质，37（6）：1760~1768

孙淑梅，张连志，闫冬．2008．吉林省德惠-农安地区土地质量地球化学评估．现代地质，22（6）：998~1002

谭科艳，刘晓端，黄园英等．2010．固定配比的钠化膨润土与土壤在不同pH条件下对重金属离子的吸附效果研究．岩矿测试，29（4）：411~413

谭科艳，刘晓端，刘久臣等．2011．凹凸棒石用于修复铜锌镉重金属污染土壤的研究．岩矿测试，30（4）：451~456

汤奇峰，杨忠芳，张本仁等．2007a．成都经济区As等元素大气干湿沉降通量及来源研究．地学前缘，14（3）：213~222

汤奇峰，杨忠芳，张本仁等．2007b．成都经济区农业生态系统土壤镉通量研究．地质通报，26（7）：869~877

陶春军，贾十军，梁红霞等．2014．安徽省滁州地区土地质量地球化学评估研究．地质调查与研究，37（1）：61~67

汪媛媛，杨忠芳，余涛等．2011．土壤碳储量计算中不同插值方法对比研究——以吉林省大安市为例．中国岩溶，30（4）：479~486

王超，杨忠芳，夏学齐等．2012．中国不同地区典型河流中多环芳烃分布特征研究．现代地质，26（2）：400~406

王海荣，侯青叶，杨忠芳等．2013．广东省典型花岗岩成土剖面元素垂向分布特征．中国地质，40（2）：619~628

王立胜，汪媛媛，余涛等．2012．土地质量地球化学评估与绿色产能评价研究：以吉林大安市为例．现代地质，26（5）：879~885

王尚，蒋宏忱，黄柳琴等．2011．中国东部农耕区土壤微生物碳的分布及影响因素．地学前缘，18（6）：134~142

王之峰，马生明，朱立新．2004．平原区城市及周边Hg异常土壤中辰砂的发现及其特征．岩石矿物学杂志，23（4）：365~369

王之峰，汤丽玲，马生明等．2014．城市汞污染土壤中Hg的形态特征．物探与化探，38（2）：345~348

魏静，李宏亮，罗建美等．2014．坝上地区土地质量地球化学评估：以河北省尚义县为例．现代地质，28（3）：531~536

魏然，侯青叶，杨忠芳等．2012．江西省鄱阳湖流域根系土硒形态分析及其迁移富集规律．物探与化探，36（1）：109~113

温晓华．2013．省级、市县级、乡镇级土地质量地球化学评估方法及典型地区成果分析．上海国土资源，34（4）：71~76

吴宣，谭科艳，胡希佳等．2014．硫酸盐还原生物滤池对含镉废水去除效果试验研究．环境科学，35（4）：1366~1371

奚小环．2003．1999~2001·勘查地球化学·资源与环境．物探与化探，27（1）：1~6

奚小环．2004．生态地球化学与生态地球化学评价．物探与化探，28（1）：10~15

奚小环．2005．多目标区域地球化学调查与生态地球化学——第四纪研究与应用的新方向．第四纪研究，

25（3）：269~274

奚小环．2008．生态地球化学：从调查实践到应用理论的系统工程．地学前缘，15（5）：1~8

奚小环和张连．1997．地质矿产部"八五"期间物探、化探、遥感勘查若干新进展．物探与化探，21（1）：1~5

奚小环，杨忠芳，夏学齐．2009．基于多目标区域地球化学调查的中国土壤碳储量计算方法研究．地学前缘，16（1）：194~205

奚小环，杨忠芳，崔玉军等．2010．东北平原土壤有机碳分布与变化趋势研究．地学前缘，17（3）：213~221

奚小环，杨忠芳，廖启林等．2010．中国典型地区土壤碳储量研究．第四纪研究，30（3）：573~583

奚小环，李敏，张秀芝等．2013．中国中东部平原及周边地区土壤有机碳分布与变化趋势研究．地学前缘，20（1）：154~165

夏星辉，陈静生，蔡绪贻．1999．应用MAGIC模型分析长江支流沱江主要离子含量的变化趋势．环境科学学报，19（3）：246~251

夏学齐，杨忠芳，王亚平等．2008．长江水系河水主要离子化学特征．地学前缘，15（5）：194~202

夏学齐，季峻峰，陈骏等．2009．土壤理化参数的反射光谱分析．地学前缘，16（4）：354~362

夏学齐，杨忠芳，薛圆等．2012．黑龙江省松嫩平原南部土壤硒元素循环特征．现代地质，26（5）：850~858

谢学锦．2002．勘查地球化学：发展史·现状·展望．地质与勘探，38（6）：1~9

谢学锦．2003．从勘查地球化学到应用地球化学．物探与化探，27（6）：412~415

杨琼，顾秋蓓，余涛等．2013．我国主要农耕区土壤团聚体中有机碳含量特征．安徽农业科学，41（24）：9967~9970

杨晓燕，侯青叶，杨忠芳等．2008．成都经济区黄壤土壤剖面Pb形态分布特征及其影响因素．现代地质，22（6）：966~974

杨忠芳，成杭新，陈岳龙等．2004．进入21世纪的勘查地球化学：对生态地球化学的展望．地学前缘，11（2）：600~605

杨忠芳，成杭新，奚小环等．2005．区域生态地球化学评价思路及建议．地质通报，24（8）：687~693

杨忠芳，奚小环，成杭新等．2005．区域生态地球化学评价核心与对策．第四纪研究，25（3）：275~284

杨忠芳，侯青叶，余涛等．2008．农田生态系统区域生态地球化学评价的示范研究：以成都经济区土壤Cd为例．地学前缘，15（5）：23~35

杨忠芳，夏学齐，余涛等．2011．内蒙古中北部土壤碳库构成及其影响因素．地学前缘，18（6）：1~10

杨忠芳，成杭新，周国华等．2015．DZ/T区域生态地球化学评价规范．北京：中国标准出版社

姚振，田兴元，姬丙艳等．2012．西宁-乐都地区土地质量地球化学评估．西北地质，45（1）：317~323

于成广，杨忠芳，杨晓波等．2012．土地质量地球化学评估方法研究与应用：以盘锦市为例．现代地质，26（5）：873~878

余涛，杨忠芳，唐金荣等．2006．湖南洞庭湖区土壤酸化及其对土壤质量的影响．地学前缘，13（1）：98~104

余涛，杨忠芳，岑静等．2008．磁化率对土壤重金属污染的指示性研究——以沈阳新城子区为例．现代地质，22（6）：1034~1040

余涛，杨忠芳，钟坚等．2008．土壤中重金属元素Pb、Cd地球化学行为影响因素研究．地学前缘，15（5）：67~73

余涛，杨忠芳，龙服忠等．2009．洞庭熟，天下足：湖南省洞庭湖地区土壤肥力评价．地质通报，28（5）：676~684

余涛，杨忠芳，侯青叶等．2011．我国主要农耕区水稻土有机碳含量分布及影响因素研究．地学前缘，

18（6）：11~19

张建新，鲁江，邢旭东．2008．基于 ARIMA 模型的洞庭湖第四纪沉积物中镉演化及意义．地学前缘，15（5）：219~226

张娇，余涛，杨忠芳等．2007．湖南洞庭湖地区土壤-作物系统铅含量及其影响因素．地质通报，26（7）：886~891

张素荣，赵更新，贺福清等．2013．海河流域平原区土地质量地球化学评估．地质调查与研究，36（3）：182~188

张秀芝，郭海全，李宏亮等．2008．河北省白洋淀洼地环境地球化学物源判断．地学前缘，15（5）：90~96

张艳彬，王玉，杨忠芳等．2007a．成都经济区土壤光谱特征及其意义．世界地质，26（1）：118~123

张艳彬，王玉，杨忠芳等．2007b．成都经济区土壤磁化率特征及其环境意义．吉林大学学报（地球科学版），37（3）：597~604

赵西强．2014．山东省章丘市土地质量地球化学评估．科学技术与工程，14（27）：16~20

中华人民共和国地方病与环境图集编纂委员会．1989．中华人民共和国地方病与环境图集，北京：科学出版社

中华人民共和国国土资源部．2014．多目标区域地球化学调查规范（1∶250000）．DZ/T 0258-2014，中国标准出版社

钟聪，杨忠芳，夏学齐等．2012．青海省土壤有机碳储量估算及其源汇因素分析．现代地质，26（5）：896~909

周国华，孙彬彬，刘占元等．2008．河流活性物质入海通量：概念与方法．地质通报，27（2）：182~187

周国华，孙彬彬，曾道明等．2012．中国东部主要入海河流河口区地球化学特征：理化指标与水溶态元素浓度．中国地质，39（2）：283~294

周国华，孙彬彬，刘占元等．2012．中国东部主要河流稀土元素地球化学特征．现代地质，26（5）：1028~1042

Allan R and Salomons W. 1995. Heavy metal aspects of mining pollution and its remediation. *Journal of Geochemical Exploration*, 52 (1-2): 1~284

Arai Y, Elzinga E J, Sparks D L. 2001. X-ray absorption spectroscopic investigation of arsenite and arsenate adsorption at the aluminum oxide-water interface. *Journal of Colloid and Interface Science*, 235 (1): 80~88

Archer A R and Main C A. 1971. Casino Yukon—A geochemical discovery of an unglaciated Arizona-type porphyry. Geochemical Exploration: Proceedings, 3rd International Geochemical Exploration Symposium, Toronto, Canadian Institute of Mining and Metallurgy

Brown G and Calas G. 2012. Mineral-aqueous solution interfaces and their impact on the environment. *Geochemical Perspectives*, 1 (4-5): 483~742

Burenkov E K, Golovin A A, Morozova I A et al. 1999. Multi-purpose geochemical mapping (1∶1 000 000) as a basis for the integrated assessment of natural resources and ecological problems. *Journal of Geochemical Exploration*, 66: 159~172

Chaney R L, Malik M, Li Y M et al. 1997. Phytoremediation of soil metals. *Current Opinion in Biotechnology*, 8 (3): 279~284

Chen J, Wang F, Xia X et al. 2002. Major element chemistry of the Changjiang (Yangtze River). *Chemical Geology*, 187 (3-4): 231~255

Cheng H, Ma L, Zhao C et al. 2011. Characterization of HCHs and DDTs in urban dustfall and prediction of soil burden in a metropolis-Beijing, China. *Chemosphere*, 85 (3): 406~411

Cheng H, Bai R, Li K et al. 2012. Study of loss or gain of soil organic carbon in Da´an region, Jilin Province in China. *Journal of Geochemical Exploration*, 112: 272~275

Cheng H, Zhao C, Liu F et al. 2013. Mercury drop trend in urban soils in Beijing, China, since 1987. *Journal of Geochemical Exploration*, 124: 195~202

Cheng H, Li M, Zhao C et al. 2014. Overview of trace metals in the urban soil of 31 metropolises in China. *Journal of Geochemical Exploration*, 139: 31~52

Cheng H, Li M, Zhao C et al. 2015. Concentrations of toxic metals and ecological risk assessment for sediments of major freshwater lakes in China. *Journal of Geochemical Exploration*, 157: 15~26

Cheng H X, Shen X C, Yang S. 1997. Wide-spaced floodplain sediment sampling covering the whole of China: pilot survey for International Geochemical Mapping. Geochemistry: Proceeding of the 30th International Geological Congress (Vol. 19), Zeist: International Science Publishers

Cheng X, Ma L, Xu D et al. 2015. Mapping of phthalate esters in suburban surface and deep soils around a metropolis-Beijing, China. *Journal of Geochemical Exploration*, 155: 56~61

Darnley A G. 1990. International geochemical mapping: a new global project. *Journal of Geochemical Exploration*, 39 (1-2): 1~13

Darnley A G. 1995. International geochemical mapping- a review. *Journal of Geochemical Exploration*, 55 (1-3): 5~10

Darnley A G, Björklund A, Bølviken B et al. 1995. A Global Geochemical Database for Environment and Resource Management: Final Report of IGCP Project 259 (Earth Sciences). Paris: United Nations Educational, Scientific and Cultural Organization

Du Y, Gao B, Zhou H et al. 2013. Health risk assessment of heavy metals in road dusts in urban parks of Beijing, China. *Procedia Environmental Sciences*, 18: 299~309

Fordyce F, Plant J, Klaver G et al. 1997. Geochemical Mapping in Europe. Geochemistry: Proceeding of the 30th International Geological Congress (Vol. 19), Zeist: International Science Publishers

Fu S, Cheng H, Liu Y et al. 2009a. Levels and distribution of organochlorine pesticides in various media in a mega-city, China. *Chemosphere*, 75 (5): 588~594

Fu S, Cheng H, Liu Y et al. 2009b. Spatial character of polychlorinated biphenyls from soil and respirable particulate matter in Taiyuan, China. *Chemosphere*, 74 (11): 1477~1484

Gough L P. 1998. Fourth international symposium on environmental geochemistry. *Journal of Geochemical Exploration*, 64 (1-3): 1~441

Hesterberg D, Stigliani W M, Imeson A C et al. 1992. Chemical time bombs: linkages to scenarios of socioeconomic development. Laxenburg: IIASA

Hou Q, Yang Z, Ji J et al. 2014. Annual net input fluxes of heavy metals of the agro-ecosystem in the Yangtze River delta, China. *Journal of Geochemical Exploration*, 139: 68~84

Hu X, Wang C, Zou L. 2011. Characteristics of heavy metals and Pb isotopic signatures in sediment cores collected from typical urban shallow lakes in Nanjing, China. *Journal of Environmental Management*, 92 (3): 742~748

Jiang W, Hou Q, Yang Z et al. 2014a. Annual input fluxes of heavy metals in agricultural soil of Hainan Island, China. *Environmental Science and Pollution Research*, 21 (13): 7876~7885

Jiang W, Hou Q, Yang Z et al. 2014b. Evaluation of potential effects of soil available phosphorus on soil arsenic availability and paddy rice inorganic arsenic content. *Environmental Pollution*, 188: 159~165

Jiang W, Yang Z, Yu T et al. 2015. Evaluation of the potential effects of soil properties on molybdenum availability in soil and its risk estimation in paddy rice. *Journal of Soils and Sediments*, 15 (7): 1520~1530

Kasimov N S, Batoyan V V, Gavrilova I P. 1988. Regional ecological geochemical analysis of landscapes. Theory and Practice of Geochemical Exploration under Modern Conditions, Moscow, Inst Mineral

Kaste J M, Bostick B C, Friedland A J et al. 2006. Fate and speciation of gasoline-derived lead in organic horizons of the northeastern USA. *Soil Science Society of America Journal*, 70 (5): 1688~1698

Konsten C J M, ter Meulen-Smidt G R B, Stigliani W M et al. 1993. Summary of the workshop on delayed effects of chemicals in soils and sediments (Chemical Time Bombs), with emphasis on the Scandinavian region. *Applied Geochemistry*, 8, Supplement 2: 295~299

Koshikawa M K, Takamatsu T, Takada J et al. 2007. Distributions of dissolved and particulate elements in the Yangtze estuary in 1997-2002: background data before the closure of the Three Gorges Dam. *Estuarine, Coastal and Shelf Science*, 71 (1~2): 26~36

Koval P V, Burenkov E K, Golovin A A. 1995. Introduction to the program "Multipurpose Geochemical Mapping of Russia". *Journal of Geochemical Exploration*, 55 (1~3): 115~123

Li M, Xi X, Xiao G et al. 2014. National multi-purpose regional geochemical survey in China. *Journal of Geochemical Exploration*, 139: 21~30

Li W, Harrington R, Tang Y et al. 2011. Differential pair distribution function study of the structure of arsenate adsorbed on nanocrystalline γ-alumina. *Environmental Science & Technology*, 45 (22): 9687~9692

Li W, Livi K J T, Xu W et al. 2012. Formation of crystalline Zn-Al layered double hydroxide precipitates on gamma-alumina: the role of mineral dissolution. *Environmental Science & Technology*, 46 (21): 11670~11677

Li X, Ma L, Liu X et al. 2006. Polycyclic aromatic hydrocarbon in urban soil from Beijing, China. *Journal of Environmental Sciences*, 18 (5): 944~950

Li X, Liu L, Wang Y et al. 2013. Heavy metal contamination of urban soil in an old industrial city (Shenyang) in Northeast China. *Geoderma*, 192: 50~58

Liao Q, Zhang X, Li Z et al. 2009. Increase in soil organic carbon stock over the last two decades in China's Jiangsu Province. *Global Change Biology*, 15 (4): 861~875

Lin C Y, He M C, Zhou Y X et al. 2008. Distribution and contamination assessment of heavy metals in sediment of the second Songhua River, China. *Environmental Monitoring and Assessment*, 137 (1~3): 329~342

Liu C, Yuan G, Yang Z et al. 2011. Levels of organochlorine pesticides in natural water along the Yangtze River, from headstream to estuary, and factors determining these levels. *Environmental Earth Science*, 62 (5): 953~960

Liu E, Shen J, Liu X et al. 2006. Variation characteristics of heavy metals and nutrients in the core sediments of Taihu Lake and their pollution history. *Science in China Series D*, 49 (S1): 82~91

Liu E, Shen J, Birch G F et al. 2012. Human-induced change in sedimentary trace metals and phosphorus in Chaohu Lake, China, over the past half-millennium. *Journal of Paleolimnology*, 47 (4): 677~691

Liu F, Cheng H, Yang K et al. 2014. Characteristics and influencing factors of mercury exchange flux between soil and air in Guangzhou City. *Journal of Geochemical Exploration*, 139: 115~121

Lv Y, Yu T, Yang Z et al. 2014. Constraint on selenium bioavailability caused by its geochemical behavior in typical Kaschin-Beck disease areas in Aba, Sichuan Province of China. *Science of the Total Environment*, 493: 737~749

Mao C, Chen J, Yuan X et al. 2010. Seasonal variation in the mineralogy of the suspended particulate matter of the lower Changjiang River at Nanjing, China. *Clays and Clay Minerals*, 58 (5): 691~706

Marsina M and Vrana M. 1997. Environmental geochemical baseline mapping in Europe. *Journal of Geochemical Exploration*, 60 (1): 1~113

McNear D H, Tappero R, Sparks D L. 2005. Shining light on metals in the environment. *Elements*, 1 (4):

211~216

Muller B, Berg M, Pernet-Coudrier B et al. 2012. The geochemistry of the Yangtze River: seasonality of concentrations and temporal trends of chemical loads. *Global Biogeochemical Cycles*, 26: B2028

Nachtegaal M, Marcus M A, Sonke J E et al. 2005. Effects of in situ remediation on the speciation and bioavailability of zinc in a smelter contaminated soil. *Geochimica et Cosmochimica Acta*, 69 (19): 4649~4664

Ovchinnikov L N. 1988. Ecological Geochemistry (Vol. 6). Theory and Practice of Geochemical Exploration under Modern Conditions, Moscow, Inst Mineral.

Piao S L, Fang J Y, Ciais P et al. 2009. The carbon balance of terrestrial ecosystems in China. *Nature*, 458: 1009~1014

Qing X, Yutong Z, Shenggao L. 2015. Assessment of heavy metal pollution and human health risk in urban soils of steel industrial city (Anshan), Liaoning, Northeast China. *Ecotoxicology and Environmental Safety*, 120: 377~385

Rapant S, Rapošová M, Bodiš D A et al. 1999. Environmental-geochemical mapping program in the Slovak Republic. *Journal of Geochemical Exploration*, 66 (1): 151~158

Siebecker M, Li W, Khalid S et al. 2014. Real-time QEXAFS spectroscopy measures rapid precipitate formation at the mineral-water interface. *Nature Communications*, 5 (5003)

Sparks D L. 2015. Advances in coupling of kinetics and molecular scale tools to shed light on soil biogeochemical processes. *Plant and Soil*, 387 (1-2): 1~19

Stigliani W. 1988. Changes in valued "Capacities" of soils and sediments as indicators of nonlinear and time-delayed environmental effects. *Environmental Monitoring and Assessment*, 10 (3): 245~307

Stigliani W M. 1991. Chemical time bombs: definition, concepts, and examples. Laxenburg: IIASA.

Thornton I. 1993. Environmental geochemistry and health in the 1990s: a global perspective. *Applied Geochemistry*, 8 (1): 203~210

Uzu G, Sobanska S, Sarret G et al. 2010. Foliar lead uptake by lettuce exposed to atmospheric fallouts. *Environmental Science & Technology*, 44 (3): 1036~1042

Vriend S P and Zijlstra J J P. 1998. Geochemical engineering: current applications and future trends. *Journal of Geochemical Exploration*, 62 (1-3): 1~350

Wang C, Wang J, Yang Z et al. 2013. Characteristics of lead geochemistry and the mobility of Pb isotopes in the system of pedogenic rock-pedosphere-irrigated riverwater-cereal-atmosphere from the Yangtze River delta region, China. *Chemosphere*, 93 (9): 1927~1935

Wang C, Li W, Yang Z et al. 2015. An invisible soil acidification: critical role of soil carbonate and its impact on heavy metal bioavailability. *Scientific Reports*, 5: 12735

Wang S L, Lin C Y, Cao X Z et al. 2012. Arsenic content, fractionation, and ecological risk in the surface sediments of lake. *International Journal of Environmental Science and Technology*, 9 (1): 31~40

Wang Z and Liu C. 2003. Distribution and partition behavior of heavy metals between dissolved and acid-soluble fractions along a salinity gradient in the Changjiang Estuary, eastern China. *Chemical Geology*, 202 (3-4): 383~396

Wei X, Gao B, Wang P et al. 2015. Pollution characteristics and health risk assessment of heavy metals in street dusts from different functional areas in Beijing, China. *Ecotoxicology and Environmental Safety*, 112: 186~192

Wen Y, Yang Z, Xia X. 2013. Dissolved and particulate zinc and nickel in the Yangtze River (China): distribution, sources and fluxes. *Applied Geochemistry*, 31: 199~208

Xia D, Wang B, Yu Y et al. 2014. Combination of magnetic parameters and heavy metals to discriminate soil-contamination sources in Yinchuan — a typical oasis city of Northwestern China. *Science of the Total Environment*,

485-486: 83~92

Xia X, Yang Z, Liao Y et al. 2010. Temporal variation of soil carbon stock and its controlling factors over the last two decades on the southern Song-nen Plain, Heilongjiang Province. *Geoscience Frontiers*, 1 (1): 125~132

Xia X, Chen X, Liu R et al. 2011. Heavy metals in urban soils with various types of land use in Beijing, China. *Journal of Hazardous Materials*, 186 (2-3): 2043~2050

Xia X, Yang Z, Cui Y et al. 2014. Soil heavy metal concentrations and their typical input and output fluxes on the southern Song-nen Plain, Heilongjiang Province, China. *Journal of Geochemical Exploration*, 139: 85~96

Xia X, Yang Z, Xue Y et al. 2015. Spatial analysis of land use change effect on soil organic carbon stocks in eastern regions of China between 1980 and 2000. *Geoscience Frontiers*, 8 (3): 597~604

Xie X and Wang X. 1991. Geochemical exploration for gold: a new approach to an old problem. *Journal of Geochemical Exploration*, 40 (1-3): 25~48

Xie X and Ren T. 1993. National geochemical mapping and environmental geochemistry— progress in China. *Journal of Geochemical Exploration*, 49 (1-2): 15~34

Xie X and Cheng H. 1997. The suitability of floodplain sediment as a global sampling medium: evidence from China. *Journal of Geochemical Exploration*, 58 (1): 51~62

Xie X and Cheng H. 2001. Global geochemical mapping and its implementation in the Asia-Pacific region. *Applied Geochemistry*, 16 (11): 1309~1321

Xie X, Sun H, Ren T. 1989. Regional geochemistry- national reconnaissance project in China. *Journal of Geochemical Exploration*, 33 (1-3): 1~9

Xie X J and Ren T X. 1991. A decade of regional geochemistry in China- the national reconnaissance project. *Transactions of the Institution of Mining and Metallurgy Section B-Applied Earth Science*, (100): 57~65

Yang Z, Lu W, Long Y et al. 2011. Assessment of heavy metals contamination in urban topsoil from Changchun City, China. *Journal of Geochemical Exploration*, 108 (1): 27~38

Yang Z, Xia X, Wang Y et al. 2014. Dissolved and particulate partitioning of trace elements and their spatial-temporal distribution in the Changjiang River. *Journal of Geochemical Exploration*, 145: 114~123

Yang Z, Yu T, Hou Q et al. 2014. Geochemical evaluation of land quality in China and its applications. *Journal of Geochemical Exploration*, 139: 122~135

Yu T, Yang Z, Lv Y et al. 2014. The origin and geochemical cycle of soil selenium in a Se-rich area of China. *Journal of Geochemical Exploration*, 139: 97~108

Yuan G, Liu C, Chen L et al. 2011. Inputting history of heavy metals into the inland lake recorded in sediment profiles: Poyang Lake in China. *Journal of Hazardous Materials*, 185 (1): 336~345

Yuan H, Shen J, Liu E et al. 2011. Assessment of nutrients and heavy metals enrichment in surface sediments from Taihu Lake, a eutrophic shallow lake in China. *Environmental Geochemistry and Health*, 33 (1): 67~81

Yuan X Y, Zhang L, Li J et al. 2014. Sediment properties and heavy metal pollution assessment in the river, estuary and lake environments of a fluvial plain, China. *Catena*, 119: 52~60

Yuan Z, Taoran S, Yan Z et al. 2014. Spatial distribution and risk assessment of heavy metals in sediments from a hypertrophic plateau lake Dianchi, China. *Environmental Monitoring and Assessment*, 186 (2): 1219~1234

Zhang C S and Wang L J. 2001. Multi-element geochemistry of sediments from the Pearl River system, China. *Applied Geochemistry*, 16 (9-10): 1251~1259

Zhang J. 1995. Geochemistry of trace-metals from Chinese river estuary systems - an overview. *Estuarine Coastal and Shelf Science*, 41 (6): 631~658

Zhang Y Y, Zhang E R, Zhang J. 2008. Modeling on adsorption – desorption of trace metals to suspended particle matter in the Changjiang Estuary. *Environmental Geology*, 53 (8): 1751~1766

Zhong C, Yang Z, Jiang W et al. 2014. Annual input fluxes and source identification of trace elements in atmospheric deposition in Shanxi Basin: the largest coal base in China. *Environmental Science and Pollution Research*, 21 (21): 12305~12315

Zhou G, Sun B, Zeng D et al. 2014. Vertical distribution of trace elements in the sediment cores from major rivers in east China and its implication on geochemical background and anthropogenic effects. *Journal of Geochemical Exploration*, 139: 53~67

Zoback M L. 2001. Grand challenges in earth and environmental sciences: science, stewardship, and service for the twenty-tirst century. *GSA Today*: 41~46

（作者：杨忠芳、余涛、刘晓端和夏学齐）

第十二章 海洋地球化学

海洋地球化学是地球化学的重要分支学科之一，也是海洋科学中介于海洋地质学与海洋化学之间的边缘学科。因此，有学者直接称其为"海底地球化学"（赵一阳，高爱国，江荣华，2003）。

海洋占地球表面2/3以上的面积。特别是我国，既是陆地大国又是海洋大国。我国大陆东部和南部分布有著名的渤海、黄海、东海和南海。海洋地球化学与国民经济发展息息相关。21世纪是开发海洋的世纪，不言而喻，海洋地球化学的研究无论在国家经济、安全上，还是在科学上，都占有举足轻重的地位。

海洋地球化学研究离不开海洋调查（考察）。1872~1876年英国"挑战号"环球航海考察，拉开了海洋地球化学研究的序幕。此后到20世纪50年代，伴随着各种海洋调查的进行，海洋地球化学一直处于基本资料的积累阶段。20世纪60年代起，随着铁锰结核的大规模调查，海底热水活动的发现，深海钻探（DSDP）的进行，海洋地球化学得到迅速的发展。20世纪70年代，深潜器在东太平洋海底观察到"黑烟囱"和热水喷口，采集到块状多金属硫化物和热水生物群落，促使海洋地球化学迈上了一个新台阶。20世纪80年代至今的大洋钻探计划（ODP和IODP）和国际地圈生物圈计划（IGBP和IGBPII）的实施，开创了包括海洋地球化学在内的地球科学的新纪元。海洋地球化学为之参与了许多关键性的工作，如今有更多的研究内容亟待海洋地球化学去积极参与和联合攻关。

20世纪50年代，我国开展的"全国海洋综合调查"拉开了中国海洋地球化学研究的序幕。60年代初重点开展了渤海的调查研究，后因"文革"而中止。"文革"结束后，迅速开展了东海、南海和黄海的大规模调查，同时开始进入太平洋海域。80年代随着改革开放的深化，我国积极开展了国际合作与交流，大大推动了海洋地球化学的迅猛发展，并开始公开发表一些研究成果。此间还组织了南沙海域调查和太平洋调查，以及首航南极（南大洋）等科学活动。90年代海洋地球化学获得了长足发展，除近海、太平洋和南极调查外，首航北极和开展南海大洋钻探（ODP）。21世纪以来迈入了以创新为目标的发展阶段，重点移向深海大洋，连续组织了包括印度洋在内的大洋调查和研究，取得了更多创新性的成果。目前我国已拥有自己研制的可深潜7000 m的"蛟龙号"深潜器，为探索深海大洋提供了更加有利的条件。可以预料，海洋地球化学研究的前景美好，取得更多突破性创新成果指日可待。

海洋地球化学研究的领域十分广泛，特别是学科的深入研究和学科间的交叉，不断产生新的研究内容。回顾我国海洋地球化学的发展与成果，难以面面俱到，现仅就一些主要研究领域简要综述如下。

第一节　中国海洋地球化学学科发展概况

中国海洋地球化学的发展，首先起步于我国近海，尔后逐步发展到深海大洋。因此中国海洋地球化学的研究，基本可分为两大部分：一是中国近海地球化学研究；二是深海大洋（简称大洋）地球化学研究。

一、中国近海地球化学研究

中国近海地球化学研究始于20世纪50~70年代；80年代迅猛成长；90年代获得丰硕成果，奠定了持续发展的基础；21世纪以来进入常态化重点深入的调查研究。

中国近海是指濒临中国大陆的渤海、黄海、东海和南海。渤海位于中国海之北端，三面环陆，以辽东半岛南端的老铁山角与山东半岛北端蓬莱角连线为界与黄海分开。黄海介于中国大陆与朝鲜半岛之间，南面以长江口北岸的启东嘴与济州岛西南端连线为界与东海分开；黄海又常以山东半岛成山角与朝鲜半岛长山串连线为界分成两部，北部称北黄海，南部称南黄海。东海位于中国大陆之东，南面以福建的东山岛南端与台湾岛南端的鹅銮鼻连线为界与南海分开，东海的东北端以朝鲜海峡与日本海沟通，东面以琉球诸水道与西太平洋沟通。南海地处中国大陆之南故名，南海东通西太平洋、苏禄海，南通爪哇海，为中国近海最大的一个海区。

（一）海洋沉积物元素地球化学研究

1. 元素地球化学基本特征的研究

我国海洋地球化学的研究始于1958~1960年的"全国海洋综合调查"，在研究海底沉积物时，首次测定和研究了近海大部分海区沉积物中的Fe、Mn、P、N、$CaCO_3$和有机质[1]。20世纪60年代初，开始了渤海沉积物元素地球化学研究，后因"文革"而中止。70年代开展了东海大陆架和冲绳海槽、南海以及黄海的调查研究。1980年我国首次公开发表了《中国渤海沉积物中铀的地球化学》一文（赵一阳，1980）。该文是根据"文革"前的少量资料整理而成，起到了抛砖引玉的作用。之后公开发表了一系列论文，其中具有开创性或重要性的论文有：《中国台湾浅滩海底沉积物中铁、锰、钛、磷元素的地球化学》（赵一阳，车承惠，杨惠兰等，1981）、《东海沉积物中若干元素的地球化学》（赵一阳，车承惠，杨惠兰等，1982）、《东海大陆架海底沉积物稀土元素地球化学研究》（王贤觉，陈毓蔚，雷剑泉等，1982）、《南海中部海区表层沉积物的地球化学特征》（陈绍谋，1982）、《渤海沉积物中Fe、Al、Mn的分布及某些地球化学特征的研究》（郭津年，李健博，吴景阳等，1983）、《黄海沉积物地球化学分析》（赵一阳和喻德科，1983）和《中国海大陆架沉积物地球化学的若干模式》（赵一阳，1983）等等。

---

[1] 秦蕴珊. 1964. 中国近海海底地形及海底沉积物的分布

1983年，以涂光炽为团长的中国科学院地球化学代表团访问美国，并参加了第96届美国地质年会。会上代表团所做的报告中包括《中国东海大陆架沉积物地球化学研究》。回国后发表了《美国海洋地球化学研究概况》（赵一阳，1985），为我国海洋地球化学学科的发展起到了促进作用。

80年代围绕元素地球化学的基本特征，重点研究了冲绳海槽（赵一阳，何丽娟，张秀莲等，1984；吴明清和王贤觉，1988）、黄河口及渤海湾（黄薇文，张经，陆贤昆，1985；张经，刘敏光，陈长景等，1987）、南海（陈绍谋，路秀云，吴传芝等，1986；古森昌，陈绍谋，吴必豪等，1988）、黄海（刘敏厚，吴世迎，王永吉等，1987；王金土，1989；赵一阳，何丽娟，陈毓蔚，1989），以及中国海陆架区（赵一阳和鄢明才，1989）。

1989年《海洋地球化学》一书出版，这是我国高等院校相关专业的第一本教材（赵其渊，1989）。

20世纪90年代各海区都发表了不少研究成果。如黄海（王金土，1990）、台湾海峡（许金树和李亮歌，1990）、冲绳海槽（吴明清，1991）、杭州湾及其邻近陆架（鲍根德，1992）、中国大陆架（Zhao and Yan，1993）等。1994年出版的《中国浅海沉积物地球化学》（赵一阳和鄢明才，1994a）是首次把中国浅海作为一个完整体系研究的成果。1995年出版了《东海海底沉积地球化学》（王成厚，1995）。

21世纪以来，有关沉积物元素地球化学研究的成果颇多，其中以元素地球化学指标方面的研究成果为多。

2. 元素地球化学指标的研究

元素地球化学的研究中，常把某些特征元素或元素组合作为"指示剂"和"示踪剂"，以探讨物质来源、研究地层，以及指示古环境和古海洋等。

（1）物源研究：针对中国近海的物质来源开展过大量的研究。首先查明主要提供物源的三大河流——黄河、长江、珠江物质的元素地球化学特征（杨作升，1988；赵一阳和鄢明才，1992；杨守业和李从先，1999）；进而廓清了受三大河流物质显著影响的范围（赵一阳，车承惠，杨惠兰等，1982；蓝先洪，王红霞，张志珣等，2006；吴梦霜，邵磊，庞雄等，2012）。特别对冲绳海槽的物源做了系统深入的研究（赵一阳，何丽娟，张秀莲等，1984；蒋富清，李安春，李铁刚，2006；李军和赵京涛，2009）。

（2）元素地层学研究：早在1961年赵一阳就提出了"迅速发展元素地层学是现代地层学的一个新方向"（赵一阳，1961）。海洋由于取长柱样不易而受到限制。1988年曾在冲绳海槽晚第四纪地层研究中做过有益的尝试。依据元素的垂向突变划分沉积层，以Na正异常作为火山物质夹层的"指示剂"进行对比（Zhao，Qin，Li et al.，1988）。后来有学者研究了冲绳海槽中部末次冰消期以来的元素地层（刘焱光，孟宪伟，李铁刚等，2003）。南黄海地层按照元素的分布也做过分层，其结果与^{14}C、热释光测年和古地磁测量的结果相吻合（赵一阳，吴景阳，江荣华，1993；陈志华，石学法，王湘芹等，2003）。学者们建立了南海标准$CaCO_3$地层学时标，该时标在南海具有普遍的可比性（郑连福，郭育廷，Winn等，1993；钱建兴，1999；王成，龚庆杰，石学法等，2007）。南海北部依据元素的垂向旋回性变化，结合AMS ^{14}C测年，将柱样划分为五个地球化学层（赵宏樵，韩喜彬，陈荣华等，2008）。

（3）古环境、古海洋学研究：较多学者利用生物 $CaCO_3$、有机碳和生物硅（BSi）含量与气候和生物生产力良好的对应关系，揭示古海洋问题（高良，阎军，薛胜吉，1992；Wang，Wang，Bian et al.，1995，贾国东，翦知湣，彭平安等，2000）。另有学者从不同的角度进行了如下不少有益的尝试。如利用不活泼元素揭示陆源输入变化和气候的冷期（韦刚健，陈毓蔚，李献华等，2001）；利用化学蚀变指数 CIA 反映源区化学风化的强弱，进而探讨气候与季风的变化（陈志华，石学法，王湘芹等，2003；刘升发，石学法，刘焱光等，2010）；利用元素的 R 型因子分析，并依据陆源因子得分大小揭示陆源物质输入的强弱及其受气候和季风的制约（李军，2007；孟宪伟，夏鹏，张俊等，2010）。此外，还有用 Ba/（Zr+Rb）研究生产力（青子琪，刘连文，郑洪波等，2005）；用常量元素比值探讨季风和气候的变化（万世明，李安春，蒋富清等，2007；徐方健，李安春，李铁刚等，2010）；用 Ba/Ti 值研究季风和生产力的关系（梅西，张训华，郑洪波等，2010）；用有孔虫 Mg/Ca "温度计"研究海水的古温度（徐建，李健如，乔培军，2011）；等等。

（二）海洋沉积物同位素地球化学研究

同位素地球化学研究基本包括两个方面：同位素测年和以同位素作为地球化学指标。

1. 同位素测年及沉积速率的研究

20 世纪 60 年代起，我国就利用 ^{14}C 法测定海洋沉积物的年龄，特别是 20 世纪 90 年代以来，AMS ^{14}C 测年方法应用十分广泛（郑淑蕙，吴世迎，Beukens，1990）。

20 世纪 80 年代以来，^{210}Pb 法在我国迅猛发展，这与此时我国开展大规模的"中美长江口及附近陆架区沉积作用联合研究"分不开。当时我国曾派学者赴美参加合作研究；随后即把新兴的 ^{210}Pb 测年技术引入国内（赵一阳和钱江初，1981），使之在国内得到迅速推广。研究程度较高的海区是南黄海：1983 年中美再次合作在南黄海大面积采集沉积物柱样，利用 ^{210}Pb 法研究了沉积速率和沉积通量（赵一阳，李凤业，DeMaster 等，1991a），进一步提出了"沉积强度"的概念（赵一阳，李凤业，陈毓蔚等，1991b）。依据 ^{210}Pb 测年否定了南黄海中部泥质沉积为"残留泥"的说法（赵一阳，李凤业，秦朝阳等，1991c）。近年利用 ^{210}Pb 法研究了渤海和黄海沉积速率的分布特征，确认了沉积速率从河口向渤海中部和黄海方向的递减趋势（胡邦琦，李国刚，李军等，2011）。此外，还有学者以 ^{226}Ra 法测定了东海近岸的沉积速率（陈毓蔚，赵一阳，刘菊英等，1982）；采用 ^{230}Th 法测定了南海的沉积速率（刘韶，吴良基，秦佩玲，1983）；采用 ^{228}Th 法测定了快速沉积河口（黄河口）的沉积速率（康兴伦，顾德隆，张经等，2002）；采用 ^{137}Cs 法测定胶州湾的沉积速率（刘广山，李冬梅，易勇等，2008）等。

2. 同位素地球化学指标的研究

1985 年我国学者研究了黄海钙结核的氧、碳同位素特征，探讨了结核的生成环境和分类（吴世迎，1985）。1989～1991 年开展的南海晚第四纪古海洋学研究，出版有专辑（业治铮和汪品先，1992）。其中以浮游与底栖有孔虫氧同位素为基础，建立了 $\delta^{18}O$ 1～7 期的高分辨率氧同位素地层序列；利用浮游与底栖有孔虫碳同位素差值 $\Delta\delta^{13}C$ 的变化，揭示了冰期时的生产力；利用氧同位素曲线进行了西沙珊瑚礁的分层。20 世纪 80 年代开展南沙综合考察后，出版了《南沙群岛海区同位素地球化学研究》专著（陈毓蔚和桂训唐，

1998）。20世纪90年代以来还研究了冲绳海槽中部的氧同位素地层学，将地层自上而下划分为6期（层）（阎军，苍树溪，秦蕴珊，1990）。有学者依据南黄海沉积物中自生黄铁矿的S同位素研究，探讨了黄铁矿形成的沉积环境及成因（李安春，陈丽蓉，申顺喜，1991）。中法合作依据冲绳海槽末次冰消期浮游有孔虫 $\delta^{13}C$ 的宽幅低值事件，确认其为西太平洋水体演化碳循环效应直接影响的结果（李铁刚，刘振夏，Hall等，2002）。关于海槽在末次盛冰期（LGM）黑潮是否进入海槽的问题，我国学者通过有孔虫及其氧、碳同位素证据和沉积物中 ^{10}Be 的记录，支持冰期时黑潮仍然流经海槽的观点（李铁刚，孙荣涛，张德玉等，2007；杨永亮，刘振夏，沈承德等，2007）。1999年我国实施国际大洋钻探ODP-184航次在我国南海南北6个站位钻探取样，共钻井17口，最深达850 m，取芯5500 m，经地质-地球化学研究获得多项重要成果（汪品先，赵泉鸿，翦知湣等，2003a；汪品先，田军，成鑫荣等，2003b；汪品先，翦知湣，赵泉鸿等，2003c；Wei，Liu，Li et al.，2004；李安春，黄杰，蒋恒毅等，2011）。

（三）海洋沉积物有机地球化学研究

我国早期的研究仅限于沉积物中有机质（有机碳）含量与分布。20世纪70~80年代开始，研究了一些与油气有关的有机化合物。如南黄海北部沉积物中沥青总量、正构烷烃、芳烃等的研究（廖先贵，栾作峰，张湘君等，1982）；渤海、黄海、东海近岸沉积物中可溶有机质和干酪根的研究，探讨了与油气的关系（吴德云和程桂英，1984）。此外，还研究了东海沉积物中的甾醇（姜善春，傅家谟，栾作峰，1985）；南海北部湾的一元脂肪酸和烷烃（栾作峰，孙作庆，姜善春，1986）；浙江近海的氨基酸（卢冰，龚敏，唐运千，1988）等。

20世纪90年代有机地球化学进入发展阶段，除继续研究有机化合物外，又开始重视生物标志化合物（生物化石）的"指示剂"作用。在有机化合物方面，研究了南海北部湾的一元脂肪醇（栾作峰，江荣华，姜善春，1990）；冲绳海槽的干酪根（唐运千和周平，1992）；南海和冲绳海槽的氨基酸（郑士龙，唐运千，龚敏，1993）；南沙海域的脂肪酸（段毅，罗斌杰，钱吉盛等，1996）等。在生物标志化合物方面，开始通过长链烯酮的不饱和度 U^{K}_{37} 估算南海表层海水的温度（SST）（郑士龙，唐运千，史继扬，1991；龚庆杰，吴良基，吴时国等，1999）；利用正构烷烃和多环芳烃揭示南海沉积物中有机质的陆源和海源组分的分布特征（吴莹，张经，唐运千，1998）。

21世纪以来，有机地球化学在海洋地球化学研究中迈进了快速发展阶段。如在冲绳海槽广泛应用 U^{K}_{37} 等标志物重建SST变化，进而探讨黑潮流系演变以及生产力波动与热带辐合带（ITCZ）北界南北移动的关系（卢冰，陈荣华，冯旭文等，2000；周厚云，李铁刚，贾国东等，2007；南青云，李铁刚，陈金霞等，2008）。在渤海研究了正构烷烃和脂肪酸的分布，表明黄河的历史变迁在柱样中可通过轻重烃比值的变化体现（吴莹，张经，于志刚，2001）。对长江口邻近陆架区表层沉积物的木质素分析表明，其中陆源有机物可占总有机物的5%~57%（杨丽阳，吴莹，张经等，2008）。长江口柱样中11种色素变化的分析表明，有机质主要来源于浮游植物的现场生产贡献（鲍红艳，吴莹，朱卓毅等，2010）。

（四）海底环境地球化学研究

一些会对人类和生物生存环境造成危害的重金属、生物营养元素和有机化合物，沉积富集后会危害环境，或通过物理-化学-生物作用有可能返回海水而造成二次污染，因此沉积物既是污染物的"汇"，又是潜在的污染"源"。

1. 重金属元素的研究

1983年起，我国学者在海洋重金属元素研究中做了大量的工作。如渤海湾沉积物中某些重金属的背景值的研究（吴景阳，1983；李淑媛，刘国贤，杜瑞芝等，1984）；总汞的分布研究（张湘君和廖先贵，1985）；重金属的赋存形态（张经，刘敏光，陈长景等，1987）；渤海锦州湾重金属的污染状况（万邦和，刘国贤，杨松林等，1983；陈静生，1985）。1985年对黄河口海域的系统研究表明，重金属明显在河口富集，且冬夏两季基本一致；重金属的非有效态"残渣态"占绝对优势，表明基本不存在污染（黄薇文，张经，陆贤昆，1985；黄薇文，张经，刘敏光等，1985）。20世纪80年代还有学者研究了长江口重金属的赋存形态（苏惠娟，陆维昌，陈晓红等，1988）。

20世纪90年代的研究多集中于重金属的迁移和转化。如用沉积物捕集器研究其垂直通量（詹滨秋，黄华瑞，庞学忠等，1993）。1997年出版了《中国近海沉积物-海水界面化学》专著（宋金明，1997）。

21世纪以来重金属的研究更加深入，除研究河口（孟翊，刘苍宇，程江，2003；盛菊江，范德江，杨东方等，2009）、港湾（张少峰，林明裕，魏春雷等，2010；张现荣，张勇，叶青等，2012）、潮滩（康勤书，吴莹，张经等，2003；黎清华，万世明，李安春等，2012）外，更多地关注人类活动（开发建设）对环境的直接影响。如下三项研究为其典型实例：①2009年长江口外海域柱样中的Pb、Zn、Ni等重金属的地球化学及其对人类活动响应的研究（董爱国，翟世奎，Zabel等，2009）；②2011年胶州湾近百年来沉积物中重金属元素累积过程及其环境意义的研究（李凤业，李学刚，齐君等，2011）；③2011年万泉河口柱样重金属元素分布特征与博鳌开发建设关系的研究（高芳蕾，傅杨荣，杨奕等，2011）。

2. 生物营养元素的研究

生物营养元素的匮乏或过剩，都会造成对生态环境的危害。这一类研究集中在20世纪90年代以来，涉及较多的是N、P、Si等的各种形态及其地球化学行为（林荣根和吴景阳，1992；邓可，杨世伦，刘素美等，2009），特别是沉积物间隙水和沉积物-海水界面营养盐的迁移和交换。研究表明，界面营养盐交换的方向和通量，随海域不同而有所差异（孙云明和宋金明，2001；叶曦文，刘素美，张经，2002）。相对而言，南沙海域交换通量最高，主要是温度高所致；渤海的亦较高，因环渤海工业较发达，与废水排放有关（宋金明和李鹏程，1996；陈洪涛，刘素美，陈淑珠等，2003）。大亚湾典型养殖区界面的扩散通量特征是，网箱养殖区NH_4-N、PO_4-P等由沉积物向海水的平均扩散通量远大于贝类养殖区，使网箱养殖海域成为一个极具潜力的污染内源（黄小平，郭芳，黄道建，2008）。

3. 有机化合物的研究

有机氯农药（DDT，BHC）和多氯联苯（PCB）都是早年大量生产和使用的人工合成有机氯化合物，对生态系统危害甚大。我国自20世纪80年代以来针对有机氯化合物做了不少调查研究，如对珠江口（廖强，1983；康跃惠，盛国英，傅家谟等，2001）和厦门港湾（陈淑美，林敏基，林志峰，1984；陈伟琪，张珞平，徐立等，1996）等海域的研究。由于我国50年代开始使用有机氯农药，1983年禁止生产使用；有学者利用长江口-杭州湾柱样中BHC和DDT的地层学记录，探讨了该区的有机污染史（陈建芳，叶新荣，周怀阳等，1999）。

21世纪以来，对多环芳烃（PAHs）的研究受到格外的重视，大部分PAHs具有较强的致癌性，已成为当今优先研究的焦点。研究涉及的海域有珠江口（麦碧娴，林峥，张干等，2000）、黄海（李斌，吴莹，张经，2002；薛荔栋，郎印海，刘爱霞等，2008）、渤海和黄河口（程远梅，祝凌燕，田胜艳等，2009；胡宁静，石学法，刘军花等，2010）。渤海海峡北部和南部两个柱样的研究表明，北部的多环芳烃主要来自燃烧源，南部则显示石油源和燃烧源的混合特征，这与研究海区的石油开发和航运等事件有关（吴莹和张经，2001）。

（五）海底生物地球化学研究

我国海洋中生物地球化学的研究，集中于C、N、P、Si等生物营养元素，且多限于海水部分；海底的研究尚少。海底生物地球化学主要涉及生物作用下元素的沉积、转移、埋藏和成矿。

20世纪90年代迄今，我国对海底生物地球化学颇为重视。1997年出版的《中国主要河口的生物地球化学研究——化学物质的迁移与环境》（张经，1997）和《中国近海生物地球化学》（宋金明，2004），对这一领域的研究有着重要影响。学者们利用沉积物捕集器研究了南海和东海沉积颗粒物的有机质通量及其所受生物地球化学作用的制约（段毅，崔明中，罗斌杰等，1997；段毅，崔明中，马兰花等，1997）。南海被包围在寡营养水中的珊瑚礁是一个特殊的营养物质"生物化学反应富集器"，如同"流网"作用，大量富集营养物质，维持其高生产力（宋金明，1999）。南海ODP岩芯发现碳循环的长周期（0.4~0.5 Ma），研究认为可能是通过浮游植物中硅藻与颗石藻比值的改变，引起有机碳在碳沉积中的比例变化所致（汪品先，田军，成荣鑫等，2003）。渤海在生物作用下P和Si每年由沉积物向海水扩散释放的量分别占渤海P和Si总循环量的86.4%和31.7%（宋金明和罗延馨，2000）。长江口的生物地球化学作用是控制颗粒物絮凝的重要因素之一（孙云明和宋金明，2002）。南黄海不同粒度沉积物中可转化N以有机结合态占优势，在表层氧化和生物扰动等因素作用下，N很易释放进入上覆水被生物利用参加生物地球化学循环（吕晓霞，宋金明，袁华茂等，2005）。南黄海沉积物中的N与海水浮游生物量干重呈明显的正相关，说明沉积物中的N主要来源自海洋生物的代谢（宋金明，李学刚，邵君波等，2006）。至于生物成矿，已知天然气水合物以及一些铁锰结核（壳）和热水硫化物的形成，均与生物有着直接或间接的关系（韩喜球，沈华悌，陈建林等，1997；孙春岩，吴能有，牛滨华等，2007）。21世纪以来特别关注微生物在早期成岩、成矿以及碳循环中的重要作用（汪品先，翦知湣，刘志飞，2006a，b）。

（六）海底铁锰结核和铁锰结壳地球化学研究

海洋铁锰结核（又称多金属结核）和铁锰结壳（又称富钴结壳）主要分布于深海大

洋，但边缘海如我国南海也有一些分布。我国自1979年起，尤其是80年代以来，陆续在南海采集到结核和结壳。研究表明它们的化学成分与大洋的基本类似；其主要特征为：高Fe、高Si、Al；低Mn、低Cu、Co、Ni。边缘海Si、Al和Fe是陆源物质的指示性元素，所以陆源物质供应充足，它们既对成矿元素有稀释作用，又能大大加快沉积速率而不利于结核和结壳的生长（王贤觉，陈毓蔚，吴明清，1984；苏广庆和王天行，1990；鲍根德和李全兴，1991）。结核和结壳的生长速率经铀系法（^{230}Th 和 ^{230}Th/^{232}Th）测定，为 2.7~8.3 mm/Ma（夏明和张承蕙，1983；梁美桃，陈绍谋，吴必豪等，1988；何良彪，1991）。关于结核和结壳的成因，经研究当为水成沉积成因（何良彪，1991；林振宏，季福武，张富元等，2003）。

早期多把结壳作为结核的一种形态（即"结壳状"结核）来研究，后来才区别对待。采自南海尖锋海山结壳的研究表明，同样Fe和陆源因子Si、Al含量高，陆源物质对Mn、Co等金属元素含量起冲淡作用（梁宏锋，姚德，梁德华等，1991）。采自南海宪北海山的结壳，利用Co含量经验公式估算其生长速率为11.63 mm/Ma；通过Pb、Sr同位素组成测定其生长速度快，生长时代较年轻（陈毓蔚和桂训唐，1998）。采自南沙海盆的结壳与中太平洋的比较，两者稀土元素配分模式基本相同，但南沙的Ce较为富集（陈守余，张海生，赵鹏大，2006）。

（七）海底热水沉积物地球化学研究

现代海底热水（热液，热泉）发现于20世纪60年代的红海调查。东海冲绳海槽的热水活动发现于20世纪80年代。我国海底热水活动的研究始于1988年：当年派出学者参与中德合作西太平洋马里亚纳海槽调查（吴世迎等，1991）。我国首次开展海底热水活动调查始于1992年的冲绳海槽中部调查。研究表明：①热水区沉积物明显富集Mn、Hg、As、Sb、Bi、Pb、Cu、Co、Ni、Cd、Zn、Au和Ag等，其中尤其是Hg异常可作为海底热水活动的"指示剂"。②作为弧后盆地的冲绳海槽热水活动所富集的元素组合与大陆"黑矿"型和洋中脊型比较，其特色是富Pb、As、Au和Ag等元素（赵一阳和鄢明才，1994b；赵一阳，翟世奎，李永植等，1996）。1994年我国学者参加日本在冲绳海槽调查乘深潜器，在JADE海区采集了大量样品进行研究。在化学成分方面，研究了热水硫化物的化学类型与化学分带（侯增谦和Urabe，1997）。在热水流体方面，研究表明海底深部热水流体极度富气，而富CO_2-烃类流体包裹体与已知油气流体包裹体具有明显的相似性，显示冲绳海槽现代热水区具有形成较大气藏的潜力，为探索矿床学上油气与热水矿床特殊共生难解之"谜"提供了新的资料（侯增谦和张绮玲，1998）。

通过氦同位素的研究，得知氦是来自深部地幔氦的贡献，并可依据硫化物的^{3}He/^{4}He值反映热水与海水的混合程度，二者呈负相关（侯增谦，李延河，艾永德等，1999）；通过铅同位素的研究，得知热水硫化物中的铅是由沉积物与火山岩来源铅共同构成的混合铅（曾志刚，蒋富清，翟世奎等，2000）。在稀土元素方面，表明热水硫化物稀土元素来自沉积物和火山岩，但海水的混合有一定影响（曾志刚，蒋富清，秦蕴珊等，2001）。对海槽中部元素分态的研究，表明热水源组分主要赋存于铁锰氧化物态中（于增慧，高玉花，翟世奎等，2012）。此外还研究了台湾东北部龟山岛附近海域热水及其自然硫沉积的地球化学特征（刘长华和曾志刚，2007；王晓媛，曾志刚，陈帅等，2013）。2010年我国学者参加的 IODP-331 航次在冲绳海槽热水区钻取岩芯和 2014 年在海槽中使用水下缆控潜水器（ROV）探测到"黑烟囱"并在其周边采样，以上样品均有待系统研究。

（八）海底天然气水合物地球化学研究

天然气水合物（又称可燃冰）于 20 世纪 60 年代最先发现于西伯利亚的气田，此后 20 年间海洋中有多处发现，被认为是 21 世纪新型的战略能源。自 20 世纪 80 年代起，一些国家大力投入调查和研究。我国于 20 世纪 90 年代起已高度重视。1998 年国家启动了有关天然气水合物的探索课题。1999 年起连续多次在南海开展了天然气水合物的地球物理和地球化学调查。2007 年在南海北部陆坡神狐海域正式采到天然气水合物的实物样品。2013 年在广东沿海珠江口盆地东部海域再次钻获高纯度天然气水合物样品，并获得可观的控制储量。目前所知，我国天然气水合物主要分布于南海以及东海大陆坡（方银霞，金翔龙，杨树峰，2000；栾锡武，秦蕴珊，张训华等，2003），现有的调查研究集中在南海。天然气水合物地球化学的研究基本限于利用其地球化学标志，发现或圈定天然气水合物的可能远景区（王宏语，孙春岩，黄永样等，2002；蒲燕萍，孙春岩，陈世成等，2009）。南海的研究表明，天然气水合物的主要地球化学标志有：①沉积物间隙水 Cl^- 离子浓度随深度增加而减少，SO_4^{2-} 离子浓度呈梯度下降，同位素 $\delta^{18}O$ 和 δD 值增高，硫酸盐－甲烷界面（SMI）较浅（杨涛，薛紫晨，杨竞红等，2003；蒋少涌，杨涛，薛紫晨等，2005）。②沉积物顶部空气中烃类气体（主要是甲烷）含量随深度而显著增高，而且依据其甲烷的 $\delta^{13}C$ 值，可了解烃类气体主要来源于何种气（微生物气、热解气或混合气）（孙春岩，牛滨华，文鹏飞等，2004；吴庐山，杨胜雄，梁金强等，2011）。③中德合作南海冷泉碳酸盐岩的研究表明，$\delta^{13}C$ 值偏轻和 $\delta^{18}O$ 值偏重可作为天然气水合物的"指示剂"（陆红锋，刘坚，陈芳等，2005；韩喜球，杨克红，黄永祥，2013）。神狐海域含天然气水合物的沉积物稀土元素研究表明：未显异常，总稀土丰度与上地壳丰度接近，显示其陆源性（王彦美，韩冰，吴能有等，2012）。

（九）海底岩石地球化学研究

1. 东海岩石地球化学研究

东海冲绳海槽槽底分布着从基性到酸性的一系列火山岩。早期依据浮岩少量化学成分资料认为浮岩是由岩浆喷发到海水中再沉积而成（孙嘉诗和莫珉，1982）。随着对浮岩微量元素和同位素的研究，认为浮岩是幔源和结晶分异作用并有部分地壳物质混染的产物（秦蕴珊，翟世奎，毛雪瑛等，1987；陈丽蓉，翟世奎，申顺喜，1993）。经对海槽从基性到酸性一系列火山岩元素和同位素的研究，其结论如同上述（李巍然，杨作升，王永吉等，1997），这是迄今比较认同的看法。但也有学者根据 Sr、Nd 同位素比值处于大洋中脊玄武岩岩浆和壳源流纹质岩浆二端元混合的理论双曲线上，故认为不同类型火山岩是二者以不同比例混合尔后喷发的产物（孟宪伟，杜德文，吴金龙等，1999）。不过后来通过对比浮岩与玄武岩的地球化学特征，说明彼此存在密切的同源性及继承性，特别是对浮岩中岩浆包裹体的研究，未发现岩石化学性质明显不同的岩浆包裹体共存的现象，因此可以推断基本不存在不同性质的岩浆之间的直接混合作用（于增慧，翟世奎，赵广涛，2001；黄朋，李安春，蒋恒毅，2006）。关于浮岩的年龄，利用铀系法和 K-Ar 法测得约 70000 a、

30000 a 和 10000 a 三次喷发（陈丽蓉，翟世奎，申顺喜，1993）。但后来测得浮岩的最老年龄约为 4 Ma（李巍然，杨作升，王永吉等，1997）。此外，还研究了东海陆架新生代砂岩锆石的 U-Pb 年龄，以及不同地质时代单颗粒锆石的 REE 配分模式特征，并据此指示砂岩的母岩类型与年代（杨香华，李安春，秦蕴珊等，2006）。

2. 南海岩石地球化学研究

南海海盆的北、中、南部各采到玄武岩样品，经常量元素的分析，北部和中部的属拉斑玄武岩，南部的为碱性玄武岩，利用 K-Ar 法和 ^{40}Ar-^{39}Ar 法测年，自北至南分别为 13.9 Ma、9.7 Ma 和 3.5 Ma，可见由北向南有年代变新和岩浆活动碱性增加的趋势。从稀土元素和 Pb、Sr 同位素组成看，南海拉斑玄武岩的 Pb、Sr 同位素均不同于典型洋中脊玄武岩，并具有 Dupal Pb 异常（王贤觉，吴明清，梁德华等，1984；Tu，Flower，Carlson et al.，1992；陈毓蔚和桂训唐，1998）。南海碱性玄武岩的进一步研究表明，其常量元素和微量元素均接近于洋岛玄武岩（OIB）。Sr、Nd 和 Pb 同位素组成亦处于 OIB 范畴。南海珠江口盆地石油钻孔岩芯中采到新生代火山岩样品，经研究，古近纪火山岩既有玄武岩，也有中酸性火山岩，火山岩的高场强元素（HFSE）丰度较低，玄武岩 Sr、Nd 同位素组成为相对富集型；而新近纪全为玄武岩，但 HFSE 增高，Sr、Nd 同位素组成为相对亏损型（邹和平，李平鲁，饶春涛，1995）。南沙海域采到的花岗质岩石，经岩石的锆石 U-Pb 同位素测年，应为燕山期晚侏罗世—早白垩世岩浆事件的产物（鄢全树，石学法，王昆山等，2008）。

（十）海底宇宙尘地球化学研究

宇宙尘的采集如同"大海捞针"，研究工作显然受到较大的限制。1983 年和 1984 年在南海中部的表层沉积物中发现一些微小球粒，经研究确认为宇宙尘，分铁质、硅质（石质）和玻璃质三种。铁质者 Fe 含量一般在 70% 以上，其他元素含量都很低。硅质者按主要元素可分富铁镁硅酸盐球粒和富钙铝硅酸盐球粒。玻璃质的主要元素特征与硅质的相似，但 SiO_2 含量比硅质的高。硅质的球粒经中子活化分析其中作为地外物质"指纹元素"的 Ir 含量较高，进一步表明了其地外成因（李志珍，1989）。1994 年中德合作在南沙海域北部所采柱样中，以及后来在南海所采的柱样中，均发现玻璃陨石层，主要层位在古地磁布容正向期与松山反向期的交界（B/M）附近，应属地外物体撞击事件的产物（赵泉鸿，翦知湣，李保华等，1999；王吉良，赵泉鸿，成鑫荣等，2000）。

二、大洋地球化学研究

中国大洋地球化学研究，滥觞于 20 世纪 70 年代，昌盛于 20 世纪 80 年代，到 20 世纪 90 年代突飞猛进，成果累累；21 世纪以来高速向纵深扩展，不断取得令世人瞩目的创新成果。

（一）大洋沉积物地球化学研究

1. 太平洋沉积物地球化学研究

我国科学家曾涉足太平洋、南大洋和北冰洋的大洋沉积物研究。研究的内容涉及沉积物的元素地球化学和同位素地球化学。

（1）沉积物元素地球化学研究：我国于20世纪70年代已开始在太平洋采取沉积物样品，80年代至今已连续多次常态化开展大洋调查和研究。80年代已陆续有研究成果发表，如对太平洋碳酸盐溶解旋回的研究（汪品先和郑连福，1982）。90年代对东太平洋的系统研究表明，沉积物的REE普遍具有弱的Eu正异常和较强的Ce负异常，明显有别于中国大陆架沉积物（刘季花，1992）；利用REE的特征可划分地层和推断南极底层流强度的变化（刘季花，张丽洁，梁宏峰，1994）；对中太平洋REE和Sr、Nd同位素的研究，探讨了晚新生代以来火山活动史（刘季花，崔汝勇，卢效珍等，1999）。21世纪对西太平洋做了较多研究，如西赤道太平洋$CaCO_3$及Al、Mg等的研究，显示沉积物中有火山物质的加入（向荣和阎军，2000；路波，李铁刚，于心科等，2012）。对西太平洋暖池样品的研究，其REE特征参数较好地记录了暖池3万年来沉积和环境变化的信息（颜文，陈木宏，李春娣等，2006）。对西太平洋一些边缘海如白令海（王汝建，李霞，肖文申等，2005）、鄂霍次克海（孙烨忱，王汝建，陈建芳等，2009）、日本海（姚政权，刘焱光，王昆山等，2010）等均有所研究，依据元素特征探讨了有关物源、生物生产力、环境以及海流等状况。此外还研究了南太平洋东劳扩张中心沉积物的氨基酸组成，表明热水活动区化能合成自养生物对氨基酸富集有较大贡献（王丽玲，杨群慧，付少英等，2012）。

（2）沉积物同位素地球化学研究：1982年我国学者研究了中太平洋的氧同位素地层学，分出氧同位素8个气候地层期（吴世迎，房泽成，陈成业等，1982）。90年代主要的工作有：在国内开始采用国际先进技术加速器质谱^{14}C测年（AMS ^{14}C），探讨了大洋沉积物的垂直混合作用和厚度（郑淑蕙，吴世迎，Beukens，1990）；在大洋缺少钙质软泥情况下，开展了应用硅质生物（放射虫）壳体的氧、硅同位素探讨气候冷暖的变化（吴世迎，丁悌平，孟宪伟等，1997）；在东太平洋利用$^{87}Sr/^{86}Sr$值大小反映陆源物质供应的强弱（刘季花，陈迎蓉，梁宏锋等，1999）。21世纪的主要工作同样集中在西太平洋，尤其是暖池区。研究表明，暖池区氧同位素的研究可用于地层划分，进而能指示晚中新世表层水温变暖和温跃层变深与早期暖池的发育有关（李前裕，李保华，钟广法等，2006）；依据表层和底栖有孔虫碳同位素之差值$\Delta\delta^{13}C$，可知生产力呈现冰期高于间冰期以及全新世（赵京涛，李铁刚，常凤鸣等，2008）；通过浮游有孔虫表层种和次表层种的氧同位素差值$\Delta\delta^{18}O$，可知暖池区表层和次表层水温都受冰盖的影响而呈降低趋势（郭建卿，成鑫荣，陈荣华等，2010）。此外，据西赤道太平洋氧碳同位素分析，$\Delta\delta^{13}C$显示生产力自氧同位素13期以来总体呈升高趋势，并可能主要受亚洲风尘输送强度的控制（张江勇，汪品先，成鑫荣等，2007）。

2. 南大洋沉积物地球化学研究

1984年我国首次进行南极科学考察，研究了南极半岛西部海域的沉积物，依据$\delta^{18}O$及REE探讨了物源（徐步台和施光春，1987）。沉积物重矿物中的稀土等20余种微量元素研究表明，这些重矿物是稀土等微量元素的主要载体；元素分群反映了两类母岩区（王先兰和赵云龙，1989）。在西南极海研究了沉积物中碘的早期成岩作用特征和硒的地球化学，并系统做了硒的研究（程先豪和张海生，1992；潘建明，张海生，程先豪等，1998）。在西南极长城湾研究了沉积柱样中碳、氧、锶、铅同位素的地球化学特征，揭示了沉积物物源以及早全新世以来气候变化和沉积环境变迁的信息（陈毓蔚，桂训唐，韦刚建等，1997）。在南极普里兹湾研究了元素地层与古环境，依据元素以及有机质的垂向变化，自上而下分为5层，分别代表自晚更新世末期以来气候冷暖的交替变化（古森昌和颜文，1997）。

有机地球化学方面，研究了南极布兰斯菲尔德海峡表层沉积物的干酪根（唐运千，卢冰，眭良仁，1995）和烷基芳烃化合物（卢冰，唐运千，眭良仁等，1999），以及普里兹湾沉积物中的有机碳和糖类（于培松，扈传昱，朱小莹等，2008）。通过这些有机化合物含量和组成的研究，探讨了物源和海洋初级生产力。

3. 北冰洋沉积物地球化学研究

1996年以中美合作形式研究了北极阿拉斯加巴罗湾潟湖沉积物的地球化学特征及其环境意义（杨维理，王国，张青松，1997；杨维理，毛雪瑛，戴雄新等，2001）。1999年我国首航北极科学考察，开始对楚科奇海进行研究。研究表明，REE在细粒沉积物中较为富集，在粗粒沉积物中亏损，明显具有"粒控效应"；其配分模式属于近大陆型，说明沉积物以陆源矿屑为主（高爱国，陈志华，刘焱光等，2003）；对碘的研究表明，其含量由低纬度向高纬度呈增加趋势，提出了碘的纬向分布模式，进而指出两极地区可能是碘的"汇"（高爱国，刘焱光，张道建等，2003）；常量元素同样具有"粒控效应"，并表现出对陆源的继承性（高爱国，韩国忠，刘峰等，2004）。^{137}Cs和^{210}Pb等的测定表明，沉积物具有低^{210}Pb特征，说明冰封导致^{210}Pb沉降通量的减少；沉积物中^{137}Cs和过剩^{210}Pb含量与灼烧失重率呈正相关，显示有机质对^{137}Cs和^{210}Pb的地球化学行为起着重要作用（杨伟锋，陈敏，刘广山等，2002）。表层沉积物的正构烷烃研究对比，发现由高纬度北极到低纬度海域陆源输入依次减弱，而海源物质增强（卢冰，周怀阳，陈荣华等，2004）。沉积物中总糖、碳、氮，以及有机碳和有机氮同位素的δ^{13}C和δ^{15}N研究表明，糖类是有机碳的重要组成部分，糖类物质以海洋藻类来源为主（朱小莹，潘建明，李宏亮等，2007）。此外，还研究了包括楚科奇海、加拿大海盆等在内的北冰洋西部海域，从沉积物中有机碳、氮同位素的分析数据探讨了沉积环境（陈志华，石学法，蔡德陵等，2006）；从生源组分分析探讨了古海洋学问题（王汝建，肖文申，向霏等，2007）；以黏土的Sm-Nd同位素数据划分出多个物源区，并依据其不同同位素特征和环流结构，探讨了物源及主要输运路径（陈志华，李朝新，孟宪伟等，2011）。

（二）大洋铁锰结核和铁锰结壳地球化学研究

1. 大洋铁锰结核地球化学研究

铁锰结核（多金属结核）的发现和研究已有100多年的历史，国际上自20世纪60年代以来调查研究高潮迭起。我国于1978年开始在中太平洋西部采得铁锰结核并进行了化学成分等研究（陈穗田，赵奎寰，彭汉昌，1981）。特别是自1983年起，我国多次系统开展了太平洋铁锰结核专项调查，八九十年代已有多份重要调查研究报告、论文和专著问世。

学者们重点研究了Mn、Fe、Cu、Ni、Co等成矿元素（陈松和许爱玉，1986；单连芳和姚德，1991；郭世勤，吴必豪，卢海龙等，1994）。太平洋两大结核富集区CP区（中太平洋）和CC区（东太平洋）结核的研究表明，CP区结核富含Fe、Co和Pb，贫Mn、

Cu、Ni 和 Zn，稀土总量较高，Ce 正异常明显；而 CC 区的结核富 Mn、Cu、Ni 和 Zn，贫 Fe、Co 和 Pb，稀土总量较低，Ce 异常不明显（姚德，梁宏锋，张丽洁，1991；郭世勤和孙文泓，1992；姚德，梁宏峰，张丽洁等，1993）。底层水-沉积物界面地球化学的研究显示，结核主要发育于底层水-沉积物的界面上，底层水与近表层间隙水不仅是结核的成矿介质，也是其成矿元素的直接来源（鲍根德，1990；张丽洁和姚德，1993）。研究结果论证了结核形成的最佳环境，提出了成因模型（许东禹，姚德，梁宏锋等，1994），探讨了以 Mn/Fe 值为依据的地球化学分类（鲍根德，1991a，1991b），以及结核形成的微生物作用（鲍根德和张桂芬，1989；韩喜球，沈华悌，冯建林等，1997；胡文瑄，周怀阳，顾连学等，1999）。

利用 ^{10}Be 测年曾测得太平洋中部结核的生长速率为 2.35 ± 0.07 mm/Ma（蒋崧生，姜山，马铁军等，1992）和结核的两次生长间断年龄分别为 $5.4 \sim 4.7$ Ma 和 $16 \sim 15$ Ma 左右（许东禹，姚德，梁宏锋等，1994）。太平洋中部结核通过氦同位素组成的研究，认为结核中的氦来自热水活动和地幔氦（李延河，宋鹤彬，李金城等，1997）。CC 区结核 Ce 同位素组成研究指出，结核中的 Ce 来自幔源（孟宪伟，刘娜，韩贻兵，2003）。

2. 大洋铁锰结壳地球化学研究

铁锰结壳（富钴结壳）除富含 Mn、Fe、Cu、Ni 外，尤其富含 Co 以及 Pt 和 REE 等。从 20 世纪 80 年代开始结壳成了争相调查的热点。1984 年我国派学者参加了联邦德国中太平洋海山结壳调查（许东禹，1986），并完成了样品的地球化学研究（许东禹，1990），为我国的铁锰结壳调查研究积累了资料。

1997 年起，我国开始对太平洋结壳的系统调查研究。铂族元素（PGE）的研究表明，结壳中 Pt 含量最高，实为富 Pt 的载体（石学法，彭建堂，卜文瑞，2000）。结壳中 REE 含量亦相当高，非晶质的 $FeOOH \cdot nH_2O$ 的形成对 REE 富集有重要意义（赵宏樵，2003；白志民，王英滨，姜波等，2004；陈守余，张海生，赵鹏大，2006）。结壳磷酸盐化是较普遍的现象，往往发生于结壳下部的老壳层，磷酸盐化可造成老壳层中主要成矿元素 Co、Ni 等贫化流失（潘家华和刘淑琴，2002；初凤友，胡大千，姚杰，2006；李江山，方念乔，丁旋等，2007）。西太平洋结壳中主要成矿元素含量的空间分布具有规律性，Mn、Co、Ni 的平均含量随纬度降低而增高；随经度自东向西呈下降趋势；随水深增加而降低（潘家华和刘淑琴，1999）。结壳的玄武岩基岩中 $^{3}He/^{4}He$ 值相当低，反映发生过水-岩反应和成矿作用，故海山玄武岩中低的 He 同位素组成可作为结壳的找矿标志之一（孙晓明，薛婷，何高文等，2006）。结壳中过高的 $^{3}He/^{4}He$ 值可反映地幔热水的局部贡献（叶先仁，方念乔，丁林等，2008），或有宇宙尘的加入（李江山，方念乔，石学法等，2012）。利用 ^{10}Be 测年和 Co 含量经验公式估算，中新世以来是结壳的主要生长期（程振波，石学法，苏新等，2006；任向文，2011）。也有学者利用结壳 Nd 同位素探讨过洋流的演化（胡镕，陈天宇，凌洪飞，2012），以及系统比较过结壳与结核的地球化学特征（许东禹，1990；李延河，李金城，宋鹤彬，1999）。西太平洋边缘海如中国南海等也有结核和结壳产出，但就目前情况来看，产量不丰，成矿元素含量相对较低（鲍根德和李全兴，1991；林振宏，季福武，张富元等，2003；徐兆凯，李安春，蒋富清等，2006）。

（三）大洋热水沉积物地球化学研究

早在20世纪60年代，尤其是70年代之后，国际上对现代海底热水活动的调查研究如火如荼。我国于1988年和1990年与联邦德国合作参加了西太平洋马里亚纳海槽的热水活动调查，研究了热水沉积"硅质烟囱"的化学成分和稳定同位素。结果表明，其特征明显不同于大洋中脊的块状硫化物"黑烟囱"。随后出版了专著《马里亚纳海槽海底热液烟囱物研究》（吴世迎，1991；张德玉，陈穗田，王冠荣等，1992；吴世迎，张德玉，陈穗田等，1995）。

21世纪以来，我国对大洋热水活动的调查研究有了显著发展。研究表明，加拉帕戈斯裂谷的热水烟囱物特别富含Cu和Zn，为中高温热水产物；马里亚纳岛弧的Cu、Zn次之，为高温产物；马里亚纳海槽的Cu、Zn很少，属中低温为主的热水产物（吴世迎，刘焱光，白黎明等，2002）。2005年我国学者参加中美联合深潜在东太平洋胡安德富卡洋脊取得热水块状多金属硫化物样品，研究发现，其REE含量较低，配分模式与海底热水的一致，而与海水有别，说明硫化物中的REE主要来源于热水（包申旭，周怀阳，彭晓彤等，2007）。2005~2006年中国首次环球大洋中脊科考在中印度洋洋脊Edmond热水区采得硫化物烟囱，发现内部有微生物席，并发生微生物硅化和铁化，显示部分Si和Fe的沉淀与微生物密切有关（彭晓彤，周怀阳，姚会强等，2007）。2007年中国大洋调查首次在超慢速扩张的西南印度洋洋脊49°39′E发现了活动的海底热水区，并研究了多金属硫化物地球化学（陶春辉，李怀明，黄威等，2011；黄威，李军，陶春辉等，2011；叶俊，石学法，杨耀民，2011）。

（四）大洋岩石地球化学研究

20世纪80年代中德合作在马里亚纳海槽热水调查时，曾取得大量玄武岩及少量蛇纹石化橄榄岩。玄武岩的元素含量总体接近典型大洋中脊玄武岩（N-MORB），但表现出明显的富Al_2O_3、REE和K_2O。所有特征指示玄武岩的岩浆源应与N-MORB相似，但受来自俯冲板块物质的影响。K-Ar测年揭示海槽的张开与伴生的玄武岩岩浆活动开始于晚中新世，而且玄武岩年龄在空间上有从低纬到高纬逐渐变新的规律（陈穗田和张德玉，1991；穆志国，张成，陈成业等，1994；高永军，穆志国，吴世迎，2000）。少量蛇纹石化橄榄岩研究显示一些元素含量的增减与海水的蚀变有关（吴世迎，1991；穆志国，张成，陈成业等，1994）。1998年我国在马里亚纳海槽热水区（18°N附近）采集的玄武岩样品表明，岩石的元素特征支持岩浆起源于受俯冲组分影响的上地幔的观点（田丽艳，赵广涛，陈佐林等，2003）；它的铂族元素总量较低，Pt、Ir相对亏损（曹志敏，安伟，周美夫等，2006）。1999年在中太平洋和西太平洋海山铁锰结壳产区采得受强烈低温蚀变的玄武岩，研究显示其中一些过渡元素的流失是海水中过渡元素重要的"源"，而铁锰结壳是大洋海水中过渡元素重要的"汇"（卜文瑞，石学法，彭建堂等，2007）。21世纪在西南印度洋洋中脊（50°E附近）采得玄武岩和蛇纹石化橄榄岩，玄武岩的大多数元素均具典型洋中脊玄武岩特征；蛇纹石化橄榄岩的元素分布特征与玄武岩大致类似（韩宗珠，张贺，范德江等，2012）。

(五) 大洋宇宙尘地球化学研究

1978～1979 年我国在西太平洋赤道海域所采的沉积物中发现一些铁质、硅质和玻璃质的宇宙尘。铁质者主要由 Fe 及 Ni 组成；硅质者主要含 Fe、Si、Mg、Al 和 Ni，两者均含有 Ru、La、Re、Os、Ir 和 Pt；玻璃质者以 Si 为主并含 Al、Fe、Mg 等（彭汉昌，赵奎寰，陈穗田，1981，1982）。1983 年在北太平洋沉积物中也收集到了铁质、硅质和玻璃质的宇宙尘，重点研究了各种小球中具地外物质指示意义的一些元素，如 Ir、Os、Au、Ni、Co、Sc 等，并提出了若干可用来判别地外来源的地球化学标志（柴之芳，马淑兰，毛雪瑛等，1985；柴之芳，毛雪瑛，马淑兰等，1986）。采自北太平洋麦哲伦海山的柱样，在 270～300 cm 深度发现了富集率很高的微玻陨石层，其难熔亲 Fe 元素 Ir、Os 和 Ni、Co 的含量远高于地壳丰度，显示该玻璃陨石即为一次外星撞击地球的产物（彭汉昌，丛友滋，刘正坤等，1996）。对东太平洋中部深海钻探岩芯的研究，在始新统/渐新统交界处有一层厚约 3.4 m 的含金属黏土，其中发现富含微玻陨石，而且具有富铁及指示地外成因的 Ni、Co、Ir 等，说明该黏土层的形成与陨击作用有关（尹延鸿，万天丰，孙嘉诗，2004）。

第二节 中国海洋地球化学研究若干重要成果

由上述可知，我国海洋地球化学在发展中取得许多重要成果，这里拟就若干成果再略作简要说明。

一、中国浅海沉积物地球化学研究

我国海洋地球化学研究始于浅海，至 20 世纪 90 年代初已取得许多成果，但美中不足的是研究多限于个别海区，或所测的元素有限，或分析的样品较少，或分析的方法不同、误差各异、难以对比。总之尚缺乏完整性、系统性和代表性，当务之急是把中国浅海作为一个完整的体系来研究。有鉴于此，我国学者丁 20 世纪 90 年代初从北到南、从渤海到南海选择了有代表性的样品，比较均匀地分布于中国浅海，采用国际先进的分析技术和方法，测定和研究了 62 种化学元素，出版了《中国浅海沉积物地球化学》。该书是中国海底地球化学学科的第一本专著；是对中国浅海沉积物地球化学的基本总结；研究元素之多在我国尚无先例；首次建立了中国浅海沉积物化学元素丰度表；提出了浅海沉积物地球化学的若干模式：元素的亲陆性、元素的粒度控制律、元素的近似丰度、元素的亲碎屑性、元素的地球化学区和元素的共生组合；同时提出了元素的地球化学效应：元素的物源效应、气候效应、粒控效应、生物效应和热水效应（赵一阳和鄢明才，1994a）。

二、中国近海物质来源的地球化学研究

中国近海的物质主要源于大陆沿岸大小河流的输入，特别受控于黄河、长江和珠江，三者输沙量占中国入海河流输沙总量的 90% 以上。早期有学者根据黄河物质富含 $CaCO_3$，就从黄海沉积物中 $CaCO_3$ 的分布特征探讨黄河对黄海沉积的影响（吴世迎，1982）。后来

的研究表明，黄河物质以高 Ca、Sr、Na、Zr、Hf 含量为特征，长江以高 Ti、Al、Fe、Cu 含量为特征，珠江以更高的 Ti、Al、Fe、Nb、Ta 含量为特征（杨作升，1988；赵一阳和鄢明才，1992；赵一阳，鄢明才，李安春等，2002）。就 REE 而言，长江的 ΣREE 和轻稀土 LREE 均较黄河高，而 Eu 异常较黄河小（杨守业和李从先，1999；蒋富清，周晓静，李安春等，2008）。基于元素的地球化学特征，已基本廓清了黄河、长江和珠江显著影响的范围（赵一阳，车承惠，杨惠兰等，1982；蓝先洪，王红霞，张志珣等，2006；吴梦霜，邵磊，庞雄等，2012）。针对冲绳海槽的物质来源进行的系统研究一致表明，海槽物源以中国大陆陆源物质为主，即使是有生物、火山、热水物质的加入，也并未改变以陆源为主的事实；对中国大陆具有明显的"继承性"和"亲陆性"（赵一阳，何丽娟，张秀莲等，1984；蒋富清，李安春，李铁刚，2006；李军和赵京涛，2009）。以上结论无疑为与邻国的海域划界提供了科学依据。

三、南沙群岛海域沉积物同位素地球化学研究

20 世纪 80 年代我国南沙综合考察中取得了一些重要成果，最为突出的是出版了《南沙群岛海区同位素地球化学研究》专著。书中深入论述了沉积物中 Pb、Sr、Nd、O、C 同位素组成及其变化特征，并成功地用于物源、古环境和古海洋研究。通过 Pb、Nd 同位素揭示了大陆物质的来源；首次利用碳酸盐相 ^{206}Pb/^{204}Pb 值和 U 含量作为"指示剂"，探讨了古气候的冷暖变化；查明有孔虫 Sr 同位素组成变化曲线与大洋的相似性，指出其变化幅度明显大于大洋，反映了边缘海高沉积速率和高 Sr 通量的特点；依据有孔虫的 O、C 同位素确立了高精度、高分辨率的地层时标，记录了 250 ka 以来两次完整的冰期–间冰期旋回；测定和探讨了南海玄武岩和铁锰结核（壳）的 Pb、Sr 同位素特征等（陈毓蔚和桂训唐，1998）。

四、中国近海沉积物–海水界面地球化学研究

在海洋地球化学中，沉积物–海水界面地球化学研究是重要环节之一。为此我国学者于 1997 年出版了《中国近海沉积物–海水界面化学》；书中阐述了沉积物–海水界面物质的扩散能量，指出火山区来源于海底的元素有相当高的向海水扩散通量，南沙珊瑚礁区大量营养物质 N、P、Si 是由沉积物向海水提供，这是维持珊瑚礁高生产力的重要因素；讨论了界面附近的元素热力学平衡，重点论述了沉积物的氧化还原特性，提出了评价沉积物氧化还原特性的定量指标"氧化还原度"；论证了界面附近元素的早期成岩模式，并用该模式研究了 P、Si、S、N、F、Cl、Br、I 等元素；探讨了元素在海水中的垂直通量，特别是涉及一些稀土元素在沉降颗粒物中的生物地球化学过程（宋金明，1997）。

五、南海大洋钻探岩芯地球化学研究

1999 年南海的大洋钻探，开创了我国海洋地质–地球化学新局面，经多单位通力合作，通过大量氧、碳同位素分析、AMS ^{14}C 测年及多元素分析，结合微体古生物、矿物等

资料，取得了重要成果：在东沙附近建立起西太平洋区 30 Ma 以来最佳深海地层剖面及全球唯一不经拼接的 23 Ma 以来的氧同位素连续剖面；在南沙海区建成全球 5 Ma 以来分辨率最高的四个地层剖面之一；利用连续的氧同位素记录，首次系统探讨了 20 Ma 以来轨道驱动的气候周期性演变；发现深海碳循环具有 0.4~0.5 Ma 的长周期，提出了低纬和高纬双重驱动气候演变的新认识；利用深海记录中的同位素和元素等多项指标，获得了东亚季风演变的信息；取得了南海演变的沉积地球化学证据，发现了深海相渐新统（汪品先，赵泉鸿，翦知湣等，2003a；汪品先，田军，成鑫荣等，2003b；汪品先，翦知湣，赵泉鸿等，2003c；Li, Wei, Shao et al., 2003；Wei, Liu, Li et al., 2004）；利用石英氧同位素及矿物等指标进一步揭示了南海自渐新世以来的构造演化和物源区转换（李安春，黄杰，蒋恒毅等，2011）。

六、大洋矿产资源地球化学研究

铁锰结核（多金属结核）、铁锰结壳（富钴结壳）和热水块状硫化物（多金属硫化物）是当今已知大洋三大最具潜在经济价值的矿产资源。我国调查研究虽起步较晚，但成果惊人。成果的取得是多学科综合的结果，其中海洋地球化学是重要贡献者之一。基于多年的调查研究，经国际海底管理局核准，我国已于 1991 年在东北太平洋获得 150000 km² 的结核资源开辟区，并于 1999 年保留了 75000 km² 的矿区；2011 年又获得西南印度洋多金属硫化物矿区专属勘探权；2013 年再次获得西太平洋富钴结壳矿区专属勘探权，并于 2014 年获得 3000 km² 的勘探区。至今中国已成为世界上首个拥有三种主要国际海底矿产资源专属勘探区的国家。这些矿产化学成分和成矿元素地球化学的研究，为矿产评价和圈定远景矿区等提供了坚实的科学依据。研究工作阐述了元素的丰度、富集规律，以及结核结壳形成的古海洋环境等；揭示了两者的形成主要受控于低温富氧的南极底层流（AABW），生长的最佳时期是沉积间断期，并可根据 Ce/La 值降低的趋势作为 AABW 流径的"示踪剂"；提出了结核结壳自反馈"钟摆式"生长理论假说；指出结核与结壳的诸多共性，最大不同在于结核以富含 Ni、Cu 为特征，结壳以富含 Co、Pt 和 REE 为特征（陈松和许爱玉，1986；许东禹，姚德，梁宏锋等，1994；郭世勤，吴必豪，卢海龙等，1994）。我国首次在超慢速扩张的西南印度洋洋脊发现了活动的海底热水区，这是世界上在超慢速扩张大洋中脊发现的第一个活动热水区。对所采多金属硫化物的研究表明，与其他典型洋中脊相比，该区多金属硫化物 Cu 和 Zn 含量较高，Au 和 Ag 亦较富集，铂族元素含量较低；硫同位素显示硫化物中的 S 是海水-基底玄武岩相互作用混合的结果（陶春辉，李怀明，黄威等，2011；黄威，李军，陶春辉等，2011；叶俊，石学法，杨耀民，2011）。

第三节 中国海洋地球化学学科发展趋势

综上所述，我国海洋地球化学研究虽然起步较晚，但始终遵循国家发展需求，起点高，发展神速，令世人瞩目，在许多方面无论从广度和深度上都取得了优异的成果。然而与世界先进国家相比，某些方面尚有一定的差距，亟待与先进国家并驾齐驱和超越。为此必须放眼世界，选择国际前沿领域，积极争取以主要成员参与国际合作计划，同时立足国情,紧密结合国家需求,做到"有所为,有所不为",突出优势,创中国特色。我国已庄严提出建设海洋强国,海洋地球化学无疑应为之做出义不容辞的贡献。

基于上述战略考虑,我国海洋地球化学近期的发展主要有以下几个方面。

一、海洋巨量新型潜在矿产资源的地球化学研究

资源和环境是人类赖以生存和社会可持续发展所面临的既现实又具战略意义的两大关键问题。海洋是巨大的"聚宝盆",在陆地矿产资源越采越少的情况下,面向海洋要矿已是大势所趋,而且海洋已查明确有丰富多彩的矿产资源,诸如铁锰结核(多金属结核)、铁锰结壳(富钴结壳)、热水块状硫化物(多金属硫化物)和天然气水合物(可燃冰)等。结核、结壳、热水硫化物虽已研究了几十年,但其形成富矿的机理至今并不完全清楚。结核在有的海域成矿元素含量低(贫矿),而有的海域成矿元素却产出富矿。显然今后应重点研究多金属结核富矿的成矿作用和成矿模型;同理,也应当重点研究富钴结壳和多金属硫化物富矿的成矿作用和成矿机理,力争尽早建立富矿成矿理论。我国已是世界上首个拥有三种大洋矿产国际海底矿产资源专属探矿区的国家。这无疑为中国科学家建立富矿成矿理论提供了得天独厚的条件。至于天然气水合物既要探索其成因理论,又要关注一旦实施开采可能引发的地质灾害、全球碳循环乃至气候变化的影响。因此应重点开展天然气水合物成矿与演化的地球化学研究。同时应开展生物成矿作用地球化学的研究,以查明生物(微生物)在结核、结壳、热水硫化物和天然气水合物成矿过程中所起的作用。

二、全球变化的海洋地球化学研究

20 世纪 80 年代国际上发起和组织了一项重大国际科学计划——"国际地圈生物圈计划"(IGBP)。这项以全球变化研究为宗旨的科学计划的一个核心问题是"全球碳循环"。海洋既是碳巨大的"汇",又是巨大的"源";虽然对这个"源""汇"兼备的海洋已经研究了数十年,但对海底的了解还有相当大的"缺口",尤其对海底深部所知几近空白,因此积极开展深海底碳循环的地球化学研究已迫在眉睫。

在碳循环研究的过程中人类还必须把握下列三个方面的工作。一是碳循环研究应当与环境变化,以及与生物密切相关的 N、O、S、P、Si、Fe 等元素的地球化学循环一并进行;二是探究不同地质时期不同的碳循环模式,掌握不同模式间的转换机制;三是应当加强不同时间尺度气候变化中元素和同位素地球化学的"指示剂"和"示踪剂"研究。

三、海底深部岩石圈-水圈-生物圈相互作用的地球化学研究

海底深部绝非纯粹是坚固的岩石圈,大洋钻探、海底热水活动、冷泉、岩浆-火山喷发、板块"俯冲带加工厂"的研究,均揭示了海底深部还存在水圈(流体)和生物(微生物)圈;有学者称前者是"海底下的海洋",称后者是"深部微生物圈"。大洋钻探有记录的微生物最大延伸至海底 800 m 以下(据估计还远不止这个深度)。实际上海底表层的一些现象往往都是深部根源的呈现,都是深部各圈层相互作用的结果。深部研究无论对

资源、对环境均有着重大的意义。探索深部的相互作用有许多课题可选，诸如水-岩相互作用及成矿理论研究，元素的微生物地球化学机理研究，壳-幔界面物质交换地球化学研究，深部-表层元素循环研究，等等。当然，研究深部有相当的难度，可只有大力开展海底深部"窗口"地球化学的研究，才能洞察深部奥秘。作为深部自然的窗口有"大洋中脊扩张中心窗口""板块俯冲带窗口""热水溢出窗口""冷泉窗口""火山窗口"，以及人工的"大洋钻探窗口"等。大洋钻探已于2003年转为国际综合大洋钻探计划（IODP）的新阶段，我国只有积极参与，才能开创新的纪录。

四、边缘海（南海和东海）重要事件沉积物的地球化学研究

濒临我国大陆的南海和东海分属西太平洋的典型特色的边缘海。南海是西太平洋最大的边缘海，由大陆架-大陆坡-深海盆组成一个完整的体系；东海拥有世界上最宽的大陆架之一——东海大陆架和典型的弧后盆地——冲绳海槽。南海和东海具有若干重要事件沉积，值得我国学者对其深究。

有必要深入研究的课题有：①南海大洋钻探岩芯研究中发现的碳循环 0.5~0.4 Ma 长周期的地球化学过程和机理；②南海沉积物地球化学演变对青藏高原隆升过程的响应；③东海冲绳海槽热水沉积物显著富集 Pb、Au、Ag 的地球化学机理；④东海强大海流黑潮路径和强弱变化的沉积物地球化学示踪等。

五、近岸大陆架浅海环境的地球化学研究

我国沿海地区是人口密集、经济发达的地区。自然变化，特别是人类活动所产生的污染物，源源不断地输入近岸大陆架浅海，使其成为生态环境的敏感和脆弱地带。为了保持一个良好的可持续发展的生态环境，环境地球化学学科和正在兴起的城市地球化学应格外重视这个地区的研究。应着重研究沉积物-海水界面元素（化合物）的沉积—交换—转化的地球化学规律，以避免"二次污染"的发生；研究污染物的生态地球化学过程和机理，以及时而准确地做出生态环境的评估和预测；研究近海人类的地球化学作用，以控制人类活动所造成的地球化学灾害。此外，还应开展海底环境地球化学演化的综合研究，以查明区域自然变化、人类活动、全球变化共同影响下的近海环境，并做出未来坏境的预测。

最后要特别指出的是，在科学发达的今天，任何地质问题的解决，绝非单一学科所能为之，应从"地球系统科学"的高度，发挥相关学科联合攻关、综合研究的优势，才能取得突破性的创新成果。

主要参考文献

白志民，王英滨，姜波等. 2004. 太平洋富钴结壳中稀土元素的赋存状态. 地学前缘，11（2）：387~392

鲍根德. 1990. 太平洋北部铁锰结核富集区沉积物和间隙水中重金属元素的地球化学. 地球化学，4：349~357

鲍根德. 1991a. 控制铁锰结核地球化学特征的主导因素研究——Ⅰ. 铁锰结核的地球化学特征. 中国科学（B辑），（8）：860~866

鲍根德.1991b.控制铁锰结核地球化学特征的主导因素研究——Ⅱ.不同地球化学类型结核的形成机制.中国科学（B辑），（9）：970~978
鲍根德.1992.杭州湾及其邻近陆架沉积物中某些主要元素的地球化学特征.海洋学报，14（5）：69~74
鲍根德和李全兴.1991.南海铁锰结核（壳）的元素地球化学研究.热带海洋，10（3）：44~50
鲍根德和张桂芬.1989.太平洋铁锰结核与细菌的关系探讨.热带海洋学报，8（1）：27~33
鲍红艳，吴莹，朱卓毅等.2010.长江口柱状沉积物中色素的分布及其反演——以E5站为例.海洋环境科学，29（3）：314~316
包申旭，周怀阳，彭晓彤等.2007. Juan de Fuca 洋脊 Endeavour 段热液硫化物稀土元素地球化学特征.地球化学，36（3）：303~310
卜文瑞，石学法，彭建堂等.2007.大洋岛屿玄武岩低温蚀变作用及其对大洋过渡金属循环的贡献.海洋学报，29（5）：55~68
曹志敏，安伟，周美夫等.2006.马里亚纳海槽扩张轴（中心）玄武岩铂族元素特征.海洋学报，28（5）：69~75
柴之芳，马淑兰，毛雪瑛等.1985.宇宙尘中金的丰度及其与铱的相关性.地球化学，（4）：323~330
柴之芳，毛雪瑛，马淑兰等.1986.深海宇宙尘的痕量元素丰度特征.中国科学（B辑），（10）：1089~1099
陈洪涛，刘素美，陈淑珠等.2003.渤海莱州湾沉积物-海水界面磷酸盐的交换通量.环境化学，22（2）：110~114
陈建芳，叶新荣，周怀阳等.1999.长江口-杭州湾有机污染历史初步研究——BHC与DDT的地层学记录.中国环境科学，19（3）：206~210
陈静生.1985.锦州湾沉积物重金属的污染若干问题研究.环境科学学报，5（2）：129~139
陈丽蓉，翟世奎，申顺喜.1993.冲绳海槽浮岩的同位素特征及年代测定.中国科学（D辑），23（3）：324~329
陈绍谋.1982.南海中部海区表层沉积物的地球化学特征.见：中国科学院南海海洋研究所.南海海区综合调查研究报告（一）.北京：科学出版社，69~98
陈绍谋，路秀云，吴传芝等.1986.南海北部沉积物的地球化学特征及元素赋存状态的研究.热带海洋，5（4）：62~70
陈守余，张海生，赵鹏大.2006.中太平洋和中国南海富钴结壳稀土元素地球化学.海洋地质与第四纪地质，26（4）：45~50
陈淑美，林敏基，林志峰.1984.厦门港湾表层沉积物BHC和DDT含量的分布.台湾海峡，3（1）：32~37
陈松和许爱玉.1986.中太平洋北部锰结核的地球化学.海洋学报，8（4）：436~443
陈穗田和张德玉.1991.马里亚纳海槽玄武岩岩石学.海洋地质与第四纪地质，11（3）：93~104
陈穗田，赵奎寰，彭汉昌.1981.中太平洋西部锰结核初步研究.科学通报，（12）：745~748
陈毓蔚，赵一阳，刘菊英等.1982.东海沉积物中^{226}Ra的分布特征及近岸沉积速率的测定.海洋与湖沼，13（4）：380~387
陈伟琪，张珞平，徐立等.1996.厦门港湾沉积物中有机氯农药和多氯联苯的垂直分布特征.海洋科学，2：56~60
陈毓蔚和桂训唐.1998.南沙群岛海区同位素地球化学研究.北京：科学出版社，1~178.
陈毓蔚，桂训唐，韦刚健等.1997.西南极长城湾NG93-1沉积柱样碳、氧、锶、铅同位素地球化学研究及其古环境意义.地球化学，26（3）：1~11
陈志华，石学法，王湘芹等.2003.南黄海B10岩芯的地球化学特征及其对古环境和古气候的反映.海洋学报，25（1）：69~77

陈志华，石学法，蔡德陵等.2006.北冰洋西部沉积物有机碳、氮同位素特征及其环境指示意义.海洋学报，28（6）：61～71

陈志华，李朝新，孟宪伟等.2011.北冰洋西部沉积物黏土的Sm-Nd同位素特征及物源指示意义.海洋学报，33（2）：96～102

程先豪和张海生.1992.西南极海碘的早期成岩作用和生物地球化学.海洋与湖沼，23：115～123

程远梅，祝凌燕，田胜艳等.2009.海河及渤海表层沉积物中多环芳烃的分布与来源.环境科学学报，29（11）：2420～2426

程振波，石学法，苏新等.2006.西、中太平洋铁锰结壳生长年龄：超微化石与^{10}Be测年的对比.科学通报，51（22）：2685～2689

初凤友，胡大千，姚杰.2006.中太平洋YJC海山富钴结壳矿物组成与元素地球化学.世界地质，25（3）：245～253

邓可，杨世伦，刘素美等.2009.长江口崇明东滩冬季沉积物-水界面营养盐通量.华东师范大学学报（自然科学版），（3）：17～27

董爱国，翟世奎，Zabel M等.2009.长江口外海域岩芯沉积物地球化学特征及其对人类活动的响应.海洋地质与第四纪地质，29（4）：107～114

段毅，罗斌杰，钱吉盛等.1996.南沙海洋沉积物中脂肪酸地球化学研究.海洋地质与第四纪地质，16（2）：23～31

段毅，崔明中，罗斌杰等.1997.我国海洋沉降颗粒物质的有机地球化学研究——Ⅰ.有机质通量及烃类化合物和脂肪酸分布特征.中国科学（D辑），27（5）：442～446

段毅，崔明中，马兰花等.1997.我国海洋沉降颗粒物质的有机地球化学研究——Ⅱ.酮、醛和醇脂类化合物组成特征的地球化学意义.科学通报，42（19）：2086～2090

方银霞，金翔龙，杨树峰.2000.冲绳海槽西北边坡天然气水合物的初步研究.海洋学报，22（增刊）：49～52

高爱国，陈志华，刘焱光等.2003.楚科奇海表层沉积物的稀土元素地球化学特征.中国科学（D辑），33（2）：148～154

高爱国，刘焱光，张道建等.2003.楚科奇海与白令海沉积物中碘的纬向分布.中国科学（D辑），33（2）：155～162

高爱国，韩国忠，刘峰等.2004.楚科奇海及其邻近海域表层沉积物的元素地球化学特征.海洋学报，26（2）：132～139

高芳蕾，傅杨荣，杨奕等.2011.万泉河口沉积柱重金属元素分布特征与博鳌开发建设.海洋通报，30（6）：644～649

高良，阎军，薛胜吉.1992.南海西北陆架晚第四纪古海洋学研究.见：业治铮，汪品先主编.南海晚第四纪古海洋学研究.青岛：青岛海洋大学出版社，96～107

高永军，穆志国，吴世迎.2000.马里亚纳海槽玄武岩K-Ar地质年代学及地球化学研究.海洋地质与第四纪地质，20（3）：53～59

龚庆杰，吴良基，吴时国等.1999.南海长链烯酮化合物的检测及U_{37}^{k}值的应用.地球化学，28（1）：51～57

古森昌和颜文.1997.南极普里兹湾NP951柱样元素地层与古环境研究.极地研究，9（2）：112～118

古森昌，陈绍谋，吴必豪等.1988.南海表层沉积物稀土元素地球化学.矿物岩石地球化学通讯，（1）：15～16

郭建卿，成鑫荣，陈荣华等.2010.西太平洋暖池核心区上新世以来浮游有孔虫氧同位素特征及古海洋变化.海洋地质与第四纪地质，30（3）：87～95

郭津年，李健博，吴景阳等.1983.渤海沉积物中Fe、Al、Mn的分布及某些地球化学特征的研究.海洋

科学，(4): 22~25

郭世勤和孙文泓. 1992. 太平洋中部锰结核的稀土元素. 地质学报, 66 (2): 135~147

郭世勤, 吴必豪, 卢海龙等. 1994. 多金属结核和沉积物的地球化学研究. 北京: 地质出版社, 1~148

韩喜球, 沈华悌, 陈建林等. 1997. 太平洋多金属结核的生物成因与生物-化学二元成矿机制初探. 中国科学 (D辑), 27 (4): 349~359

韩喜球, 杨克红, 黄永祥. 2013. 南海东沙东北冷泉流体的来源和性质: 来自烟囱状冷泉碳酸盐岩的证据. 科学通报, (19): 1865~1873

韩宗珠, 张贺, 范德江等. 2012. 西南印度洋中脊50°E基性超基性岩石地球化学特征及其成因初探. 中国海洋大学学报, 42 (9): 69~76

何良彪. 1991. 南海铁锰结核 (壳) 的地球化学特征. 黄渤海海洋, 9 (4): 18~25

侯增谦和 Urabe T. 1997. 西太平洋冲绳海槽烟囱硫化物矿床矿石化学特征与分带型式. 地球学报, 18 (2): 171~181

侯增谦和张绮玲. 1998. 冲绳海槽现代活动热水区 CO_2-烃类流体: 流体包裹体证据. 中国科学 (D辑), 28 (2): 142~148

侯增谦, 李延河, 艾永德等. 1999. 冲绳海槽活动热水成矿系统的氦同位素组成: 幔源氦证据. 中国科学 (D辑), 29 (2): 155~162

胡邦琦, 李国刚, 李军等. 2011. 黄海、渤海铅-210沉积速率的分布特征及其影响因素. 海洋学报, 33 (6): 125~133

胡宁静, 石学法, 刘季花等. 2010. 黄河口及邻近海域表层沉积物中多环芳烃的分布特征及来源. 矿物岩石地球化学通报, 29 (2): 157~162

胡镕, 陈天宇, 凌洪飞. 2012. 晚新生代北太平洋西部深水洋流演化: 来自铁锰结壳Nd同位素的证据. 科学通报, 57 (28-29): 2755~2764

胡文宣, 周怀阳, 顾连兴等. 1999. 深海 (铁) 锰结核微生物成因新证据. 中国科学 (D辑), 29 (4): 362~366

黄小平, 郭芳, 黄道建. 2008. 大亚湾典型养殖区沉积物-海水界面营养盐扩散通量及其环境意义. 海洋环境科学, 27 (增刊2): 6~12

黄朋, 李安春, 蒋恒毅. 2006. 冲绳海槽北、中段火山岩地球化学特征及其地质意义. 岩石学报, 22 (6): 1703~1712

黄威, 李军, 陶春辉等. 2011. 西南印度洋脊49°39′E热液活动区硫化物烟囱体的铂族元素特征. 矿物学报, (增刊): 691

黄薇文, 张经, 陆贤昆. 1985. 黄河口地区底质中重金属的分布特征、污染评价及其与泥沙运动的关系. 环境科学, 6 (4): 29~34

黄薇文, 张经, 刘敏光等. 1985. 黄河口底质中重金属的存在形式. 山东海洋学院学报, 15 (1): 137~145

贾国东, 蒯知潜, 彭平安等. 2000. 南海南部17962柱状样生物硅沉积记录及其古海洋意义. 地球化学, 29 (3): 293~296

姜善春, 傅家谟, 栾作峰. 1985. 海洋沉积物中甾醇初步研究. 地质地球化学, (6): 70~71

蒋富清, 李安春, 李铁刚. 2006. 冲绳海槽北端表层沉积物过渡元素地球化学特征. 海洋与湖沼, 37 (1): 75~82

蒋富清, 周晓静, 李安春等. 2008. δEu_N-ΣREE_S图解定量区分长江和黄河沉积物. 中国科学 (D辑), 地球科学, 38 (11): 1460~1468

蒋少涌, 杨涛, 薛紫晨等. 2005. 南海北部海区海底沉积物中孔隙水的Cl^-和SO_4^{2-}浓度异常特征及其对天然气水合物的指示意义. 现代地质, 19 (1): 45~54

蒋崧山，姜山，马铁军等．1992．^{10}Be 断代法测定锰结核生长速率和深海沉积物沉积速率的研究．科学通报，(7)：592～594

康勤书，吴莹，张经等．2003．崇明东滩湿地重金属分布特征及其污染状况．海洋学报，25（增刊2）：1～7

康兴伦，顾德隆，张经等．2002．多种核素在沉积物中的垂直和平面分布．海洋与湖沼，33（1）：47～54

康跃惠，盛国英，傅家谟等．2001．珠江澳门河口沉积物柱样中有机氯农药的垂直分布特征．环境科学，22（1）：81～85

蓝先洪，王红霞，张志珣等．2006．南黄海表层沉积物稀土元素分布与物源关系．中国稀土学报，24（6）：745～749

李安春，陈丽蓉，申顺喜．1991．南黄海 H-106 岩柱中自生黄铁矿的硫同位素研究．科学通报，(12)：928～930

李安春，黄杰，蒋恒毅等．2011．渐新世以来南海北部陆坡区沉积演化及其对构造的响应．地球物理学报，54（12）：3233～3245

李斌，吴莹，张经．2002．北黄海表层沉积物中多环芳烃的分布及来源．中国环境科学，22（5）：429～432

李凤业，李学刚，齐君等．2011．近百年来胶州湾沉积物中重金属元素的累积过程及其环境意义．海洋学研究，29（2）：35～45

李江山，方念乔，丁旋等．2007．富钴结壳显微构造与元素含量：基于中太平洋 MHD79 样品的研究．现代地质，21（3）：503～518

李江山，方念乔，石学法等．2012．中太平洋富钴结壳不同壳层 He，Ar 同位素组成．地球科学——中国地质大学学报，37（增刊）：93～100

李军．2007．冲绳海槽中部 A7 孔沉积物地球化学记录及其对古环境变化的响应．海洋地质与第四纪地质，27（1）：37～45

李军和赵京涛．2009．冲绳海槽中部沉积物稀土元素地球化学特征及其在古环境变化研究的应用．自然科学进展，19（12）：1333～1342

李前裕，李保华，钟广法等．2006．晚中新世西太平洋暖池的浮游有孔虫和氧同位素证据．地球科学——中国地质大学学报，31（6）：754～764

李淑媛，刘国贤，杜瑞芝等．1984．渤海湾及其邻近河口区重金属环境背景值和污染历史．环境科学学报，12（4）：427～438

李铁刚，刘振夏，Hall MA 等．2002．冲绳海槽末次冰消期浮游有孔虫 $\delta^{13}C$ 的宽幅低值事件．科学通报，47（4）：298～301

李铁刚，孙荣涛，张德玉等．2007．晚第四纪对马暖流的演化和变动：浮游有孔虫和氧碳同位素证据．中国科学，D 辑：地球科学，37（5）：660～669

李巍然，杨作升，王永吉等．1997．冲绳海槽火山岩岩石化学特征及其地质意义．岩石学报，13（4）：538～550

李延河，宋鹤彬，李金城等．1997．太平洋中部多金属结核与海底热液活动的关系．科学通报，42（19）：2084～2086

李延河，李金城，宋鹤彬．1999．海底多金属结核和富钴结壳的 He 同位素对比研究．地球学报，20（4）：378～384

李志珍．1989．南海中部深海沉积物中的宇宙尘．沉积学报，7（3）：31～38

黎清华，万世明，李安春等．2012．广西钦州湾-防城港潮间带表层沉积物重金属生态风险评价．海洋科学进展，30（1）：141～154

梁宏锋，姚德，梁德华等．1991．南海尖峰海山多金属结核地球化学．海洋地质与第四纪地质，11（4）：

49~58

梁美桃, 陈绍谋, 吴必豪等. 1988. 南海海盆和陆坡锰结核的特征及地球化学的初步研究. 热带海洋, 7 (3): 10~18

廖强. 1983. 粤西海区水质、底质、生物中有机氯农药污染. 海洋环境科学, 2 (4): 37~40

廖先贵, 栾作峰, 张湘君等. 1982. 南黄海北部沉积物某些有机地球化学特征. 见: 中国科学院海洋研究所海洋地质研究室. 黄东海地质. 北京: 科学出版社, 160~173

林荣根和吴景阳. 1992. 黄河口沉积物中无机磷酸盐的存在形式. 海洋与湖沼, 23 (4): 387~395

林振宏, 季福武, 张富元等. 2003. 南海东北陆坡区铁锰结核的特征和成因. 海洋地质与第四纪地质, 23 (1): 7~12

刘长华和曾志刚. 2007. 龟山岛附近海底热液自然硫的同位素研究. 海洋与湖沼, (2): 118~123

刘广山, 李冬梅, 易勇等. 2008. 胶州湾沉积物的放射性核素含量分布与沉积速率. 地球学报, 29 (6): 769~777

刘季花. 1992. 太平洋东部深海沉积物稀土元素地球化学. 海洋地质与第四纪地质, 12 (2): 33~42

刘季花, 张丽洁, 梁宏峰. 1994. 太平洋东部 CC48 孔沉积物稀土元素地球化学研究. 海洋与湖沼, 25 (1): 15~22

刘季花, 崔汝勇, 卢效珍等. 1999. 中太平洋 CP25 岩芯的矿物、稀土元素及 Sr、Nd 同位素组成——晚新生代海底火山活动的证据. 海洋地质与第四纪地质, 19 (2): 55~64

刘季花, 陈迎蓉, 梁宏峰等. 1999. 东太平洋早中新世 $^{87}Sr/^{86}Sr$ 和 $CaCO_3$ 的短周期旋回及其古海洋学意义. 沉积学报, 17 (增刊): 789~793

刘敏厚, 吴世迎, 王永吉等. 1987. 黄海晚第四纪沉积. 北京: 海洋出版社, 24~400

刘韶, 吴良基, 秦佩玲. 1983. 铀系法在南海深海沉积物沉积速率研究中的应用. 热带海洋, 2 (3): 244~247

刘升发, 石学法, 刘焱光等. 2010. 中全新世以来东亚冬季风的东海内陆架泥质沉积记录. 科学通报, 55 (14): 1387~1396

刘焱光, 孟宪伟, 李铁刚等. 2003. 冲绳海槽中段末次冰消期以来的元素地层. 海洋学报, 25 (4): 50~58

卢冰, 龚敏, 唐运千. 1988. 浙江近海沉积物的氨基酸. 海洋学报, 10: 704~711.

卢冰, 唐运千, 眭良仁等. 1999. 南极布兰斯菲尔德海峡表层沉积物烷基芳烃化合物. 海洋学报, 21 (2): 124~133

卢冰, 陈荣华, 冯旭文等. 2000. 冲绳海槽 2 万年以来沉积物中生物标志化合物与古温度、古环境的研究. 东海海洋, 18 (2): 25~32

卢冰, 周怀阳, 陈荣华等. 2004. 北极现代沉积物中正构烷烃的分子组合特征及其与不同纬度的海域对比. 极地研究, 16 (4): 281~294

陆红锋, 刘坚, 陈芳等. 2005. 南海台西南区碳酸盐岩矿物学和稳定同位素组成特征——天然气水合物存在的主要证据之一. 地学前缘, 12 (3): 268~276

路波, 李铁刚, 于心科等. 2012. 赤道西太平洋翁通爪哇海台南部 25 万年以来的火山活动: 来自沉积物元素地球化学的证据. 地球科学——中国地质大学学报, 37 (增刊): 125~133

吕晓霞, 宋金明, 袁华茂等. 2005. 南黄海表层沉积物中氮的分布特征及其在生物地球化学循环中的功能. 地质论评, 51 (2): 212~218

栾锡武, 秦蕴珊, 张训华等. 2003. 东海陆坡及相邻槽底天然气水合物的稳定域分析. 地球物理学报, 46 (4): 467~475

栾作峰, 孙作庆, 姜善春. 1986. 南海北部湾现代海洋沉积物中的一元脂肪酸和烷烃的特征. 见: 中国科学院有机地球化学开放研究实验室研究年报. 贵阳: 贵州人民出版社, 1~9

栾作峰, 江荣华, 姜善春. 1990. 南海北部湾现代海洋沉积物中的一元脂肪醇的初步研究. 见: 中国科学院地球化学研究所有机地球化学开放研究实验室研究年报 (1988). 北京: 科学出版社, 26~29

麦碧娴, 林峥, 张干等. 2000. 珠江三角洲河流和珠江口表层沉积物中有机污染物研究——多环芳烃和有机氯农药的分布及特征. 环境科学学报, 20 (2): 192~197

梅西, 张训华, 郑洪波等. 2010. 南海南部 120 ka 以来元素地球化学记录的东亚夏季风变迁. 矿物岩石地球化学通报, 29 (2): 134~141

孟宪伟, 杜德文, 吴金龙等. 1999. 冲绳海槽中段火山岩系 Sr 和 Nd 同位素地球化学特征及其地质意义. 中国科学 (D 辑), 29 (4): 367~371

孟宪伟, 刘娜, 韩贻兵. 2003. 太平洋 CC 区多金属结核 Ce 同位素组成——幔源 Ce 证据. 东海海洋, 21 (1): 13~17

孟宪伟, 夏鹏, 张俊等. 2010. 近 1.8 Ma 以来东亚季风演化与青藏高原隆升关系的南海沉积物常量元素记录. 科学通报, 55 (34): 3328~3332

孟翊, 刘苍宇, 程江. 2003. 长江口沉积物重金属元素地球化学特征及其底质环境评价. 海洋地质与第四纪地质, 23 (3): 37~43

穆志国, 张成, 陈成业等. 1994. 马里亚纳海槽玄武岩的 K-Ar 年龄和地球化学. 科学通报, 39 (20): 1889~1892

南青云, 李铁刚, 陈金霞等. 2008. 南冲绳海槽 7000 a B.P. 以来基于长链不饱和烯酮指标的古海洋生产力变化及其与气候的关系. 第四纪研究, 28 (3): 482~490

潘家华和刘淑琴. 1999. 西太平洋富钴结壳的分布、组分及元素地球化学. 地球学报, 20 (1): 47~54

潘家华和刘淑琴. 2002. 大洋磷酸盐化作用对富钴结壳元素富集的影响. 地球学报, 23 (5): 403~407

潘建明, 张海生, 程先豪等. 1998. 西南极海沉积硒的地球化学状态. 海洋与湖沼, 29 (4): 424~430

彭汉昌, 赵奎寰, 陈穗田. 1981. 深海宇宙尘的初步研究. 科学通报, (11): 682~685

彭汉昌, 赵奎寰, 陈穗田. 1982. 中太平洋西部海底沉积物中的宇宙尘研究. 地质学报, (1): 62~68

彭汉昌, 丛友滋, 刘正坤等. 1996. 从太平洋底发现外星撞击地球的痕迹. 海洋学报, 18 (5): 71~81

彭晓彤, 周怀阳, 姚会强等. 2007. 中印度洋洋脊 Edmond 热液场 Fe、Si 沉淀与微生物的关系. 科学通报, 52 (21): 2529~2534

蒲燕萍, 孙春岩, 陈世成等. 2009. 南海琼东南盆地–西沙海槽天然气水合物地球化学勘探与资源远景评价. 地质通报, 24 (11): 1656~1661

钱建兴. 1999. 晚第四纪以来南海古海洋学研究. 北京: 科学出版社, 68~111

秦蕴珊, 翟世奎, 毛雪瑛等. 1987. 冲绳海槽浮岩微量元素的特征及其地质意义. 海洋与湖沼, 18 (4): 313~319

青了琪, 刘连文, 郑洪波. 2005. 越南岸外夏季上升流区 22 万年来东亚季风的沉积与地球化学记录. 海洋地质与第四纪地质, 25 (2): 67~72

任向文, 刘季花, 石学法等. 2011. 麦哲伦海山群 M 海山富钴结壳成因与成矿时代: 来自地球化学和 Co 地层学的证据. 海洋地质与第四纪地质, 31 (6): 65~74

单连芳和姚德. 1991. 太平洋中部多金属结核岩石、矿物和地球化学的研究. 海洋地质与第四纪地质, 11 (增刊): 1~66

盛菊江, 范德江, 杨东方等. 2009. 长江口及邻近海域沉积物重金属分布特征和环境质量评价. 环境科学, 29 (9): 2405~2412

石学法, 彭建堂, 卜文瑞. 2000. 太平洋铁锰结壳铂族元素的初步研究. 矿物岩石地球化学通报, 19 (4): 339~340

宋金明. 1997. 中国近海沉积物–海水界面化学. 北京: 海洋出版社, 1~222

宋金明. 1999. 维持南沙珊瑚礁生态系统高生产力的新观点——拟流网理论. 海洋科学集刊, (41):

79~85

宋金明.2004.中国近海生物地球化学.济南：山东科技出版社，1~591

宋金明和李鹏程.1996.南沙群岛海域沉积物-海水界面间营养物质的扩散通量.海洋科学，(5)：43~50

宋金明和罗延馨.2000.渤海沉积物-海水界面附近磷与硅的生物地球化学循环模式.海洋科学，24 (12)：30~32

宋金明，李学刚，邵君波等.2006.南黄海沉积物中氮、磷的生物地球化学行为.海洋与湖沼，37 (4)：370~376

苏广庆和王天行.1990.南海的铁锰结核.热带海洋，9 (4)：29~36

苏惠娟，陆维昌，陈晓红等.1988.长江口表层底泥中重金属（铅、镉、铜、锌）化学形态的研究.海洋通报，7 (4)：22~30

孙春岩，牛滨华，文鹏飞等.2004.海上E区天然气水合物地质、地震、地球化学特征综合研究与成藏远景预测.地球物理学报，47 (6)：1076-1085

孙春岩，吴能有，牛滨华等.2007.南海琼东南盆地气态烃地球化学特征及天然气水合物资源远景预测.现代地质，21 (1)：95~100

孙嘉诗和莫珉.1982.冲绳海槽浮岩成因探讨.海洋地质研究，2 (3)：24~35

孙晓明，薛婷，何高文等.2006.西太平洋海底海山富钴结壳惰性气体同位素组成研究及其来源.岩石学报，22 (9)：2331~2340

孙烨忱，王汝建，陈建芳等.2009.鄂霍次克海南部晚第四纪的古海洋学记录.海洋地质与第四纪地质，29 (2)：83~90

孙云明和宋金明.2001.海洋沉积物-海水界面附近氮、磷、硅的生物地球化学.地质论评，47 (5)：527~534

孙云明和宋金明.2002.中国近海沉积物在生源要素循环中的功能.海洋环境科学，21 (1)：26~33

唐运千和周平.1992.冲绳海槽沉积物干酪根特征.东海海洋，10 (1)：50~58

唐运千，卢冰，眭良仁.1995.南极布兰斯菲尔德海峡表层沉积物干酪根.南极研究，(3)：70~80

陶春辉，李怀明，黄威等.2011.西南印度洋脊49°39′E热液区硫化物烟囱体的矿物学和地球化学特征及其地质意义.科学通报，56 (28-29)：2413~2423

田丽艳，赵广涛，陈佐林等.2003.马里亚纳海槽热液活动区玄武岩的岩石地球化学特征.青岛海洋大学学报，33 (3)：405~412

万邦和，刘国贤，杨松林等.1983. ^{210}Pb地质年代学方法的建立及在渤海锦州湾污染历史研究中的应用.海洋通报，2 (5)：66~70

万世明，李安春，蒋富清等.2007.近20Ma来南海北部泥质沉积物地球化学特征.海洋地质与第四纪地质，27（增刊）：21~29

王成，龚庆杰，石学法等.2007.南海SO8-57站柱样岩芯地球化学特征及古海洋学意义.热带海洋学报，26 (3)：37~42

王成厚.1995.东海海底沉积地球化学.北京：海洋出版社，1~197

王宏语，孙春岩，黄永样等.2002.海上气态烃快速测试与西沙海槽天然气水合物资源勘查.现代地质，16 (2)：186~190

王吉良，赵泉鸿，成鑫荣等.2000.南海中更新世微玻陨石事件的年龄估算：海陆对比复杂性的一个例证.科学通报，45 (23)：2558~2562

王金土.1989.黄海沉积物硼、氟、铷、锶地球化学及地球化学分类.海洋与湖沼，20 (6)：517~527

王金土.1990.黄海表层沉积物稀土元素地球化学.地球化学，(1)：44~53

王丽玲，杨群慧，付少英等.2012.南太平洋东劳扩张中心表层沉积物氨基酸组成所揭示的生物地球化学意义.地球化学，41 (1)：23~34

王汝建，李霞，肖文申等．2005．白令海北部陆坡100Ka来的古海洋学记录及海冰的扩张历史．地球科学——中国地质大学学报，30（5）：550～558

王汝建，肖文申，向霏．2007．北冰洋西部表层沉积物中生源组分及其古海洋学意义．海洋地质与第四纪地质，27（6）：61～69

王贤觉，陈毓蔚，雷剑泉等．1982．东海大陆架海底沉积物稀土元素地球化学研究．地球化学，（1）：56～65

王贤觉，吴明清，梁德华等．1984．南海玄武岩的某些地球化学特征．地球化学，（4）：332～340

王贤觉，陈毓蔚，吴明清．1984．铁锰结核的稀土和微量元素地球化学及其成因．海洋与湖沼，15（6）：501～514

王先兰和赵云龙．1989．南极半岛西北部海区重矿物及其中稀土、微量元素的统计分析．南极研究，1（3）：34～42

王晓媛，曾志刚，陈帅等．2013．我国台湾东北部龟山岛附近海域热液流体中的稀土元素组成及其对浅海热液活动的指示．科学通报，（19）：1874～1883

王彦美，韩冰，吴能有等．2012．神狐海域水合物沉积层稀土元素地球化学特征．海洋学研究，30（3）：35～43

汪品先和郑连福．1982．太平洋美拉尼西亚海盆深海碳酸盐溶解旋回的初步研究．海洋与湖沼，13（5）：389～394

汪品先，赵泉鸿，翦知湣等．2003．南海三千万年的深海记录．科学通报，48（21）：2206～2215

汪品先，田军，成鑫荣等．2003．探索大洋碳储库的演变周期．科学通报，48（21）：2216～2227

汪品先，翦知湣，赵泉鸿等．2003．南海演变与季风历史的深海证据．科学通报，48（21）：2228～2239

汪品先，翦知湣，刘志飞．2006a．地球层圈相互作用中的深海过程和深海记录（Ⅰ）：研究进展与成果．地球科学进展，21（4）：331～337

汪品先，翦知湣，刘志飞．2006b．地球层圈相互作用中的深海过程和深海记录（Ⅱ）：气候变化的热带驱动与碳循环．地球科学进展，21（4）：338～345

韦刚健，陈毓蔚，李献华等．2001．NS93-5钻孔沉积物不活泼微量元素记录与陆源输入变化探讨．地球化学，30（3）：208～216

吴德云和程桂英．1984．我国滨海现代沉积物的有机地球化学特征及其与油气关系的探讨．海洋地质与第四纪地质，4（4）：1～9

吴景阳．1983．用镍的含量来检验海洋沉积物中某些重金属的背景值．科学通报，（11）：686～688

吴庐山，杨胜雄，梁金强等．2011．南海北部神狐海域沉积物中烃类气体的地球化学特征．海洋地质前沿，27（6）：1～10

吴梦霜，邵磊，庞雄等．2012．南海北部深水区沉积物稀土元素特征及其物源指示意义．沉积学报，30（4）：672～678

吴明清．1991．冲绳海槽沉积物稀土和微量元素的某些地球化学特征．海洋学报，13（1）：75～81

吴明清和王贤觉．1988．冲绳海槽沉积物的化学成分特征及其地质意义．海洋与湖沼，19（6）：585～593

吴世迎．1982．从黄海碳酸钙分布特征探讨黄河在黄海沉积过程中的作用．见：第三届全国第四纪学术会议论文集．北京：科学出版社，95～102

吴世迎．1985．黄海钙结体的碳氧同位素特征．海洋通报，4（1）：52～57

吴世迎主编．1991．马里亚纳海槽海底热液烟囱和菲律宾海沉积物．北京：海洋出版社，1～193

吴世迎，房泽诚，陈成业等．1982．中太平洋西部L_{2011}岩芯氧同位素地层学研究．科学通报，（9）：553～556

吴世迎，张德玉，陈穗田等．1995．马里亚纳海槽海底热液烟囱物研究．北京：海洋出版社，1～129

吴世迎，丁悌平，孟宪伟等．1997．太平洋CC区1787站沉积岩芯氧、硅同位素测定及其地质意义．科学

通报, 42 (15): 1652~1655

吴世迎, 刘焱光, 白黎明等. 2002. 太平洋三海区热液烟囱物的地球化学标型特征研究. 海洋科学进展, 20 (4): 11~18

吴莹, 张经, 于志刚. 2001. 渤海柱状沉积物中烃类化合物的分布. 北京大学学报 (自然科学版), 37 (2): 273~277

吴莹, 张经, 唐运千. 1998. 南海表层沉积物中有机物分布研究. 热带海洋, 17 (3): 43~51

吴莹和张经. 2001. 多环芳烃在渤海海峡柱状沉积物中的分布. 环境科学, 22 (3): 74~77

夏明和张承蕙. 1983. 我国南海海盆一块锰结层的生长速度及某些地球化学特征. 沉积学报, 1 (2): 131~142

向荣和阎军. 2000. 240ka 以来西赤道太平洋碳酸钙沉积特征及其古海洋学意义. 海洋与湖沼, 31 (5): 535~542

徐步台和施光春. 1987. 南极半岛西部海域沉积物的氧同位素和稀土元素地球化学. 科学通报, (8): 606~609

徐方建, 李安春, 李铁刚等. 2010. 末次冰消期以来东海内陆架沉积物地球化学特征及其古环境意义. 地球化学, 39 (3): 240~250

徐建, 李健如, 乔培军. 2011. 有孔虫 Mg/Ca 温度计研究进展——盐度影响及校正. 地球科学进展, 26 (9): 997~1005

徐兆凯, 李安春, 蒋富清等. 2006. 东菲律宾海深水区新型铁锰结壳的特征和成因. 海洋地质与第四纪地质, 26 (4): 91~98

许东禹. 1986. 中太平洋海山区富钴锰结壳的研究. 海洋地质与第四纪地质, 6 (1): 65~73

许东禹. 1990. 中太平洋锰结壳地球化学特征. 海洋地质与第四纪地质, 10 (4): 1~10

许东禹, 姚德, 梁宏锋等. 1994. 多金属结核形成的古海洋环境. 北京: 地质出版社, 1~111

许金树和李亮歌. 1990. 台湾海峡中、北部表层沉积物中若干元素的地球化学. 海洋与湖沼, 21 (3): 276~284

薛荔栋, 郎印海, 刘爱霞等. 2008. 黄海近岸日照段表层沉积物中多环芳烃的来源解析研究. 海洋学报, 30 (6): 164~170

颜文, 陈木宏, 李春娣等. 2006. 西太平洋暖池近 3 万年来的沉积序列及其环境特征——WP92-3 柱样的 REE 记录. 矿物学报, 26 (1): 22~28

鄢全树, 石学法, 王昆山等. 2008a. 南海新生代碱性玄武岩主量、微量元素及 Sr-Nd-Pb 同位素研究. 中国科学 (D 辑), 38 (1): 56~71

鄢全树, 石学法, 王昆山等. 2008b. 南沙微地块花岗质岩石 LA-ICP-MS 锆石 U-Pb 定年及其地质意义. 地质学报, 82 (8): 1057~1067

阎军, 苍树溪, 秦蕴珊. 1990. 冲绳海槽 Z_{14-6} 孔氧同位素地层学研究. 海洋与湖沼, 21 (5): 442~448

杨丽阳, 吴莹, 张经等. 2008. 长江口邻近陆架区表层沉积物的木质素分布和有机物来源分析. 海洋学报, 30 (5): 35~42

杨守业和李从先. 1999. 长江与黄河沉积物 REE 地球化学及示踪作用. 地球化学, 28 (4): 374~380

杨涛, 薛紫晨, 杨竞红等. 2003. 南海北部地区海洋沉积物中孔隙水的氢、氧同位素组成特征. 地球学报, 24 (6): 511~514

杨伟锋, 陈敏, 刘广山等. 2002. 楚科奇海陆架区沉积物中核素分布及其对沉积环境的示踪. 自然科学进展, 12 (5): 515~518

杨维理, 王国, 张青松. 1997. 北极阿拉斯加巴罗湾泻湖沉积地球化学特征及其环境意义. 地理学报, 52 (1): 80~88

杨维理, 毛雪瑛, 戴雄新等. 2001. 北极阿拉斯加巴罗 Elson 泻湖 96-7-1 岩芯中稀土元素的特征及其环境

意义. 极地研究, 13 (2): 91~106

杨香华, 李安春, 秦蕴珊等. 2006. 东海陆架新生代砂岩锆石 U-P 年龄及其地球动力学意义. 海洋地质与第四纪地质, 26 (3): 75~86

杨永亮, 刘振夏, 沈承德. 2007. 南黄海、东海陆架及冲绳海槽北部沉积物的 ^{10}Be 和 ^{9}Be 记录. 第四纪研究, 27 (4): 529~538

杨作升. 1988. 黄河、长江、珠江沉积物中黏土的矿物组合、化学特征及其与物源区气候环境的关系. 海洋与湖沼, 19 (4): 336~346

姚德, 梁宏锋, 张丽洁. 1991. 太平洋中部多金属结核元素地球化学研究. 海洋地质与第四纪地质, 11 (增刊): 67~124

姚德, 梁宏锋, 张丽洁等. 1993. 太平洋中部多金属结核稀土元素地球化学. 海洋与湖沼, 24 (6): 571~576

姚政权, 刘焱光, 王昆山等. 2010. 日本海末次冰期千年尺度古环境变化的地球化学记录. 矿物岩石地球化学通报, 29 (2): 119~126

叶俊, 石学法, 杨耀民. 2011. 西南印度洋脊 49.6°E 热液区多金属硫化物硫同位素组成特征研究. 矿物学报, (增刊): 710

叶曦文, 刘素美, 张经. 2002. 鸭绿江口潮滩沉积物间隙水中的营养盐. 环境科学, 23 (3): 92~96

叶先仁, 方念乔, 丁林等. 2008. 麦哲伦海山富钴结壳的稀有气体丰度及 He、Ar 同位素组成. 岩石学报, 24 (1): 185~192

业治铮和汪品先主编. 1992. 南海晚第四纪古海洋学研究. 青岛: 青岛海洋大学出版社, 1~324

尹延鸿, 万天丰, 孙嘉诗. 2004. 东太平洋中部始新世/渐新世界陨石撞击的地球化学证据. 中国海洋大学学报, 34 (2): 281~288

于培松, 扈传昱, 朱小萤等. 2008. 南极普里兹湾沉积物中糖类分布及意义. 海洋学报, 30 (1): 59~66

于增慧, 翟世奎, 赵广涛. 2001. 冲绳海槽浮岩中岩浆包裹体岩石化学成分特征. 海洋与湖沼, 32 (5): 474~482

于增慧, 高玉花, 翟世奎等. 2012. 冲绳海槽中部沉积物中热液源组分的顺序淋滤萃取研究. 中国科学: 地球科学, 42 (3): 369~379

曾志刚, 蒋富清, 翟世奎等. 2000. 冲绳海槽 Jade 热液活动区块状硫化物的铅同位素组成及其地质意义. 地球化学, 29 (3): 239~245

曾志刚, 蒋富清, 秦蕴珊等. 2001. 冲绳海槽中部 Jade 热液活动区中块状硫化物的稀土元素地球化学特征. 地质学报, 75 (2): 244~249

詹滨秋, 黄华瑞, 庞学忠等. 1993. 颗粒物质和微量金属在东海北部的沉积通量. 海洋与湖沼, 24 (1): 51~58

张德玉, 陈穗田, 王冠荣等. 1992. 马里亚纳海槽热液硅质烟囱矿物及地球化学研究. 海洋学报, 14 (4): 61~69

张江勇, 汪品先, 成鑫荣等. 2007. 赤道西太平洋晚第四纪古生产力变化: ODP 807A 孔的记录. 地球科学——中国地质大学学报, 32 (3): 303~312

张经, 刘敏光, 陈长景等. 1987. 渤海湾沉积物中若干重金属的存在形式. 海洋学报, 9 (4): 520~524

张经主编. 1997. 中国主要河口的生物地球化学研究——化学物质的迁移与环境. 北京: 海洋出版社, 1~241

张丽洁和姚德. 1993. 海底水-沉积物界面系统中成矿元素的组合特征与多金属结核形成的关系. 长春地质学院学报, 23 (2): 139~144

张少峰, 林明裕, 魏春雷等. 2010. 广西钦州湾沉积物重金属污染现状及潜在生态风险评价. 海洋通报, 29 (4): 450~454

张现荣,张勇,叶青等.2012.辽东湾北部海域沉积物重金属环境质量和污染演化.海洋地质与第四纪地质,32(2):21~29

张湘君和廖先贵.1985.渤海湾沉积物中总汞的分布及本底值.海洋科学,9(1):32~37

赵宏樵.2003.中太平洋富钴结壳稀土元素的地球化学特征.东海海洋,21(1):19~26

赵宏樵,韩喜彬,陈荣华等.2008.南海北部191柱状沉积物主元素特征及其古环境意义.海洋学报,30(6):85~93

赵京涛,李铁刚,常凤鸣等.2008.近190Ka B.P.以来西太平洋暖池北缘上层海水结构和古生产力演化特征及其控制作用——来自钙质超微化石、有孔虫和同位素的证据.海洋与湖沼,39(4):305~311

赵其渊.1989.海洋地球化学.北京:地质出版社,1~277

赵泉鸿,翦知湣,李保华等.1999.南沙深海沉积物中的中更新世微玻陨石.中国科学(D辑),29(1):45~49

赵一阳.1961.迅速发展元素地层学是现代地层学的一新方向.科学通报,(5):36~39

赵一阳.1980.中国渤海沉积物中铀的地球化学.地球化学,(1):101~105

赵一阳.1983.中国海大陆架沉积物地球化学的若干模式.地质科学,(4):307~314

赵一阳.1985.美国海洋地球化学研究概况.地质地球化学,(8):68~73

赵一阳和钱江初.1981.美国^{210}Pb同位素地质年代学方法.海洋科学,(3):44~45

赵一阳和喻德科.1983.黄海沉积物地球化学分析.海洋与湖沼,14(5):432~446

赵一阳和鄢明才.1989.中国海底沉积物中金的丰度.科学通报,34(4):294~297

赵一阳和鄢明才.1992.黄河、长江、中国浅海沉积物化学元素丰度比较.科学通报,(13):1202~1204

赵一阳和鄢明才.1994a.中国浅海沉积物地球化学.北京:科学出版社,1~203

赵一阳和鄢明才.1994b.冲绳海槽海底沉积物汞异常——现代海底热水效应的"指示剂".地球化学,23(2):132~139

赵一阳,车承惠,杨惠兰等.1981.中国台湾浅滩海底沉积物中铁、锰、钛、磷元素的地球化学.地质学报,55(2):118~126

赵一阳,车承惠,杨惠兰等.1982.东海沉积物中若干元素的地球化学.见:中国科学院海洋研究所海洋地质研究室.黄东海地质,北京:科学出版社,141~159

赵一阳,何丽娟,张秀莲等.1984.冲绳海槽沉积物地球化学的基本特征.海洋与湖沼,15(4):371~379

赵一阳,何丽娟,陈毓蔚.1989.论黄海沉积物元素区域分布格局.海洋科学,(1):1~5

赵一阳,翟世奎,李永植等.1996.冲绳海槽中部热水活动的新记录.科学通报,41(14):1307~1310

赵一阳,李凤业,DeMaster DJ等.1991.南黄海沉积速率和沉积通量的初步研究.海洋与湖沼,22(1):38~43

赵一阳,李凤业,陈毓蔚等.1991.论沉积强度——以南黄海为例.海洋科学,(4):28~31

赵一阳,李凤业,秦朝阳等.1991.试论南黄海中部泥的物源及成因.地球化学,(2):112~117

赵一阳,吴景阳,江荣华.1993.海洋沉积地球化学研究.见:曾呈奎,周海鸥,李本川主编.中国海洋科学研究及开发.青岛:青岛出版社,213~221

赵一阳,鄢明才,李安春等.2002.中国近海沿岸泥的地球化学特征及其指示意义.中国地质,29(2):181~185

赵一阳,高爱国,江荣华.2003.海底地球化学研究.见:曾呈奎,徐鸿儒,王春林主编.中国海洋志.郑州:大象出版社,1116~1119

郑连福,郭育廷,Winn K等.1993.南海北部晚第四纪碳酸盐旋回及其地层学意义.见:郑连福,陈文斌主编.南海海洋沉积作用与地球化学研究.北京:海洋出版社,109~123

郑士龙,唐运千,史继扬.1991.南海及冲绳海槽表层沉积物中长链不饱和脂肪酮的检出.沉积学报,

9（增刊）：90~96

郑士龙，唐运千，龚敏. 1993. 南海中部和冲绳海槽沉积物中的氨基酸物质. 东海海洋，11（2）：34~42

郑淑蕙，吴世迎，Beukens RP. 1990. 中太平洋西部 L_{2011} 岩芯加速器质谱计的 ^{14}C 年代学测定及沉积环境研究. 科学通报，(4)：289~291

周厚云，李铁刚，贾国东等. 2007. 应用长链不饱和烯酮重建末次间冰期以来冲绳海槽中部SST变化. 海洋与湖沼，38（5）：438~445

朱小萤，潘建明，李宏亮等. 2007. 北极楚科奇海域沉积物中总糖的分布及来源. 海洋学研究，25（2）：29~35

邹和平，李平鲁，饶春涛. 1995. 珠江口盆地新生代火山岩地球化学特征及其动力学意义. 地球化学，24（增刊）：33~45

Li X H, Wei G J, Shao L *et al.* 2003. Geochemial and Nd isotopic variations in sediments of the South China Sea: a response to Cenozoic tectonism in SE Asia. *Earth and Planetary Science Letters*, 211: 207~220

Tu K, Flower M F J, Carlson RW *et al.* 1992. Magmatism in the South China Basin: I. Isotopic and trace-element evidence for an endogenous Dupal mantle component. *Chemical Geology*, 97 (1-2): 47~63

Wang P X, Wang L, Bian Y *et al.* 1995. Late Quaternary paleoceanography of the South China Sea: surface circulation and carbonate cycles. *Marine Geology*, 127: 145~165

Wei G J, Liu Y, Li X H *et al.* 2004. Major and trace element variations of the sediments at ODP site 1144, South China Sea, during the last 230 Ka and their paleoclimate implications. *Palaeogeography, Palaeoclimatology, Palaeoecology*, 212: 331~342

Zhao Y Y and Yan M C. 1993. Geochemical record of the climate effect in sediments of the China Shelf Sea. *Chemical Geolgy*, 107: 267~269

Zhao Y Y, Qin Z Y, Li F Y *et al.* 1988. A study on element-stratigraphy of Okinawa Trough. *Chinese Journal of Oceanology and Limnology*, 6（2）：145~156

（作者：赵一阳、李安春）

第十三章 水文地球化学

水文地球化学（hydrogeochemistry）是在水文地质学和地球化学基础上发展起来，以地下水化学成分的形成和演化、地下水中各化学组分的迁移规律为主要研究对象，探索地下水在地球壳层中地球化学作用的一门独立学科。水文地球化学是水文地质学的重要组成部分，也是地球化学的一个重要分支学科。

水文地球化学学科的诞生和发展与人类社会发展、生产需求和科学技术进步密不可分。早期人类主要关注优质饮用水、医疗和健康用水和产盐的地下水等，因此这个时期研究的主要内容多集中在地下水的化学成分、气体、矿物组分和有机质。随着人们生活质量的提高和工农业生产的迅速发展，对水（包括地下水）的量和质有了更高的需求，水文地球化学的研究领域也得以逐渐的扩展和深入，其内涵也更加充实和完善。自20世纪50年代成为独立学科以来，水文地球化学的主要研究内容已经涉及地下水化学成分的物质来源、形成作用、影响因素（包括自然、人为因素）和变化规律；元素在"地下水–岩石–气体–生物"体系中的迁移和演化；地下水在地壳层各带中的水文地球化学作用和特征；人类活动对水文地球化学的影响等。

地下水化学成分的形成与分布是在特定的自然地理和水文地质环境下，经过漫长的地质历史过程演化的结果。因此所有地质、水文地质和地球化学的研究方法都是水文地球化学研究方法的基础。近年来，化学动力学和热力学理论的引入，计算机科学和同位素等技术的飞速发展，极大地推动了水文地球化学从定性到定量研究的进程，同时扩大了水文地球化学的应用领域。可以预期，随着水文地球化学理论和科学技术的发展，水文地球化学的研究成果将在国民经济各个部门发挥更大作用，做出更大的贡献。

第一节 本学科的科学意义及其在国际上的发展状况

一、水文地球化学学科的科学意义

地下水是地球水圈的重要组成部分，也是各圈层物质和能量交换的载体。地下水不仅在各种内动力和外动力地质作用过程中起到重要的作用，而且还充当了矿产（油气）形成和地震等灾害诱发，以及地球环境变化等的重要媒介和作用营力，蕴藏着环境变化的丰富信息。因此研究地下水化学成分的形成和演化、地下水中各化学组分的迁移规律将有助于深入理解水–岩相互作用机理、地下水的化学演化机制、成矿作用过程、深部流体地质作用和地下水溶质运移过程。但目前关于地下水的物理、化学及生物特性，地球壳层中的水文地球化学形成和作用等还有许多问题需要进一步的科学论证，这些问题的解决都将是对水文地质学和地球化学理论的重要贡献。此外，人类活动作为新的强大的地质营力，已经并且正在加速改变全球环境，气候、植被、土地利用和污染等环境要素的变化引发了地下水资源量和质的变化。因此，水文地球化学研究也将为防治地下水源的严重污染、安全处置放射性和有害废物，提供科学依据和解决途径。水文地球化学学科的发展还直接关系到社会发展、人类生活和健康（生命）质量的水平以及地质资源的勘探与开发利用，如工农业生产用水供水保障、生活饮用水的安全，地下热水、卤水、矿水等的寻找和利用，以及成矿地质作用机理的认识和找矿的突破等都与地下水的量和质息息相关。

二、水文地球化学学科的国际发展状况

水文地球化学作为一门独立学科最早由苏联学者于 20 世纪 50 年代创立，迄今已有 60 多年的历史。20 世纪 60 年代前以苏联学者为代表的研究成果为水文地球化学奠定了理论基础；20 世纪 60 年代以来由于欧美等发达国家在水文地球化学理论方法和技术研究的重大进展，其向更深更广的领域延伸。同时大量水文地球化学历史资料的积累和社会、经济、生产的迅速发展，也进一步促使其开辟出更多的新领域，形成更多相应的分支学科，使这门学科迈进了创新发展的新历程。

实际上，水文地球化学的萌芽产生在很早以前。古希腊亚里士多德认为"流经怎样的岩石就有怎样的水"；在古罗马帝国时代的有关论文中，就已按化学成分将矿水分为碱性矿水、铁质矿水、含硫矿水和含盐矿水等。

18 世纪俄国学者 М. Ломоносов 在《论地层》中，提出天然水是一种复杂溶液的学说，认为它的成分的生成与其周围的介质有关，并提出了水循环过程中可溶盐分的迁移等问题。18 世纪初水化学成分调查对象除了地表水外，还包括地下水。

自 18 世纪末至 20 世纪 60 年代前，苏联有关各部委属下相继成立了各类地质、石油、天然气等地质学会或地质研究所。1921 年，苏联科学院成立了世界上第一个水文化学研究所，着重研究地下水的化学成分和不同地区地下水化学成分的理论问题。其间，包括莫斯科大学和莫斯科地质勘探学院在内的各高等院校也都参与了有关水文地球化学问题的广泛研究。

随着苏联有关地质单位水文地质调查工作的加强，以及当时石油工业的快速发展，地下水化学成分和区域水文地球化学特征的研究得到了极大的关注；出版的许多著作中开始涉及一系列水文地球化学的理论问题。苏联科学院院士 В. И. Вернадский 依据大量系统的地下水化学成分和气体成分的实际资料，将地下水按化学成分进行分类，指出地下水是地球天然水系统的一部分，地球上的所有水都处于一个复杂动态平衡的统一体中；但由于地下水处于岩层内部，与岩石相互作用并受地质动力作用的控制，因此可将地下水从一般天然水系统中划分出来，并将水文地球化学当作一门独立的学科。

20 世纪 60 年代之前水文地球化学学科的进展，主要以苏联学者为代表，如 В. И. Вернадский 的天然水分类学说，Н. К. Игнатович 的地下水分带学说，Г. Н. Каменский 的地下水成因类型学说，以及 А. М. Овчинников 的地下水化学成分形成学说等论著，都为现代水文地球化学奠定了理论基础（李学礼等，2009）。

20 世纪 60 年代以来，由于化学热力学和化学动力学理论的引进，以及计算机科学技术和同位素研究的广泛应用，水文地球化学的研究从作用过程的平衡静态研究走向动态研

究；从重视定性研究走向更加关注半定量、定量研究。这些研究重点的变化，使水文地球化学向更深更广的领域延伸，更多地注重地下水在地壳层中所起的地球化学作用（任福弘和沈照理，1993）。水岩相互作用在这时期也得到了进一步的关注。

自从 Garrels 等 1962 年首次提出并建立天然水体中离子络合模型以来，水文地球化学模拟的理论与相关模型得到不断地完善和发展，并在实际中得到成功应用。Garrels 等（1967）利用泉水和湖水的水化学组分数据，建立了描述花岗岩风化作用的模型，奠定了反向地球化学模拟的基础；Helgeson（1968）提出了正向地球化学模拟的理论框架，并于 1969 年发表了第一个正向地球化学模拟的研究实例。研究工作最初主要侧重于天然条件下地下水宏量组分的时空分布规律、分类和影响因素，氢、氧、硫等环境同位素方法开始使用，并积累一些实验数据。其后，随着地下水污染、废物地质处置、全球变化等环境问题的相继出现，同位素和微量元素地球化学方法被大量使用，新的同位素方法不断涌现，研究者开始关注地下水中微量元素、有机物质和气体的时空分布规律及其地球化学行为，对于地球中水的成因、地下水的地质作用、水文地球化学过程、盆地流体和成矿规律、成矿流体的多来源等重大理论问题，以及地下水污染评价与治理、废物安全地质处置等实际问题取得了实质性进展，地下水系统中的温度场-化学场-地应力场-水动力场的多场耦合模拟、反应性溶质运移模拟方面也取得了长足进步。水文地球化学在解决人类面临的环境污染和生态安全问题方面正在发挥着越来越重要的作用。

与此同时，大量水文地球化学历史资料的积累和社会、经济、生产的迅速发展，也进一步促使水文地球化学开辟更多的新研究领域、形成更多相应的水文地球化学分支学科（沈照理，1993）。

这个时期，各国学者在理论水文地球化学、区域水文地球化学、水文地球化学找矿及矿水水文地球化学方面相继出版了一系列著作。其中代表性的著作有：《Условия формирования химическо- го состава под- земных вод》（С. А. Шагоянц，1961）；《Гидрогеохимия》（А. М. Овчинников，1970）；《Обшая гидрогёохимяи, изд》（Е. В. Посохов，1975）；《Гидрогеохимия》（К. Е. Питъева，1978）；《Основа геохимия подземных вод》（С. Р. Крайнов，В. М. Швёд，1980）；*The Properties of Groundwater*（G. Matthess，1982）；*Groundwater Geochemistry*（W. J. Deutsch，1997）；*Lecture Notes on Groundwater Geochemistry*（D. I. Clark，2006）。尤其值得指出的是：1992 年，С. Р. 克拉依诺夫 等著的《水文地球化学》一书将水文地球化学分为理论水文地球化学和应用水文地球化学两部分，全面论述了地下水地球化学成分的形成、迁移和化学热力学引入之后的理论问题，以及水文地球化学在饮用水、矿水、地下热水、工业原料水、找矿、地震预报、防止地下水污染、水文地球化学预测及模拟中的应用等等；概括了 20 世纪 80 年代末水文地球化学的研究内容。

有关水文地球化学分支学科的著作有《放射性水文地质学》（А. Н. 托卡列夫和 А. В. 谢尔巴科夫，1960）、《油田水地球化学》（A. G. Collins，1975）、*Environmental Isotopes in Hydrogeology*（Ian D Clark and Peter Fritz，1999）和 *Applied Chemical Hydrogeology*（A. E. Kehew，2001）等，都从各分学科的角度论述了水文地球化学的组分、特征、形成作用、成矿规律、研究方法及其在地质-水文地质和地球化学中的应用研究。

目前，水文地球化学在地热水、找矿、地震、地下水污染防治中的研究方面有了很大的进展。1964 年，A. J. Ellis 等人在《天然水系统与实验室热水-岩反应》一文中就提到热水中大部分溶解组分来自水与围岩之间的反应。1977~1983 年，T. S. Bower 在实验室研究基础上，建立了600 多种相图（包括压力500 MPa，温度600℃），出版了《矿物-水溶液平衡活度相图》一书。20 世纪80 年代，R. O. Fournier 等人在地热温标研究的基础上，建立了一系列地热温标公式，并广泛应用于地热开发利用中。1988~1992 年，W. F. Giggenbach 创立了一系列三角图作为研究地热流体起源和形成机理的标志（Geoindicators；Giggenbach，1988，1992）。

有关水文地球化学找矿和成矿作用方面，А. К. Лисицин 在《成矿作用水文地球化学》（1983）中着重论述了自流水盆地构造中外生、后生成铀富集的地质-水文地质条件、水文地球化学介质的特性、成矿作用过程中地下水质的分析方法与水文地球化学取样要求，以及生物化学作用对水文地球化学分带和后生成矿作用的影响等。Г. М. 斯贝泽尔（Г. М. Шпейзер）等在《东亚大陆裂谷医疗矿水水文地球化学研究——以山西和贝加尔裂谷系为例》一书中，研究了不同类型矿水的水化学性质、矿水化学成分形成过程的地球化学分析等。上述代表性论著补充完善了水文地球化学找矿和成矿作用理论及相关矿种的找矿方法。

地震预报方法是科学家研究的重点，利用水文地球化学异常进行地震预报是重要的方法之一。Г. М. 瓦尔沙尔（Г. М. Варшал）主编的《地震水文地球化学前兆》（1989），详细探讨了地震前水文地球化学异常、地震水文地球化学前兆形成机理，以及地震水文地球化学研究方法与地震预报等问题。Т. А. 马弗良诺夫（Т. А. Мавпднов）在《中亚若干地震活动带的水文地球化学特征（1981）中，讨论了中亚地震最活跃地区地下水中氟、汞、溴、氯、碘、硼的地球化学行为，利用地下水气体化学组分变化的特征寻求地震的前兆。这方面的著作还有：*Recent Results of Hydrogeochemical Studies for Earthquake Prediction in the USSR*（G. M. Barsukov et al.，1984/1985）、*Gas Geochemistry Applied to Earthquake Prediction：An Overview*（C. Y. King，1986）、*Research on Groundwater Radon as a Fluid Phase Precursor to Earthquake*（T. L. Teng and L. F. Sun，1986）、*Some Experience in Unraveling Geo-chemical Earthquake Precursors*（V. L. Barsukov et al.，1984/1985）、*Chemical Compositions of Natural Gases in Japan*（Akiko Urabe et al.，1985）、*Geochemical Study on Volcanic Gases at Sakurajiua Volcano，Japan*（Hirabayashi Junichi et al.，1986）和《水素に感応るゃうシッケャニサヘによるへ，地震予知》（加藤完等，1988）等专著。

从负面效应考虑，人类的活动都将直接、间接地危害到人类自身的健康，工农业生产对地下水资源的有效利用，以及生态环境的平衡问题。环境水文地球化学的研究就是随着这些问题的产生而逐渐形成和建立起来的一门新的分支学科。近年由于地下水污染造成的环境问题越来越引起人们的关注，有关这方面的主要专著有：研究非活性污染物的 *Groundwater Pollution*（J. J. Fried，1975）；论述地下水中有机污染物的《Определение органических вешесгв в подзем-ных водах》（В. К. Кирюхин，С. Г. Медькановидкая，В. М. Щвед，1976）；讨论地下水中污染物类型、来源、迁移转化过程及其数值模拟方法，以及其污染修复技术原理的 *Contaminant Hydrogeology*（C. W. Fetter，1999，第二版）；*Geochemistry，Groundwater and Pollution*（C. A. J. Appelo and D. Postma，2005，第二版）；重点阐述地下水质的定量，以及水、矿物、气、污染质和微生物交互作用，帮助解决实际

问题的 *Groundwater Geochemistry: A Practical Guide to Modeling of Natural and Contaminated Aquatic Systems* (Broder J. Merkel, Britta Planer-Friedrich, Darrel Kirk Nordstrom, 2008) 等等。

　　水文地球化学模拟是在化学热力学和化学动力学基础上发展起来的水文地球化学定量研究方法。水文地球化学模拟技术进一步完善。随着理论研究的深化，水文地球化学模拟技术、同位素技术和微生物研究的应用也得到迅速的发展。过去 20 多年间，在完善的水文地球化学模型的基础上，开发出近百个用于不同计算目的的软件，应用于组分分布计算、地下水成因分析、水质评价、水质预测以及污染物迁移转化规律等（中国地下水科学战略研究小组，2009）。陆续推出了 EQ3/6、PHREEQE/ PHREEQC、SOLMINEQ88、MINTEQA2，以及 BALANCE、NETPATH 等模拟软件。利用数值模型对地下水流和溶质运移问题进行模拟是地下水研究的重要方法之一。与此同时，国外地下水模拟软件在数量和质量上都有很大的发展和提高，前后处理的可视化功能日益强大。20 世纪 80 年代美国地质调查局（USGS）研发了 MODFLOW 软件专门用于孔隙介质中三维有限差分地下水流的数值模拟，并在世界范围内的科研、生产、环境保护、水资源利用等部门得到广泛应用。MT3D[99] 则是由美国 S. S. Papodopulos & Associates 公司设计的模拟三维地下水溶质运移程序 MT3D（1990）的增强版，它能广泛模拟地下水系统的平流、扩散、衰减、溶质化学反应、线性与非线性吸附作用等现象，是目前广为应用的溶质运移模拟软件。此外，近二三十年来还相继有 MODPATH、MT3DMS、PHAST、VisualMODFLOW、GMS、FEFLOW、VisualGroundwater、TOUGHREACT 等软件问世，其中由加拿大某水文地质公司研制的 VisualMODFLOW（1994）是国际上最为流行的三维地下水流和溶质运移模拟的标准可视化专业软件系统。

　　从 20 世纪 60 年代初迄今，水文地球化学模拟技术硕果累累，极大地促进了地下水资源评价、地下水水质演化过程分析和地下水中污染物迁移等的研究。

　　自从稳定、放射性同位素示踪剂在水化学研究中取得应用以来，人们已开发出许多不同类型的示踪剂，而且定量分析所需要的浓度越来越小。不同性质的示踪剂可以表示水与介质间相互作用的不同特点，提供一系列关于盆地的地质、水文、化学和生态环境等方面的信息。两大类示踪剂可分别用于地下水年龄的测定或用于水文和化学过程的研究，如水的混合过程、流动路径及其流经过程中的水岩作用。这方面代表性的著作有：*Applied Chemical and Isotopic Groundwater Hydrology*（Emanuel Mazor, 1991）介绍了水质的物理、化学、同位素特点及其变化，说明地下水系统内水文地球化学研究的设计、野外测量、监测的方法；*Isotope Tracers in Catchment Hydrology*（Kendall and McDonnell, 1998）介绍了大量同位素示踪剂的原理及其在流域水文学中的应用；*Environmental Isotopes in Hydrogeology*（Ian Clark and Peter Fritz, 1999）详述了环境同位素在水文地质学中应用的基本原理和方法。

　　早在 20 世纪初，人们就认识到微生物作用对地下水水质的影响（Chapelle, 2000）。在 Н. Ф. Возная 1979 年所著《Химия воды и минробиология》中，作者介绍了天然水与污水中所含的各种物质间的有关物理、化学、生物过程，有关水的细菌学和生物学分析，以及污水生物净化方法等基本概念。Barbara Bekins（2000）阐述了微生物作为控制地下水化学反应的角色及其研究方法。近年来，分子生物学技术（16S rRNA、DGGE、PCR）的发展，地质微生物和地下水污染的生物修复逐渐成为生物水文地球化学研究的一个崭新的领域。它的研究内容包括：地质环境中微生物的种类、形态、分布特征、营养和生长的一般规律；微生物的代谢、演替和调控、微生物的基因及其所携带的遗传信息表达等；地球表层环境的微生物地球化学过程及效应；地下水系统物质构成与转化的生物过程；污染地下水系统微生物的种群结构与代谢能力；高效生物降解增强技术等。

第二节 中国水文地球化学学科的发展历程和主要特点

正如我们在本书第二章所述，与整个地球化学学科一样，水文地球化学学科在我国的萌芽可以追溯到公元前数百甚至数千年。但是，由于数千年的封建社会的桎梏，束缚了科学思想的发展，只有到了 20 世纪中期之后，现代科学文明思想才照亮中华大地。

下面我们按照时间顺序简要介绍一下水文地球化学学科在我国的发展历程及其主要特点。

一、水文地球化学学科在我国的发展历程

（一）萌芽阶段：古代

作为一门独立的学科，水文地球化学只是在最近 60 多年的时间里才在我国逐渐建立和形成的，但是它的萌芽却在很早之前就产生了。

战国时期，《管子·地员》篇就记载了从土的颜色、植物的种类等来判断地下水水质；1578 年李时珍著《本草纲目》中把泉水按成分分成五类：硫磺泉、朱砂泉、矾石泉、雄黄泉、砒石泉。在周代，劳动人民就能根据地下水的不同水质分别予以利用。如淡水作饮用，咸水煮盐，温泉用来沐浴。约在两千年前的秦朝，四川自贡就开凿了很深的自流井采卤水制盐，秦汉以前就已利用矿泉（如陕西临潼华清池）治病。远在两千多年前，《黄帝内经》中就提到人们的生理特征与健康状况、气候、水土及饮食等条件有关，并指出只要能适应环境就可以"苛疾不起"，反之，"则灾害生"。在《庄子》一书中曾有关于"瘿病"（地方性甲状腺肿）的记载。李时珍著《本草纲目》的《卷五·水部》是最早将医学与地学相结合，并用以解决环境与人类健康问题的一个典范。他在书中深刻地揭示了环境、饮水、食物与人类健康的关系。可以说这是关于医学水文地球化学科学思想最早的精辟论述。

古人在长期打井取水的实践中，逐渐认识到区域地下水化学的空间分布规律。例如，战国时期成书的《尚书·洪范》中就记载了"水曰润下，润下作咸"的语句，描述了水渗入补给地下水湿润土层的过程中，溶入了土层中的盐分，沿着地下水的流向（古人称为水脉），地下水的矿化度增大，地下水由淡变咸，上游多为甜水，下游多为咸水；认为地下水成分的形成与其周围的介质有关，并提出了水循环过程中可溶盐分的迁移等问题（沈树荣，王仰之，李鄂荣，1985）。

在我国古代还有很多利用泉水进行找矿的记载。1086~1093 年沈括所著《梦溪笔谈》中就记载了利用铜含量高的泉水提取金属铜。清初屈大均记载"铁莫良于广铁。广中产铁

之山，凡有黄水渗流，则知有铁……循其脉路，深入掘之，斯得多铁矣"，反映的是通过泉水寻找到广东沼铁矿。清康熙间，沈镐在《地学》中也有红色的泉水乃铜铁之兆的记载（沈树荣，王仰之，李鄂荣，1985）。

（二）初始阶段：20世纪50年代之前

20世纪初至50年代期间，我国有少数学者引入某些水文地球化学思想，做了少量、零星的水文地球化学调查和研究。我国地质事业的先驱者章鸿钊和吴兴等人于1926年搜集了我国古代各史书中有关温泉的资料，按地区汇编成《中国温泉辑要》。新中国成立后，经地质出版社增补新资料后于1956年正式出版，为我国地热和矿水研究提供了重要线索，迄今仍有参考价值。方鸿慈曾先后在《地质论评》上发表了《华北涌泉概况》和《济南地下水调查及其涌泉机构之判断》等论文，较为全面地论述了华北各涌泉的地质、水文地质条件和泉水的物理、化学成分和性质。此外，在北京、上海等城市水文地质勘察中开展了供水水质评价工作，如1948年出版的《中国地质学会志》中专门编写了"北京地下水的水质"一个章节内容。

（三）奠基阶段：20世纪50~70年代

这一阶段主要在苏联学术思想影响下，引进了水文地球化学相关成果和教材，经历了引进吸收、创新发展的历程，初步形成了具有中国特色的水文地球化学理论和方法体系，从而提高了我国水文地球化学领域的研究水平，在区域水文地球化学和应用水文地球化学方面取得了长足的进展。在矿水的利用与疗养、水文地球化学找矿（特别是寻找铀矿和盐类矿床）方面取得了可喜的成果。

1. 区域水文地球化学

自20世纪50年代以来，围绕新中国基础建设，相继开展了大面积的区域水文地质调查和供水水源勘探工作。结合区域水文地质调查，开展水文地球化学区域性调查和区域含水层水化学特征分析，通过测定地下水中宏量组分和水化学分类，基本查明了全国各地区的地下水水质和水化学分区，积累了大量有关地下水化学成分的资料，为地下水开发利用提供了基础资料，也促进了水文地质研究程度的提高（陈梦熊，2003）。特别是在阐明地下水（包括地下热水、卤水及油田水）的形成条件方面，取得了显著的进展。在特殊类型地下水的水文地球化学方面，结合社会发展的需求，在医疗及饮用矿（泉）水、地下热水、工业矿水（卤水）和油田水等方面开展了普查性调查评价工作，基本上了解了它们的空间分布特征，初步探讨了其形成规律和控制因素。如云南、江西、西藏、广东等省区进行了一系列温泉的水化学成分系统的调查研究。地质部水文地质工程地质研究所对我国地下水和温泉进行了大量的科研工作，并于1981年编写出版了《中国自然地理——地下水》一书，研究和总结了中国地下水化学特征、地下热水及矿水的分布（中国科学院《自然地理》编辑委员会，1981）。其间，沈照理等（1962）编写了《专门水文地质学下册（水文地球化学部分）》教材（北京地质学院水文地质教研室，1962），有力地推动了中国水文地球化学工作的开展。

2. 应用水文地球化学

这一方面的工作，主要围绕农田供水、土壤改良、地震预报、地方病防治、矿坑排水、水文地球化学找矿（包括放射性水文地球化学）、找油等生产实际的需求，开展了调查和研究工作，并涉及少数微量组分和生物学的研究（地质部水文地质工程地质研究所，1958）。

1955年初，在关士聪的倡导下，地质部西北地质局在六盘山地区开展了地下水石油普查工作，开创了我国水化学找油的先河。此后，地质部物探所在四川、克拉玛依等地区进行了水化学找油试验。1964年以后，推广了钻孔和坑道放射性水文地球化学找矿和大面积的放射性水文地球化学普查找矿。1977年出版了《水文地球化学找矿法》（中国地质科学院，1977）一书，初步总结了水文地球化学找矿方法和基础理论。华东地质勘探局、江西抚州地质学院（现东华理工大学）水文地质教研室、长春地质学院水文地质与工程地质系、（原）第二机械工业部北京铀矿地质研究所水文地球化学组等单位研究了地下水的成矿作用及古地下水的成矿作用。

北京水文地质大队1965年以来开展了北京西郊地下水中的酚、氰污染的研究。1973年，北京、上海、沈阳等重点城市开展了关于污水农业灌溉、污水土地处理、矿坑废水排放等地下水污染的调查研究工作，用区域调查方法主要研究的污染物包括氮的化合物、磷酸盐、硫酸盐、重金属、酚、氰化物等。黑龙江、吉林、山西、陕西、内蒙古、江苏、湖北等省（区），在地下水与地方病关系的研究中取得了一定进展。北京大学、中国科学院地球化学研究所和地质部宜昌地质矿产研究所，对水中氢、氧同位素的研究取得了一些成果。此外，我国在地震监测工作中十分重视地下水动态的观测与化学组分的测定，并已积累了成功的经验。

（四）成长和发展阶段：20世纪70年代以来

20世纪70年代以来的40多年，是中国水文地球化学的迅速成长和发展时期。这一阶段全面吸收和引进国外，特别是欧美各国科学思想和先进的理论、技术和方法，迅速提高了我国对地下水化学组分测试与分析、水文地球化学实验模拟和计算机数值模拟的能力，加上我国自身水文地质科学理论的发展和应用实践的积累，我国水文地球化学进入了迅速发展时期，形成了具有中国特色的水文地球化学理论和方法体系；逐渐形成了区域水文地球化学、岩溶水文地球化学、同位素水文地球化学、找矿水文地球化学、环境水文地球化学、地震水文地球化学，以及与污染有关的水文地球化学等一大批分支学科，并取得了一系列重要成果（李宽良，1993；叶思源，孙继朝，姜春水，2001；中国地下水科学战略研究小组，2009）。

1. 区域水文地球化学

20世纪70年代以来，随着国家工作中心逐渐向经济建设的转移，为适应国家战略的要求，围绕能源基地、经济开发区、沿海开放城市和国家重大工程建设，按自然单元相继开展了黄淮海平原、徐济淮地区、长江三角洲地区、松辽平原、黄河流域、西北内陆盆地、松嫩盆地、华北平原、鄂尔多斯盆地的区域水文地质勘查工作，深入研究了各主要水文地质单元内区域水文地球化学特征和演化规律，查明了全国不同地区的地下水水质和水化学分区，出版了一系列区域水文地球化学图件，提供了地下水开发利用和保护所需的重要依据。同时，区域水文地球化学研究手段更加多样，除常规水化学组分外，测试项目更加丰富多样，分层取样技术得到重视，环境同位素示踪技术得到广泛使用，不同程度应用了室内实验和数值模拟。区域水文地球化学研究内容更加丰富，包括区域水文地球化学分带规律和演变机制、特殊地下水（劣质地下水、地下热水、矿泉水等）的化学成因、水岩作用机理、化学组分在包气带-饱水带的迁移和转化机制、地下水水质评价、含水层防污性评价、水文地球化学编图方法等。

代表性的成果有：1993~1998 年，地质矿产部水文地质工程地质研究所张宗祜、中国地质大学（北京）沈照理和南京大学薛禹群开展了华北平原地下水环境演化研究（张宗祜，沈照理，薛禹群等，2000），进行了华北平原区第四系地下水化学演化模拟和水质预测；建立了新的能刻画海水入侵含水层并考虑入侵过程中交换阳离子 Na^+、Ca^{2+}、Mg^{2+} 运移行为的三维数学模型（薛禹群，谢春红，吴吉春等，1991）；定量研究了山前平原区浅层高氟地下水地球化学演化过程，以及深层高氟地下水作为灌溉用水的环境效应；按人类活动对地下水地球化学场的干扰特点和强度，划分了水质演化阶段。1999~2002 年，林学钰和陈梦熊领衔系统研究了松嫩盆地的特大型地下水盆地地下水水质评价方法和水质评价图的编图原则与方法，改变了国内外长期以来，以地下水水化学类型和矿化度、硬度等个别组分浓度等值线反映区域地下水水化学和水质特征的传统编图内容与方法，编制出了我国首张大型地下水盆地以反映地下水水质级别和有害组分分布规律为主的地下水水质评价图；该图为制定盆地地下水的开发利用规划、地下水质的保护与改良提供了科学依据（林学钰，陈梦熊，王兆馨等，2001；廖资生，林学钰，杜新强，2003）。

2. 岩溶水文地球化学

我国广阔的岩溶地区同青藏高原、黄土高原一样，为我国的主要地域优势之一，在全球岩溶水文地球化学研究中具有重要地位。新中国成立以来，特别是 20 世纪 80 年代以来，我国地学工作者就持续研究了中国岩溶的发育背景和分布规律、岩溶发育和形成机理、岩溶动力学机制及其全球变化响应和记录，并取得了一大批极具影响的研究成果。特别是袁道先的研究群体在 IGCP299 和 IGCP379 项目研究中，通过典型地区岩溶发育规律的调查，较系统地分析了不同地区岩溶水水化学和同位素地球化学特征，在岩溶系统碳循环、全球环境变化、野外试验场等领域取得了重要认识；在野外定位观测基础上，通过室内实验和计算机模拟，研究了驱动岩溶动力系统运行和岩溶形成的水力学、气体动力学和生物机理，揭示了 CO_2 浓度梯度的作用，以及岩溶动力系统对元素迁移的影响；估算了岩溶作用对大气 CO_2 的源汇量，为完善全球碳循环模型做出了贡献，其成果对全球温室效应的研究具有重要意义，也是国际相关领域的突破；通过石笋内部微层理沉积学特征、微量元素、稳定同位素以及加速质谱 [14]C 测年的综合研究，建立了我国南方 36 ka 以来第一个古环境变化的连续剖面，揭示了末次冰期以来气候变化的全过程和七个气候跃变时间，为我国在缺乏冰芯等其他古环境变化记录的岩溶区进行高分辨率古环境重建开辟了新途径（袁道先，1993；袁道先，刘再华，林玉石等，2002；袁道先，2008）。发表在 *Science* 上的成果（Yuan, Cheng, Edwards, *et al.*, 2004）引起国际学术界的关注。

3. 找矿水文地球化学

20 世纪 80 年代以来，水文地球化学找矿的理论和方法在实践中得到不断发展和完善，对它的应用条件和应用范围的深入研究，使之扩大应用到多金属矿床、稀有金属矿床、非金属矿床、放射性矿床、石油，以及天然气和盐类矿床中，体现了找寻盲矿的优越性。探索金属矿产和陆相油气盆地中成矿（生油）作用过程的水文地球化学演化规律的成果，为矿产资源的寻找和综合评价提供了水文地球化学标志，也丰富了成矿和生油理论（汪蕴璞，赵宝忠，张金来等，1987；刘崇禧和孙世雄，1992；郝士胤，1989；王焰新，沈照理，许绍倬，1992；史维浚，1990；汪蕴璞，林锦旋，范时清等，1994；汪蕴璞，林锦旋，王翠霞等，1994；李学礼，孙占学，周文斌等，2000）。一些学者系统研究了我国典型盆地油田水化学成分的形成、分布和成藏规律性，总结了陆相油田水地球化学理论，探讨了油田水中宏量组分、微量组分、同位素等，并进行了种类计算，从整体上探索了它们的聚散、共生规律和综合评价找油标志和形成机理。通过模拟实验、化学动力学和热力学计算，探索了水-岩-油相互作用机理及其对油气成藏储层特性（次生孔隙的形成等）、原油性质（次生蚀变等）及其对油气运移聚集方向的影响（汪蕴璞，赵宝忠，张金来等，1987；李伟，赵克斌，刘崇禧等，2008）。

4. 环境水文地球化学

环境水文地球化学始于20世纪60年代的地方病防治的水文地球化学调查研究，针对中国十几个省区的克山病、大骨节病、地方性甲状腺肿、氟中毒、砷中毒、癌症、伽师病，以及其他的生物地球化学地方病进行了长期调查、研究，初步总结了各种地方病病区的水文地球化学特征，探讨了环境地球化学背景及影响生态地球化学系统的主要因素和相关因素，揭示了浅层地下水微量元素迁移集散规律及其健康效应（林年丰，1991）。在原中央地方病防治领导小组办公室和中国科学院环境科学委员会共同主持下，由中国科学院地理研究所等四十多个单位历时十年，于1989年编制出版了《中华人民共和国地方病与环境图集》（中华人民共和国地方病与环境图集编辑委员会，1989），反映了我国地方病的分布、流行特点和与环境因素的关系。王焰新研究群体以我国典型地方性砷中毒病区（山西大同盆地和内蒙古河套盆地）为研究区，从第四纪地质与环境变化出发，综合多学科工作方法，持续研究了地下水环境演化过程和砷异常形成机理，认为地下水系统中有机物的生物降解作用、矿物的溶解和沉淀、不同形态砷的相互转化、苏打水的形成，以及砷从氢氧化铁胶体表面被解吸附和还原性溶解，构成了高砷地下水系统中砷向地下水释放的主导型水文地球化学过程。这些认识为世界范围内砷的水文地球化学以及生物地球化学研究提供了新证据、新方法和新理论；同时也为阐明高砷地下水形成机理、砷污染地下水的生物修复以及饮用水的除砷技术研发提供了理论和科学依据（Wang, Liu, Bao *et al.*, 2008; Wang, Shvartsev, Su *et al.*, 2009; Xie, Wang, Ellis *et al.*, 2013）。

5. 与污染有关的水文地球化学

中国水文地质学者早在20世纪80年代即开始关注地下水污染问题。当时广泛开展了地下水系统中污染物的存在形态、迁移规律和污染趋势预测的试验、模拟研究。20世纪80年代初林学钰等以济宁市地下水污染为案例，建立了中国第一个地下水质模拟模型。此后，我国相继在城市地区地下水污染状况的调查、评价，地下水污染机理分析等方面取得了重要的研究进展。值得一提的是，1990年前后的十年间，集中出版了一系列地下水水质模型与溶质运移的学术论著（朱学愚和谢春红，1985；王秉忱，杨天行，王宝金等，1985；林学钰，李生彩，赵勇胜等，1985；孙讷正，1989；赵勇胜和林学钰，1994；陈崇希和李国敏，1996）。

20世纪90年代以来，随着环境问题的日趋严重和测试技术的进步，中国地下水污染研究进入新阶段，相继开展了地下水脆弱性评价理论方法与案例研究；地下水有机污染调查、评价；垃圾场渗滤液导致的地下水污染与防治；污染含水层修复理论与技术研究等；核废料地质处置也开展了一些基础性研究和场地尺度的试验。中国地质调查局于1999年以来，启动了华北平原、珠江三角洲地区、淮河流域、长江三角洲地区、东北平原、西北地区的地下水污染调查评价，初步建立了有机污染物的调查、取样、测试和评价技术。

6. 地震水文地球化学

自1966年邢台地震后，我国开展了利用地下水化学组分变化预报地震的观测和研究，目前已建立了覆盖全国绝大部分省、市、自治区的水文地球化学地震观测台网。张炜等人在全面分析20年观测资料的基础上，开展了地震的水文地球化学动态及其影响因素、地震的前兆效应及其机理的理论研究，编写出版了《水文地球化学预报地震的原理与方法》（张炜和王吉昌，1988），探讨了水文地球化学地震观测点的环境条件、观测方法、测试技术、预报方法等技术和理论问题。所有这些工作，不仅取得了十分丰富的观测资料，在某些强震和中强震的预报中发挥了积极的作用，而且在前兆机理的实验研究方面取得了不少新的成果。

7. 地热水文地球化学

20世纪80年代以来，我国一些主要的典型地热系统（包括藏滇高温地热带的羊八井热田和腾冲热海热田、东南沿海地热带的漳州地热田、华北盆地地热区的冀东地热田、关中盆地地热区的西安、咸阳地热田等）详细开展了综合评价研究工作，其中，地热水的水文地球化学研究得到普遍重视并取得了许多重要进展。水化学图解、水化学统计、热水同位素和气体同位素示踪等方法被广泛应用。利用热水中同位素（如 ^2H、^{18}O、^3H、^{14}C）含量在区域上的变化，来确定热水来源、径流方向和速率（庞忠和，1987；王心义、邱燕燕、张百鸣等，2003）。我国学者通过环太平洋岛弧型火山地热区热水同位素组成的研究，揭示出同位素和流体pH之间的相关性，建立了岛弧区酸性地热水的成因模式（Pang，2006）。近年来，地热气体成分中的惰性气体及其同位素不断受到重视。对于西藏羊八井热田的锶、硼、惰性气体同位素研究提供了流体来源于混合作用的信息。基于地热系统中水岩相互作用的研究，提出了新型地热温度-FixAL方法（汪集旸，熊亮萍，庞忠和，1993），建立了适用于复杂系统的化学平衡评价方法，为地热资源的勘察和评价提供了新的手段，并为国外广泛引用。

8. 同位素水文地球化学

我国同位素水文地球化学研究始于20世纪60年代末70年代初，90年代以前主要是理论方法的引进与早期应用阶段，涉及大气降水同位素组成特征、地下水补给和起源、地热研究和地下水年龄。郑淑慧（1983）、卫克勤等（1980）等率先建立了全国及部分地区的雨水线方程；原地矿部水文地质工程地质研究所在IAEA统一安排下首次对中国大气降水的同位素进行了系统的监测，建立了全国性的长期监测网。王瑞久（1985）、王瑞久和王怀颖（1990）利用氢氧稳定同位素和氚研究了太原西山和东山地下水的补给来源，张之淦等（1987）完成了华北平原同位素水文地质剖面的研究；刘存富（1990）取得了河北平原地下水^{14}C测年结果。中国地质学会曾于1986年、1993年和2000年召开过三次全国性同位素水文地质学学术会议。20世纪90年代以来，我国同位素水文地球化学进入了快速发展和取得较大进展的阶段，除了氢、氧、碳、硫、氮、锶等传统同位素外，也开始应用一些非传统同位素方法；如有机单体同位素、惰性气体同位素、环境示踪剂（SF6和CFC）已应用于黄河流域（林学钰，王金生，廖资生等，2006）、华北平原（陈宗宇，齐继祥，张兆吉等，2010）、西北内陆干旱区（李文鹏，周宏春，周仰效等，1995）、松嫩平原（陈宗宇，齐继祥，张兆吉等，2010）、鄂尔多斯盆地（侯广才，张茂省，刘方等，2008）等区域地下水循环演化和地下水化学演变研究，并取得了众多成果，涉及地热水成因、地下水补给过程与机制、区域地下水循环演化、地下水年代学和地下水更新能力、地下水化学演变机制和水-岩相互作用机理、地下水咸化机理、地下水污染示踪以及地下水古补给环境恢复等诸多领域。

9. 水文地球化学测试技术

环境同位素、微量及痕量元素、气体和有机污染物分析、地下水微生物群落分析的分子生物学技术得到较快的发展。我国成立了一些能够满足水文地球化学测试要求的国家重点实验室，如环境地球化学国家重点实验室、土壤与农业可持续发展国家重点实验室、有机地球化学国家重点实验室、生物地质与环境地质国家重点实验室等。此外，教育部、国土资源部、中国科学院，以及其他部委也成立了能开展水化学测试的部（委）级重点实验室。这些重点实验室为我国水文地球化学的开展提供了重要的科技支撑。

二、中国水文地球化学学科发展的特点

总结中国水文地球化学的发展历程及其各阶段的主要成果，可以看出我国水文地球化学学科的发展具有以下四个方面的特点。

（一）总体特点：萌芽早、起点高、发展快

我们的祖先在长期科学技术积累和深厚文化积蕴的基础上，早已有朴素的水文地球化学思想萌芽。纪元前和纪元初成书的史籍中这种萌芽思想的记载便是佐证。从国际上看，水文地球化学到20世纪50年代才逐渐成为一门独立的学科。新中国成立之后的20世纪50年代，就从苏联引进了水文地球化学学科，经历了引进、吸收、创新和发展的历程，初步形成了具有中国特色的水文地球化学理论和学科体系，可以说我国水文地球化学研究具有较高的发展起点。20世纪70年代以来的40年是中国水文地球化学的迅速成长和发展时期。这一阶段全面吸收和引进国外，特别是欧美各国科学思想和先进的理论、技术和方法，加上我国自身水文地质科学理论的发展和应用实践的积累，我国水文地球化学得以迅速发展。

（二）学科发展的强大驱动力：与生产实际相结合

我国的水文地球化学学科很大程度上是在解决资源、环境和生产实践的实际问题的基础上发展起来的。根据不同阶段的国家需求，紧密结合供水水质评价、土壤改良、地震预报、地方病防治、矿坑排水、古水文地质-水文地球化学找矿（包括放射性水文地球化学）和找油、地下水污染控制与修复等生产实际开展了水文地球化学研究工作，并取得了

令人瞩目的成就。学术研究和生产实际紧密结合是我国水文地球化学得以迅速发展的动力。

(三) 具中国特色的学科体系: 立足自身实际, 积极引进国际学术思想

从20世纪50~60年代引进的苏联学术思想到70年代后引进欧美学术思想, 我国水文地球化学发展历程中一直注重国际先进理论和方法的引进和吸收。与此同时, 又注重立足中国实际, 充分考虑中国的水文地质条件和地下水的地球化学特征, 查明我国的水文地球化学规律, 发展新的水文地球化学理论, 解决我国的实际问题。正是在立足中国实际创立有特色的学科体系这一思想指导下, 我国水文地球化学学科得到了稳步发展, 区域水文地球化学、岩溶水文地球化学、环境水文地球化学、找矿水文地球化学、与污染有关的水文地球化学等许多分支学科的发展都具有我国自己的特色。

(四) 贯穿发展全过程的多学科融合发展

水文地球化学作为水文地质学与地球化学之间的交叉学科, 多学科之间的交叉贯穿于中国水文地球化学发展的全过程, 形成了较为完整的分支学科体系。例如, 早期与矿床学、油田地质学的交叉而形成的找矿水文地球化学和油田水文地球化学; 与环境科学、医学交叉而形成的环境水文地球化学和医学水文地球化学等。近年来, 人们认识到生物作用在地下水化学演化中的独特作用, 生物水文地球化学也显示了新分支学科的萌芽。

第三节 今后发展方向和主要研究领域

尽管我国水文地球化学学科的发展从无到有、从小到大, 前后不到七十年的时间, 总体看当前研究水平仍处于国际同行的中等以上水平, 个别领域已迈入国际先进行列, 但与国际水平的差距仍然较大。主要表现在基础研究薄弱, 研究内容和研究思路, 套用和模仿的多, 创新发展的少, 独创的更少; 研究的空间尺度虽然较大, 但研究的深度仍明显不足, 缺乏水文地球化学过程的精细描述和多种手段的综合运用; 在地下水分层取样技术、环境示踪技术、痕量-超痕量物质的测定技术、化学组分迁移过程的耦合模拟技术等方面亟待引进、发展、创新和完善(沈照理, 王焰新, 郭华明, 2012)。快速发展中的中国为水文地球化学研究提供了巨大的发展空间和难得的研究机遇, 我国水文地球化学学科发展前景十分广阔。

一、地下水地球化学作用及其资源环境效应

地球圈层中地下水的地球化学作用类型和过程复杂多样, 在地质成矿作用、成岩作用和表生作用等领域蕴藏着无限的研究机遇。

1. 地质成矿作用

从地壳深部到表生带, 多来源的成矿流体、多来源的成矿物质和多样式的成矿环境, 决定了矿床成因和矿床分布规律的复杂性, 水-岩(土)-气-有机物相互作用研究和古水文地质学研究在解决这些复杂性问题中的关键作用应当给予更大的关注。例如, 沉积盆

地内地下水运动、水文地球化学环境和经历的水岩作用往往是决定油气的生成、运移和保存性的重要因素。查明从盆地尺度到空隙尺度的天然和人类活动影响下的油气田地区的地下水环境演化规律，可能有助于提升石油地质理论，并在油气勘查方面取得新突破。

2. 成岩作用

变质成因水的形成分布规律及其地质作用至今仍为薄弱领域。例如超高压变质岩形成机理，深部流体的来源、性质和运移规律等地质学的某些前沿问题中地下水的化学过程可能远复杂于表生环境，亟待新理论模型的解释和新技术、新数据的支撑。

3. 表生作用

很多地质灾害，如滑坡、泥石流、岩溶塌陷、水库诱发地震、地面沉降等，其本质上都是水量、流速、水力坡度、水化学成分等的变化，引发水岩作用类型、速度或规模的改变，导致岩土体失去与其周围环境的平衡，发生灾变。目前，水岩作用对于地质灾害的发生和时空分布规律的影响研究仍较薄弱，与此相关的地质灾害预测预报的水文地质和地球化学信息的获取和解译也常常被忽视。

二、地下水环境演化与全球变化

地下水是地球水圈的重要组成部分，也是各圈层物质和能量交换的载体，因此，地下水系统中蕴藏着环境变化的丰富信息。地下水系统的次生沉积物（如石笋和泉钙化）作为全球变化研究的重要信息载体，其微量元素和同位素组成可作为重要的气候代用指标，已引起科学界的高度重视，所提供的有关全球变化信息之丰富不亚于黄土、冰芯和大洋沉积物。地下水的流速和水岩作用的速率使地下水本身也适合作为探测天然和人为环境变化的介质。系统构建地下水系统的全球变化指标体系，值得开展更深入、系统的研究和总结。人类活动作为新的强大的地质营力，已经并且正在加速改变全球环境。人类活动已成为现今控制某些地区地下水环境演化的主导力量，地下水演化已进入到由量变到质变的新阶段。有必要更加深入科学地认识地球系统的自然行为与人类扰动的响应，在更广阔的视野和可持续发展的战略思想上去发展水文地球化学学科。

三、特殊环境条件下的水文地球化学作用

到目前为止，水文地球化学作用研究极少涉及极端温度、压力和酸碱条件的环境，包括地下水在内的地球深部流体地球化学作用的研究也很薄弱。随着社会、经济和科技的发展，对这些条件下的水文地球化学作用研究提出了新的需求。例如，如何在超临界条件下将有害物质固定，使之得到安全处置；如何精细、在线观测极端环境条件下的生物地球化学和气体地球化学过程；如何进一步开展超高压变质流体的形成、组成、与围岩的相互作用及其成岩成矿效应研究；如何加强目前仍十分薄弱的永久冻土地区的水文地球化学作用及其对水资源和环境的影响研究等。开展这些研究，将加深和拓展我们对地球内部和表层所发生的复杂多样的水文地球化学作用的了解，从而进一步发展系统地球科学理论和方法体系。

四、地下水污染与修复技术

环境污染将是很长一段时期内水文地球化学研究的主要领域。观测手段越来越精细和精确，必将使我们对于污染物在地下介质中经历的复杂的水文地球化学过程需要有更深入的理解；发展经济、高效的地下水污染修复方法与技术，是一个极具前景的领域，也为水文地球化学研究提供了新的发展空间。与此同时，广泛开展室内外大型物理实验和污染场地尺度的修复试验，在真实或逼近野外复杂非均质条件下，分析污染物在含水介质中的运移或转化机理、评价地下水修复技术的有效性和效果、主要参数以及适用条件等显得十分必要。因为它是联系实验室小尺度研究与野外场地大尺度研究，联系科学理论与工程实践必不可少的重要环节。

五、高精度分析测试技术和计算机模拟技术

分析测试技术和计算机模拟技术的发展和普及是推动水文地球化学领域科学进步的重要支柱，也是未来水文地球化学发展的关键。在分析测试技术上，需要新的测试方法，使越来越多的同位素、元素和分子成分能在更低的浓度条件下得以测定。在日趋严重的污染负荷下，地下水系统中不断出现新的、经常是痕量或超痕量物质，亟待识别和精确测定；与此同时，随着地下水化学组分和环境因素海量数据的不断积累、对不同时空尺度上复杂水文地球化学精细过程的深入理解，对水文地球化学过程计算机模拟的能力、可靠性和精确性提出了更高的要求。

编写说明：在编写中国水文地球化学学科发展历史的过程中，我们力求客观真实地总结中国水文地球化学学科的发展历程，但由于编者水平有限，加之很多反映学科发展的文献收集不全，难免挂一漏万，一些对中国水文地球化学学科发展做出重要贡献的作者、单位和学术成果可能没有被吸收进来。此外，受篇幅所限，编写过程中参阅的一些文献没有在参考文献中全部列出。

主要参考文献

奥弗琴尼科夫（Овчинников А. М.）.1958.矿水.张人权译.北京：地质出版社，1~232
比契叶娃 K. E. 1981.水文地球化学.彭立红译.北京：地质出版社，1~318
北京地质学院水文地质教研室.1962.专门水文地质学下册（水文地球化学部分）.北京：中国工业出版社，1~150
陈崇希和李国敏.1996.地下水溶质运移理论与模型.武汉：中国地质大学出版社，1~178
陈梦熊.2003.中国水文地质工程地质事业的发展与成就.北京：地震出版社，1~655
陈宗宇，齐继祥，张兆吉等.2010.北方典型盆地同位素水文地质学方法应用.北京：科学出版社，1~461
地质部水文地质工程地质研究所编.1958.水化学及水化学找矿.北京：地质出版社，1~24
郝士胤.1992.铀水文地球化学找矿.北京：原子能出版社，1~231
侯广才，张茂省，刘方等.2008.鄂尔多斯盆地地下水勘察研究.北京：地质出版社，1~550
Javandel I, Doughtyc, Tsang C F. 1985.地下水运移数学模型手册.林学钰，李生彩，赵勇胜等译.长春：

吉林科学技术出版社

李宽良.水文地球化学热力学.1993.北京：原子能出版社，1~444

李伟，赵克斌，刘崇禧.2008.含油气盆地水文地质研究.北京：地质出版社，1~377

李文鹏，周宏春，周仰效等.1995.中国西北典型干旱区地下水流系统.北京：地震出版社，1-179

李学礼，孙占学，周文斌等.2000.古水热系统与铀成矿作用.北京：地质出版社，1~189

李学礼，孙占学，刘金辉.2009.水文地球化学（第三版）.北京：原子能出版社，1~324

廖资生，林学钰，杜新强.2003.松嫩盆地地下水水质评价图的编图原则与方法.地球科学进展，18（2）：299~305

林年丰.1991.医学环境地球化学.长春：吉林科学技术出版社，1-306

林学钰，侯印伟，邹立芝等.1988.地下水水量水质模拟及管理程序集.长春：吉林科学技术出版社，1~391

林学钰，陈梦熊，王兆馨等.2001.松嫩盆地地下水资源与可持续发展研究.北京：地震出版社，1~157

林学钰，王金生，廖资生等.2006.黄河流域地下水资源及其可更新能力研究.郑州：黄河水利出版社，1~297

刘崇禧和孙世雄.1988.水文地球化学找油理论与方法.北京：地质出版社，1~240

刘存富.1990.地下水^{14}C年龄校正方法——以河北平原为例.水文地质工程地质，5：4~8

庞忠和.1987.地下水运动对地温场的影响研究进展综述.水文地质工程地质，3：20~25

任福弘和沈照理.1993.中国大百科全书·地质学.北京：中国大百科全书出版社，507~508

沈树荣，王仰之，李鄂荣.1985.水文地质史话.札记，北京：地质出版社，1~294

沈照理.1993.水文地球化学基础.2版.北京：地质出版社，1~189

沈照理，王焰新，郭华明.2012.水-岩相互作用研究的机遇与挑战.地球科学——中国地质大学学报，37（2）：207~219

史维浚.1990.铀的水文地球化学原理.北京：原子能出版社，1~440

孙讷正.1989.地下水污染：数学模型和数值方法.北京：地质出版社，1~361

汪集旸，熊亮萍，庞忠和.1993.中低温对流型地热系统.北京：科学出版社，1~240

汪蕴璞，林锦旋，范时清等.1994.南海北部海域软泥水化学及其找矿意义.北京：科学出版社，1~101

汪蕴璞，林锦旋，王翠霞等.1994.太平洋中部水文地球化学特征.北京：地质出版社，1~106

汪蕴璞，赵宝忠，张金来等.1987.油田古水文地质与水文地球化学——以冀中拗陷为例.北京：科学出版社，1~248

王秉忱，杨天行，王宝金等编著.1985.地下水污染地下水水质模拟方法.北京：北京师范学院出版社，1~676

王瑞久.1985.太原西山的同位素水文地质.地质学报，69（4）：345~354

王瑞久和王怀颖.1990.太原东山岩溶地下水的补给.中国岩溶，9（1）：1~6

王心义，邱燕燕，张百鸣等.2003.用^{14}C方法确定深部地下热水系统边界性质的研究.水利学报，34（11）：112~115

王焰新，沈照理，许绍倬.1992.鄂东南金属矿床成矿规律的古水文地质分析.地球科学：中国地质大学学报，(s1)：113~122

卫克勤，林瑞芬，王志祥等.1980.我国天然水中氚含量的分布特征.科学通报，25（10）：467~470

薛禹群，谢春红，吴吉春等.1991.海水入侵咸淡水界面运移规律研究.南京：南京大学出版社

叶思源，孙继朝，姜春水.2001.水文地球化学研究现状与进展.地球学报，23（5）：477~482

袁道先.1993.中国岩溶学.北京：地质出版社，1~207

袁道先.2008.岩溶动力学的理论与实践.北京：地质出版社，1~199

袁道先，刘再华，林玉石等.2002.中国岩溶动力系统.北京：地质出版社，1~275

张炜和王吉昌. 1988. 水文地球化学预报地震的原理与方法. 北京：教育科学出版社，1~293

张之淦，张洪平，孙继朝等. 1987. 河北平原第四系地下水年龄、水流系统及咸水成因初探——石家庄至渤海湾同位素水文地质剖面研究. 水文地质工程地质，4：1~6

张宗祜，沈照理，薛禹群等. 2000. 华北平原地下水环境演化. 北京：地质出版社

章鸿钊. 1956. 中国温泉辑要. 北京：地质出版社，1~106

赵勇胜和林学钰. 1994. 地下水污染模拟及污染的控制与处理. 长春：吉林科技出版社，1~168

郑淑惠，侯发高，倪葆龄. 1983. 我国大气降水的氢氧稳定同位素研究. 科学通报，28（13）：801~806

中国地下水科学战略研究小组. 2009. 中国地下水科学的机遇与挑战. 北京：科学出版社，1~200

中国地质科学院水文地质工程地质研究所. 1977. 水文地球化学找矿法. 北京：地质出版社，1~140

中国科学院《自然地理》编辑委员会. 1981. 中国自然地理·地下水. 北京：科学出版社，1~96

中华人民共和国地方病与环境图集编纂委员会. 1989. 中华人民共和国地方病与环境图集. 北京：科学出版社，1~193

朱学愚和谢春红. 1985. 地下水运移模型，北京：中国建筑工业出版社，1~299

Fetter C W. 1998. Contaminant Hydrogeology (2nd Edition), Prentice Hall

Garrels R M and Thompson M E. 1962. A chemical model for seawater at 25 e and one atmospheric total pressure. *Amer Jour Sci*, 260：57~66

Garrels R M and Mackenzie F T. 1967. Origin of the chemical compositions of some springs and lakes. In: Gould R F, ed. Equilibrium Concepts in Natural Water Systems. *Advances in Chemistry*, 67：222~242

Giggenbach W F. 1988. Geothermal solute equilibria-Derivation of Na-K-Mg-Ca geoindicators. *Geochim Cosmochim Acta*, 52（12）：2749~2765

Giggenbach W F. 1992. Isotopic shifts in waters from geothermal and volcanic systems along convergent plate boundaries and their origin. Earth Planet *Sei Lett*, 113（4）：495~510

Helgeson H C. 1968. Evaluation of irreversible reactions in geochemical processes involving minerals and aqueous solutions. I. Thermodynamic reactions, *Geochim Cosmochim Acta*, 32：853~877

Helgeson H C, Garrels R M, Mackenzie F T. 1969. Evaluation of irreversible reactions in geochemical processes involving minerals and aqueous solutions. II. *Applications Geochim Cosmochim Acta*, 33：455~481

Pang Z. 2006. pH dependent isotope variations in arc-type geothermal fluids: new insights into their origins. *Journal of Geochemical Exploration*, 89（1~3）：306~308

Wang Y X, Liu H, Bao J et al. 2008. The saccharification-membrane retrieval-hydrolysis (SMRH) process: a novel approach for cleaner production of diosgenin derived from Dioscorea zingiberensis. *Journal of Cleaner Production*, 16（10）：1133~1137

Wang Y X, Shvartsev S L, Su C L. 2009. Genesis of arsenic/fluoride enriched soda waters: a case study at Datong Basin. *Applied Geochenistry*, 24（4）：641~649

Xie X J, Wang Y X, Ellis A et al. 2013. Delineation of groundwater flow paths using hydrochemical and strontium isotope composition: A case study in high arsenic aquifer systems of the Datong basin, northern China. *Journal of Hydrology*, 476：87~96

Yuan D X, Cheng H, Edwards R L et al. 2004. Timing, duration, and transitions of the last interglacial Asian monsoon. *Science*, 304：575~578

（作者：林学钰、苏小四）

第十四章 盐湖地球化学

盐湖是湖泊的一种重要类型，是在干旱和强烈蒸发的气候及封闭或半封闭水文条件下形成的含盐量较高的水体（TDS>35 g/L）。它是一种特定自然地理和地质环境下的综合性自然资源。它通常发生在水体演化的后期阶段，由淡水湖-咸水湖演变而来（郑绵平，赵元艺，刘俊英，1998）。由于一般盐湖沉积中都保留有它在演化过程中详尽的地球化学信息（Zheng，2001），所以盐湖又是大自然的信息库和天然实验室（郑绵平，2001a；郑绵平和齐文，2006）。盐湖及其沉积是多因素、多物源和极端环境下的综合作用产物，是一种综合性的无机盐和嗜盐生物以及生态环境资源（郑绵平，1999），具有重要的经济价值和社会效益。

盐湖地球化学既是地球化学的一个分支学科，又是矿床学、宏观无机化学和生物学的分支学科。它的发展始于 19 世纪中期；若以化学家 I. L. Usiglio（1849）研究卡拉布加兹海湾卤水水化学的时间为计，大致与地球化学学科同时出现。由于盐湖和成盐元素的广泛性和重要性，20 世纪中期以来，不仅地球化学、矿床学对其研究日益扩大和深入，而且在生物学、医学和环境生态学，以及航天行星科学也有引人入胜的新发现（郑绵平，2007；Zheng, Kong, Zhang et al., 2013）。与此同时，地球化学理论、方法的运用也推动了盐湖矿产、生物资源及其生态环境的发现和开发，促使盐湖地球化学学科的形成和发展。

第一节 中国盐湖地球化学学科的发展历程

中国盐湖地球化学的研究创始于 20 世纪 50 年代中期。柳大纲在 1956 年 10 月率先组织中国科学院化学研究所盐湖物理化学组，开展茶卡盐湖卤水物理化学研究（柳大纲，陈敬清，张长美，1996）。1956 年 10 月，李悦言组织化学工业部地质矿山局盐湖普查队郑绵平等赴柴达木调查大柴旦和察尔汗湖（郑绵平等，1957[①]；郑绵平，1958[②]）。1957 年柳大纲带领的盐湖研究队伍为柴达木盐湖的开发和利用做出了开创性贡献；他开拓了我国盐湖化学学科，并通过调研、利用化学原理和方法，在调查取得的大量数据基础上，1956 年至 1959 年，柴达木盐湖科学调查队系统收集了柴达木盐湖水的化学资料，并按水化学分类阐明了该区盐湖富钾硼水化学特征（柳大纲，陈敬清，张长美，1996）。柳大纲是我国最早以相图原理调查和研究我国柴达木盐湖，并率先倡导以化学、地质、化工多学科理论研究的学者（郑绵平，2004）。

[①] 郑绵平等. 1957. 青海省柴达木盆地硼矿钾盐调查报告，化学工业部地质矿山局柴达木盐湖普查组
[②] 郑绵平. 1958. 柴达木盐湖科学调查报告，中国科学院柴达木盐湖科学调查队

袁见齐在1959年就认为盐湖分布与其化学成分的特点都与地质构造有密切关系，根据构造地质为基础的盐湖分类（袁见齐，1959），他将柴达木盆地划分为三个类型。①盆地中部盐湖：位于盆地中部的强烈沉降区。其规模巨大，湖水成分以氯化物为主，变质系数（$MgSO_4/MgCl_2$）很小，局部地区已达光卤石或水氯镁石沉积阶段。卤水中镁和锂含量高，固相中石膏、芒硝少。②大盆地边缘盐湖：这类盐湖位于盆地西部古近纪—新近纪褶皱地区。一般都在老山和古近纪—新近纪背斜之间，物质成分以芒硝、石膏为多，湖水变质系数比第一类稍高，普遍含B、K、Mg、Li。③盆地北侧小盆地中的盐湖：位于盆地北侧的一系列小盆地中。物质来源受局部地质条件影响较大，物质成分也有显著差别，变质系数一般较高，有的含硼锂较高。

郑绵平从1956年以来对我国盐湖持续做了大量的工作。1956年首先取得大柴旦湖水化学分析结果和察尔汗盐湖找钾异常信息，并于1957年参加柴达木盐湖化学调查队，在柳大纲领导下首先发现察尔汗光卤石，并主笔柴达木盐湖科学调查报告，较详细地研究了察尔汗和大柴旦水化学、矿物组分和钾盐资源（郑绵平等，1957[①]；郑绵平，1958[②]）。1969年根据青藏高原300余个盐湖和湖泊的数据，对青藏高原水化学组分做了系统划分（Zheng，Yuan，Liu，2007；郑绵平，刘文高，向军等，1983；郑绵平，向军，魏新俊等，1989；郑绵平，刘喜方，袁鹤然等，2008）。首先编制了1:250万青藏高原湖泊水化学分带图，阐述了青藏高原盐湖水化学类型的空间变化规律和成因；并按盐湖的构造地球化学和区域地球化学背景差别将青藏高原盐湖概分为普通盐湖和特种盐湖（郑绵平，1989，2001a；郑绵平等，2007）；详细论述了盐湖水化学类型和组分特征控制了不同的成矿专属性。

高世扬对柴达木盐湖进行多年调查研究。他在20世纪50年代后期至80年代用相图解析了大柴旦盐湖的湖表卤水，提出四边形变化规律：氯化钠夏季蒸发析出和冬初稀释溶解，芒硝冬初冷冻析出和夏初天暖溶解；提出了大柴旦型盐湖卤水年变化规律的化学模型，根据高原盐湖盐类共生和气候特点，以及地表卤水浓缩和稀释的年变化规律，首先提出了高原盐湖多种硼酸镁水合盐稀释成盐的新认识（高世扬，王建中，柳大纲，1995）。

学者们在柴达木盐湖做了大量开拓性工作：系统阐述了柴达木盆地锂、硼、钾的区域地球化学，绘制了盐湖水化学图，根据盐湖沉积物微量元素和水同位素研究了盐湖沉积古气候环境的演变（张彭熹，张保珍，杨文博，1988）；重视信息提取方法的实验研究，先后开展了微量生物碳酸盐稳定同位素分析，以及石盐矿物包裹体稳定同位素和Na^+、Mg^{2+}分布特征研究；通过察尔汗含盐沉积的铀系、^{36}Cl和^{14}C测年研究，最早提出了该湖成盐（石盐）肇始于40000 a前的观点。

郑喜玉等对新疆、内蒙古等省区盐湖水化学和盐沉积做了较详细的调查研究，分析了相关的水化学分带图（郑喜玉，张明刚，董继和等，1992；郑喜玉等，1995）。

第二节 中国盐湖地球化学主要成果与进展

地球化学是研究地球各个部分（如水圈、气圈、岩石圈和生物圈）的化学组成、化学

[①] 郑绵平等.1957.青海省柴达木盆地硼矿钾盐调查报告，化学工业部地质矿山局柴达木盐湖普查组
[②] 郑绵平.1958.柴达木盐湖科学调查报告，中国科学院柴达木盐湖科学调查队

作用和化学演化的科学,由于研究对象和手段的差异,地球化学形成了越来越多的分支学科,盐湖盆地既是水圈的一部分,又与下伏岩石圈与气圈、生物圈有密切的关联,并由此产生了不同亚分支地球化学学科。

一、盐湖构造地球化学

构造地球化学是研究物质组分和构造作用过程中的行为和结果(陈国达,黄苏,蔡嘉猷等,1983)。换言之,它主要研究各种地质构造作用与地壳中化学元素的分配、迁移分散、富集的关系(陈国达和黄瑞华,1984)。

盐湖构造地球化学主要研究构造对盐湖区地球化学组分和成矿过程的控制作用;反过来又可将盐湖的地球化学过程作为构造效应来研究。以青藏高原为例,实地调查和遥感解译表明,该区盐湖盆地主要属构造成因(郑绵平,刘文高,向军等,1983)。印度-亚洲板块陆陆碰撞导致的青藏高原地形差异性运动,为盐湖的形成创造了水盐聚集、分异成矿的空间及盐湖物质来源提供了基本的条件(郑绵平,向军,魏新俊等,1989),也为盐湖的形成提供了特殊组分(锂硼等)的地球化学条件。

就全球而言,盐湖的物质成分和水化学类型因地而异,其原因就在于它们的地质构造背景关系极其密切(郑绵平,1989)。按照盐湖所在的地质构造活动性的差异,可概分为稳定、活动和过渡型三类(郑绵平,1989)。

(1)普通盐湖地球化学域:见于包括克拉通和地台区的稳定地质构造区。物质来源主要与湖盆周围的岩石风化有关;产出以盐、芒硝、硫酸盐(石膏、泻利盐、白钠镁矾和碱类)为主。这类盐湖在全球分布广泛,如西伯利亚、加拿大北部、澳大利亚、蒙古国等克拉通或地台上星罗棋布的芒硝盐湖和碱湖,我国有阿拉善-内蒙古分布的碱湖和硫酸盐湖(郑绵平和刘喜方,2010)。

(2)特种盐湖地球化学域:见于构造活动区。除了表层风化外,还有显著的深部来源。大致包括以下4类。①碰撞带山间盆地、拗陷盆地和断裂带:盛产 Li、B、K、Cs、Rb、(Br)等或 K、Mg、Li,以青藏高原为范例(郑绵平,向军,魏新俊等,1989)。②火山弧后盆地:亦盛产 Li、B、K、(Cs、I、Br)。如智利、玻利维亚、阿根廷等地(郑绵平,1989)。③转换断裂带后盆地:产有 B、Li、K。如美国加州西尔兹湖(Smith,1979)和内华达州银峯湖。④板块张裂带裂谷区:盛产 F、Si、$CaCl_2$、K、Br。如东非裂谷马加迪湖(Eugster,Hardie,1978)或 K、Mg、$CaCl_2$、Br(死海)。

(3)过渡型盐湖地球化学域:某些后陆盆地盐湖群属于此类。如我国塔里木盆地在欧亚陆陆碰撞后,其后陆盆地形成巨厚第四纪盐湖沉积;该区的罗布泊干盐湖分布面积10000 km^2以上,在其古今的湖心区可能有大规模的含钾卤水(郑绵平,1989),目前已在罗北洼地找到2.5亿t资源量的KCl卤水(王弭力等,2001)。

二、盐湖区域地球化学

区域地球化学是研究区域地壳的化学组成、化学作用和生物演化,以及区域岩石圈系统中化学元素的再分配、再循环和集中、分散等规律的地球化学分支学科。区域地球化学为 A. E. 费尔斯曼在20世纪初所创立。20世纪60年代以来，区域地球化学的研究对象已突破了在区域地质构造发展背景探讨元素时空分配规律的局限，进入解决各种基础地质和找矿的新阶段。找矿方面，它为阐明区域成矿规律，建立区域成矿的地球化学前提和标志，为区域成矿远景提供依据发挥了重大作用，而且发展了新的地球化学探矿理论方法——地球化学填图和深穿透地球化学（谢学锦和王学求，2003；谢学锦和刘大文，2006）。

1. 区域岩石地球化学

我国的盐湖区域地球化学研究在早中期主要探讨了湖相岩层特征成盐元素（Li、B、K、Cs、Rb）区域丰度和迁聚规律展布（张彭熹等，1987）。张彭熹等匡算柴达木盆地锂、硼、钾的区域含量分别为 67.34×10^{-6}、80.77×10^{-6} 和 2.02%，指出锂略高于地壳克拉克值，硼约高于地壳克拉克值6.7倍，而钾略低于地壳克拉克值。

学者分析了青藏高原（主要是藏北和柴达木）区域不同岩石类型的B、Li、Cs、Rb含量，统计其平均含量并与相应元素的地壳克拉克值对比（郑绵平，向军，魏新俊等，1989），该区的硼丰度：岩浆岩以上白垩统—古近系—新近系酸性岩和基性岩最高，约高出地壳克拉克值数十倍至一百倍；沉积岩以新近系—第四系泥岩、泥岩较高，约高于地壳克拉克值3~10倍。锂丰度以岩浆岩、超基性岩最高，约高于地壳克拉克值20倍；其他中性和酸性岩约高于地壳克拉克值0.5~1倍；沉积岩以新近系—第四系岩石含量较高，其中硫酸盐（包括泥灰岩）最高，高于地壳克拉克值24~46倍；泥岩和砂岩分别高于地壳克拉克值5~8倍和0.5~8倍。铯丰度（西藏）：岩浆岩，以侏罗系—白垩系超基性岩高于其克拉克值40余倍；其次上白垩统—古近系中性岩高于其克拉克值10~11倍；碳酸盐岩以其古近系和新近系岩石高于其克拉克值3~13倍；沉积岩以第四纪钙华、硅华最高，高于地壳克拉克值40余倍。铷丰度（西藏）：岩浆岩亦以侏罗系超基性岩最高，高于其克拉克值70~100倍；古近系安山岩类高于其克拉克值0.5~1倍，中生代闪长岩大致与其地壳克拉克值持平；沉积岩以碳酸盐和硅华较高，高于其克拉克值1~8倍。

2. 区域水地球化学

我国科学家对青藏高原湖盆地层、河流、泉水、地热水和湖水做了较多的调研，特别是盐湖卤水和湖周地热水的分布特征做了较为系统的研究。柴达木盐湖中镁、锂、铷、铯、溴、碘的含量与海水的比较表明，除溴略低外，其他略呈聚集状态（张彭熹等，1987）。柴达木盆地放射性元素和水同位素分布特征，是我国西部盐湖卤水富铀的一个基本特征，也是一种潜在的能源资源（表14-1）。

表14-1 柴达木盆地各类天然水中的铀、钍含量

水型	样品数	矿化度/(g/L)	铀含量/(mg/L)	钍含量/(mg/L)
盐湖卤水	42	340.75	0.097	0.011
湖泊咸水	6	29.35	0.020	0.006
油田水	4	65.78	0.010	0
温泉水	3	1.03	0.0004	0.002

注：引自张彭熹等，1987

郑绵平等在 20 世纪 80 年代较全面地研究了青藏高原区域水地球化学（河、泉水、地热水和盐湖卤水），分析了高原盐湖卤水及其周边地热水化学的空间分布特征（郑绵平，向军，魏新俊等，1989；Zheng，1997）。

1）盐湖卤水地球化学

盐湖中常见的离子为 Ca^{2+}、Mg^{2+}、Na^+、K^+、SO_4^{2-}、CO_3^{2-}、HCO_3^- 和 Cl^-，但由于卤水矿化度及其地质背景的差异，主要离子组成比例也有所变化。我们根据库尔纳可夫–瓦里亚什科（Kurnakov-Valyshko）的分类系统，计算了碳酸盐型盐湖的水化学类型及它与硫酸盐型盐湖的矿物组合（表14-2；郑绵平，刘文高，金文山，1981；Zheng，1997）。

表14-2 碳酸盐型盐湖的矿物组合

矿物成分		强度碳酸盐	中度碳酸盐	弱度碳酸盐
石盐	NaCl	×	▲	●
钾石盐	KCl			▲
石膏	$CaSO_4 \cdot 2H_2O$			×
芒硝	$Na_2SO_4 \cdot 10H_2O$	●	●	●
无水芒硝	Na_2SO_4	▲	▲	▲
钾芒硝	$K_3Na(SO_4)_2$	▲	▲	
硫碳镁钠石	$2MgCO_3 \cdot 2Na_2CO_3 \cdot Na_2SO_4$	×	×	
扎布耶石	Li_2CO_3		▲	
针碳钠钙石	$CaCO_3 \cdot Na_2CO_3 \cdot 5H_2O$		●	●
五水碳镁石	$MgCO_3 \cdot 3H_2O$		▲	
氯碳钠镁石	$MgCO_3 \cdot Na_2CO_3 \cdot NaCl$	●	●	▲
菱镁矿	$MgCO_3$	▲		
白云石	$MgCO_3 \cdot CaCO_3$	●	●	▲
水碳镁石	$4MgCO_3 \cdot Mg(OH)_2 \cdot 4H_2O$	●	●	
天然碱	$Na_2CO_3 \cdot NaHCO_3 \cdot 2H_2O$	▲	●	
泡碱	$Na_2CO_3 \cdot 10H_2O$	▲	▲	
水碱	$Na_2CO_3 \cdot H_2O$	▲	▲	
苏打石	$NaHCO_3$	●	▲	
钠硼解石	$NaCaB_5O_9 \cdot 8H_2O$		×	▲
硼砂	$Na_2B_4O_7 \cdot 10H_2O$	●	●	●
三方硼砂	$Na_2B_4O_7 \cdot 5H_2O$	▲	▲	▲

● 主要矿物；▲ 次要矿物；× 边缘相痕量矿物

1989 年，我国科学家根据青藏高原 259 个湖泊的分析数据编制了 1∶250 万盐湖水化学图（郑绵平，1989），后来又根据新的水化学数据做了修编（郑绵平和刘喜方，2010），清晰地认识到本区的一些规律：盐湖水化学类型可划分为四带一区，东部呈一区块，西部具南北分带；由南往北又可分为低矿化度碳酸盐型亚带（I_1）、高矿化度碳酸盐型亚带（I₂）、硫酸钠亚型亚带（II₁）、碳酸盐-硫酸钠亚型亚带（II₂）、含氯化物型硫酸镁亚型带（III）和库木库里硫酸钙亚型亚带（IV₁）、柴达木周缘硫酸钠亚型亚带（IV₂）、柴达木盆地硫酸镁亚型亚带（IV₃）、氯化物型亚带以及硫酸钠亚型外泄亚区（V）。

I带：以碳酸盐型为主，以冈底斯山—念青唐古拉山为界，再分两个亚带；南亚带以广义盐湖（$\omega_{\text{NaCl eq}} \geqslant 0.30\%$）、淡水湖为主，个别小型湖泊为狭义盐湖（$\omega_{\text{NaCl eq}} > 3.5\%$），北亚带以广义盐湖和狭义盐湖为主（Zheng，2001），南亚带以相对高含硼为特征，可以朱珠错为例；其水化学类型属弱度碳酸盐型；矿化度5.4g/L；但 B_2O_3 达 1010.3mg/L；其 $\dfrac{B_2O_3 \times 10^3}{\sum 盐}$ 达 187，北亚带盐湖盐度较南亚带高，在青藏高原诸水化学中，以锂、硼、铯、铷含量高为特征；兹列举扎布耶盐湖和班戈湖卤水成分为代表，不但锂、硼、钾、铯、铷特征系数高；而且 Mg/Li 值也很低，加工提取时，基本上可不必考虑除镁流程。上述盐湖相应的代表性成矿组合为硼砂（三方硼砂）以及硼砂-扎布耶石(Li_2CO_3)组合以及碱金属碳酸盐-芒硝组合（表14-3）。

表14-3 硫酸盐型盐湖矿物组合

矿物成分	硫酸盐型	
	硫酸钠亚型	硫酸镁亚型
光卤石 $KCl \cdot MgCl_2 \cdot 6H_2O$		●
水氯镁石 $MgCl_2 \cdot 6H_2O$		●
钾石盐 KCl	▲	●
石盐 NaCl	●	●
钾盐镁矾 $KCl \cdot MgSO_4 \cdot 2.7H_2O$		▲
软钾镁矾 $K_2SO_4 \cdot MgSO_4 \cdot 6H_2O$		▲
杂卤石 $K_2SO_4 \cdot MgSO_4 \cdot 2CaSO_4 \cdot 2H_2O$	▲	▲
钾石膏 $K_2SO_4 \cdot CaSO_4 \cdot H_2O$		▲
白钠镁矾 $Na_2SO_4 \cdot MgSO_4 \cdot 4H_2O$	●	▲
钙芒硝 $Na_2SO_4 \cdot CaSO_4$	●	▲
水钙芒硝 $5Na_2SO_4 \cdot 3CaSO_4 \cdot 6H_2O$	▲	×
泻利盐 $MgSO_4 \cdot 7H_2O$	×	▲
六水泻盐 $MgSO_4 \cdot 6H_2O$	×	▲
四水泻盐 $MgSO_4 \cdot 4H_2O$	×	×
石膏 $CaSO_4 \cdot 2H_2O$	▲	●
芒硝 $Na_2SO_4 \cdot 10H_2O$	●	●
无水芒硝 Na_2SO_4	▲	▲
菱镁矿 $MgCO_3$	▲	●
白云石 $MgCO_3 \cdot CaCO_3$	●	●
三方水硼镁石 $MgB_6O_{10} \cdot 7.5H_2O$		×

续表

矿物成分	硫酸盐型	
	硫酸钠亚型	硫酸镁亚型
库水硼镁石 $Mg_2B_6O_{11} \cdot 15H_2O$	●	▲
多水硼镁石 $Mg_2B_6O_{11} \cdot 15H_2O$	▲	▲
柱硼镁石 $MgB_2O_4 \cdot 3H_2O$	●	●
水方硼石 $CaMgB_6O_{11} \cdot 6H_2O$		●
板硼钙石 $Ca_2B_6O_{11} \cdot 13H_2O$	▲	
钠硼解石 $NaCaB_5O_9 \cdot 8H_2O$	●	▲

●主要矿物；▲次要矿物；×边缘相痕量矿物

Ⅱ带：为硫酸钠亚型带，分布在碳酸盐带（Ⅰ带）之北，呈东西向延伸；以硫酸钠亚型盐湖为主，有小部分硫酸镁亚型和碳酸盐型盐湖分布。本亚型带多为狭义盐湖和部分广义盐湖、个别紧邻现代冰川为淡水湖（郑绵平，向军，魏新俊等，1989）；由南往北，可以仓木错、聂尔错、扎仓茶卡（Ⅱ湖）、查波错、依布茶卡、戈木茶卡为例。由南部仓木错湖水锂、硼、钾、铯、铷绝对量和相对量（$\frac{Li \times 10^3}{\sum 盐}$、$\frac{B_2O_3 \times 10^3}{\sum 盐}$、$\frac{K \times 10^2}{\sum 盐}$、$\frac{Cs \times 10^5}{\sum 盐}$、$\frac{Rb \times 10^5}{\sum 盐}$）均较突出的高值，至北部湖水（查波错、戈木茶卡）则逐渐较低。

其相应的代表性成矿组合为芒硝（无水芒硝）-石盐以及镁硼酸盐（库水硼镁石、柱硼镁石等）-芒硝（无水芒硝）组合为主，有大量钠硼解石产出（表14-4）。

表14-4 氯化物型盐湖矿物组合

矿物成分	氯化物型
南极石 $CaCl_2 \cdot 6H_2O$	×
光卤石 $KCl \cdot MgCl_2 \cdot 6H_2O$	●
水氯镁石 $MgCl_2 \cdot 6H_2O$	▲
水石盐 $NaCl \cdot 2H_2O$	×
钾石盐 KCl	●
石盐 $NaCl$	●
石膏 $CaSO_4 \cdot 2H_2O$	●
菱镁矿 $MgCO_3$	●
菱锶矿 $SrCO_3$	×
白云石 $MgCO_3 \cdot CaCO_3$	●

●主要矿物；▲次要矿物；×边缘相痕量矿物

Ⅲ带：硫酸镁亚型带，展布于上述Ⅱ带之北，亦呈东西向分布，以硫酸镁亚型盐湖为主，有小部分硫酸钠亚型和氯化钠型盐湖产出。本亚型带亦多为狭义盐湖和部分广义盐湖，个别紧邻现代冰川为淡水湖。该带湖水以高镁和高 Mg/Li 为特征，稀碱元素含量及其特征系数均比Ⅰ和Ⅱ带低，含硼、钾量一般也较低，仅个别湖泊较高，如永波错含 B_2O_3 达 17000 mg/L，含 K^+ 也达到 5380 mg/L。本亚型带相应的代表性成矿组合为硫酸镁盐（泻利盐、白钠镁矾）-石盐、镁硼酸盐-芒硝、芒硝-软钾镁矾-石盐组合。盐湖沉积早期有大量石膏产出（表14-3）。

Ⅳ带：氯化物-硫酸盐型带，展布于Ⅲ带之东北，呈长菱形东西延伸。包括库木库里硫酸镁亚型亚带（Ⅳ₁）、柴达木周缘硫酸钠亚型亚带（Ⅳ₂）、柴达木硫酸镁亚型亚带（Ⅳ₃）和柴达木干旱中心的两个氯化物亚带（Ⅳ₄）。兹将各亚带水化学特征分述如下：

库木库里硫酸镁亚型亚带（Ⅳ₁）：该亚带湖泊均分布于库木库里盆地，湖泊均属于硫酸镁亚型，其湖水特点是 Mg/Li 极高（470~2780），稀碱元素、钾含量均较低，但硼含量相对稍高，湖水 B_2O_3 含量 676~1723 mg/L。柴达木周缘硫酸钠亚型亚带（Ⅳ₂）：该带分布于柴达木南北周缘广大地区，分散于东昆仑山北麓和南祁连山南麓及祁连山区，包括盐湖和淡水湖，盐湖的水化学类型均属硫酸钠型；受冰川融水补给的淡水湖为碳酸盐型，如可鲁克湖。此亚型带（Ⅳ₂）硼、锂、铷、铯均很低，0.01~0.24，0.3~0.8。柴达木硫酸镁亚型亚带（Ⅳ₃）：该亚带分布于柴达木盆地大部地区，绝大部分湖泊盐度高，均属狭义盐湖，其水化学类型亦属硫酸镁亚型，但其 Mg/Li 多较库木库里硫酸镁亚型亚带（Ⅳ₁）低（Mg/Li 为 40~114），只有与Ⅳ₁亚带相邻的尕斯库勒湖（Ⅳ₃）Mg/Li 达 1190.82，而Ⅳ₃亚带的锂的含量较Ⅳ₁亚带为高，尤以东、西台吉乃尔至一里坪一带盐湖锂钾含量较高，但 Cs、Rb 也较低。氯化物亚带（Ⅳ₄）：此亚带是柴达木盆地晚新生代盐湖演化后期的浓缩中心，分别位于察尔汗光卤石集中区和昆特依湖—钾湖区。其水化学类型均为氯化物型，其硼、锂、铯组分均不高，但镁、钾的含量较高，尤其以 Mg/Li 高为其特色，可达 1550~4200。

Ⅳ₁、Ⅳ₂、Ⅳ₃亚带的硫酸镁亚型和硫酸钠亚型盐湖的矿物组合同上述Ⅱ、Ⅲ水化学带相似，氯化物型代表性矿物组合则为光卤石—水氯镁石—石盐及光卤石—石盐，在钾湖还发现少量的南极石，详见表14-4。

2）地热水地球化学概述

郑绵平等将青藏高原地热水划分为狮泉河—雅鲁藏布江、班公湖—怒江、北羌塘—金沙江贵德—南祁连和北祁连—西宁等五个地热带，并分析了各地热带的微量元素（HBO_2、Li、Cs、As、F）分布规律，指出沿雅鲁藏布江一带为 Cs、Li、B 的富集区，不仅指出了找富 Li、B、K、Cs、Rb 等特种盐湖的方向，而且按"热水富含铯和硅华堆积"作为找铯硅华矿产的主要地球化学标志，成功地找到了超大型水热成矿铯矿床（图14-1）（郑绵平等，1995）。

Ⅰ狮泉河—雅鲁藏布江地热带：此带为环球地热带的重要组成部分，呈北西西向，多落于雅鲁藏缝合线上，西段由狮泉河转为北西进入克什米尔与阿富汗、伊朗、土耳其地热带相连。其东端折向南南东，经腾冲而与缅泰地热带相接。此带尤其是藏东以西、以其某些特殊水化学类型和高温，最富 B、Li、Cs、As、Cl 以及盛产硅华为特色。

Ⅱ班公湖—怒江地热带：此带位于狮泉河—雅鲁藏布江地热带（Ⅰ）之北，其主体呈北西西向，大致落于班公湖—怒江缝合线上，但在其南北侧有一些温泉群呈线状延伸。此区以其盛产低—高温热水和钙华，富含 B、Li、Cs、Rb、As、F 等为其特点。

Ⅲ北羌塘—金沙江地热带：此带主体大致落于北北西向龙木错—金沙江缝合线范围内，部分温泉群沿其两侧的北西、北东甚至南北向活动断裂向外呈树枝状散布。此带包括大片"无人区"，资料较少，据少量（9个）温泉数据统计，此带均为低温温泉至中低温

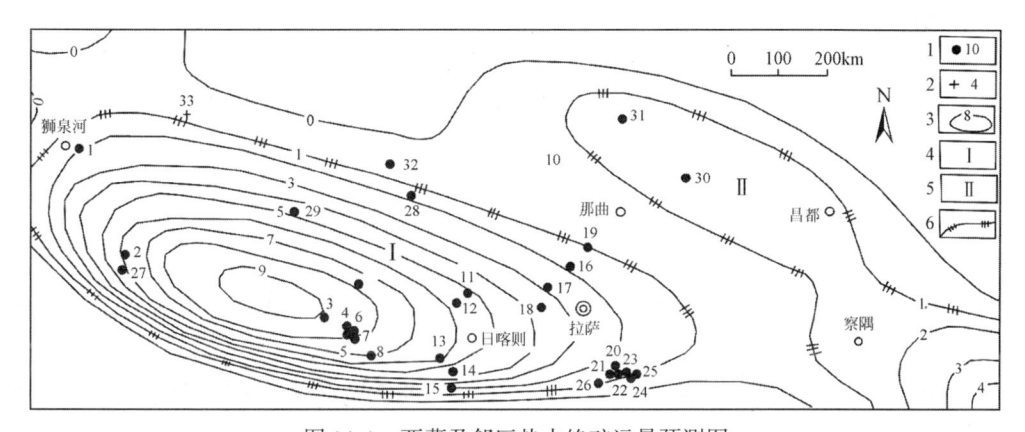

图 14-1 西藏及邻区热水铯矿远景预测图

1—新硅华沉积的地热田及编号；2—老硅华沉积区及编号；
3—热水铯等值线（10^{-6}）；4—铯矿Ⅰ级远景区；5—铯矿Ⅱ级远景区；6—远景区界线

热水。水化学类型则以硫酸重碳酸水、重碳酸、硫酸钠和重碳酸钠水为多（占67%），其次为含硼氯化钠型等。

Ⅳ贵德—南祁连地热带：此带主体沿北西西南祁连缝合线至贵德断裂带分布，小部分分布于香日德和兴海一带。此带已掌握温泉点11个，以低温—高温热水占优势，其中高温热水占43%。水化学类型以硫酸、氯化钠水为多，亦有含硼氯化钠水。

Ⅴ北祁连—西宁地热带：此带主体亦沿北西西中祁连早古生代缝合线至西宁北部断裂带呈分散状分布。已知温泉10个，为低温温泉—低中温热水，水化学类型重碳酸钙水占40%，其次为氯化物硫酸钠水。此带微量元素分析数据较少，就已知少量资料，HBO_2 为 7~58 mg/L，最高含Li仅4 mg/L（乐都县引胜乡王家庄），含F为0.42~20 mg/L，由此推断此带B、Li、Rb、Cs、As和F等含量均低于上述诸带。

三、盐湖环境地球化学

对盐湖环境地球化学（environmental geochemistry）的概念，学术界尚有不同的理解。有人认为它是"研究与人类的生存和发展密切相关的元素在地球外圈层环境中的含量、分布、形态，以及迁移和循环的科学。同时它还研究人类生产和消费活动造成对自然环境影响的上述地球化学规律"（戎秋涛和翁焕新，1990）。这个概念固然反映当前全球生态环境保护的大趋势，也是今后盐湖资源调查和开发十分关注的研究方向，但也有人认为，在研究盐湖环境地球化学时还应关注盐湖沉积古环境的研究。因为盐湖沉积是特定自然地理和地质环境的产物，盐湖对古气候和古环境变化有灵敏的记录。盐湖由淡水湖—咸水湖演变而来，自其成生伊始，其发展的各个阶段都详尽地保存了周围环境变化的信息，包括一般湖沼相所缺乏的咸化阶段的宝贵资料，因而具有湖泊环境变化记录的全息性（Zheng, Meng, Wei, 2000; Zheng, Qi, Jiang, 2004; Zheng, Yuan, Zhao, 2005; 郑绵平等，1998）。

1. 湖相元素地球化学

盐湖沉积物中的常量元素、微量元素组分含量及其相关比值（K、Na、Mg、Ca、B、

Sr、Ba、Mn、Fe、Al、V、Ni、Zn、Co，以及Mg/Ca、Sr/Ca、Sr/Ba、Al$_2$O$_3$/MgO等）的大小在判别沉积环境等方面得到广泛的应用。主要用以示踪古沉积环境和古气候、水体的古盐度，以了解当时的沉积特征。干燥气候条件下由于水分的蒸发，水介质的盐度增强，Na、Ca、Mg、Sr、B大量析出，所以它们的含量相对增高，对应为低海平面期，反映暖干或干寒气候条件。若在潮湿气候条件下，沉积岩中Ba、Fe、Al、V、Ni、Zn、Co等元素含量较高。Mn对氧化还原环境的变化反映特别敏感，Mn在干旱环境下含量比较高，在相对潮湿的环境下含量较低。

一般认为碳酸盐及生物壳体中的Sr/Ba可以指示物质来源。淡水中Sr/Ba<1，海水中Sr/Ba>1。另外，Sr在干旱条件下的咸水中大量富集，而在蒸发相中特别高。因此，当Sr/Ba=20~50时，表明为一种白云石沉积之后的干旱盐湖环境（《沉积地球化学应用》编写组，1988）。

碳酸盐及生物壳体中的Mg/Ca、Sr/Ca值对于卤水的盐度及古气候的变化也非常敏感。Mg/Ca、Sr/Ca的高值指示温度升高、气候干旱；低值则反映湿度降低、气候潮湿，即Mg/Ca、Sr/Ca与气候的湿暖成正比（张彭熹，张保珍，钱桂敏等，1994）。但在碱层出现层位该比值不但不是高值，反而呈现低值。

Fe/Mn值对氧化-还原条件有指示作用（Davison，1993；Wersin，Höhener，Giovanoli et al.，1991），由于Fe易于被氧化，所以其要比相对比较稳定的元素Mn沉淀早。因而从空间分布特征看，Fe多分布于浅水区，而Mn则多在较深的水域沉淀（《沉积地球化学应用》编写组，1988）。所以，Fe/Mn低值反映较深的远岸湖水，而高值则反映沉积环境为河口或滨岸带。同时，Mn在干旱环境下含量比较高，在相对潮湿的环境下含量较低，Fe在潮湿环境中易以Fe(OH)$_3$胶体快速沉淀，因而沉积物中Fe/Mn的高值对应温湿气候、低盐度的水体环境，低值是干热气候、高盐度的水体响应。

V/Ni值的变化可指示岩石沉积时的氧化还原环境。一般V/Ni值大于1为还原环境，而小于1为氧化环境。因岩盐沉积时，盐湖为还原环境，因而V/Ni值应大于1，反之应小于1。

Rb/Sr是一种常用的反映化学风化程度的替代指标，湖相沉积物碳酸盐的高Rb/Sr值反映了流域所经历的弱风化过程（Jin，Wang，Shen et al.，2001）。

Rb/K值法：Rb的含量和Rb/K值能反映水介质的盐度变化，可作为沉积环境盐度测定的指标。K的含量与泥岩中黏土矿物含量有关系，特别是与黏土矿物中伊利石含量关系密切。Rb大部分呈悬浮胶体状态搬运，在碱性还原条件下，Rb的胶体状因凝絮效应沉淀而易被黏土和有机质吸附，故盆地水体的含盐度越高，黏土和有机质对Rb的吸附越强，Rb的含量和Rb/K值亦越高（文华国，郑荣才，唐飞等，2008；罗顺社和汪凯明，2010）。

黏土中Al$_2$O$_3$/MgO值及其变化可以作为气候环境变化的一种标志（郑永飞和陈江峰，2000）。Al$_2$O$_3$/MgO值从盐湖早期未成盐阶段—进入晚期成盐阶段便急剧减小：气候干燥，湖水咸化，Al$_2$O$_3$/MgO值减小；反之亦然。

硼是微量轻元素。它的主要载体是大洋沉积物、海水和洋底热液交代玄武岩，它们的硼含量明显高于陆相沉积物。同一沉积环境中，不同沉积物硼含量也有所不同：通常泥质沉积物中硼含量高于砂质沉积物和碳酸盐沉积物（肖荣阁，大井隆夫，蔡克勤等，1999）。一般而言，海相环境中硼含量为（80~125）×10^{-6}，而淡水环境的样品硼含量多小于60×

10^{-6}。硼含量大于 $400×10^{-6}$ 时古海水为超盐度环境，$(300～400)×10^{-6}$ 为正常海水环境，$(200～300)×10^{-6}$ 为半咸水环境，而低于 $200×10^{-6}$ 者则是低盐度环境的沉积产物（Walker，1968；Walker and Price，1963），一些新生代活动构造区，硼由深部再熔岩浆和热水形成的陆相沉积，其硼的含量较高，在分析环境时应区别对待。

K/Na 值法：K、Na 在水体中分布均一，其含量是盐度的直接标志。水体盐度越高，钾和钠就越易被黏土吸附或进入伊利石晶格，钾相对钠的吸附量亦越大。

2. 盐类包裹体地球化学

流体包裹体地球化学研究包裹体各种性质及其相互关系，为成岩成矿过程提供了探讨物理化学、热力学条件和地质作用地球化学的依据（卢焕章等，2004）。盐类矿物流体包裹体是保存在蒸发岩中的"活化石"，它保存着许多盐类沉积时的气象、水文和沉积环境信息（Roberts，Spencer，Yang et al.，1997；Roberts and Spencer，1995），是矿物结晶过程中母液性质及其物化条件的真实反映。研究包裹体能测知成岩成矿的温度、压力、成矿溶液盐度、密度，获得成矿溶液的成分、pH、稳定同位素等资料，有助于查明矿床成因和成矿物质来源（詹行礼和张云震，1981）。一个十分重要的问题是，原生石盐矿物的包裹体流体才能反映当时湖水条件。石盐流体包裹体成分的提取和研究，不仅可以探讨它的物质来源和成因，亦可用来恢复古盐度等地质环境等。

国外有人通过对美国瑟尔斯（Searles）盐湖区域大气降水、入流水体、盐湖地表卤水和石盐流体包裹体卤水的 δD 和 $\delta^{18}O$ 同位素的研究（Horita，1990），阐述了石盐流体包裹体 δD 和 $\delta^{18}O$ 同位素的分馏机制、影响因素和气候的指示意义，指出石盐流体包裹体 δD 和 $\delta^{18}O$ 同位素对于区域水文状况、大气循环和相对湿度等十分敏感，这种敏感性对于长时间尺度上俘获在石盐流体包裹体卤水的 δD 和 $\delta^{18}O$ 同位素更加突出（刘兴起和倪培，2005）。我国学者通过对石盐矿物流质包裹体氢氧稳定同位素分析，讨论了原生石盐包裹体 δD 和 $\delta^{18}O$ 的分布特征，阐明了察尔汗湖近 50000 a 以来的成盐环境的演化（张保珍，范海波，张彭熹等，1990）。对青海茶卡盐湖石盐中的流体包裹体研究再次证实，只要研究方法正确，这一研究所获得的均一温度数据是可靠的，可以真实反映当时湖水的温度，是研究古气候的一个新手段（葛晨东，2007）。

四、盐类矿物环境地球化学

盐类沉积不仅可以发生在干旱炎热环境下，也能在干旱寒冷环境下生成大量沉积，只是在两种气候条件下生成的盐类矿物在种类和组合上有所不同。换言之，在同样干旱的条件下，随着气温高低的变化会出现不同的矿物组合（郑绵平和刘喜方，2010）。据此，可将反映不同古温度变化的盐类沉积组合作为恢复古气候环境的灵敏而有效的标志（Zheng，Yuan，Liu et al.，2007）。

Zheng，Zhao，Liu（2010）将盐类矿物划分为冷相、暖相和广温相三类。

（1）典型冷相盐类矿物：一些稳定和不稳定的芒硝沉积层产于寒带、亚寒带至中温带的亚干旱或干旱气候带，高原早期几个冷相阶段，如在 24～23 ka、18～16 ka、13～12 ka 以及 8.2 ka 前后都见到芒硝及与其共生的冷相盐类矿物，成为研究青藏高原古气候变化的重要标志物。其余还有碳酸盐型的泡碱、硼砂等（扎布耶盐湖）、水菱镁矿（班戈湖）；

硫酸盐型的七水泻利盐、软钾镁矾、水钙芒硝等（如大浪滩、扎仓茶卡）、库水硼镁石、多水硼镁石（扎仓茶卡等）；氯化物型的水石盐、水氯镁石、南极石（昆特依湖）。

（2）典型暖相和偏暖相盐类矿物：稳定的无水芒硝层或含萤石、氟盐-天然碱层和白钠镁矾层（偏暖相）。

（3）过渡性盐类矿物沉积层：鄂尔多斯高原盐湖以广温相天然碱沉积为主，含少量冷相和暖相矿物，反映区域温差较大。

五、盐湖中几种元素的同位素地球化学研究

（一）硼同位素研究

由于硼的两个稳定同位素 ^{10}B 和 ^{11}B 的相对质量差较大，$\delta^{11}B$ 值的变化范围很大：从 $-70‰$ 变化到 $+75‰$（Hogan and Blum，2002；Williams and Hervig，2004；He，Xiao，Jin et al.，2013；Xiao，Xiao，Jin et al.，2013）。最近 20 多年来，随着硼同位素分析方法的飞速发展（Spivack and Edmond，1986；Xiao，Beary，Fassett，1988；Aggarwal，Sheppard，Mezger et al.，2003；吕苑苑，许荣华，赵平等，2008；Ni，Foster，Elliott，2010；Wang，You，Huang et al.，2010；Guerrot，2011），对与盐湖研究相关的硼同位素地球化学行为及其分馏规律的认识也日益丰富。黏土矿物的吸附过程（Palmer，Spivack，Edmond，1987；Spivack and Edmond，1987；Spivack et al.，1987；Xiao and Wang，2001），碳酸盐的共沉淀作用（Hemming and Hanson，1992；肖应凯，李世珍，魏海珍等，2006；肖应凯，李华玲，刘卫国等，2008），蒸发岩矿物的沉积过程（Swihart，Moore，Callis，1986；Oi，Nomura，Musashi，1989，1991；Liu，Xiao，Peng et al.，2000；Yamahira，Kikawada，Qi，2007；肖军，肖应凯，刘丛强等，2009），以及盐溶液的蒸发过程（Vengosh，Starinsky，Kolodny et al.，1992；Xiao，Vocke，Swihart et al.，1997；Xiao and Lan，2001；Xiao，Li，Wei et al.，2007）等都会伴有明显的硼同位素分馏，主要表现为 ^{10}B 优先进入固相或气相（在流动空气条件下）。

最早开展盐湖体系硼同位素地球化学特征的研究是在 20 世纪 60 年代（McMullen et al.，1961）。但由于受到硼同位素分析技术发展滞后的影响，直到 20 世纪 90 年代其在盐湖领域的应用成果才大量涌现。其中，Vengosh，Chivas，Mcculloch 等（1991）应用硼同位素对澳大利亚现代盐湖水及沉积物和周边地下水等开展研究，发现澳大利亚盐湖及内陆地表水的盐分主要来自于海水中的海盐循环，而不是当地岩石的风化。又以硼同位素为示踪剂，还另文证实了死海卤水是经过蒸发、盐沉积和黏土矿物相互作用后的海水来源，并进一步阐明了死海与其周边冷/热泉水之间的演化关系（Vengosh，Starinsky，Kolodny et al.，1991）。Vengosh（1995）对我国柴达木盆地淡水和卤水的硼同位素研究发现，尽管察尔汗盐湖表现出似海相的卤水特征（Mg-Cl 型，Na/Cl << 1）和矿物组合类型（岩盐—钾盐—光卤石—水氯镁石），但其硼同位素特征（$\delta^{11}B = 12.5‰$）与同样经历强烈蒸发作用的海相盐湖——死海（56‰）截然不同（$\Delta \approx 40‰$），明显低于海水的 $\delta^{11}B$ 值（+39.5‰），表明该区各盐湖水和地表水均为非海相成因。

我国学者在硼同位素盐湖学方面的研究起步较早，并主要集中在青藏高原盐湖区，其

中，以柴达木盆地盐湖的研究程度最高（Xiao, Zhang, 1984, 1992; Liu, Xiao, Peng et al., 2000；李俊周和孙大鹏，1996；刘卫国，肖应凯，彭子成，1999）。根据盐湖卤水的硼同位素特征来看，整体上我国盐湖属于陆相成因（祁海平，王蕴慧，肖应凯等，1993），这一结论与对盐湖中硼酸盐矿物硼同位素特征的研究认识相一致（王庆忠，肖应凯，张崇耿等，2001）。在柴达木盆地内发育盐湖近 30 个，盐湖水及其沉积物中普遍含有硼。肖应凯等（1981，1982）最早开展了该区硼同位素盐湖学研究。我国学者们认为柴达木盆地盐湖水的平均 $\delta^{11}B$ 值为 9.6‰，属陆相成因；结合硼同位素分馏规律和控制因素，可以认为该区盐湖硼同位素特征主要受蒸发作用的控制，也与硼物源和盐类沉积的溶蚀以及钙元素的含量有关。另外，盐湖沉积物的 $\delta^{11}B$ 值为 -25.1‰～1.0‰，均低于相应的卤水，表明与海水环境相似，卤水与沉积物之间确实存在硼同位素分馏（Xiao and Zhang, 1992；孙大鹏，肖应凯，王蕴慧等，1993；肖应凯，Shirodkar，刘卫国等，1999）。针对盐湖卤水与沉积物之间的硼同位素分馏问题，Xiao 和 Wang（2001）研究认为盐湖卤水与沉积物之间的硼同位素分馏相似于海水与海相沉积物的关系，并且在卤水 pH 不太高（如小于 8.5）的情况下，随着卤水 pH 的升高，硼的分配系数逐渐增大，而分馏系数则渐小。基于对柴达木盆地 28 个主要盐湖和 14 条主要河流的硼同位素分析，肖应凯等（1999）认为盆地内盐湖的 $\delta^{11}B$ 值具区域性特征，分为西部和西北部（$\delta^{11}B$ 值最高）、中部和南部（最低）以及东部和东北部（居中）。

青藏高原腹地的西藏盐湖硼同位素研究程度较低（郑绵平，向军，魏新俊等，1989；祁海平，王蕴慧，肖应凯等，1993；王庆忠，肖应凯，张崇耿等，2001；吕苑苑，2008）。早期的物源示踪工作多依赖于源区基岩和补给水系的硼含量数据，以及岩石溶滤试验的分析（郑喜玉和杨绍修，1981，1983；陈克造，杨绍修，郑喜玉，1981；于昇松和唐渊，1981；郑绵平，刘文高，向军等，1983；吴俐俐，马文展，唐渊，1984；郑喜玉，1988；郑绵平，向军，魏新俊等，1989；张彭熹，张保珍，唐渊等，1999）。早期西藏盐湖硼同位素数据比较零散而缺乏系统性，仅能得出一些有关物源主要依据地质调查，对于硼元素进入盐湖后的迁移和富集过程认识尚不明了（郑绵平，向军，魏新俊等，1989；祁海平，王蕴慧，肖应凯等，1993；王庆忠，肖应凯，张崇耿等，2001；吕苑苑和郑绵平，2014）。吕苑苑通过硼同位素的细致分析，发现现今当雄错卤水中硼元素的物源主要来自湖周缘早期沉积的湖相碳酸盐黏土，虽然碳酸盐黏土硼还是来自早期地热水，但卤水的富硼过程并不是传统认为的地热水补给后的蒸发浓缩，而是经过湖相碳酸盐黏土的吸附和共沉淀等富集过程，随后要经过二次搬运再次聚集至低洼湖而成（Lü et al., 2013）。但目前当雄错周缘还有大量地热水直接汇入湖中，并不可能与已抬升的湖相沉积交换，这些现代热水如何与湖底软泥交替，尚待进一步研究。此外，研究表明由于西藏特殊的构造地质特征和地球化学背景，热水中多富含多种微量元素（包括硼），地热水是西藏富硼盐湖的重要补给来源之一（郑绵平，刘文高，向军等，1989）。

（二）锂同位素研究

锂在矿物晶体结构中，Li^+ 可以在一定程度上通过类质同象方式取代 Mg^{2+} 和 Fe^{2+}（Vine, 1975; Stoffynegli and Mackenzie, 1984）。而碱性离子的交换反应会将锂带入到溶液中（Hem, 1959）。此外，由于锂盐一般非常易溶于水，因此很难形成锂盐的盐沉淀，只有锂的碳酸盐溶解度较低，可以形成碳酸锂沉积。在海水蒸发过程中，锂趋向于滞留在残余卤水中，而不会浓缩于海相石盐中（Vine，1975）。在化学风化过程中，锂会以 Li⁺形式从矿物岩石中淋滤下来进入水溶液中，进而随地表水被搬运至海洋，然后在那里富集于细粒的海相黏土沉积物中（Vine，1975）。

锂有两种稳定同位素：^{6}Li（7.5%）和 ^{7}Li（92.5%），且有较大的同位素分馏。研究表明，^{6}Li 优先进入固相，而 ^{7}Li 更容易进入液相（Chan and Edmond，1988；肖应凯等，1993；Tomascak，Hemming，Gary，Hemming，2003；Tomascak，2004；Witherow，Lyons，Berry，Henderson，2010；Godfrey，Chan，Alonso et al.，2013）。在所有河流中，水溶液比悬浮物具有更高的 δ^7Li 值（5‰~30‰）（Huh，Chan，Zhao et al.，1998；Huh，Chan，Edmond，2001）。在湖泊与海洋环境中，^{6}Li 会优先进入黏土沉积物中（Chan and Edmond，1988；肖应凯等，1994）。在硅酸岩风化过程中，^{6}Li 会被优先保留在次生矿物中（Pistiner and Henderson，2003；Vigier，Gislason，Burton et al.，2009）。地表过程中锂同位素的分馏大于 40‰（Huh，Chan，Chadwick，2004；Kisakürek，James，Harris，2005；Rudnick，Tomascak，Njo et al.，2004；Hathorne and James，2006；Pogge von Strandmann et al.，2006）。

20 世纪 30 年代就有人从事与盐湖相关的锂同位素研究（Taylor and Urey，1938）。随后，偶见锂蒸发矿物（Li₂NaPO₄）和盐湖卤水的锂同位素数据报道（Cameron，1955；Svec and Anderson Jr，1965）。但是，数据不多且相当零散。20 世纪 80 年代以来锂同位素进入了地质应用阶段（Chan，1987；Xiao and Beary，1989；肖应凯，祁海平，王蕴慧等，1991；Tomascak，Tera，Helz et al.，1999）。对达布逊盐湖东岸钻井的晶间卤水、达布逊湖水和周边补给水域的样品锂同位素研究发现，虽然卤水锂同位素组成（平均 δ^7Li = 30.5‰）与海水特征（约 32‰）相似，但并不表明它们是海相成因，而是具有高 δ^7Li 值的补给水在汇入盐湖后与黏土沉积物发生锂同位素分馏的结果（肖应凯，祁海平，王蕴慧等，1993）。而大柴旦盐湖卤水平均为 21.7‰ 的 δ^7Li 值明显低于海水，表明属非海相成因（肖应凯等，1994）。这一结论与硼同位素数据结果相一致（Xiao and Zhang，1992）。另外，测得的大柴旦湖卤水与沉积物间的锂同位素分馏系数为 1.009（肖应凯等，1994）。

研究表明，青藏高原大部分盐湖都富集硼和锂（郑绵平，刘文高，向军等，1983；郑喜玉和杨绍修，1983；张彭熹等，1987）。这说明两者可能具有相同的物源并经历了相似的地球化学过程（肖应凯等，1994）。对大柴旦盐湖体系的硼、锂同位素示踪研究发现，大柴旦补给水的硼、锂同位素组成具有相似的变化趋势，表明它们为同一来源；且卤水中的硼和锂都发生了贫化。硼、锂同位素数据还表明，大柴旦盐湖卤水的硼主要来自周缘的深部地下水（如热泉），而锂则来自包括河水在内的各种水源水。与呈明显区域性变化的硼同位素不同，大柴旦盐湖湖表卤水、溶洞卤水和晶间卤水的锂同位素组成变化不大（Xiao and Zhang，1992；肖应凯等，1994）。一些学者认为，这是由于大柴旦盐湖中锂具有较长停留时间进而能被充分混合的结果（肖应凯，祁海平，王蕴慧等，1994）。然而对美国莫诺盐湖的研究发现，锂在该盐湖中的停留时间（28 ka）比硼（约 37 ka）更短。这表明元素停留时间并不能解释硼锂同位素在大柴旦盐湖中的分布差异。Tomascak 等（2003）对热泉和大苏打湖的盐壳以及莫诺盐湖碳酸钙的锂同位素分析发现，在盐结晶和碳酸钙沉淀过程中锂同位素的分馏很小（Δ 约为 2‰）。然而与之相对，上述过程却会引起相当的硼同位素分馏（Hemming and Hanson，1992；Liu，Xiao，Peng et al.，2000；肖应凯，李华玲，刘卫国等，2008）。

（三）氯同位素研究

氯是海洋和盐湖及相关体系的富集元素。在干燥的气候条件下随着水体的强烈蒸发 Cl^- 被不断浓缩，最后以氯化物形式析出（肖应凯，魏海珍，尹德忠，2000）；氯同位素组成的变化是成盐卤水演化和盐类成矿作用的直接反映（许建新，马海州，肖应凯等，2008）。氯有 ^{35}Cl 和 ^{37}Cl 两个稳定同位素，两者相对质量差为 5.7%。自然界氯同位素的变化范围为 7‰左右（刘卫国，肖应凯，韩凤清等，1998）。

20 世纪 80 年代，随着氯同位素测定技术的改进和发展，自然界氯同位素的分馏才被证实，并且推动了其地球化学应用研究的不断深入（Xiao and Zhang，1992；Long，Eastoe，Kaufmann et al.，1993；Magenheim，Spivack，Volpe et al.，1994；Eggenkamp，Kreulen，Groos，1995；Stiller，Nissenbaum，Kaufmann et al.，1998；Xiao，Li，Wei et al.，2007）。研究表明扩散作用、离子渗透过程和对流混合等均会引起氯同位素的分馏（Campbell，1985；Desaulniers，Kaufmann，Cherry et al.，1986；Phillips and Bentley，1987；Lavastre，Jendrejewski，Agrinier，2005）。但在盐湖卤水环境中，这些过程基本不存在。除了补给水对盐湖卤水氯同位素组成会有一些影响外，氯化物盐类的沉积是引起盐湖卤水氯同位素组成变化的主要因素（刘卫国，肖应凯，孙大鹏等，1996；刘卫国，肖应凯，彭子成，1999）。卤水和 NaCl 饱和溶液的蒸发实验发现，在盐类晶体析出过程中，氯同位素分馏系数由小于 1 逐渐变为大于 1，即由反分馏变为正分馏，卤水 $\delta^{37}Cl$ 值降低；而在快速蒸发过程中，则发生卤水 $\delta^{37}Cl$ 值升高的反分馏现象（Xiao et al.，2000）。研究认为，氯同位素分馏主要受同位素化合物键能的控制；分馏效应发生在盐类的再结晶过程中；盐类的结晶、溶解和再结晶过程控制着整个氯同位素分馏的大小及方向。需要指出的是，实验表明，在光卤石和水氯镁石析出时，固相中富集 ^{35}Cl（Eggenkamp，Kreulen，Groos，1995）。但是，大量模拟蒸发实验和盐田样品分析表明，^{37}Cl 相对于 ^{35}Cl 优先进入盐类沉积物中；伴随盐类矿物的析出，卤水的 $\delta^{37}Cl$ 值不断降低，使晚期析出的岩盐或钾盐比早期析出的更贫 ^{37}Cl（肖应凯，刘卫国，周引民等，1996；刘卫国，肖应凯，孙大鹏等，1996；Xiao，Liu，Zhou et al.，1997；孙大鹏，帅开业，高建华等，1998）。盐湖卤水和单矿物溶液的蒸发实验表明，在卤水蒸发析盐的各个阶段，固、液相 $\delta^{37}Cl$ 值呈持续降低的趋势，启示 $\delta^{37}Cl$ 值是一个反映卤水演化阶段的良好指标（Luo，Xiao，Ma et al.，2012；Luo，Xiao，Wen et al.，2014）。

研究表明，盐类沉积的气候条件是其氯同位素组成变化的主要因素；在持续干旱和强烈蒸发的环境下，盐类沉积的 $\delta^{37}Cl$ 值呈现逐渐降低的趋势；而在温暖潮湿（泛湖期）环境下，冰雪融化，降雨及周边补给水增加，具有较高 $\delta^{37}Cl$ 值的淡水汇入湖水中，导致盐类沉积物具有较高的 $\delta^{37}Cl$ 值；受到这种气候交替变化影响的盐湖的 $\delta^{37}Cl$ 值也会呈现多次循环的特点（刘卫国，肖应凯，孙大鹏等，1995；刘卫国和肖应凯，1998；王庆忠，肖应凯，刘卫国等，1995）。需要特别指出的是，盐类沉积氯同位素的古气候研究尚处于探索阶段，有待今后开展更为深入细致的研究工作（肖应凯，魏海珍，尹德忠等，2000）。

此外，研究表明不同蒸发浓缩阶段岩盐氯同位素分馏的变化是有规律性的：石盐到钾

石盐阶段 $\delta^{37}Cl$ 值逐渐减小（孙大鹏，帅开业，高建华等，1998；Luo, Xiao, Ma et al., 2012；Luo, Xiao, Wen et al., 2014）。以塔里木盆地西部莎车盆地和库车盆地为例，Tan 等（2005）将 $\delta^{37}Cl$ 值作为贫 Br 地区找钾的有效地球化学指标，指出莎车盆地西部喀什拗陷的成盐古卤水已浓缩到晚期阶段，可视为有利的成钾远景区；而库车盆地的氯同位素特征不利于钾盐的沉积，则与最近库车盆地深部发现厚层钾盐相悖。柴达木盆地古代岩盐的研究，也认为柴达木盆地西部油墩子、南翼山等背斜构造单元的中新统、上新统蒸发岩沉积序列中，找到大规模钾盐沉积的可能性不大（谭红兵，马海州，张西营等，2009）。将氯化物盐的 $\delta^{37}Cl$ 值作为新的找钾地球化学指标，是氯同位素在盐湖资源应用研究中的有益尝试。然而，其能否成功地作为贫 Br 地区找钾的有效地球化学指标，还有待进一步验证。

（四）锶同位素研究

锶有四个稳定同位素（^{84}Sr，^{86}Sr，^{87}Sr 和 ^{88}Sr）。国际上自20世纪60年代以来就将其用于解决盐湖的物质来源、探讨盐湖演化和研究气候变化的工作中。它在国外多有应用，但由于我国的盐湖大多为高盐度的资源型内陆盐湖，因而很少利用锶同位素解决应用性问题。

其中 ^{87}Sr 来自 ^{87}Rb 的 β 衰变。Rb 的化学性质与 K 相似，可以替代矿物晶格里的 K；而 Sr^{2+} 与 Ca^{2+} 具有相似的离子半径（分别是 1.18 Å 和 1.00 Å）和相同的电价，锶能够替换矿物晶格中的钙。因此，锶经常赋存于含钙和含钾的矿物中，并且富 Ca 矿物相比于富 K 矿物具有更低的 $^{87}Sr/^{86}Sr$ 值。此外，不同水体的锶同位素特征主要受控于所流经围岩的 $^{87}Sr/^{86}Sr$ 值，这也是锶同位素化学风化研究的基本前提假设。通过测定水体的锶同位素比值，进而可以开展水体流径、溶解物来源、混合过程以及化学风化等方面研究（Palmer and Edmond, 1992；Chandhuri and Clauer, 1993；Lent, Gaudette, Lyons, 1997；Ettayfi, Bouchaou, Michelot et al., 2012）。除此之外，一般地球化学过程（如蒸发沉淀、去气和温度变化等）中，锶同位素都不会发生明显分馏，因此沉淀矿物的锶同位素特征与其析出流体的 $^{87}Sr/^{86}Sr$ 值相一致（Banner and Kaufman, 1994）。

锶同位素在盐湖学领域的研究最早可以追溯到20世纪60年代。Jones 和 Faure（1967）利用锶同位素证明南极洲万达湖（Lake Vanda，咸水湖）的盐来源于周缘基岩的化学风化，而非来自海洋或火山物质，解决了一直以来人们对该湖物源问题的争论。进入20世纪80年代后，锶同位素在盐湖学领域的应用研究越来越丰富（Jones, Gunter, Taylor et al., 1983；Lyons, Tyler, Gaudette et al., 1995；Neumann and Dreiss, 1995；Pretti and Stewart, 2002）。其中，在对盐湖演化历程以及气候研究方面，已有研究认为如果湖泊的主要补给水体具有不同的 $^{87}Sr/^{86}Sr$ 值，那么湖水补给水源的变化将引起湖水锶同位素特征的变化；另外，锶在湖水中的停留时间比较短（约4年），而碳酸盐等盐沉淀过程不会引起锶同位素分馏（Lent, Gaudette, Lyons, 1997；Tomascak, Hemming, Gary, Hemming, 2003；Li, You, Ku et al., 2008）；因此，湖相碳酸盐等盐沉积的 $^{87}Sr/^{86}Sr$ 值可以很好地记录地质历史时期湖水的锶同位素变化（Li, You, Ku et al., 2008）。另外，由于封闭湖盆的水文平衡直接与气候相关，因此将锶同位素地层学与古盐度（如介形虫壳体 Sr/Ca 值）和古气候指标（如 C、O 同位素）相结合，还可以更好地了解盐湖水文演化过程以及气候变化问题（Lent，Gaudette，Lyons，1997）。

Stein 等（1997）对利萨古湖（Lake Lisan，死海前身）湖相地层中文石和石膏的锶同位素研究发现，利萨古湖始于晚更新世海进后的超盐卤水，主要离子比和湖盆大小与死海相似，位于死海盆地的最深部。起初，气候使得利萨古湖水位上升，进而导致原卤水与补给淡水之间形成密度分层。结晶于上层水的文石，其大部分锶来自于约旦河水和地表径流，只有不到1%的锶来源于下层卤水。上层水中文石的不断析出导致该水层中 SO_4^{2-} 的不断富集。随后，气候逐渐趋于干旱，湖水的密度分层结构逐渐解体，湖水发生不同程度混合，形成了大量石膏沉积。Sr/Ca 值和 $^{87}Sr/^{86}Sr$ 数据也表明，石膏与文石不是在同一溶液中结晶析出的。同样利用锶同位素，Li 等（2008）通过对湖相碳酸盐的锶同位素分析，研究了索尔顿湖及其前身——卡维拉古湖（Lake Cahuilla）的主要补给来源。锶同位素数据表明，索尔顿湖的两条主要补给河水（科罗拉多河和白水河）具有不同锶同位素特征，而索尔顿湖的补给水大部分来自于科罗拉多河。通过卡维拉古湖岸阶地的碳酸盐锶同位素分析发现，至少在 800～20500 a 之间，科罗拉多河也是卡维拉湖的主要补给水源，而且在这段时期科罗拉多河的地表径流流域没有变化。基于这一认识，结合气候指标（C、O 同位素和 Sr/Ca 值）又对科罗拉多河的流量和洪水历史进行了更深入的解析。与国外研究工作相比，尽管国内也有盐湖体系锶同位素方面的相关工作（刘成林，王弭力，焦鹏程，1999；Jin，Wang，Zhang et al.，2010），但是开展的工作还比较少，还有待进一步深入。

除此以外，锶同位素由于其特殊的地球化学性质，其在重建古盐度研究方面也具有一定的优势（Holmden，Creaser，Muehlenbachs，1997；Reinhardt，Stanley，Patterson，1998；Peros，Reinhardt，Schwarcz et al.，2007）。一方面锶在海洋中的停留时间（2.5 Ma）远长于其混合时间（约 1.5 ka），这使得全新世海水的锶同位素组成在世界范围内保持相当的均一性（Hodell，Mead，Mueller，1990）。而另一方面，淡水的 $^{87}Sr/^{86}Sr$ 值则取决于流经围岩的锶同位素特征。对于海水-陆表水双元体系（如滨海湿地），由于其水体的锶同位素组成取决于海水与淡水之间的混合程度，假定混合端元的锶同位素和含量情况已知，那么基于锶同位素数据可以研究该水体的盐度变化（Ingram and Sloan，1992）。然而，由于海水的锶含量（约为 $8×10^{-6}$）远大于一般的淡水（$<1×10^{-6}$），若改变海水的锶同位素信号需要大量淡水进行稀释，因此利用锶同位素研究盐度变化更适用于低盐度体系（如 <20‰）（Reinhardt，Stanley，Patterson，Timothy et al.，1998）。此外，在封闭的湖盆体系，由于锶同位素不分馏，由蒸发量与降水量比变化引起的盐度改变并不能影响水体的锶同位素特征。因此，在研究相对封闭体系时，锶同位素研究还需要与 C、O 同位素相结合，才能更好地解释水体盐度变化情况（Reinhardt，Stanley，Patterson，1998）。

第三节　盐湖地球化学的发展趋势和展望

目前，盐湖研究已趋向由"盐湖"扩展到盐类聚集体（盐体系）的研究，包括河湖、港湾、盐沼泽、盐碱地、盐泉、深层盐层和卤水。成盐元素也达 25 种之多，涉及的问题已远远超出地球科学盐类科技的范围，而进入生物学、医疗保健和现代生态学、行星科学等领域，可以说，宏观上已进入类地行星盐类地球化学的研究阶段，微观上已达到分子和基因层次；表明盐类地球化学进入了多学科交叉、亚分支扩展的崭新时代（郑绵平，

2007)。

今后由于各国经济发展的需求和科学发展，盐体系地球化学将会有更大发展。

（1）盐湖构造地球化学和区域地球化学的研究将更加重视结合板块构造、大陆动力学和水化学研究，在分析构造背景的基础上，针对不同构造环境的元素及同位素等指标，细划各类构造地球化学域；在重视传统水文勘查地球化学的同时，对近地表沉积的深穿透地球化学研究（谢学锦和王学求，2003）和遥感地质研究（闫丽娟和郑绵平，2014），以指导盐类矿产（钾、硼、稀碱、稀卤等）的找矿和环境保护研究。

（2）青藏高原盐湖是我国得天独厚的一块瑰宝，是盐类地球化学和自然资源宝库和天然实验室，高原盐盆地成因与岩石圈、水圈、大气圈、生物圈的多圈层相互作用十分密切，是研究全球新生代圈层相互作用和演化的窗口。凭借这一地球上少有的"窗口湖盆"，其成为联结和识别深部岩石圈、水圈和生物圈及顶盖大气圈的窗口和记录器，从地球科学整体观、系统论出发，深部圈层的地球化学动力学与浅表诸圈层的响应相耦合，综合集成以往单学科大量成果，揭示多圈层地球化学动力学演化内在规律，实为当今世界前沿的大科学，有望促使我国青藏高原科学攀上新的台阶。

（3）开展比较盐湖地球化学和现代盐湖动态变化监测。现代盐湖作为动态变化地球化学沉积天然实验室，既是当今和未来现代气候灵敏记录器和监测器，又是古代盐类成因与成矿地球化学天然实验室。在国家科技部门和地质部门的支持下，在青藏高原及其邻区初步建立了三个盐湖科学观测站。持续给予支持和进一步完善可成为我国盐湖观测站网络系统，可长期积累不可多得的第一手基础数据，对推进研究全球变化、保护盐湖环境以及创新盐矿的地球化学理论都有重大意义。

（4）盐境地球化学和盐生物地球化学。盐湖和盐碱地是地球上典型的极端环境，越来越成为生物学和地学关注的研究方向。高盐环境及盐生物资源为盐境地球化学和盐生物地球化学研究和生物技术提供了难得的发展机遇，催生更多边缘学科产生，如盐境地球化学、盐生物地球化学。不仅可开拓极端环境高盐碱地球化学新领域，而且将为人类提供新的功能材料和更多的蛋白质、天然色素和能源，为净化环境、改良土壤及促进旅游业的发展服务。

（5）行星盐类地球化学研究。在火星上也发现有沉积岩形成，说明火星上曾经浸在流动的水中，并已发现有大量硫酸盐、氯化物矿物和碳酸盐沉积（Wang et al.，2006；Zheng et al.，2013），土卫二、木卫二也有盐类发现。火星等大量盐类矿物的发现，标志着盐体系包括盐类地球科学研究向其他类行星扩展的远大发展前景；由于盐类地球化学演化与行星地质过程和生命起源密切相关；目前国内外已适时开展地球与大量相似极端环境的盐类地球化学对比研究。如我国柴达木盆地有类似火星盐类沉积，是研究火星沉积和次生作用的良好类比点。孔维刚（2014）在大浪滩首次发现六水硫酸镁及风化脱水形成硫镁矾，旁证分布广泛的大量硫镁矾的次生成因。随着深空探测科学的进展，未来类地行星盐类地球化学必将越来越深入地发展。

（6）盐湖沉积与古环境地球化学。盐湖具有湖泊环境变化记录的全息性，在盐湖沉积中保存着古今环境变化和地质事件的翔实信息。因此，盐湖沉积与古环境地球化学现已成为全球变化的重大研究课题，并具有特殊意义。开展盐湖沉积多学科和新技术相结合的研究，以恢复古气候、古环境和预测未来全球变化为目的，具有广阔的领域和发展前景。

以上所列举的盐湖（盐类）地球化学领域，还不能全面概括其全部内容，可以预见，随着科学技术的进步，其研究领域还会不断扩大和延伸。

主要参考文献

《沉积地球化学应用》编写组．1988．"沉积地球化学应用"第八讲 微量元素研究在沉积学中的应用（2）．岩相古地理，（5）：51~58

陈国达和黄瑞华．1984．关于构造地球化学的几个问题．大地构造与成矿学，8（1）：7~18

陈国达，黄苏，蔡嘉猷等．1983．北疆西部大地构造特征、发展史与油气形成的关系．大地构造与成矿学，7（1）：2~25，99~101

陈克造，杨绍修，郑喜玉．1981．青藏高原的盐湖．地理学报，36（1）：13~21

高世扬，王建中，柳大纲．1995．大柴旦盐湖夏季组成卤水的天然蒸发–含硼海水型盐湖卤水的天然蒸发．盐湖研究，4（3）：16~22

高世扬，宋彭生，夏树屏等．2007．盐湖化学——新类型硼锂盐湖．北京：科学出版社，1~522

葛晨东，王天刚，刘兴起等．2007．青海茶卡盐湖石盐中流体包裹体记录的古气候信息．岩石学报，23（9）：2063~2068

李俊周和孙大鹏．1996．大柴达木盐湖硼同位素地球化学研究．地球化学，25（3）：277~285

刘成林，王弭力，焦鹏程．1999．新疆罗布泊盐湖氢氧锶硫同位素地球化学及钾矿成矿物质来源．矿床地质，18（3）：77~84

刘卫国和肖应凯．1998．昆特依盐湖氯同位素特征及古气候意义．海洋与湖沼，29（4）：431~435

刘卫国，肖应凯，孙大鹏等．1995．马海盐湖区卤水和盐类矿物的氯同位素特征及意义．盐湖研究，3（2）：29~33

刘卫国，肖应凯，孙大鹏等．1996．柴达木盆地氯同位素组成特征．地球化学，25（3）：296~303

刘卫国，肖应凯，韩凤清等．1998．昆特依盐湖氯同位素特征及古气候意义．海洋与湖沼，29（4）：431~435

刘卫国，肖应凯，彭子成．1999．柴达木盆地盐湖卤水硼、氯同位素的水化学特性探讨．盐湖研究，7（3）：8~14

刘喜方，郑绵平，齐文．2007．西藏扎布耶盐湖超大型B、Li矿床成矿物质来源研究．地质学报，81（12）：1709~1715

刘兴起和倪培．2005．表生环境条件形成的石盐流体包裹体研究进展．地球科学进展，20（8）：856~862

柳大纲，陈敬清，徐晓白等．1996．茶卡盐湖物理化学调查研究．盐湖研究，4（3）：20~42

柳大纲，陈敬清，张长美．1996．柴达木盆地盐湖类型和水化学特征．盐湖研究，4（3）：9~20

卢焕章等．2004．流体包裹体．北京：科学出版社

吕苑苑．2008．几种地球化学标志在金湖凹陷阜宁群沉积环境中的应用．北京：中国科学院地质与地球物理研究所

吕苑苑和郑绵平．2014．盐湖硼、锂、锶、氯同位素地球化学研究进展．矿床地质，33（5）：930~944

吕苑苑，许荣华，赵平等．2008．利用MC-ICPMS对水样中硼同位素比值的测定．地球化学，37（1）：1~8

罗顺社和汪凯明．2010．元素地球化学特征在识别碳酸盐岩层序界面中的应用——以冀北坳陷中元古界高于庄组为例．中国地质，37（2）：430~437

祁海平，王蕴慧，肖应凯．1993．中国盐湖中硼同位素的初步研究．科学通报，38（7）：634~637

戎秋涛和翁焕新．1990．环境地球化学．北京：地质出版社，1~345

孙大鹏，肖应凯，王蕴慧．1993．青海湖硼同位素地球化学初步研究．科学通报，38（9）：822~825

孙大鹏，帅开业，高建华等.1998.氯化物型钾盐矿床氯同位素地球化学的初步研究.现代地质，12（2）：80~85

谭红兵，马海州，张西营等.2009.蒸发岩序列中氯化物盐的氯同位素分馏效应及应用——兼论塔里木盆地、柴达木盆地古代岩盐的沉积阶段.岩石学报，25（4）：955~962

王弭力，刘成林等.2001.罗布泊盐湖钾盐资源.北京：地质出版社

王庆忠，肖应凯，刘卫国等.1995.第四纪察尔汗地区石盐沉积中的氯同位素组成.盐湖研究，3（1）：40~44

王庆忠，肖应凯，张崇耿等.2001.青海和西藏的某些天然硼酸盐矿物的硼同位素组成.矿物岩石地球化学通报，20（4）：364~366

文华国，郑荣才，唐飞等.2008.鄂尔多斯盆地耿湾地区长6段古盐度恢复与古环境分析.矿物岩石，28（1）：114~120

吴俐俐，马文展，唐渊.1984.青藏高原高硼卤水的水化学特征及其成因.地理研究，3（4）：1~11

肖军，肖应凯，刘丛强等.2009.硼掺入 $Mg(OH)_2$ 过程中的硼同位素分馏.科学通报，54（16）：2363~2371

肖荣阁，大井隆夫，蔡克勤等.1999.硼及硼同位素地球化学在地质研究中的应用.地学前缘，6（2）：168~175

肖应凯.1982. $^{10}B(n,\alpha)^7Li$ 和 $^6Li(n,\alpha)^3H$ 反应对青藏高原某些盐湖中硼和锂同位素组成的影响.科学通报，9（15）：942~945

肖应凯，王蕴慧，曾海霞.1981.盐湖水中硼同位素丰度比值的质谱法测定.盐湖科技资料，1-2（Z1）：57~62

肖应凯，祁海平，王蕴慧等.1991.热电离质谱法测定锂同位素中各种涂样形式的比较.科学通报，（18）：1386~1388

肖应凯，祁海平，王蕴慧等.1993.察尔汗首采区卤水中锂同位素组成.盐湖研究，1（3）：52~56

肖应凯，祁海平，王蕴慧等.1994.青海大柴达木湖卤水、沉积物和水源水中的锂同位素组成.地球化学，23（4）：329-338

肖应凯，刘卫国，周引民等.1996.盐湖卤水及盐类矿物的氯同位素组成.科学通报，41（22）：2067~2070

肖应凯，Shirodkar P V，刘卫国等.1999.青海柴达木盆地盐湖硼同位素地球化学研究.自然科学进展，9（7）：38~44

肖应凯，魏海珍，尹德忠.2000.盐湖硼氯同位素地球化学研究进展.盐湖研究，18（1）：30~40

肖应凯，李世珍，魏海珍等.2006.从海/咸水中沉积碳酸钙时异常的硼同位素分馏.中国科学（B辑 化学），36（3）：263~272

肖应凯，李华玲，刘卫国等.2008.无机碳酸盐沉积的硼同位素分馏——$B(OH)_3$ 掺入碳酸盐的证据.中国科学（D辑，地球科学），38（10）：1309~1317

谢学锦和刘大文.2006.地球化学填图与地球化学勘查.地质论评，52（6）：721~732

谢学锦和王学求.2003.深穿透地球化学新进展.地学前缘，10（1）：225~238

许建新，马海州，肖应凯等.2008.稳定氯同位素及其应用地球化学研究.盐湖研究，（1）：51~59

闫立娟和郑绵平.2014.我国蒙新地区近40年来湖泊动态变化与气候耦合.地球学报，35（4）：463~472

闫立娟，郑绵平，袁志洁.2014.近40年来气候变化对青海盐湖及其矿产资源开发的影响——以小柴旦湖为例.矿床地质，33（5）：921~929

于昇松和唐渊.1981.青藏高原盐湖的水化学特征.海洋与湖沼，12（6）：498~511

袁见齐.1959.柴达木盆地中盐湖的类型.地质学报，39（3）：318~323

詹行礼和张云震. 1981. 人工石盐晶体的包裹体特征及其均一温度. 矿物岩石, (Z1): 82~86
张保珍, 范海波, 张彭熹等. 1990. 察尔汗盐湖石盐的流质包裹体氢氧稳定同位素分析及其地球化学意义. 沉积学报, 8 (1): 3~17
张彭熹等. 1987. 柴达木盆地盐湖. 北京: 科学出版社, 1~235
张彭熹, 张保珍, 杨文博. 1988. 青海湖冰后期水体环境的演化. 沉积学报, 6 (2): 1~14
张彭熹, 张保珍, 钱桂敏等. 1994. 青海湖全新世以来古环境参数的研究. 第四纪研究, (3): 225~239
张彭熹, 张保珍, 唐渊等. 1999. 中国盐湖自然资源及其开发利用. 北京: 科学出版社, 1~325
郑绵平. 1986. 柴达木盐湖科学调查报告. 中国地质科学院矿床地质研究所文集 (18)
郑绵平. 1989. 全球盐湖地质研究与展望. 国外矿床地质 (国外盐湖地质专辑), 3-4 (3): 1~34
郑绵平. 1999. 论盐湖学. 地球学报, 20 (4): 395~401
郑绵平. 2001a. 论中国盐湖. 矿床地质, 20 (2): 128, 181~189
郑绵平. 2001b. 青藏高原盐湖资源研究的新进展. 地球学报, 22 (2): 97~102
郑绵平. 2004. 深切怀念柳大纲先生——柳大纲先生百年诞辰纪念. 94~96
郑绵平. 2007. 盐类科学研究的扩展——盐体系研究的思考 (代序). 地质学报, 81 (12): 1603~1607
郑绵平和刘喜方. 2010. 青藏高原盐湖水化学及其矿物组合特征. 地质学报, 84 (11): 1585~1601
郑绵平和齐文. 2006. 我国盐湖资源及其开发利用. 矿产保护与利用, (5): 45~50
郑绵平, 刘文高, 金文山. 1981. 西藏盐湖盐类矿物的研究. 中国地质科学院矿床地质研究所文集
郑绵平, 刘文高, 向军等. 1983. 论西藏的盐湖. 地质学报, 2 (2): 184~194
郑绵平, 向军, 魏新俊等. 1989. 青藏高原盐湖. 北京: 北京科学技术出版社, 1~431
郑绵平, 王秋霞, 多吉等. 1995. 水热成矿新类型——西藏艳硅华矿床. 北京: 地质出版社, 1~114
郑绵平, 赵元艺, 刘俊英. 1998. 第四纪盐湖沉积与古气候. 第四纪研究, (4): 297~307
郑绵平, 刘喜方, 袁鹤然等. 2008. 青藏高原第四纪重点湖泊地层序列和湖相沉积若干特点. 地球学报, 29 (3): 293~306
郑喜玉. 1988. 西藏盐湖微量元素的分布. 海洋与湖沼, 19 (1): 52~63
郑喜玉和杨绍修. 1981. 西藏盐湖物质成分的初步研究. 盐湖科技资料, 21 (Z1): 8~19
郑喜玉和杨绍修. 1983. 西藏盐湖成分及其成因探讨. 海洋与湖沼, 14 (4): 342~352
郑喜玉, 张明刚, 董继和等. 1992. 内蒙古盐湖. 北京: 科学出版社, 1~295
郑喜玉等. 1995. 新疆盐湖. 北京: 科学出版社, 1~226
郑永飞和陈江峰. 2000. 稳定同位素地球化学. 北京: 科学出版社, 1~316
Aggarwal J K, Sheppard D, Mezger K et al. 2003. precise and accurate determination of boron isotope ratios by multiple collector icp-ms: Origin of boron in the Ngawha geothermal system, New Zealand. *Chemical Geology*, 199 (3): 331~342
Banner J L and Kaufman J. 1994. The isotopic record of ocean chemistry and diagenesis preserved in non~luminescent brachiopods from Mississippian carbonate rocks, Illinois and Missouri. *Geological Society of America Bulletin*, 106 (8): 1074~1082
Cameron A E. 1955. Variation in the natural abundance of the lithium isotopes 1. *Journal of the American Chemical Society*, 77 (10): 2731~2733
Campbell D J. 1985. Fractionation of stable chlorine isotopes during transport through semipermeable membranes. The University of Arizona
Chan L H. 1987. Lithium isotope analysis by thermal ionization mass spectrometry of lithium tetraborate. *Analytical Chemistry*, 59 (22): 2662~2665
Chan L H and Edmond J M. 1988. Variation of lithium isotope composition in the marine environment: A preliminary report. *Geochimica Et Cosmochimica Acta*, 52 (6): 1711~1717

Chaudhuri S and Clauer N. 1993. Strontium isotopic compositions and potassium and rubidium contents of formation waters in sedimentary basins: Clues to the origin of the solutes. *Geochimica Et Cosmochimica Acta*, 57 (2): 429~437

Davison W. 1993. Iron and manganese in lakes. *Earth-Science Reviews*, 34 (2): 119

Desaulniers D E, Kaufmann R S, Cherry J A et al. 1986. ^{37}Cl–^{35}Cl variations in a diffusion-controlled groundwater system. *Geochimica Et Cosmochimica Acta*, 50 (8): 1757~1764

Eggenkamp H G M, Kreulen R, Groos A F, et al. 1995. Chlorine stable isotope fractionation in evaporites. *Geochimica Et Cosmochimica Acta*, 59 (24): 5169~5175

Ettayfi N, Bouchaou L, Michelot J L et al. 2012. Geochemical and isotopic (oxygen, hydrogen, carbon, strontium) constraints for the origin, salinity and residence time of groundwater from a carbonate aquifer in the western Anti-Atlas Mountains, morocco. *Journal of Hydrology*, 438~439 (17): 97~111

Eugster H P and Hardie L A. 1978. Saline Lakes: Chemistry, Geology, Physics. New York: Springer, 237~293

Godfrey L V, Chan L H, Alonso R N et al. 2013. The role of climate in the accumulation of lithium-rich brine in the central Andes. *Applied Geochemistry: Journal of the International Association of Geochemistry and Cosmochemistry*, 38: 92~102

Guerrot C, Millot R, Robert M et al. 2011. Accurate and high-precision determination of boron isotopic ratios at low concentration by MC-ICP-MS (neptune). *Geostandards and Geoanalytical Research*, 35 (2): 275~284

Hathorne E and James R. 2006. Temporal record of lithium in seawater: A tracer for silicate weathering? *Earth and Planetary Science Letters*, 246 (3): 393~406

He M Y, Xiao Y K, Jin Z D et al. 2013. Accurate and precise determination of boron isotopic ratios at low concentration by positive thermal ionization mass spectrometry using static multicollection of Cs_2Bo_2+ ions. *Analytical Chemistry*, 85 (13): 536~548

Hem J D. 1959. Study and interpretation of the chemical characteristics of natural water. Us Geol Surv Water Supply Paper-2254: 264

Hemming N G and Hanson G N. 1992. Boron isotopic composition and concentration in modern marine carbonates. *Geochimica Et Cosmochimica Acta*, 56 (1): 537~543

Hodell D A, Mead G A, Mueller P A. 1990. Variation in the strontium isotopic composition of seawater (8 Ma to present): Implications for chemical weathering rates and dissolved fluxes to the oceans. *Chemical Geology: Isotope Geoscience Section*, 80 (4): 291~307

Hogan J F and Blum J D. 2002. Boron and lithium isotopes as groundwater tracers: A study at the fresh kills landfill, Staten Island, New York, USA. *Applied Geochemistry*, 18 (4): 615~627

Holmden C, Creaser R A, Muehlenbachs K. 1997. Paleosalinities in ancient brackish water systems determined by $^{87}Sr/^{86}Sr$ ratios in carbonate fossils: A case study from the western Canada sedimentary basin. *Geochimica Et Cosmochimica Acta*, 61 (10): 2105~2118

Horita J. 1990. Stable isotope paleoclimatology of brine inclusions in halite: Modeling and application to Searles Lake, California. *Geochimica et Cosmochimica Acta*, 54 (7): 20~59

Huh Y, Chan L H, Zhang L et al. 1998. Lithium and its isotopes in major world rivers: Implications for weathering and the oceanic budget. *Geochimica Et Cosmochimica Acta*, 62 (12): 2039~2051

Huh Y, Chan L H, Edmond J M. 2001. Lithium isotopes as a probe of weathering processes: Orinoco river. *Earth and Planetary Science Letters*, 194 (1): 189~199

Huh Y, Chan L H, Chadwick O A. 2004. Behavior of lithium and its isotopes during weathering of Hawaiian basalt. *Geochemistry, Geophysics, Geosystems*, 5 (9)

Ingram B L and Sloan D. 1992. Strontium isotopic composition of estuarine sediments as paleosalinity-paleoclimate indicator. *Science*, 255 (5040): 68~72

Jin Z D, Wang S M, Shen J et al. 2001. Chemical weathering since the little ice age recorded in lake sediments: A high-resolution proxy of past climate. *Earth Surface Processes and Landforms*, 26 (7): 775

Jin Z D, Wang S M, Zhang F et al. 2010. Weathering, Sr fluxes and controls on water chemistry in the Lake Qinghai Catchment, Ne Tibetan Plateau. *Earth Surface Processes and Landforms*, 35 (9): 1057~1070

Jones L M and Faure G. 1967. Origin of the salts in Lake Vanda, Wright Valley, Southern Victoria Land, Antarctica. *Earth and Planetary Science Letters*, 3: 101~106

Jones L M, Gunter F, Taylor K S et al. 1983. The origin of salts on mount Erebus and along the coast of Ross Island, Antarctica. *Chemical Geology*, 41 (1): 57~64

Kong W G, Zheng M P, Kong F J et al. 2014. Sulfate-bearing deposits at Dalangtan Playa and their implication for the formation and preservation of martian salts. *American Mineralogist*, 99 (2-3): 283~290

Kısakürek B, James R H, Harris N B W. 2005. Li and δ^7Li in Himalayan Rivers: Proxies for Silicate Weathering? *Earth and Planetary Science Letters*, 237 (3): 387~401

Lavastre V, Jendrzejewski N, Agrinier P et al. 2005. Chlorine transfer out of a very low permeability clay sequence (Paris Basin, France): ^{35}Cl and ^{37}Cl Evidence. *Geochimica Et Cosmochimica Acta*, 69 (21): 4949~4961

Lent R M, Gaudette H E, Lyons W B. 1997. Strontium isotopic geochemistry of the devils Lake Drainage system, North Dakota: A preliminary study and potential paleoclimatic implications. *Journal of Paleolimnology*, 17 (1): 147~154

Li H C, You C F, Ku T L et al. 2008. Isotopic and geochemical evidence of palaeoclimate changes in Salton Basin, California, During the Past 20 Kyr: 2. ^{87}Sr/^{86}Sr ratio in Lake Tufa as an indicator of connection between Colorado River and Salton Basin. *Palaeogeography, Palaeoclimatology, Palaeoecology*, 259 (2): 198~212

Liu W G, Xiao Y K, Peng Z C et al. 2000. Boron concentration and isotopic composition of halite from experiments and salt lakes in the Qaidam Basin. *Geochimica Et Cosmochimica Acta*, 64 (13): 2177~2183

Long A, Eastoe C J, Kaufmann R S et al. 1993. High-precision measurement of chlorine stable isotope ratios. *Geochimica Et Cosmochimica Acta*, 57 (12): 2907~2912

Luo C G, Xiao Y K, Ma H Z et al. 2012. Stable isotope fractionation of chlorine during evaporation of brine from a saline lake. *Chinese Science Bulletin*, 57 (15): 1833~1843

Luo C G, Xiao Y K, Wen H J et al. 2014. Stable isotope fractionation of chlorine during the precipitation of single chloride minerals. *Applied Geochemistry*, 47

Lyons W B, Tyler S W, Gaudette H E et al. 1995. The use of strontium isotopes in determining groundwater mixing and brine fingering in a Playa Spring Zone, Lake Tyrrell, Australia. *Journal of Hydrology*, 167 (1): 225~239

Lü Y Y, Zheng M P, Chen W X et al. 2013. Origin of boron in the Damxung Co Salt Lake (central Tibet): evidence from boron geochemistry and isotopes. *Acta Geologica Sinica (English Edition)*, (S1): 151~152

Magenheim A J, Spivack A J, Volpe C et al. 1994. Precise determination of stable chlorine isotopic ratios in low-concentration natural samples. *Geochimica Et Cosmochimica Acta*, 58 (14): 3117~3121

McMullen C C, Cragg C B, Thode H G. 1961. Absolute ratio of ^{11}B/^{10}B in Searles Lake borax. *Geochimica et Cosmochimica Acta*, 23: 147~150

Musashi M, Oi T, Ossaka T et al. 1991. Natural boron isotope fractionation between hot spring water and rock in direct contact. *Isotopenpraxis*, 27 (4): 163

Neumann K and Dreiss S. 1995. Strontium 87/strontium 86 ratios as tracers in groundwater and surface waters in Mono Basin, California. *Water Resources Research*, 31 (12): 3183-3193

Ni Y Y, Foster G L, Elliott T. 2010. The accuracy of $\delta^{11}B$ measurements of foraminifers. *Chemical Geology*, 274 (3): 187~195

Oi T, Nomura M, Musashi M et al. 1989. Boron isotopic compositions of some boron minerals. *Geochimica Et Cosmochimica Acta*, 53 (12): 3189~3195

Palmer M R and Edmond J M. 1992. Controls over the strontium isotope composition of river water. *Geochimica Et Cosmochimica Acta*, 56 (5): 2099~2111

Palmer M R, Spivack A J, Edmond J M. 1987. Temperature and Ph controls over isotopic fractionation during adsorption of boron on marine clay. *Geochimica Et Cosmochimica Acta*, 51 (9): 2319~2323

Peros M C, Reinhardt E G, Schwarcz H P et al. 2007. High-resolution paleosalinity reconstruction from laguna De La Leche, North Coastal Cuba, Using Sr, O, and C isotopes. *Palaeogeography, Palaeoclimatology, Palaeoecology*, 245 (3): 535~550

Phillips F M and Bentley H W. 1987. Isotopic fractionation during ion filtration: I. theory. *Geochimica Et Cosmochimica Acta*, 51 (3): 683~695

Pistiner J S and Henderson G M. 2003. Lithium-isotope fractionation during continental weathering processes. *Earth and Planetary Science Letters*, 214 (1): 327~339

Pretti V A and Stewart B W. 2002. Solute sources and chemical weathering in the Owens Lake Watershed, Eastern California. *Water Resources Research*, 38 (8): 1~2

Reinhardt E G, Stanley D J, Patterson R T. 1998. Strontium isotopic-paleontological method as a high-resolution paleosalinity tool for lagoonal environments. *Geology*, 26 (11): 1003

Reutter K J, Scheuber E, Chong G. 1996. The precordilleran fault system of Chuquicamata, Northern Chile: Evidence for reversals along Arc-parallel Strike-slip faults. *Tectonophysics*, 259 (1): 213~228

Roberts S M and Spencer R J. 1995. Paleotemperatures preserved in fluid inclusions in halite. *Geochimica Et Cosmochimica Acta*, 59 (19): 3929~3942

Roberts S M, Spencer R J, Yang W B et al. 1997. Deciphering some unique paleotemperature indicators in halite-bearing saline lake deposits from Death Valley, California, USA. *Journal of Paleolimnology*, 17 (1): 101~130

Rudnick R L, Tomascak P B, Njo H B et al. 2004. Extreme lithium isotopic fractionation during continental weathering revealed in saprolites from South Carolina. *Chemical Geology*, 212 (1): 45~57

Smith G I. 1979. Geological Survey Professional Paper 1043. Washington: United States Government Printing Office, 1~130

Spivack A J and Edmond J M. 1986. Determination of boron isotope ratios by thermal ionization mass spectrometry of the dicesium metaborate cation. *Analytical Chemistry*, 58 (1): 31~35

Spivack A J and Edmond J M. 1987. Boron isotope exchange between seawater and the oceanic crust. *Geochimica Et Cosmochimica Acta*, 51 (5): 1033~1043

Stein M, Starinsky A, Katz A et al. 1997. Strontium isotopic, chemical, and sedimentological evidence for the evolution of Lake Lisan and the Dead Sea. *Geochimica Et Cosmochimica Acta*, 61 (18): 3975~3992

Stiller M, Nissenbaum A, Kaufmann R S et al. 1998. Cl-37 in the Dead Sea system-preliminary results. *Applied Geochemistry*, 13 (8): 953~960

Stoffynegli P and Mackenzie F T. 1984. Mass balance of dissolved lithium in the oceans. *Geochimica Et Cosmochimica Acta*, 48 (4): 859~872

Strandmann P A E P V, Burton K W, James R H et al. 2006. Riverine behaviour of uranium and lithium isotopes in an actively glaciated basaltic terrain. *Earth and Planetary Science Letters*, 251 (1): 134~147

Strandmann P A E P V, Reynolds B C, Porcelli D et al. 2006. Assessing continental weathering rates and actinide transport in the Great Artesian Basin. *Geochimica Et Cosmochimica Acta*, 70 (18): A497

Sun D P, Wang Y H, Qi H P et al. 1989. A preliminary investigation on boron isotopes in the Da Qaidam and Xiao Qaidam Saline Lakes of Qaidam Basin, China. *Chinese Science Bulletin*, (4): 320~324

Svec H J, Anderson A R. 1965. The absolute abundance of the lithium isotopes in natural sources. *Geochimica Et Cosmochimica Acta*, 29 (6): 633~641

Swihart G H, Moore P B, Callis E L. 1986. Boron isotopic composition of marine and nonmarine evaporite borates. *Geochimica Et Cosmochimica Acta*, 50 (6): 1297~1301

Tan H B, Ma H Z, Xiao Y K et al. 2005. Characteristics of chlorine isotope distribution and analysis on sylvinite deposit formation based on ancient salt rock in the western Tarim Basin. *Science in China Series D: Earth Sciences*, 48 (11): 1913~1920

Taylor T I and Urey H C. 1938. Fractionation of the lithium and potassium isotopes by chemical exchange with zeolites. *The Journal of Chemical Physics*, 6 (8): 429~438

Tomascak P B. 2004. Developments in the understanding and application of lithium isotopes in the earth and planetary sciences. *Reviews in Mineralogy and Geochemistry*, 55 (1): 153~195

Tomascak P B, Tera F, Helz R T et al. 1999. The absence of lithium isotope fractionation during basalt differentiation: New measurements by multicollector sector ICP-MS. *Geochimica Et Cosmochimica Acta*, 63 (6): 907~910

Tomascak P B, Hemming N G, Hemming S R. 2003. The lithium isotopic composition of waters of the Mono Basin, California. *Geochimica Et Cosmochimica Acta*, 67 (4): 601~611

Usiglio J. 1849. Analyse de l'eau de la Méditerranée sur les côtes de France: Annalen der Chemie, v. 27

Vengosh A. 1995. Chemical and boron isotope compositions of non-marine brines from the Qaidam Basin, Qinghai, China. *Chemical Geology*, 120 (1): 135~154

Vengosh A, Chivas A R, Mcculloch M T et al. 1991. Boron isotope geochemistry of australian salt lakes. *Geochimica Et Cosmochimica Acta*, 55 (9): 2591~2606

Vengosh A, Starinsky A, Kolodny Y et al. 1991. Boron isotope geochemistry as a tracer for the evolution of brines and associated hot springs from the Dead Sea, Israel. *Geochimica Et Cosmochimica Acta*, 55 (6): 1689~1695

Vengosh A, Starinsky A, Kolodny Y et al. 1992. Boron isotope variations during fractional evaporation of sea water: New constraints on the marine vs. nonmarine debate. *Geology*, 20 (9): 799

Vigier N, Gislason S R, Burton K W et al. 2009. The relationship between riverine lithium isotope composition and silicate weathering rates in Iceland. *Earth and Planetary Science Letters*, 287 (3): 434~441

Vine J D. 1975. Lithium in sediments and brines——how, why and where to search. *Journal of Research of the U S Geological Survey*, 3 (4): 479~485

Walker C T. 1968. Evaluation of boron as a paleosalinity indicator and its application to offshore prospects. *Evaluation of Boron as a Paleosalinity Indicator and Its Application to Offshore Prospects*, 52 (5): 751~766

Walker C T and Price Norman B. 1963. Departure curves for computing paleosalinity from boron in illites and shale. *Aapg Bulletin*, 47 (5): 833~841

Wang A, Haskin L A, Squyres S W et al. 2006. Sulfate deposition in subsurface regolith in Gusev crater, Mars. *Journal of Geophysical Research Atmospheres*, 111 (E2): 428~432

Wang B S, You C F, Huang K F et al. 2010. Direct separation of boron from Na- and Ca-rich matrices by sublimation for stable isotope measurement by MC-ICP-MS. *Talanta*, 82 (4): 1378~1384

Wersin P, Höhener P, Giovanoli R et al. 1991. Early diagenetic influences on iron transformations in a freshwater lake sediment. *Chemical Geology*, 90 (3): 233~252

Williams L B and Hervig R L. 2004. Boron isotope composition of coals: A potential tracer of organic contaminated fluids. *Applied Geochemistry*, 19 (10): 1625~1636

Witherow R A, Lyons W B, Henderson G M. 2010. Lithium isotopic composition of the mcmurdo dry valleys aquatic systems. *Chemical Geology*, 275 (3): 139~147

Xiao J, Xiao Y K, Jin Z D. et al. 2013. Boron isotope variations and its geochemical application in nature. *Australian Journal of Earth Sciences*, 60 (4): 431~447

Xiao Y and Lan W. 2001. The effect of pH and temperature on the isotopic fractionation of boron between saline brine and sediments. *Chemical Geology*, 171 (3): 253~261

Xiao Y K and Beary E S. 1989. High-precision isotopic measurement of lithium by thermal ionization mass spectrometry. *International Journal of Mass Spectrometry and Ion Processes*, 94 (1): 107~114

Xiao Y K and Lan W. 2001. The effect of Ph and temperature on the isotopic fractionation of boron between saline brine and sediments. *Chemical Geology*, 171 (3): 253~261

Xiao Y K and Zhang C G. 1992. High precision isotopic measurement of chlorine by thermal ionization mass spectrometry of the Cs_2Cl^+ Ion. *International Journal of Mass Spectrometry and Ion Processes*, 116 (3): 183~192

Xiao Y K, Beary E S, Fassett J D. 1988. An improved method for the high-precision isotopic measurement of boron by thermal ionization mass spectrometry. *International Journal of Mass Spectrometry and Ion Processes*, 85 (2): 203~213

Xiao Y K, Sun D P, Wang Y H et al. 1992. Boron isotopic compositions of brine, sediments, and source water in Da Qaidam Lake, Qinghai, China. *Geochimica Et Cosmochimica Acta*, 56 (4): 1561~1568

Xiao Y K, Liu W G, Zhou Y M et al. 1997. Isotopic compositions of chlorine in brine and saline minerals. *Chinese Science Bulletin*, 42 (5): 406~409

Xiao Y K, Vocke R D, Swihart G H et al. 1997. Boron volatilization and its isotope fractionation during evaporation of boron solution. *Analytical Chemistry*, 69 (24): 5203~5207

Xiao Y K, Liu W G, Zhou Y M et al. 2000. Variations in isotopic compositions of chlorine in evaporation-controlled salt lake brines of Qaidam Basin, China. *Chinese Journal of Oceanology and Limnology*, 18 (2): 169~177

Xiao Y K, Li S Z, Wei H Z et al. 2007. Boron isotopic fractionation during seawater evaporation. *Marine Chemistry*, 103 (3): 382~392

Yamahira M, Kikawada Y, Oi T. 2007. Boron isotope fractionation accompanying formation of potassium, sodium and lithium borates from boron-bearing solutions. *Geochemical Journal*, 41 (3): 149~163

Yan L and Zheng M. 2015a. Influence of climate change on saline lakes of the Tibet Plateau, 1973-2010. *Geomorphology*, 246: 68~78

Yan L and Zheng M. 2015b. The response of lake variations to climate change in the past forty years: A case study of the northeastern Tibetan Plateau and adjacent areas, China. *Quaternary International*, 371: 31~48

Yan L J and Zheng M P. 2015b. Influence of climate change on saline lakes of the Tibet Plateau, 1973-2010. *Geomorphology*, 246: 68~78

Yan L J and Zheng M P. 2014a. Dynamic changes of lakes in Tibet plateau and the climate interaction in the past forty years. *Acta Geologica Sinica*, 88 (s1): 34~35

Yan L J and Zheng M P. 2015a. The response of lake variations to climate change in the past forty years: A case study of the northeastern Tibetan Plateau and adjacent areas, China. *Quaternary International*, 371: 31~48

Zheng M P. 1997. An introduction to saline lakes on the Qinghai-Tibet Plateau. *Kluwer Academic Publishers*, 1~309

Zheng M P. 2001. On salinology. *Hydrobiologia*, 466 (1): 339~347

Zheng M P, Meng Y F, Wei L J. 2000. Evidence of the Pan-lake stage in the period of 40-28 ka B. P. on the Qinghai-Tibet plateau. *Acta Geologica Sinica (English Edition)*, 74 (2): 266~272

Zheng M P, Qi W, Jiang X F *et al.* 2004. Trend of salt lake changes in the background of global warming and tactics for adaptation to the changes. *Acta Geologica Sinica (English Edition)*, 78 (3): 795~807

Zheng M P, Yuan H R, Zhao X T *et al.* 2005. The quaternary pan-lake (overflow) period and paleoclimate on the Qinghai-Tibet Plateau. *Acta Geologica Sinica (English Edition)*, 79 (6): 821~834

Zheng M P, Yuan H R, Liu J Y *et al.* 2007. Sedimentary characteristics and paleoenvironmental records of Zabuye Salt Lake, Tibetan Plateau, since 128 ka BP. *Acta Geologica Sinica (English Edition)*, 81 (5): 861~874

Zheng M P, Zhao Y Y, Liu J Y. 2010. Palaeoclimatic indicators of China's quaternary saline lake sediments and hydrochemistry. *Acta Geologica Sinica-English Edition*, 74 (2): 259~265

Zheng M P, Kong, W G, Zhang X F *et al.* 2013. A comparative analysis of evaporate sediments on Earth and Mars: Implications for the climate change on Mars. *Acta Geologica Sinica-English Edition*, 87 (3): 885~897

（作者：郑绵平、吕苑苑、王淑丽）

第十五章 构造地球化学

构造地球化学（tectono-geochemistry）是研究地质构造控制岩石形成和引起岩石变形期间地球化学分布与变化的领域（吕古贤，孙岩，刘德良等，2011）。因此，它是介于构造地质学与地球化学之间的一门新兴边缘交叉学科。

19世纪中期，H. C. 索比（Sorby，1863）最早提出了"经受着变形的岩石可以发生化学变化"的观点。在这一科学论断的启示下，地质科学在探讨各种构造活动过程中元素活化迁移、物质重熔分异、流体循环方式、变质温压平衡、动力成岩成矿、高温高压实验等方面，获得了大量的系统的研究成果（Fyfe，1976；王嘉荫，1978；Michibayashi，1996）。

构造地球化学现象在自然界非常普遍；但作为一门分支学科，它的理论和实验基础尚有很大的深化空间。"构造力是完成某些地球化学作用的动力"的论断日益被学界所重视。越来越多的研究表明，构造变形不仅仅是一种物理机械作用，而且影响到某些地球化学作用，它们之间存在着力学–化学的耦合关系。

本章试图简约评述该领域的重要进展和存在问题，探讨它的发展方向和趋势。

第一节 构造地球化学研究的历史和背景

在20世纪30年代构造地球化学思想得到系统的表述，在相当长的时间里这种科学思想成为地质科学研究的前沿和关注的核心。20世纪80年代，构造地球化学受到我国学者的广泛关注，成为地学界的热点研究领域。

一、研究背景

构造地球化学的发展得益于构造与岩石矿物地球化学相关边缘领域的研究和交融。将构造作用与岩石形成及成分变化联系起来的思想由来已久，但提出系统研究和表述的当推Harker（1932）和Sander（1930）：他们分别将应力矿物和岩石组构变化的形成归因于构造作用。格鲁宾曼把变质岩的分类划分与其所处的深度联系起来，P. Niggli把变质岩相、温度和压力环境统一起来（Niggli，1954）。王嘉荫（1978）通过化学反应中矿物之间体积变化压力影响的运算，探讨了应力矿物的地球化学问题。李四光（1965）认为，受力岩石在发生形变的同时也会发生成分变化。1961年，陈国达组建了大地构造与地球化学研究室，广泛开展构造与地球化学相结合的研究，并首次提出"构造地球化学"专业术语，开设专业课程（陈国达，1978）。日本学者提出了双变质带概念（都城秋穗，1972），虽然也有人认为它们可能不是同时出现的。尽管对于双变质带迄今仍有分歧意见，但都城秋穗认为在板块俯冲带温度梯度和压力梯度都有异常，实际上打破了温度和压力一定与形成深度相配合的旧观念。W. S. 皮切尔（1983）则按构造环境来划分不同的花岗岩岩石类型，大大提高了花岗岩的构造地球化学研究水平。杨开庆（1982，1986）研究构造地球化学与成矿作用问题后，在构造控岩控矿研究的基础上提出了"构造动力成岩成矿"理论。R. H. 弗农（1975）出版了有关显微构造与化学物质迁移和分布关系的专著。

在一个比较长的时期里，"构造地球化学"成为地质科学前缘和热门，但是也不断提出新问题。20世纪70~80年代，很多学者重视构造地球化学的研究，内容逐渐扩大，涉及比较广泛的地质科学领域。然而，试图证明差应力对化学反应具有影响的实验并没有获得成功，典型的应力矿物多数在非应力条件下也可以被合成。英国地质学会在"变形与变质作用关系"学术研讨会议后总结道：如果实验证实化学平衡 P/T 参量的差别依赖于偏差应力的话，或许要再回到 Harker 应力和反应力矿物的观点的时候（Jones，1981）。1980年前后，构造地球化学进入兴旺发展阶段，获得了数量众多的研究成果，举办过多次很有影响的专业学术会议。1983年，我国在长沙召开过"第一届全国构造地球化学座谈讨论会"（涂光炽，1984），成立了构造地球化学专业组，在1989、1992、1995年分别在贵阳、昆明、桂林召开了多届全国构造地球化学会议（吴学益，1998）。20世纪90年代后期，该领域进入低潮阶段，"构造地球化学专业组"与区域地球化学、元素地球化学、勘查地球化学等专业学组合并，改组成"应用地球化学专业委员会"。

二、构造地球化学的概念和研究层次的讨论

随着构造与岩石矿物地球化学相互关联的大量地质现象的发现，20世纪70~80年代，中国学者对"构造地球化学"的科学概念进行过广泛讨论，成为热点研究领域。

陈国达和黄瑞华（1983）认为，构造地球化学是研究各种地质构造作用与地球化学过程之间在时间上、空间上和成因上关系的学科；杨开庆（1984）指出构造不仅有控岩控矿特点，还有与成岩成矿同步的地球化学作用，提出构造动力改造作用是独立于沉积、岩浆和变质作用之外的第四种成岩成矿作用的意见。涂光炽认为，"构造地球化学是探求构造与地球化学内在联系的一门学问"（涂光炽，1984）。

章崇真（1979，1983）、吴学益（1988，1998）指出，构造地球化学研究发生岩石形变过程中的地球化学特征、作用和机制，研究地壳运动与原子、离子运动之间的关系及其规律。刘洪波等认为，构造地球化学是研究各种构造环境中地壳化学元素的分配和迁移、分散和富集特征、规律及其过程动力学机制的一门边缘学科（刘洪波，关广岳，金成洙，1987）；孙岩等认为，构造地球化学是研究构造作用过程中化学元素的时空分布、演化规律和成因联系的科学（孙岩，徐士进，刘德良，1998）。杨国清认为，构造地球化学的理论基础是应力场理论、化学动力学理论和耗散结构理论（杨国清，1990）。刘泉清认为，所谓构造地球化学形迹系指与构造作用有关的地球化学异常，因此构造地球化学是一门从研究构造地球化学形迹出发，揭示元素及同位素在地壳构造运动中的地球化学变化，阐明元素在构造中的分布分配、共生组合、迁移富集的规律及其整个演化历史，最后揭示构造地球化学异常的形成，以及地壳构造运动的发展历史的科学（刘泉清，1981）。此外，许多学者都对构造地球化学的概念发表了意见，完善了这门学科的研究工作（钱建平，1998；刘德良和王奎仁，1989；黄瑞华等，1989；段嘉瑞等，1989）。

关于构造地球化学的研究领域、内容和层次问题，陈国达和黄瑞华（1983）、章崇真（1983）、吴学益（1987，1998）、高合明（1994）和杨国清（1990）等，主张根据研究目标区的性质、规模或尺度来划分它的研究内容；包括各种岩类的成岩构造地球化学、成矿构造地球化学、深部构造地球化学和地震构造地球化学；宇宙构造地球化学、大地构造地球化学、实验构造地球化学和应用构造地球化学等；或分为大尺度构造地球化学体系（大地构造地球化学、区域构造地球化学）、中尺度构造地球化学体系（褶皱、断裂、矿区和矿床构造地球化学）和小尺度构造地球化学体系（手标本、显微镜下的构造地球化学）。

第二节　中国构造地球化学的研究现状和进展

本节将简约地从大地构造和区域构造地球化学、成岩成矿构造地球化学、理论与实验构造地球化学三个层次，介绍我国学者的主要成果和研究进展。

一、大地构造和区域构造地球化学

陈国达通过大地构造与地球化学关系的研究，发展了大地构造与地球化学相结合的研究方向（陈国达，1978）。他对比了地槽型和地洼型构造区花岗岩类的岩石化学成分，发现两者有着系统的差别：SiO_2 分别为 59% ~ 69% 和 73% ~ 74%；TiO_2 分别为 0.44% ~ 0.75% 和 0.10% ~ 0.16%；CaO 分别为 2.4% ~ 6.7% 和 0.51% ~ 0.98%；K_2O+Na_2O 分别为 5.35% ~ 7.68% 和 8.05% ~ 8.65%；$FeO+Fe_2O_3+MgO+TiO_2$ 分别为 12.56% ~ 6.109% 和 0.85% ~ 3.48%。应用这一思路和方法，分析了胶东地台活化区的花岗岩地球化学，结果与上述结论一致（吕古贤和孔庆存，1993）。

通过构造运动相关岩石的化学分析资料，推断研究构造环境和演化过程，是通常的方法。学者们用构造地球化学方法研究了北格陵兰岛东部赫克拉火山地区两次古元古代的连续的火山运动：Hekla Sund (HS) 运动和 Aage Berthelsen (AaB) 运动。两次火山稳定的稀有和示踪元素（Ti、Zr、Nb、Y 和 REE）差别很小，被认为是同一次岩浆事件的产物。但是，两套岩石的不相容示踪元素之比却有明显的不同。分析表明，HS 和 AaB 的火山岩在 2000 ~ 1750 Ma 长时间切向压力作用下爆发，随后在 1750 ~ 1740 Ma 后期的剪切运动发生于花岗岩中，影响到区域抬升、侵蚀和广泛的沉积作用，两次运动可能是由不同的扩展构造引起的（Parsons, Whipple, Simoni, 2001）。R. Kerrich 通过哥伦比亚西部与加勒比南部地区晚白垩世火山作用的地球化学研究，恢复了构造环境和演化特点。一方面，该区相继发生的镁铁质火山活动在化学成分和组成上有着惊人的一致，说明它们属于同一区域的岩浆作用。另一方面，镁铁质熔岩示踪元素的特性与冰岛 Reykjanes 山脉的玄武岩成分相近；说明 88 Ma 时加拉帕戈斯热点迅速形成大洋台地，且由于高温和浮力得以俯冲到南美洲边缘下方，伴随有向西扩展的大西洋迁移，从而在大陆边缘形成叠瓦状构造（Kerrich, 1983）。澳大利亚西部的 Yilgarn 克拉通东部的两个地区的太古宙的长英质火山岩组成英安岩（Morris and Witt, 1997），流纹岩共生的岩石有玄武岩和安山岩。一套属于 Black Flag Group，受控于水下英安质岩浆的上侵和它们的多次活动。另一套来自其他地区（Melita and Jeedamya volcanics) 由流纹英安岩和火山碎屑岩沉积和少量的英安岩组成。根据岩石 REE 含量的分布形式的差别，可推断 Black Flag Group 的岩石在后岛弧列岛中喷发出；Melita 和 Jeedamya 长英质火山岩是邻近后岛弧列岛地壳的减薄区段部分局部熔融的结果。

需要指出的是，一些学者先建立起构造带的变形和应力场性质，然后开展研究，获得颇有特色的成果。W. L. Petro 等用世界范围典型构造-岩浆岩带的 1363 个岩石样品，建立了能区分板块构造挤压和引张构造环境的地球化学标志和参量（Petro, Vogel, Wilband, 1979）。W. S. 皮切尔根据板块构造环境划分出不同的花岗岩类型，指出在构造热事件后期，压力会迅速下降，因而岩浆的中性成分随之减少（皮切尔，1972）。中国学者将胶东成矿花岗岩的构造-岩浆岩环境分为挤压构造、剪切构造和引张构造；其中常量元素显示对应的偏于基性、中性和酸性；三类花岗岩的岩石物理化学参量依次显示：①相对高压、较强还原条件的封闭环境，②相对中等压力、还原条件和较高温度，③较低压力、较高温度、偏氧化条件和相对开放的成岩条件（吕古贤和孔庆存，1993）。也有人指出，挤压性和引张性板块边界对深成岩的化学特征有不同的影响。在构造带的引张向挤压演化过程中，拉脊山及东秦岭早古生代开-合旋回中火山岩的地球化学特征稀土元素含量、轻稀土元素富集程度、大离子亲石元素含量等发生由低到高的演化，而碱度则由高向低变化（邓清禄和杨巍然，2004）。

钱建平指出，作为板块边界的毕鸟夫带在远离海沟的方向玄武岩成分呈有规律的变化，即岛弧拉斑玄武岩系列—钙碱性玄武岩系列—橄榄安粗质玄武岩系列，K、R、Ba、Sr、Pb、U、Th 含量增大，Cr、Ni 含量减小，特征元素对比值 K/Rb 减小，Th/V、La/Y 增大（钱建平，1999）。兴安和松嫩地块不同时期地层细碎屑岩化学组成，揭示了地块内存在元素富集地层，富集层之间有四个界面，据此认为两陆块具独立的演化历史，确定分割该区陆块区域断裂即是两条缝合线（李双林，迟效国，戚长谋，1996）。夹皮沟金矿的系统构造地球化学分析表明，中生代太平洋板块向华北板块碰撞和俯冲，激发了幔源和壳源岩浆，引起成矿微量元素的活化、迁移，从而形成了区域性 Cu、Au、Bi 等矿化分带。控矿构造组合类型以及稳定同位素所揭示的构造分馏特征，体现了夹皮沟金矿带是幔-壳流体加入、矿质多源、中生代构造-岩浆-成矿作用的产物（邓军，孙忠实，杨立强，2000）。可见，尽管区域构造环境的演化历史复杂，它们的岩矿地球化学组成的差异和变化依然有一定的规律。依据构造地球化学特征可能找出大地构造和区域构造的成分、性质、演化成矿特征。

二、成岩成矿构造地球化学

学者们对中小规模的矿田、矿区、矿体、断裂、褶皱或劈理等的构造与地球化学相关性也进行了广泛的研究。

这一类被我们归为成岩成矿构造地球化学研究范畴。20 世纪 70~80 年代，国际上研究成果丰富。Г. М. Гундобин 和 П. В. Богатырев（1975）研究了断裂带、褶皱带对化学成分变化的影响。Е. И. Паталаха（1986）根据褶皱类型和温压条件划分了变质带和相应的褶皱类型，提出了构造相问题。М. А. 贡恰罗夫和 В. Г. 达利斯基（1996）将岩石变形和成分变化概括为"变形-化学共生组合"。还有一些学者研究了褶皱与物质的分布关系，探讨了构造和元素迁移的关系（Roberts，1966；Groshong，1975；Durney，1978；Gray and Durney，1979）。有人认为这种迁移与局部压力和浓度有关（Parker，1975）；指出褶皱翼部和枢纽带之间有物质迁移，在300℃和800 MPa条件下，物质迁移引起的体积变化可达50%（Caron，Potdevin，Sicard，1987）。在热液矿床成因方面，实验证明压力梯度对矿化金属的溶解、长距离迁移的影响往往超过温度的作用（Hemley，Cygan，d'Angelo，1986）。有人提出了调查隐伏金属矿床的构造化学（Tectochemical）方法（Rodriguez，1972）。此外，一些学者从微观角度研究了构造与化学变化的一些关系：如与剪切带伴随的退变质作用（Brodie，1980），劈理等构造中的化学作用（Knipe，1979；Knipe and White，1979），压溶模型中的压力与化学势的关系（Beach，1974，1979），以及变形与成岩成矿时的大量相关地质现象的研究（Vernon，1974；Fyfe，1964，1976；Kerrich，1983）。

构造岩带岩石矿物的地球化学分析取得了显著找矿效果，这既表明了构造对成矿规律的控制作用，也奠定了构造地球化学研究的基础。

1. 构造地球化学的成岩成矿规律

我国在这一领域完成了较多的研究工作，并取得大量的新认识和新成果。学者们在进行地表结合井下大比例尺构造地球化学测量和地质找矿时，指出断裂构造地球化学异常区能反映矿体的原生晕；断裂构造地球化学异常受构造控制，其异常分带反映了成矿流体的特征，根据断裂构造地球化学异常，可以推断隐伏矿体的走向、倾向和侧伏等特征；断裂构造地球化学异常特征还能提供矿床成因、矿床类型和矿种信息（孙家骢，1988；韩润生，刘丛强，马德云等，2001；韩润生，陈进，黄志龙等，2006，韩润生，邹海俊，吴鹏等，2010）。

刘德良等在研究江苏东海片麻岩褶皱构造时，测量叠加褶皱与叠加变质及其 p、T 参数，注重变形和变质之间的相关性，分析了构造运动学和动力学原因，建立了构造变形变质序列和结晶组构序列；指出东海片麻岩主期形成于Ⅰc-Ⅱ型平卧褶皱，主体褶曲转折端为（B+R）—复合构造岩组组构，褶曲之中同一岩层的石英含量，在距枢纽40—20—0 cm处依次递增为50.6%—60.0%—70.6%；根据褶皱变形期 $T\approx715℃$，$p<500$ MPa，$H\approx20.5$ km，确定主变形变质为固态流变相-角闪岩变质相（刘德良，李曙光，葛宁洁，1992）。

方维萱等人研究了小秦岭地区的金矿床，微构造（S-C组构）中的C面和S面系统采样分析发现：C面的压溶面上富集Pb、Ag、Bi和Hg，而S面的张性面上富集Au。层间滑剪切带（S面）具张性扩容特点，主要为黄铁矿-石英脉型矿石。而在陡倾斜构造中，仅在张性、张扭性膨大部位产出黄铁矿-多金属硫化物-石英脉型矿石。同时，陡倾斜构造扩容带中压力降低，氧逸度升高，Fe^{2+}稳定性减小，Fe^{3+}增加，易形成金富集和富矿体（方维萱，李亚林，黄转莹，2000）。

张连昌等人研究了康古尔金矿床矿体的地质和构造地球化学特征，发现剪切带是控矿的主导因素，指出剪切构造不仅为成矿热液提供了通道和沉淀场所，也为成矿流体的产生、成矿物质活化及矿液运移提供了动力（张连昌，曾章仁，杨兴科等，1997）。在剪切构造由韧性到脆性变形过程中，成矿流体的温度压力降低，pH、Eh和氧逸度等发生改变，导致矿质从流体中析出，逐渐聚集成矿。韧-脆性剪切带的演化控制了胶东金矿成矿物理化学条件的变化，是一个典型的构造地球化学成矿过程（吕古贤，1991，1993；吕古贤，林文蔚，罗元华等，1999）。

邓清禄和杨巍然（2004）根据断裂带中一些石英包裹体的 pH 和 Eh 的测定发现，压性构造岩形成于偏碱性且较还原的环境。发现在挤压应力作用下压性构造岩增加或带入的有 Fe_2O_3、TiO_2、MgO 等，明显降低的或带出的组分有 K_2O、Na_2O、CaO、SiO_2、Al_2O_3，既有某些元素上升也有一些元素下降；另外，岩石微量元素 Au、Bi、W、Mo、F 含量变化大，分布不稳定；Ag、Cu、Pb、Zn 等元素变异系数仅为 66.83。这表明在挤压应力作用下 Au 比 Ag 更活泼，富集成矿的可能性更大；相反，张性构造岩的 pH 相对较低，Eh 明显偏高。相对开放的构造环境中，张性构造岩与围岩相比，SiO_2 含量明显提高，其他组分含量大多数有不同程度的降低，以 K_2O 和 Na_2O 的降低幅度最大，浓集系数最小；张性构造岩的 Au、Ag、As、Bi、F 和 Mo 等元素含量变化大，反映了 Au、Ag 与张性构造岩具有亲缘性。

李文勇等人以构造地球化学方法分析豫西褶皱冲断带，揭示了如下规律：各种化学元素呈有规律的递增、递减或峰值变化；从外围原岩到断裂带中心，Fe_2O_3 的含量渐高，FeO 的含量渐低，说明断裂带经历了封闭性还原环境系统到相对开放性氧化环境系统过程；南、北支冲断带均为压性断裂，但南支强烈，导致出现新生应力矿物；北支逆冲强度相对较弱，新生应力矿物稀少（李文勇，夏斌，康继武，2005）。

一些学者通过煤岩学的构造动力变质研究指出，强烈变形的构造煤中，煤岩生成显微组分变形条纹构造，即应变各向异性和局部石墨化是剪应力作用的产物；构造煤脆性变形不引起煤级的变化，而韧性变形可以促进煤的变质；温度是引起煤级升高的主导因素，定向压力是煤化作用进程的"催化剂"；实验分析表明，在镜质组最大反射率大于 4.5% 阶段，高煤阶煤的演化历程表现为结构环聚合作用与拼叠作用交替进行，促使煤阶不断升高（曹代勇，张守仁，任德贻，2002；曹代勇和唐跃刚，1994；张守仁，曹代勇，陈佩佩等，2002）。

2. 构造地球化学分带的形成机理

地质学家试图探索构造带岩石、矿物和地球化学分带的成因和机理问题。根据 Lechaetiler 原理，在一个处于平衡状态的体系中，压力增加的效应可通过缩小体积来抵消。张文佑及其研究团队（1977）归纳了元素离子的压缩性，指出依照 Si^{4+}、Al^{3+}、Fe^{3+}、Mg^{2+}、Fe^{2+}、Ca^{2+}、O^{2-}、Na^+、K^+ 的次序，压缩性 $[(r^4/z^2)\times10^{-2}]$ 从 0.2 逐渐增大到 313；从而揭示了 Si^{4+}、Al^{3+}、Fe^{3+}、Mg^{2+}、Fe^{2+} 等元素易从高压区向低压区迁移的原理（张文佑和钟嘉猷，1977）。在这一基础上，张寿庭和徐旃章（1997）分析了浙江武义断裂构造性质控制萤石矿脉富集的特征，提出压性-压扭性断裂有利于活性的 CaF_2 富集，而且 SiO_2 比较稳定；引张断裂带中矿化元素发生分异，形成不均匀的矿化规律。

断裂带的构造地球化学研究发现，构造作用下高应力带和低应力带相互交替，导致流体物质波动状迁移，使物理场、化学场和生物化学场发生规则变化；断裂的发生和发展影响了若干地球化学作用，例如动力分异-化学亲和、进变质-退变质、氧化-还原、水解-脱水和吸附-渗散等过程。学者们从构造动力分异作用的角度提出了造岩元素的稳定顺序为：Si、Fe、Mg、Mn、Al、Ca、Na 和 K 等（孙岩，徐士进，刘德良等，1998；孙岩，舒良树，李本亮，2000；Parker，1975；孙岩等，2003；王奎仁，1989）。及至 20 世纪 90 年代，研究人员开始注意变形过程中微量元素、稀土元素的活化迁移规律，并结合颗粒边界迁移、矿物晶格变异和岩矿体积增减研究了化学变化（Davision，McCarthy，Powell *et al.*，1995；Michibayashi，1996；杨晓勇，刘德良，王奎仁，1997）。在探讨稳定顺序时，也从离子比重、半径和电位等方面讨论（王奎仁，1989），他们注意到微量元素中大离子半径 Ba、Pb 与小离子半径 Y、Yb、Be 等元素活化性的差异。特别是稀土元素在强变形中通常总量（ΣREE）会明显增加，重轻稀土之比（HREE/LHREE）多为聚集型，配分曲线以 Eu 为拐点上扬，中等负铕异常等特点（Chen and Wang, 1994；周建波，胡克，洪景鹏，1999）。

Fyfe（1964）的研究表明，具有共价键 SiO_2 固体是溶于水的，溶解度很可观。与 K、Na、Ca 离子相比，SiO_2 的迁移距离可能是有限的，迁移至构造破碎带边部交代岩石而形成硅化，正如 Gray（1977）、Gray and Durney（1979）指出的那样，这种游离的硅往往富集在断裂带、劈理带的边缘部位。黄德志等人研究了安徽张八岭小庙山两类金矿后指出，构造蚀变岩型金矿成矿元素 Fe、Cu、Pb、Zn、Au、Ag、Mn、Th 和 V 为带入组分，而石英脉型矿化元素组合为 K、As、Rb、Au 等，成矿过程无明显变化，两者元素分带不同。认为两类金矿构造地球化学特征的差异，与构造差别导致成矿流体化学条件的变化有关（黄德志，戴塔根，孙华等，2002）。

赵清泉等人以内蒙古呼盟甲乌拉银-多金属矿床为例，指出主要造岩元素 Si、Al、K、Na、Ca 等在断裂中部矿化带都显示亏损，而在无矿化蚀变带或破碎带则呈现峰值，与造矿元素 Pb、Ag、Au、Sb、Bi、Sn、Hg 等呈反消长关系；Si 在成矿断裂蚀变带形成峰值；在成矿断裂的矿化带和蚀变带之间，K 与 Na 常呈反消长关系（赵清泉，孙传斌，荆龙华等，2005）。钱建平等人提出了热液蚀变岩系统中 $Cu-Fe^{3+}-V-Si-Al-Mn-Ba-Ni-Sr-Ag-Bi-Ga-In-Pb-Fe^{2+}-Cr-Co-Zn-Mg-Ca-CO_2$ 的稳定递减序列，认为这是受高应力构造过渡到低应力环境控制的（钱建平，杨国清，李少游，2000）。彭渤和刘翔 1998 年研究了沉积变质岩中的 REE 成分，发现断裂构造作用引起造岩常量化学组分变化的同时还会引起 REE 的迁移，而 REE 在贫 Si 富 Al 构造岩中富集，却没有改变 REE 的分配型式，仅仅引起轻、重稀土一定程度的分异。

上述研究涉及三个方面：在构造岩石分带研究的基础上，从元素离子带进和迁出的实际分析资料，建立元素迁移规律；构造地球化学分带的元素化学性质分析，例如，提出元素的化学电位、键性特点、元素的类别，即常量、稀土元素等的差别等要素是构造地球化学作用的基础；更进一步的研究是深入到元素原子结构等层次，提出元素离子的比重、半径等结构化学性质的差异是造成构造地球化学的分异、分散和分带的原因。

3. 构造地球化学的动力学过程分析

王嘉荫 1978 年就利用体积比较法来判断构造变质反应的平衡方向。有人开始注意到构造应力场中平均应力的作用（吕古贤，1982，1995；西胁亲雄，1984），或者用褶皱部位不同的平均应力来推断岩矿化学组成差异的原因（弗农，1975；Carpenter，1968），用实测应力及其平均应力研究斑岩铜矿矿床的地质特征和成矿过程（西胁亲雄，1984），用实验探讨平面各向等应力对矿液的驱动等研究（周济元，余祖成，毛玉元等，1989）。为了研究矿化流体的运移和成矿机理的动力学问题，许多学者测量、计算了岩石的体积变化和平均应力等参量，结果表明这是一个重要的理论探索方向。构造应力场中的各向等正应力部分引起岩石体积的变化，能够影响成矿化学反应，又被称为"构造附加静水压力""构造附加静压力""构造附加压力"（吕古贤和刘瑞珣，1996；吕古贤，王红才，彭维震等，1998；吕古贤，王红才，郭涛等，1999b；吕古贤，刘瑞珣，王方正，2004）。

有人分析了郯庐断裂桴槎山韧性剪切带的构造岩，发现变形变质过程中，相对原岩化学组分的迁移由强到弱分别为：初糜棱岩中为 P$_2$O$_5$→T→Fe→TiO$_2$→MgO→H$_2$O→MnO→SiO$_2$→K$_2$O→CaO→Na$_2$O；糜棱岩中为 P$_2$O$_5$→MgO→TiO$_2$→TFe→H$_2$O→MnO→K$_2$O→CaO→Na$_2$O→SiO$_2$，超糜棱岩中为 P$_2$O$_5$→MgO→TiO$_2$→CaO→TFe→H$_2$O→MnO→SiO$_2$→K$_2$O→Na$_2$O。相对于原岩，构造岩整体的质量和体积均亏损，强度随糜棱岩化程度的增强而增大，其中初糜棱岩质量迁移率为−1.86%，体积应变率为−1.10%；糜棱岩质量迁移率为−2.91%，体积应变率为−2.84%；超糜棱岩质量迁移率为−5.21%，体积应变率为−5.43%。通过最小二乘法拟合相关数据发现，质量迁移率 μ 和体积应变率 ε_v 之间基本满足 $\varepsilon_v = 1.265\mu - 1.086$ 的线性关系。该研究提出了通过岩石体积变化定量化测算岩石化学组分变化的方案（刘德良和吴小奇，2006）。

同位素地质学研究是构造地球化学的一个重要领域，它的一些新方法诸如 I-Pu-U 法、Hf-W 法、Re-Os 法和 TMS 法等（Balter and Gibbons，2000；Huang，2000）；其中 ^{40}Ar/^{39}Ar、U-Pb、K-Ar 和 Rb-Sr 等十分适用于研究构造变质、交代的地球化学演变。近几年中法研究者在我国赣鄂地区变质核杂岩区剪切滑移层研究中，配合构造地球化学研究已取得一些同位素测年成果：其构造地球化学活跃期的年龄段在（233.5±5.0）～（225.6±2.9）Ma 和（131.7±1.7）～（122.9±2.4）Ma，这一结果可与中国东部一些相关区域的同位素年龄分布相互参照（Shen，Ling，Li et al.，2000；Wang and Lu，2000）。

王义文等人提出构造同位素地球化学概念（王义文等，2002），赞同同位素分馏的构造物理化学动力分异的理论认识（吕古贤，1991）。依据胶东金矿 500 多个硫、氧同位素的资料分析同位素分馏的构造动力学问题。揭示区域上矿田 δ^{34}S 值由西向东递减，即由最西面的三苍矿田 X=11.8‰→焦新矿田 9.6‰→灵北矿田 7.9‰→玲珑矿田 6.9‰；同一个构造带中，其压扭断裂的黄铁绢英质蚀变岩型金矿 δ^{34}S 平均为 9.5‰～11.3‰，而张扭断裂的石英脉型金矿 δ^{34}S 平均为 7.8‰，即在构造强烈作用带的岩石比构造较为微弱作用带的岩石更富含重同位素；焦家型压扭性蚀变岩带相对封闭环境使 pH 增高，f_{O_2} 相对降低，因而更易富集 δ^{34}S 的矿物形成，而相应玲珑型引张构造石英脉金矿，其硅化、黄铁矿化产生于 pH 变低、f_{O_2} 升高的物理化学环境中，易 δ^{34}S 富集。由此，他们提出构造作用力产生附加的 P、T、f_{O_2} 和 pH 等参量，形成了物理化学条件明显不均匀的系统，由此控制了同位素化学分馏作用的论断。因而胶东金矿既是同位素的构造地球化学分馏的实证，又是同位素的构造物理化学分馏的典型实例（吕古贤，2003）。

三、成岩成矿理论与实验的构造地球化学

在探讨元素分异理论、分析非线性过程，以及认识地质过程的物理化学成因和化学动力学等方面，均对构造地球化学提出了新的问题。这些问题的滞后致使构造地球化学研究领域进入低谷阶段。推动构造地球化学的发展和关键问题的解决，其前提和基础是形成机理的理论论证和实验证实。

（一）理论构造地球化学

1. 构造地球化学的元素分异的成矿理论

这方面研究是以元素的原子和离子的化学性质为基础，探讨构造地球化学分异理论。

构造作用、应力的强弱影响元素分异，致使常量元素、微量元素和稀土元素中的某些离子半径小，比重大和电位高的部分容易在强应力条件下聚集或富集，相反在弱应力环境，离子半径大，比重小和电位低的元素呈现分散或离散组合。这一认识成为地球化学异常分布机理的一种解释（张文佑和钟嘉猷，1977）。

早在20世纪80年代，就有人根据动力分异作用资料，指出造岩元素稳定顺序为Si、Fe、Mg、Mn、Al、Ca、Na和K（Sun, Shen, Liu, 1984；王奎仁，1989）；到20世纪90年代，人们开始注意变形过程中的微量和稀土元素活化迁移规律（Davision, 1995；Michibayashi, 1996；杨晓勇，刘德良，王奎仁，1997）。他们从构造岩带的测试资料分析发现，应力的强弱影响元素的地球化学分异，常量元素特别是某些微量元素和稀土元素中的离子半径小、比重大和电位高的部分（如 Fe、Ca、Mg、Y、Yb、Be 等）在断裂带中间岩带即强应力条件下聚集或富集，REE 总量相对分散，HREE/LHREE 相对降低；相反，离子半径大、比重小和电位低的 K、Na、Ba、Sr 和 Rb 等元素呈现分散或离散组合，REE 总量相对集中，HREE/LHREE 明显增高，配分曲线也以 Eu 为拐点自 Gd—Y 一起上扬，中等负铕异常，元素迁移远离断裂面（孙岩，舒良树，李本亮，2000）。

2. 构造地球化学的非线性成矿过程分析

张本仁等认为秦巴地区的成岩成矿作用是相对一致的区域物理化学环境的产物（张本仁，骆庭川，高山等，1994）。依据耗散结构和非线性理论、从固-液界面、晶格变形等形式分析构造作用下元素地球化学过程的机理，也有学者认为，构造地球化学的过程可能是通过矿物晶格变形时元素和离子的迁移实现的（刘瑞珣，1988）。

刘亮明和彭省临讨论了固体岩石在非静水应力作用下固-液界面上物质的化学位的一般形式，推导了 Fick 扩散方程和局部平衡假设。在此前提下，颗粒间流体中与固体的同成分物质浓度随应力场和应变能强弱而发生时空变化（刘亮明和彭省临，2000）。依此看出，温度较低时，固体物质在颗粒间流体中的溶解浓度变化受应力梯度和应变能梯度的控制特征更为明显。

运用 Prigogine 的耗散结构理论研究，断裂中常量元素的耗散顺序恰与稳定顺序相反：K、Na、Ca、Al、Mn、Mg、Fe 和 Si（Sun, Shen, Suzuki, 1992；孙岩，徐士进，刘德良等，1998）。深入研究则必须结合多重耗散结构（於崇文，1997，2000）和分形时空（Xie and Sanderson, 1998；Xie and Wang, 1999）等观点和理念，进一步从有序结构—功能作用—涨落旋回机制阐述在开放系统、非平衡态和不可逆反应下，多种元素（包括痕量元素）活动中的自相似、自反馈和自组织作用（Debregeas and Josserand, 2000；Phyillips, 2000）。这种运用非线性理论分析从整体协同演化对构造带进行动力分异的研讨，已成为构造地球化学的一个新的研究趋势。

3. 构造地球化学的构造物理化学成矿研究

吕古贤等以山东金矿为基地，持续30多年探讨了金矿的构造地球化学现象和构造物理化学成因问题。他们指出，构造力可以影响岩石的物理变形—物理变化能改变物理化学环境—物理化学条件即能控制化学反应，这三个规律可以被基础学科原理所认同（吕古贤，王红才，彭维震等，1998；吕古贤，王红才，郭涛等，1999；吕古贤，武际春，崔书学等，2013；刘瑞珣和吕古贤，2002）。虽然，构造变形的差应力是一个非独立的物理化学变量，不会影响流体，也不能直接控制化学过程。但构造应力场的各向等正应力却是一个压力状态，被称为"构造附加静水压力"。构造附加静水压力，或称为构造附加静压力却是引起岩石体积变化并控制流体压力、流体运移并影响化学反应的独立变量，因此是一个物理化学变量。吕古贤（1991）提出"构造作用力通过控制压力温度和其他物理化学条件来影响成岩成矿地球化学过程"的思路，开拓了构造物理化学——研究地质构造力作用下地壳物质物理变化和化学变化通过物理化学参量相互关联的学科研究方向。

众所周知，构造力与重力对于地壳物质来说都是一种外力。外力作用于固体时通常产生三轴应力状态，这个状态可以看成一个均压（球形）状态叠加一个差应力状态（王仁，丁中一，殷有泉，1979；吕古贤，王红才，彭维震等，1998；刘瑞珣和吕古贤，2002）。在地下某处的物质在重力、热力或其他力的作用下，产生一定的应力状态。当构造力作用时，又叠加一种应力状态。叠加的应力状态也有其均应力部分和差应力部分。前者即是静水压力（或称围限压力），可以称之为构造附加静压力，它能影响化学平衡，后者则是差应力，可以产生岩石变形。这部分球形压力实质上也是能影响地球化学过程的压力。他们认为，要区分构造力引起物体的两种变形和两部分应力，特别要研究这部分构造各向等压应力状态。构造附加静压力的分布、变化和影响化学反应 P/T 平衡参量和成岩成矿作用，是构造地球化学的重要研究问题。

胶东玲珑-焦家式金矿是同一成矿作用由于成矿构造环境差别所表现的不同矿化形式组合，可以称为构造成矿系列。在挤压带，焦家型蚀变岩金矿的还原条件强，表现为 Si、K、Fe、OH 增加，而 Na、Al 带出，因而是一种硅化、钾化、水化且去钠的地球化学过程；而引张带的玲珑型石英脉金矿氧化条件强，呈现一种 K、OH、Fe、Mg 增加而 Si、Na 减少的过程，是一种钾化、水化及去硅、去钠的化学平衡过程。由此可知，同样热液的蚀变岩金矿演变向低 Si、K 状态演化，而石英脉则向高 Si 富 Na 且低 K 的方向发展。其结果不仅表现在矿床常量和稳定同位素地球化学成分的构造地球化学作用，而且出现金矿有用组分的构造地球化学成矿规律。胶东金矿是典型的构造地球化学和构造物理化学成矿的实例（吕古贤，1991）。同类研究在变质核杂岩区和其他热液成矿区，也有局部环境非均匀性构造压力、热力和水动力体制影响化学作用分带和成矿的实例（Comodi，2000；Vannucchi and Tobin，2000）。进一步研究了构造力造成压力强度、温热梯度和溶液浓度等的规律性变化，并成为相互影响和彼此制约的耦联化学反应体系（Sun，Shen，Suzuki，1992；钱建平，杨国清，李少游，2000）。

4. 构造地球化学的热力学研究和化学动力学

针对我国中生代集中和大规模成矿问题开展了理论的实验的探讨（郭文魁，俞志杰，刘兰笙，1982；郭文魁，刘梦庚，王永勤等，1987）。水的临界态发生非线性涨落突变，在密度、介电常数、比热、压缩系数、黏度、热扩散等一系列性质出现转折，在 T-X 图或 P-X 图上出现拐点。水的这一性质影响溶解物的性质和溶解度发生重大变化，但是在常温常压下难以观察（张荣华，胡书敏，张雪彤，2006）。

岩石圈中广泛存在一级和二级相变。前者是有体积变化和产生潜热的相变，后者则缺乏体积和热焓的变化而不易被察觉，研究得较少。实际上，二级相变存在临界奇异性，会引起化学热力学和化学动力学参数出现几个数量级的急剧变化，从而导致以下在短时间内完成常态下难以发生的地质过程，具有重要的研究意义（韩庆军和邵济安，1999；胡宝群，吕古贤，王方正等，2008）。

地球化学动力学开放实验室用水热金刚石压腔成功实现了 100～1100 ℃，1×10^4 MPa 范围直接观测液–固相关系和反应（张荣华，胡书敏，张雪彤，2006），并试验观测了萤石、白云岩、方解石、长石、磁铁矿等实验，研究了开放体系中 300 ℃ 以上到水临界点 374 ℃ 之间，约 23 MPa 恒压的区间，出现非线性溶解–沉淀反应速率大大提高的现象。同时指出，是临界态附近的水的性质涨落影响反应动力学过程，因而中地壳可能发育这样的成矿条件。

勘探工作显示，热液矿床形成的深度局限于上地壳，在中上地壳的地温线近似为线性（周永胜，何昌荣，马胜利等，2004）。一方面，按正常地温率 15～35 ℃/km 计算，达到水的临界温度相应深度为 23.3～10.0 km；换言之，至少要 10 km 达到临界温度。另一方面，按地压梯度 0.02～0.03 GPa/km 计算，达到水临界压力大致只需 1.1～0.7 km 即可。可见，在地温梯度变化正常的封闭的岩石圈中，不可能存在温压同时达到临界常数的区段，也就不会出现物理化学参数的奇异性变化，不可能发生规模性的成矿作用。

问题是只有温度和压力同时达到临界值时，流体才可能发生规模性的成矿作用。以地质流体的主体水为例，在临界点（$T = 374$ ℃，$P = 22.064$ MPa，$\rho = 0.322$ g/cm^3）临界奇异性才最明显出现，所以必须在地球上寻找这样的地质条件。针对前述临界流体成矿分析的问题，胡宝群等人认为，断裂活动特别是深断裂发育是岩石圈达到近临界—临界状态的一种地质环境。断裂和岩浆活动的耦合是形成热液矿床的必要条件。而断裂作用特殊区段使等压面急剧下降，构造的开裂又使等温面立即升高，这样地壳某深处的温度压力才能同时达到临界状态，从而发生大规模集中成矿作用。这里提出了"断裂+岩浆热液活动的耦合，产生局部温压同时达到水的临界常数的区段，产生短时间、线性和规模性成矿带"的新认识（吕古贤，武际春，崔书学等，2013；胡宝群，吕古贤，王方正等，2009）。

胡宝群等人提出断裂控制临界条件的地球化学成矿模式，就是说，由于断裂，特别是深大断裂能够引起局部压力的急剧下降和温度的明显上升，在一定深度出现 PT 同时达到临界物理化学条件的区带，能够发生热力学的二级相变，形成大规模和非线性成矿作用。断裂构造临界成矿新认识，为探讨我国东部中生代大规模成矿作用提出了一种新的热力学理论基础（胡宝群，吕古贤，王方正等，2009）。

（二）实验构造地球化学

近代实验技术和条件发生了革命性的更新。带有构造应力应变分析、流体和岩石成分在不同状态下的变化等特点的实验方法技术，加上计算机技术的迅猛发展，为研究构造地球化学过程和机理提供了良好条件。

在野外观测和系统采样方面，除了达到单矿物晶体、流体包裹体等的细微采样和分析外，还应该进行高温高压成岩成矿实验。美国加州大学伯克利分校、英国伦敦大学和日本静冈大学等进行过这方面的实验。中国科学院地球化学研究所的"构造地球化学实验室"实施过更接近地质实际的实验，创制了变质成岩成矿的动热条件，开展了块样到粉样、干样到湿样、静态到动态、单一到组合样，以及高温高压到中温中压的多因复成和长时间的模拟实验（吴学益，杨元根，肖化云等，1999；吴学益，张开平，黄彩云等，2001，2002；杨元根和王子江，1996；孙岩，舒良树，李本亮，2000；Bons and Jessell，1999）。

目前，动态复式（compounding）的温压实验只有与组分变化结合才能达到预想的效果，这成为实验构造地球化学研究的发展趋势（Bons and Jessell，1999）。

1. 构造地球化学的成岩成矿实验研究

实验表明，德兴超大型铜-金矿床经历了自中元古代以来的复杂成矿作用，但构造运动的长期发展演化是促使铜-金等成矿物质由分散逐渐聚集，并经多期多次叠加富集成矿的基本条件（吴学益，张开平，黄彩云等，2001）。三轴温压成岩成矿实验表明，该区岩石和矿石在高温高压条件下，产生褶皱塑性变形和破裂脆性变形；在变形过程成矿物质活化，形成顺层及穿层的含金石英脉，且随多期次变形矿化也叠加了矿物质的富集；在背斜褶皱轴部形成富矿体。结合力学分析表明，在轴压 1450~2200 MPa 条件下，其平均应力即构造附加压力提高了原围压力的一倍，不仅促使含矿流体向压力小的部位定向迁移、充填和成矿，而且构造附加压力为该区形成不同的金矿形式提供了实验依据（吴学益，卢焕章，吕古贤等，2006）。

为探讨构造应力条件影响岩石熔融-成岩过程问题，学者们以河北平山县阜平群黑云片麻岩为实验样品，对比了有构造差应力和无差应力条件下岩石的熔融过程。结果表明，在相同温度和围压条件下，岩石的熔融程度随着差应力 5~25 MPa 的增加明显增强（马瑞，刘正宏，吕古贤等，2005；Ma R，2004）。实验的力学分析证实，压力变化实质上是构造偏应力场中的构造附加压力提高了压力条件（吕古贤，1995；吕古贤，王红才，郭涛等，1999b；刘瑞珣和吕古贤，2002）。该实验揭示，每增加 5 MPa 的差应力相当于提高 1.67 MPa 压力，或者升高 20 ℃温度的岩石熔融效果。

模拟海南二甲金矿构造成矿过程的实验发现，构造韧性剪切带的动力变形的不同阶段，形成的不同特征的石英，其杂质元素含量有显著的差异，Au 在韧性变形阶段高于脆性变形阶段，其他成矿元素也有一定的差异。而构造岩-流体的不同活动阶段其石英流体包裹体成分也有不同的变化：在韧-脆性阶段气相组分含量最高，阴离子组分、成矿元素含量最低，这一差异与不同阶段矿物组分的析出有关。CO_2/CH_4 值向晚期脆性阶段升高，显示与构造环境的开放性增加有关。实验表明，浑圆状自然金颗粒析出在裂隙中及石英颗粒的周围，Si、Fe 在金迁移、沉淀中起了重要的作用。固体块样在变形作用下，组构发生了显著的变化，且伴随有明显的流体作用和化学作用，认为与碎粒流作用、粒化溶解和压溶作用密切相关（杨元根和王子江，1996，1997）。

差应力影响石英-柯石英转化压力的实验表明，在施加差应力条件下石英转化的压力降低；出现石英-柯石英的实验条件为：围压 1.3 GPa，温度 950~1000 ℃，差应力 1.5~1.67 GPa，应变为 75%~81%（周永胜，何昌荣，马胜利等，2004）。石英-柯石英相变边界向低压方向迁移有两种物理机制：发生在低温半脆性域的相变机制是差应力产生的剪切变形引起应力不稳定，而发生在高温塑性域的相变机制是在差应力环境下石英强烈变形产生的高位错密度引起应变不稳定。

2. 构造地球化学的成岩成矿数字模拟

计算机数字模拟展示了新鲜研究成果，为以往难以解释的问题提供了新的研究条件。石油地质研究中的数值模型探讨了不同构造区域应力强度对岩石的孔隙度、渗透率等物理性质的影响，并模拟了流体运移的规律。研究指出，构造所产生的平均应力，即构造附加静水压力越大的地段岩石渗透率越低；这些参数在不同的构造部位是不一样的，在同一应力场内，流体受构造作用力驱动，从构造附加静水压力值较大（低渗透率）的压剪带向构造附加静水压力值较小（高渗透率）的张剪带运移；考虑构造力的热驱动效应时，则流体被驱动运移的轨迹可能是剪压带→挤压带→引张带（孙雄，洪汉净，马宗晋，1998；罗元华和孙雄，1998）。

为了揭示构造应力产生"构造附加静压力"规律，通过有限元模型反演了水平岩板内不同变形带的应力分布状态。结果发现，同一构造外力作用下不同力学性质的变形带具有不同的构造附加静水压力。总体显示，围岩比变形带中压力高，挤压变形带的岩石承受的构造附加静压力最大，张剪带的该值最小，而压剪带具有中间压力值（吕古贤，1982，1993，1995）。

岩石在构造应力的作用下能相互运动，产生位移和变形时会产生热能（王红才和吕古贤，1998）。岩石的大部分能量都可能以热的形式散发在岩石中，并影响岩石的局部温度变化，进而用计算机模拟这一构造物理状况。研究人员把构造热问题初步分为三类：岩石体积变化产生的变形热（吕古贤，1998；王红才和吕古贤，1998）、断裂带构造摩擦热（邱小平，吕古贤，武红岭等，1998）和构造影响的传导热（吕古贤，王红才，郭涛等，1999b），模拟上述构造热和温度差别和过程。Wilkins等人将滑脱断层相邻的岩石温度值确认为200~325℃；用氧同位素估测滑脱断层附近的岩石温度为：断层上盘为150~250℃；中盘为220~300℃；滑脱断面为300~350℃（Wilkins，Beane，Heidrick，1986）。他们认为，这些温度与变质核杂岩滑脱断层有关，改变了流体包裹体的盐度和均一化温度等成矿条件，并直接影响Au、Ag、Cu、Fe和Mn矿形成过程。

刘瑞珣（1988）提出一个问题：构造的渐进使岩石破碎，这时岩石的物理表面发生的巨大变化会影响地球化学的物理条件。计算了1 cm³花岗岩拉应变量最大弹性应变能（$\sigma/2E$）为2.5×10^{-4} J。而只要破碎的粒度降低，则新增加的表面能即会大大超过同体积岩石的最大弹性应变能。以石英为例：如果粒度由0.1 cm破碎到0.01 cm，其表面能增大至2.7×10^{-2} J，这个数字约高于花岗岩的最大拉伸弹性应变能的100倍。

第三节 存在问题和学科发展方向

构造地球化学是普遍存在的自然现象，这一现象对于资源、环境和自然灾害都具有明显的控制作用，意义重大，但是对它们的深入研究几乎停滞（涂光炽，1956，1959，1984）。构造分析的提高离不开岩石成分的测试技术，反之，岩石、矿物和地球化学的进展必将对构造研究产生根本性推动。

一、构造地球化学学科发展中的主要问题

目前，在构造地球化学深入和发展方面，尚存在如下一些关键问题。

1. 构造地球化学的理论基础问题

前人指出，构造和变质相关领域并未取得实质进展，表现在实验上和理论上尚未提出足够的实际数据资料和理论依据，对引起构造变形的差应力能影响化学过程的论点给予支

持，却继续证实压力和温度仍是化学平衡的基本控制参数（涂光炽，1956；Jones，1981；刘瑞珣和吕古贤，2002）。涂光炽在我国第一届"构造地球化学学术会议"上指出，构造与成岩、变质和成矿的确有着密切的关系。但是，伴随岩石形变而发生的岩石相变和变质，控制相变与变质的地球化学过程的力学机制还没有得到合理的认识和解决，应力矿物在非应力环境中也能合成，构造地球化学的研究任重道远（涂光炽，1984）。

一般认识依然是，定向压力和偏差应力对于化学平衡没有直接的影响，不是独立变量，而静水压力（围限压力）对于化学过程来说是最重要的物理化学变量之一。偏斜应力场中的差应力部分是引起岩石变形的原因，其各向等正应力不产生岩石形状的改变，只产生岩石体积的变化。因此，构造地球化学动力学的关键问题依然是，构造应力如何影响静水压力变化？

2. "应力矿物"存疑与构造地球化学的发展机遇

应力矿物、成矿构造和动力成岩成矿等方面研究，为形变结合相变领域奠定了地质基础工作，向人们揭示了大量形变与相变密切共生的地质事实（Harker，1981；Niggli，1954；王嘉荫，1978）。实际上，前期的工作是对于构造应变、岩石、矿物和地球化学相关分布特征的研究，还有人把构造应力的强弱直接与化学元素的重量、大小、性质、性状相联系进行讨论。

然而，大量的高压高温和热水试验表明，大部分"应力矿物"都可以在静压力状态的实验中合成，实验证明应力与成岩成矿不是简单的关系（Caillere and Henin，1949；Gruner，1944；涂光炽，1956）。有学者早已指出，这些矿物在没有定向压力的情况下产生，不等于定向压力不会增加它的稳定范围。自然界片状矿物常常产在区域变质带的大量事实有力地说明了这一点；更多关于应力矿物的实验和研究是必要的（涂光炽，1956）。

3. 构造地球化学的动力机制问题

在热液矿床研究中，人们注重构造力对流体的驱动作用。实际上低黏度液体中仅仅有静水压力，并不存在剪切应力和差应力。因此，把引起构造变形的差应力作为流体的驱动力在这里也遇到了理论障碍。对于固态岩石，构造地质学家多数注重于引起岩石变形的构造差应力。然而，他们都认识到构造作用力产生的偏斜应力场中除差应力之外，还有各向等应力部分。兰姆赛（1985）把这部分各向等正应力称为"静水应力"，但与前人一样，他也是仅仅把这部分力作为岩石体变，即物体各向等量变形的物理量而已，没有深入讨论这部分力驱动流体运移和平衡地球化学反应的作用。构造强弱不等于流体驱动力和成岩压力大小，突破该问题的方向可能是，构造应力场中的各向等正应力部分既是流体驱动力也是成岩成矿的压力参量（吕古贤，1982，1993，1995；刘瑞珣和吕古贤，2002）。

4. 构造改造成矿和动力成岩成矿是构造地球化学重要课题

受到构造作用影响的构造-热液复成因矿床大量的出现，这导致对构造成岩成矿理论的不断探索。陈国达、杨开庆等人在1980年前后提出构造应该视为除沉积、岩浆和变质作用之外的一种的成岩成矿作用类型（陈国达，1978；陈国达和黄瑞华，1983，杨开庆，1982，1986）。涂光炽（1986）指出，拘泥于传统的三分法的矿床成因分类不能概括一些矿床，并列出在我国特别发育的一些改造矿床，花岗岩型铀矿矿床、产于碳酸盐和碎屑岩中的铅、锌、汞、锑、雄黄、雌黄矿床，以及微细粒金矿床等11大类，建议将它们归为改造矿床。改造矿床具有其特殊的成矿作用，涉及一大类矿床，建议四分法的矿床分类，即沉积成岩矿床、变质矿床、岩浆及岩浆期后矿床和改造矿床。后来又有人进一步论述了改造作用的上、下限问题，但是离定量化的要求还有很大的距离（冉崇英，胡煜昭，吴鹏等，2010）。

二、构造地球化学的学科发展方向和趋势

1. 地质调查和找矿实践中发展构造地球化学

涂光炽指出，尽管在理论实验方面构造地球化学学科还存在很大的问题，但对于构造地球化学现象应该继续深入探讨。把构造地球化学应用于地质调查和深部外围找矿工作中，发现问题和发展学科，这是非常正确和必需的路线（涂光炽，1956，1959，1984）。

杨开庆在构造控岩控矿基础上，根据构造动力成岩成矿理论进行了流变构造成矿研究，划分了构造岩浆岩相带，并根据云南、西藏和新疆的铬铁矿成矿规律，在萨尔托海深部预测靶区，钻探发现了新的矿体（杨开庆，1982，1984）。孙家骢应用构造矿化带和断裂构造地球化学分析，在云南个旧、易门等多个金属矿山的隐伏矿预测，取得良好的验证效果（孙家骢，1987，1988）。韩润生等以坑道构造地球化学勘查技术，在滇东北会泽、昭通毛坪铅锌矿与滇中易门、大姚、牟定铜矿等多个矿山取得显著的找矿效果（韩润生等，2006）。他们通过云南会泽铅锌矿床断裂构造岩稀土元素地球化学研究，发展了断裂-稀土元素地球化学分配模式作为示踪成矿流体活动轨迹的新方向（Han, Liu, Emmanuel, 2012）。吕古贤等在构造地球化学领域长期开展胶东金矿研究，提出成矿深度构造校正的测算方法，预测金矿深部第二富集带，得到了勘查单位的多处验证（吕古贤，林文蔚，罗元华等，1999a；吕古贤，武际春，崔书学等，2013），从而获得2014年国家科技进步奖二等奖。

2. 将构造岩相带作为构造地球化学的地质基础

构造地球化学需要特别的地质工作方法。构造地球化学的基本对象是构造的力学形态和组成的化学成分（涂光炽，1959；杨开庆，1982，1984，1986）。但以往的构造地球化学研究缺乏野外可识别的地质标志和填图方法。在"形变"和"形质"、"构造-岩相"、构造动力成岩成矿，以及改造成矿等概念（杨开庆，1984，1986；涂光炽，1959，1986）的基础上，提出了构造变形岩相的概念（吕古贤，1991，2003）。构造岩相形迹是构造作用下地壳物质发生的变形、变质和成岩的地质实体；构造岩相形迹在不同地质作用中有不同的含义，但立足于构造变形力学和基本的地质作用（沉积、岩浆和变质等）这两点是不变和稳定的。构造岩相或构造变形岩相形迹，及至构造岩相带、构造岩相型式等概念及其填图方法，可能成为构造地球化学的野外工作基础（吕古贤，1982，1991，2011）。

3. 构造地球化学理论研究和学科的发展

根据深大断裂作用的地质特性：断裂致使局部降压和等压面下降，局部升温而等温面升高，使得地壳某深处的温度压力同时达到临界点，引起大规模的成矿作用。有人提出了断裂临界成矿的新观点：一级相变对于成矿只是奠基和预集作用，而断裂特别是深大断裂，能引起局部压力的急剧下降和温度的明显上升，在一定深度必然出现P和T同时达到

临界区带。其中二级相变能形成大规模和局部空间的非线性成矿作用（吕古贤，武际春，崔书学等，2013；胡宝群，吕古贤，王方正等，2009）。这种新认识，为我国中生代大规模成矿作用找到了热力学的构造地球化学成因解释。

4. 构造定量和流变学研究是构造地球化学的趋势

构造现象及其动力学定量化观测，是发展构造地球化学研究的重要手段。岩石流变学研究成为构造地球化学发展的重要支撑。

单家增（2004）曾通过构造物理模拟实验，给出了简单剪应力作用下的构造变形过程。在剪应力的作用下，应变圆变形为应变椭圆，应变椭圆的长轴夹角逐渐增加，主位移带方向与剪应力作用方向近于平行，形成与应力作用方向呈45°夹角的雁行式剪切断裂和追踪其形成的锯齿状剪切断裂。它们与主位移带共同构成剪切断裂体系；这一体系具有张-剪特征，为油气运聚提供了非常有利的通道和存储条件，也为矿脉矿的形成雁行式组合机理研究提供了形象的解答。

在依据岩石体积变化和平均应力研究矿化流体的运移及成矿地球化学机理方面，王嘉荫（1978）较早利用体积比较法判断构造变质反应的平衡方向，注意到构造中等应变作用（刘瑞珣，1988）。还有，用褶皱部位平均应力不同来推断区段岩矿化学组成差异的原因（弗农，1975；Carpenter，1968），用实测应力及其平均应力来研究斑岩铜矿床的地质特征和成矿过程（西胁亲雄，1984），以及探讨平面各向等应力对矿液的驱动（周济元，余祖成，毛玉元等，1989）等。构造应力场中的各向等正应力部分引起岩石体积变化，影响成矿化学反应，又被构造物理化学研究者称为"构造附加静压力"。

林传勇等（1990）将尼克拉斯与泊利埃研究变质岩晶质塑性和固态流变的专著介绍到中国。流变学一方面从连续介质力学的角度研究应力、应变和时间之间的关系，从而能够定量地确定流变过程的力学规律，另一方面从流变材料的微结构角度，探求产生流变的分子或晶体结构变化，认识流变规律的控制因素，从而定量地断定流变过程的微结构变化规律。我国几位显微构造学家最先研究了东部上地幔岩石的流变学参数（王仁，丁中一，殷有泉，1979；何永年，林传勇，史兰斌，1986；林传勇，史兰斌，何永年，1990），发表了一些实验数据（金振民，Borch，Green，1990）。要了解重力、构造力及其他力在地质过程中的作用，可能有许多条路可走，例如测压力、差应力、建立合适的地压梯度及考虑时间因素等；若考虑时间因素，需要发展建立流变模型。流变学是现代力学的分支，是构造地质学今后十年借以起飞的翅膀，影响深化构造地球化学学科的基础（刘瑞珣，2007a，2007b）。

5. 实验和模拟是深化构造地球化学的必由之路

实验证明典型的应力矿物多数在非应力条件下可以被合成。英国地质学家认为，如果实验证实化学平衡P/T参量的差别依赖于偏差应力的话，或许要再回到Harker应力和反应力矿物的观点（Jones，1981；涂光炽，1984）。但是，构造地球化学的现象不会因为无法认识，或实验不能证明就不存在了。试验的技术、条件和理论在改变和发展，构造地球化学理论和实验依然是关键问题。笔者认为，只要加强学科理论之间的引用和交融，发展原位测量分析技术（张荣华和胡书敏，2001；张荣华，胡书敏，张雪彤，2006），重视计算机技术的开发和应用，一定会有所突破的。

6. 超微观是构造地球化学研究的新钥匙

在固体力学范围内，剪切应力是否会影响到化学物质的迁移和变化问题，尚需要进行观察研究。必须重视构造岩石的纳米研究——物理和化学性质无分界领域的研究。例如，纳米级尺度下物质物理化学性质的特殊效应（小尺寸效应、表面效应、量子尺寸效应等）正被逐渐认识。研究人员发现构造剪切带中纳米级颗粒层的存在，具有特殊的涂抹和封闭性能（孙岩，舒良树，李本亮，2000；孙岩等，2003；Parsons，Whipple，Simoni，2001；刘德良，杨强，李王晔等，2004）。韧性剪切糜棱岩和构造岩带中纳米级颗粒层的发现和研究可能开辟了构造地球化学的新领域。这一发现也是显微构造研究遇到的新问题，它的形成机制和矿物学本质有待显微构造学、矿物学和材料科学研究人员进行综合研究，必将更新一些构造地球化学和动力学的研究方法和思维观念。

超微观技术应用于矿物晶体化学及其地质记录已经取得重要进展。研究工作已经观测到矿物内的微观金属矿物，推动了华南花岗岩含矿新的深入研究（王汝成，谢磊，陈骏等，2011），并且扩大到成矿演化的研究领域。

7. 构造物理化学是构造地球化学的新阶段

构造地球化学现象的力学和化学问题是其研究和发展的基础，必须架起这两个领域的桥梁。笔者指出，有效的途径是开展这三个方面的研究：构造力影响岩石的物理变形研究—物理变化改变物理化学环境的研究—物理化学条件控制化学反应的研究。

（1）目前核心的科学问题是开展构造偏斜应力场的深入解析；应力场通常可以分为各向相等量的正应力（球形应力）和偏差应力（差应力）两种状态；差应力部分引起受力体形状的变化，球形应力等同于围限压力改变物体的体积。

（2）由此，要区别对待受构造力的两种变形和两种构造应力，既要分析岩石形变的差应力，更要研究岩石体变的球形应力。

（3）研究构造地球化学的化学理论问题，即元素构造地球化学的理论、实验和分析。

（4）研究构造改变的压力和温度等物理化学参量，分析构造局部在地球化学分布、变化和过程，探索 P/T 平衡参量影响元素化学反应物理化学机制，发展"构造通过改变物理化学参量控制地球化学过程"的理论基础（吕古贤，2003）。

8. "岩浆核杂岩隆起-拆离带岩浆期后热液成矿"——区域构造地球化学的问题

"变质核杂岩"概念及其研究方法，对于区域地质调查和区域构造地球化学研究均有重要的启示和指导意义。需要注意的是，胶东金矿储量规模已位居全球第三位，成矿花岗岩（160~130Ma）中的蚀变成矿作用（120~100Ma）与"变质核杂岩"无关，而与中生代"变质核杂岩"有关（吕古贤等，2016）。研究者提出胶东金矿的"岩浆核杂岩隆起-盆地凹陷拆离带成矿"模式，并且认为在我国东部这是一种普遍的现象。

这一认识综合分析了变质、构造、岩浆岩和沉积作用，把胶东金矿作为陆内活化地质作用的产物，把岩浆作用与拉分盆地作为一组构造系统，把挤压构造岩浆隆起中的引张拆离凹陷构造划分为先后阶段，把区域成矿规律表达为地质找矿标志，值得区域构造地球化学研究者加以关注。

主要参考文献

曹代勇和唐跃刚. 1994. 煤中应变各向异性条纹的发现及意义. 煤田地质与勘探，22（3）：14~16
曹代勇，张守仁，任德贻. 2002. 构造变形对煤化作用进程的影响. 地质论评，48（3）：313~317
陈国达. 1978. 成矿构造研究法. 北京：地质出版社，1~413

陈国达和黄瑞华.1983.构造地球化学刍议.见:陈国达,黄瑞华主编.构造地球化学文集.北京:地质出版社,1~12

邓军,孙忠实,杨立强.2000.吉林夹皮沟金矿带构造地球化学特征分析.高校地质学报,6(3):405~411

邓清禄和杨巍然.2004.开合构造的地球化学响应.地质通报,23(3):232~237

都城秋穗.1972.变质作用与变质带.周云生译.北京:地质出版社,1~492

段嘉瑞等.1989.试论构造化学基本问题.见:中国矿物岩石地球化学学会.全国第二届构造地球化学学术讨论会论文摘要汇编.北京:地质出版社,8~11

方维萱,李亚林,黄转莹.2000.小秦岭地区金矿床成矿构造地球化学动力学研究.大地构造与成矿学,24(2):155~162

弗农 R H.1975.变质反应与显微构造.游振东,王仁民等译.北京:地质出版社,1~220

高合明.1994.构造地球化学研究现状.地球科学,(3):306~310

贡恰罗夫 M A,达利斯基 B Г.1996.变形-化学共生组合与构造-变质分带.国外地质科技,3:48~53

郭文魁,俞志杰,刘兰笙.1982.中国东部成矿域与成矿期的基本特征.矿床地质,1(1):1~14

郭文魁,刘梦庚,王永勤等.1987.中国内生金属成矿图说明书(1:4000000).北京:地图出版社,1~72

韩庆军和邵济安.1999.地幔中水的研究进展.地质科技情报,18(4):33~36

韩润生,刘丛强,马德云等.2001.陕西铜厂地区断裂构造地球化学及定位成矿预测.地质地球化学,29(3):158~163

韩润生,陈进,黄智龙等.2006.构造成矿动力学及隐伏矿定位预测——以云南会泽超大型铅锌(银、锗)矿床为例.北京:科学出版社,1~178

韩润生,邹海俊,吴鹏等.2010.楚雄盆地砂岩型铜矿床构造-流体耦合成矿模型.地质学报,84(10):1438~1447

何永年,林传勇,史兰斌.1986.我国东北与华北上地幔某些物理状态特征的比较:来自幔源包体的信息.中国地震,2(2):16~23

黄德志,戴塔根,孔华等.2002.安徽张八岭构造带小庙山金矿容矿断裂构造地球化学研究.大地构造与成矿学,26(1):69~74

黄瑞华,杜方劝,王伏泉等.1989.中国东南部锡的构造地球化学.北京:科学出版社,1~202

胡宝群,吕古贤,王方正等.2008.水的临界奇异性及其对热液铀成矿作用的意义.铀矿地质,24(3):129~136

胡宝群,吕古贤,王方正等.2009.水的相变:热液成矿作用的重要控制因素之一.地质论评,55(5):722~730

金振民,Borch R S,Green H W.1990.尖晶石二辉橄榄岩高温高压变形试验及其上地幔动力学意义.中国上地幔特征与动力学论文集.北京:地震出版社,102~111

兰姆赛 J R.1985.岩石的褶皱作用和断裂作用.卑文琅等译.北京:地质出版社,1~300

李四光.1965.关于改进构造地质工作的几点意见——全国第一届构造地质专业会议上的总结发言.地质论评,23(4):245~247

李双林,迟效国,戚长谋.1996.中国满洲里—绥芬河断面域构造地球化学层与构造演化.地质地球化学,24(6):45~51

李文勇,夏斌,康继武.2005.华北板块南部豫西褶皱冲断带构造地球化学研究.地质科学,40(3):328~336

林传勇,史兰斌,何永年.1990.华北地区上地幔流变学特征初探.见:中国矿物岩石地球化学学会地幔矿物岩石地球化学专业委员会.中国上地幔特征与动力学论文集.北京:地震出版社,93~101

刘德良和王奎仁. 1989. 构造化学提纲. 见：中国矿物岩石地球化学学会. 全国第二届构造地球化学学术讨论会论文摘要汇编. 北京：地质出版社, 5~8

刘德良和吴小奇. 2006. 构造岩体应变率与质量迁移率关系分析意义——以郯庐断裂长英质构造岩为例. 见：陈骏主编. 地质与地球化学研究进展——庆祝王德滋院士致力于地质科学六十周年暨八十华诞. 南京：南京大学出版社, 366~375

刘德良, 李曙光, 葛宁洁. 1992. 东海片麻岩的显微构造分析对区域构造研究的意义. 南京大学学报, 4 (4)：371~376

刘德良, 杨强, 李王晔等. 2004. 郯庐断裂南段韧性剪切带糜棱岩中纳米级颗粒的发现. 科学技术与工程, 4 (1)：42~43

刘洪波, 关广岳, 金成洙. 1987. 构造地球化学的研究现状及发展趋向评述. 地质与勘探, (8)：53~56

刘亮明和彭省临. 2000. 非静水应力作用固体的化学位及其构造地球化学意义. 大地构造与成矿学, 24 (4)：371~376

刘泉清. 1981. 构造地球化学的研究及其应用. 地质与勘探, (4)：53~61

刘瑞珣. 1988. 显微构造地质学. 北京大学出版社, 1~235

刘瑞珣. 2007a. 建议用准确的力学概念研究地球动力学. 地学前缘, 14 (3)：57~63

刘瑞珣. 2007b. 流变学基础模型的地质应用及启示. 地学前缘, 14 (4)：61~65

刘瑞珣和吕古贤. 2002. 影响地下应力状态的构造作用. 地球学报, 23 (2)：103~106

罗元华和孙雄. 1998. 不同应力状态下地层渗透系数的变化及其对流体运移影响的数值模拟研究. 地球学报, 19 (2)：144~149

罗霞. 会泽铅锌矿深部找矿获重大突破——预测新增铅锌储量近百万吨, 潜在产值数十亿元. 云南日报, 2000-05-12

吕古贤. 1982. 北京延庆县石槽铜矿矿田构造研究. 中国地质科学院年报（中英文硕士论文）. 北京：地质出版社, 192~194, 471~473

吕古贤. 1991. 构造物理化学的初步探讨. 中国区域地质, (3)：254~261

吕古贤. 1993. 不同构造变形带中"静水压力"的差别. 中国地质科学院院报, 26：39~47

吕古贤. 1995. 关于构造作用力影响"静水压力问题". 科学通报, 40 (3)：186

吕古贤. 1997. 山东玲珑金矿田和焦家金矿田成矿深度的测算与研究方法. 中国科学（D辑）, 27 (4)：337~342

吕古贤. 2003. 构造物理化学的研究进展. 科学通报, 48 (2)：101~109

吕古贤. 2011. 关于矿田地质学的初步探讨. 地质通报, 30 (4)：478~486

吕古贤和孔庆存. 1993. 胶东玲珑-焦家式金矿地质. 北京：科学出版社, 1~266

吕古贤和刘瑞珣. 1996. 重力和构造力在地壳中的应用. 高校地质学报, 29 (1)：29~37

吕古贤, 王红才, 彭维震等. 1998. 构造带变形能的有限元数学模拟研究. 科学通报, 43 (5)：467~471

吕古贤, 林文蔚, 罗元华等. 1999. 构造物理化学与金矿成矿预测. 北京：地质出版社, 1~309

吕古贤, 王红才, 郭涛等. 1999. 热源体分割程度引起热传导及其温度变化. 科学通报, 44 (10)：1099~1102

吕古贤, 刘瑞珣, 王方正. 2004. 超高压变质的构造附加压力和形成深度. 北京：科学出版社, 1~199

吕古贤, 孙岩, 刘德良等. 2011. 构造地球化学的回顾与展望, 大地构造与成矿学, 34 (4)：479~494

吕古贤, 武际春, 崔书学等. 2013. 胶东玲珑金矿田地质. 北京：科学出版社, 1~685

马瑞, 刘正宏, 吕古贤等. 2005. 差应力状态对岩石熔融程度的影响——四川黑云母片麻岩的动、静态熔融对比实验为例. 地质学报, 79 (3)：338~341

吕古贤, 李洪奎, 丁正江等. 2016. 胶东地区"岩浆核杂岩"隆起-拆离带岩浆期后热液蚀变成矿. 现代地质, 30 (2)：247~262

尼克拉斯和泊利埃.1985.变质岩的晶质塑性和固态流变.林传勇,史兰斌译.北京:科学出版社,448~453

彭渤和刘翔.1998.沉积变质岩系中REE断裂构造地球化学.大地构造与成矿学,22(1):75~81

皮切尔 W S.1972.多内加尔花岗岩的形状和岩浆的成因.刘浩龙译.国外地质科技,(3):111~123

皮切尔 W S.1983.花岗岩的类型和构造环境.唐连江译.国外地质科技,(3):1~27

钱建平.1998.断裂构造地球化学的研究进展和发展方向.见:欧阳自远主编.世纪之交矿物学岩石学地球化学的回顾与展望.北京:原子能出版社,347~351

钱建平.1999.构造地球化学浅议.地质地球化学,27(3):94~100

钱建平,杨国清,李少游.2000.贵州独山锑矿田地质地球化学特征和构造动力热液成矿.地质地球化学,28(2):56~60

邱小平,吕古贤,武红岭等.1998.构造摩擦热的初步研究.地球学报,19(2):131~137

冉崇英,胡煜昭,吴鹏等.2010.学习实践"改造成矿作用"理论——以滇中砂岩铜矿为例兼论改造作用的上、下限问题.地学前缘,17(2):35~44

单家增.2004.剪应力作用下构造变形的物理模拟实验.石油勘探与开发,31(6):56~57

孙家骢.1988.矿田地质力学方法.昆明工学院学报,13(3):120~126

孙家骢和江祝伟.1987.个旧矿区马拉格矿田构造-地球化学特征.地球化学,(4):303~310

孙雄,洪汉净,马宗晋.1998.构造应力作用下流体运动的动力学分析——构造流体动力学.地球学报,19(2):150~157

孙岩,徐士进,刘德良等.1998.断裂构造地球化学导论.北京:科学出版社,1~246

孙岩,舒良树,李本亮.2000.浅层断裂韧滑流变的实验分析.中国科学(D辑),30(5):519~525

孙岩,葛和平,陆现彩等.2003.韧脆性剪切带滑移叶片中超微磨粒结构的发现和分析.中国科学(D辑),33(7):619~625

涂光炽.1956.脆云母热水综合试验的初步结果.地质学报,36(2):229~238

涂光炽.1959.祁连山的构造-岩相带.地质科学,(7):193~198

涂光炽.1984.构造与地球化学.大地构造与成矿学,(1):1~5

涂光炽.1986.论改造成矿兼评现行矿床成因分类中的弱点.见:中国科学院地球化学研究所,地球化学文集.北京:科学出版社,1~7

王红才和吕古贤.1998.关于构造带变形能的有限元法数学模拟.地球学报·中国地质科院院报,19(2):126~131

王奎仁.1989.地球与宇宙成因矿物学.合肥:安徽教育出版社,397~487

王嘉荫.1978.应力矿物概论.北京:地质出版社,1~238

王仁,丁中一,殷有泉.1979.固体力学基础.北京:地质出版社,1~379

王汝成,谢磊,陈骏等.2011.南岭中段花岗岩中榍石对锡成矿能力的指示意义.高校地质学报,17:368~380

王义文,朱奉三,宫润潭.2002.构造同位素地球化学研究——胶东金矿集中区硫同位素再研究.见:王义文,朱奉三主编.中国金都招远国际金矿地质与勘查学术论坛论文集.北京:地震出版社,179~182

吴学益.1987.构造地球化学讲座,第一讲构造地球化学概念、研究内容、意义及发展方向.地质地球化学,(11):71~74

吴学益.1988.构造地球化学讲座,第二讲构造地球化学的研究方法.地质地球化学,(2):69~72

吴学益.1998.构造地球化学导论.贵阳:贵州科技出版社,61~355

吴学益,杨元根,肖化云等.1999.赣东北断裂带铜、金成矿控制因素耦合作用及其模拟实验.大地构造与成矿学,23(1):3~15

吴学益，张开平，黄彩云等．2001．德兴地区超大型铜、金矿床成矿控制因素及其模拟实验．地质地球化学，29（3）：206~214

吴学益，张开平，黄彩云等．2002．赣东北断裂带活化构造控制铜、金成矿及其模拟实验．大地构造与成矿学，26（2）：208~214

吴学益，卢焕章，吕古贤等．2006．黔东南锦屏—天柱山地区构造控岩控金特征模拟实验及其力学分析．大地构造成矿学，30（3）：355~368

西胁亲雄．1984．构造应力与斑岩铜矿形成作用的关系．金昌斗译．国外地质科技，(6)：97~111

杨国清．1990．构造地球化学．桂林：广西师范大学出版社，7~40

杨开庆．1982．关于构造控岩控矿与构造成岩成矿问题．地质力学论丛，(6)：9~19

杨开庆．1984．构造动力中的地球化学作用．大地构造与成矿学，(4)：327~336

杨开庆．1986．动力成岩成矿理论的研究内容和方向．中国地质科学院地质力学研究所所刊．北京：地质出版社，(7)：1~14

杨晓勇，刘德良，王奎仁．1997．郯庐断裂带南段中深层次剪切带糜棱岩化过程中组分变化规律研究．高校地质学报，(3) 3：263~271

杨元根和王子江．1996．金动力迁移的构造地球化学实验研究．矿产与地质，1D：40~43

杨元根和王子江．1997．海南二甲金矿戈枕韧性剪切带的构造地球化学研究．浙江农业大学学报，23（5）：499~504

於崇文．1997．金属矿床成因及矿产资源预测．周光召等编．共同走向科学—百名院士科技系列报告集．北京：新华出版社，315~345

於崇文．2000．揭示地质现象的本质和核心——地质作用与时空结构．地学前缘，7（1）：2~12

赵清泉，孙传斌，荆龙华等．2005．构造地球化学——判别分析在找矿中的应用——以呼盟甲乌拉银-多金属矿床为例．矿产与地质，19（4）：414~417

张本仁，骆庭川，高山等．1994．秦巴岩石圈构造及成矿规律地球化学研究．武汉：中国地质大学出版社，1~446

章崇真．1979．试论矿田断裂地球化学．地质与勘探，15（3）：1~10

章崇真．1983．构造地球化学研究初步设想．全国构造地球化学座谈讨论会论文摘要汇编，2~3

张连昌，曾章仁，杨兴科等．1997．康古尔韧性剪切带型金矿构造地球化学特征．贵金属地质，6：13~21

张荣华和胡书敏．2001．地球深部流体演化与矿石成因．地学前缘，8（4）：297~309

张荣华，胡书敏，张雪彤．2006．金铜在气相中的迁移实验及矿石的成因．矿床地质，25（6）：705~714

张守仁，曹代勇，陈佩佩等．2002．高煤阶煤的阶跃性演化机理研究．煤炭学报，27（5）：525~528

张寿庭和徐旃章．1997．浙江武义萤石矿田控矿构造地球化学特征．地质与勘探，33（5）：21~26

周济元，余祖成，毛玉元等．1989．动力驱动矿液运移的若干问题与成矿预测．见：丘元禧主编．地质力学文集．北京：地质出版社，(9)：47~58

周建波，胡克，洪景鹏．1999．稀土元素在韧性剪切体积亏损研究中的应用——以胶南造山带构造岩为例．地质论评，45（3）：241~246

张文佑和钟嘉猷．1977．中国构造断裂体系的发展．地质科学，(3)：197~200

周永胜，何昌荣，马胜利等．2004．差应力对石英—柯石英转化压力的影响．高校地质学报，10（4）：523~527

Balter M and Gibbons A. 2000. A glimpse of human's first journey out of Africa. *Science*, 288：948~950

Beach A. 1974. A geochemical investigation of Pressure solution and the formation of veins in a deformed greywacke. *Contributions to Mineralogy and Petrology*, 46（1）：61~68

Beach A. 1979. Pressure solution as a metamorphic process in deformed terrigenous sedimentary rocks. *Lithos*,

12 (1): 51~58

Bons P D and Jessell M W. 1999. Micro-shear zones in experimentally deformed octachloro propane. *Journal of Structural Geology*, 21 (3): 323~334

Brodie K H. 1980. Variations in mineral chemistry across a shear zone in phlogopite peridotite. *Struct Geol*, 2 (1/2): 265~272

Caillere S and Henin S. 1949. Transformation of minerals of the montmorillonite family into 10A micas. *Mineral Mag*, 28: 606~611

Caron J M, Potdevin J L, Sicard E. 1987. Solution-deposition processes and mass transfer in the deformation of a minor fold. *Tectonophysics*, 35 (1~3): 77~86

Carpenter J R. 1968. Apparent retrograde metamorphism: another example of the influence of structural deformation on metamorphic differentiations. *Contributions to Mineralogy and Perrology*, 17 (3): 173~186

Chen J and Wang H. 1994. Distribution of REE and other trace elements in the Hetai gold deposit of South China: Implication for evolution of an auriferous shear zone. *Journal of Southeast Asian Earth Sciences*, 10 (3~4): 217~226

Comodi P. 2000. Structural thermal paragonitc and its dehydroxylate: A high-temperature single-crystal study. *Physics and Chemistry of Menirals*, 27 (6): 377~385

Davision I, McCarthy M, Powell D et al. 1995. Laminar flow in shear zones: The pernambuco shear zone, NE Brazil. *Journal of Structural Geology*, 17 (2): 149~161

Debregeas G and Josserand C. 2000. A self-similar model for shear flows in dense granular materials. *Europhsics Letters*, 52 (2): 137~143

Durney D W. 1978. Early theories and hypotheses on pressure-solution-redeposition. *Geology*, 6 (6): 369~372

Fyfe W S. 1964. Geochemistry of solids: An Introduction. McGraw-Hill, New York, 1~198

Fyfe W S. 1976. Chemical aspects of rock deformation. *Philosophical Transactions of the Royal Society of London Series A*, 283: 221~228

Gray D R. 1977. Differentiation associated with discretecrenulation cleavages. *Lithos*, 10 (2): 89~101

Gray D R and Durney D W. 1979. Crenulation cleavage differentiation: implication of solution-deposition processes. *Journal of Structural Geology*, 1 (1): 73~80

Groshong R H. 1975. Strain, fractures and pressure solution in natural single-layer folds. *Geological Society of America*, 86 (10): 1363~1376

Gruner J W. 1944. The hydrothermal alteration of feldspars in acid solutions between 300 and 400 ℃. *Society of Economic Geologists*, 39 (8): 578~589

Han R S, Ma D Y, Wu P et al. 2009. Ore-finding method of fault tectono-geochemistry in the Tongchang Cu-Au polymetallic orefield, Shaanxi, China: I. Dynamics of tectonic ore-forming processes and prognosis of concealed ores. *Chinese J Geochemistry*, 28: 397~404

Han R S, Wang L, Ma D Y et al. 2010. "Giant pressure shadow" structure and ore-finding method of tectonic stress field in the Tongchang Cu-Au polymetallic orefield, Shaanxi, China: II. Dynamics of tectonic ore-forming processes and prognosis of concealed ores. *Chinese J Geochemistry*, 29: 455~463

Han R S, Liu C Q, Emmanuel J M. Carranza et al. 2012. REE Geochemistry of Altered Fault Tectonites of Huize Type Zn-Pb-(Ge-Ag) Deposit, Yunnan Province, China. *Geochemistry: Exploration, Environment, Analysis*. 12: 127~146

Harker A. 1981. 变质作用——岩石转变的研究. 蒋荫昌译. 北京: 地质出版社, 1~373

Hemley J J, Cygan G L, d'Angelo W M. 1986. Effect of Pressure on ore mineral solubilities under hydrothermal conditions. *Geology*, 14 (5): 377~379

Huang W W. 2000. Mid-pliocene Acheulean-Like stone technology of the Bose basin, South China. *Science*, 287: 1622

Jones M E. 1981. The relationships between metamorphism and deformation of rock. *Journal of Structural Geology*, 3 (3): 333~338

Kerr A C, Tarney J, Marriner G F et al. 1996. The geochemistry and tectonic setting of late Cretaceous Caribbean and Colombian volcanism. *Journal of South American Earth Science*, 9 (1/2): 111~120

Kerrich R. 1983. Geochemistry of gold deposits in the Abitibi Greenstone Belt. *The Canadian Institute of Mining and Metallurgy*, 27: 1~75

Knipe C C. 1979. Chemical changes during slaty cleavage development. *Miner*, 102: 206~220

Knipe R J and White S H. 1979. Deformation in low grade shear zones in the Old Red Sandstone, S. W. Wales. *Journal of Structural Geology*, 1 (1): 53~66

Ma R. 2004. Experimental study on the migration of elements of gabbro during deformation. *Journal of China University of Geosciences*, 15 (2): 175~178

Michibayashi K. 1996. The role of intragranular fracturing on grain size reduction in feldspar during mylonitization. *Journal of Structural Geology*, 18 (1): 17~25

Niggli P. 1954. Rocks and mineral deposits. San Francisco: W. H. Freeman and Company, 1~559

Morris P A and Witt W K. 1997. Geochemistry and tectonic setting of two contrasting Archaean felsic volcanic associations in the eastern goldfields, Western Australia. *Precambrian Research*, 83 (1~3): 83~107

Niggli P. 1954. Rocks and mineral deposits. San Francisco: WH Freeman and Company, 1~559

Parker R B. 1975. Major element distribution in fold granulite-faces rocks. *Geological Society of America Bulletin*, 85 (1): 11~14

Parsons J D, Whipple K X, Simoni A. 2001. Experimental study of the grain-flow, Fluid-mud transition in debris flows. *Journal of Geology*, 109 (4): 427~447

Pedersen S A S, Craig L E, Upton B G J et al. 2002. Palaeoproterozoic (1740 Ma) rift-related volcanism in the Hekla Sund region, eastern North Greenland: field occurrence geochemistry and tectonic setting. *Precambrian Research*, 114 (3~4): 327~346

Petro W L, Vogel T A, Wilband J T. 1979. Major-element chemistry of plutonic rocks suites from compressional and extensional plate boundaries. *Chemical Geology*, 26 (34): 217~235

Phyillips J D. 2000. Signatures of divergence and self-organization in soils and weathering profiles. *The Journal of Geology*, 108 (1): 91~102

Roberts J L. 1966. The formation of similar folds by inhomogeneous plastic strain, with reference to the fourth phase of deformation affecting the Dalradian rocks in the southwest Highlands of Scotland. *The Journal of Geology*, 74 (6): 831~855

Rodriguez S E. 1972. Tectochemical investigation applied to exploration for hidden ore deposits. 24 [th] IGC, Section 10 Sander B. 1930. Gefugekunde der Gesteine. Berlin, 1~641

Sander and Bruno. 1970. An introduction to the study of fabrics of geological bodies. Pergamon Press.

Shen W Z, Ling H F, Li W X et al. 2000. Crustal evolution in Southeast China: Evidence from Nd model ages of granitoids. *Science in China*, Series D, 43 (1): 36~49

Sorby H C. 1863. On the direct correlation of mechanical and chemical forces. *Proceedings of Royal Society*, 12: 538

Sun Y, Shen X Z, Liu S H. 1984. Preliminary analysis of some chemically determined data from the compressive fault zone at Dayu, Jiangxi Province. *Chinese Journal of Geochemistry*, 3 (3): 285~294

Sun Y, Shen X Z, Suzuki T. 1992. Study on the ductile deformation domain of the simple shear in rocks—Taking brittle faults of the covering strata in southern Jiangsu are as an example. *Science in China*, *Series B*, 35: 1512 ~ 1520

Vannucchi P and Tobin H. 2000. Deformation structures and implications for fluid flow at the Costa Rica convergent margin, ODP Sites 1040 and 1043, Leg 170. *Journal of Structural Geology*, 22 (8): 1087 ~ 1103

Vernon R H. 1974. Controls of mylonitic compositional layering during non-cataclastic, ductile deformation. *Geological Magazine*, 111: 121 ~ 123

Wang Z H and LU H F. 2000. Ductile deformation and $^{40}Ar/^{39}Ar$ dating of the Changle-Nanao ductile shear zone, sourtheastern China. *Journal of Structural Geology*, 22 (5): 561 ~ 570

Wilkins Jr J, Beane R E, Heidrick T X. 1986. Mineralization related to detachment faults: A model. in Beatty Barbara and Wilkinson PAK, eds. Frontiers in geology and ore deposits of Arizona and the Southwest. *Arizona Geological Society Digest*, 10 (1): 108 ~ 117

Xie H P and Sanderson D J. 1998. Fractal effects of crack propagation on dynamic stress intensity. *International Journey of Fracture*, 74 (1): 29 ~ 42

Xie H P and Wang A. 1999. Direct fractal measurement of fracture surfaces. *International Journal of Solids and Structures*, 36 (20): 3073 ~ 3084

Паталаха Е И. 1986. Тектонофациальный алализ- возникновение и развитие. 1. Изв. АН КазССР, *Сер. Геол.*, т. 6, с, 12 ~ 19

Гундобин Г М, Богатырев П В. 1975. К вопросу о необходимости гихимического изучения зон разломов, *Геол. и Геофиз*, т. 1, с. 58 ~ 66

(作者：吕古贤、孙岩、吴学益、刘瑞珣和刘德良)

谨以此书
纪念地球化学领域的学科先驱!
献给全国广大地球科学工作者!
献给中国科学院地球化学研究所50华诞!

****

本书由中国科学院地球化学研究所
和中国科学院广州地球化学研究所组织编写

中国地球化学学科发展史

（下册）

主　编　欧阳自远
副主编　胡瑞忠　徐义刚

科学出版社
北　京

内 容 简 介

本书是中国地球化学学科及其紧密相关的矿物学与岩石学的发展历史、主要成就和发展趋势的全面、系统和综合总结。本书汇集了全国地球化学界100多位专家学者，2012年元月启动，2017年年底收齐稿件，历时六年，在中国科学院重点课题"中国地球化学、地球物理学科发展史研究"的支持下，就地球化学学科发展的历史进程，22个主要分支学科的发展历史、主要成就和未来发展途径进行分析研究和综合论述。本书附录包括"中国地球化学学科大事记"和"中国地球化学家（已故）传略"。

本书可供从事地球科学及相关的月球与行星科学、天体化学等学科的研究人员、高校师生和地球科学爱好者参考，为科学史的研究学者提供地球化学学科发展史的科学记录。

图书在版编目（CIP）数据

中国地球化学学科发展史：全2册／欧阳自远主编．—北京：科学出版社，2018.12
ISBN 978-7-03-060100-1

Ⅰ.①中… Ⅱ.①欧… Ⅲ.①地球化学–学科发展–概况–中国 Ⅳ.①P59

中国版本图书馆CIP数据核字（2018）第292101号

责任编辑：韩　鹏　宋云华　王　运／责任校对：张小霞
责任印制：肖　兴／封面设计：黄华斌

科学出版社 出版
北京东黄城根北街16号
邮政编码：100717
http://www.sciencep.com

北京画中画印刷有限公司 印刷
科学出版社发行　各地新华书店经销
*
2018年12月第 一 版　　开本：787×1092　1/16
2018年12月第一次印刷　　印张：72 1/2
字数：1 710 000
定价：698.00元（上、下册）
（如有印装质量问题，我社负责调换）

《中国地球化学学科发展史》编辑委员会

主　编　欧阳自远
副主编　胡瑞忠　徐义刚
编　委　（按姓氏汉语拼音排序）
　　　　安芷生　曹裕波　陈　骏　陈毓蔚
　　　　丁仲礼　冯新斌　何宏平　李世杰
　　　　林学钰　刘丛强　刘　莉　刘文汇
　　　　倪集众　彭平安　宋云华　万国江
　　　　王成善　王德滋　王世杰　王中刚
　　　　项仁杰　谢学锦　翟明国　翟裕生
　　　　张　干　赵一阳　郑绵平　周卫健
　　　　周新华
编辑部　（按姓氏汉语拼音排序）
　　　　倪集众　宋云华　万国江　王中刚
　　　　项仁杰

序

地球化学是研究地球及其内外各圈层和太阳系各层次天体（包括行星际尘埃、陨石、小行星、彗星、矮行星、卫星和行星等）的化学成分、元素及其同位素组成、分布、聚散、迁移和演化规律，并对人类社会可持续发展具有重大影响的一门学科。

地球化学学科在我国经历了从古代至19世纪末的"孕育萌芽时期"、20世纪初至第二次世界大战结束的"独立成型时期"，以及第二次世界大战结束后的"稳定发展时期"。到21世纪新的历史时期，地球化学学科的研究对象已从地壳延伸到包括地幔和地核在内的整个地球；对元素的研究从地壳中的元素行为拓展到原子的状态和元素同位素组成变化，从研究元素的组成到探索它们的形成与演化，以至地球和行星演化过程中所有化学元素的组成和演变过程，从现在看到的元素分布和演化过程，追溯地质历史时期以至太阳系形成之初的元素行为。

地球化学是由地质学与化学交叉、渗透和结合而诞生的新兴学科。百余年来，地球化学学科在学术上构建了自己的学科体系，创建了一套日趋成熟的研究方法、实验手段和测试技术；它的研究成果被广泛应用于当代人们最为关注的资源、能源、生态环境、防灾减灾、新型材料和人体健康，以及对地观测和月球、行星探测等与人类生存发展密切相关的诸多关键科学领域。

地球化学学科在百余年的发展历程中，在科学、技术、经济和社会发展等方面所发挥的作用，足以说明它是一门名副其实的地球科学的支柱学科。

我国地球化学思想的萌芽（包括人类最初对矿物和岩石的认识与利用）可以追溯到尚无文字记载的史前时期。经过漫长时间的萌芽和孕育，20世纪20~30年代才开始了真正的科学探索，及至20世纪50年代被纳入国家科学发展规划，在20世纪50年代末至60年代中期，中国有了系统的大学地球化学专业（系）和专业的学术研究所和应用研究机构。虽然在其后的十年间遭受了"文化大革命""倒春寒"的摧残，但地球化学工作者排除干扰，于艰难竭蹶之中依然进行着自己热爱的教育和科研工作；随后迎着改革开放的春风，迅速进入学科发展的快车道，各科研、教育系统和产业部门的地球化学研究工作都有了较大而稳步的发展；并在此基础上顺利进入新世纪的自主创新发展阶段。

目前我国地球化学研究在矿产资源、化石能源、新兴能源（天然气水合物、核能、地热能等）、防灾减灾、生态环境、新型材料科学、海洋科学、空间科学、月球和行星科学等诸多领域的研究、开发和利用方面获得骄人的成果，在社会与国民经济的科学发展中，在"上天、入地、登峰、下海"科学领域和地球系统科学的创新发展中，在现代分析测试技术的开发和应用过程中起到了不可替代的作用，显著提高了地球化学和地球科学的整体理论和应用水平，拓展了在社会可持续发展中的巨大前景。

"中国地球化学学科发展史"所包括的研究内容，汇集了全国地球化学界100多位从事教学与科研工作的专家、学者历时六年的辛劳付出，按照三条主线开展研究：①纵向的学科发展历史过程，包括国际地球化学思想的萌芽，学科发展过程及其对中国的影响；我国地球化学学科在各个历史时期的研究状况和研究成果；国内外地球化学学术文献记录本学科的历史发展脉络；中国地球化学研究机构、高等教育以及地球化学学会的发展状况。②"中国地球化学学科发展史"的研究重点是地球化学学科的二十多个分支学科的形成与发展历程、主要研究成果和发展趋势。③"中国地球化学学科大事记"和"中国地球化学家（已故）传略"相关资料性材料的汇集、研究与编撰。

《中国地球化学学科发展史》是我国地球化学学科发展历史、主要成就和发展趋势的全面、系统和综合总结；回顾和了解前人的认识、成果和经验，理顺学科的发展脉络，既为后人留下一份宝贵的历史资料，也为我们长期从事的科学事业树碑，为前辈科学家立传，担当起我们这一代人承前启后、促进学科发展的历史责任。

《中国地球化学学科发展史》编辑委员会
2017年12月

前　言

本书内容所源自的课题系中国科学院2012年重点部署课题"中国地球化学、地球物理学科发展史研究"（KZZD-EW-TZ-02）之子课题"中国地球化学学科发展史研究"。

本书的编写工作于2012年元月启动，经过六年来全国各系统各单位100多位同仁的共同努力，终于在2017年12月才收齐稿件，完成了全部编辑工作。

在接受任务之初，我们深知"中国地球化学学科发展史"研究是一项甚为紧迫、重要和需要集全国学界之力才能完成的工作。研究过程中必须通过探索、切磋和讨论，确立指导原则、研究方法和编纂程序，并以此原则确定学科发展史的编写大纲。在首席科学家欧阳自远院士的指导下，最后确定了从三个方面论述我国地球化学学科的发展历史：一是国际科学界地球化学思想的萌芽、发展过程及其对中国的影响，探索欧美、苏联和我国地球化学学科发展的异同点。二是从"纵向"即历史的角度论述我国在不同时期——古代、近代和现代地球化学思想的历程，尽可能全面地反映各个历史时期的研究状况和研究成果；为了扩大研究视域，我们邀请了中国地质图书馆的研究人员，参与收集和分析国内外地球化学学术文献记录，帮助诠释本学科的历史发展脉络。三是从本学科的二十多个分支学科的发展历程体现整个学科的萌芽、孕育、创建、成型和创新发展的历史。为了阐明本课题的主体内容，我们聘请了相应的数十位专家、学者共同参与研究和分析，撰写出区域地球化学、元素地球化学、同位素地球化学、环境地球化学、有机地球化学、生物地球化学、生态地球化学、海洋地球化学、水文地球化学、盐湖地球化学、构造地球化学、岩浆作用地球化学、沉积作用地球化学、变质作用地球化学、前寒武纪地球化学、第四纪地球化学、勘查地球化学、油气地球化学、矿床地球化学、矿物化学、水热实验地球化学，以及陨石学与天体化学等分支学科的发展史。

现在呈现在读者面前的这本书是以该课题的结题报告为主体撰写而成。全书分为"正文"和"附录"两大部分。"正文"即为纵向的历史论述，以及横向的主要分支学科的形成与发展历程、主要研究成果和发展趋势。"附录"部分包括两份资料性的材料："中国地球化学学科大事记"和"中国地球化学家（已故）传略"。

从每个章节末尾所附的撰稿人名单可以看出，本书是我国地球化学界科研、教学和相关产业部门人员的集体创作成果，更渗透了数十年来全国数十万地球化学工作者和本书的幕后"作者"——审稿人付出的辛勤劳动和心血；他们中有年迈的老专家、老教授和资深院士，也有在职的单位领导、承担着重大国家课题的中年科学家，还有活跃在科研、教学和相关产业部门战线的年轻博士。他们放弃了安度晚年、含饴弄孙或难得的休息时间，不管严寒酷暑投入收集资料、撰文和审稿工作；编辑委员会对他们的敬业、勤业精神和事业心，致以崇高的敬意和诚挚的谢忱。

由于编辑时间和学术水平所限，书中的疏忽和不当之处，敬请不吝赐教。

《中国地球化学学科发展史》编辑委员会

2017年12月

目 录

序
前言

上 册

第一章 国际地球化学学科的发展及其对中国的影响 ………………………… 1
　第一节　国际地球化学学科发展概况 ………………………………………… 1
　第二节　地球化学学科发展的特点 …………………………………………… 6
　第三节　国际地球化学对中国地球化学学科成长的影响 …………………… 12
　第四节　地球化学学科发展展望 ……………………………………………… 15
　主要参考文献 …………………………………………………………………… 22

第二章 中国地球化学学科的形成和发展 ………………………………………… 24
　第一节　古代中国地球化学思想的萌芽 ……………………………………… 24
　第二节　现代中国地球化学学科的启蒙和孕育 ……………………………… 34
　第三节　中国地球化学学科创建时期 ………………………………………… 38
　第四节　中国地球化学学科的成形阶段 ……………………………………… 50
　第五节　中国地球化学的创新发展阶段 ……………………………………… 76
　主要参考文献 …………………………………………………………………… 91

第三章 从文献资料分析看地球化学学科的发展历程 ………………………… 105
　第一节　研究背景 ……………………………………………………………… 105
　第二节　国际地球化学文献研究 ……………………………………………… 105
　第三节　中国地球化学文献研究 ……………………………………………… 108
　主要参考文献 …………………………………………………………………… 125

**第四章 中国地球化学研究机构、高校教育以及中国矿物岩石地球化学学会的
　　　　 发展状况** ………………………………………………………………… 131
　第一节　地球化学专业学术研究机构的配置和发展 ………………………… 131
　第二节　高等院校地球化学专业与院系的设置和发展 ……………………… 177
　第三节　中国矿物岩石地球化学学会的发展状况 …………………………… 198

第五章 区域地球化学 …………………………………………………………… 219
　第一节　区域地球化学学科的发展历程 ……………………………………… 219
　第二节　中国区域地球化学学科的研究现状 ………………………………… 222
　第三节　区域地球化学研究新的生长点 ……………………………………… 226

第四节　今后发展方向和主要研究领域 ………………………………………… 232
　　主要参考文献 …………………………………………………………………… 233

第六章　元素地球化学 ……………………………………………………………… 239
　　第一节　元素地球化学学科的发展概况 ………………………………………… 239
　　第二节　元素地球化学学科在我国的发展 ……………………………………… 243
　　第三节　中国元素地球化学学科的主要研究成果 ……………………………… 247
　　第四节　学科研究的趋势和发展方向 …………………………………………… 256
　　主要参考文献 …………………………………………………………………… 258

第七章　同位素地球化学 …………………………………………………………… 267
　　第一节　学科建立与向苏联学习阶段 …………………………………………… 268
　　第二节　自力更生阶段 …………………………………………………………… 274
　　第三节　引进西方技术和赶上国际前沿阶段 …………………………………… 287
　　第四节　交叉渗透阶段 …………………………………………………………… 307
　　第五节　结束语 …………………………………………………………………… 315
　　主要参考文献 …………………………………………………………………… 316

第八章　环境地球化学 ……………………………………………………………… 331
　　第一节　环境地球化学学科的形成（1980 年前，形成阶段） ………………… 332
　　第二节　中国环境地球化学及其分支学科发展（1980~2000 年，发展阶段）… 339
　　第三节　中国环境地球化学学科发展的未来（21 世纪以来，拓展阶段） …… 355
　　主要参考文献 …………………………………………………………………… 377

第九章　有机地球化学 ……………………………………………………………… 393
　　第一节　国际有机地球化学学科的主要研究成果 ……………………………… 393
　　第二节　中国有机地球化学学科的主要研究成果 ……………………………… 393
　　第三节　有机地球化学在新世纪的可能生长点 ………………………………… 404
　　第四节　中国有机地球化学学科研究应重视的领域 …………………………… 411
　　主要参考文献 …………………………………………………………………… 412

第十章　生物地球化学 ……………………………………………………………… 425
　　第一节　生物地球化学学科的形成与发展 ……………………………………… 425
　　第二节　中国生物地球化学的研究现状与进展 ………………………………… 430
　　第三节　生物地球化学学科的发展方向和主要研究领域 ……………………… 438
　　主要参考文献 …………………………………………………………………… 441

第十一章　生态地球化学 …………………………………………………………… 449
　　第一节　生态地球化学学科产生的背景 ………………………………………… 449
　　第二节　生态地球化学的概念和研究内容 ……………………………………… 450
　　第三节　中国生态地球化学学科主要研究成果 ………………………………… 452
　　第四节　生态地球化学学科的发展趋势 ………………………………………… 458
　　主要参考文献 …………………………………………………………………… 459

第十二章　海洋地球化学 …………………………………………………………… 469
　　第一节　中国海洋地球化学学科发展概况 ……………………………………… 470

第二节　中国海洋地球化学研究若干重要成果 ·············· 483
　　第三节　中国海洋地球化学学科发展趋势 ·················· 485
　　主要参考文献 ··· 487
第十三章　水文地球化学 ···································· 500
　　第一节　本学科的科学意义及其在国际上的发展状况 ········ 500
　　第二节　中国水文地球化学学科的发展历程和主要特点 ······ 505
　　第三节　今后发展方向和主要研究领域 ···················· 512
　　主要参考文献 ··· 514
第十四章　盐湖地球化学 ···································· 517
　　第一节　中国盐湖地球化学学科的发展历程 ················ 517
　　第二节　中国盐湖地球化学主要成果与进展 ················ 518
　　第三节　盐湖地球化学的发展趋势和展望 ·················· 533
　　主要参考文献 ··· 535
第十五章　构造地球化学 ···································· 544
　　第一节　构造地球化学研究的历史和背景 ·················· 544
　　第二节　中国构造地球化学的研究现状和进展 ·············· 546
　　第三节　存在问题和学科发展方向 ························ 556
　　主要参考文献 ··· 560

下　　册

第十六章　岩浆作用地球化学 ································ 569
　　第一节　开拓时期：20世纪50年代之前 ··················· 569
　　第二节　初创时期：20世纪50年代至70年代 ··············· 570
　　第三节　稳定发展时期：20世纪80年代至世纪之交 ·········· 572
　　第四节　蓬勃发展时期：新世纪之初的十余年 ·············· 579
　　第五节　小结 ··· 586
　　主要参考文献 ··· 587
第十七章　沉积作用地球化学 ································ 599
　　第一节　沉积作用地球化学学科的形成 ···················· 599
　　第二节　中国沉积作用地球化学研究现状 ·················· 602
　　第三节　中国沉积地球化学研究主要成果 ·················· 604
　　第四节　中国沉积作用地球化学学科发展方向 ·············· 609
　　主要参考文献 ··· 609
第十八章　变质作用地球化学 ································ 615
　　第一节　变质作用地球化学学科的形成和发展历程 ·········· 615
　　第二节　中国变质作用地球化学学科简史 ·················· 619
　　第三节　变质作用地球化学学科发展趋势 ·················· 624
　　主要参考文献 ··· 627

第十九章　前寒武纪地球化学 ·· 633
第一节　前寒武纪地球化学学科的形成 ··· 633
第二节　中国前寒武纪地球化学学科的发展历程 ··· 634
第三节　中国前寒武纪地球化学学科的研究现状和成果 ································· 635
第四节　新的生长点和发展方向 ·· 649
主要参考文献 ··· 657

第二十章　第四纪地球化学 ·· 669
第一节　第四纪地球化学学科的形成 ·· 669
第二节　中国第四纪地球化学学科发展历程 ·· 670
第三节　中国第四纪地球化学研究重要成果 ·· 671
第四节　第四纪地球化学学科发展趋势 ·· 694
主要参考文献 ··· 695

第二十一章　勘查地球化学 ·· 718
第一节　中国勘查地球化学学科的发展历程 ·· 718
第二节　中国勘查地球化学学科的发展特点与经验 ···································· 727
第三节　今后发展方向和主要研究领域 ·· 729
主要参考文献 ··· 732

第二十二章　油气地球化学 ·· 734
第一节　中国油气地球化学学科的发展历程 ·· 734
第二节　分析技术的发展 ·· 745
第三节　油气地球化学研究展望 ·· 746
主要参考文献 ··· 748

第二十三章　矿床地球化学 ·· 754
第一节　中国矿床地球化学学科的形成 ·· 754
第二节　中国矿床地球化学研究若干重要成果 ·· 756
第三节　中国矿床地球化学研究现状和发展方向 ······································· 759
主要参考文献 ··· 774

第二十四章　矿物化学 ··· 787
第一节　矿物化学的研究对象和研究方法 ··· 787
第二节　矿物化学学科的科学意义及其国际上的发展概况 ························· 789
第三节　矿物化学学科在我国的发展历程 ··· 792
第四节　展望与期待 ··· 798
主要参考文献 ··· 799

第二十五章　水热实验地球化学 ··· 802
第一节　中国水热实验地球化学学科的形成和发展 ···································· 802
第二节　中国水热实验地球化学主要研究成果 ·· 805
第三节　发展趋势与建议 ·· 812
主要参考文献 ··· 813

第二十六章　陨石学与天体化学 ··· 820

第一节　陨石学与天体化学的发展历程 …………………………………… 821
　　第二节　中国的研究现状 …………………………………………………… 822
　　第三节　中国陨石学与天体化学研究展望 ………………………………… 833
　　主要参考文献 ………………………………………………………………… 833

附录一　中国地球化学学科大事记 ……………………………………………… 840
附录二　中国地球化学家（已故）传略 ………………………………………… 851

第十六章 岩浆作用地球化学

岩浆作用是地球分异、演化的产物，记录了地球深部至浅部的性质、状态及演化，因此历来受到研究者的重视。我国岩浆岩研究起步较早，特别是岩浆岩岩石学与地球化学研究的高度融合，岩浆作用地球化学成为一门发展迅速、影响面广的学科。

本章将介绍岩浆作用地球化学的四个发展阶段，通过中酸性岩、基性岩（玄武岩）、超基性岩、碱性岩等主要岩浆岩类的叙述，勾画出这门地球化学分支学科在我国的发展概貌。

第一节 开拓时期：20世纪50年代之前

20世纪50年代前我国岩浆作用地球化学的研究既零散，又只是作为矿山地质调查或典型区域岩浆岩分布和解剖的"附属"部分。

国内外学者、探险家对中国境内的岩浆岩进行过初步研究。如德国学者李希霍芬（F. von Richthofen）于1869~1871年曾三赴沿江和皖南考察。著有《中国》和《中国地图集》，初步圈定了长江中下游地区安庆大龙山—黄梅尖、黄山、绩溪伏岭—宁国仙霞一带的侵入岩体。20世纪20年代，地质学者王竹泉最早对紫金山碱性杂岩体进行了地质填图工作，瑞典学者诺琳（Norin）1924年发表了《山西紫金山碱性霞长岩》，为紫金山碱性杂岩体后续研究奠定了重要基础。诺琳还于1931~1935年研究了西藏阿里地区北部的年轻火山岩，出版了青藏高原北部新生代火山岩的专著（Norin，1946）。1940年，以我国学者罗文柏为队长的中国考察队，沿青海—西康—云南考察了青藏高原，记载了沿途的岩石，这是中国人第一次组织的青藏高原考察。1948年，程裕淇报道了康定混合岩（程裕淇，1948）。曾鼎乾（1944）详细总结了国内外学者在青藏高原的调查历史，介绍了青藏高原的地质概况，包括喜马拉雅地区、拉萨和昆仑山等地的花岗岩和火山岩等岩石。

这一时期火山岩的研究也较零星，如国内学者先后报道了《山西大同之第四纪火山》（尹赞勋，1933）、中国近期火山（尹赞勋，1937）及《安徽盱眙县女山火山口》（李捷和张文佑，1937）等研究进展。1936年，日本学者小仓勉考察了东北的新生代火山岩，著有《黑龙江省五大连池火山地质调查报文》（小仓勉，1936）。值得一提的是，1929年赵亚曾在考察峨眉山地质时，将峨眉山地层划分为震旦系、寒武系、二叠系、二叠纪玄武岩，以及三叠系、侏罗系等层位，首次命名云南、四川和贵州三省境内广泛分布的晚二叠世溢流玄武岩为"峨眉山玄武岩"；该命名一直沿用至今，也为后来的攀西裂谷和峨眉山大火成岩省研究奠定了基础。

相对比较系统并具开创性的工作集中在对花岗岩的研究。花岗岩在我国分布广泛，并盛产与之有成因联系的钨、锡、锂、铍、铌、钽、铀等矿产，尤以华南和燕山花岗岩研究为甚。早期的研究集中在矿山地质调查（翁文灏，1920）。随着基础地质研究在华南的展开，初步揭示了一些与花岗岩有关的科学问题。如李四光的《南岭何在》（1942）、黄汲清的《中国主要地质构造单位》（1945）等。1945年，黄汲清指出华南花岗岩多时代成因的可能性。这一阶段最具学术影响的认识，是翁文灏提出"燕山运动"的概念，加深了对中国大陆显生宙以来的构造和地质演化的认识。由于这一地质运动也发生在华北地台上，启迪了后来的华北岩石圈减薄和克拉通破坏的观点。

第二节 初创时期：20世纪50年代至70年代

20世纪50年代后，各省（区）的地质勘查队伍得到迅速发展，从事地质工作的人数由几百人迅速扩大到数十万人，地质勘查队伍也发展到上百个；四大地质学院和一些综合性大学地质系也配备了力量雄厚的师资队伍。队伍的壮大为我国地质研究打下了良好的基础。

这一阶段有关岩浆岩的研究，基本上围绕地质找矿和地质填图工作；完成了全国大部地区的1∶20万区域地质调查和地质填图，极大地促进了中国大陆岩浆岩的时空分布及其对矿产控制的认识。

针对20世纪50~60年代对大片花岗岩地区填图和研究中的难题，池际尚在20世纪60年代初组织了对北京西山八达岭花岗岩岩基-杂岩体的立典研究。她提出的"同源岩浆系列"和"深部和就地岩浆分异同化作用"两个概念，从理论高度解释了该区侵入岩的多样性原因；并讨论了花岗岩的成矿专属性；探讨了"旋回"、"阶"、"期"、"次"和"岩体"五级划分方案，以及"侵入岩标准序列"的新概念和新的研究思路，比后来英国学者 W. S. Pitcher 提出的花岗岩体单元划分和超单元概念，整整早了十年，树立了在花岗岩大面积连续分布区进行填图和研究的样板，在学界影响深远。

这一时期在花岗岩研究方面的另一个标志性突破，是1957年徐克勤在江西南部首次发现了具有确凿地质证据的加里东期花岗岩（距今4亿年左右）。这一发现打破了地质学界几十年来认为华南只有燕山期花岗岩并为"一次形成"的传统观念，从而确立了"华南花岗岩多旋回"的观点。此外，以戎嘉树为首的广东省地质局南岭区域地质测量普查大队火成岩组于1959年出版的《南岭侵入岩初步综合研究报告》一书，是这一时期华南花岗岩研究的代表性文献。

这一时期由生产、教学和科研单位参与的长江中下游铁矿会战，在出版的《宁芜玢岩铁矿》（宁芜研究项目组，1978）专著中，详细报道了长江下游地区火山岩及侵入岩的岩石学特征和成因。

在改革开放以前，我国没有专门的火山研究队伍，只有零星的新生代火山岩研究资料，如列别金斯基（1958）的"大同火山群"、梅厚钧（1966）的"云南马关含橄榄岩捕虏体的玄武岩和煌斑岩"等。20世纪50年代，王恒生和苏联学者西尼村报道了新疆昆仑阿什库勒火山的喷发，并与中国同事填制了1∶100万地质图，后为赵铭钰（1976）所证实。最有代表性的工作当数赵宗溥（1956）的《中国东部新生代玄武岩类岩石化学的研究》一文，这也是最早较系统地介绍我国新生代火山岩的文章。赵宗溥1956年提出的玄武岩的K_2O含量从大洋至大陆是递增的观点（赵宗溥，1956），日本学者在1961年才有所认识。

这一时期对峨眉山玄武岩只有零星的研究，如梅厚钧研究了西南暗色岩深渊分异两个系列的岩石化学特征及其与铁、镍矿化的关系，初步揭示了西南暗色岩系与中国东部新生代火山岩成因上的差异（梅厚钧，1973）。

在青藏高原岩浆作用研究方面，李璞担任队长的西藏工作队于1951年9月至1953年8月随军进藏，完成了日喀则—拉萨—班戈一线以东的藏东地区地质矿产调查。所提交的《西藏东部地区地质矿产调查报告》（李璞，1954；西藏地质工作组，1955）初步调查了西藏南部的新生代岩浆岩，首次测定了新生代花岗岩的K-Ar年龄（李璞等，1964，1965）。1956年，祁连山地质综合考察队调查了祁连山地区古火山活动、基性-超基性岩和区域地质，填补了这一空白地区的地质图，取得了基性、超基性岩研究的重要成果（李璞，1959）。

20世纪70年代，中国学者探讨了喜马拉雅、冈底斯、唐古拉山和昆仑地区古生代—新生代的花岗岩、火山岩与板块构造的关系（常承法和郑锡澜，1973）。首次考察了羌塘-可可西里-昆仑地区的新生代火山岩，并首次报道了藏北无人区新生代火山岩的岩石地球化学数据（邓万明，1978），以及喜马拉雅和冈底斯90～10 Ma岩浆岩的岩石地球化学特征（金成伟和周云生，1978）。

20世纪50年代，我国陆续发现了一些与镍、铬和钒钛磁铁矿床有关的基性-超基性岩体。1954年起，李璞系统考察和研究了内蒙古、宁夏和祁连山等地的岩体及铬铁矿床，发表的《中国已知的几个超基性岩体的观察》一文获得国家自然科学三等奖。1954年对攀枝花地区钒钛磁铁矿床的层状镁铁-超镁铁质岩体开始正式勘查工作，奠定了我国超基性岩体研究的基础。金川岩体发现后，李璞、解广轰等人即对该矿床开展了研究，李璞提出了"关于如何寻找超基性岩及铬镍等矿床的一些意见"。1958年，汤中立等发现了金川岩体和相关的超大型镍矿。60年代初，在李璞的带领下，开始总结全国超基性岩体的时空分布、岩石学、岩石化学及其含矿性，并于1963年内部发表了专著《全国基性-超基性岩及铬、镍矿》。自1966年起，中国科学院地质研究所最先研究了云南基性-超基性岩中的铜、镍和铂族元素，并于1981年出版了《中国含铂地质体铂族元素地球化学及铂族矿物》。

1964年，中国科学院和冶金部联合下达对川西钒钛磁铁矿矿石物质成分及有益、有害成分赋存状态的研究。经过八年的探索，不仅查明了矿石的物质成分，还发表了两篇有关该区基性-超基性岩的论文（刘若新，解广轰，倪集众，1974）。

蛇绿岩产在板块缝合带，是古洋壳的残留物，记录了古洋盆形成和板块汇聚造山的历史。国际上于20世纪60年代就提出了板块构造和蛇绿岩的概念，当时正处于"文化大革命"动乱中的我国科学家很快就认识到雅鲁藏布江蛇绿岩的重要性（常承法和郑锡澜，1973）。随后，王荃和刘雪亚（1976）及肖序常、陈国铭和朱志直（1978）在北祁连地区也识别出蛇绿岩及其伴生蓝片岩。1979年，吴浩若和邓万明在国际蛇绿岩会议上，首次向学界介绍了西藏雅鲁藏布江蛇绿岩。

我国金刚石找矿工作的开展带动了对金伯利岩的深入研究。自20世纪50年代起，我国相继在辽宁、山东、贵州三省发现400余条金伯利岩脉。1965年，贵州地质局101队在镇远煌斑岩类岩石中，首次发现了含有原生金刚石的岩体：脉状、岩株状的金伯利岩。所提交的研究报告对推动金刚石找矿起到了很好的作用。随后，山东省地质局809地质队在蒙阴发现了全国第一个有重要意义的金伯利岩型金刚石矿。1971年辽宁区调队在辽南地区找到了复县金伯利岩岩体（庄德厚，1979）。

1965年以池际尚为总技术负责人的科研团队总结了金刚石找矿标志和成矿规律，并以"对比思想"，提出了中国金伯利岩的分类命名、填图单位及岩石特征，以及判别金刚石含矿性公式，获得1978年全国科学大会奖。随后，这些岩浆作用地球化学研究成果，继续推动了20世纪70年代的全国第二轮金刚石找矿和20世纪80年代的寻找钾镁煌斑岩和金刚石工作。20世纪70年代末，澳大利亚西部阿盖尔（Argyle）发现富含金刚石的钾镁煌斑岩后，我国相继在湖北大洪山（王留海，1987；何松，1988；刘观亮，汪雄武，吕学淼，1993）、贵州镇远、湖南若水（贺安生和孙一虹，1992）、晋北饮牛沟（杨建民，1995）、新疆皮山县（赵磊等，1998），以及和田克里阳（柴凤梅，2001）确认了钾镁煌斑岩的存在。

第三节　稳定发展时期：20世纪80年代至世纪之交

改革开放吹响了全面研究岩浆岩及其成矿作用的号角，陆续发表、出版了大量的研究论文和一系列专著，特别是随着地球化学分析水平的提高，岩浆岩岩石学和地球化学的结合达到了一个较高的水平，一些专业委员会也相继成立，在引领科学前沿研究、扩大学术交流等方面发挥了重要作用，有力地促进了岩浆岩地球化学学科的发展。

一、花岗岩和中酸性岩石

在华南花岗岩-火山岩及其成矿作用方面，老一辈专家学者领导的科研团队开展了卓有成效的研究工作，做出了历史性贡献，并为后继者的进一步研究奠定了良好的基础（中国科学院地球化学研究所，1979；莫柱孙和叶伯丹，1983；南京大学地质学系，1981；洪大卫，郭文岐，李戈晶等，1987；地质矿产部南岭项目花岗岩专题组，1989；陈毓川，裴荣富，赵勇伟等，1989）。其中《华南不同时代花岗岩类及其与成矿关系》（南京大学地质学系，1981）和《华南花岗岩类的地球化学》（中国科学院贵阳地球化学研究所，1979）的出版，引起国际地质界的热切关注，并广为日本、美国、加拿大等国的科学家所引用。鉴于在华南花岗岩与成矿研究方面开拓性成果的重要理论价值和指导找矿的巨大实际意义，南京大学与中国科学院地球化学研究所、地质矿产部宜昌地质矿产研究所及南方五省地质局合作完成的"华南花岗岩的地质、地球化学及成矿规律的研究"在1982年获得国家自然科学奖二等奖，并于1982年由南京大学主办了"国际花岗岩地质和成矿关系学术讨论会"。1987年，中国科学院地球化学研究所又在广州主办了"国际花岗岩成岩成矿作用学术讨论会"。可以说，20世纪80年代，我国对华南花岗岩和成矿作用的研究在国际上已取得非常重要的学术地位。1984年南京大学建立了"花岗岩-火山岩及成矿理论研究所"，产出了诸多重要成果，如《中国东南部晚中生代花岗岩质火山-侵入杂岩成因与地壳演化》（王德滋和周新民，2002）。

与此同时，《华北地台区花岗质岩石的成因》（穆克敏，林景仟，邹祖荣，1989）、《中国东部花岗岩》（张德全和孙桂英，1988）、《胶辽半岛中生代花岗岩》（林景仟，谭东娟，迟效国，1992），以及《华北地台东部太古宙花岗岩》（林强，吴福元，刘树文，1992）等专著的出版，表明华北地区花岗岩的研究也大有进展。

这一时期另一个重要的进展是 ε_{Nd} 为正值的花岗岩的发现。

这类花岗岩主要分布于中亚造山带（洪大卫等，1994；Han, Wang, Jahn et al., 1997；Jahn, Wu, Chen, 2000）和我国北方造山带（吴福元，林强，江博明，1997；Wu, Jahn, Wilde et al., 2000）；它们都具有明显低初始锶（<0.705）和高初始钕（ε_{Nd}>0）的特点。重要的是具有这种特点的花岗岩在全球范围并不多见，并与华南花岗岩和大别造山后花岗岩具有的高初始锶和低初始钕的特点形成鲜明对比；对后者而言，古老地壳物质的循环是其主要的物质来源。ε_{Nd} 为正值的花岗岩主要来源于自源岩刚从地幔中分离出来不久的物质（Jahn, Wu, Chen, 2000）。由于整个中亚造山带中大面积分布具这种特点的花岗岩，暗示中亚造山带的主体地壳物质是在新元古代从地幔中产生的，反映出地质历史上新元古代也是地壳增长的重要时期，因此先前认为地壳主要形成于早前寒武纪的观点需要重新修正。

这一阶段在中酸性岩浆研究方面的进展还包括长江中下游地区侵入岩研究。董树文和邱瑞龙整理出版了《安庆-月山地区构造作用与岩浆活动》专著，首次提出了董岭岩浆岩底辟滑覆构造体系和月山-百子山冲断层系区域构造格局的新认识，并将岩浆岩系统划分出低硅富铁深熔型系列（底辟岩浆岩系列）、富硅富碱壳幔混熔型系列和碱性石英正长岩A型系列；运用现代岩浆动力学理论，论述了董岭岩浆底辟机理，分析了底辟-气球膨胀侵位机制，探讨了各成岩成矿系列的生成条件、演化特征，分析了壳幔混溶型的成因依据，提出了不同系列岩浆岩含矿性的判别标志（董树文和邱瑞龙，1998）。周珣若出版了《长江中下游侵入岩岩石学》，全面系统地总结了长江中下游地区的中酸性侵入岩特征，并提出了岩浆混合作用在中酸性侵入岩成因上的作用。同时，毛建仁等总结了长江中下游中酸性侵入岩与成矿的关系，出版了《长江中下游中酸性侵入岩与成矿》专著。

金沙江-澜沧江-怒江（即三江地区）特提斯成矿域岩浆作用与成矿关系研究也是这一时期岩浆岩研究的亮点。莫宣学等（1990，1995）厘定了三江地区的岩浆作用格架，探讨了成矿域岩浆作用与成矿的关系，提出了"三江"古特提斯以来具有两套成矿系统（特提斯成矿系统和碰撞-后碰撞成矿系统）叠加，受壳幔地球化学不均一性、特提斯事件、印度-亚洲碰撞事件三大要素控制的理论，被地勘部门采纳并取得找矿突破。莫宣学等编著出版的《三江地区重要火山岩系及其与有关金属矿产的关系》（1990）和《三江中南段火山岩 蛇绿岩与成矿》（1998）是这一地区工作的系统总结。

二、基性岩和超基性岩石

1980年启动的"国际岩石圈计划"迄今还在延续执行，1990～2000年间又开展了"国际减灾十年活动"；我国参与这些国际计划的实施，都有力地促进了我国火山和玄武岩的研究。其中具有里程碑意义的，是1982年由中国矿物岩石地球化学学会岩浆岩专业委员会在黑龙江五大连池召开的"中国东部新生代玄武岩及深源包体学术讨论会"。老一辈著名地质学家徐克勤、尹赞勋、张文佑、马杏垣等都莅临大会。这是我国实施改革开放政策后，第一次召开的火山研究学术会议，表明了我国新生代火山和地幔研究高潮的到来。

面对当时五大连池火山遗迹惨遭破坏的严重局面,会议呼吁国家有关部门加强保护五大连池火山遗迹和合理开发五大连池矿泉水资源,建立五大连池火山公园。这也是我国地质工作者向政府部门提出保护环境资源倡议之肇始。现在五大连池火山世界地质公园不仅是一处旅游胜地,也成为火山岩研究的科研基地。

这一阶段轰轰烈烈地开展了我国新生代火山岩及地幔岩岩石学、地球化学和年代学研究,参加人员多、声势大,可谓我国火山研究的鼎盛时期。其特点是运用火山岩(主要是新生代火山岩)及其所携带的上地幔岩石包裹体来揭示中国上地幔的组成、结构与深部过程。这些研究奠定了我国新生代火山及其地幔的组成与演化研究的基础,其中代表性的著作有:鄂莫岚和赵大升的《中国东部新生代玄武岩及深源岩石包体》(1987)、池际尚等的《中国东部新生代玄武岩及上地幔研究(附金伯利岩)》(1988)、路凤香的《地幔岩石学》(1988)、刘若新主编的《中国新生代火山岩年代学与地球化学》(1992)、池际尚和路凤香的《华北地台金伯利岩及古生代岩石圈地幔特征》(1996)、邓晋福等的《中国大陆根-柱构造:大陆动力学钥匙》(1996b)、刘嘉麒的《中国火山》(1999)等等。这些学术著作至今影响着后继者的研究。与此同时,中国新生代火山岩的研究成果在国际刊物也崭露头角(Zhou and Armstrong, 1982; Peng, Zartman, Futa et al., 1986; Song, Frey, Zhi, 1990; Zhi, Song, Frey et al., 1990; Fan and Hooper, 1989, 1991; Liu, Masuda, Xie, 1994)。我们初步认识到以华北克拉通为代表的我国东部岩石圈地幔具有明显的活动性,与强烈的火山作用和高地热、高地震的观测结果一致,而与古老稳定的克拉通构造背景截然相反(邓晋福、鄂莫岚、路凤香等, 1980, 1987, 1988; 邓晋福和赵海玲, 1990; 邓晋福、赵海玲、莫宣学等, 1996; 刘若新、樊祺诚、孙建中, 1985; 路凤香等, 1991; Fan and Menzies, 1992)。为了进一步探索岩石圈地幔,中国矿物岩石地球化学学会地幔矿物岩石地球化学专业委员会于1990年举行第一次学术会议,选编出版了《中国上地幔特征与动力学论文集》。不过,当时"由于华北东部金伯利岩侵位时代尚未确认,以及全球范围内对于大陆岩石圈地幔的总结性认识仍然不足,上述对我国东部新生代岩石圈地幔的认识还停留在较为局限的时空范围内,没有上升到全球对比以及整个显生宙岩石圈地幔演化的高度"(周新华, 2006)。20 世纪 90 年代初,随着国际岩石圈计划(ILP)的不断深入,学界对不同构造背景下岩石圈地幔特征的认识取得了框架性的突破,划分出"克拉通型"及"大洋型"两类截然不同的岩石圈地幔端元(Menzies, 1990; Griffin, Zhang, O'Reilly et al., 1998)。另外,对复县、蒙阴等地金伯利岩及所含金刚石的研究,不仅得到较为可信的金伯利岩侵位时代(路凤香、赵磊、邓晋福等, 1995),也论证了华北东部在古生代曾存在厚达 200 km 的稳定克拉通岩石圈。以上成果为探讨华北克拉通东部显生宙岩石圈地幔的演化提供了学术积累。在大好形势推动下,1992 年举办"中国及邻区新生代玄武岩及包体国际学术讨论会"向世界展示了中国在新生代火山研究领域的进展和成果。这次会议和学者们此前的工作催生了华北岩石圈减薄的观点的提出(邓晋福、鄂莫岚、路凤香, 1988; 范蔚茗和 Menzies, 1992; Griffin, O'Reilly, Ryan, 1992; Menzies, Fan, Zhang, 1993; 邓晋福、刘厚祥、赵海玲等, 1996),成为我国学者走向国际舞台的重要标志,也使我国东部显生宙岩石圈的演化问题成为国际地球科学研究的热点。

通过对华北克拉通东部古生代含金刚石金伯利岩及其包裹体和金刚石的研究,确定当时的岩石圈厚度约为 200 km。然而由新生代玄武岩及其地幔包裹体所获得的华北克拉通的现今岩石圈厚度为 80~100 km，且岩石圈地幔的性质与软流圈地幔相似。上述显著差异说明该克拉通自古生代以来，有约 100 km 的岩石圈根丢失，岩石圈地幔的物理和化学性状发生了根本改变，因而提出了华北岩石圈根破坏的论断（池际尚，邓晋福，邱家骧等，1988；范蔚茗和 Menzies，1992；Griffin，O'Reilly，Ryan，1992；Menzies，Fan，Zhang，1993）。很多国内外地质工作者从不同的角度探讨了岩石圈减薄的时间、范围和机制等问题，并提出了相应的观点（邓晋福，鄂莫岚，路凤香等，1988，1996a；路凤香，韩柱国，郑建平等，1991；路凤香，郑建平，李伍平，2000；Griffin，O'Reilly，Ryan，et al.，1998；徐义刚，李洪颜，庞崇进等，2009；郑建平和路凤香，1999；Fan，Zhang，Baker et al.，2000；Xu，2001a；Gao，Rudnick，Carlson et al.，2002；Zhang，Sun，Zhou et al.，2002）。国家自然科学基金委员会从 2007 年起设立了重大研究计划"华北克拉通破坏"，主要探讨了华北克拉通破坏的时空分布、克拉通破坏与浅表响应、克拉通破坏的机制和过程，以及克拉通破坏在全球地质和大陆演化中的意义等科学问题。通过多学科的综合研究，提升了对大陆形成与演化的认知水平（朱日祥，徐义刚，朱光等，2012）。这一阶段的工作还弄清了我国新生代火山的时空分布特征。中国东部大陆最醒目的宏观地质特征之一，是长度超过 5000 km、宽达数百千米的北东—南西向陆相中—新生代不连续火山岩带。新生代火山岩主要沿中国东部大陆边缘一系列北东向、北北东向的裂谷和断陷盆地及其边缘分布（刘若新和李继泰，1992）。古近纪的火山活动主要分布在松辽平原、华北平原之下；据钻孔揭示，玄武岩的厚度可逾千米，以拉斑玄武岩浆喷发活动为主，古近纪火山岩在地表只有零星出露。

新近纪（主喷发期为中新世）是中国东部新生代火山活动的高潮期，华北西部张家口、围场、赤峰、集宁一带广义汉诺坝玄武岩形成分布面积达 20000 km^2 以上的熔岩台地，以碱性玄武岩与拉斑玄武岩复合产出；东部沿郯庐断裂带（鲁苏皖）及其北延的依兰-伊通断裂带（吉黑）和东南沿海大陆边缘张裂带（浙闽粤）则以相对单一的碱性玄武岩分布为特点。

第四纪火山活动远不如古近纪—新近纪强烈，集中分布于中国东北部（包括东北三省和内蒙古东部等）和雷琼地区，成为中国东部第四纪火山活动"两头热"的特点。由于时代新，第四纪火山留下了众多的火山口和熔岩流等火山地貌景观，成为我们今天参观、研究和恢复火山历程的场所。中国东北部第四纪火山主要沿松辽盆地东西两侧分布，其东部主要沿郯庐断裂带及其东侧自北向南有镜泊湖火山群、长白山火山群、龙岗火山群、宽甸火山群（刘嘉麒，1987，1999；刘祥，向天元，王锡奎，1989；刘祥和向天元，1997；刘若新，1992；刘若新，樊祺诚，郑祥身等，1998；刘若新，魏海泉，李继泰，1998；Fan and Hooper，1991；Fan，Sun，Li et al.，2006；樊祺诚，刘若新，张国辉等，1998；樊祺诚，刘若新，隋建立，1999；樊祺诚，隋建立，刘若新等，2002；樊祺诚，隋建立，王团华等，2006，2007；张招崇等，2000），其西部靠近大兴安岭-太行山重力梯度带及其西侧，从北往南有五大连池-科洛火山群、诺敏河火山群、哈拉哈河-绰尔河（阿尔山-柴河）火山群、阿巴嘎火山群、达来湖-灰腾河火山群、乌兰哈达火山群、大同火山群等（邱家骧等，1991；樊祺诚，刘若新，隋建立，1999；樊祺诚，赵勇伟，李大明等，2011；樊祺诚，赵勇伟，隋建立，2012；白志达，田明中，武法东等，2005；白志达，王剑民，许桂铃等，2008；赵勇伟，樊祺诚，白志达等，2008；赵勇佳和樊祺诚，2010，2012；陈生生，樊祺诚，赵勇伟等，2013）。上述中国东北部第四纪火山活动跨越了兴蒙造山带和华北克拉通北缘，带来丰富的地球内部信息，是我们研究对比晚近时期重力梯度带、华北克拉通与兴蒙造山带岩石圈演化、活动火山的喷发机制和成因机理的重要场所。

雷琼及环北部湾地区分布着我国南方最大的一片第四纪火山岩，仅琼北火山区形体可辨的各种类型火山锥有100余座（黄镇国，蔡福祥，韩中元等，1993；樊祺诚，孙谦，李霓等，2004），北部湾内还有一座中国大陆最大的火山岛——涠洲岛（樊祺诚，孙谦，王旭龙等，2006；樊祺成，孙谦，隋建立，2008）。

"七五"期间开展的攀西裂谷项目，详细研究了攀西裂谷的深部地质构造、岩浆建造和成矿作用。张云湘、骆耀南和杨崇喜的《攀西裂谷》（1988）和从柏林的《攀西古裂谷的形成与演化》（1988）是这一时期的代表性著作；著名的玄武岩、层状岩体、碱性岩"三位一体"的观点也出自这一时期的研究，对后续研究有着重要的学术影响，也为后来的找矿工作提供了理论指导。汤中立（1989）对金川岩体进行了系统的研究，阐明了金川岩体的基本地质特征，在矿床成因方面提出了岩浆深部熔离-复式贯入的成矿模式（汤中立和李文渊，1995）。

与"国际减灾十年"（1990~2000）同步，资源、环境与人类社会可持续发展是摆在地球科学工作者面前的重要使命。90年代也是我国经济腾飞的年代，火山与灾害、环境、资源的关系成为这一时期研究火山的主旋律。刘若新等通过对长白山天池火山的实地考察和研究，多次提出天池火山是我国最具喷发危险性的一座活动火山（刘若新和李继泰，1992）。后来启动的"我国若干近代活动火山的监测与研究"计划，拉开了我国活动火山的研究序幕，标志着我国火山探测进入一个新时期。相继在长白山、五大连池和腾冲等活动火山区建立了火山监测站，开展了火山喷发危险性与灾害预测研究。此外，我国还创建了中国灾害防御协会火山专业委员会，中国矿物岩石地球化学学会设置了"火山与地球内部化学专业委员会"，至今已主办过七次全国火山学术研讨会，刘若新主编的《长白山天池火山近代喷发》、《火山作用与人类环境》、《中国的活火山》和有关的全国火山学术研讨会论文专辑，极大地推进了我国活动火山监测与研究进程，也推动了以现代火山学理论为指导的火山地质学研究，把火山物理学、火山地球化学、气候学、灾害学、环境学、地球物理探测和火山活动性监测等联系在一起，探索中国大陆活动火山的分布与规模、活动规律与喷发机制，探讨火山活动的大地构造和动力学背景、灾害防御和气候环境效应。

刘嘉麒在《中国火山》（1999）一书中率先在中国开展玛珥湖研究，把火山活动与气候、环境演变及全球变化密切联系在一起，增进了国外对中国火山及火山研究的了解。

我国学者对大洋岩石圈的研究主要集中在蛇绿岩，这一研究得益于全国铬铁矿会战。自20世纪50年代初至60年代初，先后发现了内蒙古锡林浩特东北的贺根山、新疆托里县萨尔托海、西藏罗布莎和东巧等铬铁矿床。重点研究了蛇绿岩与铬铁矿的关系，指出豆荚状与层状铬铁矿均为镁铁-超镁铁岩浆（或玄武质岩浆）的分异作用产物（王恒升，白文吉，王炳熙等，1983）；豆荚状铬铁矿形成于大洋中脊或弧后盆地扩张中心的部分熔融和地幔交代成因（王希斌和鲍佩声，1996；鲍佩声，王希斌，彭根永等，1999；鲍佩声，2009）；认为大洋环境的俯冲带（SSZ）的弧后盆地、岛弧及弧前环境也是豆荚状铬铁矿形成的有利环境，提出铬铁矿是由 H_2O 饱和的玻安岩熔融体与呈地幔楔产出的方辉橄榄岩发生反应而成（Zhou, Robinson, Bai et al., 1994）。此外，在雅鲁藏布江缝合带罗布莎蛇绿岩铬铁矿的人工重砂矿物中，发现了金刚石和碳硅石等一批超高压和强还原环境的矿物（颜秉刚等，1987；Bai, Zhou, Robinmson, 1993），从而打开了研究地幔矿物的新窗口。不过，鉴于人工重砂矿物的可能污染问题，该发现当时在国内外并未获得普遍承认。

"中法青藏高原地球科学合作研究"（1980～1984）开启了中国地球科学国际合作的新时代。中法地质和地球物理学家一起在喜马拉雅山北坡进行了地质调查、大地电流测深和天然地震活动性观测，在地质构造、地层古生物、岩石、地球化学、古地磁和新构造运动诸专业方面取得了一些新资料。在日喀则蛇绿岩带发现了岩石类型齐全、层序清楚、完整的累积层和岩墙群，并可与世界典型蛇绿岩带相对比。在白朗超基性岩体下盘发现了代表洋壳内部俯冲作用形成的动力变质石榴子石角闪片岩；在蛇绿岩带南侧划出一条巨大的晚白垩世混杂堆积带。这些新发现对探讨特提斯洋壳、上地幔物质组合、特征，以及板块构造演化等，都具有重要意义。同时，对雅鲁藏布江以北、拉萨以西的古生代地层、石炭—二叠系冈瓦纳冰水沉积的深层次研究，发现其沉积建造、生物组合和喜马拉雅地区十分相似，说明两地古生代所处大地构造环境是一致的，两地的分异起始自中生代。1987年王希斌等出版了《喜马拉雅岩石圈构造演化·西藏蛇绿岩》一书，是中国第一部蛇绿岩研究的专著。

20世纪80年代，还相继研究了青海、新疆、内蒙古和云南等地的蛇绿岩，并在江南古陆首次报道发现的蛇绿岩（朱宝清，王来生，王连晓，1987；李行，巩志超，董显扬等，1987；白文吉和周美付，1989；崔军文，武长得，朱红等，1990；肖序常，1992；唐克东，1992；张旗，1992）。

此外，中法、中英等联合考察工作也陆续发表了一些重要文章（Tapponnier, Mercier, Proust et al., 1981; Allegre, Courtillot, Tapponnier et al., 1984; Chang, Deng, Cheng et al., 1986），并在 *Philosophical Transactions of the Royal Society of London*, Series A, *Mathematical and Physical Sciences* 期刊上出版了专辑。一些有关岩浆作用的重要专著，如西藏南部花岗岩（涂光炽，张玉泉，王中刚，1982）和新生代火山岩的研究成果（赖绍聪，邓晋福，赵海玲，1996；邓万明，1998；刘嘉麒，1999）也相继出版。大量有关青藏高原岩浆岩岩石学、年代学和地球化学的文章陆续发表。这一阶段有关青藏高原岩浆作用的研究进展主要有：初步总结了高原地区超基性至酸性侵入岩的类型、时代、分带及其岩石学、地球化学特征与成矿的关系；初步查明了火山岩的类型和层位；在藏北及西昆仑研究了大面积分布的新生代火山岩的岩石学和地球化学特征，并初步认为：①喜马拉雅中新世淡色花岗岩为印度-欧亚大陆碰撞过程中地壳熔融而成，并被作为陆-陆碰撞地壳熔融的典型产物；②冈底斯中生代花岗岩和火山岩为新特提斯洋向欧亚大陆下俯冲所形成的岛弧岩浆岩；③青藏高原中新世以来的钾质岩浆岩为富集地幔熔融所致，而且很可能与岩石圈的拆沉或大陆地壳的俯冲有关。

三、火成碳酸岩

火成碳酸岩是出露不多的一种幔源岩石，常与碱性岩构成环状杂岩体。它不仅是研究大陆地幔演化的"岩石探针"，而且与许多金属（REE、Nb-Ta、U-Th、Cu、Au等）和非金属（磷灰石、萤石、蛭石、金刚石等）矿产的成矿作用密切相关。我国是碳酸岩出露比较多的国家，已发现的碳酸岩出露区约有 30 处（Yang and Woolley，2006；阎国翰，牟保磊，曾贻善等，2007）。对碳酸岩的研究主要集中在与之共生的稀土矿床（如白云鄂博、攀西等地）的成因联系上。

对山西临县紫金山碱性杂岩体的稀土元素和氧锶同位素研究表明，其物质来源于上地幔，Rb-Sr 等时线年龄为 132.04±28 Ma（阎国翰，牟保磊，曾贻善，1988）；岩体的物质来自受交代的上地幔（黄锦江，1991）；该杂岩体属幔源碱性岩，但不排除少量地壳物质混入的可能性（周玲棣和王扬传，1991；周玲棣和赵振华，1996；赵振华和周玲棣，1994）。后来的 LA-ICP-MS 和 SHRIMP 锆石 U-Pb 测年工作划分出四期侵入岩（肖媛媛，任战利，秦江锋等，2007；杨兴科，杨永恒，季丽丹等，2006；杨兴科，晁会霞，郑孟林等，2008；杨永恒和杨兴科，2007；Ying，Zhang，Sun et al.，2007）。紫金山碱性杂岩体近 60 年的地质、地球化学研究取得的主要认识包括：①对它的岩浆起源有较深刻的认识，岩浆物质源自上地幔部分熔融，不同类型的侵入岩不是来自同一岩浆房，而是分别起源于岩石圈地幔、下地壳花岗质岩浆的混合，以及亏损地幔；②厘定了紫金山碱性杂岩体的时代为燕山期。

自 1950 年至今，先后对内蒙古白云鄂博 Fe-REE-Nb 矿床进行过三次大规模的地质–地球化学工作，20 世纪 80 年代中期先后出版了三本与之有关的专著：《白云鄂博矿物学》（张培善和陶克捷，1986）、《白云鄂博矿床地球化学》（中国科学院地球化学研究所，1988）和《碳酸岩地质及其矿产》（白鸽和袁忠信，1986），对矿床和我国与碳酸岩有关的稀土矿床进行了较为全面的总结。《白云鄂博矿床地质特征和成因论证》（白鸽，袁忠信，吴澄宇等，1996）则详细论证了白云鄂博矿床为海相火山沉积稀有金属碳酸岩矿床。

鲁西碳酸岩群见于山东省西部莱芜–淄博地区，百余个中生代碳酸岩岩体断续展布于长约 65 km、宽约 33 km 的范围内，主要以岩床、岩墙、岩脉和岩筒产出，且周围没有与之共生的硅酸盐类岩体。万国栋等（1983），夏卫华和冯志文（1987），黄蕴慧等（1992），储同庆（1992），储同庆等（1992）都对鲁西碳酸岩进行过研究。英基丰（2002）指出，该岩体为真正意义的幔源火成碳酸岩，是富集的岩石圈地幔源区直接部分熔融而成。同时富集岩石圈地幔的形成与深俯冲的扬子陆壳物质部分熔融体交代华北克拉通下的岩石圈地幔有关。

四川冕宁牦牛坪稀土矿床是仅次于白云鄂博和美国加州 Mountain Pass 矿床的世界第三大稀土矿床。对它的矿床成因早期认为属于伟晶岩型（蒋明全，1992）或特殊岩浆——盐熔体有关的热液矿床（牛贺才和林传仙，1994；牛贺才，单强，陈培荣，1997）。袁忠信（1995）认为，矿床的流体成因不是形成伟晶岩的那种熔体–流体，而是典型的气水热液，并提出与稀土成矿流体有关的正长岩是地幔上升热流熔融地壳岩石而成；有人在矿区石英、方解石和萤石的流体包裹体中发现了含银和轻稀土的子矿物，因而认为矿区深部存在有富 REE、Sr 和 Ba 的母岩浆源，REE 成矿流体与正长岩具同源特征（徐九华，谢玉玲，李建平等，2001）。许成和黄智龙（2002）和许成（2003）指出岩石源于遭受喜马拉雅期俯冲地壳物质改造的 EM I 型富集地幔源区。交代地幔部分熔融形成富 CO_2 的碱性硅酸岩岩浆发生液态不混溶作用形成该区碳酸岩–正长岩组合。衣龙升（2007）指出稀土成矿与区内碳酸岩、碱性岩关系密切，成矿流体来自碳酸岩岩浆的液态不混溶作用。喻学惠等

（2001，2003）在甘肃礼县发现中新世钾霞橄黄长岩（Kamafugite）及其伴生的大量火成碳酸岩，以高 CaO 低碱（Na_2O+K_2O）为特征，与东非裂谷乌干达 Fort Portal 碳酸岩相似，显示硅酸盐和碳酸盐混合的特征，代表了直接由地幔部分熔融形成的原生碳酸盐岩浆。

四、各级专业委员会的成立

值得一提的是，改革开放以来相关学会都成立了岩石学专业委员会，并在岩浆岩地球化学学科的发展过程中发挥学术导向的作用。

中国地质学会岩石学专业委员会成立于 1980 年 4 月，第一任主任委员程裕淇。经过近 30 年的发展，它对中国的地质学尤其是岩石学的发展起到了十分重要的促进作用。2004 年，第六届中国地质学会岩石学专业委员会发起了全国岩石学与地球动力学研讨会，迄今已经举办了十届，对推动我们固体地球科学重大成果的产出和青年人才的培养发挥了重要作用。

中国矿物岩石地球化学学会岩浆岩专业委员会成立于 1982 年，挂靠在南京大学；徐克勤、王德滋、周新民、徐夕生先后任专业委员会主任。该专业委员会致力于组织我国花岗岩和相关岩浆作用地球化学学科的学术讨论，先后召开了"花岗岩及其岩石包体学术讨论会"（1990 年）、"花岗岩与地壳演化学术讨论会"（1999 年）、"岩浆岩研究发展战略研讨会暨第三届花岗岩成因与地壳演化学术讨论会"（2004 年）、"华南基础地质研究学术研讨会"（2011 年）、"第四届花岗岩与地壳演化学术讨论会"（2012 年）和"花岗岩地质与成因研讨会"（2013 年）。

中国灾害防御协会与中国矿物岩石地球化学学会 1990 年分别创建了各自的火山专业委员会和火山及地球内部化学专业委员会。刘若新任两个专业委员会首任主任。两个专业委员会连同 IAVCEI 中国委员会联合举办了七次全国火山学术研讨会，会后均出版了论文专辑。它把火山物理学、火山地球化学、气候学、灾害学、环境学、地球物理探测和火山活动性监测等联系在一起，极大地推动了火山学科的发展。

中国矿物岩石地球化学学会地幔矿物岩石地球化学专业委员会成立于 1996 年，首届主任周新华。它在深部岩石圈和地幔地球化学研究中所涉及的岩浆作用地球化学方面发挥了重要作用。

中国矿物岩石地球化学学会化学地球动力学专业委员会成立于 1998 年，郑永飞任首届主任。自 1995 年迄今召开了 4 次全国化学地球动力学会议，有力地促进了岩石学、地球化学和地球物理学科的交叉融合。1999 年出版的《化学地球动力学》一书（郑永飞主编）成为该领域的重要参考文献。

第四节 蓬勃发展时期：新世纪之初的十余年

进入新世纪，岩石地球化学和同位素地球化学分析方法和技术的革新为岩浆岩的研究注入了新的活力，特别是原位微区元素和同位素分析技术的普及和新型同位素体系的开拓，以及新的地球动力学理论的引入，将传统的岩浆岩成因研究逐渐转变为与地壳演化、壳幔相互作用和深部地质作用相联系，极大地提升了岩浆岩研究的广度和深度。由于篇幅所限，只能就如下四个方面概要地简述最近十多年来岩浆岩地球化学学科的发展状况。

一、分析技术的创新促进了岩浆岩成因和地球动力学的发展

进入新世纪以来，原位-微区分析技术的迅猛发展，使人们能从矿物的尺度研究岩浆的形成和演化，直接导致传统岩石成因研究向与壳幔相互作用和岩石大地构造相融合的综合性研究转变。

（一）花岗岩的时空分布和成因动力学

锆石由于其稳定性是 U-Pb 定年和 Hf-O 同位素示踪的首选，而花岗岩富含锆石，因此基于 LA-ICP-MS、LA-MC-ICP-MS 和 SIMS 等设备发展起来的原位-微区分析技术及其高效应用，极大地提升了对花岗岩时空分布和岩石成因的认识程度。例如，吴福元等根据大量高精度锆石 U-Pb 定年，确定东北花岗岩主体形成于中生代（230～120 Ma），而非传统认为的古生代，而且确认它们主要为 I 型花岗岩，其中又以高度分异的 I 型为主，少数为 A 型，基本不存在 S 型花岗岩（吴福元，李献华，杨进辉等，2007）；这一新成果改变了原有的"区内存在大量 S 型花岗岩"的认识。进一步的研究表明，中国东部中生代花岗岩主体活动的时代可分为早—中侏罗世（或燕山早期）和早白垩世（或燕山晚期），而不是原先认为的岩浆活动峰期为晚侏罗—早白垩世。他们对华北克拉通东部中生代花岗岩的研究限定华北克拉通破坏的时间为早白垩世（Wu, Lin, Wilde et al., 2005）。这一结果与新编的华南花岗岩分布图所显示的类似年龄岩石分布特征一致（孙涛，2006）。

越来越多的研究表明，幔源岩浆在花岗岩形成过程中发挥了重要的作用。A 型花岗岩的形成一般都有幔源岩浆的参与，I 型甚或 S 型花岗岩在形成过程中也有幔源岩浆作用的贡献，包括热量或物质，或者两者兼而有之。大面积分布的花岗岩可以是多次幔源岩浆底侵或内侵，促使上覆的地壳物质发生部分熔融形成花岗质岩浆的结果。这些研究进展主要得益于对与花岗岩及其伴生的其他相关岩石研究的突破，以及锆石原位 U-Pb 和 Hf-O 同位素分析技术的应用。如邱检生等研究了福建沿海四个 I 型花岗岩岩体的 Nd-Hf 同位素组成，Nd 同位素组成较均一 [$\varepsilon_{Nd}(t)$ = -5.5～-4.2]，而锆石 Hf 同位素则具较大的变化范围 [$\varepsilon_{Hf}(t)$ = -11.6～4.5]，指示岩体的形成中存在壳、幔等不同来源物质的贡献（邱检生，肖娥，胡建等，2008）。杨进辉等研究辽南中生代花岗质岩石所揭示的壳幔相互作用对花岗岩形成的贡献和岩浆混合作用的存在也证实了这一点（Yang, Wu, Wilde et al., 2007）。然而，也有一些花岗岩，甚至 A 型花岗岩，在其形成过程中并没有幔源物质的参与。黄会清等根据锆石的 Hf-O 同位素，认为九嶷山 A 型花岗岩可以由麻粒岩相变质沉积岩高温熔融形成（Huang, Li, Li et al., 2011）。

花岗岩是研究大陆形成时间和机制的重要对象。多数情况下，花岗岩是通过两阶段模型形成的，即地幔部分熔融形成镁铁质火成岩，后期再发生部分熔融才形成花岗岩。已经有人澄清了中国东南部花岗质岩浆作用与地壳演化的关系，揭示了花岗岩成因与玄武岩浆底侵的关系（Zhou and Li, 2000）；特别是在花岗岩-火山岩基本类型、相互关系、共生组合及其时空分布研究方面。很多研究实例表明花岗质岩浆往往可以演化，并形成不同化学组分和不同矿物组成的花岗岩，而且高演化的花岗岩常常与稀有金属成矿有关（Huang，

Wang, Chen et al., 2002)。南岭地区广泛发育与稀有金属成矿作用有非常密切关系的燕山早期花岗岩,以弱过铝质黑云母二长花岗岩和黑云母钾长花岗岩为主,并和一些规模较小的含角闪石花岗岩和含白云母的淡色花岗岩密切共生。学者们对它们的岩石化学特征和 SiO_2-P_2O_5 相关关系系统分析表明,它们的 SiO_2-P_2O_5 均呈明显的负相关关系,反映了南岭燕山早期花岗岩主要为准铝质-弱过铝质的 I 型/分异 I 型花岗岩演化系列(李献华,李武显,李正祥,2007)。

当然,共生的不同类型花岗岩也可以具有不同的岩浆起源。如对赣南地区一套花岗岩-正长岩-辉长岩岩石组合的研究表明,其中燕山早期的花岗岩类型复杂(为 S 型、I 型和 A 型花岗岩组合);S 型花岗岩岩浆起源于华夏地块新元古代地壳,它们的古元古代 Hf、Nd 模式年龄(1.7~2.1 Ga)是新元古代地壳中古老的、不同时代的地壳物质成分的混合结果;而 I 型花岗岩岩浆则由软流圈地幔来源的熔体和新元古代地壳部分熔融的岩浆混合而成;A 型花岗岩与 I 型花岗岩有相似的岩浆起源方式,但岩浆中亏损地幔来源的岩浆比例更高(He, Xu, Niu, 2010)。通过这些研究可以确认不同比例幔源岩浆与地壳重熔岩浆混合是南岭中生代共生的 I 型和 A 型花岗岩岩浆起源的可能方式。

(二) 重大地质事件的精确定年

二叠纪末期生物灭绝事件历来受到学术界的广泛重视。借助单颗粒锆石的 ID-TIMS 定年技术,测定了华南和西藏等地数十条二叠系/三叠系界线剖面高精度的生物地层、火山灰高精度年龄,揭示了二叠纪末生物大灭绝发生在 252 Ma 前,并在 0.20 Ma 这样极其短暂的地质时间内快速地造成了地球海-陆生态系统的全面崩溃,也证明了二叠纪末生物灭绝的时间与西伯利亚大火成岩省的时间相吻合(Shen, Crowley, Wang et al., 2011)。另一个支持生物大灭绝的火山假说的例子来自峨眉山大火成岩省的年代学测定。研究发现,峨眉山大火成岩省顶部的酸性火山岩、宣威组底部碎屑岩和界线黏土岩下层近似为一层区域等时线,这一界面与华南中—晚二叠世界线完全重合(He, Xu, Huang et al., 2007)。因此峨眉山玄武岩分布在中—晚二叠世界线。用 ID-TIMS 技术测定这一等时线上的各种样品,从而限定了峨眉山玄武岩喷发时限为 259 Ma,主喷发时限不足 1 Ma (Zhong, He, Mundil et al., 2014),不仅从年代学角度为峨眉山地幔柱的证实提供了依据,也为揭示峨眉山大火成岩省与 end-Guadalupian 生物灭绝之间的联系提供了关键的年代学证据。他们还指出,中—晚二叠世的界线(GLB)年龄为 259.1±0.5 Ma,该年龄为国际二叠纪地层委员会所采纳(Zhong, He, Mundil et al., 2014)。

此外,李献华等利用 SHRIMP 方法和斜锆石确定了金川岩体的形成时代为 825 Ma,并认为它可能是新元古代超级地幔柱的产物(Li, Su, Chung et al., 2005)。

(三) 岩浆源区的地球化学填图与地壳增长

岩浆岩中锆石的原位分析方法简便、高效,是进行区域岩浆源区地球化学填图的好助手。这种方法在揭示青藏高原地壳演化、高原隆升及地壳生长等方面发挥了重要作用。研究显示,拉萨地块南部(冈底斯)和北部中生代(205~13 Ma)花岗岩类中具有高且正的 $\varepsilon_{Nd}(t)$ 达 5.5,$\varepsilon_{Hf}(t)$ 为 16.5,揭示了拉萨地块南部和北部在中新生代有明显的地壳生长(Chung, Chu, Zhang et al., 2005; Chu, Chung, O'Reilly, et al., 2011; Mo,

Hou, Niu et al., 2007; Wen, Liu, Chung et al., 2008; Ji, Wu, Chung et al., 2009; Zhu, Zhao, Niu et al., 2011)。该地壳生长的机制主要归于亏损地幔来源岩浆的底侵或壳幔岩浆的混合，并可能与新特提斯洋壳的俯冲或断离、印度-亚洲大陆的碰撞或班公怒江洋的向南俯冲导致的弧后伸展有关。岩浆岩研究在青藏高原的隆升机制研究也占有重要的地位。如青藏高原来自残留岩石圈地幔熔融形成的新生代钾质岩浆岩支持岩石圈减薄或拆沉，认为青藏高原的隆升始于 40 Ma。青藏高原南北两侧的地壳熔融形成的淡色花岗岩和强过铝质流纹岩也被用来支持地壳隧道流模型。

二、新的同位素理论体系的引入促进了岩浆岩地球化学学科的发展

近年来新的原位微区分析技术和 Li、Mg、Fe 等非传统稳定同位素体系示踪在地幔过程的研究中取得了大量成果，无疑有助于对岩石圈地幔的深入研究；只不过同位素分馏机制的实验研究和理论模拟尚需加强。

（一）深部岩石圈地幔的组成与演化

SIMS 和 LA-ICP-MS 原位微区分析技术被广泛用来研究地幔熔/流体的类型、来源及对地幔组成的影响（Xu, Mercier, Menzies et al., 1996; Zheng, O'Reilly, Griffin et al., 1998, 2001; Zheng, Griffin, O'Reilly et al., 2007; Zhang, 2005）。Re-Os 同位素体系的应用为岩石圈地幔的形成年龄和后期所经历的多阶段改造提供了较为精确的时间制约（Gao, Rudnick, Carlson et al., 2002; Wang, O'Reilly, Griffin et al., 2003; Xu, Blusztajn, Ma et al., 2008; Zhang, Goldstein, Zhou et al., 2008, 2009; Liu, Wu, Sun et al., 2012）；近几年兴起的地幔含水量及非传统同位素体系（Li、Mg 和 Fe 等）的研究不仅佐证了我国东部岩石圈地幔的不均一性，更揭示了不同来源熔体/流体对岩石圈地幔的改造，以及在这些地质过程中的壳-幔、软流圈-岩石圈的相互作用（Xu, Ma, Frey et al., 2005; 张宏福，汤艳杰，赵新荣等，2007; Tang, Zhang, Nakamura et al., 2007, 2011; Yang, Teng, Zhang, 2009; Xia, Hao, Li et al., 2010; Zhang, Deloule, Tang et al., 2010; Zhao, Zhang, Zhu et al., 2010; Huang, Zhang, Lundstrom et al., 2011）。这些成果对人们理解岩石圈地幔的形成及演化具有重要的意义。在多年的研究积累及国家自然科学基金委员会的大力支持下，近年来以"华北克拉通破坏"重大研究计划为代表的岩石圈研究取得了一系列显著的成果。通过对比不同时空背景下直接地幔物质（幔源捕虏体和岩浆岩）的岩石学和地球化学特征研究，不仅较为精确地约束了华北克拉通不同时代岩石圈的属性和特征，而且在对其构造体制转化的时间（Zhang, Sun, Zhou et al., 2003; Xu et al., 2004; Yang, Teng, Zhang, 2009），以及岩石圈减薄机制和范围（高山，章军锋，许文良等，2009; 徐义刚，李洪颜，庞崇进等，2009; 张宏福，2009; 郑建平，2009）等问题的认识上也有了相当程度的深化，并开始意识到一直以来有较大争议的岩石圈减薄机制问题，不同的学术观点不一定是截然对立的，在特定的时空背景下很有可能是互为补充、共同作用的。此外，对华北克拉通岩石圈研究的范围也进一步从地幔扩大到下地壳，并揭示了其古老的属性及所经历的多期次增生与再造过程（翟明国和卞爱国，2000; Zheng, Griffin, O'Reilly et al., 2004; Zheng, Griffin, Ma et al., 2012; Zhang,

Ying, Tang et al., 2011)。许文良等多次在华北克拉通中东部中生代高镁闪长岩中发现榴辉岩和橄榄岩包裹体,论证了再循环陆壳物质对岩石圈地幔的改造过程和对高镁闪长岩成因的贡献(许文良,王冬艳,王清海等,2002;杨承海,许文良,杨德彬等,2008)。这就将地幔与地壳研究紧密结合,使人们认识到"从一个整体来探讨岩石圈的形成和演化"的重要性和必要性。

2011 年在北京举办的克拉通形成与破坏国际学术研讨会 (ICCFD 2010) 以及会后的两个专辑系统地展示了相关的学术成果。

(二) Li、Mg、Fe 等非传统稳定同位素体系示踪地幔过程

汤艳杰等人多次采用 MC-ICP-MS 与离子探针相结合的方法,系统地研究了我国华北地区地幔橄榄岩中的橄榄石、斜方辉石和单斜辉石,发现不同橄榄岩样品之间、同一橄榄岩中共存矿物之间,以及矿物颗粒内部都存在 Li 含量和 Li 同位素组成的不平衡现象,并指出这种现象主要是熔体/流体-橄榄岩反应过程中 Li 同位素的扩散分馏作用所致;这一成果为熔体/流体-橄榄岩反应在岩石圈地幔中的存在提供了明确的佐证。华北龙岗地区的新生代玄武岩所携带的方辉橄榄岩捕虏体中的橄榄石具有均匀且接近于正常地幔的 Li 含量,而其 Li 同位素组成却比较低,说明该区的岩石圈地幔曾受到过来自俯冲大洋板片的熔体/流体的富集改造(Tang, Zhang, Nakamura et al., 2007; Tang, Zhang, Deloule et al., 2014)。也有人在用离子探针分析胶东半岛中生代地幔橄榄岩捕虏体时,发现低 $Mg^\#$ 橄榄岩具有较为均一的 Li 含量及其同位素组成,判断它代表新增生的岩石圈地幔;而高 $Mg^\#$ 橄榄岩的 Li 含量及其同位素组成变化范围较大,反映了古老的岩石圈地幔经历了俯冲板片来源的熔体/流体-橄榄岩相互作用的广泛改造(Zhang, Deloule, Tang et al., 2010)。此外,通过分析不同年龄的华北克拉通两组玄武岩的 Mg 同位素,发现年龄小于 110 Ma 的样品均具富轻 Mg 同位素特征,指示其地幔源区可能受到再循环碳酸盐熔体的影响(Yang, Teng, Zhang et al., 2012)。华南晚新生代玄武岩中也发现过低 $\delta^{26}Mg$ 值,根据 $\delta^{26}Mg$ 与 Hf/Hf^*、Ti/Ti^* 之间的正相关关系,证明轻 Mg 同位素特征来源于含碳酸盐洋壳;尽管 Mg 同位素的研究目前尚处于起步阶段,但基于近年来取得的进展判断,应用 Mg 同位素进行地球化学示踪已成为可能(Huang, Li, Xiao et al., 2015)。研究发现,华北地幔橄榄岩及其矿物的 Fe 同位素组成变化与地幔交代作用间有着紧密联系,表明地幔岩的 Fe 同位素组成也可以用来示踪地幔源区的特征和深部过程(Zhao, Zhang, Zhu et al., 2010, 2012; Huang, Zhang, Lundstrom et al., 2011)。

三、用新的岩石成因理论制约地球动力学过程

进入 21 世纪以来,岩浆岩成因研究有了诸多新的进展,如埃达克岩、蛇绿岩、高钛和低钛玄武岩等。岩石成因研究的突破有力地促进了地球动力学研究的发展。

(一) 埃达克岩

埃达克岩是一种具有特殊地球化学特征(如高 Sr 与 Al_2O_3、低 Y 与 Yb,高 Sr/Y、La/

Yb值和无明显Eu异常）的中酸性岩浆岩，其源区残留物中含有石榴子石，缺少斜长石。实验岩石学研究表明埃达克岩的地球化学特征可能是镁铁质岩石高压（≥1.5 GPa）部分熔融的结果（Xiong, Adam, Green, 2005; Nair and Chacko, 2008），因而被认为是年轻俯冲板块部分熔融的产物。埃达克岩主要分布于板块边界的岛弧环境（Defant and Drummond, 1990）。埃达克岩概念的引入为地球动力学研究提供了新的思路。然而，后续的研究表明，大陆内部造山带也发育有类似埃达克岩的岩石，从而对埃达克岩的单一成因构成了挑战。我国科学家深入研究了中国东部、青藏高原、中亚造山带中已厘定的埃达克质岩，认为除了俯冲或残留洋壳熔融之外，增厚与拆沉下地壳熔融、岩浆混合、俯冲陆壳熔融等其他过程也可以形成埃达克质岩（张旗，钱青，王二七等，2001; Xu, Shinjo, Defant et al., 2002; Wang, Mcdermott, Xu et al., 2005; Hou, Gao, Qu et al., 2004; Chung, Liu, Ji et al., 2003）。张旗等2001年指出，华北中部中生代埃达克岩为地壳增厚所致，从而推测中国东部燕山期高原的存在。他们认为埃达克质岩石的形成主要与俯冲、拆沉或增厚大陆下地壳或俯冲洋壳熔融有关，对揭示地球深部的地球动力学过程（如俯冲、拆沉、底侵、地壳增厚等）有重要意义。

近年来的研究发现，源区组成对约束埃达克质岩浆起源的物理条件十分重要，对陆内埃达克质岩浆的研究尤为迫切，因为它们的源区是与MORB在化学和同位素组成上都截然不同的大陆下地壳。对大陆下地壳部分熔融的实验岩石学研究和模拟计算表明，熔体的埃达克质地球化学特征可能是源区继承的结果（Qian and Hermann, 2013; Ma, Zheng, Xu et al., 2015），不能有效指示岩浆源区的深度（有可能从低于1 GPa到1.5 GPa以上）。研究发现，高压（≥1.5 GPa）和低压（≤1.25 GPa）部分熔融产生的陆内埃达克质岩，表现出不同的中、重稀土分异行为和Sr/CaO演化趋势，可作为识别二者是否有加厚/拆沉地壳熔体的判别指标（He, Li, Hoefs et al., 2011; Ma, Zheng, Xu et al., 2015）。进一步对比了中国大陆不同构造区域显生宙埃达克质岩之后发现，碰撞造山带（如西藏和大别造山带）的埃达克质岩可能来自加厚/拆沉下地壳的部分熔融，而板内（如华北和扬子克拉通）埃达克质岩主要受控于源区化学组成，而与加厚/拆沉下地壳无关。

在天山北部、西准噶尔地区以及扬子地块东部的许多铜金矿床与一些埃达克质岩、高镁安山闪长岩或富Nb岛弧玄武质岩石密切共生。对比全球范围内与铜-金矿床密切共生的埃达克质岩后，发现有利于埃达克质岩形成铜-金矿床的构造背景；除岛弧外，还包括大陆板内伸展和活动大陆碰撞造山环境。孙卫东等提出用"熔体-地幔作用"来解释这些岩石的铜-金成矿作用，来自俯冲洋壳或拆沉的大陆地壳产生的熔体或释放的超临界流体与地幔相互作用，富Fe_2O_3熔体或超临界流体对地幔的交代作用导致地幔氧逸度升高，地幔金属硫化物被氧化分解，从而有利于铜-金矿化。上述研究工作为进一步寻找大型—超大型斑岩矿床提供了新的思路（Sun, Arculus, Kamenetsky et al., 2004）。

（二）蛇绿岩中金刚石的发现和蛇绿岩成因

2007年，罗布莎铬铁矿中发现呈斯石英假象的柯石英，被认为是来自300 km以上的深部矿物，与此同时俄罗斯乌拉尔铬铁矿中也发现了金刚石等相同矿物组合（杨经绥，白吉文，方青松等，2007）。特别是在铬铁矿中找到了原位产出的金刚石，证实金刚石等深部矿物为天然产出，提供了铬铁矿深部成因的关键性证据（Yang, Xu, Bai et al., 2014）。

研究发现，金刚石的原位 C 同位素、矿物包裹体和微量元素特征不同于金伯利岩型的金刚石和超高压俯冲变质型的金刚石。杨经绥等（2011）提出一种新的金刚石产出类型，命名为"蛇绿岩型金刚石"，并在全球多处蛇绿岩中发现金刚石的基础上，认为蛇绿岩地幔橄榄岩中含有金刚石等深部矿物可能是一个普遍规律，需要重新评估板块构造经典的蛇绿岩和铬铁矿的浅部成因理论（杨经绥，熊发挥，郭国林等，2011）。

(三) "特殊"弧岩浆组合与洋脊俯冲

研究发现，西准噶尔和阿尔泰南缘索尔库都克古生代火山岩中有一种特殊的岩石组合，包括富 Nb 和富 Mg 的中–基性岩墙、埃达克岩–高镁闪长岩、I-A 型花岗岩、赞岐岩型岩脉、MORB-OIB 型玄武岩等，它们都具有 MORB 型的 Sr-Nd-Hf-Pb 同位素组成（Tang, Wang, Wyman et al., 2010）。由于埃达克岩–高镁闪长岩和赞岐岩是俯冲带岩浆产物，而 A 型花岗岩是拉张背景的产物，OIB 型玄武岩是典型的板内岩浆。不同构造背景岩浆活动产物的同时出现，暗示它是特殊地球动力学演化阶段的洋脊俯冲——板片窗的特征产物。洋脊俯冲特征产物的厘定对其他地区新生代以前的洋脊俯冲具有重要的借鉴意义。

(四) 高钛和低钛玄武岩、苦橄岩与大火成岩省成因

大火成岩省的基性岩浆主体通常分为高钛和低钛玄武岩两类，但其成因尚有争议。

研究发现，峨眉山玄武岩的 $Mg^{\#}$、Sm/Yb 和 ε_{Nd} 均与 TiO_2 含量呈很好的相关关系，因而提出用 TiO_2 和 Ti/Y 将峨眉山玄武岩分成高钛和低钛玄武岩（Xu, Zhao, Zheng et al., 2001; Xiao, Xu, Mei et al., 2004）。郝艳丽等（2004）认为这两种玄武岩是同一母岩浆分离结晶的产物，但前者有地壳物质的混染。然而，宾川玄武岩在相同镁指数的前提下，具有明显不同的 Ti/Y 和 TiO_2 含量，难以用结晶分异来解释。有人认为低钛玄武岩与高钛玄武岩的差异是地壳混染所致，但地壳混染作用在增加岩浆中不相容元素含量的同时，也会引起 Nb-Ta 的亏损，而实际情况是不相容元素含量低的低钛玄武岩亏损 Nb-Ta，而不相容元素含量高的高钛玄武岩不亏损 Nb-Ta（Shellnutt and Jahn, 2011）。徐义刚等 2001 年指出，高钛和低钛玄武岩不可能是同一原始岩浆的结晶分异作用的产物，而是来自不同的源区，且具有不同的熔融机制：低钛玄武岩形成于温度最高、岩石圈最薄的地幔柱轴部；而高钛玄武岩的母岩浆是热柱（$\varepsilon_{Nd}=5$）在较大的深度（80 km 以上，石榴子石相稳定区）经低于 5% 的小程度部分熔融形成，可能代表了热柱边部或消亡期地幔小程度部分熔融（1.5%）的产物。低钛玄武岩主要局限于峨眉山大火成岩的内带，岩性自下而上的总体变化趋势为：低钛→高钛玄武岩；中带主要由高钛玄武岩组成（Xu, Chung, Jahn et al., 2001；徐义刚，2002）。根据高钛和低钛玄武岩的不同熔融条件，推测地幔柱柱头在内带。值得一提的是，根据玄武岩类空间分布规律推测的地幔柱活动部位与根据地层剥蚀程度推断的地幔柱核部位置相吻合，可以暗示所获结论的可靠性。

高镁岩浆的成因在大火成岩省的研究中至关重要。有人根据宾川一些苦橄岩最早提出了峨眉山地幔柱模型（Chung and Jahn, 1995）。通过对比丽江苦橄岩中橄榄石斑晶的镁橄榄石（Fo）含量的变化和全岩 MgO 含量，限定原始岩浆的 MgO 含量达 21%（Zhang et al., 2006）。这一认识得到橄榄石斑晶中熔体包裹体研究结果的支持（Hanski, Kamenetsky, Luo et al., 2010; Zhang, Ren, Xu, 2013），并据此获得形成峨眉山玄武岩

的地幔潜能温度在1550℃以上，高于洋中脊地幔200多摄氏度，支持峨眉山玄武岩是地幔柱熔融产物的观点。

地幔柱理论的引入也使大火成岩省中镁铁-超镁铁质岩体的研究进入了新阶段。加强了镁铁-超镁铁质岩体中铜-镍硫化物矿床的研究，先后多次在国内举办了多期有关铜-镍硫化物矿床成矿理论的短训班和研讨会，明确了岩浆通道系统在小岩体成矿过程中的重要作用，通过对峨眉山大火成岩省大量小型含矿岩体的研究，取得了岩浆通道成矿理论方面的新认识，明确了我国富含铜-镍硫化物矿床的镁铁-超镁铁质岩体的分布：除了已知的金川岩体和峨眉山大火成岩中众多的含矿小岩体之外，很有可能在阿尔泰造山带、天山造山带、北山造山带和昆仑造山带找到同类矿床。

四、多学科交叉成为岩浆岩研究的新趋势

与其他学科之间的交叉和深度融合是岩浆作用地球化学发展的新趋势。例如深部地球物理探测揭示西太平洋板块向东亚大陆俯冲滞留在地幔过渡带中（Huang and Zhao，2006），这一深部结构暗示这一俯冲对中国东部，乃至东亚大陆地质演化产生深远的影响。有人根据地震层析成像结果分析，提出了东亚大陆边缘火山成因的大地幔楔（BMW）模式（Zhao，Tian，Lei et al.，2009）。这些基于深部地球物理研究提出的岩浆成因模式激发了岩浆岩地球化学学科的响应。2009年张娟娟等针对苏-皖新生代玄武岩相似OIB微量元素特征和橄榄石斑晶的氧同位素组成，指出其岩浆源区含有中生代太平洋俯冲板片组分（Zhang，Zheng，Zhao，2009）。随后，岩石地球化学和同位素示踪进一步揭示了新生代岩浆源区含有再循环洋壳组分（Xu，Zhang，Qiu et al.，2012，Xu，Zhao，Zheng，et al.，2012；Xu，2014）且可能来自地幔过渡带中的古太平洋俯冲板块，再循环洋壳参与板内岩浆作用的时间尺度可以很短，而非传统上认为的大约为2000 Ma，这些认识为揭示太平洋俯冲诱发中国东部新生代火山作用提供了物质证据。最近海南新生代玄武岩研究的深入（Zou and Fan，2010；Huang，Niu，Xu et al.，2013；Wang，Li，Li et al.，2011，2013），可能与深部地球物理研究揭示的海南地幔柱有关（Lei，Zhao，Steinberger et al.，2009；Montelli，Nolet，Dahlen et al.，2004；Zhao，2004；Zhao，Tian，Lei et al.，2009）。

二叠纪除了发生大规模岩浆作用外，还发生了显生宙以来最大规模的生物灭绝事件，造成95%以上的海洋生物和75%以上的陆地生物灭绝。二叠纪末生物大灭绝实际上由两幕组成，一次发生在二叠纪最末期，另一次则发生在瓜德鲁普世末。如与瓜德鲁普世末生物灭绝事件相对应的是全球最大规模的海平面下降、地球磁场发生Illawarra反转事件，以及发生在华南地区的峨眉山大规模火山喷发等，暗示地球系统的整体变化，可能是超级地幔柱活动导致大规模火山喷发引起的连锁反应。岩浆岩研究与其他学科的交叉融合是揭示所有这些事件之间可能的联系的关键。

第五节 小 结

岩浆岩地球化学的学科发展有如下特点：

（1）老一辈地质学家和岩石学家，以及工作在一线的广大地质工作者为我国岩浆岩的

时空分布、基本性质等做出了开创性的贡献，奠定了我国基础地质研究和找矿勘探的基础。

（2）改革开放以来，特别是进入新世纪以来，随着国家对地质工作的重视，以及分析手段和技术的普遍提高，岩浆作用地球化学（或岩石地球化学）得到了迅猛的发展，相关的人才逐渐成长，成为国际学术界相关研究领域的一支重要力量。

（3）与其他学科一样，现代地球科学的发展要求综合、整体的考量，因此，岩浆作用地球化学学科与其他学科（如同位素年代学、微区分析技术、地球物理学、实验岩石学、热动力学）的交叉、渗透和融合，已成为学科发展的新趋势。

（4）各高等院校均开设有岩浆岩课程，地球科学学术团体相关专业委员会的成立和活动，在岩浆作用地球化学学科的发展中发挥了重要的作用。

主要参考文献

白鸽和袁忠信.1986.碳酸岩地质及其矿产.北京：中国地质科学院矿床地质研究所文集，2

白鸽，袁忠信，吴澄宇等.1996.白云鄂博矿床地质特征和成因论证.北京：地质出版社，62~65

白文吉和周美付.1989.洪古勒楞蛇绿岩中斜长石的化学成分特征.矿物岩石，9（1）：6~14

白志达，田明中，武法东等.2005.焰山、高山——内蒙古阿尔山火山群中的两座活火山.中国地震，21（1）：113~117

白志达，王剑民，许桂玲等.2008.内蒙古察哈尔右后旗乌兰哈达第四纪火山群.岩石学报，24（11）：2585~2594

鲍佩声.2009.再论蛇绿岩中豆荚状铬铁矿的成因——质疑岩石/熔体反应成矿说.地质通报，28（12）：1741~1761

鲍佩声，王希斌，彭根永.1999.中国铬铁矿床.北京：科学出版社，1~350

柴凤梅.2001.塔里木地台西南缘钾镁煌斑岩岩石学特征及含矿性研究.新疆大学硕士学位论文

常承法和郑锡澜.1973.中国西藏南部珠穆朗玛峰地区地质构造特征以及青藏高原东西向诸山系形成的探讨.中国科学，16（2）：190~201

陈生生，樊祺诚，赵勇伟等.2013.内蒙古贝力克玄武岩地球化学特征及地质意义.岩石学报，29（8）：2695~2798

陈毓川，裴荣富，张宏良等.1989.南岭地区与中生代花岗岩类有关的有色及稀有金属矿床地质.北京：地质出版社，1~506

程裕淇.1948.西康康定之阿许式混合岩（Hybrid rocks of Ach'uame type）"Appinite Suite".地质论评，13：130~131

池际尚，路凤香.1996.华北地台金伯利岩及古生代岩石圈地幔特征.北京：科学出版社，1~292

池际尚，邓晋福，邱家骧等.1988.中国东部新生代玄武岩及上地幔研究（附金伯利岩）.武汉：中国地质大学出版社，1~285

储同庆.1992.山东碳酸岩磷灰石的特征及其研究意义.矿物岩石，12：5~12

储同庆，王鹤年，朱法华.1992.鲁中地区碳酸岩稀土元素地球化学.南京大学学报，4：10~17

从柏林.1988.攀西古裂谷的形成与演化.北京：科学出版社，250~286

崔军文，武长得，朱红等.1990.喜马拉雅碰撞带陆壳增厚和隆升机制——一种陆壳构造演化模式.中国地质科学院院报，55~64

邓晋福和赵海玲.1990.中国东部上地幔热结构——由岩石学模型推导.地质学报，4：344~349

邓晋福，鄂莫岚，路凤香.1980.中国东部某些地区碱性玄武岩中包体的温度、压力计算.地质论评，

26（2）：112~120

邓晋福，鄂莫岚，路凤香．1987．中国东北地区上地幔组成、结构及热状态．岩石矿物学杂志，6（1）：1~10

邓晋福，鄂莫岚，路凤香．1988．汉诺坝玄武岩化学及其演化趋势．岩石学报，4（1）：22~33

邓晋福，刘厚祥，赵海玲等．1996．燕辽地区燕山期火成岩与造山模型．现代地质，10（2）：137~148

邓晋福，赵海玲，莫宣学等．1996．中国大陆根-柱构造：大陆动力学的钥匙．北京：地质出版社，1~110

邓万明．1978．藏北第四纪火山岩的岩石学和岩石化学初步研究．地质学报，52（2）：148~162

邓万明．1998．青藏高原北部新生代板内火山岩．北京：地质出版社，1~180

地矿部南岭项目花岗岩组．1989．南岭花岗岩地质及其成因和成矿作用．北京：地质出版社，1~471

董树文和邱瑞龙．1998．安庆-月山地区构造作用与岩浆活动．北京：地质出版社，1~158

鄂莫岚和赵大升．1987．中国东部新生代玄武岩及深源岩石包体．北京：科学出版社，1~490

樊祺诚，刘若新，张国辉等．1998．长白山望天鹅火山双峰式火山岩的成因演化．岩石学报，14（3）：305~317

樊祺诚，刘若新，隋建立．1999．五大连池裂谷型富钾火山岩带的岩石学与地球化学．地质论评，45：358~368

樊祺诚，隋建立，刘若新等．2002．吉林龙岗第四纪火山活动分期．岩石学报，18（4）：495~500

樊祺诚，孙谦，李霓等．2004．琼北火山活动分期与全新世岩浆演化．岩石学报，20（3）：533~544

樊祺诚，隋建立，王团华等．2006．长白山天池火山粗面玄武岩的喷发历史与演化．岩石学报，22（6）：1449~1457

樊祺诚，孙谦，王旭龙等．2006．北部湾涠洲岛南湾火山砂岩捕房体光释光（OSL）测年结果．地震地质，28（1）：139~141

樊祺诚，隋建立，王团华等．2007．长白山火山活动历史、岩浆演化与喷发机制探讨．高校地质学报，13（2）：175~190

樊祺诚，孙谦，隋建立等．2008．北部湾涠洲岛及斜阳岛火山岩微量元素和同位素地球化学及其构造意义．岩石学报，24（6）：1323~1332

樊祺诚，赵勇伟，李大明等．2011．大兴安岭哈拉哈河-绰尔河第四纪火山分期：K-Ar年代学与火山地质特征．岩石学报，27（10）：2827~2832

樊祺诚，赵勇伟，隋建立等．2012．大兴安岭诺敏河第四纪火山岩分期：年代学与火山地质特征．岩石学报，28（4）：1092~1098

范蔚茗和Menzies M A．1992．中国东部古老岩石圈下部的破坏和软流圈地幔的增生．大地构造与成矿学，16：171~180

广东省地质局南岭区域地质测量大队普查大队火成岩组．1959．南岭侵入岩（初步综合研究报告）．北京：地质出版社，1~230

高山，章军锋，许文良等．2009．拆沉作用与华北克拉通破坏．科学通报，14：1962~1973

郝艳丽，张招崇，王福生等．2004．峨眉山大火成岩省高钛和低钛玄武岩成因探讨．地质论评，50：587~592

何松．1988．湖北首次发现金刚石新源岩——钾镁煌斑岩．长春地质学院学报，4：485

贺安生和孙一虹．1992．湖南若水地区钾镁煌斑岩．岩石学报，8（2）：195~200

洪大卫，郭文岐，李戈晶等．1987．福建沿海晶洞花岗岩带的岩石学和成因演化．北京：北京科学技术出版社，1~128

洪大卫，黄怀曾，肖宜君等．1994．内蒙古中部二叠纪碱性花岗岩及其地球动力学意义．地质学报，68（3）：219~230

黄汲清．1945．中国主要地质构造单位．中央地质调查所地质专报．甲种，20：1~165

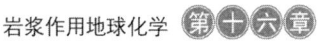

黄锦江.1991.山西临县紫金山碱性环状杂岩体岩石学特征与成因研究.现代地质,5(1):24~39
黄蕴慧,秦淑英,周秀仲等.1992.华北地台金伯利岩与金刚石.北京:地质出版社,1~198
黄镇国,蔡福祥,韩中元等.1993.雷琼第四纪火山.北京:科学出版社,1~281
蒋明全.1992.牦牛坪稀土矿床地质构造特征及其控矿意义.矿床地质,11(4):351~358
金成伟和周云生.1978.喜马拉雅和冈底斯山系中的岩浆岩带及其成因模式.地质科学,4:297~311
赖绍聪,邓晋福,赵海玲.1996.青藏高原北缘火山作用与构造演化.西安:陕西科学技术出版社
李捷和张文佑.1937.安徽盱眙县女山火山口.地质论评,2:141~145
李璞.1954.康藏高原自然情况和资源的介绍.科学通报,2:47~54
李璞.1959.关于如何寻找超基性岩和基性岩及有关铬镍等矿床的一些意见.地质科学,3:71~72
李璞,戴橦谟,邱纯一等.1964.钾-氩法测定岩石矿物绝对年龄数据的报道.地质科学,1:24~34
李璞,戴橦谟,张梅英等.1965.西藏希夏邦马峰地区岩石绝对年龄数据的测定.科学通报,10:925~926
林景仟,谭东娟,迟效国.1992.胶辽半岛中生代花岗岩.北京:地质出版社,1~208
林强,吴福元,刘树文.1992.华北地台东部太古宙花岗岩.北京:科学出版社,1~38
李四光.1942.南岭何在.地质论评,253~267
李行,巩志超,董显扬等.1987.新疆西准噶尔地区基性超基性岩生成地质背景及区域成矿特征.中国地质科学院西安地质矿产研究所文集,(18).
李献华,李武显,李正祥.2007.再论南岭燕山早期花岗岩的成因类型与构造意义.科学通报,52(9):981~991
列别金斯基 В И.1958.大同火山群.北京:科学出版社,1~136
刘观亮,汪雄武,吕学淼.1993.大洪山钾镁煌斑岩.北京:地质出版社,1~186
刘嘉麒.1987.中国东北地区新生代火山岩的年代学研究.岩石学报,4:21~31
刘嘉麒.1999.中国火山.北京:科学出版社,1~219
刘若新.1992.中国新生代火山岩年代学与地球化学.北京:地震出版社,1~427
刘若新和李继泰.1992.长白山天池火山——一座具潜在喷发危险的近代火山.地球物理学报,35(5):661~665
刘若新,解广轰,倪集众.1974.长江上游地区几个层状基性-超基性侵入体中的铁-钛氧化物矿物.地球化学,1:1~24
刘若新,樊祺诚,孙建中.1985.中国几个地方的石榴石二辉橄榄岩捕虏体研究.岩石学报,1(4):24~34
刘若新,樊祺诚,郑祥身等.1998.长白山天池火山的岩浆演化.中国科学(D辑),28(3):226~231
刘若新,魏海泉,李继泰.1998.长白山天池火山近代喷发.北京:科学出版社,1~165
刘祥,向天元.1997.中国东北地区新生代火山和火山碎屑堆积物资源与灾害.长春:吉林大学出版社,1~161
刘祥,向天元,王锡奎.1989.长白山地区新生代火山活动分期.吉林地质,1:30~39
路凤香.1989.地幔岩石学.武汉:中国地质大学出版社,1~213
路凤香,韩柱国,郑建平等.1991.辽宁复县地区古生代岩石圈地幔特征.地质科技情报,10(S1):1~20
路凤香,赵磊,邓晋福等.1995.华北地台金伯利岩岩浆活动时代讨论.岩石学报,11(4):365~374
路凤香,郑建平,李伍平等.2000.中国东部显生宙地幔演化的主要样式:"蘑菇云"模型.地学前缘,7(1):97~107
毛建仁,苏郁香,陈三元.1990.长江中下游中酸性侵入岩与成矿.北京:地质出版社,1~191
梅厚钧.1966.云南马关含橄榄岩捕虏体的玄武岩和煌斑岩.地质科学,1:50~63

梅厚钧.1973.西南暗色岩深渊分异两个系列的岩石化学特征与铁镍矿化的关系.地球化学,4:219~254
莫柱孙和叶伯丹.1983.南岭花岗岩地质学.中国地质科学院文集
莫宣学,路凤香,沈上越等.1990.三江地区重要火山岩系及其与有关金属矿产的关系.北京:地质出版社
莫宣学,沈上越,朱勤文等.1995.三江中南段火山岩-蛇绿岩与成矿.北京:地质出版社,1~128
穆克敏,林景仟,邹祖荣.1989.华北地台区花岗质岩石的成因.长春:吉林科学技术出版社
南京大学地质学系.1981.华南不同时代花岗岩类及其与成矿关系.北京:科学出版社,1~395
宁芜研究项目组.1978.宁芜玢岩铁矿.北京:地质出版社
牛贺才和林传仙.1994.论四川冕宁稀土矿床的成因.矿床地质,13(4):345~353
牛贺才,单强,陈培荣.1997.岩浆热液过渡阶段流体性质的研究——以四川冕宁矿床为例.南京大学学报,33:21~27
邱家骧等.1991.五大连池-科洛-二克山富钾火山岩.北京:中国地质大学出版社,1~219
邱检生,肖娥,胡建等.2008.福建北东沿海高分异I型花岗岩的成因:锆石U-Pb年代学、地球化学和Nd-Hf同位素制约.岩石学报,24(11):2468~2484
孙涛.2006.新编华南花岗岩分布图及其说明.地质通报,25(3):332~335
汤中立.1989.Ⅷ族元素在铜镍硫化矿床成矿过程中的地球化学——以金川矿床为例.矿物岩石地球化学通讯,3:174~179
汤中立和李文渊.1995.金川铜镍硫化物(含铂)矿床成矿模式及地质对比.北京:地质出版社,1~209
唐克东.1992.中朝板块北侧褶皱带构造演化及成矿规律.北京:北京大学出版社,60~277
涂光炽,张玉泉,王中刚.1982.西藏南部花岗岩类地球化学.北京:科学出版社,1~190
万国栋等.1983.山东金伯利岩与偏碱性超基性岩,碳酸岩及暗色岩的关系.山东地质7队研究报告
王德滋.2002.中国东南部晚中生代花岗岩质火山—侵入杂岩成因与地壳演化.北京:科学出版社,1~295
王恒升,白文吉,王炳熙等.1983.中国铬铁矿床及成因.北京:科学出版社,1~100
王留海.1987.湖北大洪山区找金刚石新源岩——钾镁煌斑岩.中国地质,4:20~23
王荃和刘雪亚.1976.我国西部祁连山区的古海洋地壳及其大地构造意义.地质科学,42~55
王希斌和鲍佩声.1996.试论中国蛇绿岩成因类型及其成矿专属性.蛇绿岩与地球动力学研讨会论文集
王希斌,鲍佩声,邓万明等.1987.喜马拉雅岩石圈构造演化——西藏蛇绿岩.北京:地质出版社,1~336
翁文灏.1920.中国区域矿产论.农商部地质调查所,地质汇报,第2号
吴福元,林强,江博明.1997.中国北方造山带造山后花岗岩的同位素特点与地壳生长意义.科学通报,42(20):2188~2192
吴福元,李献华,杨进辉等.2007.花岗岩成因研究的若干问题.岩石学报,23(69):1217~1238
西藏地质工作组.1955.西藏东部地质的初步认识.科学通报,1:64~52.
夏卫华和冯志文.1987.鲁中碳酸岩成岩分析及其含矿性.地球科学,12(3):285~292
肖序常.1992.新疆北部及邻区大地构造.北京:地质出版社,1~169
肖序常,陈国铭,朱志直.1978.祁连山古蛇绿岩带的地质构造意义.地质学报,4:281~295
肖媛媛,任战利,秦江锋等.2007.山西临县紫金山碱性杂岩LA-ICP MS锆石U-Pb年龄、地球化学特征及其地质意义.地质论评,53(5):656~663
小仓勉.1936.黑龙江省五大连池火山地质调查报文.满洲火山地质调查报告,第一号,旅顺工科大学
徐九华,谢玉玲,李建平等.2001.四川冕宁牦牛坪稀土矿床流体包裹体中发现含锶和轻稀土的子矿物.自然科学进展,11(5):543~547
许文良,王冬艳,王清海等.2002.徐淮地区早侏罗世侵入杂岩体中榴辉岩类包体的发现及其地质意义.

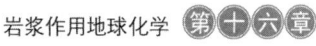

科学通报，47（8）：618~622

徐义刚．2002．地幔柱构造、大火成岩省及其地质效应．地学前缘，9（4）：341~353

徐义刚，李洪颜，庞崇进等．2009．论华北岩石圈减薄的时限．科学通报，54（19）：3367~3378

许成．2003．四川牦牛坪稀土矿床碳酸岩-正长岩成因及成矿流体来源．中国科学院研究生院博士学位论文

许成和黄智龙．2002．四川牦牛坪稀土矿床碳酸岩地球化学．中国科学：D辑，32（8）：635~643

颜秉刚，梁日暄，方青松等．1987．西藏巧西、红区金刚石和含金刚石超镁铁岩的基本特征．中国地质科学院地质研究所文集

阎国翰，牟保磊，曾贻善．1988．山西临县紫金山碱性岩-碳酸岩杂岩体的稀土元素和氧锶同位素特征．岩石学报，4（3）：29~36

阎国翰，牟保磊，曾贻善等．2007．华北克拉通火成碳酸岩时空分布和锶钕同位素特征及其地质意义．高校地质学报，13（3）：463~473

杨承海，许文良，杨德彬等．2008．鲁西上峪辉长-闪长岩的成因：年代学与岩石地球化学证据．中国科学：D辑，38（1）：44~55．

杨建民．1995．山西北部金伯利岩钾镁煌斑岩岩石学矿物学研究．中国地质科学院博士学位论文

杨经绥，白文吉，方青松．2007．极地乌拉尔豆荚状铬铁矿中发现金刚石和一个异常矿物群．中国地质，34（5）：950~952

杨经绥，熊发挥，郭国林等．2011．东波超镁铁岩体：西藏雅鲁藏布江缝合带西段一个甚具铬铁矿前景的地幔橄榄岩体．岩石学报，27（11）：3207~3222

杨兴科，杨永恒，季丽丹等．2006．鄂尔多斯盆地东部热力作用的期次和特点．地质学报，80（5）：705~711

杨兴科，晁会霞，郑孟林等．2008．鄂尔多斯盆地东部紫金山岩体SHRIMP测年地质意义．矿物岩石，28（1）：54~63

杨永恒和杨兴科．2007．紫金山岩体的热力构造类型、期次及其对鄂尔多斯盆地东缘多种能源矿产的影响作用．地球学报，28（6）：620~626

衣龙升．2007．牦牛坪稀土矿床岩浆碳酸岩流体特征及稀土成矿作用．北京科技大学硕士学位论文

尹赞勋．1932．山西省大同第四纪火山．地质学会会志，12（3）

尹赞勋．1937．中国近期火山．地质论评，2（4）：321~338

英基丰．2002．山东西部中生代碳酸岩和火山岩的地球化学特征及其成因研究．中国科学院地质与地球物理研究所博士学位论文

喻学惠，莫宣学，Martin Flower等．2001．甘肃西秦岭新生代钾霞橄黄长岩火山作用及其构造含义．岩石学报，17（3）：366~377

喻学惠，莫宣学，苏尚国等．2003．甘肃礼县新生代火山喷发碳酸岩的发现及意义．岩石学报，19（1）：105~112

袁忠信．1995．四川冕宁牦牛坪稀土矿床．北京：地震出版社，1~150

翟明国和卞爱国．2000．华北克拉通新太古代末超大陆拼合及古元古代末—中元古代裂解．中国科学：D辑，30：129~137

曾鼎乾．1944．西藏地质调查简史．地质论评，3：339~346

张德全和孙桂英．1988．中国东部花岗岩．武汉：中国地质大学出版社，1~311

张宏福．2009．橄榄岩-熔体相互作用：克拉通型岩石圈地幔能够被破坏之关键．科学通报，54（14）：2008~2026

张宏福，汤艳杰，赵新苗等．2007．非传统同位素体系在地幔地球化学研究中的重要性及其前景．地学前缘，14（2）：37~57

张旗.1992. 镁铁-超镁铁岩与威尔逊旋回. 岩石学报, 8（2）: 168~176

张旗, 钱青, 王二七等.2001. 燕山中晚期的中国东部高原: 埃达克岩的启示. 地质科学, 36（2）: 248~255

张云湘, 骆耀南, 杨崇喜.1988. 攀西裂谷. 北京: 地质出版社, 1~466

张培善和陶克捷.1986. 白云鄂博矿物学. 北京: 科学出版社, 1~208

张招崇, 李兆鼐, 李树才等.2000. 黑龙江镜泊湖地区全新世玄武岩的地球化学特征及其深部过程探讨. 岩石学报, 16（3）: 327~336

赵磊, 何明跃, 李友枝等.1998. 塔里木地台南缘发现钾镁煌斑岩. 现代地质, 12（4）: 555~558

赵铭钰.1976. 新疆昆仑山第四纪火山群及阿什库勒活火山介绍. 新疆地质, 1~2: 27~36

赵勇伟和樊祺诚.2010. 大兴安岭焰山、高山火山——一种新的火山喷发型式. 地震地质, 32（1）: 28~37

赵勇伟, 樊祺诚, 白志达等.2008. 大兴安岭哈拉哈河-绰尔河地区第四纪火山活动初步研究. 岩石学报, 24（11）: 2569~2575

赵勇伟, 樊祺诚.2012. 大兴安岭哈拉哈河-绰尔河第四纪火山岩地幔源区与岩浆成因. 岩石学报, 28（4）: 1119~1129

赵振华和周玲棣.1994. 我国某些富碱侵入岩的稀土元素地球化学. 中国科学: B辑, 24（10）: 1109~1120

赵宗溥.1956. 中国东部新生代玄武岩类岩石化学的研究. 地质学报, 36（3）: 315~367

郑建平.2009. 不同时空背景幔源物质对比与华北深部岩石圈破坏和增生置换过程. 科学通报, 54（14）: 1990~2007

郑建平和路凤香.1999. 胶辽半岛金伯利岩中地幔捕虏体岩石学特征: 古生代岩石圈地幔及其不均一性. 岩石学报, 15（1）: 65~74

郑永飞.1999. 化学地球动力学进展. 北京: 科学出版社, 1~392

中国科学院地球化学研究所.1979. 华南花岗岩类的地球化学. 北京: 科学出版社, 1~421

中国科学院地球化学研究所.1981a. 中国含铂地质体铂族元素地球化学及铂族矿物. 北京: 科学出版社, 1~236

中国科学院地球化学研究所.1981b. 铂族元素矿物鉴定手册. 北京: 科学出版社

中国科学院地球化学研究所.1988. 白云鄂博矿床地球化学. 北京: 科学出版社, 185~188

周玲棣和王扬传.1991. 赛马和紫金山碱性杂岩体稀土元素地球化学及成因模式. 地球化学, 3: 229~235

周玲棣和赵振华.1996. 我国一些碱性岩的同位素年代学研究. 地球化学, 25（2）: 164~171

周新华.2006. 中国东部中、新生代岩石圈转型与减薄研究若干问题. 地学前缘, 13（2）: 50~64

朱宝清, 王来生, 王连晓.1987. 西准噶尔西南地区古生代蛇绿岩. 西北地质科学, 17（3）: 3~64

朱日祥, 徐义刚, 朱光等.2012. 华北克拉通破坏. 中国科学: 地球科学, 42（8）: 1135~1159

庄德厚.1979. 探讨我国金伯利岩形成的时代. 地质论评, 25（1）: 36~38

Allegre C J, Courtillot V, Tapponnier P et al. 1984. Structure and evolution of the Himalaya-Tibet orogenic belt. *Nature*, 307 (5946): 17~22

Bai W J, Zhou M F, Robinmson P T. 1993. Possibly diamond-bearing mantle peridotites and podiform chromitites in the Luobusa and Dongqiao ophiolites, Tibet. *Can J Earth Sci*, 30: 1650~1659

Chang C F, Deng W M, Cheng N S et al. 1986. Preliminary conclusions of the Royal Society and Academia Sinica 1985 geotraverse of Tibet. *Nature*, 323 (6088): 501~507

Chu M F, Chung S L, O'reilly S Y et al. 2011. India's hidden inputs to Tibetan orogeny revealed by Hf isotopes of Transhimalayan zircons and host rocks. *Earth and Planetary Science Letters*, 307 (3): 479~486

Chung S L and Jahn B M. 1995. Plume-lithosphere interaction in generation of the emeishan flood basalts at the permian-triassic boundary. *Geology*, 23 (10): 889~892

Chung S L, Liu D Y, Ji J Q et al. 2003. Adakites from continental collision zones: melting of thickened lower crust beneath southern Tibet. *Geology*, 31 (11): 1021~1024

Chung S L, Chu M F, Zhang Y et al. 2005. Tibetan tectonic evolution inferred from spatial and temporal variations in post-collisional magmatism. *Earth-Science Reviews*, 68 (3): 173~196

Defant M J, Drummond M S. 1990. Derivation of some modern arc magmas by melting of young subducted lithosphere. *Nature*, 347 (6294): 662~665

Fan Q C, Hooper P R. 1989. The mineral chemistry of ultramafic xenoliths of eastern china - implications for upper mantle composition and the paleogeotherms. *Journal of Petrology*, 30 (5): 1117~1158

Fan Q C, Hooper P R. 1991. The cenozoic basaltic rocks of eastern china - petrology and chemical-composition. *Journal of Petrology*, 32 (4): 765~810

Fan Q C, Sun Q, Li N et al. 2006. Holocene volcanic rocks in Jingbo Lake region - Diversity of magmatism. *Progress in Natural Science*, 16 (1): 65~71

Fan W M, Menzies M. 1992. Destruction of aged lower lithosphere and accretion of asthenosphere mantle beneath Eastern China. *Geotectonica Metallogenia*, 16: 171~180

Fan W M, Zhang H F, Baker J et al. 2000. On and off the North China craton: where is the Archaean keel? *J Petrol*, 41: 933~950

Gao S, Rudnick R L, Carlson R W et al. 2002. Re-Os evidence for replacement of ancient mantle lithosphere beneath the North China craton. *Earth and Planetary Science Letters*, 198 (3-4): 307~322

Griffin W, O'Reilly S Y, Ryan C. 1992. Composition and thermal structure of the lithosphere beneath south Africa, Siberia and China: porton microprobe studies. International Symposium on Cenozoic Volcanic Rocks and Deep-Seated Xenoliths of China and Its Environments, 65~66

Griffin W, Zhang A, O'Reilly S Y et al. 1998. Phanerozoic evolution of the lithosphere beneath the Sino-Korean craton. In: Flower M, Chung S L, Lo C, Lee T. Mantle dynamics and plate interactions in east asia. Washington, D C: American Geology Union, 107~126

Griffin W L, O'Reilly S Y, Ryan G et al. 1998. Secular variation in the composition in the subcontinental lithospheric mantle. In: Braun J, Dooley J C, Goleby B R, Van der Hilst R D, Klooywijk C J (Editors), Structure and evolution of the Australian continent. Am. Geophys. Union Geodyn Ser, 26: 1~25

Han B F, Wang S G, Jahn B M et al. 1997. Depleted-mantle source for the Ulungur River A-type granites from North Xinjiang, China: geochemistry and Nd-Sr isotopic evidence, and implications for Phanerozoic crustal growth. *Chemical Geology*, 138 (3-4): 135~159

Hanski E, Kamenetsky V S, Luo Z Y et al. 2010. Primitive magmas in the Emeishan Large Igneous Province, southwestern China and northern Vietnam. *Lithos*, 119 (1-2): 75~90

He Y, Li S, Hoefs J, Huang F et al. 2011. Post-collisional granitoids from the Dabie orogen: New evidence for partial melting of a thickened continental crust. *Geochimica et Cosmochimica Acta*, 75: 3815~3838

He B, Xu Y G, Huang X L et al. 2007. Age and duration of the Emeishan flood volcanism, SW China: Geochemistry and SHRIMP zircon U-Pb dating of silicic ignimbrites, post-volcanic Xuanwei Formation and clay tuff at the Chaotian section. *Earth and Planetary Science Letters*, 255 (3-4): 306~323

He Z Y, Xu X S, Niu Y. 2010. Petrogenesis and tectonic significance of a Mesozoic granite-syenite-gabbro association from inland South China. *Lithos*, 119 (3-4): 621~641

Hou Z Q, Gao Y F, Qu X M et al. 2004. Origin of adakitic intrusives generated during mid-Miocene east-west extension in southern Tibet. *Earth and Planetary Science Letters*, 220 (1-2): 139~155

Huang H Q, Li X H, Li W X et al. 2011. Formation of high δ^{18}O fayalite-bearing A-type granite by high-temperature melting of granulitic metasedimentary rocks, southern China. Geology, 39 (10): 903~906

Huang F, Zhang Z, Lundstrom C C et al. 2011. Iron and magnesium isotopic compositions of peridotite xenoliths from Eastern China. Geochimica et Cosmochimica Acta, 75 (12): 3318~3334

Huang J and Zhao D. 2006. High-resolution mantle tomography of China and surrounding regions. Journal of Geophysical Research-Solid Earth, 111 (B9): 4813~4825

Huang J, Li S G, Xiao Y L et al. 2015. Origin of low δ^{26}Mg Cenozoic basalts from South China Block and their geodynamic implications. Geochimica et Comochimica Acta, 164: 298~317

Huang X L, Niu Y, Xu Y G et al. 2013. Geochronology and geochemistry of Cenozoic basalts from eastern Guangdong, SE China: constraints on the lithosphere evolution beneath the northern margin of the South China Sea. Contributions to Mineralogy and Petrology, 165 (3): 437~455

Huang X L, Wang R C, Chen X M et al. 2002. Vertical variations in the mineralogy of the Yichun topaz-lepidolite granite, Jiangxi province, southern China. Canadian Mineralogist, 40 (4): 1047~1068

Jahn B M, Wu F, Chen B. 2000. Granitoids of the Central Asian Orogenic Belt and continental growth in the Phanerozoic. Geological Society of America Special Papers, 350: 181~193

Ji W Q, Wu F Y, Chung S L et al. 2009. Zircon U-Pb geochronology and Hf isotopic constraints on petrogenesis of the Gangdese batholith, southern Tibet. Chemical Geology, 262 (3~4): 229~245

Lei J, Zhao D, Steinberger B et al. 2009. New seismic constraints on the upper mantle structure of the Hainan plume. Physics of the Earth and Planetary Interiors, 173 (1-2): 33~50

Li X H, Su L, Chung S L et al. 2005. Formation of the Jinchuan ultramafic intrusion and the world's third largest Ni-Cu sulfide deposit: Associated with the similar to 825 Ma south China mantle plume? Geochemistry Geophysics Geosystems, 6: 10.1029/2005GC001006

Liu C Q, Masuda A, Xie G H. 1994. Major-element and trace-element compositions of cenozoic basalts in eastern China-petrogenesis and mantle source. Chemical Geology, 114 (1-2): 19~42

Liu C Z, Wu F Y, Sun J et al. 2012. The Xinchang peridotite xenoliths reveal mantle replacement and accretion in southeastern China. Lithos, 150: 171~187

Ma Q, Zheng J, Xu Y et al. 2015. Are continental "adakites" derived from thickened or foundered lower crust? Earth and Planetary Science Letters, 419: 125~133

Mo X, Hou Z, Niu Y et al. 2007. Mantle contributions to crustal thickening during continental collision: evidence from Cenozoic igneous rocks in southern Tibet. Lithos, 96 (1-2): 225~242

Menzies M A. 1990. Archaean, Proterozoic, and Phanerozoic lithospheres. In: Menzies, MA (Editor), Continental mantle. Oxford Science Publications, 67~86

Menzies M A, Fan W, Zhang M. 1993. Palaeozoic and Cenozoic lithoprobes and the loss of >120 km of Archaean lithosphere, Sino-Korean craton, China. Geological Society, London, Special Publications, 76 (1): 71~81

Montelli R, Nolet G, Dahlen F A et al. 2004. Finite-frequency tomography reveals a variety of plumes in the mantle. Science, 303 (5656): 338~343

Nair R, Chacko T. 2008. Role of oceanic plateaus in the initiation of subduction and origin of continental crust. Geology, 36: 583~586.

Norin E. 1946. Geological explorations in western Tibet. Stockholm, 1~214

Peng Z C, Zartman R E, Futa K et al. 1986. Pb-isotopic, sr-isotopic and nd-isotopic systematics and chemical characteristics of cenozoic basalts, eastern China. Chemical Geology, 59 (1): 3~33

Qian Q, Hermann J. 2013. Partial melting of lower crust at 10-15 kbar: constraints on adakite and TTG formation. Contributions to Mineralogy and Petrology, 165: 1195~1224

Shellnutt J G, Jahn B M. 2011. Origin of Late Permian Emeishan basaltic rocks from the Panxi region (SW China): Implications for the Ti-classification and spatial-compositional distribution of the Emeishan flood basalts. *Journal of Volcanology & Geothermal Research*, 199 (1): 85~95

Shen S Z, Crowley J L, Wang Y et al. 2011. Calibrating the End-Permian Mass Extinction. *Science*, 334 (6061): 1367~1372

Song Y, Frey F A, Zhi X C. 1990. Isotopic characteristics of hannuoba basalts, eastern China - implications for their petrogenesis and the composition of subcontinental mantle. *Chemical Geology*, 88 (1-2): 35~52

Sun W D, Arculus R J, Kamenetsky V S et al. 2004. Release of gold-bearing fluids in convergent margin magmas prompted by magnetite crystallization. *Nature*, 431 (7011): 975-978

Tang G J, Wang Q, Wyman D A et al. 2010. Ridge subduction and crustal growth in the Central Asian Orogenic Belt: Evidence from Late Carboniferous adakites and high-Mg diorites in the western Junggar region, northern Xinjiang (west China). *Chemical Geology*, 277: 281~300

Tang Y J, Zhang H F, Nakamura E et al. 2007. Lithium isotopic systematics of peridotite xenoliths from Hannuoba, North China Craton: Implications for melt-rock interaction in the considerably thinned lithospheric mantle. *Geochimica Et Cosmochimica Acta*, 71 (17): 4327~4341

Tang Y J, Zhang H F, Nakamura E et al. 2011. Multistage melt/fluid-peridotite interactions in the refertilized lithospheric mantle beneath the North China Craton: constraints from the Li-Sr-Nd isotopic disequilibrium between minerals of peridotite xenoliths. *Contributions to Mineralogy and Petrology*, 161 (6): 845~861

Tang Y J, Zhang H F, Deloule E et al. 2014. Abnormal lithium isotope composition from the ancient lithospheric mantle beneath the North China Craton. *Scientific Reports*, 4: 1~4

Tapponnier P, Mercier J L, Proust F et al. 1981. The tibetan side of the india-eurasia collision. *Nature*, 294 (5840): 405~410

Wang K L, O'Reilly S Y, Griffin W L et al. 2003. Proterozoic mantle lithosphere beneath the extended margin of the South China block: In situ Re-Os evidence. *Geology*, 31 (18): 709~712

Wang Q, Mcdermott F, Xu J F et al. 2005. Cenozoic K-rich adakitic volcanic rocks in the Hohxil area, northern Tibet: lower-crustal melting in an intracontinental setting. *Geology*, 33 (6): 465~468

Wang X C, Li Z X, Li X H et al. 2011. Temperature, pressure, and composition of the mantle source region of late Cenozoic Basalts in Hainan Island, SE Asia: a Consequence of a Young Thermal Mantle Plume close to Subduction Zones? *Journal of Petrology*, 1~57

Wang X C, Li Z X, Li X H et al. 2013. Identification of an ancient mantle reservoir and young recycled materials in the source region of a young mantle plume: Implications for potential linkages between plume and plate tectonics. *Earth and Planetary Science Letters*, 377: 248~259

Wei X, Xu Y G, Feng Y X et al. 2014. Plume-lithosphere interaction in the generation of the Tarim large igneous province, NW China: Geochronological and geochemical constraints. *American Journal of Science*, 314 (1): 314~356

Wen D R, Liu D, Chung S L et al. 2008. Zircon SHRIMP U-Pb ages of the Gangdese Batholith and implications for Neotethyan subduction in southern Tibet. *Chemical Geology*, 252 (3-4): 191~201

Wu F Y, Jahn B M, Wilde S et al. 2000. Phanerozoic crustal growth: U-Pb and Sr-Nd isotopic evidence from the granites in northeastern China. *Tectonophysics*, 328 (1-2): 89~113

Wu F Y, Lin J Q, Wilde S A et al. 2005. Nature and significance of the Early Cretaceous giant igneous event in Eastern China. *Earth Planet Sci Lett*, 233: 103~119

Xia Q K, Hao Y T, Li P, et al. 2010. Low water content of the Cenozoic lithospheric mantle beneath the eastern part of the North China Craton. *Journal of Geophysical Research Solid Earth*, 115 (B7): 307~309

Xiao L, Xu Y G, Mei H J et al. 2004. Distinct mantle sources of low-Ti and high-Ti basalts from the western Emeishan large igneous province, SW China: implications for plume-lithosphere interaction. *Earth and Planetary Science Letters*, 228 (3-4): 525~546

Xiong X L, Adam J, Green T H. 2005. Rutile stability and rutile/melt HFSE partitioning during partial melting of hydrous basalt: Implications for TTG genesis. *Chemical Geology*, 218: 339~359.

Xu J F, Shinjo R, Defant M J et al. 2002. Origin of Mesozoic adakitic intrusive rocks in the Ningzhen area of east China: Partial melting of delaminated lower continental crust? *Geology*, 30 (12): 1111~1114

Xu Y G. 2001. Thermo-tectonic destruction of the archaean lithospheric keel beneath the sino-korean craton in china: evidence, timing and mechanism. *Physics and Chemistry of the Earth, Part A: Solid Earth and Geodesy*, 26 (9-10): 747~757

Xu Y G, Chung S L, Jahn B M et al. 2001. Petrologic and geochemical constraints on the petrogenesis of Permian-Triassic Emeishan flood basalts in southwestern China. *Lithos*, 58 (3): 145~168

Xu Y G. 2014. Recycled oceanic crust in the source of 90~40 Ma basalts in North China Craton: Evidence, provenance and significance. *Geochimica et Cosmochmica Acta*, 143: 49~67

Xu Y G, Mercier J C, Menzies M A, et al. 1996. K-rich glass-bearing wehrlite xenoliths from Yitong, Northeastern China: petrological and chemical evidence for mantle metasomatism. *Contribution to Mineralogy and Petrology*, 125: 406~420

Xu Y G, Huang X L, Ma J L et al. 2004. Crustal-mantle interaction during the thermo-tectonic reactivation of the North China Craton: SHRIMP zircon U-Pb age, petrology and geochemistry of Mesozoic plutons in western Shandong. *Contributions to Mineralogy & Petrology*, 147 (6): 750~767

Xu Y G, Ma J L, Frey F A et al. 2005. Role of lithosphere-asthenosphere interaction in the genesis of Quaternary alkali and tholeiitic basalts from Datong, western North China Craton. *Chemical Geology*, 224 (4): 247~271

Xu Y G, Blusztajn J, Ma J L et al. 2008. Late Archean to early proterozoic lithospheric mantle beneath the western North China craton: Sr-Nd-Os isotopes of peridotite xenoliths from Yangyuan and Fansi. *Lithos*, 102 (1-2): 25~42

Xu Y G, Zhang H H, Qiu H N et al. 2012. Oceanic crust components in continental basalts from Shuangliao, Northeast China: Derived from the mantle transition zone? *Chemical Geology*, 328: 168~184

Xu Z, Zhao Z F, Zheng Y F. 2012. Slab-mantle interaction for thinning of cratonic lithospheric mantle in North China: Geochemical evidence from Cenozoic continental basalts in central Shandong. *Lithos*, 146: 202~217

Yang J H, Wu FY, Wilde S et al. 2007. Tracing magma mixing in granite genesis: in situ U-Pb dating and Hf-isotope analysis of zircons. *Contributions to Mineralogy & Petrology*, 153 (2): 177~190

Yang J S, Xu X Z, Bai W J et al. 2014. Features of Diamond in Ophiolite. *Acta Geologica Sinica*, 30: 2113-2124

Yang W, Teng F Z, Zhang H F. 2009. Chondritic magnesium isotopic composition of the terrestrial mantle: A case study of peridotite xenoliths from the North China craton. *Earth and Planetary Science Letters*, 288 (3-4): 475~482

Yang W, Teng F Z, Zhang H F et al. 2012. Magnesium isotopic systematics of continental basalts from the North China craton: Implications for tracing subducted carbonate in the mantle. *Chemical Geology*, 328: 185~194

Yang Z and Woolley A. 2006. Carbonatites in China: A review. *Journal of Asian Earth Sciences*, 27 (5): 559~575

Ying J, Zhang H, Sun M et al. 2007. Petrology and geochemistry of Zijinshan alkaline intrusive complex in Shanxi Province, western North China Craton: implication for magma mixing of different sources in an extensional regime. *Lithos*, 98 (1): 45~66

Zhang H F. 2005. Transformation of lithospheric mantle through peridotite-melt reaction: a case of Sino-Korean craton. *Earth and Planetary Science Letters*, 237 (3-4): 768~780

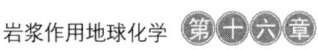

Zhang H F, Sun M, Zhou X H *et al.* 2002. Mesozoic lithosphere destruction beneath the North China Craton: evidence from major-, trace- element and Sr- Nd- Pb isotope studies of Fangcheng basalts. *Contributions to Mineralogy and Petrology*, 144 (2): 241~253

Zhang H F, Sun M, Zhou X H *et al.* 2003. Secular evolution of the lithosphere beneath the eastern North China Craton: Evidence from Mesozoic basalts and high- Mg andesites. *Geochimica Et Cosmochimica Acta*, 67 (22): 4373~4387

Zhang H F, Goldstein S L, Zhou X H *et al.* 2008. Evolution of subcontinental lithospheric mantle beneath eastern China: Re- Os isotopic evidence from mantle xenoliths in Paleozoic kimberlites and Mesozoic basalts. *Contributions to Mineralogy and Petrology*, 155 (3): 271~293

Zhang H F, Goldstein S L, Zhou X H *et al.* 2009. Comprehensive refertilization of lithospheric mantle beneath the North China Craton: further Os- Sr- Nd isotopic constraints. *Journal of the Geological Society*, 166: 249~259

Zhang H F, Deloule E, Tang Y J *et al.* 2010. Melt/rock interaction in remains of refertilized Archean lithospheric mantle in Jiaodong Peninsula, North China Craton: Li isotopic evidence. *Contributions to Mineralogy and Petrology*, 160 (2): 261~277

Zhang H F, Ying J F, Tang Y J *et al.* 2011. Phanerozoic reactivation of the Archean North China Craton through episodic magmatism: Evidence from zircon U- Pb geochronology and Hf isotopes from the Liaodong Peninsula. *Gondwana Research*, 19 (2): 446~459

Zhang J J, Zheng Y F, Zhao Z F. 2009. Geochemical evidence for interaction between oceanic crust and lithospheric mantle in the origin of Cenozoic continental basalts in east- central China. *Lithos*, 110 (1-4): 305~326

Zhang Y, Ren Z Y, Xu Y G. 2013. Sulfur in olivine- hosted melt inclusions from the Emeishan picrites: Implications for S degassing and its impact on environment. *Journal of Geophysical Research- Solid Earth*, 118 (8): 4063~4070

Zhang Z, Mahoney J J, Mao J *et al.* 2006. Geochemistry of picritic and associated basalt flows of the western Emeishan flood basalt province, China. *Journal of Petrology*, 47 (10): 1997~2019

Zhao D, Tian Y, Lei J *et al.* 2009. Seismic image and origin of the Changbai intraplate volcano in East Asia: Role of big mantle wedge above the stagnant Pacific slab. *Physics of the Earth and Planetary Interiors*, 173 (3-4): 197~206

Zhao D P. 2004. Global tomographic images of mantle plumes and subducting slabs: insight into deep Earth dynamics. *Physics of the Earth and Planetary Interiors*, 146 (1-2): 3~34

Zhao X, Zhang H, Zhu X *et al.* 2010. Iron isotope variations in spinel peridotite xenoliths from North China Craton: implications for mantle metasomatism. *Contributions to Mineralogy and Petrology*, 160 (1): 1~14

Zhao X, Zhang H, Zhu X *et al.* 2012. Iron isotope evidence for multistage melt- peridotite interactions in the lithospheric mantle of eastern China. *Chemical Geology*, 292: 127~139

Zheng J P, O'Reilly S Y, Griffin W L *et al.* 1998. Nature and evolution of Cenozoic lithospheric mantle beneath Shandong peninsula, Sino- Korean craton, eastern China. *International Geology Review*, 40 (6): 471~499

Zheng J P, O'Reilly S Y, Griffin W L *et al.* 2001. Relict refractory mantle beneath the eastern North China block: significance for lithosphere evolution. *Lithos*, 57 (1): 43~66

Zheng J P, Griffin W L, O'Reilly S Y *et al.* 2004. U- Pb and Hf- isotope analysis of zircons in mafic xenoliths from Fuxian kimberlites: evolution of the lower crust beneath the North China craton. *Contributions to Mineralogy and Petrology*, 148 (1): 79~103

Zheng J P, Griffin W L, O'reilly S Y *et al.* 2007. Mechanism and timing of lithospheric modification and replacement beneath the eastern North China Craton: Peridotitic xenoliths from the 100 Ma Fuxin basalts and a regional synthesis. *Geochimica Et Cosmochimica Acta*, 71 (21): 5203~5225

Zheng J P, Griffin W L, Ma Q *et al.* 2012. Accretion and reworking beneath the North China Craton. *Lithos*, 149: 61~78

Zhi X, Song Y, Frey F A *et al.* 1990. Geochemistry of Hannuoba basalts, eastern China: Constraints on the origin of continental alkalic and tholeiitic basalt. *Chemical Geology*, 88 (1-2): 1~33

Zhong Y T, He B, Mundil R *et al.* 2014. CA-TIMS zircon U-Pb dating of felsic ignimbrite from the Binchuan section: Implications for the termination age of Emeishan large igneous province. *Lithos*, 204: 14~19

Zhou X, Armstrong R L. 1982. Cenozoic volcanic-rocks of eastern china—secular and geographic trends in chemistry and strontium isotopic composition. *Earth and Planetary Science Letters*, 58 (3): 301~329

Zhou M F, Robinson P T, Bai W J. 1982. Formation of podiform chromitites by melt-rock interactions in the upper mantle. *Mineralium Deposita*, 1994, 29: 98~101

Zhou X M, Li W X. 2000. Origin of Late Mesozoic igneous rocks in Southeastern China: Implications for lithosphere subduction and underplating of mafic magmas. *Tectonophysics*, 326 (3-4): 269~287

Zhu D C, Zhao Z D, Niu Y *et al.* 2011. The Lhasa Terrane: Record of a microcontinent and its histories of drift and growth. *Earth and Planetary Science Letters*, 301 (1-2): 241~255

Zou H and Fan Q. 2010. U-Th isotopes in Hainan basalts: Implications for sub-asthenospheric origin of EM2 mantle endmember and the dynamics of melting beneath Hainan Island. *Lithos*, 116 (1): 145~152

(作者：徐义刚；樊祺诚、黄小龙、王强、王焰、吴才来、吴福元、许文良、徐夕生、杨经绥、张宏福和郑建平参与本章的撰写和讨论)

第十七章 沉积作用地球化学

沉积岩是大陆上出露于地表的主要岩石类型,它的化学组成很早就引起地球化学家的注意,并开展了大量的工作。最早分析和汇编沉积岩地球化学数据的当数 Clarke 和 Washington (1924) 研究地壳元素丰度的工作。自 20 世纪 20 年代开始,在地球化学的相关论著中,就已经定量地讨论过许多重要元素在沉积岩形成过程中的地球化学行为,强调土壤科学与沉积岩地球化学之间的相互结合,突出在风化和沉积物形成过程中的生物化学作用,指出沉积矿床与生物进化的阶段有关。

可以说,沉积地球化学学科是地球化学学科的基础学科之一。

第一节 沉积作用地球化学学科的形成

现代地球化学的奠基人之一——B. И. 维尔纳茨基于 1927 年创建了生物地球化学实验室,强调通过实验研究生物对化学元素的迁移、转化作用。V. M. 戈尔德施密特在其著名的著作《地球化学》(1954) 一书中阐述地球化学学科的研究范围和发展历史时,多次涉及沉积地球化学的研究内容。这些工作可以看作是沉积地球化学的早期萌芽。

一、沉积作用与沉积地球化学

沉积作用最早被认为是一种基本的地质作用,它贯穿于沉积学研究的始终。"沉积学"的概念最早由 Wadell (1932) 提出。当时只是简单地定义为研究沉积物的科学;到 20 世纪 70~80 年代,Friedman 和 Sanders (1978) 等才给予较为完整的定义:沉积学是一门研究沉积物、沉积过程、沉积岩和沉积环境的科学。

20 世纪 30 年代以前,只把沉积学看作是地层学的一部分,主要进行粒度、重矿物分析等岩石学方面的研究。1950 年以后,研究的重心不再是岩石本身,而是形成沉积岩的沉积作用,即到现代沉积环境中去研究现代沉积物。作为沉积物基本性质之一的地球化学研究,开始受到沉积学家的极大关注,并将其自觉运用到沉积学研究领域,沉积作用地球化学由此应运而生(李任伟,1996)。

沉积作用地球化学(以下简称沉积地球化学)是沉积地质学与地球化学之间的一门交叉学科,不仅研究构成沉积地壳的各类沉积岩和沉积矿床的化学组成、元素在沉积作用、成岩作用和成矿作用过程中的迁移和富集规律,而且注重探讨整个地壳的化学演化及其与地质历史时期全球变化的联系(李任伟,1996)。换言之,沉积地球化学所面临的根本任务,就是利用沉积物或沉积岩的元素(包括元素比值)和同位素组成,去解决沉积作用研究中所面临的科学问题,包括沉积物质来源、源区性质和构造背景、沉积搬运/分异过程、沉积环境化学性质、成岩作用过程等,并通过与古气候学、大地构造学、海洋地质学等学科的结合,解决大陆地壳、大气-海洋系统演化方面的问题，为缓解人类所面临的资源、能源和环境问题服务。因此，建立在现代沉积学和地球化学学科基础上的沉积地球化学学科，同样需要"将今论古"的现实主义原理，也都离不开对现代沉积环境的观察和实验研究。

自1950年起如果说传统的沉积学研究的核心是研究"颗粒"的话，那么沉积地球化学的研究重点则是沉积物/沉积岩的元素（包括元素比值）和元素同位素这一尺度更小、具体而微的"原子颗粒"；因而，可将其看作是传统沉积学的延伸，并起到"放大镜"的作用。现今，沉积地球化学已经作为沉积学的固有领域之一，在地表过程、大气和海洋演化、泥页岩成因、铁建造、自生矿物定年，以及层序地层地球化学和储层地球化学等方面，发挥着极其重要的作用。

20世纪50年代以来，一系列重要科学计划的开展和科学技术的进步为沉积地球化学的发展和成熟打下了坚实的基础，使之取得了飞速的发展。

第二次世界大战之后，海洋地质调查有了空前的发展，对以石油为主的能源工业提出了更高的要求。这种大形势为沉积学的发展，尤其是现代沉积作用的研究创造了条件，终于在20世纪60年代引发了沉积地球科学的一场革命。Kuenen和Migliorini（1950）证实了递变层理的浊流成因，确认浊流是一种深海地质作用，结束了传统认识的浅水沉积槽台学说论点，扫清了诞生板块学说的障碍；通过现代碳酸盐沉积物的研究，发现作为化学沉积的碳酸盐颗粒在沉积过程中的行为，与陆源碎屑颗粒无异，也服从沉积动力学的规律，揭示了碳酸盐岩和陆源碎屑岩在形成过程及形成机制方面的同一性。这是沉积学理论体系的一次意义深远的革命（Folk，1959）。

除了碳酸盐岩和浊积岩外，在蒸发岩、磷块岩、河流、三角洲、湖泊、生物礁、深海和风成沉积作用等方面，也取得了令人瞩目的进展，形成了一系列以所谓的"沉积相模式"为基础的现代沉积学理论，对沉积学的发展影响深远（于兴河和郑秀娟，2004）。20世纪70年代事件沉积学的兴起，则是沉积学另一令人瞩目的发展。事件沉积研究范围包括对火山、风暴、浊流、洪水、地震沉积物等事件沉积的研究，以及许多表现为沉积记录间断的事件、硬底和冲刷面等（何起祥，2003）。海洋地质调查中发现的白垩纪末期事件及其他界线事件、地中海干化、中白垩世大西洋缺氧事件、冰期-间冰期交替事件等，也构成事件沉积研究的主要内容（何起祥，2003）。现代深海调查的种种发现，启发了对地质历史时期地球圈层相互作用的认识（汪品先，2003）；喷流（热水）沉积的发现，为沉积矿床的形成提供了"现成的版本"；热液生物群和深部生物圈的发现，为太古宙还原性大气环境下的生命起源和元古宙向氧化型大气过渡中的生命演化提供了研究思路；大陆坡天然气水合物及其泄漏事件的发现，为古新世末等重大生物灭绝和气候突变的解释提供了依据。

在上述沉积学发展过程中，地球化学的方法和手段都发挥了积极的作用。例如对于不同的沉积相，均有其特定的地球化学指标——沉积相的"化学标志"，对区分不同沉积环境的化学性质具有重要的意义（李任伟，1992）。但作为地球科学传统优势学科的地球化学，对沉积学的贡献不仅只是简单的应用，而是通过其自身的发展，反过来促进沉积学研究的进步。地球化学方法的应用把传统沉积学的以沉积物颗粒为研究对象、以分析沉积物结构构造的研究，推进到以沉积物/沉积岩的元素为研究对象，探讨沉积作用的元素迁移和沉淀，使之更"细致入微"地恢复沉积作用过程（Berner，1981）。

二、沉积地球化学与沉积学

20世纪后半叶，由于地球化学学科对传统沉积学的推助，产生了沉积地球化学学科。

（1）20世纪50年代之后，在全球科技革命的带动下，地球化学测试方法和手段有了很大的发展。新的仪器设备，如中子活化分析、X射线荧光光谱分析、原子吸收/发射光谱，以及各种质谱分析仪被应用到地球化学的研究中，许多在此前看似无法分析的元素也能够进行高精度定量分析了；同位素分析方法的建立和推广，为利用同位素示踪提供了可能（郑永飞，2000）。上述分析测试手段的建立和不断进步，为沉积环境的恢复和沉积作用的判别提供了新的途径、方法和手段。

（2）海洋地质调查深化了对许多元素地球化学行为的认识，奠定了利用元素及其同位素进行沉积作用研究的基础。如黑海和波罗的海等现代缺氧和受限盆地环境元素（同位素）行为的深入研究，提供了判别地质历史中缺氧环境的地球化学指标（Berner，1981；Lyons and Severmann，2006；Tribovillard，Algeo，Lyons et al.，2006），为探索和认识古海洋-大气化学演化奠定了基础。

（3）在成岩作用研究领域中，广泛应用了地球化学理论中的化学热力学、化学动力学和地球化学示踪等方法，为沉积矿产和油气的开发做出重要贡献（刘宝珺，2009）。

上述理论和方法的应用，促进了沉积地球化学的发展。Shaw（1954，1956）发表的泥质岩地球化学论文，拉开了战后沉积地球化学研究的序幕。《沉积物地球化学：一个简要的调查》（Geochemistry of Sediments: A Brief Survey，Degens，1965）和《化学沉积学原理》（Principles of Chemical Sedimentology，Berner，1971）两部专著的出版，总结了当时海洋探测发现的沉积作用的化学过程。《溶液、矿物与相平衡》（Solutions, Minerals and Equilibria，Garrels and Christ，1965）阐述了沉积物-溶液作用领域，以及一些低温下成岩成矿作用的基本问题，开启了沉积地球化学一个新的研究领域。由Emiliani（1955）开创、20世纪70年代广泛应用的深海沉积物的氧同位素方法，开辟了研究地质历史时期大气-海洋变化和古气候变化的新途径（Shackleton and Opdyke，1973）。此外，沉积物中陆源碎屑颗粒成分与大地构造背景关系的建立，打下了利用碎屑物质成分进行盆地分析的基础（Dickinson and Suczek，1979）；海底喷流沉积地球化学研究则为沉积矿产成因探索提供了全新的思路（汪品先，2003）。

20世纪80年代以来，沉积地球化学理论和研究方法日趋成熟，走出了前期局限于沉积岩（含上地壳）元素和同位素丰度的范围，进而渗透到沉积学的各个领域和沉积岩演化的各个阶段，并在大陆地壳演化、大气-海洋化学演化、成岩作用、沉积矿床成因、沉积物源区与构造背景分析等诸多领域取得新的成果，有一系列重要专著和论文问世。

各领域的重要著作试列举如下：

关于陆壳演化：《大陆地壳：成分和演化》（The Continental Crust: Its Composition and Evolution，Taylor and McClennan，1985）。

大气-海洋演化：《大气与海洋化学演化》（The Chemical Evolution of the Atmosphere and Oceans，Holland，1984）。

成岩作用研究：《早期成岩作用：一种理论方法》（Early Diagenesis—A Theoretical

Approach, Berner, 1980) 和《沉积物、成岩作用和沉积岩》 (Sediments, Diagenesis, and Sedimentary rocks, Mackenzie, 2003)。

沉积矿产研究：《沉积物和沉积岩地球化学：对矿物沉积–形成环境的演化思考》 (Geochemistry of Sediments and Sedimentary Rocks: Evolutionary Considerations to Mineral Deposit-Forming Environments, Lentz, 2003)。

源区分析：Morton, Todd 和 Haughton (1991)、Bhatia (1985)、Johnsson 和 Basu (1993)、Arribas, Johnsson, Critelli 等 (2007) 等编撰的一系列源区分析论文集，以及 Mange 和 Wright (2007) 等编写的重矿物分析和应用方面的专著为代表。

进入 21 世纪以来，以全球变化为代表的地球系统科学研究，为沉积地球化学学科提出了新的任务；沉积地球化学正在成为沉积学家解决各种问题不可或缺的方法、手段，为完善沉积学理论发挥重要作用。

第二节 中国沉积作用地球化学研究现状

与国外相比，我国沉积地球化学学科有自身发展的历史和途径。

从 20 世纪 50 年代到 80 年代，沉积地球化学以服务国家需求为目标，为寻找沉积矿产和开发油气资源服务。自 80 年代伊始，沉积地球化学学科迎来大发展的机遇，向趋于加强基础学科的方向努力：加强了古大气–海洋演化、地质事件等领域的研究，向着解决地球系统科学自身的问题迈进。

1953 年中国科学院地质研究所成立了全国第一个沉积学研究室，开始了包括沉积地球化学在内的沉积学研究工作。整个 50 年代，结合在全国找磷、锰和石油等沉积矿产，地球化学不仅作为一种找矿方法与手段，而且从理论上向沉积学渗透。侯德封自 1953 年发表《从地层观点对中国锰铁等矿产的寻找提供几点意见》等文章开始，1959 年连续发表《地层的地球化学概念》等四篇论文。叶连俊也相继发表了《中国锰矿床的沉积条件》(1956) 和《中国磷块岩的形成条件》(1959) 等近十篇锰、磷矿成矿和沉积地球化学论文。这些研究大大推动了我国沉积地球化学的发展。可以说，中国近代沉积地球化学就是从这里迈开步伐的。叶连俊等 (1964) 的《华北地区震旦系、寒武系、奥陶系化学地史》一文系统研究了元素组合特点、性质及某些规律性、物质来源和微量元素，指出元素组合与含量在地史发展过程中具有一定的方向性和阶段性，用这一实例表明化学地史是地球化学研究的核心问题，不仅反映了地史演化过程中元素的分布与组合、质量和能量上的变迁，而且反映了元素存在形式和运动形式上的变迁。该文提供的研究方法和得出的结论，至今仍不失其指导意义。20 世纪 70 年代，这方面的研究主要是结合沉积矿产的寻找，分析了元素的分布和存在状态，如对南方下寒武统黑色岩系（范德廉、杨红、戴永定等，1977a, 1977b）和秦岭地区相应地层的研究，以及蓟县等地震旦系地层的沉积地球化学研究（范德廉等，1977）和云南滇中砂岩铜矿的研究（叶连俊、孙枢、郭师曾等，1982；刘宝珺，2009）。

在此期间，普通高校的沉积地质学教科书，如曾允孚、刘宝珺主编的《沉积相及古地理教程》(1961)、戴东林的《沉积岩石学》(1962)、刘宝珺主编的《沉积岩研究方法》(1962)、吴崇筠主编的《沉积岩石学》(1962)、何起祥出版的《沉积岩和沉积矿床》

(1978)等，开始试用我国自己编写的沉积岩石学教材；同时在地球化学的教科书中也有沉积地球化学的相关章节。这些教材为沉积地球化学学科的发展奠定了基础。

从20世纪70年代后期起，我国沉积学研究进入黄金时代，与国内外的交流空前活跃，许多国际著名沉积学家来华访问和讲学（蔺广茂，1979；孙枢和王清晨，1991；中国矿物岩石地球化学学会沉积学专业委员会，2003）。国内一些沉积学家于1980年首批加入国际沉积学家协会（IAS），先后在国际沉积学家协会、国际地质科学联合会全球沉积地质计划（GSGP）委员会中任职。从1982年起，我国沉积学家参加了每四年一度的国际沉积学大会。1979年和2001年分别召开了全国沉积学大会，至今已举办了五届会议。1988年在北京召开了国际矿床沉积学学术讨论会。与此同时，多项与沉积学有关的国际地质对比计划（IGCP）在我国召开学术研讨会。20世纪80年代，先后出版了《沉积学报》和《岩相古地理》专业学术期刊，90年代末《古地理学报》问世。经过半个多世纪的努力，我国沉积学已经初步建立了沉积学理论体系和较为完善的教育和科研工作体系，有了一支具备较高水准的、老中青相结合的科研团队。

自20世纪70年代末起，我国有关沉积环境与沉积体系的研究范畴几乎涉及从大陆到海洋、浅水到深水，以及已知的各种沉积环境，并且紧密结合矿产资源的勘探开发实践，开展了大量卓有成效的研究工作（刘宝珺，2001；孙枢，2005），其中包括对中国大陆边缘海的沉积地球化学研究（赵一阳和鄢明才，1994）。与该时期日益广泛的国际交流相对应，除卓有成效地继续应用岩矿、古生物、沉积结构、沉积构造等环境标志外，越来越多地引入新技术、新方法开展相关研究，其中包括国外最新的沉积地球化学理论和方法，从而迎来了我国沉积地球化学在80年代之后进入大发展的时期（何起祥，2003）。这里特别值得一提的是，成都地质学院沉积地质研究所在80年代后半期举行的"沉积地球化学应用"讲座，几乎囊括了80年代之前国际上所有沉积地球化学应用的最新进展，为沉积地球化学在我国的大规模推广应用、进一步发展和创新，起到了重要的作用，可以将其看作我国沉积地球化学发展的一个重要节点（成都地质学院沉积地质科学研究所《沉积地球化学应用》讲座编写组，1988a，1988b，1988c，1988d，1988e，1989a，1989b；邓宏文和钱凯，1993）。

20世纪90年代之后，沉积地球化学在我国沉积学的各个领域发挥着日益重要的作用。从研究人员组成来看，我国沉积地球化学研究人员已从当初以沉积学专业背景为主，逐渐过渡到沉积学与地球化学专业人员并重的情况。除了原有的沉积矿床研究领域之外，在物源和盆地分析、成岩作用、地层界线研究等方面，沉积地球化学都发挥了自己独特的优势（刘宝珺，2009；孙龙德，方朝亮，李峰等，2010）。如20世纪80年代以来，中国学者提取了寒武系/前寒武系、志留系/奥陶系、泥盆系/志留系、石炭系/泥盆系、三叠系/二叠系、白垩系/侏罗系、古近系/白垩系及第四系/新近系等界线的地球化学特征，提供了传统学科所不具备的高分辨率和准确性（许靖华，奥伯亨斯利，高计元等，1986；高计元，孙枢，许靖华等，1988；秦正永，1991；王大锐，白玉雷，赵治信等，1999；吴智勇，1999）。90年代之后，随着人类社会和科学界对自身生存环境的关注，人们迫切需要了解碳、氮、氧、磷等在生物圈和地球表层系统中的循环，因而亟须研究地质历史中大气和海洋系统的演化（汪品先，2003）。我国地学工作者以沉积地球化学为主要方法手段，与国际同行一道开展了我国所有的海陆相沉积地层的详细研究，取得了大量的研究成果。例如沉积地球化学已经成为《沉积学报》和历次"全国沉积学大会"的热点和重点领域（宁宝英，陈国俊，薛莲花等，2015；张尚锋，张昌民，尹太举等，2013），以及我国学者在其他国内外专业刊物上发表众多的研究成果。

第三节 中国沉积地球化学研究主要成果

中国沉积作用地球化学的研究成果颇丰，简述如下。

一、沉积地球化学与沉积成矿作用

沉积矿床是我国重要的矿产资源类型，20世纪50年代首先在传统的沉积矿床如锰、磷、铁、铝矿床研究中，引入沉积学和地球化学的原理和方法，成为我国沉积地球化学最早开展研究的领域，奠定了该学科发展的基础（李任伟，1996）。随后数十年间，对全国的沉积锰、磷、铁、铝、铜、铀、黏土、蒸发岩类矿床及盐湖等进行了广泛的研究，发表了大量论文及著作，形成了一些成矿模式与成矿理论。通过对大量沉积矿床的深入研究，根据国外最新研究进展，利用包括沉积地球化学在内的方法手段，提出我国沉积矿床形成主要包括了生物成矿作用和热水成矿作用等两大成矿作用类型（叶连俊，李任伟，王东安等，1990）。通过对与生物作用密切相关的元素的地球化学研究，发现生物不仅可以富集某些元素（如磷、硫、铁、锰），还可以改变成矿元素的价态、运移和沉淀方式。生物成矿作用方面的代表性著作以叶连俊等（1998）出版的《生物有机质成矿作用和成矿背景》一书为代表，主要包括对冀西北宣龙地区中元古界铁质叠层石及其微生物化石、上扬子及邻区震旦纪和寒武纪的含磷岩系、黑色页岩系型碳酸锰矿床、微生物成矿铅锌矿等矿床的工作，以及其他多人对砂岩型铀矿、铜矿等矿床的研究成果。在上述研究中尤其注意生物成矿的地球化学指标，特别是同位素地球化学指标的提取，通常把硫化物富含 ^{32}S，以及 ^{32}S 同位素组成的大范围变化看成是生物作用与大规模矿化作用相关的标志，并把这种推理应用于许多金属硫化物矿床（蒋干清，1992）。此外 ^{13}C 大规模的负偏移也看作是有机质参与成矿（甲烷作用）的标志（陈骏，姚素平，季峻峰等，2004）。热水成矿作用主要以国内众多团队对中国南方和长江中下游 SEDEX 型矿床的研究为代表（朱金初，2003），后续研究覆盖了秦岭、祁连、天山造山带、大兴安岭等（薛春纪，1997；王江海，1998；李毅，陆大经，李赋屏等，2010）。由于热水沉积具有显著的不同于正常沉积岩的地球化学特征，因此在热水成矿研究方面，常常利用所总结的现代大洋中热水沉积的地球化学判别图，包括主元素、微量元素和同位素的判别图，对矿床成矿物质来源进行判别；同时利用实验地球化学与热力学计算，对不同温压下矿物溶解度、金属元素的赋存状态和迁移形式、矿物的沉淀条件等进行模拟和合成实验，与地球化学证据一起进行矿床成因的约束（涂光炽，1994）。在当今的矿床学研究当中，往往发现生物成矿和热水成矿作用并存的情况，并且更注意到非金属矿产如煤和石油与金属矿床在盆地内共生的情况，如通过沉积地球化学为主的研究，发现遵义地区黑色岩系在特定的地质背景、成矿环境下，生物作用和热水喷流成矿机制在黑色岩系 SEDEX 型矿床成岩成矿中的作用（张光弟，李九玲，熊群尧等，2002；Xu, Lehmann, Mao et al., 2013）。

二、沉积地球化学与成岩作用研究

早期的成岩作用研究仅限于矿物和岩石学的一般研究，20世纪60年代由于物理化学动力学和低温-低压条件下矿物相平衡理论的引入，沉积成岩作用的研究有了突破性的进展。其后由于生物地球化学和有机地球化学的引入，沉积成岩作用的研究又上了一个新的台阶。我国早期的碎屑岩成岩作用研究主要是为层控矿床成因解释及其勘查服务（刘宝珺和张锦泉，1992；刘宝珺，2009）。20世纪80年代，我国追踪这一领域的国际进展，引入的国外经典的成岩作用理论有：有机质热降解机理及次生孔隙的研究；化学热力学平衡理论对成岩反应热力学条件及状况的标定；流体、温度、压力、盆地沉降史等多位一体高度综合的石油地质分析（刘建清，2006）。经典的成岩作用研究十分重视酸性水的作用，并把它和溶解作用以及次生孔隙的形成相联系。目前多数学者认为溶蚀型次生孔隙主要是由碳酸或者有机酸引起矿物溶解所形成的，并应用该理论对我国主要油气田的储层开展了大量的研究（刘宝珺和张锦泉，1992）。直到陈忠等（1996）通过矿物在碱性驱替剂中的化学行为、实验资料总结以及储层中胶结物的存在等七个方面的证据，说明"碱性成岩环境在成岩演化过程中确实存在"。在近十几年的文献中，有关碱性成岩环境和酸性成岩环境的叙述才相对多见，认为碱性成岩作用的表现形式包括自生绿泥石薄膜胶结、自生伊利石胶结、石盐胶结、钠长石化、碳酸盐胶结、硫酸盐胶结、沸石胶结和石英溶解；影响碱性成岩作用演化的因素包括成岩流体、层序、构造活动等；碎屑岩储集层一般经过酸、碱交替的成岩作用过程，最终形成多个孔隙发育带（翟亚若，米董哲，翟靖等，2014）。目前在研究中对酸性和碱性成岩作用机理都非常重视，包括有机酸性水溶解作用、表生淋滤作用、矿物转变-交代作用、白云石化作用、硫酸盐热化学还原作用（TSR）、地下水溶蚀作用、混合水对流溶蚀作用、深部断裂热液作用等（邹才能，陶士振，周慧等，2008；黄思静，2010）。20世纪80年代末至90年代初期以来，我国学者结合对东部新生代、西部中新生代油气盆地碎屑岩和碳酸盐储层的研究，提出了碎屑岩和碳酸盐储层成岩机理研究的新思路，即将储层演化置于盆地的地质背景（成岩场）或盆地的动力演化系统中探讨两者之间的关联性，包括盆地的地热场、压力场、流体作用和构造活动与储层成岩作用和孔隙演化的内在关系，建立不同地质背景下的储层成岩模式和预测模型（李忠，韩登林，寿建峰，2006）。与国际前沿相比我国碎屑岩成岩作用在基础研究领域的进展并不明显，特别是在流体-岩石反应（水岩作用）实验模拟、成岩（作用）事件年代学、微区-超微区液相和固相组分测定研究等方面亟须弥补和深入（中国矿物岩石地球化学学会沉积学专业委员会，2003）。

三、沉积地球化学与物源区分析

一般认为陆源碎屑岩总的化学成分常是源区性质、剥蚀和搬运过程的反映。碎屑岩地球化学组成，特别是在风化、搬运和成岩过程中相对不易迁移的组分（如稀土元素和Zr、Th、Sc、Y等一些微量元素），记录着有关源岩性质和构造演化等诸多重要的信息，对沉积盆地分析和理解区域构造演化都有重要的指示意义。物源分析研究在我国起步较晚但发展迅猛，如和政军等（1990）较早曾就砂岩碎屑组分与板块构造位置关系做过分析。2000

年之前，大多数国内学者采用各种端元的主微量元素图来判别源区构造背景，对国内的主要含油气盆地和主要板块边缘如华北、扬子、塔里木等地台边缘盆地开展了相当的工作，判别其不同时期的构造环境背景（Gao, Zhang, Gu et al., 1995；王成善和李祥辉，2003）。其中包括对中国东部地壳元素丰度的研究（高山，骆庭川，张本仁等，1999），利用沉积岩物质成分识别所蕴含的地球深部信息（于炳松等，1998），取得了一系列的研究成果。如邵磊等（2000）对吐哈盆地分别采用岩矿和地球化学分析手段进行系统分析，结果显示两种分析手段所得结论吻合性极好，反映盆地的构造演化分为二叠纪、三叠纪—侏罗纪，以及白垩纪—新近纪三个演化阶段，在各阶段地层成分出现较大差异，是盆地及相邻地区遭受构造运动改造的结果。杨江海、杜远生和徐亚军等（2007）在前人研究的基础上，选择性收集了不同构造背景的大量主量元素数据，所建立的图解既反映了主量元素对砂岩物源和构造背景的判别，也近似地表现出相应环境下砂岩的碎屑组成。2000年之后，地球化学成分分析技术和同位素测年技术的发展为物源分析研究带来了新的机遇。陆源碎屑的同位素体系（如K-Ar、Ar-Ar、Rb-Sr、Sm-Nd、U-Pb、Re-Os等同位素体系）纷纷被引入到物源分析中（王建刚和胡修棉，2008；毛光周和刘池洋，2011）。与主微量元素相比，同位素年代学在物源分析中往往发挥着更大的作用，如通过对造山带前陆盆地、山间盆地沉积物的同位素年代学的研究，可以有效地反演造山带隆升-剥蚀作用与盆地沉降之间的联系，从而为地壳演化和造山带隆升等地质过程提供了重要的地球化学证据。相关研究在秦岭-大别造山带、祁连山、西藏等地大规模开展，提高了盆地分析和源区分析水平（Yan, Wang, Yan et al., 2012；Yang, Cawood, Du et al., 2014）。多年来的研究结果表明，常量元素、稀土-微量元素分析在源区物质组成、构造背景、源区风化强度、成分成熟度及氧化-还原条件判别方面有很好的应用效果；各种同位素分析体系在不同目的的研究中具有自身优势，均得到了很好的应用。但由于影响岩石化学成分的因素较多，需要综合运用多种方法进行物源区分析，扬长避短，同时要特别注意对区域地质情况的研究。

四、沉积地球化学与古海洋-古气候演化

相对于其他领域而言，古海洋-古气候演化方面的研究发展较晚。但随着地球系统科学时代的到来，人类更关心与自身生存紧密相关的地球表层系统的变化，由此开始关心地质历史时期的古海洋-古气候演化问题，在此过程中沉积地球化学方法发挥了突出的作用（Jenkyns, Jones, Grocke et al., 2002）。20世纪80年代我国学者开始对我国的海-陆相地层开展地质事件和地质界限的研究，研究过程中系统地引入了国外沉积地球化学的研究方法，如对缺氧事件层和地层界线开展常量、微量、稀土（甚至铂族元素）和碳-硫-氧-氮-锶等稳定同位素的系统研究，为全球性的相关研究提供来自中国的证据（高计元，孙枢，许靖华等，1988）。在此过程中，我国学者在埃迪卡拉纪（相当于我国的震旦纪）、前寒武纪/寒武纪、奥陶纪/志留纪和晚泥盆世弗拉斯期/法门期、二叠纪/三叠纪界限和白垩纪海洋演化方面取得重要成果，为我国在国际前沿领域占得一席之地（陈代钊，王卓卓，汪建国，2006；殷鸿福和鲁立强，2006）做出重要贡献。如通过我国南方埃迪卡拉时期海洋铁组分的研究，提出了海洋化学演化的"三明治"模型，指出当时海洋深水盆地为铁化环境，而边缘海为硫化环境，解决了有关元古宙海洋演化长期悬而未决的问题（Li, Love, Lyons et al.,

2010);通过对 P/T 界限的牙形石氧同位素研究,指出二叠纪/三叠纪之交古海水温度随着西伯利亚火山作用的喷发的迅速升高(40℃以上)是造成生物灭绝的主要原因(Sun,Joachimski,Wignall et al.,2012);还有人提出了 P/T 界限附近含 H_2S 的深部水团的上涌造成生物灭绝的新观点(Shen,2011)。王成善研究团队研究了西藏南部白垩纪地层的大洋缺氧事件,开创了"白垩纪大洋红层"这一全新的研究新领域,指出白垩纪大洋红层的形成及其大规模分布,是在大洋缺氧事件之后,全球气候变冷、洋流改变和地球化学循环的综合作用结果(Wang,Hu,Huang et al.,2011)。他们还利用白垩纪大陆科学钻探的材料,在中国白垩纪陆相气候研究中也取得了丰硕的成果(Wang,Scott,Wan et al.,2013)。我国科学家还利用某些时代海相地层发育的独特优势,获取长时间尺度的古海洋-古气候演化记录,如有关古生代锶同位素的记录(黄思静,石和,张萌等,2002)、新生代边缘海最长的碳同位素记录等(王家林,2005),为探讨地质历史时期古海洋-古气候变化做出了重要贡献。

五、新的生长点

随着对现代沉积环境元素和同位素地球化学行为研究的深入,以及分析方法和检测设备的进步,沉积地球化学的研究向着更深更广的方向延伸,深化了人们对地质历史中沉积作用的认识。其中,新学说、新理论、新技术和新方法的产生和应用,特别是与沉积地球化学相关学科之间的渗透、交叉和结合,孕育了一些边缘前沿学科,拓宽了沉积地球化学的思路,形成了多学科综合研究和攻关能力。与此同时,人类更加迫切关心与自身生存状态密切相关的地球表层系统的变化,也要求调整沉积地球化学的研究方向,从而涌现了一些新的生长点。

1. 地层同位素定年技术

国际地层表的建立和不断完善是地层学研究的长期目标和永恒内容(王鸿祯,2006)。事实上,沉积岩精确定年一直是一个世界性难题,因为现有的技术手段缺乏合适的测年对象。Re-Os 同位素亲有机质的性质,使富含有机质沉积岩在沉积过程中能吸附富集于海水中的 Re、Os;沉积岩的压实过程也即是 Re-Os 同位素体系封闭计时的过程,Os 同位素初始比值 $^{187}Os/^{188}Os$ 反映了沉积时海水的 Os 同位素比值,Re-Os 同位素等时线年龄代表地层沉积时代。Re-Os 同位素体系在富有机质沉积岩中的成功应用,能直接确定地层沉积时代,从而能直接厘定地层的界线,并能同时厘定和限制一些沉积矿床的形成时代、冰川事件发生的时间(李超,屈文俊,王登红等,2014)。此外对于显生宙灰岩,则可以利用已建立的锶同位素曲线,在古生物化石证据的帮助下,进行地层较为精确的定年(黄思静,石和,张萌等,2002)。

2. 非传统稳定同位素地球化学

非传统稳定同位素包括铁、钼、铬、铜、锌、锂、镁等同位素体系。随着世纪之交同位素质谱测试技术的革命性进展,特别是多接收器等离子体质谱仪(MC-ICP-MS)的问世,这些元素稳定同位素体系的开发利用进入了蓬勃发展时期,使一门新的分支学科——非传统稳定同位素地球化学脱颖而出。它的创建和发展是 21 世纪第一个十年地球化学领域的最大亮点之一。

过去十年的相应工作可概括为四个基本方面：①同位素测试方法研发；②同位素分布特征与变化范围调查；③同位素分馏过程与机理研究；④应用潜力探索和对重大科学问题的制约。在这些同位素体系中，由于铁、钼、铬的分馏在很大程度上取决于它们的氧化-还原状态的变化，因而可在大气-海洋系统演化中发挥重要作用。目前已经尝试利用这三种同位素探讨古海洋缺氧事件、大气氧气演化等方面的研究，并已取得积极的成果，期望在后续研究中发挥更大的作用（Rouxel, Bekker, Edwards, 2005; Anbar, 2004; Frei, Gaucher, Stolper et al., 2013; 朱祥坤，王跃，闫斌等, 2013）。

3. 团簇同位素地球化学

团簇同位素（Clumped isotope）地球化学是研究自然物质中"稀-稀（D, ^{13}C, ^{15}N, ^{18}O等）"同位素体（isotopologue）浓度的方法，如 CO_2 中的 $^{18}O^{13}C^{16}O$ 浓度。这种方法是由 John Eiler 研究团队几年前首次倡导发展起来的，它开创了一个新的稳定同位素地球化学领域，近十年来发展十分迅速。因"稀-稀同位素体"在低温时更稳定，随着温度的降低，^{13}C 和 ^{18}O 更倾向于聚集在同一个碳酸盐分子中，形成 $^{13}C^{18}O^{16}O_2^{2-}$ 离子；因此古代碳酸盐岩的团簇同位素可以作为深时定量古温标。经理论计算、无机实验、生物合成碳酸盐、碳磷灰石和洞穴沉积物等的校正，取得了很好的效果和精度（Eiler, 2011）。传统的碳酸盐岩-水氧同位素古温度计基于多相平衡，^{18}O 在碳酸盐与水之间进行分馏。因此只有同时获得碳酸盐岩和水中的 δ^{18}O 才能准确计算出古温度，而这一信息在地质历史时期往往是无法保存的。而碳酸盐岩团簇同位素温度计是建立在单一物相内部均相平衡的，用于重建古温度的信息都保存在碳酸盐岩中，不需要了解碳酸盐以外矿物（如古海水）的氧同位素值（Eiler, 2007, 2011），相对于传统方法具有很大的优势，为研究深时古气候提供了绝佳的手段。

4. 多硫同位素地球化学

硫的 ^{32}S、^{33}S、^{34}S 和 ^{36}S 四种同位素比值可以用于判别硫源和追索运移途径，有助于了解地球表面氧化还原环境和探索地球历史演化。长期以来，大多学者认为自然界中各种过程所引起的硫同位素分馏均属于与质量相关的分馏过程。但自 2000 年以来，地球科学家相继在火星陨石尤其是地球物质中，发现了"非质量硫同位素分馏效应"（mass-independent sulfur isotope fractionation）存在的证据。多数学者认为在缺氧的大气条件下，含硫物种的气相光化学反应可以产生非质量硫同位素分馏信号，推断非质量硫同位素分馏信号的产生和保存需要缺氧的大气环境、能够产生多种含硫大气物种的还原性大气条件、陆地硫化物氧化风化条件的缺乏等三个条件。由于多硫同位素体系的非质量分馏现象可与太阳系早期大气成分及其演化、古代大气氧化条件、地球各圈层的相互作用、地球早期硫循环等一系列重大地球科学问题相联系，可为许多重要假说的解释提供一个新思路（Farquhar, Bao, Thiemens, 2000; Ono, Eigenbrode, Pavlov et al., 2003）。

5. 高分辨率 XRF 原位扫描分析技术

X 射线荧光光谱分析（XRF）是利用物质的 X 射线荧光效应进行元素分析的技术，并在大规模地球化学勘查和国际地球化学填图的多元素分析中成为最快速、最经济的主导方法。由于常规的 XRF 分析不能完全满足高分辨率分析要求，XRF 岩芯扫描分析方法便逐步发展起来。从 1988 年荷兰生产出第一台岩芯扫描仪原型机到 1997 年德国改进至今，通过使用毛细管透镜聚焦技术，使 X 射线能照射岩芯的一个很小区域，以此获得亚毫米级别的高分辨率测量，获取高分辨率的数字图像和密度图像，从而实现了高精度、高准确度、自动化和智能化的多元素分析技术（Croudace，Rinby，Rothwell，2006），实现了地质样品的原位和在线分析，为进行高分辨率（百年至年度）环境和气候的变化研究、沉积事件识别、地层对比、追踪物源区，以及示踪成岩过程等提供了重要的手段（Boning，Bard，Rose，2007）。

第四节 中国沉积作用地球化学学科发展方向

20世纪以来，地球科学已经发展成为地球系统科学阶段，着眼于从整体上理解的各种时间尺度的全球变化。"覆盖全球的信息、穿越圈层的示踪剂、计算机模拟技术的运用是开展地球系统科学研究必要条件"（汪品先，2003）。沉积地球化学不仅将继续研究沉积物质的来源、源区性质和构造背景、沉积搬运/分异过程、沉积环境化学性质、成岩作用过程等，而且将在更为微观和更为宏观的基础上开展相关研究，以达到地球系统科学的要求。

近年来的研究表明，沉积地球化学所反映的地球表层系统变化，其根源既在于地球深部的变化，又有地球外部的影响，这就要求沉积地球化学必须能够提取这两方面的信息。上述研究在时间和空间尺度上都存在很大的变化，可以是研究某个盆地的一次事件（沉积、成岩、气候），也可以是波及全球的重大变化，这就对地球化学工作提出了更高的要求。如新的地球化学示踪剂、定量化的替代性指标，以及地球化学的模拟工作等。从沉积学本身的发展趋势看，由于地球化学学科的高速发展，以及地球化学与沉积学的紧密结合，目前沉积学正出现"物理沉积学"和"化学沉积学"并重的状况，沉积学研究比其历史上任何发展阶段都更依赖于与地球化学学科的结合。在此过程中，沉积地球化学需要实现并通过与古气候学、大地构造学、海洋地质学等学科的结合，解决大陆地壳、大气-海洋系统演化的问题，为缓解人类所面临的资源、能源和环境问题服务。

下面六个方面是沉积地球化学今后研究的主要领域：

（1）物源区地球化学，包括物源区构造背景、物源区气候变化、碎屑单矿物地球化学。

（2）沉积环境地球化学，包括沉积环境元素地球化学、沉积环境同位素地球化学、热水沉积地球化学、生物作用地球化学。

（3）成岩作用地球化学，包括酸性成岩作用地球化学、碱性成岩作用地球化学、水-岩作用数值模拟、层序地层对成岩作用的控制。

（4）沉积矿床地球化学，包括热水成矿作用地球化学、生物成矿作用地球化学、水成成矿作用地球化学、成岩改造地球化学。

（5）古土壤地球化学，包括古土壤主元素地球化学、古土壤微量元素地球化学、古土壤同位素地球化学、古土壤微生物作用地球化学。

（6）大气-海洋系统与沉积地球化学，包括生物地球化学循环、地表地球化学子系统的耦合作用、深部作用对表层地球化学循环的影响、重大地质事件与大气-海洋系统演化。

主要参考文献

陈代钊，王卓卓，汪建国. 2006. 晚泥盆世地球各圈层相互作用与海洋生态危机：来自高分辨率的沉积和同位素地球化学证据. 自然科学进展，16（4）：439~448

陈骏，姚素平，季峻峰等．2004．微生物地球化学及其研究进展．地质论评，50（6）：620~632
陈忠，罗蛰潭，沈明道等．1996．由储层矿物在碱性驱替剂中的化学行为到砂岩储层次生孔隙的形成．西南石油学院学报，18（2）：15~19
成都地质学院沉积地质矿产研究所《沉积地球化学应用》讲座编写组．1988a．《沉积地球化学应用》讲座（六）——稳定同位素在古环境研究中的应用．岩相古地理，3-4：98~107
成都地质学院沉积地质矿产研究所《沉积地球化学应用》讲座编写组．1988b．《沉积地球化学应用》讲座（七）——微量元素在沉积学研究中的应用（1）．岩相古地理，3-4：108~116
成都地质学院沉积地质矿产研究所《沉积地球化学应用》讲座编写组．1988c．《沉积地球化学应用》讲座（八）——微量元素研究在沉积学中的应用（2）．岩相古地理，5：51~58
成都地质学院沉积地质研究所《沉积地球化学应用》讲座编写组．1988d．《沉积地球化学应用》讲座（四）——稳定同位素在白云岩研究中的应用．岩相古地理，1：55~61
成都地质学院沉积地质矿产研究所《沉积地球化学应用》讲座编写组．1988e．《沉积地球化学应用》讲座（五）——稳定同位素在其他岩类研究中的应用．岩相古地理，2：51~59
成都地质学院沉积地质矿产研究所《沉积地球化学应用》讲座编写组．1989a．《沉积地球化学应用》讲座（九）——沉积作用过程中稀土元素的地球化学（1）．岩相古地理，1：58~66
成都地质学院沉积地质矿产研究所《沉积地球化学应用》讲座编写组．1989b．《沉积地球化学应用》讲座（九）——沉积作用过程中稀土元素的地球化学（2）．岩相古地理，2：44~51
邓宏文和钱凯．1993．沉积地球化学与环境分析．兰州：甘肃科学技术出版社，70~103
范德廉，杨秀珍，王连芳等．1973．某地下寒武统含镍钼多元素黑色岩系的岩石学及地球化学特点．地球化学，2（3）：143~165
范德廉，杨红，戴永定等．1977a．蓟县等地震旦地层沉积地球化学（Ⅰ）．地球化学，5（2）：105~122
范德廉，杨红，戴永定等．1977b．蓟县等地震旦地层沉积地球化学（Ⅱ）．地球化学，5（3）：161~172
高计元，孙枢，许靖华等．1988．碳氧同位素与前寒武纪和寒武纪边界事件．地球化学，3：257~266
高山，骆庭川，张本仁等．1999．中国东部地壳的结构和组成．中国科学（D辑），29（3）：204~213
何起祥．2003．沉积地球科学的历史回顾与展望．沉积学报，21（1）：10~18
和政军．1990．砂岩碎屑组分与板块构造位置关系的研究现状．地质科技情报，9（4）：7~12
侯德封．1953．从地层观点对中国锰铁等矿产的寻找提供几点意见．地质学报，33（1）：29~45
侯德封．1959．地层的地球化学概念．地质科学，3：67~70
黄思静．2010．碳酸盐岩的成岩作用．北京：地质出版社，150~230
黄思静，石和，张萌等．2002．龙门山泥盆纪锶同位素演化曲线的全球对比及海相地层的定年．自然科学进展，12（9）：945~951
蒋干清．1992．生物成矿研究的现状与进展．地质科技情报，11（3）：45~50
李超，屈文俊，王登红等．2014．Re-Os同位素在沉积地层精确定年古环境反演中的应用进展．地球学报，35（4）：405~414
李任伟．1992．地球化学相分析及进展前景．见：王思静，易善峰主编．90年代的地质科学．北京：海洋出版社，75~82
李任伟．1996．沉积地球化学．见：欧阳自远，倪集众，项仁杰主编．地球化学：历史、现状和发展趋势．北京：原子能出版社，180~189
李毅，陆大经，李赋屏等．2010．广西热水沉积矿床成矿作用及找矿评价．北京：地质出版社，1~15
李忠，韩登林，寿建峰．2006．沉积盆地成岩作用系统及其时空属性．岩石学报，22（8）：2151~2164
蔺广茂．1979．沉积学现状和发展趋势——许靖华教授来华讲授沉积学简介．煤田地质与勘探，6：73~77
刘宝珺．2001．中国沉积学的回顾和展望．矿物岩石，21（3）：1~7
刘宝珺．2009．沉积成岩作用研究的若干问题．沉积学报，27（5）：787~781

刘宝珺和张锦泉. 1992. 沉积成岩作用. 北京：科学出版社, 1~278
刘建清, 赖兴运, 于炳松等. 2006. 成岩作用的研究现状及展望. 石油实验地质, 28 (1): 65~73
毛光周和刘池洋. 2011. 地球化学在物源及沉积背景分析中的应用. 地球科学与环境学报, 33 (4): 337~348
宁宝英, 陈国俊, 薛莲花等. 2015.《沉积学报》论文发表趋势：基于文献计量分析的结果与启示. 沉积学报, 33 (1): 1~9
秦正永. 1991. 化学地层学的兴起及其应用前景. 地质论评, 37 (3): 265~273
邱隆伟和姜在兴. 2006. 陆源碎屑岩的碱性成岩作用. 北京：地质出版社, 1~114
邵磊, 刘志伟, 朱伟林. 2000. 陆源碎屑岩地球化学在盆地分析中的应用. 地学前缘, 7 (3): 296~303
孙龙德, 方朝亮, 李峰等. 2010. 中国沉积盆地油气勘探开发实践与沉积学研究进展. 石油勘探与开发, 37 (4): 385~396
孙枢. 2005. 中国沉积学的今后发展：若干思考与建议. 地学前缘, 12 (2): 3~10
孙枢和王清晨. 1991. 80年代我国沉积学研究之回顾. 科学通报, 3: 161~164
涂光炽. 1994. 超大型矿床的探寻与研究的若干进展. 地学前缘, 1 (3): 45~53
汪品先. 2003. 我国的地球系统科学研究向何处去. 地球科学进展, 18 (6): 837~851
汪品先. 2004. 走向地球系统科学的必由之路. 地球科学进展, 18 (5): 795~796
王成善和李祥辉. 2003. 沉积盆地分析原理与方法. 北京：高等教育出版社, 210~255
王大锐, 白玉雷, 赵治信. 1999. 塔里木盆地海相古生界化学地层学研究. 石油勘探与开发, 26 (1): 18~23
王鸿祯. 2006. 地层学的几个基本问题及中国地层学可能的发展趋势. 地层学杂志, 30 (2): 97~102
王家林. 2005. 同济大学海洋与地球科学学院建设三十年. 同济大学学报（自然科学版）, 33 (9): 1~6
王建刚和胡修棉. 2008. 砂岩副矿物的物源区分析新进展. 地质论评, 54 (5): 670~678
王江海. 1998. 陆相热水沉积作用——以云南地区为例. 北京：地质出版社, 1~10
吴志亮和李峰. 1996. 热水沉积成岩成矿作用——以阿尔泰泥盆纪火山沉积盆地为例. 北京：地质出版社, 1~20
吴智勇. 1999. 化学地层学及其研究进展. 地层学杂志, 23 (3): 234~240
肖新建和倪培. 2000. 论喷流沉积（SEDEX）成矿与沉积-改造成矿之对比. 地质找矿论丛, 15 (3): 238~245
许靖华, 奥伯亨斯利H, 高计元等. 1986. 寒武纪生物爆发前的死劫难海洋. 地质科学. 1: 1~6
薛春纪. 1997. 秦岭泥盆纪热水沉积. 西安：西安地图出版社, 1~134
杨江海, 杜远生, 徐亚军等. 2007. 砂岩的主量元素特征与盆地物源分析. 中国地质, 34 (6): 1032~1044
叶连俊, 1956. 中国锰矿床的沉积条件. 科学通报, 11: 93~97
叶连俊. 1959. 中国磷块岩的形成条件. 地质科学, 2: 40~41
叶连俊. 1963. 外生矿床陆源汲取成矿论. 地质科学, 2: 67~87
叶连俊. 1998. 生物有机质成矿作用和成矿背景. 北京：海洋出版社, 1~468
叶连俊, 范德廉, 杨哈莉等. 1964. 华北地区震旦系、寒武系、奥陶系化学地史. 地质科学, 3: 211~237
叶连俊, 孙枢, 郭师曾. 1982. 六十年来中国沉积学发展的回顾和展望. 地质论评, 28 (5): 500~502
叶连俊, 李任伟, 王东安. 1990. 生物成矿作用研究展望——沉积矿床学的新阶段. 地球科学进展, 3: 1~4
殷鸿福和鲁立强. 2006. 二叠系—三叠系界线全球层型剖面——回顾和进展. 地学前缘, 13 (6): 257~267
于炳松和乐昌硕. 1998. 沉积岩物质成分所蕴含的地球深部信息. 地学前缘, 5 (3): 105~112
于兴河和郑秀娟. 2004. 沉积学的发展历程与未来展望. 地球科学进展, 19 (2): 173~182
翟亚若, 米董哲, 翟靖等. 2014. 碎屑岩储集层碱性成岩作用研究综述. 长江大学学报（自然科学版）, 11 (31): 85~89

张光弟, 李九玲, 熊群尧等. 2002. 贵州遵义黑色页岩铂族金属富集特点及富集模式. 矿床地质, 21 (4): 377~386

张尚锋, 张昌民, 尹太举等. 2013. 中国沉积学研究进展——第五届全国沉积学大会综述. 石油天然气学报, 35 (12): 18~25

赵一阳和鄢明才. 1994. 中国浅海沉积物地球化学. 北京: 科学出版社, 1~203

郑永飞. 2000. 稳定同位素地球化学. 北京: 科学出版社, 1~325

中国矿物岩石地球化学学会沉积学专业委员会和中国地质学会沉积地质专业委员会. 2003. 中国沉积学若干领域的回顾与展望——庆祝《沉积学报》创刊二十周年. 沉积学报, 21 (1): 1~7

朱金初. 2003. 华南海相火山喷流沉积矿床成因研究简评——兼述徐克勤教授在该领域的重大贡献. 高校地质学报, 9 (4): 536~544

朱如凯, 郭宏莉, 高志勇等. 2009. 塔里木盆地北部地区中、新生界层序地层、沉积体系与储层特征. 北京: 地质出版社, 169~261

朱祥坤, 王跃, 闫斌等. 2013. 非传统稳定同位素地球化学的创建与发展. 矿物岩石地球化学通报, 32 (6): 651~688

邹才能, 陶士振, 周慧等. 2008. 成岩相的形成、分类与定量评价方法. 石油勘探与开发, 35 (5): 526~540

Anbar A D. 2004. Molybdenum stable isotopes: observations, interpretations and directions. *Reviews in Mineralogy and Geochemistry*, 55: 429~454

Arribas J, Johnsson M J, Critelli S. 2007. Sedimentary provenance and petrogenesis: perspectives from petrography and geochemistry. Boulder: The Geological Society of America, 1~381

Berner R A. 1980. Early Diagenesis-A Theoretical Approach. Princeton: Princeton University Press, 1~241

Berner R A. 1981. A new geochemical classification of sedimentary environments. *Journal of Sedimentary Petrology*, 51 (2): 359~365

Berner R A. 1971. Principles of Chemical Sedimentology. NewYork: McGraw-Hill Inc Press, 105~120

Bhatia M R. 1985. Rare earth element geochemistry of Australian Paleozoic graywackes and mud rocks: Provenance and tectonic control. *Sedimentary Geology*, 45: 97~113

Boning P, Bard E, Rose J. 2007. Toward direct, micron-scale XRF elemental maps and quantitative profiles of wet marine sediments. *Geochemistry, Geophysics, Geosystem*, 8: 1~14

Clarke F W and Washington H S. 1924. The composition of the Earth's crust. *USGS Professional Paper*, 127: 1~117

Croudace I W, Rinby A, Rothwell R G. 2006. ITRAX: description and evaluation of a new multi-function X-ray core scanner. In: Rothwell R G ed. New Techniques in Sediment Core Analysis. *Special Publications of Geological Society of London*, 267: 51~63

Degens E T. 1965. Geochemistry of Sediments: A Brief Survey. Englewood Cliffs, NJ: Prentice-Hall Press, 1~342

Dickinson W R and Suczek C A. 1979. Plate tectonics and sandstone compositions. *The American Association of Petroleum Geologist Bulleti*, 63 (12): 2164~2182

EilerJ M. 2007. "Clumped-isotope" geochemistry—The study of naturally-occurring, multiply-substituted isotopologues. *Earth and Planetary Science Letters*, 262 (3~4): 309~327

Eiler J M. 2011. Paleoclimate reconstruction using carbonate clumped isotope thermometry. *Quaternary Science Reviews*, 30: 3575~3588

Emiliani C. 1955. Pleistocene temperatures. *Journal of Geology*, 63 (6): 538~577

Farquhar J, Bao H M, Thiemens M H. 2000. Atmospheric Influence of Earth's Earliest Sulfur Cycle. *Science*,

289: 756~758

Folk R L. 1959. Practical petrographic classification of limestones. *Bulletin of American Association of Petrology*, 43: 1~38

Frei R, Gaucher C, Stolper D et al. 2013. Fluctuations in late Neoproterozoic atmospheric oxidation-Cr isotope chemostratigraphy and iron speciation of the late Ediacaran lower Arroyo del Soldado Group (Uruguay). *Gondwana Research*, 23 (2): 797~811

Friedman G M and Sanders J E. 1978. Principles of Sedimentology. New York: John Wiley and Sons Press, 1~972

Gao S, Zhang B Z, Gu X M et al. 1995. Silurian-Devonian provenance changes of South Qinling basins: implications for accretion of the Yangtze (South China) to the North China cratons. *Tectonophysics*, 250: 183~197

Garrels R M and Christ C L. 1965. Solution Minerals and Equilibria. New York: Harper-Row Press, 1~450

Goldschmid V M. 1954. Geochemistry. Oxford: Clarendon Press, 1~730

Holland H D. 1984. The Chemical Evolution of the Atmosphere and Oceans. Princeton: Princeton University Press, 1~598

Jenkyns H C, Jones C E, Grocke D et al. 2002. Chemostratigraphy of the Jurassic System: applications, limitations and implications for palaeoceanography. *Journal of the Geological Society of London*, 159: 351~378

Johnsson M J and Basu A. 1993. Processes Controlling the Composition of Clastic Sediments. Boulder: Geological Society of America, 1~342

Kuenen P H and Migliorini C I. 1950. Turbidity current as a cause of graded bedding. *Journal of Geology*, 58: 91~127

Lentz D R. 2003. Geochemistry of Sediments and Sedimentary Rocks: Evolutionary Considerations to Mineral Deposit-Forming Environments. Ontario: Geological Association of Canada, 1~184

Li C, Love G D, Lyons T W et al. 2010. A Stratified Redox Model for the Ediacaran Ocean. *Science*, 328: 80~83

Lyons T W and Severmann S. 2006. A Critical look at iron paleoredox proxies: New sights from modern marine basins. *Geochimica et Cosmochimica Acta*, 70: 5698~5722

Mackenzie F T. 2006. Sediments, Diagenesis, and Sedimentary Rocks. The Netherlands: Elsevier, 1~446

Mange M A and Wright D T. 2007. Heavy minerals in use. New York: Elsevier Science Ltd, 1~150

Morton A C, Todd S P, Haughton P D W. 1991. Developments in sedimentary provenance studies. Geological Society Special Publications 57, Oxford: Alden Press, 1~342

Ono S H, Eigenbrode J L, Pavlov A A et al. 2003. New Insights into Archean sulfur cycle from mass-independent sulfur isotope records from the Hamersley Basin, Australia. *Earth and Planetary Science Letters*, 213 (1/2): 15~30

Rouxel O J, Bekker A, Edwards K J. 2005. Iron isotope constrains on the Archean and Plaeoproterozoic ocean redox state. *Science*, 307 (5712): 1088~1091

Shackleton N J and Opdyke N D. 1973. Oxygen isotope and palaeomagnetic stratigraphy of equatorial Pacific core V28-238: oxygen isotope temperatures and ice volum on a 105 year scale. *Quaternary Research*, 3: 39~55

Shaw D M. 1954. Trace elements in pelitic rocks. Part I: Variation during metamorphism. Part II: Geochemical relations. *Bulletin of Geological Society of America*, 65: 1151~1182

Shaw D M. 1956. Geochemistry of pelitic rocks — Part III: Major elements and general geochemistry. *Bulletin of Geological Society of America*, 67: 919~934

Shen Y A, Farquhar J, Zhang H et al. 2011. Multiple S-isotopic evidence for episodic shoaling of anoxic water during Late Permian mass extinction. *Nature Communications*, DOI: 10.1038/ncomms1217

Sun Y D, Joachimski M M, Wignall P B et al. 2012. Lethally Hot Temperatures During the Early Triassic Greenhouse. *Science*, 338: 366~370

Taylor S R and McClennan S M. 1985. The continental crust: Its composition and evolution. Oxford: Blackwell Scientific Publications, 1~312

Tribovillard N, Algeo T J, Lyons T et al. 2006. Trace metals as paleoredox and paleoproductivity proxies: An update. *Chemical Geology*, 232: 12~32

Wadell H A. 1932. Volume, shape, and roundness of rock particles. *Journal of Geology*, 40: 443~451

Wang C S, Hu X M, Huang Y J et al. 2011. Cretaceous oceanic red beds as possible consequence of oceanic anoxic events. *Sedimentary Geology*, 235: 27~37

Wang C S, Scott R W, Wan X Q et al. 2013. Late Cretaceous climate changes recorded in Eastern Asian lacustrine deposits and North American Epieric sea strata. *Earth-Science Reviews*, 126: 275~299

Xu L, Lehmann B, Mao J. 2013. Seawater contribution to polymetallic Ni-Mo-PGE-Au mineralization in Early Cambrian black shales of South China: Evidence from Mo isotope, PGE, trace element, and REE geochemistry. *Ore Geology Reviews*, 52: 66~84

Yan Z, Wang Z W, Yan Q R et al. 2012. Geochemical constraints on the provenace and depositional setting of the Devonian Liuting Group, east Qinling Mountains, Central China: Implications for the tectonic evolution of the Qinling Orogenic Belt. *Journal of Sedimentary Research*, 82: 9~20

Yang J H, Cawood P A, Du Y S et al. 2014. A sedimentary archive of tectonic switching from Emeishan Plume to Indosinian orogenic sources in SW China. *Journal of the Geological Society of London*, 171: 269~280

(作者：王成善、黄永建)

第十八章 变质作用地球化学

变质作用是地球上三大类岩石的形成过程之一，在 20 世纪初期地球化学学科刚刚萌芽的时候，变质作用地球化学过程就受到研究者关注；迄今它已成为地球化学学科的一门基础分支学科。

第一节 变质作用地球化学学科的形成和发展历程

变质作用地球化学是伴随变质岩和变质作用的研究逐渐发展的。它的发展历程大致可以分为：早期研究、递增变质带和变质相理论研究、变质相系理论和变质反应实验研究、变质作用 p-T-t 轨迹理论和超高压变质作用、变质作用的定量研究五个发展阶段。

一、20 世纪以前：早期研究

变质作用的概念是从赫顿（Hutton）的火成理论开始的，这个概念在他的《地球的理论》(1795) 中做过系统阐述。赫顿认为苏格兰高地的片岩和片麻岩就是原来的沉积岩被带到地球深部受到高温、高压作用形成的。"变质作用"这一术语是由法国人布韦（Boué）在 1820 年引入的，经过 C. 莱伊尔在《地质学原理》第一版第三卷（1833）中的系统论述变得流行起来。

变质作用是指先已存在的岩石受物理条件和化学条件变化的影响，改变其结构、构造和矿物成分，成为一种新的岩石的转变过程。19 世纪下半叶到 20 世纪初期是显微镜岩石学的黄金时代，随着偏光显微镜的应用，人们第一次弄清了岩石多样性的性质和范围。冯科塔（B. von Cotta）在 1862 年提出了火成岩、沉积岩和变质岩的岩石三大分类，这一分类被罗森布施（H. Rosenbusch）所接受，并在其名著《岩石学原理》中做了详细阐述。后来 U. 格鲁宾曼在《结晶片岩》一书中（1904~1906 年）提出了深度带的概念，并将区域变质岩分为浅成带、中成带和深成带，认为变质岩的温度、压力和变形程度完全由深度控制。深度带的概念得到贝克（Becke）和尼格利（Niggli）等人的支持，因而在欧洲大陆有广泛影响（都城秋穗，1979）。这一阶段的工作为变质作用地球化学学科打下了基础。

二、20 世纪早期：递增变质带和变质相理论的研究

1893 年，英国学者 G. 巴罗（Barrow）在填制苏格兰高地加里东期的 Dalradian 片岩地质图时，以泥质岩石中新矿物的首次出现为标志划分了三个变质带：十字石带、蓝晶石带和夕线石带。后经过巴罗（Barrow, 1912）、蒂利（Tilley, 1925）和哈克（Harker, 1932）进一步完善，在 Dalradian 片岩中划分出六个变质带：绿泥石带、黑云母带、石榴子石带、

十字石带、蓝晶石带和夕线石带；每一个特征矿物首次出现的点的连线称为等变度（isograd），并认为较高级变质带都是在前一个变质带组合基础上发育形成。因此，这一变质带系列被称为递增变质带（progressive metamorphic zones），也称为巴罗型变质带。这一概念后来在地质学界产生了巨大的影响。在相当长的一段时间内，很多地质学家都认为巴罗型变质带是变质作用的主要类型，也是正常类型。直到第二次世界大战以后，在环太平洋地区尤其是对日本变质带的研究之后，才打破了巴罗型变质带的垄断地位。

这一时期对变质作用研究更有影响的是提出了平衡矿物组合和变质相的概念。1911年，V. M. 戈尔德施密特（Goldschmidt）研究了奥斯陆地区的辉石角岩相变质作用，第一次把热力学相律应用到变质矿物组合的研究，并用热力学资料计算了硅灰石反应的平衡曲线，这个曲线第一次定量标定了变质作用的温度。

第一次世界大战之后，他的兴趣转到地壳中的微量元素分布和结晶化学方面，成为地球化学的重要奠基人之一。几乎与戈尔德施密特的研究工作同时，P. 埃斯科拉（Eskola）研究了芬兰西南部奥里耶维矿区的前寒武纪变质岩，发现了角闪岩相平衡矿物组合，并与奥斯陆角岩矿物做了对比，提出了变质相的概念。它的定义是："一个变质相是指类似的温度、压力条件下达到化学平衡的所有岩石的总和（不论其结晶方式），一个变质相内部，随着岩石总体化学成分的改变，其矿物组合作有规律的改变。"1920年，艾斯柯拉最初提出了五个变质相：绿片岩相、角闪岩相、角岩相、透长石相和榴辉岩相。1939年又增加了绿帘角闪岩相、麻粒岩相和蓝闪石片岩相三个变质相，并把角岩相改为辉石角岩相，确定了它们的相对温度和压力关系。但遗憾的是变质相和平衡矿物组合的概念在很长时间内未得到应有的重视，其主要原因在于变质相理论中关于化学平衡的假设，未能得到证明，而且这与当时流行的地质学思想方法格格不入。直到20世纪中期，柯尔任斯基、特纳（Turner）和Ramberg等人对变质相进行了补充研究和修订，才得以流行。在变质相的定义方面，最有代表性的是Fyfe和Turner（1966）的提法："一个变质相指一定的温度、压力区间内的一整套变质矿物共生组合，它们在时、空上反复出现并密切伴生在一起，一个变质相内部其矿物组合和岩石总体化学成分之间有着固定的因而也是可以预测的对应关系。"这一变质相的概念被广泛引用，其核心是强调变质相是对自然界变质矿物组合的总结，并不以化学平衡为前提。

递增变质带与变质相概念的提出，建立了变质矿物和矿物组合与变质温度、压力间的相互关系，并把化学和热力学理论首次应用到变质岩研究，迄今一直是变质岩石学或变质作用地球化学的核心内容。可以说，变质带与变质相的理论构成变质岩石学发展中的第一个里程碑。

三、20世纪中—晚期：变质相系理论和变质反应实验研究

20世纪50~60年代早期的X荧光分析技术的发展，使高质量的全岩地球化学分析得以广泛运用，可以对变质岩石进行系统的成分研究。Shaw（1954，1956）对比Littleton群地层中低级和高级泥质片岩的成分，表明除烧失组分外，至少在标本尺度内递进变质作用基本上是等化学的，从而奠定了变质岩化学分类（化学系列）和原岩恢复研究的基础。后续的大量研究进一步显示：交代作用不是区域变质作用的重要过程，促进和引领着混合岩

成因、变质深熔作用研究的方向。

1961年，都城秋穗（Miyashiro，1961）首次提出了变质相系的概念，认为在一个变质地区或变质带中若存在多个变质相，则可以构成一个变质相系，各个变质相的峰期变质条件，在 p-T 图解上形成一条曲线，代表变质作用发生时的地温梯度。都城秋穗当时划分出五个变质相系，后来经常使用的是三个，即低压型（红柱石-夕线石型），地热梯度大于 25℃/km；中压型（蓝晶石-夕线石型），地热梯度为 16~25℃/km；高压型（硬玉-蓝闪石型），地热梯度小于 16℃/km。变质相系的概念通过变质地区的地热梯度把变质作用与大地构造环境结合起来，成为变质地质学的理论基础，是变质岩石学发展中的第二个里程碑。它不仅为后来的板块构造理论提供了岩石学上的证据，而且成为世界各地区变质岩石学家们工作的指导思想，如欧洲变质图就是以这一理论为原则编制而成的。

20世纪60年代开始，岩石学家们寻求利用实验方法确定变质反应和变质矿物组合形成的温压条件。库姆斯（Coombs，1960）的沸石类矿物实验研究首次建立了沸石相和葡萄石-绿纤石相，并确定其温度范围为 200~360℃。由于这两个相应介于成岩作用与绿泥石带变质温度之间，库姆斯的研究成果大大地改变了对变质温度的理解，因为在早期的变质岩教科书中认为区域变质的绿泥石带温度低于 250℃，角闪岩相的温度为 350~600℃。另一个对变质温压条件认识重要影响的实验研究是确定 Al_2SiO_5 的三相点；20世纪60年代初期实验确定该三相点的温度为 300℃ 或 390℃，但理查森等（Richardson，Gilbert，Bell，1969）确定的温压条件为 620℃/0.6 GPa，而 Holdaway（1971）确定的不变点则为 501℃/0.38 GPa。

20世纪60~70年代，对变质反应的实验研究成果集中体现在温克勒（H. G. F. Winkler）的《变质岩成因》（*Petrogenesis of Metamorphic Rocks*，1965年，1967年，1973年，1976年和1979年先后5次出版；Winkler，1979）中，都城秋穗（1979）认为该著作代表了当代岩石学的新水平，是一首岩石实验研究的凯歌。

四、20世纪晚期：变质作用 p-T-t 轨迹和超高压变质作用研究

变质作用 p-T-t 轨迹是指"岩石在变质过程中温压条件随时间变化的过程"（England and Richardson，1977）；它是在阐述造山带剥蚀作用对区域变质作用演化过程的影响时提出的。后来又有人以一维热传递方程为基础，详细论述了地壳加厚区变质作用的演化规律，强调变质作用发生于地壳从热扰动到热松弛的动态演化过程，也就是说在变质过程中地热梯度是变化的（England and Thompson，1984）。在地壳加厚区（或碰撞造山带中），变质作用的 p-T-t 轨迹取决于地壳加厚方式和程度、热松弛的速率及岩石折返的速率等。假设引起热扰动的地壳构造加厚过程非常快，岩石几乎以绝热状态达到压力峰值（p_{max}），在构造加厚作用停止的瞬间，可出现"锯齿状"地热梯度。在 p_{max} 以后的折返过程中发生热松弛，岩石受到加热（可达数百摄氏度），在构造加厚作用停止后的数十百万年时达到峰值温度（T_{max}）。p-T-t 轨迹概念的提出是变质作用理论研究的重大突破，它使人们从动态的观点，重新审视变质岩石学领域的一些重要问题和基本概念（魏春景，2011），正演和反演不同变质过程的 p-T-t 轨迹成为变质岩石学研究的核心内容，变质作用 p-T-t 轨迹理论；可将其视为变质岩石学发展的第三个里程碑。

确定变质岩石的 p-T-t 轨迹，首先需要确定岩石形成的 p-T 条件。20 世纪 70 年代以来，在对变质反应实验研究基础上，岩石学家们开始利用实验和经验方法标定地质温压计，利用变质岩矿物成分确定岩石形成的温压条件。地质温压计的使用大大地促进了变质岩的研究。如 Wood 和 Banno（1973）提出的石榴子石–辉石温度计开始，到 Waters 和 Martin（1993）提出的石榴子石–单斜辉石–多硅白云母地质压力计为止，在这 20 年里变质岩地质温压计的研究达到了高峰。Spear（1995）把常量元素温压计划分为离子交换温度计、溶（离）线温度计和纯转变反应温压计等（吴春明，2013）。

超高压变质作用研究，20 世纪 80 年代中期以来，相继在几个大陆碰撞地体中发现柯石英和微粒金刚石（Chopin, 1984; Smith, 1984; Wang, Liou, Mao, 1989; Sobolev and Shatsky, 1990; Xu, Okay, Ji et al., 1992），从而掀起了超高压变质作用的研究热潮。柯石英和金刚石的出现说明地壳岩石曾经俯冲到 80～120 km 的地幔深度，并又折返回来。超高压变质岩石的发现不仅大大地拓宽了变质岩石学的研究范围，从 40 km 的地壳深度（1.0～1.2 GPa）扩展到地幔深度，而且有关超高压岩石俯冲与折返过程和机制等问题，对传统地球科学提出了一系列挑战，因为按照传统板块构造理论，低密度的大陆物质是不能俯冲的。超高压变质岩和地体为地球科学家们探索俯冲到地幔深度的板片所含有的矿物组合、流体行为、流变学、地球化学和年代学关系等提供了非常有价值的信息。

五、21 世纪以来：变质作用的定量研究

利用热力学原理研究变质岩石中的矿物组合与变质条件及全岩成分之间的相互关系是变质作用研究的核心内容，也称为变质相平衡研究。自 20 世纪 90 年代后期以来，随着内恰性热力学数据库的发展，岩石学家们开始利用各种计算软件定量变质岩在 p-T-X 空间内的相平衡关系，常用计算软件有：Thermo-Calc（Powell, Holland, Worley, 1998）、Perple_X（Connolly, 1990）、Theriak/Domino（de Capitani and Brown, 1987）和 Gibbs（Spear, Pyle, Storm, 2001）。其中最有代表性的是利用 Thermo-Calc 程序计算的各种相图，它包括：①p-T 投影图（projection），即岩石成因格子，表示所选定的模式体系中适用于所有全岩成分的不变点和单变线，包括 p-T-X 空间内的全部信息；②共生图解（compatibility diagram），表示在固定 p、T 条件下，体系中的矿物组合、矿物固溶体成分与全岩成分之间的关系；③p-T、T-X 和 p-X 视剖面图（pseudosection），表示对特定全岩成分的相平衡关系。在视剖面图上，可以定量计算出各种矿物成分、矿物摩尔含量和岩石饱和水含量等值线，从而不仅可以更精确地限定岩石的 p-T 条件和 p-T 轨迹，而且可以定量讨论岩石变质演化过程中的流体与熔体行为（Guiraud, Powell, Rebay, 2001; White, Powell, Holland, 2001）。变质相平衡的定量研究在很大程度上改变了人们对变质反应和相平衡关系的理解，开辟了定量研究变质作用的新阶段。虽然 Powell 和 Holland（1990）就在这一领域取得了实质性进展，但真正利用变质相图（视剖面图）方法解决实际变质作用问题是在进入 21 世纪以后才逐渐发展起来的（魏春景和周喜文，2003）。目前，视剖面图方法在变质作用研究中几乎是无可替代的。

变质作用定量研究的另一个显著进展是确定变质作用年龄，随着 SHRIMP 和 LA-ICP-MS 电子探针等先进测试仪器和图像分析技术的发展，可以精确测定变质锆石和独居石的

形成年龄（Suzuki and Adachi，1991；Montel，Foret，Veschambre et al.，1996；Rubatto，Williams，Buiclc，2001）。尤其是近年来发展了定年副矿物地质温度计，如利用锆石中的钛含量和金红石中的锆含量确定变质温度（Watson et al.，2006），把定年和测温密切结合，确定不同变质作用，甚至不同变质阶段的时代，从而可以精确确定变质作用 p-T-t 轨迹中的"t"。

第二节　中国变质作用地球化学学科简史

中国变质作用研究经历了一个漫长的过程。很多学者（沈其韩，1992a；董申保，1995；游振东，2013）从不同方面总结过中国变质作用研究的发展历史。现按照早期研究、初创阶段、成熟阶段和新的征程阶段等四个时期叙述如下。

一、1949 年之前：早期研究

中国人利用近代地质学知识独立开展地质调查与研究工作，是从 1913 年成立的中国地质研究所开始的，该研究所隶属北洋政府农商部，实为一个人才培养机构，任教者有章鸿钊、丁文江、翁文灏等，三年之内有 18 人正式毕业，两人结业，成为我国第一批地质学家。1920 年北京大学重新设置地质学系，开始了正式的地质人才培养（黄汲清，1945）。卢祖荫的实习报告《接触变质岩中石榴子石之光学研究》（1920 年），是中国第一篇与变质岩有关的论文。

20 世纪 20 年代以后，国内学者开始系统研究变质岩系和地层。如翁文灏等先后在《中国地质学会志》第 3 卷 2 期和 5 卷 1 期上发表了《房山大理岩的地质时代及其含镁量》和《中国前寒武系大理岩中的含镁量》，指出前寒武纪大理岩比显生宙的石灰岩具有较高的含镁量。孙健初（1928）在《山西太古界地层之研究》一文中，将前寒武系划分为泰山系、五台系和震旦（滹沱）系，并综述了它们各自的特征（游振东，2002）。程裕淇是我国变质岩最主要的早期研究者之一，发表了多篇卓有见地的论文，如《水成岩之接触变质》（1936）、《"反应原理"在混合岩内某种矿物变换上之应用》（1940），以及《西康道孚附近之古生代晚期喷出岩及其变质》（1941）。20 世纪 40 年代，程裕淇将扬子地台西缘划分出与苏格兰高地类似的递增变质带。

在中国变质岩石学早期发展过程中，米施（P. Misch）起到了重要作用。他在西南联合大学为学生开设区域变质作用和欧洲造山运动新课程，并开拓了云南西部变质岩研究。几位中国早期的地质工作者如董申保、张炳熹、池际尚、马杏垣等人的毕业论文都涉及区域变质作用；陈梦熊和宋叔和的论文《甘肃中部皋兰系变质岩之初步观察》和《甘肃皋兰杂岩之初步研究》也有重要影响（张珂，2012）。

同时，一些学者从应力变形角度讨论了岩石变质作用的原因。王嘉荫的《衡山花岗闪长岩中石英脉之岩组分析》（《中国地质学会志》，1946，26 卷）是我国最早的岩组学论著，1949 年发表的《碎裂变质岩分类之检讨》一文是按应力性质划分动力变质岩的首创之作（董申保，1995）。与此同时，何作霖（1946）使用 Sander 提出的岩组分析方法研究五台片麻岩显微组构演化，并将费德洛夫法引入中国，发表了一系列方法性论著。

二、1949～1978 年：初创阶段

20 世纪 50 年代初，随着国家经济建设的开展，对矿产资源的需求不断扩大，相继在各变质带中发现了一些重要的变质矿床（如铁、铜、铅、锌、硼、菱镁矿、石墨、蓝晶石及夕线石等），极大地促进了变质岩和变质地层的研究。发表了一系列与变质岩有关的找矿勘探和变质地层方面的论著。如程裕淇的《中国东北部辽宁山东等省前震旦纪鞍山式条带状铁矿中富矿的成因问题》(1957)、刘之远的《中国沉积变质类型的磷灰岩》(1957)、王曰伦研究团队发表的《五台山五台纪地层的新见》(1952)、赵宗溥的《中国前寒武纪地层问题》(1954)，以及马杏垣等人的《五台山区地质构造基本特征》(1957) 和王嘉荫 (1951) 的《北京西山的硬绿泥石带》（董申保，1995；游振东，2002）。

为了满足国家战略矿产资源发展的要求，1958 年起全国各省区，除西藏之外，普遍开展了 1∶20 万的区域地质测量和矿产普查工作。在这一过程中，高等院校师生为探索变质岩区的填图方法和理论做出了很大贡献。如董申保带领学生在山东、辽宁、吉林及河北等地开展 1∶20 万区域地质调查时，提出了一套适用于变质岩区研究和填图工作方法"变质地区工作方法"(1960)，对整个华北陆台变质岩区第一轮 1∶20 万区调工作起到了指导作用。通过区域地质调查和专题研究，建立了各地区的早前寒武纪区域变质地质构造框架，为后来的地质找矿和勘探工作奠定了良好的基础。通过对辽东半岛变质岩系和变质矿床的研究，提出了"变质建造"和"混合岩化成矿"的概念和理论。

池际尚领导的区域地质测量工作中，开展了泰安、新泰、肥城、济宁、掖县、日照、胶南等地的 1∶20 万区域地质测量，详细研究了泰山群，从中识别出新泰雁翎关组和山草峪火山沉积变质岩系，揭示了胶东与鲁西在地质结构上的明显差异，奠定了研究山东省区域地质的格架基础（游振东，2002）。

从 20 世纪 60 年代开始，国内开始出版变质岩石学方面的学术专著和教科书，使其逐渐发展成为一门独立学科。程裕淇等 (1963) 编著的《变质岩的一些基本问题和工作方法》一书，提出了系统而全面的区域变质岩和混合岩分类命名原则和方案，论述了混合岩化作用的理论分析和微观特征，分析了变质岩系分布地区的成矿特征和找矿方向，详细阐述了变质地质的野外工作方法，该书在国内广泛应用，对提高我国 20 世纪 60～70 年代变质岩地区地质人员的工作能力和理论水平，对促进和提高变质岩分布地区的研究程度起到了重要作用。贺同兴等 (1965) 编写了中国第一部《变质岩岩石学》全国通用教材，在国内使用甚广。

三、1978～2000 年：成熟阶段

改革开放以后，我国变质岩岩石学工作者开始紧跟国际同行的步伐，使变质岩石学向变质地质学的方向发展（游振东，2013）。这一阶段的发展可以概括为两个方面：中国变质地质图的编制和区域变质岩专题研究。

1. 第一代中国变质地质图的编制

20 世纪 70 年代中后期，世界上变质岩区编图工作迅速发展。欧洲和苏联等地区的变

质地质图编制工作相继完成。为了填补我国这一空白,从 1980 年开始,董申保积极组织和领导了有全国 22 个省、自治区的 26 个单位,200 多名科技工作者参加的第一代中国变质地质图编制工作,并相继出版了中英文版《中国变质地质图(1∶400 万)及其说明书》(1986)、《中国变质作用及其与地壳演化的关系》(董申保等,1986)和《中国变质地质图编制与研究论文集》(1987)等专著。中国变质图及其相关专著系统展示了中国境内变质相和相系时空分布的主要特征,划分出了 10 个一级及其次级变质地质单元,论述了它们的岩石组合、原岩建造、变质作用期次和时代、变质作用类型,以及与变质作用有关的岩浆作用,还系统总结了中国变质作用与大地构造环境以及与地壳演化的关系。各省、自治区的变质地质图也各具特色,如云南省的变质地质图和说明书突破了传统变质岩的研究,重点放在各类变质体的变质作用强度、类型、时代与区域地质构造背景的关系等方面,思路较为开阔。专家认为这项成果堪称我国变质地质学发展的里程碑,是"新中国成立以来全国变质岩研究工作的一次深入总结,在学术上具有一定程度的开创性"。国际变质带编图分会主席 H. J. 兹瓦特给予高度评价,认为该图优于国际上同类图件的水平。这项工作大大地推动了变质作用的研究。之后,四川、云南、河北、青海、山西等省及内蒙古自治区陆续出版了 1∶200 万~1∶50 万的变质地质图和说明书。中国变质图的编制还促进了中外地质学家间的交流。

2. 中国区域变质岩专题研究

20 世纪 80 年代以来,我国学者还在华北克拉通多个变质岩区的系统研究工作中取得一系列研究进展。如高级变质区长英质片麻岩与表壳岩的区分、花岗-绿岩带的分布与形成环境、重大地质事件和地壳演化、变质岩的岩石化学和地球化学特征及变质时代等问题的研究都有不少新的认识。如泰山地区(程裕淇等,1982)、阜平地区(伍家善等,1989)、五台地区(白瑾,1986)、嵩山地区(马杏垣,1981),以及冀东地区(沈其韩等,1989;孙大中等,1984;钱祥麟,崔文元,王时麒等,1985)的研究,出版了二十余种专著(董中保,1995)。

在中国变质地质图编制与研究基础上,沈其韩(1992b)出版了专著《中国早前寒武纪麻粒岩》,全面总结对比了中国南北的麻粒岩特征,对某些地区的麻粒岩做了深入的流体包裹体研究。卢良兆(1996)出版了专著《中国北方早前寒武纪孔兹岩系》,系统研究和对比了国内几个孔兹岩系。翟明国等人研究了华北太古宙克拉通麻粒岩与下部地壳,并以冀西北、晋北和内蒙古边界地区太古宙麻粒岩岩石学、地球化学、构造学和同位素年代学为例,用板块构造观点解析了怀安板块与恒山板块间的拼合问题(Zhai et al., 1996)。

张寿广、游振东等人深入研究了秦岭造山带不同变质单元的变质过程。游振东等出版的《造山带核部杂岩的变质过程与构造解析——以东秦岭为例》(游振东,1991)一书中,陈能松借助于秦岭群泥质变质岩石中石榴子石的成分环带研究成功地识别出秦岭杂岩中晋宁和加里东期两个阶段不同的变质作用过程,构筑其变质的 p-T-t 轨迹。翟淳和王奖臻(1990)对桐柏地块麻粒岩的研究和魏春景等(1998)在南秦岭佛坪地区麻粒岩的发现对约束秦岭造山带的构造格局与演化有重要意义。在对造山带变质作用研究中,庄育勋系统研究了新疆阿尔泰造山带红柱石型和蓝晶石型两类递增变质带的野外分布和 p-T 轨迹,并于 1994 年出版了专著《中国阿尔泰造山带热动力时空演化和造山过程》。

在编制中国变质地质图的基础上,张树业等研究大别山地区的蓝片岩和榴辉岩。董申保等研究扬子克拉通北缘西段的蓝片岩，出版了一系列专著与论文。如董申保发表于《地质学报》（中文版1989年和英文版1990年）的文章，并被译成俄文，在国际上较早地注意到蓝闪石片岩的成因不局限于洋壳俯冲的构造环境，也可能出现在与裂谷有关的板内环境中。董申保领导的课题组对扬子克拉通北缘的蓝片岩和有关榴辉岩进行了系统研究，建立了陆壳俯冲型高压变质作用的一个典型实例，并出版了专著 The Proterozoic Glaucophane-Schist Belt and Some Ecologites of North Yangtze Craton, Central China（科学出版社，1996）。

20世纪80年代后期以来，苏鲁大别超高压变质带的研究引人注目。王小民报道了安徽太湖地区榴辉岩中的柯石英（Wang, Liou, Mao et al., 1989）。此前，许志琴报道了大别山榴辉岩中的柯石英假象，杨建军报道了苏鲁地区超高压岩石的存在（Yang and Smith, 1989）；北京大学臧启家报道了苏鲁地区的榴辉岩的柯石英和镁十字石等超高压矿物。徐树桐报道了大别山榴辉岩中的金刚石（Xu, Okay, Ji et al., 1992）；所有这些报道进一步证实了大别山超高压变质带的存在，从而引起了国内外地学界的广泛关注。李曙光首次确定了大别榴辉岩带的变质年龄为印支期。1992年丛柏林开展"大别山苏鲁、胶东南高压超高压变质带及大地构造意义"研究，取得了一系列成果，使大别山成为国际地学研究的热点（Liou, Wang, Zhang et al., 1995）。1996年丛柏林进一步组织重大项目"超高压变质作用与碰撞造山动力学"吸引地质学、地球化学和地球物理学等多方面力量集中研究苏鲁大别超高压变质带。

有关变质编图和区域变质岩专题研究的成果，促进了国内外相应领域的学术交流。如1988年我国召开了"国际变质作用与地壳演化"学术讨论会；1990年中国矿物岩石地球化学学会变质岩专业委员会召开了"p-T-t 轨迹及其在变质地质学中的应用"研讨会；1990年在北京召开的第15届国际矿物学大会上设立了"中国的变质作用与构造"专题；1993年，Journal of Metamorphic Geology 刊发了"Special Issue on Chinese Metamorphism"专辑，发表了董申保、卢良兆等中外学者的论文，使中国变质地质学研究走上了国际学术讲坛（Day et al., 1993）。

改革开放以来，中国变质岩石学的蓬勃发展与引进国际前沿学科知识理论和教材建设有密切关系。20世纪70年代末，国内翻译出版了当时变质作用研究的经典著作，如都城秋穗的《变质作用与变质带》（周云生译，1979）和温克勒的《变质岩成因》（张旗和周云生译，1980）。长春地质学院贺同兴、卢良兆、李树勋等主编更新了高等学校试用教材《变质岩岩石学》（1980），反映了当时国际变质作用研究的最新进展。王仁民、游振东、富公勤（1989）再编了《变质岩岩石学》教材，更强调变质相的概念和应用。

四、21世纪以来：新的征程阶段

21世纪以来，随着国家经济建设的高速发展，中国在科技投入、仪器设备与实验室建设等方面均有了较大的进展，大大地促进了中国的变质作用地球化学的研究，在国际上产生了一定的影响。

1. 对苏鲁大别超高压变质带的深入研究

叶凯等人在苏鲁超高压岩石中首次发现了超硅石榴子石，从而限定了大陆地壳的俯冲深度可以达到200 km（Ye, Cong, Ye, 2000）；以苏鲁超高压变质带及深部地质构造为目标我国组织了第一个大陆科学钻探项目（CCSD），主孔（MH）深达 5158 km，连续提取了超高压岩石样品（Zhang, Shen, Sun et al., 2008）；刘福来通过锆石包裹体的研究，证实了超高压变质带中长英质片麻岩同样经历了超高压变质作用（Liu, Gerdes, Zeng et al., 2008）；郑永飞等通过对大别-苏鲁造山带超高压变质岩氧同位素研究，限定了地壳深俯冲与折返过程中的流体行为，指出超高压榴辉岩中的流体是内部缓冲的（Zheng, Fu, Gong et al., 2003），名义上的无水矿物在减压过程中释放的水可以使榴辉岩发生角闪岩化。

2. 对中国西部超高压变质带的研究

张立飞和宋述光等在西南天山和柴达木北缘发现了一系列超高压变质岩石，并确定了两条超高压变质带。与苏鲁大别陆壳俯冲超高压变质带不同的是西南天山和柴达木北缘的一些超高压变质榴辉岩是由洋壳深俯冲作用形成的，这一认识丰富和完善了超高压变质作用类型，有助于由洋壳俯冲到陆壳碰撞过程的探讨。新疆西南天山榴辉岩带是继西阿尔卑斯之后的又一例洋壳深俯冲超高压变质带，引起了国际学术界的关注（Zhang, Ellis, Jiang et al., 2002; Zhang, Ellis, Williams et al., 2002; Zhang, Ellis, Arculus et al., 2003; Lü, Zhang, Du et al., 2008）。宋述光等人在柴北缘石榴橄榄岩中首次发现了金刚石包裹体和石榴子石中含有密集的单斜辉石及斜方辉石、金红石和钠质闪石的出溶片晶等特征，证明了柴达木北缘石榴橄榄岩的形成深度大于 200 km（Song, Zhang, Niu, 2004; Song, Zhang, Niu et al., 2005）。都兰地区大洋蛇绿岩型地幔橄榄岩和堆晶辉长岩及上覆玄武岩变质中榴辉岩的发现，结合地球化学研究确定了原岩应为洋壳岩；由辉长岩变质而成的榴辉岩中发现的柯石英残留证明了柴达木北缘都兰一带的榴辉岩代表了俯冲洋壳，并经历了超高压变质作用；确定了柴达木北缘洋壳开始俯冲的时代约为 460 Ma，大陆俯冲碰撞的时代为 430~420 Ma；由此提出了柴达木北缘北祁连高压超高压变质带由洋壳俯冲到陆壳深俯冲的演化模式（Song, Zhang, Niu et al., 2006）。将阿尔金西段新发现的榴辉岩与柴达木北缘的榴辉岩带对比，估算出阿尔金断裂左行走滑超过 400 km（张建新，许志琴，杨经绥等，2001）。有人报道了阿尔金超高压带中斯石英的假象，指示大陆俯冲深度可达到 350 km（Liu et al., 2007）。对西天山俯冲杂岩中的脉体研究表明，在从蓝片岩相向榴辉岩相的转变脱水过程中，高场强元素是活动的（Gao, John, Klemd et al., 2007）。

3. 对前寒武纪变质作用与麻粒岩的研究

有人以变质作用 p-T-t 轨迹为基础，重新厘定了华北克拉通板块构造格局和演化历史，将其划分出东部陆块、西部陆块和中部造山带，成为变质地质学研究的一个成功范例（Zhao, Cawood, Wilde et al., 1999; Wilde, Cawood et al., 2001; Zhao, 2009）。内蒙古武川县东坡和集宁土贵乌拉地区发现了典型的超高温麻粒岩（刘建忠，强小科，刘喜山等，2000；刘守偈和李江海，2007），稍后又有人做了详细的变质作用研究（Guo, Peng, Chen et al., 2012）。随后有人分别在广西大容山—十万大山和阿尔泰变质带中发现超高温岩石。随着我国在南极科考的开展，我国科学家在东南极普里兹造山带麻粒岩的岩石学和地球化学研究中取得一系列令国外同行关注的成果（Liu et al., 2007; Liu, Hu, Zhao et al., 2009）。

4. 对变质相平衡和地质温压计的研究

变质相平衡的定量研究是 20 世纪 90 年代以来变质岩岩石地球化学研究中的最新进

展，它开辟了定量研究变质作用的新阶段。该方法利用热力学原理和计算机程序正演模拟变质作用过程中矿物组合、矿物成分和丰度与各种强度变量之间的关系，以探讨变质作用演化的 p-T 轨迹。在这一方面我国学者已取得一批在国际上有影响的科研成果，如利用石榴子石等值线法，很好地解释了北祁连造山带的高压泥质片岩和低温榴辉岩、西南天山超高压带的泥质片岩，以及大别超高压榴辉岩的变质作用演化（Wei, Powell, Zhang et al., 2003; Wei, Yang, Su et al., 2009; Wei, Li, Yu et al., 2010; Wei, Qian, Tian et al., 2013）。

矿物地质温压计的研究自20世纪70年代以来一直是国际岩石学和地球化学研究的热点，特别是新世纪以来，我国学者在地质温压计的研究上取得了突破性进展：标定的温度计和压力计较以前国际同行的结果，在精确度和准确度方面有明显提高，适用范围也明显扩大，并得到了国内外同行的认可和采用（吴春明，2013）。

中国的变质作用地球化学研究经历了从无到有、从小到大的百年发展历程。目前已初步形成了一支以中、青年科学家为骨干，在国际学术界有了一定影响的研究团队。在超高压变质作用研究方面，由被动参与逐渐发展成为研究的中坚力量和主导力量。在变质岩定量相平衡研究方面，也已掌握了它的理论和方法，成为国际上少数几个能够开展此项研究的国家之一。在变质流体和化学地球动力学研究方面，目前也已能够与国外同行齐头并进。在高压麻粒岩与前寒武纪地壳演化研究方面我们取得了很多令人注目的成果。但在变质过程和造山带的数值模拟方面进展缓慢，在变质反应的实验研究方面尚未形成自己的特色，尚有一定差距。

5. 第二代中国变质地质图的编制

自20世纪80年代中期完成第一代中国变质图编制以来，我国的变质地质学和地球化学研究在多个领域都取得了明显的进展，改变了对一些重要变质地区和变质带的变质作用类型、时代及构造属性的认识，使重新编制中国变质地质图成为必然。2008年我国设立了"1∶500万中国变质地质图的编制与研究"项目，由全国主要地质研究单位和个别大专院校共同完成。目前这一课题已经取得如下主要进展：以板块构造为背景重新划分了变质作用类型和变质地质单元；首次在图面上表达了榴辉岩相和高压 - 超高压变质带；重新厘定了一些变质岩系的形成时代和变质时代；探讨了青藏高原变质岩系的演化历史；在图面上反映了近20年来我国变质地质学和变质作用地球化学研究的主要进展，总结了我国蓝片岩带和造山带麻粒岩的最新研究进展（沈其韩等，2015）。

第三节　变质作用地球化学学科发展趋势

纵观100年来内、外变质作用地球化学的发展历程，可以预测这一学科将会在如下几个方面取得重要进展。

一、变质过程中元素地球化学行为的定量研究

以往变质作用研究强调在封闭体系中的相平衡关系，近年来开始重视变质过程中元素地球化学行为的探索。变质作用过程总是存在流体，在不同温压条件下变质流体或者是富

水流体，或者是含水熔体，或者是超临界流体，变质流体中可以溶解岩石中的相容或不相容元素，从而影响元素的地球化学行为和循环过程，目前已逐渐形成一个新的分支学科——"变质化学地球动力学"（Bebout，2007）。例如，开始重视俯冲带，尤其是洋壳俯冲过程中的流体行为对理解俯冲板片和地幔中的化学变化、俯冲带上的岩浆作用、地震活动及各种成矿作用（Manning，2004）。以往对俯冲带流体及元素行为的研究，主要是研究高压—超高压变质带中的岩石主体、脉体和分异体及矿物中的流体包裹体成分（Bebout，2007）。变质过程中主量元素和微量元素的地球化学行为应存在密切关系，微量元素的行为受分配定律控制，受体系中的矿物相成分、含量、流体的成分、含量及 p-T 条件影响，而后者（矿物相成分、含量、流体的成分、含量及 p-T 条件）是受主量元素的行为控制的，可以通过相平衡研究定量确定出来。从热力学角度来说，微量元素的地球化学行为受分配系数 K_d 控制，主量元素及相平衡关系受变质反应的平衡常数 K 控制，那么建立 K 和 K_d 之间的定量关系，是将来至少半个世纪之内变质作用地球化学的一个重要发展方向。

二、变质深熔作用与花岗质岩石的定量研究

近十几年来，变质作用研究的一个重要进展是对变质深熔作用机制与熔体行为的了解（Brown，Schulmann，White，2011；Sawyer，Cesare，Brown，2011）。在泥质岩中的深熔反应包括饱和水固相线上的一致熔融和流体缺失条件下的不一致熔融：白云母脱水熔融和黑云母脱水熔融（Brown，2002）。相应地在基性岩中也出现饱和水固相线上的一致熔融和流体缺失条件下的不一致熔融：绿帘石和角闪石脱水熔融（Schmidt，Vielzeuf，Auzanneau，2004）。在没有外来流体注入时，饱和水固相线一致熔融反应只能形成很少量（<3%）的水饱和熔体（White，Powell，Holland，2001）。因此，泥质岩和基性岩的深熔作用主要由流体缺失条件下的不一致熔融反应，或含水矿物的脱水熔融反应控制，形成无水矿物（转熔相，peritectic）与水不饱和熔体共生。如泥质岩中黑云母脱水熔融反应为：黑云母+夕线石+斜长石+石英=石榴子石+堇青石+钾长石+熔体，即熔体是变质反应的生成物之一，岩石在超固相线条件下的前进变质作用以发生递进熔融反应为特征，伴随 p-T 条件变化，岩石矿物组合、熔体含量及成分会发生变化。所形成的熔体它可以在岩石中分凝形成混合岩中的浅色体，也可以汲取集中形成花岗质脉体和侵入体（Sawyer，Cesare，Brown，2011）。以往地壳岩石的深熔作用主要通过高温高压实验研究，但近年来，在泥质岩石深熔过程方面进行了一系列具有开创性的研究工作，利用视剖面图方法定量模拟岩石中所发生的深熔变质反应、熔体成分变化及熔体的丢失与获得对变质矿物组合的影响等（White，Powell，Holland，2001；White and Powell，2002，2010）。因此，花岗质岩浆的形成过程应属于变质作用范畴，受含水矿物脱水熔融反应控制。对花岗质岩石成因的地球化学研究与对高级变质岩的相平衡研究相结合，是未来变质作用地球化学研究的重要发展趋势。

三、大型变质构造带的数值模拟研究

进入 21 世纪以来，很多学者利用综合数值模拟方法有效地模拟了大型洋-陆俯冲带和陆-陆碰撞型造山带中的结构与构造演化过程（Peakcock and Wang，1999；Peakcock，

2003; Jamieson, Beaumont, Medvedev et al., 2004; Jamieson, Beaumout, Nguyen et al., 2006; Jamieson and Beaumont, 2011; Gerya and Meilick, 2011)。例如, 通过数值模拟发现俯冲板片所遵循的 p-T-t 轨迹取决于: ①俯冲板片的年龄; ②俯冲板片的速度与持续时间; ③岩石在俯冲带上的位置; ④地幔楔对流的活力。形成年龄越小的洋壳俯冲时的地热梯度越高。5~10 Ma 的洋壳俯冲时的地热梯度很高, 发生热俯冲, 俯冲板片在约 50 km 深处发生深熔, 形成埃达克质岩浆; 而老于 50 Ma 的洋壳会发生冷俯冲, 俯冲板片在 90~100 km 深处脱水, 引起地幔楔熔融, 形成广泛的钙碱性弧岩浆活动, 俯冲板片本身不发生部分熔融 (Peacock, 2003)。利用地壳尺度的热–动力模型讨论了造山带中同汇聚和后汇聚韧性流的作用, 成功地模拟了喜马拉雅和格林维尔造山带的构造格局与演化历史, 阐述了造山带中不同部位变质岩石的 p-T-t 轨迹。这些轨迹特征与以往依据一维热模拟结果很不相同: ①造山带不同部位岩石在构造加厚达到峰期压力 (p_{max}) 之前出现不同程度加热过程; ②多数情况下温度峰值 (T_{max}) 与 p_{max} 同时或稍晚达到, 并不出现如一维热模拟结果那样在 p_{max} 之后, 发生明显热松弛, 升温达到数百摄氏度, 岩石折返过程多表现为等温降压 (ITD) 型; ③变质岩石的埋深与折返过程均发生于造山带递进汇聚过程中, 受同汇聚层流控制, 高压变质岩石的折返并不一定对应汇聚作用结束后 (后造山) 的伸展与垮塌过程 (Jamieson and Beaumont, 2011)。

数值模拟研究可以有效地约束影响地质过程的各种变量的变化范围, 模拟大型构造带造山带的结构与演化过程, 从而为地质学家的观察现象提供更为合理的解释。因此, 对大型构造带变质作用的研究尤为重要。

四、变质作用和成矿作用研究

变质作用应该是一种重要的成矿方式, 有学者提出变质矿床可分为前变质矿床、变质形成矿床和混合岩化矿床 (董申保, 1999)。沈其韩 (2007) 发表了《变质矿床成因分类的讨论》。陈衍景等 (2009) 提出造山型矿床, 其实质就是变质热液矿床, 并提出了一系列确定标志。但长期以来, 相对于岩浆热液矿床来说, 对变质热液的成矿作用研究很少, 尤其是从变质作用到成矿作用的系列变化。变质过程中会出现各种流体或熔体, 尤其是在前进变质过程中通过含水 (或 CO_2) 矿物的分解, 可释放大量流体, 可发生脱流体和流体注入变质反应。Rice 和 Ferry (1982) 估计一般板岩的组成矿物中含有 4.5wt% 的水, 2.3wt% 的 CO_2, 而在中高级片岩中一般只含有 2wt% 的水和 0.2wt% 的 CO_2, 当 p-T 条件为 500℃和 0.5 GPa 时, 所释放流体的体积占岩石体积的 12%。同时, 要使玄武岩变成绿片岩要加入超过 5wt% 的水, 后者在接续的变质过程中也会不断发生脱水反应。因此沉积岩和基性岩变质过程中所产生的流体效应甚至会超过同体积的岩浆。变质流体通过通道流动从深部向浅部运移, 在通道上形成石英脉体。由于在较高温压条件下的流体中可溶解大量成矿物质, 向上运移过程中随着温压条件降低, 溶质的溶解度降低, 可依次形成各种矿床。如与伟晶岩有关的矿床可形成于角闪岩相层次, 钨锡氧化物矿床形成于绿帘角闪岩相条件, 多金属硫化物矿床出现于绿片岩相亚绿片岩相条件, 铅、锌和银等矿床可形成于更低温条件。而在麻粒岩高角闪岩相区不会形成原生热液矿床。考虑到变质岩在造山带中所占的巨大体积, 其流体成矿作用的潜力可远超过构造带中的岩浆岩体，如果能够在这一方面有所突破，将会影响对造山带中热液成矿机理的认识，改变找矿、勘探的思路。

主要参考文献

白瑾.1986.五台山早前寒武纪地质.天津：天津科学技术出版社，475

陈衍景，翟明国，蒋少涌.2009.华北大陆边缘造山过程与成矿研究的重要进展和问题.岩石学报，25（11）：2695~2726

程裕淇，沈其韩，刘国惠等.1963.变质岩的一些基本问题和工作方法.北京：中国工业出版社

程裕淇，沈其韩，王泽九.1982.山东太古代雁翎关变质火山-沉积岩.北京：地质出版社

董申保.1989.中国蓝闪石片岩带的特征及分布.地质学报，63（3）：273~284

董申保.1995.变质作用地质思维的发展与中西交流简史.地质学史论丛，（3）：117~123

董申保.1999.变质作用矿床概述.地学前缘，2：38~49

董申保等.1986.中国变质作用以及与地壳演化的关系.北京：地质出版社

都城秋穗.1979.变质作用与变质带.周云生译.北京：地质出版社，1~492

何作霖.1946. Petrofabric Analysis of Some Wutai Schist and Its Bearing on the Tectonite. 中国地质学会会志，26：109~119

贺同兴，卢良兆，李树勋等.1980.变质岩岩石学.北京：地质出版社

贺同兴，张树业，卢良兆.1964.变质岩岩石学.北京：中国工业出版社

黄汲清.1945.三十年来之中国地质学.科学，28（6）：249~263

刘建忠，强小科，刘喜山等.2000.内蒙古大青山造山带含假蓝宝石、尖晶石片麻岩的成因网格及动力学.岩石学报，2：245~255

刘守偈和李江海.2007.超高温变质作用——以华北内蒙古土贵乌拉地区为例.地学前缘，14（3）：131~137

卢良兆.1996.中国北方早前寒武纪孔兹岩系.长春：长春出版社

马杏垣.1981.嵩山构造变形.北京：地质出版社

彭松柏.2006.大容山—十万大山花岗岩带中超高温麻粒岩包体的发现及其地质意义.2006年全国岩石学与地球动力学研讨会论文摘要，402~403

钱祥麟，崔文元，王时麒等.1985.冀东前寒武纪铁矿地质.石家庄：河北科学技术出版社，154~178

沈其韩.1992a.80年代以来我国变质岩研究的若干新进展.中国地质科学院地质研究所所刊，25：13~25

沈其韩.1992b.中国早前寒武纪麻粒岩.北京：地质出版社

沈其韩.2007.变质矿床成因分类的讨论.高校地质学报，13（3）：371~382

沈其韩，徐惠分，张宗清等.1989.中国早前寒武纪麻粒岩.北京：地质出版社，1~228

沈其韩等.2015.1∶500万《中国变质地质图》及说明书.北京：地质出版社

寿嘉华.2007.《程裕淇文选》全面反映了程裕淇先生在矿产勘查、变质地质、前寒武纪地质和地质科技管理等方面的成就.地质通报，9（26）：1671~2552

孙大中等.1984.冀东早前寒武地质.天津：天津科学技术出版社

孙健初.1928.论山西太古界地层之研究.中国地质学会会志，7：49~65

王嘉荫.1951. On the chloritoid belt in Western Hills of Peking. 中国地质学会会志，31：23~30

王仁民，游振东，富公勤.1989.变质岩石学.北京：地质出版社

魏春景.2011.变质作用p-T-t轨迹的研究方法与进展.地学前缘，18（2）：1~16

魏春景.2012.21世纪最初十年变质岩石学研究进展.矿物岩石地球化学通报，5：415~427

魏春景.2013.变质相平衡模拟方法.见：丁仲礼主编，固体地球科学研究方法.北京：科学出版社，

752～763

魏春景和周喜文.2003.变质相平衡研究进展.地学前缘,10(4):341～352

魏春景,杨崇辉,张寿广等.1998.南秦岭佛平杂岩中麻粒岩的发现及其地质意义.科学通报,43(9):982～984

温克勒.1980.变质岩成因.张旗,周云生译.北京:科学出版社

吴春明.2013.矿物温度计与压力计的标定方法及其应用.见:丁仲礼主编.固体地球科学研究方法.北京:科学出版社,699～714

伍家善,耿元生,徐惠芬等.1989.阜平群变质地质.中国地质科学院地质研究所所刊,19(专辑):1～213

游振东.1991.造山带核部杂岩变质过程与构造解析:以东秦岭为例.武汉:中国地质大学出版社.1～204

游振东.2002.中国变质岩石学之进展.地质学史论丛,(4),261～267

游振东.2013.变质地质学在中国的进展.科技纵览,10:72～74

翟淳和王奖臻.1990.桐柏高级块体形成的温压条件.见:刘国惠,张寿广主编.秦岭-大巴山地质论文集(一)变质地质.北京:北京科学技术出版社,111～122

张建新,许志琴,杨经绥等.2001.阿尔金西段榴辉岩岩石学、地球化学和同位素年代学研究及其构造意义.地质学报,75(2)186～197

张珂.2012.多彩的人生——著名地质学家、登山运动员、水彩艺术家米氏教授.见:于洸主编.地球奥秘的探索者.昆明:云南教育出版社,37～46

赵国春.2009.华北克拉通基底主要构造单元变质作用演化及其若干问题讨论.岩石学报,25(08):1772～1792

庄育勋.1994.中国阿尔泰造山带热动力时空演化和造山过程.长春:吉林科学技术出版社,402

Barrow G. 1912. On the geology of lower dee-side and the southern highland border. *Proceedings of the Geologist's Association*, 23(5): 274～290

Bebout G E. 2007. Metamorphic chemical geodynamics of subduction zones. *Earth and Planetary Science Letters*, 260: 373～393

Brown M. 2002. Retrograde processes in migmatites and granulites revisited. *Journal of Metamorphic Geology*, 20: 25～40

Brown M. 2007. Metamorphic conditions in orogenic belts: a record of secular change. *International Geological Review*, 49: 193～234

Brown M, Schulmann K, White R W. 2011. Granulites, partial melting and the rheology of the lower crust. *Journal of Metamorphic Geology*, 29: 1～6

Chopin C. 1984. Coesite and pure pyrope in high-grade blueschists of the Western Alps: a first record and some consequences. *Contrib Mineral Petrol*, 86: 107～118

Connolly J A D. 1990. Multi-variable phase diagrams: An algorithm based on generalized thermodynamics. *American Journal of Science*, 290: 666～718

Coombs D S. 1960. Lower grade mineral facies in New Zealand. *The 21st International Geological Congress*, Norden, 13: 339～351

Day H W, Liou J G, Lu L Z. 1993. Metamorphism and Tectonics of China. *Journal of Metamorphic Geology*, 11: 461～464

de Capitani C and Brown T H. 1987. The computation of chemical equilibrium in complex systems containing non-ideal solutions. *Geochimica et Cosmochimica Acta*, 51: 2639～2652

Dong S B. 1990. The general characteristics and distribution of the glaucophane schist belts of China. *Acta*

Geological Sinica, 3 (1): 101~114

Dong S B, Cui W Y, Zhang L F. 1996. The Proterozoic Glaucophane-Schist Belt and Some Eclogites of North Yangtze Craton, Central China. Beijing: Science Press, 1~139

England P C and Richardson S W. 1977. The influence of erosion upon the mineral facies of rocks from different metamorphic environments. *Journal of the Geological Society*, 134: 201~213

England P C and Thompson A B. 1984. Pressure-temperature-time paths of regional metamorphism, part I: Heat transfer during the evolution of regions of thickened continental crust. *Journal of Petrology*, 25: 894~928

Fyfe W S and Turner F J. 1966. Reappraisal of the metamorphic facies concept. *Contributions to Mineralogy & Petrology*, 12: 354~364

Gao J, John T, Klemd R et al. 2007. Mobilization of Ti-Nb-Ta during subduction: Evidence from rutile-bearing dehydration segregations and veins hosted in eclogite, Tianshan, NW China. *Geochimica et Cosmochimica Acta*, 71: 4974~4996

Gerya T V and Meilick F I. 2011. Geodynamic regimes of subduction under an active margin: Effects of rheological weakening by fluids and melts. *Journal of Metamorphic Geology*, 29: 7~31

Guiraud M, Powell R, Rebay G. 2001. H_2O in metamorphism and unexpected behavior in the preservation of metamorphic mineral assemblages. *Journal of Metamorphic Geology*, 19: 445~454

Guo J, Peng P, Chen Y et al. 2012. UHT sapphirine granulite metamorphism at 1.93~1.92 Ga caused by gabbronorite intrusions: Implications for tectonic evolution of the northern margin of the North China Craton. *Precambrian Research*, 222: 124~142

Harker A. 1932. Metamorphism. London: Methuen, 360

Holdaway M J. 1971. Stability of andalusite and the aluminum silicate phase diagram. *American Journal of Science*, 271: 97~131

Hutton J. 1795. The Theory of the Earth with Proofs and Illustrations. Edinburg, Scotland

Jamieson R A, Beaumont C, Medvedev S et al. 2004. Crustal channel flows: 2. Numerical models with implications for metamorphism in the Himalayan-Tibetan orogen. *Journal of Geophysical Research*, 109: B06406. doi: 10.1029/2003JB002811

Jamieson R A, Beaumont C, Nguyen M H et al. 2006. Provenance of the Greater Himalayan Sequence and associated rocks: Predictions of channel flow models. In: Channel flow, ductile extrusion, and exhumation of lower-mid crust in continental collision zones (Law R D, Godin L and Searle M P, eds.). *Geological Society London Special Publications*, 268: 165~182

Jamieson R A and Beaumont C. 2011. Coeval thrusting and extension during lower crustal ductile flow-implications for exhumation of high-grade metamorphic rocks. *Journal of Metamorphic Geology*, 29: 33~51

Liou J G, Wang Q, Zhang R Y et al. 1995. Ultra high P metamorphic rocks and their associated lithologies from the Dabie Mountains, Central China: a field trip guide to the 3rd International Eclogite Field Symposium. *Chinese Science Bulletin*, 40 (supplement): 1~40

Liu F L, Gerdes A, Zeng L S et al. 2008. SHRIMP U-Pb dating, trace element and Lu-Hf isotope system of coesite-bearing zircon from amphibolite in SW Sulu UHP terrane, eastern China. *Geochim Cosmochim Acta*, 72: 2973~3000

Liu L, Zhang J, Green H W et al. 2007. Evidence of former stishovite in metamorphosed sediments, implying subduction to >350 km. *Earth and Planetary Science Letters*, 263: 180~191

Liu X C, Zhao Y, Zhao G et al. 2007. Petrology and geochronology of granulites from the McKaskle Hills, eastern Amery Ice Shelf, Antarctica, and implications for the evolution of the Prydz Belt. *Journal of Petrology*, 48: 1443~1470

Liu X C, Hu J M, Zhao Y et al. 2009. Late Neoproterozoic/Cambrian high-pressure mafic granulites from the Grove Mountains, East Antarctica: p-T-t path, collisional orogeny and implications for assembly of East Gondwana. *Precambrian Research*, 174 (1-2): 181~199

Lü Z, Zhang L F, Du J X et al. 2008a. Coesite inclusions in garnet from eclogitic rocks in western Tianshan, northwest China: convincing proof of UHP metamorphism. *American Mineralogist*, 93: 1845~1850

Lü Z, Zhang L F, Du J X. 2008b. Coesite inclusion in garnet from eclogitic rocks in Western Tianshan, northwest China: convincing proof of UHP metamorphism, *American Mieralogist*, 93: 1845~1850

Lyell C. 1833. Principles of Geology, 1st edition. London: John Murray

Manning C E. 2004. The chemistry of subduction-zone fluids. *Earth and Planetary Science Letters*, 223: 1~16

Miyashiro A. 1961. Evolution of Metamorphic belts. *Journal of Petrology*, 2: 277~311

Montel J M, Foret S, Veschambre M et al. 1996. Electronic dating of monazite. *Chemical Geology*, 131: 37~53

Peacock S M. 2003. Thermal Structure and Metamorphic Evolution of Subducting Slabs. In: Eiler J. (ed.), *Inside the Subduction Factory*, Geophysical Monograph 138, American Geophysical Union, Washington D C, 7~22

Peacock S M and Wang K. 1999. Seismic consequences of warm versus cool subduction zone metamorphism: Examples from northeast and southwest Japan. *Science*, 286: 937~939

Powell R, Holland T J B. 1990. Calculated mineral equilibria in the pelitic system KFMASH (K_2O-FeO-MgO-Al_2O_3-SiO_2-H_2O). *American Mineralogist*, 75: 367~380

Powell R, Holland T J B, Worley B. 1998. Calculating phase diagram involving solid solutions via non-linear equations, with examples using THERMOCALC. *Journal of Metamorphic Geology*, 16: 577~586

Rice J M, Ferry J M. 1982. Buffering, infiltration, and the control of intensive variables during metamorphism. In: J. M. Ferry (ed.). *Characterization of Metamorphism through Mineral Equilibria*. Reviews in Mineralogy and Geochemistry, Mineralogical Society of Americ, 10: 263~326

Richardson S W, Gilbert M C, Bell P M. 1969. Experimental determination of kyanite-andalusite and andalusite-sillimanite equilibria: the aluminum silicate triple point. *American Journal of Science*, 267: 259~272

Rubatto D, Williams I S, Buick I S. 2001. Zircon and monazite response to prograde metamorphism in the Reynolds Range, central Australia. *Contributions to Mineralogy and Petrology*, 140: 458~468

Sawyer E W, Cesare B, Brown M. 2011. When the continental crust melts. *Elements*, 7 (4): 229~234

Schmidt M W, Vielzeuf D, Auzanneau E. 2004. Melting and dissolution of subducting crust at high pressures: the key role of white mica. *Earth and Planetary Science Letters*, 228: 65~84

Shaw D M. 1954. Trace elements in pelitic rocks, I: variation during metamorphism. *Geological Society of American Bulletin*, 65: 1151~1166

Shaw D M. 1956. Geochemistry of pelitic rocks, III: major elements and general geochemistry. *Geological Society of American Bulletin*, 67: 919~934

Smith D C. 1984. Coesite in clinopyroxene in the Caledonides and its implications for geodynamics. *Nature*, 310: 641~644

Sobolev N V and Shatsky V S. 1990. Diamond inclusions in garnets from metamorphic rocks: A new environment of diamond formation. *Nature*, 343: 742~746

Song S G, Zhang L F, Niu Y L. 2004. Ultra-deep origin of garnet peridotite from the North Qaidam ultrahigh-pressure belt, Northern Tibetan Plateau, NW China. *American Mineralogist*, 89: 1330~1336

Song S G, Zhang L F, Niu Y L et al. 2005. Geochronology of diamond-bearing zircons from garnet-peridotite in the North Qaidam UHPM belt, North Tibetan Plateau: A record of complex histories associated with continental collision. *Earth and Planetary Science Letters*, 234: 99~118

Song S G, Zhang L F, Niu Y L et al. 2006. Evolution from oceanic subduction to continental collision: A case study of the Northern Tibetan Plateau based on geochemical and geochronological data. *Journal of Petrology*, 47: 435~455

Spear F S. 1995. Metamorphic Phase Equilibria and Pressure- Temperature- Time Paths. Washington D C: *Mineralogical Society of America*, 799

Spear F S, Pyle J M, Storm L C. 2001. Short course: Thermodynamic modeling of mineral reactions: An introduction to Program Gibbs. *Northeast Section*, *Geological Society of America*, Burlington, Vermont

Suzuki K and Adachi M. 1991. Precambrian Provenance and Silurian Metamorphism of the Tsubonosaxa Paragneiss in the South Kitakani Terrene. Northeast Japan. *Journal of Geochemistry*, 25: 357~376

Tilley C E. 1925. Petrographical notes on some chloritoid rocks. *Geological Magazine*, 62: 309~319

Wang X, Liou J G, Mao H. 1989. Coesite-bearing eclogites from the Dabie Mountains in central China. *Geology*, 17: 1085~1088

Waters D J and Martin H N. 1993. Geobarometery of phengite-bearing eclogites. *Terra Abstracts*, 5: 410~411

Watson E B, Wark D A, Thomas J B. 2006. Crystallization thermometers for zircon and rutile. *Contribution to Mineralogy and Petrology*, 151: 413~433

Wei C J, Powell R, Zhang L F. 2003. Eclogites from the south Tianshan, NW China: petrologic characteristic and calculated mineral equilibria in the Na_2O-CaO-FeO-MgO-Al_2O_3-SiO_2-H_2O system. *Journal of Metamorphic Geology*, 21: 163~179

Wei C J, Yang Y, Su X L et al. 2009. Metamorphic evolution of low-T eclogite from the north Qilian orogen, NW China: Evidence from petrography and calculated phase equilibria in system NCKFMASHO. *Journal of Metamorphic Geology*, 27: 55~70

Wei C J, Li Y J, Yu Y et al. 2010. Phase Equilibria and Metamorphic Evolution of Glaucophane-bearing UHP Eclogites from the western Dabieshan terrane, Central China. *Journal of Metamorphic Geology*, 28: 647~666

Wei C J, Qian J H, Tian Z L. 2013. Metamorphic Evolution of Medium-Temperature Ultra-High Pressure (MT-UHP) Eclogites from the South Dabie Orogen, Central China: an Insight from Phase Equilibria Modelling. *Journal of Metamorphic Geology*, 31: 755~774

White R W, Powell R, Holland T J B. 2001. Calculation of partial melting equilibria in the system Na_2O-CaO-K_2O-FeO-MgO-Al_2O_3-SiO_2-H_2O (NCKFMASH). *Journal of Metamorphic Geology*, 19: 139~153

White R W and Powell R. 2002. Melt loss and the preservation of granulite facies mineral assemblages. *Journal of Metamorphic Geology*, 20: 621~632

White R W and Powell R. 2010. Retrograde melt-residue interaction and the formation of near-anhydrous leucosomes in migmatites. *Journal of Metamorphic Geology*, 28: 579~597

Winkler H G F. 1979. Petrogenesis of Metamorphic Rocks, 5th edition. New York: Springer-Verlag, 348

Wood B J and Banno S. 1973. Garnet-orthopyroxene and orthopyroxene-clinopyroxene relationships in simple and complex systems. *Contributions to Mineralogy and Petrology*, 42: 109~124

Xu S T, Okay A I, Ji S Y et al. 1992. Diamond from Dabie Shan metamorphic rocks and its implication for tectonic setting. *Science*, 256 (5053): 80~82

Yang J J and Smith D C. 1989. Evidence for a former sanidine coesite eclogite at Lanshantou, eastern China, and the recognition of the Chinese "Su-Lu Coesite-Eclogite-Province". Third International Eclogite Conference, Blackwell. *Terra Abstracts*, 1: 26

Ye K, Cong B L, Ye D N. 2000. The possible subduction of continental material to depths greater than 200 km. *Nature*, 407: 734~736

Zhai M G. 1996. Granulite and Lower Continental Crust in North China Archaean Craton, Beijing: *Seismological*

Press, 239

Zhang L F, Ellis D J, Jiang W. 2002. Ultrahigh pressure metamorphism in western Tianshan, China, part I: evidences from the inclusion of coesite pseudomorphs in garnet and quartz exsolution lamellae in omphacite in eclogites. *American Mineralogist*, 87: 853~860

Zhang L F, Ellis D J, Williams S *et al.* 2002. Ultrahigh pressure metamorphism in western Tianshan, China, part II: evidence from magnesite in eclogite. *American Mineralogist*, 87: 861~866

Zhang L F, Ellis D J, Arculus R J *et al.* 2003. "Forbidden zone" subduction of sediments to 150 km depth-the reaction of dolomite to magnesite+aragonite in the UHPM metapelites from western Tianshan, China. *Journal of Metamorphic Geology*, 21: 523~529

Zhang Z M, Shen K, Sun W D *et al.* 2008. Fluids in deeply subducted continental crust: Petrology, mineral chemistry and fluid inclusion of UHP metamorphic veins from the Sulu orogen, eastern China. *Geochim Cosmochim Acta*, 72: 3200~3228

Zhao G C. 2009. Metamorphic evolution of major tectonic units in the basement of the North China Craton: key issues and discussion. *Acta Petrologica Sinica*, 25 (8): 1772~1792

Zhao G C, Cawood P A, Wilde S A *et al.* 1999. Thermal evolution of two textural types of mafic granulites in the North China craton: evidence for both mantle plume and collisional tectonics. *Geological Magazine*, 136: 223~240

Zhao G C, Wilde S A, Cawood P A *et al.* 2001. Archean blocks and their boundaries in the North China Craton: lithological, geochemical, structural and p-T path constraints and tectonic evolution. *Precambrian Research*, 107: 45~73

Zheng Y F, Fu B, Gong B *et al.* 2003. Stable isotope geochemistry of ultrahigh pressure metamorphic rocks from the Dabie-Sulu orogen in China: implications for geodynamics and fluid regime. *Earth-Science Reviews*, 62: 105~161

(作者：魏春景、崔莹)

第十九章 前寒武纪地球化学

从地球大约 4.6 Ga 形成到显生宙的第一个地质时代——寒武纪开始（540 Ma）之前的所有地质时代，被称为前寒武纪，它大约经历了 4.0 Ga 的时间。

地球的地质演化可以分为两类，一类是伴随着生物的演化，即显生宙演化，另一类则是"生物博物馆"里没有记录或很难记录的地质演化，即前寒武纪演化。前寒武纪地质演化的核心内容是壳-幔的分异耦合和陆壳的形成与稳定化。稳定化之后的地质演化仍然非常漫长，有不少惊心动魄的事件。除了形成巨量地壳的重大事件之外，目前人们最关注的还有另外两次大的事件，即地球构造体制的转变和地球环境的剧变。"体制转变"是动力学机制问题，包括作为支配性的板块构造是在什么时候开始的，以及在什么时候又将会被新的支配性构造机制所取代。"地球环境剧变"问题包括地球是在什么时候和因为什么原因从贫氧的地球向氧化地球（大氧化事件）转变的。这三大地质事件有着密切的联系，时代的久远、历史的复杂和改造的强烈，使研究的难度大为增加。

第一节 前寒武纪地球化学学科的形成

地球演化像万物一样，也是由"生"到"死"的过程。将今论古的地质原则是一个从已知判断未知的原则，但是用将今论古的原则来研究地球早期显然是不适用的，至少是不能简单对比。例如，地球上最古老的地壳岩石是加拿大克拉通的条带状英云闪长岩（Acasta gneiss），获得 4.025~4.065 Ga 锆石 U-Pb 同位素年龄（Iizuka, Horie, Komiya, 2006）。而沉积砾岩中来自英云闪长岩的碎屑锆石的最古老 U-Pb 年龄是 4.4 Ga（Wilde, Valley, Peck, 2001），说明那时候已经有陆壳存在了。但人们至今未能获得洋壳存在的记录。陆壳是如何形成的，先有洋壳还是先有陆壳，目前都是谜团。

早期的陆壳格局与现今有明显的差别，它是绿岩带-高级区的构造格局，即绿岩带和高级区是两个基本岩石构造单元。后者主要由高钠低钾的中-酸性侵入岩（奥长花岗岩-英云闪长岩-花岗闪长岩系，简称 TTG）组成，并有辉长岩-斜长岩-超镁铁质层状侵入岩和少量表壳岩，都经历了麻粒岩相到高级角闪岩相变质作用，所以称为高级区；它们还经历了复杂的变形。但是总体以穹隆状产出，占早期陆壳的 60%~80%。绿岩带是一套未变质-浅变质的火山-沉积岩系（表壳岩系），它们多以向斜带状产出，围绕着高级区，很像是焊接物将高级区焊接在一起。绿岩带内常有比火山岩略年轻的花岗岩席或岩体侵入，所以又称为花岗-绿岩区。高级区与绿岩带的形成谁早谁晚一直有争论。部分古老克拉通可以看到绿岩带不整合覆盖在高级区上的地质关系，但不少克拉通上两种地体间有复杂的构造变形。早期的以绿岩带和高级区为基本大陆构造格局的古老陆块如何演变成造山带与克拉通的构造格局，也表明地球的构造是随时间演化且不可逆的。有一些早前寒武纪特征的岩石（如科马提岩、TTG 片麻岩）和矿产（如条带状铁矿）在显生宙都鲜见重复

(Windley，1995）。

早前寒武纪的岩石中除了发现有单核生物外，没有其他可用于定年的化石标本。此外，早前寒武纪岩石大多经历了复杂的变质作用和构造变形。很显然，同位素年代学和地球化学方法在研究前寒武纪地质演化的特殊地位是其他学科难以替代的。前寒武纪是地球起源和发展的早、中期阶段，占整个地球历史的大约89%，也是大陆地壳形成和生长，以及Fe、Cu、Au、Pb、Zn、U等矿产资源的最主要形成时期。因此，无论是国际还是国内，前寒武纪地质都是研究的重要领域。

前寒武纪地球化学主要研究前寒武纪时期物质（岩石、矿物和流体）的主量元素、微量元素和同位素组成和变化，以探索其来源、成因、变化，地质事件的发生与改造的地质时代，地壳的形成生长及对资源环境的影响。

前些年，前寒武纪地球化学分为太古宙地球化学和元古宙地球化学。后来又按其不同发展阶段的地质和地球化学特征差异划分，分为前寒武纪同位素年代学、早前寒武纪地球化学、晚前寒武纪地球化学、前寒武纪变质地球化学、前寒武纪环境地球化学（如对大氧化事件、雪球事件等的地球化学专题研究），以及前寒武纪成矿地球化学等。同位素年代学、变质地球化学、环境地球化学在显生宙也有普遍的使用，但对于前寒武纪岩石而言具有更深刻的地质意义。

第二节　中国前寒武纪地球化学学科的发展历程

20世纪60年代以前，前寒武纪地质学和地球化学尚未形成独立的分支学科，有关的研究工作主要作为地质学、地层学、岩石学、矿床学的组成部分，或针对个别地区、个别地质问题而孤立进行，基本上属于感性认识和资料积累阶段。由于板块构造研究的重点由海洋转向大陆，作为大陆地质支柱的前寒武纪地质和前寒武纪地球化学便应运而生，逐渐发展为独立的两门学科。20世纪60年代，国际上掀起了前寒武纪地质和地球化学的研究热潮，并在许多重大课题研究中取得了前所未有的进展：太古宙绿岩带的发现、变质区的划分、特定岩石类型（科马提岩、斜长岩、孔兹岩和TTG岩套等）的研究，以及实验地球化学的兴起和一些实验方法的建立，为前寒武纪地球化学深入而系统的研究工作奠定了基础。

国际地质对比计划"太古宙地球化学"（IGCP-92）项目在20世纪70年代末的立项，是前寒武纪地球化学成为独立学科的标志：自此开始了有计划的全球重大前寒武纪地球化学课题的国际合作和全球性对比的新阶段。IGCP-92项目对绿岩带的划分、太古宙高级区岩石，尤其是麻粒岩相岩石的地球化学特征、太古宙热地壳体制和地壳原始成分及构造型式，乃至太古宙地幔性质的研究均取得了显著的进展。此项目一度曾被称为继板块构造之后的第二次地学革命，但是由于受到岩石学、构造地质学特别是地球物理学研究的限制，太古宙地球化学的研究仍留有许多问题，对早前寒武纪时期是否有板块构造等重大问题尚未得出满意的答案。

此后，前寒武纪地质持续得到国际地球科学界的关注。如1970~2010年期间，每十年在澳大利亚佩斯召开一次太古宙热点问题的学术讨论会。重点讨论绿岩带、地球早期历史和板块构造、最古老岩石和年代-构造格架、早期超级克拉通和超大陆旋回、变质作用与地球动力学、麻粒岩与下地壳过程、地壳流体和水岩作用等重大问题，也探讨了基性岩墙群、斜长岩、环斑花岗岩、紫苏花岗岩等专项问题，基本反映了太古宙地球化学研究的国际动向。

至今，国际地质对比计划有关前寒武纪的项目达三十余项，涉及前寒武纪研究的各个领域。如"元古宙地球化学"（IGCP-217）和"元古宙活动带"（IGCP-215）深入地研究了元古宙表壳岩和沉积岩地球化学、元古宙地幔演化与大陆地壳的生长与再造、元古宙环斑花岗岩–斜长岩组合的成因及其地质意义和金属矿床，以及超大型矿床的成矿背景等问题。最引人注目的进展是北美、斯堪的纳维亚半岛古元古代大陆增长模式和澳大利亚古元古代褶皱带的成因研究。研究表明，前者由岛弧碰撞而成，后者则为大陆裂谷如具玄武岩浆特征的岩石圈板底垫托作用的产物（Hoffman，1988，1989）。其间多次国际性学术讨论会都吸引了众多国内外专家的关注。如"国际元古宙活动带地球化学和成矿作用讨论会"（1988，天津）、"前寒武纪岩墙群"（IGCP-257）、"罗迪尼亚大陆的拼合与裂解"（IGCP-440）和"前寒武纪矿床及构造样式"（IGCP-247）等会议。

20世纪80年代的国际岩石圈计划（ILP）也包含了"元古宙岩石圈演化"和"太古宙岩石圈演化"两个工作组，所研究的内容包括前寒武纪地壳生长、麻粒岩、大陆岩石圈流体、前寒武纪含铁建造和金属含量演化，以及前寒武纪地壳演化的Sm-Nd同位素制约等问题（Kröner，1987，1988；Menzies，1991）。ILP的全球地学断面（GGT）的研究也取得了令人瞩目的成果；其中前寒武纪地球化学的成果占了很大比例。如20世纪90年代初，对大陆地幔的研究已从Sr、Nd、Pb同位素角度讨论了某些地区太古宙和元古宙岩石圈的地球化学特点（卢良兆，靳是琴，徐学纯等，1991）。此外，国际上还召开了与前寒武纪研究密切相关的"彭罗斯会议"，如2002年在中国召开的"前寒武纪高温高压麻粒岩——理解早期板块构造的钥匙"的彭罗斯会议，2006年在美国召开的"板块构造什么时候开始：理论与实践"的彭罗斯会议，都大大促进了前寒武纪地球化学学科向着全球范围和纵深方向的深入。

第三节　中国前寒武纪地球化学学科的研究现状和成果

中国是世界上前寒武纪岩石广泛发育的地区之一，具有研究前寒武纪地质和地球化学得天独厚的条件。

一、研 究 历 史

地质学研究的早期就注重前寒武纪地质研究工作。对前寒武纪混合岩和成层岩石，以及变质岩和受变质矿床等的研究在20世纪50年代前即有良好的基础。

此后，大规模的区域地质调查系统总结了前寒武纪岩石和矿床的资料和成果。

程裕淇等（1963）的《变质岩的一些基本问题和工作方法》一书是我国第一部系统论述前寒武纪岩石学的著作。该书介绍了当时国际上研究前寒武纪的地球化学方法；附录中详细论述了岩石化学、矿物化学和绝对年龄方法的原理，展望了同位素地质学和实验岩石学的发展前景。

北京地质学院岩石教研室1960年编印的《变质岩》讲义介绍了变质岩和变质矿物的化学成分，运用岩石化学的方法进行变质岩原岩的判别意义。此后，成都理工大学（1987年编写《变质岩岩石学》）、贺同兴等（1988）、王仁民等（1988）、游振东和王方正（1988）、管守锐和赵徽林（1991），以及2000年后编写的变质岩和岩石学教科书，都汲取了前人的寒武纪地球化学研究成果，论述变质作用与早期地壳演化的关系，明确提出变质作用的时空差异特征。

在前寒武纪地质研究中广泛运用地球化学方法，大大促进了我国前寒武纪地质的研究实践。1976～1980年组织的富铁矿会战，全国有关的科研院所、高校和地矿部门的科研、生产部门相结合，很多新的知识和方法得到了实践和普及，也从国外引入了许多新的理论。1981年由中国地质学会、中国国际地质合作计划全国委员会与国际地质科学联合会构造委员会、IGCP-92项目（太古宙地球化学）工作组和国际岩石圈委员会第三、四工作组和IGCP-179项目工作组共同发起，由中国地质科学院负责筹办的"国际前寒武纪地壳演化讨论会"在北京召开，迎来了我国地球科学国际化的新高潮。

程裕淇在董申保、沈其韩等的协同配合下，于1960年、1972年、1982年、1986年召开了4次全国性前寒武纪地质和变质岩的系统研究和科学总结，编制了全国和区域性不同比例尺的地质图件，出版了1:300万中国前寒武纪地质图和1:400万中国变质地质图及其说明书（董申保等，1986），填补了我国地质领域中某些空白。中国变质地质图的出版受到国内外学界的高度评价，认为超过了其他国家同类图件的水平。变质图以变质相系的时空分布为其基本内容，反映了变质作用在地壳演化过程中的变化规律。

1987年，"变质作用 PTt 轨迹"研讨会专题研究了变质作用在温度、压力和时间二维尺度的研究方法，把国外最新的研究动向推广至全国，引起了学界的高度关注。

1992年沈其韩出版了《中国早前寒武纪麻粒岩》一书，全面总结了麻粒岩研究的最新成果，将矿物化学、岩石化学、微量与稀土地球化学、氧同位素地球化学、流体包裹体等独立成章，详细论述，反映了变质作用中地球化学的进展和方向。

赵宗溥等1993年出版的《中朝准地台前寒武纪地壳演化》一书，是前寒武纪地质和地球化学研究的里程碑式的成果。该书从地球的起源与演化入手，剖析了大陆生长机制、大陆演化与花岗岩的侵位和成因、前寒武纪地壳的压力和温度，讨论了陆壳的成因。

近年来在华北的前寒武纪研究中，"高压麻粒岩的发现"和"是否存在2.5 Ga蛇绿岩"（Kusky, Li, Tuclcer, 2001; Zhai, Zhao, Zhang, 2002）两个问题，引发了国际学者对华北前寒武纪地质的兴趣和板块构造何时启动的学术讨论。为此，2002年在中国召开了"彭罗斯"会议（见高级区与高压麻粒岩问题一节）；由中国自然科学基金委员会召开了"东湾子蛇绿岩"现场国际研讨会，推动了中国前寒武纪研究的进展。

总之，我国学者自20世纪70年代参加IGCP-92之后，又相继加入了多项IGCP项目、ILP和GGT等国际合作项目。我国前寒武纪地球化学逐渐成为独立的学科并迅速与国际接轨。

可以说，我国的前寒武纪地球化学研究颇具自己的特点。研究工作经历了由北而南、由太古宙向元古宙发展的过程；具体的研究课题早期主要围绕有争议的问题不断深入，如华北太古宙高级区有无绿岩带、有无典型的科马提岩、高级区中相当于TTG成分的岩石的成因，以及太古宙的年代界限等问题。近年来，早前寒武纪高压麻粒岩-超高温变质作用和地质意义、早期陆壳的形成和生长机制（是否有2.5 Ga的蛇绿岩），以及2.5 Ga陆壳生长-稳定化等问题，成为我国在国际地学界为数不多的前沿热点，受到中外地学界的关注。

二、研究成果

随着研究工作由点及面、由浅而深，以及以同位素地球化学为核心的实验方法的不断完善，我国前寒武纪地球化学的研究渐趋成熟，有不少成果和观点具有独到之处。

（一）TTG片麻岩与早期陆壳增生

TTG是英云闪长岩–奥长花岗岩–花岗闪长岩（Tonalite-Trondhejmite-Granodiorite）英文名称的首字母缩写。TTG片麻岩组合即为这三种岩石变质作用的产物。

TTG主要由富钠的斜长石（钠长石/奥长石）和石英组成，含有少量的角闪石、黑云母和钾长石等。其岩石化学特征是64 wt% >SiO_2>75 wt%；CaO的含量变化较大1.5 wt% ~ 4.5 wt%；Na_2O = 3 wt% ~ 7 wt%；K_2O < 2.5 wt%，但通常小于2 wt%，K_2O/Na_2O < 0.5（Barker，1979）。绝大多数太古宙的TTG片麻岩都具有正的ε_{Nd}、ε_{Hf}值（Kapyaho, Manttari, Huhma, 2006；Pouclet, Tchameni, Mezger et al., 2007；Liu, Guo, Lu et al., 2009a；Guitreau, Blichert-Toft, Martin et al., 2012）以及略高于地幔的$\delta^{18}O$同位素特征（Whalen, Perciral, McNicoll et al., 2002；Bindeman and Eiler et al., 2005）。TTG片麻岩作为地球早前寒武纪灰色片麻岩的研究有大半个世纪的历史。全球出露的太古宙克拉通主要由长英质片麻岩组成。平均来看，长英质片麻岩可以占到太古宙地壳面积的2/3以上（Condie, 1981；Jahn and Zhang, 1984；Martin, 1994；Windely, 1995）。大多数片麻岩地体主要由TTG片麻岩构成。同位素地球化学资料证明，许多TTG片麻岩代表由地幔新生长出来的陆壳。因此，大陆地壳生长问题在很大程度上也就是TTG片麻岩地体的成因问题。

近四十年来，对太古宙TTG片麻岩的岩石成因提出了许多模式，归纳起来，主要有四种：①富水玄武岩岩浆的分离结晶（Arth, Barker, Peterman et al., 1978；Barker, 1979）；②地幔的直接部分熔融（Moorbath, 1975）；③太古宙硬砂岩的部分熔融（Arth and Hanson, 1975）；④玄武质岩石在高压条件下有石榴子石作为残留相发生部分熔融（Drummond and Defant, 1990；Martin, 1993；Wolf and Wyllie, 1994；Rapp and Watson, 1995；Winther, 1996；Foley, Tiepolo, Vannucci et al., 2002；Rapp, Shimizu, Norman, 2003；Xiong, Adam, Green, 2005；Nair and Chacko, 2008）。玄武岩岩浆的分离结晶，不可能形成巨量的TTG片麻岩而没有相对应数量的其他类型的岩石（如：闪长质的岩石）；而且，如果是简单的分离结晶的话，那么会有比TTG片麻岩更多的超镁铁质残留相。地幔橄榄岩的部分熔融，则被证明只能形成玄武岩或者玄武安山质的岩石，即使是极低的部分熔融产生少量的长英质熔体，也很难获得TTG一样的微量元素特征（如Jahn, Glikson, Peucat et al., 1981）。虽然TTG的氧同位素（Whalen, Percival, McNicoll et al., 2002；Bindeman, Eiler, Yogodzinski et al., 2005）以及流体活泼元素（Kamber, Ewart, Collerson et al., 2002；Kleinhanns, Kramers, Kamber, 2003）显示出TTG有经过低温热水过程，但是仅仅是沉积物硬砂岩的部分熔融，很难产生TTG这么富钠的岩石类型。因此玄武质岩石在高压条件下部分熔融形成TTG是目前最为流行的成因解释。但是，到目前为止，关于TTG的形成条件和构造背景一直都在探讨和争辩当中，很难确定哪一种模式能够完全合理地解释TTG的成因以及早期地球的动力学过程（Moyen and Martin，2012）。

在我国，华北克拉通的TTG研究始于20世纪80年代（Jahn，Auvray，Shen et al.，1988），最古老的TTG岩石可以追溯到鞍山地区古太古代3.8 Ga（Liu，Nutman，Compston et al.，1992；Song，Nutman，Liu et al.，1996；Wan，Liu，Song et al.，2005），不过，古太古代的TTG在华北出露范围非常有限（Wu，Zhang，Yang et al.，2008），即使是中太古代的TTG也是范围有限（Wu，Zhang，Yang et al.，2008；Jahn，Liu Wan et al.，2008；Wan，Liu，Nutman et al.，2012）。绝大多数出露的TTG岩石都是形成于新太古代（Zhai and Santosh，2011；Zhao and Zhai，2013）。到目前为止基本上把TTG的分布、时代已厘清，主要分为2.8~2.7 Ga和2.6~2.5 Ga两期。形成于2.6~2.5 Ga的TTG分布于整个华北克拉通东部，而且是华北太古宙地壳的主体组成部分，其出露面积远大于2.8~2.7 Ga这一期岩石。2.8~2.7 Ga的TTG只出露于冀东、胶东、鲁西、鲁山、中条山等地区；阴山地块目前没有报道，而鄂尔多斯地块则完全被沉积盖层覆盖，没有基底岩石的出露（Zhai and Santosh，2011；Zhao and Zhai，2013）。华北克拉通TTG多数属于高铝的类型，也有少数显示出低铝的特征（Zhang，Zhai，Santosh et al.，2011）。Hf-Nd同位素研究表明华北克拉通的主要地壳生长集中于2.8~2.7 Ga（Wu，Zhao，Wilde，2005；Jahn，Liu，Wan et al.，2008；Yang，Wu，Wilder et al.，2008；Liu，Liu，Ding et al.，2012；Wu，Zhao，Sun et al.，2013），但是2.6~2.5 Ga的TTG也显示有新的地壳增长特征（Diwu，Sun，Guo et al.，2011；Liu，Guo，Peng，2012）。

华北克拉通除了集中分布于新太古代的TTG外，形成于古太古代的TTG是华北最古老的岩石，是直接认识和了解地球早期壳幔分异产物，早期地壳形成的宝贵资源。TTG岩石的矿物组成相对比较简单，而且多数都经历了后期的变质变形，甚至是多期次的。此外，虽然近十年来锆石原位的年代学和同位素分析技术发展很快，TTG的研究在这两方面也取得了大量数据积累，但是系统的地球化学数据却相对缺少，不利于我们进行对比和统一认识不同时代、不同地区TTG的地球化学性质。今后需要进一步研究的方向和内容包括如下四个问题。

（1）华北克拉通的多期TTG片麻岩的形成机制。

（2）增加TTG系统的地球化学研究，对比新太古代两期TTG的特征、物质来源及其构造背景。

（3）将太古宙高级区-绿岩带和镁铁质-超镁铁质岩（科马提岩）的组合与TTG的形成作为陆壳演化的基本物质组成统一起来，理解大陆形成中的元素迁移和重组规律。

（4）依据地球早期的热状态及动力学过程，通过实验岩石学以及数值模拟实验，探讨太古宙TTG的形成条件及背景。

（二）绿岩带与BIF

绿岩带和高级区特指太古宙主要的岩石构造单元。绿岩带为未变质或浅变质的火山-沉积岩（表壳岩）系，它们常以向斜（形）出现在穹隆状高级区的周边。它们与高级区之间的关系经常因强烈变形而难以确定，有些绿岩带以高级区为基底，因此通常认为绿岩带不代表原始地壳，它下面还应有更古老的陆壳。绿岩带的地层序列可以分三段，自下而上为：①超镁铁质火山岩组合，底部为科马提岩和玄武岩，顶部为双峰式火山岩；②玄武岩–安山岩–流纹岩钙碱性岩浆组合；③沉积岩组合，底部为杂砂岩–条带状铁矿（BIF）–硅质岩–少量火山岩，顶部为页岩–碳酸盐。典型代表有南非巴伯顿绿岩带和津巴布韦绿岩带，但二者 BIF 的发育程度不尽相同，前者 BIF 主要出现于绿岩带层序的上部沉积岩系中，而后者 BIF 广泛发育，既可出现在中下部火山岩系，也可发育于火山岩与沉积岩的过渡带和沉积岩系中。

华北克拉通绿岩带的发育规律大致可与国外绿岩带相比，但同时具有分布范围和规模较小、科马提岩不发育、变质程度高和受后期构造–岩浆作用改造强烈等特色（沈保丰，翟安民，陈文明等，2006）。我国已识别出强烈变形的绿岩带，如清原、鞍山、遵化、雁翎关、五台山、登封、固阳等。绿岩带的年龄由于高级变质而难以确定，大多数绿岩带中的斜长角闪岩被认为是变质的火山岩，它们的年龄主要集中在 2.5 ~ 2.6 Ga。鲁西雁翎关岩组和柳行岩组的下段形成时代约为 2.7 Ga，主要由变质镁铁质和超镁铁质岩石组成（Wan, Liu, Wang et al., 2011）。根据近年来的锆石微区定年资料，一般认为华北克拉通的绿岩带多形成在新太古代，约 2.7 Ga 和约 2.5 Ga 是两个主要形成期，所有绿岩带都在 2.5 Ga 经历了强烈的变质。BIF 广泛发育在所有的绿岩带中，通过绿岩带的年龄，也认为 BIF 主要形成在 2.7 Ga 和 2.5 Ga 两个时期（Zhang, Zhai, Zhang, 2012）。原来被认为可能是古元古代的浅变质的济宁 BIF，研究证明它们形成在约 2.52 Ga（万渝生，刘敦一，王世进等，2012）。

根据 BIF 在绿岩带序列中的产出部位和岩石组合关系，可将华北 BIF 划分为五种类型：①斜长角闪岩（夹角闪斜长片麻岩）–磁铁石英岩组合，主要分布于遵化、五台和固阳等地；②斜长角闪岩–黑云变粒岩–云母石英片岩–磁铁石英岩组合，分布较广，主要见于冀东迁安、山西五台、辽宁本溪、鲁西等地区；③黑云变粒岩（夹黑云石英片岩）–磁铁石英岩组合，主要见于冀东滦县、青龙等，安徽霍邱等地；④黑云变粒岩–绢云绿泥片岩–黑云石英片岩–磁铁石英岩组合，矿床主要见于鞍山、五台山等地区；⑤斜长角闪岩（片麻岩）–大理岩–磁铁石英岩组合，主要分布于河南舞阳和安徽霍邱等地。

华北克拉通的绿岩带和高级区经历了复杂的变质与变形，增加了研究的难度，同时也为研究太古宙末的克拉通化、太古宙/元古宙分界的地质含义提供了难得的研究对象（Zhai and Santosh, 2011, 2013）。以下三个方面是今后研究的关键科学问题：

（1）2.5 Ga 地质事件在大陆早期演化中的意义与作用；

（2）BIF 形成的构造背景与环境，为什么在华北的古元古代活动带中不发育 BIF；

（3）清原（红透山）绿岩带上部层位形成了块状硫化物铜锌矿床，而下部层位主要发育 BIF，它们代表了在新太古代构造地质环境与构造体制的巨大转变还是另有含义。

（三）高级区与高压麻粒岩问题

高级区又称高级变质区或者高级变质地体，是前寒武纪早期地壳的重要单元，与低级区（或称绿岩–花岗岩地体）一起，组成了克拉通的基底。高级区以发育高级区域变质岩石为特征，变质级别以麻粒岩相为主，部分为高角闪岩相。主要岩石单元包括：①高级变质表壳岩系，主要是基性—中酸性变质火山岩、砂质岩石、泥质岩石和碳酸盐岩石形成的片麻岩和大理岩，也包括一些高级变质的辉长岩–苏长岩岩床等；②变质侵入岩，主要是中酸性长英质片麻岩，典型组合是 TTG（英云闪长岩-奥长花岗岩-花岗闪长岩）片麻岩，以及少量侵入其中的基性和超基性岩变质形成的麻粒岩、斜长角闪岩、石英闪长岩等（Windley，1995）。高级区的研究，是认识早期陆壳形成机理与过程的钥匙。过去30年来，其研究主要集中在对高级区形成构造背景及其与绿岩带的关系、高级区抬升出露机制、陆壳生长模式以及高级区中 TTG 质岩石和高级变质表壳岩的成因等方面的研究。这其中，前两项研究是既相关又最为核心的研究，其进展的取得与另一项研究——高压麻粒岩的研究紧密相连。

高压麻粒岩最早由 Green 和 Ringwood（1967）根据实验岩石学提出，岩石属镁铁质成分，出现以石榴子石+单斜辉石+斜长石±石英等为特征的矿物组合。Harley（1989）提出的高压麻粒岩的变质温压条件为800℃时，压力超过0.9 GPa。之后的定义虽然稍有不同，但国内外学者基本延续了这一认识（如翟明国等，1992；Carswell and O'Brien，1993；Appel，Moller，Schenlc，1998；魏春景，张翠光，张阿利等，2001；O'Brien and Rötzler，2003）。

我国高压麻粒岩的研究取得了重要进展。20世纪90年代初，王仁民等（1991）报道了恒山灰色片麻岩中存在高压麻粒岩包体。翟明国等（1992）识别出了怀安高压麻粒岩和退变榴辉岩地体。之后，李江海等（1998）在滦平-承德地区、王仁民（1998）在河南鲁山和山东荆山地区、郭敬辉等（1999）在恒山地区西段、魏春景等（2001）在辽西建平地区都发现了高压麻粒岩的存在。前寒武纪高级区中高压麻粒岩不同于显生宙造山带中的经历俯冲折返而形成的位于高压相系的高压—超高压变质岩石，其稳压区域位于中压相系或者中压—高压相系的过渡区域。对其形成过程和背景的研究对于认识高级区的出露有重要意义。华北高压麻粒岩发现引起了学术界对前寒武纪高级区出露过程可能类似于现今板块构造的广泛讨论（王仁民，钱青，范天立，1998；翟明国，郭敬辉，阎月华等，1992；李江海，翟明国，钱祥麟等，1998；郭敬辉，翟明国，李永刚等，1999；Zhao，Wilde，Cawood et al.，1998；Zhao，Sun，Wilde et al.，2005；Kusky，Li，Tucker，2001；Li and Kusky，2007）。2002年国际"彭罗斯"会议关于以"前寒武纪高温高压麻粒岩——理解早期板块构造的钥匙"为主题的学术研讨会的召开，大大推动了高级区和高压麻粒岩的研究。目前，类似现今板块构造下的俯冲碰撞模式得到了很多研究者的支持（如 Ellis，1987；Bohlen，1987；De Wit，Roering，Hart et al.，1992；Brown，2006；Lopez，Fernandez，Castro et al.，2006），也开展了大量古今岩石地球化学对比研究工作。

基于大量的岩石学、地球化学和构造地质学研究，一些研究者认为，或者是板块构造，或者是地幔柱构造，或者二者共同作用是控制高级区和高压麻粒岩的动力学背景（Ayer，Amelin，Corfu et al.，2002；Dirks，Jelsma，Hofmann，2002；Percival，McNicoll，Brown et al.，2004；Bleeker，2002；Witze，2006；van Kranenedonk，Hugh Smithies，Hickman et al.，2007；Labrosse and Jaupart，2007；Windley and Garde，2009；Wyman，2012），相关的地球化学工作不胜枚举。然而，另外一些研究表明，高级区的整体抬升很难通过现今陆陆碰撞的模式得到解决，而可能与重力均衡或者地幔上涌或者其他过程有关（Perchuk，1989，2011；Zhai，Guo，Liu，2001；Lin，2005；Hamilton，2011）。

高级区和高压麻粒岩的研究核心问题仍然是高级区和高压麻粒岩的出露及其构造背景的问题。从地球化学研究的角度，可能有两个方面比较重要。

一是高级区侵入岩和变质表壳岩的岩石成因与构造背景。

岩石成因的揭示，是认识这些岩石形成构造背景的重要方面。近二三十年来，将高级区侵入体及变质表壳岩与现今板块构造体制下形成的岛弧或者大陆边缘弧岩浆岩系列的对比取得了一定的进展。然而，这些研究仍然没有很好地揭示为什么高级区的岩石单元与现今板块构造体制下的岩石系列存在差异。实际上，这些差异，一方面可能与早期热流体制有关；另一方面，也可能受控于早期不同于现今的构造体制。因此，一方面，需要加强早期热流体制下岩浆岩的成因和实验岩石学模拟研究；另一方面，需要通过查明高级区与低级区以及高级区不同岩石单元之间的成因联系，解析早期构造背景。

二是高压麻粒岩变质 p-T-t 轨迹的重建与抬升机制。高级区岩石 p-T-t 轨迹的恢复，是揭示抬升过程的关键。存在的问题包括：变质峰期条件的限定；峰期前变质过程的反演；不同变质阶段时代的确定；温压计校准与热力学参数的更新。这些课题，都是与地球化学学科相关的重要研究方向。

（四）大氧化事件

Holland（2002）最早使用大氧化事件（Great Oxidation Event，简为 GOE）的概念，意指 2.3 Ga 左右大气圈成分由缺氧到富氧的变化。GOE 一词概括了最近三十年前寒武纪地球科学研究的重大进展之一，是当前国际地学领域的研究热点（赵振华，2010；Tang and Chen，2013；Zhai and Santosh，2011，2013）。1985 年之前，科学家普遍认为地球表层系统，特别是水-气系统（水圈+大气圈）的氧化过程是缓慢的、渐变的，至少始于 3.8 Ga，主要发生在 2.6~1.9 Ga 期间（Cloud，1968；Frakes，1979；Schidlowski，Eichmann，Junge，1975）。1985 年之后，受白垩纪末期恐龙灭绝事件和天体化学研究（欧阳自远，1988）的影响，学者们开始认识到这次水-气系统充氧事件及相关变化的突发性、短时性、剧烈性和全面性（Chen，1988；陈衍景，1990；Karhu and Holland，1996；Melezhik，Fallick，Medvedv et al.，1999），包括各大陆大量发育苏必利尔型 BIF，沉积含叠层石厚层碳酸盐和菱镁矿（Melezhik，Fallick，Medvedv et al.，1999；Tang et al.，2013a），出现红层、膏盐层、磷块岩，发生冰川事件（Tang and Chen，2013；Young，2013），有机碳大量堆埋并形成石墨矿床（陈衍景，刘丛强，陈华勇等，2000），沉积物出现 Eu 亏损（Chen and Zhao，1997；Chen，Hu，Lu，1998；Tang，Chen，Santosh et al.，2013b）并形成稀土铁建造（Tu，Zhao，Qiu et al.，1985；赵振华，2010），碳酸盐碳同位素普遍正向漂移（Lai，Chen，Tang，2012；Tang，Chen，Wu et al.，2011），以及 S、N、Mo 等同位素显著分馏（Schidlowski，1988；Holland，2002；Anbar，Duan，Lyons et al.，2007）等。据估算，大气中的自由氧含量（以相当于现代大气圈的分压表示，PAL = Present Atmosphere Level）在 2.4~2.2 Ga 期间从 <10^{-13} PAL 增至 15% PAL（Karhu and Holland，1996），足见其快速、巨量的特征，故称为"大氧化事件"。关于这一事件的起因，目前尚不清楚，只有若干种假说能加以解释。最流行的说法是蓝绿藻类的大量快速发育，其光合作用使得地球上的氧气迅速增加，而破坏氧气的甲烷细菌所依赖的镍的数量急剧减少（Konhauser，Kramers，Kamber et al.，2009），使自由氧得以迅速积累。GOE 使地表矿物、岩石成分也发生了根本性变化，为其后动物的出现提供了条件。

与世界其他早前寒武纪克拉通相比，华北克拉通的苏必利尔型 BIF 较少，而菱镁矿、硼矿、石墨矿较多，此属国内外前寒武纪研究的疑难问题，也为我国学者获得特色成果提供了条件。我国学者新的研究进展主要有如下三方面。

一是厘定休伦冰期时限，提出 GOE 的两阶段氧化模型：全球性冰川事件缘于 O_2 等冷室气体增多和 CH_4-CO_2 等温室气体减少，是共识的大氧化事件的标志，休伦冰川事件是 GOE 的主要标志和组成之一。Tang 和 Chen（2013）研究汇编了古元古代含冰碛岩沉积建造的地层学与年代学资料，厘定了休伦冰川事件具全球性，时间为 2.29~2.25 Ga；发现冰碛岩层位在世界著名的 BIF 之上，位于红层、蒸发岩和具 $\delta^{13}C$ 正异常的碳酸盐地层之下，并据此提出了大氧化事件的先水圈、后气圈的两阶段氧化模型：在 2.5 Ga 开始生物光合作用增强，在 2.5~2.3 Ga 期间（成铁纪）水圈逐步氧化，全球性苏必利尔型 BIF 发育；2.3 Ga 之后，即水圈氧化之后，大气圈快速充氧，CH_4 和 CO_2 因转变为有机质堆埋而减少，全球气候变冷。

二是华北克拉通古元古代碳酸盐碳同位素（$\delta^{13}C_{carb}$）正异常的发现：2.33~2.06 Ga 期间的 $\delta^{13}C_{carb}$ 正异常在世界各克拉通均有报道，并导致 GOE 概念的提出和国际研究热潮（Melezhik，Fallick，Medvedev et al.，1999）。但是，我国长期缺乏研究和报道。通过对辽北辽河群关门山组（Tang，Chen，Wu et al.，2011）、辽东辽河群大石桥组（Tang，Chen，Santosh et al.，2013a）、胶东粉子山群和河南嵩山群（Lai，Chen，Tang，2012）开展剖面化学地层学研究，发现华北克拉通古元古代地层存在显著的 $\delta^{13}C_{carb}$ 正异常，是全球 GOE 的响应和记录。而且，运用元素地球化学示踪方法，证明这些地层沉积于水-气系统的充氧过程中（Tang，Chen，Santosh et al.，2013b）；按照化学年代学方法，厘定它们形成于 2.33~2.06 Ga 期间。值得强调，这些认识与近年获得的同位素定年结果（Wan，Song，Liu et al.，2006）一致，也与此前根据变质沉积岩稀土元素（Chen and Zhao，1997）和石墨矿碳同位素（陈衍景，刘丛强，陈华勇等，2000）地球化学研究的结论一致。

三是初步确定胶—辽—吉镁硼矿带的成因：大石桥菱镁矿是世界最大的镁矿床，胶东—辽东—吉南是世界最大的固体镁硼成矿带，成因是世界地学研究之谜。通过对胶东莱州菱镁矿和辽东大石桥菱镁矿、后仙峪硼矿床的地质学、地层学、同位素和元素地球化学研究（汤好书，陈衍景，武广，2009；Tang，Chen，Wu et al.，2011；Tang，Chen，Santosh et al.，2013a，b），确证它们初始形成于 2.33~2.06 Ga 大氧化过程的局部蒸发盆地，富集 Mg、B；继后，遭受成岩、变质过程的富 B、Mg 流体的交代，形成矿床；成矿后，遭受了局部断裂破碎-流体作用或岩浆-流体作用的叠加改造。因此，它们均属多因复成矿床。

今后主要的研究方向是：

（1）大氧化事件导致地球表层系统的全面变革，表现为多方面的子事件或次级事件，它们按照自然规律依序发生。但是，关于这些子事件的发生顺序和时间研究薄弱，直接制约着对事件本质和起因的认识。例如，Melezhik 等（1999）曾将休伦冰期置于 GOE 之前，导致诸多矛盾；Tang 和 Chen（2013）重新厘定了休伦冰期的时限之后，不但解决了一些矛盾问题，而且提出了大氧化过程的两阶段模式。因此，子事件之间的时序、内在联系及其原因，势必是未来研究的重点；在此过程中，一些新的手段将被尝试，一些新的发现将令人期待。

（2）与地球历史上其他重要环境变化事件的研究过程一样，在大氧化事件被基本确定之后，事件起因就势必成为长期争论不休的热点问题，特别是与超大陆或超级地幔柱活动的内在联系,与地外事件之间的联系,以及雪球模式等一些假说,已经或即将被更多地提出来,但相当长的时期内难成共识。

(3) 大氧化事件必然导致地球表层系统中的所有变价元素的再分配,必定导致某些元素的巨量局部堆积,形成巨型或超大型矿床。伴随大氧化事件序列认识的深入,诸多矿床类型(如 BIF 的类型)或矿种(如菱镁矿)的成矿规律性、层控性、时空性和不可逆性将会得到深刻揭示。因此,大氧化事件的成矿响应,将是未来研究的重大科学问题,而且具有重要的理论和实践价值。

(五) 新元古代雪球事件

1992 年,Kirschvink 首次提出新元古代(800~600 Ma 左右)曾经出现"雪球地球"(snowball Earth),以此解释赤道附近的低海拔冰川。他指出大陆板块都汇集在中、低纬度地区,高、中纬度形成的冰川使海平面降低,大陆面积的增加提高了地球的反射率,使气候不稳定,最终形成包括海洋都冰冻的全球冰川。Hoffman 等(1998)根据纳米比亚和其他大陆盖帽碳酸盐岩的特征负碳同位素漂移重新论证了新元古代"雪球地球"的存在。从此,"雪球地球"成为前寒武纪研究的热点之一,受到多学科各国科学家的广泛关注。

"雪球地球"即赤道处海洋都冰冻的地球历史上最严寒的冰期假说一提出,就引起广泛的关注和争议。争议的焦点集中在如下一些问题中:是否存在冰海中的"绿洲"?"雪球地球"发生和退出的机制?一些地学、生物学等学科关注的重要科学问题,如新元古代冰期的期次、年代与地层对比?"雪球地球"与 Rodinia 超大陆解体的关系?其前后大气 CO_2 浓度的变化?盖帽白云岩的成因?与新元古代时期的 BIF 和 Mn 矿的关系?与第二次大气增氧事件和深海氧化的关系?与宏体复杂多细胞生物和真核生物辐射的关系?等等。

Hoffman 等(1998)、Hoffman 和 Schrag(2000,2002)认为聚集在赤道附近的 Rodinia 超大陆的裂解使边缘海面积迅速增加,大大提升生物初级生产力和有机碳的埋藏量,造成大气"温室"气体 CO_2 含量的迅速下降,驱动失控的日光冰反射,形成了新元古代的"雪球地球"。不过,也有人根据沉积学等证据和计算模拟主张那时的地球不是严格意义的"雪球地球",而是"泥球地球(slushball Earth)"(Hyde, Crowley, Baum et al., 2000; Peltier, Liu, Crowley, 2007)。

"雪球地球"假说解释了某些独特的地质现象(Hoffman and Schrag, 2000, 2002)。一是全球新元古代的冰期沉积分布广泛并具有同时性。二是太古宙和古元古代广泛分布的 BIF 在中断了十多亿年之后又重新出现。这是因为"雪球地球"期间冰盖阻断来自大气的氧气,使冰盖下海水缺氧,造成深水 Fe^{2+} 离子的聚集。一旦冰盖融化,上升洋流把 Fe^{2+} 带到浅水,铁氧化就形成了 BIF。三是冰碛岩之上广泛存在的盖帽碳酸盐岩,具-5‰左右的 $\delta^{13}C$ 值。一方面,退冰期间,异常高的 p_{CO_2} 造成大陆化学风化的加强,向海洋输送了大量的碱质(包括 Ca^{2+}、Mg^{2+} 离子);另一方面,冰期造成了海洋初级生产力的下降,加上海底火山释放的 CO_2,因此在温暖的台地上沉积了大量的碳酸盐,且具有负的 $\delta^{13}C$。

"雪球地球"假说的提出极大地带动了各国科学家对新元古代地质的研究,也推动了多个学科的进展与相互交叉。中外学者合作围绕"雪球地球"、埃迪卡拉纪后生动物与古海洋化学演化的研究,取得了很多全球瞩目的成果。已有的同位素地质年代学研究成果已经能够限定新元古代的两次"雪球地球"先后发生在 720~680 Ma 左右和 650~635 Ma 左右期间（Zhang, Li, Feng et al., 2008; Zhang, Jiang, Dong et al., 2008）。最早的动物休眠卵就出现在我国三峡地区陡山沱组 II 段底部之上 6 m 之处，年代限制在 632 Ma 左右（Yin, Zhu, Knoll et al., 2007）。对三峡地区大型疑源类化石的研究表明它们中有些可能是最早的后生动物或它们的卵（Liu, Yin, Gao et al., 2009）。特别是在皖南蓝田盆地，在陡山沱组 II 段下段发现的蓝田生物群，为最早的宏体复杂多细胞生物，有些可能还为早期的后生动物门类（Yuan, Chen, Xiao et al., 2011）。通过对三峡地区陡山沱组地层碳、硫同位素的系统研究，发现"雪球地球"结束后，埃迪卡拉纪海洋经历过几次"脉冲"式氧化，但到大约 550 Ma 时深海还没有完全氧化（McFadden, Huang, Chu et al., 2008）。结合不同水深沉积物中 Fe 组分和硫同位素（硫酸盐、黄铁矿）研究，提出了"氧化还原分层的埃迪卡拉纪海洋"模型（Li, Love, Lyons et al., 2010），即冰期之后的海洋表层氧化，深水是缺氧铁化的，而近岸由于河流输入大量的硫酸盐、浮游生物繁盛和细菌的还原硫酸盐作用，在缺氧的水体中形成一个向远海延伸的动态"硫化楔"，成功地解释了陡山沱生物群出现与灭绝的变化。最近，又在深水区陡山沱组 II 段底部黑色页岩中发现异常富集的 V、Mo 和 U 含量，因此提出"雪球地球"之后不久（约 632 Ma）大气氧的增加和海洋的氧化是造成最早的后生动物出现的原因（Sahoo, Planavsky, Kendall et al., 2012）。

但是，新元古代最严酷的两次冰期究竟是"雪球地球"还是"泥球地球"？新元古代"雪球地球"的形成和退出机制，特别是"雪球地球"与第二次大气氧增加、深海氧化，以及原生动物的出现、辐射的关系等方面还存在很多有待进一步研究的科学问题。

（六）华北克拉通早期演化

华北克拉通的面积是 300000 km²。与世界其他克拉通相比，它的面积不算大，但深受国际前寒武纪研究界的关注，因为它不仅具有约 3.8~4.1 Ga 的漫长历史，而且还经历了复杂的多阶段的构造演化（Liu, Nutman, Compston et al., 1992; 赵宗溥等，1993; Windley, 1995; Goodwin, 1996; Rogers and Santosh, 2003; Zhao, Sun, Wilde et al., 2005; Kusky, Windley, Zhai, 2007; Zhai, 2011），记录了几乎所有的地球早期发展的重大构造事件（Zhai and Santosh, 2011），并在中生代又发生了岩石圈地幔和下地壳的减薄与改造（破坏）（Fan and Hooper, 1991; Fan and Menzies, 1992; Menzies, Fan, Zhang, 1993; Zhai, Fan, Zhang et al, 2007）。

华北的大陆形成经历了多阶段。最近在许多地方的古老片麻岩和沉积岩中发现大于 3.8 Ga 的物质记录。例如在北秦岭的奥陶纪草滩沟群火山沉积岩中获得 4079±5 Ma 的年龄信息（王洪亮，孙勇，柳小明等，2007），它们来自华北克拉通的基底岩石。进一步的研究（Diwu, Sun, Wilde et al., 2013）表明这些锆石有大约 4.1 Ga 的核与约 3.8 Ga 的变质环带。它们的 Hf 与 O 同位素和 REE 等微量元素的研究还揭示 4.1 Ga 的锆石核部经历了再活化，锆石的形成时代约在 4.4 Ga，应来自 TTG 片麻岩。因此可以推测，华北在大约 4.4 Ga 已经有了陆壳，3.8 Ga 和 3.3 Ga 是华北古太古代主要的陆壳形成期，而它的陆壳形成的峰值期是在新太古代，2.7 Ga 陆壳大量增生，2.5 Ga 表现出很强的陆壳再造事件，并伴有壳-幔相互作用（Geng, Du, Ren, 2012）；2.5 Ga 前后是华北克拉通的稳定化期；尔后华北经历了大氧化事件,并在 2.3 Ga 开始发育活动带,记录了裂谷—俯冲—碰撞的构造过程,很可能代表了早期的板块构造的起始过程。

1.8 Ga 时华北的变质事件的性质还有待进一步揭示,至少表现出基底的整体抬升和区域性的减压事件。1.78 Ga 前后的基性岩墙群并伴随着裂陷槽的形成,标志着华北进入地台型演化阶段。华北从 1.78 Ga 的岩墙群加熊耳裂陷槽火山岩起到新元古代结束,还有三期岩浆活动,即以斜长岩-奥长环斑花岗岩-板内大红峪火山岩为代表的非造山岩浆活动 (Zhao T P,2004)、1.3 Ga 左右的基性岩床 (高林志,张传恒,尹崇玉等,2008;李怀坤,陆松年,李惠民等,2009;Zhang,Zhao,Yang et al.,2009)、0.9 Ga 前后的基性岩墙群和伴生的火山岩活动 (Peng,Bleeker,Ernst et al.,2011;彭润民,翟裕生,王建平等,2010),反映了华北长达 1.0 Ga 以上的长期伸展背景和多期裂谷活动。

古元古代的高压麻粒岩以及超高温麻粒岩的研究以及 2.5 Ga 太古宙与元古宙交界时期的构造性质、地壳生长与稳定化等重要的科学问题引起世界的关注。今后的研究无疑还会受到国际关注。关键科学问题可以归纳以下几点:

(1) 多期大陆增生的机制以及 TTG 片麻岩区与绿岩带的关系;
(2) 华北克拉通 2.5 Ga 克拉通化的过程以及与超级克拉通的联系;
(3) 古元古代高压—超高温变质岩的构造背景以及板块构造的启动;
(4) 中—新元古代的持续伸展与多期裂谷事件的构造意义以及超大陆旋回。

(七) 华南前寒武纪的研究

一般认为华南由扬子陆块、华夏古陆经江南造山带在新元古代连接而成,也有一些研究者认为江南造山带是夹有前寒武纪残片的古生代或者早中生代造山带 (马瑞士,2006)。后来一些研究把华南的地质演化古大陆与 Rodinia 超大陆联系起来 (Li,Bogdanova,Collins et al.,2008;Li,Li,Li et al.,2008,Li,Li,Zhou et al.,2008),把华南陆块置于澳大利亚与 Laurentia 大陆之间,并认为华南是连接澳大利亚和 Laurentia 的纽带。这一说法也受到国内一些学者的挑战。

华南前寒武纪研究的进展可以简单归纳为如下五点:

(1) 厘定了扬子地块具有古老的基底。变质基底岩石主要是峡东地区的崆岭杂岩,扬子西北缘的后河杂岩,以及云南的大红山杂岩。黑云斜长片麻岩的岩浆锆石给出的 3218±13 Ma 的年龄,应该代表扬子迄今发现的最古老岩石的形成年龄。它们的两阶段锆石 Hf 模式年龄在 3.6 Ga 以上,暗示该区还有更古老甚至冥古宙的陆壳存在过。2.9~2.5 Ga 左右的古老陆壳被新太古代晚期和古元古代的花岗片麻岩、斜长角闪岩和沉积岩中的碎屑锆石记录。变质锆石的年龄为约 1950~2010 Ma 的变质沉积岩 (孔兹岩系) 和 1.85~1.9 Ga 前后的花岗岩确定了扬子陆块曾在古元古代广泛受到麻粒岩相—角闪岩相的变质作用。

(2) 越来越多的证据说明在华夏地块中有很多前寒武纪基底岩石,如出露在闽西北—浙西南、云开、沿海等地的高绿片岩相—角闪岩相变质岩系 (马振东和陈颖军,2000)。在华夏地块现已确定的最古老的岩石是出露于浙南闽北地区的古元古代变质火成岩 (胡雄键,1994;甘晓春,李惠民,孙大中等,1995;Li,Zhao,McCulloch et al.,1997)。其中一些火成岩中新太古代碎屑 (或继承) 锆石也被发现 (Xu,O'Reilly,Griffin et al.,2007;Zheng,Griffin,Li et al.,2011),说明华夏地块可能 (或者曾经) 存在新太古代基底。近年来在粤东的古寨花岗闪长岩和龙川片麻岩中又陆续发现了 3.0~3.1 Ga 的残留锆石（于津海等，2007），从而使人们设想华夏地块可能也有非常古老的演化历史。一些侵入八都杂岩的花岗质岩石形成在 1888 Ma 之前（Yu, O'Reilly, Zhou et al., 2012），并伴随有 1.9~1.8 Ga 左右的变质岩（Zhao, Zhou, Zhai et al., 2014）。

（3）关于江南造山带，主要的争论是该造山带的性质以及地质年代，已有多种模式提出（Li, Li, Kinny et al., 1999; Li, Li, Zhou et al., 2008; Zheng, Zhang, Zhao et al., 2007；周金城，王孝磊，邱检生等，2008; Wang, Shu, Xing et al., 2012）。

（4）对南华系形成的时代和构造背景的认识，其中最引人注目的是是否与 Rodinia 超大陆裂解有关的争论（Li, Li, Li, 2008; Zhou et al., 2002; Li, Bogdanova, Collins et al., 2008；周汉文，李献华，王汉荣等，2002; Ling, Gao, Zhang et al., 2003; Zhang S H et al., 2008；王剑和潘桂棠，2009）。

（5）关于"雪球事件"的时代、规模以及过程的研究，这些进展都建立在精细的年代学和稳定同位素、放射性同位素和微量元素地球化学的研究基础之上（见新元古代雪球事件一节）。

华南前寒武纪地质与地球化学研究的任务还很重。除了"雪球事件"前后的地球环境演变这个大的问题之外，如何通过地球化学和年代学解决华南陆块是否由扬子和华夏陆块拼合而成以及何时和如何形成，都有巨大的前进空间。

（八）塔里木陆块前寒武纪研究

塔里木是中国三大古陆块之一。由于它被显生宙地层以及沙漠覆盖，过去的研究程度较低。近年来的研究揭示出它有早前寒武纪变质基底。主要的前寒武纪基底岩石有以新太古代 TTG 片麻岩为主的杂岩、古元古代中—深变质的表壳岩系，以及中—新元古代下部的绿片岩相岩石。新元古代存在一套基本未变质的含有冰碛岩、夹少量火山岩的沉积岩系。TTG 片麻岩的微区锆石 U-Pb 年龄多在 2.56~2.65 Ga 间，两阶段模式 Hf 模式年龄 T_{DM2} 主要集中在古—中太古代（3.3~3.0 Ga），这表明该区新太古代基底岩系主要来自古—中太古代的新生地壳物质的部分熔融。还有一些古元古代的花岗片麻岩（如约 2300 Ma、2100~1800 Ma 的锆石 U-Pb 年龄（Long, Sun, Yuan et al., 2012），记录了元古宙的构造岩浆事件。

引人注目的阿克苏蓝片岩的变质年龄是 760~862 Ma（矿物 $^{40}Ar/^{39}Ar$ 和岩石 Rb-Sr 年龄（Chen, Xu, Zhan et al., 2004）），其中未变质的基性岩墙的锆石年龄是 803~780 Ma（Zhan, Chen, Xu et al., 2007；张志勇，朱文斌，舒良树等，2008），阿克苏群变质沉积岩中碎屑锆石的年龄峰值为 830~780 Ma，其中继承年龄和变质年龄没有很好的区分，可能的解释是沉积时代在大约 830 Ma 之后，在 780 Ma 前后发生变质。新元古代早期塔里木陆块的花岗岩主要形成在 820~800 Ma，少量在约 760 Ma（邬光辉，孙建华，郭群英等，2010）。超镁铁质—镁铁质杂岩和基性岩墙大概有 820 Ma 左右和 780~760 Ma 两期，它们在塔里木的南北缘都有发现。740~735 Ma 的双峰式火山岩以及 735~650 Ma 的基性岩墙群在塔里木北缘被确定，可能和陆内裂谷有关（张传林，李怀坤，王洪燕等，2012; Long, Yuan, Sun et al., 2010）。以上基底中的各期事件的记录也被钻井的岩芯的研究证实（Xu, He, Zhang et al., 2013）。

塔里木陆块的新元古代"雪球事件"的记录是近年来一个研究亮点。贝义西组顶部火山岩锆石的 SHRIMP 定年结果为 732±7 Ma，它代表贝义西冰期的上限。考虑该组杂砾岩之下火山岩已有的定年结果，贝义西冰期的时限为 740~732 Ma。综合新元古界三层火山岩 SHRIMP 锆石定年结果，可以明确地将库鲁克塔格地区新元古界四个含杂砾岩的组限定在三个时间段内，即 740~732 Ma 的贝义西组，732~615 Ma 之间的阿勒通沟组和特瑞爱肯组，以及 615~542 Ma 之间的汉格尔乔克组，这些年龄段代表了库鲁克塔格地区新元古代各冰期的时代范围（Xu, Zheng, Yao et al., 2003；徐备，寇晓威，宋彪等，2008）。与冰期有关的同位素年代学资料分析表明，贝义西冰期可与 Kaigas 冰期对比；阿勒通沟冰期和特瑞爱肯冰期可能与 Sturtian 冰期和 Elatina 冰期对比；而汉格尔乔克冰期和 Gaskiers 冰期可以对比。

塔里木克拉通的研究在中国三大古陆块中起步最晚、研究程度最低。进一步的研究至少有以下两个重要问题需要突破：一是东天山—北山—敦煌基底的研究，目前的资料已出现它们是亲华北还是亲塔里木的争论；二是华北克拉通与塔里木克拉通的前寒武纪演化历史的对比研究，特别是新元古代的构造演化，这是解决中国统一大陆形成与演化的重要课题。

（九）前寒武纪大陆演化与成矿问题

20 世纪 80 年代末至 90 年代初，在区域性研究工作的基础上，一些研究者较全面地归纳了我国太古宙和元古宙的某些地球化学特征（程裕淇，孙大中，伍家善，1986；江博明和张宗清，1986；孙大中和翟安民，1987），为探讨该克拉通前寒武纪地球化学的时空演化打下了基础；古老地壳不但为 Fe、Au、Cu、Pb、Zn、稀土、Mg 等提供了丰富的矿源，还赋存一批大型、超大型矿床。在成矿时代、成矿模式和时空演化等方面与国外相比有自己的特色，这方面的成果与矿产资源一样丰富（张秋生等，1984；钱祥麟，崔文元，王时麟等，1985；孙大中，1990，1991，1994；王秀璋，程景平，张宝贵等，1992）。尔后，这方面的研究有了更大的进展。

前寒武纪在地球演化史上近 90% 的时段里，不仅形成了百分之八九十的陆壳，还记录了复杂而剧烈的地质构造过程，赋存着丰富的矿产资源。前寒武纪最重要的地质事件有陆壳的巨量增生、前板块机制/板块机制的构造转折、由缺氧到富氧的地球环境的剧变。一些重要矿产，如铁、金、铜、铅、锌、铀等的资源量远大于其他地质时代。这些矿产的成因类型独特，与重大地质事件密切相关，具有鲜明的时控性，许多矿产类型仅限于特定地质时代，此后不再出现或极为罕见。例如条带状硅铁建造（BIF），只形成在 1.8 Ga 之前的早前寒武纪，它的形成与贫氧条件下的氧化条件的快速升高以及由此引起的细菌活动有关。在中—新太古代和古元古代是据统治地位的矿种，在新元古代的"雪球事件"中有少量转发，之后就再也没有重复过。

华北克拉通是全球最古老陆块之一，前寒武纪各阶段全球性重大地质事件几乎都被记录下来，并表现出一些特殊性。与全球其他克拉通相比，华北陆壳生长—稳定化过程具有多阶段特征，太古宙末—古元古代环境剧变记录复杂多样，古元古代与板块体制建立和超大陆演化相关的俯冲碰撞和伸展裂解等地质记录丰富，中—新元古代经历持续伸展并接受巨量裂谷沉积。这些重大地质事件都伴随大规模成矿作用，形成了华北克拉通丰富的矿产资源和独特的优势矿种（涂光炽等，2000；沈保丰，翟安民，陈文明等，2006；翟裕生等，2010）。Zhai 和 Santosh（2013）和翟明国（2010，2013）提出了华北克拉通五大成矿系统，它们具有阶段性和不可重复性，与地球的不可逆演化相一致。五个成矿系统是：太古宙陆壳增生与 BIF 成矿系统，古元古代大氧化事件伴随的 B-Mg 成矿系统与活动带 Cu-Pb-Zn 成矿系统，中—新元古代多期裂谷型 REE-Pb-Zn-Fe 成矿系统，古生代斑岩型 Cu-Mo 成矿系统，中生代壳—幔作用型 Au-多金属成矿系统。其中，大量发育的阿尔戈马型条带状铁矿是稳定我国铁矿资源市场的功勋矿种，白云鄂博稀土矿和大石桥菱镁矿资源均为世界之最，硼、铅、锌等矿种优势显著。但同时，华北克拉通很少发育或甚至缺乏国外常见的苏必利尔型铁矿、绿岩带型金矿和砾岩型铀金矿。华北前寒武纪地质研究，不仅孕育着成矿理论的创新，更是实现找矿突破的迫切需求。

（十）同位素地球化学和前寒武纪年代学迅速发展

这一研究基本与国际上的发展同步。自 20 世纪 60 年代国内开展同位素年代学研究以来，建成了一批具有较高水平的实验室，测年方法也由 20 世纪 60~70 年代的 K-Ar 法和 Rb-Sr 法发展到 80 年代的常规锆石 U-Pb 法、单颗粒锆石蒸发法 Pb-Pb 定年、单颗粒锆石 U-Pb 稀释法，以及 Sm-Nd 法和 $^{40}Ar/^{39}Ar$ 法，并有一些年轻的学者利用国外先进的离子探针质谱进行锆石微区原位的 U-Pb 法测年。因此积累了大量的年代学数据，也使得前寒武纪定年更趋准确，促进了前寒武纪年代学的迅速发展，并为年代构造格架的研究打下了基础。另外，在利用 Sr、Pb、Nd 同位素示踪研究古老岩石圈地球化学特征和大陆地壳增长等方面也取得了初步的成果。

新世纪以来，我国微区同位素地球化学和年代学迅猛发展，中国地质科学院于 2001 年和 2006 年分别引入 SHRIMP II 大型离子探针，中国科学院地质与地球物理研究所于 2007 年、2010 年和 2012 年分别引入 CAMECA IMS-1280 型、NanoSIMS 50L 型、IMS-1280HR 型离子探针，我国在微区年代学测试方面已处于世界一流水平，且开始大量开展了微区稳定同位素方面的研究。从 20 世纪末开始，大量激光-等离子体质谱的引入，使得研究者廉价、快速地获得更大量的年代学数据。多接收等离子体质谱特有的高温电离方式，使得 Hf 同位素研究、非传统稳定同位素的研究进入了快速发展阶段。以上都大大推动了前寒武纪地质研究的进展。

三、总体评估

经过 20 世纪 70 年代迄今 40 余年的发展，我国前寒武纪地球化学已经有了长足的进展。首先，已形成了一支具有较强实力的科研队伍，且不断有高等学历的专业人才和从国外学成回国的青年专家充实到该研究领域；适应研究工作需要的实验条件不断完善成熟；不同学科之间的交叉结合形成了综合攻关能力；国际间的合作与交流更加瞄准学科发展前沿。近年来，在国内外刊物上发表的文章累累，成果丰硕。我们的研究在一些方面已接近或达到国际水平，在某些点上的研究已提出创新性认识。当然也应当认识到，我国太古宙地球化学研究成为国际一流或领先国际有很长的路需要走。例如，在早期陆壳的形成机制和增生机制，高级麻粒岩地体的成因，早期大陆的热体制与黏滞度等的研究，都有很长的路要走，跟随模仿西方权威的模式的现象需要克服和扭转。而南方元古宙地球化学研究也明显受显生宙以后的板块构造和碰撞造山带的思路影响（孙大中，1996[①]），尚欠缺切实反映我国前寒武纪地球化学特点的研究项目、技术路线和理论。在研究思路上，缺少突破前人或权威所设定的框架的能力和勇气（丁仲礼，2013），也就是原始创新严重不足的问题。

近十年来，我国的科研经费明显增多，仪器设备的引进力度很大，已经建成了很多先进的实验室，特别在高精度、微区原位的分析方法上的先进设备在国际上也不落后。在先进方法和宏量数据的影响下，我国前寒武纪研究得到大幅度提高，一批有影响的研究成果引起国际的注意。在早前寒武纪高压麻粒岩和超高温麻粒岩、新太古代蛇绿岩、早期陆壳的多阶段增生与稳定化、新太古代"雪球事件"以及地球环境的变化/生命演化、超大陆与板块构造的启动等诸多研究成为国际关注热点。但同时，忽视基本地质的研究现象表现突出，仅用地球化学数据和同位素年龄数据说话，已经给前寒武纪地球化学的深入开展和高水平研究带来某些不利影响。这个现象已经引起学界的高度注意，并提出了一些改进措施，例如在一些全国性学术会议上开设会前讲座等，以及呼吁完善科技成果的评审制度。

我国前寒武纪古老地壳的形成和发展历史与世界其他地区相比有自己的特点，且南北方地壳的演化和地球化学性状也存在较大差异。从我国具体的地质条件出发，扬长避短，是我国前寒武纪地球化学研究，乃至学科发展的重要问题。近期已有一些研究项目抓住我国具体地质特点，结合深部地质、岩石圈结构、同位素地球化学分区和非平衡动力学方面的研究，取得良好的进展。孙大中先生生前（1996年）曾建议建立三个前寒武纪构造—地球化学带，它们是北部长达2000 km的麻粒岩相带，中部沿大别山到黄海边的高压—超高压变质带及其新元古代岩石；华南深部地球化学带（东南沿海岩石圈—扬子地块南缘），上述三个前寒武纪地球化学带的深入研究，对认识我国地质特征的基本框架，发展新的地质理论和提高地球化学研究对资源和环境需求的效益等方面将会有很好的前景。他的建议时至今日仍有重要的意义。近年来中国地质调查局进行的中国大陆岩石圈深部探测的工作积累了很好的资料和样品，是推动前寒武纪地球化学研究的动力之一。前寒武纪地球化学研究，在今天中国经济实力提高、科研队伍壮大、自由探索气氛较好的情况下，整体布局和顶层设计尤为重要。研究将进一步加强中国与世界的对比，现代与过去的对比，地壳与地幔的对比，地球与星球的对比。大科学时代的科学研究的要求即学科交叉、宏量数据和系统科学的特色必然进入到前寒武纪地球化学研究领域。

第四节　新的生长点和发展方向

随着地学的发展，前寒武纪地质和地球化学也不断发展和深入。新学说、新理论、新技术和新方法的产生和应用，研究成果的不断获取，使得人们对地球早期历史的地质过程和构造机制的认识不断深化，研究工作向着更深更广的方向延伸，从而开拓出许多新的领域。学科之间的互相渗透、交叉和结合，孕育了一些边缘前沿学科，拓宽了地学研究的思路，形成了多学科综合研究和攻关能力。同时，经济发展需求的变化，要求不断调整地学

[①] 孙大中，1996. 中国前寒武纪地球化学回顾与展望（未刊稿）

研究方向，从而涌现出一些新的生长点。

一、前寒武纪地球化学学科新的生长点

下面就与前寒武纪有关的地幔地球化学、大陆地壳形成和再造、地壳热体制、流体地球化学、同位素地球化学与年代学，以及地球环境变化与沉积环境的地球化学演化等等问题，展望本学科的一些新的生长点。

（一）前寒武纪大陆地幔地球化学

根据地球早期分异理论，地核分离出来后的剩余称为硅酸盐海或原始地幔，而初始地壳是原始地幔经过高程度分异形成的，其易熔组分（硅、铝、钙、铁、全碱）喷出地表形成了地壳，而其难熔的橄榄岩部分就构成了岩石圈地幔（Jordan，1975；Boyd，Gurney，Richardson，1985；Pollack，1986；King，2005）。因此，前寒武纪大陆克拉通型岩石圈地幔应具有如下特征：①岩石圈年龄老、厚度大，通常大于200 km；②主要由难熔的金刚石–石榴子石–尖晶石相方辉橄榄岩和贫单斜辉石的二辉橄榄岩组成，其中橄榄石具有高的镁橄榄石分子，故岩石圈地幔（约3.0 g/cm³）相对于下伏软流圈（约3.35 g/cm³）轻，这就是古老克拉通型岩石圈能够长期稳定存在的根本原因；③地温梯度低，即具有典型前寒武纪地盾区地温曲线；④在地球物理特征上具有高的V_p；⑤在同位素组成上具有相对富集的Sr-Nd同位素组成。南非Kaapvaal克拉通金伯利岩中橄榄岩捕虏体的矿物学、地球化学和Re-Os同位素研究进一步证明了这一理论（Richardson，Gurney，Erlank，1984；Richardson，Erlank，Hart，1985；Pearson，Carlson，Shirey et al.，1995；Pearson，1999）。前寒武纪大陆岩石圈地幔通常都遭受过多期不同来源熔体交代作用的影响，这就是其同位素组成相对富集的主要原因。地幔交代作用主要发生在80~100 km深度，交代矿物主要为金云母、钾碱镁闪石和富含不相容元素的Fe-Ti氧化物，如阿玛科矿、锶钛铁矿族（LIMA）和磁铁铅矿族（YIHA）。这些矿物经常与典型地幔交代组合如云母–角闪石–金红石–钛铁矿–透辉石组合（MARID）或钛铁矿–金红石–金云母–硫化物组合（IRPS）共生，反映了富K、Ba、Ti、Zr、Nb、REE等不相容元素的小体积熔/流体对先前亏损的以方辉橄榄岩为主的岩石圈地幔的交代作用。而这些富含不相容元素的Fe-Ti氧化物尤其是LIMA和YIHA族矿物在玄武岩携带的地幔橄榄岩捕虏体中不存在（Zhang，Goldstein，Zhou，2009）。

相反，典型大洋岩石圈地幔则具有完全不同的地质地球物理特征：①年龄轻、厚度小，通常小于80 km；②主要由饱满的尖晶石相二辉橄榄岩组成，其中橄榄石具有低的镁橄榄石分子；③地温梯度高；④在地球物理特征上具有低的V_p；⑤在同位素组成上具有亏损的Sr-Nd同位素组成（Fan，Zhang，Baker et al.，2000）。

然而，具有古老前寒武纪结晶基底的华北克拉通古、中、新生代金伯利岩或玄武岩携带的地幔橄榄岩捕虏体对比研究发现：①华北岩石圈减薄前的确具有太古宙克拉通型大陆岩石圈地幔（Zhang，Goldstein，Zhou et al.，2008）；②中生代时期通过与来自大陆和大洋深俯冲作用形成的壳源熔体的相互作用转变成富集的岩石圈地幔；③减薄后的晚白垩世—新生代时期又通过与软流圈来源的熔体相互作用转变成主量元素饱满同位素亏损的"大洋型"

岩石圈地幔（Tang，Zhang，Ying et al.，2008；Zhang，Goldstein，Zhou et al.，2009）。这说明典型前寒武纪大陆克拉通型岩石圈地幔是能够通过橄榄岩-熔体反复交代反应逐步转变成具有"大洋型"岩石圈地幔特征的相对饱满地幔的，该发现改变了地幔交代作用的传统认识。通过地幔堆晶岩、熔体包裹体并结合 Li、Fe、Mg 非传统稳定同位素研究证明参与反应的熔体是多来源的，不仅有大陆地壳物质、大洋地壳物质，而且有软流圈来源的硅酸盐熔体和碳酸盐熔体（Tang，Zhang，Nakamura et al.，2007；Yang，Teng，Zhang et al.，2009；Zhao，Zhang，Zhu et al.，2012）。华北岩石圈地幔从古生代难熔富集的克拉通型岩石圈地幔转变成新生代饱满亏损的"大洋型"地幔是华北克拉通之所以能够被大规模破坏和减薄的根本原因。

（二）大陆地壳形成、生长和再造

这是大陆岩石圈研究中最受重视的前沿领域之一。大陆地壳生长的理论和研究内容主要包括陆壳起源和成因、生长和演化过程、生长速率及生长机制和模式。近年，国外通过精确的年代学和地球化学研究对地球早期历史、陆壳物质来源、陆壳增长期次和主要增长时期、添加方式、物质的再循环和平衡及地球化学动力学等都取得明显进展，并向着地壳生长的半定量和定量模式化研究发展。

根据地球上原始地幔的样品以及太阳系其他星球的陨石的定年，推测地球的年龄大约为 4.56 ~ 4.6 Ga，与月球的年龄相当。目前发现的地球上最古老的岩石不是斜长岩，而是 TTG 片麻岩。TTG 是奥长花岗岩（trondhjemite）、英云闪长岩（tonalite）、花岗闪长岩（granodiorite）的缩写，在陆壳的早期形成中具有重要意义（Condie，1980）。在显生宙以来这种岩浆很少出现，类似的岩浆岩有埃达克岩，它与 TTG 仍有差别，数量也很少。由此也就产生了先有洋壳还是先有陆壳的争论。然而地球上至今没有公认的大于 1.0 Ga 的洋壳被发现。对于 TTG 的成因也有岩浆海模式或岩浆分异的假说（Jordan，1978；Kröner and Layer，1992；Stevenson，2008；Zhang and Guo，2002）。目前 TTG 的成因问题是最前沿也是最困难的科学问题。科马提岩浆的结晶分异虽然可以产生 TTG 质岩浆，但要分异出如此大规模的 TTG 岩石是很困难的。目前较为流行的模式有以地幔柱为基本模型，造成大火山岩省镁铁质—超镁铁质岩石的部分熔融，以及洋壳俯冲，玄武质岩石重熔成 TTG 岩石，类似于现代埃达克质岩石的形成（Condie，Des Marais，Abbot，2001；Condie and Kröner，2008，2013）。最早的陆壳岩石应该形成在 4.4 Ga 之前，尔后约 3.8 Ga，约 3.3 Ga，约 3.0 ~ 2.8 ~ 2.7 Ga 和约 2.6 ~ 2.5 Ga 可能是陆壳增生的几个峰期的时期（Amstrong，1981；Brow，1979；Dewey and Windley，1981；McLenman and Taylor，1982；Liu，Nutman，Compston，1992；Harrison，McCulloch，Blichert-Toft et al.，2006；Harrison，2009）。约 2.7 ~ 2.5 Ga 的新太古代末陆壳可能与现代规模相当，即超级克拉通（Rogers and Santosh，2003）。

值得提出的是在古老的 3.8 Ga 的西格陵兰 TTG 片麻岩中，还共生有 3.7 ~ 3.8 Ga 的沉积岩和基性火成岩。沉积岩中代表性的岩石组合是条带状硅铁建造（BIF），它们是在有生物参与氧化条件环境形成的化学沉积岩，因此说明在 3.8 Ga 前已有水的存在并在地质过程中发挥着重要作用。大洋的证据至今还没有确定，一些科学家坚信能够找到 2.5 Ga 以上的洋壳，也有的科学家提出古老的大洋组成和现在可能有很大的差别，而且大陆是在初始的陆壳、陆块之间的小型海盆间完成大陆岩石圈的建立的，因此可能与现代洋壳在岩石学和地球化学上难以比对（Kusky and Zhai, 2012）。

2.5 Ga 作为太古宙与元古宙的界限，其中的含义还远远没有揭示。华北的 2.5 Ga 事件的记录很强，翟明国（2011）提出 2.5 Ga 是华北克拉通化完成的时期，此时大量壳熔花岗岩的出现是早期地壳活化、再造的表现，反映了壳幔之间的相互作用，上下地壳稳定分层，并达到了壳幔耦合。克拉通化的时代已经被地壳和地幔的对应年龄记录下来（Wu, Zhao, Wilde, 2005；刘富，郭敬辉，路孝平等，2009；Zhang, Zhai, Santosh et al., 2011）。同时，全球的克拉通化是地球的固体圈层以及水、气圈层的耦合期。克拉通化的内涵仍未深刻揭示。

此后的地球曾有一个约 0.2~0.3 Ga 的静止期，然后进入氧化的地球环境，并且开始进入类似于显生宙的洋陆相互作用的板块构造体制。

我国在该项研究方面刚刚起步，还在跟踪和模仿阶段。以往的研究主要是从古老年龄或同位素地球化学年代学和示踪角度探讨地壳增长期次。由于种种原因，不少年龄数据所代表的地质意义存在较多疑问。华北克拉通是前寒武纪事件记录最全的古陆，有条件在该领域做出贡献。

（三）麻粒岩与早前寒武纪地壳热体制

一般认为前寒武纪地壳要比现在热，地热梯度可能是 26~30℃/km（赵宗溥等，1993）。太古宙古陆的主要岩石构造样式是穹隆状的麻粒岩—片麻岩地体（高级区）被向斜状低级变质—未变质的绿岩带围绕。这与显生宙造山带—克拉通的构造格局完全不同。麻粒岩的变质压力大多在中压变质的范围内（小于 0.9 GPa），温度大多在 800±50℃，位于夕线石稳定区（Bohlen, 1987；沈其韩，徐惠芬，张宗清等，1992；赵宗溥等，1993）。即使如此，麻粒岩形成的深度也在 25~30 km。高级区的岩石大致有三类，即 TTG 片麻岩、辉长岩以及变质的表壳岩。表壳岩需要有从地表进入深部地壳水平的过程。但是作为可能是造山带的绿岩带的变质很浅，说明岩石没有进入深部地壳水平，穹隆状的面状分布的麻粒岩地体俯冲的模式很难建立。已有重力反转、地幔柱加逆掩断层等多种假说。麻粒岩地体的形成与 TTG 的形成并称为陆壳早期演化的两大疑案。

中国科学家率先发现了在华北克拉通广泛存在高温高压（HT-HP）麻粒岩和高温超高温（HT-UHT）麻粒岩，近年来备受人们的关注，并将它们视为探讨早前寒武纪大陆演化和早期板块构造的关键课题（见高级区与高压麻粒岩问题一节）。它们的变质大致可以分为峰期和中压麻粒岩（角闪岩）退变质期，年龄大约是 1.98~1.92 Ga 和 1.87~1.84 Ga。HT-HP 麻粒岩主要是含石榴子石的基性麻粒岩，它们以透镜体或强烈变形的岩墙状出露于片麻岩中。HT-UHT 麻粒岩主要是富铝的变质沉积岩系，俗称孔兹岩系，其中有含假蓝宝石和尖晶石等矿物组合，指示部分岩石的变质温度高于 900~1000℃。新的研究表明：①两类麻粒岩在变质峰期温度和压力上有很大的重叠区间，都经历了一个近等温—略升温的降压变质；②两类麻粒岩很有可能在峰期和随后的降压变质阶段是同时的或有关联的；③HT-HP 和 HT-UHT 麻粒岩的分布特征是线状或面状分布仍有待进一步查明；④高级变质的麻粒岩代表了华北克拉通的最下部地壳，它们变质的温压体系、岩石的刚性程度、分布特征、岩石组合以及抬升速率等与显生宙有明显的不同。两类麻粒岩是否有成因联系是今后研究中非常值得注意的问题，深入研究将会对华北克拉通早期地壳演化、构造和动力学机制提供丰富的资料和证据。

（四）前寒武纪流体地球化学

流体是地壳物质组成的基本部分之一。然而地壳流体在地质作用过程中的重要作用却是近十多年来才充分认识到的。20世纪70年代初，在挪威南部麻粒岩中发现存在大量的CO_2流体包裹体，揭开了地壳流体，特别是中、下地壳流体作用研究的序幕，随后引起人们的高度注意（Crawford and Hollister，1986）。80年代实施的"太古宙地球化学"项目重要的成果之一是提出下地壳富CO_2流体与麻粒岩成因和K、Rb、U、Th等LIL元素亏损之间的关系，从而逐渐意识到流体决定了地壳中物质和能量的运动与交换，在很大程度上直接影响和控制着地壳内部几乎所有的地质作用过程和动力学机制。认识上的飞跃反过来促进了地壳流体研究的不断深入，近年国际上已将其列为地学的重要前沿领域和重大的基础研究课题，也受到我国地学界的高度重视。就前寒武纪流体地球化学而言，其研究的重点应集中在下地壳流体的来源和性状、变质作用，特别是高、中级变质作用、岩浆作用、部分熔融和混合岩化作用等前寒武纪主要地质过程中流体的地球化学效应；流体对物质的运移聚散与成矿作用的关系以及水–岩作用，特别是水–岩体系的元素和同位素交换动力学等方面的研究。近年来，从混合岩化的观点发展到出熔和熔融作用，从p-T条件、p-T轨迹到模拟深熔反应类型（魏春景，2013），对于变质相平衡、陆壳的形成和成矿作用，以及C的深部循环（牛耀龄，2013），都有很大的推动作用。

（五）前寒武纪地球化学特征的时空演化与大型—超大型矿床成矿背景研究

前寒武纪地球化学特征及其演化是研究前寒武纪地球化学的动力学过程，它既是前寒武纪地质作用的主要营力之一，又是各种地质作用过程综合影响的产物。通过前寒武纪地壳发展过程中地球化学界面和地球化学分区（场、区、省）和特定地质作用（如高级变质作用、深熔作用、混合岩化作用及韧性剪切作用等）过程中元素的行为等的研究来探讨前寒武纪元素和物质迁移聚集规律，进而研究成矿作用，特别是大型、超大型矿床的成矿作用时空演化的地球化学背景。同时，也可以反演各种地质作用过程和推测地质作用的构造背景。

中国的前寒武纪古陆多经历了复杂的后期变动，以往被称为准地台（赵宗溥，1993），因此矿产资源也具有改造和继承的特征。如华北克拉通的陆壳生长—稳定化过程具有多阶段特征，太古宙末—古元古代环境剧变记录复杂多样，古元古代与板块体制建立和超大陆演化相关的俯冲碰撞和伸展裂解等地质记录丰富，中—新元古代经历持续伸展并接受巨量裂谷沉积。这些重大地质事件都伴随大规模成矿作用，形成了华北克拉通丰富的矿产资源和独特的优势矿种（见前寒武纪大陆演化与成矿问题一节）。这种矿产资源的"暴富暴贫"现象，现有成矿理论难以较好解释。华南的多金属矿产丰富多彩，历史上徐克勤先生1943年所著《江西南部钨矿地质志》就提出了有卓见的认识，此后他又将华南花岗岩划分为四个旋回，两个成因系列，突出了同熔花岗岩与继承花岗岩的联系（徐克勤，胡受奚，孙明志等，1982）。陈国达先生创造的地洼学说，强调了活化构造，并以华夏大陆作为研究实例（陈国达，1996）。目前我国的研究多将它们与现代板块挂钩，有简单化的倾向,对古老基底对多金属巨量堆积的贡献重视不够。研究中国前寒武纪成矿作用,不仅孕育着成矿理论的创新,更是实现找矿突破的迫切需求。

地球科学系统观以及演化地球观的建立,使人们将成矿作用作为地球演化的一部分进行研究,大大拓宽了研究视野。岩石是地球演化的物质记录,矿石是特殊类型的岩石。地球阶段式、渐进式和不可逆式的演化规律,决定了成矿规律的时空性。前寒武纪持续了4.0 Ga以上,不同时代的岩石组合及其构造背景,已经表现出渐进变化的地球化学特征,这是前寒武纪地球化学为研究大型—超大型成矿作用的突出贡献和带来突破的极大机遇。

(六) 前寒武纪同位素地球化学与年代学

同位素地球化学是前寒武纪地球化学最重要的组成部分。虽然,它并非新的生长点,却由于其在前寒武纪地球化学研究中卓有成效的作用而始终受到重视,是当代地学领域的前沿学科,且不断有新的研究成果获得。同位素年代学是研究地球早期历史的重要基础,不断开创新的测年方法,扩展测年范围和提高测年的精确性始终是同位素地球化学家的重要任务。近十年来,国内外对各种等时线测年方法的利弊及对不同地质过程、地质体的适用性的探讨不断深入(孙大中,1990;路甬祥,2013),涉及复杂的前寒武纪地质条件下各种地质作用过程,如岩浆作用、深熔作用、混染作用、变质作用、构造作用和其他热事件,特别是有H_2O和CO_2等流体参与下,各种同位素体系的性状和所受到的扰动及由此引起的同位素分馏、迁移等问题的研究。另外,地球最古老岩石的测年及地球形成年龄、年代构造格架和地壳结构模式、年代学-地球化学岩石圈探针方法(吴元宝和李献华,2013;范宏瑞和陈福坤,2013)和同位素地球化学壳-幔探针方法(杨进辉,2013;张宏福,2013;郑永飞,2013),变质过程的p-T-t轨迹(刘景波和郭敬辉,2013)等都是前寒武纪同位素地球化学,特别是同位素年代学研究的热点。

近年来,前寒武纪地球化学的研究较多地转向利用同位素的丰度和变化作为地质过程的天然示踪剂这一新的领域。例如,利用Sr、Nd、Pb同位素示踪研究大陆地壳增长和演化,大陆壳-幔多元同位素体系及地球化学分区研究等国内外都已取得进展。另外,同位素示踪对岩浆来源、岩浆演化、壳幔分异、岩石的热历史、流体-岩石相互作用、变质作用含水性质和一些地质作用过程的平衡状态判别等都能提供重要的证据。以上这些方面的研究还刚刚起步,但前景是很广阔的。

(七) 地球环境变化与沉积环境的地球化学演化

在地球演化过程中,地球环境的变化是巨大和复杂的过程。从地球的起源、陆壳的形成—生长—稳定化、现代洋陆格局形成的宏观角度看,最重要的地球环境变化是两个大的地质时代——太古宙与元古宙的界限和元古宙与显生宙的界限。在冥古宙与太古宙的界限前后的变化,记录很少。已有的记录可能是在大约3.8 Ga时已经证明有水参与了地质活动,如在西格陵兰发现的带有层理和波痕的沉积岩和条带状铁建造(Nutman, Friend, Horie et al., 2007)。地球变化的指标很多,其中最重要的是氧的环境。因此地球地质环境的演变就是氧为代表的环境变化。两个大的氧化事件发生在约2.5～2.35 Ga和新元古代"雪球事件"之后,它们分别以抑制产甲烷菌的活性和大量微生物的形成、澄江群生命大爆发的生命活动为标志。两次大的氧化事件都假设了曾有一个全球性的大冰期周期,已构成雪球地球。古元古代的氧化事件被称为大氧化事件，后者在新元古代"雪球事件"中被论及两次事件都在沉积岩石中以条带状铁建造（BIF）为标志。

对地球大氧化事件有不同的成因模型，如 C-W-K-H 模型、D-K-O 模型都是基于氧在大气圈中的变化为依据，选取了不同的时间和变化范围参数，它们得到大气圈中游离 O_2 产生的时间和机理不同。2000 年以来新的研究趋向于认为 2.5 Ga 前的氧化作用很普遍，大气变得富氧是在 2.4 ~ 2.2 Ga，预示着全球不可逆转的富氧转变（Pavlov and Kasting，2006；Anbar，Duan，Lyons et al.，2007）。以上很多成果是通过泥质岩石的地球化学研究得出的。因此沉积环境的变化是地球环境变化的重要表现，沉积岩石的地球化学研究是地球环境变化的重要手段。

古元古代大氧化事件前后的沉积岩石是有巨大差异的（Windeley，1995）。条带状铁建造（BIF）的沉积在太古宙早期就有，它们巨量沉积是在 2.7 ~ 2.5 Ga 期间，认为是由于火山活动引起海水中氧逸度的变化，导致一些细菌的活动，使得海水中大量的 Fe^{2+} 离子变价的结果。BIF 的再次富集是在约 2.3 ~ 1.9 Ga 期间，即大氧化事件的直接结果（赵振华，2010）。而后富集氧的环境，沉积铁矿变为粒状铁矿，以赤铁矿为主。在地质历史上唯一的一次重复的 BIF 形成是在新元古代"雪球事件"中（Hoffman and Schrag，2000）。浅海沉积岩始于约 2.7 Ga 的新太古代，在约 1.9 Ga 期间达到高峰，而后一直持续到现在。黑色页岩的沉积与页岩基本上显示同样的规律变化。相应前寒武纪的沉积矿床出现古元古代之前的 BIF，之后则出现中元古代 Pb、Mn，依次是新元古代 Zn、U，显生宙之后出现 Cu、Mn、U、Pb、Zn 等多种矿床。

即使是在古元古代大氧化事件过程中，沉积岩的变化也是明显的，从众多文献的统计来看，在冰碛岩之后，依次出现浅水碳酸盐台地、白云岩、叠层石爆发、BIF、红层、蒸发岩、磷块岩、黑色页岩、晶质铀矿等。它们记录的环境变化以及古气候信息是非常丰富的。

近年来，Biogeology 的研究在我国已有很好的起点和进展（殷鸿福，谢树成，童金南等，2009）。两个大的演化事件的研究也有很大进展。我国胶辽吉的古元古代沉积、蓟县剖面和三峡剖面都是极好的研究对象，其中丰富多变的沉积岩石、沉积韵律和沉积间断和沉积速率，都有极大的研究价值和原始创新空间，是难得的研究实验室。

二、今后发展方向和主要研究领域

（一）学科在国民经济中的作用和科学意义

当今，固体地球科学的两大中心议题是地球圈层和全球变化。全球变化的主要控制因素之一是固体地球动力学。归根结底是岩石圈的问题。岩石圈的研究是地学研究的核心；岩石圈研究的重点在大陆，主要研究大陆地壳的发生和发展的动力学过程，以及由此引起的地壳物质的迁移聚散对资源环境的影响。前寒武纪是地球和大陆岩石圈形成和发展的早期阶段，也是最重要的阶段，历经时间长，地质构造复杂。因此，前寒武纪地质地球化学在岩石圈研究中的基础地位和不可替代的作用是不言而喻的。在岩石圈结构构造和深部地质等这样一些复杂地质问题的研究中地球化学方法往往比其他方法更能发挥其优势，如地球物理方法多研究地球的现状,而地球化学方法却可以有效地推测历史的变化,并以微观研究解决宏观问题,由此确立了前寒武纪地球化学的学科地位。无论是外国还是中国,前寒武纪是金属矿产最重要的成矿期,特别是国民经济建设中急需的矿产资源,如 Fe、Cu、Au、Pb、Zn、REE、U 等都有大型或超大型矿床形成。因此加强前寒武纪地球化学研究,对于探索大型、超大型矿床成矿背景,既具有理论意义,也具有为经济建设提供更丰富优质的矿产资源的现实意义。我国前寒武纪岩石分布十分广泛,前寒武纪地质和地球化学过程对这些地区的资源、农业、生态和环境、灾害等的制约是显而易见的,加强这些地区的前寒武纪地球化学研究对提供资源保障、发展农业、改善生态环境、预防灾害具有现实的和潜在的意义,也是关系到能否持续发展的长远课题。

(二) 主要研究领域

(1) 前寒武纪大陆地球化学动力学

地幔地球化学;

壳–幔再循环;

大陆起源与生长;

前寒武纪地球化学时空演化;

深部流体来源及流体对前寒武纪重要地质作用的地球化学效应;

前寒武纪地球化学动力学与成矿作用。

(2) 前寒武纪岩石圈研究

早期陆壳性质;

陆壳生长机制和生长速率;

前寒武纪岩石圈结构;

板块构造的启动与地球热状态;

岩石圈研究中的同位素地球化学示踪研究;

地学大断面综合研究。

(3) 前寒武纪超大型矿床的研究

前寒武纪地球化学界面与成矿作用;

前寒武纪地球化学场(省、区)与超大型矿床;

超大型矿床的全球地质地球化学背景;

超大型矿床预测和找矿的地球化学标志;

流体与超大型矿床的关系。

(4) 前寒武纪岩石出露区环境背景研究

前寒武纪岩石出露区基岩,特别是花岗岩地球化学性状对区内土壤、水系、植物放射性污染和重金属污染的评估;

矿产资源开发与环境地质;

区域地球化学背景与农业地质背景关系研究。

(5) 前寒武系沉积环境变化及其对古气候的指示

太古宙/元古宙以及元古宙/显生宙分界的地球环境状态;

雪球事件的地球化学背景;

沉积环境对古气候状态的地球化学标志。

主要参考文献

陈国达. 1996. 地洼学说-活化构造及成矿理论体系概论. 长沙：中南工业大学出版社

陈衍景. 1990. 2.3 Ga 地质环境突变的证据及若干问题讨论. 地层学杂志, 14 (3)：178~186

陈衍景, 刘丛强, 陈华勇等. 2000. 中国北方石墨矿床及赋矿孔达岩系碳同位素特征及有关问题讨论. 岩石学报, 16：233~244

程裕淇, 孙大中, 伍家善. 1986. 古华北陆台早前寒武纪基底某些地质和演化特征. 见：国际前寒武纪地壳演化讨论会会议文集（第二集）. 北京：地质出版社, 1~19

程裕淇, 沈其韩, 刘国惠等. 1963. 变质岩的一些基本问题和工作方法. 北京：中国工业出版社

丁仲礼. 2013. 固体科学研究中的思维方法浅析. 见：丁仲礼主编. 固体地球科学研究方法. 北京：科学出版社, 13~36

董申保等. 1986. 中国变质作用以及与地壳演化的关系. 北京：地质出版社

范宏瑞和陈福坤. 2013. 金属矿床形成年龄的测定方法. 见：丁仲礼主编. 固体地球科学研究方法. 北京：科学出版社, 580~593

甘晓春, 李惠民, 孙大中等. 1995. 浙西南古元古代花岗质岩石的年代. 岩石矿物学杂志, 14 (1)：1~8

高林志, 张传恒, 尹崇玉等. 2008. 华北古陆中、新元古代年代地层框架-SHRIMP 锆石年龄新依据. 地球学报, 29 (3)：366~376

管守锐和赵徵林. 1991. 岩浆岩及变质岩简明教程. 北京：中国石油大学出版社

郭敬辉, 翟明国, 李永刚等. 1999. 恒山西段石榴子石角闪岩和麻粒岩的变质作用、PT 轨迹及构造意义. 地质科学, 34 (3)：311~325

贺同兴, 卢良兆, 李树勋等. 1988. 变质岩岩石学. 北京：地质出版社

胡雄键. 1994. 浙西南中下元古界八都群的地质年代学. 地球化学, 23 (增刊)：18~24

江博明和张宗清. 1986. 冀东太古代麻粒岩-片麻岩的稀土地球化学和岩石成因. 中国地质科学院地质研究所所刊

李怀坤, 陆松年, 李惠民等. 2009. 侵入下马岭组的基性岩床的锆石和斜锆石 U-Pb 精确定年——对华北中元古界地层划分方案的制约. 地质通报, 28 (10)：1396~1404

李江海, 翟明国, 钱祥麟等. 1998. 华北中部晚太古代高压麻粒岩的地质产状及其出露的区域构造背景. 岩石学报, 14 (2)：176~189

刘富, 郭敬辉, 路孝平等. 2009. 华北克拉通 2.5 Ga 地壳生长事件的 Nd-Hf 同位素证据：以怀安片麻岩地体为例. 科学通报, 54：2517·2526

刘景波和郭敬辉. 2013. 变质岩石中 p-T-t 路径的研究方法. 见：丁仲礼主编. 固体地球科学研究方法. 科学出版社, 北京, 743~751

卢良兆, 靳是琴, 徐学纯等. 1991. 内蒙古东南部早前寒武纪孔兹岩系成因及含矿性. 长春：吉林科学技术出版社

路甬祥. 2013. 魏格纳等给我们的启示. 见：丁仲礼主编. 固体地球科学研究方法. 北京：科学出版社, 1~12

马瑞士. 2006. 华南构造演化新思考兼论"华夏古陆说"中的几个问题. 高校地质学报, 12 (4)：448~456

马振东和陈颖军. 2000. 华南扬子与华夏陆块古-中元古代基底地壳微量元素地球化学示踪探. 地球化学, 29 (6)：525~531

牛耀龄. 2013. 全球构造与地球动力学. 北京：科学出版社

欧阳自远. 1988. 天体化学. 北京：科学出版社
彭润民，翟裕生，王建平等. 2010. 内蒙古狼山新元古代酸性火山岩的发现及其地质意义. 地质通报，55（26）：2611~2620
钱祥麟，崔文元，王时麟等，1985. 冀东前寒武纪铁矿地质，石家庄：河北科学技术出版社，154~178
沈保丰，翟安民，陈文明等. 2006. 中国前寒武纪成矿作用. 北京：地质出版社，1~362
沈其韩，徐惠芬，张宗清等. 1992. 中国早前寒武纪麻粒岩. 北京：地质出版社，1~228
孙大中. 1990. 前寒武纪地质年代学问题的探讨. 中国区域地质，（4）
孙大中. 1991. 中国前寒武纪地壳研究及其在地质战略上的意义. 地质科技管理，（1）：18~23
孙大中. 1994. 华南变质基底构造与岩石圈，安徽地质，4（1~2）：1~3
孙大中，翟安民. 1987. 古华北陆台早前寒武纪地壳演化的几个问题讨论. 见：中国变质地质图编制与研究论文集（第1辑）. 北京：地质出版社，61~78
汤好书，陈衍景，武广. 2009. 辽宁后仙峪硼矿床氩-氩定年及其地质意义. 岩石学报，25（11）：2752~2762
涂光炽等. 2000. 中国超大型矿床. 北京：科学出版社
万渝生，刘敦一、王世进等. 2012. 华北克拉通鲁西地区早前寒武纪表壳岩系重新划分和BIF形成时代. 岩石学报，28（11）：3457~3475
王洪亮，孙勇，柳小明等. 2007. 北秦岭西段奥陶纪火山岩中发现近41 Ga的捕房锆石. 科学通报，52（14）：1684~1693
王剑和潘桂棠. 2009. 中国南方古大陆研究进展与问题评述. 沉积学报，27：818~825
王仁民，游振东，富公勤. 1988. 变质岩石学. 北京：地质出版社
王仁民，陈珍珍，陈飞. 1991. 恒山灰色片麻岩和高压麻粒岩包体及其地质意义. 岩石学报，7（4）：36~45
王仁民，钱青，范天立. 1998. 华北古陆块南缘高压麻粒岩的发现. 见：北京大学地质学系编. 北京大学国际地质科学学术研讨会论文集. 北京：地震出版社，568~572
王秀璋，程景平，张宝贵等. 1992. 中国改造型金矿床地球化学. 北京：科学出版社，1~77
魏春景. 2013. 变质相平衡模拟方法. 见：丁仲礼. 固体地球科学研究方法. 北京：科学出版社，752~763
魏春景，张翠光，张阿利等. 2001. 辽西建平杂岩高压麻粒岩相变质作用的P-T条件及其地质意义. 岩石学报，17（2）：269~282
邬光辉，孙建华，郭群英等. 2010. 塔里木盆地碎屑锆石年龄分布对前寒武纪基底的指示. 地球学报，31（1）：65~72
吴元宝和李献华. 2013. 同位素地质年代学基本理论和方法. 见：丁仲礼主编. 固体地球科学研究方法. 北京：科学出版社，481~493
徐备，寇晓威，宋彪等. 2008. 塔里木板块上元古界火山岩SHRIMP定年及其对新元古代冰期时代的制约. 岩石学报，24（12）：2857~2862
徐克勤，胡受奚，孙明志等. 1982. 华南两个成因系列花岗岩及其成矿特征. 矿床地质，2：1~14
杨进辉. 2013. 岩浆岩的元素和同位素示踪方法. 见：丁仲礼主编. 固体地球科学研究方法. 北京：科学出版社，633~647
殷鸿福，谢树成，童金南等. 2009. 谈地球生物学的重要意义. 古生物学报，48（3）：293~301
游振东和王方正. 1988. 变质岩岩石学教程. 武汉：中国地质大学出版社
于津海，O'Reilly Y S，王丽娟等. 2007. 华夏地块古老物质的发现和前寒武纪地壳的形成. 科学通报，52（1）：11~18
翟明国. 2010. 华北克拉通的形成演化与成矿作用. 矿床地质，29：24~36
翟明国. 2011. 克拉通化与华北陆块的形成. 中国科学（D辑），41（8）：1037~1046

翟明国. 2013. 华北前寒武纪成矿系统与重大事件的联系. 岩石学报, 29（5）：1759~1773

翟明国, 郭敬辉, 阎月华等. 1992. 中国华北太古宙高压基性麻粒岩的发现及初步研究. 中国科学（B辑），22（12）：1325~1330

翟裕生等. 2010. 成矿系统论. 北京：地质出版社

张传林, 李怀坤, 王洪燕. 2012. 塔里木地块前寒武纪研究进展评述. 地质论评, 58（5）：923~936

张宏福. 2013. 岩石圈地幔形成年龄测定. 见：丁仲礼主编. 固体地球科学研究方法. 北京：科学出版社, 515~525

张秋生等. 1984. 中国早前寒武纪地质及成矿作用. 长春：吉林人民出版社, 81~94

张志勇, 朱文斌, 舒良树等. 2008. 新疆阿克苏地区前寒武纪蓝片岩构造-热演化史. 岩石学报, 24（12）：849~856

赵振华. 2010. 条带状铁建造（BIF）与地球大氧化事件. 地学前缘, 17（2）：1~12

赵宗溥等. 1993. 中朝准地台前寒武纪地壳演化. 北京：科学出版社

郑永飞. 2013. 高温地质过程的稳定同位素示综. 见：丁仲礼主编. 固体地球科学研究方法. 北京：科学出版社, 648~681

周汉文, 李献华, 王汉荣等. 2002. 广西鹰扬关群基性火山岩的锆石 U-Pb 年龄及其地质意义. 地质论评, 48（增刊）：22~25

周金城, 王孝磊, 邱检生. 2008. 江南造山带是否格林威尔造山带？——关于华南前寒武纪地质的几个问题. 高校地质学报, 14：64~72

Anbar A D, Duan Y, Lyons T W *et al.* 2007. A whiff of oxygen before the Great Oxidation Event. *Science*, 317: 1903~1906

Appel P, Moller A, Schenk V. 1998. High-pressure granulite facies metamorphism in the Pan-African belt of eastern Tanzania: *P-T-t* evidence against granulite formation by continent collision. *Jounal of Metamorphic Geology*, 16: 491~509

Armstrong R L. 1981. Radiogenic isotopes: the case for crustal recycling on a near steady-state no-continental-growth Earth. *Philosophical Transactions of the Royal Society*, 301: 443~472

Arth J G and Hanson G N. 1975. Geochemistry and origin of the Early Precambrian crust of north-eastern Minnesota. *Geochimica et Cosmochimica Acta*, 39: 325~362

Arth J G, Barker F, Peterman Z E *et al.* 1978. Geochemistry of the gabbro-diorite-tonalite-trondhjemite suite of south-west Finland and its implications for the origin of tonalitic and trondhjemitic magmas. *Journal of Petrology*, 19: 289~316

Ayer J, Amelin Y, Corfu F *et al.* 2002. Evolution of the southern Abitibi greenstone belt based on U-Pb geochronology: autochthonous volcanic construction followed by plutonism, regional deformation and sedimentation. *Precambrian Research*, 115: 63~95

Barker F. 1979. Trondhjemites, Dacites and related Rocks. Amsterdam: Elsevier, 1~659

Barker F and Arth J G. 1976. Generation of trondhjemitic-tonalitic liquids and Archaean bimodal trondhjemites-basalt suites. *Geology*, 4: 596~600

Bindeman I N, Eiler J M, Yogodzinski G M *et al.* 2005. Oxygen isotope evidence for slab melting in modern and ancient subduction zones. *Earth and Planetary Science Letters*, 235: 480~496

Bleeker W. 2002. Archean tectonics: a review, with illustrations from the Slave craton. In: Fowler C M R, Ebinger C J, Hawkesworth C J *et al.* The Early Earth: Physical, Chemical and Biological Developments. London: Geological Society Publication, 151~181

Bohlen S R. 1987. Pressure-temperature-time paths and a tectonic model for the evolution of granulites. *Journal of Geology*, 95: 617~632

Boyd F R, Gurney J J, Richardson S H. 1985. Evidence for a 150 ~ 200 km thick Archaean lithosphere from diamond inclusion thermobarometry. *Nature*, 315: 387 ~ 389

Brown G C. 1979. The changing pattern of batholith emplacement during earth history. In: Atherton M P, Tarney J et al. Origin of Granite Batholiths: Geochemical evidence: based on a meeting of the Geochemistry Group of the Mineralogical Society. Orprington England: Shiva Publication, 106 ~ 115

Brown M. 2006. Duality of thermal regimes is the distinctive characteristic of plate tectonics since the Neoarchean. *Geology*, 34: 961 ~ 964

Carswell D A and O'Brien P J. 1993. Thermobarometry and geotectonic significance of high-pressure granulites: Examples from the Moldanubian Zone of the Bohemian Massif inLower Austria. *Journal of Petrology*, 34 (3): 427 ~ 459

Chen Y, Xu B, Zhan S et al. 2004. First mid-Neo Proterozoic paleomagnetic results from the Tarim Basin (NW China) and their geodynamic implications. *Precambrian Research*, 133: 271 ~ 281

Chen Y J. 1988. Catastrophe of the geological environment at 2300 Ma. In: Abstracts of the Symposium on Geochemistry and Mineralization of Proterozoic Mobile Belts, Tianjin, 11

Chen Y J and Zhao Y C. 1997. Geochemical characteristics and evolution of REE in the Early Precambrian sediments: evidences from the southern margin of the North China Craton. *Episodes*, 20: 109 ~ 116

Chen Y J, Hu S X, Lu B. 1998. Contrasting REE geochemical features between Archean and Proterzoic khondalite series of North China Craton. *Mineralogical Magzine*, 62A: 318 ~ 319

Cloud P E. 1968. Atmospheric and hydrospheric evolution on the primitive earth. *Science*, 160: 729 ~ 736

Condie K C. 1981. Archaean Greenstone Belts. Amsterdam: Elsevier, 1 ~ 434

Condie K C. 1980. Origin and early development of Earth's Crust. *Precambrian Research*, 11: 183 ~ 197

Condie K C and Kröner A. 2008. When did plate tectonics begin? Evidence from the geologic record. *Geological Society of America Special Paper*, 440: 281 ~ 294

Condie K C and Kröner A. 2013. The building blocks of continental crust: Evidence for a major change in the tectonic setting of continental growth at the end of the Archean. *Gondwana Research*, 23: 394 ~ 402

Condie K C, Des Marais D J, Abbot D. 2001. Precambrian superplumes and supercontinents: A record in black shales, carbon isotopes and paleoclimates. *Precambrian Research*, 106: 239 ~ 260

Crawford M L and Hollister L S. 1986. Metamorphic fluids, the evidence from fluid inclusions. In: Walther J V and Wood B J ed. Advances in Physical Geochemistry, 1 ~ 35

De Wit M J, Roering C, Hart R J et al. 1992. Formation of an Archean continent. *Nature*, 357: 553 ~ 562

Dewey J F and Windley B F. 1981. Growth and differentiation of the continental crust. *Philosophical Transactions of the Royal Society of London*, A301: 189 ~ 206

Dirks P H G M, Jelsma H A, Hofmann A. 2002. Thrust-related accretion of an Archaean greenstone belt in the Midlands of Zimbabwe. *Journal of Structural Geology*, 24: 1707 ~ 1727

Diwu C R, Sun Y, Guo A L et al. 2011. Crustal growth in the North China Craton at 2.5 Ga: evidence from in situ zircon U-Pb ages, Hf isotopes and whole-rock geochemistry of the Dengfeng complex. *Gondwana Research*, 20: 149 ~ 170

Diwu C R, Sun Y, Wilde S A et al. 2013. New evidence for ~4.45 Ga terrestrial crust from zircon xenocrysts in Ordovician ignimbrite in the North Qinling Orogenic Belt, China. *Gondwana Research*, 23: 1484 ~ 1490

Drummond M S and Defant M J. 1990. A model for trondhjemite-tonalite-dacite genesis and crustal growth via slab melting: Archean to modern comparisons. *Journal of Geophysical Research-Solid Earth*, 95: 21503 ~ 21521

Ellis D J. 1987. Origin and evolution of granulites in normal and thickened crust. *Geology*, 15: 167 ~ 170

Fan Q C and Hooper P R. 1991. The Cenozoic basaltic rocks ofEastern China: petrology and chemical composition. *Journal of Petrology*, 32: 765~810

Fan W M and Menzies M A. 1992. Destruction of aged lower lithosphere and asthenosphere mantle beneath eastern China. *Geotectonica et Metallogenia*, 16: 171~179

Fan W M, Zhang H F, Baker J et al. 2000. On and off the North China Craton: Where is the Archaean keel? *Journal of Petrology*, 41: 933~950

Foley S F, Tiepolo M, Vannucci R. 2002. Growth of early continental crust controlled by melting of amphibolite in subduction zones. *Nature*, 417: 837~840

Frakes L A. 1979. Climates throughout Geologic Time. Amsterdam: Elsevier, 1~310

Geng Y S, Du L L, Ren L D. 2012. Growth and reworking of the early Precambrian continental crust in the North China Craton: Constraints from zircon Hf isotopes. *Gondwana Research*, 21: 517~529

Goodwin A M. 1996. Principles of Precambrian Geology. London: Academic Press, 1~327

Green D H and Ringwood A E. 1967. An experimental investigation of the gabbro to eclogite transformation and its petrological applications. *Geochimica et Cosmochim Acta*, 31: 767~833

Guitreau M, Blichert-Toft J, Martin H et al. 2012. Hafnium isotope evidence from Archean granitic rocks for deep-mantle origin of continental crust. *Earth and Planetary Science Letters*, 337-338: 211~223

Hamilton W B. 2011. Plate tectonics began in Neoproterozoic time, and plumes from deep mantle have never operated. *Lithos*, 123: 1~20

Harley S L. 1989. The origins of granulites: a metamorphic perspective. *Geological Magazine*, 126 (3): 215~247

Harrison T M. 2009. The Hadean Crust: Evidence from >4 Ga Zircons. *Annual Review of Earth and Planetary Sciences*, 37: 479~505

Harrison T M, McCulloch M T, 2006. Blichert-Toft J et al. Further Hf isotope evidence for Hadean continental crust. *Geochimica et Cosmochimica Acta*, 70 (18): A234

Hoffman P F. 1988. United plates of America, the Birth of a Craton: Early Ptoterozoic Assembly and Growth of Laurentia. *Annual Reviews of Earth and Planetary Sciences*, 16 (3): 543~603

Hoffman P F. 1989. Precambrian Geology and Tectonic History of North America. In: Balley and Palmer ed. The Geology of North America-An Overview. Michigan: Geological Society of Amer, 447~512

Hoffman P F and Schrag D P. 2000. Snowball Earth. *Scientific America*, 282: 68~75

Hoffman P F and Schrag D P. 2002. The snowball Earth hypothesis: testing the limits of global change. *Terra Nova*, 14: 129~155

Hoffman P F and Kaufman A J, Halverson G P et al. 1998. A Neoproterozoic snowball Earth. *Science*, 281: 1342~1346

Holland H D. 2002. Volcanic gases, black smokers, and the great oxidation event. *Geochimica et Cosmochimica Acta*, 66: 3811~3826

Hyde W T, Crowley T J, Baum S K et al. 2000. Neoproterozoic "snowball Earth" simulations with a coupled climate-ice-sheet model. *Nature*, 405: 425~429

Jahn B M and Zhang Z Q. 1984. Radiometric ages (Rb-Sr, Sm-Nd, U-Pb) and REE geochemistry of Archaean granulite gneisses from eastern Hebei Province, China. *Archaean Geochemistry*, 204~234

Jahn B M, Glikson A Y, Peucat J J et al. 1981. REE geochemistry and isotopic data of Archaean silicic volcanics and granitoids from the Pilbara Block, western Australia: implications for the early crustal evolution. *Geochimica et Cosmochimica Acta*, 45: 1633~1652

Jahn B, Auvray B, Shen Q H et al. 1988. Archean crustal evolution in China: the Taishan Complex and evidence for juvenile crustal addition from long-term depleted mantle. *Precambrian Research*, 38: 381~403

Jahn B, Liu D Y, Wan Y S et al. 2008. Archean crustal evolution of the Jiaodong Peninsula, China, as revealed by zircon SHRIMP geochronology, elemental and Nd-isotope geochemistry. *American Journal of Science*, 308:

232 ~ 269

Jordan T H. 1975. The continental tectosphere. *Reviews of Geophysics and Space Physics*, 13: 1 ~ 12

Jordan T H. 1978. Composition and development of continental lithosphere. *Nature*, 274: 544 ~ 548

Kamber B S, Ewart A, Collerson K D et al. 2002. Fluid-mobile trace element constraints on the role of slab melting and implications for Archean crustal growth models. *Contributions to Mineralogy and Petrology*, 144: 38 ~ 56

Kapyaho A, Manttari I, Huhma H. 2006. Growth of Archaean crust in the Kuhmodistrict, eastern Finland: U-Pb and Sm-Nd isotope constraints on plutonic rocks. *Precambrian Research*, 146: 95 ~ 119

Karhu J A and Holland H D. 1996. Carbon isotopes and the rise of atmospheric oxygen. *Geology*, 24: 867 ~ 870

King S D. 2005. Archean cratons and mantle dynamics. *Earth and Planetary Science Letters*, 234: 1 ~ 14

Kirschvink J L. 1992. Late Proterozoic low-latitude global glaciation: the snowball earth. In: Schopf J W and Klein C ed. The Proterozoic Biosphere. Cambridge: Cambridge University Press, 51 ~ 52

Kleinhanns I C, Kramers J D, Kamber B S. 2003. Importance of water for Archean granitoid petrology: a comparative study of TTG and potassic granitoids from Barberton Mountain Land, South Africa. *Contributions to Mineralogy and Petrology*, 145: 377 ~ 389

Konhauser K O, Pecoits E, Lalonde S V et al. 2009. Oceanic nickel depletion and a methanogen famine before the Great Oxidation Event. *Nature*, 458: 750 ~ 753

Kröner A. 1987. Proterozoic lithospheric evolution. *Eos, Transactions American Geophysical Union*, 17: 244 ~ 246

Kröner A. 1988. Proterozoic Lithospheric Evolutione. *Eos, Transaction American Geophysical Union*, 11 (16): 244 ~ 246

Kröner A and Layer P W. 1992. Crust formation and plate motion in the Early Archean. *Science*, 256: 1405 ~ 1411

Kusky T M, Li J H, Tucker R D. 2001. The Archaean Dongwanzi ophiolite complex, North China craton: 2.505-billion-year-old oceanic crust and mantle. *Science*, 292: 1142 ~ 1145

Kusky T M, Windley B F, Zhai M G. 2007. Tectonic evolution of the North China Block: from orogen to craton to orogen. In: Zhai M G, Windley B F, Kusky T ed. Mesozoic Sub-Continental Thinning Beneath Eastern North China. London: Geological Society Special Publication, 280: 1 ~ 34

Kusky T M and Zhai M G. 2012. The Neoarchean Ophiolite in the North China Craton: Early Precambrian Plate Tectonics and Scientific Debate. *Journal of Earth Science*, 23 (3): 277 ~ 284

Labrosse S and Jaupart C. 2007. Thermal evolution of the Earth: Secular changes and fluctuations of plate characteristics. *Earth and Planetary Science Letters*, 260: 465 ~ 481

Lai Y, Chen C, Tang H S. 2012. Paleoproterozoic positive δ^{13}C excursion in Henan, China. *Geomicrobiology Journal*, 29: 287 ~ 298

Li C, Love G D, Lyons T W et al. 2010. A stratified redox model for the Ediacaran Ocean. *Science*, 328: 80 ~ 83

Li W X, Li X H, Li Z X. 2008. Middle Neoproterozoic syn-rifting volcanic rocks in Guangfeng, South China: Petrogenesis and tectonic significance. *Geological Magazine*, 145 (4): 475 ~ 489

Li X H, Zhao J X, McCulloch M T et al. 1997. Geochemical and Sm-Nd isotopic stud of late Proterozoic ophiolite petrogenesis and tectonic evolution. *Precambrian Research*, 81: 129 ~ 144

Li Z X, Li X H, Kinny P D et al. 1999. The breakup of Rodinia: Did it start with a mantle plume beneath South China? *Earth and Planetary Science Letters*, 173: 171 ~ 181

Li Z X, Bogdanova S V, Collins A S et al. 2008. Configuration and breakup history of Rodinia: A synthesis. *Precambrian Research*, 160: 17 ~ 210

Li Z X, Li X H, Li W X et al. 2008. Was Cathaysia part of Proterozoic Laurentia? —new data from Hainan Island, South China. *Erra Nova*, 20: 154 ~ 164

Li Z X, Li X H, Zhou H X et al. 2008. Grenvillian continental collision in south China: new SHRIMP U-Pb zircon results and implications for the configuration of Rodinia. *Geology*, 20: 154~164

Li J H and Kusky T M. 2007. A late Archean foreland and thrust in the North China craton: implications for early collisional tectonics. *Gondwana Research*, 12: 47~66

Lin S F. 2005. Synchronous vertical and horizontal tectonism in the Neoarchean: Kinematic evidence from a synclinal keel in the northwestern Superior craton, Canada. *Precambrian Research*, 139: 181~194

Ling W L, Gao S, Zhang B R et al. 2003. Neoproterozoic tectonic evolution of the northwestern Yangtze craton, South China: implications for amalgamation and break-up of the Rodinia Supercontinent. *Precambrian Research*, 122: 111~140

Liu D Y, Nutman A P, Compston W et al. 1992. Remnants of ≥3800 Ma crust in the Chinese part of the Sino-Korean craton. *Geology*, 20: 339~342

Liu F, Guo J H, Lu X P et al. 2009. Crustal growth at ~2.5 Ga in the North China Craton: evidence from whole-rock Nd and zircon Hf isotopes in the Huai'an gneiss terrane. *Chinese Science Bulletin*, 54: 4704~4713

Liu F, Guo J H, Peng P. 2012. Zircon U-Pb ages and petrochemistry of the Huai'an TTG gneisses terrane: Petrogenesis and implications for ~2.5Ga crustal growth in the North China Craton. *Precambrian Research*, 212-213: 225~244

Liu J H, Liu F L, Ding Z J et al. 2012. The growth, reworking and metamorphism of early Precambrian crust in the Jiaobei terrane, the North China Craton: Constraints from U-Th-Pb and Lu-Hf isotopic systematics, and REE concentrations of zircon from Archean granitoid gneisses. *Precambrian Research*, 224: 287~303

Liu P J, Yin C Y, Gao L Z et al. 2009. New material of microfossils from the Ediacaran Doushantuo Formation in the Zhangcunping area, Yichang, Hubei Province and its zircon SHRIMP U-Pb age. *Chinese Science Bulletin*, 54: 1058~1064

Liu D Y, Nutman A P, Compston W et al. 1992. Remnants of ≥3800 Ma crust in the Chinese part of the Sino-Korea craton. *Geology*, 20: 339~342

Lizuka T, Horie K, Komiya T. 2006. 4.2 Ga zircon xenocryst in an Acasta gneiss from northwestern Canada: Evidence for early continental crust. *Geology*, 34: 245~248

Long X P, Sun M, Yuan C et al. 2012. Zircon REE patterns and geochemical characteristics of Paleoproterozoic anatectic granite in the northern Tarim Craton, NW China: Implications for the reconstruction of the Columbia supercontinent. *Precambrian Research*, 222-223: 474~487

Long X P, Yuan C, Sun M et al. 2010. Archean crustal evolution of the northern Tarim Craton, NW China: Zircon U-Pb and Hf isotopic constraints. *Precambrian Research*, 180: 272~284

Lopez S, Fernandez C, Castro A. 2006. Evolution of the Archaean continental crust: Insights from the experimental study of Archaean granitoids. *Current Science*, 91: 607~621

Martin H. 1993. The mechanisms of petrogenesis of the Archaean continental crust, comparison with modern processes. *Lithos*, 30: 373~388

Martin H. 1994. The Archean grey gneisses and the genesis of continental crust. *Developments in Precambrian Grology*, 11: 205~259

McFadden K A, Huang J, Chu X et al. 2008. Pulsed oxidation and biological evolution in the Ediacaran Doushantuo Formation. *Proceedings of the National Academy of Sciences*, 105: 3197~3202

Mclennan S M and Taylor S R. 1982. Geochemical constraints on the growth of the continental crust. *Journal of Geology*, 90: 347~361

Melezhik V A, Fallick A E, Medvedev P V et al. 1999. Extreme $^{13}C_{carb}$ enrichment in ca. 2.0 Ga magnesite-stromatolite-dolomite-'red beds' association in a global context: a case for the worldwide signal enhanced by a local environment. *Earth-Science Reviews*, 48: 71~120

Menzies M A. 1991. Continental Mantle. London: Oxford Science Publication

Menzies M A, Fan W M, Zhang M. 1993. Palaeozoic and Cenozoic lithoprobes and the loss of >120 km of Archean lithosphere, Sino-Korean craton, China. *Geological Society of London, Special Publication*, 76: 71~81

Moorbath S. 1975. Evolution of Precambrian crust from strontium isotopic evidence. *Nature*, 254: 395~398

Moyen J F and Martin H. 2012. Forty years of TTG research. *Lithos*, 148 (1): 312~336

Nair R and Chacko T. 2008. Role of oceanic plateaus in the initiation of subduction and origin of continental crust. *Geology*, 36: 583~586

Nutman A P, Friend C R L, Horie K et al. 2007. The Itsaq Gneiss Complex of Southern West Greenland and the Construction of Eoarchean Crust at Convergent Plate Boundies. In: Kranendonk M J Van, Smithies R H, Bennett V C ed. Earth's oldest Rocks. Amsterdam: Elsevier, 187~218

O'Brien P J and Rötzler J R. 2003. High-pressure granulites: formation, recovery of peak conditions and implications for tectonics. *Journal of Metamorphic Geology*, 21: 3~20

Pavlov A A and Kasting J F. 2006. Mass-independent fractionation of sulfur isotopes in Archean sediments: Strong evidence for an anoxic Archean atmosphere. *Astrobiology*, 2: 27~41

Pearson D G. 1999. The age of continental roots. *Lithos*, 48: 171~194

Pearson D G, Carlson R W, Shirey S B et al. 1995. Stabilisation of Archaean lithospheric mantle: A Re-Os isotope study of peridotite xenoliths from the Kaapvaal craton. 134: 341~357

Peltier W R, Liu Y G, Crowley T J. 2007. Snowball Earth prevention by dissolved organic carbon remineralization. *Nature*, 450: 813~818

Peng P, Bleeker W, Ernst R E et al. 2011. U-Pb baddeleyite ages, distribution and geochemistry of 925 Ma mafic dykes and 900 Ma sills in the North China craton: Evidence for a Neoproterozoic mantle plume. *Lithos*, 127: 210~221

Perchuk L L. 1989. p-T-fluid regimes of metamorphism and related magmatism with specifi c reference to the Baikal Lake granulites. In: Daly S, Yardley D W D, Cliff B O ed. Evolution of Metamorphic Belts. London: *Geological Society Special Publication*, 43: 275~291

Perchuk L L and Taras V G. 2011. Formation and evolution of Precambrian granulite terranes: A gravitational redistribution model. In: van Reenen D D, Kramers J D, McCourt S, Perchuk L ed. Origin and Evolution of Precambrian High-Grade Gneiss Terranes, with Special Emphasis on the Limpopo Complex of Southern Africa. *Geological Society of America Memoir*, 207: 1~22

Percival J A, McNicoll V, Brown J L et al. 2004. Convergent margin tectonics, central Wabigoon subprovince, Superior Province, Canada. *Precambrian Research*, 132: 213~244

Pollack H N. 1986. Cratonization and thermal evolution of the mantle. *Earth and Planetary Science Letters*, 80: 175~182

Pouclet A, Tchameni R, Mezger K et al. 2007. Archaean crustal accretion at the northern border of the Congo Craton (South Cameroon). The charnockite-TTG link. *Bulletin de la Societe Geologique de France*, 178: 331~342

Rapp R P and Watson E B. 1995. Dehydration melting of metabasalt at 8-32 kbar: implications for continental growth and crust-mantle recycling. *Journal of Petrology*, 36: 891~931

Rapp R P, Shimizu N, Norman M D. 2003. Growth of early continental crust by partial melting of eclogite. *Nature*, 425: 605~609

Richardson S H, Gurney J J, Erlank A J et al. 1984. Origin of diamonds in old enriched mantle. *Nature*, 310: 198~202

Richardson S H, Erlank A J, Hart S R. 1985. Kimberlite-borne garnet peridotite xenoliths from old enriched subcontinental lithosphere. *Earth and Planetary Science Letters*, 75: 116~128

Rogers J J W and Santosh M. 2003. Supercontinents in Earth history. *Gondwana Research*, 6: 357~368

Sahoo S K, Planavsky N J, Kendall B et al. 2012. Ocean oxygenation in the wake of the Marinoan glaciations. *Nature*, 547: 546~549

Schidlowski M. 1988. A 3800-million-year isotopic record of life from carbon in sedimentary rocks. *Nature*, 333: 313~318

Schidlowski M, Eichmann R, Junge C E. 1975. Precambrian sedimentary carbonates: Carbon and oxygen isotope geochemistry and implications for the terrestrial oxygen budget. *Precambrian Research*, 2: 1~69

Sen C and Dunn T. 1994. Dehydration melting of a basaltic composition amphibolite at 1.5 and 2.0GPa: Implications for the origin of adakites. *Contributions to Mineralogy and Petrology*, 117: 394~409

Song B, Nutman A, Liu D Y et al. 1996. 3800 to 2500 Ma crustal evolution in the Anshan area of Liaoning Province, northeastern China. *Precambrian Research*, 78: 79~94

Stevenson D J. 2008. A planetary perspective on the deep Earth. *Nature*, 451: 262~265

Tang H S, Chen Y J, Santosh M et al. 2013a. REE geochemistry of carbonate from the Guanmenshan Formation, Liaohe Group, NE Sino-Korean Craton: implications for seawater compositional change during the Great Oxidation Event. *Precambrian Research*, 227: 316~336

Tang H S, Chen Y J, Santosh M et al. 2013b. C-O isotope geochemistry of the Dashiqiao magnesite belt, North China Craton: implications for the Great Oxidation Event and ore genesis. *Geological Journal*, 48: 467~483

Tang Y J, Zhang H F, Nakamura E et al. 2007. Lithium isotopic systematics of peridotite xenoliths from Hannuoba, North China Craton: implications for melt-rock interaction in the considerably thinned lithospheric mantle. *Geochim Cosmochim Acta*, 71: 4327~4341

Tang Y J, Zhang H F, Ying J F et al. 2008. Refertilization of ancient lithospheric mantle beneath the central North China Craton: Evidence from petrology and geochemistry of peridotite xenoliths. *Lithos*, 101: 435~452

Tang H S and Chen Y J. 2013. Global glaciations and atmospheric change at ca. 2.3 Ga. *Geoscience Frontiers*, 4: 583~596

Tang H S, Chen Y J, Wu G et al. 2011. Paleoproterozoic positive $\delta^{13}C_{carb}$ excursion in the northeastern Sinokorean craton: Evidence of the Lomagundi Event. *Gondwana Research*, 19: 471~481

Tu G C, Zhao Z H, Qiu Y Z et al. 1985. Evolution of Precambrian REE mineralization. *Precambrian Research*, 27: 131~151

van Kranendonk M J, Hugh Smithies R, Hickman A H et al. 2007. Review: Secular tectonic evolution of Archean continental crust: interplay between horizontal and vertical processes in the formation of the Pilbara Craton, Australia. *Terra Nova*, 19: 1~38

Wan Y S, Liu D Y, Song B et al. 2005. Geochemical and Nd isotopic compositions of 3.8 Ga meta-quartz dioritic and trondhjemitic rocks from the Anshan area and their geological significance. *Journal of Asian Earth Science*, 24: 563~575

Wan Y S, Song B, Liu D Y et al. 2006. SHRIMP U-Pb zircon geochronology of Palaeoproterozoic metasedimentary rocks in the North China Craton: evidence for a major Late Palaeoproterozoic tectonothermal event. *Precambrian Research*, 149: 249~271

Wan Y S, Liu D Y, Wang S J et al. 2011. ~2.7 Ga juvenile crust formation in the North China Craton (Taishan-Xintai area, western Shandong Province): Further evidence of an understated event from U-Pb dating and Hf isotopic composition of zircon. *Precambrian Research*, 186 (1-4): 169~180

Wan Y S, Liu D Y, Nutman A et al. 2012. Multiple 3.8~3.1 Ga tectono-magmatic events in a newly discovered area of ancient rocks (the Shengousi Complex), Anshan, North China Craton. *Journal of Asian Earth Sciences*,

54~55: 18~30

Wang X L, Shu L S, Xing G F et al. 2012. Post-orogenic extension in the eastern part of the Jiangnan orogen: Evidence from ca 800~760 Ma volcanic rocks. *Precambrian Research*, 222~223: 404~423

Whalen J B, Percival J A, McNicoll V J et al. 2002. A mainly crustal origin for tonalitic granitoid rocks, Superior province, Canada: implications for Late Archean tectonomagmatic processes. *Journal of Petrology*, 43: 1551~1570

Wilde S A, Valley J W, Peck W H. 2001. Evidence from detrital zircons for the existence of continental crust and oceans on the Earth 4.4 Ga ago. *Nature*, 409: 175~178

Windley B F. 1995. The Evolying Continents (3rd edition). London: John Wiley & Sons, 443~454

Windley B F and Garde A A. 2009. Arc-generated blocks with crustal sections in the North Atlantic craton of West Greenland: Crustal growth in the Archean with modern analogues. *Earth-Science Reviews*, 93: 1~30

Winther K T. 1996. An experimentally based model for the origin of tonalitic and trondhjemitic melts. *Chemical Geology*, 127: 43~59

Witze A. 2006. News feature: the start of the world as we know it. *Nature*, 442: 128~131

Wolf M B and Wyllie P J. 1994. Dehydration-melting of amphibolite at 10 kbar: the effects of temperature and time. *Contributions to Mineralogy and Petrology*, 115: 369~383

Wu F Y, Zhao G C, Wilde S A. 2005. Nd isotopic constraints on crustal formation in theNorth China Craton. *Journal of Asian Earth Sciences*, 24: 523~545

Wu F Y, Zhang Y B, Yang J H et al. 2008. Zircon U-Pb and Hf isotopic constraints on the Early Archean crustal evolution in Anshan of the North China Craton. *Precambrian Research*, 167: 339~362

Wu M L, Zhao G C, Sun M et al. 2013. Zircon U-Pb geochronology and Hf isotopes of major lithologies from the Yishui Terrane: Implications for the crustal evolution of the Eastern Block, North China Craton. *Lithos*, 170~171: 164~178

Wyman D A. 2012. A critical assessment of Nearchean "plume only" geodynamics: Evidence from the Superior province. *Precambrian Research*, 229: 3~19

Xiong X L, Adam J, Green T H. 2005. Rutile stability and rutile/melt HFSE partitioning duringpartial melting of hydrous basalt: Implications for TTG genesis. *Chemical Geology*, 218: 339~359

Xu B, Zheng H F, Yao H et al. 2003. C-isotope composition and significance of the Sinian on the Tarim Plate. *Chinese Scientific Bulletin*, 48(4): 385~389

Xu X S, O'Reilly S Y, Griffin W L et al. 2007. The crust of Cathaysia: age, assembly and reworking of two terranes. *Precambrian Research*, 158: 51~78

Xu Z Q, He B Z, Zhang C L et al. 2013. Tectonic framework and crustal evolution of the Precambrianbasement of the Tarim Block in NW China: New geochronologicalevidence from deep drilling samples. *Precanbrian Reseach*, 235: 150~162

Yang J H, Wu F Y, Wilde S A et al. 2008. Petrogenesis and geodynamics of Late Archean magmatismin Eastern Hebei, eastern North China Craton: geochronological, geochemical and Nd-Hf isotopic evidence. *Precambrian Research*, 167: 125~149

Yang W, Teng F Z, Zhang H F. 2009. Chondritic magnesium isotopic composition of the terrestrial mantle: A case study of peridotite xenoliths from theNorth China craton. *Earth and Planetary Science Letters*, 288: 475~482

Yin L, Zhu M, Knoll A H et al. 2007. Doushantuo embryos preserved inside diapause egg cysts. *Nature*, 446: 661~663

Young G M. 2013. Precambrian supercontinents, glaciations, atmospheric oxygenation, metazoan evolution and an impact that may have changed the second half of Earth history. *Geoscience Frontiers*, 4: 247~261

Yu J H, O'Reilly S Y, Zhou M F et al. 2012. U-Pb geochronology and Hf-Nd isotopic geochemistry of the Badu

Complex, Southeastern China: Implications for the Precambrian crustal evolution and paleogeography of the Cathaysia Block. *Precambrian Research*, 222 ~ 223: 424 ~ 449

Yuan X, Chen Z, Xiao S et al. 2011. An early Ediacaran assemblage of macroscopic and morphologically differentiated eukaryotes. *Nature*, 470: 390 ~ 439

Zhai M G. 2011. Cratonization and the Ancient North China Continent: A summary and review. *Science China (Earth Science)*, 54 (8): 1110 ~ 1120

Zhai M G and Santosh M. 2011. The early Precambrian odyssey of North China Craton: A synoptic overview. *Gondwana Research*, 20: 6 ~ 25

Zhai M G and Santosh M. 2013. Metallogeny in the North China Craton: secular changes in the evolving Earth. *Gondwana Research*, 24: 275 ~ 297

Zhai M G, Guo J H, Liu W J. 2001. An exposed cross-section of early Precambrian continental lower crust in north China craton. *Physics and Chemistry of the Earth*, 26 (9 ~ 10): 781 ~ 792

Zhai M G, Zhao G C, Zhang Q. 2002. Is the Dongwanzi complex an Archaean ophiolite? *Science*, 295: 923

Zhai M G, Fan Q C, Zhang H F et al. 2007. Lower crustal processes leading to Mesozoic lithospheric thinning beneath Eastern North China: underplating, replacement and delamination. *Lithos*, 96: 6 ~ 54

Zhan S, Chen Y, Xu B et al. 2007. Late Neoproterozoic paleomagnetic results from the Sugetbrak Formation of the Aksu area, Tarim basin (NW China) and their implication to paleogeograhpic reconstructions and the snowball Earth hypothesis. *Precambrian Research*, 154: 143 ~ 158

Zhang H F, Goldstein S L, Zhou X H et al. 2008. Evolution of subcontinental lithospheric mantle beneath eastern China: Re-Os isotopic evidence from mantle xenoliths in Paleozoic kimberlites and Mesozoic basalts. *Contributions to Mineralogy and Petrology*, 155: 271 ~ 293

Zhang H F, Goldstein S L, Zhou X H et al. 2009. Comprehensive refertilization of lithospheric mantle beneath the North China Craton: further Os-Sr-Nd isotopic constraints. *Journal of the Geological Society*, 166: 249 ~ 259

Zhang H F, Zhai M G, Santosh M et al. 2011. Geochronology and petrogenesis of Neoarchean potassic meta-granites from Huai'an Complex: implications for the evolution of the North China Craton. *Gondwana Research*, 20: 82 ~ 105

Zhang L C, Zhai M G, Zhang X J et al. 2012. Formation age and tectonic setting of the Shirengou Neoarchean banded iron deposit in eastern Hebei Province: Constraints from geochemistry and SIMS zircon U-Pb dating. *Precambrian Research*, 222-223: 325 ~ 338

Zhang Q R, Li X H, Feng L J et al. 2008. A new age constraint on the onset of the Neoproterozoic Glaciations in the Yangtze Platform, South China. *The Journal of Geology*, 116: 423 ~ 429

Zhang S H, Jiang G Q, Dong J. 2008. New SHRIMP U-Pb age from the Wuqiangxi Formation of Banxi Group: Implications for rifting and stratigraphic erosion associated with the early Cryogenian (Sturtian) glaciation in South China. *Science China Series D-Earth Science*, 51 (11): 1537 ~ 1544

Zhang S H, Jiang G Q, Han Y G. 2008. The age of the Nantuo Formation and Nantuo glaciation in South China. *Terra Nova*, 20: 289 ~ 294

Zhang S H, Zhao Y, Yang Z Y et al. 2009. The 1.35 Ga diabase sills from the northern North China Craton: implications for breakup of the Columbia (Nuna) supercontinent. *Earth and Planetary Science Letters*, 288: 588 ~ 600

Zhang Y G and Guo G J. 2002. Partitioning of Si and O between liquid iron and silicate melt: A two-phase ab-initio molecular dynamics study. *Geophysical Research Letters*, 116: 7127 ~ 7136

Zhao G C and Zhai M G. 2013. Lithotectonic elements of Precambrian basement in the North China Craton: Review and tectonic implications. *Gondwana Research*, 23 (4): 1207 ~ 1240

Zhao L, Zhou X W, Zhai M G et al. 2014. Paleoproterozoic tectonic transition from collision to extension in the eastern Cathaysia Block, South China: Evidence from geochemistry, zircon U-Pb geochronology and Nd-Hf isotopes of a granite-charnockitesuite in southwestern Zhejiang. *Lithos*, 184~187: 259~280

Zhao X M, Zhang H F, Zhu X K et al. 2012. Fe isotope evidence for multistage melt-peridotite interactions in the lithospheric mantle of the eastern China. *Chemical Geology*, 292~293: 127~139

Zhao G C, Wilde S A, Cawood P A et al. 1998. Thermal evolution of the Archaean basement rocks from the eastern part of the North China craton and its bearing on tectonic setting. International Geological Review, 40: 706~721

Zhao G C, Sun M, Wilde S A et al. 2005. Late Archean to Paleoproterozoic evolution of the North China Craton: key issues revisited. *Precambrian Research*, 136: 177~202

Zhao T P, Zhai M G, Xia B et al. 2004. Study on the zircon SHRIMP ages of the Xiong'er Group volcanic rocks: constraint on the starting time of covering strata in the North China Craton. *Chinese Science Bulletin*, 9: 2495~2502

Zheng J P, Griffin W L, Li L S et al. 2011. Highly evolved Archean basement beneath the western Cathaysia Block, South China. *Geochimica et Cosmochimica Acta*, 75: 242~255

Zheng Y F, Zhang S B, Zhao Z F et al. 2007. Contrasting zircon Hf and O isotopes in the two episodes of Neoproterozoicgranitoids in South China: Implications for growth and reworking of continental crust. *Lithos*, 96: 127~150

Zhou M F, Yan D P, Kennedy A et al. 2002. SHRIMP U-Pb zircon geochronological and geochemical evidence for Neoproterozoic arc-magmatism along the western margin of the Yangtze Block, South China. *Earth and Planetary Science Letters*, 196: 51~67

(作者：翟明国)

第二十章 第四纪地球化学

第四纪是距今最近的一个地质时期,是地球环境演化过程中出现人类和现代环境格局逐步形成的重要时期,它涵盖了地质历史中过去约 2600 ka(Ogg and Pillans,2008)。第四纪的命名和划分最早由法国学者德努瓦耶(Desnoyers)提出,他于 1829 年在研究巴黎盆地的地层时做了第三系和第四系的划分,并将时代定为"第四纪"。1839 年,英国地质学家莱尔(Lyell)将第四纪分为"更新世"和"全新世"。

第一节 第四纪地球化学学科的形成

尽管第四纪只不过是地质历史中历时极为短暂的一个时期,但它吸引了来自不同学科众多科学家的兴趣(Lowe and Walker,2014)。迄今为止,有关第四纪的文献卷帙浩繁。由于对全球变暖形势下环境演化的关注,有关第四纪的文献呈现不断增长的趋势,涉及的领域包括冰川地质、气候历史、洋流、风尘堆积、海洋/湖泊沉积、动植物演化、人类进化等。

第四纪地球环境的一个重要特点是地球气候呈现大规模冰期-间冰期旋回波动:在冰期,极地海洋、高纬度陆地和不同纬度的高山上出现大规模的冰盖和/或冰川活动,海平面大幅度下降;而在间冰期,冰盖的大规模融化使海平面上升。伴随这种大范围的气候变化的是生态环境的改变和生物界相应的变化。人类的出现是第四纪时期的重要事件,人类出现的环境条件,以及人类文明的发展对地球环境自然演化的影响,是第四纪地质学的一个研究热点。

第四纪地球化学学科滥觞于 20 世纪 50 年代初期,它是介于第四纪地质学与地球化学之间的边缘研究领域。苏联的 Полынов(1934,1944)在研究风化壳的地球化学中,拟定了著名的元素迁移序列,揭开了陆相第四纪沉积物的地球化学研究的序幕。50~60 年代,C. 埃米利亚尼和 N.J. 沙克尔顿等所做的深海沉积物中有孔虫壳体的氧同位素比值($^{18}O/^{16}O$)及其变化曲线(Emiliani,1955,1966;Shackleton,1967),开创了全球性第四纪地球化学记录的古气候变化研究新纪元。70 年代,B.K. 卢卡舍夫发表《第四纪岩石成因地球化学》,阐明了这个时期各种不同成因类型沉积物的地球化学特征(Лукашев,1970)。此后,随着现代科学的发展和测试分析技术手段的不断更新,第四纪地球化学在全球范围蓬勃发展起来。

第四纪地球化学就是借助现代科学测试分析技术手段,利用地质-生物载体中的各种环境变化记录,研究其元素及其同位素在地壳表层中的分布与演化规律,通过它们在不同成因类型的沉积物中的分布、分配、迁移和富集特征的研究,恢复过去 2600 ka 地球环境演化的历史,探求造成这些变化及其区域差异的原因,认识地球环境自然演化规律,以及人类活动的影响,进而预测今后环境演化的可能趋势。

第四纪地球化学的研究对象主要是地表的各类成因的松散沉积物和一些生物载体：主要包括河流沉积、湖相沉积、风成沉积、洞穴沉积、冰川沉积、泥炭沉积和海相沉积，其次为残积、坡积、洪积、冰水沉积、生物沉积和火山沉积等；生物载体有树轮、珊瑚、砗磲，以及有孔虫、介形虫、硅藻、螺壳、摇蚊等微型壳体。

第四纪地球化学的主要研究内容包括：①研究第四纪各种类型沉积物中化学元素及同位素的分布、分配和差异，阐明各种沉积物的成因，以及决定其中元素及同位素差异分布的原因和元素间的相互关系；②研究在不同地质作用条件下，不同地区（空间上）和不同发展阶段（时间上）化学元素运移、演化及集中、分散规律；③研究第四纪各种成因类型沉积物中常量元素和微量元素的地球化学标志和特征比值，认识沉积物形成的地球化学条件、年代及其对沉积环境的影响。

第二节 中国第四纪地球化学学科发展历程

在中国，自19世纪末开始，一些外国学者考察和研究了黄河流域的巨厚黄土。到20世纪初，这些研究有了较大发展。在1957年初成立了中国第四纪研究委员会（CHIQUA），并于1982年加入国际第四纪研究联合会（INQUA）。自20世纪50年代以来，在侯德封等人的关心和指导下，通过对黄土等第四纪载体的大量地球化学研究，中国在国际第四纪研究中占有了重要的学术地位，特别是黄土地球化学研究取得了举世瞩目的研究成果。

我国的国土辽阔，生物区系、地质环境和地貌形态复杂多样，加之构造运动活跃，造就了广泛多样的第四纪沉积物。尤其是陆相沉积分布广泛、种类繁多，包括东北、华北、三江、江汉等平原的河流-湖相沉积，青藏高原及其北部盆地的碎屑物沉积和化学沉积，中西部地区黄土高原的巨厚风成粉尘堆积、沙漠和戈壁的砂和砾石堆积，青藏高原及其他山地的冰迹、冰川沉积及山前地带磨拉式粗岩相堆积，东北和东南沿海地区的火山碎屑物堆积，以及长江以南的风化残积红土和西南地区的岩溶沉积和洞穴堆积等（刘嘉麒，韩家懋，袁宝印等，1995）；大陆架和滨海地区还分布着海相陆源碎屑堆积和海陆交互相的海滩岩和三角洲沉积，下辽河、华北、苏北和长江下游等地均可见到富含有孔虫的海相沉积，辽宁、河北、江苏等地甚至还发育有全新世海相沉积物。总之，第四纪时期发生的各种全球变化、气候事件在我国境内的沉积物中都有所发现。

我国早期的第四纪地球化学研究集中于通过黄土中元素化学组成探求其物质组成和来源，随后利用宇宙成因核素、碳氧等稳定同位素探索黄土-古土壤序列的环境意义及其记录的古季风气候变化历史。近年来扩展到以生物地球化学和非传统稳定同位素等手段来深究表生环境下黄土经历的地球化学过程。研究人员将研究对象拓展到其他类型的第四纪地质和生物载体，开展了年代学和气候环境代用指标的研究。放射性碳、钾氩法、^{10}Be示踪、铀系法测年及氧同位素测温等地球化学技术的应用，使我国第四纪地球化学研究达到新水平。微量元素、稳定和放射性同位素等气候环境代用指标分析为提取不同类型地质和生物载体中的古气候和古环境信息提供了有效途径。

第三节 中国第四纪地球化学研究重要成果

正如上文所述，我国幅员辽阔，自然环境多样、新构造运动频繁，造就了多种多样的第四纪沉积物，特别是陆地环境的典型性和多样性成为第四纪研究者首选的代表性区域。自20世纪80年代以来，我国科学家开展了大量卓有成效的第四纪地球化学研究，取得了举世瞩目的研究成果。

下面选出我国科学家在黄土、湖泊沉积、石笋、树轮、沙漠、海洋和河流沉积物、冰芯、泥炭等八个方面的重要研究成果以飨读者。

一、黄土地球化学

黄土作为一种特殊的地质单元，早在19世纪就引起不少西方地质学家的注意。现已被认定是由风力搬运并在一定的地质环境中沉积而成的产物。因此，它在以大气环流为主导、季风系统为框架的第四纪全球变化研究中占有重要地位，已成为与深海沉积物、极地和高山冰川相媲美的第四纪地质学三大研究对象之一。中国地质学家于20世纪初开始黄土沉积的开创性研究。早期侧重于地层学和古生物学研究，随后逐渐有序地开展了黄土基本特征、物理化学性质、物质来源和沉积风化过程等方面探索。

我国黄土地球化学研究贯穿于整个第四纪气候变化研究之中，成为古环境、古气候研究的一个重要组成部分。它始于20世纪50年代末，以刘东生为代表的老一辈科学家通过黄土物质的常量、微量、稀土元素、碳酸盐的地球化学组成、碳氧稳定同位素、^{10}Be等同位素地球化学，以及有机地球化学方面等一系列研究，建立了黄土地球化学研究的框架，推动了第四纪地球化学学科的发展。

我国黄土地球化学研究可以分成两个主要阶段：20世纪80年代之前，研究内容主要包括黄土矿物和化学组成，探讨其物质来源，在强调其均一性基础上，提出黄土中的元素含量可以代表上地壳的平均水平；80年代后，除了继续探讨黄土的物质来源外，主要集中在黄土物质化学组成与沉积过程中及之后风化成壤作用的关系，同时开始探讨不同地球化学指标与古气候环境变化之间的联系，挖掘出大量的环境重建替代性指标及其环境意义。

20世纪50年代，以刘东生为首的一批中外学者开展了黄河中游大规模野外考察，详尽地调查研究了黄土的分布、类型、沉积相、地层时代划分、黄土的物质成分和结构，以及古生物等，全面系统地阐述并确立了黄土的风成成因理论，确立了黄土的时空分布特征（刘东生等，1965，1966）。60年代末至80年代，随着深海钻探计划（DSDP）与大洋钻探计划（ODP）的实施，中国黄土研究逐步调整到与古气候、古环境相结合的研究方向。开始在黄土演化的时间序列、黄土环境演化的地层证据和环境变迁等方面开展了大量的工作（刘东生等，1985）。80年代以来，全球变化科学的兴起，使中国黄土研究成为全球变化的热点，我国科学家所研究的黄土与冰期-间冰期气候旋回与东亚季风形成和演化、青藏高原隆升、亚洲干旱化、高纬极区、热带海洋等一系列全球变化问题的联系及其相互作用和耦合机制等问题（安芷生，王苏民，吴锡浩等，1998；An, Kutzback, Prell *et al.*,

2001），大大丰富了黄土地球化学与全球变化研究的方向和内容。

20世纪90年代后，黄土地球化学研究步入了快速发展时期，众多研究机构和大专院校都加入了黄土地球化学研究队伍，纷纷尝试通过元素、同位素及矿物学的角度提取黄土中蕴含的古气候、古环境信息，试图从元素含量及其比值、同位素组成、矿物定量化分析等方面寻找古气候的代用指标。

刘东生等在《黄土与环境》专著中论述了黄土 ^{14}C 测年、主要化学成分、氧化物比值、淋溶聚集值、碳酸盐特征、微量元素、稀土元素及氨基酸等地球化学问题（刘东生等，1985）。之后，文启忠等在《中国黄土地球化学》中，系统总结了黄土的地球化学环境，黄土中各主量、微量、稀土和稀有元素的分布特征，碳、氧同位素和 ^{10}Be 数据，以及黄土中的有机物-氨基酸和类脂物组分，特别是提出了黄土的平均化学成分可以很好代表上地壳平均组成的新认识（文启忠等，1989）；这一认识也得到后来众多研究者的证实（Ding, Sun, Yang et al., 2001；Jahn, Gallet, Han, 2001）。

早期黄土地球化学的研究从洛川黄土剖面的 $CaCO_3$ 含量变化开始，反映出第四纪气候在黄土高原地区逐渐变干的趋势，并指出黄土形成的条件为弱碱性介质和氧化环境（顾兆炎，韩家懋，刘东生，2000；赵景波，2002）。随后，地球化学作为有效的环境研究方法和手段，在气候替代性指标、转换函数及古气候参数估算方面，发挥了重要的作用。通过这些研究，建立了若干不同时间尺度的气候环境变化记录，深入探讨了各种尺度的气候事件和气候变化周期。例如，刘东生等首次将 SiO_2/TiO_2 值作为指示冬季风强度的大气粉尘粒度的替代指标，并获得了15万年以来黄土高原冬季风变化（Liu, Guo, Liu et al., 1995）。最近十几年来，分子有机地球化学、有机碳同位素（$\delta^{13}C_{org}$）及同位素物源示踪研究又有新的进展：根据有机分子碳数的分布特征与植被类型的关系，反映黄土高原地区植被的发育状况，其时间上的演化过程可以用来确定黄土高原地区气候环境演变特征；$\delta^{13}C_{org}$ 则主要用于判断黄土高原地区发育的 C_4、C_3 植物的相对丰度，反映不同阶段植物的发育特点，推导气候的冷干和暖湿（An, Huang, Liu et al., 2005；Liu, Yang, Gao et al., 2005）。

20世纪90年代以来，黄土地球化学的研究更加细致化。沈承德、顾兆炎等深入研究了黄土中的 ^{10}Be，建立了黄土的 ^{10}Be 时标，指出 ^{10}Be 浓度可反映气候的变化（沈承德，刘东生，Beer 等，1989；沈承德，易惟熙，刘东生，1994，1995；Shen, Beer, Liu et al., 1992；Gu, Lal, Liu et al., 1996；顾兆炎，Lal，郭正堂等，2000）。最近，周卫健带领团队开拓了黄土 ^{10}Be 示踪地磁场变化和重建古降水的新方向，首次用 ^{10}Be 定量重建了地磁场强度变化，重建的130 ka 地磁场变化曲线清楚地显示了 Blake 和 Laschamp 事件，确定了它们的层位和持续时间（Zhou, Xian, Beck et al., 2010）；解决了 B/M 界线在黄土和海洋记录中不同步的难题，为建立中国黄土可靠年代框架和改善海陆古气候记录对比研究提供了可靠的时间标记（Zhou, Beck, Kong et al., 2014）。同时他们还利用黄土 ^{10}Be 重建了最近130 ka 黄土高原地区季风降水曲线，结果与亚洲石笋记录对比良好，并明确揭示出 MIS 3 阶段季风降水显著增加，指出这种状况是受南北半球夏季太阳辐射梯度驱动的结果（Zhou, Xian, Du et al., 2014），为研究长时间尺度降水和水文循环提供了新代用指标和思路。黄土碳酸盐中 $^{87}Sr/^{86}Sr$ 值记录了100 ka 冰期-间冰期周期（刘丛强，张劲，李春来，1999）。随后，杨杰东等通过黄土酸溶态和不溶态中 $^{87}Sr/^{86}Sr$ 值的变化反演黄土记录的大陆化学风化过程（杨杰东，陈骏，李春雷等，1999；Yang, Chen, An et al., 2000；Yang, Chen, Tao et al., 2001）。U-Th 系列同位素研究表明，黄土粉尘物质在沉积前约万年尺度内经历了较强的化学风化（Gu, Lal, Liu et al., 1997）。这个时期元素地球化学的系统研究也在逐步深入开展。如陈骏等研究了黄土中 Rb 和 Sr 含量变化的意义，指出 Rb 在风化过程中不易迁移，而 Sr 迁移活动性强，Rb/Sr 值是夏季风强度非常好的代用指标（陈骏，王洪涛，鹿化煜，1996；陈骏，汪永进，季峻峰等，1999）。陈骏等的研究还表明，黄土的化学风化程度比较低，处于脱 Ca、Na 阶段（陈骏，季峻峰，仇纲等，1997）。刘连文等通过元素分析，区分出风力分选和风化成壤的元素比值，指出全岩 Zr/Rb 值为冬季风代用指标，Fe/Mg 值反映风化成壤强度（刘连文，陈骏，王洪涛等，2001；刘连文，陈骏，季峻峰等，2002）。

铁氧化物含量是重要的气候替代指标，郭正堂等将国外土壤学中游离铁/全铁值指标用于黄土研究，利用黄土-古土壤剖面中游离铁/全铁值的变化探讨了古夏季风强度变化（Guo, Liu, Cuiot, 1996；Ding, Yang, Sun et al., 2001）。在此基础上，季峻峰等利用漫反射光谱技术建立了定量测定黄土和古土壤中赤铁矿和针铁矿含量的方法（Ji, Balsam, Chen et al., 2002），发现黄土-古土壤序列的赤铁矿/针铁矿值可作为东亚季风干/湿变化的敏感指标（Ji, Balsam, Chen, 2001；Ji, Chen, Balsam et al., 2004）。

地表环境中，碳酸盐因有高度的活动性而成为一种能及时记录环境变迁的矿物，它的稳定同位素组成可作为古夏季风的代用指标，因此黄土中的碳酸盐稳定同位素研究在最近几十年间得到了快速的发展（顾兆炎，1991；Gu, Liu, Liu, 1991；林本海和刘荣谟，1992；韩家懋，姜文英，吴乃琴等，1995；韩家懋，姜文英，吕厚远等，1995；韩家懋，姜文英，刘东生等，1996；Han et al, 1997；杨石岭等，1998；Ding and Yang, 2000；Sheng, Chen, Ji et al., 2008；Liu, Yang, Sun et al., 2011）。与此同时，包括生物碳酸盐蜗牛壳体的稳定同位素研究（刘宗秀，顾兆炎，吴乃琴等，2006；孙小虹，顾兆炎，王旭，2009）和最近开展的实验室蜗牛养殖实验（鲍睿和盛雪芬，2015；朱莉莉，鲍睿，盛雪芬，2015），从机理的角度探讨了环境因子影响壳体碳氧同位素组成；蜗牛壳体的碳氧同位素主要来源于水和植物。总之，黄土系统中的碳酸盐碳、氧同位素组成的变化能反映成壤时的古植被类型演替和古气温变化，从而指示环境的干湿程度，这对全面理解黄土高原地区的第四纪气候演变非常重要。

从 20 世纪末到 21 世纪初，我国学者以有机地球化学方法研究了黄土中有机分子组构（谢树成，王志远，王红梅等，2002；Xie, Chen, Wang et al., 2003；Zhang, Zhao, Lu et al., 2003；Zhang, Zhao, Eglinton et al., 2006）和有机碳的稳定同位素组成（林本海和刘荣谟，1992；Frankes and Sun, 1994；顾兆炎，刘强，许冰等，2003；Xie, Guo, Huang et al., 2004；Liu, Yang, Cao et al., 2005；Liu, Yang, Ning et al., 2007；Sun, Lv, Zhang et al., 2012）。通过土壤有机质的分子标志化合物的碳稳定同位素组成，可以确切地重建环境中的植被组成（Zhang, Zhao, Lu et al., 2003；Zhang, Zhao, Eglinton et al., 2006），也可根据正构烷烃组成探明当时的植被类型是草原植被景观、木本植物还是荒漠（草原）植被，并通过对比分析来了解环境变迁（Xie, Chen, Wang et al., 2003）。同时提出了 TOC、TN、C/N 值与磁化率变化有着良好的对应关系，有机氮同位素对气候因子中的降水和温度变化有明显的响应（刘卫国，张普，孙有斌等，2008）；根据土壤有机碳的稳定同位素组成可以推断成壤时的古植被类型的演替，从而指示环境的变迁（顾兆炎，刘强，许冰等，2003；Xie, Guo, Huang et al., 2004；Liu, Yang, Ning et al., 2007；Sun, Lv, Zhang et al., 2012）。

我国学者还对黄土高原之外地区的黄土进行了地球化学研究。例如，通过长江中下游地区分布甚广的下蜀黄土的常量、微量元素和稀土元素分析，重建了该黄土记录的化学风化和东亚季风演化历史（杨守业，李从先，李徐生，2001；李徐生，韩志勇，杨达源等，2006；张茂恒，孟景闻，夏应菲等，2011）。李福春等分析下蜀黄土不同粒级组分中的Rb/Sr值和稀土元素分布特征，揭示东亚季风对黄土风化的影响（李福春，潘根兴，谢昌仁等，2004；Li, Jin, Xie et al., 2007）。新世纪以来，不少学者研究了中亚地区黄土中常量和微量元素、稀土元素及$^{87}Sr/^{86}Sr$值的地球化学特征，通过与黄土高原的对比，取得了西风带黄土记录的气候环境演化信息（丁峰和丁仲礼，2003；叶玮，矢吹真代，赵兴有，2005；宋友桂和史正涛，2010；张文翔，史正涛，张虎才等，2011；刘现彬，赵爽，温仰磊等，2014），总体反映了中亚黄土形成于较干冷、化学风化弱的环境，但仍能记录冰期–间冰期旋回的气候特征（叶玮，董光荣，袁玉江等，2000；李传想和宋友桂，2011）；指出塔吉克斯坦南部 0.9 Ma 之后的干旱化程度将进一步加强（丁峰和丁仲礼，2003）。

在黄土物质来源研究方面，最近 20 年来涌现出大量同位素地球化学示踪研究成果，得到了很多重要的认识。刘丛强等较早运用 Sr-Nd 同位素研究黄土的物源，指出塔里木盆地是黄土高原的物源区（Liu, Masuda, Okada et al., 1993, 1994）；张小曳等利用微量元素揭示了现代粉尘和黄土的产生、源区、传输、沉降及其与气候的关系（Zhang, Arimoto, An et al., 1993；张小曳，张光宇，安芷生等，1996）；将元素与 Pb 同位素地球化学结合，孙继敏指出中国西北内陆准噶尔、塔里木和柴达木三大盆地都不是黄土高原黄土的物源，位于中蒙边境的戈壁荒漠及其南部的巴丹吉林沙漠、腾格里沙漠、乌兰布和沙漠、库布齐沙漠和毛乌素沙漠才是黄土的物源区（Sun, 2002）。为了查明黄土高原黄土的物质来源，一些学者采集了可能与黄土有关的所有中国北方沙漠、沙地、青藏高原北缘、蒙古国南部的地表风尘物质样品，以 Sr-Nd 同位素值划分出 4 个同位素特征区域，通过与黄土 Sr-Nd 同位素值对比，认为青藏高原东北缘是黄土高原黄土的源区之一（Yang, Chen, An et al., 2000；Yang, Li, Rao et al., 2009）。还有人通过 Sr-Nd 同位素、矿物含量及其比值及其他地球化学指标的研究，证实了前人关于黄土物源的认识：黄土物源具有近源性。如伊犁黄土来自天山，塔里木盆地南缘的黄土来自塔克拉玛干沙漠，准噶尔盆地南缘的黄土来自古尔班通古特沙漠，雅鲁藏布江河谷的黄土来自河槽冰水沉积或冲积扇物质，黄土高原的黄土则主要来自祁连山和戈壁阿尔泰山之间广袤的干旱区，最终来源于祁连山和戈壁阿尔泰山的剥蚀物（陈骏，仇刚，杨杰东，1997b；陈骏和李高军，2011）。

二、湖泊沉积地球化学

湖泊是陆地环境演变的另一个重要信息库。中国众多的湖泊除了东部平原和云贵高原上的淡水湖之外，在青藏高原和西北地区还有不少内陆咸水湖和盐湖；湖面的海拔从 –155 m 一直到 4900 m 左右。湖泊具有地理覆盖面广、对气候环境变化响应敏感、分辨率高和信息量丰富等特点，因而它的沉积物是研究第四纪陆地气候环境演化的主要对象之一。

我国湖泊学的研究起始于20世纪50年代后期。1957年11月，竺可桢在一次科研工作座谈会上，提出填补我国湖泊科学空白的任务，半年后便有了行动：施成熙开我国湖泊科学研究之先河（王苏民，李世杰，苏守德等，2000）。目前，除专门从事湖泊学研究的中国科学院两个专业研究机构外，相关科研机构和高等院校也有相当强的研究力量，遍布于北京、南京、广州、西安、正定和贵阳等地。

我国早期的湖泊科学研究倾向于物理湖泊学、湖泊生物生态学和湖泊环境学等基础领域。有关湖泊沉积研究则起步较晚。60~70年代集中于陆相油田有关的沉积环境和陆相生油研究（孙枢，2005）。70年代以来，石油地球化学家根据沉积历史、干酪根类型及其成熟度，建立了石油生成模型，提出了含油气系统概念（孙枢和李晓波，2001）。

至80年代中后期，随着全球变化研究计划、国际大陆科学钻探计划（ICDP）和国际地圈生物圈计划（IGBP）的开展，利用湖泊沉积进行环境演变研究成为最活跃的领域（王苏民和张振克，1999）。我国开展了一系列湖泊沉积钻探。如1985年的中国-瑞士"青海湖综合考察"，完成了初步的地震反射扫描，取得了一系列沉积岩芯（Kelts, Briegel, Ghilardi et al., 1988；陈克造，Bowler, Kelts, 1990；袁宝印，陈克造，Bowler等，1990）、1989年中法西藏西部湖泊系列钻探（Gasse, Arnold, Fontes et al., 1991；Fontes, Gasse, Gibert, 1996）、1992年在若尔盖黑河南岸钻探的RH孔（王苏民等，1995）等等。通过对湖泊沉积岩芯地球化学指标（有机质和碳酸盐含量、碳酸盐碳氧同位素、有机碳同位素、介形虫壳体氧同位素等）的研究，获得了一系列研究成果（Gasse, Arnold, Fontes et al., 1991；王苏民和薛滨，1996；Yu and Zhang，2009），中国的湖泊沉积研究开始进入国际视野。

进入20世纪90年代，我国学者全面开展了湖泊地球化学记录的全球变化研究，研究工作强调运用各类地球化学指标重建不同时间尺度的古气候、古环境，研究的对象从青藏高原到内蒙古高原，从新疆干旱区到中国东部平原，从云贵高原湖泊到台湾高山湖泊，其中我国西部干旱-半干旱区的内陆湖泊，特别是水文系统封闭的湖泊，或一些已干涸的古湖受到莫大的关注；所采用的地球化学指标（元素含量及其比值、碳酸盐含量及其碳氧同位素、有机碳及其碳同位素和氢指数等）帮助我们提高了对不同区域古温度、古降水、古盐度、古生产力等的深入认识，也揭示了湖泊对于中世纪暖期、小冰期等气候特征期的区域差异性响应（王苏民和张振克，1999）。从21世纪伊始，一些新的地球化学指标（生物标记化合物和同位素，如正构烷烃、GDGTs、长链烯酮、有机单分子氢同位素，以及内陆湖泊的碳埋藏和储库等）引入湖泊地球化学研究，并加强了流域现代过程和湖水-沉积物界面过程的研究。

（一）湖泊沉积物定年

该项研究中最常用的方法是放射性^{14}C定年，短时间尺度者还可采用^{210}Pb和^{137}Cs及U系定年。湖泊沉积物^{14}C年代数据最大的问题是"碳库"（或"储库"）效应的干扰，不同类型、不同时段湖泊沉积的"碳库"年龄从几百年到上万年不等（Shen, Liu, Wang et al., 2005；Yu, Cheng, Hou, 2014；Zhou, Chen, Jull et al., 2014），即便采用化学前处理也不能解决"老碳"污染问题。对于"老碳"年龄校正，我国学者采用表层沉积年龄减法（Shen, Liu, Wang et al., 2005；吴艳宏，王苏民，周力平等，2007；汪勇，沈吉，刘兴起等，2010；Liu, Herzschuh, Wang et al., 2014）、"平均值概念法"（Zhou,

Chen, Jull et al., 2014)、与光释光（Yu, Cheng, Hou, 2014）和 U 系测年（孙千里，周杰，彭子成等，2001）结果对比研究等方法进行。对短时间尺度湖泊沉积物的定年，最常用的地球化学示踪剂是 ^{210}Pb、^{137}Cs 核素（万国江，黄荣贵，王长生等，1990；万国江，林文祝，黄荣贵等，1990；项亮，王苏民，薛滨，1996）。张信宝等（2012）综述了我国湖泊沉积物 ^{137}Cs 和 ^{210}Pb 断代的主要进展和常见问题，并给出了计算沉积速率的核素质量平衡法。

(二) 元素地球化学指标

研究工作中多从特征元素含量及比值、微量元素异常特征、稀土元素配分等方面着手（谭红兵和于升松，1999），多采用 $CaCO_3$ 含量、Sr/Ca、Mg/Ca、Sr/Ba、氧化物比值来指示沉积时期水热条件下的元素迁移变化过程，进而建立古气候的干湿变化（表20-1）。例如青海湖沉积物中 $CaCO_3$ 含量及其种类变化指示了 18 ka 来青海湖地区的冷干和暖湿气候变化（Shen, Liu, Wang et al., 2005）；色林错沉积物的 MgO/CaO 值记录了自 12 ka 以来青藏高原的多次冷干和湿热的交替变化（顾兆炎，刘嘉麒，袁宝印等，1993）。由于大多数湖泊中元素和 $CaCO_3$ 含量的指示存在多解性和不确定性，金章东等率先将 Rb/Sr 值作为化学风化指标引入我国后，为揭示第四纪冰期-间冰期印度夏季风变迁历史及其动力学，以及不同气候区末次冰期-全新世百至十年尺度环境变化及其差异的研究做出了贡献（金章东，王苏民，沈吉等，2001；金章东，沈吉，王苏民等，2003；Jin, Wu, Cao et al., 2004；Jin, Wu, Zhang et al., 2005；Jin, Cao, Wu et al., 2006；Jin, An, Yu et al., 2015；An, Clemens, Shen et al., 2011）。陈敬安等通过 Rb/Sr 值适用范围和制约要素的讨论，提出了非残渣态 Rb/Sr 能更有效地反映流域化学风化过程（曾艳，陈敬安，张维等，2011；陈敬安，曾艳，王敬富等，2013）。此外，Zr/Rb 值除了用来反映湖泊沉积物的粒度变化外，还能反演水动力乃至冰川的进退状况（陈诗越，王苏民，金章东等，2003；Liu, Liu, An et al., 2014）。湖泊沉积物的 Al、Fe、Ti 通量可用来指示尘暴事件中风速的变化幅度（宋磊，强明瑞，牛光明等，2009）。重金属污染历史重建是湖泊沉积元素地球化学的一个优势。例如，岱海沉积物中 Cu、Pb 和 Zn 等重金属元素被认为是人为来源，在大约 5 ka 前即主要通过大气输入开始累积（Han, Jin, Cao et al., 2007；Jin, Li, Zhang et al., 2013）。青海湖的 Pb 也被认为是大气输入的，输入通量可与岱海相比（Jin, Han, Chen, 2010）。我国东中部湖泊中的重金属则主要来自流域的输入。例如良子湖近 7 ka 来重金属的累积主要来自附近的矿产开采，且与朝代的更替存在某种联系（Lee, Qi, Zhang et al., 2008）；长江中下游的洪湖、固城湖和太湖沉积物岩芯中 Pb 等金属元素变化表明，人类活动导致近代沉积物中 Pb 的累积发生时间都在 20 世纪 60~70 年代，且太湖污染程度高于洪湖和固城湖（姚书春，薛滨，朱育新等，2008；Jin, Cheng, Chen et al., 2010）。

表 20-1 我国主要湖泊的地球化学指标

湖泊名称	地球化学指标	时间段/ka	文献
达里湖	TOC、TIC	11.5~0	Xiao, Si, Zhai et al., 2008
岱海	Rb/Sr、$CaCO_3$	10.8~0	金章东，王苏民，沈吉等，2001；Xiao, Wu, Si et al., 2006；Jin, Cao, Wu et al., 2006

续表

湖泊名称	地球化学指标	时间段/ka	文献
潴野泽	$CaCO_3$，TOC，C/N，$\delta^{13}C_{org}$	11.8~0	Chen, Shi, Wang, 1999; Long, Lai, Wang et al., 2010
青海湖	$CaCO_3$，Rb/Sr，TOC，Ca/Zr；介形壳体 $\delta^{13}C$，$\delta^{18}O$ 和 Sr/Ca	32~0	Lister, Kelts, Chen et al., 1991; 张彭熹, 张保珍, 钱桂敏等, 1994; Shen, Liu, Wang et al., 2005; An, Colman, Zhou et al., 2012; Jin, An, Yu et al., 2015
台湾嘉明湖	TOC，TN，C/N	4.0~0	罗建育和陈镇东，1997
台湾大鬼湖	TOC，TN，C/N，C/S	2.4~0	罗建育，陈镇东，万政康，1996
湖光岩玛珥湖	Ti 含量	16~0	Yancheva, Nowaczylc, Mingram et al., 2007
松西错	$CaCO_3$，TOC	14.9~0	Gasse, Arnold, Fontes et al., 1991
班公湖	$CaCO_3$ 及其 $\delta^{13}C$ 和 $\delta^{18}O$	11.3~0	Gasse, Fontes, Campo et al., 1996; Fontes, Gasse, Gibert, 1996
色林错	碳酸盐的 $\delta^{13}C$ 和 $\delta^{18}O$	13.8~0	顾兆炎，刘嘉麒，袁宝印等，1993
错鄂	介形壳体 $\delta^{18}O$，$\delta^{13}C$，Mg/Ca，Sr/Ca，Rb/Sr，TOC	2010~840 13.5~4.5	Jin, Wu, Zhang et al., 2005; Jin, Bickle, Chapman et al., 2009, 2011
扎布耶	TOC，$CaCO_3$ 及其 $\delta^{13}C$ 和 $\delta^{18}O$	34.8~0	Wang, Scarpitta, Zhang et al., 2002
鹤庆	TOC，Rb/Sr	2600~130	An, Clemens, Shen et al., 2011
星云湖	$CaCO_3$ 及其 $\delta^{18}O$	25.1~0	Hodell, Brenner, Kanfoush et al., 1999
杞麓湖	$CaCO_3$，TOC，TN	50.0~0	Hodell, Brenner, Kanfoush et al., 1999
乌伦湖	$CaCO_3$，TOC，TN，$\delta^{13}C_{org}$，介形壳体 $\delta^{13}C$ 和 $\delta^{18}O$	10.0~0	蒋庆丰，沈吉，刘兴起等，2007; Liu, Ulrike, Shen et al., 2008
玛纳斯	碳酸盐的 $\delta^{13}C$ 和 $\delta^{18}O$	13.8~0	Rhodes, Gasse, Lin et al., 1996
艾比湖	介形壳体和有机质 $\delta^{13}C$ 和 $\delta^{18}O$	11.5~0	吴敬禄，沈吉，王苏民等，2003；吴敬禄，刘建军，王苏民，2004
巴里坤湖	$CaCO_3$ 及其 $\delta^{13}C$ 和 $\delta^{18}O$	9.4~0	Zhong, Xue, Li et al., 2010
博斯腾湖	介形壳体 $\delta^{13}C$，$\delta^{18}O$，Mg/Ca，Sr/Ca	16~1.5	Huang, Chen, Fan et al., 2009; Mischke and Wünnemann, 2006
罗布泊	TOC，TN，Rb/Sr，Ba/Sr，Ti/Sr	2.2~0	马春梅，于富葆，曹琼英等，2008
兴凯湖	TOC，TN，C/N，$\delta^{13}C_{org}$	28~0	吴健和沈吉，2010
卡拉库里	Rb/Sr，Zr/Rb	4.2~0	Liu, Herzschuh, Wang et al., 2014
四海龙湾	正构烷烃及其 $\delta^{13}C$	9.0~0	Chu, Sun, Xie et al., 2014

(三) 同位素地球化学指标

湖泊沉积物研究中最常用的同位素地球化学指标是碳酸盐的碳氧同位素（$\delta^{13}C_{carb}$ 和 $\delta^{18}O_{carb}$）（表20-1）。几乎所有的研究都表明，湖泊沉积中 $\delta^{18}O_{carb}$ 主要受湖水的 $\delta^{18}O$ 组成和水温的制约（Wei and Gasse，1999；Shen，Liu，Wang et al.，2005；Zhang，Chen，Holmes et al.，2011），且 $\delta^{13}C_{carb}$ 制约因素较为复杂（Li，Liu，Xu，2012a）。除 $\delta^{13}C_{carb}$ 和 $\delta^{18}O_{carb}$ 外，也常常用到 Sr 和 S 同位素。硅酸盐相、碳酸盐相的 $^{87}Sr/^{86}Sr$ 值被用来探讨岩石在不同气候环境下的差异风化，从机理上阐述了湖泊沉积物化学组成反映流域化学风化速率的影响程度，为季风区和干旱区气候变化提供了新的地球化学示踪途径（金章东，王苏民，沈吉等，2002）；湖泊沉积物中的 $\delta^{34}S$ 则被用来指示沉积物来源、沉积环境的氧化还原条件和开放程度等（宋柳霆，刘丛强，王中良等，2008）。

（四）生物壳体地球化学

应用在湖泊地球化学研究中最多的是介形类壳体的 $\delta^{13}C$ 和 $\delta^{18}O$、微量元素（Mg/Ca、Sr/Ca）等值（表20-1）。利用介形类壳体的 Mg/Ca 和 Sr/Ca 定量重建湖水的古盐度变化（张彭熹，张保珍，钱桂敏等，1994），Li/Ca 值则用来重建温度变化（Zhu，Chen，Li et al.，2012），而 $\delta^{18}O$ 主要反映降水和水位波动等。例如，德令哈尕海 0.150 ka 以来的介形类壳体 $\delta^{18}O$ 组成的变化特征表明，介形类 $\delta^{18}O$ 组成有效记录了该区降水量的变化：在降水来源不变的前提下，介形类 $\delta^{18}O$ 可以用来恢复短时间尺度降水量变化（Li，Liu，Xu，2012b）。与此同时，通过对云南鹤庆湖泊沉积物中同一层位、两个不同种介形类壳体的 Sr/Ca 与 Mg/Ca 关系，以及沉积物中矿物和 Sr 含量的研究，明显表现出文石结晶对介形类壳体 Mg、Sr 重建古环境的制约机理（胡广，金章东，张飞，2008）。随后的研究也证实了文石结晶对介形类壳体 Sr/Ca 古环境重建的约束作用（Zhang，Holmes，Chen et al.，2009）。另外，介形类壳体的 $^{87}Sr/^{86}Sr$，结合其 $\delta^{18}O$，来反映流域化学风化方式的变化（Jin，Bickle，Chapman et al.，2011）。

（五）有机地球化学示踪

早期的湖泊沉积地球化学研究主要采用有机质的碳同位素（$\delta^{13}C_{org}$），用来反映湖区生态与植被的变迁、气温、湖泊水位，乃至大气 CO_2 浓度变化。例如，通过青海湖不同水深的沉积物、水生植物、湖边表土和代表性的现生陆生植物样品的 $\delta^{13}C_{org}$ 分析，发现沉积物 $\delta^{13}C_{org}$ 组成反映了湖泊水深（水位）变化导致的湖泊水生生物群落的变化，确认 $\delta^{13}C_{org}$ 是指示湖泊水深变化的有效指标（Liu，Li，An et al.，2013）。然而，由于造成 $\delta^{13}C_{org}$ 值变化的影响因素较多，往往需要辅以其他指标综合判断（余俊清，安芷生，王小燕等，2001）。虽然对近代湖泊沉积物中生物标记物的环境意义在我国早已有过探索（李景贵，范璞，Philip 等，1995），但是生物标记化合物和特定化合物同位素技术被较多地引入湖泊沉积研究中是最近十来年的事，并为湖泊生物地球化学研究注入了新的活力。这些生物标记化合物及其同位素包括长链烯酮、甘油双烷基链甘油四醚（GDGTs）及其支链 TEX86、正构烷烃及其 $\delta^{13}C$ 等。目前，很多工作主要集中于湖泊现代过程，以揭示这些生物标记化合物及其同位素在湖泊中的指示意义（Chu，Sun，Zheng et al.，2005；Liu X et al.，2011；Liu，Wang，Zhang et al.，2013b；宋木，刘卫国，郑卓等，2013）。通过对比柴达木盆地多个湖泊及青海湖湖水盐度、表层沉积物及水体悬浮物的长链烯酮组分，首次发现高原咸水湖泊中长链烯酮 $C_{37:4}$ 丰度与水体盐度反相关，为利用 $\%C_{37:4}$ 作为新的湖泊盐度指标提供了基础依据（Liu，Liu，Wang et al.，2011）；通过进一步测定青海湖地区夏季不同层位水温和悬浮物烯酮指标，证实在咸水湖泊烯酮研究中必须在考虑盐度效应前提下才能获得更为可信的温度记录（王政和刘卫国，2012）。随后，他们通过柴达木盆地中两个湖泊沉积物的 U_{37}^K 和 %$C_{37:4}$ 分析，将它们分别作为温度和湿度的代用指标，明确了青藏高原北部近 2500 a 以来以暖干组合为特征的气候变化过程（He，Zhao，Wang et al.，2013）。青海湖流域土壤和表层沉积物 GDGTs 分布的研究表明，湖泊沉积物中 GDGTs（TEX86）古温度指标可能适用于古环境重建（Wang and Liu，2012），由其产生的奇古菌醇（crenarchaeol）相对百分含量（%cren）则可作为一个有效的湖泊水深示踪指标（Wang，Clemens，Beaufort et al.，2014）。来自湖光岩玛珥湖和东北四海龙湾沉积物中的正构烷烃及其 $\delta^{13}C$，则被用来探讨古植被状况及相关的古气候特点（匡欢传，周浩达，胡建芳等，2013；Chu，Sun，Xie et al.，2014）。另外，湖泊沉积中黑炭和多环芳烃（PAHs）含量也被用来重建古环境演化历史，特别是在经济发达的东部流域。例如有人对比了最近 200 年岱海与太湖沉积物中焦碳和烟灰的历史，反映人类活动存在强弱的变化（韩永明，曹军骥，金章东等，2010；Han，Cao，Yan et al.，2011）；青海湖的 PAHs 变化则反映了大气输入污染物的历史（Wang，Yang，Gong et al.，2010；Han，Wei，Bandone et al.，2015）。

2002 年启动的"中国大陆环境科学钻探计划"在我国几个气候区内的几个代表性湖泊盆地开展的钻探，其主要沉积相均为湖泊沉积，主要包括印度季风区的鹤庆古湖、季风敏感区的青海湖、干旱区的罗布泊和季风边缘区的兴凯湖。这些钻探的岩芯经我国学者的潜心研究分析，获得了一系列有国际影响的研究成果，各类地球化学指标的分析起到了至关重要的作用。例如，通过鹤庆盆地获取的 666 m 湖泊沉积岩芯 Rb/Sr 值和总有机碳（TOC）含量的高精度分析，重建了更新世（过去 2600 ka）印度夏季风的变迁历史，从新的视角提出了"冰期-间冰期印度夏季风动力学"理论，揭示了南北半球冰量和气温通过控制越赤道气压梯度变化，驱动了冰期-间冰期印度夏季风的变迁（An，Clemens，Shen et al.，2011）。通过青海湖湖心 18 m 1Fs 岩芯的 TOC、$CaCO_3$ 含量和介形虫壳体氧同位素的测量，重建了最近 32 ka 高分辨率的东亚夏季风变化历史，结合粒度指标揭示了冰期-间冰期尺度上西风和东亚夏季风明显的反相位关系（An，Clemens，Zhou et al.，2012）；进一步通过该 1Fs 岩芯 Rb/Sr 和 Ca/Zr 值的对比，恢复了青海湖冰期阶段的干涸状况和全新世湖相堆积中粉尘输入的贡献，以及其所反映的水文气候状况（Jin，An，Yu et al.，2015）。在塔里木盆地进行了精细的多种地球化学替代指标分析工作，完整地恢复了 7 Ma 以来塔里木盆地的环境变化过程。通过对罗布泊附近 2000 多个沉积岩芯样品地球化学指标分析（包括沉积物中碳酸盐的硼、氧和碳同位素，以及碳酸盐和有机碳含量），重现了在塔克拉玛干大沙漠出现之前罗布泊地区的环境状况，探讨了发生如此重大水文事件的决定性因素（Liu，Liu，An et al.，2014）。兴凯湖钻探岩芯的有机碳和氮及其稳定同位素变化的分析，反演了东北地区 28 ka BP 以来区域 8 个阶段的古气候环境变化（吴健和沈吉，2010）。

三、洞穴沉积地球化学

1952 年，G. W. Moore 在 *National Speleological Society News* 上发表论文，开创了洞穴碳

酸盐沉积物研究领域的工作（Moore，1952）。但该工作并未在第四纪地质学、地球化学和古气候学中引起关注。在 AMS-^{14}C 测年法证实洞穴石笋纹层的年旋回性（Broecker，Olson，Orr，1960）和铀系不平衡测年法的发展（Edwards，Chen，Ku，1987；Eduards，Chen，Wasserburg，1987）之后，石笋研究才逐步成为古气候重建中的热点方向。不过，即使在 1998 年以前，石笋地球化学研究也还只是处于低速发展时期。代表性的成果有北美洲石笋碳同位素与区域植被的演化关系（Dorale，González，Reagan et al.，1992；Doral，Edwards，Ito et al.，1998）、地中海半干旱区域石笋氧碳同位素的古气候应用（Bar-Matthews，Ayalon，Matthews et al.，1996）等。2001 年以后，随着年代学技术的发展，特别是中国葫芦洞石笋记录及其与冰芯记录对比研究取得关键性突破，加上地质记录积累、指标发展、洞穴现代过程与机理研究的深入，国际洞穴古气候研究才进入高速发展阶段（Fairchild，Smith，Baker et al.，2006）。

在这一研究领域，高灵敏度、高精度测量地质标本的年龄是关键技术。铀系测年技术的快速发展大力推进了洞穴沉积地球化学研究工作。其中基于 ^{238}U-^{234}U-^{230}Th 衰变不平衡的铀系法是利用洞穴沉积开展第四纪地球化学研究的基础和关键（Ivanovich and Harmon，1992）。U 和 Th 同位素分析在 20 世纪 80 年代 α-能谱仪被热电离质谱（TIMS）所取代（Edwards，Chen，Ku，1987；Eduards，Chen，Wasserburg，1987），至 20 世纪 90 年代，电感耦合等离子体质谱（ICP-MS）为主要测试仪器，目前多接收器电感耦合等离子体质谱（MC-ICP-MS）已经成为实现高精度 U 和 Th 同位素分析的主流技术。随着铀系测年技术的快速革新所获得的高精度测年数据，洞穴石笋已成为第四纪古气候领域的主流研究材料之一。

我国对洞穴碳酸钙的探索和认知可以追溯到 17 世纪徐霞客的著述（徐宏祖，1980）。现代有关洞穴碳酸钙较全面的研究始于张英俊等（1985）和朱学稳等（1988）的研究工作。随后许多单位开展了利用洞穴碳酸钙沉积地球化学记录的古气候研究。1985 年汪训一采集了桂林 20 个洞穴中的 35 个石钟乳、穴珠和钙板样品，用 ^{14}C 定年制作了我国第一张桂林地区洞穴沉积物的年龄与温度变化的曲线图（汪训一，1985）。同年，有学者以磷酸法分析了北京周口店、浙江临安和广西桂林等地七块石笋样品的氧碳同位素，获得北京地区距今 76~55 ka 古温度变化记录（陈跃，黄培华，朱洪山，1986）。随后，有多位学者分别讨论了桂林和湖北溶洞石笋的古温度（刘育燕和何锦发，1990；黄俊华，1992）、获得了北京地区洞穴石笋 440~78 ka 前的古温度变化曲线，发现它与深海氧同位素古温度曲线相似的 0.10 Ma 左右的周期性变化，反映了全球性古温度的变化规律（朱洪山和张巽，1992）重建了北京地区过去 0.15 Ma 的古温度记录（王兆荣，黄培华，彭子成等，1994；王兆荣，黄培华，张汉昌等，1995；王兆荣，支霞臣，张汉昌，1996），以及用不同方法测定和计算了桂林、福建和河南三个溶洞石笋的古温度，讨论了全新世温度变化形式、幅度、石笋生长速率和干旱记录（李彬，1994；洪阿实，彭子成，李平等，1995；谭明和刘东生，1995）。

1995 年，袁道先采用加速器质谱 AMS ^{14}C 定年，计算了桂林盘龙洞一支 1.2 m 高石笋的生长速率，重建了过去 35 ka 以来古气候记录，并通过解释石笋碳酸盐 δ^{18}O 值突然下降的原因，揭开了利用石笋记录反演古气候序列和气候事件的序幕（袁道先，1995）。此后不少学者采用多种地球化学手段，建立了桂林地区 400 ka 以来的气候变化序列（覃嘉铭，

1996，1997；林玉石，张美良，覃嘉铭，1996；李彬，袁道先，林玉石，1997；李彬，袁道光，Lauritzen 等，1998；李彬，袁道先，林玉石，2000）。此外，有人利用 $\delta^{18}O$ 值变化序列重建了 0.5 ka 来京津地区降雨和温度变化（李红春，顾德隆，陈文寄等，1996，1997）；利用石笋 $\delta^{13}C$ 研究了 0.5 ka 来 $\delta^{13}C$ 与古气候及大气 CO_2 浓度变化的关系（李红春，顾德隆，陈文寄，1998）。与此同时，汪永进等的研究获得了距今 381～166 ka 高分辨率古气候演变信息（汪永进，陈琪，刘译纯等，1997；陈琪，汪永进，刘译纯等，1998）；蔡演军等（2001）通过对贵州七星洞石笋的测年和氧同位素组成分析，讨论了过去 7.7 ka 西南印度季风的变化和不同水汽源对区域降水同位素组成的影响。

胡超涌等人对湖北和尚洞的 Si/Ca 分析表明，土壤水和基岩中 80% 以上的溶解硅来源于土壤，正在生长的洞穴碳酸盐中 Si/Ca 与实验室生长方解石研究结果基本一致，推断洞穴碳酸盐 Si/Ca 可能是受控于滴水 Si/Ca 的变化，而后者又受控于风成硅酸盐供应的速率和土壤侵蚀速率，石笋的 Si/Ca 与 $\delta^{18}O$ 对比证实区域降水变化是石笋 Si/Ca 的主要控制因素（Hu，Huang，Fang et al.，2005）。有学者在和尚洞的石笋中检测出正构脂肪酸，并发现不饱和与饱和脂肪酸的比值与 $\delta^{18}O$ 有一定的对应关系，且高值对应于寒冷气候事件（北大西洋冰筏漂砾事件 H1），认为这与温度对微生物活动及其生理反应的影响有关（谢树成，黄俊华，王红梅等，2005）。胡超涌等利用和尚洞石笋 $\delta^{18}O$ 记录建立了全新世高分辨率季风降水变化序列，进而结合贵州董哥洞石笋的 $\delta^{18}O$ 组成，定量重建了长江中游全新世的区域降水，发现全新世适宜期大气降水比现代高 8%（Hu，Henderson，Huang et al.，2008）。对陕西大佛洞的石笋研究显示，$^{87}Sr/^{86}Sr$ 和 Sr/Ca 值主要反映了与冬季风有关的黄土粉尘和与夏季风相关的围岩淋溶两个端元的贡献，进而推演了 70～280 ka BP 东亚季风气候的变化（Li，Ku，You et al.，2005）。学者讨论了四川宋家洞石笋的 38～10 ka BP 东亚冬季风的变化（Zhou，Feng，Zhao et al.，2009）。

谭明（2009）通过中国季风区几个溶洞石笋 $\delta^{18}O$ 的对比，指出这些高质量 $\delta^{18}O$ 记录在历史时期的短尺度变化具高度的一致性，即含有大区域同步短尺度气候信号；从而初步确认了"环流效应"是 10～100 a 尺度上中国季风区石笋 $\delta^{18}O$ 共同变化成分的最强气候信号，进一步得出中国石笋 $\delta^{18}O$ 短尺度坏流效应响应于 ENSO 循环的机理（谭明，秦小光，刘东生，1998；谭明，2009，2011；Tan，Shen，Cai，2014）。

有学者分析江西某石笋最近 2000 a $\delta^{13}C$ 组成发现，石笋在 1250～850 a BP 400 年间，$\delta^{13}C$ 值偏正幅度达 6‰，但 Mg/Ca 和 Sr/Ca 值却没有表现出同样的偏正变化。他们认为这一持续偏正是人类活动所致（Zhang，Cai，Tan et al.，2015）。秦岭南坡年纹层石笋的研究结果也表明，石笋中的 Pb 含量从 1985 年以来显著增加趋势与当地铅矿的开采记录吻合（Tan，2014），表明有精确测年优势的洞穴石笋在示踪环境污染中的潜力。

在最近三十多年间，我国石笋地球化学研究取得了如下多项有国际影响的重要研究成果。

(1) 汪永进等建立了代表东亚季风区末次冰期气候变化序列，不仅发现了末次冰期北大西洋冰漂碎屑事件在东亚季风区的遥相关效应，而且找到了格陵兰冰芯记录中的 DO 旋回在石笋气候记录中的一一对应关系；并对格陵兰冰芯年代序列提出修改意见（Wang，Cheng，Zdwards et al.，2001）。

(2) 袁道先等重建了过去 160 ka 亚洲季风降水历史，精确标定了末次间冰期的起止时间和转型特征。季风记录的末次间冰期持续于 129.3 ± 0.9 ka 至 119.6 ± 0.6 ka 间的 9.7 ± 1.1 ka；转型过程均呈现突变特征（少于 200~300 a）（Yuan, Cheng, Edwards et al., 2004）。汪永进等建立了最近 9 ka 来亚洲季风高分辨率时间序列，并识别出 8 个百年尺度、可与北大西洋全新世冰漂碎屑事件一一对应的季风干旱事件；其中"4.2 ka"事件有可能导致南亚、中亚和东亚等新石器文化的衰亡；石笋 $\delta^{18}O$ 振荡特征与指示太阳活动强度的树轮 $\Delta^{14}C$ 记录有很好的相关性，提供了太阳活动驱动地球气候变化的可靠依据（Wang, Zhang, Arimoto et al., 2005）。

（3）汪永进等揭示了亚洲夏季风强度变化具强烈的岁差旋回特征（23 ka 周期），岁差旋回的夏季风变化与北半球 65°N 太阳辐射曲线在强度和时间上基本一致（Wang, Cheng, Edwards et al., 2008）。随后，程海等重建了过去 400 ka 的季风演化历史，进一步证实了晚第四纪季风演化直接受控于北半球太阳辐射变化，并不存在明显的时间滞后；证实北半球太阳辐射触发最初的冰盖退缩，淡水注入北大西洋改变大气和海洋环流及其相关的热和碳通量，进而增加大气 CO_2 和南极温度，驱动南半球冰期终止（Cheng, Edwards, Broecker et al., 2009）。

（4）张平中等重建了公元 1810 年以来亚洲季风的变化历史，揭示了季风降水变化与太阳活动、中国历史文明演化的关系，以及全球变暖背景下的区域气候变化；发现 20 世纪中期前，太阳活动对亚洲季风降水的变化起着决定性作用：太阳活动增强，亚洲季风强盛且降水增多；20 世纪晚期，亚洲季风降水发生异常，可能与人类活动影响有关（Zhang, Holmes, Chen et al., 2009）。

（5）蔡演军等重建了过去 250 ka 印度季风降水历史，指出所研究石笋的 $\delta^{18}O$ 记录不仅记录了主导的岁差周期特征，而且有显著的冰期–间冰期旋回变化，揭示了印度季风对冰量变化的显著响应，调和了石笋 $\delta^{18}O$ 记录与海洋和黄土等亚洲季风记录的主导周期有所不同的矛盾；指出云南石笋 $\delta^{18}O$ 记录与东亚季风区石笋 $\delta^{18}O$ 记录在冰期–间冰期尺度上的差异原因（Cai, Fung, Edwards et al., 2015）。

四、树木年轮地球化学

通过地球化学方法研究树木年轮是第四纪地球化学一个重要研究方向。树木年轮具分布广、分辨率高、定年准确的特点，在第四纪环境演变研究中有着不可替代的优势。

早在 20 世纪 50~60 年代，国外学者即认识到树木年轮中的元素含量变化能反映其土壤的元素组成，进而利用年轮中金属元素含量研究土壤污染状况和历史。70 年代，Libby 和 Pandolfi（1974）发现树木年轮中稳定碳（$\delta^{13}C$）、氧（$\delta^{18}O$）和氢（δD）同位素与气候有着紧密的联系，地球化学方法才被引入树轮气候学中，直到 20 世纪 90 年代，在第四纪气候重建工作中大显身手。

我国的树木年轮地球化学的研究起步较晚，树木年轮元素和同位素地球化学，尚处于累积和探索阶段。在 20 世纪 80~90 年代，对树木年轮地球化学研究主要开展元素含量分析及其对近代环境演变的指示，特别是利用树木年轮中重金属含量的变化来反映工业污染、城市发展、或矿产开采等（钱君龙，柯晓康，王明珠等，1998；徐海，2004；刘禹，他维媛，保庭毅等，2008）。直到 80 年代末才有人尝试在秦岭等地开展树轮稳定碳同位素的工作（刘禹，刘荣谟，孙福庆，1989；刘禹，刘荣谟，孙福庆等，1990，1996；李正华，刘荣谟，安芷生等，1995）。有人探讨了将树轮应用于重建大气二氧化碳的可能性（李正华，刘荣谟，安芷生等，1994；侯爱敏，彭少麟，周国逸等，2000）；随后有更多的人在青藏高原和新疆等地开展这项工作（陈拓，秦大河，李江风等，2001；刘晓宏，秦大河，邵雪梅等，2002）；利用柳杉树轮 $\delta^{13}C$ 年序列分析了天目山地区近 160 a 来的气候变化状况及演化趋势（钱君龙，吕军，屠其璞等，2001）；利用现代樟树树轮稳定碳同位素研究了它与厄尔尼诺事件的联系（孙艳荣，崔海亭，穆治国等，2003）。21 世纪以来，这项工作的研究内容由稳定碳同位素扩展到稳定氧、氢同位素，取得了大量成果（钱君龙，邓自旺，屠其璞等，2001；Liu, Feng, Liu et al., 2004；Liu, Ulrike, Shen, 2008；Liu, Shao, Liang et al., 2009；Liu, Yang, Sun et al., 2011；安文玲，刘晓宏，陈拓等，2009；Li, Nakatsuka, Kawamura et al., 2011a；Li, Nakatsuka, Kawamura, 2011b；Wang, Liu, Shao et al., 2011；Xu, Chen, Liu et al., 2011；Grieβinger, Bräuning, Helle et al., 2011）。例如，钱君龙等利用柳杉树轮 δD 重建的天目山冬季平均最高气温的低频变化可与全球温度变化特征相印证，说明树轮 δD 是冬季温度的有效指标（钱君龙，吕军，屠其璞等，2001）；通过研究贺兰山树轮 $\delta^{18}O$ 与当地气象资料的统计关系，发现在西北地区降水同位素有一个反降水量效应（Liu, Feng, Liu et al., 2004）；随后的研究还表明，树轮 $\delta^{18}O$ 可作为降水指数指示季风的变化（Liu, Ulrike, Shen, 2008；Xu, Chen, Liu et al., 2011）。越来越多的同位素地球化学研究表明，虽然一个研究区域内的不同树种的同位素值存在系统差异，或在不同方位上存在差异（陈宝君，钱君龙，濮培民等，2002；王建，赵兴云，钱君龙，2006），然而其序列变化趋势一致，因此都可用来提取区域气候变化信息（Li, Nakatsuka, Kawamura et al., 2011a）。这些成果对于本学科研究的深化都是很有意义的。

五、沙漠/沙地地球化学

我国北方有超过 100 万 km^2 的土地被沙漠和沙地覆盖。它们的形成和演化过程不仅与新生代以来亚洲内陆逐步干旱化有关，而且与沙漠外围的粉尘堆积有着成因上的耦合关系（刘东生，1985；鹿化煜和郭正堂，2013）。

我国沙漠/沙地的研究经过早期的地貌学、沉积学、气象学和矿物学阶段之后（朱震达，吴正，刘恕等，1980；裘善文，1989；高全洲，董光荣，邹学勇等，1995；高全洲，陶贞，董光荣，1998；李孝泽和董光荣，1998），到 20 世纪 80 年代开始进入对其物质成分的矿物、元素和同位素特征的研究阶段（刘宝珺，1980；钱亦兵，吴兆宁，石井武政等，1993；张小曳，张光宇，安芷生等，1996；张小曳，张光宇，陈拓等，1996；陈骏，仇刚，杨杰东等，1997；Ding, Sun, Yang et al., 2001）。21 世纪以来，随着重矿物方法、稀土元素配分模式、Nd-Sr 同位素单矿物地球化学，以及有机碳同位素等气候代用指标及示踪方法的提出和应用（Nakano, Yokoo, Nishikawa et al., 2004；Chen, Li, Yang et al., 2007；Li, Chen, Chen et al., 2007；谢静和丁仲礼，2007；Yang, Zhu, White, 2007），该项研究进入了崭新的阶段。近年来，随着一些先进仪器的引入引进，样品来源不断丰富，替代性指标不断完善，研究更加深入系统，无论是在古气候重建还是物源分析方面，都有了较大的突破和发展。

目前，我国沙漠/沙地的地球化学工作主要围绕如下三个方面展开。

(一) 沙漠/沙地的地球化学元素特征

中国沙漠/沙地的形成和演化受构造和气候控制。目前已基本查清几个主要沙漠/沙地的元素地球化学组成特征。这些主要沙漠沙地的物质成分以 SiO_2、Al_2O_3 和 CaO 为主，P_2O_5、TiO_2 和 MnO 含量较低。其中浑善达克沙地、巴丹吉林沙漠和腾格里沙漠的 SiO_2 含量最高，Al_2O_3 含量最少；CaO、MgO 和 Na_2O 等元素在塔克拉玛干沙漠和库姆塔格沙漠中明显富集。相对于上陆壳（UCC）而言，各沙漠沙地 SiO_2 均相对富集，而 Fe_2O_3、Al_2O_3、MgO、Na_2O 和 K_2O 均为相对亏损；CaO 在塔克拉玛干沙漠相对富集，在其他地区均表现为相对亏损；与典型上陆壳风化产物陆源页岩相比，表现为富 SiO_2、CaO、Na_2O 和贫 Fe_2O_3、Al_2O_3、MgO、K_2O；与黄土相比，各沙漠沙地具明显的 CaO 富集，Fe_2O_3、Al_2O_3 和 TiO_2 亏损（Honda and Shimizu，1998；靳鹤龄，苏志珠，孙忠，2003；Yang，Zhu，White，2007；徐志伟，鹿化煜，赵存法等，2010；董治宝，苏志珠，钱广强等，2011；李恩菊，2011；桂洪杰，2013）。从微量元素分布来看，腾格里和巴丹吉林沙漠均以 Ba 元素含量最为丰富，Sr、Co、Cr、Zr 和 Rb 等微量元素平均含量均相对较多，其他均较少，除 Cu 的含量在两沙漠稍有差异外，其余微量元素的平均含量差别不大，与 UCC 平均化学成分相比，两沙漠 Co 和 Cr 元素相对富集，Ba 和 Ni 元素与 UCC 含量相当，其他微量元素则表现为迁移淋失（李恩菊，2011）；库姆塔格沙漠微量元素除 Cr 显示明显的富集，Pb 和 Ba 的含量基本与 UCC 接近，其余元素均表现出迁移淋失特征，其中以 Nb、Cu 和 Zn 的淋失最为严重（董治宝，苏志珠，钱广强等，2011）；库布齐沙地、乌兰布和沙地的 Ce 表现为相对富集，而 Ba、Mn、Nb、Rb、Sr、Ti 和 V 均为相对亏损（桂洪杰，2013）。

(二) 沙漠/沙地的演化和环境变化

常量元素的比值 SiO_2/Al_2O_3、SiO_2/Fe_2O_3、K_2O/Na_2O，以及 $CaCO_3$ 含量等指标可指示风成堆积和古土壤发育时期的气候变化。我国已重建了沙漠/沙地末次间冰期和全新世以来的气候变化及季风的强弱（高尚玉，陈谓南，靳鹤龄等，1993；陈渭南，高尚玉，孙忠，1994；高全洲，董光荣，邹学勇等，1996；高全洲，陶贞，董光荣，1998；李云卓，2005；李琼，潘保田，高红山等，2006）。沙漠/沙地的微量元素和稀土元素也广泛应用于古气候重建中。巴丹吉林沙漠查格勒布鲁剖面微量元素的变化揭示了晚更新世期间，沙漠一带的干湿变化取决于东亚夏季风的盛衰，而与西风环流带来的降水关系不大（高全洲，陶贞，董光荣，2001）。新疆可克达拉剖面的微量元素、包括 Ce 在内的各稀土元素、ΣREE 以及 LREE/HREE 的垂向变化，表明晚全新世以来伊犁河谷从冷湿到暖干的四次变化（靳建辉，李志忠，陈秀玲，2011；陈秀玲，李志忠，贾丽敏等，2013）。科尔沁沙地巴西剖面的 SiO_2/Al_2O_3、Ti/Sr、湿润指数等参数揭示了中晚全新世沙地存在 8 次活化扩张与 8 次固定收缩（刘冰，靳鹤龄，孙忠，2013）。

巴丹吉林沙漠、腾格里沙漠、浑善达克沙地、科尔沁沙地，以及毛乌素沙地有机碳同位素研究表明，晚第四纪以来它们的 C_4 植被的扩张是由于较高太阳辐射下的湿润与高温气候所致（Lu，Zhou，Liu et al.，2012）。浑善达克沙地地表42个样品的有机碳同位素测定显示，在年均温较小的情况下，降水是控制C_4植被生物量的主要因素（陈英勇，鹿化煜，张思楼等，2013）。

此外，碳酸盐和有机质含量等指标在结合年代学、矿物学等方法的基础上，也被广泛应用于沙漠演化和古气候变化（张虎才，1998；Xiao，Nakamura，Lu et al.，2002；靳鹤龄，苏志珠，孙忠，2003；靳鹤龄，苏志珠，孙忠等，2004；李明启，靳鹤龄，张洪等，2005；Lu，Miao，Zhao et al.，2005；Lu，Zhou，Liu，2012；Yang，Wang，Liu et al.，2013）。

（三）沙漠/沙地的物质来源和传输路径

（1）矿物含量和元素分布。钱亦兵等（2011）通过古尔班通古特沙漠的矿物组合差异分析，指出其主要物源为周围山系的各类基岩风化碎屑，主流动力是"就地起沙"（Qian，Zhou，Wu et al.，2003）。塔克拉玛干沙漠不同河流系统的沉积物的REE及主量元素具有区域差异性，因此估计除风成过程外，还有河流和湖泊共同参与了巨大沙海的形成（Yang，Zhu，White，2007）。库姆塔格沙漠地表沉积物的重矿物组合及主量元素的分布特征表明，地表沙物质主要来自阿尔金山（徐志伟，鹿化煜，赵存法等，2010）。腾格里南缘武威黄土的稀土元素及其特征参数的研究和区域对比证明，它们不仅是粉尘物质的输出区，也是粉尘输入区之一（张虎才，李吉均，马玉贞等，1997；张虎才，马玉贞，李吉均等，1998）。

（2）同位素地球化学示踪。根据塔克拉玛干沙漠Nd、Sr和Ce同位素测定，认为塔克拉玛干沙漠可能是黄土高原黄土的一个源区（Liu，Masuda，Okada et al.，1994）。Chang，Mishima，Yabuki等（2000）通过Nd-Sr同位素、元素和矿物学研究，发现塔克拉玛干沙漠的沙物质主要来源于塔里木盆地南面的昆仑山和北面的天山，这一发现支持了塔克拉玛干是黄土物源的观点。对北方沙漠沙地方解石的$^{87}Sr/^{86}Sr$的研究，得出塔克拉玛干沙漠、柴达木沙漠和巴丹吉林沙漠是黄土高原沉积物源区的结论（Rao，Chen，Yang et al.，2009）。我国10个主要沙地、沙漠和黄土高原黄土的Nd-Sr同位素的系统测定，确认了青藏高原东北部、巴丹吉林沙漠和腾格里沙漠可能是黄土高原黄土的源区（杨杰东，陈骏，张兆峰等，2005；杨杰东，季高军，戴滦等，2009）；排除了来自其他沙漠的可能。值得注意的是，亚洲风尘Sr同位素在一定程度上受粒度效应和化学风化的制约（Sun，2002；饶文波，杨杰东，陈骏等，2005；陈文波，陈骏，杨杰东，2009）。有人对中国各大沙漠沙地小于75 mm和小于5 mm的颗粒进行硅酸盐同位素分析后，得出它们的Nd-Sr同位素分区明显受构造背景控制的结论，表明沙漠物质主要源于邻近的山脉和基底岩石的风化侵蚀产物，亚洲风尘大多数起源于青藏高原北部、巴丹吉林沙漠、腾格里沙漠以及柴达木沙漠，而很少来自于毛乌素和库布齐沙漠（Chen，Li，Yang et al，2007）。杨小平等也认为东亚粉尘可能起源于青藏高原北缘、黄土高原、巴丹吉林沙漠以及腾格里沙漠（Yang，Zhu，White，2007）。通过系统的中国北方17个潜在风尘源区75 mm以下硅酸盐组分的Nd-Sr同位素特征研究，也证实了潜在源区Nd-Sr同位素区域分布明显受构造背景控制，与周围山脉物质剥蚀区平均成分有关，并在亚构造尺度上相对稳定；证实不同地区的黄土均来自其上风向邻近干旱区，具有近源性（李高军，2010）。

此外，沙漠/沙地的其他放射性成因同位素和^{10}Be 浓度也广泛应用于物源示踪。例如，有人用^{187}Os/^{188}Os 值揭示了塔克拉玛干的物质来源（Hattori, Suzuki, Honda et al.，2003）；查明了毛乌素沙地的^{206}Pb/^{204}Pb、^{207}Pb/^{204}Pb 和^{208}Pb/^{204}Pb 最低，塔克拉玛干沙漠的^{206}Pb/^{204}Pb、^{207}Pb/^{204}Pb 和^{208}Pb/^{204}Pb 最高（李锋，2007）；通过北方沙漠沙地和黄土的^{10}Be 浓度测定，确认了黄土的物源并非直接来源于沙漠，而是来自沙漠–沙地的过渡带（Shen, Beer, Kubik et al.，2010）。

（3）单矿物地球化学。一些学者利用我国北方沙漠的石英、白云石和单颗粒锆石示踪沙漠/沙地的物源。例如，石英氧同位素应用于追踪细颗粒粉尘的物质来源（Yang, Zhang, Fu et al.，2008；Yan, Sun, Chen et al.，2014）。Li, Chen, Chen 等（2007）对碎屑成因白云石矿物开展了研究，认为青藏高原东北部的碎屑物质可能对黄土高原黄土有重要贡献。Stevens 等（2010）系统研究了中国北方数个沙漠的锆石年龄谱，旨在探讨黄土的物源，而塔克拉玛干沙漠的锆石 U-Pb 年龄和 Hf 同位素组成则表明西部的大沙漠对东部沙地的贡献很小（谢静，吴福元，丁仲礼，2007；谢静，杨石岭，丁仲礼，2012）。

六、第四纪海洋与河流沉积地球化学

海洋和河流沉积在第四纪地球化学研究中也得到越来越多的关注，取得了越来越多的科研成果。1958 年，在"全国海洋普查"工作中，我国才开始开展海洋沉积地球化学研究，首次研究了我国近海沉积物中的 Fe、Mn、P、N、$CaCO_3$ 与有机质含量分布特征。过去五十年，我国学者对海洋沉积物开展了大量的地球化学方面的研究（详见本书"海洋地球化学"），本节主要集中于与第四纪气候环境有关的海洋沉积物地球化学方面研究历史的回顾和总结，即第四纪沉积物古环境演化重建和物源识别。

在 20 世纪 80 年代初期，科学家运用^{210}Pb、^{226}Ra、^{14}C 等同位素年代学方法，开展了长江口及陆架海区沉积速率研究（赵一阳，1980；陈毓蔚，赵一阳，刘菊英等，1982；李凤业，1988）。1983 年中美合作利用^{210}Pb 法在南黄海研究了沉积速率和沉积通量（赵一阳，李凤业，DeMaster 等，1991），并提出了"沉积强度"的概念（赵一阳，李凤业，陈毓蔚等，1991）。胡邦琦，李国刚，李军等（2011）利用^{210}Pb 法揭示了沉积速率从河口向渤海中部和黄海方向的递减趋势。1986 年和 1988 年，Andree 等和 Broecker 等学者率先报道了南海的岩芯中浮游有孔虫的 AMS ^{14}C 测年（Andree, Oeschger, Broecker et al.，1986；Broecker, Andree, Klas et al.，1988）。20 世纪 90 年代以来，AMS ^{14}C 测年方法在我国海洋沉积物中的应用十分广泛（郑淑蕙，吴世迎，Beukens，1990）。

与此同时，有孔虫氧同位素、生物成因碳酸盐组成等作为古海洋环境变迁的"指示剂"，被用于研究晚第四纪冲绳海槽和南海的氧同位素地层学与古海洋学演变特征（汪品先，蔚知澔，赵泉鸿等，1986）。施光春和裴秀华（1984）率先建立了冲绳海槽7028 站岩芯的氧同位素组成，是我国边缘海的第一个有孔虫氧同位素曲线。赵一阳和鄢明才（1994）撰写的《中国浅海沉积物地球化学》出版，代表了当时我国海洋沉积地球化学研究的最重要成果。90 年代中期以来，我国学者开展了应用放射虫壳体的氧、硅同位素探讨气候冷暖的变化（吴世迎，丁悌平，孟宪伟等，1997）；西赤道太平洋碳同位素分析表明，自氧同位素阶段 13 以来生产力总体呈升高趋势，并可能主要受亚洲风尘输送强度的控制（张江勇，汪品先，成鑫荣等，2007）；暖池区浮游有孔虫表层种和次表层种的氧同位素差值 $\Delta\delta^{18}O$ 则表明，暖池区表层和次表层水温均受冰盖的影响（郭建卿，成鑫英，陈荣华等，2010）。我国学者还通过有孔虫氧、碳同位素证据和沉积物中 ^{10}Be 的记录，支持了末次盛冰期（LGM）黑潮仍然流经海槽的观点（李铁刚，孙荣涛，张德玉等，2007；杨永亮，刘振夏，沈承德等，2007）。过去二三十年，南海成为国际古海洋学研究的一个热点。汪品先，闵秋宝，卞云华等（1986）率先建立了南海晚第四纪的有孔虫氧同位素地层。1989～1991 年开展了南海晚第四纪古海洋学系统研究，其中以浮游与底栖有孔虫氧同位素为基础，建立了深海氧同位素 1 至 7 阶段的高分辨率氧同位素地层序列，还对西沙珊瑚礁进行了分层（业治铮和汪品先，1992）。1999 年，南海 ODP184 航次开创了我国海洋地球化学新局面，显著推进了我国海洋地球化学和第四纪环境研究进展。在南海建成经典的有孔虫稳定同位素连续剖面，已成为全球 5 Ma 以来分辨率最高的四个地层剖面之一，并获得了东亚季风演变的信息；发现深海碳循环具有 0.4～0.5 Ma 的长周期，提出了低纬和高纬双重驱动气候演变的新观点（汪品先，翦知湣，赵泉鸿等，2003；汪品先，赵泉鸿，翦知湣等，2003；Li, Wei, Shao et al., 2003；Wei, Liu, Li et al., 2004）。陈毓蔚和桂训唐（1998）还依据南沙群岛沉积物中有孔虫 O、C 同位素确立了高精度、高分辨率的地层时标，记录了 250 ka 以来两次完整的冰期-间冰期旋回。2014 年初由我国学者主导的 IODP-349 航次已在南海实施了第二次大洋钻探，可望取得更多新的认识。

除了海洋沉积物的 $CaCO_3$ 和生物硅含量、浮游与底栖有孔虫的氧碳同位素外，最近十多年，一些新的地球化学指标在我国海洋沉积研究中也得到广泛运用。这些地球化学指标包括古温度（有孔虫的 Mg/Ca 值、生物标志化合物——长链烯酮化合物的不饱和度 U^K_{37}、古菌中甘油双烷基、甘油四醚、TEX_{86}），海水 pH（B/Ca 值、B 同位素），古季风、生产力和生物地球化学过程（有孔虫 Cd/Ca 值、总有机碳氮含量、沉积物和单体化合物中有机碳氮同位素组成、古菌生物标志物 BIT、生物成因 Ba 和 Mo、过剩 Al 或 Al/Ti 值、$^{231}Pa/^{230}Th$ 和 $^{10}Be/^{230}Th$ 的比值），大陆化学风化与成土过程（Ti/Al、K/Si、化学蚀变指数 CIA 等、Fe 的矿物和化学相态、Sr-Nd 同位素）等（陈建芳，2002；汪品先，翦知湣，赵泉鸿等，2003；汪品先，赵泉鸿，翦知湣等，2003；Wang, Clemens, Beaufort et al., 2005）。例如，万世明，李安春，蒋富清等（2007）和徐方建，李安春，李铁刚等（2010）运用常量元素比值研究季风和气候变化；韦刚健，陈毓蔚，李献华等（2001）利用不活泼元素，揭示陆源输入变化和气候的冷期；陈志华，石学法，王湘芹等（2003）和刘焱光，石学法，刘焱光等（2010）利用化学蚀变指数 CIA 的大小，反映源区化学风化的强弱，进而探讨气候与季风的变化；颜文，陈木宏，李春娣等（2006）对西太平洋暖池样品 REE 特征参数研究，较好地记录了暖池 3 万年来沉积和环境变化的信息。在生物标志化合物方面，20 世纪 90 年代开始，通过长链烯酮的不饱和度 U^K_{37} 估算南海表层海水的温度（SST）（郑士龙，唐运千，史继扬，1991；龚庆杰，吴良基，吴时国等，1999）；随后，通过在冲绳海槽应用 U^K_{37} 等标志物重建的 SST 变化，探讨黑潮流系演变以及生产力波动与热带辐合带（ITCZ）北界南北移动的关系（卢冰，陈荣华，冯旭文等，2000；周厚云，李铁刚，贾国东等，2007；南青云，李铁刚，陈金霞等，2008）。国际上最近几年兴起的一些新的地球化学指标如非传统稳定同位素（如 Mg、Ca、Zn、Fe、Si、Cu 等）、二元耦合同位素（clumped isotopes）在古海洋与古环境研究领域也取得了迅猛发展（Robinson and Siddal，2012），但是在我国的边缘海海洋科学研究中应用还不多。

沉积物物源是第四纪海洋地质和古环境研究的核心科学问题。我国对提供近海物源的三大河流——黄河、长江、珠江物质进行了细致的元素地球化学特征研究，并厘清了三大河流物质显著影响的范围。然而，直到21世纪沉积地球化学方法才被广泛地运用于东部边缘海的沉积物源研究，某些方面的研究在国际上引起较高关注（见Yang，Jung，Lim et al.，2003综述）。目前，我国东部边缘海中沉积物物源研究主要集中在几个热点地区，如冲绳海槽西坡、黄海和东海的几个典型泥质沉积区、南海北部陆坡、台湾山溪性河流贡献等。在沉积地球化学示踪指标上，沉积物中$CaCO_3$或方解石含量、稳定元素比值（Th/Sc、Ti/Sc、Sc/Al、元素与Ti比值等）、REE特征配分参数、酸不溶组分的元素及Sr-Nd-Pb同位素等获得广泛运用。

珊瑚的地球化学组成在我国第四纪环境示踪也主要集中在南海，并取得了多方面的进展。目前，通过珊瑚化学组成来研究我国南海第四纪环境主要集中在两方面：一是深化探究珊瑚指示气候环境演变的替代指标，建立海洋环境要素数据库；二是通过不同时期高分辨率的珊瑚样品中地球化学指标分析，来重建南海及周边陆区晚第四纪尤其是全新世自然与人类活动影响下的气候环境演变历史，并与我国环境历史文献记载、观测记录等对比，更深入理解东亚季风、海洋环流、海洋生态、人类活动影响等环境变迁过程。相关的珊瑚气候环境指标主要包括：元素含量及比值（Sr/Ca、Mg/Ca、U/Ca等）指示温度、稳定同位素比值（氧同位素指示降水、温度和盐度；碳同位素指示光照和云量；氮同位素指示水体污染物；硼同位素指示海水酸碱度等）、营养元素（Cd指示生产力和上升流、Ba指示陆源输入和生产力、Mn指示生产力）、稀土元素REE指示陆源输入和海平面变化等、重金属（Pb、Cu、Cd等）指示水体污染、放射性^{14}C指示海洋环流和大气^{14}C产生速率（Liu，Liu，Peng et al.，2009；Yu，Zhao，Liu et al.，2004，2010；余克服，2012）。

与珊瑚类似，砗磲是海洋中另一种被利用来开展第四纪地球化学的生物碳酸盐。晏宏等对南海不同种类、不同个体现代砗磲进行了地球化学及古气候学的初步研究，建立现代砗磲Sr/Ca-SST转换方程（Yan，Shao，Wang et al.，2014），进而重建中世纪暖期以来南海海表温度变化历史（晏宏，孙立广，邵达等，2014）。

直到20世纪80年代，中国河流沉积物地球化学的研究几乎是空白，鲜见报道。随后，以陈静生、李远辉、杨作升、赵一阳、蓝先洪、黄薇文、张经、杨守业等为代表的我国学者开展了我国大陆三大河流（长江、黄河与珠江）沉积物地球化学组成的基础研究，取得不少成果。1984年，陈静生等首次研究了我国河流的物理与化学侵蚀作用。同年，李远辉首次在国际刊物 Geochimica Cosmochimica Acta 上报道我国的长江与黄河沉积物组成特征。90年代初，以张经和黄薇文为代表的学者比较研究了长江与黄河下游及河口三角洲沉积物的元素地球化学组成，揭示出源岩类型、物理和化学风化过程、人类活动（包括污染）等因素控制（Li，Teraoka，Young et al.，1984；Zhang，Huang，Liu et al.，1990；Huang，Zhang，Zhou，1992），引起国际科学界对我国河流地球化学研究的重视。赵一阳等率先运用我国主要河流沉积物的元素地球化学不同组成特征，来示踪入海河流沉积物在东部边缘海的分布，讨论元素的不同结合相态和沉积物粒度对元素组成的控制机制（赵一阳，1983；赵一阳和鄢明才，1992，1994）。根据一些反映化学风化程度的地球化学参数，如化学蚀变指数CIA，化学风化指数（CIW、WIP）、A-CN-K图解等研究揭示，我国从北到南的入海河流沉积物的化学风化程度总体增强,主要受流域的地带性气候控制;这些风化指标实际反映了流域累积的综合化学风化历史,不能反映短尺度的气候变化(Yang, Jung, Li, 2004; Shao, Yang, Li, 2012)。我国河流沉积物的放射性同位素地球化学示踪研究非常薄弱。Goldstein, O'Nions, Hamilton(1984)仅报道了一个长江口表层沉积物的Nd同位素组成,而Clift, Lee, Hildebrand等(2002)分析了金沙江上4个河流沉积物的Pb同位素组成。国内一些学者近些年较系统地开展了我国主要流域水系不同地区沉积物的Sr-Nd同位素组成,讨论物源、化学风化和水动力等因素的制约(孟宪伟,杜德文,陈志华等,2000;杨守业,韦刚健,夏小平等,2007;杨守业,蒋少勇,凌洪飞等,2007;茅昌平,陈骏,袁旭音等,2011; Luo, Zheng, Tada et al., 2014)。

总体而言,目前对我国河流沉积物同位素组成的时空变化特征和沉积动力分选的影响认识还不深入。同位素样品的前期沉积物酸处理方法也不统一,如不同浓度的盐酸、醋酸和混合酸均有报道,一定程度上影响了同位素数据的解释和对比。近年来,水动力分选(造成沉积物粒度和矿物分异)引起的河流地球化学组成不均一性问题越来越受国际科学界的重视,但我国的相关研究还比较薄弱,亟待加强(杨守业,李超,王中波等,2013)。

在利用河流沉积地球化学方法研究第四纪流域环境演化和河海相互作用方面,我国学者通过沉积地球化学方法成功研究了我国河口地区第四纪古环境演变和陆海相互作用特点,揭示了流域水系演化、古化学风化状况与东亚季风演化的区域响应。这些地球化学指标包括主量和微量元素、REE、CIA、Sr-Nd-Pb同位素、独居石和锆石的年龄谱系等参数(Chen et al., 1997; Yang, Li, Yokoyama, 2006; Yang, Li, Cai, 2006; 杨守业等,2007; Hu, Li, Li et al., 2012; Zheng, Clift, Wang et al., 2013)。

七、冰芯地球化学

作为世界"第三极"的青藏高原,拥有全球最为发育的中低纬度冰川资源,使我国的冰芯地球化学研究占据了重要的地域优势。我国的冰芯地球化学研究虽然起步较晚,但青藏高原高分辨率冰芯记录在国际第四纪地球化学研究领域独树一帜,一系列研究成果在国际上产生重要影响,也赋予国际冰芯研究的新内容。

冰芯研究是在20世纪30~50年代相关学科技术、理论突破的基础上发展起来的一门新兴的冰川学分支学科。作为魏格纳格陵兰考察队(Wegener's Greenland Expedition 1930~1931)的成员,佐尔格提出了雪层密实化的概念(Sorge, 1935),经巴德尔的发展及数学表达,形成了著名的"佐尔格雪层密实化定律(Sorge's law of densification of snow)"(Bader, 1953),为冰芯钻取、冰雪年代层序研究奠定了理论基础。50年代中后期,氧同位素比值与大气过程的关系(Epstein and Mayeda, 1953; Dansgaard, 1954)与思想被引入到冰芯研究中,证实冰芯中氧同位素比值变化是指示温度变化的一种可靠手段,从而确立了氧同位素比值在冰芯地球化学研究中的地位,从此揭开了冰芯研究的新篇章(Dansgaard, Johnsen, Møller et al., 1969; Gow and Williamson, 1971; Johnsen, Dansgaard, Clausen et al., 1972)。

冰川的生长发育与气候条件密切相关,因此基于冰川遗迹、雪线和冰川末端变化等一直是冰川学研究过去气候环境变化的重要内容。然而,这些研究只能描述重大气候环境事件的基本特征,而不能给出具有高分辨率的、连续的过程记录(姚檀栋和王宁练,1996)。20世纪80~90年代,随着全球变化研究的兴起,人们已充分认识到冰芯不仅是地球气候变化的敏感指示器,也是过去地球气候环境变化的良好记录器。冰芯(ice core)被定义为"利用冰钻在冰川上自上而下连续逐段取出的圆柱状冰雪样品"(秦大河,姚檀栋,丁永建等,2014),其气候环境信息保真性好、分辨率高、记录序列长和信息量大,从而受到地球科学家的青睐。国际冰芯研究的蓬勃发展催生了我国冰芯研究的兴起,标志性事件为1984年中美科学家合作于天山乌鲁木齐河源1号冰川钻取了中国第一根冰芯及1991年挂牌成立的中科院冰川冻土研究所冰芯与寒区环境实验室;标志性成果则为20世纪80年代初开始的南极浅冰芯高分辨率气候环境记录所取得的一系列重要成果,特别是1990年国际横穿南极考察队冰川学研究项目对南极冰盖表层雪内物理过程和现代气候环境记录的研究达到了国际先进水平(Qin, Petit, Jouzel et al., 1994)。

冰芯钻取是冰芯地球化学研究的根本。自1984年我国第一支冰芯钻取于乌鲁木齐河源1号冰川始,30年来,我国科学家或独立或与国外合作,相继在青藏高原及邻区钻取了十几支深冰芯(>100 m,透底),主要有祁连山的敦德冰芯(1987年)和老虎沟12号冰川冰芯(2011年);昆仑山的古里雅冰芯(1992、2015年)、崇测冰芯(2013年)和玉珠峰冰芯(2010年);喜马拉雅山的达索普冰芯(1997年)、东绒布冰芯(2001、2013年)和纳木那尼冰芯(2006年);唐古拉山的唐古拉冰芯(2004、2015年)和格拉丹冬冰芯(2005年);帕米尔高原的扩扩色勒冰芯(2012年);羌塘至可可西里的普若岗日冰芯(2000年)、藏色岗日冰芯(2013年)和马兰冰芯(1999年);藏东南的作求普冰芯(2007、2010、2012年)等。

利用这些珍贵的冰芯,我国的冰芯地球化学研究主要包括三大类型的记录:一是冰本身的同位素组成;二为冰晶内捕获的固体物质和可溶性化学组分;三为冰内气泡中包裹的气体;围绕温度、降水、大气成分含量与同位素组成及其变化、大气气溶胶、生物地球化学循环、火山活动、太阳活动、生物活动与植被演化、冰结构与气候变化等内容开展。在最近三十多年间,我国冰芯地球化学研究取得了如下有国际影响的重要研究成果,这些成果不仅极大地丰富了第四纪气候环境变化的研究内容,而且革新了关于地球系统演化及其机制的一些重要观点。

(1)根据青藏高原21个降水同位素监测站点连续10年的数据,系统地阐明了青藏高原现代降水氢氧同位素的时空变化机制与影响因素;确定了长时间尺度上降水稳定同位素与气温的关系模型,该相关性在整个青藏高原有效,解决了青藏高原冰芯记录的指标问题,夯实了青藏高原冰芯古气温变化重建的理论基础,同时促进了稳定氧同位素在其他第四纪气候环境变化研究的应用(Yao, Thompson, Mosley-Thompson et al., 1996; Yao, Masson-Delmotte, Gao et al., 2013; Tian, Yao, MacClune et al., 2007)。

(2)利用冰芯地球化学记录重建了青藏高原末次间冰期以来不同时间尺度的气候环境变化,高分辨率地揭示了过去1000年以来南亚季风的突变特征,明确了过去100年以来青藏高原的急剧升温。通过古里雅冰芯氧同位素记录,恢复了青藏高原自末次间冰期以来的连续气温变化,可以分成5个阶段,对应于深海氧同位素的MIS 1~5阶段,其反映的冷暖变化幅度大于格陵兰和南极地区,表明青藏高原对气候变化比其他地区更加敏感(姚檀栋,施雅风,秦大河等,1997;姚檀栋,1999);冰芯记录显示,过去2000年来,与北半球气温的总体变化趋势基本一致,青藏高原的温度在冷暖波动中逐渐升高,其增温过程中存在强烈的季风突变事件,最冷时段出现在公元初(姚檀栋,秦大河,田立德等,1996;Yao,Duan,Thompson et al.,2007);过去100年间,整个青藏高原冰芯记录都显示了整体的气温升高趋势,期间气温至少升高了1℃(Thompson,Yao,Mosley-Thompson et al.,2000;姚檀栋,郭学军,Thompson 等,2006;Tian,Yao,Li et al.,2006;Hou,Chappellaz,Jouzel et al.,2007)。

(3)冰芯包裹气体中的甲烷不仅能反映过去大气甲烷含量随时间的变化,而且能很好地揭示陆地甲烷向大气中的释放随时间及空间的分布。由于缺乏中低纬度冰芯甲烷记录的直接证据,北半球陆地甲烷源的空间分布与时间变化成为争论的焦点。通过对青藏高原达索普冰芯包裹气体的提取分析,获得了全球唯一的中低纬度冰芯2000年大气甲烷记录(Xu and Yao,2001)。结果显示中低纬度大气甲烷含量明显高于两极,其变化的波动性更强,在过去150年内其含量增长了1.4倍,并且与2000年来的温度变化趋势相一致。该冰芯甲烷记录明确揭示过去2000年的自然变化时期中低纬度为全球大气重要的甲烷源,气候变化对北半球不同纬度带甲烷排放格局有重要影响;1850年以来人类活动的甲烷排放是驱动大气甲烷含量变化的决定性因素。这对认识北半球中低纬度为全球大气甲烷重要的自然源起关键作用(Yao,Duan,Xu et al.,2002;徐柏青,姚檀栋,Chappellaz,2006)。

(4)系统地开展了人类活动污染物排放历史的冰芯记录研究,明确了各类污染物百年来含量的变化、来源及其环境影响。珠峰北坡东绒布冰芯恢复的350年来高分辨率重金属记录表明,Bi、U和Cs元素浓度及其富集因子自20世纪50年代以来增长趋势明显(Kaspari,Mayewski,Handley et al.,2009)。达索普、古里雅和慕士塔格等地冰芯记录的重金属含量的增长趋势可能分别与东南亚、南亚,西亚和中亚四国等的污染排放密切相关(Li,Yao,Wang et al.,2006)。通过对青藏高原钻取的5根冰芯的黑碳含量分析,发现宁金岗桑、东绒布、唐古拉和慕士塔格冰芯的黑碳含量在20世纪50~60年代较高,宁金岗桑、东绒布、左求普冰芯黑碳含量在20世纪90年代明显上升,高原北部和南部冰芯黑碳含量的差异可能分别反映了印度次大陆和欧洲的排放水平(Ming,Cachier,Xiao et al.,2008;Xu,Cao,Hansen et al.,2009;Kaspari,Schwikowski,Gysel et al.,2011)。珠峰地区冰芯中持久有机污染物DDT和HCH含量与厄尔尼诺(ENSO)指数呈显著负相关关系,而与南方涛动(SOI)指数呈显著正相关关系,指示了SOI增强时,强南亚季风加速了污染物向青藏高原的输送(Wang,Gong,Zhang et al.,2010)。

八、泥炭地球化学

泥炭地既是重要的陆相碳库,又是研究第四纪气候变化高分辨率记录的载体。虽然我国历史文献中很早就有对泥炭的描述和记载,但将泥炭作为古气候变化研究载体却落后于西方国家。始于20世纪60年代的泥炭地资源调查,全面摸清了我国泥炭地的分布和资源储量,奠定了我国资源开发的基础。东北师范大学在我国泥炭地学研究中做出了突出贡献,发表了一批泥炭资源调查和形成机制方面的论著或调查报告。柴岫1990年出版的《泥炭地学》是我国第一部系统论述泥炭沼泽形成、组成、性质、地理分布和研究方法的专著。其中涉及泥炭地的水化学特征、泥炭化学性质和泥炭化学分析基本方法,是开展第四纪泥炭地球化学研究的重要参考资料。

20 世纪 90 年代，在国际上开展大量利用泥炭沉积序列重建古气候研究的影响下，我国此项工作也得到蓬勃的发展。

我国学者在这一领域侧重于泥炭序列测年与年代标尺的建立，以及环境变化代用指标的研究。目前我国泥炭年代学研究侧重泥炭中可靠测年组分的寻找；地球化学代用指标主要有碳同位素、氧同位素、腐殖化度、生物标记化合物和元素地球化学等。

放射性碳测年是泥炭古气候重建中最常用的测年技术，而选择可靠组分进行测年是放射性碳测年研究的关键。李汉鼎，冷雪天，白艳等（1992）通过分离泥炭样品的碱不溶物、胡敏酸、富里酸组分，探讨了泥炭样品测年可靠性问题。周卫健等发现泥炭堆积中粒径在 60～180 目之间的物质，经过酸-碱-酸处理后测年获得的数据可与孢粉测年的数据一致。泥炭全样因混有年轻的植物根系，使测年结果在一定程度上偏年轻（周卫健，1995；周卫健，卢雪峰，武振坤等，2001）。尹金辉，彭贵，焦文强等（1997）对比了泥炭中不同组分（如植物残体、胡敏酸、胡敏素等）测年结果，获得一些新认识。

（一）泥炭的同位素地球化学研究

王富葆等在我国率先开展了若尔盖泥炭序列的碳同位素研究（王富葆，阎革，林本海等，1993；王富葆，韩辉友，阎革，1996）。此后，周卫健等先后研究了鄂尔多斯、若尔盖等地的泥炭和风成堆积地层序列的精确放射性碳年代学，并对比了利用孢粉、碳同位素等指标建立的末次冰消期以来气候变化序列和高纬地区气候变化（周卫健，李小强，董光荣等，1996；周卫健，安芷生，Portor 等，1997；Zhou, Donahua, Porter et al., 1996; Zhou, Head, Lu et al., 1999; Zhou, Head, An et al., 2001）。

1997 年，洪业汤研究团队率先进行了泥炭氧同位素测试，并将其记录与太阳活动相联系（洪业汤，姜洪波，陶发祥等，1997；洪业汤，刘东生，姜洪波等，1999；Hong, Jiang, Li et al., 2000；林庆华，洪业汤，朱咏煊等，2001；洪冰，刘丛强，林庆华等，2009）。徐海等开展了红原泥炭最近 6 ka 的氧同位素记录研究（徐海，洪业汤，林庆华等，2002）。

值得指出的是，以往的泥炭稳定同位素研究主要采用植物的残体或泥炭全样，其稳定同位素信号或多或少包含了一些沉积后的因素。一些学者在我国首先开展了泥炭纤维素的稳定同位素研究（陶发祥和刘广深，1995），获得青藏高原东部、东北地区和华中地区泥炭纤维素氧同位素记录的气候变化序列（Hong, Wang, Jiang et al., 2001; Hong, Hong, Lin et al., 2003, 2009; Hong, Hong, Uchida, 2014），以及青藏高原红原泥炭木里苔草纤维素碳同位素研究成果（洪冰，林广华，朱咏煊等，2003）。通过对比不同地区泥炭纤维素碳同位素记录，发现东亚季风区和印度季风区季风气候变化在千年到百年尺度上呈反相位关系（Hong, Hong, Lin et al., 2005, 2009）。

还有人利用汞同位素研究了红原地区过去 150 a 大气汞沉降变化历史和趋势（侍文芳等，2011）。

（二）我国泥炭的元素地球化学环境示踪研究

20 世纪 60 年代我国就有人进行湿地环境的研究。

我国不少学者在元素地球化学方面开展了多角度的研究。如大兴安岭地区泥炭微量元素分布特征（朱颜明，霍文毅，陈定贵等，1997）；东北地区泥炭中金属元素、营养元素，以及有机污染物等的迁移规律和影响因素（王国平和刘景双，2002，2003；王国平，刘景双，翟正丽，2005；贾琳，王国平，刘景双，2006a，b；苏莹，赵明宪，王国平，2006；史彩奎，贾益群，王国平，2008）；还有人重建了东北地区浅层泥炭最近150 a来大气沉降历史研究（Bao，Xing，Yu et al.，2012，2015），以及长白山地区全新世泥炭剖面地球化学特征及其古环境意义（赵红艳，王升忠，李鸿凯，2004）。于学峰在国内较早利用红原泥炭剖面的元素变化特征，重建上风区过去大气化学变化特征，发现Pb、Zn、Cu等元素在新石器时代以来出现异常增高现象，指出这可能记录了上风区人类活动强度的变化历史，并尝试探讨了自然和人类活动来源的元素信号（于学峰，2005；于学峰和周卫健，2006；Yu，Zhao，Lawrence et al.，2010）。

（三）我国泥炭的腐殖化度研究

泥炭的腐殖化度是反映有机质降解程度的一个指标，受微生物活动影响，反映生长季泥炭地的温度和湿度变化。王华等首次将泥炭腐殖化度引入中国泥炭古气候记录研究中（王华，洪业汤，朱咏煊等，2003），并将青藏高原东部泥炭腐殖化度指标与木里苔草纤维素碳同位素指标相对比，作为夏季风强度代用指标（王华，洪业汤，朱咏煊等，2004）；使腐殖化度在我国泥炭记录的夏季风变化研究中成为一个常用的代用指标（于学峰，周卫健，Franzen等，2006；马春梅，朱诚，郑朝贵等，2008；Yu，Zhou，Liu et al.，2011；Zhong，Ma，Xue et al.，2011）。

（四）我国泥炭的生物标记化合物及单体同位素研究

生物标记化合物（biomarker）是指沉积物中那些来源于生物体、在演化过程中具有一定稳定性、基本保存了原始生化组分的、记载了原始生物母质特殊分子结构信息的有机化合物，具有特殊的"标记作用"。我国在研究过去环境变化中主要研究了高等植物来源的生物标记化合物及其同位素、微生物类脂物和藿烷类生标等。

谢树成较早开展了泥炭生物标记物的研究（Xie，Nott，Avseis et al.，2000，2004）；认为泥炭中的高等植物对古温度的响应能够记录在脂类单体氢同位素中，是反映陆地干旱化的微生物新指标（Xie，Pancost，Chen et al.，2012）；在大九湖泥炭剖面藿类化合物研究中发现这类化合物可指示泥炭地的水文变化，并将其记录与和尚洞石笋氧同位素记录进行对比（Xie，Pancost，Huang et al.，2013）。一些学者研究和对比了红原、哈尼、定南泥炭中高等植物源的生物标记物（Zhou，Xie，Meyers et al.，2005；Zheng，Zhou，Meyers et al.，2007；郑艳红，周卫健，谢树成等，2009；郑艳红，周卫健，刘钊等，2010；Zhou，Zheng，Meyers et al.，2010；Zheng，Zhou，Liu et al.，2010；Zheng，Zhou，Liu et al.，2011；Zheng，Zhou，Meyers，2011），一些学者以泥炭中高等植物源的生物标记物为代用指标，分别研究了红原、哈尼、定南全新世气候变化历史（Zhou，Xie，Meyers et al.，2005；Zheng，Zhou，Meyers et al.，2007；郑艳红，周卫健，谢树成等，2009；郑艳红，周卫健，刘钊等，2010；Zhou，Zheng，Meyers et al.，2010；Zheng，Zhou，Liu et al.，2010；Zheng，Zhou，Liu et al.，2011；Zheng，Zhou，Meyers，2011），通过三个泥炭地生标的空间对比，发现三地全新世温度变化趋势大致相同，而降水变化存在较大差异。通过红原泥炭序列中生物标记物及其同位素记录的甲烷古菌变化历史研究，探讨了甲烷古菌产率与夏季风强度间的关系（Zheng, Singarayer, Peng et al., 2014）；利用泥炭沉积支链四醚膜类脂重建了若尔盖150 a来的古环境（周浩达，胡建芳，明荔莉等，2011）。

第四节　第四纪地球化学学科发展趋势

我国学者在第四纪地球化学领域的大量研究工作，已取得可喜的成果，受到国际第四纪地质学界的关注。然而，由于该学科研究对象的多样、各种载体各有优缺点，加之第四纪环境巨大的区域特点和地区差异，使在利用我国特有的黄土、冰川等优势的同时，亟待深入开展定量化指标、区域对比、数据集成等领域的研究，开创我国第四纪地球化学研究新局面。

（一）开发定量化新指标

如何充分应用现代分析测试技术获取新代用指标，特别是定量化指标的开发，是本学科发展的关键问题。

不同载体的环境代用指标的对比发现，指标间的关系复杂，甚至相互矛盾，这是因为现有的多数指标所携带的信息往往是混合的。因此各类地球化学研究成果存在较多的局限性，很多方面都有提高的空间。气候代用指标与气候环境参数定量关系的确立，是一个重要的发展趋势。在进一步深入理解各载体不同指标、同一指标在不同载体中的物理、化学和生物意义的基础上，通过现代分析测试技术性能的提高，以及现代过程示踪研究的加强，可能找到对各类载体在沉积年代和物化条件的量化指标，例如在纯碳酸盐的蜗牛壳体化石的二元同位素（clumped isotopes）指示古温度方面；各类新兴生物标记物和单体同位素对气候要素或生物产率的定量化、深入开展非传统稳定同位素地球化学与单矿物化学的示踪研究、树轮纤维素在线同位素质谱测量等，有望为第四纪地球化学研究带来新的动力。

（二）加强区域分异和耦合规律的研究

各类第四纪地质-生物载体因沉积和生长环境的不同，各自在某一方面或某一区域具有优势，但是在不同时间和空间尺度上，不同载体记录之间的对比还较为薄弱。这一方面与不同载体各个指标所指示的环境意义有关，另一方面还与分辨率和年代测定有关。目前，虽然不同载体重建的地球化学指标序列之间有一些对比，但是各种载体的地球化学研究还相对独立，缺少相互验证、对比的耦合研究。例如，由于石笋记录具有的精确定年和高分辨率，越来越多的学者将其他记录与之进行对比，但更多的是强调其一致性，对于不同载体本身的地球化学特征和指标缺乏深入的评价和解释。与此同时，石笋各类指标本身的意义和控制因素也存在较大争议。因此，需要进一步加强同一区域、不同载体的同步对比研究，例如树轮与石笋和湖沼、冰芯与湖泊沉积物的对比研究等，以获得各类指标所代表的气候环境意义，也有助于对第四纪环境演变的更全面的、深入的认识。

一方面，对每一种载体，我们均需要从整体的视角来审视其分布、产生、相变、演化等整个过程，从宏观和微观的角度全面认识某一载体所具有的各类地球化学信息。例如，黄土分布和形成，我们需要从源区产生、迁移、沉积、风化、侵蚀等各个方面深入研究其涉及的整个地球化学过程，同时从微观的角度来考察黄土中风化过程中发生相变的无机和有机地球化学过程，其中微生物的作用等值得进一步重视。

另一方面，除了黄土-古土壤序列和少数湖相沉积序列外，目前大多数的记录集中在 $10^0 \sim 10^4$ 年尺度上，缺乏高精度的、长时间尺度的第四纪地球化学记录。我国这种长时间尺度的区域环境演化是与青藏高原演化密切相关的，也是我国第四纪所特有的，这个时段也是探讨人类起源与进化背景环境的关键时段。因此，在重点分析我国第四纪环境演化的区域分异、耦合及其与季风、西风变迁关系的同时，还需要加强第四纪早期阶段地球化学指标序列的重建和对比研究。

（三）数据集成与数值模拟

国际上有各类第四纪环境数据库，我国在第四纪数据集成方面还很薄弱，特别是第四纪地球化学方面的数据库基本没有。例如，国际湖泊数据库研究始于 20 世纪 70 年代，已成功地用于恢复晚第四纪以来的气候与大气环流系统的时空变化，并为评价和比较古气候模拟结果和改进大气环流模拟提供了数据和依据，而中国湖泊数据库还远未成熟（于革，1997；于革，刘健，薛滨，2007），东亚环境变化科学数据库尚处于起步阶段。欧洲树轮网络已有大空间尺度的树轮同位素研究，我国的树木年轮稳定同位素还主要集中于单点的短序列研究。尽管单点长的树轮同位素年表是今后的发展趋势，但是网络化、长序列的树木年轮同位素集成研究亟须加强。

我国的第四纪气候环境数值模拟研究也已有多年的基础和较为突出的成果（Liu, Cheng, Yan et al., 2009; Liu, Wang, Cane et al., 2013; Shi, Liu, An et al., 2011; 刘晓东和 Dong, 2013），但是对地球化学参数的嵌入尚待开发，特别是对特征时期、重要气候事件的古气候要素的数值模拟有待开展。

鉴于第四纪载体的多样性和区域环境的差异性，我国第四纪地球化学已开展了大量的基础性的、开创性的研究工作，但是目前无论是从宏观还是微观角度，都亟须综合多学科的研究力量，加强不同载体记录的比较分析，相互取长补短，在研究思路和关键方法上寻求广度和深度的突破和深入，从定性走向定量，进一步提炼科学目标，与国际性的研究计划结合，区分出全球的、区域的和地方性的气候环境变化信息，最终定量化气候环境参数，并提升到地球化学理论高度，为人类社会的持续发展服务。

主要参考文献

安文玲，刘晓宏，陈拓等. 2009. 云南丽江树轮 $\delta^{18}O$ 记录的大气环流变化信息. 地理学报，64（9）：1103~1112

安芷生，王苏民，吴锡浩等. 1998. 中国黄土高原的风积证据：晚新生代北半球大冰期开始及青藏高原的隆升驱动. 中国科学（D 辑），28（6）：480~490

鲍睿和盛雪芬. 2015. 蜗牛 Achatina fulica 壳体 $\delta^{18}O$ 环境指示意义的实验. 科学通报，60（20）：1924~1931

蔡演军，彭子成，安芷生等. 2001. 贵州七星洞全新世石笋的氧同位素记录及其指示的季风气候变化. 科学通报，46（16）：1398~1402

柴岫.1990.泥炭地学.北京：地质出版社，1~256

陈宝君，钱君龙，濮培民等.2002.树轮$\delta^{13}C$的角分布及其在气候重建中的应用.南京气象学院学报，19（4）：463~471

陈建芳.2002.古海洋研究中的地球化学新指标.地球科学进展，17（3）：402~410

陈敬安，曾艳，王敬富等.2013.湖泊沉积物不同赋存状态Rb、Sr地球化学记录研究.矿物岩石地球化学通报，32：408~417

陈骏和李高军.2011.亚洲风尘系统地球化学示踪研究.中国科学：地球科学，41（9）：1211~1232

陈骏，王洪涛，鹿化煜.1996.陕西洛川黄土沉积物中稀土元素及其它元素的化学淋滤研究.地质学报，70（1）：61~72

陈骏，仇纲，鹿化煜等.1996.最近130ka黄土高原夏季风变迁的Rb和Sr地球化学证据.科学通报，41（21）：1963~1966

陈骏，仇纲，杨杰东.1997.黄土碳酸盐Sr同位素组成与原生和次生碳酸盐识别.自然科学进展，7（6）：731~734

陈骏，季峻峰，仇纲等.1997.陕西洛川黄土化学风化程度的地球化学研究.中国科学（D辑），27（6）：531~537

陈骏，汪永进，季峻峰等.1999.陕西洛川黄土剖面的Rb/Sr值及气候地层学意义.第四纪研究，19（4）：350~356

陈骏，安芷生，刘连文等.2001.最近2.5Ma以来黄土高原风尘化学组成的变化与亚洲内陆的化学风化.中国科学（D辑），31（2）：136~144

陈骏，汪永进，陈旸等.2001.中国黄土地层Rb和Sr地球化学特征及其古季风气候意义.地质学报，75（2）：259~266

陈克造，Bowler，Kelts.1990.四万年来青藏高原的气候变迁.第四纪研究，4（1）：21~31

陈琪，汪永进，刘泽纯等.1998.南京汤山猿人洞穴石笋的铀系年龄.人类学报，17（3）：171~176

陈诗越，王苏民，金章东等.2003.青藏高原中部湖泊沉积物中Zr/Rb值及其环境意义.海洋地质与第四纪地质.23（4）：35~38

陈拓，秦大河，李江风等.2001.从树轮纤维素$\delta^{13}C$序列看树木生长对大气CO_2浓度变化的响应.冰川冻土，23（1）：42~45

陈渭南，高尚玉，孙忠.1994.毛乌素沙地全新世地层化学元素特点及其古气候意义.中国沙漠，14（1）：22~31

陈秀玲，李志忠，贾丽敏等.2013.新疆伊犁河谷沙漠沉积的稀土元素特征及其环境意义.第四纪研究，33（2）：368~378

陈英勇，鹿化煜，张恩楼等.2013.浑善达克沙地地表沉积物有机碳同位素组成与植被-气候的关系.第四纪研究，33（2）：351~363

陈毓蔚和桂训唐.1998.南沙群岛海区同位素地球化学.北京：科学出版社，1~178

陈毓蔚，赵一阳，刘菊英等.1982.东海沉积物中^{226}Ra的分布特征及近岸区沉积速率的测定.海洋与湖沼，13（4）：380~387

陈跃，黄培华，朱洪山.1986.北京周口店地区洞穴内第四纪石笋的同位素古温度研究.科学通报，31（20）：1576~1577

陈志华，石学法，王湘芹等.2003.南黄海B10岩心的地球化学特征及其对古环境和古气候的反映.海洋学报，25（1）：69~77

丁峰和丁仲礼.2003.塔吉克斯坦黄土的化学风化历史及古气候意义.中国科学（D辑），33（6）：505~512

董治宝，苏志珠，钱广强等.2011.库姆塔格沙漠风沙地貌.北京：科学出版社

高全洲，董光荣，李保生等.1995.晚更新世以来巴丹吉林南缘地区沙漠演化.中国沙漠，15（4）：

346~354

高全洲，董光荣，邹学勇等.1996.查格勒布鲁剖面-晚更新世以来东亚季风进退的地层记录.中国沙漠，16（2）：112~120

高全洲，陶贞，董光荣等.1998.巴丹吉林沙漠查格勒布鲁剖面的沉积地球化学特征.地理学报，53（12）：44~52

高全洲，陶贞，董光荣.2001.微量元素记录的化学风化和气候变化——以巴丹吉林沙漠查格勒布鲁剖面为例.中国沙漠，21（4）：374~379

高尚玉，陈渭南，靳鹤龄等.1993.全新世中国季风区西北缘沙漠演化初步研究.中国科学（B）辑，23（2）：202~209

龚庆杰，吴良基，吴时国等.1999.南海长链烯酮化合物的检测及U_{37}^K值的应用.地球化学，28（1）：51~57

顾兆炎.1991.黄土-古土壤序列碳酸盐同位素组成与古气候变化.科学通报，36（10）：767~770

顾兆炎，刘嘉麒，袁宝印等.1993.12000年来青藏高原季风变化——色林错沉积物地球化学的证据.科学通报，38（1）：61~64

顾兆炎，Lal D，郭正堂等.2000.黄土高原黄土和红黏土^{10}Be地球化学特征.第四纪研究，20（5）：409~422

顾兆炎，韩家懋，刘东生.2000.中国第四纪黄土地球化学研究进展.第四纪研究，20（1）：41~55

顾兆炎，刘强，许冰等.2003.气候变化对黄土高原末次盛冰期以来的C_3/C_4植物相对丰度的控制.科学通报，48（13）：1458~1464

桂洪杰.2013.黄河宁蒙河段四大沙漠粒度和元素特征对比研究.兰州大学硕士学位论文

郭建卿，成鑫荣，陈荣华等.2010.西太平洋暖池核心区上新世以来浮游有孔虫氧同位素特征及古海洋变化.海洋地质与第四纪地质，30（3）：87~95

韩家懋，姜文英，吴乃琴等.1995.黄土中钙结核的碳氧同位素研究（一）氧同位素及其古环境意义.第四纪研究，15（2）：130~137

韩家懋，姜文英，吕厚远等.1995.黄土中钙结核的碳氧同位素研究（二）碳同位素及其古环境意义.第四纪研究，15（4）：367~377

韩家懋，姜文英，刘东生等.1996.黄土碳酸盐中古气候变化的同位素记录.中国科学（D辑），26（5）：399~404

韩永明，曹军骥，金章东等.2010.岱海与太湖沉积物焦碳和烟炱最近200年历史对比研究.第四纪研究，30（3）：550~558

洪阿实，彭子成，李平等.1995.福建宁化天鹅洞石笋晚第四纪同位素古温度研究.地球化学，24（2）：138~145

洪冰，林庆华，朱咏煊等.2003.红原泥炭苔草的碳同位素组成与全新世季风变化.矿物岩石地球化学通报，22（2）：99~103

洪冰，刘丛强，林庆华等.2009.哈尼泥炭$\delta^{18}O$记录的过去14000年温度演变.中国科学（D辑），35（5）：626~637

洪业汤，姜洪波，陶发祥等.1997.近5 ka温度的金川泥炭$\delta^{18}O$记录.中国科学（D辑），27（6）：525~530

洪业汤，刘东生，姜洪波等.1999.太阳辐射驱动气候变化的泥炭氧同位素证据.中国科学：地球科学，29（6）：527~531

侯爱敏，彭少麟，周国逸等.2000.通过树木年轮$\delta^{13}C$重建大气CO_2浓度的可靠性探讨.科学通报，45（13）：1451~1456

胡邦琦，李国刚，李军等.2011.黄海、渤海铅-210沉积速率的分布特征及其影响因素.海洋学报，

33（6）：125~133

胡广，金章东，张飞.2008.利用介形类壳体Sr、Mg重建古环境受自生碳酸盐矿物的限制及机理探讨.中国科学（D辑），38（2）：177~186

黄俊华.1992.湖北崇阳狮泉洞第四纪石笋的碳氧同位素特征及古气候研究.中国岩溶，11（3）：245~249

贾琳，王国平，刘景双.2006a.长白山圆池泥炭常量和微量元素分布特征及其环境意义.山地学报，24（6）：662~666

贾琳，王国平，刘景双.2006b.长白山锦北雨养泥炭剖面元素富集规律分析.湿地科学，4（3）：187~192

蒋庆丰，沈吉，刘兴起等.2007.西风区全新世以来湖泊沉积记录的高分辨率古气候演化.科学通报，52（9）：1042~1049

靳鹤龄，苏志珠，孙忠.2003.浑善达克沙地全新世中晚期地层化学元素特征及其气候变化.中国沙漠，23（4）：366~375

靳鹤龄，苏志珠，孙良英等.2004.浑善达克沙地全新世气候变化.科学通报，49（15）：1532~1537

靳建辉，李志忠，陈秀玲.2011.新疆伊犁塔克尔莫乎尔沙漠全新世晚期沉积微量元素反映的古气候变化.沉积学报，29（2）：336~346

金章东，王苏民，沈吉等.2001.小冰期弱化学风化的湖泊沉积记录.中国科学（D辑），31（3）：221~225

金章东，王苏民，沈吉等.2002.湖泊沉积物Sr同位素记录的小冰期.科学通报，47（19）：1512~1516

金章东，沈吉，王苏民等.2003.早全新世降温事件的湖泊沉积证据.高校地质学报，9（1）：11~18

匡欢传，周浩达，胡建芳等.2013.末次盛冰期和全新世大暖期湖光岩玛珥湖沉积记录的正构烷烃和单体稳定碳同位素分布特征及其古植被意义.第四纪研究，33（6）：1222~1233

李彬.1994.洞穴化学沉积物中$\delta^{13}C$、$\delta^{18}O$对环境变迁的示踪意义.中国岩溶，13（1）：17~24

李彬，袁道先，林玉石.1997.桂林盘龙洞石笋发光性特征及其古环境记录的初步研究.地球学报，18（4）：400~406

李彬，袁道先，Lauritzen S E等.1998.桂林盘龙洞石笋中新仙女木事件及全新世气候变化记录.地质学报，72（4）：380

李彬，袁道先，林玉石等.2000.桂林地区4万年来气候变化及其动力机制浅析.地球学报，21（3）：313~319

李传想和宋友桂.2011.新疆伊犁黄土化学风化特征及其控制因素.高校地质学报，30（1）：103~108

李恩菊.2011.巴丹吉林沙漠与腾格里沙漠沉积物特征的对比研究.陕西师范大学博士学位论文

李锋.2007.中国北方沙尘源区铅同位素分布特征及其示踪意义的初步研究.中国沙漠，27：738~744

李凤业.1988.用^{210}Pb法测定南海陆架浅海沉积速率.海洋科学，3：64~66

李福春，潘根兴，谢昌仁等.2004.南京下蜀黄土-古土壤剖面的不同粒组稀土元素地球化学分布.第四纪研究，24（4）：477~478

李高军.2010.亚洲风尘物源地球化学示踪研究.南京大学博士学位论文

李汉鼎，冷雪天，白艳等.1992.泥炭样品^{14}C年龄可靠性初步研究.海洋地质与第四纪地质.12（2）：89~97

李红春，顾德隆，陈文寄.1998.高分辨率洞穴石笋稳定同位素应用之一——京津地区500 a来的气候变化——δ^{18}O记录.中国科学（D辑），28（2）：181~186

李红春，顾德隆，陈文寄等.1996.洞穴石笋的^{14}C年代学研究——石花洞研究系列之二.地震地质，18（4）：329~338

李红春, 顾德隆, 陈文寄等. 1997. 利用洞穴石笋的 $\delta^{18}O$ 和 $\delta^{13}C$ 重建 3000a 以来北京地区古气候和古环境——石花洞研究系列之三. 地震地质, 19 (1): 77~86

李景贵, 范璞, Philip R P 等. 1995. 青海湖沉积物中的长链不饱和脂肪酮（长链烯酮）. 沉积学报, 13 (1): 1~6

李明启, 靳鹤龄, 张洪等. 2005. 浑善达克沙地磁化率和有机质揭示的全新世气候变化. 沉积学报, 23 (4): 683~690

李琼, 潘保田, 高红山等. 2006. 腾格里沙漠南缘末次冰盛期以来沙漠演化与气候变化. 中国沙漠, 26 (6): 875~882

李铁刚, 孙荣涛, 张德玉等. 2007. 晚第四纪对马暖流的演化和变动: 浮游有孔虫和氧碳同位素证据. 中国科学 (D 辑), 37 (5): 660~669

李孝泽和董光荣. 1998. 浑善达克沙地的形成时代与成因初步研究. 中国沙漠, 18 (1): 16~22

李徐生, 韩志勇, 杨达源等. 2006. 镇江下蜀黄土的稀土元素地球化学特征研究. 土壤学报, 43 (1): 1~7

李云卓. 2005. 巴丹吉林东南查格勒布鲁剖面 150 ka. B. P. 以来的沉积序列、常量元素及其反映的季风环境演化. 华南师范大学硕士学位论文

李正华, 刘荣谟, 安芷生等. 1994. 工业革命以来大气 CO_2 浓度不断增加的树轮稳定碳同位素证据. 科学通报, 39 (23): 2172~2174

李正华, 刘荣谟, 安芷生等. 1995. 树木年轮 $\delta^{13}C$ 季节性变化及其意义. 科学通报, 40 (22): 2064~2067

林本海和刘荣谟. 1992. 最近 800 ka 黄土高原季风变迁的稳定同位素证据. 科学通报, 37 (2): 178~180

林庆华, 洪业汤, 朱咏煊等. 2001. 中国典型泥炭区现代植物的碳、氧同位素组成及在古环境研究中的意义. 矿物岩石地球化学通报, 20 (2): 93~97

林玉石, 张美良, 覃嘉铭. 1996. 桂林盘龙洞石笋地质时代的划分（英文）. 中国岩溶, 15 (1, 2): 167~173

刘宝珺. 1980. 沉积岩石学. 北京: 地质出版社

刘冰, 靳鹤龄, 孙忠. 2013. 中晚全新世科尔沁沙地演化与气候变化. 中国沙漠, 33 (1): 77~87

刘丛强, 张劲, 李春来. 1999. 黄土中 $CaCO_3$ 含量及其 Sr 同位素组成变化与古气候波动记录. 科学通报, 44 (10): 1088~1092

刘东生等. 1965. 中国的黄土堆积. 北京: 科学出版社

刘东生等. 1966. 黄土的物质成分和结构. 北京: 科学出版社

刘东生等. 1985. 黄土与环境. 北京: 科学出版社

刘嘉麒, 韩家懋, 袁宝印等. 1995. 近年来中国第四纪研究与全球变化. 第四纪研究, 15 (2): 150~155

刘连文, 陈骏, 工洪涛等. 2001. 一个不受风力分选作用影响的化学风化指标: 黄土酸不溶物中的 Fe/Mg 值. 科学通报, 46 (7): 578~582

刘连文, 陈骏, 季峻峰等. 2002. 最近 13 万年来黄土中 Zr/Rb 变化及其对冬季风的指示意义. 科学通报, 47 (9): 702~706

刘升发, 石学法, 刘焱光等. 2010. 中全新世以来东亚冬季风的东海内陆架泥质沉积记录. 科学通报, 55 (14): 1387~1396

刘卫国, 张普, 孙有斌等. 2008. 黄土高原中部 7~2 Ma 期间古植被变化的分子化石证据——以赵家川剖面为例. 第四纪研究, 28 (05): 806~811

刘晓东和 Dong B W. 2013. 青藏高原隆升对亚洲季风-干旱环境演化的影响. 科学通报, 58 (28-29): 2906~2919

刘晓宏, 秦大河, 邵雪梅等. 2002. 西藏林芝冷杉树轮稳定碳同位素对气候的响应. 冰川冻土, 24 (5):

574~577

刘现彬, 赵爽, 温仰磊等. 2014. 天山北麓典型黄土地球化学特征研究. 干旱区地理, 37 (5): 883~891

刘禹, 刘荣谟, 孙福庆. 1989. 树轮稳定碳同位素与全球变化研究. 地球科学进展, 6: 47~52

刘禹, 刘荣谟, 孙福庆等. 1990. 秦岭树木年轮的 $\delta^{13}C$ 分析及其所反映的气候信息. 见: 环境地球化学与健康. 贵阳: 贵州科学技术出版社, 12~14

刘禹, 吴祥定, Leavitt S W 等. 1996. 黄陵树木年轮稳定 C 同位素与气候变化. 中国科学 (D辑), 26 (2): 125~130

刘禹, 他维媛, 保庭毅等. 2008. 树木年轮中某些化学元素含量与环境变化——以西安市区二个地点为例. 中国科学 (D辑), 38 (11): 1413~1418

刘育燕, 何锦发. 1990. 桂林罗胡子洞材生化学沉积物石笋的古温度研究. 地球科学, 6: 689~696

刘宗秀, 顾兆炎, 吴乃琴等. 2006. 食物控制的陆生蜗牛碳同位素组成. 科学通报, 51 (20): 2410~2416

卢冰, 陈荣华, 冯旭文等. 2000. 冲绳海槽 2 万年以来沉积物中生物标志化合物与古温度、古环境的研究. 东海海洋, 18 (2): 25~32

鹿化煜和郭正堂. 2013. 晚新生代东亚气候变化: 进展与问题. 中国科学 (D辑), 43 (12): 1907~1918

罗建育和陈镇东. 1997. 台湾高山湖泊沉积记录指示的近 4000 年气候与环境变化. 中国科学 (D辑), 27 (4): 366~372

罗建育, 陈镇东, 万政康. 1996. 台湾大鬼湖的古气候研究. 中国科学 (D辑), 26 (5): 474~480

马春梅, 王富葆, 曹琼英等. 2008. 新疆罗布泊地区中世纪暖期及前后的气候与环境. 科学通报, 53 (16): 1942~1952

马春梅, 朱诚, 郑朝贵等. 2008. 中国东部山地泥炭高分辨率腐殖化度记录的晚冰期以来气候变化. 中国科学 (D辑), 38 (9): 1078~1091

茅昌平, 陈骏, 袁旭音等. 2011. 长江下游悬浮物 Sr-Nd 同位素组成的季节性变化与物源示踪. 科学通报, 56 (31): 2591~2598

孟宪伟, 杜德文, 陈志华等. 2000. 长江、黄河流域泛滥平原细粒沉积物 $^{87}Sr/^{86}Sr$ 空间变异的制约因素及其物源示踪意义. 地球化学, 29 (6): 562~569

南青云, 李铁刚, 陈金霞等. 2008. 南冲绳海槽 7000 a B.P. 以来基于长链不饱和烯酮指标的古海洋生产力变化及其与气候的关系. 第四纪研究, 28 (3): 482~490

钱君龙, 柯晓康, 王明珠等. 1998. 树木年轮元素含量与环境演变. 南京林业大学学报, 22 (1): 22~26

钱君龙, 吕军, 屠其璞等. 2001. 用树轮 α-纤维素 $\delta^{13}C$ 重建天目山地区近 160 年气候. 中国科学 (D辑), 31 (4): 333~341

钱君龙, 邓自旺, 屠其璞等. 2001. 天目山柳杉树轮 δD 年序列及其气候含义. 中国科学 (D辑), 31 (5): 372~376

钱亦兵, 吴兆宁, 石井武政等. 1993. 塔克拉玛干沙漠物质成分特征及其来源. 中国沙漠, 13 (4): 32~38

钱亦兵, 吴兆宁, 杨海峰等. 2011. 古尔班通古特沙漠纵向沙垄植被空间异质性. 中国沙漠, 31 (2): 420~427

秦大河, 姚檀栋, 丁永建等. 2014. 冰冻圈科学辞典. 北京: 气象出版社

覃嘉铭. 1996. 洞穴沉积物氧同位素计温及古气候记录研究 (英文). 中国岩溶, 15: 174~182

覃嘉铭. 1997. 古气候变化的石笋同位素记录研究——以桂林盘龙洞为例. 地球学报, 18 (3): 255~260

裘善文. 1989. 试论科尔沁沙地的形成与演变. 地理科学, 9 (4): 317~328

饶文波, 杨杰东, 陈骏等. 2005. 北方风尘中 Sr-Nd 同位素组成变化的影响因素探讨. 第四纪研究, 25 (4): 531~532

饶文波, 陈骏, 杨杰东等. 2009. 中国北方沙漠风成沙不同粒级组分的 Sr-Nd 同位素特征. 高校地质学报, 15 (2): 159~164

沈承德, 刘东生, Beer J 等. 1989. 晚更新世黄土堆积物中的 ^{10}Be 记录. 第四纪研究, 9 (2): 169~176

沈承德, 易惟熙, 刘东生. 1994. 高分辨 ^{10}Be 记录与黄土地层定年. 第四纪研究, 14 (3): 203~213

沈承德, 易惟熙, 刘东生. 1995. 中国黄土 ^{10}Be 研究进展. 地球科学进展, 10 (6): 590~596

史彩奎, 贾益群, 王国平. 2008. 长白山雨养泥炭表层多环芳烃组成分布及来源分析. 中国环境科学, 28 (5): 385~388

侍文芳, 冯新斌, 张干等. 2011. 150 年以来红原雨养型泥炭中高分辨的汞同位素沉积记录. 科学通报, 56 (8): 583~588

施光春和裴秀华. 1984. 冲绳海槽 7028 站岩心的氧同位素组成. 东海海洋, 2 (1): 23~27

宋磊, 强明瑞, 牛光明等. 2009. 柴达木盆地苏干湖沉积元素特征与大风尘暴事件. 海洋地质与第四纪地质, 29 (1): 95~102

宋柳霆, 刘丛强, 王中良等. 2008. 贵州红枫湖硫酸盐来源及循环过程的硫同位素地球化学研究. 地球化学, 37 (6): 556~564

宋木, 刘卫国, 郑卓等. 2013. 西北干旱区湖泊沉积物中长链烯酮的古环境意义. 第四纪研究, 33 (6): 1199~1210

宋友桂和史正涛. 2010. 伊犁盆地黄土分布与组成特征. 地理科学, 30 (2): 267~272

苏莹, 赵明宪, 王国平. 2006. 长白山圆池泥炭氮元素分布特征及其影响因素分析. 湿地科学, 4 (4): 292~297

孙千里, 周杰, 彭子成等. 2001. 岱海湖泊沉积碳酸盐的高精度铀系测年. 科学通报, 46 (2): 150~153

孙枢. 2005. 中国沉积学的今后发展: 若干思考与建议. 地学前缘, 12 (2): 3~10

孙枢和李晓波. 2001. 我国资源与环境科学近期发展战略刍议. 地球科学进展, 16: 726~733

孙小虹, 顾兆炎, 王旭. 2009. 细纹灰尖巴蜗牛壳体氧同位素组成的季节性变化. 第四纪研究, 29 (5): 976~980

孙艳荣, 崔海亭, 穆治国等. 2003. 广东现代樟树树轮纤维素的碳同位素与厄尔尼诺事件的关系. 地球学报, 24 (6): 505~510

谭红兵和于升松. 1999. 我国湖泊沉积环境演变研究中元素地球化学的应用现状及发展方向. 盐湖研究, 7 (3): 58~65

谭明. 2009. 环流效应: 中国季风区石笋氧同位素短尺度变化的气候意义——古气候记录与现代气候研究的一次对话. 第四纪研究, 29: 851~862

谭明. 2011. 信风驱动的中国季风区石笋 δ^{18}O 与大尺度温度场负耦合——从年代际变率到岁差周期的环流效应 (纪念 GNIP 建网 50 周年暨葫芦洞石笋末次冰期记录发表 10 周年). 第四纪研究, 31 (6): 1086~1097

谭明和刘东生. 1995. 河南省鸡冠洞洞穴石笋的稳定同位素记录. 地质学报, 增刊 (1): 281~284

谭明, 秦小光, 刘东生. 1998. 石笋记录的年际、十年、百年尺度气候变化. 中国科学 (D 辑), 28 (3): 272~277

陶发祥和刘广深. 1995. 地质档案中纤维素的提取. 矿物岩石地球化学通报, 4: 245~246

万国江, 黄荣贵, 王长生等. 1990. 红枫湖沉积物 ^{210}Pb$_{ex}$ 垂直剖面的变异. 科学通报, 35 (8): 612~615

万国江, 林文祝, 黄荣贵等. 1990. 红枫湖沉积物 ^{137}Cs 垂直剖面的计年特征及侵蚀示踪. 科学通报, 35 (19): 1487~1490

万世明, 李安春, 蒋富清等. 2007. 近 20Ma 来南海北部泥质沉积物地球化学特征. 海洋地质与第四纪地质, 27 (增刊): 21~29

汪品先, 闵秋宝, 卞云华等. 1986. 十三万年来南海北部陆坡的浮游有孔虫及其古海洋学意义. 地质学

报，60（3）：215~225

汪品先，翦知湣，赵泉鸿等. 2003. 南海演变与季风历史的深海证据. 科学通报，48（21）：2228~2239

汪品先，赵泉鸿，翦知湣等. 2003. 南海三千万年的深海记录. 科学通报，48（21）：2206~2215

汪训一. 1985. 桂林洞穴沉积物的氧、碳同位素特征. 中国岩溶，4（1，2）：149~153

汪勇，沈吉，刘兴起等. 2010. 青海湖全新世硬水效应随时间变化性及其对沉积物^{14}C 年龄的校正. 湖泊科学，22（3）：458~464

汪永进，陈琪，刘泽纯等. 1997. 南京汤山溶洞石笋连续200 ka古气候记录. 科学通报，42（19）：2094~2097

王苏民和薛滨. 1996. 早更新世以来若尔盖盆地35万年来的植被演变及环境变迁. 中国科学（D辑），26（4）：323~328

王苏民和张振克. 1999. 中国湖泊沉积与环境演变研究的新进展. 科学通报，44（6）：579~587

王苏民，施雅风，沈吉等. 1995. 青藏高原东部800ka来古气候与古环境变迁的初步研究. 见：青藏项目专家委员会. 青藏高原形成演化环境变迁与生态系统研究学术论文年刊. 北京：科学出版社，236~248

王苏民，李世杰，苏守德等. 2000. 湖泊科学发展的回顾与展望. 中国科学院南京地理与湖泊研究所建所六十周年纪念文集，83~93

王富葆，阎革，林本海. 1993. 若尔盖高原泥炭δ^{13}C 的初步研究. 科学通报，38（1）：65~67

王富葆，韩辉友，阎革等. 1996. 青藏高原东北部30ka以来的古植被与古气候演变序列. 中国科学（D辑），26（2）：112~117

王国平和刘景双. 2002. 二百方子沼泽湿地沉积物重金属分布特征研究. 土壤学报，39（6）：810~821

王国平和刘景双. 2003. 向海湿地元素地球化学特征与高分辨沉积记录. 地理科学，23（2）：208~212

王国平，刘景双，翟正丽. 2005. 沼泽沉积剖面特征元素比值及其环境意义-盐碱化指标及气候干湿变化. 地理科学，25（3）：335~339

王华，洪业汤，朱咏煊等. 2003. 红原泥炭腐殖化度记录的全新世气候变化. 地质地球化学，31（2）：51~56

王华，洪业汤，朱咏煊等. 2004. 青藏高原泥炭腐殖化度的古气候意义. 科学通报，49（7）：686~691

王建，赵兴云，钱君龙. 2006. 天目山柳杉树轮δ^{13}C 方位变化及成因探讨. 地理研究，25（2）：242~254

王兆荣，黄培华，彭子成等. 1994. 周口店石笋的ESR 年龄测定. 矿物岩石地球化学通报，（3）：171~172

王兆荣，黄培华，张汉昌等. 1995. 十五万年来周口店洞穴石笋古温度研究. 矿物岩石地球化学通报，（1）：30~32

王兆荣，支霞臣，张汉昌. 1996. 周口店洞穴石笋的同位素古温度探索. 核技术，19（2）：125~128

王政和刘卫国. 2012. 青海湖长链烯酮$U_{37}^{K'}$指标与实测水温拟合建立的温度方程. 科学通报，57（31）：2999~3002

韦刚健，陈毓蔚，李献华等. 2001. NS93-5 钻孔沉积物不活泼微量元素记录与陆源输入变化探讨. 地球化学，30（3）：208~216

文启忠等. 1989. 中国黄土地球化学. 北京：科学出版社

吴健和沈吉. 2010. 兴凯湖沉积物有机碳和氮及其稳定同位素反映的28ka BP 以来区域古气候环境变化. 沉积学报，28（2）：365~372

吴敬禄，沈吉，王苏民等. 2003. 新疆艾比湖地区湖泊沉积记录的早全新世气候环境特征. 中国科学（D辑），33（6）：569~575

吴敬禄，刘建军，王苏民. 2004. 近1500年来新疆艾比湖同位素记录的气候环境演化特征. 第四纪研究，24（5）：585~590

吴世迎，丁梯平，孟宪伟等. 1997. 太平洋CC 区1787 站沉积岩心氧、硅同位素测定及其地质意义. 科学通报，42（15）：1652~1655

吴艳宏, 王苏民, 周力平等. 2007. 岱海^{14}C 测年的现代碳库效应研究. 第四纪研究, 27 (4): 507~510
项亮, 王苏民, 薛滨. 1996. 切尔诺贝利核事故泄露^{137}Cs 在苏皖地区湖泊沉积物中的累积及时标意义. 海洋与湖沼, 27 (2): 132~137
谢静和丁仲礼. 2007. 中国东北部沙地重矿物组成及沙源分析. 中国科学 (D 辑), 37 (8): 1065~1072
谢静, 吴福元, 丁仲礼. 2007. 浑善达克沙地的碎屑锆石 U-Pb 年龄和 Hf 同位素组成及其源区意义. 岩石学报, 23: 523~528
谢静, 杨石岭, 丁仲礼. 2012. 黄土物源碎屑锆石示踪方法与应用. 中国科学: 地球科学, 42 (6): 923~933
谢树成, 王志远, 王红梅等. 2002. 末次间冰期以来黄土高原的草原植被景观: 来自分子化石的证据. 中国科学 (D 辑), 32 (1): 28~35
谢树成, 黄俊华, 王红梅等. 2005. 湖北清江和尚洞石笋脂肪酸的古气候意义. 中国科学 (D 辑), 35 (3): 246~251
徐柏青, 姚檀栋, Chappellaz J. 2006. 过去 2000 年大气甲烷含量与气候变化的冰芯记录. 第四纪研究, 26 (2): 173~184
徐方建, 李安春, 李铁刚等. 2010. 末次冰消期以来东海内陆架沉积物地球化学特征及其古环境意义. 地球化学, 39 (3): 240~250
徐海. 2004. 年轮化学示踪环境重金属污染研究进展. 地球与环境, 32 (3-4): 1~6
徐海, 洪业汤, 林庆华等. 2002. 红原泥炭纤维素氧同位素指示的距今 6 ka 温度变化. 科学通报, 47 (15): 1181~1186
徐宏祖. 1980. 徐霞客游记. 褚绍唐, 吴应寿整理. 上海: 上海古籍出版社, 182
徐志伟, 鹿化煜, 赵存法等. 2010. 库姆塔格沙漠地表物质组成、来源和风化过程. 地理学报, 65 (1): 53~65
颜文, 陈木宏, 李春娣等. 2006. 西太平洋暖池近 3 万年来的沉积序列及其环境特征-WP92-3 柱样的 REE 记录. 矿物学报, 26 (1): 22~28
晏宏, 孙立广, 邵达等. 2014. 砗磲记录的南海西沙晚全新世温暖期的高海温特征. 科学通报, 59 (18): 1761~1768
杨杰东, 陈骏, 李春雷等. 1999. 2.5 Ma 以来大陆风化强度的演变. 地质论评, 46: 471~480
杨杰东, 陈骏, 张兆峰等. 2005. 距今 7 Ma 以来甘肃灵台剖面 Nd 和 Sr 同位素特征. 地球化学, 34 (1): 1~6
杨杰东, 李高军, 戴璐等. 2009. 黄土高原黄土物源区的同位素证据. 地学前缘, 16 (6): 195~207
杨石岭, 丁仲礼, 顾兆炎等. 1998. 灵台红黏土-黄土剖面晚中新世以来钙质结核的碳同位素记录及其古植被指示意义. 科学通报, 43 (21): 2323~2326
杨守业, 李从先, 李徐生等. 2001. 长江下游下蜀黄土化学风化的地球化学研究. 地球化学, 30 (4): 402~406
杨守业, 韦刚健, 夏小平等. 2007. 长江口晚新生代沉积物的物源研究: REE 和 Nd 同位素制约, 第四纪研究, 27 (3): 339~346
杨守业, 蒋少涌, 凌洪飞等. 2007. 长江河流沉积物 Sr-Nd 同位素组成与物源示踪. 中国科学 (D 辑), 37 (5): 682~690
杨守业, 李超, 王中波等. 2013. 现代长江沉积物地球化学组成的不均一性与物源示踪. 第四纪研究, 33 (4): 645~655
杨永亮, 刘振夏, 沈承德等. 2007. 南黄海、东海陆架及冲绳海槽北部沉积物的^{10}Be 和^{9}Be 记录. 第四纪研究, 27 (4): 529~538
姚书春, 薛滨, 朱育新等. 2008. 长江中下游湖泊沉积物铅污染记录. 第四纪研究, 28 (4): 659~666

姚檀栋.1999.末次冰期青藏高原的气候突变——古里雅冰芯与格陵兰 GRIP 冰芯对比研究.中国科学（D 辑），29（2）：175~184

姚檀栋和王宁练.1996.冰芯：研究过去环境变化的重要手段.科学，48（6）：45~47

姚檀栋,秦大河,田立德等.1996.青藏高原2ka来温度与降水变化——古里雅冰芯记录.中国科学（D 辑），26（4）：348~353

姚檀栋,施雅风,秦大河等.1997.古里雅冰芯中末次间冰期以来气候变化记录研究.中国科学（D 辑），27（5）：447~452

姚檀栋,郭学军,Thompson L G 等.2006.青藏高原冰芯过去100年 $\delta^{18}O$ 记录与温度变化.中国科学（D 辑），36（1）：1~8

叶玮,董光荣,袁玉江等.2000.新疆伊犁地区末次冰期气候的不稳定性.科学通报，45（6）：641~645

叶玮,矢吹真代,赵兴有.2005.中国西风区与季风区黄土沉积特征对比研究.干旱区地理，28（6）：789~794

业治铮和汪品先.1992.南海晚第四纪古海洋学研究.青岛：青岛海洋大学出版社，324

尹金辉,彭贵,焦文强等.1997.泥炭样品不同有机组分的 ^{14}C 测年的初步研究.地震地质，19（3）：277~280

于革.1997.全球晚第四纪湖泊数据库的研究.湖泊科学，9（3）：193~202

于革,刘健,薛滨.2007.古气候动力模拟.北京：高等教育出版社，337

余俊清,安芷生,王小燕等.2001.湖泊沉积有机碳同位素与环境变化的研究进展.湖泊科学，13（1）：72~78

余克服.2012.南海珊瑚礁及其对全新世环境变化的记录与响应.科学通报，42（8）：1160~1172

于学峰.2005.青藏高原东部地区全新世高分辨率季风演化与5000年来人类活动的环境效应研究.中国科学院地球环境研究所博士学位论文

于学峰和周卫健.2006.红原泥炭6000a以来元素异常及其可能反映甘青地区人类活动信息的初步研究.第四纪研究，26（4）：597~603

于学峰,周卫健,Franzen L G 等.2006.青藏高原东部全新世冬夏季风变化的高分辨率泥炭记录.中国科学：地球科学，36（2）：182~187

袁宝印,陈克造,Bowler 等.1990.青海湖的形成与演化.第四纪研究，4（3）：233~243

袁道先.1995.岩溶作用对环境变化的敏感性及其记录.科学通报，40（13）：1210~1210

曾艳,陈敬安,张维等.2011.湖光岩玛珥湖非残渣态 Rb/Sr 比值研究及其古环境意义.地球化学，40（3）：249~257

张虎才.1998.腾格里沙漠南缘武威黄土稀土元素及黄土沉积模式.兰州大学学报（自然科学版），34（4）：157~164

张虎才,李吉均,马玉贞等.1997.腾格里沙漠南缘武威黄土沉积元素地球化学特征.沉积学报，15（4）：152~159

张虎才,马玉贞,李吉均等.1998.腾格里沙漠南缘全新世古气候变化初步研究.科学通报，43（12）：1252~1257

张江勇,汪品先,成鑫荣等.2007.赤道西太平洋晚第四纪古生产力变化：ODP 807A 孔的记录.地球科学，32（3）：303~312

张茂恒,孟景闻,夏应菲等.2011.最近11万年来东亚季风轨道与千年尺度气候变率在南京下蜀黄土中的记录.地层学杂志，3：321~327

张彭熹,张保珍,钱桂敏等.1994.青海湖全新世以来古环境参数的研究.第四纪研究，14（3）：225~238

张文翔,史正涛,张虎才等.2011.中国西风区伊犁盆地塔勒德黄土-古土壤元素地球化学特征及环境意义.第四纪研究，31（5）：812~821

张信宝，龙翼，文安邦等.2012.中国湖泊沉积物^{137}Cs和^{210}Pb$_{ex}$断代的一些问题.第四纪研究，32（3）：430～440

张小曳，张光宇，安芷生等.1996.中国源区粉尘的元素示踪.中国科学（D辑），26（5）：423～430

张小曳，张光宇，陈拓等.1996.青藏高原远源西风粉尘与黄土堆积.中国科学（D辑），26（2）：147～153

张英俊，缪钟灵，毛健全等.1985.应用岩溶学及洞穴学.贵阳：贵州人民出版社，244

赵红艳，王升忠，李鸿凯.2004.长白山地区全新世泥炭剖面地球化学特征及其古环境意义.古地理学报，6（3）：355～362

赵景波.2002.淀积理论与黄土高原环境演变.北京：科学出版社，224

赵一阳.1980.中国渤海沉积物中铀的地球化学.地球化学，1：101～105

赵一阳.1983.中国海大陆架沉积物地球化学若干模式.地质科学，4：307～314

赵一阳和鄢明才.1992.黄河、长江、中国浅海沉积物化学元素丰度比较.科学通报，37（13）：1202～1204

赵一阳和鄢明才.1994.中国浅海沉积物地球化学.北京：科学出版社

赵一阳，李凤业，DeMaster D J 等.1991.南黄海沉积速率和沉积通量的初步研究.海洋与湖沼，22（1）：38～43

赵一阳，李凤业，陈毓蔚等.1991.论沉积强度-以南黄海为例.海洋科学，4：28～31

郑士龙，唐运千，史继扬.1991.南海及冲绳海槽表层沉积物中长链不饱和脂肪酮的检出.沉积学报，9（增刊）：90～96

郑淑蕙，吴世迎，Beukens R P.1990.中太平洋西部L$_{2011}$岩芯加速器质谱计的^{14}C年代学测定及沉积环境研究.科学通报，35（4）：289～291

郑艳红，周卫健，谢树成等.2009.正构烷烃分子化石与孢粉记录的指示意义对比：以华南地区为例.科学通报，54（12）：1749～1755

郑艳红，周卫健，刘钊等.2010.东北哈尼泥炭脱-A-三萜烯系列化合物的组成特征及生态意义.科学通报，55（20）：2018～2025

周浩达，胡建芳，明荔莉等.2011.150年来若尔盖泥炭沉积支链四醚膜类脂及古环境重建.科学通报，56（21）：1741～1748

周厚云，李铁刚，贾国东等.2007.应用长链不饱和烯酮重建末次间冰期以来冲绳海槽中部SST变化.海洋与湖沼，38（5）：438～445

周卫健.1995.最近13000年我国环境敏感带的季风气候变迁及^{14}C年代学.西北大学博士学位论文

周卫健，李小强，董光荣等.1996.新仙女木期沙漠/黄土过渡带高分辨率泥炭记录.中国科学（D辑），26（2）：118～124

周卫健，安芷生，Porter S C 等.1997.末次冰消期东亚和挪威海气候事件的对比.中国科学（D辑），27（3）：260～264

周卫健，卢雪峰，武振坤等.2001.若尔盖高原全新世气候变化的泥炭记录与加速器放射性碳测年.科学通报，46（12）：1040～1044

朱洪山和张巽.1992.44万年以来北京地区石笋古温度记录.科学通报，37（20）：1880～1883

朱莉莉，鲍睿，盛雪芬.2015.环境因素对蜗牛 Achatina fulica 壳体碳酸盐δ^{13}C组成影响的实验研究.高校地质学报，21（2）：357～364

朱学稳，汪训一，朱德浩等.1988.桂林岩溶地貌与洞穴研究.北京：地质出版社，96～131

朱颜明，霍文毅，陈定贵.1997.大兴安岭泥炭微量元素分布特征及其环境意义.地理科学，17（2）：158～162

朱震达，吴正，刘恕等.1980.中国沙漠概论.北京：科学出版社

An Z S, Kutzback J E, Prell W L et al. 2001. Evolution of Asian monsoons and phased uplift of the Himalayan-Tibetan plateau since late Miocene times. *Nature*, 411: 62~66

An Z S, Huang Y S, Liu W G et al. 2005. Multiple expansions of C_4 plant biomass in East Asia since 7 Ma coupled with strengthened monsoon circulation. *Geology*, 33 (9): 705~708

An Z S, Clemens S C, Shen J et al. 2011. Glacial-interglacial Indian summer monsoon dynamics. *Science*, 333: 719~723

An Z S, Colman S M, Zhou W J et al. 2012. Interplay between the Westerlies and Asian summer monsoon recorded in Lake Qinghai sediments since 32 ka. *Scientific Reports*, 2, doi: 10.1038/srep00619

Andree M, Oeschger H, Broecker W S et al. 1986. Limits on the ventilation rate for the deep ocean over the last 12000 years. *Climate Dynamics*, 1 (1): 53~62

Bader H. 1953. Sorge's law of densification of snow on high polar glaciers. Snow, Ice and Permafrost Research Establishment, Corps of Engineers, US Army

Bao K, Xing W, Yu X et al. 2012. Recent atmospheric dust deposition in anombrotrophic peat bog in Great Hinggan Mountain, Northeast China. *Science of the Total Environment*, 431: 33~45

Bao K, Shen J, Wang G et al. 2015. Atmospheric deposition history of trace metals and metalloids for the last 200 years recorded by three peat cores in Great Hinggan Mountain, Northeast China. *Atmosphere*, 6: 380~409

Bar-Matthews M, Ayalon A, Matthews A et al. 1996. Carbon and oxygen isotope study of the active water-carbonate system in a karstic Mediterranean cave: implications for palaeoclimate research in semiarid regions. *Geochimica Cosmochimica Acta*, 60: 337~347

Broecker W S, Olson E A, Orr P C. 1960. Radiocarbon measurements and annual rings in cave formations. *Nature*, 185: 93~94

Broecker W S, Andree M, Klas A et al. 1988. New evidence from the South China Sea for an abrupt termination of the last glacial period. *Nature*, 333: 156~158

Cai Y J, Fung I Y, Edwards R L et al. 2015. Variability of stalagmite-inferred Indian monsoon precipitation over the past 252, 000 y. *Proceedings of the National Academy of Sciences of the United States of America*, 112: 2954~2959

Chang Q, Mishima T, Yabuki S et al. 2000. Sr and Nd isotope ratios and REE abundances of moraines in the mountain areas surrounding the Taklimakan Desert, NW China. *Geochemical Journal*, 34 (6): 407~427

Chen Z Y, Chen Z L, Zhang W K. 1997. Quaternary stratigraphy and trace element indices of the Yangtze Delta, Eastern China-with special reference to marine transgression. *Quaternary Research*, 47: 181~191

Chen J, Li G J, Yang J D et al. 2007. Nd and Sr isotopic characteristics of Chinese deserts: Implications for the provenances of Asian dust. *Geochimica Cosmochimica Acta*, 71: 3904~3914

Chen F H, Shi Q, Wang J M. 1999. Environmental change documented by sedimentation of Lake Yiema in arid China since the last glaciation. *Journal of Paleolimnogy*, 22: 159~169

Cheng H, Edwards R L, Broecker W S et al. 2009. Ice Age terminations. *Science*, 326: 248~252

Chu G Q, Sun Q, Zheng M P et al. 2005. Long-chain alkenones distributions and temperature dependence in lacustrine surface sediments from China. *Geochimica Cosmochimica Acta*, 69: 4985~5003

Chu G Q, Sun Q, Xie M et al. 2014. Holocene cyclic climatic variations and the role of the Pacific Ocean as recorded in varved sediments from northeastern China. *Quaternary Science Reviews*, 102: 85~95

Clift P D, Lee J I, Hildebrand P et al. 2002. Nd and Pb isotope variability in the Indus River System: implications for sediment provenance and crustal heterogeneity in the Western Himalaya. *Earth and Planetary Science Letters*, 200: 91~106

Dansgaard W. 1954. The O^{18}-abundance in fresh water. *Geochimica et Cosmochimica Acta*, 6: 241~260

Dansgaard W, Johnsen S J, Møller J et al. 1969. One thousand centuries of climatic record from Camp Century on the Greenland ice sheet. *Science*, 166: 377~380

Desnoyers M J. 1829. Observations sur un ensemble de dépôts marins plusrecens que les terrains tertiaires du bassin de la Seine, etconstituant une formation geologique distincte; récedées dúnéaperùde la non-simultanéite des bassins tertiaires. *Annales Sciences Naturelles*, 16: 402~491

Ding Z L and Yang S L. 2000. C_3/C_4 vegetation evolution over last 7.0 Myr in the Chinese Loess Plateau: evidence from pedogenic carbonate. *Palaeogeography Palaeoclimatology Palaeoecology*, 160 (2): 291~299

Ding Z L, Sun J M, Yang S L et al. 2001. Geochemistry of the Pliocenered clay formation in the Chinese Loess Plateau and implications for its origin, source provenance and paleoclimate change. *Geochimica Cosmochimica Acta*, 65 (6): 901~913

Ding Z L, Yang S L, Sun J M et al. 2001. Iron geochemistry of loess and red clay deposits in the Chinese Loess Plateau and implications for long-term Asian monsoon evolution in the last 7.0 Ma. *Earth and Planetary Science Letters*, 185: 99~109

Ding Z L, Derbyshire E, Yang S L et al. 2005. Stepwise expansion of desert environment across northern China in the past 3.5 Ma and implications for monsoon evolution. *Earth and Planetary Science Letters*, 237: 45~55

Dorale J A, González L A, Reagan M K et al. 1992. A high-resolution record of Holocene climate change in speleothem calcite from Cold Water Cave, Northeast Iowa. *Science*, 258, 1626~1630

Dorale J A, Edwards R L, Ito E et al. 1998. Climate and vegetation history of the midcontinent from 75 to 25 ka: a speleothem record from Crevice Cave, Missouri, USA. *Science*, 282: 1871~1874

Edwards R L, Chen J H, Ku T L et al. 1987. Precise timing of the last interglacial period from mass spectrometric determination of Thorium-230 in corals. *Science*, 236: 1547~1553

Edwards R L, Chen J H, Wasserburg G J. 1987. ^{238}U-^{234}U-^{230}Th-^{232}Th systematics and the precise measurement of time over the past 500,000 years. *Earth and Planetary Science Letters*, 81: 175~192

Emiliani C. 1955. Pleistocene temperatures. *The Journal of Geology*, 63 (6): 538~578

Emiliani C. 1966. Isotopic paleotemperatures. *Science*, 154: 851~857

Epstein S and Mayeda T. 1953. Variation of ^{18}O content of waters from natural sources. *Geochimica et Cosmochimica Acta*, 4 (5): 213~224

Fairchild I J, Smith C L, Baker A et al. 2006. Modification and preservation of environmental signals in speleothems. *Earth-Science Reviews*, 75: 105~153

Fontes J C, Gasse F, Gibert E. 1996. Holocene environmental changes in Bangong Co basin (western Tibet), Part 1: Chronology and stable isotopes of carbonates of a Holocene lacustrine core. *Palaeogeography Palaeoclimology Palaeoecology*, 120: 25~47

Frankes L A and Sun J Z. 1994. A carbon isotope record of the upper Chinese loess sequence estimates of plant types during stadials and interstadials. *Palaeogeography Palaeoclimatology Palaeoecology*, 108: 183~189

Gasse F, Arnold M, Fontes J C et al. 1991. A 13,000-year climate record from western Tibet. *Nature*, 353: 742~745

Gasse F, Fontes J C, Van Campo E et al. 1996. Holocene environmental changes in Bangong Co basin (western Tibet), Part 4: Discussion and conclusions. *Palaeogeography Palaeoclimology Palaeoecology*, 120: 79~92

Goldstein S L, O'Nions R K, Hamilton P J. 1984. A Sm-Nd isotopic study of atmospheric dusts and particulates from major river systems. *Earth and Planetary Science Letters*, 70: 221~236

Gow A and Williamson T. 1971. Volcanic ash in the Antarctic ice sheet and its possible climatic implications. *Earth and Planetary Science Letters*, 13 (1): 210~218

Grieβinger J, Bräuning A, Helle G et al. 2011. Late Holocene Asian summer monsoon variability reflected by $\delta^{18}O$ in tree-rings from Tibetan junipers. *Geophysical Research Letters*, 38 (3): L03701

Gu Z Y, Liu R M, Liu Y. 1991. Response of the stable isotopic composition of loess-paleosol carbonate to paleo-environmental changes. In: Liu T S, ed. Loess, Environment and Global Change. Beijing: Science Press, 82~92

Gu Z Y, Lal D, Liu T S et al. 1996. Five million year ^{10}Be record in Chinese loess and red-clay: Climate and weathering relationships. Earth and Planetary Science Letters, 144: 273~287

Gu Z Y, Lal D, Liu T S et al. 1997. Weathering histories of Chinese loess deposits based on uranium and thorium series nuclides and cosmogenic ^{10}Be. Geochimica Cosmochimica Acta, 61: 5221~5231

Guo Z T, Liu T S, Guiot J et al. 1996. High frequency pulses of East Asian monsoon climate in the last two glaciations: link with the North Atlantic. Climate Dynamics, 12: 701~709

Guo Z T, Ruddiman W F, Hao Q Z et al. 2002. Onset of Asian desertification by 22 Myr ago inferred from loess deposits in China. Nature, 416: 159~163

Han Y M, Jin Z D, Cao J J et al. 2007. Atmospheric Cu and Pb deposition and transport in lake sediments in a remote mountain area, Northern China. Water, Air, and Soil Pollution, 179: 167~181

Han Y M, Cao J J, Yan B et al. 2011. Comparison of elemental carbon in lake sediments measured by three different methods and 150-year pollution history in eastern China. Environmental Science & Technology, 45: 5287~5293

Han Y M, Wei C, Bandowe B et al. 2015. Elemental carbon and polycyclic aromatic compounds in a 150-yr sediment core from Lake Qinghai, Tibetan Plateau, China: Influence of regional and local sources and transport pathways. Environmental Science & Technology, 49 (7): 4176~4183

Han J M, Keppens E, Liu T S. 1997. Stable isotope composition of the carbonate concretion in loess and climate change. Quaternary International, 37: 37~43

Hattori Y, Suzuki K, Honda M et al. 2003. Re-Os isotope systematics of the Taklimakan Desert sands, moraines and river sediments around the Taklimakan desert, and of Tibetan soils. Geochimica Cosmochimica Acta, 67 (6): 1203~1213

He Y, Zhao C, Wang Z et al. 2013. Late Holocene coupled moisture and temperature changes on the northern Tibetan Plateau. Quaternary Science Reviews, 80: 47~57

Hodell D A, Brenner M, Kanfoush S L et al. 1999. Paleoclimate of Southwestern China for the past 50,000 yr inferred from lake sediment records. Quaternary Research, 52: 369~380

Honda M and Shimizu H. 1998. Geochemical, mineralogical and sedimentological studies on the Taklimakan Desert sands. Sedimentology, 45 (6): 1125~1143

Hong B, Hong Y, Uchida M et al. 2014. Abrupt variations of Indian and East Asian summer monsoons during the last deglacial stadial and interstadial. Quaternary Science Reviews, 97: 58~70

Hong Y T, Jiang H B, Li T S et al. 2000. Response of climate to solar forcing recorded in a 6000-year δ^{18}O time-series of Chinese peat cellulose. The Holocene, 10 (1): 1~7

Hong Y T, Wang Z G, Jiang H B et al. 2001. A 6000-year record of changes in aridity and precipitation in northeastern China based on a δ^{13}C time-series from peat cellulose. Earth and Planetary Science Letters, 185 (1-2): 111~119

Hong Y T, Hong B, Lin Q H et al. 2003. Correlation between Indian Ocean summer monsoon and North Atlantic climate during the Holocene. Earth and Planetary Science Letters, 211: 369~378

Hong Y T, Hong B, Lin Q H et al. 2005. Inverse phase oscillations between the East Asian and Indian Ocean summer monsoons during the last 12000 years and paleo-El Niño. Earth and Planetary Science Letters, 231 (3-4): 337~346

Hong Y T, Hong B, Lin Q H et al. 2009. Synchronous climate anomalies in the western North Pacific and North

Atlantic regions during the last 14000 years. *Quaternary Science Reviews*, 28: 840~849

Hou S, Chappellaz J, Jouzel J et al. 2007. Summer temperature trend over the past two millennia using air content in Himalayan ice. *Climate of the Past*, 3: 89~95

Hu C Y, Huang J H, Fang N Q et al. 2005. Adsorbed silica in stalagmite carbonate and its relationship to past rainfall. *Geochimica Cosmochimica Acta*, 69 (9): 2285~2292

Hu C Y, Henderson G M, Huang J H et al. 2008. Quantification of Holocene Asian monsoon rainfall from spatially separated cave records. *Earth and Planetary Science Letters*, 266: 221~232

Hu B Q, Li G G, Li J et al. 2012. Provenance and climate change inferred from Sr-Nd-Pb isotopes of late Quaternary sediments in the Huanghe (Yellow River) Delta, China. *Quaternary Research*, 78 (3): 561~571

Huang X Z, Chen F H, Fan Y X et al. 2009. Dry late-glacial and early Holocene climate in arid central Asia indicated by lithological and palynological evidence from Bosten Lake, China. *Quaternary International*, 194: 19~27

Huang W W, Zhang J, Zhou Z H. 1992. Particulate element inventory of the Huanghe: A large, high turbidity river. *Geochimica Cosmochimica Acta*, 56: 3669~3680

Ivanovich M and Harmon R S. 1992. Uranium-series Disequilibrium: Applications to Earth, Marine, and Environmental Sciences. 2nd ed. Oxford: Oxford University Press, Pp. 910

Jahn B M, Gallet S, Han J. 2001. Geochemistry of the Xining, Xifeng and Jixian sections, Loess Plateau of China: eolian dust provenance and paleosol evolution during the last 140 ka. *Chemical Geology*, 178 (1-4): 71~94

Ji J F, Balsam W, Chen J. 2001. Mineralogic and climatic interpretations of the Luochuan loess section (China) based on diffuse reflectance spectrophotometry. *Quaternary Research*, 56: 23~30

Ji J F, Balsam W L, Chen J et al. 2002. Rapid and precise measurement of hematite and goethite concentrations in the Chinese loess sequences by diffuse reflectance spectroscopy. *Clays and Clay Minerals*, 50: 210~218

Ji J F, Chen J, Balsam W et al. 2004. High resolution hematite/goethite records from Chinese loess sequences for the last glacial-interglacial cycle: Rapid climatic response of the East Asian Monsoon to the tropical Pacific. *Geophysical Research Letters*, 31 (3): No. L03207

Jin Z D, Wu J L, Cao J J et al. 2004. Holocene chemical weathering and climatic oscillations in north China: evidence from lacustrine sediments. *Boreas*, 33: 260~266

Jin Z D, Wu Y H, Zhang X et al. 2005. Role of late glacial to mid-Holocene climate in catchment weathering in the central Tibetan Plateau. *Quaternary Research*, 63: 161~170

Jin Z D, Cao J, Wu J et al. 2006. A Rb/Sr record of catchment weathering response to Holocene climate change in Inner Mongolia. *Earth Surface Processes and Landforms*, 31: 285~291

Jin Z D, Bickle M J, Chapman H J et al. 2009. Early to mid-Pleistocene ostracod $\delta^{18}O$ and $\delta^{13}C$ in the central Tibetan Plateau: Implication for Indian monsoon change. *Palaeogeography Palaeoclimology Palaeoecology*, 280: 406~414

Jin Z D, Han Y M, Chen L. 2010. Past atmospheric Pb deposition in Lake Qinghai, northeastern Tibetan Plateau. *Journal of Paleolimnology*, 43 (3): 551~563

Jin Z D, Cheng H X, Chen L et al. 2010. Concentrations and contaminant trends of heavy metals in the sediment cores of Taihu Lake, East China, and their relationship with historical eutrophication. *Chinese Journal of Geochemistry*, 29: 33~41

Jin Z D, Bickle M J, Chapman H J et al. 2011. Ostracod Mg/Sr/Ca and $^{87}Sr/^{86}Sr$ geochemistry from Tibetan lake sediments: Implications for early to mid-Pleistocene Indian monsoon and catchment weathering. *Boreas*, 40: 320~331

Jin Z D, Li X D, Zhang B et al. 2013. Geochemical records in Holocene lake sediments of Northern China: implication for natural and anthropogenic inputs. Quaternary International, 304: 200~208

Jin Z D, An Z S, Yu J M et al. 2015. Lake Qinghai sediment geochemistry linked to hydroclimate variability since the last glacial. Quaternary Science Reviews, 122: 63~73

Johnsen S, Dansgaard W, Clausen H et al. 1972. Oxygen isotope profiles through the Antarctic and Greenland ice sheets. Nature, 235: 429~434

Kaspari S, Mayewski P A, Handley M et al. 2009. Recent increases in atmospheric concentrations of Bi, U, Cs, S and Ca from a 350-year Mount Everest ice core record. Journal of Geophysical Research, 114, D04302, doi: 10.1029/2008JD011088

Kaspari S, Schwikowski M, Gysel M et al. 2011. Recent increase in black carbon concentrations from a Mt. Everest ice core spanning 1860-2000 AD. Geophysical Research Letters, 38, L04703, doi: 10.1029/2010GL046096

Kelts K, Briegel U, Ghilardi K et al. 1988. The limnogeology-ETH coring system. Schweizerische Zeitschrift Fur Hydrologie, 48: 104~115

Kelts K, Chen K Z, Lister G S et al. 1989. Geological fingerprints of climate history: a cooperative study of Qinghai Lake, China. Eclogae Geologicae Helvetiae, 82: 167~182

Leavitt S W and Danzer S R. 1993. Method for batch processing small wood samples to holocellulose for stable-carbon isotope analysis. Analytical Chemistry, 65 (1): 87~89

Lee C L, Qi S H, Zhang G et al. 2008. Seven thousand years of records on the mining and utilization of metals from lake sediments in central China. Environmental Science & Technology, 42: 4732~4738

Li G, Chen J, Chen Y et al. 2007. Dolomite as a tracer for the source regions of Asian dust. Journal of Geophysical Research-Atmosphere, 112: D17201, doi: 17210.11029/12007JD008676

Li F C, Jin Z D, Xie C et al. 2007. Roles of sorting and chemical weathering in the geochemistry and magnetic susceptibility of Xiashu loess, East China. Journal of Asian Earth Sciences, 29: 813~822

Li H C, Ku T L, You C F et al. 2005. $^{87}Sr/^{86}Sr$ and Sr/Ca in speleothems for paleoclimate reconstruction in Central China between 70 and 280 kyr ago. Geochimica Cosmochimica Acta, 69: 3933~3947

Li X Z, Liu W G, Xu L. 2012a. Carbon isotopes in surface-sediment carbonates of modern Lake Qinghai (Qinghai-Tibet Plateau): Implications for lake evolution in arid areas. Chemical Geology, 300-301: 88~96

Li X Z, Liu W G, Xu L. 2012b. Stable oxygen isotope of ostracods in recent sediments of Lake Gahai in the Qaidam Basin, northwest China: The implications for paleoclimatic reconstruction. Global and Planetary Change, 94-95: 13~19

Li Y H, Teraoka H, Young T S et al. 1984. The elemental composition of suspended particles from the Yellow and Yangtze Rivers. Geochimica Cosmochimica Acta, 48: 1561~1564

Li Q, Nakatsuka T, Kawamura K et al. 2011a. Regional hydroclimate and precipitation $\delta^{18}O$ revealed in tree-ring cellulose $\delta^{18}O$ from different tree species in semi-arid Northern China. Chemical Geology, 282: 19~28

Li Q, Nakatsuka T, Kawamura K et al. 2011b. Hydroclimate variability in the North China Plain and its link with ENSO since 1784 AD: Insights from tree-ring cellulose $\delta^{18}O$. Journal of Geophysical Research, doi: 10.1029/2011JD015987

Li X H, Wei G J, Shao L et al. 2003. Geochemial and Nd isotopic variations in sediments of the South China Sea: a response to Cenozoic tectonism in SE Asia. Earth and Planetary Science Letters, 211: 207~220

Li Y, Yao T, Wang N et al. 2006. Recent changes of atmospheric heavy metals in a high-elevation ice core from Muztagh Ata, east Pamirs: initial results. Annals of Glaciology, 43: 154~159

Libby L and Pandolfi L. 1974. Temperature dependence of isotope ratios in tree rings. Proceedings of the National Academy of Sciences of the United States of America, 71 (6): 2482~2486

Lister G S, Kelts K, Chen K Z et al. 1991. Lake Qinghai, China: closed-basin lake levels and the oxygen isotope record for ostracoda since the last Pleistocene. *Palaeogeography Palaeoclimology Palaeoecology*, 84: 141~162

Liu X, An W, Treydte K et al. 2011. Tree-ring $\delta^{18}O$ in southwestern China linked to variations in regional cloud cover and tropical sea surface temperature. *Chemical Geology*, 291: 104~115

Liu Y, Cai Q, Liu W et al. 2008. Monsoon precipitation variation recorded by tree-ring $\delta^{18}O$ in arid Northwest China since AD 1878. *Chemical Geology*, 252: 56~61

Liu X D, Cheng Z G, Yan L B et al. 2009. Elevation dependency of recent and future minimum surface temperature trends in the Tibetan Plateau and its surroundings. *Global and Planetary Change*, 68: 164~174

Liu W, Feng X, Liu Y et al. 2004. $\delta^{18}O$ values of tree rings as a proxy of monsoon precipitation in arid Northwest China. *Chemical Geology*, 206: 73~80

Liu T S, Guo Z T, Liu J Q et al. 1995. Variation of eastern Asian monsoon over the last 140000 years. *Bulletin SocietgeologiqueFrance*, 166: 221~229

Liu X Q, Herzschuh U, Wang Y et al. 2014. Glacier fluctuations of Muztagh Ata and temperature changes during the late Holocene in westernmost Tibetan Plateau, based on glaciolacustrine sediment records. *Geophysical Research Letters*, 41, doi: 10.1002/2014GL060444

Liu Y, Liu W G, Peng Z C et al. 2009. Instabiltiy of seawater pH in the South China Sea during the mid-late Holocene: Evidence from boron isotopic composition of corals. *Geochimica Cosmochimica Acta*, 73: 1264~1272

Liu W G, Liu Z, Wang H et al. 2011. Distribution of long chain alkenone from surface water in lakes in the Qinghai, China. *Geochimica Cosmochimica Acta*, 75: 1693~1703

Liu W G, Li X Z, An Z S et al. 2013. Total organic carbon isotopes: A novel proxy of lake level from Lake Qinghai in the Qinghai-Tibet Plateau, China. *Chemical Geology*, 347: 153~160

Liu W G, Wang H Y, Zhang C L et al. 2013. Distribution of glycerol dialkyl glycerol tetraether lipids along an altitudinal transect on Mt. Xiangpi, NE Qinghai-Tibetan Plateau, China. *Organic Geochemistry*, 57: 76~83

Liu W G, Liu Z, An Z S et al. 2014. Late Miocene episodic lakes in the arid Tarim Basin, western China. *Proceedings of the National Academy of Sciences of the United States of America*, 111 (46): 16292~16296

Liu C Q, Masuda A, Okada A et al. 1993. A geochemical study of loess and desert sand in northern China: Implicationsfor continental crust weathering and composition. *Chemical Geology*, 106 (3-4): 359~374

Liu C Q, Masuda A, Okada A et al. 1994. Isotope geochemistry of Quaternary deposits from the arid lands in the northern China. *Earth and Planetary Science Letters*, 127: 25~38

Liu X, Shao X, Liang E et al. 2009. Climatic significance of tree-ring $\delta^{18}O$ in the Qilian Mountains, northwestern China and its relationship to atmospheric circulation patterns. *Chemical Geology*, 268: 147~154

Liu J, Wang B, Cane M A et al. 2013. Divergent global precipitation changes induced by natural versus anthropogenic forcing. *Nature*, 493: 656~659

Liu Y, Wang R Y, LeavittS W et al. 2012. Individual and pooled tree-ring stable-carbon isotope series in Chinese pine from the Nan Wutai region, China: common signal and climate relationships. *Chemical Geology*, 330: 17~26

Liu Y, Wang Y C, Li Q et al. 2014. Tree-ring stable carbon isotope-based May-July temperature reconstruction over Nanwutai, China, for the past century and its record of 20th century warming. *Quaternary Science Reviews*, 93: 67~76

Liu W G, Yang H, Cao Y N et al. 2005. Did an extensive forest ever develop on the Chinese Loess Plateau during the past 130 ka?: a test using soil carbon isotopic signatures. *Applied Geochemistry*, 20 (3): 519~527

Liu W G, Yang H, Ning Y F et al. 2007. Contribution of inherent organic carbon to the bulk δ^{13}C signal in loess deposits from the arid western Chinese Loess Plateau. *Organic Geochemistry*, 38 (9): 1571~1579

Liu W G, Yang H, Sun Y B et al. 2011. δ^{13}C Values of loess total carbonate: A sensitive proxy for Asian summer monsoon in arid northwestern margin of the Chinese loess plateau. *Chemical Geology*, 284: 317~322

Liu X Q, Ulrike H, Shen J et al. 2008. Holocene environmental and climatic changes inferred from Wulungu Lake in northern Xinjiang, China. *Quaternary Research*, 70: 412~425

Loader N J, Robertson I, Barker A C et al. 1997. A modified method for the batch processing of small whole wood samples to α-cellulose. *Chemical Geology*, 136: 313~317

Long H, Lai Z P, Wang N A et al. 2010. Holocene climate variations from Zhuyeze terminal lake records in East Asian monsoon margin in arid northern China. *Quaternary Research*, 74: 46~56

Lowe J J and Walker M J C. 2014. Reconstructing Quaternary Environments. 3rd eds. Routledge. 1~568

Lu H Y, Miao X D, Zhou Y L et al. 2005. Late Quaternary aeolian activity in the Mu Us and Otindag dune fields (north China) and lagged response to insolation forcing. *Geophysical Research Letters*, 32: L21716

Lu H Y, Zhou Y L, Liu W G et al. 2012. Organic stable carbon isotopic composition reveals late Quaternary vegetation changes in the dune fields of northern China. *Quaternary Research*, 77: 433~444

Lu H Y, Yi S W, Xu Z W et al. 2013. Chinese deserts and sand fields in Last Glacial Maximum and Holocene Optimum. *Chinese Science Bulletin*, 58 (23): 2775~2783

Luo C, Zheng H B, Tada R et al. 2014. Tracing Sr isotopic composition in space and time across the Yangtze River basin. *Chemical Geology*, 388: 59~70

Ming J, Cachier H, Xiao C et al. 2008. Black carbon record based on a shallow Himalayan ice core and its climatic implications. *Atmosperic Chemistry and Physics*, 8: 1343~1352

Mischke S and Wünnemann B. 2006. The Holocene salinity history of Bosten Lake (Xinjiang, China) inferred from ostracod species assemblages and shell chemistry: Possible palaeoclimatic implications. *Quaternary International*, 154: 100~112

Moore G W. 1952. Speleothem-A new cave term. *National Speleological Society News*, 10 (6): 2

Nakano T, Yokoo Y, Nishikawa M et al. 2004. Regional Sr-Nd isotopic ratios of soil minerals in northern China as Asian dust fingerprints. *Atmospheric Environment*, 38: 3061~3067

Ogg J G and Pillans B. 2008. Establishing Quaternary as a formal international Period/System. *Episodes*, 31: 230~233

Qian Y B, Zhou X J, Wu Z J et al. 2003. Multi-sources of desert sands for the Jungger Basin. *Journal of Arid Environments*, 53: 241~256

Qin D, Petit J R, Jouzel J et al. 1994. Distribution of stable isotopes in surface snow along the route of the 1990 International Trans-Antarctica Expedition. *Journal of Glaciology*, 40: 107~118

Rao W B, Chen J, Yang J D et al. 2009. Sr isotopic and elemental characteristics of calcites in the Chinese deserts: Implications for eolian Sr transport and seawater Sr evolution. *Geochimica Cosmochimica Acta*, 73 (19): 5600~5618

Rhodes T E, Gasse F, Lin R et al. 1996. A Late Pleistocene-Holocene lacustrine record from Lake Manas, Junggar (northern Xinjiang, western China). *Palaeogeography Palaeoclimatology Palaeoecology*, 120: 105~121

Robinson L F and Siddal M. 2012. Paleoceanography: Motivations and challenge for the future. *Philosophical Transactions of the Royal Society of London*, 370 (A): 5540~5566

Shackleton N J. 1967. Oxygen isotope analyses and Pleistocene temperatures re-assessed. *Nature*, 215: 15~17

Shao J Q, Yang S Y, Li C. 2012. Chemical indices (CIA and WIP) as proxies for integrated chemical weathering in China: inferences from analysis of fluvial sediments. *Sedimentary Geology*, 265-266: 110~120

Shen C D, Beer J, Liu T S et al. 1992. ^{10}Be in Chinese loess. *Earth and Planetary Science Letters*, 109: 169~177

Shen C D, Beer J, Kubik P W et al. 2010. ^{10}Be in desert sands, falling dust and loess in China. *Nuclear Instruments and Methods in Physics Research B*, 268: 1050~1053

Shen J, Liu X Q, Wang S M et al. 2005. Palaeoclimatic changes in the Qinghai Lake area during the last 18,000 years. *Quaternary International*, 136: 131~140

Sheng X F, Chen J, Ji J F et al. 2008. Morphological characters and multi-element isotopic signatures of carbonates from Chinese loess-paleosol sequences. *Geochimica Cosmochimica Acta*, 72 (17): 4323~4337

Shi Z, Liu X, An Z S et al. 2011. Simulated variations of eolian dust from inner Asian deserts at the mid-Pliocene, last glacial maximum, and present day: contributions from the regional tectonic uplift and global climate change. *Climate Dynamics*, 37 (11-12): 2289~2301

Sorge E. 1935. Glaziologische Untersuchungen in Eismitte. In: Brockamp B et al. Glaziologie. Leipzig, FA Brockhaus, 935: 62~270

Stevens T, Palk C, Carter A et al. 2010. Assessing the provenance of loess and desert sediments in northern China using U-Pb dating and morphology of detrital zircons. *Geological Society of America Bulletin*, 122: 1331~1344

Sun J M. 2002. Provenance of loess material and formation of loess deposits on the Chinese Loess Plateau. *Earth Planet Science Letters*, 203: 845~859

Sun J M, Lv T Y, Zhang Z Q et al. 2012. Stepwise expansions of C_4 biomass and enhanced seasonal precipitation and regional aridity during the Quaternary on the southern Chinese Loess Plateau. *Quaternary Science Reviews*, 34: 57~65

Tan M. 2014. Circulation effect: response of precipitation δ^{18}O to the ENSO cycle in monsoon regions of China. *Climatic Dynamics*, 42: 1067~1077

Tan L, Shen C C, Cai Y et al. 2014. Trace element variations in an annually layered stalagmite as recorders of climatic changes and anthropogenic pollution in Central China. *Quaternary Research*, 81: 181~188

Thompson L G, Yao T, Mosley-Thompson E et al. 2000. A high-resolution millennial record of the South Asian Monsoon from Himalayan ice cores. *Science*, 289: 1916~1919

Tian L, Yao T, Li Z et al. 2006. Recent rapid warming trend revealed from the isotopic record in Muztagata ice core, eastern Pamirs. *Journal of Geophysical Research*, 111, D13, doi: 10.1029/2005JD006249

Tian L, Yao T, MacClune K et al. 2007. Stable isotopic variations in West China: A consideration of moisture sources. *Journal of Geophysical Research*, 112, D10112, doi: 10.1029/2006JD007718

Wang Y J, Cheng H, Edwards R L et al. 2001. A high-resolution absolute-dated late Pleistocene monsoon record from Hulu Cave, China. *Science*, 294: 2345~2348

Wang Y J, Cheng H, Edwards R L et al. 2005. The Holocene Asian Monsoon: links to solar changes and North Atlantic climate. *Science*, 308: 854~857

Wang Y J, Cheng H, Edwards R L et al. 2008. Millennial- and orbital-scale changes in the East Asian monsoon over the past 224,000 years. *Nature*, 451: 1090~1093

Wang P X, Clemens S, Beaufort L et al. 2005. Evolution and variability of the Asian monsoon system: State of the art and outstanding issues. *Quaternary Science Reviews*, 24: 595~629

Wang H Y, Dong H L, Zhang C L L et al. 2014. Water depth affecting thaumarchaeol production in Lake Qinghai, northeastern Qinghai-Tibetan plateau: Implications for paleolake levels and paleoclimate. *Chemical Geology*, 368: 76~84

Wang X, Gong P, Zhang Q et al. 2010. Impact of climate fluctuations on deposition of DDT and hexachlorocyclohexane in mountain glaciers: Evidence from ice core records. *Environmental Pollution*, 158: 375~380

Wang Z and Liu W G. 2012. Carbon chain length distribution in n-alkyl lipids: A process for evaluating source inputs to Lake Qinghai. *Organic Geochemistry*, 50: 36~43

Wang W, Liu X, Shao X et al. 2011. A 200 year temperature record from tree ring δ^{13}C at the Qaidam Basin of the Tibetan Plateau after identifying the optimum method to correct for changing atmospheric CO_2 and δ^{13}C. *Journal of Geophysical Research*, 116 (G4), G04022

Wang R L, Scarpitta S C, Zhang S C et al. 2002. Later Pleistocene/Holocene climate conditions of Qinghai-Xizang Plateau (Tibet) based on carbon and oxygen stable isotopes of Zabuye Lake sediments. *Earth and Planetary Science Letters*, 203: 461~477

Wang X, Yang H, Gong P et al. 2010. One century sedimentary records of polycyclic aromatic hydrocarbons, mercury and trace elements in the Qinghai Lake, Tibetan Plateau. *Environmental Pollution*, 158: 3065~3070

Wang Y Q, Zhang X Y, Arimoto R et al. 2005. Characteristics of carbonate content and carbon and oxygen isotopic composition of northern China soil and dust aerosol and its application to tracing dust sources. *Atmospheric Environment*, 39: 2631~2642

Wei K and Gasse F. 1999. Oxygen isotopes in lacustrine carbonates of West China revisited: implications for post glacial changes in summer monsoon circulation. *Quaternary Science Reviews*, 18: 1315~1334

Wei G J, Liu Y, Li X H et al. 2004. Major and trace element variations of the sediments at ODP site 1144, South China Sea, during the last 230 Ka and their paleoclimate implications. *Palaeogeography Palaeoclimatology Palaeoecology*, 212: 331~342

Xiao J L, Nakamura T, Lu H Y et al. 2002. Holocene climate changes over the desert/loess transition of north-central China. *Earth and Planetary Science Letters*, 197: 11~18

Xiao J L, Wu J T, Si B et al. 2006. Holocene climate changes in the monsoon/arid transition reflected by carbon concentration in Daihai Lake of Inner Mongolia. *The Holocene*, 16: 551~560

Xiao J L, Si B, Zhai D Y et al. 2008. Hydrology of Dali Lake in central-eastern Inner Mongolia and Holocene East Asian monsoon variability. *Journal of Paleolimnology*, 40: 519~528

Xie S C, Chen F H, Wang Z Y et al. 2003. Lipid distributions in loess-paleosol sequences from northwest China. *Organic Geochemistry*, 34: 1071~1079

Xie S C, Guo J Q, Huang J H et al. 2004. Restricted utility of δ^{13}C of bulk organic matter as a record of paleovegetation in some loess-paleosol sequences in the Chinese Loess Plateau. *Quaternary Research*, 62: 86~93

Xie S, Nott C J, Avsejs L A et al. 2000. Palaeoclimate records in compound-specific δD values of a lipid biomarker in ombrotrophic peat. *Organic Geochemistry*, 31: 1053~1057

Xie S, Nott C J, Avsejs L A et al. 2004. Molecular and isotopic stratigraphy in an ombrotrophic mire for paleoclimate reconstruction. *Geochimica Cosmochimica Acta*, 68 (13): 2849~2862

Xie S, Pancost R D, Chen L et al. 2012. Microbial lipid records of highly alkaline deposits and enhanced aridity associated with significant uplift of the Tibetan Plateau in the Late Miocene. *Geology*, 40: 291~294

Xie S, Pancost R D, Huang X et al. 2013. Concordant monsoon-driven postglacial hydrological changes in peat and stalagmite records and their impacts on prehistoric cultures in central China. *Geology*, 41 (8): 827~830

Xu G, Chen T, Liu X et al. 2011. Potential linkages between the moisture variability in the northeastern Qaidam Basin, China, since 1800 and the East Asian summer monsoon as reflected by tree ring δ^{18}O. *Journal of Geophysical Research*, 116 (D9), D09111

Xu B and Yao T. 2001. Dasuopu ice core record of atmospheric methane over the past 2000 years. *Science in China (Series D)*, 8: 689~695

Xu B, Cao J, Hansen J et al. 2009. Black soot and the survival of Tibetan glaciers. *Proceedings of the National*

Academy of Sciences of the United States of America, 106: 22114~22118

Yan H, Shao D, Wang Y et al. 2014. Sr/Ca differences within and among three Tridacnidae species from the South China Sea: implicationfor paleoclimate reconstruction. *Chemical Geology*, 390: 22~31

Yan Y, Sun Y B, Chen H Y et al. 2014. Oxygen isotope signatures of quartz from major Asian dust sources: Implications for changes in the provenance of Chinese loess. *Geochimica Cosmochimica Acta*, 139: 399~410

Yancheva G, Nowaczyk N R, Mingram J et al. 2007. Influence of the intertropical convergence zone on the East Asian monsoon. *Nature*, 445: 74~77

Yang J D, Chen J, An Z S et al. 2000. Variations in $^{87}Sr/^{86}Sr$ ratios of calcites in Chinese loess: a proxy for chemical weathering associated with the East Asian summer monsoon. *Palaeography Palaeoclimatology Palaeoecology*, 157: 151~159

Yang J D, Chen J, Tao X C et al. 2001. Sr isotope ratios of acid-leached loess residues from Luochuan, China: A tracer of continental weathering intensity over the past 2.5 Ma. *Geochemical Journal*, 35 (6): 403~412

Yang S Y, Jung H S, Lim D I et al. 2003. A review on the provenance discrimination of the Yellow Sea sediments. *Earth Science Reviews*, 63 (1~2): 93~120

Yang S Y, Jung H S, Li C X. 2004. Two unique weathering regimes in the Changjiang and Huanghe drainage basins: geochemical evidence from river sediments. *Sedimentary Geology*, 164 (1-2): 19~34

Yang S Y, Li C X, Cai J G. 2006. Geochemical compositions of core sediments in eastern China: Implication for Late Cenozoic palaeoenvironmental changes. *Palaeogeography Palaeoclimatology Palaeoecology*, 229: 287~302

Yang J D, Li G J, Rao W B et al. 2009. Isotopic evidences for provenance of East Asian Dust. *Atmospheric Environment*, 48: 4481~4490

Yang S Y, Li C X, Yokoyama K. 2006. Elemental compositions and monazite age patterns of core sediments in the Changjiang delta: Implications for sediment provenance and development history of the Changjiang River. *Earth and Planetary Science Letters*, 245: 762~776

Yang X P, Zhu B Q, White P D. 2007. Provenance of aeolian sediment in the Taklamakan Desert of western China, inferred from REE and major-elemental data. *Quaternary International*, 175 (1): 71~85

Yang X P, Zhang F, Fu X D et al. 2008. Oxygen isotopic compositions of quartz in the sand seas and sandy lands of northern China and their implications for understanding the provenances of aeolian sands. *Geomorphology*, 102: 278~285

Yang X P, Wang X L, Liu Z T et al. 2013. Initiation and variation of the dune fields in semi-arid China with a special reference to the Hunshandake Sandy Land, Inner Mongolia. *Quaternary Science Reviews*, 78: 369~380

Yao T, Thompson L G, Mosley-Thompson E et al. 1996. Climatological significance of $\delta^{18}O$ in north Tibetan ice cores. *Journal of Geophysical Research*, 101 (D23): 29531~29537

Yao T, Duan K, Xu B et al. 2002. Temperature and methane changes over the past 1000 years recorded in Dasuopu glacier (central Himalaya) ice core. *Annals of Glaciology*, 35: 379~383

Yao T, Duan K, Thompson L G et al. 2007. Temperature variations over the past millennium on the Tibetan Plateau revealed by four ice cores. *Annals of Glaciology*, 46: 362~366

Yao T, Masson-Delmotte V, Gao J et al. 2013. A review of climatic controls on $\delta^{18}O$ in precipitation over the Tibetan Plateau: Observations and simulations. *Reviews of Geophysics*, 51: 525-548

Yu S Y, Cheng P, Hou Z F. 2014. A caveat on Radiocarbon dating of organic-poor bulk lacustrine sediments in arid China. *Radiocarbon*, 56 (1): 127~141

Yu J Q and Zhang L. 2009. Lake Qinghai Paleoenvironment and Paleoclimate. Science Press, 160

Yu K F, Zhao J X, Liu T S et al. 2004. High-frequency winter cooling and reef coral mortality during the Holocene climatic optimum. *Earth and Planetary Science Letters*, 224: 143~155

Yu X F, Zhou W, Liu X et al. 2010. Peat records of human impacts on the atmosphere in Northwest China during the late Neolithic and Bronze Ages. *Palaeogeography Palaeoclimatology Palaeoecology*, 286: 17~22

Yu K F, Zhao J X, Lawrence M G et al. 2010. Timing and duration of growth hiatuses in middle Holocene massive Porites corals from the northern South China Sea. *Journal of Quaternary Research*, 25: 1284~1292

Yu X F, Zhou W, Liu Z et al. 2011. Different patterns of changes in the Asian summer and winter monsoons on the eastern Tibetan Plateau during the Holocene. *The Holocene*, 21 (7): 1031~1036

Yuan D X, Cheng H, Edwards R L et al. 2004. Timing, duration, and transitions of the last interglacial Asian Monsoon. *Science*, 304: 575~578

Zhang X Y, Arimoto R, An Z S et al. 1993. Atmospheric trace elements over source regions for Chinese dust: Concentrations, sources and atmospheric deposition on the Loess Plateau. *Atmospheric Environment*, 27A: 2051~2067

Zhang H W, Cai Y J, Tan L et al. 2015. Large variations of $\delta^{13}C$ values in stalagmites from southeastern China during historical times: implications for anthropogenic deforestation. *Boreas*, 44: 511~525

Zhang J, Huang W W, Liu M G et al. 1990. Drainage basin weathering and major element transportation of two large Chinese rivers (Huanghe and Changjiang). *Journal of Geophysical Research*, 95: 13277~13288

Zhang J, Holmes J A, Chen F H et al. 2009. An 850-year ostracod-shell trace-element record from Sugan Lake, northern Tibetan Plateau, China: Implications for interpreting the shell chemistry in high- Mg/Ca waters. *Quaternary International*, 194: 119~133

Zhang J, Chen F H, Holmes J A et al. 2011. Holocene monsoon climate documented by oxygen and carbon isotopes from lake sediments and peat bogs in China: a review and synthesis. *Quaternary Science Reviews*, 30: 1973~1987

Zhang P Z, Cheng H, Edwards R L et al. 2008. A Test of climate, Sun, and culture relationships from an 1810-year Chinese cave record. *Science*, 322: 940~942

Zhang Z H, Zhao M X, Lu H Y et al. 2003. Lower temperature as the main cause of C_4 plant declines during the glacial periods on the Chinese Loess Plateau. *Earth and Plantary Science Letters*, 214: 467~481

Zhang Z H, Zhao M X, Eglinton G et al. 2006. Leaf wax lipids as paleovegetational and paleoenvironmental proxies for the Chinese Loess Plateau over the last 170 kyr. *Quaternary Sciences Reviews*, 25: 575~594

Zheng H B, Clift P D, Wang P et al. 2013. Pre-Miocene birth of the Yangtze River. *Proceedings of the National Academyof Sciences of the United States of America*, 110 (19): 7557~7561

Zheng Y, Zhou W, Meyers P A et al. 2007. Lipid biomarkers in the Zoigê-Hongyuan peat deposit: Indicators of Holocene climate changes in West China. *Organic Geochemistry*, 38 (11): 927~1940

Zheng Y, Zhou W, Liu Z et al. 2010. The n-alkanol paleoclimate records in two peat deposits: a comparative study of the northeastern margin of the Tibetan Plateau and Northeast China. *Environmental Earth Sciences*, 63 (1): 135~143

Zheng Y, Zhou W, Liu X et al. 2011. n-Alkan-2-one distributions in a northeastern China peat core spanning the last 16 kyr. *Organic Geochemistry*, 42 (1): 25~30

Zheng Y, Zhou W, Meyers P A. 2011. Proxy value of n-alkan-2-ones in the Hongyuan peat sequence to reconstruct Holocene climate changes on the eastern margin of the Tibetan Plateau. *Chemical Geology*, 288 (3): 97~104

Zheng Y, Singarayer J S, Peng C et al. 2014. Holocene variations in peatland methane cycling associated with the Asian summer monsoon system. *Nature Communications*, doi: 10.1038/ncomms5631

Zhong W, Xue J, Li X et al. 2010. A Holocene climatic record denoted by geochemical indicators from Barkol Lake in the northeastern Xinjiang, NW China. *Geochemical International*, 48: 792~800

Zhong W, Ma Q, Xue J et al. 2011. Humification degree as a proxy climatic record since the last deglaciation derived from a limnological sequence in South China. *Geochemistry International*, 49 (4): 407~414

Zhou W J, Donahue D J, Porter S C et al. 1996. Variability of monsoon climate in East Asia at the end of the last glaciation. *Quaternary Research*, 46 (3): 219~229

Zhou W J, Beck J W, Kong X et al. 2014. Timing of the Brunhes-Matuyama magnetic polarity reversal in Chinese loess using ^{10}Be. *Geology*, 42 (6): 467~470

Zhou W J, Cheng P, Jull A J T et al. 2014. ^{14}C Chronostratigraphy for Qinghai Lake in China. *Radiocarbon*, 56 (1): 143~155

Zhou H Y, Feng Y X, Zhao J X et al. 2009. Deglacial variations of Sr and ^{87}Sr/^{86}Sr ratio recorded by a stalagmite from Central China and their association with past climate and environment. *Chemical Geology*, 268: 233~247

Zhou W J, Head M J, Lu X et al. 1999. Teleconnection of climatic events between East Asia and polar, high latitude areas during the last deglaciation. *Palaeogeography Palaeoclimatology Palaeoecology*, 152 (1-2): 163~172

Zhou W J, Head M J, An Z S et al. 2001. Terrestrial evidence for a spatial structure of tropical-polar interconnections during the Younger Dryas episode. *Earth and Planetary Science Letters*, 191 (3-4): 231~239

Zhou W J, Xie S C, Meyers P A et al. 2005. Reconstruction of late glacial and Holocene climate evolution in southern China from geolipids and pollen in the Dingnan peat sequence. *Organic Geochemistry*, 36: 1272~1284

Zhou W J, Zheng Y, Meyers P A et al. 2010. Postglacial climate-change record in biomarker lipid compositions of the Hani peat sequence, northeastern China. *Earth and Planetary Science Letters*, 294: 37~46

Zhou W J, Xian F, Beck J W et al. 2010. Reconstruction of 130-kyr relative geomagnetic intensities from Be-10 in two Chinese loess sections. *Radiocarbon*, 52 (1): 129~147

Zhou W J, Xian F, Du Y J et al. 2014. The last 130 ka precipitation reconstruction from Chinese loess ^{10}Be. *Journal of Geophysical Research: Solid Earth*, 119: 191~197

Zhu Z, Chen J, Li D et al. 2012. Li/Ca ratios of ostracod shells at Lake Qinghai, NE Tibetan Plateau, China: a potential temperature indicator. *Environmental Earth Science*, 67: 1735~1742

Лукашев В К. 1970. Геохимия четвертичного литогенеза. Минск: Наука и Техника

Полынов Б Б. 1934. Кора выветривания. Москва: Наука

Полынов Б Б. 1944. Красноцветная кора выветривания и её почвы. Почвоведение, Москва: Наука

(作者：金章东、李峻峰、汪永进、鹿化煜、蔡演军、李强、杨守业、徐柏青、于学峰、雷昉、陈忠、肖军、张飞)

第二十一章 勘查地球化学

勘查地球化学（习称"化探"）是地球化学在应用领域的一门重要分支学科。元素从矿床向四周不同介质中分散的现象奠定了它的理论基础与方法学。但这门新学科自诞生之日起就具备的系统测量元素空间变化的特性使它不可避免地要扩大测量空间、扩展所测量元素的数目，从而使它的理论基础与方法学发生重大变化。由于矿产资源是元素构成的，环境问题也是由化学元素及其化合物的分布与行为决定的，故进入21世纪的勘查地球化学将在解决人类所需的资源与生存环境的重大问题上发挥其他学科无法替代的作用。

第一节 中国勘查地球化学学科的发展历程

许多学者曾系统论述过我国勘查地球化学的发展历史（阮天健，2000；李善芳，2000；奚小环，2009），本节以谢学锦和施俊法（2002）撰写的《中国勘查地球化学50年回顾》为基础，将我国勘查地球化学的发展分阶段论述如下。

一、初创奠基期（1951～1977年）

1951年，在安徽安庆月山进行了我国首次地球化学探矿试验，发现了铜矿的指示植物海州香薷。

1952年年底，地质部地矿司设立了我国第一个化探机构——化探室。他们开始研制野外比色方法与快速半定量光谱方法，并在不同类型矿床地区试验化探方法的有效性。这些早期的试验包括在陕西安康牛山进行的土壤铜量测量。结果明显地否定了当时对该铜点矿远景所做的乐观估计。在山西中条山进行的土壤铜量测量圈出了规模很大的铜异常，与后来钻探圈定的铜矿非常吻合。

1956年冶金部成立了冶金地球物理总队的化探组，并在辽宁青城子、桓仁及八家子等铅-锌矿区进行了最初的化探试验工作。

全国性的地球化学普查始于20世纪50年代中叶。1955年在新疆，1956年在南岭和大兴安岭等地区先后开展1∶20万路线金属量测量和重砂测量，用半定量光谱分析测定了沿地质观测路线按一定间距采集的土壤样品。此后，各省的区测队都把土壤金属量测量纳入区域地质填图规范之中。这便是中国第一代区域化探工作。

这个时期的特点是土壤地球化学测量与岩石地球化学测量在地质找矿中的应用初见实效，化探工作得到加强，多金属及铜矿床原生晕的研究取得显著成果。

1957年地质部成立了物探研究所，并设置了化探研究室。成立伊始便着手研制多种元素的快速比色方法，以及利用水平电极撒样装置的光谱半定量分析系统。他们早期进行的野外试验包括在南岭进行的大规模水系沉积物和水化学测量，其目的是检验这些方法在山区的普查效果。在贵州万山地区进行的土壤汞量测量试验，证实了化探方法寻找汞矿床的可行性。在甘肃白银厂进行的原生晕研究，也达到了发展这种找寻盲矿新方法的目的。

1959年，物探研究所开始拟定一个原生晕研究的长期计划。从1960年开始在十几个不同类型的铅-锌多金属和铜矿区进行地表与钻孔的岩石测量，并在辽宁凤城青城子矿区根据所制定的工作方法和解释推断法找到了盲矿体。青城子矿区所取得的成功大大推动了地质及冶金系统对原生晕的研究及其在找矿中的应用，并取得了不少找矿实效。

与此同时，对原生晕几何模式和组分分带的研究也取得许多有意义的成果。应该说，当时中国原生晕研究在世界上是处于领先的地位，可惜研究成果未曾公开发表，自然也未能被国际化探界所知。

自60年代初起，我国开展了长江中下游夕卡岩型铜矿床的原生晕专题研究。此后，研究工作推广至斑岩铜矿床原生晕范围。该项工作在1966~1973年间停顿后，于1974年重新开始。根据取得的资料，找到了凤凰山北部宝山陶、冬瓜山及大团山地区有经济价值的盲矿体，后经钻探得到确证。

冶金部于1962年在北京矿山研究院地质研究所设立了化探研究室以致力于快速分析方法和原生晕的研究。他们成功地利用地表原生晕发现了陕西三阳汞矿、银洞沟银-铅矿，以及个旧蒙子庙铅-锌矿。在辽宁清源树基沟根据地下坑道中的原生晕找到了新的铜盲矿体。

与此同时，各省物探队及一些地质队也大力开展土壤地球化学测量工作。其中，冶金部的化探工作成绩突出。他们根据土壤测量结果，在东北红透山发现了铜矿，在陕西商南发现了铬矿，在山东金牛山找到了金矿，在红旗岭扩大了铜-镍矿床的远景，在粤北石人嶂扩大了钨矿的远景等等。地质部的化探工作也在广东石碌的水稻田中发现了新的铜矿，在广东天堂找到了新的多金属矿等等。

1973年国家地质总局在湖南举办的全国各省化探骨干学习班上，首次提出以区域化探为主导推进化探工作的发展战略。第二代区域化探的初创工作遂从1974年全面铺开。1974年物探研究所成立区域化探组，先后开展了"皖浙赣三省区域化探方法试验"和"我国山区区域化探方法研究"。这些试验和研究为1978年初"区域化探全国扫面规划"建议的提出及1978年6月国家地质总局《区域化探内地及沿海重新扫面方法暂行规定（试行稿）》的颁发与实施奠定了基础。

在人才培养方面，地质部和冶金部连续举办训练班，以推广和熟悉有关的新技术新方法。1960年北京地质学院成立了"地球化学与地球化学探矿"专业，1963年冶金工业部桂林冶金地质学校成立化探专业，1977年长春地质学院成立了地球化学找矿专业，从而为全国化探工作的全面铺开培养了骨干力量。

1972年后，地质部、北京地质学院和冶金部的化探单位开始了汞蒸气测量仪器的研制及方法的研究，并以近两百个不同类型矿床的试验成功地找到了一批新矿床。

由于所采样品的不均匀性，许多元素分析灵敏度过低，以及数据处理方法的缺陷，致使金属量测量（即第一代区域化探）未能取得本应取得的效果，从而引起了学界的质疑。改善区域化探技术，在中国广大山区使用更为快速有效的水系沉积物测量取代金属量测量已成当务之急。四川物探大队于1960~1962年采用水系沉积物测量完成了米易幅区域化探工作，但此项工作亦因形势变化而夭折。

二、快速发展期（1978~1993年）

1981年5月地质部正式实施比例尺为1∶20万的"地质部区域化探全国扫面计划"。这项计划在内地及沿海地区主要使用水系沉积物测量方法，辅以土壤测量。工作程序和方法都应实行标准化。边远地区则研制适用于不同景观条件的特殊工作方法。1985年根据研究成果，颁发了"地矿部区域化探全国扫面工作方法若干规定"，全面推开扫面工作。

冶金部于1979年提出了1∶5万的"普查化探计划"。工作范围集中于重要的成矿区带，使用水系沉积物测量方法，并用6台等离子焰光量计分析样品。

进入20世纪80年代，科学共同体的形成促进了国内同行的交流和团结，也迈出了走上国际学术舞台的步伐。这一年，中国地质学会成立了勘查地球化学专业委员会，并在浙江莫干山召开了第一届全国勘查地球化学学术讨论会。该专业委员会的成立标志着中国勘查地球化学专业的成熟，也标志着我国勘查地球化学开始从矿产的勘查工作延拓到环境地球化学和基础地质研究。也在这一年，在联邦德国汉诺威第八届国际勘查地球化学学术讨论会上，中国化探打破了长期与国外隔绝状态，我国的化探工作成就引起了国际同行的重视。

总体来说，这一时期是勘查地球化学学科兴旺发达的发展时期。地质矿产部的区域化探全国扫面计划已覆盖全国五百多万平方千米，区域化探方法技术和找矿效果也取得了瞩目的成就，使我国区域化探研究达到了国际领先水平。

（1）研制了各种不同景观区的区域化探方法。1978~1993年，先后研制了高寒山区、干旱荒漠区、半干旱草原荒漠区、中低山丘陵区、岩溶区和热带雨林区、黄土高原区、冲积平原区等景观区的区域化探扫面方法。

（2）建立了39种元素的多方法分析系统。根据区域化探全国扫面计划的要求，必须测定39种元素，包括所有小于2 μg/g的痕量和超痕量元素，其分析检出限必须低于该元素的地壳丰度值；且要求所有参加区域化探扫面样品分析的实验室之间分析偏倚降低到最低限度，使全国化探数据可以相互对比。采用以X荧光或等离体发射光谱分析为主体，配以原子吸收、原子荧光和极谱、离子选择电极，构成多元素多方法分析系统。

（3）研制了全国分析质量监控方案和标准物质。1979~1981年成功研制了8个全国一级水系沉积物标准样，由全国41个著名实验室参加分析和定值。后来又陆续研制了岩石、土壤标准样品系列，成功地实现了从三个层次对分析结果的控制：对分析方法可选性的监控、对不同分析批次间偏倚的控制，以及对图幅间、省际分析偏倚的监测。有了这套监控方案，全国所有参与区域化探图幅的数据都可以相互对比。

（4）进行了区域化探异常筛选和查证方法技术的研究。1991~1995"八五"期间开展了区域化探异常筛选与查证方法研究，以内蒙古、山西、河北、四川为试点，引入GIS在地球化学评价中的应用，以提高区域化探识别、寻找浅表大矿、隐伏半隐伏矿和深埋矿的能力。

（5）在冲积平原区开启了环境农业区域地球化学调查方法研究。1986~1990年，中国地质科学院地球物理地球化学勘查研究所在郑州地区首先开展了这项研究，并初步提出了一套在平原地区开展环境农业区域化探的基本方法。在此基础上，1991~1993年与浙江物探队合作，在杭嘉湖平原开展了大面积农业环境地球化学调查和研究，进一步完善了方法技术，为 1999 年后大规模开展以生态环境、农业为主的 1∶20 万多目标地球化学调查试点奠定了初步基础。

（6）研制金矿地球化学勘查新技术。多年来，金颗粒分布不均匀（粒金效应）造成严重的分析误差及金分析灵敏度不够，致使地球化学找金过分依赖于砷、锑、汞，甚至铜、铅、锌、锡、钨、钼、铋等探途元素，这些探途元素异常的多解性使地球化学方法难以在金矿勘查中发挥重要作用。20 世纪 80 年代以来，澳大利亚研制了大样堆浸金技术，在实验室中称取数百克样品，以减少粒金效应，借用冶金工程中用的堆浸技术来分析金，解决了金分析的严重误差问题。这种方法在众多大型金矿床的发现中发挥了重要作用。然而，这种方法要求采样至 10 kg 的样品，大大增加了野外工作量。我们采取另一种思路，在金矿床周围发现了规模很大的含量仅在十亿分之几的区域性异常，而且发现金不仅以自然金的颗粒存在，还有大量的超微细金（小于 5 μm）的存在。这些发现使工作中有可能巧妙地绕开粒金效应问题。针对超微细金将金的检出限降至百亿分之几，圈定出有经济价值金矿床四周的数十至数百平方千米的区域性异常，这就大大扩大了找金的靶区，用这种方法使发现金矿的数目急剧上升。

（7）发展了区域性的岩石地球化学填图理论与方法。中国地质大学先后在豫西卢氏-灵宝地区、广东一六地区、南岭地区、陕西柞山地区、胶东牟平-乳山地区，开展了区域性的地球化学测量，将区域地质填图与地球化学填图紧密联系起来，形成了具有我国特色的重要成矿区带区域地球化学理论和地球化学找矿方法，提出了区域成矿带地球化学研究的总体思路。通过地球化学专题研究与区域地球化学相结合的途径，探讨元素通过各类地质-地球化学作用发生分配、演化的趋势，查明区域地球化学场的分布、性质与地质意义，开展成矿带构造环境和成矿规律的地球化学分析，实现了成矿地质环境、条件向地球化学环境、条件的转化，以及成矿地球化学环境、条件向找矿标志与准则的转化，并结合异常特征，建立起异常评价的指标和模型，以顺利地开展成矿远景预测。

冶金部科研人员在矿区地球化学异常方面进行了大量研究，系统总结了国内典型有色金属和金的地球化学异常模式，并出版了一系列专著。

三、艰难转型期（1993~1998 年）

随着我国计划经济体制向社会主义市场经济体制的转轨，整个地质工作也受到极大的冲击。"七五"末期，东部大多数省份第二代区域化探全国扫面计划的任务的完成，扫面工作转向西部。多年来全国各省区、各系统的庞大的化探队伍和大量分析装备突然处于"吃不饱"乃至停滞的状态。此时，我国勘查地球化学事业面临一种新的困境。在当时艰难的情况下，化探工作者努力工作，克服种种困难，努力推进勘查地球化学工作转型。

（1）深化以地球化学方法寻找超大型矿床基础理论和新方法研究，推动地球化学转向覆盖区找矿。中国化探经过四轮竞争使其新思路在科技部重大基础（攀登 B）项目"找寻隐伏及难识别大矿富矿新战略新方法新技术的基础性研究"中得到贯彻，提出了地球化学块体和地球化学模式谱系寻找大型、巨型矿的新概念，以及超低密度地球化学填图理论和方法。地球化学块体是地球上某种或某些元素高含量的巨大岩块，它们是元素在地球形成与演化过程中的总显示。它们为大型至巨型矿床的形成提供了必要的物质供应条件。还提出了利用地球化学谱系树追索大规模成矿作用逐步浓集聚焦至大型巨型矿床所在地和利用从极低密度采样、超低密度采样到低密度采样的方法获取不同层次的地球化学模式，可实现"迅速掌握全局，逐步缩小靶区"的矿产勘查新战略。地球化学块体的概念也为全球地球化学填图利用极低密度采样方法和泛滥平原沉积物作为采样介质，迅速获得全球地球化学图和了解矿产资源在全球的分布奠定了理论基础，也为1999~2002年"我国东部、中西部地区地球化学块体内矿产资源潜力预测"提供了依据和方法。

针对覆盖区找矿这一世界性难题，我国科学家提出了深穿透地球化学的概念，研制了多种深穿透地球化学方法，包括一系列非常规化探方法。自20世纪90年代以来，多家单位开始了地气法的研究。在油田、金矿上方上升的地气流中，利用原子力显微镜观测到纳米颗粒，在室内地气流的模拟实验中，观察到了众多纳米颗粒的聚集现象。这预示着在覆盖层中存在元素迁移的新机制。据此，发展了深穿透地球化学方法，并在一些重要矿集区进行了区域性试验。

开发了基于GIS区域地球化学数据管理信息系统（GeoMDIS2000），建立了区域化探数据库，编制了全国39种元素的地球化学图。针对157个铜、多金属、金矿田（床）的区域地球化学异常特征、所处的成矿地质环境和表生环境，建立了Cu、Au多金属矿田地球化学找矿模式。以地理信息系统为手段，利用已建立的找矿模式，以区域地球化学资料为主，综合地质、地球物理、遥感等多种信息，从区域入手，按景观分区、分类、分级筛选异常，并进行找矿靶区预测。经广泛实践，取得了良好的找矿效果。

（2）扩大环境和农业地球化学研究范围，力求开拓勘查地球化学新方向。在全国不同地区（如浙东沿海平原及宁绍、温黄平原、金衢盆地、河南许昌地区、福建漳州地区、湖南洞庭湖冲积平原、河北衡水地区、秦皇岛地区）进一步开展了农业环境地质调查，开展了岩石、土壤、水、水系沉积物等区域地球化学资料与农业—食物—人体健康关系的研究。通过物质流和能量流在不同圈层内和层圈间的传递与演化，探索在岩石圈、生物圈和水圈中地球化学与农业和生命科学相结合的新理论与新方法，并编制了《中国生态环境地球化学图集》。这些研究成为新千年之后多目标地球化学图重要基础和支撑。

（3）拓展境外，努力扩大中国化探在世界的影响。我国化探工作者先后承担了伊朗、苏丹、南非等国的区域化探项目，开拓了境外化探工作。1993年在北京成功举办了第16届国际化探会议，会议期间召开了全国第五届化探会议，进一步展示了我国勘查地球化学最新成就。此外，我国积极参与国际地球化学填图计划（IGCP259/IGCP360）的实施，并在该项目中发挥了重要作用。

四、回归发展期（1999年迄今）

进入新世纪以来，随着地质工作复苏，尤其是地质大调查计划于1999年实施以来，我国勘查地球化学研究回归到一个正常的、平稳的发展时期，各领域都取得了重大进展。其突出标志是：第一，2013年《国际勘查地球杂志》以专刊形式刊登了《勘查中国：环境与资源》，22篇论文论述了中国化探60年概况、全球地球化学填图——中国的贡献、多目标地球化学调查及其相关成果、矿产勘查地球化学、尾矿地球化学调查、油气地球化学调查，以及化探数据处理方法，向世界展示了我国最近十年化探的新进展新成果。第二,全球尺度地球化学国际研究中心落户中国。2013年联合国教科文组织第37届大会以表决方式通过决议,在中国地质科学院地球物理地球化学勘查研究所,建立全球尺度地球化学国际研究中心。第三,2007年在西班牙举行的第23届国际应用地球化学学术讨论会上,国际应用地球化学家协会为谢学锦颁发了"国际应用地球化学家协会金奖"。这是国际化探界对中国化探50多年发展的肯定。第四,区域化探继续引领找矿工作,发现一批大型矿床。据统计,1999~2009年期间完成区域化探扫面140余万平方千米,发现异常1万余处,经查证形成各类矿床1000余处,与1981~1998年比较,平均每万平方千米见矿数由3.9个上升为8.6个;其中新发现有色金属矿床比例由22.8%提高到44.3%。这是区域化探找矿效果从以金矿为主扩大到其他矿种的一个重要进展,从而继续引领和保持地质找矿的发展势头。

(一) 区域化探扫面有新成果

区域化探方法技术研究方面,通过对西昆仑、青海高寒湖沼、青藏高原西北部和东北森林沼泽等不同景观区风成沙的粒级、迁移规律、分布范围、有关元素的含量等的详细研究与分析,并经试点测量,提出了在这些景观区开展区域化探扫面工作方法技术。这些成果已被多家生产单位使用,取得较好的效果:比较客观地反映了本地区的区域地质-地球化学异常特征。

在西昆仑、阿尔金、北祁连、东天山、西天山、北山和东北森林沼泽等地区,开展了1:5万及中大比例尺化探异常查证方法技术研究,通过特殊景观区表生采样介质研究,系统地探讨了干扰物质的分布特征、粒级分配、物质组成与矿点不同距离各层位元素含量变化,研究了不同亚景观区土壤类型及其元素分布规律及影响元素分布的主要因素,提出了各种景观区的化探普查方法技术,为这些地区的资源勘查提供了化探方法技术。

在深穿透地球化学与隐伏大矿巨矿的识别研究方面,在研制出的高灵敏活动态Au、Pt、Pd联测信息提取与分析方法的基础上,进行了活动态提取与处理的标准化和可操作化研究。系统研究了大面积戈壁覆盖区深部矿在地表的富集程度和赋存状态信息,发现含矿信息在弱胶结层、细粒级和铁锰氧化物膜中最为强烈。

在中浅覆盖区开展了机动浅钻地球化学勘查方法技术研究。中浅覆盖区(<50m)主要分布在山前平原、山间盆地、草原、荒漠、黄土高原等地,面积近200万km^2。外来覆盖物主要为风积物、冲积物、湖积物、黄土等。这些地区由于严重覆盖,常规找矿方法难以奏效,成为有巨大找矿前景的"空白区",加之这些地区的山前和盆地边缘多隐藏有有利于大型矿床成矿的断裂带和地质构造转换带。从2007年起,先后在内蒙古东部花敖包特、新疆哈密地区、安徽庐江地区、黑龙江多宝山、海南东方市等地,进行了1:20万、1:5万和详查等浅钻地球化学勘查实验,取得了显著效果。研究表明,在覆盖层底部取残积层样品能有效获取深部找矿信息,还可同时取岩石样品进行地球化学测量。目前正在研究不同景观、不同覆盖层结构、不同覆盖厚度的钻探工艺和取样方法技术。

开展了青藏高原冻土带天然气水合物地球化学勘查预研究,在青藏高原发现了陆上碳酸盐"结壳",结壳由浅灰白色—浅灰褐色钙质碳酸盐矿物组成,结壳表面呈皮壳状或石钟乳状,断面呈薄层状。其分布有一定的连续性,且附近未见有热泉及其泉华,这非常类似于海底天然气水合物的碳酸盐结壳。初步分析认为,"结壳"可能是多年冻土层下赋存水合物的指示标志，还可能是地下二氧化碳逸出的产物。

（二）生态地球化学和农业地球化学研究有新突破

自2000年东部省区开展多目标区域地球化学填图以来，采集到表层（0～20 cm）和深层（150～180 cm）土壤样品。到2012年底，多目标地球化学调查已部署调查面积170万 km²，基本覆盖了我国中东、中部平原盆地等主要农业产区，获得了土壤多项元素数据。

（1）长江流域发现了宽百里延绵万里的连续异常带。长江流域土壤中镉含量远远高于全国土壤 $0.079×10^{-6}$ 的平均值和农用地镉含量值，土壤中镉超出背景值最高达30倍。污染面积之大、连续性之强，是之前始料不及的。其中，镉在农作物籽实中含量普遍超出绿色食品和无公害食品卫生标准限定值，严重威胁着农产品安全性和人体健康。

（2）珠江、松花江流域发现大面积、高强度的镉、汞和放射性污染带。珠江流域土壤放射性超标总面积2596 km²，占调查区总面积的25%。产自广州市和中山市的花岗岩石材，分别有89%和100%不符合放射性安全要求，放射性已造成当地居民身体健康的严重威胁。

沿江地区土壤中碘、硒等元素大量流失，造成了地方性甲状腺肿和克山病的爆发；砷等元素在土壤中流失进入水体，使地下水中富集三价砷（As^{3+}），造成了目前北方广大地区砷中毒的蔓延。

（3）城镇周边土壤发现严重的汞异常。省会及县市级以上的城市土壤中均被汞、铅、镉、砷、有机污染物等严重污染。

（4）土壤酸化面积不断增大，酸化程度日趋严重。从全国范围来看，1982～1992年的十年间酸雨范围扩大了100万 km²。在调查区内土壤酸化日趋严重。成都、武汉、湖南长株潭地区酸性土壤面积分别为27.4%、60.7%和85%左右。成都经济区天降水 pH 最小值为3.48，杭嘉湖地区1990～2002年的12年间，土壤 pH 平均下降了0.3个单位，土壤酸化速率为0.047个单位/年，酸化率为63.3%，酸化面积达3130 km²。

（5）生态地球化学异常成因具有新的解释。针对目前平原区城市环境地球化学异常评价及查证中出现的问题，通过土壤重矿物研究，以长春、南京、漳州和广州的多个 Hg 等金属元素异常区为突破口，在土壤中发现了辰砂和磁性"微球粒"。辰砂结晶状况较好，多呈棱角状。据称，辰砂是次生成因的，土壤发生汞污染后形成了辰砂。土壤中的重矿物在人口相对密集区或工业区的表层土壤中普遍生成"微球粒"，它们可能与燃料燃烧过程中的烟尘有关，与土壤中重金属异常具有良好的对应关系。辰砂和"微球粒"的发现，为城市环境地球化学异常的解释提供了一种新思路。

（6）中国主要农耕区土壤碳库与固碳潜力研究。提出了基于我国多目标区域地球化学调查数据特点的土壤碳储量计算方法；通过不同气候带、地理景观、土壤类型、土地利用方式和土壤理化性质对土壤碳储量影响的研究，建立了土壤碳储量时空演变模型，为我国土壤固碳增汇、碳循环模型研究提供了科学依据。

（三）矿产资源潜力评价有新思路

2013年末完成的全国矿产资源潜力评价化探资料应用研究工作，建立了全国中大比例尺地球化学测量数据库、全国区域地球化学数据库（1:250万）；编制了1:250万全国地球化学工作程度图、全国地球化学景观图、全国39种元素单元素地球化学图、全国单元素地球化学异常图和综合异常图，以及全国11个矿种地球化学找矿预测图等系列图件，为地球化学勘查部署、资料解释推断、图件编制、矿产资源预测和进一步矿产勘查部署工作提供有力依据；建立11个矿种的典型矿床地质-地球化学模型，为地球化学找矿预测区圈定和评价奠定理论与实际基础；以我国已有的1:20万（1:50万）区域地球化学数据为主，综合利用1:5万至1:1万中大比例尺的地球化学资料，以现代成矿、成晕理论为指导，以现代计算机技术为手段，以"源"→"动"→"储"为基本建模思路，在III级成矿带的尺度上，充分研究成矿区带的基础地质、成岩成矿规律、勘查地球化学特征，研究总结典型矿床（矿田）的异常特征，建立了矿床（矿田）、成矿带的地球化学找矿模型，为预测区的圈定和资源量的估算提供可类比的依据。根据工作思路，在III级成矿带上开展地球化学定量预测，制定的技术路线是地质、地球化学宏观与微观结合的过程（元素→矿石矿物→矿体→矿床→矿田→矿集区→矿带），也是地学与现代信息技术（GIS）学科交叉的过程，在这个过程中优选出一批具有找矿潜力的预测区，估算出具有一定可信度的资源量。其过程的核心可概括为："建模"、"圈区"（异常识别和异常评价）和"算量"。创新性提出铜矿资源地球化学定量预测方法，为其他矿种地球化学定量预测提供示范，使我国勘查地球化学从定性走向定量预测迈出了关键的一步。

（四）地球化学样品分析技术有新发展

全国统一规定区域化探样品分析39种元素和氧化物，各地区根据需要增加分析Br、C、Ce、Cl、Cs、Ga、Ge、Hf、I、In、N、Pd、Pt、Sc、Se、S、Ta、Tl、Rb，以及包括稀有、稀土及稀散元素在内的19种元素。实验室外部质量管理是控制全国分析精度的重要措施和关键环节。外部质量控制由全国分析质量专家组通过密码插入标准控制样方法进行监控。密码标准控制样采用国家水系沉积物、土壤一级标准物质按不同比例、不同含量及不同基体组成，由全国分析质量监控站统一配制，提供各省区实验室使用。标准控制样按样品分析批次，每50件插入4件与样品同时分析。统计标准控制样各元素测量值与控制样标准值间对数差（$\triangle \lg C$）以确定其准确度，按统计单元计算控制样对数标准偏差以确定其精密度，要求各项参数合格率≥90%。为检验元素地球化学成图效果，分别绘制标准控制样标准值与测量值虚拟相似图，对相似图及有关参数进行相似性判别，同时绘制区域地球化学图，实际检验元素地球化学分布与地质背景分布的吻合程度。采用实验室外部质量控制首次实现分析精度的全国监控，实现图幅间、省际以至全国区域地球化学图的无缝拼接。

研制出了难分析元素Os、Ru、Rh、Ir等新的分析方法，各种分析方法所分析不同元素的检出限都降到了其地壳丰度值以下，建立了可靠的76种元素的测试方法系统和创新的测试质量监控系统，新增加以标准样推荐值与实验室实测值所成的虚拟地球化学图的相似性比较来监控分析质量的监控手段，首次取得了元素周期表上除惰性气体和人工元素以外几乎所有元素在中国西南地区分布的60多万个高质量的数据，据此制作出了我国西南五省市区76种元素的地球化学图。

(五) 勘查地球化学基础研究有新积累

(1) 全国地球化学基准值建立与综合研究。以1：20万图幅为地球化学基准网格单元，系统采集有代表性的岩石样品12371件、汇水域沉积物和土壤样品6617件，建立了中国大陆81项指标（含76个元素）地球化学基准值，为资源评价和建立环境基准，以及了解地球过去演化和预测未来全球变化提供了定量参照标尺。在此基础上，参照全球地球化学基准网，建立了覆盖全国的地球化学基准网，研究了元素精确分析系统，包括76个元素和5个地球化学指标；研制了黑色页岩、硅质岩、峨眉山玄武岩、麻粒岩、橄榄岩及含铀砂岩6种新类型岩石的地球化学标准物质，所有指标均达到国际领先水平；首次制作了81个指标的全国土壤地球化学基准图、岩石地球化学基准图和岩浆岩76个元素地球化学图；新发现一批铀、稀土、铜、金等新的找矿远景区，特别是填补了过去区域化探扫面未覆盖的盆地砂岩型铀矿和未分析的稀土元素矿床远景区；建立了全国镉、汞、砷、铅、铬、铜、镍、锌等8个重金属元素和放射性元素铀、钍、钾的地球化学基准，为我国环境基准值的建立和环境评价提供了重要依据。

在原生岩石地球化学基准值建立过程中，云南禄丰龙的产地楚雄—兰坪盆地白垩系的石英长石砂岩和古近系紫红色泥岩的铂族元素背景值都比较低，如Ir的含量为0.01~0.04 ng/g，背景值为0.02 ng/g，而疑似白垩系/古近系界面（根据地质图标注是K/T界面，有待于进一步证实）的凝灰质灰岩和凝灰质泥岩铂族元素含量都很高，如Ir的含量为0.25~0.8 ng/g，是上、下地层的20倍。PEG富集于白垩系/古近系界面，这一发现有可能提供小陨星撞击地球的重要证据。

(2) 中国土壤生态地球化学基准值研究也有了新的积累。在大约85万km^{2}的冲积平原区共采集土壤样品517件，覆盖了三江平原、松辽平原、黄淮海平原、长江三角洲平原、江汉平原、鄱阳湖平原、南阳盆地，珠江三角洲共8个冲积平原。以土壤物质组成为基础，利用元素相关关系法有效确定了试验研究中最关键的技术环节——采样深度。以实际分析数据为基础分别获得了8个冲积平原和整个东部平原区共9个统计单元内76个化学元素（包括氧化物）的土壤生态地球化学基准值和pH、电导率（EC）、Org. C等理化指标的基准值，并首次按照土壤质地类型统计了土壤生态地球化学基准值，用实际资料揭示出土壤中元素含量等指标随土壤质地变化而变化的普遍性规律。

(3) 中国花岗岩类元素丰度研究。根据全国约750个有代表性花岗岩类岩体的768件组合样品的实测分析数据，计算了中国花岗岩类及碱长花岗岩、正长花岗岩、二长花岗岩、花岗闪长岩、石英二长岩、石英二长闪长岩等花岗岩类岩石近70种化学元素的丰度，天山-兴安造山系、中朝准地台、昆仑-祁连-秦岭造山系、滇藏造山系、扬子准地台、华南-右江造山带、喜马拉雅造山带等中国七大构造单元花岗岩类及不同岩石类型花岗岩的近70种化学元素的丰度，太古宙、元古宙、早古生代、晚古生代、中生代、新生代花岗岩类及不同时代碱长花岗岩、正长花岗岩、二长花岗岩的近70种化学元素的丰度。编制了56种元素与氧化物的1：2500万中国花岗岩类地球化学图，系统地研究了我国花岗岩类及不同岩石类型花岗岩近70种化学元素的丰度和地球化学特征，及其在中国各构造单元的元素丰度与区域分布特征、各地质时代花岗岩类的丰度与演化特征。该成果不仅可以为中国的基础地质、矿产勘查、地球化学的研究提供宝贵的基础资料，而且对中国区域上地壳的化学组成及其演化的研究有重要价值。

第二节 中国勘查地球化学学科的发展特点与经验

回顾60多年的勘查地球化学工作有起有伏，有规律，有经验，也有教训，其中有哪些基本规律值得汲取？这里提出几条与大家一起讨论。

一、坚持资源、环境和基础研究三个应用领域

中国的工业化以油气和非油气矿产资源为最重要的物质基础。无论计划经济年代强调开展矿区勘探和矿山生产地质工作，还是改革开放初期提出的"以地质找矿为中心"，我国化探在解决资源问题过程中发挥了巨大的作用。

在农业地球化学、环境地球化学方面，总体上勘查地球化学也发挥了较大的作用。在发展社会主义市场经济新时期，市场需求和经济结构不断有新的变化，当前，我国经济发展进入新常态，地质工作处于战略性结构调整的关键时期。勘查地球化学工作要适时调整，适应新变化和新要求。针对当前国家建设生态文明需求，以国家经济建设和社会发展为动力，扎实推进资源、环境和基础三个应用领域。

二、以区域化探扫面计划带动化探技术发展

矿床遭到侵蚀后，与矿化有关的金属分散至周围的土壤、水系沉积物、水及植物中形成各种元素分散模式。研究这些分散模式，反向追踪可找到矿床。这就是化探的"点源分散"模式。在俄罗斯，将与矿床有关的地球化学分散模式形象地称为"晕"，从而便有"原生晕""次生晕"之说。由于金属从点源（矿床）向四周分散只限于几平方千米至几十平方千米，因而在矿产勘查工作中需要密集采样，这样地球化学方法只能成为一种适用于局部的战术性的找矿方法。

早在20世纪60年代，H. E. Hawkes 与 J. S. Webb 就已指出地球化学填图的重要意义，并预言地球化学图将会与地质图一样成为最基础的图件。但是受到"点源"模式或理论的限制，在 H. E. Hawkes 与 J. S. Webb 的理念中，这种采样密度较稀的地球化学填图重点是放在取得元素分布的基础资料及在农业或地质的应用方面。Webb，Nichol，Thortonton（1968）已意识到，"所取得的更为宽阔的地球化学模式，有别于局部矿化点形成的强异常，它们是较微弱的变化，是由于地质建造变化形成的一种地球化学起伏。"实际上，这一认识已扩展了"点源"模式的内涵，把区域地球化学异常与区域地质特征联系起来。随后，世界上开展了一系列区域性地球化学填图工作。

在区域化探项目计划的实施中，有一系列科学与技术上的问题需要解决，其中填图方法标准化问题尤其突出。不同国家、不同地区所采用取样方法、分析方法是不同的，对于分析元素的数量和质量也不尽相同，因而使来自不同地区或不同研究者的地球化学信息不具可比性。

从"点源分散模式"到区域地球化学勘查，再到全球地球化学填图，在整个思路演变

过程中，区域化探带动化探全局发展。从采样方法、分析手段、数据处理，再到地球化学异常模式的解释，全面得到发展。区域化探扫面计划是科研与调查相结合的一个典范。科研解决区域化探技术，为调查提供技术支撑；区域化探调查产生了数以万计的数据，为矿产勘查、环境研究和基础地质研究提供了丰富的信息，为形成新找矿理论与方法提供了新的机遇。

三、以系统论为指导，深化地球化学场的研究和解释

在区域异常评价中主张遵循从区域到局部的地球化学异常解释原则，重视从区域地球化学背景揭示控矿地质因素，摆脱一开始就将注意力集中在单个异常的做法，重视从区域着眼，从区域地球化学场研究揭示矿床周围的地球化学环境及其反映出的控矿地质因素，达到成矿预测和局部地球化学异常评价的目的。中小比例尺的地球化学资料，不仅可反映区域上元素浓集程度偏高或偏低的区段，以指示远景区之所在，而且可以揭示更深层次的成矿地球化学信息。依据中小比例尺测量资料划分矿集区或矿田的地球化学场，只依靠按某种方法确定的异常下限所涉及的异常范围是不充分的。要使所划分出的矿田异常、成矿区（带）异常与周围的地球化学场有明确可靠的区分依据，并对异常特征做出有依据的解释以指导进一步的工作，需要与地质构造、控矿地质因素的研究密切结合起来进行。综合各方面的资料进行填图，能提高矿床预测准则的信息量和可靠性。

四、推动覆盖区地球化学找矿方法技术创新

随着易寻找的露头矿的殆尽，人们不得不转向在掩伏区的勘查。说到掩伏矿，实际上它们分布在两类十分不同的地质区——半裸露区和隐伏区。在半裸露区，尽管露头矿已找得差不多了，但在已知矿床的周围找到隐伏矿是常见的事情。在这类地区，传统的化探方法仍然有效，关键是如何提取与矿化有关的信息，而这一点常常被人们所忽略。对于完全掩伏的地区来说，由于宏观信息被掩盖，微观直接信息（如化探）和间接信息（如物探）变弱，对于所有勘查方法都是一大难题。现在已发展了非传统的方法，包括地气法、离子态法、元素赋存形式法、地电化学法、生物地球化学法等一大套方法。此外，还发展了机动浅钻化探方法，它是传统有效方法向覆盖区的延伸，拟用于中浅覆盖区区域化探扫面以及普详查。

大量研究表明，与矿化有关的金属可以以各种机制垂向迁移，但迁移机制需要进一步探讨。在不同景观条件下，元素迁移方式会有所差异，即使迁移方式相同，但不同迁移方式主导作用是不同的。针对不同景观条件，要了解元素迁移的主导方式，选择最佳的化探方法。同一种方法，由于对元素迁移机制的认识差异，会影响方法技术的改进。典型的实例是地电化学方法，过去一直认为地电化学方法获得的地球化学异常是直接来自矿体的元素异常，因此，在方法技术的改进方面，想尽一切办法提高工作电压，以增强异常强度。近年来，一些研究者认为，地电化学异常并不是直接来自矿体，而是来自矿体上方的次生晕，地电化学方法只是提取电极周围 1 m³ 范围的成矿元素含量。基于这种观点，地电化学方法改进方面重点放在电极吸附离子上。

各类深穿透的地球化学方法是以元素分量为基础的,因此,需要加强表生条件元素迁移的基本规律及其赋存形式研究,才能有效提取与矿化有关的信息。

各赋存状态的元素含量极低,很多样品仅能供一次性分析。这不仅对分析检出限提出更高的要求,而且要求采样或分析过程中有关各类器具与矿化有关元素含量必须比被观测样品背景值至少低一个数量级。

现有的各种非常规化探方法重现性差,不同观测者之间、不同批次的样品之间可比性差,方法本身的应用条件还不清楚,例如,地气法在什么景观条件、在什么类型的矿床下应用效果最好呢?此外,非常规化探方法所获得的异常与矿体的对应关系,并非总是让人满意。许多方法在已知矿床上方虽然具有良好的异常,但如果将已知的地质剖面图去掉,单凭上置晕异常还很难判断矿体所处的位置。各种上置晕法的取样技术和分析技术还值得深入进一步研究。因此,我们不能过高地估计现有非传统化探方法的研究水平及应用效果。

第三节　今后发展方向和主要研究领域

全球经济增长乏力,矿产资源需求增速放缓,全球环境问题日益突出,全球矿业进入深度调整期和地质工作需求驱动力发生着重大变化,地质工作处于结构调整期。地球系统科学、生态文明理念已经深入人心,勘查地球化学在这两大理念下应有新的发展思路和发展路径。在未来十年,我国资源地质与环境地质并重,资源地质摆在首位,因此,勘查地球化学要在保障能源资源安全、支撑找矿突破战略行动、服务国土空间格局优化和土地利用规划、夯实"一带一路"全球战略的基础、重要经济区、重要城市群的可持续发展、地质灾害防灾减灾、地球系统科学、地质信息产品开发与服务等方面满足国家需求。

在这种情况下,勘查地球化学发展必须以需求为导向,扩展领域服务,深化应用基础研究,加大探测深度,提高地质调查工作效率和质量。

(1)坚持区域化探扫面带动化探工作全面发展。

(2)重视方法原理和技术创新,充分利用现代科技进步,研制新方法新技术,提高观测精度和效率。

(3)根据地质调查任务的需要和方法运用的地质条件,来研制方法技术,并制定合理的方法技术组合。

(4)强调不同学科技术方法的综合运用和信息的综合解释,这是实现找矿突破的重要途径。

一、区域化探研究

对于中国化探今后在21世纪的发展,谢学锦和施俊法(2002)提出了立足于地球化学填图,地球化学填图与矿产勘查一体化,以区域化探扫面工作推动大科学计划的实施,促进调查与科研结合的思路。从目前来看,加强覆盖区或掩伏区、黄土覆盖区等地球化学方法研究,需要以化探扫面带动找矿发展。加强油气地球化学调查技术研究,适时推动全国油气化探扫面计划。当前,以下几个方面值得注意。

(1)中大比例尺区域化探方法与地球化学异常模式研究。从矿产勘查角度来说,如果

1∶20万区域化探工作是战略布局，那么1∶5万工作是短兵相接，而更大比例尺的化探工作则是刺刀见红。经验表明，在1∶20万区域化探基础上，开展1∶5万或更大比例尺的化探工作，可以获得较好的找矿效果。这是区域化探成果评价的继承与延续，应作为一个发展方向和长期的战略任务来抓。

但是与1∶20万区域化探工作相比，1∶5万化探工作具有特殊性。随着比例尺的增大，工作区的范围缩小，由于景观条件的变化，尤其是那些景观区在1∶20万尺度时可以忽略，但在1∶5万时不能忽略，致使原1∶20万区域化探方法不能适用于1∶5万或更大比例尺。这一点在西部地区表现得尤为明显。

此外，还要重视中、大比例尺不同矿种、不同类型矿床、矿田、矿集区地球化学找矿模型的建立，以提高区域和中大比例尺化探工作的预测和找矿效果。

（2）西部地区矿产资源快速评价的化探方法。西部地区地质工作条件特别困难，加之许多地区被冲积物、黄土及沙漠所覆盖，因而地球化学勘查方法可以在西部勘查中起到决定性的战略作用。要用创新的思路引导西部的勘查，不仅要使地球化学勘查方法在西部勘查中起先导作用，而且要改变传统的1∶20万和1∶50万地球化学填图的做法，使用超低密度（每100~400 km^2 取1个样）甚至极低密度（每1000~6000 km^2 取一个样）的采样方法，快速覆盖整个西部地区。

（3）编制76种元素地球化学图集。制作中国76种元素地球化学图集的项目已在川、滇、黔、桂4省（区）取得了巨大成功，这为地球科学研究提供了更多的激动人心的机会，可将这一方法推广到整个中国，编制全国76种元素地球化学图集，这必将对我国矿产勘查、资源潜力评估、生态环境监测产生巨大的影响。

（4）境外矿产勘查对比。近年来，我国开展了一系列周边国家地质编图研究，并开展一系列地质对比研究，对于了解国内外资源分布规律具有十分重要的意义。我国与周边国家许多景观区类似，具有相同的化探工作方法，与周边国家合作。一方面，可以提升我国复杂景观区化探方法技术；另一方面，在边境地区开展低密度地球化学填图工作，可以增进对周边地区成矿规律的认识和理念，突破境外成矿带"不过国界"的说法。

（5）全球地球化学填图：从1988年开始，IGCP批准了IGCP-259/360两轮全球地球化学填图对比计划，在地球化学填图方法标准化（取样方法、分析方法）等方面迈出关键的一步，尤其是欧洲在西欧地球化学填图的基础上，推广到了整个欧洲，出版1∶2500万地球化学图集。近年来，我国在探索全球地球化学填图方法技术、分析方法方面都取得实质性进展，并与哥伦比亚等国家合作开展地球化学填图工作，为本项工作打下坚实的基础。中国作为一个负责任的大国，有责任、有义务牵头实施国际地球化学填图计划。

二、化探找矿方法技术研究

化探找矿技术和方法研究是推动勘查地球化学学科发展的一种动力。应加强隐伏区和特殊地区地球化学找矿方法技术的研究。

（1）隐伏区化探方法技术研究。隐伏区勘查是未来找矿方向。客观需要积极发展非传统的化探方法。但现有的非常规的化探方法技术远未达到传统方法的水平，需要我们正确对待现有方法的实效与问题。当前，首先要重视方法的基本原理研究，处理好方法创新与应用条件的关系，正确对待各种方法的应用条件。其次，从取样和分析两个方面，提高方法稳定性和实用性。还要特别重视覆盖区和隐伏区浅钻化探方法技术研究。

（2）已知矿床深部及外围化探找矿方法技术。传统化探方法（主要是水系沉积物、土壤和岩石地球化学方法）在已知矿床区深部及外围找矿起着关键的作用。近年来，我国在这方面研究工作有很大的削弱。应加强矿床原生地球化学异常模式及形成机理研究，建立典型矿床的地球化学找矿模型，开展岩石地球化学测量试验研究。

（3）难识别和非大宗矿产的化探找矿技术研究。我国金矿找矿巨大成功，应归功于金矿化探方法技术的发展。如果金矿化探找矿战略推广到其他特殊的矿种，如铂族金属、黑色页岩中金-铂-钯矿等，将会使找矿取得重大突破。此外，还有铬铁矿和稀土矿的找矿方法技术研究。

（4）油气资源地球化学勘查。在油气资源调查评价中，地质、地震及钻探都已拟定了大规模计划，唯独油气化探仍在被遗忘之中。这既有管理层面的问题，也有化探技术层面的问题。需要加强油气化探方法技术研究，提高油气化探调查和普查的能力。

三、环境地球化学研究

为了解、预测和评价地球表层元素分布不均匀性对人类生存和生活环境的控制和影响，提供有力的科学依据，为环境优化、减轻灾害、保障人民健康、协调人与自然的关系提供科学技术支撑，服务于社会经济的可持续发展，必须有效地开展环境地球化学研究。

（1）我国典型地方病区的生态地球化学环境特征研究。以元素的生态地球化学循环为主线，以我国典型地方病区地球化学环境中元素在土-气、土-水、气-水、大气-植物界面的输移通量和行为为主要对象，研究地方病致病元素的地质-地球化学背景、成因和循环特征，建立元素生物地球化学循环模式，为促进我国地方病的防治提供地学技术支撑。

（2）生态地球化学环境与人体健康安全的综合风险评估体系。通过对地球表层系统元素或化合物在岩石圈-土壤圈-水圈-大气圈-生物圈间的相互作用，认识生态地球化学环境形成、演变的动力学机制，开展生态地球化学环境风险暴露和危害分析，建立生态地球化学环境质量评价标准的阈值，进行污染物低剂量长期积累引起的危害人体健康的疾病成因、风险评价指标体系与预测研究。

（3）土壤污染的控制和修复的地球化学工程技术研究。以典型废弃金属矿山的特殊地质体或特殊工业废弃物为基本材料，研究不同土壤类型及其理化性质条件下对复合重金属污染土壤进行区域修复的系列化地球化学工程技术，阐明重要相关原理和原则，探索用于土壤污染全过程控制和综合防治的地球化学集成创新技术系统原型，为典型地区和其他类似地区的污染土壤修复提供技术支撑。

四、勘查地球化学基础性研究

（1）中国上地壳岩石化学元素丰度研究。中国上地壳的岩石化学元素丰度是地球化学研究的基础性数据。利用已有东部地壳化学组成资料和全国花岗岩丰度资料，补充西部和东部个别省份工作，完成中国上地壳和岩石化学元素丰度研究。不仅将为中国的基础地质、矿产勘查、地球化学的研究提供宝贵的基础资料，也将对中国区域上地壳的化学组成及其演化的研究有重要价值。

（2）化探数据处理技术研究。化探数据处理是化探异常解释的重要环节。近年来，GIS 的广泛应用，使化探数据处理十分便利。尽管人们对数据处理趋于理性化和简单化，但利用计算机手段，引入非线性理论，充分挖掘化探数据信息，仍将是化探未来发展的一个重要方向。

致谢： 衷心感谢任天祥、奚小环两位专家对本章提出宝贵的修改意见，补充了相关重要资料。本章编写过程，还参考了大量文献和内部报告，由于篇幅所限未能全部列出，在此向各位作者和研究者表示感谢。

主要参考文献

李善芳. 2000. 地球化学勘查50年回顾与展望. 见：张炳熹主编, 50年来中国地质科学技术进步与展望. 北京：地质出版社, 86~89

阮天健. 2000. 中国勘查地球化学五十年, 见：王鸿主编. 中国地质科学五十年. 武汉：中国地质大学出版社, 281~288

施俊法和吴传璧. 1998. 金属微粒迁移新机制及其意义综述, 地质科技情报, 17（4）：81~86

施俊法, 姚华军, 李友枝等. 2005. 信息找矿战略与勘查百例. 北京：地质出版社

施俊法, 唐金荣, 周平等. 2008. 隐伏矿勘查经验与启示, 地质通报, 27（4）：433~450

施俊法, 唐金荣, 周平. 2014. 世界地质调查发展趋势及其对中国的启示. 地质通报, 33（10）：1465~1472

唐金荣, 吴传璧, 施俊法. 2007. 深穿透地球化学迁移机理与方法技术研究新进展. 地质通报, 26（12）：1579~1590

王学求. 2005. 深穿透地球化学迁移模型. 地质通报. 24（10~11）：892~896

王学求. 2012. 全球地球化学基准：了解过去，预测未来, 地学前缘, 19（3）：7~18

奚小环. 2008. 生态地球化学：从调查实践到应用理论的系统工程, 地学前缘, 15（5）：1~8

奚小环. 2009. 全面发展时期的勘查地球化学, 物探与化探, 33（1）：1~7

奚小环和李敏. 2012. 中国区域化探基本问题研究：1999~2009, 中国地质, （2）：267~282

奚小环和李敏. 2013. 现代地质工作重要发展领域："十一五"期间勘查地球化学评述, 地学前缘, 20（3）：161~169

奚小环, 杨忠芳, 廖启林等. 2010. 中国典型地区土壤碳储量研究. 第四纪研究, 30（3）：573~583

谢学锦和施俊法. 2002. 中国勘查地球化学50年回顾. 见：田凤山主编. 中国地质学会80周年纪念文集. 北京：地质出版社, 104~109

谢学锦和王学求. 2003. 深穿透地球化学新进展. 地学前缘, 10（1）：225~238

谢学锦, 邵跃, 王学求. 1999. 走向21世纪矿产勘查地球化学. 北京：地质出版社

谢学锦, 李善芳, 吴传璧等. 2009. 二十世纪中国化探（1950~2000）. 北京：地质出版社

谢学锦, 任天祥, 严光生等. 2010. 进入21世纪中国化探发展路线图. 中国地质, 37（2）：245~267

杨少平, 孙跃, 弓秋丽. 2014. "十一五"以来化探方法技术研究主要进展. 物探与化探, 38（2）：194~199

周平和施俊法. 2007. 瞬变电磁法（TEM）新进展及其在寻找深部隐伏矿中的应用. 地质与勘探, 43（6）：63~69

周平和施俊法. 2008. 金属矿地震勘查方法评述. 地球科学进展. 23（2）：120~128

朱立新, 马生明, 王之峰. 2004. 城市环境地球化学研究新进展. 物探与化探, 28（2）：95~98

Caneron E M, Hamilton S M, Leybourne M I *et al*. 2004. Finding deeply-buried deposits using geochemistry. *Geochemistry-Exploration*, *Environment*, *Analysis*, 4 (1): 7~32

Cheng H X, Li M, Xie X J. 2013. Exploring China: Environment and Resources. *Jounal of Geochemical exploration*, 139: 1~216

Hamilton S M. 1998. Electrochemical mass-transport in overburden: a new model to account for the formation of selective leach geochemidal anomalies in glacial terrain. *Journal of Geochemical Exploration*, 63: 155~172

Webb J S, Nichol I, Thortonton I. 1968. The broading scope of regional Geochemical Reconnaissance. In proceedings of 23rd International Geological Congress, Prague, Czech Republic sect6, 131~147

（作者：施俊法）

第二十二章 油气地球化学

油气地球化学是地球化学的重要分支学科之一。它是以石油地质学的基础理论为指导，应用化学、物理化学原理的理论和观点，以各种现代的分析测试方法和仪器为研究手段来研究地质体中与油气有关的有机质的来源、时空分布、化学组成、结构、性质、演化与聚集过程及时代，探讨有机质向油气转化的过程和机理，研究油气的初次和二次运移、油气的次生改造和蚀变、油气藏聚集特征、油气藏形成过程及油气田开发过程中的有机-无机的相互作用、油气组分的变化及其规律和意义，是集地质学、地球物理学、地球化学、生物学和化学于一身的综合学科（卢双舫和张敏，2008；刚文哲和林壬子，2011；侯读杰和冯子辉，2011）。油气地球化学的研究领域极其广泛，并随着研究水平和分析测试技术水平的提高，其研究范畴也在不断地拓展。凡是应用地球化学的方法和手段，研究地质体中油气生成、运移、聚集和开采过程中的一切问题，均属于油气地球化学的研究范畴。

概而言之，油气地球化学的研究领域主要为勘探地球化学、油藏地球化学及相应的分析新技术和新方法。

第一节 中国油气地球化学学科的发展历程

中国油气地球化学学科的发展经历了萌芽阶段、起步阶段、蓬勃发展阶段、壮大阶段和全面发展阶段。

各阶段的进展分述如下。

一、萌芽阶段

我国油气地球化学的研究工作始于20世纪50年代。当时世界油气地质勘探主要以海相生油理论为指导，认为油气田的形成主要与海相环境有关。自1941年潘钟祥在 *AAPG* 上发表《中国陕北和四川的白垩系石油的非海相成因问题》论文和同期谢家荣提出国内陆相生油的认识，我国陆相生油的思想开始萌芽。20世纪50年代伊始，国内研究单位陆续从苏联引进了沥青化学（当时还没有"有机地球化学"这门学科）研究方法、发射光谱与卟啉等分析技术，对我国的原油、烃源岩，以及陆相地层生油问题进行了早期的地球化学研究。潘钟祥（1957）进一步探讨了西北部陆相生油的问题；同年，谢家荣指出："大陆沉积中有机物可能主要是由陆生植物分异而来的。……陆相地层才是最可能的生油层。"侯德封（1959）在探索西北地区油田形成地质条件时指出："潮湿与干燥气候的时代转变，有利于生油层的形成。"黄汝昌和黄第藩（1960）提出了"内陆潮湿拗陷生油"的见解，强调古气候条件对陆相生油的重要性。1958年建立的石油工业部石油科学研究院通过对我国陆相盆地的地质、油气地球化学研究，于1959~1964年先后刊出了三集《石油地质勘探科学研究报告集》，强调"深水拗陷"的作用，指出"长期的深拗陷有利于生油层的形成"和"盆地深拗陷的特征和分布，对油气的分布起着主要的控制作用"。这一时期我国油气地球化学界取得了"丰富的有机质、还原环境和长期深拗是陆相生油的基本条件"的重大认识，为我国陆相生油理论的创立奠定了基础，并成为国际油气地球化学界独树一帜的具中国特色的标志性成果。此时正值国际有机地球化学学科发展成形之际，可以说，我国油气地球化学学科的起步并不算太晚，但是这个良好开端却因"文化大革命"的干扰而招致数年的停顿。

二、起步阶段

自20世纪50年代末大庆油田发现到20世纪70年代，随着我国石油工业的发展，特别是大庆油田等大型陆相油田的相继发现与开发，油气地球化学学科得到了一定发展。石油工业部、地质矿产部、中国科学院，以及各油田先后建立起各自的生油研究实验室，中国科学院地球化学研究所在涂光炽的领导下，于60年代初筹建起我国第一个装备先进的有机地球化学实验室，开展有机地球化学和沉积地球化学研究。20世纪70年代后期，石油工业部率先引进气相色谱-质谱仪和同位素质谱仪，在北京石油勘探开发研究院建立了地球化学研究室与实验中心。随后，地质矿产部也重建了（无锡）石油地质中心实验室，开展油气地球化学研究。这些单位利用当时引进的先进仪器和分析技术，在生油岩和油气地球化学研究方面开展了大量工作，开发出一系列重要的陆相油气地球化学指标。

1979年由中国科学院兰州地质研究所牵头完成的《青海湖综合考察报告》根据现代陆相湖泊沉积物中沥青的形成，论证了地质历史中陆相盆地的石油成因问题，总结了我国陆相泥质生油岩的基本规律，是该时期我国油气地球化学研究领域的标志性成果。同年，戴金星发表《成煤作用中形成的天然气和石油》一文，在国内首次提出煤成气的概念，认为形成于陆相和海陆交互相的煤系有机质可以形成大中型气田，这一成果成为我国天然气地球化学和地质学的奠基之作。

三、蓬勃发展阶段

陆相生油理论的建立以及陆相盆地的成功勘探，使我国油气地球化学的学科发展走上了独立自主发展的道路。20世纪60~70年代大量研究工作，以及随后80年代初期石油部、地质矿产部和中国科学院地球化学研究所先后引进的GC-MS和GC-MS-MS等较先进仪器的测试研究，促进了我国油气地球化学研究水平在80年代早中期的大踏步发展。

这个阶段的成果主要反映在相继出版的一些专著中，如《中国陆相油气的形成演化和运移》（中国科学院兰州地质研究所，1981）、《有机地球化学》（中国科学院地球化学研究所，1982）、《中国陆相油气生成》（石油勘探开发科学研究院地质研究所，1982）、《陆相有机质演化和成烃机理》（黄第藩，李晋超，周翥虹等，1984）和《松辽盆地陆相油气生成、运移和聚集》（杨万里，高瑞祺，郭庆福等，1985）。这些论著全面论述了我国陆相烃源岩形成条件、陆相生油母质类型、陆相生油门限的时-温关系、陆相地层原油生物标志化合物，进行了陆相生物的对比、陆相沉积环境的判明和陆相烃源岩的判识等等。傅家谟、黄第藩、贝丰、范璞、盛国英、罗斌杰和张义纲等一批学者，在陆相有机质特征及其分类、生物标志化合物指相、定年及成油前身生物追踪和油气-源岩对比、陆相生油的门限、陆相有机质形成的原油所具的理化标记、陆相烃源岩的实验地球化学研究，以及陆相盆地油气的资源量计算研究等多个方面做出了重要贡献。傅家谟，徐芬芳，陈德玉等（1985）通过油页岩中生物标志化合物的研究建立了生物标志物、有机物输入模式及标志化合物的演化模式；黄第藩等（1984）较系统地总结了陆相原油和烃源岩中生物标志化合物的分布及组成与海相的区别，提出了陆相生油岩特有生物标志化合物类型，总结了反映母质类型和油源对比、演化（成熟度）、运移和原油生物降解的生物标志化合物参数，发现了我国陆相原油由于来源于高等植物而以"高蜡低硫"为组成特征。傅家谟，盛国英，江继纲（1985）通过膏盐沉积盆地中未熟油的研究，指出"膏盐沉积环境为强还原环境，有利于有机质的早期保存和早期转化"。尚慧芸等于1984年在《石油与天然气地质》上发表了国内第一篇陆相原油和烃源岩的色谱-质谱分析及生物标志物对比研究论文，为我国陆相生油理论提供了充分的分子地球化学证据。史继扬等（1982）根据分子地球化学的研究，确认了胜利油田存在未熟油。黄第藩和李晋超（1987）提出了"未成熟石油是从油源岩中可溶有机质在较低温度下直接降解而来"的认识，掀起了国内陆相盆地低熟油气的研究热潮。这一时期我国分子有机地球化学研究呈现出令人欣喜的局面：在十年内从无到有，迅速发展成为我国有机地球化学学科中一个极为活跃的分支领域。

在陆相油气地球化学学科大发展的同时，国内学者也积极探索海相盆地油气地球化学领域。郝石生和贾振远（1989）出版了《碳酸盐岩油气形成和分布》，通过碳酸盐岩的有机质丰度、干酪根类型、生烃模式和初次运移条件及成藏等综合分析，系统论述了海相碳酸盐岩中油气的形成条件和分布特征。范璞等（1990）利用正构烷烃、甾烷、三环萜烷和芳烃等的分布和同位素特征，深入探讨了塔里木盆地沙参2井的原油来源，为盆地腹地的油气勘探起到了指导作用。王培荣等（1988）率先应用串联质谱（MS-MS）快速测定海相原油 C_{27}-C_{29} 甾烷的分布特征，为深入开展我国海相油气地球化学研究工作打下了良好基础。

我国天然气地球化学研究在80年代也取得了长足发展，已从只能借用国外资料对比阶段进入到能够基于我国资料提出系统特征、指标及规律性认识的阶段。如通过地球化学方法估算天然气形成年代，利用碳同位素类型曲线的对比探索油气运移方向，利用甲烷碳同位素判识天然气成因（沈平，王先彬，徐永昌等，1982）；开展煤成气研究（戴金星，1983；戚厚发和陈文正，1984）；利用凝析油轻烃和天然气同位素特征识别混源气（王廷栋，王海清，李绍基等，1989），以及进行高二氧化碳含量天然气藏的分布及成因研究工作（戚厚发，朱家蔚，戴金星等，1984）；等等。

"七五"期间，天然气地球化学成为国家重点攻关项目的主要研究内容之一，经过五年的研究，取得了以下具有重大理论和实际意义的系列成果。①提出了新的天然气成因分类系统及其判识指标和中国油型气、煤型气的碳同位素和反射率的数学模型。②总结了气态烃同位素组成及成因类型的相应特征，提出气态烃形成的多源性和多阶段性，而气态烃的演化特点是一个从生物成因气、生物-热催化过渡带气、热催化到热裂解气甲烷碳、氢同位素逐渐变重的过程。甲烷碳同位素反映母质、沉积环境和成熟度，而氢同位素取决于沉积环境和水介质盐度，可作为成气环境的一项指标。③基于二氧化碳碳同位素组成特征

和 $^3He/^4He$ 划分与幔源相关的无机成因二氧化碳、幔源相关的氦与有机成因二氧化碳的混合气和壳源相关的二氧化碳气三种成因类型，实现了天然气中氦同位素测定新技术的突破，并提供了国内第一批 $^3He/^4He$ 数据，结合气态烃碳、氢同位素组成特征进行综合气源对比，解决了一些含油气盆地长期争论的气源问题，发现了幔源氦在沉积层中的工业聚集。④天然气中稀有气体氦、氩同位素测定技术取得突破（徐永昌，沈平，陶明信等，1990；刘文汇和徐永昌，1990），提出了天然气中存在大气氩和放射性成因氩二元体系的认识，初步建立了我国天然气稀有气体的新理论体系和研究方法，在中国东部沉积壳层中发现了幔源氦的工业储集（徐永昌，沈平，陶明信等，1990），使我国氦、氩同位素在油气地球化学研究中跃居国际先进水平。⑤轻烃地球化学研究逐步开展，轻烃是能够为气-源对比提供有效信息的载体，为成气母质特征、有机沉积环境及热演化程度研究等提供了新指标。

"七五"后期，《天然气地质学》（包茨，1988）和《天然气地质学概论》（戴金星，戚厚发，郝石生等，1989）两部专著的出版，标志着我国天然气地质学理论框架基本得到建立，从此天然气地质学作为应用科学从石油地质学中逐渐独立出来。

随着油气地球化学研究和应用的快速发展，1979年在北京召开的"全国第二届沉积学学术会议"上专门设立了有机地球化学分会场，从而第一次提供了有机地球化学学术交流的机会，有机地球化学界的同行借此建立了密切的学术联系，并经酝酿决定由傅家谟和中国科学院地球化学研究所牵头，筹备召开全国性的有机地球化学学术交流会。1982年，由中国石油学会、中国地质学会、中国矿物岩石地球化学学会联合主办的第一届全国有机地球化学学术会议在贵阳成功举行，中国科学院地球化学所、中国科学院兰州地质所、石油工业部石油勘探开发科学研究院、江汉石油学院（现长江大学）、武汉地质学院［现中国地质大学（武汉）］、地质矿产部石油地质无锡中心实验室等多家单位在会上成立了全国性的有机地球化学专业学术组织。此后又于1984年和1986年在天津和无锡召开了第二、三届全国有机地球化学学术会议，这些会议在我国油气地球化学界和石油地质界产生了积极深远的影响，并在上述三大学会和相关专家的努力下一直延续召开至今，对我国油气地球化学事业的发展起到了十分重要的推动和引领作用。

这一时期，油气地球化学研究机构也得到了快速发展。石油工业部石油勘探开发科学研究院和地质矿产部石油地质中心实验室引进了许多先进仪器；中国科学院1985年分别在贵阳和兰州建立了"有机地球化学"和"生物、气体地球化学"开放实验室，并于1992年1993年在广州和兰州建成"有机地球化学国家重点实验室"和"气体地球化学国家重点实验室"，前者在分子有机地球化学领域取得了一批高水平的研究成果，后者在天然气地球化学，特别是稀有气体组分与同位素领域取得了卓有成效的进展，为我国油气勘探和油气成因理论发展均做出了重要贡献。

同时，为满足国内油气地球化学人才的需要，国内各高校石油地质专业陆续开始开设"有机地球化学"或"石油地球化学"课程，由王启军和陈建渝（1988）编著的《油气地球化学》和曾国寿与徐梦虹（1990）编著的《石油地球化学》是其中代表性的两部教材。随着石油、地质院校、中国科学院和石油勘探开发研究院硕士点和博士点的设立，开始培养有机（油气）地球化学专业的硕士研究生与博士研究生，开始增设"生物标志物地球化学"研究生课程（后改为"分子有机地球化学"），培养出了大批高水平人才，有力地推动了我国油气地球化学的迅速发展。

四、壮大阶段

进入20世纪90年代，我国油气地球化学研究在煤成烃与干酪根、海相碳酸盐岩生烃、未熟–低熟油、分子地球化学和天然气成因等诸方面取得了空前发展。

（一）煤成烃与干酪根地球化学

煤成烃地球化学研究的兴起是这一时期的一大特点。傅家谟（1990）在《煤成烃地球化学》一书中指出，煤不仅是形成天然气的源岩，也是生成原油的源岩，从而打破了高等植物成因的干酪根只能生成天然气的传统观念，并提出煤成气、煤成油的成因模式和评价方法，为中国煤成烃勘探的突破提供了理论基础。程克明等（1994）系统总结了吐哈盆地侏罗系煤系地层生烃特征，提出煤系地层多阶段生烃和早生早排的成烃模式，大大促进了吐哈盆地煤成油的勘探工作。黄第藩等（1995）采用各种先进有机地球化学和有机岩石学分析测试手段，研究了煤成油的排烃问题，通过湖相烃源岩和煤抽提物组成差异的对比研究，论证了煤形成油后从煤中排出的可能性，深化了对煤成油成因机制的认识。肖贤明等（1996）应用激光显微荧光探针观测技术定量分析了煤中镜质组荧光特征和富氢程度，探讨了煤中不同显微组分的生油能力。孙永革和盛国英（1996）将裂解气相色谱技术应用于煤成烃的评价研究中，取得了良好效果，体现了我国学者在这一领域的工作特色。同时也发现煤成烃领域仍有一些重要问题有待深化，如煤层与煤系泥岩对成烃成藏的贡献孰主孰次；煤成油在初次运移中有强烈的组分分异作用，致使重质组分在源岩中大量滞留，造成了油源对比困难；基质镜质体和树脂体的成烃贡献不明；煤成油藏的成藏史及其成藏的基本条件等。

在干酪根研究方面，傅家谟和秦匡宗（1995）出版《干酪根地球化学》专著，提出了干酪根热演化成烃模式。陈建平和罗平（1998）应用傅里叶变换红外光谱研究了干酪根的结构，并利用所提出的脂族结构指数和芳香结构指数划分出湖湘、煤沼相和过渡相三种沉积有机相，体现了我国学者在这一领域的研究进展。

（二）海相烃源岩地球化学

随着海相油气研究的深入，我国学者对碳酸盐烃源岩的大量卓有成效的开拓性工作，使我国在碳酸盐烃源岩的赋存形式、生烃机制、生烃模式等方面的研究取得了长足的进步（郝石生，张有成，刚文哲等，1994；郝石生，高岗，王飞宇等，1996；金奎励，刘大锰，肖贤明等，1995；钟宁宁和秦勇，1995；程克明，1996），尤其是对低丰度、高热演化程度、埋深较大、母质类型以腐泥组分为主的高–过成熟碳酸盐烃源岩评价方面积累了丰富的研究成果，取得了碳酸盐岩有机组分具有双重属性（刘大猛和金奎励，1996）、碳酸盐岩"三段式"生烃模式（王兆云和程克明，1997）、碳酸盐岩有机质丰度下限不宜太低（黄籍中，陈盛吉，宋家荣等，1996；刘宝泉，秦建中，于国营，1998）等一系列重要认识，形成了我国海相碳酸盐岩烃源岩的鲜明研究特色。

(三) 未熟-低熟油地球化学

王铁冠等（1995）通过对典型盆地中典型源岩的显微组分、生物标志物组合特征、显微组分与沥青和烃类生成关系的研究，论述了五种不同原始母质的早期生烃机制：木栓质体、树脂体、细菌改造陆源有机质、藻类和高等植物生物类脂物以及富硫大分子（非烃、沥青质和干酪根）的早期生烃机制，揭示了低熟油气形成的母质多样性特点。张林晔等（1999）通过生烃模拟实验证实，济阳坳陷的低熟油主要来自可溶有机质的直接降解。钟宁宁等（1995）从煤系有机质组成的复杂性和"显微组分分期生油"的角度，讨论了煤系中低熟油生成的可能性，阐述了树脂体早期生烃和木栓质体早期生烃两种煤系低熟油形成机制。王培荣等（1999）在低温低压加水热模拟实验研究中发现，在源岩未熟-低熟阶段可溶和不可溶有机质都在不断同时发生着"缩聚"和"热解"反应，即"两极分化"，非烃和沥青质是干酪根与烃类间的重要中间产物，是未熟油中烃类的重要来源之一。彭平安等（2000）在研究江汉盆地古近系低熟油过程中，提出了未完全成岩的碳酸盐岩对低熟油有主要贡献的重要认识。黄第藩等（2003）对未熟-低熟油进行了系统全面的研究，他从可溶有机质和干酪根两大成烃物质展开讨论，指出在未熟-低熟阶段成烃的主要先质为可溶有机质，并深入探讨了未熟-低熟油的地球化学特征、形成条件和成因机理。这些研究工作将我国低熟油气的研究推向高潮。

(四) 分子地球化学

经过近二十年的发展，国内学者对原油和烃源岩中的生物标志化合物的研究已日益成熟，能从生标组合特征所反映的信息去探讨生源构成、沉积环境、油气生成、运移和成藏及原油生物降解的整个过程。Pr/Ph 值、伽马蜡烷、补身烷、金刚烷、$C_{19+20+21}/C_{23+24}$ 三环萜烷值、C_{24} 四环萜烷/C_{26} 三环萜烷值等参数、甲基菲指数（MPI）和二苯并噻吩与联苯的绝对含量和比值等参数在海相岩石抽提物和原油组成、成熟度与油-源对比研究中得到广泛的应用，有效指示了海相原油母源的类型和沉积环境（赵孟军，廖志勤，黄第藩等，1996；包建平，王铁冠，陈发景，1996；朱扬明，张洪波，傅家谟等，1998；张敏和张俊，1999）。生物标志化合物定量研究和含 N、S 等非烃化合物噻吩、咔唑类的研究在 90 年代末期逐渐开展，并成为后期研究的一个重要发展方向。

(五) 天然气地球化学

这一时期天然气地球化学进一步在天然气成因，特别是在生物-热催化过渡带气、非烃天然气、无机成因气成因等方面取得重要进展。代表性成果有《中国天然气地质学（第一卷）》（戴金星，裴锡古，戚厚发等，1992）和《天然气成因理论及应用》（徐永昌，1994）两部专著。前者系统阐述了中国天然气组分特征、碳、氢、氦、氩同位素组成的规律，综合鉴别各类天然气的方法与指标，各类气源岩的特征、生物标志物参数等，是我国第一部综合性、理论性、系统性大型天然气地质研究科学著作，以含气（油）盆地为单元，总结了我国主要含气盆地或含气（油）盆地天然气地质特征、气田（藏）分布规律及其勘探的有利方向；后者全面总结了我国天然气成因理论和应用研究，系统论述了天然气的形成演化和不同成因天然气类型，并系统研究了非烃气体和稀有气体的同位素地球化学，提出了"多源复合、主源定型、多阶连续、主阶定名"的天然气形成和成藏理论，突破了传统的干酪根晚期成油理论模式，总结了自然界聚集的天然气形成过程，对天然气勘探实践具有重要指导意义，同时开拓了天然气勘探的新领域。在此基础上，刘文汇等（1998）继续对生物-热催化过渡带气开展研究，发现生物气与热催化过渡带气之间仍存在一些明显的差别。此外，戴金星和宋岩（1995）研究了中国东部非烃天然气地球化学特征，提出幔源成因的认识；王先彬等（1994）探索了我国天然气的无机成因理论；王涛（1996）系统总结了"七五""八五"期间天然气领域攻关的研究成果，在有机成因气和无机成因气分类的基础上，重点讨论了有机成因气的划分，系统论述了中国天然气组分特征，碳、氢、氦和氩同位素组成及其特征和轻烃地球化学特征，建立了一整套高准确度的天然气鉴别标志和方法；蒋助生等（1999）应用先进的浓缩富集技术和色谱/质谱分析，检测出溶解于天然气中石油分子的轻烃化合物，并直接进行了气源对比，达到国际领先水平。随着天然气研究的深入，学者们相继提出了天然气成藏动平衡理论（郝石生，1993）、天然气晚期成藏理论（戴金星，宋岩，张厚福等，1996；宋岩，戴金星，李先奇等，1998），建立了不同类型大中型气田成藏模式和天然气聚散定量评价方法（郝石生和黄志龙，1996），极大地推动了天然气研究的深入。

（六）油藏地球化学与成藏年代学

进入20世纪90年代，油藏地球化学也逐渐进入国内油气地球化学家的视野，成为油气地球化学学科一个新的生长点（林壬子，1996；王铁冠和张枝焕，1997）。它不仅将研究重点从烃源岩转向储集层和油藏，而且将油藏油、气、水和矿物骨架作为统一的地球化学体系。梅博文（1992）在《储层地球化学》一书中率先向国内同行引荐了该领域的早期研究成果，介绍了有关烃源岩在干酪根演化过程中释放出的有机酸在石油储层孔隙发育过程中的有机-无机反应，储层中有机酸的物化分析技术，以及储层孔隙早期预测理论和方法等成果。洪志华等（1992）创新性地应用多项地球化学参数探讨了塔里木盆地石炭系储层的含油性、原油密度、开发层系划分和产能预测等问题，使传统的孔、渗、饱、PVT等储层物性参数融入了化学组成的分子级信息。林壬子（1996）汇编了国外油气藏地球化学的主要研究成果，并在储层孔隙形成的有机-无机反应及储层孔隙分析预测和油藏地球化学描述与油藏注入史研究方面开展了有益的探索。此外，国内学者还在天然气的组分与碳同位素关系、原油和源岩的单体轻烃研究、用油气储层沥青与源岩沥青中的生物标志物以及用稀土元素追踪、对比油气运移等方面均取得了可喜进展。

随着海相油气勘探更加注重对油气成藏过程的分析，运用流体包裹体分析技术和同位素定年技术进行油气成藏期次和成藏年龄的探讨逐渐成为成藏领域的热点。张义纲（1997）运用油气包裹体分析了塔里木盆地成藏期；顾忆（2000）通过烃类包裹体分析识别出塔河油田奥陶系油气藏经历的海西晚期、印支-燕山期及喜马拉雅造山期的成藏过程；潘长春等（2000）通过相继抽提处理对塔里木盆地库车拗陷油气储层进行了研究，获得了自由态、束缚态和包裹态油气的分子组成特征，揭示了早古生代海相层系和中生代陆相层系油气的成藏过程。王飞宇等（1997，1998）较早采用储层自生伊利石 K-Ar 定年法尝试分析了塔里木盆地石炭系和三叠系油气藏的成藏年代，获得了较准确的成藏年龄（误差在 10 Ma 以下）。

这一时期，重质油国家重点实验室和油气藏地质及开发工程国家重点实验室于1995年分别由中国石油大学（北京）与中国石油大学（华东）和西南石油大学与成都理工大学联合共建完成，顺利开展与油气藏地质相关的地球化学研究。

五、全面发展阶段

新世纪以来，我国油气地球化学学科发展极为迅速，在"走出去、引进来"方针的指导下，通过深层次和高水平的国际合作，我国学者开始进入国际前沿的研究领域开展工作，立足于学科前沿的研究成果不断涌现，高级别期刊论文的发表数量也逐年攀升，受到了全球油气地球化学家的关注。

这一时期，在我国海相盆地油气勘探全面发展的带动下，油气地球化学研究在烃源岩地球化学、分子地球化学、同位素地球化学和油气藏地球化学等方面均取得了重要进展。

（一）烃源岩地球化学

经过"七五""八五"的攻关研究以及各个盆地应用的实践，海相碳酸盐岩有机质丰度下限的确定逐渐成为海相烃源岩研究争论的焦点（王飞宇和张宝民，1999；秦建中，刘宝泉，国建英等，2004；薛海涛，卢双舫，钟宁宁等，2004；王兆云，赵文智，王云鹏等，2004；彭平安，刘大永，秦艳等，2008），认识分歧较大，其主要原因在于对海相烃源岩有机质含量低的现象存在不同的认识以及恢复有机质原始状态的必要性。梁狄刚等（2000）、张水昌等（2002）在研究塔里木盆地海相烃源岩的过程中提出我国海相高-过成熟工业性烃源岩的评价标准应为0.5%的认识，并认为不需要进行原始有机碳的恢复。王兰生等（2003）对四川盆地二叠系碳酸盐岩进行了岩石的生气量与吸附量的关系研究后，认为碳酸盐岩烃源岩有机碳的下限值应为0.3%。秦建中等（2004）利用生烃热模拟实验对烃源岩的排烃下限值进行研究，得出不同类型烃源岩的有机碳应具有不同恢复系数的结论。近年来通过对海相碳酸盐岩残余有机质丰度、有机质类型、生烃潜力与生排烃过程等方面的研究探讨，逐渐达成了生烃下限为0.5%的统一认识，为我国海相高-过成熟碳酸盐烃源岩评价奠定了基础。此外，邹艳荣和彭平安（2001）开展了高压条件下烃源岩的生烃动力学研究，发现高压对烃源岩的成熟过程有明细抑制作用。

（二）分子地球化学

分子地球化学在油气成因和来源研究中有重要作用，是油气地球化学的重要组成部分。孙永革等（2003）在对塔里木盆地塔北地区原油的分析中首次检出了芳基类异戊二烯化合物，推断其母岩形成于富硫和硫酸盐的闭塞水体环境。张水昌，王飞宇，张保民等（2000）、Zhang，Hanson，Moldowan（2000）、张水昌，梁狄刚，黎茂稳等（2002）、Zhang，Huang，Xiao等（2005）、Zhang和Huang（2005）在开展塔里木盆地海相层系油源研究时应用甲藻甾烷、三芳甲藻甾烷、24-降胆甾烷、24-异丙基胆甾烷、C_{28}甾烷等特殊生物和环境有关的标志物，区分出塔里木盆地寒武系与中上奥陶统两套高-过成熟的海相烃源岩和原油。马安来等（2004）运用钌离子催化氧化（RICO）技术开展了塔里木盆地轮南、塔河地区及TD2井原油沥青质中的分子地球化学研究，得出中上奥陶统烃源岩为轮南、塔河原油主力烃源岩的认识，并深入研究了利用三芳甲藻甾烷、伽马蜡烷、C_{24}-四环萜烷和重排甾烷进行塔里木盆地寒武—奥陶系烃源岩断代的可能性（马安来，金之钧，张水昌等，2006）。孙永革等（2008）以塔里木盆地下古生界油气源岩为例，证明加氢催化裂解实验可以有效地提取高演化油气源岩的原生有机质。岳长涛等（2011）采用催化加氢热解技术对川东北地区高-过成熟烃源岩中释放出的甾烷、萜烷，芳烃中硫芴类和三芴类生物标志物的分布特征进行了研究，探讨了烃源岩的沉积环境和母质来源。Wang T G 等（2008）结合流体包裹体研究，根据 25-降藿烷和 UCM 特征推算了塔里木盆地塔北地区原油的热成熟度为 80～100℃和 115～135℃ 两个范围，认为存在两期原油充注。陈建平等（2007）通过人工混合模拟实验发现混合油中生物标志物绝对含量与端元油的混入量呈线性关系，并据此建立了生标定量计算混源比例的数学模型，定量计算出混源原油中各类原油的贡献比例。马安来等（2009）运用全油色质和内标法实现了原油中金刚烷化合物的绝对定量，准确地反映了塔河油田原油的裂解程度。陈致林等（2008）建立了双金刚烷指标与镜质组反射率的对应关系，探讨了济阳拗陷原油的类型和成熟度。Hao 等（2009，2010）在进行我国东部渤海湾盆地油气成因研究时应用 C_{19}/C_{23} 三环萜类、C_{24}/C_{24} 四环萜类和伽马蜡烷/C30 藿烷、4 甲基甾烷/ΣC_{29} 甾烷等比值参数识别出三套不同沉积环境的烃源岩。王铁冠等（2000，2005）尝试利用咔唑类含氮化合物和噻吩类含硫化合物示踪松辽盆地新站油田和塔里木盆地塔河油田的油气运移过程，取得了良好效果，体现了我国这一阶段在分子地球化学领域处于国际前沿的研究成果。含氮、硫等噻吩、咔唑类非烃化合物的研究，已成为分子地球化学研究的一个重要发展方向，今后还将继续得到重视与发展。

（三）天然气地球化学

我国学者通过对天然气的深入研究（Liang et al., 2008），系统总结了国内各种天然气的成因类型和鉴别标志，成为我国天然气地球化学理论的重要组成部分。Xu 等（2006）在研究云南陆良盆地生物气时发现，陆良生物气乙烷碳同位素高度富集 ^{12}C，$\delta^{13}C_2$ 为 -66‰～-61‰，根据地质背景条件基本排除了乙烷热成因的可能后，明晰地显示为生物成因，对长期争议的生物作用是否可以生成乙烷给出正面的回答。Liu 等（2010）对天然气中稀有气体 ^{38}Ar 的形成条件进行研究后，提出丰富程度与气藏油气运移通道的断裂规模及其深度相关。轻烃由于具有特殊的热动力学和物理化学特性，在成藏过程示踪和气源对比中具备特殊作用。Hu 等（2008）研究了我国几个典型生物气藏轻烃的成因和地球化学特征后提出，生物气轻烃成因主要有微生物作用和低温催化作用两种机制，生物气中轻烃异构烷烃含量与 $\delta^{13}C_1$ 值呈负相关，环烷烃含量与 $\delta^{13}C_1$ 值呈正相关。胡国艺等（2005）研究发现了干酪根裂解气和原油裂解气的识别指标，前者中甲基环己烷/正庚烷一般大于 1.0，原油裂解气中（2-甲基己烷+3-甲基己烷）/正己烷一般大于 0.5。蒋助生，罗霞，李志生等（2000）研究认为天然气轻烃中苯和甲苯碳同位素随着热演化程度的增加稳定性较好，主要反映有机质类型的变换。Hu 等（2008）对我国 4 个盆地典型煤型气和油型气的 53 个样品轻烃单体碳同位素进行了分析，完善了我国煤型气和油型气的轻烃碳同位素鉴别指标。

随着分析技术的进展，氢同位素在这一时期得到了迅速发展。目前，对天然气氢同位素组成的研究主要集中在甲烷。Wang, Liu, Xu 等（2008，2011）通过天然气甲烷氢同位素地球化学特征分析，提出了自然界中影响天然气甲烷氢同位素组成的三方面因素：母质继承效应、热演化程度和水介质条件。Ni，Ma，Ellis 等（2011）基于量子化学计算了正辛烷均列反应，提出了甲烷、乙烷和丙烷的氢同位素组成分馏模型，为有机质热演化过程中天然气的氢同位素动力学分馏提供了一个初步的定量模型，为氢同位素动力学模型的发展奠定了重要基础。Chen，Xu，Huang（2000）率先结合碳、氢同位素对塔里木盆地天然气进行了深入研究，识别出原油裂解气和煤型气两类成因。Liu，Worden，Jin 等（2013，2014）研究了四川盆地东部地区天然气中硫酸盐热还原作用随成熟度变化对甲、乙烷碳、氢同位素和 CO_2 碳同位素的影响作用，发现甲、乙烷的碳同位素变化相同而氢同位素变化不同的特征。

在天然气成藏理论方面，王庭斌（2004）以热体制和地球动力学为基础提出"盆、热、烃"的天然气成因理论，阐述了天然气生产的关键地质要素。赵文智等（2005）提出了有机质"接力成气"的新认识，认为干酪根热降解成气在先，液态烃和煤岩中可溶有机质热裂解成气在后，二者在成气时机和先后贡献方面构成接力过程；同时，干酪根热降解形成的液态烃只有一部分可排出烃源岩，形成油藏，相当多的部分则呈分散状仍滞留在烃源岩内，在高–过成熟阶段会发生热裂解，使烃源岩仍具有良好的生气潜力。

刘文汇等（2009）通过系统研究，建立起了稳定同位素、稀有气体及其同位素和轻烃化合物综合应用的天然气成烃成藏地球化学的三元示踪体系（表22-1），其中多种指标相互联系、相互印证、相互衔接，可有效反映天然气来源、母质沉积环境、源岩演化、天然气运移聚集成藏及改造过程等，有助于更好地探讨高效气藏的形成与分布规律。如对烃源热模拟气化学组成（组分、轻烃）及碳同位素在线分析技术可有效地应用于烃源岩木质类型的确定、天然气成因类型和气源对比。刘文汇等（2009）研究还发现原油裂解气与干酪根热解气的判识与前人认识不一致，提出 $\ln(C_1/C_2)-(\delta^{13}C_1-\delta^{13}C_2)$ 可以作为判断原油裂解气与分散可溶有机质裂解气的有效指标。

表 22-1　天然气地球化学示踪体系

项目	分子级 轻烃化合物系列	原子级 稳定同位素系列	稀有气体同位素系列
烃源岩类型	正庚烷–甲基环己烷–二甲基环戊烷等	类型 $\delta^{13}C_{2+}$、轻烃碳同位素	氦（$^3He/^4He$）氩（$^{40}Ar/^{36}Ar$）源岩年代积累效应
母质沉积环境	己烷、庚烷同位素组成等	烃类系列氢同位素	K-Ar 同位素与母岩类型
有机质演化程度	（苯+甲苯）/环烷烃等	甲、乙烷碳同位素组成	$^3He/^4He$ 值与大地热流
成烃成藏过程	苯/甲苯、苯/正己烷、甲苯/正庚烷、甲基环己烷/环己烷、甲基环己烷/正庚烷、（2-甲基己烷+3-甲基己烷）/正己烷等	聚气方式的碳同位素组成及同位素空间分布	$^{38}Ar/^{36}Ar$ 值与运移方式
混元成藏判识		系列碳、氢同位素	氦、氩同位素组成与幔源混入

进入新世纪以来，天然气和稀有气体同位素依然是天然气地球化学中最为活跃的领

域。但天然气运移、聚集和散失过程中的同位素分馏效应仍是一个有待深入研究的课题，也是影响天然气气源判识、成因类型和成熟度判识的一个重要因素。同时，在天然气成藏、煤成气、煤层气、深盆气和天然气水合物资源的研究还有待进一步深入。

(四) 油气成藏年代学

随着对我国海相层系油气成藏研究的日益深入，成藏年代学的重要性愈发突出，日益成为学界关注和研究的热点。国内研究人员通过研究手段移植或与国外学者合作共同开展研究，从国外引进、消化了许多成藏定年新技术，大大促进了这一领域的发展。这一阶段，成藏年代学的研究对象从初期油气储层中的自生伊利石和油气包裹体拓展到原油、沥青和油气成藏伴生矿物，具体技术包括储层自生伊利石 K-Ar、Ar-Ar 测年技术、原油（沥青）Re-Os 同位素定年技术、油气伴生矿物包裹体 Ar-Ar 定年技术、储层群体包裹体分析技术和单体包裹体成分分析技术等。

由于油气储层自生伊利石是油气充注之前形成最晚的胶结物的特点，对其进行 K-Ar 或 Ar-Ar 法年龄测定，可间接指示油气成藏的时代（王飞宇，郝石生，雷加锦等，1998）。借助于 Micromass 5400 稀有气体质谱计，张有喻等（2004）、张有喻和罗修泉（2012）采用伊利石 K-Ar 和 Ar-Ar 定年方法对塔里木盆地志留系沥青砂岩、泥盆系东河砂岩和石炭系油藏进行了成藏年代分析研究，拓展了这一方法在我国海相叠合盆地成藏过程的研究应用。

油藏中烃类含有亲有机质的元素铼和锇，烃类在形成和运移过程中，其中的 Os 同位素比值能够重新达到平衡，使得 Re-Os 同位素计时计得到重置，对它们进行富集并开展 Re-Os 同位素分析可获得油气生成或油藏破坏的年龄。对川西龙门山北段矿山梁下寒武统沥青的 Re-Os 同位素组成和等时线年龄的分析，获得 164 Ma 的 Re-Os 等时线年龄，表明油气生成和运移的时间在 164 Ma 左右，与龙门山北段晚侏罗世的强烈构造活动密切相关（沈传波，David，梅廉夫等，2011），为我国海相层系复杂成藏过程精细定年研究提供了新思路与方法。

在油气成藏与改造过程中，伴生形成的石英、方解石等矿物与烃类一起充填在断裂、节理或溶蚀孔洞中，对这些伴生矿物中的包裹体进行 Ar-Ar 定年分析，可确定同期含烃流体的运移时间，从而约束油气成藏、改造及破坏时间（Qiu, Wu, Yun et al., 2011）。对江南雪峰山北缘半坑古油藏与油气伴生的石英中包裹体进行 Ar-Ar 真空击碎同位素测年分析，识别出晚印支期原生油藏形成阶段和早燕山期油藏改造阶段，是我国海相层系复杂成藏过程研究的又一前沿性探索（刘昭茜，梅廉夫，邱华宁等，2011）。

随着流体包裹体研究技术的快速发展，不仅可从分子级水平研究烃类包裹体中的烃类组分特征，还可通过原位微区、微束方法精细分析流体包裹体形成时的古温压条件，进而进行油藏储层中烃类组分与不同烃源的对比、追溯（陈红汉，2007；宫色，张文正，彭平安等，2007；刘德汉，肖贤明，田辉等，2008）。近年来国内建立起来的油气单体包裹体微区原位激光剥蚀在线成分分析是具有原创性的新技术方法，可用于了解不同期次烃包裹体成分、同位素，进行不同期次油气源对比，追溯不同期次油气来源，再现油气充注历史，从而恢复油气成藏过程，处于国际领先水平（饶丹，秦建中，许锦等，2014）。

这一时期，提高石油采收率国家重点实验室由中国石油勘探开发研究院于 2010 年组建完成，国家能源页岩气研发中心和国家能源页岩油研发中心也分别于 2010 年和 2015 年落户于中国石油勘探开发研究院廊坊分院和中国石化石油勘探开发研究院，这些重点实验室和研发中心在常规油气地球化学和非常规油气地球化学的关键技术创新和辐射方面发挥着极为重要的作用。

第二节 分析技术的发展

油气地球化学是一门实验性很强的学科，近年来仪器设备的不断升级与新技术的大量出现，使原来许多受技术限制的科学思想逐步得以实现，大大推动了油气地球化学学科的发展。

全二维气相色谱/飞行时间质谱（GC×GC/TOFMS）是分析混杂有机化合物的一种全新手段。全二维气相色谱比普通一维气相色谱具有分辨率更高、峰容量更大、灵敏度更好、分析速度更快等优点，而飞行时间质谱则具有极快的响应速度和较高的灵敏度，可进行全离子扫描，二者的有机结合实现了一维色谱柱、二维色谱柱、离子碎片飞行时间质谱和去重叠解析的四度分离，更适合复杂混合物体系和痕量物质的分析。运用该技术对塔里木盆地轮南地区原油进行研究探索，成功分析了传统色谱分析无法分离的杂环原子芳香族化合物，获取到更准确的分子组成信息和地球化学参数（蒋启贵，王强，马媛媛等，2009；王汇彤，翁娜，张水昌等，2010）。

傅里叶变换离子回旋共振质谱仪（FT-ICR-MS），是近年来发展起来的一种研究高分子量化合物和具极性杂原子化合物的有效手段，具有超高的分辨率，可对传统质谱分析无法辨别和检测不到的大量生物标志化合物进行检测，使深入剖析原油中非烃和沥青质的分子组成成为可能。它可以从复杂的混合物中精确地分辨出化合物的分子元素组成，根据分子中杂原子的数量将化合物分成不同的"组"，根据双键数将同一组中的化合物分成不同的"类"，并依据同一化合物碳原子数表征化合物的分子量分布，快速、准确地分析原油中极性杂原子化合物的组成。

随着激光技术的发展，激光剥蚀技术已经在油气地球化学研究中得到较广泛的应用。在（U-Th）/He 定年技术中，它可以直接对矿物单颗粒晶体样品进行剥蚀，释放出磷灰石、锆石等矿物中 U、Th 衰变产生的 He，使 $^4He/^3He$ 值的测定成为可能，从而达到恢复盆地的热演化历史的目的（秦建中，工杰，邱南生等，2010）；当激光剥蚀与其他分析技术结合后，可原位开展微区精细分析。当其与电感耦合等离子体质谱（ICP-MS）联用后，构成激光剥蚀电感耦合等离子体质谱（LA-ICP-MS），可原位、实时地分析痕量元素的形态与分布特征，提供精确的同位素比值信息。利用该技术测定磷灰石裂变径迹表观年龄时，省去了传统方法的热中子辐照和外探测器蚀刻等诸多步骤，不仅比传统方法更快速更便捷，而且准确性和再现性更高，从而为盆地热演化、构造隆升、断裂活动和油气勘探等提供定量年代学依据（郭彤楼，李国雄，曾庆立等，2005；李天义，周雁，方石等，2013）；当其与气相色谱-质谱（GC-MS）联用后，构成激光剥蚀气相色谱-质谱（LA-GC-MS），可进行单体油气包裹体的成分分析。激光剥蚀技术还可将单体烃包裹体打开，通过对所获得的被包裹的微量有机质的富集，可进行色谱质谱定性定量分析。饶丹等（2010）利用该项技术首次研究了塔河油田不同期次单体烃包裹体中 C_{6+} 有机组分，成功探讨了塔河油田的成藏期次，为我国海相叠合盆地复杂油气成藏演化历史研究提供了宝贵的分析方法；当其与同位素质谱仪联用后（GC-TC-IRMS），构成激光剥蚀电感耦合等离子质谱（LA-GC-TC-IRMS），能够在有机质显微组分微区观察的基础上进行单物质有机质碳同位素的分析，有效地避免了岩石中其他有机组分同位素的混合，使有效辨识成烃生物成为可能（钟宁宁和Greenwood，2001；蒋启贵，张志荣，秦建中等，2014）。

气相色谱–热转换–同位素比质谱仪（GC-TC-IRMS）是分析石油和天然气中氢同位素的新型技术，革新之处在于气相色谱高温转化接口，实现了有机物单个分子氢同位素的在线分析。Dai等（2012）通过国内外10个实验室的800余次离线和在线分析测试，建立了三个不同类型天然气氢同位素组成的实验室标准样品，这些新标准样品在国内外的应用将大大提高氢同位素组成数据的可靠性和可对比性，使我国油气氢同位素的研究进入了新的阶段。

最近几年随着非常规油气，特别是页岩油气的发展，相关的以纳米孔隙为核心研究对象的分析技术如高分辨率电子显微成像技术和气体吸附技术等孔隙表征技术得到广泛应用。氩离子抛光技术可对泥岩样品抛光形成极光滑的抛光面，消除了传统制样方法对样品产生大小超过页岩本身的纳米级孔隙的不规则表面凹凸的限制。当与场发射扫描电子显微镜（FESEM）联合使用后，可在样品高品质抛光后原位获取高分辨电镜图像，使进行纳米级孔隙及连通性分析研究成为可能，并通过加热台加热，原位研究微观孔隙随页岩热演化进程的变化规律。聚焦离子束扫描电镜（FIB-SEM）则可对泥岩样品进行三维可视化研究，进而进行5~100 nm范围孔隙的三维重建，从而开展纳米级微孔隙的定量分析，是进行储层微观描述的理想工具。纳米CT与上述扫描电镜等传统的表面显微成像技术不同，它可表征岩石样品内部的三维显微结构，能够直接获得样品内部三维显微结构高分辨高衬度的数字化图像体数据，并可对样品内部的任意显微结构进行虚拟剖切、定位和图像分离，从而提供了一个具高分辨能力无损检测的全新技术平台。气体吸附法是以气体分子为探针分子，其最小量测尺度为气体分子的直径，因此，可以探测到0.5 nm以上尺度的孔，所用的N_2分子的直径为0.35 nm左右，分维值表征的是样品超微观尺度（可达微孔范围）三维空间的分形特征，既能揭示孔隙结构的分形特点（探测气体的充填作用），又能研究各种表面的粗糙度和弯曲状况（探测气体的表面物理吸附作用），是目前研究超细粉末比表面积的有效手段。

第三节　油气地球化学研究展望

从目前国际油气地球化学学科的研究对象看，探讨有机分子的组成、确定油气成藏的年代、确认泥页岩烃源岩的生–储条件及其含油气性，以及探索深、浅层油气形成与充注机理是该学科的前沿课题，立足于这些问题的研究将有助于提高我国油气地球化学学科的水平。

一、有机分子组成研究

沉积有机质的分子组成是油气地球化学最主要的研究内容之一，近年来的研究已逐渐向未知的分子领域扩展，即由中等分子量向低分子量和高分子量的烃类组分以及非烃组分、沥青质组分拓展。以往石油和抽提物中饱和烃和芳香烃中C_{12}—C_{40}研究较多，对天然

气中的轻烃仅检测 C_1—C_7 组分，而 C_7—C_{12} 的分子同分异构体很多，化合物的定性有一定难度。随着高温毛细管色谱柱与高温气相色谱的出现，C_{40}—C_{120} 的高分子量分馏的研究也逐渐得以开展。此外，天然气中溶解的微量生物标志化合物的检测与研究也在向前发展。对于非烃组分的研究，除了已经开展了吡咯类含氮化合物、噻吩类含硫化合物的分离、检测，以及较为广泛地应用于石油运移途径示踪、有机质成熟度厘定等研究之外，直链脂肪酸、醇、酮以及相应的环状非烃化合物等也逐渐成为油气地球化学所关注的对象。

二、油气成藏定年研究

油气成藏定年研究是近年来发展起来的新增长点，发展早期主要是借助油藏地球化学和流体包裹体分析间接地获得油气充注时间，不是直接测定油气成藏的年龄（定年），而是通过其他地质过程参数间接、定性或半定量地给出油气成藏的相对时间（定期），精细程度明显不足。今后油气成藏年代学将向微观、直接和定量方向发展，用可行的同位素测年方法对干酪根、沥青、重油等成烃原始物质或产物和油气充注相关的矿物进行直接定年，从而达到精确厘定油气成藏期的目的。Re-Os 同位素和伴生矿物包裹体 Ar-Ar 定年是最近几年油气成藏定年研究中的创新性方法，由于能够直接获得油气成藏的绝对年龄信息，具有良好的发展应用前景。通过近几年的发展，国内油气成藏年代学的系统框架已初步建立，从确定烃源岩形成年龄到确定油气形成运移年龄和油气圈闭形成时间，再到确定油气成藏和调整年龄的方法均已建立并逐步应用，可以预见在不久的将来，国内油气成藏年代学的系统体系将得到完整的构建。

三、泥页岩烃源岩的生、储条件与含油气性探索

随着国际上非常规油气热潮的掀起和我国非常规油气勘探的深入，我国非常规油气地球化学研究也得到了一定发展，特别是页岩油的分子组成特征、可动与非可动油的组成差异、页岩气的碳同位素与稀有气体同位素特征、页岩含气量测定与损失气恢复和泥页岩纳米尺度孔隙的发育及连通性等方面，无论是技术手段还是研究成果均取得了令人可喜的进展，是我国刚开始的一个全新研究领域。

四、深、浅层油气形成与充注机理的研究

在剩余的油气资源中，重稠油（油砂）的比重越来越大，中-浅层重稠油的化学组成、原油物理性质与稠化机理，生物降解油形成机理、稠化与生物降解的关系和研发已知重稠油藏的化学降黏技术等，是重稠油地球化学今后发展的重要方向。与其形成对照的是深层-超深层高温高压条件下的油气形成，包括深层油气的赋存相态、盐下烃源岩的生烃、演化特征等，也是今后地球化学研究的重要方向。

此外，天然气水合物的地球化学研究仍是一个需要长期进行追踪和自主研究的基础领域，今后的工业开发需要相应的人才与技术储备。

我国油气地球化学从新中国成立以来的六十余年间，经历了自力更生、艰苦奋斗的历

程，取得了全面的长足发展，已经开始向国际先进水平看齐，在国际地球化学界占有一席之地。但也存在着一定的不足，主要是原创性的方法和研究思路相对较少，研究程度还不够深入，今后还需大力加强居于学科前沿的智力的培养。

在油气地球化学发展的六十余年间，我国几代油气地球化学工作者始终视"为国奉献"为己任，针对我国石油工业所面临的重大问题，立足于学科发展前沿，为我国油气工业的发展付出了艰辛劳动，取得了卓越的成果，有力地推动了我国油气地球化学学科的发展。随着今后创新意识和创新能力的不断增强，我国油气地球化学学科的发展必将登上新的台阶，取得更大的进步，获得令世界瞩目的新成就。

致谢：本文多处参考、引用《海相油气地质》杂志发表的《有机地球化学发展与油气勘探的不解之缘——访王铁冠院士》一文中的资料，由于篇幅所限未能一一标注，在此特别表示衷心的感谢。

主要参考文献

包茨.1988.天然气地质学.北京：科学出版社，1~210
包建平，王铁冠，陈发景.1996.烃源岩中烷基二苯并噻吩组成及其地球化学意义.石油大学学报，20（1）：19~23
陈红汉.2007.石油与天然气地质，28（2）：143~150
陈红汉，李纯泉，张希明等.2003.运用流体包裹体确定塔河油田油气成藏期次及主成藏期.地学前缘，10（1）：190~194
陈建平和罗平.1998.用干酪根红外光谱划分烃源岩有机相.科学通报，43（5）：544~547
陈建平，邓春萍，宋孚庆等.2007.用生物标志物定量计算混合原油油源的数学模型.地球化学，36（2）：205~214
陈致林，刘旋，金洪蕊等.2008.利用双金刚烷指标研究济阳坳陷凝析油的成熟度和类型.沉积学报，26（4）：705~708
程克明.1996.碳酸盐岩油气生成理论与实践.北京：石油工业出版社，1~50
程克明等.1994.吐哈盆地油气生成.北京：石油工业出版社，1~16
戴金星.1979.成煤作用中形成的天然气和石油.石油勘探与开发，6（3）：10~17
戴金星.1983.四川盆地阳新统气藏的气源主要是煤成气——与黄籍中等同志商榷.石油勘探与开发，10（4）：69~75
戴金星和宋岩.1995.中国东部无机成因气及其气藏形成条件.北京：科学出版社，1~120
戴金星，戚厚发，郝石生.1989.天然气地质学概论.北京：石油工业出版社，1~121
戴金星，裴锡古，戚厚发.1992.中国天然气地质学.北京：石油工业出版社，1~102
戴金星，宋岩，张厚福.1996.中国大中型气田形成的主要控制因素.中国科学：地球科学，26（6）：481~487
范璞.1990.塔里木油气地球化学.北京：科学出版社，1~65
傅家谟.1990.煤成烃地球化学.北京：科学出版社，1~33
傅家谟和秦匡宗.1995.干酪根地球化学.广州：广东科学技术出版社，1~123
傅家谟，盛国英，江继纲.1985.膏盐沉积盆地形成的未成熟石油.石油与天然气地质，6（2）：150~158
傅家谟，徐芬芳，陈德玉等.1985.茂名油页岩中生物输入的标志化合物.地球化学，（2）：99~114
刚文哲和林壬子.2011.应用油气地球化学.北京：石油工业出版社，1~50
宫色，张文正，彭平安等.2007.应用包裹体信息探讨鄂尔多斯盆地上古生界天然气藏的成藏后的气藏改

造作用．中国科学：地球科学，37（增刊）：141~148

顾忆．2000．塔里木盆地北部塔河油田油气藏成藏机制．石油实验地质，6（2）：150~158

郭彤楼，李国雄，曾庆立．2005．江汉盆地当阳复向斜当深3井热史恢复及其油气勘探意义．地质科学，40（4）：570~578

郝石生．1993．天然气运聚动平衡理论及研究．天然气地球科学，4（2）：96~108

郝石生和黄志龙．1996．天然气扩散与浓度封闭作用研究．石油学报，16（2）：36~41

郝石生和贾振远．1989．碳酸盐岩油气形成和分布．北京：石油工业出版社，1~94

郝石生，张有成，刚文哲等．1994．碳酸盐岩油气生成．北京：石油工业出版社，1~56

郝石生，高岗，王飞宇等．1996．高过成熟海相烃源岩．北京：石油工业出版社，1~43

洪志华，李载铎，张林晔等．1992．有机地球化学应用于油气田开发领域的尝试——塔里木东河11井石炭系储层原油地球化学特征研究．陆相石油地质（地球化学专刊），（3）：1~14

侯德封．1959．关于陆相沉积盆地石油地质的一些问题．地质科学，（8）：225~227

侯读杰和冯子辉．2011．油气地球化学．北京：石油工业出版社，3~152

胡国艺，肖中尧，罗霞等．2005．两种裂解气中轻烃组成差异性及其应用．天然气工业，25（9）：23~25

黄第藩和李晋超．1987．陆相沉积中的未熟石油及其意义．石油学报，8（1）：1~9

黄第藩和赵孟军．1996．下古生界海相原油之中蜡的成因分析——干酪根PY-GC分析提供的证据．沉积学报，14（2）：12~20

黄第藩和赵孟军．1997．塔里木盆地满加尔油气系统下古生界油源油中蜡质烃来源的成因分析．沉积学报，15（2）：6~13

黄第藩，李晋超，周翥虹等．1984．陆相有机质演化和成烃机理．北京：石油工业出版社，1~46

黄第藩，秦匡宗，王铁冠等．1995．煤成油的形成和成烃机理．北京：石油工业出版社，1~50

黄第藩，张大江，王培荣等．2003．中国未成熟石油成因机制和成藏条件．北京：石油工业出版社，1~35

黄籍中，陈盛吉，宋家荣等．1996．四川盆地碳酸盐岩发育区主要烃源岩分布及有机质演化研究——烃源体系与大中型气田的形成及预测．天然气工业，16（增刊）：71~71

黄汝昌和黄第藩．1960．中国西北陆相油气田的形成及其分布规律．北京：科学出版社，1~55

蒋启贵，王强，马媛媛．2009．全二维色谱飞行时间质谱在石油地质样品分析中的应用．石油实验地质，31（6）：627~632

蒋启贵，张志荣，秦建中等．2014．油气地球化学定量分析技术．北京：科学出版社，1~35

蒋助生，胡国艺，李志生等．1999．鄂尔多斯盆地古生界气源对比新探索．沉积学报，17（增刊）：820~824

蒋助生，罗霞，李志牛等．2000．苯、甲苯碳同位素组成作为气源对比新指标的研究．地球化学，29（4）：410~415

金奎励．1997．有机岩石学研究——以塔里木为例．北京：地震出版社，1~17

金奎励，刘大锰，肖贤明等．1995．中国油、气源岩有机成分划分、超微与地化特征及其成烃规律．中国煤炭地质，7（1）：47~51

李天义，周雁，方石等．2013．磷灰石裂变径迹年龄测试分析新方法——激光剥蚀-ICPMS法．石油与天然气地质，34（4）：550~557

梁狄刚，张水昌，张宝民等．2000．从塔里木盆地看中国海相生油问题．地学前缘，7（4）：533~547

林壬子．1996．油藏地球化学进展．西安：陕西科学技术出版社，1~16

刘宝泉，秦建中，于国营．1998．碳酸盐岩和泥岩的排烃下限值研究．见：梁狄刚主编．第八届全国有机地球化学学术会议论文集．北京：石油工业出版社，1~153

刘大猛和金奎励．1996．塔里木盆地烃源岩中有机显微组分的超微特征．地球科学—中国地质大学学报，

21（1）：79~83

刘德汉，肖贤明，田辉等.2008.应用流体包裹体和沥青特征判别天然气的成因.石油勘探与开发，32（2）：375~382

刘文汇.1996.天然气成因类型及判识标志.沉积学报，14（1）：110~116

刘文汇和徐永昌.1990.天然气中氩同位素研究现状.天然气地球科学，（2）：7~11

刘文汇，徐永昌，史继扬等.1998.生物-热催化过渡带气.北京：科学出版社，1~100

刘文汇，陈孟晋，关平等.2009.天然气成烃、成藏三元地球化学示踪体系及实践.北京：科学出版社，1~205

刘昭茜，梅廉夫，邱华宁等.2011.中扬子地块南缘半坑古油藏成藏期及破坏期的^{40}Ar/^{39}Ar年代学约束.科学通报，56（33）：2782~2790

卢双舫和张敏.2008.油气地球化学.北京：石油工业出版社，1~30

马安来，张水昌，张大江等.2004.塔里木盆地原油沥青质钉离子氧化及油源.石油勘探与开发，31（3）：54~58

马安来，金之钧，张水昌等.2006.塔里木盆地寒武—奥陶系烃源岩的分子地球化学特征.地球化学，35（6）：593~601

马安来，金之钧，朱翠山等.2009.塔河油田原油中金刚烷化合物绝对定量分析.石油学报，30（2）：214~219

梅博文.1992.储层地球化学.西安：西北大学出版社，1~108

潘长春，傅家谟，盛国英等.2000.塔里木库车坳陷含油、气储集岩连续抽提和油、气包裹体成分分析.科学通报，45（增刊）：2750~2757

潘钟祥.1957.中国西北部陆相生油问题.石油勘探，（4）：4~8

彭平安，盛国英，傅家谟等.2000.盐湖沉积环境未成熟油的成因与碳酸盐沉积阶段沉积的有机质有关.科学通报，45（增刊）：2689~2694

彭平安，刘大永，秦艳等.2008.海相碳酸盐岩烃源岩评价的有机碳下限问题.地球化学，37（4）：415~422

戚厚发和陈文正.1984.煤成气甲烷碳同位素特征.天然气工业，（2）：20~24

戚厚发，朱家蔚，戴金星.1984.稳定碳同位素在东濮凹陷天然气源对比上的作用.科学通报，（2）：110~113

秦建中，刘宝泉，国建英等.2004.关于碳酸盐烃源岩的评价标准.石油实验地质，26（3）：281~286

秦建中，王杰，邱南生等.2010.反演南方海相层系热史动态演化的新温标.石油与天然气地质，31（3）：277~287

饶丹，秦建中，张志荣等.2010.单体烃包裹体成分分析.石油实验地质，32（1）：67~70

饶丹，秦建中，许锦等.2014.塔河油田奥陶系油藏成藏期次研究.石油实验地质，36（1）：84~88

沈传波，David S，梅廉夫等.2011.油气成藏定年的Re-Os同位素方法应用研究.矿物岩石，31（4）：87~93

沈平，王先彬，徐永昌.1982.天然气同位素组成及气源对比.石油勘探与开发，（6）：34~38

石油工业部石油科学研究院.1959.石油地质勘探科学研究报告集（第一辑）.北京：石油工业出版社，1~35

石油工业部石油科学研究院.1961.石油地质勘探科学研究报告集（第二辑）.北京：石油工业出版社，1~50

石油工业部石油科学研究院.1964.石油地质勘探科学研究报告集（第三辑）.北京：石油工业出版社，5~26

石油勘探开发科学研究院.1982.中国陆相油气生成.北京：石油工业出版社，1~260

史继扬.1982.胜利油田原油和生油岩中的生物标志化合物及其应用.地球化学,(1):4~20

宋岩,戴金星,李先奇.1998.中国大中型气田主要地球化学和地质特征.石油学报,19(1):1~5

尚慧芸,姜乃煌,童育英.1984.陆相盆地中新生代原油和生油岩中的萜烷和甾烷.石油与天然气地质,1:55~61

孙永革和盛国英.1996.裂解气相色谱技术在煤成烃评价中的应用.中国科学:地球科学,26(6):551~554

孙永革,Meredith W,Snape C E等.2008.加氢催化裂解技术用于高演化源岩有机质表征研究.石油与天然气地质,29(2):276~282

王飞宇和张宝民.1999.塔里木盆地古生界有效生油岩分布和生烃潜力评价.北京:石油大学出版社,51~116

王飞宇,何萍,张水昌等.1997.利用自生伊利石K-Ar定年分析烃类进入储集层的时间.地质论评,43(5):540~546

王飞宇,郝石生,雷加锦.1998.砂岩储层中自生伊利石定年分析油气藏形成期.石油学报,19(2):40~43

王汇彤,翁娜,张水昌等.2010.全二维气相色谱/飞行时间质谱对原油芳烃分析的图谱识别.科学通报,55(21):2124~2130

王兰生,李子荣,谢姚祥等.2003.川西南地区二叠系碳酸盐岩生烃下限研究.天然气地球科学,14(1):39~46

王培荣,赵红,林壬子等.1988.用MS/MS方法快速测定C27—C29甾烷的相对分布探讨.石油勘探与开发,(3):33~37

王培荣,陈奇,何文祥等.1999.未熟-低熟阶段有机质的"两极分化"作用——低温低压加水热模拟实验.科学通报,44(2):208~211

王启军和陈建渝.1988.油气地球化学.武汉:中国地质大学出版社,1~15

王涛.1996.中国天然气地质理论基础与实践.北京:石油工业出版社,1~51

王铁冠和张枝焕.1997.油藏地球化学的理论与实践.科学通报,42(19):2018~2025

王铁冠,钟宁宁,侯读杰等.1995.低熟油气形成机理与分布.北京:石油工业出版社,1~235

王铁冠,李素梅,张爱云等.2000.应用含氮化合物探讨新疆轮南油田油气运移.地质学报,74(1):85~93

王铁冠,何发岐,李美俊等.2005.烷基二苯并噻吩类:示踪油藏充注途径的分子标志物.科学通报,50(2):176~182

王廷栋,王海清,李绍基等.1989.以凝析油轻烃和天然气碳同位素特征判断气源.西南石油学院学报,(3):1~15

于庭斌.2004.中国气成藏主要形成、定型于新近纪以来的构造运动.石油与天然气地质,25(2):126~132

王先彬.1994.非生物成因天然气.见:徐永昌等著.天然气成因理论及应用.北京:科学出版社,317~332

王兆云和程克明.1997.碳酸盐岩生烃机制及二段式生烃模式研究.中国科学:地球科学,27(3):250~254

王兆云,赵文智,王云鹏.2004.中国海相碳酸盐岩气源岩评价指标研究.自然科学进展,14(11):1236~1243

肖贤明,刘德汉,盛国英等.1996.吐哈盆地侏罗系煤镜质组荧光性质及成烃意义.新疆石油地质,(2):127~129

谢家荣.1957.石油地质论文集.北京:地质出版社,1~20

徐永昌.1995.天然气成因理论及应用.北京：科学出版社，1~400
徐永昌，沈平，陶明信等.1990.幔源氦的工业储聚和郯庐大断裂带.科学通报，(12)：932~935
薛海涛，卢双舫，钟宁宁.2004.碳酸盐岩气源岩有机质丰度下限研究.中国科学：地球科学，34（增刊I）：127~133
杨万里，高瑞祺，郭庆福等.1985.松辽盆地陆相油气生成运移和聚集.哈尔滨：黑龙江科学技术出版社，1~71
岳长涛，李术元，凌瑞风.2011.川东北地区过熟烃源岩催化加氢热解研究.石油实验地质，33（5）：540~558
曾国寿和徐梦虹.1990.有机地球化学.北京：石油工业出版社，1~27
张林晔，张守春，黄开权等.1999.半咸水湖相未熟油成因机理模拟实验研究.科学通报，44（4）：361~367
张敏和张俊.1999.塔里木盆地原油噻吩类化合物的组成特征及地球化学意义.沉积学报，17（1）：121~126
张水昌，王飞宇，张保民等.2000.塔里木盆地中上奥陶统油源层地球化学研究.石油学报，21（6）：23~28
张水昌，梁狄刚，黎茂稳等.2002.分子化石与塔里木盆地油源对比.科学通报，47（增刊）：16~23
张水昌，梁狄刚，张大江.2002.关于古生界烃源岩有机质丰度的评价标准.石油勘探与开发，29（2）：8~12
张义纲.1997.天然气的生成聚集和保存.南京：河海大学出版社，1~154
张有喻和罗修泉.2012.塔里木盆地哈6井石炭系、志留系砂岩自生伊利石K-Ar、Ar-Ar测年与成藏年代.石油学报，33（5）：748~757
张有喻，Zwingmann H，刘可禹等.2004.塔中隆起志留系沥青砂岩油气储层自生伊利石K-Ar同位素测年研究与成藏年代探讨.石油与天然气地质，28（2）：166~174
赵孟军，廖志勤，黄第藩等.1996.从原油地球化学特征浅谈奥陶系原油生成的几个问题.沉积学报，15（4）：33~37
赵文智，王兆云，张水昌等.2005.有机质"接力成气"模式的提出及其在勘探中的意义.石油勘探与开发，32（2）：1~7
中国科学院地球化学研究所.1982.有机地球化学.北京：科学出版社，1~87
中国科学院兰州地质研究所.1979.青海湖综合考察报告.北京：科学出版社，1~51
中国科学院兰州地质研究所.1981.中国陆相油气的形成演化和运移.兰州：甘肃人民出版社，5~64
钟宁宁和Greenwood P.2001.沉积有机质激光热裂解-色谱-质谱探针分析技术的尝试及其前景探讨.地球化学，30（6）：606~611
钟宁宁和秦勇.1995.碳酸盐岩有机岩石学.北京：科学出版社，1~100
钟宁宁，王铁冠，熊波等.1995.煤系低熟油形成机制及其意义.江汉石油学院学报，17（1）：1~7
朱扬明，张洪波，傅家谟等.1998.塔里木不同成因原油芳烃组成和分布特征.石油学报，19（3）：33~37
邹艳荣，刘金钟，彭平安.2000.压力对高硫干酪根轻烃产率的影响.地球化学，29（5）：431~434
Chen J F, Xu Y C, Huang D F. 2000. Geochemical Characteristics and Origin of Natural Gas in Tarim Basin, China. *AAPG Bulletin*, 84（5）：591~606
Dai J X, Xia X Y, Li Z S et al. 2012. Inter-laboratory calibration of natural gas round robins for δ^2H and δ^{13}C using off-line and on-line techniques. *Chemical Geology*, 291：49~55
Hao F, Zhou X H, Zhu Y M et al. 2009. Mechanisms of petroleum accumulation in the Bozhong sub-basin, Bohai Bay Basin, China. Part 1：Origin and occurrence of crude oils. *Marine and Petroleum Geology*,

26 (8): 1528~1542

Hao F, Zhou X H, Zhu Y M et al. 2010. Charging of oil fields surrounding the Shaleitian uplift from multiple source rock intervals and generative kitchens, Bohai Bay basin, China. *Marine and Petroleum Geology*, 27 (9): 1910~1926

Hu G Y, Li J, Li Z S et al. 2008. Preliminary study on the origin identification of natural gas by the parameters of light hydrocarbon. *Science in China* (D), 51 (1): 131~139

Liang D G, Zhang S C, Chen J F et al. 2008. Organic geochemistry of oil and gas in the Kuqa depression, Tarim Basin, NW China. *Organic Geochemistry*, 34 (3): 873~888

Liu Q Y, Worden R H, Jin Z J et al. 2013. TSR versus non-TSR processes and their impact on gas geochemistry and carbon stable isotopes in Carboniferous, Permian and Lower Triassic marine carbonate gas reservoirs in the Eastern Sichuan Basin, China. *Geochimica et Cosmochimica Acta*, 100: 96~115

Liu Q Y, Worden R H, Jin Z J et al. 2014. Thermochemical sulphate reduction (TSR) versus maturation and their effects on hydrogen stable isotopes of very dry alkane gases. *Geochimica et Cosmochimica Acta*, 137: 208~220

Liu W H, Zhang D W, Gao B et al. 2010. Using geochemical tracing system to identify new types of gas sources in marine strata of the Hotan River Gas Field intheTarim Basin. *Science China* (Earth Sciences), 53 (6): 844~853

Ni Y Y, Ma Q S, Ellis G S et al. 2011. Fundamental studies on kinetic isotope effect (KIE) of hydrogen isotope fractionation in natural gas systems. *Geochimica Et Cosmochimica Acta*, 75 (10): 2696~2707

Pan C H. 1941. Non-marine origin of petroleum in North Shensi and the Cretaceous of Sichuan, China. *AAPG Bull*, 25 (11): 2058~2068

Qiu H N, Wu H Y, Yun J B et al. 2011. High-precision 40Ar/39Ar age of the gas emplacement into the Songliao Basin. *Geology*, 39: 451~454

Sun Y G, Xu S P, Lu H et al. 2003. Source facies of the Paleozoic petroleum systems in the Tabei uplift, Tarim Basin, NW China: implications from aryl isoprenoids in crude oils. *Organic Geochemistry*, 34 (4): 629~634

Wang T G, He F Q, Wang C J et al. 2008. Oil filling history of the Ordovician oil reservoir in the major part of the Tahe Oilfield, Tarim Basin, NW China. *Organic Geochemistry*, 39 (9): 1637~1646

Wang X F, Liu W H, Xu Y C et al. 2008. Pyrolytic simulation experiments on the role of water in natural gas generation from coal. *International Journal of Coal Geology*, 75: 105~112

Wang X F, Liu W H, Xu Y C et al. 2011. Influence of water media on the hydrogen isotopic composition of natural gas/methane in the processes of gaseous hydrocarbon generation and evolution. *Science in China Series* (D), 54: 1318~1325

Xu Y C, Liu W H, Shen P et al. 2006. Carbon and hydrogen isotopic characteristics of natural gases from the Luliang and Baoshan Basins in Yunnan Province China. *Science in China* (D), 51 (1): 938~946

Zhang S C and Huang H P. 2005. Geochemistry of Palaeozoic marine petroleum from the Tarim Basin, NW China: Part 1. Oil family classification. *Organic Geochemistry*, 36 (8): 1204~1214

Zhang S C, Hanson A D, Moldowan J M et al. 2000. Paleozoic oil-source rock correlations in the Tarim basin, NW China. *Organic Geochemistry*, 31 (4): 273~286

Zhang S C, Huang H P, Xiao Z Y et al. 2005. Geochemistry of Palaeozoic marine petroleum from the Tarim Basin, NW China. Part 2: Maturity assessment. *Organic Geochemistry*, 36 (8): 1215~1225

(作者：刘文汇、卢龙飞、王杰、胡广、腾格尔、王晓峰和罗厚勇)

第二十三章 矿床地球化学

矿床地球化学是矿床学与地球化学交叉形成的新兴学科。

地球化学以研究地球和部分天体的化学组成、化学作用和化学演化为己任。但如果说矿床地球化学是研究矿床的化学组成、化学作用和化学演化的学科，那就显得目标有些狭窄了。虽然矿床本身的研究是重要的，但同样重要的是矿床形成以前的成矿过程，以及矿床形成后的保留、演化问题。因此，将矿床地球化学定义为成矿作用的地球化学可能更合理一些（涂光炽，1997）。

成矿作用是指地球演化过程中，使分散存在的有用物质富集而形成矿床的各种地质作用。因此，矿床地球化学的任务就应该是研究各种地质作用过程中矿床形成的地球化学问题，主要包括成矿元素的地球化学行为、成矿元素的源—运—聚过程、成矿物理化学条件、矿床的形成时代及其驱动机制等方面。

第一节 中国矿床地球化学学科的形成

矿床地球化学的发展晚于矿床学，大致与地球化学学科的发展时间同步。第二次世界大战以后，大量能源和矿产开发的需要推动了地球化学的发展。反过来，地球化学理论、方法的运用也有助于阐明矿床的形成过程，以及矿产资源的发现和开发。地球化学在矿产资源形成、勘探与开发方面的运用便产生了矿床地球化学（涂光炽，1997）。

20世纪初至20世纪中叶正是国际地球化学学科独立成形的时候，F. W. 克拉克、V. M. 戈尔德施密特、В. И. 维尔纳茨基等地球化学的先驱们所创建的理论与发布的数据，对地学界产生了重大的影响（国家自然科学基金委员会，1996）。20世纪40年代以后，矿床地球化学得到迅猛发展，一是由于大量矿床被找到，有了发展学科的物质基础；另一方面也得益于微区微量分析技术、各种同位素测试技术、热力学理论和实验技术的逐步成熟和应用（涂光炽，1997）。

20世纪50年代初，苏联学者A. A. 萨乌科夫和我国学者侯德封等，在他们的研究工作中将Hg、Mn等矿床的形成与成矿元素的地球化学行为相结合，作为统一的成矿过程加以考虑。这就是我国矿床地球化学思想的萌芽（涂光炽，1997）。1955年，苏联著名矿床学家、地球化学家A. R. 别捷赫琴应邀来华讲学，他在学术讲演中介绍了地球化学的研究内容及有关成矿作用理论，并在涂光炽等陪同下考察了我国的部分矿山，对我国地学界影响深远。随后，北京地质学院和南京大学分别聘请了苏联地球化学专家为进修教师开设地球化学课，培养了地球化学专业人才（赵鹏大，2002；王德滋，2011）。我国在1956年制定的《1956—1967年科学技术发展远景规划纲要》指出，为了有目的、有计划地探测各种矿产资源，必须研究并尽可能掌握我国矿产的分布规律和预测其分布情况。运用地球化学的理论与方法查明各种元素在地壳中富集的条件及规律。这给地球化学，尤其是矿床地球化学的发展带来了极好的机遇。

20世纪50年代中后期，为了我国工业发展的需要，开展了放射性元素和稀有、稀土元素地球化学研究，经中、苏两国科学院在内蒙古白云鄂博铁矿的合作研究中，在何作霖已发现两种稀土矿物的基础上，又发现了多种稀土和铌的新矿物，确定的稀土储量居世界之首。涂光炽等在中国科学院地质研究所组织、领导了铀矿资源的调查与研究，首次提出了"沉积再造成矿"的新观点，并将这一观点拓展应用于汞、锑等其他活泼金属矿床的研究（中国科学院地球化学研究所和中国科学院广州地球化学研究所，2006）。郭承基和司幼东等带领地球化学组研究人员，从研究内蒙古花岗伟晶岩稀有元素矿物地球化学开始，拓展到全国范围内的考察，注意到发生在花岗岩中钠长石化、云英岩化交代作用与稀有元素成矿的密切关系，并开始探讨稀有元素呈络合物迁移、成矿的实验研究，在初步摸清了我国稀有元素矿床分布情况与成矿特征的基础上，编写的两份研究报告《中国铌钽、稀土矿床、矿物及地球化学》和《中国锂、铍矿床、矿物及地球化学》由国家科委分别编为第001号和第002号科学技术报告出版（中国科学院地球化学研究所和中国科学院广州地球化学研究所，2007）。地质部地质科学院在湖南发现了含铍条纹岩及新矿物香花石，助推了稀有元素成矿作用的研究。李璞、吴利仁等组织并领导研究人员考察了全国基性-超基性岩及有关的铬、镍、铂矿床和湘黔地区的金刚石，提出了"关于如何寻找基性-超基性岩及其有关的铬镍等矿床的意见"。

在此期间，地质部与冶金部的相关部门着力研究与发展地球化学探矿的方法。1951年，谢学锦和徐邦梁赴安徽安庆月山进行我国勘查地球化学的首次试验。在这次试验中发现了铜矿指示植物"海州香薷"。1952年，东北地质调查所在长春成立我国第一支地球化学探矿队。同年，在地质部成立了第一个地球化学勘查机构——地球化学探矿筹备组。谢学锦与邵跃合作进行的矿床原生晕的研究取得实效，在青城子发现了深埋的Pb-Zn盲矿体（谢学锦，李善芸，吴传壁，2009）。

矿床地球化学是一门综合性很强的学科，它需要很多其他分支学科的支撑，这些学科的发展与矿床地球化学的发展休戚相关。1961年南京大学地质系建立了我国第一个矿物流体包裹体实验室。1963年，在中国地质学会组织的第一届矿物岩石地球化学专业会议上，程裕淇、李璞、陈毓蔚等报告了我国自行测定的第一批岩石矿物绝对年龄数据，受到与会者的高度关注。1964年，中国科学院地质研究所引进了第一台用于地质研究的电子探针，实现了在不破坏样品的情况下直接测定矿物中的元素含量、分布和赋存状态。上述同位素地球化学与原位测试技术在矿床研究中的应用，有力地助推了矿床地球化学的发展。

综上所述，自20世纪50年代至1966年"文化大革命"开始，正是我国矿床地球化学学科萌芽与逐渐形成的阶段，其研究工作在各个部门、各个方面分散进行着。1966年，中国科学院地质研究所将以地球化学为主体的研究室（组）迁到贵阳，成立了中国科学院地球化学研究所，并按照学科建室的方针，成立了内生矿床地球化学研究室和外生矿床地球化学研究室。这两个研究室的建立（目前的矿床地球化学国家重点实验室），标志着我国矿床地球化学学科的形成。

第二节　中国矿床地球化学研究若干重要成果

20世纪50年代以来，我国学者面向国家需求和国际地球科学前沿，针对我国主要成矿区带和主要矿种（除铁、铜、铝、铅、锌等大宗矿产外，同时关注稀有元素、稀土元素、分散元素、放射性元素和贵金属元素矿产）开展了系统的矿床地球化学研究，取得了众多重要研究成果。不仅丰富和发展了成矿作用的理论体系，也在找矿勘查方面发挥了重要作用。以下扼要介绍几个获得国家自然科学奖一、二等奖的成果。

一、中国层控矿床地球化学研究

20世纪80年代初，中国科学院地球化学研究所在涂光炽提出的"再造成矿理论"的基础上，系统开展了中国层控矿床地球化学研究。研究成果《中国层控矿床地球化学》（三卷）先后于1984、1987、1988年由科学出版社出版。1996年又出版了 $Geochemistry\ of\ Strata\mbox{-}bound\ Deposits\ in\ China$ 一书。

层控矿床地球化学研究工作深入探讨了17个矿种250个层控矿床的地质-地球化学特征和成矿机制，还采用了微量元素、多种稳定同位素、流体包裹体、成矿实验、热力学模拟、标型矿物等现代技术，成功地获得许多地球化学研究必要的数据。成果系统揭示了中国层控矿床的地质-地球化学特征及其成矿机制，取得了许多重要的新认识：指出层控矿床的主要成矿作用有五类，形成了一套完整的改造成矿理论；将传统的矿床类型"三分法"（沉积、岩浆与变质矿床）延拓为"四分法"（增加一类改造矿床）；总结了中国层控矿床广泛发育的原因等等。这一研究对我国成矿理论的发展与找矿实践都有着重要的意义。

验收鉴定专家委员会指出，该成果是我国有关层控矿床及其地球化学最全面、最系统的最新成就。与国际同类著作 Wolf 主编的《层控矿床和层状矿床》相比，无论在分类系统、内容深入程度，还是数据资料的准确和丰富程度，都称得上上乘，不愧是我国矿床学和地球化学研究中一部里程碑式的巨著；"它无疑是一部高学术水平和具有理论及实际价值的科学著作，对世界矿床学宝库是一个重要贡献。"该成果被列为中央电视台、科技日报和中国科学院1986年国内十项重大科技成果之一，1987年获得国家自然科学奖一等奖。

二、华南花岗岩成因与成矿研究

稀有、稀土、铀和有色金属等许多大的金属矿床都涉及花岗岩类岩石。20世纪50~70年代，徐克勤发起和领导开展了"华南不同时代花岗岩类及其与成矿关系"的系统研究工作，广泛涉及地史学、构造地质学、岩石学、矿物学、地球化学和矿床学等许多领域。研究结果从根本上否定了以往地学界一直把华南未变质花岗岩归为单一燕山期的认识，确立了华南多时代、多旋回花岗岩体系；发现和总结了华南多时代、多期次花岗岩的继承、演化和发展规律，并把花岗岩的演化与地壳的发展有机地联系起来，进一步阐明了中国东南部大陆地壳成长、演化的规律性；揭示了华南多时代、多期次花岗岩类与金属矿床成矿作用的关系，总结了钨、锡、铌、钽、铀和稀土等成矿元素向多时代花岗岩演化的晚期集中，并在燕山期花岗岩中富集成矿的规律；深入探讨和系统划分了华南花岗岩的成因系列和成因类型。1981年，一部总结南京大学地质系二十多年研究华南花岗岩丰硕成果的专著《华南不同时代花岗岩类及其与成矿关系》在徐克勤主持下著成出版。

20世纪60~70年代，中国科学院地球化学研究所在涂光炽领导下开展了华南花岗岩及其成矿作用的系统研究。该研究包括花岗岩类岩体的分布规律、分期分相、形成时代、岩性特征、矿物及化学组成，并进行了熔融和形成温度与压力条件的实验。确定了华南花岗岩形成的五个主要时代，肯定了海西期花岗岩的存在；确定花岗岩类岩石中有120余种矿物；提出了华南花岗岩类的形成方式、物质来源多样性的多成因观点，认为华南燕山期花岗岩类主要是地壳硅铝层重熔所致，其形成和分布与区域性断裂密切相关；大的岩体、复式岩体都是断裂重熔的产物，加里东期以前的花岗岩则以交代成因为主；确认了华南花岗岩类的演化规律是从老到新由简单到复杂、由基性到酸性的发展；各时代花岗岩类物质成分的继承发展关系表现极为明显，而与花岗岩类有关的稀有、稀土、铀和有色金属矿床的形成，是花岗岩类长期演化的结果。基于前人的资料并通过大量的研究，还得出了华南花岗岩类两种成因演化系列和相应的两种成矿系列的认识。该研究的系统成果1979年由科学出版社出版了《华南花岗岩类的地球化学》一书。

上述研究成果使有关花岗岩及其成矿作用的一系列实际和理论问题得到了较好的解决，对于在花岗岩地区寻找有关矿产有重大指导意义。南京大学和中国科学院地球化学研究所关于华南花岗岩及其成矿作用的系统性研究成果，于1982年获得国家自然科学奖二等奖。

三、白云鄂博矿床矿物学和地球化学研究

稀土元素矿产是我国重要的优势和战略矿产资源。内蒙古白云鄂博矿床是世界最大最富的稀土元素矿床，其稀土资源占全国和世界稀土资源的很大份额。除稀土元素外，该矿床还蕴藏有丰富的铁、钍、铌、钽等，是一个举世无双十分难得的多金属宝藏。20世纪50年代初到80年代初，以郭承基为首的研究人员深入系统地研究了白云鄂博矿床的矿物学和地球化学，证实它是一个超大型的铌–稀土–铁矿床。

该研究查明了矿床中存在170余种矿物，发现新矿物或新种16种，提出了双类质同象理论和非晶蜕变新分类，发现了复杂的体衍交生现象；查明了矿床中有用元素的赋存形式、分布状态和富集规律，为矿床评价提供了科学依据；通过多种同位素定年方法与稳定同位素研究，确定了矿床形成的历史和成矿物质的来源，为矿床成因提供了基础资料；运用地球化学模拟实验，探讨了成矿物质的源—运—聚条件，提供了合理解释矿床形成过程的实验依据；综合地质、矿物、岩石、矿床、同位素地球化学、微量元素地球化学、包裹体地球化学，以及成分分析、成岩成矿实验等研究资料，指出白云鄂博矿床的形成具多源、多成因及多阶段的特点；并以多元复合成因理论解释了它的形成过程，丰富和发展了成矿学理论。

该项研究的系统性成果于1988年出版了《白云鄂博矿床地球化学》。1986年获中国科学院科学技术成果奖一等奖，1989年获国家自然科学奖二等奖。

四、分散元素矿床和低温矿床地球化学研究

分散元素包括 Ga、Ge、Se、Cd、In、Te、Re、Tl 等八个元素，低温成矿作用则指 200℃左右和 200℃以下的成矿作用。分散元素和低温成矿作用是以往研究的薄弱环节。中国的分散元素和低温成矿作用，在全球背景下很具特色，它们主要集中发生在我国西南地区。因此，我国西南地区是全球研究分散元素和低温成矿作用非常理想的场所。在涂光炽院士的领导下，以中国科学院地球化学研究所为主的科研团队，自20世纪90年代初以来，采用矿床地质地球化学–实验模拟–计算模拟相结合的方法，联系西南地区地质条件的特殊性，对分散元素矿床和低温矿床成矿作用进行了深入研究。

该项目获得的主要成果有：①确立了分散元素可以形成矿床的理论体系，突破了分散元素不能形成矿床的传统观念；②揭示了矿床中的分散元素具有独立矿物、类质同象和吸附三种存在形式，发现了两种分散元素新矿物；③确定了分散元素矿床的分类、分散元素的成矿专属性和我国西南地区分散元素矿床集中出现的有利因素，并指出了分散元素矿床的找矿方向；④确立了我国西南地区存在大面积低温成矿域，初步揭示了这个在世界上十分少见的大面积低温成矿域的形成背景、过程和机制；⑤将有机地球化学与无机地球化学融合，提出了油气形成过程可以促进金属成矿的理论；⑥确定了某些常被认为是中、高温才能成矿的"惰性"元素（Au、Ag、PGE、REE 等），在低温条件下迁移和富集成矿的机理。

本项研究出版了《低温地球化学》、《分散元素地球化学及成矿机制》和 *Low-Temperature Geochemistry* 等专著，建立起了分散元素和低温成矿作用的理论框架，对矿床学和地球化学学科的发展做出了重要贡献。阶段性成果"成岩成矿低温地球化学"于1999年获中国科学院自然科学奖一等奖，"分散元素成矿机制"于2003年获贵州省科学技术进步奖一等奖，综合性成果"分散元素矿床和低温矿床成矿作用"于2005年获国家自然科学奖二等奖。

五、其他主要研究成果

自20世纪50年代至今，谢学锦及其领导的科研团队在勘查地球化学领域取得一系列重要成果，代表作有《区域化探》、《金的勘查地球化学理论与方法·战略与战术》、《地球化学块体——概念和方法学的发展》、《全球地球化学填图》和《深穿透地球化学新进展》等专著和论文。2000年出版的《金的勘查地球化学理论与方法·战略与战术》被美国地质调查所的化探元老称之为"一本划时代性的巨著"。谢学锦因在勘查地球化学领域的杰出贡献，荣获国家科学技术进步奖二等奖一项和部级科学技术进步奖一等奖三项，并获何梁何利科学技术进步奖和国际应用地球化学家协会（AAG）的最高国际奖项——国际应用地球化学家协会金奖。

於崇文以南岭地区钨–锡–多金属矿床和个旧超大型锡多金属矿床为对象，长期从事地球化学动力学和成矿作用非线性动力学研究，将矿床形成机制研究提高到非线性动力学水平，使矿床成因研究从定性走向定量，从静态上升到动态，提出新的成矿理论和方法论：

"成矿动力系统在混沌边缘的分形生长"，在矿床成因和成矿规律研究领域将常规矿床学提高到非线性和复杂性科学的层次；获得国家科学技术进步奖二等奖。

刘英俊等1984年出版的《元素地球化学》是本分支学科一本较系统的专著。该书阐述了各族元素的地球化学共同特征和差异，以及它们在各地质作用条件下分散富集的规律性，这有助于全面了解各族元素在自然界共生和分离的原因，为寻找各族元素的矿床、矿石的综合利用、环境保护和土壤改良等提供了科学依据。刘英俊等还于1987年和1991年出版了《钨的地球化学》和《金的地球化学》等专著。上述成果在矿床地球化学研究中得到广泛应用。

杨敏之于1996年出版了《胶东绿岩带金矿地质地球化学》。该书总结了胶东花岗岩-绿岩地体的地质地球化学特征，确定了胶东花岗岩类岩石的四个成因系列，划分出胶东绿岩带型金矿床的两个成矿系列、九种金矿床类型，建立了区域成矿模式和矿床成矿模式。杨敏之等还于1998年出版了《金矿床围岩蚀变带地球化学》，确定了胶东主要金矿床蚀变岩带、蚀变岩石的类型，建立了强烈改造活化绿岩带金矿床围岩蚀变带的分带模式，提出水-岩交代作用的三种类型和形成机理。这些成果不仅深化了胶东绿岩带金矿床的成矿理论，还为找矿预测提供了理论指导。

应该指出的是，我国矿床地球化学的蓬勃发展还有一大批大师的丰功伟绩。他们虽然侧重于矿床学、矿物学、岩石学、构造地质学和地球化学等方面的研究，但对矿床地球化学的兴起、成熟和发展提供了重要基础和贡献。这其中包括丁文江、谢家荣、南延宗、孟宪民、侯德村、张炳熹、程裕淇、郭文魁、宋叔和、王恒升、丁毅、陈国达、叶连俊、郭令智、袁见齐，以及李廷栋、王德滋、欧阳自远、叶大年、张本仁、陈毓川、常印佛、赵鹏大、翟裕生、裴荣富、汤中立、郑绵平、刘宝珺、孙枢、李曙光、金振民和莫宣学等。

第三节　中国矿床地球化学研究现状和发展方向

大致从世纪之交以来，中国的矿床地球化学研究基本与国际同步前进。因此，要讨论中国的矿床地球化学研究现状和发展方向离不开国际大背景，所以这一部分的内容将从国内和国外两个维度进行阐述。

一、研究现状

矿产资源的勘查已越来越依赖于成矿新理论的指导和找矿新技术新方法的应用。因此，近十多年来，探索成矿新理论和发展找矿新技术新方法，一直是地质学家们的不懈追求。综观近年的研究，矿床地球化学取得了明显进展（胡瑞忠等，2014）。以下是其中的几个方面。

（一）成矿背景研究

20世纪70年代以来，板块构造理论的诞生导致成矿理论研究的重大飞跃，促进了对板块边缘成矿体系和成矿机制认识的深刻变革（Mitchell and Garson，1981；Sawkins，1984）。然而，板块构造理论虽然提供了解释大陆古板块边缘演化过程中成矿问题的理论框架，但对解释板块碰撞后陆内演化阶段的成矿作用，尤其是成矿作用的动力来源等问题尚无现成答案。在这种背景下，90年代以来，大陆动力学及其与成矿关系的研究也就成了当今成矿学研究的前沿（肖庆辉，1996；李锦轶和肖序常，1998；丁国瑜，1999；刘宝珺和李廷栋，2001；张国伟，董云鹏，姚安平，2002；滕吉文，2002），引起了国内外的极大关注。主要有以下研究特点。

1. 成矿作用与地球各圈层相互作用

地球各圈层相互作用，尤其是壳幔相互作用，是大陆动力学研究的核心之一。近年来，国内外学者对壳幔相互作用与成矿的关系进行了有益的探讨，发现壳幔相互作用在许多大型-超大型矿床的形成中具有重要意义，认为壳幔相互作用是诱发成矿系统中各种地质作用的主要原因之一，是决定成矿系统物质组成、时空结构和各类矿床有序组合的重要因素（Oyarzun, Márquez, Lillo et al., 2001；Sazonov, Van Herk, Boorde, 2001；Miao, Qiu, McNaughton et al., 2002；Ernst and Buchan, 2003；Sillitoe and Hedenquist, 2003；Naldrett, 2004；涂光炽等，2000；赵振华，涂光炽等，2003）。因此，从地球多圈层相互作用过程中的物质和能量迁移交换角度来探讨成矿机制，用受地球系统演化过程控制的成矿地质环境的时空演化规律，来阐明成矿作用的时空演化规律，在此基础上建立成矿和找矿模型，指导大型-超大型矿床的寻找，已成为当今成矿作用研究的一种重要发展趋势。

2. 成矿作用与重大地质事件的关系

重大地质事件包括板块的俯冲碰撞或裂解、地幔柱活动、岩石圈拆沉和幔源岩浆底侵、岩石圈伸展等等。与板块俯冲和洋中脊扩张有关的成矿研究，已成为长达半个世纪的研究热点；我国青藏高原、秦岭造山带和中亚造山带形成演化和相关成矿作用的研究，正推动着造山带及其成矿理论研究的进步（张国伟，张本仁，袁学诚等，2001；Chen, Pirajno, Sui, 2004；Hou, Zeng, Gao et al., 2006；Hou, Tian, Yuan et al., 2006；王京彬和徐新，2006；Mo, Hou, Niu et al., 2007；Xiao and Kusky, 2009）；通过对地幔柱大规模玄武岩浆起源-演化和岩浆矿床形成机制的研究，推动了地幔柱动力学和成矿作用研究的发展（Zhong, Zhou, Zhou et al., 2002；Zhou, Robinson, Lesher et al., 2005；Zhou, Zhou, Qi et al., 2006；Wang and Zhou, 2006；Song, Kenys, Xiao et al., 2009；Tao, Ma, Miao et al., 2009；Xu, Chung, Jahn et al., 2001）；华北克拉通形成演化和破坏的研究，揭示了克拉通演化与成矿的关系（Fan and Menziesm, 1992；Xu, 2001；吴福元，葛文春，孙德有等，2003；翟明国，2010；Zhai and Santosh, 2013；朱日祥，范宏瑞，李建威等，2015）；华南中生代大规模花岗岩浆活动和成矿作用关系的研究，揭开了中国东部中生代地质矿产研究的新篇章（华仁民和毛景文，1999；毛景文，张作衡，余金杰等，2003；毛景文，谢桂青，郭春丽等，2005；胡瑞忠，毕献武，彭建堂等，2007；Hu, Bi, Zhou et al., 2008；Hu and Zhou, 2012；Chen, Wang, Zhu et al., 2013；Mao, Chen, Chen et al., 2013）。高精度的定年研究结果表明，特定成矿域的大规模成矿作用往往发生在相对较短的时间而具有"爆发性"，并与区域重大地质事件具有密切的时空耦合关系（Hu and Zhou, 2012；Mao, Chen, Chen et al., 2013）。深入剖析这种内在联系，精细刻画重大地质事件如何促使成矿物质大规模活化—迁移—聚集—成矿，准确认知区域成矿规律，已成为矿床地球化学研究的重要发展方向。

3. 板缘和板内成矿作用

大量研究证明，板块边界是成矿作用异常活跃的区域；板块的扩张—离散边界和汇聚—消减边界具有完全不同的构造环境和动力学特征，所导致的成岩和成矿作用也各具鲜明的"专属性"。毫无疑问，板块构造理论极大地推动了成矿理论和找矿模式研究的深刻变革。近年来，随着板块构造"登陆"，碰撞造山后的大规模伸展、岩石圈拆沉和幔源岩浆底侵作用、地幔柱活动等大陆板块内部演化阶段的地质过程对成矿的重要意义逐渐被认识。但是，相对于包括碰撞造山带在内的大陆板块边缘的成矿作用，对大陆板块内部成矿作用驱动机制的认识相对模糊。对这一薄弱领域的积极探索，必将丰富大陆动力学与成矿关系的理论体系。

（二）成矿模式研究

成矿模式是成矿环境、成矿过程、成矿物质来源以及矿床几何形态和分布规律的高度理性概括，是迄今成矿学领域研究时间颇长，但仍然最具生命力的科学问题之一。历史上斑岩铜矿成矿模式（Titley，1982）、块状硫化物矿床成矿模式（Franklin，Lydon，Sangster et al.，1981）等成矿模式的提出，曾在全球找矿勘查活动中起到了重大推动作用。

但是，在一个具体的地质单元内成矿作用不是孤立的，而是不同矿床的共生组合非常普遍，同一期的成矿作用由于具体地质环境的差别而可能形成多种矿床类型，它们彼此之间具有密切联系。因此，目前对成矿模式的研究已不仅仅限于对个别典型矿床的精细刻画，而是在向区域化和系统化方向发展。基于对大陆演化以及矿床成矿系列和成矿系统的研究，从不同层次成矿因素的相互联系中揭示区域矿床共生组合规律，建立成矿区带尺度和矿集区尺度（翟裕生等，1999；翟裕生，王建平，邓军等，2008；陈毓川等，1998，1989）的成矿模型已成为新的研究热点。根据对成矿系列和成矿系统的认识，当在一个地区发现某种矿床类型时，可为区域上寻找属于同一成矿系列和成矿系统的其他矿床提供重要科学依据。

此外，目前成矿理论和成矿规律的研究，已不仅仅局限于对单个矿床的研究，而是在向矿床—区域—大陆—全球方向发展，全球成矿学研究已初露端倪，以期不断从更高层次成矿因素的相互联系中来探索成矿规律。总的讲，这方面的研究尚处在描述和数据积累阶段。但是，地球系统科学的研究必将为成矿作用研究注入新的生机和活力，而对全球成矿学的深入探索，必能为揭示地球系统与各类成矿系统的实质关系做出积极而关键的贡献。

（三）成矿流体地球化学研究

成矿流体是元素迁移、富集形成矿床的重要介质。热液成因矿物形成过程中捕获的流体包裹体，是研究成矿流体组成、性质及其成矿过程最直接的天然样品。成矿流体的研究方法，已从对流体包裹体群的研究发展到对单个流体包裹体的研究，从对透明脉石矿物发展到对不透明矿石矿物中流体包裹体的研究（Burke，2001；Audetat，Günther，Heinrich，1998；Heinrich，Pettke，Halter et al.，2003；Guillong，Latkoczy，Seo et al.，2008；Su，Heinrich，Pettke et al.，2009；Pettke，Oberli，Heinrich，2010；Pettke，Oberli，Andetat et al.，2012）。

1. 单个流体包裹体组成和性质

近年来，单个流体包裹体中元素和同位素组成 LA-(MC)-ICP-MS 分析技术的建立与完善，为深入研究成矿流体的组成、性质和演化特征，精细刻画成矿过程提供了重要技术支撑。

（1）元素和同位素组成。以往通常采用分析流体包裹体群的方法来确定成矿流体的组成。由于热液矿物中通常捕获不同世代的流体包裹体，流体包裹体群的组成一般不能真实反映特定阶段成矿流体的组成。因此，精确测定不同世代单个流体包裹体的组成，成为矿床地球化学研究的热点和难点。近年来，采用 LA-(MC)-ICP-MS 分析技术研究单个流体包裹体的组成取得重要进展（Heinrich, Pettke, Halter et al., 2003；Pettke, Oberli, Audetat et al., 2012）。

研究发现，一些岩浆热液矿床（如锡多金属矿床、斑岩 Cu-Au 矿床等）不同世代石英中单个流体包裹体的 Sn、Cu、B、As、Sb、Ag 等成矿元素含量，可从 $n\times10^{-6}$ 一直到百分级（wt%）（Audetat, Cünther, Heinrich, 1998），如斑岩铜矿，Au 在富气相流体包裹体中的含量为 $(10.17\pm6.2)\times10^{-6}$，Cu 高达 1.2wt%（Ulrich, Guenther, Heinrich, 1999；Ulrich, Günther, Heinrich, 2001）。Su 等（2009）利用单个流体包裹体的 LA-ICP-MS 分析技术，在国际上率先获得一些卡林型金矿床成矿流体中成矿元素（如 Au、As、Sb 等）含量及其演化过程的重要数据，结果显示成矿前石英流体包裹体中的 Au 含量高达 $(3.8\sim5.7)\times10^{-6}$，而流体中的 Fe、Cu、Pb、Zn 等元素则低于检测限。Guillong, Latkoczy, Seo 等（2008）建立了单个流体包裹体矿化剂元素（如 S 等）含量的 LA-ICP-MS 分析技术。Seo, Guillong, Heinrich 等（2009）运用该技术测定了一些斑岩 Cu-Au 矿床（如美国的 Bingham Canyon 等）、花岗岩型 W-Sn 矿床（如德国的 Zinnwald 等）富气相和富液相单个流体包裹体中的 S 含量，发现两类流体包裹体中 S 的含量高达数千克/吨到百分之几。Pettke, Oberli, Heinrich 等（2010）利用单个流体包裹体 Pb 同位素的 LA-MC-ICP-MS 分析技术，研究了成矿流体的 Pb 同位素组成，据此确定美国 Bingham Canyon 斑岩 Cu-Au 矿床的成矿元素来源于俯冲流体交代的古老（1.8 Ga）岩石圈地幔。

（2）元素在不同流体相中的分配。元素发生共生分异是许多矿田和矿床尺度上的热液矿床较常见的现象。如澳大利亚 Mole 花岗岩体从岩体向外分别发育 W-Sn、Cu-Sn-As、Pb-Zn-Ag 等矿床；我国南岭地区，W-Sn 矿床发育在花岗岩中或附近，外侧则发育 Pb-Zn-Ag 矿床的现象亦十分普遍。单个流体包裹体成分的 LA-ICP-MS 分析技术，为深入研究元素在不同流体相中的分配，进而研究成矿过程和元素共生分异机制提供了重要手段。Audetat 等（1998）研究澳大利亚 Yankee Lode 锡多金属矿床发现，Cu 和 B 主要分配在富气相的流体包裹体中，而 Sn 等成矿元素则在富液相的流体包裹体中富集；根据热力学和单个流体包裹体成分分析（Heinrich, Gunther, Audetat et al., 1999；Heinrich, Driesner, Stefansson et al., 2004；Heinrich, 2005），系统总结了与岩浆热液有关矿床中成矿元素在液相和气相中的分配，指出 Pb、Zn、Ag、Sn、Tl 等成矿元素富集在以 Cl 为矿化剂的液相之中，而 Au、Cu、As、Sb 等成矿元素则在以 S 为矿化剂的气相中富集，流体的不混溶（如沸腾作用）过程导致矿化剂元素（如 S 和 Cl 等）发生分异，最终导致成矿元素的分异（Heinrich, Gunther, Audetat et al., 1999；Heinrich, Driesner, Stefansson et al., 2004；Heinrich; 2005）。成矿实验研究进一步发现，成矿流体密度是控制成矿元素分异的重要因素之一（Pokrovski，Ronx，Harrichonry，2005）。这些成矿元素气相迁移的研究成果，突破了金属元素液相迁移的传统认识，掀起了成矿元素气相迁移研究的热潮（Migdisov and Williams，2005；Williams-Jones and Heinrich，2005）。根据成矿元素气相迁移理论，Muntean 等（2011）推测美国卡林型金矿的成矿元素，可能是深部岩浆去气而来的 Au、As、Sb 等（Muntean，Cline，Simon et al.，2011）。

（3）成矿过程和成矿元素沉淀机制。热液矿床的形成是多种地质地球化学过程综合作用的结果，包括成矿流体温度、压力、盐度、氧逸度、pH、化学成分以及流体相分离和混合等条件的变化等。通过流体包裹体岩相学和显微测温学的系统研究，结合阴极发光（CL）图像，建立流体包裹体形成的相对时序与矿物生成顺序的关系。在此基础上，运用 LA-ICP-MS 分析技术，精确测定各世代单个流体包裹体中主量元素（如 K、Na、Ca、Mg 等）、成矿元素（如 Cu、Pb、Zn、Au、As 等）等的组成，可以提取由成矿流体成分变化所反映的成矿过程等方面的重要信息。

Audetat 等（1998）对澳大利亚 Yankee Lode 锡多金属矿床锡石的成矿过程进行了详细研究。他们在石英-锡石-电气石主成矿阶段的石英晶体中，鉴别出 29 次流体包裹体捕获事件。流体包裹体均一温度为 220～453℃，盐度为 0.1～35.1 wt% NaCl。研究表明，成矿流体至少经历了三次沸腾降温事件，而锡石的沉淀发生在第三次沸腾降温事件之后。单个流体包裹体成分研究显示，与前两次流体沸腾降温事件不同，第三次沸腾降温事件后的流体中 Sn 与 Na、K、Mn、Cs 和 Rb 等元素的含量协同变化，成矿元素含量降低至近 1/5000，认为高温、高盐度岩浆卤水与低温、低盐度大气降水的混合是诱发锡石沉淀的主要因素。Landtwing 等（2005）利用 LA-ICP-MS 分析技术研究了美国 Bingham 斑岩铜矿床 Cu 的沉淀机制，发现在比较小的温度区间（425～350℃），石英流体包裹体中 Cu 的含量与流体包裹体均一温度呈正相关关系，从高温端到低温端 Cu 含量降低了两个数量级，与黄铜矿溶解度实验相一致，从而认为流体温度的降低是导致 Cu 沉淀的主控因素。Su 等（2008，2009，2012）利用 LA-ICP-MS 分析技术，获得了该类矿床成矿前、成矿时和成矿后流体中成矿元素的含量。结果表明，卡林型金矿的成矿流体以富含 Au、As、Sb 等元素而贫 Fe、Cu、Pb、Zn 等元素为主要特征。对含金硫化物矿物学和地球化学的进一步研究表明，Au 主要赋存在黄铁矿的含砷环带中。形成含砷黄铁矿需要 Fe 的参与，但含 Au 流体中不能为含砷黄铁矿的形成提供足够的 Fe。通过矿石岩相学特征研究发现，成矿所需要的 Fe 主要来源于赋矿地层中含 Fe 碳酸盐矿物的溶解（去碳酸盐化）。据此，确定了卡林型金矿的三阶段成矿模式：①赋矿地层中含 Fe 碳酸盐矿物去碳酸盐化释放 Fe；②去碳酸盐化释放的 Fe 形成含砷黄铁矿与流体中的金共沉淀；③去碳酸盐化过程产生的 CO_2 在相对浅部断裂构造中与流体中的 Ca 形成方解石脉（苏文超，夏斌，张弘弢等，2007）。他们据此建立了卡林型金矿成矿模式与找矿模式的关系，认为含 Fe 碳酸盐岩是形成高品位、大型金矿床最重要的赋矿围岩，由含 Fe 碳酸盐岩去碳酸盐化在近地表断裂中形成的方解石脉，是寻找深部隐伏卡林型金矿最重要的找矿标志之一。

2. 显微红外测温技术在矿床研究中的应用

热液矿床中大多数金属矿物在光学显微镜下不透明，以往流体包裹体研究仅局限于与金属矿物共生的石英等透明脉石矿物（范宏瑞，谢奕汉，翟明国等，2001；陈衍景，倪培，范宏瑞等，2007）。在岩相学上，这些透明矿物通常早于或晚于金属矿物的形成，因此，透明矿物中捕获的流体包裹体不能直接完全真实反映金属矿物形成的流体性质。

红外显微镜技术在矿床研究中的应用，实现了一些不透明金属矿物中流体包裹体的直接观察和性质（如温度和盐度）的测定，以及单个流体包裹体成分的 LA-ICP-MS 分析（Wilkinson, Stoffell, Wilkinson et al., 2009；Kouzmanov, Pettke, Heinrich, 2010）。研究的金属矿物包括黑钨矿（Ni, Huang, Wang et al., 2006；Wei, Hu, Bi et al., 2012）、硫砷铜矿（Kouzmanov, Ramboz, Bailly et al., 2004；Moritz, 2006）、闪锌矿（Wilkinson, Stoffell, Wilkinson et al., 2009）、黄铁矿（Kouzmanov, Bailly, Ramboz et al., 2002；Lindaas, Kulis, Campbell, 2002）、辉锑矿（Bailly, Bonchot, Beny et al., 2000；格西，苏文超，朱路艳等，2011）、赤铁矿（Rosière and Rios, 2004；Lüders, Romer, Cabral et al., 2005；Rios, Alves, Perez et al., 2006）、深红银矿（Rios, Alves, Perez et al., 2006）、锡石（王旭东，倪培，袁顺达等，2013）以及金红石（朱霞，倪培，黄建宝等，2007；Ni, Zhu, Wang et al., 2008）等，为确定热液矿床形成的物理化学条件和成矿过程等提供了直接证据。研究发现，一些金属矿物（如黑钨矿等）中的流体包裹体类型、均一温度和盐度与共生的脉石矿物（如石英等）有显著差异（Ni, Huang, Wang et al., 2006；Wei, Hu, Bi et al., 2012），通常金属矿物流体包裹体比共生的脉石矿物具较高的温度和盐度，如西华山钨矿床的黑钨矿中仅发育盐水流体包裹体，均一温度为 239~380℃，盐度为 3.8~13.7 wt% NaCl，而共生石英中的流体包裹体则发育含 CO_2-H_2O 流体包裹体，均一温度为 177~329℃，盐度为 0.9~8.1 wt% NaCl（Wei, Hu, Bi et al., 2012）。再如，一些产于绿岩带中的石英脉型 Au-As-Sb 矿、石英脉型 Sb 矿和卡林型 Au 矿等矿床（Bailly, Bouchot, Beny et al., 2000；Emsbo, Hofstra, Lauha et al., 2003；Hagemann and Lüders, 2003；Buchholz, Oberthur, Lüders et al., 2007），辉锑矿中的流体包裹体类型多种多样，包括 CO_2-H_2O、H_2O-$CaCl_2$±$MgCl_2$±$NaCl$、H_2O-$NaCl$ 等流体包裹体，而与辉锑矿密切共生的石英中的流体包裹体类型则主要为 CO_2-H_2O，其盐度和均一温度相差均较大：澳大利亚 Wiluna 石英脉型 Au-Sb 矿床，辉锑矿中流体包裹体均一温度为 239~247℃，盐度为 5.1~23.8 wt% NaCl，与之共生的石英中流体包裹体的均一温度为 210~340℃，盐度仅为 4.3~4.5 wt% NaCl（Hagemann and Lüders, 2003）；贵州晴隆大厂锑矿辉锑矿中的流体包裹体类型以含子晶-气-液三相包裹体和气-液两相包裹体为主，具有较高的盐度(0.2~19.5 wt% NaCl)和均一温度（153~285℃），而共生的萤石则主要发育气-液两相流体包裹体，具有较低的盐度（0.2~1.9 wt% NaCl）和均一温度（144~176℃），认为形成辉锑矿和萤石的流体可能有所不同，流体混合导致的温度和盐度降低可能是锑成矿的重要控制因素之一（格西，苏文超，朱路艳等，2011）。

（四）成矿作用示踪研究

成矿作用示踪理论、技术和方法是矿床地球化学研究的重要基础，是了解矿床成矿物质源区及其活化、迁移、富集和成矿流体演化过程的主要手段。矿床同位素地球化学在其中发挥不可替代的重要作用。

随着 20 世纪 50 年代国际上矿床同位素地球化学的迅速发展，我国在 60 年代以来相继引进了氧、氢、硫、碳、铅、锶、钕等同位素技术，并广泛运用到矿床地球化学的研究。张理刚（1985）对钨矿床同位素地球化学的研究，丁悌平等（1988）对锡矿床同位素地球化学的研究，郑永飞（1986）、金景福（1990）、朱炳泉（1998）等对铀矿床同位素地球化学的研究，王义文（1982）、郑明华（1991）对金矿床同位素地球化学的研究，李曙光（1983）、魏菊英（1988）等对铁矿床同位素地球化学的研究，陈好寿（1992）等对铜矿床同位素地球化学的研究均取得重要成果。同时，在同位素理论方面也取得了瞩目的成果，例如，Zheng（1991，1993）将热液成矿过程中二氧化碳去气作用、流体混合作用、热液/围岩相互作用和次生热液蚀变作用对稳定同位素体系的影响予以理论模拟并进行了矿床地球化学应用，为确定热液成矿条件和成矿物质来源、理解热液矿床成因提供了定量地球化学模拟方法。

近年来，各种新型同位素分析仪器的开发利用和分析测试技术方法上的快速发展，大大拓宽了各种同位素新技术方法在矿床研究中的应用：①新一代高精度、高灵敏度、多接收热电离质谱仪（TIMS）和多接收电感耦合等离子体质谱仪（MC-ICP-MS）的开发和利用，使得如 Li、B、Cl、Fe、Cu、Zn、Mo、Se、Ge、Cd 等非传统稳定同位素的高精度分析成为可能，成为当前成矿学研究中的一个重要前沿领域；②激光剥蚀-等离子质谱（LA-ICP-MS，LA-MC-ICP-MS）和二次离子探针（SHRIMP，SIMS，Nano-SIMS）等原位分析技术的出现，将同位素研究拓展到了更微观的尺度（微米至纳米尺度），为精细刻画成矿过程提供了重要保证；③一些专门的设计，如加装专门设计的法拉第杯接收器的稳定同位素质谱仪使"Clumped Isotope"的准确测定成为可能，从而拓展了传统稳定同位素的应用领域。

1. 成矿作用的深部过程示踪

如何揭示深部过程对成矿的贡献已受到大家的高度关注。在以往的研究中一系列较熟知的同位素地球化学研究手段（如测试 Sr、Nd、Pb、H、O、C、S 等）得到了有效运用，同时一些新的同位素地球化学研究手段（如测试 Cl、Li、Mg、Os、He 等）也显示了极大潜力。

由于同位素组成在地壳与地幔中极不相同，He、Ar 等稀有气体同位素可作为示踪壳-幔相互作用过程极灵敏的指示剂，是研究地球内部流体来源、运移机制和演化历史强有力的工具。20 世纪末这一示踪手段开始引入成矿古流体的研究（Simmons，Sawkins，Schlutter，1987；Turner and Stuart，1992；Stuart，Burnard，Taylor et al.，1995；Hu，Burnard，Bi et al.，2004；Burnard，Hu，Turner et al.，1999）。近年来，我国在矿床稀有气体同位素地球化学研究领域取得了积极进展。通过对红河-金沙江富碱侵入岩带中铜-金矿床（Hu，Burnard，Bi et al.，2004）、华南铀矿床（Hu，Burnard，Bi et al.，2009）、南岭地区中生代钨锡多金属矿床（Li，Hu，Peng et al.，2006；Li，Hu，Yang et al.，2007；Cai，Mao，Ting et al.，2007；Zhao，Jiang，Ni et al.，2007；Wu，Hu，Peng et al.，2011；Hu，Bi，Jiang et al.，2012；Zhai，Sun，Wu et al.，2012）成矿流体稀有气体同位素地球化学的深入研究，发现这些矿床成矿流体中均有大量幔源组分加入，显示了壳幔深部过程对成矿的重要制约作用。

由于地壳相对富 Re，混入的地壳物质越多产生的放射性[187]Os 含量就越高，因此，Re-Os 同位素体系是成矿过程中地壳物质混入程度很好的指示剂（Zhi，2000）。利用硫化物的 Re-Os 同位素组成，可以揭示岩浆成因 Cu-Ni 硫化物矿床、金矿床、斑岩型矿床、黑色岩系矿床，以及洋底块状硫化物矿床的成矿物质来源（蒋少涌，杨竞红，赵葵东等，

2002；蒋少涌，于际民，凌洪飞等，2002；Jiang, Yang, Ling et al., 2007）。此外，将 Re-Os 同位素体系与其他元素或同位素比值结合起来联合示踪已成为一种新的趋势。例如，Yang 测试了新疆菁布拉克铜镍矿床中硫化物、橄榄辉长岩、异剥橄榄岩样品中的 Re-Os 含量及同位素组成，认为硫化物中高的 Os 含量、低的 Re/Os 值以及低的 $^{187}Os/^{188}Os$ 值暗示成矿物质源于地幔。同时，放射性成因的 Os 同位素及 Sr-Nd 同位素组成显示，幔源岩浆上升过程中可能混染了部分地壳成分，对硫化物矿床的形成起到了制约作用（Yang, Zhou, Lightfoot et al., 2012）。

近年发展起来的 Li、Cl、Mg 同位素也具有追踪深部地质过程的巨大潜力。锂有两种稳定同位素（^6Li 和 ^7Li），质量上的较大差异（约 15%）导致了较明显的同位素分馏，锂同位素在近地表的分馏程度可达 -20‰~40‰（Rudnick and Nakamura, 2004）。这一特性使得 Li 同位素体系可以作为从地表到地幔的流体与矿物之间相互作用程度良好的地球化学指示剂，例如被用于示踪洋壳蚀变与热液活动的关系（Chan, Leeman, You, 2002；Chan and Hein, 2007）和壳-幔物质循环（Elliott, Jeffcoate, Bouman, 2004；Elliott, Thomas, Jeffcoate et al., 2006）等重要地质过程。苏媛娜等（2011）在对四川甲基卡伟晶岩型锂多金属矿床的研究中发现，锂辉石和二云母花岗岩（二云母花岗岩中黑云母的锂同位素特征可以代表其寄主花岗岩的特征）的锂同位素组成在误差范围内具有非常好的一致性，证明形成锂辉石的物质起源于二云母花岗岩。这一结论与前人基于流体包裹体、同位素地球化学和年代学等方面研究得出的认识相一致。

地幔来源样品的 $\delta^{37}Cl$ 值较低（$\delta^{37}Cl \leq -1.6‰$），而地表氯库 $\delta^{37}Cl$ 值一般为 0‰±0.9‰，显示了地幔氯和地壳氯截然不同的氯同位素组成（Eastoe and Peryt, 2007；Bonifacie, Busigny, Mével et al., 2008）。此外，由于 Cl 具有强挥发性和低黏滞性的特点，有潜力成为壳-幔物质相互作用的良好指示剂。Gleeson 和 Smith 对瑞典 Norrbotten 氧化铁-铜-金矿床矿物流体包裹体的氯同位素组成进行了详细研究（Gleeson and Smith, 2009），其中最为显著的一个特点是这些样品的 $\delta^{37}Cl$ 值偏负，并且其偏负的程度要超出 Eastoe 给出的地表氯库 $\delta^{37}Cl$ 值 0‰±0.9‰ 的范围（Eastoe et al, 2007）。比较与该矿床空间上密切相关的三种成矿体系的氯同位素组成，支持该矿床的氯源自地幔而非蒸发岩。

地球不同储库具有明显不同的镁同位素组成，较大的镁同位素分馏主要发生在低温水-岩作用过程中，因此镁同位素可望成为示踪低温矿床成矿流体来源和性质的优势工具之一（Huong, Chakraborty, Lundstrom et al., 2010a；Huang, Farkaš, Jacobsen, 2010b）。孙剑利用镁同位素成功示踪了白云鄂博矿床 H8 白云岩的成因，从而对白云鄂博矿床的成因提供了进一步的约束。镁同位素组成清晰地表明，H8 白云岩的镁主要来自地幔，在白云岩沉淀过程和后期白云岩化过程中可能发生了镁同位素分馏（孙剑，房楠，李世珍等，2012a；孙剑，朱祥坤，陈岳龙等，2016b）。

2. 成矿元素来源的直接示踪

成矿流体中，成矿元素（如 Cu、Zn、Cd、Fe、Hg、Se、Ge 等）与 H、O、C、S 的来源并非经常一致。从严格意义上讲，用 H、O、C、S 等同位素并不能示踪成矿元素的来源，这就为成矿元素本身的同位素示踪研究创造了发展空间。因此，利用成矿元素的同位素组成来示踪成矿物质的来源和演化，近年来引起了国内外学者的高度重视。研究表明，利用 Zn、Cd 等同位素组成的差异可初步区分 MVT、VMS、Sedex 铅锌矿床类型（Kelley,

Wilkinson, Chapman et al., 2009; Zhu, Wen, Zhang et al., 2013), 利用 Se/Ge 同位素可示踪 Se/Ge 矿床物质来源和成矿过程 (Qi, Konxel, Hu, 2011; Wen and Carignan et al., 2011), 利用 Hg 同位素可示踪热泉型 Hg 矿的沸腾、氧化成矿过程 (Smith, Kesler, Klane et al., 2005)。

近年来, 我国科学家在研究分散元素矿床时, 利用分散元素同位素来示踪其来源和成矿过程等方面取得了积极进展。Qi 等 (2011) 系统研究了云南临沧超大型锗矿床的锗同位素地球化学。研究发现富锗褐煤中锗同位素组成存在较大的变化 ($^{74}Ge_{NIST}=-2.59‰±4.72‰$), 根据锗同位素与锗含量之间明显的负相关性, 推断褐煤中锗同位素的分馏主要受有机质的吸附作用控制。与富锗褐煤互层的热液成因硅质岩和灰岩的锗同位素组成变化范围较小 (-0.14‰~2.89‰), 暗示在开放体系中石英沉淀过程导致的锗同位素分馏, 小于有机质吸附过程产生的锗同位素分馏。研究表明, 临沧锗矿形成过程中锗同位素组成的变化, 符合开放体系中的瑞利分馏模式, 沿煤层剖面锗同位素的变化可以指示含锗流体的运移方向和锗的富集机制。Wen 和 Carignan (2011) 对硒同位素用于成矿物质来源和成矿环境氧化还原状态的示踪潜力进行了评估。通过硒同位素研究, 分别建立了黑色岩系中 Se 富集的 "热液与海水混合模式"、"表生淋滤氧化还原模式" 和 "有机质和热液控制的成矿模式", 突破了以往硒成矿单一模式的传统观念。Zhu 等 (2013) 通过川滇黔接壤区多个铅锌矿床的 Cd 同位素研究发现, 矿床中 Cd 同位素组成变化范围较大, 可达 1.9‰, 是目前发现的硫化物样品中最大的同位素分馏值, 这一发现为 Cd 同位素作为一种重要示踪剂提供了重要基础。此外, 研究还发现不同矿床存在明显的元素和同位素分组现象, 反映川滇黔接壤区的铅锌矿床可能具有不同的成因 (MVT 和 SEDEX 型)。

此外, 我国科学家运用 Cu、Fe、Zn 等同位素, 对相关矿床进行了成矿物质来源的示踪研究。例如, 利用 Fe 同位素对条带状铁矿 (BIF), 四川攀枝花 V-Ti 磁铁矿矿床的研究, 为相关矿床的成因提供了新的信息 (李志红, 朱祥坤, 唐索寒, 2008; 朱祥坤, 李志红, 唐索寒等, 2008; 孙剑, 房楠, 李世珍等, 2012; 孙剑, 朱祥坤, 陈岳龙等, 2012)。

3. 成矿流体演化过程的同位素示踪

很多元素 (如 Mo、Se、Fe 等) 都具有多价态特征, 是氧化-还原敏感金属, 其同位素分馏主要受控于地质演化过程中的氧化还原过程, 在低温条件下尤为显著。因此, 这些元素的同位素组成, 是成矿过程中元素迁移、分配及其热液物理化学条件演化的灵敏示踪剂。

已有资料表明, 热液体系中钼的氧化物和硫化物之间的相互转化, 构成了钼在热液体系中的主要物理化学过程, 这一过程会造成较大的钼同位素分馏 (Hannah, Stein, Wieser et al., 2007)。这一机制的研究, 可为揭示成矿流体中钼的活化、转化、迁移及沉淀提供重要依据。Song, Hu, Wen 等 (2011) 通过粤西大降坪黄铁矿矿床的 Mo 同位素研究表明, 矿床的形成经历了两种不同的过程, 即海底喷流沉积和热液改造。同时, Mo 同位素组成的变化可以反映成矿发生在缺氧环境还是弱氧化-氧化的环境。

硼在自然界有两种稳定同位素 ^{11}B 和 ^{10}B。硼同位素在不同地质体中的分馏较大, 且在岩浆-热液流体中具有高活动性和稳定的化学性质等特性, 因此硼同位素在地学研究中的应用越来越广泛。硼同位素已逐步成为研究热液成矿过程、示踪成矿物质来源和成矿环境的强有力地球化学工具 (蒋少涌, 杨竞红, 赵葵东等, 2000a; 蒋少涌, 于际民, 凌洪飞等, 2000b; Jiang, 2001)。

对矿床中常见的脉石矿物（如方解石、白云石等），除通常的C、O同位素示踪外，直接研究组成矿物的主元素（如Ca、Mg等）的同位素也是目前的研究热点。例如，已有研究表明，5~10℃的温度变化可以产生大于0.2‰的钙同位素分馏，因此热液方解石的钙同位素组成可以反映热液流体较小的温度变化。实验研究也发现，高温体系中温度梯度的存在可以产生较大的钙同位素分馏（Huang, Chakraborty, Lundstrom et al., 2010a），这为矿床地球化学研究中利用钙同位素示踪成矿流体的温度和流体的运移途径提供了可靠的理论基础。

4. 传统同位素新理论拓展了在矿床研究中的应用领域

一些传统同位素正在不断扩展其理论体系和应用范围，取得了瞩目的成果。非质量同位素分馏效应（$\delta^{33}S$、$\delta^{17}O$）可以揭示单个同位素比值测量无法揭示的特殊作用过程。Algoma型硅铁建造往往具有负的$\Delta^{33}S$值，而Superior型硅铁建造具有正的$\Delta^{33}S$值，这是区分不同BIF矿床类型的重要标志（侯可军，李延河，万德芳，2007）。利用氧同位素的非质量分馏效应（$\delta^{17}O$），为确定智利Atacama、美国死谷和新疆吐哈地区硝酸盐矿床的大气成因提供了可靠证据（Michalski, Böhlke, Thiemens, 2004; Kaufman, Corsetti, Varni, 2007; 秦燕，李延河，刘锋等，2008）。"Clumped isotope"是另一类新兴起的同位素研究方法——研究地质样品中"稀-稀"同位素体浓度的方法，如研究CO_2中的$^{18}O^{13}C^{16}O$浓度。唐茂等（2007）发表了国内第一篇关于"Clumped isotope"同位素的文章。这些"稀-稀"同位素体具有提供各种地学过程信息的潜力，如单相物质测温，即仅依靠一种矿物或分子的"Clumped isotope"确定它的形成温度（Eiler and Schauble, 2004; Eiler, 2007），这极大地拓展了同位素地质温度计的应用范围，为更加精细地研究成矿流体的演化特征提供了强有力的工具。可以相信，随着"Clumped isotope"理论体系的进一步完善，它们将有望在矿床地球化学研究中得到更广泛的应用。

（五）成矿年代学研究

成矿年代学是矿床地球化学研究最基本的内容之一。只有精确确定成矿时代，才能正确判断构造—岩浆—沉积—变质—热事件与成矿作用间的关系，从而深入认识矿床形成的地球动力学环境和矿床成因。

早在18世纪，人们就已意识到成矿年代学研究在矿床研究中的重要地位（裴荣富，1995）。但长期以来，由于分析测试手段发展的相对滞后以及许多矿床中缺乏适于常规定年的矿物，成矿年代学研究一直是矿床地球化学研究中的薄弱环节。20世纪80年代以前，人们对热液矿床的年代学研究主要局限于含钾热液矿物的K-Ar法测年或对方铅矿、钾长石等进行普通Pb或Pb-Pb年龄的测定（Faure, 1986）。许多矿床的形成时间主要借助于间接手段来获取，难以准确反映其成矿的真实时间。近年来，随着分析测试技术的进步，成矿年代学研究得到了较大发展。

1. 定年对象和一些传统定年方法得到拓展

（1）传统方法的拓展。Sm-Nd同位传统上主要用于前寒武纪地质年代学研究。但是，近年的研究发现，在某些热液矿床成矿过程中，稀土元素内部可发生强烈的分馏作用，导致一些热液矿物中的 Sm/Nd 变化很大，远高出地壳岩石的正常值（Brugger, Maas, Lahaye et al., 2002；彭建堂，胡瑞忠，林源贤等，2002；彭建堂，胡瑞忠，蒋国豪，2003；彭建堂，胡瑞忠，毕献武等，2007）。因此，热液矿床中含钙矿物的 Sm-Nd 同位素定年得到广泛应用（彭建堂，胡瑞忠，毕献武等，2007），萤石（彭建堂，胡瑞忠，蒋国豪等，2003）、白钨矿（彭建堂，胡瑞忠，赵军红等，2003；刘琰，邓军，李潮峰等，2007；王晓地，汪雄武，孙传敏，2010）和方解石（Peng, Hu, Burnard, 2003；Barker, Bennett, Cox et al., 2009；Su, Heinrich, Pettke et al., 2009；田世洪，杨竹森，侯增谦等，2011）均被广泛应用于 Sm-Nd 同位素定年研究，并取得成功。黄铁矿 Rb-Sr 法对胶东玲珑金矿（杨进辉和周新华，2000；Yang and Zhou, 2001；Li, Chen, Yang et al., 2008）和河南祁雨沟金矿（韩以贵，李向辉，张世红等，2007）的研究亦取得令人满意的结果。

（2）矿石矿物被广泛应用于定年研究。除辉钼矿外，其他硫化物如毒砂（Arne, Bierlin, Morgan et al., 2001；Morelli, Creaser, Selby et al., 2005；喻刚，杨刚，陈江峰等，2005；王加昇，温汉捷，李超等，2011）、黄铁矿（Stein, Morgan, Scherstén, 2000；Kirk, Ruiz, Chesley et al., 2001；石贵勇，孙晓明，潘伟坚等，2012；Lawley, Selby, Imber, 2013；唐永永，毕献武，武丽艳，2013）、磁黄铁矿（Wang, Li, Zhao et al., 2008；Lü, Mao, Li et al., 2011）、黄铜矿（Zhu, Wen, Zhang et al., 2013）等矿石矿物均被尝试用于 Re-Os 定年研究。此外，矿石矿物如白钨矿（彭建堂，胡瑞忠，赵军红等，2003b；刘琰，邓军，李潮峰等，2007；王晓地，汪雄武，孙传敏，2010）和黑钨矿（李华芹，谢才富，常海亮，1998；Kempe, Belyatsky, Krymsky et al., 2001；聂凤军，江思宏，白大明，2002）的 Sm-Nd 定年和锡石的 U-Pb 定年也得到较广泛的应用（Yuan, Peng, Hao et al., 2011；刘玉平，李正祥，李惠民等，2007）。在缺少可精确定年的合适矿物的前提下，这些矿物的定年为试图确定成矿时代提供了一些有用信息。

2. 新技术和新的同位素定年体系得到发展

（1）新的同位素定年体系。近年来，磷灰石 Lu-Hf 同位素体系得到广泛研究，目前已被用于磷块岩和与铁镁质岩石有关 Fe-Ti 矿床的年龄测定（Barfod, Otero, Albarède et al., 2003；Larsson and Söderlund, 2005）。

由于 ^{190}Pt 半衰期时间长（$\lambda = 1.477 \times 10^{-12} a^{-1}$），自然界中 ^{186}Os/^{188}Os 变化小，因此在过去 20 年中 ^{190}Pt-^{186}Os 同位素体系主要用于示踪地球的深部地质作用过程（Walker, Morgan, Beary et al., 1997；Luguet, Pearson, Nowell et al., 2008）。最近，Pt-Os 同位素体系已被成功应用于铂族元素成矿作用的年龄测定，如对印尼 Borneo 州砂矿中铂族矿物（Coggon, Nowell, Pearson et al., 2011）和南非 Bushveld 杂岩体中铂矿化（Coggon, Nowell, Pearson et al., 2012）形成时间的准确确定。

（2）同位素原位定年技术：近年来，同位素原位定年技术得到迅猛发展。主要体现在利用 SHRIMP、SIMS、LA-ICP-MS 或 LA-MC-ICP-MS 等手段，对与成矿作用有关的热液成因含铀矿物进行微区原位 U-Pb 同位素定年，包括热液锆石（Hu, Burnard, Bi et al., 2004；Pelleter, Cheilletz; Gasquet et al., 2007）、独居石（Rasmussen, Sheppard, Fletcher, 2006；Kempe, Lehmann, Wolf et al., 2008）、金红石（Jemieilta, Davis, Krogh, 1990；Zweng, Mortensen, Dalrymple, 1993；Li, Deng, Zhou et al., 2010）、榍石（Jemieilta, Davis, Krogh, 1990；Zweng, Mortensen, Dalrymple, 1993）和锡石（Yuan,

Peng, Hao et al., 2011; Bi, Hu, Li et al., 2011; 马楠, 邓军, 王庆飞等, 2013) 等。

3. 基本查明我国各成矿域的成矿时代

全球三大主要成矿域，即环太平洋成矿域、特提斯成矿域和古亚洲成矿域，在我国均有分布，是我国矿产资源最重要的分布区。在多轮国家973项目等一系列项目的资助下，我国学者对上述三大成矿域进行了较系统的研究，目前已基本查明古亚洲成矿域、环太平洋成矿域和特提斯成矿域的主成矿期分别对应于古生代、中生代和新生代。

古亚洲成矿域在我国的部分，通常指中国阿尔泰、准噶尔、天山-北山、兴蒙、吉黑以及华北陆块北缘早古生代褶皱造山带范围（郭文魁，王永勤，刘兰笙，1987；陈毓川，1999；任秉琛和邬介人，2002）。最近的研究表明，该区的成矿作用主要集中于古生代，特别是海西期和加里东期。如对东天山和北山裂谷中与镁铁质—超镁铁质有关的铜镍、钒钛磁铁矿矿床的研究发现，这些成矿作用均发生于海西期，成矿时间为278.6~284.0 Ma（Qin, Zhang, Xiao, et al., 2003; Qin, Su, Sakyi et al., 2011; Zhang, Xiao, Qin et al., 2005; Zhang, Qin, Xiao, 2008）和270~298 Ma（毛景文，Pirajno，张作衡等，2006；Zhou, Michael, Yang et al., 2004; Mao, Xie, Bierlein et al., 2008）。此外，最新研究表明，兴蒙地区多宝山-铜山斑岩铜钼矿床和白乃庙斑岩铜金矿的成矿年龄分别为482~486 Ma（Liu, Wu, Li et al., 2012）和445.0±3.4 Ma（Li, Zhong, Xu et al., 2012），表现出加里东期成矿的特点。国外亦是如此，中亚地区包括穆龙套金矿在内的造山型金矿形成于260~300 Ma（Yakubchuk, Seltmann, Shatov et al., 2001; Morelli, Creaser, Seltmann et al., 2007; Goldfarb, Taylor, Collins et al., 2014）。Orlov的统计结果表明，哈萨克斯坦中部94%的铜矿形成于海西中晚期，6%的铜矿形成于加里东早期（陈衍景，2000）。

特提斯成矿域分布于我国青藏高原和西南三江地区，该区经历了多次大陆裂解、增生造山、碰撞造山演化历史及相关成矿过程（Hou, Zeng, Gao et al., 2006b; Hou, Zaw, Pan et al., 2007; 邓军，杨立强，王长明，2011; Deng, Wang, Li et al., 2014）。研究表明，该区主成矿期主要为新生代（Hou, Yang, Qu et al., 2009; Deng, Wang, Li et al., 2014）。三江地区广泛发育与新生代富碱侵入岩有关的铜、金矿床（Li, Hu, Yang et al., 2007; Bi, Cornell, Hu, 2002; Bi, Hu, Cornell, 2004），这些矿床的年龄相当集中，基本上分布于13~65 Ma之间（Hou, Zeng, Gao, 2006a, Hou, Tian, Yuan, 2006; Hou, Zeng, Gao, 2006b）；冈底斯斑岩铜矿带的形成时间集中在15.2~16.0 Ma（Deng, Yang, Qu et al., 2014）；在三江地区沿沱沱河—玉树—昌都—兰坪—思茅一线，赋存于沉积岩中的Pb-Zn-Cu-Ag矿床也形成于新生代（侯增谦，宋玉财，李政等，2008）。

我国东部是全球环太平洋成矿域的重要组成部分，该区壳幔相互作用复杂，花岗岩分布十分广泛，并存在大规模的钨、锡、金、铜等成矿作用。最近十多年的研究表明，尽管该区存在多期次的成矿作用，但其大规模的成矿作用主要发生于中生代（Hu and Zhou, 2012; Mao, Chen, Chen et al., 2013）。如秦岭—大别一带钼矿均发生在早三叠世以后，集中发生于233~221 Ma、148~138 Ma和131~112 Ma三个时间段（Mao, Wang, Zhang et al., 2003）；胶东地区的金矿主要形成于120 Ma（Mao, Wang, Zhang et al., 2003; Li, Vasconcelos, Zhang et al., 2003）；长江中下游的铜、金、铁成矿带集中于140 Ma左右和120 Ma左右（Mao, Wang, Lehmann et al., 2006; Hu and Zhou, 2012）。南岭地区大规模成矿作用出现于中晚侏罗世（150~170 Ma）（毛景文，华仁民，李晓波，1999；毛景文，谢桂青，郭春丽等，2008；华仁民，2005），特别是集中爆发于 150~160 Ma（彭建堂，胡瑞忠，毕献武等，2007；彭建堂，胡瑞忠，袁顺达等，2008；Peng, Zhou, Hu et al., 2006）；华南地区的铀矿床形成于 140~50 Ma（胡瑞忠，毕献武，苏文超等，2004；Hu, Bi, Zhou et al., 2008）。华南广泛分布的钨锡多金属矿床主要形成于约 210~230 Ma、150~160 Ma、80~100 Ma 三个时期（Hu and Zhou, 2012；Mao, Chen, Chen et al., 2013），华南陆块西侧大面积低温成矿域的川滇黔 Pb-Zn 矿集区、湘中盆地 Sb-Au 矿集区、右江盆地 Au-As-Sb-Hg 矿集区的成矿时代，可能分别与华南陆块东侧钨锡多金属矿床大规模成矿的三个时期相对应（Hu and Zhou, 2012）。

4. 成矿作用与地质事件的关系

已有研究表明，华南南岭地区 150~160 Ma 钨锡大规模成矿作用被认为与华南地区中生代地幔上涌、岩石圈拉张密切相关（毛景文等，2007，2008；彭建堂，胡瑞忠，袁顺达等，2008；Hu and Zhou, 2012；Mao, Chen, Chen et al., 2013）。华南地区中-新生代的铀成矿受该区白垩纪—古近纪地壳拉张、幔源基性脉岩侵位所驱动（胡瑞忠，毕献武，苏文超等，2004；Hu, Bi, Zhou et al., 2008；Hu, Burnard, Bi et al., 2009）。三江地区与新生代富碱侵入岩有关的铜、金矿床年龄集中分布于 65~41 Ma、40~26 Ma 和 25~13 Ma 三个区间，与青藏高原印-亚大陆碰撞密切相关，分别对应碰撞造山、晚碰撞转换和后碰撞伸展的构造环境（侯增谦，郑远川，杨志明等，2012）。我国西南地区峨眉大火成岩省与基性、超基性岩有关的钒钛磁铁矿矿床、铜镍硫化物矿床形成于 260 Ma 左右，是峨眉地幔柱活动的产物（Zhong, Zhou, Zhou et al., 2002；Zhong and Zhu, 2006；Zhou, Malpas, Song et al., 2002；Zhou, Robinson, Lesher et al, 2005；Zhou, Arndt, Malpas et al., 2008；Shellnutt and Zhou, 2007；Shellnutt, Wang, Zellmer et al., 2011；Song, 2009；Tao, Ma, Miao et al., 2009）。

Groves 等对全球金矿的成矿年龄进行了统计分析，发现造山型金矿周期性的形成与保存时间，与地壳周期性生长事件基本能一一对应。包括造山型金矿、IOCG、VHMS 在内的含金矿床，在时间分布上具有显著的规律性。这种规律被认为与从早期热地球漂浮式的块体构造样式向显生宙现代板块样式的转变密切相关（Groves, Condie, Goldfarb et al., 2005）。

二、发展方向

学科的发展是一长期过程，要建立更加完善和系统的矿床地球化学理论，还任重而道远。展望未来，要做的工作很多。作为其中的重要方面，以下五点可能需要得到继续关注。

（一）成矿精细过程

受科学发展水平的限制，以往矿床地球化学关注的焦点是成矿作用的始、终态，对成矿过程及其驱动机制的研究一直较为薄弱。近年来，非线性科学和实验模拟技术的进步，以及分析测试条件的进一步完善，为这些薄弱领域的深入研究提供了可能。主要发展趋势包括：①以实验为手段，研究各种地质作用过程中元素活化、迁移和沉淀的物理化学条件，注重模拟实验研究与热力学和计算地球化学研究的结合，力求定量表达各种成矿地球化学过程；②将非线性科学和化学动力学理论引入成矿过程的研究之中，力求定量表达成矿系统的结构特征和与成矿作用有关的各种化学反应的机制和速率；③非传统金属同位素示踪理论和技术的逐渐成熟和发展，使得对成矿物质来源的直接示踪成为可能；④微区微量分析测试技术的进步，使得对整个成矿过程不同阶段产物的元素和同位素组成的原位测定成为可能，这为较精细了解成矿流体组成和成矿过程不同演化阶段的特征提供了前提，同时也就为"精细"刻画成矿过程、更加合理地建立成矿模式提供了条件。因此，通过运用各种新理论和新方法，揭示成矿系统不同演化阶段的组成和环境、定量表达成矿系统中发生的各种化学反应的机制和速率，从而精细刻画成矿作用的源—运—聚过程及其制约机制，已成为矿床地球化学研究的重要发展趋势。

（二）矿床精确年代学

对成矿时代的正确把握，是建立成矿理论体系的重要方面。近些年来，为揭示成矿作用的驱动机制，成矿作用与重大地质事件的关联性研究受到高度重视。重大地质事件包括板块的俯冲-碰撞或裂解、地幔柱活动、岩石圈拆沉和幔源岩浆底侵、岩石圈伸展等等。与板块俯冲和洋中脊扩张有关的成矿研究，已成为长达近半个世纪的研究热点；我国青藏高原、秦岭造山带和中亚造山带相关成矿作用的研究，正推动着造山带成矿理论研究的进步；通过对地幔柱大规模玄武岩浆起源—演化—硫化物熔离的研究，推动了地幔柱动力学和成矿作用研究的发展；岩石圈减薄和幔源岩浆底侵及其与大规模花岗岩浆活动和成矿作用关系的研究，掀开了中国东部中生代地质矿产研究的新篇章。高精度的定年研究结果表明，特定成矿域的大规模成矿作用往往发生在相对较短的时间而具有"爆发性"，并与区域重大地质事件具有密切的时空耦合关系。深入剖析这种内在联系，精细刻画重大地质事件如何促使成矿物质大规模活化、迁移和成矿，已成为矿床地球化学研究的重要发展方向。

但是，很多矿床都缺少适合用传统放射性同位素方法精确定年的矿物，这就给矿床成矿时代的准确确定带来了很大难度。如何进一步提高测试精度，降低测试下限，建立一些各类矿床中基本都有分布的所谓"遍在性"矿物的精确定年方法（例如，黄铁矿 Re-Os 等），对矿床地球化学的进一步发展将至关重要。

（三）下一代战略性矿产资源成矿作用

稀有金属，主要包括稀有轻金属、稀有难熔金属、分散金属、稀土金属等，对新材料、新能源和信息技术等新兴产业十分关键。随着科学技术的发展和工业化水平的提高，在可预测的将来世界上对稀有金属的需求将呈爆发性增长的趋势，供需矛盾将十分突出，其地位或相当于石油在现代社会中的作用。因此，稀有金属也被誉为下一代战略性矿产资源。

与铁、铝、铜等大宗矿产十分紧缺不同，我国较多稀有金属的探明储量都居世界前列，在全球具有明显优势，并显示出巨大资源潜力。因此，把握成矿规律、摸清资源家底具有重要意义。长期以来，我国对稀有金属矿产的研究和开发工作取得了重要进展。但还存在许多重要问题亟待解决。主要问题是，相对于全球我国为何能够富集不同类型的稀有金属，怎样对其资源潜力进行评估。例如，①白云鄂博世界级超大型稀土矿床探明的储量曾占全球总量的约50%，是什么特殊条件导致了稀土在如此小的区域得到超常规的巨量聚集？其他区域还有此类矿床吗？②分散元素的地球化学性质以分散为特征，直至20世纪80年代末国内外权威著作还断言它们不能形成矿床，只能作为副产品从其他矿床中回收。近年来在我国西部地区相继发现了一批分散元素矿床，但"分散"元素形成矿床需要怎样的苛刻条件？其成矿规律怎样？③华南中生代形成了面积达1000 km^{2}的大花岗岩省，并伴随钨、锡、铌、钽、锂、铍等稀有金属的大爆发成矿，形成了全球最大的稀有金属成矿省，这是为什么？

亟须选择稀有金属矿床集中分布区进行深入研究，把握稀有金属成矿规律，建立稀有金属资源潜力预测和评价方法，评估资源潜力及分布，为提高我国在全球资源配置格局中的地位、实现稀有金属矿产安全高值利用提供科技支撑。

（四）深部矿产成矿规律和预测

从理论上讲，地球内部有利的成矿空间一般为地表至地下5~10 km。为探寻深部矿产资源，澳大利亚启动了"玻璃地球"计划。加拿大也提出了类似"玻璃地球"的重大计划，力争使加拿大地下3000 m以内变得"透明"，以便可以发现新的巨型矿床。

已知矿床深部和覆盖区的矿产资源预测，即通称的"攻深找盲"，是我国今后找矿预测的新方向。世界上矿业大国一些矿床的勘探开采深度已达2500~4000 m，我国大都小于500 m，急需新理论和新方法去探测更深部的矿产资源。我国绝大多数矿床的勘探和开采深度之所以远低于国外同类矿床，一方面是由于缺乏深部隐伏矿精确探测的技术方法，另一方面是由于长期以来对深部成矿理论和成矿预测研究的不足。

矿床地球化学在"攻深找盲"中可以发挥重要作用。例如，①开展矿床形成的最大理论深度及其控制因素研究，确定矿床的形成压力，估算矿床的形成深度；结合大量国内外已有数据，评估不同类型矿床成矿的最大理论深度和主要控制因素。②研究成矿后的隆升与剥蚀特征的关系，确定矿床形成后的改造和保存状况。③研究矿化垂直分带与元素共生分异规律。从区域尺度，研究不同金属元素矿床在空间上的分布规律；从矿田尺度研究不同成矿元素在空间上的共生分异规律；从矿床或矿体尺度研究不同成矿元素的矿化分带现象。在强调元素横向分带性的同时，特别注重垂向分带对深部隐伏矿化（体）的指示作用。④研究成矿模式与找矿模式的关系。在深入研究成矿地质环境和成矿机制的基础上，把握成矿规律，建立不同层次的矿床模型，将成矿信息转化成各种有效的找矿标志，架起成矿模式与找矿模式的桥梁，指导找矿靶区优选和隐伏矿体预测。

（五）矿床环境地球化学

我国已有矿床的资源禀赋较差。一个重要特点是共伴生矿床多，单一矿种的矿床少：约80%的矿床中都有共伴生元素，开发利用的139个矿种中，有87种部分或全部来源于共、伴生矿床。这种禀赋特征加上管理和科技等方面原因，导致矿业开发领域还存在资源利用水平低、对环境扰动大等诸多问题。实现社会的可持续发展需要良好的生态环境，这就要求尽量减少和避免矿业活动对环境造成的损害，发展清洁矿业，走矿业开发与环境保护协调发展的新路。为实现这一目标，需要多学科的密切合作，矿床地球化学可以发挥重要作用（翟裕生，2001）。这方面的主要任务是，查定矿床和尾矿中元素的共生组合规律和赋存状态，研究矿床中有毒有害元素的表生地球化学行为，开发矿山固体废弃物资源化理论和技术，改进和发展显微–超显微物质观测分析技术，揭示矿产资源综合利用的途径以及矿山开发的环境效应。

主要参考文献

陈好寿.1992.康滇地轴铜矿床同位素地球化学.北京：地质出版社

陈衍景.2000.中国西北地区中亚型造山–成矿作用的研究意义和进展.高校地质学报，6（1）：17~22

陈衍景，倪培，范宏瑞等.2007.不同类型热液金矿系统的流体包裹体特征.岩石学报，23（9）：2085~2108

陈毓川.1999.中国矿床成矿系列图.北京：地质出版社

陈毓川等.1998.中国矿床成矿系列初论，北京：地质出版社

邓军，杨立强，王长明.2011.三江特提斯复合造山与成矿作用研究进展.岩石学报，27（9）：2501~2509

丁国瑜.1999.大陆动力学地学研究的新方向.内陆地震，13（4）：289~290

丁悌平.1988.南岭地区几个典型矿床的稳定同位素研究.北京：北京科学技术出版社

范宏瑞，谢奕汉，翟明国.2001.冀西北东坪金矿成矿流体研究.中国科学（D辑），31（7）：37~44

格西，苏文超，朱路艳等.2011.红外显微镜红外光强度对测定不透明矿物中流体包裹体盐度的影响：以辉锑矿为例.矿物学报，31（3）：66~71

国家自然科学基金委员会.1996.自然科学学科发展战略调研报告·地球化学.北京：科学出版社，1~156

郭文魁，王永勤，刘兰笙.1987.中国内生金属成矿图说明书.北京：地图出版社

韩以贵，李向辉，张世红等.2007.豫西祁雨沟金矿单颗粒和碎裂状黄铁矿Rb-Sr等时线定年.科学通报，52（11）：307~311

侯可军，李延河，万德芳.2007.鞍山–本溪地区条带状硅铁建造的硫同位素非质量分馏对太古代大气氧水平和硫循环的制约.中国科学（D辑），37（8）：997~1003

侯增谦，宋玉财，李政等.2008.青藏高原碰撞造山带Pb-Zn-Ag-Cu矿床新类型：成矿基本特征与构造控矿模型.矿床地质，27（2）：23~44

侯增谦，郑远川，杨志明等.2012.大陆碰撞成矿作用：Ⅰ.冈底斯新生代斑岩成矿系统.矿床地质，31（4）：47~70

胡瑞忠，毕献武，苏文超等.2004.华南白垩—第三纪地壳拉张与铀成矿的关系.地学前缘，11（1）：53~60

胡瑞忠，毕献武，彭建堂等.2007.生代以来岩石圈伸展及其与铀成矿关系研究的若干问题.矿床地质，26（2）：39~52

胡瑞忠，温汉捷，苏文超等.2014.地球化学近十年若干研究进展，矿物岩石地球化学通报，33（2）：127~144

华仁民.2005.南岭中生代陆壳重熔型花岗岩类成岩–成矿的时间差及其地质意义.地质论评，51（6）：633~639

华仁民和毛景文.1999.试论中国东部中生代成矿大爆发.矿床地质，18（4）：300~308

蒋少涌，杨竞红，赵葵东等.2000.金属矿床Re-Os同位素示踪与定年研究.南京大学学报（自然科学），36（6）：669~677

蒋少涌，于际民，凌洪飞等.2000.壳–幔演化和板块俯冲作用过程中的硼同位素示踪.地学前缘，

7（2）：391~399

金景福和胡瑞忠.1990.希望铀矿床物质来源探讨.矿床地质，（2）：141~148

李华芹，谢才富，常海亮.1998.新疆北部有色贵金属矿床成矿作用年代学.北京：地质出版社

李锦轶和肖序常.1998.板块构造学说与大陆动力学.地质论评，44（4）：337~338

李曙光，支霞臣，陈江峰等.1983.鞍山前寒武纪条带状含铁建造中石墨的成因.地球化学，（2）：162~169

李志红，朱祥坤，唐索寒.2008.鞍山-本溪地区条带状铁建造的铁同位素与稀土元素特征及其对成矿物质来源的指示.岩石矿物学杂志，27（4）：285~290

刘琰，邓军，李潮峰等.2007.四川雪宝顶白钨矿稀土地球化学与Sm-Nd同位素定年.科学通报，52（16）：1923~1929

刘宝珺和李廷栋.2001.地质学的若干问题.地球科学进展，16（5）：607~616

刘玉平，李正祥，李惠民等.2007.都龙锡锌矿床锡石和锆石U-Pb年代学：滇东南白垩纪大规模花岗岩成岩-成矿事件.岩石学报，23（5）：967~976

马楠，邓军，王庆飞等.2013.云南腾冲大松坡锡矿成矿年代学研究：锆石LA-ICP-MS U-Pb年龄和锡石LA-MC-ICP-MS U-Pb年龄证据.岩石学报，29（4）：1123~1135

毛景文，华仁民，李晓波.1999.浅议大规模成矿作用与大型矿集区.矿床地质，18（4）：291~299

毛景文，张作衡，余金杰等.2003.华北中生代大规模成矿的地球动力学背景：从金属矿床年龄的精确测定得到启示.中国科学（D辑），33（4）：289~300

毛景文，谢桂青，李晓峰等.2005.大陆动力学演化与成矿研究：历史与现状——兼论华南地区在地质历史演化期间大陆增生与成矿作用.矿床地质，24（3）：193~205

毛景文，Pirajno F，张作衡等.2006.天山—阿尔泰东部地区海西晚期后碰撞铜镍硫化物矿床主要特点及可能与地幔柱的关系.地质学报，80（7）：925~942

毛景文，谢桂青，郭春丽等.2007.南岭地区大规模钨锡多金属成矿作用：成矿时限及地球动力学背景.岩石学报，23（10）：2329~2338

毛景文，谢桂青，郭春丽等.2008.华南地区中生代主要金属矿床时空分布规律和成矿环境.高校地质学报，14（4）：510~526

聂凤军，江思宏，白大明.2002.北京密云沙厂环斑花岗岩杂岩体黑钨矿钐-钕同位素研究.地质论评，48（1）：29~30

裴荣富.1995.中国矿床模式.北京：地质出版社

彭建堂，胡瑞忠，林源贤等.2002.锡矿山锑矿床热液方解石的Sm-Nd同位素定年.科学通报，47（10）：789~792

彭建堂，胡瑞忠，赵军红等.2003.湘西沃溪Au-Sb-W矿床中白钨矿Sm-Nd和石英Ar-Ar定年.科学通报，48（18）：1976~1981

彭建堂，胡瑞忠，蒋国豪.2003.萤石Sm-Nd同位素体系对睛隆锑矿床成矿时代和物源的制约.岩石学报，4：785~791

彭建堂，胡瑞忠，毕献武等.2007.湖南芙蓉锡矿田成矿作用的^{40}Ar-^{39}Ar同位素年龄及其地质意义.矿床地质，26（3）：237~248

彭建堂，胡瑞忠，袁顺达等.2008.南岭中段（湘南）中生代花岗质岩石成岩成矿的时限.地质论评，54（5）：617~625

秦燕，李延河，刘锋等.2008.新疆吐-哈地区硝酸盐矿床的氧同位素非质量效应.地球学报，29：729~734

任秉琛和邬介人.2002.古亚洲成矿域古生代矿床成矿系列组合与矿床成矿系列类型的初步划分.矿床地质，21（S1）：219~222

石贵勇, 孙晓明, 潘伟坚等. 2012. 云南哀牢山金矿带镇沅超大型金矿载金黄铁矿 Re-Os 定年及其地质意义. 科学通报, 57 (26): 2492~2500

苏媛娜, 田世洪, 侯增谦等. 2011. 锂同位素及其在四川甲基卡伟晶岩型锂多金属矿床研究中的应用. 现代地质, 25 (2): 236~242

苏文超, 夏斌, 张弘弢等. 2007. 隐伏卡林型金矿区碳酸盐脉地球化学及其对深部矿体的指示作用. 矿物学报, 27 (z1): 525~526

孙剑, 房楠, 李世珍等. 2012. 白云鄂博矿床成因的 Mg 同位素制约. 岩石学报, 28 (9): 2890~2902

孙剑, 朱祥坤, 陈岳龙等. 2012. 白云鄂博地区相关地质单元的铁同位素特征及其对白云鄂博矿床成因的制约. 地质学报, 86 (5): 819~828

唐茂, 赵辉, 刘耘. 2007. 天然气中甲烷和 CO_2 的二元同位素特征. 矿物学报, 27: 96~99

唐永永, 毕献武, 武丽艳. 2013. 金顶铅锌矿黄铁矿 Re-Os 定年及其地质意义. 矿物学报, 33 (3): 287~294

滕吉文. 2002. 中国地球深部结构和深层动力过程与主体发展方向. 地质论评, 48 (3): 125~139

田世洪, 杨竹森, 侯增谦等. 2011. 青海玉树东莫扎抓和莫海拉亨铅锌矿床与逆冲推覆构造关系的确定——来自粗晶方解石 Rb-Sr 和 Sm-Nd 等时线年龄证据. 岩石矿物学杂志, 30 (3): 475~489

涂光炽. 1997. 绪论. 见: 中国科学院矿床地球化学开放研究实验室著. 矿床地球化学. 北京: 地质出版社, 1~11

涂光炽等. 2000. 中国超大型矿床 (I). 北京: 科学出版社

王德滋. 2011. 南京大学地球科学与工程学院简史. 南京: 南京大学出版社, 1~58

王加昇, 温汉捷, 李超等. 2011. 黔东南石英脉型金矿毒砂 Re-Os 同位素定年及其地质意义. 地质学报, 85 (6): 955~964

王京彬和徐新. 2006. 新疆北部后碰撞构造演化与成矿. 地质学报, 80 (1): 23~31

王晓地, 汪雄武, 孙传敏. 2010. 甘肃后长川钨矿白钨矿 Sm-Nd 定年及稀土元素地球化学. 矿物岩石, 30 (1): 64~68

王旭东, 倪培, 袁顺达等. 2013. 赣南漂塘钨矿锡石及共生石英中流体包裹体研究. 地质学报, 87 (6): 850~859

王义文. 1982. 我国主要类型金矿床同位素地质学研究. 地质论评, 28 (2): 108~117

魏菊英. 1988. 同位素地球化学. 北京: 地质出版社

吴福元, 葛文春, 孙德有等. 2003. 中国东部岩石圈减薄研究中的几个问题. 地学前缘, 10 (3): 51~60

肖庆辉. 1996. 大陆动力学的科学目标和前缘. 地质科技管理, (3): 34~37

谢学锦, 李善芳, 吴传璧. 2009. 二十世纪中国化探. 北京: 地质出版社, 1~618

杨进辉和周新华. 2000. 胶东地区玲珑金矿矿石和载金矿物 Rb-Sr 等时线年龄与成矿时代. 科学通报, 45 (14): 1547~1553

喻钢, 杨刚, 陈江峰等. 2005. 辽东猫岭金矿中含金毒砂的 Re-Os 年龄及地质意义. 科学通报, 50 (12): 1248~1252

翟明国. 2010. 华北克拉通的形成演化与成矿作用. 矿床地质, 29 (1): 24~36

翟明国. 2015. 大陆动力学的物质演化研究方向与思路. 地球科学与环境学报, 37 (4): 1~14

翟裕生. 2001. 矿床学的百年回顾与发展趋势. 地球科学进展, 16 (5): 719~725

翟裕生等. 1999. 区域成矿学, 北京: 地质出版社

翟裕生, 王建平, 邓军等. 2008. 成矿系统时空演化及其找矿意义. 现代地质, 2: 143~150

赵鹏大. 2002. 励精图治五十秋. 见: 中国地质大学简史. 武汉: 中国地质大学出版社, 169~177

张国伟, 张本仁, 袁学诚等. 2001. 秦岭造山带与大陆动力学, 北京: 科学出版社

张国伟, 董云鹏, 姚安平. 2002. 关于中国大陆动力学与造山带研究的几点思考. 中国地质, 29 (1):

7~13

张理刚.1985.稳定同位素在地质科学中的应用.西安：陕西科学技术出版社

赵振华，涂光炽等.2003.中国超大型矿床（II）.北京：科学出版社

郑明华，周渝峰，顾雪祥.1991.四川东北寨微细浸染型金矿床的同位素组成特征及其成因意义.地质科学，（2）：159~173

郑永飞，沈渭洲，张祖还.1986.6217铀矿床成因的同位素地质研究.矿床地质，（2）：53~63

中国科学院地球化学研究所，中国科学院广州地球化学研究所.2006.艰苦创业 铸就辉煌——中国科学院地球化学研究所建所40周年.北京：科学出版社，1~400

中国科学院地球化学研究所和中国科学院广州地球化学研究所.2007.郭承基院士纪念文集.广州：广东科技出版社，1~200

朱炳泉.1998.地球科学中同位素体系理论与应用.北京：科学出版社

朱日祥，范宏瑞，李建威等.2015.克拉通破坏型金矿床.中国科学（D辑），45（8）：1153~1168

朱霞，倪培，黄建宝等.2007.显微红外测温技术及其在金红石矿床中的应用.岩石学报，23（9）：2052~2058

朱祥坤，李志红，唐索寒等.2008.早前寒武纪硫铁矿矿床Fe同位素特征及其地质意义——以山东石河庄和河北大川为例.岩石矿物学杂志，27（5）：429~434

Arne D C, Bierlin F P, Morgan J W et al. 2001. Re-Os dating of sulfides associated with gold mineralization in central Victoria, Australia. *Economic Geology*, 96（6）：1455~1459

Audetat A, Günther D, Heinrich C A. 1998. Formation of a magmatic-hydrothermal ore deposit: Insights with LA-ICP-MS analysis of fluid inclusions. *Science*, 279（5359）：2091~2094

Bailly L, Bouchot V, Beny C et al. 2000. Fluid inclusion study of stibnite using infrared microscopy: An example from the Brouzils antimony deposit (Vendee, Armorican massif, France). *Economic Geology*, 95（1）：221~226

Barfod G H, Otero O, Albarède F. 2003. Phosphate Lu-Hf geochronology. *Chemical geology*, 200（3）：241~253

Barker S L L, Bennett V C, Cox S F et al. 2009. Sm-Nd, Sr, C and O isotope systematics in hydrothermal calcite-fluorite veins: Implications for fluid-rock reaction and geochronology. *Chemical Geology*, 268（1）：58~66

Bi X W, Cornell D H, Hu R Z. 2002. REE composition of primary and altered feldspar from the mineralized alteration zone of alkali-rich intrusive rocks, western Yunnan province, China. *Ore Geology Reviews*, 19：69~78

Bi X W, Hu R Z, Cornell D H. 2004. The alkaline porphyry associated Yao'an gold deposit, Yunnan, China: rare earth element and stable isotope evidence for magmatic-hydrothermal ore formation. *Mineralium Deposita*, 39：21~30

Bi X W, Hu R Z, Li H M. 2011. U-Pb cassiterite dating by LA-ICPMS and a precise mineralization age for the superlarge Furong tin deposit, Hunan Province, southern China. *Mineralogical Magazine*, 75：526

Bonifacie M, Busigny V, Mével C et al. 2008. Chlorine isotopic composition in seafloor serpentinites and high-pressure metaperidotites. Insights into oceanic serpentinization and subduction processes. *Geochimica et Cosmochimica Acta*, 72（1）：126~139

Brugger J, Maas R, Lahaye Y et al. 2002. Origins of Nd-Sr-Pb isotopic variations in single scheelite grains from Archaean gold deposits, Western Australia. *Chemical geology*, 182（2）：203~225

Buchholz P, Oberthur T, Lüders V et al. 2007. Multistage Au-As-Sb mineralization and crustal-scale fluid evolution in the Kwekwe district, Midlands greenstone belt, Zimbabwe: A combined geochemical, mineralogical, stable isotope, and fluid inclusion study. *Economic Geology*, 102 (3): 347~378

Burke E A J. 2001. Raman microspectrometry of fluid inclusions. *Lithos*, 55 (1): 139~158

Burnard P G, Hu R Z, Turner G et al. 1999. Mantle, crustal and atmospheric noble gases in Ailaoshan gold deposits, Yunnan Province, China. *Geochimica et Cosmochimica Acta*, 63 (10): 1595~1604

Cai M H, Mao J W, Ting L et al. 2007. The origin of the Tongkeng-Changpo tin deposit, Dachang metal district, Guangxi, China: clues from fluid inclusions and He isotope systematics. *Mineralium Deposita*, 42 (6): 613~626

Chan L H and Hein J R. 2007. Lithium contents and isotopic compositions of ferromanganese deposits from the global ocean. *Deep Sea Research Part II: Topical Studies in Oceanography*, 54 (11): 1147~1162

Chan L H, Leeman W P, You C F. 2002. Lithium isotopic composition of Central American volcanic arc lavas: implications for modification of subarc mantle by slab-derived fluids: correction. *Chemical Geology*, 182 (2): 293~300

Chen J, Wang R C, Zhu J C et al. 2013. Multiple-aged granitoids and related tungsten-tin mineralization in the Nanling Range, South China. *Science in China-Earth Sciences*, 56: 2045-2055

Chen Y J, Pirajno T, Sui Y H. 2004. Isotope geochemistry of the Tieluping silver-lead deposit, Henan, China: A case study of orogenic silver-dominated deposits and related tectonic setting. *Mineralium Deposita*, 39 (5-6): 560~575

Coggon J A, Nowell G M, Pearson D G et al. 2011. Application of the ^{190}Pt-^{186}Os isotope system to dating platinum mineralization and ophiolite Formation: An example from the Meratus Mountains, Borneo. *Economic Geology*, 106 (1): 93~117

Coggon J A, Nowell G M, Pearson D G et al. 2012. The ^{190}Pt-^{186}Os decay system applied to dating platinum-group element mineralization of the Bushveld Complex, South Africa. *Chemical Geology*, 302~303: 48~60

Deng J, Wang Q F, Li G J et al. 2014. Tethys tectonic evolution and its bearing on the distribution of important mineral deposits in the Sanjiang region, SW China. *Gondwana Research*, 26 (2): 419~437

Eastoe C J, Peryt T M, Petrychenko O Y et al. 2007. Stable chlorine isotopes in Phanerozoic evaporites. *Applied Geochemistry*, 22 (3): 575~588

Eiler J M. 2007. "Clumped-isotope" geochemistry-The study of naturally-occurring, multiply-substituted isotopologues. *Earth and Planetary Science Letters*, 262 (3): 309~327

Eiler J M and Schauble E. 2004. ^{18}O,^{13}C,^{16}O in Earth's atmosphere. *Geochimica et Cosmochimica Acta*, 68 (23): 4767~4777

Elliott T, Jeffcoate A, Bouman C. 2004. The terrestrial Li isotope cycle: light-weight constraints on mantle convection. *Earth and Planetary Science Letters*, 220 (3): 231~245

Elliott T, Thomas A, Jeffcoate A et al. 2006. Lithium isotope evidence for subduction-enriched mantle in the source of mid-ocean-ridge basalts. *Nature*, 443 (7111): 565~568

Emsbo P, Hofstra A H, Lauha E A et al. 2003. Hutchinson R W. Origin of high-grade gold ore, source of ore fluid components, and genesis of the Meikle and neighboring Carlin-type deposits, northern Carlin trend, Nevada. *Economic Geology*, 98 (6): 1069~1105

Ernst R E and Buchan K L. 2003. Recognizing mantle plume in the geological record. *Annual Review of Earth and Planetary Science Letters*, 31: 469~523

Fan W M and Menziesm A. 1992. Destruction of aged lower lithosphere and accretion of asthenosphere mantle beneath eastern China. *Geotectonic et Metallogenia*, 16 (3-4): 171~180

Faure G. 1986. Principles of isotope geochemistry. John Wiley and Sons. chapters, 6 (7): 8

Franklin J M, Lydon J W, Sangster D F. 1981. Volcanic-associated massive sulfide deposits, *Economic Geology*, 75th Anniversary Volume: 485~627

Gleeson S A and Smith M P. 2009. The sources and evolution of mineralising fluids in iron oxide- copper- gold systems, Norrbotten, Sweden: Constraints from Br/Cl ratios and stable Cl isotopes of fluid inclusion leachates. *Geochimica et Cosmochimica Acta*, 73 (19): 5658~5672

Goldfarb R J, Taylor R D, Collins G S et al. 2014. Phanerozoic continental growth and gold metallogeny of Asia. *Gondwana Research*, 25 (1): 48~102

Groves D I, Condie K C, Goldfarb R G et al. 2005. Secular changes in global tectonic processes and their influence on the temporal distribution of gold-bearing mineral deposits. *Economic Geology*, 100: 203~224

Guillong M, Latkoczy C, Seo J H et al. 2008. Determination of sulfur in fluid inclusions by laser ablation ICP-MS. *Journal of Analytical Atomic Spectrometry*, 23 (12): 1581~1589

Hagemann S G and Lüders V. 2003. PTX conditions of hydrothermal fluids and precipitation mechanism of stibnite-gold mineralization at the Wiluna lode- gold deposits, Western Australia: conventional and infrared microthermometric constraints. *Mineralium Deposita*, 38 (8): 936~952

Hannah J L, Stein H J, Wieser M E et al. 2007. Molybdenum isotope variations in molybdenite: Vapor transport and Rayleigh fractionation of Mo. *Geology*, 35 (8): 703~706

He B, Xu Y G, Huang X L et al. 2007. Age and duration of the Emeishan flood volcanism, SW China: geochemistry and SHRIMP zircon U-Pb dating of silicic ignimbrites, post-volcanic Xuanwei Formation and clay tuff at the Chaotian section. *Earth and Planetary Science Letters*, 255 (3): 306~323

Heinrich C A. 2005. The physical and chemical evolution of low- salinity magmatic fluids at the porphyry to epithermal transition: a thermodynamic study. *Mineralium Deposita*, 39 (8): 864~889

Heinrich C A, Gunther D, Audetat A et al. 1999. Metal fractionation between magmatic brine and vapor, determined by microanalysis of fluid inclusions. *Geology*, 27 (8): 755~758

Heinrich C A, Pettke T, Halter W E et al. 2003. Quantitative multi-element analysis of minerals, fluid and melt inclusions by laser-ablation inductively-coupled-plasma mass-spectrometry. *Geochimica et Cosmochimica Acta*, 67 (18): 3473~3497

Heinrich C A, Driesner T, Stefansson A et al. 2004. Magmatic vapor contraction and the transport of gold from the porphyry environment to epithermal ore deposits. *Geology*, 32 (9): 761~764

Hou Z Q, Tian S H, Yuan Z X et al. 2006. The Himalayan collision zone carbonatites in western Sichuan, SW China: Petrogenesis, mantle source and tectonic implication. *Earth and Planetary Science Letters*, 244 (1-2): 234~250

Hou Z Q, Zeng P S, Gao Y F et al. 2006a. Himalayan Cu- Mo- Au mineralization in the eastern Indo- Asian collision zone: constraints from Re-Os dating of molybdenite. *Mineralium Deposita*, 41 (1): 33~45

Hou Z Q, Zeng P S, Gao Y F et al. 2006b. Himalayan Cu- Mo- Au mineralization in the eastern Indo- Asian collision zone: constraints from Re-Os dating of molybdenite. *Mineralium Deposita*, 41: 33~45

Hou Z Q, Zaw K, Pan G T et al. 2007. Sanjiang Tethyan metallogenesis in SW China: Tectonic setting, metallogenic epochs and deposit types. *Ore Geology Reviews*, 31: 48~87

Hou Z Q, Yang Z M, Qu X M et al. 2009. The Miocene Gangdese porphyry copper belt generated during post-collisional extension in the Tibetan Orogen. *Ore Geology Reviews*, 36: 25~51

Hu F F, Fan H R, Yang J H et al. 2004. Mineralizing age of the Rushan lode gold deposit in the Jiaodong Peninsula: SHRIMP U-Pb dating on hydrothermal zircon. *Chinese Science Bulletin*, 49 (15): 1629~1636

Hu R Z, Bi X W, Jiang G H et al. 2012. Mantle-derived noble gases in ore-forming fluids of the granite-related Yaogangxian tungsten deposit, Southeastern China. *Mineralium Deposita*, 47 (6): 623~632

Hu R Z and Zhou M F. 2012. Multiple Mesozoic mineralization events in South China—an introduction to the thematic issue. *Mineralium Deposita*, 47（6）：579~588

Hu R Z, Burnard P G, Bi X W et al. 2004. Helium and argon isotope geochemistry of alkaline intrusion-associated gold and copper deposits along the Red River-Jinshajiang fault belt, SW China. *Chemical geology*, 203（3）：305~317

Hu R Z, Bi X W, Zhou M F et al. 2008. Uranium metallogenesis in South China and its relationship to crustal extension during the Cretaceous to Tertiary. *Economic Geology*, 103（3）：583~598

Hu R Z, Burnard P G, Bi X W et al. 2009. Mantle-derived gaseous components in ore-forming fluids of the Xiangshan uranium deposit, Jiangxi province, China: evidence from He, Ar and C isotopes. *Chemical Geology*, 266（1）：86~95

Huang F, Chakraborty P, Lundstrom C C et al. 2010. Isotope fractionation in silicate melts by thermal diffusion. *Nature*, 464（7287）：396~400

Huang S, Farkaš J, Jacobsen S B. 2010. Calcium isotopic fractionation between clinopyroxene and orthopyroxene from mantle peridotites. *Earth and Planetary Science Letters*, 292（3）：337~344

Jemielita R A, Davis D W, Krogh T E. 1990. U-Pb evidence for Abitibi gold mineralization postdating greenstone magmatism and metamorphism. *Nature*, 346：831~834

Jiang S Y. 2001. Boron isotope geochemistry of hydrothermal ore deposits in China: a preliminary study. *Physics and Chemistry of the Earth, Part A: Solid Earth and Geodesy*, 26（9）：851~858

Jiang S Y, Yang J H, Ling H F et al. 2007. Extreme enrichment of polymetallic Ni-Mo-PGE-Au in Lower Cambrian black shales of South China: an Os isotope and PGE geochemical investigation. *Palaeogeography, Palaeoclimatology, Palaeoecology*, 254（1）：217~228

Kaufman A J, Corsetti F A, Varni M A. 2007. The effect of rising atmospheric oxygen on carbon and sulfur isotope anomalies in the Neoproterozoic Johnnie Formation, Death Valley, USA. *Chemical Geology*, 237（1）：47~63

Kelley K D, Wilkinson J J, Chapman J B et al. 2009. Zinc isotopes in sphalerite from base metal deposits in the red dog district, northern Alaska. *Economic Geology*, 104（6）：767~773

Kempe U, Belyatsky B, Krymsky R et al. 2001. Sm-Nd and Sr isotope systematics of scheelite from the giant Au (-W) deposit Muruntau (Uzbekistan): implications for the age and sources of Au mineralization. *Mineralium Deposita*, 36（5）：379~392

Kempe U, Lehmann B, Wolf D et al. 2008. U-Pb SHRIMP geochronology of Th-poor, hydrothermal monazite: An example from the Llallagua tin-porphyry deposit, Bolivia. *Geochimica et Cosmochimica Acta*, 72（17）：4352~4366

Kirk J, Ruiz J, Chesley J et al. 2001. A detrital model for the origin of gold and sulfides in the Witwatersrand basin based on Re-Os isotopes. *Geochimica et Cosmochimica Acta*, 65（13）：2149~2159

Kouzmanov K, Bailly L, Ramboz C et al. 2002. Morphology, origin and infrared microthermometry of fluid inclusions in pyrite from the Radka epithermal copper deposit, Srednogorie zone, Bulgaria. *Mineralium Deposita*, 37（6-7）：599~613

Kouzmanov K, Ramboz C, Bailly L et al. 2004. Genesis of high-sulfidation vinciennite-bearing Cu-As-Sn (<Au) assemblage from the Radka epithermal copper deposit, Bulgaria: Ebidence from mineralogy and infrared microthermometry of enargite. *The Canadian Mineralogist*, 42（5）：1501~1521

Kouzmanov K, Pettke T, Heinrich C A. 2010. Direct analysis of ore-precipitating fluids: combined IR microscopy and LA-ICP-MS study of fluid inclusions in opaque ore minerals. *Economic Geology*, 105（2）：351~373

Landtwing M R, Pettke T, Halter W E et al. 2005. Copper deposition during quartz dissolution by cooling magmatic-hydrothermal fluids: the Bingham porphyry. *Earth and Planetary Science Letters*, 235（1）：229~243

Larsson D and Söderlund U. 2005. Lu-Hf apatite geochronology of mafic cumulates: An example from a Fe-Ti mineralization at Smålands Taberg, southern Sweden. *Chemical geology*, 224 (4): 201~211

Lawley C, Selby D, Imber J. 2013. Re-Os Molybdenite, Pyrite, and Chalcopyrite Geochronology, Lupa Goldfield, Southwestern Tanzania: Tracing Metallogenic Time Scales at Midcrustal Shear Zones Hosting Orogenic Au Deposits. *Economic Geology*, 108 (7): 1591~1613

Li J W, Vasconcelos P M, Zhang J et al. 2003. ^{40}Ar/^{39}Ar constraints on a temporal link between gold mineralization, magmatism, and continental margin transtension in the Jiaodong gold province, eastern China. *Journal of Geology*, 111: 741~751

Li J W, Deng X D, Zhou M F et al. 2010. Laser ablation ICP-MS titanite U-Th-Pb dating of hydrothermal ore deposits: a case study of the Tonglushan Cu-Fe-Au skarn deposit, SE Hubei Province, China. *Chemical geology*, 270 (1): 56~67

Li Q L, Chen F K, Yang J H et al. 2008. Single grain pyrite Rb-Sr dating of the Linglong gold deposit, eastern China. *Ore Geology Reviews*, 34 (3): 263~270

Li W B, Zhong R C, Xu C et al. 2012. U-Pb and Re-Os geochronology of the Bainaimiao Cu-Mo-Au deposit, on the northern margin of the North China Craton, Central Asia Orogenic Belt: Implications for ore genesis and geodynamic setting. *Ore Geology Reviews*, 48: 139~150

Li Z L, Hu R Z, Peng J T et al. 2006. Helium Isotope Geochemistry of Ore-forming Fluids from Furong Tin Orefield in Hunan Province, China. *Resource Geology*, 56 (1): 9~15

Li Z L, Hu R Z, Yang J S et al. 2007. He, Pb and S isotopic constraints on the relationship between the A-type Qitianling granite and the Furong tin deposit, Hunan Province, China. *Lithos*, 97 (1): 161~173

Lindaas S E, Kulis J, Campbell A R. 2002. Near-infrared observation and microthermometry of pyrite-hosted fluid inclusions. *Economic Geology*, 97 (3): 603~618

Liu J, Wu G, Li Y et al. 2012. Re-Os sulfide (chalcopyrite, pyrite and molybdenite) systematics and fluid inclusion study of the Duobaoshan porphyry Cu (Mo) deposit, Heilongjiang Province, China. *Journal of Asian Earth Sciences*, 49: 300~312

Lü L S, Mao J W, Li H O et al. 2011. Pyrrhotite Re-Os and SHRIMP zircon U-Pb dating of the Hongqiling Ni-Cu sulfide deposits in Northeast China. *Ore Geology Reviews*, 43 (1): 106~119

Lüders V, Romer R, Cabral A et al. 2005. Genesis of itabirite-hosted Au-Pd-Pt-bearing hematite-(quartz) veins, Quadrilátero Ferrífero, Minas Gerais, Brazil: constraints from fluid inclusion infrared microthermometry, bulk crush-leach analysis and U-Pb systematics. *Mineralium Deposita*, 40 (3): 289~306

Luguet A, Pearson D G, Nowell G M et al. 2008. Enriched Pt-Re-Os isotope systematics in plume lavas explained by metasomatic sulfides. *Science*, 319 (5862): 453~456

Mao J W, Wang Y T, Zhang Z H et al. 2003. Geodynamic settings of Mesozoic large-scale mineralization in North China and adjacent areas. *Science in China Series D: Earth Sciences*, 46 (8): 838~851

Mao J W, Wang Y T, Lehmann B et al. 2006. Molybdenite Re-Os and albite ^{40}Ar/^{39}Ar dating of Cu-Au-Mo and magnetite porphyry systems in the Yangtze River valley and metallogenic implications. *Ore Geology Reviews*, 29: 307~324

Mao J W, Pirajno F, Zhang Z H et al. 2008. A review of the Cu-Ni sulphide deposits in the Chinese Tianshan and Altay orogens (Xinjiang Autonomous Region, NW China): principal characteristics and ore-forming processes. *Journal of Asian Earth Sciences*, 32 (2): 184~203

Mao J W, Xie G Q, Bierlein F et al. 2008. Tectonic implications from Re-Os dating of Mesozoic molybdenum deposits in the East Qinling-Dabie orogenic belt. *Geochimica et Cosmochimica Acta*, 72: 4607~4626

Mao J W, Chen Y B, Chen M H et al. 2013. Major types and time-space distribution of Mesozoic ore deposits in

South China and their geodynamic settings. *Mineralium Deposita*, 48 (3): 267~294

Miao L C, Qiu Y M, McNaughton N et al. 2002. SHRIMP U-Pb zircon geochronology of granitoids from Dongping area, Hebei Province, China: constraints on tectonic evolution and geodynamic setting for gold metallogeny. *Ore Geology Reviews*, 19 (3-4): 187~204

Mo X X, Hou Z Q, Niu Y L et al. 2007. Mantle contributions to crustal thickening during continental collision: Evidence from Cenozoic igneous rocks in southern Tibet. *Lithos*, 96: 225~242

Michalski G, Böhlke J K, Thiemens M. 2004. Long term atmospheric deposition as the source of nitrate and other salts in the Atacama Desert, Chile: New evidence from mass-independent oxygen isotopic compositions. *Geochimica et Cosmochimica Acta*, 68 (20): 4023~4038

Migdisov A A and Williams-Jones A E. 2005. An experimental study of cassiterite solubility in HCl-bearing water vapour at temperatures up to 350 C. Implications for tin ore formation. *Chemical Geology*, 217 (1): 29~40

Mitchell A H G and Garson M S. 1981. Mineral deposits and tectonic settings. London: London Academic Press

Moritz R. 2006. Fluid salinities obtained by infrared microthermometry of opaque minerals: Implications for ore deposit modeling—a note of caution. *Journal of Geochemical Exploration*, 89 (1): 284~287

Morelli R M, Creaser R A, Selby D et al. 2005. Rhenium-Osmium geochronology of arsenopyrite in Meguma Group gold deposits, Meguma Terrane, Nova Scotia, Canada: Evidence for multiple gold-mineralizing events. *Economic Geology*, 100 (6): 1229~1242

Morelli R, Creaser R A, Seltmann R et al. 2007. Age and source constraints for the giant Muruntau gold deposit, Uzbekistan, from coupled Re-Os-He isotopes in arsenopyrite. *Geology*, 35 (9): 795~798

Muntean J L, Cline J S, Simon A C et al. 2011. Magmatic-hydrothermal origin of Nevada's Carlin-type gold deposits. *Nature Geoscience*, 4 (2): 122~127

Naldrett A J. 2004. Magmatic sulfide deposits: geology, geochemistry and exploration. *Springer*, 725

Ni P, Huang J, Wang X et al. 2006. Infrared fluid inclusion microthermometry on coexisting wolframite and quartz from Dajishan tungsten deposit, Jiangxi province, China. *Geochimica et Cosmochimica Acta Supplement*, 70: 444

Ni P, Zhu X, Wang R et al. 2008. Constraining ultrahigh-pressure (UHP) metamorphism and titanium ore formation from an infrared microthermometric study of fluid inclusions in rutile from Donghai UHP eclogites, eastern China. *Geological Society of America Bulletin*, 120 (9-10): 1296~1304

Oyarzun R, Márquez A, Lillo J et al. 2001. Giant versus small porphyry copper deposits of Cenozoic age in northern Chile: adakitic versus normal calc-alkaline magmatism. *Mineralium Deposita*, 36 (8): 794~798

Pelleter E, Cheilletz A, Gasquet D et al. 2007. Deloule E, Féraude G. Hydrothermal zircons: a tool for ion microprobe U-Pb dating of gold mineralization (Tamlalt-Menhouhou gold deposit—Morocco). *Chemical Geology*, 245 (3): 135~161

Peng J T, Hu R Z, Burnard P G. 2003. Samarium-neodymium isotope systematics of hydrothermal calcites from the Xikuangshan antimony deposit (Hunan, China): the potential of calcite as a geochronometer. *Chemical Geology*, 200 (1): 129~136

Peng J T, Zhou M F, Hu R Z et al. 2006. Precise molybdenite Re-Os and mica Ar-Ar dating of the Mesozoic Yaogangxian tungsten deposit, central Nanling district, South China. *Mineralium Deposita*, 41: 661~669

Pettke T, Oberli F, Heinrich C A. 2010. The magma and metal source of giant porphyry-type ore deposits, based on lead isotope microanalysis of individual fluid inclusions. *Earth and Planetary Science Letters*, 296 (3): 267~277

Pettke T, Oberli F, Audetat A et al. 2012. Recent developments in element concentration and isotope ratio analysis of individual fluid inclusions by laser ablation single and multiple collector ICP-MS. *Ore Geology*

Reviews, 44: 10~38

Pokrovski G S, Roux J, Harrichoury J C. 2005. Fluid density control on vapor-liquid partitioning of metals in hydrothermal systems. *Geology*, 33 (8): 657~660

Qi H W, Rouxel O, Hu R Z. 2011. Germanium isotopic systematics in Ge-rich coal from the Lincang Ge deposit, Yunnan, Southwestern China. *Chemical Geology*, 286 (3): 252~265

Qin K Z, Zhang L C, Xiao W J et al. 2003. Overview of major Au, Cu, Ni and Fe deposits and metallogenic evolution of the eastern Tianshan Mountains, Northwestern China. Tectonic Evolution and Metallogeny of the Chinese Altay and Tianshan (London), 227~249

Qin K Z, Su B X, Sakyi P A et al. 2011. SIMS zircon U-Pb geochronology and Sr-Nd isotopes of Ni-Cu-Bearing Mafic-Ultramafic Intrusions in Eastern Tianshan and Beishan in correlation with flood basalts in Tarim Basin (NW China): Constraints on a ca. 280 Ma mantle plume. *American Journal of Science*, 311 (3): 237~260

Rasmussen B, Sheppard S, Fletcher I R. 2006. Testing ore deposit models using in situ U-Pb geochronology of hydrothermal monazite: Paleoproterozoic gold mineralization in northern Australia. *Geology*, 34 (2): 77~80

Rios F J, Alves J V, Perez C A et al. 2006. Combined investigations of fluid inclusions in opaque ore minerals by NIR/SWIR microscopy and microthermometry and synchrotron radiation X-ray fluorescence. *Applied geochemistry*, 21 (5): 813~819

Rosière C A and Rios F J. 2004. The origin of hematite in high-grade iron ores based on infrared microscopy and fluid inclusion studies: the example of the Conceição mine, Quadrilátero Ferrífero, Brazil. *Economic Geology*, 99 (3): 611~624

Rudnick R L and Nakamura E. 2004. Preface to "Lithium isotope geochemistry". *Chemical Geology*, 212 (1): 1~4

Sawkins F G. 1984. Metal deposits in relation to plate tectonic. Berlin: *Springer Verlag*

Sazonov V N, Van Herk A H, Boorde H D. 2001. Spatial and Temporal Distribution of Gold Deposits in the Urals. *Economic Geology*, 96 (4): 685~703

Seo J H, Guillong M, Heinrich C A. 2009. The role of sulfur in the formation of magmatic-hydrothermal copper-gold deposits. *Earth and Planetary Science Letters*, 282 (1): 323~328

Shellnutt J G and Zhou M F. 2007. Permian peralkaline, peraluminous and metaluminous A-type granites in the Panxi district, SW China: their relationship to the Emeishan mantle plume. *Chemical Geology*, 243: 286~316

Shellnutt J G, Wang K L, Zellmer G F et al. 2011. Three Fe-Ti oxide ore-bearing gabbro-granitoid complexes in the Panxi region of the Permian Emeishan large igneous province, SW China. *American Journal of Science*, 311 (9): 773~812

Sillitoe R H and Hedenquist J W. 2003. Linkages between volcanotectonic settings, ore-fluid compositions, and epithermal precious metal deposits. *Special Publication-Society of Economic Geologists*, 10: 315~343

Simmons S F, Sawkins F J, Schlutter D J. 1987. Mantle-derived helium in two Peruvian hydrothermal ore deposits. *Nature*, 329 (6138): 429~432

Smith C N, Kesler S E, Klaue B et al. 2005. Mercury isotope fractionation in fossil hydrothermal systems. *Geology*, 33 (10): 825~828

Song S M, Hu K, Wen H J et al. 2011. Molybdenum isotopic composition as a tracer for low-medium temperature hydrothermal ore-forming systems: A case study on the Dajiangping pyrite deposit, western Guangdong Province, China. *Chinese Science Bulletin*, 56 (21): 2221~2228

Song X Y, Keays R R, Xiao L et al. 2009. Ihlenfeld C. Platinum-group element geochemistry of the continental flood basalts in the central Emeisihan Large Igneous Province, SW China. *Chemical Geology*, 262 (3-4): 246~261

Stein H J, Morgan J W, Scherstén A. 2000. Re-Os dating of low-level highly radiogenic (LLHR) sulfides: The Harnäs gold deposit, southwest Sweden, records continental-scale tectonic events. *Economic Geology*, 95 (8): 1657~1671

Stuart F M, Burnard P G, Taylor R P et al. 1995. Resolving mantle and crustal contributions to ancient hydrothermal fluids: He-Ar isotopes in fluid inclusions from Dae Hwa W Mo mineralisation, South Korea. *Geochimica et Cosmochimica Acta*, 59 (22): 4663~4673

Su W C, Xia B, Zhang H T et al. 2008. Visible gold in arsenian pyrite at the Shuiyindong Carlin-type gold deposit, Guizhou, China: Implications for the environment and processes of ore formation. *Ore Geology Reviews*, 33 (3): 667~679

Su W C, Heinrich C A, Pettke T et al. 2009. Sediment-hosted gold deposits in Guizhou, China: products of wall-rock sulfidation by deep crustal fluids. *Economic Geology*, 104 (1): 73~93

Su W C, Zhang H T, Hu R Z et al. 2012. Mineralogy and geochemistry of gold-bearing arsenian pyrite from the Shuiyindong Carlin-type gold deposit, Guizhou, China: implications for gold depositional processes. *Mineralium Deposita*, 47 (6): 653~662

Tao Y, Ma Y S, Miao L C et al. 2009. SHRIMP U-Pb zircon age of the Jinbaoshan ultramafic intrusion, Yunnan Province, SW China. *Chinese Science Bulletin*, 54 (1): 168~172

Titley S R. 1982. The style and progress of mineralization and alteration in porphyry copper systems, In: Titley S R, ed. Advances in geology of the porphyry copper deposits: Tucson, University of Arizona Press, 93~116

Turner G and Stuart F. 1992. Helium/heat ratios and deposition temperatures of sulphides from the ocean floor. *Nature*, 357 (6379): 581~583

Ulrich T, Guenther D, Heinrich C A. 1999. Gold concentrations of magmatic brines and the metal budget of porphyry copper deposits. *Nature*, 399 (6737): 676~679

Ulrich T, Günther D, Heinrich C A. 2001. The evolution of a porphyry Cu-Au deposit, based on LA-ICP-MS analysis of fluid inclusions: Bajo de la Alumbrera, Argentina. *Economic Geology*, 96 (8): 1743~1774

Walker R J, Morgan J W, Beary E S et al. 1997. Applications of the ^{190}Pt-^{186}Os isotope system to geochemistry and cosmochemistry. *Geochimica et Cosmochimica Acta*, 61 (22): 4799~4807

Wang C Y and Zhou M F. 2006. Genesis of the Permian Baimazhai magmatic Ni-Cu-(PGE) sulfide deposit, Yunnan, SW China. *Mineralium Deposita*, 41 (8): 771~783

Wang J Z, Li J W, Zhao X F et al. 2008. Re-Os dating of pyrrhotite from the Chaoshan gold skarn, eastern Yangtze Craton, eastern China. *International Geology Review*, 50 (4): 392~406

Wei W F, Hu R Z, Bi X W et al. 2012. Infrared microthermometric and stable isotopic study of fluid inclusions in wolframite at the Xihuashan tungsten deposit, Jiangxi province, China. *Mineralium Deposita*, 47 (6): 589~605

Wen H and Carignan J. 2011. Selenium isotopes trace the source and redox processes in the black shale-hosted Se-rich deposits in China. *Geochimica et Cosmochimica Acta*, 75 (6): 1411~1427

Wilkinson J J, Stoffell B, Wilkinson C C et al. 2009. Anomalously metal-rich fluids form hydrothermal ore deposits. *Science*, 323 (5915): 764~767

Williams-Jones A E and Heinrich C A. 2005. 100th Anniversary special paper: vapor transport of metals and the formation of magmatic-hydrothermal ore deposits. *Economic Geology*, 100 (7): 1287~1312

Wu L Y, Hu R Z, Peng J T et al. 2011. He and Ar isotopic compositions and genetic implications for the giant Shizhuyuan W-Sn-Bi-Mo deposit, Hunan Province, South China. *International Geology Review*, 53 (5-6): 677~690

Xiao W J and Kusky T. 2009. Geodynamic processes and metallogenesis of the Central Asian and related orogenic belts: Introduction. *Gondwana Research*, 16: 167~169

Xu Y G. 2001. Thermo-tectonic destruction of the Archaean lithospheric keel beneath the Sino-Korean Craton in China: evidence, timing and mechanism. *Physics and Chemistry of the Earth* (A), 26: 747-758

Xu Y G, Chung S L, Jahn B M et al. 2001. Petrologic and geochemical constraints on the petrogenesis of Permian-Triassic Emeishan flood basalts in southwestern China. *Lithos*, 58 (3-4): 145~168

Yakubchuk A, Seltmann R, Shatov V et al. 2001. The Altaids: tectonic evolution and metallogeny. *Soc. Econ. Geol. Newsl*, 46: 6~14

Yang J H and Zhou X H. 2001. Rb-Sr, Sm-Nd, and Pb isotope systematics of pyrite: Implications for the age and genesis of lode gold deposits. *Geology*, 29 (8): 711~714

Yang S H, Zhou M F, Lightfoot P C et al. 2012. Selective crustal contamination and decoupling of lithophile and chalcophile element isotopes in sulfide-bearing mafic intrusions: An example from the Jingbulake Intrusion, Xinjiang, NW China. *Chemical Geology*, 302: 106~118

Yuan S D, Peng J T, Hao S et al. 2011. In situ LA-MC-ICP-MS and ID-TIMS U-Pb geochronology of cassiterite in the giant Furong tin deposit, Hunan Province, South China: New constraints on the timing of tin-polymetallic mineralization. *Ore Geology Reviews*, 43 (1): 235~242

Zhai M G and Santosh M. 2013. Metallogeny of the North China Craton: Link with secular changes in the evolving Earth. *Gondwana Research*, 24: 275~297

Zhai W, Sun X M, Wu Y S et al. 2012. He-Ar isotope geochemistry of the Yaoling-Meiziwo tungsten deposit, North Guangdong Province: Constraints on Yanshanian crust-mantle interaction and metallogenesis in SE China. *Chinese Science Bulletin*, 57 (10): 1150~1159

Zhang L C, Qin K Z, Xiao W J. 2008. Multiple mineralization events in the eastern Tianshan district, NW China: Isotopic geochronology and geological significance. *Journal of Asian Earth Sciences*, 32: 236~246

Zhang L, Xiao W, Qin K Z et al. 2005. Re-Os isotopic dating of molybdenite and pyrite in the Baishan Mo-Re deposit, eastern Tianshan, NW China, and its geological significance. *Mineralium Deposita*, 39 (8): 960~969

Zhao K D, Jiang S Y, Ni P et al. 2007. Sulfur, lead and helium isotopic compositions of sulfide minerals from the Dachang Sn-polymetallic ore district in South China: implication for ore genesis. *Mineralogy and petrology*, 89 (3-4): 251~273

Zheng Y F. 1991. Sulfur isotope fractionation in magmatic systems: Models of Rayleigh distillation and selective flux. *Chinese Journal of Geochemistry*, 9 (1): 27~45

Zheng Y F. 1993. Oxygen isotope fractionation in SiO_2 and Al_2SiO_5 polymorphs: effect of crystal structure. *European Journal of Mineralogy*, 5 (4): 651~658

Zhi X C. 2000. Re-Os isotopic system and formation age of subcontinental lithosphere mantle. *Chinese Science Bulletin*, 45 (3): 193~200

Zhong H and Zhu W G. 2006. Geochronology of layered mafic intrusions from the Pan-Xi area in the Emeishan large igneous province, SW China. *Mineralium Deposita*, 41: 599~606

Zhong H, Zhou X H, Zhou M F et al. 2002. Platinum group element geochemistry of the Hongge Fe-V-Ti deposit in the Pan-Xi area, southwestern China. *Mineralium Deposita*, 37 (2): 226~239

Zhou M F, Malpas J, Song X Y et al. 2002. A temporal link between the Emeishan large igneous province (SW China) and the end-Guadalupian mass extinction. *Earth and Planetary Science Letters*, 196: 113~122

Zhou M F, Michael Lesher C, Yang Z G et al. 2004. Sun M. Geochemistry and petrogenesis of 270 Ma Ni-Cu-(PGE) sulfide-bearing mafic intrusions in the Huangshan district, Eastern Xinjiang, Northwest China: implications for the tectonic evolution of the Central Asian orogenic belt. *Chemical Geology*, 209 (3):

233~257

Zhou M F, Robinson P T, Lesher C M et al. 2005. Geochemistry, petrogenesis, and metallogenesis of the Panzhihua gabbroic layered intrusion and associated Fe-Ti-V-oxide deposits, Sichuan Province, SW China. *Journal of Petrology*, 46 (11): 2253~2280

Zhou M F, Zhou J H, Qi L et al. 2006. Zircon U-Pb geochronology and elemental and Sr-Nd isotopic geochemistry of Permian mafic rocks in the Funing area, SW China. *Contribution to Mineralogy and Petrology*, 151 (1): 1~19

Zhou M F, Arndt N T, Malpas J et al. 2008. Two magma series and associated ore deposit types in the Permian Emeishan large igneous province, SW China. *Lithos*, 103: 352~268

Zhu C W, Wen H J, Zhang Y X et al. 2013. Characteristics of Cd isotopic compositions and their genetic significance in the lead-zinc deposits of SW China. *Science China Earth Sciences*, 56 (12): 2056~2065

Zhu Z M and Sun Y L. 2013. Direct Re-Os dating of chalcopyrite from the Lala IOCG deposit in the Kangdian copper belt, *China. Economic Geology*, 108 (4): 871~882

Zweng P L, Mortensen J K, Dalrymple G B. 1993. Thermochronology of the Camflo gold deposit, Malartic, Quebec; implications for magmatic underplating and the formation of gold-bearing quartz veins. *Economic Geology*, 88 (6): 1700~1721

(作者：胡瑞忠、王中刚、毕献武、钟宏、温汉捷、苏文超、彭建堂和陈佑纬)

第二十四章 矿物化学

矿物化学是矿物学与地球化学的一门分支学科，主要研究矿物的化学组成、化学性质及其与物理性质、形成条件的关系。它与矿物地质、矿物物理、结晶化学、岩石化学、矿床学等学科有着密切的联系。

第一节 矿物化学的研究对象和研究方法

矿物化学研究者认为，矿物是自然界各种地质条件下化学反应的产物，所以研究矿物的化学组成，矿物中各种元素的结合规律以及矿物共生关系与探讨矿物形成过程与解决矿物成因问题是有密切联系的，而矿物又是化学元素在自然界存在的各种表现形式及基本单位。要研究与利用元素，必须首先要认识矿物，准确地分析测定矿物中各种元素的种类、含量及其存在形式。因此，研究这些问题是矿物化学的主要任务。

矿物化学是我国颇具特色的一门分支学科，主要开展以下几方面的研究。

一、矿物的化学组成研究

每一种矿物都由一定的化学元素组成，进行化学组成研究是鉴定矿物、确定矿物种属、推导矿物化学分子式所必需的。研究矿物的结晶构造、物理性质与化学组成的关系往往首先要确定其化学组成，然后研究工作才能顺利进行。矿物的变种或新种的决定，在大多数情况下，研究其化学组成是比较有效而可靠的办法。在类质同象系列的矿物中，有一大部分是很难由物理方法确定的。为了区别这些矿物，在目前还没有比研究其化学组成更为有效的方法。矿石中有用矿物的分选、加工以及矿量计算和其工业类型的决定等，往往需要事先研究其化学组成，当矿石中含有某些有害成分时，为了除去这些有害成分的影响，也要研究构成矿石矿物的化学组成。

当对某种矿床进行评价时，仅仅知道某种有用元素的含量往往是不够的，事实上还需要了解其存在状态（化合状态），即需要研究有关矿物的化学组成和进行物相分析。例如在计算铍的矿量时，仅仅测定矿石中铍的含量是不够的，还必须进行矿物分析，以除去不能回收的铍，然后才能正确地算出有用部分的矿量。

在地球化学及矿物成因的研究工作中，矿物的化学组成具有特殊的意义。尤其是矿物的共生关系、结晶顺序、矿物生成的物理化学环境、某些成分的来源、分散和富集的机理以及有用矿物的找矿标志等都与矿物的化学组成有非常密切的关系。

从以上极概括的叙述中，可以看出矿物化学组成的研究工作在国民经济及学术上的重要意义。

二、矿物化学全分析方法的研究

准确测定矿物中的化学元素含量是研究矿物化学组成与晶体构造的必要环节。20世纪60年代以前，矿物化学全分析多采用湿化学法，但需要有较大量的矿物样品，且分析过程复杂。以后由于X射线荧光光谱法、电子探针、扫描电镜等物理测试方法的引进，矿物化学全分析更加快速、微量、准确、直观以及能够做到原位分析。

三、元素在矿物中赋存形式的研究

元素在矿物、岩石、矿石、土壤、选冶产品及废弃物中的赋存形式不仅是矿物学与地球化学必须探讨的问题，也是矿产资源开发利用与环境治理所必须研究的问题。化学元素在矿物中的赋存形式有主成分结构态、类质同象置换态、吸附态、显微-超显微包裹体（固、液、气）态等。例如20世纪后期美国在内华达州发现的卡林型金矿以及我国在滇、黔、桂及川、陕、甘两个金三角地区发现的微细浸染型金矿，由于金矿物的粒度极其细微，俗称"不可见金"，后来采用多种高分辨率的微束分析方法对其进行综合研究，才查明其赋存形式主要是显微-超显微（微米-纳米粒级）的自然金包裹体。

四、化学物相分析

化学物相分析是矿物化学的一项重要研究与工作内容，无论是地球化学研究，还是找矿、选矿与冶炼工艺的设计都会采用它，在环境评估中也能发挥作用，尤其是在用物理方法不能奏效的时候。20世纪50年代以来我国的化学物相分析工作者，结合地质找矿与选冶试验，进行了大量的科学研究，建立了一大批具有我国特色的化学物相分析新方法，如地质样品中金的物相分析，硫化铜镍矿石中铑、铱的物相，大洋锰结核中铁、锰、镍、钴、铜的赋存状态，铁矿石中硫的测定，烟尘中铟的物相，采矿坑道中游离二氧化硅的测定等，为地球化学理论研究与找矿、矿产资源的综合利用及环境的治理做出了巨大的贡献，其中有相当数量的成果，在学术上达到了国际先进水平（龚美菱，1995）。

五、矿物热力学的研究

研究矿物相平衡，阐明成岩成矿作用的物理化学条件、矿物共生组合规律和地球深部物质演化；开展矿物固溶体热力学研究，建立元素在矿物中的互相替代的矿物相平衡的基础，发展以共存矿物相成分为基础的地质温度计和地质压力计；着眼流体-岩石相互作用，水溶液和矿物的界面化学和矿物表面化学的研究（张哲儒，1996）。

六、矿物成因与标型矿物的研究

矿物的化学成分是矿物的最本质因素之一，它的变化与形成条件有密切关系，是信息量最大的标型特征,而其他的标型特征基本上受它与结构的制约。矿物成分标型的理论基础是:矿物的成分及其类质同象置换、同位素、包裹体成分等随着介质的物理化学条件而改变,因而可以利用成分的变化来判断矿物的成因与物理化学条件,某种矿物的出现必然代表其生成时所处的物理化学环境,在比较狭窄的特定条件下形成的矿物,可称为标型矿物(陈光远,孙岱生,殷辉安,1988),这也是成因矿物学研究的一个方面,着重探讨矿物化学组成的变化规律、类质同象条件及共存相间元素的分配。

七、矿物演化示踪体系的研究

某些矿物系列,其物理性质与化学成分随其形成时代及地质、物理、化学条件的变化而变化,如钠长石-中长石-钙长石系列、黑云母-白云母系列、独居石-富钍独居石-磷钙钍矿系列、褐铈铌矿-褐钇铌矿-褐钇钽矿系列、铌铁矿-铌锰矿-钽锰矿系列及锆石-铪石系列等均显示其成因、产状、物理性质与化学成分变化之间的密切关系。

八、矿物合成与形成条件的实验研究

一方面满足工业上的需要,人工制造符合工业要求的矿物;另一方面则是为了研究成矿过程中的化学反应,了解矿物生成与稳定的物理化学条件,并探索元素的迁移形式和沉淀、分异、结晶的条件。

九、矿物化学性质的研究

矿物的溶解与分解是很复杂而又很重要的问题,它受矿物中元素的结合力与溶剂、温度、压力、粒度和时间等因素的制约。从矿物化学的角度来看,元素的化学性质并不是固定不变的,在不同的矿物或不同的元素组合关系中是有差异的,对此,称之为元素的矿物化学性质(郭承基,1958)。

第二节 矿物化学学科的科学意义及其在国际上的发展概况

一、矿物化学学科的科学意义

由于矿物是自然界化学反应的产物,所以研究矿物的化学组成、矿物中各种元素的结合规律及矿物共生关系是与解决矿物成因问题有密切联系的,这是矿物化学与矿物地质的关系;而矿物的化学组成又与其物理结构和物理性质密切相关,这是矿物化学与矿物物理的关系;此外,矿物又是化学元素在自然界存在的各种表现形式及基本单位,要研究与利用元素,必须首先要认识矿物,准确地分析测定矿物中各种元素的种类、含量及其存在形式,这又是矿物化学与社会经济发展密切联系的一面。无疑,研究这些问题正是矿物化学的主要任务,也就是矿物化学这门学科的科学意义所在。

二、国际上的发展概况

20世纪以前，尤其在19世纪上半期，矿物工作主要停留在矿物的一般物理性质和化学性质的描述及鉴定方面，而对于矿物的成因则未予以应有的重视。然而矿物的一般物理性质和化学性质只是矿物反映出来的一些表面现象，而不是本质。假如对于矿物的本质问题没有概括的了解，那么这些现象就成了孤立、互不相干的东西，当然甚至成为一些很难理解的问题。

20世纪初，人们注意到矿物物理性质、化学成分与矿物成因的关系，产生了标型矿物的概念。成分标型特征研究最活跃的时期是在50年代以来，如Heinrich，Levinson，Levandowski等（1953）就研究了不同成因类型黑云母的成分变化趋势，做出了黑云母成因三角图。都城秋穗在1953年发现了石榴子石的锰含量与变质程度有关；Kushiro（1960）根据辉石的化学成分构筑了Si-Al图，用以判别母岩浆类型；当时在用化学选择溶解法（化学物相分析）查明元素在矿物、岩石、矿石中的分布与赋存状态的研究方面，苏联学者则比较重视，技术方法也居于领先地位。

应该着重提到的是，1962年英国剑桥大学矿物学及岩石学教授W. A. Deer联手伦敦大学地质学审订人R. A. Howie及牛津大学矿物学审订人J. Zussman编撰出版了一部《造岩矿物》（*Rock-Forming Minerals*），按矿物化学成分及结构分成5卷，对每一个或每一族矿物，除给出基本的物理性质参数外，均按结构、化学成分、地质产状三个部分进行论述。正如作者强调的，该书尽可能地作了这样的尝试，即：将矿物的光学性质与化学成分联系起来，将化学成分与地质产状联系起来，将物理性质与结构联系起来。该书还有一个特点是对每一个矿物的描述后面都附有一系列参考文献，因此该书对矿物学和矿物化学的研究者来说是一部极好的参考书。1964年苏联科学院稀有元素矿物学、地球化学与结晶化学研究所（ИМГКРЭ АН СССР.）编撰出版了一部《稀有元素的地球化学、矿物学与矿床成因类型》，并分为卷1地球化学、卷2矿物学及卷3矿床成因类型三卷出版，归纳和论述了三十多种稀有与分散元素的地球化学、矿物学与矿床成因类型，内容十分丰富。

进入20世纪60年代以后，由于各种化学分析法，尤其是仪器分析法及各种物理测试谱仪的引入，逐渐地替代着传统的湿化学分析方法，使矿物化学能够向更深的层次发展，表现在：

（1）纸色谱法、离子交换法和各种萃取色层法等的引进，以及分光光度法、原子吸收分光光度计等测定手段的应用，提高了矿物化学组成研究的精度与速度；

（2）中子活化分析、等离子体质谱分析及同位素稀释质谱法能够测定矿物中微量–超微量的化学成分，尤其对于用化学方法难以分离和测定的15个稀土元素也可以获得完美的测定结果；

（3）电子探针、质子探针及扫描电镜等微束分析技术的发展不仅能够测定难分离的、极细微矿物的化学组成，而且还能够直接观测到元素在矿物中的分布情况，对于矿物化学组成的研究、探讨元素在矿物中的赋存状态有重要的作用；

（4）红外光谱用于矿物化学组成的研究，除了可以测定矿物中 H_2O、CO_2、N_2 的含量及其赋存形式外，还能够研究晶体中 PO_4^{2-} 及 SO_4^{2-} 等的离子团；

（5）穆氏鲍尔谱仪能够研究矿物键性及变价离子（Fe^{2+}、Mn^{2+}、Sn^{2+}、Ti^{2+} 等）的含量及其在晶格中的分布；

（6）顺磁共振谱仪、核磁共振谱仪等亦在矿物化学的研究中起着一定的作用。

从以上研究手段的应用来看，仪器分析方法逐渐在矿物化学的研究中发挥越来越大的作用，近代一些高水平的矿床学、矿物学、矿物化学、地球化学的论文多是以各类仪器分析提供的观测结果与分析数据为根据的，特别是许多新矿物、罕见矿物、天体矿物的化学组成的测定。

Wright 和 Stewart（1968）提出了著名的三峰法测定碱性长石成分和结构状态；Albuquerque（1973）研究了葡萄牙北部花岗岩类岩石中黑云母的地球化学特征，系统地采集了从英云闪长岩到花岗岩中岩浆期形成的黑云母，作了化学组成及其与共生矿物关系的分析，指出多数黑云母与钾长石及钛铁矿共生，成分的变化与角闪石、原生白云母及铝硅酸盐矿物有关；Ramsay（1973）研究了加拿大太古宙变质沉积岩中黑云母的矿物化学组成对区域岩石成分的制约；Kesler，Issigonis，Brownlow 等（1975）研究了矿化与无矿化侵入岩中黑云母的地球化学，他指出，与铜矿化有关岩体黑云母的卤族元素（F、Cl）及 Cu 的含量要比无矿化岩体的黑云母高，这对找矿很有指导意义；Abdalla，Helba，Mohamed 等（1998）在研究铌铁矿-钽铁矿族矿物的共生组合、结构构造与化学特征的基础上讨论了埃及东沙漠省含铌铁矿-钽铁矿花岗岩的成矿与演化过程。

西方国家虽然做过许多属于矿物化学内容的研究，但有些文献中没有出现"矿物化学（Mineral chemistry）"这一词汇，而用"某某矿物的地球化学"这样的标题，如"Geochemistry of biotite""Geochemistry of plagioclase group"等，实际上也属于矿物化学研究的范畴。

国外近些年来对矿物化学的研究比较热衷以下几方面：①矿物化学组成作为地质过程的温、压及氧逸度指示剂的创新与改进，如 Putirka，Mikaelian，Shaw 等（2003）对单斜辉石-熔体平衡地质温度计进行研究，使其适用于酸性和富挥发分的岩浆岩。②研究矿物环带构造成分的变化对岩浆过程的指示，如 Pearce 和 Kolisnik（1990）用干涉显微镜观察斜长石的环带；Singer Dungan，Layne 等（1995）根据火山岩中斜长石的结构及成分的变化来讨论钙碱性岩浆房的动力学机制；Ginibre，Worner，Kronz（2002）依据斜长石环带主量和微量元素的变化来讨论智利 Parinacota 火山岩浆房的作用过程；Muller，Breiter，Seltmenn 等（2004）根据火山-侵入杂岩中石英和长石环带的研究得到多次岩浆成矿的认识。③对地幔矿物化学与天体矿物化学的研究日益增加。Sherafat，Yavuz，Noorbehesht 等（2012）利用角闪石、黑云母等矿物的化学组成，测得伊朗亚兹丹省钙碱性次火山岩岩浆房的含水量为 6.10%，温度 896 ℃，压力为 2.75 kbar 等，这些都把矿物化学研究推向更广阔、更深邃的发展空间。

第三节　矿物化学学科在我国的发展历程

一、矿物化学在国家经济建设中的贡献

矿物原料是发展国民经济不可或缺的，但是，天然的矿物原料不但在产状方面有许多变化，在成分、结构构造上也有很大的差异，需要在开发和利用之前做好分析鉴定工作，对我国各类矿产都存在着成分复杂、综合利用难度大的情况而言，这项工作更显得重要。

（一）矿物化学的研究帮助解决矿物分析与矿物鉴定的难题

新中国成立初期，地质部门在北方地区大力开展铬铁矿资源的找矿勘探工作，但在铬铁矿矿物分析中遇到的难题是亚铁的测定，组织上把这个任务交给了郭承基的实验组。他们查阅了大量文献，经过多次实验，终于制定了用磷酸溶解铬铁矿测定亚铁的方法并获得成功。后来，磷酸溶矿法还被大量应用在矿物分析及矿物鉴定中（郭承基和钟志成，1957）。这项研究成果还获得了奖励。

内蒙古白云鄂博矿床拥有巨大的铁、铌、稀土金属储量，是包头钢铁公司的矿石基地，但是由于铁矿石中磷的含量很高，对提高钢铁的质量不利。1953年，郭承基受命对白云鄂博矿床中大量磷的赋存状态进行了研究，认为磷在矿石中主要以磷灰石存在，把磷灰石排除掉就可以除去大部分的磷，从而为铁矿石除磷提供了重要的科学依据。郭承基还受何作霖委托，用矿物化学方法对白云鄂博矿床中大量存在的由何作霖初定名为"白云矿"和"鄂博矿"的两种矿物（由于此前没有化学分析条件，难以准确定名）进行了研究，认为"白云矿"实为铈族稀土氟碳酸盐（即氟碳铈矿），"鄂博矿"则为铈族稀土的磷酸盐（即独居石），并且进一步查明了两种矿物的物质成分、物理和化学性质以及化学分析等问题，后来又用化学物相分析法测定了这两种矿物的含量比例，为矿山的选冶设计提供了依据。

1964年地质人员在白云鄂博主矿上盘发现了铌与锆的富集带，并且有一种含锆很高的烧绿石，欲定名为"锆烧绿石变种"予以发表，后在矿物化学分析组进一步分析时，分析人员发现这种烧绿石在溶解过程中总有一些不溶的残留物干扰分析，经分离鉴定确认为锆石，因此这一种"锆烧绿石"实际是烧绿石中包裹了锆石所产生的，是烧绿石和锆石两种矿物的混合体而不是"锆烧绿石"，同时也表明，地质与化学的密切结合更能做好矿物的分析与鉴定工作。此期间，在白云鄂博矿山等部门的合作下，经过长时期的深入研究，在白云鄂博矿床中鉴定出170多种矿物（中国科学院地球化学研究所，1988），表明白云鄂博铁、铌、稀土矿床不仅拥有丰富的矿产资源而且还是矿物学的宝库。

新疆阿尔泰花岗伟晶岩盛产锂、铷、铯、铍、稀土、铌、钽、锆、铪等多种稀有元素，也是稀有元素矿物的宝库，郭承基指导的研究小组在那里进行了长期、细致的工作，由王贤觉、邹天人、徐建国等（1981）撰写、出版了《阿尔泰伟晶岩矿物研究》一书。书中除了对各个矿物的论述外，还提出和讨论了一些矿物族的矿物演化及其与地质产状和物理性质的关系，如：铌铁矿（$FeNb_2O_6$）—铌锰矿（$MnNb_2O_6$）—钽铁矿（$FeTa_2O_6$）—钽锰

矿（$MnTa_2O_6$）矿物族；独居石（$CePO_4$）—富钍独居石（Ce，Ca，Th）（PO_4）—磷钙钍矿（Ca，Th）（PO_4）矿物族；锆石（$ZrSiO_4$）—铪石（$HfSiO_4$）矿物族。

（二）矿物化学在矿石物质成分的综合利用研究上发挥了重要作用

20世纪50年代末，国家提出了矿石物质组分综合利用的方针。令人瞩目的白云鄂博铁矿，经中苏科学院合作队与白云鄂博矿山组成的研究队查明矿区含有大量的稀土、铌、锆、钡、钛等多种金属，然而它们的赋存状态还不甚清楚，不但没有被很好地利用，还对炼铁、炼钢的生产工艺有不利的影响。1963~1965年，国家科学技术委员会下达了对白云鄂博矿床进行物质成分与综合利用的研究任务，地质研究所由郭承基负责组织"白云队"承担了这一任务。

白云鄂博矿床有用组分复杂、矿物种类多，而且有的还特别细小，要选出和鉴定它们的确是很难的，但是在郭承基矿物化学学科思想的指导下，发现和鉴定了多种铌和稀土的矿物，如铌铁矿、铌铁金红石、铌易解石、钕易解石、褐铈铌矿、褐钇铌矿、褐钕铌矿、烧绿石、铌钙矿、氟碳铈钡矿、中华铈矿等。矿物化学方法也被用到了极致，有几件工作做得特别出色，至今仍令人赞赏不已。

（1）在条带状铁矿石中选出了铌铁矿：过去只知道白云鄂博矿床的含铌矿物是易解石，条带状铁矿石虽然含铌，却找不到铌的矿物。由于铌铁矿的性质和赤铁矿有些类似，藏身在赤铁矿之中的铌铁矿，是很难被选出来的，后来还是化学人员采用选择溶解的方法把大量的赤铁矿溶去以后，才把铌铁矿选了出来。后来确定它是白云鄂博矿床的主要含铌矿物之一，因此铌的赋存形式很快被查明了。

（2）在烧绿石中发现锆石（详见上节所述）。

（3）独居石与氟碳铈矿的定量测定：独居石和氟碳铈矿是白云鄂博的两种主要稀土矿物，它们的性质非常相似，在显微镜下难以区分它们，用选矿方法也难以分开他们，后来还是采用化学物相法做出了定量的结果，分别测定了各种矿石类型中这两种矿物的含量。

以上三件工作即使是很精通矿物学的人员也很难做成、做好，而用地质与化学相结合的方法，也就是郭承基倡导的矿物化学的学科思想与方法，却在这一重要的国家攻关项目中发挥了作用并获得了成功。

"白云队"的研究人员通过这几项工作，更加重视学习与运用矿物化学知识，并在后来其他项目的研究中屡获成功。

1963~1965年间，郭承基领导的"白云队"出色地完成了国家科学技术委员会下达的攻关任务，提交了研究报告。1980~1983年又作了较为全面的研究，尤其是对已鉴定出的170多种矿物做了详细的叙述，撰写了《白云鄂博矿床地球化学》专著，这项成果获得了国家自然科学奖二等奖。

（三）矿物化学竭力为找矿服务

20世纪60~70年代，国家需要富铁矿，陈光远组织北京地质学院师生以密云沙厂与鞍山樱桃园铁矿为基地，开展成因矿物学与找矿矿物学的研究，根据矿物应力标志解决了沙厂铁矿构造及进一步的找矿问题，提出复向斜构造模式，指出矿体主要集中于向斜核部，建议集中打钻。12年后，这一观点得到证实，使储量提高了5倍。70年代后期至80

年代初期，他的科研集体出版了《弓长岭铁矿成因矿物学专辑》（陈光远、孙岱生、孙传敏等，1984），确定了贫、富矿化在时空上的分布规律，建立了指示硅铁建造中贫、富铁矿的岩石学和矿物学标志，并从矿物演化角度探讨了变质岩地层发展历史。这项研究得到评审委员会专家的高度赞扬，被认为"是一个较完整的成因矿物学研究典范""为找富铁矿开辟了新路"（孙岱生，2013）。

（四）矿物化学分析测试技术的革新

矿物成分全分析是矿物化学分析的一项基础工作，在20世纪50~70年代，常遇到的难题是当矿物颗粒细小、量微、难分难选时，难以进行矿物化学组成的研究，尤其是当矿物中存在一些化学性质非常接近而难以分析测定的元素时，如：Nb-Ta、Zr-Hf，稀土族的15个元素。在这些困难面前，矿物化学研究室的研究人员利用纸色层和离子交换等新的分离技术，制定了各种比较合理的、系统的、适合于微量矿物的分析流程，由张静、田淑贵、高思登等（1991）撰写、出版了《稀有元素矿物微量半微量化学分析》一书。此外，王一先等还研究制定了阳离子交换、薄膜制样与X射线荧光光谱相结合的方法，能较好地分别测定15个稀土元素的含量。

物理分析测试技术的进步，助推了矿物化学的发展。1964年，英国工业技术展览会在北京举办，展会上的一台"电子探针"引起了科研人员的密切注意，经过努力申请，在展会结束之后，有关部门便把这台展品分配给了中国科学院地质研究所，当时正值白云鄂博铁、铌、稀土矿床物质成分与综合利用研究项目的攻关时期，它在微细矿物的成分分析以及元素在矿物中的分布状态的确定中起到了重要的作用，帮助地质人员鉴定与分析了矿石中多种微细而又难以选出来的铌钽矿物。

目前，对矿物（尤其是微量矿物、难分选矿物）化学成分的分析多采用电子探针、扫描电镜、质子探针等来完成，不仅快速、准确，而且还能观察到元素在矿物中的分布情况，采用现代的仪器分析还能进行微量元素、同位素和结构的研究，更进一步助推了矿物化学学科的发展。

（五）对金矿床中金的赋存形式研究取得了重要突破

20世纪后期，美国在内华达州发现卡林型金矿以及我国在滇、黔、桂和川、陕、甘两个金三角地区发现的微细浸染型金矿，它们的分布广、储量大，由于对金在矿石中的赋存形式没有完全研究清楚，曾一度延缓了对这种金矿类型的开发和利用，在这种类型矿床中金是呈显微金和超显微金存在的，特别是超显微金，粒径小于1 μm。这样微小的颗粒赋存在什么矿石中并以什么形式存在，是呈单质还是呈化合物，它们在载体矿物中是裂隙金还是呈包裹体金，是呈吸附金还是呈类质同象金（晶格金），弄清这些问题仍是世界上的一个难题。20世纪末期，国内外掀起了用微束分析研究金的赋存状态的热潮。在国内，中国科学院广州地球化学研究所刘永康（1994）利用美国Brookhaven国家实验室同步辐射X射线分析系统研究黔西南丫他金矿床时在砷黄铁矿中发现有自然金矿物的存在。中国科技大学王奎仁、周有勤、孙立广等（1994）利用复旦大学质子探针实验室的微束PIXE（质子激发X射线发射分析）系统对两个金三角地区的矿石矿物中金的赋存形式进行研究，确定金除了少部分呈显微可见金存在外，主要呈小于1μm的超显微包裹体存在于矿石中，修正了前人关于"不可见金"主要呈晶格金"类质同象"形式存在的推测，从而也为金的成矿作用的研究及选冶工艺的制定提供了充分的科学依据。

（六）开展基础理论的研究

60年代初，我国老一代科学家侯德封、涂光炽、郭承基等就提出要研究地球化学过程的能量关系，发展热力学在地球化学中的应用，随后在矿物化学研究室的建制下筹备建立了矿物热化学组，经过多方努力，于1975年发表了第一篇热力学应用于成矿条件研究的文章：《某区蚀变花岗岩中硫化物-菱锰矿组合形成条件的热力学初步研究》（郭其悌和张哲儒，1975）；1985年由林传仙等编辑出版了《矿物及有关化合物的热力学数据手册》。随后有关人员研究了Fe、Pb、Zn、W、Sn、Au、Ag、Hg等元素的溶解度、迁移形式和影响迁移沉淀的条件，建立了这些元素成矿作用的热力学模型及层控矿床形成的热力学模型，建立了夕卡岩形成的热力学氧逸度计，应用于Cu、Fe、W、Sn、Pb和Zn等元素的夕卡岩矿床，此外还发展了矿物固溶体热力学，改进了矿物固溶体的宏观热力学模型。

为了阐明成矿机理，黄舜华，王中刚，章钟媚等（1987）开展了稀土磷酸盐矿物的合成实验，实验揭示了在独居石族矿物（$\Sigma CePO_4$）中，ΣCe与ΣY之间的置换是有限的，即铈族元素La、Ce、Pr、Nd、Sm之间可以任意置换，形成镧独居石、钕独居石、钐独居石等，而钇族元素进入置换的量是有限的，超量置换则将由单斜晶系的独居石相变为正方晶系的磷钇矿或磷镝矿、磷铒矿了。这一实验证明了类质同象向类质多型的演化，同时对是否存在完整的褐铈铌矿族（$NbCeO_4$-$NbYO_4$-$TaCeO_4$-$TaYO_4$）和铌铁矿族（$FeNb_2O_6$-$FeTa_2O_6$-$MnNb_2O_6$-$MnTa_2O_6$）提出了质疑。宋云华，沈丽璞，王贤觉等（2007）实验模拟了花岗岩风化壳离子吸附型稀土矿床的形成过程，揭示了在表生作用下，花岗岩中稀土元素活化、迁移、富集的途径。这是在我国首次发现的一种特殊的稀土矿化类型，它分布广、易采、易选，促进了我国稀土元素研究事业的发展。

（七）矿物演化观点的提出

郭承基等在多年从事稀有元素矿物化学与地球化学研究中积累了大量稀有元素矿物资料后，逐渐认识到许多矿物不是地球形成时就有的。如果说地球是在45亿年前就形成了，那么花岗岩的出现却是在过了七八亿年之后的37亿年前。一些花岗岩中的矿物，钾长石、云母、石英等也是在地球演化了七八亿年之后才生成。地球水圈、大气圈的出现还要晚一些，在十七八亿年之后。因此，最古老的海洋沉积物白云岩和石灰岩是在26亿年前才出现，也就是说地壳上常见的大量方解石和白云石等矿物是在地球演化了20亿年左右才有的。

登月飞行的成功及在月球表面的观察与采样，使地质学家们得以证实了对地球演化初期阶段的地质特征的推论，所以把地球早期演化阶段称作类月球阶段（中国科学院地球化学研究所，1977）。这一阶段特征是圈层结构不明显，地球的表层是镁铁质的。有大面积的超基性-基性-中基性岩浆的喷发活动，这一阶段形成的矿物主要是橄榄石、辉石、角闪石、尖晶石、斜长石（钙长石分子为主）、钙铁矿、钙钛矿、金红石等。这些矿物的特点是：不含水，高压相。接着可以把距今37亿年开始出现花岗岩类（主要是TTG岩套）作为地壳形成初期阶段的标志，亲石元素硅酸盐矿物长石、云母、角闪石以及石英的大量出现，形成的硅铝质地壳与地幔有了明显的差异；距今26亿年，水圈、大气圈的形成，典型的沉积作用开始，沉积碳酸盐类矿物大量增加，内生岩石中含水矿物的量也大量增加。距今19亿年，则是以大气圈出现了游离氧为标志。上述这一段旨在表达矿物的演化是以地球的演化为前提的，在宇宙演化、地球演化的大背景条件下必然导致矿物的演化，表24-1简要归纳了这个宏观的演化过程。

表24-1 地壳演化的不同阶段的特征

距今45亿年	距今37亿年	距今26亿年	距今19亿年
类月球阶段	地壳形成的初期阶段	地壳形成的中期阶段	地壳形成的现今阶段
强烈火山活动，形成大面积超基性-基性-中基性喷发岩，构成硅镁质原始地壳	开始出现英云闪长岩、花岗闪长岩类，形成硅铝质地壳	大量花岗岩、沉积岩、变质岩类形成；碳酸气大量转入水圈；化学沉积开始	沉积岩覆盖面积增大，大气圈出现游离氧，由还原性大气转化为氧化性大气，影响一系列沉积作用特征
亲铁元素矿物（以Fe、Mn、Cr、Ni、Ti、Ca等元素为主要成分的矿物）占优势，并呈自然金属、金属互化物、硫化物、碳化物、硅酸盐等形式	除继承上一阶段的特点外，亲石元素的硅酸盐类矿物大量增加	沉积碳酸盐类矿物出现并大量增加	亲石性稀有元素（Li、Be、Rb、Cs、Zr、Hf、Nb、Ta）及W、Sn等矿物出现并大量增加。蒸发成因的盐类矿物出现

二、矿物化学学科的开拓者及他们的研究集体

郭承基是我国矿物化学这门学科的开拓者与践行者，他把毕生的精力都献给了发展矿物化学学科事业。1952年他从日本回国后便开始了矿物化学的实验研究。在国家地质部工作期间，他用矿物化学方法出色地完成了两项任务：一是用磷酸溶矿法解决了铬铁矿中测定亚铁的难题，后来他又把磷酸溶矿法用在矿物鉴定与矿物分析中，这项有创意的成果获得了国家的奖励；二是查明了内蒙古白云鄂博铁矿石中磷的赋存形式，帮助生产部门排除磷对钢铁冶炼的不利影响。

1953年郭承基转入中国科学院地质研究所工作，他很快就开始了对山西和内蒙古的含稀有元素矿物花岗伟晶岩的野外地质考察并随后在矿物室的建制下筹建了以化学人员为主体的矿物化学分析实验室，他们完成了我国大量的稀有元素矿物的化学全分析，如独居石、钍石、黑稀金矿、复稀金矿、震旦矿、硅铍钇矿、易解石、铌铁矿、铌钇矿、绿柱石、金绿宝石等。1958年，郭承基撰写的第一本矿物化学专著《稀有元素矿物化学》出版（郭承基，1958）。随后，矿物化学分析实验室著的《内蒙矿物志》由科学出版社出版（由于当时国家对稀有金属的保密规定，只作内部资料），这是当时国内出版的第一本区域矿物志。

1956年，郭承基在研究我国内蒙古花岗伟晶岩时注意到，随着花岗伟晶岩从早期到晚期的演化，云母类矿物的成分与种类也发生变化，即从早期黑云母的形成，经过两云母（黑云母与白云母共生）阶段，到晚期白云母的形成，同时与云母共生的稀有元素矿物种类也发生相应的变化，与黑云母共生的是褐帘石、锆石；与两云母共生的是稀土的铌钽酸盐矿物，如黑稀金矿、震旦矿、铌钇矿等；与白云母共生的是铌铁矿、绿柱石、金绿宝石等；因此用不同成分的云母类矿物做标型，将伟晶岩划分为黑云母型、两云母型及白云母

型，也就将矿物化学组成的变化与花岗伟晶岩的形成演化密切地联系在了一起。

国内地质界有一件鲜为人知的事情，那就是早在20世纪50年代郭承基就已经测定和发表了产于内蒙古花岗伟晶岩的一个矿物的"绝对年龄"数据（郭承基和钟志成，1957）。当时是用U-Pb法测定的，那时国人对矿物年龄的测定方法还知之不多，也没有足够的重视。同位素年代学专家陈毓蔚说，郭承基是国内第一位测定和发表地质"绝对年龄"的人，只是未能应用同位素对数据进行修正而已。后来，中国科学院地质研究所建立了同位素地质研究室，经过多年努力，在1963年正式发表了第一批同位素年龄数据。

矿物化学分析实验室在1962年改制为稀有元素矿物化学研究室，也是我国第一个稀有元素矿物化学研究室，由郭承基任主任，除原本以化学人员为主体外，逐渐加入了较多的地质人员，下设矿物化学组、地球化学一组、地球化学二组、X光荧光光谱组、综合地质组及后来筹备建立的矿物热化学组，共约30人，还有常年到室实习或进修的人员10人左右。1966年随所迁到贵阳，正式成为中国科学院地球化学研究所的稀有元素矿物化学研究室，在人员结构上还扩充了一部分从事冶金专业的研究人员。

改制后期间（1962~1989年），矿物化学研究室承担了多项国家科学技术委员会和中国科学院下达的研究任务。

在1989年地球化学研究所的分所搬迁过程中，矿物化学室的大部分人员迁往广州，建立了元素地球化学与区域地球化学研究室，在贵阳留下的部分人员建立了矿物化学与稀土元素地球化学研究室，后来逐渐并入新成立的矿床地球化学重点实验室等单位了。

近50年来，矿物化学学科的发展，保证了研究任务的完成、研究任务的需要，也促进了矿物化学学科的创新。研究室化学人员在不断的化学分析实践中，建立了微量-半微量稀有元素矿物分析系统，用毫克级的矿物样品进行矿物全分析并相应建立了鉴定矿物的色谱法，设计并研制了化学浓缩与X荧光光谱法测定岩石、矿物中的微量稀土元素。以上两项创新使地质研究人员能够得到渴望的分析数据。在这一领域，除了很好地完成并提交承担项目的研究工作报告外，还相继撰写并出版了一系列的学术专著和论文，仅专著就有：《稀土矿物化学》《稀有元素矿物化学》《稀有元素矿物微量半微量化学分析》《矿物及有关化合物的热力学手册》《稀土元素地球化学》《阿尔泰伟晶岩矿物研究》《白云鄂博矿床地球化学》等。

矿物化学研究的另一位开拓者是陈光远，他将矿物化学尤其是矿物化学组成的研究引进到标型矿物与成因矿物学研究中，他认为矿物的化学成分是矿物的最本质因素之一，它的变化与形成条件有密切关系，是信息量最大的标型特征，而其他的标型特征基本上受它与结构的制约，因而可以利用成分的变化来判断矿物的成因与形成时的物理化学条件。郭承基的矿物化学研究侧重于稀有、稀土元素矿物方面，而陈光远侧重于造岩矿物方面，两者相辅相成，相得益彰。60年代初，他以密云沙厂铁矿大曹群、鞍山铁矿樱桃园矿区鞍山群为基础，通过变质岩角闪石族、绿泥石族、云母族等成因矿物族与辉石、石榴子石、磁铁矿、长石等矿物标型研究，提出区分正副变质岩及变质铁矿成因的矿物标志，指出上述类型变质铁矿为地槽型幔源火山喷发沉积变质成因，为解决鞍山式铁矿成因提供了矿物学依据。

陈光远在20世纪60年代成立了成因矿物学研究组，侧重于开展角闪石、黑云母、绿泥石、石榴子石、辉石等成因矿物族的研究，应用它们来解决鞍山式铁矿成因与勘探问题，并于1962年中国地质学会第三十二届年会上向中国地质界提出了成因矿物学这一研究方向。

20世纪60~70年代，国家需要富铁矿，陈光远组织北京地质学院师生以密云沙厂与鞍山樱桃园铁矿为基地，开展成因矿物学与找矿矿物学的研究。

1975年，陈光远等对磁铁矿的化学成分进行了研究，作了磁铁矿的成因三角图解。1978~1984年陈光远等对弓长岭铁矿床进行了系统的成因矿物学研究，并写有《弓长岭铁矿成因矿物学专辑》（陈光远、孙岱生、孙传敏等，1984）。

1987年陈光远等出版了专著《成因矿物学与找矿矿物学》，全面反映了现代成因矿物学与找矿矿物学内容，建立了较完善的理论体系，系统提出了两者的思想方法和工作方法，该书出版后受到一致好评，两年内即两版三次印刷，并于1989年获国家教育委员会科技进步奖一等奖，1990年获国家优秀科技图书奖二等奖。

80~90年代他领导的科研组对胶东21个金矿床地质背景及石英、黄铁矿等30多种矿物进行研究，首次提出金矿成矿地质作用三阶段的标型矿物，金矿找矿评价的10种方法及判别金矿床规模的6条标志，发现胶东金矿标型矿物——铬云母，其成果反映在1989年出版的专著《胶东金矿成因矿物学与找矿》上，该专著获国家教育委员会科技进步奖一等奖。

迄今，许多矿物化学的研究仍然在进行、在发展。从出版的刊物来看，我们注意到新一代的地球化学工作者仍然继续探索着矿物化学组成与成矿的关系。如：贡伟亮（1991）对白云鄂博褐钇铌矿族矿物的矿物化学与矿物演化进行研究，提出了矿物水解共沉淀形成机理新模式，稀土配合物稳定性差异是褐钇铌矿族矿物时空演化的根本原因；裴愉卓（1997）对白云鄂博各种产状独居石进行了SHRIMP定年，表明矿区存在着元古宙与古生代两期成矿作用；毕献武，胡瑞忠，Mungall等（2006）用电子探针分别分析了与金矿化和铜矿化有关的正长斑岩中角闪石、黑云母和长石的主元素成分，计算了岩体形成时的温压条件及氧化还原状态，表明氧逸度高时有利于金的矿化。李鸿莉，毕献武，胡瑞忠等（2007）研究了花岗岩中黑云母的矿物化学组成及其对锡成矿的指示意义，认为芙蓉锡矿田的成矿流体主要来源于花岗岩浆结晶期后分异出的岩浆热液；刘彬，马昌前，刘园园等（2010）对鄂东南铜钼矿床黑云母矿物化学的研究后指出，与铜矿化有关的黑云母具高镁低铁特征，与锡矿化有关的黑云母具高铁低镁特征；赵乘乘，杨晓勇，冯敏等（2012）利用电子探针与电感耦合等离子体质谱技术（LA-ICP-MS）测定斜长石、角闪石和榍石的主微量元素，反映了铜官山岩体的形成过程中岩浆来源和结晶动力学过程；张立成，王义天，陈雪峰等（2013）用电子探针对东天山红云滩铁矿床矿物学、矿物化学的特征与矿床成因的探讨，表明磁铁矿的形成与夕卡岩退化变质作用有关；赵振华（2016）研究了火成岩中主要副矿物的原位微量元素的分析资料，认为火成岩中的矿物，尤其是稳定副矿物（如锆石）的微量元素组成，可用于火成岩地质构造背景与成矿条件的判定。

第四节　展望与期待

（1）改善测试分析技术，让矿物化学组成的研究向微细、微量发展。不同矿物的化学成分分析，不仅是矿物鉴定、矿物分类所必须准确分析研究的，也是探讨矿物成因、矿物形成环境的示踪剂。在测试技术日益发展的时代，对于矿物化学组成的分析不是一件难事，但也有许多需要发展的方面，如：

①在主元素测定中，一般仪器分析只能给出 Fe 元素的总含量，而 Fe^{2+} 与 Fe^{3+} 的各自含量则要靠别的方法解决；此外，挥发分的测定也很重要，必须准确测定。

②微细矿物及矿物中的微量元素测定很重要。近些年来许多研究都发现卡林型金矿中的所谓不可见金，其实多是一些小于几十纳米或几纳米的、包裹在黄铁矿、毒砂等矿物里的自然金，要发现及观测它们也要解决许多技术难题。

③不仅要研究矿物中的微量元素，也要研究和测定各种用于定年和示踪的元素同位素，以更大程度地发展矿物化学的示踪作用。

（2）随着我国登月计划的逐步实施与进展，人们对月球的关注也日益增加。矿物化学的工作也将越来越多地把目光投向月球，投向宇宙空间。可喜的是过去通过对陨石的研究和对类地行星的比较，科学家们对月球地质、地球化学性质的推断有很多在实现登月后得到了证实，将来通过实地考察和实地采集的岩石和月壤样品的研究，会得到更多的地质、地球化学信息，可以从更大的时空尺度探讨地球起源、早期演化历史、内部结构及组成不均匀性引发岩石矿床不均匀性分布等一系列问题。

（3）向地球深部及宇宙空间探索。对深部物质地球化学的研究，我国尚处于中低水平阶段，但是我国有许多优越的地质条件，如我国东部出露的大面积玄武岩及其地幔包裹体，东部和中部的金伯利岩及地幔包裹体，中部秦岭-大别山带，高压变质岩及橄榄岩、榴辉岩类等。矿物化学对探讨岩石圈地幔的性质与演化，壳幔物质的交换和演化有许多可以施展的地方。

（4）开展纳米粒级矿物的研究。由于观测技术的发展，已经在自然界发现了呈纳米粒级存在的矿物，例如自然金、自然铂等，并且其物理、化学性质不同于同类的粗粒级矿物，例如熔点降低，容易被其他矿物吸附而被包裹于其他矿物之中等。

（5）继续加强为矿床物质成分的综合利用及找矿勘探服务。矿物化学这门学科过去在查明矿床物质成分，开展综合利用的研究方面曾有过重要的贡献，在当前国家重视矿床资源的综合利用、实施循环经济及保护生态环境的形势下，矿物化学正是发挥其学科优势的时候，要秉承创立这门学科的初衷与传统，加强学科建设，发展与矿物地质、矿物物理及选矿冶金等学科之间的联系与互补，努力为矿床物质成分的综合利用及找矿勘探服务。

在撰写这一章的时候，我们深切地怀念我国矿物化学学科的倡导者与开拓者郭承基先生，虽然他已离我们而去，但是他的学术思想、他的学术著作，他为祖国建设事业所做的贡献却将永远留在地球化学界的记忆里。矿物化学这门学科也将不断创新、不断发展，成为矿物学与地球化学学科的一个重要组成部分。

主要参考文献

毕献武，胡瑞忠，Mungall J E 等.2006.与铜金矿化有关的富碱侵入岩矿物化学研究.矿物学报，26（4）：377~386

陈光远，孙岱生，孙传敏等.1984.弓长岭铁矿成因矿物学专辑.矿物岩石，4（2）：1~253

陈光远，孙岱生，殷辉安.1988.成因矿物学与找矿矿物学.重庆：重庆出版社

都城秋穗.1965.变质作用与变质带.周云生译.北京：地质出版社

龚美菱.1995.化学物相分析研究论文集.西安：陕西科学技术出版社
贡伟亮.1991.白云鄂博褐钇铌矿族矿物的矿物化学与矿物演化.矿物学报,11（3）：200~207
郭承基.1953.绥远产稀有元素矿物的研究.地质学报,33（2）：134~143
郭承基.1958.稀有元素矿物化学.北京：科学出版社
郭承基和王中刚.1981.矿物演化.矿物学报,（1）：1~9
郭承基和钟志成.1957.矿物的化学鉴定法（磷酸溶解法的应用）.北京：地质出版社
郭承基,张静,李明威.1957.内蒙南部花岗伟晶岩的时代问题.科学通报,（12）：377~378
郭其悌和张哲儒.1975.某区蚀变花岗岩中硫化物-菱锰矿组合形成条件的热力学初步研究.见：全国稀有元素地质会议论文汇编小组编.全国稀有元素地质会议论文集（第一集）.北京：科学出版社,185~204
黄舜华,王中刚,章钟媚等.1987.稀土磷酸盐矿物合成的一些实验.矿物学报,7（2）：173~176
林传仙,白正华,张哲儒.1985.矿物及有关化合物的热力学数据手册.北京：科学出版社
李鸿莉,毕献武,胡瑞忠等.2007.芙蓉锡矿骑田岭花岗岩黑云母矿物化学成分及其对成矿的指示意义.岩石学报,（10）：2605~2614
刘彬,马昌前,刘园园等.2010.鄂东南铜山口铜（钼）矿床黑云母矿物化学特征及其对岩石成因与成矿的指示.岩石矿物学杂志,29（2）：151~165
刘永康,王奎仁,张海华.1994.对卡林型金存在形式的分析结果.见：中国科学院黄金科技工作领导小组办公室编.中国金矿研究新进展（第一卷）,291~324
裘愉卓.1997.白云鄂博独居石SHRIMP定年的思考.地球学报,18（增刊）：211~213
孙岱生.2013.陈光远.见：孙鸿烈主编.中国知名科学家学术成就概览（地学卷,地质学分册,二）.北京：科学出版社,269~278
宋云华,沈丽璞,王贤觉等.2007.花岗岩类的风化成矿作用.见：中国科学院地球化学研究所与中国科学院广州地球化学研究所合编.郭承基院士纪念文集.广州：广东科技出版社,148~161
王奎仁.1989.地球与宇宙成因矿物学.合肥：安徽教育出版社
王奎仁,周有勤,孙立广等.1994.中国几个典型卡林型金矿床金的赋存状态研究.合肥：中国科学技术大学出版社
王贤觉,邹天人,徐建国等.1981.阿尔泰伟晶岩矿物研究.北京：科学出版社
王中刚.2013.郭承基.见：孙鸿烈主编.中国知名科学家学术成就概览（地学卷,地质学分册,二）.北京：科学出版社,125~135
张静,田淑贵,高思登等.1991.稀有元素矿物微量半微量化学分析.北京：科学出版社
张立成,王义天,陈雪峰等.2013.东天山红云滩铁矿床矿物学、矿物化学特征及矿床成因探讨.岩石矿物学杂志,32（4）：431~449
张哲儒.1996.地球化学热力学.见：欧阳自远等编.地球化学：历史、现状和发展趋势.北京：原子能出版社,11~16
赵乘乘,杨晓勇,冯敏等.2012.铜官山岩体矿物学-矿物化学特征：岩浆结晶动力学意义.地质学报,86（11）：1748~1760
赵振华.2016.矿物微量元素组成用于火成岩构造背景的判别.大地构造与成矿学,40（5）：986~995
中国科学院地球化学研究所.1977.月质学研究进展.北京：科学出版社
中国科学院地球化学研究所.1988.白云鄂博矿床地球化学.北京：科学出版社
中国科学院黄金科技工作领导小组办公室.1994.中国金矿研究新进展（第一卷）.北京：地震出版社
中国科学院地球化学研究所和中国科学院广州地球化学研究所.2006.艰苦创业　铸就辉煌——中国科学院地球化学研究所建所40周年.北京：科学出版社
中国科学院地球化学研究所和中国科学院广州地球化学研究所.2007.郭承基院士纪念文集.广州：广东

科技出版社

Abdalla H M, Helba H A, Mohamed F H. 1998. Chemistry of columbite-tantalite minerals in rare metal granitoids, Eastern Desert, Egypt. *Mineralogical Magazine*, 62 (6): 821~836

Albuquerque A C. 1973. Geochemistry of biotite from granitic rocks, northern Portugal. *Geochim Cosmochim Acta*, 37: 1779~1892

Deer W A, Howie R A, Zussman J. 1962. Rock-forming Minerals (Vol. 1-5). London: Longmans, Green and CO LTD

Ginibre C, Worner G, Kronz A. 2002. Minor- and trace-element zoning in plagioclase: implications for magma chamber processes at Parinacota volcano northern Chile. *Contrib Mineral Petrol*, 143: 300~315

Heinrich E W, Levinson A A, Levandowski D W et al. 1953. Studies in the natural history of micas. *University of Michigan Engineering Research Institute Project*, 978

Kesler S E, Issigonis M J, Brownlow A H et al. 1975. Geochemistry of biotite from mineralized and barren intrusive systems. *Econ Geol*, 70 (3): 559~567

Kushiro I. 1960. Si-Al relation in clinopyroxenes from igneous rocks. *American Journal of Science*, 258 (8): 548~554

Muller A, Breiter K, Seltmenn R et al. 2004. Quartz and feldspar zoning in the eastern Erzgebirge volcano-plutonic complex: evidence of multiple magma mixing. *Lithos*, 80: 207~227

Pearce T H and Kolisnik A M. 1990. Observation of plagioclase zoning using interference imaging. *Earth Science Reviews*, 29 (1-4): 9~26

Putirka K D, Mikaelian R F, Shaw H. 2003. New clinopyroxene—liquid thermobarometers for mafic, evolved and evolved volatile-bearing leva composition, with applications to lavas from tibet and the Snaka River River Plain, Idaho. *American Minerlogist*, 88 (10): 1542~1554

Ramsay C R. 1973. Controls of biotite zone mineral chemistry in archaean meta-sediments near Yellowknife, northwest territories, Canada. *Journal of Petrology*, 14 (3): 467~488

Sherafat S, Yavuz F, Noorbehesht I et al. 2012. Mineral chemistry of Plio-Quaternary subvolcanic rocks, southwest Yazd Province, Iran. International *Geology Review*, 54 (13): 1497~1531

Singer B S, Dungan M A, Layne G D. 1995. Texture and Sr, Ba, Mg, Fe, K and Ti compositional profiles in volcanics plagioclase: clues to the dynamics of calc-alkaline magma chambers. *Am Minral*, 80: 776~798

Takeda H, Mori H, Ogata H. 1989. Mineralogy of augite-bearing ureilites and the origin of their chemical trends. *Meteoritics*, 24: 73~81

Wright T L and Stewart D B. 1968. X-ray and optical study of alkali feldspar. 1. determination of composition and structural state from refined unti-cell parameters and 2V. *Am Mineralogist*, 53 (1-2): 38~87

Wright T L. X-ray and optical study of alkali feldspar. 2. 1968. An X-ray method for determination the composition and structural state from measurement of 2V values for chrec reflections. *Am Mineralogist*, 53: 88~105

ИМГКРЭ АН СССР. 1964. Геохимия минералогия и генестических типы месторождений редких элементов. Том 2, Изд. МосКВа: Наука

(作者：王中刚)

第二十五章 水热实验地球化学

水热实验地球化学最早见于19世纪德国人对蒸发盐矿床样品所做的实验。20世纪初鲍文（N. L. Bowen）进行了高温高压硅酸盐体系的平衡实验，随后O. F. Tuttle开始使用冷封口高压釜，H. S. Jr Yoder用内加热设备，H. L. Barnes和F. W. Dickson用定容摇摆高压釜进行了大量的实验。20世纪20年代苏联以比勒纳斯基和希塔罗夫为代表的科学家从地球化学角度开展了研究，使用大压机、内加热、淋滤实验装置，以及塞罗米亚尼科夫式外压釜等设备做了大量工作。

我国实验地球化学研究，早期有脆云母水热合成（涂光炽，1956）和铍矿化气热交代实验（司幼东和黄舜华，1963）的报道；但作为系统的实验地球化学研究，起始于1959年。由于对矿业资源的需求，在"1956~1967年科学技术发展远景规划纲要"的指引下，一批留学苏联的学者回国后推动了实验地球化学的发展。1959年中国科学院地质研究所最先成立了"成矿实验室"。随后一些地学科研所和高校也先后成立了实验研究组或研究室。

第一节 中国水热实验地球化学学科的形成和发展

纵观我国水热实验地球化学学科的发展状况，大致可分为三个阶段："摸索阶段"、"复兴阶段"和"兴盛阶段"。

（1）20世纪60~80年代是我国实验地球化学学科的"摸索阶段"。这个时期研究人员白手起家，用一些简单的设备进行矿物合成、络合物水解及常温常压下的吸附和淋滤实验。

（2）在改革开放之后的20世纪80~90年代，我国水热实验地球化学学科进入了"复兴阶段"。那个时期全国的生产、科研和教育事业都开始走上正轨。全国成立了4个水热实验地球化学领域的实验室，很多人以访问学者的身份出国进修和学习，使实验室的研究水平有了显著的提高；许多实验室自行加工或引进国外的先进设备，大大扩展了研究内容，进一步提高了实验数据的精度。

（3）90年代之后，我国水热实验地球化学领域进入"兴盛时期"，研究水平和论文质量进一步提升，实验设备、论文数量和质量，以及参与国际交流诸方面都呈现欣欣向荣的局面。

下面以上述阶段的次序，简要介绍一下本学科的发展情况。

1960年初，中国科学院地质研究所建立了全国第一个成矿实验室。该室在涂光炽和司幼东的指导下设计了爆炸装置合成金刚石，进行了钠长石蚀变（形成）绢云母实验，在铁管中合成绿柱石等五种铍矿物，并制备了Be、Nb、Ta三种氟络合物。随后于1962年开始使用莫雷型小高压釜进行实验，完成了"锡石合成及锡的迁移形式初步研究"、遂安石合成和铌、钽氟络物水解及气相搬运，奠定了成矿元素络合物稳定性的研究基础；随之与上海大隆机械厂合作加工出 3000 大气压淋滤装置,用于辉石蚀变成阳起石的研究。

1966 年该实验室分所搬迁至新建的中国科学院地球化学研究所后,由于"文化大革命"的干扰,许多工作不能按原计划实现。几年里仅完成甘肃某厂氯化焙烧的氯化渣组分分离、贵州某厂高温高压管道碱浸取铝法过程中钛结疤的动力学实验研究和闪石类矿物的合成实验;1971 年后完成了"富铁会战"的相关项目,以及铌钽富集成矿机理、岩石初熔温度和夕卡岩矿物合成等。

在这个阶段,北京大学、第二机械工业部第三研究所(以下简称"二机部三所",即核工业北京地质研究所的前身)和南京大学在水热实验地球化学领域或建立实验室开展研究工作,或进行相关的学科教学,培养专业人才。

例如,北京大学 1960 年春就开始筹建高温高压实验室;并"土法上马"进行了酒石酸钾钠晶体生长和花岗岩钠质交代的模拟实验。1961~1964 年间转向"以教学为主"的方针,开设"实验地球化学"课程。1972~1978 年,除了确定实验室的研究方向、积极购置相应设备、设计加工实验反应装置和高温高压水热系统设备使实验室建设有了较大进展外,还编写出"实验地球化学"讲义和编译介绍国外水热实验设备等资料。

南京大学也于 1960 年初建成了包括成岩成矿模拟实验和包裹体实验在内的"实验地球化学"实验室,既开展了国内最早的矿物包裹体研究,也使这一研究与成岩成矿过程中的温度、压力、介质条件有机地结合起来,互相印证,互相补充。与此同时,他们在地质系开设了"实验地球化学"课程;随后编写出相关教程。

这个时期二机部三所的工作也很出色。他们在 20 世纪 60 年代初,根据 U-Si 的分离实验,圆满地解释了野外地质现象。

1972 年,中国地质科学院矿床地质研究所开始筹建与北京大学类似的实验地球化学实验室,1977 年初步建成了高温高压实验室,开展实验工作。1976 年冶金工业部地质研究所(中国有色金属公司桂林矿产地质研究院之前身;以下简称"桂林矿地院")也开始筹建高温高压成岩成矿实验室。并于 1982 年建成了可进行中-酸性岩浆体系、气成-热液体系研究的成岩成矿综合实验室。1979 年南京地质矿床研究所成岩成矿实验室建成。

所有这些实验室的筹建和后来开展的实验,虽然受到"文化大革命"的严重干扰,但都为 20 世纪 70 年代后期的复兴发展时期做好了准备。

大致在 20 世纪 80~90 年代的复兴时期,本学科在实验设备更新换代、人才培养和结合"富铁矿会战"等重大课题方面做出了努力。

譬如一些实验室除了拥有高压釜配套设备外,还增添了快速淬火高压釜、拉曼光谱仪、微型反应容器和开放体系水-岩反应流动实验设备,以及地质流体原位测试系统实验装置;开展了元素分配、热力学计算和深部实验研究等。在改革开放初期,许多单位都派出人员出国考察、参观和学习;研究人员积极调试或进口国外先进仪器设备;大专院校的教师编写教材,培养新时期所需的专业人才。

有了"文化大革命"之后十年复兴时期的努力苦干,水热实验地球化学学科终于迎来了与所有地球化学分支学科一样五彩缤纷的兴盛时期。兴盛的状况主要表现在仪器设备的更新换代、人才培养的新举措、国际交流的新渠道和研究范围的新开拓。

这个时期的发展情况大致表现在如下几个方面:

(1)仪器设备更新换代:20 世纪 60 年代初,中国科学院地质研究所实验室多采用莫雷型小高压釜，压力依据水的填充度估计，用流动冷水淬火。当时只能把单孔高压釜改成双孔用以充作气相搬运反应。把高压釜的釜体拉长，做成冷封式来提高釜的使用温度和压力。其他一些实验室也多用这类高压釜。用苏联图纸加工 300 MPa 淋滤实验装置，因体积大、加工精度不够，实验效率欠佳。

20 世纪 70 年代末到 80 年代初，中国地质科学院矿床研究所实验室引进了美国 Tuttle 高压釜和 Barnes 摇摆釜，并进口了 1600℃ 高温炉。核工业北京地质研究所实验室从美国进口 HR-48 型实验装置温度达 900℃、300 MPa。南京地质矿产研究所实验室引进美国莱考公司 HR-1B 型 Tuttle 内热试验仪。以引进设备为样板，中国科学院地球化学研究所与上海大隆机械厂合作，研制了 YF-5 型冷封式高压釜装置（6 组一套）达 850℃、500 MPa，经改用进口压力泵，如今还在使用。

20 世纪 80 年代后，赴西方留学的学者陆续回国后又开始了新一轮实验设备的改进和更换。北京大学地质系实验室研制金套摇摆釜和流动实验装置。中国科学院地球化学研究所实验室研制组装了用 Ar 气为压力介质的快速淬火高压釜及小金套摇摆釜。中国有色桂林矿产地质研究所实验室研制了双锥体釜、冷水套快速淬火高压釜，并开展了 GH_{49}、GH_{33}、GH_{698}、GH_{169} 等和钛合金 TC_9、TA_2 等材料的相关应用研究。中国地质科学院矿床研究所地球化学动力实验室研制了多种实验装置，如 400℃/40 MPa 测量反应速率，用电导监测，计算机控制系统，高温高压多道超临界流体萃取装置，高温高压 pH 化学传感器装置等；这些装置可在 400℃/40 MPa 水热环境中原位实时测定热液 pH、H_2、H_2S。此外改进金刚石压砧，使其与红外显微镜链接，完成高温超高压（1200℃，35 MPa）流体实验装置。

20 世纪 90 年代后，一批青年学者留学归来后，出现了建立金刚石压腔的热潮。这是一种原位测定，加上激光拉曼，可测定多相物质性质及结构。北京大学地质系实验室利用这种压腔结合"原位"测量技术研究水及相关流体性质、矿物相变、无机和有机之间的转换，以及稳定同位素分馏作用等。中国科学院地球化学研究所新建成一套金刚石压腔"原位"测定，利用拉曼光谱仪测试各种地质流体间发生的化学反应及相关作用，研究流体演化过程及其反应机制。此外利用石英毛细管制成微型反应容器，将各种有机或无机物装入其中，也可用拉曼光谱仪测定所发生的各种化学反应。南京大学地质系、中国地质科学院矿床研究所也将这套装置用于包裹体和流体研究。

中国地质大学（北京）地质流体动力学实验室 2005 年建成后，研制了以 Ar 气为介质的快速淬火高压釜装置及开放动力与实验装置。

（2）人才培养：在人才培养方面与西方比，我们虽然人员水平低，设备简陋，但我们以边干边学、学以致用和以任务带学科的方式求得了向前的发展。中国科学院地球化学研究所实验室起步略早一些，20 世纪 70 年代后期为兄弟单位办过一次学习班。南京大学地质系、中国地质科学院矿床研究所、中国有色桂林矿产研究院等单位派出人员参加。此外通过学术会议、观摩实验室和交换经验、交换图纸等途径获得了共同的提高。

20 世纪 80 年代，改革开放后有了更多的出国学习机会，各实验室先后派十余人赴美国、法国、澳大利亚等国家进修做访问学者。同时，又派约十名年轻学者或研究生到国外学习、进修。这大大促进人才的成长，并与国外同行建立了友好联系，缩短了我们与他们之间的差距。

（3）国际交流：20 世纪 80 年代后期到 90 年代，参加国际交流较为活跃，相关人员大多参加了国内举办的国际会议，还有十余人次赴国外参加学术交流。

（4）研究范围新开拓：国内以司幼东最早将络合物概念引入地球化学学科，然而水热条件下，络合物是否稳定成为"焦点"。A. A. Beus1964 年在超临界水热条件下测定 Nb、Ta 氟络合物稳定性，认为全部水解，提出水解是元素以络合物形式迁移的最大威胁。我们在研究 Sn、Nb、Ta 氟络合物的过程中也发现了强烈的水解作用，但用化学分析测试表明并没有全部水解，根据化学平衡的要求，在体系中加入一些酸性化合物，使之水解减少。结果表明，络合物可以稳定存在。由于早期淬火速度慢，超临界以上温度水解曲线，20 年后用快速淬火高压釜才得到纠正，从而建立了水解法。此法可以与矿物溶解度法相媲美。

20 世纪 70～80 年代，矿床学讨论的热门问题是碱交化与矿化关系。在研究钠化与铁矿化实验中，依据地质现象用解析分步法，再借助"水解"的思路，阐明高温下 NaCl、KCl 也会发生水解。通过元素间的置换，成矿流体由碱性向酸性转化，便可萃取成矿元素。酸碱中和发生云英岩化或夕卡岩化而成矿。这为碱交代与矿化关系普遍规律提供了实验依据。

$H_2O = OH^- + H^+$，$H_2O = H_2 + (1/2) O_2$ 决定水既可是酸碱反应的媒介，也可是氧化还原的媒介。早期苏联科学家发现 $CuCl_2$ 在热液中 Cu^{2+} 变成 Cu^+。我们在研究 $FeCl_3$ 水解时发现 Fe^{3+} 变成 Fe^{2+}；$HAuCl_4$ 水解 Au^{3+} 变成 Au^+，MoO_3 在高温 NaCl 溶液中 Mo^{6+} 变成 Mo^{4+}（蓝色）。中国地质科学院矿床研究所在研究 Au-S 体系中也发现有 Au^+，甚至还有负价的 Au。从而得出这样的认识："高温易还原，低温易氧化。"

层控矿床在地学界的兴起，带动了低温地球化学实验的开展，在有机地球化学实验中开展了淋滤、胶体、微生物等实验。尤其是腐殖酸与成矿金属关系的实验。腐殖酸在地表分布广，赋存在海洋、湖泊和土壤中。它们是多分子混合物，与成矿元素形成络合物或者螯合物。中国科学院广州地球化学研究所有机实验室开展了腐殖酸与 Cu、Pd、Zn、Au、Ag 作用的研究。有色桂林地质研究院详细探讨了硫细菌的相关问题。

我国学者对花岗岩熔融与元素分配的研究，积累了不少数据；稳定同位素分馏也取得可喜成果。

第二节　中国水热实验地球化学主要研究成果

五十多年来，我国水热实验地球化学研究从无到有，从小到大，走过了一段坎坷不平的道路，有发展也有曲折，有成功也有失败；但是历史总是向前发展的，回顾过去的成功有助于总结经验，了解曾经的失败有益于探讨新的领域，吸取教训以利再战。

下面简要回顾一下一些主要的成果。

一、络合物实验

我国学者于 1965 年制备了 Na_2SnF_6、K_2SnCl_6、$Na_2Sn(OH)_6$ 和 Na_2SnS_3 等四种锡的配合物，并研究了它们在热液中的稳定性。发现它们会发生强烈的酸性或碱性水解；水解产物在200℃以上均具十分稳定的锡石结构，淬火后不反溶（化学中称之为陈化）。其稳定顺序为：F>Cl>S>OH。K_2SiF_6的存在大大提高了Na_2SnF_6的稳定性（王玉荣和梁伟义，王道德，1965）。1972年成矿实验研究组测定了K_2TaF_7、$K_2NbF_5 \cdot H_2O$在水热条件下的稳定性。所得结果与Na_2SnF_6水解规律相似，此外还用n型釜（上部相通两孔高压釜）测定Nb、Ta氟络合物在气相搬运的能力。随之在国外用USGS实验设备重复和校正了早先的实验结果，以所获的精确数据计算水解常数，获知在实验条件范围内锡可能存在的形式为$[Sn(OH)_3F_3]^{2-}$及ΔH（王玉荣和周义明，1986；王玉荣，Chou，Cygan，1987）。

1995年，科研人员补充测定了Sn、Nb、Ta水解产物返溶实验，即类似矿物溶解度，进一步显示矿物是天然产生的不可逆产物，尤其是低温不易达到平衡（王玉荣，陈文华，张海祥，1995）。用水解法测定成矿元素基本物化性质的方法成为一条"捷径"。

20世纪80年代，学者们测定$HAuCl_4$在200~450℃的水解率，从19.6%增加到67.9%，而且高温下Au^{3+}变为Au^+，淬火后$3Au^+ = Au^{3+} + 2Au^0$（樊文苓，1984）。20世纪90年代此项工作又有了新的进展：包括低温热液中金-硅络合物生成实验的标定（樊文苓，王声运，吴建军，1993）；SiO_2与成矿元素Sb络合作用的实验研究（樊文苓，王声远，田戈夫，1997）；300℃时钯和铂氯络合物稳定性的实验研究（郁云妹和Gammons，1994），以及金沉淀的一种可能机理——歧化反应（郁云妹，Gammons，Williams-Jones，1997）。

二、夕卡岩矿物合成及实验研究

夕卡岩矿物的合成和实验研究是我国科学家最早也是最感兴趣的领域之一。

早在20世纪70年代，赵斌就完成了高温高压下纤维状碱性角闪石的实验研究（赵斌，1973）；翌年又进行了钙铁辉石变化特征实验（赵斌，1974）。此后，许多学者又进行了钙铁辉石、透辉石和钙铁榴石变化的实验研究（赵斌和曹荣龙，1975），夕卡岩形成的物理化学条件实验，黑钨矿、锡石、铌铁矿、细晶石、铌钽铁矿生成条件及黑钨矿和锡石中钽、铌含量变化的实验研究（赵斌，李维显，蔡元吉，1977），中国主要夕卡岩和夕卡岩型矿床的实验研究（赵斌，1989），钙铝-钙铁系列石榴子石的特征及其变化机理的研究（梁祥济，1994），以及变化实验形成的硅镁石族矿物和物理化学条件研究（梁祥济和乔莉，1990）和福建马坑夕卡岩分带模拟实验（梁祥济，缪婉萍，张桂兰等，1981）等。

三、花岗岩熔化实验

花岗岩是一种分布十分广泛的岩类，特别是与各种矿产有着十分密切联系的、分布面积达数十万上百万平方千米的华南花岗岩，是研究人员最为"青睐"的实验对象，最为关注的重点岩类。

20世纪70年代末，配合对南岭花岗岩的研究，就有人开始进行南岭花岗岩熔化实验的初步研究（王联魁，赵斌，蔡元吉等，1979）；随后，许多学者纷纷按照各自的研究方向和手头的课题要求，分别对南岭花岗岩和稀有元素花岗岩开展了液态分离实验（王联魁，卢家烂，张绍立，1987；王联魁，卢家烂，饶冰，1994）、成因机理和评价标志（王联魁和卢家烂，1986）、花岗岩-H$_2$O-HF 体系相关性及氟对花岗岩质熔体结构的影响（熊小林，朱金初，饶冰，1997），讨论了黑鳞云母花岗岩浆的结晶分异和钠长花岗岩质岩浆的形成过程（熊小林，饶冰，朱金初等，2002），研究了西藏南部花岗岩类熔化实验（李统锦，赵斌，张玉泉等，1981），进行了个旧花岗岩的熔化实验（曾骥良，莫志雄，陈昌益等，1984），探讨了富锂氟含稀有矿化花岗岩质岩石的成因思考（朱金初，饶冰，熊小林等，2002），甚至论证了钨、锡液态分离成矿作用的新证据（彭省临，陈子龙，陈旭等，1995），通过富锂氟花岗岩成因的研究，寻觅到高温高压实验的证据（李福春，朱金初，饶冰，2003）。

四、元素分配实验

在地球化学研究中，元素的分配是一个至关重要的问题，而成岩成矿实验正是在实验室探究这个问题的关键。

实验研究人员分别从不同的围岩和不同的矿种参与这个问题的研究：他们分别进行了花岗岩浆结晶晚期过程铌钽富集成矿的地球化学机理研究（王玉荣，李家田，卢家烂等，1979），铅锌在花岗质硅酸盐熔体和共存含水流体间的分配激励实验（彭省临和曾骥良，1990），钼在花岗质熔体相和流体相间的分配（柏天宝和赵斌，1991），Ta、Nb、W 在钠长花岗岩结晶分异过程中与各相间分配行为的实验（赵劲松，赵斌，饶冰，1996），钠长花岗岩-H$_2$O-HF 体系中流体/熔体间氟的分配实验（熊小林，赵振华，朱金初等，1998），Sn、Fe、W、Pb、Zn 在花岗岩熔体及共存流体相间的分配（王玉荣，Huseltom，Chou，2007），850℃和 400 MPa、100 MPa、850℃和 800℃条件下锡在流体与富磷过铝质熔体相间的分配（唐勇，张辉，刘从强等，2010），以及花岗质熔体中 SnO$_2$ 含量与结晶温度和时间的关系（李福春，朱金初，饶冰等，2002）等。

五、铁矿物溶解度及迁移形式实验

在全国"富铁矿会战"中，水热实验地球化学学科是了解成岩成矿过程中铁元素地球化学性质的有力武器；各系统各单位都积极开展铁矿物的溶解度和迁移形式的实验。

不少学者系统研究了赤铁矿+磁铁矿在 300℃、10 MPa 的 KOH 在 HClO$_4$ 稀溶液中的溶解度，结果表明铁主要以 Fe(OH)$_3^0$ 和 Fe(OH)$_4^-$ 形式存在，并获得 Fe(Ⅲ)-OH 配合物自由能数据，这一结果被收录进入中国无机热化学数据库和国际矿物热力学数据库（曾贻善，1980；曾贻善和刘忠光，1984；曾贻善，艾瑞英，陈月团，1986；曾贻善，艾瑞英，王凤珍，1989，1992）。用不同挥发组分在酸性条件下的磁铁矿溶解实验表明，氯对铁的搬运能力最强，其次是氟、硫酸、磷酸。水热条件下，FeCl$_3$ 发生较强烈水解，铁主要以 FeCl$_2$ 的形式稳定。不同 pH 条件下可能以 FeCl$_n^{-(n-2)}$（$n=0\sim4$）和 Fe(OH)nCl$_{4-n}^{2-}$ 的形式存在（王玉荣，卢家烂，樊文苓，1979b）。以上两组实验说明 Fe 是两性元素，既可在碱性条件下以 Fe(Ⅲ) 羟基配合物形式存在，也可以在酸性条件下以 Fe(Ⅱ) 氯配合物形式存在。张哲儒和林传仙（1984）分析了梅山铁矿形成物理化学条件的热力学条件。曾贻善（1987）编写了《实验地球化学》，1993年又发表了《热水溶液中化学元素的迁移形式》一文，李兆麟1988年编写了《实验地球化学》一书。

六、钠化与铁矿化水/岩蚀变反应

在了解到水岩作用的钠化与铁矿化有着密切联系后，一些实验室开辟这一新的研究领域。

学者们在闪长玢岩的钠长石化研究中，采用不同NaCl浓度和pH溶液与玢岩反应，发现pH大多偏高（李九玲，刘玉山，缪婉萍，1979）；而刘玉山、程来仙和缪婉萍两年后同样的实验却发现，pH不是偏高，而是偏低，反应后溶液中Fe浓度比前者高了很多；这表明酸性氯化物热液对Fe从玢岩中析出有利。又有学者依据地质观察结果，发现在钠化过程中暗色矿物消失现象；可用来研究钠长石化与铁矿形成机理。他们采用解析分步办法，获得蚀变过程元素间置换关系Na→Ca→Fe。利用水解概念阐明成矿流体的酸碱变化历程，这适用于一般碱交代和矿化关系的分析（王玉荣，樊文苓，郁云妹，1981a）。陈福和朱笑青（1984）开展了玄武岩古风化淋滤生成带状铁硅建造的模拟实验。梁祥济和曲国林（1983）通过实验研究了福建马坑铁矿床的形成温度和压力。

此外，一些学者开展与水岩作用相关的水热实验地球化学研究。如曾骥良（1978）用实验证实了富家坞斑岩铜（钼）矿床钾长石化的条件。曾贻善等（1995）开展了黑云母与氯化物热水溶液相互作用实验。王玉荣和胡受奚（2000）以华北地区金矿为例，进行了钾交代蚀变过程中金活化转换的实验研究。李兆麟（1986）进行了粒间溶液与成矿作用实验。王玉荣和樊文苓（1982）总结了碱交代和矿化流体中酸碱组分的分离和成矿元素的富集过程，获得一些普遍规律的认识。

七、锡、钨、钼等元素成矿实验研究

实验表明，锡石在NaCl溶液中的溶解度很低，但在高温HF溶液中则较高，且随温度增高及F的浓度增加而增大，锡在成矿热熔液中主要与氟配合物$Sn_2(OH)_4F_2^{2-}$形式迁移（刘玉山和陈叔卿，1986，1987）；而另一组锡石溶解度和对花岗岩中锡的抽提实验表明，氯化物及氟化物在高温流体中都能溶解锡石和花岗岩中的锡，且碱度增大会使锡石溶解度增大，中性条件时锡的溶解度最小（李统锦，1988）；这表明锡的酸性和碱性质。随着溶液pH的变化，锡的氟化合物$(SnF_6)^{2-}$或氯的配合物$(SnCl_6)^{2-}$；锡羟基配合物$[Sn(OH)_6]^{2-}$，都可以相互转换。另一些学者的实验所得出的锡石溶解度与前人不一样，他们把锡石置于$C-HCl-H_2O$、$C-NaCl-H_2O$、$C-H_2SO_4-H_2O$体系中，温度升高，压力降低，则pH减少，获得比前人实验高1~3.5个数量级的锡石溶解度（吴厚泽，田应球，陈俊，1988）。锡在不同体系中可分别以$SnCl_2$、H_2SnO_3或H_2SnO_2形式迁移。

此外，一些学者进行过锡、钨、钼的相关实验。如20世纪80年代末先后进行的柿竹园夕卡岩型钨锡钼铋矿床（陈俊，吴厚泽，1988）和广西大厂沉积–热液叠加型锡矿床的成矿模拟实验（陈骏，周怀阳，吴厚泽，1989），广东厚婆坳锡矿床形成条件的实验模拟

（董国仪和李兆麟，1990），NaCl-H$_2$O 体系中 WO$_3$ 溶解度超临界现象实验探讨（龚庆杰，岑况，於崇文，2002），超临界流体中 MoO$_3$ 与 WO$_3$ 溶解度实验（龚庆杰，於崇文，岑况，2005），湘南柿竹园钨多金属矿床成矿机理的实验研究（梁祥济，1996）等等。结果表明，水热条件下，同一元素的低价态比高价态稳定。

八、金的迁移形式及其矿化作用研究

金是惰性元素，但它在热液条件下和地表水体系中却十分活泼。20 世纪 90 年代我国实验地球化学工作者开展了较多的金的迁移形式及其矿化作用研究。

实验表明，在 200~500℃，填充度 40%，Au-HCl（NaOH）-NaCl-H$_2$O-MnO$_2$ 体系中，金的溶解度随温度而增高，酸性或碱性增强，Au 的溶解度增大。其迁移形式可能是 AuCl$_4^-$ 和 AuO$_2^-$，近中性条件加 NaHS，可能会形成 Au(HS)$_3$ 和 AuHS 络合物，温度高于 300℃时硫化物分解不稳定（樊文苓，1984）。刘玉山和张桂兰（1992）进行了绿岩中金淋滤作用的实验研究。周凤英和李兆麟（1994）进行了胶东台上金矿成矿机制模拟实验。李九玲等（1994）探讨了化合物 KAu 中金呈的价态及其形成机理。郁云妹等（1995）测定了含水氯化物体系中金和银的相对溶解度。曾贻善和姜士军（1996）开展了金在黄铁矿表面沉淀机理的实验研究。翌年，曾贻善、王凤珍和艾瑞英测定了在 300℃、50 MPa 时金于 NaCl-SiO$_2$-H$_2$O 体系中的溶解度。杨昇和曾贻善（1992）通过实验研究了氯化物溶解液中金转移到石英表面的过程。王玉荣等（2001）探讨了（斜长石+黑云母+石英）-NaCl（NaHCO$_3$）在 450~250℃ 和 50 MPa 条件下矿物蚀变和金矿化的反应机理。范宏瑞和李兆麟（1991）讨论了金在表生作用中的富集模拟实验及其地球化学意义。李九玲等（2002）探讨了矿物中呈负价态金-毒砂和含砷黄铁矿中"结合金"的化学状态。刘玉山等除了进行金的成岩成矿作用实验研究（刘玉山，林盛中，李九玲，1990）外，还研究了 25~200℃氯化钠溶液中金配合物中拉曼光谱特征（刘玉山和 Bartholomew，1996）。

九、铀矿成因研究

相对于各类金属矿产而言，我国实验地球化学对铀矿的实验研究集中于铀矿的成因实验研究。其中又大多集中于花岗岩铀矿的成矿作用。

实验表明，在封闭体系含氧热液中，压力降低能促使花岗岩中铀金属的大量溶解，它主要呈 [UO$_2$(CO$_3$)$_2$]$^{2-}$ 形式存在；粤北黑云母正长花岗岩流体（f）与结晶体（c）共存相中，U 趋向熔体富存（刘正义，姚连英，何建国，1992）。刘正义和赵斌 1996 年以高温高压实验测定了铀的溶解度。通过实验研究，杜乐天（2001）指出了中国的热液铀矿基本成矿规律和一般热液成矿规律。张景廉（2005）讨论了铀矿物-溶液的平衡问题。

十、硫化物及其成矿实验

我国实验地球化学工作者在硫化物及其成矿实验方面也做了大量实验研究工作，由于篇幅所限下面只是择要列举部分成果。

（1）斑岩铜矿主要硫化物生成条件的实验研究（吴厚泽，曾骥良，杨家瑜等，1980）。

（2）热液条件下合成黄铁矿晶形的研究：五角十二面体-八面体-立方体单形演化序列与金矿成矿联系（蔡元吉和周茂，1993）。

（3）黄铁矿、黄铜矿的稳定性实验研究（樊玉勤，吴厚泽，陈昌益，1983）。

（4）Fe-Au-Sb-S 体系中金迁移规律的实验研究（李九玲，张桂兰，元锋，1997）。

（5）一组锑-铋-硫盐矿物共生组合及合成辉铁锑矿-硫锑铋铁矿系列实验研究（李九玲，张桂兰，元锋，1998）。

（6）"异常闪锌矿"中一种铜铁硫新出溶相矿物的研究（李九玲和汪苏，1990）；尚林波等（2003）热液中银、铅、锌共生分异的实验研究。

（7）岩浆热液中硫的存在形式及其与成矿关系的实验研究（吴厚泽，吴双凤，池上荣，1982）。

（8）岩浆热液型铅锌矿床生成条件的实验研究（吴厚泽，1984）。

（9）低温酸性溶液中毒砂和 As（Ⅲ）稳定性的实验研究（郁云妹，朱咏煊，高振敏，2003）。

（10）长江中下游中性-中酸性岩浆岩的母岩浆来源及铜的成矿作用的实验研究（赵斌，邢凤鸣，朱成明等，1996）。

（11）高温高压实验地球化学（赵斌，王声远，吴厚泽，1996）。

十一、气相搬运实验

气相搬运实验在我国开展得较晚。

20 世纪 70 年代与 80 年代之交，我国才开始进行铜在气热液中气相迁移能力的实验研究（杨家瑜，曾骥良，张玉清，1980）；随后，有人介绍了物质在高温气相中过迁移的实验研究方法（王玉荣，樊文苓，万嘉敏，1981）。吴厚泽和苏惠娴 1997 用高压釜研究了 $AuCl_3$ 在热液与气相平衡时金在两相中的量，发现在 350℃ 以上时 $AuCl_3$ 全部转入气相，300℃ 约 30% $AuCl_3$ 转入液相，200℃ 全部转入液相。2001 年，有人实验研究了金在气相中迁移与有机质演化生烃的关系（李九玲，元锋，李铮，2004），以及水蒸气相中 $CuCl_2$ 溶解度的实验研究（尚林波，毕献武，胡瑞忠，2006）。

十二、动力学实验

20 世纪后期，中国地质科学院矿床研究所建成国内首个水热动力学实验室。利用这套设备，他们研究了萤石在流动体系内溶解反应动力学和表面化学（张荣华和胡淑敏，1996）、矿物在热液内化学动力学和物质迁移（张荣华，胡淑敏，Crarer，1992）、开放体系中的矿物流体反应动力学（张荣华等，1998）、长江中下游典型火山岩区水-岩相互作用（张荣华等，2002）、重要金属矿来源迁移堆积过程和化学动力学（张荣华等，2005）、低温低压下水-岩反应动力学实验中一些主要元素的变化规律（梁祥济，乔莉，王福生，1994），以及高温高压流动条件下碳酸盐岩石与含氟溶液反应的实验研究（熊定国，曾贻善，魏菊英，1987）和 25~75℃酸性 NaCl 溶液中方铅矿溶解度的动力学（张生和李建平，2002）。

十三、有机地球化学和生物实验

实验地球化学在有机地球化学学科领域也发挥了自己的作用。20 世纪 80 年代后，我国开展了不少实验工作。略列举如下。

（1）有机-锌络合物稳定性的实验研究（卢家烂和袁自强，1986）。
（2）细菌的硫同位素分馏机制及成矿意义（樊玉琴，吴厚泽，池上荣，1988）。
（3）微细浸染型（卡林型）金矿成矿过程中碳和有机质的作用（李九玲，元峰，徐庆生，1996）。
（4）有机油气形成的影响因素模拟实验的研究进展（陈晋阳，张红，肖万生等，2004）。
（5）高温高压下 C-O-H 流体的研究（陈晋阳，郑海飞，曾贻善，2002）。
（6）腐殖酸与铅锌相作用的实验研究（卢家烂等，1995）。
（7）腐殖酸与金结合状态的实验研究（庄汉平和卢家烂，1995）。
（8）有机质在金银低温成矿作用的实验研究（卢家烂和庄汉平，1996）；氨基氰在高温高压水流体中反应化学的实验研究（李统锦和 Brill，1998b）。
（9）某些剧毒有机废料在高温至超临界水中的处理实验（李统锦，1998）。
（10）二氨基乙二肟和氮杂环化合物在高温高压水中的反应（李统锦和 Brill，1998b）。
（11）室温条件下微生物环境中金生长机理的实验研究（张海祥，阚小凤，王玉荣，1999）。
（12）水热成矿流体中的短链羧酸（曾贻善，2001）。

十四、其　　他

除了上述十几大项"传统"的水热实验地球化学的研究之外，20 世纪 80 年代之后的实验地球化学学科已经牵涉到很多方面的实验研究。

试举例如下。

（1）华南两类不同成因花岗岩的铅同位素组成特征（饶冰和沈渭洲，1988）。
（2）黑柱石-水之间氢同位素动力分馏的实验研究（钱雅倩和郭吉保，1992）。
（3）$CaCl_2$-H_2O 水体系人工合成流体包裹体研究（丁俊英，倪培，饶冰，2005）。
（4）表生地球化学实验研究（陈福和朱笑青，1986）。
（5）200℃水热条件下金属铂的氢渗透常数测定（樊文苓，田弋夫，王声远，2002）。
（6）人工合成包裹体的实验研究及其在激光拉曼探针测定方面的应用（倪培，饶冰，丁俊英等，2003）。
（7）祖母绿合成工艺的实验研究（曾骥良，陈昌益，宋臣声，1994）。
（8）利用高温高压实验设备合成祖母绿等"人工宝石"（曾骥良，周卫宁，张昌龙，2008）。

（9）低温地球化学（涂光炽，1998）。

第三节　发展趋势与建议

从实验中体会到元素周期表就像是一个大的络合物，两边碱金属和挥发分是矿化剂，构成了络合物外界阳离子和内界配位体，中间的成矿元素是络合物中心离子。水解作用是元素络合物在水热体系中的重要特征，随温度增高水解增强，致使成矿元素不稳定而发生沉淀。稳定性的大小取决于它们离子极化度的大小和配位体的性质。此外，其他组分也制约着元素的稳定性。

在一定物化条件下，元素的迁移形式都有一种主要形式。而在地质演化过程中其迁移形式是不断变化的。成矿流体酸碱变化是体系演化的自然规律，不用人为去加酸、加碱。要研究元素间的置换关系，即蚀变带的变化。成矿过程是复杂的，往往呈现溶解后沉淀再溶解再沉淀的非平衡过程，这与表面化学有关。体系中的氧化还原过程尚不清楚，但"高温易还原，低温易氧化"和"碱性易氧化，酸性易还原"的规律是存在的。地球化学实验与物理化学密切相关，但不是纯化学，必须结合实际的地质情况，解决所提出问题，从实验和理论给出答案。学科交叉对实验地球化学十分必要，地学人员要多学化学，化学人员要多学地质。这种交叉是在个体人员大脑中完成，而不是加和。总的来说，实验地球化学所获得的结果还非常少，需要积累大量可靠数据才能改变落后面貌。

自20世纪60年代起，水热实验地球化学从业人员艰苦奋斗，获得不少有意义的结果和启示。80年代后，实验设备有较大的改善，研究内容涵盖面渐广，从无机到有机再到细菌，从岩浆到表生过程。迄今，2000年以前，老一辈人员大部分退休，期待新一代后起之秀崛起。

在以往实验基础上并参考国外发展状况，提出以下建议：

（1）矿物溶解度与络合物水解法。矿物溶解度法是古老方法，也是地质人员喜欢用的方法。络合物水解法是化学人员提出的新方法。经多年对比，两种方法都可以获得成矿元素基本物理化学性质，以及元素迁移形式及热力学参数。若两种方法达到平衡时，数据应是一致的。络合物水解法有达到平衡快、有利于计算的优点，更能反映元素的真实性质。

（2）水/岩反应。蚀变与淋滤实验研究：成矿元素赋存在深部或浅部岩体中，若它们以类质同相进入各种矿物晶格，在改造矿物（蚀变）的过程中，成矿元素才能被活化释放出来，若以吸附形式存在于矿物表面或矿物缝隙中，可采用淋滤方法使之活化，其介质要能形成可溶性络合物分子。

（3）有机与细菌作用的实验研究。低温矿床，风化淋滤过程伴有细菌和有机化合物的作用。有机质作用比无机作用对成矿元素络合物的选择性更强，而细菌对某些元素亲和与选择作用比有机质更强烈，是不可忽视的研究领域。

（4）气相搬运实验。只要有一点压力差，物质会以气相形式向低压方向移动迁移，所以气相是元素迁移的重要形式之一，并引起元素间的分异。

（5）熔岩相与超临界流体间的元素分配实验。现已积累不少数据。目前没有某一元素化合物在两相中的饱和度数据。为了测试方便加入过量待测元素物质造成其中一相过饱和，那么数据就失去可靠性。因为"高温易还原"的规律，已发现实验中出现金属铜、锡、铅等。进入反应管形成合金，所以 Eh 的控制十分重要。

（6）动力学实验是重要的发展趋势。岩浆侵入、蚀变带形成都是动力学过程。地球化学反应过程往往是连锁化学反应。化学反应时在矿物粒间溶液中进行，渗透速率影响化学反应速率。

（7）原位测定，是高科技兴起值得探索的问题。

（8）尽快培养数据处理和模拟计算人才。

主要参考文献

柏天宝和赵斌. 1991. 钼在花岗质熔体相和流体相间的分配实验. 地球化学，（4）：382~389
蔡元吉和周茂. 1993. 金矿床黄铁矿晶形标型特征实验研究. 中国科学（B辑），23（9）：972~978
陈福和朱笑青. 1984. 玄武岩古风化淋滤生成条带状铁硅建造的模拟实验. 地球化学，（4）：341~349
陈福和朱笑青. 1986. 表生地球化学实验研究. 地质地球化学，（11）：53~57+79+91
陈晋阳，郑海飞，曾贻善. 2002. 高温高压下 C-O-H 流体的研究. 地质地球化学，（1）：91~96
陈晋阳，张红，肖万生等. 2004. 有机油气形成的影响因素——模拟实验的研究进展. 石油与天然气地质，（3）：247~252
陈骏和吴厚泽. 1988. 柿竹园矽卡岩型钨锡钼铋矿床成矿实验研究. 矿床地质，（1）：32~41
陈骏，周怀阳，吴厚泽等. 1989. 广西大厂沉积-热液叠加型锡矿床的成矿模拟实验. 桂林冶金地质学院学报，（4）：380~386
成矿实验研究组. 1972. 铌钽氟络合物在气热溶液中地球化学特征的实验研究. 地球化学，（3）：298~308
丁俊英，倪培，饶冰等. 2005. $CaCl_2$-H_2O 体系人工合成流体包裹体研究. 岩石学报，（5）：1425~1428
杜乐天. 2001. 中国热液铀矿基本成矿规律和一般热液成矿. 北京：原子能出版社，3
董国仪和李兆麟. 1990. 广东厚婆坳锡床形成条件的实验模拟. 南京大学学报（自然科学版），（1）：131~138
范宏瑞和李兆麟. 1991. 金在表生作用中的富集模拟实验及地球化学意义. 黄金，（1）：12~15
樊文苓. 1984. 层控金矿床的成矿实验. 见：涂光炽. 层控矿床地球化学（第一卷）. 北京：科学出版社，166~175
樊文苓，王声远，吴建军. 1993. 低温热液中金-硅络合作用的实验标定. 科学通报，38（10）：933~935
樊文苓，王声远，田戈夫. 1997. SiO_2 与成矿元素 Sb 络合作用的实验研究. 矿物学报，17（4）：472~477
樊文苓，田弋夫，王声远. 2002. 200℃ 水热条件下金属铂的氢渗透常数测定. 矿物学报，22（3）：270~274
樊玉勤，吴厚泽，陈昌益. 1983. 黄铁矿、黄铜矿的稳定性实验研究. 矿产与地质，（2）：55~60
樊玉琴，吴厚泽，池上荣. 1988. 细菌的硫同位素分馏机制及成矿意义. 矿产与地质，（2）：77~80
龚庆杰，岑况，於崇文. 2002. NaCl-H_2O 体系中 WO_3 溶解度超临界现象实验探讨. 中国科学（D辑），（7）：562~567
龚庆杰，於崇义，岑况等. 2005. 超临界流体中 MoO_3 与 WO_3 溶解度实验探讨. 岩石学报，（1）：242~246
李福春，朱金初，饶冰等. 2002. 花岗质熔体中 SnO_2 含量与结晶温度和时间的关系. 矿床地质，（4）：393~398
李福春，朱金初，饶冰等. 2003. 富锂氟花岗岩成因：高温高压实验证据. 中国科学（D辑），（9）：841~851
李九玲和汪苏. 1990. "异常闪锌矿"中一种铜铁硫新出溶相矿物的研究. 地质学报，64（3）：206~214
李九玲，刘玉山，缪婉萍等. 1979. 闪长玢岩钠长石化的实验研究. 地质学报，53（1）：60~73

李九玲, 冯大明, 亓锋等. 1994. 化合物 KAu$_5$ 中金呈负价态. 科学通报, 22: 2050~2054

李九玲, 亓锋, 徐庆生. 1996. 微细浸染型（卡林型）金矿成矿过程中碳和有机质的作用. 矿床地质, 15 (3): 193~206

李九玲, 张桂兰, 亓锋等. 1997. "Fe-Au-Sb-S" 体系中金迁移规律的实验研究. 矿床地质, 16 (1): 79~85

李九玲, 张桂兰, 亓锋. 1998. 一组锑-铋硫盐矿物共生组合及合成辉铁锑矿-硫锑铋铁矿系列的实验研究. 矿物学报, 18 (2): 119~125

李九玲, 亓锋, 徐庆生. 2002. 矿物中呈负价态之金——毒砂和含砷黄铁矿中"结合金"化学状态的进一步研究. 自然科学进展, 12 (9): 952~958

李九玲, 亓锋, 李铮等. 2004. 金在气相中迁移与有机质演化生烃关系的实验研究. 地学前缘, 11 (2): 413~423

李统锦. 1988. 锡石的溶解度和锡自花岗岩熔体中的抽提实验研究. 地球化学, (2): 150~160

李统锦. 1998. 某些剧毒有机废料在高温至超临界水中的处理实验. 环境科学, 4: 43~46

李统锦和 Brill T B. 1998. 二氨基乙二肟和氮杂环化合物在高温高压水中的反应. 科学通报, 43 (10): 1065~1069

李统锦和 Brill T B. 1998. 氨基氰在高温高压水流体中反应化学的实验研究. 地球化学, (1): 20~26

李统锦, 赵斌, 张玉泉等. 1981. 西藏南部花岗岩类熔化实验的初步研究. 地球化学, 3: 261~267

李兆麟. 1986. 粒间溶液与成矿作用. 地质学报, (2): 189~201

李兆麟. 1988. 实验地球化学. 北京: 地质出版社

梁祥济. 1994. 钙铝-钙铁系列石榴子石的特征及其交代机理. 岩石矿物学杂志, (4): 342~352

梁祥济. 1996. 湖南柿竹园钨多金属矿床成矿机理的实验研究. 矿床地质, 3: 87~95

梁祥济和曲国林. 1982. 福建马坑铁矿床形成的温度和压力实验的初步研究. 中国地质科学院文集. (4)

梁祥济和乔莉. 1990. 交代实验形成的硅镁石族矿物特征和物理化学条件. 岩石矿物学杂志, (4): 340~350

梁祥济, 缪婉萍, 张桂兰等. 1981. 福建马坑矽卡岩分带的模拟实验. 长春地质学院学报, 2: 11~25

梁祥济, 乔莉, 王星生. 1994. 低温低压下水-岩反应动力学实验中一些主要元素的变化规律. 岩石矿物学杂志, (1): 10~18

刘玉山. 1990. 锡石硫化物型矿床中黄锡矿成因的实验研究. 矿床地质, (1): 49~55

刘玉山和陈叔卿. 1986. 锡石溶解度和锡迁移形式的实验研究. 地质学报, 60 (1): 77~88

刘玉山和陈叔卿. 1987. 锡矿地质讨论会论文集. 北京: 地质出版社. 420~424

刘玉山和张桂兰. 1992. 绿岩中金的淋滤作用的实验研究. 地质学报, 66, 362~370

刘玉山和 Bartholomew J. 1996. 25~200℃氯化钠溶液中金配合物的拉曼光谱研究地质论评, 42 (5): 430~433

刘玉山, 程莱仙, 缪婉萍. 1981. 闪长玢岩在高温高压下与氯化物溶液作用析出铁的实验研究. 地质学报, 55 (4): 276~289

刘玉山, 林盛中, 李九玲. 1990. 成岩成矿作用实验研究. 北京: 北京科技出版社

刘正义, 姚莲英, 何建国等. 1992. 花岗岩铀成矿作用. "七五"重要科研成果汇编, 核工业北京地质研究院, 43

卢家烂和袁自强. 1986. 有机-锌络合物稳定性的实验研究. 地球化学, 1: 64~74

卢家烂和庄汉平. 1996. 有机质在金银低温成矿作用中的实验研究. 地球化学, 25 (2): 172~180

卢家烂, 傅家谟, 刘金钟. 1995. 腐殖酸与铅锌相互作用的实验地球化学. 矿床地质, 14 (4): 362~368

倪培, 饶冰, 丁俊英等. 2003. 人工合成包裹体的实验研究及其在激光拉曼探针测定方面的应用. 岩石学报, (2): 319~326

彭省临和曾骥良.1990.铅锌在花岗质硅酸盐熔体和共存含水流体间分配机理的实验研究.岩石学报,2: 12~19

彭省临,陈子龙,陈旭等.1995.钨、锡液态分离成矿作用的新证据.中南工业大学学报,(2): 143~147

钱雅倩和郭吉保.1992.黑柱石-水之间氢同位素动力分馏的实验研究.中国科学(B辑：化学), 22(4): 421~428

饶冰和沈渭洲.1988.华南两类不同成因花岗岩的铅同位素组成特征.岩石学报,4: 29~36

尚林波,樊文苓,邓海琳.2003.热液中银、铅、锌共生分异的实验研究.矿物学报,23(1): 31~36

尚林波,毕献武,胡瑞忠等.2006.水蒸气相中$CuCl_2$溶解度的实验研究.科学通报,51(20): 2417~2421

司幼东和黄舜华.1963.铍矿化交代作用的地球化学实验研究.地质科学,4(4): 169~176

唐勇,张辉,刘丛强等.2010.100 MPa、850℃和800℃条件下锡在流体与富磷过铝质熔体相间分配的实验研究.地球化学,(2): 184~190

涂光炽.1956.脆云母热水综合试验的初步结果.地质学报,(2): 119~128

涂光炽.1984.中国层控矿床地球化学.(第一卷).北京：科学出版社,166~175

涂光炽等.1998.低温地球化学.北京：科学出版社,123~139+175~189

王联魁和卢家烂.1986.南岭花岗岩液态分离的高温高压实验证据.地质地球化学,(6): 30

王联魁,赵斌,蔡元吉等.1979.南岭花岗岩熔化实验的初步研究.中国科学,2: 185~194

王联魁,卢家烂,张绍立等.1987.南岭花岗岩液态分离实验研究.中国科学(D辑),(1): 79~87

王联魁,卢家烂,饶冰.1994.稀有元素花岗岩液态分离与实验研究.矿物岩石地球化学通讯,2: 84~86

王玉荣和樊文苓.1982.酸碱组分的分离与成矿元素的富集.科学通报,2: 423~425

王玉荣和周义明.1986.Na_2SnF_6在水热溶液中水解特征的实验研究.地球化学,3: 202~210

王玉荣和胡受奚.2000.钾交代蚀变过程中金活化转移实验研究——以华北地区金矿为例.中国科学, 30(5): 499~533

王玉荣,梁伟义,王道德.1965.锡石的合成及锡在热液中搬运形式的模拟实验初步研究.地质科学,2: 141~156

王玉荣,李加田,卢家烂等.1979.花岗岩浆结晶过程晚期铌钽富集成矿的地球化学机理探讨.地球化学,4: 283~291

王玉荣,卢家烂,樊文苓.1979.高温气热溶液中铁元素迁移形式的初步实验研究.全国第一次成岩成矿实验与包裹体会议文集.18~25

王玉荣,樊文苓,郁云妹.1981.碱交代与铁矿形成的地球化学机理探讨.地球化学,1: 96~102

王玉荣,樊文苓,万嘉敏.1981.物质在高温气相中迁移的实验研究方法简介.地质地球化学,10: 47~48

王玉荣,Chou I M, Cygan L. 1987. Na_2SnF_6水解反应的高温高压实验方法研究.地球化学,3: 280~285

王玉荣,顾复,袁自强.1992. Nb、Ta分配系数和水解实验研究及其在成矿作用中的应用.地球化学,1: 55~62

王玉荣,陈文华,张海祥.1995. Sn、Nb、Ta氟配合物高温水解不可逆反应试验研究.地球化学, 24(3): 183~189

王玉荣,王志祥,张生等.2001.(斜长石+黑云母+石英)-NaCl(NaHCO₃)-H_2O矿物蚀变与金矿化反应研究450~250℃和50 MPa.地球化学,30(5): 498~503

王玉荣,Hoseltom H T, Chou I M. 2007. Sn、Fe、W、Pb、Zn在花岗岩熔体及共存流体相之间的分配实验研究：850℃和400 MPa.地球化学,36: 413~418

吴厚泽和苏惠娴. 1997. 高温高压气液相中金迁移形式的实验研究. 矿产与地质, 5: 43~48
吴厚泽, 曾骥良, 杨家琮等. 1980. 斑岩铜矿主要硫化物生成条件的实验研究. 地质与勘探, 7: 21~28
吴厚泽, 吴双凤, 池上荣. 1982. 岩浆热液中硫的存在形式及其与成矿关系的实验研究. 地质与勘探, 12: 6~12
吴厚泽, 樊玉勤, 池上荣. 1984. 岩浆热液型铅锌矿床生成条件的实验研究. 矿产与地质, 3: 11~21
吴厚泽, 田应球, 陈骏. 1988. 锡石溶解度实验研究. 矿产与地质, S1: 137~144
熊定国, 曾贻善, 魏菊英. 1987. 高温高压流动条件下碳酸盐岩石与含氟溶液反应的实验研究. 地球化学, 3: 286~293
熊小林, 朱金初, 饶冰. 1997. 花岗岩-H_2O-HF体系相关系及氟对花岗质熔体结构的影响. 地质科学, 1: 1~10
熊小林, 赵振华, 朱金初等. 1998. 钠长花岗岩-H_2O-HF体系中流体/熔体间氟的分配实验研究. 地球化学, 1: 66~73
熊小林, 饶冰, 朱金初等. 2002. 黑鳞云母花岗质岩浆的结晶分异及钠长花岗质岩浆的形成. 岩石学报, 2: 223~230
杨昇和曾贻善. 1992. 氯化物溶液中金转移到石英表面的实验研究. 科学通报, 16: 1473~1475
杨家琮, 曾骥良, 张玉清等. 1980. 铜在气热溶液中气相迁移能力的实验研究. 地质与勘探, 12: 17~21
郁云妹和Gammons C H. 1994. 300℃时钯和铂氯络合物稳定性的实验研究. 地质评论, 40 (4): 354~360
郁云妹, 莫德明, 王明再. 1995. 含水氯化物体系中金和银的相对溶解度测定. 矿物学报, 15 (2): 168~175
郁云妹, Gammons C H, Williams-Jones A E. 1997. 金沉淀的一个可能机理——歧化反应. 中国科学（D辑）, 27 (5): 419~424
郁云妹, 朱咏煊, 高振敏. 2003. 低温酸性溶液中毒砂和As（Ⅲ）稳定性研究. 中国科学（D辑）, 33 (5): 450~458
曾骥良, 吴厚泽, 樊玉勤. 1978. 富家坞斑岩铜（钼）矿床钾长石化条件的初步实验研究. 地质与勘探, 3: 18~23
曾骥良, 莫志雄, 陈昌益等. 1984. 个旧花岗岩的熔化实验、成因机理和评价标志. 地质与勘探, 4: 23~27
曾骥良, 陈昌益, 宋臣声. 1994. 祖母绿合成工艺的实验研究. 矿物岩石地球化学通讯, 1: 9~11
曾骥良, 周卫宁, 张昌龙等. 2008. 中国人工宝石. 北京: 地质出版社
曾贻善. 1980. 关于铁运移形式的某些问题的探讨. 地质学报, 1: 44~51
曾贻善. 1987. 实验地球化学. 北京: 北京大学出版社
曾贻善. 1993. 热水溶液中化学元素的迁移形式. 北京: 地质出版社
曾贻善. 2001. 水热成矿流体中的短链羧酸. 地学前缘, 4: 397~401
曾贻善和姜士军. 1996. 金在黄铁矿表面沉淀机理的实验研究. 地质科学, 1: 90~96
曾贻善和刘忠光. 1984. 300℃、500巴条件下玄武岩玻璃–钠碳酸盐（±NaCl）溶液反应的实验研究——蚀变矿物的形成及反应溶液化学. 中国科学（B辑：化学）, 4: 356~369
曾贻善, 艾瑞英, 陈月团. 1986. 300℃、10MPa时Fe_2O_3在KOH稀溶液中的溶解度测定——兼论热液中铁的运移形式. 中国科学（D辑：地球科学）, 4: 407~416
曾贻善, 艾瑞英, 王凤珍. 1989. 300℃、500 bar时磁铁矿+赤铁矿缓冲组合在NaCl溶液中的溶解度. 科学通报, 11: 843~846
曾贻善, 艾瑞英, 王凤珍. 1992. 300℃、500bar时MH缓冲组合在HCl水溶液中的溶解度研究. 中国科学（D辑）, (6): 639~645
曾贻善, 冯钟燕, 郝吉成. 1995. 黑云母与氯化物热水溶液相互作用的实验研究. 矿物学报, 1: 68~74

曾贻善，王凤珍，艾瑞英．1997．300℃，50 MPa时金在NaCl-SiO$_2$-H$_2$O体系中的溶解度研究．中国科学（D辑），3：245~249

张海祥，阚小风，王玉荣．1999．室温条件下微生物环境中块金生长机理的实验研究．地球化学，（2）：178~182

张生和李建平．2002．25~75℃酸性NaCl溶液中方铅矿溶解度的动力学．地球化学，（6）：587~592

张景廉，周鲁民，黄克玲．2005．铀矿物-溶液平衡．北京：原子能出版社，55~124

张荣华等．1998．开放体系矿物流体反应动力学．北京：科学出版社

张荣华等．2002．长江中下游典型火山岩区水-岩相互作用．北京：中国大地出版社

张荣华等．2005．重要金属矿来源迁移堆积过程和化学动力学．北京：科学出版社

张荣华和胡淑敏．1996．萤石在流动体系内溶解反应力学和表明化学．中国科学（D辑），26（1）：41~51

张荣华，胡书敏，Crarer等．1992．矿物在热液内化学动力学和物质迁移．北京：科学出版社

张哲儒和林传先．1984．梅山铁矿形成物理化学条件的热力学分析．地球化学，2：138~144

赵斌．1973．在高温高压条件下合成纤维状碱性角闪石的实验研究．地球化学，（2）：113~130

赵斌．1974．钙铁辉石变化特征的实验研究．地球化学，3：196~203

赵斌．1989．中国主要矽卡岩及矽卡岩型矿床．北京：科学出版社

赵斌和李统锦．1980．鞍山弓长岭富磁铁矿床的形成机制和物理化学条件研究．地球化学，4：333~344

赵斌和曹荣龙．1975．钙铁辉石、透辉石和钙铁榴石变化的实验研究．地球化学，1：63~74

赵斌，李维显，蔡元吉．1977．黑钨矿、锡石、铌铁矿、细晶石、铌钽铁矿生成条件及黑钨矿和锡石中钽、铌含量变化的实验研究．地球化学，（2）：123~135

赵斌，王声远，李统锦．1979．混合花岗岩的成因及其与铁矿关系的实验研究．地球化学，（3）：211~221

赵斌，王声远，吴厚泽．1996．高温高压实验地球化学．北京：科学出版社

赵斌，邢凤鸣，朱成明等．1996．长江中下游中性-中酸性岩浆岩的母岩浆来源及铜的成矿作用——实验研究．地球化学，4：387~399

赵劲松，赵斌，饶冰．1996．Ta，Nb，W在钠长花岗岩岩浆结晶分异过程中于各相间分配行为的实验研究．科学通报，15：1413~1417

周凤英和李兆麟．1994．胶东台上金矿成矿机制模拟实验研究．地质论评，5：456~465

朱金初，饶冰，熊小林等．2002．富锂氟含稀有矿化花岗质岩石的对比和成因思考．地球化学，2：141~152

庄汉平和卢家烂．1995．腐殖酸与金结合状态的实验研究．岩石矿物，（增刊）：9~11

Chen J Y, Zheng H F, Xiao W S et al. 2004. Raman spectroscopic study of CO$_2$-NaCl-H$_2$O mixtures in synthetic fluid inclusions at high temperatures. *Geochimica et Cosmochimica Acta*, 68：1355~136

Hu X Y, Bi X W, Hu R Z et al. 2008. Experimental study on tin partition between granitic silicate melt and coexisting aqueous fluid. *Geochemical Journal*, 42（2）：141~150

Li J L. 1984. Sulfosalts：Oberservations and Mineral Descriptions, Experiments and Applications. *Neues Jahrbuch fur Mineralogical Monatsch*, 150（1）：45~50

Li J L. 1993. The Tl-Zn-S and Tl-Cd-S systems in comparison with Tl-Hg-S system *Neues Jahrbuch fur Mineralogical Monatsch*, 166（1）：53~58

Li J L, Qi F, Xu Q S. 2003. A negatively charged species of gold in minerals-further study of chemically bound gold in arsenopyrite and arsenian pyrite. *Neues Jahrbuch fur Mineralogical Monatsch*, 5：193~214

Liu Y S. 1986. Hydrothermal experiments on phase assemblages involving cassiterite and Stannitte-type phases. *Neues Jahrbuch fur Mineralogical Monatsch*, 153：290

Liu Y S and Zhang G L. 1993. The experimental study on the leaching of gold from greenstone. *Acta Geologica Sinica*, 6 (2): 211~221

Shang L B, Chou I M, Lu W J et al. 2009. Determination of diffusion coefficients of hydrogen in fused silica between 296 and 523K by Raman spectroscopy and application of fused silica capillaries in studying redox reactions. *Geochimica et Cosmochimica Acta*, 73 (18): 5435~5443

Shang L B, Chou I M, Burruss R C et al. 2014. Raman spectroscopic characterization of CH_4 density over a wide range of temperature and pressure. *Raman Spectroscopic*, 45: 696~702

Sun Q and Zheng H F. 2006. In situ Raman spectroscopic study of the dissociation of methane hydrate at high pressure. *Applied Spectroscopy*, 60: 985~988

Wu J and Zheng H F. 2010. Quantitative measurement of the concentration of sodium carbonate in the system of Na_2CO_3-H_2O by Raman spectroscopy. *Chemical Geology*, 273: 267~271

Yu Y M, Zhu Y X, Williams-Jones A E et al. 2004. A kinetic study of the oxidation of arsenopyrite in acidic solutions: implications for the environment. *Applied Geochemistry*, 19 (3): 435~444

Zhang R H and Hu S M. 2002. A case study of the influx of upper mantle fluids into the crust. *Journal of Volcanology and Geothermal Research*, 118: 319~338

Zhang R H and Hu S M. 2004. Hydrothermal study using a new diamond anvil cell with in situ IR spectroscopy under high temperatures and high pressures. *The Journal of Supercritical Fluids*, 29: 185~202

Zhang R H, Zhang X T, Hu S M. 2006. Nanocrystalline ZrO_2 thin films as electrode materials using in high temperature-pressure chemical sensors. *Materials Letters*, 60: 3170~3174

Zhang R H, Hu S M, Zhang S T. 2006. Experimental study of dissolution Rates of Fluorite in HCl-H_2O Solutions. *Aquatic Geochemistry*, 12: 123~159

Zhang R H, Hu S M, Zhang X T et al. 2007. Dissolution kinetics of dolomite in water at elevated temperatures. *Aquatic Geochemistry*, 13: 309~338

Zhang R H, Zhang X T, Hu S M. 2008. The role of vapor in the transportation of tin in hydrothermal systems: experimental and case study of Dachang deposit, China. *Journal of Volcanology and Geothermal Research*, 173: 313~324

Zhang R H, Hu S M, Zhang X T et al. 2008. Hydrogen sensor based on Au and YSZ/HgO/Hg electrode for in situ measurement of dissolved H_2 in high temperature and pressure fluids. *Analytical Chemistry*, 80 (22): 8807~8813

Zhang R H, Zhang X T, Hu S M. 2008. Zr/ZrO_2 sensors for in situ measurement of pH in high-temperature and-pressure aqueous solutions. *Analytical Chemistry*, 80: 2982~2987

Zhang R H, Zhang X T, Hu S M. 2010. High temperature and pressure chemical sensors based on Zr/ZrO_2 electrode prepared by nanostructured ZrO_2 film at Zr wire. *Sensors and Actuators B: Chemical*, 149: 143~154

Zhang X T, Zhang R H, Hu S M et al. 2007. On structural and high temperature electrochemical properties of ZrO_2 thin film coating on Zr metal produced by carbonate melt. *Journal of Materials Science*, 42 (14): 5632~5640

Zeng Y S, Wei J Y, Xiong D G. 1987. Experimental study of hydrothermal alteration of carbonate rocks by Na-F solutions under flow conditions. *Applied Geochemistry*, 2: 181~191

Zeng Y S, Ai R Y, Wang F Z. 1989. Solubility of the magnetite + hematite buffer assemblage and iron speciation in sodium chloride solutions at 300℃ and 500 bars. *Geochimica et Cosmochimica Acta*, 53: 1875~1882

Zeng Y S, Wang F Z, Ai R Y. 1997. Solubility of gold in the SiO_2-NaCl-H_2O system at 300℃ and 50 MPa. *Science in China Series D: Earth Sciences*, 05: 485~490

Zeng Y S, Ai R Y, Ai Y F. 1998. Experimental study on the flow-through interaction between andesine and alkalichloride hydrothermal solutions. *Neues Jahrbuch für Mineralogie Mh*, H5: 193~207

Zheng H F, Duan T Y, Sun Q. 2012. In situ observation of CH_4-H_2O binary system at high temperature and high pressure by diamond anvil cell and Raman spectroscopy. *Experimental Thermal and Fluid Science*, 38: 262~265

（作者：王玉荣；感谢曾贻善、曾骥良、刘玉山、刘正义、秦明宽、张玉燕、李九玲、李兆麟、蔡元吉、张荣华、樊文苓和龚庆杰提供素材）

第二十六章　陨石学与天体化学

在阿波罗登月计划之前很长一段时期，人类唯一获得的地外岩石样品，是降落在地球表面的陨石，它们代表了太阳系形成和演化残留的各种"化石"。通过对各种陨石的物性、结构、化学和同位素组成等分析，揭示了陨石的来源和成因，进而认识太阳系及其天体的组成、起源和演化历史，形成了一个新的分支学科——陨石学。天体化学既是陨石学的延伸，又是地球化学研究在这个领域的拓展：把地球作为太阳系中的一个行星，探讨整个太阳系，乃至其他恒星，包括物质组成、分布及其变化过程和变化规律。由此可见，天体化学的研究对象包括天然的地外样品——各类陨石和宇宙尘，以及深空探测工程采集的样品。

陨石基于其成因和来源，划分为代表了太阳星云冷凝吸积产物的未分异的球粒陨石，以及经历了高温熔融分异的无球粒陨石、铁陨石和石铁陨石。无球粒陨石中，大部分源自小行星，但有少量来自月球和火星。宇宙尘大多属于陨石的烧蚀产物——消熔型球状微粒，少数是行星际尘埃，后者甚至比球粒陨石更为原始。深空探测工程采集的地外样品主要有六次阿波罗登月采集的382 kg月岩和月壤样品，苏联三次无人登月采集的约300 g月球样品，美国NASA星尘号采集的微量彗星尘粒，以及日本隼鸟号采集的细川小行星表土尘粒等。此外，类似于野外地质考察，通过深空探测，开展对月球、火星等天体的在轨遥感探测和软着陆就位探测，则获得了这些天体的物质组成及其全球分布规律。

陨石学与天体化学是地球化学的一门分支学科，属于天文学、地球科学、空间科学等的交叉领域。国际学界认为地球化学与天体化学往往密不可分，它们在研究思路、方法、技术上非常相似，不同之处在于研究对象的差异。天体化学的发展还对地球化学有很大的推动作用，尤其是阿波罗登月计划的实施，极大地促进了地球化学实验分析技术的进步。地球作为太阳系的重要成员，它的起源是太阳系形成过程的有机组成部分，其初始物质组成和状态取决于太阳星云的凝聚和吸积过程；地球形成之后，很可能还与一个火星大小天体发生强烈的碰撞，二者之间的物质高度混合，从而再次改变了地球的演化轨迹；由于强烈而长期的地质构造活动，地球上很难找到4.0 Ga以上的岩石，而在月球等其他天体上，这段年龄的历史得到很好的保存；陨石普遍经历冲击变质作用，它形成的各种高压矿物是窥探和认识地球深部物质组成的窗口；碳质球粒陨石富含各种有机质，很可能是与生命起源有关的一种前驱物质。火星至少有过满足生命需要的基本条件，而木卫二还存在海洋，对于探索生命的起源具有重要的意义；小行星、月球、火星等行星处在不同的演化阶段，为认识地球的特殊性提供了最佳的参照。

可以说，陨石学和天体化学不仅是打开太阳系起源和演化历史之谜的钥匙，同时对于揭示地球形成和早期历史，认识地球深部物质组成，探索生命起源等有重要的意义。

第一节 陨石学与天体化学的发展历程

从天而降的陨石，在全世界范围不同种族和文明的历史中，一直被作为神圣之物，它的降落常被视为吉兆或是凶兆的"预告"。Webster（1824）报道了1823年降落在美国缅因州的Nobleborough灶神星陨石的化学成分。1933年成立了现在的国际陨石学会（Meteoritical Society）。1939年Goldschmidt等基于对一些陨石和地球样品的分析，发表了元素的宇宙丰度。该论文的发表被认为是现代天体化学的基础。陨石学与天体化学一直作为地球化学的一门分支学科，并与其他学科的交叉而发展起来。1969年是陨石学与天体化学发展历史上最重要的年份，当年的7月20日人类第一次踏上了月球，并在此前后几个月分别降落了Allende和Murchison两块最著名的碳质球粒陨石。

碳质球粒陨石是太阳系最原始的样品，由各种集合体和细粒基质构成，其中富Ca、Al难熔包裹体（CAI）是太阳系最古老的样品，代表了太阳系形成的初始时刻，并保存了各种同位素异常，以及灭绝核素的信息。Allende陨石（CV3）重量超过两吨，是已知最富集难熔包裹体的陨石（CAI含量达到10%左右），为研究太阳星云的演化提供了最重要的样品。Murchison陨石（CM2）的重量大于100 kg，除难熔包裹体之外，是已知最富太阳系外物质的样品，特别是各种富碳的太阳系外物质（金刚石、石墨、碳化硅）。更为重要的是，从阿波罗11号首次登月开始，一直到1972年阿波罗17号，总计六次登月共采集了382 kg月岩和月壤样品。苏联在1970~1973年间共有三次成功的无人采样返回，带回月球样品约326 g。这些月球样品的返回，极大地促进了天体化学的发展。美欧等的地球化学实验室大部分参与了月球样品的分析和研究，构建了现代关于月球起源和早期演化的总体框架，促进了对早期地球历史的认识。例如，地球形成之后，即与一个火星大小的天体（被称为忒伊亚）发生强烈碰撞，产生高度的物质交换和混合作用；大撞击之后，地球可能和月球一样都经历一个岩浆洋的分异结晶，形成壳-幔；此外，月球所经历的39亿年左右的后期密集轰击事件，是内太阳系的普遍事件，因此也同样影响了地球的演化路径。

1969年日本南极科考队首次在Yamato山区发现了9块不同类型的陨石，第一次提出南极可能存在陨石的富集机制（Yoshida, Ando, Omoto et al., 1971），从而开启了南极陨石的大发现时代。迄今为止，日美中等国已在南极收集到约5万块陨石。大量南极陨石的发现，不仅为陨石学与天体化学研究提供了充足的样品，并且大大丰富了陨石的类型，包括月球陨石和火星陨石等特殊类型。经过了近30年逐渐消化阿波罗计划成果的宁静阶段，从20世纪90年代开始，月球探测进入了一个新的高潮，其中一个显著特点是中国、欧洲、日本、印度等加入了月球探测俱乐部。美国在继续保持月球探测技术领先的情况下，开展了对整个太阳系的探测活动，特别是针对火星古环境和生命起源的研究，制定并开展了环绕探测、软着陆就位探测、机器人采样返回，以及登陆火星的庞大计划。

我国研究陨石的近代最早文献见于1932年。当年，谢家荣等报道了对3块陨石的工作。20世纪50~60年代，涂光炽（1956）、欧阳自远等（1964）、欧阳自远和佟武（1965）、侯瑛等（1964）分别对新疆和南丹等铁陨石开展了研究。我国陨石学与天体化学学科的形成始于 70 年代。1976 年，我国吉林降落了一场世界上最大规模的陨石雨，最大的一块吉林陨石重达 1770 kg。中国科学院组织了全国的主要研究力量，开展了吉林陨石雨的综合研究，成果除发表于学术期刊之外，还出版了《吉林陨石雨论文集》（欧阳自远和谢先德，1978；欧阳自远，王道德，谢先德，1979）。吉林陨石雨的降落为我国陨石学学科的建立和研究队伍的形成提供了重要的契机。1978 年，美国赠送中国 1 g 阿波罗月球岩石。中国科学院地球化学研究所组织了当时国内的主要研究力量，利用其中的 0.5 g 样品，完成了化学组成、矿物组成、热释光、穆斯堡尔谱、岩石类型等分析研究，确定该月岩为阿波罗 17 所采集，发表了 14 篇论文。阿波罗月岩样品的研究开启了我国月球研究的先河，促进了我国天体化学的发展。

20 世纪 80~90 年代是我国陨石学和天体化学成长的主要时期。当时除了针对我国一些特殊陨石（如最原始的 EH3 型清镇陨石、未分群的宁强碳质球粒陨石、强烈冲击变质的寺巷口和随州陨石等）开展了颇具特色的综合研究之外，还撰写或编译出版了一批专著，如《月质学研究进展》（1977，欧阳自远主编，科学出版社），《宇宙地质学概论》（1983，王道德等译，科学出版社），《天体化学》（1988，欧阳自远著，科学出版社），《地质研究的微矿物学技术》（1989，赵景德和谢先德著，科学出版社），《地球与宇宙成因矿物学》（1989，王奎仁编著，安徽教育出版社），《稀有气体同位素地球化学和宇宙化学》（1989，王先彬编著，科学出版社），《随州陨石综合研究》（1990，王人镜和李肇辉主编，中国地质大学出版社），《中国陨石导论》（1993，王道德等著，科学出版社）。

90 年代后期，我国陨石学与天体化学进入了一个新的发展阶段。自 1998 年首次在南极格罗夫山发现 4 块陨石以来，我国总共在该地区收集到 12035 块陨石，其中近 3000 块样品完成了分类鉴定和命名申报工作，发现了许多特殊和珍贵的陨石，包括两块火星陨石，三块灶神星陨石，以及一些碳质球粒陨石等。大量南极陨石的发现提供了珍贵的研究样品。更为重要的是，经过欧阳自远团队的长期努力，我国月球探测的嫦娥工程于 2004 年被国务院批准立项，从而开启了我国月球和深空探测历史。陨石学与天体化学从几乎纯基础性研究，发展到服务于国家月球和深空探测的战略需求，极大地推动了该学科的迅速发展，以及与地球科学的交叉。

第二节　中国的研究现状

作为一门基础性的交叉学科，陨石学和天体化学领域的研究队伍较地球化学其他分支学科要小很多。1966 年，中国科学院地球化学研究所最早成立了我国第一个以陨石学和天体化学为宗旨的研究室——天体化学研究室。此后相当长一段时间内，陨石学与天体化学领域保持着小规模的研究队伍。1978 年成立的中国矿物岩石地球化学学会于次年建立了该领域最主要的学术研究团体——"陨石学与天体化学专业委员会"，与中国空间科学学会月球探测与比较行星学专业委员会共同发挥本专业的学术导向作用。

1998 年，刘小汉等 4 名队员在第一次南极格罗夫山考察中发现了 4 块陨石，开启了我国大量收集南极陨石的新阶段。2000 年，国家海洋局极地考察办公室组织成立了"中国南极陨石专家委员会"，负责制定我国南极陨石样品的管理、申请、使用条例，以及南极陨石的考察和研究计划；成立了分别由中国科学院广州地球化学研究所、地质与地球物理研究所、国家天文台,以及南京大学四家单位构成的四个南极陨石分类小组,负责格罗夫山陨石的基础分类工作。随后,这个小组扩大到中国科学院地球化学研究所、桂林理工大学、紫金山天文台、北京天文馆等。2004 年,嫦娥工程立项后,陨石学和天体化学迎来了大发展的黄金时期。国家天文台组建了"探月工程地面应用系统",负责嫦娥工程数据的接收、处理、发布,以及科学研究。高等院校成立了相关的月球和深空探测研究中心。

地外样品的稀少和珍贵等特殊性,决定了实验分析技术对陨石学与天体化学的研究极为关键。得益于知识创新工程实施,我国近年在实验技术支撑平台的建设上取得了很大的发展,在实验分析技术和方法创新上也取得了显著的进步,其中高精度的同位素测试和高空间分辨的微区分析达到了国际一流水平。在月球等深空探测工程的国家需求牵引下,更多的地球化学实验室以我国返回月球样品的科学研究为目标,开展关键分析技术的预先研究,极大地推动了我国实验分析技术的进步。与日俱增的南极格罗夫山陨石的发现,摆脱了我国陨石样品"稀缺"的瓶颈,为学科的发展创造了极为有利的条件。

近年来,我国地球科学越来越重视与比较行星学的交叉融合。将地球作为一个行星,从而与其他行星进行对比研究,深化了对地球早期历史和地球深部的认识。事实上,月岩样品的研究成果所揭示的地球与"忒伊亚天体"的大碰撞、月球岩浆洋的存在和分异结晶,以及太阳系早期的撞击事件等,都深刻地改变和影响了地球的状态、组成以及演化途径。地球科学与比较行星学的交叉同样也对后者的发展产生了极大的影响。

一、我国月球和深空探测工程的开启

月球探测是人类迈向深空的第一步,是综合国力的体现,对于提升我国在国际上的威望,增强民族凝聚力和自信心,促进我国科学技术的创新和发展,保障国家安全和在月球与太空领域的权益,激发青少年的科学兴趣和探索精神等均具有极为重要的意义。开展月球探测,将是我国在航天技术上继卫星应用、载人航天之后的又一突破和新的里程碑。

得益于比较行星学和阿波罗月岩样品等的研究基础,基于对国际上月球和深空探测趋势的把握,以及国家发展实力的准确判断,早在 1993 年,欧阳自远院士向国家有关部门提出了开展月球探测工程的建议。在"863 计划"支持下,欧阳自远院士的课题组完成了第一份《中国开展月球探测的必要性和可行性研究》报告,充分阐述了我国现阶段开展月球探测的必要性,以及我国航天系统具备的离开地球奔向月球的技术能力。1995 年,在中国科学院知识创新工程项目的支持下,课题组研究了中国探月的发展战略与长远规划,形成了第一份《中国月球探测的发展战略与长远规划》报告。该报告基于我国的科学技术水平、综合国力和国家整体发展战略,并参考世界各国重返月球的战略目标和实施计划,系统论证了我国的月球探测近期应以无人探测为宗旨,并将其具体划分为三期,即第一期"环月探测"、第二期"落月探测"和第三期"采样返回"的三步走计划。在无人探测完成之后,将实施载人登月,以及最后建立月球基地的长远规划。1997 年,《中国月球探测的发展战略与长远规划》通过了由中国科学院组织国防科工委、中国科学院相关研究所、总装备部、航天集团公司、相关高校等多方面专家的评审与答辩,成为我国月球探测总体规划和分阶段实施的依据。1998 年,课题组开始研究中国第一次月球探测的科学目标与有效载荷配置,最终编制了中国科学院《月球资源探测卫星的科学目标与有效载荷》,为我国首次月球探测卫星规划了四个目标：获取月面三维影像；划分月球表面的基本构造和地貌单元；进行月球表面撞击坑形态、大小、分布、密度等研究；为月球与类地行星表面年龄的划分和早期演化历史研究提供基本资料。根据这些目标，对月球卫星配制了科学探测仪器，对每一台仪器提出明确的技术指标和要求。2004年1月，国家正式批准了嫦娥一号工程的实施。同年2月，科技部主持国家中长期发展规划论证，其中包括了月球探测二、三期工程。经过一年多的充分论证，月球探测二、三期正式进入国家中长期科学技术发展规划，成为16个优选的重大专项工程之一。至此，我国第一阶段的无人月球探测全部三期工程正式确立，工作的重心开始转向工程的实施和科学研究。嫦娥工程的启动，使我国在第二轮的月球探测热潮中占了先机，成为继美国、苏联、欧洲太空局、日本之后成功发射绕月卫星的国家，其中与日本月亮女神号的发射仅相差1个多月时间。嫦娥一号于2007年10月24日成功发射，正式拉开了我国月球和深空探测的序幕，使我国的空间探测第一次脱离了地球的束缚，走向宇宙太空。

嫦娥一号尽管是我国第一颗月球探测卫星，但获得了多项领先世界的成果，包括由916万个激光测高数据构成的全月球数字高程模型，由三线阵CCD相机获取的全月球三维地形图，9种元素和4种矿物的全月球分布图，国际上首次获得全月球4频段微波探测数据，以及地-月之间的空间环境探测等。娥嫦二号于2010年10月1日发射，拍摄的全月球"无缝"影像图达到7 m分辨率，局部好于1 m，是目前最高水平的全月球数字影像图。嫦娥二号探测的月表元素和矿物分布、全月球微波亮温分布等在空间分辨率上也有了很大的提高。嫦娥二号在完成各项科学目标之后，开展了一系列的拓展任务，包括飞抵第二拉格朗日点开展为期235天的太阳探测，随后变轨飞向太空深处，首次实现对编号为4179"战神"小行星的飞越探测，在相距仅0.87 km的近距离获得分辨10 m的"战神"小行星形貌图。嫦娥二号还在飞向遥远的太空，成为绕太阳运行的人造小天体。嫦娥三号于2013年12月2日升空，14日成功软着陆在月球"雨海"盆地东北区域的年轻玄武岩上。这是我国月球探测工程的又一次飞越，实现了在其他天体上的软着陆、巡视器行走和就位科学探测，也是继阿波罗登月和月球号无人采样返回之后近50年，再次重返月面。嫦娥三号在国际上首次开展了多项科学探测：利用探月雷达就位实测了着陆区的月壤厚度和下伏玄武岩的分层结构和厚度；首次就位探测了月壤12种元素的含量和光谱特征；首次以月球为基地，开展近紫外天文观测和对地球等离子体层的极紫外观测等。

按照我国月球探测的规划，目前正在开展嫦娥五号的研制工作，预期将在2017~2018年期间完成嫦娥三期的工程目标，实现月球样品的采集并返回。可以预期，我国月球样品的采样返回将极大促进我国比较行星学的发展，推动地球科学与比较行星学的进一步融合。返回月球样品的科学研究，既是我国科学工作者的机遇，也是历史赋予的使命。在全面完成第一阶段月球无人探测工程之后，我国仍会持续对月球的探测活动，最终实现载人登月和月球基地的建立。基于我国科学技术的发展规划，我国将逐步推进对整个太阳系的深空探测工程，包括火星、太阳、小行星和彗星、金星、类木行星及其卫星等。

二、主要研究成果简介

我国陨石学和天体化学领域队伍规模较小，但仍在一些方面做出有特色的工作，取得一些重要的科学发现。

1. 南极格罗夫山陨石的发现

除了耗资巨大的阿波罗计划和苏联采集的 382 kg 月球样品、日本隼鸟号采集的 1500 颗微米粒级小行星尘粒，以及 NASA 采集到很少的彗星尘粒之外，绝大部分地外样品是从天空陨落的各种陨石。陨石样品十分稀少，其通量约为 $n \times 10^6 \; km^2 \cdot a$，其中被发现并收集到的陨石数量更少。《中国陨石导论》汇编了大致 20 世纪 90 年代之前在我国境内降落或发现的大部分陨石，共计 85 块。由此可见，陨石样品数量的稀少和种类的单一（以普通球粒陨石和铁陨石为主）已成为制约我国陨石学和天体化学发展的一个重要因素。1969 年日本南极科考队在 Yamato 山区的蓝冰上发现 9 块不同类型的陨石，意识到南极可能存在陨石的富集机制，开启了南极陨石的大发现时代，南极成为陨石最富集的地区。我国于 1989 建成的南极中山站为南极陨石的考察提供了基础条件。第十五次（1998～1999 年）南极科考中，我国南极内陆科考队第一次深入距中山站约 400 km 的格罗夫山地区开展地质考察，发现了 4 块陨石；次年又在该地区收集到 28 块陨石，包括 1 块火星陨石和 1 块灶神星陨石，证明这是一个新的陨石富集区（刘小汉和琚宜太，2002）。迄今为止，我国实施的六次格罗夫山考察均收集到陨石样品，后四次考察收集到的陨石数量分别为 4448 块（2001～2002 年）、5354 块（2005～2006 年）、1618 块（2010～2011 年）、583 块（2013～2014 年）（Lin, Ju, Xu et al., 2006; 琚宜太和刘小汉，2000；琚宜太和刘小汉，2002；琚宜太和缪秉魁，2005）。至此，我国南极陨石总数已达到 12035 块，总重量 127 kg，成为继日本和美国之后，拥有南极陨石最多的国家。南极陨石的发现和研究已成为我国极地科学的亮点，为我国陨石学和天体化学的发展提供了最重要的样品（林杨挺，王道德，欧阳自远，2008；缪秉魁，林杨挺，王道德等，2004，2012）。此外，我国有大面积的沙漠和戈壁，为寻找沙漠陨石提供有利的地理条件。近年在新疆的沙漠戈壁地区已不断发现陨石，特别是在阿克苏、雅满苏、哈密等区域找到了大量的陨石样品。

2. 陨石中太阳系外物质研究

陨石不仅记录太阳系形成和演化的信息，最原始的一类陨石中还保存了构成太阳星云的原始尘埃。这些尘埃是太阳系形成之前、由前一世代恒星演化晚期喷出气体凝聚形成，因此被称为前太阳物质或太阳系外物质。它们来自超新星、新星、渐近线红巨星等各种恒星，为验证恒星内部核合成的天体物理模型提供了关键的实验证据。同时，太阳系外物质在不同化学群球粒陨石中的分布，反映了太阳星云的构成和初始状态。该领域的大量研究集中在碳质球粒陨石，后者代表了太阳星云盘相对氧化的区域。我国清镇陨石代表了太阳星云极端还原区域的样品。采用化学酸溶富集的方法，从已强烈风化的清镇陨石样品中成功分离出金刚石、尖晶石、刚玉、SiC、Si_3N_4 等微纳颗粒，并分析了其中总数约 4 万颗富 Si 微粒、5.4 万颗难熔氧化物的 C、N、O、Si 等同位素组成，获得了许多新的发现（Lin, Amari, Pravdivtseva, 2002; Lin, Gyngard, Zinner, 2010）：首次在顽辉石球粒陨石中发现超新星来源的 SiC 和 Si_3N_4（又称 X-颗粒），并发现 X-颗粒可划分为 X1 和 X2 两种类型；发现该类型陨石中太阳系外成因氧化物颗粒含量异常偏低，通过与其他化学群陨石的对比，提出太阳星云中太阳系外颗粒分布不均一的证据；对 X-颗粒的 Mg、Ca、Ti 等同位素分析表明，它们具有由高含量短寿命同位素 ^{26}Al（半衰期 0.74 Ma）、^{44}Ti（半衰期 60 a）和

^{49}V（半衰期332 d）等衰变产生的同位素异常，进一步证明这些颗粒源自超新星；发现各类太阳系外物质的相对丰度与粒度相关，其中细粒样品中含有更多的X-颗粒（0.8～2 μm：约1%；0.1～0.4 μm：约2%），并发现更为罕见的极富^{29,30}Si的异常颗粒（Lin, Hoppe, Huth et al., 2011; Xu, Zinner, Gallino et al., 2015）。除极大的Si、C同位素异常之外，这些异常颗粒还具有非常富^{32}S的同位素组成，很可能由短寿命的^{32}Si（半衰期153 a）衰变产生（Xu, Zinner, Gallino et al., 2015）。

采用酸溶的方法极大地富集了含碳的太阳系外物质，并发现各种稀少类型的颗粒。但是，这种方法同时也破坏了可能存在的硅酸盐等其他类型的太阳系外颗粒。因此，采用纳米离子探针发现原产状太阳系外颗粒成为新的研究方向。利用纳米离子探针（NanoSIMS 50 L），对我国宁强碳质球粒陨石、南极格罗夫山CR型碳质球粒陨石（GRV 021710），以及CM2型碳质球粒陨石角砾岩Sutter's Mill陨石等开展了原位太阳系外颗粒的发现与研究，也取得许多新发现（Haenecour, Zhao, Floss et al., 2013; Zhao, Floss, Lin et al., 2013; Zhao, Lin, Yin et al., 2014）：在GRV 021710陨石中发现大量前太阳富氧颗粒（236 ± 40 × 10^{-6}，硅酸盐和氧化物）和富碳颗粒（189 ± 18 × 10^{-6}，SiC和石墨），这是迄今最富集前太阳颗粒的原始球粒陨石之一；发现GRV 021710中超新星成因的前太阳富氧颗粒的相对丰度约是其他陨石的两倍，表明超新星成因物质在原始太阳星云中分布不均匀；首次发现超新星成因的SiO_2颗粒，为超新星喷出物中存在SiO_2提供了直接证据；大量的分析未能发现太阳系外成因的硫化物，给出的丰度上限小于2×10^{-6}，可能是硫化物受宇宙线的辐射而被破坏；除了热变质之外，小行星母体的水蚀变对硅酸盐类太阳系外颗粒有很大的破坏作用，甚至影响到尖晶石等酸不溶的氧化物类矿物。

3. 太阳系早期灭绝核素发现

灭绝核素是指半衰期（≤$n \times 10$ Ma）远小于地球年龄的放射性同位素，它们现已全部灭绝，但可能存在于早期的太阳系。^{26}Al（半衰期0.74 Ma）是第一个被发现的灭绝核素（Lee, Papanastassiou, Wasserburg, 1976），此后陆续发现了^{10}Be, ^{41}Ca, ^{53}Mn, ^{60}Fe, ^{107}Pd, ^{129}I, ^{146}Sm, ^{182}Hf等8个灭绝核素。灭绝核素提供了行星和小行星早期演化的主要能量来源，又是太阳系早期精确的同位素时钟。我国宁强陨石中保存着太阳系最古老的富Ca、Al包裹体，其中一些富铝矿物蚀变形成了方钠石（$Na_8Al_6Si_6O_{24}Cl_2$）。对这些方钠石的S同位素分析，发现了^{36}S的异常，并且该异常的大小与Cl/S值正相关，从而证明存在^{36}Cl（半衰期0.3 Ma），并给出其^{36}Cl/^{35}Cl值为5×10^{-6}（Lin, Guan, Leshin et al., 2005）。对著名的阿连德碳质球粒陨石开展的类似研究，进一步证实了^{36}Cl的存在（Hsu, Guan, Leshin et al., 2006）。与其他难熔的灭绝核素不同，^{36}Cl的强挥发性既提供了太阳系早期低温蚀变事件新的定年方法，也可用于验证灭绝核素在原始太阳星云中的空间分布，从而为揭示灭绝核素的成因和太阳星云的形成给出关键的约束条件。

4. 太阳星云凝聚

太阳系的起源是天体化学领域的终极科学问题之一，并决定了地球、火星等行星的初始组成、结构，以及早期演化历史。球粒陨石是太阳系形成过程中残留下的"化石"，是解开太阳系起源的钥匙。球粒陨石中的富Ca、Al包裹体、硅酸盐球粒、不透明矿物集合体、细粒基质等，代表了太阳星云从高温到低温过程形成的各种组分；不同化学群球粒陨石代表了太阳星云盘不同空间区域的样品。

富Ca、Al包裹体是太阳星云演化最早形成的产物,由各种不同的高温热事件形成,具有以富^{16}O为主要特征的同位素异常,以及其他未知核过程的同位素异常,含灭绝核素子体,因此一直是天体化学的研究热点。尽管对富Ca、Al包裹体做了大量的工作,但存在两方面明显的不足:注重单个包裹体个案的研究,但缺乏对不同包裹体类型之间成因联系的认识;局限于碳质球粒陨石,而对其他化学群球粒陨石的工作很少。我国宁强陨石属于未分群的碳质球粒陨石(Wang and Lin,2007),富含富Ca、Al包裹体,与著名的Allende陨石相似,但前者保存更好,后期次生蚀变较弱。对宁强陨石中各类富Ca、Al包裹体的系统研究,厘清了太阳星云演化的总体框图(Lin and Kimura,1997;Lin and Kimura,1998a;Lin,El Goresy,Ouyang,1999;Lin and Kimura,2000;Lin and Kimura,2003;Lin,Kimura,Wang,2003):细粒结构的各类包裹体(富尖晶石-黄长石包裹体、尖晶石-透辉石包裹体、含尖晶石蠕虫状橄榄石集合体)在岩矿特征和全岩化学组成上呈连续过渡,代表了太阳星云从高温到低温连续冷凝的产物;发现新的包裹体类型(ASI型,即富钙长石和尖晶石),代表了星云高温蚀变的产物,并将两种主要包裹体类型,即A型(富黄长石-尖晶石)和C型(火成结构,富钙长石-深绿辉石),在成因上联系起来,解决了C型包裹体的成因之谜;基于岩矿特征、化学组成和同位素特征,提出B型包裹体(火成结构,富黄长石-深绿辉石)由细粒结构包裹体(富黄长石-尖晶石)部分熔融结晶形成,部分B型包裹体还经历了多次热事件、低温蚀变,以及碰撞捕获等复杂的演化历史;对部分包裹体的^{26}Al-^{26}Mg体系分析,获得其初始^{26}Al/^{27}Al值的信息(Hsu,Huss,Wasserburg,2003;Hsu,Guan,Wang,2011;Wang,Lin,Dai,2007)。

与碳质球粒陨石相比,顽辉石球粒陨石形成于极端还原的星云条件,许多典型的亲石元素(如Ca、Mg、K、Na、Cr)形成了各种复杂的硫化物,铁镍合金可含高达5 wt%的硅。但是,对顽辉石球粒陨石及其所记录的极端还原条件下太阳星云演化的研究很不足,甚至在很长时间里,学界对高铁顽辉石球粒陨石(EH)和低铁顽辉石球粒陨石(EL)的成因关系颇有争议,即它们代表两个不同化学群或是同一小行星不同热变质的结果。我国清镇陨石是最原始和新鲜的EH3型顽辉石球粒陨石(Wang and Xie,1982;Wang and Rambaldi,1983),结合第一块EL3陨石(MAC 88136)的发现和研究(Lin,Nagel,Lundburg et al.,1991),使极端还原条件下太阳星云演化和小行星热变质取得突破性的进展:厘清了EH与EL之间的成因关系,揭示了极端还原条件下太阳星云的气-固相凝聚、金属相硫化反应、矿物分解和出熔,发现了EH与EL群小行星母体不同的冲击和热变质历史(Lin and El Goresy,2002)。此外,还发现新的介于EH与EL之间的过渡型小群,反映了太阳星云的化学组成在空间上具有连续变化的特点(Lin and Kimura,1998b)。对该类陨石矿物微量元素的中子活化分析(Chen,Wang,Pernicka,1992;Chen,Wang,Pernicka,1993),以及离子探针原位分析(Hsu,1998;Hsu,1998),也提供了其成因相关的信息。

对不同化学群球粒陨石最原始样品的研究,获得关于太阳星云不同区域之间物质迁移和交换的认识。研究表明,从碳质球粒陨石,普通球粒陨石,到顽辉石球粒陨石,它们的富Ca、Al包裹体具有相似的岩石类型、微量元素和同位素等特征,表明这些包裹体具有相同的成因,形成于星云中同一位置,然后迁移至不同区域(Lin,Kimura,

Hiyagon et al., 2003; Lin, Kimura, Miao et al., 2006）。这些包裹体的次生蚀变特征则与其母体陨石的氧化-还原条件一致，反映了在不同星云条件下的蚀变改造。另外，顽辉石中球粒陨石中的富 FeO 硅酸盐晶屑，也指示了来自其他区域物质的加入（Lin, Ouyan, El Goresy, 2002）。

5. 太阳系早期的熔融分异

太阳系早期小行星的熔融分异，形成了一系列分异型陨石，包括各种化学群铁陨石、来自灶神星的钙长辉石无球粒陨石和中铁陨石、来自小行星核-幔边界的橄榄陨铁、由类似碳质球粒陨石物质熔融形成的橄辉无球粒陨石、熔融但尚未发生大规模金属-硅酸盐分异的原始无球粒陨石等。除了铁陨石外，我国收集到的其他分异型陨石主要发现于南极格罗夫山。

我国新疆铁陨石重达 28 t，是世界上第三大铁陨石，属于 IIIE 化学群（Wang, Malvin, Wasson, 1985; Chen and Sun, 1986）。2004 年发现于新疆木垒县的乌拉斯台铁陨石，重 430 kg，距新疆铁陨石发现地约 130 km。二者具有相似的维斯台登结构和微量元素组成，可能属于同一次降落的成对陨石（Xu, Miao, Lin et al., 2008）。南丹陨石是一场较大的铁陨石雨，总重约 9.5 t，属于 IIICD 群（Wang, Malvin, Wasson, 1985）。

钙长辉长无球粒陨石-奥长古铜无球粒陨石是唯一已知来源的小行星陨石，即它们可能来自灶神星。我国第一块灶神星陨石发现于南极，编号为 GRV 99018，重量仅 0.23 g，经历了冲击熔融和热变质的重结晶（Lin, Wang, Wang, 2004）。第二块灶神星陨石编号为 GRV 051523，重 0.8 g，同样经历了冲击变质及其后重结晶作用（Liu, Lin, Hu et al., 2009）。2014 年我国发现的 GRV 13001（1300 g）也是灶神星陨石。对灶神星陨石中微米级锆石的离子探针分析，其 Pb-Pb 年龄为 4541 ± 11 Ma，U-Pb 年龄为 4525 ± 24 Ma，表明核-幔分异之后，玄武质岩浆活动可能持续了约 50 Ma（Zhou, Yin, Young et al., 2013）。与稀少的石质灶神星陨石不同，在已完成分类鉴定的近 3000 块格罗夫山陨石中，属于中铁陨石的样品有 8 块，其硅酸盐部分很可能也来自灶神星。对 3 块格罗夫山中铁陨石的金属相微量元素的微区分析表明，这些金属相可能与 H 群普通球粒陨石相关（Xu, Lin, Zhang et al., 2011）。另外，降落在内蒙古东乌珠穆沁旗的一块中铁陨石重量达到 128.8 kg（Tao, Yang, Zhang, 1997）。该陨石的宇宙线暴露年龄 172 Ma（王道德和 Eugster, 1998），金属相的微量元素与 IB 群铁陨石相似（Kong et al., 2008），并具有非常缓慢的冷却速率：$0.1 \sim 0.01$ ℃/Ma（王道德，毛艳华，陶克捷，1998）。

我国收集到的 10 块橄辉无球粒陨石全部发现自南极格罗夫山，富碳区域含微纳米级金刚石，边缘的橄榄石和辉石呈典型的还原反应边，FeO 被还原形成次微米级纯 Fe 颗粒，并具有不同程度的热变质作用（Miao, Lin, Wang et al., 2008），其中 GRV 052382 陨石经历了强烈的冲击变质作用（Miao, Lin, Hu et al., 2010）。GRV 021663 为原始无球粒陨石，被划分为富橄榄石 winonaite，橄榄石和辉石的 FeO 含量较低。可能是小行星母体部分熔融后的残留部分，但微量元素并不具明显的熔融分异特征（Li, Wang, Bao et al., 2011）。由于受样品数量的制约，分异型陨石的研究程度相对较低。

6. 月球陨石的研究

月球陨石是我国目前能获得的主要月岩样品，对于我国正在开展的月球探测工程的科学研究具有重要价值。利用实验室的各种高精度和高空间分辨的分析测试仪器,测试不同类型月球陨石,可与月球轨道的全球遥感探测和软着陆器的就位探测数据形成互补,能深化对月球形成及其早期演化历史的认识。

月球形成和演化研究的一个重大问题是"月球岩浆洋"假说。该假说认为,月球早期曾具有一个深达几百千米的全球性岩浆洋,其结晶出的橄榄石和辉石因密度较大沉入底部形成月幔,密度较小的斜长石浮在表面形成了最古老的斜长岩质月壳,而在月壳-幔之间残留的一点熔体极为富集钾(K)、稀土(REE)、磷(P)和其他不相容元素,形成了所谓的原始克里普岩浆(urKREEP)。这一假说的重要意义还在于,地球和火星等行星可能也经历了相似的过程。但是,长期以来,仅在月岩中检测到含有克里普组分的化学信号,并未找到真正的克里普岩石。SaU 169 月球陨石是已知最富 KREEP 组分的月岩,在其冲击熔岩中发现了迄今为止最富集 KREEP 组分的一种新的月岩角砾(Lin et al.,2012)。该角砾除辉石外,几乎全由钾长石、稀土磷酸盐、锆石和富铌钛铁矿构成,很可能就是岩浆洋假说预言的克里普岩。对这些克里普岩角砾中锆石的离子探针定年,得到 39.2 亿年的年龄,代表了月球岩浆洋最终完全固化的时间。月球早期历史的重大事件还包括各月海盆地形成,SaU 169 陨石的冲击熔岩可能形成于这一事件,其锆石 Pb-Pb 和 U-Pb 年龄均为 39.2 亿年(Lin,Shen,Liu et al.,2012;Liu,Jolliff,Zeigler et al.,2012),这一年龄修正了之前雨海盆地 38.5 亿年的形成年龄。

对其他月球陨石的研究,获得对月球不同区域岩性的新认识。例如,低 Ti 月海玄武岩质月球陨石 NWA 4734 和 LAP 02205/02224 具有较低的结晶年龄(斜锆石的 Pb-Pb 年龄分别为 3073 Ma 和 3039 Ma),后者可能还含有古老残留斜锆石(3349~3611 Ma)。微量元素特征表明它们在上侵月壳中仅受到很少的(约 4 wt%)克里普岩物质混染(Wang,Hsu,Guan et al.,2012);Dhofar 1180 是混合角砾岩,其细粒基质中包含斜长岩屑和基性岩屑,但不含 KREEP 组分,可能来自远离雨海盆地的边远区域(Zhang and Hsu,2009);在斜长石质月球陨石 Dhofar 458 中发现冲击变质的多晶锆石,在其边部含微小的气孔和圆化的斜锆石,是富角砾的冲击熔岩,其锆石 U-Pb 年龄为 3434 ± 15 Ma(2σ),代表了冲击事件的时间(Zhang,Hsu,Li et al.,2011);阿波罗-12 月海角砾岩 12013 富含"花岗岩"质成分,其锆石年龄具有复杂的环带和大的范围(40 亿~43 亿年),可能受冲击之后重结晶的影响,因此其年龄的上限 43 亿年可代表该"花岗岩"质岩屑的最小结晶年龄,而其撞击事件可能发生在月球晚期重型轰击事件之前,即约 42 亿年(Zhang,Taylor,Wang et al.,2012)。

7. 火星的形成与演化

火星陨石是目前唯一能获得的火星岩石样品,对框定火星的地球化学特征和岩浆活动绝对年龄具有不可替代的重要意义。我国南极考察收集到的陨石中,已鉴定出两块火星陨石,其中 GRV 99027 是第 4 块二辉橄榄岩质火星陨石(Lin,Ouyang,Wang et al.,2002;Lin,Wang,Miao et al.,2003;Wang,Wang,Zhang et al.,2002),GRV 020090 是该岩石类型中第一块富集型样品(Lin,Qi,Wang et al.,2008;Miao,Ouyang,Wang et al.,2004)。此前发现的 3 块二辉橄榄岩质火星陨石(ALH 77005,Yamato 793605,LEW 88516)具有非常相似的岩矿特征、全岩化学组成、结晶年龄和溅射年龄,很可能是火星表面一次撞击事件抛射出的石块,因此新的二辉橄榄岩质火星陨石的发现对于认识火星幔物质组成的空间变化有重要意义。在国家自然科学基金重点项目的支持下，对 GRV 99027 开展了岩石矿物学、全岩微量元素、同位素年代学、宇宙成因放射性同位素、矿物微量元素等综合研究。研究表明，GRV 99027 母岩浆由亏损的火星幔源区部分熔融产生（Hsu, Guan, Wang et al., 2004; Lin, Guan, Wang et al., 2005），然后经历一个封闭体系的分异结晶、冲击变质，以及热变质改造（Lin, Guan, Wang et al., 2005; Wang and Chen, 2006）；由 Rb-Sr 矿物等时线给出的岩浆结晶年龄为 177±5（2s）Ma（Liu, Li, Lin, 2011），宇宙成因核素 ^{10}Be、^{26}Al 给出的宇宙线暴露年龄为 4.4±0.6 Ma（Kong, Fabel, Brown et al., 2007）。尽管 GRV 99027 也表现出与其他二辉橄榄岩火星陨石的相似性，其热变质特征（Lin, Guan, Wang et al., 2005; Wang and Chen, 2006），以及 Sr 和 Nd 同位素，同位素初始比值（^{87}Sr/^{86}Sr）$_0$=0.710364±11（2σ），ε^{143}Nd=+12.2（Liu, Li, Lin, 2011）；表明 GRV 99027 来自于其他 3 块同类陨石不同的源区。全岩微量元素的分析结果，其 Ga 等微量元素无明显的亏损，表明火星核-幔分异的氧逸度相对高于地球；而铂族元素含量和无明显分异的配分模式，表明火星核幔分异之后，有约 1% 的小行星物质加入（Lin, Guan, Wang et al., 2008）。GRV 020090 是第一块富集型二辉橄榄岩火星陨石，在矿物模式组成、矿物化学组成，以及全岩化学组成上与 GRV 99027 及其他二辉橄榄岩火星陨石有明显的差异，并含有较多的斜锆石和磷酸盐（Lin, Qi, Wang et al., 2008; Miao, Ouyang, Wang et al., 2004）。斜锆石的 Pb-Pb 年龄为 192±10（2σ）Ma（Jiang and Hsu, 2012）。矿物微量元素的原位分析具有典型的轻稀土富集等特征。一种可能性是，其母岩浆或源于火星幔富集区域（Jiang and Hsu, 2012）；另一种可能性是，亏损的火星幔部分熔融的岩浆在上侵中被火星壳源物质混染，即二阶段的结晶模型（Lin, Hu, Miao et al., 2013）。

火星的重要性在于它是与地球最相似的行星。大量的火星轨道和软着陆探测表明，火星 30 多亿年前甚至有过海洋，存在孕育和满足生命存在的基本条件。火星陨石保存了火星大气的样品，并通过岩-水相互作用记录了火星的古环境信息。火星陨石含水矿物的离子探针分析，发现其 H 同位素显著富 D，δD 值高达 4200‰，指示了大量水逃逸产生富重同位素的分馏现象。由于 H 的多来源混合和易受污染，火星幔和壳、大气水等源区一直未能厘清。利用 NanoSIMS 50L nm 离子探针对 GRV 020090 火星陨石中磷灰石和岩浆包裹体的水含量和 H 同位素分析，对火星的水循环取得突破性进展（Hu, Lin, Zhang et al., 2014）；基于磷灰石的水含量与 H 同位素相关性，揭示岩浆分异结晶对水的富集，以及岩浆上侵中受火星壳源物质混染的变化趋势，从而解析出火星幔的水含量为（38~75）× 10^{-6}，约为地幔的十分之一，解决了火星幔的"干"与"湿"之争；基于岩浆包裹体的剖面分析，发现岩浆上侵过程中明显的去气作用，而水是由外部扩散加入，其 δD 值高达 6034‰，这一结果与"好奇号"对现代火星土壤水的测量结果一致，表明火星丢失了一个较之前估计更深的海洋；极富 D 的水的外部扩散，证明 GRV 020090 火星陨石母岩在 2 亿年前形成时存在地下水，很可能是上侵岩浆熔化地下冰川形成。基于 H 的扩散，估算该地下水体系存在时间可长达 25 万年之久，这也有利于生命的存在。

不仅火星的古环境满足生命的基本要求，其大气中也被探测到极微量的甲烷存在，火星被认为是最有可能发现地外生命的首选目标。大部分火星陨石发现于南极蓝冰区或非洲沙漠，不同程度受到地球的风化和污染，尤其是有机质。由于降落型陨石非常新鲜，对于火星古环境和有机质的研究极为重要。总共有 5 块降落型火星陨石，但前面 4 块中 Zagami

于 1962 年最后陨落，距今也有 50 多年。因此，2011 年降落在摩洛哥的 Tissint 火星陨石提供了极为珍贵的、最新鲜的火星样品。以中国科学院地质与地球物理研究所、地球化学研究所、广州地球化学研究所和国家天文台组成的研究团队，联合德国拜罗伊特大学、瑞士洛桑联邦理工学院和日本东北大学的研究人员，对 Tissint 火星陨石的研究取得了突破性发现（Lin，El Goresy，Hu et al.，2013；Lin，Hu，Miao et al.，2013；Lin，El Goresy，Hu et al.，2014）。他们在该陨石中发现了两种原位产出的碳颗粒，一部分充填在橄榄岩等微裂隙中，另一部分被包裹在冲击熔脉中。激光拉曼光谱表明，这些碳颗粒是类似煤一样的有机碳。利用纳米离子探针，获得这些有机碳颗粒的高分辨元素分布图像，以及 H、C 和 N 等同位素组成。纳米离子探针得到的化学组成进一步证实为有机碳，而不是石墨，H 同位素确证其火星来源，而碳同位素明显富 ^{12}C。这些有机碳来自火星的主要证据包括：①这些有机碳的 H 同位素富氘（δD = +1183‰），完全不同于地球有机物；②一部分碳颗粒包裹在小行星撞击产生的熔脉中，证明其形成远早于降落地球之前；③包裹在熔脉中的碳颗粒部分相转变为金刚石，表明经历了高压高温事件，不可能是落地后的污染；④Tissint 陨石非常新鲜，而且这些有机碳是不可溶的，通过污染充填在陨石内部的可能性很小。N 同位素组成无明显的异常，表明其来源不是火星大气。C 同位素组成为 δ^{13}C = −33.1‰ ~ −12.8‰，与火星大气（δ^{13}C = −2.5‰ ~ +46‰）相比，具有显著富轻 C 同位素的特征，符合地球上生物成因碳的同位素分馏特征。这也是迄今为止，支持火星曾有过生命的最有力证据。综上所述，可以描绘出以下的历史：①Tissint 陨石的源区岩石在约 6 亿年前由火星幔部分熔融的岩浆上侵至火星近地表形成；②在第一次小行星撞击事件中，产生冲击变质并形成大量裂隙；③富有机质地下水的渗滤，在这些裂隙中沉淀形成了有机碳细脉；④第二次的小行星撞击，使岩石产生部分熔融，并将一部分有机碳包裹在这些熔脉中；⑤最后的一次撞击事件，将该陨石抛射出来，最终降落在地球。

8. 小行星撞击

小行星撞击是太阳系内的普遍现象，更是太阳系早期的重要事件，其强度和频率随时间近似呈指数递减。月球、火星、水星等天体表面布满的大小不一的撞击坑就是这一事件的最好记录。大规模的小行星撞击事件可能给地球造成灾难性生态变化，也是地质历史上一些生物灭绝的主要原因。通过撞击事件，陨石从小行星和月球等天体深处被挖掘出来，暴露在宇宙射线辐射之下，因而陨石的宇宙成因核素记录了它的暴露历史；小行星的高速撞击，产生了高温高压环境，从而使矿物发生相变，形成各种高压矿物，成为窥探地球深部物质组成的窗口。

1976 年降落的吉林陨石雨是历史上罕见规模的陨石降落事件，收集到的陨石总重量超过 2 t，其中最大一块重达 1.77 t，为研究小行星复杂的宇宙线辐射历史提供了难得的机会。基于吉林一号陨石的钻孔岩芯样品，开展了宇宙成因稀有气体和放射性核素（^{22}Na，^{26}Al，^{40}K，^{46}Sc，^{51}Cr，^{53}Mn，^{56,57,58,60}Co）的系统分析和研究，获得它们的深度剖面（Begemann，Li，Schmitt-Strecker et al.，1985；Heusser，Ouyang，Kirsten et al.，1985；Heusser，Ouyang，Oehm et al.，1996；Ouyang，Xie，Wang，1978；Ouyang and Heusser，1982，1983；Ouyang，Fan，Yi et al.，1987；Ouyang，1982）。研究表明，吉林陨石经历了两阶段照射历史，第一阶段为 2 p 照射，发生在小行星母体的较深部位，时间约 8 Ma，第二阶段为 4 p 照射，为陨石进入大气层前的状态，呈近球形，照射时间约 0.4 Ma。此外，对我国大部分降落型球粒陨石和代表性的南极格罗夫山陨石宇宙成因稀有气体的分析，获得有关宇宙射线辐射历史、轨道特征、宇宙射线暴露年龄，以及进入大气层前的体积等重要信息（Wang, Yi, Eugster, 1992; Wang and Wang, 1999; Wang, Lin, Liu, 2001; Wang and Lin, 2003; Wang, Miao, Lin, 2007; 王道德、陈永亨、戴诚达等，1993），其中GRV 98005陨石的宇宙暴露年龄为0.052 Ma，是少数几个宇宙暴露年龄不足10万年的样品之一（Wang, Lin, Liu et al., 2003）。

除金刚石外，地球上的高压矿物，绝大部分发现于强烈冲击变质的陨石中，以及陨石撞击坑中。在小行星撞击产生的高温高压条件下，矿物或发生相变，形成更为致密、晶体对称度更高的高压相，或发生分解形成高压相集合体，或发生熔融然后分异结晶出高压相。这些高压相变现象往往出现在陨石的冲击熔脉内部或靠近熔脉的围岩，可利用激光拉曼光谱予以确认，利用透射电镜和同步辐射X射线衍射等测定其晶体结构。寺巷口（L6）陨石冲击熔脉中两种高压矿物集合体的发现和研究表明，小行星撞击产生的高温高压条件可以维持秒级的时间，修正了撞击模型（Chen, Sharp, El Goresy et al., 1996）。橄榄石中林伍德晶片的发现，也进一步表明小行星冲击变质的高温高压可持续数秒之久（Chen, El Goresy, Gillet, 2004）。因此，小行星冲击变质的产物可以同静高压实验结果进行对比，而不同于人工撞击实验，后者虽然产生极高的压力，但温度低、时间极短。通过对冲击变质陨石的研究，发现了一系列新的高压矿物相，包括林根石（Linguite, 长石的锰钡矿结构相）（Gillet, Chen, Dubrovinsky et al., 2000; Xiande, Ming, Deqiang et al., 2001）、涂氏磷钙石（Tuite, 磷灰石的高压相）（Xie, Minitti, Chen et al., 2002; Xie, Zhai, Chen et al., 2013）、谢氏超晶石（Xieite 铬铁矿的一种高压相）（Chen, Shu, Mao et al., 2003; Chen, Shu, Xie et al., 2003; Chen, Shu, Mao, 2008），以及铁橄榄石的高压相（Xie, Tomioka, Sharp, 2002; Feng, Liu, Hu et al., 2011）等一系列高压矿物，打开了地球深部的一扇窗户。此外，熔长石通常被认为是长石在固态下受冲击压力直接转变为玻璃相，但对强烈冲击变质陨石中熔长石的研究表明，可能由冲击熔融玻璃相淬火形成（Chen and El Goresy, 2000）。一些陨石中林伍德石的化学成分极不均一，可能是从纯橄榄石熔体中分异结晶形成（Feng et al., 2011）。

小行星对地球撞击留下的痕迹是陨石坑，目前得到确认的陨石坑有186个。我国第一个也是目前唯一确认的陨石坑是辽东半岛的岫岩陨石坑（直径1.8 km）（Chen, Koeberl, Xiao et al., 2011）。对坑底进行了钻孔，在钻孔岩芯中发现了柯石英（Chen, Xiao, Xie, 2010）、石英颗粒的面状形变PDF（Chen, Koeberl, Xiao et al., 2011），以及锆石的高压相——雷锆石（Chen, Yin, Li et al., 2013）等。小行星的撞击还将地表的富硅岩石熔融、溅射而形成玻璃陨石，散布在一个很大的区域。海南和雷州半岛普遍分布的玻璃陨石属于澳大利亚散落群，推测的撞击坑可能位于老挝、泰国及周边，年龄约为0.80 Ma。除了玻璃陨石之外，我国陕西黄土高原中微玻璃陨石的发现，将澳大利亚玻璃陨石的散落区向北扩展2000 km左右（李春来、欧阳自远、刘东生等，1992）。结合深海沉积物中的微玻璃陨石的系统研究，最终将确定澳大利亚散落群的分布、撞击位置，以及撞击规模等。

第三节　中国陨石学与天体化学研究展望

　　我国天体化学和比较行星学正处在前所未有的大好发展时期。正在进行的嫦娥工程，以及未来火星、金星、小行星等的深空探测，对学科发展和学术研究产生重大的牵引；已经收集到的大量格罗夫山陨石、持续的南极陨石考察，以及沙漠陨石的发现等，都为天体化学和比较行星学研究提供了最关键的样品；受益于国家经济的高速发展，建设了国际一流的微区分析和高精度同位素分析平台，为地外样品分析提供了关键的技术支撑；同样重要的是，地球科学的发展，越来越强调将地球作为一个整体行星进行研究，强调与其他行星的对比来认识地球的早期历史、深部物质组成及其演化的特殊性。我国地球科学与比较行星学将进入一个真正交叉和融合，互相促进和共同发展的新阶段。

　　我国嫦娥一、二期工程获得了海量的绕月和着陆探测数据，仍需要相当长一段时间的消化和应用。嫦娥三期预计在2017~2018年采集月球样品并返回，这些月球样品的实验室分析和研究，将是我国月球探测工程科学成果的集中体现，既是我国比较行星学的发展机遇，也是其历史使命。嫦娥工程的实施将对月球的形成和演化，尤其是月球起源的大碰撞假说、月球岩浆洋结晶分异，以及内太阳系早期的撞击历史等获得新认识，并以此深化对地球早期历史的认识。火星是我国深空探测的首选目标，它与地球最相似，是比较行星学研究的极好对象。大量轨道和软着陆探测表明，火星曾有过河流、湖泊，甚至海洋，很可能存在生命。我国计划在2020年前后实施火星探测，此前需要开展大量的预研究。同时，已经鉴定并命名的火星陨石已达148块，年龄分布在4400~180 Ma，为构建火星的演化历史提供了重要的样品。深空探测的另一个重要目标是小行星和彗星，是绝大部分陨石的母体，它们提供解开太阳系起源之谜的钥匙。

　　除了实施深空探测工程并采集各类地外样品之外，持续开展陨石的收集，特别是南极陨石和沙漠陨石的收集，不仅为比较行星学提供重要的研究样本，并可能发现一些新的、特殊类型陨石。随着我国南极科考能力的加强，新南极科考站的建立，将大大扩展我国南极陨石的搜寻范围，从而发现更多的陨石样品。除陨石之外，宇宙尘，特别是来自行星际的宇宙尘粒，由于未受到热变质和水的蚀变作用，可能保存了更为原始的太阳系早期信息。南极冰盖极为洁净，因而是最理想的收集宇宙尘的场所。此外，利用我国空间站，也可以有效地收集到这些珍贵的宇宙尘。

　　实验技术的进步对于科学研究，特别是一些重大的科学发现往往起决定性作用。创新工程的实施大大推进了我国实验分析平台的建设。依托这些先进的硬件设施，我国科研人员在超微细和超高精度两个方向研发出新的方法和技术，从而对天体化学的学科发展、我国月球与深空探测科学目标的实现等提供了关键的技术支撑。

主要参考文献

侯瑛，李肇辉，林祥铿. 1964. 铁陨石化学组成的研究. 科学通报，8：727~729
琚宜太和刘小汉. 2000. 格罗夫山地区陨石回收. 极地研究，12：137~141
琚宜太和刘小汉. 2002. 格罗夫山地区陨石回收概况及展望. 极地研究，14：248~251
琚宜太和缪秉魁. 2005. 南极格罗夫山于2002~2003年搜集4448块陨石：新陨石富集区的证实. 极地研

究，17：215~223

李春来，欧阳自远，刘东生等. 1992. 黄土中微玻璃陨石和微玻璃球的发现与意义. 中国科学（B辑），23：1210~1220

林杨挺，王道德，欧阳自远. 2008. 中国南极陨石研究新进展. 极地研究，20：81~94

刘小汉，琚宜太，格罗夫山. 2002. 我国新发现的一个陨石富集区. 极地研究，14：243~247

缪秉魁，林杨挺，王道德等. 2004. 我国南极陨石研究与展望. 矿物岩石地球化学通报，23：149~154

缪秉魁，林杨挺，王道德等. 2012. 我国南极陨石收集进展（2000~2010）. 矿物岩石地球化学通报，31：565~574

欧阳自远和佟武. 1965. 三块铁陨石的化学成分、矿物组成与构造. 地质科学，182~190

欧阳自远和谢先德. 1978. 吉林陨石的矿物、岩石研究及其形成与演化过程. 中国科学，329~341

欧阳自远，佟武，周景良. 1964. 三块铁陨石的矿物成分及形成条件的研究. 地质科学，241~258

欧阳自远，王道德，谢先德. 1979. 吉林陨石形成演化过程的初步探讨. 见：吉林陨石雨论文集. 中国科学院地球化学研究所. 北京：科学出版社，295~305

涂光炽. 1956. 新疆巨型铁陨石. 中国地质，3：31

王道德和 Eugster O. 1998. 我国某些球粒陨石及中铁陨石稀有气体的同位素丰度. 空间科学学报，18：336~341

王道德，陈永亨，戴诚达等. 1993. 中国陨石导论. 北京：科学出版社

王道德，毛艳华，陶克捷. 1998. 东乌珠穆沁中铁陨石的金属相冷却速率及其演化历史. 地球化学，27：132~140

Begemann F, Li Z, Schmitt-Strecker S et al. 1985. Noble gases and the history of Jilin meteorite. *Earth Planet Sci Lett*, 72：247~262

Chen M and El Goresy A. 2000. The nature of maskelynite in shocked meteorites：not diaplectic glass but a glass quenched from shock-induced dense melt at high-pressure. *Earth Planet Sci Lett*, 179：489~502

Chen M, Sharp T G, El Goresy A et al. 1996. The majorite-pyrope + magnesiowustite assemblage：Constraints on the history of shock veins in chondrites. *Science*, 271：1570~1573

Chen M, Shu J, Mao H K et al. 2003. Natural occurrence and synthesis of two new postspinel polymorphs of chromite. *Proceedings of the National Academy of Science*, 100：14651~14654

Chen M, Shu J, Xie X et al. 2003. Natural $CaTi_2O_4$-structured $FeCr_2O_4$ polymorph in the Suizhou meteorite and its significance in mantle mineralogy. *Geochim Cosmochim Acta*, 67：3937~3942

Chen M, El Goresy A, Gillet P. 2004. Ringwoodite lamellae in olivine：Clues to olivine-ringwoodite phase transition mechanisms in shocked meteorites and subducting slabs. *Proceedings of the National Academy of Science*, 101：15033~15037

Chen M, Shu J, Mao H H. 2008. Xieite, a new mineral of high-pressure $FeCr_2O_4$ polymorph. *Chin Sci Bull*, 53：3341~3345

Chen M, Xiao W, Xie X. 2010. Coesite and quartz characteristic of crystallization from shock-produced silica melt in the Xiuyan crater. *Earth Planet Sci Lett*, 297：306~314

Chen M, Koeberl C, Xiao W et al. 2011. Planar deformation features in quartz from impact-produced polymict breccia of the Xiuyan crater, China. *Meteorit Planet Sci*, 46：729~736

Chen M, Yin F, Li X et al. 2013. Natural occurrence of reidite in the Xiuyan crater of China. *Meteorit Planet Sci*, 48：796~805

Chen Y and Sun Y. 1986. Multisamples trace element distribution of Xinjiang iron meteorite and its geochemical implication (in Chinese). *Geochimica*, 271~277

Chen Y, Wang D, Pernicka E. 1992. REE and other trace element chemistry of CaS in Qingzhen chondrite

(EH3) and their origin implications. *Chin J Space Sci*, 12: 129~138

Chen Y, Wang D, Pernicka E. 1993. Trace element chemistry of niningerite in the Qingzhen chondrite (EH3). *Acta Mineral Sinica*, 13: 197~203

Feng L, Lin Y, Hu S et al. 2011. Estimating compositions of natural ringwoodite in the heavily shocked Grove Mountains 052049 meteorite from Raman spectra. *Am Mineral*, 96: 1480~1489

Gillet P, Chen M, Dubrovinsky L et al. 2000. Natural $NaAlSi_3O_8$-hollandite in the shocked sixiangkou meteorite. *Science*, 287: 1633~1636

Haenecour P, Zhao X, Floss C et al. 2013. First Laboratory Observation of Silica Grains from Core Collapse Supernovae. *The Astrophysical Journal Letters*, 768: L17

Heusser G, Ouyang Z, Kirsten T et al. 1985. Conditions of the cosmic ray exposure of the Jilin chondrite. *Earth Planet Sci Lett*, 72: 263~272

Heusser G, Ouyang Z, Oehm J et al. 1996. Aluminum-26, sodium-22 and cobalt-60 in two drill cores and some other samples of the Jilin chondrite. *Meteorit Planet Sci*, 31: 657~665

Hsu W. 1998a. Geochemical and petrographic studies of oldhamite, diopside, and roedderite in enstatite meteorites. *Meteorit Planet Sci*, 33: 291~301

Hsu W. 1998b. Mineral chemistry and the origin of enstatite in unequilibrated enstatite chondrites. *Geochim Cosmochim Acta*, 62: 1993~2004

Hsu W, Huss G R, Wasserburg G J. 2003. Al-Mg systematics of CAIs, POI, and ferromagnesian chondrules from Ningqiang. *Meteorit Planet Sci*, 38: 35~48

Hsu W, Guan Y, Wang H et al. 2004. The lherzolitic shergottite Grove Mountains 99027: Rare earth element geochemistry. *Meteorit Planet Sci*, 39: 701~709

Hsu W, Guan Y, Leshin L A et al. 2006. A Late Episode of Irradiation in the Early Solar System: Evidence from Extinct ^{36}Cl and ^{26}Al in Meteorites. *Astrophys J*, 640: 525~529

Hsu W, Guan Y, Wang Y. 2011. Al-Mg systematics of hibonite-bearing Ca, Al-rich inclusions from Ningqiang. *Meteorit Planet Sci*, 46: 719~728

Hu S, Lin Y T, Zhang J C et al. 2014. NanoSIMS analyses of apatite and melt inclusions in the GRV 020090 Martian meteorite: Hydrogen isotope evidence for recent past underground hydrothermal activity on Mars. *Geochim Cosmochim Acta*, 140: 321~333

Jiang Y and Hsu W. 2012. Petrogenesis of Grove Mountains 020090: An enriched "lherzolitic" shergottite. *Meteorit Planet Sci*, 47: 1~17

Kong P, Fabel D, Brown R et al. 2007. Cosmic-ray exposure age of Martian meteorite GRV 99027. *Science in China Series D: Earth Sciences*, 50: 1521~1524

Kong P, Su W, Li X et al. 2008. Geochemistry and origin of metal, olivine clasts, and matrix in the Dong Ujimqin Qi mesosiderite. *Meteorit Planet Sci*, 43: 451~460

Lee T, Papanastassiou D A and Wasserburg G J. 1976. Demonstration of ^{26}Mg excess in Allende and evidence for ^{26}Al. *Geophys Res Lett*, 3: 41~44

Li S, Wang S, Bao H et al. 2011. The Antarctic achondrite, Grove Mountains 021663: An olivine-rich winonaite. *Meteorit Planet Sci*, 46: 1329~1344

Lin Y and Kimura M. 1997. Titanium-rich oxides bearing plagioclase-olivine inclusions in the unusual Ningqiang carbonaceous chondrite. *Antarct Meteorite Res*, 10: 227~248

Lin Y and Kimura M. 1998a. Anorthite-spinel-rich inclusions in the Ningqiang carbonaceous chondrite: Genetic links with Type A and C inclusions. *Meteorit Planet Sci*, 33: 435~446

Lin Y and Kimura M. 1998b. Petrographical and mineral chemical study of new EH melt rocks and a new grouplet of enstatite chondrites. *Meteorit Planet Sci*, 33: 501~511

Lin Y and El Goresy A. 2002. A comparative study of opaque phases in Qingzhen (EH3) and MAC 88136 (EL3): Representative of EH and EL parent bodies. *Meteorit Planet Sci*, 37: 577~599

Lin Y and Kimura M. 2000. Two unusual Type B refractory inclusions in the Ningqiang carbonaceous chondrite: Evidence for relicts, xenoliths and multi-heating. *Geochim Cosmochim Acta*, 64: 4031~4047

Lin Y and Kimura M. 2003. Ca-Al-rich inclusions from the Ningqiang meteorite: Continuous assemblages of the nebular condensates and genetic link to Type Bs. *Geochim Cosmochim Acta*, 67: 2251~2267

Lin Y, Nagel H J, Lundburg L L et al. 1991. MAC88136- The first EL3 chondrite (abstract). *Lunar Planet Sci Conf*, XXII: 811~812

Lin Y, El Goresy A, Ouyang Z. 1999. Ca, Al-rich inclusions and Pt-metal nuggets in the Ningqiang carbonaceous chondrite. *Chin Sci Bull*, 44: 725~731

Lin Y, Amari S, Pravdivtseva O. 2002. Presolar grains from the Qingzhen (EH3) meteorite. *Astrophys J*, 575: 257~263

Lin Y, Ouyang Z, El Goresy A. 2002. FeO-rich silicates and Ca, Al-rich inclusions in Qingzhen and Yamato 691 (EH3) meteorites: Evidence for migration of mass in the solar nebula. Chin Sci Bull, 47: 150~153

Lin Y, Ouyang Z, Wang D et al. 2002. Grove Mountains (GRV) 99027: A new martian lherzolit (abstract). *Meteorit Planet Sci*, 37: A87

Lin Y, Kimura M, Hiyagon H et al. 2003. Unusually abundant refractory inclusions from Sahara 97159 (EH3): A comparative study with other groups of chondrites. *Geochim Cosmochim Acta*, 67: 4935~4948

Lin Y, Kimura M, Wang D. 2003. Fassaites in compact Type A Ca-Al-rich inclusions in the Ningqiang carbonaceous chondrite: Evidence for heating event in the nebula. *Meteorit Planet Sci*, 38: 407~418

Lin Y, Wang D, Miao B et al. 2003. Grove Mountains (GRV) 99027: A new Martian meteorite. *Chin Sci Bull*, 48: 1771~1774

Lin Y, Wang D, Wang G. 2004. A tiny piece of basalt probably from Asteroid 4 Vesta. *Acta Geologica Sinica*, 78: 1025~1033

Lin Y, Guan Y, Leshin L A et al. 2005. Short-lived chlorine-36 in a Ca-and Al-rich inclusion from the Ningqiang carbonaceous chondrite. *Proc National Academy of Sciences*, 102: 1306~1311

Lin Y, Guan Y, Wang D et al. 2005. Petrogenesis of the new lherzolitic shergottite Grove Mountains 99027: Constraints of petrography, mineral chemistry, and rare earth elements. *Meteorit Planet Sci*, 40: 1599~1619

Lin Y, Ju Y, Xu X et al. 2006. Recovery of 5354 Meteorites in Grove Mountains, Antarctica, by the 22nd Chinese Antarctic Research Expedition (abstract). *Meteorit Planet Sci*, 41: A107

Lin Y, Kimura M, Miao B et al. 2006. Petrographic comparison of refractory inclusions from different chemical groups of chondrites. *Meteoritics & Planetary Sciences*, 41: 67~81

Lin Y, Liu T, Shen W et al. 2008. Grove Mountains (GRV) 020090: A highly fractionated lherzolitic shergottite (abstract). *Meteorit Planet Sci*, 43: A86

Lin Y, Qi L, Wang G et al. 2008. Bulk chemical composition of lherzolitic shergottite Grove Mountains (GRV) 99027-Constraints on the mantle of Mars. *Meteorit Planet Sci*, 43: 1179~1187

Lin Y, Gyngard F, Zinner E. 2010. Isotopic analysis of supernova SiC and Si_3N_4 grains from the Qingzhen (EH3) chondrite. *Astrophys J*, 709: 1157~1173

Lin Y, Hoppe P, Huth J et al. 2011. Small presolar Si-rich grains from the Qingzhen (EH3) meteorite (abstract). *Meteorit Planet Sci*, 46: #5235

Lin Y, Shen W, Liu Y et al. 2012. Very High-K KREEP-Rich Clasts in the Impact Melt Breccia of the Lunar Meteorite SaU 169: New Constraints on the Last Residue of the Lunar Magma Ocean. *Geochim Cosmochim Acta*,

85: 19~40

Lin Y, El Goresy A, Hu S et al. 2013. Nano SIMS Analysis of Organic Carbon from Mars: Evidence for a Biogenetic Origin (abstract). *Lunar Planet Sci Conf*, XXXXIV: #1476

Lin Y, Hu S, Miao B et al. 2013. Grove Mountains (GRV) 020090 enriched lherzolitic shergottite: A two stage formation model. *Meteorit Planet Sci*, 48: 1572~1589

Lin Y, El Goresy A, Hu S et al. 2014. NanoSIMS analysis of organic carbon from the Tissint Martian meteorite: Evidence for the past existence of subsurface organic-bearing fluids on Mars. *Meteorit Planet Sci*, 49: 2201~2219

Liu D, Jolliff B L, Zeigler R A et al. 2012. Comparative zircon U-Pb geochronology of impact melt breccias from Apollo 12 and lunar meteorite SaU 169, and implications for the age of the Imbrium impact. *Earth Planet Sci Lett*, 319: 277~286

Liu T, Lin Y, Hu S et al. 2009. GRV 051523: A new eucrite. *Chinese J Polar Science*, 20: 200~208

Liu T, Li C, Lin Y. 2011. Rb-Sr and Sm-Nd isotopic systematics of the lherzolitic shergottite GRV 99027. *Meteorit Planet Sci*, 46: 681~689

Miao B, Ouyang Z, Wang D et al. 2004. A new Martian meteorite from Antarctica: Grove Mountains (GRV) 020090. *Acta Geologica Sinica*, 78: 1034~1041

Miao B, Lin Y, Wang G et al. 2008. Petrology and mineral chemistry of new ureilites found in Grove Mountains, Antarctica. *Progress in Natural Science*, 18: 431~439

Miao B K, Lin Y T, Hu S et al. 2010. Grove Mountains (GRV) 052382, from East Antarctica: Likely a most heavily shocked ureilite. *Acta Petrologica Sinica*, 26: 3579~3588

Ouyang Z Y. 1982. The process of the formation and evolution of the Jilin meteorite. *Chinese Journal of Space Science*, 2: 194~204

Ouyang Z Y and Heusser G. 1982. A study on cosmogenic nuclides in the Jilin meteorite and its irradiation history. *Geochem*, 1: 421~434

Ouyang Z Y and Heusser G. 1983. Reconstruction of the Jilin meteorite prior to its entrance into the atmosphere. *Kexue Tongbao*, 28: 1234~1237

Ouyang Z Y, Fan C, Yi W et al. 1987. Depth distribution of cosmogenic nuclides in boring core samples of Jilin meteorite and its cosmic ray irradiation history. *Scientia Sinica Series Mathematical Physical Technical Sciences*, 30: 885~896

Ouyang Z Y, Xie X, Wang D. 1978. A model of the formation and evolution of the Jilin meteorite. *Geochem*, 1: 1~11

Tao K, Yang Z, Zhang P. 1997. A Stony-Iron Meteorite Fallen to Dongujimqin, Inner Mongolia, China. *Acta Petrologica Sinica*, 13: 254~259

Wang D and Xie X. 1982. Preliminary investigation of mineralogy, petrology and chemical composition of Qingzhen enstatite chondrite. *Geochim*, 1: 69~81

Wang D and Lin Y. 2003. Neutron capture effects and pre-atmospheric sizes of meteoroids. *Chin Sci Bull*, 48: 2236~2240

Wang D and Rambaldi E R. 1983. Mineralogical composition and origin of Qingzhen enstatite chondrite. *Acta Mineral Sinica*, 247~255

Wang D, Malvin D J, Wasson J T. 1985. Chemical compositional study of 35 iron meteorites and its application in taxonomy. *Geochemica*, 2: 115~122

Wang D, Yi W, Eugster O. 1992. Noble gases of Chinese ordinary chondrites (in Chinese). *Geochimica*, 21: 313~332

Wang D and Wang R. 1999. Noble gas and cosmic-ray exposure age of Juancheng chondrite. *Chin Sci Bull*, 44: 1142~1143

Wang D, Lin Y, Liu J. 2001. Cosmic-ray exposure and gas retention ages of the Guangmingshan (H5) chondrite. *Chinese Sci Bull*, 46: 1544~1546

Wang D, Lin Y, Liu X et al. 2003. Cosmic-ray exposure histories of two Antarctic meteorites from Chinese collections, and the Guangmingshan and Zhuanghe chondrites. *Sci in China*, 46: 1236~1240

Wang D and Chen M. 2006. Shock-induced melting, recrystallization, and exsolution in plagioclase from the Martian lherzolitic shergottite GRV 99027. *Meteorit Planet Sci*, 41: 519~527

Wang D, Miao B, Lin Y. 2007. Exposure ages and radiogenic ages of ureilite (GRV 024516) and ordinary chondrite (GRV 024517) from Antarctica. *Chinese J Polar Science*, 18: 27~35

Wang G and Lin Y. 2007. Bulk chemical composition of the Ningqiang carbonaceous chondrite: An issue of classification. *Acta Geologica Sinica*, 81: 141~147

Wang G, Lin Y, Dai D. 2007. Bulk Mg Isotopic Compositions of Ca-, Al-Rich Inclusions and Amoeboid Olivine Aggregates. *Meteorit Planet Sci*, 42: 1281~1289

Wang H, Wang R, Zhang F et al. 2002. Antarctic GRV 99027meteorite: A new member in Martian meteorites. *Chinese Journal of Polar Science*, 14: 300~307

Wang Y, Hsu W, Guan Y et al. 2012. Petrogenesis of the Northwest Africa 4734 basaltic lunar meteorite. *Geochim Cosmochim Acta*, 92: 329~344

Webster J W. 1824. IV. Chemical examination of a fragment of a meteor which fell in Maine, August 1823. *Philosophical Magazine*, 63 (309): 16~19

Xie X, Ming C, Deqiang W et al. 2001. $NaAlSi_3O_8$-hollandite and other high-pressure minerals in the shock melt veins of the Suizhou meteorite. *Chin Sci Bull*, 46: 1116~1125

Xie X, Minitti M E, Chen M et al. 2002. Natural high-pressure polymorph of merrillite in the shock veins of the Suizhou meteorite. *Geochim Cosmochim Acta*, 66: 2439~2444

Xie X, Zhai S, Chen M et al. 2013. Tuite, γ-$Ca_3(PO_4)_2$, formed by chlorapatite decomposition in a shock vein of the Suizhou L6 chondrite. *Meteorit Planet Sci*, 48: 1515~1523

Xie Z, Tomioka N, Sharp T G. 2002. Natural occurrence of Fe_2SiO_4-spinel in the shocked Umbarger L6 chondrite. *Am Mineral*, 87: 1257~1260

Xu L, Miao B, Lin Y et al. 2008. Ulasitai: A new iron meteorite likely pairing with Armanty (IIIE). *Meteorit Planet Sci*, 43: 1263~1273

Xu L, Lin Y, Zhang Y et al. 2011. LA-ICP-MS study of metallic Fe-Ni from three mesosiderites newly found in grove mountains, Antarctica. *Meteorit Planet Sci*, MAPS: #5387

Xu Y, Zinner E, Gallino R et al. 2015. Sulfur Isotopic Compositions of Submicrometer SiC Grains from the Murchison Meteorite. *Astrophys J*, 799: 156

Yoshida M, Ando H, Omoto K et al. 1971. Discovery of meteorites near Yamato Mountains, East Antarctica. *Antarctic Record*, 39: 62~65

Zhang A C, Hsu W B, Li X H et al. 2011. Impact melting of lunar meteorite Dhofar 458: Evidence from polycrystalline texture and decomposition of zircon. *Meteorit Planet Sci*, 46: 103~115

Zhang A C, Taylor L A, Wang R C et al. 2012. Thermal history of Apollo 12 granite and KREEP-rich rock: Clues from Pb/Pb ages of zircon in lunar breccia 12013. *Geochim Cosmochim Acta*, 95: 1~14

Zhang A and Hsu W. 2009. Petrography, mineralogy, and trace element geochemistry of lunar meteorite Dhofar 1180. *Meteorit Planet Sci*, 44: 1265~1286

Zhao X, Floss C, Lin Y et al. 2013. Stardust Investigation into the CR Chondrite Grove Mountain

021710. *Astrophys J*, 769: 49

Zhao X, Lin Y, Yin Q Z et al. 2014. Presolar Grains in the CM2 Chondrite Sutter's Mill. *Meteorit Planet Sci*, 49: 2038~2046

Zhou Q, Yin Q Z, Young E D et al. 2013. SIMS Pb-Pb and U-Pb age determination of eucrite zircons at <5 μm scale and the first 50 Ma of the thermal history of Vesta. *Geochim Cosmochim Acta*, 110: 152~175

(作者：林杨挺)

附录一 中国地球化学学科大事记

为了能概括地了解我们的祖先是怎样认识地球及其"石头"的性质的历史，特别是作为地球科学一门重要分支学科的地球化学，七八十年来在我国是怎样从萌芽到孕育，从孕育到初步形成，经受过挫折，付出过努力，在老一辈科学家的带领下，迅速接近和跟上世界科学发展的时代步伐，我们整理了自古至今的一些资料，期望能在今后的学习和工作中，发挥从中汲取经验教训和激励努力前进的作用。

公元前 5 世纪至公元前 2 世纪

公元前 5 世纪成书的《山海经·山经》中记载有矿物 70 余种，矿物发现地 309 处，特别指出了某些矿物的共生组合现象。

公元前 4 世纪成书的《尚书·禹贡》介绍了金、银、铜、铁、锡和铅，以及石英、自然硫、胆矾、石钟乳、禹余粮、消石、滑石等二十多种矿物和岩石的性状和产地。

公元前 3 世纪成书的《管子·地数篇》提出以矿物共生关系作为找矿标志的新认识。

公元前 250 年

《华阳国志·蜀志》上有最早关于现今四川双流县境内开发盐井和天然气的记载。

公元 1 世纪至 12 世纪

成书于西汉末年的《神农百草经》介绍了丹砂、蓝铜矿、云母、石灰、雄黄、雌黄、阳起石、石膏和白垩等四五十种矿物的药性、疗效和养生知识。

成书于公元 1 世纪的班固著《汉书·地理志》中有现今陕西延长一带发现可燃的"洧水"记载。

春秋战国时期成书的《山海经》首创岩石和矿物的金、玉、石、土分类法。

公元 6 世纪梁有在《地境图》中介绍以植物找矿的方法。

公元 10 世纪乐史的《太平寰宇记》中记述了 124 种矿物的地理分布及其物理性质和化学性质。

沈括在成书于 11 世纪的《梦溪笔谈》中论述了地质、地貌、化石和石油的性状。

杜绾于 12 世纪成书的《云林石谱》中记载了 116 种矿物、岩石、化石的产地、产状、光泽、质地和采集方法，开辟了藏石、赏石新篇章。

公元 16 世纪

1521 年
《蜀中广记》中记载了嘉州开盐井而得石油之举。

公元 17 世纪

宋应星的《天工开物》中记载有矿石开采、宝石雕凿和深井开凿的资料。

公元 20 世纪

1909 年
本年　京师大学堂在格致科大学设地质学门,为我国地质教育之肇始。

1910 年
本年　中国地学会创办的《地学杂志》出刊。

1911 年
本年　章鸿钊在京师大学堂讲授地质学课。

1913 年
6 月　民国临时政府建立我国最早的地质调查机构——地质调查所(所长丁文江);同时创办地质研究机构培养地质人才。

1921 年
本年　章鸿钊著《石雅》印行;并考证了我国古代典籍中诸多矿物和岩石名称。

1922 年
本年　中国地质学会在北平成立(首任会长章鸿钊)。创办会刊《中国地质学会志》。
本年　谢家荣在《中国地质学会志》第一卷第二期上发表《有关中国地质调查所收到的第一块陨石的成分和构造的初步研究》;该文为我国最早陨石研究的论文。

1924 年
本年　李四光在《中国地质学会志》第三卷第二期上发表《火成岩侵入体地质调查新方法之建议》,首次介绍地球化学调查方法。同期舒文博发表《河南北部红山侵入体地质调查结果》。

1928 年
本年　李学清在《中国地质学会志》第七卷第二期上发表《黄土之化学及矿物成分初步研究》;此为国人发表的第一篇有关黄土研究的论文。

1935 年
本年　商务印书馆出版苏联地球化学家 В. И. 维尔纳茨基的《地球化学概论》;翻译:谭勤余、任梦云。

1936 年

2月　中国地质学会《地质论评》创刊。

1940 年

本年　金耀华、阮维周发表《等碳线所示之四川可能产油区》一文。

本年　王肇馨、林文聪的《福州温泉水之分析及研究》被专家评述为我国水文地球化学研究之新创建。

1942 年

本年　杨钟健在《地质论评》（第12卷第1~2合刊）上发表《中国地质事业之萌芽》，纪念章鸿钊先生在地质事业上的贡献。

1948 年

本年　张增譓在《中国地质学会志》第28卷第4期上发表《北平地下水之化学性质》一文。

本年　李悦言在《中国地质学会志》上发表《四川盐矿之地球化学特性》一文，开我国沉积地球化学研究之先河。

1949 年

3月　谢家荣（署名"白丁"）在《矿测近讯》第97期上发表《地球化学探矿》，介绍地球化学探矿法。

本年　李善邦在《地质论评》第14卷上发表《月球产生的问题》一文。

1950 年

7月　谢家荣（署名"庸"）在《矿测近讯》第113期上介绍《地球化学探矿新发展》一文。

9月　涂光炽在清华大学开设"地球化学"课。

9月　谢家荣（署名"荣"）在《矿测近讯》第115期上，论述工程地质和地球化学研究之重要性。

本年　中国科学院地质研究所建立；1999年更为中国科学院地质与地球物理研究所。

本年　司幼东在《地质论评》第15卷第一期上发表我国最早的稀有元素论文——《华北稀有元素矿物资源在地球化学上分布的概念》一文。

本年　国家开始包括海洋地质-地球化学在内的"全国海洋综合调查"，拉开了我国海洋地球化学研究的序幕。

1951 年

夏　谢学锦等在安徽安庆月山发现铜矿的指示植物——海州香薷（铜草）。

1952 年

3月　东北地质调查所在长春组建我国第一个地球化学探矿队。

7月14日　北京地质学院建校。几经搬迁和改制，1987年11月4日改名为中国地质大学，分别在北京和武汉两地两校办学。

9月11日　长春地质学院成立。1996年12月易名为长春科技大学；现合并进入吉林大学。

本年　地质部建立国内第一个地球化学勘查机构——地球化学探矿室（简称化探室）。1957 年改建为地球物理地球化学勘查研究所（简称物化探所）。

1955 年

6 月 1 日～10 日　中国科学院举行学部成立大会；选聘的地学部委员中矿物学、岩石学、地球化学学者有谢家荣、何作霖、侯德封和程裕淇等人。

6 月 18 日　重工业部组建地质局矿物检验所；后经多次搬迁和改制，2011 年更改为中国有色桂林矿产地质研究院有限公司。

本年　中国科学院微生物研究所开始试验用细菌法找油气藏。

本年　几个地质院校开始开设"地球化学"课程，或开始讲授地球化学找矿方法和编印《地球化学勘探》教材。

1956 年

3 月 15 日　成都地质学院成立。几经改制和更名后，2001 年改为现名成都理工大学。

6 月　地球化学作为一门新兴学科进入国家十二年（1956～1967）科学技术发展远景规划序列。

本年　中国科学院地质研究所和中国地质科学研究院建立同位素地质实验室。

本年　南京大学设立我国第一个地球化学专业。

1957 年

5 月　苏联地球化学家 H. A. 洛谢夫在南京大学开设地球化学培训班，为我国培养第一批地球化学师资。

本年　《地球物理勘探》期刊创刊。1979 年改名为《物探与化探》。

1958 年

9 月　中国科技大学建校，设立含两个地球化学专业的地球化学系。

1959 年

3 月 31 日　地质部成立地质科学研究院，许杰任院长。1976 年改名为中国地质科学院；下属多个研究部门从事地球化学研究。

8 月　科学出版社出版由沈永直等翻译的 V. M. 戈尔德施密特的《地球化学》。

本年　侯德封在《地质科学》上陆续发表《地层的地球化学概念》和《化学地理与化学地史》等文章。

1960 年

本年　中国科学院地质研究所建立我国第一个高温高压实验地球化学实验室，开展高温高压成矿实验。

1961 年

6 月　南京大学地质系编写出版我国第一部《地球化学》教材。

本年　李璞等发表我国首批同位素年龄数据。

本年　南京大学地质系建立我国第一个矿物包裹体实验室。

本年　中国科学院成立中南大地构造和地球化学研究室（几经改制后于 2002 年并入中国科学院广州地球化学研究所）。

本年　侯德封在《科学通报》上发表《核子地球化学》一文。

1963 年

11 月　中国地质学会在北京召开全国第一届矿物、岩石、地球化学学术交流会。这是我国地球化学界首次盛会。

本年　黎彤和饶纪龙根据六百多个岩浆岩化学全分析资料，首次计算了中国主要岩浆岩类的常量元素平均化学成分。

1964 年

本年　长春地质学院出版《放射性元素矿物学和地球化学》一书。

本年　章申出版《景观中的生物地球化学过程》一书。

1966 年

2 月 1 日　中国科学院地球化学研究所在贵阳成立；首任所长侯德封（兼）与涂光炽。

3 月 8 日　在邢台地震野外考察研究中开始应用地球化学方法探索地震预报。

1972 年

12 月　中国第一份地球化学专业学术期刊《地球化学》（季刊）创刊。涂光炽任主编。

本年　中国科学院地球化学研究所建立我国首个地幔物质成分的静态超高压实验室；现改称"地幔深部物质实验室"。

1973 年

12 月　地学科技情报期刊《地质地球化学》创刊；2004 年改名为《地球与环境》。

1974 年

本年　中国科学院地球化学研究所建立我国第一个环境地质地球化学研究室。

本年　科学出版社出版由侯德封、欧阳自远和于津生合著的《核转变能与地球物质的演化》一书。

1975 年

11 月 20 日　全国第一届同位素地质工作经验交流会在贵阳召开。

11 月　国家地质总局、中国科学院和冶金工业部组织开展全国富铁矿找矿和地质–地球化学科研会战。

1976 年

3 月 8 日　人类历史上最大的陨石雨陨落于吉林市郊；开创我国大规模陨石系统研究之先河。

1977 年

本年　我国学者编译的国内第一部《简明地球化学手册》由科学出版社出版。

1978 年

1 月 26 日　国家地质总局将"区域化探全国扫面计划"纳入国家计划。

3 月 18 日 ~ 31 日　全国科学大会在北京召开，多项重大地球化学研究科技成果获"科学大会"奖。

10 月　中国地质学会召开第二届全国矿物岩石地球化学学术交流会暨中国矿物岩石地球化学学会成立大会。涂光炽任中国矿物岩石地球化学学会首届理事长，程裕淇、徐克勤、叶连俊、康永孚为副理事长。

本年 中国科学院地球化学研究所开始进行阿波罗-17采集的月岩样品系统研究。

1979年

2月28日 中国矿物岩石地球化学学会决定建立陨石学与天体化学、同位素地球化学、沉积地球化学、元素地球化学、区域地球化学、矿床地球化学、实验矿物岩石地球化学、环境地质地球化学和岩矿测试等首批11个专业委员会。

11月5日 中国矿物岩石地球化学学会以中国国家团体会员名义，分别参加国际地球化学与宇宙化学协会（IAGC）和国际矿物学协会（IMA）。

本年 农业部在第二轮全国土壤调查中，以土壤样品的N、P、K、Mn、Cu、Zn、B、Mo、Fe等9种元素的全量及有效态含量指导农业生产；开创我国农业地球化学研究之肇始。

1980年

1月 冶金（有色）地质系统正式启动20多个省（区）主要成矿区（带）的1∶5万至1∶10万地球化学普查扫面计划。

4月 中国第一次派出代表团参加第八届国际地球化学勘查学术讨论会。

11月19日 我国启动为期十年的"岩石圈的动力学、组成、演化、自然资源和减轻自然灾害的纲要"（简称"岩石圈计划"）。

11月26日 中国科学院增补的中国科学院学部委员（院士），其中与地球化学学科有关的学者有：陈国达、池际尚、董申葆、郭承基、刘东生、施雅风、涂光炽、谢学锦、徐克勤和叶连俊等。

1981年

3月30日 《矿物学报》（季刊）创刊。涂光炽任主编。

5月20日 国务院公布《中华人民共和国学位条例暂行实施办法》，开始实行学位制度。随后南京大学、中国地质大学和中国科学院地球化学研究所等单位被批准为首批地球化学学科硕士学位授权点。1984年相关单位开始招收地球化学博士研究生。

本年 美国地球化学学科代表团访问我国。

1982年

2月1日 《地球化学》英文版 Chinese Journal of Geochemistry（季刊）创刊。涂光炽任主编。

3月1日 《矿物岩石地球化学通讯》创刊。1995年公开出版时更名为《矿物岩石地球化学通报》，欧阳自远任主编。

7月 国家科委自然科学奖励委员会宣布国家自然科学奖获奖项目；其中地学获奖项目28项。

本年 刘英俊、曹励明、李兆麟等编著的《元素地球化学》由科学出版社出版。

1983年

1月31日 中国矿物岩石地球化学学会与中国科学院兰州地质研究所联合创办《沉积学报》（季刊）。叶连俊任主编。

5月 地质矿产部批准公布"水系沉积物地球化学标准参考样（GSD1-8）"的52种

元素推荐值。

5月28日　中国岩石圈计划全国委员会开始运行。

10月　中国科学院地球化学学科代表团访问美国。

11月24日　中国矿物岩石地球化学学会第二届理事会决定设置"侯德封矿物岩石地球化学奖"（简称侯德封奖），以奖励我国年青矿物岩石地球化学工作者的创造性劳动。2002年该奖易名为"侯德封矿物岩石地球化学青年科学家奖"。

本年　地质部成立《地球化学》教材编审委员会（后改称为课程指导委员会），开始有组织有计划地出版地球化学与勘查地球化学的专业教材。

1985年

3月1日　中国矿物岩石地球化学学会与中国科学院地质研究所联合创办的《岩石学报》（季刊）创刊。吴利仁任主编。

4月15日　中国科学院成立黄土与第四纪地质研究室（1999年经国务院中编办和中国科学院批准改称为地球环境研究所）。

8月　中国科学院兰州地质研究所建立"生物、气体地球化学开放研究实验室"。

9月　中国科学院批准中国科学院地球化学研究所有机地球化学实验室为中国科学院首批开放研究实验室之一。

1986年

4月9日　大地测量、地球化学、物理学联合会（IUGG）中国委员会开始工作。随后该委员会所属的中国火山学与地球内部化学委员会开展工作。

11月10日　南极地质地球化学学术讨论会交流我国首批南极地质地球化学综合研究成果。

10月24日　中国矿物岩石地球化学学会首届侯德封奖颁奖；刘嘉麒、卢焕章、孙世华、夏林圻、曾荣树和周新华获奖。截至2014年第15届评选结果，共有112名青年科学家获此殊荣。

本年　我国开始试行中外合作培养矿床地球化学、天体化学和有机地球化学等学科的博士研究生。主要派往国为美国、英国、加拿大和德国。

1987年

3月14日　"个旧-大厂及其外围地区锡矿成矿条件、找矿方法及找矿远景"项目获国家科技进步奖特等奖；"中国层控矿床地球化学研究"获国家自然科学奖一等奖。

5月25日　中国矿物岩石地球化学学会与中国空间学会联合组建"中国陨石命名小组"，同时公布《关于中国陨石命名与译名的规定》。

12月17日　丁抗获我国建立学位制以来的首位地球化学博士学位。

1988年

4月8日　我国组建"地圈生物圈计划"（IGBA）全球变化中国委员会。主席：叶笃正。

9月　中国科学院批准首次在国内试行招收地球化学在职、定向研究生。

本年　中国参与"国际地质对比计划"的"国际地球化学填图计划"（IGCP-259）。

1989年

12月5日　中国科学院地球化学研究所有机地球化学开放研究实验室进入国家重点实

验室序列。

本年　中国第四纪研究委员会主办的《第四纪研究》期刊创刊。

1990 年

4 月 25 日　中国矿物岩石地球化学学会、中国天文学会、中国空间学会、中国地质学会和中国科学院地质研究所等单位联合在北京举办我国首次较大规模的陨石科普展览。

6 月 28 日~7 月 3 日　第 15 届国际矿物学大会在北京召开。谢先德当选国际矿物学协会（IMA）第 15 届理事会主席。

11 月 19 日　地质矿产部地球物理地球化学勘查研究所用计算机编制出版我国第一份彩色地球化学图集《吉林浑江市幅地球化学图集》。

1991 年

4 月 10 日　"加强查明新疆矿产资源的地质、地球物理、地球化学综合研究"项目（简称"国家三〇五项目"）通过国家验收。

8 月 2 日~9 日　以第四纪时期人类与全球变化为主题的第 13 届国际第四纪研讨会（INQUA）在北京举行。刘东生当选为新一届 INQUA 主席。

本年　截至本年度，我国已有多所大专院校设有地球化学系或专业。其中有北京大学（岩矿及地球化学专业）、中国科技大学（地球化学系）、中国地质大学（地球化学专业）、南京大学（矿物岩石矿床地球化学专业）、长春地质学院（地球化学探矿专业）和桂林冶金地质学院（地球化学探矿专业）。

1992 年

1 月 1 日　地质矿产部系统开始实施《地球化学普查规范》（DZ/T 0011-91）。

1993 年

7 月 10 日　中国科学院广州地球化学研究所正式挂牌。

9 月 4 日~6 日　第 16 届国际地球化学勘查学术讨论会在北京召开。

本年　中国参与"国际地质对比计划"的"全球地球化学基准计划"（IGCP-360）。

1994 年

3 月　中国地质大学建立地质矿产部壳幔体系组成、物质交换动力学开放研究实验室。2000 年改为教育部"岩石圈构造、深部过程及探测技术"开放研究实验室。

8 月 1 日　亚洲太平洋国际流体包体学会（APIFIS）成立，并在中俄边境布拉戈维申斯克（海兰泡）召开首届学术讨论会。何知礼当选第一任主席。

本年　中国地质大学主办的《地学前缘》创刊。主编：王鸿祯。

1995 年

4 月　谢学锦提出了地球化学块体和套合地球化学模式谱系的新概念。

10 月　环境地球化学国家重点实验室和内生金属矿床成矿机制研究国家重点实验室通过国家验收。

本年　涂光炽、刘东生和徐克勤等人荣获首届何梁何利奖。

1996 年

2 月 6 日　国际大陆科学钻探计划（ICDP）成立；中国为首批三个成员之一。

8月4日~14日　第30届国际地质大会在北京举行。大会设有地球化学分会场和展示区。

本年　南京大学地质系完成的"南京地区重金属原生背景与污染异常的地球化学研究"（1993~1996）开拓了我国大中城市水–气–土环境地球化学系统研究新领域。

1997年

7月7日　卫生部、地质矿产部氡监测和防治专家组在北京成立，并决议在全国逐步建立工作程序和标准的测氡方法。

7月　《中国东部地壳与岩石的化学组成》一书出版，为深化地球化学研究提供了基础资料。

本年　国家高技术研究发展计划（863计划）设立有关海域油气、海底矿产、天然气水合物及海域CO_2气体等地球化学探测技术课题，以推动地球化学在油气勘探中的应用。

本年　截至1997年底，我国已有21个省、自治区完成了区域化探扫面任务，积累地球化学数据6000余万个，发现化探异常52090个，发现工业矿床789处（其中大–中型矿床312处）；包括贵金属489处，有色金属227处，黑色金属30处，非金属29处，稀有金属14处。

1998年

6月　中国地质大学首位地球化学专业外籍博士生通过论文答辩。

1999年

2月　南京大学地质系成立表生地球化学研究所。

12月23日　中国科学院地球化学所矿床地球化学开放研究实验室和环境地球化学国家重点实验室进入中国科学院知识创新工程试点。

本年　中国地质科学院地球物理地球化学勘查研究所开发出基于GIS图形显示系统的全国性预测大矿、巨矿的地球化学数据库。

2000年

7月　中国地质大学自60年代建立地球化学专业至2000年，共培养该专业本科生1085名、硕士研究生135名、博士研究生60名、进修生1名和短训班学员687名。

本年　中国地质大学建立教育部岩石圈构造、深部过程及探测技术开放实验室。

公元21世纪

2001年

7月18日~20日　中国矿物岩石地球化学学会与中国科学院地球化学研究所在昆明召开"西部大开发：资源与环境地球化学学术年会"；会议向国家提出了"中国西部资源开发与环境保护的对策及建议"。

2002年

1月23日　教育部批准中国地质大学的地球化学学科为国家级重点学科。

2003年

本年　地质学家、地球化学家刘东生荣获本年度国家最高科学技术奖。

2004 年

7月22日~23日 中国核学会、中国地质学会和中国矿物岩石地球化学学会联合组织在北京召开高放废物地质处置学术研讨会，以拓宽地球化学在高放废物安全处置中的应用。

7月26日~28日 多个地学有关学会与企业单位联合在新疆库尔勒市举办塔里木及其周边地区盆地（山）动力学与油气聚集学术研讨会，以加速新疆油气的开发。

2005 年

11月 中国矿物岩石地球化学学会网站开通。网址：www.csmpg.org.cn。

2006 年

5月20日~22日 中国矿物岩石地球化学学会与中国地质调查局等单位举办全国生态地球化学调查与评价研讨会，交流了全国多目标地球化学调查与生态地球化学的评价成果。

5月14日~18日 由国际火山学和地球内部化学协会（IAVCEI）发起的国际大陆火山作用学术研讨会在广州举行。

5月26日~28日 首届亚洲流体包裹体研究国际会议在南京举行。

2007 年

10月24日 嫦娥一号月球探测卫星发射成功，开展了全月球地形地貌、地质构造，元素含量与分布、矿物与岩石类型的科学探测；首次探明全月球月壤层厚度与分布及氦-3资源量；对近月空间环境进行了精细探测。中国迈开了月球和深空探测的步伐。

2008 年

本年 国土资源部组织实施国家专项"深部探测技术与实验研究"，并开始实施子项目"地壳全元素探测技术与实验示范项目"。

2010 年

10月1日 嫦娥二号月球探测卫星直飞月球，详查全月球地形地貌，地质构造，元素、矿物与岩石类型的分布，月壤层氦-3资源总量与区域分布；首次编制了分辨率7 m的全月球地形图；拓展试验包括长期监测太阳爆发和距离地球700万km与4179号（战神号）小行星交会探测。

2011 年

本年 国家批准中国科学院广州地球化学研究所筹建同位素地球化学国家重点实验2014年通过相关部门的验收，成为本学科第四个国家重点实验室。

2012 年

本年 谢学锦、任天祥、孙焕振编著的《中国地球化学图集》由地质出版社出版。

2013 年

12月2日 "嫦娥"三号发射成功，着陆器和月球车开展人类首次月面天文观测、全地球空间环境监测和月球表面物质成分与次表层结构的巡视探测。

11月13日 经联合国教科文组织第27届大会表决通过，全球尺度地球化学国际研究中心落户中国地质科学院地球物理地球化学勘查研究所。

2015 年

本年 地球化学学科相关的有机地球化学、矿床地球化学、环境地球化学和同位素地球化学四个国家重点实验室全部通过国家验收。

主要参考文献

陈国达等. 1992. 中国地学大事典. 济南：山东科学技术出版社

倪集众. 2006. 地球化学所大事记. 见：中国科学院地球化学研究所，中国科学院广州地球化学研究所. 艰苦创业 铸就辉煌——中国科学院地球化学研究所建所 40 周年. 北京：科学出版社

倪集众. 2009. 中国矿物岩石地球化学学会大事记（1978~2008）. 矿物岩石地球化学通报，28（增刊）

倪集众，项仁杰. 1996. 地球化学大事记. 见：国家自然科学基金委员会. 自然科学学科发展战略调研报告·地球化学. 北京：科学出版社

王根元，刘昭民，王昶. 2011. 中国古代矿物知识. 北京：化学工业出版社

中国地质学会. 2010. 中国地质学学科史. 北京：中国科学技术出版社

中国勘查地球化学史料汇编. 2009. 二十世纪中国化探（1950~2000）. 北京：地质出版社

（附录一编撰者：倪集众、项仁杰）

附录二 中国地球化学家（已故）传略

"中国地球化学家（已故）传略"摘选自《20世纪中国知名科学家学术成就概览》（地学卷，地质学分册一、二）（科学出版社，2013年出版）中从事有关矿物学、岩石学和地球化学研究的科学家。由于《20世纪中国知名科学家学术成就概览》收录的科学家诞生的时间距今都已超过百年，收录的科学家都年逾八十，现今的各种科学文献与研究成果很少报道他们的丰功伟绩。为尊重历史、尊重科学，弘扬和继承先辈们的科学思想与科学精神以及他们在中国矿物学、岩石学和地球化学学科的启蒙、成长和发展过程中所做出的杰出贡献，编撰《中国地球化学家（已故）传略》。他们是中国矿物学、岩石学和地球化学学科领域的永远值得铭记的科学丰碑。

从《20世纪中国知名科学家学术成就概览》中摘选的科学家

章鸿钊（1877~1951）	丁文江（1887~1936）	何 杰（1888~1979）
李学清（1892~1977）	叶良辅（1894~1949）	朱庭祜（1895~1984）
冯景兰（1898~1976）	谢家荣（1898~1966）	田奇㻪（1899~1975）
孟宪民（1900~1969）	侯德封（1900~1980）	何作霖（1900~1967）
王恒升（1901~2003）	蒋 溶（1902~1993）	南延宗（1907~1951）
徐克勤（1907~2002）	袁见齐（1907~1991）	李悦言（1908~1995）
张祖还（1910~2000）	夏湘蓉（1910~2001）	李 璞（1911~1968）
岳希新（1911~1994）	王嘉荫（1911~1976）	阮维周（1912~1998）
程裕淇（1912~2002）	叶连俊（1913~2007）	彭琪瑞（1913~1985）
苏良赫（1914~2007）	黄劭显（1914~1989）	郭承基（1917~1997）
池际尚（1917~1994）	刘东生（1917~2008）	张炳熹（1919~2000）
涂光炽（1920~2007）	孙大中（1932~1997）	傅家谟（1933~2015）

从《20世纪中国知名科学家学术成就概览》中摘选的科学家

章鸿钊

章鸿钊（1877~1951），浙江湖州人。地质学家，地质教育家，地质科学史专家，中国地质事业的主要创始人与奠基人之一。1911年毕业于日本东京帝国大学理学部地质系。早年担任地质科学事业的领导职位，曾任中华民国临时政府实业部矿政司地质科科长（1912），农商部地质研究所所长（1913），农商部地质调查所地质股长（1916）。1922年参与领导筹建中国地质学会，并任首届会长。1950年任中国地质工作计划指导委员会顾问。他早期从近代地质科学角度研究了我国古籍中有关古生物、岩石矿物和矿产等方面的知识，著有《三灵解》《石雅》《古矿录》等，开我国利用古文献考证地质学研究之先河。此外，多次进行地质科学史方面的研究和总结，出版了《十五年来中国之地质研究》《中国地质学发展小史》等。后期对构造地质学等进行过深入钻研。创办并领导了中国早期的地质教育机构——农商部地质研究所，为我国培育了第一批地质学家，其中许多人成为我国早期地质工作的主力。他还在京师大学堂农科、北京高等师范学校讲授过地质学课程，为地质教育事业做出了很大贡献。

一、简　历

章鸿钊，字演群、演存（后改为爱存），笔名半粟。1877年3月11日生于浙江吴兴（现湖州市），1951年9月6日于南京逝世，享年74岁。

章鸿钊出生于家境小康的私塾教师家庭，共有兄弟4人、姐妹3人，他排行第三。1882年，章鸿钊进入父亲章蔼士（字乃吉）所开的蒙馆读书，由父亲授读《四书五经》六七年。12岁时又随族叔学习作文，从小奠定了坚实的汉学基础。后来他虽沉湎于科学玄理之中，却时常偷情吟诗作赋，赢得了"科学家诗人"的美誉。1894年，他17岁时，受"科学救国"新思潮影响，兴趣转向自然科学，首先自修算学，遍览中国古算书籍，21岁时便辑成《初步综合算草》一册。

1899年，章鸿钊考中秀才后，为生计而在富人家当私塾教师数年。1902年他25岁时，入郡城安定书院读书。同年以第一名成绩考入上海南洋公学开办的东文书院，其间，他除了学习日文外，还兼学历史、地理、哲学、社会学等。由于他刻苦努力，仅一年多就很好地掌握了日文，并开始译书。本想3年后毕业工作，不料东文书院因故停办，1904他辍学在家，直到秋间奉原东文书院监督（即校长）罗振玉函召，与罗振玉及主任教授、日本人藤田丰八去广州，在两广学务处襄办编辑教科书。次年他得官费赴日本留学，进入日本京都第三高等学校。毕业后，他抱定"宜专攻实学以备他日之用"的宗旨，学习地质。1911年，他从东京帝国大学理学部地质系毕业获学士学位，毕业论文是《浙江杭属一带地质》，这是我们早期区域地质调查报告的范本。当年他回到中国。

1911年9月，他赴京参加京师学部举行的留学生考试，遇到从英国学地质归来、比他年轻10岁的丁文江，为了开创我国地质事业，他们都有充分的信心和决心。结果，他们都以最优等成绩而被授予"格致科进士"。

辛亥革命胜利后，中华民国临时政府1912年元旦在南京成立，章鸿钊任实业部矿政司下设的地质科第一任科长。他是中国有史以来第一个地行政机构的第一位负责人。为实现开创中国地质事业的远大抱负，他草拟了《地质调查咨文》，向全国各省征调地质专门人员、地质参考品、各省舆图和矿山区域图说。他又拟就《中华地质调查私议》一文，强调地质工作的重要："谋国者首宜尽地利以裕民财，欲尽地利，则舍调查地质盖未由己"。1913年，北洋政府农商部地质科科长丁文江邀章鸿钊去北京，共商发展地质事业大计。他们首先抓人才培养，创办地质研究班，后改名为地质研究所，这是我国最早的一所地质专科学校。丁、章先后担任了该所所长。

1916年，地质研究所培养的学生在毕业后大多数进入了农商部地质调查所。地质调查所正式成为一个工作实体，章鸿钊出任该所地质股长，从事地质矿产的综合研究工作。

1922年初，章鸿钊等积极发起筹创中国地质学会。作为26名创立会员之一，章鸿钊在1月27日的筹备会上被选为筹备委员会主席，在2月3日中国地质学会成立大会上，他被推选为首任会长。以后他又担任该学会第2～8届（1923～1930）评议员、第9届（1931）理事、第13～14届（1936～1937）《地质论评》编辑、第23～27届（1946～1951）理事、第23、24届（1946～1947）《地质论评》编辑。他在这一学术团体中既担任过最高领导，又从事过具体工作，为中国地质事业的发展起了十分重要的作用。

1928年，年逾五旬的章鸿钊体弱多病，不能从事野外地质调查，因而不顾所长翁文灏等一再恳切挽留，辞去地质调查所工作。之后，章鸿钊一边保养身体，一边撰写了很多涉及地质科学多个领域的论著，尤其是他作为中国地质事业的主要创始人，做了中国地质科学史研究的开拓性工作。

1937年，七七事变爆发，日军侵占北平。章鸿钊年届花甲，行动不便，又要照顾重病卧床的长子，所以困居北平。当时有几位他早年的学生、地质界的领导者一时还滞留北平，他耐心地去规劝他们说："你们还年轻，你们情况和我不同，日本人正想利用你们，你们应即速离开北平！"学生们都听从了他的忠告，奔赴抗敌大后方。他在北平期间，杜门谢客，潜心从事科研著述，主要是修订《古矿录》文稿。当时日本侵略者为掠夺我国矿产资源而成立"华北地质研究所"，因听说章鸿钊有留学日本的背景，就屡次登门敦请，许以所长职位和优厚的薪金。章鸿钊始终拒绝和日本人合作。因为经济条件极端困难，他曾一度出售整套地质书籍以度日。1940年，章鸿钊卧床9年的长子不幸病逝，他悲痛不已，心绪沉重。1941年4月，他乘有轨电车失足，摔伤左足踝骨，卧床不起，靠重庆的学生接济医药费。他在给学生的信上说，虽受伤痛苦，却也因祸得福，可以摆脱日本人的纠缠。1943年，他腿伤完全治疗后，举家迁往上海，寄居亲戚家，仍埋头工作。

抗日战争胜利后，1946年章鸿钊从上海迁居南京，任国立编译馆编纂，次子章元龙照顾他的生活。经济部中央地质调查所特为他安排了一间办公室，他每天坚持上班，专心著述。同年10月27日，在中国地质学会第22届年会上，他荣获第8次"葛利普氏金质奖章"。谢家荣代表因公缺席的理事长李四光主持授奖仪式，高度赞扬了他的功绩，并致辞说："章先生为我国地质界之元老，清末即开始提倡地质学，民国初年创办最早之地质教育机关……章先生非但具推进之功，其本人对于研究工作之兴趣，数十年来从未稍减。在矿物、岩石、地质构造及地质学史等方面，均有重要贡献。涉猎之广，造诣之深，深为后进所钦服。"

1949年4月，南京解放，章鸿钊欢欣鼓舞地拥护共产党领导，为新中国地质事业出力。当年9月，章鸿钊欣然应浙江省主席谭震林之聘，出任浙江省财政经济处地质研究所顾问。他还应中国科学院院长郭沫若之聘，任该院专门委员。1950年8月25日，中国地质工作计划指导委员会成立，李四光出任主任委员，章鸿钊被周恩来总理任命为该委员会顾问。同年11月，章鸿钊抱病专程从南京去北京参加中国地质工作计划指导委员会第一届扩大会议，李四光亲赴前门车站迎接。章鸿钊在会上致了开幕词。当年他被邀请参加南京市人民代表大会，大会期间他吟诗一首："爆竹声声祝太平，于今始解问苍生，林间小鸟解人意，也效嵩呼闹晚晴"。同年，他又出任南京时报社技术研究组召集人。在积极参加社会活动的同时，他不忘从事研究和著述。

1951年9月6日，章鸿钊因患肝癌不治逝世。中国地质学会为他举行了追悼会，李四光致悼词道："章先生为人正直而有操守，始终不和恶势力妥协。他站在中国人民一边，多次拒绝与日本人合作。对于中国地质事业的开创，贡献尤大。"

二、主要科学研究成就及其影响

1. 致力于地质教育，培养了我国第一代地质人才

章鸿钊认为必须有人才能去开创我国的地质科学事业。1911年从日本学成归国不久，他应聘于京师大学堂农科讲授地质学。1913年他与丁文江创办了地质研究所——我国最早的一所地质专科学校。后来他接替丁文江任该所所长，全力以赴地投身于地质教育，培养地质人才。章鸿钊、丁文江与翁文灏成为该所核心。他们精心安排了3年的学制与将近30门课程，其中，国文、图画、三角、解析几何、微积分、物理、化学、定性分析、定量分析等是基础课，测量学、照相术、机械学、动物学、地理学、地文学等是专业基础课，地质学通论、古生物学、地史学、构造地质学、普通矿物学、造岩矿物学、岩石学、矿床学、采矿学、冶金学等是专业课。另外，还有第一外语英语和第二外语德语。同时，该所十分重视野外地质工作能力的培养，3年共安排野外实习11次，短者数天，长者月余，章鸿钊、翁文灏等亲自带领学生实习。比较重要的实习地是北京西山（去的次数最多，所以称为我国地质学家的"摇篮"），此外还有河北开滦、山东泰安、江苏南京、浙江杭州、安徽安庆、江西德兴等。在每次实习之后，章鸿钊都要亲自批阅学生实习报告，经审定通过后才允许参加期终考试。最后，章鸿钊、翁文灏把学生在全国六七个省进行实习所写的69篇调查报告及时加以整理，撰写成《农商部地质研究所师弟修业记》，1916年由中华书局出版（线装本）。书中论及他们实习地区的地层、构造、矿产等。

章鸿钊曾多方苦心奔走，选聘优秀教师，以提高教学质量。当时聘任了1913年从比利时获地质学博士学位回国的翁文灏，为地质研究所专任教授。教冶金学的张轶欧，教采矿学的朱焜、李彬，教测量学的张景光、沈瓒、孙瑞林，教德文的王烈、顾兆熊、王世澄等中外专家也前来兼职。其间，章鸿钊自己也直接参加教学工作，讲授地质学、矿物学等课程。从行政管理到教学，他都全力以赴。

地质研究所教学要求十分严格，认真实行了淘汰制，学生初招33名，到1916年毕业时共为22人，其中得毕业证书的18人，得修业证书的3人，未得任何证书的1人。1916年7月，地质研究所举行毕业典礼，一些外国地质学家前往参观，十分惊叹，称："实与欧美各大学无异……为中国科学上的第一次光彩"。毕业生中的叶良辅、谢家荣、朱庭祜、王竹泉、谭锡畴等10余人由农商部安排到地质调查所工作，我国的地质调查工作才真正大规模开展起来。如北京、河北、山东、山西、河南、江苏等地区最早期的地质图幅，特别是按国际标准分幅的3幅1∶100万地质图（"北京—济南幅"、"南京—开封幅"、"太原—榆林幅"），就是由他们填制编绘的。这些地区的早期地质矿产调查也是由他们开始进行的。这批学生专业知识基本功扎实，实际工作能力极强。其中很多人都成为我国地质界极有影响的权威、学术带头人。其中谢家荣在1948年当选为中央研究院院士。谢家荣和王竹泉在新中国时期分别于1955年和1957年先后当选为中国科学院学部委员（院士）。

叶良辅在毕业30余年后撰文称赞他们的老师章（鸿钊）、丁（文江）、翁（文灏）三先生"奉公守法，忠于职务，虚心容忍，与人无争，无嗜好，不贪污，重事业，轻权利"，足见这三位地质学大师在他们学生中威信很高，感染力很强。叶良辅也正是用这三位大师的榜样来教育他当时所在的浙江大学的师生。

章鸿钊对中国地质教育的影响还表现在对北京大学的贡献。早在他留学日本东京时，京师大学堂农科大学学长（相当于农学院院长）罗振玉就约他将来去担任该大学地质学讲师。1911年他毕业回国并在留学生考试中荣膺"格致科进士"之后，即赴京师大学堂任职，在马神庙校舍编写讲义，印好后发给学生。当年秋季开学后，即对学生讲授。1916年，农商部地质研究所结业后，将原借用北京大学的仪器、标本等全部归还。北京大学于1917年恢复地质系。1918年章鸿钊即应聘为该系代理教授，主讲矿物学。1920年，李四光受聘任北京大学地质系教授，同年9月已排定其课程，但李四光因故尚未到校时，所任一年级矿物学课及实习亦由章鸿钊代授。

他也在很多高等院校兼任教职。如1912年应邀任北京高等师范学校博物系地质学矿物学讲师，1913年应农林部办的农政讲习所之邀讲授地文学，1919年兼任中国农业大学矿物学讲师，1921年兼任北京女子高等师范学校博物系地质学矿物学讲师，除课堂讲授外，也带领学生去各地从事野外实习，培养了大批人才。

2. 在地质科学方面的贡献

章鸿钊对地质学理论的研究成果主要是在地层学和大地构造学领域。他希望用数学、物理学的基础知识来丰富地质学的内容。由于他有渊博的数理知识，早在1925年就发表了《地质学与相对说》一文，1926年又发表《从相对论观点论地质学上的周期性》一文，试图以爱因斯坦相对论中的四维时间-空间理论来说明地质学上的"时空"问题应如何处理。他针对早年人们过分迷信"标准化石"的作用这一偏向，着重指出："中国地层对比工作不应单以古生物为标准，有时不如以造山期为标准尤为适宜。"他把造山运动视为划分地史时期的主要根据之一，对地质科学的基础工作具有指导意义。后来又先后在《地质论评》上发表《从原子能推寻地史晚期地理与地质同时变迁之源》（1947）、《造山运动于地史上象征同时之规范并其施于对比之效率》（1951）两篇重要文章，正确地阐述了时间、空间联系的重要性。

在大地构造理论方面，章鸿钊着重探讨了中生代以来的构造演化和地壳运动问题。他对"震旦运动"问题十分关注。早在东京学习地质时，在导师小藤文治郎指导下就非常重视太平洋区域地质构造，特别是日本三岛起源问题。他1936年撰文《中国中生代晚期以后地壳运动之动向与动期之检讨并震旦方向之新认识》，发表在《地质论评》创刊号上。

该文在详细阐述了我国的震旦运动之后，特别指出："日本三岛即非全部出自震旦运动之赐，亦必与南岭山脉同为震旦运动重要区域"。同年，在该刊又发表了《中国中生代初期之地壳运动与震旦运动之异点》一文。在这些文章中，他重点讨论了我国中生代以来地壳运动的方式，提出了"震旦运动"一词，以区别于"燕山运动"，并认为震旦运动之方向多与所谓"震旦方向"（即南西—北东方向）近于垂直，是造成中国东部中生代以后褶皱的侧压力的主要方向，并认为这种侧压力是东部沿海地区向斜沉积所导致的岩浆往返流动所形成的波动引起的。1946年章鸿钊撰写的《太平洋区域之地壳运动及其特殊构造之成因解》一文，在中国地质学会第22届年会上宣读。该文根据震旦运动动向和主要火成岩特点，注意到太平洋西岸（我国沿海诸省尤著）与东岸（尤在北美西侧）自侏罗纪后均可分为五期造山运动，即内华达造山运动（侏罗纪和白垩纪之间）、俄勒冈造山运动（早白垩世内部）、达科他阶与康曼齐层间的运动（早白垩世与晚白垩世之间）、拉拉米造山运动（白垩纪与始新世之间）、乌因塔阶与勃立齐尔阶间之扰动（始新世与渐新世之间）。这种看法，对太平洋区域地壳运动的认识是富有启发性的。

3. 在中国地质学史、矿物学史方面的贡献

章鸿钊少时就感到"每遇金石名类，辄多未解，前人笺释，亦只依类相从，不加细别"而大为不便。所以他从日本归国后，就一心要努力消除"一名数物"、"一物数名"、"同名异译"等混乱现象。他认为首先要做到两条：第一，要沟通古今中外名实，追求其异同沿革；第二，要推论古代文和金石的关系。他耗费六七年时间完成20万字的论著《石雅》，于1921年出版。

《石雅》堪称章鸿钊的代表作。该书分为三大编，包括矿物的种和变种约600个（少数是岩石、化石），内容极其丰富。

该书图文并茂（有20个图版），史料丰富，论述精详，对于我国古籍中所载的玉石、珠宝、五金等都加以详尽的考证诠释。例如，经过详细考证，认为《山海经》中所称的"涅石"就是矾土石（aluminite）或明矾石（alunite），而"石涅"则是石墨（graphite）。《石雅》旁征博引、勾幽探微，考订了中国古籍中矿物名称的沿革及其相应的现代矿物学名称，提供了大量中西文化交流的有关资料。这无论对中国学者还是外国学者，都是研究中国古代矿物知识历史的一部重要著作。此书出版后，深受读者和国际学术界的推崇，很快被抢购一空，于是1927年修订后以农商部地质调查所《地质专报》乙种第二号的名目重印再版。国际科技史学权威、英国剑桥大学教授李约瑟（Joseph Needham）在其巨著《中国科学技术史》中，把《石雅》作为主要参考文献，在第25章"矿物学史"中多处引用。

章鸿钊于1930年曾写好一部书稿《宝石说》。1987年为纪念章鸿钊110周年诞辰，武汉地质学院出版社特将手稿原文影印，以古籍线装书的形式出版。其内容有4卷，另外还附彩色宝石图版及世界著名金刚石图版各一幅。此书内容丰富，至今仍有较高参考价值。

章鸿钊很早就有从先人开发矿产资源留下的典籍中探寻对今天有用的找矿线索的打算。他从1935年起根据我国两汉以来多种史书中有关矿产地点的资料，"以行省为经，以历朝为纬"，按矿种加以汇编，并作图示，书名为《古矿录》。数年间不辞辛苦，常伏案于北京图书馆搜集钩沉，到1937年60岁时方脱稿。该书共10卷，按当时的30个行省排

列，每个省之下再分区，各区之矿产引用之史籍按朝代排列。另外还附有20多个省的矿产图。1938年又再整理注释，并加一词《水调歌头·好江山》于卷首。全文如下："由来矿人职，数典记周官。从头问取黄帝，兵甲始何年？更说汤盘禹鼎，神物长埋荆莽，何必尽虚传？天生五材尔，并用不能偏。祇多少，盐铁论，货殖篇。铜陵今穴如许，满目尽炉烟。浩荡江河南北，赤县神州万里，终古地灵蟠。不信江山好，依旧好江山！"（"浩荡江河南北，赤县神州万里，终古地灵蟠"这几句是全词之主旨，集中抒发了他对正义力量必将盘踞江河南北、神州万里的爱国情怀以及对日本侵略者的谴责。他对侵略势力傲然不屈的姿态还体现在词末两句，直截了当地表达了他不信江山能为日本侵略者所改，依旧是我大好江山的坚强信念。这些都体现了他的民族气节。）该书在他逝世三年之后的1954年由地质出版社出版。该书对全国各地的普查找矿无疑具有很大的指导意义。

章鸿钊1926年以前就搜集资料，编撰《中国温泉辑要》一书，到1942年已初步编成。1949年又增辑台湾省温泉。1951年，他逝世后，地质出版社将他的手稿整理，又搜集增补了后来的新材料，于1956年正式出版该书，约7.5万字，按当时26个省、自治区排列，共汇集972处温泉之资料，对地质勘查及开发利用地热资源有极大价值。

1922年中国地质学会成立时，章鸿钊当选为首任会长，他的会长演说词为《中国研究地质学之历史》，比较系统地阐述了中国古代地质学思想的发展及近现代地质事业在中国开创的过程。其中历述《禹贡》、《山海经》、《诗经》等典籍和古代学者庄周、颜真卿、朱熹等人对于风化、侵蚀、石化、化石等地质现象的认识，这正是中国地质学之根苗。

章鸿钊长期居于中国地质科学事业的领导岗位，他常常对中国地质学发展史进行适时的总结。他于1931年出版了《十五年来中国之地质研究》，1936年出版了《中国地质学发展小史》。后者是商务印书馆"万有文库"之一种，全书共分八章，着重从地层、古生物、矿产、岩石矿物、地质构造、地文史等方面，概括总结了中国地质事业奠基阶段的主要成就。

章鸿钊是我国地质事业的创始人之一，是卓越的地质学家和地质教育家。1987年4月，中国地质学会地质学史研究会和武汉地质学院联合举行了"章鸿钊先生诞辰110周年纪念大会"，当天下午还举行了"章鸿钊先生生平事迹学术报告会"，出席大会的代表和该院师生计200余人。第二天，代表们又在该院博物馆举行了"章鸿钊先生生平事迹座谈会"。

同年10月，在北京大学举行了"纪念丁文江先生100周年、章鸿钊先生110周年诞辰暨中国地质事业早期史讨论会"，也是"中国地质学会地质学史研究会第五届学术年会"，出席会议者计113人，中国科学院学部委员（院士）即有18位。北京大学校长丁石孙在会上说："中国地质事业的发端与北京大学的名字紧密相连。章鸿钊是我校、也是中国第一位地质学教师。丁文江对北大地质学系的建立和发展曾做出开创性的重要贡献。他们培养的最早几批地质学者有很多成为中国地质学各领域的奠基者。"会议期间还专门播放了由章鸿钊作词并谱曲的录音带《水调歌头·好江山》，表达了地质学人对这位地质先辈的深深怀念。

三、章鸿钊主要论著

章鸿钊. 1910. 世界各国之地质调查事业. 地学杂志，1（3）：1~5；1（4）：1~6

章鸿钊. 1912. 中华地质调查私议. 地学杂志，3（1）：1~8；3（3/4）：14~20

章鸿钊，翁文灏. 1916. 农商部地质研究所师弟修业记. 北京：京华印书局

章鸿钊. 1919. 三灵解. 北京：法轮印刷局

章鸿钊. 1921. 石雅. 北京：农商部地质调查所

章鸿钊. 1922. 中国研究地质学之历史. 中国地质学会志，1（1~4）：27~31

章鸿钊. 1925. 地质学与相对说. 科学，10（9）：1047~1076

章鸿钊. 1926. 中国温泉之分布与地质构造之关系. 地理学报，2（3）：1~10

Chang H T. 1926. Geological contemporaneity as viewed from the theory of relativity. *Bull Geol Soc China*，5（1）：37~46

章鸿钊. 1931. 十五年来中国之地质研究（学艺小丛书第七种）. 上海：中华学艺社

章鸿钊. 1936. 中国中生代晚期以后地壳运动之动向与动期之检讨并震旦方向之新认识. 地质论评，1（1）：7~32

章鸿钊. 1936. 中国中生代初期地壳运动与震旦运动之异点. 地质论评，1（3）：245~254

章鸿钊. 1936. 中国地质学发展小史. 上海：商务印书馆

章鸿钊. 1947. 太平洋区域之地壳运动与其特殊构造之成因解. 地质论评，12（1/2）：3~28

章鸿钊. 1947. 从原子能推寻地史晚期地理地质同时变迁之源. 地质论评，12（1/2）：29~48

章鸿钊. 1947. 就所谓震旦运动及对于此之批评重加一省. 地质论评，12（5）：469~484

章鸿钊. 1951. 造山运动于地史上象征同时之规范并其施于对比之效率. 地质论评，16（2）：19~28

章鸿钊. 1954. 古矿录. 北京：地质出版社

章鸿钊. 1956. 中国温泉辑要. 北京：地质出版社

章鸿钊. 1987. 宝石说. 武汉：武汉地质学院出版社

主要参考文献

孙云铸. 1954. 纪念中国地质事业创始人章鸿钊先生. 地质学报，34（1）：1~9

章鸿钊. 1987. 六六自述. 武汉：武汉地质学院出版社：1~87

潘云唐. 1990. 章鸿钊//黄汲清，何绍勋主编. 中国现代地质学家传（1）. 长沙：湖南科学技术出版社：1~11

吴凤鸣. 1994. 章鸿钊//《科学家传记大辞典》编辑组编辑，卢嘉锡主编. 中国现代科学家传记（第五集）. 北京：科学出版社：308~317

王根元. 1996. 章鸿钊//中国科学技术协会编. 中国科学技术专家传略·理学编·地学卷1. 石家庄：河北教育出版社：1~12

撰写者

潘云唐（1939~），生于四川合江，祖籍湖北广济（现武穴），中国科学院研究生院教授。

＊＊＊＊＊＊＊＊＊＊＊＊＊＊＊＊＊＊＊＊＊＊＊＊

丁文江

丁文江（1887~1936），江苏黄桥人。地质学家，中国地质事业的主要创始人和奠基人之一。1911年获英国格拉斯哥大学动物学、地质学双学士学位。曾任地质研究所所长、地质调查所所长、地质矿产博物馆首任馆长、北票煤矿公司总经理、北京大学研究教授、中央研究院总干事及该院首届评议会评议

员、地学组主席等职。他是中国地质学会、古生物学会、地理学会主要创始人之一，曾两度担任中国地质学会会长。他创办并长期兼任《中国古生物志》主编。丁文江以矿产资源开发为主要目标，多次奔赴艰险的西南边陲和10多个省区做实地调查，开中国现代化、科学化地质填图、找矿之先河。他最突出的贡献是地层学研究：发现上志留统地层妙高组的标准化石"丁氏石燕"、第三纪晚中新统化石"丁氏鼢鼠"，研究了石炭系分层并著有《丰宁系之分层》，在河南发现第四纪早期标准地层"三门系"。在黄汲清列举的中国地质学初创阶段从无到有的30余项成果中，丁文江就占据了9项。除地质学外，他在地理学、考古学、历史地理学、少数民族语言学、人类学等领域都有开创性业绩。他和章鸿钊创办地质研究所，培养出中国第一批地质毕业生。他和翁文灏主持地质调查所，遵循应用与研究并重、建业与育人结合、积极争取国际合作，使该所在20世纪30年代即享有国际声誉。他在中央研究院总干事任上，从制度建设入手，推动中央研究院的可持续发展。他还是著名的社会活动家，在1925年主导开展了科学与玄学的争论，曾发表大量弘扬科学精神、评论时政的文章。

一、简　　历

丁文江，字在君。1887年4月13日生于江苏泰兴县黄桥镇，1936年1月5日于长沙逝世，终年49岁。

1. 第一阶段（1887～1911）：童年教育和求学生涯

丁文江出身于书香门第、士绅之家，兄弟七人中排第二。母亲重视对他的品德教育。他天资聪慧，过目成诵，爱读史书，仰慕英雄，13岁中秀才。知县龙璋（维新派政治家）闻其名，以论《汉武帝通西南夷论》为题试之，他下笔神速，议论豪畅，龙璋叹为"国器"，收为弟子。在龙璋的建议下，父亲丁祯祺借款送他赴日本留学，使这位"小镇神童"迈出了人生旅程中关键的一步。

1902年秋，丁文江到日本东京神田区，没有进正式学校，和爱国学生一起，"写文章，谈革命"。曾担任江苏留学生办的《江苏》杂志主编，写了一些很有革命情调的文章，但对改良派梁启超的《新民丛报》也是每期都读。他还结识了士官学校学生蒋百里、蔡锷、史久光等人。只是由于清政府规定自费生不得学军事，他的从军梦才未实现，但其军事情结保持了终生。

1904年2月，日俄战争在中国领土爆发，丁文江心情压抑又无书可读，遂转赴英国留学。到英国后，他先在爱丁堡进修英文，后转到司堡尔丁镇读中学，他寄宿于小镇的英国人家，受到诚挚的关爱。1906年考入剑桥大学，半年后因经济困难辍学。他用半年的转校间隙时间独自游历了欧洲大陆。1907年夏天考入格拉斯哥大学预科，1908年入该校本科。恩师地质学教授格列戈里是一位有名的探险型地质学家，对丁文江有深远影响。1911年，他以优异成绩毕业，获动物学、地质学双学位，除英语外，还掌握了德语、日语、法语。十几年后，丁文江撰写的论文在该校通过并获博士学位。

以上经历表明，丁文江日后的卓越成就，一方面取决于时代的需要，另一方面也是因为诸多有利因素集聚于一身：良好的家教；聪慧的天赋并被及时培养；扎实掌握中国传统文化的精华；年少留学，接受了先进的科学方法和专业训练，并结识一批知名学者。

2. 第二阶段（1911～1922）：从事中国地质事业初创的开拓工作

1913年2月，丁文江应工商部矿政司之聘任地质科科长。丁文江与章鸿钊、翁文灏一起，从育人开始，艰苦创业，不到十年就建成中国第一所备受赞誉的地质调查机构。

1911年5月，丁文江从英国启程回国，为了解中国西南地区复杂的地质情况和体察民情，他没走经上海返家的捷径，而是乘海轮在越南海防登岸，5月29日从昆明出发，沿滇黔湘崎岖驿道进行为期一个月的艰苦跋涉考察，6月29到达贵州镇远，7月底返回老家。1911年9月，到北京参加留学毕业生考试，获"格致科进士"。10月去苏州与史久元（史久光堂妹）结婚。1912年，任教于上海南洋中学，应商务印书馆之约编写了《动物学》教科书。

1913年1月丁文江受聘任北洋政府工商部矿政司地质科科长，积极筹办地质研究所和地质调查所。9月工商部委任丁文江为地质调查所所长并兼任地质研究所所长（1913年11月因出野外调查，由章鸿钊代理，1914年任所长）。1913年10月地质研究所开学，1916年7月地质研究所第一批学生毕业，这一批学生后来成为中国地质事业的栋梁。

丁文江辞去地质研究所所长职务后，1913～1918年，在完成教学任务之外，把主要精力投入到脚踏实地的地质调查之中。1913年11月赴正太铁路沿线进行地质矿产调查。1914年2～11月只身赴云南东部和川黔一带，结合铁路选线作地质矿产调查。1915年2月山东枣庄煤田发生矿难，他应邀前往考察，提出措施。1915年和1916年初带领地质研究所学生赴北京宛平和晋、鲁、皖、浙等地实习。1917年初赴河南六河沟作地质调查。1917年春赴赣、湘调查萍乡煤田和上株岭铁矿，又赴苏、皖、浙三省调查扬子江下游矿产，写成相应论文。1918年在山西大同和晋豫边境黄河西岸调查，发现三门系及其动物群。在1913～1918年的五年里，丁文江和他的同事们重点是作矿产资源勘查，同时也兼顾地层学、古生物学等科研工作。此外，1916年2月，丁文江受聘为地质调查局下属的地质矿产博物馆首任馆长。1914年初春在他建议下，农商部矿政司聘瑞典著名地质学家安特生来华任该司顾问。

1919～1921年，他以自然科学家的身份参与文化界的活动，并为中国地质科学的国际交流办了许多实事。1918年底他应梁启超之邀请，以科学家身份参团赴欧洲考察，该团兼任中国出席巴黎和会代表的会外顾问。在巴黎，他向美专家推荐了四位地质调查所人员赴美进修。同年秋受北京大学校长蔡元培委托，他在英国找到李四光，促成了李四光学成后受聘于北大地质系任教授。1919年8～10月丁文江由欧洲赴美访问，聘请到著名地质学家葛利普来华任北京大学地质系教授，并兼地质调查所古生物室主任。他在欧洲期间还搜集到大量图书，充实原有馆藏，1921年图书馆、博物馆新馆在各届捐款支持下在北京兵马司九号落成。1922年1月中国地质学会成立，丁文江主持会议。1922年10月创办《中国古生物志》并任主编。1922年5月他与胡适等创办《努力周报》，主导科学与玄学争论。

1921年6月他辞去地质调查所所长（仍兼名誉所长），任职官商合办的热河北票煤矿公司总经理。1921年与1922年先后去北票煤田、承德作地质考察。

在中国地质事业的初创阶段，丁文江从培养中国自己的人才入手，在组织地质调查机构、服务经济建设、开展地质调查、出版学术刊物、兴办博物馆及图书馆、争取国际支持、发起创办地质学会等方面都取得了突破性进展。

3. 第三阶段（1923～1936）：以实际行动担当起"少数人的责任"

丁文江认为"无论哪一个时代，哪一个社会，少数优秀的分子，掌握了政权，政治就会清明。用他们的聪明智识能力，向政治方面去努力，是少数人天然的责任。"据此，他在继续开拓地学事业的同时，参与文化界的争论，抨击时政，甚至一度从政淞沪，最后去世在中央研究院总干事的重要岗位上。其业绩涉及诸多方面，王鸿祯院士将其一生概括为："地学宗师、政论新声、科坛巨子、文化先锋"。

1923年1月当选为中国地质学会第二任会长，4月与张君劢开展"科学与人生观"的辩论，10月出席中国科学社理事会第一次大会，当选为社长。为了合理使用美国、英国退回的庚子赔款，丁文江还于1924年9月、1926年2月参加了为两国分别设立的管理及考察机构。

1926年5～12月受孙传芳邀请，任职淞沪商埠督办公署总办。在8个月任内，做了几件难办的实事：通过艰难谈判，部分收回公共租界内中国人民的司法权力；第一次在上海市统一行政、统一财政、推广现代化公共卫生；勾勒出大上海市政蓝图并初步实施。后因孙传芳投靠奉系军阀，违背原来承诺，丁文江借着遇车祸头部受重伤的契机，于12月12日请辞总办职务。

1927年初到1928年中寓居北平、大连等地，整理调查资料，编成《徐霞客游记》，为重印《天工开物》写序。

1928年7月到1930年5月重新担当地质调查任务。7月中受铁道部部长孙科委托，初步勘查川广铁路线及沿线地质矿产。与翁文灏一起组织、指导了北京周口店新生代考古工作。1929年2月任地质调查所新生代研究室名誉主任。1929年10月至1930年5月，丁文江作为总指挥，组织了对西南地区以铁路沿线为主的大规模综合地质调查。

1931年8月到1934年6月任北京大学地质系研究教授、校务会议成员。在此期间的其他事迹有：1932年5月与胡适等合办《独立评论》，他在该刊共发表政治、经济、军事、教育等文章64篇，提出联共抗日主张。1933年6月前往华盛顿出席国际地质大会，提交2篇论文。随后到欧洲访问考察，9月至10月到苏联旅行，发表《苏俄旅行记》等10多篇文章。1934年，申报报馆出版丁文江与翁文灏、曾世英合编的《中华民国新地图》。1934年3月，他与翁文灏等发起成立了中国地理学会。

1934年5月应蔡元培邀请，任中央研究院总干事，他从制度建设、成立评议会入手，完善了中央研究院管理体制。1935年9月在中央研究院第一次会议上丁文江被选为评议会议员、秘书、地质组主席。1935年12月受铁道部委托到湖南为粤汉铁路调查煤矿；受教育部委托在长沙附近复勘清华大学校址。12月7日在勘查湖南谭家山煤矿时，他谢绝劝阻，以原本病弱之躯下到矿井深处，出洞时又受风寒，晚间用煤火取暖不幸中毒，再加上积劳成疾，心、肺、脑早就潜伏病因，终因抢治无效，于1936年1月5日殉职，与世长辞，时年49岁。国民政府在对他的公报中指出："中央研究院总干事丁文江……此次在湘勘矿，劳瘁弗辞，乃为煤毒所乘，遽尔逝世，殊堪惋惜。"中央研究院下半旗三日致哀。在南京，由蔡元培主持追悼会，蒋介石会前到会致悼。英国《自然》杂志在丁文江《讣告》中称"他是一位有远见卓识的开拓者，他对科学和科学应用的发展产生过巨大影响"。

二、主要科学成就及对中国科学事业的贡献

（一）以地球科学为主的学术成就

首先，丁文江是中国地质事业的开山大师，是以身作则不畏艰险从事地质调查的第一人，并且强调从地层演变、生物进化的广阔角度来研究地质现象。黄汲清指出，在中国地质科学初创阶段从无到有的30余项成果中，丁文江就占有9项。其次，他研究领域广泛，涉及地理学、考古学、历史地理学、少数民族语言学、人类学等领域，都有开拓性贡献。

1. 在地层学及古生物学、区域地质及地质图测绘、造山运动等地质科学领域做出贡献

（1）地层学及古生物学。地层学的目的是确认地层的地质年代，给出地层在空间和时间上的分布。古生物学则对各种动植物化石进行分析和判断，为地层学提供实证依据。

在古生代方面：他1914年在云南东部马龙、曲靖地区发现寒武系和志留系化石。其中在曲靖城外妙高山首次采到的大量石燕化石，经葛利普鉴定，命名为"丁氏石燕（*Spirifer tingi*）"。1932年，丁文江用统计学方法研究了"丁氏石燕"与谢家荣在三门峡发现的"谢氏石燕"之间的细微区别，写出相关论文，使"丁氏石燕"成为识别上志留统地层妙高组的标准化石。因此，丁文江成为"我国第一位用统计学方法研究古生物的学者"。他与王曰伦合著的相关文章在他去世后发表，至今中国上志留统仍以丁、王的成就为代表。石炭系是储煤的主要地层。1928～1929年，丁文江在广西和贵州南部先后发现了大量化石，经鉴定属于下石炭统，由于分布广，厚度大，丁将其升级为独立的系，命名为丰宁系，还确认其年代与美洲密西西比系相当。他与葛利普又将其再细分为上、中、下三系，并分别与上司统、旧司统、革老河统相对应。对于丰宁系以上的各种属于石炭系的地层，他找到马平石灰岩、威宁石灰岩，其年代大致相当于美洲的宾夕法尼亚系。上述成果在1933年第16届国际地质大会上宣读。对石炭系分层及对比研究是丁文江对地层学的重大贡献，至今实质上仍以他的分类为基础。

在新生代方面：中国第四纪研究的最早发现的标准地层在河南三门峡市。1918年8月，丁文江在该地发现一个从上到下依次为黄土、砾石、砂层、泥沙构成的特殊结构，含双壳动物化石，经鉴定属第四纪早期。与此同时，丁文江又在山西河津县发现类似剖面。他将上述成果交安特生汇总研究，并记载于安特生1932年发表的《中国北方之新生代》一文中。自此，地层学界公认丁文江为"三门系"的创立者。此外，刘东生院士在2007年6月给笔者的信中还指出："在古脊椎动物界则有丁氏鼢鼠（*Myospalax tingi*），都是标准化石，用来纪念丁先生"。经查证，这是新生代晚中新世的化石，存在于中国华北土状堆积中。

（2）调查区域地质并以地质图表示，确定了地质图的测量方法。调查区域地质并以地质图表示，能清晰给出各种地质体间的相互关联及地质特征。他有三项具有特色的成果。1913年底，他奉工商部令，与德国人梭尔格、王锡宾到山西调查正太铁路附近的煤、铁矿，初步确定了石炭系煤层分布状况。这次成果写成报告呈送政府，并正式发表，丁文江是"第一位发表地质矿产调查报告，并附有区域地质图的学者"。1914年2～11月，受农商部委派，以探矿为主要任务，独自去云南东部和川黔一带作综合调查。调查了云南个旧

的锡矿、东川的铜矿、宣威的煤矿；从地层学角度对寒武系、志留系的化石进行了分析；实地考证徐霞客当年的旅行路线；对少数民族的体形、风土人情、语言等作了初步调查。此行的成果有三篇主要文章。这次旅行走遍了云南、四川交界处的高山峡谷，经历了空前的艰险，丁文江被认为是"第一位远征边疆的学者"。1917 年 1 月，应上海港口欧籍总工程师的要求，调查了扬子江下游苏、皖、浙三省的地质。他从地层学、构造地质学、地文学、扬子江口的历史四个部分进行了详细而独到的论述。最后部分则是从今溯古，参阅《禹贡》、《水经注》、县志等古代文献，认为苏北、苏南、浙东平原的许多县城，越往东越是新建，海岸线随时间逐渐向东扩展，对太湖起源及黄浦江的形成亦有生动描述。黄汲清读完此章后写道："细读本章全文，我们对丁文江治学的谨严、论述的透辟，感到肃然起敬。"这次调研成果成了他在区域地质方面的代表作。

地质图的测制方法是随着科技进步而不断进展的，黄汲清指出：1930 年前后"川广铁路调查队"采用的"丁文江测量方法"已达到非常有效而成熟的地步。首先精确测定本地的位置，"一面观测自己挑选恒星位置，一面收听马尼拉天文台报时，同时记录下怀表的准确时、分、秒"，由这些数据即可计算出经纬度，这就是天文定位方法；"当天野外工作完毕后，在驻地必须由地质员把地质构造绘制到由测量员绘出的地形图中，成为初步的地形地质草图"。实际上，这种当时很先进的方法，至今还在沿用，只是因定位设备和地形图绘制仪器的出现而大为改观了。

（3）关于中国的造山运动。西方学者以欧洲地质构造的研究为基础，提出地球历史上曾出现过多次造山运动。丁文江正确指出广西的确存在过加里东期造山运动，而在长江下游该运动则为造陆运动所代替；广西西北曾出现海西期造山运动。丁文江充分肯定翁文灏创立的燕山造山运动的理论，并提出一些修正和补充。

2. 地质调查服务于经济建设，推动矿业、铁路、工程地质事业的发展

（1）矿产资源勘查与开采。煤是他调查的重点。丁文江是"第一位详细研究煤田地质，并建议进行有计划的钻探，从而获得经济效益的学者"。其中附地质图并估计储量的成果有：山东峄县枣庄、正太铁路沿线、云南乌格、北票、湘潭谭家山等煤矿。1915 年 2 月枣庄煤田中兴矿区矿井突发涌水事故，400 多位矿工丧生。应公司聘请，他测绘了地质详图，用钻探确定新井位置，1923 年新井建成投产，很快成为中国最发达煤矿之一。北票煤矿由于管理不善被废置。在丁文江建议下，1921 年成立官商合办的新公司，他任总经理，在 1925 年冬离任时，煤产量从年产 7000 多吨提升到 14 万多吨，成为著名新式煤矿，安全和福利也大有改善。丁文江是煤矿业的全才，对探矿、开采、矿务、市场都很通晓。

丁文江对其他矿产资源也十分重视，他多次奔赴西南边陲，足迹踏遍十多个省区，调查了包括煤、铁、铜、锡、钨、铅、锌、金、银以及石油、盐类等诸多矿种。早在 1917 年他就根据自己的调查所得和已有资料在《远东时报》上发表《中国的矿产资源》，简明地阐述了煤、铁、金、铜、锡、锑的矿床特征及开采情况。他是"第一位发表中国矿产资源论文的学者"。

丁文江与翁文灏是"第一位发表'矿业纪要'的学者"。1921 年，他与翁文灏合著《中国矿业纪要》，首次详细列出各种矿产按地区的储量及总储量，并与国外分类比较，说明中国各种矿产的贫或富。这项工作对国家发展具有重大战略意义。

（2）第一位以地质学者身份主持铁道勘测的学者。丁文江认为，开发西南的关键是解决交通问题。四川虽有长江之便，但三峡险阻，吞吐受限。贵州省不仅贫瘠，交通不便尤为极大制约。为此，他建议用铁路连贯川、桂、黔、粤，并且直通海港。1929年秋铁道部支持成立"川广铁道测勘队"，由丁文江任队长，曾世英负责地形测绘，黄汲清、王曰伦参加部分路段工作。1930年6月野外工作完成，发表了相关报告，在对于地形、资源、效益详细分析的基础上，提出的路线方案是：从重庆经綦江、桐梓、遵义达贵阳，再由贵阳南行经独山、南丹达迁江，从迁江经贵县、玉林到广州湾（现湛江湾）。此方案成为后人重要参考，现在的川黔、黔桂、黎湛三线的结合就是其再现。

（3）工程地质学。北京马路多用石料砌成。丁文江以比重、吸水量、硬度、固度、损伤度、黏结度为评价指标，以实验数据为依据，对常见的岩料作比较，认为三家店辉绿岩最好，并写出《北京马路石料之研究》（《农商公报》，1921）。丁文江是"第一位发表工程地质论文的学者"。

3. 编纂《申报地图》

《申报地图》的编纂人为丁文江、翁文灏、曾世英，曾世英负责实际工作。项目始于1930年秋，1932年春顺利完成。普及本《中国分省新图》于1933年8月出版，《中华民国新地图》亦于1934年4月22日问世，统称《申报地图》。丁文江提出编图原则：第一，方位要准确。搜集古今中外经纬度测量之成果，分析对比，择优订正。第二，从已有地质图中核准海拔高度，描绘等高线，用不同颜色表示山高和水深，从此中国版图西高（棕色、橘黄色）东低（绿色、蓝色）的总体趋势在国人心中留下了印象。第三，创立中国地图集编纂结构的新体系：在《中国分省新图》中，以1：1800万的比例分别给出政治区域、地形、交通总图；各分图则按经纬度分幅，考虑地名密度适当调整比例，用少的版面展现出清楚的字迹。《申报地图》被称为是"国内地图革新之第一声"。英、美地理刊物称赞其"是迄今为止最可靠的"中国地图。《中国分省新图》重版5次，销行20万册，影响几代学人。在其后半个多世纪中，国内外有40多种版本的地图都以《申报》地图为底图或参考。作为划时代的经典之作，《申报》地图在中国的经济建设、军事行动、外交斗争中发挥了重要的作用。

4. 弘扬中华民族的地学文化和科技成就

（1）重新编订《徐霞客游记》。徐霞客是明代伟大的地理学家，跋涉游历30多年，集人文精神与科学精神于一身，按日记载写成游记。1914年丁文江赴西南边陲，一面考察一面对照游记，惊叹徐霞客野外观察之精细、记录之翔实。为了向世人推荐，他率助手们从1921年着手新编《徐霞客游记》，于1928年11月由商务印书馆出版，此后曾多次再版。这本书的重要贡献在于：第一，撰写了4万多字的《徐霞客先生年谱》，实为一篇井井有条、真相大白的传记，并对徐霞客在石灰岩岩溶地貌、西南地区河流的水源等方面的精辟见解有所点评。第二，对原著的古文作了校订和标点。搜集了新旧版本7种，以清代扫叶山房石印本为底本，参阅其他。第三，为全书增配一幅总图和36幅分图。由于丁文江编的版本具备以上特色，极大便利阅读，获得多次再版。现在，徐学界公认，《徐霞客游记》是经过丁文江的大力推介才这样广为人知，并奠定了它在中外科技史上应有的地位的。

（2）推荐和重印《天工开物》。宋应星所著《天工开物》于明崇祯十年刊行。书名含意是：对于自然界，要靠人工技巧开发有用之物。全书共18篇，插图123幅，对中国农业和手工业每种产品的详细生产过程及简单原理都做了介绍。1914 年丁文江开始了他对全书原版的寻求和作者生平的考究。1923 年 1 月，丁文江发表《重印〈天工开物〉始末记》，文中评价说："三百年前言工业生产之书，如此其详且明者，世界之中，无与伦比；盖当时绝作也。"他还说，由于《天工开物》一书在中国找不到传本，他依据日本明和辛卯年（1771 年）翻刻本做了些文字的整理校对工作，又参考江西《奉新志》为宋应星作了传略。后来，由于校对难、工作量大，丁版《天工开物》并未即时出版。1927 年，出版家陶湘根据日本刊本成书的《天工开物》已提前成稿，丁应陶的要求为之作跋，写了《重印〈天工开物〉卷跋》，同时还收入他已写成的《奉新宋长庚先生传》，于 1929 年合并出版。丁版《天工开物》则由商务印书馆于 1933 年出版，1954 年重印。

（3）编写《爨文丛刻》。《爨文丛刻》是一部彝文巨著，全书由 11 种单本组成，涵盖历史、哲学、宗教、语言、文学等内容，连注音、释读、意译共约十余万字。1929 年冬丁文江在贵州大定考察时，发现其中《玄通大书》，当地罗文笔又提供《帝王世纪》，此后丁文江又陆续搜集到其余 9 种单行本，并设法拓印了某些真迹。丁文江请罗文笔将其译为汉文并注音标，4 年后罗提供了全部译文，丁为之作序。《爨文丛刻》（甲编）在丁文江去世后一个月，作为中央研究院历史语言研究所专刊由商务印书馆出版。1981 年，中央民族学院组织专家对《爨文丛刻》进行增编，在《增订〈爨文丛刻〉》一书的序言中，马学良写道：《爨文丛刻》"可以说到现在为止它仍是中外出版的彝文经典著作中唯一的一部巨著"，"像丁先生这样一位著名的科学家，竟然不畏艰险，毅然深入彝区，收集整理彝文经典……这是难能可贵的"，"若无丁先生的工作，这批珍贵遗产难逃毁灭的浩劫"。

5. 对动物学、人类学、考古学等其他领域的研究

丁文江 1914 年就以进化论的观点并结合国情编写《动物学》教科书，由商务印书馆出版，曾再版七次，是当时最具影响力的教科书之一。在人类学领域，他发表《指数与测量精确之关系》、《中国人体质分类》（遗著）等著作，属于开拓性成果。他还指导了北平周口店考古发掘工作。丁文江于 1934 年当选为"国际人类学与民族学社"理事。

（二）开创中国地质事业，为可持续发展奠定基础

19 世纪末西方工业革命迅速改变着世界经济格局，矿产资源丰富的国家占据了经济起飞的先发位置，而工业和采矿业兴起又极大地推动了地质事业的发展。这样的时代背景再加上丁文江等人的卓越才干和正确的发展思路，使中国地质事业成为中国近代科学事业发展最快并在某些方面率先达到国际水平的领域。1979 年时任中国科学技术协会主席的周培源院士著文说："在旧中国得到较快较好发展的学科，是地质学、生物学和考古学"，特别是中国的地质学，"它的成就在世界地质学史上占有一定地位"。

1. 办学优先，培养地质人才，是杰出的地质教育家

丁文江任地质科科长后，赞成章鸿钊提出的从办教育入手开拓地质事业的方案。1913 年 9 月他被任命为工商部地质研究所所长。该所"专以造就地质调查员为宗旨"。丁文江抓住北京大学地质学门暂时停办的机会，获得北大在教室、宿舍、图书、仪器、标本等方面的支持，促成研究所于当年 10 月开学。丁文江承担古生物学、地文学教学与指导野外实习的任务，与翁、章同为教学的主力。由于采取了招生严格、课程宽深、加强实习、择

聘高水平兼职教师（张轶欧、王烈、梭尔格及多位北大基础课教师）等多项举措，保证了高的教学质量。1916 年 7 月 14 日举行毕业典礼，18 名学生获毕业证书，3 人获修业证书。安特生评价说："此次毕业生之成绩极佳，余尝偕往唐山一次，考其程度实与欧美各大学三年毕业生无异。"中国地质学界的许多领军人才，如谢家荣、王竹泉、叶良辅、李捷、谭锡畴、朱庭祜、李学清都出自该所。这就开创了在中国成批培养高质量地质人才的先河。十余名获毕业证书者进入地质调查所工作，极大地推动了该所的发展。

丁文江认为，工商部下设教学机构不是合理的体制，经他与北京大学校长蔡元培商定，1917 年北京大学地质学门恢复招生，地质调查可吸收其毕业生来所工作（1920～1937 年实际吸收 36 名）。丁文江特别关心北大地质系的教育质量，多次前往演讲。在他的建议下，葛利普、李四光于 1920 年底和 1921 年初先后到北大任教。1930 年北京大学陷入困境，丁文江和胡适等促成中华教育文化基金董事会与北大商定，1931～1935 年每年双方各提出 20 万元作为合作研究特款，增购设备，聘请研究教授，以支持蒋梦麟校长北上改革北大。1931 年 8 月，丁文江受聘为北大研究教授，讲授普通地质学、地质测量、中国矿业等课，深受学生欢迎。丁文江曾说，在北大任教是他一生中最快乐的三年。此外，丁文江对在南京的中央大学地质系也给予指导和关怀。

2. 创办地质调查所，推动地质事业发展，赢得国际声誉

1913 年丁文江为地质调查所首任所长，1921 年翁文灏接任此职，丁文江为名誉所长，二人始终保持密切合作。地质调查所创立于军阀混战的年代，又面临经费不足、人才缺乏的种种困难。但是到 20 世纪 30 年代初，这所中国最早的地质调查和科研机构，已在国际学术界有一定影响。1932 年初，美国地质调查所首席专家大卫·怀特写信给丁文江，赞扬说："……我们惊讶在那种如果不是绝望也是令人失望的环境里，你们能够做出这样的成绩。"在该所成立 25 周年的纪念会上，中央研究院总干事叶企孙指出："别种科学要想办到和地质学同样的发达，就非取中央地质调查所过去 25 年的奋斗方法和努力不可"。关于地质调查所成功的方法，曾在该所任职的刘东生院士在半个多世纪之后总结说："实际上它本身又做事业单位，又做教育单位，又做研究单位，把这三项工作结合在一起，我觉得这可以说是中央地质调查所的一个特点"。

（1）作为事业单位，为经济建设做出切实贡献。进行区域地质调查和矿产调查，不仅为经济建设做出贡献，培养了队伍，而且也获得了资金支持。地质调查所博物馆、图书馆的建成就是一个生动例子：为了在兵马司九号为两馆建造一幢新楼，丁文江等发起募捐，中兴煤矿、开滦矿务局公司、福中公司、交通部门和企业家合计捐款 3.9 万元。黎元洪大总统也捐款一千元并出席了 1922 年 7 月的开幕式。胡适随即撰文称赞："我们看中国矿业家这几年专给地质调查所博物图书馆钱的数目，就可以知道中国矿业所受的利益了"。此外，从经济建设需要出发，该所还不断拓宽服务领域，相继成立了土壤研究室、鹫峰地震台和沁园燃料研究室。

（2）作为研究单位，在新生代考古学方面取得举世瞩目的成果。在服务经济建设的同时，丁、翁、章三位领导人都很重视基础研究。一类基础研究是结合应用进行的。另一类以科学探索为主要目的，其中最突出的成果是仰韶文化和周口店"北京人"的相继发掘与研究，这是引进国外一流专家，开展国际合作的成果。

1915 年，丁文江与安特生初次见面，两人都坚信在中国大地上有许多奥秘等待探索与开发。由于军阀混战，安特生很难按原计划找矿，丁文江就建议他多走些地方，一边找矿，一边就有兴趣的问题做些考察。1917年，安特生去了河南西部和北京周口店，获悉两处都有被称为"龙骨"的大量古脊椎动物化石，他据此提出了采集计划。1921年冬，安特生率领助手袁复礼等在河南省渑池县仰韶村发掘到新石器时代的遗址，揭示出公元前4000～前3600年仰韶文化彩陶艺术高峰期的成就，开创了用考古方法研究史前史的新篇章。1921年安特生还在周口店发掘出一批"龙骨"，经师丹斯基带回瑞典古生物实验室仔细筛查辨别，发现其中有两枚人类牙齿化石。

周口店北京人头盖骨的发现，被誉为中国科学界获得的第一枚世界金牌。为了大规模启动该项研究，协和医学院解剖科主任加拿大人步达生与丁、翁曾多次商谈相关合作事宜。由于中方权威学者积极表态和步达生的努力争取，周口店项目于1927年1月得到洛克菲勒基金会的资金支持，随后由翁文灏起草并达成了充分维护中方权益的协议，从此启动了当地的大规模发掘。1929年2月正式成立了中国地质调查所新生代研究室，丁文江为名誉主任，步达生为主任，杨钟健为副主任，裴文中为周口店田野工作负责人。这项工作一开始就有瑞典、奥地利、加拿大、法国、美国、德国等国际一流的学者参加。1929年12月2日，裴文中发现第一个完整的中国猿人头盖骨化石，轰动国际学术界，使北京在20世纪30年代成为世界古人类研究的中心之一。

1919年开始，该所办了多种出版物。英文刊物《中国古生物志》创办于1922年，丁文江在世时始终任主编，中国在该领域的重大成果多由此刊登载，截至1937年这类论文共达65篇。

（3）作为教育单位，具有良好的学术氛围和科学的运行机制，成为造就杰出人才的摇篮。该所员工不多（抗战前为114人），但业绩斐然，首先归功于带头人道德、学风和学术造诣。专家回忆：我们的老师章、丁、翁三位先生，"非常正直，都是博学的学者，学风、德风都非常好。所以地质调查所形成了好的传统"。丁文江早就享有国际声誉，其肖像登在纽约自然历史博物馆《馆刊》的"扉页"上，半身照与国外科学家并排挂在中学的课堂里。地质学子仰慕地质调查所的大师，赞赏该所的业绩，将其列为首选就业单位。地质调查所有一套促进人才成长的机制：录用全凭考试，优中择优；必须参加学术交流，拿出成果供考核；早期大多数人员都送出国学习，进修方向均布各分支学科，多年后其中不少人成为各领域的知名学者。在学习条件方面，经过多年苦心经营，该所有一流的博物馆、图书馆，馆藏十分丰富，被地质学人誉称为两大学术宝库。1955年中国科学院首次选聘的24位生物地学学部委员中，在该所工作过的有17人，至今为止该所人员当选为学部委员（院士）的共达49人，并分布在各分支学科领域。老院士们回首往事时，都异口同声在地质调查所工作的那段经历，影响了自己的一生。

3. 组建中国地质学会等学术团体

1922年1月27日，召开由26位创立会员（包括安特生、葛利普等三位外籍专家）参加的中国地质学会筹备会议。丁文江主持大会，讨论学会章程，确定由5人组成的筹备委员会，负责推举职员候选人。2月3日学会正式成立，选举章鸿钊为会长；通过了"中国地质学会章程"；选出了学会评议会；决定出版《中国地质学会志》。丁文江被选为评议员和《会志》编辑主任。同年3月2日在中国地质学会成立后的第二次常会上，丁文江发表题为"中国地质学会之目的"的演说，阐明了学会在形成自由探讨学术问题方面的独特作用及其与政府机构的区别。学会成立，使中国地质界形成了由研究所、高等学校和学会功能互补的全盘格局。丁文江曾两度（1923年，1927年）任地质学会会长。他还是中国古生物学会（1929年）、中国地理学会（1934年）的创始人之一。

（三）从制度建设入手，推动中央研究院的可持续发展

中央研究院成立于1928年6月，"总干事"是担当实际工作的行政领导。1933年6月，首任总干事杨杏佛遭暗杀，此职近一年空缺。其间科教界人士提的最多的人选是丁文江。

丁文江虽有志担当此职，但由于已查出患血管硬化，曾顾虑难以胜任，由于蔡元培院长一再诚挚邀请，才于1934年正式接任，丁文江1936年1月5日病逝于总干事任上。在短暂的时间里他在建立制度方面做了三项奠基性工作，首推是建成评议会。中央研究院成立时，就规定要成立此会，对全国学术研究起到指导、联络、奖励的责任，但由于很难协调各方面关系，一拖就是七八年，丁上任后即与各方面反复协商，终获共识。1935年5月政府通过了《国立中央研究院评议会条例》。同年6月20日，首届评议员的选举会在南京召开，选出评议员30人，具有广泛代表性。丁文江当选评议员及地质组主席。有了评议会，才有后来院士会议，研究院的体制才正式完成。胡适高度评价说："他把这个全国最大的科学研究机构，重新建立在一个合理而持久的基础之上。"第二项是预算办法的改革，根据每所必需支出制定基本预算，总办事处掌握余额再根据具体项目拨给。第三项是基金保管办法改革，其来源和使用都由专门班子按条例执行。除以上制度建设之外，丁文江在调整机构、加强合作、延聘人才、节约开支等方面也做了大量工作。丁文江逝世前不久，还将中央研究院和现代中国科学的成就在 Nature（《自然》）、Asia（《亚洲》）期刊上作了介绍。蔡元培对丁文江的过早去世非常痛惜，称赞他制定的三项制度"均为本院百年大计"。

（四）丁文江的科学精神

丁文江晚年，从感情和知识两方面对自己的信仰作了精辟的概括：第一，要做能够满足最大多数人最大部分的欲望的行为；第二，要以科学知识作为行为的向导。他以此指导行动，留下了凝聚合璧中西文化精华的宝贵精神财富。

1. 心系民众，自强不息的报国壮志

丁文江景仰范仲淹以天下为己任的高尚情怀，曾以"宗淹"为笔名发表文章。西方名人中，最景仰赫胥黎，著有《赫胥黎的伟大》，称赞他兼有大学问家和真正的社会服务家的优秀品格。丁文江也被后人誉为"中国的赫胥黎"。常年的地质考察，使他对底层人民的疾苦有深切的了解，对祖国的命运怀有浓烈的忧患意识和责任心。留英归来，即走访贵州赤贫的农村，写长诗发出"黔民苦"的悲愤呼喊。1914年赴云南个旧锡矿，与矿工同宿伙房，对他们挣扎于生死线上的悲惨境遇寄予无限同情，并载入《漫游散记》中。1933年赴苏联考察50余天，发表赞美苏联社会的《苏俄旅行记》。他从"为谁服务"和"社会发展方向"的角度对共产主义目标的大部分内容表示同情："为满足少数资产阶级的欲望而牺牲多数劳动者的欲望，……都不是有利于社会的"，"我相信社会的待遇不可以太相悬殊。不然社会的秩序是不能安宁的"，"各人尽其所长来服务于社会，各人视其所需来取偿

于社会"是一个理想的目标。

丁文江的献身精神首先体现在地质调查上。在他那个年代，因匪患频发和条件艰苦，野外考察人员牺牲的比例很大，他曾多次进入茫茫荒野，攀登高山峡谷，艰难险阻超出常人想象，最后因坚持下到深井考察而殉职。其次，他的自强不息表现在面对棘手的难题，具有压倒困难的无畏勇气和非凡的办事才能。创办地质研究所以培育人才，这个最早出自章鸿钊的提议，在丁文江努力下很快办了起来。事后章鸿钊感慨地说："丁先生是偏于实行的"，"这样勇于任事的人，实在是少不得的"。又如建立中央研究院评议会，收回中国在上海公共租界的司法权，重建北票煤矿等，都是难题，但经过丁文江的艰苦努力都成功了，并传为佳话。丁文江的爱国情怀还表现在对中华民族优秀文化的发掘与弘扬上，他推崇徐霞客和宋应星，重新编订《徐霞客游记》，重印《天工开物》。

2. 实践第一，理性分析的科学精神

科学和民主是五四新文化运动的响亮口号，丁文江是在其后期代表科学的知名人物。他长期留学英国，既通晓地质学、生物学的专门知识，同时又接受了社会达尔文主义的哲学理念，丁文江将这种方法归结为："用理论的方法把一种现象或是事实来做分类，然后了解它们相互的关系，求得它们普遍的原则，预料它们的结果"。他用这种思维方法来指导地质科学研究、地质事业开创时期的建设，取得了公认的业绩。在纪念他诞辰120周年时，国土资源部原部长、中国地质学会理事长孙文盛献上了"学问大家会办事，奠定基础引潮流"的题词。

20世纪20年代初，文化界出现一股与"五四精神"逆流而动的思潮，其代表言论是1923年2月张君劢发表的题为"人生观"的讲演。丁文江非常担心其观点"与科学为敌，深恐有误青年学生"，就在《努力周报》上迅速刊出了第一篇反驳文章，由此拉开了文化界"科学与人生观"的大论战。胡适支持丁文江的观点，在他后来写的《丁文江的传记》中，将争论要害归纳为：表面看来是在争论科学能否解决人生观问题，但这个问题背后，还有一个问题，这就是张君劢认为，由于科学发展才导致第一次世界大战给欧洲带来如此大的灾难，致使科学已成为一些欧洲人厌恶的东西，因此中国青年人当然应该回到那些"侧重内心生活之修养"和"自孔孟以至宋元明之理学家"了。胡适说，正是张君劢的上述观点使丁文江"引为隐忧"，奋起反驳。在这场论战中，科学派的基本观点得到包括陈独秀、瞿秋白等人在内的较多人的支持，对刚刚起步的中国新文化运动，起到重大推动作用。丁文江从那时起就不断发表弘扬科学精神的文章。1935年，针对社会上某些人以30年前封建没落的观点贬低和指责青年，他发表了《现在中国的中年与青年》的文章。指出只要用新文化的标准来评价青年，就会发现他们在"体格，知识，能力和道德与二三十年前的青年比"都有很大进步。美国历史学家费侠莉在《丁文江——科学与中国新文化》一书中，充分阐述了丁文江在弘扬科学精神方面的巨大影响："作为一位杰出的科学家，他是第一位这样的中国人，既从技术观点又从哲学的观点研究西方的科学，感到根据科学思想原则教育同胞是自己的责任"。

3. 宽宏大度，提携后辈的博爱情怀

从个人修养做起，以仁爱之心去处理人际关系，这既是中华民族重义轻利的美德，也是团结群众取得事业成功的必要条件。丁文江在这方面也堪称楷模，体现在他对前辈与同

事的尊重与关心,对学生的提携与培养,对后进者的包容与劝进等多个方面。

领导人的道德垂范和精诚团结是地质调查所的成功崛起的重要因素。叶良辅回忆:"领导我们的老师是章、丁、翁三先生。他们极少用言辞来训导,但凭以身作则在潜移默化。"他们"奉公守法,忠于职务,虚心容忍,与人无争,无嗜好,不贪污,重事业,轻权利",从而使"地质调查所内部,颇富于雍容和睦与实事求是的风气"。丁文江还与葛利普、安特生等一些西方地质大家结下深厚友谊,堪称中西方文化渗透、融合的典范。胡适等同辈亲切称他为"丁大哥",在他逝世20周年后,胡适著《丁文江的传记》,是胡适传记文字中篇幅最长的力作。梁启超年长丁文江14岁,相互景仰和欣赏,友情高洁,梁去世后丁受其家人委托编写了80多万字的《梁启超年谱长编》。

丁文江对学生和后辈的提携关爱更是无与伦比。赵亚曾1923年毕业于北京大学地质系,被誉为"地质学的天才",丁视他为传业弟子。1929年11月赵在地质考察中被土匪杀害,丁文江哭了一整夜,说是"遭了平生最大的打击",他尽心抚恤家属,把其长子带在身边抚养,此事在地质界传为佳话。1935年毕业于北京大学地质系的崔克信先生,他是丁文江直接教授过的学生。虽然百岁高龄,但对往事记忆犹新,他说:"我是一个成绩优秀但家境贫寒的学生,成长的每一步都得到丁老师的关怀,'标本画得好',老师在身旁鼓励我;我回家没路费,老师资助,帮助我联系奖学金;毕业后又介绍我到地质调查所工作"。"丁老师是我的恩人,对他的早逝,我非常悲痛,多次想起来就暗自流泪"。丁文江对后辈的关爱还表现在对他们的过错真诚而率直规劝上。从哈佛学成归国的中央大学某教授,耗费主要精力去做房地产,专业上毫无成绩,丁文江亲自找他谈,指出"你本应有所作为,再不认真做专业,我就建议校长解聘你"。丁文江的坦诚规劝使他深受感动,从此面貌一新。

4. 独立思考,直言争辩的创新思维

章鸿钊比丁文江年长10岁,与他交往时间长、相知深。章在悼唁丁文江的挽联中写道:"数交游中惟真最难得,能让易,能争非易,从今而后,几疑直道与偕亡!"一语点中了丁文江最难得的品格:敢为求得真理而争辩。在这方面丁文江有几个值得称赞的特点。

首先,在振兴中华这个前提下,丁文江总是根据个人了解的情况发表独立意见,从不随声附和。如访问苏联回来后对共产主义价值取向和奋斗目标的赞扬,就是当时政坛的又一种新声。

其次,通过争论能达到辨明是非、集思广益的作用,或是能提出发人深省的新颖见解。例如,对如何用汉文表达地质名词这样的学术问题,丁、翁、章各执一词,经争论最终服从翁。对于教育部要搞"相同学系归并"的决策问题,丁文江说:且慢,这是一件很重大很不容易的事,必须有调查、有标准,不可以几个人说了算。又如他公开发表《假如我是蒋介石》等一系列文章,提出加强国民党内部团结、积极备战等主张。

最后,丁文江的文章是与人为善、摆事实讲道理的,虽然尖锐泼辣,但不含侮辱与谩骂。这样,不同意见得到充分阐发,学者之间又保持和谐、友谊与心情舒畅的局面。丁文江逝世后,张君劢敬献的挽联是:"科玄争,是非虽各执;义利辨,朱陆本同乡。"

精神财富是一个民族先进文化的重要组成部分,它具有世代传承和教育后人的意义。丁文江留下的精神财富的现实意义在于:强调自强不息的服务意识;用科学指导实践的发展观;献出爱心构建和谐社会;独立思考直言相谏,以利于学术繁荣、技术创新、正确决策和造就杰出人才。

刘东生在2007年3月为纪念丁文江诞辰120周年时评价道:"丁文江先生(1887～1936)是中国现代地质事业和地质科学的主要创始人之一。他也是中国自然科学的开拓者和启蒙者。他是中国现代自然科学的伟大实践家、受人爱戴的领导者和富于哲学思维的科学思想家。他一开始就赋予中国地质学以全球性使命,为中国地质科学屹立于世界之林和不断发展打下了思想基础。丁文江先生从一开始就把矿产资源开发放在中国地质工作的首位和重点,这就给新中国成立以来地质矿产事业的发展准备了条件,并开拓了不尽的前景。丁文江先生在注意发展地质矿产事业的同时,十分注意与地质学相关的其他学科的发展与应用,丰富了地质学的生长壮大,预见性地为地质学的未来开辟了道路。丁文江先生特别重视科学发展中人的因素,他的提拔后辈和宽宏大度为中国地质科学历史留下了文化底蕴,是中国地质科学宝贵的财富。"

三、丁文江主要论著

丁文江.1914.动物学(中学及师范学校教学用书).上海:商务印书馆

丁文江,梭尔格,王锡宾.1914.调查正太铁路附近地质矿务报告书.农商公报,1:1～2

丁文江.1919.地质汇报创刊序言.地质汇报,创刊号:1～3

Ting V K. 1919. Report on the geology of the Yangtze Valley below Wuhu. *Whangpoo Conservancy Board, Shanghai Harbour Investigation*, 1 (1): 1～84

翁文灏,丁文江.1920.矿政管见(附修改矿业条例意见书).北京:农商部地质调查所

丁文江,翁文灏.1921.中国矿业纪要.地质专报,丙种,第1号:1～46

丁文江.1923.玄学与科学.努力周报:48～49

丁文江.1923.玄学与科学——答张君劢.努力周报:54～55

丁文江.1928.徐霞客年谱//丁文江编.徐霞客游记(上册).上海:商务印书馆:1～69

Ting V K. 1929. The orogenic movements in China. *Bull Geol Soc China*, 8 (2): 151～170

Ting V K. 1931. On the stratigraphy of the Fengninian System. *Bull Geol Soc China*, 10: 31～48

丁文江,曾世英.1931.川广铁道路线初勘报告.地质专报,乙种,第4号:1～85

Ting V K, Grabau A W. 1933. The Permian of China and its bearing on Permian classification. *Reports of the 16th International Geological Congress*, Washington: 1～14

Ting V K, Grabau A W. 1933. The Carboniferous of China and its bearing on the classification of the Mississippian and Pennsylvanian. *Reports of the 16th International Geological Congress*, Washington: 1～17

丁文江,翁文灏,曾世英.1934.中华民国新地图.上海.申报馆

Ting V K. 1935. Notes on the records of droughts and floods in Shaansi and the supposed desiccation of Northwest China. *Geografiska Annaler*, 14: 453～461

丁文江编.1936.爨文丛刻(甲编).上海:商务印书馆

丁文江.1937.云南个旧附近地质矿务报告.尹赞勋整理.地质专报,乙种,第10号:1～51

丁文江.1947. Geological Reports of Dr. V K Ting (丁文江先生地质调查报告).黄汲清,尹赞勋等整理.经济部中央地质调查所

丁文江.1998.游记二种.陈子善编订.沈阳:辽宁教育出版社

主要参考文献

胡适.1956.丁文江的传记.台北:台湾传记文学出版社

夏绿蒂·弗思.1987.丁文江：科学与中国新文化.丁子霖等译.长沙：湖南科学技术出版社
王仰之.1989.丁文江年谱.南京：江苏教育出版社
丁琴海.2001.丁文江.石家庄：河北教育出版社
欧阳哲生主编.2008.丁文江文集（共七卷）.长沙：湖南教育出版社

撰写者

丁海曙（1937~2009），江苏泰兴人，清华大学医学院生物医学工程系教授，博士生导师。享受国务院政府特殊津贴。

林林（1969~），江苏泰兴人，现任泰兴市文学艺术界联合会副主席。长期从事丁文江研究，著有《丁文江传》。

林任申（1936~2012），江苏泰兴人，黄桥历史文化研究会会长。长期从事丁文江研究，著有《丁文江传》。

※※※※※※※※※※※※※※※※※※※※※※※※※

何杰

何杰（1888~1979），广东番禺人。地质学家，矿业工程学家，宝玉石学家，地质教育家。1906年考入河北省唐山路矿学堂。1909年留学美国，1914年获理海大学地质学硕士学位后回国。先后在北京大学、北洋大学、中山大学、唐山工学院、重庆大学、广西大学、北京矿业学院等校任教。曾任北京大学地质学系首任主任、北洋大学矿冶系主任兼教务长、中山大学地质系主任、两广地质调查所所长、重庆大学矿冶系主任、唐山工学院矿冶系主任、广西大学教务长兼工学院院长及矿冶工程系主任、唐山铁道学院采矿系主任，以及湖南杨梅山煤矿矿长兼总工程师等职。他的《宝石》（1923）、《中国北方通用的宝石——变石》（1924）和《宝石之鉴别》（1937）等，是我国宝玉石领域的奠基性著作。他在若干高等院校从事地质矿冶学科的教学工作，承担了多门课程的讲授任务，亲自编写讲义，辅导野外实习，参观矿山等；同时他也重视校园文化的提升，对学校建设有重大贡献，培养了大批优秀人才。他的《露头与矿床的关系》（1922）和《石油探测方法简说》（1946），是我国矿产测勘领域早期的开拓性著作，有很大的实际指导意义。他长期从事矿产勘探和开发的实践，为国家经济建设做出了贡献。

一、简　　历

何杰，原名何崇杰，字孟绰。1888年2月15日生于广东省番禺县大石乡村，1979年12月21日于广州去世，享年91岁。

何杰的父亲何蓬州是清朝禀生，在他的严格教育下，何杰养成了勤奋学习、刻苦务实的优良品质。1901年，13岁的何杰只身到广州市谋生与求学，在美国教会办的格致中学（岭南中学的前身，后发展成岭南大学）半工半读，成绩优异。1906年，他已读到了大学预科，由于中文、数学基础都很好，英文也有功底，后就考入英国人开办的河北唐山路矿学堂（后改称为交通大学唐山工程学院）。最初他学采矿，后又改学铁道管理。1909年，他考取了美国的"庚子赔款助学金"赴美国留学，进入科罗拉多矿业学院攻研煤矿开采工程，1913年毕业时获采矿工程师学位。继而获得宾夕法尼亚州伯利恒市的理海大学（Lehigh University）研究院奖学金，攻读地质学，并很快获理学硕士学位。1914年，何杰回到祖国。最初在北京大学任工程教授。北京大学早在1909年即成立"地质学门"，1913~

1916年停办，1917年恢复招生，1919年改称"地质学系"，这是我国高等学校中最早成立的地质学系，何杰为首任系主任。他在任7年，主讲过的课程有地质学概论、经济地质学、中国矿产专论、采矿工程、钢铁专论等。何杰在北京大学期间，曾和马寅初、胡适、王世杰、顾孟余、李四光等教授一起参加李大钊领导的反对北洋军阀干预学校行政和克扣学校教育经费的斗争。

1924年，何杰应聘到天津北洋大学，任矿冶系教授、系主任，并兼任教务长。北洋大学是我国最早的理工科大学。何杰协助校长刘仙洲进行教育改革，以适应我国国情，并逐步启用本国教师。那时正值第二次直奉战争，军阀混战，政局动荡不安，学校经费常常断绝，部分教师迫于生计，不得不离职另谋出路。何杰对广大师生员工怀有深厚的感情，始终坚守着自己的管理和教学岗位。在长期经费无着落和发不出工资的情况下，他就典当自己的财物以解决一家七口人的生活问题。他们有时还直接处在战争威胁之下，有一次交战双方就在北洋大学校园内开火，何杰仍坚持到学校办公、处理校务，当他下班返回宿舍区时，战斗越来越激烈，幸得一名校警及时提示了他，何杰才避开了流弹的威胁，平安地返回家中。

北洋大学原是直隶（河北）省立的大学，后改为国立，并更换校长。在学校改变隶属关系期间，当时的教育部任命何杰为校务维持委员会主任委员，代理校务。以后茅以升任校长，何杰仍为教务长。

1931年，何杰应聘到广州任中山大学地质系主任。两广地质调查所就设在该系内，他兼任所长。在任所长期间，他领导和组织了全所地质科技人员在广东、广西从事地质矿产调查和科研工作，甚至兼顾地震学及其他问题的研究。他领导增设了《两广地质调查所特刊》等学术刊物。他本人也亲自深入野外地质实践，特别对两广境内的煤矿做了研究，为富川煤矿、合山煤矿等的开发和矿山建设，做出了很大贡献。

1937年，日本发动全面侵华战争，华北主要产煤区沦陷，为了满足粤汉铁路及湘粤等省境内工厂的能源需求，国民党政府设立了湘南煤矿局，何杰被借调到该局，到湘南宜章一带整顿小煤窑，建立了一个大型现代化煤矿——杨梅山煤矿，他担任矿长。不久，交通大学唐山工程学院和北平铁道学院合并，迁往贵州平越（现福泉市），改称交通大学贵州分校，他应分校负责人茅以升之聘，到该分校任教。

1940年，何杰转到重庆大学任矿冶系主任，同时兼任经济部采金局技正、工务科长，又兼金矿勘探队队长。他也到迁往四川乐山的武汉大学矿冶系任过教。

1942年，迁往广东乐昌县坪石镇的中山大学理学院院长一度空缺。重庆国民政府教育部委托何杰前去主持校务，接任院长一职，并且第二次出任该校地质系主任和两广地质调查所所长。

抗日战争胜利以后，何杰于1946年到河北唐山工学院矿冶系任教授、系主任。1947年，他又应聘到广西桂林，任广西大学教务长。后又兼工学院院长和矿冶工程学系主任。当年夏天，该校学生与全国学生一起开展了"反饥饿、反内战、反迫害"的斗争。示威人游行遭到了反动当局的残酷镇压。7月8日凌晨，广西省保安司令部的武装特务闯入广西大学，是时校长陈剑修不在学校，他们找到代理校长何杰，出示捕人密令。何杰严厉地回答说，毕业生已离校。武装特务就包围校本部二、三年级宿舍，逮去学生方允中、李竟生。接着他们又到良丰分部逮走了体育教师刘云，学生潘广燧、李启光、陈名钰，最后又在桂林市抓去学生廖茂金。

这年秋季开学后，由进步学生掌握的第三届学生自治会和各系学生自治会常务理事组成了"营救被捕同学委员会"，立即开展对7月被捕师生的营救工作，何杰挺身而出，多次与学生自治会代表一同到广西省政府及警备司令部进行交涉。斗争延续了八九个月，终于迫使广西省政府于1948年4月30将全部被捕师生7人释放，何杰代表学校保释。他不畏白色恐怖的威胁，以实际行动支持学生的爱国运动，这种精神是难能可贵的。

1949年，人民解放战争进入决胜阶段，国民党统治区经济陷入全面混乱和崩溃，"金圆券"迅速贬值，物价飞涨，广西大学全校师生再度走上争温饱、争生存斗争的第一线。三、四月间，该校教师罢教，全校工作陷于停顿，原校长调离，新任校长的正式任命未到，该校于4月28日成立"临时校务维持委员会"，何杰为主任委员，直到6月初新校长到任，何杰仍被聘为教务长。

1949年4月，南京解放以后，国民党政府迁往广州。广州社会局面也十分动荡，有钱人携家眷迁往港澳或国外。广州市内国民党党政机关，包括广东省教育厅都开始陆续迁往台湾。地处广州市远郊石榴岗的广东省立文理学院（现华南师范大学）成了无人管理的"烂摊子"，原任院长已离职，又无人愿意出面收拾残局，学校人心惶惶，完全瘫痪。在这最困难的关头，何杰临危受命，就任了该院院长之职。他不愿听任这所高等学校毁于战乱，而是坚决把这个濒临"散架"的教育机构支撑起来。尽管当时局面动荡，广州市内很多学校都停了课，而何杰主持下的广东省立文理学院却与往常一样在9月间开学上课。由于远郊治安不靖，何杰只身住在院内，指挥师生员工和家属投入护校和迎接解放的斗争。10月中旬，广州解放，整个学校完好地交到了人民政府手中。

广州解放后，何杰将学院移交给了广东省军管会，他本人返回解放了的广西桂林市。1949年12月28日，桂林市军事管制委员会任命了由23人组成的广西大学校务委员会，何杰任常务委员，并被任命为教务长。

1951年初，何杰调任唐山铁道学院教授兼采矿系主任。

1952年，全国高等学校院系调整，何杰又被调到天津，参与筹建中国矿业学院，培养煤炭工业的高等技术人才，他花费了大量心血和精力于选择校址及进行总体设计等方面工作。后来校址建在北京，改称北京矿业学院。何杰被任命为教务长，后又任副院长，主要分管全校教务工作。

何杰也很热心于社会活动与横向学术交流活动。他于1920年在北京发起成立中国矿冶工程学会并任理事。他早年参加中国地质学会，并于1924~1927年当选为学会第3~5届评议会（相当于后来的理事会）的评议员（相当于后来的理事）。1939年，他在贵州平越参加了中国工程师学会。1952年他在天津以教育界代表的身份参加天津市各界人民代表大会。1962年12月，74岁的何杰作为当时健在的年龄最大的老会员出席了中国地质学会第三届全国会员代表大会。他在会上发表了热情洋溢的讲话，回顾了我国地质科学事业的发展历史，特别勉励年轻的地质工作者要开来继往，发奋图强，夺取新的胜利，讲话对与会者及全体地质工作者都是很大的鼓舞。1964年，他发起成立北京市煤炭学会并任理事，又兼任《煤炭学报》总编辑。同年他参加了北京市国际科学讨论会，会上他回顾了中国地质学和采矿事业的发展历史。

何杰在担任北京矿业学院领导的10多年中，对学院各方面的建设贡献很大。然而"文化大革命"十年动乱里，他却惨遭打击迫害，并被迫离开自己心爱的工作岗位而返回原籍广州。改革开放之后,这位耄耋老人又豪情满怀地出来工作。他主动向国务院提出在北京建立原北京矿业学院(当时已改为"四川矿业学院")的研究生院(即现在的"中国矿业大学北京研究生部")。中美建交后,美国科罗拉多矿业学院代表团访华,还专程拜会了何杰教授。借此机会他与该代表团谈判并达成协议,请科罗拉多矿业学院多为我国培养矿冶专业的高级人才提供方便条件。

何杰还在广州市内积极参加各种学术会议,并主动向广东省煤炭工业局及有关机构提出开发该省矿产资源的方案,颇受各单位重视。他因此被增选为广东省政协第四届委员会委员。

1978年3月,具有里程碑意义的全国科学大会在北京召开,何杰作为广东省代表团成员之一出席了大会,他是这次大会上年龄最大的代表,受到了与会代表的格外推崇。在大会期间,何杰会见了一批早期成名的学生,其中有:孙云铸(83岁)、杨钟健(81岁)、许杰(77岁)、裴文中(74岁)、黄汲清(74岁)、王之玺(71岁)、黄秉维(65岁)(以上7人都在1955年当选为中国科学院首批学部委员即院士,前5人均为北大地质系毕业生)、王恒升(77岁)、高振西(71岁)、陈国达(66岁)(以上3人均在1980年当选为中国科学院学部委员即院士,前2人均为北大地质系毕业生),师生见面,情意深长。当时主管全国科技工作的国务院副总理、中国科学院院长方毅还特地到广东省代表团住处看望何杰,表示敬意。大会后,何杰又应邀去南宁市参加广西壮族自治区成立20周年的庆典活动,给广西地质科学界、矿冶界的同行及晚学后生们留下了深切的情谊和美好的回忆。

二、工作业绩与学术成就

1. 矿产勘探领域

1921年何杰在北京大学地质研究会做了题为"露头与矿床之关系"的演讲,由学生赵国宾笔录,后发表于《国立北京大学地质研究会年刊》第1期,同时亦为中华矿学研究会主办的《矿业杂志》第5卷第1期所转载。该文主要讲了露头之原始、露头之类别、露头之功用和露头之探寻4个问题:

(1) 露头之原始。今之"露头"泛指出露在地表的基岩(没有被浮土、植物所掩盖),而当时所说的"露头"是指出露在地表的矿床。他认为矿床出露地表的原因中,由于矿床本身就向上延伸而达于地表的情况较罕见,更多的是由于原来掩盖矿床的围岩被风化剥蚀以致使矿床露出来。

(2) 露头之类别。主要分为两类:一类是突兀于高山之上,因为周围岩石被风化剥蚀而使坚硬的岩石巍然耸立,此类多半与矿床无关;另一类是矿脉露头,很有价值。他认为地下水能渗入的矿脉露头,地下必有次生富集的好矿床。

(3) 露头之功用。他一共指出了3点:①定矿床之倾斜及走向。开矿时可循此前进,保证成功。②定矿床之价值。露头之原生矿物无变化者,地下必无次生富集,矿床必不佳。相反,若矿床原生矿物在露头上已全被风化而变成其他矿物,则下面必有次生矿富集,矿床必很好。③定矿量之大小。露头若宽阔,矿质无大变化,上下质量差不多相等,露头如软小低下,矿质变化必大,次生富集亦必多。

(4) 露头之探寻。可以从先发现"转石"开始,"转石"从原生基岩上脱落出来在山坡上滚动滑移。转石越大、越多、外表越粗糙则露头就在附近；转石若小、少、外表越圆滑，则离露头越远。

何杰曾在经济部资源委员会矿产测勘处发表过"石油探测方法简况"的演讲，由曹瑞年笔录，经整理于1946年发表于《矿测近讯》。他首先将石油的成因大致分为"无机说"（碳化说）和"有机说"两类，而他本人倾向于"有机说"，认为是大量生物遗体在水底经温度与压力作用，日久变为石油。他又认为石蜡质石油质纯而轻，是植物遗体形成的，而沥青质石油成分较复杂，较重浊，是动物遗体形成的。

在该文内，他总结了当时的产油国家及产油地层年代。论述了石油作为液体矿产之运移性质。他指出油田最理想之储油构造为背斜层及穹形（穹窿）层，但潜水面之高低亦可决定储油在顶部或翼部。另外，断层的作用也有两种可能，或逸失，或储藏。若干特殊的岩相也能储油，如海岸沉积之不透水层中央有多孔性疏松岩层则可储油。

他认为矿山工作重要分为"觅"（prospecting）、"探"（exploration）、"开"（development）和"采"（production）4个部分。先觅后探，觅矿方法有4点：①看表面之标志：油泉、气泉、沥青湖、泥火山、岩盐及盐泉等。②等碳线法：在产煤地区，采样分析固定碳含量，画出等碳线图，一般情况下，固定碳比值超过65%者有油之希望越少，故应在固定碳比值低之处详查。③固定走向寻油法：在一地区，若已发现油层有在一直线方向延伸倾向，则可参考一定走向去寻油。④可能产油层寻油法：岩石中之氮氧比值亦为重要参数，氮氧比值高者，可确定为无油。

谈到勘探之方法，也分为4个大类：①手钻开坑试探法。②浅井试探法。③地球物理试探法。包括磁力试探法、重力吸引试探法、地震仪试探法。④地球化学试探法。采集地表岩石中排出之气体分析碳氢化合物之含量，含量多则探油有望。

2. 宝玉石学研究

何杰是我国近现代地质学家中研究宝石的先驱者之一。早年他在美攻读硕士学位时，就对宝石研究产生了兴趣。回国后因国家动荡、经济萧条、宝石市场不景气，加上身负工作重任，一直无暇深入研究宝石学。1923年，他在北京大学地质研究会发表了题为"宝石（Gems and precious stones）"的演讲，由学生郁士元笔录，整理后发表于该会年刊上。该演讲一共谈了宝石的分类、价值及主要性质、雕琢及装镶方法、人工仿做技术及其真伪鉴别方法等。该文也曾在《北京大学日刊》上连载。

1924年何杰在中国地质学会年会上做了题为"The popularity of alexandrite as a gem-stone in North China"的学术报告，全文在《中国地质学会志》上发表，题为"Alexandrite and its popularity as gem-stone in North China"（《中国北方通用的宝石——变石》），该文对变石的名称来由、化学组成、光学特性、地质产状和产地进行了介绍。

变石有种独特的性质——"白天像绿宝石，晚上像紫水晶"，随着光照而改变颜色。该文对变石这一性质提出了3种可能解释：①可能存在某些Be和Cr以外的未知元素或化合物，但它们目前还没能鉴定出来；②矿物中铍化合物的细微变化或化学变化可以使得反射光和透射光行为产生差异，与大气中的细微质点常常影响到天空的颜色这一现象有相似的性质；③变石结晶化过程所处的特殊条件。

何杰1937年在以他为首参与创办的中山大学《大地》杂志上发表了《宝石之鉴别》一文，基本内容与1924年的《宝石》一文相同。在某些方面作了更进一步的发挥，并作了一些补充。在宝石的硬度方面，他把常见宝石按硬度由大到小排了次序，最后还专门对我国社会流行已久的宝石真伪鉴别法进行了详细论述。以琥珀为例，可注意以下几点：真者摩擦后能生电，可吸纸片，伪者不行；将二者置于酒精中则伪者易溶解；伪者带樟脑味，真者无；若伪者由玻璃制成，则比重较真者为大，且硬度较真者为高。

3. 矿业工程建设

何杰不仅从事地质矿冶教育，而且亲自办矿，参加矿业实践，这样使他有目的地培养地质矿冶专家。抗日战争全面爆发之初，他担任湖南宜章杨梅山煤矿矿长兼总工程师时，他一方面调查民办的土煤窑分布情况，一方面根据已有的地质资料进行现代煤矿矿山的设计和开发，并实行边开采边建矿的方针，尽快满足战时煤炭的急需。同时还着力组织铺设粤汉铁路白石渡火车站到杨梅山煤矿的轻便铁路，用手推矿车运输代替人工肩挑，减轻工人的劳动强度，提高了生产效率，煤炭产量因此大幅度提高，使湖南和广东境内对煤炭的需求基本上得到了满足。当时广州的石井兵工厂炼钢急需焦炭，何杰在矿上建了焦炭窑，并不断改进生产技术，终于生产出了符合要求的工业焦炭。1938年10月，广州、武汉相继沦陷，煤炭需求量大大减少。何杰见自己辛苦建成的矿山规模已经定下，生产走上正轨，因此就辞去矿长和总工程师职务，而应交通大学贵州分校之聘前往贵州平越县（现福泉市）就任该校矿冶系教授兼系主任，继续从事教育工作。

4. 矿冶教育和人才培养

何杰长期在国内高等院校担任地质和矿冶专业的教学工作，从1914年至1979年的65年里，他除了有一年专门经营杨梅山煤矿外，其余基本都是在学校任职。不仅上教室讲课，而且兼系主任、院长、教务长，乃至代理校长等职务。

他为了帮助学生克服缺乏教科书的困难，一方面，组织人力物力，在校内自行影印外文科技书、教科书，由学校借给学生使用，人手一册，课毕归还。另一方面，他自己精心编写讲义，其中大部分用英文写，掺杂中文，配合实行"双语教学"。

"普通地质学"是地质和矿冶专业学生必修的专业基础课，被一些老教育家喻为"三字经"，此课描述性强，涉及面广，对引学生入门、培养专业兴趣作用大。何杰一般亲自讲此课，他知识面广、才兼文理，讲课条分缕析、逻辑性强、语言生动且深入浅出，又采用了幻灯、图片等先进的教学手段，使学生兴趣盎然，不但为地质矿冶专业学生所倾倒，也吸引了不少外系外专业学生来选修旁听。所以他上此课时场场爆满，不得不一再更换大的教室。他更重视教学实习，常亲自带学生踏勘地质剖面，参观矿山等。

何杰对教学工作还有长远的眼光。有的学生认为地质矿冶科学是经验科学，多半是定性描述，因而对数理化那样的逻辑科学重视不够，甚至有人错误地要求免修高等数学。何杰却对他们耐心解释，强调数理化基础很重要，是使地质矿冶科学走向精密准确、达到现代化的必要前提，所以坚决要规定为必修课，学生们对他的教导心悦诚服。国民党政府教育部为表彰何杰卓越的教学工作，特授予他采矿专业"部聘教授"的荣誉称号。

何杰还注意教学与学术交流的关系。他在北京大学任地质系主任时，支持学生组织成立"北京大学地质研究会"（后改称"北京大学地质学会"），还出版发行年刊及会刊。他任中山大学地质系主任时，又支持建立中山大学地质学会，并出版发行《大地》杂志，并在第一卷（创刊号）上发表了"发刊词"，还发表了自己写的科普文章《宝石之鉴别》。他后来捐款国币 500 元（在当时是一笔很大的数目）给《大地》月刊建立奖金，鼓励青年进行地质、矿冶等方面科普创作。

何杰除教学外，也参与管理，长期担任系主任、院长、教务长等职。他重视校园文化的建设，在他担任北京矿业学院副院长时期，积极引导开展各种文娱体育活动，让校园生活丰富多彩，为教与学的环境营造轻松愉快的气氛。在建校之初，办学经费并不宽裕，他果断地极力主张拨出巨款搞体育设施，特别是建一个大游泳池，得到全体领导的支持。他不但热心支持组织各类体育运动队，开展各种运动比赛，而且自己以古稀高龄而率先垂范，积极锻炼身体，又亲自报名参加体育比赛，使师生员工深受鼓舞。他还促使工会经常举办各种文化娱乐活动，充实员工的业余生活。他还曾促进北京矿业学院与当地政府协作，在五道口修建了具有较高档次的"工人俱乐部"，常上演戏剧、放映电影，成为当地文化活动的重要中心。五道口附近"八大学院"的师生和当地居民莫不交口称赞他为大家办了件大实事、大好事。

何杰明确上述一切都是为教学这个中心服务的，他非常强调教学质量。他着重抓紧各种专门实验室的筹建工作，如筹建水力采矿法、重介质选矿、石墨精选实验室等，以提高科研水平，给教学以更大的支撑。他先后聘请苏联、波兰和民主德国的专家教授来校讲学和指导科研，培养了大批高水平的研究生和青年教师。他还筹办出版了《北京矿业学院学报》，加强学术交流，弘扬该院的学术成就。他又组织教师和有关人员成立编写班子，编纂一批高质量的教科书和工具书，如他们率先在国内出版的《数学手册》（1959）和《英汉矿业词典》（1966）等大型工具书就很受全国广大读者欢迎。北京矿业学院上述成就和业绩，在北京以至全国高教界、科技界享有崇高的声誉。

何杰知识渊博，德高望重，桃李满天下。他工作认真负责，公而忘私，国而忘家，在抗日战争的动荡艰苦环境中，他为了工作而与家人分居达 8 年之久，他的一个儿子就在分离之中死于恶性疟疾。他为祖国地质科学与矿产事业竭能尽智，体现了一个爱国科学家献身科学的品质。

1988 年，在广西大学举行了"纪念何杰教授诞辰一百周年学术报告会"，原广西大学校长侯德彭亲临会议。参加会议的有各方面专家、学者、广西大学校友、师生等，其中不少是何杰的学生，还有何杰的两个儿子——中国科学院华南植物研究所研究员何绍颐，以及中南工业大学（现中南大学）教授、博士生导师何绍勋。何绍勋教授还在会上作了学术报告。后来由广西大学编印了《纪念何杰教授诞辰一百周年学术报告会论文集》，表达了对这位地质矿冶学家的深情缅怀和崇高敬意！

三、何杰主要论著

何杰. 1922. 露头与矿床之关系. 国立北京大学地质研究会年刊，(1)：1~6
何杰. 1923. 宝石. 国立北京大学地质研究会年刊，(2)：15~36
Ho C. 1924. Alexandrite and its popularity as a gem-stone in North China. *Bull Geol Soc China*, 3 (2)：183~190
何杰. 1937.《大地》发刊词. 大地，(1)
何杰. 1937. 宝石之鉴别. 大地，(1)：11~19
何杰. 1946. 石油探测方法简说. 矿测近讯，(61)：7~10

主要参考文献

王兆南. 1988. 在纪念何杰教授诞辰一百周年学术报告会上的开幕词//广西壮族自治区科学技术协会. 纪念何杰教授诞辰一百周年学术报告会论文集. 南宁：广西大学校友会：1

王奇浩. 1988. 纪念何杰教授//广西壮族自治区科学技术协会. 纪念何杰教授诞辰一百周年学术报告会论文集. 南宁：广西大学校友会：2

荣国器. 1988. 我国老一辈地质、矿冶教育家，原国立广西大学教务长兼工学院院长和矿冶工程学系主任何杰教授（1888～1979）生平简介//广西壮族自治区科学技术协会. 纪念何杰教授诞辰一百周年学术报告会论文集. 南宁：广西大学校友会：3～5

王恒礼，王子贤，李仲均. 1989. 中国地质人名录. 武汉：中国地质大学出版社：77～78

何绍勋. 1990. 何杰//黄汲清，何绍勋主编. 中国现代地质学家传（1）：长沙：湖南科学技术出版社：24～32

撰写者

潘云唐（1939～），生于四川合江，祖籍湖北广济（现武穴），中国科学院研究生院教授。

由雪莲（1984～），辽宁辽阳人，中国科学院地质与地球物理研究所沉积学与石油地质专业博士研究生。

****

李学清

李学清（1892～1977），江苏吴江人。地质学家。1916年毕业于农商部地质研究所，是我国自己培养的第一批地质学家之一。毕业后入地质调查所工作。1922年赴美国密歇根大学地质系攻读矿物学和岩石学，获硕士学位。曾任地质调查所矿物岩石研究室主任、两广地质调查所技正兼中山大学地质系教授、中央大学地质系主任、南京大学地质系教授等职。他长期从事矿物学和岩石学的教学与科研工作。对四川含硫化物的橄榄岩所做的研究，是我国首次对含镍的超镁铁岩的研究报道；首次论述了华北及邻区寒武纪地层中的特殊沉积岩的成因及其生成的古地理条件；首次对黄土进行化学分析并对其矿物成分进行研究，具有开创性意义。他是我国宝玉石矿物学研究的先驱之一，对冻石、独山玉、寿山石等都有过研究。在中央大学工作期间，担任地质系主任长达11年，主要从事地质教育工作，讲授矿物学及岩石学等课程，培养了一批卓有成就的地质学家。他是中国地质学会26名创立会员之一，参与了《地质论评》的初创并担任编委。

一、简　　历

李学清，字宇洁。1892年12月20日生江苏吴江震泽镇，1977年5月1日于南京去世，享年85岁。

李学清的祖父及父亲从商。其父曾在震泽设店，经营茶叶，盛时扩展成3爿，颇兴旺。但不幸遭遇邻居火灾，受池鱼之殃，致使家道突然中落，陷入困境。家庭生计，全赖其母及二位长姊代人缝补而维持。

李学清幼年时代，在原籍依靠母亲生活。后稍长，入私塾接受启蒙教育，稍后再受正规小学教育。1907年随母迁居上海，与父兄共同生活，小学结业后，入南洋中学，于

1913年毕业。毕业时，适值工商部任命丁文江为该部所属之地质调查所所长兼任地质研究所所长。丁文江是一位重视教育的人，早年留学英国，攻读地质学，曾在南洋中学任教一年，李学清听过他所开的地质学入门课。为开展地质调查工作，丁文江与章鸿钊、翁文灏合作，筹划成立地质培训班，于1913年10月开学。事先在北京和上海两地，刊发招生广告，言明可免除学费入学，且毕业后可留工商部任职。李学清经考试后被录取。1916年，地质研究所学生毕业考试，获得毕业证书者仅18人。这便是由我国学者亲自培养的最早一批地质调查研究人员（俗称"十八罗汉"）。当时他们中的多数被地质调查所留用，从而形成了一支地质矿产调查队伍，成为我国矿产资源和地质调查的开路先锋，为我国的地质事业做出许多贡献。

李学清两度聆听丁文江授课。丁文江深入浅出地解释一些地质现象和概念。例如，中学时代的地质入门课上，对"侵蚀"这一概念的解释，丁文江以夏日阵雨过后，马路上的泥土被雨水冲洗显露出石块为例说明，讲得生动活泼，简明易懂，学生们极易接受而且牢记勿忘。李学清称丁文江为恩师。他刚入地质调查所工作不久，被丁文江叫到办公室，问他愿做室内工作还是野外工作。李学清回答说自己身体欠佳，愿做室内工作。丁文江告诉他准备把他派他到安南（现越南）师从那里的法国学者研究古植物化石。后因病而未能成行。1920年恢复健康后，丁文江又建议他去国外研究矿物。1922年，李学清以自身的薪金以及部分研究所津贴为支撑而赴美，在密歇根大学攻读矿物学和岩石学。两年后，获硕士学位。随即应地质研究所之召，返回原单位工作，且晋升为技师，任矿物岩石室主任并兼任图书馆馆长。至1928年10月离职，前后共计12年。任职期间，曾于1926~1928年兼职于北京大学地质系，讲授岩石学等课程。

1928年11月，李学清应邀至两广地质调查所从事地质调查和研究工作，另兼任编辑股长之职。

1929年中央大学地学系（由地理、地质及气象三部分合组而成）酝酿分系，地质方面师资力量不足，意欲聘请李学清来校执教，而李学清本人又因其父年迈多病，为了就近奉养尽孝，而辞去两广地质调查所之职，并于斯年8月，来到南京中央大学任教。

李学清出生于清光绪年间，前半生历经清朝统治、袁世凯称帝、张勋复辟、军阀混战、北伐战争、蒋介石专政，以及抗日战争和解放战争等一系列战乱动荡，饱经忧患与风霜，对旧社会及旧政权深恶痛绝，故而矢志远离反动政治，不屑参与任何党团活动，潜心读书，誓成学人。新中国成立前夕，国民党政权为了维持其即将崩溃的统治，曾经演出过一幕假民主的国大代表竞选丑剧，当时的李学清即嗤之以鼻，不屑为其利用，随即将选票弃之入篓，以明自己清白之心志。

新中国成立后万象更新，他亲身感悟到新社会的优越性，为了适应新形势，他不顾年老体弱，决心努力学习，迫切要求进步。经九三学社创始人之一、与他朝夕共卧一室达8年之久的潘菽教授介绍，于1951年加入九三学社。其后又在1956年贯彻执行党的知识分子政策期间，被中国共产党吸收为新党员。当时，校内还另有六位年龄较高的老教师入党，均被视为要求进步的模范，广受群众赞颂。他还曾当选为南京市第一、二、三届的人民代表和江苏省第三届政协委员。

他的一生除从事教学科研工作外，曾先后参加过一些学术团体或组织的活动。其中首推中国地质学会，作为发起人之一，曾亲自参与这一学会的创建工作，且担任该协会的会计、评议员和监事等职。同年还参加了中国矿冶工程师学会。1929 年、1930 年以及 1933 年又先后加入了中国科学社、中国地理学会以及中国自然科学社。1933 年加入中国科学家协会，任该协会编辑，负责编辑协会的第二、三两期刊物。1936 年，他参与了《地质论评》的创办，并担任编委。1945 年，加入中国科学工作者协会，担任第一届协会理事会的监事。

二、在教学及科研中的贡献

李学清的一生，大致可以分为两个阶段：前一个阶段在地质调查所和后来的两广地质调查所度过，所从事的主要工作是进行岩矿方面的科研和野外地质调查。自从 1929 年秋转到中央大学任教以后，主要工作转变成以教书育人、培养地质人才为主，所以后半生是在学校里度过的。

1. 潜心钻研，喜获成果

李学清在地质调查所和两广地质调查所工作期间，曾经潜心研究过不少岩矿标本，探索其成分、成因及其地质意义，取得了一些成果。而标本的来源，除了自采者外，有不少是应同事或友人之请做的，有的则来自前人所采的样品，是被他们忽视或未加探究的内容。

1925 年，对"四川含硫化物的橄榄岩"所做的研究，主要是对该岩石做镜下薄片观察，这是我国首次对含镍超镁铁岩的室内研究报告。同年，发表《江苏北部的石陨石》论文。根据镜下观察，他发现其中所含的紫苏辉石有的呈球粒状，球粒内部还有偏心的放射状结构；此外，还见到少量细小的熔料长石（maskelynite），证实它属于石陨石。研究结果与谢家荣所研究的甘肃样品结果相似，属于同类。该研究应为我国最早的陨石科研成果之一。

1926 年，他对河北平山县所产刚玉作了调查研究，也对该地产出的刚玉颗粒，做出矿物学特征的介绍，并对该矿的生产情景作了详细的报道，表明该地产出的刚玉属于磨料级，规模不大。

《论中国北方前寒武系大理岩中含镁量》一文，是他与翁文灏合作写成的。李学清选择了广布于华北地区的许多同属前寒武系的大理岩样品，进行实验分析，求得各地大理岩中的 CaO 与 MgO 的含量比，发现凡属前寒武系的变质大理岩，这一比值都偏低，而那些同属于前寒武系或震旦系未经变质的石灰岩，其比值都偏高。根据白云石分子式的理论计算，其 CaO 与 MgO 的含量比应为 1.39，如果分析数据越接近该数值即表明其含镁量越高，表明该大理岩应属白云石质；若比值低于 1.39 时，则表明向菱镁矿过渡了。白云石质大理岩在湖北大冶铁矿附近曾被大量开采利用过，与华北产出的变质大理岩成分类同。因而这一研究成果，表明我国北方广泛分布的这一套地层，对找矿大有用处。

1927 年所发表的《竹叶状灰岩之岩石研究》一文，是他根据河北怀来、山西大同和河南武安鼓山等地出现于寒武纪地层中很常见的这种岩石所做的研究。他根据岩石的镜下观察和化学分析，论证竹叶状灰岩是层内砾岩，不属底砾岩之类的外生砾岩。文中还讨论了两种不同类型砾岩的不同点，可以从外观形态、基质与砾石的差异上加以区分。

1928 年，在研究"黄土之化学及矿物成分"之前，李学清就曾阅读过有关的许多文献资料，因为在当时这是一项为许多学者所关注的课题。他感到论文虽多，但是有关黄土的化学成分和矿物组分的资料太少。鉴于这一情况，他采用与前人不同的思路和手段对此进行研究。他采用了不同地区的样品进行化学成分分析和机械分离，在分离方法中又分成重液分离和筛分两种。重液分离法按组成成分中矿物的比重不同而得出结果，筛分法按粒径大小做出结果。他又将中国北方广泛分布的三趾马层黏土作为原岩，用作对比标本。黄土的成因，普遍认为是风成的，它来自北方，包括俄罗斯的西伯利亚在内，但三趾马层也应是源岩之一。黄土会因大风四处扩散，而且不断地迁移，因而组成成分就会因重量、大小之不同而产生分异，近源处重者、大者会多，轻者、粒度小者则会越吹越远。根据这一规律，他采用不同的图表进行分析论证，得出了有科学分析数据作证的论说，确证华北黄土是风成的，在当时颇令人信服。

1928年发表的《中国冻石之研究》和1929年的《中国冻石之研究补遗》，以及1930年的《河南南阳独山之玉石》，是他早年对中国玉石研究的有价值尝试。玉石在印章、雕件、挂件、首饰等方面的应用，古已有之。但是应用现代科学方法，对其质量、成因、产出条件等方面作科学研究者，应当始于李学清和他的老师章鸿钊。他对冻石的研究用的是馆藏标本，后续的补遗是在粤西作地质调查时，有幸见到野外产出的冻石后所做的成因论述。《河南南阳独山之玉石》一文，不但对其矿物组成和结构进行了叙述，而且还指明了它是变质形成的，这一结论和近年来利用现代科技手段所做的结论基本一致。

李学清也曾做过较长期的野外地质调查工作。一次是在粤西三水、高要经新会到赤溪一带，涉及七个县，报告中记述了该地区的地理概况、地层及地质构造，也调查了本区的矿产如煤、铁、钨、锡等资源。

李学清与江宁县协议所进行的地质普查工作，是从1934年起开始，利用星期日及休假时间进行的，完成于1936年。初由朱庭祐及李学清二人负责指导，经济地质部分由郑厚怀负责。该报告共分四个部分：第一篇为通论，介绍整个地区的地层和构造。第二篇为区域地质，将全区划分成四个小区，分别细述各小区内不同地段的地层、构造状况。第三篇介绍全区的火成岩，分喷出岩与侵入岩两类；在侵入岩中，又按岩性之不同，再划分出花岗闪长岩、辉长岩和花岗岩三类，分别加以介绍。最后一篇是经济地质，内容是调查各类矿产资源情况，分金属与非金属两类。金属类中有铁矿和铜矿，非金属矿中有煤、磨料、石灰岩及黏土材料等。对不同的矿种或矿山，均有简繁不同的报道。由于南京及江宁地区砖瓦业很发达，公司颇多，因而他们对各公司的情况也作过调查，内容均见于文中。

2. 筚路蓝缕，建设中央大学地质系

1930年，李学清被聘为中央大学地质系第一任主任。该系虽然原先有一些基础，但是极不完善，师资力量也极为短缺，仅有郑厚怀、胡博渊、李之常等少数几位教师。经多方努力，李学清先后延聘了朱庭祐、王恭睦、马廷英、朱森、李承三、俞建章、戈定邦、张更、姚文光等教授来校任教。此外还聘请了几位外籍专家作为客座教授，如瑞士地质学家巴勒加（Edward Parejas）和匈牙利人贝克（Beeker）。还在已毕业的学生中，留用了多人作为青年教师，担任辅导工作，任助教或讲师。初有袁见齐、汤克成、张祖还、殷维翰、孙贡、孙鼐、徐康泰等，继之有陈正、章冠环、肖楠森、丁传谱、朱夏、业治铮等。

1934年6月，丁文江继任中央研究院总干事。中央研究院与中央大学近在咫尺，而且丁文江与中央大学校长罗家伦的私谊甚笃，故而承诺愿意帮忙办好地质系。在这种情况之下，作为系主任，李学清便得到了恩师的多方帮助与指导。李学清曾经面陈丁文江，请他兼任中央大学地质系主任，自己甘为助手，罗家伦也有此意，但均被丁文江谢绝，仅允作为名誉教授。系中每次召开系务会议时，李学清亦必请丁文江临场发表意见，丁文江也尽量出席，予以协助。在实际工作中，解决了一些颇难解决的困难，有下列实例，可为明证。

作为地质系的学生，不论其专业是什么，都有必要掌握野外填图工作方法这一基本功。在这个事情上，李学清得到了丁文江的帮助，商请在中央研究院工作的喻德渊、李捷，义务指导中央大学地质系的三位助教，于暑假期间在江南茅山一带，教他们学习地质测量填图，使他们得以在实践中掌握了这一整套野外地质工作方法，然后再指导学生。

1937年抗日战争全面爆发后，地质系被迫内迁重庆沙坪坝，这一烦琐复杂的工作是由李学清从头至尾亲自主持的。幸得全系师生通力合作，得以完成，并在预定期限内抵达目的地，使地质系的教学工作未曾中断。

野外地质实习对地质专业的学生来说，是必不可少的训练。但是在旧社会，没有这一预算。如果是短期的认识实习，只能在极为有限的系办公费用中开支。如果是较长期的工作，便得寻求资助。对于系主任来说，这是一项很为难的事。解决的方法，一靠为外单位服务，二靠有财力单位的赞助捐献。

1934年，中央大学与江宁县签订了一项协议，由中央大学地质系负责对该县范围内的矿产资源进行调查，提交报告。预算经费为2000元大洋，双方各出资半数。师生们辛勤工作，于1936年完成。因经费告罄，成果无力印刷发行，遂束之高阁，直到1949年新中国成立后方由南京大学印刷成册发行。关于赞助的事，也有一例：那是在抗日战争时期，学校经济情况进入更为困难的阶段，据闻地质界曾经在重庆召开了一次全国性地质学年会，会上李学清等一批大学教师发言，诉述学校的困难，引起了与会的四川天府煤矿权威人士的同情，他们表示愿意承担中央大学和重庆大学两校地质系学生当年的实习费用。在当时，这实在是极大的福音。

3. 辛勤耕耘，培育人才

李学清生性平静肃默，寡言笑，一贯认真负责，处处流露出长者的儒雅风范。他从教近60年，门下弟子近千，桃李满天下，其中不少是为我国的地质事业做出巨大贡献的专家。例如袁见齐对盐类矿床的研究，徐克勤对金属矿床、特别是华南钨矿以及华南花岗岩的研究，贡献很大；郭令智对华南大地构造，朱夏对石油及油气田地质和人地构造，业治铮对沉积岩及海洋地质，均进行过长期研究，取得许多成果。再如林文英是我国从事工程地质的先驱，南延宗是我国最早发现放射性铀矿者。还有许靖华，他是一位研究领域十分广泛的国际知名科学家，也曾师从过他，学习岩矿知识。

李学清身兼系主任时，除了主要精力用以处理行政事务工作外，他的教学任务依然是全系最重的，一般每周都在20个学时左右。新中国成立初期，国家成立了北京地质学院和长春地质学院培养地质人才，还延聘苏联专家前来讲课，李学清也不遗余力陆续派遣年轻教师前去学习，作为提高地质系教学质量之借鉴。

1952年秋，地质系招生人数猛增，李学清此时虽因体力不支，无力担任百人以上的讲课任务，但他依然兢兢业业，学习苏联的先进内容，以补自己的不足。他多年来一直教授岩石学。在以往教学中，沉积岩石学是岩石学中的一大类。鉴于能源、黑色金属以及盐类资源、氮、磷肥料和铝矿的需要，苏联教材和西方类似学科都将沉积岩石学独立作为一门课程讲授。他感到在这方面，应当努力跟上时代的脚步，因而决心在垂暮之年开设沉积岩石学课程，筹建独立沉积岩实验室。经过几位年轻同志的协助，最后终于完成任务。更感人的是他不顾年迈体弱，还先后带领年轻人亲赴野外，作实地观察与取样。一次是去苏州阳山，观察该处的多处高岭土采矿点，并且经过实地考察后指出，该矿床成因是由覆盖在不整合面上的火山岩经高岭土化、再行搬迁、堆积而成，正确地解释了这个优质高岭土矿的成因。另一次是带领青年教师，去青岛作海滨砂的调查研究，采回样品均在新建成的实验室内进行处理，使该实验室在教学科研工作上发挥了积极作用。

三、李学清主要论著

Lee H T. 1925. A sulphides-bearing Peridotite from Szechuan. *Bull Geol Soc China*, 4 (3/4)：267 ~ 272

Lee H T. 1925. A stone meteorite from North Kiangsu. *Bull Geol Soc China*, 4 (3/4)：273 ~ 276

Lee H T. 1926. Corundum of Ping Shan District, W. Chihli. *Bull Geol Soc China*, 5 (1)：77 ~ 82

Wong W H, Lee H T. 1927. On the magnesium content of dolomites in North China. *Bull Geol Soc China*, 5 (1)：83 ~ 87

Lee H T. 1927. A petrographical study of the Wurmkalk. *Bull Geol Soc China*, 6 (2)：121 ~ 126

Lee H T. 1928. A preliminary study on the chemistry and mineralogical composition of Loess. *Bull Geol Soc China*, 7 (2)：191 ~ 208

Lee H T. 1928. A petrographical study of the Chinese agalmatolites. *Bull Geol Soc China*, 7 (3/4)：221 ~ 232

李学清. 1929. 广东三水、高要、高明、鹤山、新会、台山、赤溪七县地质矿产. 两广地质调查所年报, 第 2 卷, 上册：11 ~ 20

李学清. 1929. 中国冻石之研究补遗. 两广地质调查所特刊, 第 4 号

李学清. 1930. 河南南阳独山之玉石. 地质论评, 1 (1)：55 ~ 60

Lee H T. 1930. A study of the igneous intrusion and its metamorphism at Chungshan, Nanking. *Bull Geol Soc China*, 9 (4)：333 ~ 343

朱庭祜, 李学清等. 1937. 南京市及江宁县地质报告. 中央大学地质系丛刊, (2)：1 ~ 189

李学清. 1947. 设立矿物学系. 地质论评, 12 (1/2)：139 ~ 144

主要参考文献

李学清. 1936. 追念丁师在君先生. 地质论评, 1 (3)：139 ~ 144

程裕淇, 陈梦熊. 1996. 前地质调查所的历史回顾. 北京：地质出版社

王德滋主编. 2001. 南京大学地球科学系史. 南京：南京大学出版社

林任申, 林林. 2007. 丁文江传. 南京：江苏省人民出版社

撰写者

季寿元（1924 ~ ），江苏泰兴人，1947 年毕业于中央大学地质系，南京大学地球科学系教授，矿物学专业。

****

叶良辅

叶良辅（1894 ~ 1949），浙江杭州人。地质学家，中国区域地质调查和火成岩研究的启蒙与奠基者，中国地貌学的开拓者与倡导者。1916 年毕业于农商部地质研究所，是我国自己培养的第一批地质学家之

一。1922年获美国哥伦比亚大学地质系理学硕士学位。曾任中央研究院地质研究所研究员和所长，中央研究院第一届评议会评议员，中国地质学会理事长。著作20余种。他主编的《北京西山地质志》，被章鸿钊誉为指南；与喻德渊合著的《南京镇江间之火成岩地质史》曾获中国地质学会特别奖励。地层方面，在北京西山创建石炭系杨家屯煤系、下侏罗统门头沟煤系、上侏罗统髫髻山系，在长江中下游创建志留系铜官层、中上二叠统宣泾煤系和侏罗系蒲沂煤系等。地貌方面，首先提出北方的北台期准平原、唐县期半壮年地貌、汶河期沟谷、马兰期阶地和板桥期最近地面，又在鄂西一带首先提出鄂西期准平原、山原期壮年地面和三峡期峡谷式地形。他对长江三峡和"霍山弧"的成因均有创见，为后辈学者证实或师从，并进而推广。早期曾任北京大学地质系教授、中山大学地质系教授和系主任；1938年后任浙江大学史地系地学教授和研究生导师，并担任该系主任，新中国成立后任浙江大学地理系主任，率先提出具体科学方法和"理智作用"指导地学研究。他是我国教育界一代师表，培养出很多杰出地学人才。

一、简　　历

叶良辅，字左之，原籍浙江省杭县。1894年8月1日生于杭州，1949年9月14日于杭州逝世，终年55岁。

叶良辅幼年父母双亡，赖祖母抚育成人。1913年毕业于上海南洋中学，成绩优异，为校长丁文江所器重。当年考进了丁文江主办的工商部地质研究所学习班，学制三年，教师丁文江、章鸿钊、翁文灏等，均亲自讲课并野外指导实习。他因科学基础深厚，又加勤勉，每课必冠军，且平时对人诚恳，不苟言笑，每发议论，总深彻有理，同班同学无不倾服。1916年他们毕业后同在农商部地质调查所任调查员。1920年叶良辅被派往美国哥伦比亚大学地质系进修，他除学习地质学方面的课程外，还随蒋森（D. W. Johnson）教授学习地形学（即今地貌学），故学识基础十分牢固和渊博。1922年6月获理学硕士学位后回国。仍留地质调查所工作（1922～1926），其中一度兼任北京大学地质系教授。1927～1928年受聘担任中山大学教授兼地质学系主任，并由朱庭祜邀请，协助创建两广地质调查所。1928～1937年聘为中央研究院地质研究所研究员，为该所研究工作建树甚多，在此期间曾被研究院第一届评议会补选为评议员，并曾在地质研究所所长李四光外出讲学期间担任研究所所长。

叶良辅生前热心于中国地质学会工作，他是学会26位创立者之一，也是永久会员。中国地质学会于1922年1月在北京正式成立，他任第1届评议会编辑，第2、3届编辑主任，自第2届起至第6届（1923～1928）任评议会评议员，第7届起任评议会副会长。第9（1931）开始，评议会改称理事会，会长改称理事长，评议员改称理事，他自第9届起至第15届（1938）连任理事，并在第12届（1935）时担任理事长职务。学会自第20届（1944）起增设监事会，他连任监事，直至第26届（1949）逝世为止。

1937年七七事变爆发，淞沪沦陷，他举家避居浙江诸暨乡间，1938年初受聘于浙江大学，随校西迁，于当年9月至贵州遵义任教，除担任地学研究生指导工作外，曾开设自然地理学、普通地质学、构造地质学、经济地质学、历史地质学，以及地形学、高等地形学等课程，同学们都乐于选读其课程，不少人就此终身从事于地理学、地质学、地貌学的教学和科研工作。

1943年浙大史地系主任张其昀赴美讲学，校长竺可桢改聘叶良辅为史地系主任，兼史地研究所所长，具体系务工作在地理组方面请严德一帮助处理，在历史组方面请李洁非帮助处理。1945年底张其昀返校后，他才卸去重任。

1946年暑期，他随浙大迁回杭州。新中国成立后，他精神振奋，欢慰溢于言表，不久受聘为浙大地理系主任。当时新建地理系的工作十分繁忙，同时政治学习和会议也很多，他以带病之躯，不顾晴雨凉热坚持步行上下班（从佑圣观巷走到大学路），且每会必到。1949年8月17日在召开地理系系务会议时，他感到发热，回家后一直高烧不退，历时三周。那个时代没有治疗肺病的良药，医生们束手无策，9月9日开始咯血，9月14日下午二时溘然长逝，终年仅55岁。当时浙大师生前往吊唁者络绎不绝，莫不悲痛失声。他的好友朱庭祜竭力奔走为他选葬于杭州灵隐寺西首石人山老虎洞之侧。2006年他的研究生杨怀仁、施雅风、陈述彭、陈吉余、李治孝，在坟前立了墓碑，以供后人景仰。

二、主要学术成就、学术思想和教育工作

（一）主要学术成就

1. 关于区域地质、地貌的调查和研究

（1）叶良辅主编的《北京西山地质志》于1920年出版，是中国最早的也是当时最完美的区调报告，所附北京西山地质图也是当时水平最高的图件，这份资料一直为后人所学习，或在工作中作参考，可谓文图俱佳，誉满中外。章鸿钊在序言中说该书起到了指南作用，又谓："编是书者叶生良辅，与斯役者共十有三人，而尽督率指示之方者，实丁翁两君子也（指丁文江、翁文灏）。洵乎为之者劳，而成之者非易矣，是乌知毫末之不为邱山，椎轮之不为大辂乎，宁得以其小且近者而忽诸。"可见当时评价之高。

《北京西山地质志》共分地层系统、火成岩、构造地质、地文及经济地质等五章。黄秉维在《我所知道的叶良辅先生》一文中曾说："叶先生的《北京西山地质志》是我较早而又读得较多的一种，印象较深……1934年翁先生（翁文灏）命我与陈国达先生随计荣森先生去北京西山熟悉华北的地质地貌，学习叶先生的《北京西山地质志》便成为我的第一课……我背着叶先生的地质志和地质图跋涉于沙头井、斋堂之间时，叶良辅三个字常常浮现于脑海之中。"

该书专列地文一章，根据长期观察与前人研究的结果，去伪存真，并认为"今日之西山乃由侵蚀作用形成，而非褶皱作用而成"，"1500m上下之山峰，高度相若"是北台期准平原的遗迹，北台期为破坏之时期。以后"挠升隆起，经受侵蚀，发展成半壮年的唐县期地面，唐县期为构造与破坏并重之时代"，"第三纪将终，拗面作用又起，地形变态更著，山脉即创造于此"，这也就是我们现代所谓晚新生代造貌运动，相当于西方学者提出的 Morphotectonics（构造地貌学），而叶良辅早年就总结出这一基本概念了，可称先知。继唐县期后的地壳运动，为造成沟谷的汶河期，后为马兰期阶地砾石层，上覆风成黄土，标志当时"天气似颇寒燥"，最后为全新世板桥期的"气候还原，河流复活，侵蚀增强"。上述研究将构造活动、气候变化和地形的时代演化，融为一体，实是我国区域地貌研究开创时期的典范。

(2) 1925年他与谢家荣合著《扬子江流域巫山以下之地质构造与地文史》。该文根据地质构造阐述了两个重要观点：一为"霍山弧"的成因，一为长江三峡的形成。原文谓"二叠纪之末，中国中部有陆地，可名曰戈壁，西部有陆地，可名曰西藏，东南亦有陆地，可名曰格塞西……大陆间之大内斜层受褶曲时，其褶曲方向，当大受邻近陆地压迫力之支配。转言之，其褶轴方向可延长于两陆之间也，桐柏淮阳适当戈壁大陆之南缘，其霍山弧之发生，或因其抵抗力屈服于其余两大陆及扬子大内斜层褶曲力所致也"。这是探讨"霍山弧"成因的最早的文献，是研究湖北、安徽地震震源必须注意的。

该文对长江三峡成因和鄂西地史期有独创的见解，指出"有黄陵山外斜层，长江横贯之而成曲折峡谷（entrenched meandering gorges），……以再生河（rejuvenated river）名之，亦无不可者。当黄陵外斜层褶曲时，必生斜坡，水顺坡东下，得开黄陵、宜昌之大江，其后源头侵蚀既壮，乃强纳外斜层西翼之山水，以成今日之长江上游，固可信也。考之，皱曲以前之历史，未有断言有大河自西向东下者，设以上层遗留河（superimposed river）称之，事实与定义又未相符，故长江当始于褶曲变动之后者，无疑"。这里明确指出，长江三峡的形成，首先由于河流劫夺，而后是复幼深切。这一论断，为后来许多研究者（如李承三、沈玉昌、杨怀仁等）所赞同和师承。此外，他首创了鄂西期准平面、山原期壮年地面和峡谷期这三个著名地文期。他的这一观点，为后来研究者所接受并一再证实和应用，并将准平原观念应用于长江以南的地形研究中。

(3) 1930年他与喻德渊合作发表了《山东海岸变迁之初步观察及青岛一带火成岩之研究》，文字不长，但关于海岸地形的论述，甚为精辟，指出胶州湾与青岛一带地形的构成，主要受花岗岩、片麻岩与火山岩岩性的影响："花岗岩出露之处，一经侵蚀，便成平原，如更日经海水之冲洗，即成深港大湾，……环湾周围则全属火山岩掩盖，护于花岗岩之周围，……盖苟非火山岩，则海岸将变成一直线，要无花岗岩与片麻岩，则不易成此深湾，是胶州湾之成，实此二种岩石相互依赖之力也。"

该文还讨论了日本学者Kunitaro Ninomy所提出的海岸上升问题："吾人亦曾作一度精细之观察，在胶济路胶州湾一带，确有单级梯地状之低小山坡颇多，但此类山坡为唐县期之侵蚀面，此外毫无陆地最近上升之形迹可察，在各层低坡上更未见一二海相动物，如介壳等类，足实证明海水退缩之形迹"，故而否定了海岸上升之说。这是我国学者依据实地证据，讨论海岸升降的最早文献，实属难能可贵。

(4) 抗战时期编著《瀚海盆地》一书，于1943年在遵义浙江大学石印问世。1948年，正中书局重印，此书主要依据勃告（C. P. Berkey）与毛里士（E. K. Morris）1927年版《蒙古之地质》（Geology of Mongolia）和20多种地质、地理文献，提炼精华，编写而成。当时叶良辅认为《蒙古之地质》一书在关于蒙古的地理著述中"调查方法之精细，收获之宏富，叙述之切实谨严，当以此著为第一"。叶良辅认为应该将其精华详述，充分利用，作为国防和建设的认识依据，并可作为大、中学校地理学的补充教材。《瀚海盆地》主要有边界、地面特写、地形综述、气候变迁等章节，问世后地理学者争相阅读，大有好评。

施雅风（叶良辅指导的研究生，中国科学院院士）在评述该书时说："叶师首先忠实地、扼要地、生动地进行了19条路线的地面特写，然后就内陆盆地、山岳、高原、平地、荒原区的地貌营力，山麓坡、戈壁侵蚀面、古准平面、沙丘和洼穴、湖泊等各种地形的特征和形成原因，作了相当详细的地形综述。最后论述地质时期至近代的气候变迁，书中有很多精辟论点。如将蒙古内陆盆地，分为东部南部的挠曲区和西部断层区，前者地形以挠曲运动和局部侵蚀为主因，后者以阿尔泰式的块状断层为控制地势之主因。区域内层叠的冲积扇层变化发育，可借以追踪山脉的成长和气候之变迁，干旱区的地面侵蚀营力是风和流水，还有风化为辅助。叶师列举例证，分析三种营力的特点和发生条件，指出'大沙漠中有些主要地面的侵蚀，不是风之力，而是流水之功'，还说'干燥山岳中，降雨或冰雪融解的时候，流水遇着斜坡面，增加了力量，携带大量疏松物质，在短短的时间内，猛烈地把大块岩石、石子和泥沙冲刷下来，因此，河谷下段就有石子蔽露于河床'，这可能是我国地貌学文献中首次对泥石流现象的论述。关于第四纪气候变化，叶师认为'当时华北正在停积黄土的时候，蒙古正是侵蚀盛行之际，大量的物质从蒙古被风输出'，'气候确有交替，渐渐走向现在的干燥途径'，'沿着三音诺颜附近森林带与沙漠带界限，气候变迁证据，极其清楚，250至300年前（相当于小冰期）气候适宜，故树林扩展，其后不宜，故在旧林界外，完全无新木'。关于冰川作用，'只有高山冰川的遗迹，没有普遍的冰川作用，证明蒙古的气候在冰河期比较的干燥'，'夏季多雨，冬季少雨，或雨量分配不适宜，都不利于冰河之形成'。《瀚海盆地》一书在干燥区地理研究上是十分重要的。"

赵松乔（叶良辅指导的研究生，地理学家）说："我多次在蒙古高原考察，差不多到过内蒙古自治区每个旗（县）以及中蒙边界的大部分地方，《瀚海盆地》一书均为不可缺少的基本参考书。1951年我在《地理知识》发表的《从北京到屈子庙》一文（2卷12期）以及1953年在《地理学报》刊出的《察北、察盟及锡盟——一个农牧过渡地区的经济地理调查》（19卷1期），虽然主要讨论人文地理现象，却以《瀚海盆地》所论述的地质、地貌条件作为背景和骨架。1954年出版的《内蒙古自治区》，1958年的《内蒙古自治区农牧业生产配置问题的初步研究》（科学出版社）等书以及在《地理学报》发表的《内蒙古自治区的地形条件在土地利用上的评价》一文（24卷3期），均大量引用了《瀚海盆地》中的资料。甚至最近出版的《中国自然地理总论》（科学出版社，1985），其中有关内蒙古地貌的阐述，也主要基础于该书的论述。"

2. 关于矿产地质的调查研究

1919~1936年，叶良辅共撰写矿产地质调查研究报告13篇。铁矿方面有《安徽南部铁矿之类别及成因》、《安徽北部铁矿之类型及成因》、《湖北鄂城灵乡铁矿》（与赵国宾合作）及《湖北阳新大冶鄂城之地质矿产》（与赵国宾合作）等，是我国早期关于长江中下游铁矿矿床学研究的论著，具有重要实用价值和历史意义。他调查过的煤田有直隶（河北）临榆县柳江煤田、安徽宣城泾县煤田、浙江长兴煤田和鄂东煤田等。除研究各处煤田地质外还详细研究了地层的划分，命名北方石炭系"杨家屯煤系"、下侏罗统"门头沟煤系"及上侏罗统"髻髻山系"，命名长江中下游志留系"铜官层"、中上二叠统"宣泾煤系"和侏罗系"蒲沂煤系"等。均长期为后人所引用。他在浙江所作出的矿产地质调查工作，远多于其他各地，共发表论著6篇，其中《浙江平阳之明矾石》调查研究报告，是非常精细而极有价值的，对浙江平阳明矾石的开采，一直有着指导的作用。新中国成立后，浙江开展明矾石的普查勘探工作，就参考了上述报告及所附图件。他1934年计算的平阳矾山明矾石储量与实际勘探结果差异甚少，其准确性尤其令人敬佩。1930年他与李璜、张更合作对浙江青田印章石进行了研究，这份资料也对矿区后来的开发和地质勘探工作起到了指导性的作用。他患了肺病以后，不能持续矿区调查工作，但在贵州遵义浙大任教时，还和他的助教刘之远共同在遵义附近作地质调查，发现了团溪锰矿，并指导刘之远编著锰矿的地质报道，为地方开发出战备金属，进而为抗战做出了贡献。

3. 关于火成岩的调查研究

1925年以后，叶良辅的岩石学方面专著，计有《中国接触变质铁矿中的闪长岩的岩相学研究》（该文铁矿区包括山东金岑镇，江苏利国驿、南京附近，湖北大冶、鄂城，安徽当涂、铜官山，湖南武安之红山等处）、《山西临汾县方沸正长斑岩》、《中国东南沿海区流纹岩及凝灰岩之矾石化及笔腊石化作用》、《中国东南沿海火成岩区之研究》（该文火成岩区包括浙江永嘉、瑞安、平阳、青田、玉环、乐清、黄岩等县）、《山东海岸变迁之初步观察及青岛一带火成岩之研究》以及《南京镇江间之火成岩地质史》等。他的研究方法是室内与野外相结合、宏观与微观相结合、理论与应用相结合，所提论证均确切可靠，学理精深；其岩石分类命名均根据倪格里氏（即尼格里氏）值而定，故甚准确。与喻德渊合作的《南京镇江间之火成岩地质史》，对宁镇山脉的火成岩进行了较全面深入的专题研究，书中将全区火成岩分为五类四期，除对各岩类详细描述外，还对岩浆分异和岩浆作用、空间展布与弧形构造关系、控矿作用等进行了探讨，并编制了1：10万南京镇江间之火成岩分布图。资料丰富，内容精确，可谓当时最佳论著，曾得到地质学会特别奖励。以上火成岩著作在当时均具有启蒙、奠基作用，直至今日，还值得学习和参考。他是我国近代早期的知名火成岩岩石学家。

（二）学术思想和科研方法

叶良辅著有《科学方法之研讨》、《地形研究摘要》及《科学方法与地学研究》，从中可以了解他的学术观点和科研方法，是我国地学研究论文中罕见的专讲科学方法的著作。

1. 倡导地质学和地形学的研究中应发扬"理智作用"

他倡导地质和地形学的研究中应发扬"理智作用"，兹引用其原文如下："盖地质学与地形学中多数问题，有关远古，而非吾人所能亲历，所研究的现象，系早经发生，即使造成此种现象之作用，今犹继承，然速度延缓，其所示往昔行动之情报也至微，即使能利用实验以解决若干问题，而范围极其有限。故地学研究与理化诸科之重实验不同。我等所用之科学方法，含有深入浅出的理智作用，吾人应特别注意"。"所有各种智能，须合而利用，观察、记忆、比较、分类、概括、分析、综合、归纳、演绎、发明、实验、论断、证明、修正、确定及解释等，在任何真实的科学研究之中，必全数用到或多少用到。程序要井然不紊，杂乱无章的研究将忽略要义，而结果之虚妄随之。因为受己或受人思想所提供者，不能发现事实真相，故研究不可偏奇，更不可感情用事，盖情感得势则理智退避。最后，程序之中，不可杂以成见，盖因由成见左右之判断，为追求真理之不良工具。"以上名言，至今令人信服。恩格斯也曾高度评价过英国著名地质学家赖尔（C. Lyell）的动态地质学，称他把"理性"带进了地质学，这是地质学的光荣。"理性"和"理智作用"的含义是相同的，叶良辅的观点与恩格斯的观点可谓不谋而合，这个观点是辩证唯物主义观点。

2. 研究程序七步骤

他将研究程序划分为七个步骤：第一步为观察；第二步为分类；第三步为概括；第四

步为创设；第五步为证明与废置；第六步为证实与修正；第七步为解释。"而按次进行，且不必如此严格，每步推进之际，亦能对于前期后期有所贡献"。

他在科研工作中，特别重视"观察"，所谓"观察"就是"调查研究"。当时地学研究一般以搜集现成文字、整理加工为主，他坚持从事地学研究，必须首先进行实地考察，观察收集第一手材料。他说："专心一致，吃苦耐劳，观察精细，记载翔实，为科学工作的第一步"，"描述的科学是不全面的，我们必须重视实践，搞地理和地质的人，必须重视野外观察，只有取得了第一手资料以后，才有发言权"，"观察必须周密翔实，但观察缺失之弊在所难免，果有分析观察力与分析观察作用之习惯，此弊自减，观者如能当事实之前，全数记录之而不赖记忆，则更为妥善"。"分类不可根据于表面之异同，而必须细心启发根本之同异，如能于分类之际加以分析，此功自成。""概括由分类之事物，归纳为广泛之概括，或成为定律，或成为原则，以示所见事实之间，主要之关系，即可为全部或一部分的解释。概括之产生于事实，尤为未足，必须产生于许多事实，确然普遍者然后可。研究工作最普遍的错误，即为概括过早，而以全不适切事实为根据是也。作者能于每一步研究之中，细细分析其作用与结果，方克免此。""创设为研究者创设多种合理的解释，是为多种假说法创立解释，多多益善，并剖析比较多种解释的可能性，这里就进入各种应用假说的证明与废置。所谓证明，只是证明真实，并非证明假说为事实的唯一解释，经过严密比较，多种假说一再淘汰，保留一种或二种最合理，切合所有观察事物的假说。这时研究者的洞察力已比前提高而敏锐，要再赴现场发现和寻求新的事实，寻求不一致事实的所以然，至预期的事实发现甚多，假说有很高的证实性，则可上升为确切证明的学说，如出现若干不一致性，则需修正假说，最后就可就所研究之问题，陈述其最后解释了。"他以海岸岩阶研究为例阐述上述论点，言之有物、言之有理，足使后辈地学学者信服而永久学习和遵循。

3. 倡导地貌学与地质学密切结合

他在《地形研究指要》一文中说："决定地形之基本因素不外（一）内外营力及其作用，（二）岩石的品质，（三）地质构造。此三者为地形学之基本，亦系地质学之大部分，学者须有深切完备之基础。"他的著作如《北京西山地质志》、《扬子江流域巫山以下之地质构造及地文史》、《山东海岸变迁之初步观察及青岛一带火成岩之研究》以及《瀚海盆地》等，就是地貌与地质密切结合的典例。他说："试查地质报告，往往有地形一章叙述山河形势，但于山河与地质构造之关系，有详明之叙述者，则甚鲜。故吾辈以后欲于地形学有所贡献，当知如何致力也。"

他要求考进浙大研究院学习地貌学的研究生，在重点学习地貌学的同时，都要加强地质学的学习，特别是构造地质、岩石、历史地质和中国地质、古生物等，并多跑野外接触实际，这为他们学好地貌学，搞好区域地貌调查研究打下了坚实而良好的基础。在区域地貌研究方向，他要求研究生以地貌为主体，结合地质、气象和水文等因素，对地貌的区域特征、发育规律和演变程序作全面的探讨和解释，一反过去地貌只在区域地质报告的末尾作简单叙述的常规，而使区域地貌研究成果成为完整、独立的专著，开创了中国现代地貌学研究的先声。他的研究生们后来发展了很多地貌学分支学科，如现代沉积学、冰川学、河口学、河流地貌学、应用地貌学以及遥感应用等，都证明地貌与地质密切结合的必要性和研究的成功率。这无疑是值得学习和推广的学术观点。

严钦尚（叶良辅的研究生，地理学家）在《论现代沉积学的发展及其展望——追念叶良辅先生逝世四十周年》一文中说："他那诲人不倦，为人师表，严谨治学和精辟见解，永远留在人们的心中……特别是他积极倡导的地貌与地质密切结合的学术思想，至今仍是从事地学研究的正确准则，亦被现代沉积学发展的历史所证实。"

4. 提倡矿石试验的研究

1936年，叶良辅著文论述："现在我国到了非常时期，正宜急谋自给自存，更要注意物尽其用，地尽其利。"他极力赞赏丁文江的名言："同样的研究，何不研究应用问题"。他主张对矿石应作相应的试验，他说："本来一种试验，不能一定成功，不过不试验，是永不能成功的。况且原料的价格因社会需要、生产方式及产量多寡而变迁，今日称为不可用的，又安知非将来的宝藏呢？我们的基础研究工作，做了总是有用的。"这是至理名言，新中国成立后我国应用矿物学发展很快，矿产事业也突飞猛进，其经验就是对矿石作了各种成功试验而获得的，由此也证明叶良辅之远见。

5. 提倡科学精神要求真求实；不迷信专家名人

他在《科学方法与地学研究》一文中说："研究方法之迂回曲折，其目的果何在乎？在乎求真而已矣。求真为科学之精神，科学方法乃求真之途径。研究方法虽日精密，人类之理智终不免有过失，故难以求得真理。所期望者，研究方法正确，可以减少错误，促进真理之道而已。复臆说与精细之分析，合而为用，实为求得准确之工具，亦为科学研究成功最善之保障。"

他为了追求真理，就曾很多次否定了专家名人的见解。例证如下：1920年他在《北京西山地质志》一文中就谓："李希霍芬氏之地层分类，时见错误，所谓大鞍层、大槽层、福桃层，实皆同属一类，庙安层未可归入大鞍大槽之间，盖其时代实较含煤层为新，所谓琉璃河页岩层，即石炭纪煤系之一部，而出露于红煤厂者也。煤岭层上部之凝灰岩，乃为一种侵入体，其时代视庙鞍岭层尤新。至氏所谓震旦系实兼寒武纪及元古界之地层而言。其所谓石炭纪石灰岩，维理士氏等已改定为奥陶纪。此二者皆已经前人证明者。"又谓梭氏"震旦系仍蹈李希霍芬氏前失，浑河系实兼石灰侏罗二纪而言，辉绿岩亦不能作为是系上下二部之确定界线，昌平一名又嫌太泛，以此诸因，是故编名层不得不别创新名，以便识别，非敢故为立异也。"

该文所附《北京西山地质图》也修正了梭尔格的1:20万的地质图，"本图不仅较梭氏之图更为精确，且可证明西山地质构造并未为格外复杂有如梭氏所设想之甚也"。

1925年他在与谢家荣合著的《扬子江流域巫山以下之地质构造及地文史》中写道："余之所谓原生黄土，并非成于汶河期之先，如维理士氏所设想者，决可断其在汶河期之后也。"又谓"其时维理士氏只知归州系之属于三叠纪，不知其一部分已属于白垩纪……今知维理士之归州系，实括三叠侏罗下白垩纪等地层，故其所言与褶曲时代之最低限度相差很远……据我辈观察所及，长江诸省之褶曲时代，当后于归州系这最上层，即在三叠纪以后是也……与李希霍芬在四川广元县所见者迥相反……李氏于二叠纪中生界层之下，见一显著之不整合层，我辈所见相当层位之露头甚多，所括地面亦广，然皆一致整合者……既有构造上之不整合，而无地层之缺失，则殊难解，故李氏之不整合层或为断层接触之结果，况广元以北，正断裂繁多之区也。"

1930年他在《山东海岸变迁之初步观察及青岛一带火成岩研究》一文称：日本 Kunitaro Ninomy 关于辽东半岛上升的理由，不能与山东半岛混为一谈，在山东半岛低小山坡多为唐县期之侵蚀面，此外实毫无陆地最近上升之形迹可察。因为他时间仓促未及往察辽东半岛，所以采取了保留态度。又称"在山东半岛之内，除白垩纪之砂岩与页岩等岩石外，其余所见，皆属火成岩，此类火成岩有喷出岩、酸性侵入岩及基性侵入岩……唯此前中外学者，咸未注意此部分岩石，而多归之于泰山系内……此类火成岩，按层位而言，其时代当属于白垩纪之下部"，从而否定了所谓泰山系之说。

叶良辅治学十分严谨，未经亲自详细调查研究，从不发表意见。施雅风在纪念叶良辅逝世40周年时回忆往事说："一次和叶先生讨论庐山冰川问题，征询叶师意见，叶师说，他曾在庐山住过，认为庐山上部李四光先生所描述的地形U形谷地，有点像壮年期宽谷，庐山两侧是断层，如果壮年期宽谷地形成于前，而断层活动将庐山抬高于后，则可以出现李先生说的类似冰川成因的地形。看来叶师对李四光第四纪冰川学说是持一定的保留态度的……1980年我和一批中外冰川地质地貌学者到庐山考察，参观了李四光先生所定的多种冰川证据，经过讨论，多数考察者认为庐山无发育第四纪冰川的条件，庐山的混杂堆积与某些地貌在20世纪30年代用冰川成因解释是可以理解的，但是误解关键在于当时对泥石流堆积缺乏认识，庐山山麓被当做冰碛看待的混杂堆积实是泥石流堆积。我们的论点发表后，重新出现了激烈的论战。由此，联合了一批志同道合的同志决心对东部第四纪冰川作比较深入的研究，从地貌和混杂物堆积的成因识别，能够反映第四纪气候变化的古植物、古土壤以及黄土、洞穴沉积的研究，古冰川发育必需的气候条件及其分布规律性等各方面探讨，考察了南至广西、北至大兴安岭的前人所论述的第四纪冰川遗迹，通过一系列的工作，认为中国东部冰川只限于长白山、台湾玉山、陕西太白山、四川螺髻山等高山地区，而海拔2000m以下的山地，一般没有发育第四纪冰川的条件，但有些现象却易误判断为冰川成因。40年前叶师启发的要慎之又慎对待中国第四纪冰川的教诲，至此才获得明确的答案。"

新中国成立前李四光在杭州休养期间，也曾提出杭州九溪一带的"之江层"（盛辛夫以后命名）为冰碛层，叶良辅为了研究其可靠性，不顾体弱多病，专程到现场详细进行观察，确定这是古九溪的"洪积层"，从而否定冰碛层之论。此后到九溪考察的地质地貌专家学者络绎不绝，都一致赞同叶良辅的观点，这是他一生中不迷信专家名人的又一例证。

6. 主张科学精神为科学家所应有

叶良辅在《科学方法与地学研究》一文中说："科学的精神，非科学家所特有，亦非科学家所尽有，但为科学家所应有，其所养成之习惯为公正、谨慎、坦白、温柔、诚实等诸美德，其影响于吾人处世之态度，遇事之方术者至大。故吾人之所以研究地学也，其目的为真理，其副产品为道德之修养，与其他科学之研究固无异也。"叶良辅本人具备的科学精神与其个人的道德修养，一直为他的同窗好友和晚辈后学者所敬重，在他逝世40周年的纪念文章中，可见一斑。

（三）在教育工作方面的贡献

叶良辅早期在北京大学和中山大学担任教授，但为期都很短，他晚期在浙江大学任教，历时11年，培养的学生也最多（包括大学生和研究生），他的教育工作为后学者一致称道，总结一下，大致有以下特点。

1. 启发式的教育

他的学生们在读书或野外考察过程中，遇到问题向他请教时，他总是静心听着，而从不急于回答，他反过来从侧面一步一步地启发他们思考，最后让他们自己顺理成章地得出正确的结论，这样就在无形中培养了学生们自己提出问题、自己解决问题的习惯和科学研究的能力，使他们终生获益。

2. 严格的教育

叶良辅对学生的要求是非常严格的，尤其对研究生，要求他们首先多读有关世界名著，打好理论基础，继而予以野外实地工作的严格训练。叶良辅指定他们读的参考书，有些是他亲自为他们找出的，都是英文地形学著名的原著，他根据参考书的分量规定每半月或一个月上交一次读书报告，且上交时他总要询问理解如何、收获如何。同学们的读书报告都送到他家中，如果不能按时上交，是不好意思到他家里去，也会感到很大的压力，久而久之就养成了勤奋读书的习惯了。

在研究生毕业论文指导中，他同样以严谨的治学态度要求他们。他认真批阅研究生论文（多数是区域地形调查报告），发现问题总要与他们认真讨论，并要求修正。如果问题解决不了，还要求重返野外调查，以求真实。所以由他评阅通过的研究生论文水平都较高，得到当时同行学者的好评，并大都发表于当时权威性书刊中，如《遵义新志》、《史地教育丛刊》、《地理学报》、《地学集刊》等。他要求学生们首先认真读书，打好理论基础，然后到野外进行调查研究工作，这也是理论与实际相结合的教育方针。

3. 道德的教育

叶良辅主张学生要有道德的修养，他身教更重于言教。抗战时期，他怀念原农商部地质调查所的所风，他说："奉公守法、忠于职守、虚心忍耐、与人无争、无嗜好、不贪污、重事业、轻权利。所以地质调查所内部颇富于雍雍和睦与实事求是的风气，从未有恭维迎合、明争暗斗、偏护猜忌的那些社会恶习。后进人才也跟了同化，这是大有助于事业进步的因素。"他要求学生们向地质调查所老一辈人学习，养成良好的道德标准。他又对学生们说："我们教导诸位，是否成功要看诸位毕业之后，做人做事的成绩如何，诸位的成绩远在若干年后，才见分晓。"语重情长，令人进步，学生们无不敬服。他的教导使学生们终生受用。

4. 爱心的教育

抗战期间，同学们都是流亡学生，国破家亡，使他们忧心忡忡，痛感前途渺茫，既恨日本的残暴侵略，又气汉奸的卑鄙无耻，20岁左右的青年同学们总是满腔怒火，常在叶良辅家中发泄。叶良辅总是静心地听着，心平气和地慢慢解说与开导，情真意切，平正通达，使同学们的思想最后总是落实于"勤勉学习，报效国家"的想象中。当时，同学们都乐于在课余探望叶良辅病况并向他请教，有时同学们还被他和师母留吃便饭或吃饺子，温暖融融恰似家人子弟。那时叶良辅一家生活清苦，还对流亡学生关爱备至，学生们感恩，迄今念念不忘。同学们说叶良辅热心于教学是与对同学们的爱心分不开的。

据施雅风回忆说，1942年浙大学生倒孔运动后，国民党特务将逮捕王天心同学，王天心由湄潭逃到遵义，施雅风带领他到叶良辅家中，叶良辅招待他晚饭，安排他住宿，为他愁虑，彻夜不眠。次日，王天心脱离遵义，叶良辅才露出笑容。又如杨怀仁（叶良辅指导的研究生，南京大学教授）追述，抗战之初，浙大西迁时，他的母亲病逝，他哭诉哀思，叶良辅也陪着流泪。这些事情说明叶良辅是把同学当亲人一样看待的。此外，李治孝也记起，在1947年夏"反内战、反饥饿、反迫害"的学生运动中，特务在浙大校园内散布了黑名单，李也名列在内，李向叶良辅倾诉胸中愤慨，当时叶良辅热情地表示对学生运动的同情和对反动派的厌恶，又叮咛嘱咐李行动小心，免遭祸害。他慈母般的温暖情意，深深印在李治孝的脑海中，永不忘怀。他对学生充满热情，从学习上和生活上都予以关心，毕业后还为他们介绍工作，事例很多，兹不列举。他的学生们从感情上视他如严父、如慈母，莫不衷心接受他的教导，这也是他教育成功之处。

5. 忘我工作，一心培养人才

叶良辅在地质研究所工作期间就十分注意对人才的培养。当时和他一块工作的李璜、张更、赵国宾、喻德渊、陈凯等都受过他的教益。丁骕感受尤深，他在《念叶师》一文中说："他考虑到我的生活问题，在经济方面他私人赠我钱文，叫我安心读书，一定可以成功，并指示我说，你对地质构造方面的认识没有问题，只是对光性矿物学缺乏根基，你的中英文都很好，应当出国深造……希望安心准备考试，钱不够用再向我拿就是。"由此可见叶良辅提携后辈的热诚。丁骕称叶良辅为恩师："恩者承他相遇，在公私两方面鼓励与资助，使我能奋发、坚毅、度过我一生最艰苦的年代；师者他并不曾教过我的书，却在短短的两年中，为我爱、为我乐。一个微笑，一个简单的言辞，都含有指示，因此我在外国留学之前拜他为师。"

叶良辅到浙大以后，一心教书，培养了诸多地学人才，除指导过他的助手地质学家刘之远外，还指导过的学生们如地理学家谢觉民、赵松乔、杨利普、贺忠儒，海洋学家毛汉礼。他直接指导的研究生毕业者有9人，为严钦尚、丁锡祉、沈玉昌、杨怀仁、施雅风、蔡钟瑞、陈述彭、陈吉余与李治孝，他们专攻地貌学或地质学某个方面，在新中国的科学技术事业中发挥了骨干作用。他们都成了知名教授和研究员，施雅风与陈述彭为中国科学院院士，陈吉余为中国工程院院士。抗战中在广西宜山浙大西迁时，叶良辅对杨怀仁说，希望将来能培养20位左右的研究生以发展中国的地学，可惜天不假年，研究生的人数未达到他的预期，但中国地貌学却得以生根发芽、成长壮大。他的学生们永远都不会忘记他对中国地貌学的开拓与倡导的功绩。

叶良辅在世时，一直忘我地进行教学工作，坚持带病上课，因声音嘶哑且甚为低弱，同学们则专心听讲，安静无声。抗战胜利，他随浙江大学迁回杭州，体质更弱，上课更为吃力，声音嘶哑更为严重，同学们不忍心他从家里步行到大学路的学校上课，劝他在家里上课，他执意不肯，同学们只得请他在课堂里坐着讲课。他经常咳不成声，有时还要连续咳喘好几分钟，才稍平静，但又接着上课。同学们既为他的严重病情担忧，又为他崇高的教学工作态度所感动。他不仅要认真备课，还要为研究生评阅读书报告和毕业论文等。据杨怀仁回忆说："我的论文《黔中地形发育》篇幅较大，他评阅时花了许多时间，后来刘之远先生告诉我，叶师审阅论文时曾多次咳嗽咯血。从叶师的谆谆教导和言传身教中，我真正看到'为人师表'的可塑形象，也真正认识'恩师'这二字所包含的尊严和崇高。"

新中国成立前叶良辅平时生活非常简朴，他和夫人生有四子，还要担负胞弟遗留下的侄辈的教育，所以家庭经济十分艰难。他患肺病多年，补养身体的费用极其微薄，但他从不怨天尤人，坦然面对贫穷，只是一心为教学工作而终日忙碌着。同学们看在眼里，痛在心里，有时送上点奶粉孝敬他，希望他能补养身体，可是杯水车薪，终不能挽回他的生命。他去世前还念念不忘系务工作，嘱咐三子彦弧执笔代书，口授致李春芬先生的函，言辞恳切，请李春芬代掌系务。他如此关心工作，真是"春蚕到死丝方尽"。

三、叶良辅主要论著

叶良辅．1919．江浙间矿产地质报告．地质汇报，第1号：75~88
叶良辅，刘季辰．1919．直隶临榆县煤田地质矿业报告．地质汇报，第1号：37~50
叶良辅．1920．北京西山地质志．地质专报，甲种，第1号
叶良辅，李捷．1924．安徽泾县宣城煤田地质．地质汇报，第6号：25~50
叶良辅．1925．Petrography of the dioritic rocks from the contact metamorphic iron-ore regions of China. *Bull Geol Soc China*, 4（2）：105~118
叶良辅，谢家荣．1925．扬子江流域巫山以下之地质构造及地文史．地质汇报，第7号：69~90
叶良辅．1926．安徽南部铁矿之类型及成因．科学，11（7）：849~858
叶良辅，赵国宾．1928．湖北阳新大冶鄂城之地质矿产．国立中央研究院地质研究所集刊，第1号
叶良辅．1929．中国东南沿海火成岩区之研究．国立中央研究院十八年度总报告
叶良辅，李璜，张更．1930．浙江平阳之明矾石．国立中央研究院地质研究所集刊，第10号
叶良辅．1930．浙江沿海之火成岩．国立中央研究院地质研究所集刊，第10号
叶良辅，喻德渊．1930．山东海岸变迁之初步观察及青岛一带火成岩之研究．国立中央研究院十九年度总报告：175~176
叶良辅，李璜，张更．1931．浙江青田县之印章石．国立中央研究院地质研究所丛刊，第1号
叶良辅．1931．中国东海沿海区流纹岩及凝灰岩之矾石化及笔腊石化作用．国立中央研究院地质研究所集刊，第11号
叶良辅，喻德渊．1934．南京镇江间之火成岩地质史．国立中央研究院地质研究所专刊，乙种，第1号：1~18
叶良辅．1938．科学方法之研讨．地质论评，3（6）：623~630
叶良辅．1940．地形研究指要．史地教育丛刊，第1辑
叶良辅．1940．科学方法与地学研究．史地教育丛刊，第1辑
赖维斯．1947．矿物与世界和平．叶良辅译．上海：正中书局
叶良辅．1948．瀚海盆地（浙江大学史地教育丛刊之一）．上海：正中书局

主要参考文献

朱庭祜．1951．叶良辅先生传．地质论评，16（2）：1~2
任美锷．1951．叶良辅先生在地形学上的贡献．地质论评，16（2）：3~4
杨怀仁主编．1989．叶良辅与中国地貌学．杭州：浙江大学出版社
杨怀仁，施雅风，陈述彭等．1992．叶良辅教授的生平与贡献//政协杭州市委员会文史资料委员会编．师魂续编（《杭州文史资料》第15辑）．杭州：政协杭州市委员会文史资料委员会

撰写者

李治孝（1921~），安徽合肥人，曾任浙江省地质矿产厅教授级高级工程师、浙江省地质职工大学校长、浙江省地质学会理事长。系叶良辅的研究生。

朱庭祜

朱庭祜（1895～1984），上海川沙人。地质学家，中国早期地质事业的开拓者之一。1916年毕业于农商部地质研究所，是我国自己培养的第一批地质学家之一。1922年获美国威斯康星大学地质学硕士学位，回国后曾任两广地质调查所所长、贵州省地质调查所所长、财政部盐务总局盐业研究所研究员、浙江省地质调查所所长、地质部水文地质工程地质局总工程师、浙江省地质局总工程师等职。主要从事区域地质矿产调查，最早发现河北井陉铁矿和云南昆阳磷矿，对浙江省新安江、黄坛口等大型水电站的水文地质工程地质勘察工作贡献极大。他对两广地质调查所、贵州省地质调查所、浙江省地质调查所等地质机构的创办及领导管理工作成绩出色。他曾在中山大学、中央大学、重庆大学、浙江大学等校任教授，培养了大批人才。

一、简　历

朱庭祜，字仲翔。1895年12月17日生于上海市川沙县，1984年5月4日于浙江杭州市病逝，享年89岁。

朱庭祜出身于一个小工商业者兼自耕农家庭。其父原经营小杂货店，后因生意冷清而倒闭，去另一家杂货店当店员。一家六口，全靠其父微薄的薪水和其母耕种的两亩地而勉强维持生活。"穷人的孩子早当家"。朱庭祜自幼就为父母分劳分忧，他帮母亲种过地，给别人家放过牛，还学过木匠。他6岁进入私塾，珍惜读书机会，勤奋好学，成绩优异。但因家贫，初小毕业后失学。可是他并不气馁，在帮助父母劳动的同时，仍抓紧时间自修。

亲友们见朱庭祜好学，很有雄心壮志，就主动慷慨解囊，凑钱资助他进入上海邮传部高等学堂附属小学。不久他又进入免费就读的上海高昌庙江南制造局兵工学堂。该学堂旨在培养制造枪炮的技术工人，可惜两年之后，学堂毁于战火，他又失学了。

就在这时，朱庭祜见到了工商部地质研究所的招生广告，就去报名投考，经过一番周折，终于如愿以偿。地质研究所并非科研机构，而是培养人才的专业学校。招来的学生都是中学生或中学毕业生，年龄相差较悬殊，既有比他大三四岁的谭锡畴、王竹泉，也有比他小三岁的谢家荣。他们的老师是中国地质事业的创始人及奠基人章鸿钊、丁文江、翁文灏等，还有外国地质学家。他们在3年中学完了基础课、专业基础课、专业课。更重要的是，研究所在教学过程中特别重视野外实习，这培养了他们扎实的野外地质研究功底。

1915年春，丁文江带领学员们，到直隶（河北）、山西边境一带作地质旅行。朱庭祜后来回忆道："……山高路险，同学们初次锻炼，多叫起苦来。丁用种种方法，鼓励大家，每天必要达到目的地为止。如将到目的地而时间尚早，则多绕一点山路，多看一点地质，沿途还要考问……"。同年11月，"又往山东旅行，翁文灏教师亦同往。先到泰安登泰山绝顶，沿途研究泰山变质岩系，就是地史学上所称最标准的太古界杂岩层。以后又出发到新泰、蒙阴，登徂徕山转向大汶口。这一路多荒僻山陬。徂徕山的高度，和泰山相差不多，同学们因连日登一千四五百米的高山，已精力不济，故爬山落在后面；独丁（文江）精力充足，迅步向前，还常唱歌或背诵诗句来鼓励同学们上前。"

他们每次实习之后，都要写报告，学期终结时，教师要全面审定野外实习报告。审定通过之后，才能参加期终考试。后来。章鸿钊、翁文灏把他们实习报告中最精华的内容编写成《农商部地质研究所师弟修业记》一书，被誉为"我国自己编写的第一本区域地质学论著"。

1916年，该所学生举行结业典礼，合格毕业者18人，俗称"十八罗汉"，其中朱庭祜等大多数人进入农商部地质调查所工作。他们是中国自己培养的第一批地质学家。

进入地质调查所的第二年春，朱庭祜和谢家荣一起被派往湖南调查地质矿产。为了提高工作效率，他们有分有合。朱庭祜跑遍了湖南大部分地区，调查了地层、构造，特别是煤、铁、铅、锑、锰、锡、钨等矿产分布情况。他后来编写了《湖南耒阳煤田地质》调查报告，在他出国后的次年（1921）发表在该所出版的《地质汇报》第3号上。

朱庭祜还参加了北京西山地区全面的地质矿产调查，这一集体调查的成果后来由叶良辅执笔整理成《北京西山地质志》，于1920年发表。

当时，由于第一次世界大战期间钢铁需求量太大，钢价暴涨，北洋政府决定自己建设钢铁厂。担任农商部矿业顾问的瑞典地质学家安特生主持这项工作，朱庭祜等参与其事。朱庭祜的英语口语很好，安特生出野外时总带上他，他由此能向安特生学到很多东西。他与王竹泉一起在门头沟区斋堂普查煤矿，成果很受丁文江和安特生好评。他们还一起在三家店、石景山、长辛店一线选择钢铁厂的厂址，最后根据资源和交通条件等因素决定建在石景山。安特生又指导他们在石景山周边测制大比例尺地形图，为建厂做准备。

朱庭祜为寻找建厂所需更多的煤、铁矿产资源而努力工作。1919年春，河北井陉县群众报矿说，该县西北太行山上有红石头，疑为铁矿。他与李捷前往调查，走遍大小山沟，发现赤铁矿碎块，再冒险攀登上200多米高的石英岩陡坡，终于发现了大规模的赤铁矿。他们后来编写了《直隶井陉县地质矿产报告》调查成果，很受农商部重视，予以鉴核存档，后于1924年发表在《地质汇报》第6号上。

朱庭祜由于工作成绩卓著，被农商部批准留美深造，还得到宣化龙烟铁矿公司等的资助，于1920年秋到美国威斯康星大学地质系研究生班学习。他在学习期间，见该校有"地质学会"，对这个地质系师生横向交流的学术团体很有兴趣，就写信给丁文江，建议中国也尽早成立地质学会。丁文江回信告诉他，他的意见与大家不谋而合，国内正积极筹建地质学会，参加的会员需缴纳会费，朱庭祜作为一个留学生，是交不起的，他就写了篇论文，充作会费。1922年1月27日至2月3日，中国地质学会成立大会在北京召开，朱庭祜虽身在美国，亦成为该学会的26名创立会员之一（这里特别说明，过去一些文献都说26名创立会员参加了成立大会，这是不确切的，朱庭祜就是例外）。

1922年夏，朱庭祜在威斯康星大学获硕士学位后，转到明尼苏达州立大学，师从矿床学家及孟斯教授，并成为该校地质系第一个中国博士研究生。留学期间，国内政局动荡，他的留学费用常常得不到保障，只好半工半读，勤工俭学，抽节假日去当售货员、工人、地质填图员、矿山测量员等，以维持自己的学业。没想到1923年夏秋之交，地质调查所代所长翁文灏打电报给朱庭祜，说国库困难，无力支持他继续学习，要他9月份代丁文江去美国俄克拉荷马州威尔赛城出席世界煤油矿大会后立即回国，让他把丁文江写的《论中国之油田地质》一文译成英文，以他的名义在大会上宣读。

这一指示使朱庭祜陷入了思想斗争之中。一方面，他苦干一个假期，已挣了一些钱，导师艾孟斯教授对他又极度器重，答应资助他继续学习，保证能获得博士学位。同时，他善于为人处世，与街坊邻居关系都很好，一位美国姑娘对他也十分倾慕，主动表示进一步发展关系的愿望。他如果继续留学，可以拿到学位，甚至还能立业成家，享受优裕的生活。另一方面，他牢记自己出国留学的初衷就是为了发展祖国的地质科学事业，去开拓祖国丰富的矿产资源。而后一种思想始终占了优势，于是他在出席了世界煤油矿大会之后就回国了。

朱庭祜回国之初，仍在地质调查所工作。1924年，为支援新成立的浙江省实业厅地质调查办事处，他被调到该处任技师。该处主任孙海环是在国外学习地质采矿的老地质工作者，他与孙一同调查浙江全省地质矿产，合著了《调查浙江地质简报》第1、2、3号，分别于1924年5、6、8月付印。孙海环的外甥盛莘夫，本是宁波农业学校毕业的，因得罪上司而失业，就到浙江省地质调查办事处来边干边学，朱庭祜热心辅导盛莘夫。他们一同搞野外地质调查时，朱庭祜见什么就教什么，回到室内，他又把自己的藏书借给盛阅读，为他答疑解惑，后又推荐盛去北京大学地质系孙云铸教授处旁听学习了一年。盛莘夫后来成了一位自学成才的地质学家、地层古生物学家。孙海环极其看重朱庭祜，有心招为女婿，由盛莘夫出面介绍，朱庭祜与孙的女儿孙富兰（盛莘夫的表妹）结为终身伴侣。他们由事业战友结为姻亲，也是地质学史上的一段佳话。

1925年春，朱庭祜应聘为云南省实业厅矿务科技师，负责创办云南省地质调查所。他着力培养人才，亲自编讲义、授课，带学生到野外实习。有一次他带学生在云南个旧测制地质地形图时，遭遇土匪行劫，被围在山顶，他急中生智，得矿工相助，藏身在装运矿石的索道车内得以脱险。

1927年，朱庭祜调到设在广州中山大学内的两广地质调查所，在那里工作了4年，初任技正，后任副所长、所长，并兼中山大学地质系教授。他为该所的建设和工作开展倾注了大量心血，积极创办了《两广地质调查所年报》等出版物，推进了学术交流。他本人调查浙江、广东、广西等地地质矿产的成果也多发表于这些出版物上。

1931年，朱庭祜出任安徽省政府委员兼省教育厅厅长。1932年，他应中央研究院地质研究所所长李四光之邀，兼任行政院农村复兴委员会地下水研究室主任，并去南京、河南、江西等地调查地下水资源。

1935年，朱庭祜出任贵州省政府委员兼省地质调查所所长。1936年他任浙江大学地理系教授。

抗日战争全面爆发后，朱庭祜于1938年到大后方重庆，任财政部盐务总局盐业研究所研究员、技术处处长，又兼重庆中央大学地质系教授。在此期间，他跑遍大西南，探寻盐矿资源，后与袁见齐合著了《川滇黔含盐地层之研究》一书，详述了含盐地层的分布及含盐情况，指明了盐井开凿的方向。

抗日战争胜利后，朱庭祜被派到光复后的台湾省，出任省盐务管理局局长。他努力加强盐业管理，大力推广煮盐新工艺，综合利用海水，提取碘、溴等有用元素，使台湾盐产量大幅度上升，自给有余，还出口日本，创收外汇。

1946年，朱庭祜任南京中央大学地质系教授。1948年，他调任浙江大学总务长兼地理系教授，后又任浙江省地质调查所所长。

新中国成立后，他继续领导该所工作，调查浙江全省地质矿产，编辑出版了《浙江地质》第1、2期。

朱庭祜在浙江投身过两个大型水电站——黄坛口水电站和新安江水电站的建设工作，他担任工程地质勘察队队长，领导从事坝址选择和坝基工程地质勘察。新安江水电站是新中国成立后我国自行设计建造的第一座规模较大的水力发电站。朱庭祜亲临第一线，领导坝址选择与工程地质勘察，率勘察队逆江而上，认真察看各有利地点，最后根据综合地质条件，决定在建德县铜官村建坝。他对每一个钻孔和坑道都要求进行认真细致的观察和编录。他领导编写的坝址工程地质勘察报告和编制的图件质量都很高，完全符合设计部门的要求，保证了工程的顺利进行。半个世纪以来，新安江水库不仅为国家输送了大量电能，而且也是著名的旅游景区。

1953年，朱庭祜调任地质部水文地质工程地质局总工程师，专门从事水利、水电建设工作。他参加了治淮工程，曾去淮河流域的响洪甸、墓子滩、佛子岭等水库检查、指导工作。还先后赴浙江、福建、广东、贵州、山西、辽宁等地进行水库坝址调查。此外，他还跑遍了四川省20多个县（市），调查工业基地厂址。

1957年，朱庭祜调任浙江省地质局总工程师。他在自己工作时间最长、情况最熟悉的浙江省度过了最后的20多年。朱庭祜曾任浙江省地质学会第一届副理事长和第二届名誉理事长（1961～1979），浙江省科学技术协会顾问（1981～1982），浙江省政协第四、五届委员（1974～1984）。

二、学术成就与工作业绩

1. 区域地质矿产勘查

朱庭祜早年工作地主要在湖南与河北。留学归来后主要在浙江、两广（广东、广西）、云南、贵州、四川、江西等地工作。现摘要介绍其主要工作成果。

《湖南耒阳煤田地质》是朱庭祜第一篇公开发表的地质调查报告，该报告中文10页，约7000字，英文摘要3页，并附1：5万湖南耒阳东乡煤田地质图（彩色），测绘面积约60km^2。文内记述了二叠系煤系地层整合于石炭系之上，而其上之淡绿色页岩、薄层灰岩及黏板岩砂岩等与之不整合（经后来研究为三叠纪地层）。文中详述了煤系地层，包括含锰及含铁砂岩、石英岩、砂岩页岩及煤层，可采煤层有5层，从6个主要煤区计算，总储量约8786万t。文中对当地煤业也作了调查分析。

朱庭祜与李捷合著的《直隶井陉县地质矿产报告》，中文15页，约10000字，英文14页，附1：6万直隶井陉县煤田地质图（彩色），测绘面积约200 km^2。研究表明，该区地层自下而上是：五台系深变质的片岩、片麻岩、石英岩、大理岩等，滹沱系石英岩、黑色页岩、铁矿层（后者实为长城系宣龙式铁矿），寒武系页岩、灰岩（含三叶虫化石），奥陶系灰岩（含角石化石），石炭系煤系、砂页岩、薄层灰岩夹煤层（含植物化石 *Neuropteris*, *Sigillaria* 等），第三系火山岩及黄土。对于该区矿产，主要详论了煤铁两种。煤矿分为北部煤田（储量约1.98亿t）和南部煤田（储量约2200万t）。其煤质均为烟煤，可以炼焦。铁矿分布较广，较大者有7处，多为贫矿，可计算的储量共有775万t。这些都是该地区开创性的地质工作成果。

朱庭祜与孙海环所编撰的《调查浙江地质简报》(1924)，分为第1、2、3号。第1号调查区域主要在杭州附近及与邻县余杭、富阳交界处，地层自下而上分为4部分：荆山层、老和山层、飞来峰层、西湖层。第2号调查区域主要在杭州、富阳、新登、桐沪等县，地层自下而上分为6部分：老和山层、飞来峰层、小坞里层、岩坞里层、岩山层、冲积层。第3号调查区域为桐庐、分水、昌化、于潜、临安等县，地层自下而上分为9部分：寒武奥陶系的倒水坞层、印渚埠层、荆山层，泥盆系的老和山层，石炭系的飞来峰层，石炭二叠系的小坞里层，二叠三叠系的岩坞里层，第三系的岩山层，第四系的冲积层。该三份简报工作虽较粗略，但是对于浙江区域地质调查而言是具开创性意义的，他们所创立的地层名称"印渚埠层"、"老和山层"、"飞来峰层"等后来一直被沿用。

朱庭祜的《广西贵县横县永淳邕宁宾阳五属地质矿产》一文1928年载于《两广地质调查所年报》第1卷之第一篇。中文28页，约18000字，附1：50万广西贵县横县永淳邕宁宾阳五属地质图（彩色），测绘面积约12000 km^2，英文23页，附剖面图5张。此五县位于广西之东南部，该区地层自下而上分为6部分：龙山系、莲花山系、贵县石灰岩、三江口系、红色岩系、邕宁系。他所命名的"龙山系"、"莲花山系"、"邕宁系"地层名称被长期沿用。该区有丰富的矿产，金属矿有金、银、铜、铅、锌、锡、锑、铋、钨、锰、钼等，非金属矿有煤、耐火黏土、瓷土等。

朱庭祜所著《西沙群岛鸟粪》一文，于1928年发表在《两广地质调查所年报》第1卷上。此文为我国最早研究海岛鸟类的成果。文中记述了他1928年参加西沙群岛鸟粪资源调查的情况，他们在该群岛的林岛、石岛、灯擎岛等四个岛工作了半月。调查得出其中林岛最大（1.5 km^2），石岛最小（0.06 km^2），海拔最高的为石岛（15 m）。岛周围有珊瑚礁环绕。岛上无石、无土壤，全为珊瑚和与世隔绝的其他动物的遗骸（介壳、骨骼等）以及鸟粪。鸟粪标本化验显示，含无水磷酸最多可达16.88%，含氮量最多可达23550 t。

朱庭祜1929年写了《广西宾阳县铋矿》一文，在学术刊物《科学》（中国）上发表。该文专论广西宾阳县高田圩及马岭圩的花岗岩内高温热液石英脉中的辉铋矿，与之共生的有用矿物有钨锰铁矿（黑钨矿）、辉钼矿、黄铁矿，附生矿物有针状电气石。辉铋矿露头经风化作用，变成黄色的氧化铋矿（俗称"白铋"，以别于"青铋"即辉铋矿），其含铋量更高，价值超过辉铋矿。据其不完全统计，当地4个矿业公司1926～1927年共生产出白铋22.8 t、青铋3.5 t。据当时的资料，以铋矿著名者，全国唯有广西之宾阳。

2. 水文地质学与工程地质学成就

朱庭祜1933年9月与吴燕生、王钰、马振图赴江西南昌调查地下水，之后他们合著了《江西南昌附近之地下水》一书。该书中文26页，约18000字，附有1：10万江西南昌附近的地质图（彩色），测绘面积约900 km^2，另有3条1：5万的剖面图。英文详细摘要10页。书中论及该区地层有元古代桃花岭层、震旦纪南昌层、第三纪瀛上层、第四纪望城岗黏土及近代冲积层。火成岩有片麻状花岗岩、流纹状花岗岩、花岗岩、闪长岩。该区构造有南昌层之等斜褶皱、南昌层中之断层。在论及岩石性质与构造状况对地下水的影响后，提出了若干建议。对于南昌市的饮水问题，提出在赣江江面开阔、水量丰富处，设大规模自来水厂，使用大抽水机、滤水器、消毒设备，储水于高塔，用潜埋铁管输送优质饮水。同时建议引用西山火成岩中质纯的泉水，可以引泉，也可以凿井。关于灌溉，他们主张引用西山泉水，并提出用马达吸水、竹管输水的方式比较经济实惠。

朱庭祜在参与、领导水库、水电站坝址工程地质勘探工作中，编写了不少报告。如与汪龙文合著的《浙江衢县黄坛口坝址附近地质勘探报告》、与盛莘夫合著的《钱塘江流域水力发电计划坝址地质报告》、与汪龙文、方孔裕合著的《对于继续勘探罗桐埠坝址的意见》等。

他在广泛实践基础上，进行总结，发表了《在不同岩层上选择坝址的一些经验》一文。该文首先明确两点认识：①筑坝的目标有防洪、灌溉、航运、发电等方面，或侧重一两方面，或多功能综合利用；②坝的类型很多，有重力坝与拱坝，以建筑材料论，有砌石坝、土坝及堆石坝等。该文着重论述的是坝基的选择，分8种地区来讨论，即火山岩地区、花岗岩地区、坚硬的较古老砂页岩地区、石灰岩地区、坚硬的深变质岩（如花岗片麻岩、石英岩）地区、一般变质岩（如片麻岩、片岩、千枚岩、板岩）地区、第三纪红色砂页岩地区、第四纪沉积物地区，分别叙述了其优缺点及注意事项，对每种地区的分析都佐以若干实例，很有说服力。

3. 热心地质高等教育，培养大批人才

朱庭祜曾在广州中山大学、南京中央大学、重庆中央大学、浙江大学等名校任过兼职教授。他学识渊博，曾讲授过普通地质学、地层学、构造地质学、矿床学，以及农业地质学、水文地质工程地质学、野外地质学等课程。为编写讲义，他常到图书馆查阅书刊，了解最新科学动态，充实与修编讲义。他的课常讲常新，深入浅出，吸引了众多学生。他在南京中央大学讲授普通地质学时，工学院、农学院相关系科不少学生都来选课，以致成了100多人的大课，且场场爆满。

朱庭祜热爱地质事业，由于长期跋山涉水，他38岁时就患了心脏病，但他顽强地与疾病做斗争，照样进行野外考察，以致后来由于心脏不停地扩大而导致左侧肋骨高高地隆起。他在广州中山大学任教时，有一次带领学生去广东宝安县实习，他们背着工具、标本等翻山越岭行走了25km路，有的学生已疲惫不堪，累得不想再走了，朱庭祜则精神抖擞地阔步前行，对学生既批评又鼓励，终于完成了预定的实习任务。朱庭祜常告诫学生："作为一个地质工作者必须明确是为祖国强盛、为人民造福，要了解本国之地质情况，就要吃得起苦"。他在晚年谈到人才培养问题时，语重心长地批评当时的一些年轻地质工作者，工作和生活条件比他们当初好得多，但是吃不得苦。他斩钉截铁地说："要想做出一点点成就，都要付出艰巨劳动，都要吃苦。"

朱庭祜对学生既要求严格，又非常关心。学生如果缺课，他要问明情况；学生如果患病，他要亲自去宿舍探视，还把参考书、资料送去，把耽误的课补上。他为祖国培养了很多优秀的地质科学人才，他在中山大学的学生陈国达、黄秉维，在南京中央大学的学生徐克勤，在重庆中央大学的学生业治铮、朱夏等后来都成为中国科学院院士。

朱庭祜一生非常爱国，思想进步。1950年，美国发动侵朝战争，朱庭祜动员和鼓励在浙江大学读书的儿子参军，投入抗美援朝的斗争中。

1982年，中国地质学会在成立60周年的纪念活动中，表彰了已经从事地质工作50年

的老会员，其中就有从事地质工作66年的朱庭祜。他却谦虚地说，他为祖国、为人民贡献尚少，受之有愧，有生之年，还要更多地工作，以报答党和人民给他的崇高荣誉。他在古稀之年还写下了一首七绝："四化前头加一鞭，论功端在志先坚，河山万里须改造，关塞千般莫问天"。这正是他一生为祖国、为人民、为科学事业而奋斗的崇高精神的集中体现。

三、朱庭祜主要论著

朱庭祜．1921．湖南耒阳煤田地质．地质汇报，第3号：73~82

朱庭祜，李捷．1924．直隶井陉县地质矿产报告．地质汇报，第6号：83~97

朱庭祜．1928．广西贵县横县永淳邕宁宾阳五属地质矿产．两广地质调查所年报，第1卷：1~28

朱庭祜．1928．西沙群岛鸟粪．两广地质调查所年报，第1卷：99~102

朱庭祜．1928．西沙群岛之磷酸矿．矿冶，2（5）：29~31

朱庭祜，李殿臣．1928．广西邕宁宾阳地质矿产．中山大学学报（自然科），1（3）：163~176

朱庭祜．1929．广东曲江乐昌乳源三县间地质．两广地质调查所年报，第2卷：1~19

朱庭祜．1929．广西宾阳县铋矿．科学，13（8）：1070~1072

Chu T O．1929．The guano deposit of the Western Islands（Hsisatao）or Paracel reefs．*Bull Geol Soc China*，8（2）：91~94

朱庭祜，徐瑞麟，王镇屏．1930．浙江西北部地质．两广地质调查所年报，第3卷，上册：1~30

朱庭祜．1930．浙江建德淳安二县间之铁矿．两广地质调查所年报，第3卷，上册：59~66

Chu T O. 1932. Notes on the stratigraphy of northern Kwangtung. *Bull Geol Soc China*，11（1）：75~79

朱庭祜，吴燕生，王钰等．1934．江西南昌附近之地下水．行政院农村复兴委员会地下水研究报告，（1）：1~26

朱庭祜，袁见齐．1934．江宁县凤凰山铁矿之新估计．矿冶，7（23）：63~66

朱庭祜，郝颐寿．1937．浙江之矿产．国立浙江大学季刊

朱庭祜，李学清，孙鼐等．1937．南京市及江宁县地质报告．中央大学地质系丛刊，(2)：1~189

朱庭祜，盛莘夫，何立贤．1948．钱塘江下游地质之研究．建设，2（1）：24~25

朱庭祜．1950．浙江省之矿产资源．浙江工矿报导，（1）：13~25

朱庭祜．1957．在不同岩层上选择坝址的一些经验．水文地质工程地质，(1)：22~28

朱庭祜，毛作炯，王锦惠等．1958．关于浙西倒水坞层的问题．地质论评，20（6）：240~247，267

主要参考文献

张以诚．1982．论功端在志先坚——访地质学家朱庭祜．地球，(4)：17~18

周世林．1985-05-03．四海风物任遨游——纪念朱庭祜逝世一周年．中国地质报，第4版

潘云唐．1987．我国培养的第一代地质学家——记朱庭祜//叶永烈主编．浙江科学精英．杭州：浙江科学技术出版社：38~41

周世林．1990．朱庭祜//黄汲清，何绍勋主编．中国现代地质学家传（1）．长沙：湖南科学技术出版社：86~97

周世林．1996．朱庭祜//中国科学技术协会编．中国科学技术专家传略·理学编·地学卷1．石家庄：河北教育出版社：150~165

撰写者

潘云唐（1939~），生于四川合江，祖籍湖北广济（现武穴），中国科学院研究生院教授。

冯景兰

冯景兰（1898～1976），河南唐河人。矿床学家，地貌学家，地质教育家，中国矿床学奠基人之一。1957年当选为中国科学院学部委员（院士）。1916年考入北京大学预科。1918年考取公费赴美留学，习矿山地质，1921年毕业；同年考入哥伦比亚大学，习矿床学、岩石学和地文学，1923年获硕士学位，并于同年回国。曾任教于河南中州大学、北洋大学、清华大学、西南联合大学和北京地质学院。从事地质教育50余年，培养了几代地质人才。在两广地质、川滇康铜矿地质、豫西砂矿地质、黄河及黑龙江流域新构造运动、工程地质学等方面做了大量开创性的工作。尤其在矿床共生、成矿控制和成矿规律等研究中做出重要贡献，提出"封闭成矿学说"。他参与主编的《矿床学原理》是矿床学的教科书和系统专著。他提出了地貌学上著名的"丹霞地貌"概念。

一、简　　历

冯景兰，字淮西（怀西）。1898年3月9日生于河南省唐河县祁仪镇，1976年9月29日于北京逝世，享年78岁。

冯景兰幼年时在家乡读私塾受启蒙教育。及长，在县城小学和省城开封省立第二中学学习。其父冯台异是清朝进士，做过县知事，洋务运动期间曾协助张之洞兴办洋务。受父亲影响，冯景兰勤学蓄志，立志深究学术，振兴中华。

1916年冯景兰考入北京大学预科。1918年考取公费留学，赴美国入科罗拉多矿业学院学习矿山地质，1921年毕业。同年考入哥伦比亚大学研究生院，攻读矿床学、岩石学和地文学，1923年获硕士学位，是年回国。

20世纪20年代的中国社会正处于大变革的时代，冯景兰接受的比较全面的传统教育和现代化的高等教育，为他科学救国、为国服务奠定了良好的基础。他回国后在高等学校任教，在教学的同时，坚持一定的地质调查工作，把教学和地质调查两者结合得很好。1923～1927年，他任河南中州大学地质学教授并担任系主任。结合教学，他研究了开封附近的沙丘，发表文章论述该区沙丘的分布和成因，从此与黄河的治理及开发结缘。1927～1929年，他到广州出任两广地质调查所技正，这是他唯一的专职地质调查工作。他在两广的调查是中国人首次在两广境内进行的现代地质调查。

1929～1933年，冯景兰任北洋大学教授，同时接受清华大学聘请，在该校兼职授课。在此期间，他调查过河北昌平县黑山寨分水岭金矿、辽宁沈海铁路沿线地质矿产、河北宣龙铁矿、陕北地质等，研究了宣龙铁矿的地质特征和矿石结构构造特点，以探讨铁矿的沉积环境和过程。他根据陕西和山西的地质地文特征，对陕西和山西中部地堑（汾渭地堑）的形成时代做了估计。其间，他认为有必要在我国传播近代探矿知识，遂编著了科普读物《探矿》一书，由商务印书馆于1933年出版，1934年再版，该书发行甚广。1933年起任教于清华大学地学系，讲授矿床学、矿物学和岩石学等课程。1933～1937年，他调查了河北平泉、山西大同、山东招远金矿等地的地质和矿产，并研究了泰山杂岩。还指导王植对山东泰山群进行研究。

1937年抗日战争全面爆发，清华大学南迁长沙再迁昆明，与北京大学、南开大学合组西南联合大学。冯景兰任西南联合大学教授，同时，他还在1943~1945年兼任云南大学工学院院长及采矿系主任。这段时期，他既执掌教务又致力于川康滇等省的铜矿地质等工作，在这非常时期，他把找铜、作铜矿地质调查看做是为国家、为民族求生存、求发展的一种义务，他克服种种困难，以自己的所学、所长艰苦工作，以支持抗战。他在西南三省作了广泛的调查，特别是对云南铜矿进行了全面深入的工作。其成果包括区域铜矿、铜矿区地质、铜矿床的表生富化、铜矿业等。除铜外，在铅、锌、铁、煤、盐矿等方面也有成果，还对成矿区域、成矿时代作过研究。1939年，冯景兰在野外工作中写了一首七言诗："探矿南来千百里，晨霜满地秋风起。相岭白雪开玉树，清溪黄尘染征衣。爱妻娇子寄滇南，荒原衰草忆冀北。何时找到斑岩铜？富国裕民壮军旅。"由此可以看出他献身地质、励志忧国的真情实意。

1946年5月，西南联合大学宣告结束，师生回到平津，冯景兰仍任教于清华大学。

20世纪20~40年代，冯景兰的学术研究成果颇丰，占了他总著作目录的1/3以上。

1949年新中国成立后，年过半百的冯景兰更加焕发了青春活力。他积极参加祖国的建设事业，先后在清华大学和北京地质学院任教，奔走于祖国的河山之间，从事矿产勘测和水力资源的调查研究。1949年11月，应中央人民政府燃料工业部的邀请，他调查了鄱（阳）乐（平）煤田，对煤田地质、煤质、储量及煤田的探采等作了论述和评价，还探讨了利用鄱乐煤炼油的可能性。1950年3月，他应水利部之邀，参加豫西黄河坝址的地质考察，调查了三门峡、八里胡同、小浪底和三家滩等坝址地质。根据调查，他认为三门峡坝址地质条件最好。同年7月，他应河南省人民政府邀请，与张伯声教授等进行豫西地质及矿产调查。1950年11月，冯景兰出席中国地质工作计划指导委员会委员扩大会议，参与了对新中国地质工作的全面规划。1954年，基于对黄河的关注，他著文《黄河的特点和问题》，是年，被聘为黄河规划委员会地质组组长。同年12月，参加编写《黄河综合利用规划技术调查报告》中的地质部分，文中特别指出："黄河上中游的水土保持工作必须大规模地积极地推进。否则，像三门峡这样巨大的库容也能在蓄水后数十年内全部或大部被淤满而失去应有的效益。"1956年他参加制定《1956—1967年科学技术发展远景规划纲要》的工作，同年被选为社会主义建设积极分子，出席了全国和北京市先进工作者代表大会。1956~1958年，他参加了中苏合作的黑龙江综合考察工作。1957年赴苏联参加中苏黑龙江综合考察会议，中苏专家共同研究黑龙江流域开发规划，他在会上的发言受到与会者的重视。1957年，冯景兰被选聘为中国科学院学部委员（院士）、一级教授。1958年，他发表《关于黑龙江流域综合开发的几个与地质有关的问题》，对黑龙江流域的矿产资源、坝库址的基地、沼泽地的分布、成因及处理、新构造运动和河床覆盖层的厚度、森林采伐与水土保持及水库淤积等课题进行了科学分析与讨论。同年，在《中国第四纪研究》上发表文章论述了黑龙江水系地区新构造运动的8种迹象。50年代，冯景兰调查了吉林天宝山铜铅矿、辽宁兴城县夹山铜矿、甘肃白银厂铜矿等。60年代初期，冯景兰的学术活动主要集中在金、铜等金属矿床的成因理论和区域成矿规律等方面的研究上。冯景兰调查过北京平谷、河北涞源和鄂东赣北的一些矿床。1963年9月，提出"封闭成矿"的概念。同年10月，发表《关于成矿控制及成矿规律的几个重要问题的初步探讨》一文，此文得到同行的普遍赞赏。1965年，冯景兰和袁见齐共同主编的《矿床学原理》出版。1972年春，冯景兰从"五七干校"返京,翻译了国外新出版的《岩浆矿床论文集》中的9篇文章。1976年9月29日上午8时,因心脏病猝发,冯景兰与世长辞。

二、学术活动和学术成就

1. 献身地质教育,培养地质人才

从1923年至1976年,冯景兰从事地质教育事业达半个世纪之久,培养了几代地质人才。

冯景兰重实践,更注重野外教学。他通过野外工作来培养学生艰苦朴素、吃苦耐劳和不怕困难的作风,使学生学会地质工作。他的学生苏良赫写道:"在野外他总是大步走在前边,学生们必须紧步才能跟上。他边讲边行,行进速度既快又均匀。在行进途中遇到地质现象,就详细讲解。同学们虽然感到劳累,但收获则是丰富的。"冯景兰说过,走不了山路就别干地质。他还常教导学生在思想上和工作上要能适应野外的各种环境。他非常注意体育锻炼,希望学生也这样,把锻炼和保持健康的体魄作为顺利进行野外工作的保证。

冯景兰是知名的老教授,但他备课一丝不苟,非常认真,十分注重讲课的系统性,为了获得良好的教学效果,他还经常在教案中补充新的内容。他的同事袁见齐认为,冯景兰是以坚持实事求是的态度来对待矿床学教学内容的:"在编写教材工作中,冯老和我被推为主编,在他负责审阅教材前半部章节时,他在原稿上逐字逐句地斟酌、修改,连标点符号也不放过,这种认真负责、一丝不苟的精神,使我深受教育。"

冯景兰的讲课很受欢迎,他的学生刘乃隆回忆时说:"淮西师以他浓重的河南口音与极为响亮清晰、抑扬动听的口语,生动通俗、深入浅出地讲授地质科学的基本概念,使学生们很快对地质学有了初步认识,而且产生了兴趣。"他的讲课方式,随情况而变化。曾繁礽回忆道:"冯先生讲课很有条理,听课笔记很好记。3年级时岩石学讲得全面而系统,配合标本和薄片鉴定,以实物印证理论。4年级的矿床学对我们提高了要求,他用英语讲授,有时提问,要求我们做读书报告。岩石和矿床这两门课程,冯先生给我们打下了良好的基础。

冯景兰十分关心研究生的培养。譬如关于论文选题,他放手由研究生本人选择,以充分发挥研究生的主动性。他要求研究成果应在前人基础上有所进步,认为这是起码的要求,也是高要求,能达到这种要求,就可以避免在低水平上的重复研究,也就有了开创性。冯景兰对年轻教员也是这样要求的。

冯景兰热爱祖国和人民,对人诚恳、平易近人,实事求是,严于律己,生活节俭。他以身作则,教书先教人。"深感东风暖,喜见桃李芳;大好形势下,衰老也坚强。"这是他年逾古稀时写的诗句,表达了他对祖国前途的希望和鼓励学生奋进的殷切之情。

2. 矿床地质研究

冯景兰在年幼时就对大自然有浓厚的兴趣,这种兴趣使他走上了研究地质的学术道路。在美留学时,他潜心研读地质学、矿床学,这为他日后的矿床学研究奠定了基础。他一生的论著达百篇之多,其中以矿床地质研究所占的比重最大。

冯景兰曾在两广、辽宁沈海铁路沿线、陕北、云南某些地区进行地质矿产调查。他的地质矿产调查及其研究成果严谨而翔实,既有基础的地质矿产资料,又有开拓性的工作。

他于1932年撰写的《宣龙式赤铁矿鲕状构造及肾状构造之成因》一文，在详细的实地观察资料基础上，就矿物的共生关系、矿石化学成分和矿石结构构造状况等进行分析研究，提出了有关铁矿沉积环境和过程的认识。

他对金矿地质研究非常重视，著有《北平昌平县黑山寨分水岭金矿》（1929）和《山东招远金矿纪略》（1936）。他通过对地质、地文特征等的研究，提出应注意研究山东栖霞县唐山火山岩流下的砂金（1937）。这些成果在当时是很新颖的。

40年代初，冯景兰对西南各省尤其是云南的铜矿作了较深入的研究。稍后，他还研究了上述铜矿的表生富化问题。

新中国成立后，我国大规模地进行区域地质调查和矿产普查工作，有些地质工作者在野外以冯景兰的有关著述和地质调查成果为范本，认为冯景兰的调查描述准确、结论公允。

50年代初期，冯景兰和张伯声等应河南省人民政府之邀，对豫西地质矿产进行勘查。通过野外工作和研究，他们肯定了河南平顶山煤矿和巩县铝土矿的经济价值，为其后大规模地质勘探奠定了基础。实践证实了上述矿是大型或特大型矿。

到了60年代，由于长期的经验积累和知识深化，冯景兰在一系列文章中，对矿床地质理论问题提出了不少新颖的见解。《关于成矿控制及成矿规律的几个重要问题的初步探讨》一文，比较集中地反映他对成矿控制和成矿规律问题的看法。他十分强调矿床共生规律问题，认为单一的矿床和单纯的矿床类型的存在，可能只是少数，而多数矿区的矿床，经常是复杂的共生体。并认为，掌握了这种共生规律，对于找矿勘探、综合评价及综合利用更为有利。

1963年冯景兰提出了"封闭成矿"的概念。他认为"封闭成矿"是对矿质和有用元素聚积成矿起决定性的地质条件而言的。金属和非金属矿床是固体，但在形成矿床之时，矿质是以气、液的状态搬运、沉淀和富集的，这时它们是"流体"。1959年，冯景兰在调查燕山某金矿时，见到一个剖面，上面为串岭沟页岩和长城石英岩，下有隐伏的花岗岩体，其中含金石英脉沿石英岩的张节理裂隙生成。曾有人在此处1天内采出百斤矿砂，淘出48两6钱黄金（该矿坑被命名为"48两6"）。他认真分析后认为，这是一种封闭成矿的关系。在《关于成矿控制及成矿规律的几个重要问题的初步探讨》一文中，冯景兰进一步阐述了封闭成矿的意义。他认为："只注意到成矿前及成矿时的断裂构造控制，而不注意或很少注意封闭此种裂隙通道的构造圈闭控制，以及含矿气液流体的冷却凝固或（及）反应凝固，因而自行封闭的重要性，将见含矿的气、液流体，自来自往，散而不聚，就不能固定下来，形成我们所需要的矿体或富矿体。"冯景兰早在60年代提出的封闭成矿和矿床定位问题，直到20世纪七八十年代才成为国际学术界的热门问题。可见，冯景兰科学研究和探索之中的前瞻性和科学创新观念。1965年冯景兰和袁见齐共同主编的《矿床学原理》一书，是他从事矿床学研究的总结性论著。

3. 关注黄河，关注国家水利事业

早在1926年，冯景兰就著有《开封附近沙堆之成因分布与风力水力风向水向之关系》等文章，对黄河岸边沉积物的成因等问题进行探讨。20世纪50年代初，冯景兰多次参加豫西等地黄河坝址勘测，并写出报告，其中的《豫西黄河坝址地质勘测报告》《黄河的特点和问题》等文章，对黄河治理工程中的地质基础方面进行了研究。如何根治黄河，冯景兰提出了"治河必先知河"的观点。他认为应当科学地、充分地了解黄河的基本特点，了解黄河的过去和现在，结合科学知识的探讨和实际工程的应用，客观、历史、科学地进行黄河治理，这表现了他尊重自然规律，历史、辩证地看待自然界变化的科学观点。20世纪50年代时，冯景兰多次指出黄河含沙量的问题，认为黄河发育过程中如此高含沙量，不仅使下游河床淤高，还导致黄河泛滥、河道迁徙，影响到防洪和航运，严重地威胁到水库寿命、水力发电和农田灌溉。作为一位地质学家，如此关注黄河问题，并科学地分析地质学意义上的黄河问题与国计民生的关系，是难能可贵的。

新中国成立后，为了适应国家经济建设的需要，为了使地质学研究为社会服务，冯景兰在水利方面的工作和研究是十分突出的。他曾攻读地文学，在1952年编写过《工程地质学讲义》（清华大学教学用），足见他在水文地质和工程地质方面的造诣颇深。他积极地投入黄河、黑龙江等大江大河的治理工作。他早年的《开封附近沙堆之成因分布与风力水力风向水向之关系》及抗战时期《中国水系的不对称特点》和新中国成立后的多项研究成果，无不充满着他对开发水力与水利的关切。

4. 黑龙江流域综合开发

1956～1958年，冯景兰参加中苏合作黑龙江流域综合考察工作，对流域的矿产资源问题、坝库址的基岩及地形情况、沼泽地的分布和成因及处理问题、新构造运动和河床覆盖层的厚度、森林采伐与水土保持，以及水库淤积等问题，都进行过认真考察并提出了看法。他尤为关注黑龙江流域的沼泽地问题。在额尔古纳河或黑龙江的干支流都存在着严重的湿地现象，每到晚春（初夏）开冻至秋末结冰期之间，这些地区都会形成沼泽、泥淖，导致交通断绝，影响农田开垦，连开展地质调查都很困难。冯景兰认为，为了开发湿地，必须先研究湿地的产状，了解湿地的成因，以便筹划处理湿地的方法。他认为现代湿地是由地形、气候和地质等多种原因形成的，这些认识得到专家学者们的认同。

三、冯景兰主要论著

冯景兰，朱翙声.1928.广东曲江仁化始兴南雄地质矿产.两广地质调查所年报，第1卷

冯景兰，张会若.1928.广东粤汉铁路沿线地质.两广地质调查所年报，第1卷

冯景兰.1929.两广地质矿业概要.北洋月刊，1（2）

冯景兰.1930.辽宁沈海铁路沿线地质矿产.矿冶会志，4（14）

冯景兰.1932.宣龙式赤铁矿鲕状构造及肾状构造之成因.北洋大学采冶年刊，创刊号

冯景兰.1933.探矿（工业小丛书）.上海：商务印书馆

冯景兰.1936.山东招远金矿纪略.地质论评，1（4）：385～394

冯景兰.1942.川康滇铜矿纪要（教育部学术奖励获奖作品）.高等教育季刊，3（3）

冯景兰.1943.路南县地质矿产报告.地学集刊，1

冯景兰.1944.云南滇缅铁路沿线地质.地学集刊，2

冯景兰.1945.云南呈贡县地质.地学集刊，3

冯景兰.1946.云南大理县之地文.地学集刊，4（1/2）

Fong K L.1947.Field evidences of supergene enrichment of the copper deposits of Szechuan, Sikang and Yunnan. *Bull Geol Soc China*, 27：347～358

冯景兰，张伯声.1950.豫西地质矿产简报.河南地质调查所

冯景兰.1951.豫西黄河坝址地质勘探报告.人民水利,(4):6~11
冯景兰.1953.川康滇铜矿概要.地质学报,33(1):61~75
冯景兰.1954.黄河的特点和问题.科学通报,(9):38~41
冯景兰.1958.黑龙江水系地区新构造运动的迹象及现代湿地形成的原因(节要).中国第四纪研究,1(1):145~148
冯景兰.1963.关于成矿控制及成矿规律的几个重要问题的初步探讨//孟宪民等.矿床学论文集.北京:科学出版社:36~57
冯景兰,袁见齐.1965.矿床学原理.北京:中国工业出版社

主要参考文献

刘浩龙.1991.冯景兰//《科学家传记大辞典》编辑组编,卢嘉锡主编.中国现代科学家传记(第一集).北京:科学出版社:322~328
刘浩龙.1996.冯景兰//中国科学技术协会编.中国科学技术专家传略·理学编·地学卷1.石家庄:河北教育出版:192~204

撰写者

陈宝国(1954~),北京人,中国地质大学地质学史研究所研究员,中国地质学会地质学史专业委员会秘书长。主要从事科学技术史、地质学史研究。

刘浩龙(1934~2010),江西大余人,中国地质科学院矿产资源研究所研究员。主要从事矿床学研究。

****

谢家荣

谢家荣(1898~1966),上海人。地质学家,矿床学家,经济地质学家,地质教育家,我国现代矿产勘查事业的先驱和开拓者。1948年当选为中央研究院院士,1955年当选为中国科学院学部委员(院士)。1916年毕业于农商部地质研究所,是我国自己培养的第一批地质学家之一。1920年获美国威斯康星大学理学硕士学位。曾任教中央大学、中山大学、北京大学、清华大学、北京师范大学,并创办了南京矿专。曾任中国地质工作计划指导委员会副主任、地质部总工程师、地质部普查委员会常委、石油工业部顾问。他是中国地质学会26位创立会员之一,历任学会书记、理事、常务理事及第11和23届理事长。他毕生从事中国地质科学和地质找矿事业,科学实践活动的涉猎面极广,并在诸多领域取得开创性贡献。他是我国矿床学的主要奠基人,在金属和非金属矿床地质学、煤地质学和石油地质学方面贡献尤大。他在中国最早提出地质理论找矿,是我国经济地质学的开创者。亲自发现和指导发现了淮南煤田、福建漳浦铝土矿、安徽凤台磷矿、南京栖霞山铅锌银矿、甘肃白银厂铜矿等重要矿床,并主持了对江华锡矿等的开发,为第一、第二个五年计划的完成做出了重要贡献。他最早提出中国的石油不限于西北,要扩大范围,在中国各地普遍探油,是最早提出东北平原下有油的地质学家之一;他在中国最早提出陆相生油理论并在50年代作了到当时为止最为全面和深刻的论述,对大庆、华北和渤海湾等油田的发现做出了重大贡献。是1982年国家自然科学奖一等奖"大庆油田发现过程中的地球科学工作"的获奖者之一。

一、简 历

谢家荣,字季华、季骅。1898年9月7日生于上海市,1966年8月14日于北京逝世,

终年 68 岁。

谢家荣出身于一个职员家庭。祖籍江西，于清初迁往上海南市区。祖父是县官。父亲谢简庭曾服务上海文报局，后辞职，"家非素封衣食，奔走历二十余年，辄少成就，备尝艰苦"，于 1917 年去世。年少时的谢家荣家境贫寒，可见一斑。母亲孙太夫人，育五子二女，谢家荣行七。父亲去世后，母亲"十指一针，全家衣食。二十余年，有如一日。以艺教人，以慈教子"。1913 年，谢家荣初中毕业后，因家贫而辍学在家。此时恰遇工商部地质研究所到沪招生，谢家荣成为考入该校的 27 名正选生之一。工商部地质研究所实际上是一所地质专科学校。其领导者和主要教师是我国地质事业的奠基人——章鸿钊、丁文江和翁文灏。学校的良好教育和严格要求以及自身的勤奋与刻苦，使谢家荣终以优异的成绩与其他 17 位同学一起于 1916 年毕业并进入地质调查所任调查员。这是中国自己培养出的第一批地质学家，中国地质学史上俗称的"十八罗汉"。谢家荣是他们中的佼佼者，对中国的地质事业做出了杰出的贡献。

工作一年多后，由于工作成绩突出，他于 1917 年第一个被选派留学美国斯坦福大学地质系，1918 年转入威斯康星大学地质系并于 1920 年毕业，获理学硕士学位，后立即回国仍任职于农商部地质调查所。是年 12 月 16 日，甘肃海原县发生 8.5 级大地震，23.4 万人死亡。次年春，谢家荣随翁文灏、王烈等赴甘肃考察地震和石油。甘肃之行结束后，谢家荣发表了《民国九年十二月甘肃及其他各省地震情形》和《甘肃玉门石油报告》。他对玉门石油地质的考察是中国地质学家最早的石油勘查活动，《甘肃玉门石油报告》是中国地质学家最早的石油地质考察报告。

1921 年，竺可桢在东南大学（现南京大学前身）创办地学系，聘谢家荣担任该系教授，讲授普通地质学等课程，其所编教材 1924 年由商务印书馆出版，名《地质学（上编）》，是中国人自己编写的最早的普通地质学教程。1925～1927 年谢家荣先后为北京大学地质系经济地质学门二、三、四年级学生讲授"经济地质学（金属）"、"经济地质学（非金属）"和"中国矿产专论"。1927 年，应两广地质调查所之聘，南下任职，兼任中山大学地质系教授。1928 年作为访问学者到德国和法国，主要在柏林地质调查所及弗赖堡大学从事煤岩学及金属矿床学的研究。1930 年，商务印书馆出版了谢家荣的专著《石油》——我国最早的石油地质专著。1930 年 9 月至 1934 年任教北京师范大学地理系并于 1932～1934 年间任该系主任。1931 年任实业部地质调查所技正兼沁园燃料研究室主任，从事煤炭、石油、油页岩等方面的研究，筹建清华大学地学系，任教授、代理系主任。这期间，谢家荣发表了一系列煤岩学论文，奠定了他作为我国煤岩学先驱、开拓者和奠基人的地位。1932～1937 年任北京大学地质系教授。1935 年任实业部地质调查所北平分所所长。1935～1937 年兼任北京大学地质系主任。

1937 年，七七事变发生，北平沦陷。谢家荣拒绝了日伪要他到伪北大任职的要求。当年秋化装潜行，到湖南就任江华矿务局总经理（后又任经济部资源委员会专门委员），转而进行应用地质即矿产勘查与开发的工作。其间，先后在湖南、广西进行了大量的锡矿地质勘查和研究工作。

1940 年 6 月，奉命前往昆明任叙昆铁路沿线探矿工程处总工程师。同年 10 月，叙昆铁路探矿工程处迁往滇东北的昭通，并易名经济部资源委员会西南矿产测勘处，谢家荣任处长。1942 年 10 月，西南矿产测勘处再易名为经济部资源委员会矿产测勘处，谢家荣仍担任处长。抗日战争中，在生活和工作条件极为恶劣的情况下，他领导矿产测勘处做了大量的地质调查和矿产勘查工作，发现了贵州云雾山的高级一水硬铝矿和云南中部的白色高级铝土矿。

1945年抗日战争胜利后，谢家荣率矿产测勘处从重庆到南京。是年12月，谢家荣去台湾调查了石油地质。在从1946年到1949年4月南京解放的3年多中，谢家荣先后发现了安徽淮南八公山煤田、安徽凤台磷矿、福建漳浦铝土矿和南京栖霞山多金属矿等矿床。1948年，谢家荣当选为中央研究院首届院士。南京解放前夕，胡适召集中央研究院院士开会，动员他们到台湾去，并给提供机票。但谢家荣毫不动摇，坚持留在南京迎接解放。他组织处内职工坚守岗位，保护设备和资料，储存粮菜，打井储水，并亲自参加巡夜，保证了矿产测勘处安全、完好地回到人民手中。

南京刚一解放，谢家荣就向当时的军政负责同志建议并得到领导的大力支持，积极筹备和创办了南京地质探矿专修学校，为新中国培养和输送了一批地质探矿、石油地质和地球物理探矿的专门人才。新中国成立后，谢家荣以满腔的热情，积极投身到国民经济恢复与社会主义建设事业中，继续担任矿产测勘处处长。1950年9月中国地质工作计划指导委员会成立，谢家荣任副主任委员兼计划处处长。1952年地质部成立，任地质部总工程师，兼任燃料工业部石油地质顾问。在国民经济恢复时期和第一个五年计划期间，谢家荣首次对除台湾省以外的全国的地质与金属、非金属矿产和煤与石油的普查勘探工作进行了全面、系统的部署。1954年任地质部普查委员会常务委员，与黄汲清一道负责全国石油普查，为新中国的石油普查勘探呕心沥血，为石油勘探战略重点东移，为以大庆油田的发现为开端的中国石油大发现做出了重大贡献。1955年，当选中国科学院首批学部委员（院士）。1956年，他参加了全国12年科技发展远景规划的制订；地质部成立地质矿产研究所，次年易名为地质部地质研究所，谢家荣任副所长，与孙云铸、黄汲清等一起拟定了对中国地质和矿产逐步进行研究的总体规划，并取得了若干成果。

1958年他写成了长达10万字的《中国矿产分布规律的初步研究及今后找矿方向的若干意见》。在他生命的最后几年中，写出了《中国大地构造问题》、《论矿床的分类》等重要论文和《中国矿床学（总论）》，还为国家培养了一批研究生。

谢家荣非常热心各种学术活动。1921年冬，谢家荣联络袁复礼一起倡议并积极参与了中国地质学会的创建，是26位创立会员之一；与袁复礼一起起草了《中国地质学会章程》；与章鸿钊、张海若一起设计了中国地质学会的会徽。他先后担任过第一届（1922）、第二届（1923）书记，第三届（1924）编辑，第四、五、六届（1925~1928）及第八届（1930）评议员，第9~23届（1931~1947）及第25~31届（1948~1966）理事，第11届（1934）和第23届（1946~1947）理事长。1936年经他建议创办了《地质论评》，并兼编辑部主任，同年还兼任《中国地质学会志》编辑，对学会这两本刊物的出版做出了重大贡献。1934年，他还与翁文灏、丁文江、李四光、竺可桢、叶良辅、张其昀、胡焕庸、曾世英等人共同发起在南京成立了中国地理学会，并当选为首届理事。谢家荣对祖国地质事业的杰出贡献，受到了党和人民的尊重，先后当选为中国人民政治协商会议全国委员会第一届至第四届委员。

二、主要科学研究成就、学术思想及其影响

谢家荣一生触及地质科学的广泛领域，其涉猎面之广，在我国地质界是独一无二的，并且在许多方面都居于第一和开创者的地位，取得了令人瞩目的成就。

1. 编著普通地质学教科书

他20年代初任教东南大学时所用教材，几经修改后于1924年由上海商务印书馆出版，名《地质学（上编）》，是中国人自己编写的第一部普通地质学教科书，书中大量引用了他自己和其他中国地质学家所收集到的中国的实例。丁文江先生评价此书说："其中的条理分明，次序井井，所举的例都是中国的事实，如地震的原因、矿产的分布、河流的变迁，都采入最近的研究以引起读者的兴趣，不能不算是教科书中的创著了。"

2. 区域地层、古生物与构造的研究

他在早期野外工作中就建立了大冶灰岩与长辛店砾岩等地层组、段，40年代，对滇东、川西的地层层序与构造运动进行了系统的总结，提交了叙昆铁路沿线地质矿产报告与滇西铁路初勘地质报告，奠定了该区地质构造的初步基础；他将在昭通褐炭层之上的泥沙层中找到的象牙鉴定为东方剑齿象（*Stegodon orientalis*），时代为上新世；他与燕树檀一起研究昭通龙洞泥盆系剖面，根据化石群详细划分了中泥盆统的层位；他与边兆祥研究贵州水城大、小河边的宣威煤系，根据钻孔深部煤系中出现的蜓类化石属二叠—三叠纪，认定该煤系是陆缘潮汐带沉积；他在淮南八公山盆地边缘丘陵的石灰岩中首先发现䗴科化石，并鉴定为中石炭世的纺锤虫（*Fusulina*），为船山组层位，从而下决心在盆地内下钻，发现了新的淮南大煤田。

他1937年就写出《北京西山地质构造概说》，开始论证西山的构造问题。晚年，更对全国大地构造进行总结，写出了专门论述中国大陆从前寒武纪以来大地构造发展特点的《论中国大地构造的格局》，首次提出了"中国地台"的概念；《华南主要大地构造特征》阐述了华南的变质杂岩和花岗岩问题，指出"深断裂作用是地槽形成的第一和必不可少的条件，地槽沉积柱的变形和下坳的结果，一个广阔的区域变质、混合岩化和花岗岩化从而产生。可以这样说，断裂作用、地槽的形成、变形作用、区域变质、花岗岩化、再生岩浆的侵位和最后的成矿作用，代表地槽带发展过程中的一个完全的连续不断的地质作用"。这些当时的新认识和新观点，即便在今天，也仍然值得认真加以考虑和研讨。

3. 矿物和岩石学研究

在矿物学方面，他早年对东川铜矿石的工作，就曾确定其中有电气石的存在。1944年，在简陋的条件下，他仔细进行镜下鉴定，确定昆明与贵州息烽石炭系铝土矿的矿石为硬水铝石（diaspore），而福建漳浦的铝土矿为三水铝石（gibbsite），从而给予了正确的评价。他还对昆阳磷块岩的胶磷矿与宿松磷矿的磷灰石作过对比研究。他1937年首先指出北京西山的辉绿岩不是侵入岩层而是喷出的玄武岩流。1936年他在翁文灏1920年工作的基础上，首先将华南花岗岩分别命名为"扬子式"与"香港式"，与现代所称的"I型"与"S型"，或"同熔型"与"重熔型"以及"磁铁矿型"与"钛铁矿型"等的含意与区域分布大体上是一致的。晚年，他更推崇花岗岩化的学说，用它解释了我国东南地区的花

岗岩的分布和时代，并提出"让花岗岩及花岗岩化的研究为区测与找矿工作服务"。

4. 我国现代陨石学研究的先驱

早在 1923 年他就在《科学》和《中国地质学会志》上发表了《中国陨石之研究》和《有关中国地质调查所收到的第一块陨石的成分和构造的初步研究》的文章。《中国陨石之研究》详细统计了中国历史上记载的陨星和陨石，描述了当时已知的甘肃和内蒙古的陨石；《有关中国地质调查所收到的第一块陨石的成分和构造的初步研究》更详细描述了该陨石的手标本特征、显微镜下的特征，包括矿物成分（顽火辉石、贵橄榄石、镍铁、磁黄铁矿、磁铁矿、少量钙长石和磷灰石），结构以及化学成分等特征，开创了我国现代陨石学研究的先河。

5. 水文地质学与工程地质学研究

20 年代末、30 年代初，他调查南京附近地质，详细研究了钟山的地层和构造，撰写了一系列南京供水的文章。指出钟山系中有 5 个含水层，但"欲得清洁可饮之水，须自钟山系中之陵园砂页岩层或其顶部之黄色砂砾岩中求之"，"就地质构造言，钟山南麓实为一最适宜之自流井区也"，为解决南京的城市供水提供了地质依据。这是我国地质学家为解决城市供水而进行的最早的现代水文地质工作。在工程地质学方面，谢家荣也是最早的创导人之一，20 世纪 40 年代初他就曾指导过有关人员进行叙昆、滇缅两条铁路路线工程地质的勘查。1948 年他派郭文魁、刘汉进行过农田地质检查和台湾甘蔗田地下水调查，同年他还派郭文魁专门勘查了湖南资兴东江水坝的坝址地质。1953 年，他前往抚顺指导陈梦熊对抚顺煤矿露天采场滑坡的研究与治理。

6. 甘肃地震地质研究

1920 年底，我国甘肃宁夏一带发生强烈地震，余震未停，他即陪同翁文灏先生深入震区开展调查，其后撰写了长达 4 万多字的《民国九年十二月甘肃地震报告》和论文《民国九年十二月甘肃及其他各省地震情形》，详细记载此次地震的各种现象，地震烈度的分布，甘肃各县地震情况和损失，陕西、山西、河南、河北、山东、湖北、安徽等省的震情，并讨论了甘肃的地质构造与震中的关系，绘制了此次地震的等烈度图，并附有近 40 张反映地震震情的照片。这是我国近代开展地震地质研究最早的经典文献之一，至今仍具有重要的研究和历史价值。

7. 古地理为探矿之指南

在岩相古地理研究方面，谢家荣有卓越的成就。他研究了中国煤田类型与古地理的关系、中国铝土矿的分布与古地理的关系、沉积铁铜矿床与古地理的关系、磷块岩的形成与古地理的关系，指出古地理是发现淮南煤矿的关键，是磷块岩形成的先决条件；编制了小比例尺古地理图，圈出了新的成矿远景区。他 1947 年 11 月 18 日在台北举行的中国地质学会第 23 届年会上发表的理事长演说 "Palaeogeography as a Guide to Mineral Exploration"（古地理为探矿工作之指南）是他这方面研究的总结，是古地理研究的经典论文，对我国沉积矿产普查找矿工作起了重要的指导作用，50～60 年代被地质部地质矿产司非金属矿产处部署磷矿普查时引作箴规依据和导引，影响及于大片国土和若干地质队众多同志的野外生涯与实践，并终有所获，至今仍然具有重要的理论和现实意义，仍是普查勘探工作中的一种有效方法。

8. 中国煤岩学研究的开拓者和奠基人

1928年，他作为访问学者到德国，开始进行煤岩学研究。回国后，任地质调查所沁园燃料研究室主任，倡导煤岩学工作。1929年的《四川石炭之显微镜研究》，1930年的《煤岩学研究之新方法》及《北票煤之煤岩学初步研究》，1931年的《国产煤之显微镜研究》、《华煤中之植物组织及其在地质上之意义》，1933年的《煤的抛光薄片——煤岩学之一新法》、《中国无烟煤之显微镜研究》、《辽宁西安煤矿附产菱铁矿结核之研究》、《江西乐平煤——中国煤之一新种》和《中国乐平煤之研究》等论文，奠定了他作为我国煤岩学先驱、开拓者和奠基人的地位。这些研究成果，经受住了70多年的实践检验，其真知灼见至今仍具有重要意义。他运用光学显微镜进行煤质鉴定，不仅在中国，也为世界煤岩学界所称道。他不仅在中国倡导煤岩学工作，更于1930年在国际煤岩学界首创偏光显微镜研究方法，并取得卓著成效。他所研究的煤岩显微组分的光学各向异性现象，已成为当代煤岩学研究的重要方面，并在高煤级煤显微组分识别、煤结构反演、煤田构造应力场研究等方面得到广泛的应用，具有非常重要的意义；他研究煤岩显微组分及结构的各向异性所使用的交叉偏光和薄光片技术，仍是当今我国煤岩学界公认的先进研究方法；他研究四川、江西、辽宁等地煤的成因时所使用的角质层分离与鉴定技术，在当今的煤岩学、古植物学研究中仍受到重视和应用。这些文章中所选用的大量煤岩显微照片，无论是从煤岩学特征的典型性，还是取材的精当和印制的技巧，至今都是我国煤岩学研究中值得借鉴和学习的。

谢家荣还致力于中国各地区煤岩和煤质的研究，为中国区域煤岩学及煤成因研究奠定了基础。他在国内首次采用角质层分离技术对煤中角质层、真菌、木质部等解剖结构进行分析来研究四川的区域煤岩学，通过煤岩成分和角质层的特征差别，区分和对比煤层，无论是区域上的广泛性，方法上的先进性，以及对角质层研究的深度，都在我国区域煤岩和煤质研究中占有十分重要的地位。他1931年研究西安煤矿煤层中赋存的菱铁矿结核及有关的白云质煤核，是我国最早的煤层中煤核的研究。他应用交叉偏光与光片刻蚀的组合方法来研究无烟煤的显微结构，从无烟煤中识别出碎屑木煤（clasfoxylon）、变暗煤（metadurain）、无结构镜煤（euvitrain）和丝炭（fusain）等4种重要成分，在交叉偏光下可观察到孢子、角质层、树脂等显微组分。交叉偏光技术在无烟煤岩石学研究中的重要性以及构造煤的机械变形成因，直到近年来才被煤岩界深刻认识。

9. 煤田地质学研究

谢家荣的煤田地质研究始于学生时代，早在1916年他就写出了河北滦县赵各庄、江西丰城和进贤三个煤田的调查报告。他1923年由商务印书馆出版的专著《煤》是我国现代有关煤的最早的专著。《山东省泰安华宝煤矿调查记》（1928）、《江苏铜山县贾汪煤田地质》（1932）、《长兴煤田地质报告》（1934）、《煤之成因与分类》（1934）、《河北宛平王平村煤田报告》（1936）、《湘潭谭家山煤系层序》（1937）等，记录了他抗日战争全面爆发前的煤田地质研究成果。

十四年抗战期间，谢家荣对西南地区的煤田地质倾注了大量心血。从云南禄劝志留系的烛煤、宜良狗街石炭系的无烟煤、贵州赫章—威宁—水城上二叠统和云南祥云三叠系的烟煤，到云南昭通、开远的褐煤的普查勘探，他都付出了辛勤的劳动和汗水，取得了非常重要的成果。他1944年的"Coal field & coal mining industry in China, a general survey"

(《中国之煤田及煤矿业概况》）和1945年的《贵州煤田研究并特论其与古地理及地质构造之关系》及《中国几种挥发份烟煤及其在三角分类图中之位置》，是他这一时期有关煤田地质的重要论著。其中"Coal field & coal mining industry in China, a general survey"一文第一次从全国的角度，以理论的概况论述了中国的煤田，将中国煤田的地理分布划分为七个煤区，详细论述了每区煤田分布范围、煤田类型质量、地质时代、储量产量、交通情况；在详细划分中国煤田的地质时代的同时，特别注意了古地理和沉积环境，进而将中国的煤划分为在煤质、产状及远景上都很不相同的近海相（paralic phase）和淡水相（limnetic phase）；在论煤的一般分类的同时，用三角图的分类法将煤分为两大系统：正常系统和油煤系统。此外，还对当时中国煤炭工业的情况进行详细讨论，包括中国各省的煤储量、产量，分析了川、滇、黔、康、桂煤的生产成本、效率以及中国煤的进出口、消费量。所有这些论述在中国煤田地质学和煤炭工业史上都具有非常重要的地位。

淮南煤田的发现被地质界传为佳话，是谢家荣运用地质理论找矿的光辉范例。1946年4月，谢家荣应淮南矿路公司之邀，讨论寻找新煤田问题。公司方面十分注意上窑舜耕山间平原下的深埋煤层，他则主张详测附近地质，有可能发现较浅易采的煤田。他查阅1：100万中国地质图"南京—开封幅"，见舜耕山之西为八公山，其脉向与舜耕山成弧形构造，而山前又有奥陶纪石灰岩向东北的平原倾斜，推想倘煤系随弧形分布，而其位置又在奥陶纪灰岩之上不远，则平原下当有赋生煤层的希望。随即前往淮南实地勘测，仅一日功夫即已明了大致构造，乃知1：100万图上所绘地质，不但错误，且多遗漏；发现在山前平原地带除奥陶纪灰岩外，还有前人所未分之石炭二叠纪纺锤虫石灰岩断续出露，长达3km，且分布整齐，毫无断裂痕迹。他依据"在舜耕山井下所见，此纺锤虫石灰岩距底部煤层仅数十米"判断："在此石灰岩的东北平原之下，除非有断层或褶皱等之意外构造，煤层之存在，极有可能"，遂建议钻探，并亲定钻位。开钻仅一星期便在距地面19m处的冲积层下见厚3.6m之煤一层。淮南八公山新煤田遂宣告发现。这不仅解救了淮南煤矿的燃眉之急，而且满足了当时宁沪工业区对煤炭的需求，受到了当时资源委员会的嘉奖，新中国成立后也受到了党和人民政府的重视，第一届全国政协会议代表的简历介绍中对谢家荣的介绍是"著名地质学家，北京大学教授，淮南八公山煤田的发现者"。此后数年和新中国成立后，按照谢家荣的思路持续进行的钻探证实，八公山煤田为储量十分丰富的大煤田；并使淮南煤田的范围不断向北扩大，储量不断增加，成为宁沪杭工业区的主要能源基地之一和中国八大煤炭基地之一。

新中国成立后，谢家荣以其对煤田地质的长期研究和对中国煤田地质勘探的丰富经验连续发表了多篇有关煤田地质的文章：《煤地质的研究》（1952）、《关于煤地质方面的一些重要知识》（1953）、《勘探中国煤田的若干地质问题》（1953）、《中国的煤田》（1954）、《煤的成因类型及其意义》（1955）、《关于煤田类型》（1955）、《中国煤田类型及煤质变化问题》（1956）等，对20世纪50年代中国的煤田地质勘探起了非常重要的作用，尤其是《勘探中国煤田的若干地质问题》一文的影响极为深远，即便是在半个多世纪后的今天也仍然对勘探和研究中国煤田有着非常重要的意义。

10. 石油地质学研究

（1）中国最早的石油地质调查者、石油地质报告和石油地质专著作者。1921年，他调查了玉门石油地质，写有《甘肃玉门石油报告》，肯定了玉门油田的前景。这是中国地质学家的第一次石油地质调查和第一篇石油地质报告。1930年，商务印书馆出版了他的《石油》，这是中国第一部系统的石油地质专著，叙述了石油的性质、成因、聚集、油田构造、勘探、石油矿业、中国石油及供求状况等，主张石油的有机成因，讨论和总结了石油地质研究的许多方面，包括生油层、运移（移栖）、储集层（蓄油层）、盖层等。

（2）陕北、四川和台湾油田的积极开拓者。1931年，他与王竹泉、潘钟祥等人调查陕北油田，1934年著文《陕北盆地和四川盆地》指出："两大盆地俱以产石油石盐及油页岩著称，产油层恐怕都是属于三叠纪"。抗日战争时期，谢家荣关注大后方的石油问题，调查了四川石油地质，发表了《四川赤盆地及其中所含之油气盐卤矿床》（1945），提出了著名的"高背斜与低背斜及行列背斜说"，指出在两个高背斜所夹持的低背斜中，常为白垩和侏罗系岩层发育之地区，是含油最有希望的地区。继之又发表了《再论四川赤盆地中之油气矿床》（1946），全面总结了四川51个背斜（其中18个低背斜）构造的位置、地质时代及型式，指出应在侏罗—白垩系所形成的低背斜构造上找油，在三叠系中找气，至今仍然具有指导意义。1945年底，谢家荣奉派去台湾进行了3个星期的石油天然气地质考察，后著文《台湾之石油及天然气》（1946）指出，台湾油气的远景区应当是距山地较远、构造作用较弱的平原地区。台湾省近几十年的油气勘探实践已经证明他的这一论断是正确的。

（3）中国石油储量的最早计算者。1936年，他将苏联地质学家毕利宾发表的石油储量计算方法翻译成中文，解决了当时我国尚未解决的石油储量计算问题，并于1937年根据当时的资料计算了中国的石油储量，这是中国第一次计算自己的石油储量。同年，他提交给在莫斯科举行的第17届国际地质大会的论文《中国石油之富源》是中国学者在国际会议上发表的第一篇石油地质论文。

（4）坚决反对"中国贫油论"，认为这在地质上没有依据，对中国石油的前景充满信心。1926年他在《中国矿业纪要（第二次）》中指出："然延长官井产油已十余年，而未曾钻探之处尚多，故一隅之失败，或不足以定全局之命运尔。"1930年他在《石油》中指出："延长官井产油已十余年，而未曾钻探之处尚多，倘能依据地质学原理，更作精密之探查，未必无获得住油之希望，故隅之失败，殊不能定全局之命运尔。"1948年他在《江南探油论》中说："我的比较乐观的看法是中国必有油。"1954年在《中国的产油区和可能产油区》中指出："中国肯定是有油的，并且其储量一定是相当丰富的"，"我们可以断定中国有油，并且可以推测它的分布是很广泛的。"1956年在《中国矿产的分布规律及其预测》中明确指出："中国有广大的沉积盆地和沉积平原，油气苗又遍及全国，石油远景一定很大。"在《石油地质的现状、趋势及今后在中国勘探石油的方向》中指出："只要钻探能赶得上地质工作，我想许多巨大新油田的跟踵发现，是在意料之中的。"

（5）陆相生油论的倡导者。早在1930年的《石油》中，谢家荣已经从石油的成因机理（物质来源和沉积环境两个方面）的论述，明确地指出，石油可由陆生植物在适当环境之下生成，并指出"三角洲半属海相，半属陆相。其海相之部，即为浅海或濒海沉积，最适合于石油之产生。而近陆之部，则植物繁茂，在适当环境之下，亦能造成石油。且地盘稍有升降，海岸线即随之而伸缩，故在此区域之内，海陆二相之地层，往往相间而生，于石油之积聚，最为适宜。"这是中国地质学家关于陆相生油的第一次论述。1934年，他在《陕北盆地和四川盆地》一文中说："但当三叠纪的时候，四川盆地还与海洋相通，因以有飞仙关系及嘉定系石灰岩的沉积；但此时陕北盆地早已完全成为陆相或海峡沉积了"。在《中国之石油》（1935）中他又说："中国含油之地质时代，若川若陕，俱属三叠纪，在川者属海相，在陕者属陆相，衡以前述理论，则得油之望，当川胜于陕；若以油泉之多观之，则陕又远过于川。"明确指出陕北的石油产在陆相地层中。新中国成立后，从1952年到1957年，他反复多次指出："大陆沉积的本身也能生油，如陕北盆地、四川盆地中都可能有这种情况"，"内陆相沉积本身也能生油"，"大多数油田的可能生油层都属浅海相沉积，但陆相生油也大有可能，特别在我国，这种看法有重视的必要"，并探索了陆相生油的理论依据："如果从沉积分异或含油层的再沉积的观点来解说生油层的成因，则陆相生油的学说在理论上是没有什么困难的"，"陆生植物的分异产物足以造成石油的理论是值得我们注意的"，指出"尽管海相沉积的油田比较常见，但我们目前已有足够多的事实，证明陆相地层也能生油，因此只从相的研究绝不能决定生油层"，"大陆沉积生油的理论在我国是应该予以很大的考虑的"。

（6）纠正"油在西北"之说的偏向。从1948年到1957年的10年间，谢家荣一而再、再而三地指出："中国以往有'油在西北'之说"，"以后要纠正这种偏向，要注意西北以外的许多油区"。早在1949年初他就说："我近来研究中国石油地质问题，觉得中国石油的分布，决不只限于西北一隅"，"依据地质理论，并为解决中国石油问题计，我们应该扩大范围，在中国各地普遍探油"。从那时起，这个论点就一直是他日后思考、部署和指挥中国石油普查找矿工作的主导思想。它为50年代石油的普查和随后的勘探战略重点东移提供了理论基础，准备了地质前提。在1955年地质部第一次石油普查工作会议上，提出了"在全国含油区和可能含油区内进行大规模的全面的地质普查是十分必要的"战略方针。

（7）最早指出东北平原下可能有油的地质学家之一，对在中国东部找油充满信心。1948年在《江南探油论》中，谢家荣指出："四川陕西的希望固然很大，就是贵州、广东、广西、东北（热河及黑龙江），甚至江南的江浙皖赣湘鄂等省，也未必全无产油的希望。"这是中国地质学家第一次明确指出东北（热河及黑龙江）和江南有产油的希望。1949年，谢家荣又在《东北地质矿产概况和若干意见》中指出："到现在为止，东北还没有发现的矿产，最重要的是石油"，"要特别注意北满，因为北满到现在为止，还是一个处女地，中生代煤田炭分的特低；和沥青的产生（如扎赉诺尔），可能有发现油田的希望"。

新中国成立后，谢家荣制定了新中国第一个石油勘探计划。1953年，他认定东北平原有很广阔的含油气远景，正式将其命名为"松辽平原"。1954年他在中国划分了三大类20个产油区和可能含油区（1957年划分为三个油气省，三大类22个油气区）；并在多篇文章中反复指出，从大地构造推断，希望很大，但油气苗分布不广或尚未证实的可能含油区，包括桂滇黔地台区、西藏含油区、华北平原、松辽平原、华东平原、茂名沿海区、海南岛、海拉尔盆地、热东盆地等。

正是依据了谢家荣的这些有据可查的论述，1955年普委组织了24个地质队、18个物探队、20个地形测量队，职工总数达1200多人的石油勘探队伍，在全国各地开展工作。谢家荣与黄汲清等人从布置项目、编审计划，到调查内容与工作方法都具体指导。1955年的第一次石油普查工作会议后，谢家荣与黄汲清一起部署和组织了松辽盆地的普查项目，并亲自起草《关于松辽平原石油地质踏勘工作方法》发给东北地质局，开展松辽盆地的石油地质探勘，为大庆油田的发现拉开了序幕。

大庆油田发现之后不久，谢家荣又建议进行华北平原及松辽平原中油气矿床古地理及圈闭类型的研究，指出从华北平原北段的无棣经渤海湾到松辽平原的安达为一个大油气区，不但渤海湾含油，而更为现实的是辽河流域更有极大含油的可能性。如今这一推断早已经成为现实。

（8）1956年，谢家荣论述了研究与中国油气矿床的普查与勘探有直接关系的10个基本地质问题，指出"其中储油层的确定和圈闭类型的研究，在目前石油勘探工作方在开始的中国尤其具有关键性的意义，为了迅速发现足够的新油田以满足国家的要求，必须对此问题尽先研究，迅速予以解决。如果这两个重要问题，在各重要含油盆地中都已研究清楚，则我们的勘探对象即已确定，只要钻探能赶得上地质工作，我想许多巨大新油田的跟踪发现，是在意料之中的。"为中国的石油普查与勘探制定了正确的战术方针。历史已经证明了谢家荣的正确。

（9）注意碳酸岩储油层及各种各样的地层圈闭及断层圈闭。他在50年代的多篇文章中反复指出："以往我们工作只注意找背斜构造，因而无理由地否定了许多有价值的矿区，以后要同样注意非构造的地层圈闭。以往工作，大都布置在西北区的陆相中新生代地层中，以后要更多地注意西北区以外的海相地层，特别是古生代地层。以往只注意砂岩油储，以后要同样注意碳酸盐的储油层。""在发展历史较长的先进国家中，如苏联及美国，未发现的新油田可能大多数都是地层圈闭油田。其理由很简单，在初期勘探中，唯一重要的指示是油气苗，后来发现了背斜储油的理论，就用地面地质的方法集中力量寻找最容易认识的构造油田。等到构造差不多找完了，就不能不去注意地层圈闭。目前阶段就是利用浅钻，配合物探，用地下地质的方法，广泛搜觅地层圈闭。这种发展过程非常自然，值得我们深切注意。""以往中国探油只注意中生代和第三纪的地层，其实古生代的各纪地层几乎都能产油。"他说："苏联有了'第一巴库'，古勃金还冒着重重责难和阻力努力开辟'第二巴库'。我国的中新生代盆地很可能成为'第一巴库'，但为什么不同时考虑'第二巴库'的问题而先走一步呢？""中国碳酸盐地区的地质情况是复杂的，尤其是南方。外国有俄罗斯地台、北美地台的找油经验，为什么我们不能结合中国地质的特色，开创一条'准地台'找油的独特道路呢？""这条道路是艰难的、漫长的，所以我们这一代人有责任去披荆斩棘，不能让后代人责怪我们没有远见。"他的这些论述，对于21世纪的中国油气勘探有着非常重要的实际意义。

11. 矿床学研究

1920年他发表的系列论文《矿床学大意》，系统地阐述矿床学的理论与实践开了我国矿床学研究的先河。

1923年，他首次对中国铁矿床进行理论总结，写出了《中国铁矿之分类与其分布》。20和30年代，谢家荣在北京大学、清华大学、中山大学等校任教，主讲矿床学，同时从事研究工作，此时他在中国地质矿产基础理论方面的研究工作已跻身于先进行列，蜚声中外；日本留学生特别申请听他的矿床学课程。他1935年的《扬子江下游铁矿志》，多年来一直是长江中下游找矿工作的重要指南。他1936年的《中国的成矿时代与成矿区域》，明确指出扬子区与南岭区的矿产组合存在明显的差异，将中国成矿学的研究向前推进了一大步。同年发表的《中国中生代末第三纪初之造山运动火成岩活跃及与矿产造成之关系》，是他在矿床研究方面极有影响的论文。这一年他还在《地质论评》上著文论述了"鞍山式铁矿"这一独特的新类型，指出它有别于北美的地台型铁矿和绿岩带型铁矿。

抗日战争时期，谢家荣发表了《云南矿产概论》、《湘桂交界富贺钟江砂锡矿纪要并泛论中国锡带之分布》、《滇黔康三省金属矿产述要并特论其分布与地质时代》、《中国铝土矿之成因》等重要论文，这些文章至今仍具有重要意义。例如，《滇黔康三省金属矿产述要并特论其分布与地质时代》将滇黔康地区按地质情况划分为三个带，并根据各方面的资料，得出了"晚中生代和早第三纪是中国大多数金属矿床的形成时期"的结论。在经过了半个多世纪之后的今天，包括现代同位素定年在内的大量资料证明，这个结论是正确的。

1957年，谢家荣发表了《火山及火山沉积作用在中国几种矿床中的意义》，这是最早注意到火山及火山作用的重要成矿意义的中文论文。他1958年写成的《中国矿产分布规律的初步研究及今后找矿方向的若干意见》和在第一届全国矿产地质会议上所做的同名学术报告将中国的矿床学研究推到了一个新的高度，至今仍有重要的现实意义。

晚年，他写出了多篇重要的矿床学论文。他和孟宪民教授一起，破除传统观念，在我国最早提出矿床的非岩浆成因，倡导同生成矿说；与此同时，他又力主矿床的多成因论。《近代成矿理论方面的几个基本问题》（1962）和《同生成矿理论在我国的运用》（1965）充分体现了他的这一思想。他还率先引入了花岗岩化理论，指出与造山运动及地槽褶皱带有密切关系的花岗岩主要是由交代作用所造成，也可经过深熔作用造成再熔化岩浆；花岗岩既然不是岩浆岩，则与之有关的许多矿床就不应该称为岩浆矿床，只有那些与基性超基性岩有关的铬、镍、钴、铂、钒、铁、金、铜矿床才是真正的岩浆矿床，而那些与海底喷发有关的铜、铁、硫矿床则是岩浆与沉积混合的矿床。

在《论矿床的分类》（1963）中，谢家荣独树一帜，率先将矿质来源、成矿作用和成矿场所作为矿床分类的最基本因素，特别是把矿质来源作为首要因素，按矿质来源不同将矿床分为四大类：地面来源的，地壳表层来源的，硅铝层再熔化岩浆来源的，硅镁层岩浆来源的。这个分类将地壳层圈界面与成矿体系相联系的观点具有重要的科学意义，为矿床成因分类研究指出了一个新方向，至今仍然是矿床成因及分类研究的一个重要方面，具有非常重要的现实意义。

谢家荣晚年着手总结中国的矿产地质，撰写《中国矿床学》。按照规划，这本巨著包括3篇，即总论、矿种各论和各省找矿指南。可惜，只完成了总论，而各省找矿指南只写出了四川、江苏、湖北、云南4个省，竟又在90年代被人给丢失了。

谢家荣还是中国矿相学的创始人。他在反光显微镜下所拍东川铜矿的矿石结构构造与矿物相互关系的图片，为国际矿相学大师兰姆多尔（Ramdohr）所称道，反复选用在他的名著矿相学图册中。

朱夏先生曾经这样评价谢家荣："他从不轻视直观的实证，但更注重思辨的理性；他精于微观的审视，但从不忽略宏观的整体；他不断地从分立的静态分析追索着系统的动态研究；他善于见微知著，不放过任何新的思想萌芽，而又坚定执著地凝视着未来，思考着久远；他一生致力于中国矿产资源的开发，而又一直战斗在地质科学思潮的最前沿。"的确，无论是就矿床学的理论建树而言，还是就理论结合实际开发中国矿产资源所取得的成就而论，谢家荣都是一位矿床学巨匠。

12. 中国经济地质学的开创者

1937年抗日战争全面爆发，谢家荣的地质生涯从此发生转折，此后的20多年中他就一直服务于中国的地质矿产勘查事业。

谢家荣认定地质工作与矿产开采之间缺少一个关键环节，就是矿产勘查。运用地质理论服务于找矿事业，反对为理论而理论，反对脱离实际的纯理论研究，是谢家荣一贯的思想。他在《中国矿床学》总论中说，研究中国矿床的目的必须是"为找矿服务，为获得更多的勘探基地服务，为在普查找矿中更好更有效地进行矿点评价服务，为一切与找矿勘探有关的生产实践工作服务。我们的目的是鲜明的。我们决不能从个人的兴趣出发来研究中国矿床，更不能从纯理论的钻牛角尖的观点来研究中国矿床……用一个最概括的语言来表达，就是要'找字当头'。"

谢家荣是一位注重理论联系实际、理论与应用并重的地质学家，并努力做着沟通地质界与矿冶界的工作。他最早提出运用地质理论找矿，强调应用研究。他认为一个矿床学家应不仅探讨矿产地质，还要掌握有效的勘探方法，熟悉采矿、选矿和冶金工艺过程，并了解矿产品的国内外市场价格变化。

谢家荣一生中亲自勘查研究与指导勘查研究的矿产资源包括燃料、铁、有色金属、稀有金属、贵金属，主要的非金属资源和水资源，涉及石油天然气、煤、铁、锰、铝、铜、铅、锌、锡、钨、金、银、稀土金属、水泥原料、耐火黏土、陶土、石墨、膨润土、蛭石、地下水等矿种和沉积、接触变质、区域变质、岩浆分异、岩浆热液、热水、风化淋滤、残坡积与冲积成因等类型。他对所有这些矿床都有渊博的知识和现场工作的经验与体会，这使他成为迄今为止中国发现矿床最多的矿床学家。

在抗日战争的艰苦岁月里，他领导下的矿产测勘处，先后完成了昆明威宁间1：10万的地质矿产图，云贵各县区域地质矿产图8幅，滇、黔、湘南若干区域地质矿产图，西康西南部1：10万区域地质矿产图，调查和勘探了威宁铜、煤、铁矿、水城观音山铁矿、昭通褐煤、云南乐马厂铅银矿、攀枝花铁矿、东川铜矿、会理力马河铜镍矿、天宝山铅锌矿、云南文山钨矿、贵州都匀独山间的煤田，考察了四川中部的油田地质和贵阳附近的煤田；发现了贵州云雾山的高级一氧化铝矿和云南中部的白色高级铝土矿，原西康、滇东、滇西的地质概测以及其他许多金属非金属矿产的测勘。所有这些工作，他都或者是亲自参加、指导，或者是由他计划，派同仁担任工作，但是重要的结论和实用的意义，大多数是由他指出或提供许多意见的。对于贵州水城观音山铁矿的成因、四川油田构造的分类、云南贵州铝土矿的垂直分带，他都曾提出过独到的见解。而云南、贵州铝土矿的属于一水硬铝石型，不适于拜尔法炼铝，也是他首先注意到并请国内外专家协助厂家加以证实的。他依据野外观测资料，提出贵州中部的铝土矿是海退时形成的沉积在不整合面上的风化残余产物。据此，他从古地理的角度预测了含矿地层和铝土矿的分布，新中国成立后经过详细的普查勘探，证明预测是基本正确的。这是我国地质学界依据丰富的野外资料，通过地质学原理，预测矿产最早的一篇文章。

淮南八公山煤田的发现，是谢家荣依据古地理学、地层学、构造地质学上的许多理论演绎推测而来的，是纯粹凭着地质学理论再加实施钻探所得到的结果。

谢家荣在八公山煤田开展的正规钻探工作，是勘探网在中国的首次应用。八公山煤田发现后，谢家荣又指导发现了安徽凤台磷矿，并指出贵州的遵义（金鼎山）金沙，湖北的宜昌和江西的九江附近，具有发现同样磷矿的希望，相信中国的磷矿可能成为堪与钨、锑媲美的特殊丰富的矿产资源，为中国磷矿资源的勘查与开发指明了方向和远景。

迄至1946年，在中国境内所发现的铝土矿皆为石炭二叠纪的铝土矿，谢家荣称之为老化的、重新沉积的红土式铝矿，是低硅高铝的富矿，但属于一水型铝土矿，尚不能用来炼铝，而只能用作耐火材料、研磨剂或炼油的清滤剂。他依据地质理论认为，应该到新地层中，并且应该到现代或近代属于热带性气候的低纬度地区去寻找三水型铝土矿。所以当他听到在福建漳浦发现铝土矿结核的时候，他根据报道其烧失量高达29%以上，断定其属三水型铝土矿无疑，并且推断凡闽粤沿海玄武岩发育的地区，都有找到三水型铝土矿的可能。新中国成立后，按照他的这一思路，终在海南岛海口市附近发现了大型三水型铝土矿富矿。

栖霞山是南京郊外的名胜，沦陷期中日本人曾在这里探采锰矿。抗战胜利后谢家荣在日本人留下的废石堆附近，无意中发现了一块含有黄色六角柱状结晶的标本（经鉴定为磷氯铅矿）和白铅矿（原以为是重晶石），后来又在为许多白铅矿散浸的含铁硅石中找到了一些风化残留下来的原生方铅矿结晶。谢家荣由此断定这矿堆是代表铅矿风化部分的松石，乃是铁帽的特征。在谢家荣的亲自部署下，最终在1950年8月一钻成功，发现了栖霞山铅锌银锰多金属矿。他据此著文《大家注意铁帽》，说："在扬子江下游的许多所谓铁矿露头，很可能大多数是铁帽，如能在有望地点测勘钻探，或可在其下部发现许多有价值的金属硫化矿。希望同业们在今后的工作中，多多注意铁帽，必将有意外的收获。"此后，谢家荣又识别出了甘肃白银厂、安徽铜陵铜官山、江西东乡枫林、铅山永平等地的铁帽，为这些铜矿的成因和勘探指明了方向。该文在半个多世纪后的今天仍然具有重要意义。

谢家荣最早提倡使用综合勘查方法进行勘探，并于1945年在矿产测勘处建立了中国的第一个物理探矿科。

在20世纪50年代的大部分时间里，谢家荣的足迹遍及祖国的大江南北，长城内外，西北的大漠戈壁和西南的崇山峻岭，用他渊博的学识，丰富的经验，指导着全国包括煤和石油在内的各种金属、非金属矿产的找矿勘探工作，为祖国的繁荣与富强贡献了他的才智与汗水。他在经济地质学方面的建树，奠定了他在我国经济地质学学界无可争辩的地位。

13. 杰出的地质教育家

谢家荣对我国的地质教育事业也倾注了许多心血，先后任教于东南大学（中央大学）、北京大学、中山大学、清华大学、北京师范大学，主持了清华大学地学系的建立，担任过北京师范大学地理系主任（1932~1934）和北京大学地质系主任（1935~1937）。新中国成立后，他积极倡议筹办了"华东工业部地质探矿专修学校"，并亲自任教，为新中国培养了急需的地质人才。

中国很多老一辈的地质学家，如黄汲清、程裕淇、李春昱、王鸿祯、杨遵仪、张文佑、王嘉荫、卢衍豪、叶连俊、董申保、郭文魁、赵家骧、袁见齐、朱熙人等都是他的学生，南延宗先生赞誉谢家荣"桃李植盈千"是非常恰当的。50年代，全国各省区地质局的总工程师或主要技术负责人有将近一半是由他培养出来的学生；石油、冶金、煤炭与核工业等系统的骨干地质力量有许多也都是他的学生。

程裕淇先生曾经著文说："谢老师是一位地质大师，是我的良师、恩师，更是我60多年地质生涯的启蒙导师！他的学术成就、科技业绩，对祖国乃至整个地质科学技术的贡献，他所参与建立我国地质事业的丰功伟绩将永留青史！他为科技事业的艰苦奋斗精神，永远是后人学习的榜样！"

三、谢家荣主要论著

谢家荣．1922．甘肃玉门石油报告．实业杂志，第54号：35~39

Hsieh C Y. 1923. Preliminary notes on the composition and structure of the first specimen of meteoric stone received by the Geological Survey of China. *Bull Geol Soc China*, 2 (3/4): 95~98

谢家荣．1923．煤（百科小丛书第十种）．上海：商务印书馆

谢家荣．1924．地质学（上编）．上海：商务印书馆

Hsieh C Y. 1930. Some new methods in coal petrology. *Bull Geol Soc China*, 9 (3): 311~328

谢家荣．1930．石油．上海：商务印书馆

谢家荣．1934．陕北盆地和四川盆地．地理学报，1 (2)：1~14

谢家荣，孙健初，程裕淇等．1935．扬子江下游铁矿志．地质专报，甲种，第13号：1~78

Hsieh C Y. 1936. On the Late Mesozoic-Early Tertiary orogenesis and volcanism and their relation to the formation of metallic deposits in China. *Bull Geol Soc China*, 15 (1): 61~74

谢家荣．1947．淮南新煤田及大淮南盆地地质矿产．地质评论，12 (5)：317~348

谢家荣．1948．江南探油论．矿测近讯，(92)：114~116

Xie J R. 1948. Palaeogeography as a guide to mineral exploration. *Bull Geol Soc China*, 28 (1/2): 1~12

谢家荣．1949．三十七年度本处工作概述．矿测近讯，92：1~8

谢家荣．1952．从中国矿床的若干规律提供今后探矿方面的意见．地质学报，32 (3)：219~231

谢家荣．1953．勘探中国煤田的若干地质问题．地质学报，33 (1)：15~28

谢家荣．1954．中国的产油区和可能含油区．石油地质，(12)：20~21

谢家荣．1957．火山及火山沉积作用在中国几种矿床中的意义．地质学报，36 (4)：383~392

谢家荣．1957．中国油气区和可能油气区的划分与评价．科学，33 (1)：13~18

谢家荣．1957．石油地质论文集．北京：地质出版社

谢家荣．2011．中国矿床学，第一篇，总论//谢学锦，张立生主编．谢家荣文集，第六卷，矿床学（二）．北京：地质出版社：513~677

主要参考文献

郭文魁，潘云唐．1992．谢家荣//中国科学技术协会编．中国科学技术专家传略·理学编·地学卷1．石家庄：河北教育出版社：205~218

吴凤鸣．1994．谢家荣//《科学家传记大辞典》编辑组编，卢嘉锡主编．中国现代科学家传记（第五集）．北京：科学出版社：395~403

韩德馨，秦勇．2004．谢家荣教授对中国煤岩学研究的重要贡献//谢家荣与矿产测勘处——纪念谢家荣教授诞辰100周年．北京：石油工业出版社：47~52

张立生主编．2009．丰功伟识 永垂千秋——纪念谢家荣诞辰110周年．北京：地质出版社

张立生．2011．中国石油的丰碑——纪念谢家荣教授诞辰110周年．广州：中山大学出版社

撰写者

张立生（1940~），四川简阳人，中国地质调查局成都地质矿产研究所研究员。长期从事矿床地质、地球化学研究和地质学史的研究。

****

田奇㻫

田奇㻫（1899～1975），湖南张家界人。地质学家、古生物学家、地质教育家，地质科技管理专家。1955年当选为中国科学院学部委员（院士）。1923年毕业于北京大学地质系。曾任湖南省地质调查所所长、中国地质工作计划指导委员会委员、地质部地质矿产司总工程师、全国矿产储量委员会副主任兼总工程师。多年领导湖南地质矿产调查，参与编撰了《湖南铁矿志》、《湖南锰矿志》、《湖南钨矿志》等，对湖南区域地质、矿产、大地构造发展史研究做出贡献。对中国南方晚古生代和早中生代海相地层及化石的研究，尤其是对湖南泥盆系及其头足化石的研究最为深入系统。他的《中国北部太原系海百合化石》、《湖南泥盆纪之腕足类》、《中国南部下三叠纪之头足类化石》是具有开创性意义的中国古生物学专著；《湖南中部之丰宁系》、《中国之丰宁纪》等文对中国南部早石炭世生物地层学的研究作了系统总结；《中国之泥盆纪》等文奠定了中国南方泥盆纪生物地层学的基础。新中国成立初，他领导了中南地区地质矿产勘查工作，以后又从事全国地质科技管理，主持参与制订了数十种地质矿产勘探规范，审批了成千份各类矿产资源储量报告，并到各重要矿产勘探基地现场视察，进行科技指导。曾在湖南大学、湖南省立克强学院等校兼任教授，培养了大批地质科技人才。

一、简 历

田奇㻫，字季瑜。1899年2月13日生于湖南省大庸县（现张家界市）西溪坪，1975年9月15日于北京病逝，享年76岁。

田奇㻫出生在一个土家族知识分子家庭，父亲田运详曾为前清秀才，母亲为书香门第大家闺秀。在弟兄五人中，他排行第四。7岁时入私塾，启蒙业师称赞他"笃信好学，钩玄提要"。10岁时入大庸县城松梁书院上小学。13岁时到省会长沙，考入湖南工业专门学校附属中学，不久转入湖南省立第一中学，17岁时毕业。翌年到北京，考入北京大学理科预科。1919年五四运动爆发，田奇㻫参加了天安门前示威游行、火烧赵家楼等历史事件。5月5日，他因参加街头宣传被捕入狱。在各方爱国进步力量声援下，反动当局迫于舆论压力，终于在10多天后将他们释放回校。

1919年秋，田奇㻫升入北京大学地质系本科。1920年，李四光及葛利普来该系任教。在名师的精心教导下，田奇㻫对地质学产生了浓厚兴趣，奋发钻研，以优异成绩连续3年获湖南省教育厅颁发的奖学金。当时北大学术气氛很浓，各类学术团体纷纷成立。田奇㻫和同班同学杨钟健、赵亚曾、侯德封、张席禔等于1920年9月发起成立了"北京大学地质研究会"。研究会得到校方的大力支持，总务长蒋梦麟、地质系主任何杰等都亲临成立大会，田奇㻫还在成立大会上发表了热情洋溢的演说。

1922年冬，田奇㻫与同班同学去昌平南口进行毕业实习，完成了毕业论文《南口震旦系之地层层序和古生物》。该文在前人研究的基础上，指出了该区震旦系（即现在的"长城系"）地层不整合覆盖在"五台系"古老片麻岩与片岩之上，对中国北方震旦系标准剖面之一的南口剖面研究提出了一定的创见。毕业时，该文即在《中国地质学会志》上发表。这是他的"处女作"，一位初出茅庐的大学本科生能在这样高级别的刊物上发表文章，实属罕见。

1923年秋，田奇㻪毕业后入农商部地质调查所，先任实习员，次年升为调查员。他主要与王竹泉、赵亚曾调查了北方煤田地质，对石炭二叠纪化石（腕足类、海百合类等）进行研究，还和翁文灏、钱声骏、赵亚曾等共同参与了大型工具书——我国第一部《地质矿物学大辞典》（杜其堡编纂，商务印书馆出版）的校订工作。

1927年3月，经翁文灏推荐，田奇㻪回家乡湖南，到新成立的湖南省地质调查所工作。他在该所一直工作到1950年，历任调查主任、技正、主任技正、代所长、所长等职。其间，他还兼任实业部（经济部）地质调查所技正（1933～1941）、特约技正（1941～1949），中央研究院地质研究所研究员（1928～1940，1947～1949）。他为湖南省区域地质、矿产地质做了许多开创性工作；他积极从事基础地质，主要是古生物学和生物地层学的研究，奠定了我国南方泥盆纪地层分类的基础。在担任所领导期间，他团结员工、艰苦奋斗，使该所成为新中国成立前省级地质调查所中的优秀单位。

1933年，田奇㻪在湘西北慈利县界牌峪雄黄矿及廖家山铅锌矿勘查时，遇土匪频频袭扰。1936年他乘车从衡阳去祁阳途中，亦遇土匪拦截。在这两次危难中，他虽然险些送命，却毫无惧色，野外工作劲头从未减弱。抗日战争后期，有一次日军窜犯到距他家仅数十里的地方，他却镇定地按原计划坚持野外工作，并致电家人，希望家人支持他的工作。

1948年冬，国民党败局已定，田奇㻪与中共地下党联系，表示要保护全所财产，迎接解放。1949年8月5日，长沙和平解放后，他与长沙各界人士联名通电全国，表示拥护人民政权。由于他的一系列进步表现，他不仅受省人民政府工商厅委派继任湖南省地质调查所所长，还应邀赴京参加了开国大典的观礼。1950年他被调往武汉，工作重心面向整个中南区。同年任中国科学院专门委员、中国地质工作计划指导委员会委员，1951年兼任大冶钢铁厂资源勘探指导委员会副主任委员，1952年任地质部中南地质局副局长兼总工程师。田奇㻪于1957年参加中国民主同盟，1959年当选为第三届全国政协委员，1964年当选为第三届全国人民代表大会代表。

1955年，田奇㻪调往北京任地质部全国矿产储量委员会副主任兼总工程师。他致力于全国地质科学技术的管理、组织与领导工作，不仅参与制订规范、审批报告，还深入各重要矿产勘探基地的现场视察工作，足迹遍及三山五岳。当年，他被推选为中国科学院地学部首批学部委员（院士）。1956年，在地质部全国先进工作者代表大会上，他作为特邀代表，受到了毛泽东主席亲切接见。1958年，田奇㻪兼任地质部地质矿产司副司长、总工程师。1959年又短期兼任地质部资料局总工程师。1963年任地质部第一地质矿产司副司长兼总工程师。

田奇㻪虽出身于书香门第，但家境并不富裕。在北京大学求学时期，因经济困难，常为出版社翻译些科学文献，还参加排字之类的临时工作，挣钱贴补生活学习费用。参加工作后，他一直保持乐道安贫的学者作风，节俭得连手表、皮鞋、钢笔都舍不得买。但是在抗战期间，他却将家中私蓄数十两黄金全部捐作抗战经费。

田奇㻪积极参加国际学术交流。1954年，他访问匈牙利，考察了钻探机械及地质管理工作。1956年，他与朱效成、郭文魁赴苏联伯力参加远东地质会议，作了"中国震旦系"的报告，为苏联地质界所重视。1957年，他奉派支援越南的地质事业，任援越地质专家组组长，主持铬矿勘探工作。胡志明主席接见了他，越南政府还向他颁赠了友谊徽章。1960

年，他随地质部副部长、党组书记何长工，再次访问匈牙利。令人印象深刻的是，几次出国，当同行者买回手表、照相机等贵重物品时，他却将所得的外汇全部交给大使馆。

田奇㻪是中国地质学会会员。1922年，中国地质学会成立，当时他还是大学三年级学生，即为会友。他参加工作后，即为会员。他热心会务，历任学会理事（1938～1940，1962～1975）、学会编辑委员会委员（1957～1975）；《地质论评》编辑（1936～1941，1943～1947，1949～1951），《中国地质学会志》编辑（1942），《地质学报》编委（1952～1956）。1934年获中国地质学会第三届"纪念赵亚曾先生研究补助金"。1940年获该学会首届"丁文江先生纪念奖金"。

二、主要学术成就

1. 湖南省地质矿产研究

20世纪20年代后期，田奇㻪到湖南省地质调查所后，积极投身于区域地质、矿产地质的调查工作。他先后调查的矿区有：常宁县水口山铅锌矿（与刘季辰、欧阳超远同行）、湘潭县上五都锰矿（与王晓青同行）、益阳县板溪的锑矿、湘乡县梓门桥等地煤矿及新化县地质矿产（与王晓青、郭绍仪同行），取得了很大成绩。30年代初，他参与了湘中六县的区域地质调查与填图工作，最后和王晓青、许原道主编出版了《湖南长沙、湘潭、衡山、衡阳、邵阳、湘乡六县地质志》（1933），书中所附的1∶25万地质图，在我国早期测制的区域地质图件之中，被公认为是精度较高的。在该书中，他初步建立了湘中泥盆系及下石炭统的地层系统。他本人单独或与别人共同创立的泥盆系与石炭系地层名称"佘田桥系"（现"佘田桥组"）、"锡矿山统"（现"锡矿山组"）、"跳马涧系"（现"跳马涧组"）、"易家湾页岩"（现"易家湾组"）、"棋子桥系"（现"棋子桥组"）、"龙口冲层"（现"龙口冲组"）、"孟公坳系"现"孟公坳组"）、"岳麓统"（现"岳麓山组"）、"石磴子系"（现"石磴子组"）、"梓门桥石灰岩"（现"梓门桥组"）等沿用至今。

作为所领导，田奇㻪策划了若干大规模的综合研究课题。首先是倡议和主持了湖南全省铁、锰、钨、锑、铅、锌等重要矿种的矿产志的编纂。为此，他亲自考察了各种矿山、矿区的开采沿革、现状、矿床地质特征、规模等，在此基础上编撰出版了《湖南铁矿志（第一册）》（田奇㻪、王晓青、刘祖彝编）、《湖南锰矿志》（王晓青、田奇㻪、刘祖彝、许原道编）、《湖南钨矿志（第一册）》（王晓青、田奇㻪、刘祖彝、廖友仁、许原道、汪国栋编）。矿床地质学家谢家荣曾称赞其中的第一部著作"确属中国经济地质学上一重要贡献也"。为了对粤汉铁路沿线工业提供矿产资源保证，他还筹划并参与了粤汉铁路株洲至宜章附近全长400km的区域地质调查（1∶50万）和矿产调查工作，《粤汉铁路线长坪段地质矿产报告》一书就是这项工作的主要成果。

抗日战争全面爆发后，田奇㻪为了服务抗战大业，积极领导该所同仁为开发矿产资源而努力工作。1939年，他以经济部地质调查所兼任技正身份，受该所及经济部资源委员会之托，与刘国昌一起调查了湖南新晃县的汞矿，并提交了报告。

田奇㻪尤其重视地质矿产研究与生产实际的结合，他经常应省内和相邻省区有关矿区（主要有江华锡矿，沅陵、桃源金矿，锡矿山锑矿等）的邀请，为勘查矿产资源以及矿山建设提供咨询意见。他深入研究上述调查所取得的大量实际资料，发表了若干重要论著，主要有《论湘西黔东汞矿之生成与产状》、《湖南金矿之展望》、《湖南之煤矿》等。正由于他对湖南省区域地质、矿产地质研究的杰出贡献，因而被亲切地称为"田湖南"。

2. 古生物学、生物地层学、地史学研究

田奇㻪在大学毕业论文写作当中，就致力于古生物地层学研究。他最早接触的是震旦纪地层与化石（藻类叠层石等）。他的毕业论文《南口震旦系之地层层序和古生物》1923年发表在《中国地质学会志》上，文内列出了南口的地层柱状剖面图表，并认为该地区缺失下马岭组。

工作以后，1923~1924年他在河北临城、磁县等地调查石炭二叠纪煤系地层，采集了大批化石。在葛利普指导下，他着重研究了保存完整特征的海百合化石，写成了《中国北部太原系海百合化石》（Crinoids from the Taiyuan series of North China）一书，作为《中国古生物志》乙种第5号第1册，于1926年出版。他在此书中，描述建立了新属"中国海百合" Sinocrinus 及 4 个新种（Sinocrinus microgranulosus Tien, S. linchengensis Tien, Eupachycrinus pustulosus Tien, Graphiocrinus houkouensis Tien）。其中有的在我国乃至全亚洲均属首次发现。书中对亚洲所产的整个棘皮动物门化石都做了简略介绍，是中国学者所写的第一部海百合化石专著，对中国海百合化石乃至整个棘皮动物化石的研究均有奠基性意义。

30年代初，田奇㻪研究了丁文江、俞建章、舒文博早年采自贵州、湖北的下三叠统头足类化石，1933年出版了专著 Lower Triassic Cephalopoda of South China《中国南部下三叠纪之头足类化石》。该书共描述菊石目8个属、鹦鹉螺目3个属，共23种及1亚种，其中8个新种，Ophiceras sinensis Tien 和 O. tingi Tien 都是中国南部下三叠纪底部的重要标准化石。该书是我国学者所写的第一部中生代头足类化石专著，具有开创性意义。

田奇㻪及其他地质学家在湖南地质、矿产调查中采集到数以千计的泥盆纪腕足类化石。他在30年代中期，依托这一得天独厚的优势，进行了系统研究，完成了专著《湖南泥盆纪之腕足类》（Devonian brachiopoda of Hunan），于1938年出版。书中共描述腕足动物化石2目、4超科、10科、3亚科、15属、4亚属、88种（包括亚种及变种），其中有2个新亚属，新种31，新亚种及新变种27。他还对葛利普1931年建的属 Sinospirifer 进行了修订，并建立了上泥盆锡矿山系、佘田桥系、中泥盆棋子桥系、跳马涧系的腕足动物，共5个群、20个带。该书不仅素材丰富，而且研究的手段、方法新颖、先进。他不仅描述了外部形态，而且研究了腕足类化石的内部构造。同时对石燕贝化石的壳表装饰进行绘图，并以坐标图表示其数量关系。也就是由"定性"研究逐步走向"定量"研究。纵观该著，篇幅之宏巨、内容之丰富，几乎可与葛利普的《中国泥盆纪腕足类化石》等相媲美，在《中国古生物志》中也可说是名列前茅的。其研究之精细与深入，居于当时国内外领先水平，是田奇㻪的重要代表作。

田奇㻪于1929年发表了《湖南中部上古生代地层之研究》一文，对湘中之石炭二叠系地层作了详细划分，并与华中、华南、华北、西北等地区作了很好的对比。1931年他发表了《湖南中部之丰宁系》一文，对湘中下石炭丰宁系进行了划分，并与贵州独山地区标准的丰宁系作了对比。1936年他发表了《中国之丰宁纪》一文，对中国丰宁纪（早石炭世）生物地层学研究作了系统总结，特别提出了革老河统、旧司统、上司统的4个腕足动物化石"层"，与俞建章的珊瑚带化石相对比。

田奇㻪对地层学的最大贡献在于泥盆纪地层的研究。1938年，他发表了重要论文《中国之泥盆纪》，对全中国泥盆纪地层（主要在云南、贵州、湖南、广西、广东、四川）的分布、分类及泥盆纪古地理作了系统的总结。他在修改丁文江、葛利普1931年的中国泥盆纪地层分类基础上，提出了新的分类。这篇文章再加上专著《湖南泥盆纪之腕足类》，使我国南方泥盆纪生物地层学的基础得以奠定。半个多世纪以来，虽然后人对田奇㻪这个分类系统及化石群、化石带提出不少修改和补充，但其基本框架和大部分主要内容还是经受住了实践的检验。由于在中国泥盆纪生物地层学、地史学领域的卓越成就，所以他又享有"田泥盆"之美誉。

在区域地质和地层古生物领域的研究基础上，田奇㻪进一步对大地构造发展史方面进行了综合性研究。他于1936年发表"Orogenic movements in hunan"《湖南之造山运动》一文，勾画出了湖南省大地构造与区域地质发展史的基本轮廓。他提出湖南自老到新有加里东运动（发生于志留纪末期，体现为中泥盆统与下伏奥陶志留系间之不整合），湖南运动（发生于三叠纪末期，体现为侏罗系或侏罗白垩系与下伏的上古生界或三叠系间之不整合，相当于现在较通用的印支运动），燕山运动（晚侏罗世），衡阳运动（晚白垩世至古新世）。并附有8张有清楚不整合界面的剖面图来加以说明。同年，他还发表了《对葛利普氏脉动学说之我见》一文，参与了对其老师这一著名学说的争鸣。后来，他又在《地质论评》上发表了《湖南煤矿与古地理》(1943)、《湖南雪峰地轴与古生代海侵的关系》(1948) 等综合性理论文章，都有较高的学术水平。

3. 重视地质教育，培养大批人才

田奇㻪1937~1950年应聘为湖南大学矿冶系兼任教授，1945~1949年又应聘为湖南省立克强学院特约教授，为国家地质矿冶方面人才的培养尽心竭力。当他调离长沙时，将家藏图书（多为自己著作）全部捐赠给湖南大学。

田奇㻪更注意在实际工作中对青年进行传帮带，以利于他们更快地成长。他不但认真地在课堂上教书，更着重以自己对地质事业的热爱与奉献精神去感染、教育年轻人。例如，他对刚到他身边工作的廖士范说："干地质并不能升官发财，是要做实事，要坚持干一辈子，才能有成就。"廖士范深受教育，后来成为有贡献的地质学家。田奇㻪总是对年轻同事无微不至地关怀，在室内为他们解决难题，在野外为他们讲解地质现象及理论，工作的各个环节都与大家和衷共济，发扬学术民主，促进共同进步。在他身边工作的年轻人，如刘国昌、边效曾等成长都很快，在地学界成就、知名度很高。刘国昌曾任长春地质学院教授，边效曾曾任福建省地质局总工程师。他不但培养自己的学生，还资助了3位家境贫寒而且奋发有为的晚辈，一直供他们到大学毕业。他自己埋头工作，错过或放弃了出国深造的机会，然而当两位青年地质工作者有机会去国外留学却经济拮据时，他毫不犹豫地解囊相助。

4. 地质科技管理工作

新中国成立后，田奇㻪长期处在地质部门的领导岗位，负责科学技术业务管理工作。1950年5月，在中南军政委员会重工业部召开的第一次资源勘测会议上，领导

和代表们听了他作的3个报告,即"中南区地质概述"、"中南区矿产概况"、"湖南省矿产资源概要",都十分钦佩,一致认为这是理论结合实际的报告。他在武汉中南地质调查所、中南地质局工作的5年中,有效地领导了该所及其所属开封、武昌、长沙、南昌、广州5个分所科研工作的开展。也全面指导了该局所属各省、区地质矿产勘查工作的规划、部署与实施。他曾多次去大冶铁矿,指导该矿区及其外围的地质勘查工作,并积极努力为"武汉钢铁公司"解决铁、锰及其他有关矿产原料问题。他还对以往调查过的矿区继续进行深入研究,于1950年发表了《广东乳源锑矿》、《湖南沅陵北溶重晶石矿》两文。

田奇㻞在北京地质部地矿司及全国储委担任领导职务期间,主持并参与了铬、镍、汞、金等重要矿产的全国性地质工作会议。参与研讨了许多重大地质技术问题,制订了许多重大地质勘探计划。他经常深入重要资源勘查基地和矿产地检查指导工作。在实践基础上,主持修订了数十种地质矿产勘探规范,审批了成千份各类矿产资源储量报告,取得很大的成绩。

在管理工作任务极其繁重的情况下,田奇㻞仍十分关心新生力量的成长,在审稿等把关工作中严肃认真,一丝不苟。例如,《地质论评》编辑部收到了贵州周德忠、李文炎合著的《贵州万山汞矿矿床的地质特征》一文,田奇㻞在审稿过程中写出了《对周德忠、李文炎两同志著〈贵州万山汞矿矿床的地质特征〉一文的意见》这一评审文章,对该文若干方面进行了详细分析,对其中的错误及不妥之处提出了认真严肃的批评。编辑部将他的评审意见转达给了周、李二人,周、李二人看完后又写了《答田奇㻞同志对〈贵州万山汞矿矿床的地质特征〉一文的意见》,该文以诚恳的态度回答田奇㻞所提出的问题,很虚心地接受批评,并说"田先生提出了这些宝贵意见对我们的启发是大的,同时等于指出了我们今后研究汞矿的方向,并且教导我们解释说明一种地质现象时要有一定的唯物辩证的科学依据,离了它就会犯错误,做出错误的结论而给国家财富造成极大的损失!特向田先生致以感谢,同时希望更多的指教!"在一般情况下,编辑部怕引起不必要的纠纷,对作者和审稿人双方都是要保密的,而田奇㻞却坦诚地将审稿意见转给周、李二人,周、李二人又如此谦虚并尊重老前辈,允分体现了我国地质科学界老中青学者民主和谐、推心置腹的良好气氛,所以编辑部后来就把以上三篇文章一同发表在该刊1958年第1期上。这是学术期刊出版中的一段佳话,为人们所传颂。同时,田奇㻞也结合管理工作积累的丰富资料,抓紧一切机会搞一些科研工作。他在1961年还发表了《中国铝土矿的类型、特征及其生成条件》一文。

"文化大革命"初期,田奇㻞身心受到严重摧残,但他仍十分关心地质事业的发展,在无法正常开展工作的极恶劣条件下仍要把自己多年经验的结晶加以整理。1972年下半年,他先后写成了《我国地质矿产资源今后勘查方向》、《对首都钢铁资源勘探建议》等文,送党中央和北京市委。他曾多次向领导请求,让他重返野外勘探基地去,检验某些与我国社会主义建设密切相关的稀缺矿产资源的理论问题。1973年在京养病期间,他又写成《关于我国地质工作对几种重要矿产资源今后如何作法的初步建议》,竭力陈述海相成油和找隐伏矿的重要性。他还希望利用新中国成立以来大规模矿产资源勘探和开发所提供的实际材料,根据他丰富的实践心得,总结并撰写出新的地质矿产勘探理论和方法的巨著。1975年9月15日,这位投身祖国地质事业半个多世纪的老科学家来不及实现自己的宿愿就与世长辞了。首都各界为他举行了隆重的追悼会，国家地质总局领导同志在追悼会上说："我们地质工作者应该学习田奇㻪同志热爱社会主义地质事业，忘我地献身于地质科学的革命精神！"充分表达了人们对这位老科学家的尊敬和热爱。

三、田奇㻪主要论著

Tien C C. 1923. Stratigraphy and palaeontology of the simian rocks of Nankou. *Bull Geol Soc China*，2（1/2）：105～109

Tien C C. 1926 . Crinoids from the Taiyuan series of North China. *Palaeontol Sin Ser B*，V（1）：1～59

田奇㻪．1929．湖南中部上古生代地层之研究．国立中央研究院地质研究所集刊，第7号：69～92

田奇㻪，王晓青，刘基磐等．1930．湖南醴陵石门口、宁乡清溪冲、湘潭谭家山、宝庆牛马司煤田地质报告．湖南地质调查所报告，第9号（经济地质志第6册）

Tien C C. 1931. The Fengninian of central Hunan, a stratigraphical summary. *Bull Geol Soc China*，10

Tien C C. 1933. Lower Triassic Cephalopoda of South China. *Palaeontol Sin Ser B*，15（1）：1～53

田奇㻪，王晓青，刘祖彝．1934．湖南铁矿志（第一册）．湖南地质调查所专报，第1号

王晓青，田奇㻪，刘祖彝等．1935．湖南锰矿志．湖南地质调查所专报，第2号

田奇㻪．1936．对葛利普氏脉动学说之我见．地质论评，1（5）：523～530

田奇㻪．1936．中国之丰宁纪．地质论评，1（3）：255～276

Tien C C. 1936. Orogenic movements in Hunan. *Bull Geol Soc China*，15（4）：453～465

王晓青，田奇㻪，刘祖彝等．1937．湖南钨矿志（第一册）．湖南地质调查所专报，第3号

田奇㻪．1938．中国之泥盆纪．地质论评，3（4）：355～404

Tien C C. 1938. Devonian brachiopoda of Hunan. *Palaeontol Sin New Ser B*，4：1～193

田奇㻪．1940．论湘西黔东汞矿之生成与产状．地质论评，5（4）：277～294

田奇㻪．1943．湖南煤矿与古地形．地质论评，8（1-6）：115～132

田奇㻪．1948．湖南雪峰地轴与古生代海侵之关系．地质论评，13（3/4）：203～210

田奇㻪．1950．广东乳源锑矿．中南地质汇刊，(1)：1～16

田奇㻪，刘国昌，靳凤桐．1951．湖南辰溪二叠纪煤田地质．中南地质汇刊，(3)：1～24

田奇㻪．1961．中国铝土矿的类型、特征及其生成条件．中国地质，(10)：9～15

主要参考文献

黎盛斯，宋世祯．1982．田奇㻪年谱初稿．湖南省地质学会会讯，(2)：23～31

方华，潘云唐．1986．地学人物志：田奇㻪．中国地质，(9)：31

潘云唐．1990．田奇㻪//黄汲清，何绍勋主编．中国现代地质学家传（1）．长沙：湖南科学技术出版社：146～154

朱效成，方华，潘云唐等．1994．田奇㻪//《科学家传记大辞典》编辑组编，卢嘉锡主编．中国现代科学家传记（第六集）．北京：科学出版社：305-312

朱效成，方华，潘云唐等．1996．田奇㻪//中国科学技术协会编．中国科学技术专家传略·理学编·地学卷1．石家庄：河北教育出版社：252-265

撰写者

潘云唐（1939～），生于四川合江，祖籍湖北广济（现武穴），中国科学院研究生院教授。

孟宪民

孟宪民（1900~1969），江苏武进人。地质学家，矿床学家。1955年当选为中国科学院学部委员（院士）。1922年毕业于清华学校高等科，1924年毕业于美国科罗拉多州立矿业学院，1927年获美国麻省理工学院硕士学位。曾任中央研究院地质研究所研究员、清华大学教授、地质部地质矿产司副司长、地质部矿物原料研究所所长、地质部地质科学研究院副院长。对湖南临武香花岭锡矿作过深入研究，领导并促成了由中国地质学家命名的第一个新矿物——香花石的发现。深入研究云南个旧锡矿矿床成因，并指导了矿山的勘探与开发，尤其是成功地进行了采矿竖井的建设。参与云南东川铜矿成因和找矿预测的研究，对扩大矿山远景很有意义。他是我国最早运用微化学试验法鉴定矿物的开拓者和奠基人。最早开始进行对矿床同生论和层控矿床的研究与推广应用工作，领导和组织了金属矿产储量的统计研究，并提出"主要应找层状矿"，取得了很大的成绩。

一、简　　历

孟宪民，字应鏊。1900年2月2日生于江苏省武进县，1969年2月18日于北京逝世，享年69岁。

孟宪民出生于一个职员家庭。父名孟进，曾担任过书记员。孟宪民5岁开始发蒙，在家乡读私塾。1908年随父亲到湖北汉口，先后在四明小学、文华中学就读。1918年，他以优异成绩考入北京清华学校高等科。1919年，他积极参加了五四爱国运动。1922年夏，他毕业后以清华官费赴美国留学，在科罗拉多州立矿业学院学习。他刻苦努力，两年就读完地质课程。1924年夏从该校毕业后，他到美国蒙大拿州的标特（Butte）铜矿参观考察，想找一个实习机会，结果未能如愿。后经多方努力，得以在该州虎城铅锌矿业公司实习，从事井下采样和化验，有时兼做一些地质工作，历时一年多。他工作勤恳认真，化验分析数据准确，深受公司领导和同事赞赏。1926年夏，他进入美国麻省理工学院地质系读研究生，致力于矿床学理论的学习和研究，导师是矿床学大师林格仑（W. Lindgren）教授。由于有丰富的实践经验，他只用了一年的时间，于1927年夏获硕士学位，然后回到中国。

1928年，北京大学地质系李四光教授受中央研究院院长蔡元培之托，筹建中央研究院地质研究所，孟宪民应聘任该所研究员。他是该所成立时的六位研究员之一，堪称该所的"开国元勋"、骨干、栋梁。进所一个多月后，他赴广西中部、湖北西部和北部进行地质调查。1929~1933年，他到浙江中东部、安徽东南部及湖南南部等地进行地质矿产调查，撰写发表了6篇研究报告（独著3篇，合著3篇）。他的很多报告内容至今仍富有参考价值。如他命名的第三纪嵊县玄武岩　直为人们所引用。1934年，在中央研究院新任总干事丁文江的要求下，孟宪民调查了云南个旧锡矿、永平宁台厂铜矿，并去云南西部参加了中缅边界南段未定界的勘查工作，也调查了该地段的矿产分布，确定了若干有价值的矿产地。在云南工作了一年多以后，他于1936年春回所。

1937年，抗日战争全面爆发，地质研究所所长李四光应经济部资源委员会副主任委员钱昌照的要求，派孟宪民再去个旧锡矿。后勘探队改为工程处，孟宪民为主任，他为该矿的探、采、运做了大量工作。1942年,他应云南省政府的邀请再赴云南,重点对东川铜矿进行详查勘探。1946~1952年,孟宪民任清华大学地学系教授。1952年,地质部成立。孟宪民调任该部地质矿产司副司长,为建国初期地质工作的开展及地质矿产研究工作出谋划策。1955年,孟宪民当选为中国科学院生物地学部首批学部委员(院士)。1956年任新成立的地质部矿物原料研究所副所长,后任所长。1959年,任新成立的地质部地质科学研究院副院长、院党委委员。

孟宪民很早就加入了中国地质学会,并且对学会活动与工作十分热心。他曾担任《地质论评》第15、19、20、21、24届理事会的编辑,1951年任第27届理事会的编辑主任;还担任过《中国地质学会志》第18、22、23、26届理事会的编辑;1952~1956年任《地质学报》第28、29届理事会的编委会主任;1957~1962年任中国地质学会第30届理事会编委会主任;1962~1969年任学会第31届理事会编委会委员、《地质学报》主编。他曾任中国地质学会第25、27届候补理事,1952年度理事会理事及第28、30届理事会理事,第31届理事会常务理事。1954年冬,他曾列席第二届全国政协会议。他于1956年加入中国共产党,1964年当选为第三届全国人大代表。

二、主要学术成就

孟宪民毕生从事矿床地质学研究,在矿物学、岩石学、微化学分析测试等基础研究方面造诣颇深。他调查研究的范围遍及大半个中国,对若干重要矿山的矿区地质、矿床成因的研究和先进理论的推广应用,乃至找矿勘探、矿山建设方面都有重大贡献。

1. 区域地质矿产勘查

1928年,孟宪民刚到中央研究院地质研究所不久,湖北省政府建设厅厅长石瑛就向该所提出请求派专家调查该省地质矿产。研究所就派孟宪民与俞建章、舒文博到鄂西北南漳、当阳、远安等县去工作了两月,于次年写出了《湖北南漳当阳远安等县之煤田地质》一文,文中阐述了该区的地层系统、构造、煤田(南漳县东巩煤田、远安县石桥坪煤田等)、金属矿产(南漳东巩峡口铜矿、远安鹰子山铅锌矿、南漳黄界山重晶石脉等)。这是孟宪民回国后的第一篇学术论文。

1933年,孟宪民与助理研究员张更在安徽、浙江从事地质矿产调查,联名发表了几篇文章。《安徽铜陵铜官山磁铁矿床》一文记述了石英闪长岩侵入体侵入到泥盆系乌桐石英岩、石炭系黄龙灰岩与船山灰岩、二叠系臭灰岩、栖霞灰岩和龙潭煤系,以及三叠系青龙灰岩中,接触变质形成含黄铜矿、孔雀石的磁铁矿床,初步估算矿量有300万t,可采量约250万t,属中型矿床。《浙江昌化闪锰矿》一文,记述了国内首次发现的闪锰矿矿种。《浙江青田石坪川辉钼矿石英脉》一文,记述了石英脉中的辉钼矿浸染。

2. 香花岭锡矿的研究和香花石的发现

孟宪民与张更20世纪30年代初在湖南从事地质矿产调查,1935年发表了两篇报告:《湖南水口山铅锌矿矿物的沉积顺序》和《湖南临武香花岭锡矿地质》。后者是英文专著,还附有1:10000的《湖南临武香花岭地质图》(彩色)1幅和《湖南临武香花岭地质剖面图》3幅、31个图版、100多张照片。该书除论及该区地质特征、地层、构造、矿区概况等外，还着重阐述了火成岩岩石学（尤其是水热变质、气成变质作用）及矿物学。该书总共论及了51种矿物，其鉴定矿物之细致、精确，达到当时的最高水平，至今仍有重大价值。该书又进一步论述了以锡石为主的矿物共生组合、矿脉系统与花岗岩侵入体的关系，花岗岩浆的成因与性质，有很大的理论意义。该书还阐述了锡、砷矿业生产与提炼过程，对生产实践很有指导作用。

该书的出版，首先为该区矿床学、岩石学、矿物学的进一步研究打下了基础，进而又为孟宪民后来对个旧锡矿的研究提供了借鉴。1955~1956年，地质部地矿司青年地质工作者黄蕴慧、杜绍华等去香花岭进行长期野外考察，主要从事矿物学、岩石学研究工作。1957年，孟宪民又率黄蕴慧、杜绍华等再次深入细致地考察香花岭。最后，终于发现了在夕卡岩中绿色锂云母脉内的新矿物——香花石，其分子式为$Li_2Ca_3(BeSiO_4)_3F_2$，其BeO含量为15.79%~16.30%，是Be元素的重要矿物之一。1958年，黄蕴慧、杜绍华、王孔海联合发表了两篇文章：《我国第一个新矿物——香花石的发现》（刊于《知识就是力量》）和《我国发现了前所未有的含铍矿物——香花石》（刊于《地质月刊》）。这是中国地质学家发现的第一个新矿物，在中国地质学与矿物学史上具有重要的里程碑意义。这项重要工作也培养了人才，黄蕴慧、杜绍华等后来均成为矿物学家、矿床学家；黄蕴慧长期担任中国地质学会理事、常务理事兼矿物学专业委员会主任，并成功主持过在北京召开的第五届国际矿物学大会。

3. 个旧锡矿的勘查与开采

云南省个旧市生产锡矿资源，早在600多年前的元末明初就已进行土法采炼。我国地质科学事业创始人之一的丁文江，1914年曾单身一人，在云贵川三省进行了一整年的地质调查，在个旧的工作时间达两个多月，很好地指导了当地锡业生产。到20世纪30年代初，个旧锡厂产锡7000t，比1902年的3675t几乎翻了一番，成为当时中国最大的有色金属企业，个旧也就赢得了"锡都"的美誉。

1934年，云南省政府为进一步发展地方经济，又求助于刚从北京大学调任中央研究院总干事的丁文江。丁文江就派孟宪民带领实业部地质调查所的陈恺去云南。丁文江向他们重点介绍了个旧锡矿，不仅让他们参考他在《独立评论》发表的《漫游散记：云南个旧》，还把尚未正式发表的在个旧及云南其他地区工作时的原始笔记、野外草图等，无私地给他们使用。孟宪民和陈恺来到云南后，又约到陈恺的北京大学同学、在云南大学矿冶系担任地质学助教的何塘一起去个旧。刚去时，条件十分艰苦，连住处都没有。他们克服困难，坚持工作了半年，按照丁文江的嘱咐，从地形测量做起，进而完成地质矿产研究的全过程。1935年初，他们完成野外工作后，在当地进行室内整理，取得丰硕成果。1936年初，他们结束了在云南的全部地质考察工作。孟宪民返回南京准备向丁文江汇报时，却得知丁文江不久前在长沙因公殉职。他急忙写下《个旧地质述略》，发表于作为"丁文江先生纪念号"的《地质论评》第3期上，以寄哀思。紧接着，孟宪民、陈恺、何塘二人将初步整理的全部研究成果写成英文论文《云南个旧锡矿地质述略》，发表在1937年出版的《中国地质学会志》上，该文长达17页，图文并茂。

该论文首先论述了该区地质发展史。在前震旦纪已有云南弧形构造，大多数古生代地层被剥蚀，三叠纪早中期沉积了巨厚的个旧灰岩，直接不整合覆盖在前震旦纪古老地层之上。此后发生了重要的造山运动（"印支运动"），又造成火把冲煤系（当时孟宪民等认为是侏罗系，今日则定为上三叠统）与个旧灰岩间的不整合。此后，在侏罗纪又发生燕山期的褶皱、逆掩断层及花岗岩基侵入，提供了很好的矿源。该文进一步论述了成矿的三大条件：大地构造位置利于岩浆分异，个旧位于"云南弧"顶，裂隙最多，易为花岗岩基侵入；个旧灰岩厚达1500多米，且多为块状，是很好的储集围岩；个旧锡矿区多小背斜及穹窿，可为容矿构造。个旧花岗岩及锡矿石的矿物组合与临武香花岭也很相似。这些情况说明个旧之所以成为良好的矿区，不是偶然的。

　　1938年，孟宪民担任个旧锡矿勘探队队长，后来勘探队改为云南锡矿工程处，他担任主任。他带领工作人员钻入狭而深的民窿矿硐，为确定锡矿体的产状，作了精细的测量，制成个旧矿区1∶5000的地质图及1∶10000的地形图。在测量时，他发现所有硐子都是沿着两个不同层位开掘的，并且集中在一个小范围内，因此，只要解决运输通道问题，就可以大大增加锡矿产量。他根据这一认识提出，在老厂背阴山冲地面毫无矿化之处开凿一对竖井，并立即付诸实际施工。竖井直径为3.8m和3.1m，深度为205m，在地下掘平巷连通，井下又开凿正规巷道和石门，提升运输人员和矿石则全部机械化。两竖井连通后，向湾子街潜力最大的矿化区掘进，终于在1000多米处见矿。此两竖井井底开拓的平巷恰好位于该隐伏花岗岩突起的顶部矿化最强烈处，所以在更远的主巷、支巷中亦遇到许多大、中型矿体。此两竖井是结合探、采、运为一体的综合通道。在当时无钻探、物探资料的条件下，孟宪民与各专业工程技术人员设计的井巷工程竟如此准确，实令人佩服。此矿井工程总长度为3486m，历时5年，于1945年全面建成投入使用。运行半个多世纪，直到20世纪90年代，还一直是国营云南锡业公司原生矿最主要的探采井。当时，竖井方案刚提出，曾遭到不少人反对，然而此工程经受住了半个多世纪的考验，孟宪民功不可没。

　　1943～1946年，中央研究院地质研究所应云南省经济委员会之邀，为个旧锡矿的进一步开发，组成云南地质调查组，孟宪民、许杰、张席褆、王恒升、邓玉书、舒全安和马旭辉等人参与，主要由孟宪民负责。他们对个旧锡矿进行了更深入、细致的地质调查。其间，孟宪民还先后发表了《云南矿产种类述略》（1937）、《云南个旧锡矿区地质说明》（1938）、《云南之锡》（1941）等论著。这些研究成果，对个旧锡矿乃至云南全省的矿产勘探与开发都有很大的促进作用。

4. 对东川铜矿的再研究与新贡献

　　孟宪民在个旧锡矿的普查、勘探、开采取得了一系列重大成就，令地质矿产界同仁非常钦佩，时任经济部部长的翁文灏也叹为奇迹。云南省财政厅厅长缪云台请他手下的袁丕济写信给孟宪民，邀他再度去云南组织矿产调查，孟宪民认为云南矿产资源应当是很丰富的，虽然已有很多的锡矿和铅锌矿等，但东川铜矿早年尚未很好地调查研究过，这是一大憾事。于是在1942年，孟宪民征得李四光所长的同意，再带一部分人去云南，又得到云南大学采矿系部分师生的协助，组成云南东川地质调查组对东川铜矿区（主要是东川、会泽、巧家及其相邻地区）做了系统的区域地质和矿产普查工作。他们不顾东川矿区山高谷深的险恶地形，自行测量三角网和1∶5万地形图，并测制了地层剖面。他们把含铜的前寒武纪浅变质岩系（昆阳群）首次划分为7个单元，自下而上是绿墩板岩、姑庄板岩、因民紫色层、落雪灰岩、桃园板岩、黑山板岩和大风口页岩，并与附近地区前寒武纪地层进行对比。他们确定，昆阳群是比三峡震旦系更早的古老变质岩系，在落雪、因民和汤丹全区沿因民紫色层与落雪灰岩之间的过渡带有成层状的铜矿产出，这也为他以后的"层控矿床说"、"矿床同生论"打下了思想基础。

他们工作了两三年，测量填绘了全区几千平方千米的1：25万地质图。在落雪、因民、汤丹矿区还测量填绘了1：5000至1：1000地形地质图，并附有中英文对照说明书。他们根据这些图件和搜集的资料、数据，估算有100万吨铜的远景储量。他们的研究成果，由孟宪民与张席禔、许杰、邓玉书、舒全安共同写成英文专著《云南东北部东川地区地质》，1948年以《国立中央研究院地质研究所西文集刊》第17号的形式联名发表。该书内，孟宪民与邓玉书、舒全安负责撰写的"经济地质Ⅰ"内容正是落雪—因民铜矿与汤丹—白锡腊铜矿，也就是东川铜矿最核心的矿区。

1952年春，孟宪民与中央重工业部有色金属工业管理局负责人李华、王逸群等再赴东川铜矿勘查，以致东川矿区在1953～1955年又进行了更大规模的勘探，取得了更大的成绩。孟宪民第三次到东川铜矿是1963年秋，他以63岁高龄再赴海拔3200m的落雪矿区，进一步研究铜矿，还探讨了该区岩浆岩中是否有铌、钽矿化的问题。

通过多次反复对东川铜矿的考察研究，孟宪民终于解决了东川铜矿的成因与找矿预测问题。20世纪50年代初，孟宪民根据大量野外实践和研究工作，已认识到东川铜矿属层状和似层状铜矿。当地老百姓开采铜矿时，称层状矿体为"主闫"，称脉状矿体为"子闫"，由"子闫"可以追踪"主闫"。他把民间这一宝贵经验应用于矿床成因和找矿的解释。他要求工作人员把这些脉状矿体全部标在地质图上，发现恰好是沿一定层位分布的，这种现象绝非偶然。这就使他对前人认为东川铜矿是岩浆热液型的传统观念产生极大的怀疑。之后，他更进一步向热液成矿论挑战，并在1962年提出东川铜矿属沉积成因的见解。东川矿区的地质人员在他的启发下重新进行研究，内容涉及地层、岩性、岩相古地理、矿体形态、产状、矿石结构构造、藻类化石（叠层石）等多方面。特别是在常量元素、微量元素和同位素资料等方面进行了地球化学综合研究，否定了铜矿床与二叠纪辉长岩和前震旦纪辉长辉绿岩之间的矿源关系，从而使东川铜矿床属热液成因还是沉积成因的争论基本画上了句号，东川铜矿是同生沉积的层控矿床的信念终于确立下来。孟宪民按照脉状矿体是沿一定层位分布这一思路沿层布置钻孔，追索主要层状矿体，果然达到预期的目的。这充分说明矿床成因研究对找矿预测具有指导意义。

个旧锡矿和东川铜矿是孟宪民为祖国矿床地质学研究和矿产开发事业大展宏图的核心基地，在他和他所领导的科研集体精心研究下，成了驰名中外的重要矿山。孟宪民前前后后、断断续续工作了二三十年的云南，是他取得重大成就的地方，也成为他的第二故乡。抗战胜利后，他即使去清华大学地学系担任教授，仍然以高度的责任心完成了东川地质图的编制，并将印好的地质图亲自送交云南各地质单位。几十年中，他趁工作之便不止一次回到昆明，看望老同事、好朋友，并一直关注着云南的地质科学事业及矿产开发事业。

5. 倡导矿物微化学分析鉴定法

孟宪民善于将矿床学的研究与岩石学和矿物学的基础工作紧密结合起来。他深深懂得，矿物的准确鉴定是根本依据。抗日战争开始之初，他集中力量进行矿物的微化学分析，服务于他所领导的云南地质调查组的工作。他还得到西南联大化学系高崇熙教授的鼎力支持。高崇熙与他亲密合作，并提供化学试剂，使他工作很有成效。他查阅了很多文献，加以融会贯通，并特用英文写了一本《矿物鉴定的微化学方法》，附有4个图版，共

24张素描的反应产物晶形图，于1943年由云南省经济委员会地质组与中央研究院地质研究所联合刊印，对于推广这种先进工作方法作用很大。该书谈及矿物微化学分析的一般概念、所用试剂、工具与仪器、化验程度，以及具体的55种元素的化验法，最后列了一张"各种元素之半微量与微量化学反应之特征现象与灵敏度总表"，实用性强，为岩矿鉴定人员提供了很大方便。

50年代初，孟宪民为了满足我国地质普查勘探工作全面发展的需要，与他早年的研究生、清华大学地学系青年教师李秉伦一起，将他1943年的著作译成中文并加工润饰，于1952年发表了《微量化学的矿物鉴定法》一文。该文不仅通俗易懂，而且将文后图版改成为文内插图，使广大矿物鉴定人员阅读使用起来更加得心应手。

对我国的微化学试验法鉴定矿物这项事业来说，孟宪民是开拓者、奠基人。他一直大力倡导此法，为我国矿物鉴定事业注入了新的活力。

6. 倡导同生论与层控矿床学说

孟宪民在美国留学时的导师林格仑是后生岩浆热液成矿学派的鼻祖。孟宪民在早期工作中，传承了这位老师的岩浆热液成矿说，同时也遵循鲍文（N.L. Bowen）的玄武岩浆分异成岩说等正统、经典理论。但是，他在后来的长期实践与探索过程中，发现这些学说与许多地质现象产生矛盾。在大量事实的启迪下，他逐渐把立足点转到同生沉积–火山成矿论上来。在找矿思想上，他也就主张"沿层找矿"，而不像以前那样"沿小侵入体找矿"。在他建议下，全国铅锌矿会议于1959年在贵州召开，讨论矿床成因和找矿方向。1963年，他又发起举行了长江中下游铁铜矿床成因与找矿方向现场会议。孟宪民在这些会议上积极倡导同生论与层控矿床学说。会上有各个矿床学派的学者参加，他们开展了一场大辩论，形成"百家争鸣"的局面。这也说明他勇于探索，敢于打破旧框框，不墨守成规。

孟宪民开拓进取、推陈出新的主要论点，集中反映在他1963年发表的两篇论文里。其一是《矿床成因与找矿》一文。文中，他首先指出，在地质科学发展早期，"水成论"与"岩浆论"（"火成论"）有各自的极端性和片面性，他批判了当时一些人对矿床成因的"不可知论"和找矿工作的实用主义倾向，强调了矿床成因研究对于找矿工作的重大指导作用。他以密西西比铅锌矿床、固达林铅锌矿床、兰特式金铀矿床等大型经典式的矿床为例，指出所谓"同生矿床"的定义，就是"成矿与成岩是同时的，成矿的物质不是成岩后由很远的地方移来的（并非是'后生的'）"。他否定了过去那种认为"侵入的花岗岩总是作为矿石的重要来源，而火山作用则不重要，以致不值一谈"的看法。他最后得出3点结论：①所有矿石的物质来源于火山作用；②矿石物质的富集主要应归功于风化和沉积作用；③褶皱、变质及深成（包括岩浆）作用对矿石起分散或破坏作用。他甚至说："矿石即岩石，岩石的成因就是矿石的成因"。他的这篇文章在《科学通报》英文版上发表后，英国层控矿床学家卜内纳（J. Breina）阅毕即来函赞赏，并表示了与他进行学术交流的意向。另一篇是《矿床分类与找矿方向》一文。该文提出将成矿时代分为五个大的阶段，即前震旦纪（太古宙到元古宙）、古生代、中生代、新生代、近代。每个阶段又有不同的成矿环境，形成五大岩石组合，即大陆组合、原生山脉组合、陆缘组合、大洋组合、岛弧组合，再加上脉状矿体组合，纵横交叉的结果就有几十种矿床类型。这既可以用在全球，也可以用在若干具体地区、具体矿床类别上。弄清了矿床的分类，就可以为找矿勘探实践指明方向。

孟宪民通过对同生成矿论的研究，提出了对花岗岩成因与产状的若干新见解，指出花岗岩并非都是"上小下大"和一味向下延伸，而是"有顶有底"的；并认为部分花岗岩是火山成因的。他还热烈支持花岗岩化理论。1965年他倡议并组织了在安徽黄山召开的花岗岩讨论会，黄汲清、李春昱、谢家荣等地质学家均参加，会上孟宪民对花岗岩化学说的宣传达到高潮。他这方面的主要论著有《关于花岗岩的安放问题》(1965)等。

1964年他出版了《矿床同生说译文选集》。书中，他亲自翻译了4篇重要文章，对译文作了精辟介绍。他用稿酬购买该书，分发全国有关单位和同行们讨论。1965年他领导和组织了长江中下游铁铜矿的找矿研究，对推进当地的地质找矿工作起了重大作用。同年他与有关人员完成了"沿一定层位找矿是今后重要的找矿方向"报告，发往全国讨论，后以《某些金属矿床的找矿方向和方法的初步经验》公开发表。他倡导和研究同生成矿说，即使生病在医院治疗，也不忘与同事们讨论同生成矿论的有关问题。

7. 金属矿产储量的统计研究

1965年，孟宪民领导和组织了长江中下游铜铁矿的找矿研究。为了比较"沿层位找矿"和"围绕小侵入体找矿"两种方法的效果，他与有关同志一起进行了我国若干金属矿产储量的统计研究。在此基础上，孟宪民等发表了《某些金属矿的找矿方向和方法的初步经验》(1966)一文，文内将各种金属矿储量分为五大类，即：层状矿体；附近有"侵入体"的层状矿体；围绕小侵入体发育的矿体；脉状矿体；在火山岩、"侵入岩"内的若干似层状矿体。同时根据铁、铜、铅、锌、汞、锑、锡这7种主要金属的各类矿占总储量的百分比统计列成表格，并得出3点重要结论，即：①各矿种以层状矿体为主，就这类矿在总储量中所占百分比而论，铁为58.87%，铜为37.78%，铅为59.87%，锌为79.77%，汞为83.44%，锑为88.69%，锡为36.69%，这些矿一般规模大，形状简单，分布稳定，品位较富，为工业开采的主要对象。②各矿种一般沿某个或某几个地层层位分布。③就各矿种与围岩的关系而论，铁矿在碳酸盐岩中较少，铜、锡稍多，由铅到汞则逐渐加多。在火山岩中各矿种亦较普遍，但规模悬殊。在"侵入岩"中则铁、铜均较重要，而锑、汞则极少。总的来说，以碳酸盐岩为围岩的矿明显占优势。此外，各矿种还与沉积旋回有一定的关系。基于上述结论，提出主要应找层状矿，在某一地区应沿某一已知含矿层位的地层找矿为主，并注意在不整合面之上找；在含矿构造层上部及岩性变异等部位去找矿；在火山岩或"侵入岩"发育较好的地区，注意在"底板"层位找矿，还要注意"综合找矿"；不放过"伴生组分"。文末也提及了物探化探方法的应用。

8. 重视国际交流与合作

国内外同行对孟宪民在矿床学上的重大成就普遍表示赞扬与钦敬。以他为首的科研团队在个旧锡矿区的地质调查工作，早在1941年就被矿床学家谢家荣称道为在该区的中外专家调查工作中"最为详尽者"。

孟宪民十分重视科学技术的国际交流与合作。1956年，他领导组建各种地质矿产研究专业小组，发现当时我国对稀有元素矿产资源的研究基本上还是空白，他预见到这方面研究在未来国防尖端科技发展上具有重要意义。于是，他从1957年起，就积极抽调有关人员，派到苏联有关研究所、稀有金属矿山、工厂进修考察，派白鸽、陈德潜去学稀有元素矿的找矿勘探，派陈学正去学岩矿鉴定，派赵湧泉去学选矿，还有其他人去学相关专业。他们都在1961年前回国，为我国稀有元素矿产的找矿和研究工作做出了贡献。他提出了亚热带和滨海铌钽砂矿的找矿方向，后来到广东进行过勘察并提交了第一个储量报告。

1964年，孟宪民曾代表中国科学技术协会，率团访问巴基斯坦和斯里兰卡。他在两国作了多次关于矿床地质学、能源地质学等方面的学术报告，并邀请外国的地质专家参加当年下半年在北京举行的国际科学讨论会。

孟宪民十分重视野外实践，他不怕艰难险阻，深入普查勘探第一线，与下属人员同甘共苦，兢兢业业地工作，仔细搜集第一手资料。在室内科研中，他作风严谨、认真，在学术上勇于探索，敢于创新。"文化大革命"期间，很多工作难以正常进行，然而他仍亲自刻蜡纸，油印同生成矿论材料，不懈地宣传。充分表现出他爱岗敬业、执著追求真理的可贵品质。孟宪民虽遭迫害致死，然而祖国人民、特别是地质科学界广大同仁对他光辉的学术成就、崇高的科学精神和为祖国矿产开发事业的丰功伟绩，将永远纪念，发扬光大。

三、孟宪民主要论著

Meng H M. 1929. Geology of Nanchang, Tangyang, and Yuan-An coalfields, northwestern Hupeh. *Mem Inst Geol Nat Res Inst China*, (8): 1~37 (English), 53~85 (Chinese)

Meng H M, Chang K. 1933. Alabandite from Changhua, Chekiang. *Contr Nat Res Inst Geol Acad Sin*, (4): 41~43 (English), 44~45 (Chinese)

Meng H M, Chang K. 1935. Geology of the Hsianghualing tin deposit, Lingwu, Hunan. *Mem Nat Res Inst Geol Acad Sin*, (15): 1~72

孟宪民. 1936. 个旧地质述略. 地质论评, 1 (3): 331~345

Meng H M, Chen K, Ho T. 1937. Geology of the Kochiu Tin-Field, Yunnan, a preliminary sketch. *Bull Geol Soc China*, 16: 421~437

孟宪民. 1941. 云南之锡. 资源委员会季刊, 1 (2): 113~123

Meng H M. 1943. Microchemical methods for the determination of minerals//The Section of Geology of the Yuannan Economic Council and the National Research Institute of Geology. Kunming: Academia Sinica: 1~75

孟宪民. 1946. 矿物鉴定（节要）. 地质论评, 11 (5/6): 409~410

Meng H M, Chang H C, Hsü Singwu C et al. 1948. Geology of the Tungchuan district, northeastern Yunnan. *Mem Nat Res Inst Geol Acad Sin*, (17): 1~64

孟宪民，李秉伦. 1952. 微量化学的矿物鉴定法. 地质学报, 32 (1/2): 85~109

孟宪民. 1952. 对有色金属生成规律的体会. 地质学报, 32 (3): 232~239

孟宪民. 1953. 中国铜矿的分布情况及其勘探方向. 科学通报, (4): 53~58

孟宪民. 1955. 矽卡岩的找矿意义. 地质学报, 35 (1): 59~80

孟宪民. 1957. 从华南金属矿床的分布来论及地壳中某些有用元素分散的规律. 地质学报, 37 (1): 87~94

Meng H M. 1962. The problem of genesis and classification of ore deposits. *Sci Sin*, 11 (6): 837~858

孟宪民. 1963. 矿床成因与找矿. 科学通报, (1): 28~33

孟宪民. 1963. 矿床分类与找矿方向//矿床分类与成矿作用: 矿床学论文集. 北京: 科学出版社: 1~18

斯坦屯等. 1964. 矿床同生说译文选集. 孟宪民译. 北京: 中国工业出版社

孟宪民.1965.关于花岗岩的安放问题.地质论评,23(5):379~382

孟宪民,周圣生,郑直等.1966.某些金属矿的找矿方向和方法的初步经验.地质论评,24(1):34~41

主要参考文献

孙忠和,宋学信.1986.地学人物志:孟宪民.中国地质,(3):19~20

中国地质科学院矿床地质研究所编.1988.同生论与层控矿床.北京:学术期刊出版社

孙忠和.1990.孟宪民//黄汲清,何绍勋主编.中国现代地质学家传(1).长沙:湖南科学技术出版社:174~182

潘云唐.1994.孟宪民//《科学家传记大辞典》编辑组编,卢嘉锡主编.中国现代科学家传记(第五集).北京:科学出版社:415~424

潘云唐.1996.孟宪民//中国科学技术协会编.中国科学技术专家传略·理学编·地学卷1.石家庄:河北教育出版社:293~305

撰写者

潘云唐(1939~),生于四川合江,祖籍湖北广济(现武穴),中国科学院研究生院教授。

****

侯德封

侯德封(1900~1980),河北高阳人。地质学家,矿床学家,地球化学家,中国地球化学和核子地质学的开拓者。1955年当选为中国科学院学部委员(院士)。1923年毕业于北京大学地质系。曾任四川省地质调查所所长,中央地质调查所技正、陈列馆主任。新中国成立后历任中国地质工作计划指导委员会委员,中国科学院地质研究所一级研究员、所长,中国科学院地球化学研究所所长,中国第四纪研究委员会副主任,中国科学技术大学地球化学系教授、系主任,中国地质学会副理事长,《地质论评》编辑主任等职。自20世纪20年代开始,他的足迹遍及全国各地,开展区域地质、矿产地质、工程地质、第四纪地质、石油地质等研究工作,是我国早期矿产地质调查与研究的开拓者之一;新中国成立初期,他解决了中国锰矿资源危机,创建沉积锰矿成矿理论;他开拓了我国石油勘探新局面,丰富和发展了陆相生油理论,对后来的石油普查勘探起着长期的指导作用;50年代末,他积极开展国家急需的稀有元素、分散元素、稀土元素、铀、铬、镍、钴、铂、金刚石等矿产资源的研究,建立了矿产资源基地,系统提出成矿规律理论,创建了一批新兴学科;他创立核子地质学,精细诠释了地球演化的能源和演化阶段,关于20亿年前天然核反应堆和自然界存在超铀元素的预言得以证实;他是中国科学院地质研究机构布局并培养其领军人物的总设计师之一。

一、简　历

侯德封,字洛村。1900年5月4日生于河北省高阳县河西村,1980年2月24日于北京逝世,享年80岁。

侯德封父亲侯耿灿是前清秀才,同当时的维新派进士齐令宸至好,主张兴洋学、办工厂、实业救国。八国联军侵占北京,"庚子赔款"等事件使中国人蒙受灾难和屈辱,侯德封自幼耳闻目睹了这些外敌入侵、政府腐败的种种情景,加上受父亲爱国思想影响,兄长侯德钧学采矿,侯德封则立志读书报国。幼年时期的侯德封,少言寡语,喜欢独处，不善交际，但天资聪慧，兴趣广泛，喜思考，善用心，熟读四书五经，还特别喜欢诗画。侯德封11岁入河北保定高师附小。13岁入保定育德中学，4年后以优异成绩毕业，考入北京大学预科。1919年进入北京大学地质系学习。他希望通过发展矿业使国家富强起来，以雪鸦片战争以来中国人民所受之耻。在北大读书期间，军阀混战，他常著文抨击时事。五四运动爆发后，侯德封一边读书，一边以高昂的爱国热情投入到反帝反封建的革命洪流之中。1923年从北京大学毕业后，因当时就业困难，就改行到山东莱阳中学教了两年书。

1926年，侯德封踌躇满志，怀着开发矿业、工业救国的愿望，先后在河南中原煤业公司、北平农矿部（实业部）地质调查所、太原晋绥矿产测探局等单位从事地质调查与研究工作。他辗转于矿业和地质调查部门，奔波于高山大江和矿井钻台，为祖国的工矿事业和地质矿产调查研究进行了广泛实践，取得了多方面的成果。他也成了中国早期一位学识广博、全面发展的地质学家。

1937年抗日战争全面爆发后，在艰苦卓绝的抗战期间，作为一个在中国土生土长的地质学家，他深切感到国民党政府的腐败无能和自己报国无望的悲愤与无奈。他还发表文章反对卖国求荣，反对放弃华北大好河山的行为。从1919年到1949年的30年中，侯德封亲身经历了在艰苦条件下中国地质事业从无到有和中国地质工作者报国无门的过程。为此，他曾以黑暗中站着一只绵羊作画，表达出对时局的不满和内心的苦闷。新中国成立前夕，他决心留在大陆，参与护所活动，迎接解放。新中国成立后，地质事业从弱到强，侯德封的渊博知识和科研积累有了用武之地。他挥笔画了一幅蓝天白云下金色麦浪前的母羊奶羔图，抒发对新生活的由衷热爱和献身科学的满腔热情。

早年，我国地质事业几乎一片空白，侯德封在区域矿产地质，特别是煤田地质、石油地质、铁矿及有色金属矿产地质的调查和研究上取得重大成就，是中国早期矿产地质调查与研究的开拓者之一。1938年侯德封到四川省地质调查所工作后，先是担任技正，并于1942年担任所长，他开展了四川地质矿产的系统调查，对四川地质构造与矿产关系做了理论综合总结，为当时和后来的矿业建设提供了科学依据和指导方向。1946年侯德封到南京中央地质调查所工作，任技正、陈列馆主任。他率队调查了长江三峡的水库坝址问题。在此期间，作为陈列馆的主任，他精心地布置地质与矿产的陈列和展示，其中生物发展史特别是人类发展史的展示资料完整、设计新颖，因而颇受欢迎，这为我国地质博物学的创立和发展起了重要作用。

新中国成立后，1950年侯德封任中国地质工作计划指导委员会委员，兼任中国科学院地质研究所一级研究员、代所长，1951年任所长。1955年当选为中国科学院生物地学部（1957年为地学部）学部委员（院士）。侯德封积极参加组建地质工作机构和主持地质科学研究，为满足我国各项建设事业对地质矿产的需求，为创新和发展我国地质科学，做出了多方面的杰出贡献。他参加了50年代国家12年科学发展规划和10年科学发展规划的制定，为中国科学院地质研究所的建立、搬迁和发展制定许多长期和年度的规划计划，为发展我国地质科学发挥了很大作用。1957年，他和杨钟健一起协助李四光成立了中国第四纪研究委员会，他出任委员会副主任。1958年创建中国科学技术大学地球化学系，兼任该系教授、系主任。1959年任全国地层委员会常务委员。还先后任中国地质学会理事兼会计、常务理事、书记、副理事长、《地质论评》编辑主任等职。1978年任中国矿物岩石地球化学学会名誉理事。

他全力为国家经济建设服务，在第一个五年计划期间，为解决钢铁工业所需铁、锰矿资源问题做出了突出贡献。他领导并参加了中国科学院的西北石油地质调查、祁连山综合考察、黑龙江流域地质考察、三门峡水土保持考察，以及60年代初的海南岛红土沉积考察、第四纪地质研究等工作，为陆相生油理论的发展做出了重大贡献。1957年以后，他领导并参与了稀有元素与稀土元素研究及找铀矿的工作，不仅解决了经济建设和国防建设对这些矿产的重大需求，而且还带动和催生了一系列新兴学科的诞生与发展。他对新人才、新机构的培养扶植，对新理论、新技术的倡导支持，在地学界享有很高的威望。1978年，他提出的核子地质学说获全国科学大会奖。在他去世后的1982年，因他在"大庆油田发现过程中的地球科学工作"中的突出贡献而成为获得这项国家自然科学奖一等奖的主要成员。他先后当选为第二届、第三届全国人民代表大会代表，第五届中国人民政治协商会议全国委员会常务委员。

二、主要研究领域与学术成就

1. 中国早期矿产地质调查与研究的开拓者

自20世纪20年代开始，侯德封的足迹遍及全国各地，为开展区域地质、矿产地质、工程地质、第四纪地质、石油地质等研究工作，进行了不懈的努力，发表和出版了大量学术论文、专著和工作报告，先后在山西发现菱铁矿、铝矿，在中条山发现金矿，在四川发现重晶石及萤石矿等。他是我国早期矿产地质调查与研究的开拓者。

1929年，侯德封编写出版了《中国矿业纪要（第三次）》，收录了全国208个矿区、43个矿种，包括煤、铁、石油、金属、非金属等矿产的情况。1932年和1935年出版了《中国矿业纪要（第四次）》和《中国矿业纪要（第五次）》，记录了调查和收集到的矿产资源资料，基本勾画出当时全国矿产资源的分布，是中国早期地质矿产事业系统的重要总结。直至新中国成立后，《中国矿业纪要》对于找矿勘探仍然具有重要参考价值。

1937年侯德封出版了《黄河志（第二篇）·地质志略》，是侯德封早年又一项重要的工作。这本志略叙述了秦岭以北、阴山以南，包括甘、陕、晋、冀全省和青海、宁夏、内蒙古、河南、安徽、江苏等省（区）部分地区的黄河流域的地貌、地层、构造和矿产等情况，是治理黄河、开发黄河流域的一份珍贵资料。在此期间，侯德封从北到南亲自进行了广泛的地质矿产调查，研究内容包括黑龙江的沥青和褐炭、河北开滦的煤矿、太行山东麓的煤田、河北的石棉、河南修武的煤田、山西的菱铁矿、福建的漳龙地质、甘肃的兰州地质剖面等，还对中国黄金进行了研究，先后写有20多篇报告和论文。1937年，侯德封担任四川省地质调查所技正，1942年任该所所长。在此期间，他开展了四川地质矿产的系统调查，对四川地质构造与矿产关系做了理论综合总结。

2. 解决中国锰矿资源危机，创建沉积锰矿成矿理论

20世纪50年代初，湖南湘潭锰矿资源告罄，侯德封组队前往调查，发现濒临枯竭的只是地表的氧化锰矿，根据海洋沉积的地球化学理论推测，深部还会有原生的碳酸锰矿。钻探结果证实了他的预见。大量锰矿体的发现，及时解决了国家钢铁工业的断锰

危机。

他相继发表了《从地层观点对中国锰铁等矿产的寻找提供几点意见》、《目前中国的锰矿问题》等论文，阐述了我国锰矿的成矿规律和找矿远景，在我国首次应用地球化学原理解释了锰矿的成因；他分析了锰元素的地球化学行为，各种地质过程和地质体中锰矿物的形成、溶解、沉淀和富集的条件——温度、压力、酸碱度、氧化还原环境、生物作用等因素的影响，海水进退、气候变迁、地形变化、海水的波动、地下水面变动所引起的沉积环境的变化及对工业锰矿床的形成意义；他剖析河北震旦纪地层的沉积岩相和二叠纪含煤地层底部的含锰地层，提出了中国沉积锰矿在地质时代上的分布和找矿方向；他根据地层中沉积相的分析，提出了华北、华中、华南和西南各大区的锰矿存在规律，为开发我国当时急需的锰矿资源起到了显著作用；同时他创建的沉积锰矿成矿理论，在实践上也有重大的指导意义。

3. 开拓了石油勘探新局面，丰富和发展了陆相生油理论

长期以来，中国被认为是一个贫油的国家。新中国成立初期，国家急需发展石油工业，中外绝大多数石油地质学家认为中国的陆相地层不利于生油。1955～1957年，为了保证国家建设的需要，他积极组织并领导了中国科学院西北石油地质调查工作。他在《目前我国石油地质工作中的基本问题》一文中指出，石油地质最基本的工作是与矿层有关的沉积岩剖面的研究，应从化学观点和物理观点认识沉积岩剖面的基本类型、堆积时的物理化学环境、沉积岩的发展关系，从而了解成矿时期的构造环境和古地理条件。又在《关于陆相沉积盆地石油地质的一些问题》中，强调历史地分析古地理和古气候是研究油区地层的关键。他严密论证了"潮湿凹陷带是陆相油田形成的基本条件"，并认为"地层厚、有潮湿气候期，使生油和储油层都能有较好的发育，因而油源充足又可以储存，中国大陆上还有一些中、新生代的内陆凹陷带，它们有广阔的研究意义"。他还强调，在我国西部每一个巨厚的陆相沉积盆地中都可能有油田；油田分布在盆地的中、新生代沉积范围内。这说明来自陆相沉积本身的油源占有重要地位，而且远景很大，继而提出古生代以来的地质时期的滨海可以生油，陆相亦有生油的可能，有无石油的关键不在于是陆相还是海相地层，而首先要确定古气候带和构造区。他的一系列见解尽管当时遭到各种非议，但他尊重事实，力排众议，坚持认为"不管各国学者对成油问题有什么不同的理论，这一研究课题都是有学术意义和实际意义的"。他当时的见解，成功地解释了我国西部的油田成因，推动了青海的石油勘探工作。他也成为把我国石油勘探基地由西往东进行战略转移的决策人之一，为大庆油田和东部其他油田的发现做出了贡献。事实证明，陆相生油理论在我国石油资源的勘探和开发中，起了很重要的作用。

经过长期的调查研究，他积极支持中国科学院兰州地质研究所的一批年轻的科学工作者提出的"陆相生油"理论，在侯德封指导下于60年代初内部出版了我国第一部《陆相生油》专著。陆相生油理论是我国石油地质科学的一个创造，为今后的石油普查勘探起着长期的指导作用。

4. 开展国家急需矿产资源的研究，创建了一批新兴学科

20世纪50年代末，随着国家经济建设、国防建设和科学技术的蓬勃发展，国家急需稀有元素、分散元素、稀土元素、铀、铬、镍、钴、铂、金刚石等矿产资源。

1957年以来，侯德封组织中国科学院多学科、多兵种的科学技术队伍，开创了我国稀有元素、分散元素和稀土元素的地质调查和攻关研究。这项工作一方面是为了解决国家建设对稀有、分散和稀土元素的需求，另一方面是为了提高我国地质科学研究水平并开辟新的研究领域。在全国普查和重点深入研究的基础上，国家十大稀有元素、分散元素和稀土元素矿产资源基地确立，侯德封为国家资源开发利用的长远计划做出了重大贡献。在侯德封、郭承基和司幼东的指导下，这项研究获得迅猛发展。他们多次到白云鄂博指导工作，把一个大型铁矿改变成为一个特大型的稀土矿床，以后又在其他地区和一些盐湖中陆续发现许多稀有元素和稀土元素矿床，使我国成为一个稀有元素和稀土元素的资源生产大国。

为我国原子能工业的发展，他与涂光炽等专家深入矿区，系统勘查和研究我国各地的许多铀矿床，开展成矿理论研究，解决了许多实际问题，推动了铀矿事业的蓬勃发展。1964年侯德封、叶连俊和欧阳自远等一些学者承担和领导了我国地下核试验场的选址、地下核爆炸的图像模拟、地质工程条件综合研究、预防地下水污染和地下核爆炸综合效应研究。

侯德封与李璞等专家组织全国的科研队伍，开展铬、镍、钴、铂、金刚石等矿产资源的调查与研究，他们亲自到矿区指导工作，发现了一批新的矿床和成矿区，提出了它们的成矿规律和找矿预测区。

侯德封等通过对这些矿产资源的系统勘查与研究，整体上提高了中国的分析测试技术水平，培养了一大批年轻的科技队伍，创建了一批交叉学科，如矿床地球化学、稀有元素地球化学、稀土元素地球化学、元素地球化学、同位素地球化学、化学地史学、实验地球化学等。

5. 创立核子地质学，论证核转变能是地球演化的主要能源，预言天然核反应堆和自然界超铀元素

侯德封善于把近代核物理、核化学理论运用到地质科学上，从而不断创新，在地质学理论探索中取得重大成就，为广大地质工作者树立了榜样。侯德封在实践中认识到，应该把物质结构和元素活动的研究再深入到核子的层次上去，用原子核的转变及其能量的积累与释放的微观认识来解释宏观的地质问题，从物质由基本粒子组成这一基本概念出发来认识地球物质的性质和运动规律。1961年，年逾花甲的侯德封，连续在《科学通报》上发表3篇论文，正式提出了他的核子地质学理论体系。这个理论认为：组成地球的一切元素或同位素在地球发展的自然条件下是可以转化的；同位素组成的研究可以进一步认识成矿元素的共生系统和量与质的变化规律。"核子地质学"的创立，标志着地学向着原子核，甚至基本粒子的方向发展的必然趋势，它的诞生，揭开了中国地学新的一页，使人们对物质结构的认识向更深的层次迈进了一大步。虽然核子地质学一问世就受到我国核物理学界和地学界的质疑，但是他力排众议，虚心学习，修正错误，坚持真理。

1964～1965年，侯德封用他的核子地质学理论研究了金属成矿问题，在《地质科学》上连续发表3篇论文。他的理论假设是，地球的金属矿床都是由地球物质中的重元素（如铀、钍、铈等）发生重核裂变后产生的各种裂变产物，这些裂变产物通过地质作用富集而成矿，即"重核裂生成矿论"。

1974年，侯德封等的《核转变能与地球物质的演化》一书出版，详细阐述了核子地质的研究对象、研究内容和研究方法，进一步完善和发展了核子地质学。组成地球的元素或同位素在地球演化过程中是可以转化的，把握这些转化规律，将对元素或同位素的生、运、聚获得更本质的见解；核转变过程必然伴有能量的转换，能量的转换作用于地球物质又将导致一些地质过程的产生，也许这种核转变能正是地球物质演化的主要能源。他在前言中写道："本文曾于1963年打印发送有关部门，征求意见，恳请指正。近10年来，这方面的研究进展极其迅速，特别是关于核转变能是地球演化的主要能源；地球物质中普遍发育着自发裂变、诱发裂变以及18亿年前自然界存在有链式反应的可能；核转变能与地壳运动；核转变对地球成分的更新等。在已发表的文献中得到不少验证，并对本文提供了有益的资料与数据。"

他在《核转变能与地球物质的演化》专著中提出，根据铀同位素丰度的计算，在地球的演化历史中，距今20亿年前，天然铀中的^{235}U丰度特别高，如果岩石中存在慢化剂（如水、碳等），按反应堆中铀产生连锁反应的理论计算，岩石或矿石中有可能产生规模较大的连锁反应。1972年，法国科学家证实，非洲加蓬的Oklo铀矿区在20亿年前有9~10个天然核反应堆区，每个区有若干个反应堆，链锁反应时间持续了60万~140万年。这是对侯德封理论推断的极好证明。他在书中列出了各种自然界的低能核反应过程及其产物，认为自然界中的重元素，通过各种低能核反应可以形成超铀元素、超钚元素甚至超重元素。这一预言后来得到证实，1974年，美国一个实验室在独居石中发现了124号和126号元素，我国也于1982年在一些铀矿物和稀土矿物中找到了超铀元素钚。

6. 规划中国科学院一些地质研究机构的布局并培养其领军人物的总设计师之一

侯德封是中国科学院地质研究机构布局和培养领军人物的总设计师之一。他根据国家经济发展和科学技术进步的需要，从全局考虑，发挥地区优势，布局研究机构。他大胆启用了一批德才兼备的中青年科学家担当重任，开创新局面。

1954年，他组织北京地质学院、中国科学院地质研究所、古生物研究所和古脊椎动物与古人类研究室的科研人员进行三门峡水库淹没区的第四纪地质研究。1957年他和杨钟健一起协助李四光组建了中国第四纪研究委员会并一直担任这个委员会的副主任之一，在中国科学院地质研究所成立了第四纪研究室，任命中青年古生物学家刘东生为研究室主任，开展第四纪黄土研究，培养和成长了一大批优秀的科学技术专家队伍。刘东生的黄土研究取得了举世瞩目的重大成就，成为"黄土之父"，并于2003年获国家最高科学技术奖。

侯德封是我国工程地质学的先驱者之一。1946年他领队调查长江三峡的水库坝址，50年代初他敏锐地看到工程地质将在国家经济建设中的重大作用，于是倡导在中国科学院地质研究所成立工程地质研究室，任命中青年地质学家谷德振为研究室主任。工程地质研究室为我国的水库大坝、公路与铁路交通、桥梁、机场、重大工程和地下核试验场的选址等工程建设，做出了持续的贡献。

以侯德封为所长的中国科学院地质研究所通过对锰矿、石油、稀有元素、分散元素、稀土元素、铀、铬、镍、钴、铂、金刚石等矿产资源的系统勘查与研究，创建了一批边缘交叉的新生学科和专业研究室，如沉积研究室、同位素地质研究室、岩矿研究室、稀有元素与稀土元素地球化学研究室、实验地球化学研究室等，任命叶连俊为沉积研究室主任，涂光炽为岩矿研究室主任，李璞为同位素地质研究室主任，司幼东、郭承基为稀有元素与稀土元素地球化学研究室主任，他们都是各领域的领军人物，为我国地质科学的发展做出了重大贡献。

1958年，侯德封参与了中国科学技术大学特别是该校地球化学系的创建工作，并担任该系的主任。在教学计划中，他强调该系学生一定要打好数、理、化坚实的基础，一定要练好新兴实验技术的基本功。在他的指导下，从中国科学技术大学地球化学系毕业的一批批学生，即以知识面宽、思路活跃和技术熟练而活跃于地质学界，为发展我国地球化学的理论和技术，起到了推动作用。

侯德封倡导和开拓了我国地球化学的研究事业，成为我国地球化学的奠基人之一。1966年他领导组建中国科学院地球化学研究所并兼任所长，涂光炽任副所长。许多与地球化学有关的新学科，如有机地球化学、矿床及层控矿床地球化学、天体化学、稀有与稀土元素地球化学和同位素地球化学等，都取得了迅猛的发展，为国家建设做出了许多新贡献，这些成就是与地球化学学科和地球化学研究所的建立和发展分不开的。

在侯德封等老一辈科学家的关心、倡议和推动下，兰州地质研究所、青岛海洋研究所沉积研究室、中国科学院南海海洋研究所、青海盐湖所地球化学研究室相继建立，现已发展成为我国地质和海洋湖泊科研战线上的几支活跃的生力军。

侯德封为中国地质科学事业终生奋斗的成果和精神，深为后人景仰。中国矿物岩石地球化学学会设立的侯德封奖，已成为奖掖和鼓励年轻一代矿物学家、岩石学家和地球化学家成长的强大精神力量。

三、侯德封主要论著

侯德封．1929．中国矿业纪要（第三次）．地质专报，丙种，第3号：1~366

侯德封．1932．中国矿业纪要（第四次）．地质专报，丙种，第4号：1~456

侯德封．1934．黄河上游之地质与人生．地理学报，1（2）：86~97

侯德封．1935．中国矿业纪要（第五次）．地质专报，丙种，第5号：1~628

侯德封．1937．黄河志（第二篇）·地质志略．南京：国立编译馆

Hou T F, Chow T C. 1937. Observations on the siderite deposits of Shansi. *Bull Geol Soc China*, 17 (3/4): 451~458

侯德封．1941．北川绵竹平武江油间地质．四川省地质调查所地质丛刊，第3号：1~30

侯德封，苏孟守．1941．四川省铁矿概略．四川省地质调查所矿产专报，第4号：1~82

Hou T F. 1947. Outline of the diastrophic history of Szechuan and its relation to mineral deposit. *Bull Geol Soc China*, 27: 253~264

侯德封．1953．从地层观点对中国锰铁等矿产的寻找提供几点意见．地质学报，33（1）：29~45

侯德封．1955．目前我国石油地质工作中的基本问题．地质知识，(4)：1~7

侯德封．1953．目前中国的锰矿问题．地质学报，33（3）：183~195

侯德封．1959．地层的地球化学概念．地质科学，(5)：68~71

侯德封．1959．关于陆相沉积盆地石油地质的一些问题．地质科学，(8)：225~227

侯德封．1959．化学地理和化学地史．地质科学，(10)：290~293

侯德封．1961．核子地球化学．科学通报，(10)：1~20

侯德封．1964．金属成矿论．地质科学，(4)：299~312

侯德封，朱炳泉，欧阳自远．1973．同位素周期表的试作．地质科学，(3)：245~249

侯德封，欧阳自远，于津生．1974．核转变能与地球物质的演化．北京：科学出版社

主要参考文献

欧阳自远, 徐永昌, 赵树森. 1983. 纪念我国著名的地质学家侯德封教授逝世三周年. 地球化学, (1): 103~108

欧阳自远. 2000. 核地球化学发展的丰碑：《核转变能与地球物质的演化》——纪念侯德封先生诞辰100周年. 矿物岩石地球化学通报, 19 (1): 6~13

欧阳自远. 2000. 核地球化学闪烁着先哲的智慧和创新的光辉——纪念侯德封院士诞辰100周年. 第四纪研究, 20 (1): 24~29

欧阳自远. 2007. 探究史前核反应堆. 科学世界, (5): 92~95

撰写者

欧阳自远（1935~），江西上饶人，中国科学院院士，研究员。主要从事地球化学、天体化学和月球探测研究。

※※※※※※※※※※※※※※※※※※※※※※※

何作霖

何作霖（1900~1967），河北蠡县人。中国近代矿物学岩石学及岩组学的先驱。1955年当选为中国科学院学部委员（院士）。1926年毕业于北京大学地质系。1928年入中央研究院地质研究所工作。1938年赴奥地利因斯布鲁克大学留学。回国后投身于结晶学、矿物学和岩石学领域的研究。他是中国科学院地质研究所特级研究员，曾任所学术委员会主任等职。他撰写了我国第一部《光性矿物学》，翻开了我国光性矿物学研究的第一页；他的《结晶体构造学》是我国晶体结构研究的首部专著；他的《赤平极射投影在地质科学上的应用》学术水平高，是研究构造变形几何形态特征的有效工具，深受国内地质工作者的欢迎。他对大冶闪长岩、房山花岗岩的研究，是我国现代岩石学和岩石构造学研究的发端。他晚年致力于实验岩组学的研究和双变法测定矿物折射率，为我国地质学开拓了新的领域。他关心科学理论的研究，注意理论联系实际，注意科学研究为国家的经济建设服务。1935年，他在研究白云鄂博铁矿石标本时发现了稀土矿物。新中国成立后，他担任中苏白云鄂博地质考察工作队中方队长，为包钢的诞生和发展做出了重要贡献。他还参加了我国鞍山、武汉、包头等大型钢铁企业的技术改造工作。

一、简　历

何作霖，字雨民。1900年5月5日生于河北省蠡县，1967年11月17日于北京逝世，享年67岁。

何作霖出身于书香门第。父亲何绪昌是清朝秀才，曾在保定、天津一带的私塾教书。何作霖在蠡县小汪村度过了他的童年时代，受的是私塾教育。9岁时父亲把他接到保定，上了新式小学。1914年考入保定非常有名的育德中学，1918年中学毕业。在中学毕业典礼上，校长王国光对学生们说，一个国家要富国强兵，唯有开发地下资源才是根本办法。在校长的这种思想影响下，何作霖投考了天津北洋大学采矿系。不久，"五四运动"爆发，北京大学工科并入北洋大学，校风为之一变，爱国空气空前浓厚，学生运动十分活跃。学生运动失败后，何作霖即随采矿系的大部分学生转入北京大学地质系，师从李四光、丁西林等著名学者。大学期间，何作霖因肺病休学两年，1926年毕业。大学毕业后，随即在保定河北大学农学系任教，讲授测量学和地质学。1928年北伐军开入冀南，河北大学受军阀褚玉璞操纵，全体教职员奋起反抗，赶走了校长，学校停顿。何作霖南下，到上海投奔李四光，入中央研究院地质研究所，任助理研究员，从此走上了专心研究的道路。1930年因工作劳累，肺病复发，上海气候不宜，奉派赴北平研究院的地质调查所工作（编制仍在中央研究院地质研究所）。1932年晋升为研究员，并在北京大学地质系兼任讲师。1937年北京大学迁校，他得到中华文化基金会补助留学的机会，于1938年5月赴奥地利因斯布鲁克（Innsbruck）大学，在著名岩石组构学家B.桑德尔（Sander）指导下攻读岩组学。他的才能很快显露出来，并深受赏识。1940年获理学博士学位。在此期间，他发现了两种石英组构类型，是桑德尔的岩组学经典著作《岩石组构》归纳的典型石英组构型式；稍后他到德国莱比锡大学任研究员，从事X射线结晶学的研究。1940年6月返国。在回国途中，他原本乘船往越南海防，赴桂林中央研究院地质研究所就职，只是船至中途，日军攻占了海防，他只得折回上海，中央研究院便指令他在上海的北平研究院的镭学研究所工作。在镭学研究所何作霖和物理学家陆学善一道钻研业务，两人建立了深厚的友谊，这对何作霖后来在X射线岩石组构学方面取得开拓性贡献很有关系。1941年12月，太平洋战争爆发，上海"孤岛"不复存在，镭学研究所关闭，他返回北平，闭门写作。1943年为生计所迫，在日伪统治下的北京大学及北京师范大学任地质学教授，这是他一生引以为憾的事。1945年抗战胜利，日伪时期的北京大学、北京师范大学，整编为北平临时大学，他任地质系主任。1946年经李四光推荐，到山东大学（在青岛）筹建地矿系，任系主任、教授，直到1952年。新中国成立初期，地质人员十分缺乏，尤其是岩矿鉴定人才。为此，不仅自己积极工作，他还为我国培养了一大批岩矿鉴定工作者，他们后来大多成为地质、矿冶、轻工、化工等部门的业务骨干力量。1952年何作霖调任中国科学院地质研究所特级研究员和矿物学研究室主任，同年加入中国民主同盟。1955年当选为中国科学院地学部学部委员（院士）。1959年以后，历任第三、四届中国人民政治协商会议全国委员会委员。

二、主要科学研究领域、学术成就

1. 富有科学成果的学者

何作霖是矿物学家、岩石学家、地质教育学家，他把一生贡献给了地质科学，特别是矿物学、岩石学和岩组学，是我国近代矿物学和岩石学的重要奠基人之一。

何作霖对矿物学、岩石学的研究是创造性的。1933年，他首先将矿物光性研究的重要工具——费德洛夫旋转台介绍给国人，而且别具匠心地发明了一种把四轴旋转台当做五轴旋转台使用的方法。那时，进口一台四轴旋转台的价格非常昂贵，五轴旋转台更是贵得惊人。他创造的方法有力地促进和推广了旋转台在我国的使用，为我国矿物、岩石的科学鉴定和深入研究创造了重要的条件。他在对大冶闪长岩、房山花岗岩的研究中，运用了岩体宏观和微观变形分析相结合的方法，这是我国构造岩石学研究最早的实践。他在矿物学、岩石学的领域里躬亲研究的同时，还为培养年轻学子倾注了满腔热情，他曾在山东大学等学府任教，在李四光主持的地质力学研究所主讲岩组学。

数十年的科学研究和教学实践，使得何作霖在矿物学、岩石学和岩组学等方面积累了丰富的经验，具有极高的造诣。在20世纪五六十年代，他提出的费德洛夫旋转台使用方法，包括运用旋转台鉴定斜长石，以及双变法精密测定矿物折射率、实验变形岩石的组构分析研究等，在当时都处于国内外相应学科的前列。

何作霖还是我国岩组学的开拓者。他亲自动手在偏光显微镜和费德洛夫旋转台上进行岩组观测和分析。早在1936年他研究房山花岗闪长岩时，运用旋转台测量了岩石中黑云母（001）解理的优选方位，绘制成岩组图解，并根据组构的型式解释了花岗闪长岩岩体原生流动构造的成因，即岩浆侵入地壳过程中流动的特征。这是我国地质学家运用岩组学方法研究地质学问题的首次尝试。与此同时，他还亲自动手研制X射线岩组学的仪器，发明了X射线岩石组构照相机。在他晚年时期，还指导学生开展岩石变形试验，深入研究矿物塑性变形机制，着重研究矿物优选定向的产生过程，为岩组学研究提供实验依据。

何作霖以他丰富的矿物结晶学和光性矿物学知识，以及对石英、方解石等矿物的优选方位和组构类型的研究经验，出版了重要著作《赤平极射投影在地质科学中的应用》。这本书资料丰富而且实用，出版后好评如潮，书很快脱销，随即第二次印刷。

何作霖对矿物折射率的观测有独到的造诣，他在晚年时还致力于矿物折射率精确测量的方法试验。他带领学生亲自设计、制作和试验"双变法"测量矿物折射率的设备，试验成功后还举办了培训班，传播这种新的观测技术。

何作霖的学术成就不仅受到国内同行的推崇，而且受到外国科学家的好评。20世纪50年代在我国进行中苏联合科学考察的苏联专家，对于他在偏光显微镜下观察、鉴定和研究矿物的功力非常佩服。英国物理学家伍斯特看了何作霖自制的X射线组构照相机之后，伸出大拇指大声称赞"了不起"。

何作霖数十年如一日以一丝不苟的严谨科学态度，在偏光显微镜下从事岩石矿物的薄片观察，留下了厚厚的几大本描述矿物光性特征的记录。即使在"文化大革命"的喧嚣声中，他仍然潜心学问，闭门著书，亲自抄写和英文打字，完成了最后一部专著《薄片内透明矿物鉴定指南》。这本记载着岩石矿物光学研究和鉴定实际经验的《指南》，为培养年轻的岩矿工作者发挥了积极的作用。

2. 为国家建设做出实际贡献

1927年，地质学家丁道衡随同中瑞（典）西北科学考察团在内蒙古包头附近发现了白云鄂博铁矿，通过对铁矿石的初步研究感到白云鄂博铁矿石成分与一般铁矿石有所不同。丁道衡深知何作霖在偏光显微镜鉴定岩石矿物方面有深厚的功底，于是在1933年委托何作霖研究白云鄂博的矿石。何作霖详细研究了丁道衡采集的十几箱标本，磨制了岩石薄片，用当时仅有的仪器——偏光显微镜进行详细观察研究。何作霖凭借他多年积累的经验和观察能力，在磁铁矿基质上面发现了两种细小的未知矿物，暂定名为白云矿和鄂博矿。后来对这两种矿物进行光谱分析发现，里面富含稀土元素；又经过详细的矿物学、结晶学研究和物性测定，确定这两种矿物是独居石和氟碳钙铈矿。综合野外观察和地质勘探资料，何作霖认为白云鄂博铁矿的稀土元素储量丰富，具有很好的远景。据此，丁道衡推测白云鄂博铁矿是很有希望的稀土元素矿床和铁矿矿床，应当开展进一步的勘探；不过当时有些人却认为这是无稽之谈，加上那时正值日寇侵凌我国，这件事也就搁了下来。

1949年10月，新中国成立了。在党中央和国务院的关怀下，国家的经济建设得到了重视和发展。当时的苏联帮助中国建设156项工程项目，其中要建设的包头钢铁厂，需要解决铁矿资源问题。于是，白云鄂博矿山的地质勘探工作再度获得重视，并大规模地开展起来。

1958年苏联援助我国进行经济建设，苏联科学院的地质专家来到中国，与中国科学院联合组成科考队，对白云鄂博矿的物质组成进行研究，何作霖是中方队长。他不顾自己年老体弱，和青年同志一道上山下沟，进行野外考察。当苏方队长索科洛夫教授看了何作霖的岩矿鉴定记录后，对何作霖学问造诣之精深和工作态度之认真，佩服得五体投地，赞不绝口。直到去世，何作霖一直指导着白云鄂博矿床的稀土和稀有元素研究。经过多年的野外考察和室内研究，查明了白云鄂博铁矿不仅仅是大型铁矿，更是一个巨型的稀土矿，不仅储量惊人，占世界稀土总储量的80%，而且稀土矿物的种类繁多，高达150余种，堪称世界之最。1959年，在矿石中发现富含铌和钽的组分，白云鄂博矿丰富的铌、钽含量，摘掉了中国"贫稀土"的帽子，使我国成了名副其实的"稀土大国"。国家和人民不会忘记何作霖和丁道衡等为我国的工业发展做出的重大贡献。1984年，尽管何作霖已经去世17年（丁道衡已去世29年），包钢在庆祝建厂（矿）30周年的活动中，决定将何作霖和丁道衡一起写入包钢的史册。当时的冶金部副部长兼中国稀土学会理事长周传典曾经在庆祝中国稀土工业的会议上说："何作霖教授发现了白云鄂博的稀土，这位老先生的功绩不可磨灭！"

20世纪60年代，钢铁工业是我国整个工业的核心，因此国家对钢铁冶金的技术改造非常重视。为此，何作霖接受了国家的安排，参加了我国鞍山、武汉、包头等大型钢铁企业的技术研究工作，从事镁质及铬镁耐火材料、平炉炉底砖、炉渣等方面的研究。他完成了"镁质及耐火材料平炉底砖的技术和理论研究"，为鞍钢的平炉改造技术提供了重要的科学依据。此外，何作霖在岩石工艺学方面，也有独到的贡献。

3. 诲人不倦

作为一位科学家，何作霖治学严谨，学而不厌；作为一个导师、长者，又是十分宽厚诚恳，是一个诲人不倦、宽厚待人的忠厚师长。跟随何作霖学习和工作过的人都不会忘记，当学生或助手向他请教时，他常常是从阐明原理开始，根据自己体会讲解要点，然后亲自示范，传授操作要领，直到受教者真正掌握。他每天来所里上班，总是要到各个实验室、办公室看看，询问每个人的工作学习情况，即时解答学生们提出的疑难问题。他还制定了培养学生和助手基本功的计划和措施，并且认真监督执行，取得了很好的效果。

有一次，他的学生大着胆子对选题提出了不同的意见，本来以为何作霖会不高兴；谁知道何作霖微笑着听完学生的阐述，最后表示学生的意见有道理，将原定的选题做了变更。

何作霖还用他自己尊师的模范行为来影响年轻一代。地质学家李四光是何作霖的老师。每当道及李四光时，他的语气，他的神情总是显现出无比的尊敬和真挚，给人们留下了难忘的印象。何作霖还经常用唐代文学家韩愈的名篇《师说》里面的名句教育他的学生和助手说："古之学者必有师，师者，所以传道、授业、解惑也！"

这里有一个例子也许更能说明何作霖先生的为人。何作霖是我国，乃至世界上的知名岩矿鉴定专家。在他手下，几乎没有鉴定不出来的岩石矿物。有一次，他手下的一位工作人员拿了一小块砖头请他鉴定是何种岩石。何作霖非常认真地磨成薄片，在显微镜下观察，但花了好些时间，还是辨认不出这是何种"岩石"。老先生很谦虚地说："这块标本好像是人工煅烧的东西。如果是天然的岩石，我定不出名来。"这件事充分说明何作霖严谨的科学态度，也反映了他那种"知之为知之，不知为不知"的实事求是的诚实作风。

在何作霖的亲切关怀和谆谆教导下，他的学生们健康成长，现今我国地学界有不少业务骨干和管理干部都是他当年的学生或助手，为国家的社会主义建设做出了积极的贡献。

三、何作霖主要论著

何作霖．1930．湖北大冶、鄂城、阳新一带火成岩之种类．国立中央研究院地质研究所集刊，第2号：1～59

何作霖．1933．弗氏旋转台用法说明．南京：国立中央研究院地质研究所

Ho T L. 1933. A method of locating poles of the stereographic projection without the curved ruler. *Bull Geol Soc China*, 12（1/2）: 433～436

Ho T L. 1934. The anorthoclase perthite of Chu Chia Tsian Is land near Putoshan, Chekiang. 国立中央研究院地质研究所丛刊，第4号：31～39

Ho T L. 1935. Notes on some rare Earth minerals from Beiyin Obo, Suiyuan. *Bull Geol Soc China*, 14(2): 279～282

Ho T L. 1935. A rapid method for the determination of plagioclase by the Federov universal stage. *Am Min*, 20：790～798

何作霖．1935．光性矿物学．上海：商务印书馆

何作霖．1936．用弗氏旋转台研究矿物及岩石之方法．地质评论，1（2）：121～155

Ho T L. 1936. The granite intrusions of the Western Hills of Peking. 国立中央研究院地质研究所丛刊，第5号：1～15

Ho T L. 1937. An unusual porphyritic Texture of the Fangshan granodiorite. *Bull Geol Soc China*, 16：417～420

Ho T L. 1946. Petrofabric analysis of Wutai schist and its bearing on the tectonics. *Bull Geol Soc China*, 26：109～120

Ho T L. 1947. A modified schiebold X-Ray rotation goniometer for the cylindrical film and a device for autographic analysis of the photographs. *Bull Geol Soc China*, 27: 265～272

Ho T L. 1947. The petrofabric analysis by means of X-ray. *Bull Geol Soc China*, 27: 389～398

何作霖．1947．斜方系晶体消光位之计算．地质论评，(6)：537～544

何作霖．1951．岩浆之单元平衡性状与其在火成岩生成上之意义．地质论评，(3～6)：29～40

何作霖．1952．断层面的测算．地质学报，(4)：354～359

何作霖．1955．结晶体构造学．北京：地质出版社

何作霖．1959．赤平极射投影在地质科学上的应用．北京：科学出版社

何作霖．1964．X射线岩组学．地质科学，(1)：1～23

何作霖，郭金弟，何永年．1965．在封闭压力下实验变形白云岩的显微构造及其解释．地质科学，(3)：197～218

主要参考文献

中国科学院地质研究所．1985．纪念何作霖教授诞辰85周年．岩石学报，1（4）：i～ii

张培善，李秉伦，叶大年等．1985．缅怀导师何作霖教授．岩石学报，1（4）：87～89

何永年．1985．何作霖教授和我国岩组学研究的发展．岩石学报，1（4）：50～53

撰写者

何永年（1941～），浙江嘉兴人，研究员，曾任中国地震局副局长。长期从事岩石变形和显微构造研究以及防震减灾管理工作。

叶大年（1939～），广东鹤山人，中国科学院院士，研究员，原第八、九、十届全国政协常委。一直从事矿物学和硅酸盐工学的研究工作。

王恒升

王恒升（1901~2003），河北定州人。区域地质学家，岩石学家，矿床学家。1980年当选为中国科学院学部委员（院士）。1925年毕业于北京大学地质系，1936年获苏黎世瑞士联邦高等理工大学博士学位。曾任地质调查所技正、矿物岩石研究室主任、西南联合大学地质地理气象学系教授、新疆地质调查所所长兼该省贵金属矿务局局长、新疆工业厅工程师、西北地质局总工程师、地质部地质矿产研究所岩石矿物研究室主任、地质部铬矿指挥部总工程师等职。他长期从事矿物学、岩石学及矿床学研究，在全国若干地区，尤其是在新疆的区域矿产地质调查以及大西北若干重要金属矿的普查勘探中做出了很大贡献。他是成因岩石学研究的先驱，对铬铁矿床的成因，提出属于晚期岩浆熔离作用的假说，合著的《含铬铁矿基性超基性岩岩体类型及铬铁矿成矿规律》、《中国铬铁矿床及成因》等是铬铁矿矿床学的经典之作，为中国铬铁矿资源的开发贡献极大。关于层状基性超基性侵入体，他提出了岩浆、液态重力分异的模式。他对角闪石晶体化学计算与图解方法及分类方案也有新建树。

一、简　历

王恒升，字洁秋。1901年8月4日生于河北省定县（现定州）大礼村，2003年9月21日于北京逝世，享年102岁。

王恒升的父亲王承曾（1880~1953）是一位爱国民主人士，辛亥革命前加入同盟会，曾在冯玉祥的西北军中任职，后回乡务农。王恒升因家境贫寒，很晚才在家乡私塾启蒙，而且边读边干农活。但他结交了很多农民朋友，也从他们身上学到了淳厚、朴实的品格。他深知学习机会来之不易，所以读书刻苦用功。王恒升12岁小学毕业后，为了"经风雨、见世面"，他来到天津，考入贤民中学。"读书不忘救国"。在努力学习的同时，他热心参加学生的爱国运动。1919年，他面临毕业，却仍然积极投身于五四运动。

同年中学毕业后，王恒升以优异成绩考入北京大学的理科预科。由于从小热爱劳动，又深明国家矿产资源开发的重要性，他在1921年升入本科时，选择了地质系。

北京大学地质系虽创办不久，但师资阵容强大。除有早年留美归来的系主任何杰教授外，还有前一年留英归来不久的李四光教授和应聘来华的美籍地质古生物学家葛利普教授等。王恒升没有辜负老师们的期望，他除了理论知识学得好之外，还很重视野外实习。有一次，王恒升和同学们随李四光去湖北进行野外实习。在他们准备踏上归程的前夜，学生们见李四光闷闷不乐，一问才知道一个贵重的精密罗盘被遗失在了山头。王恒升大致记得罗盘遗失的位置，于是第二天凌晨，当大家还在熟睡时，他悄悄地起床，踏着月色，跑了一二十里地，爬上几百米山头，将罗盘找了回来。罗盘失而复得，李四光喜出望外，对王恒升也更加赏识。

1924年，李四光带领王恒升等学生，完成鄂西三峡地区的实习任务后，乘船来到武汉，欲转乘火车回北京。码头刚上岸，就见到一个英国水兵坐了黄包车（人力车）后没给钱，车夫前去讨要却反遭毒打。李四光立即上前狠狠地教训了英国水兵，还揍了水兵几拳，一举解救了车夫，大长了中国人的志气，王恒升因此深受鼓舞，对李四光也更加钦佩。

1925年，王恒升从地质系毕业，考入农商部地质调查所任调查员，在该所工作了10多年。他早年主要在中国东部（东北、华北、华东）的北京、河北、辽宁、吉林、黑龙江、江苏、浙江、福建等省市进行地质矿产调查，经常要深入荒山野岭，条件非常艰苦。

1930年夏，正在四川讲学的地质调查所所长翁文灏惊闻王恒升被苏联边防军拘捕了。进一步了解才知道是因为王恒升在东北黑龙江满洲里附近调查石油时，因国界不明，误入苏境所致。闻讯后，翁文灏急电苏联学士院及地质保矿部，诚恳地说明实际情况，释清误会，王恒升也就被释放回来。

王恒升工作多年后，深感学习欧美各国的地质科学先进理论与技术方法的重要性。于是，不管工作多忙多劳累，他仍千方百计挤出时间学习，终于考取了河北省公费留学资格。1933年，王恒升赴瑞士巴塞尔大学留学，不久又转到苏黎世瑞士联邦高等工业大学研究生部，师从岩石学、矿床学家保尔·尼格里（Paul Niggli）教授攻研岩石学、矿床学。1936年，王恒升以《阿尔卑斯山太辛耨区角闪岩岩石化学的研究》论文获博士学位。

1937年，王恒升再度到巴塞尔大学，师从莱茵霍教授，专攻费德洛夫旋转台技术。震惊中外的"卢沟桥事变"爆发后，他谢绝了外国的高薪聘请，于同年底回到灾难深重的祖国。回国后，他到原工作单位地质调查所任技正。南京沦陷后，地质调查所迁至湖南长沙。王恒升曾在湖南调查过很多铅锌矿，而对湘潭县谭家山煤矿的工作做得更多，所以黄汲清在1938年3月3日在致翁文灏的信上说："谭家山工作，职可做一简报，惟详细报告应由王洁秋任之，因彼现在详研该地地质也"。后来，他又被派往该所桂林办事处兼主任。没有多久，王恒升被任命为滇缅公路沿线地质调查队队长，率队调查地质矿产，测制路线地质图，成绩十分显著。因为抗战，沿海对外交通断绝，滇缅公路是联系中国战区与东南亚的咽喉要道，很多战略物资都要靠此公路输送，所以，王恒升等的贡献很大。

1939年，中央研究院地质研究所聘王恒升为兼任研究员，从事矿物岩石学研究。1940年，王恒升应西南联合大学地质地理气象学系之邀，被聘为该系教授，主讲"岩石学"、"岩石发生史"和"野外地质学"。他对学生严格要求，又悉心爱护，深受学生尊敬。1992年，中国科学院举行第六次学部委员大会，出席大会的地学部学部委员涂光炽（学部主任）、董申保、池际尚、郝诒纯、马杏垣、刘东生、张炳熹等都曾是王恒升在西南联大的学生，他们以非常崇敬的心情相聚，热烈地向90高龄的老师道贺。

1944年，王恒升接受了组建新疆省地质调查所这一艰巨的任务。为此，他携带家眷并率领西南联大一批毕业生、青年地质工作者同赴艰苦的大西北，创建了新疆地质调查所，任所长，又兼新疆贵金属矿务局局长。专事对新疆地质、矿产、土壤等的调查研究，做了许多开创性的工作。

1949年9月，新疆和平解放。不久，王恒升因在新中国成立前委托美国领事馆向美国地质调查所交换地质资料一事被别有用心的人指控为特务活动。新接管的迪化（现乌鲁木齐）法院在没有履行任何法律手续并在被告人缺席的情况下，在公审大会上宣判王恒升16年徒刑。两个月后，在中国人民解放军第一兵团司令员兼新疆军区司令员王震的关照下，并经周恩来总理批准，迪化法院的判决宣布无效，王恒升获得了自由。

王恒升恢复工作后，立即带领解放军官兵，在迪化附近的六道湾开始了紧张的煤矿勘探和开采。他们终于在30m深处采到了很多好煤。看到新疆军民的冬季取暖用煤这一迫在眉睫的问题顺利地解决了，王震对王恒升高兴地说："你们为新疆军民立了大功！"

王恒升1950年担任新疆工业厅工程师,为技术总负责人。他一方面主持新疆找矿工作,同时又主持举办地质矿产培训班,还亲自授课,培养了一大批地质人才。

1953年,王恒升调任西北地质局总工程师,曾偕同宋叔和、陈鑫等对陕西金堆城钼矿、青海锡铁山铅锌矿、甘肃镜铁山铁矿等矿床的勘探做了大量工作,否定了牛山铜矿的价值。

王恒升于1956年底调到北京,直到逝世前都在地质部地质矿产研究所(后相继为地质部地质研究所、地质矿产部地质研究所)工作,任一级研究员。1956～1966年和1978～1980年两度出任岩石矿物研究室主任。1964～1966年兼任地质部铬矿指挥部总工程师。1980年,他当选为中国科学院地学部学部委员(院士)。同年,任国际地质科学联合会火成岩委员会委员。

王恒升1956年底在镜铁山铁矿进一步调查时,因车祸受重伤(后来肩骨上仍留有伤残痕迹),在尚未完全康复的情况下,便又投入新的工作,这种精神给人们树立了榜样。1978年,在全国科学大会上,他参与的"超基性岩体类型及铬铁矿成矿规律"研究项目成果获重大科技成果奖。1982年,中国地质学会60周年纪念大会在北戴河举行,王恒升在大会上获"献身地质事业50年"荣誉奖。他参与编写的《中国铬铁矿床及成因》(1983)一书曾获地质部科技成果奖。王恒升十分重视对中青年地质科学工作者的扶植和培养,他培养了多名硕士生、博士生,而今都已成为矿床学界的骨干。

王恒升早年参加中国地质学会,曾当选为第18～23届(1941～1947)、第32届(1979)理事。1939年任《中国地质学会志》编辑,1938年、1943～1945年任《地质论评》编辑。1979年,当选为新成立的中国矿物岩石地球化学学会理事。

王恒升生活简朴,不讲究衣着,不挑剔饮食。他在花甲之年与年轻同志一道出差,住帐篷,吃小米饭就咸菜,使大家深受感动。他在耄耋之年还两次视察攀枝花钒钛磁铁矿,推动了该矿的远景勘查工作。

王恒升在90多岁高龄时退休,居住在二女儿王莹棣家,但他仍关心国家大事和科学事业的发展动态。2003年9月21日,王恒升无疾而终,走完了102年的人生历程。他是我国地质学家中的第一位百岁老人。

二、主要科学研究成就

1. 在区域矿产地质上的成就

王恒升从事地质工作约70年,足迹几乎遍及整个中国,他对大多数省、区、市都从事过地质矿产调查。他在这方面的成就主要分两大时期:一是刚参加工作到出国留学之前的8年内,他先后完成并发表了很多地质矿产调查报告。在《大冶铁矿床》(英文)(1926)一文中,他首次提出了花岗闪长岩晚期残余岩浆的挥发组分携带造矿元素沿接触带与围岩反应交代形成富铁矿体的观点。在《宣化一带古火山之研究》(1928)一文中,他指出火山岩剖面层序自下而上呈现由基性到酸性的变化规律,并强调这是由于岩浆房内岩浆分异演化的趋势引起的。该文附有详细的英文摘要、宣化附近火山岩分布图、宣化附近火成岩区域剖面图和8个岩石薄片图版。在《以正角图形表示中国煤之成分》(英文)(1928)一文中,他指出,经统计发现煤的正水含量与其形成时代相关,并提出用煤的正水含量作为煤层形成时代的对比标志。此外,他发表或合作发表的地质矿产调查报告还有：《吉林省穆陵密山二县地质矿产纪要》（1929），《黑龙江省嫩江流域之地质》（1929），《京粤铁道线地质矿产报告（南京至福建南平段）》（1930），《山东东部地质》（1930），《辽宁葫芦海港概况》（1931），《安徽南部九华山一带之地质》（1933）等。这些对于以上地区的地质矿产研究，具有开创性意义和实用价值。二是1944~1956年在新疆和西北工作时期。他初到新疆不久，就写成了《新疆矿产资源》（1945）的报告。他还运用斯坦因（Stein）的《新疆绿洲图》，估算了新疆农田面积。新中国成立之初的1950年，他领导南疆矿产考察队，在喀什、乌恰地区找到了煤矿，并找到了库车的石油及和阗、于阗的金矿等。他还在南疆昆仑山海拔4000m的高处发现了现代活火山。

2. 对角闪石晶体化学及基性、超基性岩成矿专属性有精深研究

王恒升在瑞士留学的博士论文为"Petrographische Untersuchungen im Gebiet der Zone uon Bellinzona"（《阿尔卑斯山太辛耨区角闪岩岩石化学的研究》），1939年发表在权威刊物 *Schweizerische Mineralogische und Petrographische Mitteilungen*（《瑞士矿物岩石杂志》）上。文中指出，通过实验得知，角闪石晶体的构造水，必须要加热到900℃以上，使晶体构造全部破坏之后才能完全释放出来，从而解决了当时颇有争论的角闪石全分析总重量达不到百分之百的疑难问题。

20世纪60年代初，为了基性岩、超基性岩成矿专属性课题研究的需要，他与同事们创立了新的岩石化学计算方法和图解方法，并对基性岩和超基性岩岩石化学进行分类，解决了基性超基性岩中岩石化学分类与实际矿物分类的矛盾。发表了《对基性超基性岩岩石化学一种计算方法和图解的建议》（1963）、《基性岩与超基性岩岩石化学计算方法》（1975）和《基性与超基性岩岩石化学分类》（1978）等论文。他们提出的研究方法、分类方案等，已为多年的实践所证明，并在书刊和具体工作中被广泛采用。

3. 对中国铬铁矿资源开发的重要贡献

自20世纪50年代中期起，重返科研单位的王恒升集中精力主攻矿床学，在铬铁矿床的研究方面成绩最为突出。

50年代末，由于我国钢铁工业发展对炼合金钢原料的迫切要求，王恒升急国家之所急，承担了中国基性超基性岩及有关铬、镍、钴、金刚石的研究项目。作为中苏合作项目的中方负责人，他组织全室人员奔赴野外，到内蒙古贺根山、西北祁连山及准噶尔等地，对基性超基性岩及有关矿产进行了大量调查和研究。在他倡议下，曾先后进行过几次中国基性超基性岩的编图及对国外铬铁矿成矿规律的研究，大大提高了我国在该领域的研究水平。

他还重视研究室的建设，积极筹建地质部门第一个绝对年龄实验室。在他和程裕淇等一起努力以及苏联专家的帮助下，实验室于50年代末胜利建成。该实验室与中国科学院同时组建的绝对年龄实验室是全国首批的两个，为推动我国地质事业的发展、缩短同其他先进国家的差距，做出了积极的贡献。

王恒升在地质部铬矿指挥部总工程师任职期间，在组织地质研究所科技力量深入各矿区进行系统研究的同时，还精心组织并指导了西北、东北许多地区含铬超基性岩体的勘探和评价工作。他于1958年在内蒙古乌兰察布盟索伦山等岩体填制的地质图，受到当时苏联铬矿专家索科洛夫、巴甫洛夫等人的赞扬。后在新疆的萨尔托海、鲸鱼等矿区，探明了具有一定工业储量的铬铁矿。

王恒升多次建议尽早开辟西藏铬矿研究工作。通过对全国有关铬矿的地质特征、大地构造背景及基性超基性岩的含矿性等方面进行综合分析后，他和他的研究集体明确指出，西藏雅鲁藏布江和班公湖怒江两个基性岩超基性岩带是我国铬铁矿最有远景的地区。地质部采纳了他们的建议，并组队在藏北、藏南进行普查勘探，取得显著效果，证实了这一推断的正确。

王恒升于1962年发表了《对铬铁矿矿床生成若干问题的探讨》一文，这是对当时铬铁矿找矿勘探实践的很好总结。

王恒升在60年代初从找矿勘探实践和理论研究出发，提出有工业价值的铬矿床属于晚期岩浆熔离的成因假说，认为残余岩浆中的挥发组分的富集促进了矿浆和岩浆的分熔，因而形成铬铁矿矿浆，再由矿浆结晶出矿石。70年代，他又提出了层状基性超基性侵入体的岩浆液态重力分异模式的新认识。他认为，在这种液态重力分异的基础上才有鲍文经典性的岩浆结晶重力分异，岩浆具有群聚态的有序结构，不同群聚体的比重不同，比重较大的群聚体首先沉积在岩浆房的底部，因而导致了岩浆液态重力分层构造。他用这一学说成功地解释了岩浆液态重力分异的机理和岩浆成矿专属性的机理，现已为实验所证明。

70年代中期，以王恒升为首的研究集体编著了《含铬铁矿基性超基性岩岩体类型及铬铁矿成矿规律》，其中《关于铬铁矿的成因问题》一文指出少部分铬铁矿床是晚期残余岩浆矿床，指出了岩浆分异与岩体产状、规模在成矿上的重要意义，也就是说规模越大，出露面积、厚度越大的岩体，成矿规模也越大。

1983年，王恒升和他的科研团队合编出版了《中国铬铁矿床及成因》，根据我国20多年（50年代末至80年代初）有关铬铁矿找矿勘探方面的野外、室内资料，总结了我国铬铁矿成矿规律。重点阐述了与铬铁矿床有关的成矿理论、控矿因素，铬铁矿床与岩相、岩石、矿物和构造等方面的关系。书中还介绍了中国铬铁矿床的主要类型和基本研究方法。该书是他们对铬铁矿地质学攻坚的代表作，是铬铁矿地质工作者必读的参考书之一。

三、王恒升主要论著

Wang H S. 1926. The Ta Yeh iron deposits. *Bull Geol Soc China*, 5 (2): 161~171

王恒升. 1928. 宣化一带古火山之研究. 地质汇报, 第10号: 67~83

王恒升. 1928. 北平西山妙峰山髻髻山一带之火成岩. 地质汇报, 第11号: 25~37

Wang H S. 1928. The rectangular graphs as applied to the proximate analyses of the Chinese coals. *Bull Geol Soc China*, 7 (2): 175~183

王恒升. 1929. 吉林省穆陵密山二县地质矿产纪要. 地质汇报, 第13号: 51~62

谭锡畴, 王恒升. 1929. 黑龙江省嫩江流域之地质. 地质汇报, 第13号: 63~81

王恒升, 李春昱. 1930. 京粤铁道线地质矿产报告（南京至福建南平段）. 地质汇报, 第14号: 55~142

Wang H S. 1930. The geology in eastern Shantung. *Bull Geol Soc China*, 9 (1): 79~92

王恒升, 侯德封. 1931. 辽宁葫芦岛附近锦西锦县一带地质矿产. 地质汇报, 第16号: 83~117

王恒升. 1931. 葫芦岛海港概况. 地质汇报, 第16号: 119~137

Wang H S, Sun C C. 1933. Geology of the Chiuhuashan Region in southern Anhui. *Bull Geol Soc China*, 12 (1/2): 329~344

Wang H S. 1939. Petrographische Untersuchungen im Gebiet der Zone von Bellinzona. *Schweizerische*

Mineralogische und Petrographische Mitteilungen，19（1）：21~199

王恒升．1945．新疆矿产资源．矿测近讯，（58）：11~12

王恒升．1962．对铬铁矿矿床生成若干问题的探讨．中国地质，（7）：18~26

王恒升，白文吉．1963．对基性超基性岩岩石化学一种计算方法和图解的建议//中国地质学会．中国地质学会第32届学术年会论文选集（矿物，岩石，地球化学）．北京：中国科学技术情报研究所：189~199

王恒升，白文吉．1975．基性岩与超基性岩岩石化学计算方法．地质学报，49（1）：77~91

王恒升等．1976．关于铬铁矿的成因问题//中国地质科学院地质矿产研究所岩石研究室．含铬铁矿基性超基性岩岩体类型及铬铁矿成矿规律．北京：地质出版社：254~270

王恒升，白文吉，宛传永．1978．基性与超基性岩岩石化学分类．地质学报，52（1）：33~39

王恒升，白文吉，王炳熙等．1983．中国铬铁矿床及成因．北京：地质出版社

主要参考文献

中国地质科学院地质研究所所刊编辑部．1989．热烈祝贺王恒升教授地质生涯70周年．中国地质科学院地质研究所所刊，（20）：17~26

白文吉．1990．王恒升//黄汲清，何绍勋主编．中国现代地质学家传（1）．长沙：湖南科学技术出版社：155~163

潘云唐．1994．王恒升//《科学家传记大辞典》编辑组，卢嘉锡主编．中国现代科学家传记（第六集）．北京：科学出版社：320~327

潘云唐．1996．王恒升//中国科学技术协会编．中国科学技术专家传略·理学编·地学卷1．石家庄：河北教育出版社：347~357

撰写者

潘云唐（1939~），生于四川合江，祖籍湖北广济（现武穴），中国科学院研究生院教授。

＊＊＊＊＊＊＊＊＊＊＊＊＊＊＊＊＊＊＊＊＊＊＊

蒋溶

蒋溶（1902~1993），湖南衡南人。地质学家，矿物学家。1929年毕业于中央大学地质系。长期在两广地质调查所工作，历任调查员、技佐、技士、技正。抗战时期在贵州省矿产测勘团工作，并被中央研究院地质研究所聘为兼任研究员、专任研究员。他对浙江、广东、广西、贵州、湖南等地区域地质、矿产地质调查做出了很大贡献。新中国成立之初，在湖南省地质调查所、中南地质局工作，任该局副总工程师。1956年到地质部矿物原料研究所，对该所矿物研究室、实验室的建立与研究工作的开展贡献极大，曾任矿物研究室主任。以后在我国原生金刚石找矿工作和金刚石人工合成方面亦有很大成就。为《透明矿物显微镜鉴定表》、《英汉地质词典》、《英汉矿物种名称》等大型工具书的编纂也做了大量工作。早年在中山大学、广西大学等校任教，培养了大批人才。曾任中国地质学会矿物学专业委员会主任，《岩石矿物学杂志》主编、《地质论评》副主编、《地质学报》编委等。

一、简　　历

蒋溶，字秋湖。1902年10月10日生于湖南省衡南县培元乡斗村，1993年8月13日

于北京病逝，享年 91 岁。

蒋溶的父亲蒋克静经营药店，也懂医道。1908 年，蒋溶上私塾，1909 年到衡阳市龙王庙小学上初小，11 岁毕业后回到衡南县南乡上高小。两年后毕业，考入衡阳市西湖中学初中。1919 年，他来到南京江苏省立第一中学上高中。1921 年毕业后考入东南大学（1928 年改名为中央大学）预科。蒋溶 1925 年考入地学系地质组本科，该系除系主任竺可桢教授亲自讲地学通论课程外，早期任教的还有曾膺联、徐韦曼、谌湛溪、徐渊摩等地质学家。由于教学条件优越，蒋溶及其同班的袁见齐、汤克成、朱熙人等后来都成了优秀的地质学家。

1929 年夏，蒋溶毕业，在他的老师谢家荣推荐下，应两广地质调查所朱庭祜所长之邀聘，赴该所工作。该所设在广州中山大学校内，校所关系极为密切。他在该所工作了七八年，历任调查员、技佐、技士、技正。同时，他也在中山大学地质系、地理系教书，历任讲师、副教授、教授。

他到该所不久，即于 1930 年 2 月与该所乐森璕 应浙江省建设厅之邀去浙江西南部调查区域地质，特别是煤田地质。他们自杭州出发，溯钱塘江而上，经兰溪、龙游、衢县而至江山，重点考察了江山以南的礼贤煤系及古生代地层，历时两个多月，取得很多成果。后来，在《两广地质调查所年报》上发表了《浙江西南部煤田地质》一文。这是蒋溶第一次野外地质调查工作，带领他的乐森璕 比他年长 3 岁，1924 年毕业于北京大学地质系。他们在工作中建立了深厚的友谊，也打下了以后长期合作的基础。

1931 年 5 月蒋溶与比他高一级的中央大学学长徐瑞麟一道，从广州溯西江而上，经高要（肇庆）、德庆直至广西梧州，后又向南经郁南、云浮而返高要，再乘轮船返所。这次调查由于酷热暴雨及治安不靖，只工作了一个月，写出了《广东西江沿江地质述略》一文。他们认为该区地层及构造颇为复杂，大有进一步工作之必要。是年 11 月，徐瑞麟再去高要，1932 年 3 月又去云浮，反复调查。蒋溶也于当年 5 月再由罗定至郁南，他们重新观察与测量地层及构造，采集了大批化石。回到广州后，他们对前一论文加以修改、扩充，写成《广东西江沿江地质矿产》长文。

1931 年 11 月，蒋溶与两广地质调查所王镇屏到广东西南部沿海的茂名、廉江、化县（化州）、吴川四县做了短期地质调查，其工作成果写成《广东茂名、化县、廉江、吴川四属地质矿产》一文。

1933 年 5～7 月，蒋溶独自调查了广东西南部罗定、云浮、郁南、阳春、阳江五县的地质矿产，工作成果发表于《两广地质调查所年报》。以后，他又调查了广西十万大山地质矿产，其工作成果发表于该所年报。

1937 年抗日战争全面爆发，蒋溶先到了广西桂林，在广西大学任教。以后，他到了贵阳，协助乐森璕 创办了贵州省矿产探测团（后改名为贵州省矿产测勘团），他们在贵州省建设厅和贵州企业、公司支持下，较系统地开展了地质矿产调查工作，为贵州省积累了很多重要的地质资料。如《贵州贵阳筑东煤田调查报告》、《贵州平越、贵定、龙里、开阳四县煤矿、铁矿地质》、《贵州台江县雷公山地质》、《贵州台江县雷公山调查简报》、《贵州贵筑修文两县之铝矿》、《贵州正安县落枧台芒硝矿》、《黔桂铁路都匀段沿线地质矿产》。

他们这段时间贡献最大的是发现修文铝土矿。该矿位于修文小山坝，层位是奥陶系与石炭系之间的不整合面上，在野外很难辨认，前人误认为是普通的沉积页岩，蒋溶在细致的野外观察基础上，用吹管分析发现其含铝量很高。于是，自己动手磨制薄片，利用从两广地质调查所带来的唯一的偏光显微镜，经过细心鉴定，初步定名为水矾土，结合化学分析结果，确定为铝土矿。后来，他们再度野外调查，进行地形地质测量，确定了矿区范围和 50 余层总厚度达 35m 的铝土矿，并估算了储量，证明具有重大经济价值。这是我国较早发现的质地优良的大型铝土矿矿床，他们的工作是在抗日战争这一极端艰苦的条件下完成的，难能可贵，为新中国时期进行大规模的地质勘探和矿山开发奠定了基础。蒋溶于 1943～1944 年参加了拟建的黔桂铁路都匀段的地质矿产调查，他所命名的佛爷山煤系等地层单位为后人所沿用，他所测制的 1∶5 万地质图较细致、准确，成为贵州省 1956 年勘探都匀地区铁矿的基础资料。

1944 年 4 月，中国地质学会第 20 届学术年会在贵阳举行，乐森璕与蒋溶事先编写成《贵阳附近地质旅行指南》，供会后地质旅行参考，深受会员们欢迎。会后经济部中央地质调查所的三位青年地质学家——许德佑、陈康、马以思（女）在贵州西部晴隆县境作野外地质调查时被土匪杀害，整个地质界十分震惊，这时蒋溶与经济部资源委员会矿产测勘处的张祖还正准备从贵阳出发去贵州西南部调查地质，他们闻讯后，丝毫无动摇退缩之态，仍按原计划动身。经晴隆县城时，他们凭吊了三位烈士的英灵，然后到工作地点，悉心调查研究，如期完成了任务。地质界同仁对他们这种"明知山有虎，偏向虎山行"的大无畏献身精神十分钦佩。1944 年冬，日军侵略到贵州独山，贵阳形势十分危急，贵州省矿产测勘团宣布疏散，但蒋溶一直陪着乐森璕留守在贵阳洛湾，保护历年积累的地质资料、图书、仪器、标本等，直到抗日战争胜利结束。

1942 年，蒋溶就聘中央研究院地质研究所兼任研究员，1945 年为专任研究员。抗战胜利后，他因体弱多病，没有随该所复员回南京，而是返回家乡湖南，主要在湘南的蓝山、嘉禾、耒阳、常宁、桂阳等县从事地质矿产调查。新中国成立前一年，他还在衡阳市的南强中学教过书。

新中国成立后，蒋溶积极投身于新中国的建设事业。他于 1950 年初任湖南省地质调查所技正，1952 年任中南地质局实验室主任，1955 年任该局副总工程师。其间，他与刘万熹一同调查了湖南绥宁县铜厂界铜矿地质，他本人还调查过大冶附近炼钢矿物的原料产地和储量。他在野外地质工作中，尤其注重研究若干铅锌矿床的围岩蚀变现象。

1956 年，蒋溶入地质部矿物原料研究所（后为地质科学研究院矿床地质研究所，现中国地质科学院矿产资源研究所）工作，从事矿物学、岩石学、矿床学研究。他长期担任该所矿物研究室主任，为研究室的建立、矿物学研究及其找矿服务付出了辛勤的劳动。他对我国岩矿实验室的建设也特别关心。1957 年，为了学习先进经验，他不远万里去苏联莫斯科出席岩矿实验室工作会议。回国后，详细介绍了苏联在仪器设备上、研究方法上的状况，并亲自指导试制了成套的标准浸油、梯级克利里西液、显微相对密度计等。其后数年，又通过当时的地质部，多次邀请苏联专家来院讲学和传授经验。他的努力使我国的岩矿实验工作出现了新面貌，在测试方法和技术水平上都有显著的改进和提高。

20 世纪 50 年代末 60 年代初，蒋溶受地质部委托，承担我国奇缺矿种金刚石矿床的研究任务。他与该部第二地质矿产司司长田林远涉重洋到非洲坦桑尼亚考察，总结那里含金刚石金伯利岩（角砾云母橄榄岩）的矿床地质特征及找矿方法，并迅速发现了利用伴生矿物含铬镁铝榴石作为找矿标志矿物去寻找原生矿的特殊意义。他回国之后广泛宣讲根据标型矿物找矿的重要作用，并指导尽可能多的同志去掌握鉴定含铬镁铝榴石的方法。其后他与北京地质学院教授池际尚等到山东作实地考察与验证。仅在短短的两年内，应用这一简单易行的找矿方法，居然在山东、贵州都相继发现了原生金刚石矿。值得一提的是，当时蒋溶年逾花甲，但他不畏艰险，全体同事都结束调查时，他才返回单位，他的艰苦奋斗精神堪为年轻学子之楷模。

"文化大革命"中，蒋溶虽受到严重冲击，但仍在极端艰苦的形势下坚持从事科研工作，特别是在矿物学工具书修编上大下工夫。1934 年，美国的 E.S. 拉尔生和 H. 贝尔玛出版了 The Microscopic Determination of the Nono paque Minerals（《透明矿物的显微镜鉴定》）一书，多年来在国际上被奉为经典，苏联等国都多次增订再版。到了 1970 年前后，蒋溶感觉该书有些陈旧，其所收入的矿物种数和描述的内容已不敷应用。为了对我国岩石矿物学工作者 20 多年来积累的丰富的矿物学、岩石学资料加以总结，他组织大家查阅资料、精心研究、选录内容，终于编成了 100 多万字的《透明矿物显微镜鉴定表》。

在改革开放新时期，蒋溶为了澄清国内外矿物命名的混乱状况，认真细致地开展了矿物名称的考订工作，并主持参加了两部重要工具书的编纂，即《英汉地质词典》（矿物名称部分）和《英汉矿物种名称》。

蒋溶积极从事国内外学术交流活动。他早年参加中国地质学会，在 1962 年 12 月的学会第三届全国会员代表大会上，当选为第 31 届理事会编辑委员会委员兼《地质论评》副主编。1979～1983 年他担任《地质学报》和《地质论评》的编委。1980 年 8 月 19 日中国地质学会矿物学专业委员会成立大会在北京召开，他当选为主任，并担任了学术刊物《岩石矿物及测试》（后改名为《岩石矿物学杂志》）主编。1982 年，他以耄耋高龄，亲赴长沙主持第一届全国矿物学学术会议。1983～1988 年他连任中国地质学会矿物学专业委员会主任。

由于蒋溶的出色表现，1976 年他被评为中国地质科学院地质矿产研究所先进工作者，1991 年 10 月 1 日被评为有突出贡献的科学家，享受国务院政府特殊津贴。他的学术成就和道德风范为后世留下了宝贵的财富。

二、学术成就与工作业绩

1. 区域地质矿产调查

蒋溶在 60 多年地质工作生涯里，足迹遍及祖国南方山山水水，他早年工作的重点在浙江、两广和贵州。特别是在两广地质调查所工作期间，他发表了 11 篇调查报告和研究论文，择其要者介绍如下。

他与乐森璕（第一作者）合著的《浙江西南部煤田地质》（1930）是他刚参加工作的第一篇极有分量的论文。该文中文 20 页，约 11000 字，英文 18 页，还附有 1∶15 万浙江衢县、江山、常山三属地质图（彩色）。该文对若干问题的认识较前人有所进步和创新。例如关于"千里岗砂岩"，他们不同意葛利普认为是下志留统的意见，而同意王恭睦、田奇瑰的看法，置于泥盆纪。又如关于"飞来峰石灰岩"，以前刘季辰、赵亚曾据其产出之䗴类化石断定，其时代新于下二叠统栖霞灰岩，而他们工作的结果，发现该层内有很多栖霞灰岩中的珊瑚和腕足类标准化石，因而证明其时代与栖霞灰岩相当，同为早二叠世。该文的重点为"礼贤煤系"及该地层出露处的煤田。他们发现该煤系地层分布处多为流纹岩所覆盖，故出露零星，前人未采到较好的化石。他们经一月左右精心寻觅终于采到较多较好的植物化石，主要为烟叶大羽羊齿，此外，还有栉羊齿、脉羊齿、带羊齿、科达树、瓦契杉等，这些化石应属二叠纪，而此煤系又位于飞来峰灰岩之上，故应属于中二叠统。他们考察了礼贤煤系地层的五个主要煤田，认为礼贤煤系时代与安徽省宣城、泾县煤系相当，为中二叠统，分布面积广，一般厚薄不稳定，然而坝头、游溪、政塘一带煤层变动较轻微，有进一步勘探的优势，这为将来的工作打下了基础。

蒋溶与徐瑞麟两次调查广东西江地质，著作《广东西江沿江地质矿产》（1932）最为详尽。该文中文50页，约2万字，有5个图版。该文对该区域之地层系统有了进一步的认识，认为在前寒武纪古老片麻岩片岩系之上，未变质的古生代鼎湖山系之下，有一套相对变质较浅的龙山系地层，他们分成了三个部分：下部为六步变质砂岩页岩层（片岩、千枚岩、板岩）；中部为龙岩石灰岩白云岩层；上部为连滩砂岩页岩层。后两者都变质不深。因为在连滩页岩层中发现很多笔石化石多为志留纪的单笔石，所以他们与诸学者确定龙山系上部确属下志留统，中部似属奥陶系，下部疑属寒武系。1933年，张席禔根据他们的工作成果，创立了"连滩页岩"这一地层名，归为下志留统，沿用至今。龙山系之上的鼎湖山系未见化石，其上狮岗层含若干下石炭统的腕足动物化石、长身贝、珊瑚化石（如泡沫内沟珊瑚、假乌拉珊瑚等），故推测鼎湖山系为泥盆系。狮岗层之上的七星岩灰岩未获化石，推测为中、上石炭统。往上更年轻的地层是小坪系，其内产若干植物化石，如枝脉蕨、格脉蕨毛羽叶、苏铁杉等，当时他们认为属下侏罗统（后经学者多年研究，今置于上三叠统）。小坪系之上的"华表石层"为火山喷出岩，与浙江的建德系相当，属于白垩系。再往上的红色岩层当时未见化石，为白垩—第三系。红色岩层之上是他们命名的大台组，产褐铁矿及精美的植物化石，属于第三纪后期（新近纪），最新地层为第四纪之红土层及河流冲积层。该地区的岩浆岩有侵入的花岗岩、花岗斑岩及喷出的长英斑岩、流纹岩。该地区有丰富的矿产，主要有铅矿（方铅矿）、铁矿（磁铁矿、赤铁矿）、煤矿、高岭土矿及大理石（建材）。

蒋溶单独发表的《广东罗定、云浮、郁南、阳春、阳江五县地质矿产》（1934）一文，约25000字，附5个图版及一幅1:25万广东罗定、云浮、郁南、阳春、阳江五县地质图（彩色）。该文认为此区矿产亦甚丰富，有较多的金矿、磁铁矿、赤铁矿、大理石、石灰岩矿、白石矿（石英矿）等。

2. 矿床学研究

（1）铝土矿矿床学研究。蒋溶早年发现贵州修文小山坝铝土矿后，又在原有基础上进行了全国铝土矿的总结性研究。1959年，第一届全国地层会议在北京召开，他在矿产地层分会场上作了"中国铝土矿的层位、成因、分布规律和找矿方向"的报告，后来此报告由蒋溶与杨殿发等联名发表。在该文中，他们指出我国已发现的铝土矿层位共有8个，并列述了主要的矿区。此外论及中国铝土矿的生成条件和控制因素，提出了中国铝土矿的3种主要成因类型。还论及中国铝土矿的分布规律。并根据分布规律，提出了若干成矿带

(区)。在上述各点基础上提出了中国铝土矿的找矿方向。最后,该文还提出了"铝质来源问题"、"华北 G 层铝土矿的命名问题"、"一水硬铝石矿物成因问题"等有待解决的、有争议的问题,为进一步研究铝土矿指明了方向。

(2) 金刚石矿床学研究。蒋溶在接受研究我国金刚石矿床任务伊始,就仔细查阅了近 300 份国外有关金刚石矿床的文献,并翻译了两篇重要的论文。其中之一是威尔逊(N. W. Wilson)的《世界金刚石矿床》,另一篇是华桑(K. D. Wassan)的《魁北克州巴切罗尔湖的金伯利岩》。译文发表在译文专辑《国外金刚石矿床的地质特征及普查方法》一书上,对开展我国金刚石矿床的研究很有参考价值。

1987 年,蒋溶与赴非考察金刚石矿的邓楚均、刘万余合著发表了《坦噶尼喀新阳加省姆瓦堆金刚石矿山地质兼论金刚石卫星矿物研究方法》一文。文中叙述了姆瓦堆金刚石矿山的历史及生产开采情况、矿区岩石情况(包括围岩和含矿岩筒)、金刚石矿床成因及远景、金刚石砂矿来源、砂矿中重要矿物、金伯利岩矿物、包裹体等。结论认为,该矿含矿品位很高,宝石含量特别丰富,世界罕见。文中附带叙述了附近的阿拉马西金刚石矿山地质和克楚姆比金刚石矿山地质,最后着重谈了金刚石卫星矿物镁铝榴石、镁钛铁矿、铬透辉石的研究方法,包括化学组成、物理和光学性质(颜色、折光率、磁化率、热电动势、相对密度、晶胞参数、微化实验等)。

20 世纪 80 年代初,中国地质学会矿床地质专业委员会决定编写《中国矿床》巨著,1983 年正式成立编委会,并开始启动,蒋溶是编委之一,他具体负责第七章"中国金刚石矿床"的编写。

该章第一节概述了金刚石的物理性质、化学性质和经济价值,以及世界和中国金刚石之发现及研究之简史,还谈了中国金刚石矿床地质构造简况及中国金刚石矿床的岩石类型及矿物特征。第二节"中国金刚石矿床、矿点和砂矿床的基本特征及实例",介绍了我国最大、最典型的几个金刚石矿床,对这些大型矿床分别叙述了它们的大地构造位置、金伯利岩带的围岩、矿区断裂构造、金伯利岩矿物组合(主要造岩矿物、指示矿物、副矿物)及矿区实例。第三节对中国金刚石矿床的成因、形成时代及找矿方向作了很好的总结,对普查勘探实践具有指导意义。

3. 编纂矿物鉴定工具书

蒋溶和他领导的中国地质科学院矿床地质研究所第六研究室的科研集体,从 1971 年秋冬开始就决定编纂关于透明矿物显微镜鉴定的工具书。他们从国内外矿物学文献中选取了 19 世纪以来直至当时的比较正确、可靠的透明矿物资料约 2300 余种,于 1972 年夏初步订出了透明矿物鉴定表的格式,并开始编定。他们一再校核了各种文献资料,翻译和改订了近 600 个矿物名词,修订和充实了约 700 个差热分析资料,抽除了已被取消的新老矿物约 80 个。为了统一矿物共生组合中矿物的译名,为了使同一矿物在前后各处叙述一致,还查阅了近 1000 个矿物的原著或其摘要。他们的劳动成果《透明矿物显微镜鉴定表》巨著于 1977 年出版。

该书包括透明矿物和少数半透明矿物共计 2300 余种。分为均质体、一轴晶正光性、一轴晶负光性、二轴晶正光性、二轴晶负光性和光性不全的矿物等共 6 个表。其中,光性不全的矿物又分为均质矿物、一轴晶矿物、二轴晶矿物和轴性未定的矿物 4 部分。在这些表中,首先有通常透明矿物鉴定表的内容,如矿物名称和成分、折光率、光轴角和色散、光性方位和消光角、晶系和结晶习性、解理、颜色、硬度、比重、熔度等。此外，还增加了新的内容：镜下颜色、双晶、光泽、化学分析、X 光资料、差热脱水资料、鉴定特征、产状、共生矿物、参考文献等。书后附有矿物名词索引，包括中文索引、英文索引和俄文索引。

4. 矿物名称的修订

改革开放初期，随着地质矿物学的蓬勃发展，广大地质矿物学工作者迫切要求克服矿物汉文名称中存在的混乱现象。为此，中国地质学会矿物学专业委员会与中国矿物岩石地球化学学会联合成立了"新矿物及矿物命名委员会"。1981 年 6 月，该委员会在杭州举行会议，决定由蒋溶、郭宗山、王濮负责编制出矿物种名称修订初稿（即《英汉矿物名称修正表》）。1982 年 11 月在北京召开会议进行全面讨论和审定，最后由蒋溶、郭宗山、王濮和赵春林审核定稿，编纂成的《英汉矿物种名称》一书于 1984 年由科学出版社出版。

蒋溶还参加了《英汉地质词典》中矿物名称部分的编纂，很多内容正是基于《英汉矿物种名称》一书。蒋溶为这两部工具书的编纂付出了大量劳动。这些工具书为广大地质岩矿工作者带来了很大的方便，发挥了重要作用。

三、蒋溶主要论著

乐森璕，蒋溶. 1930. 浙江西南部煤田地质. 两广地质调查所年报，第 3 卷，上册：31～50

徐瑞麟，蒋溶. 1931. 广东西江沿江地质述略. 两广地质调查所临时报告，第 23 号

徐瑞麟，蒋溶. 1932. 广东西江沿江地质矿产. 两广地质调查所年报，第 4 卷，上册：83～129

王镇屏，蒋溶. 1932. 广东茂名、化县、廉江、吴川四属地质矿产. 两广地质调查所临时报告，第 24 号

蒋溶. 1933. 岩石//广东全省地质矿产志. 两广地质调查所特刊，第 16 号

蒋溶. 1934. 广东罗定、云浮、郁南、阳春、阳江五县地质矿产. 两广地质调查所年报，第 5 卷，上册：1～44

蒋溶. 1934. 十万大山地质矿产. 两广地质调查所年报，第 5 卷，下册

蒋溶. 1941. 贵州平越、贵定、龙里、开阳四县煤矿、铁矿地质. 贵州省矿产探测团临时报告，第 6 号

蒋溶. 1941. 贵州台江县雷公山地质. 贵州矿产探测团临时报告，第 10 号

罗绳武，蒋溶. 1942. 贵州台江县雷公山调查简报. 贵州矿产探测团临时报告，第 11 号

乐森璕，罗绳武，蒋溶. 1942. 贵州贵筑修文两县之铝矿. 贵州省矿产探测团临时报告，第 12 号

蒋溶. 1943. 贵州正安县落枧台芒硝矿. 贵州省矿产探测团临时报告，第 16 号

蒋溶. 1944. 黔桂铁路都匀段沿线地质矿产. 贵州省矿产探测团临时报告，第 21 号

蒋溶. 1957. 中国中南几个铅锌矿床的围岩蚀变现象. 地质论评，17（2）：230

中国地质科学院地质矿产所（蒋溶等）. 1977. 透明矿物显微镜鉴定表. 北京：地质出版社

《英汉地质词典》编辑组. 1983. 英汉地质词典. 北京：地质出版社.（蒋溶为"主要提供词汇人员"之一）

新矿物及矿物命名委员会审订（蒋溶、郭宗山、王濮和赵春林审核定稿）. 1984. 英汉矿物种名称. 北京：科学出版社

蒋溶，杨殿发，古鸿信等. 1987. 中国铝土矿的层位、成因、分布规律和找矿方向. 中国地质科学院矿床地质研究所所刊，第 1 号（总第 19 号）：3～22

蒋溶，邓楚均，刘万余. 1987. 坦噶尼喀新阳加省姆瓦堆金刚石矿山地质兼论金刚石矿山地质兼论金刚石卫星矿物研究方法. 中国地质科学院矿床地质研究所所刊，第 1 号（总第 19 号）：25～64

邓楚均，司连盛，张培元等. 1994. 第七章中国金刚石矿床//《中国矿床》编委会编，宋叔和主编. 中国矿床（下册）. 北京：地质出版社：341～393

主要参考文献

裴荣富. 1987. 前言. 中国地质科学院矿床地质研究所所刊, 第 1 号 (总第 19 号) : i

张祖还, 陈正. 1987. 一直奋斗在地质工作岗位上的蒋溶先生. 中国地质科学院矿床地质研究所所刊, 第 1 号 (总第 19 号) : 1 ~ 2

王恒礼, 王子贤, 李仲钧. 1989. 中国地质人名录. 武汉: 中国地质大学出版社: 228 ~ 229

潘云唐. 1994. 蒋溶 //《科学家传记大辞典》编辑组编, 卢嘉锡主编. 中国现代科学家传 (第五集). 北京: 科学出版社: 435 ~ 441

撰写者

潘云唐 (1939 ~), 生于四川合江, 祖籍湖北广济 (现武穴), 中国科学院研究生院教授。

陈晓云 (1980 ~), 辽宁海城人, 中国地质博物馆助理研究员。主要从事地质学、古生物学、博物馆学等领域的研究。

****

南延宗

南延宗 (1907 ~ 1951), 浙江乐清人。矿床学家, 中国铀矿地质的开拓者。1931 年毕业于中央大学地质系。毕业后考入实业部地质调查所任调查员。先后任福建省建设厅矿产事务所技师、云南钨锑公司测勘室主任、江西省地质调查所技正兼中央研究院地质研究所研究员、资源委员会矿产测勘处工程师兼矿床地质课课长、浙江省地质调查所研究员等职。在短暂的 20 年地质生涯中, 他倾全力于我国湖南、安徽、山东、福建、云南、江西、广西、浙江等地区域地质矿产资源的勘查、评价和研究工作, 其中对铜、铅、锌、银、钨、锡、铋、钼、锑等矿以及稀有金属矿物研究有独到之处, 并有重大发现, 云南铝土矿和广西铀矿的发现是他最突出的两大成就。1939 年他在云南安宁发现铝土矿, 这是铝矿在我国西南地区的首次发现, 成为抗战期间中国地质界的一项重大收; 1943 年他在广西富贺钟区发现铀矿, 这是铀矿在我国的首次发现。他根据铀矿与钨锡矿共生在花岗岩伟晶岩岩脉中的规律, 预测我国江西、湖南、广西皆有发现铀矿的可能, 该预言已被后人的调查结果所证实。他曾在重庆大学、中央大学任兼职教授, 为培养我国地质科技人才做出了贡献。

一、简　历

南延宗, 原名南蒋康, 谱名南存康, 字怀楚。1907 年 2 月 5 日生于浙江省乐清县翁垟区 (现黄华镇) 南宅殿后村, 1951 年 3 月 7 日于浙江省杭州市病逝, 终年 44 岁。

南延宗年幼时父母双亡, 十分清贫。他有两个哥哥、一个妹妹。大哥早夭, 二哥也多病。他七岁入学, 因家庭经济困难, 屡次辍学。但他却有聪慧的天资、顽强的毅力和刻苦的精神, 在小学尚未毕业时, 即借用蒋上淦同学的毕业文凭考入温州浙江省立第十师范学校 (现温州中学)。通过半工半读完成学业, 还不时资助其兄妹。1925 年, 他又借用已故同学何延宗的文凭以优异成绩考入南京东南大学 (1927 年 4 月 18 日, 国民政府在南京建都, 东南大学改名 "第四中山大学", 1928 年改称中央大学, 现南京大学) 预科。1927 年升入该校地质学系本科, 1931 年毕业。南延宗在中央大学学习期间, 得到李学清、谢家荣、郑厚怀、李之常、胡博渊等教授的亲切教导。由于他本人刻苦钻研, 所以成绩十分优秀。

毕业之后，他考入北平实业部地质调查所，工作之初，仍用毕业文凭上的"何延宗"一名。直到后来，时任乐清县县长的沈金相先生，才以"归宗"为名，准其恢复姓南。从此，"南延宗"成为他的正式姓名。在艰难的学习历程中，他经过了"两次跃级上进，三次更易姓名"的传奇式经历，成为学坛佳话。

南延宗到所不久，即在当年冬天被派往湖南常宁县水口山、郴县金船塘等地调查地质矿产。1932年他不幸身患严重的伤寒病，虽然痊愈，左耳却从此失聪。南延宗在病愈后的一段时间内，主要从事室内研究工作，如整理标本、显微镜下鉴定等，同时博闻广览、专心研习，攻研的重点在于矿物学与矿床学，这为他以后屡多发现、不断创造辉煌成绩，奠立了良好的基础。

在身体完全康复之后，他抓紧从事野外地质调查。1934~1936年，南延宗先后调查了湖南水口山铅锌矿、北京房山县及涞水县地质、山东淄川博山铝土矿、湖南郴县金船塘银铅锌矿、安徽休宁里广山锑矿、安徽无为三公山矾矿等，并完成相应的地质调查报告。这一时期，与其密切合作者有王钰、丁毅、陈恺、王恒升、张兆瑾等人。其间他最重要的著作之一是《地质图上火成岩花纹（Pattern）用法之商讨》。他是我国第一个拟定火成岩统一花纹的地质学家，其所拟的花纹至今在全国地质图幅中仍多以之为准绳。南延宗完成的湖南郴县金船塘银铅锌矿调查报告，附有多幅光片和薄片图，研究成果获得谢家荣的好评。1935年，他还应中国建设协会的邀请，利用工余时间撰写了《中国银铅锌矿述略》。1936年10月，他受地质调查所所长翁文灏面嘱，参与《中国矿业纪要》编辑工作。

1936年秋，南延宗辞去实业部地质调查所职务，受聘于福建建设厅矿产事务所，任技师。在福建工作的两年多内，他先后与严坤元、卢衍豪等合作，调查了建瓯、南平、永泰、莆田、宁德、上杭、永定、武平、南靖、平和等县铜、银、铅、锌、钨、钼等十余种矿产资源。永泰县的钼矿和明矾石，莆田县的叶蜡石矿和钨矿，以及永定县的石墨之发现，为这一时期南延宗比较突出的贡献。

抗日战争全面爆发后，1938年底，南延宗由福建返浙江温州，携家眷由海路经香港、越南抵达云南昆明，在云南钨锑公司担任测勘室主任。1939年他在云南安宁县首次发现铝土矿，同年至1940年初又调查了云龙县白羊厂银矿和受会果铜矿、宁蒗县白牛厂银矿、金沙江砂金矿，以及个旧县白沙坡钨矿。

1940年中期，他采纳经济部部长翁文灏的建议，转赴江西泰和县任江西省地质调查所技正。1940年底至1941年初，他调查了江西上高县银铅矿和铜钼矿、赣县龙下铜矿、安远县盘古山钨铋矿、安远县版石河内产出的油页岩。

1941年秋，南延宗应聘为中央研究院地质研究所兼任研究员。该所与江西省地质调查所合作，调查赣南钨矿，由李四光所长领导，并得到高平所长的赞助，南延宗为该项目主要成员。结束野外调查后，以南延宗为主，与吴磊伯、严坤元、刘乃隆等一起撰写了《赣南钨锡矿调查简报》。

1943年5月，南延宗在广西钟山县花山区黄羌坪伟晶花岗岩体内发现铀矿，此为中国铀矿的首次发现。当年8月，他又与李四光、吴磊伯去广西八步（贺县，现贺州市）进行地质调查，对花山糙米坪铀矿加以复查。

1943年底，南延宗转至广西桂林市，在经济部资源委员会锡业管理处工作。调查了钟山县黄灰厂锑砒（砷）锡矿、河池南丹二县锡钨矿、恭城县栗木钨锡矿等。

1944年底，日军发动豫湘桂战役，广西吃紧，南延宗携全家转往重庆，任经济部资源委员会矿产测勘处地质课课长。

1945年8月，南延宗与王植、郭文魁、赵家骧等受经济部资源委员会选派赴美国考察深造。他在印度加尔各答即将出发的轮船上不幸失足，从甲板上跌到舱底，摔断了肠子，因而未能成行。在印度经半年医治和疗养后返回重庆。其间，他在行政院资源委员会矿产测勘处负责留守处工作，并兼任重庆大学地质系教授。

1946年底，南延宗携眷从重庆"复员"到南京，任行政院资源委员会矿产测勘处工程师兼矿床地质课课长，协助谢家荣处长主持全国矿产勘探工作，同时兼任中央大学地质系矿床学教授。在此期间，他把精力放在理论总结和著述上，对含稀有金属矿物之探寻，尤多所注意。先后发表了《几种新矿产的探寻》、《中国伟晶花岗岩内金属矿类之研究》、《东北之稀有金属矿物》、《关于白钨矿》等十余篇论文。

1947年11月18~20日，南延宗出席在台湾省台北市举行的中国地质学会第23届年会，并在会上宣读了《中国伟晶花岗岩内金属矿类之研究》一文，还先后参观了台湾大学地质系、结核病研究所、图书馆、海洋研究所、台湾省气象局、博物馆、动物园，以及台湾工业研究所、台北北郊草山大屯温泉区、基隆金瓜石金铜矿、基隆煤矿、苗栗台湾油矿勘探处的两矿场、日月潭等处。

1947年12月25日，南延宗以来宾身份出席在南京中央研究院地质研究所举行的"中国古生物学会复活大会"，并留下了珍贵的合影。南延宗虽不专门研究古生物，但他深知古生物地层对于地质矿产勘查的重要性，十分关心古生物科学的发展。

1948年底，南延宗因早年工作劳累积劳成疾，健康每况愈下。于是，携全家返回家乡温州休养。他接受了母校——省立温州中学之诚聘，任初中部主任，又在温州瓯海中学兼任英语、化学和数学课教师。

1949年新中国成立后，国民经济恢复时期急需建设人才，地质矿产方面的人才更是紧缺。时任华东工业部矿产测勘处长的谢家荣急电催南延宗回南京归队，同时浙江省地质调查所所长朱庭祜及所内同事盛莘夫、章人骏等也一再敦请他去该所工作。南延宗就近接受了后者的邀聘，任该所研究员。他于1950年5月只身前往杭州工作，先后完成了《浙江沿海银铅锌矿的试探问题》（1950）、《浙江青田永嘉一带有色金属矿产简报》（1951）、《浙江青田永嘉一带钼矿》（1951）等地质调查报告。他还写了《浙江义乌诸暨铈钇矿之发现》和《浙江省矿产储量及其分布》两篇报告，未及发表。青田钼矿及义乌氟石矿中之稀有元素的发现均是他这个时期十分瞩目的成果。

1951年春节前，他返乡接家眷到杭州。当年2月23日上班时因过度劳累，又值天气严寒，他突发急性肠胃炎，入浙江省立杭州医院诊治，终因抢救无效，而于3月7日逝世。

南延宗热心学术团体活动，他1931年参加工作时即成为中国地质学会会员，1942年曾获该学会颁发的"纪念赵亚曾先生研究补助金"。1942年、1947年、1951年任《地质论评》编辑。1945年任《中国地质学会志》编辑。1947年当选为中国地质学会候补理事。

南延宗兴趣爱好广泛，多才多艺，对书法、诗词等方面造诣颇深，是典型的科学家诗人，时时以诗言志。1947年他曾发表过一篇散文《调查者的旨趣和心情》，开头是一首七绝："人海苍茫一叶微，空从利禄斗芳菲。我行别有凌云趣，半为名山到处飞。"说的是他常从事野外调查，顺便游山赏水、探奇访胜，以消除疲劳、陶冶性灵，最终落实到地质勘查和找矿任务的胜利完成。

二、主要研究领域和学术成就

南延宗是矿床地质学家，是我国研究稀有分散金属矿产的少数几个先驱者之一。在他短暂的20年地质生涯中，足迹遍及我国南方诸省（区），对铜、铅、锌、银、钨、锡、铋、钼、锑等矿以及稀有金属矿物研究均有独到之处，并有重大发现，成为20世纪三四十年代我国地质界一颗十分耀眼的亮星。他从矿物学、矿床学、地球化学到资源的评价和开发远景预测方面进行了系统、全面、深入的研究，在矿床学研究的学术道路上开辟了一个全新的领域。

1. 拟订我国地质图上火成岩花纹（pattern）

20世纪30年代地质图上火成岩的花纹因涉及范围大、种类多、结构复杂、随意性强而非常混乱，不像沉积岩那样统一，这给编制中国地质图带来了巨大困难。1936年，南延宗在中国地质图编辑委员会副主任黄汲清的授意下，着手拟定地质图上的火成岩花纹。他收集和分析了国内外70余种火成岩花纹，根据每个花纹和它所代表的岩石结构相近似并含有相当的意义、颗粒粗细都能表示清楚、条纹要取整齐、尽量采用前人惯用的花纹而避免杜撰、先定几种普通岩石花纹等原则，拟订了深成岩类、半深成岩类及喷出岩类的花纹共32种。至今全国地质图幅仍多以这些花纹为准绳，因此，他成为我国第一个拟定火成岩统一花纹的地质学家。

2. 在云南安宁发现铝土矿

1935年南延宗曾与张兆瑾对山东淄博铝土矿进行过系统、深入的调查。1939年他在受聘于云南钨锑公司期间，凭借着敏锐的洞察力和丰富的经验，终于在云南安宁发现铝土矿。由于当时我国铝土矿只见于山东淄博、辽宁本溪等少数几个地区，而这些矿区均为一水型铝土矿，含硅又高，不宜电冶，且均被敌伪占领。南延宗的发现解决了当时的燃眉之急，引起当局极大的重视。该发现也为后来滇黔地区铝土矿资源的勘查和开发奠定了基础，因此，在全国地质界都有很大影响。

3. 在广西富贺钟地区发现铀矿

1943年，南延宗任职于桂林经济部资源委员会锡业管理处工作期间，在赴广西钟山花山区黄羌坪调查道孚公司矿区时，于旧窿窿口石壁上发现很多极其鲜艳的黄色粉末状矿物，最初以为是钒钾铀矿，其旁有红色者初推测为钒铅矿，继而他又看到有黑色者也和黄色者附生一处，极似沥青铀矿。当即刮取少许样品带回桂林，与吴磊伯一起应用显微化学试验法、定性分析比较法、放射性试验之照片感光法与显微镜光性检定法等试验之后，确定为铀矿矿物，并分别命名为磷酸铀矿、脂状铅铀矿及沥青铀矿，继而又对铀矿的矿物学和成因进行了深入研究，并联名发表《广西东部之几种铀矿物》一文。这是中国人第一次在国内发现铀矿。1944年，他们又联名发表了《广西富贺钟区铀矿之发现》一文。该发现引起了地质界的高度重视，并展开了热烈的学术讨论。1945年，王炳章在《地质论评》

上发表《对南延宗、吴磊伯二氏所记广西东部几种铀矿物之我见》；1946年，郝钊在该刊发表《广西富贺钟区铀矿之拟评》。同年，南延宗与吴磊伯在该刊分别发表《与王炳章先生讨论铀矿问题》和《答郝钊先生》两文，与两位先生展开讨论。之后，王炳章又在该刊发表《答南延宗、吴磊伯二先生广西铀矿问题之讨论》一文，学术气氛十分浓厚。后来，南延宗根据铀矿与钨锡矿共生在花岗伟晶岩脉中的规律，预测江西大庾之西华山、湖南临武之香花岭和广西富贺钟区之姑婆山与花山，以及云南个旧之白沙坡皆有发现铀矿的可能。该预言已被后人的调查结果所证实。他不仅在矿床研究的学术道路上开辟了一个全新的领域，而且为在我国国防建设上具有重要意义的放射性矿床的研究奠定了很好的基础。新中国成立后，地质部根据他在广西发现铀矿物的线索，于1954年在同一岩体附近的杉木冲找到了铀矿，成为政府做出研制原子弹战略决策的重要科学依据之一。他为中国核工业的发展做出了重大贡献。

4. 对我国南方矿产资源的勘查、评价和研究

南延宗在中央大学地质系受教于谢家荣、李学清、郑厚怀等矿床学家，对矿物学、矿床学的研究格外努力和认真。参加工作后主要从事内生金属矿床研究，特别对铜、铅、锌、银、钨、锡、铋、钼、锑等矿以及稀有金属矿物研究十分深入，并有突出成就。他先后对山东淄博铝土矿，湖南郴县金船塘金属矿床，安徽休宁里广山锑矿，湖南常宁水口山铅锌矿，福建宁德银铅锌矿，福建建瓯、南平二县砂金矿和铜矿，福建永泰、莆田二县钼矿、银铅锌矿、钨矿、锰矿，福建永定、上杭、武定三县银铅矿、铁矿、锰矿和砂金矿，福建南靖、平和二县银铅锌矿、铜矿、锰矿、铁矿，云南安宁铝土矿，云南云龙和宁蒗银矿，云南金沙江砂金矿，云南云龙铜矿，云南个旧白沙坡钨矿，江西上高县蒙山钼铜矿、银铅矿，江西安远县盘古山钨铋矿，江西龙下铜矿，赣南钨锡矿，广西富贺钟地区铀矿，广西钟山、河池、南丹、恭城等县钨锡矿，广西南丹锑矿，广西贵县银矿，浙江青田、永嘉铜铅锌钼矿，浙江义乌、诸暨铈钇矿等进行勘查、评价和研究，不仅为探明我国南方稀有分散元素矿产资源做出了突出贡献，还有一系列重大发现，如云南安宁铝土矿、广西富贺钟地区铀矿、福建永泰钼矿、莆田钨矿和浙江义乌、诸暨铈钇矿等矿的首次发现等。

南延宗对能源、非金属等矿产资源的研究也十分认真和深入。除早年与王恒升对湖南湘潭谭家山煤矿进行过调查外，还在福建永定、上杭和武平县系统地考察和评价了七个煤矿。其中，上百万吨的煤矿有6个，最大的永定县坎市煤矿区储量达400万吨以上。在考察了江西安远版石河油页岩后，全面分析了石油的战略地位、各国石油产出的情况、我国在能源开发上面临的问题、解决能源问题的途径等，通过研究江西安远油页岩产出的地质特征，结合地质学和定碳比参数两种方法，对江西煤系地层的含油性进行了探测。在担任矿产测勘处矿床地质课课长期间，还发表了《关于川油钻探的几点意见》，文内列出重点钻探地区。此外，他还对明矾石、石墨矿、印章石（叶蜡石、绿霞石、块滑石）、石灰石、黄铁矿等非金属矿产资源进行认真的考察和评价，福建永泰明矾石、莆田叶蜡石、永定石墨的发现是他在非金属矿产资源探寻中的重大成果。

南延宗在矿产资源探寻中十分注重理论和实践的结合，并不断进行理论总结。他不仅撰写了《湖南长宁水口山铅锌矿显微镜研究》、《中国银铅锌矿述略》、《东北之稀有金属矿物》、《中国伟晶花岗岩内金属矿类之研究》等代表性论文，还对成矿规律进行了系统、深入的研究。他在地质调查中也密切结合实际从矿物学、矿床学和地球化学理论上进行分析以指导找矿，并取得明显的成效。他撰写的60余篇论文和报告，为我国矿物学、矿床学和地球化学的发展做出了贡献。

5. 对全国矿产勘探工作的指导

1946年南延宗在协助谢家荣处长主持全国矿产勘探工作期间，以其多年野外工作之经验及教学之所得，发表了《几种新矿产的探寻》一文，内容包括铀矿、铬矿、镍钴矿、铍矿、锶矿、钼矿、钒矿、锆矿、铈钍矿、镉矿、钛矿、硒矿、碲矿、镁矿、铂族矿、铀矿补遗、总结等17部分。发表之后，反响强烈，他又以各方面得到的不少新资料，发表了《几种新矿产的探寻续志》一篇，其中包括铀、钍、铬、钒、钽、钼、锶、镁、镉等元素，前后共计约五六万字。其内容包括各元素的用途、主要矿物及其形态与性质、历史、鉴定、产状及成因、世界上主要产地、我国已发现的产地及其可能发现的区域。文章发表以后，全国各地纷纷来函，或报告矿情，或提供信息，或有所请教，在当时地质界和矿冶界都起到相当大的指导和推动作用。此外，他还发表了《广西锡矿之产状及其展望》、《调查广西矿产后的几点新意见》、《关于白钨矿》等论文，对矿产测勘处的找矿工作提出更多的意见和建议。

三、南延宗主要论著

Nan Y T. 1934. Microscopical study of the Shuikoushan lead-zinc deposit in Changning district, s. Hunan. *Bull Geol Soc China*, 13（2）：289~297

南延宗．1935．中国银铅锌述略．中国建设，12（4）

南延宗，张兆瑾．1935．山东淄川博山之铝土矿．实业部地质调查所

南延宗．1936．地质图上火成岩花纹（Pattern）用法之商讨．地质论评，1（4）：485~490

Nan Y T. 1936. Ore deposits of Chinchuantang, Chenhsien, Hunan. *Bull Geol Soc China*, 15（3）：391~410

南延宗，严坤元．1937．福建建瓯南平二县地质矿产调查报告．福建省《矿务汇刊》，第1号：9~83

南延宗，严坤元．1938．福建南靖平和二县地质矿产调查报告．福建省建设厅地质专报，第3号

南延宗．1939．云南铝矿之首次发现——安宁．（云南钨锑公司存稿）

南延宗．1940．地质和矿产之关系．地质论评，5（6）：533~536

南延宗．1942．江西安远县盘古山钨铋矿．江西省地质调查所地质汇刊，第7号：1~17

南延宗，吴磊伯，严坤元等．1943．赣南钨锡矿调查简报．锡业管理处．（原稿存全国地质资料馆）

Nan Y T, Wu L P. 1943. Note on some uranium minerals from eastern Kuangsi. *Bull Geol Soc China*, 23（3/4）：169~172

南延宗，吴磊伯．1944．广西富贺钟区铀矿之发现．地质论评，9（1/2）：85~92

南延宗，吴磊伯．1946．与王炳章先生讨论广西铀矿问题．地质论评，11（1/2）：133~137

南延宗．1946．东北之稀有金属矿物．矿测近讯，（65）

南延宗．1947．广西省锡矿之产状及其展望．矿测近讯，（78/79）：9~10

南延宗．1947．中国伟晶花岗岩内金属矿类之研究．矿测近讯，（81）：3~5

南延宗．1948．调查广西铀矿后的几点新意见．矿测近讯，（90）：91~92

南延宗．1950．浙江沿海银铅锌矿的试探问题．浙江地质，第1号：14

南延宗．1951．浙江青田永嘉一带有色金属矿产简报．浙江地质，第2号：1~4

主要参考文献

朱夏．1951．南延宗先生事略．地质论评，16（2）：5~7

章鸿钊.1951.因悼南延宗君想起湘桂间之铀矿.地质论评,16(2):13~15
吴磊伯.1951.追念南延宗先生.地质论评,16(2):16~18
殷维翰.1992.怀念南延宗先生.地球,(1):2~3
南君亚,王中良.2007.中国铀矿地质的先驱者——纪念矿床学家南延宗教授诞辰100周年.北京:地质出版社

撰写者

南君亚(1941~),浙江乐清人,中国科学院地球化学研究所研究员。长期从事矿床地球化学和环境地球化学研究。《中国铀矿地质的先驱者——纪念矿床学家南延宗教授诞辰100周年》编者。南延宗之子。

潘云唐(1939~),生于四川合江,祖籍湖北广济(现武穴),中国科学院研究生院教授。主要从事古生物学、地层学、地质学史、地学哲学、地学科普等领域的研究。《中国科学技术专家传略·地学编·地学卷》编委。

陈晓云(1980~),辽宁海城人,中国地质博物馆助理研究员。主要从事地质学、古生物学、博物馆学等领域的研究。

****

徐克勤

徐克勤(1907~2002),安徽巢湖人。矿床学家,地质教育家。1980年当选为中国科学院学部委员(院士)。1934年毕业于中央大学地质系。曾在中央地质调查所工作。1939~1944年在美国留学,获明尼苏达大学硕士学位和博士学位。1945年学成归国。1946年10月起应聘为中央大学教授,1947年起任中央大学地质系系主任;新中国成立后继任南京大学地质系主任至1983年。曾任中国地质工作计划指导委员会委员、华东地质调查所筹备处主任、中国地质学会副理事长、中国矿物岩石地球化学学会副理事长、国务院学位委员会学科评议组成员、南京大学花岗岩火山岩及成矿理论研究所所长等职。长期致力于地质学、矿床学、岩石学等领域的研究工作,尤其在华南钨矿地质、华南花岗岩、沉积-后期热液叠加成矿等方面取得了开创性、具有重大影响的研究成果。他在湖南瑶岗仙发现了我国第一个夕卡岩型白钨矿床。他在江西南康龙回和上犹陡水首次发现了加里东期的花岗岩类,并组织领导了华南多时代花岗岩成因及其与成矿作用关系的综合研究。他提出的"改造型"、"同熔型"的花岗岩成因分类受到国内外同行的广泛重视和认可。曾获国家自然科学奖二等奖、三等奖,全国科学大会奖,教育部科学技术进步奖一等奖等多项奖励。1995年获何梁何利基金科学与技术进步奖。

一、简　历

徐克勤,字志农。1907年3月15日生于安徽省巢县(现巢湖市)炯炀河镇军徐村,2002年12月19日于南京逝世,享年95岁。

徐克勤出生于一个普通的农民家庭。父亲徐道璋,母亲徐祖氏。有两姐和一兄长。徐家有土地数亩,靠种植棉粮及养蚕养猪等为生。徐克勤5岁丧父,全家主要由母亲辛苦操劳,两位姐姐也协助母亲操持家务及农事。兄弟二人则由于父亲临终之嘱而得以进私塾上学。徐克勤从小聪明好学,熟读四书五经。1922年春,徐克勤到巢县私立明强小学读高小,学习历史、地理、数学、英文等新式课程,求学热情更为高涨。1924年夏,他小学毕

业来到南京，以优异成绩考入东南大学附中（现南京师范大学附中）；1928年春季转入南京中学。1930年夏，他考入中央大学地质系，从此开始了他长达70多年的地质生涯。

1934年从中央大学毕业后，徐克勤即加入中国地质学会，并由朱庭祜、丁文江先生介绍，于当年9月进入中央地质调查所工作，任技佐（相当于助理研究员）。到所不久，即被派往江西乐平调查锰矿。1934年底被派往赣州对赣南钨矿进行调查考察。从1934年到1938年，徐克勤多次到我国钨矿资源最丰富、开采历史最悠久的江西南部考察钨矿地质，认真调查了数十个钨矿区，掌握了大量的第一手材料，写成《江西南部钨矿地质志》（丁毅曾参与部分工作）。该书的初稿受到当时中国地质学界的重视，徐克勤因此而获得当时的中美文化基金资助，赴美国留学深造。1939年11月，徐克勤赴美国明尼苏达大学地质系学习，师从国际著名矿床学家艾孟斯，并于1941年和1944年分别获得美国明尼苏达大学硕士学位和博士学位。

1945年11月，徐克勤满怀报国之志，学成回国。当他乘坐的轮船涉过重洋，进入上海吴淞口码头时，他看到黄浦江中进进出出的都是飘扬着外国旗帜的船只，不由得产生一种耻辱感，激起了他强烈的民族自尊心，下决心要尽自己的力量发展祖国的地质事业，改变贫穷落后面貌。徐克勤回国后任中央地质调查所技正，继续在华南从事钨、锡等矿床的研究工作。徐克勤深知发展地质教育、培养地质人才是发展地质事业之根本。因此，回国一年后的1946年10月，当中央大学聘请他到地质系任教授时，徐克勤毫不犹豫地接受了这一聘任，成为中央大学地质系教授，开始从事地质教育事业。1947年他又出任中央大学地质系主任。

1947年7月中旬，徐克勤前往湖南资兴瑶岗仙钨矿进行资源评价，在瑶岗仙和尚滩附近发现了我国第一个夕卡岩型白钨矿床。

新中国成立后，中央大学改名为南京大学，徐克勤继续担任地质系主任。1950年徐克勤被任命为中国地质工作计划指导委员会委员；1951年任华东地质调查所筹备处主任。建国初期，百废待兴。徐克勤亲自率领师生奔赴地质找矿第一线。先后发现了安徽繁昌新屋里铜矿、安徽当涂马山硫铁矿、南京岔路口硫铁矿等。1954年，徐克勤考察攀枝花铁矿后，肯定了它的巨大经济意义，并建议立即对该矿进行勘探。1955年，徐克勤等通过对安徽马鞍山地区火山岩的研究，建立了"龙王山、大王山、姑山、娘娘山"四个火山活动旋回。

新旧社会的对比，使徐克勤由衷地拥护和热爱中国共产党。1956年3月，他光荣地加入了中国共产党，是南京大学解放后首批入党的几位高级知识分子之一。

50年代后期起，徐克勤开始致力于华南地区花岗岩的研究。从1957年在江西龙回和陡水首次发现加里东期花岗岩起，直到80年代末，这项由徐克勤领导的"华南不同时代花岗岩类及其与成矿关系研究"取得了极其重要的成果，于1982年获国家自然科学奖二等奖。

徐克勤所致力的另一项工作"中国东南部海西—印支期断裂拗陷带中沉积-后期热液叠加型层状矿床研究"也取得了重要成果，于1987年获国家自然科学奖三等奖。

徐克勤于1978年任南京大学花岗岩火山岩及成矿理论研究所所长。1979年任中国地质学会副理事长；同年，任中国矿物岩石地球化学学会副理事长。1980年当选为中国科学院学部委员（院士）；同年任国务院学位委员会学科评议组成员。1984年任南京大学地球科学系名誉主任、博士生导师。1984～1988年主持联合国教科文组织IGCP 220项目（东南亚和西太平洋锡钨花岗岩对比与资源评价）中国工作组工作。1995年获何梁何利基金科学与技术进步奖。

徐克勤积极参加社会活动，曾先后当选为江苏省人大代表和江苏省政协委员。

二、主要科学研究领域、学术成就及其影响

1. 国际公认的钨矿地质权威

从20世纪30年代起，徐克勤就致力于钨矿地质研究。他认真调查了江西南部数十个钨矿区，掌握了大量第一手材料，写成《江西南部钨矿地质志》。该书对赣南的钨矿床特征及区域地层、构造（造山）运动、花岗岩类分布及其与钨矿床关系等方面都有系统的评价和精辟的论述。徐克勤赴美留学后，又择其精华，用英文写成"Tungsten deposits of southern Kiangsi, China"一文，1943年发表于国际矿床学界最重要的刊物 *Economic Geology*，产生了巨大影响。在美国留学期间，他继续以钨矿为研究课题，不仅考察了美国几乎所有的钨矿，还研究了世界各地的钨矿文献资料，在此基础上，写成了博士学位论文"Geology of Tungsten Deposits"。上述两篇论文奠定了他在国际钨矿地质领域的地位。

回国后，徐克勤仍一贯致力于钨矿地质的研究工作。1947年7月中旬，徐克勤前往湖南瑶岗仙钨矿进行资源评价。到达矿山的第二天，徐克勤在和尚滩附近路旁的草丛中发现一种棕黑色土状物，他立即注意察看，并怀疑它是某种物质氧化所致；经过努力搜寻，找到了半风化的夕卡岩露头。有着丰富钨矿研究经验的徐克勤，知道在一定条件下夕卡岩可以伴生白钨矿，因此，这种半风化的夕卡岩引起了他的极大重视。由于当时在野外没有紫外光灯等设备和镜下鉴定的条件，徐克勤只能将夕卡岩的大致分布范围填绘到地形图上，并采集了数十块夕卡岩样品，带回南京进行室内研究。室内工作的结果证实，徐克勤采集的样品绝大多数含有白钨矿。

这是在我国首次发现夕卡岩型白钨矿。第二年暑假，徐克勤又赴瑶岗仙，对和尚滩一带的夕卡岩白钨矿进行了较为详细的调查，测制1：2500地形地质图，起草地质报告。他的工作成果显示：该矿床地质条件相当好，矿体顺层延长约1km，厚度和延深都较大，从紫外灯检查及样品化验的结果来看，矿石品位也已达到开采要求。

新中国成立后，在徐克勤的建议下，地质部门对瑶岗仙进行了勘探，证实它是一个特大型矿床。徐克勤总结地质勘探成果，写成《湘南瑶岗仙钨锰铁矿矿区中夕卡岩型钙钨矿床的发现，并论两类矿床在成因上的关系》一文，于1957年发表于《地质学报》，为在华南广大的黑钨矿区寻找白钨矿床提供了理论依据和实际范例。瑶岗仙夕卡岩型白钨矿的发现和勘探成功，使一个寻找这类矿床的热潮在我国南岭地区兴起，导致了一系列的白钨矿矿床被发现，其中有几个矿床，如湖南郴县东坡柿竹园钨矿，经勘探证实属于特大型。徐克勤的这一重大发现和研究成果，使得我国白钨矿的储量超过黑钨矿，并使我国钨矿总储量居于世界之首。

在发现湖南瑶岗仙白钨矿的基础上，徐克勤于1959年发表《中国钨矿的类型及分布规律》。从60年代到80年代，他带领南京大学地质系师生继续对华南钨矿进行了长期深入的研究，取得了领先于国内外的丰硕成果。1986年起，徐克勤担任国际地质对比计划

(IGCP)第220项目"锡钨花岗岩类的地质对比"中国工作组召集人，从事锡钨等矿床的国际对比研究。他不仅深入研究华南等地钨矿床与花岗岩类的关系，而且独辟蹊径，提出了钨的矿源层，为钨矿地质研究提供新的思路。

由于在钨矿地质研究方面的杰出贡献，徐克勤成为国内外一致公认的钨矿地质权威。美国地质调查局的同行们甚至尊称他为"钨先生"（Mr. Tungsten）。

2. 矿床学研究硕果累累

徐克勤不仅是钨矿权威，而且在矿床学的许多领域，在找矿实践和成矿理论两个方面都做出了重大贡献。

1950年夏，徐克勤带学生在铜陵繁昌地区实习。他注意到在岩体接触带中发育夕卡岩，附近又有古代采矿冶炼遗迹，从而发现了新屋里铜矿（后来发展成凤凰山铜矿）；在鸡冠石等处，他根据对地表铁帽的研究，认为深部可能有原生硫化物矿床，后来工作证实了这一推测。同年，他在安徽当涂发现马山硫铁矿。1951年，他在南京太平门外发现了岔路口硫铁矿。同年，他赴内蒙古白云鄂博铁矿考察，指出钠长石化交代作用的存在及其在成矿作用中的意义。

1954年，徐克勤率师生到四川进行普查找矿。他在攀枝花铁矿经过10天左右野外考察及室内研究，肯定了它的巨大经济意义。他指出铁矿是辉长岩体近底部的层状矿体，厚度大，延长至少达7.5km；他通过光片确定磁铁矿与钛铁矿主要为粒状共生，并利用显微化学浸蚀法初步确定矿石的可选性，通过刻槽取样化验确定矿石品位。此外，还发现铁矿层之下有铜镍硫化物存在。徐克勤于1954年10月2日向地质部报告了他的工作成果，指出攀枝花应该是一个特大型的钒钛磁铁矿矿床，建议地质部门应立即进行勘探。后来的勘探结果完全证实了他的判断。如今攀枝花已经成为我国西南地区最重要的钢铁基地。

1955年，徐克勤等在安徽马鞍山进行地质调查，除了指导铁、硫等矿床的找矿勘探外，还通过对该地区火山岩的研究，建立了"龙王山、大王山、姑山、娘娘山"四个火山活动旋回，为70年代在宁芜地区开展大规模火山岩研究及找矿工作奠定了基础；而这些火山旋回的名称至今仍在使用。

徐克勤不仅在这些野外工作、找矿实践中为国家建设和培养人才做出贡献，而且通过对获得的大量第一手资料的深入研究和总结提高，使之成为理论上的创新源泉。

"文化大革命"期间，徐克勤虽身处逆境，仍坚持科学研究。他利用一切可能利用的时间和条件，潜心研读国内外文献资料，努力学习和接受国际地质学、矿床学的新思想、新理论、新方法，从而使自己始终处于学术领路人的地位。1972年，徐克勤写成了《论成矿物质来源问题，兼论花岗岩类及其成矿关系》一文，综合分析了国内外大量最新资料，并运用新的全球构造理论、成矿理论来批判、改造过去对成矿作用的认识。1973年，徐克勤在长春地质干部培训班上以该文为主要材料讲学一个月，为我国地质事业迅速走出低谷，赶上世界地质科学发展水平做出了重要贡献。

1973年，徐克勤在考察宁芜铁矿时，发现当涂南区的姑山、白象山等许多矿体都产在三叠系地层中，从而怀疑地层与矿之间存在着某种关系。同年他考察广东大降坪硫铁矿，指出其先沉积、后又经热液作用富集的形成机制。他考察浙江西裘铜矿，确定它属于海底火山喷发沉积的块状硫化物矿床。1974年6月，徐克勤等在安徽铜陵新桥发现产于中石炭统黄龙组灰岩中下部的层状含铜黄铁矿中含有火山物质，并推论该矿床属于中石炭世海底火山喷发成因。他从安徽新桥与浙江西裘这两种硫化物矿床的异同，联想起北美和澳大利亚某些产在沉积岩中的块状硫化物矿床，如Sullivan、Mount Isa等，与典型的火山成因块状硫化物既有相同之处但也有差别。他认为，产于我国东南部断裂拗陷带中的某些铁、铜、硫等矿床很可能像新桥那样具有海相火山喷发-沉积成因，或者以沉积-火山沉积物作为矿源层，再经过热液作用的叠加或改造而成矿。为了证实这一想法，徐克勤从1974年秋起，组织力量调查了中国东南部数十个铁、铜、硫、铅锌等矿山。至1979年，他总结出这类产于海西—印支期断裂拗陷带中的矿床系由沉积或火山沉积、后期热液叠加改造而形成。这一总结于1980年在第26届国际地质大会上报告。1985年，这项由徐克勤组织领导的"中国东南部海西—印支期断裂拗陷带中沉积（火山沉积）-后期热液叠加型层状铁铜硫（铅锌）矿床研究"获得国家教委科技进步奖一等奖，1987年又获得国家自然科学奖三等奖。

3. 华南地区花岗岩类研究的开拓者

徐克勤不仅是卓越的矿床学家，而且在地质学的其他许多领域也有重大建树，其中最为辉煌的当数他对华南花岗岩类的研究成果。涂光炽先生曾高度评价徐克勤在花岗岩研究的巨大贡献，称他是该领域的"指路人及掌舵者"。

花岗岩类问题历来是地质学的重大课题之一。我国华南地区花岗岩类分布很广，对于其时代问题，地质界早有争议，但一直无人进行细致工作。早在20世纪30年代，徐克勤就注意到赣南等地花岗岩的时代问题，以及花岗岩与构造（造山）运动的关系，并强调燕山运动对于花岗岩的形成最为重要，与钨矿的关系也最为密切。在《江西南部钨矿地质志》中，他总结南岭地区存在着加里东、海西、印支、燕山、南岭五个造山运动，因此他怀疑南岭地区应该有多（造山）旋回的花岗岩类存在。

1957年，徐克勤和刘英俊等人在江西南部考察花岗岩与钨矿时，凭着他慧眼独具的观察力、扎实的地质理论基础和丰富的野外实践经验，发现了南康龙迥和上犹陡水两个加里东期的花岗岩体，这是南岭地区也是整个华南首次发现的加里东期花岗岩。为了进一步确定这两个花岗岩体的时代，徐克勤又专门派人去赣南对它们开展更详细的工作，特别对作为主要证据的花岗质碎屑岩进行详细的野外观察和显微镜下薄片鉴定，并将这两个加里东期花岗岩和典型的燕山期花岗岩的地球化学特征进行综合对比研究。这些研究成果充分证明，徐克勤的观察和得出的结论是完全正确的。

加里东期花岗岩的发现为华南花岗岩研究找到了突破口。1958年，徐克勤和郭令智等又在皖南休宁琅斯发现了雪峰期花岗岩，为华南多旋回花岗岩类存在扩大了前景。徐克勤等撰写的总结性论文《华南多旋回花岗岩类的侵入时代、岩性特征、分布规律及其成矿专属性的探讨》，分两期连续刊登于《地质学报》，引起国内外地质界极大的关注。同时，徐克勤以巨大的魄力和信心，果敢地组织南京大学地质系全系师生继续进行华南花岗岩类的大规模科学研究，取得了包括中国东南部大地构造格架及地质发展史，多期多阶段地壳运动与花岗岩类形成的关系，不同时代花岗岩类的空间分布、矿物岩石地球化学特征及演化规律等多方面的重要成果，得到全国地质学界的高度评价。1966，国家科委以科学技术报告的形式专门出版了徐克勤等撰写的70余万字的《华南不同时代花岗岩类及其与成矿关系研究》。同时，在北京举办的全国高校科研成果展览会上，华南花岗岩研究成果作为重点成果展出。

1962年，徐克勤在广州地质普查会议上作"论华南四大旋回花岗岩"的报告，受到与会专家学者的极大重视和广泛承认。60年代初，以徐克勤为首的关于华南花岗岩的研究，不仅在南京大学被称为科学研究的"五朵金花"之一，而且在1964年被列为全国十大科技成果之一。

花岗岩的成因分类是70年代国际花岗岩研究的热点领域，徐克勤的工作也同样处在这一领域的最前沿。他在1972年写成的《花岗岩类与成矿关系，兼论内生矿床的成矿物质来源问题》一文中，提出了花岗岩成因类型的重要构想：①在构造运动中，由安山岩浆同化了一部分硅铝层经过分异演化，产生花岗闪长岩、石英二长岩和花岗岩；②激烈的构造岩浆活动引起硅铝层部分重熔产生花岗岩；③超壳深断裂引起碱性花岗岩浆的形成。尔后，他和他的同事即以成岩物质来源为依据，将花岗岩明确划分为同熔型、陆壳改造型和幔源型三个类型，被国内教学、科研、生产部门广泛引用，与当时国际上另外两个花岗岩分类方案成鼎足之势，产生了深远影响。

1978年，华南花岗岩研究成果获得全国科学大会奖。1981年，《华南不同时代花岗岩类及其与成矿关系》以专著形式出版。1982年10月，徐克勤在南京大学主持召开了首次由我国主办的国际花岗岩学术讨论会，参加会议的一些国际知名学者赞扬南京大学地质系是世界花岗岩研究的中心之一。同年，这项关于华南花岗岩类的研究成果荣获国家自然科学奖二等奖。

4. 杰出的地质教育家

徐克勤是一位德高望重的地质教育家。从1946年开始，他在中央大学和南京大学执教达半个多世纪。除了长期讲授矿床学之外，他还讲授过岩石学、光性矿物学、矿相学、应用岩石学等课程。其中应用岩石学这门课，是在他历年收集全国各地矿床围岩蚀变的大量标本切片基础上开创的。他在主持地质系教学的过程中，始终贯彻培养解决实际问题的能力型人才的教学理念，特别重视对学生自学能力、独立思考和观察能力的培养。根据地质科学的特点，他尤其强调野外实习和野外教学，把各类野外实践教学安排得比较充分，而且紧密结合课程进行。因此，他培养的学生不仅有扎实的基本功，而且有较强的解决问题的能力。

徐克勤从1947年起任中央大学地质系主任，新中国成立后继续担任南京大学地质系主任直至1984年，扣去十年"文化大革命"，他担任系主任近30年之久，是南京大学历史上任职最长的一位系主任。几十年来，他所领导的地质系已经培育了8000余名学生，他们中的许多人，已成为我国各时期地质事业的骨干力量。他亲手指导的博士生、硕士生就有30多人。

作为一系之长，他为地质系的建设和发展殚精竭虑，做出了巨大贡献。当时中央大学的教育经费奇缺，为了解决在宁镇山脉的野外实习费用，徐克勤组织教师为一些私营矿山干活，获取一点报酬和资助；又担心通货膨胀，不得已买了一桶桶汽油"囤积"起来，利用学校提供的汽车，保证了学生野外实习基本功的训练。新中国成立前夕，徐克勤积极投入中共地下党组织领导的中央大学护校活动，坚决反对国民党当局将中央大学迁到台湾的图谋。

徐克勤具有一个优秀科学家的高尚品格。他是一个忠诚的爱国者，在留学期间曾三次拒绝高薪诱惑，执意学成归来，报效祖国。他对发展地质科学事业具有高度的责任心，勇攀高峰。他坚持尊重事实依据的科学原则，勤奋好学，博采众长。他为人正直，襟怀坦荡，具有特别的人格魅力，深受学生和同事的敬仰。

三、徐克勤主要论著

徐克勤，丁毅.1938.中国钨矿成因及分类之我见.地质论评，3（2）：305~325

徐克勤，丁毅.1943.江西南部钨矿地质志.地质专报，甲种，第17号：1~149

Hsü K C. 1943. Tungsten deposits of southern Kiangsi, China. Econ Geol, 38 (6): 431~474

徐克勤.1957.湖南钨锰铁矿矿区中夕卡岩型钙钨矿床的发现，并论两类矿床在成因上的关系.地质学报，7（2）：117~152

徐克勤，刘英俊，俞受鉴.1959.中国钨矿的类型及其分布规律.南京大学学报（自然科学版），（2）：31~54

徐克勤，刘英俊，俞受鉴等.1960.江西南部加里东期花岗岩的发现.地质论评，20（3）：112~114

徐克勤，胡受奚，俞受鉴等.1962.南岭及其邻区不同时代的花岗岩类侵入体及其成矿专属性的讨论.南京大学学报（地质学），（1）：1~19

徐克勤，胡受奚，俞受鉴.1963.矿床学.北京：人民教育出版社

徐克勤，孙鼐，王德滋等.1963.华南多旋回的花岗岩类侵入时代、岩性特征、分布规律及其成矿专属性的探讨.地质学报，43（1）：1~26；（2）：141~155

徐克勤，郭令智，胡受奚.1974.中国东南部不同时代花岗岩类及其与某些金属矿床的成矿关系.中国科学，（1）：55~72

徐克勤，朱金初.1978.我国东南部几个断裂拗陷带中沉积（或火山沉积）-热液叠加铁铜矿床的成因探讨.福建地质，（4）：1~68

徐克勤，朱金初，任启江.1980.论中国东南部几个断裂拗陷带中某些铁铜矿床的成因问题//国际交流地质学术论文集（3）.北京：地质出版社：49~58

徐克勤，胡受奚，孙明志等.1983.论花岗岩的成因系列——以华南中生代花岗岩为例.地质学报，7（2）：107~118

徐克勤，孙鼐，王德滋等.1984.华南花岗岩成因与成矿//徐克勤，涂光炽主编.花岗岩地质和成矿关系.南京：江苏科学技术出版社：1~20

徐克勤，徐士进，朱金初等.1989.华南含钨、锡、钽（铌）花岗岩及有关矿床产出的地质环境和地球化学差异.南京大学学报（地球科学版），（1/2）：1~12

徐克勤，朱金初，刘昌实等.1989.华南花岗岩类的成因系列和物质来源.南京大学学报（地球科学版），（3）：1~18

徐克勤，华仁民.1993.努力探索和揭示花岗岩的奥秘.大自然探索，12（3）：28~30

Xu K Q, Xu S J, Lu J J. 1993. Younger periods of tectonic-magmatic activities determine newer periods of ore formations with some superimposition and transformation of the preexisting ores Annual Science Report Supplement of JNU (NS), English Series, 1: 1~29

徐克勤，王鹤年，周建平等.1996.论华南喷流沉积块状硫化物矿床.高校地质学报，2（3）：241~256

Xu K Q, Ni P, Zhu J C. 1997. Important geological factors controlling the formation of gold deposits in East China. Chin J Geochem, 16 (1): 1~7

主要参考文献

华仁民.1990.徐克勤//黄汲清，何绍勋主编.中国现代地质学家传（1）.长沙：湖南科学技术出版社：342~353

涂光炽.2003.缅怀徐克勤先生——我终生敬佩和尊重的学长.高校地质学报，9（4）：499

王德滋.2003.华南花岗岩研究的开拓者——纪念徐克勤院士逝世一周年.高校地质学报,9(4):500~501

华仁民.2003.徐克勤先生在矿床学领域的杰出贡献——纪念敬爱的导师徐先生逝世一周年.高校地质学报,9(4):502~504

孙明志,徐士进.2003.回忆与思考——纪念徐克勤老师逝世一周年.高校地质学报,9(4):505~509

撰写者

华仁民(1946~),上海市人,南京大学地球科学与工程学院教授,博士生导师,花岗岩火山岩及成矿理论研究所所长。长期从事矿床学研究。徐克勤院士的硕士、博士研究生。

✱✱✱✱✱✱✱✱✱✱✱✱✱✱✱✱✱✱✱✱✱✱✱✱✱✱✱

袁见齐

袁见齐(1907~1991),上海奉贤人。矿床学家,中国盐类矿床地质学的开拓者和创建者。1980年当选为中国科学院学部委员(院士)。1929年毕业于中央大学地质系。历任云南大学矿冶系副教授、盐务总局技士、技正等职。1949年后改任唐山工学院教授,1952年起任北京地质学院教授、系主任和副院长、武汉地质学院北京研究生部主任等职。他长期从事地质学、矿床学的教学和科学研究。抗日战争期间他开始致力研究中国的盐矿地质和盐湖资源开发。1943~1944年参与西北盐产调查团,先后在甘肃、宁夏、内蒙古、新疆、青海等省区调查盐(硝)矿和盐湖资源47处,出版《西北盐产调查实录》专著。新中国成立后,他继续为我国食盐供应和盐化工业的发展尽心尽力。为了农业现代化,他最早呼吁重视我国钾盐资源勘查和发展钾肥工业。他作为组织者和主要研究者曾四次赴青海察尔汗盐湖钾盐矿床实地调查。他总结的陆相盐湖钾盐成矿规律和高山深盆成盐学说,充实了盐类矿床成因理论研究的内容。他的学术思想和研究成果,对我国丰富的盐类矿床和盐湖资源开发有重要的指导意义。

一、简 历

袁见齐,原名张耕虞。1907年9月22日生于江苏省海门县和合镇(现属启东市),1991年10月28日于北京逝世,享年84岁。

袁见齐生父张鼎铭,清末儒生。因家道中落,袁见齐8岁时入继上海市奉贤县袁应天家,遂更名为袁见齐。他自幼读书勤奋,好学多思,才智敏捷,兼之家业凋零,求学不易,从小就培养了他笃学励志的优良品格。

童年时代对袁见齐影响最大的当属他的舅父,舅父具有浓厚的民主思想和爱国主义思想,是同盟会成员。抗日战争时期因拒绝为日本人服务(出任县长)被投入监狱。受其影响,青少年时期的袁见齐立志报效国家,走科学救国的道路。

袁见齐对自然科学兴趣广泛,酷爱读书,文学功底深厚,历史知识丰富。小学时期的演讲会、中学时代自编油印小刊物的经历,使他终身受益。40年代曾以亲身经历为素材撰写了题为《新疆杂记》的系列文章(连载于《盐务月报》)。

袁见齐于1924年进入东南大学(中央大学前身)物理系,选读了"地学通论"和"矿物学",成绩优异,遂转入地学系。1929年毕业于中央大学地质系,并留校任教。从此,他与地质学的教学和科学研究结下了不解之缘。1929~1939年袁见齐任中央大学地质系助教，兼任地质系秘书，先后讲授过工程地质学、地学测量学、普通地质学、地貌学、岩石学、结晶学、矿物学、经济地质学、构造地质学等课程，曾任张正平、李学清、郑厚怀、Eduard Parejas 等教授的助教。在中央大学地质系 10 年教学生涯中，他主动担任繁重的室内和野外的教学工作，并改进了地形测量、普通地质学、矿物学、岩石学、构造地质学、矿床学等课程的实验、实习。

1937 年，日寇侵华，南京沦陷。袁见齐随中央大学地质系师生西迁重庆。1939 年他转入云南大学任教，与朱熙人、郭令智共同编著《云南矿产志略》（1940）。在转校途中，沿途屡见"赤贫之家，往往其食菜中不得盐味"。又值抗日战争时期，海盐来源断绝，内地盐价飞涨。出于地质学家的良知，他决心从事盐矿和卤水资源的调查。1939 年他在滇中元永井、黑井进行了较详细的地质调查。1940 年 8 月他辞去云大教职，应朱庭祜的约请，到贵州开阳担任盐矿技师。当时，西南诸省云集了众多知识分子，图谋增强国力，战胜日寇，一时颇有振兴西南的形势。他为了使升斗小民不再有淡食之虞，经常只身奔走在云贵两省的高山深谷中。

在从事滇黔找盐时期，他逐渐与以侯德榜教授为首的黄海化学工业研究社有了联系。其时，侯德榜因沿海沦陷，正谋求在内地重新发展中国的盐化工业，迫切需要调查盐矿、盐湖资源。1943 年 7 月，盐务总局与黄海化学工业研究社联合组织西北盐产调查团。袁见齐作为该团唯一的地质学家，负责盐矿储量地质调查工作。我国西北盐湖广布，开发利用历史悠久，但无人做过科学的地质研究。盐矿资源毫无记载。当时广阔的西北地区，大漠荒野，盐湖、盐矿几乎都处于人迹罕见的戈壁深处。穷乡僻壤，举步维艰。他在《西北盐产调查实录》（1949）一书中，记载了"山盐（盐矿）16 处，池盐 55 处，重要滩盐 19 处"，并指出："西北各省，位居大陆中央，距海辽远，水流不能外泄，雨量稀少，产盐丰富，甲于全国"，"新疆省内，无百里之内无盐"。从此，我国西北丰富的盐矿和盐湖资源始为世人所知。

袁见齐热爱祖国，热爱人民。在旧社会，他面对满目疮痍的祖国，对国民党的腐败深恶痛绝。1948 年，盐务总局南迁，他毅然拒绝迁广州、撤台湾，返回上海改任临时在上海办学的唐山工学院教授。刚步入壮年的袁见齐，此时已无法安心于课堂教学。他隔江遥盼北斗星，终于迎来了祖国的解放。1949 年 5 月随工学院师生返回唐山时，沿途看到解放区的崭新面貌，令他感叹，使他振奋。

新中国的诞生标志着中国的地质事业进入了一个新的大发展时期，地质人才的教育和培养尤为急迫。唐山工学院采矿系教师少，教学任务十分繁重，他一人承担岩石学和经济地质两门课程，并自编了经济地质学讲义。他采用矿种分类讲授各类矿床的成因和找矿方法，条理清晰，加上讲解剖析，学生都反映他教学效果好。暑期，他又带领学生赴滦县、北戴河、石门寨等地进行铁矿和煤矿地质调查，与学生同吃同住同工作，他踏实勤奋的工作作风为学生树立了学习的榜样。

1950 年 8 月，中华全国第一次自然科学工作者代表大会召开，11 月，在北京召开了中国地质工作计划指导委员会会议。这两个会议对袁先生有很大的触动。他深切地感受到新中国重视科学人才培养，必须建设一支强大的地质工作队伍，以适应我国即将展开的大规模的经济建设。

1952 年夏，全国大学院系调整，他随唐山工学院采矿系师生一起调入北京地质学院，他任水文地质工程地质系主任，兼教研室主任。他十分重视新建立的专业建设和教学工作。1954年，他调任地质勘探系主任。为了抓好新生入学后的专业基础教育，他参与《普通地质学教程》的教材编写工作。1956年，北京地质学院成立以袁见齐为首的盐类矿床科研组，并多次建议在中国寻找钾肥矿床，为农业发展提供钾肥资源。1957年，他担任中国科学院盐湖科学调查队副队长，组织师生赴柴达木盆地工作，不久即发现察尔汗盐湖现代光卤石沉积和大柴旦盐湖硼矿。由于他出色的工作业绩，1959年他被评选为先进工作者，并出席北京市先进工作者代表大会。他从新中国地质高等教育的迅速发展和多年的工作感受出发，撰写了《巨人的步伐——从北京地质学院的成长看地质教育事业的发展》一文，刊载于同年《地质月刊》（庆祝国庆十周年专刊）上。他以新、旧中国地质教育的深刻对比，歌颂新中国地质教育事业进入蓬勃发展的春天。他倡导"启发式"教学，认为"启发式教学不单纯是教学方法问题，也是教学理论和辩证思想的具体体现。要启发听课者积极思维，必须要由教师积极引导"。他把登上讲台比喻为表演艺术家走上舞台"进入角色"。讲理论，要像参加辩论会，辨疑析难，讲清概念；讲描述性知识，应如身临其境，探幽发微。他的教学思想和教学效果受到师生一致的赞扬，并多次上示范课。1963年他担任北京地质学院副院长，分管教学工作。他坚持必须重视实践能力的培养，十分重视周口店教学实习基地建设，学生毕业设计和论文研究都要努力结合地质找矿工作。

"文化大革命"以后，他已70高龄，出任北京研究生部主任，他以极大的热忱为地质事业高层次人才培养做出了突出的贡献。

60多年来，他与翟裕生等合作主编了《矿床学》等多种教材，撰写科学论文和学术专著百余篇（部）。主要获奖成果有：《中国碎屑岩系中钾盐矿床形成条件》，载入《国际交流地质学术论文集（为第二十六届国际地质大会撰写）成矿作用与矿床分册，第三辑》，获武汉地质学院1981年度优秀科研成果一等奖；《高山深盆的成盐环境——一种新的成盐模式的剖析》，获1983年地质矿产部成果三等奖；"江汉盆地钾盐矿床的发现及研究"（袁见齐参与），获石油部1985年度科技进步奖三等奖；《矿床学》（国家统编教材）（袁见齐、朱上庆、翟裕生著），获1988年国家教育委员会优秀教材一等奖；"钾盐矿床微机专家咨询系统"（袁见齐、帅开业、彭盛凤），1988年获地质矿产部成果三等奖。

1963年起，他担任中国地质学会北京分会理事长，后为名誉理事；1979年，当选为中国地质学会第32届理事会副理事长，1984年后改任名誉理事。1980年当选为中国科学院学部委员（院士）。他曾任中国科学院综合考察委员会盐湖考察队副队长，国家科学技术委员会盐湖组成员。他曾长期兼任地质部地矿司科学技术顾问，化工部化学矿产地质研究院科学技术顾问，北京市科协自然科学小丛书编委、地学组主任编委，《沉积学报》编委、《矿床地质》杂志常务编委，《大地构造与成矿学》杂志编委。1954年加入九三学社，曾任九三学社北京分社常委兼宣传部长，九三学社第四、五、六、七届中央委员，第八届中央参议委员。1964~1988年，当选为北京市政协第四、五、六届委员。1978~1982年，当选为湖北省第五届人大代表，湖北省第四、五届政协常委。1981年他以74岁高龄，加入中国共产党。他的学生们赞扬他"欣逢盛世身犹健，丹心一片志方遒"。

二、学术思想和科学贡献

1929～1939年是袁见齐的青年时代，也是他在中央大学地质系从事教学和教学管理的10年。教学之余，他在江浙、鲁皖、宁芜等地从事矿产资源调查和矿床学研究。10年磨砺，奠定了他毕生从事矿床学研究的方向；而丰富的课堂讲授经验，广博的地学知识，使他成为一名出色的地学教育家。他秉承我国"行万里路，读万卷书"的认知与实践并重的教学主张，一贯身体力行，并热情、积极地引导学生重视野外实习。由于对宁镇地区的地质情况十分熟悉，他经常在教学中安排现场教学示范，如地形测量、地质制图、矿产调查方法等。他认为，地学教学如能随时结合野外实习，方能使课堂上所学的书本知识融会贯通，而工作方法和工作经验的积累，也无不得益于勤实践。他的这一教学思想60余年来始终坚持不渝。他认为科学工作者首先要有获得第一手资料的能力，然后才能综合分析上升为理论。他的学生，对此都有很深的感受。

1933年他随中央大学地质系的"四川地质调查团"，带领学生调查四川綦江铁矿，西行到峨眉县，为了测制震旦系地质剖面，他和李春昱、张祖还等人冒着生命危险，奋力攀登峨眉山800余米的悬崖，直达金顶。1938年，他与李承三、郭令智赴西康调查，在雅安、康定、道孚、新龙等地作路线地质及矿产调查。入西康途中，他因马惊而伤折了腿，因途中无法治疗，就草草裹伤，并请人从马上抬上抬下，以惊人的毅力坚持随队西行，直至调查任务完成。

对于10年的中央大学助教生涯，袁见齐感触良多。10年中，他的工作量之大，任务之繁重，是常人难以想象和承受的。他坚信：只有通过磨砺的人生才能成为闪光的人生。新中国成立前，我国边远地区交通困难，治安混乱，高等学校经费困难，生活、工作条件都很差，地质工作不仅辛苦，还有安全问题。但他从不把个人的甘苦放在心上，总是说："赏山水之乐，识宝藏之丰，只有地质学家能体味个中乐趣。"由于勤奋努力，青年时代的袁见齐在地学的许多领域都有科学论文发表，如《江宁县凤凰山铁矿储量之新估计》(1934)，《扬子江上游水力发电厂址之地质讨论》(1935)，《宜昌黄陵庙、葛洲坝两处筑坝问题》(1941)，《西北盐产调查实录》(1946)，《新疆库车、拜城、温宿岩盐之成因》(1946)等。他对矿产资源、工程地质，乃至构造地质学等领域的关注，无不体现了他期待富国利民的拳拳赤子之心，同时也使袁见齐青年时代在地学领域打下了宽厚的基础，而重视野外实践和科学资料是他毕生坚持的，"勤学之，审问之，明辨之，笃信之，力行之"是他终身的座右铭。

1. 中国盐类矿床地质研究的开拓者

我国早有"煮海为盐"的传说。春秋战国时期已有采用人工盐田开采解池（现运城盐湖）的记载。公元前250年，四川则已采用钻井技术开采地下卤水。运用近代地质学和矿床学的理论和方法对中国盐类矿床进行研究，则始于20世纪20年代朱庭祜对滇中盐矿的调查。30年代谭锡畴、谢家荣、李春昱、李锐言、林斯澄都曾对四川黄卤、黑卤、岩盐的成因和相互关系，进行过理论探讨。但对盐类矿床和盐湖进行全面、系统的研究，则首推袁见齐。

从1937年开始，他对云南省的盐矿地质和资源蕴藏量作了较为系统的调查。如对一平浪、元永井、黑井、琅井、阿陋井、安乐井等已知产盐区的地质研究，总结云南的含盐地层及产出层位，盐矿床的类型和地质特征。经调查后，他在向盐务总局和云南省财政厅的报告中指出，云南石盐的储藏量可以保障扩大食盐的产量。同时，该省盐矿床中伴生有芒硝（硫酸钠），是重要的化工原料，亦可资利用。1940年夏，袁见齐受聘任盐务总局技术处技士，后任技正（技术处负责人）。在贵州省开阳、镇远、罗甸、毕节等地调查盐矿，以期扩大盐矿资源，如现存于全国地质资料馆的《开阳洗泥坝盐区之地质》和《贵州西部毕节、水城、织金等县盐苗地质调查报告》等。

1943年，抗日战争处于最为困难的时期，经济凋零，民生日艰。为了恢复盐化工业，计划在我国西北地区开发盐湖和盐矿资源，为此，组建了"西北盐产调查团"。袁见齐是该团唯一的地质学家。从1943年7月18日离开重庆，先后在甘肃、宁夏、内蒙古（部分地区）、新疆、青海五省（区）调查盐（硝）矿和盐湖47处，除石盐外，兼及与发展盐化工业相关的芒硝矿、自然硫矿、煤矿和铁矿等16处，采集各类标本323件，测量地形地质图22幅，直到1944年8月30日始返回重庆。此行历时408天，行程2万余千米。1946年，他以财政部盐务总局盐政丛书的名义，正式出版《西北盐产调查实录》专著。1945年3月在重庆召开的中国地质学会第21次年会上，袁见齐宣读了《新疆盐产之种类》的学术论文，指出新疆和西北地区丰富的盐类矿产资源是中国盐化工业发展的基础。1946年又在四川调查盐矿，在《从地质观点论西南矿盐之前途》一文中分析海相三叠纪地层的岩相古地理，并得出"中三叠纪以后，川中、川西若干区域已与大海隔绝，所成盐矿当更丰富"的结论。

新中国成立后，人民政府重视食盐的产量和供应。1956年轻工业部组建盐矿地质勘查队，聘请袁见齐为顾问，北京地质学院建立以袁见齐为学术负责人的盐类矿床科研组，并赴青海省茶卡盐湖工作。西北地区的一批盐湖，如茶卡、吉兰泰、柯柯盐湖等，也相继扩大食盐生产。1957年在中国科学院综合考察委员会的领导下，组建了以柳大纲（原中国科学院化学研究所所长、院士）为队长，袁见齐和韩沉石为副队长的"中国科学院盐湖科学调查队"，迅速地发现大柴旦盐湖硼酸盐矿床和察尔汗盐湖光卤石沉积的钾盐矿床。袁见齐在《柴达木盆地中盐湖的类型》一文中，首次对我国盐湖按水-盐体系划分出四大类，并论述其经济意义和可能的成因，首次提出陆相沉积形成钾盐矿床的可能性、形成条件和沉积环境。同时，为扩大食盐产量，他依据在滇、黔等地调查盐矿的经验，指出我国广大的中新生代红层盆地中蕴藏有丰富的盐类资源的远景。1959年，轻工业部盐矿地质勘查队在湖南省衡阳盆地勘查盐矿，他赴衡阳实地指导工作时，依据多年的工作经验和衡阳红层盆地的地质特征，提出该盆地古卤水浓缩方向在茶山坳一带；认为可能存在厚大石盐矿层，并帮助确定了钻孔位置。不久，即钻遇厚的石盐矿层。该地质队向他发来电报："北京地质勘探学院袁见齐教授：承您指导在衡阳盆地有两孔见盐矿，详另告，盐勘队。"这是我国首次在红层盆地中发现大规模石盐矿床。此后，我国在20个省区的中新生代红层盆地中发现大量石膏、石盐、芒硝、天然碱等各种盐类矿床，有些盆地中还有高含量的钾、硼、锂、铷、铯的卤水矿床。不仅满足了我国食盐和盐化工业发展所需的资源，而且芒硝（玄明粉）等可以大量出口，盐湖硼矿也成为出口苏联的重要矿产。1959年，在袁见齐主持下，北京地质学院师生进行"中国盐类矿床分布规律及远景预测的研究"项目研究，并编出全国第一幅《盐类矿床分布和预测图》（1：400万）。1960年，在他参与指导和组织下召开了第一次全国盐湖盐矿学术会议，作为大会的主题报告，他宣读了《盐类矿床的分类及其在中国分布规律的初步意见》的学术论文。

袁见齐是我国盐类矿床地质学的开拓者和创建者,对我国丰富的盐矿资源的开发和建设做出了卓越的贡献。他一贯认为盐类矿产资源涉及国计民生,人民每天需要食盐,国家需要发展强大的盐化工业,从而自觉地投身到这个研究领域,并做了大量基础性和开创性的研究工作。

2. 陆相成钾理论与高山深盆成盐模式的建立

钾肥是重要的农业化肥之一,使用量仅次于氮肥和磷肥。制造钾肥必须寻找地质历史中形成的钾盐矿床。巨大的钾盐矿床都存在于干旱气候下形成的盐类沉积层中,但旧中国几乎没有进行过相应的钾盐找矿工作。从国外钾盐矿床的开发史分析,钾盐埋藏在地下深处,地表很少有指示钾盐的线索,大多数是通过油气地质工作中发现了深部存在钾盐的标志后,才能着手做钾盐的找矿和勘探开发工作。新中国重视发展农业和粮食生产,急缺的钾肥成为农业现代化的重要障碍。袁见齐在西北考察盐湖时就注意到有的盐湖卤水中钾含量比较高,如青海茶卡盐湖。因此,他很重视陆相盐湖中钾资源的利用。1957年青海察尔汗盐湖钾盐矿床发现,1963年开始建设年产10万t的钾肥厂。从此,他认为陆相盐湖中可以形成钾盐矿床。在《柴达木盆地中盐湖的类型》(1959)一文中,他指出:该区"第三系中曾经有大量的盐类沉积,经过近代的选择性溶解,把钾和硼大量带入湖水中。油田水中的钾和硼是现代湖水中的物质来源"。陆相沉积盆地中寻找钾盐矿床的可能性,曾经被不少中外学者所否定,但他以中国的地质条件分析,认为"结合我国大地构造和地质发展史的特点,陆相地层找到钾盐矿床的可能性是存在的,而且事实已经证明它的希望是相当大的"(见1961年《中国内陆盐湖钾盐沉积的若干问题》)。他在这篇文章中首次系统分析了钾的来源、盐类的沉积分异规律和含钾洼地产生的构造条件和沉积相等。从理论上论证了陆相盐湖钾盐矿床的形成模式,为我国当时及其后的找钾工作指明了方向。不久后发现的云南省江城古近系勐野井钾盐矿床,也产于陆相盆地。到目前为止,我国海相盆地的钾盐找矿尚无大的突破,但是陆相沉积层中青海柴达木、新疆罗布泊和云南已成为我国钾肥的工业基地。袁见齐从中国地质实际出发,坚持陆相盆地找钾的理论探索,使中国生产的钾肥已达到100万t的规模。

袁见齐对钾盐矿床形成的理论探索并未在"陆相成钾说"上停留。他认真分析世界钾盐矿床的形成条件后得出,海相钾盐矿床钾的来源并不仅靠海水浓缩而来,在许多钾盐矿床中存在溢晶石($CaCl_2 \cdot 10H_2O$)和水氯镁石($MgCl_2 \cdot 10H_2O$)层的事实表明,钠、钾、镁、钙,以及硼、锂等易溶元素在地壳深部和地表不断溶解—沉淀—再溶解地循环着,这些物质是多来源的,既有地表岩石风化产物的参与,也有深部再循环带来的可能,也有岩浆-火山活动后流体的参与。海洋和内陆大型湖泊都是这些易溶盐类的聚集地。形成大型钾盐矿床主要原因,要分析成盐期造成$NaCl$和KCl分异富集的条件。这些学术观点被苏联斯特拉霍夫(Н. М. Странов)的《沉积学原理》(1960)第四卷引用。察尔汗盐湖钾盐矿床中蕴含着这些重要的地质信息,KCl的分异富集受构造的控制,如盆地的分割、卤水迁移、卤水掺杂作用、成盐旋回(韵律)与钾盐富集区的岩相和成钾洼地的形成等,都与成盐期的构造活动相关。他在《钾盐矿床成矿理论的发展与钾盐找矿问题》(1964)一文中说:"钾盐矿床成矿理论的发展趋势,正在冲破某些框框,启示我们放开眼界来看寻找钾盐矿床的可能性……我们要做知识的主人,而不做书本的奴隶,这在当前的找钾工作中更显得重要。"

在世界油气盆地中干旱气候和潮湿气候交替发生，因此许多盆地中盐类沉积和油气是共生的，"油钾兼探"成为一种共识。袁见齐并未在这种现象前停止思考，他认为达到钾盐沉积阶段的盆地气候干旱程度是最大的，除了全球性气候带的影响外，区域性的地貌——高山深盆地形往往是干旱中心区。因为高山成为阻挡暖湿气流的屏障，高山围裹下的深盆地则是干旱程度最高的，如柴达木盆地和塔里木盆地（罗布泊地区）。在地质历史时期不少成盐盆地的岩相分析也得出存在高山深盆的古地理景观，这些成盐盆地都位于裂谷系内或大型断陷盆地区。1983年，他发表了《高山深盆的成盐环境——一种新的成盐模式的剖析》论文。一百多年来的盐类（包括钾盐）成因理论总是在干旱气候和海水补给来源上探寻钾盐的找矿问题，使钾盐找矿在"沙漠说"和"沙洲说"中徘徊不前。"高山深盆的成盐环境"正确地揭示了盐类（包括钾盐和其他盐类矿产）形成的一般规律，这是袁见齐对盐矿地质学的新贡献。他的这一理论成果既萌生于他早年西北盐湖考察，也是他以察尔汗盐湖钾盐矿床长期作为研究基地的深入思考，更是他广泛吸收国内外相关地质新认识的结果。在青海钾肥厂胜利建成时，他撰写的《察尔汗盐湖》序中，以诗句的形式写道："戈壁明珠，察尔汗湖；高山深盆，众水汇潴；万年蒸腾，盐花璀璨；乃积乃淀，湖周千里；卤液盈盈，流金烁银；盐粒晶莹，碾玉碎冰；钾钠镁锂，汇成宝藏。"如今柴达木盆地和罗布泊盆地已成为我国大型钾肥基地，这里有袁见齐的理论和实践的贡献。

为了农业化肥化，袁见齐提出了寻找钾肥资源的任务。从1958年起，应地质部宋应副部长约请，他多次参加我国钾盐找矿工作部署的讨论，并提出具体意见，促进了云南、新疆及东部各省的红层盆地、四川三叠系和山西奥陶系的找盐找钾工作，取得了进展。除找到云南勐野井钾盐矿床外，还发现了云南以及东部沿海各省多处石盐、芒硝、天然碱矿床和钾盐找矿线索。新疆库车盆地的盐矿床和达坂城等盐湖也得到进一步了解。在60年代前期，他正负责着北京地质学院的教学及领导工作，但他不辞辛苦，在盐矿地质人才培养、工作部署等方面，不仅参与组织筹划，而且亲自奔走于川滇黔和东部各省工地，三度进入柴达木盆地，冒着发生严重的高山反应的危险，白天奔走在崎岖的盐垄之间，夜晚顶着严寒露宿于盐滩之上，为找盐找钾事业做出了贡献。同时，他还根据国外经验，提出了找油气工作中兼探盐类矿床的方针（油盐兼探），得到地质和石油两个部门的重视。1972年，袁见齐应邀去江汉油田，边参加油盐兼探，边传授钾盐成矿理论。他预言在江汉盆地中可能找到硫酸钾盐层，这一预见终为钻探所证实。

1976年后，袁见齐在培养硕士、博士研究生时，十分注意盐类矿床地质学的建设和发展，提出除继续寻找钾盐矿床外，应注意蒸发盐建造中其他矿种的寻找。他虽不能亲往找矿现场，但仍壮心不已，以80高龄亲临化工部钾盐矿床培训基地，并登临泰山极顶，使参加培训的中青年地质工作者深受感动。

3. 精心育人的地质教育家

袁见齐是一位优秀的教师，这是师生共同的评价，在盐矿地质工作者心目中也是一位德高望重的前辈。他曾两次受地质部的委托主持"钾盐矿床训练班"（1961，1962）的培训工作。他主编的《钾盐找矿须知》和《钾盐地质讲稿汇编》、《寻找钾盐矿产文集》等，曾作为地质部第一地矿司统一印发的技术干部学习材料。他和许多在盐矿地质勘查工作第一线的技术干部结下了深厚的友谊。1979年他受聘为化学工业部化工矿产地质研究所的科学顾问，多次到该所讲学和作学术报告，并亲自参与化工部钾盐矿床的干部培训工作。因此，袁见齐教授的学术思想和科学作风受到大家的一致肯定。他十分重视人才的培养，支持和鼓励优秀中青年学者脱颖而出。他主持研究生部工作时，特别注重基本训练和野外工作中的独立思考能力的培养。在审阅年轻人的学术论文时，总是强调要有独立的学术观点和见解，鼓励年轻学者做出高水平的科研成果。他一贯主张要加强基础教育，培养独立工作能力和良好学风，发挥教师的教书育人作用。他长期主管学校的教务工作，认真负责，实事求是，以朴实真诚的精神为教学服务，深受大家的尊敬和爱戴。

三、袁见齐主要论著

袁见齐.1946.西北盐产调查实录.盐政丛书

袁见齐.1946.新疆库车、拜城、温宿岩盐之成因.地质论评，11（5/6）：319～328

袁见齐.1959.柴达木盆地中盐湖的类型.地质学报，39（3）：318～323

袁见齐.1960.盐类矿床的分类及其在中国分布规律的初步意见.全国盐矿盐湖学术会议论文集，第一辑：1～14

袁见齐.1961.中国内陆盐湖钾盐沉积的若干问题.地质学报，41（1）：1～5

袁见齐.1964.钾盐矿床成矿理论的发展与钾盐找矿问题.中国地质，（10）：23～29

袁见齐.1975.钾肥与钾盐矿床.北京：石油化学工业出版社

袁见齐，朱上庆，翟裕生主编.1979.矿床学（高等学校试用教材）.北京：地质出版社

袁见齐，霍承禹.1980.中国碎屑岩系中钾盐矿床的形成条件//国际交流地质学术论文集（为第二十六届国际地质大会撰写）成矿作用和矿床分册，第三辑.北京：地质出版社：121～126

袁见齐，霍承禹，蔡克勤.1982.盐类矿床成因理论的新发展及其在矿床学上的地位.矿床地质，1（1）：15～24

袁见齐，霍承禹，蔡克勤.1983.高山深盆的成盐环境——一种新的成盐模式的剖析.地质论评，29（2）：159～165

袁见齐，蔡克勤.1985.盐类沉积演化阶段及其特征//沉积学和有机地球化学学术会议论文集.北京：科学出版社：146－152

袁见齐，霍承禹，蔡克勤.1985.干盐湖阶段的沉积特征兼论钾盐矿层的形成.地球科学，10（4）：1～9

袁见齐，蔡克勤.1986.中国中新生代的盐体构造//湖北石油学会主编.蒸发岩与油气.北京：石油工业出版社：1～9

袁见齐，高建华.1987.中国中新生代盐盆地的构造控制.地球科学，12（4）：337～349

袁见齐，段振豪.1989.掺杂作用与HW模型在掺杂作用研究中的应用.地球科学，14（5）：553～562

袁见齐，蔡克勤，曲一华.1993.我国钾肥资源潜力与对策分析//中国资源潜力、趋势与对策（中国科学院学部讨论会论文集）.北京：北京出版社

袁见齐，蔡克勤等.1994.第四章 中国盐类矿床//《中国矿床》编委会编，宋叔和主编.中国矿床（下册）.北京：地质出版社：162～228

袁见齐，蔡克勤，赵德钧.1994.蒸发沉积作用与蒸发岩//冯增昭等主编.中国沉积学.北京：石油工业出版社：774～798

袁见齐，杨谦等.1995.察尔汗盐湖钾盐矿床的形成条件.北京：地质出版社

主要参考文献

袁见齐. 1989. 袁见齐教授盐矿地质论文选集. 北京：学苑出版社

蔡克勤. 2001. 袁见齐//中国科学技术协会编. 中国科学技术专家传略·理学编·地学卷2. 北京：中国科学技术出版社：71~83

本书编委会. 2007. 袁见齐教授诞辰百周年纪念文集. 北京：中国地质大学：35~42

撰写者

蔡克勤（1942~），江苏省太仓市人，中国地质大学（北京）教授，博士生导师。主要从事非金属矿床（盐类矿床）地质勘查研究。曾任袁见齐晚年的工作助理。

袁迈（1947~），上海奉贤人。袁见齐之女。

****

李悦言

李悦言（1908~1995），山东莒县人。矿床学家，中国化工原料矿产地质、盐类矿产地质研究的重要开拓者和奠基人。1935年毕业于北京大学地质系。曾任经济部中央地质调查所技正、化学工业部地质局地质处长、地质部地质矿产司副总工程师和科学技术顾问委员会委员及科学技术高级咨询中心咨询委员等职。他早年参加周口店古人类遗址发掘，并从事华北地区区域地质，特别是新生代地质及脊椎动物化石的研究工作。抗战初期及中期在四川、云南全省调查盐矿地质，为四川岩盐、卤水的开发和以后云南钾盐矿的发现打下了基础。抗战后期，在永利化学工业公司工作，为化工原料矿产的勘查和开发做出了贡献。50年代初，在重工业部、化工部地质局开创化工原料地质工作，调查分析化工原料矿山资源状况，为化工企业的改建、扩建和发展创造了条件。以后在地质部主管非金属矿产地质工作，指导了磷、硫、钾等资源的调研。他指导的广东大降坪硫铁矿勘查，为1964年地质部全国勘查经验交流会提供了样板。他还指导编制了非金属矿产勘查规划、规范、规程。

一、简　历

李悦言，1908年6月27日生于山东莒县，1995年8月13日于北京病逝，享年87岁。

李悦言在山东莒县念完初中后，升入山东省立济南中学，当时正值大革命时期，他积极参加学生爱国运动，加入了中国社会主义青年团。在国共合作的形势下又加入国民党。高中毕业后，他到国民党山东省党部工作了一段时间。因不满国民党政权的腐败，他努力复习功课。1931年夏，他以优异成绩考入北京大学地质系本科。

他在北大地质系受到了很好的教育，那里有很强的师资阵容，很多著名地质学家亲自为他们讲课，如丁文江（普通地质学）、李四光（岩石学、构造地质学）、葛利普（地史学、古生物学）、孙云铸（古无脊椎动物学）、杨钟健（古脊椎动物学）、斯行健（古植物学）、谢家荣（矿床学）、何作霖（光性矿物学）等。还有几位很得力的助教，如高振西、赵金科、金耀华、胡伯素等。北大地质系还常请校外专家来举办讲座，如翁文灏讲"北京人"，巴尔博讲"中国地文期"，谭锡畴讲"野外地质"等。

1935年，李悦言从北大地质系毕业，考入北平实业部地质调查所。一进该所，他便深深地体会到从老所长丁文江开始到现任所长翁文灏建立起的一套严格的制度。所长在上下班都按时查勤，迟到的人会在办公桌上收到一张"请到我办公室来一趟"的条子。公家的东西，乃至巴掌大的便条，都不能乱取乱用。到所不久，他被派到北平西南郊周口店古人类遗址去与贾兰坡、卞美年等一起从事发掘工作。当年秋冬之交，他与同时考入地质调查所的同班同学阮维周组成一个野外调查队，到河南洛阳，再穿过东秦岭伏牛山到南阳，进行了3个月的野外工作，直到次年初才结束。

1936年9月，李悦言奉派去山西垣曲县及河南渑池县调查第三纪初期地层及垣曲盆地、渑池盆地的地质构造。1937年春，他随王竹泉去北平西郊西山，调查了杨家屯煤田地质。

抗日战争全面爆发后，李悦言随地质调查所内迁。1938年2~6月，他与杨钟健、卞美年调查了湖南第三纪盆地的红色岩层。

1939年1月李悦言与陈秉范等组成四川食盐矿调查队，调查了川北盐田，历时两月。同年5月开始，他单独调查了五通桥盐区，历时4月。同年10月，又与黄汲清由五通桥出发去自流井调查川南盐田，陈贲、李峰年则协助他从事地质调查及地形测绘工作，至1940年4月基本完成。此后永利化学工业公司要在五通桥设分厂，李悦言为此勘察了深井。1940年10月，他调查了彭山、眉山的硝盐矿。1942年1月，调查了川东盐田。李悦言调查四川盐矿前后三年，其中纯野外工作时间就将近一年半。

1943年，李悦言到内迁至四川的永利化学工业公司工作，协助化工专家侯德榜兴办化学工业，为化工原料矿产的勘查和开发做出了贡献。

新中国成立之初，李悦言先是担任中国地质工作计划指导委员会华北地质局地质勘探队队长，后调到重工业部化工局及化学工业部地质局任地质处长。他为开创化工矿产地质工作，促成第一批五支化工地质勘查队伍的建立创造了条件，并指导这批队伍开展找寻磷、硫、硼、石灰石等化工原料矿产的勘查工作。他还对原有的化工原料矿山的资源状况进行了调查分析，为老化工企业的改建、扩建和发展提供了依据。他是我国化工矿产地质工作的奠基人之一。

1958年李悦言调到地质部任地矿司副总工程师，主管非金属矿产地质工作。他重视实践，深入基层，为我国基本化学工业和农业发展所需的磷、硫、钾等资源进行了大量的调研和技术指导，取得了很大的成绩。如对四川钾盐资源，青海盐湖资源的普查、远景预测以及勘查工作的开展进行了技术指导，推动了这些工作的开展。他参与了中央和国务院"关于钾盐地质工作新老并举、海陆并举"方针的制定。他对云贵川鄂地区磷矿地质工作的开展和扩大资源远景的工作进行过指导。广东大降坪硫铁矿的矿产勘查工作，在他的指导下，地质队认真总结了一套好经验，为1964年地质部举办的大降坪矿产勘查经验全国交流会提供了样板，对地质部系统的矿产勘查工作起了很大的推动作用。他还指导编制了多种非金属矿产的勘查规划和各种勘查规范、规程，对勘查工作的有序发展具有重要意义。

20世纪80年代，李悦言曾参加国际地质对比计划（IGCP）中有关磷矿的156号项目的工作，他出任中方负责人，同时为英国出版的磷矿论文集撰写了论文。他还担任了巨型专著《中国矿床》的编委，并领导撰写了该书下册第一章"中国磷矿床"。

二、学术成就

(一) 区域地质学

李悦言1937年发表《山西垣曲盆地新生代地质》一文。文中述及晋、豫两省交界的黄河南北两岸之同善镇盆地、垣曲（古城）盆地、渑池盆地，它们均位于中条山脉之南，东秦岭山脉之北。震旦纪、寒武纪、奥陶纪、石炭纪的老地层形成高山及盆地边界，盆地中心则发育厚达1000余米的新生代地层，底部几乎全为块砾岩，为河流相沉积；中上部多为砂页岩、泥灰岩，为湖相沉积。另有安山岩沿断层及褶皱轴喷出，又有侵入于古老岩层中的石英斑岩，均应为燕山运动之产物。燕山运动之后亦有新构造运动使盆地抬升，因此当地可以分出若干地文期，自老到新为：北台期、唐县期、黄水期、清水期、马兰期。

李悦言与王竹泉（第一作者）1938年发表了《北平西山杨家屯煤田地质》一文。他们查明了该处的地层顺序从上往下为：第四纪黄土及冲积层、二叠三叠纪红庙岭砂岩、石炭二叠纪杨家屯煤系、奥陶纪石灰岩。煤田附近有微晶花岗岩、微晶闪长岩，致使煤层发生变质。煤田的地质构造总的为复式向斜，有由于水平压力造成的褶皱与逆掩断层，也有由于垂直压力所致的正断层，这些构造主要是中生代中期至末期的燕山运动造成的。煤田主要可采煤层为大白煤层组，煤层总厚度逾10m，煤质主要为无烟煤，经计算煤矿储量共有1500多万吨。煤田交通亦较便利，有一定经济价值，但与门头沟煤田相比逊色，竞争力不如后者。

1938年，李悦言与杨钟健（第一作者）、卞美年合作发表了《湖南之"红色岩层"》一文。该文详细记述了湖南几个大型含红色岩层盆地——衡阳盆地、湘乡盆地、长（沙）浏（阳）盆地等，研究了该区新生代地史。

1940年，他发表了《秦岭东部新生代盆地之构造》一文。文中所论是其在1935～1936年野外调查的研究成果。通过对山西省西南部及河南省西部的垣曲盆地、陕县（三门峡）盆地、淅川盆地等地层及构造分析，认为这些盆地为断陷盆地。从这些盆地的第三纪沉积地层来看，都厚达一两千米，基本上是下部为河相堆积与湖相堆积相间，中部为湖相堆积，上部又是湖相堆积与河相堆积相间或半河相堆积。第三纪地层内出现若干断层接触。他由此归纳出第三纪初期的盆地发生史如下：①准平原的侵蚀作用；②第三纪以前断层的发生及继续侵蚀——发育第三纪初期盆地地形；③盆地容纳堆积，断层继续活动，盆地继续下降，使盆地成不稳定状态，第三纪中期即有造山运动发生；④第三纪中期造山运动继续加剧，盆地内发生多数断层。

(二) 非金属矿床地质学

1. 盐类（食盐）矿床地质学

李悦言1940年发表的《川盐矿床论》，是他调查四川盐矿的初步总结。文中将四川盐矿大致划分为自贡区、川北区、犍乐区、川东区4个区，一共有10个含盐层位：下三叠统大冶灰岩（盐水）、中三叠统嘉陵江灰岩中的页岩（盐岩、黑卤）及巴东系（盐水）、侏罗系下部砂岩、侏罗系上部砂岩、底部擦耳岩砂岩、九龙场层下部砂岩、九龙场层上部砂岩、常乐镇层下部砂岩、常乐镇层上部砂岩、太和镇砂岩。其中，3～10层都是"黄卤"，5～10层属于白垩纪广元系。盐水是盐岩被水溶解而成，色白而浓度大。黄卤含泥质而呈黄色，浓度低。黑卤含硫化物而色黑，浓度介于以上两者之间。盐矿层分别产于背斜轴部和背斜翼部，前者便于盐岩之保存，后者便于卤水之流动而易于富集。谈到盐矿的成因，李悦言引述了谭锡畴、李春昱的"浸滤饱和说"及林斯澄的"升聚说"。他根据自己的观察研究，认为这是原生的海成（或湖成）盐矿，并且进一步提出"沙洲说"及"干涸说"。

1943年，李悦言发表了《五通桥黄卤水之富集作用》一文，叙述了该区地质情况，附有1：40万"五通桥区地质略图"。着重谈到黄卤的富集作用在于卤量之加多、卤水之加浓，并附有"青龙嘴杨柳湾间各盐井卤水加浓之曲线图"及"鲁公桥吴家山间各盐井卤水加浓之曲线图。"

1944年，李悦言用在四川调查盐矿地质的成果详细撰写成重要专著《四川盐矿志》，以经济部中央地质调查所《地质专报》甲种第18号的形式出版。全书约18万字，附有28个图版，分为绪论（3章）、总论（2章）、分论（5章）、结论（7章）四大部分，堪称他的代表作。

绪论包括引言、前人的研究发现及研究经过（研究始末、研究方法）。总论包括地质略述（地层、构造）和矿床（分布与层位、分类）。

分论分为五大盐矿区——自贡井区、川东盐区、五通桥盐区、川北盐区、彭眉硝盐区，分别叙述其位置及交通、地形、地层、构造、矿床、产区、矿业等方面。

结论部分对每一个盐矿区的现状与发展作了综合叙述：自贡井区是四川最大的盐区，据他当时的计算，储量约276万t，以当时年产约7.5万t计算，可供开采36年，除了已开采部分，可以再维持10余年（该矿至今仍在生产，说明后续普查勘探已将储量扩大若干倍）；川东盐区的云阳盐场及奉节盐场虽产量不大，成本较高，但交通便利，燃料供应充分，对接济湘鄂两省有重大意义；五通桥盐区与自贡井区接近，有可能探明盐岩及黑卤，永利化学工业公司在当地建厂，打深井已探得黑卤，有必要在附近开辟新盐区；川北盐区应当设法降低成本，试探新卤水，改进制盐技术，方便燃料供给，改良运输条件，以求得更好的经济效益；彭眉硝盐区应注意地下水之补给，硝田应少占耕地，以免影响环境和粮食生产，硝井应在向斜轴部岷江附近开凿，以利于交通运输。

结论最后谈到四川食盐矿的地球化学性及食盐矿与石油矿的关系。就前者而言，盐岩卤及黑卤含甚多石膏、钾盐、碘、溴等，证明其成因相同，并且都含有硼酸盐，实为另一特性。白盐卤含硫酸钙、硫酸镁，显示其余地层中的浸滤作用已有很长时间，三叠纪灰岩内的碳酸镁与地下水中硫酸钙溶液作用而生成大量硫酸镁。黄卤及硝卤成分由下而上从富含碳酸盐到富含硫酸盐及氯化钠，代表湖水的变迁史（由低溶解度到高溶解度）。由此可知，盐卤及黑卤成于海水的干涸，白盐卤成于囚盐的溶解，黄卤及硝卤成于盐湖的渐变。关于盐矿与石油矿的关系，则似乎并无必然联系，似更应以石油矿本身的规律去探寻。

2. 硫化铁矿床地质学

1959年，李悦言出版了《怎样找黄铁矿》一书。该书谈到黄铁矿的用途、识别特征、矿床成因、矿石形状、矿床形状、经济价值评定，最后着重谈了勘探方法。

我国已知的有经济价值的黄铁矿床多含在沉积地层内，尤其是含在中石炭世煤系地层的底部页岩内。由于矿床分布面积很大，有很大的远景储量，李悦言在书中提出今后要对全国范围内这一时代的地层，进行沉积黄铁矿床的找矿工作。因为有些地区这一时代的煤层也具有经济价值，今后更要配合煤矿探矿及开采工作寻找黄铁矿。岩浆型黄铁矿床的生成与岩浆岩有关，与大地构造也有关，找矿工作就要在岩浆岩广泛分布和岩层断裂破碎的地区进行。

李悦言认为普查找矿时除注意地质条件外，还要利用黄铁矿本身的导电性、磁性等物理性质，可以用物理探矿仪器在某一地区反应特别显著的地方进行找矿工作，这对没有出露地面的盲矿体是有效的。还要注意岩层表面是否有绿色沉淀物，因为这是黄铁矿矿床存在的直接标志。在进行地表工作时，如地表覆土很厚就必须用探槽和探井，将矿体分段揭露出来。经过地表工作初步确定矿床规模和产状后，要考虑深部勘探问题。无论普查找矿阶段和勘探阶段，要特别注意对地下水和地表水的研究。

在1960年出版的《1958年全国第一届矿产会议文件汇编，第四辑，非金属矿产》一书中，有李悦言和马宇峰合著的《中国的硫化铁矿床》这一总结性文章。该文谈到了硫化铁的用途及硫化物的地球化学性质，之后着重谈到中国硫化铁矿床的成因类型：①与岩浆有关的内生矿床，有接触交代夕卡岩矿床、高温热液矿床、中低温热液矿床；②与沉积岩有关的外生矿床，有生物化学沉积矿床、风化残余矿床。进而谈到中国硫化铁矿床的工业类型：与中泥盆纪火山岩系有关的含铜黄铁矿、与白垩纪火山岩系有关的黄铁矿矿床、石炭二叠纪煤系内的沉积黄铁矿矿床、含于古生代地层内的热液矿床、含于前古生代变质岩系的黄铁矿矿床、接触交代及高温热液类型的磁黄铁矿矿床、风化残余矿床。最后，提出今后普查方向。

3. 硼矿床地质学

1960年，李悦言与郑绵平合著《中国的硼矿床》一文。文中谈到我国已知与岩浆活动有关的硼矿床，已广泛发现了接触交代型矿床，见于辽宁、吉林及河北各省者，系赋存在前震旦纪变质岩系内，矿床的生成与岩浆活动有关，含矿围岩有显著蚀变现象。与沉积岩有关的矿床，在我国分布地区很广，所具类型也很多。我国已发现的海相沉积矿床，见于四川省自贡市辖区，含矿地层为三叠纪嘉陵江石灰岩。我国已知内陆湖沉积矿物分布很广，类型也很多，而已确定有经济价值的矿床为现代湖沼沉积，其湖水及湖泥皆含有硼矿物。

最后谈到今后应于前震旦纪镁质碳酸盐岩层分布地区内，根据岩矿物质成分及有关成矿地质条件，继续普查接触交代硼矿床这个找矿方向。

4. 磷矿床地质学

李悦言曾担任1983年成立的《中国矿床》专著编委会委员，并具体领导编写了其中的一章《中国磷矿床》。该章主要分为概述、中国磷矿床类型基本特征及矿床实例、中国磷矿床的主要成矿规律三节。第一节是李悦言亲自撰写的，他简单叙述了磷在工农业上的广泛用途后，提到了程裕淇、谢家荣、赵家骧等磷矿床地质学先驱们对昆阳、凤台、海州等磷矿的发现和研究以及新中国时期磷矿地质普查勘探的重大成就。在阐明中国磷矿地质概况的基础上，综合了中外矿床地质学各家对磷矿床的分类，提出了新的分类方案。第二节对中国各主要磷矿床（扬子成磷区、华北成磷区、天山成磷区）作了详细的介绍。第三节总结了中国震旦纪—寒武纪海相磷块岩矿床在物质组合上的主要规律：含磷岩组和磷块岩矿层，在纵横两个方向上都处于碎屑岩至碳酸盐岩之间，并和磷块岩与白云岩密切共生。

5. 其他非金属矿床地质学

李悦言与陈秉范1939年发表了《四川北部之沥青石》一文，述及四川北部原定为白垩系的常乐镇层、太和镇砂岩及三台砾石层中普遍含沥青石，往往呈凸镜状、曲片状、细脉状、瘤状及其他不规则形状，究其成因，是含油砂岩层露出地表，石油及天然气挥发了，无挥发性的沥青石残留了下来。因此，它可以作为油苗（油气显示）而有助于为石油天然气勘探提供线索。其本身露头零星、分布散乱、储量甚微，并无经济价值，而有的地方错误地当成煤矿来开采，更是应当做出澄清与指正。

李悦言1941年发表了《四川叙永县之含水火泥矿》一文。该文论述了叙永县南区及东区的耐火黏土矿，其层位在下二叠统阳新灰岩与上二叠统的乐平煤系之间的假整合风化面上，此风化面经侵蚀成凹凸不平状，当地称为"滑石"，他们当时命名为"含水火泥"。矿体分布受地质构造影响，沿一背斜层走向分布。另外凉水井穹窿构造亦存在上述假整合面，故也有此矿体。当地耐火黏土矿以前只用于医药及烧制陶瓷。抗战期间，冶金工业等急需耐火材料，于是此地耐火黏土成为大规模开采的矿业，仅其东区凉水井矿区日产已达50t左右。最后，他提出对叙永耐火黏土丰富资源应作有计划的开采，应当选择阳新灰岩顶部低凹处，优先开采，最好利用当地无烟煤将耐火黏土烧制成耐火砖再外运，以减少运费，降低成本，提高经济效益。

李悦言把毕生精力倾注在我国非金属矿产地质工作上，呕心沥血，鞠躬尽瘁。尽管经历过多次政治运动，特别是在"文化大革命"中受到不公正的待遇，但他仍然胸怀祖国，孜孜不倦地为地质事业发展辛勤工作。他在重病缠身、视力严重衰退的情况下仍然关心地质勘查事业的发展，不时询问地勘工作新成果。

三、李悦言主要论著

李悦言. 1937. 山西垣曲盆地新生代地质. 地质论评, 2（4）: 377~388
王竹泉, 李悦言. 1938. 北平西山杨家屯煤田地质. 地质汇报, 第31号: 39~56
Lee Y Y. 1938. Some new fossil localities in the eastern Tsinling. *Bull Geol Soc China*, 18（3/4）: 227~240
Lee Y Y. 1938. The early Tertiary deposits of the Yuanchu Basin on the Honan-Shansi border. *Bull Geol Soc China*, 18（3/4）: 241~258
Young C C, Bien M N, Lee Y Y. 1938. "Red beds" of Hunan. *Bull Geol Soc China*, 18（3/4）: 259~300
李悦言, 陈秉范. 1939. 四川北部之沥青石. 地质论评, 4（5）: 339~342
李悦言. 1940. 秦岭东部新生代盆地之构造. 地质论评, 5（4）: 327~334
李悦言. 1940. 川盐矿床论. 地质论评, 5（6）: 493~505
李悦言. 1941. 四川叙永县之含水火泥矿. 地质论评, 6（3）: 284~290
Lee Y Y. 1942. The geochemical interpretation on the salt deposits in Szechuan. *Bull Geol Soc China*, 22（3/4）: 277~292
李悦言. 1943. 五通桥黄卤水之富集作用. 地质论评, 8（1~6）: 91~98

李悦言.1943.四川盐矿地球化学性（节要）.地质论评，8（1~6）：146

李悦言.1944.四川盐矿志.地质专报，甲种，第18号：1~201

李悦言.1957.玻璃原料石英岩及石英砂岩地质勘探工作中的体会.地质知识，（5）：17~18

李悦言.1959.怎样找黄铁矿.北京：地质出版社

李悦言，马宇峰.1960.中国的硫化铁矿床//1958年全国第一届矿产会议文件汇编，第四辑，非金属矿产.北京：地质出版社：95~101

李悦言，郑绵平.1960.中国的硼矿床//1958年全国第一届矿产会议文件汇编，第四辑，非金属矿产.北京：地质出版社：215~221

李悦言，罗益清，东野脉兴等.1994.第一章 中国磷矿床//《中国矿床》编委会编，宋叔和主编.中国矿床（下册）.北京：地质出版社：1~59

主要参考文献

王恒礼，王子贤，李仲均.1989.中国地质人名录.武汉：中国地质大学出版社：119~120

程裕淇.1996.李悦言//程裕淇，陈梦熊主编.前地质调查所（1916-1950）的历史回顾——历史评述与主要贡献.北京：地质出版社：286~287

撰写者

潘云唐（1939~），生于四川合江，祖籍湖北广济（现武穴市），中国科学院研究生院教授。

由雪莲（1984~）辽宁辽阳人，中国科学院地质与地球物理研究所博士研究生，专业为沉积地质学与石油地质学。

****

张祖还

张祖还（1910~2000），江苏南京人。铀矿地质–同位素地质学家。1933年毕业于中央大学地质系。1952年起历任南京大学地质系教授、博士研究生导师、副系主任、放射性矿产地质教研室主任，国务院学位委员会学科评议组成员，江苏省地质学会常务理事，江苏省地震学会理事长，中国核学会铀矿地质学会理事等职。他长期致力于铀矿地质学、同位素地质学的教学和科学研究工作。他在60年代初阐明了华南不同时代花岗岩的铀含量和放射性强度从老到新的递增规律，并根据同位素年龄数据及地层不整合现象指出华南印支运动和印支期花岗岩的存在。70年代末他首创研究两类不同成因产铀花岗岩（改造型和同熔型）及其铀成矿特征，厘定了这两类铀矿床在成矿热液性质、矿石物质成分、成矿物理化学条件及矿岩时差等方面存在的明显区别，对研究和寻找花岗岩型铀矿床有较大的实际指导意义。80年代他重视华南东部陆壳演化与铀成矿关系的研究，对华南东部陆壳前震旦纪变质基底、震旦系的构造演化及同位素地质和地球化学特征提出一系列新见解。他前后共指导培养了数十名博士、硕士研究生，并均成为我国核能地质领域的重要技术骨干。同时主持完成核工业部、国家教委多项重要研究课题。曾获国家自然科学奖二等奖，国家教委科技进步奖二、三等奖。

一、简　　历

张祖还，字慰桥，祖籍江苏江宁。1910年2月14日生于江苏省南京市，2000年2月17日于南京逝世，享年90岁。

张祖还出生于知识分子家庭。父亲张曾壁为中学教师。张祖还幼年先后就读于江宁公学（小学）、江苏省立第一中学、江苏省立南京中学等。1929年秋考入南京中央大学地质系。在大学学习期间他参加了以李学清教授为首的四川地质考察团，调查了綦江铁矿、自贡盐矿及石油天然气的地质情况，受到了良好的野外地质工作锻炼，曾撰写的《山东泰山杂岩的显微镜下研究》一文，获中央研究院地质学优秀论文奖及奖金。

张祖还于1933年从中央大学地质系毕业后进入中央研究院地质研究所工作，任图书管理员。曾先后参加宁镇山脉地质调查、江苏东海磷矿调查、江西景德镇瓷土调查、安徽庐江明矾石矿及浙江诸暨铅锌矿的地质调查工作并提交了调查报告。1937年经资源委员会借调参加了云南锡矿勘探队，调查勘测了个旧老厂锡矿区主矿井的施工建设。1939年调往云南一平浪矿务局任副工程师及分矿矿长。1941年调往个旧云南矿业公司工作，主持瓦房冲铁矿区的勘探和采矿工程的施工。1943年参加贵州矿产勘测团并任地质技师，先后调查了黔桂铁路都匀—独山段沿线地质矿产并编制了贵州省地质图。1944~1949年任中央大学地质系副教授，讲授普通地质学、矿物学、工程地质学等课程。

1949~1952年，新中国成立后，中央大学改名为南京大学，张祖还继续担任南京大学地质系副教授，1952年晋升为教授。1952~1957年院系调整后，被任命为地质系副主任。为了适应工科教学需要，他负责建立了找矿勘探教研室，讲授找矿勘探方法、钻探工程及矿山掘进业务等工科课程，并结合生产实习承担了地质部的矿产普查和区域地质调查任务，先后对湖南香花岭锡矿等矿产进行普查工作和安徽大别山、宁镇、宁芜、苏州等地的区域地质调查工作。

1958年，南京大学地质系受第二机械工业部委托，负责筹办放射性矿产地质专业并建立放射性地质教研室，张祖还任教研室主任，新开设"铀矿床学及找矿勘探方法"课程，并编写了相关教材。同时为开展华南区域地质构造和花岗岩时代问题研究，负责筹建了同位素地质实验室，1962年开始招收培养硕士研究生。在他参与领导的科研项目"华南不同时代花岗岩类及其与成矿关系研究"中，对华南花岗岩的放射性特征和铀含量变化规律进行了研究，根据同位素年龄数据探讨了华南花岗岩分期问题，指出印支运动和印支期花岗岩的存在和意义，阐明了从老到新花岗岩铀含量和放射性强度递增的规律，为该项目研究做出了重要贡献。该项目获得国家自然科学奖二等奖。

1977年"文化大革命"结束后，放射性矿产地质专业恢复招生。张祖还继续担任南京大学地质系副主任及铀矿地质教研室主任。1981年任国务院学位委员会学科评议组原子能科学技术分组成员。1983年，经国务院学位委员会通过，国务院批准他为博士研究生导师。

1981~1985年他负责主持完成核工业部"七五"重点科研项目"华南产铀花岗岩及有关铀矿床研究"，系统地阐述了产铀花岗岩的形成地质背景、岩石矿物和地球化学特征，首次揭示了地壳改造型和同熔型两种成因类型花岗岩中铀矿床的成矿地球化学特征，提出了产铀花岗岩的综合判别标志。该项研究成果具有较大的理论意义和实际应用价值，获1988年度国家教委科技进步奖二等奖。

张祖还十分重视地质教学工作，治学严谨，先后培养出数百名铀矿地质人才，其中包括数十名硕士和博士，如今他们都已成为我国铀矿地质工作中的主要技术骨干。他在铀矿地质学和同位素地质学研究方面造诣很深，曾主持核工业部重点科研项目及多项国家教委博士点基金课题，获国家教委科技进步奖二、三等奖。撰写科研学术论文及地质报告80

多篇，出版专著及教材 5 部，为我国地质教育及核能地质科学研究做出了重要贡献。

张祖还曾兼任江苏省地质学会常务理事、江苏省地震学会理事长、江苏省储量委员会委员、江苏区域地质测量指导组组长、江苏省科协理事、中国核学会铀矿地质学会理事等职务。

二、主要科学研究成就、学术思想及其影响

1. 致力于我国区域地质调查研究，编撰《中国地质学》

区域地质调查是张祖还一贯重视并致力从事的研究领域，早在 20 世纪 30 年代起，他先后参加了宁镇山脉地质调查、云南锡矿调查勘测、贵州黔桂铁路沿线地质矿产勘测。50 年代，他带领南京大学地质系师生结合教学生产实习，在湖南香花岭锡矿等地开展矿产普查工作，并在安徽大别山、宁镇、宁芜、苏州等地进行了大面积区域地质测量工作。这不仅为培养当时我国急需的地质人才做出了贡献，而且为我国第一个五年计划建设提供了第一手的地质资料。在进一步收集国内最新地质资料的基础上，结合地质教学需要，张祖还与郭令智、俞剑华等有关教师编撰了《中国地质学》，并作为高等学校试用教材于 1961 年出版。该教材不仅满足了当时地质教学的需要，而且成为后来地质工作者全面了解我国地层、地质构造概况的一本重要参考书。

2. 开拓同位素地质年代学研究新领域

在 20 世纪 60 年代初，随着南京大学地质系对华南花岗岩研究的逐步深入、研究范围的不断扩展和研究工作的迫切需要，张祖还带领青年教师及研究生，于 1962 年开始筹建钾-氩法同位素年龄测定及质谱实验室。在克服了技术上和各种原材料的一系列困难后，实验室于 1964 年建成，并为所研究了华南江西、广东、安徽、广西等地一系列花岗岩，测得一批 K-Ar 同位素年龄数据，确证华南雪峰期、加里东期、印支期、燕山期花岗岩的存在，为华南不同时代花岗岩研究提供了科学的重要同位素年龄证据，指出印支运动和印支期花岗岩的存在和意义。

他十分重视如何应用同位素年龄数据科学地进行地质解释。在 20 世纪 70~80 年代，随着多种同位素定年技术的开展和大量同位素年龄数据的积累，出现了一些同位素年龄数据与地质野外观察结果不甚一致的现象。他在全国同位素地质会议（1978）上指出，一方面应对采用的测定方法、测定对象及采样加工方法进行认真分析，另一方面要详细观察所研究样品的野外产出的地质条件和构造背景，这样才能做出合理的地质解释。他特别强调对应用花岗岩同位素年龄数据时要考虑复式岩体存在的可能性及同一岩体不同部位冷凝时间的差异。他还指出，一个地区的火山岩往往是多中心喷发的产物，各个喷发中心活动的时间可能并不一致，因此仅根据岩性对比建立大范围的火山岩层序是靠不住的。这对地质界研究火山岩地层的划分对比提供了重要启示。

3. 揭示华南不同时代花岗岩铀含量特征和放射性强度分布规律

铀作为一种放射性微量元素，在花岗岩中普遍存在，它一方面可以作为一种对比花岗岩时代的特征性元素，更重要的是通过不同花岗岩体中铀含量的对比研究，对于指导铀矿床的找矿工作具有很大的实践意义。有鉴于此，在 20 世纪 60 年代，张祖还等在放射性矿

产地质教研室创建了铀、钍分析实验室，采用珠球荧光比色法对华南不同时代数十个花岗岩体的铀含量进行了研究，发现华南不同时代和不同阶段的花岗岩具有从早期到晚期、从早阶段到晚阶段，随着岩浆分异演化和岩石酸性程度增强，其铀含量有逐步增高的规律性变化。此外，通过溶浸试验发现贵东花岗岩体的铀浸出率达50%以上，最高达75%，表明花岗岩中以分散形式存在的活性铀占主要部分，这为花岗岩型铀矿床中成矿物质来源研究提供了重要的地球化学证据。

花岗岩中的铀、钍和放射性钾（^{40}K）及其衰变产物都具有放射性，因此在野外可以用辐射仪直接测量和研究大面积花岗岩的总放射性（伽马）强度。张祖还等从1963年起对华南部分花岗岩体（贵东、大容山等）进行了专门的放射性测量，同时总结分析了南京大学地质系历年在赣南、粤北、湘东、浙西、皖南和苏南等地区进行1：20万野外放射性测量获得的第一手资料，发现华南不同时代花岗岩的放射性强度表现出随着花岗岩的时代越新，放射性强度也越高的规律性变化，在同一岩体中不同相带也表现出从内部相到边缘相放射性强度依次增高的特点。他提出花岗岩体的放射性特征可以作为对比岩体时代和岩体分期分相的一种重要依据。

张祖还经过对华南花岗岩的放射性特征和铀含量变化规律进行综合研究，阐明了不同时代花岗岩从老到新，铀含量和放射性强度递增的规律，为"华南不同时代花岗岩类及其与成矿关系研究"课题项目研究做出了重要贡献，项目于1978年获得国家自然科学奖二等奖。

4. 首创研究两类不同成因产铀花岗岩及其铀成矿特征

花岗岩型铀矿床是指与花岗岩类岩石在空间上与成因上有密切联系的铀矿床，它在我国华南广泛分布，是我国最重要的工业铀矿类型。张祖还通过对华南不同成因类型花岗岩与产铀花岗岩的对比研究发现，在华南广泛分布的三种成因类型花岗岩中，只有改造型（S型）和同熔型（I型）两类与花岗岩型铀矿床有密切的成因联系。张祖还等对华南地区11个改造型及同熔型两种不同成因类型产铀花岗岩体及其有关铀矿床的地质地球化学特征进行了系统深入的研究，不仅阐明了两类产铀花岗岩在大地构造位置、岩石学、岩石化学、微量元素地球化学及同位素地球化学等特征方面存在的明显差异，而且首次厘定了这两类铀矿床由于其花岗岩在形成地质构造背景、成岩物质来源及成矿机制和成矿物质来源不同，而表现出在成矿热液性质、矿石物质成分、成矿物理化学条件及矿岩时差等方面特征存在的明显区别。在此基础上，分别对改造型产铀花岗岩体和同熔型产铀花岗岩体提出了估算其铀成矿潜力的22项数字定量化综合判别标志，这对指导寻找花岗岩型铀矿床有较大的实际意义。该研究项目成果获得1988年度国家教委科技进步奖二等奖。

5. 提出我国碳硅泥岩型铀矿床成因及成矿机制多样性的新认识

碳硅泥岩型铀矿床在我国华南广泛分布，是我国重要的工业铀矿类型之一，长期以来参照国外分类方案划分为沉积成岩型、淋积型和热液型三种成因类型。通过对我国江西、湖南、广西等地碳硅泥岩型铀矿床地质成矿特征的详细研究，张祖还发现我国的碳硅泥岩型铀矿床类型具有显著特点，与国外碳硅泥岩型铀矿床类型相比存在较大差别，其特点有三：与花岗岩关系十分密切；其成矿物质来源具有多样性特点；具有层控特征。根据这些特点，他将我国华南碳硅泥岩型铀矿床划分为6种类型：①与花岗岩有空间和成因联系，成矿物质来源于花岗岩的热液改造型碳硅泥岩型铀矿床；②与花岗岩有空间和成因联系，成矿物质主要来源于花岗岩，部分来源于控矿地层的热液改造型碳硅泥岩型铀矿床；③形成于富铀花岗岩外接触带，成矿物质主要来源于控矿地层的热液改造型碳硅泥岩型铀矿床；④与花岗岩无空间和成因联系的，成矿物质就地取材的热液改造型碳硅泥岩型铀矿床；⑤与花岗岩无空间和成因联系的，成矿物质就地取材，改造成矿作用主要为浅部含铀地下水的淋积型铀矿床；⑥与花岗岩无空间和成因联系的，成矿物质就地取材，改造成矿作用不明显的成岩型碳硅泥岩铀矿床。这不仅丰富了铀成矿理论，而且对在华南寻找有工业价值的碳硅泥岩型铀矿床有较大的实际指导意义。

6. 对华南东部陆壳构造演化与铀成矿关系的新见解

华南东部是我国重要的铀成矿区之一，集中分布着具有重要经济价值的花岗岩型、火山岩型和碳硅泥岩型等类型铀矿床，但它们产出在特定的地质构造部位。通过对华南产铀花岗岩及铀矿床研究发现，产铀花岗岩体的成因类型、形成时代、矿物岩石学特征、岩石化学和微量元素及同位素地球化学等特征明显受陆壳演化所制约，而铀矿床物质成分和氧、铅、硫、碳等稳定同位素组成也与陆壳特别是深部地壳组成和演化有密切关系。因此，为了在华南选择有利的新的铀成矿远景区和探寻类似于加拿大和澳大利亚产出在中元古代地层中的不整合型铀矿床，1988~1993年，张祖还指导师生先后对湘、浙、赣、皖的前侏罗纪地层进行野外地质调研，取得了丰富的第一手资料。通过系统全面研究，张祖还等提出了新的认识：华南东部原始陆壳形成的时间约为2700Ma，明显较华北地台晚；华南东部中元古代基底岩石演化成熟度低；华南东部陆壳成熟演化的重大转折发生在震旦—寒武系。并指出华南东部缺乏有利于形成中元古不整合型铀矿床的区域成矿条件，而晚元古—早古生代地质构造层是最有成矿潜力的产铀建造层。这为在华南探寻不整合型铀矿类型提供了新思路。该研究成果获1995年度国家教委科技进步奖三等奖。

三、张祖还主要论著

张祖还．1936．江苏东海之磷灰岩．国立中央研究院地质研究所丛刊，第5号：75~116

张祖还，郭令智，俞剑华等．1961．中国地质学．北京：人民教育出版社

张祖还．1963．世界铀矿资源发展现状．中国地质，(11)：25~30

张祖还．1964．扬子江下游中生代地壳运动性质．高等学校自然科学版，试刊第1期：5~9

张祖还．1966．华南不同时代花岗岩类中放射性元素——铀的地球化学//南京大学．华南不同时代花岗岩类及其与成矿关系研究（上册）．北京：中华人民共和国科学技术委员会：113~116

张祖还．1966．华南不同时代花岗岩的放射性研究//南京大学．华南不同时代花岗岩类及其与成矿关系研究（上册）．北京：中华人民共和国科学技术委员会：198~206

张祖还．1966．华南花岗岩钾–氩法绝对年龄测定数据的初步报导//南京大学．华南不同时代花岗岩类及其与成矿关系研究（上册）．北京：中华人民共和国科学技术委员会：207~211

张祖还．1974．华南不同时代花岗岩分期问题．南京大学学报（自然科学版），(2)：89~98

张祖还．1979．浅谈同位素年龄数据在地质应用中的一些问题//全国同位素地质会议文集（第二集）．北京：地质出版社：1~5

张祖还，闵茂中．1983．8411铀矿床成因的稳定同位素研究．放射性地质，(4)：12~17

张祖还，赵懿英，章邦桐等．1984．铀地球化学．北京：原子能出版社

张祖还，沈渭洲，章邦桐．1984．黄梅尖岩体成岩作用的锶同位素研究．岩石矿物及测试，(1)：26~32

张祖还，沈渭洲，饶冰.1984.376铀矿床的同位素地质研究.南京大学学报（自然科学版），（3）：543~553

张祖还.1986.论华南碳硅泥岩型层控铀矿床的成矿地质背景及其成因的多样性.铀矿地质，（6）：321~329

张祖还，章邦桐，沈渭洲等.1986.华南两种类型花岗岩及其与铀矿床关系//徐克勤，涂光炽主编.花岗岩地质和成矿关系.南京：江苏科学技术出版社：335~345

Zhang Z H. 1990. On the geological characteristics of SE-China uranium province and the distribution of uranium belts//Uranium Provinces in China. Beijing: Bureau of Geology of the China National Nuclear Corporation: 17~27

张祖还，章邦桐等.1991.华南产铀花岗岩及有关铀矿床研究.北京：原子能出版社

张祖还.1991.华南东部陆壳演化和铀成矿作用的若干问题讨论.南京大学学报（地球科学版），3（2）：103~110

章邦桐，张祖还等.1993.华南东部陆壳演化与铀成矿作用.北京：原子能出版社

章邦桐，张祖还，倪琦生.1993.内生铀矿床及其研究方法.北京：原子能出版社

主要参考文献

王德滋.2002.南京大学地球科学系史.南京：南京大学出版社：58~59

王德滋.2011.南京大学地球科学与工程学院简史.南京：南京大学出版社：47~48

撰写者

章邦桐（1934~ ），江苏江阴人，教授、博士生导师，曾任南京大学地球科学系铀矿地质教研室主任。长期从事铀矿地质及成矿理论研究。

※※※※※※※※※※※※※※※※※※※※※※

夏湘蓉

夏湘蓉（1910~2001），江西南昌人。地质学家，中国地质学史研究的倡导者和组织者。1934年毕业于清华大学地学系。历任清华大学助教、江西地质调查所所长，兼任中正大学、江西工专等校教授。曾任湖北省地质矿产局总工程师、中国地质学史研究会首任会长、国际地质学史研究会委员。长期从事地质矿产调查研究，论述颇丰。1949年5月以来，先后任江西省人民委员会工业厅第一副厅长兼中南地质调查所南昌分所所长、中南地质局计划室副主任、地矿室主任、广西地质局总工程师、地质部全国资料局总工程师、湖北省地质局总工程师、湖北省地质学会副理事长、理事长等职。兼任中国科学院自然科学史研究所研究员、《湖北省志·地质矿产》主编。在长达72年的地矿生涯中，早年对丰城煤矿、德兴铜矿、赣南砂金、江西瓷土等矿产资源进行调查评价；中年带头开展"成矿规律"研究，编制了一大批综合地质矿产图件，对鄂东地区铜铁矿床、鄂西地区磷矿床等在找矿方面取得的突破性进展有指导意义；晚年致力于地质学史研究，完成了《中国古代矿业开发史》等专著，获得国内外一致好评，并于1982年获全国优秀科技图书奖。

一、简　历

夏湘蓉，字镜怀。1910年2月28日生于江西省南昌市，2001年5月5日于湖北省武

汉市去世，享年91岁。

青少年时，夏湘蓉虽处于物质匮乏的环境，却在书香门第熏陶之中成长。他念念不忘屈原的教诲："路漫漫其修远兮，吾将上下而求索。"在当年四万万同胞中，从事地质工作的志士仁人不过两百余人，不是因为国人少，也不是因为资源缺，而是在那种科教落后、积贫难返、野外地质工作艰辛的条件下，不少人把地质工作视为畏途，裹足不前。夏湘蓉却不然，为了振兴中华，在清华大学理学院院长熊庆来教授指点下，偏偏爱上了地学专业。

夏湘蓉在长达72年的地质工作生涯中，不论遇到什么艰难困苦，始终如一地热爱地质事业，锲而不舍地为之努力奋斗。在他勤劳的一生中，数不清多少山巅洒下了他的汗水，说不完有多少矿区倾注了他的心血。几十年，他始终忠于职守、勤奋耕耘、献身地质、忠贞不渝。直至耄耋之年，他仍然笔耕不止，研究和总结我国的地质学史。为此，中国地质学会授予夏湘蓉"名誉理事"的光荣称号，享有这种殊荣的地质学家，20世纪在全国只有17位。

1934年，夏湘蓉从清华大学毕业后，留校担任矿物、岩石、矿床学助教。他一丝不苟地在讲坛上传道、授业、解惑，深受学生爱戴和校方欣赏。遗憾的是，忙碌了整整3年的基础成果，后来都被日本军国主义者的铁蹄践踏了。

1937年"七七事变"后，夏湘蓉怀着满腔悲愤，离开北平，绕道烟台，回到故乡南昌，接受尹赞勋先生的意见，留在江西地质调查所工作。在此期间，最早调查了丰城煤矿（同高平）、德兴铜矿（同刘辉泗）、赣县铜矿（同王超翔）、赣南砂金（同章人骏）等矿床。还与高平、陈国达等人一起开展1∶20万区域地质调查，完成并出版了价值珍贵的地质图10幅，这是我国最早出版的中比例尺区域地质调查图件。

夏湘蓉在繁重的地质调查工作中，挤时间到江西中正大学工学院、江西工专、江西农专等院校授课，深受学生们的欢迎。他还兼任江西通志馆编纂，与章人骏、朱显谟等合作编写了《庐山续志稿》中的《地质志略》。这些都为江西省后来的地质工作奠定了坚实的基础。

夏湘蓉在江西地质调查所工作期间，还有一段鲜为人知的艰苦经历。抗战后期，日本侵略军在我中华大地长驱直入，沿赣江南侵，一路生灵涂炭，夏湘蓉也不得不加入了躲避日军的行列。1944年深秋，江西地质调查所被迫从驻地泰和疏散，作为代理高平所长职务的夏湘蓉负责断后。他监督一车车仪器、一箱箱图书安全转移，历经艰险。没有吃过一顿安稳饭，没有睡过一次放心觉。从泰和到兴国不过百余华里，但因山路崎岖，坎坷之路时断时续。夏湘蓉瞻前顾后，自己还得背着幼子来回奔忙，熬到最后，疟疾病发，尽管兴国县城就在眼前，他已是跌跌撞撞，走一路，呕一路，千辛万苦，真是一言难尽。夏湘蓉是一位坚强的人！1945年8月，当他带着倦意安全回到南昌时，全所的5000册图书、大批地质矿产资料、七台测绘仪器、两架分析天平、一套多为玻璃质的化验设备（包括小木屋）等，都完好无损地运回南昌。他和同志们争分夺秒地把小木屋支撑起来，地质化验分析开始忙而不乱地正常运转。很快，夏湘蓉被正式任命为江西地质调查所所长。

新中国成立前夕，当时的江西省政府工业厅召开紧急会议，催逼江西地质调查所赶快撤离，奔赴台湾。此时，夏湘蓉对当局早已失望，决意留下等待黎明的到来。但夏湘蓉也深知顶下去的后果，便转弯抹角地向当局软中带硬地提出要求："要我走，五十箱图书和仪器也必须跟着一起走！"在当时，这显然是办不到的事情。1949年，随着金鸡报晓，江西地质调查所的全部地质矿产资料和所有财产，终于完整地回到了人民的怀抱。

新中国成立了，夏湘蓉双手捧着毛泽东主席和周恩来总理签发的委任书，激动得热泪盈眶。这位由党中央国务院任命的江西省人民委员会委员、工业厅第一副厅长兼江西地质调查所所长，青春焕发，热情倍增。时逢乐平煤矿军代表田林电邀他到现场考察，夏湘蓉便把全所仅有的6名技术人员全部带到矿区，深入到井下调查，提供地质指导，为老矿开出新花做出了贡献。其后，他的足迹遍及江西全省，野外地质调查捷报接连不断。

1951年，中南军政委员会重工业部将各省地质调查所合并，成立中南地质调查所；1952年地质部在汉口成立中南地质局。夏湘蓉闻讯后欢欣鼓舞，带头响应。他先后担任计划室副主任、地矿室主任、资料处主任、工程师等职。并进行中南地区成矿区域研究，主编《中南区有色金属成矿区域》专著，在当时处于全国领先水平。

天有不测之风云，正当他准备大展宏图时，肃反扩大到这位学者身上。他一面随时接受审查，一面潜心研究地质矿产规律，不仅编绘出《中南六省铅锌矿和铜矿成矿区域和成矿规律图》，而且具体指导生产，硕果丰盈。例如，1955年8月，他在审阅《湖北宜昌秭归兴山等县磷矿地质调查报告》时，根据其中提供的信息，敏捷地察觉这是一块亟待开发的处女地。为此，夏湘蓉针对报告中的消极论点，针锋相对地提出上马的观点和意见："一、宜昌地区内的震旦纪至寒武纪地层的含磷岩层总厚度很大，层数很多，无疑是一个有希望的地区。但这次普查工作仅知各层含磷……少数的采样工作是不可能做出初步评价的。因此，建议有必要组成一个较强、较大的普查队，在现有基础上进行较长时间的系统工作。二、从宜昌与大洪山两区普查工作的结果对比，应以宜昌地区为今后工作的重点，大洪山区应作一次检查工作。"局领导得知后，立即拍板上马。经过广大地质工作者（包括夏湘蓉在内）多年坚韧不拔的努力，终于向国家提交了一个储量达10亿t的大型磷矿基地。如今，不仅宜昌地区的磷矿担任着南磷北调的重任，大洪山区的荆襄磷矿也为地方工业的发展立下了汗马功劳。

1956年初，夏湘蓉奉命以总工程师名义，赴南宁参加筹建广西地矿局的工作。工作刚刚起步，又奉调到南方总局工作。未及施展宏图大略，10月份即转调到地质部资料局任总工程师兼《地质论评》主编。他恪尽职守，主持完成了全国地质研究程度图、全国矿产分布图的编制工作，改进了《矿产储量平衡表》的编制方法，并对地质资料检索、资料管理如何实现现代化等提出了重大设想（当时，国外刚开始使用第一代电子计算机检索资料）。可惜由于工作变动，在20世纪50年代后期这一设想未能实现。

夏湘蓉是一位注重管理的地质学家。他认为，管理工作做好了，有时候比专门写研究论文的贡献还要大。1958年12月，夏湘蓉调到湖北省地矿局任总工程师。他搁下自己擅长的矿床学研究，主持全省地质找矿工作。在他任职期间，"百花齐放、百家争鸣"的方针得到了弘扬，地质学术气氛浓厚有加。鄂东南的地质工作者冲破外国专家固有观念的束缚，找到了以大冶铜绿山矿区为代表的一批大中型铜铁金矿床，为社会主义建设事业做出了很大的贡献。1959年，他兼任湖北省地质科学研究所所长，主持编制出版了1∶50万湖北省地质图及说明书，向国庆10周年献了厚礼。1966年之后的十年动乱，夺去了夏湘蓉的宝贵时间，但他不因此气馁，相反变得更加坚强。1975年，他协同省地质局杨庆如总工程师主持湖北省和中南地区矿产资源汇编工作，全面系统地进行矿产资源汇编，这在当时的中南地区还是第一次。

夏湘蓉博学多才、厚积薄发，在晚年开展地质学史研究中表现出了深厚的学术造诣。1976年元旦，他开始主编《中国古代矿业开发史》。这是一门比较艰难而深奥的学问，一般人都不愿涉足其间。因为，研究地质学的历史，除了需要具备研究科学史的一般条件外，还要通晓地学各门类的知识，要有坚实的古文和中英文基础、历史地理知识，一句话，要博古通今。具备这些条件的人并不多。夏湘蓉迎难而上，广搜古籍、潜心研读，融会贯通、反复推敲，不间断地思考、撰文、绘图、制表。在李仲钧、王根元的协助下，寒暑三易，这部介于历史、考古、地学三门科学之间的40万字的专著，于1979年初脱稿。年近七旬的夏老欢喜若狂，欣然命笔抒怀："皓首穷经不计年，古稀犹思攀华巅；今日欣逢齐转向，四化在望赋新篇。"

这部专著于1980年7月由地质出版社出版后，很快销售一空。美国、西欧、日本的有关专家纷纷发表评论，赞扬此书是中国地质学界和科学史界出现的一部优秀论著。1982年，本书荣获全国优秀科技图书奖。同年，英国皇家学会会员、国际著名的中国科学史专家李约瑟博士在北京获得此书时，如获至宝。他认为，这次来中国的重要收获，就是得到了这本书。夏湘蓉不仅带头在地质学史上奋力耕耘，而且积极联络黄汲清等老一辈地质学家，鼓励中青年地质、矿床学家联合起来，开展地质学史研究。在夏湘蓉的倡导和组织下，1980年4月11日，中国地质学会地质学史研究会在北京召开第二次筹备会，宣告正式成立，夏湘蓉被推选为首任会长。他先后在北京大学和南京大学主持了两届研讨会，取得了丰硕成果。由于身居武汉，年事已高不便活动，夏湘蓉主动让贤，让更年轻的人主持工作，为我国的地质学史深入研究铺平了道路。他的这一举动，至今令人赞赏。为了庆祝中国地质学会成立60周年，从1980年12月开始，夏湘蓉在王根元的协助下，又编写了一本《中国地质学会史》，全书约21万字，于1982年中国地质学会北戴河庆祝大会前出版，受到了国内外地质学界的好评。

夏湘蓉非常重视地学人才的培养，无论是在教学岗位还是在地质勘查、科研中，他都毫无保留地将自己的知识和经验传授给年青一代。他对待年轻人呵护有加，放手压重担，工作严要求，并率先垂范，凡事以商讨的态度确定，使这批年轻人迅速成长，笔者在编写《湖北地质工作简史》中也受益良多。如今他们之中有的成为中国科学院士，有的成为蜚声海内外的地质专家、教授，有的成为专业技术领导或项目带头人。他还先后三次向湖北省地质图书馆捐赠私人珍藏的科技图书两千余册，其中，不少是国内罕见的孤本和珍本，具有极高的学术价值。

1984年5月，湖北省地质学会第四届会员代表大会为祝贺夏湘蓉先生从事地质工作50周年，专门授予他"名誉理事"光荣称号，并举行了热烈而隆重的座谈会。会上，夏老豪情不减当年，他说："我希望还有十年的健康，在组织上的关怀下、同志们的合作下，保证《湖北省志·地质矿产》编纂的完成，并争取把工作做得比以前更好一些！"夏老说到做到，从未放过空炮，果然在1985年12月完成志书的初稿。1988年3月又根据省志总编室的意见，反复修改了半年，终于在1990年12月由湖北人民出版社出版发行。夏湘蓉热爱地质事业，勤奋耕耘，忠贞不渝，几十年如一日，为后来者树立了学习的榜样。他信仰共产主义，在几十年的风霜雨雪中，勇往直前、淡泊名利、高风亮节、一身正气，把加入中国共产党作为人生的最高追求。1999年10月16日，耄耋之年的他加入了中国共产党，实现了他多年夙愿，谱写了人生最壮丽的华章。

二、开拓创新　自强不息

1987年，时年77岁的夏湘蓉为后辈题词明志："《易·乾象》：'天行健，君子以自强不息'。延淦同志嘱题，谨以互勉。"此时正值深秋，夏老的雄心壮志未减。他坚持实践、总结、找矿、管理、研究、写书，生命不息，耕耘不止，用实际行动实现了自己的诺言。

1. 坚持实践，开展区域地质调查

实践出真知，没有调查就没有发言权，一切结论产生于调查情况的末尾而不是在它的先头，这是夏湘蓉开展地质工作始终坚持的基本原则。1937年以来，在江西，他和地质学家高平、陈国达等一起进行1∶20万区域地质矿产调查。按照2km一条路线前行，逢山登山，遇水涉水，定点、观察、描述、采集标本……在约7万 km^2 的范围内，到处留下了他和同伴们的足迹，洒下了他们的汗水。功夫不负有心人，经过连续不断地努力，完成并出版了1∶20万地质图10幅。这是我国最早问世的省级地质基础图件。新中国成立后，夏湘蓉的足迹扩大到我国中南地区，重点在湖北省组织（领导）上万名地质职工开展区域地质调查、矿产普查，使基础地质工作程度大幅度提高，为后来继续开展地质工作、寻找矿产资源奠定了良好的基础。

夏湘蓉不仅亲力亲为，而且乐于帮助同行。1938～1939年，徐克勤经过调查与思考，写了一本《赣南钨矿志》。如果没有他为之四处奔走、校对出版，恐怕很难流传于世。同样，他和章人骏在赣南调查金矿，经费捉襟见肘，正由于他的多方努力，得以顺利地做完了野外工作。江西的瓷土和高岭土举世闻名，而那时要做点硅酸盐样品分析，经费难以支付，夏湘蓉便想方设法克服困难，最终顺利地拿出化验样品的结果，使论文有了过硬数据。1947年11月18日，他和章人骏到台北参加全国地质学会第23届年会，他们有关瓷土和高岭土方面的论文受到与会同行的好评。

2. 坚持总结，编制成矿预测图件

近年来，成矿区域、成矿规律、成矿预测在地质工作者之中早已耳熟能详，殊不知这几个概念是夏湘蓉在20世纪50年代主持编制《中南六省铅锌矿和铜矿成矿区域和成矿规律图》时，首次在我国提出来并为当时地质学界同仁瞩目、接受的新概念。新中国建立不久，国家花巨资投入地质工作。在短短数年中，新情况、新成果不断涌现，"过去认为是没有矿的地区，而现在发现了巨大的矿床，还有一些过去认为是峒老山空的古矿区，而现在重新作了评价，证实其有工业价值"。夏湘蓉敏锐地觉察到这些信息背后的重要内涵，决心寻找并总结规律性的东西。他和同事们一起，仔细阅读已有的地矿资料，根据各矿产地和群众报矿线索，初步弄清了在我国中南部地区"钨矿有500个以上，锡矿有300个以上，铜矿有180个以上，铅锌矿有410个以上，锑矿有230个以上，汞矿有30个以上，金矿有1000个以上，还有数以千计的群众报矿点，均未统计在内"。其工作量可想而知。通过去伪存真、由此及彼、由表及里、综合归纳，1956年6月，完成了《中国中南部岩浆

有色金属矿床的成矿区域》，指出了钨、锡、铜、铅锌、锑、汞、金等矿产的找矿方向，提出了关于编制普查找矿远景预测图的明确意见，深受地质找矿勘探人员及研究工作者的欢迎。

20世纪50年代后期，夏湘蓉担任湖北地矿局总工程师后，组织一大批有理论、有经验的地质工程师，继续对成矿规律进行探索，成矿预测研究得到了空前加强。他先后主持编制了1∶50万湖北省地质图和1∶100万全国综合地质图件"长沙幅"，协编了"西安幅"、"武汉幅"。在他的技术指导下，鄂东地区铜铁矿床、鄂西地区磷矿床等找矿工作取得了突破性进展。20世纪70年代，夏湘蓉参与主持了湖北省和中南地区矿产资源汇编工作，完成了11册近百万字的《湖北省矿产资源汇编》和5幅中南区矿产图，为在广东、广西、湖南、湖北、河南等省区工作的地质人员提供了极大的方便。

3. 坚持找矿，概论中国金矿地质

改革开放前，黄金这种贵金属在国家经济建设中的作用被低估，黄金地质工作在相当一段时期处于低潮，夏湘蓉却不以为然。他认为，黄金的重要性是客观存在的，金矿地质工作总有一天会大显身手。他默默地收集金矿资料，和吴明人一起潜心钻研金矿规律。1958年9月，在全国第一届矿产会议上发表了《中国金矿地质概论》，被收录到会议文件汇编（内部交流），引起了同行的关切。时隔16年，寻找金矿逐渐升温，内蒙古自治区革命委员会地质局科技情报室在《国内金矿地质》（内部资料）上，专门将这篇文章列为首篇，可见其传播之广、影响之深。

夏湘蓉认为，中国金矿大致可分为9个区域：东北北部、辽东—燕山、山东半岛、台湾、中国东南部、秦岭—祁连山、川滇、新疆、西藏。主要成矿时代有前震旦纪（吕梁期）、中生代（燕山期）和第三纪（喜马拉雅期），推测新疆金矿可能是华力西运动形成，而祁连山—秦岭地区的金矿是加里东运动所形成，这在当时是引人注目的。夏湘蓉指出中国的脉金矿床分4类、砂金矿床分3类，并且解剖了沅桃区金矿、夹皮沟金矿、乌兰关金矿、招远金矿、金瓜石金矿、田阳金矿的特点，这种划分尽管还比较粗略，但抛砖引玉，为后来人提供了方向。特别是对我国如何开展金矿地质工作提出了八点意见，从金矿地理分布、成矿时期和矿床类型方面大胆发表看法，推测中国金矿远景，令人耳目一新，至今仍有参考价值。

4. 服务农业，提出地质工作方向

"踏遍青山觅宝，誓为工业备粮"，这是地质工作者在社会主义建设初期常用来激励自己的豪言壮语。夏湘蓉认为，这种口号虽好，就是服务面太窄了。经过慎重考虑，1962年11月，他在湖北省地质学会学术年会上发表题为"地质学与农业科学"的演说，主张地质工作者要树立为农业服务的观点，得到了湖北省科学技术协会的大力支持。翌年作为学习资料在湖北省科技工作者中广为推荐，影响深远，为尔后"农业地质学"的确立带了一个好头。

新中国成立后，地质工作直接间接为农业服务，都做出了许多贡献，但总的看来，更多地还是偏重为工业服务，对农业重视不够，特别是大多数地质工作者对于为农业服务的观点还不够明确。夏湘蓉认为，地质学与农业科学有着密切的关系。他说，从农业"八字宪法"土、肥、水、种、密、保、管、工来看，头三个字"土、肥、水"就与地质科学研究有着密切关系。土壤学是地质学的一个分支，改良土壤离不开地质工作，区域地质调查成果是土壤改良的重要基础资料。无机肥料可称为矿物质肥料，氮、磷、钾等对农业不可或缺，普查勘探钾盐矿是我国地质工作者当前一项迫切任务。水对农业的重要性是人人皆知的，研究水文地质，进行地下水的普查勘探，是地质工作者对农业的直接支援。他呼吁地质工作者要积极行动起来，"主动地、有意识地、随时随地注意关于农业方面的调查研究"，这是地质工作的新方向。夏湘蓉提出三项建议：一是地质工作者和农业工作者"应该彼此取得联系，互相学习，互相交换研究成果，在可能的条件下组成综合考察队"。这一建议被湖北省科协采纳并组成了"四湖综合考察队"。二是加强磷矿、黄铁矿和农用矿物的研究。该建议也被湖北省地质局化为行动，效果很好。三是开展内陆钾盐矿的寻找。他说，因为世界上的钾盐矿都是在浅海沉积地层中，所以有许多地质学者对于在内陆盆地沉积的地层中找钾盐表示怀疑。但近年来的资料已经证明，在我国西北的现代内陆盐湖中发现了一种名为"光卤石"（$MgCl_2 \cdot KCl \cdot 6H_2O$）的含钾矿物，由此推测在内陆盆地沉积的盐类矿床中找钾盐矿，不是没有希望的。这引起了同行的关注。

5. 皓首穷经，揭开古人探宝秘密

夏湘蓉长期致力于地质学史研究，以其众多的著述，奠定了他在中国地质学史上的权威地位，受到国内外同行的普遍赞誉和尊敬。早在清华大学学习期间，他就拟定了《中国舆图制绘年表》；后来作为江西省通志馆编纂，与人合编了《庐山续志编》中的《地质志略》。夏湘蓉在湖北省地质局担任技术领导期间，尽管业务十分繁忙，但对地质学史研究从未丝毫放松。他对"众人拾柴火焰高"的古谚心领神会，亲自发动、组织志同道合的同行，积极开展地质学史研究，发起创建了中国地质史研究会并被大家选为首任会长，有力地推动了我国地质学史的研究工作。

特别值得提及的是，夏湘蓉对中国古代矿业开发史研究的贡献。他认为："我国古代劳动人民在开发矿业上，曾经做出过许多卓越的贡献，如果我们对于我国古代矿业开发的历史多知道一些，应该对于我们当前的矿产普查勘探工作，会有所帮助。"夏湘蓉在青年时，就十分关注我国古代矿业开发的情况，只是苦于连年战乱，居无定所，缺乏必要的研究条件，难以实现夙愿。新中国成立后，国家在地质工作方面委以他重任，但限于时间和精力，虽想研究古代矿业，却很难如愿以偿。十年动乱后，夏湘蓉决心把失去的时间抢回来，争分夺秒地广泛涉猎古代文献之精华，思绪逐渐明晰。1976年开始，夏湘蓉不顾武汉酷暑严寒，埋头苦干了整整三年，终于完成了《中国古代矿业开发史》。这是一部前无古人的专著，作者用确凿无误的史料揭开了古人探宝的秘密。全书分上、下两编：上编论述古代矿业经济史，研究了铁、铜、锡、铅、锌、银、金、汞等金属矿产的开发和利用，专门探讨了古代青铜业和铁冶业的起源；下编论述古代矿业技术史，重点探讨了我国古代对于矿物的认识，对于矿石和矿床类型的要求，以及某些重要古矿的矿床地质条件，扼要阐述了古代采矿、选矿、冶金技术方面取得的主要成就。全书结构严谨，史料取舍恰当，文句行云流水，读后令人耳目一新。

6. 秉笔直书，评述地质学会历史

中国地质学会是一个大型的、历史悠久的、成就颇丰的群众性的学术团体，倡导百花齐放、百家争鸣，各具特色的学术活动丰富多彩。要全面地实事求是地评述地质学会活动的轨迹，是一个比较难的课题。为了庆祝中国地质学会成立60周年，夏湘蓉迎难而上、成竹在胸、争分夺秒、秉笔直书。从1980年12月开始，在王根元的协助下，仅用了半年时间，一本《中国地质学会史》终于赶在1982年北戴河庆祝大会前出版，得到了地质学界老前辈黄汲清、尹赞勋、李春昱、高振西、程裕淇等先生的首肯。中国科学院地学部专职学部委员、地质学家尹赞勋先生高兴地说"夏湘蓉同志刚刚写成《中国古代矿业开发史》，现在又完成了《中国地质学会史》，为中国地质学界立了一大功！"苏联地质学史专家齐霍米罗夫教授获此书如获至宝，立即致函作者，建议出外文版在国外发行。

《中国地质学会史》评述了中国地质学会的前60年历史，史料翔实，客观公正，简明扼要，具有如下特色：

（1）史实叙述言简意赅，来龙去脉交代清楚。学会是在中国地质事业萌芽的背景下，经过地质学界26位同仁努力创建起来的。1922年1月27日，中国地质学会在北京成立；同年2月3日继续开会，正式通过章程并选出职员：章鸿钊出任会长，翁文灏、李四光出任副会长，谢家荣、李学清分别任书记和会计。当时中外会员和会友共71人。

（2）组织发展由小到大，活动能力由弱变强。学会成立后的第一个30年（1922～1951），是草创与成长时期。会员们以"筚路蓝缕，以启山林"的艰苦创业精神开展活动，赵亚曾、许德佑、陈康、马以思（女）等人先后在云贵高原奉献出宝贵生命。在老一辈地质学家团结一致、热心呵护下，历年的学术活动不仅未曾中断，而且有所发展。学会成立后的第二个30年（1952～1981），是革新与大发展时期。会员由新中国成立前559人发展到1981年38000人，学会组织空前壮大，专业委员会多达25个，工作委员会5个，还有29个省、自治区、直辖市建立了地方学会。学术论文与地质工作成果成正比迅速攀升，《地质学报》无法满足要求，于是《地质论评》随之恢复，《中国地质学会会讯》、《中国地质学会会刊》也应运而生，各专业委员会、各省学会、各院校的地质刊物犹如雨后春笋，蓬蓬勃勃地兴办起来。

（3）学会活动方兴未艾，学术研究硕果累累。前60年学会活动可谓兹述备矣，本文略举二三例以窥一斑。例一，1929年12月28日，在北平地质调查所举行特别会议，宣布周口店洞穴的最近发掘结果：裴文中已于12月2日发现了中国猿人的头盖骨。例二，1932年，中国地质学会在北平举行第九届年会，谭锡畴和王竹泉分别宣读论文《四川盆地的盐和石油沉积》、《陕西北部的油层》，这是我国学者最早向世界宣布的石油地质论文。例三，1944年4月，中国地质学会在贵阳举行的第20届年会，李四光宣读论文《南岭地质力学研究》，首次提出"地质力学"名词以解释地质构造，引发与会会员热烈讨论，并当场作种种试验。这是我国地质学家从实践中总结出的独具特色的地质理论，标志着中国地质学家有志立身于世界地质学术之林的能力。凡此种种记述表明，夏湘蓉撰写《中国地质学会史》的功绩在于让后来的中华儿女记住：千万不要忘记过去。

7. 参编方志，奉献"地矿分志"范本

我国古籍中记载有地质与矿产内容的，以《尚书·禹贡》、《山海经》等为最早，以后历代修志都很重视地质矿产的记载，但多散见于具体条目中，成篇少见。中华人民共和国成立后百废俱兴，地方修志提上议事日程。1958年毛泽东同志在成都会议上，倡议编修地方志，掀起了编纂新地方志的热潮。在新编地方志中，依然萧规曹随，多将"地质矿产"列入"地理志"、"农矿志"或"冶金工业志"中。夏湘蓉力排众议，据理力争，明确提出："必须考虑如何批判继承我国修志传统"，并建议"当代通志（省志）应设'地质矿产志'"，得到了湖北省地方志办公室的大力支持。

1981年7月，夏湘蓉受命编纂《湖北省志·地质矿产》，在湖北省地矿局的全力支持下，经过九年鏖战，终于1990年由湖北人民出版社出版发行，1993年荣获全国新编地方志优秀奖。该志书32.9万字，分设5篇。其记述的特点和主要内容分别为：①地质勘查。记述全省地质调查研究和矿产普查勘探的史实、史料，反映全省地质事业的发展。②基础地质。包括地层、构造、岩浆活动、变质作用等地质现象，着重记述现象及特征的认识过程。③矿产资源。记述全省的矿产种类、特征及资源优势，并按行政区列特表详记矿产地的分布等信息。④地质环境。以记述水文地质、工程地质特征和分区为主，并列表详记温泉和环境地质、工程地质的客观条件。⑤胜迹地质（旅游地质）。选择具有地质意义的武汉、三峡、武当山、神农架等地区，分别记述其地质特征。《湖北省志·地质矿产》一书配合文字内容插入各种地质剖面图及图版，还附有小比例的全省地质图、主要金属矿产图、主要非金属矿产图以及全省和分区的区域地层表与矿产地表。这些均属新编地方志有关地质矿产方面的崭新的工作。该志的问世，成为各省、自治区、直辖市乃至地方县市修编地质矿产志的范本。该志为夏湘蓉勤奋耕耘、忠贞不渝、开拓创新、自强不息的一生画了一个圆满的句号。

三、夏湘蓉主要论著

夏湘蓉，朱钧．1957．中国中南部岩浆有色金属矿床的成矿区域．北京：地质出版社

夏湘蓉．1963．地质学与农业科学//湖北省科学技术协会．学习资料：16～24

夏湘蓉，吴明人．1974．中国金矿地质概论//内蒙古自治区革命委员会地质局科技情报室．国内金矿地质．呼和浩特：内蒙古自治区革命委员会地质局科技情报室：1～9

夏湘蓉，李仲钧，王根元．1980．中国古代矿业开发史．北京：地质出版社

夏湘蓉，王根元．1982．中国地质学会史．北京：地质出版社

夏湘蓉．1984．湖北省志·地质矿产志叙例．南京：第二次全国地质学史学术讨论会学术论文

夏湘蓉，阎久祥．1984．新编《方志·地质矿产志》刍议．南京：第二次全国地质学史学术讨论会学术论文

夏湘蓉，阎久祥等．1990．湖北省志·地质矿产．武汉：湖北人民出版社

主要参考文献

谢延淦，阎久祥．1982．湖北地质工作简史．地质会讯特刊

谢延淦．1984．荣誉属于辛勤耕耘的人——祝贺夏湘蓉先生从事地质工作五十周年座谈会侧记．地质会讯：31～36

谢延淦．1985．宝藏，在他心中——记著名地质学家夏湘蓉//湖北省科学技术协会．湖北科技精英（第一集）．武汉：湖北科学技术出版社：406～411

撰写者

谢延淦（1939～），湖北荆州人，研究员。长期从事区域地质调查与矿产普查、地质职工教育与继续工程教育、中国荒漠化治理研究。是夏湘蓉在担任中国地质学会地质学史研究会会长期间的助手。

李璞[*]

李璞（1911～1968），山东文登人。地质学家，岩石学家，同位素地球化学家，新中国西藏地质工作的带头人，中国超镁铁岩岩石学及有关矿产研究的开拓者，中国同位素地质地球化学的创始人。1942年毕业于西南联合大学地质地理气象学系。1946年赴英国留学，1950年获剑桥大学哲学博士学位。回国后初任地质部部长李四光的第一任秘书，1951～1953年率队入藏进行地质调查，为青藏高原的地质研究和地质矿产的找矿勘探工作打下了初步基础，尤其是对西藏东部地层的划分和地层学研究成果沿用至今。1954年调中国科学院地质研究所从事岩石学和矿床学研究，开拓了对全国超镁铁、镁铁岩成岩成矿规律的探索，对我国急缺的铬、镍等金属及金刚石矿产的找矿开发起了重要作用。1958年开始筹建同位素地质年龄实验室，1960年成立同位素地质研究室，逐步建成了K-Ar、U-Pb、Rb-Sr等年龄测定及O、S稳定同位素分析方法，完成了大量年龄样品的测定。同时组织地质科研队伍到内蒙古、辽东半岛、南岭等地区进行野外考察，开创了我国最早的同位素地质年代学的研究工作，培养了大批从事同位素地球化学专业的技术和研究人才，为我国的同位素地球化学事业奠定了坚实的基础。1966年随同分所搬迁至贵阳，任中国科学院地球化学研究所副所长和同位素地球化学研究室主任。

一、简　历

李璞，1911年7月11日生于山东省文登县，1968年4月26日于贵阳市离世，终年57岁。

李璞1926～1932年在南开中学学习，毕业后入清华大学，参加了"一二·九"学生运动。"七七事变"后，在民族存亡时刻，投笔从戎。1937～1938年全民抗日战争展开，先后在陕西省长安西大吉村、临潼县等地组织进步学生进行抗日活动，1938年奔赴革命圣地延安，入中国人民抗日军事政治大学参加革命工作。1939～1940年到陕西省蒲城县等地从事党的地下工作。1940年去昆明，进入西南联合大学地质地理气象学系学习，1942年毕业后师从孙云铸教授，从事古生物学研究。1946年赴英国剑桥大学留学，1950年获哲学博士学位（论文为《角闪石矿物》）。同年立即回国参加新中国的建设工作。这年池际尚（中国科学院院士，岩石学家和地质学家，生前任中国地质大学教授、副校长等职）也克服了重重阻挠从美国回国，两人结为连理。李璞回国后初任我国地质部部长李四光的第一任秘书，1951～1953年参加中央人民政府文化教育委员会组织的第一批西藏科学考察队（各种专业50多人组成），李璞任总队长，并兼任地质组组长。在昌都、丁青、波密、拉萨、日喀则、黑河等地区进行了艰苦的地质调查，为青藏高原的地质研究和找矿勘探工作打下了初步基础，尤其是西藏东部地层的划分和地层学研究成果，仍沿用至今。1954年调至中国科学院地质研究所，任副研究员、研究员、岩石矿床研究室副主任，从事岩石学和矿床学方面研究。在此期间，对内蒙古、宁夏、阿拉善、祁连山等地区进行区域地质调

---

[*] 在完成本文过程中，梅厚钧、解广轰给予很多帮助，汪辑安、王俊文、杨学昌提供过宝贵的实际资料，在此衷心感谢。

查，开拓了对全国超镁铁、镁铁岩成岩成矿规律的研究，指出了其含矿性研究方向，对我国急缺的铬、镍等金属及金刚石矿产的找矿开发工程起了重要作用。1958年开始筹建同位素年龄实验室，1960年成立同位素地质研究室，任研究室主任，在国内开创了同位素地质年代学研究的新领域。同年与苏联学者联名发表了《关于中国岩石绝对年龄的讨论》，1962年在《科学通报》上发表了《地质绝对年龄研究与地质科学》的文章，并率先在国内建成了K-Ar、U-Pb同位素年龄实验室，制定了分选定年单矿物样品的方法和严格分选程序，确立了我国自己的K-Ar年龄标准样，随后建成了Rb-Sr定年方法，相继做了大量年龄样品的测定工作。1963年建立了S和浮沉子法O的稳定同位素地球化学实验室。与此同时，组织地质科研队伍到内蒙古、辽东半岛、南岭等地区进行了区域性的同位素年代学野外考察，在区域地层、岩浆岩和变质作用等深入研究的基础上，首先获得了大量K-Ar年龄数据，1963年在《地质科学》第一期上发表了我国第一篇同位素地球化学研究论文《内蒙和南岭地区某些伟晶岩和花岗岩的钾－氩法绝对年龄测定》。同文的英文版也发表在 Scientia Sinica（1963）上，这是我国最早的同位素地质年代学研究成果。李璞特别重视人才培养，先后为我国各部委和高等院校相关部门培养了大批从事同位素年代学专业的技术和研究人才。1966年随同分所搬迁至贵阳，任中国科学院地球化学研究所副所长和同位素地球化学研究室主任。非常令人们惋惜的是，在"文化大革命"中受到逼陷，于1968年4月26日愤而自尽，含冤辞世。1978年10月26日平反昭雪。

李璞有着旺盛的事业心和责任感，他不畏艰难，长期在自然条件十分恶劣的地质空白区和研究程度较低的地区从事地质考察，并在地学前缘领域进行开拓性研究，起到奠基性和先导性的作用。李璞热爱祖国、艰苦奋斗、开拓进取，他治学严谨、平易近人、生活俭朴，具有助人为乐的高贵品德。他在短暂的十几年内为之努力奋斗的三个科学领域——基性 超基性岩岩石学及成矿学、青藏地质、同位素地球化学，已在中国大地上茁壮成长，他的高贵品德和人格魅力永远留在我们的心中。

二、主要研究领域和学术成就

（一）学术成就

1. 西藏地质调查研究的奠基者

1951年5月，中央人民政府和西藏地方政府签订了和平解放协议，同年6月，文化教育委员会即指令中国科学院组织西藏工作队（包括自然和社会科学两方面）随解放军进藏，李璞任总队长并兼地质组组长。这是中国第一批自己的科学家进入西藏作地质研究。20世纪的前50年，只有西方国家几名地质人员在西藏作过零星的路线考察，仅局限于原西康省东部边缘和青海省东北边缘地区。在解放军和当地藏族同胞密切配合下，李璞带领地质学家从1951年9月到1953年8月开展了历时近两年的野外工作，全程约1万km，工作范围东起金沙江，西至定日以东，南至雅鲁藏布江以南，北至藏北高原的东部色林错（奇林湖）以东，包括昌都、丁青、波密、拉萨、日喀则、黑河各个地区的一部分。他们在海拔4500～5700m高寒、崎岖、险峻的环境中开展野外地质工作，克服了地形、气候、交通等困难，在各研究区域内做了的1:5万路线草图和剖面图，以及1:5万至1:2.5

万矿区地形地质草图。对地层、构造、各种类型的岩石、矿床等多方面作了考察研究，并采集到大量岩石、矿石、古生物化石标本。李璞等几位地质学家为整个青藏高原的地质研究和地质矿产的找矿勘探工作打下了初步基础，尤其是西藏东部地层的划分和地层学研究成果，仍旧沿用至今。1954年发表《康藏高原的自然情况和资源介绍》一文，1959年出版《西藏东部地质及矿产调查资料》专著，填补了西藏地区地质空白，为在青藏地区开展大规模地质工作与找矿工作奠定了坚实基础。

2. 中国超镁铁岩及其成矿性研究和祁连山区域地质研究的开拓者

新中国成立初期，国家优先发展重工业，急需铬矿，李璞为国家所急需承担了该领域的科研任务。1954~1956年在内蒙古、宁夏、阿拉善、祁连山等地区进行区域地质调查，研究超基性岩和铬铁矿矿产资源，1957年发表《中国已知的几个超基性岩体的观察》。该研究项目获国家自然科学奖三等奖。与西北地质局合作完成的阿拉善地区的地质调查，奠定了该区的地质工作基础，其成果至今仍被引用。1956~1959年与涂光炽一道组织领导祁连山地区的地质调查，肯定了祁连山寒武系地层的存在，提出了南北祁连山早古生代分属地槽型和地台型的认识，与他人合著出版了《祁连山地质志》第一卷（1960），第二卷第一分册（1963）与第二分册（1962）。1958~1961年，他组织并指导岩石矿床室的岩石学研究队伍，对全国超镁铁岩及有关的铬、镍、铂及湘黔地区金伯利岩与金刚石进行考察，提出了"关于如何寻找超基性岩及有关铬、镍等矿床的一些意见"（1959）的报告，在艰苦条件下做出了堪称基性超基性岩岩石学和成矿学的奠基性工作，并指导青年科技人员合作撰写了全国基性超基性岩及铬镍矿的专著，即1963年内部出版的国家科委科学技术研究报告第0003号。书中所论述的成岩成矿规律对全国生产部门找矿勘探工程提供了有价值的理论指导。1958年李璞曾去西伯利亚考察金刚石矿产，所引进的卫星矿物重砂找矿方法被生产部门使用，1965年相继找到我国第一个和第二个金刚石矿床。

3. 中国同位素地质和地球化学的奠基人

李璞从事科学研究具有强烈的事业心和责任感，学术上有预见性和对前沿科学领域的开拓精神，造诣颇深。他勇于承担填补我国同位素地质和地球化学空白的重任，早在50年代中期以侯德封和涂光炽为首的中国科学院地质研究所领导就制定了在本所建立同位素地球化学研究室的规划，于1958年由李璞负责开始筹建同位素地质年龄实验室。为了发展我国的同位素地质事业，李璞在最短时间内实现了知识更新，掌握了与同位素年龄测定有关的物理学、化学及仪器设备方面的基础知识，为建立中国第一个同位素年代学研究室作了大量的理论准备。他不但与苏联科学家屠格林诺夫等合作发表了第一篇地质年代学论文《关于中国岩石绝对年龄的讨论》（1960），而且最先在《科学通报》上发表了《地质绝对年龄研究与地质科学》（1962），为开创同位素地质学打下初步基础。他非常重视培养人才和仪器设备问题，派人员去苏联学习，请专家来国内指导，通过与兄弟单位进行人员、仪器、研究项目的广泛协作，短期内组建了同位素地质年代学的技术和研究队伍，于1960年成立了同位素地质研究室，并于同年在中国科学技术大学地球化学和稀有元素系（09系）地球化学专业中设立了国内第一个同位素地质年龄专门化，率先创建了同位素地质和地球化学学科，成为我国同位素地球化学的奠基人。

（1）创建同位素年龄测定和同位素地球化学实验室。1958年李璞负责在中国科学院地质研究所开始筹建中国第一个同位素地质年龄实验室。李璞原来的专业是岩石学，同位素地球化学对他来说是完全崭新的学科，当时调到他手下的人员大多数是刚毕业的大学生，对同位素地球化学更是一无所知。为了培养人才，他先后派出一批物理学、化学、地质学专业的大学生到苏联科学院相关的研究所学习同位素年龄测定的原理、方法和实验技术。另一方面带着这批新手，从调研资料开始，逐步制定出具体的建立研究室的计划和方案，亲手从点滴做起，构建实验室，并进行条件实验，为留学回国人员和进口仪器的到来作了各种必要的准备。同时向苏联订购了质谱仪和有关设备。20 世纪 50 年代末至 60 年代初，仪器逐步到位，留学人员也先后学成回国，为在我国建立第一个同位素地球化学实验室创造了物质和人才条件。与此同时，请苏联专家到实验室指导工作。1960 年同位素地质研究室成立，首先建立了 K-Ar 法的真空提取 Ar 系统、U-Pb 法的 U、Th、Pb 分离、提纯和 K 测定的化学实验室，以及质谱同位素测定实验室，确定了我国内蒙古天皮山伟晶岩的白云母（天 09）作为 K-Ar 法定年的标准样，曾在国内其他实验室广泛使用。1962 年开始筹建 Rb-Sr 定年方法。1963 年又建成了 S 和浮沉子法 O 的稳定同位素地球化学实验室。

李璞科学研究作风严谨。首先表现在对待实验室测试的数据严格把关，并经常亲临实验室与技术人员共同讨论，解决了大量技术难关。当时使用的质谱仪是从苏联进口的，为了自力更生制造国产的质谱仪，李璞亲自组织由科学仪器厂、中国科学院地质研究所和中国科学技术大学组成的研究小组，自行研制出小型质谱仪，这是我国国产质谱仪的前身。他十分重视同位素地质年龄研究工作中的每一个环节，特别是同位素年龄样品的分离和精选过程，这对取得正确的年龄数据是十分关键的。为了满足同位素年龄样品选矿的特殊要求，在建立同位素年龄测定方法的同时，建立了年代学选矿实验室，并培养了专业人才。1966 年中国科学院在贵阳组建地球化学研究所，同位素年龄实验室完整地由北京迁往贵阳，李璞亲临贵阳领导了实验室的重建和恢复工作。他不间断地领导和推动科研和技术的创新，同位素研究室在"文化大革命"期间，开展并使用新建立的定年方法承担和完成"我国珠穆朗玛峰地区变质岩系及顶峰岩石同位素年龄"任务，在年龄测定技术上又取得了新进展。

在李璞领导下，20 世纪七八十年代，实验室又拓展建立了 Ar-Ar 和 Sm-Nd 等定年方法，以及硅酸盐 O、H，碳酸盐 C、O 和流体包裹体 H、C、O 等稳定同位素提取—纯化—分离和质谱同位素测定等实验室。改革开放以后，实验室经过调整，2004 年成为中国科学院重点实验室，2011 年又被正式批准为"同位素地球化学国家重点实验室"。近 50 年来，该实验室以同位素地质年代学和同位素示踪为手段，以解决地球科学中的重大基础和资源、环境研究中的疑难问题为目标，发展了系统的同位素地球化学和年代学方法以及高精度元素地球化学分析技术，形成以高新技术为主导、中青年科技队伍为骨干的研究集体，在许多研究领域和分析技术方面处于国内领先地位，在国际上也有相当高的知名度。

（2）开拓同位素地质年代学研究方向。为了开辟我国同位素地质年代学这个新的研究领域，李璞于 1962 年首先发表了《地质绝对年龄研究与地质科学》的文章，最早论述了年代学在地质学中的应用问题。与此同时，李璞在国内率先开拓了地质年代学的研究课题，分别在我国的内蒙古、南岭和东北辽东半岛等地区开展野外地质研究、采集年龄样品，并采用野外地质研究、室内分析测试相结合的方法，完成了大量年龄样品的测定。1961 年获得了第一批内蒙古伟晶岩和南岭地区花岗岩的同位素年龄数据，经过认真复查和思考，在1963年以中、英文发表了我国首篇同位素年龄数据和研究成果的文章《内蒙和南岭地区某些伟晶岩和花岗岩的钾–氩绝对年龄测定》和"Potassium-argon absolute ages of micas from the pegmatites and granites of Inner Mongolia and Nanling Region of China"，1965年又发表了文章"Geochronological data by the K-A dating method"。其间组织研究队伍分别到内蒙古集宁和辽东半岛地区，对前寒武纪地层和变质岩作了岩石学、变质作用和同位素年代学研究。1965年发表了《集宁地区变质岩系的初步划分及其变质相的讨论》，该项研究成果沿用至今。辽东半岛地区的研究成果于1966年以中国科学院地质研究所绝对年龄实验室集体署名发表。1964年3~5月国家体委在西藏希夏邦马峰登山活动中由刘东生、王新平及王鸿宝等采集的年轻的变质岩、花岗岩和伟晶岩样品，由李璞带领实验室做出了第一批西藏地区新生代岩石的K-Ar年龄数据，并于1965年发表了《西藏希夏邦马峰地区岩石绝对年龄数据的测定》。这一成果不但在K-Ar定年技术上是一个重要的突破，也为西藏地区同位素年代学的研究开创了方向。1964年还指派同位素地质年龄在读研究生参加白云鄂博稀土矿区的成矿作用年代学的研究，开拓了成矿作用年代学研究方向。李璞在短暂的几年时间里，在我国多个地区开展了同位素年代学的研究，在完成大量科研任务的同时，培养了同位素地质研究骨干队伍，取得大量科研成果。他的研究，从时间断代上包含了前寒武纪—古生代—中生代—新生代，在岩石类型上涵盖了各种类型的沉积岩、变质岩、花岗岩、伟晶岩，以及与成矿作用有关的矿物时代等。

（3）在国内率先创建了同位素地质和地球化学学科，培养了大批科研和技术人才。李璞善于将科研与教学相结合，培养了大量专业技术和研究人才。1960年同位素地质研究室成立不久，中国科学技术大学的地球化学和稀有元素系（09系）就在地球化学专业中开设了同位素地质专门化。从1961年开始，李璞率领研究室的科研骨干到中国科学技术大学授课，1962年开始接收该校的学生到同位素实验室完成毕业论文，让大学生在老师的指导下，开展了同位素定年新技术和地质课题的研究工作。比如，完成了K-Ar年龄测定的"内加热"方法、活性炭对各种气体的吸附作用、金属Ta的纯化作用的研究，建立了Rb-Sr定年方法，U-Pb法的新矿物定年，以及不同矿物相的铅同位素组成等研究。这些研究工作对实验室的技术发展起了一定的作用。李璞领导的研究室在"文化大革命"前还为各部委、高校培养了一批从事同位素年龄实验室和同位素地球化学研究领域的骨干力量，后来他们在中国科学院各研究所、中国科学技术大学等高校、地质矿产部各研究所、冶金部、第二机械工业部第三研究所，以及石油部等诸多部门发挥着重要作用。

（二）高尚的品德，学习的榜样

李璞为人正直诚恳、乐于助人，具有强烈的事业心、责任感与自信自尊。"他不仅对革命事业做出了重要贡献，而且在学术上也有坚实的、开拓性的造诣"（涂光炽）。

1. 勇于实践，不断进取、开拓和创新，科学求实、学风严谨

新中国成立后，李璞放弃了在英国继续深造的机会，毅然回到祖国。他从不计较个人得失，总是在国家最需要的时候，不畏艰险奔赴到最艰苦、地质上尚属空白的地区完成国家的急需项目。在西藏和平解放后不久，他接受了国家的重托，带领科学家们进入西藏作科学考察。作为总队长，他身体力行，与大家一起在海拔四五千米的高原上，攀峭壁、爬雪山、过草地，克服了各种艰难险阻，带回了宝贵的地质资料、岩石和化石标本。涂光炽先生高度评价了这项工作："这是我国地质学家经过亲身实践的对西藏尽管粗略但却重要的地质轮廓看法和进一步工作的意见，为今后青藏高原的地质及找矿工作打下了重要基础。"紧接着，李璞又承担了铬、镍、钴、铂、金刚石找矿的艰巨课题，跑遍了祖国各地区，包括西藏、青海等地的镁铁岩 超镁铁岩分布区。1956～1958 年，他参加和领导了祁连山空白地区多次路线考察，侧重岩石学工作。在艰苦的条件下，他工作十分认真和出色，成果是经得起历史检验的。"正是因为这样，作为我国基性岩、超基性岩岩石学和成矿学奠基者之一，李璞是当之无愧的"（涂光炽语）。

1956 年制定的我国第一个科技发展远景规划，提出在我国建立及发展地球化学学科。1958 年李璞接受了在中国科学院地质研究所组建同位素地质实验室的任务，带领一批从未接触过该领域的年轻人，边学边干。李璞原本是岩石学家，根本不懂"同位素年龄"，他在接受任务后，立即刻苦钻研同位素应用于固体地球科学的基本原理、实验方法、所需仪器设备等，并制定出相应的技术路线。在建设实验室过程中还亲自动手、熟悉质谱仪部件、性能及年龄样品的分析过程。他事必躬亲，在不到两年的时间内建成了同位素年龄实验室，得出第一批 K-Ar 年龄数据。

李璞重视第一手资料，在野外参加地质调查中亲自参与样品采集，认真观察和研究岩石薄片。他一向认真对待实验数据，从不轻易发表文章。为深入了解分析方法，经常到实验室边看实验边和大家讨论问题，有时还帮助解决困难。为了使"天 09"（内蒙古天皮山伟晶岩的白云母）成为 K-Ar 定年的标准样，李璞在显微镜下认真作矿物鉴定，亲自把挑选出来的分析样品交到分析人员手中。为了得到可靠的 K 含量分析结果，要至少作三至五次分析，当发现每次结果总存在大约 1% 的误差时（这对计算 K-Ar 年龄是不允许的），为了进一步核对数据，曾把样品拿给当时较权威的人士去复查。当知道复查结果和本实验室测定的结果完全一致时，李璞为了弄清楚其中的原因，亲自与作 K 分析的年轻人讨论这个问题。当得知是因为样品的不均一性造成多次分析数据不一致时，李璞欣然采纳了这种观点，还不断地说学科之间的交叉的确很重要。在经过反复研究之后，最终"天 09"成为我国自己的 K-Ar 定年标准样，在国内 K-Ar 定年中起过重要作用。为了完成一个又一个新的研究课题，早日做出可靠的年龄数据，他经常加夜班，搬张行军床在办公室小憩。

李璞主张学科交叉。简单地说地质年代学是一门应用物理、化学方法和技术研究地质体形成时代的科学。从事这个专业的人员既要懂地质问题，又要具有掌控现代化仪器设备进行实验的工作能力，这样才能科学地使用和解释年龄数据。李璞要求研究室的地质人员进实验室参加年龄数据的分析工作，而原来从事化学和物理的人员要出野外参加地质调查和采样。李璞以身作则，亲自跑野外、采样品，力所能及地参加实验室工作，成为年轻人最好的学习榜样。

2. 年轻人的良师益友

李璞是中外知名的地质学家，英语讲得非常好，在全国科技大会期间，一些外国专家作报告点名要求让李璞做翻译。但他仍不满足，还非常刻苦地学习俄语。

李璞特别重视对年轻人的业务培养，不但利用在野外和室内的具体工作中一点一滴地教授，而且根据工作需要有计划地安排他们到高校接受系统的学习，打下坚实的理论基础。很多早年参加工作的年轻人，都得到过李璞的直接帮助。

李璞为了提高年轻人的业务水平，经常给大家介绍文献。那个时代在大学都是学俄语，为了让大家尽快掌握英语，李璞每周安排两次时间亲自给大家上课，从字母的发音开始教起，这样坚持了三个多月，后来因工作太忙就请了一位英文非常好的老师来教，使大家打下了很好的英语基础。跟李璞学过英语的同志，至今还念念不忘当时的情景。

为了让技术人员学习地质，1961年李璞亲自带领大家到北京八达岭花岗岩地区进行野外工作，边走边看地质现象，边给大家讲解。他深入浅出的语言让大家学到很多地质知识。在组织队伍到辽东半岛作地质考察时，当时的定年方法需要的样品量非常大，特别是用作U-Pb定年的副矿物就要采集几十公斤的样品。为了尽快分选出样品，减少运输过程，就把选矿设备带到现场，把几十公斤重的岩石样品浓缩到几公斤。在所有这些工作中，李璞都是身体力行带领大家完成的。

李璞平易近人，很容易和年轻人交朋友，无论在野外还是在研究室，他都和同志们工作、生活在一起，从不搞特殊化，而且事事带头。在野外每到一个工作点，都是第一个爬到最高的山头，带大家边观察地质现象，边采集岩石标本和年龄样品。早晨他总是先起床，帮助烧火做饭，然后再叫大家起床，晚上还帮年轻人盖好被子。在宁夏阿拉善野外工作时，他还带领大家一起捡烧火用的牛粪。

李璞为人正派是众所周知的。在纪念李璞先生诞辰85周年时，涂光炽先生含着泪说："李先生为人正派，公私分明，从不用公家的一张信纸。"另外，李璞对国家、事业、同志总是大公无私。比如，在西藏地质考察期间，专家们用的地质锤和罗盘都是李璞从英国带回来的。1965年在河南"四清"时，他还用自己的工资为生产队买生产工具、化肥，为年轻人买书等。

李璞个人和家庭生活都很俭朴，但是，当同志们有困难的时候他总是慷慨帮助。在宁夏阿拉善野外工作时，天气特别冷，李璞把自己的夹裤给了一位年轻人，让他装上驼绒抵御严寒；在困难时期，虽然他的棉被和棉袄都寄给外地更困难的亲人了，但当他看到有位年轻人冬天还穿得单薄时，立刻把自己的棉衣和被子拿来给他。很多老同志们都回忆说李璞在经济上还接济过很多很多人。

在回忆李璞一生高贵品德和所做出的贡献与成就时，涂光炽的一段话可作为概括："李璞同志是一位不图名利、不畏艰险、勇于实践、努力攀登的科学家，是一位真正的科学家。纪念李璞同志，我们应当努力学习他的爱国主义精神、强烈的事业心、责任感和深入实际刻苦实践的精神。在当前，在各种形式的伪科学和不正之风仍在不同程度地流传的时刻，当一些思想上和行为上的懒汉不在实践上下工夫，却一而再、再而三对故纸堆进行'开发'，并力求做出一举成名的'发现'的时刻，提倡做一个李璞式的科学工作者还是十分必要的。"

三、李璞主要论著

李璞. 1954. 康藏高原自然情况和资源的介绍. 科学通报，(2)：47～54
西藏工作队地质组（报告执笔人李璞）. 1955. 西藏东部地质的初步认识. 科学通报，(7)：62～71

李璞. 1956. 中国已知的几个超基性岩体的观察. 地质集刊, 第 1 号: 69~96

李璞. 1959. 关于如何寻找超基性岩和基性岩及有关铬镍等矿床的一些意见. 地质科学, (3): 71~72

李璞, 李连捷, 钟补球等. 1959. 西藏综合考察//中国科学院编译出版委员会主编. 十年来的中国科学综合考察 (1949~1959). 北京: 科学出版社: 85~109

中国科学院西藏工作队地质组（报告执笔人李璞）. 1959. 西藏东部地质及矿产调查资料. 北京: 科学出版社

李璞等. 1960. 祁连山路线地质（VI）酒泉西南白杨河口—希里沟；祁连山路线地质（VIII）天峻—高台元山子；祁连山路线地质（X）民乐扁都口—共和罗汉堂；大通河—扁都口//中国科学院地质研究所等. 祁连山地质志（第一卷）. 北京: 科学出版社: 105~131, 158~174, 212~215

屠格林诺夫, 兹可夫, 程裕淇等. 1960. 关于中国岩石绝对年龄的讨论. 地质科学, (3): 111~121

李璞. 1962. 地质绝对年龄研究与地质科学. 科学通报, (10): 16~26

李璞等. 1962. 祁连山的岩浆活动及变质作用: 小引；超基性岩和基性岩；喷出岩//中国科学院地质研究所等. 祁连山地质志（第二卷第二分册）. 北京: 科学出版社: 1~6, 7~51, 81~149

李璞, 戴橦谟, 邱纯一等. 1963. 内蒙和南岭地区某些伟晶岩和花岗岩的钾-氩绝对年龄测定. 地质科学, (1): 1~9

Li P. 1963. Potassium-argon absolute ages of micas from the pegmatites and granites of Inner Mongolia and Nanling Region of China. *Sci Sin*, 11 (7): 1041~1048

程裕淇, 李璞. 1964. 关于我国地质年代学研究的一些成果的讨论. 科学通报, (8): 659~666

李璞, 戴橦谟, 邱纯一等. 1964. 钾-氩法测定岩石矿物绝对年龄数据的报导. 地质科学, (1): 24~34

李璞, 戴橦谟, 张梅英等. 1965. 西藏希夏邦马峰地区岩石绝对年龄数据的测定. 科学通报, (10): 925~926

李璞, 钟富道. 1965. 集宁地区变质岩系的初步划分及其变质相的探讨. 地质科学, (1): 1~14

中国科学院地质研究所绝对年龄实验室. 1965. 钾-氩法测定岩石矿物绝对年龄数据的报导 II. 地质科学, (2): 106~112

Li P. 1965. Geochronological data by the K-A dating method. *Sci Sin*, 14 (11): 1663~1672

Ли Пу. 1965. Определения Абсолютного Возраста Пегматитов и Гранитов по Слюдам Калий-Аргоновым Методом в Районах Внутренней Монголии и Нанлина (КНР). Известия Академии Наук СССР (Серия Геологическая), (4): 27~34

中国科学院地质研究所绝对年龄实验室. 1966. 辽东半岛岩石绝对年龄研究初步结果. 地质科学, (2): 95~107

主要参考文献

中国科学院西藏工作队地质组（报告执笔人李璞）. 1959. 西藏东部地质及矿产调查资料. 北京: 科学出版社

梅厚钧, 陈毓蔚, 于津生等. 1988. 李璞教授逝世二十周年祭. 矿物岩石地球化学通讯, (1): 74~75

于津生. 1991. 李璞 (1911-1968). 中国地质, (10): 33

涂光炽. 1997. 缅怀学长、挚友李璞同志——一位真正的科学工作者. 地球化学, 26 (2): 3~5

中国科学院地球化学研究所, 中国科学院广州地球化学研究所. 2006. 艰苦创业 铸就辉煌——中国科学院地球化学研究所建所 40 周年 (1966-2006). 北京: 科学出版社: 43~44, 143~144, 353~354

撰写者

胡霭琴 (1940~), 河北丰南人, 中国科学院广州地球化学研究所研究员, 博士生导师。从事同位素地球化学领域研究。是李璞的第一个同位素地质学研究生。

岳希新

岳希新（1911～1994），吉林吉林人。地质学家，煤田地质学家。1980年当选为中国科学院学部委员（院士）。1937年毕业于北京大学地质系。同年入南京实业部地质调查所，历任技佐、技士、技正。1947年到经济部中央地质调查所北平分所工作。新中国成立后，任中国地质工作计划指导委员会矿产测勘总局燃料组副组长。1952年地质部成立后，任地质矿产司副总工程师、总工程师。1982年任地质部科学技术顾问委员会委员。1988年任地质矿产部科学技术高级咨询中心咨询委员。曾任中国地质学会理事、名誉理事、中国煤炭学会理事。岳希新早在抗战时期就从事过古生物地层研究及天然气、煤等矿产调查。对鄂西巫山灰岩及蕨科化石进行了卓有成效的研究。新中国成立后，为新中国建设急需能源的贫煤省江西勘探了大煤田，指导开辟了黄淮海地区隐伏煤田的普查勘探。他精通专业英语，曾翻译国外有关沉积环境和沉积相的重要论文若干篇，引进世界地质学新概念、新理论。结合国内实践发表了《十年来中国煤田地质普查勘探成就》等重要论文。主编的1∶250万中国煤田地质图，获地质矿产部科技进步奖一等奖。

一、简　　历

岳希新，祖籍山东。1911年9月29日生于吉林省吉林市，1994年8月30日于北京逝世，享年83岁。

岳希新在吉林小学毕业后，考入吉林市第一中学，学习成绩出色。1931年，他中学毕业后顺利考入北京大学，进入物理系。因为他对野外大自然有极浓厚的兴趣，故于1933年转入该校地质系。该系云集多位著名学者，如葛利普、李四光、丁文江、孙云铸、谢家荣等地质学家和教授，教学质量很高。他和同班同学卢衍豪、郭文魁、叶连俊、宋应、杨敬之、赵家骧、李树勋等后来都成了地质界的名流，其中，他和卢、郭、叶都当选为中国科学院学部委员（院士）。

1937年，岳希新在北京大学地质系毕业后获理学学士学位，同年考入南京实业部地质调查所。当时抗日战争已全面爆发，岳希新随地质调查所迁往长沙，后迁至四川重庆北碚。他在该所时历任练习生、技佐、技士、技正等职务。1947年，他调任到经济部中央地质调查所北平分所工作。

1949年新中国成立后，岳希新一直在我国地质系统工作，他在中国地质工作计划指导委员会矿产测勘总局工作期间，曾担任燃料组副组长。地质部成立，他任该部地质矿产司副总工程师，后任总工程师。1982年，任地质部科学技术顾问委员会委员。1988年任地质矿产部科学技术高级咨询中心咨询委员。

岳希新曾在1952～1956年担任《地质学报》编委会副主任；1957～1962年任中国地质学会第30届理事会学术委员会委员兼编辑委员会副主任，同时分管《地质学报》；1962～1979年任中国地质学会第31届理事会编辑委员；1979～1984年任中国地质学会第32届理事会常务理事兼《地质学报》编委；1984年起担任学会名誉理事。他还是国际沉积学会会员。

1953年，岳希新加入中国民主促进会，后任中央参议委员会委员。1981年加入中国共产党。1964年曾当选第三届全国人大代表，1978年、1983年、1988年分别当选为第五、六、七届全国政协委员。

二、主要研究领域和成就

1. 鄂西地层古生物学研究

1937年至1938年初，岳希新奉调到实业部地质调查所工作。他与许德佑一起调查了湖北西部和长江三峡地质地貌概况，其中着重研究三叠纪地层及古生物。研究成果《鄂西巴东系中之波纹石灰岩动物群》论文于1941年联名发表于《中国地质学会志》上。该论文根据在巴东系内发现的数目繁多的双壳类化石与德国中三叠壳灰统（Muschelkalk）的波纹灰岩组（Wellenkalk）动物群很相似这一特点，将巴东系的时代确定为中三叠世早期。之后"巴东系"这一名称逐步演变成为"巴东统"、"巴东组"等名称，在我国地层古生物学界被长期沿用。

后来，岳希新进一步深入研究了他亲自采集的巫山石灰岩内的化石，根据研究成果，撰写成《鄂西之巫山石灰岩及其蜓类》论文。该文于1948年发表在《北京大学五十周年纪念刊》上。此篇论文以蜓类化石为原始依据，将原来年代不清、比较笼统的属于石炭二叠系的巫山石灰岩分出了中、上石炭统黄龙灰岩、船山灰岩和下二叠统栖霞灰岩。他所确定的两个新种 *Fusulinella fusiformis* Yao 和 *Nankinella hupehensis* Yao 得到了地质学术界的确认，并一直被广泛引用。

2. 四川威远石油天然气勘查

1938年7月，经济部地质调查所由湖南长沙迁往四川重庆北碚。鉴于抗日战争对能源矿产、石油、天然气的急需，当年10月，所长黄汲清立即率领曾世英、盛莘夫、阮维周、崔克信、岳希新、赵家骧、陈晋镳、王宗彝、戴祯远、蒲超等一同去四川盆地内部地层出露最老的威远地区进行调查，当即发现那里是一个短轴背斜-穹窿构造，宽数十千米，长百余千米。到1939年春天，该所即在威远开展了大规模的地形测量和地质填图工作。一开始，整个野外工作队由黄汲清自兼队长，岳希新为副队长。后来，黄汲清主管全所事务，由岳希新任野外地质工作队的队长，主要参加者有赵家骧、何春荪、朱夏、曾鼎乾、丁锡祉、张沅凯、陈贲等。地形测量队则由曾世英任队长，参加者有林振国、张文汉、何庚容、钱崇凯等。他们的野外地质工作历时两年多，其间，经济部部长翁文灏、政务次长秦粉、常务次长潘宜之在听取黄汲清的汇报时都极为关注，奋力督导。他们取得的主要成果有1∶1万地形地质图20多幅，1∶5万及1∶2.5万地形图若干幅。此外还布置了钻孔，用1400m钻机打钻。工作至1941年冬完毕，虽然受当时技术条件所限，只打到上古生界地层，没有达到预期的发现油田的目的，但有很多研究成果为以后的工作打下了重要的基础。

根据他们在威远地区搜集的丰富资料，黄汲清与岳希新合写了一篇论文《四川威远三叠系与侏罗系间之不整合》（1940）。文中指出，三叠系的雷口坡统、嘉陵江统与侏罗系的自流井统之间呈角度不整合的接触关系，表明了印支运动在四川盆地的存在。1940年3

月 14 日，中国地质学会第 16 届年会在重庆举行，17～24 日，年会组织了会后地质旅行，岳希新是负责旅行团工作的领导小组成员之一。旅行团共有会员及新闻媒体成员 49 人，分乘经济部资源委员会的载客大汽车两辆，从重庆小龙坎出发，团员均着旅行服装，汽车上插"中国地质学会旅行团"白布小旗，盛况空前，这是中国地质学会成立以来最大的一次地质旅行。旅行团途经璧山、永川、荣昌、内江而抵自流井，3 月 18 日抵达威远。19 日，旅行团考察威远地区地质，黄汲清与岳希新为"领导员"（导游员）。在独树子村一个小山头上，岳希新为全体团员讲述当地的地质概略情况。下午，他带领团员们在曹家坝村旁三叠系嘉陵江灰岩的 Tb 层里采得很多双壳类化石，主要有褶翅蛤属（*Myophoria*）等。他还率领团员们在熊家村附近观察含大量双壳类化石的地层及夹有海百合的石灰岩薄层。岳希新还带领团员们观察从岩石裂缝中溢出的"火气"（即天然气，以火引之立即燃烧，当地人用来煮饭）。3 月 20 日，在万祥沟，岳希新指着当地露头剖面，让团员们观察侏罗纪煤系地层与三叠纪嘉陵江灰岩间的不整合现象。3 月 22 日，岳希新又与陈秉范一起担任"领导员"，岳希新率领大部分团员自白龙池村出发，观察了河谷中嘉陵江灰岩的 Tb、Tg、Th 各层及"臭水泉"（天然气冒泡处）。岳希新等完成了威远地区导游任务后，把导游职责交给了四川省地质调查所所长李春昱及技佐李悦言。

以后，岳希新又以威远地区考察资料为依据，撰写了《四川威远背斜中部构造现象之研究》（1942）一文，文中论述了威远的短轴背斜和穹窿构造，并指出这些构造为石油与天然气储藏提供了良好的条件。后来，经济部资源委员会在他们工作的基础上，在威远打了一口深井。这是中国内地第一口油气深钻井，结果有大量天然气喷出。新中国时期，那里的油气勘查工作仍在进行，并用深钻打到了震旦纪地层，发现了更丰富的天然气源。直到如今，威远气田的气源仍长盛不衰，一直是附近城市乃至省会成都的天然气主要供给者。

20 世纪 30 年代末期，岳希新在四川威远地区专门从事石油地质调查。调查过程中，他在中生界自流井系内发现鱼和爬行动物（恐龙）等多件化石，专门请古脊椎动物学家杨钟健一同加以鉴定、研究。杨钟健在研究这些化石材料后，先后发表了两篇重要论文《中国西南两新种鱼化石》（1941）和《四川威远之爬行动物化石》（1944）。经鉴定，岳希新采集的鱼化石为角齿鱼属（*Ceratops*）的新种，在全中国乃至整个亚洲中部系首次发现，意义重大。杨钟键还把其中的一个新属新种定名为"岳氏三巴龙"（*Sanpasaurus yaoi* Young），以纪念岳希新在地质调查中的这一重要发现。

特别重要的是，在这两篇文章中，杨根据所发现的鱼和恐龙化石，重新厘定了四川盆地自流井系的时代，认为这套地层并非外国学者所定的白垩系，而是侏罗系。并进一步指出，在四川盆地红色地层中，只有更西边的嘉定系、城墙崖系等才是真正的白垩系。这些结论基本上是正确的，且一直为地层古生物学界所采用。这些研究成果虽最终由杨钟健提出，但岳希新提供了原始的资料，功不可没。

3. 四川、新疆、山西觅宝藏

40 年代初期，岳希新与米泰恒一同应经济部采金局之邀，调查了四川大渡河上游大小金川流域靖化，懋功两县（现金川县及小金县）的砂金矿。在川西高原工作，条件极其艰苦：交通不便，山高谷深，行动困难，而且民族关系复杂，匪盗出没，生命财产亦难完全保险。他们克服了重重障碍，终于完成了任务。调查报告后来被经济部采金局收录到

《金矿丛刊·川康专号》里。在报告里，他们首先谈了该区地形及交通，然后论及地质矿产情形。他们得出结论认为，要在面积最广的砾石台地（如靖化县之马厂坪、格尔丹斯等地）去选择砂金集聚的有利地段。这份报告对指导进一步普查勘探工作是有意义的。

1943年，岳希新与关士聪、米泰恒、马溶之、宋叔和等一起到新疆调查地质。当年冬天，他与米泰恒冒着恶劣的风雪天气调查了乌鲁木齐以西七八千米的铁矿和煤矿。后来写出了《西山铁矿初步调查简报》，被收录到《新疆省建设厅地质调查所地质调查报告·第一号》里。在报告中，他们记载了乌鲁木齐西山浅丘陵为侏罗纪砾岩、砂岩、页岩地层，它们与南边较高山上的二叠纪地层为断层接触。在侏罗纪地层中有沉积形成的铁矿20多层、煤矿10多层，单层厚度都不太大。铁矿主要矿物成分为菱铁矿，呈层状，或呈断续的豆荚状、透镜状、结核状，前者品位往往较后者低。他们结合后来的化学分析数据，初步计算出该区铁矿储量在75000t以上，并指出将来应该在矿层向西南延伸的方向上进一步勘探以扩大远景。该区煤矿虽矿层厚度变化大、不稳定，但大多可用来炼焦，能用来配合该区铁矿而作为炼铁之用。他们也指出煤矿的进一步勘探应该深入到150m深的地下，但要有相应的排水设备。

岳希新在新疆参加了塔里木盆地西部海相地层古生物、乌恰的油苗、乌恰灰岩中的浸染状铅锌矿、乌恰康苏煤田等的调查研究，完成了一系列专题报告。其中较重要的是他与米泰恒合著的《新疆乌恰康苏煤田地质》，该文详细论述了乌恰康苏地区侏罗纪煤田的地层、构造、规模以及开发要点，这对于当时缺乏燃料的新疆地区意义很大。

1947~1949年，岳希新在经济部中央地质调查所北平分所工作期间，又调查了历史悠久的山西大同煤田地质。其成果扩大了这个老煤田的外围远景，发现了单层厚达20多米的煤层，还指出在煤层的夹层中有可作为陶瓷原料的高岭土。

4. 为新中国煤田地质事业多做贡献

新中国成立后，中央采取了先重点发展东北地区建设，再逐步以东北带动全国经济建设的发展方针。50年代初，岳希新以极大的热情积极投入到东北区域地质矿产调查中。他与王水一起详细调查了吉林通化七道沟铁矿，经反复调研取证，确定该矿为前寒武纪沉积变质型含锰富铁矿。在掌握丰富资料的基础上，他们向上级提交了正式报告，使得该矿很快被正式批准开发。如今该矿已成为鞍山钢铁公司重要的富铁矿石原料基地。

1952年，我国成立地质部，岳希新亲自率领一批年轻地质调查人员远赴江西找煤，在赣北萍（乡）乐（平）拗陷大面积成煤带辛勤工作。他们发现丰城县附近的二叠纪煤田构造简单，煤层与含煤地层均相当发育、稳定，极有利于生成大型煤田。于是将这个重要情况迅速报告给中南地局，上级很快批复，并调集钻机设备派遣施工队伍，打出了很多煤层，仅丰城煤田在500m深度以内就探明了近亿吨储量。勘探至1000m深以后，煤田储量又翻了一番。这一富煤田的开发，迅速解决了江西长期以来缺煤的难题。

淮北平原原本并没有含煤地层露头，可是岳希新根据自己掌握的翔实材料以及淮南煤矿的钻探经验，结合淮北平原地质条件和形成的成煤规律，果断地预测该区可能存在隐伏大煤矿。当时一些地方部门因怕地下水多而不愿意进行勘探。岳希新却认为淮北距缺少能源的南方工业发达地区距离近，交通便利，有利于煤炭运输，因此坚决支持进行勘探，最后终于发现了大煤田，并一举成为安徽重要的煤炭生产基地。正是岳希新和我国煤田地质工作者的辛勤努力，才在实践中自然形成了华北地台平原区找煤的经验公式"奥陶系灰岩

+大平原=隐伏煤田"（因为含煤的石炭二叠纪地层常常假整合于奥陶系灰岩之上）。

我国浙江地区原来也是极度缺煤的省份，原浙江地区的领导曾坚持要在省辖境内寻找煤。虽然在浙西、浙北等地区做了许多工作，甚至还修建了铁路，可是并未收到明显效果。岳希新在了解到实际情况后，经过反复考察后最终认定，浙江地区地质构造十分复杂，自然成煤的地质条件比较差，如果花费太多的资金去投资，既解决不了实际问题，经济上也不划算。因此他建议缺煤的浙江省与富煤的安徽省通过协商，将靠近浙江的广德煤田拨归浙江省开采，得到了安徽省的大力支持，该项措施不仅缓解了浙江省对煤炭的急需，也极大促进了两省间的友好合作。广德煤田出现的"地面属安徽、地下属浙江"的现象，也是我国地区之间经济上友好合作的象征。

岳希新在组织领导全国煤田地质普查勘探实践具体工作的同时，对地质勘探理论上的概括和总结工作也十分重视。1957年2月5～10日，岳希新参加了在北京举行的中国地质学会第二届全国会员代表大会，在会上宣读了他与王绍伟、韩树荣合著的《中朝陆台石炭二叠纪含煤沉积》论文。论文指出，中朝陆台上从中石炭世到早二叠世的数千万年里，经过沉积后，形成了丰富的煤矿，其沉积的厚度自北向南逐步增大，最厚层面可超过1000m。上石炭太原统海相、海陆交互相只限于南部，向北渐变为陆相。下二叠山西统及以后沉积均属于陆相。煤的沉积中心大致呈北东东—南西西方向的带状分布，并依时代而逐渐向南推移。沉积时的古地形是北高南低，属准平原型，局部有隆起或凹陷带。向西向南则逐渐过渡到陆台边缘凹陷或前凹陷地带中。煤的变质程度以陆台中部为最高，边缘部分低。中部地带也显示出北东东—南西西的带状变质分布格局。与较晚期构造断裂带相关的岩浆岩侵入则产生了局部的高度变质现象。该篇论文根据含煤岩系的沉积特点、煤的变质规律以及受后来造山运动影响产生的构造特征等，将中朝陆台划分了6个含煤区：阴山山麓区、山西盆地区、鄂尔多斯区、贺兰山—桌子山区、江淮平原区、河西走廊区。这些区的分布特点反映了陆台在发展过程中有着不同的分化作用。

1961年岳希新发表了《谈谈南方煤田分布规律及找煤方向》的论文，他在文中将我国南方煤田分成两大类型——地台型和煤盆地型。岳希新提出了4个新的找煤方向：①对老煤田应向外推延，扩大远景；②寻找厚煤带，特别在下石炭统及下二叠统；③注意煤田地质构造，在不对称褶皱的平缓一翼上找大煤田；④注意煤质牌号变化规律，即煤变质深浅的规律。他再三强调要下大工夫寻找隐伏煤田，还告诫人们在含煤地层年代上不要只侧重传统的晚二叠世、侏罗纪，也要注意石炭纪、早二叠世、早第三世、晚第三世。他又指出，找煤时应在地区、质量、数量等方面尽量满足生产建设和日常生活需要。

60年代初期，岳希新亲自指导青年地质科技人员王绍伟等人精心编制了《1：300万中国煤田预测图》，该图对全国煤田地质普查工作有十分重要的指导作用。

80年代以来，我国地质部地矿司提出要做煤的远景调查，其中一项重要内容是搞好煤盆地研究，主要是进行沉积环境分析和聚煤规律方面的研究。接受任务后，岳希新首先广泛查阅了世界各国文献，亲自翻译了国外有关沉积环境和沉积相的重要论文，主动向大家介绍世界先进成果、新概念、新理论。他结合国内地质普查方面丰富的科学实践，在新时期提出了很多新的认识。比如：①不同沉积环境下形成的煤，其规模大小、厚度，甚至质量都有所不同；②中国地台历经多次大的地壳运动，地台分化，由大变小，含煤盆地也逐渐变小，稳定地台往往有厚大的煤层分布，而活动地台虽然煤系地层沉积相当厚，煤层较多，但层很薄，经济价值不大；③山前坳陷、盆地内部是有利于厚大煤层聚集的场所；④古气候也是必须考虑的重要因素。他在工作中对前人主张的边陷坳陷成煤的传统理论并不迷信，提倡建立适应我国煤田地质情况的新理论、新设想。

5. 地质科学技术管理工作

岳希新从 50 年代起就一直做地质矿产普查勘探的领导和管理工作，亲自主持并参与制定了十多种重要的地质工作规范，参与修订的很多固体矿产储量规范至今仍在沿用。岳希新在总结各种成因类型矿床的普查勘探经验的基础上，对矿产普查规范、1∶5 万区域地质矿产调查规范和煤、金、锰等矿产储量规范，以及矿区水文地质勘探规范等，均提出过重大修改意见和编写意见。事实证明，这些勘探规范对提高地质矿产勘查的质量都起到非常重要的作用。虽然当时岳希新在工作中组织大家学习苏联先进经验，但在工作时并不生搬硬套，而是结合实际情况进行妥善处理。如当时苏联专家一味要求我国在高级储量地区多布设水文钻探，岳希新则指出集中水文钻探要因地制宜，既要考虑成本又要考虑实际钻探效果，要根据当地的水文地质条件决定水文钻探的数量。

1959 年国庆十周年，地质部要求各系统所属部门、科研单位都要对过去十年取得的成果进行系统总结归纳。岳希新在这期间发表了《十年来中国煤田地质普查勘探的成就》这篇重要论文。文中明确阐明"一五"期间我国已探明煤炭工业储量 544 亿 t，不但完全保证了我国"一五"工业建设期间对煤炭的需要，也为"二五"期间我国煤炭工业的迅速发展打下了良好基础。新中国成立以来卓有成效的煤田地质工作不但初步解决了我国地区储量分布的失衡，而且由于在我国南方缺煤省区发现隐伏的优质大煤田，缓解了我国大量"北煤南运"的状态。岳希新在文中还着重指出，我国在煤田普查勘探时已经采用许多新技术、新方法：如利用电法、地震法等进行地球物理探矿，寻找隐伏大煤田；利用电测井方法寻找钻探中打丢的煤层；利用电法圈定老窿采空的范围；利用煤岩方法配合化验，在进一步加工试验过程中研究煤的可选性、炼焦性；利用孢子花粉、光谱分析、沉积旋回等方法对比煤层生成关系等。这些新技术、新方法，不但提高了地质普查工作的整体质量，也对进一步搞好找矿探矿工作起到了有力的促进作用。论文最后还特别指明了普查工作未来的努力方向，强调要特别注意在有大片第四纪沉积掩盖的地区寻找隐伏煤田，并且尽量使可开发煤田靠近工业区或重点生活消费区，以使国家煤炭资源得到充分有效的利用，满足国家建设的迫切需要。

岳希新在工作中对地质勘探部门的成果评审十分严格，始终把国家利益放在第一位。例如，在 60 年代初期，全国储委聘请他去评审"渭北煤田详勘储量报告"。他凭借丰富的实践经验在评审时发现该报告存在问题：勘探中只注意深部主要煤层，而丢弃了浅部的煤层，这是按上级领导主观意识办事的结果。他对这种工作提出了严肃的批评，而且不予该工作成果批准通过。审核结果令一些人十分震惊，有关领导也感到为难，但事实证明岳希新做出的评审是正确的。又如，我国四川攀枝花铁矿区在提供开发之前，有关部门在渡口市现场评审攀枝花铁矿的详勘报告后，提出还需要补做地勘工作。岳希新到现场仔细审阅了勘探报告，坚持认为勘探工作已完全能够满足矿山建设的需要，没有必要再补做工作。事后有关部门专门组织人员在有争议地区作了专项调查，最后证明岳希新的意见完全正确，报告被顺利批准。这样，不但给攀枝花钢铁企业及时上马赢得了时间，也给国家节约了大量勘探资金。

进入改革开放时期后，岳希新为了给国家合理制定能源政策和煤炭工业规划布局提供基础性科学依据，为了进一步摸清我国煤炭资源的分布情况，他不顾年事已高，在古稀之年还亲自组织领导了云、贵、川三省煤炭资源开发远景及其他重点省区煤炭资源开发远景的区域调查。并且组织领导了新一轮全国煤炭资源远景预测工作，系统研究了中国主要聚煤期的聚煤规律、煤质特征及变质规律，并进一步论证了中国煤炭资源合理开发利用的多种有效途径。1996年由岳希新主编出版的《1：250万中国煤田地质图》，获得地质矿产部科技进步奖一等奖。

岳希新尊重科学实践，他严谨的治学精神、勤奋的工作态度，实事求是的优良作风，始终为后人所称道。

三、岳希新主要论著

Huang T K, Yao H H. 1940. On the unconformity between the Triassic and Jurassic in Weiyuan, Szechuan. Bull Geol Soc China, 20 (3/4): 241~246

Hsu T Y, Yao H H. 1941. On the occurrence of a Wellenkalk fauna in the Patung series of western Hupeh. Bull Geol Soc China, 21 (2-4): 253~256

岳希新，米泰恒. 1942. 大金川流域靖化懋功两县砂金矿//经济部采金局编. 金矿丛刊·川康专号. 经济部采金局：32~37

Yao H H. 1942. Study on certain structural features occurring in the central region on Weiyuan anticline, Szechuan. Bull Geol Soc China, 22 (3/4): 227~239

岳希新，米泰恒. 1948. 新疆乌恰康苏煤田地质. 地质汇报，第37号（西北分所第1号）：107~111

Yao H H. 1948. Wushan limestone and its fusulinids in western Hupeh. 国立北京大学五十周年纪念刊：77~102

岳希新，王水. 1952. 吉林七道沟铁矿地质调查报告

岳希新，王绍伟，韩树荣. 1957. 中朝陆台石炭—二叠纪含煤沉积. 地质论评，17 (2): 240

岳希新. 1959. 十年来中国煤田地质普查勘探的成就. 地质月刊，(9): 13~14

岳希新. 1961. 谈谈南方煤田分布规律及找煤方向. 中国地质，(2): 27~30

岳希新. 1981. 国外锰矿地质资料（南非、苏联、巴西、印度、埃及）. （地质部锰矿会议文件）

赖耶. 1982. 曼科斯页岩组弗隆砂岩类——美国内地西部白垩纪地层预测模式. 岳希新译. 国外地质科技，(2)

格罗本，斯蒂尔. 1984. 六个冲积扇—扇三角洲体（泥盆纪—挪威）的沉积、内部构造和几何形态——对砾岩层序意义的研究. 岳希新译//地质译文集2. 西安：西安地质学院情报资料室

吉尔西情，麦克卡比. 1984. 加拿大新斯克舍，吉林角胡德港（石炭纪）陆相含煤沉积. 岳希新译//地质译文集2. 西安：西安地质学院情报资料室

岳希新. 1985. 中国锰矿地质概论//地质矿产部区域地质矿产地质司编. 中国锰矿地质文集. 北京：地质出版社：1~11

弗雷，彭伯顿. 1987. 遗迹化石相模式. 国外地质科技，(2)

岳希新主编. 1996. 1：250万中国煤田地质图. 北京：测绘出版社

主要参考文献

岳旸，潘云唐. 2004. 岳希新//中国科学技术协会编. 中国科学技术专家传略·理学编·地学卷3. 北京：

中国科学技术出版社：237~248

撰写者

岳旸（1953~），吉林人，国土资源部咨询研究中心，处长，高级工程师。从事岩石矿物分析、财务管理工作。

＊＊＊＊＊＊＊＊＊＊＊＊＊＊＊＊＊＊＊＊＊＊＊＊＊＊

王嘉荫

王嘉荫（1911~1976），河北永年人。地质学家，岩石学家，地质科学史专家，地质教育家，中国显微构造与组构学奠基人之一。1935年毕业于北京大学地质系。先后在北京大学、西南联合大学、北京地质学院任教，1955年从北京地质学院调回北京大学，任地质地理系地球化学教研室主任。他最早测定了我国岩石的岩组图，最先发现石英有因变形而产生二轴晶现象。他的《火成岩》一书是我国岩浆岩岩石学的经典；他的《普通矿物鉴定》、《油浸法透明矿物鉴定》和《认识矿物的方法》等是我国矿物鉴定的奠基性成果；他的《本草纲目的矿物史料》和《中国地质史料》两书又是中国药用矿物学史和地质学史的综合性文献；他的遗著《应力矿物概论》一书系统地论述了矿物晶体变形和变质的构造动力原因。他还在冰川学、黄土学、地震地质学等领域提出过开拓性见解。他毕生从事地质教育事业，勤奋严谨的学风和开阔的学术思路影响了几代学生。

一、简　历

王嘉荫，别名王荫之，字痴公。1911年11月8日生于河北省永年县，1976年6月1日于北京逝世，终年65岁。

王嘉荫出生在一个小知识分子家庭。父亲在北京教书。王嘉荫在家庭的影响下自幼喜欢读书。6岁入乡间私塾，读过四书五经。那时候学习方法主要是背诵。王嘉荫背书很用心，有时夜里做梦嘴里还嘟囔白天背过的古文，没有多久，家里的存书他都读过了，便想着让家里人带他到有书的亲戚家找书读，读不完的就请求借回家来。如果要去的亲戚家没有书籍，他便失去了串门走亲戚的兴趣。他9岁上了公立学堂，那里不提倡死记硬背，却使他增长了不少自然科学知识。由于他学习刻苦，在同龄的学童中成绩最好，所以大人们常让他辅导学习有困难的小伙伴。他非常耐心并很称职地履行了这个职责，每当同伴学习跟不上时，他比人家还着急，而当别人学习取得进步时，他不仅发自内心地高兴，还时常把自己平日省下来的笔墨纸张奖励别人。15岁他考入永年县城的中学，开始了独自在外的求学生活。1929年，不满18岁的他考入北京大学预科，刚入预科时，他发现北大学生填的表格和学校张贴的文告常用英文写，而他原来的中学并没给他这个程度的英文训练，这让他感到茫然和恐惧，怎么办？办法只有一个：随身带着辞典。那时没有袖珍小辞典，他就捧着一本大字典，成为一名"捧字典"的预科生。他，也正是从"捧字典"起步，后来才成为"活字典"。1931年，王嘉荫从预科升入理学院地质系。当时地质系名师荟萃，学术气氛浓厚，这给爱学习的王嘉荫带来了绝好的机会。对他影响最大的两位教授就是李四光和葛利普，两人都是蔡元培校长1920年聘来北大任教的。那时李四光从英国伯明翰大学获硕士学位，而葛利普则已经是国际知名的教授。李四光不仅讲课生动，而且喜欢带领学生野外实习，他能依据一块石头讲出一连串生动的故事，这引起学生极大的兴趣，好学的王嘉荫后来成为岩石学家，就是从这石头的故事开始的。葛利普主讲古生物学和地史学，他总是把国际学术新动态引入课堂，通过他的讲解让人了解事情的来龙去脉。他把地球变动的"膨胀说"和"收缩说"讲得极其生动，同时把"脉动说"讲得出神入化。地质系的教授多半是欧美留学回来的，课堂上常用英语和德语，而要深入领会教授们的讲解，必须有较好的外语能力。王嘉荫随身携带小本子，以便在课下或野外及时记下听不懂的东西。他的外语学习几乎贯穿了一生，他能阅读德语、日语文献，新中国成立后，他还认真学习了俄语，他撰写的《交代作用》书稿就是主要参阅俄文文献写成的（原稿已在出版社审稿，不幸在"文化大革命"中丢失，未能出版）。

王嘉荫不是"两耳不闻窗外事"的，在他刚升入本科当年（1931）发生了九一八事变，东北三省沦陷，来自东三省的同学有的断了经济来源，有的成了流浪青年，或者不能安心读书。王嘉荫十分同情他们，并尽量帮助他们。他与东北同学一样，对日寇暴行义愤填膺，他们一起喊出"打回老家去"的口号。1935年王嘉荫毕业留校任助教，从他作教师的第一天起，就表现出一个教师对学生的器重和期待，是学生学习的榜样。同年爆发"一二•九"运动，北京大学学生率先上街游行，宣传抗日思想。学生们的队伍遭到军警的镇压、追捕和殴打。12月的寒冬，学生们的衣服被水龙头浇透，但仍然挺胸前进，王嘉荫热情支持学生们的爱国行动，他不顾反动派的高压，与学生站在一起。当时的报纸上可以查到王嘉荫与北京大学其他教师联合支持学生运动的声明和签名。

1936年王嘉荫到湖南，在一座煤矿作助探。1937年抗日战争爆发后，南迁的北京大学落脚长沙，与清华大学、南开大学合组临时大学，王嘉荫去该校任教。不久，该校迁往昆明，改名西南联合大学。王嘉荫随校迁往昆明，任西南联大地质地理气象学系助教，后升任讲师。当时的系主任是原北京大学地质系主任孙云铸教授。孙云铸1920年北京大学地质系毕业，留学德国获博士学位，是著名的古生物学家，他建立的以三叶虫化石为鉴别标志的寒武纪时代划分法被国际学术界普遍接受。孙云铸在西南联大对地质、地理、气象三个专业、来自三个学校的教职员不分亲疏，尽量发挥各人所长，学术气氛浓厚，彼此相处融洽。这样的环境让王嘉荫这一辈青年教师的业务成长很快，他们相继在中英文学术刊物上发表文章，显示出独立进行科学研究的能力。

王嘉荫从青少年起就很喜欢体育，在西南联大，他与其他系的青年教师组成恰好11人的足球队，在繁忙的工作之余，有时不顾日机轰炸的威胁坚持体育锻炼。这11人的球队当时称"The eleven"球队，在西南联大还小有名气。他们不仅是一支生龙活虎的运动队，而且也称得上是一支科学家的后备队，其中就有后来成为生物学家的牛满江教授。牛满江教授曾在"文化大革命"期间回国访问，提出要会见王嘉荫教授，会见地点被安排在颐和园（因为王嘉荫在"文化大革命"时是"反动学术权威"，从原住房搬到较拥挤的房子里，根本没有接待外宾的条件），王嘉荫和牛满江的友谊就是在西南联大的足球场上结下的。

王嘉荫在读本科时就十分崇敬李四光教授，那时李四光是北大地质系主任、中央研究院地质研究所所长。李四光对王嘉荫很器重，1940年将他调到地质研究所任助理研究员，后任副研究员，成为李四光的得力助手之一。李四光的亲自指导，使王嘉荫的独立科学研究能力大大提高。李四光也很赞赏这位年轻人，他曾对人说："荫之爱琢磨事，他琢磨出来的事是靠得住的。"

抗战胜利后西南联大撤销，1946年北京大学、清华大学、南开大学三校迁回北方，王嘉荫随校返京，任副教授，1948年升任教授。1952年全国高校院系大调整，将北京大学地质系全体教师连同仪器和设备调到新成立的北京地质学院。王嘉荫随这批人一起到北京地质学院任教，被聘任为北京地质学院岩石教研室主任，兼学院图书馆馆长。他和其他教师为新学院的奠基和发展付出了艰苦的劳动。从一个系的规模发展到一个学院的规模，光实习用的岩矿标本就要扩充几十倍，他带领年轻教师出野外采标本、选实习基地、采购图书、绘制挂图，对北京地质学院的建设和发展做出了贡献。

1955年教育部同意北京大学恢复地质学专业，调王嘉荫回北大任教。1956年设地球化学专业，王嘉荫任地球化学教研室主任，这是我国首次创办地球化学专业，王嘉荫又开始了新的创业工程。由于合作多年的同事都留在北京地质学院，仪器设备也不能随他返回北大，再加上地球化学是个新专业，所以这次创业的起步比他在地质学院的创业更显得"一穷二白"，他的担子更重了。两次创业对王嘉荫的业务能力和行政工作能力都是可贵的锻炼机会。正当专业有了发展，学科建设有了成绩时，"文化大革命"来了，王嘉荫被打成"反动学术权威"关进"牛棚"。据知情人讲，王嘉荫在受审期间从来不为开脱自己而乱推责任，尽管他很清楚把责任揽在自己身上的后果意味着什么。就因为他总是这样"执迷不悟"，所以他头上的"帽子"迟迟没被摘掉。

待他从"牛棚"回来时，发现自己多年积累的学术资料——卡片、笔记、文献都不知去向，他能做的事只能是一切重来。他为夺回失去的时间而拼命地工作，但是条件不如以前了。他必须参加各类批判会，还要参加一些劳动，工作条件艰苦多了，年龄也变老了。1969年北大教师下放江西鲤鱼洲劳动，但被"牛棚"管制的人不能去。在"反修"和"备战"的口号下，他和在校没有去鲤鱼洲的人员一起，被下放到据说是"反修前线"的怀柔县长城边的一个村庄继续劳动改造。有一天在村外遇见了一位他在地质学院时的学生，正在那一带做野外地质工作。学生遇见了自己的老师，显得格外兴奋，工作中遇到不少地质问题正要找明白人请教，这回遇到老师就好办了。一时间"王嘉荫从'牛棚'出来了"，"王嘉荫又可以做业务工作了"的消息传到了地质队，传到了地质界。经过一冬的劳动，王嘉荫又随大队人马撤回学校。从这时起，来自全国各地咨询地质问题的函件和请求鉴定的样品接连不断地寄来。原来，经过"文化大革命"冲击，地质工作受损很大，恢复后遇到的问题自然不少，一些技术骨干"靠边站"了，积累的问题就多起来。王嘉荫是大师级岩矿鉴定专家，人们仍然是"有问题找专家"，这让王嘉荫加倍地忙起来。他本来有"外埠来函，当日回复"的格言，他知道，在政治运动的干扰下，留给自己支配的时间不多，只有拼出全力工作才能履行自己的诺言。没过多久，只见他的工作台上、书桌上又堆起一摞摞卡片，读书笔记写了一本又一本，外埠来函回了一封又一封，同时也摆放着精美的由他亲手绘画的显微镜下的素描，和他手书的清秀的英文笔记。为了培养急需人才，他开办训练班，给来自各地的岩矿鉴定人员授课，他还在本科生中开新课，讲授"显微镜下结构面的鉴定"。这些都是新技术新方法，他一直走的就是创新之路。

在一次繁忙的工作中，他咯血了，他没理会，后来又发生过几次，但他仍不肯放下手中的事。后被人逼看着、拉扯着去医院作了检查，非常不幸，他患了肺癌，已是晚期。当他已经不能自己走到办公室的时候，他请求把工作用的偏光显微镜搬回家里。在家里，他更是不分上班下班了，继续履行着"外埠来函，当日回复"的终生诺言。

王嘉荫一生俭朴。他的工资有很大一部分用来接济亲友们，这是他从小养成的品质。那时一大家子全靠他教书的微薄收入供养，吃、穿都很节省。家里平日主食就是窝头，一旦蒸了馒头便知有客人来了，其他孩子都馋那白面馒头，可王嘉荫还是拣窝头吃。他从小就养成既节俭又谦让的品质。后来当了教授，任了教研室主任，但从衣着上绝看不出他的教授身份。据说，北京地质学院有一次专请教授们去听首长报告，在报告厅门口，他被拦住了，守门人看他的装束，以为是工友而不像教授。王嘉荫并没把这件事放在心上，他曾讲过一个真实的笑话。新中国成立前，有一次他一个人为追索一条岩脉进入一个陌生的山沟，那一带常有土匪出没，他不知不觉已被设卡的土匪发现。他想，往回跑的话一定会被逮住，不如壮着胆子向前闯，没想到他的装束和坦然的举止竟让这伙强人误以为是过路的同伙，既然"人不犯我"，也就"我不犯人"，王嘉荫化险为夷。这就是装束随便的好处。

"文化大革命"期间，他被"抄家"，却发现他家没什么值钱的东西，是真正的"土教授"。他原来获此绰号时是指他没留过洋，是"土生土长"的教授。这时又多了一层意思，就是"土里土气"的教授。

1976年6月1日，这位学识渊博、意志坚强、无私奉献的老人走完了他持久而艰辛的道路，结束了闪光而珍贵的生命旅程。几个月后"文化大革命"结束，遗憾的是他没有看到"科学的春天"。

二、学术成就

1. 从光性异常到应力矿物研究

王嘉荫是我国显微构造与组构学的奠基人之一。这个学科大致有三方面的基础工作：一是关于结晶体构造变形的发现；二是关于构造变动对结晶体内质点排列方向的影响；三是关于构造应力对矿物之间变质反应平衡趋势的影响。王嘉荫在这三个方面都有系统的研究，所以成为一门新学科方向——显微构造与组构学（包括"应力矿物"）的奠基人之一。

自然界的矿物多半以结晶体形式存在，各种矿物有不同的晶体结构，或者叫不同的点阵排列方式。结晶体在偏振光作用下有折射、反射、衍射、干涉、消光等光学现象。将岩石磨制成固定厚度的薄片放在偏光显微镜下观察，依据其中矿物晶体的折光率、干涉色和消光性就可以鉴定出矿物和岩石的种类。在自然界，每种矿物的晶体结构是稳定的，与它产出的环境没有关系。石英是SiO_2的结晶体，在偏振光下表现为一轴晶，但石英的晶体却并不总是这样稳定，有时出现波形消光，甚至显现出二轴晶光性。对波形消光，当时称为"光性异常"，人们知道石英是最常见"光性异常"的矿物，而对更特别的异常，如出现二轴晶，则没有人深入研究过。王嘉荫从做学生起接触到"光性异常"，到指导学生看偏光显微镜，觉得总用"光性异常"解释石英的光性偏差很不深透，这引起他探求"光性异常"问题的兴趣。他首先对具有"光性异常"矿物的产地作调查，发现这类石英都采自变形强烈的构造带上，变形越强烈异常越明显。他推断构造应力的长期积累可以使石英的晶体结构发生明显变化，并且反映在光学性质变化上。这种变化通常产生波形消光，偶尔出现二轴晶的假象。他设计了一个实验，将石英在平行光轴的方向加载，大约在$600kg/cm^2$压强条件下产生13°54′角度的二轴晶光轴角，初步证实了产生二轴晶光轴角与应力的定量关系（《石英》，1956；《应力矿物问题》，1964）。后来的实验大大进步，可以控制加载速度和时间，进一步证实石英和许多矿物都可以产生晶格变形，并从微观角度解释"光性异常"现象。王嘉荫是最早探讨这一问题的中国学者，并且建立了通过显微镜下各矿物的光性表现推断野外构造变动细节的思路。这是个意义深远的思路，表明对于野外构造变动的细节除了野外调查之外，还可以进行显微分析，显微分析往往能补充野外调查的疏漏。

20世纪30年代，奥地利科学家桑德尔创立"岩组学"。它的主要内容是说，组成岩石的各矿物晶体的空间定向，例如石英光轴的空间取向具有某种对称性，这种对称性反映了岩石形成时运动的对称性。这种对称图像要通过大量的晶体的光轴方位测定来描绘，而光轴方位的测定要用到旋转台。偏光显微镜的物台可以转动，但只能在物台所在的平面转动，其转轴垂直物台面，旋转台安装在物台上，可以沿纵向水平轴和横向水平轴转动，其旋转面都垂直物台面。通过旋转台可以准确测定每粒石英光轴的空间方位——倾向和倾角。王嘉荫很快发现岩组学不仅对探知岩石形成时运动的对称性，而且对探知岩石形成后经历构造变动时运动的对称性也有成效。他的老师和学长何作霖（1926年北大地质系毕业，桑德尔教授的博士生）最先把桑德尔的"岩组学"介绍到中国，王嘉荫则用旋转台测绘了我国岩石的第一张岩组图（《岩组分析实例》，1943），并且找到一种半定量的方法，可以不用旋转台测定一轴晶矿物的光轴方位（《一轴晶矿物光轴方位之测定与岩组学》，1940）。他的方法简单而且具有独创性。一轴晶矿物的光轴方位可以通过物台旋转360°的消光现象测定，光轴的倾角（或光轴直立程度）可以通过矿物干涉色高低大致判断出来，光轴平卧时干涉色最高，直立时干涉色最低，在平卧和直立的90°角之间可以分出几个干涉色等级，从而可估测倾角的大小。只要熟练掌握各一轴晶矿物的干涉色就可以近似测出其岩组图。这个方法在当时具有重要意义。抗战期间西南联大只有一台旋转台，所以，不用旋转台测一轴晶矿物岩组图不仅解决了缺乏实物之难，而且使当时我国的研究水平与世界先进水平处于同一档次。"岩组学"的引入使王嘉荫深入思索了一个问题：构造作用不仅能影响矿物晶格的变化，产生"光性异常"，而且能影响矿物晶轴的空间展布，这种展布反映在岩组图的对称性上，那么构造作用能否影响矿物的成分，即原有的矿物能否因构造应力作用而产生新矿物呢？如果这是可能的，那么偏光显微镜分析就不仅只是岩矿鉴定的重要手段，而且是野外构造研究方法的重要补充。

20世纪40年代，李四光创立地质力学。他将地壳上多样的地质构造类型归纳为几种简单的受力方式的产物，从而产生几种典型的变形模式，由几种变形模式又组成不同的构造体系。构造体系反映出一个地质时期内在一个较大范围内的构造活动方式。例如华北、东北及邻近海域在中生代以来属于新华夏体系的影响范围，会产生北北东方向的挤压山脉和被山脉分隔的平原。东北的完达山、长白山、大兴安岭，华北的太行山、吕梁山都是北北东方向的山脉。北北东方向的压性断裂也很明显。但是北京西山门头沟一带的山脉走向却是北东东的，与新华夏体系方向不一致。王嘉荫在这一地区的不同地层中都发现一种变质矿物叫硬绿泥石，这种矿物分布在一条宽1~2km、长30~40km的带上，这条带的总方向是北北东。王嘉荫计算了产生硬绿泥石的矿物反应的体积变化得知，反应之后，产物的总体积小于反应之前参与反应矿物的总体积，这说明压力增加的条件下有利于硬绿泥石矿物的产生。英国学者哈克尔把这种应力条件下产生的矿物称为"应力矿物"。王嘉荫断定，北京西山的硬绿泥石带虽然不是山脉走向和断裂走向带，却也是标志压扭性的北北东方向的构造带，这证明北京西山不例外地也是在新华夏构造体系的影响范围内。以往认识的构造带都是由褶皱和断裂组成的构造变形模式，王嘉荫第一次把变质矿物带作为构造标志列入变形模式（《北京西山的硬绿泥石带》，英文，1951）。1965 年，美籍日裔学者都城秋穗提出日本列岛上存在两条平行的变质带，一条是以蓝闪石矿物为标志的高压低温变质带，另一条是以红柱石为代表的高温低压变质带。蓝闪石和硬绿泥石在哈克尔的定义里都是应力矿物，标志着一定的应力条件。都城秋穗的发现恰与当时正在升温的板块构造理论互相印证，他的著作又译成英文出版，他本人因此成为世界著名的地质学家。人们承认都城秋穗的双变质带是太平洋板块在日本岛弧外向西挤压产生的带状标志。作为标志的依据就是带状展布的变质矿物。王嘉荫把变质矿物带作为构造标志的思想虽然提出得更早，却不为人所知，是件憾事，但是内行人都非常钦佩王嘉荫的贡献。他是建立以矿物带为标志的构造带的第一人。

王嘉荫从探讨"光性异常"，认识了构造应力可以影响矿物的晶体结构；从岩组图的对称性分析，认识到构造应力可以影响组构的空间分布；从变质矿物野外分布，认识到构造应力可以产生标志性变质矿物。这些认识都是通过偏光显微镜的分析得到的，探讨的都是构造力和构造运动问题，于是逐渐形成了一个新的学科方向，一个专门运用显微镜研究地质构造的方向。这个方向王嘉荫称为应力矿物学，体现在他的遗著《应力矿物概论》（1978）中，后人考虑到更宽的领域和与国际接轨，称为"显微构造与组构"。1981 年成立"全国显微构造与组构专业组"，隶属中国地质学会构造地质专业委员会，并且定期举行学术研讨会。研究会的研讨时间习惯地定在 11 月份，以纪念王嘉荫 11 月生日。王嘉荫是中国显微构造与组构学的奠基人之一。显微构造与组构专业组的成立大会和第一届学术研讨会于 1981 年 11 月 8 日在北京大学举行，那里是王嘉荫长期工作与生活的地方，那一天恰逢他 70 诞辰。

2. 花岗岩的多元成因研究

岩石学家王嘉荫专长的领域是岩浆岩。岩浆岩旧称火成岩，是指由于岩浆冷凝结晶而固化的岩石。花岗岩是地表分布最广的岩浆岩。与之对应的是沉积岩，旧称水成岩，是指在水体中沉积或饱和结晶而成的岩石。页岩、石灰岩是地表分布最广的沉积岩。19 世纪以前人们接触的地域有限，一些著名的地质学家也只接触到有限种类的地质现象。一些人接触到岩浆岩比较多，就认为地球上所有岩石都是岩浆冷凝形成的；另一些人则相反，认为所有岩石都是沉积形成的。前者称为"火成学派"，后者称为"水成学派"，水火不容，两派争论非常激烈，各自都有十分有力的证据，无法彻底战胜对手。争论丰富了人们的认识，最后，彼此承认：确有一类岩石是岩浆冷凝成因，也确有一类岩石是水中沉积成因，前者称火成岩（现称岩浆岩），后者称水成岩（现称沉积岩），两类岩石的成因绝不能互换。王嘉荫是火成岩专家，著有《火成岩》（1955）一书，这是我国学者最早、最系统的岩石学著作。书中全面介绍了"火成学派"的观点，并列举了我国分布的火成岩例子。由于《火成岩》一书讲解精炼，内容实际，所以一经出版就销售一空。需知那时的地质技术人员还很少，专攻火成岩的人更少，这类书很快售罄是很罕见的。该书应读者要求经过增补出了第二版（1957）。

20 世纪 50 年代，苏联学者柯尔仁斯基提出完整的"交代作用"理论，认为已经形成的岩石通过交代作用可以有主要成分的带入和带出，从而改变岩石的矿物组成和结构构造，并且有化学实验的证据。那时王嘉荫已经能够阅读俄文文献，结合野外观察的实际他逐渐接受了柯尔仁斯基的理论：原来的交代作用只能认为岩石的次要成分可被带入和带出，这些元素称为是其中的活泼元素，它们不影响稳定元素的活性，因此也不影响岩石类型的改变。王嘉荫不是墨守成规的学者，他认真作野外调查，一切从实际出发，又从理论上认识了元素的稳定与活泼是相对的、有条件的，于是他公开承认原来的沉积岩经过一系列变质作用存在变成花岗岩的可能性，当时称为"花岗岩化"作用。王嘉荫是国内最先接受并大力宣讲"花岗岩化"作用的花岗岩专家。他翔实有据地说，不仅小花岗岩株，而且包括上万平方千米的花岗岩基都有可能是非岩浆冷凝生成的。他在业务领域是与时俱进的。为了说明他认识上的转变与升华，也为了使人进一步了解岩石转变的可能性，他先在北京大学地质系高年级学生中开设"交代作用"专题课，经过三个年级的授课，他把这门课的讲义经过充实写成《交代作用》一书。书稿已被出版社接受，但正在审稿期间因"文化大革命"打乱了出版计划，书稿也随之遗失，读者最终没能读到《交代作用》一书，没能深入了解一位学者怎样从"火成岩"向"花岗岩化"的跨越。

现代岩石学已经清楚，花岗岩有多种成因，各类成因的花岗岩的主要矿物成分和元素成分基本相同，只是微量元素和细微结构不同。类似原来意义上岩浆冷凝成因的花岗岩称为 I 型花岗岩，类似原来意义上沉积岩转变而成的花岗岩称为 S 型花岗岩。此外，还有其他类型的花岗岩。现在关于花岗岩的多元成因论已被普遍接受，水成派和火成派的原始观点已被新的认识取代。但是，王嘉荫的两版《火成岩》和未出版的《交代作用》都代表了当时学术界的最高水平。

3. 学科史研究

王嘉荫自幼喜爱读书，打下了良好的古文基础，这又给他进一步读古书创造了条件。从古书中他获知中国古代地质学是怎样发展起来的，由此引起他对中国地质科学史的兴趣。他非常重视中华文化的传承。原来，中国古代有地理学，却没有地质学，和地质学相当的称为"地知学"，大概是地学知识的意思。古代也没有专门的地质学家，许多人是在游学中、旅行中，甚至采药中逐渐积累了地质学知识。他常提到《山海经》、《梦溪笔谈》和《水经注》中对地质学知识的引述，使他的讲课增加不少历史的内容和对概念原始的解释。

王嘉荫的第一本学科史书是《本草纲目的矿物史料》（1957）。他从《本草纲目》原文中的"水部"、"土部"、"金石部"中发现并摘出了很多可以入药的矿物、化石和土壤，这些材料有的本身具有药性，直接起温、凉、补、降的调节作用，有的与其他药配合起缓冲作用，还有的对其伴生的植物有药理影响。他还发现古代医生用药经常就地取材，几味药效相同的药不同地域的人尽量使用本地熟知或易采的药。亲自采药的医生经常是熟知气象、地理、生物和人文的学者，所以中国古代地质学有古代医家和其他学者的贡献，古代医学也有地学家和其他学者的贡献，大家都遵从自然和谐的法则探寻自然的知识。

王嘉荫的第二本学科史书是《中国地质史料》（1963）。这是他从大量古籍中摘出的地质史料，也是很全面、很综合的地质科学史文献。全书分绪论、天和地、地震、火山、陨石、新的变迁、风、雨土、河流、地下水、湖泊、海洋、生物、化石、石油、地形、测量及制图共 17 个部分，内容已经大大超出地质学的范畴，对从事生物学、地理学、大气科学和海洋科学的学者也有重要的参考价值。20 世纪 60 年代，中国地质学家中还没有专门从事地质学史研究的学者。80 年代，中国地质学会有了地质学史研究会，该会成员几乎都读过王嘉荫的这本书，其中许多人还是因读这本书而将自己的专业方向部分或全部转到研究地质学史的方向上来的。现在地质学史已经成为（中国地质大学）培养硕士研究生的专业学科点，而王嘉荫无疑是这个学科的奠基人之一。

王嘉荫的学生们经常能谈起因先生的博学而受益的例子。20世纪80年代初，一位去瑞士留学的学者参观了那里的一个地下盐矿，那是欧洲最老的岩盐开采场之一，现在成了瑞士唯一的矿山博物馆。解说员在介绍古代开采手段时讲到，由于盐卤对金属具有腐蚀性，所以古代人聪明地把杉树干掏空，彼此连接起来运输盐卤水。现在仍可看到这些杉木管子。这位学者是王嘉荫的学生，由此联想到王嘉荫的讲解，王嘉荫曾生动地讲过四川自贡盐矿有1700多年的开采历史，中国古代用打通竹节的竹竿作管子运输盐卤，既耐用又轻便。当地还产天然气，用天然气点火、熬盐，就地取材，既生产了盐又省了燃料运输。他把这段故事介绍给讲解员，令讲解员和在场的参观者都很惊讶，他们好像都是第一次了解中国古代的采盐技术，而且是更古老的技术。

4. 地震线、黄土和冰川研究

地震是一种快速活动的地质现象，大地震给人类造成无可估量的损失。但是直到现在，人们还没有充分认识发震原因，还不能对所有类型的地震作准确的临震预报。中国是多地震的国家之一，中国地质学界对地震问题十分关注。1920年甘肃海原发生大地震，造成几十万人伤亡，中国地质学家翁文灏、谢家荣和王烈第一次对该地震作了实地考察。第一次通过震害和灾情确定了震中位置，考察了震区的地质条件。1922年翁文灏将考察报告带到法国举行的国际地质大会上，受到同行的高度赞扬。这是中国地质学家第一次参加国际地质大会，那一年中国地质学会刚刚成立。王嘉荫从中国地质学家的这次活动中深受鼓舞，在读史书时特别关注地震的内容。中国大约有2000多年的地震记录历史，较详细的连续记录也有1600年。王嘉荫在分析中国地震发生次序和地理分布时，发现地震并不是随机、无规律的，最明显的规律是地震在地图上沿某些线分布，有些地震是从线的一端依次向另一端发震；也有些在线的两端往返跳动；还有一些是先在一点发震，然后向两个方向逐渐展开。他把这些线称为"地震线"。1962年他在一年一度的北京大学"五四"科学讨论会上做了题为"地震线的应用"的学术报告，他解释了地震线和地震线的应用。地震线是地质问题，相当于隐藏在地下的构造线，地震线的应用是地震预报问题，可从已发生的地震在地震线上跳动的类型推测下次发震的可能地点。20世纪60年代初，我国地震尚不活跃，也没有专门的地震防测机构，唯一反映地震学的杂志是《地球物理学报》。当时全国只有少数地震台站，参加测震工作的主要是地球物理学家。王嘉荫把《地震线的应用》一文投到《地球物理学报》，遗憾的是因为文中没有地球物理内容而被退稿。三年以后河北邢台发生地震，周恩来总理亲临现场指挥抗震救灾，并且随后组建了全国的地震预测预报机构。在这个机构中除了原来的地球物理专业人员外，增加了地质专业人员。李四光认为地震是一种快速的地质活动。地质人员在地震机构中主要研究和观测活动断层。现在所测到的地震大部分发生在活动断层上，寻找活动断层也是布置地震台站的先决条件。现在已经认识到，活动断层的发生和扩展都是由于应力在岩石中逐渐积累引起的，同时释放出弹性应变能，从而发生地震。断裂面在地面的表现是线性的，恰如"地震线"。断裂可以产生于一个局部，然后向两侧扩展，这可能引发由一点向两侧展布的地震。已有的断裂由不活动转为活动时可以首先从其两端依次扩展，由一端跳到另一端交替发震。这完全符合王嘉荫描述的地震或从地震线的中间，或从地震线的两端交替发震的规律。王嘉荫的地震线是从中国千百年地震记录归纳出来的，不应该被认为是临震预报的依据，但是他的地震线研究对现今寻找和检验断层活动性、预测地震活动的长趋势还是很有现实意义的。《地震线的应用》虽然当时被退了稿，但目前的地震地质知识中实际上已吸纳了文章中关于活动断层的知识，这比有些文章虽然发表了却很快被人忘记更有意义。

王嘉荫还是我国最早关注黄土的地质学家之一。我国有全世界最广布的黄土地层，也有最完整的黄土地层剖面。由于我国黄土地层的形成历史恰是人类由猿进化为人的同时段的历史，因此黄土所反映的环境历史恰是人类演化过程的历史，从而备受环境学家的关注。但是在20世纪50年代，黄土既不是矿产，也不是沃土，黄土地区常与干旱、贫瘠、沟壑连在一起，很少令人感兴趣。王嘉荫却在那个时代写出《历史上的黄土问题》（1952）一文。他不是这方面的专家，只以探讨的口气说明了关于黄土风成的可能性，探讨了研究黄土的环境意义。这些见解今天看来完全不具新意，但在当时却是有开拓性的。他在西南联合大学时的学生刘东生院士后来研究了20多年陕西黄土，建立了国际知名的洛川黄土标准剖面，提出了"新风成说"，获得了2002年国际环境科学最高奖——泰勒环境奖，又获得2003年国家最高科学技术奖。王嘉荫虽不是刘东生研究黄土的指导者，也不是参与者，但他也是先行者之一。

王嘉荫还是我国最早关注冰川研究的地质学家之一。1951年发表的《四川峨嵋之冰川遗迹》一文，在今天看来只是一般的冰川遗迹描述，但是这篇文章却是一位岩石学家大跨度研究兴趣的标志。从矿物的"光性异常"到应力矿物，从花岗岩的岩浆冷凝成因到交代作用，从学科史料到地震线，再从黄土到冰川，王嘉荫都用心钻研过。在这些有大差别的学科领域，不能说他的每一个见解都是超前的，却体现了他对地球科学的广泛兴趣。作为教师能做到研究领域广泛而深刻最不容易，这样学生可以从教师身上学到广博的知识，并培养在未知领域发挥作用的潜力。有一位院士，他从事的专业与原来的专业差别很大，但他不仅做出新成绩，而且有创意的见解比一直研究这个领域多年的人还多。他坦率地说，作为王嘉荫的学生，不仅学习了他的专业主课，还从他辅助的、课余的教导中学得了广泛的知识，这是他收到的一笔价值无尽的财富。据统计，王嘉荫的弟子中有20余人成为院士。

王嘉荫不是院士，但他的科研水平、外语能力、古文和现代文的写作能力以及他广泛的知识领域，使他成为无愧于人们心目中的院士；他不是领导，但他对工作的全局观、负责精神、以身作则和忘我奉献精神，让在他身边工作的人信赖他就是一个好领导；他没获得过大奖和荣誉，但他的品格和业绩不需奖励却已深入人心，令人赞佩和值得学习。

三、王嘉荫主要论著

王嘉荫. 1936. 贾步满著：侵入岩层中长石双晶研究. 地质论评, 1（2）：202~205

王嘉荫. 1940. 一轴晶矿物光轴方位之测定与岩组学. 地质论评, 5（1/2）：61~64

王嘉荫. 1943. 岩组分析实例. 地质论评, 8（1~6）：107~116

Wang C Y. 1946. Petrofabric analysis of quartz veins in the Hengshan granodiorite. *Bull Geol Soc China*, 26：121~128

Wang C Y. 1947. A segment of Nanling Range from Kianghua to Lanshan Districts, Southwest Hunan. *Bull Geol Soc China*, 27: 359~366

Wang C Y. 1948. Petrographical and structural investigation in the Hengshan intrusives of central Hunan. 国立中央研究院地质研究所丛刊, 第8号: 163~171

王嘉荫. 1951. 四川峨嵋之冰川遗迹. 中国科学, 2 (1): 121~131

Wang C Y. 1951. On the chloritoid belt in Western Hills of Peking. *Bull Geol Soc China*, 31 (1~4): 23~30

王嘉荫. 1952. 历史上的黄土问题. 中国第四纪研究, 4 (1): 1~8

王嘉荫. 1953. 矿物学纲要. 重庆: 联营书店

王嘉荫. 1953. 油浸法透明矿物鉴定. 北京: 科学出版社

王嘉荫. 1953. 普通矿物鉴定. 北京: 商务印书馆

王嘉荫. 1955. 火成岩. 北京: 地质出版社

王嘉荫. 1956. 石英. 北京: 地质出版社

王嘉荫. 1957. 本草纲目的矿物史料. 北京: 科学出版社

王嘉荫. 1959. 认识矿物的方法. 北京: 地质出版社

王嘉荫. 1963. 地震线的应用//中国地质学会. 中国地质学会第三十二届学术年会论文选集（构造）. 北京: 中国科学技术情报研究所: 98~103

王嘉荫. 1963. 中国地质史料. 北京: 地质出版社

王嘉荫. 1964. 应力矿物问题//地质部地质力学研究所编辑. 地质力学论丛, 第2号. 北京: 科学出版社: 117~126

王嘉荫. 1978. 应力矿物概论. 北京: 地质出版社

主要参考文献

刘瑞珣. 1990. 王嘉荫//黄汲清, 何绍勋主编. 中国现代地质学家传 (1). 长沙: 湖南科学技术出版社: 420~428

刘瑞珣, 潘云唐. 2001. 王嘉荫//中国科学技术协会编. 中国科学技术专家传略·理学编·地学卷3. 北京: 中国科学技术出版社: 199~212

撰写者

刘瑞珣（1938~），黑龙江佳木斯人，北京大学地球与空间科学学院教授，曾任北京大学地质系主任。曾为王嘉荫教授的学生（1957~1963）和助教（1963~1976）。

****

阮维周

阮维周（1912~1998），安徽滁县人。地质学家。1976年当选为台湾"中央研究院"院士。1935年毕业于北京大学地质系，1946年获美国芝加哥大学博士学位。曾任实业部（经济部）地质调查所练习员、技佐，北洋大学教授，北京大学教授，台湾大学地质系教授、系主任、理学院院长，台湾"中央研究院"总干事。在区域地质矿产勘查学、矿物学、岩石学、矿床学、构造地质学等地质学研究领域均有成就，对我国台湾地区的地质研究贡献很大。研究了重要造岩矿物，如沸石、葡萄石、针钠钙石及滑石等的物理化学性质。他是我国第一位研究矿物合成的学者。提出了沉积岩分类方案，利用五个端员矿物组分（end-member）区分砂岩、页岩、石灰岩、砾岩及煤层。对岩浆岩实验岩石学研究贡献尤大。研究了硅灰石-钙黄长石-霞石

的相系，定出其结晶过程，并论述其与碱性岩浆产生的关系。命名了"台湾岩"。研究了台湾东部基性及超基性岩，并指出该岩区内有硅质玄武岩浆和碱性玄武岩浆两种类型，均由碱性橄榄玄武母岩浆分化而成。进行了台湾的大地构造分析，指出台湾受太平洋板块间歇性撞动及俯冲作用而向琉球弧挤压，致使岛形向亚洲大陆弯曲，并计算出台湾西部大陆棚平均每年向北北东方向移动1.5cm。他长期任教，培养了大批地质学人才。

一、简　历

阮维周，字岐山。1912年5月23日生于安徽省滁县，1998年7月10日于台湾省台北市病逝，享年86岁。

阮维周族姓为朱，是明朝宗室。明末为躲避政治屠杀，逃离了北京，到长城以外的宣化隐居改朱姓为"阮"。这一族人对皖东故土的依恋异常强烈，在清廷行将崩溃的前夕，已在塞外成为巨富的阮维周的父辈，携眷南归滁县，重振家园，同时留人经营塞外的庞大产业。1912年，阮维周在滁县出生。父亲阮嘉宾是一位满腹经纶的知识分子，母亲叫李和。阮维周幼年时，父母带着他返回北方，移居直隶省会保定。父亲在保定农业专门学校做国文教师，农业生产方面的知识特别丰富。祖父仍在宣化经营着大片土地，阮维周曾经随着父亲去塞外看望祖父。在家庭影响下，阮维周从小就对实用的知识产生了浓厚兴趣。家教严格，他6岁进小学，1929年夏以优异成绩毕业于保定私立育德中学，高考后，同时被北洋大学和北京大学录取。他想去天津上北洋大学，但父亲坚持认为北京大学是全国最好的大学，于是阮维周进入北京大学读预科。预科结业后，阮维周升入北大地质系。他原来的兴趣是化学，但两年预科读下来，他认为地质系是北大理学院最好的系。他进了地质系，对化学的偏爱又割舍不掉，这就种下了他多年后潜心研究地球化学的原因。就在阮维周升入本科的这一年，蒋梦麟出任北大校长，在中华教育文化基金董事会的支持下，蒋梦麟筹措经费，购置图书仪器，延聘知名教授到北大任教。地质系教授葛利普、丁文江、李四光和物理系教授饶毓泰、化学系教授曾昭抡、数学系教授冯祖荀等师长，都对阮维周产生了很大影响。

丁文江是中国地质科学的奠基人和开创者之一。他授课时，抽着雪茄，出语诙谐，深入浅出，神采飞扬。他教普通地质学，注重书本与实践的结合，原先每学期学生只到野外调查一次，他改为至少4次。多年后阮维周出任台湾大学地质系主任时，沿用了丁文江的许多教学方法和管理办法。

阮维周尊师重道，对教古生物学的葛利普教授、教矿物学的王烈教授、教矿床学并指导自己毕业论文的谢家荣教授，都怀着深深的感激之情，老而弥笃。在葛利普教授的影响下，他一度爱好古生物学，在四年级时写过一篇关于三叶虫的描述和鉴定的论文，获得了北平研究院的奖金。

阮维周在大学一年级时学习成绩就居全系第一名。在毕业时，阮维周成绩亦名列第一，获高额奖金，他听取了丁文江的劝告，分了一半给急需用钱而成绩为第二名的同学。

大学毕业后，他本想去英国留学，后听从了丁文江的建议，考入北平实业部地质调查所，认为这样先熟悉中国地质情况后再出国留学基础要牢些。到所不久，他与同时考入地质调查所的同班同学李悦言组成一个野外调查队，他们到河南洛阳，穿过东秦岭伏牛山到南阳，进行了三个月的野外地质工作。

1936年，阮维周与测量学家方俊调查了山东临朐县山旺村有"万卷书"之称的新近纪中新世硅藻土层，详测剖面，并采集了保存极完好的化石，植物化石交美国加州大学古植物学家钱耐（R. Chaney）和中国科学社生物研究所植物部主任胡先骕拿到伯克利去研究，脊椎动物化石交本所新生代研究室副主任杨钟健研究。他又去安徽南部九华山等地进行区域地质矿产调查，后来，他在1937年出版的《中国地质学会志》上发表了《山东临朐山旺村之硅藻土》和《安徽南部海西运动之末相》两篇文章。

1937年，阮维周在湖北做了很多地质矿产调查工作。1938年他在《经济部地质调查所简报》上分别发表了《湖北鄂城灵乡铁矿》和《湖北武昌县土地堂一带煤田》两篇短文。

1938年初，阮维周在湖南茶陵经济部资源委员会铁矿探勘处协助勘查铁矿。几个月后，到长沙随经济部地质调查所代所长黄汲清等经武汉、宜昌，迁往重庆北碚，协助黄汲清做了新所址建设的很多事务性工作。当年10月，阮维周随黄汲清等去四川威远地区开展以石油天然气勘探为主要目的的地质调查，发现了威远穹窿构造，宽数十千米，长达百余千米，现在那里成为四川重要的天然气田。后来他与金耀华联名在1940年出版的《中国地质学会志》上发表了《等碳线所示之四川可能产油区》一文，受到当时中国地质学会理事长翁文灏的奖赏。

1939年，阮维周与经济部驻西康会理办事处处长胡博渊等考察了西康省会理县白果湾煤田地质，其考察报告在他出国后发表于1942年的《地质汇报》上，并附有煤田地质图。1940年，阮维周曾到贵州西部威宁调查过铜矿。

1941年，阮维周获中华教育文化基金会奖学金资助，留学美国芝加哥大学，师从高温实验岩石学权威N. L. 鲍文教授，并担任鲍文的助教，留学期间也在美国地质调查所（USGS）担任地质师。1945年他获芝加哥大学博士学位。1946年夏，他与同在芝加哥大学留学的孙咸方结婚。当年8月，他婉谢了鲍文的执意挽留，与孙咸方一起回国，任北洋大学地质系教授。1947年任北京大学地质系教授。

1950年初阮维周到台湾，长期任台湾大学地质系教授，1952~1962年任该系主任，1953~1962年任该系《研究报告》主编。他在台湾大学地质系工作期间，以其严谨的治学态度深深地影响了学生，以至学生们夜以继日地在实验室利用偏光显微镜观察岩石切片。1954~1962年他兼任该校理学院院长。1956年获基金补助到欧洲的意大利、西班牙、联邦德国、英国、法国，美洲的美国、墨西哥和亚洲的日本考察科学教育，历时大半年。考察许多名牌大学后，他形成了自己评判大学的"七大标准"：所占空间、教学设备、教员素质、课程设置、科研重点和发展方向、学生人数、学生毕业后就业情况。1960年起他担任台湾"中央研究院"评议委员，1962~1964年任总干事。1964~1968年为台湾"国家科学委员会"研究讲座教授。1976年当选为台湾"中央研究院"院士。1978~1980年为中山文化基金会研究讲座教授。

1986年，在台湾的丁文江家族、亲属等提议纪念丁文江百年诞辰。后由"中央研究院"与台湾"中国地质学会"联合组成了筹备委员会，阮维周为召集人，委员中有毕庆昌、何春荪、徐铁良、张锡龄、颜沧波等。开会议决出版发行学术性百年纪念专刊，筹办颁发"丁文江奖章"，并且以后每三年颁赠一次，以为纪念。

1987年4月13日，丁文江百年诞辰纪念大会在台湾"中央研究院"地球科学研究所举行，阮维周以"在君先生行谊——丁文江先生百年诞辰纪念文"为题作了长篇发言，详述了丁文江生平业绩。

当日傍晚六时，毕庆昌宣布第一届奖章获得者为阮维周，并说："阮先生致力于地质学术五十余年，著述宏富，迭有创见，今由地质学会颁赠第一届丁氏奖章不仅实至名归，而且使今后受奖者以先有阮先生为荣。"

阮维周在晚年也致力于海峡两岸地质科学工作者的交流与合作。1992年9月，台湾"中央研究院"院长吴大猷邀请1948年首批院士黄汲清、赵忠尧、汤佩松、冯德培访问台湾。9月10日黄汲清等一行由香港飞抵台北。吴大猷院长等多次宴请黄汲清等，阮维周都出席作陪。他特别与阔别40多年的老朋友、老上司黄汲清欢聚畅谈。阮维周还陪同黄汲清参观"中央研究院"的地球科学研究机构，并访问台湾大学地质系。黄汲清在台湾大学作"中国石油地质"报告，由阮维周主持报告会。

当年9月下旬，阮维周、毕庆昌、李庆远同到北京，参加中国地质学会成立70周年暨当代地质科学进展与展望学术讨论会。他们出席了20日在北京西郊宾馆举行的大会开幕式，与很多老友欢聚。24日，国务委员、中国科学院院士宋健在人民大会堂会见了阮、毕、李三人，陪同会见的有地质矿产部部长朱训、副部长宋瑞祥，原副部长、中国科学院院士程裕淇（阮、毕、李的老同事、好朋友）等。

阮维周早年参加中国地质学会，在台湾任"中国地质学会"多届理事，并担任多届理事长，又担任过该会会刊多届编委及多届主编。此外，他还是美国Sigma Xi学会、美国石油地质学家协会、国际大地测量学与地球物理学联合会、美国科学促进会、国际地质科学联合会、国际沉积学协会及美国地球物理联合会等学术团体的会员。

阮维周在很多学术团体担任职务，如国际科学联合会理事会海洋研究委员会（从1959年起）、国际黑潮研究协进会（1959）、国际大地测量学与地球物理学联合会（1960）、国际上地幔委员会（1964）、国际地球动力学委员会（1972~1980）、国际太阳大地物理学委员会（1980）、国际地球岩石圈研究委员会（1982）。

阮维周多次出席国际性学术会议，如太平洋科学会议、国际地质大会、国际大地测量学与地球物理学大会、国际火山会议、国际黑潮探测会议、国际海洋学联合大会、国际月岩会议、国际地球动力学第一工作小组会议及近代地壳运动讨论会等。

二、主要学术成就

1. 区域地质和基础地质研究

1937年，阮维周发表了《山东临朐山旺村之硅藻土》一文。文中指出，山东临朐县以东约25km的山旺村富产硅藻土。该层产于中新世山旺统，在凝灰质砂岩之上，其顶为玄武岩不整合覆盖，再往上还有红土、黄土及现代沉积物。该区构造为一平缓的向斜盆地。他计算出硅藻土矿产储量为56万t。文后还附了1∶2000《山东临朐县山旺村硅藻土矿区地质图》及5条剖面图（比例尺相同）。

同年他还发表了《安徽南部海西运动之末相》一文，指出在皖南普遍存在晚二叠世龙潭期之后与早三叠世青龙期之前的一次造山运动，是海西运动的最末一幕，相当于李四光命名的"苏皖运动"。

1940年，阮维周与金耀华（第一作者）发表了《等碳线所示之四川可能产油区》一文。文中根据美国 David White1915 年提出的煤中之固定碳比值应用于石油勘探标志的理论，大油田出现在定碳比低于 60% 的地区，超过 70% 则无找油田之希望。由此他们提出四川最有希望找油的是隆昌—荣昌地区，威远—犍为地区和永川—江津地区并非没有希望，而自流井—贡井地区和巴县—长寿地区则希望甚少，四川盆地中央地区则有待进一步研究。这一研究成果曾得到地质学家翁文灏的奖赏。

1947年，阮维周发表《水成岩之分类——矿物定量之分类法》一文。文中提出了 5 个"端员矿物组分"（end-member），每个端员矿物又分为 2~4 个亚类。①砂质（Aren.）：Aren. I——砂粒、Aren. II——石英与碎屑状燧石、Aren. III——氧化硅与硅酸盐（燧石、蛋白石、玉髓、石英、海绿石等）；②泥质（Arg.）：Arg. I——黏土粒、Arg. II——黏土矿物、Arg. III——铝和铁的氢氧化物（绢云母等）；③钙质（Calc.）：Calc. I——碳酸盐（方解石和白云石）、Calc. II——硫酸盐（石膏和无水石膏）；④碳质（Carbon）：Carbon I——沥青、Carbon II——腐殖质；⑤岩屑（Rx.）：Rx. I——沉积岩屑、Rx. II——岩浆岩与变质岩岩屑、Rx. III——长石与重矿物、Rx. IV——火山岩屑。将这五大类端员矿物置于双四面体之五个角上，从每一个三角形内按每种成分的消长而区分出各种岩石，首先区分出砂岩、页岩、石灰岩、砾岩、煤层这几大类，进一步又按每个亚类成分的消长可作进一步划分。

2. 高温实验岩石学研究

阮维周由于留学美国芝加哥大学时师从高温实验岩石学权威 R. L. 鲍文，所以他在这方面做了很多工作，成就最为突出。

1950年，阮维周发表了《硅灰石-钙黄长石-霞石相系》一文，定出其结晶过程，并讨论其对碱性岩浆产生的关系。

1968年，阮维周与郁昌经、罗焕记发表了《天然针钠钙石之合成研究及其在基性火成岩热液蚀变之意义》一文。文中指出，针钠钙石、葡萄石及方解石成脉状共生于台湾岩中，针钠钙石常出现于硅酸饱和的环境中，他们认为该矿物与葡萄石在成因上有密切相关关系，且系基性火成岩生成后末期火成活动时所造成者。他们就以往有关台湾岩中脉状矿物的研究加以回顾，并进而检讨岩石的成因问题。

1969年，阮维周与罗焕记发表了《$NaAlSi_3O_8$-$CaAl_2Si_2O_8$-H_2O 系在低温低压下相之关系》一文。文中指出，$NaAlSi_3O_8$-$CaAl_2Si_2O_8$-H_2O 系于压力 16000~31000 PSI（1PSI = 6894.75729Pa），温度 202~275℃范围内，合成方沸石、钠钙沸石及钙钠沸石。

1972年，阮维周发表了《深成岩作用与低度变质作用》一文，指出成岩作用与区域变质作用使沉积物次第发生连续变化。成岩作用一般发生在 120℃ 以下，而埋藏作用则在 120~300℃之间，区域变质作用的绿片岩相带约出现于 300℃ 左右，其主要矿物为绿帘石、钠长石、钾云母和钾长石。

3. 台东海岸山脉及台湾西部岩石研究

1953年，阮维周等发表了《台湾岩——台湾东海岸山脉的一种玄武质玻璃状岩及其对母岩浆类型的意义》一文。文中指出这种玻璃质玄武岩是台湾东部蛇绿岩系的主要层位，详细测定了其产状、化学成分，此岩玻璃质成分为82%～95%，阮维周特命名它为"台湾岩"，认为是岩浆速冷的产物。

1963年，阮维周等发表了《台湾北部之高铝玄武岩》一文，文中首次鉴定台湾北部草山有高铝玄武岩存在，因而对阳明山一带安山岩生成过程有了进一步的认识。

1964年，阮维周发表了《东部台湾火成岩区》一文，对台湾东部火成岩区的地质图及对区内橄榄岩、粗粒玄武岩及台湾岩的化学及岩性进行了研究。本区内有两种岩浆类型：硅质玄武岩浆与碱质玄武岩浆。两者皆由碱性橄榄玄武母岩浆分化结晶而成。

1978年，阮维周与周诚林（第一作者）、罗焕记、陈惠阳发表了《关山火成杂岩之稀土元素及同位素》一文。文中指出，关山火成杂岩由橄榄岩、辉长岩、粗粒玄武岩及台湾岩所组成。该研究分析了13个具代表性岩样的稀土元素及铅、锶同位素。关山火成杂岩具共同母岩浆，台湾岩的氧化镁含量高于9%，镍含量大于万分之三者，可能代表该母岩浆；蛇纹岩化橄榄岩，可能为地幔物质经融取玄武岩浆后的残留物。

1979年，阮维周与罗焕记、陈正宏发表了《台湾西部新第三纪碱性及硅质玄武岩浆之成因关系及其大陆棚下上部地函之特性》一文。该研究主要分析及综合台湾西部新近纪的玄武岩化学资料。台湾西部大陆棚之上部地幔成分极均匀，而较台湾在东部海洋地壳下的上部地幔具有较高含量的微量元素，如钍、铪、锶等，且具轻稀土元素富集特征。台湾西部新近纪玄武岩的碱性橄榄石玄武岩母岩浆，乃由该均一橄榄石质上部地幔物，在大于30km深处，经6%～11%部分融熔作用而生成。

4. 月岩研究

1971年5月，阮维周应美国航空航天局（NASA）的邀请，组成以他为首的"月岩研究小组"，对美方用机密邮包寄来的月球岩石进行分析研究。每年的3月，阮维周率小组去设在休斯敦的美国月球科学研究所，进行会商和交流。这是一项万众瞩目的工作。应美方要求，每晚研究结束后都要把月球岩石放进保险箱，并派警卫巡守研究大楼。阮维周确定的研究方向为：通过对月岩、月壳组织的研究，探讨月球与地球系统的关系，进而对太阳系的生成做出科学的阐明。

1974年，阮维周与陈汝勤、黄春江、陈培源、王执明发表了《阿波罗15号结晶质月岩及月表岩屑之岩石学及化学研究》一文。该文研究之标本，包括有微晶辉长岩、辉长岩、橄榄玄武岩及微粒角砾岩等5种岩石磨光薄片和10种月球土壤及3种玄武岩质碎片。

5种薄片均具有典型火成岩结构，并显示撞击效应。10种月壤之分析，可辨识6种成分：粘合集块、玻璃球质、玻璃球、矿物碎粒（包括斜长岩与辉石）、玄武岩质碎屑及斜长岩碎屑。

3种玄武岩质碎片之化学成分与阿波罗12号、16号之月海玄武岩相似，但较阿波罗11号A型及B型玄武岩所含氧化钛为低。且其中硅、铝、钾、铷、锂及镍含量低而铁及铬含量高于非月海玄武岩（14310,197）之事实，指示前者不可能系由后者经由"分熔作用"形成。

1975年，阮维周与陈汝勤、黄春江、陈培源、王执明发表了《阿波罗16号月岩之岩石学及化学研究》一文。该文利用借光性及原子吸光技术以了解（68416,77）、（61016,217）、（60015,126）的岩相学性质，以及（67015,88）、（68416,38）、（60015,67）、（61016,146）的化学性质。经研究，（68416,77）为一个均匀的结晶质辉长岩质斜长岩，具有累积状组织，清楚地显示它源于火成，含有斜长石晶体、间隙辉石及少量橄榄石，不透明矿物及玻璃质充填物。（67015，88）（辉长岩质角砾岩）、（61016，217）（斜长岩质辉长砾岩）及（60015，126）（斜长岩质角砾岩）含有不同的岩石及矿物碎屑及细粒基质。

5. 台湾大地构造分析

1958年，阮维周发表了《大陆破裂作用与台湾新第三纪边缘大地槽之火成活动》一文。文中指出，台湾岛应为中国大陆的沿海山脉，而由新近纪边缘大地槽组成。台湾大地槽的发育，显有清晰的三个火成阶段。前地壳变动阶段，则以位置稍外的"真大地槽"中火山活动的安山岩流喷发，及位置稍内的"微大地槽"中微弱的玄武岩质火山灰喷发为特征。

1971年阮维周与王源共同发表了《台湾与西太平洋构造框架之关系》一文，依据板块学说分析台湾在构造上受太平洋板块间歇性撞动及其俯冲作用而向东北琉球弧挤压，致使岛形向亚洲大陆弯曲。

1975年，阮维周发表了《台湾的构造演化》一文，根据台湾本岛构造区域，与琉球及吕宋岛构造区比较，解释海岸山脉系由菲律宾板块的俯冲作用挤压而形成，并分析琉球-台湾-吕宋系列的构造关系。

1981年，阮维周与陈正宏、罗焕记发表了《台湾西部大陆棚新第三纪火山活动之构造意义》一文，文中指出，台湾西部大陆棚新近纪主要火山活动发生于早中新世之公馆、晚中新世之关西—角板山以及上新世—更新世之澎湖三个火山期，由碱性橄榄玄武岩所含各种不变微量元素之区分图，得知此新近纪火山活动与板壳隐没作用无关，反而可能涉及大陆裂隙作用。从新近纪火山活动位移约300km的痕迹所对应的地质年代约2000万年来计算，自中新世早期至上新世—更新世，台湾西部的大陆棚平均每年向北北东方向移动1.5cm。

1986年，阮维周发表了《中国黄海及东海之热力构造演化——大陆地壳转变为海洋地壳之显例》一文。文中指出，两海的生成是由大陆地壳转变为海洋地壳引起的，是首期张力作用的断裂，被后期热点火山作用填充造成的空隙。先后两期作用，使地壳发生重力不平衡现象，引起下沉；地幔发生异常构造，协助大陆地壳转变为海洋地壳。

1987年，阮维周与陈正宏、罗焕记发表了《西台湾德式逆掩断层系及南台湾海域之过渡性大陆地壳-板壳相互作用之构造变形》一文。文中指出，西台湾属亚洲大陆的一部分，深受菲律宾海板块隐没及碰撞作用的影响而发生变形。亚洲大陆板块受张力作用造成正断层，使大陆台成为第三纪沉积盆地；压缩作用使前述的正断层在西台湾复活而转变为覆瓦状逆掩断层。恒春半岛南端及其海域区，多浅源地震且地热流高，显呈过渡性大陆地壳特性。

三、阮维周主要论著

Juan V C. 1937. Diatomaceous Earth in Shanwang, Linchu, Shantung. *Bull Geol Soc China*, 17: 183~192
Juan V C. 1937. The last phase of the Hercynian movement in southern Anhui. *Bull Geol Soc China*, 17: 323~330
Kin Y H, Juan V C. 1940. On the possible oil fields in Szechuan as indicated by isocarb lines. *Bull Geol Soc*

China, 20 (3/4): 357~368

Juan V C. 1942. Geology of Paikouwan coal field, Huili, Sikang. *Bull Geol Soc China*, 35: 55~67

阮维周. 1947. 东北石油资源及石油工业. 地质论评, 12 (3/4): 163~180

Juan V C. 1947. Suggestions for a quantitative mineralogical classification of sedimentary rocks. *Bull Geol Soc China*, 27: 205~228

Juan V C. 1950. The system $CaSiO_3$-$Ca_2Al_2SiO_7$-$NaAlSiO_4$. *J Geol*, 58: 1~15

Juan V C, Tai H, Chang F H. 1953. Taiwanite, a new basaltic glassy rock of eastern Coastal Range, Taiwan and its bearing on the parental magma-type. *Acta Geol Taiwan*, 5: 1~25

Juan V C. 1958. Continental rifting and igneous activities in the Neogene marginal geosynclines of Taiwan. *Proc Geol Soc China*, 1: 27~36

Juan V C, Hsu L C, Yao T S. 1963. High alumina basalt from northern Taiwan. *Proc Geol Soc China*, 6: 67~71

Juan V C. 1964. East Taiwan petrographic province. *Proc Geol Soc China*, 7: 3~20

Juan V C. 1972. Epigenetic diagenesis and low-grade metamorphism. *Proc Geol Soc China*, 15: 7~16

Juan V C, Chen J C, Huang C K *et al*. 1974. Petrology and chemistry of some Apollo 15 crystalline rocks and regoliths. *Proc Geol Soc China*, 17: 13~29

Juan V C. 1975. Tectonic evolution of Taiwan. *Tectonophysics*, 26 (3/4): 197~212

Juan V C, Chen J C, Huang C K *et al*. 1975. Petrography and chemistry of some Apollo 16 lunar samples. *Proc Geol Soc China*, 18: 7~16

Chou C L, Lo H J, Chen J H *et al*. 1978. Rare Earth element and isotopic geochemistry of Kuanshan igneous complex. *Proc Geol Soc China*, 21: 13~24

Juan V C, Lo H J, Chen C H. 1979. Genetic relationship of the Neogene alkali and tholeiitic magmas and the nature of the upper mantle beneath the continental shelf of the western Taiwan. *Proc Geol Soc China*, 22: 24~38

Juan V C, Chen C H, Lo H J. 1981. Tectonic implication of Neogene volcanism on the continental shelf of western Taiwan. *Mem Geol Soc China*, 4: 195~205

Juan V C. 1986. Thermal-tectonic evolution of the Yellow Sea and East China Sea-implication for transformation of continental to oceanic crust and marginal basin formation. *Tectonophysics*, 125 (1-3): 231~244

主要参考文献

毕庆昌. 1987. 中国地质学会（台湾）设置及颁赠丁文江纪念奖章之经过. 中国地质学会专刊（台湾）, 8: 305

陈汝勤. 1987. 介绍丁文江奖章第一届获奖人阮维周先生. 中国地质学会专刊（台湾）, 8: 307

阮维周. 1987. 第一届丁氏奖章颁赠典礼答辞. 中国地质学会专刊（台湾）, 8: 311

宋霖. 2000. 阮维周传略. 江淮文史, (3): 154~170

中国地质学会. 2004. 黄汲清年谱. 北京: 地质出版社

撰写者

徐红燕（1970~），生于北京，祖籍江西广丰，中国地质图书馆副研究馆员。主要从事地质学史、地学哲学、地球科学文化和信息资源知识产权等领域的研究。

潘云唐（1939~），生于四川合江，祖籍湖北广济（现武穴），中国科学院研究生院教授。

****

程裕淇

程裕淇（1912~2002），浙江嘉善人。地质学家，中国现代地质学的开拓者之一和中国变质地质学、前寒武纪地质学的主要奠基人。1955年当选为中国科学院学部委员（院士）。1933年毕业于清华大学地学系。1935年赴英国利物浦大学留学，并获哲学博士学位。曾任中国科学院地质研究所副所长，地质部地质研究所所长，中国地质科学院副院长、名誉院长，地质部副部长，地质矿产部总工程师，中国地质学会理事长，中国全国地层委员会副主任，中国国际地质对比合作计划委员会主任，《地质学报》、《地质论评》和《中国地质》主编等职。多次任副团长、团长出国考察和进行学术交流。他在70多年的地质生涯中，足迹遍及包括台湾省在内的我国32个省区市，以及欧洲、北美、亚洲等18个国家。他除了担任繁重的科技领导工作外，做了大量的开拓性的科学研究：首次提出区域渐进变质带，完善变质岩分类命名，进行不同变质带的对比研究，研究推广混合岩、混合岩系列；在三个重点地区开展了立典研究，进行三次对全国前寒武纪地质全面总结；最早发现云南磷矿；正确指导发现攀枝花钛磁矿中含钒而改称钒钛磁铁矿；长期从事铁矿成因和工业类型、铁矿类型和组合到成矿系列的研究，开启了理论找矿的序幕，有力地指导了找矿。先后发表论文、专著300余篇（部）。曾获中国地质学会"赵亚曾奖"、李四光地质科学奖特别奖、何梁何利基金科学与技术进步奖，国家自然科学奖一等奖和地质矿产部科技成果一、二等奖。

一、科学历程

程裕淇，1912年10月7日生于浙江省嘉善县，2002年1月2日于北京病逝，享年90岁。

程裕淇出身于塾师家庭。父亲程成鉴是前清秀才，后在家开了私塾；母亲谢兰晨从事家务；其兄曾在商务印书馆工作，后为师范学校语文教师。

程裕淇1917年入程氏私立小学就读，1921年升入嘉善县高级小学，1923年到嘉善县浙江省立第二中学求学，1929年考入清华大学地学系。1933年毕业，获理学学士学位，后进实业部地质调查所任练习员，当年10月随谢家荣调查江西城门山铁矿及安徽庐江明矾石矿。1934年与熊永先调查湖南益阳锑矿，与王曰伦等调查湖南宁乡式铁矿。同年发表《陕西省之煤田》、《湖南茶镇陵县三路水镇毛丫岭人形山及何家等处地质》和《湖南益阳板溪锑矿》调查报告。

1935年考取第三届留英庚款研究生，经李四光推荐到利物浦大学，师从里德（H. H. Read）教授，主攻变质岩石学。1938年获哲学博士学位后到北欧考察变质地质和变质矿床，参观了德国、瑞士、法国、奥地利等国的一些大学。同年经香港转越南回国。

1939~1949年在经济部地质调查所工作，先后去云南、西康、四川、湖南、新疆、甘肃等省区开展磷矿、铁矿、铜矿、金矿、银矿、铅锌矿、云母矿、石油、煤田等地质矿产调查、地质填图等工作。1939年1月同王学海在云南发现了昆阳磷矿；在西康道孚发现了古生代变质火山岩系。1940~1941年在湖南沅陵和桃源调查金矿；研究晚前寒武纪变质岩；在西康首次发现丹巴渐进变质带。1944年10月至1946年期间，作为资源委员会专门委员到美国、加拿大、墨西哥考察访问，考察了金、银、铜、镁、钒、铬、镍、铌、铅、锌、铀、锑、汞等金属矿和伟晶花岗岩、明矾石、石棉、磷块岩、菱镁矿、白云石等三十几个矿区和墨西哥活火山等，还参观了二十几个大学地质系和地质调查机构。1946年获中国地质学会"赵亚曾奖"。1946～1948年在南京方山进行地质调查并组织填制江宁1：10000火山地质图。1947年出席在台湾召开的中国地质学会13届年会并考察台湾金爪石金矿。1948～1949年任《中国地质学会志》主编。

1949年新中国成立后，被任命为中国科学院地质研究所副所长。1950～1952年先后兼任东北南部铁矿队副队长、队长，领导并参加辽阳弓长岭地区鞍山式铁矿的详细勘查和通远堡铁矿的勘查工作及太子河参窝水库坝址地质工作。1953年任地质部湖北大冶429勘探队队长，组织并指导铁山地区的铁矿详勘和外围的铁矿普查。同年发表《对于勘探中国铁矿问题的初步意见》，提出中国铁矿类型的划分和对白云鄂博铁矿进行综合利用矿物岩石研究的开创性意见。1952年底至1956年任地质部地质矿产司副司长。1955年当选为中国科学院生物地学部学部委员（院士）。

1956～1960年任地质部技术司总工程师，参加国家十二年（1956～1967）科学技术发展规划工作。1957年任地质部地质矿产研究所变质岩及前寒武纪地质研究室主任，在鞍山、辽阳、本溪等地区从事前寒武纪地质及鞍山式铁矿研究；10～12月参加国家访苏科技代表团，任地矿组顾问。1959年任地质部地质科学研究院副院长，并与王曰伦一起组织领导1：300万全国前寒武系地质图（1982年获国家自然科学奖一等奖）和矿产图；在第一届全国地层会议上作全国前寒武系地层研究的总结报告；出席全国群英会。

1962～1963年在山东新泰雁翎关地区从事前寒武纪地质研究，之后发表《山东新泰雁翎关一带泰山群变质岩系的初步研究》（1977）和《山东太古代雁翎关变质火山-沉积岩》（1982）等著作。作为国家科技委地质矿产组代表，去苏联商谈中苏地质科技合作，并签订有关协议。1962年参加广州全国科技大会，任第八组副组长；参加国家十年（1963～1972）科技发展规划工作。任《地质论评》主编（至1966年）。1963年《变质岩的一些基本问题和工作方法》出版，获1978年全国科学大会奖。

1964年兼任地质部地质研究所所长，去辽宁后仙峪矿区从事硼矿研究。

1965年参加"四清"。1966～1972年因"文化大革命"受到冲击，工作中断。1973年任副团长赴罗马尼亚考察火山岩地质矿产。1974年任团长赴瑞典考察地质矿产。1976～1978年发表《中国几组主要铁矿类型》，提出铁矿成矿系列的概念。1979年任地质部副部长，第二届全国地层委员会副主任，中国地质学会第32届理事会副理事长；任国家第一届发明奖励评审委员会委员，兼地质、采矿组组长；任《中国地质科学院院报》主编（至1992年）。

1980年参加巴黎第26届国际地质大会，任中国代表团副团长和中国首席代表，出席国际地科联（IUGS）理事会；任《地质学报》主编，国家第一届自然科学奖励评审委员会委员，《中国大百科全书》编委会委员兼地质卷编委会主任，国际地质对比计划（IGCP）中国国家委员会主任。

1981～1993年任中国科学院地学部常务委员兼地学部副主任，国务院学位委员会评议员兼评议小组副组长、组长（至1985年）；主持江西南昌和在大庾举行的国际钨矿讨论会；任《中国地质》主编（至2001年）；在山东新泰石河庄实地观察，初步肯定新太古代雁翎关组中的科马提质熔岩。建议成立的地质部（后地质矿产部）地质成果公开出版系列得到批准执行。

1982~1984 年任地质矿产部总工程师兼科学技术委员会主任（至 1986 年）；被选为英国伦敦地质学会（终生）荣誉会员；主持在云南昆明召开的国际磷矿讨论会（IGCP 156 项）；任国际岩石圈委员会（ICL）中国委员会执行主席；代表中国出席泰国曼谷 IGCP 南亚区工作会议及学术会议和 IUGS 执行局扩大会议。1984 年任中国代表团副团长参加莫斯科第 27 届国际地质大会，并担任中国首席代表出席国际地科联（IUGS）理事会；会上正式代表中国申请在中国召开第 29 届国际地质大会（后该届定在日本召开）。

1985 年任全国自然科学名词（现改为科学技术名词）审定委员会委员兼地质学名词审定委员会主任委员。

1986~2001 年任《地质学报》英文版主编。1986~1996 年三次当选中国科学技术协会第三、四、五届委员会委员。1986 年赴瑞典参加国际矿床成因协会（LAGOD）第七届大会，会后参加芬兰境内地质旅行并去联邦德国海德堡大学岩石矿物系讲学；与杨遵仪、王鸿祯合作编著的《中国地质》（*The Geology of China*）一书在英国牛津 Clarendon 出版社出版。1987 年任国际石炭纪地层和地质会议常设委员会委员（至 1991 年），参加主持第 11 届国际石炭纪地层和地质会议，任学术委员会主任；参加主持宜昌国际末前寒武纪—寒武纪学术讨论会；任南京大学地球科学系兼职教授。1988 年当选全国政协第七届常务委员并任科学技术委员会委员；赴英接受利物浦大学名誉科学博士学位，并进行考察访问；发现山东新泰石河庄雁翎关组中科马提质熔岩的鬣刺结构。1989 年任中国代表团团长参加（华盛顿）第 28 届国际地质大会；任地质矿产部科学技术高级咨询中心顾问、李四光地质科学奖委员会副主任（至 2002 年）、陈嘉庚基金会理事（至 1997 年）；任《1∶500 万中国地质图》（中、英文版）及《中国区域地质概论》主编；去河北遵化、阜平、山东新泰、辽宁鞍山弓长岭进行太古宙变质地质调查研究。1990 年在北京第 15 届国际矿物学协会大会（IMA）会议上作题为"华北地台早前寒武纪变质矿物某些研究新进展"的学术报告；再去河北遵化、山东新泰进行太古宙变质地质调查研究。1991 年任《中国地层典》主编；出席中国科协第四次全国代表大会；出席奥地利维也纳国际岩石圈计划（ILP）国家代表会议，并参加国际大地测量与地球物理学联合会（IUGG）系统学术讨论会；代表中国出席马尼拉 IGCP 东南亚地区工作会议，并参加学术讨论会；再去辽宁鞍山地区进行太古宙变质地质调查研究；当年 9 月在白银厂以南棺材涝地猩猩湾发现角闪岩相的科马提岩。1992 年任中国代表团副团长参加日本京都第 29 届国际地质大会，并出席国际地科联（IUGS）理事会，争取确定第 30 届国际地质大会 1996 年在中国召开。1993 年参加德国波茨坦大陆科学钻探国际大会，出席北京 IGCP 280 项目世界最古老岩石的太古宙国际学术讨论会，去山西中条山进行早前寒武纪地质调查研究。1994~1997 年任何梁何利基金评选委员会委员兼学科评审组组长、国际岩石圈计划（ILP）第 111-6 项"碰撞造山带的超高压变质作用及地球动力学"主席（至 1999 年）、中国地质科学院地质科学高级咨询中心名誉主任；去河北平山进行太古宙阜平群变质岩石的深熔作用研究。

1995~2000 年任地质矿产部地质调查局总顾问、地质矿产部科学技术高级顾问、地质矿产部科技领导小组顾问；任《中国区域地质概论》英文版主编；任第 30 届国际地质大会荣誉委员会委员、顾问委员会副主任。在河北平山研究阜平群变质岩石的深熔作用；在山东新泰雁翎关地区研究雁翎关组变基性火山岩，并发表有关论文；在河南及湖北境内的大别山超高压变质地区进行调查研究。

2000年在长春地质学院高温高压实验室进行变质岩深熔作用实验研究；开始参加河北太行山北段平山、阜平间的早前寒武纪区域复查的编图工作；继续进行安徽岳西碧溪岭地区超高压变质岩研究；在山东胶南地区进行几个重点超高压变质岩产地的野外调查工作。任我国东海大陆科学钻井（中国系列钻一井）科技指导委员会主任；任第三届全国地层委员会名誉主任；任"21世纪初我国地质工作的改革与发展"项目的负责人。

2001年2月1日因病住院，后在家继续治疗。同时对"九五"大别造山带研究项目报告作原则性指导和一部分具体修改；对大别山1：50万地质图和太行山北段早前寒武纪区域1：25万编图工作进行各方面的指导。

程裕淇曾任全国政协第四、五届委员，第六、七届常委，九三学社第七届常委和第八、九届中央参议委员会常委。

二、主要学术成就和学术思想

（一）主要学术成就

程裕淇是我国现代地质学的开拓者之一。他一生中留下科学论文、专著和报告300余篇（部），涉及岩石学、铁矿矿床学、同位素地质学、实验地质学、前寒武纪地质、火山地质学、工程地质学、地貌学和冰川学以及石油地质等许多学科领域，都做出了重要贡献。尤其是在变质岩岩石学、变质地质学和前寒武纪地质、铁矿矿床和成矿系列研究方面做出了突出的贡献。同时在地质科技管理和科技规划的制定以及国内外学术交流方面发挥了重要作用。

1. 我国变质岩石学和变质地质学研究的主要奠基人

程裕淇早年留英期间研究了苏格兰贝蒂希尔（Bettyhill）"注入杂岩"（injection complex），发表了《苏格兰索受兰郡北部混合岩地区的一种角闪质杂岩》和《索受兰贝蒂希尔附近的混合岩》两篇论文。首次将芬兰的"混合岩"（migmatit）一词引入英国文献，并对混合岩化作用过程中元素和矿物的变迁和演化进行了系统的研究，将其作用全过程划分相当花岗质岩浆活动的"正岩浆末期"和"热液期"两个阶段，丰富了混合岩化的理论。他的混合岩由原岩经碱交代作用形成的论点，成为这方面深入研究的范例，引起当时国际地质界的重视。之后，他把混合岩的概念和研究方法较早地引入国内，并得到推广和应用。1943年，他发表《西昌丹巴附近的渐近区域变质带》一文，首次报道了中国发育较完善的区域变质带，并提供了"等化学系"概念在变质带研究中应用的实例。

20世纪60年代初期，国内首次开展正规的1：20万和1：5万区测工作，变质岩区的普查和找矿也蓬勃开展，程裕淇深知变质岩区工作的复杂性和难度，在理论上和方法上义不容辞地予以支撑。为此，他组织了室内部分同行共同编写了《变质岩区的一些基本问题和工作方法》一书。该书比较详细地阐述了变质岩和变质作用的一些基本问题，提出区域变质和接触变质之间存在过渡类型的观点，介绍了混合岩化作用的理论和宏观与微观特征，以及它与区域变质作用之间的关系；鉴于测制图件中变质岩的合理分类命名的重要性，首次提出了一个全面而统一的区域变质岩和混合岩合理分类命名方案；规范了变质地层划分群、组、杂岩的含义和准则，详细介绍了变质岩区研究的野外和室内工作方法。该书具有中国特色，实用性强，在区调和普查中曾被广为参考和应用。对提高六七十年代我国变质岩区地质人员的工作能力和理论水平，为促进和提高变质岩分布区区调和普查的研究程度起到了重要作用。1963年在程裕淇指导下，刘国惠、伍家善在北京周口店岩体周边进行的渐进接触的详细分带研究，多年来曾作为学校教学参考典范。1965年以后，程裕淇又提出"混合岩系列"概念，对不同类型的混合岩化作用按地质背景作了分类，创造性地提出了区域混合岩作用和边缘混合岩化作用的概念，较早地提出了混合岩化作用成矿的观点等，进一步扩展了混合岩研究的广度和深度。1982年发表的《略论我国不同变质时期变质岩系和若干有关问题》的论文和1986年与杨遵仪、王鸿祯合著的《中国地质》一书的有关章节，系统地总结、论述了我国不同变质时期变质岩系、变质带的分布特点、演化规律和影响变质深度的控制因素，探讨了多期变质作用和同期变质作用的多阶段问题和双变质带问题，在此基础上首次编制了不同变质时期变质岩系和变质带分布略图。该图首次从新的角度以时空演化为框架，探讨全国变质岩和变质作用的演化规律，为变质作用与大地构造之间进一步的联系，打下了良好的基础，为80年代初在他指导下我国首次编制的1∶400万变质地质图提供了许多有益的思路。通过华北地台六个代表性地区变质火山岩的岩石学和地球化学的详细研究，根据其特征，指出太古宙具有两个巨旋回，古元古代同样也有两个巨旋回。以火山变质的旋回性的概念，对研究早前寒武纪地质演化，在理论上和实际应用上具有重要意义。

1986年后，我国变质岩地质填图工作者借鉴国外对深变质岩区的研究经验，将过去填图划归混合岩的岩石，全部改划为TTG岩系，这不仅影响了图幅的质量，更重要的是影响了对地壳早期地质演化规律的深入研究，程裕淇看到这一问题后，一再向当时负责区调工作的同志讲，不要用一种倾向掩盖另一种倾向，过去混合岩有扩大化问题，现在全盘否定混合岩也不对。自1993年开始，他在河北平山、阜平研究岩石的深熔作用中，发现太行山地区存在从深熔作用的初始阶段一直到最终形成原地花岗岩（混合岩的）过程和各种深熔现象，并发表了《论中国河北平山西北部新太古代阜平群一些变质岩类的深熔作用》等6篇论文。事实表明，混合岩和混合岩化作用在岩石的变质作用过程中是客观存在的，是地壳演化过程中的一个重要的特殊地质作用，具有重要意义。

2. 前寒武纪地质研究的开拓者

新中国成立前，除少部分地区的中—新元古代地层测有较详细的地层剖面和有关岩层岩性的研究外，面上的研究很少，早前寒武纪地质研究更是十分薄弱。新中国成立后，程裕淇敏感地认识到前寒武纪地质体在中国华北、华南地区分布很广，而且赋存有许多重要矿产，加强和深入研究中国前寒武纪地质十分必要。1956年地质部地质矿产研究所成立后，他积极建议成立前寒武纪地质及变质岩研究室并亲任主任，对全国的前寒武纪地质研究进行了全面规划。在战略上首先积极开展全国性1∶300万全国前寒武纪地质图和矿产图及华北重点地区1∶50万前寒武纪地质图的编制。在1959年召开的第一届全国地层会议上，首次对中国前寒武纪地层进行了总结，在总结我国现有前寒武纪地层分布特点的基础上，特别指出存在的问题和今后的研究方向，为后来的研究打下了良好的基础并产生深远的影响。其次，重点抓立典研究，如当时他亲自抓东北鞍本和华北早前寒武纪地质的研究，王曰伦抓秦岭和蓟县古、中元古代地层的研究等。第三，积极推动和苏联地质学家的合作，开展"华北前寒武纪及有关矿产研究"项目；在苏联专家的帮助下建立了同位素年代实验室；积极推动了长春地质学院和北京地质学院的合作，开展了东北地区和华北地区的前寒武纪地质研究，并与河北、山西、山东等有关省局合作进行有关专题的研究，从而使我国的前寒武纪地质研究蓬勃开展起来。

60年代以后，他领导研究室的部分成员，对山东新泰雁翎关地区太古代泰山岩群地质开展了专项研究，随后发表、出版了《山东新泰雁翎关一带泰山群变质岩的初步研究》报告和《山东太古代雁翎变质火山-沉积岩》专著，阐明了雁翎关地区变质基性火山岩建造的喷发沉积特征和变质演化，为后人如何识别变质沉积火山岩系提供了一个典型的实例，并指出雌山花岗岩体为半原地混合花岗岩成因，吸引了国内外的专家前往参观学习，并被地质院校师生辟为实习基地。1972年、1982年、1986年，他和有关同志进行了三次全国性或大区域性前寒武地层的系统研究和科学总结，如《中国华北的下、中前寒武系》、《我国区域地质概论》及《中国地质学》等。在总结中，他都对我国前寒武纪地质进行了新的概括，促进了我国前寒武纪地质研究不断向前发展，这些成就也引起了国际地质界的重视和高度评价。

80年代后，为了加强早前寒武纪地质研究工作，他申请开展了国家自然科学基金项目"华北地台早寒武纪地壳的组成、地质演化及有关矿床的成矿地质背景"的研究，取得了不少重大成果：如首次发现和厘定了中国始太古代的岩石，发现了陈台沟古太古代的表壳岩，肯定了立山、东鞍山和铁架山等岩体的形成时代为中太古代，提出了东鞍山条带状铁建造与下伏东鞍山花岗岩的沉积不整合接触等，为正确划分华北地台中太古代与新太古代的时限提供了重要的地质及同位素年代学证据。鞍山地区太古宙地质研究表明：在一个不大的范围内，保留了从始太古代、古太古代、中太古代至新太古代的全部太古宙地质记录，对于深入解剖我国整个太古宙时期地壳的形成与演化过程具有重要的科学意义。这项研究一直走在全国前列，对推动和引领我国早前寒武纪地质研究起了重要作用。

90年代初，他主编《中国地层典》时，在他的关心和指导下，首次编制了中国太古宇地层典和中国古、中、晚元古界地层典，为总结、整理和提高我国前寒武纪地层研究水平起到了重要的引领作用。

3. 在理论上和方法上指导区域地质调查工作

为了全面提高我国区域地质研究程度，从1958年开始，在苏联专家帮助下，全国成立了大小兴安岭、秦岭、南岭、新疆天山、阿尔泰等1:20万区域地质测量大队，程裕淇被任命为大小兴安岭和新疆阿尔泰的区域地质测量人队的技术指导员。为了提高区调人员的技术水平，以程裕淇为首编写了《变质岩区的一些基本问题和工作方法》一书，在指导我国早期的区域调查工作起到了重要的指导作用。他倡议和组织全国30个省（区、市）编写省级区域地质志和区域矿产总结，编写了《中国区域地层概论》和《1:500万中国地质图》，并指导了中国沉积岩、花岗岩和变质岩区1:5万区调填图新方法研究项目，组织出版地质矿产部地质成果系列。1991年以全国地层委员会名义组织全国地层学专家，编写了《中国地层典》。除此之外，他还对地质科学的学科建设十分重视，并为同位素地质实验室的建设做出了重要贡献。中国地质调查局成立后，程裕淇作为总顾问对我国区域地质调查工作起到了重要的指导作用。

4. 加强理论研究指导找矿

1939年程裕淇在分析人员黄汉秋的配合下，发现了著名的云南昆阳富磷矿。这是中国沉积磷矿的首次发现，是对中国磷块岩矿床寻找的首次突破。1944年他在美国考察时发现美国基性岩中的钒钛磁铁矿中钒很多，就他马上联系我国西昌，并立即写信告知国内，经分析化验后证明西昌的钛铁矿中含钒很高，从而证实我国存在巨大的钒钛磁铁矿资源。

他于1950~1952年先后领导和参加了在辽宁鞍本地区和湖北大冶铁矿的地质勘查工作，他为鞍本地区建立的含铁建造层序一直被沿用，对弓长岭富铁矿成因的认识，一直作为一种重要成矿的观点。1952年调任地质部后，他利用工作之便，指导和参加了全国大中型各种类型矿产的普查勘查工作和我国富铁矿富铜矿会战工作，积累了丰富的找矿实践经验。在此基础上，总结全国铁矿类型，指出找矿方向，推动全国铁矿勘查和科研工作，促使一些铁矿的发现，并扩大了远景。70年代中期，他又从一定成矿时期、一定地区成矿地质背景的统一性和具体成矿条件的差异性，以及区域成矿作用的发展的内在联系，提出了铁矿成因类型和矿床分类，并先后发表了《初论矿床的成矿系列问题》(1979)和《再论矿床的成矿系列问题》(1983)。成矿系列是指一定地质单元内、主要形成于同一成矿期、并有内在联系的两个以上矿床类型所组成的矿床组合，所含类型具有在空间上或时间上相关共生的特点。这个概念，已为中国许多矿床地质工作者所应用，从而把成矿作用和地质背景以及各种有用成矿元素的地球化学特征有机地联系起来，对研究中国的成矿规律和指导有关的矿产预测工作发挥了重要作用，并把我国矿床学研究从"就矿找矿"提高到"理论指导找矿"阶段。

（二）学术思想及其影响

程裕淇先生在70多年的地质生涯中，学风严谨。在科研工作中，他始终坚持大自然是地质科学研究的第一课堂，地质科学的一切理论都是来源于地质调查的实践的观点。因此，在他一生的地质工作实践中，始终坚持调查与研究相结合，坚持毛泽东提出的"实践，认识；再实践，再认识"这一对事物本质的规律性的认识过程。

1. 地质科学必须野外和室内工作相结合

地质学是研究地球的物质组成、结构、变动及其形成、发展、演化历史的科学。地球是一个极其复杂的研究对象，它的不同组成部分或单位，不但具有复杂的物质成分，不同的化学性质、物理性质和各色各样的结构模式，而且在漫长的地质历史和广大空间内又受到了一系列的复杂的物理、化学作用的变化，其经历时间之长，规模之大，是人类无法模拟的。因此人类只能通过认识地质演化历史的结果，来推断地质作用发生、发展的过程，进而达到地质科学服务于人类需求的目的。对此，程裕淇提出地质科学技术工作必须是野外工作和室内工作相结合，采取"重点深入，全面了解"的工作方法，来完成任务。并且归纳出7项基本要求：①野外工作与室内工作相结合；②宏观与微观相结合；③直接观察与间接观察相结合；④体力劳动与脑力劳动相结合；⑤点与面相结合；⑥理论与实践相结合；⑦不同科学技术方法紧密结合与配合。他进一步归纳为"观察→记录（包括制图）→采集→初步综合→试验分析→总结提高→复查验证"的地质科学工作的全过程。这一思想，对野外地质工作者和室内地质科研工作者都具有极其重要的指导意义。程裕淇生前多次在不同场合针对地质工作队伍中存在调查与研究脱节的问题，反复阐述这一认识，这对地质队伍素质和地质工作水平的提高、地质人才的培养和解决长期存在的野外地质工作和室内研究工作脱节的问题，具有重要意义。

2. 地质工作要反复实践，才会不断提高

地球的形成，经历了45亿年以上的复杂历史过程，人类在研究认识这一过程中，必须坚持"实践，认识；再实践，再认识"这个反复的认识过程，才会有新的发现。在地质科学领域中，没有终极的真理，对任何地质现象和对任何地区的地质现象的认识都要坚持不断深化、反复实践，才会不断地有新的发现。程裕淇在一生的地质生涯中，涉及了地质学绝大多数领域，但他为之做出突出贡献的，是变质岩石学和前寒武纪地质以及铁矿地质。在工作地区上有鞍山地区、山东新泰—泰山地区、河北阜平等地。

对于鞍山地区，在新中国成立初期，他就带队在辽南地区、弓长岭、鞍山本溪等地进行铁矿地质调查。1957年开始又带领地质部地质研究所前寒武纪及变质岩研究室的同志，长期坚持开展研究，先后在该地区发现并命名了深成花岗岩的交代侵入接触、弓长岭富矿的交代热液成矿等；对同位素年代学的研究取得了重要成果，为我国早太古代的地层格架奠定了坚实基础。

山东新泰雁翎关地区是程裕淇带领其集体从1962年开始进行研究的该地区作为地质所变质岩室的研究基地，几乎每年都去调查研究。1963年他们完成了雁翎关地区1∶5000的填图，先后确定了该地区变质基性火山岩系的结构、构造特征及其识别标志、地层顺序，并在该地区找到了变质的科马提岩。

河北太行山阜平地区是程裕淇晚年为解决超变质作用即混合岩化作用而进行的立典研究地区。该地区变质岩原岩为变质长石英砂岩（浅粒岩）、角闪质岩石和黑云变粒岩及黑云片麻岩，在经区域变质作用后期，部分变质岩于构造有利部位（如背斜轴部）发生了差异性深溶作用，从而揭示了深溶作用也就是混合岩化和混合岩生成的机理特征。这些立典性的研究，都为变质岩和变质地质研究起到了促进和启示作用，这些研究地区已成为后人进行考察研究的基地。

3. 从经验找矿到成矿系列理论研究

新中国成立后，随着国民经济建设对矿产资源的需求，程裕淇先后组织和领导了铁矿以及有色、稀土和非金属矿产的地质调查和勘探。在此基础上，对不同矿床的形成条件和地质背景进行综合分析，探讨区域成矿的规律性，进而进行矿产预测。于1979年与陈毓川、赵一鸣等提出"初论矿床的成矿系列"和1982年发表了《再论矿床的成矿系列问题》，从而把矿床学的研究，从就矿找矿为主发展为理论找矿阶段，进而进行成矿预测，为我国矿床学的发展做出重要贡献。

三、程裕淇主要论著

Cheng Y Q, Shen Y H. 1948. The Tertiary volcanic rocks of Fangshan Chiangning, Kiangsu. *Bull Geol Soc China*, 28 (3/4)：107~154

程裕淇，赵贵三，王运昌等. 1950. 辽东省鞍山弓长岭铁矿地质//政务院财政经济委员会1950年地质矿产调查报告：6~90

程裕淇.1955.中国已知铁矿的成因与工业类型及今后的普查方向//地质部地质会议文献汇编
程裕淇.1957.中国东北部辽宁山东等省前震旦纪鞍山式条带状铁矿中富矿的成因问题.地质学报，37（2）：153~158
程裕淇，沈其韩，刘国惠等.1962.中国前寒武系//全国地层会议文件汇编.北京：科学出版社
程裕淇，沈其韩，刘国惠等.1963.变质岩的一些基本问题和工作方法.北京：中国工业出版社
程裕淇，沈其韩，王泽九.1977.山东新泰雁翎关一带泰山群变质岩系的初步研究.地质矿产研究，第3期
程裕淇，陈毓川，赵一鸣.1979.初论矿床的成矿系列问题.中国地质科学院院报，1（1）：32~58
程裕淇，张寿广.1982.略论我国不同变质时期的变质岩系、变质带和若干有关问题.中国区域地质，（2）：1~4
程裕淇，白瑾，孙大中.1982.中国的下、中前寒武系//中国地层（1）：中国地层概论.北京：地质出版社：1~46
程裕淇，沈其韩，王泽九.1982.山东太古代雁翎关变质火山-沉积岩.北京：地质出版社
程裕淇，陈毓川，赵一鸣等.1983.再论矿床的成矿系列问题.中国地质科学院院报，第6号：1~64
Cheng Y Q, Sun D Z, Wu J S.1984. Evolutionary mega-cycles of the early Precambrian proto-North China Platform. *J Geodyn*, 1（3~5）：251~277
程裕淇.1987.有关混合岩和混合岩化作用的一些问题——对半个世纪以来某些基本认识的回顾.中国地质科学院院报，第16号：5~19
程裕淇.1987.混合岩和混合岩化作用//张炳熹主编.当代地质科学动向.北京：地质出版社：112~115
程裕淇，高吉凤，万渝生.1996.河北平山晚太古代阜平群一些主要变质岩类深熔特征的初步研究//地质科学研究论文集（第一篇 基础地质）.北京：中国经济出版社：273~284
程裕淇，万渝生，高吉凤等.1999.河北平山阜平群两种岩石类型的初步熔融实验及其启示.中国地质，（3）：18~22
程裕淇，万渝生，高吉凤.2000.河北平山小觉地区阜平群变质作用和深熔作用同位素年代研究的初步报道.地质学报，74（1）：30~38
程裕淇，刘敦一，Williams I S 等.2000.大别山碧溪岭榴辉岩和片麻状花岗质岩石SHRIMP分析——晋宁期高压-超高压变质作用的同位素年代学依据.地质学报，74（3）：193~205
程裕淇.2005.云南磷矿之发现经过与概况//程裕淇文选（上）.北京：地质出版社：198~200

主要参考文献

王泽九，沈其韩.1991.程裕淇//《科学家传记大辞典》编辑组编，卢嘉锡主编.中国现代科学家传记（第二集）.北京：科学出版社：347~356
陈克强.1993.程裕淇教授关于区调工作的意见.中国区域地质，（1）：1~4
程裕淇.2005.程裕淇文选（下）.北京：地质出版社：2136~2174
潘云唐.2006.程裕淇年谱.院史资料与研究，（1）
沈其韩，王泽九.2006.读《程裕淇文选》的几点体会.地质论评，52（5）：718~720

撰写者

沈其韩（1922~），江苏海门人，中国地质科学院地质研究所研究员，中国科学院院士。主要从事变质岩和早前寒武地质研究。

王泽九（1935~），山东宁津人，研究员，曾任中国地质科学院常务副院长。主要从事变质岩及前寒武纪地质研究和科技管理工作。

叶连俊

叶连俊（1913～2007），山东日照人。地质学家，沉积学家，沉积矿床学家，中国沉积学的开拓者和奠基人。1980年当选为中国科学院学部委员（院士）。1937年毕业于北京大学地质系。1945年公费赴美进修，1947年回国，主持建立我国第一个水文地质工程地质研究室，任室主任。1953年创建我国第一个沉积学研究室，任室主任。1960年在国内建立第一个有机地球化学实验室。1979年创建中国沉积学会，任理事长。曾任中国科学院地学部副主任，中国地质学会、中国矿物岩石地球化学学会、中国海洋学会、中国海洋湖泊学会常务理事、副理事长，国际沉积学家协会第11、12届理事会理事等职。从事地质调查研究工作70年，为解决国民经济和国防建设中的许多重大问题做出了重要贡献。他在理论研究方面学术造诣深湛，发表论文120多篇，先后提出"外生矿床陆源汲取成矿"、"工业磷块岩物理富集成矿"、"沉积矿床多因素多阶段成矿"、"生物有机质成矿"等学说，形成了很有特色的"陆源汲取-多因素多阶段-生物有机质成矿"学说的理论体系。对化学地史、沉积成矿系列、成矿序列、成矿周期、成矿时代成因、沉积建造、沉积盆地分类等方面都提出过一系列新概念、新观点，在沉积学界具有广泛的影响。曾获国家自然科学奖二等奖一项（1987）、三等奖两项（1955，1993），全国科学大会奖（1978）、中国科学院科技进步奖一等奖（1985）、中国科学院自然科学奖一等奖（1991）、三等奖（1999）各一项，以及何梁何利基金科学与技术进步奖（1997）和李四光地质科学奖（2001）等。

一、简　　历

叶连俊，1913年7月19日生于山东省日照市，2007年12月2日于北京逝世，享年94岁。

叶连俊青少年时代先后就读于青岛铁路中学、济南鲁东中学、济南齐鲁大学附属中学。1933年毕业于济南第一高中，同年考入北京大学地质系，师从李四光，谢家荣和葛利普。四年的专业学习和熏陶，养成了他一生刻苦求知、勤于思考、踏实工作和严谨慎重的学风。

1937年，叶连俊从北大毕业，时值抗日战争爆发，他怀着抗日救国的赤子之心，辗转来到南京考入当时的经济部中央地质调查所，从此开始了他漫长的对祖国地质和矿产资源调查研究的历程。从1938年到1942年，他先是对湖南锰矿和铅锌矿，继而对四川龙门山脉、甘肃秦岭和宁夏六盘山脉开展了极具开拓性的区域调查研究，发表《甘肃中南部地质志》等著作，1943年获"赵亚曾奖"。1945年考取公费赴美进修，先是在美国地质调查局进修水文地质，后到美国垦务局丹佛实验中心参加在那里进行的三峡工程地质条件的实验研究。1947年回国后，主持建立了我国第一个水文地质工程地质研究室，任室主任。1949年南京解放后，他转入中国地质工作计划指导委员会、中国科学院地质研究所，从事地质调查、矿产资源勘查和科学研究，任研究员。新中国成立初期，叶连俊的工作任务都是围绕着迅速恢复国民经济而开展的，其特点是头绪多，工作内容变化大。他先后承担了治淮工程地质背景条件的研究（1949）、临江大栗子铁矿和鞍钢新厂基的地质调查（1950），参与全国地质勘探计划的编制（1950）、天（水）成（都）铁路的地质调查（1951），以及中国地质工作计划指导委员会筹备等工作。1953~1955年开展对湘、桂、赣、冀、辽锰矿，四川石油地质，安徽凤台和江苏海州磷矿的调查研究，并于湖南发现了一个大型沉积碳酸锰矿床，为解决当时国家急需的锰矿资源做出了巨大贡献。1953年建立起我国第一个沉积学研究室。1956~1957年承担了"中苏合作黑龙江流域综合考察"的地质调查任务，任中方分队长。1958~1963年开展对中国东部磷矿资源进行调查研究，涉及的地区有晋、冀、鲁、豫、陕、内蒙古以及西南地区的云、贵、川等。1960年率先在国内建立有机地球化学实验室。1963年完成并发表了他第一个沉积成矿学说《外生矿床陆源汲取成矿论》，60年代前期还承担了放射性矿床和国防工程地质条件的研究（1962~1965）和天津大港石油地质调查研究（1965~1966）。"文化大革命"十年里几乎没有了继续工作的机会，只是零星地被安排参与冀北变质磷矿调查（1969）、西南石油地质调查（1970）和富铁会战的调研（1974）。但就是在这样的环境中，他仍然对科学思考不断，于1977年完成了《沉积矿床成矿时代的地史意义》的理论总结，初步揭示了沉积成矿地史演化规律和成矿时代成因的本质。1979年创建了中国沉积学会，任理事长。在1982~1996年的14年中，他先后提出并主持了三个中国科学院资环局和国家自然科学基金委的重点理论研究项目，即"外生矿床成岩成矿作用研究"（1982~1986）、"沉积矿床成矿时代成因的研究"（1987~1990）和"生物成矿作用研究"（1992~1996），工作结果在沉积成矿的物源、作用类型、作用过程（阶段）和背景等方面都获得了许多新认识，最终形成了"陆源汲取–多因素多阶段–生物有机质成矿"学说的理论体系。

二、主要学术成就和学术思想

（一）学术成就

叶连俊在地质学、沉积学和沉积矿床学领域有广泛、深入的研究，特别是对我国的锰矿、磷矿、油气、铀矿等做了大量卓有贡献的研究，其学术造诣深湛，先后提出过许多新概念、新观点，形成了自己的沉积成矿学说理论体系。

1. 外生矿床陆源汲取成矿论

叶连俊从1953年开始对中国锰矿、铁矿，特别是对磷矿资源进行调查研究，历时10年，对外生成矿与造海运动、古地理、沉积间断面、有机质以及物理化学条件关系所取得的大量实际地质资料进行了理论总结，提出了极具中国特色的"外生矿床陆源汲取成矿论"。该理论认为：成矿的基本环节是在海进过程中，陆源风化物质在有机质存在的情况下海解，成矿物质被海洋底水汲取，然后在物理化学条件的变革过程中重新沉积而成矿。外生成矿是地质发展过程中特定阶段的必然内容，矿层的形成代表一定的地质环境中的物理化学条件从旧平衡向新平衡的过渡，代表新平衡的开始；外生成矿有其明显的时空分布规律，既有其周期性与特殊性，也有其统一性和方向性，其发展与演化同海陆变迁、古气候转化、生物演化等各种地质作用有密切的相关性或专属性。这是我国第一个比较系统、全面论述的沉积成矿学说，在中国沉积矿床学界有广泛影响。

2. 沉积矿床成矿时代问题

从20世纪60年代开始，叶连俊在国内最早注意对沉积成矿的时代问题进行研究。他在《沉积矿床成矿时代的地史意义》（1977）和《论生物有机质成矿》（1999）等论文中指出：中国重要的沉积矿床在地史上的形成作用有明显的时代演化特点，以吕梁、加里东及印支造山运动为界限，可以明显地分出四个成矿期，在每一成矿期中都有各自的矿种组合及不同的成矿系列（共有三个明显的成矿系列），每一成矿系列都是在一次大的造山运动之后开始的，而且多半是以铁开始，其后按时代由老到新依次出现锰、磷、铝、铜及蒸发盐矿床的成矿序列，它们是穿时性的。沉积矿床的形成是地壳发展演化的产物，不同的地壳发展阶段，形成不同组合、不同类型的各类矿床。在他看来，沉积矿床的成矿系列、成矿序列、成矿周期以及成矿时代本身都与地壳演化、海水进退、生物兴衰以及古气候的变迁有着密切的成因关系。地壳中成矿物质的富集成矿，说到底是个沉积分异问题，是地壳运动在空间和时间上的演变和古气候变化问题。空间上的演变导致成矿序列的带、域展布；时间上的演变导致成矿序列、成矿组合及成矿周期的形成。成矿的空间定位与时间定位的综合就成为成矿预测的主要依据。

3. 工业磷块岩物理富集成矿说

自1965年起，叶连俊对中国磷矿床的研究计划被中断，直到70年代中后期才断续地恢复起来，于80年代初期制订了"外生矿床成岩成矿作用"（1982～1986）的研究计划，并被列为中国科学院资环局的重点课题。他和他的研究团队用五年时间实地考察了我国东部11个省区的70多个矿床（点），实测各种地层、岩石或矿层剖面100余条，研究了5000多个岩石、矿石样品，获得大量第一手资料。在此基础上重点分析论证了成磷（矿）的物源、作用、过程以及成矿的地质环境和背景问题，提出："工业磷块岩物理富集成矿说"。这个理论认为：地壳相对稳定、造海运动相对活跃时期，气候干燥湿热的低纬度地区、大气成分相对缺氧的条件是重要的成磷背景，而成磷环境多半是在海侵初期特别是海侵的前沿地带浪基面以上的临滨、前滨、滨外过渡区以及滨后地带。成矿的原始物质来源是陆源汲取和海相沉积物中的有机质，直接的沉积来源是陆架区的富磷孔隙水和底水。成磷过程是多因素多阶段的，其间至少要经过三个大的阶段：开始是磷质汲取阶段，发生磷质富集形成富磷沉积层；其二是地球化学富集阶段，发生矿源层的形成作用，形成贫磷矿层及结核状磷块岩层；最后是物理富集阶段，发生工业磷块岩的形成作用，形成具颗粒结构的层状工业磷块岩。根据磷矿物质来源新的资料事实，进一步阐明了此前的"陆源汲取"与"有机成矿"和"富磷孔隙水成矿"的过程与更替，提出"沉积成矿"可能属于"事件地质"性质的新的设想。

4. 沉积矿床多因素多阶段成矿论

在完成"工业磷块岩物理富集成矿说"之后，适时地把研究范围扩大到我国沉积铁、锰、铝、铜等典型矿床上，并同磷块岩矿床的资料一起，从成矿地质背景、成矿环境、成矿作用和过程等方面加以全面剖析和理论总结，形成了"沉积矿床多因素多阶段成矿论"的新认识：沉积矿床不是从海水中直接沉淀的产物，而是多因素多阶段复杂过程的产物，工业矿床是成矿过程最后阶段物理富集的产物；沉积成矿受沉积环境及地质背景的制约，它们左右着矿床的时空展布规律，造山、造陆特别是造海运动左右着成矿域、成矿带的展布和结构，并导致不同成矿过程和成矿模式；在浪基面以上形成具颗粒结构的层状矿床，在浪基面以下经深埋成岩作用而形成成岩矿床和层控矿床。这些新的认识为进行矿床预测提供了重要的理论依据。

5. 论生物有机质成矿

在1963年以来发表的几篇重要论文中不但记录了叶连俊对沉积成矿学说逐步深入的新认识，同时也展现了他对生物有机质成矿作用问题的思考和探索历程：在"外生矿床陆源汲取成矿论"中，开始注意到生物有机质对成矿的重要性，确立了生物有机质是沉积成矿关键步骤的观点；在"沉积矿床成矿时代的地史意义"中，已经注意到成矿系列、成矿序列、成矿周期及成矿层位与构造活动、海水进退、生物兴衰形影相印的问题；在"工业磷块岩物理富集成矿说"中，则具体反映了生物有机质作用在成矿过程中是无处不在的，但又不代表成矿作用的全部的观点；在"沉积矿床多因素多阶段成矿论"中，具体反映了沉积成矿过程的复杂性，其中既有生物有机质因素的作用，也有环境中无机因素的作用，是有机与无机相互制约又相互叠加的产物。在这里可以看出，他对生物有机质成矿作用有了多方面理解，同时也发现了许多重要的、待解决的问题，这就促成了他积极组织实施"生物有机质成矿"专项研究的决心。1992年在国家自然科学基金委和中国科学院的支持下，组成了一个由四所三院校共60多人参与的多学科研究团队，开始对这一高难度的课题进行探索。经过五年的努力，在生物有机质成矿研究领域取得了突破性的进展，确认成矿生物中最重要的是菌藻类微生物，其作用在成矿全过程中是无处不在的。其作用类型（或阶段）：一是成矿生物对成矿元素的吸收、吸附和富化；二是有机质和含矿孔隙水的成矿作用，它发生于沉积界面以下的富含生物质的暗色细粒软泥沉积层中；三是生物有机质成矿受成矿物质基础和成矿环境、成矿背景制约，受沉积分异相、域及生物群体相、域的协和与展布的制约，其时空定位受"沉积间断效应"和"沉积边界效应"制约；四是生物有机质成矿是事件性的。对于生物有机质成矿的这些新的认识和论说大大丰富和充实了叶连俊沉积成矿学说的理论体系。当然，由于生物有机质成矿研究仍处于方兴未艾阶段，看法和论说仍需深入和提高。

6. 沉积建造的地质意义

从20世纪60年代开始，特别是70年代后期，叶连俊对沉积建造做了深入的研究，他全面系统地剖析了华北地台晚前寒武纪到第三纪各地质时期沉积建造的特点，并在实践中运用于沉积成矿、沉积相、沉积环境和沉积盆地分析等方面。在1983年出版的《华北地台沉积建造》专著中，详细论述了沉积建造的地质意义和建造的划分及命名原则，提出"造山建造"、"造陆建造"、"造海建造"、"断陷建造"、"暗色页岩建造"，以及"正向建造"和"负向建造"的概念，深入探讨了各种沉积建造的发生、演变与地壳运动的关系。指出各式各样各具特点的沉积建造都是在基准面不断升降、沉积物不断堆积的过程中产生的；基准面的升降可以导致沉积形成作用"起始组成物质"的不同，以及剥蚀与沉积在时间与空间展布上的变化；沉积物的分异是沉积起始物质与古地理环境之间矛盾斗争的产物，基准面的升降是地壳运动的反映，不同地壳运动以及同一地壳运动的不同时期都可以导致不同情况基准面的升降，因而为沉积形成作用提供不同"质"和"量"的起始组成物质，造成不同性质、不同类型的沉积层或沉积岩体，在一定的大地构造区域内，沉积建造的叠置序列能够反映该区地壳运动发展的特点及地史过程。他把对沉积建造的研究和认识提高到一个新的水平。

(二) 思想、作风、学风

叶连俊从事科学研究工作 70 年，始终坚持在工作第一线；他密切注视国际研究动向和趋势，适时提出研究的新领域和新问题；他提倡地学研究的综合性和实践应用性；他一生刻苦求知，勤于思考，治学严谨，扎实工作，始终以振兴中华科学为己任，在研究实践中不断创新。

1. 始终拼搏在科学前沿，不断开拓研究新领域和提出新问题

始终拼搏在科学前沿，不断开拓研究新领域和提出新问题，是叶连俊科学活动的一个显著特点。数十年来，他从未离开过研究工作第一线。他对学科发展趋势，特别是对学科前沿新的生长点非常重视，能及时提出新的研究方向，捕捉到研究的关键问题。早在 1953 年作锰矿调查研究时，他就察觉到在中国开展沉积学研究的重要性和必要性，于是适时提出并由他筹划和领导在中国科学院地质研究所建立起我国第一个沉积学研究室；1960 年基于他对固体矿产形成中生物作用重要性的认识，又极有远见地建立起国内第一个有机地球化学实验室，从而开创并有力地推动了我国沉积学和有机地球化学的发展。他还积极倡导在国内开拓边缘学科如数学地质、古地磁学、海洋地质学、环境地质学等学科的建立。20 世纪 60 年代初他还兼任中国科学院青岛海洋研究所地质研究室的学术指导。

2. 学术思想活跃，勤于思考，勇于创新

学术思想活跃，勤于思考，勇于创新是叶连俊科学活动的另一特点。在他长期的科研工作中，他总是不断地提出新问题加以探索研究并获得成功和突破。例如，20 世纪 60 年代提出了"陆源汲取成矿"的观点，在化学地史、沉积建造、沉积盆地分类、成矿系列、成矿周期及其穿时性系列等方面也都提出了一系列新概念和新观点；七八十年代提出了"成矿时代的地史意义"、"成矿时代的成因"、"物理富集成矿"、"多因素多阶段成矿"和"生物有机质成矿"等新观点，并在探索研究中取得了创新性成果，从而大大补充、完善和发展了他在 60 年代提出的"外生矿床陆源汲取成矿论"学说，并形成了自己的沉积成矿学说的理论体系。

3. 创新，攻坚，锲而不舍

创新，攻坚，锲而不舍是叶连俊研究工作的又一特点。最能反映这一特点的莫过于他对生物成矿作用问题 40 年的思考、探索和认识历程。虽然生物成矿的问题目前已经成为当代沉积矿床学的前沿热门课题，但 80 年代中期之前，矿床工作者在讨论成矿作用问题时却总是忽略了生物作用，我国也大致如此。而叶连俊提出此问题的时间则可以追溯到 1953 年他对湖南的锰矿研究时期。其后对震旦纪寒武纪的磷矿、河北宣龙铁矿研究，60 年代后又在不同程度上对铝、金、铀、镍钼、钒、钡、铅锌等更多矿种的研究中拓宽了视野，深化了对生物成矿作用问题的认识。如前面提到的，这些认识在他 60 年代以来发表的几篇重要论文中均有反映。当然，由于当时在认识上、研究技术设备上和单学科局限性等多方面的原因，问题还远远没有得到解决。只是到了 90 年代才有条件设立专项课题并组织起一个多学科联合攻坚的研究集体，经过五年多时间的探索，才在生物有机质成矿研究领域取得了突破性的进展。

4. 治学作风严谨

叶连俊在科学活动中还有一个治学作风严谨的特点。研究地质学有一个公认的重要原

则，即研究者必须亲临现场详细考察、分析、记录各种地质现象，以保证对随后室内各种分析测试数据进行地质解释的客观准确性，否则给出的结论极有可能会犯"张冠李戴"的错误。叶连俊在他一生的科研过程中，高度重视第一手资料，总是亲临现场考察研究。20世纪30~40年代，他不避艰险，在我国中南、西南和西北地区特别是在四川龙门山、甘肃秦岭和宁夏六盘山脉，风餐露宿，跋山涉水，进行开拓性的区域地质调查研究。新中国成立后，他的足迹更是遍布祖国的各大山岭和矿山工地，即便年逾古稀，他仍然坚持这样的地质考察。在室内研究时坚持自己动手观察、分析、综合，直至编写报告和论文。这样做为的是获得真实可靠的第一手资料，以保证提出的论说根据真实、客观和准确。对于新的学术观点，从形成到正式发表，他更是慎之又慎，总要经过深入细致地工作，反复推敲论证之后才发表。例如，关于"物理富集成矿"的观点，早在1978年就已形成，但他并不急于发表，为了做到论据充分、更加符合客观实际、更具说服力，最后经过近8年的努力才于1986年正式成文发表《工业磷块岩物理富集成矿说》。其治学之严谨，由此可见一斑。

叶连俊对地质学和中国地球科学的发展做出了卓越贡献，他刻苦求知，勤于思考，治学严谨，勇于创新，以振兴中华科学为己任，在他取得杰出成就并享誉中外之后，依然孜孜不倦、持之以恒，不断在科学上探索、创新、攻坚。这种精神特别值得提倡和学习。

叶连俊既是学者又是教育家，他将毕生精力毫无保留地奉献给祖国的科教事业，以言传身教、严格要求的科学态度带出了一批又一批科技人才，为我国地学人才培养做出了极其重要的贡献。如今在他的学生中，有中国科学院院士、科技骨干和学术带头人。他除了在中国科学院长期培养研究生外，还兼任南京大学、中国地质大学（北京）、中国科学技术大学教授，积极投身于大学地质人才的培养。

三、叶连俊主要论著

叶连俊，关士聪. 1944. 甘肃中南部地质志. 地质专报，甲种，第19号：1~72
叶连俊. 1956. 中国锰矿床的沉积条件. 地质集刊，第1号：1~51
叶连俊. 1959. 二十世纪六十年代地质学的展望. 地质科学，(12)：353
叶连俊. 1961. 中国地台华北地区的沉积建造. 地质集刊，第7号：1~28
叶连俊. 1963. 外生矿床陆源汲取成矿论. 地质科学，(2)：67~87
叶连俊，范德廉，杨哈莉等. 1964. 华北地原震旦系、寒武系、奥陶系化学地史. 地质科学，(3)：211~229
叶连俊. 1977. 沉积矿床成矿时代的地史意义. 地质科学，(3)：210~218
叶连俊. 1980. 地壳能源的形成及其远景//涂光炽，叶连俊编. 我国资源和资源的合理利用. 北京：知识出版社
叶连俊，孙枢. 1980. 沉积盆地分类. 石油学报，1(3)：1~6
叶连俊等. 1983. 华北地台沉积建造. 北京：科学出版社
叶连俊，陈其英，刘魁梧. 1986. 工业磷块岩物理富集成矿说. 沉积学报，(3)：1~29
叶连俊，陈其英. 1989. 沉积矿床多因素多阶段成矿论. 地质科学，(2)：1~28
叶连俊，陈其英等. 1989. 中国磷块岩. 北京：科学出版社
叶连俊，李任伟，王东安等. 1990. 生物成矿作用研究展望——沉积矿床学的新阶段. 地球科学进展，(3)：1~4

叶连俊. 1991. 对固体地球科学发展的思考. 中国地质科学近期发展战略的思考. 北京：科学出版社
叶连俊. 1996. 生物成矿的类型、作用、过程和背景//叶连俊主编. 生物有机质成矿作用. 北京：海洋出版社：1~24
Ye L J. 1996. The New Aspects of Biomineralization. Beijing: Seismological Press
叶连俊等. 1998. 生物有机质成矿作用和成矿背景. 北京：海洋出版社

主要参考文献

郭师曾. 1990. 叶连俊//黄汲清, 何绍勋主编. 中国现代地质学家传（1）. 长沙：湖南科学技术出版社：461~475
陈其英. 1991. 叶连俊//《科学家传记大辞典》编辑组编, 卢嘉锡主编. 中国现代科学家传记（第三集）. 北京：科学出版社：392~404
陈其英. 2001. 叶连俊//中国科学技术协会编. 中国科学技术专家传略·理学编·地学卷2. 北京：中国科学技术出版社：304~312
陈其英. 2009. 叶连俊沉积成矿理论体系//《缅怀叶连俊院士》编辑委员会编. 缅怀叶连俊院士. 北京：科学出版社：32~34

撰写者

陈其英（1933~），广西北流人，中国科学院地质与地球物理研究所研究员。长期从事有机地球化学、沉积学和沉积矿床学研究。20世纪80年代起曾连续14年协助叶连俊院士主持并全力参与了他最后的三个重点理论研究项目。《叶连俊文集》和《缅怀叶连俊院士》编辑组成员。

****

彭琪瑞

彭琪瑞（1913~1985），湖南湘阴人。地质学家，矿物学家，矿床学家，中国现代矿物学研究的重要开拓者和奠基人。1938年毕业于西南联合大学地质地理气象学系。毕业后入经济部地质调查所工作，历任练习员、技佐、技士。1947年赴美留学，1948年获亚利桑那大学硕士学位，1951年获哥伦比亚大学博士学位。之后在新墨西哥大学、南伊利诺伊大学和威斯康星大学任副教授。1956年回国，任中国科学院地质研究所研究员兼矿物研究室主任、北京大学地质地理系兼职教授。1961年去香港，曾任香港大学地理地质系讲师、高级讲师、教授。他早年在国内西南各省从事区域地质矿产调查。20世纪50年代后半期，他在将现代矿物学新理论、新技术、新方法引入国内方面有开拓性贡献，特别在稀有元素矿物学、矿床学的研究上取得了很多成果。他组织编撰了《凤城矿物志》和《中国黏土矿物研究》两部重要著作。前者包括他们发现的三个矿物新种、一个新变种和几个我国首次见到的矿物；后者用新方法研究了各类黏土矿物。出版了科普著作《香港矿物》，对香港矿物学研究作了很好的总结。他先后在中外多所大学讲授地质学、矿物学课程，培养了大批人才。

一、简　　历

彭琪瑞，字萍峰。1913年9月22日生于湖南省湘阴县城关镇，1985年9月于香港病逝，享年72岁。

彭琪瑞早年在家乡上学。1926年，他考入长沙岳云中学。1934年考入清华大学地学系地质组。该组教学条件很好，师资力量很强，主要教授有袁复礼、冯景兰（兼系主任）、张席禔等，还有几位年轻的讲师、助教——王炳章、杨遵仪、刘汉、夏湘蓉、王植等。彭琪瑞刻苦用功，成绩优异。1937年抗日战争全面爆发后，他随学校南迁至湖南长沙，该校与北京大学、南开大学合组为临时大学。1938年，他又随校迁至云南昆明，该校改称西南联合大学。同年，彭琪瑞毕业。

彭琪瑞大学毕业后，即考入迁往重庆北碚的经济部地质调查所（后为中央地质调查所），长期从事西南地区的区域地质矿产调查。20世纪30年代末，他与徐克勤等去西康省天全、荥经等地调查铁、铜、铅、锌等矿产。以后又去四川省永川—铜梁调查菱铁矿，到贵州省威宁、水城等地调查铁矿、煤矿、铝土矿、铅锌矿等。40年代初，他与朱夏去西康省汉源县富林调查火山岩及侵入岩等，发表了很多论文。

1947年彭琪瑞被公派赴美国留学。初在亚利桑那大学，1948年获该校地质学硕士学位，后转到哥伦比亚大学继续深造，1951年获该校地质学博士学位。从当年起，先后在美国新墨西哥州立大学、南伊利诺伊大学、威斯康星大学任教，晋升为副教授。

1956年，彭琪瑞回国，任中国科学院地质研究所研究员，兼矿物研究室主任。他凭借在国外留学期间，熟练掌握了现代矿物学新理论、新技术、新方法（如样品处理与分离、脱水实验、差热分析、X射线粉晶方法、化学分析、光谱分析等）的优势，很快建立起各种实验室，培养青年骨干，使工作顺利开展起来。他急国家之所急，为我国稀有分散元素矿物学、矿床学研究投入了很大力量，取得了很大成绩，填补了我国这方面的空白。他同时又去北京大学地质地理系为地质专业学生讲授矿物学课程，他讲得生动、深入浅出，很受学生欢迎。

1961年，彭琪瑞去香港。1962年任香港大学地理地质系讲师，他是该系任地质学讲师的第一位华人，70年代升为高级讲师，后又升为地质学教授，直至1979年退休。退休后曾在一家水泥公司担任顾问。在香港期间，他重点研究黏土矿物学，发表有关香港地质和新发现矿物的论文。他在香港东坪洲岛首次发现独特的沸石和锥辉石，研究其成因，并著有论文。他还发表了关于香港花岗岩和正长岩粒间钠长石的研究论文。所著的《香港矿物》（分别以中文、英文出版）系统介绍了香港已发现的71种矿物。

彭琪瑞热心学术交流活动，早年即成为中国地质学会会友。1939年3月由会友转为正式会员。1940年1月22日，他在经济部地质调查所第8次讲学会上做了题为"西康荥经天全越西铜矿地质"的报告。同年3月，他出席中国地质学会第16届学术年会，与计荣森联名宣读论文《西康荥经县一种上三叠纪六射珊瑚》。同年12月16日，他在地质调查所第42次讲学会上做了题为"贵州威宁妈姑铁矿几个问题"的报告。1941年3月，他出席了中国地质学会第17次学术年会，会上宣读了《贵州威宁所谓峨眉山玄武岩中 Psaronius 化石之发现》一文。1943年7月4日，中国地质学会第20届理事会第二次会议决定加推彭琪瑞为《地质论评》编辑，他协助编辑主任杨钟健做了很多工作。1956年，彭琪瑞回国后不久，就在1957年2月举行的中国地质学会第二次全国会员代表大会上当选为第30届理事会的学术委员会委员和编辑委员会副主任，并受聘为理事会秘书。

彭琪瑞于1969年出席了在日本东京召开的国际矿物学协会会议，在会上提交了论文《香港上侏罗统地层中沸石的发现》。1971年他出席了在德国海德堡召开的第八届国际沉积学会议，在会上提交了论文《香港的锥辉石和含沸石层——新的、不寻常的发现》。

二、工作业绩与学术成就

1. 区域地质矿产调查

彭琪瑞1939年在《地质论评》上发表了《广西田阳天保百色水晶之初步研究》一文。文中主要谈了4点：①当地所产水晶质量普遍较好，晶体都相当大，结晶亦尚完整，并且各地所产者，在大小、晶形、光泽等方面皆各有特点，所以，各地的物理化学环境并不完全相同；②百色县陇外、驮闷、定禄陇成及五村陇沓所产，都是晶洞中的"水晶簇"，只有那慕等地所产者有复菱面，或者可能是来自矿脉或伟晶花岗岩脉；③晶体均为三重对称（三次对称），属三方偏方锥族，即所谓低温水晶，其生成时的温度当在575℃以下；④能用作光学仪器的水晶，必须无色透明、晶体大、无裂隙，只有五村陇沓等少数产地的为合格。另外，文中还指出了一些特异之处：①按说，低温水晶三次对称者，其三方锥原应有三个面，但实际只有一面或二面，完整者甚少，其双晶也不一致，这大致是结晶发育不均的结果；②普通水晶具有条痕之面当为柱面，但这些标本中，菱面亦偶有条痕，可能是由于菱面看起来较柱面更发育所致；③五村陇沓所产的水晶，可见三角形蚀痕，可能是生成时结晶发育不均一，也可能是生成后受某种溶液侵蚀之故。

彭琪瑞于1940年8月勘查了贵州水城县观音山铁矿，后写成《贵州水城观音山褐铁矿》一文，发表在《地质汇报》上。该铁矿是产于石炭纪灰岩内的褐铁矿及赤铁矿层，按成因分为5类：沼铁矿、海域鲕状褐铁矿、残余铁矿、交代矿床、铁帽矿床。矿层厚约10m，变化甚少，但大部分直立，延长整齐，利于估算储量，以100m浅藏估计储量约1157万t，若估算至200m深藏量，以每年开采20万t计，当够采110多年，实在是经济价值很大的矿床，且东南端的含铁页岩尚有勘探远景，潜力还更大。

彭琪瑞1941年在《资源委员会季刊》第一卷上发表了《西康之钢铁资源》与《贵州之钢铁资源》两文，是对当时这两省钢铁资源普查勘探成果的最好总结。

《西康之钢铁资源》一文，分述了各种钢铁工业原料矿藏的勘查情况，包括铁矿（磁铁矿床、赤铁矿床、菱铁矿床等）、煤矿（主要是烟煤）、铁合金金属（主要是镍矿）和耐火材料（耐火黏土、石墨等），也论及当时钢铁工业的初步发展情况。最后他提出希望及建议：该省已探明铁矿储量约2000万t，主要集中在宁属（西昌）地区。矿质优良、储量丰富，而附近即有可炼焦煤之煤田（总储量约6000万t），也有其他配套资料，发展钢铁工业极其有利，将来必成为本省的钢铁工业中心，最关键的问题是加强交通建设，要充分利用已有的公路干线，还要建设联系川滇两省的铁路线，疏通金沙江航道，该区有望建设成为祖国西南腹地重工业（特别是国防工业）中心。

《贵州之钢铁资源》一文，述及该省铁矿资源主要分布于黔西北威宁、水城一带，多为富矿，含铁品位高达百分之五六十以上，储量有1000多万吨。而该两县附近的烟煤田储量则达2.5亿t。该区石炭二叠纪石灰岩分布亦广，实在是有建立钢铁工业的条件，当时交通条件较好的威宁县适宜选作钢铁厂址。

贵州是我国铝土矿的主要产区。1942年，彭琪瑞调查了贵州的铝土矿，当年写成《贵州中部之水矾土矿》一文，载于《中央地质调查所简报》第16号。后来他写成英文的《贵州之铝土矿及其性质之变化》一文，1944年发表在《中国地质学会志》上。

该文主要论及贵州铝土矿在其3个产地——云雾山、王北和王官的性质。该铝土矿作为下石炭统或中石炭统下部煤系地层的底部而覆盖在下奥陶统硅质白云岩的侵蚀面上，并且位于含 Chaetetes 化石的中石炭统灰岩之下。铝土矿呈浅色，细粒而致密，偶见豆状和鲕状构造，此矿床之上部通常含有稀疏的、浅灰色半透明的"蠕虫状"管或斑点，主要成分是埃洛石。此矿床大多数是低品位的，通常含 45% 的 Al_2O_3 和 35% 的 SiO_2，与此相反，其铁含量极少，大约只有 1% 或更少。但是，云雾山剖面下部的铝土矿是一例外，它含 Al_2O_3 70%，SiO_2 只有 8%，结合水总是在 14.5% 左右。显微镜下研究得知，该铝土矿主要由"无定形"质点组成，只含少量结晶的矿物，按丰度排列是：高岭石、埃洛石、硬水铝石、锆英石、褐铁矿、黄铁矿、软水铝石、三水铝石、石英、金红石和榍石。铝土矿的形状通常是其质量的可靠指示物："蠕虫状"的种类几乎总是富含 SiO_2，因此也就富含高岭石和埃洛石，而产于云雾山剖面的高品位的铝土矿则是细粒的，绝没有"蠕虫管"。云雾山剖面上煤系地层发育很好，该剖面显示 Al_2O_3 向下更富集；其主矿体（厚约 5.5m）富含 SiO_2，而下部（厚约 1m）则含大量 Al_2O_3。

彭琪瑞 1945 年发表《西康东部富林杂岩之侵入岩体》一文，文内指出以下 6 点：①紧靠西康富林西边的深成岩体，在成分上包括了从纯橄榄岩、辉石岩、辉长岩一直到花岗岩、文象斑岩，共生的还有少数岩墙，也就是粒玄岩、角闪石煌斑岩、细晶岩及石英斑岩。它们在空间和时间上都是密切相关的。②推想各种岩石是共同的岩浆房成分分异的结果，这个分异作用发生在岩浆到达它们现在位置之前。③富林附近的前震旦纪火山岩系应当认为与讨论地区的侵入岩有成因上的联系，它与后者共同形成一个完整的岩浆旋回。④辉长岩的边缘部分有时显现出流线和叶理，这两者当解释为岩浆流动现象，细晶岩的流动构造也是由于相似的过程产生的。⑤各类岩石都遭受到一次或多次不同类型的变质作用，紧随着它们的侵入作用而来的一些动力作用或低级的区域变质作用，会对它们所有岩石都产生影响，但是变质作用过程远远小于初始阶段。⑥纯橄榄岩和辉石岩分别完全转变成蛇纹石片岩及透闪石滑石片岩，而辉长岩则假变质成"变辉长岩"。人们考虑到，橄榄岩的蛇纹石化作用和辉长岩中斜长石的钠黝帘石化作用、辉石的纤闪石化作用是自变质作用引起的，透闪石滑石片岩是在原始辉石凝固完成之前侵入作用力产生的"原生片岩"。

综上所述，彭琪瑞在抗日战争时期对西南大后方的铁、铝等重要战略资源的调查取得了重大成就，有力地支援了抗战大业。

2. 矿物学、矿床学

彭琪瑞 1958 年在《地质论评》上发表了《热液硫化矿床中的一些稀有分散元素及其找矿方向》一文。文中指出，一些稀有元素，如 Cd、Ga、In、Tl、Ge、Re、Te 等常常分散隐藏在硫化矿物或其他矿物中，所以被称为"分散元素"。分散元素在热液矿床中富集的控制因素很多，包括元素的结晶化学性质、成矿温度、矿体深度、侵入岩的性质、围岩的性质和区域地球化学特征。为了寻找稀有分散元素矿床，必须有以下几点认识：①这些元素都是以固溶体的方式置换硫化矿物结构中的主要元素的，也就是说，它们都是被主要元素所隐蔽和俘虏的；②硫化矿物虽然是这些分散元素的主要隐蔽所，但量是极少的；③这些分散元素虽然几乎在所有硫化矿物中都可找到，但它们又都只在一定的硫化矿物中比较富集（也就是说，有其一定的专属性）；④同一种硫化矿物既可能含、也可能不含某种分散元素，这也许取决于矿床成因类型、成矿温度和矿体深度等因素；⑤这些分散元素的特殊物理化学性质使其在多种尖端科技上用处很大，其数量又少，因而"物以稀为贵"，价格高昂；⑥分散元素只能从含它们最多的硫化矿床或其他类型的矿床中提炼某些常见金属时作为副产品回收，这样也使这些硫化物矿床得到综合利用；⑦基于以上6点，就考虑硫化矿石分散元素平均含量越高越好，分散元素在矿石中分布越稳定越好，含分散元素主矿石储量越大越好。他最后归结出分散元素找矿时应注意5点：①首先应就合适类型的矿床推测某些分散元素存在的可能性，然后对综合矿石样品及个别硫化矿物单矿物进行光谱分析。此外应同时对多份样品进行化学分析以作比较。②样品采集需系统化，就是应当全面考虑以下各个方面：矿物的物质成分，各种硫化矿物之含量比，矿石结构，如粒度、胶状、环状、条带状、矿物世代和生成顺序等；个别硫化矿物的结晶性质、颜色、粒度、光泽等物理性质；脉石矿物的种类、物理性质、化学成分及含量；样品在矿体中的部位、深度、水平距离及围岩种类；矿脉产状与围岩的关系；围岩蚀变的种类、强度及分带；侵入岩的种类、产状及其侵入岩距离矿体的远近；次生变化的部位、强度及产物。③获得某种硫化矿物含有某些分散元素的分析数据以后，须对其进行单矿物的矿物学及结晶学研究，以发现其物理及结晶特征，并与其分散元素含量对比。④根据分析结果进行分散元素分布富集的统计工作，对比分散元素在不同硫化物中的种类和含量，然后作各种稀有分散元素在矿体中的等值线图，以期找出它们对于主矿物的从属关系及其在空间上的变化。这不但对找矿，而且对勘探、开采乃至选矿都有很重要的意义。⑤对邻区矿床的分散元素种类及含量进行对比之后，对侵入岩系统采样，做人工重砂及光谱分析，将结果与矿石中之分散元素对比，这样就能了解分散元素的区域分布特征，以便扩大找矿远景范围。

彭琪瑞1959年6月在国家科委召开的全国稀有及分散元素有关地区的地质专业会议上作了"几种稀有元素矿床新类型及其在成矿理论上的意义"的报告，此报告经整理加工后发表于《地质科学》。该文较系统地介绍了那段时期世界各地发现的5种稀有元素矿床新类型：前寒武纪（元古宙）浸染状金、铀、钍、稀土砾岩矿床；与碱性岩有关的铌、稀土、锆、钍、铀矿床；非洲尼日利亚含钶铁矿的黑云母花岗岩和含烧绿石的钠质花岗岩；美国东部含稀有和放射性元素的磁铁矿床；美国西部科罗拉多高原型铀、钒、铜矿区中的硒矿床。在详细叙述以上各矿床特征的基础上，他阐明了这些稀有元素矿床新类型对于成矿作用理论研究的意义：打破了以往只注意伟晶岩矿床、热液矿床和现代砂矿床的局限性，从而认识到稀有元素矿床的成矿作用和产出方式实际上要广泛得多。这些新类型矿床之所以比原来几种传统类型规模更大，是因为它们成矿时期比较长，而且有多种多样规模较大的成矿作用，包括岩浆作用、岩浆成因的碳酸盐化和钠质交代作用、古风化壳的变质作用、火山作用及与碱性岩有关的成矿床作用。他在文末最后归结了这几种新类型矿床在我国的实际意义：我国古老地台发育广泛，这些地区对古风化壳和与碱性岩有关的稀有元素矿床的形成都是有利的。同时震旦纪、泥盆纪、古生代晚期、中生代晚期、新生代都有广泛的火山活动，也利于稀土元素富集，所以这些新类型矿床在我国也很有远景。

彭琪瑞1959年发表了《与碱性岩有关的稀有元素矿床》一文。文内首先概述了碱性岩的岩石学特征，一般分为五大类：碱性花岗岩；碱性正长岩；云霞正长岩及闪霞正长岩；流霞岩、霓霞岩和钛铁霞辉岩；霞斜长岩。碱性岩的矿物学特征是或者含似长石，或者含碱性辉石和碱性闪石，或者两者都有。其地球化学特征是：碱金属富集，许多高价稀有元素富集，挥发分富集。主要详细论述了与碱性岩有关的各类稀有元素矿床：①岩浆矿床；碱性花岗岩——铌（钽）、铀、钍、锆；碱性正长岩——锆、铌；钠质霞石正长岩——铌、锆、稀土。②伟晶岩矿床——铌（钽）、钍（铀）、稀土、锆。③碳酸盐岩矿床——铌、稀土、钍、锆。④接触交代型矿床——钍、铀、铌（钽）。⑤热液矿床；高温—热液气或交代型矿床——铌（钽）、钍（铀）、锆、稀土；中低温热液矿床——钍（铀）、稀土、锆、铌。⑥砂矿床——铌（钽）、锆、钍、稀土。⑦氧化带矿床——铌、稀土、锆、铍。最后，该文特别强调对碱性岩和与其有关矿床（特别是稀有元素矿床），必须从野外到室内，从岩石学、矿床学到地球化学等各方面进行精密研究。

彭琪瑞1960年发表了《近年地质科学发展中的一些方向和问题》一文。文内详细列述了当时地质科学（从他本人所从事的专业而言，主要还是指"静力地质学"——矿物学、岩石学、地球化学等方面）的若干发展趋势。他把当时地质科学发展方向归纳为三个大的方面：①大力发展实验科学，使地质科学大部分脱离描述阶段，而进入一个精确定量的新时代；②扩大了考察研究范围，企图基本、全面、统一地了解地质现象，并掌握其发展规律；③着重对放射、稀有元素矿产和石油进行研究和勘探，以适应现代国民经济和国防工业的发展。他最后指出，新中国地质科学事业虽然在区域地质测量和矿产资源普查勘探方面成就卓著，但实验科学还远远不够。为了使地质科学更好地为我国社会主义建设服务，主要应该运用现代科学理论和技术对地质科学中各个领域进行更广泛、更深入的研究，并进行重大的技术革新、技术革命，还要结合我国丰富多彩的地质现象和矿产资源种类，创建新的理论学说，发展边缘交叉学科，开阔新的研究领域，争取攀登世界地质科学新的高峰。

彭琪瑞和他领导的科研集体于1958～1959年在辽宁凤城县地区研究当地碱性杂岩。那里是我国碱性岩区重要的稀有元素矿物产地之一，为了配合对凤城碱性岩型矿床的普查和地质勘探工作，他们对在当地采集到的矿物，包括10多种稀有元素矿物，进行了晶体测角、X光绕射、物理和光学性质、化学组成和结晶化学等重要方面的研究，结果发现三种新矿物——顾家石、凤凰石和赛马矿，还有一个矿物新变种——砷钍石，以及另外三四种我国第一次见到的矿物。这些矿物中一部分已查明具有一定工业价值，而另外一部分也具有学术意义。他们编撰成《凤城矿物志》一书，于1963年出版。该书首先对凤城地区的区域地质、地球化学、区域矿物学特征进行了较详细的综合讨论，然后描述了分属于硅酸盐类、氧化物类、磷酸盐类、硫酸盐类、氟化物类的矿物23种。除上述含稀有元素矿物外，也有一般矿物磷灰石、重晶石、萤石等。此书不仅提供了矿物学和地球化学的基本资料和理论依据，更重要的是对于与碱性岩有关的稀有元素矿产的地质勘探工作具有极大的指导意义。

彭琪瑞及其所领导的科研集体长期对采自全国70多个产地的131件黏土矿物样品进行了系统的矿物学研究，研究成果《中国黏土矿物研究》于1963年由科学出版社出版。该书列述了研究样品及产地，也叙述了采用的研究方法，包括样品的处理和分离、脱水实验、差热分析、X射线粉晶方法、化学分析、光谱分析及偏光显微镜等方法。书中专门论述了黏土矿物的分类原则和分类的具体方案。所研究的矿物种类包括高岭石类、蒙脱石类、伊利石类、海绿石、海泡石及混合层结构的黏土类矿物。书中对每类矿物都叙述了一般特征、分类，大多数矿物产地的地质概况也作了简要介绍。全书约20万字，有插图87幅，表120个，堪称我国黏土矿物学的重要经典著作。

彭琪瑞的高级科普著作《香港矿物》（原文为英文，由钮柏燊译成中文）于1979年出版。此书列有香港地图、矿产图及香港地质历史略表。主要内容是系统描述了香港产出的39种矿物，分别是自然元素中的石墨，硫化物中的方铅矿、闪锌矿、黄铜矿、磁黄铁矿、黄铁矿、辉钼矿，氟化物中的萤石，氧化物及氢氧化物中的磁铁矿、赤铁矿、软锰矿、针铁矿，碳酸盐中的方解石，钨酸盐中的黑钨矿，磷酸盐中的磷灰石，硅酸盐中的红柱石、黄玉、粒硅镁石、铁铝榴石、钙铁榴石、符山石、绿帘石、绿柱石、透辉石、霓石、蔷薇辉石、透闪石、阳起石、白云母、黑云母、黑硬绿泥石、蛇纹石、坡缕石、高岭石、多水高岭石、微斜长石、方沸石、钠沸石、石英。每种矿物都附有一张或几张彩色照片。香港市政局主席沙理士在序言中写道："在香港寻找矿石，加以识别，是件赏心乐事，而阅读这本小册子，相信可以使你领略到更大的个中乐趣。本书为市政局介绍本港动植物及矿物的精美丛书的一种。"

彭琪瑞工作积极努力，对同事和朋友热情诚恳，助人为乐，很为大家所称道。他始终心怀祖国，1979年他因病退休后，将其珍藏多年的全部地质文献捐赠给北京中国科学院地质研究所。20世纪80年代初，他的老友刘东生去香港出席一个国际会议，会间和会后都与他热情欢聚。他还热忱接待过很多内地去香港的同事和友人，关心祖国地质科学事业的发展。他逝世以后，1986年5月，其夫人李琼华遵其遗嘱，将其生前积蓄的港币10万元捐赠给老家湖南湘阴县城关镇望兵村修建村办小学。家乡人民为纪念他，将学校定名为"琪瑞学校"。

三、彭琪瑞主要论著

徐克勤，彭琪瑞．1939．西康荣经铁矿矿业述略．地质论评，4（3/4）：195~202
彭琪瑞．1939．广西田阳天保百色水晶之初步研究．地质论评，4（3/4）：231~239
彭琪瑞．1940．四川永川铜梁间之菱铁矿．地质论评，5（6）：507~509
徐克勤，彭琪瑞．1941．西康荣经天全铜矿报告．地质汇报，第34号：51~70
彭琪瑞．1941．西康省之钢铁资源．资源委员会季刊，1（1）：35~38
彭琪瑞．1941．贵州省之钢铁资源．资源委员会季刊，1（1）：40~43
彭琪瑞．1942．贵州水城观音山褐铁矿．地质汇报，第35号：45~54
Peng C J. 1944. Notes on the bauxite deposits of Kueichou with special reference to their Variation in quality. *Bull Geol Soc China*, 24 (1/2): 87~104
Peng C J, Chu H. 1944. On the Occurrence of pre-sinian volcanic series and related intrusive rocks in the vicinity of Fulin, Sikang. *Bull Geol Soc China*, 24 (1/2): 67~86
Peng C J. 1945. On the intrusive rocks of the Fulin igneous complex, eastern Sikang. *Bull Geol Soc China*, 25 (1): 155~183
彭琪瑞．1958．与碱性岩有关的稀有元素及其找矿方向．地质论评，18（5）：351~359
彭琪瑞．1959．与碱性岩有关的稀有元素矿床．地质科学，（9）：260~267
彭琪瑞．1959．展望矿物学今后发展方向．地质科学，（10）：297~298
彭琪瑞．1959．碳酸盐岩稀有元素矿床．地质月刊，（3）：14~17
彭琪瑞．1960．几种稀有元素矿床新类型及其在成矿理论上的意义．地质科学，（1）：3~8
彭琪瑞．1960．近年地质科学发展中的一些方向和问题．科学通报，（10）：300~306
彭琪瑞，王夷，顾雄飞．1963．中国黏土矿物研究．北京：科学出版社
彭琪瑞，邹祖荣，曹荣龙．1963．凤城矿物志．北京：科学出版社
彭琪瑞．1979．香港矿物．钮柏燊译．香港：香港市政局

主要参考文献

程裕淇，李作明．1996．彭祺瑞//程裕淇，陈梦熊主编．前地质调查所（1916-1950）的历史回顾——历史评述与主要贡献．北京：地质出版社：297

《地球科学大辞典》编委会．2006．地球科学大辞典·基础科学卷．北京：地质出版社：1045

撰写者

潘云唐（1939～），生于四川合江，祖籍湖北广济（现武穴），中国科学院研究生院教授。

****

苏良赫

苏良赫（1914～2007），河北丰润人。工艺岩石学家，地质教育家。1937年毕业于清华大学。后在清华大学任教。1947年赴英国留学，1949年获剑桥大学博士学位。1950年回国后，先后在天津北洋大学和北京地质学院任教授，兼任博物馆馆长。他先后担任《硅酸盐学报》编委，《建材地质》顾问编委，中国金属学会会员，耐火材料专业委员会名誉理事，国家科委非金属材料专业组成员，中国硅酸盐学会常务理事、荣誉理事，中国硅酸盐学会非金属矿专业委员会副主任委员，北京市政府专业顾问等。1989年担任第二届世界非金属矿物会议大会副主席。他长期从事工艺岩石学和地质学的教学与科研工作，是我国工艺岩石学的开山鼻祖，先后参与了包钢、攀钢、天津钢铁厂和首都钢铁厂有关高炉耐火材料对炼钢工艺和钢铁质量的影响等研究。他也是在我国工业界实施循环经济和环保生产的开拓者和实践者，在国内最早提出利用钢渣和粉煤灰制作水泥的方法。他的研究成果在全国得到普遍应用，对我国工艺岩石学在冶金工业和建材工业的应用和发展具有重要指导意义。

一、简　　历

苏良赫，祖籍四川峨眉，后迁入河北省丰润县。1914年2月14日生于天津，2007年6月27日于北京逝世，享年93岁。

苏良赫出生在一个知识分子家庭。父亲苏艺林为清末举人，考取了清朝最后一批官费，留学日本学习法律。学成回国后在天津法政学堂任教务长、律师。苏良赫有兄弟三人，兄苏良克（后改名为苏达夫）毕业于燕京大学新闻学系，曾留校担任助教，后任苏联塔斯社英文编辑，20世纪50年代末任《中国科学》杂志英文编辑。其弟苏良若，抗日战争期间在重庆病逝。

苏良赫受父亲影响，自幼向往科学救国。1927年，他考入天津扶轮中学，临近毕业时，学校组织游览泰山，他被泰山雄伟的景观和丰富的地质现象所深深吸引，从而激发了他对地质学的兴趣。1933年，他从天津考入清华大学。当时的清华大学第一学年都要学统一的基础课，到第二学年才分系。苏良赫认为，国家的富强离不开工业，而发展工业必须有矿产资源作基础，地质学是一门以探索地球的奥妙、寻找和开发地下宝藏为根本的学科，与国家的富强息息相关。因此，在清华大学修完基础课后，他毅然决定学习地质学，兼修地理学和气象学。1937年在清华大学毕业后，受张席禔教授的推荐，准备到山西省兵工探矿局去工作，后因战乱未能成行。之后在同学的引荐下，到天津耀华中学教书，主讲地理课。1937年，应清华大学地学系主任袁复礼教授的邀请，到昆明西南联合大学工作。1938年底，开始与袁复礼一起从事野外地质研究工作，半年后转为教学工作，主讲普通地质学、工程地质学、构造地质学等课程。抗战胜利后，1946年随清华大学迁回北平（现北京），继续在清华大学任教。此间，他先后任助教、教员、专任讲师等职。1946年，燕京大学化学系主任建议他用岩石学方法研究耐火材料。这启发了他，于是他查阅了一些书籍，发现早在19世纪70年代西欧就已经萌生的一门新学科：工业岩石学。特别是读到H. L. 福格特于1884年发表的论文，较系统地了解到冶金炉渣物相研究方面的研究成果后，他深刻地认识到将岩石学的理论和方法运用于冶金工业，特别是冶金材料的研究，具有广阔的应用前景和经济社会意义。然而，当时的中国还完全没有开展这方面的工作。为了系统学习这方面的知识，更好地把工业岩石学介绍到中国，苏良赫决定出国深造。1947年，他利用清华大学休假的时间和英国文化委员会提供的奖学金，赴英留学。他先后在曼彻斯特大学地质系和剑桥大学矿物岩石学系学习和从事科学研究，并在剑桥大学获得博士学位。他所撰写的博士论文之一《平炉格子砖耐腐蚀作用的矿物学研究》一文，得到英国专家的好评。1950年5月，苏良赫学成回国，受天津北洋大学（1951年更名为天津大学）地质工程学系主任王炳章教授邀请，进入该校任教授，后任代理系主任。1952年在全国高等院校院系调整中，该系被并入北京地质学院［现中国地质大学（北京）］。苏良赫也调入北京地质学院任教授，并兼任该校博物馆馆长。

二、主要研究领域与学术成就

1. 我国工艺岩石学的开山鼻祖

工艺岩石学（也称工业岩石学）是一门运用岩石学的研究方法和手段，专门研究和开发利用人工制造的各种固体硅酸盐材料（如水泥、高温耐火材料等），以及在工业生产过程中产生的各种固体废渣（如高炉炉渣、发电厂排出的粉煤灰及矿山丢弃的废料等）的学科。苏良赫早在1944年，就参与了云南省最早的水泥厂的相关工作，从厂址的选定到水泥原料的确定，无不倾注了他大量智慧和心血。50年代以前，钢铁冶金工业，及与此学科密切相关的高温耐火材料工业还没有起步，中国的工艺岩石学还完全是一个空白。苏良赫将其在英国留学时学到的工艺岩石学知识应用到冶金钢铁工业中，立志在国内普及和推广工艺岩石学的知识。1949年以前，我国的钢铁年产量仅几十万吨。中华人民共和国成立以后，我国钢铁冶金事业迅速发展，产量也日益上升。随之而来的是堆积如山的铁渣、钢渣，既污染环境，又侵占耕地。苏良赫应用工艺岩石学的知识和研究方法，对我国不同钢铁厂排出的高炉炉渣的矿物成分、化学成分和结构特征进行了研究，率先向首都钢铁公司提出利用高炉炉渣作为水泥的掺和料生产水泥的建议。经过他与首钢的合作研究，提出了钢渣不经过烧结直接制作水泥的方法。这些成果在全国得到普遍应用，不仅解决了高炉炉渣的堆放问题，而且变废为宝，增加了水泥的产量和工厂的收入。苏良赫是我国工艺岩石学的开山鼻祖，也是工业界开展循环经济和环保生产的开拓者和实践者。

他积极参与包头钢铁厂和攀枝花钢铁厂的建设，先后到天津钢铁厂、包头钢铁厂和攀枝花钢铁厂以及首都钢铁厂讲授工艺岩石学，合作开展科学研究，攻克因高炉耐火材料中的工艺问题而影响炼钢工艺和钢铁质量等问题，帮助这些钢铁厂提高了炼钢炉的炉龄，使首都钢铁厂在60年代就实现超千炉的炼钢记录，并首创我国顶吹炉超千炉的记录。使工艺岩石学这一新兴的学科在钢铁工业中显示出巨大的生命力，不仅大大促进了我国钢铁工业的发展，而且填补了冶金工业中的一项空白。

50年代初，苏良赫应天津钢铁厂的邀请，前往天津钢铁厂研究平炉中高铝砖的耐腐蚀性能。研究中他发现，在冶金炉中的高铝砖在使用过程中成片脱落，是因为冶金过程中产生的碱金属——钙、铁等结合形成低黏度流体沿高铝砖中的孔隙侵入砖体之中，导致砖体的结构疏松。为此他建议在高铝砖中加入少量钛制成低钛高铝砖，减少高铝砖中的孔隙度，以避免碱金属流体渗入冶炼炉的炉体中。这些研究成果得到应用，有效地提高了高铝砖的耐腐蚀性能，延长了炉龄，增加了钢铁产量。

50年代中期，国家工业得到迅速发展，急需钢铁。在苏联专家的帮助下，国内正积极筹建一批大型工业企业，包钢就是其中之一。当时苏联专家要求我国提供建厂有关资料，其中包括冶金工艺方面的资料，负责筹备工作的重工业部就到学校来找到苏良赫。为了完成包钢建设的任务，苏良赫带领两名助手，首先在石景山的实验小高炉上进行试验，探索新的钢铁冶金技术。他考虑包钢所用的铁矿石成分复杂，不仅含有比较多的萤石，而且含有大量稀土元素，因此，包头钢厂高炉所用的耐火砖需要作特殊考虑，具体的冶炼工艺与过程也需要进行一些特殊的处理。经过他们在石景山小高炉中的反复试验，苏良赫提出在包钢的高炉中使用碳砖代替通常所用的硅铝砖的设计，用以提高高炉的寿命。这是我国最早在钢铁冶金中使用碳砖的实例。在实验中还出现一些新的问题，如高炉中出现结瘤现象，苏良赫以其丰富的工艺岩石学知识和积极实践的科学作风，很快解决了这个问题。他为包钢撰写了一份完整的工艺岩石学和冶金工艺资料，交给了苏联专家，为包钢的建设做出了贡献，使包钢的建设和生产工作得以顺利进行。80年代，苏良赫带领他的研究生，再次来到包钢，专门对包头钢铁厂生产排出的钢渣中稀有金属元素铌的含量和赋存状态进行研究，为铌的提取提供可靠的资料和信息。1989年苏良赫教授赴加拿大蒙特利尔市参加加拿大地质学及矿物学会议，并在大会上宣读了这篇论文，引起与会各国专家的关注。

60年代初，攀枝花钢铁厂在筹建初期遇到的第一个技术问题，就是钢厂所用的铁矿石中含钒、钛元素过高，因而引起一些新的冶炼工艺问题。当时，用钒钛磁铁矿炼铁的问题也是钢铁冶金界的一个世界性难题。苏良赫带领他的研究生在攀枝花钢铁厂实验高炉进行实验，并对实验高炉中的炉渣进行了研究，取得一些初步的研究结果，为攀钢后来的建设和发展提供了很有价值的参考资料。遗憾的是，此项研究后因"文化大革命"而中断。

1972年，首都钢铁公司率先引进国际上最先进的氧气顶吹转炉炼钢技术。这项技术的缺点是高炉炉衬耐火砖的损失严重，将导致炉龄降低，最终将极大地影响钢的产量。为此，首都钢铁公司特邀苏良赫共同攻克这项技术难关。他带领他的学生、同行与冶金部门的同志一道，到首钢进行研究。通过对炉渣化学与矿物成分的详细研究，他们提出改变造渣配料的方案，以减少炉渣对耐火砖的腐蚀。由于这项新技术的使用，使炉龄从不足200炉提高到1000炉以上，首创了我国氧气顶吹转炉炼钢超千炉的记录。1976年，由他执笔完成的《氧气转炉钢渣的相分析和炉龄提高》一文在国内公开发表，影响很大，得到业内人士的高度评价。由于苏良赫在钢铁冶金业中的贡献，冶金部钢铁冶金研究总院学术委员会聘请他作为特邀学术委员。他所领导的工业岩石学研究组获1978年全国科学大会奖。

工艺岩石学不仅用于钢铁冶金工业，也广泛用于建筑材料工业和轻工业。70年代末，在国际市场上出现了一种新型陶瓷——结晶釉,它主要是通过在陶瓷烧结过程中,使某些矿物(如硅锌矿)以晶体形式结晶在陶瓷的表面形成各种花纹。这种结晶釉具有很高的观赏性,是一种新型的装饰材料和工艺材料。但是因为硅锌矿结晶釉在陶瓷生产过程中的工艺问题,结晶釉陶瓷的成品率很低。于是,轻工业部发展司主管这项工作的张锡秋委托苏良赫研究和改善结晶釉的工艺。苏良赫带领他的研究生与沈阳硅酸盐研究所的科研人员共同努力,研究硅锌矿晶花的生长机理和形成条件,发现在结晶釉陶瓷烧结过程中因温度过窄而出现流釉等问题,于是有针对性地采用一些措施,扩大烧结过程的温度范围,改善工艺条件,最终取得成功,不仅大大提高了成品率,而且使晶花更加绚丽多姿。后来这项工艺转化为批量生产,产品远销国外。该研究成果于1985年获地质矿产部科技成果奖三等奖。

很多建筑材料工业和陶瓷工业都与烧结工艺分不开,也就是说在这些工业生产中都要涉及"烧窑"的工艺过程。以往"烧窑业"是一个高能源消耗产业,苏良赫较早就注意到节能生产的问题,主要从传统"烧结"工艺中的原材料和产品的组成方面去寻找节能方法和途径。他发现,在传统陶瓷中的结晶相主要是莫来石,这是一种高温相矿物,需要在很高的温度下才能够形成,因此烧制含有莫来石矿物的陶瓷能耗非常大。而70年代,国外陶瓷工业已经开始将硅辉石、透辉石和透闪石等矿物用于制造耐火材料和陶瓷,因为用这些矿物制造的陶瓷中会形成钙长石为主的结晶相,这会使陶瓷烧结温度大大降低,有利于节约能耗。苏良赫用晶格能理论来解释利用硅辉石、透辉石和透闪石等矿物用于制造耐火材料和陶瓷的节能原理,并以晶格能的大小为依据,寻找新的节能材料。这项研究成果具有重要的经济价值,是对工艺岩石学理论的一大发展,具有深远的理论意义和应用前景。

2. 心系国家需求,为寻找富铁矿不断开拓新的研究领域

全国高等院校的院系调整以后,苏良赫转到北京地质学院的普查系岩石教研室任教。他的主业之一是岩石学的教学工作。教学中,他丰富的学识,深入浅出的讲课方法,得到学生的一致好评。

六七十年代正是欧美等发达国家工业经济高速发展的时期。然而,70年代经历了多年"文化大革命"干扰的我国钢铁工业已濒于停业边缘,地质找矿工作也处于半停顿状态。为了振兴钢铁工业,加快钢铁冶金业的发展,地质部在全国地质行业开展了一场声势浩大的"铁矿会战",专门寻找铁矿资源。当时,60年代初被发现的瑞典基鲁纳铁矿正处于开采的高峰期,国外很多知名的地质学和矿床学研究者致力于基鲁纳铁矿床的研究,认为基鲁纳铁矿中富铁矿部分是由熔离作用形成的,并由此提出风靡一时的"矿浆成矿作用"理论。国内一些著名地质学家也很快将矿浆成矿作用理论引入我国。

在全国铁矿会战形势的鼓舞和感召下,苏良赫与本校矿床地质学专家朱上庆教授和夏卫华教授一起走出学校,到野外实践中去考察研究,希望为我国铁矿找矿工作做出贡献。他们首先到了河北宣化的钒山磷铁矿,这是一个国内著名的典型的岩浆矿床,以往研究认为,其中的磷矿(磷灰石)和铁矿分别形成层状富集,主要与基性岩浆的结晶分异作用有关。经过野外观察,他们认为河北钒山磷铁矿是一个典型的熔离矿床,也是我国一个矿浆成矿的实例,并建议用实验方法来加以验证。在这之后,国内更多有关矿浆成矿作用的野外观察事实被报道出来。如矿床地质学专家石准立等人在湖北大冶铁矿的科研中,发现该矿区一些富铁矿很难用传统的夕卡岩成因模式给予解释,于是提出是否存在铁矿浆成矿的可能。此外,在宝山钢铁公司的南京梅山铁矿、在云南曼养铁矿,也都相继发现一些矿浆成矿作用形成富铁矿的地质事实。于是，国内一些矿床学专家呼吁尽快开展实验研究，以解决矿浆成矿作用的机理和条件等理论问题，为在我国进一步寻找富铁矿提供理论基础和做出贡献。

1978年我国迎来了科学的春天。武汉地质学院北京研究生部于当年12月初宣告成立，首批招收的68名研究生也于12月9日正式入学，这是"文化大革命"后中国研究生教育招收的首批高级人才。苏良赫作为1978年首批硕士研究生导师，将"矿浆成矿"的实验研究作为研究生的首选课题，开始了新的实验岩石学研究方向。他带领研究生白手起家建立实验室，对国内几个具有矿浆成矿作用的铁矿区，如大冶铁矿、梅山铁矿、姑山铁矿等进行了野外实地考察，并在野外观察的基础上，选择实验研究体系，开辟了国内矿浆成矿实验研究的先河。经过几届研究生近10年的实验研究工作，于1986年完成了有关矿浆成矿的研究报告，较系统地阐述了各种含挥发分（特别是氟）的含铁硅酸盐体系发生熔离作用和形成矿浆的条件，为我国富铁矿的成矿机理和进一步找矿奠定了理论基础。该成果荣获1998年地质矿产部科技成果三等奖。

苏良赫一生发表论文60余篇，其中，与工艺岩石学有关的论文40余篇，与地质学有关的论文20余篇。他在工艺岩石学方面的教学和研究工作，不仅填补了我国在这一领域的空白，而且为推动和发展钢铁工业和建材工业，起到了开创性的作用。这些成果至今在我国材料科学的教学与科研中仍然具有重要的参考价值。苏良赫教授一生从事科学研究和地质教育，数十年如一日，勤勤恳恳，兢兢业业。他为人正直、正派。他教导学生说："一个人如果没有献身精神将一事无成，唯有树雄心壮志，事业心强，勇于克服一切困难，才能不断地攀登科学高峰，为祖国做出更大贡献。"

三、苏良赫主要论著

苏良赫.1956.应用于水泥工业中的高炉炉渣的工艺岩石学研究.建筑材料技术，(2)：13~18

苏良赫.1958.山西临县碱性环状岩体的发现.科学通报，(4)：115~117

苏良赫，田福纯，焦鸿阁.1959.冶炼含氟铁矿试验高炉中炉瘤生成的工艺岩石学研究.硅酸盐，(1)：1~13

苏良赫，田福纯，焦鸿阁.1959.高炉含氟炉渣的工艺岩石学研究.硅酸盐，(3)：115~121

苏良赫，张狮，徐宏权等.1964.高炉热风炉耐火砖腐蚀的工艺岩石学进一步探讨.硅酸盐学报，(3)：201~218

苏良赫.1964.硅酸盐晶体的发育过程.硅酸盐学报，(4)：236~241

苏良赫.1964.花岗岩类岩石的合理矿物定量分类.地质学报，(4)：454~468

苏良赫.1976.氧气转炉钢渣的相分析与炉龄提高.耐火材料，(1)：318~325

苏良赫.1977.相图，相图术语及相图分类.地质科技，(2)：1~6

苏良赫.1979.三元系相图读图浅说（一）.地质论评，(1)：60~65

苏良赫.1979.三元系相图读图浅说（二）.地质论评，(2)：85~90

苏良赫.1979.岩石学与钢铁工业.硅酸盐学报，(1)：18~24

苏良赫，李仲均.1982.中国古籍中有关石棉的记载.地球科学，(1)：229~233

苏良赫，翁润山.1982.对几类电熔锆刚玉砖质量的初步岩石学研究.硅酸盐学报，(4)：462~468

苏良赫，赵效忠，吴国忠等.1983.结晶釉中硅锌矿晶体结构与物理性质研究.辽宁陶瓷材料，(2)：1~7

苏良赫.1983.矿物和岩石中的热力学计算.硅酸盐通报，(4)：32~38

苏良赫.1984.液相不共溶在岩石学及矿床学的重要性.地球科学,(1):1~11

苏良赫,吴国忠,朱广玲等.1985.结晶釉中硅锌矿晶体结构与物理性质的研究.硅酸盐通报,(4):10~14

苏良赫.1987.锆刚玉砖中元素的分布.硅酸盐学报,(15):478~481

苏良赫,段年高.1989.从自由能计算判别硅酸盐熔融体之不混溶.地球化学,(1):70~76

主要参考文献

翁润生.1984.介绍一位知名的地质教育学家和工艺岩石学家——苏良赫教授.硅酸盐通报,3(6):83~86

陆平.1992.苏良赫//《科学家传记大辞典》编辑组编,卢嘉锡主编.中国现代科学家传记(第三集).北京:科学出版社:320~325

赵鹏大.1999.中国地质大学教授名录.武汉:中国地质大学出版社

撰写者

喻学惠(1944~),四川成都人,中国地质大学(北京)教授,博士生导师。主要从事火成岩及有关矿产资源的教学与科研工作。

✳✳✳✳✳✳✳✳✳✳✳✳✳✳✳✳✳✳✳✳✳✳✳✳✳✳✳✳

黄劭显[*]

黄劭显(1914~1989),山东即墨人。地质学家,开拓中国核地质事业的主要科技领导人之一,中国铀矿地质事业创建人之一。1980年当选为中国科学院学部委员(院士)。1940年毕业于西南联合大学地质地理气象学系。曾在资源委员会矿产测勘处、中央地质调查所工作,在云南大学、兰州大学任教。历任西北地质局工程师,地质部621队工程师兼副队长,地质部普二办工程师,二机部309队副总地质师,二机部三局副总地质师兼地质处处长,二机部三所副总工程师、副所长、科技委主任、高级工程师(研究员级),中国核学会第一届理事,中国核学会铀矿地质学会第一届理事长,北京市地质学会常务理事,中国地质学会矿床地质专业委员会常委,《地质学报》、《地质论评》编委,《铀矿地质》主编。曾与许杰、孟宪民等人合作进行云南东川铜矿区及其外围地区的地质调查测量工作,参与出版了《云南东川地区图及报告》。1944年与王曰伦等首次赴祁连山区进行大范围区域地质调查,其后又三次赴贺兰山进行地质调查,在没有地形图的情况下,步测绘制了1:20万贺兰山北段地质图。首次在中国发现铬铁矿,填补了中国矿种上的空白。1955年调至第二机械工业部,从事铀矿地质普查勘探和科研管理。在铀矿成矿方面提出了一系列新看法,对发展铀矿成矿理论、铀矿普查找矿和为中国第一颗原子弹爆炸做出了重要贡献,是铀矿地质领域的首位院士。曾获"献身国防科技事业"荣誉证章。

一、主要学术经历及成就

黄劭显(黄绍显),1914年7月生于山东省即墨县,1989年8月10日于北京逝世,

---

[*] 在收集资料过程中曾得到中国核工业总公司科技委、中国核工业地质局、核工业北京地质研究所和核工业地质档案馆(石家庄)的大力支持与帮助,特此感谢!

享年75岁。

1. 学习生涯

黄劭显出生于胶东临海的即墨县新生村。父亲是清末民初老一代的知识分子。黄劭显幼年随父母在济南生活，读完了初中。后又随当时在北京师范大学读书的姐姐到北平读完高中。黄劭显在读书期间，积极参加抗日救国运动。1932年，他参加了中国共产党的外围组织"反帝大同盟"，同年因参加纪念"五卅"抗日集会游行而被国民党政府逮捕。1934年考入了北京大学地质系。其间，黄劭显又参加了"一二·九"运动。1937年抗日战争全面爆发，他停学两年后继续求学，并于1940年毕业于当时设在昆明的西南联合大学，从此投身于祖国的地质事业。

2. 区域地质调查工作

1940年，黄劭显从西南联合大学毕业后，先后任资源委员会矿产测勘处工务员，中央地质调查所技士、技正，云南大学助教，兰州大学副教授。

他主要从事区域地质调查工作，与地质学家许杰、孟宪民等人合作进行云南东川铜矿区及其外围地区的地质调查，并参与出版了《云南东川地区图及报告》，这是当时该地区精度最高的一张地图。他们在云南会泽地区进行地质填图过程中，在震旦系与寒武系交界处发现了高品位磷矿。此发现未写成专门报告，只在云南会泽县矿山厂及者海一带的地质矿产报告中提及。

在中央地质调查所西北分所工作时，黄劭显在地质学家王曰伦带领下从事野外地质调查，并取得了重大成果。1944年，黄劭显与王曰伦等人赴祁连山区进行大范围区域地质调查，这是中国人首次深入祁连山做大范围的区域地质调查工作。其后，黄劭显又三次赴贺兰山进行地质调查，在没有地形图的情况下，步测填写了贺兰山北段1∶20万比例尺地质图。他还参与了《贺兰山地质志》的编写工作。后来，中央地质调查所所长李春昱在回顾该所工作业绩时，曾对西北分所作出这样的评价："以赖分所同仁之刻苦奋斗，工作进行，从未稍懈，西至新疆，东逾龙山，北入蒙族，南越祁连，测定经纬点，绘制地质图，研究其地层，勘探其矿藏。对我国西北隅土能有效正确之认识者，实我西北分所同仁之力也……所长王曰伦君……（率其）西北分所同仁，知其北守其黑，埋头于研究工作，迈进于建设途中，坚定意志，不为物引，立功立言，永垂不朽，是亦大足以自勉而励来者也！"王曰伦及该分所的叶连俊、宋叔和、黄劭显、陈梦熊后来都当选为了中国科学院院士。

1944年冬，黄劭显赴宁夏调查矿产，在前人（边兆祥、李星学等）已工作过的宁夏小松山地区发现了铬铁矿，这是中国第一次发现的铬铁矿产地，填补了中国矿种上的一个空白。黄劭显于1946年又至该地重新做工作，并写了一篇文章《宁夏小松山铬铁矿之发现》，发表于《地质论评》上。新中国成立后，他组成了261地质队，对该地区又进行了勘探，并写出了报告《宁夏小松山铬铁矿及其有关火成岩之初步研究》及《宁夏贺兰山地区小松山铬铁矿小结》（现存全国地质资料局）。这些重要的地质资料，对新中国寻找开发铬铁矿资源具有指导意义。

1947~1948年，黄劭显连续在贺兰山北段作区域地质调查，在区域地质调查过程中发现贺兰山北段煤矿丰富，撰写了宁夏石炭井煤田地质相关报告（刊于《地质汇报》第37号）。根据矿产勘查结果，他向西北地质调查所（后改为西北地质局）建议重视宁夏煤矿勘查，并向宁夏派出煤矿普查队。地质调查所接受其建议，于1952年派出了石炭井沟煤矿勘探队，其后证明宁夏是中国主要的产煤区之一。

3. 创建铀矿地质，为国防建设做出重大贡献

1955年，黄劭显调至第二机械工业部（简称"二机部"）。参与筹建中国第一支铀矿地质队。历任二机部309队副总地质师、二机部三局副总地质师兼地质处处长、二机部三所副总工程师、副所长、科技委主任，专门从事铀矿资源的地质普查勘探、调查研究和科研管理工作。他是中国铀矿地质事业的创建人之一，是开拓中国核地质事业的三位主要科技领导人（高之狄、佟城、黄劭显）之一，为国防建设做出了重大贡献。中国核工业是新中国成立后建立起来的新兴工业，创始于1955年，经历了核科学研究起步、铀矿资源勘查开采、核燃料工业建设、核武器研制、核电利用的艰难发展历程。核工业的创建与发展，加速了国防现代化，增强了国防实力，打破了超级大国的核垄断和核讹诈，振奋了民族精神，提高了中国的国际威望。同时，带动了中国基础工业和相关科学技术的发展，培养造就了大批专门人才，为和平利用核能、发展核电和其他核技术创造了条件。

黄劭显与广大核地质工作者凭借自己的智慧和勇气，将铀矿地质勘查事业推向世界科技的前沿，为我国研制第一颗原子弹供应原料做出了重要的贡献。他在铀矿地质领域从事地质找矿和研究指导工作长达30多年。多年来，他以国家和民族利益为己任，不怕困难、不怕牺牲，与同事们一起，找到了一大批铀矿床。但是，由于工作的特殊性，不能公开发表文章，核地质工作不为外人所知。从出任核工业地质局副总工程师兼地质处处长起，他经常奔赴各省区进行野外实地调查，布置、安排、指导铀矿普查勘探工作，并提出一系列指导建议，为铀矿地质工作的开展起到了很大促进作用。

309队是中国铀矿地质系统建立最早的一个区域性管理机构，正式成立时苏方技术人员任总工程师，黄劭显任副总地质师，为中方技术负责人，他参加领导了中国南方地区的铀矿勘探工作，为开创中南地区铀矿勘查事业做出了成绩。309队于五六十年代在中南地区发现铀矿床，从此建立了我国第一批铀矿山，提交了我国首批铀工业储量。有一次，就我国某地区新发现的一个铀矿床的成因问题，黄劭显对时任总地质师的苏联专家提出了不同的看法。该专家曾因铀矿地质方面的贡献得过斯大林奖金，他对黄劭显的观点不以为然，坚持自己的观点。凭借日益丰富的找矿经验，黄劭显等在"权威"面前也坚持己见，直到苏联又有专家来华指导工作，才肯定了黄劭显的看法是正确的。黄劭显坚定真理，勇于挑战权威的精神十分可贵。

苏联专家撤走后，黄劭显是主要负责第二机械工业部三局系统的地质技术工作领导之一。20世纪60年代，中南309队在中国首先突破花岗岩型和碳硅泥岩型两种铀矿类型，对指导找矿勘探具有重要意义，中国在极端困难的条件下，依靠自己的力量，于1964年10月成功地爆炸了第一颗原子弹。这颗原子弹的爆炸，在铀料供应方面，黄劭显功不可没。他常年风餐露宿，四处奔波于全国各地，进行野外实地调查，并提出一系列指导建议，为铀矿地质事业的发展起到了积极促进作用。

1972年"文化大革命"后期，黄劭显从"五七干校"调回北京恢复工作。1972年他调往核工业部第三研究所任副总工程师，1979年担任副所长。但他没有计较个人名利，仍深入野外科研专题班组，深入各个基层单位，全身心地投入到铀矿地质研究和科研领导工作中。他身为负责铀矿地质业务技术的领导，为研究所确定研究方向、选组研究队伍、设置研究科室等贡献了智慧与力量，也为我国核工业建成学科功能比较齐全，又富有特色的研究所做出了不可磨灭的功绩。在核工业部第三研究所工作期间，他主抓铀矿地质科研工作，组织和参与了铀矿地质科研规划的制定和多项课题研究工作。在铀矿成矿方面提出了一系列新的看法，系统总结了中国中新生代陆相砂岩型铀成矿规律，提出沉积与热水复成因矿床的认识，对发展铀矿成矿理论、铀矿普查找矿做出了重要贡献。撰写了《东南各省开展花岗岩型铀矿床研究工作的几个问题的探讨》、《河北省铀矿地质调查报告》、《中国中新生代陆相碎屑岩型矿床与地质背景的关系》等论文，对总结成矿规律、指导勘查工作具有积极意义。经批准，1982年1月，核工业第三研究所首次招收硕士研究生，黄劭显成为该所首位研究生导师。其间，他还参加创办了《铀矿地质》、《国外铀矿地质》（1987年8月更名为《国外铀金地质》）等刊物。该所多项科研成果获国家级奖项。

中美邦交正常化之后，黄劭显又与时任副部长的陈肇博赴美国参加了国际铀矿地质研讨会，并对美国西部铀矿床进行了参观与考察。

黄劭显长期患有高血压，但仍坚持工作，经常跋山涉水，深入生产第一线，还担负着培养研究生的工作，为培养铀矿地质人才做了大量的工作。他在把握世界铀矿地质科学研究现状和科研前沿的基础上，理论联系实际，总结自己的找矿经验，发表了一系列有影响的文章。

黄劭显是中国铀矿地质事业的开拓者之一，他提出了多种铀矿成矿理论的新观点，对中国铀矿普查和第一颗原子弹的铀料提供做出了重要贡献。他是铀矿地质首位院士，也是迄今为止唯一的铀矿地质院士。

黄劭显严于律己，作风正派，宽厚待人，光明磊落。在科研工作中作风严谨，求真务实。他始终保持清正廉洁，淡泊名利，艰苦奋斗，无私奉献的精神。

二、黄劭显主要论著

黄劭显，马祖望．1941．云南兰坪石油．（全国地质资料馆档号1964）

马祖望，黄劭显．1941．云南兰坪县澜沧江东岸水银矿．（全国地质资料馆档号1960）

黄劭显，杜恒俭．1945．宁夏大磴口长石矿（节要）．地质论评，10（3/4）：157~158

黄劭显，杜恒俭．1945．宁夏平乐县石炭井大磴口间煤田地质．（全国地质资料馆档号2851）

黄劭显，杜恒俭．1945．宁夏汝箕沟煤田地质．（全国地质资料馆档号2847）

黄劭显，杜恒俭．1945．宁夏小松山磁铁矿之发现（节要）．地质论评，10（3/4）：156~157

黄劭显．1946．甘青二省油页岩概论及新油田之推测．地质论评，11（3/4）：199~206

黄劭显，杜恒俭．1946．宁夏小松山铬铁矿初报．（全国地质资料馆档号2863）

黄劭显，杜恒俭．1946．宁夏小松山铬铁矿之发现．地质论评，11（3/4）：253~256

王曰伦，李树勋，黄劭显等．1946．（青海、甘肃）祁连山东段地质矿产．（全国地质资料馆档号2668）

黄劭显，乔作械．1947．甘肃省成县黑峪乡重晶石矿．（全国地质资料馆档号2665，甘肃省地质资料馆档号459）

黄劭显，杜恒俭，卢振兴．1948．宁夏小松山铬铁矿及其有关火成杂岩之初步研究．地质论评，13（3/4）：163~184

黄劭显．1949．关於进一步探勘小松山铬铁矿的意见．（全国地质资料馆档号4116）

黄劭显．1950．甘北煤田调查工作总结提纲．（全国地质资料馆档号3942）

黄劭显，侯世军．1952．陕西宜君焦家坪区煤田地质．（全国地质资料馆档号6409）

黄劭显，卢振兴，巩志超.1952.甘肃景泰区煤田地质报告.（全国地质资料馆档号4072，甘肃省地质资料馆档号106）

黄劭显.1954.甘肃阿拉善旗小松山铬铁矿与镍铜矿勘探报告.（全国地质资料馆档号8728，甘肃省地质资料馆档号2756，宁夏地质资料馆档号001086）

黄劭显.1975.东南各省开展花岗岩型铀矿床研究工作的几个问题的探讨.放射性地质，（2）：1～8，16

黄劭显，靳凤彩，邸君恒.1981.中国中新生代陆相碎屑岩型铀矿床与区域地质背景的关系.地质学报，55（4）：290～296

黄劭显，杜乐天，谢佑新等.1993.第五章 中国铀矿床//《中国矿床》编委会编，宋叔和主编.中国矿床（中册）.北京：地质出版社：329～385

主要参考文献

中国核工业总公司.1993.铀矿勘查.北京：原子能出版社

黄劭显.1995.自述//中国科学院学部联合办公室编.中国科学院院士自述（地学部）.上海：上海教育出版社

撰写者

黄祖英（1950～），山东即墨人，原冶金部质量标准司副处长高级经济师。黄劭显之女。

****

郭承基

郭承基（1917～1997），山西清徐人，矿物学家，地球化学家，中国稀有、稀土元素矿物学与地球化学的创始人之一，矿物化学学科的开拓者与践行者。生前曾先后在中国科学院地质研究所和地球化学研究所任研究员，系中国科学院院士。郭承基用毕生精力致力于稀有、稀土元素矿物学与地球化学的研究，以此为己任，他研究过山西、内蒙古、四川、新疆的花岗伟晶岩型稀有元素矿床；研究过白云鄂博式铁-铌-稀土矿床；研究过广西和江苏的花岗岩型稀有元素矿床。他用矿物化学的理论与方法以及他所创建的矿物化学实验室深入探讨过铌、钽、稀土、锆、铪、锂、铷、铯、铍等各种稀有元素矿物。他倡导与主持编撰了《内蒙矿物志》与《富钟贺矿物志》。他亲自撰写了《稀有元素矿物及其化学分析法概论》、《矿物的化学鉴定法》、《铀矿化学》、《稀有元素矿物化学》、《放射性元素矿物化学》、《稀土矿物化学》、《稀土地球化学演化》等专著十余部，他构建了稀有、稀土元素矿物化学与地球化学的学科体系，留下了宝贵的科学财富。他在主持内蒙古白云鄂博铁-铌-稀土矿床物质成分与综合利用的研究中做出了重要贡献，其研究成果获得国家自然科学奖二等奖。他的学术思想与科学论著对我国矿物学与地球化学的发展具有重要的指导作用。

一、学习与工作历程

郭承基，1917年1月21日出生于山西省清徐县，1997年2月13日于贵阳市逝世，享年80岁。

郭承基少年时期好学上进，1931年考进山西太原省立第一中学，1934年入山西太谷铭贤高级中学，1935年转入太原并州高中。1937年中学毕业后返乡自学，其间曾在太原邮局工作，任邮务佐。1939年考入北京大学地质系，1943年毕业，同年10月赴日本留学，先入京都大学理学部地质矿物学系，主攻化学，1947年转入京都大学大学院（研究生院），师从日本稀有元素矿物地质学家田久保实太郎教授，研究稀有元素矿物学与地球化学。田久保实太郎是一位用化学方法研究稀有元素矿物的专家，在他那里，郭承基看到了在国内闻所未闻，见所未见的学术领域和研究方法，他如饥似渴地学习这门新学科和新知识。郭承基的日本同学梅田甲子郎说："郭承基学习非常用功，周末我们都出外去游玩，而他常常一个人去教室做功课，或去实验室做实验，他的学习成绩在班上是最优秀的。"战后的日本，各种物质匮乏，生活特别艰苦，他一方面要解决生活必需的经济来源，另一方面又要坚持完成研究生学业和论文，面对种种困难，他顺利地闯了过来，并且提交了优秀的论文，1952年于京都大学毕业。可以说，经过这一段时间的刻苦学习，他既精通了地质学和矿物学，又精通了化学，是一位名副其实的地球化学工作者。

1949年中华人民共和国成立后，他在日本了解到祖国发生了巨大变化，并为新中国各方面蓬勃发展的大好形势深感鼓舞，祖国丰富的稀有和稀土元素矿产资源的广阔远景深深地吸引着他，为了深入开展稀有元素矿物学和地球化学的研究，为了祖国更加繁荣富强，1952年7月，他毅然携眷离开日本，经香港回到了阔别九年的祖国，开始了他的报效之旅——从事稀有元素矿物学与地球化学的研究。

郭承基回国后，先在地质部工作，承担了查找白云鄂博铁矿石含磷高的原因，以及测定何作霖先生早年定名的"白云矿"和"鄂博矿"的化学成分，这两项任务他都完成得很出色，显示了他在化学方面的深厚功底，为包钢铁矿石选冶工艺的制定提供了科学依据。随后他转入中国科学院地质研究所工作并任副研究员，他首先组建了稀有元素矿物化学分析组，并对山西和内蒙古的含稀有元素的花岗伟晶岩进行野外地质考察，找到了铌、钽、稀土、锆、铍等多种稀有元素矿物，并提出以云母类型作为指示伟晶岩演化与矿物共生规律的标志。1957年，他和司幼东一起组建了我国第一个稀有、稀土元素地球化学研究组，在当时全国"大跃进"的背景条件下，认真执行我国"十二年科学技术发展规划"，提出了"要使稀有变富有"的豪迈口号，地质研究所在原有的稀有、稀土元素地球化学研究组的基础上，组织全所的乃至全国的力量开展了全国性的稀有分散元素资源大调查，组建了东北队、两广队、湘黔队、四川队、云南队、赣南队等分赴各地进行了长达十个多月的野外地质考察，由何作霖、郭承基、司幼东等担任室内组织、指导工作（郭承基在1958年升任研究员），最后写出了数十篇科研报告、论文及《元素地球化学》专册初稿。先后两次举行全国稀有分散元素地质工作会议进行交流。1960~1963年地质研究所贯彻国家"调整、巩固、充实、提高"的方针，对原有的研究工作提升高度，进行了理论总结，由郭承基等完成的《中国铌钽稀土矿床矿物及地球化学》及司幼东等完成的《中国锂铍矿床矿物及地球化学》被国家科委分别列为第0001号及0002号科学技术研究报告出版（内部）。

1963年，国家计委为了保护资源、合理利用白云鄂博的矿石，在北京召开了"4·15会议"，分配中国科学院地质研究所承担物质组分与综合利用的研究。时任地质研究所矿物化学研究室主任的郭承基由所长侯德封提议负责担此重任，受命领导跨室组建的"白云队"，为了给包钢大规模开发和合理利用矿山资源提供科学依据，在郭承基指导下，大家夜以继日的努力工作，很快取得了许多新的成果，以简报的形式及时分送有关单位进行交流，推动工作，并在1965年包头举行的第二次"4·15会议"上郭承基向大会报告了工作成果，得到有关领导和单位的高度评价。1965年初夏，白云队提前圆满地完成了任务，提交了研究工作的

"总结报告"和"补充报告",这一成果由国家科委以0633号《科学技术研究报告》的形式,在1965年九月出版(内部),白云队被地质所评为1965年度的先进集体。

1966年春,中国科学院地球化学研究所在贵阳成立,他服从工作需要,又举家迁到贵阳,"文化大革命"期间,郭承基处境艰难,但他忍辱负重,坚持工作,随后任稀有元素矿物化学地球化学研究室主任,1979年任中国矿物岩石地球化学学会名誉理事,1980年当选为中国科学院学部委员(院士),1981年任中国稀土学会副理事长。郭承基1956年4月加入中国民主同盟,担任过民盟贵州省第五届委员会委员,历任第六、第七届全国政协委员。

经过一段时间的沉寂之后,1977年,方毅副总理十分关切白云鄂博、金川、攀枝花三大矿的合理开发和综合利用问题,对白云鄂博矿床,他提出"保护主东矿,开发西矿"的方针。1978年冶金部组织三千余人参加了西矿大会战。根据国家科委、计委和冶金部的规划,地球化学研究所承担研究矿床形成机理与成矿模式的任务,为此,在涂光炽所长及郭承基的领导下,组成了第二"世代"的白云队,由八个研究室、十余个专业、十余个分析测试实验室的近百名科技人员参加工作,历时4年,对白云鄂博铁-铌-稀土矿床进行了全面的研究和总结,于1983年底完成《白云鄂博矿床地球化学》初稿,其间,方毅副总理(时兼任中国科学院院长)于1981年3月31日到地球化学研究所视察,对以郭承基为首的白云队的工作给予充分的肯定和高度褒奖。上述研究成果获1986年中国科学院科技成果一等奖。1988年专著由科学出版社出版,与地质研究所张培善等著的白云鄂博矿物学一起,郭承基领衔的"白云鄂博铌、稀土、铁矿床的矿物学与地球化学综合研究"项目,获1989年国家自然科学奖二等奖。

在我国辽阔的国土上,有大量花岗岩和花岗伟晶岩出露。为进一步预测稀有元素的矿化和寻找稀有元素矿床,郭承基根据稀有元素的地球化学特点,在20世纪50年代中期,较早地把注意力集中到了花岗伟晶岩和花岗岩方面,他对山西和内蒙古的花岗伟晶岩进行了系统的研究,找到并鉴定了多种稀有元素矿物,根据矿物的共生组合提出了用云母类矿物作为划分伟晶岩类型及演化过程的标志,为研究花岗伟晶岩的形成条件提供了依据,并在指导找矿方面具有重要的实用价值。在对花岗岩的研究方面,郭承基也较早的注意到广西富钟贺含褐钇铌矿花岗岩的研究,指出含稀有元素矿物的花岗岩将成为新的、规模比伟晶岩大的矿床类型的可能性,这对以后不久在华南地区找到大量的含锂、铍、铌、钽、稀土的花岗岩型矿床起到了启示作用。

在我国稀有元素矿物学、地球化学领域中,他首先在20世纪50年代初提出发展矿物化学这门新学科,并率先在我国建立了第一个稀有元素矿物化学实验室,身体力行,他指导完成的、具有独创性的磷酸溶矿法以及对各种矿物溶解条件和机理的探讨,是把矿物学和分析化学有机结合起来的成功典范。当时,在研究稀有、稀土元素矿物、地球化学时遇到两个难题,一是难以分别测定15个稀土元素的含量,二是难以分析微粒、微量(样品少)的矿物。郭承基不仅提出采用化学预富集与X荧光光谱相结合的方法测定岩石和矿石中15个稀土元素的含量,他还亲自到实验室和实验室人员一起探寻用微量元素分析方法进行微量矿物的主量元素测定,直至70年代末,这个实验室完成了大量的矿物与岩石中稀有与稀土元素分析,使我所在稀有与稀土元素的矿物与地球化学的研究方面走在了国内前列。郭承基撰写的《稀有元素矿物化学》、《稀土矿物化学》、《铀矿化学》和《稀有元素矿物及化学分析法概论》为矿物化学学科的建立和发展做出了开创性的贡献。

郭承基自从在日本完成学业回国后，就极少出国了，他总是觉得国内有许多做不完的事，唯一的一次出访是在1985年9月，受日本学术振兴会的邀请，对日本进行学术访问。这一次访问是他1952年回国后时隔30多年的旧地重游。在短短的一个月时间内，先后访问了日本东京大学、筑波日本地质调查所、京都大学、京都教育大学、奈良教育大学及大阪大学，与日本的有关专家进行了广泛的学术交流。增田彰正是日本东京大学化学系的教授，日本著名的稀土元素地球化学家。郭承基访问了增田彰正主持的稀土元素地球化学实验室，并进行了学术交流，初步达成了进行合作研究的意向。郭承基访问的重点放在他曾留过学的京都大学，很多多年不见的老同学闻讯后从日本全国各地赶到京都大学与郭承基会面，场面十分感人。到来的29位老同学，当时绝大多数已是日本著名的教授或日本大型企业的高级主管。当郭承基在京都大学地质系礼堂作学术报告时，场内座无虚席，郭承基曾留学日本十年，除了精通日文外，英文功底也十分深厚，按惯例，作学术报告时可用英语或日语，但郭承基为了祖国的尊严，坚持用汉语作报告。因此，专门在系里找了个中国留学生小张做现场翻译。由于小张到日本时间不长，日语尚不熟练，加之对某些专业术语不熟悉，郭承基就不时帮助小张纠正日语用词，场上不时响起愉快的笑声和掌声。

二、主要学术成就与学术思想

（一）学术成就与贡献

郭承基用毕生经历致力于稀有、稀土元素矿物学与地球化学的研究，他为发展我国的科学事业，孜孜不倦，呕心沥血，做出了系统、卓越的贡献。

1. 回国建设第一功——解决了铬铁矿的分析问题并查明了白云鄂博铁矿石含磷高的原因

新中国成立初期，地质部在北方地区大力开展铬铁矿资源的找矿勘探工作，但在铬铁矿矿物分析中遇到的难题是亚铁的测定，组织上把这个测定任务交给了郭承基的实验组。他们查阅了大量文献，经过多次实验，终于制定了用磷酸溶解铬铁矿测定亚铁的方法并获得成功。后来，磷酸溶矿法还被大量应用于矿物分析及矿物鉴定中，因而这项实验研究成果获得了国家奖励。

内蒙古白云鄂博矿床拥有巨大的铁、铌、稀土金属储量，是包头钢铁公司的矿石基地，但是铁矿石中磷的含量很高，对提高钢铁的质量不利。1953年，郭承基受何作霖先生委托，用矿物化学方法对白云鄂博矿床中大量存在的"白云矿"和"鄂博矿"进行研究，发现"白云矿"实为铈族稀土氟碳酸盐矿物，即氟碳铈矿；"鄂博矿"则为铈族稀土磷酸盐矿物，即独居石，并测定了两种矿物的化学元素组成，物理和化学性质，为矿石成分的综合利用提供了依据，同时，也对矿石中大量磷的赋存形式进行研究，指出磷主要存在于磷灰石等矿物中，把磷灰石排除掉就可以除去大部分的磷，从而为铁矿石的去磷工作，提供了科学依据。

2. 我国稀有元素矿物与地球化学事业的开创者

新中国成立初期，我国在经济建设中面临的首当其冲是自然资源不清，这严重妨碍了经济建设的全面规划。作为国防尖端部门急需的稀有金属和稀土金属资源更是一片空白。

当时，国际地学界戈尔德斯施密特（V. M. Goldschmidt）等已创立了地球化学学科，作为地学分支的地球化学在国外发展迅速，与地质学和地球物理学有鼎足而立之势，但在国内基本上是个空白。郭承基回国后刻意宣传地球化学、稀有元素和稀土元素矿物学。他在1955年就率先在山西、内蒙古开始了稀有元素矿物资源的地质调查与研究，找到了黑稀金矿、震旦矿、铌钽铁矿、绿柱石、金绿宝石、褐帘石、独居石、磷钇矿、硅铍钇矿等多种稀有、稀土元素矿物，在国内引起了注意。后来，中国科学院地质研究所把稀有元素矿物资源的研究作为重点项目，提出了"要使稀有变富有"的豪迈口号，并发动全所有关研究室和研究人员参与或支持这一项研究任务。与有关部门一起，经过多年努力，在国内找到和研究了许多稀有元素新矿床、新矿物，使我国在这一领域跻身于世界先进行列。这个项目也一直是研究所的优势项目，经久不衰。在任务带学科的方针指引下，中国科学院地质研究所创建了我国第一个稀有元素地球化学研究室，培养了大批青年科学人才，随后又建立了第一个地球化学研究所，这些都与郭承基等打下的基础分不开的。

3. 建立稀有元素矿物化学鉴定法

在磷酸溶矿法建立以后，郭承基注意到，磷酸虽然不是强酸，但能溶解多种稀有元素矿物，他和钟志成通过多次实验，认定用磷酸溶解矿物后对多种稀有元素如 Nb、Ta、Ti、Be、REE 等以及其他常见元素都可以定性地加以鉴别，于是一套稀有元素矿物的化学鉴定系统建立了起来。这种鉴定方法所需要的设备和试剂不多，一个手提小木箱就可以装下，所以很适合在野外应用。笔者随郭承基在内蒙古研究花岗伟晶岩时，白天在山上观察、采样，晚上用磷酸溶矿法鉴定矿物，受益匪浅，深感这种鉴定方法的简单、易行和有效。

4. 国内测定矿物绝对年龄第一人

国内地质界有一件鲜为人知的事情，那就是早在20世纪的50年代，郭承基就已经测定和发表了产于内蒙古花岗伟晶岩的一个含铀矿物的绝对年龄数据（在同位素测定方法建立以后，改称同位素年龄），当时是用 U-Pb 法测定的（"绥远省产稀有元素矿物的研究"，1953；"内蒙古南部花岗伟晶岩的时代问题"，1957）。那时国人对矿物年龄的测定方法还知之不多，也没有足够的重视。同位素年龄专家陈毓蔚说，郭承基是国内第一位发表地质绝对年龄的人，只是未能应用同位素对数据进行修正而已。后来，中国科学院地质研究所建立了同位素地质研究室，经过多年努力，在1963年正式发表了第一批同位素年龄数据。

5. 根据云母的种类划分花岗伟晶岩的类型

在花岗伟晶岩分布地区，常常有成千上万条伟晶岩脉，它们的结构构造和矿物种类也不完全一样，如何对它们进行分类并找出它们的内在联系，是一个重要的科学问题。1954～1957年，郭承基先后考察了山西和内蒙古的稀有元素花岗伟晶岩，提出了按云母种类把稀有元素花岗伟晶岩划分为黑云母型、两云母型和白云母型，指出不同类型的伟晶岩有不同的稀有元素矿物组合：以黑云母为主的伟晶岩所含的稀有、稀土的矿物是褐帘石、黑稀金矿、复稀金矿、锆石等稀土的硅酸盐、铌钽酸盐矿物，而且结构分带也不完整，常缺失石英核心带；以白云母为主的伟晶岩则含有铌钽铁矿、绿柱石、金绿宝石等矿物，结构分带完整；兼含两种云母的伟晶岩中除含有上述矿物外，还出现独居石、硅铍钇矿等矿物，这对研究稀有元素伟晶岩的成矿规律、伟晶岩成因和指导找矿工作具有重要意义。

6. 编撰区域矿物志

郭承基早年在中国科学院地质研究所曾倡导编撰区域矿物志，认为这是一项很重要的基础工作。他身体力行，带领研究室人员在1959年编撰出版了《内蒙矿物志》，该书包括了在内蒙古南部地区花岗伟晶岩中所发现的褐帘石、锆石、独居石、磷钇矿、铌铁矿、铌钽铁铀矿、铌钇矿、黑稀金矿、复稀金矿、绿柱石、金绿宝石等多种过去难以见到的矿物，以讨论这些矿物的化学组成为主，对其物理性质作了必要的叙述，书中附有较多的矿物化学分析及X射线粉晶分析的基本数据。另外，概括地论述了区域地质背景、花岗伟晶岩的特征以及铌、钽、稀土、铍等稀有元素的矿化规律及找矿问题，在稀有元素矿物方面参考书很少的情况下，《内蒙矿物志》的出版受到了关注和欢迎。

7. 内蒙古白云鄂博铁-铌-稀土矿床物质成分的研究

内蒙古白云鄂博矿床是我国解放初期勘探的一个大型铁矿，后来在此基础上建立了著名的包头钢铁公司，20世纪50年代末期中苏合作地质研究队又进一步探明了稀土元素的储量。但是对包括稀土、铌在内的多种伴生金属的赋存状态还不是十分清楚，从而不仅造成了选冶工艺复杂化，而且有些金属还未能得到回收利用。为加速包钢的建设发展，1963年国家科委组织了当时的冶金部、地质部和科学院等部门联合攻关，中国科学院地质研究所把这项任务交给了郭承基，由他负责组织实施。郭承基非常渴望接受这项困难而又艰巨的任务，再者，他早就对白云鄂博丰富的稀有、稀土矿物有着浓厚的研究兴趣，他从1963年到1965年每年都带领"白云队"（当时研究所为实施这项攻关任务，从各室抽调研究人员，统一组成白云鄂博矿床物质成分研究组，后来简称"白云队"）到野外实地考察。内蒙古草原的气温比较低，虽然是春末夏初，但山上探槽里的雪还未完全融化，还会经常有风雨的袭击，所以到白云鄂博工作大家都要带着皮大衣。在野外工作开始之前，他们还特地考察访问了包头钢铁公司的各个车间，了解钢铁生产流程和遇到的技术难题，以便有针对性地开展矿床物质组分与综合利用的研究。

白云鄂博矿床有用组分复杂，矿物种类多而且有的还特别细小，要选出和鉴定它们的确是很难的，但是在郭承基矿物化学学科思想的指导下，矿物化学方法被用到了极致，有几件工作做得特别出色，至今仍令人赞赏不已。

(1) 在条带状铁矿石中分选出了铌铁矿 过去只知道白云鄂博矿床的含铌矿物是易解石，条带状铁矿石中虽然含铌，却找不到铌的矿物，由于铌铁矿的性质和赤铁矿有些类似，藏身在"千军万马"赤铁矿中的铌铁矿是很难被发现和分选出来的，后来还是化学人员采用选择溶解的方法把大量赤铁矿溶去以后，才把铌铁矿分选出来，进行定量后确定它是白云鄂博的主要含铌矿物之一，矿石中铌的赋存形式也就被进一步查明了；

(2) 在烧绿石中查出锆石 地质人员在研究主矿上盘的烧绿石矿物时发现其锆的含量特别高，开始拟定其为烧绿石的新变种，后来化学人员在溶解烧绿石时发现了不溶的残渣，经X光粉晶鉴定，确定为锆石，这样，烧绿石含锆高之谜就被解开了；

(3) 独居石与氟碳铈矿的定量测定 独居石与氟碳铈矿是白云鄂博矿床中的两种主要稀土矿物，它们的物理性质很相似，在光学显微镜下难以区分它们，后来还是采用化学物相法，做出了分别定量的结果。

以上三件工作，即使是很精通矿物学的研究人员都很难做成、做好，而用矿物学与化学相结合的方法，也就是郭承基倡导的矿物化学的学科思想与方法，却在这一重要的国家攻关项目中发挥了作用，并获得成功。

"白云队"的研究人员通过这几项工作，更加重视学习与运用矿物化学知识，并应用在后来其他项目的研究中。

8. 倡导与开拓微粒、微量矿物的化学分析

在矿物的研究中，测定矿物的化学组成是非常重要的，电子探针等观测技术尚未在国内广泛应用的时候，要做一个矿物化学成分的全分析，必须选取足够量的纯净矿物，但是在一些物质成分复杂并且矿物颗粒十分细小的矿床中，要选取一定量的单矿物去做化学全分析却非常困难，它不仅花费地质人员的许多时间，甚至有时候还无法办到。郭承基看到这一点，亲自到实验室和分析人员一道探讨微粒、微量矿物的分析方法，创造了用几十微克矿物就可以做一次矿物组分化学全分析（一般，作一次矿物全分析至少要 1 克矿物样），这样就大大地减少了选样的时间和精力，受到地质人员的关注与欢迎。例如，X 光粉晶衍射方法可以准确地鉴定微粒矿物，但对于铌铁矿和钽铁矿的区分却不十分奏效，用郭承基倡导的方法使问题得到了解决。

9. 潜心创建矿物化学学科

矿物化学是郭承基潜心研究和执着开创的一门学科，因为他精通地质，也熟悉化学，所以开创矿物化学学科是水到渠成的事。在 20 世纪 80 年代之前，各种物理测试技术尚未普遍应用的时候，矿物化学在矿物及矿床物质成分研究中发挥了重要的作用，除了在白云鄂博的工作外，在矿物化学组成的研究中也有许多脍炙人口的精彩事例：

（1）矿物学研究中，选出纯净的单矿物进行化学成分全分析是非常必要的，但在矿物很细小并且共生矿物很复杂的时候，挑选纯净的矿物往往花费很多时间，甚至还未能办到，在郭承基的指导下，分析人员采用选择溶解法与微量分析法相结合，这样既排除了混入的杂质，而且用于分析的矿物量也很少。在当时物理测试技术尚未得到广泛应用的时候，这种矿物分析法发挥了重要的作用。

（2）20 世纪 70 年代之前，分别测定矿物或岩石中 15 个稀土元素的含量是很难做到的事情，尤其是当含量较低的时候。郭承基提出的化学预富集结合 X 荧光光谱法解决了这一难题，也使中国科学院地球化学研究所在稀土元素的矿物化学与地球化学的研究中得到了许多重要的数据，研究工作走在国内的前列。

（3）郭承基是一位著作十分丰厚的研究人员，他除了忙于各项研究任务外，不断总结研究成果、研究方法，广泛收集资料，提高理论水平，撰写并出版了数百万字的系列专著，计有：《稀有元素矿物及其化学分析法概论》、《铀矿化学》、《矿物的化学鉴定法（磷酸溶矿法的应用)》、《稀有元素矿物化学》、《放射性元素矿物化学》、《稀土矿物化学》和《稀土地球化学演化》等专著十余部，丰富了学术宝库，推动了矿物化学学科的发展。

10. 在高等院校亲自授课，注重培育后备人才

1959 年，中国科学院利用各个研究所的力量，采取院校结合、所系结合、科研与教学相结合的办法，在北京建立了中国科技大学。各研究所各个学科的著名科学家都在学校兼课，旨在培养高素质的科学研究人才。郭承基开设了稀有元素矿物化学课，传授他在研究稀有元素矿物中的心得。一位学生回忆说："在我们的印象中，他总是西装笔挺，头发梳得整整齐齐，上课只拿着一些卡片，讲课有条不紊，是我们学生公认的讲课讲得好的老师之一。"可以说，郭承基于百忙中到中国科技大学授课的心血没有白费，他培育的学生有的考上了他的研究生，有的则直接被分配到了他领导的研究室，后来大多数都成了研究室的骨干力量。

(二) 思想方法与工作方法

1. 学习自然辩证法，学以致用

作为一位自然科学家，既要勤于思考，更要善于思考，正确的思维方法是从事科学研究的关键。郭承基之所以能够获得丰硕的学术成果，正是由于他一向注意把自然辩证法用到矿物学与地球化学的研究实践中。早在1960年，他根据自己学习自然辩证法的心得发表了"地球化学演化过程中继承与发展的辩证关系"一文，所阐述的观点正是他多年从事科学研究获得的认识与哲学思想的融合。他指出，自然界所有的元素和由这些元素所形成的矿物是运动的而不是静止的，是演化的而不是一成不变的。在地球发展演化过程中，矿物的转化、矿床类型的转化、矿物组合的转化，是一个由量变到质变的过程。在此基础上提出的矿物进化的观点，新颖而富有创造性。从近年来的研究看，这一观点已逐渐被地质学界和地球化学界普遍接受。可以说，继承与发展的观点以及演化的观点，始终贯穿在他所从事的各项研究中。1981年，他在为《矿物学报》创刊时与王中刚合写的"矿物演化"一文可以说是他这一主题思想的总结。

2. 积累科学问题，不断求索

郭承基有一个好习惯，那就是只要想到或遇到什么科学问题，它就会及时地写在一张卡片上并压在办公桌面上的一块玻璃板下面，然后不断地求索，寻求问题的答案或制定解决问题的研究方法。有时候他也会把问题向他的助手或研究生们提出来，和他们讨论或让他们去研究。这些问题有的是在工作中遇到的、有的是在交谈中产生的、有的是在上下班途中想到的。诸如矿物演化问题、云母的矿物化学问题、特殊稀土问题、类质同象有限性问题等，在不断的探索与思考下，有的成为他的学术思想，有的促成了一篇文章，甚至一本书。

3. 专心致志做研究，不拘泥于传统观点

他在早年就下定决心献身于科学事业，只要给他实验室，只要让他搞研究，其它一切都可以妥协甚至放弃。也就是因为如此，郭承基多年来都是深居简出，几乎不与其他人过密交往，不参加聚会，除了书法以外没有其它爱好，不发表与他的研究课题无关的意见，不谈论与工作无关的话题。每天除了做实验、搞研究，晚上还要写书论著。从1952年回国到1966年"文化大革命"之前的14年中，他的科研成果累累，在他从事的科研领域里做出了重大贡献，正因为如此，"文化大革命"结束不久，郭承基就被推选为中国科学院学部委员（院士），从这一点来说，郭承基是感到欣慰的，因为他为了自己终身热爱的科研事业，战胜了无数生活和精神上的困境。

郭承基经常告诉他的学生，科学研究不能拘泥于传统观点，要有预见性，要有新观点和新见解，这是他一贯的创新思路，对学生如此要求，他自己更是身体力行。1959年，当中苏合作地质队结束在白云鄂博的工作不久，他根据自己对白云鄂博矿石的研究，依据铈族稀土和钇族稀土比值及钍铀比值，提出白云鄂博矿床中稀土元素来源于地球深部，这个观点在当时还是相当新颖的。他与钟志成发现磷酸溶矿法对鉴定稀有元素矿物卓有成效，通过野外工作实践，便及时总结，将成果发表。他还教育他的研究团队，搞科研要热爱自己的专业，要刻苦钻研，达到废寝忘食的境界。他在生活上很简朴，没有什么特殊要求，但对自己的研究课题总是锲而不舍。他在晚年为了解决稀有、稀土元素的成矿机制问题，

提出了阴阳离子平衡和氧离子对成矿富集的重要作用，尽管对这个问题在学术上有不同看法，但是郭承基勇于探索新的研究方向的精神，是后辈们应该学习的。

三、郭承基主要论著

（一）主要专著

郭承基．1954．稀有元素矿物及其化学分析法概论．北京：科学出版社
郭承基．1956．铀矿化学．北京：科学出版社：139
郭承基，钟志成．1957．矿物的化学鉴定法（磷酸溶矿法的应用）．北京：地质出版社：142
郭承基．1958．稀有元素矿物化学．北京：科学出版社：263
郭承基．1959．放射性元素矿物化学．北京：科学出版社：304
郭承基．1963．稀土矿物化学．北京：中国工业出版社：270
郭承基．1965．稀有元素矿物化学（增订本）．北京：科学出版社：700

（二）主要论文

郭承基．1953．绥远省产稀有元素矿物的研究．地质学报，33（2）：134～143
郭承基，张静，李明威．1957．内蒙南部花岗伟晶岩的时代问题．科学通报，(12)：377～378
郭承基．1958．内蒙花岗伟晶岩的类型及其成因．科学通报，(3)：93～95
郭承基．1959．稀有元素地球化学研究工作的展望．地质科学，(10)：299
郭承基．1959．褐钇铌矿及其在矿物学和工业上的意义．科学通报，(8)：259～262
郭承基．1963．与花岗岩有关的稀土元素地球化学演化的继承发展关系．地质科学，(3)：109～127
郭承基，王中刚．1981．矿物演化．矿物学报，(1)：1～9

撰写者

王中刚（1934～），上海崇明人，中国科学院地球化学研究所研究员，博士生导师。主要从事矿物学与地球化学的研究。

❋❋❋❋❋❋❋❋❋❋❋❋❋❋❋❋❋❋❋❋❋❋❋❋

池际尚

池际尚（1917～1994），湖北安陆人。岩石学家，地质学家，中国岩石学的主要奠基人之一，中国岩石学国家重点学科点的创建人。1980年当选为中国科学院学部委员（院士）。1941年毕业于西南联合大学地质地理气象学系，1949年获美国布伦茂大学博士学位。1950年回国，仼清华大学地学系副教授，1952年院系调整后到北京地质学院任教授，先后担任专修科主任、系副主任，武汉地质学院地质系主任、副院长，中国地质大学（北京）教授。曾任中国矿物岩石地球化学学会副理事长，地质矿产部学位委员会副主任，国际地质对比计划（IGCP）执行局委员，国务院学位委员会地质、石油、矿业、煤炭学科评议组组长。她始终站在岩石学的学科前沿，在构造岩石学和花岗岩研究等方面取得了开拓性成果。她领导开展金伯利岩研究，提出我国金伯利岩的分类、命名原则和方案，总结了金伯利岩的岩石学特征，并在深部地质和地幔研究领域取得了突破性成果。她主编和撰写《岩浆岩石学》、《费德洛夫法》和《构造岩组学》等教材，创建了岩浆岩石学的教学体系。她主持完成的"中国东部新生代火山作用、深源包体及其成矿作用和矿源的关

系"研究成果，1989年获地质矿产部科技成果一等奖；《华北地台金伯利岩及古生代岩石圈地幔特征》和《中国原生金刚石成矿地质条件研究》，1996年获地质矿产部科技成果二等奖。

一、学术经历

池际尚，1917年6月25日生于湖北省安陆县，1994年1月1日于北京逝世，享年77岁。

池际尚4岁时随父母到了北平。7岁时上了北京师范大学第二附属小学。由于勤奋好学，她各门功课成绩都名列前茅。1930年池际尚考入北师大附中。她酷爱英语，常到北京图书馆借托尔斯泰、屠格涅夫等作家的英文小说阅读。她爱好体育，是学校排球队主力队员。1936年高中毕业后，她以优异成绩考取清华大学物理系。1937年7月7日抗日战争全面爆发，她随清华大学师生转移到湖南。为响应进步学生会的号召，她报名参加了做抗日救亡工作的战地服务团，和熊向晖等被派到国民党第一军胡宗南的部队工作。1938年经郭见恩（清华大学女同学）介绍加入中国共产党。她救护伤员，在街头演过宣传抗日救亡的活报剧。后来，战地服务团从武汉转往陕西凤翔，她被分配到西北干部训练团做政治指导员。在一次事件中，她的身份暴露，于是被迫来到昆明上学。池际尚原在清华大学上物理系，到了西南联合大学后改学地质。到了三年级，因父亲失业，母亲和哥哥、姐姐先后去世，家里不能再寄给她生活费用。但她没有半途而废，在同学的接济、老师的帮助下，她更加用功学习。她完成的毕业论文，获得了中国地质学会设立的第一届"马以思女士纪念奖金"。1941年毕业后留校任教。

1946年，经地学系主任袁复礼教授推荐，她获得了美国宾夕法尼亚布伦茂大学研究生奖学金。新婚仅20多天，她就和丈夫李璞离别，只身赴美深造。1949年，她以出色的研究成果通过了博士论文答辩。授予学位那一天，当校长念到池际尚的名字时说道："我们学校为有池际尚这样的优秀毕业生感到骄傲！"校长这么说是因为池际尚的博士论文讨论了当时国际地质界正在热烈争论的"花岗岩化"问题，她不仅阐明了它的成因机理，纠正了构造岩石学权威所提出的观点，还提出了变形-组构的统一模型。论文发表后，受到美国著名岩石学家特涅尔的好评，她也被推荐到伯克利加州大学地质系当了特涅尔的科研助理，不到一年时间就合作发表了几篇具有开拓性研究成果的论文。当新中国成立的消息传到美国之后，她立即给袁复礼教授写信，希望回国工作，很快就收到了"祖国很需要人"的回信。特涅尔教授十分赏识她的才华，以自己是新西兰人为例说"科学是没有国界的"，劝说她留居美国，还要同她签订7年合同，给她增加工资。但她想：外国条件再好总是当客人，祖国解放了，我要赶快回去为她服务。1950年8月，她踏上归国的旅途。

回国后，池际尚被聘任为清华大学地学系副教授。她和一同归国的涂光炽博士的到来，使地学系增加了生气和活力。她把在国外研究获得的最新成果引入教学内容，编写了内容丰富、新颖的费德洛夫法讲义，引进了岩组学分析方法。在岩石学教学中以相律、相图等新的岩石物理化学理论体系革新了教学内容，使青年教师和学生们既掌握了岩石学的基本知识，又了解了当时学科的动向。当时没有现成的教材，她便自编自刻蜡板油印教材。新颖的教学内容和教师精心育人的精神为学生们打下了很好的基础。当时听过她讲课的学生至今仍留有难忘的印象。

1952年院系调整，池际尚来到北京地质学院任教授，担任北京地质学院筹委会委员及办公室主任，负责组织和筹建工作，领导和培养了一大批国家急需的人才，同时担任地质矿产勘查专修科主任，在地质勘探的第一线发挥了重要作用。建国初期，为了改变我国贫油的面貌，学校急需设立与找寻石油有关的课程，池际尚毅然改变了专业方向，担任起石油教研室主任，在国内首先设立了一门新型的沉积岩岩石学课，还应西北找油的需要指导讲师何镜宇开设了含盐量分析等有实用价值的实验课。1954年12月她任可燃性矿产地质及勘探系副主任，协助系主任王鸿祯教授培养了大批石油及煤田地质勘探人才。1957年9月她任地质测量及找矿系副主任，协助系主任杨遵仪教授主持教学科研工作，特别是在培养师资方面倾注了大量心血。多年来，她先后讲授过沉积岩岩石学、变质岩岩石学、晶体光学及造岩矿物、岩浆岩岩石学、构造岩组学、费德洛夫法等课程，编写过《岩石学》、《沉积岩岩石学》等多种教材。1959年她参考国外的先进理论和方法，结合我国大量实际资料，主编了我国第一本《岩浆岩岩石学》高等学校统编教材（内部发行），后于1962年又编著了《费德洛夫法简明教程》。

1956年和1957年，她参加中苏联合组成的祁连山综合地质考察队，先后两次横跨祁连山，进行地质构造及矿产调查。祁连山地区工作条件十分艰苦，早晨9时出发，要到晚上10时才能回到帐篷。她放手让研究生独立工作，让刘宝珺兼做地形和地质测量。在她的亲自参与和精心指导下，刘宝珺独立完成了一幅地形-构造岩相图。他们还对一个闪长岩侵入体的构造作了详细的测量和研究，汇编成闪长岩流动构造立体图，被高校用作岩石学教材多年。1958年，北京地质学院200多名师生参加了山东中、西部1∶20万区域地质测量和普查找矿工作，池际尚任大队长兼总技术负责人。该队在4年之内提交的14幅地质图（面积89600 km²）及图幅报告，均正式出版，为山东沂沭断裂以西的找矿勘探工作打下了基础。特别是该队在我国东部首次认识到沂沭大断裂带的存在，对指导找矿和构造理论方面都有重要的意义。

20世纪60年代初，她领导专题科研组，对京郊八达岭一带的燕山花岗岩进行研究，1962年发表了论文《燕山西段南口花岗岩（主要涉及岩浆分异作用、同化作用和成矿专属性）》，首次深入、详细地研究和划分了一个大型岩浆杂岩体的不同期次；探讨了南口花岗岩的地球化学特征和成矿专属性，并首次深入探讨了该区花岗岩类的分异作用和同化混染作用成因。这篇论文在研究思路、研究方法和理论方面，都为当时国内岩石学界树立了一个范例，在国际上也处于先进水平。

我国经济建设急需金刚石资源，1965年地质部组织地质科学院、北京地质学院、山东809队组成山东613科研队，由池际尚任技术负责人。通过一年多的艰苦努力，完成了我国第一批山东含矿金伯利岩的研究成果，1978年在全国科学大会上获集体奖。

20世纪60年代末，她在河北宽城地区首次发现了我国华北偏碱性超镁铁岩中的岩浆岩型磷灰石矿床。这一发现，为在北方寻找同类型矿床，为扭转我国南磷北调的局面开辟了新的前景。"文化大革命"中她身陷逆境，仍然到河北、江西、辽宁、河南和湖北等省的地质队举办培训班，帮助建立实验室，在极困难的条件下继续为找寻金刚石资源做出了贡献。

1975年武汉地质学院成立，池际尚先后担任地质系副主任、主任和武汉地质学院副院长。她主持了与湖北省地矿局合办的"七二一大学"，组织教师自编教材，认真授课，为地质队培养了100多名地质及地球化学专业的大专生。后来学校在迁校过程中办学，她全面主持工作，在人员不稳定、设备和教材十分缺乏的条件下，引导全院的教学工作逐步走上正轨，重新培养了一批批大学毕业生。党的十一届三中全会之后，科学的春天来到了，她主持申请世界银行贷款，筹建了具有现代化设备和高水平的测试中心。她为建设师资队伍费尽心血，主持选派一批批教师出国进修。同时她还一直担任岩组学的教学任务，编著出版了《构造岩组学》和《费德洛夫法》等教材和专著。几十年来，池际尚从事的研究课题包含了岩石学的各个领域和地质学的许多学科，她的野外工作足迹踏遍了包括西藏在内的20多个省区。她对发展中外科学家的友谊和合作，也做了大量积极、卓有成效的工作。她是联合国教科文组织和国际地科联所属的国际地质对比计划（IGCP）执行局委员（1979～1982），曾赴华盛顿、巴黎参加国际会议。她多次接待访华的外国学者，与美国、苏联、澳大利亚的著名岩石学家 P. J. Wyllie 教授、L. S. E. Carmichael 教授、西尼村教授、D. H. Green 教授、В. И. 列别金斯基教授等都有友好往来和学术交往。

二、主要学术成就与学术思想

（一）学术成就

1950年池际尚归国后，始终站在教学科研第一线。她的研究选题，一直处于当时的学科前沿，与地质科学的整体发展步伐相吻合，并总是急国家之所急，与矿产资源紧密结合，取得了突出成就。

1. 在构造岩石学、变质岩石学与流变学方面的成就及贡献

池际尚在这一领域的贡献集中体现在她在美国发表的4篇论文和1977年发表的《构造岩岩组分析入门》一文中。构造岩石学（Structural Petrology）是构造地质学（Structural Geology）与岩石学（Petrology）之间的一门交叉边缘学科，岩组分析（Petrofabric Analysis）可看作构造岩石学的同义语。20世纪30~40年代，这一领域的学术代表在西方主要是 B. Sander 和 E. Cloos，在苏联有 А. А. Полканов 和 Е. А. Елисеев。池际尚发表的《Wissahickon 片岩与花岗岩化作用的构造岩石学》一文的最主要贡献有：①改正了 E. Cloos 等人对 S_2 定义为流劈理或轴面劈理的传统观点，论证了 S_2 是沿着拖曳褶曲的皱纹细褶（crenulation）的一翼滑动和重结晶的结果；②提供了一个范例，通过岩组分析，把变质作用、花岗岩化作用与区域构造形成演化史有机地结合起来；③基于质量平衡原理对片岩的花岗岩化作用建立了两个精细的化学反应式；④详细地划分了变形结构面 S_1、S_2、S_3、S_4 及其形成演化史，绘制了一张表现组构要素的构造图。这一论文是池际尚博士论文的核心部分，它不仅是那个时代的开创性研究成果，而且从现代构造地质学来看，亦具有很高水平。构造岩石学的研究虽然在20世纪50年代已达到相当高的水平，但遗憾的是，它仅限于岩石学家来研究，构造地质学家还未给予足够的重视，其主要精力还仅用于研究宏观的变形构造。直至20世纪70年代构造地质学家才重视变形结构面 S_1、S_2、S_3、S_4 等的识别及其形成演化史的研究，称为构造序列分析，它已成为现代构造分析方法中的一个重要部分。像池际尚这样的表现组构要素的构造图在现代构造地质学研究成果中亦是不多见的，至今这种构造填图仍有重要的示范作用。

另外 3 篇关于大理岩变形实验的论文，是她博士后期间研究成果的一部分。岩石变形实验完全是一项开拓性的前沿研究。现代地球科学研究的前沿之一是岩石圈研究，它已从主要针对地表的研究走向深部的研究，岩石的流变学（Rheology）已成为研究岩石圈的一个重要方向，岩石变形实验已成为当前研究岩石圈流变学的最重要支柱之一。池际尚根据上述思想于 1977 年发表了《构造岩岩组分析入门》论文，专门培养了这一方向的硕士生、博士生、博士后，专门编写了详细的讲义，并亲自给研究生和教师、研究人员讲课，为我国构造岩石学与流变学的发展做出了贡献。

2. 在新中国成立初期创建岩石学教学与研究体系的贡献

1950 年起池际尚在清华大学讲授费德洛夫法和岩石学，在岩石学课中介绍了许多成因岩石学的新资料，如岩浆物化体系与结构解释、花岗岩化作用等。1952 年在北京地质学院亲自讲授岩石学，并自编讲义。

1961 年青岛地质教育工作会议之后，她亲自抓构造地质、岩矿和古生物地层 3 个理科教学计划的修订，成为地质系本科教育的蓝本。

池际尚领导教师创建岩石学教学与研究系统，她总是走在第一线，在完成一件工作后就去创建另一项工作，把机会留给年轻人。例如，她对晶体光学与岩浆岩岩石学均进行过示范教学，至今我国这方面的教材仍沿用池际尚当时的授课框架；她是周口店地质教学实习第一任队长，至今周口店一直是中国地质大学（北京）一个重要的实习基地，侵入岩体的工作方法、岩浆分异与同化作用的野外识别、接触变质分带研究等都是她在这里教授给年轻教员的。费德洛夫旋转台在当时是十分先进的测试仪器，它对于提高矿物鉴定的精确度、了解固溶体矿物系列化学成分、矿物成分和光性特征之间的关系，有极大的实用意义和理论意义。可是当时许多教员都不会操作。池际尚就亲自写讲义、授课并带实习课，为教师进行培训。这一新技术在后来的科学研究和岩组分析工作中一直起着重要的作用。

池际尚主编的《岩浆岩岩石学》（1959）教材，前言与第一章绪论对了解新中国成立初期岩石学工作具有重要意义，其中有关岩石学发展史部分特别值得反复研读。她谈了 3 个问题：①历史上，偏光显微镜的出现是岩石学发展史中一个大转折点，具有重大意义，但是几十年内，相当多的岩石学家过于偏爱显微镜，以致出现了脱离地质的纯显微镜描述的倾向，把岩石学引向了歧路，其中以 H. 罗森布施为代表，后来得到了"碎片岩石学家"的讽刺称号。池际尚特别写出这一点，在当时是要告诫年轻的地质工作者，不要只有岩石概念，而忽视岩体的概念，不去从地质体观点出发研究岩浆岩体和构成岩体的岩石，这一告诫至今仍具有现实意义。如今相当一部分年轻地质工作者已出现了类似"碎片岩石学"的只注重室内工作、忽视野外工作的偏向，这正是许多老年地质工作者所担忧的。②强调岩石学工作要结合中国实际，为寻找矿产资源做出贡献。这对我们今天的岩石学工作者仍是十分重要的。③池际尚指出了今后岩浆岩岩石学发展的几个方向，即地质研究方向、化学研究方向、矿物研究方向、物理化学和实验方向，以及工艺岩石学方向，并指出前 3 个方向仍处在积累资料阶段，尚需向区域岩石学方向发展，以进行更高阶段的理论综合。我国物理化学和实验方向的工作尚待开展，这一工作必须提到日程上来。池际尚对岩石学发展的展望，显示出她高瞻远瞩的学术思想，以及她对岩石学前沿的深刻见解。池际尚的一生正是按照她所主张的"重视地质体"、"重视矿产资源"、"重视前沿研究"，言传身教地领导着大家从事岩石学的教学与研究工作，并由此创建了岩石学国家重点学科点。

3. 在花岗岩研究方面的成就及贡献

20世纪60年代初池际尚领导专题科研队，开展对京郊八达岭一带燕山期花岗岩的研究。池际尚带领大家在野外从如何识别和圈出单个侵入体开始，进行岩浆侵入期次的划分。明确提出"旋回、阶、期、次、岩体"五级划分的方案，进而建立了侵入岩标准序列。证明了"岩基"不是一个均一的地质体，而是一个由按一定规律依次侵入形成的"杂岩体"。在地质图上应从一片红色改变为多种颜色的小区镶嵌在一起的具有时代、构造含义的构图。1962年在中国地质学会第32届年会上，池际尚宣读了《燕山西段南口花岗岩（主要涉及岩浆分异作用、同化作用和成矿专属性）》论文，提出了两个重要的概念，即同源岩浆系列与深部和就地岩浆的分异、同化作用，从理论高度解释了本区侵入岩多样性的原因，并讨论了花岗岩的成矿专属性。论文得到高度评价，并受地质学会推荐，代表中国参加苏联全苏岩石学会议，受到苏联地质界的高度评价。这一开创性的研究，不仅为当时国内花岗岩地区的填图与研究工作树立了范例，而且其学术思想在当时亦具国际领先水平。

4. 在金伯利岩、钾镁煌斑岩与金刚石研究方面的成就及贡献

我国于1962年开始寻找原生金刚石矿，1965年我国地质工作者继贵州之后又在山东蒙阴找到了原生金刚石矿。为了指导全国金刚石找矿工作，当时地质部宋应副部长亲自委任池际尚去山东蒙阴组织并主持613科研队，开展多学科交叉研究，总结找矿标志与规律，同时举办培训班指导二十几个省（区）寻找金刚石。池际尚提出了"对比思想"，专门成立研究组进行国内外金伯利岩与金刚石对比工作；总结了金刚石伴生矿物的组合和特征，作为最重要的找矿标志；总结了控制金伯利岩与金刚石分布的地质构造特征；提出了我国金伯利岩的分类命名、填图单位及岩石特征（该分类命名方案一直沿用至今），同时还提出了识别金伯利岩含金刚石性的T·A公式（T·A=$TiO_2+Al_2O_3+K_2O+Na_2O+P_2O_5$）。当T·A=4~6.5时为富矿；T·A=6.5~9.5时为较富的贫矿；T·A>9.5时基本无矿）。指出含矿金伯利岩的产状，除岩筒外，呈脉状产出的也可能含有高品位的金刚石，拓宽了找金刚石的远景范围。

20世纪70年代中期，国家开展第二轮金刚石找矿工作，基于高温高压实验新成果与岩石物理化学的基本原理，池际尚又从金伯利岩岩浆不同的温压上升机制对保存金刚石与金刚石石墨化的制约，提出研究深部岩石圈的新思路以指导找矿。这是当今地球科学的前沿之一，亦是金刚石及其母岩成因的关键科学问题。池际尚学术思想的先进性以及对前沿研究的敏感性又一次放射出光芒。她提出的地幔及其与寻找金刚石的关系，在当时我国广大地质工作者中还鲜为人知。她在全国许多省区进行金伯利岩与金刚石找矿工作的现场进行考察指导，并利用多种会议讲述和宣传她的思想，为第二轮寻找金刚石的工作提供了理论指导。

20世纪80年代中期，在澳大利亚发现了第二类含金刚石的母岩——钾镁煌斑岩。尽管此时她已近70高龄，但仍努力探索，在全国有关生产、科研、教学单位讲解这种新的金刚石母岩，结合中国实际指导寻找钾镁煌斑岩的工作。20世纪80年代后期先后在我国的湖北、山西、湖南发现了钾镁煌斑岩，为寻找金刚石开辟了新远景。她直接领导下的科研集体完成了一系列重要成果，这些成果对新一轮全国寻找金刚石工作具有指导意义。其

中，关于华北和全国金刚石的专著《华北地台金伯利岩及古生代岩石圈地幔特征》和《中国原生金刚石成矿地质条件研究》分别于1996年正式出版，并获地质矿产部科技成果二等奖。

5. 关于岩浆岩型磷矿的研究

池际尚心中一直惦念着我国北方缺乏磷矿资源的问题。1958年在她领导山东1∶20万区域地质测量工作时，为了查明山东磷矿的分布情况，她专门请来化学专家指导师生如何配制和使用钼酸铵化学试剂以确定岩石中磷的含量，并要求每条路线地质测量时必须进行岩石含磷量的测定，从而查明了区域含磷分布特征。"文化大革命"后期处在逆境中的她随教改小分队去河北宽城劳动时，发现辉石岩中含有可达工业品位且容易分选的磷灰石。由于磷灰石结晶粗大，地质队曾误认为是斜长石。她发现这一情况后，非常喜悦。随后她向地质部建议开展北方岩浆岩型磷矿的找矿工作，以解北方缺磷之急。池际尚的这个建议具有深远的战略意义。地质部领导听取了她的建议，经过多年来的努力，已在北方岩浆岩型磷矿找矿方面取得了较大进展，已有一批中小型磷矿投入开采，对缓解北方缺磷起了良好作用。80年代池际尚曾领导一个关于北方岩浆岩型磷矿的国家自然科学基金项目，带领一批研究生进行工作，完成了一批高水平的博士、硕士学位论文。临终前她已开始组织班子编写专著，系统总结北方岩浆岩型磷矿。可惜的是，她的这些研究生先后出国，或调离学校，在她病故后中断了该项工作。

6. 关于火成岩构造组合与壳幔深部过程的研究

70年代后期，板块构造理论日趋成熟，在地学领域产生了许多新思路和新学科生长点。国际地学界在完成了上地幔研究计划与地球动力学计划之后，80年代又转入探讨大陆岩石圈。我国在这方面落后了约20年。面对这种严峻形势，池际尚组织和领导科研集体，在结合国家经济建设需要的同时，瞄准上述学科领域的前沿，先后开展了许多大型课题研究，她主持完成的"中国东部新生代火山作用、深源包体及其成矿作用和矿源的关系"研究成果，获得1989年地质矿产部科技成果一等奖。她要求大家的研究成果和测试数据要经得起检查，要求必须深入学科前沿去探索，要求每一项科研成果或论文有新的认识。她以宽阔的胸怀，鼓励和支持她的助手和学生超越自己擅长的学科方向去开拓新领域，为他们创造脱颖而出的条件。池际尚一生坚持前沿研究与找矿事业结合，招收的研究生的专业方向一直是"岩浆岩与成矿"。《池际尚论文选集》中收入的《岩浆作用与岩浆岩概念》一文，是池际尚当时对我国在岩浆岩研究方面的最新总结与展望。

（二）精心育人　为人师表

池际尚在教学科研工作中重视理论联系实际，这是她教育思想的核心。早在20世纪40年代留美期间，她已经接触了不少有关花岗岩化的问题和新理论，回国后即应用于教学科研中。1958年在山东领导进行区域地质测量及找矿时，她没有引导师生去讨论花岗岩化的学说，而是引导大家去观察古老岩系中的诸多现象，由他们自己得出花岗岩化的结论，摸索和总结出自己的研究方法。池际尚主张将学校自组生产队的岩石鉴定工作安排在岩石实验课中，改变了过去只让学生看现成教学薄片而脱离实际的教学方法，大大提高了师生的实际工作能力。她还主张岩石实验课不必面面俱到，着重培养观察能力、鉴定方法。科学研究要为生产建设服务是池际尚的重要学术思想。因此她不仅在岩石学理论方面有很深的造诣，而且在区域地质调查、找寻国家急需的含矿金伯利岩、磷灰石矿床等方面做出了重要贡献。求实与创新相结合是池际尚的治学态度，但是，她一贯坚持任何新观点、新结论都必须有可靠的证据，因此在野外工作中十分重视收集第一手资料，在研究工作中总是不轻易做出结论，提倡多看，多积累事实。她常对大家说，研究生、科研助手只完成了导师布置的任务，那仅仅达到二流水平，要在质量和数量上超额，要有新的发现，要有所创造，那才算第一流水平。

她对学生的工作要求十分严格。她检查学生的野外工作时，对每个重要的观测点都要亲自核实，重要的接触界线要重新追索，有些地方山高且陡并需多次翻越，她都从不放弃，直到证据确凿为止。她重视科研工作中的实践性环节及实验室工作，她要求年轻教师和学生认真对待每一个测试检验。20世纪60年代岩石学研究中测试矿物固溶体成分的方法主要依靠费氏台和油浸法。费氏台测定矿物光性方位的难度大，也很麻烦，为了提高质量，她花费很多时间教会学生如何准确地摆正消光位，但对误差三角形的要求一点也不降低。她说，不要嫌麻烦，也不要怕费时间，数据准确心里才踏实，才能保证成果的科学性，即使观点不同或有改变，但提供出可靠的实践资料也是对学科的贡献。70年代末实验室条件有所改善，她要求研究生在条件允许的情况下，亲自动手进行样品测试（包括主要元素和微量元素分析、X光分析等），逐步改变由实验室分析出结果的现状。她亲自与高能物理研究所联系，让研究生自己作稀土元素的中子活化分析。在她的倡导下，岩石教研室的研究生在动手能力方面有了很大的提高。她的研究生到国外攻读博士学位，在进行各种测试时能很快地独立工作，与这段时期打下的基础有很大的关系。

60年代初我国刚刚建立第一个同位素地质年代学实验室，1962年池际尚打算和他们进行岩石学与同位素地质学跨学科的合作研究，以检验对八达岭—南口花岗岩在野外确定的侵入顺序和期次划分是否正确。南口花岗岩的5次侵入均为燕山期，进行年龄间隔如此小的同位素年代学研究在当时不仅在国内无人进行，在国外也属先进思路。在赤日炎炎的夏日，她与科研助手完成了前4期花岗岩的取样，这几期的取样点距公路较近，困难不大。难度最大的是第5期白查钠闪石碱性花岗岩，因花岗岩含云母少，所需要的样品量大，岩体离公路远，山也较高，只有小路相通。当时建议找一位年轻人和她的助手一同去，但她不同意，她说，这是第一次进行这类的研究，取样是关键，这一步做不好，可能会导致全盘失败。实际上岩体在小路边就有出露，但为了找到更新鲜的标本，她们穿越了整个岩体，最后选定在岩体中心最高处取样。她们两人分别背了满满的一大背包和一小背包标本，一大早离开白查村步行前往居庸关火车站。经过单矿物分离挑选，年龄测定的结果令人十分满意，这5期侵入的K-Ar同位素年龄依次排列，与野外观察完全吻合。文章在苏联全苏岩石学会议上发表后引起国际同行的关注与兴趣，也为我国侵入杂岩体的研究开辟了新思路。

她要求在工作上不能有半点马虎和虚假，但又真诚地关心着他人。谁家有困难，她便主动借钱给这些同志，也从不要求他们偿还，而自己的生活却很俭朴，一套出国穿的西服用了10多年。对一些1957年被错划为右派的教师，她尽力顶住各方面的压力，坚持让他们留校上课，从而挽救了他们的科学生命，这在当时是很不容易的。她对周围的同志都一律平等对待，包括在"文化大革命"期间对她做出过激行为的人，她也不计前嫌，热情地为他们解决困难。她对学生更是无微不至地关心，80年代她和一位女研究生一同出野外，研究生去大队收集资料，到了晚上还未返回，她不放心，怕遇到坏人，就在路上等，研究生回来时见到年逾花甲的老师在等着她，感动得热泪盈眶。

她十分注意对年轻人在品德方面的要求，对于一些只考虑自己、对工作不负责任的行为，她都进行严肃的批评。她希望科研集体团结一致，同舟共济，为学科的发展开拓创新，勇攀高峰。在她的领导下，岩石教研室的教师们遵循这一原则努力工作、积极进取，为祖国的科学事业培养了大批德才兼备的优秀人才。

她很有远见地看到助手们的潜在能力，提前为他们创造脱颖而出的条件。她让年轻教师独立主持科研课题，推荐他们到重要的学术会议上报告由她主持的集体研究成果，推荐他们的论文在知名度较高的学术刊物上发表，在对外学术交往中将优秀的骨干教师介绍给国际上有影响的学者。尤其可贵的是，她能以宽阔的胸怀，鼓励和支持助手超越自己擅长的学科范畴，开拓新的领域。她不拘一格培育人才，对思想活跃、钻研精神强的年轻人，具体帮助他们提高业务和克服困难，使他们迅速成长。她认为："老一辈地质学家的力量是有限的，要把主要精力放在发现和培养人才上，要使每个层次都后继有人。"培养人才，身教重于言教。池际尚一贯重视野外地质调查，1986年她已到了古稀之年，还坚持到野外检查研究生的工作，她仔细核对学生的每个测试数据，一丝不苟，严格把关。她对研究生说："我们的测试数据要经得起任何人的检查，我们的研究成果，至少要经得起20年的考验。"她全心全意献身于地质教育事业的精神影响着几代人。他们不但在品德和作风上受到她的影响，而且在生活上得到过她的具体帮助。因此，她的许多学生不仅业务水平较高，而且有很好的学术道德和作风。

池际尚在教学科研中重视出成果，更重视出人才，通过言传身教，使她的学生和助手受益匪浅。50年代初作为她的研究生和助手的刘宝珺，1991年当选为中国科学院学部委员（院士）后，给母校来稿说道："池老师对我的教育关心是全面的，她是我的楷模，对于我的成长有深刻的影响。我从她那里学到了如何做一个合格的地质学家，如何对待自己的工作，为祖国做出更大的贡献。"现在，池际尚曾工作过的岩石教研室已经培养出了3个层次的接班人队伍，他们不仅继承和发扬了她开创的业务方向，还继承了她治学严谨、勇于探索、重视实践、不图虚名的优秀品格和学风。

1980年池际尚当选为中国科学院学部委员（院士），同年被聘任为国务院学位委员会和国家自然科学基金委员会的学科评议组成员，担任地质矿产部学位委员会副主任。她曾被选为北京市第三届人民代表和湖北省第五届人民代表，出席了第五次全国妇女代表大会。她是中国民主同盟中央常务委员，第六届全国政协委员，第七届全国政协常务委员。曾获得全国三八红旗手、地质矿产部劳动模范和优秀共产党员等称号。

1991年3月初，池际尚教授因患肺癌住进了医院。全国各地她培养过的学生们闻讯后心情十分沉重，有的从外地赶来要集资为她拍摄电视片，记录她无私奉献的一生；有的要拿出钱来为老师买好药、买补品，衷心希望她早日恢复健康；学校里与她共事多年的几代学生自发组织起来，每天为她做点可口的饭菜，送到病床前一口一口地喂她，连续数月，从不间断。她几十年如一日，只知道关心别人，不知道关心自己；只知道为学校、为国家多做工作，无暇顾及家庭和孩子。1994年1月1日早晨8时55分，池际尚教授终因医治无效，走完了她光辉的人生旅程。1994年3月4日，中共中央统战部、中国科协、全国妇联和地质矿产部联合召开了由首都各界人士一千多人参加的池际尚院士事迹报告会。1994年3月31日，中央统战部、中国科协、全国妇联和地质矿产部共同发出通知，号召全国科技界、教育界、妇女界、地矿界和各行各业的知识分子开展向池际尚学习的活动。学习她一贯热爱祖国、矢志报国的爱国主义精神，鞠躬尽瘁、全心全意为人民服务的优良品质，热爱科学、顽强拼搏、勇攀地质科学高峰的献身精神，严谨求实、精心育人的治学思想，淡泊名利、助人为乐、甘为人梯的高尚情操。

三、池际尚主要论著

Chih C S. 1950. Structural petrology of the Wissahickon schist near Philadelphia, Pennsylvania, with special reference to granitization. Geol Soc Am Bull, 61：923~956

Turner F J, Chih C S. 1950. Note on survival of fabric characters in Yule marble after heating to 700℃. Am J Sci, 248（5）：347~354

Turner F J, Griggs D T, Chih C S. 1950. Fabric of Yule marble deformed experimentally at ordinary temperatures in absence of water. Geol Soc Am Bull, 61：1512

Turner F J, Chih C S. 1951. Deformation of Yule marble, Part III. Geol Soc Am Bull, 62（8）：887~905

池际尚. 1962. 费德洛夫法简明教程. 北京：中国工业出版社

池际尚, 苏良赫主编. 1962. 岩浆岩岩石学. 北京：中国工业出版社

池际尚, 李兆乃, 李文祥等. 1962. 燕山西段南口花岗岩（主要涉及岩浆分异作用、同化作用和成矿专属性）//中国地质学会第二十二届学术年会论文选集（矿物、岩石、地球化学）. 北京：中国科学技术情报研究所：200~213

池际尚. 1973. 金伯利岩//江西省地质局中心实验室编. 江西省地质局岩矿重砂会议资料选辑

池际尚. 1973. 池际尚同志在我省谈"金伯利岩地质特征"以及对湖北今后工作的建议. 湖北省地质科技情报，第3期

池际尚. 1977. 构造岩岩组分析入门//地质科学研究院地质力学研究所编. 岩组分析方法文集. 北京：地质出版社：11~28

池际尚, 吴国忠. 1983. 费德洛夫法. 北京：地质出版社

池际尚. 1987. 岩浆作用及岩浆岩概述//张炳熹主编. 当代地质科学技术动向. 北京：地质出版社：77~81

池际尚主编. 1988. 中国东部新生代玄武岩及上地幔研究（附金伯利岩）. 武汉：中国地质大学出版社

池际尚, 路凤香主编. 1996. 华北地台金伯利岩及古生代岩石圈地幔特征. 北京：科学出版社

池际尚, 路凤香等. 1996. 中国原生金刚石成矿地质条件研究. 武汉：中国地质大学出版社

池际尚. 1997. 关于岩浆岩型磷灰石矿床的几个问题//池际尚论文选集. 北京：地质出版社：159~177

池际尚. 1997. 一九八四年池际尚教授在洛阳金刚石工作会议上的即席讲话//池际尚论文选集. 北京：地质出版社：178~181

池际尚. 1997. 池际尚教授在河北省石家庄全国金刚石地质、地球物理找矿工作会议上的学术报告（1986.9.）//池际尚论文选集. 北京：地质出版社：182~189

池际尚著, 中国地质大学岩石教研室编. 1997. 池际尚论文选集. 北京：地质出版社

主要参考文献

张以诚. 1983. 毕竟不同于魏克福——地质学家池际尚//金涛, 刘国雄. 女学部委员访问记. 北京：海洋

出版社：181~198

赵崇贺，杨光荣．1992．池际尚//《科学家传记大辞典》编辑组编，卢嘉锡主编．中国现代科学家传记（第三集）．北京：科学出版社：347~353

李敬．1994-03-26．中华大地的女儿．团结报，第1494号

赵崇贺，杨光荣．2001．精心育人 锐意开拓——岩石学家池际尚院士传略//中国地质大学校史编撰委员会编，赵克让主编．地苑赤子——中国地质大学院士传略．武汉：中国地质大学出版社：64~72

杨光荣，赵崇贺．2004．池际尚//中国科学技术协会编．中国科学技术专家传略·理学编·地学卷3．北京：中国科学技术出版社：365~382

撰写者

杨光荣（1935~），云南大理人，中国地质大学（北京）教授，地质学史研究室原主任，中国地质学会地质学史专业委员会副主任。主要从事地质学史研究。

赵崇贺（1934~），广东新会人，中国地质大学（北京）教授，原岩石研究室主任，中国地质学会岩石专业委员会委员。

****

刘东生

刘东生（1917~2008），天津人。地球环境科学家，第四纪地质学家。1980年当选为中国科学院学部委员（院士），1991年当选为第三世界科学院院士，1996年当选为欧亚科学院院士。1942年毕业于西南联合大学地质地理气象学系。曾任中国科学院地质研究所和中国科学院地球化学研究所第四纪地质研究室主任，中国科学院西安黄土与第四纪地质研究室主任，中国科学技术协会书记处书记，中国科技馆馆长，中国科学院环境委员会副主任、主任，国务院环境办公室专家顾问组组长，中国第四纪研究委员会秘书长、主任，国际第四纪研究联合会（INQUA）副主席、主席。对古脊椎动物学、第四纪地质学、环境地质学、青藏高原与极地考察等科学领域多有建树，特别是在黄土研究方面做出了大量原创性的研究成果，使中国在古全球变化研究领域中跻身世界前列。他创立了新黄土风成学说，平息了170多年来黄土成因之争；他在国际上第一个以黄土-古土壤序列为代表的陆相沉积记录，证实了第四纪环境变化的多旋回理论；他是我国高山科考事业的奠基人之一，多次带队开展西部高山的综合科学考察，开创了将青藏高原隆起历史与东亚乃至全球环境演变过程联系在一起的、全新的研究思路，为地球系统科学研究提供了成功范例；他将地质科学的研究成果应用到环境问题，创建了我国环境地质学和环境地球化学研究基地；他还在古脊椎动物研究领域做出了杰出贡献，是我国鱼化石研究专家。曾4次获得国家自然科学奖一、二等奖，还获得陈嘉庚地球科学奖、中华绿色科技特别奖金奖、何梁何利基金科学与技术进步奖。2002年获泰勒环境成就奖，2003年获中国国家最高科学技术奖。2007年获欧洲地球科学联合会（EGU）"洪堡奖章"。

一、简 历

刘东生，祖籍天津。1917年11月22日生于辽宁省沈阳市，2008年3月6日于北京逝世，享年91岁。

刘东生的父亲刘辑伍年轻时是铁路工人，后来自学成才，曾任沈阳附近的皇姑屯站站长。母亲来自农村，是一位宽厚仁慈的家庭妇女。父母特别重视对刘东生科学知识的教育

和优秀品格的培养，要求孩子勤奋好学，刻苦努力，具有宽厚、谦虚的品格。当时日本帝国主义正蚕食、入侵东北，中华民族遭受蹂躏和蒙受羞辱，这在刘东生幼小的心灵中留下了深刻的印象。后来他在接受澳大利亚科学家 Jim Bowler 访谈时曾经提到，八九岁时，他目睹了日本军人横行霸道，对日军的暴行十分痛恨；每次放学路过为侵华日军人员的子弟开办的日本学校，都能听到日本青少年接受训练时发出的令人恐怖的喊叫声。日本军人的倒行逆施，使他从小就立志救国和强国。

1930 年，13 岁的刘东生离开出生地沈阳，回到祖籍天津，进入南开中学继续学业。在那里，刘东生接受了良好的教育，为日后的继续深造奠定了很好的基础。毕业那年，日军侵占了北京和天津，战争使他失去了就地上大学的机会，于是辗转跋涉，1938 年到达昆明，进入西南联合大学，并于 1942 年毕业。大学期间，他得了很严重的胃病。毕业后，他一方面去医院治疗，一方面积极参与抗日斗争，在战地服务团的美国空军招待所工作。大学毕业虽然没能立即实现科学救国的理想，但亲身参与抗日战争，使刘东生各方面的能力得到锻炼，为他日后的科研工作奠定了坚实的基础。

1945 年抗战胜利前夕，刘东生考入了当时在重庆的中央地质调查所，师从杨钟健教授研究古脊椎动物。新中国成立后，在中国地质工作计划指导委员会（地质部前身）任工程师，从事矿产资源调查和重大工程选址的地质研究等工作。1953 年中国科学院地质研究所成立，刘东生入地质所从事脊椎动物，特别是鱼化石的研究。他与潘江合作完成了《南京附近五通系泥盆纪鱼化石》。1954 年李四光、侯德封等推动在中国科学院地质研究所成立了我国第一个第四纪地质研究室，他就长期在第四纪研究室工作，先后任副主任，主任，1956 年晋升为研究员，开拓了我国第四纪地质研究事业。从 1955 年开始，他组织并参与黄河中游水土保持综合考察队的工作，完成黄土高原 10 条大断面的调查，并通过大量野外资料和室内分析数据，完成了《黄河中游黄土》、《中国的黄土堆积》、《黄土的物质成分和结构》等专著。20 世纪 60 年代起，先后组织、领导了希夏邦马峰（1964）、珠穆朗玛峰（1966）、托木尔峰（1978）和南迦巴瓦峰（1984）的综合科学考察，组织编写了多卷本的科学考察报告。

刘东生 1980 年当选为中国科学院学部委员（院士），1991 年当选为第三世界科学院院士，1996 年当选为欧亚科学院院士，1987 年被授予澳大利亚国立大学名誉科学博士，1995 年被授予香港岭南大学名誉法学博士。

刘东生被他的同事戏称为"获奖专业户"，早年他就获得了中国地质学会马以思奖（1947），竺可桢野外科学奖，李四光地质科学奖荣誉奖。1982 年、1987 年、1991 年、2000 年 4 次获国家自然科学奖一、二等奖，3 次获中国科学院自然科学奖一等奖，1 次中国科学院科技进步奖特等奖和 1 次贵州省科技进步奖一等奖。1989 年获陈嘉庚地球科学奖，1993 年获中华绿色科技奖特别金奖，1995 年获何梁何利基金科学与技术进步奖，2002 年荣获国际著名的泰勒环境成就奖，2003 年获中国国家最高科学技术奖，2007 年获欧洲地球科学联合会（EGU）"洪堡奖章"。

刘东生曾任第五届全国政协委员，第六届、第七届全国人民代表大会常务委员会委员，人大教科文卫委员会委员。

二、主要科学研究成就、学术思想及其影响

刘东生是进入国际著名科学家殿堂的少数中国科学家之一。1999 年在南非召开的第 15 届国际第四纪研究联合会（INQUA）大会上，时任 INQUA 主席的美国人 Stephen Porter 列举出国际第四纪学术界 100 多年来杰出的 10 多位科学家时，刘东生赫然在列。澳大利亚科学家 Donald Walker 在谈到 20 世纪 80 年代中澳第四纪研究的合作计划时，不吝赞美之辞："要是没有刘东生的科学创新精神、丰富的学识和超强的能力，（中澳合作）一切就远不会获得如此巨大的成功，而现在合作的成果很多是顶级的。"国际地圈-生物圈计划古全球变化（IGBP-PAGES）项目的科学指导委员会的主席 Oldfield 教授撰文评价说，刘东生是中国黄土古环境研究之父，他的研究在国际学术界所受到的尊重，是无论怎么评价都不为过的。

（一）主要科研成就

1. 黄土"新风成说"的创立者

黄土是分布于全球温带干草原环境的粉砂质沉积物，是第四纪时期一类特殊的沉积物。广泛分布于世界各大洲，尤其是中亚、中欧、南北美洲。中国的黄土高原以黄土分布连续、厚度大、地层完整而最具特色。对黄土的成因，长期以来有着复杂而激烈的争论。比较有代表性的学说有水成说、风成说和就地成壤说。早在 19 世纪时，德国学者李希霍芬就提出黄土物质是风力搬运来的，这种看法就是早期的风成说，可以说李希霍芬是风成说的鼻祖。另外一些学者则根据黄土沉积的分布常有一定的极限高度，以及一些地方的黄土剖面中常见有流水作用痕迹，提出黄土是流水搬运的沉积物。习惯上，这种学说就被称为水成说。再一种比较有影响的观点，认为黄土是岩石经过深度风化，就地成壤形成的沉积物。其依据就是黄土覆盖在各种类型的岩石之上，通常称其为就地成壤说。虽然还有其他的成因学说，但是由于这三类学说或多或少与观测事实相符，就比较有影响力。

黄土成因是自黄土的概念提出直到 20 世纪 50 年代第四纪研究的重要课题。从 20 世纪 50 年代中期起，根据国家经济建设的需要，针对黄土成因这一基本科学问题，刘东生组织了数十位年轻的从事第四纪研究的工作者，在我国黄土高原作了十条大断面的野外考察。考察队员徒步行走，靠租用毛驴来驮行李与标本，条件十分艰苦。通过在野外建立的上百个地质剖面，获得了大量第一手资料。根据十条大剖面，编制了中国黄土分布图，确定了各地区黄土分布的高程、各地黄土剖面的地层结构、黄土沉积与古地形，以及与下伏基岩的关系等。同时采集了大量样品，分析它们的粒度分布、矿物组成、元素地球化学特征以及水文和工程地质性质，获得了多方面新证据。它们总体上说明，中国黄土是分布在沙漠的外围、粒度从西北往东南逐渐变细、黄土的矿物成分和化学成分在整个黄土高原具有很好均一性的一类沉积物。

考察的证据表明，黄土沉积的顶面高度在比较小的范围内具有一定限度，而且比较一致，但整个黄土高原则相差甚巨；在河谷等较低地貌部位，黄土剖面的底部确实有流水作用的痕迹，但广泛分布在其他地貌部位的黄土，尤其是黄土塬上的黄土，岩性均一，完全不具有流水作用痕迹；如果黄土本来就是在水中的沉积，那么黄土遇水湿陷的性质也就无

法理解了，显然水成说是无法解释中国黄土成因的。黄土确实可以分布在各类不同的岩石之上，如果它是由下伏的基岩就地风化而成，那么黄土与基岩之间的界面就应该是逐步过渡的，但十条大断面调查所观测的黄土剖面，与下伏基岩的界面基本上都是突变而不是渐变的，这样的事实显然也不是就地成壤学说所能解释的。所有这些证据表明，黄土成因的水成学说和就地成壤说与观测事实和实验结果不符。黄土在分布上与沙漠的紧密联系，黄土粒度从西北向东南的逐渐变细，黄土粒度组成与风力搬运能力的粒级十分接近，黄土矿物和元素组成的高度均一性，以及黄土的地层结构在空间上可以很好地对比等证据表明风成说最好地解释了各种观测事实和实验结果，原始的黄土物质确实是由风力搬运而来。如果研究工作只是停留在这一层面，那无非只是为李希霍芬的风成说提供了更为翔实的证据，又落入风成说的窠臼。难能可贵的是刘东生并没有就此止步。他不断地发问：原始的粉尘是怎样产生的？搬运这些粉尘的气候条件和环流形势又是如何？风力搬运的粉尘应该在下风方向到处都有分布，为什么只在黄土高原形成巨厚的黄土堆积？粉尘能堆积并保留下来的特定环境又是什么面貌？黄土不同于自然沉降粉尘，那么从粉尘到黄土的后生转变过程又该如何？他不但不断提出问题，还不断研究探索。功夫不负有心人，在解决了这一系列问题之后，一个有别于李希霍芬的"风成说"，全新的黄土"新风成说"就应运而生了：证明黄土的原始物质与沙漠同源；指出季风环流和西风带对粉尘扬起和搬运的作用；强调水汽对粉尘物质沉降的作用；特定的干草原环境使粉尘得以保留且在黄土化过程中形成特殊的结构；对历史时期"雨土"记录和现代尘暴过程降尘的进行了对比研究。

黄土的新风成说，有几大方面的突破。首先是概念的扩展，过去李希霍芬只强调风力搬运堆积这一过程，而刘东生的风成概念包括了黄土原始颗粒的产生、黄土物质的搬运与堆积的过程与环境条件，以及黄土堆积后成壤、成岩作用这一全过程。第二是时代的延伸。李希霍芬只强调黄土高原的顶部，即后来德日进和杨钟健所命名的"马兰黄土"是风成成因，而刘东生则证明黄土高原整个第四纪时期的沉积（包括德日进和杨钟健所命名的"红色土 A，B，C"）都是黄土。第三是认定原先"红色土 A，B，C"中所谓的"红色条带"是第四纪地质时期的"古土壤"，这一见解与土壤学家朱显谟是同时分别提出的。在黄土剖面中鉴别出古土壤，认为典型的黄土和古土壤是形成于不同的环境条件之下，对后面要讨论的第四纪气候变化多旋回理论的确立有着非同寻常的意义。黄土的沉积过程与我们现在看到的沙尘暴一样，是逐渐地从沙漠里面搬运出来，在黄土高原慢慢沉积下来，也就说，黄土是几百万年来一次次沙尘暴的叠加，它的沉积过程同时记录了环境变化的信息，黄土的新风成学说为从黄土沉积中提取环境变化信息奠定了基础。

刘东生黄土新风成学说的思想最早体现在《黄河中游黄土》、《中国的黄土堆积》和《黄土的物质成分和结构》等三本专著中，而集大成者则是后来出版的《黄土与环境》（1991 年获国家自然科学奖二等奖）。黄土的新风成学说是在吸收了前人各种黄土学说的合理内核的基础上发展的系统完整的论述，一经提出就在国际上得到广泛承认，它严密的科学性使得关于黄土成因的争论戛然而止。2006 年，英国莱切斯特大学著名的黄土研究专家 Smalley 教授在《自然地理学进展》(*Progress in Physical Geography*) 杂志上撰文介绍刘东生于 1988 年出版的 *Loess in China* 一书时，开宗明义地说："这是一本经典的著作，在很多方面有所创新……它使得刘东生被置于世界上最杰出的黄土研究专家的位置。"作为国际上黄土研究史的权威专家，Smalley 认为刘东生位于全世界黄土研究的 12 位杰出科学家之最前列。

2. 第四纪气候"多旋回学说"的奠基人

从 19 世纪晚期到 20 世纪初期，欧洲科学家通过阿尔卑斯山地区的冰川作用和冰川沉积物研究，划定了贡兹、民德、里斯、武木四次寒冷时期（称为冰期）和每两个冰期之间的温暖期（称为间冰期），这四次冷暖的交替，地质学上称为旋回，"四次冰期-间冰期旋回理论"一直是地学界认识第四纪气候、环境变化的基本模式。这个模式后来得到北美、欧洲大陆冰川沉积物研究的支持，更成为牢不可破的经典，亦深深地影响了中国的地学界。当时世界各国的第四纪地质学家都热衷于从其研究区域中寻找与这四个冰期相对应的沉积记录，在李四光通过对庐山第四纪冰川作用和冰期的研究划分出鄱阳、大姑、庐山三次冰期后，又有科学家在西部地区定义了更新的大理冰期，使之与阿尔卑斯四次经典冰期相对应。

前面提到，刘东生对中国黄土沉积记录的研究中，将黄土沉积划分为两个基本地层单元，一是灰黄色层，二是红棕色层。灰黄色层是狭义的黄土层，红棕色层即古土壤层。在中国黄土研究初期，在黄土地层（当时称为"红色土 A，B，C"）中出现的红色条带究竟代表什么，并不为人所知。刘东生与其同事通过薄片观察、化学成分、黏土矿物、孢粉组合分析等一系列的深入研究，认识到这些灰黄色层是典型的风成黄土堆积，它们是在干旱、寒冷的气候条件下的产物；而红棕色层为古土壤，是在相对潮湿、温暖的气候条件下由风成沉积物经过改造和成土作用发育而成。在中国黄土地层中，这样的黄土层和古土壤层相互交替，均多达数十层，表明第四纪时期气候变化发生的次数远远超过四次。如此频繁的冷暖波动，无疑是无法用经典的四次冰期-间冰期旋回的模式来解释的。1958 年，刘东生及其合作者将陕西、山西的黄土研究结果发表在国内出版的英文刊物 Science Record 上，文章刚发表，德国的一位科学家即将其翻译成德文，刊发在 Geologie 上，将这一重要的成果介绍给欧美同行。1961 年，INQUA 在波兰华沙召开学术大会，刘东生（与张宗祜合作）在大会上做了题为"中国的黄土"的学术报告。中国黄土记录的第四纪时期多次冷暖和干湿的气候波动引起与会者的高度重视。第四纪时期多旋回气候变化的理论得到广泛接受，它可以简单地归纳为：第四纪环境变化为频繁的、周期性的冷暖交替。多旋回理论取代经典的四次冰期-间冰期旋回理论，是全球第四纪地质学和环境地质学研究历史上的一次重大革命，刘东生和他领导的研究集体，为这次革命做出了重要的贡献，成为这一理论的奠基人之一。在该理论基础上发展的冰期地球轨道控制理论被美国自然科学研究会评为最近几十年以来地球科学 4 项重大进展之一。Oldfield 教授在 1998 年撰文指出："1961 年，在他（刘东生）出席国际第四纪大会时，通过典型黄土剖面的研究，就指出第四纪气候变化有远比原先视为经典的四次冰期要多得多的冰期-间冰期旋回"。曾任 INQUA 黄土委员会主席的 Smalley 教授亦在 2000 年撰文指出："1961 年在波兰召开的第 6 届 INQUA 大会是一个重要的转折点。在这个会议上，中国科学家报告了黄土的成果……中国科学家显然走在了前头"。

3. 全球变化"国际对比标准"的建立者

20 世纪 80 年代，全球变化研究成为第四纪地质学和环境地质学关注的热点。全球变化研究就是要在全球与区域尺度上，了解环境是怎么变化的，以及为什么会变化。这里面包含科学家们所关注的诸多科学问题：气候系统是如何演化的？气候变化的幅度有多大？是否有周期性？驱动不同时间尺度气候变化的原因是什么？气候为什么有突变现象？在不同的气候背景下全球不同地区有什么样的生态格局？气温同 CO_2 浓度有什么样的关系？海平面升降的规律和控制因素是什么等。第四纪时期的气候变化信息保存在不同的沉积物之中，科学家的任务是从不同的沉积物中提取出这些信息，完整地恢复这个时期气候变化的历史，掌握其变化规律，并理解其变化机制。在这样的背景下，全球变化研究者围绕海洋沉积、黄土沉积、湖泊沉积、冰芯、石笋、树轮、珊瑚等记录，做了大量的研究工作。刘东生通过对中国黄土的系统研究，完整地重建了 250 万年以来环境变化的历史，获得了迄今为止全球唯一完整的陆相沉积记录，并将这个变化历史同地球轨道参数变化做了因果关系上的联系，同时探讨了东亚气候变化同全球冰盖大小变化、海平面变化等方面间的动力学联系。这方面的成果，主要反映在 1985 年出版的中英文专著《黄土与环境》上。专著在中国出版后，应德国科学家的要求以 Loess in China 为题由 Springer-Verlag 出版公司再版，这项研究成果，受到广泛的好评。国际上的有关科学家对此非常钦佩。华盛顿大学的 Busacca 教授在一篇书评中就这么写道："曾多少次，地质学家以及那些努力探索第四纪历史的学者们渴望着一个在完整性、时间跨度和详细程度可以与深海岩心相媲美的陆相岩石记录。我们多年地苦苦奋斗，去识别、去对比、去定年，着眼于那总共才占第四纪时期一小部分的四五个冰碛垄。我们怎能想到刘东生等对中国的（约）200m 厚、含 30 多层古土壤以及无脊椎、脊椎动物和早期人类化石的风成沉积的研究，竟然建立了整个第四纪时期的丰富记录！"黄土记录发表后，全球其他记录纷纷与之比较、验证，一些在西方出版的教科书，如美国的 Paleoclimatology（《古气候学》）和澳大利亚出版的 Quaternary Environments（《第四纪环境》），都将这部分成果编入其中。

黄土、深海沉积、极地冰芯的记录已成为全球环境变化的三大国际对比标准。2002 年度泰勒环境成就奖评奖委员会就刘东生获奖发表评价说："自然界把它的环境变化写入了三本天书中，一本是深海沉积物，一本是极地冰芯沉积，另一本就是中国的黄土沉积……刘东生在半个世纪的不懈努力中，和他的同事们一起开启了这三本天书中的一本——中国的风成黄土沉积。"

4. "青藏高原隆升与环境演变"研究新思路的开拓者

刘东生是中国高山科学考察事业的奠基人之一。早在 20 世纪 60 年代初，他作为副队长协助队长施雅风先生一起领导了在我国高山科考史上具有重要地位的希夏邦马峰地区综合科学考察，成果在 1964 年北京科学讨论会上交流，获得了巨大的成功。随后，他作为队长又先后领导了对珠穆朗玛峰、托木尔峰、南迦巴瓦峰等一系列大规模、多学科的综合考察。高山和高原综合考察通常涉及地质、大气、植物、动物、水文、矿产、冰川等众多学科。通常，无论国内还是国外，鉴于恶劣的自然条件，综合考察的目的无非就是收集资料，完成各个专业的考察报告。但刘东生还想得更多，他的脑子里装着中国黄土所记录的第四纪气候变化，他要把青藏高原的研究同黄土高原的研究结合起来。他惦记着第四纪的气候变化为什么既有波动性又有趋势性；他惦记着为什么在黄土记录中颇具特征的第五层古土壤时期的状况在深海找不到对应的变化；他惦记着中国北方，特别是西北地区的气候为什么在第四纪时期变得越来越干旱；他惦记着对东亚现代环境格局有着重要影响的东亚季风是怎样演化的？他意识到，这一切可能与青藏高原的阶段性隆升有着紧密的联系。因此他作为考察队队长，在 20 世纪六七十年代组织青藏高原的综合考察时，就提出"青藏高原隆起及其对自然环境和人类活动影响的综合研究"这一研究课题，试图将青藏高原隆升历史与环境演变历史结合起来。尽管表面上看起来只是一个科研题目名称的改变，但实际上这反映了学术思想的飞跃。基于这样的先进思想，刘东生主持编写的几次科学考察的几十卷科学考察报告，以及他作为秘书长全力主持的首届青藏高原国际学术讨论会（1980）就具有不同的特色。对于刘东生在这方面的学术贡献，英国伦敦大学的 Derbyshire 教授曾在一篇文章中予以总结，他认为刘东生的重要贡献有三：一是第一个发现第四纪初期青藏高原发生过快速隆升的证据；二是认识到青藏高原隆升与大气环流变化的密切联系；三是认识到在青藏高原隆升背景下，东亚季风变化与全球冰量变化逐步耦合的关系。首届青藏高原国际学术讨论会，得到了国内外学者的高度评价，为改革开放之初的祖国赢得了荣誉，也为后来的青藏研究的国际合作奠定了基础。美国 Smithonion 研究院主任 S. Dillon Ripley 教授在大会后代表与会外国专家，在写信给时任副总理的方毅时说："我们特别要请方毅院长注意的是讨论会秘书长刘东生教授全身心的投入和孜孜不倦的努力，要是没有他对各相关领域的科学事业持之以恒的支持和无私奉献精神，讨论会绝不可能取得如此巨大成功。我们期待他主编的讨论会论文集这一重要出版物能尽快出版，并对刘东生以及他的同事在这方面的工作即将取得成功表示祝贺。"

5. 地质科学研究转型的倡导者和引路人

早在 20 世纪 60 年代，也许是第四纪地质与环境有着密切的"血缘"关系，刘东生敏锐地感觉到，环境问题会是 21 世纪全球经济和社会可持续发展的主要障碍，而环境问题的本质是地球环境的自然演化过程受到了人类活动的严重干扰。他认为环境问题中很大一部分是地球科学应该研究的问题。但是当时正值"文化大革命"，正常的科研工作无法开展。当中国科学院地球化学研究所的几个年轻人倡导进行生物地球化学的研究，开展对克山病、大骨节病等地方性疾病调查和防治时，刘东生以他敏锐的嗅觉，感知到地质学研究正在发生重大转型，于是因势利导，积极参与其中，从地质环境的角度对克山病等地方性疾病的病因提出"水土病因"的看法。随后，又结合官厅水库的环境污染问题，开展了环境污染的调查和环境质量评价等课题的研究。紧接着这一课题又延伸到北京西郊的污染和环境质量等研究。在开展这些项目与课题研究的同时，刘东生逐步确定研究方向，归纳科学问题，积累基础资料，探索研究方法，培养优秀人才，为后来环境地学研究做好了充分的准备。到 20 世纪 70 年代，基础科学研究逐渐得到重视，刘东生当机立断提出了开展环境地学研究的建议，撰写了《环境地质学的出现》、《当前环境科学中的若干课题》、《环境污染问题与地学工作者的任务》和《磷肥与环境保护问题》等一系列科学论文，并在中国科学院地球化学研究所适时成立了环境地质学研究室、环境地球化学开放实验室，创立了我国最早的环境地学研究系统。刘东生为我国环境地学研究从一开始就能紧跟国际发展潮流发挥了巨大作用，他也成为我国地质科学研究转型的积极倡导者和引路人。

另外一个反映地质科学转型的国际重大科学活动，就是 20 世纪 80 年代开始的"国际地圈-生物圈计划（IGBP）"，即"全球变化计划"。这个计划在空间上把大气、海洋和陆地的各种过程相互联系起来，在时间上重视过去、现在和未来研究的结合，体现了地质科学的转型。由于长期从事中国黄土研究，刘东生适时转移了黄土的研究方向，将中国黄土-古土壤序列建成为全球变化的"国际对比标准"，为 IGBP 中的核心计划之一"古全球变化（PAGES）"做出了重要贡献。刘东生还多年担任 PAGES 的国际科学指导委员会的成员和中国 PAGES 负责人，为我国在这一国际研究项目中处于前列做出巨大贡献。

(二) 主要学术思想

2002年在美国参加泰勒环境成就奖颁奖典礼的现场,与评奖委员会的成员——哈佛大学米切尔(R. Mitchell)教授交谈中,刘东生议论起一个成功科学家的基本素质,归纳起来主要有:扎实、深厚的知识积累功底;符合国际学术发展潮流的创新性、领先的学术思想;持之以恒、坚韧不拔的意志;宽厚的待人处事的团队精神。除此之外,还强调了颇具中国式的一点,就是"另一半"的全力支持。在南开和西南联大的学习生涯,为刘东生奠定了扎实深厚的基础,但他更为注重之后的继续学习。刘东生在《院士自述》中记述了他刚到中央地质调查所时的一件小事。他习惯于每天晚上在实验室阅读。一个寒夜,杨钟健先生发现他正在苦读齐特尔的古生物教科书,很为这个年轻人的治学精神感动,就说,"这本书像本字典,难读,但很有用处",并当即开始而且每晚讲解一段该书。刘东生自己的苦读,加上杨钟健的精心点拨,很快就啃下了这本经典之作。如果没有刘东生这种挑灯夜读、孜孜以求的精神,没有杨钟健的悉心指教,刘东生不一定能成为我国鱼化石研究的一流专家。再如刘东生当年参加黄河中游考察结束后,除了完成考察报告之外,还整理出三本黄土专著,可见持之以恒、坚韧不拔的意志对科学家的成功是何等重要。当前的地球科学,为解决一个科学问题,从野外到室内,浩瀚的工作量已经不是一个人关起门来就能完成的,需要一个能互相配合的团队。在刘东生获得国家最高科学技术奖后,曾组织过一次学术思想讨论会,会议邀请了各个时期与刘东生在第四纪地质和环境地质领域同室工作过的同事,结果盛况空前,除了因身体原因缺席的外,几乎前前后后所有合作者都踊跃从国内各地赶来参加,一位远在国外的室友专程回国与会,整个会议气氛热烈,大家争相发言,共同回顾了与刘东生一起攀登地质科学高峰的愉快经历。没有刘东生宽厚的待人处事的团队精神,就没有如此热烈的氛围。刘东生夫人胡长康的全力支持也是刘东生成就事业的重要保障。1955年,刘东生与毕业于南开大学生物系的胡长康结为伉俪,由于两人都从事野外工作,向来是聚少离多。尤其在刘东生远离家人内迁三线到贵阳地球化学研究所开拓事业的时候,胡长康默默承担了扶老携幼、独立支撑家庭的责任,给予刘东生全力的支持。刘东生每次有机会路过北京作短暂停留时,母亲、妻子和子女都期望能有更多相聚的时间,但他很少有时间共享天伦之乐,而是一头扎进图书馆,如饥似渴地查阅贵阳看不到,或者能看到但时间要晚很多的国外学术刊物以能第一时间把握国际学术发展的动向。

刘东生注重学术思想的创新。关于中国黄土的成因研究,如果仅仅停留在认为黄土原始物质是风力搬运而来的,那么,刘东生不过是中国版的李希霍芬。但是刘东生没有止步于此,他以收集到的资料为基础,在接受原地成壤说中的一些合理内核后,将黄土原始物质形成、扬尘和搬运的天气条件、粉尘沉降过程、沉积环境和保存条件、粉尘沉积以后的变化的研究连成一体,从而形成了源于李希霍芬又大大超过李希霍芬的"新风成学说"。"新风成学说"的提出,已经先于20世纪80年代末兴起的"地球系统科学"思想,将岩石圈、大气圈、水圈和生物圈的相互作用联系了起来。在研究青藏高原时,他同样将固体岩石圈演化同地表各圈层演化和相互作用结合起来。刘东生的前瞻性和深邃的科学洞见性,令后学者由衷钦佩。

刘东生注重理论联系实际,关注基础研究为国民经济建设服务,关注研究成果的社会应用价值。事实上,他最早开始黄土研究,是从如何防治黄土高原水土流失开始的。他的环境地质研究，也是通过地方病水土病因（微量元素与人体健康的关系）和环境污染的调查研究开始的。他的研究成果也为国民经济发展和人民生活发挥了巨大的作用。黄土高原区植被演化的历史研究，关系到国家治理黄土高原的方针究竟是"退耕还林"还是"退耕还草"。刘东生带领队伍，通过对黄土高原不同地区、不同时代的样品采集，分析了孢粉组合、植硅体组合以及土壤微形态等，获得明确的结论：黄土高原除南部有限区域外，过去15万年来，塬面上的自然植被以草本为主，而树林只在沟谷与基岩山地上出现。于是他建议黄土高原治理应以"退耕还草"为主。

刘东生还是当之无愧的教育家。70年代后期高考制度恢复后，他一直坚持给本科生、研究生授课，即使年近90，他还坚持站着讲课，并且一站就是几小时，对这一点，听过他授课的学生均十分钦佩。在培养青年科技人员和学生时，他从来不囿于自己的所长，让后人跟着他亦步亦趋，而是选择他所不能，聘请国内相关领域的专家学者与他一起共同培养。他总是鼓励手下的青年科技骨干和学生到世界各国的著名实验室，吸纳国际一流学者的先进学术思想和先进实验技术。他不屑于人才选拔上的"近亲繁殖"，而是广招天下贤士，他的团队常被人称为"多国部队"，有留学美、英、法、德、加、比、日、澳等发达国家的学者，也有国内培养的精英。刘东生曾在许多国际学术组织任职，在科技外交领域广交朋友，可谓是一位优秀的外交家。许多国际同行谈起刘东生，无不对他的和善、谦虚、平实的性格交口称赞。他也充分利用这一资源优势，凡是国际著名的专家学者来华，他总邀请他们来做学术报告，开阔了他的团队成员的眼界。正因为如此，他的不少学生已成为本领域的研究骨干。

刘东生的广博学问和人格魅力获得了国际同行的高度信任。1982年，我国首次以正式成员身份参加在莫斯科举行的第11届INQUA大会，他当选为INQUA副主席，在以后的17年中，他以副主席、主席、前主席等身份，一直在INQUA执委会中任职，这在INQUA历史上是绝无仅有的。

2004年春天，胡锦涛主席在人民大会堂将2003年度国家最高科学技术奖的证书庄重地授予刘东生时，全场响起了雷鸣般的掌声，这代表了祖国与人民对他孜孜不倦、努力奋斗的精神与所获得的巨大成就的充分肯定和高度礼赞！

三、刘东生主要论著

刘东生，潘江. 1958. 南京附近五通系泥盆纪鱼化石. 中国古生物志，新丙种，第15号

Liu T S, Wang T M, Wang K L et al. 1959. Die Verbreitung les Löβ in den Provinzen Shansi und Shensi (Gebiete des mittleren Huangho, China). *Geologie*, 8 (2): 123~130

刘东生，张宗祜. 1962. 中国的黄土. 地质学报，42 (1): 1~14

刘东生等. 1964. 黄河中游黄土. 北京：科学出版社

刘东生等. 1964. 中国的黄土堆积. 北京：科学出版社

刘东生等. 1965. 黄土的物质成分和结构. 北京：科学出版社

Heller F, Liu T S. 1982. Magnetostratigraphical dating of loess deposits in China. *Nature*, 300: 431~433

刘东生等. 1985. 黄土与环境. 北京：科学出版社

Liu T S. 1988. Loess in China (second edition). Beijing: China Ocean Press; Berlin, Heidelberg: Springer-Verlag

丁仲礼，刘东生，刘秀铭等. 1989. 250万年以来的37个气候旋回. 科学通报，34 (19): 1494~1496

Liu T S, Ding Z L. 1993. Stepwise coupling of monsoon circulations to global ice volume variations during Late Cenozoic. *Glob Planet Change*, 7 (1~3): 119~130

Liu T S, Ding Z L, Yu Z W et al. 1993. Susceptibility time series of the Baoji section and the bearings on paleoclimatic periodicities in the last 2.5 Ma. *Quat Int*, 17: 33~48

Liu T S, Guo Z T, Liu J Q et al. 1995. Variations of eastern Asian monsoon over the last 140, 000 years. *Bull Soc géol France*, 166 (2): 221~229

Liu T S, Liu J Q, Han J M et al. 1995. Quaternary research in China and global change. *Episodes*, 18: 54~57

Liu T S, Guo Z T, Wu N Q et al. 1996. Prehistoric vegetation on the Loess Plateau: steppe or forest. *J Southeast Asian Earth Sci*, 13 (3-5): 341~346

Liu T S, Ding Z L. 1998. Chinese loess and the paleomonsoon. *Annu Rev Earth Planet Sci*, 26: 111~145

Liu T S, Ding Z, Rutter N. 1999. Comparison of Milankovitch periods between continental loess and deep sea records over the last 2.5 Ma. *Quat Sci Rev*, 18 (10): 1205~1212

刘东生, 施雅风, 王汝建等. 2000. 以气候变化为标志的中国第四纪地层对比表. 第四纪研究, 20 (2): 108~128

Liu T S, Zhang X S, Xiong S F et al. 2002. Glacial environments on the Tibetan Plateau and global cooling. *Quat Int*, 97/98: 133~139

刘东生, 韩家懋, 张德二等. 2006. 降尘与人类世沉积——I: 北京 2006 年 4 月 16~17 日降尘初步分析. 第四纪研究, 26 (4): 628~633

主要参考文献

刘东生. 1996. 科学家的责任感//中国科学院院士联合办公室. 中国科学院院士自述. 上海: 上海教育出版社: 141~145

Smalley I J. 2006. Liu Tungsheng 1988: Loess in China (second edition). Beijing: China Ocean Press, Berlin: Springer-Verlag, 224 pp. *Prog Phys Geogr*, 30 (5): 673~676

丁仲礼, 朱日祥. 2007. 锦绣文章傲群伦 精博学问育桃李. 第四纪研究, 27 (6): 911~914

Bowler J. 2007. Professor Liu Tungsheng: Australian-Chinese Quaternary connections. *Quat Aus*, 24 (2): 2~10

撰写者

韩家懋 (1942~), 浙江余姚人, 研究员。长期从事第四纪黄土黏土矿物、稳定同位素和岩石磁学研究。

丁仲礼 (1957~), 浙江嵊州人, 中国科学院院士, 中国科学院副院长。长期从事新生代地质和环境研究。

****

张炳熹

张炳熹 (1919~2000), 河南社旗人。矿床地质学家, 地质科技管理专家。1980 年当选为中国科学院学部委员 (院士)。1940 年毕业于西南联合大学地质地理气象学系。1946 年赴美国哈佛大学留学, 先后获硕士、博士学位。1950 年回国后历任北京大学地质系副教授, 北京地质学院教授、教研室主任、系主任, 北京市地质局总工程师, 地质矿产部地质矿产司和科学技术司总工程师, 地质矿产部科学技术高级咨询中心主任。1984 年、1992 年连续两届任国际地质科学联合会副主席。他领导完成了北京 1:5 万区域地质调查, 出版的《北京地质》、《北京市 1:20 万地质图》是北京市区域地质研究的经典性成果, 开创了首都地质矿产调查的新局面。他熟悉国内外地质矿产资源情况, 对我国金属矿产, 特别是稀有金属、特种非金属矿产的普查勘探做出了重要的贡献。他长期担任地质科技管理领导职务,具体负责地质矿产部若干重点科技攻关项目的业务指导和顾问工作,主持完成了《中国地质工作发展战略研究》等重要报告,组织领导了中外合作的"喜马拉雅和青藏高原深剖面及综合研究"等重大项目。从事地质教育工作16年,培养了大批人才。

一、简　　历

张炳熹,祖籍河南省社旗县。1919年6月12日生于北京,2000年6月21日于北京逝世,享年81岁。

张炳熹生在一个铁路职员家庭。其父清末毕业于京师测绘学堂,在京绥铁路局地亩科工作,曾在詹天佑领导下,从事铁路选线及征地业务。父亲的爱国、敬业精神,以及家庭的知识氛围,潜移默化地影响了张炳熹。

他11岁时从铎民小学毕业,以优异成绩考入北京师范大学附属中学。该校名师云集,当时即以提倡素质教育著称。张炳熹对该校开设的地质矿物学课程饶有兴趣。他在高中时,还读过斯文·赫定所著《长征记》的中译本,书中谈到的中国和瑞典科学家1927~1932年组织的"中国西北科学考察团"引人入胜的经历和卓越的贡献使他受到很大鼓舞。1936年高中毕业时,听说北京大学地质系在国际地质界也是举足轻重的,于是欣然投考,一考而得中。

北大地质系有很优越的学习条件。当时的著名教授有葛利普、孙云铸、谢家荣、何作霖、杨钟健、斯行健等,学术气氛十分浓厚。他们那一届同学中,他和董申保、黄劭显、关士聪后来都当选为中国科学院院士。

1937年七七事变后不久,北平、天津沦陷。北京大学、清华大学、南开大学三校迁往湖南长沙岳麓山下,组成长沙临时大学。张炳熹进入地质地理气象学系继续学习。1937年12月,南京沦陷,武汉告急,学校当局于1938年1月决定从长沙迁往云南昆明,分两路前往,其中一路步行。根据志愿,经体检合格,核准步行的学生有244人,组成"湘黔滇旅行团"。教职员中有教授袁复礼、曾昭抡、吴征镒、闻一多、李继侗等,地质系的学生有10多名,王鸿祯、张炳熹也在其中。还有一位化学系的学生陈庆宣,到昆明后转到地质地理气象学系,后来也成为地质学家。他们于1938年2月20日出发,4月28日抵达昆明,历时68天,全程1671千米,净步行40天,行程1300多千米。沿途他们做社会调查,与苗族等兄弟民族举行联欢会,深入社会底层,体察民间疾苦,一路上还观察大自然,采集生物、岩石、矿物、化石标本,进行难得的野外实习,这在中外教育史上堪称壮举。

学校迁到昆明后,改名"西南联合大学"。张炳熹在这动荡环境和困苦条件下刻苦钻研,不仅学好了地质专业课程,还选修了数理化方面的课程,从而打下了广泛、扎实的基础。后来,他与董申保一道,在昆明以东填绘了200多平方千米的1:5万地质图,并共同完成了《云南嵩明杨林一带之地质》的毕业论文,两人都以优异成绩于1940年毕业。21岁的张炳熹留校任助教,后任研究助教。

任助教时,张炳熹主要担任光性矿物学和岩石学的实习辅导。他重视并积极参加野外地质调查。1942年初,他们系与云南省建设厅合作,成立省地质矿产调查委员会,孙云铸教授兼主任委员,张炳熹积极参加了这项教学、科研、生产三结合的有益工作。初出茅庐的张炳熹，在前 5 年的 10 个寒暑假里共进行了 7 次大的野外地质调查，使他对云南区域地质诸多方面了若指掌，为日后的地质实践和进一步的科学研究打下了良好的基础。

1943 年夏天，张炳熹参加了清华大学第六届留美公费生"物理矿物学"名额的考试，1944 年榜单揭晓，他被录取。由于他身负繁重的教学、科研任务，因此没有立即出国。1946 年 5 月，北大、清华、南开三校恢复，分别迁回北平和天津，张炳熹也就离开昆明赴美国哈佛大学地质系和矿物学系做研究生。1948 年，他获硕士学位后，又继续攻读博士学位。1950 年，他以"Structure and Metamorphism of the Bridgewater- Woodstock Area, Vermont"（《佛蒙特州布里奇沃特—伍德斯托克地区的构造和变质作用》）的论文通过答辩，获得博士学位。由于他学习成绩优异，在获博士学位之前即被教授们推荐为美国的"Sigma Xi"学会会员。

1950 年 8 月，张炳熹乘坐美国开向新中国的第一艘客轮——"威尔逊总统号"回国，到北京大学地质系任副教授。1952 年全国高等学校院系调整时，成立北京地质学院，他任该院教授兼矿床学教研室主任，以后又任勘探系主任。1958 年，他兼任北京市地质局总工程师。1960 年调到地质部，先后任第二地质矿产司、地质矿产司总工程师。1972 ~ 1975 年曾担任联合国海底委员会中国代表团的顾问、代表。1980 ~ 1982 年出任联合国亚洲太平洋地区经济社会委员会（UNESCAP）自然资源司司长。1982 年任地质矿产部科技司总工程师，兼任地质矿产部科学技术顾问委员会副主任、国务院技术经济研究中心顾问。1986 年任地质矿产部科学技术顾问委员会主任，联合国国际海底管理局筹备委员会审查先驱投资申请技术专家小组成员。1989 年任地质矿产部高级科学技术咨询中心主任。

张炳熹于 1956 年加入中国共产党。曾任北京市第三届人大代表和中国共产党第 10、11、12 次全国代表大会代表。1988 年被选为第七届全国人大代表。

张炳熹积极参加国内外学术活动。他早年加入中国地质学会，先后任理事、常务理事、科技顾问和编辑委员会副主任、编辑委员。他曾多次参加中国地质代表团出访美国、加拿大、联邦德国等，参加学术会议或进行地质考察，并翻译介绍了很多国外最新研究成果。20 世纪七八十年代，他在联合国机构工作时，高质量地完成工作任务。在 1984 年莫斯科举行的第 27 届国际地质学大会上，他当选为国际地质科学联合会（IUGS）副主席。1989 年在华盛顿举行的第 28 届国际地质学大会期间又连任副主席。张炳熹 1980 年当选为中国科学院学部委员（院士）。1991 年任中国科学院地学部副主任。

二、主要科学研究、学术思想及其影响

1. 全心育新人，桃李满天下

1950 年，张炳熹从美国回到北京后，应聘为北京大学地质系副教授，主讲矿床学课程。他讲课认真负责，条理清楚，很注意理论与实际结合，特别能灵活地运用国内相关资料，令学生倍感亲切。在矿床学实习课上，为了给学生创造看光片的条件，他将淘汰的 10 台岩石显微镜加以改造，在镜筒上钻一个眼，使强光能射入，又装一个 45°的反射盖玻片，前面加一个蓝色滤光玻璃，这样一来，学生就能看光片了。

张炳熹不仅在业务上精益求精，而且政治上拥护党，热爱新社会。他不仅教书，而且育人，关心学生的思想品德，比如他把自己早年从事地质调查过程中的见闻告诉大家，使

学生们通过新旧社会对比而提高政治觉悟。1950年抗美援朝，全国人民踊跃捐献，支援前线。北大地质系师生请刚回国的张炳熹推荐一批书籍来集体翻译，以捐献所得稿费。其中有一本是张炳熹的导师毕令斯写的《构造地质学》，由他领导译出。

1951年张炳熹带学生去黑龙江省鸡西、鹤岗煤矿实习，当时矿上正遇到煤层由于断层而"失踪"的麻烦事，矿上的苏联采矿工程师也束手无策。张炳熹用"构造制图法"解决了这个问题，深为大家所敬佩。

1952年上半年，张炳熹晋升为教授。当年暑假以后，适逢高等学校院系大调整，北大地质系与清华地学系等强强联合，组建了北京地质学院，张炳熹调到了该学院。他在该院工作了整整8年，先后担任过建校委员会（校务委员会）委员、地质矿产系副主任、岩石矿物教研室主任、矿床教研室主任、科研处副处长、院学术委员会常委、矿产地质勘探系主任。

他领导组建了矿床教研室，其中既有他的老师，老一辈矿床学家冯景兰教授、袁见齐教授，也有他的学生，刚毕业不久留校的赵鹏大、翟裕生等，他真正做到了尊重前辈，提携后进。他编写的《矿床成因讲义》内容丰富、论述透彻、重点突出、文字简练，深受师生们欢迎。这也成为后来教研室主编的《矿床学》教科书的蓝本。

他十分关心青年教师和研究生的成长。他大胆安排年轻教师讲授专业课，热情指导他们备课和试讲，又常随班听课，帮助年轻教师改进教学方法，不断提高教学质量。他还对研究生进行个别辅导，细致入微。

在科学研究工作中，他充分发挥了组织领导作用。他于1954年担任了该院科研处副处长兼科研科科长，具体组织全校科研工作，包括制订科研规划、组织研究力量、建设重点研究室、组织学术交流等。在教学与科研中，他充分发扬学术民主。例如他领导矿床教研室时，各派观点异彩纷呈。一方面是欧美矿床学的传统理论，包括美国W. 林格仑、英国E. 艾孟斯、瑞士P. 尼格里等的传统理论；另一方面是A. T. 别捷赫琴、H. C. 柯尔仁斯基、B. И. 斯米尔诺夫和C. C. 斯米尔诺夫等苏联的矿床学理论；还有冯景兰、袁见齐等老地质学家关于中国国内矿床的理论。他坚持让不同学派自由发表观点，不急于作结论，也不强加于人。在他努力营造的这种和谐气氛下，教学和科研都得到了长足的进展。

张炳熹担任北京地质学院矿产地质勘探系主任期间，亲自主持和领导广大师生按教学、科研、生产三结合的原则，进行了两项意义深远的研究工作。一是"我国南方湘赣闽浙四省地质特征及成矿规律"项目。他提出用不同的构造层来分析地质条件与成矿的关系，以及从研究地质演化史的特点来认识成矿规律性等指导思想。经过师生们三年努力，撰写了《湘赣闽浙四省内生金属成矿规律及对太平洋矿带的新认识》一书。书中提出了一些重要学术观点：中国中生代燕山运动形成的构造-岩浆-成矿带具有截穿中生代前不同大地构造单元的特征；针对苏联学者强调太平洋矿带以钨锡矿为主而铁矿贫乏的说法，指出铜铁也占有一定的重要地位。该书被认为是20世纪60年代我国开始研究太平洋矿带的先导性作品。二是他主持编著了《中国矿床学》一书。他与广大师生一起，学习运用唯物辩证法和新的成矿理论，对新中国成立10多年来矿产地质勘查的新成果进行了系统整理和综合研究，对我国主要矿种、矿床类型进行了实例解剖，分析了时空分布规律，提出了远景评价，指明了找矿方向，划分了综合成矿区，进行了综合成矿预测。所有这些，都为以后的矿床学教学与科研奠定了良好的基础。该书被认为是我国区域成矿学研究的代表作。

张炳熹于1958年兼任新成立的北京市地质局总工程师。他带领北京地质学院学生在北京远近郊区实习，踏遍了北京的山山水水。

张炳熹自1940年毕业于西南联合大学留校任助教开始，至1960年调往地质部的20年间，除在美国留学深造的4年而外，他在西南联合大学、北京大学、北京地质学院先后从事地质高等教育工作16年，为祖国培养了大批人才，其中有的已当选为院士。

2. 开创首都地质矿产调查新局面

北京是中华人民共和国政治经济文化中心，为了查明首都地质矿产资源情况，因而成立了北京市地质局，张炳熹兼任总工程师，又是局党组成员、党委副书记。经研究决定，利用两三年时间，在北京地区开展1:5万区域地质调查。这项工作以该局与北京地质学院合作的形式进行。在短短3年的时间里，共完成1:5万区测图幅29幅，覆盖区域面积9120km^2，占山区总面积90%以上，基本上在有岩石露头的地区都填了图。

这套图幅是北京市第一套系统、完整、全面的，并且是具有战略意义的基础地质调查成果。这套图幅及其说明书首次系统地划分了太古宙的变质岩系与元古宙至新生代的沉积地层层序，以及北京山区的构造单元，并划分了中生代的岩浆侵入期次及火山岩系，尤其阐明了区内矿产资源的分布、成矿地质条件、矿产特征及一些主要矿种的成矿规律，具有较高的理论水平和很大的实际意义。这一套成果经进一步研究、提炼，北京市地质局于1961年出版了《北京地质》一书，1964年又缩绘、编制出版了《北京市1:20万地质图》，成为北京市区域地质研究的经典性成果，为区域地质、矿床地质、水文工程地质等专业的科研与教学人员，以及工矿部门有关的工作人员等，提供了可资利用的重要参考资料。

张炳熹也很重视北京市各区、县地质技术人员的培养。他很重视地质局办的地学知识培训班，组织编写简明适用的教材，抽调北京地质学院师资力量为培训人员讲课。他还亲自参加了开学典礼，并热情洋溢、语重心长地鼓励大家努力学习地质知识，争取为祖国做出贡献。

3. 为我国特种金属、特种非金属矿产勘查奠定基础

1960年，地质部为了适应我国发展国防尖端和现代工业的需要，加强稀有金属、放射性金属及特种非金属矿产资源的地质勘查工作，决定成立第二地质矿产司，张炳熹调任总工程师。

中华人民共和国成立前至20世纪50年代，我国对稀有金属、放射性金属和特种非金属矿产地质工作做得很少，发现的矿产地和探明的储量不多。1960年后地质部加强了这方面的工作，在张炳熹技术业务指导下，工作及时得以开展，并取得了显著的勘查成果。例如，他对川西北康定甲基卡、秦岭东部、幕阜山区与伟晶岩有关的铍、锂矿床，广东风化壳型的铌、钽矿床，福建南平西坑的铌、钽矿床，内蒙古白云鄂博稀土、稀有金属矿床的评价，都起了重要的技术指导作用。此外，他对山东、湖南、贵州等省压电水晶矿床的评价和辽宁凤城、吉林辑安硼矿床以及河南淅川蓝石棉矿床的勘查工作，都十分关心，亲临现场指导，有力地促进了上述矿区的勘查工作。

张炳熹对我国突破金刚石原生矿的找矿工作非常重视。1963年3~5月，张炳熹在地质部机关张宏仁、张培元等陪同下赴湖南、贵州，重点调查了解湖南省地质局413地质队和贵州省地质局101地质队金刚石砂矿勘查和原生矿的找矿情况，实地考察湘西、黔东南地区的地质构造和岩浆活动特点。

1964年10月，地质部在山东临沂市召开了全国金刚石地质工作会议（由于保密，当时称第一号地质专业会议）。张炳熹在会议上做了题为"有关金刚石原生矿床几个问题的认识——国外金刚石原生矿地质资料的述评"的学术报告。报告包括以下几个主要内容：①当前需要找寻的主要目标应当是金伯利岩型；②金伯利岩生成的地质环境及时代，包括构造条件及与金伯利岩有关的岩浆活动和主要的成矿时代，由此得出可靠的找矿地质先决条件；③金伯利岩体本身的特点，包括岩体形态、大小、构造、岩石、矿物、化学成分特征，岩体出露特点及含矿性等；④金刚石原生矿床的找矿方法，包括重砂法的运用和含铬镁铝榴石等指示矿物的测试鉴定，物探方法特别是磁法在寻找金伯利岩体方面的重要作用。

1965年，普查金刚石原生矿的工作在山东、贵州、湖南、江苏、广西、辽宁等省、区展开。当年7月1日，贵州的101地质队首次在我国发现了金刚石原生矿。

4. 活跃在地质科学的外交舞台上

1972年7月7日至8月18日，我国刚恢复在联合国的合法席位不久，张炳熹作为中国政府代表团高级顾问出席在日内瓦联合国欧洲分部召开的"和平利用国家管辖范围以外海床洋底委员会"的第二次会议。张炳熹具有丰富的国内外地质地理知识和地质勘查实践经验，会议期间他向中国代表团建议，我国应在支持拉美沿海发展中国家维护海洋权益斗争的原则下，支持发展中国家提出的200海里专属经济区和大陆架自然延伸的原则。回国后，张炳熹深感我国海域形势严峻，主动向地质部领导提出调整地质工作计划、加强海洋矿产资源勘查、摸清我国大陆架特征的建议。

1973年6月1日至3日，张炳熹陪同地质部副部长许杰参加在汉诺威举行的德国地质调查所成立100周年庆典暨学术交流活动，利用会议期间和会后等待航班时间，他全面、具体地了解了该所科研项目与生产建设要求的情况。

1973年12月3日至15日，张炳熹出席第三次联合国海洋法会议第一次会议期间，得知海牙《国际法院关于欧洲北海大陆架案判决书》案文内容后，十分兴奋。他深知该案例对解决我国东海大陆架争端非常有利，回国后便废寝忘食，把该判决书的主要内容，尤其是对解决丹麦和联邦德国大陆架划界争端的处理原则准则，及时向主管机关作了通俗易懂的汇报。其中"大陆架自然延伸原则"和"等距离方法的使用在当事国之间并不是强制性的"观点，后来成为我国政府维护海洋权益的重要政策和主张的依据。同时，张炳熹还在20世纪70年代初，最早提出了南沙群岛曾母暗沙是我国管辖海域最南界限的依据。他提供的资料至今仍然是捍卫南海诸岛及其附近海域资源主权权益的有力证据。

1980年2月至1982年3月，张炳熹在曼谷担任联合国亚洲及太平洋经济社会委员会（简称"亚太经社会"）自然资源司司长期间，出色完成任务，为国家赢得了声誉。

1987年3月30日，张炳熹出席在纽约召开的联合国国际海底管理局筹委会技术专家组首次会议，审议国际海底多金属结核（即锰结核）资源矿区申请登记的技术经济指标。1987年7月27日至8月21日，他又出席技术专家组第二次会议，审议第一个国际海底开发的先驱投资者——印度在印度洋的海底矿区申请登记。尤其重要的是，他从技术上指导了我国作为东北太平洋多金属结核矿区先驱投资者申请书的起草工作，正确处理了海底地形、矿石金属含量、丰度和覆盖率之间的关系，提出了一份具有国际水平的高质量的技术报告，得到国际海底管理局筹委会的赞扬。

1984年在莫斯科召开的第27届国际地质大会上，张炳熹正式当选为国际地科联副主席。1989年在华盛顿举行的第28届国际地质大会上又连任副主席。

1980~1989年期间，中国地质学会在各方面支持下组织了近10次小型的国际地质会议，扩大了中国的影响。为确保第30届国际地质大会在中国召开，张炳熹通过地科联执委会会议，宣传中国政府对地质工作的重视，以及中国地质学家欢迎各国朋友到中国考察地质的态度，张炳熹还建议把每年一次的地科联执委会会议邀请到中国来开，并于1988年春在广州召开了地科联执委会会议，会后还组织地科联的领导人进行野外考察，用事实说明中国申请举办第30届大会的诚意。这一系列工作得到各国地质学家的认可，中国顺利地获得举办权，这与张炳熹在地科联期间的工作是分不开的。

5. 杰出的地质科技管理专家

从1982年起，张炳熹任地质部科技司总工程师。他十分重视地质工作与国家经济、社会发展的关系，强调矿产资源对新中国发展的重大战略性作用。他说，我们应当牢固地确立地质工作在我国国民经济中的基础地位，它是国民经济长期持续、稳定、协调发展的重要保证之一，要有计划地提前开展区域地质调查与找矿勘查工作。必须遵循"十分珍惜、合理利用和有效保护矿产资源"的战略思想，使地质工作贯穿于矿山设计、建设、开采的全过程，保证矿山的合理布局，加强环境保护，有效防止乱采资源。所强调的这些内容正是新时期地质工作可持续发展的原则。

张炳熹重视实践，要求人们多作野外地质观察，并重视各种实际探测与分析测试的结果，包括重视运用多学科多种手段来采集地下信息和进行综合研究。当这些信息所反映的地质事实与地质人员的推测不一样时，更要重视实际资料。

张炳熹多次在会上提出要"多学科协作"，强调加强群体建设、发挥综合学科带头人的作用、领导部门的积极引导等至关重要。

张炳熹重视地学重大科学问题的研究，亲自参与了深部地质地球物理调查研究。他曾多次科学地表述了基础地质、区域地质与地质找矿突破的关系，以及基础地球科学研究与提高地质研究程度的关系。

他强调要加强深部调查研究。提出为地表地质调查工作能查明和控制的深度是很有限的，查明各种地质体的分布和演化规律，就要开展大陆动力学、各圈层相互作用、地下流体研究等。提倡用多种手段去查明地下地质体三维的分布与随时间的演化。他还亲自组织有关专家编写了《岩石圈研究的现代方法》（1997）一书。

地质部与美国、德国、加拿大等国合作开展了"喜马拉雅和青藏高原深剖面及综合研究（INDEPTH）"项目的工作。张炳熹是这一项目的首席顾问。后来大家对这种合作方式作了总结，即开展大陆动力学基本问题研究应当以国际舞台为背景进行科学竞争，并采取多国、多学科与高技术的协作攻关方式。曾任国际岩石圈委员会主席的巴尔克（K. Burke）教授在第30届国际地质大会主题报告中指出，中国地学家在西藏高原所创造的工作模式很可能会成为今后解决重大地学问题的一种可仿效的模式。这是对我们开创的工作模式的肯定,在这一成就中,张炳熹功不可没。

张炳熹对学风的要求非常严格。他曾主持地质部每年一度的国家和部门重大项目汇报评估会,会上他着重从基本的治学态度和方法论上给大家以指导和帮助,使与会者受益良多。

6. 中国地质科技战略专家

在原国家计划委员会国土局的支持下,张炳熹挂帅完成了《中国地质工作发展战略研究》报告,提出了新形势下的地质工作发展战略目标。报告中提出:力争满足2000年国民经济总产值翻两番的总目标对能源和矿产资源的需求,并为下个世纪国家经济发展做好资源准备;为2000年全国达到减轻自然灾害30%,2020年达到减轻自然灾害50%的目标服务;在2000年使北方缺水有所缓和;建立以中国地质特点为基础的地质科学理论体系,研究与发展为地质工作向纵深发展所需的新技术,等等。

张炳熹极力倡导数据资料的共享。他提出,地质调查从本质上讲,就是信息的采集与综合研究。作为信息资源,它是可以不断利用的,多用就可以多得到效益,本身是无所损耗的。在一定意义上讲,建立数据库,实现资源共享,实质上就是解放资源调查的生产力问题。

张炳熹认为,人才是关键。新的队伍建设问题应当引起高度重视,关键是吸引和留住有用人才。要在各个主要工作与学术领域内形成一个有水平、有干劲的工作班子和综合研究班子。发现人才是重要的,更重要的是建立一支自己的导师队伍和科研群体,培养所需的人才。

7. 扶掖后进,探索前沿

1972年,张炳熹翻译了《太平洋火山带》,给地质部矿床地质研究所青年研究人员张荣华等看,还向他们介绍了美国斑岩铜矿的蚀变分带研究情况。当时张荣华等正在长江中下游火山岩区研究硬石膏-磁铁矿-辉石组合和两套蚀变带,探索铁矿床为什么会有大量硬石膏。1976年,张炳熹去了长江中下游,和张荣华等一道研究蚀变与矿化的关系。后来,张炳熹和郭文魁、宋叔和等几位老先生推荐张荣华去美国留学。

张荣华等回国后,即下决心引进新的科学思想,筹建自己的地球化学动力学实验室。张炳熹当时在科技司任总工程师,他听了张荣华等的工作汇报后,认为他们的研究是一项创新研究,具有前沿性,非常重要。

1988年,张荣华等开始取得一些新的实验数据,而且很快有了新的科学发现。张炳熹很高兴,激情满怀地说,"中国人也能在国际科学前沿领先发展","外国人能做到的,中国人也能做到"。

"八五"立项时,张炳熹认为,地球化学动力学实验室观察的化学振荡等一系列复杂动力学现象,是很有意义的发现,呼吁予以重视和关怀,并向"八五"项目立项专家组成员建议支持地球化学动力学实验室继续进行创新性的基础研究。1992年年底,地质矿产部批准成立地球化学动力学开放研究实验室,张炳熹担任学术委员会主任。此后,张炳熹对实验室工作倾注了更多的精力,每次学术讨论会他都亲自主持。1992年该实验室的第一本专著《矿物在热液内化学动力学和物质迁移》出版了。张炳熹高兴地挥笔写"序",充分肯定了这一研究成果的理论意义和科学价值。张炳熹扶掖后进的精神,使青年科学工作者在探索前沿的艰苦求索中自强不息。

三、张炳熹主要论著

张炳熹.1952. 矿石储量的估定. 地质学报, 32（1/2）：50~60
查哈罗夫等.1954. 金属矿床学与矿床分类法. 张炳熹等译. 北京：中国科学院
沃里弗荪.1956. 热液矿床学研究问题. 张炳熹，袁见齐译. 北京：科学出版社
毕令斯.1959. 构造地质学. 张炳熹译. 北京：地质出版社
Chang P H, Ern E H, Thompson J B.1965. Bedrock Geology of the Woodstock Quadrangle, Vermont. Montpelier：Water Resources Dept
张炳熹.1982. 有关长江中下游中生代晚期火山岩系中铁矿的若干问题. 矿床地质, 1（1）：25~34
张炳熹.1984. 对地质工作与新技术革命的几点看法. 中国地质，(9)：21~25
瑞奇.1985. 成矿概念的变化和发展. 张炳熹译. 北京：地质出版社
张炳熹主编.1985. 2000 年的中国研究资料——2000 年的中国地质. 北京：中国科协 2000 年的中国研究办公室：1~94
张炳熹.1987. 总结提高"六五"地质科技攻关成果在"七五"科技工作中取得更大成绩. 中国地质，(5)：3~5
张炳熹主编.1987. 当代地质科学动向. 北京：地质出版社
张炳熹.1988. 地质科技发展的几个战略性问题. 中国地质，(11)：9~10
赫奇逊.1990. 矿床及其构造背景. 张炳熹，李文达译. 北京：地质出版社
张炳熹.1994. 地质工作中的生产与科研. 中国地质，(8)：1~3
张炳熹.1996. 正确对待地质科研中的分歧意见. 中国地质，(5)：13~14
张炳熹主编.1997. 岩石圈研究的现代方法. 北京：原子能出版社
张炳熹.1998. 关于岩石学研究的思考. 地学前缘，(3)：1~5
张炳熹主编.1998. 中国大陆岩石圈组成、结构、演化与环境. 北京：地质出版社
张炳熹.1999. 浅谈矿床研究与勘查实践. 地学前缘，(1)：2~12
张炳熹主编.2000. 50 年来中国地质科学技术进步与展望. 北京：地质出版社

主要参考文献

中国科学家辞典编委会.1985. 中国科学家辞典（现代第 4 分册）. 济南：山东科技出版社：174~175
矿床地质编辑部.1989. 我国老一辈著名矿床地质学家简历介绍(5). 矿床地质, 8（2）：1
潘云唐.1992. 张炳熹//《科学家传记大辞典》编辑组编，卢嘉锡主编. 中国现代科学家传记（第五集）. 北京：科学出版社：485~489
沈时全，王泽九，潘云唐.2004. 张炳熹//中国科学技术协会编. 中国科学技术专家传略·理学编·地学卷 3. 北京：中国科学技术出版社：452~460

撰写者

潘云唐（1939~），生于四川合江，祖籍湖北广济（现武穴），中国科学院研究生院教授。
韦含（1990~），广西东兰人，中国地质大学能源学院资源勘查工程专业学生。
荆涛（1990~），山西运城人，中国地质大学信息工程学院地理信息系统专业学生。

涂光炽

涂光炽（1920~2007），湖北黄陂人。矿床学家与地球化学家，中国地球化学事业的奠基人与开拓者。1980年当选为中国科学院学部委员（院士）。1944年毕业于西南联合大学地质地理气象学系，1949年获美国明尼苏达大学理学博士学位。1950年任清华大学副教授，首次在我国开设了地球化学课程。1951年赴苏联莫斯科大学深造并获副博士学位。1954年学成回国，在中国科学院地质研究所任副研究员、研究员、副所长。1966年主持创建中国科学院地球化学研究所，任所长。曾任中国科学院地学部主任、中国科学院学部主席团成员、国家学位委员会委员、国家自然科学奖励委员会委员、中国矿物岩石地球化学学会理事长等职。他从事地球科学研究和教学60多年，潜心矿物学、岩石学、矿床学和地球化学等领域，提出了一系列符合我国地质特点的新思想和新理论，为我国矿产资源的研究和开发做出重要贡献。他带队综合考察祁连山，划分了构造岩相带，发现两种新矿物；他承担了"铀矿地质综合研究"，首次提出了"沉积改造"的成矿理论；他创建了"改造矿床"理论；他组织地球化学研究所200余人参加了全国富铁矿大会战，指明了寻找富铁矿的方向和方法；他组织了我国层控矿床地球化学的研究，由他主编并主要执笔的《中国层控矿床地球化学》，是我国矿床学及地球化学史上一部里程碑式的巨著；他系统总结了超大型矿床的全球背景，提出了寻找超大型矿床的6个新的成矿域；他承担了"我国金矿床主要类型、成矿模式及找矿方向"的项目，提出"攻深找盲"，为我国拓展了可观的黄金储量；他确立了分散元素可以形成独立矿床及低温成矿作用的地球化学理论体系。发表论文200余篇，出版主要专著25部。获国家一、二等重大科技成果奖18项。

一、简　　历

涂光炽，祖籍湖北黄陂。1920年2月14日生于北京，2007年7月31日于北京逝世，享年87岁。

1931~1936年，涂光炽在天津南开中学读书。在南开中共地下党的影响下，他组织参加了天津"一二·一六"学生大游行。1937年10月，他进入长沙临时大学（西南联合大学前身），不久之后，他和几位同学决定弃学从戎。

1938年1月，涂光炽去西安参加了革命队伍，在临潼一带开展抗日救亡和统一战线宣传工作。同年8月，党组织决定派涂光炽等11人去延安抗大第五期四大队学习。毕业后，经党组织同意，他回到西安。1939年6月，涂光炽来到蒲城中学，在支部书记李璞的领导下从事党的地下工作。

1940年7月，党组织决定要他回西南联大复读。他入学不久即参加了名为"流火"的进步学生组织的革命活动。1944年，他以优异的成绩毕业于地质地理气象学系。西南联大地下党组织经研究，批准他留美深造。

1946年1月，涂光炽在美国明尼苏达州大学地质系入学。留美期间，他参加、组织、领导了"北美中国基督教学生会"、"明社"、"时事座谈会"、"留美科协"等进步学生组织。1949年8月，经徐鸣、浦寿昌介绍，他在纽约加入了中国共产党。1949年，涂光炽获理学博士学位，聘任为宾夕法尼亚大学地球化学副研究员。

1950年9月,他动员、组织、带领了111名留美学者,冲破美国方面的重重阻力,回到祖国怀抱。在广州的欢迎会上,他发表了激情洋溢的讲话。接着被聘为清华大学副教授,在我国率先开设、讲授地球化学课程。

1951~1954年,涂光炽由国家选派去苏联莫斯科大学深造,并获副博士学位回国。

1954~1966年,涂光炽在中国科学院地质研究所任副研究员、研究员、副所长。并先后兼任矿床岩石研究室主任、内生矿床研究室主任。其间,承担和领导了祁连山综合地质考察及铀矿大会战。

1966年,涂光炽受命组建了中国科学院地球化学研究所,并担任首任所长。自此,他全身心致力于我国地球化学事业的开拓与发展。他对地球科学研究具有超前的预见性和创新性,站在地球化学学科发展的前沿,领导地球化学研究所的科学家们,开创了30多个地球化学新的分支学科,使地球化学研究所成为国内地球化学研究基地,跻身于世界地球化学发展前沿行列,在国际上享有较高的声誉。为此,明尼苏达大学1999年授予他荣誉科学博士学位,在学位证书中称他为"中国地球化学之父"。

1980年,涂光炽当选为中国科学院学部委员(院士)。同年,中国矿物岩石地球化学学会成立,他担任首任理事长。1980~1996年,他担任中国科学院地学部主任。任职期间,他针对我国资源环境中的重大战略问题,组织院士们主动向国务院及有关部门提出了"关于我国海洋资源的开发与利用"、"关于黄河综合治理"、"关于我国干旱与半干旱地区的水资源"、"关于加速天然气与东南核能资源的开发与利用"、"继续和深化新疆北部成矿规律研究"等咨询建议,引起了国务院和有关部门的重视,取得明显的社会效益。1980~2000年,他担任中国科学院第一、二、三届主席团成员。

涂光炽1993年当选为第三世界科学院院士,1996年当选为俄罗斯自然科学院院士。

涂光炽先后培养了71名研究生。先后兼职:国家学位委员会委员,国家自然科学奖励委员会委员,《中国科学》、《科学通报》副主编,《矿物学报》、《地球化学》(中英文版)主编,Earth and Planetary Science Letters、《地球化学杂志》编委,美国地质学会终身荣誉会员,北京大学、中国科技大学、中国地质大学、南京大学、浙江大学、中山大学、西北大学教授。曾任第五届、第六届全国人大代表和第七届贵州省人大常委会副主任。共获国家一、二等重大科技成果奖18项,包括何梁何利基金科学与技术进步奖在内的优秀科技工作奖5项。

二、主要学术成就与学术思想

(一) 主要科学研究成就

涂光炽的研究工作始终与国家目标相结合,紧密围绕国民经济和国防建设中重大和紧缺矿产资源的需求,先后对国内外400多个矿床进行了实地考察和对比,足迹遍及除西藏外的我国各地山川与除极地外的世界各大洲。根据中国及不同区域地质特色和多年找矿实践,开展了多项具有国际前沿和国家战略意义的重大课题和重要方向的研究,为我国地学科学发展和矿产资源的开发做出了重大贡献。

1. 祁连山综合地质考察

1956~1960 年，涂光炽作为队长，组织和领导了祁连山综合地质考察和研究工作，总结了干旱地区硫化物矿床氧化带发育特征及分带，与同事们共同提出了祁连山构造岩相带的划分，发现锌赤铁矾和锌叶绿矾两种新矿物变种。他与尹赞勋、李璞和陈庆宣等合作主编的《祁连山地质志》，填补了该区地质研究的空白，为国家在祁连山地区进行地质普查和矿产资源的开发提供了基本依据，获 1978 年中国科学院重大科学技术成果奖。

2. 为我国原子能事业奠基

1964~1978 年，为了发展核工业，他承担了国家重大科研项目"铀矿地质综合研究"。在中国科学院地质研究所，他组织和领导科研人员，先后到秦岭地区和南方诸省区及铀矿山进行野外工作，开展了铀矿资源、成矿理论、矿床物质成分、矿产评价与找矿标志的研究。通过实际调查和深入研究，他指出：我国主要铀矿类型明显不同于国外，不利于形成前寒武纪不整合脉型铀矿、古砾岩型金铀矿，不宜生搬硬套他国经验。他首次提出了符合我国实际情况的"沉积再造"成矿的新观点，为我国在沉积岩中找铀矿提供了理论指导。这一创新观点后来发展成为"沉积改造"成矿理论。他与同事们一起撰写的有关中国铀矿床的论著，全面论述了我国铀矿床的类型、成因、地球化学特点、物质成分、成矿条件、机理和模式以及找矿标志，指出了我国找铀矿的时空方向。其研究成果获 1978 年全国科学大会奖。1999 年 9 月 18 日，国家召开"两弹一星"庆功大会，他因对寻找铀矿有杰出贡献，受到表彰。

3. 花岗岩类地球化学研究

1973 年夏，涂光炽带领 20 多位科研人员，乘坐一辆解放牌卡车，对华南花岗岩进行了为期一个月、行程数千公里的野外考察。经过十多年的研究，他提出花岗岩类多成因演化的观点和"断裂重熔"形成花岗岩质岩浆的理论。1982 年，他正式提出将我国花岗岩划分为壳型、壳幔型和富碱侵入体三种类型，用富碱侵入岩的新概念，探讨了华南两个富碱侵入岩带的形成机制与分布规律，指出花岗岩类的成矿作用不能只限于结晶分异，还应包括热水淋溶与叠加，促使被侵入岩石中的成矿元素发生活化转移等成矿作用。概括出花岗岩成矿的 9 种方式，丰富和发展了花岗岩的分类、成因和成矿作用理论。首次提出并论述了全球第三条巨型汞锑矿带——中亚-秦岭带及其特征。他率先提出并强调了改造成矿作用概念，将传统的三分类矿床（沉积、岩浆与变质矿床）变为四类（增加一类"改造矿床"）。由他主持的研究项目"华南花岗岩地质地球化学与成矿关系"获 1982 年国家自然科学奖二等奖。

4. 为富铁矿大会战指明方向

1975~1979 年，国务院下达了富铁矿研究的"会战"任务。一开始的主要找矿指导思想是"寻找前寒武系古风化壳型富铁矿"。涂光炽在对我国不同类型铁矿床的调查实践和对我国地壳发育特点认识的基础上，总结出我国铁矿床的十大特点，指出原找矿思路存在问题。他多次在会议上明确阐述自己的观点："我国的地质条件不适于大规模风化壳型富铁矿的深透发育形成与保存。因此，我国在探寻富铁矿时应广开门路，而不应过多地考虑风化壳型富铁矿"，建议不要把"寻找前寒武系古风化壳型富铁矿"作为战略方向。他负责了国家重大科研项目"我国富铁矿成矿规律、形成机理、远景预测及新技术、新方法研究",亲自组织、指挥、领导了地球化学研究所200余人的富铁矿研究队,分赴全国几个重要矿区,参加了全国富铁矿大会战。他总结出一套对生产部门有实际指导意义的寻找富铁矿的方向和方法,深受生产部门的重视,并被后来的找矿实践所证实。在大量细致的野外考察和深入的室内研究基础上,由他主持提交的"中国富铁矿地质地球化学综合研究"成果,获中国科学院1979年重大科技成果奖一等奖。

5. 中国层控矿床地球化学研究

1979~1986年,为进一步完善层控矿床新理论,涂光炽组织领导并直接参加了我国层控矿床地球化学的研究和总结。他设计了课题的研究任务、内容、进展及预期成果,提出了课题的学术思想及指导原则,经常检查、督促与指导,严格审查把关,亲自动笔撰写主要章节,保证课题研究的高质量。由他主编并主要执笔的《中国层控矿床地球化学》(三卷本),分别于1984年、1987年、1988年由科学出版社出版发行。1996年又出版了英文版 *Geochemistry of Strata-bound Deposits in China* 一书。专著深入探讨了17个矿种250个矿床的地质地球化学特征及成矿机制,提出了许多创新性理论:明确规范了层控矿床的概念;归纳了层控矿床的5种成矿方式;创造了"改造成矿作用"术语,提出矿床成因分类四分法;深入讨论了改造矿床的物质来源、介质条件、热液运移的驱动、矿床定位的因素、方式和场所等形成机理、地球化学特征与规律、成矿作用与矿物共生组合等;分析了层控矿床元素地球化学性质与矿床类型的关系;总结了中国层控矿床的特点,解释了中国层控矿床特别发育的原因。他反复强调成矿的多成因、多来源、多阶段观点,并在理论上突破了传统成矿理论,形成了一套较完整的层控矿床理论,促进了矿床地球化学的发展,在找矿勘探领域提供了新的前提与方向。

《中国层控矿床地球化学》被誉为"我国有关层控矿床及其地球化学的最全面、最系统的总结,也是这方面研究的最新成就","在我国矿床学及地球化学史上是一部里程碑式的巨著","它无疑是一部高学术水平和具有理论及实际价值的科学著作,对世界矿床学宝库将是一个重要贡献"。这项成果荣获1988年国家自然科学奖一等奖。

6. 加速查明新疆北部矿产资源

1986年,年近古稀的涂光炽刚做完心脏手术不久,身体虚弱,但他置之不顾,仍领导科技人员请战"北疆主要矿产成矿规律与找矿方向研究"等8个研究课题。三年中,他每年都要抽出一定的时间到新疆,对北疆地质构造、沉积建造、岩浆岩以及各种主要金属、非金属矿床进行系统的野外考察,获取第一手资料。利用各种先进测试手段取得了大量的同位素、岩石化学、微量元素、矿物化学、矿物谱学、成岩成矿实验、包裹体测温等数据,对北疆地质发育和地球化学的特征、成矿带划分、某些岩类及矿床形成机理、演化规律、找矿方向等提出了新的看法。其成果于1993年获中国科学院科学技术进步奖二等奖。

7. 与寻找超大型矿床有关的基础研究

耄耋之年的涂光炽十分关心我国矿产资源的前景,负责承担了国家重大科研项目"与寻找超大型矿床有关的基础研究"。他指出今后我国矿产资源的出路是要寻找超大型矿床,首次系统阐述了某些超大型矿床具有多种成矿作用叠加、封闭的聚矿盆地、同生构造发育、热水沉积成矿作用等特点;揭示了超大型矿床的时空分布特征和规律;提出了超大型矿床的概念、分类原则;指出了超大型金属矿床在矿化类型上的选择性和局限性;深入细致地剖析了成矿元素超常富集的若干关键控制因素及形成超大型矿床的机制；系统总结了超大型矿床的全球背景；提出了寻找超大型矿床的6个新的成矿域。该项研究丰富和发展了矿床学、地球化学和区域成矿学理论，拓宽了找矿思路，为开展超大型矿床的寻找和理论研究提供了科学依据。

8. 黄金大会战

国家需要黄金，而黄金埋于地下。科学家们看在眼里，急在心里。1987年，孙鸿烈、涂光炽、陈国达给国务院总理写信请战，要求"全国黄金地质工作领导小组将我院作为找金部门之一"，提出"找大矿，重视科研"的观点，得到国务院的重视。涂光炽负责承担了国家重大科研项目"我国金矿床主要类型、成矿模式及找矿方向"，中国的大型黄金矿山和重点金矿勘探区均留下了他的足迹。中国科学院地球化学研究所投入了相当的力量，编辑出版了6卷《中国金矿大全》。

涂光炽认为中国不具备世界产金大国那种古砾岩型金矿床的成矿条件，我们要走自己的找金之路。在他指导下，探讨了含矿岩系的成矿地质背景，划分了矿床类型，指出了金矿床类型分布的区域性特点、金矿的时空展布、形成机制与成矿模式，阐述了我国金矿的成矿物质来源、活化、运移、定位、富集及流体体系的地球化学特点，指明了找矿方向、远景预测和采、选、冶新技术方法。他多次去山东招远、牟坪等矿山，下矿井考察，提出"攻深找盲"，救活了9个废弃矿山，拓展了可观的黄金储量。其研究成果分别获1993年国家黄金局一等奖、1997年中国科学院科学技术进步奖特等奖。"我国金矿成矿模式、找矿方向及找矿选矿技术方法研究"获1998年国家科学技术进步奖二等奖。

9. 低温地球化学

低温地球化学主要研究自然界200℃以下（包括常温和零摄氏度以下）元素被活化、迁移和富集的地球化学行为。这是涂光炽20世纪90年代初提出的研究课题，是地球科学的重要前沿领域。中国的低温成矿作用，主要集中发生在我国西南地区。该项研究采用矿床地球化学-实验模拟-计算模拟紧密结合的方法，对地块基底和盖层结构与大面积低温成矿的关系、动力学背景、物质和能量传输机制、矿床分区和元素共生分异机制、元素活化-迁移-沉淀实验和低温开放体系中水-岩相互作用实验以及成矿规律和预测等，进行了开拓性的综合研究，取得了一系列重要创新成果：①确立了我国西南地区存在90万 km^2 的大面积低温成矿域，其面积之大、矿种之多、矿床组成和组合之复杂堪称世界之最，揭示了形成的背景、过程和机制；②确定了成矿元素在低温条件下活化、迁移和沉淀的条件；③将有机地球化学与无机地球化学融合，提出了油气形成过程可促进金属成矿的理论；④突破了只有高、中温才能形成贵金属矿床的传统观念，建立了低温条件下贵金属富集成矿的理论；⑤建立了低温成矿作用的地球化学理论体系。"成岩成矿低温地球化学"获1999年中国科学院自然科学奖一等奖。

10. 分散元素成矿机制

分散元素指地壳中丰度很低，在岩石中以分布极为分散为特征的元素，包括Cd、Ga、In、Tl、Ge、Se、Te、Re等8个元素。多数分散元素在自然界中形成矿物的概率很低，加上产地稀少，形成独立矿床的概率也就更小。涂光炽和他的科研集体，研究了分散元素的成矿地质背景、构造环境、岩石特征、矿化与蚀变、元素及同位素特征、元素的赋存状态、成矿流体及生物和有机质对矿床形成的贡献,以及某些分散元素的环境效应,开展了某些分散元素的迁移富集实验、淋滤实验和载体矿物的吸附实验,取得了创新成果:①确立了分散元素可以形成独立矿床的理论体系;②确定了分散元素矿床中分散元素的赋存状态为独立矿物、类质同象和有机质吸附三大类;③发现了9种分散元素新矿物,两种是国际上首次发现,国际矿物协会新矿物和矿物命名委员会将其中一种命名为"涂氏磷钙石";④确定了分散元素矿床的分类;⑤揭示了西南地区某些分散元素的成矿机制;⑥确定了我国西南地区分散元素矿床集中出现的有利因素;⑦确定了分散元素成矿的专属性;⑧提出了分散元素的找矿方向。此项研究成果获2003年贵州省人民政府自然科学奖一等奖,与"低温地球化学"一起获得2005年国家自然科学奖二等奖。

(二) 学术思想及其影响

涂光炽始终瞄准国际学科前沿,他始终践行着科研紧密结合经济建设实际,不断提出新方向、新课题;他主张兼容并蓄,多学科交叉融合;他坚持实事求是,自主创新;他致力于把中国科学院地球化学研究所建成第一流的研究所;他一再强调地质工作者应力求掌握正确的思维方法;他提出的座右铭,是学风严谨的真实写照。他渊博的学识、精辟的学术观点和辛勤的耕耘,影响并推动了地学事业的发展。

1. 主张兼容并蓄,多学科交叉融合

涂光炽说:"我认为一个研究所、室可以为发展某一学科而设立,但不应为维护某一学派或某一观点而设立。以行政手段打击一个学派或观点是错误的;同样,以行政手段扶持一个学派或观点也未必正确。只有通过长期实践,才能检验某一观点是否正确。因此,研究单位对于各种学术观点力求兼容并蓄,各种观点可以通过讨论、争鸣,互相补充。"

他的主攻研究方向是固体地球化学。然而,他以极其敏锐的思维扶持在当时看来是有悖其主攻方向的研究。例如,1968年,地球化学研究所几位年轻人向他提出研究"克山病"的病因。他立即表态:这是非常有意义的课题,值得研究。随后他连续发表了《70年代自然科学领域中一个新生长点——环境科学》、《关于环境科学》等文章,为这门新兴学科大声疾呼。在他的支持下,地球化学研究所率先建立了环境化学分析实验室,随后在对"克山病"和其他地方病及环境污染元素调查与分析的基础上,发展了"环境地球化学",并发展成为"环境地球化学国家重点实验室"。1979年,结合国家的需要,他将石油天然气作为地球化学研究所第一项科研任务,要求全所上下齐心协力共同开展研究,取得多项重大成果,获1979年国家科技进步奖一等奖。随即发展了"有机地球化学",研究室也发展成为"有机地球化学国家重点实验室"。

由于学科本身的特性,第四纪地质当时在地球化学研究所没有相邻学科的技术支撑,这时,地球化学研究所所从^{14}C测年技术到古地磁实验等都给予了大力支持。刘东生院士曾深有感触地说:"中国第四纪研究,就是从地球化学研究所开始发展起来的,西安的黄土与第四纪研究室,现在叫地球环境研究所,更是直接由地球化学研究所的发展和支持才得以诞生的。"正是涂光炽"兼容并蓄,多学科交叉融合"发展的主张,在地球化学研究所相继产生和发展了同位素地球化学、天体化学与核地球化学、有机地球化学、环境地球化学、第四纪地球化学、实验地球化学等30多种学科,为中国地球化学事业的发展描绘了美好的蓝图,促进了我国地学事业的迅猛发展。

2. 致力于建立第一流的地球化学研究机构和研究体系

1986年，涂光炽在地球化学研究所庆祝建国35周年大会上说："党中央提出了科技工作要面向经济，要大力开展应用研究，积极而又有选择地搞一些发展工作，继续重视基础研究的方针。我们全所同志应该按照这个方针齐心协力，再接再厉，开创新局面，把地球化学研究所办成第一流的研究所。"他要求"出第一流的成果"，"出第一流的人才"，"出第一流的刊物"，"建立第一流的实验室"，"办好第一流的学会"，要有"第一流的组织管理"。为此，他采取了以任务带学科，以学科建研究室的指导方针，从课题设计、人员组合、设备配置、技术更新、后勤保障及行政管理等方面，建立起了一整套行之有效的技术支撑系统和地球化学研究体系，完成了许多国家重大任务，取得了卓越成就。1999年，涂光炽被美国明尼苏达大学授予荣誉科学博士学位，其证书上写道："因为您被公认为中国地球化学之父，对中国地质科学的发展影响深远，通过创建与发展地球化学研究所而为中国的地球化学事业奠定了坚实的基础；在艰苦的环境下，您领导地球化学研究所取得了丰硕的研究成果，在国家矿产资源的勘探与开发和环境保护等方面起到了重要的指导作用，促进了国家经济的发展和环境质量的改善；通过您对国际合作与交流项目的不懈倡导，有效地提高了中国科学的国际水平，并把地球化学研究所发展成为世界知名的研究机构。"

3. 瞄准学科前沿，结合国家需求，不断提出新方向、新课题

涂光炽学识渊博、思维敏锐，提出"要把双眼紧紧盯在经常变化而又丰富多彩的学科前沿上，并结合国民经济需求不断提出新方向、新课题，并亲自组织实施，在工作中逐渐提出新看法，新见解"。他从中国的地质实际出发，实事求是，绝不人云亦云，生搬硬套别人的经验、看法。诸如他及时提出"中国不具备古风化壳型富铁矿、不整合脉型铀矿和古砾岩型金铀矿"的观点，为富铁矿、铀矿及黄金大会战指明了找矿方向。他在成岩、成矿方面提出的"断裂重熔"、"叠加与再造"、"沉积改造"、"富碱侵入岩"、"层控矿床"、"低温成矿"以及"分散元素可以形成独立矿床"等自主创新的理论，强调形成矿床的"多源性、多期性、多成因"。为寻找矿产资源和建立矿业基地，他开展了"超大型矿床的基础研究"，指出更多的矿产资源应该突破目前的300m，向500m乃至上千米以下寻找，认为这才是建立我国矿产资源安全体系的关键所在。为解决"危急矿山"和寻找"隐伏矿体"，他提出"攻深找盲"的观点。在他领导完成的众多科研成果中，他的学术思想、创新理论，对我国矿产资源的深入系统研究、勘探寻找和合理开发利用，在理论上与实际应用上都具指导意义，对矿床学、地球化学以及整个地球科学的发展做出了卓越贡献，具有深远的影响。

4. 地学研究中若干思维方法

涂光炽提出："地学工作者应当自觉地运用辩证唯物主义指导自己的业务实践"。他多次强调，并力求自己做到。他提出，要下大力气突破三种制约因素：①地质作用本身和地质体的形成是长期的（常有几千万年、几亿年的过程）、错综复杂的，我们现在只能看到这些长期作用的最后结果；要探讨全过程，如果缺乏系统的理论、方法、手段，容易带上主观因素。②地学的区域因素很强。某一地带的规律、现象不一定会出现于其他地带，但在一个地方工作时间长了，就容易把对这一地方的看法推广到其他地方，这就可能带来一定的片面性。③各种传统观念和习惯势力的束缚。

为恰如其分地反映客观实际，涂光炽提出要讲究思维方法，处理好下列8个关系和矛盾问题：非此即彼与亦此亦彼，复杂成因与单一成因，将今论古与地球演化，突变论与渐变论，共性与个性，开放体系与封闭体系，野外观察与实验测试，均一性与非均匀性。80年代，他多次探讨了这8个地学思维问题，并写成文章《地学中若干思想方法的讨论》(1989)，发表于《自然辩证法研究》上。这8个问题涉及地学在数百年的发展历史中的主要思想方法问题，他正确地处理了这些关系和矛盾，建立了符合客观实际的地学理论体系，取得了令人瞩目的成就。这对整个地学界的研究具有深刻的启迪意义和影响。

5. 学风严谨，厚德载物

涂光炽为祖国、为人民、为科学事业坚贞不渝、无私奉献；他严于律己、宽以待人；他在做人、做事、做学问上总是强调并身体力行"德尊贵"、"品先行"的原则；他在人才培养上十分强调"一定要从学术道德上教育、影响学生，言传身教、潜移默化地接受，使之形成好的学术作风"。他始终保持高尚的品德和崇高的人格魅力。他治学严谨、锐意进取、学术民主、实事求是，是受到普遍尊重的治学楷模。他为自己和地学工作者提出了下面8句座右铭："设想要海阔天空，观察要全面细致。实验要准确可靠，分析要客观周到。立论要有根有据，推论要适可而止。结论要留有余地，表达要言简意赅。"这就是他严谨治学作风的真实写照。

涂光炽是革命者、学者、师者、仁者、善者、领导者。他为我国的国民经济、科学事业和教育事业的可持续发展，做出了卓越的贡献。

三、涂光炽主要论著

中国科学院地质研究所等（涂光炽等）．1960．祁连山地质志．北京：科学出版社

涂光炽，于学元．1979．花岗岩类成因讨论//中国科学院贵阳地球化学研究所．华南花岗岩类的地球化学．北京：科学出版社

涂光炽．1981．我国铁矿地质若干特点与找矿问题//中国科学院地球化学研究所．铁的地球化学．北京：科学出版社

涂光炽等．1982．西藏南部花岗岩类地球化学．北京：科学出版社

涂光炽等．1984．地球化学．上海：上海科学技术出版社

涂光炽等．1984，1987，1988．中国层控矿床地球化学（一），（二），（三）．北京：科学出版社

中国科学院地球化学研究所（涂光炽等）．1986．地球化学文集．北京：科学出版社

宋叔和，康永孚，涂光炽等．1989．中国矿床（上册）．北京：地质出版社

涂光炽，霍明远等．1991．金的经济地质学．北京：科学出版社

Tu G Z, Xu K Q, Qiu Y Z. 1992. Petrogenesis & Mineralization of Granitoids-Proceedings of 1987 Guangzhou International Symposium. Beijing：Science Press

涂光炽．1993．新疆北部固体地球科学新进展．北京：科学出版社

涂光炽等．1993．华南元古宙基底演化和成矿作用．北京：科学出版社

涂光炽．1995．庞然大物——与寻找超大矿床有关的基础研究．长沙：湖南科学技术出版社

Tu G Z et al. 1996. Geochemistry of Strata-bound Deposits in China. Beijing：Science Press

Tu G Z et al. 1996. Low-Temperature Geochemistry. Beijing：Science Press

涂光炽等.1998.低温地球化学.北京：科学出版社

Tu G Z, Chow T C et al. 1998. Isotope Geochemistry Researches in China. Beijing：Science Press

涂光炽等.2000,2002.中国超大型矿床（Ⅰ）,（Ⅱ）.北京：科学出版社

涂光炽.2003.成矿与找矿.石家庄：河北教育出版社

涂光炽等.2004.分散元素地球化学及成矿机制.北京：地质出版社

主要参考文献

卢嘉锡等.1998.院士思维（卷二）.合肥：安徽教育出版社：688~702

中国科学院地球化学研究所等.1999.资源环境与可持续发展——庆祝涂光炽院士从事革命和地球科学工作60周年暨80华诞.北京：科学出版社

朱新国，杨光荣.2001.钟情学科前沿 矢志开拓创新——矿床学家及地球化学涂光炽院士传略//中国地质大学校史编撰委员会编，赵克让主编.地苑赤子——中国地质大学院士传略.武汉：中国地质大学出版社：98~106

中国科学院地球化学研究所，中国科学院广州地球化学研究所.2006.艰苦创业 铸就辉煌——中国科学院地球化学研究所建所40周年.北京：科学出版社

撰写者

成忠礼（1939~），四川南江人，副研究员，曾任中国科学院地球化学研究所科技开发部主任。长期从事同位素地球化学研究、科技管理和《矿物岩石地球化学通报》编辑。地球化学研究所40周年发展史《艰苦创业 铸就辉煌》编委会委员、编辑部编辑。《涂光炽院士图传》和《涂光炽回忆与回忆涂光炽》两书编辑。

＊＊＊＊＊＊＊＊＊＊＊＊＊＊＊＊＊＊＊＊＊＊＊＊＊

孙大中

孙大中（1932~1997），山东威海人。地质学家。1991年当选为中国科学院学部委员（院士）。1955年毕业于北京地质学院。曾任中国地质学会前寒武纪专业委员会主任委员，国际地科联地层委员会前寒武纪分会投票委员，国际地质对比计划（IGCP）217项——"元古地球化学"中国工作组组长、92项——"太古地球化学"中国工作组副组长，太平洋科协中国委员会委员，中国科学院广州地球化学研究所负责人，广东省可持续发展研究会首任会长。他主要从事前寒武纪地质和地球化学研究，对我国最古老岩石出露区——冀东的构造格架、地层划分、成矿规律进行总结，建立了该地区前寒武纪地壳演化模式，对部分麻粒岩成因提出新论点；在中条山，运用综合年代学方法建立新型的前寒武纪年代构造格架，确定其岩浆结晶年龄时限落在全球缺乏岩浆活动记录的2400~2000Ma之间，并厘定中条运动为两幕，结束于1850Ma。提出以火成岩年代-地球化学作为岩石圈"探针"的新方法，建立年代地壳结构模式，从而解剖了中条山前寒武纪重大地质事件和铜矿成矿历史；他总结了中国大陆东部，特别是华北克拉通古老地壳的地球化学特点、增长方式和主要增长阶段等演化规律，指出其时空演化在全球的特殊性。在他生命的最后几年，开拓可持续发展研究，为地学扩展新的研究领域。他出版了专著7部（合著），发表学术论文120多篇。曾获全国科学大会奖、国家自然科学奖二等奖和省部级科技成果一等奖等多项。

一、人生足迹

孙大中，1932年6月20日生于山东威海，1997年5月1日于广州逝世，享年65岁。

孙大中儿时在山和海的怀抱中成长。幼年时全家迁居天津。新中国成立后不久，随经商的父亲到香港，就读于香港南华中学。返回内地后进入天津南开中学学习。高中时在地理老师和高年级同学的影响下对地质学产生了兴趣，考入清华大学地学系，1952年院系调整后进入北京地质学院，由此与地质学结下了一生的情缘。

作为家中的独子，他自然受到家庭的宠爱。他的母亲是家庭主妇，父亲是做进出口贸易的商人。父母虽然希望他多读书，读好书，长大有作为，但并没有给过他任何的压力，也不干涉他的学习，加上那时的学校没有过多的应试教育，宽松的学习环境，自主的学习兴趣，使他由喜欢学习到享受学习，由自主学习进入到自觉学习的状态，而且养成了独立思考的好习惯。从初中到高中，学习成绩崭露头角。

孙大中与山川河流有着与生俱来的情感，对地质学情有独钟。他喜欢启发式的理论联系实际的教学方法，腻味填鸭式的教和啃书本式的学。大学时代，他喜欢埋头于图书馆，也特别钟情野外实习，到大自然中去汲取知识。星期日，他常邀同窗好友到北京西山边游玩边观察地质现象，乐此不疲。寒暑假他也经常随老师在野外度过。1952年，他随高振西先生率领的野外实习队，跑遍了长江中下游的重要矿区，实习的同时又为新成立的北京地质学院地质陈列馆采集标本。野外工作结束时正值学校放暑假，高振西希望带他到南京地质博物馆作室内研究。他十分珍惜这个机会，充分利用博物馆的条件，潜心观察研究。他后来回忆道："一个多月的时间是短暂的，但我一生都难忘这个暑假。它使我受到一次由野外到室内、由实践到理论的绝好的锻炼，为我后来在结晶学、矿物学、矿床学和地质学发展史等方面的学习和研究打下了基础。"

社会上有人调侃地质人员：远看像个要饭的，近看是个勘探的，十分形象地描绘了野外工作的艰辛，对此他却乐在其中，发现新事物的期望和喜悦压倒了一切。1954年他参加了马杏垣教授领导的中条山科研队，转年又为做毕业论文独自到中条山进行野外工作。正值3月初，北方大地乍暖还寒，中条山白雪皑皑、天寒地冻。白天他深一脚浅一脚地在深山跋涉，不时掉进被雪埋没的探槽中。夜晚就在小油灯下整理资料，破旧的小卖部的柜台就是他的床铺。清晨醒来，发现被子上常盖了薄薄一层雪花。在这样的条件下，他完成了野外地质工作，还草测了一份1∶5万的前寒武纪地质图。他的毕业论文被学校推荐为"毕业论文样板"，后发表在《地质学报》上。50年代的中条山是我国铜矿勘探的重点地区，云集了到此工作的专家，该区前寒武纪地质的一些重大问题引起了热烈的讨论。虽然只是一个学生，但他对该区前寒武纪岩系划分及构造运动幕次提出了自己的见解，这些观点至今仍为大多数研究者所认同。因此在学生时代，他就受到老一辈专家的青睐。这次野外工作使他与中条山结下了不解情缘，由此开始了他研究前寒武纪地质的生涯。

他从青年时代就养成了博览群书、博采众长、兼收并蓄的良好学风。他爱买书，更爱读书。每出差到一地，必定要去新华书店。他的书都是经年累月像淘金一样淘来的，所以十分爱惜，每本书的扉页右上角都写着某年某月某日购于某地，书里面夹满了看过后留下的小纸条。几十年如一日苦读加巧读，博闻强记使他具有过目不忘的记忆力、开阔的眼界和敏锐的思辨能力。也因为掌握了大量资料、信息，他的研究工作起点高，有开拓性，能与国际接轨。

参加工作以后，他的勤奋和钻研精神受到领导的器重和重点培养。他曾先后回母校和中国科学院地质研究所，分别师从苏联专家拉迪什教授和郭承基教授进修地球化学和稀有元素地球化学。紧张的学习之余，他还与同室好友胡受奚先生共同翻译出版了《元素的分布》一书。这些都使他得以将地球化学专长融会于前寒武纪地质研究中，从而取得了可喜的成果。毕业后三年他就破格晋升为讲师。

学校教育是学子成才的重要基础，南开中学孕育了孙大中的多才多艺。年轻时的他喜欢绘画和雕塑艺术，喜欢欣赏古典音乐。大学时代丰富多彩的课余活动，使他的爱好得到培养和发展。北京地质学院校园内众多反映地质队员生活的雕塑群像，就是师生们自己创作的，他就是参加者之一。每当回忆起大学生活，他心中充满了喜悦和自豪。业余爱好充实了他的精神生活，陶冶了他乐观向上的性格，培养了他的观察能力、表现能力以及工作时耐心细致的作风。

清华大学、北京地质学院会聚了众多地学界的泰斗名士，他们学贯东西，治学严谨。孙大中说他一生都感念母校和师长的恩德，他多次回忆道："我在大学阶段和工作后回母校进修期间所受到的良好而系统的教育，众多名师的教诲指导，以及他们严谨的治学态度、献身地质事业的精神给予我的启迪，是终生受用不尽的，也确立了我为地质事业奋斗终生的志向。"

"文化大革命"中他身陷囹圄，受尽皮肉之苦，还长期被剥夺搞科研的权利。他不怨天尤人，不浑浑噩噩，每天照常早早起来看书。他妻子赌气说："都关牛棚了，烧锅炉了，你还看什么书！"他平静地说："知识分子不看书还能做什么？"1972年，他戴着"特嫌"的帽子，在中条山铜矿研究队接受监督改造，他不在乎自己是"黑几类"，倒庆幸有了参加科研的机会。他身处逆境却一心扑在工作上，成了科研队实际上的学术带头人，使中条山地区的前寒武纪地质和铜矿的研究取得了新进展。1978年，他得以彻底平反。随着祖国科学春天的到来，正值壮年的他也迎来了一生的黄金时期。他说他没有时间计较个人所经历的风雨坎坷和得失，只想把蹉跎的年华补回来。这以后的20年是他最忙碌、活得最精彩的时光，一生主要的科研成果和学术专著都是在这一时期完成的。他驰骋在科学的疆场上，激情加责任感迸发出无限的热情，科研思维也空前活跃。

他当选为中国科学院学部委员（院士）后，有人劝他要保养身体，充分享受待遇。可他觉得身上的责任更重了，只感慨时间不够用。90年代初，他敏锐地注意到由于社会经济高速发展，人口不断增长所带来的资源和环境问题的严重性，苦苦地思索地学研究如何更好地服务于社会经济的发展。1992年国际环境与发展大会的召开和《21世纪议程》的发表，在他心中激起了波澜。从领导岗位退下来后，已62岁的他义无反顾地决定开辟新的地学研究领域，开展可持续发展研究。在他的积极倡导和努力下，从舆论准备、科研机构建立到课题立项等，广东省可持续发展研究蓬勃展开。难能可贵的是，很多工作是在他在癌症晚期后进行的。

孙大中平素极少求医问药，偶染微恙，诸事不误。长期的体力和心力的透支埋下了祸根，1996年5月，他突然病倒在广东省基础研究研讨会上，后来发现竟然已是癌症晚期。但他很坦然，他说："搞科学的人，要正确对待疾病，生死是自然规律。"他以顽强的毅力与病魔做斗争，在半年中开刀三次，却从来不哼一声，每次手术后几天就开始下地工作。当需要他到外地确诊时，他却起早贪黑地起草修改研究项目的立项书。在医生嘱咐的静养待查期间，他却马不停蹄、早晚兼程地出差和作报告。即使当他肠梗阻已经十分严重，晚上疼痛不能入睡时，他仍坚持参加东深供水工程的野外考察，每到一地，就与当地领导讨论可持续发展中水资源和水环境的利用保护。考察期间休息半日，安排游深圳野生动物园，他却到九三学社深圳市委员会作了 3 小时的可持续发展的学术报告。看他精神抖擞的样子，谁都想不到他已病入膏肓。

孙大中很喜欢南宋诗人陆游在《冬夜读书示子律》中的四句话："古人学问无遗力，少壮功夫老始成，纸上得来终觉浅，绝知此事须躬行。"他将此诗写在日记本上，时时提醒自己。去世的前夜，他竭尽全力为自己的一生作了总结。他对守候在身边的亲人说："人不坚强，一事无成；人不勤奋，一事无成；不能团结别人，也将一事无成。我一生努力按这三点处世立命，也希望你们能以此教育下一代。"坚强、勤奋、团结大家共同奋斗，这是孙大中一生的写照。

二、主要研究领域和学术成就

前寒武纪是地球最早期的历史，是指 45 亿年前地球形成以来直至 6 亿年前这一漫长而复杂的演化过程。这一时期又是重要的矿产资源如铁、铜、金、稀土等的主要成矿时期。因此，前寒武纪地质对研究地球的形成和演化有着极其重要的地位，对国计民生也有着直接的关系。由于前寒武纪时间跨度长，历经的构造作用和变质作用多而复杂，认识和恢复前寒武纪的本来面目是地学研究中极具挑战性的工作。孙大中长期担任我国前寒武纪地质专业委员会的领导职务，并在有关的国际组织任职，为促进我国该领域科学研究的蓬勃发展和国际合作做出了积极的贡献。任职期间，他积极组织各种专题的野外考察、多种形式的国内和国际学术研讨会，加强学术和人才交流，引进和推广国外新的学术思想和先进的技术、设备。他参与了国际前寒武纪地层分会讨论和制定全球前寒武纪划分方案的全过程。其间，他充分反映中国的地质情况和研究成果，和其他中国同行（通信委员）一起，据理力争以 1800 Ma 和 1000 Ma 代替 1600 Ma 和 900 Ma 作为元古宙三分的年代界线。国际前寒武地层委员会接受了中国代表（和澳大利亚代表）的建议，呈报国际地科联获得批准。目前全球通用的前寒武纪年代划分标准包含了孙大中的努力和心血。

（一）主要研究成果

1. 对中国典型的太古宇发育区的研究成果

冀东是中国早前寒武纪地质发育最典型的地区，也是我国太古宙高级变质岩分布最典型的地区。孙大中曾两次带队在该地区进行科研工作。他（们）提出分别以"综合地层法"和"构造地层法"建立深、浅变质地层层序，并最早将地球化学方法应用于地层研究工作中，对我国前寒武纪地层学的研究有着重要的影响；他们研究得出该区 4 群 10 组的地层划分方案，以及八道河群王厂组基性火山岩是该区金矿的主要矿源层的观点，对该区域成矿预测和找矿工作有重要的指导意义；恢复了该地区早前寒武纪地壳演化历史，提出太古宙早期为陆核，太古宙晚期形成结晶基底，早元古代则为裂谷式带状下陷的观点，这为他后来认识和总结华北陆台，乃至中国东部早期地壳演化规律打下了基础。此外，他还提出花岗岩质岩浆侵位也可形成麻粒岩的新观点。1984 年出版的《冀东早前寒武地质》是我国研究高级变质区较早，较系统的一部重要专著，受到国内外同行的高度重视。

2. 对中条山研究的贡献

中条山是中国元古宇，特别是早元古代地层出露比较完整的地区，又是著名的"中条山铜矿"的产地，孙大中先后在该区进行过三个课题的研究工作。学生时期，他就提出：位于中条系之上的一套属于山间坳陷沉积的磨拉石建造，是中条山地区前震旦纪最后的一次沉积，将其命名为"担山石系"；中条系和担山石系之间的不整合及担山石系与震旦系之间的不整合是同一次地壳运动在不同时间和地点的表现，是地壳运动长期性的反映，因此提出中条山区吕梁运动（在该区称为中条运动）划分为两幕的观点；他（们）详细解剖了区内归属于三个早元古代含铜建造的主要类型铜矿，认为原始成矿时代和成矿作用不同，但具有明显的共性——层控性。经历区域变质后，特别是1850 Ma左右的中条运动构造-热事件的改造，形成了相似的"热液成矿"的特征，但没有改变矿床受原岩建造或岩相、岩性控制的特点；对于著名的铜矿峪"斑岩铜矿"，他认为并非单一成因的矿床，原生矿化分别与钾质火山岩（部分火山侵入岩）和钾质基性火山岩有密切的关系，只有与前者有关的含钼铜矿化接近于广义的斑岩铜矿。两种矿化都具有层控性，且经过变质，可同归于"变质火山气液矿床"。修正了单一"斑岩铜矿"的观点。提出找矿时应遵循地层和岩性双重控制的重要原则。1978年他们出版了《中条山铜矿地质》专著，该书首次对该区区域成矿作用做出比较全面系统的总结，迄今仍为同行肯定和引用，并获得全国科学大会奖。

3. 提出岩石圈探针的新方法，在我国最早开展年代地壳结构模式研究

在系统而翔实的地质研究的基础上，他充分应用地球物理研究的物性和分层资料，并进行深入的同位素年代学和地球化学研究，采用先进的单颗粒锆石 U-Pb 稀释法和高精度离子探针质谱法测年技术，获得出露地表的深成岩和地幔-下地壳包体的结晶年龄、捕获和/或继承锆石年龄，运用综合年代学方法建立中条山地区前寒武纪年代构造格架。提出以火成岩年代-地球化学作为岩石圈探针的新方法，研究地壳结构模式。他将地学研究中三维体系中的"深度维"赋予时间的标志从而扩展为"四维"体系，建立年代地壳结构模式。这项科研成果清楚直观地阐述了研究区前寒武纪重要地质事件，也包括铜和铁的成矿作用的时空演化关系，还填补了全球 2400～2000 Ma 期间岩浆活动记录的不足。在此基础上，他提出地质学、地球物理、地球化学相结合进行深部地质和大陆地壳动力学研究的新思路。《中条山前寒武纪年代构造格架和年代地壳结构》一书是这项研究成果的总结，获部级科技成果一等奖。

4. 总结中国大陆前寒武地壳形成方式、地球化学性状和时空演化特征

在长期而系统的由北至南研究的基础上，他总结了我国东部早期大陆地壳的年代构造格架，认为：①华北地块主要由太古宙基底组成，已发现的最古老岩石的年龄为 3800 Ma，最重要的地壳生长期在 3000～2800 Ma，晚太古代和早元古代分别发生地壳再造，吕梁运动时期最终克拉通化。②扬子地块最老岩石是晚太古代的（2800～2500 Ma），代表该地块的陆核，早元古代晚期—中元古代快速生长和广泛的再造，形成大陆基底。华北地块和扬子地块的碰撞发生在加里东期或印支期。③华夏地块基底岩石为早元古代（～1800 Ma），中元古代时大规模地壳生长，可能存在未出露的晚太古代地壳。华夏地块和扬子地块在晋宁运动时发生碰撞，大洋和大陆岛弧增生到扬子地块南缘，伴随有广泛的地壳重熔和一些

地幔物质的加入。他根据中国的早期地壳富大半径亲石元素和亏损高场强元素等地球化学特点，推断太古宙地壳为面型板底垫托生长模式，而早元古代地壳为网点型板底垫托生长模式，即早期地壳以垂直生长为主，与澳大利亚和非洲大陆地壳的生长模式相近。华北地块地壳成熟度高，演化时间长而连续。由于生热元素（K、U、Th）含量高，构造活动和变质作用强烈且复杂，使得太古宙地壳经历强烈而滞后的改造，与北半球西部和南半球有明显的不同；早元古活动带独具特色，其早期在地质和成矿作用方面与国外太古宙绿岩带的某些特点相似，但时间滞后，晚期与国外中、晚元古代冒地槽或裂谷的某些特点相似，也形成超大型矿床，但时间上又提前了。以上成果对我国前寒武纪研究战略和成矿预测有着直接的指导意义。

5. 追踪社会发展和科学前沿，开拓可持续发展研究

孙大中认为，人类社会面临着人口、资源、环境和粮食等四大危机，其中许多重大问题都与地学息息相关，因此地学研究面临着新的转变和机遇，地质学家要更好地服务于社会经济发展。20世纪90年代初，"可持续发展"对于许多人来说还是个陌生的名词，开展和推动这项研究工作困难可想而知。他认识到："实施可持续发展战略是一项全社会的事业，需要决策层、科学家和社会公众共同参与、支持。就可持续发展研究而言，需要自然科学、技术科学和社会科学的互相结合。"他通过各种报告会、研讨会发动各阶层群众。他在各种场合的学术报告和以《可持续发展——具有划时代意义的新概念》为代表的多篇论文，收到很好的宣传效果和极大的社会反响。他最先成立可持续发展研究室和广东省可持续发展研究会，重组科研资源，建立多学科交叉融合的可持续发展研究体系。着手开展珠江流域和珠江三角洲可持续发展研究。他生前就已立项的"珠江三角洲经济可持续发展的重大工程研究"课题，由他的学生和后人顺利完成，获得广东省科技成果一等奖，并出版了专著。可持续发展研究和研究会工作的不断开展，取得了新成果。虽然他只铺了一段路，但作为开拓者，他的功绩不可磨灭。

（二）学术思想

地质学是一门古老的学科。在很长时期内一直以锤子、罗盘和放大镜作为主要的研究手段，显微镜的应用也只是放大了眼睛的观察功能。因此，传统的地质学长期停留在宏观描述的阶段，发展非常缓慢。新中国成立后，国家建设需要科学技术全方位的支持，振兴科学关系到民族兴衰。作为新中国培养的第一代知识分子，孙大中接受了历史赋予的责任和机遇，以新的学术思想和研究方法赶超世界潮流，为科技兴国做出了应有的贡献。

1. 强调区域地质调查和科学研究相结合

孙大中是坚持区域地质调查和科学研究相结合的典范。他认为，作为地质研究，面上的工作，即区域地质调查是基础，点的详细解剖是重点。如果面上的研究不足而点上的工作有余，或反之，则点面联系不好，其结果都不会好。前者会坐井观天，以偏概全，甚至不知所云，后者则流于肤浅。对于受到多期变质变形和岩浆活动影响而非常复杂的前寒武纪地质的研究，更应点面结合，不能以点代面。一些科研人员认为，区域调查、地质填图是生产部门的工作，不屑去做。他却认为这是地质研究工作最基本的，也是极其重要的手段。他最早认识到不能完全依靠史密斯叠置地层法研究前寒武纪地层，不能仅仅根据一两条地层剖面建立地层层序。需要在区域地质填图的基础上，对区内代表性剖面进行详细的地质测量研究，建立区域地层格架。至于点上的研究，他强调要耐得住，扎得下，要反复实践，不断认识。他在若干工作区所建立的地层格架至今为后人沿用。

2. 强调先进的科学研究方法要与基础地质研究相结合

地学是继承性和实践性极强的学科。深入细致的野外观察和描述是地学研究最基本、最重要的方法。老一代地质学家为后人积累了大量的资料和宝贵的经验。20世纪60年代以后，随着科学技术总体水平的提高，大量新技术、新方法和高精度测试仪器的出现，使地学研究有了突飞猛进的发展。但传统与现代之间发生了碰撞，一些研究人员过于依赖测试手段，到野外蜻蜓点水般转一圈，取几个样品，获得几个数据，绘几张图解，然后就开始做文章。孙大中认为，任何先进的方法、测试手段都有适用的局限性，对其结果的解释存在不确定性或多解性，必须要以翔实的野外地质，特别是区域地质研究为前提，以明晰的地质构造环境格架为基础。否则，任何精确的数据，漂亮的图解都可能只是游戏。他主要从事前寒武纪地质研究，而他又专长地球化学，对同位素年代学和同位素地球化学也有相当的功底。他善于把这些新兴学科的研究成果与系统的前寒武纪基础地质研究结合起来以取得令人信服的成果。例如，他较早将地球化学资料应用于地层划分和地层层序的建立，取得好的结果；他将同位素年代学和同位素地球化学与基础地质研究相结合，作为岩石圈探针的新方法，研究年代地壳结构模式，并取得新成果。

3. 不唯上，不唯书，只唯实

科学的真谛是求实。孙大中认为唯真求实是科学工作者必备的素质和作风。大学时代在中条山实习时，通过深入的野外地质调查和研究，他对该地区前寒武纪划分和构造运动提出自己的看法，大胆修正前辈专家的结论。如今，"铜矿峪斑岩铜矿"早已经成为我国矿床学教科书的经典。20世纪70~80年代，他（们）从原始成矿岩系、成矿时代、成矿作用和后期变质改造等对铜矿峪铜矿进行解剖，对铜矿峪铜矿的成因提出了详尽的修正。其修正的过程，充分体现了新老科学家、师生之间以科学的求实态度对待科学的精神，被传为佳话。孙大中是最早应用先进的同位素测年数据进行前寒武纪地质研究的学者之一。他不死搬硬套，在反复实践中，对若干同位素测年方法进行分析、对比和评估，从地质学角度探讨各种测年方法在前寒武纪地质研究中的适用性和局限性。这对前寒武纪地质工作者和同位素年代学的研究者都不无启示。

4. 认真学习国外先进的理论和方法，但不囿于国外学者的观点

认真学习国外先进的理论和方法，但又不囿于国外学者的观点和结论，是孙大中科研思维的一个闪光点。他认为："在地学领域，国外确实有许多先进的理论、实验技术和方法值得我们认真地学习和借鉴。但我们不应盲从，更不应妄自菲薄，我们应该也能够为世界地学的发展做出应有的贡献。"20世纪80年代初期，他推荐应用"皮尔斯图解"来恢复变质岩的原岩，确定其构造环境。然而，反复的研究实践表明，这种图解方法具有局限性和不确定性。于是他又强调必须在充分研究地质背景的基础上应用皮尔斯图解。为了引起各国同行的重视，1988年他在天津主持召开"国际元古宙活动带地球化学和成矿作用学术讨论会"。会上，他再一次提出此问题，与国内外学者取得共识，并作为会议成果写进了会议专辑的前言中。20世纪80年代，国际上普遍认为，在2400~2000 Ma期间，地球上缺乏岩浆活动的记录，即所谓的岩浆"静谧期"。但孙大中他们通过详细的研究发现，在中条山，这一时期的岩浆活动不但活跃，还形成了大型的铜矿。其他如他认为麻粒岩不全是下地壳高温高压的产物，部分麻粒岩可以由岩浆侵位形成，这一不同于前人的观点，经过野外实地考察后，最终与国外学者取得共识。

5. 调整和改革教育与科研体制，更好地服务于社会经济可持续发展

孙大中认为，近代教育与科学技术的缺陷之一是过于突出事物的特性，强调分解思维，造成社会科学与自然科学的分离、科学与技术的分离，学科、专业的分工过细。面对人类社会发展的重大问题，如人口、资源、环境和灾害等问题，以及很多科学难题，单一的学科，或少数学科就显得软弱无力，甚至束手无策。跨学科的发展，自然科学、技术科学与社会科学的交叉融合，各学科、专业之间的交叉融合，转变某些学科的发展方向，调整或重组学科建设，不但是科技创新的需要，也是教育与科技更好地服务于社会经济发展的必由之路，应该倡导。大学要培养专才，更要造就具有综合观察、分析和解决问题能力的通才。要不断缩小科学技术的理性发展与社会道德理想之间的差距，并逐渐趋于一致，实现人与社会、人与自然的和谐发展。

（三）青年之友

孙大中在哪里工作，都会有年轻人凝聚在他的周围，他们共渡科研难关，同享成功喜悦。他的正直、真诚、执着、身教重于言教和平等待人的人格魅力，使他成为青年人的良师益友。他特别强调：①作为导师或课题负责人，既是运筹帷幄的指挥员，又是一个能打敢冲的战斗员，不做甩手掌柜。有时出差赶上自己病了，他咬牙也要带队出发。钻坑道第一个进洞，下矿井先进罐笼。一是以身作则，二来亲力亲为以取得真知灼见。②认准要做的事，再困难也义无反顾坚决去做，力求做到最好，绝不半途而废，给年轻人以信心、决心和榜样。③对年轻人，工作上严格要求，一丝不苟，不留情面，俨然像个严父。生活中却体贴近人，常常谈谈心，开开玩笑，请他们吃饭聚会，又分明是忘年的朋友。④实实在在地帮助年轻人尽快成才，独当一面。他亲自为他们联系出国进修的导师或实验室，教他们如何申请科研项目。资金不到位时，将自己的科研经费先借给他们使用，以尽快启动实验和研究。每当他接触到新鲜事物，他都在第一时间与年轻人共同探讨学习。1989年他参加华盛顿第28届国际地质大会，会议间隙，他不探亲访友，而是选择了会议举办的两个短训班，其中一个是有关研究变质作用 P-T-t 轨迹的电脑软件程序。回国后，他立即组织人员翻译资料，召开以年轻人为主的讨论会，推广应用这种新方法，并要求他们在应用过程中不断总结改进，以求创新。

孙大中性格鲜明，表里如一，为人正直，也希望学生和一道工作的年轻人为人要正直，不谀上媚俗。他说，这样做人心胸坦荡，不用畏首畏尾。还希望他们不要把金钱、利益看得太重，这样就不会为其所累，就可以轻松地做人，做自己想做的事。心无旁骛，才能有所作为。

三、孙大中主要论著

孙大中，石世民．1959．山西省中条山前震旦系地层及构造．地质学报，39（3）：305~317

《中条山铜矿地质》编写组.1978.中条山铜矿地质.北京:地质出版社

Sun D Z, Wu C H. 1981. The principal geological and geochemical characteristics of the Archean greenstone-gneiss sequence in North China. *Spec Pubs Geol Soc Australia*, 7:121~132

Cheng Y Q, Sun D Z, Wu J S. 1984. Evolutionary megacycles of the Precambrian proto-North China Platform. *J Geodyn*, (1):251~277

孙大中.1984.冀东早前寒武地质.北京:地质出版社

胡维兴,孙大中.1987.中条山早元古代铜矿成矿作用及演化.地质学报,61(2):152~165

孙大中.1987.对早前寒武高级变质岩地层划分和绿岩带问题的讨论//中国变质地质图编制与研究论文集(第一集).北京:地质出版社:52~61

孙大中,翟安民.1987.古华北陆台早前寒武纪地壳演化的几个问题的讨论//中国变质地质图编制与研究论文集(第一集).北京:地质出版社:61~78

孙大中,陆松年.1987.华北地台的元古宙构造演化.中国地质科学院院报,(16):55~70

孙大中.1990.中国东部太古和元古活动带的构造和地球化学的发展.中国地质科学院院报,(1):105~107

Sun D Z, Hu W X, Tang M et al. 1990. Origin of Late Archean and Early Proterozoic rocks and associated mineral deposits from the Zhongtiao Mountains, east-central China. *Precambrian Res*, 47(3/4):287~306

孙大中.1991.中国前寒武纪地壳研究及其地质战略意义.地质科技管理,(1):18~23

孙大中,胡维兴.1993.中条山前寒武纪年代构造格架和年代地壳结构.北京:地质出版社

孙大中.1996.可持续发展——具有划时代意义的新概念.学术研究,(1):14~17

孙大中.1996.珠江三角洲资源、环境与可持续发展.珠江三角洲经济,(1/2):4~7

孙大中,朱炳泉,赵振华等.1996.大陆地球化学动力学//21世纪初科学发展趋势课题组.21世纪初科学发展趋势.北京:科学出版社:261~263

金文山,孙大中.1997.华南大陆深部地壳结构及其演化.北京:地质出版社

孙大中.1997.可持续发展与广东省资源环境问题//共同走向科学——百名院士科技系列报告集(下册).北京:新华出版社:251~255

Sun D Z, Li X H, Qiu H L. 1997. Geochronology, accretion and tectonic framework of precambrian continental crust of eastern China//Wang H Z et al. Proceedings of the 30th International Geological Congress, Volume 26. Utrecht:VSP:97~110

孙大中.1999.华南早期地壳生长及其演化刍议//孙大中文集.北京:地质出版社:201~210

主要参考文献

中国科学院学部联合办公室主编.1993.中国科学院学部委员(1991).杭州:浙江科学技术出版社:231

孙大中.1995.纸上得来总觉浅,绝知此事须躬行//中国科学院学部联合办公室编.中国科学院院士自述(地学部).上海:上海教育出版社:550~551

《前寒武研究及可持续发展探索——孙大中文集》编委会.1999.前寒武研究及可持续发展探索——孙大中文集.北京:地质出版社

谈芬大,朱新国.2001.热爱祖国,献身事业——前寒武纪地质学家孙大中院士传略//中国地质大学校史编撰委员会编,赵克让主编.地苑赤子——中国地质大学院士传略.武汉:中国地质大学出版社:224~230

撰写者

谈芬大(1939~),江苏武进人,高级工程师。长期从事矿床学和成矿流体包体研究。《前寒武研究

及可持续发展探索——孙大中文集》编委和责任编辑。

※※※※※※※※※※※※※※※※※※※※※※※※

傅家谟

傅家谟（1933~2015），湖南沅江人。石油有机地球化学与环境地球化学家。1991年当选为中国科学院学部委员（院士）。1956年毕业于北京地质学院地质矿产系。1961年获中国科学院地质研究所硕士学位。现任中国科学院广州地球化学研究所广东省环境资源利用与保护重点实验室主任，上海大学环境与化学工程学院院长兼环境污染与健康研究所所长，中国科学院珠江三角洲环境污染与控制研究中心主任。他1966年主持创建具有一定规模的有机地球化学研究室，并逐步发展成我国第一个有机地球化学国家重点实验室（1991年）。他将有机地球化学理论与方法，成功应用于石油天然气成因研究与勘探实践和区域环境中毒害有机污染物的污染机理与控制研究中，取得重要成果，推动了有机地球化学学科的发展。1993年领导建立了"广东省环境资源利用与保护重点实验室"。在珠江三角洲区域环境中的毒害有机污染物的研究中取得国际关注的重大研究成果，使珠江三角洲成为全球东北亚地区持久性有机污染物（POPs）研究最为系统和深入的地区。他与合作者发表论文近1000余篇，主编和参加主编专著12本，获专利授权10项。曾获国家科技进步奖一等奖和二等奖、国家自然科学奖二等奖、全国科学大会奖等众多奖项。2003年获何梁何利基金科学与技术进步奖，2007年获李四光地质科学奖荣誉奖，2007年获广东省首届科学技术突出贡献奖。

一、简　　历

1933年7月，傅家谟出生在上海。因父亲工作经常变动，他从学生时代起就随着父亲换地方换学校，而且从小学开始就寄宿学校，过集体生活。生活的艰辛磨炼了他坚强的意志。

新中国成立后，百废待兴，国家建设急需矿产资源。1952年10月，傅家谟响应国家号召，放下自己对文学和数学的爱好，怀着开发矿业的远大抱负，毅然以第一志愿考进北京地质学院的地质矿产系，成为这所大学的首届本科生。1954年1月，傅家谟确定以煤田地质及勘探为专业。4年的大学生活紧张、愉快而难忘。良好的校风，浓厚的学习气氛，老师们严谨治学、呕心沥血和开拓创新的精神，对傅家谟产生了潜移默化的影响，引导他踏进了地学的科学殿堂。

傅家谟1956年大学毕业后，考入中国科学院地质研究所攻读沉积学硕士学位，师从叶连俊。叶先生身传言教，常教导学生既要踏踏实实地学习工作，更要善于抓住科学上的关键问题锲而不舍，努力钻研，勤于思考，勇于开拓，勇于创新。导师的教诲，傅家谟终身不忘。傅家谟的硕士论文研究区地处鄂西山区，重峦叠嶂，岩峭谷深，考察条件艰险，傅家谟带着一位民工翻山越岭跑野外，采集标本，观察各种地质现象并测量数据。他勤于勘查，每天早出晚归，不辞辛劳；回所后亲自动手做实验研究，努力按导师的要求写作论文，一丝不苟，决不马虎。在地质所沉积学研究室，他从事过沉积铁矿地质、铀矿地质和地下核试验地质等研究，打下了坚实的理论与野外实践功底。

1966年，由于国家急需石油资源，石油部、地质部、中国科学院联合下达了西南石油大会战任务。在傅家谟的倡导和带领下,开始了以石油为主要任务的有机地球化学的科学研究,经过3年的努力探索,于1969年在中国科学院地球化学研究所建立了国内初具规模的沉积学与有机地球化学研究室。

他在70年代参加的西南海相碳酸岩地层找油找气会战中,经过野外地质调查及对石油演化规律的深入研究,系统总结了海相碳酸岩油气生成演化理论与评价指标方法,在1975年首次提出"我国南方应以找气为主,找油为辅"的勘探方针。他还进一步提出了"碳酸岩生油评价的理论和方法",建立了10项有机地球化学新方法、新指标。据此,"西南海相碳酸岩地层石油地球化学和有机地球化学指标"成果,获1978年全国科学大会奖与中国科学院奖励;另一项"找油找气有机地球化学新指标、新方法及其应用"成果,1985年获国家科技进步奖二等奖。所提出的新观点、新的评价指标,为我国石油成因理论研究与实践做出了重要贡献。

由于傅家谟领导的研究室在油气地球化学工作中的成绩突出,赢得了联合国开发计划署(UNDP)的两期资助工程"石油有机地球化学研究中心项目":CPR/80/037,1980~1981;CPR/84/005,1985~1987。傅家谟为两期工程的项目主任。在他亲自主持领导下,高质量地完成了项目文件所规定的预期目标,受到了UNDP及联合国教科文组织巴黎总部的表彰。

坚持理论联系实际,从基础研究入手,特别重视有应用前景的基础研究,为我国能源资源的勘探开发服务,是傅家谟开展有机地球化学研究的一贯指导思想。1982年以来,根据国家计委下达的任务,他参加了国家重点攻关课题——煤成气的研究。1987年,傅家谟作为"中国煤成气开发"项目负责人之一,获国家科技进步奖一等奖。

傅家谟与一批中高级科研人员长期合作,并通过国际合作,特别是中国科学院与英国皇家学会的长期合作研究,在地质体分子标志化合物方面进行了创新性研究,取得重要进展。研究成果曾在英国皇家学会展出,获1989年国家自然科学奖三等奖。

1985年,傅家谟倡导和领导建立了有机地球化学实验室,这是中国科学院首批开放实验室之一,有力地推动了我国有机地球化学与石油地球化学的发展。依托该实验室,他先后负责并出色地完成了国家攻关项目、部委级重大项目、国家自然科学基金项目、联合国资助的工程项目等多项课题,在国家或中国科学院科技奖励中屡获殊荣。

1993年,傅家谟走出已做出了卓著成就的油气地球化学领域,向环保领域进军,并领导建立了中国科学院与广东省第一个院地共建的省级重点实验室——"广东省环境资源利用与保护重点实验室",把我国在经济快速发展时面临的重大环境问题——毒害有机污染物、微污染物,作为研究重点,在珠江三角洲地区开展环境地球化学研究。他们将分子标志物的概念和理论应用到环境科学研究中,开展环境中毒害污染物的地球化学等前沿研究,并进一步将有机地球化学的方法与原理应用于研究环境中毒害有机污染物,特别是POPs(持久性有机污染物)的环境地球化学行为与迁移转化机制,并取得较大成绩,拓展了我国有机地球化学的学科研究领域。近年来重点研究珠江三角洲地区大气毒害有机物,包括POPs和VOCs,并将分子标志物和单个化合物碳同位素方法应用于有机气溶胶的源解析和过程示踪,获得重要成果。研究成果获2003年广东省自然科学奖一等奖和2006年国家自然科学奖二等奖。

傅家谟十分重视人才的培养。几十年来,他培养了硕士、博士研究生共150多名,其中大多数已成为著名大学和研究所的学科带头人或在政府和管理部门任职。在他的科研团队中，有一位是中国科学院"百人计划"的获得者，另有六位获国家杰出青年基金。

傅家谟 1984 年被评为中国首批有突出贡献的中青年专家，1989 年被评为全国先进工作者。1991 年当选为中国科学院学部委员（院士）。1989 年 8 月 28 日，作为 21 位有卓越贡献的科学家之一，傅家谟受到党和国家领导人的接见。

二、主要研究领域和学术成就

（一）学术成就

1. 开展石油演化及碳酸岩生油评价理论方法研究

1966～1972 年，傅家谟等参与西南石油会战，开展了西南海相碳酸岩石油地球化学的研究。经过野外地质调查和室内实验分析研究，在《石油演化理论和实践（Ⅰ，Ⅱ）》等论文中，首次提出"我国南方找气为主，找油为辅"的勘探战略方针为勘探实践所证实。进一步提出了"碳酸岩生油评价的理论和方法"，建立了 10 项有机地球化学新方法、新指标。傅家谟与同事共同总结出碳酸岩有机质的存在形式与生油评价方法，首次论述碳酸岩中存在三种形式的分散有机质，强调了晶包有机质、包裹体有机质在生油中的作用，提出碳酸盐矿物对有机质的晶析、催化与保护作用，总结出包裹体、固体沥青等在油气评价中的意义。此外还研究揭示了油气成因与金属矿床成因之间的内在关系等。

2. 在煤成气、煤成油研究方面进行新的探索

1982～1990 年近十年间，根据国家计委下达的任务，傅家谟参与了国家重点攻关课题——煤成气的研究。煤系地层产生天然气且能聚集成大气田，是在荷兰发现格罗宁根特大型气田之后才引起广泛关注的，国际上这方面的研究工作起步较晚，我国则更晚。我国煤炭资源丰富，从地史分析，可能有大量的煤成气藏，关键是要探明其形成机制与分布规律。傅家谟等通过大量煤成气、煤成油及各种煤岩组分的模拟实验等研究，提出了煤不仅是形成天然气的源岩，也是生成原油的源岩，还发现生油潜力最大的煤岩组分，也是生成天然气潜力最大的。这些研究成果，打破了高等植物成因的干酪根只能生成天然气的传统观念，从而提出了"煤成气、煤成油的成因模式和评价方法"，为我国煤成烃开发研究提供了新的理论基础。他们还总结出我国产气率和资源量计算的方法及评价煤成烃性能的指标，向中原油田、华北油田、大庆油田和新疆、贵州等有关单位介绍了有关研究成果，主编出版《煤成烃地球化学》专著。

3. 在地质体中发现了大量新生物标志物，并用于油气勘探

1979 年开始，傅家谟与英国 Bristol 大学合作研究生物标志物，在茂名油页岩和江汉膏盐相沉积中，首次发现了葡萄藻烷（烯）、羊毛甾烷、含硫羊毛甾烷、丛粒藻烷、有机含硫化合物、脱羟基维生素 E 等新生物标志物。这些新化合物的发现在探索沉积有机质的成因、环境变化以及石油演化等方面都有广阔的应用前景。对中国湖相沉积物中的分子标志物作了系统的研究，确定了指示原油和沉积物环境的一系列分子标志物及其参数，研究成果为国际同行所公认，为分子有机地球化学的发展做出了重要贡献。较早发现我国未成熟工业原油的存在，证实高硫未成熟原油来源于生油门限之上的未成熟生油岩，提出重视浅层找油的理论并为生产实践所证实，推动我国未成熟油新领域的勘探和资源量的增长。证明盐湖沉积环境中产出的高硫未成熟油为非干酪根成因，突破了晚期干酪根成油学说。重要的创新还在于应用生物标志物研究了特低成熟度原油、膏盐相未成熟高硫工业油流、特殊煤成油的成因，以及应用生物标志物判识有机质的沉积古环境等，提出了新的评价指标，对我国陆相石油成因与勘探做出了重要贡献。研究成果被英国皇家学会选为五项重要成果之一，在英国皇家学会正式展出，受到英国女王和政府官员的高度评价。

4. 珠江三角洲沉积记录反映 POPs 的区域污染历史与社会经济发展的关系

对环境中 POPs 污染历史与演化趋势的掌握，是制定控制对策、评估相关政策有效性的重要科学基础。利用 ^{210}Pb 测年技术对钻孔中的沉积物进行定年，对包括珠江正干广州河段、狮子洋、珠江口、大亚湾等珠江三角洲重要水体有机氯农药（OCPs）、多氯联苯（PCBs）、多环芳烃（PAHs）、多溴联苯醚（PBDEs）等典型 POPs 的污染历史、趋势、沉积演化，及其与区域社会经济发展间的关系进行了较为系统的研究。发现珠江三角洲沉积物中的 OCPs、PCBs 与 PAHs 均存在显著的表层与次表层富集现象；提出 90 年代早中期沉积物中 DDT 与六六六等有机氯农药的增加，是因为区域大规模土地利用使农药污染从土壤向水体发生转移的观点；PCBs 在沉积钻孔顶部的富集，与珠江三角洲区域社会指标（GDP、耕地面积变化等）呈现出相关性；PAHs 的来源与历史含量变化特征，则还与区域发电量、机动车拥有量等社会经济指标具相关性；PBDEs 的组成变化，则反映了相关工业产品的更替。此外，研究还提出，一些 POPs 在沉积埋藏过程中，可能出现穿层迁移现象。由沉积钻孔所揭示出来的 POPs 污染演化历史，综合体现了我国经济快速发展地区不断增强的人类活动对区域 POPs 来源，及其生物地球化学循环的重要影响。

5. 首次圈出了 POPs 沉积高风险区

POPs 对水生态环境的风险，集中体现于 POPs 沉积高风险区。对高风险区的界定、成因与演化机制的研究，是正确评估其生态环境影响、制定污染控制策略与受损环境修复的重要科学基础，也是目前国际 POPs 研究的热点之一。研究通过对珠江三角洲河流及近海水体、沉积物中 POPs 系统的面上工作，发现珠江正干广州河段（从白鹅潭至黄埔水域）和澳门内港水域沉积物中有机氯农药、多氯联苯和多环芳烃的含量，已超过加拿大和美国佛罗里达的海洋和河口沉积物化学品风险评价标准，初步圈定了两个潜在高风险区的分布范围。在此基础上，通过因子分析和分子标志物示源技术，深入剖析了高污染区沉积物中 PAHs 的来源、贡献率及输入途径；进一步从水柱剖面中污染物的含量分布及污染物在颗粒相和可溶相中的分配特征着手研究，发现珠江广州河段高污染沉积区主要是本地污染物排放形成的，而澳门内港高污染沉积物除受澳门本地排放外，还明显受控于水动力学条件；提出珠江广州河段是水体中毒害有机污染物的一个"二次污染源"，澳门内港高污染区目前仍然是珠江口地区 POPs 的一个主要"汇"。这是我国针对沉积 POPs 高风险区的首次研究，受到粤、澳政府部门，以及国家自然科学基金委员会的高度重视。

6. 电子垃圾处理场所大气 POPs 高风险区及其人体高暴露

我国现在已经成为世界最大的电子垃圾倾倒场，东南沿海地区有大量自发性的电子垃圾回收和处理场镇。电子垃圾在粗放式处置和回收过程中可能产生大量的毒害有机污染物，对相关从业者的健康和周边环境存在严重影响。以广东贵屿为研究区域，对其电子垃圾粗放式处理过程中产生的毒害有机污染物的种类、排放量和人体暴露水平进行了较为系统的研究，发现电子垃圾焚烧可产生大量的二噁英，且其成分以含氯和含溴二噁英为主要特征，并录得全球最高大气二噁英含量，提示该区存在极高的人体健康风险。*Environmental Science & Technology*（ES&T）专为此文发表了 A-page 评论，认为国际社会应进一步加强 Basel 公约的执行力度，阻止电子垃圾等有毒物质由发达国家向发展中国家转移。另外，研究组对电子垃圾处理工人血液样本的分析表明，电子垃圾拆解工人人体血液暴露的毒害污染物十溴联苯醚（BDE-209）居目前报道的最高水平，应该引起政府部门的高度重视。ES&T 也同期专为此文发表了 A-page 评论，呼吁深入研究十溴联苯醚的毒性和人体内代谢降解机理。

7. 区域与城市大气中毒害污染物的分布与区域污染来源

空气毒害物、光化学烟雾是我国东南沿海较发达地区继酸雨沉降等环境问题之后所面临的新的空气污染问题。对珠江三角洲空气中颗粒相和气相中的挥发性和半挥发性有机物的大气浓度水平、变化规律、来源类型、赋存特征以及潜在影响进行了较为系统的研究。对于 PAHs 等半挥发毒害有机物，不仅分析了其在气相和颗粒相的分配规律，而且更深入地探讨了其在不同粒级颗粒相中的分布，如发现 PAHs 和 OC、EC 等主要分布在小于 1.5μm 的细粒子，16 种优控 PAHs 在小于 1.5μm 的颗粒物中占的比例达 86% 以上，Ames 实验也表明颗粒物的粒径越小，致突变性越强。这方面研究成果为这些污染物在以珠江三角洲为代表的受季风影响的低纬度地区的干湿沉降、长距离迁移以及人体暴露提供了重要的基础资料；首次报道了我国城市（广州）大气中 PBDEs 新型毒害污染物的组成与含量水平，探讨了其在气相和颗粒相间的分配规律；发现其主要分布在小于 1.5μm 的细粒子上。

在挥发有机物（VOCs）研究方面，与加州大学尔湾分校 F. S. Rowland 教授和 D. R. Blake 研究组合作，对珠江三角洲地区空气毒害物、非甲烷烃（NMHCs）和卤代烃的含量和组成特征取得了较为系统的认识。其中在大气毒害物方面，发现珠江三角洲具有较高的苯系物含量水平，通过组成特征及来源分析，指出存在健康风险，并提出对臭氧生成可能也有相对重要的贡献的观点。首次对区域及城市群大气中的有机硅化合物、羰基化合物及其来源进行了较系统的分析研究。

8. 我国家用燃煤黑炭的排放系数远低于国外学者估算值

燃煤是我国能源结构的主体，也是大气多环芳烃与大气细颗粒物（尤其是黑炭）的重要来源。黑炭可能对全球气候变化具重要影响，其区域排放清单的编制，有赖于更为精确的排放因子的测定。然而，对燃煤电厂的污染排放关注较多，而家用燃煤虽排放因子相对较高，但很少有相关探讨。博家谟及其研究团队利用所建立的家用燃煤模拟实验装置，测定了一套各种家用燃煤方式下不同煤种燃烧的有机污染物和黑炭的排放系数。其结果较国外学者对中国排放量的估计值低许多，为计算污染物（黑炭）排放清单和相关全球变化研究，提供了关键性基础数据。相关数据已被我国气象部门采用，对我国《京都议定书》履约具重要意义。国家自然科学基金委为此项工作于 2008 年发了内参（2008 年 2 号），中央领导有批示。

9. 有机污染物分子同位素分析技术的开拓

对区域环境中毒害有机污染物的来源与过程的认识，有赖于新技术新方法的研发与应用。傅家谟及其研究团队在国际上首次建立了丙酮、甲醛、乙醛等羰基化合物单体碳同位素分析方法，对更深入研究大气有机污染物的化学转化，具有重要意义；并进一步提出了一种更优良的大气羰基化合物分子同位素分析方法；对 PAHs 的分子碳同位素分析，则攻克了高分子量的净化与预富集难关，为 PAHs 的污染来源与环境过程研究，提供了新的手段。

10. 有机污染物在地质吸附剂上的吸附-解吸动力学

天然有机质是地质吸附剂的重要组成部分，对进入地表系统中 POPs 的环境行为和归宿具有关键控制作用。对天然有机质本身及其与 POPs 作用机理的研究，是当前环境有机污染研究的前沿研究领域与热点之一，集中体现在不同天然有机质的分离、表征以及 POPs 在其上的吸附-解吸机理研究，是有机地球化学与环境化学的重要学科交叉点。近年来不断取得的进展，认识到天然有机质的复杂性与不均一性，突破了环境科学与工程领域中普遍接受的线性分配/吸附理论，揭示了 POPs 在一些地质吸附剂上的非线性吸附解吸、解吸滞后与慢吸附-解吸等现象的机理，对于环境有机污染物的生态风险评价和受损环境修复理论，具有深远的影响。

利用有机地球化学学科在天然有机质，尤其是大分子有机质组成与结构研究的方法和手段，傅家谟等在对碳黑、干酪根、腐殖酸以及显微固体有机组分等天然有机质的分离、鉴定、表征，及其与 POPs 相互作用机制方面，取得了一系列的创新性研究成果。首次从典型土壤和沉积物中成功分离出碳黑物质（BC）和干酪根，发现碳黑是土壤与沉积物中有机碳的重要组成部分，并对其形态特征、元素组成、化学性质和结构等进行了全面表征，揭示碳黑和干酪根对疏水性有机污染物具有比腐殖酸更强的吸附容量和非线性；利用有机岩石学方法，鉴定了低有机碳含水砂和泥炭中的固体显微有机组成及其成熟度，发现沉积物中的碳黑、含水砂中的干酪根、泥炭中的腐殖质与干酪根，分别是导致疏水性有机污染物在其上呈现非线性吸附现象的原因，首次揭示微孔充填机理在干酪根吸附中的重要作用，以及孔扩散对吸附动力学的制约。通过煤的成岩变质作用模拟实验，人为改变干酪根的成熟度，进一步获得了不同成熟度干酪根中疏水性有机污染物吸附-解吸差异的宝贵资料。在研究程度最高、难度最大的腐殖酸研究方面取得了新进展，深入揭示出腐殖酸类地质大分子物质组成和性质的非均一性和复杂性。这些研究成果深化了对天然有机质及其与有机污染物相互作用机制的认识。

11. 有机污染物在环境矿物与纳米矿物上的反应动力学

在厌氧实验条件下，合成与表征了硫化亚铁系列矿物，通过控制条件下的模拟实验，对六六六在以硫化亚铁为代表的自然界沉积物还原体系下的非生物降解进行研究，提出 FeS 的反应活性中心为 Fe，揭示了硫化亚铁还原体系下六六六的非生物降解动力学；首次发现了六六六在非生物降解过程中具有稳定碳同位素分馏现象，建立了其与反应温度之间的定量关系。研究结果可用于厌氧环境下六六六的迁移、转化与归趋预测，对同类研究具有重要的借鉴意义。首次合成和表征了一系列具有光催化性能的纳米级 $TiO_2/ZnO/SnO_2$ 复合氧化物，研究了有机染料污染物在其上的光催化降解动力学，获得了具有潜在应用价值的纳米级新型矿物材料，光催化活性与 $P25TiO_2$ 相当。在有机污染物的光电协同强化非生物降解反应机理方面取得了新进展，研制出一种新型的具良好光电协同效应的三维电极-

微管光电催化反应器。

（二）学术影响

傅家谟长期从事有机地球化学研究，并带领全室科研人员始终瞄准能源和环境这两个国家重大需求领域，埋头苦干、开拓进取，特别执著于石油天然气地球化学和环境有机地球化学领域，成绩卓著。1966 年，他主持创建具有一定规模的有机地球化学研究室，推动了我国石油地球化学与有机地球化学学科的发展，并逐步发展成为在国际、国内该领域具有很高知名度的国家重点实验室。80 年代，他主持并出色完成 UNDP 和联合国教科文组织资助的国际合作项目，被认为是 UNDP 资助中国的 600 余个项目中效益最突出的项目之一。他在陆相沉积分子标志物基础与应用方面做出重要成果；在油气成因成藏新理论、新方法、新技术等领域做出积极贡献；应用石油演化理论率先提出"我国南方勘探应以找气为主，找油为辅"的建议，为勘探实践所证实；建立了 10 项有机地球化学新方法、新指标，并应用于石油地球化学勘探。他丰富和发展了陆相生油理论，提出煤成烃潜力模式，为煤成油气勘探与开发研究提供了理论基础；发现膏盐沉积相浅层未成熟原油，提出膏盐沉积未成熟生油岩生油理论。他在中国沉积物中首次发现葡萄藻烷（烯）、含硫有机化合物等 20 多种新生物标志物，并成功应用于判别有机质输入、成熟度、油源对比等。这些成果受到国内外同行的重视，为推动我国石油有机地球化学学科发展、为油气勘探服务做出了重要贡献。

90 年代初，在中国科学院与广东省政府支持下，依托于有机地球化学国家重点实验室，他主持建立了广东省第一个院地共建的省重点实验室——广东省环境资源利用与保护重点实验室，围绕珠江三角洲的环境污染现状，研究环境介质中微量毒害有机污染物，特别在 POPs/新兴污染物的环境有机地球化学基础理论与修复机理等方面开展研究。近 20 年来，研究团队在 POPs 分析新方法、新技术，沉积记录反映的区域污染历史与社会经济发展的关系，POPs 沉积高风险区的圈定，电子垃圾处理场所 POPs 污染和人体暴露，POPs 转化产物的发现和结构确认，大气中毒害污染物的分布与迁移，以及家用燃煤黑炭排放系数的研究等方面取得了创新性成果。此外，他在安全饮用水处理方面进行了探索，并创建了"水杯子"企业，推广安全饮水理念与技术。他引进周振博士，组建团队开展以飞行时间质谱为主的高端质谱仪研发。周振博士获 2009 年"千人计划创业型人才"，其团队和企业已取得重要进展。他廿年来的研究成果促进了我国环境有机地球化学学科的发展，受到了国内外同行的广泛重视。

傅家谟为我国有机地球化学学科的发展倾注了大量心血。他具有很高的学术造诣，几十年来主编和参加主编的专著 12 本，获专利授权 10 项，发表国际 SCI 论文 409 篇，其中 30 篇发表于环境科学顶级期刊 *Environmental Science & Technology* 上，中文期刊论文 630 余篇。影响因子大于 2 的论文达 244 篇，被 41 种国际 SCI 刊物他人正面引用达 4297 次，最高单篇被引用达 193 次，h 指数（h-index）为 41。曾任国际期刊 *Organic Geochemistry* 编委（1986~1993）。曾获 1985 年国家科技进步奖二等奖（排名第一），1987 年国家科技进步奖一等奖（主要参加者），1999 年国家自然科学奖三等奖（排名第一），2006 年国家自然科学奖二等奖（排名第一），24 项省部级奖（含全国科学大会奖）中有 11 项排名第一。

三、傅家谟主要论著

傅家谟．1961．鄂西宁乡式铁矿的相与成因．地质学报，41（2）：112～128

傅家谟，史继扬．1975．石油演化理论与实践（Ⅰ）——石油演化的机理与石油演化的阶段．地球化学，（2）：87～110

傅家谟，史继扬．1977．石油演化理论与实践（Ⅱ）——石油演化的实践模型和石油演化的实践意义．地球化学，（2）：87～104

Fu J M. 1979. Some characteristics of the evolution of organic matter in carbonate formations//Douglas A G, Maxwell J R. Advances in Organic Geochemistry. Oxford: Pergamon Press: 39～50

中国科学院地球化学研究所有机地球化学与沉积学研究室编（傅家谟等）．1982．有机地球化学．北京：科学出版社

Fu J M, Dai Y D, Liu D H et al. 1984. Distribution and origin of hydrocarbons in carbonate rock (Precambrian to Triassic) in China//Palaces J G. Petroleum Geochemistry and Source Rock Potential of Carbonate Rocks (AAPG Studies in Geology, No 18). Tulsa: AAPG: 1～12

Fu J M, Sheng G Y, Peng P A et al. 1986. Peculiarities of salt lake sediments as potential source rock in China. Organic Geochemistry, 10: 119～126

菲尔谱．1987．化石燃料生物标志物——应用与谱图．傅家谟，盛国英译．北京：科学出版社

Fu J M, Sheng G Y, Liu D H. 1988. Organic geochemical characteristics of major types of terrestrial petroleum source rock in China//Fleet A J, Kelts K R, Talbot M R. Lacustrine Petroleum Source Rocks (Geological Society Special Publication, No 40). Oxford: Blackwell: 279～289

傅家谟，贾蓉芬，刘德汉等．1989．碳酸岩有机地球化学．北京：科学出版社

Fu J M, Sheng G Y et al. 1990. Application of biological markers in the assessment of palaeenvironments of Chinese non-marine sediments. Org Geochem, (4～6): 769～779

傅家谟，刘德汉，盛国英．1990．煤成烃地球化学．北京：科学出版社

傅家谟，刘德汉主编．1992．天然气运移、储集及封盖条件．北京：科学出版社

傅家谟，秦匡宗．1995．干酪根地球化学．广州：广东科技出版社

傅家谟，徐永昌，郑建京．2000．天然气成因及大中型气田形成的地学基础．北京：科学出版社

Fu J M, Mai B X, Sheng G Y et al. 2003. Persistent organic pollutants in environment of the Pearl River Delta, China: an overview. Chemosphere, 52 (9): 1411～1422

Chen H Y, Zhang W B, Song R F et al. 2004. Analysis of DNA methylation by tandem ion-pair reversed-phase high-performance liquid chromatography/electrospray ionization mass spectrometry. Rapid Commun Mass Sp, 18 (22): 2773～2778 (Corresponding author)

Chen Y J, Sheng G Y, Bi X H et al. 2005. Emission factors for carbonaceous particles and polycyclic aromatic hydrocarbons from residential coal combustion in China. Environ Sci Technol, 39: 1861～1867 (Corresponding author)

Wen S, Feng Y L, Yu Y X et al. 2005. Development of a compound-specific isotope analysis method for atmospheric formaldehyde and acetaldehyde. Environ Sci Technol, 39: 6202～6207 (Corresponding author)

Yu Y X, Wen S, Feng Y L et al. 2006. Development of a compound-specific carbon isotope analysis method for atmospheric formaldehyde via NaHSO$_3$ and cysteamine derivatization. Anal Chem, 78 (4): 1206～1211 (Corresponding author)

主要参考文献

闻立峰. 2001. 奉献绚丽人生 开创我国有机地球化学新领域——有机地球化学家及沉积学家傅家谟院士传略//中国地质大学校史编撰委员会编,赵克让主编. 地苑赤子——中国地质大学院士传略. 武汉:中国地质大学出版社:248~255

傅家谟等. 2008. 珠江三角洲环境中的毒害有机污染物研究//中国科学院科技创新案例. 北京:科学出版社:143~147

撰写者

林峥(1969~),福建泉州人,中国科学院广州地球化学研究所高级工程师,兼任傅家谟院士学术秘书。

(附录二编撰者:宋云华)

www.sciencep.com

(P-6213.01)

ISBN 978-7-03-060100-1

定价:698.00 元(上、下册)